D'Ans · Lax

Taschenbuch
für
Chemiker und Physiker

Dritte völlig neu bearbeitete Auflage

Band II
Organische Verbindungen

Herausgegeben von
Dr. phil. Ellen Lax

unter Mitarbeit von
Dr. rer. nat. Claudia Synowietz

Springer-Verlag Berlin Heidelberg GmbH
1964

© by Springer-Verlag Berlin Heidelberg 1964
Ursprünglich erschienen bei Springer-Verlag OHG / Berlin • Gottingen • Heidelberg 1964
Softcover reprint of the hardcover 3rd edition 1964

Library of Congress Catalog Card Number 64-16887

ISBN 978-3-642-49526-7   ISBN 978-3-642-49817-6 (eBook)
DOI 10.1007/978-3-642-49817-6

Titel-Nr. 1031

Vorwort zur dritten Auflage

Die 3. Auflage des Taschenbuchs für Chemiker und Physiker ist vollständig umgearbeitet. Neben der Gliederung wurde auch die Stoffanordnung geändert. Der jetzt vorliegende 2. Band erfaßt die organischen Verbindungen: Angaben über Nomenklatur und Ringbezifferung, eine umfangreiche Tabelle über physikalisch-chemische Eigenschaften, in der die Namen der Verbindungen alphabetisch aufgeführt sind. Ergänzt werden die dort gebrachten Daten durch zwei weitere Tabellen, in denen die thermochemischen und die kritischen Daten der Verbindungen zusammengestellt sind. Hier sind die Stoffe nach den Summenformeln in der von HILL angegebenen Weise geordnet. Den Schluß bildet ein Summenformelregister, das die Verbindungen sämtlicher Tabellen mit Hinweisen umfaßt.

Der weitaus größte Teil dieses Bandes wurde von Herrn Professor Dr. K. DIMROTH bearbeitet. Ihm und seinen Mitarbeitern, den Herren Dr. W. BRÖKER, Dr. H. DIMROTH, Dr. G. NEUBAUER, Dozent Dr. W. P. NEUMANN, die ihm bei der Zusammenstellung, Frau G. DE VRIES und Herrn Dr. KROKE, die ihm bei der Durchsicht der großen Tabelle über physikalisch-chemische Eigenschaften organischer Verbindungen unterstützt haben, möchte ich sehr herzlich für die mühevolle Arbeit danken.

Heidelberg, Dezember 1963   ELLEN LAX

Inhaltsverzeichnis

Relative Atommassen für $^{12}_{6}C = 12,000$

Kursiv gesetzte Zahlen geben die Massenzahl des Hauptisotops an.

Symbol	Name	Ordnungs-zahl	Relative Atommasse
Ac	Actinium	89	*227*
Ag	Silber	47	107,87
Al	Aluminium	13	26,9815
Am	Americium	95	*243*
Ar	Argon	18	39,948
As	Arsen	33	74,9216
At	Astat	85	*210*
Au	Gold	79	196,967
B	Bor	5	10,811
Ba	Barium	56	137,34
Be	Beryllium	4	9,0122
Bi	Wismut	83	208,98
Bk	Berkelium	97	*247,0*
Br	Brom	35	79,909
C	Kohlenstoff	6	12,01115
Ca	Calcium	20	40,08
Cd	Cadmium	48	112,40
Ce	Cer	58	140,12
Cf	Californium	98	*249*
Cl	Chlor	17	35,453
Cm	Curium	96	*245*
Co	Kobalt	27	58,9332
Cr	Chrom	24	51,996
Cs	Cäsium	55	132,905
Cu	Kupfer	29	63,54
Dy	Dysprosium	66	162,50
Er	Erbium	68	167,26
Es	Einsteinium	99	*245*
Eu	Europium	63	151,96
F	Fluor	9	18,9984
Fe	Eisen	26	55,847
Fm	Fermium	100	*252*
Fr	Francium	87	*223*
Ga	Gallium	31	69,72
Gd	Gadolinium	64	157,25
Ge	Germanium	32	72,59

Symbol	Name	Ordnungs-zahl	Relative Atommasse
H	Wasserstoff	1	1,00797
He	Helium	2	4,0026
Hf	Hafnium	72	178,49
Hg	Quecksilber	80	200,59
Ho	Holmium	67	164,93
In	Indium	49	114,82
Ir	Iridium	77	192,2
J	Jod	53	126,9044
K	Kalium	19	39,102
Kr	Krypton	36	83,80
La	Lanthan	57	138,91
Lw	Lawrencium	103	
Li	Lithium	3	6,939
Lu	Lutetium	71	174,97
Md	Mendelevium	101	*256*
Mg	Magnesium	12	24,312
Mn	Mangan	25	54,938
Mo	Molybdän	42	95,94
N	Stickstoff	7	14,0067
Na	Natrium	11	22,9898
Nb	Niob	41	92,906
Nd	Neodym	60	144,24
Ne	Neon	10	20,183
Ni	Nickel	28	58,71
No	Nobelium	102	*253*
Np	Neptunium	93	*237*
O	Sauerstoff	8	15,9994
Os	Osmium	76	190,2
P	Phosphor	15	30,9738
Pa	Protactinium	91	*231*
Pb	Blei	82	207,19
Pd	Palladium	46	106,4
Pm	Promethium	61	*149*
Po	Polonium	84	*210*
Pr	Praseodym	59	140,907
Pt	Platin	78	195,09
Pu	Plutonium	94	*242*
Ra	Radium	88	*222*
Rb	Rubidium	37	85,47
Re	Rhenium	75	186,2
Rh	Rhodium	45	102,905
Rn	Radon	86	*226*
Ru	Ruthenium	44	101,07

Symbol	Name	Ordnungs-zahl	Relative Atommasse
S	Schwefel	16	32,064
Sb	Antimon	51	121,75
Sc	Scandium	21	44,956
Se	Selen	34	78,96
Si	Silizium	14	28,086
Sm	Samarium	62	150,35
Sn	Zinn, Stannum	50	118,69
Sr	Strontium	38	87,62
Ta	Tantal	73	180,948
Tb	Terbium	65	158,924
Tc	Technetium	43	*99*
Te	Tellur	52	127,60
Th	Thorium	90	232,038
Ti	Titan	22	47,90
Tl	Thallium	81	204,37
Tm	Thulium	69	168,934
U	Uran	92	238,03
V	Vanadin	23	50,942
W	Wolfram	74	183,85
Xe	Xenon	54	131,30
Y	Yttrium	39	88,905
Yb	Ytterbium	70	173,04
Zn	Zink	30	65,37
Zr	Zirkon	40	91,22

1. Organische Verbindungen

11. Nomenklatur und Ringbezifferung

Von KARL DIMROTH, Marburg*

111. Zur Nomenklatur organischer Verbindungen

---

* Frau Dr. S. v. EICKEN sei für die Durchsicht des Nomenklaturaufsatzes und für wertvolle Ratschläge gedankt.

1111. Einleitung

Die stetig zunehmende Zahl organischer Verbindungen (Gesamtzahl 1963 über 1 Million, jährlicher Zuwachs z. Z. etwa 60000), ihre richtige Einordnung und systematische oder alphabetische Registrierung bereitet immer größere Schwierigkeiten und erfordert eine ständige Neuordnung ihrer Nomenklatur. Als Fortsetzung der ersten internationalen Verein- barung 1892, die zur „Genfer Nomenklatur" führte und deren Richtlinien im wesentlichen von Beilstein, dem Chemischen Zentralblatt, den Chemical Abstracts und anderen Registrierwerken übernommen wurden, dient die 1922 innerhalb der IUPAC (International Union of Pure and Applied Chemistry) gegründete Kommission über die Nomenklatur der Organischen Chemie. Ihr erster Bericht wurde 1932 publiziert[1]; er dient als wichtiges Richtmaß für die neuere Entwicklung. 1959 folgte ein zweiter[2] umfassen- der Bericht über (A) aliphatische und cyclische Kohlenwasserstoffe und (B) grundlegende heterocyclische Systeme. Besondere Nomenklaturvor- schläge existieren außerdem über Aminosäuren[3], Kohlenhydrate[4], Ste- roide[5], Carotinoide[6], Terpene[7], Triterpene[8], Flavonoide[9], Lignane[10],

---

[1] Commission on Nomenclature of Organic Chemistry IUPAC. J. Am. Chem. Soc. **55**, 3905 (1933); — Ber. dtsch. Chem. Ges. **65**, I, 13 (1932).

[2] Commission on Nomenclature of Organic Chemistry IUPAC. J. Am. Chem. Soc. **82**, 5545 (1960).

[3] Commission on Nomenclature of Organic Chemistry IUPAC. J. Am. Chem. Soc. **82**, 5575 (1960). — VICKERY, H. B.: Addendum to "Definite rules to Nomen- clature of Natural Aminoacids and related Substances. J. Org. Chem. **28**, 291 (1963).

[4] Rules of Carbohydrate Nomenclature. J. Org. Chem. **28**, 281 (1963).

[5] FIESER, L., u. M. FIESER: Steroid nomenclature. Tetrahedron **8**, 360 (1960); J. Am. Chem. Soc. **82**, 5545 (1960).

[6] Commission on Nomenclature of Biochemistry IUPAC. J. Am. Chem. Soc. **82**, 5583 (1960).

[7] Nomenclature for Terpene Hydrocarbons: Advances in Chemistry series Nr. 14. Am. Chem. Soc.

[8] ALLARD, S., u. G. OURISSON: Remarques sur la Nomenclature des Tri- terpènes. Tetrahedron **1**, 277 (1957).

[9] FREUDENBERG, K., u. K. WEINGES: Systematik und Nomenklatur der vonoide. Tetrahedron **8**, 336 (1960).

[10] FREUDENBERG, K., u. K. WEINGES: Systematik und Nomenklatur der Lignane. Tetrahedron **15**, 115 (1961).

Vitamine[11], makromolekulare Stoffe[12] und Enzyme[13]. Beachtung verdienen auch die Bemühungen um eine einheitliche Nomenklatur der stereoisomeren Verbindungen, die den neueren Entwicklungen Rechnung tragen[14].

Für isocyclische und heterocyclische *Ringsysteme*, deren Nomenklatur besondere Schwierigkeiten bereitet, wird heute fast allgemein der von der American Chemical Society herausgegebene Ringindex[15] verwendet, der in der 2. Auflage 7727 Beispiele für Ringverbindungen enthält, übersichtlich geordnet ist und auch die für die Benennung und Numerierung gültigen Regeln enthält. Da für viele Ringverbindungen oft Numerierungen in Gebrauch sind, die, wie etwa für Anthracen, Purin u.v.a., von den Regeln abweichen, diese aber allgemein verwendet werden, sind für zahlreiche Stoffsysteme Ausnahmen zugelassen, auf die im Ringindex besonders hingewiesen wird. Auf S. 43—51 sind einige der wichtigsten isocyclischen und heterocyclischen Ringsysteme aufgeführt, wobei die Numerierungsvorschläge dem Ringindex entsprechen. Um Verwirrungen zu vermeiden, haben wir bei den in Tabelle 12 aufgeführten Verbindungen, soweit diese der Literatur bzw. dem Beilstein entnommen sind, die dort noch üblichen Bezifferungen gewählt. Es sollten aber in Zukunft möglichst die Bezifferungen des Ringindex (unter besonderem Hinweis auf die Änderung) benutzt werden.

1112. Nomenklatursysteme

Die Nomenklatur organischer Verbindungen benutzt sehr verschiedene, sich teilweise überschneidende Systeme.

a) Trivialnamen[16], wie Milchsäure, Hämin, Nicotinsäure, wozu auch die Namen der Stammverbindungen wie Methan*, Äthan*, Benzol, Naphthalin usw. gehören; letztere sind heute zu „systematischen" Namen geworden.

b) Systematische Namen, wie Äthanol, 2-Methyl-pentan, Pyridincarbonsäure-(3) usw., die durch die Vorschläge der Nomenklaturkommissionen aus Stammnamen mit den systematischen Gruppennamen und Bezifferungsregeln entstehen.

c) Stammsubstanz-Namen, *halbsystematische* oder *Halbtrivial-Namen* sind z.B. Hydroxymethyl-cyclopentan (Stamm = Pentan bzw. Cyclopentan bzw. Methylcyclopentan), Hydroxy-aceton [anstatt Propanolon-(2)], Calciferol, Calciferol-acetat.

d) Substitutionsnamen wie Methylbenzol, Chlormethan, Hexanol; diese entsprechen zugleich meist auch den systematischen Namen.

---

[11] Commission on Nomenclature of Organic Chemistry. J. Am. Chem. Soc. **82**, 5581 (1960).

[12] Commission of Makromolecules IUPAC. J. Polymer. Sci. **8**, 257 (1952).

[13] THOMPSON, R.H.S.: Classification and Nomenclature of Enzymes. Science **137**, 105 (1962).

[14] TERENTIEV, A. P., u. V. M. POTAPOV: Über Nomenklaturprobleme in der Stereochemie. Tetrahedron **1**, 119 (1957). — CAHN, R. S., u. C. K. INGOLD: J. Chem. Soc. (London) **1951**, 612. — CAHN, R. S., C. K. INGOLD u. V. PRELOG: The Specification of Asymmetric Configuration in Organic Chemistry. Experientia **12**, 81 (1956).

[15] PATTERSON, A. M., L. T. CAPELL u. D. F. WALKER: The Ring Index 2nd Edit. The American Chemical Society 1960. Supplement I erscheint November 1963.

[16] WIEGAND, CH.: Entstehung und Deutung wichtiger organischer Trivialnamen, Teil 1—3. Angew. Chem. **60**, 109, 127, 204 (1948).

* Auch „halbsystematische" Namen.

e) Substraktions- und Additions-Namen wie Dehydrobenzol und Dihydrobenzol; Äthen- (zugleich systematischer Name) und Äthylenbromid, Äthylenoxid; Norcamphan, Homophthalsäure.

f) Radikalnamen, wie Methyl-chlorid, Benzal-bromid, Acetyl-cyanid.

g) Ersetzungsnamen („a"-Nomenklatur) wie 2-Oxa-propan($=$Dimethyläther), Aza-azulen (eine CH-Gruppe des Azulens durch N ersetzt), Oxacyclohexan (eine CH_2-Gruppe des Cyclohexans durch O ersetzt), Thioketon ($=$O durch $=$S ersetzt) usw.

h) Zusammengesetzte Namen, wie Naphthalin-essigsäure, Pyridin-hydrochlorid, Benzo-pyran, Benzanthracen usw.

i) Hantzsch-Widman-Namen. Namen heterocyclischer Systeme, die durch Präfixe (zur Kennzeichnung des Heteroatoms) und Suffixe (zur Kennzeichnung der Ringgröße) gebildet werden: Azepin, Triazol usw.

Die zahlreichen Möglichkeiten führen unvermeidlich dazu, daß gleiche Verbindungen in sehr verschiedener Weise benannt werden können. Oft ist es ratsam, Verbindungen, die nach einem bestimmten Gesichtspunkt oder nach einem gleichartigen Verfahren hergestellt werden, mit den Namen zu belegen, die diese Beziehungen erkennen lassen. Eine völlig einheitliche Nomenklatur wird sich — so erwünscht sie für die Registrierung wäre — nicht erreichen lassen. So wäre es z. B. sinnlos, Derivate des Camphers, selbst wenn sie schon wesentliche Abwandlungsprodukte darstellen, systematisch als Bicyclo[2,2,1]heptan-Derivate zu benennen und sogar mit anderer Numerierung zu versehen, solange sie in engerem Zusammenhang mit der Chemie des Camphers stehen. Wenn irgend möglich sollte allerdings dem systematischen Namen der Vorzug gegeben werden. Die Trivialnamen der Stammsubstanzen bilden hierbei den Ausgang.

1113. Stammsubstanzen

A. *Nichtcyclische gesättigte und ungesättigte Kohlenwasserstoffe*

Gesättigte aliphatische Kohlenwasserstoffe haben Trivialnamen (Methan, Äthan usw.), die bei den höheren Gliedern aus den lateinischen bzw. griechischen Zahlen mit der Endsilbe „an" gebildet wurden. Diese Namen dienen als Grundlage für die Nomenklatur zahlreicher Verbindungen. Bei unverzweigten Ketten beginnt die Numerierung am ersten C-Atom der Kette.

Bei verzweigten gesättigten Kohlenwasserstoffen bekommt die längste Kette den Stammnamen. Sie wird so beziffert, daß die Verzweigungsstellen eine möglichst niedrige Ziffer erhalten. Die Seitenkettenbezifferung fängt — ausgehend von der Stammkette — mit dem ersten C-Atom der Seitenkette beginnend mit 1 an: $\overset{7}{C}H_3-\overset{6}{C}H_2-\overset{5}{C}H_2-\overset{4}{C}H_2-\overset{3}{C}H(\overset{(1)}{C}H_2-\overset{(2)}{C}H_2-\overset{(3)}{C}H(\overset{(4)}{C}H_3)-CH_3)-\overset{2}{C}H_2-\overset{1}{C}H_3 = $ 3-(3-Methyl-butyl)-heptan. Mehrere Seitenketten an einer Hauptkette können nach „wachsender Komplexizität" oder alphabetisch geordnet werden. $(CH_3)_3C-$ ist weniger komplex (4 C-Atome!) als $\overset{5}{C}H_3-\overset{4}{C}H_2-\overset{3}{C}H_2-\overset{2}{C}H_2-\overset{1}{C}H_2-$ (5 C-Atome!), und dieses weniger komplex als $CH_3-CH_2-CH(CH_3)-CH_2-$. Je stärker verzweigt eine Kette gleich großer Gliederzahl ist oder je näher der größere Rest der verzweigten Seitenkette an die Verzweigungsstelle reicht, um so „komplexer" nennt man diese.

Bei der alphabetischen Ordnung ist wie immer zu beachten, daß in verschiedenen Sprachen verschiedene Ordnungen zustandekommen können.

Ungesättigte aliphatische Kohlenwasserstoffe werden durch die Nachsilbe -en (-ylen) anstatt -an, manchmal auch durch ein Δ mit der entsprechenden Bezifferung, gekennzeichnet: Äthen (Äthylen); Decen. Die Bezifferung wird normalerweise so gewählt, daß nur die Zahl des C-Atoms bezeichnet wird, von dem die Doppelbindung ausgeht; besteht Unklarheit, werden die beiden ungesättigten Atome genannt. 2-Hexen oder Hexen-(2) oder Δ^2-Hexen ist also: $\overset{1}{C}H_3-\overset{2}{C}H=\overset{3}{C}H-[\overset{4,5}{C}H_2]_2-\overset{6}{C}H_3$. Sind *mehrere* Doppelbindungen vorhanden, so werden diese durch die Nachsilben „adien", „atrien" usw. gekennzeichnet: Butadien-(1,2) ist $CH_2=C=CH-CH_3$; Butadien-(1,3) oder $\Delta^{1,3}$-Butadien ist $CH_2=CH-CH=CH_2$. Die Ziffern werden so gesetzt, daß die Stelle der Doppelbindung(en) möglichst niedrige Zahlen erhalten. Die Doppelbindung genießt Vorrang vor den Substitutienten. *Dreifachbindungen* sollten durch „yne" gekennzeichnet werden, doch hat sich im Deutschen diese Endsilbe nicht eingeführt. An ihrer Stelle steht „in" (-diin, -triin usw.). Für die Bezifferungen gelten die gleichen Regeln wie für die Doppelbindungen. Die Doppelbindungsziffer genießt — vorausgesetzt, daß die Zahl so niedrig wie möglich bleibt — den Vorrang vor der Dreifachbindung: $\overset{1}{C}H_2=\overset{2}{C}H-\overset{3}{C}=\overset{4}{C}H$ heißt also Buten(1)-in(3); $\overset{4}{C}H_3-\overset{3}{C}H=\overset{2}{C}H-\overset{1}{C}=CH$ dagegen Pentin(1)-en(3). Acetylen ist ein gebräuchlicher Name für das einfachste Glied (anstelle des systematischen Namens Äthin). Für die Benennung ungesättigter Kohlenwasserstoffe mit verzweigten Ketten gelten im Prinzip die gleichen Regeln wie für die gesättigten. Bei gleicher Kettenlänge wird die am stärksten ungesättigte zur Hauptkette.

Für die bequeme Benennung der verzweigten Ketten benutzt man die aus den gesättigten oder ungesättigten Kohlenwasserstoffen abgeleiteten einbindigen Präfixe, von denen hier einige als Beispiele aufgeführt sind:

Methyl-	$-CH_3$
Äthyl-	$-C_2H_5$
Propyl-	$-C_3H_7(n)$
Pentyl-(Amyl-)	$-C_5H_{11}(n)$
Isobutyl-	$-CH_2-CH(CH_3)_2$
Isopentyl-	$-CH_2-CH_2-CH(CH_3)_2$
Neopentyl-	$-CH_2-C(CH_3)_3$
Vinyl-(Äthenyl-)	$-CH=CH_2$
Propenyl-	$-CH=CH-CH_3$
Allyl-	$-CH_2-CH=CH_2$
Isopropenyl-	$-C(CH_3)=CH_2$
α-Butenyl-	$-CH=CH-CH_2-CH_3$
β-Butenyl-	$-CH_2-CH=CH-CH_3$

Als mehrwertige Reste werden z.B. folgende häufig benutzt:

Methylen-	$\diagdown CH_2$
Äthyliden-	$\diagdown CH-CH_3$
Propyliden-	$\diagdown CH-CH_2-CH_3$
Butyliden-	$\diagdown CH-CH_2-CH_2-CH_3$
Isobutyliden-	$\diagdown CH-CH(CH_3)_2$

Benzyliden-, Benzal-	$>\!CH\!-\!C_6H_5$
Cinnamyliden-(Cinnamal-)	$>\!CH\!-\!CH\!=\!CH\!-\!C_6H_5$
Furfuryliden-	$>CH\!-$ 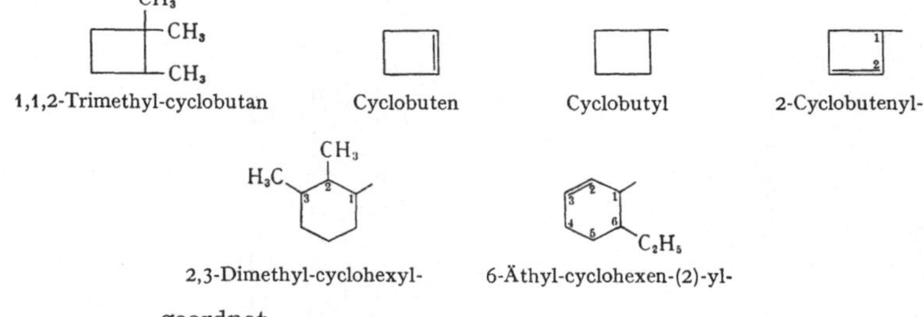
Methin-(Methenyl-)	$>\!CH$

ferner:

Äthylen-	$\overset{|}{C}H_2\!-\!\overset{|}{C}H_2$
Propylen-	$\overset{|}{C}H_2\!-\!\overset{|}{C}H\!-\!CH_3$
Trimethylen-	$\overset{|}{C}H_2\!-\!CH_2\!-\!\overset{|}{C}H_2$
1,2-Butylen-	$\overset{|}{C}H_2\!-\!\overset{|}{C}H\!-\!CH_2\!-\!CH_3$
1,2-Isobutylen-	$\overset{|}{C}H_2\!-\!\overset{|}{C}(CH_3)_2$
Tetramethylen-	$\overset{|}{C}H_2\!-\!CH_2\!-\!CH_2\!-\!\overset{|}{C}H_2$

B. Cyclische aliphatische Kohlenwasserstoffe

werden durch das Präfix ,,Cyclo" aus den Stammkohlenwasserstoffen
gebildet: Cyclopropan, Cyclobutan usw. Die abgeleiteten und funktionellen
Präfixe werden in derselben Weise wie bei den nichtcyclischen Kohlenwasserstoffen verwendet. Auch die Suffixe -an, -en, -in, -dien, -trien usw.
gelten wie bei den nichtcyclischen Kohlenwasserstoffen*. Das gleiche gilt
für die Bezifferung:

1,1,2-Trimethyl-cyclobutan	Cyclobuten	Cyclobutyl	2-Cyclobutenyl-

2,3-Dimethyl-cyclohexyl-	6-Äthyl-cyclohexen-(2)-yl-

geordnet
a) nach Komplexizität: 1-Äthyl-2-propyl-3-butyl-cyclohexan
b) nach Alphabet: 1-Äthyl-3-butyl-2-propyl-cyclohexan
c) nach Alphabet engl.:   1-Butyl-3-ethyl-2-propyl-cyclohexane

C. Monocyclische aromatische Kohlenwasserstoffe

Leider ist im Deutschen die im Englischen streng durchgeführte
Nomenklatur, nach der alle aromatischen Kohlenwasserstoffe auf -ene
(benzene, toluene, anthracene usw.) enden, nicht konsequent durchgeführt.
Toluol, Xylol, Anisol, Naphthalin, Anthracen zeigen, wie bunt das Bild
ist, das durch die richtig endenden Phenole Kresol, Xylenol usw. noch

---

* Die Δ-Nomenklatur empfiehlt sich bei komplizierteren Stoffen, z.B. den
Steroiden wie $\Delta^{8\,(14)}$-Cholesten und vielen anderen. Manchmal heißt es auch
Δ^1-Cholestenol, Δ^1-Cortison, ,,$\Delta^{1,3}$-Steroide" usw.

weiter kompliziert wird. Im Englischen sollen alle auf -ene endenden Namen cyclischer Verbindungen vorbehalten bleiben, die den größtmöglichen Grad an Ungesättigtsein durch konjugierte (nicht kummulierte) Doppelbindungen besitzen.

Die meisten einfachen aromatischen Kohlenwasserstoffe und viele ihrer Alkyl-Derivate haben *Trivialnamen*, die gemäß den Leitsätzen der Nomenklaturkommissionen für die Stammsubstanzen und ihre Derivate erhalten bleiben sollen. Zwei Substituenten werden im Benzol durch ihre gegenseitige Stellung als ortho(o-) = 1,2; meta(m-) = 1,3; oder para-(p-) = 1,4 gekennzeichnet. Diese Bezeichnung sollte nicht auf 3 Substituenten übertragen werden. Anstatt o-Nitro-kresol (in Chem. Abstracts unter ,,cresene, 2-nitro-" zu finden) sollte also besser die eindeutige Bezeichnung 1-Hydroxy-4-methyl-2-nitro-benzol, 4-Hydroxy-3-nitro-toluol oder 4-Methyl-2-nitro-phenol stehen. Für die Reihenfolge * der Präfixe ist (außer in bestimmten Registrierwerken) keine verbindliche Vereinbarung getroffen. *Drei* gleiche Substituenten in Benzol können anstatt durch die Ziffer 1,2,3 durch v-(vicinal); 1,2,4 durch as-(asymmetrisch); 1,3,5 durch s-(symmetrisch) in ihre Stellung fixiert werden.

Einige häufig vorkommenden Trivialnamen und ihre ein- bzw. mehrbindigen Reste sind im folgenden zusammengestellt:

Trivialname	Formel	Name des Restes (Präfix)
Benzol	C_6H_6	Phenyl-, Phenylen$\langle$
Toluol	$C_6H_5-CH_3$	Tolyl-
Xylol (3 Isomere)	$C_6H_4(CH_3)_2$ (3 Isomere)	Xylyl-
Hemellitol	$C_6H_3(CH_3)_3(1,2,3)$	Hemellityl-
Pseudocumol	$C_6H_3(CH_3)_3(1,2,4)$	Pseudocumyl-
Mesitylen	$C_6H_3(CH_3)_3(1,3,5)$	Mesityl-
Isocumol	$C_6H_5-CH_2-CH_2-CH_3$	Isocumyl-
Cumol	$C_6H_5CH(CH_3)_2$	Cumyl-
Prehnitol	$C_6H_2(CH_3)_4(1,2,3,4)$	Prehnityl-
Isodurol	$C_6H_2(CH_3)_4(1,2,3,5)$	Isoduryl-
Durol	$C_6H_2(CH_3)_4(1,2,4,5)$	Duryl-
p-Cymol	$C_6H_4(CH_3)CH(CH_3)_2(1,4)$	p-Cymyl-
Styrol	$C_6H_5-\overset{\alpha}{C}H=\overset{\beta}{C}H_2$	Styryl-
Diphenylmethan	$(C_6H_5)_2CH_2$	Diphenylmethyl-
Triphenylmethan	$(C_6H_5)_3CH$	Trityl-
Biphenyl	$C_6H_5-C_6H_5$	Biphenyl-
—	$C_6H_5-\overset{\alpha}{C}H_2-$	Benzyl-
—	$C_6H_5-CH_2-CH_2-$	Phenäthyl-
—	$C_6H_5-CH\langle$	Benzyliden-(Benzal-)
—	$C_6H_5-\overset{\gamma}{C}H=\overset{\beta}{C}H-\overset{\alpha}{C}H_2-$	Cinnamyl-
—	$C_6H_5-CH=CH-CH\langle$	Cinnamyliden-(Cinnamal-)

---

* Hier alphabetisch.

Die genetischen Beziehungen zwischen gesättigten und ungesättigten cyclischen Kohlenwasserstoffen lassen sich durch Namen wie Hexahydro=benzol (für Cyclohexan); Hexahydrophthalsäure [für Cyclohexan-dicarbon=säure-(1,2)]; Tetrahydrobenzol (für Cyclohexen) u. a. ausdrücken. Die Namen Tetralin und Dekalin sind auf diesem Wege gebildet worden. *Dehydrobenzol* (auch Benzyn genannt) ist ein Vertreter der *Arine* (oder auch Aryne).

D. *Kohlenwasserstoffe mit zwei oder mehreren, nicht miteinander kondensierten Ringsystemen*

bei denen die Ringe durch einfache oder doppelte Bindungen miteinander verknüpft* sind, werden — falls es sich um die Verknüpfung gleicher Ringe oder Ringsysteme handelt — durch die Vorsilbe „Bi"- („Tri" usw.) mit nachfolgendem Kohlenwasserstoff oder Kohlenwasserstoffrest gekennzeichnet. Die Nomenklatur und Bezifferung geht am besten aus folgenden Beispielen hervor:

1,1'-Bicyclohexan
oder 1,1'Bicyclohexyl   Biphenyl   1,2'Binaphthalin
oder 1,2'-Binaphthyl

1,1'-Bicyclopentadienyliden

Die Ziffern für die Substituenten sollen so niedrig wie möglich sein; es gelten bei verschiedenen Substituenten die gleichen Regeln wie bei den aliphatischen Kohlenwasserstoffen. So wird man z. B., solange noch eine freie Wahl möglich ist, dem weniger komplexen Substituenten eine kleinere Ziffer als dem stärker komplexen geben.

Sind die miteinander verknüpften Ringsysteme verschieden, so wird man dem mit der *größeren Zahl kondensierter Ringe*, dem mit der *größeren Ringgliederzahl* bzw. dem *stärkstungesättigten* die Eigenschaften des Stammkohlenwasserstoffes geben und entsprechend beziffern: 2-Phenyl-naphthalin (nicht (2)-Naphthyl-benzol); Cyclopentyl-cyclohexan (nicht Cyclohexyl-cyclopentan); Cyclohexyl-benzol, (nicht Phenyl-cyclohexan). Nichtverzweigte Ringsysteme bekommen bei mehreren Ringpartnern die Präfixe Ter-, Quater-, Quinque-, Sexi-, Septi- usw., z. B. Tercyclopropan

$$\underset{(3''-1'')}{C_3H_5-\overset{\displaystyle CH_2}{CH}\!\!-\!\!\underset{(1-3)}{CH-C_3H_5}}; \quad 2,1';\ 5',2'';\ 6'',2'''\text{-Quater-naphthalin. Die nicht}$$

gestrichelten Ziffern gehören einem endständigen Kohlenwasserstoff, wobei der als „endständig" ausgewählt wird, der den Substituenten an der niedrigsten Ziffer trägt. Sind mehrere *Phenylreste* miteinander verknüpft, so bleiben (als Ausnahme) die bisher üblichen Namen mit der Nachsilbe -„phenyl" erhalten:

p-Terphenyl oder 1,1'; 4',1''-Terphenyl   m-Terphenyl oder 1,1'; 3'1'''-Terphenyl

---

* Hier ist also die Zahl der Ringsysteme um eins größer als die Zahl der Verknüpfungsstellen zwischen den Ringsystemen. In den Nomenklaturbeschlüssen bezeichnet man solche Stoffe als „Ring assemblies".

Kohlenwasserstoffe mit einem oder mehreren Ringen und aliphatischen gesättigten oder ungesättigten Seitenketten werden entweder nach dem Ringkohlenwasserstoff oder nach dem aliphatischen Kohlenwasserstoff als Stammkörper benannt: 2,3,6-Trimethyl-naphthalin; Diphenylmethan. Man wählt so aus, daß die maximale Zahl von Substituenten in das Präfix kommt und, wenn diese Bedingung erfüllt ist, der kleinere Partner als Substituent bezeichnet wird: Äthylbenzol; aber 2,3-Dimethyl-1-phenyl-hexen-(1).

E. Kondensierte polycyclische Kohlenwasserstoffe

haben vielfach Trivialnamen *, die bei der Nomenklatur zu verwenden sind. Die meisten hiervon sind mit der gültigen Bezifferung in der Tabelle S. 43 aufgeführt.

Ortho-kondensierte Ringsysteme, d.h. solche, die 2, aber auch nur 2 den beiden Ringen gemeinsame Atome besitzen und die keinen Trivial-namen haben, werden aus dem Trivialnamen des größten Stamm-Ring-systems und dem (im Namen möglichst einfach zu wählenden) angeglie-derten Ring- oder Ringsystem als Präfix gebildet:

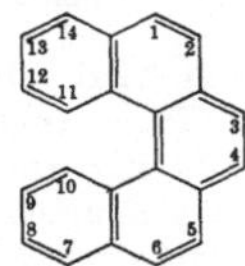

heißt also 3,4,5,6-Dibenzo-phenanthren, (nicht Naphtho-phenanthren, Dinaphtho-benzol)**.

Folgende Präfixe werden z. B. verwendet:

Acenaphtho-	Rest von Acenaphthylen
Anthra-	Rest von Anthracen
Benzo-	Rest von Benzol
Naphtho-	Rest von Naphthol
Perylo-	Rest von Perylen
Phenanthro-	Rest von Phenanthren
Cyclopenta-	Rest von Cyclopentadien
Cyclohepta-	Rest von Cycloheptatrien
Cycloocta-	Rest von Cyclooctan

Die Präfixe Benzo-, Naphtho-, Anthra-, Acenaphtho- usw. werden bei mit Vokalen beginnenden Stammkohlenwasserstoffe ohne Endvokal gebraucht, also Benz-anthracen. (Ausnahmen Anthra- und Präfixe, die mit eno- enden, also Anthra-anthracen, Fluoreno-anthracen.) Die mono-cyclischen Präfixe Cyclopen*ta*-, Cyclohep*ta*-, Cyclooc*ta*-, Cyclon*ona* usw. — wie die Suffixe -en (engl. ene) für den Stammkohlenwasserstoff — bedeuten, daß diese Ringsysteme ungesättigt sind und die größtmögliche Zahl nichtkumulierter Doppelbindungen enthalten. Im anderen Fall werden die Präfixe Cyclopentano- usw. und Suffixe „an" gebraucht.

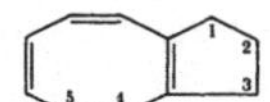
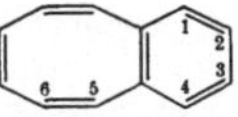

1 H-Cyclopenta-cycloocten   1 H-2,3-Dihydro-cyclopenta-cyclooocten   Benzo-cyclooocten

* Diese *sollten* wie die einfachen ungesättigten Carbocyclen beim höchsten durch Doppelbindungen hervorgerufenen Grad an Ungesättigtheit (nicht kumu-lierte Doppelbindungen) mit „-en" (engl. „-ene" enden. Ausnahme im Deutschen Naphthalin (engl. Naphthalene).

** Über Bezifferung des gesamten Systems s. S. 10.

Die *Bezifferung des neuen Ringsystems* erfolgt jetzt *unabhängig* von der Bildung des Namens aus den einzelnen Teilen und deren ursprünglicher Bezifferung. Hierbei gilt folgende Regelung: Das polycyclische System wird so orientiert, daß

a) die größte Zahl von Ringen in eine horizontale Reihe gelangt (waagerechte Achse),

b) die maximale Anzahl von Ringen in die oberen rechten Quadranten gelangt.

c) Falls hierfür mehrere Lösungen möglich sind, dann wird diejenige ausgewählt, bei der die geringste Zahl von Ringen in den unteren linken Quadranten gelangt.

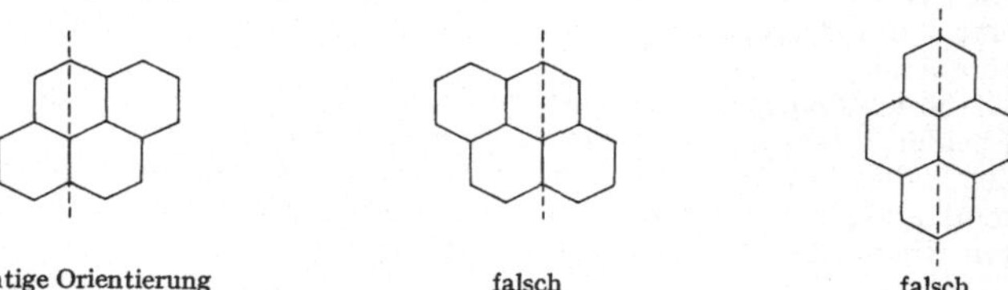

richtige Orientierung　　　　　　　falsch　　　　　　　falsch

Das so orientierte Ringsystem wird jetzt im *Uhrzeigersinn* numeriert, wobei man mit dem nur einem Ring angehörenden C-Atom in dem am weitesten oben rechts stehenden Ring unmittelbar neben der Kondensationsstelle beginnt. C-Atome, die 2 Ringen gemeinsam sind, erhalten keine Ziffer, sondern die letzte Ziffer mit den Buchstaben a, b, c, ... in folgender Weise:

richtig　　　　　　　3 b und 5 b falsch

Besteht nach alledem noch immer eine Wahl zwischen mehreren Bezifferungsarten, so wird diejenige ausgesucht, bei der die 2 Ringen gemeinsamen C-Atome möglichst niedrige Ziffern erhalten, z. B.:

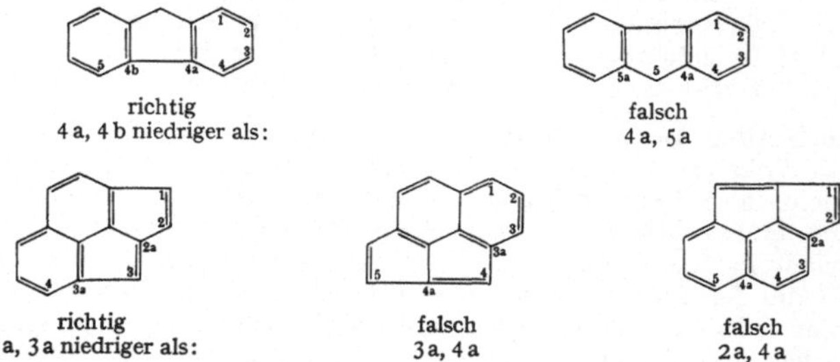

richtig　　　　　　　　　　falsch
4 a, 4 b niedriger als:　　　　　　4 a, 5 a

richtig　　　　falsch　　　　falsch
2 a, 3 a niedriger als:　　3 a, 4 a　　2 a, 4 a

Besteht noch immer eine Wahl, so wird das gesättigte C-Atom mit der niedrigsten Ziffer belegt. Das gleiche gilt für mehrere gesättigte C-Atome.

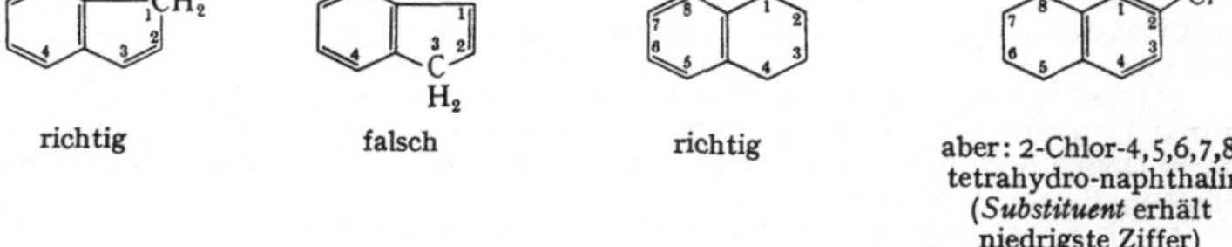

richtig　　　　falsch　　　　richtig　　　　aber: 2-Chlor-4,5,6,7,8-
　　　　　　　　　　　　　　　　　　　　　　tetrahydro-naphthalin
　　　　　　　　　　　　　　　　　　　　　　(*Substituent* erhält
　　　　　　　　　　　　　　　　　　　　　　niedrigste Ziffer)

Für eine Anzahl von Ringsystemen, wie Anthracen, Phenanthren, Cyclopenta[a]-phenanthren u. a. im Verzeichnis S. 43 aufgeführte, bleiben die seit langem üblichen Bezifferungen, entgegen diesen Regeln, bestehen.

Hydrierte Derivate können als Dihydro-, Tetrahydro-, ...Perhydro- (für vollständig gesättigte) bezeichnet werden. Ist ein einzelnes gesättigtes C-Atom vorhanden, so bezeichnet man dieses mit der niedrigsten verfügbaren Nummer unter Zusatz von H:

1 H-Cyclopenta-cycloocten

15 H-Cyclopenta[a]-phenanthren(I) oder 15,16-Dihydro-17,H-cyclopenta[a]-phenanthren(II) sind andere Beispiele, die wegen ihrer besonderen Beziehungen zu den Steroiden genehmigte Ausnahmen der Bezifferung bilden:

I   II

Auch in dieser Gruppe gibt es einige Trivialnamen, z. T. mit besonderen Bezifferungen (Inden, Acenaphthen, Acephenanthren, Vioanthren u. a), die bei den Ringverbindungen S. 43 u. f. vermerkt sind.

Bestehen *mehrere Möglichkeiten* für den Bau kondensierter Ringsysteme, so werden die *Isomeren* durch Einfügen der kleinen Buchstaben in eckigen Klammern a, b, c... für die gemeinsame Bindung gekennzeichnet. Hierbei wird der *Stammkohlenwasserstoff* in der Weise mit Buchstaben versehen, daß — ohne Rücksicht auf die zugelassenen Ausnahmen bei der Bezifferung (z. B. Anthracen) — die 1,2-Bindung mit a und fortlaufend alle folgenden mit b, c, d usw. bezeichnet werden:

Anthracen   Pyren

Durch Heranfügen des 2. Kohlenwasserstoffes wird dann der neue Kohlenwasserstoff benannt. Die Verknüpfungsstelle dieses Kohlenwasserstoffes wird durch dessen Ziffern gekennzeichnet:

Benz[a]anthracen   Dibenz[a, j]anthracen   Naphtho[2,1-a]pyren

Das so zusammengesetzte System wird — ohne Rücksicht auf die genetische Namengebung — nach den früher gegebenen Regeln durchnumeriert. Dies zeigen die obigen Beispiele (richtige Zahlen außen).

F. Bi- und polycyclische Brücken-Kohlenwasserstoffe

werden — soweit sie nicht Trivialnamen wie Campher, Pinan, Caran usw. besitzen, in folgender Weise benannt: Man zählt zunächst sämtliche miteinander verbundenen C-Atome einschließlich aller brückenbildenden zusammen und bildet aus deren Gliederzahl den Stammkohlenwasserstoff. Die Zahl der Ringe wird durch die Vorsilbe Bicyclo-, Tricyclo- usw., die Zahl der von den Brückenköpfen ausgehenden Ringglieder durch — nach Größe absteigend geordnete — Zahlen in eckigen Klammern gekennzeichnet. Die Bezifferung beginnt am Brückenkopf und wird so ausgeführt, daß zum nächsten Brückenkopf der längstmögliche Weg zurückzulegen ist:

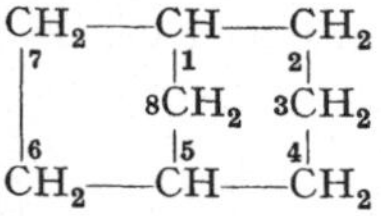

Bicyclo[3,2,1]octan 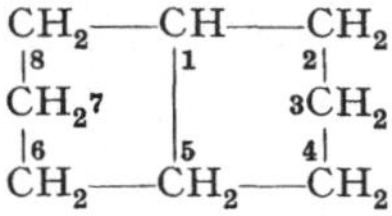   Bicyclo[3,3,0]octan 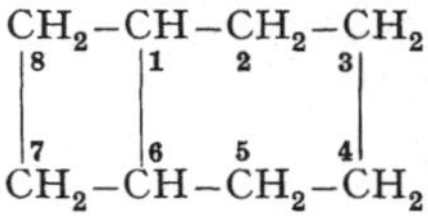   Bicyclo[4,2,0]octan

Trägt einer der Ringe eine funktionelle Gruppe, Doppelbindungen und dgl., so bleibt die Bezifferung die gleiche. Lediglich dann, wenn eine Wahlmöglichkeit (wie bei Bicyclo[3,3,0]octan) besteht, bekommt der Substituent an den C-Atomen 2,3,4 bzw. 6,7,8 die niedrigstmögliche Ziffer. So heißt es Bicyclo-[3,3,0]-octen(2) und nicht -octen(3),(6) oder (7). Komplizierter ist die Benennung tri- und höher cyclischer Brückenkohlenwasserstoffe. Hier stehen jetzt in eckigen Klammern (nach fallender Gliederzahl geordnet) zunächst die drei von den Brücken-C-Atomen ausgehenden Zahlen der C-Atome der drei Ringe. Dabei ist zu beachten, daß die längstmöglichen Gliederzahlen herausgesucht werden. Aus den Beispielen wird dies ersichtlich. Als 4,(5, usw.) folgt dann die Zahl der Brücken-C-Atome des vierten Ringes, wobei zugleich durch hochgestellte Ziffern die Stellung der sekundären Brücke markiert wird. Im übrigen gelten für die Bezifferung die gleichen Regeln wie oben:

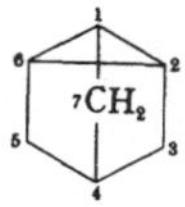

Tricyclo-[2,2,1,0^{2,6}]heptan 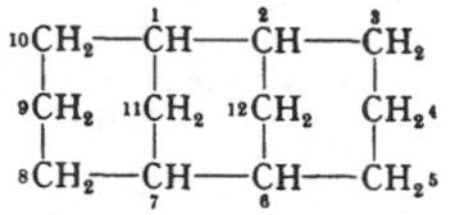   Tricyclo[5,3,1,1^{2,6}]-dodecan 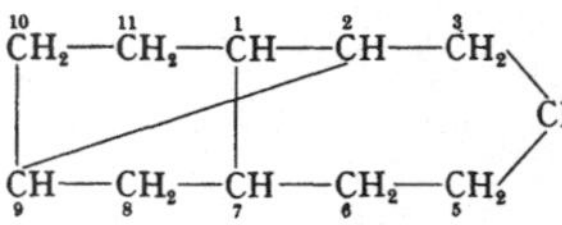   Tricylo[5,4,0,0^{2,9}]undecan

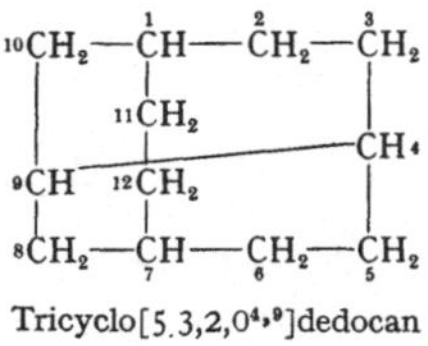

Tricyclo[5.3,2,0^{4,9}]dedocan   nicht: Tricyclo[5,2,3,0^{4,11}]dodecan

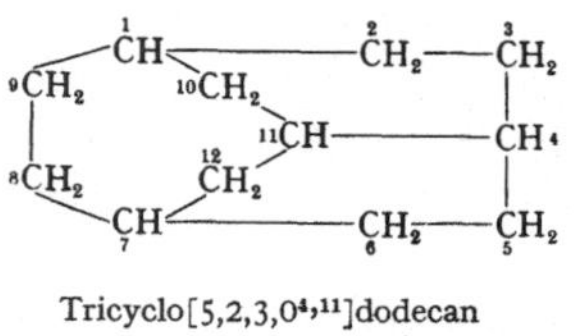

Eine andere, manchmal einfachere Bezeichnungsweise ist diejenige, bei der man die Überbrückung kennzeichnet durch:

Methano-	$-CH_2-$
Äthano-	$-CH_2-CH_2-$
Ätheno-	$-CH=CH-$
Butano-	$-[CH_2]_4-$
Benzeno-(o,m,p)	$-C_6H_4-$
usw.	

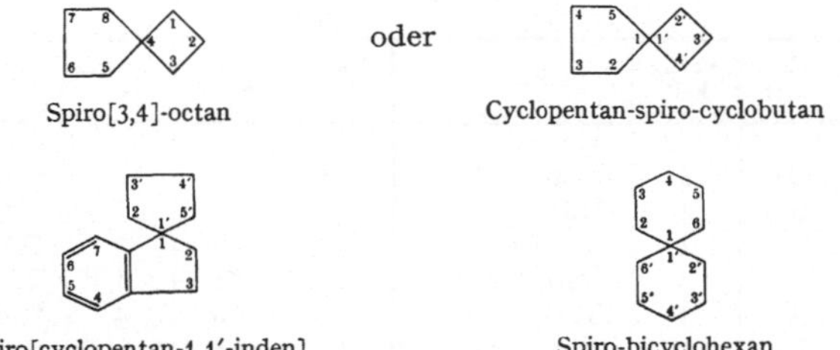

9,10-Dihydro-9,10-äthano-anthracen   7,12-Dihydro-7,12(2-buteno)-benzo[a]-anthracen

G. Spiro-Kohlenwasserstoffe

Sie werden, wie aus folgenden Beispielen erkennbar ist, benannt und beziffert:

Spiro[3,4]-octan   oder   Cyclopentan-spiro-cyclobutan

Spiro[cyclopentan-1,1'-inden]   Spiro-bicyclohexan

Die Spiro-Stelle erhält die niedrigst mögliche Ziffer.

H. Einfache heterocyclische Ringsysteme

Viele Heterocyclen besitzen Trivialnamen (eine Auswahl mit der zugehörigen Bezifferung findet sich in der Tabelle 112 S. 47).

Für die 3- bis 10gliedrigen Ringe gelten die folgenden Suffixe (im Englischen mit angehängtem e).

Suffixe für heterocyclische Ringe

Gliederzahl	Ring ohne Stickstoff		Ring Stickstoff enthaltend	
	ungesättigt	gesättigt	ungesättigt	gesättigt
3 (tri)	-iren	-iran	-irin	-iridin
4 (tetra)	-et	-etan	-et	-etidin
5	-ol	-olan	-ol	-olidin
6	-in	-an	-in	-in
7 (hepta)	-epin	-epan	-epin	-epin
8 (octa)	-ocin	-ocan	-ocin	„Perhydro"- -ocin
9 (nona)	-onin	-onan	-onin	-onin
10 (deca)	-ecin	-ecan	-ecin	-ecin

Weniger ungesättigte Ringsysteme werden durch die Präfixe Dihydro-, Tetrahydro- usw. gekennzeichnet. Für 4- und 5gliedrige Heterocyclen mit einer Doppelbindung gibt es besondere Suffixe:

	Ring ohne Stickstoff			Ring Stickstoff enthaltend		
4-	et(e)	-eten(e)	etan(e)	et(e)	etin(e)	etidin(e)
5-	ol(e)	-olen(e)	olan(e)	ol(e)	olin(e)	olidin(e)
	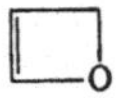 Oxet	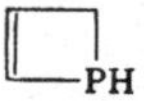 2-Phospheten	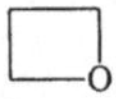 Oxetan	 Azet	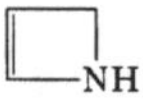 2-Azetin	 Azetidin
	 (Oxol) Furan	 Oxolen-(2) 2,3-Dihydro-furan	 Oxolan Tetrahydro-furan	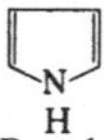 Pyrrol (Azetol)	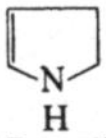 2-Pyrrolin (Azetolin)	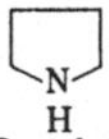 Pyrrolodin (Azetolidin)

Sind *mehrere Heteroatome* in einem Ring, so erhalten die einzelnen Heteroatome folgende Rangfolge:

Rang-folge	Ele-ment	Wertig-keit	Präfix	Rang-folge	Ele-ment	Wertig-keit	Präfix
1	O	2	Oxa-	8	Sb	2	Stiba-
2	S	2	Thia-				(Antimon-*)
3	Se	2	Selena-	9	Bi	3	Bisma-
4	Te	2	Tellura-	10	Si	4	Sila-
5	N	3	Aza-	11	Ge	4	Germa-
6	P	3	Phospha-	12	Sn	4	Stanna-
			(Phosphor-*)	13	Pb	4	Plumba-
7	As	3	Arsa-	14	Hg	2	Mercura-
			(Arsen-*)				

Der Endvokal a entfällt vor mit Vokalen beginnenden Suffixen.

Die *Bezifferung nicht kondensierter Hetercyclen* beginnt stets am Hetero-atom. Der Substituent erhält die niedrigstmögliche Zahl. Sind *mehrere Heteroatome im Ring*, so wird die oben genannte Rangfolge (O vor S usw.) eingehalten und der kürzeste Weg so zum rangnächsten Heteroatom ge-wählt, daß dieses eine möglichst kleine Zahl erhält.

I. Kondensierte heterocyclische Systeme

Viele von ihnen besitzen Trivialnamen; die wichtigsten mit den gültigen Bezifferungen, wobei für einige (z. B. Purine) Ausnahmeregeln gelten, sind in der Tabelle 112 S. 47 aufgeführt. Im übrigen gelten hier die Beziffe-rungsregeln für kondensierte Kohlenwasserstoffe, nur daß jetzt der Heteroring den (oberen) rechten Platz (Quadranten) einnimmt (s. S. 10) und das ranghöchste Heteroatom eine möglichst niedrige Ziffer erhält. Die Bezifferung soll ferner so durchgeführt werden, daß die weiteren

* Vor der Silbe -in anstatt Phospha-, Arsa-, Stiba- steht Phosphor-, Arsen-, Antimon-.

Heteroatome unter Berücksichtigung der Rangfolge möglichst niedrige Zahlen bekommen. Beim Isochinolin erhält also z.B. das N-Atom die Ziffer 2, beim Benzthiazol S=1, N=3.

Wird der Name des kondensierten Ringsystems aus Teilringsystemen zusammengesetzt, so gelten sinngemäß alle früheren Regeln für die Carbocyclen. Das heterocyclische Ringsystem genießt den Vorrang und wird zum Stammkörper erklärt. Hierbei wird der größtmögliche durch einen Trivialnamen bekannte Heterocyclus ausgewählt:

3-Benzoxepin
3-Benz[d]oxepin

Benz[h]-isochinolin
nicht Naphtho[1,2-c]pyridin
nicht Pyrido[3,4-a]naphthalin

Kommt die *kondensierte Verbindung durch* den formalen *Zusammenschluß mehrerer Heterocyclen* zustande, so werden für die Heterocyclen z.B. folgende Präfixe benutzt:

Heterocyclus	Präfix für zur Kondensation (ortho oder peri) benutzte Reste
Chinolin	Chinolino-
Furan	Furo-
Imidazol	Imidazo-
Isochinolin	Isochinolino-
Pyridin	Pyridino-
Pyrimidin	Pyrimido-
Thiazol	Thiazolo-

Für die Wahl des Stammkörpers verfährt man in folgender Rangfolge, wobei unter sonst gleichen Voraussetzungen dasjenige Ringsystem als Stammkörper herausgesucht wird, das enthält:

a) das Heteroatom höchster Rangfolge (I)

b) die größte Zahl von Ringen (II)

c) den größten individuellen Ring (III)

d) die größte Zahl von Heteroatomen gleich welcher Art (IV)

e) die Komponente mit der größten Variation von Heteroatomen (V)

f) die Komponente mit den meisten Heteroatomen höchster Rangfolge (VI)

g) die Komponente, die bei sonst gleichen Bedingungen die niedrigsten Ziffern erhält (VII).

Für die Bezifferung gelten die für die kondensierten Kohlenwasserstoffe auf S. 10 genannten Regeln. Bleibt nach der richtigen Orientierung des Ringsystems eine Wahl, so wird die Bezifferung so gewählt, daß — in der folgenden Rangordnung — folgende Regeln eingehalten werden:

1. Das Heteroatom bekommt eine möglichst niedrige Ziffer (Beispiele I, IV, VI).

2. Sind mehrere Heteroatome vorhanden, ist die Bezifferung der Rangordnung der Heteroatome gemäß S. 14 auszuführen (Beispiele I, V, VII, VIII).

3. Es ist darauf zu achten, daß 2 (oder mehreren) Ringen gemeinsame *Kohlenstoff*atome eine möglichst niedrige Zahl erhalten (Beispiel III: würde $O_4 = 1$ sein, hätte das erste gemeinsame C-Atom die Zahl 4a anstatt 3a).

4. Sind Extra-H-Atome zu benennen, so erhalten die Stellen eine möglichst niedrige Ziffer.

5. Heteroatome, die 2 (oder mehreren) Ringen gemeinsam sind, bekommen im Gegensatz zu solchen C-Atomen immer eine eigene fortlaufende Ziffer (nicht Ziffer mit Buchstaben). (Beispiel VIII.)

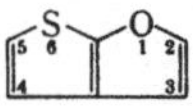

I
Thieno[2,3-b]furan
nicht Furo[2,3-b]thiophen

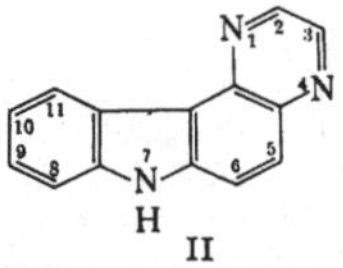

II
7 H-Pyrazino[2,3-c]carbazol
nicht 7 H-Indolo[3,2-f]chinoxalin

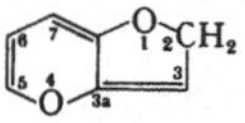

III
2 H-Furo[3,2-b]pyran
nicht 2 H-pyrano[3,2-b]furan

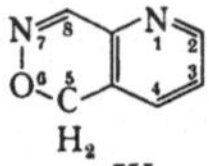

IV
5 H-Pyrido[2,3-d]-o-oxazin
nicht o-Oxazino[4,5-e]pyridin

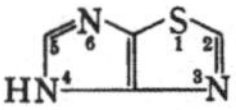

V
4 H-Imidazo[4,5-d]thiazol
nicht 4 H-Thiazolo[4,5-d]imidazol

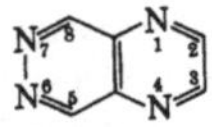

VI
Pyrazino[2,3-d]pyridazin
nicht Pyridazino[4,5-e]pyrazin

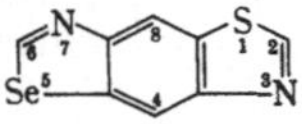

VII
Selenazo[5,4-f]benzthiazol
nicht Thiazolo[5,4-f]benzselenazol

Gehört das Heteroatom zwei Ringen gleichzeitig an, wird der Name des neuen Systems so gewählt, daß beide Teile dieses Heteroatom enthalten:

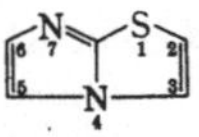

VIII
Imidazo[2,1-b]thiazol

J. Heterocyclische Spiroverbindungen

Sie werden wie carbocyclische behandelt, doch hat das Heteroatom bei der Bezifferung den Vorrang. Die Spirostelle bekommt die nächstniedrige Ziffer, die möglich ist. Ausnahmen bilden Systeme mit anders festgelegter Bezifferung.

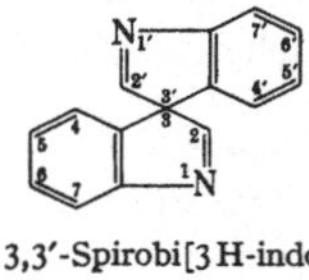

3,3'-Spirobi[3 H-indol]

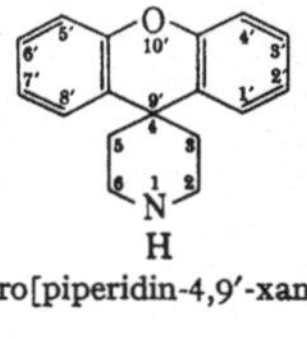

Spiro[piperidin-4,9'-xanthen]

K. Sogenannte „a"-Nomenklatur

Für die Bezeichnung eines Heteroatoms in einer ketten- oder ringförmigen Verbindung gibt es zwei an sich sehr ähnliche Verfahren, die sich bedauerlicherweise bei der Nomenklatur ganz verschieden auswirken können.

Die Methode von STELZNER *ersetzt in dem Kohlenwasserstoff mit derselben Anordnung der Bindungen* eine CH_2- bzw. CH-Gruppe durch das Heteroatom * mit der Nachsilbe „a":

$$\overset{1}{C}H_3-\overset{2}{C}H_2-\overset{3}{C}H_2-\overset{4}{C}H_3 \qquad \overset{1}{C}H_3-\overset{2}{O}-\overset{3}{C}H_2-\overset{4}{C}H_3$$

Butan   2-Oxa-butan   Cyclohexadien-(1,4)   1,4-Dithia-cyclohexadien-(2,5)

$$\overset{1}{C}H_2=\overset{2}{C}H-\overset{3}{C}H=\overset{4}{C}H_2 \qquad \overset{1}{C}H_2=\overset{2}{N}-\overset{3}{C}H=\overset{4}{C}H_2$$

1,3-Butadien   2-Aza-butadien-(1,3)   Benzol   Silabenzol

Die Methode der Chemical Abstracts ersetzt eine CH_2- *oder* CH-Gruppe *ohne Rücksicht auf den Hydrierungsgrad* des Kohlenwasserstoffes. Bei Benzol/Silabenzol gelangen beide Methoden zu demselben Ergebnis. Anstatt Dithiacyclohexadien heißt es hier aber Dithiabenzol! Andere Beispiele, bei denen die beiden Methoden zu verschiedenen Namen führen, sind:

STELZNER: 2,4,6-Trithia-3a,7a-diaza-perhydroinden   1-Oxa-1,2-dihydro-pyren
Chem. Abstr.: 2,4,6-Trithia-3a,7a-diaza-inden   2H-1-Oxa-pyren

Die „a"-Nomenklatur läßt sich vielseitig und oft unter erheblicher Vereinfachung der Namen verwenden. Wir geben je ein Beispiel für ein *Kation*, einen *Bicyclus* und eine *Spiroverbindung*:

1-Oxonia-anthracen-Kation   8-Methylaza-bicyclo[3,2,1]octan

1-Oxa-spiro[4,5]decan   oder   Cyclohexan-spiro-2′-tetrahydrofuran
(Heteroatom hat bei der Bezifferung Vorrang, Spiro-Stelle erhält die nächstmögliche kleinste Ziffer)

---

* Die Zählung der Atome bleibt dabei dieselbe, wie bei dem reinen Kohlenwasserstoff.

Anstatt der Präfixe Oxa-, Thia-, Aza-, Phospha- usw. werden bei den *Kationen* mit 3 bzw. 4bindigen Heterocyclus Präfixe wie Oxonia-, Thionia-, Azonia-, Phosphonia- usw. verwendet:

1-Thia-naphthalinium-chlorid
1-Thionianaphthalin-chlorid

1-Oxonianaphthalin-6-sulfonsäure-Kation
6-Sulfo-chromylium-Kation
(engl.-chromenylium-)

1114. Funktionelle Gruppen

A. Übersicht

Durch *Vor*- oder *Nach*silben (Präfixe oder Suffixe) an die Stammnamen werden die verschiedenen Stoffklassen der organischen Chemie gekennzeichnet. Die wichtigsten hiervon sind in den beiden folgenden Tabellen aufgeführt:

Präfixe für funktionelle Gruppen

Stoffklasse bzw. Gruppe	Präfix
Alkyläther	Alkoxy-
Aldehyd (oder Keton)	Oxo-, Formyl-
Alkohol	Hydroxy-
Amid	Carbamyl-
Amin	Amino-
Aryläther	Aryloxy-
Azid	Azido-
Azo-	Azo-
Bromid	Brom(o)-
Carbonsäure	Carboxy-
Carbonsäure-methyl-ester	Carbomethoxy-
-äthyl-ester	Carboäthoxy-
-amid	Carboxyamido-, Carbamyl-
Chlorid	Chlor(o)-
Diazo-	Diazo-
Harnstoff-	Ureido-
Hydrazin-	Hydrazino-
Hydrazon	Hydrazono-
Keton	Oxo-, Keto-
Mercaptan	Mercapto-
Nitril	Cyan(o)-
Nitro-	Nitro-
Nitroso-	Nitroso-
Oxid	Epoxido-
	Oxido-
Phenol	Hydroxy-
Sulfensäure	Sulfeno-
Sulfinsäure	Sulfino-
Sulfon	Sulfonyl-
Sulfonsäure	Sulfo-
Sulfoxid	Sulfinyl-
Thiol	Mercapto-, Thio-
Thioketon (Thiocarbonyl)	Thiono-, (Thio-)

Suffixe für funktionelle Gruppen

Stoffklasse bzw. Gruppe	Suffix
Aldehyd *	-al, -aldehyd, -carboxaldehyd *
Alkohol	-ol
Carbonsäure *	-säure, -carbonsäure *
Carbonsäure-amid *	-säureamid, -carboxamid*
Diazonium-	-diazonium
Doppelte Bindung	-en
Dreifache Bindung	-in (engl. yne)
Keton	-on
Mercaptan	-thiol
Nitril *	-nitril, carbonitril *
Phenol	-ol
Sulfinsäure	-sulfinsäure
Sulfonsäure	-sulfonsäure
Thioketon	-thion, -thioketon

Die Benennung der einzelnen Stoffklassen kann häufig auf recht verschiedene Weise ausgeführt werden. Nur ein Teil der gebräuchlichen Nomenklatur wird in den international anerkannten Regeln erfaßt**. Es scheint daher nützlich, einige der z. Z. üblichen Nomenklaturverfahren für die wichtigsten Stoffklassen zusammenzustellen.

B. Einbindige Funktionen
(Ersatz von 1-H-Atom an einem C-Atom)

a) Halogen-Derivate werden *entweder* als Alkyl-(Aryl-)halogenide oder besser als Halogen-alkane(-aromaten) bezeichnet: Methyl-chlorid; 2-Hexyl=bromid; Chlormethan; Trichlormethan (= Chloroform); Tetrachlormethan (= Tetrachlorkohlenstoff); 2-Bromhexan; 1-Chlor-4-fluor-benzol. Die *Ziffer* für das Halogen in der Kette wird so niedrig wie möglich gewählt, wobei die Ordnung alphabetisch erfolgt***. Die Trivialnamen für die einfachen Verbindungen Chloroform, Tetrachlorkohlenstoff sind allgemein gebräuchlich, ebenso Methylenchlorid (anstatt Dichlor-methan).

Die Bezeichnungsweise nach dem Additionsprinzip (Äthylenchlorid; Benzolhexachlorid) sollte zugunsten der nach dem Substitutionsprinzip (1,2-Dichloräthan, Hexachlor-cyclohexan) aufgegeben werden. Perchloräthan, Perfluorpentan sind die Verbindungen, bei denen sämtliche H-Atome des zugrundeliegenden Stammkohlenwasserstoffes durch Halogen (Cl bzw. F) ersetzt sind.

---

* Hier besteht ein wesentlicher und streng zu beachtender Unterschied: Hexanaldehyd, Hexansäure, Hexannitril sind identisch mit Pentan-carboxaldehyd, Pentan-carbonsäure, Pentan-carbonitril. Während die zuerst genannten Suffixe nur die Stoffklasse kennzeichnen, handelt es sich bei den zuletztgenannten um Suffixe, die das C-Atom der charakteristischen Gruppe erst an die Stammsubstanz heranbringen.

** Nach Fertigstellung dieser Zusammenfassung erschien: Tentative Rules for Nomenclature of Organic Chemistry 1961 (London Butterworth 1962) der IUPAC, deren Vorschläge hier noch ergänzend mit eingearbeitet wurden.

*** Die früheren Bände des Beilstein ordnen in der Reihenfolge F, Cl, Br, J.

Weitere Halogenverbindungen sind:

Gruppe	Name (Präfix)	Beispiel (Rest = C_6H_5)
$-JO$	Jodoso-	Jodosobenzol
$-JO_2$	Jodyl- (= Jodo-, Jodoxy-)	Jodylbenzol (Jodobenzol)
$-J(OH)_2$	Dihydroxyjodo-	(Dihydroxyjodo)-benzol
$-J(OCOCH_3)_2$	Diacetoxyjodo-	(Diacetoxyjodo)-benzol
$-JCl_2$	Dichlorjodo-	(Dichlorjodo)-benzol
$-ClO_3$	Perchloryl-	Perchloryl-benzol
$-J\oplus$	Jodonium-Ion	Diphenyl-jodonium-jodid

b) Alkohole und Phenole werden durch das Präfix „Hydroxy" (nicht Oxy-) oder — häufiger — durch das Suffix „-ol" gekennzeichnet: Hydr$\approx$oxy-äthan = Äthanol; 2-Hydroxymethyl-butandiol-(1,4) = $HOCH_2-$ $CH(CH_2OH)-CH_2-CH_2OH$; 2,6-Dihydroxy-naphthalin; 2,3-Xylenol. Bei den einfachen Alkoholen wird auch das Suffix „-alkohol" noch gebraucht: Methylalkohol; Benzylalkohol. Derivate des Methanols werden auch als „-carbinole" bezeichnet: Triphenyl-carbinol für Triphenylmethylalkohol (nicht Tritylalkohol). Die häufig benutzte Bezeichnung sec.-Butanol oder tert.-Butanol sind eigentlich inkorrekt, da sich sec. und tert. auf den Stammkohlenwasserstoff beziehen müßten, haben sich aber eingeführt. Streng genommen müßten sie durch sec.-Butyl-alkohol und tert.-Butyl-alkohol ersetzt werden. Zweifache Alkohole heißen oft „Glykole": HOH_2C-CH_2OH = Glykol, Äthylenglykol; $CH_3-CH(OH)-CH_2OH$ = Propylenglykol; $HOH_2C-CH_2-CH_2-CH_2OH$ = Butylenglykol(1,4). Der Name Pinako*n* $HOC(CH_3)_2-C(CH_3)_2OH$ sollte im Deutschen endlich durch den im Englischen lange üblichen Pinako*l* ersetzt werden, da es sich nicht um ein Keto*n*, sondern einen Alkoho*l* handelt.

Für einfache Phenole existieren eine Reihe von Trivialnamen: Kresol; Brenzkatechin; Resorcin; Pyrogallol usw.

Die Anionen der Alkohole und Phenole werden Alkoholate bzw. Phenolate genannt: CH_3ONa ist Natrium-methylat (engl. sodium methoxide, sodium methanolate); $Al[(OCH(CH_3)_2]_3$ = Aluminium-iso-propylat; $C_6H_5CH_2OLi$ = Lithium-benzylat; (engl. lithium-benzyl-oxide); $C_{10}H_7OK$ = Kalium-2-naphtholat (engl. Potassium naphthoxide) usw. Man unterscheide hiervon die *Anionen von Kohlenwasserstoffen*: $NaCH_3$ = Natrium-methyl; C_6H_5Li = Phenyl-lithium. (Im Englischen heißen diese Sodium-methide, Lithium-benzenide.) Die *Anionen von Carbonsäuren* haben die Endsilbe „-oat": Natrium-hexanoat; Kaliumbenzoat.

Die Reste der Alkohole und Phenole heißen Alkoxy- (Alkyloxy-) bzw. Aryloxy- (Phenoxy-)Reste. Beispiele hierfür sind Methyloxy- oder meist Methoxy- für CH_3O-; Äthoxy- (Äthyloxy-) für C_2H_5O-; tert.-Butoxy-für $(CH_3)_3CO-$; Pentyloxy- für $C_5H_{11}O$; Phenoxy- für C_6H_5O-; 2-Naph$\approx$thyloxy- für $C_{10}H_7O-$; Methylen-dioxy- für $-OCH_2O-$; Trimethylen$\approx$dioxy- für $-O[CH_2]_3O-$.

c) *Äther* werden *entweder* durch die am Äther-O-Atom haftenden Gruppen gekennzeichnet, wie Diäthyläther; Phenyl-methyl-äther (oder Phenyl-methyl-oxid) *oder* durch Anfügen der Alkoxy- oder Aroxy-Gruppe an den Stammkörper: Methoxy-benzol (= Anisol); Äthoxy-chinolin; Phenoxy-buttersäure; (1-Phenanthryloxy)-propan; 2-Äthoxy-äthanol (= Äthylenglykol-monoäthyläther) für $HOH_2C-CH_2-O-CH_2-CH_3$. Auch die „a"-Nomenklatur läßt sich anwenden: Oxa-cyclohexan ist der cyclische Äther mit 5 CH_2-Gruppen im Ring (= Tetrahydropyran). Man kann denselben cyclischen Äther auch Pentamethylenoxid nennen, wie man auch andere Äther und cyclische Äther als *Oxide* bezeichnen kann. 1,2-Oxide nennt man besser Epoxide, Äthylenepoxid, (Äthylenoxid), (Epoxyäthan); Propylen-epoxid; Butylen-epoxid-(1,2) oder 1,2-Epoxy-

butan; 1,2-Epoxy-3-chlorpropan heißt meist Epichlorhydrin $H_2C\overset{O}{\overbrace{\qquad}}CH-CH_2Cl$. Andere cyclische Äther werden bei den heterocyclischen Verbindungen aufgeführt. Schlecht ist die Bezeichnung „Trimethyl-glycerin" oder Tetramethylglucose für $-OCH_3$-Verbindungen von Glycerin oder Kohlenhydraten. Weniger gebräuchlich ist die „Oxy"-Bezeichnung, etwa 4,4'-Oxy-diphenol für $HO_4C_6H_4-O-C_6H_4OH$; 2,2'-Oxy-diäthanol (= Diäthylenglykol) für $HOCH_2-CH_2-O-CH_2-CH_2OH$. Die (kationischen) Salze der Äther heißen Oxoniumsalze (= tert.-Oxoniumsalze).

d) Hydroperoxide und Peroxide leiten sich vom Wasserstoffperoxid durch ein- bzw. zweifache Substitution ab. Methylhydroperoxid CH_3OOH; Cumol-hydroperoxid $C_9H_{11}OOH$; Peroxybenzoesäure (Benzopersäure) $C_6H_5-CO_3H$; Dimethyl-peroxid $CH_3-O-O-CH_3$; Methyl-tert.-butyl-peroxid $CH_3-O-O-C(CH_3)_3$; Dibenzoyl-peroxid, (Benzoylperoxid) $C_6H_5-CO-O-O-CO-C_6H_5$. Für kompliziertere Peroxide verwendet man das Präfix Hydroperoxy- bzw. Peroxy-: 3-Hydroperoxy-cholestan; Peroxy-diessigsäure $HO_2C-CH_2-O-O-CH_2-CO_2H$. Epidioxy-Verbindungen sind die den Epoxiden entsprechenden $-O-O$-Ringverbindungen.

e) Amine. Die primären, sekundären oder tertiären Amine werden *entweder* durch das einfache oder komplexe Präfix Amino-, Methylamino-, Dimethylamino- usw. mit dem Rest der Stammsubstanz gekennzeichnet *oder* durch das Suffix -amin, das an den um 1 H ärmeren Rest der Stammsubstanz, aber auch an den Namen der Stammsubstanz selbst, angehängt wird. Welche Bezeichnungsweise im einzelnen benutzt wird, ist teils eine Frage der Konvention, teils eine der Zweckmäßigkeit. Zur Kennzeichnung der *Substitution am Stickstoff* setzt man den Buchstaben N vor den entsprechenden Substituenten: N,N-Dimethylanilin für $(CH_3)_2N-C_6H_5$, so daß keine Verwechslung mit Dimethylanilin, $H_2N-C_6H_3(CH_3)_2$, eintreten kann. Die Nomenklatur wird am besten durch einige Beispiele ersichtlich.

1. Primäre Amine:

Formel	Namen
CH_3NH_2	Methylamin (Aminomethan)
$CH_3[CH_2]_8CH(NH_2)CH_3$	2-Amino-decan, 2-Decylamin, (2-Decanamin)
$C_6H_{11}NH_2$	Cyclohexylamin, Aminocyclohexan
$C_6H_{11}CH_2CH_2NH_2$	2'-Äthylcyclohexyl-amin, (2-Aminoäthyl)-cyclohexan
$C_6H_5NH_2$	Anilin (Aminobenzol, Phenylamin)
$C_6H_5CH_2NH_2$	Benzylamin

$H_2N-\langle\!\!\!\bigcirc\!\!\!\rangle-CO_2H$ 4-Amino-benzoesäure

2-Naphthylamin, β-Naphthylamin

2-Amino-pyridin (2-Pyridylamin, 2-Pyridinamin)

4-(2-Aminoäthyl)-imidazol, Imidazol-4-(2-äthylamin), (Imidazol-4-äthylamin) β-Imidazolyl-äthylamin, Histamin

Übliche Trivialnamen für primäre Amine sind außerdem: Anisidin (o,m,p); Phenetidin (o,m,p); Toluidin (o,m,p); Xylidin (mit Zahlen für die Stellung der CH_3-Gruppen, besser als o,m,p); Adenin usw.

2. Sekundäre Amine:

Formel	Namen
$(C_2H_5)_2NH$	Diäthylamin
$(CH_3)(C_2H_5)NH$	Methyl-äthyl-amin
$C_6H_{11}-NH-CH_3$	Cyclohexyl-methyl-amin, Methylamino-cyclohexan
$(C_6H_{11})_2NH$	Dicyclohexylamin
$C_6H_5NH-CH_3$	N-Methyl-anilin
$CH_3-[CH_2]_5-NH-CH_3$	Methyl-hexyl-amin, N-Methyl-hexylamin, Methylamino-hexan
$HN(CH_2CH_2Cl)_2$	Di-(2-chloräthyl)-amin
$HN(CH_2CH_2Cl)(CHCl-CH_3)$	(1-Chloräthyl)-(2-chloräthyl)-amin, (= 1,2′-Dichloräthylamin, 1-Chlor-N-(2-chloräthyl)-äthylamin)

Pentamethylenamin = Piperidin

3. Tertiäre Amine:

Formel	Namen
$[(CH_3)_2CH]_3N$	Tri-isopropylamin, Tris-(2-propyl)-amin
$C_6H_5N(CH_3)_2$	N,N-Dimethylanilin

N-Methyl-N-äthyl-naphthylamin-(2)

2-N,N-Diäthylamino-furan, N,N-Diäthyl-2-furan-amin, N,N-Diäthyl-2-furylamin

Komplizierte Amine können auch nach der „a"-Nomenklatur benannt werden: $\overset{12}{H}O_2\overset{11}{C}-\overset{10}{C}H_2-\overset{9}{C}H_2-\overset{8}{C}H_2-\overset{}{N}(C_2H_5)-\overset{7}{C}H_2-\overset{6}{C}H_2-\overset{5}{N}H-\overset{4}{C}H_2-\overset{}{N}(C_6H_5)-\overset{2}{C}H_2-\overset{1}{C}O_2H$: 5-Aza-8-äthylaza-3-phenylaza-dodecandisäure.

Wenig empfehlenswert ist die Nomenklatur, bei der das sekundäre —NH— als Imino-, das tertiäre N als Nitrilo-Gruppe bezeichnet wird: $HN(CH_2CO_2H)_2$ heißt anstatt Imino-diessigsäure besser N,N-Amino-diessigsäure (Bis-carboxymethyl-amin); $N(CH_2CO_2H)_3$ heißt anstatt Nitrilo-triessigsäure besser Amino-triessigsäure (Tris-carboxymethyl-amin).

Man sorge bei der Benennung komplexer Amine durch das Setzen von Klammern in jedem Fall für Klarheit: Dimethyl-phenyl-amin ist das tertiäre, (Dimethylphenyl)-amin das primäre Amin. Diphenylamin ist $(C_6H_5)_2NH$, Biphenylamin jedoch eines der drei möglichen primären Amine des Biphenyls $C_6H_5-C_6H_5$.

Cyclische Amine werden häufig — obwohl die Iminogruppe NH= der zweimal an dasselbe C-Atom gebundenen Gruppe HN=C< vorbehalten bleiben sollte — als Imine mit der Gruppe HN< bezeichnet: Äthylenimin (für Aziridin) H_2C——CH_2; Pentamethylenimin (für Pyrrolidin). Wie bei anderen zweifach substituierten sekundären Aminen sollte man hier den Ausdruck -imin durch -amin ersetzen, sofern man nicht die Namen der Heterocyclen verwendet. Ebenso ist der Name Succinimid für das cyclische Bernsteinsäureamid falsch gebildet und sollte eigentlich durch -amid ersetzt werden, doch würde dann nicht mehr klar, daß es das cyclische zweifach acylierte Derivat der Bernsteinsäure ist.

Bildet eine NH-(NR-)Gruppe eine Brücke, so nennt man die Verbindungen Epimino-Verbindungen:

1,4-Epimino-cyclohexan.

Für mehrfache Amine ist der vom Stammkohlenwasserstoff mit dem Präfix abgeleitete Name oft günstiger als der mit dem Suffix. Die Namen 1,2-Diaminopropan, 1,2-Propandiamin, Propylendiamin; bzw. 1,4-Diamino-naphthalin, 1,4-Naphthalindiamin, 1,4-Naphthylendiamin werden nebeneinander benutzt.

Acylierte Amine, die man auch als substituierte *Säureamide* auffassen kann, bezeichnet man je nach den genetischen Beziehungen sehr verschieden. So kann man $CH_3-NH-COCH_3$ als Acetamido-methan (weniger gut Acetamino-methan), Acetyl-methylamin, Methylacetamid oder Essigsäure-methylamid bezeichnen. Auch hier trägt das Vorsetzen von N vor den am Stickstoff haftenden Substituenten sehr zur Klärung bei: N-Methyl-N-benzoyl-anilin. (Siehe auch die Derivate der Carbonsäuren.)

Die vierbindigen Salze der Amine werden, wenn sie durch Addition von Säuren an prim., sek. oder tert. Amine gebildet werden, *entweder* als Amin-hydrochloride, -hydrogensulfate, -dihydrogensulfate usw. *oder* als Ammonium-chloride, -sulfate, -hydrogensulfate bezeichnet: $CH_3NH_3^{\oplus}Cl^{\ominus}$ ist Methylamin-hydrochlorid oder Methylammonium-chlorid. Zu vermeiden ist der früher verwendete Ausdruck „Chlorhydrate" für Hydrochloride. Leider ist die logische Durchführung der beiden Bezeichnungsweisen nicht immer gewahrt. Deutlich wird dies durch die Namen wie Pyridin-pikrat (als Chargetransfer-Komplex), aber auch als Salz Pyridinium-pikrat; Trimethyl-amin-styphnat (oder gar -sulfat), von denen die ersteren — offenbar wegen der ähnlichen Bezeichnungen für Additionsverbindungen der Pikrin*säure* als Pikrate, z. B. Anthracenpikrat — allgemein üblich sind (anstelle der richtigen Pyridinium-prikrat, Trimethyl-ammonium-pikrat).

Quartäre Salze werden in der üblichen Weise benannt: $[C_6H_5CH_2N(CH_3)_3]^{\oplus}OH^{\ominus}$ ist Benzyl-trimethylammonium-hydroxid.

Innere Salze quartärer Ammoniumkationen bezeichnet man häufig — abgeleitet vom Betain $^{\ominus}O_2C-CH_2-CH_2-N^{\oplus}(CH_3)_3$ als *Betaine*. Die Kationen von ungesättigten N-Heterocyclen werden mit der Endung -ium bezeichnet:

N-Methyl-thiazolium-
chlorid

N-Äthyl-chinolinium-
hydrogensulfat

1-Dimethylamino-N-methyl-acridinium-
chlorid (besser N.ₐ-)

aber

$N(CH_3)_3^{\oplus}Cl^{\ominus}$

1-Trimethylammonio-acridin-chlorid oder: 1-Acridinyl-trimethylammonium-chlorid

Salze, die sich vom dreibindigen Stickstoff unter Verlust eines Elektrons ableiten, z. B. vom Rest $(CH_3C_6H_4)_3N$, dem Tritolyl-amin, heißen „aminylium"-Salze: Tritolylaminylium-perchlorat $(CH_3C_6H_4)_3N^{\oplus}ClO_4^{\ominus}$.

f) Hydrazine, Azoverbindungen, Diazoniumsalze. Hydrazin-Derivate werden entweder als Substitutionsprodukte des Hydrazins mit dem Präfix Hydrazino- oder dem Suffix -hydrazin benannt: Phenylhydrazin; N,N'-Dimethylhydrazin = sym. Dimethyl-hydrazin = 1,2 oder α,β-Dimethylhydrazin; N,N-Dimethylhydrazin = as-Dimethylhydrazin = 1,1 oder α,α-

Dimethylhydrazin; 4-Hydrazino-toluol $H_2NNH-\langle\!\!\!\bigcirc\!\!\!\rangle-CH_3$. Oder man be

zeichnet sie als Hydrierungsprodukte des Azobenzols und benutzt die dort übliche Nomenklatur: Hydrazobenzol (anstatt N,N'- oder 1,2- oder α,β-Diphenylhydrazin oder auch Phenylhydrazino-benzol). Unsymmetrisch substituierte Hydrazo-benzole werden in entsprechender Weise benannt:

1-Phenylhydrazino-naphthol-(4)   N'-Methyl-1,2'-hydrazonaphthalin-4,5'-disulfonsäure

Derivate des Hydrazins, bei denen die beiden an *einem* N befindlichen H-Atome durch ein C-Atom ersetzt sind ($-N=C$ Doppelbindung), heißen *Hydrazone* $R-NH-N=CR^1R^2$; solche, bei denen von jedem der beiden N-Atome eine Doppelbindung ausgeht, heißen *Azine* $R^1R^2C=N-N=CR^3R^4$. Beide können als Derivate der Aldehyde und Ketone aufgefaßt werden: Aceton-hydrazon; Acetonazin.

Unter *Azoverbindungen* versteht man Stoffe mit der Gruppe $-N=N-$; der Name ist auf Grund einer falschen Vorstellung entstanden, aber trotzdem beibehalten worden. Für ihre Benennung gibt es mehrere Möglichkeiten.

α) Einfache symmetrische Azoverbindungen werden durch das Präfix Azo- mit einmaliger Nennung des Stammkörpers gebildet:

$H_3C\cdot N:N\cdot CH_3$ $(CH_3)_2C\cdot N:N\cdot C(CH_3)_2$

Azomethan   Azo-isobuttersäure-nitril   4-(oder p-)Amino-azobenzol

β) Substituierte Azoverbindungen können nach dem gleichen Prinzip oder unter Benutzung des Präfixes Phenylazo-, Naphthylazo- usw. zusammen mit dem Stammkörper des zweiten Substituenten benannt werden:

Azobenzol-4-sulfonsäure   4-Brom-4'-nitro-azobenzol
Phenylazo-4-benzolsulfonsäure   4-Bromphenylazo-4'-nitrobenzol

γ) Kompliziertere Azoverbindungen bezeichnet man so, daß man die beiden Stammkörper für sich benennt und durch die Silbe -azo- miteinander verbindet:

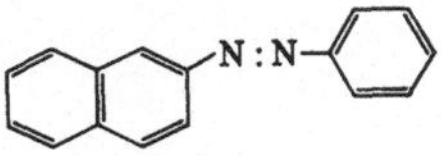

Naphthalin-2-azobenzol
2-Phenylazo-naphthalin

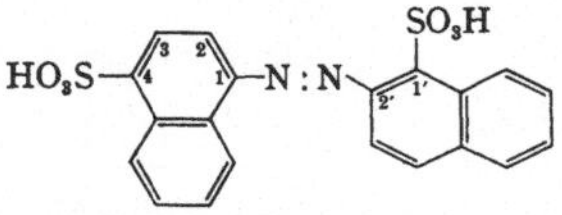

4-Sulfonaphthalin-1-azo-2′-naphthalin-1′-sulfonsäure
1,2′-Azonaphthalin-1′,4-disulfonsäure

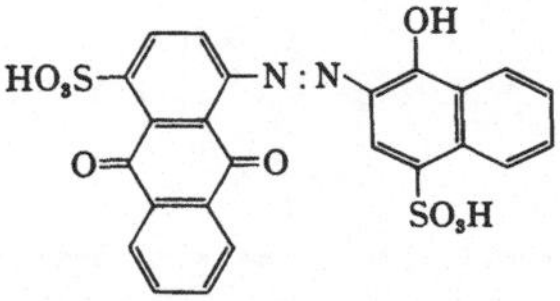

4-Sulfoanthrachinon-1-azo-2′-naphthol-(1′)-4′-sulfonsäure

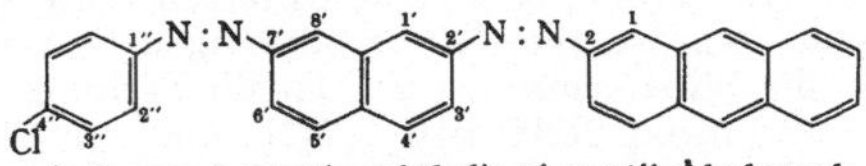

Anthracen-2-azo-2′-naphthalin-7′-azo-4″-chlorbenzol

δ) Nach der Nomenklatur der Chemical Abstracts werden Azoverbindungen mit *gleichen* Resten nach der unter β) beschriebenen Weise (I) benannt. Enthalten die gleichartigen Ringe jedoch Suffixe, so wird die Bezeichnung -azo-di- benutzt; die Suffixe erhalten möglichst niedrigste Zahlen (II). Azoverbindungen mit gleichen Kohlenwasserstoffresten, deren Substituenten aber verschieden sind, werden als Substitutionsprodukte bezeichnet, wobei der mit einem Suffix versehene oder höher substituierte Rest als Stammkörper dient (III, IV, V).

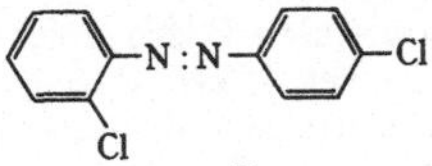

I
2,4′-Dichlorazobenzol

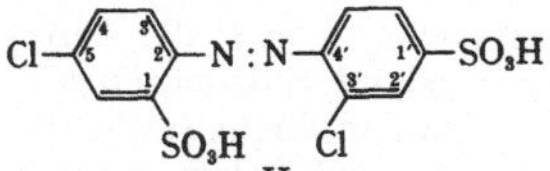

II
3′,5-Dichlor-2,4′-azo-dibenzolsulfonsäure

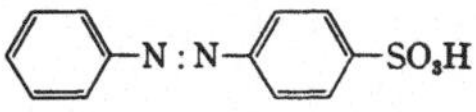

III
4-Phenylazo-benzolsulfonsäure

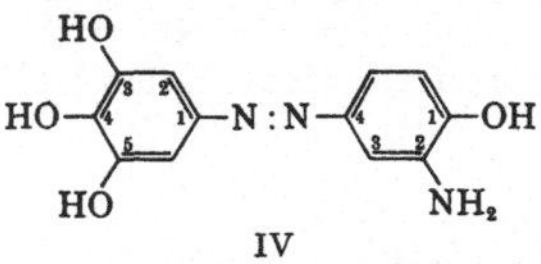

IV
2-Amino-4-(3,4,5-trihydroxyphenyl-azo)-phenol

Sind die beiden an der Azogruppe haftenden Stammkohlenwasserstoffe R^1 und R^2 *verschieden*, dann wird der eine R^1 als Substituent behandelt, der vom N=N–R^2-Rest substituiert wird. Man wählt den Rest als R^1, der ein Suffix enthält bzw. der stärker komplex ist (V, VI).

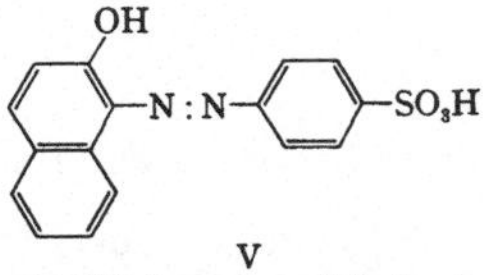

V
4-(2-Hydroxy-1-naphthylazo)
-benzolsulfonsäure

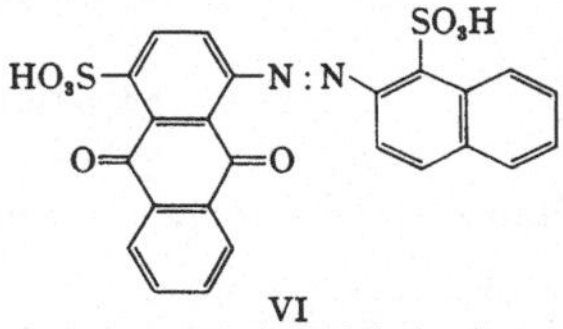

VI
1-(1-Sulfo-2-naphthylazo)-
anthrachinon-4-sulfonsäure
(Vgl. Namen oben)

Bisazo- und noch komplexere Azoverbindungen werden in analoger Weise benannt (VII, VIII).

VII

2-[7-(3-Chlorphenylazo)-2-naphthylazo]-anthracen

VIII

4,4′-(1,8-Dihydroxy-2,7-naphthylenbisazo)-dibenzoldisulfonsäure

Azoxyverbindungen werden, falls keine Unterscheidung bei der Stellung des Sauerstoffes möglich ist, wie Azoverbindungen benannt, indem man anstelle von -azo- die Silbe -azoxy- setzt. Ist die Stellung des O bekannt, so benutzt man die Präfixe NNO bzw. ONN, wodurch erkannt wird, ob der Sauerstoff am N des zuletzt oder des zuerst genannten Restes steht. (Für unbekannte Positionen verwendet man NON).

Phenyl-NNO-azoxy-1-naphthalin   Phenyl-ONN-azoxy-1-naphthalin

Haben die beiderseits der Azoxygruppe stehenden Reste gleiche Namen, aber verschiedene Substituenten, dann bedeutet ONN, daß der die gestrichelten Zahlen enthaltende Teil als „Substituent" an dem N der NO-Gruppe sitzt. Umgekehrt ist bei der Bezeichnung NNO der am N stehende Rest als „Substituent" (= gestrichelte Zahlen) anzusehen; dementsprechend ist hier der am NO stehende Rest „Stammkörper" und besitzt die nichtgestrichelten Zahlen. Hierfür zwei Beispiele:

2,2′,4-Trichlor-ONN-azoxybenzol   2,2′,4-Trichlor-NNO-azoxybenzol

2,2′,4-Trichlor-NON-azoxybenzol

Diazoniumsalze, Diazotate und *aliphatische Diazoverbindungen* mit den Gruppen $-\overset{\oplus}{N}\equiv N$, $-N=N-O^-$, $\rangle N_2$ werden ausgehend von den Stammsubstanzen durch die Suffixe -diazoniumsalz (-perchlorat, -sulfat) bzw. -diazotat, bzw. das Präfix Diazo- bezeichnet.

Beispiele hierfür sind:

$C_6H_5-N_2^{\oplus}BF_4^{\ominus}$

Benzol-diazonium-tetrafluoborat

1,5-Disulfo-2-naphthalin-diazonium-chlorid

$O_2N-C_6H_4-N:N\cdot O^{\ominus}Na^{\oplus}$

Natrium-4-nitro-benzoldiazotat (syn- und anti) (auch 4-Nitrophenyl-natrium-diazotat)

N_2CH_2	$N_2CH-CO_2C_2H_5$	$C_6H_5-N=N-NH_2$	$C_6H_5-N=N-CN$
Diazomethan	Diazoessigsäure-äthylester	Diazoaminobenzol	Benzol-diazo-cyanid

Die letztgenannten Stoffe könnte man auch als Azo-Derivate benennen, doch würden die entsprechenden Namen irreführen: Aminoazobenzol ist Phenylazo-anilin $C_6H_5-N=N-C_6H_4-NH_2$, Cyanazo-benzol ist Phenylazo-benzonitril $C_6H_5-N=N-C_6H_4CN$.

Hydroxylamin-Derivate unterscheidet man, je nachdem, ob der Substituent am N- oder O-Atom haftet: N-Phenylhydroxylamin C_6H_5NHOH bzw. O-Phenylhydroxylamin (Phenoxyamin) $H_2NOC_6H_5$. Auch das Präfix Hydroxylamino- ist gebräuchlich.

Phenylazid oder *Azidobenzol* ist $C_6H_5N_3$. Das *Säure-azid* wird lediglich * durch den Namen des Acylrestes hiervon unterschieden: $C_6H_5-CON_3$ heißt Benzoylazid. Verbindungen, die sich von $H_2N-NH-NH_2$ ableiten, heißen *Triazane*, Verbindungen, die sich von $NH=N-NH_2$ ableiten, heißen *Triazene*. Zur Gruppe der letzteren gehört das Diazoaminobenzol $C_6H_5-N=N-NH_2$, oder Phenyltriazen.

g) Thiole (Mercaptane), Sulfide (Thioäther) und andere Schwefel enthaltende Verbindungen. Die Namen von S-haltigen Verbindungen werden häufig aus den entsprechenden Sauerstoff-haltigen Stoffen und der Vorsilbe Thio- gebildet: Thiomethanol = CH_3-SH; Thioäther = $C_2H_5-S-C_2H_5$. Thioaceton = $(CH_3)_2C=S$; Thioessigsäure = CH_3-COSH bzw. CH_3-CSOH; Dithioessigsäure ist CH_3-CS_2H. Für die letzten beiden Stoffklassen werden neuerdings auch die Namen Carbothiosäure und Carbodithiosäure verwendet. Will man dort die C–SH-Verbindung (Thiol) von der C=S-Verbindung (Thion) unterscheiden, spricht man von der Carbothiol- bzw. Carbothionsäure oder S- bzw. O-Carbothiosäure. Bei den Estern kann man auch durch Vorsetzen von S bzw. O kenntlich machen, an welchem Atom die Estergruppe haftet: Thioessigsäure-O-äthyl- bzw. S-äthylester. Was ist Thiopyron, der cyclische Thioäther I oder das Thioketon II? Zur Unterscheidung ist es hier notwendig den Ring-Schwefel mit „Thia" bzw. die C=S-Gruppe mit Thiono- zu kennzeichnen.

I
Thia-pyron-(4)

II
4-Thiono-pyran

---

* Hier ist also kein Unterschied getroffen wie bei Aminen und Amiden, Hydrazinen und Hydraziden usw.

Thiole können auch als *Mercaptane* bezeichnet werden. Die SH-Gruppe heißt auch Sulfhydrylgruppe. C_2H_5-SH ist Äthanthiol, Äthylmercaptan, Thioäthylalkohol oder auch Mercapto-äthan, Thiolo-äthan, Äthyl-hydrogensulfid. Weitere Beispiele für Namen von Thiolen sind:

4-Mercapto-benzoesäure
4-Thiolo-benzoesäure
4-Carboxy-thiophenol

2-Mercapto-benzoesäure
Thiosalicylsäure

Die *Salze* von Thioalkoholen heißen meist Mercaptide; sie können auch Thioalkoholate oder Thiolate genannt werden. Schließlich wird auch vorgeschlagen, sie als „Sulfide" zu bezeichnen: C_2H_5SNa heißt also Natrium-äthyl-mercaptid, Natrium-thioalkoholat, Natrium-äthylthiolat (oder Natrium-äthylsulfid). Der zuletzt genannte Name ist der schlechteste, da eine zu nahe Beziehung zu den organischen Sulfiden SR^1R^2 herausgelesen werden kann. *Thioäther* oder *Sulfide* werden wie die Äther benannt: Diäthyl-sulfid für $C_2H_5-S-C_2H_5$; Methyl-propyl-sulfid, auch 1-Methyl-thio-propan oder 1-Methylmercapto-propan für $CH_3-S-CH_2-CH_2-CH_3$; Phenyl-1-naphthyl-sulfid für $C_6H_5-S-C_{10}H_7$ (1). Auch die „a"-Nomenklatur wird angewandt. Danach kann man $\overset{8}{C}H_3-\overset{7}{C}H_2-\overset{6}{C}H_2-\overset{5}{C}H_2-\overset{4}{S}-\overset{3}{C}H_2-\overset{2}{C}H_2-\overset{1}{C}H_3$ auch als 4-Thia-octan bezeichnen. Bei *cyclischen Sulfiden* wird diese Nomenklatur meist benutzt. So ist Thiacyclohexan das Tetrahydrothiopyran (auch Tetrahydrothiapyran).

Derivate von Di-, Tri- und Polysulfiden werden zweckmäßig als Derivate von Di, Tri-, Polysulfanen oder als die von Di-, Tri-, Polysulfiden bezeichnet:

$$C_2H_5-S-S-H$$
Äthyl-disulfan
Äthyl-hydrogen-disulfid

$$C_2H_5-S-S-C_2H_5$$
Diäthyl-disulfan
Diäthyldisulfid

Oxydationsstufen der Thiole sind *Sulfensäuren, Sulfinsäuren* und *Sulfonsäuren**. Für sie gelten auch die Präfixe Sulfeno-, Sulfino- und Sulfo-:

Benzol-sulfensäure
Sulfeno-benzol

Benzol-sulfinsäure
Sulfino-benzol

Benzol-sulfonsäure
Sulfo-benzol

Die *Derivate* dieser Säuren (Chloride, Amide, Anhydride, Ester, Salze usw.) werden ähnlich wie die von Carbonsäuren benannt:

4-Toluolsulfonsäureamid

o-Sulfobenzoesäure-cycl.-anhydrid

o-Sulfobenzoesäure-cycl.-amid
Benzoesäuresulfimid
(Saccharin)

---

* In der Tabelle 12 werden alle Sulfonsäuren als Sulfosäuren bezeichnet, doch ist die erstere Bezeichnung als Sulfonsäuren die richtigere.

Thio-aldehyde und Thioketone: Sie werden analog den sauerstoffhaltigen Verbindungen benannt, wobei für Thioaldehyde das Suffix -thial bzw. -thiocarbaldehyd und das Präfix Thioformyl-, in einfachen Fällen auch nur Thio...(aldehyd), benutzt wird.

C_3H_7-CHS

Butanthial
Propan-thiocarbaldehyd
Thiobutyraldehyd
(Thioformyl-propan)

4-Thioformyl-benzoesäure
4-Carboxy-thiobenzaldehyd

Cyclohexan-thiocarbaldehyd,
Hexahydro-thio-benzaldehyd

Für die Thioketone benutzt man am besten das Suffix -thion oder das Präfix Thioxo-. Auch Thio- in Kombinationen mit -keton ist in einfachen Fällen möglich:

2-Propan-thion
Dimethyl-thioketon
Thioaceton

Cyclohexan-thion
Thiono-cyclohexan
Thioxo-cyclohexan
Thio-cyclohexanon

4-(2-Thioxopropyl)-benzolsulfonsäure
Methyl-(4-sulfobenzyl)-thioketon
(4-Sulfophenyl)-thioaceton
(4-Sulfophenyl)-propanthion-(2)

Thioacetale (Mercaptale) werden durch Anwendung der Präfixe Alkyl= thio- und Arylthio-, u. U. in Kombination mit Alkyloxy- und Aryloxy-, bezeichnet. Die Namen Mercaptal und Halbmercaptal werden nicht mehr empfohlen.

1,1-Bis-äthylthio-äthan
(Acetaldehyd-
dithioäthyl-acetal,
Acetaldehyd-
diäthylmercaptal)

1-Äthylthio-propanol-(1)

1-Äthoxy-1-äthylthio-propan

Die dreibindigen Salze der Sulfide heißen Sulfoniumsalze; bei komplizierten Verbindungen der heterocyclischen Reihe werden die Kationen durch Anhängen der Silbe -ium an den Stammkörper gebildet, oder auch durch Ersatz Thionia für den Schwefel$\oplus$:

$(CH_3)_3S^{\oplus}Cl^{\ominus}$

Trimethylsulfonium-chlorid

1-Äthyl-thiophenium-chlorid

1-Thionia-bicyclo[2,2,1]-
heptanchlorid

Schwefelhalogenide: $C_6H_5-SCl_3$ Phenyl-schwefeltrichlorid; $ClS-C_6H_4-CO_2H$ 4-(Chlorthio)-benzoesäure.

Sulfoxide und Sulfone werden, wie aus folgenden Beispielen ersichtlich, benannt:

$CH_3-SO-CH_3$

Dimethylsulfoxid

4-(Methylsulfinyl)-benzoesäure

Phenyl-2-naphthyl-sulfon
2-Phenylsulfonyl-naphthalin

Thiophen-1,1-dioxid

Thianthran-5-oxid

h) Metallorganische Verbindungen werden entweder durch Vor- oder Nachsetzen des Metalls (Lithium-phenyl oder Phenyl-lithium) bezeichnet. Die letztere Art ist die üblichere (Dimethyl-zink; Methyl-magnesium=bromid). Komplexe metallorganische Reste können wie Substituenten behandelt werden: Chlormercuribenzoesäure $ClHgC_6H_4CO_2H$.

i) Kohlenstoff-Kationen und Anionen. Für die Benennung von *C-Kationen* wird an den Rest die Silbe -ium angehängt. Äthylium oder Äthylium-Kation für $C_2H_5\oplus$; Acetylium oder Acetylium-Kation für $CH_3-CO\oplus$. Dreifach substituierte Kationen heißen auch Carbonium-Kationen, z.B. Triphenylcarbonium-(Kat)ion $(C_6H_5)_3C\oplus$. $CH_2=CH\oplus$ muß also als Vinylium- oder Äthenylium-Kation; $\oplus CH_2-CH_2\oplus$ als Äthylen=ium-Dikation; $CH_2\oplus$ als Carbenium oder besser Methylenium-Kation bezeichnet werden. Die *C-Anionen* heißen nach den entsprechenden Resten: $C_2H_5\ominus$ ist das Äthyl-Anion oder Äthanid; $C_6H_5\ominus$ das Phenyl-Anion oder (weniger gebräuchlich) Benzolid; $C_{10}H_7\ominus$ das Naphthalenid-Anion.

j) Phosphororganische Verbindungen und Ester von Säuren des Phosphors. Ihre Nomenklatur ist z.T. sehr verwirrend. Für die in Deutschland zu benutzenden Regeln findet man in der Einleitung des Bandes XII/1 des Houben-Weyl gute Hinweise*. Diese lassen sich auch auf die Behandlung der Verbindungen von Arsen, Antimon und anderer Elemente übertragen.

k) Deuterium-Verbindungen werden wie Verbindungen mit Substituenten behandelt: 2-Deuteroäthanol CH_2DCH_2OH; Trideuteromethan CD_3H; Hexadeuterobenzol C_6D_6.

C. Zweibindige Funktionen
(Ersatz von 2-H-Atomen an einem C-Atom)

a) Aldehyde. Neben den von den Säuren abgeleiteten Trivialnamen (Formaldehyd, Acetaldehyd, Benzaldehyd) kann der Name systematisch durch das Suffix -al (oder -aldehyd) aus dem Kohlenwasserstoff gebildet werden; hierdurch werden 2 H-Atome einer endständigen CH_3-Gruppe durch = O ersetzt: Methanal = Formaldehyd = H_2CO; Undecanal oder Undecanaldehyd ist $C_{10}H_{21}CHO$. Eine weitere Möglichkeit der Bezeichnung für diesen Aldehyd wäre 1-Oxo-undecan.

Eine zweite gebräuchliche Nomenklatur benutzt das Suffix ,,-carb=oxaldehyd'', das ein H-Atom durch die Gruppe CHO ersetzt. Undecanal ist also identisch mit Decan-carboxaldehyd. Auch das Präfix Formyl anstelle des Suffix -carboxaldehyd wird angewandt: Formyl-cyclohexan (Cyclohexyl-formaldehyd) ist Cyclohexan-carboxaldehyd. Für die *Bezifferung*, die für beide Bezeichnungsweisen verschieden ist, gilt das bei den Carbonsäuren Gesagte.

Mehrfache Aldehyde, die sich von Trivialnamen ableiten, sind z.B. Malonaldehyd, Succinaldehyd, Glutaraldehyd, Terephthalaldehyd usw. Der Name besagt, daß *beide* Carboxylgruppen in Aldehydgruppen umgewandelt sind. Wird nur eine der Carboxylgruppen in eine Aldehydgruppe umgewandelt, heißen sie ,,Aldehydsäuren''.

Phthalaldehyd
(nicht Phthaldialdehyd)

Phthalaldehydsäure
(engl. Phthalaldehydic acid)

---

* Houben-Weyl, 4. Aufl., Organische Phosphorverbindungen, Bd. 12, 1, 1—13 (1963). Stuttgart: Georg Thieme.

b) Ketone werden systematisch durch das Suffix -on oder die Präfixe Oxo- oder Keto- bezeichnet. Aceton* ist danach Propanon-(2), 2-Oxo-propan oder 2-Keto-propan. Dimethyl-keton ist eine weitere Bezeichnungsweise für die gleiche Verbindung. Besser als Methyl-äthyl-keton ist der systematische Name Butanon-(2). Ketone, die neben der Ketogruppe einen Phenylrest (Naphthylrest) tragen, werden häufig mit dem Suffix -phenon (-naphthon) bezeichnet: Acetophenon $CH_3-CO-C_6H_5$; Benzo= phenon $C_6H_5-CO-C_6H_5$; Aceto-α-naphthon $CH_3-CO-C_{10}H_9(\alpha)$ sind Beispiele hierfür. Auch die Bezeichnung Acet(yl)- für das Keton mit der CH_3-CO-Gruppe wird angewandt: Acetessigester; Acetyl-cyclohexan; Dibenzoyl-methan; Succinyl-essigsäure usw. „Oxal" ist der Rest für HO_2C-CO-, der auch bei der Benennung von α-Keto-(= α-Oxo-)-carbon= säuren angewandt wird.

Cyclische Ketone, bei denen eine CH_2-Gruppe durch eine C=O-Gruppe ersetzt ist, sind z.B. Cyclopentanon; 9-Fluorenon; 1-Indenon; 2,5-Cyclo= hexadienon; 4H-Pyranon(4) = 4H-Pyron = 4- oder γ-Pyron. Ersetzt die C=O-Gruppe eine CH-Gruppe eines aromatischen Ringsystems, so daß eine Hydrierung notwendig würde, so wird die Stelle des extra-H-Atoms durch eine in Klammer gesetzt Zahl gekennzeichnet. 9(10)-Phenanthron ist eine abgekürzte Schreibweise für 9,10-Dihydro-9-oxo-phenanthren.

Mehrfache Ketone werden als Di-, Tri- usw. -one bezeichnet: Butan-dion-2,3; Cyclohexan-dion-1,4 usw. Eine besondere Gruppe stellen die aromatischen Diketone dar, bei denen zwei in ortho- oder para- (auch amphi-) Stellung stehenden CH-Gruppen durch C=O-Gruppen ersetzt worden sind, die man als *Chinone* bezeichnet:

p-Benzochinon   1,4-Naphthochinon   6,12-Chrysenchinon
„Chinon"

Mit dem gleichen Namen — trotz anderer Bildung, also nicht ganz folgerichtig, nämlich Ersatz von CH_2 durch CO — werden die Diketone von Acenaphthen und Campher belegt: Acenaphthen-chinon (oder Ace= naphthochinon) und Campher-chinon.

Ketene. Sie werden entweder als substituierte Ketene, z.B. Phenyl= keten $C_6H_5-CH=C=O$; Dimethylketen $(CH_3)_2C=C=O$, oder als Carbonyl-Derivate, bezeichnet:

9-Carbonylfluoren

Acylierte Ketene können auch als ungesättigte Diketone aufgefaßt werden: 1-Penten-1,3-dion $H_3C-CH_2-CO-CH=C=O$.

---

* Ihm nachgebildet sind die Namen Propion, Butyron, Valeron für die symmetrischen Ketone aus den entsprechenden Carbonsäuren unter CO_2-Abspaltung, also mit 5, 7 bzw. 9 C-Atomen.

c) Derivate von Carbonyl-Verbindungen. Einige der wichtigsten Stoffklassen mit ihren Namen und einigen Beispielen sind in der folgenden
Tabelle aufgeführt:

Derivate von Carbonyl-Verbindungen

Stoffklasse und Namen	Formel	Beispiele für Namen einzelner Verbindungen
Imin	$>\!C=NH$	Acetonimin
Oxim	$>\!C=NOH$	Aceton-oxim = 2-Oximino-propan = 2-Isonitroso-propan; Benzal=oxim; Butanon-(2)-oxim = 2-Isonitroso-butan
Hydrazon	$>\!C=NNH_2$	Aceton-hydrazon = Isopropyl=iden-hydrazin
Semicarbazon	$>\!C=NNHCONH_2$	Aceton-semicarbazon usw.
Azin	$>\!C=N-N=C\!<$	Aceton-azin; Benzaldehyd-azin
Thioaldehyde, Thioketone, Thione	$>\!C=S$	Butanthial = Propanthiocarb=aldehyd = Thiobutyraldehyd; Thioaceton = Propanthion-(2) = 2-Thionopropan
Acetal	$>\!C\!<^{OR}_{OR}$	Acetal = Acetaldehyd-diäthyl=acetal = 1,1-Diäthoxy-äthan $(R=C_2H_5)$
Halbacetal	$>\!C\!<^{OR}_{OH}$	Acetaldehyd-äthyl-halbacetal $(R=C_2H_5)$ = 1-Äthoxy-1-hydr=oxy-äthan
Thioacetal Mercaptal	$>\!C\!<^{SR}_{SR}$	1,1-Bis-äthylthio-äthan 1,1-Dithioäthyl-äthan = 1,1-Di=mercaptoäthyl-äthan $(R=C_2H_5)$ = (Acetaldehyd-diäthylmercaptal)
Aminal	$>\!C\!<^{NR_2}_{NR_2}$	Acetaldehyd-dimethylaminal = 1,1-Bis-(dimethylamino)-äthan $(R=CH_3)$
α-Chloräther usw.	$>\!C\!<^{OR}_{Cl}$	α-Chloräthyläther = 1-Chlor=äthyl-äther- = 3-Oxa-2-chlor=pentan = 1-Chlor-1-äthoxy-äthan $(R=C_2H_5)$
Acylale	$>\!C\!<^{OCOR}_{OCOR}$	Äthyliden-diacetat, 1,1-Diacet-oxy-äthan $(R = C_2H_5)$

D. Dreibindige Funktionen
(Ersatz von 3-H-Atomen an einem C-Atom)

a) Nitrile. Auf Grund ihrer genetischen Beziehungen können sie entweder als Derivate der Carbonsäuren oder als Pseudohalogenide der
Stammkohlenwasserstoffe aufgefaßt werden. Als *Carbonsäure-Derivate*
erhalten sie den Stammnamen der Säure: Acetonitril (von Acet-, Stamm-
silbe der Essigsäure) CH_3CN; Propionitril (Propionsäurenitril) CH_3CH_2CN;

Butyronitril (Buttersäure-nitril) $CH_3CH_2CH_2CN$; Benzonitril C_6H_5CN; Malo(di)nitril $CH_2(CN)_2$; Tridecan-nitril $C_{12}H_{25}CN$ (von Tridecansäure); *aber* Tridecan-carbonitril $C_{13}H_{27}CN$ (von Tridecan-carbonsäure); 1,3,5-Pen= tan-tricarbonitril $\overset{1}{N}CH_2\overset{2}{C}-\overset{3}{C}H_2-CH(CN)-\overset{4}{C}H_2-\overset{5}{C}H_2CN$. Als *Pseudohalo= genide* erhalten sie Namen wie Cyan(o)-methan oder Methyl-cyanid für CH_3CN; 1,3,5-Tri-cyano-pentan für das zuvor genannte Trinitril usw.

b) Carbonsäuren werden häufig mit Trivialnamen (Ameisensäure, Essigsäure, Benzoesäure, Camphersäure, Nicotinsäure, Oxalsäure, Tereph= thalsäure usw.) benannt. Systematisch bekommen sie *entweder* den Namen des Kohlenwasserstoffes mit dem Suffix „-säure", wie Hexansäure $C_5H_{11}CO_2H$; Penten(3)-säure $CH_3-CH=\overset{3}{C}H-\overset{2}{C}H_2-\overset{1}{C}O_2H$; Decandisäure $HO_2C[CH_2]_8CO_2H$ (= Sebacinsäure), wofür im Englischen die Namen Hexanoic-acid; 3-Pentenoic acid; Decandioic acid stehen. *Oder* man hängt an den Kohlenwasserstoffstamm das Suffix „-carbonsäure". Dieselben Säuren heißen dann Pentan-carbonsäure; Buten-(2)-carbonsäure; Octan- dicarbonsäure-(1,8). Im Englischen stehen hierfür Pentanecarboxylic acid; 2-Butenecarboxylic acid; 1,8-Octanedicarboxylic acid.

Die *Salze* der Carbonsäuren werden im Deutschen meist aus dem Namen der Säure selbst gebildet: Essigsaures Natrium für NaO_2CCH_3. Hat das Anion einen besonderen Namen, so wird dieser verwendet: Natrium-acetat. Die folgende Übersicht enthält einige dieser Trivialnamen. In den Regi- stern werden die Salze aber nicht unter diesen Trivialnamen, sondern bei den Säuren aufgeführt. *Systematische* Bezeichnungen für die Anionen der Carbonsäuren lauten z. B. Hexanoat oder Pentan-carboxylat für $C_5H_{11}-CO_2^{(-)}$, je nachdem, ob man die entsprechende Säure Hexansäure oder Pentan-carbonsäure nennt; die letztere Bezeichnungsweise ist die meist gebrauchte. Das Anion heißt nicht Hexanat, da dieses das Anion des Hexans $C_6H_{13}^{(-)}$, das Hexyl-Anion wäre, auch nicht Hexanolat, da dieses das Anion des Hexanols $C_6H_{13}O^{(-)}$ wäre.

Namen für einige Säuren, deren Anionen und deren Reste RCO—

Säure	Anion	Acylrest
Ameisensäure	Formiat	Formyl-
Essigsäure	Acetat	Acetyl-
Propionsäure	Propionat	Propionyl-
Buttersäure	Butyrat	Butyryl-
Valeriansäure	Valerat	Valeryl-
Capronsäure	Capronat	Capronyl-
Laurinsäure	Laurat	Laur(o)yl-
Palminsäure	Palmitat	Palmit(o)yl-
Stearinsäure	Stearat	Stear(o)yl-
Benzoesäure	Benzoat	Benzoyl-
Oxalsäure	Oxalat	Oxalyl-
Malonsäure	Malonat	Malonyl-
Bernsteinsäure	Succinat	Succinyl-
Glutarsäure	Glutarat	Glutaryl-
Korksäure	Suberat	Suberyl-
Phthalsäure	Phthalat	Phthaloyl-
Zimtsäure	Cinnamat	Cinnamoyl-
Milchsäure	Lactat	Lactyl-
Brenztraubensäure	Pyruvat	Pyruvyl-
Apfelsäure	Malat	Mal(o)yl
Weinsäure	Tartrat	Tartryl-
Pikrinsäure	Pikrat	Pikryl-

Die Bezeichnung für die Reste der Carbonsäuren $R-\overset{|}{C}=O$ sollte eigentlich immer mit „-oyl" enden, da die Endsilbe „-yl" für Kohlenwasserstoff-Reste vorbehalten ist. So bedeutet Benzoyl-chlorid C_6H_5COCl, dagegen Benzylchlorid $C_6H_5CH_2Cl$. Doch bleibt das o meist weg, wenn keine Verwechslung möglich ist: Formyl- (anstatt Formoyl-) für $-CHO$ usw. Auch die Acyl-Reste der Aminosäuren enden mit „-yl" anstatt „-oyl": Glycyl-: H_2N-CH_2-CO-; Valyl-: $(H_3C)_2CH-CH(NH_2)-CO-$; Glutaminyl-: $HO_2C[CH_2]_2CH(NH_2)-CO-$. Anstatt der Bezeichnungsweise Benzoyl-chlorid wird auch die Bezeichnung Benzoesäure-chlorid angewandt. Diese, oder die ihr entsprechende „Carboxychlorid", wird stets verwendet, wenn der Name der Säure systematisch aus dem Kohlenwasserstoff und dem Suffix -carbonsäure (engl. carboxylic acid) gebildet wurde. Pentan-carbonsäure-chlorid ist also dasselbe wie Hexansäure-chlorid: $C_5H_{11}-COCl$.

Der zweibindige Rest der Kohlensäure $>C=O$ heißt auch Carb- oder Carbonyl: Carbamidsäure; Carbamid = Harnstoff; Carbonyldichlorid = Phosgen.

Die Bezifferung der Carbonsäuren und ihrer Derivate, auch der Nitrile, beginnt bei den mit Trivialnamen bezeichneten Verbindungen stets an der funktionellen Gruppe mit 1 und folgt dann der zur Namensbildung verwendeten Kette, z.B. Buttersäure: $\overset{4}{C}H_3-\overset{3}{C}H_2-\overset{2}{C}H_2-\overset{1}{C}O_2H$. Die Positionen 2,3,4... heißen auch α,β,γ... Wird jedoch der Name Säure aus einem Kohlenwasserstoff durch Substitution eines H-Atoms durch den $-CO_2H$-Rest gebildet, dann bleibt die Bezifferung des Kohlenwasserstoffes erhalten. Propan-carbonsäure-(1) hat daher folgende Numerierung: $\overset{3}{C}H_3-\overset{2}{C}H_2-\overset{1}{C}H_2-CO_2H$. Cyclohexan-tricarbonsäure-(1,3,4) ist

$$HO_2C-\underset{2\quad 3}{\overset{1\qquad 4}{\bigcirc}}-CO_2H$$
$$CO_2H$$

c) Carbonsäure-Ester werden im Deutschen meist durch Anfügen der Nachsilbe „-ester" gekennzeichnet: Essigsäure-äthylester $H_3C-CO_2C_2H_5$; Benzoesäure-isobutylester $H_5C_6-CO_2CH_2CH(CH_3)_2$ usw. Doch werden auch die im Englischen fast ausschließlich üblichen Bezeichnungen Äthylacetat (Ethylacetate) bzw. Isobutyl-benzoat (Isobutyl-benzoate) benutzt[*]. Diese werden vorwiegend dann gebraucht, wenn es sich um die Ester komplizierter Alkohole oder Säuren handelt: Cholesterin-2,4-dinitrobenzoat[**]; Glykol-carbonat. Eine weitere Benennung ermöglicht das Suffix „-acyloxy-": Benzoyloxy-äthan ist Benzoesäure-äthylester. Innere Ester heißen *Lactone*, wobei die Ringgrößen durch die relative Stellung der veresterten Hydroxylgruppe zur Carboxylgruppe mit griechischen Buchstaben gekennzeichnet wird: γ-Buttersäure-lacton, γ-Butyrolacton, 4-Butanolid = innerer Ester aus γ-Hydroxy-buttersäure = 4-Hydroxybuttersäure. Ähnlich werden cyclische Säureamide bezeichnet: *Lactame*.

d) Weitere Säure-Derivate (-halogenide, -anhydride, -amide, -hydroxylamide usw.). Die meist üblichen Benennungen von Carbonsäure-Derivaten sind in der folgenden Tabelle zusammengestellt.

---

[*] Ester anorganischer Säuren werden oft ebenso benannt: Dimethylsulfat; Äthylnitrat.

[**] Besser wäre Cholesterol-2,4-dinitrobenzoat; in diesen Fällen wird der Alkohol- (nicht der Kohlenwasserstoff-) Rest eingesetzt.

Derivate von Carbonsäuren

Stoffklasse und Namen	Formel	Beispiele für Namen einzelner Verbindungen *
Säure-chlorid	$-C\begin{smallmatrix}O\\Cl\end{smallmatrix}$	Benzoylchlorid, (Benzoesäure=chlorid); Tridecanoyl-chlorid = Dodecan-carbonsäurechlorid
Säure-amid	$-C\begin{smallmatrix}O\\NH_2\end{smallmatrix}$	Acetamid = Essigsäureamid = Methancarboxamid = Äthanamid**; Phthalamid (= Diamid); Phthal-amidsäure (= Monoamid)
Säure-imid	$-C\begin{smallmatrix}NH\\OH\end{smallmatrix}$	tautomere Form der Säureamide. Ester: Acetimidsäure-äthylester ("Imido-äther" als falsche Bezeichnungsweise)
Säure-hydroxamid	$-C\begin{smallmatrix}O\\NHOH\end{smallmatrix}$	tautomere Form der Hydroxam=säure
Hydroxamsäure	$-C\begin{smallmatrix}NOH\\OH\end{smallmatrix}$	Benzhydroxamsäure; Propinoyl-hydroxamsäure; Hexanoyl-hydr=oxamsäure
Säure-hydrazid	$-C\begin{smallmatrix}O\\NH\cdot NH_2\end{smallmatrix}$	Benzhydrazid; Propinoyl-hydrazid; Hexanoyl-hydrazid = Pentan-carb(ox)hydrazid
Säure-hydrazon	$-C\begin{smallmatrix}N\cdot NH_2\\OH\end{smallmatrix}$	tautomere Form der Säurehydr=azide
Thiosäure	$-C\begin{smallmatrix}O\\SH(R)\end{smallmatrix}$	(Thioessigsäure) = Äthanthiol=säure = Methancarbothiolsäure, Methan-S-carbothiosäure. Ester: Thio-essigsäure-S-äthylester
Thio(no)säure	$-C\begin{smallmatrix}S\\OH(R)\end{smallmatrix}$	(Thioessigsäure) = Äthanthion=säure = Methan-carbothionsäure, Methan-O-carbothiosäure. Ester: Thioessigsäure-O-äthylester
Amidin	$-C\begin{smallmatrix}NH\\NH_2\end{smallmatrix}$	Acetamidin = „Methan-carb=oxamidin"
Imidchlorid	$-C\begin{smallmatrix}NH\\Cl\end{smallmatrix}$	Acetimid-chlorid = Methan-carb(onsäure)-imidchlorid
Amidoxim (Hydroxam-amid)	$-C\begin{smallmatrix}NOH\\NH_2\end{smallmatrix}$	Acetamidoxim, Acethydroxam=(säure)amid = Methan-carb=oxamidoxim
Amidhydrazon (Imidhydrazid)	$-C\begin{smallmatrix}NNH_2\\NH_2\end{smallmatrix}$	Acetamidrazon, Acetamido-hydr=azon, Acetimido-hydrazid

* Rest links vom Bindestrich der Formel in Spalte 2 = CH_3; $R = C_2H_5$.

** Handelt es sich um substituierte Säureamide, so wird die Substitution am Stickstoff, z.B. in folgender Weise gekennzeichnet: Essigsäure-N,N-dimethyl-amid (für Dimethylacetamid). Kompliziertere Säureamide können auch als Acyl-Derivate der Amine bezeichnet werden: 9-Anthranylamin-N-benzoat oder 9-(N-Benzoylamino)-anthracen.

Stoffklasse und Namen	Formel	Beispiele für Namen einzelner Verbindungen [*]
Dithiocarbonsäure (Thion-thiolsäure)	$-C{\underset{\textstyle SH}{\overset{\textstyle S}{<}}}$	Dithioessigsäure = Äthandithiosäure = Methancarbthiono-thiolsäure
Orthoester	$-C{\overset{\textstyle OR}{\underset{\textstyle OR}{-OR}}}$	R=H: Ortho-essigsäure; R=C_2H_5: Ortho-essigsäure-triäthylester
Amidacetale	$-C{\overset{\textstyle OR}{\underset{\textstyle NR_2}{-OR}}}$	Diäthylformamid-diäthylacetal = Diäthyl-amino-diäthoxy-methan; Essigsäure-N,N-diäthylamid-diäthylacetal
1-Halogen-acetal Orthoester-chlorid	$-C{\overset{\textstyle OR}{\underset{\textstyle Cl}{-OR}}}$	1-Chlor-diäthylacetal, Acetaldehyd-1-chlor-diäthyl-acetal = 1-Chlor-1,1-diäthoxy-äthan
α,α-Dichloräther	$-C{\overset{\textstyle Cl}{\underset{\textstyle Cl}{-OR}}}$	α,α-Dichloräthyläther = 1,1-Dichlor-äthyl-äthyläther = 2-Oxa-1,1-dichlor-pentan = 1-Äthoxy-1,1-dichlor-äthan

E. Mehrere Funktionen in einer Molekel

Die Namen von Verbindungen, die zwei oder mehrere funktionelle Gruppen besitzen, werden — soweit sie nicht Trivialnamen haben, die möglichst erhalten bleiben sollen — aus den Stammsubstanzen durch entsprechende Präfixe und Suffixe gebildet. Nicht immer muß ein Kohlenwasserstoff die Stammsubstanz sein (Benzoesäure, Campher, Nicotin). Nach der Genfer Nomenklatur sollte nur *ein* Suffix benutzt werden (2-Amino-cyclohexan-carbonsäure; 3-Nitro-toluol-disulfosäure-(2,4); 2-Chlor-4-hydroxy-naphthyl-amin). Doch sind Namen wie Penten(1)-ol(3)-on(2), Buten(1)-in(3) usw. sehr gebräuchlich. Über Art und Reihenfolge, mit der die Gruppen bezeichnet werden, besteht keine bindende Vorschrift. Für die Registrierung ist es notwendig, bestimmte Regeln aufzustellen. Die ausführlichste hierüber ist in den Chemical Abstracts 1945 zu finden[**]. Einige Beispiele mögen die Notwendigkeit bestimmter Regeln veranschaulichen.

Im allgemeinen wird man bei der Durchsicht der Literatur wünschen, daß zusammengehörige Verbindungen beisammen stehen. Was ist „zusammengehörend"? Chlor-, Dichlor-, Trichlor-, Pentachlor- und Hexachlorbenzol würde man bei alphabetischer Ordnung nicht zusammen finden. Das Register der Abstracts schreibt diese Derivate daher alle nach dem Prinzip der „inversed entries" (umgekehrte Stichwörter) hinter „Benzene"- als -chloro, -dichloro-, hexachloro-, pentachloro-, tetrachloro-, und zwar nach einer sich aus dem *Alphabet* (nicht aus der Anzahl der Chloratome) ergebenden Ordnung, die wiederum gewisse Willkürlichkeiten in Kauf nimmt. Andere Substituenten, wie Brom-, Nitro-, Amino-, Hydroxy- usw. nehmen die entsprechende durch das Alphabet erzwungene Stelle ein, soweit sie nicht — wie bei Amino- oder Hydroxy- — eine besondere Stammsubstanz erhalten: Anilin und Phenol.

---

[*] Rest links vom Bindestrich der Formel in Spalte 2 = CH_3; R=C_2H_5.

[**] Chem. Abstr. **39**, 5867—5975 (1945).

Auch die *Wahl des Stammkörpers* läßt sich nicht ohne eine gewisse Willkür durchführen. Soweit es sich um einen großen, „wichtigen" Rest handelt, wird man ihn relativ leicht als Stammkörper festlegen können. So wird man — abgesehen davon, daß auch die Zahl der beschriebenen Derivate immer kleiner wird — beim Übergang von Benzol- zu Naphthalin-, Phenanthren-, Pyren-, Coronen-Derivaten immer mehr „Derivate" zusammenfassend hinter den Stammkörper bringen können, also auch Amino-, Hydroxy-, Methyl-substituierte Verbindungen, für die beim Benzol, z. T. auch beim Naphthalin, noch eigene Stichworte vorhanden sind. Andererseits wäre es nicht sinnvoll, etwa die Essigsäure als Derivat des Methans aufzufassen; die Mono- und Dichlor-Derivate (nicht jedoch Trichlor- oder Tetrachlormethan, die unter Chloroform und „Carbon tetrachloride", also Tetrachlorkohlenstoff, zu finden sind), stehen dagegen, ebenso wie die Halogenide mit mehreren verschiedenen Halogenatomen, unter dem Stichwort Methan: Methane, chloro-; Methane, dichloro-.

Würde für $C_6H_5–CH_3$ nicht „Toluol" als eigener Stammkörper vorhanden sein, so würde man es unter Benzol, methyl- nicht unter Methan, phenyl- einreihen, da man *Benzol* für den wichtigeren Teil, d. h. Stammkörper, hält. $C_6H_5–CH_2–C_6H_5$ jedoch bezeichnet man als Diphenylmethan und nicht als Benzyl-benzol oder α-Phenyl-toluol. Es wird in den Abstracts-Registern daher unter M (Methane, diphenyl-) nicht unter B oder P oder D eingereiht.

Bei Verbindungen, die Ketten enthalten, wählt man meist diejenige zum Stammkörper, welche die meisten Hauptfunktionen enthält und nicht die mit den meisten C-Atomen oder den meisten sonstigen Funktionen. $HOH_2C–CH(OH)–CH_2–CH(CHO)–CH_2–CHO$ bezeichnet man daher lieber als 2-(2,3-Dihydroxypropyl)-succinaldehyd anstatt als 3-Formyl-5,6-dihydroxy-hexanal oder 4,5-Dihydroxypentan-dicarboxaldehyd-(1,2).

Die Beispiele mögen genügen, um zu zeigen, wie problematisch einerseits, wie wichtig aber auch andererseits eine sinngemäße Ordnung der Funktionen ist. Eine ganz befriedigende Lösung wird sich wohl nicht finden lassen.

Meist wird man bei der Benennung von Verbindungen mit mehreren funktionellen Gruppen so vorgehen, daß man die besonders stark prägenden Funktionen wie Carbonsäure, Sulfonsäure als Suffix an den Stammkörper hängt, dagegen Halogene (in alphabetischer Ordnung, nicht wie etwa im Beilstein nach dem Periodensystem), Hydroxy-, Nitro-, aber auch Alkyl- und Aryl-Gruppen als Präfixe benutzt. Die Rangordnung der Präfixe wird im englischen Schrifttum (unter Einbeziehung von Di-Tri-, Tetra- usw.) alphabetisch vorgenommen, wobei einige Umstellungen gegenüber dem Deutschen (vorwiegend durch *Ethyl*- anstatt *Ä*thyl-, *Qu*inoline und *Qu*inone anstatt *Ch*inolin und *Ch*inon) zu beachten sind. Im ganzen scheint aber die alphabetische Ordnung der Präfixe noch immer besser als eine mehr oder weniger „chemisch-logische". Zusammengesetzte Präfixe wie Dimethylamino-, Trinitro-benzoyl-, Hydroxymethyl- usw. werden sinngemäß in alphabetischer Ordnung mit den ihrer Stellung im Stammkörper entsprechenden Ziffern (nicht nach der durch die Zahlenfolge gegebenen Ordnung) aneinandergereiht.

Für die Suffixe ist bei den Registern eine Rangfolge unabdingbar, wenn man sich rasch zurechtfinden soll. Die Chemical Abstracts verwenden folgende Rangordnung: Onium-Verbindungen, Säuren (Carbon-, Arsen-, Sulfon-, Stibion- u. a.) Säurehaloide, -amide, -imide, -amidine, Aldehyde, Nitrile, Isocyanide, Ketone, Alkohole, Phenole, Thiole, Amine, Imine, Äther, Sulfide, Sulfoxide, Sulfone.

1115. Einige häufig benutzte Zeichen und Abkürzungen*

a) Griechische Buchstaben. Sie dienen vielfach nur zur Unterscheidung in ihrer Konstitution noch unbekannter analoger oder isomerer Verbindungen, wobei der Konstitutionsunterschied oft erst im Laufe der Zeit erkannt wurde (α-, β-, γ-Carotin).

In der Zuckerreihe werden unter den α- und β-Zuckern jene Stereoisomeren verstanden, die durch eine unsymmetrische Substitution aus dem C-Atom der Carbonylgruppe entstehen, wie etwa durch die Bildung cyclischer Halbacetale und Acetale. Hierbei nennt man dasjenige Kohlenhydrat „α"-, das bei Zugehörigkeit zur D-Reihe stärker rechts dreht als sein „Anomeres" und bezeichnet es als α-D-Kohlenhydrat, das Anomere als β-D-Kohlenhydrat. (In der L-Reihe ist α also der stärker links drehende Zucker.) α-D-Glucose enthält die beiden OH-Gruppen an C_1 und C_2 auf der *gleichen* Ringseite.

In der Steroidreihe geben α- und β- die räumliche Lage der Substituenten in bezug auf das — eben gedachte — 4-Ringsystem wieder. Alle β-Substituenten stehen wie die Methylgruppe am C_{10} *oberhalb*, alle α-Substituenten *unterhalb* der Ringebene.

Bei vielen anderen Verbindungen kennzeichnet α, β, γ usw. bevorzugte Positionen. Beim Naphthalin ist α- das C-Atom 1, β- das C-Atom 2; beim Pyridin oder Chinolin ist α- das C-Atom 2, β- das C-Atom 3 und γ das C-Atom 4.

Bei aliphatischen Kohlenwasserstoffen ist α das erste C-Atom der Kette ($\underset{1}{C}$) und alle weiteren C-Atome werden manchmal anstatt durch Zahlen durch die griechischen Buchstaben gekennzeichnet. ω ist stets das letzte der Kette (β,β-Dimethyl-propan; ω-Chlor-acetophenon). Die Bezeichnungsweise wird oft auch auf Seitenketten übertragen.

Bei funktionellen Gruppen (Äthern, Thioäthern, Alkoholen, Carbonsäuren, Nitrilen, Aldehyden, Ketonen, Lactonen usw.) wird als α-C-Atom dasjenige bezeichnet, an dem die funktionelle Gruppe haftet. Dies führt dazu, daß bei Gruppen, die kein C-Atom enthalten (z. B. Äthern, Thioäthern, Alkoholen) das α-Atom dasjenige ist, an dem das O- bzw. S-Atom gebunden ist; bei funktionellen Gruppen, die ein C-Atom enthalten (Carbonsäuren usw.) ist das α-Atom dann das C-Atom *neben* der C-Gruppe, d. h. das C-Atom 2. Da Acetale meist als Aldehyd-Derivate (nicht als zweifacher Äther) aufgefaßt werden, hat ein α-Halogen-acetal das Halogen am C-Atom 2 (C der Acetalgruppe = 1): $CH_3-\overset{\beta}{C}H(Cl)-\overset{\alpha}{C}H(OR)_2$; dies wäre aber die β-Stellung des Äthers. Die β-Stellung eines Äther entspricht somit der α-Stellung eines Acetales: $CH_3-\overset{\beta}{C}H-\overset{\alpha}{C}H_2-OC_2H_5$ aber $\underset{\underset{\displaystyle Cl}{|}}{\overset{\alpha}{C}H_3-\overset{}{C}H}-CH(OC_2H_5)_2$.

Bei aromatischen Verbindungen mit einer Seitenkette ist die α-Stellung die *neben* dem Benzolring: α-Toluol-sulfosäure $C_6H_5-CH_2-SO_3H$; β-Chloräthylbenzol $C_6H_5-CH_2-CH_2Cl$; α-Chlorstyrol $C_6H_5-CCl=CH_2$; β-Chlor- (oder auch ω-Chlor-)styrol $C_6H_5-CH=CHCl$. Da aber andererseits bei aliphatischen Seitenketten das *erste* C-Atom am Kettenende mit „α"-bezeichnet wird, ist diese Bezeichnungsweise oft sehr unklar. Selbstver-

---

* Eine alphabetische Zusammenstellung findet sich in Chem. Abstr. **39**, 5932 (1945).

ständlich ist γ-Phenyl-α-hydroxy-buttersäure $C_6H_5-\overset{\gamma}{C}H_2-\overset{\beta}{C}H_2-\overset{\alpha}{C}HOH-CO_2H$. Aromatische Reste werden jedoch in folgender Weise mit griechischen Buchstaben versehen:

$$C_6H_5-\overset{\alpha}{C}H_2- \qquad \text{Benzyl}$$
$$C_6H_5-\overset{\beta}{C}H_2-\overset{\alpha}{C}H_2- \qquad \text{Phenyläthyl-}$$
$$C_6H_5-\overset{\beta}{C}H=\overset{\alpha}{C}H- \qquad \text{Styryl-}$$
$$C_6H_5-\overset{\gamma}{C}H=\overset{\beta}{C}H-\overset{\alpha}{C}H_2- \qquad \text{Cinnamyl-}$$

Danach ist β-Chloräthylbenzol dasselbe wie α-Phenyläthyl-chlorid, β-Chlorstyrol dasselbe wie α-Styryl-chlorid usw.

Man wird daher die griechischen Buchstaben hier, wie auch in vielen anderen Fällen, zur Kennzeichnung der Stellung möglichst vermeiden und durch Ziffern ersetzen. Eindeutig und bequem sind griechische Buchstaben etwa in folgenden Beispielen:

N,α^2,3-Tribrom-mesidin β-Naphthol γ-Chlorpyridin

α-Diketone, β-Diketone, γ-Lactone sind Verbindungen, bei denen die funktionellen Gruppen in 1,2 bzw. 1,3 oder 1,4-Stellung stehen.

b) Die Benutzung der Silben Di-, Bi, Bis, Tri-, Tris usw. Für 2 gleiche Substituenten an einem oder verschiedenen Atomen verwendet man die Vorsilbe Di-: Dichlormethan; Diphenylmethan; Di-isopropylamin usw. Ist der Substituent sehr groß (komplex), so benutzt man besser Bis-: Bis-[2-nitro-cyclohexyl]-acetophenon. Bi- wird hingegen für die Verdoppelung des ganzen Restes verwendet: Biphenylamin ist also $C_6H_5-C_6H_4-NH_2$ (Verdoppelung von Phenyl- zu Biphenyl); Bimalonsäure: $(HO_2C)_2CH-CH(CO_2H)_2$ = Äthan-1,1,2,2-tetracarbonsäure. Bi- in Kombination mit cyclo- wird auch als Vorsilbe für bicyclische Systeme benutzt: Bicyclo[2,2,1]heptan. Um Verwechslungen zu vermeiden, wird man daher Bi- als Verdoppelungssilbe vor Cyclo- möglichst nicht verwenden.

Drei gleiche Substituenten erhalten die Vorsilbe Tri-, komplexe -Tris. Zur Verdreifachung dient Ter- (Terphenyl). Vier gleiche Substituenten erhalten die Vorsilbe Tetra- bzw. Tetrakis, eine Vervierfachung Quater- (Penta-, Pentakis-, Quinque; Hexa-, Hexakis-, Sexi-; Hepta-, Heptakis-, Septi-; Octa-, Octakis-, Octi; usw.).

c) Die Verwendung von d, l, dl, D, L, (+), (−), R-, S-, rac., meso-, threo, erythro-. Die in der älteren Literatur bezeichnete d(+)-Weinsäure ist jetzt als L(+)-Weinsäure zu bezeichnen, denn sie besitzt die gleiche Konfiguration wie der D(+)-Glycerinaldehyd.

D(+)-Glycerinaldehyd   L(−)-Glycerinaldehyd

Hieraus ergibt sich, daß D und L nur dann gebraucht werden dürfen, wenn die Zuordnung zur sterischen Reihe (und damit die absolute Konfiguration) bekannt ist; d und l dienen zur Kennzeichnung gleicher Konfiguration innerhalb bestimmter, in ihrer absoluten Beziehung noch nicht erkannter Reihen; (+) und (−) bezeichnen den (von der Wellenlänge, manchmal auch von der Konzentration) abhängigen Drehsinn. Zur Konfigurationsbezeichnung wurden von CAHN, INGOLD und PRELOG* anstelle von D- und L- die Bezeichungen R- (right) und S (sinister) eingeführt, die eine universelle absolute Kennzeichnung der Konfiguration ermöglichen. Man benutzt hierfür auch den Ausdruck „Chiralität".

Um die richtige Zuordnung treffen zu können, werden die vier Substituenten am asymmetrischen C-Atom so geordnet, daß eine Prioritätsfolge eintritt: Substituenten mit Heteroatomen (z. B. OH), haben Priorität vor solchen mit C-Resten; je größer die C-Reste sind, desto höher ist ihre Priorität. Bei gleicher Größe hat der Rest die Priorität, bei dem die Substitution bzw. Verzweigung näher beim asymmetrischen C-Atom liegt. Die niedrigste Stelle nimmt ein H-Atom am asymmetrischen C-Atom ein.

Im 2-Butanol $H_3C-\overset{\overset{\displaystyle H}{|}}{\underset{\underset{\displaystyle OH}{|}}{C}}-CH_2-CH_3$ ist die Prioritätsfolge demnach OH, C_2H_5, CH_3, H. Betrachtet man nun ein dreidimensionales Modell von der Seite, die dem Substituenten mit der kleinsten Priorität entgegengesetzt ist, dann wird die Sequenz der drei übrigen von höchster zu niedrigster Priorität festgestellt: Folgt sie dem Uhrzeigersinn, so erhält die optische Antipode das Zeichen R (rectus), ist sie entgegengesetzt, so erhält sie das Zeichen S (von sinister).

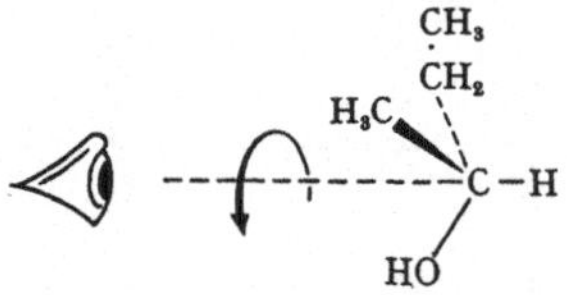

R-2-Butanol (auch 2-R-Butanol) 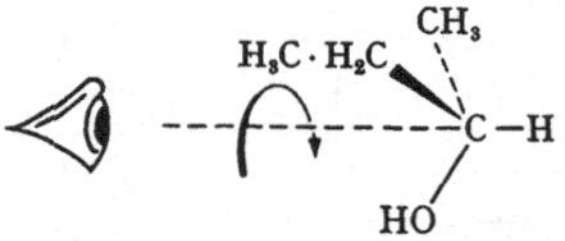   S-2-Butanol (auch 2-S-Butanol)

Besitzt eine Verbindung mehrere asymmetrische C-Atome, so wird das Zuordnungsverfahren an jedem einzelnen C-Atom für sich wiederholt und jedem C-Atom die sterische Zuordnung vorgesetzt. Es soll z. B. die Konfiguration von 3-Chlor-2-hydroxy-pentan der Formeln Ia—c bestimmt werden.

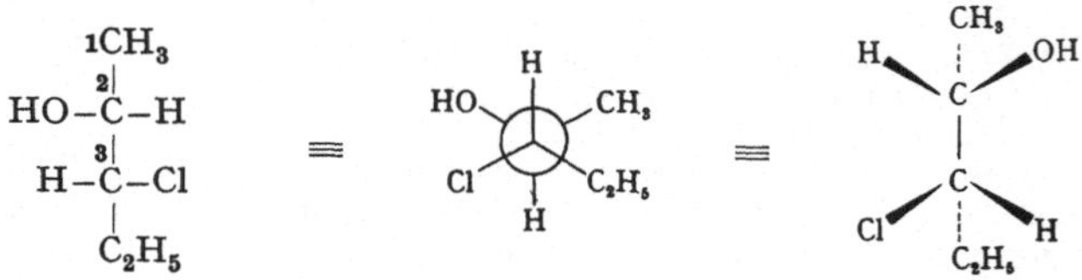

Ia   Ib   Ic
(Projektion nach E. FISCHER)   (NEWMAN)

Die Rangfolge an C_2 ist: HO, C_3-Rest, C_1-Rest, H; die Konfiguration ist S. Die Rangfolge an C_3 ist Cl, C_2-Rest, C_2H_5, H; die Konfiguration ist S. Die Konfiguration der in den Formeln Ia—c aufgeschriebenen Verbindung ist demnach 3-s-Chlor-2-s-hydroxypentan.

---

* s. S. 3, Literaturzitat[14].

Racemate bezeichnet man als rac., dl, DL-. Meso-Formen als Meso(m-). *Epimere* sind Verbindungen mit mehreren asymmetrischen C-Atomen, von denen nur eines eine Konfigurationsumkehr erlitten hat (z. B. C_2- der Aldosen*).

In der *Steroidreihe* bezeichnet man als *epi-Verbindungen* diejenigen, welche die OH-Gruppe an C^3 in der sterisch entgegengesetzten (α)-Lage haben wie das Cholesterol: Epicholesterol; Epi-östron.

Threo- und Erythro- bezeichnen die entsprechenden sterischen Anordnungen bei 2 benachbarten C-Atomen, die der Threose bzw. Erythrose entsprechen:

<table>
<tr><td>

CHO
HO–C–H
H–C–OH
CH₂OH
D-Threose

</td><td>

CHO
H–C–OH
HO–C–H
CH₂OH
L-Threose

</td><td>

CHO
H–C–OH
H–C–OH
CH₂OH
D-Erythrose

</td><td>

CHO
HO–C–H
HO–C–H
CH₂OH
L-Erythrose

</td></tr>
</table>

d) Die Verwendung von „*Iso*"- u. a. Präfixen. Wenn auch „Iso"- ganz allgemein für ein Isomeres steht, wird es doch bei den aliphatischen Kohlenwasserstoffen meist nur für den durch Verzweigung am Ende der Kette $(CH_3)_2CH-$ gebildeten isomeren Kohlenwasserstoff benutzt: Isohexan ist also $(CH_3)_2CH-CH_2-CH_2-CH_3$.

Allo-, Pseudo, Neo- sind Vorsilben, die vorwiegend zur Unterscheidung Isomerer dienen und in verschiedenen Stoffklassen spezielle Bedeutung erlangt haben: Neopentan ist z. B. $(CH_3)_3C-CH_3$. *Apo- und Nor-* sind Präfixe, die meist eine Verkleinerung („Normalisierung") des Moleküls, Homo- eine Vergrößerung anzeigen. „n-" (Abkürzung für „normal") dient zur Kennzeichnung des „normalen", z. B. des unverzweigten Stammkörpers der aliphatischen Reihe.

e) Endo-, *Exo(Eso-)* sind Präfixe, die die räumliche Lage bei Ringsystemen anzeigen sollen; so sind endocyclische Derivate solche, bei denen der Rest *direkt* am Ring, exocyclische solche, bei denen er weiter entfernt gebunden ist. Man nennt auch Doppelbindungen endo-, exo- oder semicyclisch, je nachdem, ob sie sich im Ring, in der Seitenkette oder zwischen Ring und Seitenkette (Methylcyclohexen(1) bzw. Methylencyclohexan; Äthyl-cyclohexen-(1) bzw. Cyclohexyl-äthen = Vinylcyclohexan bzw. Äthylidencyclohexan; Cyclohexenyl-acetaldehyd bzw. Cyclohexylidenacetaldehyd) befinden.

Endo- und exo- dienen auch bei bicyclischen Systemen zur Kennzeichnung sterischer Lage: Der Endo-Substituent weist nach innen, der Exo- nach außen:

<table>
<tr><td>

OH in Exo-Stellung (Isoborneol)

</td><td>

OH in Endo-Stellung (Borneol)

</td></tr>
</table>

f) Ortho, meta-, para-, pari-, amphi-, ana- bezeichnen entsprechende Stellen in Ringsystemen. Beispiele finden sich in den Formeln für Benzol,

---

* Das Präfix „epi—" wird auch in anderem Zusammenhang gebraucht: 1,5-Substitution bei Naphthalin; 1,2-Oxide; 9,10-Brücke bei Anthracen.

Naphthalin und Chinolin. Bei Carbonsäuren und Estern dient „ortho-" zur Kennzeichnung der hydratisierten Form $R-C(OH)_3$ bzw. $R-C(OR')_3$ (Orthosäure, Orthoester).

g) Konformationsbezeichnungen. Liegen in einer „frei" drehbaren C–C-Kette die Substituenten bei Aufsicht genau hintereinander, d.h. in der gleichen Ebene, so bezeichnet man die Konformation als ekliptisch (verdeckt, sich verfinsternd), stehen sie auf Lücke als „gestaffelt" (staggered). Hierbei wird zwischen syn (gauche) und anti unterschieden, je nachdem, ob die betreffenden Substituenten nebeneinander oder gegenüber liegen.

verdeckt (eclipsed)   gestaffelt (staggered)   gestaffelt (staggered)
                                  syn (gauche)   anti (trans)

Konformationen (Rotationsformen) des 1,2-Dichloräthans

Bei Ringen bezeichnet man die betreffenden Konformationen, die nahezu in der Ebene des Ringes liegen, als *äquatorial* (e-), die oberhalb und unterhalb der Ebene stehenden als *axial* (a-) früher manchmal auch als polar (p-):

Axiale Bindungen   Äquatoriale Bindungen

1116. Weitere Literatur zu Fragen der Nomenklatur

Am. Chem. Soc.: Chemical Nomenclature. Advances in Chemistry Series Nr. 8 (1953).

Cahn, R. S.: An Introduction to Chemical Nomenclature. London: Butterworths Sci. Publ. 1959.

Capell, L. T.: The Effect of Changes in Nomenclature on the Use of Indexes, S. 58—66, in: Searching the Chemical Literature. Advances in Chemistry Series Nr. 30, 1961, Hrsg.: Am. Chem. Soc.

Gruber, W.: Die Genfer Nomenklatur in Chiffren und ihre Erweiterung auf Ringverbindungen. Angew. Chem. **61**, 429—431 (1949). Monographie zu „Angewandte Chemie" und „Chemie-Ingenieur-Technik" Nr. 58.

Huntress, E. H.: Influence of Nomenclatural Evolution upon Comprehensive Literature Searches, S. 47 bis 57, in: Searching the Chemical Literature.

International Union of
Pure and Applied Chemistry: Nomenclature of Organic Chemistry: Tentative Rules for Section C. Characteristic Groups containing carbon, hydrogen, oxygen, nitrogen, halogen, sulfur, selenium, and/or tellurium. London: Butterworth 1962.

IUPAC: Notation for Organic Compounds. London: Longmans, Green Co. 1961.

RICHTER, F.:   Grundzüge der organisch-chemischen Nomenklatur, S. 596 bis 616, in: Lehrbuch der organischen Chemie v. HOLLEMANN-RICHTER; 37. u. 41. Aufl. Berlin: W. de Gruyter & Co. 1961.

112. Gebräuchliche Namen und Bezifferung von Ringverbindungen *

I. Isocyclische Reihe

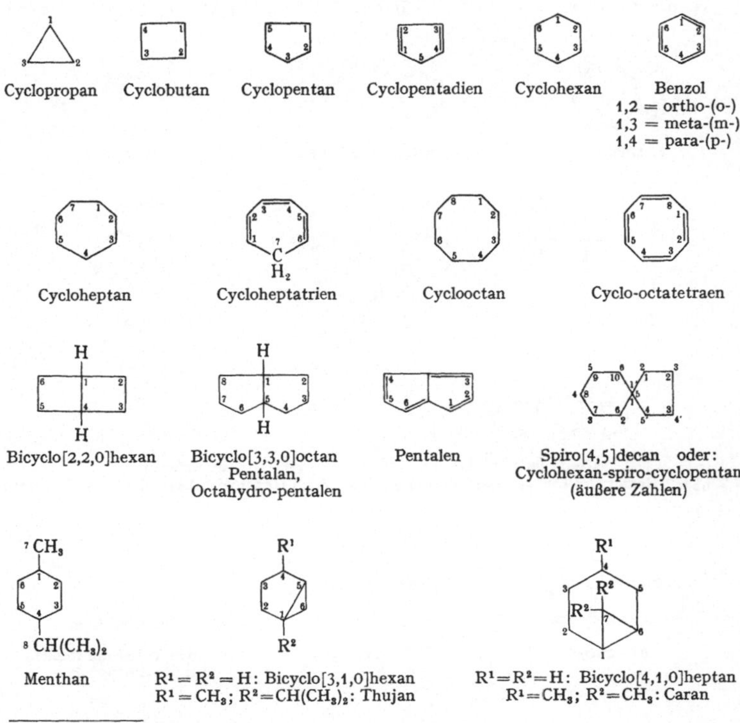

* Die Bezifferung der Ringverbindungen folgt nicht immer den Regeln. Die Angaben hier entsprechen im wesentlichen den Angaben des „Ring-Index", A. M. PATTERSON, L. T. CAPELL u. D. F. WALKER, Am. Chem. Soc. Washington, 2nd edit. 1960.

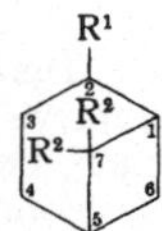

R¹=R²=H:
Bicyclo[3,1,1]heptan
Norpinen
R¹=R²=CH₃: Pinan

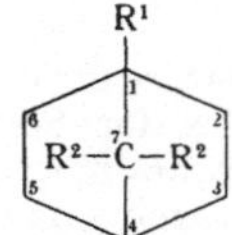

R¹=R²=H:
Bicyclo[2,2,1]heptan
Norcamphan, Norbornan
R¹=R²=CH₃:
Camphan/Bornan

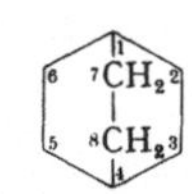

Bicyclo[2,2,2]octan

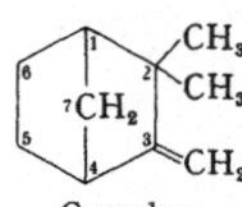

Camphen

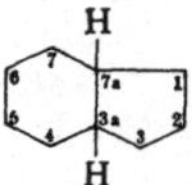

cis- bzw. *trans*-Hydrindan
cis- bzw. *trans*-Octahydroinden

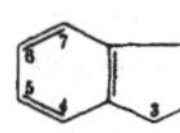

Indan
Hydrindan

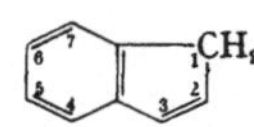

Inden

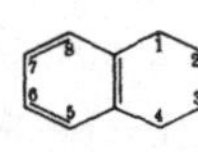

cis- bzw. *trans*-Dekalin

Tetralin

Naphthalin: 1,8-peri, 2,6-amphi

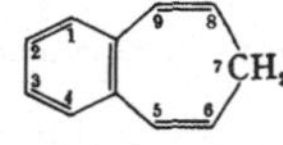

Azulen

7 H-Benzo-cycloheptan

Heptalen

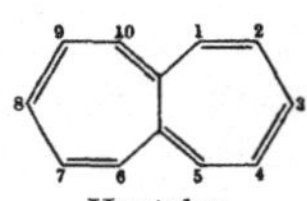

Biphenylen

Fluoren

Acenaphthen

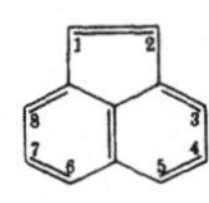

s-Indacen
1,2,3,5,6,7-Hexahydro-Derival = s-Hydrindacen

as-Indacen
1,2,3,6,7,8-Hexahydro-Derival = as-Hydrindacen

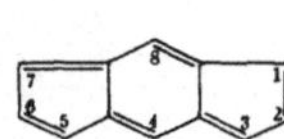

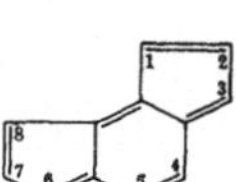

Anthracen

Phenanthren

Phenalen, peri-Naphthinden
1 H-Benzo-naphthen

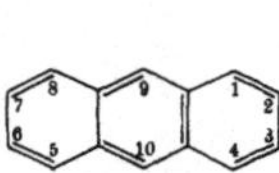

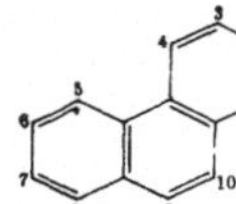

Tetracen, Naphthacen

Tetracyclin-System

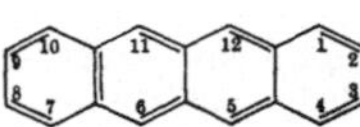

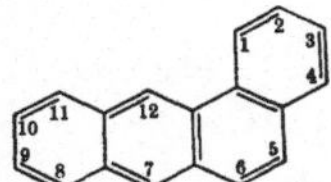

Benz[a]anthracen

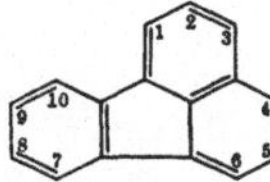

Fluoranthren

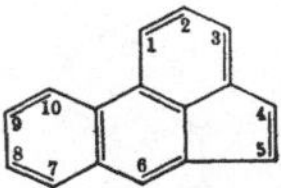

Acephenanthylen

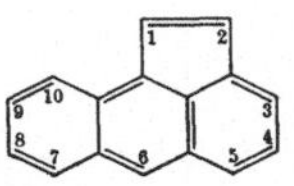

Aceanthrylen

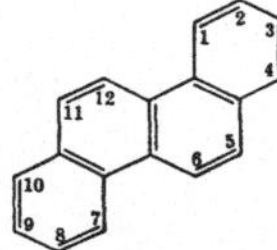

Chrysen (1,2-Benzophenanthren)

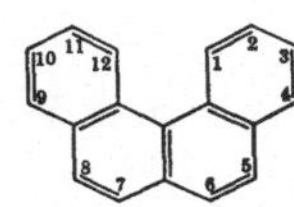

Benzo[c]phenanthren

Triphenylen

Pyren

Pleiaden

Trypticen
9,10-Dihydro-9,10-benzeno-anthracen

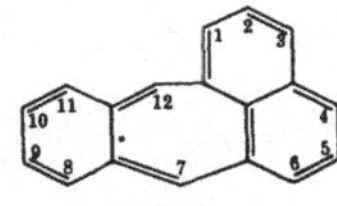

Steran (Bezifferung der Steroide)
1,2-Cyclopentano-perhydrophenanthren

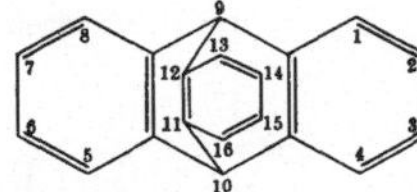

Cholestan

1 H-Cyclopenta[a]phenanthren
(auch Sterin-Bezifferung)

Cholanthren (auch Bezifferung wie bei Steroide:
7,8,9,10 entspricht 1,2,3,4 der Steroide (äußere Zahlen)
6 entspricht 11 der Steroide
1,2 entspricht 15,16 der Steroide)

Pentacen

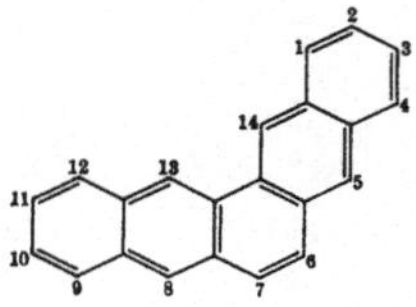

Pentaphen

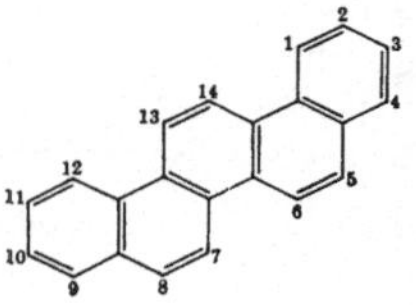

Picen

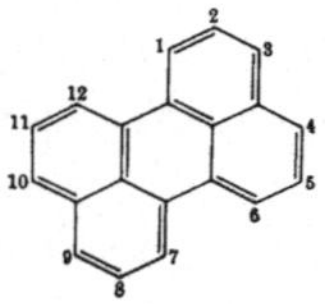

Perylen

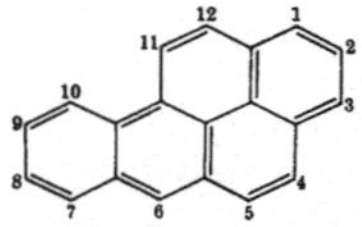

Benzo[a]pyren; 1,2-Benzpyren (3,4-Benzpyren)

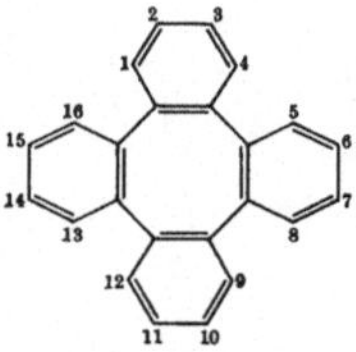

Tetraphenylen

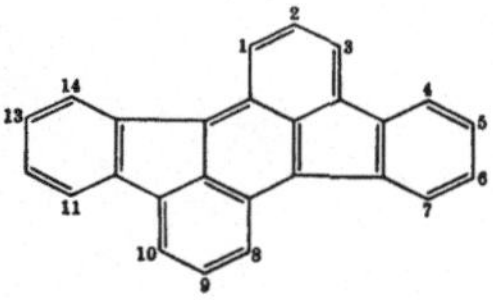

Rubicen

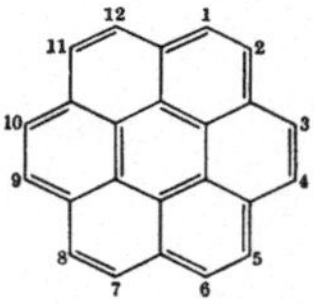

Coronen

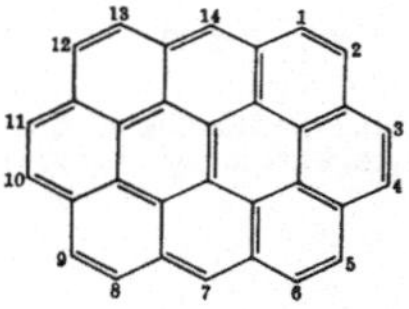

Ovalen

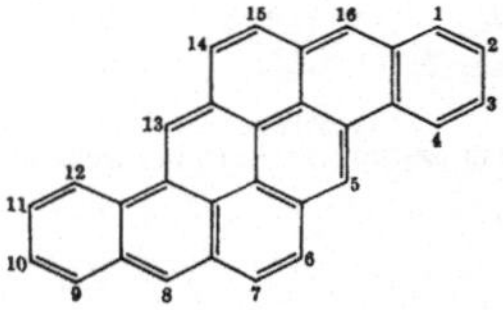

Pyranthren

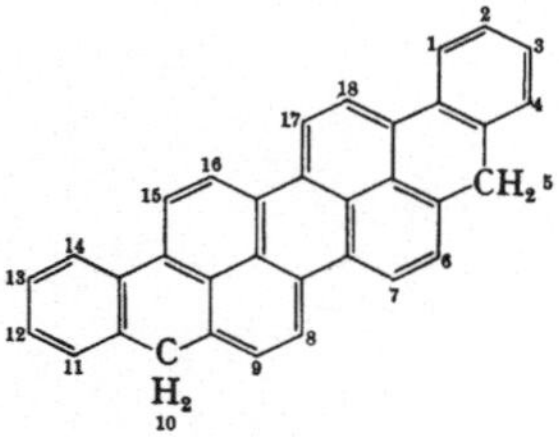

Violanthren

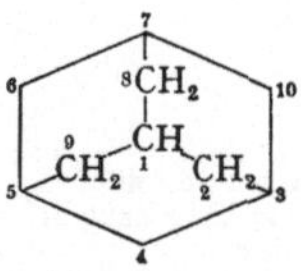

Adamantan

II. Heterocyclische Reihe

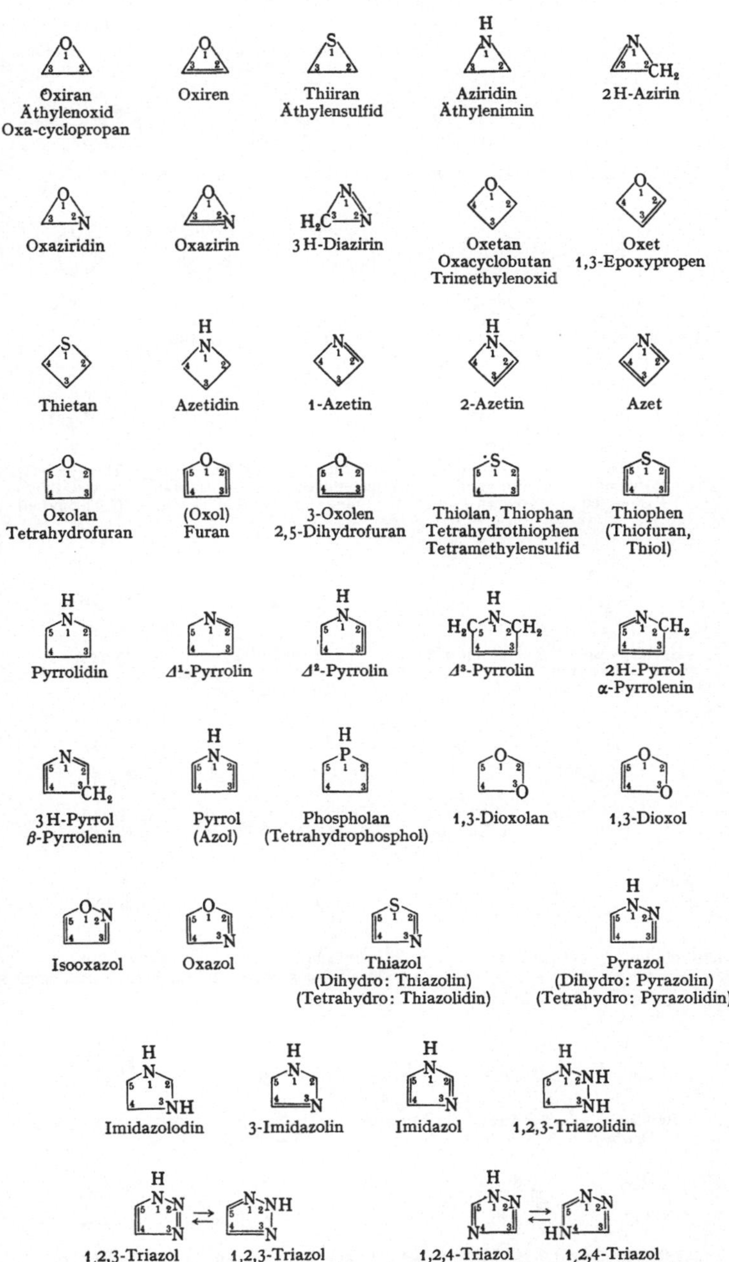

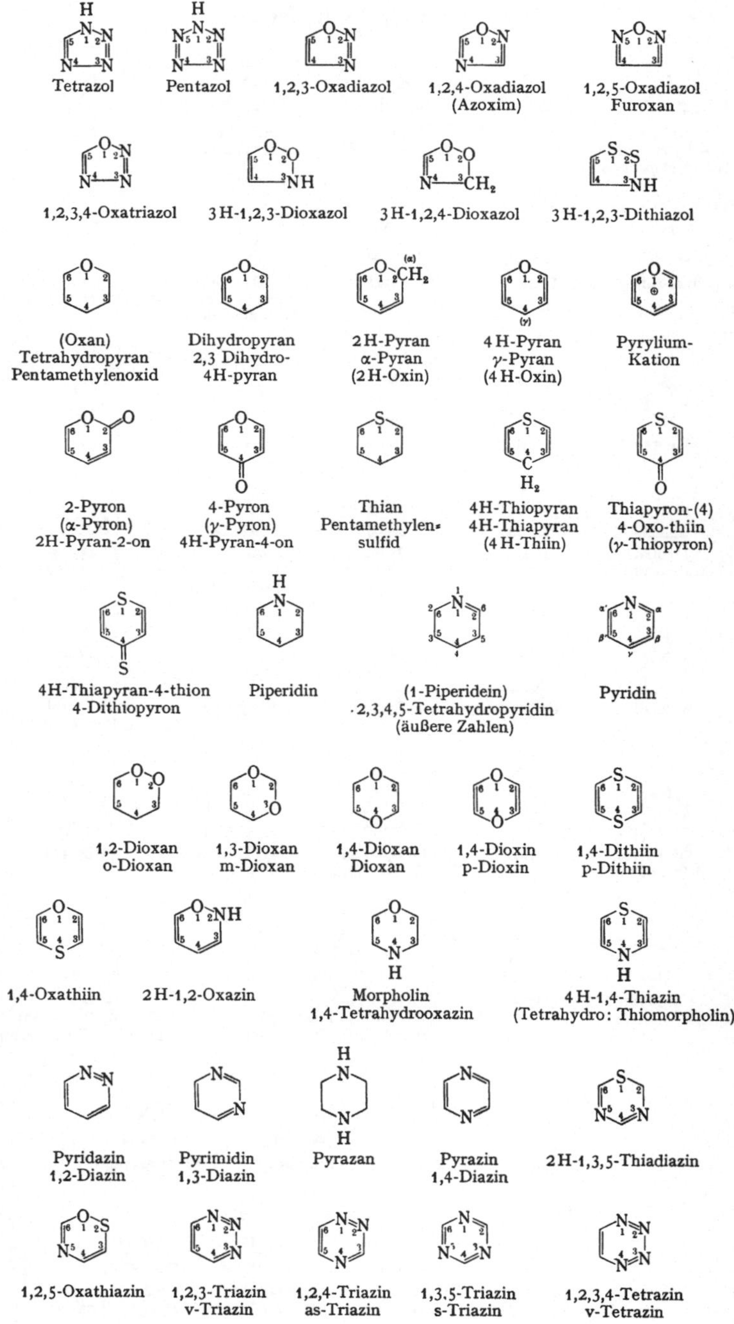

Tetrazol
Pentazol
1,2,3-Oxadiazol
1,2,4-Oxadiazol (Azoxim)
1,2,5-Oxadiazol Furoxan
1,2,3,4-Oxatriazol
3H-1,2,3-Dioxazol
3H-1,2,4-Dioxazol
3H-1,2,3-Dithiazol
(Oxan) Tetrahydropyran Pentamethylenoxid
Dihydropyran 2,3 Dihydro-4H-pyran
2H-Pyran α-Pyran (2H-Oxin)
4H-Pyran γ-Pyran (4H-Oxin)
Pyrylium-Kation
2-Pyron (α-Pyron) 2H-Pyran-2-on
4-Pyron (γ-Pyron) 4H-Pyran-4-on
Thian Pentamethylensulfid
4H-Thiopyran 4H-Thiapyran (4H-Thiin)
Thiapyron-(4) 4-Oxo-thiin (γ-Thiopyron)
4H-Thiapyran-4-thion 4-Dithiopyron
Piperidin
(1-Piperidein) 2,3,4,5-Tetrahydropyridin (äußere Zahlen)
Pyridin
1,2-Dioxan o-Dioxan
1,3-Dioxan m-Dioxan
1,4-Dioxan Dioxan
1,4-Dioxin p-Dioxin
1,4-Dithiin p-Dithiin
1,4-Oxathiin
2H-1,2-Oxazin
Morpholin 1,4-Tetrahydrooxazin
4H-1,4-Thiazin (Tetrahydro: Thiomorpholin)
Pyridazin 1,2-Diazin
Pyrimidin 1,3-Diazin
Pyrazan
Pyrazin 1,4-Diazin
2H-1,3,5-Thiadiazin
1,2,5-Oxathiazin
1,2,3-Triazin v-Triazin
1,2,4-Triazin as-Triazin
1,3,5-Triazin s-Triazin
1,2,3,4-Tetrazin v-Tetrazin

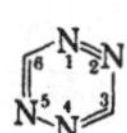

1,2,4,5-Tetrazin
s-Tetrazin

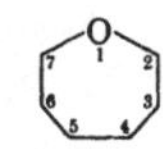

Hexahydrooxepin
Oxepan
Hexamethylenoxid

Oxepin

Thiepin

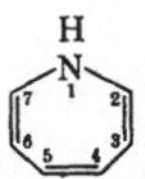

1 H-Azepin

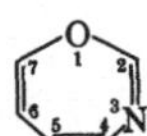

1,3-Oxazepin

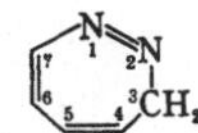

3 H-1,2-Diazepin

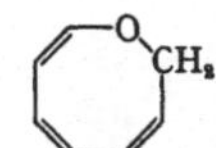

2 H-Oxocin

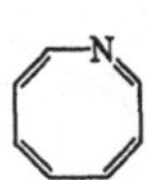

Azocin

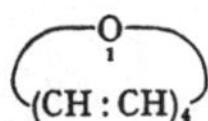

Oxonin

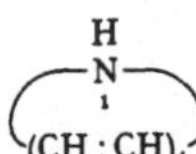

1 H-Azonin

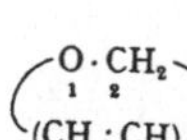

2 H-Oxecin

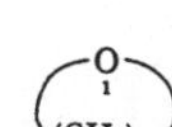

Decamethylenoxid
Oxa-cycloundecan

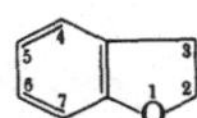

2,3-Dihydrobenzofuran
Cumaran

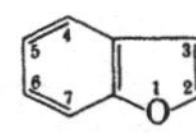

Benzofuran
Benzo[b]furan
Cumaron

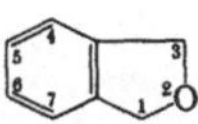

Phthalan
Isocumaran

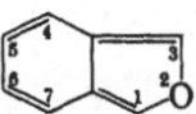

Isobenzofuran
Benzo[c]furan

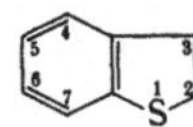

Thionaphthen
1-Benzo-thiophen
Benzo[b]thiophen
(Thiocumaron)

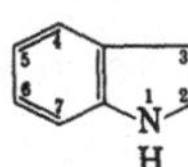

Indolin

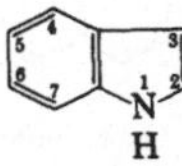

Indol

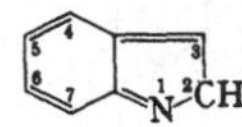

2 H-Indol

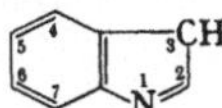

3 H-Indol
3-Pseudoindol
Indolenin

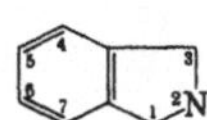

Isoindolin

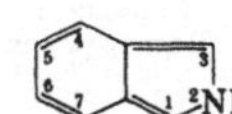

Isoindol
2 H-Benzo[c]pyrrol

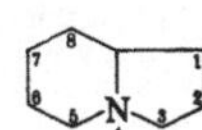

Octahydroindolizin
(Indolizidin)

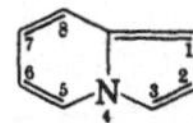

Indolizin
Pyrrocolin
Pyrrolo[1,2-a]pyridin

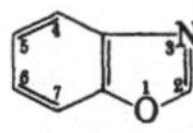

Benzoxazol
Benzo[d]oxazol

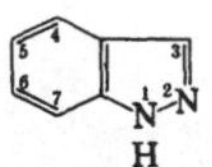

Indazol, 1 H-Indazol
Benzo[d]pyrazol
(1,2-Benzpyrazol)

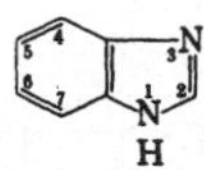

Benzimidazol

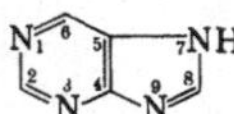

Chinuclidin

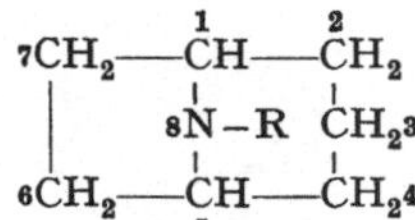

R=H: Nortropan
R=CH₃: Tropan

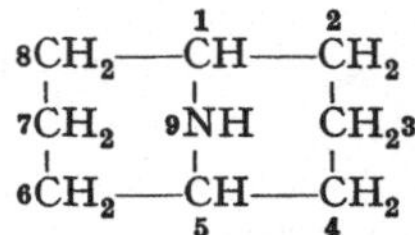

Granatanin
9 Aza-bicyclo[3,3,1]nonan

Purin

Pteridin (innen ältere,
außen neuere Bezifferung)

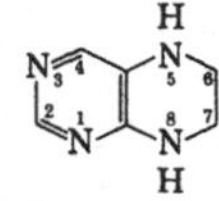

5,6,7,8-Tetrahydropteridin

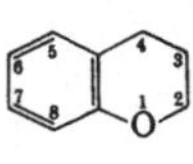

Chroman

2 H-Chromen
1,2-Chromen
2 H-1-Benzopyran
Benzo-α-pyran

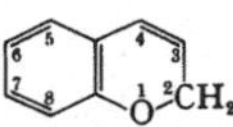

4 H-Chromen
1,4-Chromen
4 H-1-Benzopyran
Benzo-γ-pyran

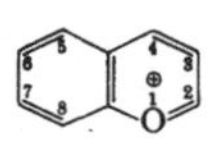

Benzopyrylium-
Kation
Chromylium-
Kation

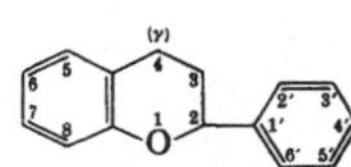

Flavan

Flavylium-Kation

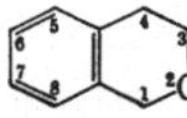

Isochroman

Isochromylium-Kation

Chinolin

1,2,3,4-Tetrahydro-
isochinolin

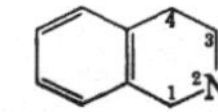

Isochinolin

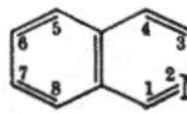

4 H-Chinolizin

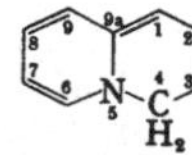

Cinnolin
Benzo[c]pyridiazin

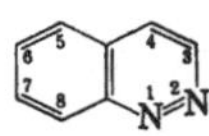

Chinazolin
Benzopyrimidin

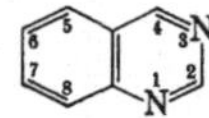

Chinoxalin
Benzopyrazin

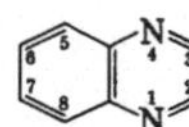

Phthalazin
Benzo[d]pyridazin

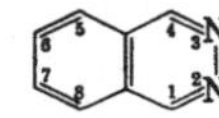

1,8-Naphthyridin

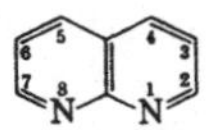

1,5-Naphthyridin

Benzo-1,2,3-triazin

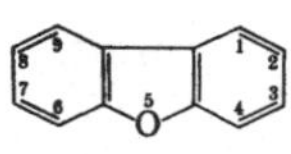

Dibenzofuran
Diphenylenoxid

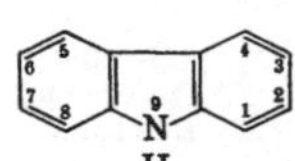

Carbazol

β-Carbolin

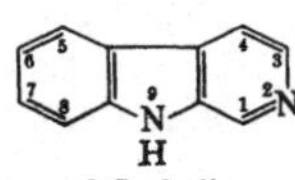

Xanthen

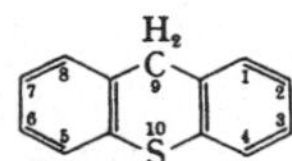

Thioxanthen

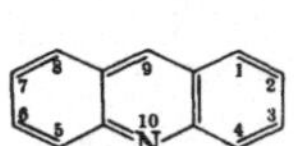

Acridin

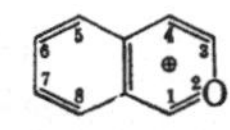

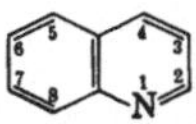

Dibenzo-p-dioxin
Di-o-phenylen-dioxid
($O^5=10$; $O^{10}=9$)

Thianthren
(auch: $S^5=10$; $S^{10}=9$)

Phenoxathiin

Phenoxazin

Phenthiazin
(auch S=9, NH=10
gebräuchlich)

Phenazin
Dibenzopyrazin

Phenanthridin
Benzo[c]chinolin

Benzo[c]cinnolin
(Phenazon)

Benzo-[h]cinnolin

1,10-Phenanthrolin
o-Phenanthrolin

1,7-Phenanthrolin

Perimidin

12. Chemische und physikalische Daten organischer Verbindungen

Von Karl Dimroth, Marburg

Einleitung

Die Tabelle enthält etwa 7000 organische Verbindungen mit über 8500 Namen. Die Auswahl wurde so getroffen, daß die für Wissenschaft und Technik wichtigsten Stoffe, insbesondere solche, die beim präparativen, analytischen und biochemischen Arbeiten am häufigsten gebraucht werden, darin zu finden sind. Neben dem Hinweis auf die Literatur sind bei jeder Verbindung die wichtigsten physikalischen, chemischen, physiologischen und, soweit bekannt, auch pharmakologischen Daten aufgeführt, so daß eine relativ gute Orientierung über die wesentlichen Eigenschaften der einzelnen Stoffe ermöglicht wird.

Spalte 1 enthält — in alphabetischer Folge — den *Namen*, wobei der „gebräuchlichste" ausgewählt wurde. Bei mehreren gebräuchlichen Namen finden sich entsprechende Hinweise auf den, bei dem die Daten aufgeführt wurden. Soweit es sinnvoll schien, wurde dem systematischen Namen der Vorzug gegeben: Beispiele hierfür sind: Methanol (nicht Methylakohol), Dichlormethan (nicht Methylenchlorid), jedoch Chloroform (nicht Trichlormethan), Aceton (nicht Dimethylketon oder Propanon), Acetonitril (nicht Essigsäurenitril oder Methylcyanid) usw. Anordnung und Bezifferung der Formeln entsprechen dem Beilstein- bzw. Literaturzitat und nicht immer den vorstehenden Nomenklatur- und Bezifferungsregeln.
Kohlenwasserstoffe werden, soweit nicht Trivialnamen üblich sind (Lycopin, Squalen usw.), bevorzugt nach der systematischen Nomenklatur benannt.

4*

Alkohole werden unter dem systematischen Namen z. B. Propanol nicht Propylalkohol (keine Carbinol-Nomenklatur, aber auch nicht Hydroxy-propan) aufgeführt; bei komplizierteren Alkoholen und Phenolen werden die charakteristischen Gruppen mit „Hydroxy"- (nicht Oxy-) bezeichnet. *Thioalkohole* werden bei den einfachen Gliedern als Merkaptane (z. B. Methylmerkaptan), bei komplizierteren als Thiole aufgeführt.

Ketone werden (Ausnahmen z. B. Aceton, Acetophenon) systematisch benannt, also z. B. Propanon-2, nicht Methyl-äthyl-keton.

Nitrile (Cyanide) werden als Carbonsäurederivate aufgeführt, also z. B. Propionsäure-nitril (nicht Äthyl-cyanid oder Cyanäthan).

Halogenverbindungen folgen — anders als im Beilstein — in *alphabetischer* Ordnung: Brom vor Chlor, vor Dibrom; Dijod vor Fluor, vor Jod, vor Tetra..., vor Tri... .

Salze und *funktionelle Derivate* (Ester, Amide, Oxime usw.) von Carbonsäuren, Sulfosäuren, Ketonen usw. stehen hinter der Stammsubstanz.

Metallorganische Verbindungen von Antimon, Arsen, Bor, Phosphor, Silicium usw. findet man hinter dem entsprechenden Element.

Ester anorganischer Säuren, wie die von Antimon, Arsen, Bor, Phosphor, usw. sind unter der betreffenden Säure aufgeführt.

Azulene, Triphenylmethanfarbstoffe und einige andere, sehr nah verwandte Gruppen von Verbindungen sind der besseren Vergleichsmöglichkeiten wegen unter dem Namen der entsprechenden Stammverbindung bzw. der Gruppe zusammengefaßt. Aus dem gleichen Grunde ist bei aromatischen Stoffen die Reihenfolge o, m, p und nicht die alphabetische gewählt worden.

Amino-methyl- wurde unter diesem Stichwort und nicht unter Methylamino-,

Amino-nitro- wurde unter diesem Stichwort und nicht unter Nitro-amino-,

Hydroxy-methyl- wurde unter diesem Stichwort und nicht unter Methyl-hydroxy- usw. aufgeführt.

Da die Tabelle durch die Hereinnahme allzu vieler Namen und Hinweise zu unhandlich geworden wäre, kann es manchmal erforderlich sein, daß der Benutzer erst über das Summenformel-Verzeichnis (S. 1092) zu dem in der Tabelle aufgeführten Namen vorstößt. Im allgemeinen wird sich aber der Benutzer schon nach kurzem Gebrauch rasch in der Tabelle zurechtfinden.

Weiter enthält Spalte 1 in eckigen Klammern die *Literaturstelle*, in der Näheres über die Verbindung und weitere Literaturstellen zu finden sind. Meist wurde das *Beilsteinzitat* angegeben, hierbei bedeuten die römischen Zahlen den betreffenden Beilsteinband:

Ohne Zusatz = Hauptwerk
E 1   = 1. Ergänzungswerk
E 2   = 2. Ergänzungswerk
E 3   = 3. Ergänzungswerk.

Vorwiegend ist die Literaturstelle der Ergänzungswerke angegeben, aus der sich schnell die der früheren Werke entnehmen läßt. Für Verbindungen, die im Beilstein nicht oder nicht ausreichend referiert sind, werden in erster Linie Sammelwerke genannt, doch auch Originalstellen der Zeitschriftenliteratur, wobei zusammenfassende Arbeiten bevorzugt werden. Die Abkürzungen für die Literatur sind am Schluß der Einleitung (S. 55) zusammengestellt.

Spalte 2 enthält die *Konstitutionsformel*, zwar abgekürzt, aber möglichst klar und verständlich. Einfache Bindungen werden durch Punkte *oder* Striche, Doppel- und Dreifachbindungen durch : *oder* =, bzw. $\vdots$ *oder* $\equiv$ gekennzeichnet. Aromatische Systeme werden durch die Kekulé-Doppelbindungsform von den hydroaromatischen unterschieden. Raumformeln werden nur in Ausnahmefällen vermerkt, sie lassen sich meist leicht aus den Projektionsformeln ableiten.

Die *Carboxylgruppe* wurde mit $-CO_2H$ abgekürzt, bei $R \cdot CO_2R'$ steht demnach R am Carboxyl-C-Atom, R' am O-Atom der Carboxylgruppe $\left(= R - C \underset{OR'}{\overset{O}{\diagup\!\!\!\diagdown}} \right)$.

C_6H_5, C_6H_4..., NC_5H_4, NC_5H_3, NC_9H_6, bedeuten ein- oder mehrfach zu substituierende Benzol-, Pyridin, Chinolin-Reste usw.

Spalte 3 Zeile 1 enthält das relative *Molekulargewicht* (Mol.-Gew.) [*] berechnet nach der Atomgewichtstabelle von *1962*, (mit C = 12,0115, H = 1,00797, O = 15,9994) auf zwei Stellen abgerundet. Die weiteren relativen Atomgewichte finden sich auf S. VI.

Spalte 3 Zeile 2 enthält die *Dichte* bezogen auf H_2O (4°C) = 1. Für z.B. $D_4^{25} = 1,4237$ steht dann dort $1,4237^{25}$; andere Angaben werden durch zwei Indices vermerkt, für $D_{20}^{25} = 1,3061$ steht dann $1,3061^{25}_{20}$. Bei Gasen ist das Litergewicht (g/l) unter Normalbedingungen (0°C und 760 Torr) angegeben. „2,345" bedeutet ein Liter des betreffenden Gases wiegt 2,345 g.

Spalte 4 Zeile 1 enthält den *Schmelzpunkt* (abgekürzt F), bevorzugt die korrigierte Angabe. Von Literaturangaben, die variieren, wurde der wahrscheinlichste Wert benutzt, manchmal ist ein zweiter in Klammern oder im Textteil Spalte 5 vermerkt. „Z" *vor* der Zahlenangabe bedeutet Zersetzung (z.B. Anhydridbildung u. ä.) *vor* dem Schmelzen, „Z" *hinter* der Zahlenangabe Zersetzung während oder beim Schmelzen, „E" Erstarrungspunkt. Der *Bereich* wird aus Raumersparnis vereinfacht wiedergegeben: Anstatt z.B. F.: 42...43,5°C steht 42...3,5.

Spalte 4 Zeile 2 enthält den *Siedepunkt* bei 760 Torr (Kochpunkt, abgekürzt Kp). Für dessen Angabe gilt Ähnliches wie für den Schmelzpunkt. Atmosphärendruck wird nicht besonders vermerkt, verminderter oder erhöhter Druck wird in Torr (mm Quecksilbersäule) durch die Zahl hinter einen schräggestellten Strich angegeben: Für $Kp_{4\,Torr} =$ 231...232° heißt es dann 231...2/4.

---

[*] Kristallwasser ist beim Mol.-Gew. nicht mitgezählt.

Spalte 5   enthält die allgemeine *physikalische und chemische Charakteristik*. Sie beginnt mit dem *Brechungsindex n*; der untere Index gibt die Wellenlänge in mμ, bei der n bestimmt wurde, an; für 656,3 mμ (H_α-Linie, C) wurde α, für 587,5 mμ (D_3, He-Linie) He, für 589,0 mμ (Na-Linie) D, für 486,1 mμ H_β-Linie, F) β, für 434,0 mμ (H_γ-Linie) γ als Abkürzung benutzt. Der obere Index gibt die Meßtemperatur in °C an.

Es folgen Angaben über den *Normalzustand*, d.h. den Zustand bei 25°C und 760 Torr, wie gasförmig, flüssig, fest, kristallisiert; *Kristallhabitus* (in Klammern oft Angabe des Lösungsmittels, aus dem kristallisiert wurde). *Löslichkeiten* bei festen und flüssigen Stoffen werden in Gramm, wasserfreie Substanz in 100 ml (nicht 100 g) Lösungsmittel angegeben, bei Gasen in ml Gas in 100 ml Lösungsmittel bei der betreffenden Temperatur und 760 Torr. Beispiel: „1,03 Chlf. 26°" bedeutet 1,03 g lösen sich bei 26° in 100 ml Chloroform.

Für das *optische Drehungsvermögen* ist die spezifische Drehung $[\alpha]_\lambda^\vartheta$ in $\dfrac{\text{Grad cm}^3}{\text{dm g}}$ bei der Temperatur ϑ in °C und der Wellenlänge λ (meist D-Linie, sonst in mμ) angegeben. Soweit Angaben über das Lösungsmittel und die Konzentration vorhanden sind, werden diese hinzugefügt. *Konzentrationsangaben:* p = Prozentgehalt der Lösung in Gramm aktiver Substanz in 100 g Lösung, q = Konzentration der Lösung in Gramm aktiver Substanz in 100 cm^3 Lösung, c = Konzentration der Lösung in Mol pro Liter Lösung. Ändert sich das Drehungsvermögen im Laufe der Zeit, so sind Anfangs- und Enddrehungsvermögen angegeben, z. B. bei D-2-Xylodesose $[\alpha]_D^{22} - 40,25° \rightarrow + 50,75°$. UV-Absorptionsmaxima werden in mμ mit dem molaren Extinktionskoeffizienten ε, IR-Absorptionen in cm^{-1} angegeben. Chemische Umwandlungen, Derivate, charakteristische und auffallende Eigenschaften (p_K Werte, Farbe, Geruch, Giftigkeit, Gefahr durch Zersetzen oder Explosion usw.) werden nach Möglichkeit angegeben, ebenso technische Verwendung und physiologische und pharmakologische Eigenschaften. Von Derivaten werden einige besonders charakteristische und wichtige genannt, vorwiegend auch solche, die für die weitere Arbeit mit den Stoffen im Laboratorium Bedeutung besitzen. Schließlich werden durch Hinweise auf andere Verbindungen der Tabellen die Angaben ergänzt.*

Zur Ersparung von Raum wurden die auf S. 57 angegebenen *Abkürzungen* vermerkt.

* Bei Verbindungen, die von der Kommission zur Prüfung gesundheitsschädlicher Arbeitsstoffe der Deutschen Forschungsgemeinschaft gemäß der Mitteilung II, November 1961, geprüft sind, ist die maximale Arbeitsplatzkonzentration (MAK) für eine Temperatur von 20°C und einen Druck von 760 Torr in cm^3/m^3 oder in mg/m^3 angegeben. Wird der Stoff auch durch die Haut resorbiert, so ist ein H hinzugefügt.

Von den genannten Konzentrationen kann nach der bisherigen Erfahrung beim Umgang mit den Stoffen oder/und auf Grund langdauernder Tierversuche angenommen werden, daß sie selbst bei täglich rund achtstündiger Einwirkung im allgemeinen die Gesundheit nicht schädigen.

Wir danken der Deutschen Forschungsgemeinschaft für die Bereitstellung der Angaben.

Literaturübersicht *(a. Bücher)*

I, II usw.	Beilstein, Hauptwerk Bd. I, II usw.	Kaufman	KAUFMAN, U. C.: Handbook of Organometallic Compounds. Princeton, New Jersey: D. van Nostrand Comp. Inc. 1963
E 1 III usw.	Beilstein, 1. Ergänzungswerk Bd. 3 usw.		
The Alkaloids	MANSKE, R. H. F., and H. L. HOLMES: The Alkaloids. New York: Acad. Press Inc. 1950—1958.	Kosolapoff	KOSOLAPOFF, G. M.: Organophosphorus Compounds. New York: John Wiley & Sons 1950.
Chem. of Penicillin	The Chemistry of Penicillin. Princeton University Press 1949.	Krause	KRAUSE, E., u. A. VON GROSSE: Die Chemie der metallorganischen Verbindungen. Berlin: Borntraeger 1937.
Clar	CLAR, E.: Aromatische Kohlenwasserstoffe, 2. Aufl. Berlin-Göttingen-Heidelberg: Springer 1952.	Lettré	LETTRÉ, H., H. INHOFFEN u. R. TSCHESCHE: Über Sterine, Gallensäuren und verwandte Naturstoffe, Bd. I 1954 und Bd. II 1959. Stuttgart: Ferdinand Enke.
Coates	COATES, G. E.: Organo-Metallic Compounds. London: Methuen & Co. Ltd., 2nd ed. 1960.		
		Mellan	MELLAN, I.: Industrial Solvents, 2nd Edit. NewYork: Reinhold PublishingCorp.1950.
Dunlop	DUNLOP, A. P., and F. N. PETERS: The Furans. Am. Chem. Soc. Monograph Series. New York, USA: Reinhold Publishing Corporation 1953.	Noll	NOLL, W.: Chemie und Technologie der Silicone. Weinheim/Bergstr.: Verlag Chemie 1960.
Eaborn	EABORN, C.: Organo-Silicon Compounds. London: Butterworth Science Publ. 1960.	Ohlinger	OHLINGER, H.: Polystyrol. Berlin-Göttingen-Heidelberg: Springer 1955.
Fieser	FIESER, L. F., u. M. FIESER: Steroide. Weinheim: Verlag Chemie 1961.	Organic Syntheses (I), (II), (III)	Organic Syntheses, Collective, Vol. I, II, oder III, ferner Einzelbände mit arabischen Zahlen. London: JohnWiley & Sons.
Frdl.	FRIEDLAENDER, P.: Fortschritte der Teerfarbenfabriken. Berlin: Springer 1900—1940.	Rochow	ROCHOW, E. G., D. T. HURD and R. N. LEWIS: The Chemistry of Organometallic Compounds. New York: John Wiley & Sons Inc. 1957.
Gnamm	GNAMM, H.: Die Lösungsmittel und Weichmachungsmittel, 5. Aufl. Stuttgart: Wissenschaftliche Verlagsgesellschaft mbH. 1946.		
Houben Weyl	MÜLLER, E., O. BAYER, H. MEERWEIN u. K. ZIEGLER: Methoden der Organischen Chemie. Stuttgart: Georg Thieme 1963.	Schrader	SCHRADER, G.: Die Entwicklung neuer Insektizide auf der Grundlage organischer Fluor- und Phosphorverbindungen, 2. erweit. Aufl. Weinheim/Bergstr.: Verlag Chemie GmbH. 1952.

Union Carbide	Firmenschrift „Union Carbide" Esters Union Carbide Chemicals Company, New York, 1959.		1950; Bd. 2: Die wasserlöslichen Vitamine, 1955. Stuttgart: Ferdinand Enke.
Vogel	VOGEL, H.: Chemie und Technik der Vitamine, 3. Aufl. bearbeitet von H. KNOBLOCH, Bd. 1: Die fettlöslichen Vitamine,	Weissberger	WEISSBERGER, A.: The Chemistry of Heterocyclic Compounds, New York, 1959.
		Zeiss	ZEISS, H.: Organometallic Chemistry. New York: Reinhold Publ. Corp. 1960.

(b. Zeitschriften)

Analyt. Chem.	Analytical Chemistry, Baltimore	J. Polym. Sci.	Journal of Polymer Science, New York
Agr. Chem.	Agricultural Chemicals, Washington	J. prakt. Chem.	Journal für praktische Chemie, Leipzig
Ann. Appl. Biol.	Annals of applied Biology, London	J. Soc. Chem. Ind.	Journal of the Society of Chemical Industry, London
Ann. Chem.	Justus Liebigs Annalen der Chemie, Weinheim/Bergstr.	Klin. Wschr.	Klinische Wochenschrift, Berlin, Göttingen, Heidelberg
Ber.	Chemische Berichte, Weinheim/Bergstr.	Monatsh. Chem.	Monatshefte für Chemie, Wien
Biochem. J.	Biochemical Journal, Cambridge	Nature	Nature, London
Biochem. Z.	Biochemische Zeitschrift, Berlin, Göttingen, Heidelberg	Naturwiss.	Naturwissenschaften, Berlin, Göttingen, Heidelberg
Bull. soc. chim. France	Bulletin de la Société Chimique de France, Paris	Pharmazie	Die Pharmazie, Berlin
Chem. Abstr.	Chemical Abstracts, Washington	Quart. Rev.	Quarterly Reviews (Chemical Society London)
Chem. Rev.	Chemical Reviews, Baltimore		
Experientia	Experientia, Basel	Rec. trav. chim.	Recueil des Traveaux chimiques des Pays-Bas, Amsterdam
Helv. Chim. Acta	Helvetica Chimica Acta, Basel		
Ind. Eng. Chem.	Industrial Engineering Chemistry, Wash.	Tetrahedron	Tetrahedron, London, New York, Paris, Los Angeles
J. Am. Chem. Soc.	Journal of the American Chemical Society, Washington	Z. angew. Chem.	Zeitschrift für angewandte Chemie, Weinheim/Bergstr.
J. Biol. Chem.	Journal of Biological Chemistry, Baltimore		
J. Chem. Soc.	Journal of the Chemical Society London	Z. anorg. Chem.	Zeitschrift anorganische u. allgemeine Chemie, Leipzig
J. Econ. Ent.	Journal Economic Entomology, Washington		
J. Org. Chem.	Journal of Organic Chemistry, Washington	Z. Natf.	Zeitschriften für Naturforschung, Tübingen
J. Pharmacol.	Journal of Pharmacology and Experimental Therapeutics, Baltimore	Z. physiol. Chem.	Hoppe-Seyler's Zeitschrift für Physiologische Chemie, Berlin, Göttingen, Heidelberg

Verzeichnis der Abkürzungen und Formelzeichen

abs.	absolut	flch.	flüchtig	pH	Wasserstoffionenexponent
Absp.	Abspaltung	Fluoresz.	Fluoreszenz	pK	Säureexponent
Ä	Diäthyläther	fluoresz.	fluoreszierend	polym.	polymerisiert(sich), polymer
Al	Äthanol	gebr.	gebräuchlich	Py	Pyridin
Alk	Alkalilauge	geschl.	geschlossen	Red.	Reduktion
alk.	alkalisch	Ggw.	Gegenwart	red.	reduziert
alkohol.	alkoholisch	g.Z.	geringe Zersetzung	S	Säure(n)
aq.	aqua, gelegentlich gebraucht für Molekülwasser	h.	heiß	schw.	schwarz
		h (vor Farbe)	hell	sek.	sekundär
art. (an-gehängt)	artig	H.	Gefahr der Hautabsorption	sied.	siedend
		Herst.	Herstellung	sll.	sehr leicht löslich
asym.	asymmetrisch	hygr.	hygroskopisch	subl.	sublimiert
atm.	Physik. Atmosphäre	k.	kalt	swl.	sehr wenig löslich
Bzl	Benzol	konz.	konzentriert	sym.	symmetrisch
bzw.	beziehungsweise	Kp	Koch-(Siede-)punkt	techn.	technisch
$[\alpha]_\lambda^\vartheta$	spezifische Drehung	Krist.	Kristalle	Temp.	Temperatur
°C	Grad Celsius	KW	Kohlenwasserstoff(e)	unl.	(praktisch) unlöslich
ca	circa	l.	löslich	UV	Ultraviolett
Chlf	Chloroform	Lg	Ligroin	Vak	Vakuum
D	Dichte	ll.	leicht löslich	verd.	verdünnt
Darst.	Darstellung	Lösm.	Lösungsmittel	Verw.	Verwendung
Dest., dest.	Destillation, destillieren	Lsg.	Lösung	viol.	violett
dkl.	dunkel	MAK	maximale Arbeitsplatz-Konzentration	Vol.	Volumen
E	Erstarrungspunkt			Vork.	Vorkommen
Eg	Eisessig	Me	Methanol	W	Wasser
Egester	Essigsäureäthylester	Nachw.	Nachweis	wl.	wenig löslich
Egs	Essigsäure	Nd.	Niederschlag	wss.	wäßrig
expl.	explodiert	n_λ	Brechungsindex	Z.	Zersetzung
ε	molarer Extinktionskoeff.	Oxid.	Oxidation	zerfl.	zerfließlich
F	Schmelzpunkt	oxid.	oxidiert (sich)	zers.	zersetzt (sich)
fbl.	farblos	or.	orange	zll.	ziemlich leicht löslich
Fl., fl.	Flüssigkeit, flüssig	PÄ	Petroläther	∞	in jedem Verhältnis mischbar

12. Chemische und physikalische Daten organischer Verbindungen

Name und Literatur	Formel	Mol.-Gew. Dichte	F in °C Kp. in °C	Charakteristik
Abietin [E 2 V, 429]		256,44 $0,9737^{20}$	— $191...3/_{10}$	Fbl. Fl. blaue Fluoresz.; wl. in Al, ll. in Ä, Bzl; * Über Lage der Doppelbindungen und Isomere s. Helv. chim. Acta **33**, 1730
l-Abietinsäure [E 2 IX, 424]		302,46 —	170 (177) $255...8/_{13}$	Dreieckige Blättchen (Al); ll. in Ä, Bzl, l. in Al, Me, Aceton, wl. in PÄ, unl. in W; $[\alpha]_D$: $-103,5°$ (Al, c $=$ 10); Gemisch mit Norabietinsäure
Abietinsäure-äthylester [E 2 IX, 431]	$C_{19}H_{29} \cdot CO_2C_2H_5$	330,52 $1,031^{16}$	E $-$ 45 $204...7/_4$	n_D^{16} 1,5248. Gelbliches zähes Öl
Abietinsäure-benzylester [E 2 IX, 431]	$C_{19}H_{29} \cdot CO_2CH_2 \cdot C_6H_5$	392,59 $1,036^{15}$	— $294...7/_4$	n_D 1,551. Dickfl. Öl
L-Abrin [Ann. Chem. **520**, 31]		218,26 —	295 Z —	Prismen (W); unl. in Ä, wl. in W, 1 Me 20°; l. in verd. Alk und S; $[\alpha]_D^{21}$: $+44,4°$ (verd. HCl); N-Acetylderivat F: 286...7°
Aceanthren-chinon [E 1 VII, 436]		232,24 —	270 subl.	Rote Prismen (Bzl); swl. in sied. Al, Eg; Monophenylhydrazon F: 203°; Monoxim F: 251° (Z.)

Acenaphthen [E 2 V, 495]		154,21 1,0242[99]	95 277,9	$n_\alpha^{99,2}$ 1,5988, $n_D^{99,2}$ 1,6066, $n_\beta^{99,2}$ 1,6284. Nadeln (Al); swl. in k. Al, ll. in h. Al, 23,1 Bzl 18°, 3,1 Eg 18°; mit Tetranitromethan blutrote Färbung
Acenaphthen-chinon [E 2 VII, 670]		182,18 —	262 subl.	Gelbe Nadeln, swl. in Al, 0,15 Eg 15°, l. in h. Bzl, Toluol; Dioxim F: 222° (Z.)
1-Acenaphthenol [Org. Syntheses III 3]		170,21 —	144,5...5,5 —	Nadeln (Bzl); swl. in k. Bzl
Acenaphthylen [E 1 V, 299]		152,20 —	92...3 265...75 Z	Gelbe Prismen (Ä); ll. in Al, Ä, Bzl; bei Dest. Z.; Pikrat F: 201...2°; Gelbe Verbindung mit 1,3,5-Trinitrobzl. F: 221°
Acetal s. Acetaldehyd-diäthylacetal				
Acetaldehyd [E 1 I, 321]	$H_3C \cdot CHO$	44,05 0,7834[18]	— 123,4 20,2	n_α^{20} 1,32975, n_D^{18} 1,3392, n_β^{20} 1,33588. Fl.; Dampf giftig, brennbar; ∞ W, Al, Ä, Bzl; mit wss. Alk Verharzung; p-Nitrophenylhydrazon F: 128°; MAK: $200\,cm^3/m^3$
Acetaldehyd-ammoniak [E 1 XXVI, 4]	$H_3C \cdot CH$, NH·CH(CH$_3$), NH·CH(CH$_3$), NH	129,21 —	95...9* —	* Trihydrat Krist. (W); Terpentinge-ruch; ∞ W, l. in h. Eg, Aceton, Bzl; zers. beim Kochen
Acetaldehyd-cyanhydrin [E 2 III, 209]	$CH_3 \cdot CH(OH) \cdot CN$	71,08 0,9877[20]	— 40,0 79/25	Fl.; hemmt Essigsäuregärung

Name und Literatur	Formel	Mol.-Gew. Dichte	F in °C Kp. in °C	Charakteristik
Acetaldehyd-diäthyl-acetal [I, 603]	$CH_3 \cdot CH(OC_2H_5)_2$	118,18 $0{,}8314^{20}$	— 102,2	n_α^{20} 1,3800, n_D^{20} 1,38193, n_γ^{20} 1,39007. Fl.; aromatischer Geruch; 4,6 W 25°, ∞ Al
Acetaldehyd-dibutyl-acetal [E 2 I, 673]	$CH_3 \cdot CH(O \cdot [CH_2]_3 \cdot CH_3)_2$	174,29 $0{,}8326^{20}$	— 188,8	n_α^{20} 1,4035, n_D^{20} 1,4071, n_β^{20} 1,4107. Fl.
Acetaldehyd-diisobutyl-acetal [E 2 I, 673]	$CH_3 \cdot CH(O \cdot CH_2 \cdot CH(CH_3)_2)_2$	174,29 $0{,}8200^{20}$	— 171,3	n_α^{20} 1,4002, n_D^{20} 1,4021, n_β^{20} 1,4071. Fl.
Acetaldehyd-dimethyl-acetal [E 1 I, 326]	$CH_3 \cdot CH(OCH_3)_2$	90,12 $0{,}85015^{20}$	— $64/_{748}$	n_α^{20} 1,36506
Acetaldehyd-dipropyl-acetal [E 2 I, 672]	$CH_3 \cdot CH(O \cdot CH_2 \cdot CH_2 \cdot CH_3)_2$	146,23 $0{,}8336^{20}$	— 147,7	n_α^{20} 1,3951, n_D^{20} 1,3971, n_β^{20} 1,4018. Fl.; unl. in W
Acetaldehyd-oxim [I, 608]	$H_3C \cdot CH : NOH$	59,07 $0{,}9656^{20{,}4}$	46,5…7 114…5	$n_\alpha^{20{,}4}$ 1,43834, $n_D^{20{,}4}$ 1,42567, n_β^{20} 1,4340. Nadeln; bei längerem Schmelzen F: 13°, nach längerem Aufbewahren wieder F: 46,5°
Acetaldehyd-phenyl-hydrazon [E 1 I, 30]	$C_6H_5 \cdot NH \cdot N : CH \cdot CH_3$	134,18 1,18	—* —	Nadeln oder Täfelchen; * 2 isomorphe Formen: a) F: 98…101°; Kp: 236…7°/₂₀…₂₁; 5 PÄ sied.; b) F: 57°; Kp: 133…6°/₂₀
Acetaldehyd-schweflig-saures Na [I, 605]	$CH_3 \cdot CH(OH) \cdot SO_2ONa$	148,11 —	— —	Nadeln $\cdot \frac{1}{2} H_2O$; Ba-salz: Schuppen; ll. in W
Acetaldehyd-semicarb-azon [E 2 III, 81]	$CH_3 \cdot CH : N \cdot NH \cdot CO \cdot NH_2$	101,11 —	163 —	Weiße Nadeln (W oder Al); F: bei raschem Erhitzen 172°; 3 W 17°
Aldacetol s. Aldol				

Acetamid [E 2 II, 177]	$CH_3 \cdot CO \cdot NH_2$	59,07 $0,980^{105}$	82,3 221,2	Trigonale Krist. (Al + Ä); ll. in Glycerin, 152 W 0,3°, 238 W 24,5°; 50 Al 18,6°; 382 Al 62°; swl. in Ä; Wdampfflch.; 2. Form instabil aus unterkühlter Schmelze F: 40...50°
Acetamidin s. Essigsäureamidin				
p-Acetamino-benzal= dehyd-thiosemicarbazon [Naturwiss. **33**, 315]	$CH_3CONH \cdot C_6H_4 \cdot CH:N \cdot NH \cdot CS \cdot NH_2$	236,30 —	230 Z —	Hgelbe Krist. (Al); unl. in W, Aceton, Chlf, PÄ, Bzl, l. in h. Al; „Antib"
3-Acetamino-benzoesäure s. 3-Aminobenzoesäure-N-acetat				
4-Acetaminobenzoesäure s. 4-Aminobenzoesäure-N-acetat				
2-Acetaminobenzoesäure s. Anthranilsäure-N-acetat				
4-Acetaminobenzol-sulfinsäure s. 4-Aminobenzolsulfinsäure-N-acetat				
4-Acetaminobenzol-sulfosäurechlorid s. Sulfanilsäurechlorid-N-acetat				
Acetamino-essigsäure s. Glycin-N-acetat				
Acetamino-malonsäure-diäthylester s. Aminomalonsäure-diäthylester-N-acetat				
Acetaminophenol s. Aminophenol-N-acetat				
Acetaminosalicylsäure s. Aminosalicylsäure-N-acetat				
Acetanhydrid s. Essigsäureanhydrid				
Acetanilid [E 2 XII, 137]	$C_6H_5 \cdot NH \cdot CO \cdot CH_3$	135,16 $1,211^4$	115 305	Blättchen (W); 0,56 W 25°; 2,9 Ä 25°; 7,7 Chlf 25°; 39,4 Aceton 25°; 1,36 Bzl 30...1°
Acet-anisidid s. Anisidin-N-acetat				
Acetchloramid s. N-chlor-essigsäureamid				

Name und Literatur	Formel	Mol.-Gew. Dichte	F in °C / Kp. in °C	Charakteristik
Acetessig-aldehyd [E 3 I, 3096]	$CH_3 \cdot CO \cdot CH_2 \cdot CHO$	86,09 / —	— / —	Unbeständig $\rightarrow$ 1,3,5-Triacetyl-bzl.; Na-salz beständig; sll. in W; Cu-salz hblaue Nadeln, l. in W, Bzl, Ä; Keto-Enol-Tautomerie
Acetessigaldehyd-diäthyl-diacetal [E 3 I, 3097]	$CH_3 \cdot CO \cdot CH_2 \cdot CH(OC_2H_5)_2$	160,21 / —	— / $78...9/_{15}$	Kochen in Eg $\rightarrow$ Triacetylbzl. F: 162...3°
Acetessigaldehyd-dimethyl-diacetal [E 3 I, 3097]	$CH_3 \cdot CO \cdot CH_2 \cdot CH(OCH_3)_2$	132,16 / $0,9859^{25}$	— / $76...8/_{25}$	n_D^{25} 1,4139. Kp: 61...9°/$_{20}$; Darst.: Org. Syntheses **32**, 80
Acetessigsäure [E 2 III, 412]	$CH_3 \cdot CO \cdot CH_2 \cdot CO_2H$	102,09 / —	— / Z < 100*	Dicke Fl.; ∞ W, ll. in Ä; Vork. im Harn von Diabetikern; * $\rightarrow$ CO_2 + $CH_3 \cdot CO \cdot CH_3$
Acetessigsäure-äthylester [E 2 III, 415]	$CH_3 \cdot CO \cdot CH_2 \cdot CO_2C_2H_5$	130,14 / $1,02885^{17,3}$	E —45 / 180,4	n_α^{20} 1,41720, n_D^{20} 1,41976, n_γ^{20} 1,43000. Kp: 69°/$_{11}$; ∞ Al, Ä; 12,5 W 16,5°; mit $FeCl_3$ $\rightarrow$ viol.rote Färbung
-K-Salz [E 2 III, 422]	$KC_6H_9O_3$	168,24 / —	106 / —	Krist.; ll. in Ä mit brauner Farbe, wl. in Bzl, Toluol
-Na-Salz [E 2 III, 422]	$NaC_6H_9O_3$	152,13 / —	108 / —	Verfilzte Krist.; l. in Al, Ä, unl. in Bzl; mit 2 H_2O F: 102°, l. in Bzl; zers. beim Aufbewahren $\rightarrow$ F: 82°
Acetessigsäure-äthylester-O-acetat [III, 373]	$H_3C \cdot CO_2C(CH_3):CH \cdot CO_2C_2H_5$	172,18 / —	— / $98/_{12}$	Fl.; unl. in Alk und Sodalsg.
Acetessigsäureamid [E 1 III, 231]	$CH_3 \cdot CO \cdot CH_2 \cdot CONH_2$	101,11 / —	54 / —	Krist. (Aceton + PÄ); unl. in Ä, ll. in W, Al, Eg

Name	Formel	Mol.-Gew. / D	F / Kp	Eigenschaften
Acetessigsäure-anilid [E 2 XII, 266]	$CH_3 \cdot CO \cdot CH_2 \cdot CO \cdot NH \cdot C_6H_5$	177,20 —	86 —	Blättchen (Bzl + Lg); wl. in W, l. in Al, Ä, Chlf, h. Bzl, Lg, ll. in NaOH; Dest. → N,N′-Diphenylharnstoff; Oxim F: 125°
Acetessigsäure-methyl= ester [E 2 III, 414]	$CH_3 \cdot CO \cdot CH_2 \cdot CO_2CH_3$	116,12 $1,0762^{20}$	— 169,5 Z	$n_\alpha^{20,5}$ 1,41616, $n_D^{20,5}$ 1,418, $n_\beta^{20,5}$ 1,42418. Fl.; Kp: 73...4°/$_{12}$; l. in Al, Me, Bzl; mit $FeCl_3$ → dkl. kirschrote Färbung
Acethydrazid s. Essigsäurehydrazid				
Acethydrazid-pyridiniumchlorid s. Girard Reagenz P				
Acethydroxamsäure [E 1 II, 85]	$CH_3 \cdot CO \cdot NHOH$	75,07 —	87...8 —	Krist. · $\frac{1}{2}$ H_2O, F: 58...9°; im Vak. über H_2SO_4 zu wfreier Substanz, $\sim$100° Z.; ll. in W, Al, unl. in Ä; in saurer oder neutraler Lsg. mit $FeCl_3$ dkl. kirschrote Färbung
Acethydroximsäure- chlorid [E 2 II, 184]	$CH_3 \cdot CCl : NOH$	93,51 —	84...5 —	Krist., sehr hygr.; ll. in Al, Ä, wl. in W; in Lsg. unbeständig; beim Auf- bewahren oder Dest. im Vak. → HCl
Acetimido-äthyläther [E 2 II, 181]	$CH_3 \cdot C(: NH) \cdot OC_2H_5$	87,12 $0,8729^{18,8}$	— 92...5	$n_\alpha^{18,8}$ 1,40122, $n_D^{18,8}$ 1,40348, $n_\gamma^{18,8}$ 1,41326. Fl.
Acetobrom-cellobiose [XXXI, 384]	$C_{26}H_{35}O_{17}Br$	699,47 —	185 Z —	Nadeln (Egester + PÄ); wl. in PÄ, l. in Ä, ll. in h. Al, Aceton, Chlf, h. Egester; $[\alpha]_D^{20}$: + 95,8° (Chlf)
Acetobrom-glucose [XXXI, 148*]	$C_{14}H_{19}O_9Br$	411,21 —	88...9 —	Nadeln (Ä oder PÄ); swl. in W; 5 Al 20°; l. in Me, ll. in Aceton, Chlf, Egester, Bzl, sll. in Ä; $[\alpha]_D^{19}$: + 198,2° (Chlf); * s. a. Org. Syntheses III, 11
Acetobrom-maltose [XXXI, 394]	$C_{26}H_{35}O_{17}Br$	699,47 —	84 —	Prismen (Lg); $[\alpha]_D^{20}$: + 180,5° (Chlf)

Name und Literatur	Formel	Mol.-Gew. Dichte	F in °C Kp. in °C	Charakteristik
Acetobrom-xylose [XXXI, 51]	$C_{11}H_{15}O_7Br$	339,15 —	102 —	Krist. (Ä oder Ä + PÄ); swl. in Lg, zll. in Ä, sll. in Aceton, Chlf, Bzl; $[\alpha]_D^{20}$: + 210,8° (Chlf)
Acetoin [E 2 I, 870]	$CH_3 \cdot CH(OH) \cdot CO \cdot CH_3$	88,11 $0,9972^{17}$	15 140...2	$n_D^{17,3}$ 1,4190. Fl.; angenehmer Geruch; ∞ W und den meisten Lösm.; wl. in Ä, unl. in Lg; Semicarbazon F: 193...4°
Acetol [E 2 I, 866]	$CH_3 \cdot CO \cdot CH_2OH$	74,08 $1,0824_{20}^{20}$	E ca —17 145...6	n_D^{20} 1,4295. Fl., angenehmer Geruch; Kp: 54°/$_{18}$; ∞ Al, W, Ä; zers. mit der Zeit, polym.; wird haltbar gemacht durch gleiche Menge Me; 4-Nitro-phenylhydrazon F: 189°
Acetol-äther [I, 822]	$CH_3 \cdot CO \cdot CH_2 \cdot O \cdot C_2H_5$	102,13 $0,9204^{22}$	128 —	Fl.; ∞ W
Acetol-ameisensäureester [II, 24]	$CH_3 \cdot CO \cdot CH_2 \cdot O \cdot CHO$	102,09 $1,1322_{15}^{15}$	— 169	n_D^{15} 1,4206. Fl.; l. in W, verseift durch k. W
Acetol-phenylhydrazon [XV, 185]	$C_6H_5 \cdot NH \cdot N : C(CH_3) \cdot CH_2OH$	164,21 —	98 —	Fbl. Nadeln (Bzl); swl. in k. W, l. in Bzl, ll. in Al
Aceton [E 2 I, 692]	$CH_3 \cdot CO \cdot CH_3$	58,08 $0,7906^{20}$	—95,6 56,2...3	n_α^{15} 1,35959, n_D^{15} 1,36157, n_β^{15} 1,36634. Fl.; charakteristischer Geruch; ∞ W, Al, Ä; wichtiges techn. Lösm.; MAK: 1000 cm³/m³
Acetonaphthon s. Acetyl-naphthalin				
Aceton-azin [E 3 I, 2745]	$(CH_3)_2C : N \cdot N : C(CH_3)_2$	112,18 $0,8389^{20}$	—12,5 133	n_D^{25} 1,4507; ∞ W, Al, Ä; coniinart. Geruch

Aceton-bromoform s. Brometon
Aceton-chlorid s. 2,2-Dichlor-propan
Aceton-chloroform s. Chloreton
Aceton-cyanhydrin s. α-Hydroxy-isobuttersäure-nitril

Aceton-dicarbonsäure [E 2 III, 482]	$CO(CH_2 \cdot CO_2H)_2$	146,10 —	138 (Z) —	Unbeständig, im Exsikkator über P_2O_5 haltbar; ll. in W, Al, l. in Egester, wl. in Ä, unl. in Chlf, Bzl, Lg; mit $FeCl_3$ in Al → weinrote Färbung; Ba-salz feinkrist. 1,2 W 12°
Aceton-dicarbonsäure-anhydrid [E 2 XVII, 522]	$H_2C \cdot CO \cdot CH_2$ / OC—O—CO	128,09 —	138...40 Z —	Prismen (Eg)
Aceton-dicarbonsäure-diäthylester [E 2 III, 483]	$CO(CH_2 \cdot CO_2C_2H_5)_2$	202,21 $1,113^{20}$	— 250	Fl.; Kp: 141...3°/15; ∞ Al, wl. in W; mit Pikrinsäure in k. verd. NaOH → rote Färbung; Semicarbazon (sied. Al) F: 94...5°
Aceton-dicarbonsäure-dimethylester [E 2 III, 483]	$CO(CH_2 \cdot CO_2CH_3)_2$	174,15 —	— 128...9/11	Fl.; schwach riechend; $Cu(C_7H_9O_5)_2$ F: 163...5°; l. in Chlf
Aceton-dicarbonsäure-monoäthylester [E 2 III, 483]	$HO_2C \cdot CH_2 \cdot CO \cdot CH_2 \cdot CO_2C_2H_5$	174,15 —	— —.	Dickfl. Öl, unbeständig, Z. beim Erhitzen; ∞ W, ll. in Ä
Aceton-α,α'-diessigsäure [E 2 III, 487]	$CO(CH_2 \cdot CH_2 \cdot CO_2H)_2$	174,15 —	142 (138) —	Dünne Tafeln; wl. in k. W, Ä, Aceton, ll. in h. W, Al, unl. in Bzl; Semicarbazon F: 204°, swl. in org. Lösm.; Anhydrid F: 69°
Aceton-α,α'-diessigsäure-diäthylester [Org. Syntheses 33, 25]	$C_2H_5O_2C \cdot [CH_2]_2 \cdot CO \cdot [CH_2]_2 \cdot CO_2C_2H_5$	230,26 —	— 116...21/0,3	n_D^{25} 1,4395...1,4400. Fl.; wl. in W

Name und Literatur	Formel	Mol.-Gew. Dichte	F in °C Kp. in °C	Charakteristik
Aceton-dioxalester [E 2 III, 512]	$CO(CH_2 \cdot CO \cdot CO_2C_2H_5)_2$	258,23 —	— —	a) Mono-enol-Form Prismen (Al); F: 104°; 1,6 Å; ll. in h. Al, Bzl; b) Di-enol-Form zitronengelbes Kristallpulver F: 98°; 2,4 Å
Aceton-α,α'-di-(β)-pro= pionsäure [E 2 III, 492]	$CO(CH_2 \cdot CH_2 \cdot CH_2CO_2H)_2$	202,21 —	110...11 —	Krist. (Bzl); ll. in Al, h. W, Chlf, Bzl; wl. in k. W, Chlf, Bzl; Semicarbazon F: 178° (Z.); wl. in W, Al
Acetonitril [E 2 II, 181]	$CH_3 \cdot CN$	41,05 $0,783^{20}$	−44,9 81,6	$n_\alpha^{21,9}$ 1,3401, n_D^{20} 1,34423, $n_\beta^{21,9}$ 1,3460. Fl.; ätherart. Geruch; ∞ W, Me, Al, Ä, CCl_4, Aceton; Lösm. für viele org. Verbindungen; brennbar, giftig; MAK: 40 cm³/m³
Aceton-oxalsäure s. Acetylbrenztraubensäure				
Aceton-oxim [E 2 I, 716]	$(CH_3)_2C : NOH$	73,10 $0,9113^{62}$	60 $134,8/_{728}$	n_α^{75} 1,41180, n_β^{75} 1,42087. Prismen; ll. in W, Al, Ä, Lg
Aceton-phenylhydrazon [E 2 XV, 54]	$(CH_3)_2C : N \cdot NH \cdot C_6H_5$	148,21 —	26,6 $140/_{16}$	Krist.; Hydrat F: 35°
Aceton-schwefligsaures Na [I, 649]	$(CH_3)_2C(OH) \cdot SO_3Na$	162,14 —	— —	Blättchen; wl. in Al, zll. in W; Verw. für photographische Zwecke
Aceton-semicarbazon [E 2 III, 81]	$(CH_3)_2C : N \cdot NH \cdot CONH_2$	115,14 —	187 —	Nadeln (W oder Aceton); l. in Aceton, Al, k. W, unl. in Ä; mit $FeCl_3$ in Al → or. Färbung; Hydrochlorid F: 150...1°

Acetonylaceton [E 2 I, 841]	$CH_3 \cdot CO \cdot CH_2 \cdot CH_2 \cdot CO \cdot CH_3$	114,15 0,97370^{20}	−9 194	n_α^{20} 1,42625, n_D^{20} 1,4232, n_γ^{20} 1,43944. Fl.; Kp: 78...9°/$_{15}$; ∞ W, Al, Ä, unl. in KOH; färbt sich gelb; Dioxim Blätter (Bzl), F: 137°
Acetopersäure [E 1 II, 79]	$CH_3\overset{O}{C}\!\!-\!\!OOH$	76,05 —	0,1 —*	Fl.; intensiv stechender Geruch, greift Epidermis an; ll. in Al, Ä, H_2SO_4; Oxid. mittel; * expl. 100°
Acetophenon [E 2 VII, 208]	$C_6H_5 \cdot CO \cdot CH_3$	120,15 1,0281^{20}	19,5...20 202	n_α^{15} 1,5314, n_D^{15} 1,5366, n_β^{15} 1,5512. Krist.blätter, wl. in W, l. in Al; l. in H_2SO_4 gelb
Acetophenon-carbon= säure-(2) [E 2 X, 479]	$CH_3 \cdot CO \cdot C_6H_4 \cdot CO_2H$	164,16 —	114...5 —	Prismen (Bzl); l. in h. W
Acetophenon-carbon= säure-(4) [E 2 X, 480]	$CH_3 \cdot CO \cdot C_6H_4 \cdot CO_2H$	164,16 —	210 subl.	Nadeln (W); unl. in Lg, wl. in k. W, Al, Ä, Chlf
Acetophenon-carbon= säure-(4)-methylester [Org. Syntheses 32, 81]	$CH_3CO \cdot C_6H_4 \cdot CO_2CH_3$	178,19 —	92...5 149...50/$_7$	Krist. (Bzl + Hexan)
Acetophenon-oxim [E 2 VII, 216]	$C_6H_5 \cdot C(CH_3) : NOH$	135,16 —	59 245	Nadeln (W); sll. in Al, Ä, Aceton, Chlf; Wdampfflch.
Acetophenon-phenyl= hydrazon [E 2 XV, 60]	$C_6H_5 \cdot (CH_3)C : N \cdot NH \cdot C_6H_5$	210,28 —	106 —	Nadeln (Al); wl. in W, k. Al, ll. in Ä
Acetoxim s. Aceton-oxim				
5* l(−)-Acetoxybernstein= säure [E 2 III, 284]	$HO_2C \cdot CH_2 \cdot CH(O \cdot CO \cdot CH_3) \cdot CO_2H$	176,13 —	139...40* —	Kristallpulver (Egester + Bzl); $[\alpha]_D^{18}$: −24,1° (Egester, c = 5); l. in W, Aceton; durch W langsam verseift; * bei raschem Erhitzen

Acetpersäure s. Acetopersäure

Name und Literatur	Formel	Mol.-Gew. Dichte	F in °C Kp. in °C	Charakteristik
4-Acet-phenetidin s. Phenacetin Acet-toluidid s. Toluidin-N-acetat Acetursäure s. Glycin-N-acetat Acetyl s. a. Essigsäure				
Acetylaceton [E 2 I, 831]	$CH_3 \cdot CO \cdot CH_2 \cdot CO \cdot CH_3$	100,12 0,9721^{25}	E—23,2 137…8	$n_\alpha^{19,8}$ 1,4468, $n_D^{19,8}$ 1,4513, $n_\beta^{19,8}$ 1,4642. Fl.; 12,2 W 20°; ∞ Al, Ä, Chlf; enthält ca 82% Enolform
Acetylaceton-harnstoff [E 1 XXIV, 234]	$\begin{array}{c} C(CH_3):N \\ H_2C \qquad CO \\ C(CH_3):N \end{array}$	124,14 —	200 —	Nadeln (Aceton); b) gelbe Nadeln (Aceton), F: 202°; unl. in Ä, Lg, zll. in W, Al, Aceton, Bzl, Egester, ll. in Chlf
l(—)-Acetyläpfelsäure s. l(—)-Acetoxy-bernsteinsäure Acetylamino s. Acetamino-				
9-Acetylanthracen [Org. Syntheses 30, 1]	COCH$_3$ (9-Acetylanthracen)	220,27 —	75…6 —	Krist. (Al)
Acetylbenzoesäure s. Acetophenon-carbonsäure				
Acetylbenzoyl [Org. Syntheses III, 20]	$CH_3 \cdot CO \cdot CO \cdot C_6H_5$	148,16 1,1041^{14}	— 114…6/$_{20}$	Gelbliches Öl; swl. in W; Wdampfflch.
Acetylbenzoyl-monoxim s. Isonitroso-propiophenon				
Acetylbernsteinsäure-diäthylester [E 2 III, 486]	$C_2H_5 \cdot O_2C \cdot CH_2 \cdot CH(CO \cdot CH_3) \cdot CO_2C_2H_5$	216,24 1,08049$^{25}_5$	— 254…6 Z	n_D^{16} 1,438. Fl.; Kp: 139°/$_{12}$; l. in Al, Bzl, Ä, unl. in W; mit FeCl$_3$ und Al → rotviol. Färbung

Acetylbrenztraubensäure [E 2 III, 465]	$CH_3 \cdot CO \cdot CH_2 \cdot CO \cdot CO_2H$	130,10 —	101 subl. (g.Z)	Prismen (Bzl), F: 98°; l. in W, Al, Chlf, Ä, Aceton, Egester, Bzl, unl. in PÄ; Monohydrat Nadeln, F: 55...63°
Acetylbrenztrauben= säure-äthylester [E 2 III, 465]	$CH_3 \cdot CO \cdot CH_2 \cdot CO \cdot CO_2C_2H_5$	158,16 $1,1251^{20}$	18 $213...5/_{740}$	n_α^{17} 1,470244, n_D^{17} 1,475699, n_β^{17} 1,490047. Krist.; Kp: 113...6°/$_{19}$; mit $FeCl_3$ dkl.-rot; $Cu(C_7H_9O_4)_2$ hgrüne Nädelchen, F: 207...8°
Acetylbromid s. Essigsäurebromid				
Acetylchlorid s. Essigsäurechlorid				
Acetylcholin [E 2 IV, 723]	$CH_3CO_2 \cdot CH_2 \cdot CH_2 \cdot N^+(CH_3)_3 \cdot OH^-$	163,22 —	— —	Zers. leicht → Cholin; Vork. im menschlichen Körper; blutdruck-senkend; Chlorid kristallinisch; Bro-mid Prismen (Al), F: 143°
Acetylcyclohexan [E 2 VII, 23]	(Cyclohexyl-COCH$_3$)	126,20 $0,9176^{21}$	— 180...1	n_α^{26} 1,4472, n_D^{26} 1,4496, n_β^{26} 1,4554. Fl.; Oxim F: 64°
1-Acetylcyclohexen-(1) [Org. Syntheses III, 22]	(Cyclohexen-COCH$_3$)	124,18 —	— $85...8/_{22}$	n_D^{20} 1,4892. Fl.; l. in Bzl
4-Acetyl-diphenyl s. 4-Phenyl-acetophenon				
Acetyl-diphenylamin s. Diphenylamin-N-acetat				
Acetylen [E 2 I, 209]	$CH \vdots CH$	26,04 $0,6181^{-81,8}$	$-81,8$ $-83,6$	Gas; 100 cm³ W 18°; 600 cm³ Al, Eg 18°; 2500 cm³ Aceton 15°; * subl.
Acetylenäther s. Äthoxyacetylen				
Acetylendibromid s. Dibromäthylen				
Acetylen-dicarbonsäure [E 2 II, 670]	$HO_2C \cdot C \vdots C \cdot CO_2H$	114,06 —	177 Z —	Tafeln (Ä); Krist. $\cdot$ 2 H_2O (wss. Ä); ll. in W, Al, Ä
Acetylen-dicarbonsäure-diäthylester [Org. Syntheses 32, 56]	$C_2H_5O_2C \cdot C \vdots C \cdot CO_2C_2H_5$	170,17 —	— $96...8/_8$	n_D^{25} 1,4397. Fl.

Name und Literatur	Formel	Mol.-Gew. Dichte	F in °C Kp. in °C	Charakteristik
Acetylen-dicarbonsäure-dimethylester [Org. Syntheses 32, 55]	$CH_3O_2C \cdot C \vdots C \cdot CO_2CH_3$	142,11 —	— 95...8/$_{19}$	n_D^{25} 1,4444...1,4452. Fl.
Acetylentetrabromid s. 1.1.2.2-Tetrabrom-äthan				
2-Acetylfluoren [Org. Syntheses III, 23]	(Formel: 2-Acetylfluoren, CO·CH₃)	208,26 —	128...9 —	Hgelbe Krist. (Al, Aceton)
2-Acetyl-furan [E 1 XVII, 149]	(Formel: 2-Acetyl-furan, COCH₃)	110,11 1,098^{20}	33 168...9	n_D^{20} 1,5017. Krist. (PÄ); Phenylhydrazon F: 86,5°
N-Acetyl-glucosamin s. D-Glucosamin-N-acetat				
Acetylglycin s. Glycin-N-acetat				
Acetylharnstoff [E 2 III, 49]	$H_2N \cdot CO \cdot NH \cdot CO \cdot CH_3$	102,09 —	216...7 —	Nadeln (Al); $\sim$ 0,8 k. Al, 7,9 sied. Al; ll. in h. W; 1,3 W 15°; Erhitzen Z. → Acetamid und Cyanursäure
2-Acetyl-hydrochinon-dimethyläther s. Dihydroxyacetophenon-dimethyläther				
2-Acetyl-hydrochinon-monomethyläther s. Dihydroxy-acetophenon-monomethyläther				
Acetyljodid s. Essigsäurejodid				
Acetyl-mandelsäure s. Mandelsäure-O-acetat				
α-Acetyl-naphthalin [E 2 VII, 337]	(Formel: α-Acetyl-naphthalin, COCH₃)	170,21 1,1171^{21,5}	— 305...7	$n_\alpha^{21,5}$ 1,6193, $n_D^{21,5}$ 1,6280, $n_\beta^{21,5}$ 1,6527. Fl.; wl. in k. PÄ, sll. in Al, Ä, CS$_2$; Pikrat F: 118°

Name [Literatur]	Formel	Mol.-Gew. / D	F / Kp	Eigenschaften
4-Acetyl-naphthol-(1) [Chem. Abstr. **34**, 5436]	OH … COCH₃	186,21 —	199 —	Pikrat F: 160...1°; Acetat F: 83...4°; Semicarbazon F: 200°; Oxim F: 250°; läßt sich in 2-Acetyl-naphthol-(1) umlagern
Acetyl-naphthylamin s. Naphthylamin-N-acetat				
9-Acetyl-phenanthren [Org. Syntheses III, 26]	CO·CH₃	220,27 —	73...4 168...70/$_1$	Krist. (Al), blau fluoresz.; wl. in Lg, ll. in Al, Ä, Bzl; Wdampfflch.; Pikrat F: 107°
Acetyl-phenol s. Hydroxy-acetophenon				
α-Acetyl-phenylhydrazin [E 2 XV, 91]	$C_6H_5 \cdot N(CO \cdot CH_3) \cdot NH_2$	150,18 —	125...6 —	Tafeln (Bzl + Lg); wl. in Ä, Lg, ll. in Al, Chlf, Bzl
β-Acetyl-phenylhydrazin [XV, 241]	$C_6H_5 \cdot NH \cdot NH \cdot CO \cdot CH_3$	150,18 —	129 —	Prismen; wl. in k. W, Ä, ll. in h. W, Al
2-[p-Acetyl-phenyl]-hydrochinon [Org. Syntheses 34, 1]	HO … OH … C₆H₄·COCH₃	228,25 —	193...4 —	Krist.
N-Acetyl-piperidin [E 2 XX, 33]	$CH_3 \cdot CO \cdot NC_5H_{10}$	127,19 1,011^9	— 226...7	Fl.; ∞ W
N-Acetyl-α-pyrrolidon [XXI, 237]	(N·COCH₃)	127,14 —	— 231/$_{737}$	Fl.
Acetyl-salicylsäure [E 2 X, 41]	CO₂H … O·CO·CH₃	180,16 —	135 —	Tafeln (Isoamylal.); Nadeln (W); 0,25 W 15°; 5 Ä 18°, swl. in Bzl; reagiert stark sauer
N₄-Acetyl-sulfanilamid s. Sulfanilsäureamid-N₄-acetat				

Name und Literatur	Formel	Mol.-Gew. Dichte	F in °C Kp. in °C	Charakteristik
2-Acetyl-thiophen [E 2 XVII, 314]	$\langle\!\!\!\rangle_S$–$COCH_3$	126,18 1,168[20]	— 89...91/9	n_D^{20} 1,566, $n_\beta^{21,8}$ 1,5844. Fl.; Kp: 213,5°; l. in Ä, CS_2; Semicarbazon F: 186...7°; Phenylhydrazon F: 96°
Achromycin s. Tetracyclin-7-chlor				
Acoin [XIII, 487]	$H_3CO \cdot C_6H_4 \cdot N : C(NH \cdot C_6H_4 \cdot OC_2H_5)_2 \cdot HCl$	427,94 —	182 —	Krist.
Aconin [J. Biol. Chem. **154**, 293]	$C_{19}H_{19} \begin{cases} (OH)_5 \\ (OCH_3)_4 \\ N \cdot C_2H_5 \end{cases}$	499,61 —	132 —	Amorphes Pulver; unl. in Ä, PÄ, l. in W, Al, Chlf; $[\alpha]_D$: +23°
cis-Aconitsäure [E 2 II, 694]	$H \cdot C \cdot CO_2H$ $HO_2C \cdot CH_2 \cdot \overset{..}{C} \cdot CO_2H$	174,11 —	125 —	Nadeln (W); ll. in W, swl. in Ä; Erhitzen über 125° → *trans*-Aconitsäure
trans-Aconitsäure [E 2 II, 693]	$HO_2C \cdot C \cdot H$ $HO_2C \cdot CH_2 \cdot \overset{..}{C} \cdot CO_2H$	174,11 —	198 (209) Z —	Nadeln (W); 40 W 25°; 41 Al 88% 12°; wl. in Ä, unl. in PÄ
Aconsäure [XVIII, 395]	$\langle\text{lactone}\rangle$–$CO_2H$	128,09 —	170 —	Blättchen (Ä); 18 W 15°; ll. in Al + Ä
Acridin [E 2 XX, 300]	$\langle\text{acridine}\rangle$	179,22 —	111 345...6	Nadeln oder Prismen (verd. Al); wl. in sied. W, ll. in Al, Ä, CS_2, Bzl; Wdampfflch.; Pikrat F: 208° (Z.)
Acridingelb [XXII, 488]	H_3C...CH_3, H_2N...NH_2 · HCl	273,77 —	— —	Rotes Kristallpulver; wl. in Al gelb und grün fluoresz.; ll. in h. W or. und grün fluoresz.

Acridingelb-Base [E 2 XXII, 401]	H_3C—…—CH_3; H_2N—…—NH_2	237,31 —	325 —	Gelbe Nadeln (Anilin) oder Tafeln (verd. Al); swl. in W, Bzl, Lg, wl. in Al, ll. in Eg, Py, Anilin
Acridinsäure [XXII, 169]	CO_2H / CO_2H	217,18 —	— —	Nadeln · 2 H_2O (W oder Al); swl. in k. W, Ä, ll. in Al
Acridon [XXI, 335]		195,22 —	354 subl.	Gelbe Nadeln; swl. in Ä, Chlf, Bzl, ll. in h. Eg, h. Al blau fluoresz.
Acrolein [E 2 I, 782]	$CH_2:CH \cdot CHO$	56,06 $0{,}8389^{20}$	−88…−87 52,1	$n_D^{19,3}$ 1,4022. Fl.; giftig; heftig Augen und Schleimhäute reizender Geruch; l. in Al, Ä; 26,7 W 20°; unbeständig; MAK: 0,5 cm³/m³
Acrolein-diäthylacetal [Org. Syntheses II, 17]	$CH_2:CH \cdot CH(OC_2H_5)_2$	130,19 $0{,}8543^{15}$	— 122…6	Fl.; eigenartig riechend; wl. in W; ∞ Al, Ä
α-Acrose [XXXI]		180,16 —	— —	Sirup; Osazon gelbe Nadeln (verd. Al); F: 205°; unl. in W
β-Acrose [XXXI, 349]	$HOH_2C \cdot C \cdot C \cdot C \cdot C \cdot CH_2OH$	180,16 $1{,}638^{17}$	162…3 —	Krist.; racemisch; 1,2 Al 85% 13°; Phenylosazon F: 169…70° Z.

Acrylnitril s. Acrylsäure-nitril

Name und Literatur	Formel	Mol.-Gew. Dichte	F in °C Kp. in °C	Charakteristik
Acrylsäure [E 2 II, 383]	$CH_2 : CH \cdot CO_2H$	72,06 $1,0511^{20}$	12,3 141	n_α^{16} 1,42142, n_D^2 1,4224, n_β^{16} 1,43313. Fl.; stechender Geruch; ∞ W; polym. beim Erhitzen
Acrylsäure-äthylester [E 2 II, 386]	$CH_2 : CH \cdot CO_2C_2H_5$	100,12 $0,9238^{18}$	— 99…100	n_D^{18} 1,4072. Fl.; durchdringender Geruch; wl. in W; polym. beim Erhitzen; MAK: 25 cm³/m³, H
Acrylsäure-n-butylester [Org. Syntheses III, 146]	$CH_2 : CH \cdot CO_2C_4H_9$	128,17 —	— 145	Fl.
Acrylsäure-methylester [E 2 II, 385]	$CH_2 : CH \cdot CO_2CH_3$	86,09 $0,9558^{18}$	— 80,5	n_α^{20} 1,3959, n_D^{20} 1,3984, n_β^{20} 1,4045. Fl.; durchdringender Geruch; zu Tränen reizend; polym. beim Erhitzen; MAK: 10 cm³/m³, H
Acrylsäure-nitril [E 2 II, 388]	$CH_2 : CH \cdot CN$	53,06 $0,811^{20}$	E —82 77,5…79	Fl.; l. in W; polym. beim Stehen; MAK: 20 cm³/m³, H
Acrylsäurenitril-epoxid s. Epicyanhydrin				
Actidion [J. Am. Chem. Soc. 71, 150]		281, 35 —	119,5…21 —	Krist.; $[\alpha]_D^{29}$: — 3,38° (Al); Acetylderivat F: 150…2°
Adalin [E 2 III, 52]	$H_2N \cdot CO \cdot NH \cdot CO \cdot CBr(C_2H_5)_2$	237,10 —	114…8 —	Krist. (verd. Al); 0,05 k. W; ll. in Al, Aceton, wl. in PÄ; Sedativum und Schlafmittel

Adamantan [Ber. **92**, 1632]	136,24 1,06...1,08	270* subl.	* im zugeschmolzenen Röhrchen F: 269,6...70,8°; sehr beständig; 1-Brom-adamantan F: 118° (subl. im Vak.); 1,3-Dibrom-adamantan F: 290...5°; Adamantan-carbonsäure-(1) aus verd. Me F: 181°; Bezifferung nach Z. angew. Chem. **66**, 217, nicht nach J. Am. Chem. Soc. **82**, 5559
Adamantan-1-hydroxy [Ber. **92**, 1632] Formel s. Adamantan; $C_1 : H = OH$	152,24 —	282 —	F auch 288...90° angegeben
Adamantan-2-thia [Z. angew. Chem. **66**, 223]	154,28 —	320* —	* im zugeschmolzenen Röhrchen; sehr flüchtig; gibt bei Hydrierung Bicyclo-1,3,3-nonan
Adamantan-2,4,10-trioxa [Z. angew. Chem. **66**, 222]	142,16 —	202* —	* im zugeschmolzenen Röhrchen; schon bei Raumtemp. sehr flüchtig; hohe kryoskopische Konstante = 30
Adamon s. Dibromzimtsäure-bornylester			
Adenin [E 1 XXVI, 126]	135,13 —	360...5 Z subl.	Nadeln oder Blättchen · 3 H_2O (W); unl. in Ä, Chlf, wl. in h. Al, l. in Eg, ll. in sied. W, ll. in S, Alk; Pikrat F: 285° (Z.)

Name und Literatur	Formel	Mol.-Gew. Dichte	F in °C Kp. in °C	Charakteristik
Adenosin [XXXI, 27]	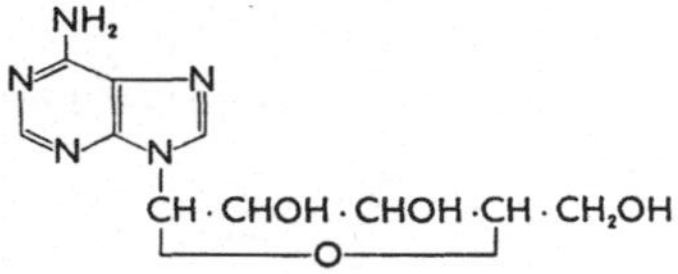 (Strukturformel: Adenin-Ring mit NH_2) $CH \cdot CHOH \cdot CHOH \cdot CH \cdot CH_2OH$	267,25 —	229 —	Nadeln (W); swl. in Al, zll. in W; $[\alpha]_D^{20}$: — 60,0° (W), Raumformel s. u. 5-Adenylsäure
Adenosin-diphosphor= säure [J. Chem. Soc. **1947**, 648]	$C_{10}H_{15}O_{10}N_5P_2$ Formel 1, S. 923	427,21 —	— —	Nicht frei bekannt; Acridinsalz: gelbe prismatische Nadeln, F: 215° (Z.)
Adenosin-phosphorsäure s. Adenylsäure				
Adenosin-tri-phosphor= säure [J. Chem. Soc. **1949**, 582]	$C_{10}H_{16}O_{13}N_5P_3$ Formel 2, S. 923	507,19 —	— —	Glasige Masse; $[\alpha]_D^{22}$: — 26,7°; l. in W; Tri-acridinsalz: eigelbe Nadeln F: 208...9° (Z.)
2-Adenylsäure [J. Chem. Soc. **1952**, 52]	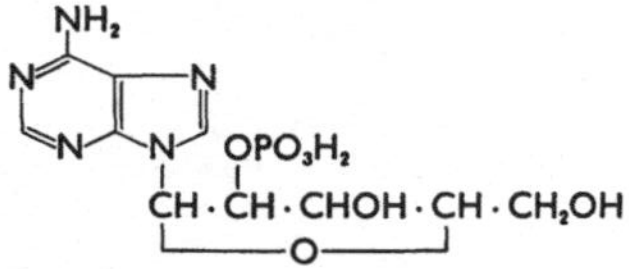 (Strukturformel: Adenin-Ring mit NH_2, OPO_3H_2) $CH \cdot CH \cdot CHOH \cdot CH \cdot CH_2OH$	347,23 —	187 (Z) —	Krist. · H_2O (W); 0,05 W 15°; wl. in h. W; $[\alpha]_D^{20}$: — 84,3° (Formamid); Dibrucinsalz F: 165...75°; „Adenyl= säure a"
3-Adenylsäure [XXXI, 27]	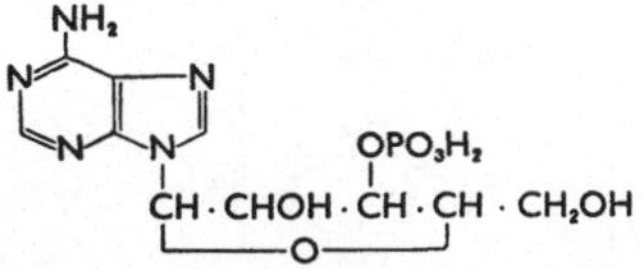 (Strukturformel: Adenin-Ring mit NH_2, OPO_3H_2) $CH \cdot CHOH \cdot CH \cdot CH \cdot CH_2OH$	347,23 —	197 Z —	Krist. · 1 H_2O (W); 0,05 W 15°; wl. in h. W; $[\alpha]_D^{20}$ = — 58,7° (Form= amid) „Adenylsäure b" s. a. J. Chem. Soc. **1952**, 52

5-Adenylsäure [XXXI, 27]	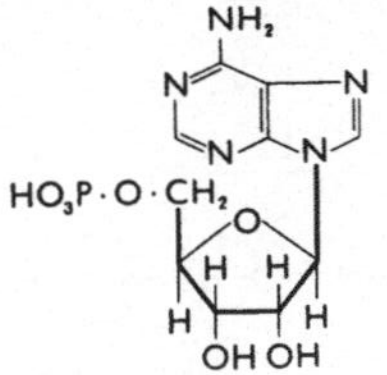	347,23 —	196...200 —	Krist. (W + Aceton); ll. in h. W; $[\alpha]_D^{20}$: −47,5° (2% NaOH); Acridinsalz F: 210...20° (Z.)
h-Adenylsäure s. 3-Adenylsäure				
t-Adenylsäure s. 5-Adenylsäure				
Adermin s. Pyridoxin				
Adipinsäure [E 2 II, 572]	$HO_2C \cdot [CH_2]_4 \cdot CO_2H$	146,14 $1{,}360^{25}$	153 $205{,}5/_{10}$	Krist. (W oder Aceton + Lg); 1,4 W 15°; 160 W 100°; 0,43 Ä 15°; ll. in Al, swl. in Bzl, Lg; Erhitzen auf 315...20° → Cyclopentanon
Adipinsäure-diäthylester [E 2 II, 574]	$C_2H_5O_2C \cdot [CH_2]_4 \cdot CO_2C_2H_5$	202,25 $1{,}0076^{20}$	−21 239...41	n_α^{20} 1,4251, n_D^{20} 1,4272, n_β^{20} 1,4324. Fl.; Kp: $127°/_{13}$; l. in Al
Adipinsäure-diamid [E 2 II 576]	$H_2NOC \cdot [CH_2]_4 \cdot CONH_2$	144,17 —	220 —	Kristallpulver; 0,44 W 12,2°
Adipinsäure-dibutylester [E 2 II, 575]	$C_4H_9O_2C \cdot [CH_2]_4 \cdot CO_2C_4H_9$	258,36 $0{,}9652^{20}$	−37,5 $145/_4$	n_α^{20} 1,4346, n_D^{20} 1,4369, n_β^{20} 1,4475. Fl.
Adipinsäure-dichlorid [E 2 II, 575]	$ClOC \cdot [CH_2]_4 \cdot COCl$	183,04 —	— $125...8/_{11}$ g. Z	Fl.; l. in Bzl
Adipinsäure-dinitril [E 2 II, 576]	$NC \cdot [CH_2]_4 \cdot CN$	108,14 $0{,}951_{19}^{19}$	0...1 $180...2/_{20}$	n_D 1,4597; dickliche Fl. von bitterem Geschmack; ll. in Al, Chlf, swl. in W, Ä, CS_2
Adipinsäure-di-[d-octyl-(2)]-ester [E 2 II, 575]	$CH_3 \cdot [CH_2]_5 \cdot CH(CH_3)O_2C \cdot [CH_2]_4 \cdot CO_2CH(CH_3) \cdot [CH_2]_5 \cdot CH_3$	370,58 —	— $175/_2$	n_D^{25} 1,4402. Fl.; $[\alpha]_D^{20}$: +11,23° (Al)

Name und Literatur	Formel	Mol.-Gew. Dichte	F in °C Kp. in °C	Charakteristik
Adipinsäure-dipropyl= ester [E 2 II, 574]	$C_2H_5 \cdot CH_2 \cdot CO_2[CH_2]_4 \cdot CO_2 \; CH_2 \cdot C_2H_5$	230,31 $0,9790^{20}$	− 20,25 $155/_{16}$	n_α^{20} 1,4292, n_D^{20} 1,4314, n_β^{20} 1,4369. Fl.
Adipinsäuremono- n-butylester [E 2 II, 574]	$HO_2C \cdot [CH_2]_4 \cdot CO_2[CH_2]_3 \cdot CH_3$	194,19 $1,0377^{20}$	— $155,5/_4$	n_α^{20} 1,4394, n_D^{20} 1,4418, n_β^{20} 1,4475. Sehr viskose Fl.
Adipinsäure-mono- n-propylester [E 2 II, 574]	$HO_2C \cdot [CH_2]_4 \cdot CO_2CH_2 \cdot C_2H_5$	188,23 $1,0574^{20}$	— $146/_4$	n_α^{20} 1,4379, n_D^{20} 1,4401, n_β^{20} 1,4460. Sehr viskose Fl.
Adonit [E 2 I, 604]	HOCH$_2 \cdot$ C $\cdot$ C $\cdot$ C $\cdot$ CH$_2 \cdot$OH (H, H, H / OH, OH, OH)	152,15 —	102 —	Prismen (W); Nadeln (Al); ll. in W, h. Al, unl. in Ä, Lg
ADP s. Adenosin-diphosphorsäure				
Adrenalin [E 1 XIII, 340]	(3,4-Dihydroxyphenyl)—CH(OH)·CH$_2$NH(CH$_3$)	183,21 —	Z 216 —	Krist.; 0,009 W 20…5°; unl. in Ä, PÄ, CS$_2$, Chlf, Bzl, swl. in Al; ll. in Alk und S; Handelsname auch Supra- renin
Adrenalon [XIV, 254]	(3,4-Dihydroxyphenyl)—CO·CH$_2$·NH(CH$_3$)	181,19 —	Z ca 235 —	Nadeln; swl. in W, Al, Ä; Hydrochlorid F: 243°
Adrenochrom [Biochem. J. **31**, 596]	(Adrenochrom-Ringstruktur: N-CH$_3$-Indol-dion mit OH)	179,18 —	115…20 Z —	Rote Krist. · H$_2$O; ll. in W, Me, swl. in Bzl, Ä; Oxim: Nadeln F: 278°

Adrenosteron [J. Am. Chem. Soc. **68**, 2478]	(Strukturformel Adrenosteron)	300,40 —	222 —	Blättchen (Al oder Ä); subl. im Vak.; $[\alpha]_D^{20}$: $+262° \pm 5°$ (Al)
Adronol s. Cyclohexanol				
DL-Äpfelsäure [E 2 III, 289]	$HO_2C \cdot CH_2 \cdot CH(OH) \cdot CO_2H$	134,09 $1,601_4^{20}$ *	130 Z	Krist.; 144,8 W 26°, 411,5 W 79°; * im Vak.
D(−)-Äpfelsäure* [E 2 III, 276]	OH $\vert$ $HO_2C \cdot CH_2 \cdot \overset{\vert}{C} \cdot CO_2H$ $\vert$ H	134,09 $1,595_4^{20}$ **	100...3 Z	* früher l(−)- Äpfelsäure; zerfl. Nadeln; $[\alpha]_D^{18}$: $-2,3°$ (W, p$=7$); 6,05 Å 15°; sll. in W, Al, Aceton, Me; D (−) -Malamid: Krist. F: 156...7° ** im Vak.
-Ca-Salz [E 2 III, 282]	$CaC_4H_4O_5$	172,15 —	— —	Krist. mit 1, 2, oder 3 H_2O; 0,67 W 0°; 0,81 W 12°; 1,02 W 37,5°; swl. in Al
-Pb-Salz [E 2 III, 282]	$PbC_4H_4O_5$	339,26 —	— —	Amorph; 0,09 W 18°; unl. in Al; $\cdot 2 H_2O$ 0,015 W 0°, 0,09 W 37,5° (wfreies Salz)
Äpfelsäure-acetat s. Acetoxy-bernsteinsäure				
D (−)-Äpfelsäure-diäthylester [E 2 III, 285]	$C_2H_5O_2C \cdot CH_2 \cdot CH(OH) \cdot CO_2C_2H_5$	190,20 $1,1198^{30}$	— 253	n_D^{20} 1,4362. Fl.; $[\alpha]_D^{18,5}$: $-10,12°$; Kp: 128°/10; l. in W, Al
D(−)-Äpfelsäure-dimethylester [E 2 III, 285]	$CH_3O_2C \cdot CH_2 \cdot CH(OH) \cdot CO_2CH_3$	162,14 $1,2226^{20}$	— 242	Fl.; $[\alpha]_{5461}^{15}$: $-9,4°$ (Me, c$=10$); Kp: 122°/10; durch W leicht zers.
Äsculetin s. 6,7-Dihydroxy-cumarin				
Äthal s. Cetylalkohol				

Name und Literatur	Formel	Mol.-Gew. Dichte	F in °C / Kp. in °C	Charakteristik
Äthan [E 3 I, 117]	$CH_3 \cdot CH_3$	30,07 / 1,3562 g/l	$-172,1$ / $-88,5$	Gas; 4,7 cm³ W 20°, 150 cm³ Al
Äthan-dithiol s. Dithioglykol				
Äthan-disulfosäure [E 2 IV, 528]	$HO_3S \cdot CH_2 \cdot CH_2 \cdot SO_3H$	190,19 / —	104 / —	Nadeln (Eg + Egs-anhydrid); ll. in Al; zerfl. Kristallmasse · 1 H_2O
Äthanol [E 3 I, 1223]	$CH_3 \cdot CH_2OH$	46,07 / 0,79367[15]	$-114,5$ / 78,32	n_D^{25} 1,3595. Fl.; ∞ W, Ä, Chlf; p-Nitro= benzoat F: 57°; MAK: 1000 cm³/m³
-Al-Salz [E 3 I, 1284]	$(H_3C \cdot CH_2O)_3Al$	162,17 / 1,147	134 / 190/10	Weißes Pulver; ll. in hochsied. org. Lösm., wl. in Ä, Bzl, swl. in Al
-Ca-Salz [E 3 I, 1284]	$(H_3C \cdot CH_2O)_2Ca$	114,20 / —	— / —	Weißes Pulver; Kondensationsmittel
-K-Salz [E 3 I, 1283]	$H_3C \cdot CH_2OK$	84,16 / —	— / —	Amorph; durch W Hydrolyse; emp- findlich gegen O_2
-Li-Salz [E 3 I, 1282]	$H_3C \cdot CH_2OLi$	52,00 / —	— / —	Krist. (Al); ll. in k. Al, wl. in h. Al
-Mg-Salz [E 3 I, 1283]	$(H_3C \cdot CH_2O)_2Mg$	114,44 / —	— / —	Weißes Pulver; W zers.
-Na-Salz [E 3 I, 1283]	$H_3C \cdot CH_2ONa$	68,05 / —	— / —	Amorphe weiße Masse; ll. in Al, durch W Hydrolyse; empfindlich gegen O_2
Äthanolamin [E 2 IV, 717]	$H_2NCH_2 \cdot CH_2OH$	61,08 / 1,0111[27]	— / 168,5...70	n_D^{27} 1,4508. Dickfl. Öl; Kp: 75...8°/15; ∞ W, Al, wl. in Lg, Bzl; ca 1,2 Ä; l. in Chlf; zieht W und CO_2 an; ätzend
Äthanolamin-hydro= chlorid [E 2 IV, 717]	$C_2H_7ON \cdot HCl$	97,55 / —	75...7 / —	zerfl. Krist. (Al)

Äthanolamin-N-methyl s. Methylamino-äthanol				
Äthanolamin-O-sulfat [IV, 276]	$H_2N \cdot CH_2 \cdot CH_2 \cdot O \cdot SO_3H$	141,15 —	— —	Monokline Prismen
Äthanol-chlorsulfosäureester s. Chlorsulfosäure- äthylester				
Äthanol-O-sulfat [E 3 I, 1316]	$CH_3 \cdot CH_2 \cdot O \cdot SO_3H$	126,13 $1,36574^{20}$	— Z	n_D^{20} 1,4105; Sirup; sll. in W; Dest. im Vak. → Diäthylsulfat; Ammonium-salz F: 96...7°; Na-salz kristallisiert mit 1 Mol H_2O
Äthanol-β-sulfosäure s. Isäthionsäure				
Äthansulfinsäure [E 2 IV, 524]	$CH_3 \cdot CH_2 \cdot SO_2H$	94,13 —	— —	Sirup; $Ba(C_2H_5O_2S)_2$ Kristallrinden; ll. in W, wl. in Al
Äthansulfosäure [E 2 IV, 525]	$CH_3 \cdot CH_2 \cdot SO_3H$	110,13 $1,3341^{25}$	—17 —	n_D^{16} 1,4340. Zerfl. Kristallmasse; ll. in W; Monohydrat F: 5,4°; Amid F: 59...60°
Äthansulfosäure-chlorid [E 2 IV, 526]	$C_2H_5 \cdot SO_2Cl$	128,58 $1,357^{22,5}$	— 171	Fl.; Kp: 65°/13; wird durch W wenig zers.
Äther s. Diäthyläther				
1,1'-Äthinyl-bis-cyclohexanol [Org. Syntheses 32, 70]	(Cyclohexyl)(OH)C : C(OH)(Cyclohexyl)	222,33 —	109...14 —	Fbl. krist. Produkt (CCl_4 oder Aceton); subl.
1-Äthinyl-cyclohexanol [Org. Syntheses III, 416]	(Cyclohexyl)(OH)C : CH	124,18 —	30 74/14	n_D^{20} 1,4822. Fl.
Äthoxy-aceton s. Acetol-äther				
Äthoxy-acetylen [Org. Syntheses 34, 46]	$HC : C \cdot OC_2H_5$	70,09 —	— 48...50	n_D^{20} 1,3812. Fl.; Reagenz für die Darst. von Vitamin A-aldehyd und Cortison

Name und Literatur	Formel	Mol.-Gew. Dichte	F in °C / Kp. in °C	Charakteristik
β-Äthoxy-äthylbromid s. β-Brom-diäthyläther				
β-Äthoxy-äthylchlorid s. β-Chlor-diäthyläther				
Äthoxybenzol s. Phenetol				
β-Äthoxy-buttersäure-nitril [E 2 III, 221]	$CH_3 \cdot CH(OC_2H_5) \cdot CH_2 \cdot CN$	113,16 / 0,8916[20]	— / 175,5...6,5	n_α^{20} 1,4081, n_D^{20} 1,4108, n_β^{20} 1,4154. Fl.; angenehmer Geruch
Äthoxyessigsäure [E 2 III, 170]	$C_2H_5O \cdot CH_2 \cdot CO_2H$	104,11 / 1,1021[20]	— / 206...7 g. Z	n_α^{20} 1,41725, n_D^{20} 1,41937, n_β^{20} 1,42445. Fl.; Kp: 102/9
Äthoxymethylen-malonsäurediäthylester [Org. Syntheses III, 395]	$C_2H_5O \cdot CH : C(CO_2C_2H_5)_2$	216,24 / 1,086[15]	— / 109/0,25	Fl.; unl. in W
2-Äthoxy-naphthaldehyd-(1) [Org. Syntheses III, 98]	(Strukturformel: Naphthalin mit CHO und OC₂H₅)	200,24 / —	111...2 / —	Hgelbliche Nadeln (Al); Phenylhydrazon F: 91°
4-Äthoxy-phenylharnstoff [E 2 XIII, 253]	$H_2N \cdot CO \cdot NH \cdot C_6H_4 \cdot OC_2H_5$	180,21 / —	173...4 / —	Blättchen (verd. Al); 0,121 W 21°; 0,13 W 45°; 2 sied. W; 4 k. Al; l. in Ä, ll. in Eg; Süßstoff „Dulcin"
β-Äthoxypropionaldehyd-diäthylacetal [Org. Syntheses III, 371]	$C_2H_5O \cdot CH_2 \cdot CH_2 \cdot CH(OC_2H_5)_2$	176,26 / 0,898[15]	— / 75...8/16	n_D^{20} 1,4067. Fl. von erfrischendem Geruch; wl. in W
β-Äthoxypropionsäure-nitril [Org. Syntheses III, 372]	$C_2H_5O \cdot CH_2 \cdot CH_2 \cdot CN$	99,13 / 0,9285[15]	— / 169...74	Fl.; rettigart. Geruch
N-Äthyl-acetanilid s. Äthylanilin-N-acetat				

Äthylacetylen s. Butin-(1)				
N-Äthyl-äthanolamin [IV, 282]	$C_2H_5NH \cdot CH_2 \cdot CH_2OH$	89,14 0,914[20]	— 167...9/$_{751}$	n_D^{20} 1,444. Öl; ∞ W; Pikrat F: 125...6°
Äthylalkohol s. Äthanol				
Äthylallen s. Pentadien-(1,2)				
Äthyl-allyl-äther [E 2 I, 477]	$C_2H_5 \cdot O \cdot CH_2 \cdot CH : CH_2$	86,13 0,7651[20]	— 63...5	n_α^{20} 1,3857, n_D^{20} 1,3881, n_β^{20} 1,3987. Fl.
Äthylamin [E 2 IV, 586]	$CH_3 \cdot CH_2 \cdot NH_2$	45,08 0,742$^{-33,5}$	E — 83,25 16,6	Stark ammoniakalisch riechende Fl.; D_4^0: 0,7057; ∞ W, Al, Ä; schmeckt brennend; brennbar; MAK: 25 cm^3/m^3
-hydrobromid [E 2 IV, 588]	$C_2H_5 \cdot NH_3 . Br$	126,00 1,741	159,5 —	Nadeln und Tafeln (Al); ll. in W, Al, wl. in Aceton; 0,16 Chlf 14°
-hydrochlorid [E 2 IV, 588]	$C_2H_5 \cdot NH_3 . Cl$	81,55 1,216	107...8 Z 270	Tafeln (Al); ll. in Al; 279,9 W 25°; 0,26 Chlf 25°; swl. in Aceton, unl. in Ä
-hydrojodid [E 2 IV, 588]	$C_2H_5 \cdot NH_3 . J$	173,00 2,100	188,5 —	Krist. (W); sll. in Al, unl. in Chlf, Ä
β-Äthylamino-äthanol s. N-Äthyl-äthanolamin				
2-Äthyl-2-amino-buttersäure s. α-Amino-diäthylessigsäure				
2-Äthylamino-phenol [XIII, 364]	$C_2H_5 \cdot NH \cdot C_6H_4 \cdot OH$	137,18 —	112 —	Tafeln; sll. in Al, ll. in h. Bzl, zwl. in Ä, Chlf, wl. in CS$_2$
4-Äthylamino-phenol [E 2 XIII, 231]	$C_2H_5 \cdot NH \cdot C_6H_4 \cdot OH$	137,18 —	103...4 —	Weiße Nädelchen (W); swl. in k. Toluol
Äthylanilin [E 2 XII, 90]	$C_6H_5 \cdot NH \cdot C_2H_5$	121,18 0,958[25]	E —63,5 206,6	n_α^{20} 1,5499, n_D^{20} 1,5559. Fl.; Wdampf-flch.; Hydrochlorid F: 176°

6*

Name und Literatur	Formel	Mol.-Gew. Dichte	F in °C Kp. in °C	Charakteristik
2-Äthyl-anilin [E 2 XII, 584]	(Struktur: C_6H_4 mit NH_2 und C_2H_5)	121,18 $0{,}9769^{21}$	— 209…10	Fl.; Pikrat F: 194…5°
3-Äthyl-anilin [XII, 1090]	$C_2H_5 \cdot C_6H_4 \cdot NH_2$	121,18 $0{,}9896^{0}$	— 214…5	Fl.; Acetylderivat F: 24…5°
4-Äthyl-anilin [E 2 XII, 584]	$C_2H_5 \cdot C_6H_4 \cdot NH_2$	121,18 $0{,}975^{22}$	— 5 216	n_D^{20} 1,5529. Fl.; Acetylderivat F: 113°
Äthylanilin-N-acetat [XII, 246]	$C_6H_5 \cdot N(C_2H_5)(COCH_3)$	163,22 $1{,}106^{20}$	53 $138/_{20}$	Weiße Prismen (W oder Ä); wl. in W, ll. in den meisten org. Lösm.
9-Äthyl-anthracen [E 2 V, 591]	(Struktur: Anthracen mit C_2H_5)	206,29 $1{,}0413^{99,2}$	59 —	$n_\alpha^{99,2}$ 1,6628, $n_D^{99,2}$ 1,6762, $n_\beta^{99,2}$ 1,7185. Blätter (Al); Blättchen (Me, PÄ); Pikrat F: 120°
2-Äthyl-anthrachinon [E 1 VII, 425]	(Struktur: Anthrachinon mit C_2H_5)	236,27 —	108 —	Gelbliche Nadeln (Al); zll. in Eg, wl. in Al
Äthylarsin s. Arsen, Äthylarsin				
2-Äthyl-benzoesäure [E 2 IX, 349]	(Struktur: C_6H_4 mit CO_2H und C_2H_5)	150,18 $1{,}0413^{10}$	68 259	n_α^{100} 1,5054, n_D^{100} 1,5099, n_β^{100} 1,5231. Nadeln (W); swl. in k. W, wl. in Lg, ll. in Al, Ä
3-Äthyl-benzoesäure [IX, 528]	$C_2H_5 \cdot C_6H_4 \cdot CO_2H$	150,18 —	47 —	Nadeln (W oder verd. Al); Ca-salz $\cdot$ 4 H_2O ll. in W und Al; Nitril Kp: $116…7°/_{25}$

Name	Formel			Eigenschaften
4-Äthyl-benzoesäure [E 2 IX, 349]	$C_2H_5 \cdot C_6H_4 \cdot CO_2H$	150,18 —	113,5 —	Blättchen (W); swl. in k. W; Äthyl-ester Kp: 129…30°/15
Äthylbenzol [E 2 V, 274]	$C_6H_5 \cdot C_2H_5$	106,17 0,8672^{20}	E −94,4 136,1	$n_\alpha^{16,12}$ 1,4942, $n_D^{16,12}$ 1,4985, $n_{546,1}^{16,08}$ 1,5022. Fl.; swl. in W, ∞ Al, Ä; MAK: 200 cm³/m³
Äthyl-benzyl-äther [E 2 VI, 409]	$C_6H_5 \cdot CH_2 \cdot O \cdot C_2H_5$	136,20 0,9577^{10}	— 186	n_D^{20} 1,4955. Öl; Kp: 78°/18; Wdampf-flch.
Äthylborsäure s. Bor, Äthylborsäure				
Äthylbromid [E 2 I, 59]	$CH_3 \cdot CH_2Br$	108,97 1,4708^{15}	−119 38,3	n_α^{15} 1,4247, n_D^{15} 1,4276, n_β^{15} 1,4342. Fl.; 0,91 W 20°; ∞ Al, Ä; riecht ätherisch; anästhesierend; MAK: 200 cm³/m³
2-Äthyl-butanol-(1) [Mellan, 507]	$CH_3 \cdot CH_2 \cdot CH(C_2H_5) \cdot CH_2OH$	102,18 0,8328$^{20}_{20}$	— 148,9	n_D^{20} 1,4229. Fbl. Fl.; wl. in W, l. in vielen org. Lösm.
α-Äthyl-buttersäure s. Diäthylessigsäure				
Äthyl-butyl-äther [E 2 I, 396]	$CH_3 \cdot [CH_2]_3 \cdot O \cdot C_2H_5$	102,18 0,7522$^{20}_{20}$	— 92,7	Fl.
2-Äthyl-butylamin [IV, 192]	$(C_2H_5)_2CH \cdot CH_2 \cdot NH_2$	101,19 0,776$^{20}_{20}$	— 125,3	Wasserklare Fl.; l. in Me, Al, Ä, Aceton, Egester, Bzl
Äthyl-butyl-keton s. Heptanon-(3)				
O-Äthyl-caprolactim [Org. Syntheses 31, 73]	$O \cdot C_2H_5$ $[CH_2]_5C : N$	141,21 —	— 81…2/26	Fl.
2-Äthyl-capronsäure [E 3 II, 803]	$CH_3 \cdot [CH_2]_3 \cdot CH(C_2H_5) \cdot CO_2H$	144,22 0,9029^{33}	— 222/750	n_D^{18} 1,4255. S-Benzyl-thioroniumsalz F: 132°; Anilid F: 88,5…9,5°; Äthyl-ester Kp: 188°; Chlorid Kp: 101°/40; Amid F: 106…7°; d- und l-Form über Chininsalz $[\alpha]_D^{25}$: + 5,74° (unverd.) nicht rein erhalten

Name und Literatur	Formel	Mol.-Gew. Dichte	F in °C Kp. in °C	Charakteristik
α-Äthyl-capronsäurenitril [Org. Syntheses 32, 65]	$CH_3[CH_2]_3CH(C_2H_5) \cdot CN$	125,22 —	— 70,5…2/$_{10}$	n_D^{25} 1,4145. Fl.
Äthylcarbitol s. Diglykol-monoäthyläther				
Äthylchlorid [E 3 I, 133]	$CH_3 \cdot CH_2Cl$	64,52 0,9171$_6^6$	— 142,5 13,1	Fl.; swl. in W, ∞ Al, Ä; riecht nach Ä, schmeckt brennend süß; brennt mit grüngesäumter Flamme; anästhesierende Wirkung; Verw. in der Kältetechnik; MAK: 1000 cm³/m³
2-Äthylchromon [Org. Syntheses III, 387]		174,20 —	— 124…6/$_2$	Fl.
α-Äthyl-crotonsäure [E 2 II, 408]	$CH_3 \cdot CH : C(C_2H_5) \cdot CO_2H$	114,15 0,9578^{50}	42 204…7	n_α^{50} 1,4441, n_D^{50} 1,4475, n_β^{50} 1,4561. Nadeln (W); Kp: 109°/$_{13}$; wl. in W, ll. in Al, Ä; subl. leicht
Äthylcyanid s. Propionsäurenitril				
Äthylcyclohexan [E 2 V, 20]		112,22 0,7899^{25}	— 128,9 131,8	n_α^{20} 1,4304, n_{He}^{20} 1,4325, n_β^{20} 1,4380. Fl.; heliotropähnlicher Geruch
2-Äthyl-cyclohexanol [E 2 VI, 26]		128,22 *	— *	* cis Kp: 74°; D^{21} 0,9274; n_D^{21} 1,4655. * trans Kp: 79°; D^{21} 0,9193; n_D^{21} 1,4640. Phenylurethan cis F: 101,5°, trans F: 82…3° 3,5-Dinitrobenzoat cis F: 99°, trans F: 105°

Äthyl-cyclohexenyl-barbitursäure s. Phanodorm

Name	Formel	MG / D	F / Kp	Eigenschaften
Äthyl-cyclopentan [E 2 V, 19]	(Cyclopentyl)–$CH_2 \cdot CH_3$	98,19 0,7669[19,9]	− 137,9 103	$n_\alpha^{18,9}$ 1,4179, $n_D^{19,1}$ 1,4201, $n_\beta^{18,9}$ 1,4253. Fl.
N-Äthyl-di-furfurylamin [Dunlop, 244]	$(\text{O-Furyl}-CH_2)_2 N \cdot C_2H_5$	205,26 1,0555[25/25]	— 109...10/5	n_D^{20} 1,5059. Fl.; Hydrochlorid F: 149...51°
Äthylen [E 3 I, 595]	$CH_2 : CH_2$	28,05 1,2604 g/l	− 170 − 103,9	Gas; 22,6 cm³ W 0°, 360 cm³ Al, l. in Ä, Bzl; riecht erstickend
Äthylen-bromhydrin s. β-Bromäthanol				
Äthylenbromid s. 1,2-Dibromäthan				
Äthylencarbonat s. Kohlensäure-äthylenester				
Äthylenchlorhydrin s. β-Chloräthanol				
Äthylenchlorid s. 1,2-Dichloräthan				
Äthylencyanhydrin s. Hydracrylsäure-nitril				
Äthylendiamin [E 2 IV, 676]	$H_2N \cdot CH_2 \cdot CH_2 \cdot NH_2$	60,10 0,8920[25]	8,5 116,5	$n_\alpha^{26,1}$ 1,45113, $n_D^{26,1}$ 1,45400, $n_\gamma^{26,1}$ 1,46148. Fl.; ll. in W; mit H_2O F: 10°, Kp: 118°; $D_4^{20,5}$ 0,9634; ll. in W, l. in Al, wl. in Ä, unl. in Bzl; MAK: 10 cm³/m³
Äthylendiamin-tetra-essigsäure D.B.P.: 828547	$(HO_2C \cdot CH_2)_2 N \cdot CH_2 \cdot CH_2 \cdot N (CH_2 \cdot CO_2H)_2$	292,25 —	— —	swl. in k. W, ll. in NaOH; $p_{K_1} = 2,0$; $p_{K_2} = 2,7$; $p_{K_3} = 6,2$; $p_{K_4} = 10,3$; „Komplexon II"; Dinatriumsalzdihydrat ist „Komplexon III"
Äthylendiamin-tetra-essigsäure-tetra-Na-salz [D.B.P.: 828547]	$(NaO_2C \cdot CH_2)_2 N \cdot CH_2 \cdot CH_2 \cdot N (CH_2 \cdot CO_2Na)_2$	380,17 —	— —	Weißes Pulver, ll. in W; $p_H = 11,8$ (1%ige Lsg.); ll. Metallkomplexe; Metallbindung, Komplextitration
Äthylen-dicyanid s. Bernsteinsäure-dinitril				
Äthylenglykol s. Glykol				
Äthylenimin [XX, 1]	$H_2C—CH_2 \backslash NH /$	43,07 0,8321[24]	— 55...6	Fl.; raucht an der Luft, zers.; ∞ W; MAK: 5 cm³/m³, H

Name und Literatur	Formel	Mol.-Gew. Dichte	F in °C Kp. in °C	Charakteristik
Äthylenjodid s. 1,2-Dijodäthan				
Äthylenoxid [E 2 XVII, 9]	$H_2C\underset{O}{-\!\!-\!\!-}CH_2$	44,05 $0,8922^6$	E — 112 10,7	$n_\alpha^{8,4}$ 1,3582, $n_D^{8,4}$ 1,360, $n_\beta^{8,4}$ 1,3641. Gas; ∞ W, Al, Ä; MAK: 50 cm³/m³
Äthylensulfid [E 2 XVII, 12]	$H_2C\underset{S}{-\!\!-\!\!-}CH_2$	60,12 $1,018^{15}$	— 55...6	n_D^{19} 1,490. Fl.; unl. in W, ∞ mit org. Lösm.
Äthylen-tetracarbon= säure-tetraäthylester [Org. Syntheses 273]	$(C_2H_5O_2C)_2C:C(CO_2C_2H_5)_2$	316,31 —	52,5...3,5 197/8	Krist. (Al); unl. in W, wl. in k. Al, sll. in Ä, h. Al
Äthylfluorid [E 1 I, 23]	$CH_3 \cdot CH_2F$	48,06 2,19 g/L	E — 138,7 — 32	Gas; riecht nach Ä; 198 cm³ W 14°; ll. in Al
2-Äthyl-furan [Dunlop, 40]		96,13 $0,912^{13}_{15}$	— 92...3/768	n_D^{13} 1,4466. Fl.
α-Äthylglycerin s. Pentantriol-(1,2,3)				
Äthylglykol s. Glykolmonoäthyläther				
Äthylharnstoff [E 2 IV, 607]	$C_2H_5 \cdot NH \cdot CO \cdot NH_2$	88,11 $1,213^{18}$	92,1...2,4 Z	Krist. (Bzl); sll. in W, Chlf, sied. Bzl; 63 Al; unl. in abs. Al, CS₂
3-Äthyl-heptanol-(3) [E 2 I, 457]	$CH_3 \cdot [CH_2]_3 \cdot C(OH)\,(CH_2 \cdot CH_3)_2$	144,26 $0,8439^{20}$	— 119...21/110	n_D^{20} 1,4360. Fl.; Kp: 70...2°/11
Äthyl-n-heptyläther [E 2 I, 442]	$CH_3 \cdot [CH_2]_6 \cdot O \cdot C_2H_5$	144,26 $0,7949^0_0$	— 165...6	Fl.
2-Äthyl-hexanol-(1) [E 2 I, 453]	$CH_3 \cdot [CH_2]_3 \cdot CH(CH_2OH) \cdot CH_2 \cdot CH_3$	130,23 $0,8328^{20}$	— 181	n_D^{20} 1,4328. Fl.
2-Äthyl-hexano-nitril s. α-Äthyl-capronsäurenitril				

Äthylhydrazin [E 2 IV, 959]	$C_2H_5 \cdot NH \cdot NH_2$	60,10 —	— $99,5/_{709}$	Hygr. Fl.; ätherischer Geruch; ll. in W, Al, Ä, Chlf, Bzl; stark ätzend; zerstört rasch Kork und Kautschuk; bildet an feuchter Luft dicke weiße Nebel
N-Äthyl-hydroxylamin [E 2 IV, 953]	$C_2H_5 \cdot NHOH$	61,08 $0,9079^{63,9}$	59...60 —	$n_\alpha^{63,9}$ 1,41381, $n_D^{63,9}$ 1,41519, $n_\gamma^{63,9}$ 1,42463. Nadeln (Lg); sll. in W, Al, wl. in Ä, Bzl, k. Lg; $\cdot$ HCl hygr. Nadeln F: 37°
α-Äthyl-hydroxyl-amin [E 2 I, 333]	$C_2H_5 \cdot ONH_2$	61,08 $0,8827^{7,5}$	— 68	Fl.; starker Geruch; ∞ W, Al, Ä; brennbar; alk. Reaktion
Äthylidenaceton s. Penten-(2)-on-(4) Äthylidenbromhydrin s. β-Bromäthanol Äthylidenbromid s. 1,1-Dibromäthan Äthylidenchlorid s. 1,1-Dichloräthan				
Äthyl-isoamyläther [E 2 I, 432]	$(CH_3)_2 \cdot CH \cdot [CH_2]_2 \cdot O \cdot C_2H_5$	116,20 $0,7635^{20}$	— 112	Öl
α-Äthyl-isocrotonsäure [E 2 II, 409]	$CH_3 \cdot CH : C(C_2H_5) \cdot CO_2H$	114,15 $0,9805^{15}$	ca — 35 198...200	n_α^{15} 1,4502, n_{He}^{15} 1,4534, n_β^{15} 1,4617. Fl.; Kp: 107...8°/$_{10}$; l. in Al, Ä, unl. in W; Kochen am Rückfluß $\to$ α-Äthyl-crotonsäure; Amid: Nadeln (Ä) F: 94°
Äthylisocyanat [E 2 IV, 613]	$C_2H_5 \cdot N : CO$	71,08 $0,9065^{15,7}$	— 60	$n_\alpha^{15,7}$ 1,3804, $n_{He}^{15,7}$ 1,3826, $n_\beta^{15,7}$ 1,3876. Äußerst stechend riechende Fl.; l. in Ä; zers. durch W; tränen- und husten-erregend
Äthylisocyanid [E 2 IV, 600]	$C_2H_5 \cdot N : C$	55,08 $0,7423^{17}$	< — 66 75...8	n_α^{17} 1,3612, n_{He}^{17} 1,3632, n_γ^{17} 1,3683. Fl.; wl. in W, l. in Al, Ä; in unreinem Zustand unerträglicher Geruch und bitterer Nachgeschmack; zers. durch verd. Mineralsäuren

Name und Literatur	Formel	Mol.-Gew. Dichte	F in °C Kp. in °C	Charakteristik
O-Äthyl-isoharnstoff s. Harnstoff-O-äthyläther				
Äthyl-isopropyläther [E 2 I, 381]	$(CH_3)_2CH \cdot O \cdot C_2H_5$	88,15 $0,7211^{20}$	— 53	Fl.
Äthyl-isopropyl-keton s. 2-Methyl-pentanon-(3)				
Äthylisothiocyanat s. Äthylsenföl				
Äthyljodid [E 2 I, 67]	$CH_3 \cdot CH_2J$	155,97 $1,9292^{20}$	-118 72,30	n_α^{15} 1,5121, n_D^{15} 1,5168, n_β^{15} 1,5287. Fl.; 0,403 W 20°; l. in Al, Ä
Äthylmalonsäure [E 2 II, 569]	$CH_3 \cdot CH_2 \cdot CH(CO_2H)_2$	132,12 —	111,5 160 Z*	Prismen (W); 52,8 W 0°; 90,8 W 50°; ll. in Al, Ä; * Z. $\rightarrow$ CO_2 und Buttersäure; Nachweis als p-Nitrobenzyl= ester F: 75,2°
Äthylmalonsäure-diäthyl= ester [E 2 II, 570]	$C_2H_5 \cdot CH(CO_2C_2H_5)_2$	188,23 $1,0040^{20}_{20}$	— $208...10/_{765}$	$n_\alpha^{14,8}$ 1,41802. Fl.; Kp: 86°/$_{10}$; ll. in Ä
Äthylmercaptan [E 2 I, 341]	$CH_3 \cdot CH_2 \cdot SH$	62,13 $0,8623^0$	E -147 $33,4/_{724}$	n_α^{20} 1,42769, n_D^{20} 1,43055, n_γ^{20} 1,4445. Fl.; durchdringender, lauchart. Geruch; wl. in W, l. in wss. Alk, Al, Ä; MAK: 250 cm³/m³
-Hg-salz [I, 342]	$Hg(S \cdot C_2H_5)_2$	322,84 —	76...7 —	Blättchen (Al); ca 5,5 sied. Al
-Na-salz [I, 341]	$NaS \cdot C_2H_5$	84,12 —	— —	Kristallmasse; ll. in W, Al unter Bildung von Äthylmercaptan
Äthyl-methyl- s. Methyl-äthyl-				
N-Äthyl-morpholin [XXVII, 6]	(Morpholin-Struktur, N–C₆H₅)	115,18 $0,8996^{20}$	— 138	n_D^{20} 1,4400. Wasserklare Fl.; ∞ W, Al, Ä; Wdampfflch.

Substanz	Formel	Mol.-Gew. / Dichte	Schmp. / Sdp.	Eigenschaften
1-Äthyl-naphthalin [E 2 V, 467]	$C_{10}H_7 \cdot C_2H_5$	156,23 / $1,019^{20}$	< − 14 / 256…9	Fl.; Kp: $100°/_{2…3}$; $247…9°/_{742}$; unl.in W
2-Äthyl-naphthalin [E 2 V, 467]	$C_{10}H_7 \cdot C_2H_5$	156,23 / $1,0015^{25}_{0}$	> − 19 / 251…2	n_D^{25} 1,591. Fl.; unl. in W
2-Äthyl-naphthol-(1) [Chem. Abstr. 32, 2927]	(Strukturformel: OH, C_2H_5)	172,23 / —	69…70 / —	Pikrat F: 119,5°
3-Äthyl-naphthol-(1) [Chem. Abstr. 26, 4326]	$C_2H_5 \cdot C_{10}H_6 \cdot OH$	172,23 / —	50…1 / $170/_{14}$	Pikrat F: 145°
4-Äthyl-naphthol-(1) [Chem. Abstr. 34, 5437]	$C_2H_5 \cdot C_{10}H_6 \cdot OH$	172,23 / —	42 / —	Pikrat F: 152…3°
7-Äthyl-naphthol-(1) [Chem. Abstr. 32, 2928]	$C_2H_5 \cdot C_{10}H_6 \cdot OH$	172,23 / —	56,5…7 / —	Pikrat F: 131°
1-Äthyl-naphthol-(2) [E 2 VI, 619]	(Strukturformel: C_2H_5, OH)	172,23 / —	105 / —	Nadeln (Benzin); ll. in Ä, Eg, Bzl, Chlf, wl. in Benzin, swl. in W, l. in verd. NaOH; Wdampfflch.
6-Äthyl-naphthol-(2) [Chem. Abstr. 32, 2929]	$C_2H_5 \cdot C_{10}H_6 \cdot OH$	172,23 / —	97…8 / —	Pikrat F: 107…8°; Methyläther F: 57…8°, Kp: $160°/_{13}$
7-Äthyl-naphthol-(2) [Chem. Abstr. 32, 2929]	$C_2H_5 \cdot C_{10}H_6 \cdot OH$	172,23 / —	— / —	Methyläther F: 51…2°
Äthyl-α-naphthylamin [E 2 XII, 682]	$C_{10}H_7 \cdot NH \cdot C_2H_5$	171,24 / $1,0652^{15,1}$	— / $175…6/_{15}$	$n_\alpha^{15,1}$ 1,6376, $n_D^{15,1}$ 1,6477, $n_\beta^{15,1}$ 1,6780. Öl; l. in Al, Ä; Hydrochlorid F: 193°
Äthyl-β-naphthylamin [E 2 XII, 715]	$C_{10}H_7 \cdot NH \cdot C_2H_5$	171,24 / $1,0545^{21,3}$	< − 15 / 315…6	$n_\alpha^{21,3}$ 1,6439, $n_D^{21,3}$ 1,6544, $n_\beta^{21,3}$ 1,6847. Fl.; Hydrochlorid F: 238°
Äthylnitrat [E 3 I, 1322]	$C_2H_5 \cdot ONO_2$	91,07 / $1,106^{20,7}$	E − 102 / 88,7	$n_\alpha^{21,5}$ 1,38254, n^{21} 1,38484, $n_\gamma^{21,5}$ 1,39511. Fl.; 3,09 W 55, l. in Al, Ä

Name und Literatur	Formel	Mol.-Gew. Dichte	F in °C Kp. in °C	Charakteristik
Äthylnitrit [E 3 I, 1321]	$C_2H_5 \cdot ONO$	75,07 $0,9062^{8,8}$	— 17,4	$n_\alpha^{8,8}$ 1,3431, $n_\beta^{8,8}$ 1,3512, $n_\gamma^{8,8}$ 1,3560. Fl.; obstart. Geruch; Verw.: Spiritus aetheris nitrosi
Äthylnitrolsäure [E 2 II, 185]	$CH_3 \cdot C(:NOH) \cdot NO_2$	104,07 —	84...5 Z —	Krist.; rhombisch; schmeckt stark süß; ll. in üblichen Lösm.; färbt sich mit Alk rot, darauf Zusatz von $FeSO_4 \rightarrow$ dklbraune Färbung
2-Äthyl-4-nitro-naphthol-(1) [Chem. Abstr. **34**, 5436]		217,23 —	88 —	
Äthyl-n-octyl-keton [E 2 I, 767]	$CH_3 \cdot [CH_2]_7 \cdot CO \cdot CH_2 \cdot CH_3$	170,30 $0,8272^{20}$	12,5 227	n_D^{17} 1,4306. Fl.; Kp: $112°/_{12}$; rautenart. Geruch; Semicarbazon F: 91...2°
3-Äthyl-pentan s. Triäthyl-methan 3-Äthyl-pentanol-(3) s. Triäthylcarbinol 3-Äthyl-pentanon-(2) s. α,α-Diäthyl-aceton				
3-Äthyl-pentin-(1) [E 2 I, 235]	$CH : C \cdot CH(CH_2 \cdot CH_3)_2$	96,17 $0,7272^{22}$	— 87	n_D^{22} 1,4023. Fl.; Kupfer-I-verbindung braune Krist. (Ä)
2-Äthyl-phenol [E 2 VI, 442]		122,17 $1,0371^0$	< — 18 206,5...7,5	Fl.; Kp: $92...5°/_{20}$; ll. in Al, Bzl, Eg, 25% NaOH, swl. in 50% NaOH
3-Äthyl-phenol [E 2 VI, 443]	$C_2H_5 \cdot C_6H_4 \cdot OH$	122,17 $1,0250^0$	ca —4 $214/_{752}$	Fl.; Kp: $75...7°/_{10}$; mit $FeCl_3 \rightarrow$ viol. Färbung
4-Äthyl-phenol [E 2 VI, 443]	$C_2H_5 \cdot C_6H_4 \cdot OH$	122,17 —	47...8 218,5...9,5	Nadeln oder Spieße; wl. in W, ll. in Al, Ä, Bzl, CS_2, 25% NaOH, swl. in 50% NaOH

Name [Literaturstelle]	Formel	Molmasse / Dichte	Kp / Fp	Eigenschaften
α-Äthyl-phenylhydrazin [E 2 XV, 50]	$C_6H_5 \cdot N(C_2H_5) \cdot NH_2$	136,20 $1{,}018^{20,8}$	— 237	$n_\alpha^{20,8}$ 1,5646, $n_\beta^{20,8}$ 1,5875. Öl; Hydrochlorid F: 146…7°
β-Äthyl-phenylhydrazin [E 2 XV, 50]	$C_6H_5 \cdot NH \cdot NH \cdot C_2H_5$	136,20 $1{,}010^{21,3}$	— $110/_{14}$	$n_\alpha^{21,3}$ 1,5622, $n_\beta^{21,3}$ 1,5860. Öl; wl. in W, ll. in Al, Ä, Bzl; Hydrochlorid F: 164°
Äthylphosphin s. Phosphor, Äthylphosphin				
Äthyl-polyglykol s. Diglykol-monoäthyläther				
Äthyl-propargyl-äther [E 2 I, 504]	$CH : C \cdot CH_2 \cdot O \cdot C_2H_5$	84,12 $0{,}8324^{25}$	— 79,5…80	n_α^{20} 1,40152, n_D^{20} 1,40390, n_γ^{20} 1,41439. Fl.; penetranter Geruch; ∞ Al, l. in Ä, wl. in W
Äthyl-propyl-äther [E 2 I, 367]	$C_2H_5 \cdot CH_2 \cdot O \cdot C_2H_5$	88,15 $0{,}7330^{20}$	— 63,6	$n_\alpha^{14,3}$ 1,36990, $n_D^{14,3}$ 1,37179, $n_\beta^{14,3}$ 1,37626. Fl.; wl. in W, ∞ Al, Ä
α-Äthyl-propylamin [E 2 IV, 643]	$CH_3 \cdot CH_2 \cdot CH(NH_2) \cdot CH_2 \cdot CH_3$	87,17 $0{,}7487^{20}$	— 90	Öl; ammoniakalischer Geruch; $\cdot$ HCl Krist. (Al) F: 216°
2-Äthyl-pyridin [E 2 XX, 159]	(2-Äthylpyridin; C_2H_5)	107,16 $0{,}9441^{12,6}$	— $149/_{752}$	$n_\alpha^{12,6}$ 1,4972, $n_\beta^{12,6}$ 1,5124. Fl.; zwl. in W
3-Äthyl-pyridin [E 2 XX, 159]	$NC_5H_4 \cdot C_2H_5$	107,16 $0{,}9466^{12,8}$	— $166/_{750}$	$n_\alpha^{12,8}$ 1,5023, $n_\beta^{12,8}$ 1,5176. Öl; swl. in W, ll. in Al, Ä; Wdampfflch.
4-Äthyl-pyridin [E 2 XX, 159]	$NC_5H_4 \cdot C_2H_5$	107,16 $0{,}9417^{20}$	— 163…5	n_D^{20} 1,5010. Fl.; wl. in h. W, ll. in Al, Ä; Pikrat F: 169°
Äthylrhodanid s. Äthylthiocyanat				
Äthylsenföl [E 2 IV, 614]	$C_2H_5 \cdot N : CS$	87,14 $1{,}0035^{15,4}$	− 5,9 132	n_D^{18} 1,5142. Gelbliches Öl; stechender Geruch; unl. in W, l. in Al, Ä; reizt zu Tränen
Äthylsulfid s. Diäthylsulfid				
Äthylthiocyanat [E 2 III, 122]	$C_2H_5 \cdot S \cdot CN$	87,14 $1{,}00715^{22,9}$	E−85,5 144,4	$n_\alpha^{22,9}$ 1,46234, $n_D^{22,9}$ 1,46533, $n_\beta^{22,9}$ 1,47303. Fl.; ∞ Al, Ä, unl. in W; lauchart. Geruch

Name und Literatur	Formel	Mol.-Gew. Dichte	F in °C Kp. in °C	Charakteristik
N-Äthyl-o-toluidin [E 2 XII, 435]	(Struktur: Benzolring mit CH_3 und $NH \cdot C_2H_5$)	135,21 $0,948^{25}$	— 212...4	Fl.
N-Äthyl-m-toluidin [Org. Syntheses II, 290]	$CH_3 \cdot C_6H_4 \cdot NH \cdot C_2H_5$	135,21 —	— $111...2/_{20}$	Fl.
N-Äthyl-p-toluidin [E 2 XII, 492]	$CH_3 \cdot C_6H_4 \cdot NH \cdot C_2H_5$	135,21 $0,942^{25}$	— 217	Fl.
2-Äthyl-toluol [E 2 V, 308]	(Struktur: Benzolring mit CH_3 und C_2H_5)	120,20 $0,8747^{20}$	— $164/_{753}$	n_α^{20} 1,4981, n_{He}^{20} 1,5022, n_β^{20} 1,5132. Fl.; unl. in W, l. in Al, Ä
3-Äthyl-toluol [E 2 V, 309]	$CH_3 \cdot C_6H_4 \cdot C_2H_5$	120,20 *	— 159	n_α^{20} 1,4923, n_{He}^{20} 1,4965, n_β^{20} 1,5073. Fl.; unl. in W, l. in Al, Ä. * D im Vak. $0,8615_4^{20}$
4-Äthyl-toluol [E 2 V, 310]	$CH_3 \cdot C_6H_4 \cdot C_2H_5$	120,20 *	< — 20 161	n_α^{20} 1,4895, n_{He}^{20} 1,4939, n_β^{20} 1,5043. Öl; unl. in W, l. in Al, Ä. * D im Vak. $0,8588_4^{20}$
Äthylurethan [E 2 IV, 607]	$C_2H_5 \cdot NH \cdot CO_2C_2H_5$	117,15 $0,997^{15}$	— 170	n_α^{20} 1,41938, n_D^{20} 1,42192, n_γ^{20} 1,43194. Fl.; Kp: 79...80°/$_{15}$; angenehmer Geruch
Äthyl-vinyl-äther [E 3 I, 1857]	$CH_3 \cdot CH_2 \cdot O \cdot CH : CH_2$	72,11 $0,7625_{17,5}^{14,5}$	— 35	Fl.; wl. in W; Spaltung durch verd. H_2SO_4; polym. durch J_2; reagiert heftig mit Cl_2 oder $Br_2 \rightarrow CH_2X \cdot CHX \cdot O \cdot C_2H_5$
Äthyl-vinyl-keton [E 3 I, 2984]	$CH_3 \cdot CH_2 \cdot CO \cdot CH : CH_2$	94,12 $0,8524^{15}$	— 96	n_D^{15} 1,4233. Fl.; stechender Geruch; wl. in W, ll. in org. Lösm.; polym. beim Aufbewahren bei 30°

Name	Formel	Mol.-Gew.	F / Eigenschaften	Eigenschaften
Äthylviolett (Carbinolbase) s. 4,4′,4″-Tris-diäthylamino-triphenylcarbinol				
Ätioallocholan s. Androstan				
Ätiocholansäure [Helv. Chim. Acta, 21, 828]	(Strukturformel: Steroidgerüst mit CH_3, H_3C, CO_2H)	304,48 —	227,5 —	Nadeln (Eg); Methylester F: 97...100°
Agaricinsäure [E 2 III, 372]	$CH_3 \cdot [CH_2]_{15} \cdot CH(CO_2H) \cdot C(OH) \cdot (CO_2H) \cdot CH_2 \cdot CO_2H$	416,56 —	141,5...2,0 —	Blättchen $\cdot 1\frac{1}{2} H_2O$ (Al); $[\alpha]_D^{19}: -8,8°$ (10% wss. Lsg. des Trikaliumsalzes); 1,05 abs. Al 15°; 0,45 Al 90% 15°; ll. in h. Al, h. Eg, l. in sied. W, unl. in k. W, Chlf, Bzl
Agmatin [E 1 IV, 420]	$H_2N \cdot C(:NH) \cdot NH \cdot [CH_2]_4 \cdot NH_2$	130,19 —	— —	Sulfat Nadeln (verd. Me) F: 229°; swl. in Al, zl. in W
Aktivin s. Chloramin T				
β-Alanin [E 2 IV, 827]	$H_2N \cdot CH_2 \cdot CH_2 \cdot CO_2H$	89,09 —	197...8 Z —	Krist. (W); sll. in W, wl. in abs. Al, unl. in Ä, Aceton; · HCl Tafeln oder Blättchen F: 122,5°; ll. in W, wl. in Al, unl. in Ä
DL-Alanin [E 2 IV, 814]	$H_2N \cdot CH(CH_3) \cdot CO_2H$	89,09 —	295...6* —	Krist. (W); 13,9 W 21°, ∼0,2 Al 80%, unl. in Ä; subl. oberhalb 200°; · HBr Krist. (Al + Ä) F: 135°; * F von Erhitzung abhängig
L(+)-Alanin [E 2 IV, 809]	$\begin{matrix} NH_2 \\ \mid \\ H_3C \cdot C \cdot CO_2H \\ \mid \\ H \end{matrix}$	89,09 —	∼ 297 Z —	Krist. (W); $[\alpha]_{546,1}^{15}: +3,5°$ (W, p = 10); 20,5 W 45°; Bildung durch Hydrolyse pflanzlicher Proteine

Name und Literatur	Formel	Mol.-Gew. Dichte	F in °C Kp. in °C	Charakteristik
L(+)-Alanin-hydro= chlorid [E 2 IV, 811]	$C_3H_7O_2N \cdot HCl$	125,56 —	204 —	Prismen; $[\alpha]_D^{20}$: $+10,3°$ (W, p = 3…10); $[\alpha]_{546,1}^{15}$: $+17,1°$ (W, p = 8); sll. in W, swl. in Al, HCl
DL-Alanin-äthylester [E 2 IV, 819]	$H_2N \cdot CH(CH_3) \cdot CO_2C_2H_5$	117,15 $0,9846^{12,5}$	— $48/_{11}$	Sirupart. Öl; ll. in Ä, $\cdot$ HCl Prismen (Al) F: 86,5…7°
Alaninol [E 2 IV, 733]	$CH_3 \cdot \dot{C}H(NH_2) \cdot CH_2OH$	75,11 —	— 173…6	Aminart. riechende Fl.; sll. in W, Al, Ä
Aldehydammoniak s. Acetaldehyd-ammoniak				
Aldol [E 1 I, 419]	$CH_3 \cdot CH(OH) \cdot CH_2 \cdot CHO$	88,11 $1,1094^{16}$	— $77/_{16}$	Dicke Fl.; polym. zu Paraldol; Lösm. für nitrierte Zellulosen; p-Bromphenylhydrazon F: 127…8°
Aldosteron [Experientia 9, 333]	$C_{21}H_{28}O_5$ Formel 3, S. 923	360,45 —	155…8 * —	Krist. $\cdot 1H_2O$ (Aceton+W) F: 104…12° $[\alpha]_D^{23}$: $+145°$ (Hydrat, in Aceton, c = 1); Hormon der Nebennierenrinde; * F der wfreien Substanz
Aldrin [Nature 163, 918]	Formel (CH₂, CCl₂, Cl-Struktur)	364,92 —	104…4,5 —	Weiße krist. Substanz; ll. in org. Lösm., unl. in W; Insekticid

Alival s. 1-Jod-propandiol-(2,3)

Alizarin s. 1,2-Dihydroxy-anthrachinon

Alizarinblau [E 2 XXI, 476]	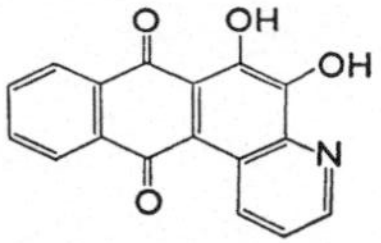	291,27 —	270 subl.	Braunviol. Nadeln (Bzl); unl. in W, swl. in Al, Ä, wl. in k. Bzl, l. in Eg, h. Bzl viol. rot, l. in H_2SO_4 rot
Alizarinbordeaux s. 1,2,5,8-Tetrahydroxy-anthrachinon				
Alizaringelb s. Ellagsäure				
Alizaringelb A s. 2,3,4-Trihydroxy-benzophenon				
Alizaringelb C s. 2,3,4-Trihydroxy-acetophenon				
Alizaringelb R [E 1 XVI, 292]	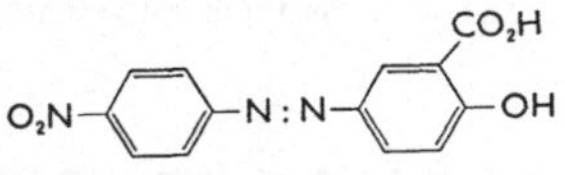	287,23 —	— —	Al-Salz roter Nd., l. in Alk rot
Alizarinorange s. 3-Nitro-alizarin				
Aljodan	$JH_2C \cdot CH_2O_2C \cdot NH \cdot CO \cdot NH_2$	258,02 —	ca 192 Z —	Weißes Pulver; wl. in W, l. in Al
Alkargen s. Arsen, Dimethylarsinsäure				
Alkarsin s. Arsen, Bis-dimethylarsin-oxid				
Alkoholate s. u. Äthanol				
Allantoin [E 1 XXV, 692]	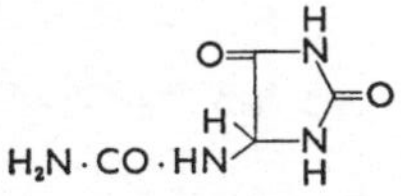	158,12 —	238...40 Z —	Krist. (W); 0,53 W 22°; unl. in Al, Ä, ll. in sied. W; ll. in Alk
Allantoinsäure [E 2 III, 388]	$(H_2N \cdot CO \cdot NH)_2CH \cdot CO_2H$	176,13 —	Z ab 160* —	Nadeln; wl. in k. W, org. Lösm.; Z. durch h. W; * sintert bei 145°, schäumt bei 168...70° stark auf; Nachw. als HgO-Salz

Name und Literatur	Formel	Mol.-Gew. Dichte	F in °C Kp. in °C	Charakteristik
Allen [E 2 I, 223]	$CH_2 : C : CH_2$	40,07 —	— 146 — 32	Gas; brennt mit rußender Flamme
Allenolsäure [Bull. soc. chim. France **1948**, 714]	$CH_2 \cdot CH_2 \cdot CO_2H$ (naphthalene structure with HO)	216,24 —	180...1 —	Krist. (verd. Me); l. in Me, Al, Py
Allethrin [J. Am. Chem. Soc. **71**, 1517]	$C_{19}H_{26}O_3$ Formel 4, S. 923	302,42 —	— —	Viskose Fl.; swl. in W, l. in Al, PÄ, CCl_4. Insekticid
Allethrolon [J. Am. Chem. Soc. **71**, 3172]	(cyclopentenone structure with CH_3, $CH_2 \cdot CH : CH_2$, HO)	152,19 —	— 100...3/$_{0,15}$	n_D^{25} 1,5141. Fl.; Semicarbazon F: 213...4°
Allicin [J. Am. Chem. Soc. **66**, 1950]	$CH_2 : CH \cdot CH_2 \cdot S \cdot S \cdot CH_2 \cdot CH : CH_2$ $\overset{..}{O}$	162,27 1,112^{20}	— —	n_D^{20} 1,561. Fl.; greift die Haut an; 2,5 W 10°; l. in Al, Ä, Bzl; Alk → SO_2
Alliin [Helv. Chim. Acta **32**, 197]	$H_2C : CH \cdot CH_2 \cdot SO \cdot CH_2 \cdot CH(NH_2) \cdot CO_2 H$	177,22 —	163,5 Z —	Feine Nadeln (W + Aceton); unl. in Ä, l. in W; $[\alpha]_D^{21}$: + 62,7° (W)
Allocholansäure [Helv. Chim. Acta **18**, 644]	(steroid structure with CH_3, $CH \cdot [CH_2]_2 \cdot CO_2H$, H_3C, H)	360,59 —	170 —	Platten (Eg); Methylester F: 91°

Allocholestan s. Koprostan

Allocinchonin s. Apocinchonin

	Formel			Eigenschaften
Alloinosit [Naturwiss. **27**, 756]	HC·OH / HO·CH HC·OH / HO·CH HC·OH / HC·OH (Inosit-Ringformel)	180,16 —	270…5 —	Krist.
Allokaffein [E 1 XXVII, 656]	(Allokaffein-Ringstruktur mit CH_3, N, O)	227,18 —	205 —	Krist. (Al oder Eg); swl. in Ä, Lg, wl. in h. W, Aceton, Chlf; 1,67 h. Al; l. in k. Alk
Alloocimen [I, 264]	$(CH_3)_2C\!:\!CH\cdot CH_2\cdot CH\!:\!C(CH_3)\cdot CH\!:\!CH_2$	136,24 $0{,}8133^{15}$	— $81/_{12}$	$n_\alpha^{21{,}5}$ 1,532, n_D^{21} 1,5447. Fl.
Allophansäure [III, 69]	$H_2N\cdot CO\cdot NH\cdot CO_2H$	104,07 —	— —	Im freien Zustand nicht bekannt; Z. → CO_2 + Harnstoff; Na-Salz Prismen (Al)
Allophansäure-äthylester [E 2 III, 56]	$H_2N\cdot CO\cdot NH\cdot CO_2C_2H_5$	132,12 —	197…8 Z*	Krist. (Bzl); 0,455 Al 20,5°; 0,08 Ä 19,5°; zll. in sied. W, swl. in k. W; *Z. → Al + Cyanursäure
Allophansäure-amid s. Biuret				
Allophansäure-methyl=ester [E 2 III, 55]	$H_2N\cdot CO\cdot NH\cdot CO_2CH_3$	118,09 —	214 Z. —	Krist. (verd. Al oder Aceton); 0,14 Al 17°; 0,03 Ä 17°; l. in h. W, swl. in k. W
Allopregnan-diol-(3(α),20(α)) [Helv. Chim. Acta **18**, 164]	(Allopregnandiol-Steroidstruktur mit CH_3, $CH\cdot OH$, H_3C, HO)	320,52 —	248…8,5 —	Nadeln (Al); wl. in den gebr. org. Lösm.; Diacetylderivat F: 142°; $[\alpha]_D^{24}$: + 18,8° (Bzl)

7*

Name und Literatur	Formel	Mol.-Gew. Dichte	F in °C Kp. in °C	Charakteristik
Allopregnandion-(3,20) [Helv.Chim.Acta **25**, 998]		316,49 —	200...2 —	Platten (Aceton + Ä); l. in den gebr. org. Lösm.; $[\alpha]_D^{20}$: + 127° (Chlf)
Allopregnan-pentol- (3β,11β,17α,20β,21) [Helv.Chim.Acta **24**, 247]		368,52 —	222 —	Krist.; $[\alpha]_D^{19}$: + 16° (Al); (Reichstein's Substanz A)
Alloschleimsäure [III, 576]		210,14 —	166...71 Z —	Mikroskopische Nadeln (W); 9 W 100°, swl. in Al
D-Allose [E 1 I, 443]		180,16 —	— —	Sirup; unl. in Al; p-Brom-phenyl= hydrazon F: 145...7°, $[\alpha]_D^{30}$: − 6,7° (Al)
Allothreonin s. u. Threonin, allo-Form				
Alloxan [E 1 XXIV, 428]		142,07 —	256* subl.	Krist. mit 4 H_2O in Prismen, die 3 H_2O leicht abgeben, das letzte H_2O erst bei 150°; l. in Aceton oder Eg, unl. in Ä, wl. in Chlf, PÄ, ll. in Me, Al, Eg, sll. in W, Aceton; giftig; * wfrei

Name	Formel	Mol.-Gew. / Dichte	Schmp. / Sdp.	Eigenschaften
Alloxansäure [E 1 XXV, 600]	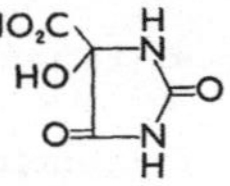	160,09 / —	Z 162...3 / —	Prismen (Ä); 0,4 sied. Ä, ll. in W; Äthylester F: 115°
Alloxantin [E 1 XXVI, 181]	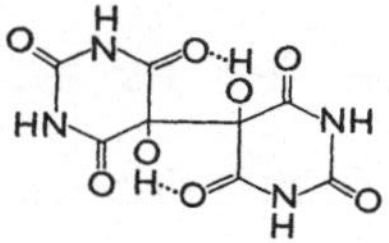	286,16 / —	Z 253...5 / —	Tafeln· 2 H_2O (W); 0,29 W 25°; 6 sied. W
Allozimtsäure s. *cis*-Zimtsäure				
Allyl-aceton [E 2 I, 792]	$CH_3 \cdot CO \cdot CH_2 \cdot CH_2 \cdot CH : CH_2$	98,15 / 0,8466[15,9]	— / 129...34	$n_\alpha^{15,4}$ 1,41856, $n_D^{15,4}$ 1,42126, $n_\beta^{15,4}$ 1,42778. Fl.; Semicarbazon F: 99...100°
Allyläther s. Diallyläther				
Allylalkohol [E 2 I, 474]	$CH_2 : CH \cdot CH_2OH$	58,08 / 0,8704[0]	—129 / 96,95	n_α^{20} 1,41051, n_D^{20} 1,41345, n_γ^{20} 1,42556. Fl.; heftig reizender Geruch; ∞ W; giftig; MAK: 2 cm³/m³, H; Phenyl=urethan F: 70°
Allylamin [E 2 IV, 662]	$CH_2 : CH \cdot CH_2 \cdot NH_2$	57,10 / 0,757[25]	— / 53,2...3,4 (58)	$n_\alpha^{21,8}$ 1,41645, $n_D^{21,8}$ 1,41943, $n_\gamma^{21,8}$ 1,43307. Fl.; durchdringender am-moniakalischer Geruch, reizt zum Niesen und Augentränen; ∞ W
2-Allyl-anisol [E 2 VI, 528]	$CH_2 : CH \cdot CH_2 \cdot C_6H_4 \cdot OCH_3$	148,21 / 0,9775[14,4]	— / 207	$n_\alpha^{14,4}$ 1,5215, $n_D^{14,4}$ 1,5268, $n_\beta^{14,4}$ 1,5392. Öl; Kp: 86...7°/₁₂; anisolart. Geruch
4-Allyl-anisol [E 2 VI, 529]	$CH_2 : CH \cdot CH_2 \cdot C_6H_4 \cdot OCH_3$	148,21 / 0,9755[15]	— / 215,6	$n_D^{17,5}$ 1,5230. Fl.; Kp: ca 120°/₁₂; unl. in W, l. in Al
Allylbenzol [E 2 V, 373]	$C_6H_5 \cdot CH_2 \cdot CH : CH_2$	118,18 / 0,9012[15]	— / 156	n_D 1,5143. Fl.; starker Geruch; unl. in W, l. in Al, Ä

Name und Literatur	Formel	Mol.-Gew. / Dichte	F in °C / Kp. in °C	Charakteristik
Allylbromid [E 2 I, 170]	$CH_2 : CH \cdot CH_2Br$	120,98 / 1,3980^{20}	E — 119,4 / 70	n_α^{20} 1,46166, n_D^{20} 1,46545, n_γ^{20} 1,48297. Fl.
Allylchlorid [E 2 I, 169]	$CH_2 : CH \cdot CH_2Cl$	76,53 / 0,9379^{20}	E — 136,4 / 45,7	n_α^{20} 1,41245, n_D^{20} 1,41538, n_γ^{20} 1,42837. Fl. MAK: 5 cm³/m³
Allylcyanid s. Vinylessigsäure-nitril				
2-Allylcyclohexanon [Org. Syntheses III, 44]	(Cyclohexanon-Ring mit $CH_2 \cdot CH : CH_2$-Seitenkette)	138,21 / —	— / 90...2/$_{17}$	Fl.
Allylen s. Methylacetylen				
Allylessigsäure [E 2 II, 399]	$CH_2 : CH \cdot CH_2 \cdot CH_2 \cdot CO_2H$	100,12 / 0,9843^{18}	— / 181...3	$n_\alpha^{17,7}$ 1,42888, $n_D^{7,5}$ 1,4341. Fl.; ll. in Al, Ä, wl. in W; Amid Blättchen F: 94°
Allyl-harnstoff [E 2 IV, 664]	$H_2N \cdot CO \cdot NH(C_3H_5)$	100,12 / —	85 / —	Krist. (Al); sll. in W, Al, wl. in Ä, Chlf
Allyl-isothiocyanat s. Allylsenföl				
Allyljodid [E 2 I, 172]	$CH_2 : CH \cdot CH_2J$	167,98 / 1,889$_{15}^{18,5}$	E — 99,25 / 102	Fl.; l. in Al
Allyl-malonsäure-diäthyl= ester [E 2 II, 658]	$CH_2 : CH \cdot CH_2 \cdot CH(CO_2C_2H_5)_2$	200,24 / 1,014$_{15}^{15}$	— / 93/$_6$	$n_\alpha^{19,6}$ 1,42746; Fl.; ll. in Al, Ä, unl. in W
Allylmercaptan [E 2 I, 478]	$CH_2 : CH \cdot CH_2 \cdot SH$	74,15 / 0,9250^{23}	— / 67...8	Öl; unangenehm durchdringender Geruch; polym. leicht beim Erhitzen
dl-2-Allyl-4-hydroxy-3-methyl-cyclopenten-(2)-on-(1)-chrysanthemumsäureester s. Allethrin				
dl-2-Allyl-4-hydroxy-3-methyl-cyclopenten-(2)-on-(1) s. Allethrolon				

Name	Formel			Eigenschaften
2-Allyl-phenol [E 2 VI, 528]	$CH_2:CH\cdot CH_2\cdot C_6H_4\cdot OH$	134,18 $1,0262^{14,3}$	-6 220	$n_\alpha^{14,3}$ 1,5429, $n_D^{14,3}$ 1,5485, $n_\beta^{14,3}$ 1,5616. Fl.; Kp: 99°/$_{12}$; l. in Al, Ä, wl. in W; wss. Lsg. mit $FeCl_3 \rightarrow$ blaue Färbung $\rightarrow$ grünbraune Färbung
4-Allyl-phenol s. Chavicol Allylsenföl [E 2 IV, 667]	$CH_2:CH\cdot CH_2\cdot N:CS$	99,16 $1,0140^{25}$	$E-100$ 151,9	n_α^{20} 1,5212, n_D^{20} 1,5266, n_β^{20} 1,5385. Öl; 0,2 W; ∞ Al, Ä; Wdampfflch; stechender Geruch, tränenreizend, giftig, brennend und blasenziehend auf der Haut; Vork. im Senfsamen
Allylsulfid s. Diallyl-sulfid Allylthioharnstoff [E 2 IV, 665]	$CH_2:CH\cdot CH_2\cdot NH\cdot CS\cdot NH_2$	116,19 $1,219_{20}^{20}$	76,8 —	$n_\alpha^{78,1}$ 1,59362, $n_\beta^{78,1}$ 1,61837, $n_\gamma^{78,1}$ 1,63454. Krist.; <3 W 0°; l. in h. W, Al, wl. in Ä, unl. in Bzl
Aloe-emodin s. 4,5-Dihydroxy-2-hydroxymethyl-anthrachinon				
D-Altroheptulose [XXXI, 363]	$HOH_2C\cdot \overset{H}{\underset{OH}{C}}\cdot \overset{H}{\underset{OH}{C}}\cdot \overset{H}{\underset{OH}{C}}\cdot \overset{OH}{\underset{H}{C}}\cdot CO\cdot CH_2OH$	210,19 —	— —	Sirup; Phenylosazon F: 192° Z.
D-Altrose [E 1 I, 443]	$HOH_2C\cdot \overset{H}{\underset{OH}{C}}\cdot \overset{H}{\underset{OH}{C}}\cdot \overset{H}{\underset{OH}{C}}\cdot \overset{OH}{\underset{H}{C}}\cdot CHO$	180,16 —	— —	Sirup; unl. in Al; Phenylosazon F: ca 183…5° (Z.); $[\alpha]_D$: $-0,40°$ (Al)
Aluminium -äthyl-dichlorid [J. Org. Chem. 5, 106]	$C_2H_5AlCl_2$	126,95 $1,232^{25}$	32 80/$_{12}$	Krist. (n-Pentan); im Dampf und in Lsg. dimer; Z. mit W; entflammt an Luft; Darst. aus Di-aluminium-triäthyl-trichlorid und Aluminium-III-chlorid. Kp: 100°/$_{30}$, 180°/$_{515}$

Name und Literatur	Formel	Mol.-Gew. Dichte	F in °C Kp. in °C	Charakteristik
Aluminium				
-diäthyl-chlorid [J. Org. Chem. **5**, 106]	$(C_2H_5)_2AlCl$	120,56 $0,958^{25}$	-74 $125{...}6/_{50}$	Fl.; fbl.; in Lsg. dimer, l. in KW; Z. mit W; entflammt an Luft; Darst. aus Di-aluminium-triäthyl-trichlorid und Aluminium-triäthyl. Kp: $41°/_1$, $170°/_{256}$ $190°/_{465}$
-diäthyl-hydrid [Ann. Chem. **629**, 1]	$(C_2H_5)_2AlH$	86,11 $0,808^{20}$	— —	n_α^{20} 1,47012, n_β^{20} 1,48267, n_γ^{20} 1,48959. Fl.; fbl.; entflammt an Luft; heftige Reaktion mit hydroxylhaltigen Lsm.; ll. in KW; l. in tert. Aminen und Ä unter Komplex-Bildung; trimer in verd., höher assoziiert in konz. Lsg.; gutes Red.-mittel; wichtiges Zwischenprodukt bei techn. Synthesen; Darst. aus H_2, Aluminium und Äthylen; Kp: $65{...}75°/_{0,7}$; $55{...}6°/_{10^{-3}}$
-diisobutyl-hydrid [Ann. Chem. **629**, 1]	$(i\text{-}C_4H_9)_2AlH$	142,22 —	— $140/_4$	Fl.; fbl.; l. in org. Lösm.; mit W heftige Z.; entflammt an Luft; Darst. durch Erhitzen von Aluminium-triisobutyl auf 140° oder direkt aus Aluminium, i-Buten und H_2; techn. Bedeutung
-dimethyl-fluorid [Ann. Chem. **608**, 1]	$(CH_3)_2AlF$	76,05 —	— $68{...}70/_{15}$	Hochviskose Fl.; erstarrt glasart.; beim Kp leicht beweglich; fbl.; selbstentzündlich an Luft; bildet kein beständiges Ätherat; addiert leicht NaF $(NaAlF_2(CH_3)_2)$; Darst. aus $(CH_3)_2AlCl$ (Kp: 119,4°) und NaF

-dimethyl-hydrid [J. Am. Chem. Soc. **75**, 835]	$(CH_3)_2AlH$	58,06 —	— $25/_2$	Fl.; fbl.; im Dampf dimer und trimer, in Lsg. trimer; l. in org. Lösm.; heftige Z. mit W; verbrennt an der Luft; Darst. aus Lithiumaluminium= hydrid und Aluminiumtrimethyl oder Bortrimethyl
-kalium-triäthyl-fluorid [Kaufmann, 203]	$K[(C_6H_5)_3AlF]$	172,27 —	60 —	Fester Stoff
-lithium-tetramethyl [J. Org. Chem. **13**, 711]	$LiAl(CH_3)_4$	94,06 —	— —	Feste, weiße Substanz; Z. mit W, Al und an feuchter Luft; ll. in Ä unter Komplexbildung; Darst. durch Addition v. Li-methyl an Aluminiumtrimethyl
-natrium-tetraäthyl [J. Am. Chem. Soc. **75**, 5193]	$NaAl(C_2H_5)_4$	166,22 —	ca 120 —	Krist. (Bzl); ll. in Ä, wl. in Bzl, unl. in gesättigten KW; durch k. W heftige Z.; leitet in der Schmelze den elektrischen Strom (spezifische Leitfähigkeit $4...5 \cdot 10^{-2}\,\Omega^{-1} \cdot cm^{-1}$)
-phenyl-dichlorid [J. Org. Chem. **5**, 106]	$(C_6H_5)AlCl_2$	174,99 —	$94,3...5,5$ —	Nadeln oder Prismen (Bzl); l. in org. Lösm.; Z. mit W; Darst. aus Alumini= umtriphenyl u. Aluminiumtrichlorid
-triäthyl [E 2 IV, 1024]*	$(C_2H_5)_3Al$	114,17 $0,8324^{25}$	$-52,5$ 194 Z	$n_D^{6,5}$ 1,480. Fl.; fbl.; dimer in Lsg.; ll. in KW, l. in Ä und Aminen unter Komplex-Bildung; heftige Reaktion mit hydroxylhaltigen Lösm.; mit W explosionsart. Z.; an Luft Entzündung; mit Ä Ätherat $((C_2H_5)_3Al \cdot (C_2H_5)_2O$, Kp: $216...8°)$; in der Hitze im Gleichgewicht mit $(C_2H_5)_2AlH$ und Äthylen; techn. Bedeutung als Alkylierungsmittel und Katalysator; Kp: $60°/_{0,8}$, $75...80°/_{2,5}$; * s. a. Ann. Chem. **629**, 1

Name und Literatur	Formel	Mol.-Gew. Dichte	F in °C Kp. in °C	Charakteristik
Aluminium				
-triisobutyl [Ann. Chem. **629**, 1]	$(i\text{-}C_4H_9)_3Al$	198,33 $0,7859^{20}_{20}$	6 $58...60/_{10^{-4}}$	Fl., fbl., Z. an trockener Luft, an feuchter Luft Entzündung; ll. in allen KW und Ä in verd. Lsg. monomer; $D^{30}_{20} = 0,7738$; Darst. aus H_2, Aluminium und i-Buten; im Gleichgewicht mit $(i\text{-}C_4H_9)_2$ AlH und Äthylen; techn. Bedeutung
-trimethyl [Ann. Chem. **608**, 1]	$(CH_3)_3Al$	72,09 $0,752^{20}$	15,0 125,3	Leicht bewegliche fbl. Fl.; l. in org. Lösm.; mit k. W heftige Z.; entflammt an der Luft; mit Ä Ätherat Kp: $68°/_{15}$; Darst. durch Z. von NaAl $(CH_3)_2F_2$ bei 250° im Vak.
-tri-n-octyl [Ann. Chem. **629**, 14]	$(C_8H_{17})_3Al$	366,66 —	— —	Fl.; fbl., viskos; l. in org. Lösm.; Z. mit hydroxylhaltigen Lösm., W und Luft; Dest. in Kurzwegapparatur; Zwischenprodukt für Synthesen
-triphenyl [Ann. Chem. **629**, 89]	$(C_6H_5)_3Al$	258,30 —	198...200 Z	Krist. (Hexan + Bzl); unl. in PÄ, l. trockenen KW; durch W Z. → Tonerde, Bzl, Diphenyl; Darst. aus Bortriphenyl oder über den Ä-Komplex (F: 127...8°)
-tri-n-propyl [Ann. Chem. **629**, 1]	$(n\text{-}C_3H_7)_3Al$	156,25 $0,823^{20}$	-107 $56/_{0,2}$	Fl.; fbl.; $> 56°$ Z.; l. in org. Lösm.; Z. mit W und Luft; Darst. aus H_2, Propylen und Aluminium
-triisopropyl [J. Am. Chem. Soc. **68**, 2204]	$(i\text{-}C_3H_7)_3Al$	156,25 —	2 225	Fl.; fbl.; l. in org. Lösm.; Z. mit W und Luft; in Bzl monomer

Dialuminium-triäthyl-trichlorid [J. Org. Chem. **5**, 106]	$(C_2H_5)_3Al_2Cl_3$	247,51 $1,092^{25}$	-20 204	Fl.; fbl.; Mischung aus $(C_2H_5)_2$ AlCl und (C_2H_5) AlCl$_2$; l. in KW; heftige Z. mit Luft und W; Darst. aus Al und C_2H_5Cl; techn. Verw. als Katalysator und zur Darst. anderer Al-org. Verbindungen
Aluminon s. Aurintricarbonsäure-Ammoniumsalz				
Amaranth [E 1 XVI, 305]		604,48 —	— —	Verw. als Farbstoff; roter Lebensmittelfarbstoff (USA)
Amarin [E 2 XXIII, 274]		298,39 —	133 Z*	Krist. (Bzl + Lg); swl. in W, ll. in Al, Ä; * Z → Lophin
Amaron [E 2 XXIII, 304]		384,49 —	246...7 —	Nadeln (Al); unl. in W, wl. in Al, Ä, ll. in Chlf, Bzl, CS$_2$
Ambrettolid [E 2 XVII, 304]	$H_2C \cdot [CH_2]_7 \cdot CH:CH \cdot [CH_2]_5 \cdot CO$ — O —	252,40 $0,938^{20}$	— 185...90/$_{16}$	Öl; moschusart. Geruch
Ameisensäure s. a. Form...				
Ameisensäure [E 2 II, 3]	$H \cdot CO_2H$	46,03 $1,22026^{20}$	8,4 100,75	n_α^{15} 1,37095, n_D^{20} 1,3719, n_β^{15} 1,37847. Fl.; stechender Geruch; ätzend; ∞W, l. in Bzl, Egs, Ä, Benzin, Al, CCl$_4$, CHBr$_3$, Toluol, Xylol, CS$_2$

Ameisensäure

Name und Literatur	Formel	Mol.-Gew. Dichte	F in °C / Kp. in °C	Charakteristik
-Ca-Salz [E 2 II, 21]	$Ca(CHO_2)_2$	130,12 / 2,023	— / —	Rhombisch bipyramidale Krist.; 19 W 0°, 22,3 W 100°, ll. in HCOOH 30°, l. in HCOOH 130°; unl. in Al, Ä
-K-Salz [E 2 II, 20]	$KCHO_2$	84,12 / 1,908	167,5 / —	Säulen; 330 W 18°; $HCOOK \cdot HCOOH$ F: 108,6°; hygr.; l. in W
-Li-Salz [E 2 II, 19]	$LiCHO_2$	51,96 / 1,479	— / —	Monohydrat rhombisch bipyramidal; ll. in W, l. in Al, Ä; 27,9 W 18° (wfrei)
-Na-Salz [E 2 II, 19]	$NaCHO_2$	68,01 / 1,919	255° / —	$\cdot$ 2 H_2O Prismen; $\cdot$ 3 H_2O Nädelchen; 49,22 W 18°; 61,54 W 100,5°; wl. in Al, unl. in Ä
-NH$_4$-Salz [E 2 II, 19]	$NH_4 \cdot CHO_2$	63,06 / $1,280^{25}$	117,3 / subl.	Monokline Krist.; l. in W, $HCOONH_4 \cdot$ HCOOH 2 Modifikationen, stabile: Nadeln, instabile: Prismen; $HCOONH_4 \cdot 3$ HCOOH F: $\sim$29°
-Pb(II)-Salz [II, 17]	$Pb(CHO_2)_2$	297,23 / 4,571	190 Z / —	Rhombische Säulen oder Nadeln; 1,6 W 16°, 18,1 sied. W, unl. in Al, swl. in HCOOH
-Tl-Salz [E 2 II, 22]	$TlCHO_2$	249,39 / $4,967^{104}$	101 (104) / —	Krist. (Me); Nadeln (Al); hygr.; ll. in W, l. in Me, wl. in Al, swl. in Chlf
Ameisensäure-äthylester [E 2 II, 26]	$HCO_2 \cdot C_2H_5$	74,08 / $0,9117^{25}$	— 80,5 / 54,05 (54,1)	n_D^{20} 1,35975, n_α^{20} 1,35789, n_β^{20} 1,36416. Fl.; angenehmer Geruch; giftig; durch W langsam zers.; 11,1 W 18°; MAK: 100 cm³/m³

Ameisensäure-allylester [E 2 II, 32]	$HCO_2 \cdot CH_2 \cdot CH : CH_2$	86,09 0,948[18]	— 83...4	Fl.; riecht scharf senfartig
Ameisensäureamid s. Formamid				
Ameisensäure-amylester [E 2 II, 31]	$HCO_2 \cdot [CH_2]_4 \cdot CH_3$	116,16 0,8853[20]	−73,5 132,10	n_α^{20}1,3972, n_D^{20} 1,3992, n_β^{20} 1,4042. Fl.
Ameisensäureanilid s. Formanilid				
Ameisensäure-benzyl= ester [E 2 VI, 415]	$HCO_2CH_2 \cdot C_6H_5$	136,15 1,083[17,2]	— 202,3...2,4	$n_D^{19,9}$ 1,5154. Fl.; Kp: 84...5°/$_{10}$; fruchtart. Geruch; techn. Lösm.
Ameisensäure-butylester [E 2 II, 30]	$HCO_2[CH_2]_3 \cdot CH_3$	102,13 0,8885[20]	−91,9 106,8	Fl.; giftig; techn. Lösm.
Ameisensäure-d-sek.- butylester [E 2 II, 30]	$HCO_2CH(CH_3) \cdot C_2H_5$	102,13 0,8846[20]	— 96...7	$n_{435,8}^{25,3}$ 1,3896, $n_D^{25,3}$ 1,3812, $n_{670,8}^{25,3}$ 1,3786. Fl.; $[\alpha]_D^{20}$: $+18,74°$; angenehmer Geruch; l. in CS_2, Al
Ameisensäure-N,N-di= äthylamid [E 2 IV, 601]	$(C_2H_5)_2N \cdot CHO$	101,15 0,908[19]	— 177...8	Fl.; Kp: 68°/$_{15}$; angenehmer Geruch; ∞ W, ll. in Al, Ä, Lösm.
Ameisensäure-dimethylamid s. N,N-Dimethylformamid				
Ameisensäure-fluorid [E 3 II, 53]	$HCOF$	48,02 1,195^{-30}	— −26/$_{750}$	l. in Ä, Egester, Aceton, wl. in Chlf, unl. in Bzl, CCl_4; sll. in W unter Z.; sehr giftiges Gas
Ameisensäure-furfuryl= ester [Dunlop, 226]	$CH_2O \cdot CHO$	126,11 1,1584[25]	— 166,3	n_D^{25} 1,4662. Fl.
Ameisensäure-geranyl= ester [E 2 II, 33]	$HCO_2CH_2 \cdot CH : C(CH_3) \cdot CH_2 \cdot CH_2 \cdot CH : C(CH_3)_2$	182,26 0,9086[25]	— 92/$_{11}$	$n_D^{19,9}$ 1,4659. Fl.; Kp: 88°/$_3$
Ameisensäure-heptyl= ester [II, 22]	$HCO_2[CH_2]_6 \cdot CH_3$	144,22 0,8937	— 176,7	Fl.
Ameisensäure-hexyl= ester [II, 22]	$HCO_2[CH_2]_5 \cdot CH_3$	130,19 0,8977^0	— 153,6	Fl.; nach Äpfeln riechend

Name und Literatur	Formel	Mol.-Gew. Dichte	F in °C Kp. in °C	Charakteristik
Ameisensäure-hydrazid [E 3 II, 127]	$CHO(NH \cdot NH_2)$	60,06 —	54 —	Krist. (Al); ll. in Al, Ä, Chlf, Bzl
Ameisensäure-imid= chlorid [II, 29]	$Cl \cdot CH : NH$	63,49 —	— —	Krist.; zers. mit W
Ameisensäure-isoamyl= ester [E 2 II, 31]	$HCO_2[CH_2]_2 \cdot CH(CH_3)_2$	116,16 $0,8820^{20}$	— 93,5 124,2*	n_α^{20} 1,3954, n_D^{20} 1,3976, n_β^{20} 1,4025. Fl.; giftig; techn. Lösm.; * Kp auch 123,8°
Ameisensäure-isobutyl= ester [E 2 II, 30]	$HCO_2CH_2 \cdot CH(CH_3)_2$	102,13 $0,8755^{20}$	— 95,8 97,7 (98,4)	n_α^{20} 1,3837, n_D^{20} 1,3856, n_β^{20} 1,3907. Fl.; 1 W 22°
Ameisensäure-isopropyl= ester [E 2 II, 29]	$HCO_2CH(CH_3)_2$	88,11 $0,8728^{20}$	— $68...71/_{751}$	Fl.
Ameisensäure-l-linalyl= ester [II, 23]	$HCO_2C(CH_3)(CH : CH_2) \cdot CH_2 \cdot CH_2 \cdot CH : C(CH_3)_2$	182,26 —	— $100...3/_{11}$	Fl.
Ameisensäure-methylamid s. Methyl-formamid				
Ameisensäure-N-methyl= anilid [Org. Syntheses III, 590]	$(C_6H_5)(CH_3)N \cdot CHO$	135,16 1,0948	8 $117...21/_8$	n_D^{29} 1,554. Fl.; E: 13,65°; swl. in W, sll. in Al
Ameisensäure-methyl= ester [E 2 II, 26]	HCO_2CH_3	60,05 $0,9742^{20}$	— 99 31,5	n_α^{15} 1,34465, n_D^{25} 1,3415, n_β^{15} 1,35073. Fl.; giftig; 21,2 W 20°; techn. Lösm.; MAK: 100 cm³/m³
Ameisensäure-nerylester [E 2 II, 33]	$HCO_2CH_2 \cdot CH : C(CH_3) \cdot CH_2 \cdot CH_2 \cdot CH : C(CH_3)_2$	182,26 $0,9163...9_{15}^{15}$	— —	n_D^{20} 1,4558...1,4578. Fl.; nur mit Zusatz von 9% Nerol haltbar; süßer Geruch; 10 Al 70%; Riechstoff R
Ameisensäure-nitril s. Blausäure				

Name	Formel			Eigenschaften
Ameisensäure-octylester [II, 22]	$HCO_2[CH_2]_7 \cdot CH_3$	158,24 $0,8929^0$	— 198,1	Fl.
Ameisensäure-ortho-tri= äthylester [E 3 II, 35]	$CH(OC_2H_5)_3$	148,20 $0,8971^{18,8}$	— 76,1 145...6	$n_D^{18,8}$ 1,39218. Fl.; wl. in W; $2C_7H_{16}O_3 \cdot$. $MgBr_2$ F: 114°
Ameisensäure-ortho-tri- isobutylester [E 2 II, 31]	$CH[OCH_2 \cdot CH(CH_3)_2]_3$	232,37 $0,861^{23}$	— 220...2	Fl.
Ameisensäure-ortho-tri= methylester [E 2 II, 26]	$CH(OCH_3)_3$	106,12 $0,974^{23}$	— 101...2	Fl.
Ameisensäure-ortho-tri= propylester [II, 21]	$HC(OC_3H_7)_3$	190,29 $0,879^{23}$	— 196...8	Fl.
Ameisensäure-phenyl= ester [E 2 VI, 153]	$HCO_2C_6H_5$	122,12 $1,0879^0$	— 173 g. Z	Fl.; Kp: 107°/25; l. in Al
Ameisensäure-phenylhydrazid s. β-Formylphenylhydrazin				
Ameisensäure-propyl= ester [E 2 II, 28]	$HCO_2CH_2 \cdot CH_2 \cdot CH_3$	88,11 $0,9058^{20}$	— 92,9 81,2*	n_α^{20} 1,3760, n_D^{20} 1,3779, n_β^{20} 1,3825. Fl.; 2,2 W 22°; * F auch 80,9°
Ameisensäure-tris- formamid [Ber. 92, 329]	$HC(NH \cdot CHO)_3$	145,12 —	165 . —	Krist. (W)
Amido- s. Amino				
Amidol s. 2,4-Diaminophenol-dihydrochlorid				
Amidon s. Polamidon				
1-Amino-acenaphthen [E 2 XII, 764]		169,23 —	135 subl.	Krist.; wl. in W, ll. in org. Lösm.

Name und Literatur	Formel	Mol.-Gew. Dichte	F in °C Kp. in °C	Charakteristik
4-Amino-acenaphthen [E 2 XII, 764]	(Strukturformel, Acenaphthen mit NH_2)	169,23 —	87 —	Nadeln (W oder verd. Al); sll. in org. Lösm.
5-Amino-acenaphthen [E 2 XII, 765]	(Strukturformel, Acenaphthen mit NH_2)	169,23 —	108 —	Nadeln; mit $FeCl_3 \rightarrow$ blaue Färbung; Pikrat F: 190…200°
Aminoacetal s. Aminoacetaldehyd-diäthylacetal				
Amino-acetaldehyd- diäthylacetal [IV, 308]	$H_2N \cdot CH_2 \cdot CH(OC_2H_5)_2$	133,19 —	— 163	Fl.; unangenehmer Geruch; Wdampf-flch.; sll. in W, Al, Ä, Chlf; Kp: 99…103°/$_{100}$ (Org. Syntheses III, 50)
4-Amino-acetanilid s. p-Phenylendiamin-mono-N-acetat				
Amino-acetonitril [IV, 344]	$CH_2(NH_2) \cdot CN$	56,07 —	— 58/$_{15}$	Öl; Hydrochlorid F: 165° Z.; Pikrat F: 165…90° Z
Amino-acetonitril- hydrogensulfat [IV, 344]	$H_2N \cdot CH_2 \cdot CN \cdot H_2SO_4$	154,15 —	101 —	Blättchen; unl. in Ä, zl. in Al, ll. in W
2-Amino-acetophenon [E 2 XIV, 28]	(Strukturformel, $CO \cdot CH_3$ / NH_2)	135,16 —	— 250…2	Gelbliches Öl; l. in Al, Ä; Wdampfflch.
3-Amino-acetophenon [XIV, 45]	$H_2N \cdot C_6H_4 \cdot CO \cdot CH_3$	135,16 —	99,5 289…90	Blättchen (verd. Al)
4-Amino-acetophenon [E 2 XIV, 30]	$H_2N \cdot C_6H_4 \cdot CO \cdot CH_3$	135,16 —	110 293…5	Hgelbe Krist. (Al + Chlf); swl. in PÄ, Bzl, wl. in CCl_4, ll. in sied. W, Al, Ä, Chlf

Name	Formel	Mol.-Gew. / Dichte	Schmp. / Sdp.	Eigenschaften
ω-Amino-acetophenon [XIV, 49]	$C_6H_5 \cdot CO \cdot CH_2 \cdot NH_2$	135,16	— / —	nicht beständig; $C_8H_9ON \cdot HCl$ F: 188,5°
2-Amino-acridin [XXII, 462]	(Struktur) $\cdot NH_2$	194,24	209 / —	Nadeln (W); ll. in Al, Ä grün fluoresz.
4-Amino-acridin [E 2 XXII, 376]	$C_{13}H_{10}N_2$	194,24	105...6 / 184/$_1$	Gelbe Nadeln (Me); wl. in 50%iger H_2SO_4; Hydrochlorid F: 234° Z.
9-Amino-acridin [Org. Syntheses 22, 5]	$C_{13}H_{10}N_2$	194,24	241 / —	Gelbe Nadeln (Aceton); wl. in Chlf, Py, l. in Aceton, ll. in Al; Hydrochlorid: Acramingelb, stark fluoresz.; l. 1 g in 100 g W
α-Amino-adipinsäure [IV, 495]	$HO_2C \cdot CH(NH_2) \cdot [CH_2]_3\, CO_2H$	161,16	204...6 / —	Krist.; 0,22 W 20°, wl. in Al, Ä
β-Amino-äthanol s. Äthanolamin				
Aminoäthansulfosäure s. Taurin				
N-[2-Aminoäthyl]-äthanolamin [Mellan, 440]	$H_2N \cdot CH_2 \cdot CH_2 \cdot NH \cdot CH_2 \cdot CH_2OH$	104,15 / 1,0304$^{20}_{20}$	— / 243,7	Hygr. Fl.; ∞ W
Aminoäthylalkohol s. Äthanolamin				
2-Amino-2-äthyl-propandiol-(1,3) [Mellan, 440]	$HOCH_2 \cdot \underset{NH_2}{\overset{C_2H_5}{C}} \cdot CH_2OH$	119,16 / 1,099$^{20}_{20}$	37,5...8,5 / 153/$_{10}$	Krist. Masse; ll. in W
2-Aminoäthylschwefelsäure s. Äthanolamin-O-sulfat				
4-Amino-alizarin [XIV, 286]	(Struktur)	255,23	— / —	Braune Schuppen mit grünlichem Metallglanz (Eg); Dibenzoylderivat F: 255°

Name und Literatur	Formel	Mol.-Gew. / Dichte	F in °C / Kp. in °C	Charakteristik
Amino-anisol s. Anisidin				
1-Amino-anthracen [E 2 XII, 785]		193,25 / —	127 / —	Gelbe Nadeln (Al); l. in Al gelbbraun, grün fluoresz.; Acetylderivat F: 212°
2-Amino-anthracen [XII, 1335]	$C_{14}H_9 \cdot NH_2$	193,25 / —	238 / subl.	Gelbe Blättchen (Al); swl. in W, wl. in Al, Ä; Acetylderivat F: 240°
9-Amino-anthracen [E 2 VII, 416]	$C_{14}H_9 \cdot NH_2$	193,25 / —	115…6 Z / —	Gelbe Blättchen (Al oder W); sll. in Al, Ä, Chlf, Bzl; fluoresz. in Al gelbstichig grün, in Bzl blaustichig grün
1-Amino-anthrachinon [E 2 XIV, 99]		223,23 / —	252…3 / subl.	Rote Nadeln; unl. in W, ll. in Al, Ä, Bzl, Eg
2-Amino-anthrachinon [E 2 XIV, 107]	$C_{14}H_9O_2N$	223,23 / —	302…3 / subl.	Rote Nadeln (Al); unl. in W, Ä, l. in Al, Bzl
1-Amino-anthrachinon-carbonsäure-(2) [E 2 XIV, 419]		267,24 / —	295…6 / —	Rote Nadeln (Nitrobzl.); unl. in W, Lg, wl. in Al, Ä, Bzl, ll. in Anilin, sied. Nitrobzl.
3-Amino-anthrachinon-carbonsäure-(2) [E 1 XIV, 706]	$C_{15}H_9O_4N$	267,24 / —	362…3 / —	Or.gelbe Nadeln (Nitrobzl.); unl. in W, Ä, Chlf, Bzl, wl. in Eg, l. in h. Nitrobzl., Py

Name	Formel	Mol.-Gew.	F.	Eigenschaften
5-Amino-anthrachinon-carbonsäure-(1) [E 1 XIV, 701]	$C_{15}H_9O_4N$	267,24 —	277 Z —	Rote Blättchen (Eg); unl. in Ä, Lg, wl. in Al, Toluol, ll. in Py, Aceton
2-Amino-azobenzol [XVI, 303]		197,24 —	59 —	Granatrote Prismen (Al); sll. in Al, Ä, Chlf
4-Amino-azobenzol [E 2 XVI, 149]	$C_{12}H_{11}N_3$	197,24 —	127 > 360	Krist. (Bzl); swl. in h. W; 0,013 W 18°; wl. in h. Al, Ä, l. in h. Bzl
Amino-barbitursäure s. Uramil				
2-Amino-benzaldehyd [XIV, 21]		121,14 —	39…40 Z	Blättchen; swl. in Lg, wl. in W, ll. in Al, Ä, Chlf, Bzl; Wdampfflch.
4-Amino-benzaldehyd [E 2 XIV, 22]	$H_2N \cdot C_6H_4 \cdot CHO$	121,14 —	71 —	Blättchen (W); l. in W, ll. in Al, Ä
2-Aminobenzal-phenyl-hydrazon [E 2 XV, 144]	$CH:N \cdot NH \cdot C_6H_5$	211,27 —	227…9 —	Weiße Nadeln (Aceton); sll. in Aceton, wl. in k. Al, Ä, Chlf, swl. in k. Lg; beim Lagern dkl. Färbung; Reagenz auf Nitrite und Colibakterien →rotbraun; „Nitrin"
Bz-1-Amino-benz-anthron [E 2 XIV, 76]		245,28 —	239…40 — ·	Rotbraune Nadeln (wss. Py); l. in Bzl, CCl_4 or.gelb, l. in Al rot; mit H_2SO_4 → rötlich gelbe Färbung, gelbliche Fluoresz.
8* 7-Amino-benzanthron [E 2 XIV, 75]		245,28 —	218 —	Rotbraune Blättchen (Chlorbzl.); l. in org. Lösm.; mit H_2SO_4 → or. Färbung, gelbgrüne Fluoresz; nach alter Bezifferung (von Anthracen abgeleitet) = 5-Amino-benzanthron (s. VII, 468)

Name und Literatur	Formel	Mol.-Gew. Dichte	F in °C Kp. in °C	Charakteristik
9-Amino-benzanthron [E 2 XIV, 76]	$C_{17}H_{11}ON$	245,28 —	273 —	Gelbbraune Nadeln (Dichlorbzl.); l. in org. Lösm. gelb; mit $H_2SO_4 \rightarrow$ or.rote Färbung, gelbgrüne Fluoresz; nach alter Bezifferung = 7-Amino-benzanthron (s. VII, 468)
2-Amino-benzoesäure s. Anthranilsäure				
3-Amino-benzoesäure [E 2 XIV, 237]		137,14 1,5105	177,9 subl.	Nadeln (W); unl. in PÄ, Bzl; 0,59 W 14,9°; 2,2 Al 90% 9,6°; 1,81 Ä 5,6°; 7,78 Eg 10°
3-Amino-benzoesäure-N-acetat [E 2 XIV, 241]	$CH_3 \cdot CO \cdot NH \cdot C_6H_4 \cdot CO_2H$	179,18 —	248...9 subl.	Nadeln (Al); swl. in k. W, Ä, wl. in sied. W, ll. in sied. Al
3-Aminobenzoesäure-äthylester [E 2 XIV, 239]	$H_2N \cdot C_6H_4 \cdot CO_2C_2H_5$	165,19 —	— 294	Fl.; ll. in Al, Ä, wl. in W; Hydrochlorid F: 185°; Trinitrobenzoat F: 84,5°; Pikrat F: 169°; Methylester Blättchen, F: 49...52°
4-Amino-benzoesäure [E 2 XIV, 246]	$H_2N \cdot C_6H_4 \cdot CO_2H$	137,14 —	188...8,5 —	Krist.; unl. in PÄ; 0,34 W 12,8°; 11,3 Al 90% 9,6°; 8,21 Ä 5,8°; 0,06 Bzl 11°
4-Amino-benzoesäure-N-acetat [XIV, 432]	$CH_3 \cdot CO \cdot NH \cdot C_6H_4 \cdot CO_2CO_2H$	179,18 —	256,5 Z —	Nadeln; wl. in W, ll. in Al
4-Amino-benzoesäure-äthylester [E 2 XIV, 248]	$H_2N \cdot C_6H_4 \cdot CO_2C_2H_5$	165,19 —	92 ca 310	Krist. (Al oder Ä); 0,25 W 20°; sll. in Al, Ä
2-[Aminobenzol-4'-sulfamid]-pyridin [J. Am. Chem. Soc. 62, 160]		249,29 —	191...2 —	Krist. (Al); 0,05 W 37°; bakterientötend

				Krist. (W)
4-Amino-benzolsulfin= säure-N-acetat [Org. Syntheses I, 7]	$CH_3 \cdot CO \cdot NH \cdot C_6H_4 \cdot SO_2H$	199,23 —	155 Z —	Krist. (W)
2-[4'-Aminobenzolsulfon= amido]-thiazol [J. Am. Chem. Soc. 61, 3592]	$NH \cdot SO_2 \cdot C_6H_4 \cdot NH_2$ (thiazolyl)	255,32 —	202...2,5 —	Krist. (verd. Al); 0,06 W 37°; 0,53 Al 26°; Hydrochlorid F: 193...7°; bak-terientötend
2-Amino-benzolsulfosäure s. Anilinsulfosäure				
3-Amino-benzolsulfosäure s. Metanilsäure				
4-Amino-benzolsulfosäure s. Sulfanilsäure				
o-Amino-benzonitril s. Anthranilsäurenitril				
2-Amino-benzophenon [XIV, 76]	$C_6H_5 CO \cdot C_6H_4 \cdot NH_2$	197,24 —	110...1 —	Hgelbe Blättchen (Al); l. in Al; Hydro-chlorid F: 179...80° (Z.); Benzoyl-derivat F: 80,5°
3-Amino-benzophenon [E 1 XIV, 388]	$C_6H_5 \cdot CO \cdot C_6H_4 \cdot NH_2$	197,24 —	86 —	Gelbe Nadeln (W); swl. in W, ll. in Al, Ä
4-Amino-benzophenon [E 2 XIV, 54]	$C_6H_5 \cdot CO \cdot C_6H_4 \cdot NH_2$	197,24 —	122,8 246/13	Blättchen (verd. Al); wl. in k. W, l. in h. W, sll. in Al, Ä, Eg
3-Amino-benzotrifluorid [E 2 XII, 473]	$CF_3 \cdot C_6H_4 \cdot NH_2$	161,13 $1,3047^{12,5}$	— 187,5	$n_D^{12,5}$ 1,4847. Fl.; Acetylderivat F: 105°
3-Aminobenzoylglycin s. 3-Amino-hippursäure				
2-Amino-benzthiazol [XXVII, 182]	(Benzthiazol-2-yl) NH_2	150,20 —	132 —	Blättchen (W); swl. in W, ll. in Al, Ä, Chlf
2-Amino-benzylalkohol [E 2 XIII, 349]	$C_6H_4(CH_2OH)(NH_2)$	123,16 —	83 270...80	Krist. (PÄ); l. in W, Ä, ll. in Al, Chlf, Bzl, Eg; Pikrat F: 110°
3-Amino-benzylalkohol [E 2 XIII, 350]	$H_2N \cdot C_6H_4 \cdot CH_2OH$	123,16 —	92 —	Nadeln (Bzl + Lg); wl. in Bzl, l. in Ä, sll. in h. W, Al, Chlf, sll. in Mineral-säuren; Hydrochlorid F: 121°

Name und Literatur	Formel	Mol.-Gew. Dichte	F in °C Kp. in °C	Charakteristik
4-Amino-benzylalkohol [XIII, 620]	$H_2N \cdot C_6H_4 \cdot CH_2OH$	123,16 —	65 —	Blättchen und Tafeln (Bzl) ll. in Al, Ä, Bzl, sll. in W
Aminobernsteinsäure s. Asparaginsäure				
Amino-brenzkatechin-dimethyläther s. 3,4-Dimethoxy-anilin				
2-Amino-butanol-(1) [IV, 291]	$CH_3 \cdot CH_2 \cdot CH(NH_2) \cdot CH_2OH$	89,14 $0,944^{20}_{20}$	−2 172...4	Fl.; Oxalat F: 176°
3-Amino-butanon-(2)- N-acetat [Org. Syntheses **33**, 1]	$CH_3 \cdot CH(NH \cdot CO \cdot CH_3) \cdot CO \cdot CH_3$	129,16 —	— 102...6/$_2$	n^{25}_D 1,4558...1,4561. Fl.
DL-α-Amino-buttersäure [E 2 IV, 831]	$CH_3 \cdot CH_2 \cdot CH(NH_2) \cdot CO_2H$	103,12 —	307* —	Blättchen (4 Teile W + Al); ca 29 k. W, 0,18 sied. Al; unl. in Ä; schmeckt süß; * im geschl. Röhrchen
L(+)-α-Amino-butter= säure [E 2 IV, 831]	$CH_3 \cdot CH_2 \cdot CH(NH_2) \cdot CO_2H$	103,12 —	303* —	Blättchen (W + Al); $[\alpha]^{20}_D$: +9° (W, p = 3,7); $[\alpha]_D$: +14,1° (HCl 20%); l. in W, Me, wl. in Al, Ä; * im ge- schl. Röhrchen
-hydrochlorid [IV, 408]	$C_4H_9O_2N \cdot HCl$	139,58 —	— —	Nadeln (alkohol. HCl + Ä); $[\alpha]^{20}_D$: +14,51° (W, p = 4,97) sll. in W
DL-β-Amino-buttersäure [E 2 IV, 833]	$CH_3 \cdot CH(NH_2) \cdot CH_2 \cdot CO_2H$	103,12 —	186...7 —	Krist. (Al); 100 W, unl. in Al, Ä
γ-Amino-buttersäure [E 2 IV, 837]	$H_2N \cdot CH_2 \cdot CH_2 \cdot CH_2 \cdot CO_2H$	103,12 —	196* Z —	Prismen (verd. Al); sll. in W, wl. in h. Me, unl. in Al, Ä; * je nach Er- hitzen F auch 200°
-hydrochlorid [E 1 IV, 506]	$C_4H_9O_2N \cdot HCl$	139,58 —	135...6 —	Prismen; Blättchen (alkohol. HCl); hygr.; sll. in W, wl. in abs. Al

3-Amino-campher [XIV, 10]	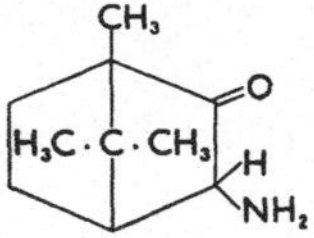	167,25 —	110 245	Wachs; unl. in W, ll. in Al, Ä; W-dampfflch.; Hydrochlorid F: 226...8° (Z.)
α-Amino-n-capronsäure s. Norleucin				
ε-Amino-capronsäure [Org. Syntheses II, 28]	$NH_2 \cdot [CH_2]_5 \cdot CO_2H$	131,18 —	201...3 —	Blättchen (Me); unl. in Al, wl. in Me, sll. in W
ε-Amino-capronsäure-N-benzoat [Org. Syntheses II, 76]	$C_6H_5 \cdot CO \cdot NH \cdot [CH_2]_5 \cdot CO_2H$	235,29 —	77...80 —	Krist. Masse
ε-Amino-n-capronsäure-lactam s. Caprolactam				
1-Amino-carbazol [E 2 XXII, 370]	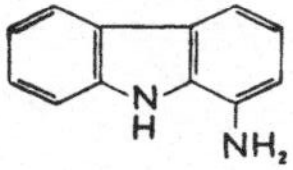	182,23 —	193 —	Nadeln (Bzl); sll. in k. Al, Eg; Diacetylderivat F: 186°
3-Amino-carbazol [E 2 XXII, 371]	$C_{12}H_{10}N_2$	182,23 —	254 —	Krist. (Al oder Toluol); wl. in Ä, Lg, Bzl, l. in Al, ll. in Eg; Diacetylderivat F: 199,5°
2-Amino-chinolin [E 2 XXII, 350]	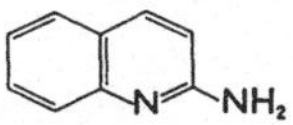	144,18 —	131,5 subl.	Blättchen (W); wl. in k. Bzl, Lg, ll. in Al, Ä, Aceton, Chlf, Eg, Egester, sll. in h. W; Pikrat F: 255...6°
4-Amino-chinolin [E 2 XXII, 353]	$C_9H_8N_2$	144,18 —	154 —	Nadeln (Bzl); swl. in Lg, CS_2, l. in k. W, ll. in Al, Ä, Chlf, h. Bzl; Pikrat F: 274°
5-Amino-chinolin [E 2 XXII, 353]	$C_9H_8N_2$	144,18 —	109...10 $184/_{10}$	Gelbe Krist.; swl. in Lg, wl. in k. W, l. in Bzl, ll. in Me, Al, Ä; Acetylderivat F: 178°

Name und Literatur	Formel	Mol.-Gew. Dichte	F in °C Kp. in °C	Charakteristik
6-Amino-chinolin [E 2 XXII, 355]	$C_9H_8N_2$	144,18 —	118 $187/_{11}$	Prismen (Ä); wl. in W, Lg, ll. in Al, Ä; Acetylderivat F: 138°
2-Amino-chinolincarbon= säure-(3) [E 2 XXII, 471]		188,19 —	290...2 Z —	Nadeln (W); swl. in Al, Ä, Bzl; Methylester F: 140...1°
Amino-chlortoluol s. Chlortoluidin				
β-Amino-crotonsäure-äthylester s. β-Imino-buttersäure-äthylester				
Aminocumol s. Cumidin				
Aminodesoxy-galactose s. Chondrosamin				
Aminodiäthylacetal s. Aminoacetaldehyd-diäthylacetal				
p-Amino-diäthylanilin [XIII, 75]	$H_2N \cdot C_6H_4 \cdot N(C_2H_5)_2$	164,25 —	— 260...2	Fl.; an der Luft bräunlich
α-Amino-diäthylessig= säure [Org. Syntheses III, 66]	$(C_2H_5)_2C(NH_2) \cdot CO_2H$	131,18 —	— —	Krist. (W + Al); subl. bei 255°; unl. in Ä, wl. in Al, l. in W
o-Amino-dimethylanilin [XIII, 15]	$H_2N \cdot C_6H_4 \cdot N(CH_3)_2$	136,20 —	34...5 245...55	Prismen (Lg); mit $FeCl_3$ + HCl → rote Färbung
m-Amino-dimethylanilin [E 1 XIII, 12]	$H_2N \cdot C_6H_4 \cdot N(CH_3)_2$	136,20 $0,995^{25}$	< − 20 267	Öl
p-Amino-dimethylanilin [E 2 XIII, 39]	$H_2N \cdot C_6H_4 \cdot N(CH_3)_2$	136,20 $1,0414^{15}_{15}$	40,5 262,3	Nadeln (Bzl + Lg); wl. in Lg, l. in Ä, ll. in W, sll. in Al, Chlf, Bzl
Amino-dimethyl-benzol s. Dimethyl-anilin				

4-Amino-2,6-dimethyl-pyrimidin [Org. Syntheses III, 71]	NH₂·C₄HN₂(CH₃)₂	123,16 —	182...3 —	Krist. (W); swl. in PÄ
6-Amino-2,4-dimethyl-pyrimidin [XXIV, 89]	H₂N · C₄HN₂(CH₃)₂	123,16 —	183 —	Nadeln (Al oder subl.); 0,64 W 18°; 5,25 Al 18°; „Kyanmethin"
Amino-dinitro-methylbenzol s. Dinitro-toluidin				
2-Amino-4,6-dinitro-phenol [XIII, 394]		199,12 —	169,9 —	Rote Nadeln (Al); 0,14 W 22°; swl. in Ä, Chlf, l. in Al, ll. in Bzl, Eg; giftig
5-Amino-dioxindol [E 2 XXII, 455]		164,17 —	212 Z	Blättchen (verd. Al); unl. in Chlf, Bzl, Benzin, CCl₄, wl. in k. Al, Egester
2-Amino-diphenyl [E 2 XII, 747]	C₆H₅· C₆H₄· NH₂	169,23 —	49...50 299	Krist. (verd. Al); swl. in k. W, wl. in PÄ, ll. in Al, Ä, Bzl; Wdampfflch.; Acetylderivat F: 121°
3-Amino-diphenyl [E 2 XII, 751]	C₆H₅· C₆H₄· NH₂	169,23 —	30 195/₁₅	Nadeln; ll. in Al, Ä, Aceton, Eg; Wdampfflch.; Acetylderivat F: 148°
4-Amino-diphenyl [E 2 XII, 753]	C₆H₅· C₆H₄· NH₂	169,23 —	55 302	Blättchen (verd. Al); wl. in k. W, ll. in h. W, Al, Ä, Chlf; Acetylderivat F: 174°
2-Amino-diphenylamin [XIII, 16]	H₂N · C₆H₄· NH · C₆H₅	184,24 —	79...80 —	Nadeln (W); wl. in Lg, ll. in Aceton, Chlf, Bzl
4-Amino-diphenylamin [E 2 XIII, 40]	H₂N · C₆H₄· NH · C₆H₅	184,24 —	73 *	Nadeln (verd. Al); wl. in W, ll. in Al, Ä; * Kp in H₂ 354°
α-Amino-diphenylmethan s. Benzhydrylamin				
2-Amino-diphenylmethan [XII, 1322]	C₆H₅· CH₂· C₆H₄· NH₂	183,26 —	52 172...3/₁₂	Prismen (Ä); ll. in Al, Ä; Wdampfflch.; Acetylderivat F: 135°

Name und Literatur	Formel	Mol.-Gew. Dichte	F in °C Kp. in °C	Charakteristik
4-Amino-diphenylmethan [XII, 1323]	$C_6H_5 \cdot CH_2 \cdot C_6H_4 \cdot NH_2$	183,26 —	34...5 —	Krist. (Lg); ll. in Al, Ä; Acetylderivat F: 128...9°
4-Amino-3,5-diphenyl-1,2,4-triazol [E 1 XXVI, 22]		236,28 —	258 —	Blättchen (Al); wl. in Aceton, ll. in Al; Acetylderivat F: 267°
β-Amino-dipropionsäure-nitril s. Bis-cyanäthylamin				
α-Aminoessigsäure s. Glycin				
Aminoessigsäure-nitril s. Aminoacetonitril				
9-Amino-fluoren [E 2 XII, 780]		181,24 —	62...3 —	Nadeln (Lg); unl. in k. W, wl. in k. CCl_4, l. in Ä, Bzl, sll. in Me, Al, Chlf
2-Amino-fluorenon [E 2 XIV, 68]		195,22 —	156 —	Gelbe Nadeln (Al); swl. in W, PÄ, ll. in h. Al, Eg
4-Amino-fluorenon [XIV, 113]	$C_{13}H_7O \cdot NH_2$	195,22 —	138 —	Rotgelbe Nadeln; ll. in Al, Ä, Chlf, Bzl
4-Amino-folsäure s. Aminopteroylglutaminsäure				
2-Amino-D-galactose s. Chondrosamin				
1-Amino-D-glucose [XXXI, 156]		179,17 —	127...8 Z —	Nadeln (Me); unl. in Al, Ä, Aceton, Chlf, ll. in W; $[\alpha]_D^{19}: +19,4°$ (W)
2-Amino-D-Glucose s. D-Glucosamin				

Amino-G-Säure s. Naphthylamin-2-disulfosäure-(6,8)

	Formel	Mol-Gew.	F / Kp	Eigenschaften
Aminoguanidin [E 2 III, 95]	$H_2N \cdot C(:NH) \cdot NH \cdot NH_2$	74,08 —	— —	Krist.; l. in W, Al, unl. in Ä; wss. Lsg. zers. beim Erhitzen; · HCl: große Prismen (verd. Al), F: 163°; ll. in W, l. in Al, unl. in Ä; Hydrogencarbonat F: 160...1°
3-Amino-hippursäure [XIV, 390]	$CO \cdot NH \cdot CH_2 \cdot CO_2H$ (Struktur)	194,19 —	199...200 Z —	Blättchen (W oder Al)
1-Amino-hydrinden [E 2 XII, 651]	(Struktur)	133,19 $1,0380^{15}$	— 96...7/8	n_D^{15} 1,5619. Öl; anilinähnlicher Geruch; zieht CO_2 an
5-Amino-hydrinden [E 2 XII, 655]	(Struktur)	133,19 —	37...8 247...9/745	Krist.; ll. in org. Lösm
Amino-hydrochinon-diäthyläther s. 2,5-Diäthoxy-anilin				
Amino-hydrochinon-dimethyläther s. 2,5-Dimethoxy-anilin				
4-Amino-1-hydroxy-anthrachinon [E 2 XIV, 168]	(Struktur)	239,23 —	215 —	Dkl. rote Nadeln (Bzl); ll. in Al, Aceton, sied. Bzl fuchsinrot
5-Amino-1-hydroxy-anthrachinon [XIV, 272]	$C_{14}H_9O_3N$	239,23 —	215...6 —	Braunrote Prismen (Bzl); wl. in W, l. in Al, Bzl
3-Amino-4-hydroxy-benzoesäure-methylester [Ann. Chem. 311, 46]	(Struktur)	167,17 —	143 —	Nadeln (Bzl); l. in h. W unter Z., swl. in k. W, 17 Al 20°, 2 Ä 20°; Verw. in der Medizin als Anaestheticum; „Orthoform, Orthocain"

Name und Literatur	Formel	Mol.-Gew. / Dichte	F in °C / Kp. in °C	Charakteristik
4-Amino-4'-hydroxy-diphenyl [E 2 XIII, 420]	$H_2N \cdot C_6H_4 \cdot C_6H_4 \cdot OH$	185,23 / —	273 / subl.	Blättchen (Al); swl. in W, Ä, wl. in k. Al, Bzl
4-Amino-4'-hydroxy-diphenylamin [XIII, 500]	$H_2N \cdot C_6H_4 \cdot NH \cdot C_6H_4 \cdot OH$	200,24 / —	166 / —	Blättchen (W oder Toluol); swl. in Lg, wl. in h. W, ll. in Al, Aceton, Eg
Amino-hydroxy-methyl-benzol s. Amino-kresol				
Amino-hydroxy-naphthalin s. Amino-naphthol				
3-Amino-4-hydroxy-naphthoesäure-(1) [E 1 XIV, 675]	(Naphthalin-Struktur: CO_2H, NH_2, OH)	203,20 / —	143 Z / —	Krist.; wl. in h. W rot, ll. in h. Al, h. Aceton
4-Amino-3-hydroxy-naphthoesäure-(2) [E 2 XIV, 393]	$C_{11}H_9O_3N$	203,20 / —	241 Z / —	Gelbe Prismen (h. Al); wl. in Bzl, Chlf, ll. in Al, Ä, Aceton, Methylester F: 106°
7-Amino-2-hydroxy-phenazin [E 1 XXV, 665]	(Phenazin-Struktur: H_2N, OH)	211,23 / —	> 360 / subl.	Gelbe Nadeln (subl.); unl. in Bzl, Lg, l. in Al, Ä grün fluoresz.; l. in H_2SO_4 rot
6-Amino-2-hydroxy-purin s. Isoguanin				
β-Amino-hydrozimtsäure [E 2 XIV, 295]	$C_6H_5 \cdot CH(NH_2) \cdot CH_2 \cdot CO_2H$	165,19 / —	234…5 Z	Krist. (W); swl. in k. W, wl. in k. Al, Ä, ll. in h. W, h. Al; Z. → NH_3 und Zimtsäure
4-Amino-imidazolcarbon= säure-(5)-amid [E 2 XXV, 221]	(Imidazol-Struktur: H_2N, $H_2N \cdot OC$)	126,12 / —	Z / —	Krist.; Pikrat Prismen (W) F: 240° Z.

6-Amino-indazol [XXV, 317]		133,15 —	210 subl.	Nadeln (W); swl. in k. W, l. in Al, ll. in sied. W
2-Amino-isobutanol s. 2-Amino-2-methyl-propanol-(1)				
α-Amino-isobuttersäure [E 2 IV, 839]	$H_2N \cdot C(CH_3)_2 \cdot CO_2H$	103,12 —	335* subl. 280	Krist. (W); ll. in W, wl. in Al, unl. in Ä; schmeckt süß; * im geschl. Röhrchen
-hydrochlorid [E 2 IV, 839]	$C_4H_9O_2N \cdot HCl$	139,58 —	230 Z 236...7	Täfelchen (W); ll. in W, Me, Al
α-Amino-isovaleriansäure s. Valin				
β-Amino-isovaleriansäure [IV, 426]	$(CH_3)_2C(NH_2) \cdot CH_2 \cdot CO_2H$	117,15 —	217 subl. 180	Mikroskopische Nädelchen (abs Al + Ä); Krist. $\cdot 1\,H_2O$ (Al); sll. in W, wl. in Al, unl. in Ä
4-Amino-3-isoxazolidon s. Cycloserin				
3-Amino-o-kresol [XIII, 579]		123,16 —	129 —	Nadeln; wl. in k. W, Ä
4-Amino-o-kresol [E 2 XIII, 319]		123,16 —	174...5 subl.	Blättchen (Bzl); wl. in W, Bzl, ll. in Al, Ä
5-Amino-o-kresol [XIII, 574]		123,16 —	159...61 subl.	Blättchen (W); swl. in k. W, ll. in h. W, sll. in Al, Ä

Name und Literatur	Formel	Mol.-Gew. Dichte	F in °C Kp. in °C	Charakteristik
4-Amino-m-kresol [E 2 XIII, 330]	OH … CH_3 … NH_2	123,16 —	178…9 —	Krist. (Bzl); Dibenzoylderivat F: 161°
6-Amino-m-kresol [E 2 XIII, 326]	OH … H_2N … CH_3	123,16 —	157…9 —	Nadeln (Bzl); wl. in W, Bzl, ll. in Al, Ä; Hydrochlorid F: 215°
2-Amino-p-kresol [E 2 XIII, 338]	OH … NH_2 … CH_3	123,16 —	137 subl.	Blättchen (Bzl oder Ä); swl. in k. W, PÄ, wl. in Bzl, ll. in Al, Ä, Chlf
3-Amino-p-kresol [E 2 XIII, 337]	OH … NH_2 … CH_3	123,16 —	157…9 subl.	Krist. (W oder Ä); wl. in k. W
Aminomalonsäure-diäthylester-N-acetat [E 2 IV, 891]	$CH_3 \cdot CO \cdot NH \cdot CH(CO_2C_2H_5)_2$	217,22 —	95 185/20	Krist. (Al); unl. in PÄ; swl. in Ä; wl. in h. W
Aminomalonsäure-diäthylester-N-formiat s. Formaminomalonsäure-diäthylester				
1-Amino-3-methyl-buten-(2) [E 2 IV, 671]	$(CH_3)_2C{:}CH \cdot CH_2 \cdot NH_2$	85,15 $0{,}779^{18}_{18}$	— 105…8	Fl.; l. in W, Al, Aceton, wl. in Bzl, unl. in Ä, Lg; Pikrat F: 138,5…9,5°

Amino-methyl-phenol s. Aminokresol

Name	Formel	Mol.-Gew. / D	F / Kp	Eigenschaften
2-Amino-2-methyl-propandiol-(1,3) [IV, 303]	HOH$_2$C · C(CH$_3$) · CH$_2$OH (NH$_2$)	104,13 —	60...95 154/$_{17}$	Krist.; hygr. Masse · aq; CO$_2$ und H$_2$S — Absorption; Vulkanisationsbeschleuniger; Chlorhydrat Prismen (Al + Ä), F: 91...2°; unl. in Ä, ll. in Al
2-Amino-2-methyl-propanol-(1) [Mellan, 439]	H$_3$C · C(CH$_3$)(NH$_2$) · CH$_2$OH	89,14 0,934	25 165	n_D^{20} 1,449. Sirup; ammoniakalischer Geruch; l. in W und vielen org. Lösm.
4-Amino-N^{10}-methyl-pteroylglutaminsäure [Vogel II (1) 431]	C$_{20}$H$_{22}$O$_5$N$_8$ Formel 3, S. 923	454,45 —	185...204 Z —	Gelbor. mikrokristallines Pulver
2-Amino-3-methyl-pyridin [E 2 XXII, 342]	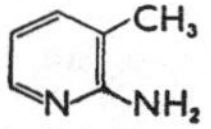 NC$_5$H$_3$(CH$_3$)(NH$_2$)	108,14 —	26 103/$_{11}$	Hygr. Krist.; wl. in Lg, ll. in W, Al, Ä, Aceton, Chlf, Bzl; Pikrat F: 229°
2-Amino-4-methyl-pyridin [E 2 XXII, 342]	NC$_5$H$_3$(CH$_3$) · NH$_2$	108,14 —	100 115...7/$_{11}$	Blättchen (Lg); wl. in Lg, ll. in W, Al; Pikrat F: 227° Z.
3-Amino-4-methyl-pyridin [E 2 XXII, 343]	NC$_5$H$_3$(CH$_3$) · NH$_2$	108,14 —	106 254/$_{735}$	Prismen; unl. in Lg, ll. in Al, Ä, Aceton, Chlf, Bzl; Wdampfflch.; Pikrat F: 179...80°
2-Amino-4-methyl-thiazol [Org. Syntheses II, 31]	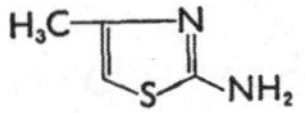	114,17 —	42 117...:20/$_8$	Hygr. Kristallmasse; sll. in W, Al, Ä
Aminonaphthalin s. Naphthylamin				
1-Amino-naphthoe=säure-(2) [E 1 XIV, 623]	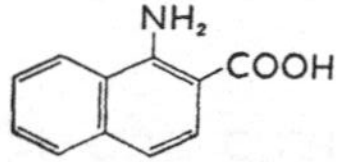	187,20 —	205 Z —	Nadeln (verd. Al oder Eg); swl. in k. W, l. in Al, Ä, Eg; Lsgg. fluoresz. blau
2-Amino-naphthoe=säure-(1) [E 2 XIV, 321]	H$_2$N · C$_{10}$H$_6$ · CO$_2$H	187,20 —	126 Z —	Nadeln (verd. Al); wl. in W, ll. in Al, Ä, h. Bzl; Acetylderivat F: 195...6°

Name und Literatur	Formel	Mol.-Gew. Dichte	F in °C Kp. in °C	Charakteristik
3-Amino-naphthoe= säure-(2) [E 2 XIV, 323]	$H_2N \cdot C_{10}H_6 \cdot CO_2H$	187,20 —	214 —	Gelbe Blättchen (verd. Al); sll. in Al, Ä gelb und grün fluoresz.; Acetyl- derivat F: 238°
4-Amino-naphthoe= säure-(1) [XIV, 533]	$H_2N \cdot C_{10}H_6 \cdot CO_2H$	187,20 —	177 —	Nadeln (W); wl. in k. W, Lg, Bzl
4-Amino-naphthoe= säure-(2) [E 2 XIV, 323]	$H_2N \cdot C_{10}H_6 \cdot CO_2H$	187,20 —	204…6 —	Nadeln (verd. Al); l. in Al, Ä, Aceton, Egester, Bzl; Fluoresz.
5-Amino-naphthoe= säure-(1) [XIV, 533]	$H_2N \cdot C_{10}H_6 \cdot CO_2H$	187,20 —	211…2 —	Nadeln (Al); swl. in Ä, l. in Al, Eg; Acetylderivat F: > 296°
5-Amino-naphthoe= säure-(2) [XIV, 536]	$H_2N \cdot C_{10}H_6 \cdot CO_2H$	187,20 —	232 subl.	Blättchen (Al); unl. in Ä, Bzl, swl. in W, l. in h. Al; Acetylderivat F: 291°
6-Amino-naphthoe= säure-(1) [E 2 XIV, 322]	$H_2N \cdot C_{10}H_6 \cdot CO_2H$	187,20 —	206 —	Hbraune Nadeln (Al); wl. in Bzl, l. in Ä, Aceton, ll. in Al, Eg; Fluoresz.; Acetylderivat F: 253°
6-Amino-naphthoe= säure-(2) [E 2 XIV, 324]	$H_2N \cdot C_{10}H_6 \cdot CO_2H$	187,20 —	225 —	Nadeln (W oder verd. Al); wl. in W, Bzl, l. in Ä, Aceton, ll. in Al, Eg; Fluoresz.
8-Amino-naphthoe= säure-(2) [E 2 XIV, 324]	$H_2N \cdot C_{10}H_6 \cdot CO_2H$	187,20 —	220 —	Nadeln (Eg); l. in Ä, Aceton, Bzl, ll. in Al; Fluoresz.; Acetylderivat F: 258°
1-Amino-naphthol-(2) [E 2 XIII, 412]		159,19 —	Z 175 —	Blättchen (Bzl); swl. in h. W, wl. in Ä, ll. in verd. S, Alk; N-Acetyl- derivat F: 235°

Name	Formel		F.	Eigenschaften
2-Amino-naphthol-(1) [XIII, 665]	$H_2N \cdot C_{10}H_6 \cdot OH$	159,19 —	— —	Nadeln (W und SO_2); wl. in k. W; N-Acetylderivat F: 130°
3-Amino-naphthol-(2) [E 2 XIII, 415]	$H_2N \cdot C_{10}H_6 \cdot OH$	159,19 —	235 —	Nädelchen (W); wl. in Ä, Bzl, l. in h. W, ll. in Al
4-Amino-naphthol-(1) [XIII, 667]	$H_2N \cdot C_{10}H_6 \cdot OH$	159,19 —	— —	Nadeln; färbt sich blau in feuchtem Zustand; N-Acetylderivat F: 187°
5-Amino-naphthol-(1) [XIII, 670]	$H_2N \cdot C_{10}H_6 \cdot OH$	159,19 —	Z 170 —	Krist.; ammoniakalische Lösung mit Luft → rotviol.
5-Amino-naphthol-(2) [E 2 XIII, 416]	$H_2N \cdot C_{10}H_6 \cdot OH$	159,19 —	190,6 —	Nadeln (W); ll. in Al, Ä, Aceton; l. in NH_3 mit blauer Fluoresz.
6-Amino-naphthol-(1) [E 2 XIII, 411]	$H_2N \cdot C_{10}H_6 \cdot OH$	159,19 —	Z 199,5 —	Krist. (Eg)
7-Amino-naphthol-(2) [E 2 XIII, 416]	$H_2N \cdot C_{10}H_6 \cdot OH$	159,19 —	208 —	Nädelchen (Al); wl. in W, ll. in Al, Ä
8-Amino-naphthol-(1) [XIII, 671]	$H_2N \cdot C_{10}H_6 \cdot OH$	159,19 —	Z 95...7 —	Nadeln (Bzl + Lg); ll. in h. W, Alk, HCl; N-Acetylderivat F: 181°
8-Amino-naphthol-(2) [XIII, 685]	$H_2N \cdot C_{10}H_6 \cdot OH$	159,19 —	206 subl.	Nadeln (Al oder W); swl. in Bzl, wl. in Ä, ll. in h. W, Al
1-Amino-naphthol-(8)-disulfosäure-(2,4) [XIV, 845]	(Strukturformel: Naphthalin mit OH, NH_2, SO_3H, SO_3H)	319,31 —	— —	Alk. Lsgg. fluoresz. grün; Verw. zur Herst. von Azofarbstoffen „Chicago-säure"
8-Amino-naphthol-(1)-disulfosäure-(3,6) [XIV, 840]	$C_{10}H_9O_7NS_2$	319,31 —	— —	Lsgg. der sauren Salze fluoresz. blau-rot, alkalische rotviol.; Verw. für Azofarbstoffe; „H-Säure"

Name und Literatur	Formel	Mol.-Gew. Dichte	F in °C Kp. in °C	Charakteristik
1-Amino-naphthol-2-sulfosäure-(4) [Org. Syntheses II, 42]	NH_2 OH SO_3H	239,25 —	— —	Nädelchen $\cdot \tfrac{1}{2} H_2O$; unl. in W, Al, Ä, Bzl
6-Amino-naphthol-(1)-sulfosäure-(3) [XIV, 823]	$C_{10}H_9O_4NS$	239,25 —	— —	Die Lsg. des Na-salzes fluoresz. blau; „I-Säure“
7-Amino-naphthol-(1)-sulfosäure-(3) [XIV, 828]	$C_{10}H_9O_4NS$	239,25 —	— —	Nadeln; wl. in W, 0,43 h. W; Verw. für Azofarbstoffe
2-Amino-nicotinsäure [E 2 XXII, 464]	$COOH$ NH_2	138,13 —	310 Z Z*	Prismen (W); wl. in k. W, ll. in Alk, h. verd. S; * Z. → 2-Amino-pyridin; Methylester F: 85°
6-Amino-nicotinsäure [E 2 XXII, 464]	$NC_5H_3(CO_2H) \cdot NH_2$	138,13 —	312 Z*	Nadeln $\cdot 2 H_2O$ (W); swl. in W, Al, Ä; * Z. unter CO_2-Absp.; Pikrat F: 248°
2-Amino-4-nitro-anisol [XIII, 389]	OCH_3 NH_2 O_2N	68,15 $1,2068^{156}$	118 —	Rote Nadeln (Al oder Ä); swl. in Lg, ll. in Al, Eg, Egester, h. Bzl, sll. in Aceton
2-Amino-3-nitro-benzoe= säure [E 2 XIV, 233]	NH_2 CO_2H O_2N	182,14 —	208...9 —	ll. in Al, Ä; wl. in Bzl, Chlf; schwer veresterbar; Äthylester F: 109° Z.
2-Amino-4-nitrobenzoe= säure [E 2 XIV, 234]	$HO_2C \cdot C_6H_3 \cdot (NH_2) \cdot NO_2$	182,14 —	269 —	Methylester F: 157°; Äthylester F: 89...91°

2-Amino-5-nitro-benzoe=säure [E 2 XIV, 234]	$HO_2C \cdot C_6H_3 \cdot (NH_2) \cdot NO_2$	182,14 —	261…3 * —	* Anderer F: 280°; Krist.; ll. in Al, Ä; Äthylester F: 148°; Amid F: 230°; Nitril (W) F: 209°
2-Amino-6-nitro-benzoe=säure [E 1 XIV, 557]	$HO_2C \cdot C_6H_3 \cdot (NH_2) \cdot NO_2$	182,14 —	184 —	Krist. (W); sll. in Al, Ä
3-Amino-5-nitro-benzoe=säure [E 2 XIV, 245]	$HO_2C \cdot C_6H_3 \cdot (NH_2) \cdot NO_2$	182,14 —	208 —	Krist.; sll. in sied. Eg, Al; Methylester (W oder Al) F: 158…60°; Äthylester F: 155°, ll. in Al
4-Amino-2-nitro-benzoe=säure [E 1 XIV, 583]	$HO_2C \cdot C_6H_3 \cdot (NH_2) \cdot NO_2$	182,14 —	232 Z —	ll. in Al, wl. in Ä; Methylester F: 157…9°; Äthylester F: 130°
Amino-nitro-benzol s. Nitranilin				
Amino-nitro-naphthalin s. Nitro-naphthylamin				
2-Amino-1-nitro-naphthalin-N-acetat [Org. Syntheses II, 438]	(Strukturformel: Naphthalin mit NO_2 und $NH \cdot CO \cdot CH_3$)	230,23 —	123…4 —	Gelbe Krist. (Al)
2-Amino-4-nitro-phenol [E 2 XIII, 192]	(Strukturformel: Benzolring mit OH, NH_2, O_2N)	154,13 —	146 —	Or. Prismen; wl. in k. W, l. in h. Bzl, Benzin, verd. Eg, ll. in Me, Al, Ä, Eg
2-Amino-5-nitro-phenol [E 2 XIII, 194]	$H_2N \cdot C_6H_3(NO_2) \cdot OH$	154,13 —	203…4 —	Hbraune Nadeln (W); l. in Eg
4-Amino-2-nitro-phenol [E 2 XIII, 284]	$H_2N \cdot C_6H_3(NO_2) \cdot OH$	154,13 —	128 —	Rote Tafeln (W oder Al); l. in h. W, Al, Ä
4-Amino-3-nitro-phenol [XIII, 521]	$H_2N \cdot C_6H_3(NO_2) \cdot OH$	154,13 —	154 —	Rote grünschimmernde Prismen (Ä); l. in W, Al orange, Ä, Chlf, l. in Alk viol.
Amino-nitro-toluol s. Nitrotoluidin				
ω-Amino-önanthsäure-lactam s. Önanthsäurelactam				

9*

Name und Literatur	Formel	Mol.-Gew. / Dichte	F in °C / Kp. in °C	Charakteristik
1-Amino-pentan s. Amylamin				
2-Aminopentan [E 2 IV, 643]	$CH_3 \cdot CH_2 \cdot CH_2 \cdot CH(NH_2) \cdot CH_3$	87,17 / 0,7424[20]	— / 87	Fl.; stark ammoniakalischer Geruch; ∞ W, Al, Ä; · HCl Nadeln (Al + Ä), F: 168°
2-Amino-phenanthren [XII, 1336]	(Strukturformel, –NH₂)	193,25 / —	85 / —	Gelbe Krist. (Lg); swl. in W, l. in Xylol, ll. in Al
3-Amino-phenanthren [XII, 1337]	$C_{14}H_{11}N$	193,25 / —	87,5 / —	Krist. (Lg); swl. in W, l. in Xylol, ll. in Al viol. Fluoresz.; 2. Form F: 143°
4-Amino-phenanthren [E 2 XII, 786]	$C_{14}H_{11}N$	193,25 / —	105 / —	Graue Krist. (Lg); unl. in W, wl. in Lg, ll. in Al, Ä, Chlf, Bzl
9-Amino-phenanthren [E 2 XII, 786]	$C_{14}H_{11}N$	193,25 / —	137...8 / subl.	Gelbe Prismen (Ä); sll. in Ä, Bzl, Chlf; 2. Form F: 104°
2-Amino-phenazin [E 1 XXV, 639]	(Strukturformel, –NH₂)	195,23 / —	288 / subl..	Rote Nadeln (Bzl); wl. in W, ll. in Al or.gelb, Ä gelb fluoresz., Eg rot, or.rot fluoresz.
2-Amino-phenol [E 2 XIII, 164]	(Strukturformel, –OH, –NH₂)	109,13 / 1,328	177 Z / subl.	Nadeln; 1,7 W 0°; 4,3 Al 0°, wl. in h. Bzl; ll. in Ä; Derivate s. Methyl= aminophenol, Aminoanisol
2-Amino-phenol-N-acetat [E 2 XIII, 171]	$CH_3 \cdot CO \cdot NH \cdot C_6H_4 \cdot OH$	151,16 / —	201 / —	Tafeln (verd. Eg); ll. in h. W, Al

3-Amino-phenol [E 2 XIII, 209]	$H_2N \cdot C_6H_4 \cdot OH$	109,13 —	122,1 164/11	Prismen (Toluol); swl. in Lg, wl. in Bzl, l. in h. W; 2,6 W 20°; ll. in Al, Ä
3-Amino-phenol-N-acetat [XIII, 415]	$CH_3 \cdot CO \cdot NH \cdot C_6H_4 \cdot OH$	151,16 —	148...9 —	Nadeln (W); wl. in Ä, Chlf, Bzl, ll. in W, Al
4-Amino-phenol [E 2 XIII, 220]	$H_2N \cdot C_6H_4 \cdot OH$	109,13 —	186 Z subl.	Blättchen; 1,1 W 0°; 4,5 Al 0°; swl. in Chlf, Bzl
4-Amino-phenol-N-acetat [E 1 XIII, 159]	$CH_3 \cdot CO \cdot NH \cdot C_6H_4 \cdot OH$	151,16 1,293[21]	168...9 —	Prismen (W oder Al); swl. in k. W, sll. in h. W, Al
Aminophenol-äthyläther s. Phenetidin				
Aminophenol-methyläther s. Anisidin				
2-Amino-phenol-sulfo= säure-(4) [XIV, 814]	$H_2N \cdot C_6H_3(OH) \cdot SO_3H$	189,19 —	— —	Krist. $\cdot \frac{1}{2} H_2O$; 1 W 14°; wss. Lsg. mit $FeCl_3 \rightarrow$ rote Färbung
4-Amino-phenol-sulfo= säure-(2) [E 2 XIV, 484]	$H_2N \cdot C_6H_3(OH) \cdot SO_3H$	189,19 —	— —	Nadeln $\cdot 1 H_2O$ (h. W); 0,07 W 14°; swl. Al, Bzl, ll. in h. W
4-Aminophenyl-arsinsäure s. Arsen, Arsanilsäure				
4-Aminophenyl-disulfid s. 4,4'-Diamino-diphenyl-disulfid				
dl-α-Amino-phenyl= essigsäure [E 2 XIV, 284]	$H_2N \cdot CH(C_6H_5) \cdot CO_2H$	151,16 —	256, subl. Z	Prismen (verd. Al); wl. in h. W, Al; Z. $\rightarrow CO_2$ und Benzylamin; Acetyl-derivat F: 198,5°
2-Amino-phenylessigsäure [E 2 XIV, 278]	$H_2N \cdot C_6H_4 \cdot CH_2 \cdot CO_2H$	151,16 —	119 Z —	Nadeln (W oder verd. Eg); 12,5 sied. W; swl. in h. Lg, wl. in h. Bzl, Egester; Acetylderivat F: 158°
4-Amino-phenylessigsäure [E 2 XIV, 280]	$H_2N \cdot C_6H_4 \cdot CH_2 \cdot CO_2H$	151,16 —	200...2 —	Blättchen (W); unl. in k. W, l. in h. W, Al; Äthylester F: 50...1°; Acetyl-derivat F: 167°

Name und Literatur	Formel	Mol.-Gew. Dichte	F in °C Kp. in °C	Charakteristik
2-Amino-phenylpropiol= säure [XIV, 531]	$H_2N \cdot C_6H_4 \cdot C \vdots C \cdot CO_2H$	161,16 —	128...30 Z —	Gelbe Nadeln; swl. in W, Chlf, Lg, Bzl, wl. in Ä; Z. → CO_2 und 2-Amino- phenylacetylen; Äthylester F: 55°
dl-α-Amino-α-phenyl= propionsäure [Org. Syntheses III, 88]	$C_6H_5 \cdot CH(NH_2) \cdot CH_2 \cdot CO_2H$	165,19 —	— —	Krist. (W + Al); subl. bei 265...70°
dl-β-Amino-β-phenyl- propionsäure [Org. Syntheses III, 91]	$C_6H_5 \cdot \overset{\cdot}{C}H \cdot CH_2 \cdot CO_2H$, NH_2	165,19 —	221 Z —	Krist. (W + Al); wl. in k. Al, Ä, zwl. in k. W, ll. in h. W
3-Amino-phthalhydrazid s. Luminol				
3-Amino-phthalsäure [E 2 XIV, 336]	(Struktur: CO_2H, CO_2H, NH_2)	181,15 —	191...2 Z —	Fbl. Krist.; unl. in Chlf, Lg, Bzl, swl. in k. W, Al, Ä
3-Amino-phthalsäure= anhydrid [XVIII, 621]	(Struktur: NH_2, CO, O, CO)	163,13 —	193...4 —	Hgelbe Nadeln (Al); unl. in Bzl, Lg, l. in Al, Aceton, Chlf mit starker Fluoresz.; Acetylderivat F: 185...6°
4-Amino-phthalsäure- diäthylester [E 2 XIV, 337]	(Struktur: $CO_2C_2H_5$, $CO_2C_2H_5$, H_2N)	237,26 —	97...8 —	Krist. (verd. Eg); unl. in W, ll. in Al, Ä
3-Amino-picolinsäure [E 2 XXII, 463]	(Struktur: NH_2, N, CO_2H)	138,13 —	210 Z Z	Krist. (W); Z. → 3-Amino-pyridin
4-Amino-picolinsäure [E 2 XXII, 463]	$NC_5H_3(CO_2H) \cdot NH_2$	138,13 —	260 Z Z*	Nadeln (W); * Z. → 4-Amino-pyridin; Hydrochlorid F: 240° Z.

	Formel			
4-Amino-piperidin [E 2 XXII, 320]	(Struktur: Piperidin mit NH_2)	100,16 —	— $65/_{18}$	Fl.; Dipikrat F: 252…3° (Z.)
2-Amino-piperonal [E 2 XIX, 367]	(Struktur: Piperonal mit CHO und NH_2)	165,15 —	107…8 —	Hgelbe Prismen (Bzl + Lg); wl. in Bzl; 1,3 sied. W; l. in Al; Acetylderivat F: 161…2° Beilsteinbezifferung: 6-Amino-piperonal
2-Amino-propanol-(1) s. Alaninol				
3-Amino-propanol-(1) [IV, 288]	$H_2N \cdot CH_2 \cdot CH_2 \cdot CH_2OH$	75,11 $1{,}021^{12}$	— 187…8	Fl.; Platinchlorid hgelbe Blättchen F: 199°
α-Amino-propionsäure s. α-Alanin				
β-Amino-propionsäure s. β-Alanin				
β-Amino-propionsäure-nitril [Org. Syntheses III, 93]	$H_2N \cdot CH_2 \cdot CH_2 \cdot CN$	70,09 —	— $79…81/_{16}$	n_D^{20} 1,3496. Fl.
N-[β-Amino-propionyl]-L-histidin [J. Biol. Chem. 108, 753]	(Imidazol-Struktur) $-CH_2 \cdot CH \cdot NH \cdot CO \cdot (CH_2)_2 \cdot NH_2$, CO_2H	226,24 —	246…50 Z —	Nadeln; l. in W; $[\alpha]_D$: + 21°; „L-Carnosin"; Hydrochlorid F: 245°; Nitrat F: 222°
N-[β-Amino-propionyl]-L-methyl-histidin [Z. physiol. Chem. 189, 80]	(Imidazol-Struktur) $-CH_2 \cdot CH \cdot NH \cdot CO \cdot (CH_2)_2 \cdot NH_2$, CO_2H, CH_3	240,26 —	238…9 —	Nadeln; wl. in Me, Al, l. in W; $[\alpha]_D^{16}$: + 11,26° (W); „Anserin"
4-Amino-propiophenon [XIV, 59]	$H_2N \cdot C_6H_4 \cdot CO \cdot C_2H_5$	149,19 —	142 —	Platten (Al); wl. in Al, Ä, Chlf; Acetylderivat F: 175°
β-Amino-propylbenzol [XII, 1145]	(Phenyl) $-CH_2 \cdot CH \cdot NH_2$, CH_3	135,21 $0{,}913_4^{25}$	— 203	Fl.; wl. in W, l. in Al, Ä

Name und Literatur	Formel	Mol.-Gew. Dichte	F in °C Kp. in °C	Charakteristik
4-[2-Aminopropyl]-phenol [E 1 XIII, 251]	$HO \cdot C_6H_4 \cdot CH_2 \cdot CH(NH_2) \cdot CH_3$	151,21 —	125...6 —	Krist. (Bzl); l. in W, Al, Chlf, Egester
Aminopteroyl-glutamin= säure [J. Am. Chem. Soc. **69**, 2567]		440,42 —	— —	Gelbe Nadeln; l. in verd. Alk
6-Amino-purin s. Adenin				
4-Amino-pyrazol [XXV, 308]		83,09 —	80...2 subl.	Hygr. Krist. (subl. im H_2-Strom); swl. in Ä, Lg, Bzl, l. in Al, Chlf, sll. in W
2-Amino-pyridin [E 2 XXII, 322]		94,12 —	58 204	Blättchen (Lg); wl. in Lg, sll. in W, Al, Ä; Pikrat F: 216...7°
3-Amino-pyridin [E 2 XXII, 339]	$NC_5H_4 \cdot NH_2$	94,12 —	65 251	Blättchen (Bzl + Lg); unl. in Lg, sll. in W, Al, Ä, Bzl; hygr.; Acetyl= derivat F: 131°
4-Amino-pyridin [E 2 XXII, 340]	$NC_5H_4 \cdot NH_2$	94,12 —	158 —	Nadeln (Bzl); wl. in Ä, Bzl; ll. in W, Al
Aminopyridin-carbonsäure s. Aminopicolinsäure				
4-Amino-pyridin-dicarbonsäure-(2,6) [E 2 XXII, 477]		182,14 —	297 —	Nadeln (W); wl. in h. W, verd. S, l. in konz. S, Alk; Diäthylester F: 149...51°

Aminopyrin s. Pyramidon
Amino-R-Säure s. Naphthylamin-2-disulfosäure-(3,6)
Aminoresorcindimethyläther s. 2,4-Dimethoxy-anilin

Name	Formel	Mol.-Gew.	Smp.	Eigenschaften
3-Amino-salicylsäure [XIV, 577]	COOH · C₆H₃(OH) · NH₂	153,14 —	235 Z —	Krist.; swl. in Al, l. in W; Äthylester F: 47°
4-Amino-salicylsäure [E 2 XIV, 350]	$H_2N \cdot C_6H_3(OH) \cdot CO_2H$	153,14 —	150...1 Z —	Krist. (Al + Ä); wl. in Ä, sll. in W, Al; Hydrochlorid F: 232...3°; medizinische Verwendung gegen Tuberkulose „PAS", Para-amino-salicyl=säure
5-Amino-salicylsäure [E 2 XIV, 352]	$H_2N \cdot C_6H_3(OH) \cdot CO_2H$	153,14 —	265 Z*	Rötliche Krist. (W); unl. in k. W, Al, wl. in h. W; * Z. → CO₂ und 4-Amino-phenol; Hydrochlorid F: 236°
5-Amino-salicylsäure-N-acetat [XIV, 583]	$CH_3CO \cdot HN \cdot C_6H_3(OH) \cdot CO_2H$	195,18 —	218 —	Krist. · ½ H₂O (Al); l. in W, Al, Eg
4-Amino-stilben [XII, 1332]	$C_6H_4 \cdot CH : CH \cdot C_6H_4 \cdot NH_2$	195,27 —	151...2 —	Blättchen (verd. Al); unl. in W, ll. in h. Al, Bzl, Eg; am Licht gelb
2-Amino-5-sulfanilyl-thiazol [J. Am. Chem. Soc. 67, 671]	H_2N-Thiazol-$SO_2 \cdot C_6H_4 \cdot NH_2$	255,32 —	219...21 —	Feine Nadeln (Al), wl. in W, zl. in Al, Ä, Egester, ll. in Aceton, Dioxan, verd. S; „Promizol, Thiazolsulfon"
1-Amino-tetralol-(2) [E 2 XIII, 404]	$H_2N \cdot C_{10}H_{10} \cdot OH$	163,22 —	109 160/₁₁	Krist.; swl. in k. Ä, l. in W, Al; Pikrat F: 192°
p-Amino-tetraphenyl=methan [Org. Syntheses 30, 5]	$NH_2 \cdot C_6H_4 \cdot C(C_6H_5)_3$	335,45 —	249...50 —	Krist. (Toluol)
5-Amino-tetrazol [XXVI, 403]	H_2N-Tetrazol	85,07 —	203 —	Blättchen oder Prismen · 1 H₂O (W); unl. in Ä, wl. in Al; 1,2 W 18°

Name und Literatur	Formel	Mol.-Gew. Dichte	F in °C Kp. in °C	Charakteristik
2-Amino-thiazol [E 1 XXVII, 263]		100,14 —	90 Z	Gelbe Tafeln (Al); wl. in Al, Ä, ll. in h. W; Acetylderivat F: 203°
5-Amino-thiazol [Ber. **36**, 3550]		100,14 —	— —	Nicht bekannt; N-Acetylderivat: wasserhelle Nadeln (W) F: 162°
2-Amino-thioäthanol s. 2-Mercapto-äthylamin				
2-Amino-thiophen [E 1 XVII, 136]		99,16 —	— 78/11	Gelbliche Fl.; zers. mit sied. W; Acetylderivat F: 161…2°
2-Amino-thiophenol [XIII, 397]		125,19 —	26 234	Nadeln
4-Amino-thiophenol [XIII, 533]	$H_2N \cdot C_6H_4 \cdot SH$	125,19 —	46 140…5/15	Krist.; l. in W, ll. in Me, Al, Ä; Wdampfflch.
Amino-toluol s. Toluidin				
2-Amino-toluol-sulfo= säure-(4) [XIV, 728]		187,22 —	— —	Nadeln · 1 H$_2$O; 0,97 W 11°; unl. in Al
2-Amino-toluol-sulfo= säure-(5) [Org. Syntheses III, 824]	$H_2N \cdot C_6H_3(CH_3) \cdot SO_3H$	187,22 —	— —	Krist.; 3,3 W 19°; Verw. für Azofarbstoff
4-Amino-toluol-sulfo- säure-(2) [XIV, 720]	$H_2N \cdot C_6H_3(CH_3) \cdot SO_3H$	187,22 —	Z —	Krist. · 1 H$_2$O; 0,45 W 20°; unl. in Al
4-Amino-toluol-sulfo= säure-(3) [E 2 XIV, 447]	$H_2N \cdot C_6H_3(CH_3) \cdot SO_3H$	187,22 —	312 Z —	Hgelbe Nadeln; 0,47 W

Name [Literatur]	Formel		F	Eigenschaften
3-Amino-1 H-1,2,4-triazol [Org. Syntheses III, 95]	(Struktur)	84,08 —	152...6 —	Krist. (Al)
4-Amino-1,2,4-triazol [XXVI, 16]	(Struktur)	84,08 —	82...3 —	Hygr. Nadeln (Al oder Chlf); wl. in Chlf, PÄ, l. in Al, sll. in HCl; Hydro= chlorid F: 153°
Amino-tricarbonsäure-triäthylester s. Nitrilotriessigsäure-triäthylester				
2-Amino-triphenyl= carbinol [XIII, 738]	$H_2N \cdot C_6H_4 \cdot C(C_6H_5)_2OH$	275,35 —	121,5 —	Nadeln (Bzl); wl. in Ä, Lg, ll. in Al, Bzl, Py; Erhitzen → 9-Phenyl- acridin
4-Amino-triphenyl- carbinol [E 2 XIII, 441]	$H_2N \cdot C_6H_4 \cdot C(C_6H_5)_2OH$	275,35 —	115 —	Krist. (Ä + Lg); swl. in Lg, l. in Al, Ä, Bzl
2-Amino-triphenyl= methan [E 2 XII, 790]	(Struktur) $CH(C_6H_5)_2$	259,35 —	128 —	Acetat F: 154°
3-Amino-triphenyl= methan [E 2 XII, 790]	$(C_6H_5)_2CH \cdot C_6H_4 \cdot NH_2$	259,35 —	120 —	Nadeln (Ä); Acetat F: 115°
4-Amino-triphenyl= methan [E 2 XII, 790]	$(C_6H_5)_2CH \cdot C_6H_4 \cdot NH_2$	259,35 —	84,5 $248/_{12}$	Tafeln (PÄ); Acetylderivat F: 168...9°
2-Amino-tropan [XXII, 425]	(Struktur)	140,23 —	8,5 206...7	Krist.; ∞ W; zieht an der Luft CO_2 an
3-Amino-L-tyrosin [XIV, 622]	(Struktur) $CH_2 \cdot CH(NH_2) \cdot CO_2H$	196,21 —	— —	Kristallpulver; wl. in Al, ll. in W

Name und Literatur	Formel	Mol.-Gew. Dichte	F in °C Kp. in °C	Charakteristik
5-Amino-uracil [XXIV, 463]	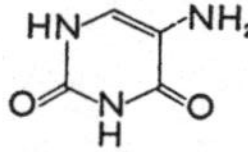	127,10 —	— —	Nadeln; zers.; subl.; 0,05 W 20°, 1,6 W 100°, ll. in verd. S, Alk
α-Aminovaleriansäure s. Valin bzw. Isovalin				
α-Amino-n-valeriansäure s. Norvalin				
β-Amino-n-valeriansäure [E 2 IV, 843]	$CH_3 \cdot CH_2 \cdot CH(NH_2) \cdot CH_2 \cdot CO_2H$	117,15 —	— —	Tafeln $\cdot 1\,H_2O$; F: 178...9°; sll. in k. W, ll. in h. Al, unl. in Ä
γ-Amino-n-valeriansäure [E 2 IV, 843]	$CH_3 \cdot CH(NH_2) \cdot CH_2 \cdot CH_2 \cdot CO_2H$	117,15 —	199 (213) Z*	Platten (W + Al, Ä); ll. in W, l. in Al, unl. in Ä; * Z. → 2-Methyl-pyrrolidon-(5) und W; ·HCl F: 151°
δ-Amino-n-valeriansäure [E 2 IV, 844]	$H_2N \cdot [CH_2]_4 \cdot CO_2H$	117,15 —	154...6 —	Blättchen; ∞ W, swl. in abs. Al, unl. in Ä; ·HCl Tafeln oder Prismen; destillierbar unter g. Z.; ll. in W, Al
Aminoxylol s. Dimethyl-anilin				
2-Amino-zimtsäure [XIV, 517]	$H_2N \cdot C_6H_4 \cdot CH:CH \cdot CO_2H$	163,18 —	158...9 Z —	Gelbe Nadeln; wl. in k. W, ll. in h. W, Al, Ä; Äthylester F: 77...8°
3-Amino-zimtsäure [E 2 XIV, 316]	$H_2N \cdot C_6H_4 \cdot CH:CH \cdot CO_2H$	163,18 —	182 —	Hgelbe Nadeln (W); wl. in k. W, l. in h. W, ll. in Al, Ä; Äthylester F: 63...4°
4-Amino-zimtsäure [XIV, 521]	$H_2N \cdot C_6H_4 \cdot CH:CH \cdot CO_2H$	163,18 —	175...6 Z Z	Hgelbe Nadeln; l. in k. W, ll. in h. W, Al, Ä; Äthylester F: 68...9°
Ammelin [E 1 XXVI, 74]	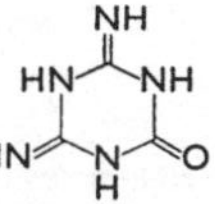	127,11 —	Z —	Nadeln (Na_2CO_3-Lsg.); unl. in Al, Ä; 0,0075 W 23°; 0,0303 sied. W; ll. in S, Alk

AMP s. 5-Adenylsäure				
Amygdalin [XXXI, 400]	$\bigcirc$—CH(O·$C_{12}H_{21}O_{10}$)CN	457,44 —	220 —	Krist. ·3H_2O (W); unl. in Ä; 8,5 W 10°; 8,5 h. Al; sll. in h. W; $[\alpha]_D^{20}$: — 40,0° (W); Hydrolyse mit Emulsin → Benzaldehyd, Blausäure + 2 Glucose (aus Gentiobiose)
Amygdalose s. α-Gentiobiose				
Amyl- s. a. Isoamyl-				
Amylacetat s. Essigsäure-amylester				
n-Amyl-acetylen s. n-Heptin-(1)				
Amyläther s. Diamyläther				
n-Amylalkohol [E 2 I, 416]	$CH_3·[CH_2]_3·CH_2OH$	88,15 $0,82438^{15}$	E — 78,5 138	n_α^{15} 1,40965, n_D^{15} 1,41173, n_β^{15} 1,41674. Fl.; swl. in W; techn. Lösm.
dl- bzw. d-sek. n-Amylalkohol s. u. Pentanol-(2)				
L(—)-Amylalkohol [E 3 I, 1619]	CH_2OH $H_3C·\overset{.}{\underset{.}{C}}·H$ $[CH_2]_2·CH_3$	88,15 $0,8193^{20}$	— 128,7	n_D^{20} 1,4192. Fl.; $[\alpha]_D^{25}$: — 5,77° (unverdünnt), — 4,7° (Ä, c = 25); „optisch aktiver d-Gärungsamylalkohol"; Phenylurethan F: 30°; 3,5-Dinitrobenzoat F: 83…4°, $[\alpha]_D^{25}$: + 4,9° (Aceton); Konfiguration: Ann. Chem. **584**, 54
tert. Amylalkohol [E 2 I, 422]	$CH_3·CH_2·C(CH_3)_2OH$	88,15 $0,8138^{15}$	— 11,9 101,76	n_D^{20} 1,4052. Fl.; 12,5 W; ∞ Al, Ä; Schlafmittel „Amylenhydrat"; Phenylurethan F: 44…7°
n-Amylamin [E 2 IV, 641]	$CH_3·[CH_2]_3·CH_2NH_2$	87,17 $0,7662^{19}$	— 55 103…4	Fl.; l. in Al, W; bildet an der Luft weiße Krist. F: 78°, zers. bei 100°; Pikrat F: 139,5…40,5°
tert.-Amylamin [E 2 IV, 644]	$CH_3·CH_2·C(CH_3)_2NH_2$	87,17 $0,731^{25}$	E — 105 76,9	Fl.; ∞ W, Al

Name und Literatur	Formel	Mol.-Gew. Dichte	F in °C Kp. in °C	Charakteristik
Amylamin s. a. 2-Aminopentan				
n-Amylbenzol [E 2 V, 331]	$C_6H_5 \cdot [CH_2]_4 \cdot CH_3$	148,25 0,8626[15]	E − 78,25 205,3	n_α^{15} 1,4867, n_D^{15} 1,4906, n_β^{15} 1,5001. Fl.
n-Amylbromid [E 2 I, 96]	$CH_3 \cdot [CH_2]_3 \cdot CH_2Br$	151,05 1,22367[15]	E − 95,25 129,70±0,02	n_α^{15} 1,44421, n_D^{15} 1,44684, n_β^{15} 1,45329. Fl.; unl. in W, l. in Al, Ä
sek. Amylbromid s. u. Brompentan				
tert.-Amylbromid [E 2 I, 101]	$CH_3 \cdot CH_2 \cdot C(CH_3)_2Br$	151,05 $1,198^{18,5}_{15}$	— 108...9 Z	Gelbe Fl.
t-Amylcarbamat s. Aponal				
n-Amylchlorid [E 2 I, 95]	$CH_3 \cdot [CH_2]_3 \cdot CH_2Cl$	106,60 0,88657[15]	E − 99,0 108,35	n_α^{15} 1,41266, n_D^{15} 1,41481, n_β^{15} 1,42017. Fl.; unl. in W, l. in Al, Ä
sek. Amylchlorid s. u. Chlorpentan				
tert. Amylchlorid [E 2 I, 100]	$CH_3 \cdot CH_2 \cdot C(CH_3)_2Cl$	106,60 0,8706[15]	E − 72,7 85,65	n_D^{18} 1,407. Fl.
n-Amylcyanid s. Capronsäurenitril				
Amylenhydrat s. tert. Amylalkohol				
n-Amylfluorid [E 2 I, 94]	$CH_3 \cdot [CH_2]_3 \cdot CH_2F$	90,14 0,7880[20]	< − 80 62,8	n_α^{20} 1,3562, n_β^{20} 1,3618, n_γ^{20} 1,3635. Fl.
n-Amyljodid [E 2 I, 98]	$CH_3 \cdot [CH_2]_3 \cdot CH_2J$	198,05 1,52384[15]	E − 85,6 157	n_α^{15} 1,49504, n_D^{15} 1,49892, n_β^{15} 1,50830. Fl.; unl. in W, l. in Al, Ä
tert. Amyljodid [E 2 I, 103]	$CH_3 \cdot CH_2 \cdot C(CH_3)_2J$	198,05 $1,471^{18,5}_{15}$	— 121	Fl.; durch W zers.; ∞ Al, Ä
n-Amylmercaptan [I, 384]	$CH_3 \cdot [CH_2]_3CH_2SH$	104,22 0,8572[20]	— 124...6	n_D^{20} 1,4437. Unangenehm riechende Fl.

Amylnitrit [I, 384]	$CH_3 \cdot [CH_2]_3 CH_2 ONO$	117,15 $0,8528^{20}$	— 104	n_D 1,3851. Gelbe Fl.; sehr unbeständig
4-tert.-Amyl-phenol [VI, 548]	HO—⟨⟩—$CH(CH_3) \cdot C_3H_7$	164,25 —	93…4 265…7	Nadeln (W oder PÄ); ll. in Al, Ä, Bzl; Methyläther Kp: 216…7°; Acetat Kp: 264…6°
tert.-Amyl-phenyl-äther [VI, 143]	⟨⟩—$O \cdot CH(CH_3) \cdot C_3H_7$	164,25 $0,9331^{17}$	— 212…27	n_D^{17} 1,4985. Fl. von angenehmem Geruch; unl. in W, l. in vielen org. Lösm.; $[\alpha]_D^{17}$: $+4,01°$
4-n-Amyl-resorcin [E 2 VI, 902]	HO—⟨⟩—$(CH_2)_4 \cdot CH_3$, OH	180,25 —	71,5…3 168…70/6	Krist.; 0,2 W 20°; ll. in Al, Ä, Bzl; bactericide Wirkung
α-Amyrin [E 2 VI, 568]	$C_{30}H_{49} \cdot OH$	426,73 —	186 > 350	Nädelchen; subl.; 4,7 Al 19°; $[\alpha]_D^{16,7}$: $+91,59°$ (Bzl); Acetat F: 224…5°
β-Amyrin [E 2 VI, 569]	$C_{30}H_{49} \cdot OH$	426,73 —	197…7,5 —	Nadeln (Al); 2,8 Al 19°; wl. in Lg, zl. in h. Al, Ä, Eg, Bzl; $[\alpha]_D^{19,1}$: $+99,81°$ (Bzl); Acetat F: 240…1°
Anabasin [E 2 XXIII, 113]		162,24 $1,0455_{20}^{20}$	9 276	n_D^{20} 1,5430. Öl; ll. in W, Al, Ä, Aceton, Chlf, Bzl; $[\alpha]_D^{20}$: $-82,2°$
Anästhesin s. 4-Amino-benzoesäure-äthylester				
Androsin [XXXI, 228]	$C_{15}H_{20}O_8$	328,32 —	223…4 —	Nadeln $\cdot 2H_2O$ (W); unl. in PÄ, swl. in k. W, Ä, Bzl, l. in h. W, h. Al
Androstadien-(5,7)-diol-(3(β),17β) [Helv. Chim. Acta **30**, 1441]		288,43 —	212 —	Nadeln (Aceton); Diacetylderivat F: 132°

Name und Literatur	Formel	Mol.-Gew. Dichte	F in °C Kp. in °C	Charakteristik
Androstan [Z. physiol. Chem. **229**, 190]	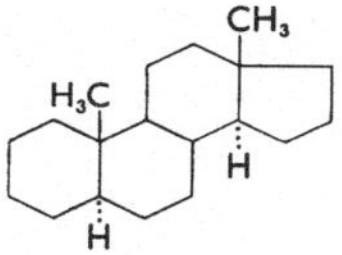	260,47 —	50...2 —	Blättchen (Al); $[\alpha]_D^{16}$: $+2°$ (Chlf)
2‖3-Androstan-2,3-di= säure [Helv. Chim. Acta **28**, 1651]	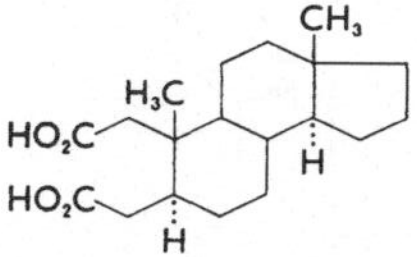	322,45 —	237...8 —	Krist. (Ä + PÄ); $[\alpha]_D^{21}$: $-8,3° \pm 2°$ (Al); Dimethylester F: 44...5°
3‖4-Androstan-3,4-di= säure [Helv. Chim. Acta **28**, 1651]	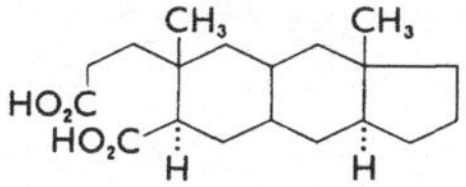	322,45 —	242...4 —	Krist. (Ä); $[\alpha]_D^{21}$: $-21,9° \pm 1,5°$ (Al)

Androstanol-on s. Androsteron

Name und Literatur	Formel	Mol.-Gew. Dichte	F in °C Kp. in °C	Charakteristik
Androsten-(4)- diol-(3α:17β) [Ber. **71**, 202]	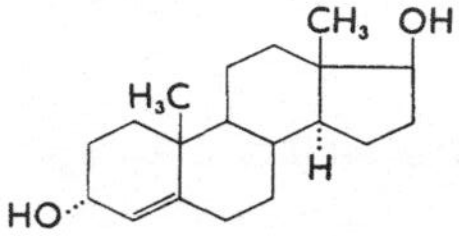	290,45 —	202...6 —	Nadeln (Al oder Egester); $[\alpha]_D^{22}$: $+187,5°$ (Py); Diacetylderivat F: 121°
Androsten-(4)- diol-(3β:17β) [Ber. **71**, 202]	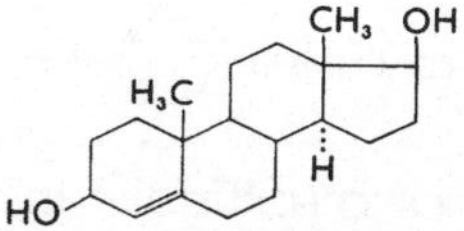	290,45 —	153...4 —	Krist. (Aceton); $[\alpha]_D^{19}$: $+48,5°$ (Al); Diacetylderivat F: 101...2°

Verbindung	M / d	F / Kp	Eigenschaften
Androsten-1-dion-(3:17) [Ber. **72**, 1622]	286,42 / —	139...40 / —	Nadeln (verd. Al); $[\alpha]_D^{20}$: $+148,5°$ (Al) Dioxim F: 258...64° Z.
Androsten-4-dion-(3:17) [J. Am. Chem. Soc. **67**, 1728]	286,42 / —	173...4 / —	Krist. (Hexan); $[\alpha]_D^{18}$: $+185°$ (Al) Dioxim F: 143°
Androsteron [Z. physiol. Chem. **229**, 185]	290,45 / —	184...5 / —	Nädelchen (Al oder Aceton); wl. in W, praktisch l. in allen org. Lösm.; $[\alpha]_D$: $+94,6°$ (Al); Phenylhydrazon F: 153...4°
Anemonin [E 2 XIX, 182]	192,17 / —	158 / Z	Nadeln (Al oder Bzl); swl. in Ä, Lg, wl. in k. W, Al, l. in Chlf
Anethol [E 2 VI, 523]	148,21 / 0,988^{25}	21,5 / 233...4/$_{751}$	$n_\alpha^{18.4}$ 1,5538, $n_D^{18.4}$ 1,5607, $n_\beta^{18.4}$ 1,5792. Blätter (Al); Kp: 112...4°/$_{15}$; swl. in W, ∞ Chlf, Ä, Aceton, Bzl, abs. Al, CS_2, PÄ; Anisgeschmack
Aneurin s. Thiamin			
α-Angelica-lacton [XVII, 252]	98,10 / 1,084$_4^{20}$	18...8,5 / 55...6/$_{12}$	n_{He}^{20} 1,4476. Helle Fl.; 4,8 W 15°

Name und Literatur	Formel	Mol.-Gew. / Dichte	F in °C / Kp. in °C	Charakteristik
Angelicasäure [E 2 II, 401]	$CH_3 \cdot C \cdot CO_2H$ ⠀ $H \cdot C \cdot CH_3$	100,12 ⠀ $0,9298^{99,6}$	45…5,5 ⠀ 185	n_α^{100} 1,4167, n_{He}^{100} 1,4200, n_β^{100} 1,4285. Säulen und Nadeln; Kp: 85,5… $7,5°/_{12…13}$; wl. in k. W, ll. in h. W; gewürzhafter Geruch; durch längeres Kochen → Tiglinsäure
Anhalamin [XXI, 199]	CH_3O, CH_3O, OH, NH (ring)	209,25 ⠀ —	186 ⠀ —	Nadeln (Al); swl. in Ä, PÄ, wl. in h. Chlf, Bzl, l. in h. W, ll. in h. Al, Aceton
Anhalin s. Hordenin				
Anhalonidin [XXI, 200]	CH_3O, CH_3O, OH, NH, CH_3 (ring)	223,27 ⠀ —	160 ⠀ —	Krist. (Bzl oder Ä); unl. in PÄ, swl. in Ä, ll. in W, Al, Chlf, h. Bzl
Anhydroekgonin s. Ekgonidin				
Anhydro-formaldehyd-anilin [XXVI, 3]	$H_2C\langle{}^{N(C_6H_5) \cdot CH_2}_{N(C_6H_5) \cdot CH_2}\rangle N \cdot C_6H_5$	315,42 ⠀ —	143 ⠀ —	Prismen (Ä) oder Nadeln (Lg); unl. in W, swl. in Al, l. in Ä, ll. in Chlf, Bzl
Anilin [E 2 XII, 46]	$C_6H_5 \cdot NH_2$	93,13 ⠀ $1,0130^{30}$	− 6,45 ⠀ 184,4	$n_\alpha^{20,7}$ 1,5786, $n_D^{20,7}$ 1,5855, $n_\beta^{20,7}$ 1,6035, Fl.; 3,61 W 18°; ∞ Al, Ä, Aceton, Chlf, Bzl; Blutgift; Anilin-pikrat F: 175° Z.; -oxalat F: > 190° Z. MAK: 5 cm³/m³, H
Anilin-N-acetat s. Acetanilid				
Anilin-N-benzoat s. Benzoesäure-anilid				
Anilin-N-formiat s. Formanilid				

Anilin-hydrochlorid [E 1 XII, 140]	$C_6H_7N \cdot HCl$	129,59 $1,0793^{232,5}$	199,2...9,3 245	Blättchen oder Nadeln; unl. in Ä, Chlf; 107 W 25°; ll. in Al; subl.
Anilin-schwefelsaures Salz [XII, 117]	$2\,C_6H_7N \cdot H_2SO_4$	284,34 $1,377^{20}$	— 181 Z	Blättchen (Al); etwa 5 W 14°; unl. in Ä, wl. in Al
Anilin-sulfosäure-(2) s. Orthanilsäure				
Anilin-sulfosäure-(3) s. Metanilsäure				
Anilin-sulfosäure-(4) s. Sulfanilsäure				
Anilin-N-sulfosäure s. Phenylsulfamidsäure				
Anilinblau (Carbinolbase) s. 4,4′,4″-Trianilino-3-Methyl-triphenylcarbinol				
Anilingelb s. 4-Amino-azobenzol				
Anilino-N-essigsäure s. N-Phenylglycin				
Anilino-N-propionsäure s. N-Phenyl-β-alanin				
Anisal-aceton [E 2 VIII, 155]	$H_3CO{-}\!\!\bigcirc\!\!{-}CH\!:\!CH \cdot COCH_3$	176,22 —	73...4 —	Blättchen (Ä); ll. in Al, Ä, Bzl. Eg
Anisal-acetophenon [E 2 VIII, 218]	$(4)\,CH_3O \cdot C_6H_4 \cdot CH\!:\!CH \cdot CO \cdot C_6H_5$	238,29 —	79 —	Gelbe Nadeln (Al); ll. in h. Me, h. Al, Ä, Chlf
Anisaldehyd [E 2 VIII, 65]	$H_3CO{-}\!\!\bigcirc\!\!{-}CHO$	136,15 $1,1192^{25}$	— 248	n_D^{25} 1,5703. Fl.; 0,2 k. W, ∞ Al, Ä ll. in SO_2; mit NH_3 → gelbe Färbung
Anisalkohol [E 2 VI, 883]	$H_3CO{-}\!\!\bigcirc\!\!{-}CH_2OH$	138,17 $1,1129^{15}_{15}$	25 258,8	Nadeln; Kp: 134°/12; l. in Al, Ä; Phenylurethan F: 91,5°
o-Anisidin [E 2 XIII, 165]	(o-OCH₃, NH₂ benzene ring)	123,16 $1,0923^{20}$	6,22 225	n_α^{20} 1,5688, n_D^{20} 1,5754, n_β^{20} 1,5924. Fl.; l. in Al; Pikrat F: 198°
o-Anisidin-N-acetat [E 2 XIII, 172]	$CH_3 \cdot CO \cdot NH \cdot C_6H_4 \cdot OCH_3$	165,19 —	79 303...5	Nadeln (W); 55,3 Al 21°, l. in Ä, sll. in h. W, Eg

10*

Name und Literatur	Formel	Mol.-Gew. Dichte	F in °C Kp. in °C	Charakteristik
m-Anisidin [E 2 XIII, 211]	$H_2N \cdot C_6H_4 \cdot OCH_3$	123,16 —	— 251	Öl; färbt sich am Licht dkl.; Pikrat F: ca 169°
m-Anisidin-N-acetat [E 1 XIII, 133]	$CH_3 \cdot CO \cdot NH \cdot C_6H_4 \cdot OCH_3$	165,19 —	80...1 —	Nadeln oder Blättchen (W); ll. in Al
p-Anisidin [E 2 XIII, 223]	$H_2N \cdot C_6H_4 \cdot OCH_3$	123,16 $1,0605^{67}$	59 243	n_α^{67} 1,5494, n_D^{67} 1,5559, n_β^{67} 1,5724. Tafeln (W); wl. in W, l. in Al; Hydrochlorid F: 215°
p-Anisidin-N-acetat [XIII, 461]	$CH_3 \cdot CO \cdot NH \cdot C_6H_4 \cdot OCH_3$	165,19 —	130...2 —	Tafeln (W); 0,17 W 15°, 12,7 Al 21,2°
Anisoin [VIII, 423]	$H_3CO-C_6H_4-CO \cdot CHOH-C_6H_4-OCH_3$	272,30 —	113 —	Prismen (verd. Al); swl. in h. W, wl. in k. Al, Ä, ll. in h. Al
Anisol [E 2 VI, 139]	$C_6H_5 \cdot OCH_3$	108,14 $0,9956^{18}$	E — 37,2 153,85	n_α^{21} 1,5124, n_D^{21} 1,5168, n_β^{21} 1,5297. Fl.; aromatischer Geruch; unl. in W, ll. in Al, Ä, l. in Chlf, CCl$_4$, Me
Anissäure [E 2 X, 91]	$H_3CO-C_6H_4-CO_2H$	152,15 1,385	185 275...80	Nadeln (W); 0,27 W 19°, zll. in h. W, sll. in Al, Ä
Anissäure-äthylester [X, 159]	$H_3CO-C_6H_4-CO_2 \cdot C_2H_5$	180,21 $1,1094_{15}^{15}$	7 269...70	Fl.; unl. in W, l. in Al, Ä
Anissäure-chlorid [X, 163]	$H_3CO-C_6H_4-COCl$	170,60 —	22 $145/_{14}$	Nadeln
Anissäure-methylester [X, 159]	$H_3CO-C_6H_4-CO_2 \cdot CH_3$	166,18 —	49...51 255	Schuppen (Al oder Ä); unl. in W

p-Anisyl-trithion [Rec. trav. chim. **81**, 581]	H_3CO— (4-Methoxyphenyl-trithion)	240,37 —	106...7 —	Krist. (Butylacetat); Absorpt.-max. 234 mμ ($\varepsilon=13\,900$), 349 mμ ($\varepsilon=21\,600$), 430 mμ ($\varepsilon=12\,300$); s. a. Ann. Chem. **557**, 84
Anol s. 4-Propenyl-phenol				
Anserin s. N-[β-Aminopropionyl]-L-methyl-histidin				
Antabus s. Bis-diäthylthiocarbamyldisulfid				
Antergan [F. P. 913 161]	$(C_6H_5)(C_6H_5CH_2)N\cdot[CH_2]_2\cdot N(CH_3)_2$	254,38 $1,019_{25}^{25}$	— 195...6/$_{0,03}$	n_D^{25} 1,5794. Fl.; Hydrochlorid F: 207...9,5°
Anthracen [E 2 V, 569]	$C_{14}H_{10}$	178,24 $1,252^0$	218 342	Tafeln (Al); unl. in W; 0,06 Al abs. 16°; 0,88 Bzl 15,5°; 1,2 Chlf 15,5°; 0,5 Ä 15,5°
Anthracen-aldehyd-(9) s. 9-Anthrylaldehyd				
Anthracenblau WR s. 1,2,4,5,6,8-Hexahydroxy-anthrachinon				
Anthracen-carbon=säure-(1) [E 2 IX, 493]	$C_{15}H_{10}O_2$	222,25 —	246 subl.	Gelbe Nadeln (Eg); unl. in W, wl. in Chlf, Bzl, l. in Al, Ä, Eg
Anthracen-carbon=säure-(2) [IX, 705]	$C_{15}H_{10}O_2$	222,25 —	> 280 subl.	Gelbe Blättchen (Al); unl. in W, wl. in Al, Chlf, Eg
Anthracen-carbon=säure-(9) [E 2 IX, 494]	$C_{15}H_{10}O_2$	222,25 —	217 Z —	Gelbe Nadeln (Bzl); unl. in k. W, wl. in h. W, l. in Al
Anthracen-dibromid-(9,10) [E 2 V, 547]	$C_{14}H_{10}Br_2$	338,05 —	— —	Krist. (Al); wl. in Al, Ä, CS_2; zers. leicht → HBr und 9-Brom-anthracen

Name und Literatur	Formel	Mol.-Gew. Dichte	F in °C Kp. in °C	Charakteristik
Anthracen-dicarbonsäure-(1,4) [E 2 IX, 692]		266,26 —	320 Z —	Hbraune Krist. (Al); wl. in W, zll. in Al
Anthrachinon [E 2 VII, 709]		208,22 1,419	285...6 379,8	Krist. (Al oder Bzl); subl.; unl. in W; 0,44 Al 25°; 2,25 sied. Al; 0,10 Ä 25°; wl. in k. Bzl, l. in h. Bzl
Anthrachinon-(1,2) [E 2 VII, 709]		208,22 —	ca 185 Z —	Dkl. braune Prismen (Bzl); wl. in h. W, Bzl; 2,9 Al 95%; l. in Chlf, sied. Eg, l. in H_2SO_4 blauviol.
Anthrachinon-aldehyd-(2) [E 2 VII ,836]		236,23 —	188...9 —	Gelbe Blättchen (Eg); swl. in k. Al, h. Ä, h. Lg, wl. in Aceton, k. Bzl, Eg, sll. in Py, Anilin
Anthrachinon-carbon= säure-(1) [X, 834]		252,23 —	293...4 —	Hgelbe Nadeln (W); swl. in Ä, wl. in h. Al, W, ll. in Aceton
Anthrachinon-carbon= säure-(2) [E 2 X, 583]	$C_{15}H_8O_4$	252,23 —	291 —	Gelbliche Nadeln (Al + Eg); swl. in Ä, Chlf, Bzl, wl. in Al, Eg, ll. in Aceton

Name	Formel	Mol.-Gew.	F (Z)	Eigenschaften
Anthrachinon-disulfo= säure-(1,5) [E 2 XI, 195]	(Strukturformel)	368,34 —	310...11 Z —	Krist. ·4 H₂O (HCl); Dichlorid (Nitro-bzl.) F: 265...70° Z.; Diamid F: > 350°
Anthrachinon-disulfo= säure-(1,6) [E 2 XI, 196]	$C_{14}H_8O_8S_2$	368,34 —	215...7 Z —	Krist. ·5 H₂O; Dichlorid F: 197...8°
Anthrachinon-disulfo= säure-(1,7) [E 2 XI, 196]	$C_{14}H_8O_8S_2$	368,34 —	120* —	Krist. ·4 H₂O; * F im Krist.-W; sll. in W; Dichlorid F: 231...2°
Anthrachinon-disulfo= säure-(1,8) [E 2 XI, 197]	$C_{14}H_8O_8S_2$	368,34 —	293...4 Z —	Krist. ·5 H₂O (W); Dichlorid F: 222...3° Z.; Diamid F: > 340°
Anthrachinon-disulfo= säure-(2,6) [E 2 XI, 198]	$C_{14}H_8O_8S_2$	368,34 —	— —	Krist. ·6 H₂O (verd. HCl); Reinigung über Anilinsalz; Dichlorid F: 250° gelbe Plättchen; Dianilid F: 321°
Anthrachinon-disulfo= säure-(2,7) [E 2 XI, 198]	$C_{14}H_8O_8S_2$	368,34 —	— —	Nicht krist.; Reinigung über Anilin-salz; Dichlorid F: 186°; Dianilid F: 192°
Anthrachinon-sulfo= säure-(1) [E 2 XI, 192]	(Strukturformel)	288,28 —	218 —	Blättchen (Eg); ll. in sied. Eg, sll. in W; Chlorid F: 218°
Anthrachinon-sulfo= säure-(2) [E 2 XI, 193]	$C_{14}H_8O_5S$	288,28 —	— —	Krist. (Eg); unl. in Ä, ll. in Al, sll. in W; Chlorid F: 193°

Anthrachryson s. 1,3,5,7-Tetrahydroxy-anthrachinon

Anthraflavinsäure s. 2,6-Dihydroxy-anthrachinon

Anthragallol s. 1,2,3-Trihydroxy-anthrachinon

Name und Literatur	Formel	Mol.-Gew. Dichte	F in °C Kp. in °C	Charakteristik
Anthrahydrochinon s. 9,10-Dihydroxy-anthracen				
Anthranil [E 2 XXVII, 17]		119,12 $1,1827^{19,8}$	< -18 210...5 g. Z	$n_\alpha^{19,8}$ 1,5769, $n_D^{19,8}$ 1,5845, $n_\beta^{19,8}$ 1,6058. Öl; l. in h. W, ll. in Al, Ä; Wdampf-flch.
Anthranil-carbonsäure s. Anthoxansäure				
Anthranilsäure [E 2 XIV, 205]		137,14 $1,367^{20}$	146,1 subl. Z*	Blättchen (Al); unl. in PÄ; 0,35 W 14°; 10,7 Al 90% 9,6°; 16,1 Ä 6,8°; 0,18 Bzl 11,4°; 9,0 Eg 13,6°; * Z.→ CO_2 und Anilin
Anthranilsäure-N-acetat [E 2 XIV, 219]		179,18 —	184...5 —	Nadeln (Eg); wl. in k. W, ll. in h. W, Al, Bzl, Ä, Aceton, h. Eg; K-salz: Nadeln (W), ll. in W
Anthranilsäure-äthyl=ester [E 1 XIV, 531]	$H_2N \cdot C_6H_4 \cdot CO_2C_2H_5$	165,19 $1,117^{20}$	13 266...8	n_α^{20} 1,5572, n_D^{20} 1,5646. Krist.; l. in Al, viol. Fluoresz.
Anthranilsäure-N-benzoat [XIV, 340]	$C_6H_5 \cdot CO \cdot NH \cdot C_6H_4 \cdot CO_2H$	241,25 —	181 —	Nadeln (Al oder Bzl); unl. in W, ll. in Al, Ä
Anthranilsäure-methyl=ester [E 2 XIV, 208]	$H_2N \cdot C_6H_4 \cdot CO_2CH_3$	151,16 $1,228^{15}$	24,5 256	n_D^{20} 1,5844. Krist.; wl. in W, ll. in Al, Ä blau fluoresz.; Wdampfflch.; riecht orangeblütenähnlich
Anthranilsäure-nitril [E 2 XIV, 210]		118,14 —	54...6 $262/_{751}$	Nadeln (PÄ); wl. in W, PÄ, ll. in Me, Al, Ä, Chlf, Aceton, Bzl, Py, CS_2
Anthranol-(9) [VII, 473]		194,24 —	163...70 —	Fbl. Nadeln (Eg); ll. in h. Bzl, l. in Al blau fluoresz.; l. in h. Alk gelb

Anthrarufin s. 1,5-Dihydroxy-anthrachinon

Anthranthron [E 2 VII, 783]	306,32 —	— subl.	Or. Krist. (Nitrobzl.); swl. in Ä, Al, Eg, Bzl, k. Nitrobzl., l. in Anilin gelb
Anthrapurpurin s. 1,2,4-Trihydroxy-anthrachinon			
Anthrol-(1) [E 2 VI, 669]	194,24 —	158 Z 250	Krist. (Bzl); braune Nadeln oder Blättchen (Al oder Eg); Kp: ca 224°/$_{13}$; l. in Al, Ä, KOH, unl. in W; mit $FeCl_3 \rightarrow$ grüne Fällung
Anthrol-(2) [E 2 VI, 669]	194,24 —	255 Z 254…8	Hgelbe Krist. (Bzl); sll. in Al, Ä, Aceton, unl. in W, l. in KOH mit gelber Farbe und grüner Fluoresz.; Acetat F: 195°
Anthron [E 2 VII, 414]	194,24 —	163…5 —	Nadeln (Eg); l. in Al blau fluoresz., ll. in h. Bzl, l. in H_2SO_4 gelb
Anthroxansäure [E 1 XXVII, 377]	163,13 —	197,5 Z Z	Nadeln (W); swl. in Bzl, wl. in Eg, ll. in Aceton, zll. in h. W; Äthylester F: 64…5°
9-Anthrylaldehyd [Org. Syntheses III, 98]	206,25 —	105 —	Gelbliche Krist. (Eg); swl. in Me

$C_{14}H_{10}O$

Antib s. p-Acetaminobenzaldehyd-thiosemicarbazon

Name und Literatur	Formel	Mol.-Gew. Dichte	F in °C Kp. in °C	Charakteristik
Antifebrin s. Acetanilid				
Antimon,				
Antimonige Säure-triäthylester [E 3 I, 1333]	$(C_2H_5O)_3Sb$	256,93 $1,524^{17}$	— $95/_{11}$	Fbl. Fl.; l. in CCl_4, sied. Bzl; zers. mit W und Al; „Triäthoxy-antimon"
-phenyl-oxid [E 2 XVI, 582]	$C_6H_5 \cdot SbO$	214,86 —	153...4 —	Krist. (Eg + Aceton); unl. in Al, Ä, Bzl, ll. in Eg, unl. in Alk
Phenyl-stibonsäure [E 2 XVI, 584]	$C_6H_5 \cdot SbO(OH)_2$	248,87 —	Z —	Krist.; swl. in Al, wl. in Aceton, l. in h. Eg, Chlf, ll. in Al, Ä
-triäthyl [E 2 IV, 618]	$(C_2H_5)_3Sb$	208,94 $1,3244^{16}$	< − 29 159,5	Fl., fbl.; zwiebelart. Geruch; unl. in W; ll. in Al, Ä; entzündet sich an der Luft
-trimethyl [E 2 IV, 1004]	$(CH_3)_3Sb$	166,86 $1,52^{15}$	− 87,6 80,6	n_D^{15} 1,48; Fl., zwiebelart. Geruch; swl. in W, verd. Al, ll. in Al, Ä, CS_2; entzündlich an der Luft
-triphenyl [E 2 XVI, 573]	$(C_6H_5)_3Sb$	353,07 $1,4075^{50}$	53 > 360	Tafeln, triklin, fbl.; unl. in W, wl. in Al, sll. in Ä, PÄ, Bzl, Chlf, Eg, CS_2; Kp: $220^0/_{12}$
Antipyrin [E 1 XXIV, 194]		188,23 $1,0879^{112,9}$	112,8 $319/_{174}$	Blättchen (Ä oder Toluol); wl. in k. Ä, Lg, Toluol, ll. in W, Al, Chlf, h. Toluol; wirkt stark antipyretisch

Antu s. N-(1-Naphthyl-)-thioharnstoff

Apigenin s. 5,7,4′-Trihydroxyflavon

Name	Struktur			Eigenschaften
Apiol [E 1 XIX, 642]	OCH$_3$ / CH$_2$·CH:CH$_2$ (Methylendioxy-Benzol, H$_2$C) OCH$_3$	222,23 / 1,176[14]	30 / 294	n_α^{14} 1,5330, n_D^{14} 1,5380, n_β^{14} 1,5510. Nadeln; unl. in W, ll. in Al, Ä
Apiose [I, 870]	(HOCH$_2$)$_2$·C(OH)·CH(OH)·CHO	150,13 / —	— / —	Sirup; $[\alpha]_D$: + 3,8° (W)
Apoatropin [XXI, 20]	CH$_3$·NC$_7$H$_{11}$·O·CO·C(:CH$_2$)·C$_6$H$_5$	271,36 / —	62 / —	Prismen (Chlf); wl. in W, l. in Lg, sll. in Al, Ä, Chlf, CS$_2$; Pikrat F: 166...8°
Apochinin [E 2 XXIII, 412]	H$_3$C·CH= … CH$_2$ CH$_2$ N … CH(OH)— (Chinolin-OH)	310,40 / —	204 / —	Nadeln (Ä); swl. in W, wl. in Ä, Aceton, ll. in Me, Al, Chlf, Bzl; $[\alpha]_D^{20}$: − 215° (Al)
Apocinchonin [E 2 XXIII, 367]	H$_3$C·CH= … CH$_2$ CH$_2$ N … CH(OH)— (Chinolin)	294,40 / —	216...7 / —	Prismen (Al); unl. in W, swl. in Ä, Lg, Bzl; 26 Al 20°; ll. in h. Al; $[\alpha]_D^{15}$: + 166,8° (Al)
Apokaffein [E 1 XXVII, 655]	(Hydantoin-Oxazolidin-Struktur; H, N, O, H$_3$C, CH$_3$)	213,15 / —	154...5 / Z	Nadeln und Blättchen (Ä + Bzl); swl. in Lg, CCl$_4$, wl. in k. W, Bzl, l. in Chlf, ll. in h. W, Me, Al, Aceton, Eg

Name und Literatur	Formel	Mol.-Gew. Dichte	F in °C Kp. in °C	Charakteristik
Apomorphin [E 2 XXI, 142]	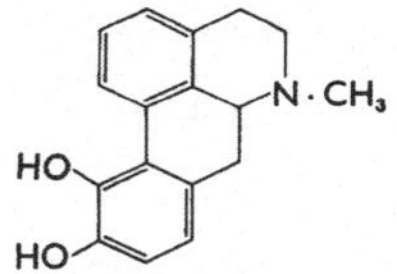	267,33 —	195 Z —	Plättchen (Chlf + PÄ); swl. in Lg, wl. in Ä, Bzl, zl. in W, ll. in Al, Aceton, Chlf
Aponal [E 1 III, 14]	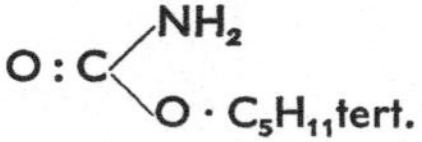	131,18 —	83...6 222...7	Nadeln, leicht flch.; swl. in W, l. in Al; campherähnlicher Geruch; Hypnotikum
Aposafranon [E 2 XXIII, 364]	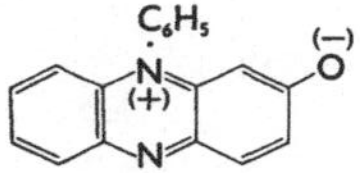	272,31 —	242 —	Rote Krist. (verd. Al); wl. in sied. W rot, sll. in Al
Apotheobromin [E 1 XXVII, 654]	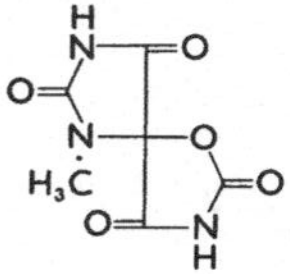	199,12 —	215...9 Z —	Prismen (W); unl. in Ä, Chlf, Lg, Bzl; 1 W 90°; sll. in Me, Al, Aceton, Eg
D(−)-Arabinose [Org. Syntheses I, 60]	H H OH $CH_2OH \cdot C \cdot C \cdot C \cdot CHO$ OH OH H	150,13 —	155...7 —	Krist. (Al 76%); $[\alpha]_D = -105°$; Osazon F: 160°; Racemat mit L-Arabinose F: 164°
L(+)-Arabinose [Org. Syntheses III, 101]	OH OH H $CH_2OH \cdot C \cdot C \cdot C \cdot CHO$ H H OH	150,13 —	158...8,5 —	Krist. (Al); $[\alpha]_D^{20}$: +105°; p-Bromphenylhydrazon F: 150...5°

	Formel			Eigenschaften
L-Arabit [E 2 I, 604]	$HOCH_2 \cdot \underset{H}{\overset{OH}{C}} \cdot \underset{H}{\overset{OH}{C}} \cdot \underset{OH}{\overset{H}{C}} \cdot CH_2OH$	152,15 —	102 —	Warzen; schmeckt süß; ll. in W, sied. Al 90%; ca 1,8 Al 90% · 12°
D-Arabonsäure [E 2 III, 303]	$HOCH_2 \cdot \underset{OH}{\overset{H}{C}} \cdot \underset{OH}{\overset{H}{C}} \cdot \underset{H}{\overset{OH}{C}} \cdot CO_2H$	166,13 —	— —	Sirup; $[\alpha]_D$: $+\,18{,}7°$ (Anfangswert) $\rightarrow$ $+\,48{,}6°$ (Endwert nach 48 Stunden Lsg. des Ba-salzes in $1\,n\,HCl$; $c = 4$); Erwärmen $\rightarrow$ Lacton F: 97°
Arachidonsäure [E 2 II, 469]	$CH_3 \cdot [CH_2]_4 \cdot CH : CH \cdot CH_2 \cdot CH : CH \cdot CH_2 \cdot CH : CH \cdot CH_2 \cdot CH : CH \cdot [CH_2]_3 \cdot CO_2H$	304,48 —	— —	n_D^{23} 1,5563. Gelbliche Fl.; fischart. anhaftender Geruch; unbeständig; mit Br_2 in org. Lösm. $\rightarrow$ Octabromid
Arachinalkohol s. Eikosanol-(1)				
Arachinsäure [E 3 II, 1064]	$CH_3 \cdot [CH_2]_{18} \cdot CO_2H$	312,54 $0{,}824^{100}$	76,1…3 214…5/₂	n_D^{100} 1,4250. Als Glycerid in zahlreichen Pflanzen; Methylester F: 46…7°, Kp: 215…6°/₁₀; Äthylester F: 40,4°; Kp: 186…7°/₂
Arachinsäure-äthylester [E 2 II, 370]	$CH_3 \cdot [CH_2]_{18} \cdot CO_2C_2H_5$	340,59 —	41,5…2,5 —	Krist.
Arasan s. Tetramethyl-thiuramdisulfid				
Arbutin [XXXI, 210]		272,26 —	199…200 —	Nadeln $\cdot 1\,H_2O$ (W); swl. in Ä, wl. in k. W, Al, ll. in h. W; $[\alpha]_D^{25}$: $-\,63{,}5°$ (W)
Arecaidin [E 1 XXII, 489]		141,17 —	232 Z —	Tafeln (verd. Al); unl. in Ä, Chlf, Bzl, swl. in Al, ll. in W, verd. Al

Name und Literatur	Formel	Mol.-Gew. Dichte	F in °C Kp. in °C	Charakteristik
Arecolin [E 2 XXII, 12]	(Formel: Tetrahydropyridin mit $CO_2 \cdot CH_3$ und $N \cdot CH_3$)	155,19 —	— 209	Öl; l. in W, Al, Ä, Chlf; Wdampfflch.; giftig
L(+)-Arginin [E 2 IV, 845]	$HN : C(NH_2) \cdot NH \cdot [CH_2]_3 \cdot CH(NH_2) \cdot CO_2H$	174,20 —	Z 238 —	Tafeln (Al 66%); $[\alpha]_D^{20}$: $+ 12,1\ldots12,2°$ (W, c=2) 17,6 W 21°; wl. in Al; Prismen $\cdot 2H_2O$ (W); wird bei 105° wfrei; Dipikrat F:160°; zers. bei 200°
L(+)-Arginin-hydro= chlorid [E 2 IV, 847]	$C_6H_{14}O_2N_4 \cdot HCl$	210,67 —	219…22 Z 230…5	Krist. (Al 70% + Ä); Prismen (Al); $[\alpha]_D^{20}$: $+ 11,3°$ (W, c = 5); ll. in W
Arsen Äthylarsin [E 2 IV, 980]	$C_2H_5 \cdot AsH_2$	106,00 $1,217^{22}$	— 36	Fl.; unangenehmer, durchdringender Geruch; 0,013 W 19°, l. in Al, Ä; giftig
Äthylarsin-dichlorid [E 2 IV, 981]	$C_2H_5 \cdot AsCl_2$	174,89 $1,7420^{14,5}$	— 152,5…3	$n_\alpha^{14,5}$ 1,5537, $n_D^{14,5}$ 1,5588, $n_\beta^{14,5}$ 1,5713. Fl.; obstart. Geruch; ∞ Al, Ä, Bzl, zll. in W; wss. Lsg. zers.; reizt heftig Schleimhäute und wirkt blasen- ziehend auf der Haut; Gaskampfstoff
Arsanilsäure [E 2 XVI, 491]	$H_2N \cdot C_6H_4 \cdot AsO(OH)_2$	217,06 $1,9571^{20}$	Z * —	Nadeln (W oder Al); swl. in Ä, Aceton, Chlf, Bzl, wl. in k. W, k. Al, Eg, ll. in sied. W, sied. Al + Me, Alk; spaltet bei 150° $1H_2O$ ab; * F: 232° Z. Na- salz= „Atoxyl“, N-acetat= „Ars= acetin“

Arsenige Säure-triäthylester [E 2 I, 332]	$(C_2H_5O)_3As$	210,11 1,2118[13]	— 167,5...8,5	n_α^{13} 1,4342, n_D^{13} 1,4369, n_β^{13} 1,4435. Fl.; zers. mit W
Arsenige Säure-trimethylester [E 3 I, 1208]	$(CH_3O)_3As$	168,03 1,4247[14]	— 127...8/730	n_α^{14} 1,4417, n_D^{14} 1,4456, n_β^{14} 1,4518
Arsenige Säure-triphenylester [E 2 VI, 168]	$(C_6H_5O)_3As$	354,24 1,384[20]	E 31 305/30	Gelbes Öl; ll. in Bzl, Chlf; zers. sofort mit W
Arsenobenzol [E 2 XVI, 549]	$C_6H_5 \cdot As : As \cdot C_6H_5$	304,06 —	212...3 —	Nadeln (Bzl); unl. in W, Ä, swl. in Al, l. in Chlf, Bzl, CS_2
Arseno-essigsäure [Org. Syntheses I,66]	$As \cdot CH_2 \cdot CO_2H$ $\overset{..}{As} \cdot CH_2 \cdot CO_2H$	267,93 —	Z 205 —	Gelbe Nadeln; unl. in W, Al, Ä, Aceton, Chlf, ll. in Py, verd. NaOH
2,2'-Arseno-furan [Dunlop, 205]	(Difurylarsen-Struktur: Furyl·As : As·Furyl)	283,98 —	87 —	Krist.
4,4'-Arseno-o-kresol [XVI, 889]	(Bis-(hydroxy-methyl-phenyl)-arsen: HO–·As : As·–OH mit CH_3)	364,11 —	— —	Gelbrotes Pulver; unl. in Chlf, Bzl, ll. in Al, Ä, Aceton, NaOH
4,4'-Arseno-phenol [XVI, 889]	(Bis-(hydroxyphenyl)-arsen: HO–·As : As·–OH)	336,06 —	> 200Z —	Gelbbraunes Pulver; unl. in Chlf, Bzl, ll. in Al, Ä, Aceton, NaOH
2,2'-Arseno-thiophen [E 2 XVIII, 508]	(Dithienylarsen: Thienyl·As : As·Thienyl)	316,11 —	Z —	Gelbes amorphes Pulver; unl. in Al, Ä, Aceton, Chlf
Arsensäure-triäthyl=ester [E 2 I, 332]	$(C_2H_5O)_3AsO$	226,11 1,3264[0]	— 235...8	Fl.; mit W → Al + Arsensäure
Arsensäure-trimethyl=ester [I, 287]	$(CH_3O)_3AsO$	184,02 1,5591[14,5]	— 213...5	Fl.

Name und Literatur	Formel	Mol.-Gew. Dichte	F in °C Kp. in °C	Charakteristik
Arsen				
Arsono-essigsäure [E 2 IV, 999]	$HO_2C \cdot CH_2 \cdot AsO(OH)_2$	183,98 —	152 Z —	Krist. (W oder Eg); 66 W 18°; swl. in Ä, Chlf, Egester, Lg, Bzl, sll. in Al
Arsono-essigsäure-monomethylester [E 2 IV, 1000]	$CH_3O_2C \cdot CH_2 \cdot AsO(OH)_2$	198,01 —	127 —	Nadeln (W); swl. in Ä, sll. in W, Me
4-Arsono-phenyl=essigsäure [E 2 XVI, 480]	$HO_2C \cdot CH_2 \cdot C_6H_4 \cdot AsO(OH)_2$	260,08 —	195 Z —	Blättchen (W); wl. in k. W, l. in h. W
Arsono-propionsäure [E 2 IV, 1000]	$HO_2C \cdot CH(CH_3) \cdot AsO(OH)_2$	198,01 —	134…5 Z —	Krist. (W); wl. in Ä, Chlf, Bzl, ll. in W, Al
Bis-dimethylarsin-oxid [E 2 IV, 989]	$(CH_3)_2As \cdot O \cdot As(CH_3)_2$	225,98 $1,486^{15}$	− 57 150…1	n_α^9 1,5206, n_D^9 1,5255, n_β^9 1,5384. Fl.; unerträglicher, durchdringender Geruch; wl. in W, ll. in Al, Ä; greift Augen und Atmungsorgane an; „Kakodyloxid"
Bis-dimethylarsin-sulfid [E 2 IV, 608]	$(CH_3)_2As \cdot S \cdot As(CH_3)_2$	242,05 —	< − 40 211	Öl; widerlicher Geruch; swl. in W, ll. in Al, Ä; Wdampfflch.; „Kakodyl=sulfid"
2-Chlor-hepten-(1)-arsonsäure [E 2 IV, 998]	$CH_3 \cdot [CH_2]_4 \cdot CCl : CH \cdot AsO(OH)_2$	256,56 —	115 —	Nadeln (W); „Solarson" ist 1 % Lsg. des Ammoniumsalzes; „Heptinchlor=arsinsäure"
Chlorvinylarsin-dichlorid [E 2 IV, 985]	$CHCl : CH \cdot AsCl_2$	207,32 $1,8954^{10,6}$	E − 13 190	$n_\alpha^{10,6}$ 1,6075, $n_D^{10,6}$ 1,6138, $n_\beta^{10,6}$ 1,6305. Fl.; Kp: 76…7°/$_{12,5}$; 0,05 W; ll. in Al, l. in org. Lösm.; reizt Augen und Atmungsorgane heftig; zieht Blasen auf der Haut; „Lewisit"

Verbindung	Formel	Molmasse / Dichte	Schmp. / Sdp.	Eigenschaften
Diäthylarsin [E 2 IV, 980]	$(C_2H_5)_2AsH$	134,05 —	— 105	Fl., knoblauchart. Geruch; oxidiert sofort an der Luft
3,3'-Diamino-4,4'-dihydroxy-arseno-benzol [E 2 XVI, 560]	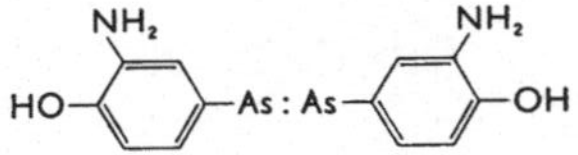 $HO-C_6H_3(NH_2)-As\!:\!As-C_6H_3(NH_2)-OH$	366,08 —	— —	Blaßgelbes Pulver, unl. in W, Ä, l. in HCl als Dichlorhydrat „Salvarsan"; krist. aus Me/HCl mit $1CH_3OH$; ll. in W; Z. 185...95° n_D^{20} 1,6153. Fl.
Di-2-furyl-arsin-chlorid [Dunlop, 204]	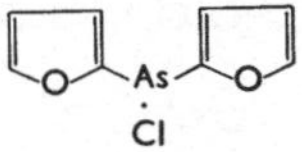 (2-Furyl)$_2$AsCl	244,51 $1{,}598^{20}$	— $152...4/_{18}$	
Dimethylarsin [E 2 IV, 978]	$(CH_3)_2AsH$	106,00 $1{,}213^{29}$	— $35{,}6/_{747}$	Fl.; ∞ Al, Ä, Chlf, Bzl; entzündet sich an der Luft $> 10°$; „Kakodylwasserstoff"
Dimethylarsin-chlorid [E 2 IV, 987]	$(CH_3)_2AsCl$	140,44 $1{,}5046^{12,5}$	< -45 106,5...7	$n_\alpha^{12,5}$ 1,5155, $n_D^{12,5}$ 1,5203, $n_\beta^{12,5}$ 1,5324. Fl.; furchtbarer Geruch; ∞ Al, unl. in W, Ä; zers. an der Luft; giftig; „Kakodylchlorid"
Dimethylarsinsäure [E 2 IV, 993]	$(CH_3)_2AsO(OH)$	138,00 —	200 —	Krist. (Bzl oder Al); 82,9 W 22°; 15,4 Al 15°; 82,0 in 100 g sied. Al; unl. in Ä; sehr beständig gegen Oxid.-mittel; geruchlos; „Kakodylsäure"
Dimethylarsin-trichlorid [E 2 IV, 994]	$(CH_3)_2AsCl_3$	211,35 —	Z 40...50* ·	Säulen (Ä); l. in abs. Ä, CS_2; durch W und Al zers.; raucht an der Luft; * $\to$ Methyldichlorarsin und Methylchlorid; „Kakodyl-trichlorid"
Diphenylarsin [XVI, 827]	$(C_6H_5)_2AsH$	230,14 —	— $163/_{20}$	Öl; unl. in W, l. in Al, Ä; oxid.
Diphenylarsin-chlorid [E 2 XVI, 430]	$(C_6H_5)_2AsCl$	264,59 $1{,}3760^{56}$	40...1 $180/_{10}$	n_α^{56} 1,6256, n_D^{56} 1,6332, n_β^{56} 1,6525. Krist. (PÄ); unl. in W, ll. in Al, Ä, Bzl, wl. in h. NaOH; „Blaukreuzkampfstoff"

Name und Literatur	Formel	Mol.-Gew. Dichte	F in °C Kp. in °C	Charakteristik
Arsen				
Diphenylarsinsäure [E 2 XVI, 443]	$(C_6H_5)_2AsO(OH)$	262,14 / 1,545	178 / —	Prismen (Al); wl. in k. W, Ä, Bzl, ll. in h. W, h. Al
2-Furan-arsonsäure [Dunlop, 204]	(Furan)–AsO_3H_2	192,00 / —	133 / —	Krist.
2-Furyl-arsin-dichlorid [Dunlop, 204]	(Furan)–$AsCl_2$	212,90 / $1,817^{20}$	— / $102{...}3/_{18}$	n_D^{20} 1,6134. Fl.
2-Furyl-arsinoxid [Dunlop, 204]	(Furan)–AsO	157,99 / —	148...50 / —	Krist.
Methylarsin [E 2 IV, 978]	$CH_3 \cdot AsH_2$	91,97 / —	— / 2	Fl.; ∞ Al, Ä, CS_2; 0,0085 W; riecht unangenehm durchdringend; bildet Nebel an der Luft; giftig
Methylarsin-dichlorid [E 2 IV, 979]	$CH_3 \cdot AsCl_2$	160,86 / $1,8471^{14,5}$	— 42,5 / 132...3	$n_\alpha^{14,5}$ 1,5624, $n_D^{14,5}$ 1,5677, $n_\beta^{14,5}$ 1,5814. Fl.; ll. in Al, org. Lösm., wl. in W; durch W Z.; Gaskampfstoff; greift Schleimhäute an
Methylarsinoxid [E 2 IV, 992]	$CH_3 \cdot AsO$	105,96 / —	95 / ca 275 Z	Krist. (Al); l. in CS; etwas Wdampf-flch.
Methylarsonsäure [E 2 IV, 996]	$CH_3 \cdot AsO(OH)_2$	139,97 / —	160...1 / —	Tafeln (Al); ll. in W, l. in Al; starke Säure; Dinatriumsalz $\cdot 6 H_2O$; ,,Arrhenal''
4-Hydroxyphenyl-arsin [E 1 XVI, 432]	$HO \cdot C_6H_4 \cdot AsH_2$	170,04 / —	Z 155 / —	Gelbliche Nadeln; wl. in W, Al, Ä, l. in NaOH
Phenylarsin [E 2 XVI, 403]	$C_6H_5 \cdot AsH_2$	154,04 / $1,349^{25}_{25}$	— / 148	n_D^{25} 1,6082. Stark lichtbrechendes Öl; ll. in Al, Ä; greift die Haut an; oxid.

Name [Lit.]	Formel	Mol.-Gew. / d	Schmp./Sdp.	Eigenschaften
Phenylarsindichlorid [E 2 XVI, 411]	$C_6H_5 \cdot AsCl_2$	222,93 $1,6561^{15,3}$	— 254,4...7,6	$n_\alpha^{15,3}$ 1,6313, $n_D^{15,3}$ 1,6386, $n_\beta^{15,3}$ 1,6575. Stark lichtbrechende Fl.; zwl. in W, l. in Ä, Bzl, ll. in Al; greift die Schleimhäute an
Phenylarsinoxid [E 2 XVI, 442]	$C_6H_5 \cdot AsO$	168,03 —	144...6 —	Krist. (Bzl + Al); unl. in W, Ä, wl. in k. Al, ll. in h. Al, h. Bzl, Chlf
Phenylarsonsäure [E 2 XVI, 457]	$C_6H_5 \cdot AsO(OH)_2$	202,04 1,760	156...8 Z* —	Säulen (W); 3,25 W 28°; 24 W 84°; 15,5 Al 95% 26°; 55,4 Al 95% 68°; * → Anhydrid
p-Phenylendiarson=säure [E 2 XVI, 462]	$C_6H_4[AsO(OH)_2]_2$	325,97 $2,2025^{20}$	Z > 360 —	Krist. (W oder Eg); unl. in Ä, Aceton, Bzl, swl. in Al
N-Phenylglycinamid-arsonsäure-(4) [E 2 XVI, 497]	$H_2N \cdot CO \cdot CH_2 \cdot NH{-}C_6H_4{-}AsO_3H_2$	260,10 —	Z 280 —	Platten (W); Z. ab 280°; ll. in h. W, l. in sied. Eg, wl. in h. Al, unl. in k. Aceton, Chlf; Na-salz: „Tryparsamid, Tryparsone, Trypothane" gegen Trypanosomenerkrankungen; lichtempfindliches Pulver, ll. in W, swl. in Al, unl. in Ä, Chlf
Tetramethyl-diarsin [E 2 IV, 1002]	$(CH_3)_2As \cdot As(CH_3)_2$	209,98 $1,447^{15}$	−5 163	Öl; widerlicher Geruch; wl. in W; entzündet sich an der Luft; „Kakodyl"
Tetraphenyl=arsoniumchlorid-hydrochlorid [Org. Syntheses 30, 95]	$(C_6H_5)_4AsCl \cdot HCl$	455,26 —	204...8 —	Krist. (verd. HCl); swl. in Ä
Tetraphenyl-diarsin	$(C_6H_5)_2 \cdot As \cdot As(C_6H_5)_2$	458,27 —	135 —	Krist.; wl. in Al, Ä; leicht an der Luft oxid.; zerfällt beim Erhitzen in Triphenylarsin und As
Triäthylarsin [E 2 IV, 980]	$(C_2H_5)_3As$	162,11 $1,0791^{15,3}$	— 140	$n_\alpha^{15,3}$ 1,4741, $n_D^{15,3}$ 1,4777, $n_\beta^{15,3}$ 1,4871. Fl.; unangenehmer Geruch; ∞ Al, Ä, unl. in W

Name und Literatur	Formel	Mol.-Gew. Dichte	F in °C Kp. in °C	Charakteristik
Arsen				
Tri-2-furyl-arsin [Dunlop, 204]	(Formel)	228,13 —	35 $158{\ldots}9/_{12}$	Krist.
Trimethylarsin [E 2 IV, 978]	$(CH_3)_3As$	120,03 $1,124^{22}$	— $50{\ldots}2$	Fl.; sehr giftig; oxid. an der Luft
Triphenylarsin [E 2 XVI, 407]	$(C_6H_5)_3As$	306,24 1,306	61 $> 360*$	Tafeln (Bzl oder PÄ); unl. in W, wl. in k. Al, ll. in Ä, Bzl; * unter CO_2
Arterenol [XIII, 830]	$CH(OH)\cdot CH_2\cdot NH_2$ (Formel)	169,18 —	216...8 Z —	Weißes Kristallmehl; wl. in W, Al, Ä, ll. in verd. S, Alk; $[\alpha]_D^{25}$: — 37,3° (W, c = 3 + 1 Äquivalent HCl); Hydrochlorid F: 146,8...7,4°; ll. in W
Asaron s. 2,4,5-Trimethoxy-propen-(1)-yl-benzol Asaronsäure s. 2,4,5-Trimethoxy-benzoesäure				
D,L-Ascorbinsäure [Helv. Chim. Acta **17**, 311]	(Formel)	176,13 —	168...9 —	Krist.
L-Ascorbinsäure [Helv. Chim. Acta **17**, 311]	(Formel)	176,13 —	190 Z —	Krist. (W); unl. in Ä, Chlf, Bzl, PÄ, ll. in W, Al; $[\alpha]_D^{18}$: + 49° (Me); mit $FeCl_3 \to$ viol.
Askaridol [E 2 XIX, 18]	H_3C—(Formel)—$CH(CH_3)_2$	168,24 $1,0120^{15}$	3 $108{\ldots}10/_{15}$	Fl.; riecht nach Campher; $[\alpha]_D^{15}$: — 0,5°; Z. 130...50° heftig
L-Asparagin [E 2 IV, 896]	$HO_2C\cdot CH(NH_2)\cdot CH_2\cdot CONH_2$	132,12 $1,543^{14,8}$	225* —	Krist. $\cdot 1\,H_2O$; $[\alpha]_D^{34}$: — 6,7° (W, p = 2); 0,87 W 0°, 2,14 W 20°; unl. in Me, Al, Ä, Bzl; * Maquennesch. Block

Name	Formel			Eigenschaften
DL-Asparaginsäure [IV, 472]	$HO_2C \cdot CH(NH_2) \cdot CH_2 \cdot CO_2H$	133,10 —	270...1 Z —	Diäthylester: Öl von butterähnlichem Geruch: Kp: 126...7/10
L(+)-Asparaginsäure [E 2 IV, 892]	$HO_2C \cdot \overset{\underset{\cdot}{H}}{\underset{\underset{\cdot}{NH_2}}{C}} \cdot CH_2 \cdot CO_2H$	133,10 —	270...1 * —	l. in W; $[\alpha]_D^{20}$: $+4,36$ (W, c = 0,53), $[\alpha]_D^{18}$: $+25,0°$ (in 10 mol HCl), $-18,8°$ (in 1 mol NaOH); Dimethylester Kp: 119...20/15; Diäthylester Kp: 126,5°, $[\alpha]_D^{20}$: $-9,50°$ (unverdünnt); * im geschl. Röhrchen
Aspergillussäure [J. Chem. Soc., 1949, 126]		224,31 —	97,9 —	Hgelbe Krist. (Al); $[\alpha]_D^{24}$: $+13°$; mit $FeCl_3 \rightarrow$ rot
Aspirin s. Acetyl-salicylsäure				
Astacin [XXX, 102]	$C_{40}H_{48}O_4$ Formel 6, S. 923	592,83 —	241 —	Viol. Nadeln (verd. Py); unl. in W, swl. in Al, Ä, PÄ, wl. in Bzl, Eg, zll. in CS_2, ll. in Chlf, Dioxan, Py rot; Diacetat F: 235° (Z.)
Astaxanthin [XXX, 102]	$C_{40}H_{52}O_4$	596,86 —	215,5...6 Z —	Krist. (Py + W); wl. in W, PÄ, l. in Me, Aceton; Carotinoid; Diacetat F: 203...5°
dl-Atebrin [Z. angew. Chem. 47, 633]		399,97 —	86...8 —	Krist.; unl. in Ä, wl. in Aceton; Dihydrochlorid F: 248...50°
l-Atebrin [Z. angew. Chem. 47, 633]	s. dl-Atebrin	399,97 —	— —	Gelbliches Öl; $[\alpha]_D^{17}$: $-197°$ (Al); Dihydrochlorid F: 244...5° Z.

Name und Literatur	Formel	Mol.-Gew. Dichte	F in °C Kp. in °C	Charakteristik
Atophan [E 2 XXII, 70]	(Chinolin-Struktur: CO_2H, N, C_6H_5)	249,27 —	215,1 Z*	Nadeln (verd. Al); swl. in W, PÄ, wl. in Bzl, ll. in h. Al; schmeckt bitter; * → 2-Phenyl-chinolin
ATP s. Adenosintriphosphorsäure				
dl-Atrolactinsäure [X, 259]	$C_6H_5 \cdot C(CH_3)(OH) \cdot CO_2H$	166,18 —	94...5 —	Nadeln (Lg); Krist. $\cdot \frac{1}{2} H_2O$ (W), F: 75°; ∞ h. W, ll. in k. W
Atropamin s. Apoatropin				
Atropasäure [E 2 IX, 407]	$C_6H_5 \cdot C(: CH_2) \cdot CO_2H$	148,16 —	107...8 267 Z	Nadeln (W); 0,13 k. W, l. in Al; Wdampfflch.
Atropin [E 2 XXI, 19]	H_2C—CH—CH_2 / N·$CH_3CHO_2C \cdot CH(C_6H_5) \cdot CH_2OH$ / H_2C—CH—CH_2	289,38 —	115...6 subl.	Nadeln (verd. Al); 0,16 W 18°; 2,3 Ä 20°; 67 Chlf 20°; 4 Bzl 20°; ll. in Al, Toluol; starkes Gift
Atroscin [E 1 XXVII, 248]	CH-CH—CH_2 / O⟨ N(CH_3) CH·O·CO·CH(C_6H_5)·CH_2·OH / CH-CH—CH_2	303,36 —	38...40 —	Nadeln $\cdot 2H_2O$ (verd. Al); 33,3 Ä 15°; Pikrat F: 177,5...8,5°
Auramin [XIV, 91]	$[(CH_3)_2N \cdot C_6H_4]_2C : NH$	267,38 —	136 —	Blättchen (Al); 7,2 Al 96% 20°; 3,2 Ä 20°; ll. in h. Ä
Aureomycin s. Tetracyclin-7-chlor				
Aurin [E 2 VIII, 418]	$O : C_6H_4 : C(C_6H_4 \cdot OH)_2$	290,32 —	295...300 Z —	Rote Krist.; wl. in W, Ä, l. in Al; l. in Alk carminrot
Aurin-tricarbonsäure-Ammoniumsalz [E 2 X, 775]	(Chinoid-Struktur: O=, C, OH, CO_2NH_4, $CO_2 \cdot NH_4$)$_2$	473,44 —	— —	Schw.braune Krist.; swl. in Ä, Aceton, Chlf, wl. in h. Al, l. in W; Reagenz auf Aluminium

Name	Formel	Mol.-Gew. / d	F / Kp	Eigenschaften
Auxin a [Z. physiol. Chem. **235**, 201]	CH_3 $CH_3 \cdot CH_2 \cdot \overset{.}{CH} \cdot CH—C \cdot CH(OH)CH_2 \cdot$ $[CHOH]_2 \cdot CO_2H$ CH_2 $CH_3 \cdot CH_2 \cdot CH \cdot CH—CH$ $\overset{.}{CH_3}$	328,45 —	196 —	Hexagonale Krist. (Al + Lg); unl. in PÄ, Bzl, wl. in W, Ä, l. in Me, Al, Egester, zers. mit Alk; $[\alpha]_D^{20}$: $-3,19°$ (Al); Stoff und Formel wahrscheinlich falsch
Auxin b [Z. physiol. Chem. **225**, 215]	CH_3 $CH_3 \cdot CH_2 \cdot \overset{.}{CH} \cdot CH—C \cdot CH(OH) \cdot CH_2 \cdot$ $CO \cdot CH_2 \cdot CO_2H$ CH_2 $CH_3 \cdot CH_2 \cdot CH \cdot CH—CH$ $\overset{.}{CH_3}$	310,44 $1,269^{20}$	183 —	Krist. (Al + Lg); $[\alpha]_D^{20}$: $-2,8°$; Stoff und Formel wahrscheinlich falsch
Avertin s. Tribromäthanol				
Axerophtol s. Vitamin A				
Azafrin [XXX, 115]	$C_{27}H_{38}O_4$ Formel 7, S. 923	426,60 —	212 Z —	Or.rote Krist. (Bzl); unl. in W, wl. in Ä, l. in Al, Chlf, Eg, Bzl; $[\alpha]_{644}^{20}$: $-75,0°$ (Al); l. in Alk gelb; Methylester F: 193°
Azelainsäure [E 2 II, 602]	$HO_2C \cdot [CH_2]_7 \cdot CO_2H$	188,23 $1,225^{25}$	107 $> 360.$	$n_\alpha^{110,6}$ 1,42807, $n_\beta^{107,3}$ 1,43554. Blättchen; Kp: 225,5°/$_{10}$; 0,24 W 20°; 2,2 W 65°; ∞ sied. W; ll. in Al; 1,35 Ä 11°; 1,93 Ä 15°
Azelainsäure-dinitril [Org. Syntheses 34, 4]	$NC \cdot (CH_2)_7 \cdot CN$	150,23 —	— $175...6/_6$	n_D^{25} 1,4443...1,4448. Fl.; ll. in Ä
Azidoschwefelkohlenstoff [E 2 III, 160]	$(N_3 \cdot CS)_2S_2$	236,32 —	— —	Krist.; 0,03 W 25°; ll. in Aceton, l. in Me, Al, Ä, wl. in Bzl, CS_2; sehr explosiv und empfindlich gegen Schlag und Hitze; unbeständig

Name und Literatur	Formel	Mol.-Gew. Dichte	F in °C Kp. in °C	Charakteristik
2-Azido-toluol [E 2 V, 273]	$N_3 \cdot C_6H_4 \cdot CH_3$	133,15 $1,0709^{22,2}$	< -10 expl.	Blaßgelbes Öl; Kp: 70...1°/$_{12}$; l. in Ä, Wdampfflch.
3-Azido-toluol [E 2 V, 273]	$N_3 \cdot C_6H_4 \cdot CH_3$	133,15 —	— 92,5/$_{31}$	Öl; Kp: 78°/$_{14}$; l. in Ä; Wdampfflch.
4-Azido-toluol [E 2 V, 273]	$N_3 \cdot C_6H_4 \cdot CH_3$	133,15 $1,0527^{22,5}$	— $Z \sim 180$	Gelbes Öl; anisart. Geruch; Kp: 72°/$_{12}$; l. in Ä; Wdampfflch.
ω-Azidotoluol s. Benzylazid				
Azimidobenzol s. Benztriazol				
o,o′-Azobenzoesäure [E 2 XVI, 287]	$HO_2C \cdot C_6H_4 \cdot N : N \cdot C_6H_4 \cdot CO_2H$	270,25 —	245 Z —	Gelbe Nadeln (Al); unl. in Bzl, wl. in h. W, l. in k. Al, ll. in h. Al
m,m′-Azobenzoesäure [XVI, 233]	$HO_2C \cdot C_6H_4 \cdot N : N \cdot C_6H_4 \cdot CO_2H$	270,25 —	ca 340 Z —	Gelbe Nadeln (Eg); 0,24 sied. Al 88%; Dimethylester F: 163°
p,p′-Azobenzoesäure [XVI, 236]	$HO_2C \cdot C_6H_4 \cdot N : N \cdot C_6H_4 \cdot CO_2H$	270 25 —	ca 330 Z —	Rote Nadeln (Eg); unl. in W, Al, Ä; sehr beständig; Dimethylester F: 242°
Azobenzol [E 2 XVI, 4]	$C_6H_5 \cdot N : N \cdot C_6H_5$	182,23 $1,0362^{78,1}$	68,5 293	$n_\alpha^{78,1}$ 1,6266. Or.rote Blättchen (Al); wl. in W; 4,8 Me 15°; 9,3 Al 25°; ll. in Al, Ä, Lg
Azobenzol-carbon= säure-(2) [E 2 XVI, 97]	$C_6H_5 \cdot N : N \cdot C_6H_4 \cdot CO_2H$	226,24 —	97...8 Z*	Or. Tafeln (Bzl); ll. in Al, Ä, Eg, Bzl; * → CO_2-Abspaltung
Azobenzol-carbon= säure-(4) [E 1 XVI, 289]	$C_6H_5 \cdot N : N \cdot C_6H_4 \cdot CO_2H$	226,24 —	248...9,5 —	Rote Tafeln (Al); wl. in Lg, CS_2, l. in Ä, Chlf, h. Bzl, Eg
Azobenzol-dicarbonsäure s. Azobenzoesäure				

Verbindung	Formel	Mol.-Gew.; Dichte	Smp.; Sdp.	Eigenschaften
1,1'-Azo-bis-[1-cyclo=hexannitril] [Org. Syntheses 32, 16]	(Strukturformel: CN, CN; Cyclohexylringe mit $N:N$)	244,34 —	113,5...5,5 —	Krist. (Al); zers.
Azodicarbonamid [E 2 III, 99]	$H_2N \cdot CO \cdot N:N \cdot CO \cdot HN_2$	116,08 —	Z 180...200* —	Or. Nadeln (W); swl. in h. W, unl. in k. W, org. Lösm.; * → Cyanursäure und NH_3
Azodicarbonsäure-diäthylester [E 2 III, 98]	$C_2H_5O_2C \cdot N:N \cdot CO_2C_2H_5$	174,16 —	— 115...20/$_{16}$	Or.gelbes Öl; l. in Ä; Wdampfflch. unter teilweiser Z.
Azo-isobuttersäure-dinitril [IV, 563]	$NC \cdot C(CH_3)_2 \cdot N:N \cdot C(CH_3)_2 \cdot CN$	164,21 —	105...6 Z —	Weiße Nadeln oder Prismen (Ä); ll. in Al, Ä, unl. in W; Initiator für Radikalreaktionen
Azomethan [E 2 IV, 966]	$CH_3 \cdot N:N \cdot CH_3$	58,08 $0,744^0_{15}$	E —78 $1,5/_{751}$	Gas; ll. in W, ∞ org. Lösm.; explosiv; Spaltung mit HCl → Methylhydr=azin und HCHO
1,1'-Azonaphthalin [E 1 XVI, 231]	$C_{10}H_7 \cdot N:N \cdot C_{10}H_7$	282,35 —	186,6 subl.	Rote Nadeln (Eg); wl. in Al, ll. in Eg, sll. in Bzl
2,2'-Azonaphthalin [E 2 XVI, 16]	$C_{10}H_7 \cdot N:N \cdot C_{10}H_7$	282,35 —	208...9 subl.	Or.gelbe Nadeln (Al); swl. in Me, Al, Ä, l. in Chlf, h. Bzl
p,p'-Azophenetol [XVI, 112]	$H_5C_2O \cdot C_6H_4 \cdot N:N \cdot C_6H_4 \cdot OC_2H_5$	270,33 —	160 subl.	Rote Krist.; wl. in k. Al, Bzl, ll. in h. Al, Bzl, sll. in Ä, Chlf; Wdampfflch.
Azophenin [E 2 XIV, 83]	(Strukturformel: Chinondiimin mit $N \cdot C_6H_5$, $NH \cdot C_6H_5$, $C_6H_5 \cdot NH$, $N \cdot C_6H_5$)	440,55 —	253 —	Rote Nadeln (Bzl); unl. in Al, Ä, k. Bzl, l. in Chlf, h. Bzl; unl. in Alk

Azophenol s. Dihydroxy-azobenzol

Name und Literatur	Formel	Mol.-Gew. Dichte	F in °C Kp. in °C	Charakteristik
2,2′-Azo-toluol [E 2 XVI, 19]	$CH_3 \cdot C_6H_4 \cdot N : N \cdot C_6H_4 \cdot CH_3$	210,28 1,0220[65]	55,4 —	n_α^{65} 1,6186. Rote Krist. (Al oder Ä); 6,03 Al 14,5°; 147,66 Ä 16,5°; ll. in Chlf, Bzl, CS_2; Wdampfflch.
3,3′-Azo-toluol [E 2 XVI, 20]	$CH_3 \cdot C_6H_4 \cdot N : N \cdot C_6H_4 \cdot CH_3$	210,28 1,0123[66,2]	54…5 —	$n_\alpha^{66,2}$ 1,6152. Or.rote Krist. (Al); ll. in Al, Ä, Bzl
4,4′-Azo-toluol [E 2 XVI, 21]	$CH_3 \cdot C_6H_4 \cdot N : N \cdot C_6H_4 \cdot CH_3$	210,28 —	145 —	Gelbe Nadeln (PÄ + Al); unl. in W, ll. in h. Al, Ä, Bzl
p,p′-Azoxyanisol [E 2 XVI, 326]	$ON_2(C_6H_4 \cdot OCH_3)_2$	258,28 1,33	135,6 * —	Gelbe Säulen (Al); bei 118,5° → krist. fl. * Klärpunkt
o,o′-Azoxybenzoesäure [E 1 XVI, 388]	$ON_2(C_6H_4 \cdot CO_2H)_2$	286,25 —	254…5 Z —	Gelbliche Prismen (Al); swl. in Chlf, Bzl, Lg, wl. in sied. W, Ä, k. Al, ll. in h. Al, h. Eg, Aceton, sll. in Py
m,m′-Azoxybenzoesäure [E 1 XVI, 388]	$ON_2(C_6H_4 \cdot CO_2H)_2$	286,25 —	320 Z —	Nadeln oder Blättchen (Eg); unl. in W, wl. in Al, Ä
p,p′-Azoxybenzoesäure [E 2 XVI, 336]	$ON_2(C_6H_4 \cdot CO_2H)_2$	286,25 —	ca 240 Z —	Gelbe Krist.masse; unl. in W, Al, Ä, Bzl, l. in Py; Diäthylester F: 119,2°
Azoxybenzol [E 2 XVI, 313]	$C_6H_5 \cdot N : N(O) \cdot C_6H_5$	198,23 1,1334[57,3]	38…8,5 —	$n_\alpha^{57,3}$ 1,6364, n_D^{26} 1,6644, $n_\beta^{57,3}$ 1,6892. Hgelbe Nadeln (Al); unl. in W; 5 Al 94% 0°; 11,4 Al 94% 15°; 10,7 Lg 0°; 43,5 Lg 15°; ll. in Al, Ä; Wdampfflch.
Azulen [Chem. Rev. 50, 172]		128,18 —	99 —	Blaue Blättchen, blaues Öl; Absorptionsbanden: 735, 698, 664, 633, **605**, 578, 557, 538 mµ. Wie alle Azulene mit starken Säuren fbl. Salze. Trinitro= benzolat F: 165…6°; Trinitrobenzoat F: 133°; Pikrat F: 120°; Styphnat F: 92°

1-Acetyl-azulen [Z. angew. Chem. **69**, 533]	$C_{10}H_7 \cdot COCH_3$	170,21	—	Rotviol. Öl; l. in Ä; Semicarbazon F: 229...30°
-aldehyd-(1) [Z. angew. Chem. **69**, 533]	$C_{10}H_7 \cdot CHO$	156,19	—	Rotviol. Öl; l. in verd. Mineralsäuren, ll. in Ä; Semicarbazon F: 217° Z.
-carbonsäure-(1) [Ann. Chem. **603**, 149]	$C_{10}H_7 \cdot CO_2H$	172,19	139...41	Rotviol. Nadeln, l. in Bzl; Methylester F: 58,5°, viol. Krist.; Amid F: 181...2°, dklviol. Blättchen; Nitril F: 55°, viol. Krist. (Egester)
-carbonsäure-(6) [Chem. Rev. **1951**]	$C_{10}H_7 \cdot CO_2H$	172,19	225...7 Z	Grüne Nadeln; Absorptionsbanden: **750, 698**, 655, 632, 580 mμ. Trinitrobenzolat F: 182...3°; S-Benzthiuroniumsalz F: 192°
-dialdehyd-(1,3) [Ann. Chem. **625**, 117]	$C_{10}H_6(CHO)_2$	184,20	190	Rote Nadeln; l. in Chlf, wl. in Al; Dioxim F: 206° Z., grüne Krist.
Chamazulen [Z. angew. Chem. **69**, 533]	(Azulen-Struktur, CH₃, CH₃, C₂H₅)	184,28	—	Blaues Öl; ll. in Ä; Trinitrobenzolat F: 132°
4,8-Dimethyl-azulen [Ann. Chem. **606**, 90]	$C_{10}H_6(CH_3)_2$	156,23	69	Viol. Nadeln; ll. in Ä, wl. in Al; Trinitrobenzolat F: 180°
4,8-Dimethyl-azulen-aldehyd-6 [Ber. **87**, 261]	$C_{10}H_5(CH_3)_2(CHO)$	184,24	97...8	Dklgrüne Nadeln; l. in Ä; Semicarbazon F: 218°, dklblaue Nadeln
4,8-Dimethyl-6-brom-azulen	$C_{10}H_5Br(CH_3)_2$	235,13	85...6	Blauschw. Krist.; ll. in PÄ, wl. in Al; Trinitrobenzolat F: 124...5°, dklrote Nadeln

Name und Literatur	Formel	Mol.-Gew. Dichte	F in °C Kp. in °C	Charakteristik
Azulen				
4,8-Dimethyl-6-chlor-azulen	$C_{10}H_5Cl(CH_3)_2$	190,67 —	103...5° —	Blaue Nadeln; ll. in PÄ, wl. in Al; Trinitrobenzolat F: 118...9°, rote Nadeln; 4,8-Dimethyl-6-äthoxy-azulen F: 88...9°, rote Krist.
4,8-Dimethyl-6-hydroxy-azulen [Ann. Chem. **618**, 140]	$C_{10}H_5(OH)(CH_3)_2$	172,23 —	149...51° —	Rote Krist.; wl. in Al; 4,8-Dimethyl-6-methoxy-azulen F: 100...1°, rote Krist.
4,8-Dimethyl-6-methoxy-azulen [Ann. Chem. **618**, 140]	$C_{10}H_5(OCH_3)(CH_3)_2$	186,26 —	100...1° —	Rote Nadeln; ll. in PÄ, wl. in Al; Trinitrobenzolat F: 126...7°, dklrote Nadeln
Guajazulen [Ann. Chem. **598**, 46]	(Guajazulen Strukturformel)	198,31 —	31 —	Blaue Krist.; ll. in Ä, PÄ; Trinitrobenzolat F: 151,5°; Guajazulen-aldehyd-(3) F: 85...6°, braunschw. Nadeln
1-Methyl-azulen [Chem. Rev. **50**, 172]	$C_{10}H_7 \cdot CH_3$	142,20 —	— —	Blaues Öl; Absorptionsbanden: 738, **705**, 669, 638, 607, 582, 558, 537 mμ; Pikrat F: 134...5°; Trinitrobenzolat F: 160...1°; 1-Methyl-azulen-aldehyd-(3) F: 72...3°
2-Methyl-azulen [Chem. Rev. **50**, 172]	$C_{10}H_7 \cdot CH_3$	142,20 —	47...8 —	Blauviol. Blättchen; Absorptionsbanden: 676, **650**, 634, 623, 613, 601, 592, 579, 570, 561, 551, 543 mμ; Trinitrobenzolat F: 140...1°; Pikrat F: 130...1°

4-Methyl-azulen [Chem. Rev. **50**, 172]	$C_{10}H_7 \cdot CH_3$	142,20 —	— —	Blauviol. Öl; ll. in PÄ, wl. in Al, Lsg. blauviol.; Absorptionsbanden: 680, 645, 618, **591**, 568, 545, 525, 507 mμ; Trinitrobenzolat F: 177,5...8°; Pikrat F: 144°; 4,8-Dimethyl-azulen F: 69°, blaue Nadeln
5-Methyl-azulen [Chem. Rev. **50**, 172]	$C_{10}H_7 \cdot CH_3$	142,20 —	27 —	Blaue Blättchen, ll. in PÄ, wl. in Al; Absorptionsbanden: 717, **679**, 650, 616, 591, 566, 545 mμ; Trinitrobenzolat F: 146° (151,5°); Pikrat F: 119°
6-Methyl-azulen [Chem. Rev. **50**, 172]	$C_{10}H_7 \cdot CH_3$	142,20 —	83 —	Blauviol. Krist.; ll. in PÄ, wl. in Al; Absorptionsbanden: 681, 647, 617, **590**, 567, 544, 524, 505 mμ; Trinitrobenzolat F: 141°; Pikrat F: 137° (125°)
1-Phenyl-azulen [Ber. **89**, 121]	$C_{10}H_7 \cdot C_6H_5$	204,27 —	— —	Blaues Öl; ll. in Ä; Bis-trinitrobenzolat F: 88°
2,4,6,8-Tetramethyl-azulen [Ann. Chem. **618**, 140]	$C_{10}H_4(CH_3)_4$	184,28 —	100...1 —	Blauviol. Nadeln; ll. in Ä; Trinitrobenzolat F: 211...2°
4,6,8-Trimethyl-azulen [Ann. Chem. **618**, 148]	$C_{10}H_5 \cdot (CH_3)_3$	170,26 —	82 —	Viol. Blättchen; ll. in PÄ, wl. in Al; Trinitrobenzolat F: 173...4°; -aldehyd-(1) F: 106...7°, rote Krist.
Vetivazulen [Chem. Rev. **50**, 172]	(Azulen-Struktur mit CH_3-Gruppen)	198,31 —	32...3 —	Viol. Nadeln, ll. in Ä; Absorptionsbanden 647, 628, 587, 544; Trinitrobenzolat F: 151,5...2°; Pikrat F: 121,5...2°; Styphnat F: 95...6°; -aldehyd-(1) F: 57...8°, rote Krist.

BAL s. 2,3-Dimercapto-propanol

Name und Literatur	Formel	Mol.-Gew. Dichte	F in °C Kp. in °C	Charakteristik
Barbitursäure [XXIV, 467]		128,09 —	Z —	Prismen ·$2H_2O$ (W); wl. in k. W, l. in verd. HCl, verd. HNO_3
Batylalkohol s. Glycerin-octadecyläther				
Behenolsäure [E 2 II, 462]	$CH_3 \cdot [CH_2]_7 \cdot C : C \cdot [CH_2]_{11} \cdot CO_2H$	336,56 —	58 —	Nadeln; ll. in abs. Al, Ä, unl. in W; Amid F: 92°
Behensäure [E 2 II, 373]	$CH_3 \cdot [CH_2]_{20} \cdot CO_2H$	340,59 —	79,2...80 262...5/15	Nadeln; unl. in W, 0,1 Al 17°; 1,9 Ä 16°; l. in Bzl; Methylester Krist. (Aceton) F: 53...4°; Amid Tafeln (Al) F: 111°
Benz- s. a. Benzo-				
2,3-Benz-acridon [XXI, 357]		245,28 —	304...5 —	Goldgelbe Blättchen (Al oder Eg); wl. in Al, Ä, Chlf, Bzl gelb und grün fluoresz., l. in H_2SO_4 rot
Benzal-acetessigester [X, 731]	$H_5C_6 \cdot CH : C(COCH_3) \cdot CO_2C_2H_5$	218,25 —	60...1 180...2/17	Tafeln (Al oder Ä); wl. in k. Al, Ä, Eg, l. in h. PÄ, ll. in Chlf
Benzal-aceton [E 2 VII, 287]	$C_6H_5 \cdot CH : CH \cdot CO \cdot CH_3$	146,19 1,0076[47,3]	42 260...2	$n_\alpha^{47,3}$ 1,5730, $n_D^{47,3}$ 1,5824, $n_\beta^{47,3}$ 1,6062. Tafeln; wl. in PÄ, ll. in Al, Ä, Chlf, Bzl; l. in H_2SO_4 or.rot
Benzal-acetondibromid [Org. Syntheses III, 105]	$C_6H_5 \cdot CHBr \cdot CHBr \cdot CO \cdot CH_3$	306,01 —	124...5 —	Nadeln (Me); wl. in k. Al, ll. in Chlf
Benzal-acetonoxid [E 2 XVII, 340]	$C_6H_5 \cdot CH{-}CH \cdot CO \cdot CH_3$	162,19 1,0733[66]	54...6 127...8/8	n_α^{66} 1,5153, n_β^{66} 1,5320. Blättchen (PÄ); ll. in org. Lösm.

Benzal-acetophenon [E 2 VII, 423]	$C_6H_5 \cdot CH : CH \cdot CO \cdot C_6H_5$	208,26 $1,0712^{62}$	58...9 218...20/$_{18}$	$n_\alpha^{62,3}$ 1,6342, $n_D^{62,3}$ 1,6458, $n_\beta^{62,3}$ 1,6816. Blättchen (PÄ); swl. in PÄ, 13,3 Me 16,5°; l. in Al, ll. in Ä, Chlf, Bzl; l. in H_2SO_4 gelb
Benzal-anilin [E 2 XII, 113]	$C_6H_5 \cdot N : CH \cdot C_6H_5$	181,24 $1,0041^{99,3}$	54 310	$n_\alpha^{99,3}$ 1,600, $n_\beta^{99,3}$ 1,6395. Blättchen (verd. Al); unl. in W, ll. in Al, Ä; Wdampfflch.
Benzal-azin [E 2 VII, 171]	$C_6H_5 \cdot CH : N \cdot N : CH \cdot C_6H_5$	208,27 —	93 —	Gelbe Nadeln (Al); Erhitzen → Stilben usw.; unl. in k. W, zll. in Al, Ä, Chlf, Bzl
Benzalbromid [V, 308]	$C_6H_5 \cdot CHBr_2$	249,94 $1,51^{15}$	— 156/$_{23}$	n_D 1,541. An der Luft rauchendes Öl; zers. durch Al; mit W → Benzaldehyd und HBr
Benzalchlorid [E 2 V, 232]	$C_6H_5 \cdot CHCl_2$	161,03 $1,2699^0$	E — 17,4 205,15	$n_\alpha^{19,4}$ 1,5456, $n_D^{19,4}$ 1,5515, $n_\beta^{19,4}$ 1,5640. Fl.; l. in Al, PÄ; Dämpfe reizen die Augen zu Tränen; mit W → Benzaldehyd und HCl
Benzaldehyd [E 2 VII, 147]	$C_6H_5 \cdot CHO$	106,13 $1,0492^{17,6}$	E — 55,6 178,1	$n_\alpha^{17,6}$ 1,5395, $n_D^{17,6}$ 1,5463, $n_\beta^{17,6}$ 1,5628. Fl.; 0,3 W 20°; ll. in Al, Ä; Wdampfflch.; riecht bittermandelartig
Benzaldehyd- s. a. Benzal-				
Benzaldehyd-cyanhydrin s. Mandelsäurenitril				
Benzaldehyd-diacetat [E 2 VII, 161]	$C_6H_5 \cdot CH(OCOCH_3)_2$	208,22 —	45,8 220 Z	Krist. (verd. Al); sll. in Al, Ä
Benzaldehyd-diäthylacetal [E 2 VII, 160]	$C_6H_5 \cdot CH(OC_2H_5)_2$	180,25 —	— 221	Fl.
Benzaldehyd-dimethylacetal [E 2 VII, 160]	$C_6H_5 \cdot CH(OCH_3)_2$	152,19 —	— 207	Fl.
Benzaldiacetat s. Benzaldehyd-diacetat				

Name und Literatur	Formel	Mol.-Gew. Dichte	F in °C Kp. in °C	Charakteristik
α-Benzaldoxim [E 2 VII, 167]	$C_6H_5 \cdot CH:NOH$	121,14 $1,1160^{13,8}$	35 $117/_{14}$	$n_\alpha^{17,6}$ 1,5853, $n_D^{17,6}$ 1,5930, $n_\beta^{17,6}$ 1,6130. Prismen; wl. in W, ll. in Ä, Bzl
β-Benzaldoxim [E 2 VII, 169]	$C_6H_5 \cdot CH:NOH$	121,14 $1,1142^{127}$	132 —	Nadeln (Ä); wl. in k. W, Bzl, ll. in h. W
Benzalfluorid [E 2 V, 224]	$C_6H_5 \cdot CHF_2$	128,12 $1,1357^{20}$	— 133,5	n_D^{20} 1,45775. Fl.; angenehmer Geruch
Benzal-hydrazin [E 2 VII, 171]	$C_6H_5 \cdot CH:N \cdot NH_2$	120,16 —	ca 16 $136/_{12}$	Blättchen; l. in Al, Ä; zers. an feuchter Luft
Benzal-malonsäure [IX, 891]	$C_6H_5 \cdot CH:C(CO_2H)_2$	192,17 —	195...6 Z —	Prismen (W); unl. in Chlf, Bzl, wl. in k. W, l. in Ä, Eg, ll. in h. W, Al, Aceton
Benzal-malonsäure-diäthylester [E 2 IX, 639]	$C_6H_5 \cdot CH:C(CO_2C_2H_5)_2$	248,28 $1,105^{20}$	32 308...12	n_α^{20} 1,5324, n_D^{20} 1,5389, n_β^{20} 1,5570. Krist.; unl. in W, l. in Al, Ä
Benzal-milchsäure [X, 308]	$C_6H_5 \cdot CH:CH \cdot CH(OH) \cdot CO_2H$	178,19 —	137 —	Nadeln (W); unl. in Lg, swl. in Bzl, CS_2, wl. in k. W, Ä, ll. in h. W
Benzal-phenylhydrazin [E 2 XV, 57]	$C_6H_5 \cdot NH \cdot N:CH \cdot C_6H_5$	196,25 —	156 —	Nadeln (PÄ); wl. in Ä, ll. in h. Al, Aceton, Bzl; Z. > 210°
3-Benzal-phthalid [E 2 XVII, 399]	(Struktur: o-C₆H₄(CO–O–C=CH·C₆H₅) Phthalid-Ring)	222,25 —	100...1 —	a) Prismen (Al); unl. in h. W, wl. in k. Al, sll. in h. Al; b) hgelbe Krist. (Al) F: 187°
α-Benzalpropionsäure s. α-Methyl-zimtsäure				
β-Benzal-propionsäure [IX, 612]	$C_6H_5 \cdot CH:CH \cdot CH_2 \cdot CO_2H$	162,19 —	88 302	Nadeln (W); unl. in k. W, wl. in CS_2, ll. in Al, Ä

Benzamaron [VII, 849]	$C_6H_5 \cdot CH(CH(C_6H_5) \cdot CO \cdot C_6H_5)_2$	480,61 —	218...9 —	Krist.; wl. in W, Al; 1,6 Bzl 12°; zers. bei Dest. im Vak.
Benzamid [E 2 IX, 163]	$C_6H_5 \cdot CONH_2$	121,14 1,341	130 288	Tafeln und Nadeln (W); 1,35 W 25°; 17,04 Al 25°; wl. in k. W, ll. in Al
Benzamidin [IX, 280]	$C_6H_5 \cdot C(: NH) \cdot NH_2$	120,16 —	80 Z	Krist.; wl. in Ä, zll. in W, sll. in Al
Benzamidoxim [IX, 304]	$C_6H_5 \cdot C(: NH) \cdot NHOH$	136,15 —	80 —	Prismen (W); wl. in k. W, ll. in Al, Ä, Chlf, Bzl
2-Benzaminobenzoesäure s. Anthranilsäure-N-benzoat				
Benzanilid s. Benzoesäure-anilid				
1,2-Benzanthracen [E 2 V, 628]		228,30 —	167 —	Gelbgrün fluoresz. Blättchen oder Tafeln (Eg oder Al); zwl. in sied. Al, ll. in Bzl; l. in konz. H_2SO_4 mit roter Farbe und gelbroter Fluoresz.; Pikrat rote Nadeln (Xylol) F: 132°
2,3-Benzanthracen s. Naphthacen				
1,2-Benz-anthrachinon [E 2 VII, 760]		258,28 —	168 subl.	Gelbe Prismen; swl. in Lg, wl. in Al, Ä, l. in Aceton, Eg, ll. in Chlf, Bzl
1,9-Benzanthren [E 2 V, 610]		216,29 —	82...4 —	Hgelbe glänzende Blättchen (Al); l. in org. Lösm. mit gelber Farbe und grüner Fluoresz.; mit konz. $H_2SO_4 \rightarrow SO_2$ und roter Färbung und rotbraune Fluoresz.; oxid. langsam $\rightarrow$ Benzanthron; Pikrat F: 110...1°

Name und Literatur	Formel	Mol.-Gew. Dichte	F in °C Kp. in °C	Charakteristik
Benzanthron [E 2 VII, 468]		230,27 —	170...1 —	Gelbe Nadeln (Al); l. in H_2SO_4 or.rot, fluoresz.; Bezifferung meist wie Anthracen, s. aber S. 10 als 7 H-Benzanthron
Benzanthron-carbonsäure-(Bz 1) [E 2 X, 549]	CO_2H	274,28 —	350...5 —	Gelbe Nadeln (Nitrobzl.); l. in H_2SO_4 → goldgelbe Färbung und gelbe Fluoresz. Neue Bezifferung: Benzanthron-(7)-3-carbonsäure
Benzaurin [E 2 VIII, 245]	$HO \cdot C_6H_4 \cdot C(C_6H_5)$=〈〉=O	274,32 —	110...20 —	Ziegelrotes Kristallpulver $\cdot 1 H_2O$; l. in Al, Eg, Ä, h. Bzl, unl. in W; Lsg. in Alk intensiv carminrot
Benzazid s. Benzoesäure-azid				
Benzhydrazid s. Benzoesäure-hydrazid				
Benzhydrol [E 2 VI, 631]	$(C_6H_5)_2CHOH$	184,24 —	68 298	Nadeln (Lg); Kp: $176°/_{13}$; 0,05 W 20°; ll. in Al, Ä, CS_2, Chlf; ca 35 Al 80 % 25°; Acetat Krist. (PÄ) F: 40...2°
Benzhydroxamsäure [E 2 IX, 213]	$C_6H_5 \cdot CO \cdot NHOH$	137,14 —	128...9 Z	Blättchen; unl. in Bzl, wl. in W, Ä, sll. in Al
Benzhydryläther s. Dibenzhydryläther				
Benzhydrylamin [E 2 XII, 768]	$(C_6H_5)_2CHNH_2$	183,26 $1,0635^{21,5}$	— 299...301	$n_D^{21,5}$ 1,5963. Fl.; Acetylderivat F: 146...7°
2-Benzhydryl-benzoesäure [IX, 714]	CO_2H ... $CH(C_6H_5)_2$	288,35 —	162 subl.	Nadeln (Al); unl. in W, wl. in Lg, ll. in Al, Ä, Eg, Bzl

		Mol.-Gew. / n_D, d	Schmp. / Sdp.	Eigenschaften
4-Benzhydryl-benzoe=säure [E 2 IX, 503]	$(C_6H_5)_2CH \cdot C_6H_4 \cdot CO_2H$	288,35 / —	164 / —	Nadeln (verd. Eg); swl. in W, ll. in Al, Ä, Bzl
Benzhydrylbromid [E 2 V, 502]	$C_6H_5 \cdot CHBr \cdot C_6H_5$	247,14 / $1{,}491^{13}$	45 / $193/_{26}$	Krist. (PÄ); l. in Al, sll. in Bzl
Benzhydryl-β-chlor=äthyl-äther [Org. Syntheses 33, 11]	$H_5C_6{\char92}\!\!\diagdown CH \cdot O \cdot CH_2 \cdot CH_2Cl$, $H_5C_6{\char47}\!\!\diagup$	246,74 / —	27,4...7,8 / $144...8/_1$	n_D^{30} 1,5651. Kristallmasse
Benzhydrylchlorid [E 2 V, 500]	$C_6H_5 \cdot CHCl \cdot C_6H_5$	202,69 / $1{,}1398^{19,5}$	17...8 / $169...70/_{17}$	$n_D^{19,5}$ 1,5959. Krist.; l. in Al, Ä; mit konz. $H_2SO_4 \rightarrow$ intensiv rotgelbe Farbe
Benzidin [XIII, 214]	$(4)H_2N \cdot C_6H_4 \cdot C_6H_4 \cdot NH_2(4')$	184,24 / 1,251	127,5...8 / $401/_{740}$	Krist. (W); wl. in k. W; 1,1 sied. W; l. in Al; 2,2 Ä
Benzidin-dicarbon=säure-(2,2') [E 2 XIV, 344]	$[H_2N \cdot C_6H_3(CO_2H)\text{-}]_2$	272,26 / —	265 / —	Nadeln $\cdot 1\frac{1}{2}H_2O$ (W); swl. in Ä, wl. in W, Al
Benzidin-dicarbon=säure-(3,3') [XIV, 568]	$[H_2N \cdot C_6H_3(CO_2H)\text{-}]_2$	272,26 / —	275 Z / —	Nadeln (verd. NH_3 + Eg); wl. in Al, Ä; Z. $\rightarrow$ Benzidin
Benzidin-disulfo=säure-(2,2') [XIV, 794]	$[H_2N \cdot C_6H_3(SO_3H)\text{-}]_2$	344,37 / —	Z > 170 / —	Prismen $\cdot 3H_2O$; 0,08 W 25°, swl. in Al, Ä
Benzil [E 2 VII, 674]	$C_6H_5 \cdot CO \cdot CO \cdot C_6H_5$	210,23 / $1{,}0949^{97}$	95 / 346...8 Z	Prismen (Ä); 0,033 sied. W; 4,89 Al 25°; 89,6 Al 66°; 269 Bzl 64°; ll. in Ä
α-Benzil-dioxim [E 2 VII, 680]	$[C_6H_5 \cdot C(:NOH)\text{-}]_2$	240,26 / —	243...4 / —	Blättchen (Me oder Al); unl. in W, swl. in Al, Ä, Eg; subl.
β-Benzil-dioxim [E 2 VII, 681]	$[C_6H_5 \cdot C(:NOH)\text{-}]_2$	240,26 / —	212...4 / —	Nadeln (Me oder verd. Al); wl. in sied. W; 15,26 Al 17°; ll. in Ä, Eg; subl.
γ-Benzil-dioxim [E 2 VII, 681]	$[C_6H_5 \cdot C(:NOH)\text{-}]_2$	240,26 / —	— / —	Nadeln mit Al (Al); unl. in W, Lg, sll. in Al, Ä, Aceton; 164...6° Umwandlung $\rightarrow \beta$-Dioxim

Name und Literatur	Formel	Mol.-Gew. Dichte	F in °C Kp. in °C	Charakteristik
α-Benzil-monoxim [E 2 VII, 678]	$C_6H_5 \cdot CO \cdot C(:NOH) \cdot C_6H_5$	225,25 —	137...8 —	Blättchen (verd. Al); swl. in Lg, l. in Bzl, CS_2, ll. in k. Al, Ä, Chlf, Eg
β-Benzil-monoxim [E 2 VII, 679]	$C_6H_5 \cdot CO \cdot C(:NOH) \cdot C_6H_5$	225,25 —	118 —	Krist.; swl. in W, wl. in Lg, sll. in Al, Ä, Aceton
anti-Benzil-osazon [E 2 XV, 72]	$C_6H_5 \cdot C \cdot C \cdot C_6H_5$ $C_6H_5NHN\ NNHC_6H_5$	390,49 —	227 Z	Gelbe Nadeln (Chlf + Al); wl. in Al, Ä, ll. in h. Chlf, Bzl; 2,4 Aceton 18°
syn-Benzil-osazon [E 2 XV, 72]	$C_6H_5 \cdot C$————$C \cdot C_6H_5$ $NNHC_6H_5\ \ C_6H_5NHN$	390,49 —	218 —	Gelbe Nadeln (Bzl + Al); wl. in k. Eg, k. Al, l. in Ä, Chlf, ll. in Bzl; 1,65 Aceton 18°
Benzilsäure [E 2 X, 223]	$(C_6H_5)_2C(OH) \cdot CO_2H$	228,25 —	150 Z 180	Nadeln (W); wl. in k. W, ll. in h. W, Al, Ä; mit $H_2SO_4 \to$ rote Färbung
Benzimidazol [E 2 XXIII, 151]		118,14 —	170 > 360	Krist. (Al); swl. in Bzl, Lg, wl. in k. W, Ä, l. in h. W, sll. in Al
Benzimidazolon [E 1 XXIV, 240]		134,14 —	310...2 subl.	Blättchen (W oder Al); wl. in W, Bzl, Toluol, ll. in Al
1,2-Benzo-carbazol [E 2 XX, 319]		217,27 —	225...6 —	Nadeln (Bzl + PÄ); swl. in PÄ, wl. in k. Al, ll. in h. Bzl; Pikrat F: 185°
2,3-Benzo-carbazol [XX, 494]		217,27 —	330 440...50	Blättchen (Toluol); swl. in Eg, zwl. in k. Al, Bzl, zl. in sied. Anilin; 0,25 sied. Al

Name	Formel			Eigenschaften
5,6-Benzo-chinaldin [XX, 471]	(Strukturformel)	193,25 —	82 >300	Nadeln (verd. Al); wl. in W, ll. in Al, Ä; Pikrat F: 220...1°
5,6-Benzo-chinolin [E 2 XX, 302]	(Strukturformel)	179,22 —	91...2 202...5/8	Blättchen (W oder PÄ); swl. in W, sll. in Al, Ä, Bzl; Pikrat F: 259°
7,8-Benzo-chinolin [E 2 XX, 302]	(Strukturformel)	179,22 —	52 $223/_{47}$	Blättchen (Al); unl. in W, ll. in Al, Ä, Aceton; Wdampfflch.; Pikrat F: 191...2°
11,12-Benzo-chrysen [Clar, 162]	(Strukturformel)	278,36 —	114...5 —	Krist. (Eg); Pikrat F: 140°; Oxidation → Chinon, F: 237...8°; „1,2-Benz=chrysen"
Benzocotoin s. 2-Hydroxy-4,6-dimethoxy-benzophenon				
2,3-Benzo-diphenylenoxid s. Brasan				
Benzoesäure [E 2 IX, 75]	$C_6H_5 \cdot CO_2H$	122,12 $1,2659^{15}$	122,45 250	$n_\alpha^{131,9}$ 1,4987, n_D^{15} 1,5394, $n_\beta^{131,9}$ 1,5178. Glänzende Nadeln; 0,34 W 25°; 31,84 Al 15°
Benzoesäure- s. a. Benz- bzw. Benzoyl-				
-Ca-Salz [E 2 IX, 85]	$(C_6H_5 \cdot CO_2)_2Ca \cdot 2 H_2O$	282,31 1,44	— —	Blättchen; 2,24 W 0°; 6,87 W 80°
-Na-Salz [E 2 IX, 83]	$C_6H_5 \cdot CO_2Na$	144,11 —	— —	Prismen; 56,3 W 25°; 0,605 Al 25°

Name und Literatur	Formel	Mol.-Gew. Dichte	F in °C Kp. in °C	Charakteristik
Benzoesäure-äthylester [E 2 IX, 88]	$C_6H_5 \cdot CO_2C_2H_5$	150,18 1,0496^{17,3}	— 34 212,9	$n_\alpha^{17,3}$ 1,5018, $n_D^{17,3}$ 1,5068, $n_\beta^{17,3}$ 1,5184. Fl.; 0,1 W 60°; l. in Al, Ä
Benzoesäure-amid s. Benzamid				
Benzoesäure-amylester [E 2 IX, 92]	$C_6H_5 \cdot CO_2[CH_2]_4 \cdot CH_3$	192,26 0,997^{15}	— 137/$_{15}$	Fbl. Fl.; mischbar in den gebr. Lösm.
Benzoesäure-anhydrid [E 2 IX, 147]	$C_6H_5 \cdot CO \cdot O \cdot CO \cdot C_6H_5$	226,23 1,1989^{15}	42...3 360	n_D^{15} 1,5767. Prismen (Ä); unl. in k. W, l. in Al, Ä
Benzoesäure-anilid [E 1 XII, 199]	$C_6H_5 \cdot NH \cdot CO \cdot C_6H_5$	197,24 0,9161^{161}	164 subl.*	Blättchen (Al); unl. in W; 4 Al 30°; * bei 117...9/$_{10}$
Benzoesäure-azid [IX, 332]	$C_6H_5 \cdot CO \cdot N_3$	147,14 —	32 Z	Tafeln (Aceton); unl. in W, l. in Al, ll. in Ä
Benzoesäure-benzylester [E 2 IX, 100]	$C_6H_5 \cdot CO_2CH_2 \cdot C_6H_5$	212,25 1,1121^{25}	19,4 324	$n_\alpha^{21,5}$ 1,5628, $n_D^{21,5}$ 1,5685, $n_\beta^{21,5}$ 1,5851. Nadeln und Blättchen; unl. in W, l. in Al, Ä
Benzoesäure-tert.-butyl-ester [E 2 IX, 91]	$C_6H_5 \cdot CO_2C(CH_3)_3$	178,23 —	— 94/$_{10}$	Öl
Benzoesäure-chlorid s. Benzoylchlorid				
Benzoesäure-furfurylester [Dunlop, 226]	$CH_2O \cdot COC_6H_5$ (Furan-Ring)	202,21 1,1766$^{20}_{20}$	— 275...85	Fl.
Benzoesäure-hydrazid [E 1 IX, 129]	$C_6H_5 \cdot CO \cdot NH \cdot NH_2$	136,15 —	116,5 —	Tafeln (W); wl. in Ä, Chlf, Bzl, zll. in W, Al
Benzoesäure-hydroxamid s. Benzhydroxamsäure				

Benzoesäure-methylester [E 2 IX, 87]	$C_6H_5 \cdot CO_2CH_3$	136,15 $1,0905^{16}$	— 199,45	n_α^{16} 1,5131, n_D^{16} 1,5181, n_β^{16} 1,5306. Fl.; unl. in W, l. in Me, Al, Ä
Benzoesäure-nitril s. Benzonitril				
Benzoesäure-phenylester [IX, 116]	$C_6H_5 \cdot CO_2C_6H_5$	198,22 —	71 314	Prismen (Al + Ä); unl. in W; 8,8 Al 21°; zwl. in k. Al + Ä, sll. in h. Al + Ä
Benzoesäure-phenylhydrazid s. Benzoyl-phenylhydrazin				
Benzoesäure-n-propyl= ester [E 2 IX, 90]	$C_6H_5 \cdot CO_2CH_2 \cdot CH_2 \cdot CH_3$	164,21 —	− 51,6 E 231	$n_D^{20,3}$ 1,5000; mit W azeotrop
Benzoesäure-o-sulfamid [E 2 XI, 216]	$H_2N \cdot SO_2 \cdot C_6H_4 \cdot CO_2H$	201,20 —	165...7 —	Prismen (Al); ll. in W, Al, Ä
Benzoesäure-p-sulfamid [XI, 390]	$H_2N \cdot SO_2 \cdot C_6H_4 \cdot CO_2H$	201,20 —	Z 280 —	Prismen (W); swl. in k. W, wl. in h. W, Bzl, ll. in Al
Benzoesäure-sulfosäure s. Sulfobenzoesäure				
Benzoesäure-1-tetra= hydrofurfurylester [J. Am. Chem. Soc. **50**, 1821]	$CH_2O \cdot COC_6H_5$ (Tetrahydrofurfurylrest)	206,24 $1,137_D^{20}$	— 138...40/₂	Fl.; Lacklösm.
Benzofulven [E 1 V, 265]	CH_2 (Inden-Ringsystem)	128,18 —	37 95...7/₁₇	Grüngelbliche Blättchen; naphthalin- art. Geruch; sehr flch.; polym.; = 3-Methyl-inden
Benzofuroxan [Chem. Rev. **59**, 429]	(Benzofuroxan-Ringsystem)	136,11 —	72 —	Krist. (verd. Al)
Benzoguanamin s. 2,4-Diamino-6-phenyl-triazin-(1,3,5)				
Benzoin [E 2 VIII, 193]	$C_6H_5 \cdot CH(OH) \cdot CO \cdot C_6H_5$	212,25 $1,079^{134}$	137 —	Säulen (Al); 0,03 W 25°; 0,8 Ä 20°; l. in sied. Al, ll. in Trichloräthylen

Name und Literatur	Formel	Mol.-Gew. Dichte	F in °C Kp. in °C	Charakteristik
Benzoin-acetat [Org. Syntheses II, 69]	$(C_6H_5)CH(OCOCH_3) \cdot CO \cdot C_6H_5$	254,29 —	81,5...2,5 —	Krist. (Al); wl. in k. PÄ, ll. in Al, k. Ä, Aceton, Chlf, Bzl; $[\alpha]_D^{14}$: − 217,7° (Chlf)
Benzoin-äthyläther [E 2 VIII, 195]	$C_6H_5 \cdot CH(OC_2H_5) \cdot CO \cdot C_6H_5$	240,30 $1,1016^{17,1}$	62 194...5/$_{20}$	$n_\alpha^{17,1}$ 1,5662, $n_\beta^{17,2}$ 1,5868. Nadeln (Lg); ll. in Al, Ä, Bzl
α-Benzoin-oxim [E 2 VIII, 196]	$H_5C_6 \cdot CH(OH) \cdot C \cdot C_6H_5$ NOH	227,27 —	153...5 —	Weiße Nadeln oder Prismen; lichtempfindlich; wl. in W, l. in Al und wss. NH_3; „Cupron", Verw. zur Fällung und zum Nachweis von Cu^{++} → grüner Nd. unl. in W, Al, verd. NH_3, verd. Eg, ll. in Mineralsäuren
Benzol [E 2 V, 119]		78,11 $0,8788^{20}$	5,49 80,2	$n_\alpha^{20,2}$ 1,4961, $n_D^{20,2}$ 1,5007, $n_\beta^{20,2}$ 1,5128. Fl.; 0,153 W 0°; 0,181 W 20°; ∞ Al, Ä, Aceton; Vork. im Steinkohlenteer; Verw. als Motortreibstoff; techn. Lösm.; Dämpfe bewirken Kopfschmerzen, Ohrensausen, Vergiftung; MAK: 25 cm^3/m^3
Benzol-azo-p-kresol [XVI, 136]	$C_6H_5 \cdot N : N \cdot C_6H_3(OH) \cdot CH_3$	212,25 —	108...9 subl.	Or.gelbe Blättchen (Bzl oder Bzl + Lg); ll. in Al, Ä, Chlf; Wdampfflch.
1-Benzol-azo-naphthol-(2) [E 1 XVI, 254]	$C_6H_5 \cdot N : N \cdot C_{10}H_6 \cdot OH$	248,29 —	134 subl.	Rote goldglänzende Blättchen (Al); l. in Ä, Bzl, Lg, CS_2
4-Benzol-azo-naphthol-(1) [XVI, 154]	$C_6H_5 \cdot N : N \cdot C_{10}H_6 \cdot OH$	248,29 —	206 Z —	Viol.braune Blättchen (Bzl); l. in h. Al, h. Bzl, ll. in h. Eg

1-Benzol-azo-naphthylamin-(2) [E 2 XVI, 193]	$C_6H_5 \cdot N : N \cdot C_{10}H_6 \cdot NH_2$	247,30 —	102...4 —	Rote Täfelchen (Al); unl. in W, ll. in Al, Eg
4-Benzol-azo-naphthylamin-(1) [E 2 XVI, 186]	$C_6H_5 \cdot N : N \cdot C_{10}H_6 \cdot NH_2$	247,30 —	124 —	Rotglänzende Nadeln (verd. Al); ll. in Al, Ä, Bzl
4-Benzol-azo-pyridin [E 2 XXII, 496]	$C_6H_5 \cdot N : N \cdot C_5H_4N$	183,21 —	98...9 >300	Or.rote Blättchen (Al); zll. in h. W gelb, ll. in Al, Ä, Chlf, Bzl, Lg rot bis or.gelb
Benzoldiazonium-chlorid [XVI, 431]	$[C_6H_5 \cdot N : N]^+Cl^-$	140,57 —	— Z	Nadeln (Al + Ä); unl. in Ä, Chlf, Bzl, Lg, l. in Al, Aceton, ll. in k. Eg, sll. in W; expl. beim Erhitzen oder durch Schlag
Benzol-diazonium-fluoborat [E 2 XVI, 269]	$[C_6H_5 \cdot N : N]^+BF_4^-$	191,92 —	Z 121...2 —	Nadeln; lichtempfindlich; unl. in Al, Ä; 80° → rot; verpuffen in der Flamme
Benzoldisulfosäure-(1,3) [XI, 199]	$C_6H_4(SO_3H)_2$	238,24 —	— —	Zerfl. Krist. $\cdot 2\frac{1}{2}H_2O$ (100°); Diamid F: 229°; Dichlorid F: 63°
Benzoldisulfosäure-(1,4) [XI, 202]	$C_6H_4(SO_3H)_2$	238,24 —	— —	Zerfl. Krist.; Diamid F: 288°; Dichlorid F: 138°
Benzol-hexabromid s. Hexabromcyclohexan				
Benzolhexacarbonsäure [E 1 IX, 443]	$C_6(CO_2H)_6$	342,17 —	288 Z	Nadeln (Al); ll. in Al, sll. in W; „Mellithsäure"
Benzol-hexachlorid s. Hexachlorcyclohexan				
Benzolpentacarbonsäure [E 1 IX, 441]	$C_6H(CO_2H)_5$	298,16 —	238 —	Blättchen $\cdot 5H_2O$ (HNO_3 + H_2O); unl. in PÄ, Bzl, wl. in Ä, l. in Al, sll. in h. W

Benzolsulfamid s. Benzolsulfosäure-amid

Name und Literatur	Formel	Mol.-Gew. Dichte	F in °C Kp. in °C	Charakteristik
Benzolsulfinsäure [E 2 XI, 3]	$C_6H_5 \cdot SO_2H$	142,18 —	85 Z* > 100	Prismen (W); unl. in PÄ, wl. in k. W, ll. in h. W, Al, Ä, Bzl; * Z → Benzol= sulfosäure und Diphenyldisulfoxid
Benzolsulfochlorid s. Benzolsulfosäure-chlorid				
Benzolsulfosäure [E 2 XI, 18]	$C_6H_5 \cdot SO_3H$	158,18 —	50...1 135...7/Vak.	Nadeln ·1 H_2O (Bzl) F: 45...6°; unl. in Ä, CS_2, wl. in Bzl, ll. in W, Al
Benzolsulfosäure-amid [E 2 XI, 24]	$C_6H_5 \cdot SO_2 \cdot NH_2$	157,19 —	150...1 —	Blättchen (W); 0,43 W 16°; ll. in h. Al, Ä
Benzolsulfosäure-anilid [XII, 565]	$C_6H_5 \cdot NH \cdot SO_2 \cdot C_6H_5$	233,29 —	110 —	Prismen (Al); wl. in W, ll. in Al, Ä
Benzolsulfosäure-chlorid [E 2 XI, 23]	$C_6H_5 \cdot SO_2Cl$	176,62 1,3845[15]	14,5 251,5	Krist.; unl. in W, ll. in Al
Benzolsulfosäure-phenyl= hydrazid [E2 XV, 148]	$C_6H_5 \cdot SO_2 \cdot NH \cdot NH \cdot C_6H_5$	248,31 —	164,5 Z —	Nadeln (Al); unl. in W, swl. in k. Al, Ä, CS_2, wl. in Chlf, Bzl, l. in h. Al
Benzol-tetracarbon= säure-(1,2,3,4) [E 2 IX, 730]	$C_6H_2(CO_2H)_4$	254,15 —	241 Z —	Krist. ·2 H_2O (W); wl. in org. Lösm., ll. in W, Aceton
Benzol-tetracarbon= säure-(1,2,3,5) [E 1 IX 435]	$C_6H_2(CO_2H)_4$	254,15 —	252 Z —	Prismen ·2 H_2O (W); l. in W, Ä; „Prehnitsäure"
Benzol-tetracarbon= säure-(1,2,4,5) [E 1 IX 435]	$C_6H_2(CO_2H)_4$	254,15 —	275 Z —	Tafeln ·2 H_2O (W); 1,42 W 16°; ll. in Al; „Pyromellitsäure"
Benzol-tricarbon= säure-(1,2,3) [E 1 IX, 428]	$C_6H_3(CO_2H)_3$	210,14 —	197 * —	Tafeln ·2 H_2O (W); 3,15 W 19°, ll. in Al, sll. in h. W; * → Anhydrid „Hemimellitsäure"

Benzol-tricarbon= säure-(1,2,4) [E 2 IX, 712]	$C_6H_3(CO_2H)_3$	210,14 —	238 Z —	Krist. (Eg); unl. in Chlf, Bzl, wl. in Aceton, ll. in W, Al, Ä; „Trimellit= säure"
Benzol-tricarbon= säure-(1,3,5) [E 1 IX, 430]	$C_6H_3(CO_2H)_3$	210,14 —	380 subl.	Krist. (Ä); 2,69 W 23°, l. in Ä, sll. in Al; „Trimesinsäure"
1,3,5-Benzol-triessig= säure [Z. angew. Chem. **70**, 351]	$HO_2C \cdot H_2C$ ... $CH_2 \cdot CO_2H$ ... $CH_2 \cdot CO_2H$	252,23 —	215...6 —	Gelbes Pulver, krist. aus Eg; l. in Ä
Benzol-trisulfo= säure-(1,3,5) [XI, 227]	$C_6H_3(SO_3H)_3$	318,31 —	Z > 100 —	Whaltige, zerfl. Nadeln; l. in W; Trichlorid F: 184°
Benzonitril [E 2 IX, 196]	$C_6H_5 \cdot CN$	103,12 $1,0109^{11,6}$	— 13 190,7	$n_\alpha^{25,5}$ 1,5204, $n_D^{25,5}$ 1,5257, $n_\beta^{11,6}$ 1,5464. Fl.; 1 sied. W; ∞ in Al, Ä; riecht nach Bittermandelöl
Benzopersäure [IX, 178]	$C_6H_5 \cdot C \overset{O}{\underset{O \cdot OH}{}}$	138,12 —	41...3 97...110/$_{14}$	Blättchen (Benzin); wl. in W, Benzin, ll. in org. Lösm.; Wdampfflch.
1,2-Benzophenanthren s. Chrysen				
3,4-Benzophenanthren s. 3,4-Benzphenanthren				
1,2-Benzophenanthrenchinon s. Chrysochinon-1,2				
1,2-Benzo-phenazin [E 2 XXIII, 259]		230,27 —	142 > 360	Gelbe Prismen (Al); unl. in W, ll. in Al, Ä, Eg; subl.

Name und Literatur	Formel	Mol.-Gew. Dichte	F in °C Kp. in °C	Charakteristik
Benzophenon [E 2 VII, 349]	$C_6H_5 \cdot CO \cdot C_6H_5$	182,22 $1,0869^{50}$	a) 48,1 b) 26,5 305,4	$n_\alpha^{45,2}$ 1,5893, $n_D^{45,2}$ 1,5975, $n_\beta^{45,2}$ 1,6162. a) rhombische Prismen (Al oder Ä); b) monokline Krist. (Schmelze): unl. in W; 13,5 Al 97% 18°; 17,5 Ä 13°; 17,5 Ä 13°; 19,2 Eg 15°
Benzophenon-carbon= säure-(2) [X, 747]	$C_6H_5 \cdot CO \cdot C_6H_4 \cdot CO_2H$	226,23 —	127 —	Prismen $\cdot 1 H_2O$ (W); F: 93...4°; l. in k. W, Al, Bzl
Benzophenon-carbon= säure-(3) [E 2 X, 521]	$C_6H_5 \cdot CO \cdot C_6H_4 \cdot CO_2H$	226,23 —	161...2 subl.	Blättchen (verd. Al); swl. in k. W, wl. in Bzl, Toluol, l. in k. W, ll. in Al, Ä
Benzophenon-carbon= säure-(4) [E 2 X, 521]	$C_6H_5 \cdot CO \cdot C_6H_4 \cdot CO_2H$	226,23 —	194...5 subl.	Nadeln (verd. Eg); swl. in k. W, wl. in Chlf, Bzl, verd. Eg, ll. in Al, Ä, Eg
Benzophenonchlorid s. Diphenyldichlormethan				
Benzophenon-dicarbon= säure-(2,2') [X, 881]	$CO(C_6H_4 \cdot CO_2H)_2$	270,24 —	150...5 * —	Krist.; wl. in k. W, ll. in Al, Ä, Eg; * → Anhydrid
Benzophenon-dicarbon= säure-(4,4') [X, 883]	$CO(C_6H_4 \cdot CO_2H)_2$	270,24 —	> 360 subl.	Nadeln (Al); swl. in Al, Ä, Aceton, Bzl, ll. in Eg
Benzophenon-oxim [E 2 VII, 355]	$(C_6H_5)_2C : NOH$	197,24 —	143 —	Krist. (Lg); swl. in W, wl. in Ä, Lg, Bzl, PÄ, sll. in Aceton, l. in Alk
Benzophenon-phenyl= hydrazon [E 1 XV, 36]	$(C_6H_5)_2C : N \cdot NH \cdot C_6H_5$	272,35 —	137 —	Nadeln (Al); swl. in k. Al, wl. in h. Al
Benzo-α-pyron s. Cumarin				
Benzo-γ-pyron s. Chromon				
Benzo-1,2,4-triazin [XXVI, 67]		131,14 —	74...5 235...40	Gelbe bis or.rote Nadeln (Bzl); sll. in h. W, k. Al, h. Ä, k. Bzl, unl. in Alk; subl.; Wdampfflch.

Name	Formel		Schmp./Dichte	Sdp.	Eigenschaften
Benzotribromid [J. Am. Chem. Soc. **54**, 2025]	$C_6H_5 \cdot CBr_3$		328,84 —	56...7 —	sll. in Al, Ä, swl. in PÄ, unl. in W
Benzotrichlorid [E 2 V, 233]	$C_6H_5 \cdot CCl_3$		195,48 $1,3775^{15}$	E — 4,75 220,7	$n_\alpha^{19,2}$ 1,5534, $n_D^{19,2}$ 1,5584, $n_\beta^{19,2}$ 1,5708. Fl.; Kp: 110,7°/$_{23}$; unl. in W, l. in Al,Ä; Erhitzen mit W → Benzoesäure
Benzo-trifluorid [E 2 V, 224]	$C_6H_5 \cdot CF_3$		146,11 $1,1904^{13,3}$	E — 29,05 102,5...3,2	$n_\alpha^{13,3}$ 1,41180, $n_D^{13,3}$ 1,41486, $n_\beta^{13,3}$ 1,42287. Fl.
3,4-Benzotropolon [Nature **163**, 410]			172,19 —	85...6 —	Krist. (Cyclohexan)
4,5-Benzotropolon [J. Am. Chem. Soc. **72**, 379]			172,19 —	159...60,5 subl. Vak.	Hgelbe Krist. (Al); ll. in Chlf; Acetat (Egester-Hexanon) F: 103...5°
Benzoxazol [XXVII, 43]			119,12 —	30,5 182,5	Prismen; wl. in W, ll. in k. konz. HCl; mit h. W → 2-Formamino-phenol; Wdampfflch.
Benzoyl-acetessigester [E 2 X, 570]	$C_6H_5 \cdot CO$ $CH_3 \cdot CO$ $CH \cdot CO_2C_2H_5$		234,25 —	— 177 ÷..81/$_{20}$	Öl; l. in Al
Benzoyl-aceton [E 2 VII, 616]	$C_6H_5 \cdot CO \cdot CH_2 \cdot CO \cdot CH_3$		162,19 $1,062^{69}$	59 135/$_{13}$	$n_\alpha^{77,8}$ 1,5582, $n_D^{77,8}$ 1,5678, $n_\beta^{77,8}$ 1,5960. Prismen; wl. in k. W, l. in h. W, sll. in Al, Ä, ll. in NaOH; Wdampfflch.
Benzoyl-aceton= harnstoff [XXIV, 184]			186,22 —	228...9 —	Krist. (Al); unl. in W, l. in Al, l. in NH_3, S

Name und Literatur	Formel	Mol.-Gew. Dichte	F in °C / Kp. in °C	Charakteristik
Benzoyl-acetonitril [E 1 X, 322]	$C_6H_5 \cdot CO \cdot CH_2 \cdot CN$	145,16 —	81 —	Prismen (W); wl. in k. W, PÄ, ll. in Al, Ä, sll. in Chlf, Bzl, l. in Alk
Benzoylacetyl s. Acetylbenzoyl				
β-Benzoyl-acrylsäure [E 2 X, 499]	$C_6H_5 \cdot CO \cdot CH : CH \cdot CO_2H$	176,17 —	97 —	Gelbliche Prismen (Toluol); wl. in k. W, Lg, ll. in Al, Ä, Aceton; Oxim F: 168° Z.
Benzoylameisensäure s. Phenylglyoxylsäure				
ε-Benzoylamino-capronsäure s. ε-Amino-capronsäure-N-benzoat				
Benzoyl-benzoesäure s. Benzophenon-carbonsäure				
Benzoyl-carbinol [E 2 VIII, 88]	$C_6H_5 \cdot CO \cdot CH_2OH$	136,15 $1,0963^{99,1}$	86...7 124...6/$_{12}$	$n_\alpha^{99,1}$ 1,5232, $n_D^{99,1}$ 1,5286, $n_\beta^{99,1}$ 1,5427. Tafeln (Al oder Ä); l. in W, sll. in Al, Ä, Chlf
Benzoylchlorid [E 1 IX, 94]	$C_6H_5 \cdot COCl$	140,57 $1,2105^{20,9}$	— 0,5 197,2	$n_\alpha^{20,9}$ 1,5467, $n_D^{20,9}$ 1,5538, $n_\beta^{20,9}$ 1,5688. Stechend riechende Fl.; l. in Ä
Benzoylcholin-chlorid [Org. Syntheses 30, 12]	$C_6H_5 \cdot CO_2 \cdot CH_2 \cdot CH_2 \cdot N^+(CH_3)_3Cl^-$	243,74 —	207 Z —	Krist. (Isopropylal.); hygr.; Pikrat F: 177°
Benzoylcholin-jodid [Org. Syntheses 30, 11]	$C_6H_5 \cdot CO_2 \cdot CH_2 \cdot CH_2 \cdot N^+(CH_3)_3J^-$	335,19 —	247 Z —	Krist.
Benzoylcyanid [E 1 X, 314]	$C_6H_5 \cdot CO \cdot CN$	131,14 —	34 207...10	Krist.; l. in Ä
Benzoyl-disulfid [E 2 IX, 289]	$[C_6H_5 \cdot CO \cdot S-]_2$	274,36 —	136 Z	Tafeln (Chlf + PÄ); unl. in W, wl. in Al, Ä, ll. in h. CS_2
Benzoyl-essigsäure [X, 672]	$C_6H_5 \cdot CO \cdot CH_2 \cdot CO_2H$	164,16 —	103...4 Z* —	Nadeln (Bzl + PÄ); wl. in k. W, PÄ, ll. in h. W, Al, Ä; * $\rightarrow CO_2$ und Acetophenon

Benzoylessigsäure-äthylester [E 2 X, 467]	$C_6H_5 \cdot CO \cdot CH_2 \cdot CO_2C_2H_5$	192,22 1,1202[15,4]	— 165/20	$n_\alpha^{15,4}$ 1,5265, $n_D^{15,4}$ 1,5317, $n_\beta^{15,4}$ 1,5466. Fl.; angenehm riechend; wl. in W, ll. in Al, Ä; Wdampfflch.
Benzoylessigsäure-methylester [E 2 X, 466]	$C_6H_5 \cdot CO \cdot CH_2 \cdot CO_2CH_3$	178,19 1,1624[15,3]	— 151,5/13	$n_\alpha^{15,3}$ 1,5361 $n_D^{15,3}$ 1,5415, $n_\beta^{15,3}$ 1,5571., Fl.
Benzoyl-fluorid [E 1 IX, 94]	$C_6H_5 \cdot COF$	124,12 —	— 156...9	Stark riechende Fl.; von kochendem W nur langsam zers.
Benzoylglycin s. Hippursäure				
Benzoylhydrazid s. Benzoesäure-hydrazid				
Benzoylhydroperoxid s. Benzoylperoxid				
Benzoyl-jodid [E 2 IX, 162]	$C_6H_5 \cdot COJ$	232,02 1,772[15]	3 113/12	Beim Aufbewahren Braunfärbung
1-Benzoyl-naphthalin [E 2 VII, 459]	$C_6H_5 \cdot CO \cdot C_{10}H_7$	232,28 —	75...6 385	Prismen (Al); 2,4 Al 12°; Kp: 222°/8
2-Benzoyl-naphthalin [E 2 VII, 460]	$C_6H_5 \cdot CO \cdot C_{10}H_7$	232,28 —	82 398	Nadeln (Al); 2 Al 12°; Kp: 225°/8; Semicarbazon F: 175°
Benzoylperoxid [E 1 IX, 93]	$C_6H_5 \cdot CO \cdot O \cdot O \cdot CO \cdot C_6H_5$	242,23 —	110 —	Krist. (Ä); swl. in W, wl. in Me, k. Al, Benzin, l. in Aceton, Ä, Eg, Bzl; verpufft beim Erhitzen
α-Benzoyl-phenyl=hydrazin [XV, 250]	$C_6H_5 \cdot N(CO \cdot C_6H_5) \cdot NH_2$	212,25 —	70 —	Nadeln (W oder verd. Al); wl. in k. W, sll. in Al, Ä, Chlf
β-Benzoyl-phenyl=hydrazin [E 2 XV, 97]	$C_6H_5 \cdot CO \cdot NH \cdot NH \cdot C_6H_5$	212,25 —	170 —	Blättchen (verd. Al); wl. in h. W, Ä, l. in h. Al, Chlf
N-Benzoyl-piperidin [E 2 XX, 34]	$C_6H_5 \cdot CO \cdot N \cdot C_5H_{10}$	189,26 —	49 180/15	Krist.; l. in Al
β-Benzoyl-propionsäure [E 1 X, 330]	$C_6H_5 \cdot CO \cdot CH_2 \cdot CH_2 \cdot CO_2H$	178,19 —	117...8 —	Krist. (W); swl. in Lg, wl. in k. W, ll. in h. W, Al, Ä, Chlf, Bzl

Name und Literatur	Formel	Mol.-Gew. Dichte	F in °C Kp. in °C	Charakteristik
3,4-Benz-phenanthren [J. Am. Chem. Soc. **62**, 1970]		228,30 —	68 —	Fbl. Nadeln (Al); λ_{max} 218, 229, 262, 272, 281, 295, 303, 315, 325, 354, 371 mμ. Schwaches Carcinogen; Pikrat (Bzl + Lg) F: 128...8,5°
α-Benzpinakolin [E 2 XVII, 94]	$(C_6H_5)_2C$—$C(C_6H_5)_2$	348,45 —	208 Z *	Nadeln (Chlf + Al); swl. in k. Al, k. Eg, l. in Ä, ll. in Chlf, Bzl, CS_2; * Z. → 4-Benzoyl-triphenylmethan u. a.
β-Benzpinakolin [E 2 VII, 513]	$(C_6H_5)_3C \cdot CO \cdot C_6H_5$	348,45 —	182 Z *	Nadeln (Al); swl. in k. Al; 1,2 sied. Al 95%; ll. in Chlf, Bzl, CS_2; * Z. → Hauptprodukt Triphenylmethan
Benzpinakon [Org. Syntheses II, 71]	$(C_6H_5)_2C \cdot C(C_6H_5)_2$ OH OH	366,46 —	188...90 —	Krist. (Bzl + Lg); ll. in Ä, Chlf, CS_2
1,2-Benzpyren [J. Chem. Soc. **1933**, 398]		252,32 —	178...9 —	Krist.; subl. $250°/_{3...4}$; richtige Bezifferung (S. 10): 4,5-Benzopyren oder Benzo[e]pyren
3,4-Benzpyren [J. Chem. Soc. **1933**, 398]		252,32 —	176,5...7,5 310...$2/_{10}$	Hgelbe Nadeln (Bzl + Me); in Bzl viol. fluoresz.; unl. in W, wl. in Me, Al, l. in Bzl, Toluol; in konz. H_2SO_4 or. Lsg. mit graublauer Fluoresz.; starkes Cancerogen; Pikrat dklrot, F: 197...8°; richtige Bezifferung (S. 10): 1,2-Benzopyren oder Benzo[a]pyren

	Formel			
Benzthiazol [E 2 XXVII, 17]		135,19 $1,2384_4^{22,5}$	— 231	$n_\alpha^{22,2}$ 1,6309, $n_\beta^{22,2}$ 1,6581. Fl.; Wdampf-flch.; wl. in W, ll. in Al, CS_2, S; $AuCl_4$-salz swl. in W
Benztriazol [E 2 XXVI, 17]		119,13 —	98,5 —	Nadeln (Chlf oder Bzl + Toluol); $KMnO_4$ → Triazol-dicarbonsäure, deren Ag-Salz unl. in NH_3, krist. aus verd. HNO_3; s. Org. Syntheses III, 106
Benztriazol-carbon= säure-(5) [XXVI, 290]		131,14 —	> 270 —	Nadeln · W (W); Blättchen · 1 CH_3COOH (Eg); swl. in h. W, l. in Al, wl. in Ä, Aceton, unl. in Bzl; Hydrochlorid Nadeln, sll. in W Methylester (W) F: 170…1°
Benzyläther s. Dibenzyläther				
Benzylalkohol [E 2 VI, 403]	$C_6H_5 \cdot CH_2OH$	108,14 $1,0442^{22,5}$	E — 15,3 205,4…5,7	$n_\alpha^{21,9}$ 1,5323, $n_D^{21,9}$ 1,5373, $n_\beta^{21,9}$ 1,5495. Fl.; Kp: 98,2/$_{14}$; 4,0 W 17°; 14,8 Al 30% 15°; ∞ Al, Ä; Lokalanästhetikum; techn. Lösm.; 4-Nitro-benzoat F: 85°
Benzylamin [E 2 XII, 540]	$C_6H_5 \cdot CH_2NH_2$	107,16 $0,9812^{25}$	— · 184,5	$n_\alpha^{19,5}$ 1,5392, $n_D^{19,5}$ 1,5440, $n_\beta^{19,5}$ 1,5571. Fl.; ∞ W, Al, Ä, Glycerin; Acetyl= derivat F: 61°
N-Benzyl-anilin [E 2 XII, 548]	$C_6H_5 \cdot CH_2 \cdot NH \cdot C_6H_5$	183,26 $1,038^{55}$	36,5…36,8 306…7	Prismen (Me); unl. in W, l. in Al; Hydrochlorid F: 202°
9-Benzyl-anthracen [E 2 V, 645]	$CH_2 \cdot C_6H_5$	268,36 —	133 —	Nadeln (Al); wl. in Al; Lsg. fluoresz. blau; mit H_2SO_4 → grüne Lsg, rot fluoresz.

Name und Literatur	Formel	Mol.-Gew. Dichte	F in °C / Kp. in °C	Charakteristik
Benzylazid [E 2 V, 274]	$C_6H_5 \cdot CH_2 \cdot N_3$	133,15 / $1,0655^{24,9}$	— / —	$n_\alpha^{24,9}$ 1,52923, $n_D^{24,9}$ 1,53414, $n_\gamma^{24,9}$ 1,55749. Öl; Kp: $82,5°/_{16,5}$; unl. in W, ∞ Al, Ä; Wdampfflch.; expl. bei Überhitzung
2-Benzyl-benzoesäure [E 2 IX, 471]	$C_6H_5 \cdot CH_2 \cdot C_6H_4 \cdot CO_2H$	212,25 / —	118 / subl.	Nadeln (verd. Al); wl. in k. W, ll. in Al, Ä, Chlf, Bzl
3-Benzyl-benzoesäure [IX, 676]	$C_6H_5 \cdot CH_2 \cdot C_6H_4 \cdot CO_2H$	212,25 / —	107...8 / subl.	Nadeln (W); wl. in k. W, sll. in Al, Ä, Chlf
4-Benzyl-benzoesäure [E 1 IX, 284]	$C_6H_5 \cdot CH_2 \cdot C_6H_4 \cdot CO_2H$	212,25 / —	155...6 / subl.	Krist. (Bzl); wl. in k. W, l. in Bzl, ll. in Al, Ä, Chlf, Eg
Benzylbromid [E 2 V, 237]	$C_6H_5 \cdot CH_2Br$	171,04 / $1,4380_0^{22}$	E — 3,9 / 201	Fl.; Kp: $127°/_{80}$; unl. in W, ∞ Al, Ä; Dampf reizt zu Tränen
Benzylchlorid [E 2 V, 227]	$C_6H_5 \cdot CH_2Cl$	126,59 / $1,1050^{13}$	E — 41,2 / 179,3	$n_\alpha^{17,4}$ 1,5342, $n_D^{17,5}$ 1,5391, $n_\beta^{17,4}$ 1,5516. Fl.; Kp: $61...2°/_{11}$; heftig zu Tränen reizender Geruch; unl. in k. W, ∞ Al, Ä; mit sied. W $\to$ Benzylalkohol; Gaskampfstoff; MAK: 5 mg/m³
Benzylcyanid [E 2 IX, 302]	$C_6H_5 \cdot CH_2 \cdot CN$	117,15 / $1,0157^{20}$	— 26 / 233,5	n_α^{17} 1,5198, n_D^{17} 1,5243, n_β^{17} 1,5355. Fl.; l. in Al, Ä

Benzyl-diäthylamin s. N,N-Diäthyl-benzylamin

Benzyl-dimethylamin s. N,N-Dimethyl-benzylamin

N-Benzyl-N',N'-dimethyl-N-phenyl-äthylendiamin s. Antergan

Benzylfluorid [E 2 V, 224]	$C_6H_5 \cdot CH_2F$	110,13 $1,02278^{25,3}$	-35 $139,8/_{753}$	$n_\alpha^{25,3}$ 1,48481, $n_D^{25,3}$ 1,48919, $n_\beta^{25,3}$ 1,50014. Fl.; zers. explosionsart. in Gefäßen aus gewöhnlichem Glas beim Berühren mit H_2SO_4 befeuchtetem Glasstab; wl. in Al
Benzyl-harnstoff [E 2 XII, 563]	$C_6H_5 \cdot CH_2 \cdot NH \cdot CO \cdot NH_2$	150,18 —	146,6 Z* 200	Nadeln (Al); 1,71 W 45°; 3,10 Aceton 23°; 0,053 Ä 22,5°; * Z. → NH_3 und N,N′-Dibenzylharnstoff
Benzyl-hydrazin [XV, 531]	$C_6H_5 \cdot CH_2 \cdot NH \cdot NH_2$	122,17 —	— $135/_{29}$	Öl; ∞ W, Al, Ä; Dest. → N_2 und Dibenzyl
O-Benzyl-hydroxyl= amin [E 1 VI, 222]	$C_6H_5 \cdot CH_2 \cdot O \cdot NH_2$	123,16 —	— $118...9/_{30}$	Öl; l. in Ä; Wdampfflch.
β-Benzyl-hydroxyl= amin [XV, 17]	$C_6H_5 \cdot CH_2 \cdot NHOH$	123,16 —	57 —	Nadeln (PÄ); l. in W
3-Benzyliden-phthalid s. 3-Benzal-phthalid				
Benzyl-isoamyl-äther [E 2 VI, 410]	$C_5H_{11} \cdot O \cdot CH_2 \cdot C_6H_5$	178,28 $0,9200^{10}$	— $235/_{744}$	Fl. von angenehmem Geruch; unl. in W, l. in vielen org. Lösm.
Benzyl-isothiocyanat s. Benzylsenföl				
Benzyljodid [E 2 V, 241]	$C_6H_5 \cdot CH_2J$	218,04 $1,7335^{25}$	24 $93/_{10.}$	Nadeln; unl. in W, l. in Al, Ä, Bzl; wl. in CS_2 bei 0°; Dampf reizt zu Tränen
Benzyl-malonsäure [E 2 IX, 619]	$C_6H_5 \cdot CH_2 \cdot CH(CO_2H)_2$	194,19 —	120 Z —	Prismen (Bzl); ll. in W, Al, Ä, h. Bzl; Diäthylester Kp: 299°
Benzylmercaptan [E 2 VI, 427]	$C_6H_5 \cdot CH_2 \cdot SH$	124,21 $1,058^{20}$	— 194...5	Fl.; lauchart. Geruch; l. in Eg; an der Luft Oxid. → Dibenzyldisulfid
β-Benzyl-β-methyl-valeriansäure [Org. Syntheses 35, 6]	$\overset{\textstyle CH_3}{\underset{\textstyle C_2H_5}{C_6H_5 \cdot CH_2 \cdot \overset{\textstyle \cdot}{\underset{\textstyle \cdot}{C}} \cdot CH_2 \cdot CO_2H}}$	206,29 —	— $173...7/_7$	n_D^{25} 1,5160. Fl.; ll. in Bzl

13*

Name und Literatur	Formel	Mol.-Gew. Dichte	F in °C Kp. in °C	Charakteristik
1-Benzyl-naphthalin [E 2 V, 604]	$C_{10}H_7 \cdot CH_2 \cdot C_6H_5$	218,30 $1,166^{17}$	59 350	Tafeln (Al); Prismen (Ä, PÄ); unl. in W; 1,67 Al 15°; $\sim$2,35 sied. Al; 36 Ä oder CS_2; l. in Chlf, Bzl
2-Benzyl-naphthalin [V, 690]	$C_{10}H_7 \cdot CH_2 \cdot C_6H_5$	218,30 $1,176^0$	35,5 350	Prismen (Al); unl. in W; 1,8 Al 15°, sll. in Bzl, sied. Al
Benzylpenicillin s. Penicillin G				
Benzyl-phenol s. Hydroxy-diphenylmethan				
Benzyl-rhodanid [E 2 VI, 434]	$C_6H_5 \cdot CH_2 \cdot S \cdot CN$	149,22 —	41 230...5 g. Z	Prismen; durchdringender Geruch nach Kresse; brennender Geschmack, unl. in W, ll. in Al, Ä, CS_2, wl. in k. Al
Benzylsenföl [E 2 XII, 567]	$C_6H_5 \cdot CH_2 \cdot N : CS$	149,22 $1,1246^{15}$	— 243	Gelbliches Öl; unl. in W
Benzylsulfid s. Dibenzylsulfid				
Benzyl-thioharnstoff [E 2 XII, 564]	$C_6H_5 \cdot CH_2 \cdot NH \cdot CS \cdot NH_2$	166,25 —	164,5...5,5 —	Prismen (W); unl. in k. W
N-Benzyl-m-toluidin s. Tolyl-benzyl-amin				
Berberin [E XXVII, 513]		353,38 —	144 —	Hgelbe Krist. (Ä); unl. in W, l. in Chlf, ll. in Ä gelb, Bzl; mit W $\rightarrow$ Berberinhydroxid

Berberonsäure s. Pyridin-tricarbonsäure-(2,4,5)

Bernsteinsäure [E 2 II, 540]	$HO_2C \cdot CH_2 \cdot CH_2 \cdot CO_2H$	118,09 $1,572^{25}$	182,7 235*	Prismen; 6,1 W 17,5°; 60,37 W 75°; 7,9 Al 20°; 0,32 Ä 17,5°; 3,9 Aceton 20°; subl. leicht im Vak.; * Anhydridbildung
-K-Salz [E 2 II, 54]	$K_2C_4H_4O_4 \cdot 2H_2O$	230,31 —	— —	Krist.; l. in W, Al, unl. in Ä
-Na-Salz [E 2 II, 548]	$Na_2C_4H_4O_4 \cdot 6H_2O$	270,15 —	— —	Krist.; 21,5 W 0°; 34,9 W 25°; 83,4 W 64,9°; $> 64,9° \rightarrow Na_2C_4H_4O_4 + H_2O$
-NH_4-Salz [E 2 II, 548]	$(NH_4)_2C_4H_4O_4$	152,15 $1,390^{25}$	— —	Prismen; ll. in W, wl. in Al
Bernsteinsäure-anhydrid [E 1 XVII, 228]	CH₂–CH₂ / OC–O–CO	100,07 1,503	120 261	Nadeln (Al); swl. in Ä, l. in Chlf
Bernsteinsäure-bromimid s. Bromsuccinimid				
Bernsteinsäure-diäthyl= ester [E 2 II, 550]	$C_2H_5O_2C \cdot CH_2 \cdot CH_2 \cdot CO_2C_2H_5$	174,20 $1,0406^{20}$	− 21,8 217,3	n_α^{20} 1,4179, n_D^{20} 1,4201, n_β^{20} 1,4251. Fl.; Kp: $103°/_{14}$
Bernsteinsäure-dialdehyd s. Succindialdehyd				
Bernsteinsäure-diamid [E 2 II, 554]	$H_2NOC \cdot CH_2 \cdot CH_2 \cdot CONH_2$	116,12 —	233,5...4,1 —	Nadeln (W); 0,33 W 15°; 6,7 sied. W; unl. in abs. Al, Ä
Bernsteinsäure-dichlorid [E 2 II, 553]	$ClOC \cdot CH_2 \cdot CH_2 \cdot COCl$	154,98 $1,371^{21}$	18,5 193,3	$n_\alpha^{15,2}$ 1,47042, $n_D^{15,2}$ 1,473, $n_\beta^{15,2}$ 1,48076. Fl.; Kp: $95...6°/_{16}$; l. in Bzl, Ä, unl. in PÄ; Z. durch W
Bernsteinsäure-dimethyl= ester [E 2 II, 549]	$CH_3O_2C \cdot CH_2 \cdot CH_2 \cdot CO_2CH_3$	146,14 $1,1196^{20}$	20 196,4	n_α^{20} 1,41776, n_D^{20} 1,41984, n_β^{20} 1,42482. Krist.; Kp: $80°/_{11}$
Bernsteinsäure-dinitril [E 2 II, 554]	$NC \cdot CH_2 \cdot CH_2 \cdot CN$	80,09 $0,9800^{70}$	53,71 265...7	$n_\alpha^{63,1}$ 1,41432, $n_D^{63,1}$ 1,41645, $n_\gamma^{63,1}$ 1,42543. Krist.; Kp: $151°/_{16}$; ll. in W, Chlf, Al, l. in CS_2, Ä

Name und Literatur	Formel	Mol.-Gew. Dichte	F in °C Kp. in °C	Charakteristik
Bernsteinsäure-diphenyl= ester [Org.Syntheses 34, 44]	$H_5C_6O_2C \cdot CH_2 \cdot CH_2 \cdot CO_2C_6H_5$	270,29 —	120...1 —	Fbl. Krist. (Bzl)
Bernsteinsäureimid s. Succinimid				
Bernsteinsäure-mono= äthylester [E 2 II, 549]	$HO_2C \cdot CH_2 \cdot CH_2 \cdot CO_2C_2H_5$	146,14 $1,1468^{20}$	E 8 $146...9/_{17}$	n_α^{20} 1,4303, n_D^{20} 1,4327, n_β^{20} 1,4381. Öl
Bernsteinsäure- monamid [E 2 II, 554]	$HO_2C \cdot CH_2 \cdot CH_2 \cdot CONH_2$	117,11 —	157 —	Nadeln (Aceton); Tafeln und Nadeln (W); zll. in W, h. Aceton, fast unl. in abs. Al, Lg, Bzl; Erhitzen $> 200°$ $\rightarrow$ Succinimid und W; Kochen mit $W \rightarrow NH_4O_2C \cdot CH_2 \cdot CH_2 \cdot CO_2H$
Beryllium -diäthyl [E 2 IV, 1028]	$(C_2H_5)_2Be$	67,14 —	$-13...-11$ $110/_{15}$	Fl.; l. in Ä, Bzl; zers. durch W; entflammt an der Luft und brennt mit leuchtender Flamme; s. a. Z. anorg. Chem. **258**, 162
-di-t-butyl [J. Am. Chem. Soc. **79**, 3687]	$(t\text{-}C_4H_9)_2Be$	123,24 $0,65^{20}$	-16 $25/_{35}$	Fl., fbl., Z. bei Raumtemp. unter Bildung von Isobuten; muß bei $-80°$ aufbewahrt werden; bildet einen Ä-Komplex, aus dem man mit $BeCl_2$ das Ä-freie Produkt erhält
-diisopropyl [J.Chem. Soc. **1954**, 22]	$(i\text{-}C_3H_7)_2Be$	95,19, 19 —	$-9,5$ $20/_{0,17}$	Fl., fbl., im Dampf und Lsg. dimer; l. in org. Lösm.; Z. mit Luft und W; bei 50° beginnt langsame Z. unter Bildung von Propen und polym. Iso= propyl-berylliumhydrid

-dimethyl [J. Am. Chem. Soc. 62, 3425]	$(CH_3)_2Be$	39,08 —	subl.* 130/5	Nadeln, weiß; polym.; Dampf eine Mischung von monomeren und polym. Teilchen; l. in Ä; brennt an der Luft; heftige Reaktion mit W; Z. bei 190°; * subl. 217° (extrapoliert)
-diphenyl [Ann. Chem. 606, 15]	$(C_6H_5)_2Be$	163,23 —	244...8 Z —	Krist. (Bzl); l. in Ä und Tetrahydrofuran, wl. in Bzl und Xylol, l. in Ä unter Bildung eines sehr stabilen Ä-Komplexes $(C_6H_5)_2Be \cdot 2(C_2H_5)_2O$, F: 28...32°; Darst. aus Hg-diphenyl und Be
Betain [E 2 IV, 785]	$(CH_3)_3N^+ \cdot CH_2 \cdot CO_2^-$	117,15 —	293 Z —	Krist. (Al); 157,1 W 19,3°; 6,79 Al 18,3°; $\cdot 1 H_2O$ sehr zerfl. Krist.; sll. in W, ll. in abs. Al, swl. in Ä; schmeckt süß mit bitterem Nachgeschmack
Betain-Derivate s. Trimethylaminoessigsäure-				
-hydrochlorid [E 2 IV, 786]	$C_5H_{11}O_2N \cdot HCl$	153,61 —	230 Z 235	Tafeln (W); Prismen (Al); sll. in W, l. in Al, swl. in k. abs. Al, Ä; pharmazeutische Verw. als Salzsäureersatz „Acidol"
Betol s. Salicylsäure-β-naphthylester				
Bicyclo-[2,2,1]-2,5-heptadien [J. Am. Chem. Soc. 78, 2819]	CH_2	92,14 $0,903^{25}$	− 19,9 89,5	n_D 1,4684; Fl.; Bromieren führte zu tödlichen Vergiftungen (Z. angew. Chem. 73, 274)
Bicyclo-[2,2,1]-hepten-(2) [J. Am. Chem. Soc 63, 3351]	CH_2	94,16 —	44...6* 94...7	* Andere Angabe Ann. Chem. 512, 184 F: 51...3°

Name und Literatur	Formel	Mol.-Gew. Dichte	F in °C Kp. in °C	Charakteristik
2,2′-Bifuryl [Dunlop, 78]		134,14 —	— 63...4	Fl.
Biguanid [E 2 III, 76]	$HN:C(NH_2)\cdot NH\cdot C(:NH)\cdot NH_2$	101,11 —	130 Z 142 *	Nadeln (Al); ll. in W, Al, unl. in Bzl, Ä, Chlf; ·HCl Nadeln F: 235°; * heftige Z.
Bilineurin s. Cholin				
Bilirubin [Z. physiol. Chem. **274**, 231]		584,68 —	— —	Or. rote Prismen, unl. in W, l. in Bzl, Chlf, CS_2, Mineralsäuren und Laugen; wl. in Al, Ä; fluoresz. im UV rot; wichtigster Gallenfarbstoff
Biliverdinsäure [E 1 XXII, 589]		183,17 —	114 Z *	Nadeln (W); 4 W 20°; 6 Ä 20°, sll. in h. W, h. Al, h. Ä, h. Chlf; * Z. → CO_2-Abspaltung
Biocytin [Vogel, II (2) 30]		372,49 —	228...9 Z —	Fbl. Krist. (W + Aceton); $[\alpha]_D^{25}$: + 53° (0,1 n NaOH)
d-Biotin [Vogel, II (2) 28]		244,31 —	230...2 Z —	Fbl. Nadeln (W); unl. in org. Lösm., wl. in k. W. l. in h. W, verd. Alk; $[\alpha]_D^{22}$: + 92° (0,1 n NaOH); Methyl= ester F: 166...7°

ε-N-Biotinyl-L-lysin s. Biocytin

Biphenyl s. Diphenyl

o-Biphenylen [II, 5, 530]		152,20 —	74,5…75 —	Schwach gelbliche Krist. (Al); W-dampfflch.; ll. in org. Lösm.; Struktur nach Nature **150**, 211:
1,1-Bis(p-chlorphenyl)-2,2,2-trichloräthan s. DDT				
Bis-cyanäthyl-amin [Org. Syntheses III, 93]	$HN(CH_2 \cdot CH_2 \cdot CN)_2$	123,16 —	— 134…5/1	n_D^{20} 1,4640. Fl.
Bis-cyclohexyl [E 2 V, 71]	$(C_6H_{11})_2$	166,31 0,8835[20]	5,7 234	n_D^{20} 1,4800
4,4′-Bis-diäthylamino-triphenylcarbinol [XIII, 746]	$[(C_2H_5)_2N \cdot C_6H_4]_2C(C_6H_5) \cdot OH$	402,58 —	— —	Krist. (Ä); wl. in W, l. in Al grün; Brillantgrün $[C_{27}H_{33}N_2]HSO_4$ goldgelbe Krist., l. in h. W, Al grün
Bis-N,N-diäthylthio-carbamyl-disulfid [J. Am. Chem. Soc. **65**, 1268]	$(C_2H_5)_2N \cdot CS \cdot S \cdot S \cdot SC \cdot N(C_2H_5)_2$	296,54 —	70 —	Krist.; unl. in W, wl. in Ä, l. in sied. Al; ,,Antabus''
4,4′-Bis-dimethyl-amino-benzhydrol [E 1 XIII, 282]	$[(CH_3)_2N \cdot C_6H_4]_2CH \cdot OH$	270,38 —	96 —	Hgrüne Blättchen (Bzl); unl. in W, ll. in h. Al, Ä, Eg, Bzl; Lsgg. in Al und Eg sind blau
4,4′-Bis-dimethyl-amino-benzhydrylamin [XIII, 307]	$[(CH_3)_2N \cdot C_6H_4]_2CH \cdot NH_2$	269,39 —	135 —	Krist. (Al); swl. in W, wl. in Al
4,4′-Bis-dimethyl-amino-benzophenon [E 1 XIV, 391]	$[(CH_3)_2N \cdot C_6H_7]_2CO$	268,36 —	179 > 360 Z	Blättchen (Al); unl. in W, swl. in Ä, wl. in Al, sll. in h. Bzl; ,,Michlers Keton''

Name und Literatur	Formel	Mol.-Gew. Dichte	F in °C Kp. in °C	Charakteristik
4,4′-Bis-dimethyl=amino-diphenyl-methan [E 2 XIII, 111]	$CH_2[C_6H_4 \cdot N(CH_3)_2]_2$	254,38 —	91 390	Blättchen (Al oder Lg); wl. in k. Al, ll. in h. Al, Ä, Bzl, CS_2
4,4′-Bis-dimethyl=amino-triphenylcarbinol [E 2 XIII, 441]	$[(CH_3)_2N \cdot C_6H_4]_2C(C_6H_5) \cdot OH$	346,48 —	109...10 Z 200...50	Krist. (Al); ll. in Ä, l. in S → Farbsalz (grün)
4,4′-Bis-dimethyl=amino-triphenylmethan [E 2 XIII, 135]	$C_6H_5 \cdot CH[C_6H_4 \cdot N(CH_3)_2]_2$	330,48 —	93 —	Tafeln (Al); Nadeln (Bzl), F: 102°; unl. in W, wl. in Lg, l. in Al, ll. in Ä, Bzl, Toluol
2,2-Bis-[4-hydroxy=phenyl]-propan [E 2 VI, 978]	$(HOC_6H_4)_2C(CH_3)_2$	228,29 —	152...3 250...2/13	Nadeln oder Prismen (W oder verd. Egs); ll. in Al, Ä, Bzl, Eg; l. in k. W 1:2820, in h. W 1:130°; wichtiges Ausgangsmaterial für Kunststoffe (Z. angew. Chem. **68**, 633) „Bisphenol A", „Diphenylolpropan"
N,N′-Bis-[3-hydroxy-naphthoyl-(2)]-o-dianisidin [E 2 XIII, 504]	$[-C_6H_3(OCH_3) \cdot NH \cdot CO \cdot C_{10}H_6 \cdot OH]_2$	584,63 —	348 Z —	Krist. (o-Nitro-toluol); swl. in org. Lösm.
Bisphenol A s. 2,2-Bis-[4-hydroxyphenyl]-propan Bittermandelöl s. Benzaldehyd				
Biuret [E 2 III, 60]	$H_2N \cdot CO \cdot NH \cdot CO \cdot NH_2$	103,08 —	192,5...3,0 Z —	Blättchen (Al); 1,21 W 0°; 1,54 W 15°; 45 W 106°; hygr.; „Biuret-Reaktion": mit $CuSO_4$-Lsg. und Überschuß NaOH → ziegelrote Färbung

Bladan s. Phosphor, Tetraphosphorsäure-hexaäthylester

Blaukreuz s. Arsen, Diphenylarsinchlorid

Blausäure [E 2 II, 37]	HCN	27,03 0,6884[20]	− 13,4 25,7	n_α^{10} 1,2661, n_D^{10} 1,2675, n_β^{10} 1,2713. Fl.; sehr giftig, 0,06 g tödlich; bei H_2O-Zutritt unbeständig; ∞ W; HCN-Luft-Gemische sind explosiv; MAK: 10 cm³/m³, H
-K-Salz [E 2 II, 52]	KCN	65,12 —	622 —	Würfel (W, Al); Oktaeder (W); 71,6 W 25°; ll. fl. NH_3; unl. in fl. SO_2; Verw. wie NaCN
-Na-Salz [E 2 II, 52]	NaCN	49,01 —	562 —	Krist.; $\cdot \frac{1}{2} H_2O$ (k. Al 85%), $\cdot 2 H_2O$ (h. Al 75%); giftig; l. in fl. NH_3 unter Druck, wl. in Al, swl. in fl. SO_2
-NH₄-Salz [E 2 II, 51]	NH_4CN	44,06 —	36 —	Fbl. Würfel; leicht entzündlich; brennt mit gelblicher Flamme; ll. in W, Al; mit $KMnO_4 \rightarrow$ Harnstoff
Blei -diäthyl-dichlorid [Chem. Rev. 54, 101]	$(C_2H_5)_2PbCl_2$	336,22 —	207...20 Z —	Weiße Nadeln (h. W); swl. in org. Lösm.; Darst. aus Diäthylbleidisulfid und Salzsäure
-tetraacetat s. Essigsäure, Pb-(IV)-salz				
-tetraäthyl [Z. angew.Chem.67,424]	$(C_2H_5)_4Pb$	323,44 1,6600[18]	— 87...90/11	n_α^{20} 1,5149, n_D^{20} 1,5198. Fl.; fruchtart. Geruch; unl. in W, ∞ abs. Al, Ä; Wdampfflch.; giftig; Verw. als Antiklopfmittel
-tetra-n-butyl [Chem. Rev. 54, 101]	$(n-C_4H_9)_4Pb$	435,66 —	— 140/1	n_D^{20} 1,5119. Fl.; fbl.; l. in org. Lösm.; unl. in W; bei Raumtemp. an Luft beständig

Name und Literatur	Formel	Mol.-Gew. Dichte	F in °C Kp. in °C	Charakteristik
Blei				
-tetramethyl [E 2 IV, 1018]	$(CH_3)_4Pb$	267,33 $1,9952^{20}$	$-27,5$ 110	n_α^{20} 1,5068, n_D^{20} 1,5120. Kristallmasse; himbeerart. Geruch; unl. in W, ∞ abs. Al, Ä; giftig
-tetraphenyl [E 2 XVI, 631]	$(C_6H_5)_4Pb$	515,62 $1,5298^{20}$	227,7 subl. *	Nadeln oder Prismen (Bzl); unl. in W; 0,05 Me 30,4°; 0,11 Al 30,4°; 1,7 Bzl 30,4°; 1,9 Chlf 30,4°; swl. in Al, Ä, Lg, Eg, l. in Bzl, Chlf, CS_2; * subl. $240°/_{15}$
-tetra-n-propyl [Chem. Rev. **54**, 101]	$(n-C_3H_7)_4Pb$	379,55 $1,4419^{20}$	— $126/_{13}$ *	n_D^{20} 1,5094. Fl.; fbl.; * Kp: $80°/_{0,4}$; l. in org. Lösm., unl. in W; an Luft beständig
-tetravinyl [Z. angew. Chem. **71**, 161]	$(CH_2:CH)_4Pb$	315,37 —	— $34/_{0,6}$	n_D^{26} 1,5430; Fl., fbl., bei Raumtemp. Z.; kann bei $-26°$ aufbewahrt werden; expl. beim Erhitzen auf 100°; Z. durch wss. NH_4Cl-Lsg.; Darst. aus Vinylmagnesiumbromid und $(NH_4)_2PbCl_4$ oder $PbCl_2$ in Tetrahydrofuran
-triäthyl-chlorid [Chem. Rev. **54**, 101]	$(C_2H_5)_3PbCl$	329,83 —	Z 123 —	Weiße Krist. (HCl-haltigem abs. Al); l. in W, sied. Toluol, wl. in org. Lösm.; Ausgangsprodukt zur Darst. anderer Triäthylbleiverbindungen
-triäthyl-hydroxid [Chem. Rev. **54**, 101]	$(C_2H_5)_3PbOH$	311,38 —	55 Z —	Nadeln (Al); l. in W; wss. Lsg. stark alk; adsorbiert CO_2 aus der Luft

Diblei-hexaphenyl [E 2 XVI, 634]	$(C_6H_5)_3PbPb(C_6H_5)_3$	877,02 —	Z 155 —	Krist.; schwach gelb; l. in org. Lösm. mit gelber Farbe; fest im Dunklen gegen Luft beständig; in Lsg. luftempfindlich; in verd. Lsg. dissoziiert, bei erhöhter Temp. thermische Dissoziation
-zucker s. Essigsäure-Pb-(II)-salz				
Bor Borazol-triäthyl [Ann. Chem. **644**, 1]		164,66 $0,866^{20}$	— 54 192...3	Fl.; l. in org. Lösm.; langsame Z. mit h. wss. HCl; „Triäthyl-borazol"
-n-butyl-difluorid [J. Am. Chem. Soc. **79**, 337]	$(n\text{-}C_4H_9)BF_2$	105,92 $0,8510^{25}$	— 35	Fl., fbl., l. in org. Lösm.; Z. mit W; Oxid. an Luft, keine Entzündung
-diäthyl-hydroxid [Chem. Rev. **56**, 959]	$(C_2H_5)_2BOH$	85,94 $0,7921^{20}$	— 51...—48 35...7/75	Fl., fbl., l. in org. Lösm.
-di-n-butyl-fluorid [J. Am. Chem. Soc. **79**, 337]	$(n\text{-}C_4H_9)_2BF$	144,04 —	— — 5/100	Fl.; fbl.; l. in org. Lösm.; Z. mit W; entflammt an Luft; Darst. aus BF_3 und $(n\text{-}C_4H_9)_3B$ bei 200°
-dihydroxy-äthyl [Krause, 200]	$C_2H_5B(OH)_2$	73,89 —	subl. ca 40 —	Krist.; würziger Geruch; l. in k. W, ll. in h. W, org. Lösm.; Wdampfflch.; „Äthylborsäure"
-dihydroxy-n-butyl [Krause, 200]	$CH_3(CH_2)_3B(OH)_2$	101,94 —	94 —	Täfelchen; l. in k. W, ll. in h. W, l. in org. Lösm.; Wdampfflch.; „n-Butylborsäure"
-dihydroxy-furyl-(2) [Dunlop, 208]		111,89 —	121...2 —	Krist. (Benzin); l. in W und polaren org. Lösm.; „2-Furyl-borsäure"

Name und Literatur	Formel	Mol.-Gew. Dichte	F in °C Kp. in °C	Charakteristik
Bor				
-dihydroxy-phenyl [E 2 XVI, 638]	$C_6H_5 \cdot B(OH)_2$	121,93 —	216 Z *	Nadeln (W); wl. in k. W, l. in Al, Ä, ll. in h. W; * Z. → Phenylboroxid + H_2O; „Phenylborsäure"
-diphenylchlorid [Kaufmann, 137]	$(C_6H_5)_2BCl$	200,48 1,1037[20]	— 271...2	Fl.; fbl.; l. in org. Lösm.; Z. mit W und Al
-phenyl-dichlorid [Kaufmann, 121]	$(C_6H_5)BCl_2$	158,82 1,194[20]	7 175	n_D^{20} 1,5385. Fl.; fbl.; Kp: 65...7°/14, 57°/8; l. in org. Lösm.; in Lsg. monomer; Z. mit W
-phenyl-dihydrid [E 2 XVI, 636]	$C_6H_5 \cdot BH_2$	89,93 —	— 193	Fl., l. in Ä, Chlf, Eg, CS_2; „Phenyl=borin"
Borsäure-triäthylester [E 2 I, 333]	$(C_2H_5O)_3B$	146,00 0,8546[28]	— 118,6	n_D 1,38076. Fl.; angenehmer Geruch; Z. mit W; brennt mit grüner Flamme
Borsäure-tributyl= ester [Org. Syn- theses II, 106]	$(C_4H_9O)_3B$	230,16 0,8564[8]	— 114...5/15	n_D 1,4084. Fl.
Borsäure-trimethyl= ester [E 2 I, 275]	$(CH_3O)_3B$	103,91 0,9205[24,3]	E — 34,0 68,7	Fl.; brennt mit grüner Flamme
Borsäure-triphenyl= ester [E 2 VI, 169]	$(H_5C_6O)_3B$	290,13 —	50 > 300	Nadeln (PÄ); ll. in Al, Chlf, Aceton, unl. in Ä; durch W hydrolysiert; mit $NaOC_6H_5$ in Xylol: $Na[B(OC_6H_5)_4]$ Nadeln (Chlorbzl.)
-tetraphenyl-kalium [Ann. Chem. **563**, 126]	$[(C_6H_5)_4B]K$	358,34 —	— —	Fbl. Kristallpulver; unl. in W, l. in Aceton

-tetraphenyl-lithium [Ann. Chem. **563**, 124]	$[(C_6H_5)_4B]Li$	326,18 —	ca 400 —	Fbl. mikrokrist. Pulver; unl. in Bzl, zl. in Ä, Chlf, ll. in W, Al; Fällungsmittel
-tetraphenyl-natrium [Ann. Chem. **573**, 195]	$[(C_6H_5)_4B]Na$	342,23 —	— —	Fbl. Nadeln; unl. in h. Chlf, l. in k. Chlf, ll. in W; ,,Kalignost", Reagenz auf K-Ionen; swl. K-Rb-Cs-salze
-triäthyl [Ann. Chem. **618**, 31]	$(C_2H_5)_3B$	98,00 $0,6961^{23}$	− 92,9 95 *	Fl.; * Kp: $0°/_{12,5}$; l. in org. Lösm.; swl. in W; entzündet sich an der Luft und brennt mit grüner Flamme; Komplexbildung mit Aminen; giftig; Darst. aus Borsäure-tributylester und Aluminium-triäthyl
-tri-n-butyl [Ann. Chem. **618**, 31]	$(n-C_4H_9)_3B$	182,16 —	— 209 *	Fl.; fbl.; *Kp: $90...1°/_9$; l. in org. Lösm., unl. in W; Z. an der Luft; Darst. aus Borfluorid-ätherat und Aluminium-tri-n-butyl-ätherat
-tri-sek.-butyl [Coates, 95]	$[CH_3 \cdot CH(C_2H_5)]_3B$	182,16 —	— $59,7...60/_{2,5}$	Fl.; fbl.; isomerisiert zu Bor-tri-n-butyl beim $Sieden/_{760}$; l. in org Lösm.; unl. in W; Darst. aus sek. Butyl-magnesiumbromid und BF_3
-tricyclohexyl [Ann. Chem. **618**, 31]	$(C_6H_{11})_3B$	260,27 —	118 $125...30/_{0,6}$	Krist.; Darst. aus Bor-triisobutyl und Cyclohexen
-tri-n-decyl [Ann. Chem. **618**, 31]	$(C_{10}H_{21})_3B$	434,65 $0,8069^{25}$	— —	n_D^{25} 1,4543. Fl.; fbl.; schwach viskos; luftempfindlich; beim Erhitzen Z.; Darst. aus Bor-triisobutyl und Decen-(1)

Name und Literatur	Formel	Mol.-Gew. Dichte	F in °C Kp. in °C	Charakteristik
Bor				
-triisobutyl [Ann. Chem. **618**, 31]	$[CH_3 \cdot CH(CH_3) \cdot CH_2]_3B$	182,16 $0,7400^{20}$	— $70...2/_{13}$	n_D^{20} 1,4188. Fl.; fbl.; l. in org. Lösm.; unl. in W; Z. an Luft; selbstentzündlich, brennt mit grünlicher Flamme; Darst. aus Borsäure-tributylester oder BF_3-Ätherat und Aluminium-triisobutyl
-triisopropyl [Chem. Rev. **56**, 959]	$[(CH_3)_2CH]_3B$	140,08 —	$-52,5$ $151*$	Fl.; fbl.; * Kp: $-33...5°/_{12}$; l. in org. Lösm.; unl. in W; Z. an Luft; selbstentzündlich, unter N_2 beständig; im Gleichgewicht mit $(n-C_3H_7)_3B$
-trimethyl [E 2 IV, 1022]	$(CH_3)_3B$	55,92 $0,625^{-100}$	$-159,85$ $-21,8$	Gas; scharfer Geruch; greift Atmungsorgane an; wl. in W, sll. in Al, Ä, l. in Bzl; selbstentzündlich, brennt mit grüner Flamme; s. a. Z. angew. Chem. **73**, 620
-tri-n-octyl [Ann. Chem. **618**, 31]	$(n-C_8H_{17})_3B$	350,49 $0,792^{22,5}$	— —	Fl.; fbl.; schwach viskos; Darst. aus Bor-tri-n-propyl und Octen-(1)
-triphenyl [E 2 XVI, 636]	$(C_6H_5)_3B$	242,13 —	151 $203/_{15}$	Krist. (Ä); wl. in Ä, ll. in Bzl, Toluol; unl. in W, raucht an der Luft, oxid.; s. a. Z. angew. Chem. **72**, 78
-triphenyl-ammoniak [Chem. Rev. **56**, 959]	$(C_6H_5)_3B \cdot NH_3$	259,16 —	212...4 Z	Weißes Pulver; ll. in Al, Me, wl. in k. Bzl, swl. in abs. Ä
-tri-n-propyl [Ann. Chem. **618**, 31]	$(n-C_3H_7)_3B$	140,08 $0,7177^{25}$	$-65,5$ $159...60*$	n_D^{20} 1,4135. Fl.; fbl.; * Kp: $60°/_{20}$; l. in org. Lösm.; Z. an Luft; Darst. aus Borfluorid-Ä-Komplex oder KBF_4 mit Aluminium-tri-n-propyl

Diboran-1,1-dimethyl [Kaufmann, 168]	$(CH_3)_2HBBH_3$	55,72 —	− 150,2 2,6	Gas; fbl.; Z. mit W
Diboran-1,2-dimethyl- [Ann. Chem. **644**, 1]	$CH_3H_2BBH_2CH_3$	55,72 —	− 124,9 4,9	Fl.; fbl.; l. in org. Lösm.; Z. mit Luft und W
Diboran-1,1,2,2-tetra= äthyl [J. Am. Chem. Soc. **80**, 4520]	$(C_2H_5)_2HBBH(C_2H_5)_2$	139,89 —	− 56,3 0/36	Fl., fbl., beständig bei 25°; l. in org. Lösm.; Z. mit Luft; „1,1,2,2-Tetra= äthyl-diboran-dihydrid" oder „1,1,2,2-Tetraäthyl-diboran"
Diboran-1,1,2,2-tetra- methyl [Ann. Chem. **644**, 1]	$(CH_3)_2HBBH(CH_3)_2$	83,78 —	72,5 68,6…72,0*	Fl., fbl., * Kp: 0°/48; l. in org. Lösm.; Z. mit W und Luft; „1,1,2,2-Tetra= methyl-dibor-dihydrid" oder „1,1,2,2-Tetramethyl-diboran"
d-Borneol [E 2 VI, 81]	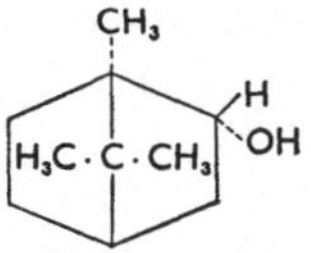 CH₃ / H₃C·C·CH₃ / H–OH	154,25 1,011	207,2 212	Tafeln (PÄ); $[\alpha]_{546}^{20}$: + 42,1° (Al, p = 15); campher- und pfefferart. Geruch; 0,074 W 25°; ll. in Al, Ä; etwa 25 Bzl 20°; subl.; „Borneo= campher", „endo"-Form
Bornylacetat [E 2 VI, 87]	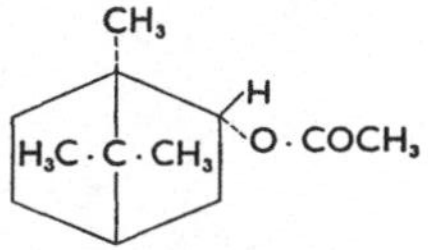 CH₃ / H₃C·C·CH₃ / H–O·COCH₃	196,29 $0{,}9833^{22,6}$	29 227,6	$n_\alpha^{22,6}$ 1,4600, $n_D^{22,6}$ 1,4623, $n_\beta^{22,6}$ 1,4638. Krist. (PÄ); unl. in W, l. in org. Lösm.
d-Bornylamin [XII, 45]	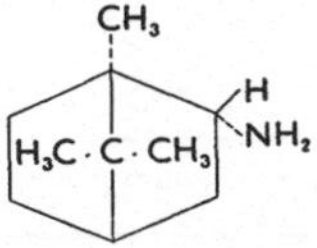 CH₃ / H₃C·C·CH₃ / H–NH₂	153,27 —	163 subl.	Krist.; unl. in W; ll. in org. Lösm.; $[\alpha]_D^{22}$: + 45,5 (Al)

Name und Literatur	Formel	Mol.-Gew. Dichte	F in °C Kp. in °C	Charakteristik
Bornylchlorid [E 2 V, 62]	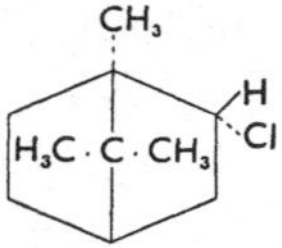	172,70 —	132,5...3,5 207/$_{750}$	Gefiederte Blätter (subl. bei 30...40°); campherart. Geruch; ca 33 Al; l. in Ä, unl. in W; sehr flch.; l-Form $[\alpha]_D$: − 34,5° (Ä); d-Form $[\alpha]$: + 33,19° (abs. Al, p = 8)
1-Bornylen [E 2 V, 105]	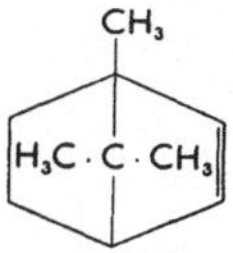	136,24 —	E 112,5 146...7	Krist. (Me); $[\alpha]_D^0$: − 22,27° (Bzl, c = 9); l. in Al, Bzl; sehr flch.
Borsäure s. Bor, Borsäure-				
Brasan [XVII, 84]	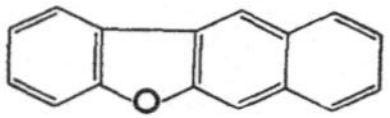	218,26 —	209 395	Blättchen (Al); l. in Al grünlich blau fluoresz.
Brasilein [XVIII, 194]	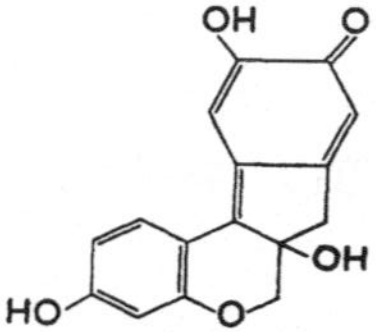	284,27 —	— —	Rotbraune Tafeln ·1 H_2O; swl. in k. W, l. in h. W hrot, or.rote Fluoresz.
Brasilin [XVII, 194]	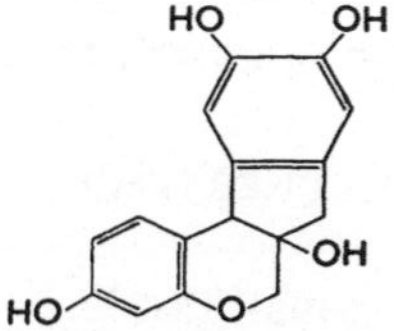	286,29 —	Z > 130 —	Krist. (Al); l. in W, Al, Ä

Name	Formel	Mol.-Gew. / D	Fp / Kp	Eigenschaften
Brassicasterin [Lettré, 111]	$C_{28}H_{46}O$ Formel 8, S. 923	398,68 / —	148 / —	Krist.; $[\alpha]_D$: − 64,4°; Acetylderivat F: 157...8°
Brassidinsäure [E 2 II, 447]	$CH_3 \cdot [CH_2]_7 \cdot CH:CH \cdot [CH_2]_{11} \cdot CO_2H$	338,58 / $0{,}8585^{57,1}$	61,5 / $265/15$	n_D^{64} 1,4472. Blättchen (Al); unl. in W, l. in A, Ä, Chlf, CCl_4, swl. in k. Al; 0,6 Olivenöl 25°; Amid F: 94°
Brassidol s. Erucylalkohol, trans				
Brassylsäure s. Undecan-dicarbonsäure-(1,11)				
Brechweinstein s. L(+)-Weinsäure, K-Sb-Salz				
Brenzkatechin [E 2 VI, 764]		110,11 / 1,344*	103,8 / 245,9	* in festem Zustand; Krist., ll. in W, wl. in Bzl; leicht oxidierbar; Pb-Salz unl. in W
Brenzkatechin-äthylen= äther [E 2 XIX, 21]		136,15 / $1{,}180^{20}$	— / 216	Öl; unl. in W, ∞ Al, Ä, Chlf, Lg, Bzl; Wdampfflch.
Brenzkatechin-carbonat s. Kohlensäure-brenzkatechinester				
Brenzkatechin-diacetat [E 2 VI, 784]	$C_6H_4(O \cdot COCH_3)_2$	194,19 / —	64 / —	Krist. (Al); unl. in W
Brenzkatechin-dimethyläther s. Veratrol				
Brenzkatechin-disulfo= säure-(3,5) [E 2 XI, 169]		270,24 / —	— / —	Kristallmasse; ll. in W, Al; mit $FeCl_3$ → blaugrün; Antimonkomplexsalze, z. B. Antimosan
Brenzkatechin-disulfo= säure-(3,5)-dichlorid [E 2 XI, 169]		307,13 / —	149...50 Z / —	Krist. (Bzl); wl. in Chlf, Benzin, Bzl, ll. in Al, Ä, Aceton
Brenzkatechin-monomethyläther s. Guajakol				
Brenzkatechin-monophenyläther s. Hydroxy-diphenyläther				

14*

Name und Literatur	Formel	Mol.-Gew. Dichte	F in °C / Kp. in °C	Charakteristik
Brenzkatechit s. Cyclohexandiol-(1,2)				
Brenzschleimsäure s. Furan-carbonsäure-(2)				
Brenztraubensäure [E 2 III, 393]	$CH_3 \cdot CO \cdot CO_2H$	88,06 / $1,2227^{20}$	11,8 / 165 g. Z	$n_\alpha^{15,3}$ 1,42768, n_D^{20} 1,4138, $n_\gamma^{15,3}$ 1,44110. Fl.; ∞ W, Al, Ä; Geruch nach Egs; Wdampfflch.; Semicarbazon F: 216°; Amid F: 124...5°
Brenztraubensäure= äthylester [E 2 III, 403]	$CH_3 \cdot CO \cdot CO_2C_2H_5$	116,12 / $1,0596^{15,6}$	— / 155	$n_\alpha^{15,6}$ 1,40606, $n_D^{15,6}$ 1,408, $n_\beta^{15,6}$ 1,41361. Fl.; Kp: 69...71°/$_{42}$; l. in W, Al; wss. Lsg. zers. langsam; Phenylhydrazon F: 116°
Brenztraubensäure= methylester [E 2 III, 402]	$CH_3 \cdot CO \cdot CO_2CH_3$	102,09 / $1,154^0$	— / 134...7	Fl.; Kp: 53°/$_{15}$; Phenylhydrazon F: 96°
dl-Brenzweinsäure s. dl-Methyl-bernsteinsäure				
Brestan s. Zinn-triphenyl-acetat				
Brillantgrün (Carbinolbase) s. 4,4'-Bis-diäthylamino-triphenylcarbinol				
Brönnersche Säure s. Naphthylamin-(2)-sulfosäure-(6)				
Bromacetaldehyd [E 2 I, 681]	$CH_2Br \cdot CHO$	122,95 / $1,8414^{20}$	— / 104...5/$_{748}$	n_D^{20} 1,4798. Fl.; ll. in W, Al; polym. leicht; Dämpfe reizen Augen und Schleimhäute
Bromacetaldehyd- diäthylacetal [E 2 I, 682]	$CH_2Br \cdot CH(OC_2H_5)_2$	197,07 / $1,28^{25}$	— / 170 Z	Fl.; Kp: 60...2°/$_{10}$; färbt sich nach kurzer Zeit dkl; reizt stark zu Tränen
N-Brom-acetamid s. Essigsäure-N-bromamid				

α-Brom-acetessigsäure-anilid [E 1 XII, 276]	$CH_3 \cdot CO \cdot CHBr \cdot CO \cdot NH \cdot C_6H_5$	256,11 —	138 Z —	Blättchen (Al); ll. in h. Al, Alk, wl. in W, Ä, Chlf
Bromaceton [E 2 I, 719]	$CH_3 \cdot CO \cdot CH_2Br$	136,98 $1,6223^{16,3}$	— 136,5 Z	$n_\alpha^{16,3}$ 1,4712, $n_D^{16,3}$ 1,4742, $n_\beta^{16,3}$ 1,4816. Fl.; Kp:40...2°/$_{13}$; wl. in W, ll. in Al, Aceton + Ä und anderen org. Lösm.; stechender Geruch; reizt zu Tränen
4-Brom-acetophenon [E 2 VII, 220]	$C_6H_4Br \cdot CO \cdot CH_3$	199,05 —	53...4 117/$_7$	Blättchen (Al); l. in Al, ll. in Ä, Bzl, Lg, Eg; Wdampfflch.
ω-Brom-acetophenon s. Phenacylbromid				
β-Brom-äthanol [E 2 I, 337]	$CH_2Br \cdot CH_2OH$	124,97 $1,7629^{20}$	— 148 Z	n_α^{20} 1,49361, n_D^{20} 1,49688, n_β^{20} 1,50457. Fl.; Kp: 48,5°/$_{13}$; ∞ W, ll. in org. Lösm., wl. in PÄ; Dämpfe reizen Augen und Schleimhäute
Bromäthyl s. Äthylbromid				
β-Brom-äthyläther s. β-Bromdiäthyläther				
β-Bromäthylamin-hydrobromid [Org. Syntheses II, 91]	$BrCH_2 \cdot CH_2 \cdot NH_2 . HBr$	204,90 —	155...60 —	Rhombenförmige Krist.; ll. in W
Bromäthylen s. Vinylbromid				
N-Bromäthyl-phthalimid [Org. Syntheses I, 114]	$C_6H_4(CO)_2N \cdot CH_2 \cdot CH_2Br$	254,09 —	82...3 —	Krist. (Al 75%)
Bromal [E 2 I, 683]	$CBr_3 \cdot CHO$	280,76 $2,6650^{25}$	— 174	Fl.; l. in Al, Ä; mit W → Bromal-hydrat
Bromalhydrat [E 2 I, 683]	$CBr_3 \cdot CH(OH)_2$	298,77 $2,4923^{60}$	49,4 Z*	Krist.; ll. in W; * Z. → Bromal und W
Brom-amino-toluol s. Brom-toluidin				
Bromanil s. Tetrabromchinon				

Name und Literatur	Formel	Mol.-Gew. Dichte	F in °C Kp. in °C	Charakteristik
2-Brom-anilin [E 2 XII, 341]	(Struktur)	172,03 $1,5784^{20}$	32 229	n_α^{20} 1,6113, n_β^{20} 1,6371. Krist.; unl. in W, sll. in Al; Acetylderivat F: 99°
3-Brom-anilin [E 2 XII, 342]	$C_6H_4Br \cdot NH_2$	172,03 $1,5793^{20,4}$	18…8,5 251	$n_\alpha^{20,4}$ 1,6190, $n_D^{20,4}$ 1,6260, $n_\beta^{20,4}$ 1,6474. Krist.; l. in Al; Acetylderivat F: 87,5°
4-Brom-anilin [E 2 XII, 344]	$C_6H_4Br \cdot NH_2$	172,03 $1,4970^{99,6}$	66 Z	$n_\alpha^{99,6}$ 1,5853, $n_\beta^{99,6}$ 1,6092. Nadeln (verd. Al); unl. in k. W, ll. in Al, Ä; Acetylderivat F: 167…9°
4-Brom-anisol [E 2 VI, 185]	$C_6H_4Br \cdot OCH_3$	187,04 1,4569	11…1,5 215	n_α^{20} 1,5551, n_D^{20} 1,5605, n_β^{20} 1,5746. Fl.; Kp: 89…90°/₁₀; l. in W, Al, Ä
1-Brom-anthrachinon [VII, 789]	(Struktur)	287,12 —	188 subl.	Gelbe Nadeln (Bzl); l. in H_2SO_4 gelb
2-Brom-anthrachinon [E 2 VII, 717]	(Struktur)	287,12 —	207 —	Gelbe Krist. (Eg)
3-Brom-benzaldehyd [E 2 VII, 182]	(Struktur)	185,03 —	— 90…2/₄	syn-Aldoxim F: 71,5°
4-Brom-benzaldehyd [Org. Syntheses II, 89]	$Br \cdot C_6H_4 \cdot CHO$	185,03 —	55…7 —	Krist.; Wdampfflch.

2-Brom-benzoesäure [IX, 347]	CO_2H / Br	201,03 1,929[20]	149 subl.	Nadeln (W); wl. in k. W, ll. in h. W, Al, Ä, Chlf
3-Brom-benzoesäure [E 2 IX, 232]	$C_6H_4Br \cdot CO_2H$	201,03 1,845[20]	155 >280	Nadeln; wl. in W, ll. in Al, Ä
4-Brom-benzoesäure [E 2 IX, 233]	$C_6H_4Br \cdot CO_2H$	201,03 1,894[20]	254,5 —	Blättchen (W); swl. in k. W, wl. in h. W, l. in Al, Ä
Brombenzol [E 2 V, 158]	C_6H_5Br	157,02 1,5017[15]	E — 30,6 156,15	n_α^{15} 1,55700, n_D^{15} 1,56252, n_β^{15} 1,57636. Fl.; benzolart. Geruch; 0,045 W 30°, ll. in Al, sll. in Ä
4-Brom-benzolsulfo=säure [XI, 57]	$C_6H_4Br \cdot SO_3H$	237,08 —	102...3 155 *	Zerfl. Nadeln; Chlorid F: 75...6°; Amid F: 165°; * im Vak.
dl-Brombernsteinsäure [E 2 II, 560]	$HO_2C \cdot CH_2 \cdot CHBr \cdot CO_2H$	196,99 2,073	160...1 —	Krist.; 19 W 15,5°; mit h. W → Fumarsäure und Äpfelsäure
N-Brombernsteinsäure-imid s. Brom-succinimid				
ω-Brom-4-brom-acetophenon s. p-Bromphenacylbromid				
Brombutan s. Butylbromid u. Isobutylbromid				
cis-1-Brom-buten-(1) [E 2 I, 174]	$CH_3 \cdot CH_2 \cdot CH : CHBr$	135,01 1,3190[18]	— 86,1̇5	$n_D^{18,5}$ 1,4555, $n_\beta^{18,5}$ 4633. Fl.
trans-1-Brom-buten-(1) [E 2 I, 174]	$CH_3 \cdot CH_2 \cdot CH : CHBr$	135,01 1,3257[16,2]	— 100,3 94,7	$n_\alpha^{16,2}$ 1,4565, $n_D^{16,2}$ 1,4600, $n_\beta^{16,2}$ 1,4685. Fl.
1-Brom-buten-(2) [E 3 I, 745]	$CH_3 \cdot CH : CH \cdot CH_2Br$	135,01 1,3335[25]	— 49/93	trans n_D^{20} 1,4820, cis n_D^{20} 1,4830; lagert sich bei 100° in 3-Brom-buten-(1) um
2-Brom-buten-(1) [E 2 I, 174]	$CH_3 \cdot CH_2 \cdot CBr : CH_2$	135,01 1,3209[15]	— 133,4 81,0	$n_\alpha^{18,7}$ 1,4491, $n_D^{18,7}$ 1,4523, $n_\beta^{18,7}$ 1,4601. Fl.
cis-2-Brom-buten-(2) [E 2 I, 177]	$CH_3 \cdot CH : CBr \cdot CH_3$	135,01 1,3416[15]	— 111,75 93,9	$n_\alpha^{19,2}$ 1,4596, $n_D^{19,2}$ 1,4631, $n_\beta^{19,2}$ 1,4716. Angenehm riechendes Öl

Name und Literatur	Formel	Mol.-Gew. Dichte	F in °C Kp. in °C	Charakteristik
trans-2-Brom-buten-(2) [E 2 I, 177]	$CH_3 \cdot CH : CBr \cdot CH_3$	135,01 1,3323[15]	$-114,65$ 85,55	$n_\alpha^{16,3}$ 1,4567, $n_D^{16,3}$ 1,4602, $n_\beta^{16,3}$ 1,4687. Angenehm riechendes Öl
dl-α-Brom-buttersäure [E 2 II, 255]	$C_2H_5 \cdot CHBr \cdot CO_2H$	167,01 $1,5855\frac{4}{4}$	-4 137/50	Öl; l. in Al, Bzl, Ä, Chlf; 7 W
dl-α-Brom-buttersäure-äthylester [E 2 II, 255]	$C_2H_5 \cdot CHBr \cdot CO_2C_6H_5$	195,06 $1,3323\frac{18,5}{15}$	— 178 g. Z	Fl.; unl. in W, l. in Al, Me, Ä
3-Brom-d-campher-(α) [E 2 VII, 100]	CH_3; $H_3C \cdot C \cdot CH_3$; H; Br; O	231,14 1,44	a) 75 b) 45 * 274 Z	Prismen (Al); 20 Al 26°; 700 Al 61°; ll. in Ä, sll. in Chlf, Bzl; $[\alpha]_D^{18}$: $+141,1°$ (Aceton); α' ist stereoisomer; * labile Form
α-Brom-d-campher-π-sulfosäure [XI, 319]	CH_3; $H_3C \cdot C \cdot CH_2 \cdot SO_3H$; Br; O	311,20 —	195…6 —	Wasserhaltige Pyramiden (W); sll. in W, Al; $[\alpha]_D^{14}$: $+88,27°$ (W); Sufon= amid F: 145°
α-Brom-d-campher-ω-sulfosäure [E 1 XI, 76]	$CH_2 \cdot SO_3H$; $H_3C \cdot C \cdot CH_3$; Br; O	311,20 —	47,5 * —	Prismen $\cdot 3H_2O$ (W); ll. in Al, Ä, Aceton, sll. in W; $[\alpha]_D^{20}$: $+98,3°$ (W); * Trihydrat, Sesquihydrat F: 114…7°
α-Brom-n-capronsäure [Org. Syntheses I, 108]	$CH_3(CH_2)_3CHBr \cdot CO_2H$	195,06 —	— 128…31/10	Fl.
1-Brom-2-chlor-äthan [E 2 I, 61]	$CH_2Cl \cdot CH_2Br$	143,42 1,73[19]	$-16,6$ 106…9	Fl.

4-Brom-2-chlor-anilin [E 2 XII, 355]	NH_2, Cl, Br (Ringstruktur)	206,48 —	70...1 subl.	Prismen; swl. in k. W, wl. in k. Al, ll. in h. Al; Wdampfflch.
1-Brom-2-chlor-benzol [E 2 V, 161]	Br, Cl (Ringstruktur)	191,46 $1,655^{12}$	E − 12,6 204	n_α^{25} 1,5729, n_D^{25} 1,5786, n_β^{25} 1,6113. Fl.; Darst.: Org. Syntheses III, 185
1-Brom-3-chlor-benzol [E 2 V, 161]	C_6H_4BrCl	191,46 $1,627^{14}$	E − 21,2 197	n_D^{15} 1,578
1-Brom-4-chlor-benzol [E 2 V, 162]	C_6H_4BrCl	191,46 $1,576^{71}$	65 196	wl. in Al, ll. in Ä, Chlf, Bzl
Brom-chlor-difluor-methan [J. Chem. Soc. **1952**, 4265]	$CBrClF_2$	165,37 —	— − 4	Gas
dl-Bromchloressigsäure [E 2 II, 204]	$CHClBr \cdot CO_2H$	173,40 $1,9848^{30,6}$	25 (38) 210...2 g. Z	$n_D^{30,\ 6}$ 1,5014. Nadeln; sehr leicht zerfl.; ll. in W, Al, Ä, Aceton; durch Chinin und Brucin in optisch aktive Komponenten spaltbar
Bromcyan [E 2 III, 32]	$BrC \vdots N$ oder $C \vdots NBr$	105,93 —	51...2 61,4	Nadeln oder Würfel; l. in Ä, W; durch Al zers.; heftiger Geruch; sehr giftig; Gaskampfstoff
2-Brom-decen-(1) [E 2 I, 203]	$CH_3 \cdot [CH_2]_7 \cdot CBr \vdots CH_2$	219,17 $1,0844^{20}$	— 115...6/$_{22}$	n_α^{20} 1,4602, n_D^{20} 1,4629, n_β^{20} 1,4701. Angenehm riechende Fl.
β-Brom-diäthyläther [Org. Syntheses III, 370]	$C_2H_5 \cdot O \cdot CH_2 \cdot CH_2Br$	153,02 —	— 125...7	Fl.
cis-1-Brom-1,2-dichlor-äthylen [E 2 I, 163]	$CHCl \vdots CClBr$	175,85 $1,9133^{15}$	− 83,5 113,8	n_α^{15} 1,5180, n_D^{15} 1,5218, n_β^{15} 1,5328. Fl.
trans-1-Brom-1,2-dichlor-äthylen [E 2 I, 163]	$CHCl \vdots CClBr$	175,85 1,8922	− 87,9 —	n_α^{15} 1,5141, n_D^{15} 1,5159, n_β^{15} 1,5290. Fl.

Name und Literatur	Formel	Mol.-Gew. Dichte	F in °C Kp. in °C	Charakteristik
1-Brom-2,2-dichlor-äthylen [E 2 I, 163]	$CCl_2: CHBr$	175,85 $1,9053^{15}$	$-88,5$ 107...8	n_α^{15} 1,5145, n_D^{15} 1,5203. Fl.
Brom-dichlor-fluor-methan [J. Chem. Soc. **1952**, 4265]	$CBrCl_2F$	181,82 —	— 51...2	Fl.
Brom-dichlor-methan [E 2 I, 31]	$CHBrCl_2$	163,83 $2,0055^{15}$	E — 57,1 90,1	n_α^{15} 1,4977, n_D^{15} 1,5012, n_β^{15} 1,5095. Fl.
1-Brom-2,2-difluor-äthan [E 2 I, 61]	$CHF_2 \cdot CH_2Br$	144,95 $1,8245^{18,5}$	$-74,5$ 57,3	$n_\alpha^{10,5}$ 1,3930, $n_D^{10,5}$ 1,3940, $n_\beta^{10,5}$ 1,3977. Fl.; fbl.; ätherischer Geruch; swl. in W, ∞ org. Lösm.; beständig gegen Oxid.mittel
Brom-difluor-methan [J Chem. Soc. **1952**, 4265]	$CHBrF_2$	130,92 —	— -15	Gas
4-Brom-dimethylanilin [E 2 XII, 345]	$C_6H_4Br \cdot N(CH_3)_2$	200,08 —	58 264	Blättchen (Al); l. in gebr. org. Lösm.
p-Bromdiphenyl [Org. Syntheses I, 109]	$Br \cdot C_6H_4 \cdot C_6H_5$	233,11 —	89,5...90 —	Krist. (Al); zl. in k. Al, l. in Eg, ll. in Ä, Bzl, CS_2
Bromessigsäure [E 2 II, 201]	$CH_2Br \cdot CO_2H$	138,95 $1,9335^{50}$	50...1 203...7	Tafeln (Lg); ll. in W, Al, l. in Bzl, Me; wss. Lsg. zers.
Bromessigsäure-äthyl=ester [E 2 II, 202]	$CH_2Br \cdot CO_2C_2H_5$	167,01 $1,5141^{13}$	— 158,2	n_α^{13} 1,45160, n_D^{13} 1,45420, n_γ^{13} 1,46631. Fl.; Gaskampfstoff
Bromessigsäure-tert.-butylester [Org. Syntheses **34**, 28]	$CH_2Br \cdot CO_2C(CH_3)_3$	195,06 —	— 74...6/25	n_D^{25} 1,4162. Fl.; fbl.

Name [Literatur]	Formel	Mol.-Gew. / n	Smp. / Sdp.	Eigenschaften
Bromessigsäure-methyl=ester [E 2 II, 202]	$CH_2Br \cdot CO_2CH_3$	152,98 —	— 144 Z	Fl.; Dampf reizt die Atmungsorgane
Brometon [E 1 I, 193]	$(CH_3)_2C(OH) \cdot CBr_3$	310,83 —	167…76 —	Krist. (verd. Al); riecht campherähnlich; narkotische Wirkung
1-Brom-2-fluor-äthylen, hochsied. [E 2 I, 162]	$CHF:CHBr$	124,95 $1,75661^{14,3}$	— 39,6	$n_\alpha^{14,3}$ 1,4175, $n_D^{14,3}$ 1,4204, $n_\beta^{14,3}$ 1,4280. Fl.
1-Brom-2-fluor-äthylen, niedrigsied. [E 2 I, 162]	$CHF:CHBr$	124,95 $1,70918^{14,9}$	— 21,5	$n_\alpha^{14,9}$ 1,4038, $n_D^{14,9}$ 1,4063, $n_\beta^{14,9}$ 1,4138. Fl.
1-Brom-2-fluor-benzol [J. org. Chem. 3, 349]	(Benzolring, 1-Br, 2-F)	175,01 —	— 157…60	Fl.; Kp: 57°/22
1-Brom-4-fluor-benzol [E 2 V, 161]	C_6H_4BrF	175,01 $1,6113^{16}$	−16,4 152/764	Fl.
Brom-fluor-jod-methan [J. Chem. Soc. 1952, 4264]	$CHBrFJ$	238,83 —	— 102…4 Z	Fl.
Brom-fluor-methan [E 3 I, 83]	CH_2BrF	112,93 —	— 18…20	
Bromfumarsäure [E 2 II, 640]	$HO_2C \cdot CH:CBr \cdot CO_2H$	194,98 —	180…3 Z 200*	Blätter (W); Prismen (Egester); ll. in W; * → H_2O + Anhydrid
Bromfumarsäure-diäthyl=ester [E 2 II, 641]	$C_2H_5O_2C \cdot CH:CBr \cdot CO_2C_2H_5$	251,08 $1,4174^{14,3}$	67…8 135…6/12	$n_\alpha^{14.3}$ 1,4783, $n_{He}^{14,3}$ 1,4819, $n_\beta^{14,3}$ 1,4912. Prismen (Lg); l. in Ä
5-Brom-furfurol [Dunlop, 104]	(Furanring, Br…CHO)	174,99 —	85 112/16	Krist.; Semicarbazon F: 215° Z.
1-Brom-hexadecan s. Cetylbromid				
α-Brom-hydrinden [E 2 V, 377]	(Hydrindenring, H, Br)	197,08 $1,147^{15}$	— 101…2/14 g. Z	Fl.; sehr beweglich; stark lichtbrechend

Name und Literatur	Formel	Mol.-Gew. Dichte	F in °C Kp. in °C	Charakteristik
dl-α-Brom-isovalerian= säure [E 2 II, 279]	$(CH_3)_2CH \cdot CHBr \cdot CO_2H$	181,04 —	44 230 g. Z	Prismen (Ä oder Chlf); l. in Al, wl. in PÄ, W
dl-α-Brom-isovalerian= säure-äthylester [E 2 II, 279]	$(CH_3)_2CH \cdot CHBr \cdot CO_2C_2H_5$	209,09 $1,2776^{12}_{12}$	— $106...8/_{30}$	Fl.; Kp: $76...8°/_{14}$
Brom-isovaleryl-harnstoff s. Bromural				
1-Brom-2-jod-äthan [E 2 I, 69]	$CH_2Br \cdot CH_2J$	234,87 —	28 163	Krist.; wl. in k. Al, ll. in sied. Al
Brom-maleinsäure [E 2 II, 647]	$HO_2C \cdot CBr : CH \cdot CO_2H$	194,98 —	128 * Z **	Nadeln oder Prismen; ll. in W, Al, Ä; * F rasch erhitzt 140°, langsam erhitzt bei 136...8°; ** → H_2O + Anhydrid
Brommaleinsäure- diäthylester [E 2 II, 647]	$C_2H_5O_2C \cdot CBr : CH \cdot CO_2C_2H_5$	251,08 $1,4095^{17,5}$	— 256	Fl.; Kp: $148...9°/_{32}$
Brom-malonsäure- diäthylester [Org. Syntheses I, 240]	$BrCH(CO_2C_2H_5)_2$	239,07 $1,426^{15}_{15}$	— $121...5/_{16}$	Fl.; Dämpfe greifen Augen an
p-Brom-mandelsäure [Org. Syntheses 35, 11]	Br–C₆H₄–CH(OH)·CO₂H	231,05 —	117...9 —	Krist. (Bzl); ll. in Ä
Brom-mesitylen [Org. Syntheses II, 95]	(2-Br-1,3,5-(CH₃)₃C₆H₂)	199,10 $1,3191^{10}$	− 1...+ 1 $105...6/_{16}$	Fl.

Name [Literatur]	Formel	Mol.-Gew. / n, d	Schmp. / Sdp.	Eigenschaften
3-Brommethyl-thiophen [Org. Syntheses 33, 96]	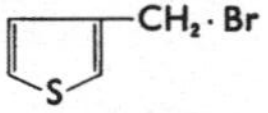 (Thiophen)—$CH_2 \cdot Br$	177,07 / —	— / 76/1	n_D^{25} 1,6030. Wasserklare Fl.; unbeständig; Dämpfe greifen die Haut und Atemorgane an
1-Brom-naphthalin [E 2 V, 447]	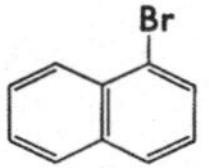 (Naphthalin)—Br	207,08 / 1,4833[19,5]	6,2 / 281,8	$n_\alpha^{19,5}$ 1,6495, $n_D^{19,5}$ 1,6580, $n_\beta^{19,5}$ 1,6820. Öl; Kp: 144°/20; unl. in W, ∞ Al, Ä, Bzl; Wdampfflch.
2-Brom-naphthalin [E 2 V, 448]	$C_{10}H_7Br$	207,08 / 1,605°	57 / 281...2	Tafeln (Al); Blättchen (Al); unl. in W, sll. in Ä, Chlf, Bzl; 4,95 Al 92% 20°
6-Brom-naphthol-(2) [Org. Syntheses III, 132]	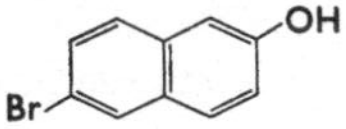 (Naphthol)—Br, OH	223,08 / —	127...9 / 200...5/20	Krist. (Eg + W)
2-Brom-3-nitro-benzoesäure [Org. Syntheses I, 120]	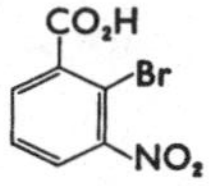 (Benzol)—CO_2H, Br, NO_2	246,02 / —	185...7 / —	Krist. (Al 30%)
2-Brom-1-nitro-benzol [E 2 V, 188]	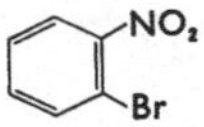 (Benzol)—NO_2, Br	202,01 / 1,650[64]	43...4 / 258,5/758	Schwach gelbliche Krist.; ll. in verd. Al, l. in Bzl
3-Brom-1-nitro-benzol [E 2 V, 188]	$C_6H_4Br \cdot NO_2$	202,01 / 1,651[59,5]	55,5 / 251/755	$n_\alpha^{20,1}$ 1,59084, $n_D^{20,1}$ 1,59791, $n_\gamma^{20,1}$ 1,63429. Krist.; wl. in W, l. in Bzl, ll. in Al
4-Brom-1-nitro-benzol [E 2 V, 189]	$C_6H_4Br \cdot NO_2$	202,01 / 1,563[133]	127 / 254/758	Prismen; 1,4 k. Al; 0,1 k. Al 50%; l. in Bzl
Bromnitromethan [E 2 I, 43]	$H_2CBr(NO_2)$	139,94 / —	—28 / 44/14	Fl.; riecht durchdringend; ätzend; unl. in W, l. in Alk
2-Brom-4-nitro-phenol [E 2 VI, 233]	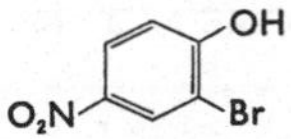 (Phenol)—OH, Br, O_2N	218,01 / —	112 / Z	Nadeln (Chlf, Ä oder wss. Al); Krist. (Toluol oder sied. W); 2,2 sied. W, ll. in Al, Ä, zll. in Eg, Chlf, CCl_4, Bzl, wl. in PÄ

Name und Literatur	Formel	Mol.-Gew. Dichte	F in °C Kp. in °C	Charakteristik
3-Brom-2-nitro-phenol [E 2 VI, 232]	$O_2N \cdot C_6H_3Br(OH)$	218,01 —	65...7 —	Krist. (PÄ); Hydrat F: 35°
3-Brom-4-nitro-phenol [E 2 VI, 234]	$O_2N \cdot C_6H_3Br(OH)$	218,01 —	129...30 —	Gelbliche Nadeln (Bzl oder PÄ)
4-Brom-2-nitro-phenol [E 2 VI, 232]	$O_2N \cdot C_6H_3Br(OH)$	218,01 —	88...92 subl.	Gelbe Nadeln (Al); Prismen (Ä); ll. in Bzl, Chlf, wl. in PÄ, swl. in k. W, l. in Al, ll. in Ä; subl.; Wdampfflch.
5-Brom-2-nitro-phenol [E 2 VI, 233]	$O_2N \cdot C_6H_3Br(OH)$	218,01 —	42 —	Gelbe Prismen oder Nadeln (Lg); l. in h. W, ll. in Al, Ä, Lg; Wdampfflch.
4-Brom-1-nitroso-benzol [E 2 V, 171]	$ON \cdot C_6H_4Br$	186,01 —	95 —	Krist. (Al); sll. in Chlf mit grüner Farbe, ll. in Bzl, h. Al, h. Lg, wl. in PÄ; Wdampfflch.
Bromoctan s. Octylbromid				
Bromoform [E 2 I, 33]	$CHBr_3$	252,75 $2,8899^{20}$	9,2 149,5	n_α^{15} 1,5953, n_D^{15} 1,6005, n_β^{15} 1,6135. Krist.; 0,319 W 30°; ll. in Al, Ä, CS_2
Brompentan s. a. Amylbromid, Isoamylbromid				
2-Brom-pentan [E 2 I, 96]	$CH_3 \cdot CH_2 \cdot CH_2 \cdot CHBr \cdot CH_3$	151,05 —	— 117...8	n_D^{20} 1,4412. Fl.; rechtsdrehende Form: Kp: 115...8°; $[\alpha]_D^{20}$: $+9,1°$ (Ä, c = 11)
3-Brom-pentan [E 2 I, 96]	$CH_3 \cdot CH_2 \cdot CHBr \cdot CH_2 \cdot CH_3$	151,05 1,2170	— 118,2...118,3	n_D^{20} 1,4443. Fl.
p-Brom-phenacylbromid [Org. Syntheses I, 122]	$Br \cdot C_6H_4 \cdot CO \cdot CH_2Br$	277,95 —	108...9 —	Nadeln (Al)
9-Brom-phenanthren [E 2 V, 583]	$C_{14}H_9Br$	257,14 $1,4093^{100,7}$	63 > 360	$n_\alpha^{100,7}$ 1,6799, $n_{He}^{100,7}$ 1,6913, $n_\beta^{100,7}$ 1,7212. Prismen (Al); ll. in Eg, CS_2; subl.

Name	Formel	Mol.-Gew. / D	F / Kp	Eigenschaften
2-Brom-phenol [E 2 VI, 183]	(Strukturformel) $C_6H_4(OH)Br$	173,02 $1,5529^{80}$	E 5,6 194…5	Öl; unangenehmer, sehr haftender Geruch; swl. in W, l. in Al, Ä; Wdampfflch.
3-Brom-phenol [E 2 VI, 184]	$C_6H_4Br \cdot OH$	173,02 —	32…3 237	Blätterig-krist.; unangenehmer Geruch; Kp: 125…7°/$_{12}$; swl. in W, l. in Al, Ä
4-Brom-phenol [E 2 VI, 184]	$C_6H_4Br \cdot OH$	173,02 $1,5875^{80}$	64 238	Krist. (Chlf oder Ä); Kp: 137°/$_{28}$; 1,4 W 15°; ll. in Al, Ä, Chlf, Eg, l. in Bzl
p-Bromphenylharnstoff [Org. Syntheses 31, 8]	Br—(Strukturformel)—$NH \cdot CO \cdot NH_2$	215,06 —	225…7 —	Prismen (verd. Al)
p-Brom-phenylhydrazin [E 2 XV, 160]	$BrC_6H_4 \cdot NH \cdot NH_2$	187,05 —	108…9 —	Nadeln (W oder Al); Blättchen (Lg); wl. in W, PÄ, k. Lg, l. in Al, Ä, Chlf, Bzl, ll. in h. Lg
Brompikrin [E 2 I, 43]	CBr_3NO_2	297,74 $2,7812^{20}$	10,5 77/$_{14}$	$n_\alpha^{16,5}$ 1,5752, $n_\beta^{16,5}$ 1,5922. Krist.; unl. in W, l. in Al; Wdampfflch.; giftig
Brom-propan s. Propylbromid				
3-Brom-propanol-(1) [E 2 I, 370]	$CH_2Br \cdot CH_2 \cdot CH_2OH$	139,00 $1,5710^{20}$	— 80…2/$_{22}$	n_α^{20} 1,48535, n_D^{20} 1,48832, n_β^{20} 1,49555. Fl.; 16,6 k. W, l. in Al, Ä
1-Brom-propen-(1) [E 2 I, 170]	$CH_3 \cdot CH : CHBr$	120,98 a) $1,4333^{16,2}$	a) — 113 a) 57,8	a) $n_\alpha^{16,2}$ 1,4529, $n_D^{16,2}$ 1,4564, $n_\beta^{16,2}$ 1,4649. Fl.; Modifikation b) F: —76,5°; Kp: 63,25°; D: $1,4169^{15,75}$; $n_\alpha^{15,75}$ 1,4515, $n_D^{15,75}$ 1,4549, $n_\beta^{15,75}$ 1,4634
2-Brom-propen-(1) [E 2 I, 170]	$CH_3 \cdot CBr : CH_2$	120,98 $1,3965^{15,75}$	— 126 43,35	$n_\alpha^{15,75}$ 1,44335, $n_D^{15,75}$ 1,44665, $n_\beta^{15,75}$ 1,45523. Fl.
1-Brom-propen-(2) s. Allylbromid				
Brompropenoxid s. Epibromhydrin				

Name und Literatur	Formel	Mol.-Gew. Dichte	F in °C / Kp. in °C	Charakteristik
dl-α-Brom-propionsäure [E 2 II, 229]	$CH_3 \cdot CHBr \cdot CO_2H$	152,98 / $1,6711_{20}^{20}$	25,7 / 203,5 g. Z	n_D^{20} 1,4700. Prismen; Kp: 95…6°/10; wss. Lsg. zers. langsam; ll. in Al, l. in Ä, Chlf, Me; 2. metastabile Form F: − 3,9°
dl-α-Brom-propionsäure-äthylester [E 2 II, 230]	$CH_3 \cdot CHBr \cdot CO_2C_2H_5$	181,04 / $1,3923_{20}^{20}$	— / 160…0,5 g. Z	n_D 1,4469. Fl.; Kp: 56…8°/14
β-Brom-propionsäure [E 2 II, 231]	$CH_2Br \cdot CH_2 \cdot CO_2H$	152,98 / —	62…3 / 140…2/45	Krist. (Lg); ll. in W, Al, Ä, l. in Chlf, Bzl, Toluol
β-Brompropionsäure-äthylester [Org. Syntheses I, 241]	$CH_2Br \cdot CH_2 \cdot CO_2C_2H_5$	181,04 / —	— / 60…5/15	Fl.
β-Brompropionsäure-methylester [Org. Syntheses III, 576]	$CH_2Br \cdot CH_2 \cdot CO_2CH_3$	167,01 / —	— / 64…6/18	Fl.
Brompropylen s. Brompropen				
2-Brom-pyridin [Org. Syntheses III, 136]		158,00 / $1,657^{15}$	— / 74…5/13	Fl.; stark lichtbrechend; wl. in W
3-Brom-pyridin [E 2 XX, 153]	$C_5H_4N \cdot Br$	158,00 / $1,632^{10}$	— / 174	Fl.; stark lichtbrechend; l. in W; Wdampfflch.
4-Brom-resorcin [E 2 VI, 819]		189,01 / —	91 (103) / subl. g. Z	Warzen; Kp: 150°/12; ll. in W, Ä, l. in Al, Chlf, Bzl, Lg, CS_2
ω-Brom-styrol, nieder-schmelz. β-Form [E 2 V, 368]	$C_6H_5 \cdot CH : CHBr$	183,05 / —	− 8…− 7 / 108/25…26	$n_D^{22,2}$ 1,5990. Fl.; brenzliger Geruch; Gleichgewicht mit der höherschmel-zenden Form; cis-Form

Name [Literatur]	Formel	Mol.-Gew. / Dichte	Smp. / Sdp.	Eigenschaften
ω-Brom-styrol, höher-schmelz. α-Form [E 2 V, 368]	$C_6H_5 \cdot CH:CHBr$	183,05 / 1,422^{20}	6...7 / 219 g. Z	$n_D^{20,5}$ 1,6094. Fl.; Kp:105°/17; hyazinth-art. Geruch; unl. in W, l. in Al, Ä; Sonnenlicht → niederschmelzende Form; trans-Form
Bromsuccinimid [XXI, 380]	$H_2C{-}CO{-}N \cdot Br{-}CO{-}CH_2$	177,99 / —	177,5...8,5 / —	Krist.; wl. in W, Ä, ll. in Aceton, Egester
2-Brom-thiophen [E 2 XVII, 36]	(Thiophen-Br)	163,04 / 1,6900^{15,8}	— / 151...,5	$n_\alpha^{15,8}$ 1,5835, $n_\beta^{15,8}$ 1,6037; riecht wie Brombzl; Wdampfflch.
2-Brom-p-toluidin [Org. Syntheses I, 106]	(H_3C-, NH_2-, Br-Benzol)	186,06 / 1,510^{20}	16...8 / 92...4/3	Fl.
2-Brom-toluol [E 2 V, 234]	(CH_3-, Br-Benzol)	171,04 / 1,4173^{25}	E − 28,1 / 181,75	n_D 1,5608. Fl.; l. in Al, unl. in W
3-Brom-toluol [E 2 V, 235]	$C_6H_4Br \cdot CH_3$	171,04 / 1,40988	− 39,8 / 183...4	Fl.; unl. in W, l. in Al; Wdampfflch.
4-Brom-toluol [E 2 V, 236]	$C_6H_4Br \cdot CH_3$	171,04 / 1,38977	27 / 184...,5	Krist. (Al); unl. in W, l. in Al; W-dampfflch.
ω-Brom-toluol s. Benzylbromid				
1-Brom-1,2,2-trichlor-äthan [E 3 I, 181]	$CHCl_2 \cdot CHClBr$	212,31 / —	— / 171	n_D^{20} 1,5302. Fl.
Brom-trichlor-methan [E 3 I, 85]	$CBrCl_3$	198,28 / 2,012^{20}	− 21 / 105	n_D^{20} 1,5061; addiert sich an Olefine mit Katalysatoren
2-Brom-1,1,2-trifluor-äthyl-äthyläther [J.Chem. Soc. 1952, 4264]	$BrFHC \cdot CF_2 \cdot O \cdot C_2H_5$	207,00 / —	— / 108	n_D^{20} 1,375; Fl.

Name und Literatur	Formel	Mol.-Gew. Dichte	F in °C / Kp. in °C	Charakteristik
Brom-trifluor-methan [E 3 I, 85]	$CBrF_3$	148,92 —	— −60	Erstarrt glasig bei starker Abkühlung; Verw. als Löschmittel; MAK: 1000 cm³/m³
Brom-2,4,6-trimethyl-benzol s. Brom-mesitylen				
Bromural [E 2 III, 51]	$(H_3C)_2CH \cdot CHBr \cdot CONH \cdot CONH_2$	223,08 —	160 —	Nadeln (Toluol); ll. in h. Al, l. in Ä, Aceton, Chlf, Bzl, wl. in k. Al, k. Toluol, swl. in k. Lg; subl.; pharmakologische Anwendung
5-Bromvaleriansäure-methylester [Org. Syntheses III, 578]	$BrCH_2 \cdot [CH_2]_3 \cdot CO_2CH_3$	195,06 —	— 75...80/$_4$	Fl.
4-Brom-o-xylol [Org. Syntheses III, 138]	CH_3 / Br / CH_3 (Benzolring)	185,07 —	— 92...4/$_{14...15}$	n_D^{22} 1,5558. Fl.
α-Brom-cis-zimtsäure [E 1 IX, 242]	$C_6H_5 \cdot CH : CBr \cdot CO_2H$	227,06 —	120...1 —	Blättchen (W); ll. in h. W, Al, CS_2; 6,9 Bzl 18,5°
α-Brom-trans-zimtsäure [IX, 599]	$C_6H_5 \cdot CH : CBr \cdot CO_2H$	227,06 —	132 —	Nadeln (W); swl. in k. W, l. in h.W, Ä, ∞ Al
β-Brom-cis-zimtsäure [E 1 IX, 241]	$C_6H_5 \cdot CBr : CH \cdot CO_2H$	227,06 —	159 —	Nadeln (Bzl); wl. in k. Al, h. PÄ, Bzl, l. in Ä, Chlf, h. Bzl
β-Brom-trans-zimtsäure [E 1 IX, 240]	$C_6H_5 \cdot CBr : CH \cdot CO_2H$	227,06 —	135 —	Krist. (Bzl); swl. in k. W, k. PÄ, wl. in h. W, h. PÄ, l. in Al; 1,6 Bzl 13°
Brucin [E 2 XXVII]	$C_{23}H_{26}N_2O_4$ Formel 9, S. 923	394,47 —	178 —	Tafeln ·4 H_2O (W); 0,32 W 15°; 1,1 Bzl 20°; 0,75 Ä 20°; 4,26 Egester 20°; 28 Py 20°; $[\alpha]_D^{17}$: −85° (wfrei in Al)

Buccocampher [E 2 VII, 540]	(Formelbild) H_3C, $CH(CH_3)_2$, OH, O	168,24 0,9524^{99,2}	84 233...4	$n_\alpha^{99,8}$ 1,4608, $n_\beta^{99,8}$ 1,4751. Nadeln oder Prismen (Al + Ä), wl. in W, l. in Al, ll. in Ä, Chlf, CS_2; subl.
Bufalin [Lettré, 289]	$C_{24}H_{34}O_4$ Formel 10, S. 923	386,54 —	244...8 —	Krist.; $[\alpha]_D$: $-8,7°$ (Chlf)
Bufotalin [Ann. Chem. **524**, 211]	$C_{26}H_{36}O_6$ Formel 11, S. 923	444,57 —	223 Z —	Krist. · $1 C_2H_5OH$ (Al); subl. im Vak.; $[\alpha]_D^{20}$: $+5,4°$ (Chlf)
Bufoteinin [Ann. Chem. **481**, 215]	HO, $CH_2 \cdot CH_2 \cdot N(CH_3)_2$ (Formelbild)	204,27 —	146...7 320/$_{0,1}$	Prismen; ll. in Al, S, Alk, wl. in Ä, fast unl. in W; Lösungen an Luft werden dklrot bis braun; Pikrat F: 178°
Butadien-(1,2) [E 2 I, 224]	$CH_3 \cdot CH : C : CH_2$	54,09 —	— 18...9	Fl.; l. in Al, Ä; riecht knoblauchart.
Butadien-(1,3) [E 2 I, 224]	$CH_2 : CH \cdot CH : CH_2$	54,09 0,650^{-6}	— 4,75	n_D^{-6} 1,422. Fl.; l. in Al, Ä; MAK: 1000 cm^3/m^3
Butadiin s. Diacetylen				
Butan [E 2 I, 79]	$CH_3 \cdot CH_2 \cdot CH_2 \cdot CH_3$	58,12 2,7032 g/l	E -135 $-0,5$	n_D^{-25} 1,3621. Gas; 15 cm^3 W 17°; 1920 cm^3 Al 17°; 3031 cm^3 Ä 18°
dl-Butandiol-(1,2) [E 2 I, 545]	$CH_3 \cdot CH_2 : CH(OH) \cdot CH_2OH$	90,12 1,0059$_0^{17,5}$	— 189...91	Fl.; süßlicher Geschmack: ll. in W, Al; d-Butandiol-(1,2) $[\alpha]_D^{20}$: $+14,5°$ (Al, c = 6); Bis-phenylurethan F: 125...7°
dl-Butandiol-(1,3) [E 2 I, 545]	$CH_3 \cdot CH(OH) \cdot CH_2 \cdot CH_2OH$	90,12 1,0259	— 205...8	$n_D^{19,5}$ 1,4418. Fl.; Kp: 108°/$_{12}$; ll. in W, Al, unl. in Ä; techn. Lösm.; d-Butandiol-(1,3) $[\alpha]_D^{22}$: 18,5° (Al, c = 10)
dl-Butandiol-(2,3) [E 2 I, 546]	$CH_3 \cdot CH(OH) \cdot CH(OH) \cdot CH_3$	90,12 —	7,6 176,7/$_{742}$	Fl.; Kp: 86°/$_{16}$; Diacetat F: 41...1,5°

15*

Name und Literatur	Formel	Mol.-Gew. Dichte	F in °C Kp. in °C	Charakteristik
Butandiol-(1,4) [E 2 I, 545]	$HOCH_2 \cdot CH_2 \cdot CH_2 \cdot CH_2OH$	90,12 $1,0171^{20}$	19...9,5 235	n_D^{20} 1,4467. Fl.; Kp: 120°/$_{10}$; ∞ W, Al, wl. in Ä
Butandion-(2,3) s. Diacetyl				
Butanol s. a. Isobutanol				
Butanol-(1) [E 2 I, 387]	$CH_3 \cdot CH_2 \cdot CH_2 \cdot CH_2OH$	74,12 $0,8099^{20}$	E − 89,3 117,5	n_α^{15} 1,39913, n_D^{15} 1,40118, n_β^{15} 1,40612. Fl.; 6,8 W 18°; ∞ Al, Ä; techn. Lösm.; Phenylurethan F: 61°; MAK: 100 cm³/m³
Butanol-(1)-Al-Salz [E 2 I, 395]	$(C_4H_9O)_3Al$	246,33 $1,0251_0^{20}$	ca 100 290/$_{12}$	Krist.; Kalium-aluminium-butylat [$(C_4H_9O)_4$Al]K Nadeln, F: 164...5°
dl-Butanol-(2) [E 2 I, 400]	$CH_3 \cdot CH_2 \cdot CH(OH) \cdot CH_3$	74,12 $0,80652^{20}$	ca − 100 99,5	n_α^{15} 1,39730, n_D^{15} 1,39946, n_β^{15} 1,40434. Fl.; 12,5 W 20°, ∞ Al, Ä; techn. Lösm.
d-Butanol-(2) [E 2 I, 404]	$CH_3 \cdot CH_2 \cdot CH(OH) \cdot CH_3$	74,12 $0,81088^{15}$	— 99,5	Fl.; $[\alpha]_D^{20}$: + 13,9° (unverdünnt); $[\alpha]_D^{22}$ + 13,0° (Al, c = 9); Phenyl= urethan F: 61...3°
tert.-Butanol [E 2 I, 413]	$(CH_3)_3COH$	74,12 $0,7804^{25}$	24,3 82,55	n_D^{20} 1,38382. Tafeln und Prismen; ∞ W, Al, Ä; 3,5-Dinitro-benzoe= säure-tert.-butylester F: 141,5...2,5°; MAK: 100 cm³/m³
tert.-Butanol-Al-Salz [Org. Syntheses III, 48]	$Al[OC(CH_3)_3]_3$	246,33 $1,0251^{20}$	101,5...2 284,5/$_{10}$	Fast fbl. Substanz
Butan-ol-(3)-on-(2) s. Acetoin				
Butanol-sulfat s. Dibutylsulfat				

Name	Formel			Eigenschaften
Butanon-(2) [E 2 I, 726]	$CH_3 \cdot CH_2 \cdot CO \cdot CH_3$	72,11 $0,81010^{15}$	E — 86,6 79,6	n_α^{15} 1,37927, n_D^{15} 1,38140, n_β^{15} 1,38628. Fl.; Geruch nach Ä; l. in den meisten org. Lösm.; 20,9 W 20°; 18 W 90°; techn. Lösm.; p-Nitro-phenylhydr= azon F: 124...4,5°; MAK: 200 cm³/m³
Butantriol-(1,2,3) [E 2 I, 596]	$CH_3 \cdot CH(OH) \cdot CH(OH) \cdot CH_2OH$	106,12 —	— $162,5/_{15}$	Fl.; hygr.; brennender, bitterer Geschmack
Butantriol-(1,2,4) [E 2 I, 596]	$HOCH_2 \cdot CH(OH) \cdot CH_2 \cdot CH_2OH$	106,12 $1,180^{20}$	— $179/_{13}$	n_D^{20} 1,470. Hygr. Sirup; schmeckt süß und brennend
Butazolidin s. 1,2-Diphenyl-4-n-butyl-pyrazolidin-dion-(3,5)				
Buten-(1) [E 2 I, 173]	$CH_3 \cdot CH_2 \cdot CH : CH_2$	56,11 $0,6067^{9,8}$	< — 190 — 6,1	Gas
cis-Buten-(2) [E 2 I, 176]	$CH_3 \cdot CH : CH \cdot CH_3$	56,11 $0,6105^{17,8}$*	— 139 $2,95/_{746}$	Gas; * für cis-trans-Gemisch
trans-Buten-(2) [E 2 I, 176]	$CH_3 \cdot CH : CH \cdot CH_3$	56,11 $0,6105^{17,8}$*	— 106 $0,3/_{744}$	Gas; * für cis-trans-Gemisch
Buten-(1)-carbonsäure-(4) s. Allyl-essigsäure				
Buten-(1)-diol-(3,4) [E 2 I, 567]	$CH_2 : CH \cdot CH(OH) \cdot CH_2OH$	88,11 $1,0470^{20}$	— 196,5	n_D^{20} 1,4627. Fl.; Kp: 94°/₁₂; „Erythrol"
Buten-(2)-diol-(1,4) [E 2 I, 567]	$HOCH_2 \cdot CH : CH \cdot CH_2OH$	88,11 $1,0698^{20}$*	25 $131,5/_{12}$	n_D^{20} 1,4772*. * unterkühlte Fl.
dl-Buten-(1)-ol-(3) [E 2 I, 479]	$CH_2 : CH \cdot CH(OH) \cdot CH_3$	72,11 $0,8318^{20}$	E < — 100 97,4	n_α^{20} 1,4094, n_D^{20} 1,4127, n_β^{20} 1,4185. Fl.; wl. in W
Buten-(1)-on-(3) s. Methyl-vinyl-keton				
Butin-(1) [E 2 I, 223]	$CH_3 \cdot CH_2 \cdot C : CH$	54,09 $0,668^0$	— 137 18	n_D 1,3962. Fl. von lauchart. Geruch

Name und Literatur	Formel	Mol.-Gew. Dichte	F in °C Kp. in °C	Charakteristik
Butin-(2) [E 2 I, 223]	$CH_3 \cdot C : C \cdot CH_3$	54,09 —	— 27...8	n_D^{20} 1,3921. Fl.; l. in Al
Butin-(1)-diol-(3,4) [E 2 I, 569]	$CH : C \cdot CH(OH) \cdot CH_2OH$	86,09 —	39,5...40,5 —	Zerfl. Krist. (Ä); wl. in Ä; Bis-phenyl= urethan F: 134...4,5°
Butin-(2)-ol-(1) [Org. Syntheses 35, 20]	$CH_3 \cdot C : C \cdot CH_2OH$	70,09 —	— 55/8	n_D^{20} 1,4550. Fl.; l. in Ä
Buttersäure [E 2 II, 235]	$CH_3 \cdot CH_2 \cdot CH_2 \cdot CO_2H$	88,11 0,9605[18]	— 5,55 163,55	n_α^{20} 1,39578, n_D^{20} 1,3983, n_β^{20} 1,40649. Fl.; ∞ W oberhalb — 3,8°, ll. in Bzl, Al, Me, Toluol, Ä, Aceton, PÄ, CCl$_4$, Chlf; „Buttersäuregärung"aus Kohle-hydrat
-Ca-salz [E 2 II, 242]	$Ca(C_4H_7O_2)_2$	214,28 —	— —	28,5 W 14°; 15,05 W 60°; ·1 H_2O Blättchen oder Prismen (W)
Buttersäure-äthylester [E 2 II, 244]	$C_2H_5 \cdot CH_2 \cdot CO_2C_2H_5$	116,16 0,8718[25]	E — 97,9 121,2	n_α^{18} 1,39099, n_D^{18} 1,39302, n_β^{18} 1,39778. Fl.; 0,62 W 22°; ll. in Al, Ä, Bzl; Verw. als Fruchtaroma
Buttersäure-amid [E 2 II, 251]	$C_2H_5 \cdot CH_2 \cdot CONH_2$	87,12 1,032	115,5...6 216	Blättchen (Bzl); Nadeln (Chlf und PÄ); ll. in W, l. in Al
Buttersäure-n-amylester [E 2 II, 247]	$C_2H_5 \cdot CH_2 \cdot CO_2[CH_2]_4 \cdot CH_3$	158,24 0,8713[15]	E — 73,2 186,35	n_α^{15} 1,4118, n_D^{15} 1,4139, n_β^{15} 1,4191. Fl.
Buttersäure-anhydrid [E 2 II, 251]	$(C_2H_5 \cdot CH_2 \cdot CO)_2 O$	158,20 0,9687[21]	— 75 198,2	$n_D^{19,7}$ 1,4124. Fl.
Buttersäure-butylester [E 2 II, 246]	$C_2H_5 \cdot CH_2 \cdot CO_2[CH_2]_3 \cdot CH_3$	144,22 0,8712[15]	E — 91,5 166,4	n_α^{15} 1,4064, n_D^{15} 1,4087, n_β^{15} 1,4136. Fl.; Kp: 69...70°/$_{20}$; Verw. als Riechstoff; techn. Lösm.

Buttersäure-chlorid [E 2 II, 251]	$C_2H_5 \cdot CH_2 \cdot COCl$	106,55 1,0277[20]	−89 101,8	n_α^{20} 1,40971, n_D^{20} 1,41209, n_γ^{20} 1,42249. Fl.; l. in Chlf
Buttersäure-citronellyl= ester [E 2 II, 248]	$C_2H_5 \cdot CH_2 \cdot CO_2CH_2 \cdot CH_2 \cdot CH(CH_3) \cdot CH_2 \cdot CH_2 \cdot CH : C(CH_3)_2$	226,36 0,8874[15]	— 134…5/$_{12}$	n_D^{20} 1,4449. Fl.; l. in 6…9 Vol. Al 80 %; $[\alpha]_D$: +0,8…1,1°; Riechstoff
Buttersäure-geranyl= ester [E 2 II, 248]	$C_2H_5 \cdot CH_2 \cdot CO_2CH_2 \cdot CH : C(CH_3) \cdot CH_2 \cdot CH_2 \cdot CH : C(CH_3)_2$	224,35 0,9014[15]	— 142…3/$_{13}$	n_D^{20} 1,4593. Fl.; l. in Al; Riechstoff
Buttersäure-isoamyl= ester [E 2 II, 247]	$C_2H_5 \cdot CH_2 \cdot CO_2CH_2 \cdot CH_2 \cdot CH(CH_3)_2$	158,24 0,8657$^{18,8}_{15}$	— 178,5	Fl.; Birnengeruch; techn. Lösm.
Buttersäure-isobornylester s. Isobornyl-butyrat				
Buttersäure-isobutyl= ester [E 2 II, 247]	$C_2H_5 \cdot CH_2 \cdot CO_2CH_2 \cdot CH(CH_3)_2$	144,22 0,8634[18,4]	— 156,8	$n_\alpha^{18,4}$ 1,40082, $n_D^{18,4}$ 1,40295, $n_\beta^{18,4}$ 1,40786. Fl.; Verw. als Riechstoff; techn. Lösm.
Buttersäure-linalyl= ester [E 2 II, 248]	$C_2H_5 \cdot CH_2 \cdot CO_2C(CH)_3(CH : CH_2) \cdot CH_2 \cdot CH_2 \cdot CH : C(CH_3)_2$	224,35 0,8977[15]	— —	n_D^{20} 1,4523. Fl.; $[\alpha]_D^{20}$: −8,9°; Riechstoff
Buttersäure-methyl= ester [E 2 II, 243]	$C_2H_5 \cdot CH_2 \cdot CO_2CH_3$	102,13 0,8984[20]	— 102,65	n_α^{20} 1,38693, n_D^{25} 1,3870, n_β^{20} 1,40073. Fl.; 1,559 W 21°, l. in Al, Bzl
Buttersäure-nitril [E 2 II, 252]	$C_2H_5 \cdot CH_2 \cdot CN$	69,11 0,7951[16,2]	−111,9 117,6	$n_\alpha^{16,2}$ 1,3839, $n_{He}^{16,2}$ 1,3859, $n_\beta^{16,2}$ 1,3906. Fl.; wl. in W, l. in Al, Bzl
Buttersäure-propyl= ester [E 2 II, 246]	$C_2H_5 \cdot CH_2 \cdot CO_2CH_2 \cdot C_2H_5$	130,19 0,89299[0]	E −95,2 143,8	n_D^{25} 1,3980. Fl.; 0,162 W 17°; ll. in Al; techn. Lösm.; Riechstoff
Buttersäure-1-tetra= hydrofurfurylester [J. Am. Chem. Soc. **50**, 1821]	(Tetrahydrofuryl) $CH_2O \cdot COC_3H_7$	172,23 1,012$^{20}_0$	— 102…4/$_4$	Fl.; Lacklösm.
Butyl- s. a. Isobutyl-				
tert.-Butylacetat s. Essigsäure-tert.-butylester				
Butylacetylen s. Hexin-(1)				

Name und Literatur	Formel	Mol.-Gew. Dichte	F in °C Kp. in °C	Charakteristik
tert.-Butyl-acetylen [E 2 I, 232]	$CH \vdots C \cdot C(CH_3)_3$	82,15 $0{,}6737^{15}$	-81 37,75	n_α^{15} 1,3752, n_D^{15} 1,3773, n_β^{15} 1,3833. Fl.
N-n-Butyl-äthanolamin [Mellan, 442]	$C_4H_9 \cdot NH \cdot CH_2 \cdot CH_2OH$	117,19 $0{,}890_{20}^{20}$	— 215	n_D^{20} 1,444. Wasserklare Fl.; unangenehmer Amingeruch; l. in W, Me, Al, Ä, Aceton, Egester, Bzl
Butyläther s. Dibutyläther				
Butylalkohol s. Butanol bzw. Isobutanol				
n-Butylamin [E 2 IV, 631]	$CH_3 \cdot CH_2 \cdot CH_2 \cdot CH_2 \cdot NH_2$	73,14 $0{,}739^{25}$	E $-$ 50,5 77,8	Fl.; ammoniakalischer Geruch; ∞ W; Wdampfflch.; $\cdot$HCl F: 195°; sll. in W, Al; MAK: 5 cm^3/m^3
dl-sek.-Butylamin [E 2 IV, 636]	$CH_3 \cdot CH_2 \cdot CH(NH_2) \cdot CH_3$	73,14 $0{,}7271^{16,7}$	E $-$ 104,5 66...8	$n_\alpha^{16,7}$ 1,39280, $n_D^{16,7}$ 1,39501, $n_\gamma^{16,7}$ 1,40453. Fl.; 12,5 W 20°, ∞ Al, Ä; HCl F: 144...5°
tert.-Butylamin [E 2 IV, 641]	$(CH_3)_3C \cdot NH_2$	73,14 $0{,}6978^{18}$	E $-$ 67,5 43,8	n_α^{18} 1,37740, n_D^{18} 1,37940, n_γ^{18} 1,38868. Fl.; ∞ W, Al; Nitrit Blättchen F: 126...7°
2-tert.-Butyl-anilin [E 3 XII, 636]	[Strukturformel: Benzolring mit NH_2 und $C(CH_3)_3$]	149,24 0,977	— $102/_{10}$	Wdampfflch.; Acetat F: 161°
4-tert.-Butyl-anilin [E 2 XII, 637]	$(CH_3)_3C \cdot C_6H_4 \cdot NH_2$	149,24 $0{,}9525^{15}$	17 $239...40/_{739}$	Unangenehm riechendes Öl; swl. in W, ∞ Al, Ä; Wdampfflch.
n-Butyl-benzol [E 2 V, 317]	$C_6H_5 \cdot [CH_2]_3 \cdot CH_3$	134,22 $0{,}86475^{15}$	E $-$ 81,2 183,1	n_α^{15} 1,48815, n_D^{15} 1,49210, n_β^{15} 1,50190. Fl.
tert.-Butyl-benzol [E 2 V, 320]	$C_6H_5 \cdot C(CH_3)_3$	134,22 $0{,}8671^{20}$	E $-$ 60,9 169,3	$n_D^{18,5}$ 1,49724. Fl.

n-Butylbromid [E 2 I, 82]	$CH_3 \cdot CH_2 \cdot CH_2 \cdot CH_2Br$	137,03 $1,2829^{15}$	E — 112,4 101,6	n_α^{15} 1,4394, n_D^{15} 1,44225, n_β^{15} 1,44875. Fl.; 0,058 W 16°
sek.-dl-Butylbromid [E 2 I, 83]	$CH_3 \cdot CH_2 \cdot CHBr \cdot CH_3$	137,03 $1,2507^{25}$	— 111,9 91,25	n_D^{25} 1,4344. Fl.
sek.(+)-Butylbromid [E 2 I, 83]	$CH_3 \cdot CH_2 \cdot CHBr \cdot CH_3$	137,03 —	— 89…91	Fl.; $[\alpha]_D$: + 6,36°
tert.-Butylbromid [E 2 I, 89]	$(CH_3)_3CBr$	137,03 $1,21142^{20,5}$	— 20 73,3	Fl.
sek.-Butyl-carbinol s. L(—)-Amylalkohol				
tert.-Butyl-carbinol [E 2 I, 435]	$(CH_3)_3C \cdot CH_2OH$	88,15 —	47…9 112…4	Krist.; pfefferminzart. Geruch; sehr flch.; Phenylurethan F: 114°
Butyl-carbitol s. Diglykol-monobutyläther				
n-Butylchlorid [E 2 I, 80]	$CH_3 \cdot CH_2 \cdot CH_2 \cdot CH_2Cl$	92,57 $0,8839^{20}$	E — 123,1 78,6	n_α^{20} 1,3994, n_D^{20} 1,40147, n_β^{20} 1,41063. Fl.; 0,66 W 12,5°
sek.-dl-Butylchlorid [E 2 I, 81]	$CH_3 \cdot CH_2 \cdot CHCl \cdot CH_3$	92,57 $0,8788^{15}$	E — 131,3 68,25	n_α^{15} 1,3974, n_D^{15} 1,3994, n_β^{15} 1,4045. Fl.
sek.(—)-Butylchlorid [E 2 I, 81]	$CH_3 \cdot CH_2 \cdot CHCl \cdot CH_3$	92,57 $0,89497^{0}$	E — 140 68,25	Ätherisch riechende Fl.; $[\alpha]_D^{20}$: — 8,48°
tert.-Butylchlorid [E 2 I, 88]	$(CH_3)_3CCl$	92,57 $0,8511^{20}$	E — 28,5 51,0	n_D^{20} 1,3903. Fl.
Butylcyanid s. Valeriansäure-nitril				
N-n-Butyl-di-äthanol= amin [Mellan, 443]	$C_4H_9N(CH_2 \cdot CH_2OH)_2$	161,25 $0,970_{20}^{20}$	— 290	n_D^{20} 1,462; lichtbrechende Fl.; l. in W, Me, Al, Ä, Aceton, Egester, Bzl
Butylen s. Buten				
Butylenglykol s. Butandiol				
Butylglykol s. Glykolmonobutyl-äther				

Name und Literatur	Formel	Mol.-Gew. Dichte	F in °C Kp. in °C	Charakteristik
tert.-Butyl-hypochlorit [Org. Syntheses 32, 20]	$(CH_3)_3COCl$	108,57 $0{,}910_{20}^{20}$	— 77...8	n_D^{20} 1,403. Fl.; zers. am Licht → Aceton + CH_3Cl
n-Butyljodid [E 2 I, 86]	$CH_3 \cdot CH_2 \cdot CH_2 \cdot CH_2J$	184,02 $1{,}6123^{20}$	E — 103,5 130,5	n_α^{20} 1,49577, n_D^{20} 1,49975, n_β^{20} 1,50962. Fl.; 0,021 W 17,5°
sek.-Butyljodid [E 2 I, 86]	$CH_3 \cdot CH_2 \cdot CHJ \cdot CH_3$	184,02 —	E — 104,1 $33/_{45}$	Fl.; linksdrehende Form: D_4^{17}: 1,5970; Kp: 118°; $[\alpha]_D^{17}$: — 31,98°
tert.-Butyljodid [E 2 I, 91]	$(CH_3)_3CJ$	184,02 $1{,}571^0$	E — 33,65 $40/_{120}$	Fl.
n-Butylmalonsäure- diäthylester [Org. Syntheses I, 245]	$C_4H_9 \cdot CH(CO_2C_2H_5)_2$	216,28 —	— 235...40	Fl.
Butylmercaptan [E 2 I, 398]	$CH_3 \cdot [CH_2]_3 \cdot SH$	90,19 $0{,}858^0$	— 98...8,2	Fl.; MAK: 10 cm³/m³
2-tert.-Butyl-phenol [E 2 VI, 489]	(ortho-$C(CH_3)_3$-Phenol, OH)	150,22 —	— $117/_{23}$	Fl.; Verw. als germicide Mittel
4-tert.-Butyl-phenol [E 2 VI, 489]	$(CH_3)_3C \cdot C_6H_4 \cdot OH$	150,22 $0{,}908^{113}$	98 236...8	$n_\alpha^{113,6}$ 1,47874. Krist. (W); Verw. als Weichmacher und Baktericid
N-n-Butyl-pyrrolidin [Org. Syntheses III, 159]	(Pyrrolidin $N \cdot C_4H_9$)	127,23 —	— 154...5	n_D^{27} 1,437. Fl.
Butylsulfit s. Dibutylsulfit				
4-tert.-Butyl-thiophenol [J. Org. Chem. 25, 233]	(para-$(CH_3)_3C$-Phenol, SH)	166,29 —	— $109...10/_{13}$	2,4-Dinitrophenylsulfid F: 130...1°

	Formel	Mol.-Gew. / D	F / Kp	Eigenschaften
Butyraldehyd [E 2 I, 721]	$CH_3 \cdot CH_2 \cdot CH_2 \cdot CHO$	72,11 / $0,7988^{25}$	E − 97,1 / 74,7	n_α 1,38113, n_D^{25} 1,3750, n_γ 1,39137. Fl.; 3,7 W; ∞ Al, Ä; p-Nitro-phenylhydr= azon F: 87°
Butyraldoxim [E 2 I, 724]	$C_2H_5 \cdot CH_2 \cdot CH : NOH$	87,12 / —	— / $152/_{715}$	Fl.; wl. in W, ∞ Al, Ä
Butyrchloral s. 2,2,3′-Trichlor-butyraldehyd				
Butyrin s. Glycerin-tributyrat				
Butyroin [Org. Syntheses II, 114]	$C_3H_7 \cdot CO \cdot CH(OH) \cdot C_3H_7$	144,22 / $0,9108^{17}$	— / $80...6/_{12}$	n_D^{17} 1,4346. Fl.; red. Fehlingsche Lsg.
Butyro-lacton [E 2 XVII, 286]		86,09 / $1,1054^{28}_{28}$	E − 42 / 206	Fl.; ∞ W, ll. in Al, Ä; Wdampfflch.
Butyron s. Heptanon-(4)				
Butyronitril s. Buttersäure-nitril				
Butyrophenon [E 2 VII, 241]	$C_6H_5 \cdot CO \cdot C_3H_7$	148,21 / $0,992^{15}$	11 / 228...9,5	$n_\alpha^{18,2}$ 1,5158, n_D^{18} 1,520, $n_\beta^{18,2}$ 1,5330. Krist.; swl. in W, wl. in PÄ, ∞ Al, Ä; Semicarbazon F: 188...9°
Butyrylchlorid s. Buttersäurechlorid				
Cadalin [E 2 V, 473]		198,31 / $0,9792^{19}$	— / $157...:8/_{12}$	n_D^{19} 1,5851. Öl; Pikrat F: 115°
Cadaverin s. Pentamethylen-diamin				
l-Cadinen [E 2 V, 347]		204,36 / $0,9189^{20}$	— / 273...5	n_D^{20} 1,5079. Fl.; Kp: $134...6°/_{11}$; $[\alpha]_{5461}^{18}$: − 125°; unl. in W, wl. in Al, Eg; ll. in Ä; Vork. im Fichten- und Kiefernnadelöl

Name und Literatur	Formel	Mol.-Gew. Dichte	F in °C Kp. in °C	Charakteristik
Cadmiumdiäthyl [E 2 IV, 1047]	$(C_2H_5)_2Cd$	170,52 $1,6531^{21,7}$	-21 Z 130	$n_\alpha^{18,1}$ 1,56152, $n_D^{18,1}$ 1,56798, $n_\beta^{18,1}$ 1,58447. Fl.; Kp: $64°/_{19,5}$; unangenehmer Geruch; l. in org. Lösm.; Z. durch W; raucht an der Luft
-di-n-butyl [E 1 IV, 611]	$(n\text{-}C_4H_9)_2Cd$	226,63 $1,3056^{19,5}$	-48 $103,5/_{12,5}$	$n_\alpha^{19,5}$ 1,51100, $n_D^{19,5}$ 1,51546, $n_\beta^{19,5}$ 1,52762, $n_\gamma^{19,5}$ 1,53793. Öl; bei Raumtemp. Z.; l. in org. Lösm.; Z. mit W, Al, Luft; Darst. aus Butyl-magnesiumbromid und Cadmiumbromid
-dimethyl [E 2 IV, 1047]	$(CH_3)_2Cd$	142,47 $1,9852^{17,3}$	$-4,5$ 105	$n_\alpha^{17,9}$ 1,57766, $n_D^{17,9}$ 1,58488, $n_\beta^{17,9}$ 1,60381. Fl.; kurze Nadeln; ∞ org. Lösm.; Z. durch W; reizt zu Tränen; oxid. an der Luft
-diphenyl [Ann. Chem. **571**, 167]	$(C_6H_5)_2Cd$	266,61 —	173…4 —	Krist.; l. in org. Lösm.
-di-n-propyl [E 1 IV, 611]	$(n\text{-}C_3H_7)_2Cd$	198,58 $1,4184^{19,4}$	-83 $84/_{21,5}$	$n_\alpha^{17,6}$ 1,52412, $n_D^{17,6}$ 1,52906, $n_\beta^{17,6}$ 1,54267. Öl; l. in org. Lösm.; Z. mit W, Al und Luft; Darst. aus Propylmagnesiumbromid und $CdBr_2$
Calciferol s. Vitamin D_2				
Calcium-di-cyclopenta= dienyl [Ber. **89**, 434]	$(C_5H_5)_2Ca$	170,27 —	— —	Pulver; fbl., zuweilen schwach gelb; Z. an Luft unter Aufglühen; Darst. aus Ca-carbid und Cyclopentadien

Calsol s. Äthylendiamin-tetraessigsäure

Camphan [E 2 V, 62]		138,25 —	154...5 160...2	Tafeln (Al); Prismen (Me); ll. in Ä, Egester, zll. in h. Me, l. in Al, wl. in k. Me; Wdampfflch.; subl.
Camphansäure [XVIII, 401]		198,22 —	199 Z *	Rhomboeder (Ä); ll. in Al, Ä; $[\alpha]_{weiss}^{19,5}$: — 7,15° (Al); * → CO_2-Abspaltung
d-Camphen [E 2 V, 105]		136,24 $0,8446^{50}$	45...6 158	n_D^{50} 1,4564. Krist. (Al); $[\alpha]_D$: + 77,1°; Kp: 52°/$_{17}$; unl. in W, l. in Al, Bzl, ll. in Ä
Camphenilol [E 2 VI, 64]		140,23 —	91,5...2 88,5...9/$_{11}$	Krist. (verd. Al); sll. in Al, Lg
dl-Camphenilon [E 2 VII, 69]		138,21 $0,9705^{38}$	41...2 192...4	n_D 1,469. Krist.; Wdampfflch.; Semicarbazon F: 225...6°
d-Campher [E 2 VII, 93]		152,24 $0,812^{204}$	176,3 209,1	Krist. (subl.; Al); 0,1 W 20°; 120 Al 12°; ll. in Ä, Aceton, Bzl, CS_2; $[\alpha]_D^{20}$: + 44,0° (Bzl); subl.; riecht durchdringend; giftig

Name und Literatur	Formel	Mol.-Gew. Dichte	F in °C Kp. in °C	Charakteristik
d-Campheramidsäure [IX, 755]	(Strukturformel: CH_3; $H_3C \cdot C \cdot CH_3$; CO_2H; $CONH_2$)	199,25 —	176...7 —	Blättchen (W); swl. in Ä, Chlf, h. Bzl, ll. in h. Aceton, Al, W; $[\alpha]_D$: $+45°$ (Al)
d-Campher-chinon [E 2 VII, 553]	(Strukturformel: CH_3; $H_3C \cdot C \cdot CH_3$; O; O)	166,22 —	198 subl.	Gelbe Nadeln (subl.; W); wl. in k. W, l. in sied. W, Bzl, ll. in Al; Wdampf-flch.; $[\alpha]_D^{20}$: $-109,8°$ (Toluol)
Campheroxalsäure [XII, 796]	(Strukturformel: CH_3; $H_3C \cdot C \cdot CH_3$; O; $CO \cdot CO_2H$)	224,25 —	88 —	Prismen (PÄ); unl. in k. W, wl. in h. W, Al, l. in PÄ, ll. in Ä, Bzl; Äthyl= ester F: 40,5°
d-Campher-oxim [E 2 VII, 99]	(Strukturformel: CH_3; $H_3C \cdot C \cdot CH_3$; NOH)	167,25 $1,0107^{116}$	119 249...54 g. Z	Prismen (Lg oder Lg + Ä); ll. in Al, Ä, S; $[\alpha]_D^{20}$: $-42,40°$ (Al)
Campherphoron [E 2 VII, 67]	(Strukturformel: $C(CH_3)_2$; H_3C; O)	138,21 $0,9372^{19}$	— 199...201	n_D^{19} 1,4851. Fl.; Semicarbazon F: 197...8°

d-Camphersäure [E 2 IX, 534]	CH_3 / $H_3C \cdot C \cdot CH_3$ / CO_2H / CO_2H	200,24 1,186	188,2 —	Blättchen (W); 0,76 W 25°; 100,5 Al 25°; unl. in Chlf, wl. in Aceton; $[\alpha]_D^{20}: +47,40°$ (Al)
[d-Camphersäure]-anhydrid [E 2 XVII, 454]	CH_3 / $H_3C \cdot C \cdot CH_3$ / CO / O / CO	182,22 1,194[21]	223,5...4,5 >270	Prismen (Aceton oder Bzl); wl. in W, PÄ; 0,8 Al 95% 14°; 1,5 Ä 14°; 6 Bzl 14°; $[\alpha]_D: -7,7°$ (Bzl)
[d-Camphersäure]-imid [E 2 XXI, 317]	CH_3 / $H_3C \cdot C \cdot CH_3$ / CO / NH / CO	181,24 —	244...5 300	Blättchen (W); wl. in k. W, Lg, ll. in h. W, Al, Ä, Chlf; $[\alpha]_D^{23}: +5,5°$ (Chlf)
d-Campher-ω-sulfosäure [E 2 XI, 180]	$CH_2 \cdot SO_3H$ / $H_3C \cdot C \cdot CH_3$ / O	232,30 —	193...5 Z —	Prismen (Eg); swl. in Ä, wl. in Eg, sll. in W; $[\alpha]_D^{20}: +23,1°$ (W); Chlorid F: 67...8°; Amid F: 132°; Anilid F: 121°; (früher „β-Sulfosäure, Reychlers Camphersulfosäure")
d-Camphocarbonsäure [E 2 X, 442]	CH_3 / $H_3C \cdot C \cdot CH_3$ / O / H / CO_2H	196,25 —	127...8 Z* —	Nadeln (Bzl); swl. in h. Lg, wl. in k. W, k. Bzl, ll. in h. W, h. Bzl, Al, Ä, Chlf; $[\alpha]_D^{18}: +50,5°$ (Al); $* \to CO_2$-Abspaltung

Name und Literatur	Formel	Mol.-Gew. Dichte	F in °C Kp. in °C	Charakteristik
α-Campholid [E 1 XVII, 142]		168,24 —	210...1 —	a) Krist. (Lg); unl. in k. W, ll. in Lg, sll. in Al, Ä, Bzl; b) Nadeln (Lg) F: 211°; subl.; wl. in W, sll. in Al, Ä, Bzl, PÄ; $[\alpha]_D^{18}$: $-34°$ (Bzl)
d-Campholsäure [E 2 IX, 17]		170,25 —	106 255	Prismen (verd. Al); 0,016 W 19°; 64,5 Al 80% 15°; $[\alpha]_D^{20}$: $+59,3°$ (Bzl)
l-Camphoronsäure [E 2 II, 690]	$HO_2C \cdot CH_2 \cdot C(CH_3)(CO_2H) \cdot C(CH_3)_2 \cdot CO_2H$	218,21 —	164...5 195...210/$_{13}$	Nadeln (W); $[\alpha]_D^{19}$: $-26,9°$ (W, c = 10); 12,5 W 16°; 60 abs. Al 16°; 5,3 abs. Ä 16°; ll. in Aceton, wl. in Chlf, swl. in Bzl, PÄ, CS_2
d-Camphylamin [E 1 XII, 127]		153,27 0,8688^{20}	— 202...4	$n_\alpha^{17,8}$ 1,4699, $n_D^{17,8}$ 1,4728, $n_\beta^{17,8}$ 1,4856. Fl.; $[\alpha]_D^{20}$: $+3,83°$; Pikrat F: 194°; ,,α-Camphylamin''
Cannabinol [E 2 XVII, 151]		310,44 —	76...7 —	Tafeln oder Blättchen (PÄ); unl. in W, ll. in Me, Al, Ä, Aceton, PÄ, Chlf, Eg, Bzl; l. in H_2SO_4 grünlich gelb, grünlich fluoresz.
Cantharidin [E 2 XIX, 179]		196,20 —	214 subl.	Krist. (Aceton); 0,003 k. W; 0,006 sied. W; 0,03 Al 92%; 0,11 Ä 18°; 0,20 Bzl 18°; 1,2 Chlf 18°; l. in Eg; zieht auf der Haut Blasen

Capriblau-GON-chlorid [XXVII, 401]	(Phenoxazin-Struktur: $(CH_3)_2N$ / N / CH_3 / $N(C_2H_5)_2$ / O / Cl)	345,88 —	— —	Krist.; Jodid: Nadeln; l. in W, Al, Aceton, Eg grünlich blau; l. in H_2SO_4 rotviol.
Caprinaldehyd [E 2 I, 764]	$CH_3 \cdot [CH_2]_8 \cdot CHO$	156,27 $0,8361^{15}$	— 207...9	n_D^{15} 1,42977. Fl.; angenehmer Geruch; Kp: $98°/_{13}$; Oxim F: 69°
Caprinsäure [E 3 II, 835]	$CH_3 \cdot [CH_2]_8 \cdot CO_2H$	172,27 $0,8931^{31,9}$	31 268...70	n_α^{70} 1,4149, n_D^{70} 1,4170, n_β^{70} 1,4222. Nadeln; Kp: $148...50°/_9$; 0,0026 W 15°; ll. in Al, Ä; Wdampfflch.; Amid F: 98°; Methylester Kp: 223°; Äthylester Kp: $104°/_4$
Caprinsäure-amid [E 3 II, 845]	$CH_3 \cdot [CH_2]_8 \cdot CONH_2$	171,28 $0,8359^{110}$	100,1 —	n_D^{110} 1,4261; l. in Al, Ä
Caprinsäure-chlorid [II, 356]	$CH_3 \cdot [CH_2]_8 \cdot COCl$	190,72 —	— $114/_{15}$	Fl.
Caprinsäure-nitril [II, 356]	$CH_3 \cdot [CH_2]_8 \cdot CN$	153,27 $0,8295^{15}$	— 17,9 243	Fl.
ε-Caprolactam [E 2 XXI, 216]	$H_2C \cdot CH_2 \cdot CH_2 \cdot CH_2$ / H_2C——NH——CO	113,16 —	69,2 $139/_{12}$	Krist. (Ä oder Lg); sll. in W, Al, Ä, Chlf, Bzl
n-Capronaldehyd [E 2 I, 745]	$CH_3 \cdot [CH_2]_4 \cdot CHO$	100,16 $0,1885^{15}_{15}$	— 128	n_D^{20} 1,42785. Fl.; durchdringender Geruch; l. in Al; oxid.; polym. durch H_2SO_4; Semicarbazon F: 114,5...5,5°
Capronitril s. Capronsäurenitril				
Capronon s. Di-n-amyl-keton				
n-Capronsäure [E 2 II, 281]	$CH_3 \cdot [CH_2]_4 \cdot CO_2H$	116,16 $0,932^{15}$	3 208	n_α^{15} 1,4165, n_D^{15} 1,4188, n_β^{15} 1,4239. Fl.; Kp: $102°/_{15}$; 0,891 W 15°; l. in Ä, Bzl, Al; Wdampfflch.; Methylester Kp: 149,7°

Name und Literatur	Formel	Mol.-Gew. Dichte	F in °C Kp. in °C	Charakteristik
n-Capronsäure-äthyl=ester [E 2 II, 285]	$CH_3 \cdot [CH_2]_4 \cdot CO_2C_2H_5$	144,22 $0,87583^{15}$	E — 67,5 166,8	n_α^{15} 1,40763, n_D^{15} 1,40971, n_β^{15} 1,41480. Fl.; Kp: 61...3°/$_{16}$; swl. in W, l. in Al, Ä
n-Capronsäure-amid [E 2 II, 286]	$CH_3 \cdot [CH_2]_4 \cdot CONH_2$	115,18 0,999	100 —	Tafeln (Al); Blättchen (W oder Lg); zll. in Al, Ä, Chlf, h. W
n-Capronsäure-anhydrid [E 2 II, 285]	$(CH_3 \cdot [CH_2]_4 \cdot CO)_2O$	214,31 $0,92397^{15}$	E — 40,6 241...3 Z	n_α^{15} 1,42912, n_D^{15} 1,43146, n_β^{15} 1,43694. Öl; Kp: 139,5...42°/$_{13}$; l. in Ä; widerlicher Geruch
n-Capronsäure-chlorid [E 2 II, 286]	$CH_3 \cdot [CH_2]_4 \cdot COCl$	134,61 $0,98047^{15}$	E — 87,3 152,6	n_α^{15} 1,42615, n_D^{15} 1,42859, n_β^{15} 1,43467. Fl.
n-Capronsäure-nitril [E 2 II, 286]	$CH_3 \cdot [CH_2]_4 \cdot CN$	97,16 $0,80939^{15}$	E — 79,4 163,95	n_α^{15} 1,40736, n_D^{15} 1,40937, n_β^{15} 1,41442. Fl.; ll. in Al, Ä, unl. in W
Caprophenon [E 2 VII, 257]	$C_6H_5 \cdot CO \cdot [CH_2]_4 \cdot CH_3$	176,26 $0,9576^{25}$	27 265,2	n_α^{25} 1,4981, n_D^{25} 1,5027, n_β^{25} 1,5134. Krist.; flch.; Semicarbazon F: 132°
α-[n-Caproyl]-propion=säure-sek.-butylester [Org. Syntheses 35,15]	$CH_3 \cdot [CH_2]_4 \cdot CO \cdot CH(CH_3) \cdot CO_2CH(C_2H_5) \cdot CH_3$	228,33 —	— 134...6/$_{12}$	n_D^{25} 1,4302. Klare Fl.; l. in Bzl
Caprylaldehyd [E 2 I, 757]	$CH_3 \cdot [CH_2]_6 \cdot CHO$	128,22 $0,8258^{20}_{20}$	— 167...70	n_α^{19} 1,4191, n_D^{19} 1,4212, n_γ^{19} 1,4313. Fl.; zitronenart. Geruch; Kp: 65°/$_{11}$; Wdampfflch.; Oxim F: 60°
Caprylalkohol s. Octanol				
Caprylhydroxamsäure [E 2 II, 303]	$CH_3 \cdot [CH_2]_6 \cdot CO \cdot NHOH$	159,23 —	— —	Na-salz wichtig zur Trennung der Caprylsäure von höheren gesättigten Fettsäuren

Name [Lit.]	Formel	Mol.-Gew. / Dichte	F / Kp	Eigenschaften
Caprylsäure [E 3 II, 785]	$CH_3 \cdot [CH_2]_6 \cdot CO_2H$	144,22 / $0,9157^{16,1}$	16,5 / 239,3	n_α^{21} 1,42439, n_D^{21} 1,42677, n_β^{21} 1,43194. Blätter; E: 16,38°; Kp: 129...30°/16; 0,072 W 15°; 0,25 W 100°; ll. in Al, Ä, Bzl; Wdampfflch.; schweißähnlicher Geruch; Dampf verursacht Hustenreiz; Ureid F: 191,3°; Methylester Kp: 194,5°; Äthylester Kp: 208,5°
Caprylsäure-äthylester [E 2 II, 302]	$CH_3 \cdot [CH_2]_6 \cdot CO_2C_2H_5$	172,27 / $0,8842_0^0$	E − 44,75 / 205,8	Fl.; Kp: 199,5°/63; l. in Al, Ä
Caprylsäure-amid [E 2 II, 303]	$CH_3 \cdot [CH_2]_6 \cdot CONH_2$	143,23 / —	104 / > 200 Z	Blätter; 0,454 W 100°; ll. in Al, Ä
Caprylsäurechlorid [E 2 II, 303]	$CH_3 \cdot [CH_2]_6 \cdot COCl$	162,66 / —	— / 104...5/9	Fl.
Caprylsäure-nitril [E 2 II, 303]	$CH_3 \cdot [CH_2]_6 \cdot CN$	125,22 / $0,8201^{13,3}$	— / 198...200	Fl.; Kp: 87°/10
Capsaicin [E 1 XIII, 322]	$HO\text{—}\langle\text{Ring, }OCH_3\rangle\text{—}CH_2 \cdot NH \cdot CO \cdot [CH_2]_4 \cdot CH:CH \cdot CH(CH_3)_2$	305,42 / —	64...5 / —	Krist. (verd. Al oder PÄ); unl. in k. W, wl. in CS_2, ll. in Al, Ä, Chlf, Bzl; Dampf bewirkt Hustenreiz; Vork. im spanischen Pfeffer
Capsanthin [XXX, 103]	$C_{40}H_{58}O_3$ Formel 12, S. 923	586,91 / —	175...6 / Z	Rote Nadeln (Benzin); swl. in PÄ, wl. in CS_2, l. in Me, Al rot, Ä, Bzl, ll. in Chlf, sll. in Aceton; oxid. an der Luft; Diacetat F: 146,5°
16* Caran [E 2 V, 60]	CH_3 / $H_3C \cdot C \cdot CH_3$ (Ringstruktur)	138,25 / $0,8533^{20}$	— / 169	n_α^{20} 1,4636, n_D^{20} 1,4663, n_β^{20} 1,4732. Fl.; d-Form $[\alpha]_D$: + 57°; l-Form $[\alpha]_D$: − 47,06°

Name und Literatur	Formel	Mol.-Gew. Dichte	F in °C / Kp. in °C	Charakteristik
Carbamidsäure [E 2 III, 18]	$H_2N \cdot CO_2H$	61,04 / —	— / —	Entsteht intermediär bei der Hydrolyse einer Cyansäurelösung bei 5…7°; frei nicht beständig
-NH₄-Salz [E 2 III, 18]	$H_2N \cdot CO_2\,NH_4$	78,07 / —	Z 59…60* / —	Prismen und Blättchen (W); 66,6 W; swl. in Al; an der Luft Bildung von $(NH_4)_2CO_3$; zers. an feuchter Luft; * Z. → CO_2 + NH_3
Carbamidsäure-äthyl= ester [E 2 III, 19]	$H_2N \cdot CO_2C_2H_5$	89,09 / $1{,}0599^{48,2}$	48,1 / 184	n_D^{52} 1,41439. Blättchen; 35 W 11°; 380 W 40°, 166,8 Al 22°, ll. in Ä, Chlf, Bzl, swl. in Lg
Carbamidsäure-äthylester-N-methyl s. Methylurethan				
Carbamidsäurechlorid [E 1 III, 15]	$H_2N \cdot COCl$	79,49 / —	∼ 50 / 61…2 Z	Säulen; äußerst heftiger Geruch; Z. durch W → NH_4Cl + CO_2; alkohol. Lsg. zers.; beim Aufbewahren → H_2O + Cyanursäure
Carbamidsäure-methyl= ester [E 2 III, 18]	$H_2N \cdot CO_2CH_3$	75,07 / $1{,}1356^{55,6}$	54 / 177	$n_D^{55,6}$ 1,41253. Tafeln; 217 W 11°; 57,6 Al 15°
Carbamidsäure-phenyl= ester [E 2 VI, 157]	$H_2N \cdot CO_2C_6H_5$	137,14 / $1{,}0792^{60}$	143 / —	Blättchen oder Nadeln (W); ll. in h. W, Al, Me, PÄ, Bzl, wl. in k. W
Carbaminsäure s. Carbamidsäure				
Carbanil s. Phenylisocyanat				
Carbanilid s. N,N′-diphenyl-harnstoff				
Carbanilsäureäthylester s. Phenylurethan				
Carbazid s. Carbodiazid				

Name	Formel	Mol.-Gew.	F / Kp	Eigenschaften
Carbazol [E 2 XX, 279]	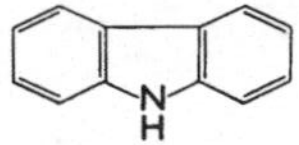	167,21	247 / 354,8	Blättchen und Tafeln (Xylol oder subl.); unl. in W; 0,92 Al 14°; 3,88 sied. Al; wl. in k. Ä, ll. in h. Ä, Chlf, Bzl, Eg; subl.
Carbitol s. Diglykol-mono-äthyläther				
Carbobenzoxychlorid [Org. Syntheses III, 167]	$C_6H_5 \cdot CH_2 \cdot O \cdot COCl$	170,60	— / —	Amid F: 87°
α-Carbocinchomeronsäure s. Pyridin-tricarbonsäure-(2,3,4)				
β-Carbocinchomeronsäure s. Pyridin-tricarbonsäure-(3,4,5)				
Carbodiazid [E 2 III, 102]	$CO(N_3)_2$	112,05	— / —	Spieße (Ä); ll. in W, Al, Ä; äußerst flch.; durchdringender Geruch; expl. sehr heftig am Licht oder beim Reiben
Carbodiphenylimid s. Diphenylcarbodiimid				
Carbohydrazid [E 2 III, 96]	$H_2N \cdot NH \cdot CO \cdot NH \cdot NH_2$	90,09	154 / —	Nadeln (verd. Al); unl. in Ä, Bzl, Chlf, l. in Al, W
β-Carbolin [E 2 XXIII, 224]	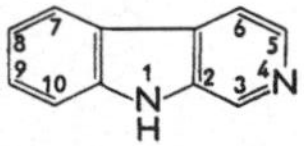	168,20	198,5 / —	Nadeln (Bzl); wl. in PÄ, Bzl, l. in Ä, Egester, ll. in Me, Al, zll. in h. W, l. in verd. S blau fluoresz. Beste Bezifferung (nach Ring-Index) s. S. 50
Carbolsäure s. Phenol				
Carbomethylen s. Keten				
Carbostyril s. 2-Hydroxy-chinolin				
β-[o-Carboxyphenyl]-propionsäure s. β-Phenylpropionsäure-o-carbonsäure				
o-Carboxyzimtsäure s. Zimtsäure-o-carbonsäure				
Cardiazol [E 2 XXVI, 213]	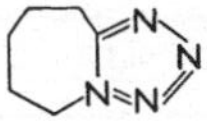	138,17	59...60 / 194/12	Krist. (Ä oder Bzl); ll. in W, org. Lösm.; HgCl$_2$-Doppelsalz F: 175°

Name und Literatur	Formel	Mol.-Gew.	Dichte	F in °C	Kp. in °C	Charakteristik
d-Caren-(3) [E 2 V, 94]	CH_3; $H_3C \cdot C \cdot CH_3$	136,24	$0,8616^{20}$	—	172...2,5	n_α^{20} 1,4700, n_D^{20} 1,4729, n_β^{20} 1,4804. Fbl., süß riechendes Öl; oxid. durch Luftsauerstoff; $[\alpha]_D^{20}$: + 5,4°
Carminsäure [E 2 X, 776]	CH_3, O, OH, $C_6H_{11}O_5$, HO, HOOC, OH	492,40	—	Z 130	—	Rote Nädelchen (verd. Me); unl. in Chlf, Bzl, swl. in Ä, zll. in Al, ll. in W; $[\alpha]_D^{15}$: + 51,6° (W)
l-Carnosin s. N-[β-Aminopropionyl]-L-histidin						
d-Caron [E 2 VII, 87]	CH_3, O, $H_3C \cdot C \cdot CH_3$	152,24	$0,9567^{20}$	—	$101...2/15$	$n_\gamma^{18,8}$ 1,4760, $n_D^{18,8}$ 1,4788. Fl.; $[\alpha]_D^{30}$: + 116,1°; Semicarbazon F: 167...9°
Caronoxim [VII, 92]	CH_3, NOH, $H_3C \cdot C \cdot CH_3$	167,25	$1,018^{20}$	—	$130...2/12$	n_D^{20} 1,4796. Öl; $[\alpha]_D^{20}$: − 255,65°
α-Carotin [XXX, 91]	$C_{40}H_{56}$ Formel 13, S. 924	536,89	$1,00_{20}^{20}$	187...8	—	Viol. Krist.; l. in Aceton; $[\alpha]_{656,3}^{18}$: + 315° (Chlf); am Licht Autoxidation
β-Carotin [XXX, 87]	$C_{40}H_{56}$ Formel 14, S. 924	536,89	$1,00_{20}^{20}$	183	Z	Viol. Krist. (Bzl + Me); wl. in Bzl + Me, PÄ, l. in CS_2 gelbrot

γ-Carotin [XXX, 92]	$C_{40}H_{56}$	536,89 —	178 —	Prismen (Bzl + Me); l. in Chlf, Benzin, CS_2, Hexan
Carthamin [J. Chem. Soc. **1930**, 766]	$C_6H_{11}O_5$	450,40 —	— —	Rote Nadeln (Py); unl. in Ä, wl. in W, l. in Al, l. in Alk rot; früher Baumwoll- und Seidenfarbstoff aus Carthamus tinctorius
Carvacrol [E 2 VI, 492]		150,22 $0,9743^{21}$	0,5...1,0 237	n_α^{21} 1,5166, n_D^{21} 1,5209, n_β^{21} 1,5323. Fl.; Kp: $113°/_{10}$; swl. in W, ll. in Al, Ä, l. in Alk; Wdampfflch.
Carvacrylamin [E 2 XII, 638]		149,24 $0,9448^{23}$	— 242	n_D^{23} 1,5395. Öl; E: — 16°; Acetyl= derivat F: 72°
Carven s. d-Limonen Carvenon [E 2 VII, 79]		152,24 $0,9266^{20}$	— 233	n_α^{20} 1,4790, n_D^{20} 1,4825, n_β^{20} 1,4916. Fl.; 0,22 W 20°, l. in Al
Carvestren [V, 125]		136,24 —	— 178	Fl.; verharzt an der Luft
Carvomenthen [E 2 V, 52]		138,25 $0,8331^{24,6}$	— 174...5	Inaktive Form: $n_\alpha^{24,6}$ 1,4538, $n_D^{24,6}$ 1,4565, $n_\beta^{24,6}$ 1,4633. Fl.; Kp: 76...$7°/_{24}$; l. in Al; limonenart. Geruch; Nitrosylchlorid Krist. (Aceton oder Me), F: 95...6°

Carvomenthol
s. a. Neocarvomenthol u. Neoisocarvomenthol

Name und Literatur	Formel	Mol.-Gew. Dichte	F in °C / Kp. in °C	Charakteristik
d-Carvomenthol [E 2 VI, 39]	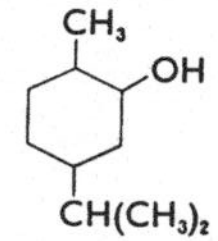 CH_3, OH, $CH(CH_3)_2$	156,27 0,905613	— 102/14	n_D^{12} 1,4650. Fl.; $[\alpha]_D^{13}$: $+27,7°$
l-Carvomenthon [E 2 VII, 37]	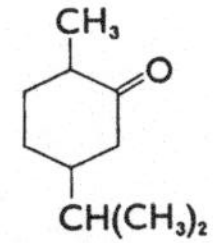 CH_3, O, $CH(CH_3)_2$	154,25 —	— 96...6,5/16	n_D^{17} 1,4548. Fl.; $[\alpha]_D^{17}$: $-6,0°$ (unverdünnt); Semicarbazon F: 192°
l-cis-Carvomenthon [E 2 VII, 38]	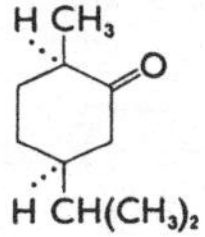 H CH_3, O, H $CH(CH_3)_2$	154,25 0,9042²⁰	— —	$n_D^{18,5}$ 1,4562. $[\alpha]_D^{20}$: $-56,5°$ (unverdünnt); Semicarbazon F: 171...2°
d-Carvon [E 2 VII, 128]	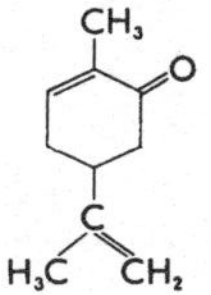 CH_3, O, H_3C CH_2	150,22 0,9611¹⁸,⁷	— 231	$n_\alpha^{18,7}$ 1,4955, $n_D^{18,7}$ 1,4994, $n_\beta^{18,7}$ 1,5091. Fl.; 0,13 W 18°; $[\alpha]_D^{20}$: $+69,11°$
Carvopinon s. Pinocarvon				
d-Carvotan-aceton [E 2 VII, 78]	s. dl-Carvotan-aceton	152,24 0,9305³⁰₃₀	— 154...5/100	n_D^{30} 1,4767. Fl.; 0,09 W 20°; $[\alpha]_D^{30}$: $+59,6°$; Phenylhydrazon F: 91...2°; Oxim F: 75...6°

Name	Formel	Mol.-Gew. / Dichte	F / Kp	Eigenschaften
dl-Carvotan-aceton [VII, 77]	CH₃ / CH(CH₃)₂ (Struktur)	152,24 / 0,9351²⁰	— / 228	n_α^{20} 1,4773, n_D^{20} 1,4806. Öl
α-Caryophyllen [E 2 V, 353]	$C_{15}H_{24}$	204,36 / 0,8923²⁰₂₀	— / 99...100/₃	n_D^{20} 1,5001. Fl.; $[\alpha]_D$: $+1,7°$; ll. in Ä
β-Caryophyllen [E 2 V, 353]	$C_{15}H_{24}$	204,36 / 0,9052¹⁷	— / 118...9/₉,₇	n_D^{17} 1,5009. Fl.; $[\alpha]_D^{15}$: $-5,2°$; ll. in Ä; Vork. im Nelkenöl
d-Catechin [E 2 XVII, 254]	(Struktur)	290,28 / —	174...5 / Z > 205	Krist. ·4 H₂O (W); swl. in Chlf, Lg, Bzl, wl. in k. W, Ä, ll. in h. W, Al, Eg; $[\alpha]_D^{17}$: $+18,7°$ (Aceton)
Cediret s. Coerulignon				
Cedren [E 2 V, 350]	$C_{15}H_{24}$	204,36 / 0,9361²⁰	— / 262...3	$n_D^{21,5}$ 1,5001. Fl.; Kp: 121°/₁₂; $[\alpha]_D^{22}$: $-66,4°$, ($[\alpha]_D$: $-52,8°$); l. in Aceton
Cedrenon [E 2 VII, 269]	$C_{15}H_{22}O$	218,34 / 1,014¹⁵	32...3· / 157...9/₁₂	n_D^{25} 1,5129. Krist.; $[\alpha]_D^{15}$: $-91,7°$ (Al); Semicarbazon F: 242...3°
Cellobiose [Org. Syntheses II, 122]	$C_6H_{11}O_5$ (β,1,4) $C_6H_{11}O_5$	342,30 / —	225 Z / —	Mikroskopische Krist. · aq (verd. Al); 12,5 W 15°; 66,7 h. W, swl. in Al, Ä; $[\alpha]_D^{20}$: $+34,8°$; Hydrolyse → 2 Mol Glucose
α-Cellobiose-octaacetat [XXXI, 382]	$C_{28}H_{38}O_{19}$ Formel 15, S. 924	678,60 / —	229 / —	Nadeln oder Blättchen (Al); $[\alpha]_D^{20}$: $+43,6°$ (Chlf); 0,006 Al 20°; 1,18 sied. Al; 0,064 Bzl 20°; 1,84 sied. Bzl, 19,5 Chlf 20°; 28 sied. Chlf; swl. in W

Name und Literatur	Formel	Mol.-Gew. Dichte	F in °C Kp. in °C	Charakteristik
β-Cellobiose-octaacetat [Ber. **68**, 1594 (1935)]	$C_{28}H_{38}O_{19}$	678,60 —	202 —	Krist.; $[\alpha]_D^{20}$: $-14,7°$ (Chlf)
Cellose s. Cellobiose				
Cephaelin [E 2 XXIII, 447]	$C_{28}H_{38}O_4N_2$	466,63 —	115...6 —	Nadeln (Ä); swl. in W, wl. in Ä, PÄ, ll. in Al, Aceton, Chlf, Eg; Hydrochlorid $C_{28}H_{38}O_4N_2 \cdot 2HCl$ F: 245...70°; s. a. Emetin
Cerotinsäure [E 2 II, 381]	$CH_3 \cdot [CH_2]_{24} \cdot CO_2H$	396,70 —	78 —	Gemisch natürlich vorkommender Fettsäuren; Krist.; wl. in k. Al, ll. in h. Al, PÄ, Lg, Eg, zll. in Ä, Bzl, Chlf, swl. in Me; Amid Nädelchen (Al) F: 106°
Cerylalkohol [E 2 I, 470]	$CH_3 \cdot [CH_2]_{24} \cdot CH_2OH$	382,72 —	80 $305/_{20}$ Z	Wachsartig; unl. in W, ll. in Al, Ä
Cetan [E 2 I, 137	$CH_3 \cdot [CH_2]_{14} \cdot CH_3$	226,45 $0,7751^{20}$	17,8 $145/_9$	n_α^{20} 1,4329, n_D^{20} 1,4352, n_β^{20} 1,4406. Krist.; unl. in W, ∞ Al, Ä
Ceten-(1) [E 2 I, 206]	$CH_3 \cdot [CH_2]_{13} \cdot CH : CH_2$	224,43 $0,7825^{20}$	2,2 $157,5/_{15,5}$	n_α^{20} 1,4394, n_D^{20} 1,4419, n_β^{20} 1,4478. Fl.
Cetyl-acetat [E 2 II, 146]	$CH_3 \cdot CO_2[CH_2]_{15} \cdot CH_3$	284,49 —	22,7 $184/_5$	Nadeln; wl. in k. Al
Cetyläther s. Dicetyläther				
Cetylalkohol [E 2 I, 466]	$CH_3 \cdot [CH_2]_{15} \cdot OH$	242,45 $0,8042^{73}$	50...1 ~ 340	$n_D^{51,1}$ 1,4391. Blättchen (Egester); l. in Al, Ä, unl. in W; Vork. an Fettsäure gebunden im Walrat

		Mol.-Gew. / d	F / Kp	
Cetylamin [E 2 IV, 660]	$CH_3 \cdot [CH_2]_{14} \cdot CH_2 \cdot NH_2$	241,46 / —	46 / 170...5/12	Wachsart. Masse von schwachem talgart. Geruch; ll. in Al, Ä, Aceton, Chlf, zl. in Bzl, unl. in W; Pikrat F: 114,7°
Cetylbromid [E 3 I, 559]	$CH_3 \cdot [CH_2]_{14} \cdot CH_2Br$	305,35 / 0,9998[20]	16,3 / 178/9	n_D^{20} 1,4627. Kp: > 289° Z.
α-Cetyl-citronensäure s. Agaricinsäure				
Cetyljodid [E 3 I, 560]	$CH_3 \cdot [CH_2]_{14} \cdot CH_2J$	352,35 / 1,0769[76]	22,5 / 160...3/2	n_D^{20} 1,4817 (unterkühlt); Krist. (Al); ll. in Bzl, Al, Ä, Aceton, Chlf, wl. in h. Me
Cetylmalonsäure [Org. Syntheses 34, 16]	$C_{16}H_{33} \cdot CH(CO_2H)_2$	328,50 / —	115,5...20,5 / —	Krist. (Aceton)
Cetylmalonsäure-diäthylester [Org. Syntheses 34, 13]	$C_{16}H_{33} \cdot CH(CO_2C_2H_5)_2$	384,60 / —	— / 204...8/2	n_D^{25} 1,4433; fbl. Fl.
Cetyl-phenyl-äther [VI, 144]	$CH_3 \cdot [CH_2]_{14} \cdot CH_2 \cdot O \cdot C_6H_5$	318,55 / 0,8434[82,4]	41,8 / 200/1	$n_\alpha^{82,4}$ 1,4556, $n_\beta^{82,4}$ 1,4660. Blättchen (Al)
Cetylsulfat [E 3 I, 1821]	$CH_3 \cdot [CH_2]_{15} \cdot O \cdot SO_3H$	322,51 / —	— / —	Trennung von Schwefelsäure durch Extraktion mit Bzl; Na-, NH$_4$-salze als Waschmittel
Chalkon s. Benzalacetophenon				
Chamazulen s. Azulen, Chamazulen				
Chaulmoograsäure [E 2 IX, 58]	$\text{(Cyclopentenyl)}-[CH_2]_{12} \cdot CO_2H$	280,45 / —	69 / 247...8/20	Blättchen (Al); unl. in W, wl. in Al, ll. in Ä, Chlf; $[\alpha]_D^{25}$: + 62,2° (Chlf)
Clavibetol [VI, 963]	$\text{(Benzolring: } OCH_3,\ OH,\ H_2C{:}CH \cdot CH_2)$	164,21 / 1,065[16]	8,5 / 254...5	n_α^{16} 1,5349, n_D^{16} 1,5397. Stark lichtbrechende Fl.

Name und Literatur	Formel	Mol.-Gew. / Dichte	F in °C / Kp. in °C	Charakteristik
Chavicol [E 2 VI, 529]	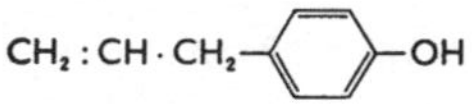 $CH_2:CH\cdot CH_2$—⟨phenol⟩—OH	134,18 / 1,033[18]	15,8...6,8 / 235	n_α^{18} 1,5393, n_D^{18} 1,5441, n_γ^{18} 1,6689. Fl.; Kp: 122...4°/16; ∞ Al, Ä, Chlf, PÄ, swl. in W; wss. Lsg. mit $FeCl_3$ → blaue Färbung
Chelidonsäure [E 2 XVIII, 367]	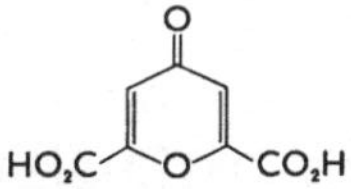 ⟨Pyron: HO_2C—O—CO_2H⟩	184,11 / —	257 Z / Z *	Krist ·1H_2O (W); 1,45 W 25°; 3,8 sied. W; wl. in Al; * Z. → γ-Pyron u. a.
Chicagosäure s. 1-Amino-naphthol-(8)-disulfosäure-(2,4) Chimylalkohol s. Glycerin-hexadecyläther Chinacetophenon s. 2,5-Dihydroxy-acetophenon Chinaldin s. 2-Methyl-chinolin Chinaldinsäure s. Chinolin-carbonsäure-(2) Chinaldon s. 4-Hydroxy-2-methyl-chinolin Chinalizarin s. 1,2,5,8-Tetrahydroxyanthrachinon				
Chinasäure [E 2 X, 377]	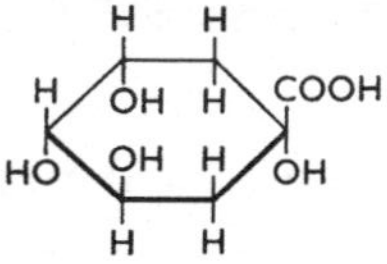 ⟨Cyclohexan mit OH, COOH⟩	192,17 / 1,637	161,6 / Z 200 *	Prismen (W); 40 W 9°; $[\alpha]_D^{13}$: − 44,1° (W); * → H_2O-Abspaltung
Chinazolin [XXIII, 175]	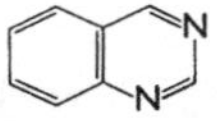 ⟨Chinazolin⟩	130,15 / —	48 / 243	Blättchen (PÄ); ll. in Al, Ä, sll. in W; Pikrat F: 188...90°
Chinhydron [E 2 VII, 572]	$C_6H_4O_2 + C_6H_6O_2$	218,21 / 1,401[20]	171 / subl.	Rotbraune Nadeln; unl. in PÄ, Lg, swl. in Chlf (Z.), wl. in k. W, l. in h. W braunrot, ll. in Al, Ä gelb, l. in NH_4OH grün

Chinidin [E 2 XXIII, 412]	(Strukturformel: H₃CO–Chinolin; CH:CH₂, CH₂, CH₂, OH, CH, N)	324,43 —	172,5 subl.	Blättchen · aq (W); 0,014 W 25°; 0,67 Me 25°; 2,2 Al 25°; 1,2 Bzl 25°; ll. in Chlf; $[\alpha]_D^{23}$: + 266,7° (Al); wirkt antipyretisch; sterisch isomer Chinin
Chinin [E 2 XXIII, 416]	$C_{20}H_{24}O_2N_2$ *	324,43 —	175 subl.	Krist. (Al); 0,05 W 15°; 0,13 sied. W; 88,5 Al 15°; 4,4 Ä 15°; 57,5 Chlf; 0,5 Bzl 15°; $[\alpha]_D^{17}$: — 167,5° (Al); wirkt antipyretisch; * sterisch isomer Chinidin
Chinin-hydrochlorid [E 2 XXIII, 420]	$C_{20}H_{24}O_2N_2 + HCl + 2\,H_2O$	360,89* —	158...60 —	Nadeln; 4,8 W 25°; sll. in Chlf; $[\alpha]_D^{15}$: — 142,7° (W). * brechnet ohne H_2O
Chinin-jodosulfat [E 2 XXIII, 421]	$4\,C_{20}H_{24}O_2N_2 + 3\,H_2SO_4 + 2\,HJ + 4\,J + 6\,H_2O$	2463,47 —	— —	Grüne, goldglänzende Tafeln oder Blättchen; 0,13 Al 90% 16°; Z. durch W
Chininon [XXV, 44]	(Strukturformel: H₃CO–Chinolin; CH:CH₂, CH₂, CH₂, CO, N)	322,41 —	108 —	Nadeln oder Blättchen (Ä); 0,0003 W 20°; wl. in Lg, ll. in Al, Ä, Chlf, Bzl gelb; $[\alpha]_D^{23}$: + 73,8° (Al)
Chininsäure [E 2 XXII, 176]	(Strukturformel: H₃CO–Chinolin; CO₂H)	203,20 —	280 Z —	Gelbliche Blättchen (verd. Al); subl.; swl. in k. W, Ä, Bzl; 1,24 h. Al; ll. in verd. S gelb

Name und Literatur	Formel	Mol.-Gew. Dichte	F in °C Kp. in °C	Charakteristik
Chinin-sulfat [E 2 XXIII, 420]	$2\ C_{20}H_{24}O_2N_2 + H_2SO_4 + 2\ H_2O$	746,93 * —	214 —	Nadeln (Al 95%); swl. in Egester, CCl_4, l. in Chlf; * berechnet ohne H_2O
cis-Chinit [E 2 VI, 747]		116,16 —	112 subl.	Prismen (Aceton); 5,56 Aceton 14°; ll. in W, Al, swl. in Ä, Chlf; Diacetat F: 39°
trans-Chinit [E 2 VI, 748]		116,16 —	143 —	Krist. (Aceton); 1,86 Aceton 14°; ll. in W, Al, swl. in Ä, Chlf; Diacetat F: 101...2°
Chinizarin s. 1,4-Dihydroxy-anthrachinon				
Chinolin [E 2 XX, 222]		129,16 1,0929[20]	E — 15,6 237,1	$n_{\alpha}^{24,9}$ 1,6161, $n_{D}^{24,9}$ 1,6245, $n_{\beta}^{24,9}$ 1,6470. Fl.; wl. in k. W, ll. in h. W, ∞ Al, Ä, Aceton; Wdampfflch.; giftig
Chinolin-2-aldehyd [E 2 XXI, 272]		157,17 —	71 —	Prismen oder Platten (PÄ); wl. in W, PÄ, l. in Al, Bzl; Oxim F: 189°
Chinolin-4-aldehyd [E 2 XXI, 273]	$NC_9H_6 \cdot CHO$	157,17 —	51 122...3/4	Krist. (PÄ); l. in Ä, Toluol, ll. in den meisten org. Lösm.
Chinolinblau [E 2 XXIII, 271]		538,52 —	ca 100 * —	Grünglänzende Krist.; ll. in Al, l. in Me, Aceton, Chlf, wl. in h. W, swl. in k. W, Ä; * Z. > 150°; Verw. zur Sensibilisierung und zur Vitalfärbung

Chinolin-2-carbinol [J. Chem. Soc. **1926**, 1303]	(Struktur)	159,19 —	64 —	Nadeln (Al oder Lg); Wdampfflch.
Chinolin-carbonsäure-(2) [E 2 XXII, 55]	(Struktur)	173,17 —	157 Z *	Krist. (Bzl); zwl. in k. W, ll. in h. W, h. Bzl; * Z. $\rightarrow CO_2$-Abspaltung
Chinolin-carbonsäure-(4) [E 2 XXII, 57]	$NC_9H_6 \cdot CO_2H$	173,17 —	257...8 —	Tafeln und Prismen $\cdot 2H_2O$ (W); unl. in Ä, swl. in W, Al, ll. in verd. S
Chinolin-carbonsäure-(5) [E 1 XXII, 511]	$NC_9H_6 \cdot CO_2H$	173,17 —	338...40 subl.	Krist. (subl.); unl. in Ä, Bzl, CS_2, swl. in W, Al, ll. in verd. S, Alk
Chinolin-carbonsäure-(6) [E 1 XXII, 511]	$NC_9H_6 \cdot CO_2H$	173,17 —	291...2 subl.	Prismen (subl.); swl. in W, l. in h. Al, sll. in verd. S, Alk
Chinolin-carbonsäure-(8) [XXII, 81]	$NC_9H_6 \cdot CO_2H$	173,17 —	187 subl.	Nadeln (W); zl. in k. W, zll. in h. W, Al, ll. in S, Alk
Chinolin-dicarbon= [säure-(2,4) [E 2 XXII, 123]	(Struktur)	217,18 —	246 Z —	Nadeln (W); unl. in Chlf, Bzl, PÄ, wl. in k. W, Al, Ä
Chinolinsäure s. Pyridin-dicarbonsäure-(2,3)				
o-Chinon [VII, 600]	(Struktur)	108,10 —	Z 60...70 —	Rote Tafeln oder Prismen; unl. in PÄ, l. in W, Al, k. Bzl, zll. in h. Bzl, Ä, sll. in Aceton; färbt die Haut braun; Dioxim F: 142°
p-Chinon [E 2 VII, 567]	(Struktur)	108,10 1,085[122]	115,5 subl.	Gelbe Prismen (W, Lg oder PÄ); 1,4 W 24°; 3,2 Al 18°; l. in Ä, ll. in sied. W, sied. PÄ, Lg; Wdampfflch.; Dämpfe reizen Schleimhäute; MAK: 0,4 mg/m³

Name und Literatur	Formel	Mol.-Gew. Dichte	F in °C Kp. in °C	Charakteristik
p-Chinon-bis-chlorimid [E 2 VII, 574]	$ClN:C_6H_4:NCl$	175,02 —	126 Z —	Nadeln (W); swl. in k. W, zwl. in h. W, sll. in Al, Ä, Bzl, Eg; l. in H_2SO_4 gelb
p-Chinon-chlorimid [E VII, 574]	$O:C_6H_4:NCl$	141,56 —	86 Z	Gelbe Nadeln (Eg); swl. in k. W, ll. in h. W, Al, Ä, Chlf, Bzl, Eg; subl.
p-Chinon-dioxim [VII, 627]	$HON:C_6H_4:NOH$	138,13 —	Z ca 240 —	Krist. (W); l. in W, Al, Ä, swl. in verd. NH_4OH
p-Chinon-monoxim s. 4-Nitrosophenol				
Chinophenol s. 8-Hydroxy-chinolin				
Chinophthalon [E 2 XXI, 400]	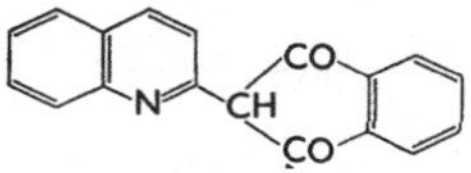	273,29 —	241 subl.	Goldgelbe Nadeln (Al); swl. in Al, Ä, l. in h. Bzl, h. Eg rot, sll. in Chlf, h. Aceton, l. in H_2SO_4 rot
Chinotoxin [XXV, 39]	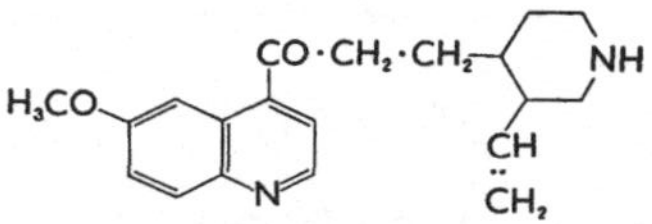	324,43 —	ca 60 —	Amorphe Masse; wl. in W, ll. in Al, Ä, Chlf; $[\alpha]_D^{15}$: +44,1° (Chlf); giftig; Hydrochlorid F: 180...2°
Chinoxalin [E 2 XXIII, 177]	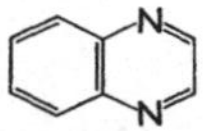	130,15 $1{,}1334^{48}$	29...30 108...11/12	n_α^{48} 1,6143, n_D^{48} 1,6231, n_β^{48} 1,6486. Krist.; ∞ W, Al, Ä, Bzl
Chinoxalin-dicarbon=säure-(2,3) [XXV, 172]	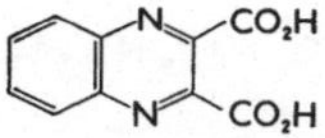	218,17 —	190 Z —	Prismen · $2H_2O$ (W); wl. in k. W, Bzl, zll. in sied. W, Al; Monamid F: 190...5° (Z.)

Name	Formel	Mol.-Gew. / Dichte	F / Kp	Eigenschaften
Chinuclidin [XX, 144]	(Strukturformel) CH₂–CH₂, N	111,19 —	158 —	Krist.; sll. in W, Al, Ä, Aceton, Chlf, Bzl; Pikrat F: 275...6°
Chloracetal s. Chloracetaldehyd-diäthylacetal				
Chloracetaldehyd [E 2 I, 675]	$CH_2Cl \cdot CHO$	78,50 —	— 85...5,5/748	Fl.; scharfer Geruch; Dampf greift Schleimhäute an; MAK: 1 cm³/m³; Hydrat F: 43...50°
Chloracetaldehyd-diäthylacetal [E 2 I, 676]	$CH_2Cl \cdot CH(OC_2H_5)_2$	152,61 1,026¹⁵	— 157,4	Fl.; l. in Al, Ä, unl. in W
Chloracetamid s. Chloressigsäure-amid				
N-Chloracetamid s. Essigsäure-N-chloramid				
Chloracetanilid s. Chloressigsäure-anilid				
γ-Chlor-acetessigsäure-äthylester [E 2 III, 426]	$CH_2Cl \cdot CO \cdot CH_2 \cdot CO_2C_2H_5$	164,59 1,2292⁰	~ − 8 ~205 Z	n_D^{17} 1,4545. Fl.; Kp: 102°/12; swl. in W, ∞ mit den meisten org. Lösm.; mit FeCl₃ in Al → tiefrote Färbung
Chloracetol s. 2,2-Dichlor-propan				
Chloraceton [E 2 I, 718]	$CH_3 \cdot CO \cdot CH_2Cl$	92,53 1,170²⁰	— 119,7	Fl.; ll. in Al, Ä, Chlf, l. in W; mit K₂CO₃ → carminrote Färbung; Gaskampfstoff
Chloracetonitril [E 2 II, 194]	$CH_2Cl \cdot CN$	75,50 1,193²⁰	— 123,5...4,5	Fl.; stechender Geruch; l. in Al, Ä
2-Chlor-acetophenon [E 2 VII, 218]	$C_6H_4Cl \cdot CO \cdot CH_3$	154,60 1,2016¹⁶,⁶	— 113/18	$n_\alpha^{16,6}$ 1,5445, $n_\beta^{16,6}$ 1,5631. Fl.; swl. in W; Semicarbazon F: 159...60°
4-Chlor-acetophenon [E 2 VII, 219]	$C_6H_4Cl \cdot CO \cdot CH_3$	154,60 1,188²⁰	20...1 232	Krist.; unl. in W, ∞ Al, Ä, Semicarbazon F: 200...1°

Name und Literatur	Formel	Mol.-Gew. Dichte	F in °C Kp. in °C	Charakteristik
ω-Chloracetophenon s. Phenacylchlorid				
Chloracetylchlorid s. Chloressigsäurechlorid				
2-Chloracrylsäure [E 3 II, 1246]	$CH_2 : CCl(CO_2H)$	106,51 —	64…5 subl.	Methylester Kp: 25…8°/$_{23}$; D^{19}: 1,213; n_D^{19} 1,4452; Chlorid Kp: 104…5°; n_D^{20} 1,4689; Nitril Kp: 87…9°; D^{20}: 1,08
3-Chloracrylsäure-(*cis*) [E 3 II, 1243]	$H_2C{:}C(Cl)(H)\cdots CO_2H$ (cis)	106,51 —	63…4 105/$_{17,5}$	Krist.
3-Chloracrylsäure-(*trans*) [E 3 II, 1243]	$H_2C{:}C(Cl)(H)\cdots CO_2H$ (trans)	106,51 —	85,5 94/$_{18}$	Chlorid Kp: 115°; Amid F: 143,5…5°; Nitril F: 45…6°; Kp: 120…2°
Chloräpfelsäure [E 1 III, 154]	$HO_2C \cdot CHOH \cdot CHCl \cdot CO_2H$	168,53 —	146 —	Hygr. Krist. (Ä + Chlf); unl. in PÄ, Chlf, Bzl, ll. in W, Al, Ä
2-Chlor-äthanol [E 2 I, 333]	$CH_2Cl \cdot CH_2OH$	80,51 1,2022^{20}	E − 67,5 127,9…8,1	n_α^{15} 1,44148, n_D^{15} 1,44380, n_β^{15} 1,44946. Fl.; ∞ W, l. in Al, Ä; techn. Lösm.; MAK: 5 cm³/m³, H
Chloräthyl s. Äthylchlorid				
β-Chloräthyläther s. β-Chlor-diäthyläther				
Chloräthylen s. Vinylchlorid				
β-Chlor-äthyl-mercaptan [E 2 I, 347]	$HS \cdot CH_2 \cdot CH_2Cl$	96,58 1,193^{21}	— 125…6	n_D^{15} 1,514. Fl.; Kp: 43°/$_{13}$; nur wfrei dest.
β-Chloräthyl-methylsulfid [Org. Syntheses II, 136]	$H_3CS \cdot CH_2 \cdot CH_2Cl$	110,61 —	— 55…6/$_{30}$	Fl.; auf der Haut bläschenbildend

Chloral [E 2 I, 677]	$CCl_3 \cdot CHO$	147,39 $1,5059^{21,4}$	E − 57,5 97,75	$n_\alpha^{21,4}$ 1,4499, $n_{He}^{21,4}$ 1,4541, $n_\beta^{21,4}$ 1,4596. Fl.; mit W → Hydrat; mit Al → Alkoholat; riecht süßlich und stechend
Chloral-alkoholat [E 2 I, 681]	$CCl_3 \cdot CH(OH) \cdot OC_2H_5$	193,46 $1,3286^{66}$	45...6,5 116,8 g. Z	Nadeln; l. in W, Al
Chloral-diäthylacetal [E 3 I, 2670]	$CCl_3 \cdot CH(OC_2H_5)_2$	221,51 1,288	— 84...5/10	n_D^{25} 1,4586; swl. in W, ∞ Al, Ä
Chloral-hydrat [E 2 I, 680]	$CCl_3 \cdot CH(OH)_2$	165,40 $1,6193^{50}$	51,6...1,7 96,3	Krist.; 240 W 0°; 400 W 11,3°; 1350 W 38,1°; ll. in Al; Schlafmittel
Chlorameisensäure=äthylester [E 2 III, 10]	$ClCO_2C_2H_5$	108,53 $1,1418^{15,1}$	E − 80,6 95	$n_\alpha^{15,1}$ 1,3963, $n_{He}^{15,1}$ 1,3986, $n_\beta^{15,1}$ 1,4038. Fl.; l. in Al, Ä, Bzl; erstickender Geruch; zers. > 250°

Chlorameisensäure-benzylester s. Carbobenzoxychlorid

Chlorameisensäure-n-butylester [E 3 III, 26]	$ClCO_2C_4H_9$	136,58 $1,0513^{20}$	— 138	n_D^{20} 1,4121.
Chlorameisensäure=isoamylester [E 3 III, 27]	$ClCO_2CH_2 \cdot CH_2 \cdot CH(CH_3)_2$	150,61 $1,032^{15}$	— 154,3	n_D^{20} 1,4176
Chlorameisensäure=isobutylester [E 3 III, 26]	$ClCO_2CH_2 \cdot CH(CH_3)_2$	136,58 $1,053^{15}$	— 128,8	$n_\alpha^{17,9}$ 1,4049
Chlorameisensäure=methylester [E 2 III, 9]	$ClCO_2CH_3$	94,50 $1,2240^{16,9}$	— 72...3	$n_\alpha^{16,9}$ 1,3867, $n_{He}^{16,9}$ 1,3888, $n_\beta^{16,9}$ 1,3938. Fl.; giftig; Kampfstoff; durchdringender Geruch; Z. durch sied. W oder Sodalsg. + Br_2 + Seife

Name und Literatur	Formel	Mol.-Gew. Dichte	F in °C Kp. in °C	Charakteristik
Chlorameisensäure-n-propylester [E 3 III, 25]	$ClCO_2C_3H_7$	122,55 $1,0902^{20}$	— 105	n_D^{20} 1,4034
Chloramin T [E 2 XI, 62]	$CH_3 \cdot C_6H_4 \cdot SO_2 \cdot NClNa$	227,65 —	expl. —	Prismen $\cdot 3H_2O$; im Dunkeln haltbar, im Sonnenlicht Z.; expl. bei 175...80°
Chloramino-methyl-benzol s. Chlortoluidin				
2-Chlor-4-amino-phenol [XIII, 510]		143,57 —	153 —	Nadeln (Al, Ä oder W); ll. in Al, Ä; N-Acetylderivat F: 144°
5-Chlor-2-amino-phenol [E 2 XIII, 184]	$H_2N \cdot C_6H_3Cl \cdot OH$	143,57 —	154 —	Nadeln (verd. Al); wl. in Bzl, ll. in h. W, Al, Ä
Chlor-amino-toluol s. Chlortoluidin				
Chloramphenicol [J. Am. Chem. Soc. 71, 2458]		323,13 —	149,7...50,7 —	Hgelbe Nadeln (W oder 1,2-Dichlor-äthan); unl. in Bzl, wl. in W, l. in Me, Al, Ä; $[\alpha]_D^{25}$: −25,5° (Egester)
Chloranil [E 2 VII, 581]		245,88 —	290 * subl.	Gelbe Blättchen; unl. in W, swl. in Ä, CS_2, CCl_4, Chlf, wl. in Al; * im geschl. Rohr
Chloranil-hydrochinon s. Tetrachlor-hydrochinon				
2-Chlor-anilin [E 2 XII, 314]		127,57 $1,2125^{20}$	− 14 208,8	n_α^{20} 1,5829, n_D^{20} 1,5895, $n_\beta^{21,5}$ 1,6052. 2. Form F: − 3,5°
2-Chlor-anilin-N-acetat [E 2 XII, 317]	$C_6H_4Cl \cdot NH \cdot CO \cdot CH_3$	169,61 —	86,7 subl.	Nadeln (verd. Eg); l. in Al, Bzl

3-Chlor-anilin [E 2 XII, 319]	$C_6H_4Cl \cdot NH_2$	127,57 / $1,2150^{21,8}$	$-10,4$ / 230,5	$n_\alpha^{21,8}$ 1,5885, n_D^{20} 1,5931, $n_\beta^{21,8}$ 1,6128. Fl.; Wdampfflch.
3-Chlor-anilin-N-acetat [E 2 XII, 321]	$C_6H_4Cl \cdot NH \cdot CO \cdot CH_3$	169,61 / —	76,6 / —	Nadeln (verd. Eg); swl. in Lg, ll. in Al, Bzl
4-Chlor-anilin [E 2 XII, 322]	$C_6H_4Cl \cdot NH_2$	127,57 / $1,1435^{100}$	70 / 232,3	n_α^{100} 1,5512, n_β^{100} 1,5744. Krist. (Al oder PÄ); ll. in Me, Al, Ä, Aceton
4-Chlor-anilin-N-acetat [E 2 XII, 327]	$C_6H_4Cl \cdot NH \cdot CO \cdot CH_3$	169,61 / $1,385^{22}$	178,4 / —	Krist. (W); swl. in W, ll. in Al, Ä; 2. Form F : 168°
Chloranilsäure [VIII, 379]	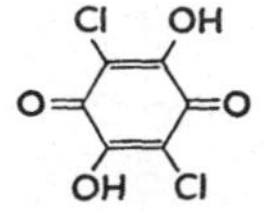 [Strukturformel: Cl, OH, O, OH, Cl]	208,99 / —	283...4 * / —	Rote Blättchen $\cdot 2H_2O$ (W); 0,19 W 14°; 1,4 W 99°; toxische und baktericide Wirkung; * im vorgewärmten Bad
4-Chlor-anisol [E 2 VI, 175]	$C_6H_4Cl \cdot OCH_3$	142,59 / —	$E < -18$ / 198...202	Fl.; anetholart. Geruch; unl. in W, ll. in Al, Ä, Chlf
1-Chlor-anthracen [E 2 V, 574]	$C_{14}H_9Cl$	212,68 / $1,1707^{99,5}$	83,5 / —	$n_\alpha^{99,5}$ 1,6822, $n_D^{99,5}$ 1,6959, $n_\beta^{99,5}$ 1,7382. Blättchen (Eg); ll. in Al, Ä, l. in PÄ, Eg
1-Chlor-anthrachinon [E 2 VII, 714]	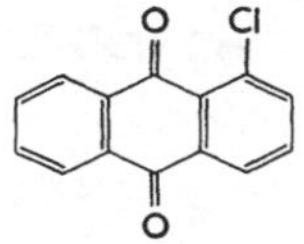 [Strukturformel: 1-Chloranthrachinon]	242,66 / —	161 / subl.	Gelbe Nadeln (Al); zwl. in Al, ll. in Bzl, Eg, Toluol, l. in H_2SO_4 braungelb
2-Chlor-anthrachinon [E 2 VII, 714]	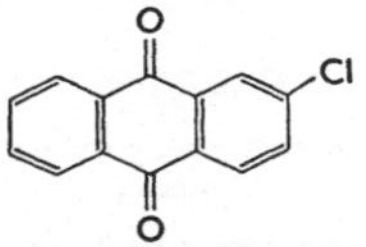 [Strukturformel: 2-Chloranthrachinon]	242,66 / —	212,4 / subl.	Gelbe Nadeln (Eg oder Al); wl. in sied. Al, k. Bzl, ll. in h. Bzl, sied. Eg

Name und Literatur	Formel	Mol.-Gew. Dichte	F in °C Kp. in °C	Charakteristik
2-Chlor-benzaldehyd [E 2 VII, 177]	(Struktur: CHO / Cl am Benzolring)	140,57 $1,2519^{19,7}$	11 213…4	$n_\alpha^{19,7}$ 1,5613, $n_D^{19,7}$ 1,5673, $n_\beta^{19,7}$ 1,5844. Nadeln; wl. in W, ll. in Al, Ä, riecht stechend; Phenylhydrazon F: 86°
3-Chlor-benzaldehyd [E 2 VII, 179]	$C_6H_4Cl \cdot CHO$	140,57 $1,2410^{20,2}$	17…8 213…4	$n_\alpha^{20,2}$ 1,5591, $n_D^{20,2}$ 1,5650, $n_\beta^{20,2}$ 1,5818. Prismen; wl. in W, ll. in Al, Ä; Semicarbazon F: 228°
4-Chlor-benzaldehyd [E 2 VII, 178]	$C_6H_4Cl \cdot CHO$	140,57 $1,1958^{61}$	49 213…4	n_α^{61} 1,5488, n_D^{61} 1,5553, n_β^{61} 1,5734. Platten; wl. in k. W, ll. in Al, Ä, Bzl; Phenylhydrazon F: 132°
6-Chlor-benzanthron [E 2 VII, 471]	(Struktur: Chlor-benzanthron mit C=O und Cl)	264,71 —	188 —	Goldgelbe Nadeln (Nitrobzl.); wl. in Al, Ä, Lg, ll. in Bzl gelb, l. in H_2SO_4 or.rot mit braungrüner Fluoresz.; Bezifferung s. u. Benzanthron; richtig nach Ringindex (Zitat 13, S. 3): 9-Chlor-7 H-benzanthron
2-Chlor-benzoesäure [E 2 IX, 221]	(Struktur: CO_2H / Cl am Benzolring)	156,57 $1,544^{20}$	140,3 subl.	Prismen (W); 4,02 W 100°; wl. in Bzl, ll. in h. W, Al, Ä
2-Chlor-benzoesäure= chlorid [E 2 IX, 223]	$C_6H_4Cl \cdot COCl$	175,02 —	− 4 $110/_{15}$	Fl.
3-Chlor-benzoesäure [E 2 IX, 223]	$C_6H_4Cl \cdot CO_2H$	156,57 $1,496^{25}$	155…6 —	Prismen; l. in Ä, ll. in h. W, Al; Chlorid Kp: $110°/_5$; Amid F: 134,5°
3-Chlor-benzoesäure= chlorid [E 2 IX, 225]	$C_6H_4Cl \cdot COCl$	175,02 —	— $94,5/_{10}$	Fl.
4-Chlor-benzoesäure [E 2 IX, 225]	$C_6H_4Cl \cdot CO_2H$	156,57 $1,541^{24}$	241,5 subl.	Tafeln (Al + Ä); 0,08 W 25°; 31,3 Al 20°; ll. in Al, Ä

Name	Formel			Eigenschaften
4-Chlor-benzoesäure=chlorid [E 2 IX, 227]	$C_6H_4Cl \cdot COCl$	175,02 —	14...15 119...20/22	Fl.
Chlorbenzol [E 2 V, 148]	C_6H_5Cl	112,56 1,1117[15]	E − 45 132	n_α^{15} 1,52242, n_D^{15} 1,52748, n_β^{15} 1,53965. Fl.; angenehmer Geruch; 0,049 W 30°; sll. in Al, Ä, Bzl, Chlf, CS_2; techn. Lösm.; MAK: 75 cm³/m³
4-Chlor-benzolsulfosäure [E 2 XI, 30]	$C_6H_4Cl \cdot SO_3H$	192,62 —	67 147...8*	Krist. ·1 H_2O (W); unl. in Ä, Bzl, l. in W, Al; Chlorid F: 55°; Amid F: 143...4°; * im Vak.
Chlorbenzoylchlorid s. Chlorbenzoesäurechlorid				
4-Chlor-benzylchlorid [E 1 V, 152]	$C_6H_4Cl \cdot CH_2Cl$	161,03 —	29 213...4	Nadeln; unl. in W, wl. in k. Al, ll. in h. Al, sll. in Ä, CS_2, Eg, Bzl; subl.; Dampf reizt heftig zu Tränen
d(+)-Chlorbernstein=säure [E 2 II, 555]	$HO_2C \cdot CH_2 \cdot CHCl \cdot CO_2H$	152,54 —	168...71 —	Krist. (Ä + PÄ); $[\alpha]_D^{15}$: + 20,3° (W, p = 9); ll. in Al, Ä, Aceton; 22,2 W
l(−)-Chlorbernsteinsäure [E 2 II, 555]	$HO_2C \cdot CH_2 \cdot CHCl \cdot CO_2H$	152,54 1,687	178 Z —	Prismen; $[\alpha]_D^{20}$: − 21,6° (W, c = 6); 21,7 W; l. in Al
Chlorbetainylchlorid s. Trimethylaminoessigsäurechlorid-chlorid				
Chlor-brom- s. Brom-chlor-				
2-Chlor-butadien-(1,3) s. Chloropren				
Chlorbutan s. Butylchlorid, Isobutylchlorid				
4-Chlor-butanol-(1) [E 2 I, 398]	$CH_2Cl \cdot CH_2 \cdot CH_2 \cdot CH_2OH$	108,57 1,0883[20]	— 86/15	n_D^{20} 1,4518. Fl.; Phenylurethan F: 54°
α-Chlorbuttersäure [E 1 II, 123]	$CH_3 \cdot CH_2 \cdot CHCl \cdot CO_2H$	122,55 —	— 109,5/24	Dickliche, wasserhelle, stark licht-brechende Fl.; wl. in k. W, ll. in h. W
β-Chlorbuttersäure [E 2 II, 253]	$CH_3 \cdot CHCl \cdot CH_2 \cdot CO_2H$	122,55 1,1861[20,2]	16...6,5 108/16	n_α^{20} 1,4399, n_D^{20} 1,4421, n_β^{20} 1,4483. Krist. (Ä)

Name und Literatur	Formel	Mol.-Gew. / Dichte	F in °C / Kp. in °C	Charakteristik
γ-Chlorbuttersäure-nitril [Org. Syntheses I, 150]	$ClCH_2 \cdot CH_2 \cdot CH_2 \cdot CN$	103,55 / $1,1620^{10}$	— / $93\ldots6/_{26}$	Fl.; unl. in W, l. in Al, Ä
Chlor-t.butyl-benzol s. Neophylchlorid				
3-Chlor-d-campher [E 2 VII, 100]	CH_3 … $H_3C \cdot C \cdot CH_3$ … H … Cl … O	186,68 / —	94 / $244\ldots7$ g. Z	Tafeln (Al oder Ä); wl. in h. W, sll. in h. Al, Ä, Chlf, Bzl; Wdampfflch.; $[\alpha]_D^{20}: +73{,}80°$ (Bzl)
2-Chlor-chinolin [E 2 XX, 233]	$NC_9H_6 \cdot Cl$	163,61 / $1{,}2174^{56,3}$	$37\ldots8$ / $266\ldots7$	$n_\alpha^{56,3}$ 1,6125, $n_\beta^{56,3}$ 1,6426. Nadeln (verd. Al); swl. in W, ll. in Al, Ä, Bzl; Wdampfflch.
Chlor-p-chinon [Org. Syntheses 35, 22]	Cl … O … O	142,54 / —	$55\ldots6$ / —	Gelbe Krist. (verd. Al); ll. in Ä; Wdampfflch.
α-Chlor-crotonsäure [E 2 II, 395]	$H_3C \cdot C \cdot H$ $Cl \cdot C \cdot CO_2H$	120,54 / —	$98{,}5\ldots99$ / 212	Nadeln (PÄ); 2,1 W 19°, ll. in Al, Ä; subl. leicht ;Wdampfflch.
α-Chlor-crotonsäure= äthylester [E 2 II, 395]	$CH_3 \cdot CH : CCl \cdot CO_2C_2H_5$	148,59 / $1{,}1073^{14,3}$	— / 176	$n_\alpha^{14,3}$ 1,4525, $n_{He}^{14,3}$ 1,4558, $n_\beta^{14,3}$ 1,4558. Fl.; Kp: $72°/_{14}$
β-Chlor-crotonsäure [E 2 II, 396]	$H_3C \cdot C \cdot Cl$ $H \cdot C \cdot CO_2H$	120,54 / —	93,6 / $206\ldots11$ g. Z	Krist. (CS_2); 3,08 W 19°; 2,27 W 12,5°; ll. in Al, Ä; subl. leicht; nur langsam Wdampfflch.
β-Chlor-crotonsäure= äthylester [E 2 II, 396]	$CH_3 \cdot CCl : CH \cdot CO_2C_2H_5$	148,59 / $1{,}1018^{19,2}$	— / 184	$n_\alpha^{19,2}$ 1,4564, $n_{He}^{19,2}$ 1,4599, $n_\beta^{19,2}$ 1,4684. Fl.; aromatischer Geruch; Kp: $75{,}3°/_{14}$; l. in Al

Name	Formel	Mol.-Gew. / d	F / Kp	Eigenschaften
Chlorcyan [E 2 III, 31]	ClC∶N oder C∶NCl	61,47 1,2045[8]	$-7…-6$ $12,2…2,5$	$n_\alpha^{6,7}$ 1,3668, $n_\beta^{6,7}$ 1,3734, $n_\gamma^{6,7}$ 1,3773. Gas; 2500 cm³ W 25°; 5000 cm³ Ä 25°; 10000 cm³ Al 25°; Kampfstoff; heftiger, zu Tränen reizender Geruch; sehr giftig
2-Chlor-cyclohexanol [Org. Syntheses I, 151]		134,61 —	— $88…90/_{20}$	Fl.
2-Chlor-cyclohexanon [Org. Syntheses III, 188]		132,59 —	23 $90…1/_{14…15}$	Krist.
trans-2-Chlor-cyclo-pentanol [Org. Syntheses 30, 24]		120,58 —	— $81…2/_{15}$	n_D^{25} 1,4770. Fl.
3-Chlor-cyclopenten-(1) [Org. Syntheses 32, 41]		102,56 —	— $18…25/_5$	n_D^{26} 1,4708; fbl. Fl.
Chlorcyclopropan s. Cyclopropylchlorid				
Chlordan [J. Econ. Entomol. **38**, 661, s. a. Houben-Weyl 5/3, 983 (1962)]		409,78 1,61[25]	$105,5…6,5$ $175/_2$	n_D^{25} 1,565. F Isomerer: 165…90°; viskose gelbbräunliche Fl.; unl. in W, mischbar mit aliphatischen und aromatischen KW; Insekticid; α-Form F: 105,5°; β-Form F: 102°; γ-Form F: 141°; MAK: 2 cm³ Dampf/m³
techn. Chlordekalin (cis u. trans) [E 2 V, 59]		172,70 $1,0588^{21,5}$	— Z *	$n_D^{21,5}$ 1,5121. Fl.; Kp: 121…2°/$_{18}$; charakteristischer Geruch; Dampf reizt Augenschleimhäute und Atmungsorgane; * Z. unter HCl-Entwicklung

Name und Literatur	Formel	Mol.-Gew. Dichte	F in °C Kp. in °C	Charakteristik
α-Chlor-diäthyläther [E 2 I, 674]	$CH_3\cdot CHCl\cdot O\cdot C_2H_5$	108,57 —	— 92...5	Fl.; Z. durch W; unbeständig
β-Chlor-diäthyläther [I, 337]	$CH_2Cl\cdot CH_2\cdot O\cdot C_2H_5$	108,57 $1,0572^0$	— 107...8	Fl.
Chlor-dibrom-fluor-methan [J. Chem. Soc. 1952, 4265]	CBr_2ClF	226,28 —	— 79,5...80,5	Fl.
1-Chlor-1,1-difluor-äthan [Mellan, 375]	$CH_3\cdot CClF_2$	100,50 $1,194^{-9,2}$	−130,8 −9,2	Fbl. Gas; wl. in W
Chlor-difluor-jod-methan [J. Chem. Soc. 1952, 4266]	CF_2ClJ	212,37 —	— 33	Fl.
Chlor-difluor-methan [Mellan, 371]	$CHClF_2$	86,47 —	E −160 −40,8	Gas; ätherischer Geruch
Chlordimethyläther [E 2 I, 645]	$CH_3\cdot O\cdot CH_2Cl$	80,51 $1,0703^{20}$	E −103,5 59,15	n_α^{20} 1,39524, n_D^{20} 1,39737, n_β^{20} 1,40258. Fl.; mit W → HCHO
4-Chlor-2,5-dimethyl-anilin [XII, 1139]	H₃C, NH₂, Cl, CH₃ (benzene ring)	155,63 —	92...3 —	Blättchen (W); sll. in Al, Ä, Bzl
5-Chlor-2,4-dimethyl-anilin [E 1 XII, 486]	$(CH_3)_2C_6H_2Cl\cdot NH_2$	155,63 —	99 —	Blättchen (Lg); wl. in k. W, l. in Lg, ll. in Al, Ä, Aceton, Eg, Bzl; Wdampf-flch.
2-Chlor-1,3-dinitro-benzol [E 1 V, 137]	NO₂, Cl, NO₂ (benzene ring)	202,55 —	88 —	Gelbe Nadeln (Al); unl. in W, l. in Al, Ä; reizt Epidermis und Nasen-schleimhaut

2-Chlor-1,4-dinitro-benzol [E 2 V, 197]	$C_6H_3Cl(NO_2)_2$	202,55 —	64 —	Nadeln oder Prismen (Al); hgelbe Krist. (Lg); unl. in W
3-Chlor-1,2-dinitro-benzol [E 2 V, 196]	$C_6H_3Cl(NO_2)_2$	202,55 —	78 —	Krist. (Ä); l. in Al, Ä
4-Chlor-1,2-dinitro-benzol [E 2 V, 196]	$C_6H_3Cl(NO_2)_2$	202,55 —	36 * —	Säulen (Ä); ll. in Ä, h. Al, wl. in k. Al, unl. in W; Wdampfflch.; * α-Form; β-Form F: 37,1°; γ-Form F: 40,5°; eine weitere Form F: 28°
4-Chlor-1,3-dinitro-benzol [E 2 V, 196]	$C_6H_3Cl(NO_2)_2$	202,55 $1{,}4717^{99,4}$	E 50,08 315 g. Z	$n_\alpha^{99,4}$ 1,5582, $n_\beta^{99,4}$ 1,5859. Krist. (Ä); 0,0008 W 15°; 0,16 W 100°; wl. in k. Al, ll. in h. Al, Ä, Bzl, CS_2; labile β-Form F: 43°; labile γ-Form F: 27°
5-Chlor-1,3-dinitro-benzol [V, 264]	$C_6H_3Cl(NO_2)_2$	202,55 —	59 * —	Nadeln (Al); ll. in Al, Ä, unl. in W; Wdampfflch. * andere Angabe F: 53°
Chloressigsäure [E 2 II, 187]	$CH_2Cl \cdot CO_2H$	94,50 $1{,}58_{20}^{20}$	62,53 189,35	n_D^{65} 1,4297; Krist.; Kp: 85...6°/₁₁; ll. in W; hautätzend; β-Modifikation F: 56°; γ-Modifikation F: 52,5°; Methyl=ester F: −32°, Kp: 130°; p-Phenyl-phenacylester F: 166°
Chloressigsäure-äthylester [E 2 II, 191]	$CH_2Cl \cdot CO_2C_2H_5$	122,55 $1{,}1520^{20}$	— 143,6	n_α^{20} 1,41943, n_D^{20} 1,42162, n_β^{20} 1,42684. Fl.; giftig; l. in org. Lösm.
Chloressigsäure-amid [E 2 II, 193]	$CH_2Cl \cdot CONH_2$	93,51 —	116 224...5/₇₄₃ Z	Prismen; 10 W 24°; 9,5 abs. Al 24°; swl. in Ä
Chloressigsäure-n-butyl=ester [E 3 II, 443]	$CH_2Cl \cdot CO_2C_4H_9$	150,61 $1{,}0704^{20}$	— 179,5	n_D^{20} 1,4297. Azeotrope mit W, Butanol u. a.
Chloressigsäure-tert.-butylester [Org. Syntheses 34, 28]	$CH_2Cl \cdot CO_2C(CH_3)_3$	150,61 —	— 56/₁₆	n_D^{25} 1,4204...1,4210; fbl. Fl.

Name und Literatur	Formel	Mol.-Gew. Dichte	F in °C Kp. in °C	Charakteristik
Chloressigsäurechlorid [E 2 II, 193]	$CH_2Cl \cdot COCl$	112,94 1,4177[20]	— 108…10	n_D^{20} 1,4535. Fl.; Z. durch W; mit Al → $CH_2Cl \cdot CO_2C_2H_5$
Chloressigsäure-methyl= ester [E 2 II, 191]	$CH_2Cl \cdot CO_2CH_3$	108,53 1,2358[20]	E − 32,65 130	n_α^{20} 1,41990, n_D^{20} 1,42207, n_β^{20} 1,42729. Fl.; tert. Azeotrop mit W und Me Kp: 67,85°; Insekticid
Chloressigsäure-nitril s. Chloracetonitril				
Chloressigsäure-vinylester [Org. Syntheses III, 853]	$CH_2Cl \cdot CO_2CH : CH_2$	120,54 —	— 37…8/$_{16}$	n_D^{25} 1,4422. Fl.
Chloreton [E 2 I, 415]	$(CH_3)_2C(OH) \cdot CCl_3$	177,46 —	97 166,4	Krist.; campherart. Geruch; 0,8 W; l. in h. W, ll. in Al, Ä; Wdampfflch.; sehr leicht subl.
Chlorex s. β,β'-Dichlordiäthyläther				
1-Chlor-2-fluor-benzol [E 2 V, 153]	(1-Chlor-2-fluor-benzol Strukturformel)	130,55 —	− 42,5 138…40	Fl.
1-Chlor-3-fluor-benzol [Ber. **69**, 2255[	C_6H_4ClF	130,55 —	— 125…6	Fbl., leicht bewegliche Fl.; KW-ähnlicher Geruch
1-Chlor-4-fluor-benzol [E 2 V, 153]	C_6H_4ClF	130,55 1,226[15]	E − 27,7 130…1	n_D^{11} 1,4989
9-Chlor-fluoren [E 2 V, 533]	(9-Chlor-fluoren Strukturformel)	200,67 —	91,5 —	Nadeln (wss. Al); sll. in h. Al, l. in Ä; Z. durch sied. W
Chlor-fluor-essigsäure-äthylester [Org. Syntheses **34**, 49*]	$HCClF \cdot CO_2C_2H_5$	140,54 1,225$_4^{25}$	— 129…30	n_D^{25} 1,3925; wasserklares Öl; 10% NaOH → freie Säure, Kp: 162°, D_4^{25}: 1,532, n_D^{25} 1,4085; *s. a. E 3 II, 453

Name [Lit.]	Formel	Mol.-Gew. / n_D	F / Kp	Eigenschaften
Chlor-fluor-jod-methan [J. Chem. Soc. **1952**, 4262]	$CHFClJ$	194,37 / —	— / 76	Lichtempfindliche Fl.
Chlor-fluor-methan [E 3 I, 41]	CH_2FCl	68,48 / —	— / — 9,1	Gas; wird von W langsam zers.; giftig für Meerschweinchen
Chlorfumarsäure [E 2 II, 640]	$HC \cdot CO_2H$ / $HO_2C \cdot CCl$	150,52 / $1,532^{18,5}$	193 subl. / —	Tafeln (Eg); ll. in W, Al, Ä, wl. in Bzl, Lg; Nachw. als p-Nitrobenzylester F: 138,5°
Chlorfumarsäure-diäthylester [E 2 II, 640]	$HC \cdot CO_2C_2H_5$ / $H_5C_2O_2C \cdot CCl$	206,63 / $1,1822^{16,3}$	— / 119/12	$n_\alpha^{16,3}$ 1,4564, $n_{He}^{16,3}$ 1,4598, $n_\beta^{16,3}$ 1,4680. Fl.; Dampf greift Augen stark an
2-Chlor-furan [Dunlop, 86]	(Furanring: O, Cl)	102,52 / $1,189^{25}$	— / 77,2...7,5/744	Fl.
5-Chlor-furan-carbon= säure-(2) [Dunlop, 115]	(Furanring: Cl, O, CO₂H)	146,53 / —	179...80 / —	Krist.; Methylester F: 40...2°
5-Chlor-furfurol [Dunlop, 104]	(Furanring: Cl, O, CHO)	130,53 / —	36 / 70/10	Krist.; Oxim F: 84°
Chlorhämin s. Hämin				
ω-Chlor-hexanol s. Hexamethylen-chlorhydrin				
Chlorhydrin s. β-Chlor-äthanol				
4-Chlor-2-hydroxy-benzaldehyd [E 2 VIII, 44]	(Benzolring: CHO, OH, Cl)	156,57 / —	52,5 / —	Nadeln (Al); nußart. Geruch; ll. in org. Lösm.
α-Chlor-isocrotonsäure [E 2 II, 396]	$H \cdot C \cdot CH_3$ / $Cl \cdot C \cdot CO_2H$	120,54 / —	66...7 / —	Nadeln (W); 6,54 W 19°; wl. in k. Lg, ll. in h. Lg; leicht Wdampffich.; mit $C_5H_5N \cdot HCl$ in Py → α-Chlor-croton= säure

Name und Literatur	Formel	Mol.-Gew. Dichte	F in °C Kp. in °C	Charakteristik
β-Chlor-isocrotonsäure [E 2 II, 396]	$Cl \cdot C \cdot CH_3$ $\ddot{}$ $H \cdot C \cdot CO_2H$	120,54 $1,1969^{69,2}$	60,5 194,8	n_α^{66} 1,46625, n_D^{66} 1,470, n_β^{66} 1,48156. Prismen (W); 1,91 W 19°; 1,27 W 7°; subl. leicht; leicht Wdampfflch.
β-Chlor-isocrotonsäure-äthylester [E 2 II, 397]	$CH_3 \cdot CCl : CH \cdot CO_2C_2H_5$	148,59 $1,0920^{14,4}$	— 159...61	$n_\alpha^{14,4}$ 1,4532, $n_{He}^{14,4}$ 1,4568, $n_\beta^{14,4}$ 1,4656. Öl; Kp: 54°/₁₄; l. in Al
ω-Chlor-ω-isonitroso-acetophenon [Org. Syntheses III, 191]	$C_6H_5 \cdot CO \cdot C(NOH) \cdot Cl$	167,60 —	132...3 —	Krist. (Bzl + CCl_4); wl. in Lg
Chlorisopropylalkohol s. 1-Chlor-propanol-(2)				
2-Chlor-1-jod-äthan [E 2 I, 68]	$CH_2Cl \cdot CH_2J$	190,41 —	— 15,6 140,1	Fl.
cis-1-Chlor-2-jod-äthylen [E 2 I, 164]	$CHCl : CHJ$	188,40 $2,2080^{15}$	E — 36,4 116...7	n_α^{15} 1,5768, n_D^{15} 1,5829, n_β^{15} 1,5981. Fl.
trans-1-Chlor-2-jod-äthylen [E 2 I, 165]	$CHCl : CHJ$	188,40 2,1048	E — 41,0 113...4	n_α^{15} 1,5656, n_D^{15} 1,5715, n_β^{15} 1,5860. Fl.
Chlorkohlensäure- s. Chlorameisensäure-				
Chlorkohlensäure-benzylester s. Carbobenzoxychlorid				
4-Chlor-m-kresol [E 2 VI, 355]	(Strukturformel: Cl, H_3C, OH am Benzolring)	142,59 —	66 238	Krist. (Lg); geruchlos; Desinfektions-mittel
2-Chlor-lepidin s. 2-Chlor-4-methyl-chinolin				
p-Chlormandelsäure [Org. Syntheses 35, 14]	(Strukturformel: Cl—Benzolring—$CH \cdot CO_2H$ mit OH)	186,60 —	119...20 —	Krist. (Bzl)

Verbindung	Formel	Mol.-Gew. / Dichte	F / Kp	Eigenschaften
Chlormethansulfosäure [E 2 I, 647]	$CH_2Cl \cdot SO_3H$	130,55 —	— —	Sirup; stark sauer; $CH_2ClSO_3Na \cdot H_2O$ Blättchen (Al), F: 258...9°; sehr hygr.; ll. in W, l. in Al
Chlormethyl-äthyl-äther [E 2 I, 645]	$C_2H_5 \cdot O \cdot CH_2Cl$	94,54 $1,0263^{20}$	— $83/_{763}$ Z	n_α^{20} 1,40184, n_D^{20} 1,40398, n_β^{20} 1,40921. Fl.; mit W → HCHO
Chlor-methyl-anilin s. Chlortoluidin				
2-Chlor-4-methyl-chinolin [Org. Syntheses III, 194]	CH_3 ... N, Cl (Chinolin-Struktur)	177,63 —	58...9 296	Krist. (PÄ); swl. in W, ll. in Al, Ä, Chlf; Wdampfflch.
Chlormethyl-methyl-äther s. Chlor-dimethyläther				
1-Chlormethyl-naphthalin [Org. Syntheses III, 195]	CH_2Cl (Naphthalin-Struktur)	176,65 —	— $128...33/_5$	Fl.
N-Chlormethyl-phthal= imid [Nature 193, 974]	CO–$N \cdot CH_2Cl$–CO (Phthalimid-Struktur)	195,61 —	132 —	Krist. (Toluol); empfindlich gegen W; Verw. zum Schutz der Carboxyl= gruppe, Spaltung mit HBr-Eg
2-Chlormethyl-thiophen [Org. Syntheses III, 197]	S, CH_2Cl (Thiophen-Struktur)	132,61 —	— $73...5/_{17}$	Fbl. Öl; Dampf greift Augen an
1-Chlor-naphthalin [E 2 V, 444]	$C_{10}H_7Cl$	162,62 $1,1906^{21,6}$	ca — 17 262,7	$n_\alpha^{21,6}$ 1,6237, $n_D^{21,6}$ 1,6318, $n_\beta^{21,6}$ 1,6546. Fl.; unl. in W, l. in Al, Ä
2-Chlor-naphthalin [E 2 V, 445]	$C_{10}H_7Cl$	162,62 $1,1377^{70,7}$	56 $264...6/_{751}$	$n_\alpha^{70,7}$ 1,6002, $n_D^{70,7}$ 1,6079, $n_\beta^{70,7}$ 1,6297. Blätter (Al); Kp: 121...2°/$_{12}$; ll. in Al, Ä, Chlf, CS_2, Bzl, unl. in W
2-Chlor-naphthol-(1) [E 2 VI, 581]	OH, Cl (Naphthol-Struktur)	178,62 —	64...5 —	Krist. (PÄ); Nadeln (Lg); sll. in Al, Ä, Bzl

Name und Literatur	Formel	Mol.-Gew. Dichte	F in °C Kp. in °C	Charakteristik
4-Chlor-naphthol-(1) [E 2 VI, 582]	$C_{10}H_6Cl \cdot OH$	178,62 —	120 subl.	Nadeln (Chlf); sll. in den meisten org. Lösm.; Pikrat or.gelbe Nadeln F: 171°
1-Chlor-naphthol-(2) [E 2 VI, 603]		178,62 —	70…1 —	Schuppen (W); Nadeln (Lg); Prismen (Chlf); ll. in Al, Bzl, Eg, Chlf, sied. Lg; Wdampfflch.
8-Chlor-naphthol-(2) [E 2 VI, 604]	$C_{10}H_6Cl \cdot OH$	178,62 —	101 307…8	Krist. (verd. Al); Kp: 200…5°/$_9$; sll. in Al, Ä, Chlf, Bzl, Eg, wl. in PÄ, l. in h. W
4-Chlor-naphthyl= amin-(1) [E 2 XII, 701]		177,63 —	97 —	Nadeln; wl. in Bzl, ll. in Al, Ä; Acetylderivat F: 186,5°
5-Chlor-naphthyl- amin-(1) [E 2 XII, 701]	$C_{10}H_6Cl \cdot NH_2$	177,63 —	85 —	Nadeln (verd. Al); ll. in Lg; Acetyl= derivat F: 128°
2-Chlor-1-nitro-äthan [I, 101]	$ClCH_2 \cdot CH_2 \cdot NO_2$	109,51 1,405^7	— 105/$_{72}$	Fl.; unl. in W, riecht scharf
2-Chlor-2-nitro-äthanol [E 2 I, 339]	$O_2N \cdot CHCl \cdot CH_2OH$	125,51 —	— 103/$_{15}$	Fl.; l. in W; W- und Al-dampfflch.; $Na_2C_2H_2O_3NCl \cdot H_2O$ Krist. (Al)
4-Chlor-2-nitro-anilin [XII, 729]		172,57 —	116,7 —	Or.gelbe Nadeln (W oder Lg); wl. in Lg, sll. in Al, Ä, Eg

Name	Formel	Mol.-Gew. Dichte	F Kp	Eigenschaften
2-Chlor-4-nitro-anilin [E 1 XII, 357]	$O_2N \cdot C_6H_3Cl \cdot NH_2$	172,57 —	108 —	Gelbe Nadeln (Lg + CS$_2$); unl. in Lg, wl. in k. W, verd. Eg, ll. in Al, Ä, CS$_2$
4-Chlor-3-nitro-anilin [E 1 XII, 357]	$O_2N \cdot C_6H_3Cl \cdot NH_2$	172,57 —	103 —	Gelbe Nadeln (PÄ); wl. in k. PÄ, l. in h. W, ll. in Al, Ä, Chlf
5-Chlor-2-nitro-anilin [XII, 730]	$O_2N \cdot C_6H_3Cl \cdot NH_2$	172,57 —	124…5 —	Gelbe Blättchen (Al oder Bzl); wl. in Lg, CS$_2$, ll. in verd. Eg, sll. in Al, Ä
6-Chlor-3-nitro-anilin [E 1 XII, 357]	$O_2N \cdot C_6H_3Cl \cdot NH_2$	172,57 —	121 —	Gelbe Nadeln (Lg); wl. in Lg, CS$_2$, sll. in Al, Ä, Aceton, Eg
2-Chlor-1-nitro-benzol [E 2 V, 180]	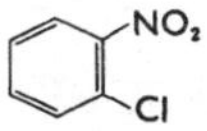 C$_6$H$_4$(NO$_2$)Cl	157,56 1,2945^{90,5}	33 244,5	$n_\alpha^{90,5}$ 1,5220, $n_\beta^{90,5}$ 1,5452. Nadeln; unl. in W, l. in Al, Bzl; giftig
3-Chlor-1-nitro-benzol [E 2 V, 182]	$C_6H_4Cl \cdot NO_2$	157,56 1,343^{50}	46 235,6	$n_\alpha^{90,5}$ 1,5271, $n_\beta^{90,5}$ 1,5510. Schwach gelbliche Prismen (Al); ll. in Chlf, CS$_2$, Ä, Eg, h. Al, wl. in k. Al; unl. in W; subl.; instabile Form F: 23,9…4,1°
4-Chlor-1-nitro-benzol [E 2 V, 183]	$C_6H_4Cl \cdot NO_2$	157,56 1,2998^{85}	83 239,1	$n_\alpha^{90,5}$ 1,5382, $n_\beta^{90,5}$ 1,5655. Krist.; 0,0028 W 17°; 0,0153 W 100°; 52,6 Ä 30°; 5,5 Al 17°; sll. in h. Bzl, Aceton, ll. in Bzl, Aceton, Chlf, l. in Me, abs. Al; giftig
8-Chlor-1-nitro-naphthalin [E 2 V, 452]	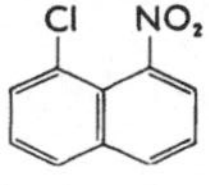 C$_{10}$H$_6$(Cl)(NO$_2$)	207,62 —	94 —	Nadeln (Eg oder Bzl)
2-Chlor-3-nitro-phenol [VI, 239]	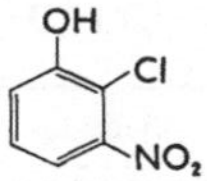 C$_6$H$_3$(OH)(Cl)(NO$_2$)	173,56 —	120 —	Gelbliche Nadeln (W)

Name und Literatur	Formel	Mol.-Gew. Dichte	F in °C Kp. in °C	Charakteristik
2-Chlor-4-nitro-phenol [E 2 VI, 228]	$O_2N \cdot C_6H_3Cl \cdot OH$	173,56 —	110 —	Nadeln (W); sll. in Al, Ä, wl. in W; wenig Wdampfflch.
2-Chlor-5-nitro-phenol [VI, 240]	$O_2N \cdot C_6H_3Cl \cdot OH$	173,56 —	118...9 —	Krist. (W)
2-Chlor-6-nitro-phenol [E 2 VI, 228]	$O_2N \cdot C_6H_3Cl \cdot OH$	173,56 —	70...1 —	Gelbliche Nadeln (W); ll. in Chlf; sehr Wdampfflch.; Geruch ähnlich Safran
3-Chlor-2-nitro-phenol [E 2 VI, 226]	$O_2N \cdot C_6H_3Cl \cdot OH$	173,56 —	37,5...38 * —	* Nadeln ·1 H_2O (PÄ + W); l. in PÄ mit gelber Farbe
3-Chlor-4-nitro-phenol [E 2 VI, 229]	$O_2N \cdot C_6H_3Cl \cdot OH$	173,56 —	120...1 —	Gelbliche Nadeln (W, verd. HCl oder Bzl); ll. in Al, Me, wl. in Bzl
3-Chlor-5-nitro-phenol [VI, 239]	$O_2N \cdot C_6H_3Cl \cdot OH$	173,56 —	147 —	subl.
4-Chlor-2-nitro-phenol [E 2 VI, 226]	$O_2N \cdot C_6H_3Cl \cdot OH$	173,56 —	87...8 —	Gelbe Krist.; ll. in Ä, Chlf, l. in Al, swl. in W; Wdampfflch.
4-Chlor-3-nitro-phenol [VI, 239]	$O_2N \cdot C_6H_3Cl \cdot OH$	173,56 —	126...7 —	Krist. (W)
5-Chlor-2-nitro-phenol [E 2 VI, 227]	$O_2N \cdot C_6H_3Cl \cdot OH$	173,56 —	39...41 —	Krist. (W); subl.; ll. in Al, Ä, Eg; Ag-Salz swl. in W
2-Chlor-1-nitroso-benzol [E 2 V, 171]	(Strukturformel: Benzolring mit NO und Cl)	141,56 —	56...7 —	Nadeln (Al); ll. in Al, Ä, Chlf, Bzl, h. PÄ; Wdampfflch.
3-Chlor-1-nitroso-benzol [E 2 V, 171]	$C_6H_4Cl \cdot NO$	141,56 —	72 —	Nadeln (Bzl); ll. mit grüner Farbe in Al, Ä, Chlf, Aceton, Bzl
4-Chlor-1-nitroso-benzol [E 2 V, 171]	$C_6H_4Cl \cdot NO$	141,56 —	92...3 —	Krist. (Al); l. in Al, Eg

1-Chlor-1-nitroso-propan [E 2 I, 79]	$CH_3 \cdot CH_2 \cdot CHCl \cdot NO$	107,54 —	56...7 —	Krist.; riecht stechend, reizt die Augen zu Tränen; blaue Fl. beim Schmelzen; zers. 83°
Chloroform [E 2 I, 15]	$CHCl_3$	119,38 $1,4817^{20}$	$-63,5$ $60,7/_{744}$	n_α^{15} 1,4459, n_D^{15} 1,4486, n_β^{15} 1,4549. Fl.; 0,82 W 20°; sll. in Al, Ä; riecht nach Ä; nicht brennbar; Narkotikum; techn. Lösm.; MAK: 50 cm³/m³
Chloromycetin s. Tetracyclin-7-chlor-				
Chlorophyll a [Fischer, H., u. H. Orth: Die Chemie des Pyrrols, Bd. I...III, Leipzig 1934... 1940]	$R_1 = CH_3,$ $R_2 = (CH_2)_2 \cdot CO_2 \cdot C_{20}H_{39}$	893,52 —	117...20 —	Grüne Blättchen; ll. in Ä, Chlf, Py, l. in Me, Al, Aceton, unl. in PÄ; $[\alpha]_D^{20}$: $-262°$ (Aceton)
Chlorophyll b [Fischer u. Orth: s. Chlorophyll a]	Formel wie Chlorophyll a mit $R_1 = CHO$	907,51 —	120...30 —	Löslichkeiten wie a; $[\alpha]_D^{20}$: $-267°$ (Aceton-Me)
Chloropren [J. Am. Chem. Soc. **53**, 4203]	$CH_2 : CCl \cdot CH : CH_2$	88,54 $0,9583^{20}_{20}$	— 59,4	n_D^{20} 1,4583. Fl.; mischbar mit den meisten org. Lösm.; polym.; MAK: 25 cm³/m³
Chlorpentan s. a. Amylchlorid, Isoamylchlorid				
2-Chlor-pentan opt. inakt. [E 2 I, 95]	$CH_3 \cdot CH_2 \cdot CH_2 \cdot CHCl \cdot CH_3$	106,60 $0,8704^{20}$	— 96	n_D^{20} 1,4084. Fl.; angenehmer Geruch; rechtsdrehende Form: $[\alpha]_D^{20}$: $+6,8°$ (Ä, c = 14)

Name und Literatur	Formel	Mol.-Gew. Dichte	F in °C Kp. in °C	Charakteristik
3-Chlor-pentan [E 2 I, 95]	$CH_3 \cdot CH_2 \cdot CHCl \cdot CH_2 \cdot CH_3$	106,60 0,8967[14,5]	— 104...5/[753]	$n_D^{14,5}$ 1,4163. Fl.
5-Chlor-pentanon-(2) [Org. Syntheses 31, 74]	$CH_3 \cdot CO \cdot CH_2 \cdot CH_2 \cdot CH_2Cl$	120,58 —	— 70...2/[20]	n_D^{25} 1,4371. Fl.
2-Chlor-phenol [E 2 VI, 170]	(2-Chlorphenol, Benzolring mit OH und Cl)	128,56 1,218[58]	E 8,7 171...2/[741]	n_D^{40} 1,5473. Fl.; unangenehmer jodoformähnlicher Geruch; 2,8 W 20°; l. in Al, Ä, Bzl; bactericide Wirkung
3-Chlor-phenol [E 2 VI, 172]	$C_6H_4Cl \cdot OH$	128,56 1,249[45]	31 214	n_D^{40} 1,5565. Nadeln; phenolart. Geruch; 2,6 W 20°; l. in Al, Ä; bactericide Wirkung
4-Chlor-phenol [E 2 VI, 174]	$C_6H_4Cl \cdot OH$	128,56 1,247[58]	43 219,75	n_D^{40} 1,5579. Nadeln; phenolart. Geruch; 2,7 W 20°; ll. in Al, Ä; bactericide Wirkung
2-Chlor-phenylen= diamin-(1,4) [XIII, 117]	(Benzolring mit NH_2, H_2N und Cl)	142,59 —	64 —	Nadeln (Bzl + Lg); ll. in W
4-Chlor-phenylen= diamin-(1,2) [XIII, 25]	$H_2N \cdot C_6H_3Cl \cdot NH_2$	142,59 —	76 —	Blättchen (Bzl + Lg); swl. in k. W, wl. in Bzl, Lg, ll. in Al, Ä
4-Chlor-phenylen= diamin-(1,3) [XIII, 53]	$H_2N \cdot C_6H_3Cl \cdot NH_2$	142,59 —	91 —	Nadeln (Chlf); swl. in Lg, wl. in W, ll. in Al
4-Chlorphenyl-essigsäure [IX, 448]	$C_6H_4Cl \cdot CH_2 \cdot CO_2H$	170,60 —	105...6 —	Nadeln (W); l. in Bzl, ll. in W, sll. in Al, Ä
2-Chlor-phenylhydrazin [E 1 XV, 105]	$Cl \cdot C_6H_4 \cdot NH \cdot NH_2$	142,59 —	48 —	Nadeln; l. in h. W, Al, Ä, Bzl; Hydrochlorid F: 194° (Z.)

4-Chlor-phenylhydrazin [E 2 XV, 150]	$Cl \cdot C_6H_4 \cdot NH \cdot NH_2$	142,59 —	85 —	Nadeln (Ä oder subl. im Vak.); l. in h. W, ll. in Al, Ä; Hydrochlorid F: 225...30°
4-Chlor-phenylhydroxyl= amin [E 2 XV, 9]	$Cl \cdot C_6H_4 \cdot NHOH$	143,57 —	87...8 —	Krist. (verd. Al); swl. in PÄ, wl. in k. W, Al, ll. in h. W, sll. in Chlf, Bzl
α-(4-Chlorphenyl)- α-(γ-phenylaceto)- acetonitril [Org. Syntheses 35, 30]	$Cl{-}C_6H_4{-}CH \cdot CO \cdot CH_2 \cdot C_6H_5$ / $\dot{C}N$	269,73 —	131...1,2 —	Krist. (Me); ll. in Ä
α-[4-Chlorphenyl]- α'-phenyl-aceton [Org. Syntheses 35, 32]	$Cl{-}C_6H_4{-}CH_2 \cdot CO \cdot CH_2 \cdot C_6H_5$	244,72 —	35,9...36,5 —	Krist. (PÄ)
3-Chlor-phthalsäure [E 2 IX, 603]	$C_6H_3Cl(CO_2H)_2$ (COOH, COOH, Cl)	200,58 —	186...7 —	Nadeln (W); 2,16 W 14°, ll. in Al, Ä
4-Chlor-phthalsäure [E 2 IX, 603]	$C_6H_3Cl(CO_2H)_2$	200,58 —	157 —	Nadeln (Al); ll. in W, Al, l. in Ä, Eg
Chlorpikrin [E 2 I, 41]	CCl_3NO_2	164,38 $1,651^{20}$	−64 111,9	Fl.; 0,1621 W 25°, ∞ Al; zers.; riecht stechend; greift Augen und Schleimhäute an; MAK: 0,1 cm³/m³
Chlorpropan s. Propylchlorid				
1-Chlor-propandiol-(2,3) [E 2 I, 537]	$CH_2Cl \cdot CH(OH) \cdot CH_2OH$	110,54 $1,322^{17,5}$	— 119/14,5	$n_D^{17,5}$ 1,4820. Fl.; ∞ W, ll. in Al, Ä, swl. in PÄ; techn. Lösm.
2-Chlor-propandiol-(1,3) [E 2 I, 542]	$HOCH_2 \cdot CHCl \cdot CH_2OH$	110,54 $1,3207^{20}$	— 122,5/13,5	Zähe Fl.; stechender Geruch; ∞ Al, Ä, Aceton, l. in Bzl, W; färbt sich durch Aufbewahren gelb
1-Chlor-propanol-(2) [E 2 I, 383]	$CH_3 \cdot CH(OH) \cdot CH_2Cl$	94,54 $1,111^{20}_{20}$	— 127...8	n_D^{20} 1,43924. Fl.; l. in W, Al, Ä; Lösm.

Name und Literatur	Formel	Mol.-Gew. / Dichte	F in °C / Kp. in °C	Charakteristik
3-Chlor-propanol-(1) [E 2 I, 370]	$CH_2Cl \cdot CH_2 \cdot CH_2OH$	94,54 / $1,1309^{20}$	— / $160/_{734}$ Z	n_α^{20} 1,44458, n_D^{20} 1,44693, n_β^{20} 1,45249. Fl.; Kp: 74...6°/$_{23}$; 33,3 W
1-Chlor-propanon-(2) s. Chloraceton				
1-Chlor-propen-(1) [I, 198]	$CH_3 \cdot CH : CHCl$	76,53 / —	— / 35...6	Fl.
2-Chlor-propen-(1) [E 2 I, 169]	$CH_3 \cdot CCl : CH_2$	76,53 / $0,918^9$	E — 137,4 / 22,65	$n_D^{6,5}$ 1,404; Fl.
Chlorpropenoxid s. Epichlorhydrin				
α-Chlorpropionaldehyd [E 1 I, 334]	$CH_3 \cdot CHCl \cdot CHO$	92,53 / $1,182^{15}$	— / 86	Stechend riechendes Öl; wl. in W, ∞ Ä, Chlf, Bzl, Eg
β-Chlorpropionaldehyd [Org. Syntheses I, 160]	$ClCH_2 \cdot CH_2 \cdot CHO$	92,53 / —	— / $40...50/_{10}$	Fl.; polym.
β-Chlorpropionaldehyd-diäthylacetal [Org. Syntheses II, 137]	$ClCH_2 \cdot CH_2 \cdot CH(OC_2H_5)_2$	166,65 / $1,03^{11}$	— / $58...62/_8$	Fl.; nur neutral haltbar
dl-α-Chlor-propionsäure [E 2 II, 226]	$CH_3 \cdot CHCl \cdot CO_2H$	108,53 / $1,306^9$	— / 186	Fl.; ∞ W, Al, Ä; Äthylester Kp: 48...9°/$_{18}$
β-Chlor-propionsäure [E 2 II, 226]	$ClCH_2 \cdot CH_2 \cdot CO_2H$	108,53 / —	42 / $200/_{765}$ *	Krist. (h. Lg); Kp: 108°/$_{12}$; hygr.; ll. in W, Al, Chlf, l. in Ä; *g. Z.; Methylester Kp: 148...50°; Äthyl= ester Kp: 162,5°
2-Chlor-pyridin [E 2 XX, 152]		113,55 / $1,205^{15}$	— / 171...1,5	Öl; unl. in W, l. in Al; Wdampfflch.

3-Chlor-pyridin [XX, 230]	$NC_5H_4 \cdot Cl$	113,55 —	— $148/_{744}$	Stark lichtbrechende Fl.; l. in W
4-Chlor-pyridin [E 2 XX, 152]	$NC_5H_4 \cdot Cl$	113,55 —	— 147…8	Fl.; zll. in W
2-Chlorpyrimidin [Org. Syntheses 35, 34]	(Ringformel)	114,53 —	64,5…5,5 —	Weiße Krist. (i-Pentan); l. in Ä
5-Chlor-salicylsäure [E 2 X, 62]	(Ringformel: Cl, CO_2H, OH)	172,57 —	173…4 —	Nadeln (W oder Al); swl. in Lg, ll. in Al, Ä, Chlf, Eg, Bzl
3-Chlor-styrol [Org. Syntheses III, 204]	(Ringformel: Cl, $CH:CH_2$)	138,60 —	— $55…7/_3$	n_D^{20} 1,5625. Fl.
ω-Chlor-styrol [E 2 V, 367]	$C_6H_5 \cdot CH:CHCl$	138,60 $1,1095^{17,9}$	— 199…9,2	$n_\alpha^{17,8}$ 1,5704, $n_D^{17,8}$ 1,5774, $n_\beta^{17,8}$ 1,5958. Fl.; Kp: 92…3°/22; Hyazinthgeruch; unl. in W, l. in Al, Ä
N-Chlor-succinimid [E 2 XXI, 306]	$H_2C{-}CO{>}N \cdot Cl$ ($H_2C{-}CO$)	133,53 1,65	149 —	Krist. (Bzl)
Chlorsulfosäureäthylester [E 2 I, 327]	$C_2H_5 \cdot O \cdot SO_2Cl$	144,58 $1,263^{18}$	— 151…4 g. Z	n_D^{18} 1,4174. Fl.; stechender Geruch; Kp: 52°/14; l. in Lg, Chlf, Ä; zers. mit W, Al und durch Erhitzen > 160°; reizt heftig zu Tränen; Gaskampfstoff

Chlorsulfosäure-[β-chlor-äthylester]
  s. Schwefelsäure-[β-chlor-äthylester]-chlorid

1-Chlor-1,1,2,2-tetra-brom-äthan [I, 95]	$CHBr_2 \cdot CClBr_2$	380,12 $3,366^{16}$	32…3 $150/_{30}$	Krist.; campherart. Geruch; greift Schleimhäute der Augen und Nase an; ll. in Al, Ä, Chlf

Chlorthion s. u. Phosphor, Thiophosphorsäure-
dimethyl-[3-chlor-4-nitro-phenyl]-ester

Name und Literatur	Formel	Mol.-Gew. Dichte	F in °C Kp. in °C	Charakteristik
2-Chlor-thiophen [E 2 XVII, 36]	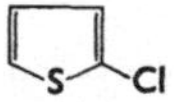 (S, Cl)	118,59 $1{,}2838^{14,2}$	— 130	$n_\alpha^{14,2}$ 1,5456, $n_\beta^{14,2}$ 1,5633. Öl; riecht wie Chlorbzl.
3-Chlor-o-toluidin [E 2 XII, 455]	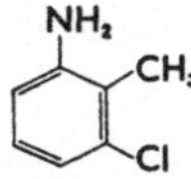 (NH_2, CH_3, Cl)	141,60 —	— 245	Öl; Wdampfflch.; Benzoylderivat F: 169...70°
4-Chlor-o-toluidin [E 2 XII, 454]	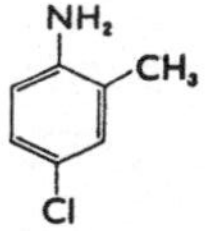 (NH_2, CH_3, Cl)	141,60 —	30...1 $118...20/_{18}$	Blättchen (Al); Acetylderivat F: 144°
5-Chlor-o-toluidin [E 2 XII, 453]	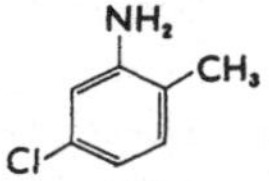 (NH_2, CH_3, Cl)	141,60 —	26...6,5 $237/_{722}$	Krist.; Wdampfflch.; Acetylderivat F: 130...1°
4-Chlor-m-toluidin [E 1 XII, 404]	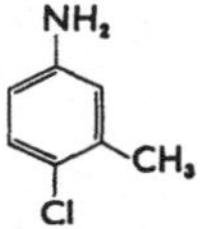 (NH_2, CH_3, Cl)	141,60 —	83 241	Nadeln (Ä oder Lg); wl. in W, Lg, ll. in Al, Ä, Chlf
6-Chlor-m-toluidin [E 2 XII, 473]	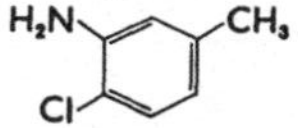 (H_2N, CH_3, Cl)	141,60 —	30 230	Blättchen (W); Wdampfflch.; Acetyl= derivat F: 102°
2-Chlor-p-toluidin [E 1 XII, 436]	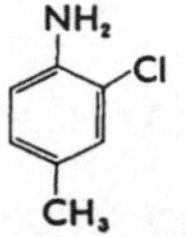 (NH_2, Cl, CH_3)	141,60 $1{,}151^{20}$	7 223...4	Fl.; Acetylderivat F: 115°

3-Chlor-p-toluidin [E 2 XII, 530]	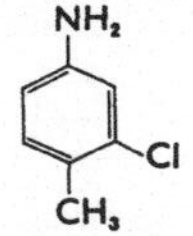 NH_2, Cl, CH_3	141,60 —	26 242...4	Krist.; Wdampfflch.; Acetylderivat F: 105°
2-Chlor-toluol [E 2 V, 224]	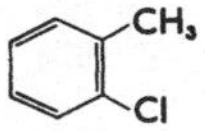 CH_3, Cl	126,59 $1,0770^{24,6}$	−36,5 158,4...8,7	$n_\alpha^{24,6}$ 1,5192, $n_D^{24,6}$ 1,5236, $n_\beta^{24,6}$ 1,5357. Fl.; unl. in W, l. in Al, Bzl
3-Chlor-toluol [E 2 V, 226]	$C_6H_4Cl \cdot CH_3$	126,59 $1,0760^{18,7}$	E −47,8 161,6	$n_\alpha^{18,7}$ 1,5182, $n_D^{18,7}$ 1,5225, $n_\beta^{18,7}$ 1,5347. Fl.; unl. in W, l. in Al
4-Chlor-toluol [E 2 V, 226]	$C_6H_4Cl \cdot CH_3$	126,59 $1,0651^{24,35}$	7,8 163,5/764	$n_\alpha^{24,35}$ 1,5150, $n_D^{24,35}$ 1,5193, $n_\beta^{24,35}$ 1,5315. Fl.; unl. in W, l. in Al; Wdampfflch.
ω-Chlor-toluol s. Benzylchlorid				
2-Chlor-1,1,2-tribrom-äthan [E 2 I, 65]	$CHClBr \cdot CHBr_2$	301,22 $2,6518^{14}$	E −20,55 220	n_α^{14} 1,60077, n_D^{14} 1,60527, n_β^{14} 1,61693. Fl.
2-Chlor-1,1,2-trifluor-äthyl-äthyläther [Org. Syntheses 34, 16]	$HCFCl \cdot CF_2 \cdot O \cdot C_2H_5$	162,54 —	— 87...8	n_D^{25} 1,3427. Fl.
Chlor-trifluor-äthylen [E 3 I, 646]	$CF_2 : CClF$	116,47 —	−157,5 −26,8	Geruch wie Äthylen; polymerisierbar; kritische Temp. 107°, kritischer Druck 39 atm.
Chlor-trifluor-methan [E 3 I, 42]	$ClCF_3$	104,46 —	−180 −81,5	Fbl. Gas; Verw. als Kältemittel „Freon 13"
2-Chlor-1,3,5-trinitro-benzol [E 2 V, 205]	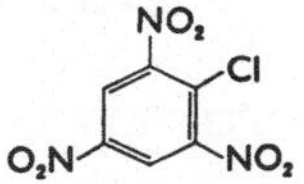 NO_2, Cl, NO_2, O_2N	247,55 $1,797^{20}$	85 —	Nadeln (Al, Ä oder Lg); 0,018 W 15°; 0,35 W 100° unter Hydrolyse; 5,84 Ä 17°; 18,54 Chlf 17°; 338,5 Chlf 50°; sll. in Aceton, Py, ll. in Egester, Toluol, wl. in CCl_4; 3,83 Al 17°; „Pikrylchlorid"

Name und Literatur	Formel	Mol.-Gew. Dichte	F in °C Kp. in °C	Charakteristik
5-Chlor-1,2,4-trinitro-benzol [E 2 V, 205]	$C_6H_2Cl(NO_2)_3$	247,55 —	116 —	Gelbe Krist. (Al); unl. in W, ll. in h. Al, Bzl, Eg
Chlor-trinitro-methan [E 2 I, 46]	$CCl(NO_2)_3$	185,48 —	4,2...4,4 32,5/$_{12}$ g. Z	$n_\alpha^{14,9}$ 1,4473, $n_D^{14,9}$ 1,4560, $n_\beta^{14,9}$ 1,4586. Fl.; unangenehmer Geruch; reizt Augen; 0,22 W; ll. in Al, Ä und den meisten org. Lösm.
7-Chlor-1,3,8-trinitro-naphthalin [E 2 V, 458]		297,61 —	194 —	Nadeln (Bzl); 0,198 Me 15°; 0,088 Al 15°; sll. in Eg, h. Aceton, ll. in Bzl, Chlf, l. in Al, wl. in Ä, PÄ
β-Chlorvinyl-isoamyl-keton [Org. Syntheses 32, 27]	$(CH_3)_2CH \cdot CH_2 \cdot CH_2 \cdot CO \cdot CH : CHCl$	160,65 —	— 96...8/$_{20}$	n_D^{25} 1,4619. Fbl. Fl.
Cholansäure [Z. physiol. Chem. **191**, 69]		360,59 —	164 —	Krist. (Eg); $[\alpha]_D^{14}$: $+21{,}74°$ (Chlf); Äthylester F: 93...4°
Cholansäure-methylester [Helv. Chim. Acta **25**, 812]		374,61 —	86...7 —	Nadeln (Me); $[\alpha]_D^{11}$: $+24{,}6°$ $\pm1°$ (Aceton)

Verbindung		Molgew.	Smp.	Eigenschaften
Cholanthren [J. Am. Chem. Soc. **57**, 2174]		254,33 —	173 —	Gelbe Platten (Bzl + Ä); l. in Bzl, Toluol, Xylol, wl. in Me, unl. in W; sehr stark cancerogen
β-Cholestanol [Org. Syntheses II, 191]		388,68 —	142...3 —	Krist. (Al); Blättchen (Aceton oder PÄ); wl. in k. Me, k. Al, k. PÄ, ll. in h. Me, h. Al, h. PÄ, Eg. Bzl, sll. in Chlf, CS$_2$
Cholestanon [Org. Syntheses II, 139]		386,67 —	129...30 —	Krist. (Aceton); l. in der Wärme in Al, Aceton, Egester, sll. in Ä; [α]$_D$: 41° (Chlf)
Cholesten-(4)-dion-(3,6) [Org. Syntheses 35, 36]		400,65 —	124...5 —	Glänzende, gelbe Platten (Me)
Cholesten-(5)-ol-(3) s. Cholesterin				
Cholesten-(4)-on-(3) [Org. Syntheses III, 207]		384,65 —	80,5 —	Krist. (Aceton + Me); wl. in Me, Al, l. in Ä, PÄ, Bzl, CS$_2$; [α]$_D$: + 89° (Chlf)

Name und Literatur	Formel	Mol.-Gew. Dichte	F in °C Kp. in °C	Charakteristik
Cholesten-(5)-on-(3) [Org. Syntheses 35, 46]		384,65 —	124...9 —	Fbl. Prismen (Me); Camphergeruch; $[\alpha]_D^{25}: -2,5°$ (Chlf)
Cholesterin [Org. Syntheses 35, 44]		386,67 —	149,5...50 —	Krist. (Ä + Me); unbeständig in der Hitze; $[\alpha]_D: -39°$ (Chlf)
Cholesterol s. Cholesterin				
Cholestrophan s. Dimethylparabansäure				
Cholin [E 2 IV, 720]	$[(CH_3)_3N^{(+)} \cdot CH_2 \cdot CH_2 \cdot OH]OH^{(-)}$	121,18 —	— —	Sehr hygr. Kristallmasse; sll. in W, Al, unl. in Ä; Pikrat Z. 231...2°
Cholin-acetat s. Acetylcholin				
Cholin-benzoat s. Benzoylcholin				
Cholin-chlorid [E 2 IV, 722]	$[(CH_3)_3N^{(+)} \cdot CH_2 \cdot CH_2 \cdot OH]Cl^{(-)}$	139,63 —	247 Z subl. 200/vak*	* Feine Nadeln; sehr zerfl. Nadeln (Al); wirkt blutdrucksenkend
Cholsäure (3, 7, 12α, 5β) [Fieser, 59, 464]		408,58 —	198 —	Fbl. Krist.; fast unl. in W (1:3600, 15°) und Bzl; swl. in Ä, Chlf, wl. in Al, Aceton, l. in NaOH; $[\alpha]_D^{20}: +37°$ (Al, c = 0,6); Methylester F: 156°; Methylester-3-acetat F: 150°

Name [Ref.]	Struktur	Molgew. / Dichte	Smp. / Sdp.	Eigenschaften
Chondrosamin [J. Chem. Soc. **1944**, 272]	$HOCH_2 \cdot C(H)(OH) \cdot C(OH)(H) \cdot C(OH)(H) \cdot C(H)(NH_2) \cdot C(H)(OH) \cdot OH$	179,17 —	185 —	Krist.; $[\alpha]_D^{20}$: $+59,3°$; Hydrochlorid F: 202°
Chroman [E 1 XVII, 22]	(Chroman)	134,18 $1,0697^{14,1}$	— $214/_{742}$	$n_\alpha^{14,1}$ 1,5460, $n_D^{14,1}$ 1,551, $n_\beta^{14,1}$ 1,5638. Öl; zl. in h. W, ∞ in org. Lösm.; Wdampfflch.; riecht pfefferminzart.
Chromanon [E 2 XVII, 335]	(Chromanon)	148,16 $1,1201^{100}$	39...40 $127...8/_{13}$	n_α^{100} 1,5394, n_β^{100} 1,5631. Blättchen oder Tafeln (PÄ); sll. in org. Lösm.; riecht zitronenart.
Chromon [E 2 XVII, 356]	(Chromon)	146,15 —	59 —	Blättchen (Lg); Nadeln (PÄ); ll. in Al, Ä, Chlf, Bzl
Chromotropsäure [XI, 307]	(Chromotropsäure)	320,30 —	— —	Alk. Lsgm. fluoresz. viol.; $Na_2C_{10}H_6O_8S_2 \cdot 2H_2O$ Blättchen; ll. in W
Chrysanilin [XXII, 491]	(Chrysanilin)	285,35 —	265 —	Goldgelbe Blättchen $\cdot 1 C_6H_6$ (Bzl); swl. in W, wl. in Al
dl-*cis*-Chrysanthemum=säure [E 2 IX, 47]	(Chrysanthemumsäure)	168,24 —	115...6 —	Krist. (PÄ)

Name und Literatur	Formel	Mol.-Gew. Dichte	F in °C Kp. in °C	Charakteristik
d-*trans*-Chrysanthemum=säure [E 2 IX, 45]	(Strukturformel: H_3C CH_3 / H / CO_2H / $(CH_3)_2C:CH$ / H)	168,24 —	17...21 135/12	Prismen; swl. in W, sll. in Al, Ä, Aceton, Chlf, Bzl; $[\alpha]_D^{20}$: $+20,1°$
Chrysanthranol s. 1,8,9-Trihydroxy-anthracen Chrysazin s. 1,8-Dihydroxy-anthrachinon Chrysazol s. 1,8-Dihydroxy-anthracen				
Chrysen [E 2 V, 629]	(Strukturformel)	228,30 $1,274^{20}$	254...5 448	Fbl. Tafeln (Bzl oder Eg) rotviol. fluoresz.; swl. in k. Ä, CS_2, Eg, Bzl, zwl. in sied. Bzl, sied. Eg; 0,0765 abs. Al 16°; 0,134 sied. Al; unl. in W
Chrysenchinon-(1,2) [VII, 827]	(Strukturformel)	258,28 —	239,5 subl.	Or. Nadeln (Bzl); swl. in Ä, wl. in h. Al, Bzl; 1,8 Eg 15°; 4,3 Toluol 15°; l. in H_2SO_4 blau
Chrysin s. 5,7-Dihydroxy-flavon Chrysoidin s. 2,4-Diamino-azobenzol Chrysophanol s. 4,5-Dihydroxy-2-methyl-anthrachinon Chrysophansäure s. 4,5-Dihydroxy-2-methyl-anthrachinon Cibazol s. 2-[4'-Aminobenzol-sultonamido]-thiazol Cichorigenin s. 6,7-Dihydroxy-cumarin Cinchomeronsäure s. Pyridin-dicarbonsäure-(3,4)				
Cinchonamin [E 2 XXIII, 358]	$C_{19}H_{24}ON_2$	296,42 —	186 —	Nadeln (Al); swl. in W, wl. in Benzin, ll. in h. Al, Ä, Chlf, CS_2; $[\alpha]_D^{20}$: $+123°$ (Al); sehr giftig
Cinchoinicin s. Cinchotoxin				

Name	Formel	Mol.-Gew.	F. / subl.	Eigenschaften
Cinchonidin [E 2 XXIII, 373]	(Struktur)	294,40 / —	207,2 subl.	Prismen (Al); 0,02 W 25°; 0,056 sied. W; 4 Al 25°; 6 Me 25°; 0,11 Bzl 25°; 29 Chlf 25°; $[\alpha]_D^{14}$: $-86,2°$ (Chlf); Tartrat $2C_{19}H_{22}ON_2 \cdot C_4H_6O_4 \cdot H_2O$ swl.
Cinchonidin-bisulfat [XXIII, 441]	$C_{19}H_{22}ON_2 + 2H_2SO_4 + 2H_2O$	490,56 * / —	— / —	Prismen (Al); wl. in k. W, verd. Al; * berechnet ohne H_2O
Cinchonidin-hydrochlorid [E 1 XXIII, 135]	$C_{19}H_{22}ON_2 + HCl + H_2O$	330,86 * / —	242 / —	Prismen (W); 4,8 W 25°; 25,6 Al 19°; 0,31 Ä 10°; $[\alpha]_D^{19}$: $-107,1°$ (W) * berechnet ohne H_2O
Cinchonigin [XXVII, 585]	(Struktur)	294,40 / —	130,7 / —	Prismen (Ä oder PÄ); swl. in W, sll. in Me, Al, Ä, Aceton, Chlf, Bzl; $[\alpha]_D^{18}$: $-62,1°$ (Al); Hydrochlorid F: 213°
Cinchonilin [E 1 XXVII, 576]	$C_{19}H_{22}ON_2$*	294,40 / —	130,4 / —	Krist. (Ä oder PÄ); swl. in W, zwl. in Lg, ll. in Al, Ä, Aceton, ll. in verd. S; * sterisch isomer mit Cinchonigin
Cinchonin [E 2 XXIII, 369]	$C_{19}H_{22}ON_2$*	294,40 / —	268,8 subl.	Prismen (Al); 0,027 W 20°; 0,93 Me 25°; 0,69 Al 25°; 0,04 Ä 25°; 0,57 Chlf 50°; 0,056 Bzl 20°; $[\alpha]_D^{23}$: $+224,4°$ (Al); * sterisch isomer mit Cinchonigin; Sulfate: $2C_{19}H_{22}ON_2 \cdot H_2SO_4 \cdot 2H_2O$ und wfrei F: 206...7°
Cinchoninsulfat [XXIII, 430]	$C_{19}H_{22}ON_2 + H_2SO_4 + 4H_2O$	464,54 * / —	— / —	Krist. (W); 200 W 14°; 111 Al 14°; unl. in Ä; * berechnet ohne H_2O

Name und Literatur	Formel	Mol.-Gew. Dichte	F in °C Kp. in °C	Charakteristik
Cinchonin-hydrochlorid [E 2 XXIII, 370]	$C_{19}H_{22}ON_2 + HCl + 2H_2O$	366,89 1,234	181 —	Krist.; 4,5 W 25°, $[\alpha]_D^{25}$: $+133,6°$ (Chlf)
Cinchoninon [E 1 XXIV, 276]	(Strukturformel: CH:CH₂, CH₂, CH₂, N, CO, Chinolin-N)	292,38 1,227	128…9 —	Gelbe Prismen (verd. Al oder Ä); 0,019 W 20°; wl. in Lg, ll. in Al, Ä, Chlf, Bzl; $[\alpha]_D^{14}$: $+74,7°$ (Bzl)
Cinchoninsäure s. Chinolin-carbonsäure-(4)				
Cinchonin-sulfat [E 2 XXIII, 371]	$2C_{19}H_{22}ON_2 + H_2SO_4 + 2H_2O$	722,91 —	206…7 —	Prismen (W); 1,2 W 25°; 7,7 sied. W; 7,7 Al 25°; 66,7 Me 25°; 1 Chlf 25°; unl. in Bzl
Cinchophen s. Atophan				
Cinchotenin [XXV, 193]	$C_{18}H_{20}O_3N_2$	312,37 —	197…8 —	Nadeln · aq. (W); swl. in Al, zll. in W; $[\alpha]_D^{15}$: $+115,5°$ (Chlf); l. in S, Alk
Cinchotin s. Hydrocinchonin				
Cinchotoxin [E 1 XXIV, 270]	(Strukturformel: CO·CH₂·CH₂–, Chinolin-N, N, CH, CH₂)	294,40 —	58…9 —	Prismen (Ä); unl. in CS_2, 0,18 W 18°, ca 50 Ä 18°, wl. in h. Lg, PÄ, ll. in Al, Aceton, Chlf, Bzl; $[\alpha]_D^{14}$: $+57,7°$ (Al); giftig
Cineol [E 2 XVII, 32]	(Strukturformel: CH₃, CH₂, O, CH₂, CH₂, CH₃, CH₃)	154,25 $0,9267^{20}$	1…1,5 176,4	Fl.; 0,20 W 15°, ∞ Al, Ä; Wdampfflch.

dl-Cineolsäure [E 2 XVIII, 285]	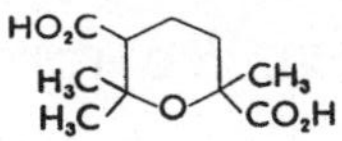 HO_2C … H_3C, H_3C, O, CH_3, CO_2H (Ringstruktur)	216,24 —	203…4 Z —	Krist. (W); 1,4 W 15°; 6,7 sied. W; wl. in Chlf, ll. in h. Al, Ä; Dimethyl=ester F: 31°
Cinnamal-acetophenon [E 2 VII, 451]	$C_6H_5 \cdot CH : CH \cdot CH : CH \cdot CO \cdot C_6H_5$	234,30 —	102…3 —	Gelbe Nadeln (Al); unl. in W, l. in Al, Ä; l. in H_2SO_4 rot
Cinnamal-essigsäure [IX, 638]	$C_6H_5 \cdot CH : CH \cdot CH : CH \cdot CO_2H$	174,20 —	165…6 subl.	Tafeln (Al); wl. in PÄ, ll. in Al
Cinnamoylchlorid s. Zimtsäurechlorid				
Cinnolin [XXIII, 173]	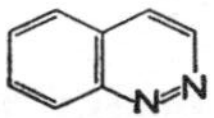 (Cinnolin-Struktur)	130,15 —	38…9 —	Krist. (Lg); ll. in W, sll. in Al, Ä; giftig; Pikrat F: 190° (Z.)
Citraconsäure [E 2 II, 653]	$CH_3 \cdot C \cdot CO_2H$ :: $H \cdot C \cdot CO_2H$	130,10 1,617	92…3 Z*	Prismen oder Tafeln (Ä + Bzl); 360 W 25°; 0,4 Olivenöl 25°; l. in Ä, Al, Me, wl. in k. Chlf, swl. in CS_2, Bzl, Lg; sehr hygr.; Wdampfflch.; * Z. → H_2O + Anhydrid; wss. Lsg. 120…160° → Itaconsäure; 180° → Mesa=consäure
Citraconsäure-anhydrid [E 2 XVII, 448]	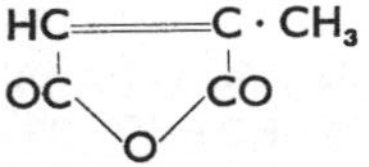 $HC = C \cdot CH_3$; OC, CO, O (Anhydridring)	112,09 $1,2500^{15,4}$	7,8 213,5 Z	$n_\alpha^{15,4}$ 1,4700, $n_D^{15,4}$ 1,4739, $n_\beta^{15,4}$ 1,4840. Fl.; l. in Al; mit W → Citraconsäure
Citraconsäure-diäthyl=ester [E 2 II, 653]	$C_2H_5O_2C \cdot CH : C(CH_3) \cdot CO_2C_2H_5$	186,21 $1,0420^{20,1}$	— 230,3	$n_\alpha^{20,1}$ 1,4397, $n_{He}^{20,1}$ 1,4427, $n_\beta^{20,1}$ 1,4500. Fl.; Kp: 113…4°/13
Citral [E 2 I, 811]	$(CH_3)_2C : CH \cdot CH_2 \cdot CH_2 \cdot C(CH_3) : CH \cdot CHO$	152,24 $0,8897^{17}$	— ca 228 Z	n_α^{17} 1,48506, n_D^{17} 1,48945, n_β^{17} 1,50073. Öl; Kp: 104,4°/10; unl. in W, ∞ Al, Ä; Citronengeruch; Verw. als Riech-stoff

Name und Literatur	Formel	Mol.-Gew. Dichte	F in °C Kp. in °C	Charakteristik
dl-Citramalsäure [E 2 III, 294]	$HO_2C \cdot CH_2 \cdot C(CH_3)(OH) \cdot CO_2H$	148,12 —	115...7 Z *	Zerfl. Krist. (Egester); ll. in abs. Al, Aceton, h. Egester, unl. in Bzl, PÄ; * Z. → Citraconsäureanhydrid
Citrazinsäure s. 2,6-Dihydroxy-isonicotinsäure				
d-Citronellal [E 2 I, 803]	$(CH_3)_2C : CH \cdot CH_2 \cdot CH_2 \cdot CH(CH_3) \cdot CH_2 \cdot CHO$	154,25 $0,8573^{20}$	— ca 207,8	$n_\alpha^{20,1}$ 1,4416, $n_D^{20,1}$ 1,4489, $n_\beta^{20,1}$ 1,4566. Öl; Kp: 82...4°/$_{10}$; $[\alpha]_D^{28}$: + 10,17°; wl. in W, ∞ Al, Ä; Wdampfflch.; beim Aufbewahren → Isopulegol; Vork. im Citronenöl
Citronellal-hydrat [E 2 I, 884]	$(CH_3)_2C(OH) \cdot [CH_2]_3 \cdot CH(CH_3) \cdot CH_2 \cdot CHO$	172,27 $0,923...5^{15}$	— 116...7/$_5$	n_D^{20} 1,456. Dickfl. Öl; Geruch nach Maiglöckchen und Linde; $[\alpha]_D^{20}$: + 8,3°; ∞ Al 50%, 15,4 Al 30% 15°; Verw. als Riechstoff
d-Citronellol [E 2 I, 495]	$(CH_3)_2C : CH \cdot CH_2 \cdot CH_2 \cdot CH(CH_3) \cdot CH_2 \cdot CH_2OH$	156,27 $0,8594^{18}$	— 224...4,5	n_D^{20} 1,4572. Fl.; Kp: 114,7°/$_{14}$; $[\alpha]_D^{20}$: + 4,17°; swl. in W; 6,6 Al 50% 15°; ∞ Al, Ä; rosenart. Geruch
dl-Citronellol [E 2 I, 496]	$(CH_3)_2C : CH \cdot CH_2 \cdot CH_2 \cdot CH(CH_3) \cdot CH_2 \cdot CH_2OH$	156,27 $0,8560^{20}$	— 213...5	n_D^{20} 1,4543. Fl.; rosenart. Geruch
Citronensäure [E 2 III, 359]	$HO_2C \cdot CH_2 \cdot C(OH)(CO_2H) \cdot CH_2 \cdot CO_2H$	192,13 1,542	155 —	Krist.; 34,1 abs. Al 15°; 1,59 abs. Ä 15°; 73,3 W 20°; Substanz mit H_2O F: 100°; Vork. im Pflanzenbereich; Verw. als Limonadenzusatz; Trimethylester F: 78,5...9°, Kp: 176°/$_{16}$
-Ba-Salz [III, 564]	$Ba_3(C_6H_5O_7)_2 \cdot 7H_2O$	916,33 —	— —	Nadeln; 0,041 W 18°; noch weniger l. in h. W; 0,0035 Al 18°

-Ca-Salz [E 2 III, 368]	$Ca_3(C_6H_5O_7)_2 \cdot 4H_2O$	570,51 —	Z 175...85 —	Nadeln; 0,22 W 30°; 0,18 W 95°; 0,0052 Al 18°; Erhitzen auf 110° → $Ca_3(C_6H_5O_7)_2 \cdot 0,5H_2O$; bräunt sich bei 165°
-K-Salz [E 2 III, 367]	$K_3C_6H_5O_7 \cdot H_2O$	306,41 $1,995^{18}$	— —	Krist.; ll. in h. Al 65%, W
-Na-Salz [E 2 III, 367]	$Na_3C_6H_5O_7 \cdot 5H_2O$	258,07 $1,857^{23,5}$	— —	Krist.; ll. in W
Citronensäure-triäthyl= ester [E 2 III, 370]	$C_2H_5O_2C \cdot C(OH)(CH_2 \cdot CO_2C_2H_5)_2$	276,29 $1,1369^{20}$	— 294	n_α^{20} 1,44302, n_D^{20} 1,44554, n_γ^{20} 1,45609. Dickes Öl; Kp: 185°/17; l. in Ä; bitterer Geschmack; Verw. als Weichmacher
Cobalamin s. Vitamin B_{12}				
l-Cocain [E 2 XXII, 151]	$H_2C\text{—}CH\text{——}CH \cdot CO_2CH_3$ $N \cdot CH_3 \quad CH \cdot O_2C \cdot C_6H_5$ $H_2C\text{—}CH\text{——}CH_2$	303,36 —	98 *	Prismen (Al); 0,18 W 22°; 11,6 Ä 22°; 2,4 PÄ 22°; 100 Bzl 22°; ll. in Al; $[\alpha]_D^{20}$: — 16,3° (Chlf); * subl. im Vak. wirkt anästhesierend
Cocain-hydrochlorid [E 2 XXII, 153]	$C_{17}H_{21}O_4N + HCl$	339,82 —	192 —	Prismen (Al); unl. in Ä; 250 W 25°; 38,4 Al 25° blau fluoresz.; $[\alpha]_D^{17}$: — 70,8° (W)
Cocarboxylase s. Thiamin-pyrophosphat				
Cocasäure s. α-Truxillsäure				
Cochenillesäure [E 2 X, 410]		240,17 —	Z * —	Weiße Nadeln (Me + Chlf); swl. in PÄ, Chlf, wl. in k. W, Ä, Bzl, l. in h. W, sll. in Al, Aceton, Eg; * Z. → Anhydrid

19*

Name und Literatur	Formel	Mol.-Gew. Dichte	F in °C Kp. in °C	Charakteristik
Codein [E 2 XXVII, 136]	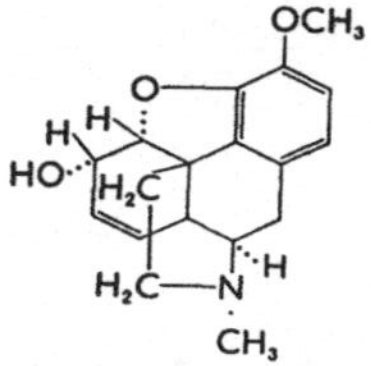	299,37 —	157 * 250/$_{12}$	Krist. ·1 H$_2$O; wl. in W (1:120), sll. in Chlf, ll. in Al (1:4,5), Ä (1:13); * wfreie Substanz [α]$_D^{20}$: − 144,4° (W, c = 0,8)
Coenzym Q s. Ubichinon				
Coerulignon [VIII, 537]	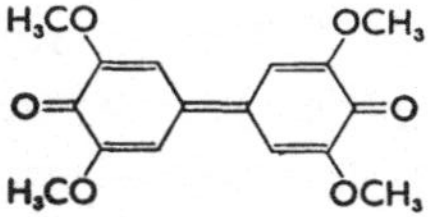	304,30 —	— —	Dkl. stahlblaue Nadeln; nicht unzers. flch.; unl. in den meisten Lösm.; l. in Phenol; l. in H$_2$SO$_4$ blau
Coffein [E 2 XXVI, 266]	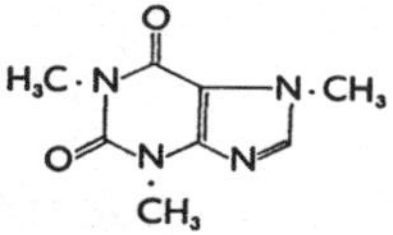	194,19 1,23^{18,7}	236,5 subl. (Vak.)	Krist. ·1 H$_2$O (W); 2,1 W 25°; 4,6 W 40°; 3,1 sied. Al; 0,4 sied. Ä; 2,2 Aceton 30°; 15,6 sied. Chlf; 5,3 sied. Bzl; 2,5 Eg 22°; schmeckt bitter; = „Thein", 1,3,7-Trimethylxanthin
Colamin s. Äthanolamin				
Colchicin [E 2 XIV, 191]	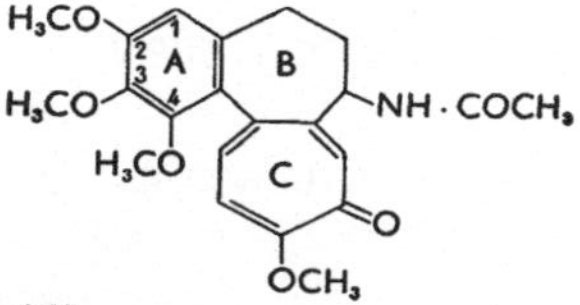	399,45 —	155...7 —	Nadeln (Egester); swl. in CCl$_4$, l. in Al, Ä, Bzl, ll. in h. W, verd. Al, Me, Chlf, Eg; Alkaloid aus Liliaceen-Arten; Synthese Helv. Chim. Acta **44**, 540

Collidin s. 2,4,6-Trimethyl-pyridin

Conchinin s. Chinidin

Conhydrin [E 1 XXI, 191]	(Piperidin) $CH(OH)\cdot C_2H_5$	143,23 / —	120,6 / 226	Blättchen (Ä); zll. in W, ll. in Al, Ä; $[\alpha]_D^{21}$: + 7,1° (Al)
l-β-Conicein [XX, 146]	(Piperidin) $CH:CH\cdot CH_3$	125,22 / $0,8716^{15}$	41 / 169	Nadeln von charakteristischem Geruch, sehr flch.; Pikrat F: 113...4,5°
γ-Conicein [XX, 144]	(Tetrahydropyridin) $CH_2\cdot CH_2\cdot CH_3$	125,22 / $0,8740^{18,4}$	< − 50 / 173...4	$n_\alpha^{18,4}$ 1,4581, $n_D^{18,4}$ 1,4607. Fl.; wl. in W, l. in Al; giftig
Coniferylalkohol [E 2 VI, 1093]	HO–, H_3CO–C$_6$H$_3$–$CH:CH\cdot CH_2OH$	180,21 / —	73...4 / Z	Prismen; ll. in Ä, l. in Al, wl. in h. W, swl. in k. W; l. in Alk; Phenyl=urethan F: 108°
d-Coniin [E 2 XX, 61]	(Piperidin) $CH_2\cdot C_2H_5$	127,23 / $0,8430^{22}$	E − 2,5 / 168	n_α^{22} 1,4487, n_D^{22} 1,4512. Fl.; 1,8 W 19,5°; sll. in Al, Ä, Aceton, PÄ, Bzl; $[\alpha]_D^{17}$: + 15,0°; sehr giftig
d-Coniin-hydrochlorid [XX, 111]	$C_8H_{17}N \cdot HCl$	163,69 / —	220 / —	Krist. (Al); 25 W 15°; 19,2 Al 15°; 0,2 Ä 15°; 0,3 Aceton 15°; 15,2 Chlf 15°; unl. in PÄ; $[\alpha]_D^{20}$: + 10,1° (fl. NH_3)

Conteben s. p-Acetamino-benzaldehyd-thiosemicarbazon

Conyrin s. 2-Propyl-pyridin

Coramin s. Nicotinsäure-diäthylamid

Coronen [Clar, 305]	(Coronen)	300,36 / —	438...40 * / —	Lsg. fluoresz. blau; mit Pikrinsäure zersetzliches dkl.rotes Pikrat; * im geschl. Röhrchen

Name und Literatur	Formel	Mol.-Gew. Dichte	F in °C Kp. in °C	Charakteristik
Corticosteron [Helv. Chim. Acta **27**, 1287 (1944)		346,47 —	180...2 —	Platten (Aceton); unl. in W, l. in den gebr. org. Lösm.; $[\alpha]_D^{15}$: $+223°$ (Al)
Cortison [Helv. Chim. Acta **30**, 1256]		360,45 —	220...4 —	Rhombische Platten (Al 95%); wl. in W, l. in Ä, Chlf, Bzl, ll. in Me, Al, Aceton; $[\alpha]_D^{25}$: $+209°$ (Al); Acetyl= derivat (C_{21}-Acetat) F: 235...8°
d-Corydalin [E 2 XXI, 200]		369,46 —	135...6 —	Prismen (Al); unl. in k. W, swl. in sied. W, wl. in Al, ll. in Ä, Chlf, Bzl, CS_2; $[\alpha]_D^{20}$: $+311°$ (Al)
Cotarnin [E 1 XXVII, 455]		237,26 —	132...3 Z —	Nadeln (Bzl); wl. in k. W, ll. in h. W, Ä, Chlf, unl. in KOH, l. in NH_4OH; Pikrat F: 129...30°

Cotoin s. 2,6-Dihydroxy-4-methoxy-benzophenon

Creatin s. Kreatin

Crocetin [XXX, 106]	$[HO_2C \cdot C(CH_3):CH \cdot CH:CH \cdot$ $C(CH_3):CH \cdot CH:]_2$	328,41 —	285 Z —	Rote Rhomben (Acetanhydrid); wl. in W, Al, Ä, l. in Py, ll. in sehr verd. NaOH gelb
Crotonaldehyd [E 2 I, 787]	$CH_3 \cdot CH:CH \cdot CHO$	70,09 $0,8477^{20,5}$	E — 76,5 104	$n_\alpha^{20,5}$ 1,43195, $n_D^{20,5}$ 1,43620, $n_\beta^{20,5}$ 1,44692. Fl., ll. in W, ∞ Al, Ä; Wdampfflch.; anfangs obstart., später stechender Geruch; Phenylhydr= azon F: 56...7°
Crotonalkohol [E 2 I, 480]	$CH_3 \cdot CH:CH \cdot CH_2OH$	72,11 $0,8539^{20}$	— 121,5...22	n_α^{20} 1,4190, n_D^{20} 1,4240, n_β^{20} 1,4316. Fl.; stechender Geruch; 12,2 W
cis-Crotonsäure [E 2 II, 394]	$HC \cdot CH_3$ $\overset{..}{HC} \cdot CO_2H$	86,09 $1,0267^{19,9}$	14,4...16 169	$n_\alpha^{19,9}$ 1,4422, $n_{He}^{19,9}$ 1,4460, $n_\beta^{19,9}$ 1,4551. Krist. (PÄ); ∞ W, Olivenöl, l. in Al, Ä; ,,Isocrotonsäure‘‘
cis-Crotonsäure-äthyl= ester [E 2 II, 394]	$HC \cdot CH_3$ $\overset{..}{HC} \cdot CO_2C_2H_5$	114,15 $0,9246^{19,6}$	— 129...30,5/$_{742}$	$n_\alpha^{19,6}$ 1,4226, $n_\beta^{19,6}$ 1,4329. Fl.
trans-Crotonsäure [E 3 II, 1255]	$H_3C \cdot CH$ $\overset{..}{HC} \cdot CO_2H$	86,09 $0,9730^{72}$	71 189	n_α^{72} 1,42556, n_β^{72} 1,43822. Nadeln (W); 9,4 W 25°; zll. in sied. Lg; swl. in k. Lg; l. in Al, Me, Bzl, Ä, Hexan; Wdampfflch.; Kochen mit 20% $H_2SO_4 \rightarrow \beta$-Hydroxy-buttersäure; Methylester Kp: 119°; Amid F: 156,5...7,2°; Anhydrid Kp: 131°/$_{20}$
trans-Crotonsäure-äthyl= ester [E 2 II, 392]	$H_3C \cdot CH$ $\overset{..}{HC} \cdot CO_2C_2H_5$	114,15 $0,9239^{14,8}$	— 137	$n_\alpha^{14,4}$ 1,42447, $n_D^{14,4}$ 1,425, $n_\beta^{14,4}$ 1,43517. Fl., Kp: 45°/$_{17}$; l. in W, Al, Eg, Hexan
Crotonsäure-nitril [E 2 II, 393]	$CH_3 \cdot CH:CH \cdot CN$	67,09 $0,8239^{20}$	— 51,5 122,5	n_α^{20} 1,4184, n_D^{20} 1,4216, n_β^{20} 1,4299. Fl.; wl. in W

Name und Literatur	Formel	Mol.-Gew. Dichte	F in °C Kp. in °C	Charakteristik
Crotonylen s. Dimethylacetylen				
Crotylalkohol s. Crotonalkohol				
Crotylbromid s. 1-Brom-buten-(2)				
Cubebin [E 2 XIX, 470]		356,38 —	131…2 Z	Nadeln (Al oder Bzl); wl. in W; 3,7 Ä 12°; l. in Me, Al, Chlf, Lg, Bzl, Eg; $[\alpha]_D^{25}$: $-45°$ (Eg)
Cumalin s. α-Pyron				
Cumalinsäure s. Pyron-(2)-carbonsäure-(5)				
Cumaran [E 1 XVII, 22]		120,15 $1,080^{13,3}$	— 188…90	$n_\alpha^{13,3}$ 1,5449, $n_D^{13,3}$ 1,550, $n_\beta^{13,3}$ 1,5637. Öl; unl. in W, Alk, l. in Al, Ä, Chlf, CS_2
Cumarandion [E 1 XVII, 245]		148,12 —	134 $142/17$	Gelbe Tafeln (Bzl oder Eg); zwl. in Benzin, l. in Bzl, Eg, ll. in Ä, Aceton
Cumaranon [E 1 XVII, 59]		134,14 —	102 $152…4/16$	Nadeln (Al); zwl. in W, Lg, ll. in Al, Ä, Aceton, Bzl; Wdampfflch.
Cumarilsäure s. Cumaron-carbonsäure-(2)				
Cumarin [E 2 XVII, 357]		146,15 —	71 301,7	Nadeln (Al); charakteristisch riechend; 0,12 W 0°; 0,27 W 30°; 12,57 Al 23°; l. in h. W, l. in Al, Ä, Chlf; Wdampfflch.
Cumarin-carbonsäure-(3) [E 2 XVIII, 336]		190,16 —	190 Z *	Nadeln (W oder Bzl); unl. in Ä, PÄ, Bzl; * Z. → CO_2-Absp.
Cumarinsäure s. cis-2-Hydroxyzimtsäure				

Name	Formel	Mol.-Gew. / D	F / Kp	Eigenschaften
Cumaron [E 1 XVII, 24]	(Benzofuran)	118,14 / 1,0913[22,7]	< − 18 / 173...5	$n_\alpha^{22,7}$ 1,5579, $n_D^{22,7}$ 1,565, $n_\beta^{22,7}$ 1,5810. Aromatisch riechendes Öl; unl. in W, l. in Al; Wdampf- und Ädampfflch.
Cumaron-carbonsäure-(2) [XVIII, 307]	(Benzofuran-2-CO_2H)	162,15 / —	192...3 / 310...5	Nadeln (W); wl. in Chlf, CS_2, l. in sied. W, ll. in Al; Äthylester F: 27°
Cumarsäure s. *trans*-2-Hydroxy-zimtsäure				
p-Cumarsäure s. 4-Hydroxyzimtsäure				
Cumenol [E 2 VI, 476]	HO–C6H4–$CH(CH_3)_2$	136,20 / —	62...3 / 226...7/729	Blättchen (PÄ); Kp: 112...5°/12; l. in Al, Ä, wl. in W; wss. Lsg. mit $FeCl_3$ → weißblaue Färbung; alkohol. Lsg. mit $FeCl_3$ → grüne Färbung
Cumidin [E 2 XII, 625]	H_2N–C6H4–$CH(CH_3)_2$	135,21 / 0,9526	— / 225	Fl.; unl. in W, l. in Al, Ä; E < − 20°; Kp: 100°/10; Acetylderivat F: 102...2,5°; Sulfat F: 205°
Cuminaldehyd [E 2 VII, 247]	OHC–C6H4–$CH(CH_3)_2$	148,21 / 0,9775[20]	— / 236,5	n_D 1,5301. Fl.; unl. in W, l. in Al, Ä; Semicarbazon F: 222° und 201,5°; Oxim F: 112° und 152°; Vork. im Eukalyptusöl
Cuminalkohol [E 2 VI, 500]	HOH_2C–C6H4–$CH(CH_3)_2$	150,22 / 0,983[14]	— / 246	n_D^{14} 1,528. Fl.; Kp: 130,2...0,4/12; unl. in W, ∞ Al, Ä; Wdampfflch.
Cuminol s. Cuminaldehyd				
Cuminsäure [E 2 IX, 359]	HO_2C–C6H4–$CH(CH_3)_2$	164,21 / 1,162	119 / —	Tafeln (Al); wl. in k. W, ll. in Al, Ä
Cumol [E 2 V, 306]	$C_6H_5 \cdot CH(CH_3)_2$	120,20 / 0,8620[20]	− 96,9 / 152,5	$n_\alpha^{16,8}$ 1,4906, $n_D^{16,8}$ 1,494, $n_\beta^{16,8}$ 1,5054. Fl.; unl. in W, l. in Al, Ä
Cupferon s. N-Nitroso-N-phenylhydroxylamin-(NH_4-Salz)				

Name und Literatur	Formel	Mol.-Gew. Dichte	F in °C Kp. in °C	Charakteristik
Cuprein [E 1 XXIII, 165]	(Strukturformel)	310,40 —	202 —	Tafeln (verd. Al); wl. in Ä, Chlf, PÄ, Bzl, l. in Al; $[\alpha]_D^{17}$: − 175,5° (Al)
Cupron s. α-Benzoin-oxim				
Curcumin [E 2 VIII, 588]	(Strukturformel)	368,39 —	183 —	Rote Nadeln (Me); unl. in W, wl. in Al, Ä; 0,05 Bzl; l. in Alk → rotbraune Färbung
Cusparin [E 1 XXVII, 461]	(Strukturformel)	307,35 —	92...3 —	Nadeln (Lg); wl. in Lg, PÄ, l. in Ä, ll. in Al, Aceton, Chlf, Bzl
Cyamelid [E 2 III, 30]	(Strukturformel)	129,08 —	— Z	Weißes amorphes Pulver; l. in W 0,01 % ; unl. in org. Lösm., l. in konz. H_2SO_4, wl. in NH_3; Dest. → Cyansäure

Cyanacetamid s. Cyanessigsäure-amid

β-Cyan-äthanol s. Hydracrylsäurenitril

Cyanameisensäure-äthylester [E 2 II, 510]	$C_2H_5O_2C \cdot CN$	99,09 $1,0034^{20}$	— 115...6	n_α^{20} 1,3801, n_D^{20} 1,3821, n_γ^{20} 1,3915. Fl.; l. in Al; stechender ätherischer Geruch; wss. Lsg. zers. langsam
Cyanameisensäure-methylester [E 2 II, 510]	$CH_3O_2C \cdot CN$	85,06 —	— 97	Fl.; stechender Geruch; Z. durch W; Gaskampfstoff; hautschädigend
Cyanamid [E 2 III, 63]	$H_2N \cdot CN$	42,04 $1,0690^{57}$	43 $140/_{19}$	n_α^{57} 1,4350, n_{He}^{57} 1,4378, n_β^{57} 1,4445. Nadeln; zerfl.; ll. in W, Al, Ä, Chlf, Bzl, wl. in CS_2; Wdampfflch.; zers. bei 150°
-Ca-Salz [E 2 III, 67]	$CaCN_2$	80,10 —	subl. 1150 —	Krist.; unl. in k. Al; Z. durch W; Düngemittel
Cyanessigsäure [E 2 II, 530]	$HO_2C \cdot CH_2 \cdot CN$	85,06 —	65 $106...8/_{0,15}$ *	Zerfl. Krist.; l. in W, Al, Aceton; Z. > 165° → $CH_3CN + CO_2$ * g. Z.
Cyanessigsäure-äthyl=ester [E 2 II, 531]	$C_2H_5O_2C \cdot CH_2 \cdot CN$	113,12 $1,0562^{25}$	ca — 76 206	$n_\alpha^{20,5}$ 1,41584, $n_D^{20,5}$ 1,41793, $n_\gamma^{20,5}$ 1,42730. Fl.; Kp: $98,5°/_{15}$; l. in Al, W; Natriumcyanessigester Krist. (h. Al)
Cyanessigsäure-amid [E 2 II, 534]	$H_2N \cdot CO \cdot CH_2 \cdot CN$	84,08 —	118,5 Z	Nadeln (Al); 15,4 k. W, 1,8 k. Al
Cyanessigsäure-methyl=ester [E 2 II, 530]	$CH_3O_2C \cdot CH_2 \cdot CN$	99,09 $1,0962^{25}$	— 22,5 203	Fl.; Kp: $115°/_{36}$; l. in Me, W
Cyanhydrin s. Hydracrylsäurenitril				
3-Cyan-6-methyl-pyridon-(2) [Org. Syntheses 32, 32]		134,14 —	296,5...8,5 —	Krist. (verd. Al)
ω-Cyano-pelargonsäure [Org. Syntheses III, 768]	$NC[CH_2]_8 \cdot CO_2H$	183,25 —	51...2 —	Krist. (W)
Cyanopentan s. Capronsäurenitril				

Name und Literatur	Formel	Mol.-Gew. Dichte	F in °C Kp. in °C	Charakteristik
9-Cyan-phenanthren [Org. Syntheses III, 212]	(Strukturformel)	203,25 —	110 190...5/$_2$	Krist. (Al)
4-Cyan-phenol s. 4-Hydroxy-benzonitril				
2-Cyan-pyridin [XXII, 36]	(Strukturformel)	104,11 —	29 212...5	Nadeln (Ä); wl. in Lg, zll. in W, ll. in Al, Ä, Bzl; riecht angenehm
3-Cyan-pyridin [E 2 XXII, 35]	$NC_5H_4 \cdot CN$	104,11 —	49...50 201	Nadeln (Ä + PÄ); leicht flch.; wl. in Lg, ll. in W, Al, Ä, Bzl
4-Cyan-pyridin [XXII, 46]	$NC_5H_4 \cdot CN$	104,11 —	79 —	Nadeln (Ä + Lg); unzers. flch.; wl. in Lg, l. in W, Al, Ä, Bzl
Cyansäure u. Isocyan= säure [E 2 III, 27]	$HO \cdot C \vdots N$ oder $O \vdots C \vdots NH$	43,03 $1,1558^{-20}$ *	$-79...-81$ $-64/_0$	Gas; l. in Eiswasser, Ä; stechender Geruch; Tränenreiz; zieht Blasen auf der Haut; * fl.
-K-Salz [E 2 III, 29]	KCNO	81,12 2,048	— —	Tafeln; 75 W 25°; 3 k. Al 80%; 6,2 sied. Al 80%; unl. in abs. Al; wss. Lsg. erwärmen $\rightarrow NH_3 + K_2CO_3$
-Na-Salz [E 2 III, 29]	NaCNO	65,01 —	— —	Kristallpulver; l. in W, unl. in Al, Ä; wss. Lsg. 80° $\rightarrow Na^+ + NH_4^+ + CO_3''$ $+ NH_2CONH_2$
-NH$_4$-Salz [E 2 III, 29]	NH_4CNO	60,06 —	88 Z —	Nädelchen; ll. in Al, W; wss. Lsg. beim Erhitzen $\rightarrow$ Harnstoff
Cyanursäure [E 1 XXVI, 73]	(Strukturformel)	129,08 $2,228^{24}$	— —	Krist. $\cdot 2H_2O$ (W); unl. in Me, Ä, Aceton, Chlf, Bzl; 0,5 W 20°; 0,1 Al 24°; zers. beim Erhitzen

Name				
Cyanursäure-chlorid [XXVI, 35; E 2 XXVI, 16]	Cl, N, Cl, N, N, Cl (Triazinring)	184,41 ca 1,320	146 190	Krist. (Ä); l. in k. Al, Ä, Chlf, Eg; mit W → Cyanursäure; riecht chlorähnlich
Cyanursäure-triallyläther [Weissberger, 94]	$O\cdot CH_2\cdot CH{:}CH_2$; $H_2C{:}HC\cdot H_2C\cdot O\cdot C{=}N{-}C\cdot O\ CH_2\cdot CH{:}CH_2$	249,27 1,1133	31 $162/_2$	n_D^{25} 1,5049. Fl.; l. in Aceton, Bzl, Chlf, Dioxan; 0,6 W; polym.
Cyanursäure-trimethyl= ester [E 1 XXVI, 35]	OCH_3; $H_3CO\cdot C{=}N{-}C\cdot OCH_3$	171,16 —	135 265	Prismen (Ä); l. in W, Al, l. in HCl
Cyanwasserstoffsäure s. Blausäure Cyclobutan [V, 17]	☐	56,11 $0,703^0$	< -80 $11...2/_{726}$	n_D^0 1,3752. Gas; unl. in W, sll. in Al, Aceton; brennt mit leuchtender Flamme
Cyclobutan-carbonsäure [Org. Syntheses III, 213]	CO_2H	100,12 $1,0570^{17}$	— 195	$n_\alpha^{16,6}$ 1,4415, $n_D^{16,6}$ 1,4439, $n_\beta^{16,6}$ 1,4498. Fl.; durchdringender Geruch
Cyclobutan-dicarbonsäure s. a. Truxillsäure, Truxinsäure				
Cyclobutan-1,1-dicarbon= säure [Org. Syntheses III, 213]	$(CO_2H)_2$	144,13 —	156...8 —	Krist. (Egester); swl. in PÄ, wl. in Ä, Chlf, Bzl, ll. in W
Cyclobutan- 1,1-dicarbonsäure- diäthylester [Org. Syntheses 33, 23]	$(CO_2C_2H_5)_2$	200,24 $1,0470^{25}_{20}$	— $104,6/_{12}$	n_D^{25} 1,4336. Fl.
Cyclobutanol [E 2 VI, 3]	OH	72,11 $0,9206^{19}_{19}$	— $122...4/_{746}$	n_D^{19} 1,4339. Fl.; Phenylurethan F: 110...1°
Cyclobutanon [E 2 VII, 3]	O	70,09 $0,9382^{16}$	— $99/_{745}$	n_D^{16} 1,4220. Fl.; l. in W; Semicarbazon F: 211...2°

Name und Literatur	Formel	Mol.-Gew. Dichte	F in °C / Kp. in °C	Charakteristik
Cyclodecanon [E 2 VII, 36]	$H_2C<\!\!\overset{[CH_2]_4}{\underset{[CH_2]_4}{}}\!\!>CO$	154,25 / 0,9654[20]	28 / 106...7/13	n_D^{30} 1,4782. Krist.; Semicarbazon F: 205...7°
Cyclododecanon [E 2 VII, 48]	$H_2C<\!\!\overset{[CH_2]_5}{\underset{[CH_2]_5}{}}\!\!>CO$	182,31 / 0,9059[66]	59 / 126...8/12	n_D^{66} 1,4571. Krist.; campherart. riechend; Semicarbazon F: 226...7°
Cycloheptadecanon [E 2 VII, 52]	$H_2C[CH_2]_7\!\!-\!\!H_2C[CH_2]_7 >CO$	252,44 / 0,8830[70]	63...4 / 145/0,3	n_D^{70} 1,4602. Krist.; moschusähnlich riechend; Semicarbazon F: 191°
Cycloheptan [E 2 V, 15]		98,19 / 0,8118[20]	− 12 / 118...20	n_D^{20} 1,4440. Öl; unl. in W, ll. in Al, Ä
Cycloheptanol [E 2 VI, 16]		114,19 / 0,9584[15]	— / 184	Öl; pilz- und schimmelart. Geruch; ll. in Al, swl. in W; Phenylurethan F: 85°
Cycloheptanon [E 2 VII, 14]		112,17 / 0,9160[18,6]	— / 179...81	$n_\alpha^{21,9}$ 1,4580, $n_D^{21,9}$ 1,460, $n_\beta^{21,9}$ 1,4665. Fl.; swl. in W, l. in Al, Ä; Semicarbazon F: 163...4°
Cycloheptatrien [V, 280]		92,14 / 0,8876[18,5]	− 79,5 / 116...8	n_D^{25} 1,5208. Fl.; verharzt an der Luft
Cyclohepten [E 2 V, 42]		96,17 / 0,8239[20]	— / 113...5/752	n_D^{20} 1,4545. Öl; unl. in W, l. in Al, Ä

Name	M, D	F, Kp	Eigenschaften
Cyclohexadien-(1,3) [E 2 V, 79]	80,13 $0{,}8405^{20}$	E — 98 80,5	n_α^{20} 1,4696, n_D^{20} 1,4736, n_β^{20} 1,4847. Fl.; durchdringender lauchart. Geruch; unl. in W, l. in Al, Ä; mit Al und konz. H_2SO_4 → rot bis rotviol. Färbung
Cyclohexadien-(1,4) [Chem. Abstr. 19, 4335]	80,13 $0{,}8569^{20}$	— 49,2 $88{,}4/_{769}$	n_D^{15} 1,4782; Fl. nur unter N_2 im Dunkeln haltbar, leicht polym.; Br_2 → 4,5-Dibrom-cyclohexen F: 35° und Tetrabromide; Darst. aus Bzl. und Na in fl. NH_3, Rec. 67, 85
Cyclohexan [E 2 V, 6]	84,16 $0{,}7783^{20}$	6,4 80,8	n_α^{15} 1,42670, n_D^{15} 1,42886, n_β^{15} 1,43430. Fl.; < 0,005 W 17°; ∞ Al, Ä; techn. Lösm.; MAK: 400 cm³/m³

Cyclohexanal s. Cyclohexylaldehyd

Name	M, D	F, Kp	Eigenschaften
Cyclohexan-carbon= säure [E 2 IX, 6]	128,17 $1{,}0253^{33,8}$	31 232...3	$n_\alpha^{33,8}$ 1,4538, $n_D^{33,8}$ 1,4520, $n_\beta^{33,8}$ 1,4620. Krist.; 0,20 W 21°, sll. in Al, Ä, Chlf, Bzl
cis-Cyclohexan- dicarbonsäure-(1,2) [IX, 730]	172,18 —	192 * —	Tafeln (Al); l. in W; * → Anhydrid
cis-Cyclohexan- dicarbonsäure-(1,2)- diäthylester [Org. Syntheses 30, 30]	228,29 —	— 130...2/9	n_D^{25} 1,4509. Fl.
trans-Cyclohexan- dicarbonsäure-(1.2) [E 2 IX, 522]	172,18 —	219...20 —	Nadeln (Aceton); wl. in W
cis-Cyclohexan- dicarbonsäure-(1,3) [IX, 732]	172,18 —	162...3 —	Nadeln (HCl); wl. in Lg, l. in Ä, ll. in k. W, Al, Bzl

Name und Literatur	Formel	Mol.-Gew. Dichte	F in °C Kp. in °C	Charakteristik
trans-Cyclohexan-dicarbonsäure-(1.3) [IX, 733]		172,18 —	148 —	Nadeln (W); ll. in h. W
cis-Cyclohexan-dicarbonsäure-(1,4) [E 2 IX, 523]		172,18 —	170...1 —	Blättchen (W); ll. in Al, Ä, Chlf, sll. in W
trans-Cyclohexan-dicarbonsäure-(1,4) [E 2 IX, 524]		172,18 —	312...3 subl.	Tafeln (Aceton); unl. in Chlf, wl. in Ä, h. W, ll. in Al, Aceton
cis-Cyclohexandiol-(1,2) [Org. Syntheses III, 218]		116,16 —	104 236	Tafeln (Al + Bzl); zl. in Ä, sll. in W, Al, Aceton
trans-Cyclohexandiol-(1,2) [Org. Syntheses III, 217]		116,16 —	101,5...3 120...5/$_4$	Krist. (Egester); wl. in Ä, ll. in W, Al, Egester
Cyclohexan-dion-(1,2)-dioxim [Org. Syntheses 32, 35]		142,16 —	186...8 —	Schneeweiße Krist. (W)
Cyclohexandion-(1,3) s. Dihydroresorcin				
Cyclohexandion-(1,4) [E 1 VII, 310]		112,13 —	77,5 subl.	Nadeln (PÄ); ll. in W, Me, Al, Ä
Cyclohexanol [E 2 VI, 5]		100,16 0,9376^{36,6}	22,5...3,9 160	n_α^{37} 1,4590, n_D^{37} 1,461, n_β^{37} 1,4669. Bipyramidal; 5,67 W 11°; l. in Al, Ä; sehr hygr.; techn. Lösm.; 3,5-Dinitrobenzoesäureester F: 112...3°; MAK: 50 cm³/m³

Cyclohexanol-acetat [E 2 VI, 10]	OCOCH₃	142,20 $0,9806^{12,35}$	— 173,5…4,5	$n_\alpha^{12,2}$ 1,4422, $n_{He}^{12,2}$ 1,4446, $n_\beta^{12,2}$ 1,4499. Öl; techn. Lösm.
Cyclohexanol-acetylen s. Äthinyl-cyclohexanol				
Cyclohexanol-(1)-carbonsäure-(1) [E 2 X, 4]	OH / CO₂H	144,17 —	107…8 —	Krist. (W); Äthylester Kp: 103°/₁₂ F: 20…2°; Amid F: 124°; Nitril F: 29°, Kp: 126°/₁₈ nur bei völliger Abwesenheit von Alkali
Cyclohexanol-(1)-carbonsäure-(2) [E 2 X, 4]**	C₆H₁₀(OH) · CO₂H	144,17 —	* —	* cis-Form F: 78°. trans-Form F: 111°; Nitril F: 46°; Äthylester Kp: 118°/₁₈; ** s. a. J. Chem. Soc. 1934, 138
Cyclohexanol-(1)-carbonsäure-(3) [X, 5]	C₆H₁₀(OH) · CO₂H	144,17 —	— —	cis F: 132° (Ä oder Egester) Kp: 125…40°/₃₀ (als Lacton); Methylester Kp: 140…50°/₁₄; Amid (W) F: 161°; trans F: 119…20° (Ä) Kp: ∼195°/₃₀
Cyclohexanol-(1)-carbonsäure-(4) [X, 6]**	C₆H₁₀(OH) · CO₂H	144,17 —	* —	* cis-Form F: 152°; trans-Form F: 148°. ** s. a. J. Chem. Soc. 1950, 1379
Cyclohexanon [E 2 VII, 5]	O	98,15 $0,9466^{20}$	E − 26…− 30 156	$n_\alpha^{15,3}$ 1,4502, $n_D^{15,3}$ 1,453, $n_\beta^{15,3}$ 1,4586. Öl; l. in W, Al, Ä; riecht pfefferminzart.; Semicarbazon F: 166°; MAK: 50 cm³/m³
Cyclohexanon-carbonsäure-(2) [E 1 X, 292]	O / H / CO₂H	142,16 —	81…2 Z —	Nadeln (Ä); ll. in Al, Ä, Bzl, PÄ
Cyclohexanon-carbonsäure-(4) [X, 603]	O / H / HO₂C	142,16 —	67…8 210/₃₀	Krist. (Bzl + PÄ); wl. in PÄ, ll. in W, Al, Ä

Name und Literatur	Formel	Mol.-Gew. Dichte	F in °C Kp. in °C	Charakteristik
Cyclohexen [E 2 V, 37]		82,15 0,8112[20]	E — 103,7 83,3	$n_\alpha^{20,05}$ 1,44360, $n_D^{20,05}$ 1,44637, $n_\beta^{20,05}$ 1,45312. Fl.; unl. in W, l. in Al, Ä, Chlf, PÄ; MAK: 400 cm³/m³
Cyclohexen-(1)-dicarbonsäure-(1,2) [IX, 770]	CO_2H CO_2H	170,17 —	120 * —	Blättchen (W); ll. in W; * → Anhydrid
Cyclohexen-(1)-dicarbonsäure-(1,4) [IX, 773]	CO_2H HO_2C	170,17 —	> 300 subl.	Prismen (W); 0,02 k. W
Cyclohexen-(2)-dicarbonsäure-(1,2) [IX, 770]	CO_2H CO_2H	170,17 —	215 —	Prismen; 0,88 W 10°
Cyclohexenoxid [E 2 XVII, 29]	O	98,15 0,9663[20]	< — 10 131,5	n_D^{20} 1,4519. Fl. von starkem Geruch; unl. in W, l. in Al, Ä, Aceton, Eg
Cyclohexensulfid [Org. Syntheses 32, 39]	S	114,21 —	— 71,5...3,5/21	n_D^{25} 1,5306...1,5311. Fl.
Cyclohexyl-acetat s. Cyclohexanol-acetat				
Cyclohexylaldehyd [E 2 VII, 20]	CHO	112,17 0,9263[19]	— 159...62	Oxim F: 90...1°; Semicarbazon F: 173°
Cyclohexylamin [E 2 XII, 4]	NH_2	99,18 0,8775[14,1]	— 134	$n_\alpha^{14,1}$ 1,4605, $n_\beta^{14,1}$ 1,4691. Fl.; Hydrochlorid F: 206°
Cyclohexyl-anilin [E 2 XII, 98]	$C_6H_5 \cdot NH \cdot C_6H_{11}$	175,28 0,996[21,5]	16 146...8/16	$n_D^{21,5}$ 1,562. Prismen oder Blättchen; swl. in W

Name [Ref.]	Formel	Mol.-Gew. / d	F / Kp	Eigenschaften
Cyclohexyl-bromid [E 2 V, 12]	(Br)	163,06 $1,3128^{25}$	— 163	$n_\alpha^{16,8}$ 1,4946, $n_D^{16,8}$ 1,4976, $n_\beta^{16,8}$ 1,5052. Fl.; Kp: 59,5…60°/$_{16}$; durchdringender Geruch; l. in Al, Ä; mit alkohol. KOH oder sied. Chinolin → Cyclohexen
Cyclohexyl-carbinol [Org. Syntheses I, 182]	$C_6H_{11} \cdot CH_2OH$	114,19 $0,9280^{20}$	— $91/_{18}$	n_D^{20} 1,4649. Fl.
Cyclohexyl-chlorid [E 2 V, 11]	(Cl)	118,61 $1,000^{20,3}$	— 43,9 142,7…5,0	$n_\alpha^{20,3}$ 1,4601, $n_D^{20,3}$ 1,4626, $n_\beta^{20,3}$ 1,4686. Fl.; l. in Al, Ä
Cyclohexyl-hydrazin [E 2 XV, 39]	(NH·NH$_2$)	114,19 —	36…8 —	Süßlich riechende Nadeln $\cdot 2H_2O$ (W); l. in W, Bzl, ll. in Al, Ä; sehr flch.; Hydrochlorid F: 110…1°
Cyclohexyliden-cyanessigsäure [Org. Syntheses 31, 25]	(C<CN, CO$_2$H)	165,19 —	110…0,5 —	Krist. (Bzl)
Cyclohexyljodid [Org. Syntheses 31, 66]	(J)	210,06 $1,625^{20}$	— 48…9,5/$_4$	n_D^{20} 1,551. Fl.
Cyclonit s. Hexogen				
Cyclononanon [E 2 VII, 29]	$H_2C \cdot CH_2 \cdot CH_2 \cdot CH_2$ \ $H_2C \cdot CH_2 \cdot CH_2 \cdot CH_2$ / CO	140,23 $0,9587^{17}$	— 93…5/$_{12}$	n_D^{17} 1,4730. Fl.; campherart. riechend; Semicarbazon F: 178…9°
Cyclooctanol [E 2 VI, 25]	(OH)	128,22 $0,9663^{17}$	14…5 106…8/$_{22}$	n_D^{17} 1,4844. Fl.; l. in Ä; Phenylurethan F: 62°
Cyclooctanon [E 2 VII, 22]	(O)	126,20 $0,9604^{20}$	32,5 195…7	n_D^{20} 1,4723. Krist.; Semicarbazon F: 167…8°

20*

Name und Literatur	Formel	Mol.-Gew. Dichte	F in °C Kp. in °C	Charakteristik
Cyclooctatetraen-(1,3,5,7) [E 1 V, 228]		104,15 0,9206[20] *	− 7 * 142...3 *	n_α^{20} 1,5341, n_D^{20} 1,5394, n_β^{20} 1,5538. Goldgelbe Fl.; Kp: 42...2,5°/17 * intensiver Geruch; * W. Reppe: Neue Entwicklung auf dem Gebiet der Chemie des Acetylens und CO
Cyclopentadecanon [E 2 VII, 50]	$H_2C[CH_2]_6$ $H_2C[CH_2]_6$ CO	224,39 0,8973[66]	63 ca 120/0,3	n_D^{66} 1,4637. Nadeln; musconart. riechend; Semicarbazon F: 189...90°
Cyclopentadien [E 2 V, 77]		66,10 0,804...8[16]	− 85 40	$n_\alpha^{16,1}$ 1,4425, $n_D^{16,2}$ 1,4463, $n_\beta^{16,2}$ 1,4554. Fl.; unl. in W, ∞ Al, Ä, Bzl; polym. beim Erhitzen; mit Pikrinsäure in alk. Lsg. → rote Färbung
Cyclopentan [E 2 V, 4]		70,14 0,751[20]	E − 93,3 49,5	n_α^{20} 1,40383, n_{He}^{20} 1,40609, n_β^{20} 1,41126. Öl; unl. in W, ∞ Al, Ä
cis-Cyclopentan- dicarbonsäure-(1,2) [E IX, 728]		158,16 —	140 —	Nadeln (W); ll. in W; bei 140...50° → Anhydrid
cis-Cyclopentan- dicarbonsäure-(1,2)- anhydrid [XVII, 449]		140,14 —	73 220/160	Tafeln (Eg); wl. in PÄ, CS_2, sll. in Al, Ä, Chlf, Bzl
inakt. trans-Cyclopentan- dicarbonsäure-(1,2) [IX, 728]		158,16 —	163 —	Krist. (W); wl. in Ä, Chlf, PÄ, Bzl, ll. in h. W, Al

Name	Struktur	M; d	Kp/F	Eigenschaften
Cyclopentanol [E 2 VI, 3]	(Cyclopentyl)–OH	86,13 0,9488[20]	— 139	$n_\alpha^{13,5}$ 1,4539, $n_D^{13,5}$ 1,456, $n_\beta^{13,5}$ 1,4617. Öl; swl. in W, l. in Al; Acetat Kp: 52...3°/12
Cyclopentanon [E 2 VII, 3]	(Cyclopentyl)=O	84,12 0,9502[20]	− 52,8 129	n_α^{18} 1,4354, n_D^{18} 1,438, n_β^{18} 1,4434. Fl.; zwl. in W, l. in Al, Ä; Oxim F: 58,5°
Cyclopentanon-(2)-carbonsäure-äthylester [Org. Syntheses II, 116]	H–(Cyclopentanon)–$CO_2C_2H_5$	156,18 —	— 102/11	Ölige Fl.; Semicarbazon F: 143°
Cyclopenten [E 2 V, 35]	(Cyclopenten)	68,12 0,7776[10]	— 43...4,2/751	n_D^{10} 1,4287. Fl.; unl. in W, l. in Al, Ä, Chlf; mit $KMnO_4 \to$ -diol; mit $Br_2 \to$ -dibromid
Cyclopenten-(2)-yl-malonsäure-diäthylester [Org. Syntheses 32, 52]	(Cyclopenten)–$CH(CO_2C_2H_5)_2$	226,27 —	— 130/12	n_D^{20} 1,4536. Fl.
Cyclopentyl-bromid [E 2 V, 4]	C_5H_9Br	149,04 1,3900[20]	— 56/45	n_D^{20} 1,4882. Fl.; bräunt sich beim Stehen
Cyclopropan [E 2 V, 3]	(Cyclopropan)	42,08 0,720[−79]	E − 127 − 34,5/750	Gas; unl. in W; bei Rotglut → Propen
Cyclopropan-carbonsäure [E 2 IX, 3]	(Cyclopropan)–CO_2H	86,09 1,0897[19,7]	18,1 181...2	$n_\alpha^{20,9}$ 1,4345, $n_D^{20,9}$ 1,4370, $n_\beta^{20,9}$ 1,4433. Krist.; l. in CS_2
Cyclopropen-carbonsäure-nitril s. Cyclopropyl-cyanid				
Cyclopropan-dicarbon=säure-(1,1) [IX, 721]	(Cyclopropan)–$(CO_2H)_2$	130,10 —	140...1 Z	Nadeln (Chlf); l. in Chlf, ll. in Ä, sll. in W
Cyclopropan-tricarbon=säure-(1,2,3) [E 2 IX, 702]	(Cyclopropan)–$(CO_2H)_3$	174,11 —	220 —	Krist. (W); ll. in A, swl. in Chlf

Name und Literatur	Formel	Mol.-Gew. Dichte	F in °C / Kp. in °C	Charakteristik
Cyclopropylchlorid [V, 16]	(Cyclopropan-Ring mit H, Cl)	76,53 —	— / $43/_{744}$	Fl.
Cyclopropyl-cyanid [Org. Syntheses III, 223]	(Cyclopropan-Ring mit H, CN)	67,09 —	— / $69...70/_{80}$	Fl.
Cycloserin [J. Am. Chem. Soc. **77**, 2345]	H_2N (Ringstruktur mit O, O-NH)	102,09 —	154...6 / —	Nadeln, ll. in W, l. in Me, wl. in org. Lösm.; amphoter; $[\alpha]_D^{25}$: +116° (2n NaOH, c = 1); Antibiotikum „Seromycin", „Oxamycin"
Cycloundecanon [E 2 VII, 45]	$H_2C[CH_2]_4$ $H_2C[CH_2]_4$ $\rangle CO$	168,28 $0{,}9466^{17}$	9...10 / $108/_{10}$	n_D^{17} 1,4786. Öl; Semicarbazon F: 202...3°
Cymarose [Helv. Chim. Acta **29**, 378]	$CH_3 \cdot C \cdot C \cdot C \cdot C \cdot C$ (H, OH, OCH₃ usw., O-Brücke)	162,19 —	92...4 / —	Nadeln (Aceton); unl. in Bzl, wl. in Chlf, l. in W, Al; $[\alpha]_D^{14}$: +55°
o-Cymol [E 2 V, 322]	(Benzolring mit CH₃, CH(CH₃)₂)	134,22 $0{,}8741^{20}$	— / 175	n_α^{20} 1,4951, n_{He}^{20} 1,4996, n_β^{20} 1,5094. Fl.; unl. in W, l. in Al, Ä; schwacher Moschusgeruch
m-Cymol [E 2 V, 322]	$CH_3 \cdot C_6H_4 \cdot CH(CH_3)_2$	134,22 $0{,}8619^{20}$	< −25 / 174,5...5,5	n_α^{20} 1,4892, n_{He}^{20} 1,4937, n_β^{20} 1,5036. Fl.; unl. in W, l. in Al, Ä
p-Cymol [E 2 V, 322]	$CH_3 \cdot C_6H_4 \cdot CH(CH_3)_2$	134,22 $0{,}857^{20}$	E −73,25 / 176,7	$n_\alpha^{13,4}$ 1,4897, $n_D^{13,4}$ 1,4933, $n_\beta^{13,4}$ 1,5040. Fl.; unl. in W, l. in Al, Ä; möhrenart. Geruch; Vork. in ätherischen Ölen; techn. Lösm.
Cymophenol s. Carvacrol				

Cystamin s. 2-Mercapto-äthylamin
Cysteamin s. 2-Mercapto-äthylamin

Name	Formel	Molgew	F	Eigenschaften
L(+)-Cystein [E 2 IV, 920]	H $\,\vert\,$ $HO_2 \cdot C \cdot CH_2SH$ $\,\vert\,$ NH_2	121,16 —	— —	Krist.; $[\alpha]_D^{29}$: $+9{,}7°$; sll. in W, Al, unl. in Ä, Aceton, Bzl, CS_2, CCl_4; oxid. zu Cystin; $\cdot$HCl Krist., F: 175...8°
L(−)-Cystin [E 2 IV, 925]	$[HO_2C \cdot CH(NH_2) \cdot CH_2S]_2$	240,30 —	Z 258...61 * —	Täfelchen (verd. HCl); $[\alpha]_D^{29}$: $-222{,}4°$ $(0{,}5 \text{n} HCl, \; c=2)$ unl. in Al, Ä, ll. in Alk, daraus durch org. S fällbar; * im geschl. Röhrchen
D,L-Cystin [J. Biol. Chem. 131, 267]	$[HO_2C \cdot CH(NH_2) \cdot CH_2S]_2$	240,30 —	260...1 Z —	Krist. (W); swl. in W, ll. in Alk und Mineralsäuren
Cytisin [XXIV, 134]	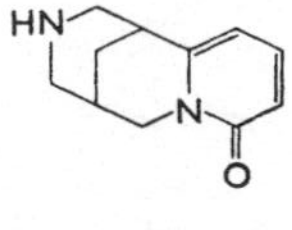 (Ringformel: HN … N … O)	190,25 —	154,5 subl.	Krist. (Al oder Chlf); unl. in Lg, CS_2, 78,1 W 16°; 78,1 Me 15°; 30,1 Al 8°; 48,7 Chlf 15°; 7,7 Aceton 17°; 3,3 Bzl 17°; $[\alpha]_D^{12}$: $-123{,}3°$ (W); sehr giftig
Cytosin [E 1 XXIV, 312]	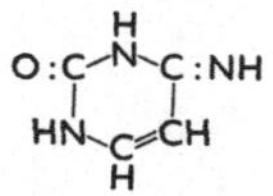 (Ringformel: $O{:}C$ … N … $C{:}NH$ … HN … C … CH … H)	111,10 —	320...5 Z — ·	Platten $\cdot 1 H_2O$ (W); unl. in Ä, swl. in Al; 0,8 W 25°; Pikrat F: 300...5° Z.

Dagénan s. 2-[Aminobenzol-4′-sulfamid]-pyridin
Dahlsche Säure s. Naphthylamin-(2)-sulfosäure-(5)
Daphnetin s. 7,8-Dihydroxy-cumarin
Daturin s. Hyoscyamin
DDD s. 1,1-Dichlor-2,2-bis-[p-chlorphenyl]-äthan

Name	Formel	Molgew	F	Eigenschaften
DDT [Org. Syntheses III, 271]	$(Cl \cdot C_6H_4)_2CH \cdot CCl_3$	354,49 —	105...6 —	Krist. (Al); swl. in W, wl. in Al

Name und Literatur	Formel	Mol.-Gew. Dichte	F in °C / Kp. in °C	Charakteristik
cis-Decahydrochinolin [E 2 XX, 73]	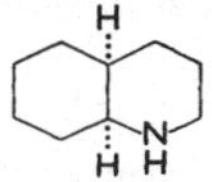	139,24 0,9191[56]	ca -40 / $205/_{735}$	$n_\alpha^{55,7}$ 1,4741, $n_\beta^{55,7}$ 1,4832. Fl.; Benzoyl=derivat F: 96°
trans-Decahydrochinolin [E 2 XX, 72]	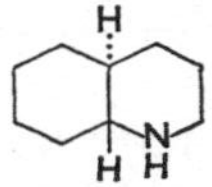	139,24 0,9021[55,5]	45,5 / $203/_{735}$	$n_\alpha^{55,8}$ 1,4692, $n_\beta^{55,8}$ 1,4783. Prismen (Lg); ll. in h. W, sll. in Al, Ä, Aceton Chlf; subl.; W- und Ädampfflch.
Decahydronaphthalin s. Decalin				
cis-Decalin [E 2 V, 56]	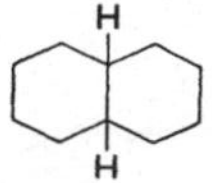	138,25 0,8942[20]	-51 / 193	n_α^{20} 1,4787, n_{He}^{20} 1,4811, n_β^{20} 1,4892. Fl.; unl. in W, l. in Al, Ä
trans-Decalin [E 2 V, 56]	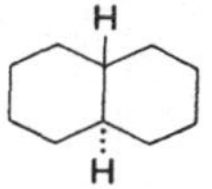	138,25 $0,8820_4^{20}$*	$-32,5...1,5$ / $187...8$	n_α^{20} 1,4718, n_{He}^{20} 1,4744, n_β^{20} 1,4801. Fl.; unl. in W, l. in Al, Ä; *im Vak; mit $Br_2 \rightarrow$ Hexabromnaphthalin F: 269°
techn. Decalin [E 2 V, 57]	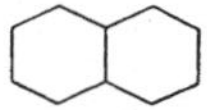	138,25 0,8865[20]	-124 / 191,7	n_D^{15} 1,4753. Fl.; ∞ Butanol, l. in Chlf, Aceton, CS_2, Bzl, swl. in Al, Me; Flammpunkt: 57°; brennt mit leuchtender Flamme; wichtiges techn. Lösm.
cis-α-Decalol I [E 2 VI, 72]	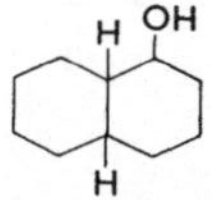	154,25 —	93 / —	Nadeln (PÄ); bei gewöhnlicher Temp. fast geruchlos, in der Wärme Geruch nach Fenchon; Phenylurethan F: 118°

cis-β-Decalol I [E 2 VI, 73]	154,25 —	105 242,5...3/$_{746}$	Nadeln (PÄ); unl. in W, wl. in PÄ, ll. in h. Al; Phenylurethan F: 134°
trans-α-Decalol I [E 2 VI, 72]	154,25 —	79 —	Krist.; Phenylurethan F: 134°
trans-β-Decalol I [E 2 VI, 74]	154,25 —	53 230...1/$_{746}$	Krist.; Phenylurethan F: 99°
cis-β-Decalol II [E 2 VI, 74]	154,25 —	18 242,5...3	Krist.; Phenylurethan F: 102°
trans-α-Decalol II [E 2 VI, 72]	154,25 —	63 130/$_{28}$	Krist.; bei gewöhnlicher Temp. geruchlos; Phenylurethan F: 172°
trans-β-Decalol II [E 2 VI, 74]	154,25 —	75 237/$_{742}$	Krist.; l. in PÄ; Phenylurethan F: 165°
Decalol-(9) [E 2 VI, 75]	154,25 —	65 —	Nadeln (verd. Al)

Name und Literatur	Formel	Mol.-Gew. Dichte	F in °C Kp. in °C	Charakteristik
cis-α-Decalon [E 2 VII, 85]	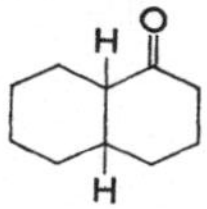 (Formel)	152,24 $1,0077^{21}$	2 $126/_{20}$	n_D^{20} 1,4936. Öl von intensivem Geruch (Menthol); Semicarbazon F: 220... 1° Z.
cis-β-Decalon [E 2 VII, 86]	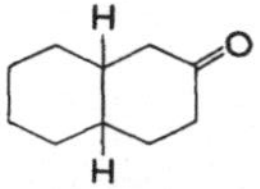 (Formel)	152,24 $1,0038^{20}$	− 14 249...50	n_α^{20} 1,4904, n_D^{20} 1,4927, n_β^{20} 1,4995. Öl von süßlichem Geruch; Wdampf-flch.; Semicarbazon F: 182...3° Z.
trans-α-Decalon [E 2 VII, 85]	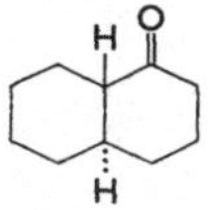 (Formel)	152,24 $0,9846^{21,5}$	33 $122/_{22}$	$n_D^{21,5}$ 1,4849. Krist.; Semicarbazon F: 229...30°
trans-β-Decalon [E 2 VII, 86]	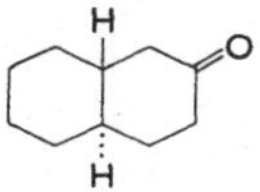 (Formel)	152,24 $0,9771^{19}$	6 240	$n_\alpha^{19,2}$ 1,4787, $n_D^{19,2}$ 1,4822, $n_\beta^{19,2}$ 1,4877. Fl.; Semicarbazon F: 192...3° Z.
Decamethylenbromid [Org. Syntheses III, 227]	$Br(CH_2)_{10}Br$	300,09 —	— 139...42/2	Fl.; unl. in W, l. in Ä, ll. in h. Al
Decamethylendiamin [Org. Syntheses III, 229]	$H_2N \cdot CH_2[CH_2]_8 \cdot CH_2 \cdot NH_2$	172,32 —	60 $126...7/_5$	Krist.
Decamethylendiguanidin [E 2 IV, 712]	$HN : C(NH_2) \cdot NH \cdot [CH_2]_{10} \cdot NH \cdot C(NH_2) : NH$	256,40 —	— —	Krist. ·2HCl (W oder Al + Ä), F: 199...200°; Pikrat F: 191,5...3°
Decamethylenglykol [Org. Syntheses II, 154]	$HO \cdot [CH_2]_{10} \cdot OH$	174,29 —	72...4 $192/_{20}$	Krist. (Al + Bzl); swl. in k. W, k. PÄ, wl. in Ä, ll. in Al, h. Ä

Name	Formel			Eigenschaften
Decan [E 2 I, 129]	$CH_3 \cdot [CH_2]_8 \cdot CH_3$	142,29 / 0,7344[15]	E − 30,1 / 173,75	n_α^{15} 1,4117, n_β^{15} 1,4190. Fl.; unl. in W, ∞ Al, Ä
Decan-dicarbon= säure-(1,10) [E 2 II, 615]	$HO_2C \cdot [CH_2]_{10} \cdot CO_2H$	230,31 / —	126,5…9 / —	Flache Nadeln (h. W oder Egester); Kp: 245°/10; 0,004 W 20°; 0,113 W 100°
Decan-diol-(1,10) s. Decamethylenglykol				
Decanol-(1) [E 3 I, 1758]	$CH_3 \cdot [CH_2]_9 \cdot OH$	158,29 / 0,8198[34,6]	E + 6,4 / 232,9	$n_D^{20,5}$ 1,43587. Öl; Kp: 115…20°/15; l. in Al, Ä; 3,5-Dinitro-benzoesäure= ester F: 56…7°
Decanon-(2) [E 3 I, 2898]	$CH_3 \cdot [CH_2]_7 \cdot CO \cdot CH_3$	156,27 / 0,8230[22]	14 / 209/750	n_D^{22} 1,4263, n_D^{15} 1,4272. Fl.; Kp: 95… 7°/12; apfelsinenart. Geruch; Semi= carbazon F: 126°; gibt mit $NaHSO_3$ krist. Verbindung
Decansäure s. Caprinsäure				
Decylaldehyd s. Caprinaldehyd				
Decylamin [IV, 199]	$CH_3 \cdot [CH_2]_8 \cdot CH_2 \cdot NH_2$	157,30 / —	17 / 216…8	Fl.
Dehydracetsäure [E 1 XVII, 283]		168,15 / —	109 / 269,9	Nadeln oder Tafeln (W); wl. in k. Al, ll. in Ä, sll. in sied. Al
Dehydroascorbinsäure [Biochem. Z. 299, 394]		174,11 / —	225 / —	Feine Nadeln; l. in warmem W; $[\alpha]_D^{20}$: + 56°
7-Dehydrocholesterin [Vogel, I, 167]		384,65 / —	148…50 / —	Feine Nädelchen (Me + Bzl); $[\alpha]_D^{20}$: − 113,6° (Chlf); Acetylderivat F: 130°; $[\alpha]_D^{20}$: − 85,3°

Name und Literatur	Formel	Mol.-Gew. Dichte	F in °C Kp. in °C	Charakteristik
Dehydroindigo [XXIV, 435]		260,25 —	210...5 Z * —	Rotgelbe Tafeln; swl. in Ä, wl. in h. Bzl, zll. in Chlf, ll. in h. Nitrobzl., l. in h. H_2SO_4 blau; * Z. → Indigo
Dehydroschleimsäure s. Furandicarbonsäure-(2,5)				
Dehydrothio-N-toluidin [XXVII, 376]		240,33 —	191 434	Nadeln (Al); wl. in k. Al, Ä, Bzl, zll. in sied. Al blauviol. fluoresz.; 0,005 sied. W; sll. in Eg
Delphinidin-chlorid* [E 1 XVIII, 429]		338,70 —	< 350 —	Schokoladenbraune Krist. (HCl 5%); Metallglanz; ll. in W, Me, Al mit purpurroter bis rotviol. Farbe;* besser 3,5,7,3',4',5'-Hexahydroxy-flavylium-chlorid (s. S. 50)
Deoxy s. Desoxy Deserpidin s. u. Reserpin Deserpinidin s. u. Reserpin				
Desoxalsäure [III, 586]	$HO_2C \cdot CH(OH) \cdot C(OH)(CO_2H)_2$	194,10 —	— —	Zerfl. Krist. $\cdot 1 H_2O$; ll. in W, Al; mit W > 45° → DL-Weinsäure + CO_2; Triäthylester F: 78°
Desoxybenzoin [E 2 VII, 368]	$C_6H_5 \cdot CO \cdot CH_2 \cdot C_6H_5$	196,25 $1,201^0$	60 320...2	Tafeln (Al); wl. in sied. W, ll. in k. Al. Ä; Semicarbazon F: 148°
Desoxycholsäure [Lettré, 31]		392,58 —	176...7 —	Krist.; $[\alpha]_D$: + 53°; swl. in W, (0,24 g/l); ll. in Al (220 g/l); keine Fällung mit Digitonin; Methylester F: 80°

Name	Formel	Mol.-Gew.	Smp.	Eigenschaften
Desoxycorticosteron [Helv. Chim. Acta **24**, 371 (1941)]		330,47 —	141...2 —	Platten (Ä); ll. in Al, Aceton; $[\alpha]_D^{22}$: + 178° (Al)
L-6-Desoxygalactose s. L-Fucose				
6-Desoxy-L-glucose [J. Am. Chem. Soc. **73**, 4214]		164,16 —	143...5 —	Nadeln (Me + Egester); $[\alpha]_D^{20}$: − 84,7° (W)
2-Desoxy-3-methyl-D-fucose [Helv. Chim. Acta **31**, 1630]		162,19 —	— —	Sirup; $[\alpha]_D^{18}$: + 56,2° (W)
D-2-Desoxyribose [J. Chem. Soc. **1949**, 1363]		134,13 —	87...90 —	Krist. (Isopropylal.); $[\alpha]_D^{22}$: − 55,2° (W)
L-6-Desoxytagatose [Helv. Chim. Acta **21**, 913]		164,16 —	68...9 —	Fbl. Krist. (Egester); $[\alpha]_D^{24,5}$: + 3,4°

Name und Literatur	Formel	Mol.-Gew. Dichte	F in °C Kp. in °C	Charakteristik
Desoxy-veronal [XXIV, 304]	$(C_2H_5)_2$ (Ringformel: NH, 2 × C=O, N–H)	170,21 —	293 subl.	Pyramiden (Al); unl. in Lg, swl. in Bzl, wl. in Ä, Aceton, h. Egester, sll. in Al
Dextrose s. D-Glucose				
DFDT s. 1,1,1-Trichlor-2,2-bis-(p-fluorphenyl)-äthan				
Diacetamid s. Diacetylamin				
Diacetessigester [E 2 III, 467]	$(CH_3 \cdot CO)_2CH \cdot CO_2C_2H_5$	172,18 $1,0967\frac{15}{15}$	— $95\dots7/_{12}$	$n_\alpha^{17,6}$ 1,4618, $n_D^{17,6}$ 1,4660, $n_\beta^{17,6}$ 1,4768. Fl.; Kp: $104°/_{16}$; wl. in W, ll. in Al, Ä, Bzl
Diacetin s. Glycerin-α,α'-diacetat				
Diacetonalkohol [E 2 I, 876]	$CH_3 \cdot CO \cdot CH_2 \cdot C(CH_3)_2OH$	116,16 $0,9306^{25}$	— $164\dots6$ Z	Fl.; Kp: $66\dots8°/_{14}$; ∞ W, Al, Ä, unl. in Alk; techn. Lösm.; MAK: 50 cm³ je m³
Diacetonamin [E 2 IV, 767]	$CH_3 \cdot CO \cdot CH_2 \cdot C(CH_3)_2 \cdot NH_2$	115,18 < 1	— Z	Fl.; ammoniakalischer Geruch; Kp: $25°/_{0,14}$; ∞ Al, Ä, l. in W; · HCl Prismen (Al); ll. in W, Al
Diacetyl [E 2 I, 824]	$CH_3 \cdot CO \cdot CO \cdot CH_3$	86,09 $0,9809^{13,5}$	— $89\dots90$	$n_\alpha^{13,5}$ 1,39324, $n_D^{13,5}$ 1,395, $n_\beta^{13,5}$ 1,40128. Gelbgrüne Fl.; 25 W 15°; ∞ Al, Ä; p-Nitro-phenylosazon F: 319°
α,α'-Diacetyl-aceton [E 3 I, 3172]	$CH_3 \cdot CO \cdot CH_2 \cdot CO \cdot CH_2 \cdot CO \cdot CH_3$	142,16 $1,0681\frac{40}{40}$	49 $121/_{10}$	n_D^{60} 1,4787 (verändert mit der Zeit); fbl. Blättchen, Kp: $80\dots2°/_3$; ll. in Ä, h. Al, l. in Al gelb; Z. beim Aufbewahren und mit h. W, dabei → Dimethylpyron; mit $FeCl_3$ tiefdklrote Färbung; Verw. zum Härten von Gelatineschichten

Diacetyl-amin [E 2 II, 180]	$(CH_3 \cdot CO)_2NH$	101,11 —	78...9 216...8	Nadeln (Ä oder Bzl + PÄ); ll. in W, zll. in Ä, Lg; $NaC_4H_6O_2N$ gelblich weiße zerfl. Krist.; ll. in W, Al, wl. in Ä, unl. in Bzl, PÄ
Diacetyl-dioxim s. Dimethylglyoxim				
Diacetylen [E 2 I, 245]	$CH \vdots C \cdot C \vdots CH$	50,06 $0,7364^0$	— 9,5...10	$n_\alpha^{0,8}$ 1,4343, $n_D^{0,8}$ 1,4386, $n_\beta^{0,8}$ 1,4490. Lauchart. riechendes Gas; 4,66 W $25°$; ll. in Aceton, zll. in Chlf
Diacetylessigsäure-äthylester s. Diacetessigester				
Diacetyl-monoxim [E 3 I, 3104]	$CH_3 \cdot CO \cdot C(\vdots NOH) \cdot CH_3$	101,11 —	76 186	Krist. (Chlf oder PÄ); ll. in Ä, Al, Chlf, l. in W, l. in Alk mit gelber Farbe; Erhitzen → Disproportionierung; „Diacetyloxim"
Diacetylmorphin [E 2 XXVII, 151]	s. Morphin mit $OCOCH_3$ anstelle OH	369,42 —	173 272...4/12	Weiße Krist. (Egester); ll. in Chlf, l. in Al und verd. S, wl. in Ä, swl. in W; schwach bitterer Geschmack
Diacetylperoxid [E 2 II, 174]	$CH_3 \cdot CO \cdot O \cdot O \cdot CO \cdot CH_3$	118,9 —	26,5 63/21	Durchsichtige Krist.; sehr expl.; etwas l. in W
Diacetyl-phenylendiamin s. Phenylendiamin-N,N′-diacetat				
Diacetylweinsäure s. Weinsäure-diacetat				
Diäthanolamin [E 2 IV, 729]	$HN(CH_2 \cdot CH_2OH)_2$	105,14 $1,0966^{20}$	28 270	n_α^{20} 1,4750, n_D^{20} 1,4776, n_γ^{20} 1,4887. Prismen; sehr zerfl.; ∞ W, Al, swl. in Lg, Bzl, Ä, l. in Chlf; wss. Lsg. wirkt ätzend; $\cdot HNO_3$ Rhomben (abs. Al) F: $69°$; sll. in W, h. Al, unl. in Ä
2,5-Diäthoxy-anilin [E 2 XIII, 475]	OC_2H_5 / H_5C_2O / NH_2	181,24 —	86...7 138/2	Weiße Krist. (PÄ); Verw. für die Darst. von Azofarbstoffen

Name und Literatur	Formel	Mol.-Gew. Dichte	F in °C Kp. in °C	Charakteristik
Diäthoxyessigsäure-äthylester s. Malonhalbaldehyd-diäthylacetal-äthylester				
α,α-Diäthyl-aceton [E 2 I, 756]	$CH_3 \cdot CO \cdot CH(CH_2CH_3)_2$	114,19 $0,8230^{15}_{15}$	— $136...7/_{745}$	n_D^{20} 1,4073. Fl; campherart. Geruch
Diäthyl-acetylen s. Hexin-(3)				
Diäthyläther [E 2 I, 311]	$(C_2H_5)_2O$	74,12 $0,71378^{20}$	— 116,4 34,6	n_α^{15} 1,35381, n_D^{15} 1,35555, n_β 1,36005. Fl.; 9,2 W 15°; 6,4 W 25°; ∞ Al, Chlf; angenehmer Geruch; leicht entzündlich; Dampf wirkt betäubend; Narkotikum; MAK: 400 cm³/m³
Diäthylamin [E 2 IV, 590]	$(C_2H_5)_2NH$	73,14 $0,7045^{25}$	E — 48 56,3	$n_\alpha^{17,6}$1,38510, $n_D^{17,6}$1,38730, $n_\gamma^{17,6}$1,39703. Fl.; sll. in W, l. in Al; brennbar; MAK: 25 cm³/m³
-hydrobromid [E 2 IV, 592]	$(C_2H_5)_2NH_2 \cdot Br$	154,06 —	205 —	Blättchen; 311,6 W 25°, 31,2 Chlf 25°, ll. in Al, Me, wl. in Aceton, unl. in Ä
-hydrochlorid [E 2 IV, 592]	$(C_2H_5)_2NH_2 \cdot Cl$	109,60 $1,0475^{21}$	226 320...30	Sehr hygr. Blättchen (Al + Ä); 231,7 W 25°; l. in Al, unl. in Ä; 19,6 Chlf 25°
-hydrojodid [E 2 IV, 592]	$(C_2H_5)_2NH_2 \cdot J$	201,05 1,758	172...4 —	Krist. (Al + Ä); 377,2 W 25°, 47,6 Chlf 25°, ll. in Al, unl. in Ä, Bzl
Diäthylamino-acetonitril [Org. Syntheses III, 275]	$(C_2H_5)_2N \cdot CH_2 \cdot CN$	112,18 —	— $61...3/_{14}$	n_D^{25} 1,4230. Fl.; nach Campher riechend Chlorhydrat Nadeln (Al), F: 186°
β-Diäthylamino-äthanol [Mellan, 443]	$(C_2H_5)_2N \cdot CH_2 \cdot CH_2OH$	117,19 $0,885^{20}_{20}$	— 163	n_D^{20} 1,440. Hygr. Fl. Kp: 64...5°/$_{18}$; ∞ in W, l. in Al, Ä, Aceton, Egester, Bzl

3-Diäthylamino-phenol [E 2 XIII, 212]	$(C_2H_5)_2N \cdot C_6H_4 \cdot OH$	165,24 —	78 276...80	Krist. $(CS_2 + Lg)$; l. in Al
1-Diäthylamin-propan= diol-(2,3) [Mellan, 441]	$(C_2H_5)_2N \cdot CH_2 \cdot CH(OH) \cdot CH_2OH$	147,22 $0,9732^{20}_{20}$	— 233...5	Wasserklare Fl.; l. in W, Me, Ä, Aceton, Egester, Bzl
Diäthylanilin [E 2 XII, 92]	$C_6H_5 \cdot N(C_2H_5)_2$	149,24 $0,9407^{12,3}$	— 38,8 217,05	$n_\alpha^{12,3}$ 1,5404, $n_D^{12,3}$ 1,5462, $n_\beta^{12,3}$ 1,5625. Öl; wl. in W, l. in Al, Chlf, Eg
Diäthyl-barbitursäure s. Veronal				
1,2-Diäthyl-benzol [E 2 V, 327]	$C_2H_5 \cdot C_6H_4 \cdot C_2H_5$	134,22 $0,8662^{18}$	< -20 184...4,5	Fl.
1,3-Diäthyl-benzol [E 2 V, 327]	$C_2H_5 \cdot C_6H_4 \cdot C_2H_5$	134,22 $0,8597^{25}_{25}$	< -20 180,55	n_D^{20} 1,4955. Fl.; angenehmer süßlicher Geruch
1,4-Diäthyl-benzol [E 2 V, 327]	$C_2H_5 \cdot C_6H_4 \cdot C_2H_5$	134,22 $0,8678^{16,3}$	ca -35 182...3	$n_\alpha^{16,2}$ 1,4950, n_D^{16} 1,499, $n_\beta^{16,2}$ 1,5099. Fl.
N,N-Diäthyl-benzyl= amin [XII, 1021]	$C_6H_5 \cdot CH_2 \cdot N(C_2H_5)_2$	163,26 $0,890^{20}$	— 211...2	Fbl. Fl.; unl. in W, l. in Me, Al, Ä, Aceton, Egester, Bzl
Diäthylbromessigsäure- amid [E 2 II, 293]	$(C_2H_5)_2CBr \cdot CONH_2$	194,08 —	66...7 160...70 Z	Krist.; 8,7 k. W; ll. in h. W, Al, Ä, Bzl, l. in PÄ; Hypnotikum und Seda- tivum „Neuronal"
1,1-Diäthyl-buttersäure s. Triäthylessigsäure				
Diäthyl-carbinol s. Pentanol-(3)				
Diäthyl-carbitol s. Diglykol-diäthyläther				
Diäthylcyanamid [E 2 IV, 611]	$(C_2H_5)_2N \cdot CN$	98,15 $0,8738^{17}$	— 186	n_α^{17} 1,4207, n_D^{17} 1,4231, n_β^{17} 1,4287. Fl.; Kp: 78°/16; süßlicher Geruch; Z. durch HCl
Diäthyldisulfid [E 2 I, 345]	$C_2H_5 \cdot S_2 \cdot C_2H_5$	122,25 $0,9982^{20}$	— 151,5...3/745	n_α^{20} 1,50306, n_D^{20} 1,5030, n_γ^{20} 1,52407. Öl; Geruch nach Knoblauch; swl. in W, l. in Al, Ä
Diäthylenglykol s. Diglykol				

Name und Literatur	Formel	Mol.-Gew. Dichte	F in °C Kp. in °C	Charakteristik
Diäthylentriamin [E 2 IV, 695]	$H_2N \cdot CH_2 \cdot CH_2 \cdot NH \cdot CH_2 \cdot CH_2 \cdot NH_2$	103,17 0,9542	— 207,1	Fbl. Fl.; ∞ in W u. vielen org. Lösm.
Diäthylessigsäure [E 2 II, 291]	$(C_2H_5)_2CH \cdot CO_2H$	116,16 $0,9331^{10,2}$	< -15 $194/_{769}$	$n_D^{10,2}$ 1,41788. Fl.; Kp: 90...1°/$_{13}$; Amid Nadeln (Ä), F: 112° (104...5°)
N,N-Diäthyl-formamid s. Ameisensäure-N,N-diäthylamid				
N,N-Diäthyl-furfuryl=amin [Dunlop, 242]	[Furan ring]—$CH_2 \cdot N(C_2H_5)_2$	153,23 —	— 169...72	Fl.; Pikrat F: 84...5°
N,N′-Diäthyl-harnstoff [E 2 IV, 608]	$CO(NHC_2H_5)_2$	116,16 1,0415	112 263	Tafeln (Lg); Nadeln (Al); Kp: ca 150°/$_{26}$; ll. in W, Al, Ä; sublimierbar
Di-[2-äthyl-hexyl]-amin [Mellan, 423]	$(C_4H_9 \cdot CH(C_2H_5) \cdot CH_2)_2NH$	241,46 $0,8062^{20}_{20}$	— 281,1	Fbl. Fl.; unl. in W, l. in Me, Ä, Aceton, Egester, Bzl
Diäthylketon s. Pentanon-(3)				
N,N-Diäthyl-α-naphthyl=amin [E 2 XII, 682]	$C_{10}H_7 \cdot N(C_2H_5)_2$	199,30 $1,0071^{18,1}$	— 290	$n_\alpha^{18,1}$ 1,5861, $n_D^{18,1}$ 1,5933, $n_\beta^{18,1}$ 1,6161. Öl; ∞ Al, Ä, Bzl
Diäthyl-p-nitrophenyl-thiophosphat s. Phosphor, Thiophosphorsäure-diäthyl-p-nitrophenylester				
3,3-Diäthyl-pentan [E 2 I, 129]	$C(C_2H_5)_4$	128,26 $0,7565^{15}$	-41 139,2	n_D^{18} 1,4206. Fl.; ll. in Al, Ä
N,N-Diäthyl-p-phenylendiamin s. p-Amino-diäthylanilin				
Diäthylphthalat s. Phthalsäure-diäthylester				
Diäthyl-sulfat [E 3 I, 1318]	$SO_2(OC_2H_5)_2$	154,19 $1,1774^{23}$	$-25,2$ 208 Z	n_D^{18} 1,4010. Fl.; Kp: 93,0...3,2/$_{13}$; Reinigung: Dest. über Na_2SO_4 bei 20 mm; stark toxisch

Diäthylsulfid [E 2 I, 343]	$(C_2H_5)_2S$	90,19 / $0,8404^{16,8}$	−102,1 / 92,2	$n_\alpha^{16,8}$ 1,4406, $n_{578}^{16,8}$ 1,4436, $n_\beta^{16,8}$ 1,4506. Fl.; ätherischer Geruch; unl. in W, l. in Al, Ä
Diäthylsulfit [Ann. Chem. **485**, 272]	$O:S(OC_2H_5)_2$	138,19 / —	— / 158	Fl.
Diäthylsulfon [E 2 I, 345]	$(C_2H_5)_2SO_2$	122,19 / $1,057^{100}$	72 / 246	Tafeln (Ä); ll. in k. Bzl, l. in Al, h. Ä, unl. in PÄ, 15,6 W 16
Diäthylsulfoxid [E 2 I, 345]	$(C_2H_5)_2SO$	106,19 / —	15 / 88…90/15	Dicke Fl.; ll. in W, Al, Ä
N,N-Diäthyl-thiocarb=amidsäure-chlorid [Org. Syntheses 35, 55]	$(C_2H_5)_2N \cdot C(\!:\!S) \cdot Cl$	151,66 / —	48…51 / 80…5/1	Krist.
Diäthyltrisulfid [E 2 I, 346]	$(C_2H_5)_2S_3$	154,32 / $1,1140^{20}$	— / Z	n_D^{13} 1,5690. Gelbliches Öl; sulfidart. Geruch; Kp: 85°/26
Dial [E 1 XXIV, 422]	5,5-Diallylbarbitursäure $(CH_2\!:\!CH \cdot CH_2)_2$	208,22 / —	173 / —	Blättchen (W); wl. in Bzl, ll. in h. W, Al
Diallyl [E 2 I, 229]	$CH_2\!:\!CH \cdot CH_2 \cdot CH_2 \cdot CH\!:\!CH_2$	82,15 / $0,6880^{20}$	−140,8 / 59,5	n_α^{20} 1,39812, n_D^{20} 1,40102, n_γ^{20} 1,41385. Fl.; unl. in W; riecht rettigartig
Diallyläther [E 2 I, 477]	$CH_2\!:\!CH \cdot CH_2 \cdot O \cdot CH_2 \cdot CH\!:\!CH_2$	98,15 / $0,8260^{20}$	— / 94	Fl.; stechender Geruch
Diallylamin [Org. Syntheses I, 195]	$(CH_2\!:\!CH \cdot CH_2)NH$	97,16 / —	— / 108…11	Fl.

5,5-Diallylbarbitursäure s. Dial

21*

Name und Literatur	Formel	Mol.-Gew. Dichte	F in °C Kp. in °C	Charakteristik
Diallyldisulfid [E 2 I, 478]	$[CH_2 : CH \cdot CH_2 \cdot S]_2$	146,27 $1,010^{15}$	— $78\ldots80/_{16}$	Fl.; Geruch nach Knoblauch; unl. in W, l. in Chlf, ll. in Al
Diallylsulfid [E 2 I, 478]	$CH_2 : CH \cdot CH_2 \cdot S \cdot CH_2 \cdot CH : CH_2$	114,21 $0,88765^{26,8}$	E ca -83 $138\ldots9$	$n_\alpha^{26,8}\,1,48384$, $n_D^{26,8}\,1,48770$, $n_\gamma^{26,8}\,1,50637$. Öl; Geruch nach Knoblauch
Dialursäure [E 1 XXV, 511]		144,09 —	$214\ldots5$ Z —	Prismen oder Blättchen; wl. in k. W, ll. in sied. W; in W → Alloxantin; O-Acetylderivat F: 210...2°
3,6-Diamino-acridin [E 2 XXII, 397]		209,25 —	283 —	Braungelbe Nadeln (W); wl. in Ä, l. in h. W, Al gelb fluoresz.
Diaminoäthan s. Äthylendiamin				
1,2-Diamino-anthra= chinon [E 1 XIV, 459]		238,25 —	$303\ldots4$ —	Viol. Nadeln (Nitrobzl.); wl. in Chlf, Al, Ä, Eg, l. in Py, Anilin, ll. in h. Nitrobzl.
1,3-Diamino-anthra= chinon [E 2 XIV, 112]	$C_{14}H_{10}N_2O_2$	238,25 —	290 —	Rote Krist. (Nitrobzl.); swl. in Al, Ä, ll. in Py
1,4-Diamino-anthra= chinon [E 1 XIV, 461]	$C_{14}H_{10}N_2O_2$	238,25 —	268 —	Viol. Krist. (wss. Py); wl. in h. W, l. in Al, Eg, ll. in Py, Anilin, sll. in Bzl, Nitrobzl.
1,5-Diamino-anthra= chinon [E 2 XIV, 116]	$C_{14}H_{10}N_2O_2$	238,25 —	$318\ldots9$ subl.	Rote Nadeln (Al oder Eg); swl. in W, wl. in Al, Ä, Aceton, Chlf, Bzl

1,6-Diamino-anthra=chinon [E 2 XIV, 119]	$C_{14}H_{10}N_2O_2$	238,25 —	292 —	Rote Blättchen (Eg); ll. in h. Nitro-bzl., Eg, Anisol
1,7-Diamino-anthra=chinon [E 1 XIV, 470]	$C_{14}H_{10}N_2O_2$	238,25 —	290 —	Rote Nadeln (Nitrobzl); wl. in Al, Ä, Eg, Bzl
1,8-Diamino-anthra=chinon [XIV, 212]	$C_{14}H_{10}N_2O_2$	238,25 —	262 —	Rote Krist. (Al, Eg, Nitrobzl. oder verd. Py), wl. in Ä, ll. in Al, Eg, Nitrobzl., Py
2,6-Diamino-anthra=chinon [XIV, 215]	$C_{14}H_{10}N_2O_2$	238,25 —	310…20 Z —	Rotbr. Prismen (wss. Py); swl. in Chlf, wl. in h. Al, l. in h. Nitrobzl., Anilin
2,4-Diamino-azobenzol [E 2 XVI, 203]		212,26 —	117,5 —	Gelbe Nadeln (W); wl. in sied. W, ll in Al, Ä, Chlf, Bzl, Salze rot
2,2′-Diamino-azobenzol [XVI, 303]		212,26 —	134 —	Rote Blättchen (Al oder Bzl); swl. in W, l. in k. Al, Bzl, ll. in sied. Al, sll. in Ä, Aceton
3,3′-Diamino-azobenzol [XVI, 305]	$H_2N \cdot C_6H_4 \cdot N : N \cdot C_6H_4 \cdot NH_2$	212,26 —	156 —	Or.rote Krist. (verd. Al); wl. in W, Lg, l. in Al, Bzl
4,4′-Diamino-azobenzol [E 1 XVI, 319]	$H_2N \cdot C_6H_4 \cdot N : N \cdot C_6H_4 \cdot NH_2$	212,26 —	250…1 —	Or.gelbe Prismen (Al oder Bzl); wl. in W, Lg, Bzl, ll. in Al
2,3-Diamino-benzoesäure [XIV, 447]		152,15 —	190…1 Z Z	Nadeln; Z → CO_2 + o-Phenylen=diamin
2,4-Diamino-benzoesäure [XIV, 448]	$(H_2N)_2C_6H_3 \cdot CO_2H$	152,15 —	ca 140 Z	Krist.; ll. in h. W, sll. in Al

Name und Literatur	Formel	Mol.-Gew. Dichte	F in °C Kp. in °C	Charakteristik
2,5-Diamino-benzoesäure [XIV, 448]	$(H_2N)_2C_6H_3 \cdot CO_2H$	152,15 —	Z * 200 —	Prismen (W); swl. in h. W, Al, Ä; * Z. → CO_2-Absp.
3,4-Diamino-benzoesäure [XIV, 450]	$(H_2N)_2C_6H_3 \cdot CO_2H$	152,15 —	210 Z Z *	Blättchen; wl. in h. W, ll. in h. W; * Z. → CO_2-Absp.
3,5-Diamino-benzoesäure [XIV, 453]	$(H_2N)_2C_6H_3 \cdot CO_2H$	152,15 —	240 Z *	Nadeln ·1H_2O (W); 1,1 W 8°; l. in h. W, ll. in Al, Ä; * Z. → CO_2-Absp.
Diamino-benzol s. Phenylendiamin				
2,2'-Diamino-benzo= phenon [E 2 XIV, 56]		212,25 —	134…5 —	Hgelbe Blättchen (verd. Al); unl. in W, l. in Al
4,4'-Diamino-benzo= phenon [E 2 XIV, 56]	$(H_2N \cdot C_6H_4)_2CO$	212,25 —	244…5 —	Nadeln (verd. Al); unl. in k. W, wl. in h. W, ll. in Al; zers. in sied. W
1,4-Diamino-butan s. Tetramethylen-diamin				
1,10-Diamino-decan s. Decamethylen-diamin				
β,β'-Diamino-diäthylamin s. Diäthylen-triamin				
3,6-Diamino-2,7-dimethyl-acridin s. Acridingelb-Base				
Diamino-dimethylbenzol s. Diamino-xylol				
2,4'-Diamino-diphenyl [XIII, 211]	$H_2N \cdot C_6H_4 \cdot C_6H_4 \cdot NH_2$	184,24 —	45 363	Nadeln (verd. Al); swl. in W, ll. in Al, Ä; N,N'-Diacetylderivat F: 202°
4,4'-Diamino-diphenyl s. Benzidin				
4,4'-Diamino-diphenyl= amin [XIII, 110]	$H_2N \cdot C_6H_4 \cdot NH \cdot C_6H_4 \cdot NH_2$	199,26 —	158 Z	Blättchen (W)
2,2'-Diamino-diphenyl= disulfid [E 1 XIII, 125]	$[H_2N \cdot C_6H_4 \cdot S]_2$	248,37 —	93 —	Gelbe Nadeln (verd. Al); unl. in W, ll. in h. Al

4,4'-Diamino-diphenyl= disulfid [E 2 XIII, 300]	$[H_2N \cdot C_6H_4 \cdot S]_2$	248,37 —	85 —	Nadeln (verd. Al oder Ä); swl. in k. Bzl, CS_2, Lg, l. in h. Bzl, ll. in Al, Ä, Chlf, Lsgg. sind gelb
4,4'-Diamino-diphenyl= methan [E 2 XIII, 111]	$H_2N \cdot C_6H_4 \cdot CH_2 \cdot C_6H_4 \cdot NH_2$	198,27 —	92...3 232/$_9$	Blättchen (W); wl. in k. W, ll. in Al Ä, Bzl
4,4'-Diamino-diphenyl= sulfid [XIII, 535]	$(H_2N \cdot C_6H_4)_2S$	216,31 —	108 Z *	Nadeln (W); swl. in k. W, wl. in h. W, ll. in Al, Ä, h. Bzl; * Z. → Anilin + H_2S
4,4'-Diamino-diphenyl= sulfon [Org. Syntheses III, 239]	$H_2N \cdot C_6H_4 \cdot SO_2 \cdot C_6H_4 \cdot NH_2$	248,31 —	176 —	Krist. (Al + W)
1,6-Diaminohexan s. Hexamethylendiamin				
Diamino-methyl-benzol s. Diamino-toluol				
Diamino-naphthalin s. Naphthylendiamin				
1,2-Diamino-4-nitro-benzol [Org. Syntheses III, 242]		153,14 —	197...8 —	Krist.; swl. in W
1,3-Diamino-4-nitro-benzol [E 1 XIII, 16]	$H_2N \cdot C_6H_3(NO_2) \cdot NH_2$	153,14 —	161 —	Or.rote Nadeln (W); l. in W, ll. in Al, Ä
2,4-Diamino-6-hydroxy-pyrimidin [Org. Syntheses 32, 45]		126,12 —	260...70 Z —	Gelbe Nadeln (W + Eg)
1,5-Diamino-pentan s. Pentamethylen-diamin				
2,4-Diamino-phenol [XIII, 549]		124,14 —	78...80 Z —	Blättchen; wl. in Ä, Chlf, Benzin, l. in Al, Aceton, ll. in S, Alk

Name und Literatur	Formel	Mol.-Gew. Dichte	F in °C Kp. in °C	Charakteristik
2,4-Diamino-phenol-dihydrochlorid [E 2 XIII, 308]	$(H_2N)_2C_6H_3 \cdot OH \cdot 2HCl$	197,07 —	— —	Nadeln; 27,5 W 15°, Verw. als photographischer Entwickler (Amidol)
3,4-Diamino-phenol [XIII, 564]	$(H_2N)_2C_6H_3 \cdot OH$	124,14 —	167...8 Z —	Krist.; unbeständig
3,5-Diamino-phenol [XIII, 567]	$(H_2N)_2C_6H_3 \cdot OH$	124,14 —	168...70 —	Prismen; wl. in Ä, ll. in W
3,7-Diamino-phenothiazoniumchlorid s. Thionin				
2,4-Diamino-6-phenyl-triazin-(1,3,5) [Org. Syntheses 33, 13]	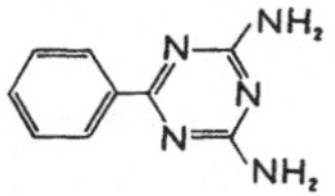 2-Phenyl-4,6-diamino-1,3,5-triazin (NH_2, NH_2)	187,21 —	227...8 —	Krist. (W)
dl-1,2-Diamino-propan [E 2 IV, 698]	$CH_3 \cdot CH(NH_2) \cdot CH_2 \cdot NH_2$	74,13 $0,878^{15}$	— 117,35	Fl.; sehr hygr.; mit W → $C_3H_{10}N_2 \cdot 2H_2O$; $\cdot 2HCl$ lange Nadeln F: 220°; sll. in W, l. in Al
1,3-Diamino-propan [E 2 IV, 699]	$H_2N \cdot CH_2 \cdot CH_2 \cdot CH_2 \cdot NH_2$	74,13 $0,884^{25}$	E — 23,5 $135...6/_{738}$	Fl.; ∞ Al, Ä, Chlf, Bzl; zieht W und CO_2 an; $\cdot 2HCl$ F: ca 240°
2,3-Diamino-pyridin [E 2 XXII, 394]	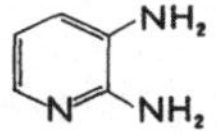 2,3-Diaminopyridin (NH_2, NH_2)	109,13 —	112...3 subl.	Nadeln (Bzl); ll. in W, Al, h. Bzl; Pikrat F: 262...4°
2,5-Diamino-pyridin [E 2 XXII, 394]	$NC_5H_3(NH_2)_2$	109,13 —	109...10 $180...5/_{12}$	Nadeln (Al); unl. in PÄ, swl. in Ä, ll. in W, Al, Aceton, Chlf blau fluoresz.
2,6-Diamino-pyridin [E 2 XXII, 395]	$NC_5H_3(NH_2)_2$	109,13 —	121...2 $148...50/_5$	Blättchen oder Tafeln (Bzl); unl. in PÄ, zwl. in W, wl. in Bzl, ll. in Al, Ä; Pikrat F: 240°

2,2′-Diamino-stilben [XIII, 267]	$[H_2N \cdot C_6H_4 \cdot CH:]_2$	210,28 / —	— / —	a) Goldgelbe Nadeln (Al, Ä oder Bzl); F: 176°; l. in Al, Ä; blaue Fluoresz. b) rote Nadeln (W); F: 123°
4,4′-Diamino-stilben [E 1 XIII, 86]	$[H_2N \cdot C_6H_4 \cdot CH:]_2$	210,28 / —	231 / subl.	Gelbe Nadeln (Al oder Xylol); wl. in h. W, CS_2, Bzl, l. in Me, Al, Ä
2,2′-Diamino-tolan [E 1 XIII, 88]	$[H_2N \cdot C_6H_4 \cdot C\vdots]_2$	208,27 / —	154 / —	Blau fluoresz. Blättchen (Al oder Bzl); swl. in Lg, l. in Ä, ll. in Aceton, Chlf; Pikrat F: 143°
2,3-Diamino-toluol [E 1 XIII, 39]	$CH_3 \cdot C_6H_3(NH_2)_2$	122,17 / —	63...4 / 255	Krist.; l. in W, Al, Ä, Aceton, Bzl; „vic. o-Toluylendiamin"
2,4-Diamino-toluol [E 1 XIII, 40]	$CH_3 \cdot C_6H_3(NH_2)_2$	122,17 / —	99 / 292	Nadeln (W); l. in h. W, Al, Ä; „as. m-Toluylendiamin"
2,5-Diamino-toluol [XIII, 144]	$CH_3 \cdot C_6H_3(NH_2)_2$	122,17 / —	64 / 273...4	Tafeln (Bzl); wl. in k. Bzl, ll. in W, Al, Ä, h. Bzl; „p-Toluylendiamin"
2,6-Diamino-toluol [E 2 XIII, 64]	$CH_3 \cdot C_6H_3(NH_2)_2$	122,17 / —	106 / —	Prismen (Bzl); ll. in h. W, Al, Ä; Diacetylderivat F: 202...3°; „vic. m-Toluylendiamin"
3,4-Diamino-toluol [XIII, 148]	$CH_3 \cdot C_6H_3(NH_2)_2$	122,17 / —	89...90 / 265	Blättchen (Lg); ll. in k. W; subl.; „as. o-Toluylendiamin"
3,5-Diamino-toluol [XIII, 164]	$CH_3 \cdot C_6H_3(NH_2)_2$	122,17 / —	— / 283...5	Öl; sll. in W, $C_7H_{10}N_2 \cdot 2HCl$ F: 255...60°; „sym. m-Toluylendiamin"
4,4′-Diamino-triphenyl-carbinol [XIII, 742]	$(H_2N \cdot C_6H_4)_2C(C_6H_5) \cdot OH$	290,37 / —	173...5 / —	Krist. (Py + W); wl. in h. W, Ä, k. Bzl, l. in Al, h. Bzl, Xylol, ll. in Py
4,4′-Diamino-triphenyl-methan [XIII, 274]	$C_6H_5 \cdot CH(C_6H_4 \cdot NH_2)_2$	274,37 / —	139...40 / —	Krist. (Ä); swl. in W, ll. in Al, Ä, Chlf, Lg

Name und Literatur	Formel	Mol.-Gew. Dichte	F in °C Kp. in °C	Charakteristik
4,6-Diamino-m-xylol [XIII, 183]	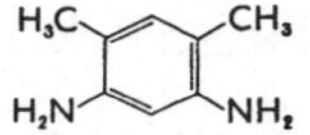	136,20 —	105...6 subl.	Nadeln (Lg); l. in h. Lg, ll. in W, Al, Ä, h. Bzl
Di-n-amyl-äther [E 2 I, 417]	$CH_3 \cdot [CH_2]_4 \cdot O \cdot [CH_2]_4 \cdot CH_3$	158,29 0,78695[15]	E — 69 187,5	n_α^{15} 1,41167, n_D^{15} 1,41392, n_β^{15} 1,41902. Fl.; erstickender Geruch; Kp: 70°/12
Di-n-amyl-keton [E 2 I, 768]	$CH_3 \cdot [CH_2]_4 \cdot CO \cdot [CH_2]_4 \cdot CH_3$	170,30 0,8247[20]	14,5 228	n_α^{25} 1,42454, n_D^{25} 1,42682, n_β^{25} 1,43217. Fl.; Kp: 107...8°/16; Oxim E: — 20,4°; Kp: 144,2°/12
o-Dianisidin [E 1 XIII, 331]	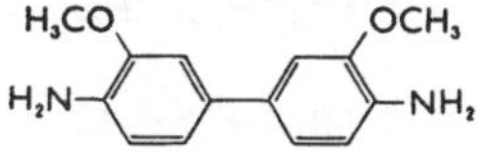	244,30 —	137 —	Schuppen; 2. Form Nadeln F: 133°; ll. in Al, Ä, Bzl
Dianthranyl-(1,1')-dicarbonsäure-(2,2') [E 2 IX, 701]	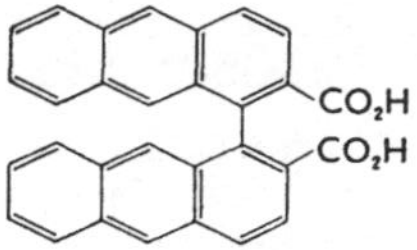	442,48 —	298 Z —	Hgrünlichgelbe Nadeln (Al oder Eg); unl. in Bzl, Chlf
Dianthron [E 2 VII, 798]	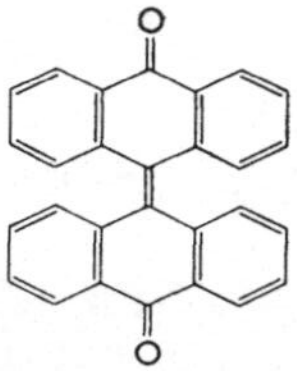	384,44 —	> 300 —	Gelbe Nadeln; unl. in W, wl. in Al, Ä, l. in Acetophenon, Tetrachloräthan; l. in H_2SO_4 rot

Diazinon s. Phosphor, Thiophosphorsäure-O,O-diäthyl-O-[2-isopropenyl-4-methyl-pyrimidyl-(6)]-ester

Diazoaminobenzoe=säure-(3,3') [XVI, 727]	HO$_2$C·C$_6$H$_4$–N:N·NH–C$_6$H$_4$·CO$_2$H	285,26 —	180 Z —	Or.gelbe Krist.; swl. in W, Al, Ä, Chlf, l. in Alk
Diazoaminobenzol [E 2 XVI, 351]	C$_6$H$_5$·N:N·NH·C$_6$H$_5$	197,24 —	100 Z	Goldgelbe Blättchen (Al); swl. in W, wl. in k. Al, zll. in h. Al, ll. in Ä, Bzl
4,4'-Diazoamino-toluol [XVI, 709]	CH$_3$·C$_6$H$_4$·N$_3$H·C$_6$H$_4$·CH$_3$	225,30 —	115...6 —	Hgelbe Nadeln (Lg); l. in H$_2$SO$_4$ gelb
p-Diazobenzolsulfosäure [E 2 XVI, 301]	$^-$O$_3$S·C$_6$H$_4$·N$^+$:N	184,17 —	— expl.	Nadeln (W); 0,06 W 20°, 0,07 W 25°; expl. beim Erhitzen, durch Schlag und Reiben
Diazoessigsäure [E 1 III, 209]	N:N:CH·CO$_2$H	86,05 —	— expl.	Nicht beständig; NaC$_2$HO$_2$N$_2$ gelbe Krist. (W); grüngelbe Nädelchen (W oder Al + Ä); ll. in W, verd. Al, expl. beim Erhitzen; KC$_2$HO$_2$N$_2$ gelbe Nadeln oder Blättchen; ll. in W, swl. in Al, expl. beim Erhitzen; wss. Salzlsg. zers. durch verd. S
Diazoessigsäure-äthyl=ester [E 2 III, 390]	N:N:CH·CO$_2$C$_2$H$_5$	114,10 1,0852^{17,6}	− 22 140...1/720	$n_\alpha^{17,6}$ 1,45447, $n_D^{17,6}$ 1,45876, $n_\beta^{17,6}$ 1,47017. Citronengelbes Öl; Kp: 44°/10; wl. in W, ∞ Al, Bzl, Lg, Ä; Wdampfflch.; durchdringender Geruch; mit sied. W → Glykolsäure=äthylester + N$_2$; Reaktion durch H$^+$ beschleunigt
Diazoessigsäure-methyl=ester [E 2 III, 389]	N:N:CH·CO$_2$CH$_3$	100,08 1,139^{21}	— expl.	Citronengelbe Fl.; Kp: 129°/721, 33°/10; wl. in W; expl. heftig beim Erhitzen
Diazomalonester [XXV, 157]	(N$_2$)C(CO$_2$C$_2$H$_5$)$_2$	186,17 —	— 105/12	Grüngelbe Fl.; swl. in W, l. in Al, Ä

Name und Literatur	Formel	Mol.-Gew. Dichte	F in °C Kp. in °C	Charakteristik
Diazomethan [E 2 I, 650]	$CH_2 : N \vdots N$	42,04 —	— 145 — 24...— 23	Gelbes Gas; l. in Al, Ä; expl. beim Erhitzen; sehr giftig; Z. durch W; Methylierungsmittel
Diazomethan-cyclo [Tetrah. lett. **1961**, 612]	N=N \ CH₂	42,04 —	— —	Fbl. Fl.; hochexpl. (selbst bei — 40°); Absorpt.-max 321 mμ (in Me); mit Cyclohexyl-MgBr → 1-Cyclohexyl-diaziridin, Kp: $82°/_{16}$, n_D 1,4831
Dibenzal-aceton [E 2 VII, 452]	$(C_6H_5 \cdot CH : CH)_2CO$	234,30 $1,033^{118}$	113 ca $230/_{20}$	Gelbe Tafeln; swl. in k. Al, wl. in Ä, zll. in h. Al, ll. in Aceton, Chlf, l. in H_2SO_4 or.rot
Dibenzamid [E 1 IX, 104]	$(C_6H_5 \cdot CO)_2NH$	225,25 —	147...8 Z *	Nadeln (verd. Al); 0,12 W 15°, wl. in h. W, ll. in Al, Chlf; * Z. → Benzonitril und Benzoesäure
1,2,3,4-Dibenzanthracen [Ber. **62**, 350]		278,36 —	200...2 —	Glänzende Nadeln (Eg); mit H_2SO_4 → viol.rot
1,2,5,6-Dibenzanthracen [Ber. **62**, 357]		278,36 —	262 —	Silbrige Nadeln (Eg); Dipikrat or. Nadeln, F: 214°

1,2,7,8-Dibenzanthracen [J. prakt. Chem. **135**, 1]	278,36 —	196 —	Nadeln (Bzl); swl. in Al, Ä blaugrünlich fluoresz.; Pikrat F: 212°
2,3,6,7-Dibenzanthracen s. Pentacen			
Dibenzanthron s. Violanthron			
Dibenzanthronyl-(2,2') [E 2 VII, 810]	458,52 —	325 —	Hgelbe Nadeln (1,2-Dichlorbzl.); swl. in Aceton, Bzl, Eg, l. in Trichlorbzl. gelb; l. in H_2SO_4 rot
Dibenzhydroxamsäure [E 2 IX, 213] $C_6H_5 \cdot CO \cdot NH(OCO \cdot C_6H_5)$	241,25 —	160…1 Z	Nadeln; unl. in Bzl, swl. in W, wl. in k. Al, Ä, l. in h. Al
Dibenzhydryläther [VI, 679] $(C_6H_5)_2CH \cdot O \cdot CH(C_6H_5)_2$	350,46 —	110 267/15	Krist. (Bzl); wl. in sied. Al, ll. in Bzl; zers. 300°
1,2,3,4-Dibenzophenanthren s. 11,12-Benzochrysen			
3,4;8,9-Dibenzo-pyrenchinon-(5,10) [E 2 VII, 789]	332,36 —	385 —	Goldgelbe Krist. (Nitrobzl.); l. in H_2SO_4 blauviol.
3,4;9,10-Dibenzo-pyrenchinon-(5,8) [E 2 VII, 789]	332,36 —	365 subl.	Rote, gelbe Nadeln (Xylol); 0,25 sied. Xylol gelb, grüngelb fluoresz.; 0,5 sied. Nitrobzl. or.gelb fluoresz.; l. in H_2SO_4 gelb

Name und Literatur	Formel	Mol.-Gew. Dichte	F in °C Kp. in °C	Charakteristik
trans-Dibenzoyläthylen [Org. Syntheses III, 248]	$HC \cdot CO \cdot C_6H_5$ $C_6H_5 \cdot OC \cdot CH$	236,27 —	109...10 —	Gelbe Krist. (Al); swl. in Lg, zwl. in Al, l. in Bzl, Eg, sll. in Chlf
Dibenzoylamin s. Dibenzamid				
1,4-Dibenzoyl-benzol [E 2 VII, 761]	$C_6H_5 \cdot CO \cdot C_6H_4 \cdot CO \cdot C_6H_5$	286,33 —	160...1 —	Blättchen (Al); 0,04 Al 15°; 0,5 k. Bzl.; wl. in k. Ä, l. in Chlf; 10 sied. Eg; Dioxim F: 256...8°
1,4-Dibenzoyl-butan [Org. Syntheses II, 169]	$CH_2 \cdot CH_2 \cdot CO \cdot C_6H_5$ $CH_2 \cdot CH_2 \cdot CO \cdot C_6H_5$	266,34 —	106...7 —	Krist. (Al)
N,N′-Dibenzoyl-hydrazin [E 2 IX, 216]	$[C_6H_5 \cdot CO \cdot NH]_2$	240,26 —	238 —	Nadeln (Me); swl. in k. W, Al, Ä, Chlf
Dibenzoylmethan [E 2 VII, 689]	$C_6H_5 \cdot CO \cdot CH_2 \cdot CO \cdot C_6H_5$	224,26 —	78 $219...21/_{18}$	Krist. (Me oder Al); ll. in Al, Ä, Chlf, sll. in NaOH
1,4-Dibenzoyl-naphthalin [E 2 VII, 779]	(Naphthalin mit $CO \cdot C_6H_5$ in 1- und 4-Stellung)	336,39 —	106 —	Nadeln (verd. Eg); ll. in Al, Ä, Chlf, Eg, Py; l. in H_2SO_4 or.gelb
1,5-Dibenzoyl-naphthalin [E 2 VII, 779]	$C_{24}H_{16}O_2$	336,39 —	186,5 —	Krist. (Eg); wl. in Al, Eg, l. in Aceton, CS_2, Bzl, ll. in Chlf, Py, l. in H_2SO_4 gelb
Dibenzoylperoxid s. Benzoylperoxid				
Dibenzyl [E 2 V, 506]	$C_6H_5 \cdot CH_2 \cdot CH_2 \cdot C_6H_5$	182,27 $1,104^0$	53,4 284,9	n_β 1,5526. Spieße (Al); zll. in k. Al, ll. in Ä, CS_2; thermische Z. → Toluol, Stilben, Phenanthren

Dibenzyläther [E 2 VI, 412]	$(C_6H_5 \cdot CH_2)_2O$	198,27 $1,0428^{20}$	3,6 295...8 g. Z	Fl.; Kp: $170°/_{16}$; Verw. als Weichmacher
Dibenzylamin [E 2 XII, 553]	$(C_6H_5 \cdot CH_2)_2NH$	197,28 $1,024^{25}$	E − 26,6 $186/_{19}$	$n_\alpha^{21,6}$ 1,5689, $n_D^{21,6}$ 1,5743. Öl; unl. in W, ll. in Al, Ä
Dibenzylanilin [E 2 XII, 554]	$(C_6H_5 \cdot CH_2)_2N \cdot C_6H_5$	273,38 $1,044^{80}$	71...2 $226/_{10}$	n_D^{80} 1,6065. Prismen (Al); unl. in W, wl. in k. Al, k. Eg, sll. in h. Al, Ä, h. Eg, Bzl
Dibenzyl-disulfid [E 2 VI, 437]	$C_6H_5 \cdot CH_2 \cdot S \cdot S \cdot CH_2 \cdot C_6H_5$	246,40 —	74 Z > 270	Krist. (Me); ll. in Bzl, Ä, sied. Al, wl in k. Al, swl. in W
Dibenzyl-essigsäure [E 2 IX, 475]	$(C_6H_5 \cdot CH_2)_2CH \cdot CO_2H$	240,30 —	87 $235/_{18}$	Nadeln (W); wl. in k. W, ll. in Al, Ä, Chlf, Eg, Bzl
Dibenzylketon [E 2 VII. 382]	$C_6H_5 \cdot CH_2 \cdot CO \cdot CH_2 \cdot C_6H_5$	210,28 $1,195^0$	35,3 331	Krist. (Ä, PÄ oder verd. Al); unl. in W, ll. in Al, Ä; zers.; Semicarbazon F: 145...6°
Dibenzylmalonsäure [E 1 IX, 407]	$(C_6H_5 \cdot CH_2)_2C(CO_2H)_2$	284,31 —	175 —	Nadeln oder Prismen (W); sll. in Al, Ä, ll. in Aceton, Bzl, wl. in Lg; Diäthylester Kp: 234...5°/$_{23}$
Dibenzylmethan [E 2 V, 516]	$C_6H_5 \cdot [CH_2]_3 \cdot C_6H_5$	196,29 $0,9982^{17,5}$	6 301...3	$n_D^{17,5}$ 1,5712. Fl.; Kp: $177...8°/_{10}$; fluoresz.
Dibenzylsulfid [E 2 VI, 429]	$(C_6H_5 \cdot CH_2)_2S$	214,33 $1,0712^{50}_{50}$	49...50 Z > 185	Tafeln (Ä oder Chlf); unl. in W, l. in Al, Ä
Dibenzylsulfon [E 2 VI, 430]	$(C_6H_5 \cdot CH_2)_2SO_2$	246,33 —	151 Z 290	Nadeln oder sechsseitige Säulen (Al + Bzl); unl. in W, wl. in Al, l. in Eg
Dibenzylsulfoxid [E 2 VI, 429]	$(C_6H_5 \cdot CH_2)_2SO$	230,33 —	135 Z 210	Blätter (Al oder W); unl. in k. W, l. in h. W, wl. in k. Al, k. Ä
α,α′-Dibrom-adipin=säure-diäthylester [E 2 II, 578]	$C_2H_5O_2C \cdot CHBr \cdot CH_2 \cdot CH_2 \cdot CHBr \cdot CO_2C_2H_5$	360,05 —	66...7 —	Krist. (Al); l. in Al, Ä, wl. in k. Al, unl. in W

Name und Literatur	Formel	Mol.-Gew. Dichte	F in °C Kp. in °C	Charakteristik
1,1-Dibromäthan [E 2 I, 61]	$CH_3 \cdot CHBr_2$	187,87 2,05545	— 107...8	n_α^{20} 1,50900, n_D^{20} 1,51277, n_γ^{20} 1,53004. Fl.; unl. in W, ll. in Al, Ä
1,2-Dibromäthan [E 2 I, 61]	$CH_2Br \cdot CH_2Br$	187,87 $2,1804^{20}$	9,5 131,3	n_α^{15} 1,5374, n_D^{15} 1,5416, n_β^{15} 1,5517. Fl.; 0,431 W 30°, ∞ Al, Ä; MAK: 25 cm³/m³
cis-1,2-Dibrom-äthylen [E 2 I, 164]	$CHBr : CHBr$	185,86 $2,2846^{17,5}$	— 53 112,5	$n_\alpha^{17,5}$ 1,53837, $n_D^{17,5}$ 1,54312. Fl.
trans-1,2-Dibrom-äthylen [E 2 I, 164]	$CHBr : CHBr$	185,86 $2,2667^{17,5}$	— 6,5 108	$n_\alpha^{17,5}$ 1,54563, $n_D^{17,5}$ 1,55054. Fl.
2,4-Dibrom-anilin [E 2 XII, 356]	$C_6H_3Br_2 \cdot NH_2$	250,93 $2,260^{20}$	80 156/24	Nadeln oder Blättchen (verd. Al); l. in Al, Eg; Acetylderivat F: 146°
2,6-Dibrom-anilin [E 2 XII, 357]	$C_6H_3Br_2 \cdot NH_2$	250,93 —	87...8 262...4	Nadeln (Al); sll. in Al, Ä, Chlf, Bzl; Acetylderivat F: 210°
9,10-Dibrom-anthracen [E 2 V, 577]	$C_{14}H_8Br_2$	336,04 —	221...2 subl.	Goldgelbe Nadeln (Toluol); swl. in Al, Ä, wl. in k. Bzl, l. in h. Bzl
4,4'-Dibrom-azobenzol [E 2 XVI, 15]	$Br \cdot C_6H_4 \cdot N : N \cdot C_6H_4 \cdot Br$	340,03 —	205 subl.	Gelbe Blättchen (Chlf); unl. in W, wl. in Al, Ä, Benzin
2,3-Dibrom-benzoesäure [E 1 IX, 146]	$C_6H_3Br_2 \cdot CO_2H$	279,93 —	149...50 —	Nadeln (W); wl. in h. W, l. in h. Lg
2,4-Dibrom-benzoesäure [E 2 IX, 237]	$C_6H_3Br_2 \cdot CO_2H$	279,93 —	173,5...4,5 subl.	Krist. (Chlf); wl. in h. W; Wdampfflch.

2,5-Dibrom-benzoesäure [E 2 IX, 237]	$C_6H_3Br_2 \cdot CO_2H$	279,93 —	153 —	Nadeln (W oder Al); wl. in k. W, ll. in Al, Ä, Eg, Wdampfflch.
2,6-Dibrom-benzoesäure [E 2 IX, 237]	$C_6H_3Br_2 \cdot CO_2H$	279,93 —	150...1 209...10/16	Krist. (Lg); wl. in PÄ, l. in W, sll. in Al, Ä, Chlf; Wdampfflch.
3,4-Dibrom-benzoesäure [E 2 IX, 237]	$C_6H_3Br_2 \cdot CO_2H$	279,93 —	233...4 subl.	Nadeln (Me); wl. in k. W, ll. in Me, Al, Ä
3,5-Dibrom-benzoesäure [E 2 IX, 237]	$C_6H_3Br_2 \cdot CO_2H$	279,93 —	219,5...20 subl.	Nadeln (Al); wl. in W, k. Bzl, ll. in Al, Eg
1,2-Dibrom-benzol [E 2 V, 162]	o-$C_6H_4Br_2$ (Ringstruktur, Br–Br)	235,92 $1,965^{20}$	E 6,7 225	n_α^{20} 1,6023, n_D^{20} 1,6081, n_β^{20} 1,6239. Charakteristisch riechende Fl.; l. in Al, Ä
1,3-Dibrom-benzol [E 2 V, 162]	$C_6H_4Br_2$	235,92 $1,9561^{18,7}$	E − 7,2 220	$n_\alpha^{18,7}$ 1,6030, $n_D^{18,7}$ 1,6088, $n_\beta^{18,7}$ 1,6247. Fl.; l. in Al, Ä, Bzl
1,4-Dibrom-benzol [E 2 V, 163]	$C_6H_4Br_2$	239,52 $1,8201^{99,3}$	87,2 219	$n_\alpha^{99,3}$ 1,5690, $n_D^{99,3}$ 1,5743, $n_\beta^{99,3}$ 1,5894. Tafeln (Al, Lg oder Aceton); 7,9 Al 25°, 51,1 Ä 25°, ll. in Bzl, CS_2; subl.
dl-Dibrombernsteinsäure [E 2 II, 561]	$HO_2C \cdot CHBr \cdot CHBr \cdot CO_2H$	275,89 —	169...70 Z* 180	Krist. (W oder Egester); ll. in k. W; * Z. durch h. W → HBr + Bromfumarsäure
meso-Dibrombernstein=säure [E 2 II, 561]	$HO_2C \cdot CHBr \cdot CHBr \cdot CO_2H$	275,89 —	257 * Z 260 **	Krist.; 2,04 W 17°; ll. in h. W, Al, Ä, wl. in Chlf; * im geschl. Rohr; ** unter HBr-Abspaltung
1,2-Dibrom-butan [E 3 I, 295]	$C_2H_5 \cdot CHBr \cdot CH_2Br$	215,93 $1,7951^{20}$	— 55/12	n_D^{20} 1,5150
1,3-Dibrom-butan [E 2 I, 83]	$CH_3 \cdot CHBr \cdot CH_2 \cdot CH_2Br$	215,93 $1,80^{20}$	— 174...5	n_D^{20} 1,507. Fl.
1,4-Dibrom-butan [E 2 I, 83]	$CH_2Br \cdot CH_2 \cdot CH_2 \cdot CH_2Br$	215,93 $1,79^{18}$	− 20 197...8	Fl.

Name und Literatur	Formel	Mol.-Gew. Dichte	F in °C Kp. in °C	Charakteristik
2,3-Dibrom-buta= dien-(1,3) [E 2 I, 225]	$CH_2: CBr \cdot CBr: CH_2$	211,89 1,961[15]	− 21,5 10/44	n_D^{15} 1,5723. Gelbes Öl
1,2-Dibrom-cyclohexan [E 2 V, 12]	(Cyclohexan; H, Br, H, Br)	241,96 1,7898[16]	− 6 222...4	n_D^{16} 1,5540. Ölige Fl.; Kp: 97...8°/10; l. in CCl_4, Chlf; färbt sich allmählich braun
1,10-Dibromdecan s. Dekamethylenbromid				
4,4′-Dibromdibenzyl [Org. Syntheses 31, 30]	$Br{-}\langle ring \rangle{-}CH_2 \cdot CH_2{-}\langle ring \rangle{-}Br$	340,07 —	113...4 —	Krist. (Isopropylal.)
1,2-Dibrom-1,1-dichlor- äthan [E 2 I, 64]	$CH_2Br \cdot CCl_2Br$	256,76 2,2695[15]	− 66,85 175 Z	n_α^{15} 1,5553, n_D^{15} 1,5593, n_β^{15} 1,5692. Fl.
1,2-Dibrom-1,1-dichlor- 2-fluor-äthan [E 1 I, 29]	$CCl_2Br \cdot CHFBr$	274,75 2,1301[23]	— 163,5	Fl.; campherart. Geruch; am Licht gelb
1,2-Dibrom-1,1-difluor- äthan [E 2 I, 64]	$CH_2Br \cdot CF_2Br$	223,85 2,2423[17,5]	− 56,5 93	$n_D^{17,5}$ 1,4482. Fl.; unl. in W
1,1-Dibrom-2,2-difluor- äthan [E 2 I, 64]	$CHF_2 \cdot CHBr_2$	223,85 2,3120[20]	— 107,5	$n_\alpha^{17,7}$ 1,4655, $n_\gamma^{17,7}$ 1,4688, $n_\beta^{17,7}$ 1,4767. Fl.
Dibrom-difluor-methan [J. Chem. Soc. 1952, 4265]	CBr_2F_2	209,83 —	— 25	Fl.; MAK: 100 cm^3/m^3
α,α′-Dibrom-dimethyl= äther [E 2 I, 647]	$CH_2Br \cdot O \cdot CH_2Br$	203,87 2,2013[20]	− 34 143	Fl.; Kp: 46...7°/10; mit W → HBr + $H \cdot CHO$; tränenreizende Wirkung
4,4′-Dibromdiphenyl [Org. Syntheses 31, 29]	$Br{-}\langle ring \rangle{-}\langle ring \rangle{-}Br$	312,02 —	162...3 —	Krist. (Bzl)

Dibromessigsäure [E 2 II, 205]	$CHBr_2 \cdot CO_2H$	217,86 —	45...50 232...4 Z	Kristallmasse; zerfl.; ll. in Al, Ä
2,3-Dibrom-furan [Dunlop, 86]	(Struktur)	225,88 $1,9997^{25}_{25}$	— $166,3/_{744}$	n_D^{25} 1,5458. Fl.
1,2-Dibrom-hexan [E 2 I, 109]	$CH_3 \cdot [CH_2]_3 \cdot CHBr \cdot CH_2Br$	243,98 1,5872	— $82...3/_{11}$	n_α^{15} 1,5016, n_D^{19} 1,5012, $n_\beta^{14,9}$ 1,5131. Fl.
2,3-Dibrom-hexan [E 2 I, 109]	$CH_3 \cdot CH_2 \cdot CH_2 \cdot CHBr \cdot CHBr \cdot CH_3$	243,98 $1,5944^{15}$	— *	$n_\alpha^{14,8}$ 1,5030, $n_{He}^{14,9}$ 1,5064, $n_\beta^{14,8}$ 1,5146. Fl.; * Kp: $82,4...2,6°/_{18,5}$

α-Dibromhydrin s. 2,3-Dibrom-propanol-(1)
Dibrom-isobutan s. 1,2-Dibrom-2-methyl-propan
β,β'-Dibrom-isopropanol s. 1,3-Dibrom-propanol-(2)

1,8-Dibrom-p-menthan [E 2 V, 29]	(Struktur) H_3C ... $CBr(CH_3)_2$	298,07 —	38...40 * —	* cis-Form: Spitzige Blättchen; trans-Form: Seidenglänzende Blättchen (Al); F: 64°; zers. unter Lichteinfluß, in alkohol. Lsg., durch sied. W oder Alk
Dibrom-methan [E 2 I, 32]	CH_2Br_2	173,85 $2,4953^{20}$	— 52,6 96,5	Fl.; 1,15 W 20°, ∞ Al, Ä
2,3-Dibrom-2-methyl-pentan [E 2 I, 112]	$CH_3 \cdot CH_2 \cdot CHBr \cdot CBr(CH_3)_2$	243,98 $1,5825^{15}$	— 54...— 49 $70/_{14}$ ·	n_α^{15} 1,5029, n_D^{15} 1,5062, n_β^{15} 1,5148. Fl.
1,2-Dibrom-2-methyl-propan [E 2 I, 90]	$(CH_3)_2CBr \cdot CH_2Br$	215,93 $1,7827^{20}$	E — 70,1 149,0	n_D^{20} 1,5119. Fl.
1,2-Dibrom-naphthalin [E 2 V, 448]	$C_{10}H_6Br_2$	285,98 —	68 —	Krist. (Al); unl. in W, l. in Al
2,4-Dibrom-6-nitro-phenol [E 2 VI, 234]	(Struktur) OH, NO_2, Br, Br	296,91 2,433	120...1 subl.	Gelbe Prismen (Eg); swl. in W, wl. in PÄ, l. in Al, Eg, CCl_4, zll. in Ä, Chlf, ll. in Bzl; Wdampfflch.

22*

Name und Literatur	Formel	Mol.-Gew. Dichte	F in °C / Kp. in °C	Charakteristik
2,6-Dibrom-4-nitro-phenol [E 2 VI, 234]	$O_2N \cdot C_6H_2Br_2 \cdot OH$	296,91 —	145...6 / $Z > 144$	Krist. (Eg oder Lg); swl. in W, PÄ, wl. in Bzl, Eg, l. in Chlf, ll. in Al, Ä; Wdampfflch.
1,5-Dibrom-pentan [E 2 I, 97]	$CH_2Br \cdot [CH_2]_3 \cdot CH_2Br$	229,95 / $1,694^{20}$	E — 40 / $92...3/_{10}$	n_D^{20} 1,514. Fl.; aromatischer Geruch
2,3-Dibrom-pentan [E 2 I, 97]	$CH_3 \cdot CH_2 \cdot CHBr \cdot CHBr \cdot CH_3$	229,95 / $1,6782^{20}$	— / $69...70/_{17}$	n_D^{20} 1,5098. Fl.
2,4-Dibrom-pentan [E 2 I, 97]	$CH_3 \cdot CHBr \cdot CH_2 \cdot CHBr \cdot CH_3$	229,95 / $1,6659^{20}$	— / $60/_{12}$	n_D^{20} 1,4987. Fl.
2,4-Dibrom-phenol [E 2 VI, 188]		251,92 —	40 / 243...6 g. Z	Nadeln (PÄ); widerlicher Geruch; Kp: $177°/_{17}$; 0,19 W 15°; sll. in Al, Ä, CS_2, Bzl
2,6-Dibrom-phenol [E 2 VI, 189]	$C_6H_3Br_2 \cdot OH$	251,92 —	55 / $162/_{21}$	Nadeln (Dest. oder Wdampf); wl. in k. W, ll. in Al, Ä; subl. sehr leicht; Wdampfflch.
3,5-Dibrom-phenol [E 2 VI, 189]	$C_6H_3Br_2 \cdot OH$	251,92 —	81 / 274...6	Nadeln (PÄ); Krist. (Lg); wl. in W, Lg, ll. in Al, Ä
1,1-Dibrom-propan [E 3 I, 246]	$C_2H_5 \cdot CHBr_2$	201,90 / $1,9307^{18}$	— / $135,5/_{740}$	n_D^{20} 1,5100
1,2-Dibrom-propan [E 2 I, 75]	$CH_3 \cdot CHBr \cdot CH_2Br$	201,90 / $1,9333^{20}$	E — 55,25 / 139,9	Fl.
1,3-Dibrom-propan [E 2 I, 76]	$CH_2Br \cdot CH_2 \cdot CH_2Br$	201,90 / $1,9712^{24,6}$	E — 36,2 / 166,95	$n_\alpha^{24,6}$ 1,5181, $_D^{15}$ 1,5249, $n_\beta^{24,6}$ 1,5305. Fl.
2,2-Dibrom-propan [E 3 I, 250]	$H_3C \cdot CBr_2 \cdot CH_3$	201,90 / $1,7825^{20}$	— / $114/_{740}$	n_D^{20} 1,4988. Gibt beim Erhitzen 2-Brom-propen-(1)

1,3-Dibrom-propanol-(2) [E 2 I, 386]	$CH_2Br \cdot CH(OH) \cdot CH_2Br$	217,90 2,1348[21]/21	— 214,8	n_α^{25} 1,5458, n_D^{25} 1,5495, n_γ^{25} 1,5661. Fl.; fbl., färbt sich an der Luft gelb; Kp: 110...2°/20; unl. in W; Phenyl= urethan F: 80...1°
2,3-Dibrom-propanol-(1) [E 2 I, 371]	$CH_2Br \cdot CHBr \cdot CH_2OH$	217,90 2,1197[20]	— 110...2/15	n_α^{25} 1,5538, n_D^{25} 1,5577, n_γ^{25} 1,5757. Fl.; stechender Geruch; ∞ Al, Ä, Aceton, Bzl, wl. in W; Phenylurethan F: 77...9°
2,3-Dibrom-propen-(1) [E 2 I, 172]	$CH_2Br \cdot CBr : CH_2$	199,88 1,9336[20]	— 139...140	n_α^{20} 1,5125, n_D^{20} 1,5157, n_β^{20} 1,5246. Fl.
α,β-Dibrom-propion= säure (inaktive) [E 2 II, 232]	$CH_2Br \cdot CHBr \cdot CO_2H$	231,88 —	66,5...7,0 141...1,5/16	Tafeln; ll. in Al, l. in Bzl, CS_2; 1945 W 11°; 304 Ä 10°; metastabile Form: Prismen, F: 51°
Dibrom-propylalkohol s. Dibrompropanol				
1,1-Dibrom-1,2,2,2-tetra= chlor-äthan [E 2 I, 65]	$CCl_3 \cdot CClBr_2$	325,65 2,794	— —	Krist. (rhombisch); subl. ohne vorher zu schmelzen; wl. in k. Al, ll. in h. Al, Ä
1,2-Dibrom-1,1,2,2-tetra= chlor-äthan [E 2 I, 65]	$CCl_2Br \cdot CCl_2Br$	325,65 2,713	200...5 —	Krist. (rhombisch); subl. unter Br_2-Absp. bei 190°
1,2-Dibrom-1,1,2,2-tetra= fluor-äthan [J. Chem. Soc. 1952, 4267]	$F_2BrC \cdot CBrF_2$	259,83 —	— 45...7	Fl.
1,2-Dibrom-tetralin [E 2 V, 387]	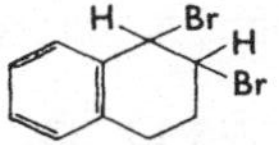	290,01 —	70...1 165...73/12	Krist. (Chlf + Al); wl. in Al, ll. in Ä, Bzl; g. Z. beim Sieden
2,5-Dibrom-thiophen [E 2 XVII, 37]	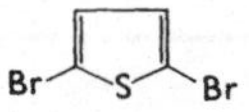	241,94 2,1531[13,8]	— 211	$n_\alpha^{13,8}$ 1,6264, $n_\beta^{13,8}$ 1,6499. Öl; unl. in W; Wdampfflch.; Geruch wie Brom= bzl

Name und Literatur	Formel	Mol.-Gew. Dichte	F in °C Kp. in °C	Charakteristik
1,1-Dibrom-2,2,2-trichlor-äthan [E 2 I, 65]	$CCl_3 \cdot CHBr_2$	291,21 $2,295^{19,5}$	— $93\ldots5/_{14}$	$n_D^{25,7}$ 1,52991. Fl.
1,2-Dibrom-1,1,2-trichlor-äthan [E 2 I, 65]	$CHClBr \cdot CCl_2Br$	291,21 $2,3045^0_{30}$	— $94\ldots5/_{17}$	Fl.; gelb; stechender Geruch; greift Augen an
1,2-Dibrom-1,1,2-trifluor-äthan [E 2 I, 64]	$CHFBr \cdot CF_2Br$	241,84 $2,2713^{10,5}$	— 76,5	$n_\alpha^{10,5}$ 1,4147, $n_D^{10,5}$ 1,4171, $n_\beta^{10,5}$ 1,4233. Fl.; flch.; riecht wie Chlf
1,2-Dibrom-3,3,3-trifluor-2-methyl-propan [E 2 I, 90]	$CF_3 \cdot CBr(CH_3) \cdot CH_2Br$	269,90 $1,9825^{14,5}$	$53\ldots5$ $131/_{754}$	$n_\alpha^{14,5}$ 1,4385, $n_D^{14,5}$ 1,4410, $n_\beta^{14,5}$ 1,4482. Fl.
Dibromzimtsäure-bornyl=ester [E 2 IX, 243]	$C_6H_5 \cdot CBr : CBr \cdot CO_2C_{10}H_{17}$	442,20 —	65 —	
N,N-Di-n-butyl-äthanolamin s. β-Di-n-butylamino-äthanol				
Di-n-butyläther [E 2 I, 396]	$CH_3 \cdot [CH_2]_3 \cdot O \cdot [CH_2]_3 \cdot CH_3$	130,23 $0,7725^{15}$	— $140\ldots1$	n_α^{15} 1,3990, n_D^{15} 1,4010, n_β^{15} 1,4059. Fl.; unl. in W, ∞ Al, Ä; teilweise Verw. als techn. Lösm.
Di-sek.-butyläther [E 3 I, 1533]	$[C_2H_5 \cdot CH(CH_3)]_2O$	130,23 $0,759^{25}$	— 121	n_D^{25} 1,393. Fl.
Di-n-butylamin [E 2 IV, 633]	$(CH_3 \cdot [CH_2]_3)_2NH$	129,25 —	— 159	Fl.; $\cdot$ HCl Schuppen F: 283…4°; Pikrat F: 60…1°
β-Di-n-butylamino-äthanol [Mellan, 443]	$(C_4H_9)_2N \cdot CH_2 \cdot CH_2OH$	173,30 $0,860^{20}_{20}$	— 234	n_D^{20}: 1,444. Wasserklare Fl.; unl. in W, l. in Me, Al, Ä, Egester, Bzl
1,2-Di-tert.-butyl-benzol [Z. angew. Chem. **73**, 680]	 C(CH₃)₃ C(CH₃)₃	190,33 —	27,5…8,5 subl. *	n_D^{30} 1,5194; Nadeln (Me); campherart. Geruch; IR-Absorpt.-Bande 13,28 μ; * im Hochvak.

Dibutyl-carbitol s. Diglykol-di-n-butyläther

Dibutyl-keton s. Nonanon-(5)

Di-tert.-butyl-keton [E 2 I, 764]	$(CH_3)_3C \cdot CO \cdot C(CH_3)_3$	142,24 $0,81992^{25}$	— 152	n_α^{25} 1,41485, n_D^{25} 1,41702, n_β^{25} 1,42224. Fl.; campherart. Geruch; unl. in W, l, in Al, Ä
Di-tert.-butyl-peroxid [J. Am. Chem. Soc. **68**, 205]	$(CH_3)_3C \cdot O \cdot O \cdot C(CH_3)_3$	146,23 $0,793\frac{20}{4}$	E — 18 12...3/$_{20}$	n_D^{20} 1,3872; expl. bei Gehalt an tert.-Butyl-hydroperoxid heftig
Dibutylphthalat s. Phthalsäure-dibutylester				
Dibutylsulfat [Org. Syntheses II, 111]	$(C_4H_9O)_2SO$	210,29 —	— 109...11/$_4$	Fl.; esterart. Geruch
Di-n-butyl-sulfit [Org. Syntheses II, 112]	$(C_4H_9O)_2SO$	194,29 $0,9944^{22}$	— 109...12/$_{14}$	$n_\alpha^{10,6}$ 1,4305, n_D^{11} 1,4324, $n_\beta^{10,8}$ 1,4381. Fl.
Dicetyläther [E 3 I, 1820]	$C_{16}H_{33} \cdot O \cdot C_{16}H_{33}$	466,88 —	57...8 —	Zerfällt bei 270° in Hexadecen und Palmitinaldehyd
Dichinolyl-(2,2') [E 2 XXIII, 267]		256,31 —	196 —	Blättchen (Al); unl. in W, l. in Al, Ä; Pikrat F: 210°
Dichinolyl-(2,3') [E 1 XXIII, 84]	$NC_9H_6 \cdot C_9H_6N$	256,31 —	175 >400	Krist. (Xylol); unl. in W, l. in Ä, Chlf, Bzl, ll. in Al
Dichinolyl-(4,4') [E 2 XXIII, 268]	$NC_9H_6 \cdot C_9H_6N$	256,31 —	166 —	Prismen (PÄ); ll. in Al, Bzl
Dichinolyl-(6,6') [XXIII, 295]	$NC_9H_6 \cdot C_9H_6N$	256,31 —	181 —	Blättchen (Al oder Bzl + Lg); unl. in W, l. in Al, Ä, ll. in Bzl
Dichloracetaldehyd [E 2 I, 676]	$CHCl_2 \cdot CHO$	112,94 —	— 87...8	Fl.; polym.; Dampf greift die Augen an; $\cdot H_2O$ Krist. (Bzl), F: 56...7°; Kp: 118...21° (96...7,5°); ll. in W, Ä, l. in CS_2
Dichloracetaldehyd-diäthylacetal [E 2 I, 677]	$CHCl_2 \cdot CH(OC_2H_5)_2$	187,07 $1,1383^{14}$	— 185...6	Fl.

Name und Literatur	Formel	Mol.-Gew. Dichte	F in °C / Kp. in °C	Charakteristik
Dichloracetaldehyd-monoäthylacetal [E 2 I, 677]	$CHCl_2 \cdot CH(OH) \cdot OC_2H_5$	159,01 / 1,314[26]	— / 109,5...11	Fl.; wl. in W, swl. in Lg
Dichloracetamid s. Dichloressigsäure-amid				
α,α-Dichlor-aceton [E 2 I, 718]	$CH_3 \cdot CO \cdot CHCl_2$	126,97 / 1,236[20]	— / 120	Fl.; wl. in W, l. in Al, Ä; Semicarbazon F: 163°
α,α'-Dichlor-aceton [E 2 I, 719]	$CH_2Cl \cdot CO \cdot CH_2Cl$	126,97 / 1,3826[46]	45 / 172,5	n_α^{46} 1,46810, n_D^{46} 1,47144, n_β^{46} 1,47763. Tafeln oder Nadeln; heftiger Geruch; ll. in Al, Ä, l. in W; schleimhautreizender Kampfstoff
Dichloracetylchlorid s. Dichloressigsäure-chlorid				
2,3-Dichlor-acrylsäure [E 3 II, 1246]	$CHCl : CCl \cdot CO_2H$	140,95 / —	85...6 / —	wl. in CCl_4; Chlorid Kp: 76°/60; Nitril Kp: 129...31°; D^{20}: 1,364
3,3-Dichlor-acrylsäure [E 3 II, 1246]	$CCl_2 : CH \cdot CO_2H$	140,95 / —	76...7 / —	
1,1-Dichloräthan [E 2 I, 52]	$CH_3 \cdot CHCl_2$	98,96 / 1,1835[15]	E — 96,6 / 57,25	n_α^{15} 1,41735, n_D^{15} 1,41975, n_β^{15} 1,42555. Fl.; 0,506 W 25°, ll. in Al, Ä; MAK: 100 cm³/m³
1,2-Dichloräthan [E 2 I, 52]	$CH_2Cl \cdot CH_2Cl$	98,96 / 1,2529[20]	E — 35,5 / 84,1	n_α^{15} 1,44517, n_D^{15} 1,44759, n_β^{15} 1,45375. Fl.; 0,865 W 25°, l. in Al, Ä; MAK: 100 cm³/m³
2,2-Dichlor-äthanol [I, 338]	$CHCl_2 \cdot CH_2OH$	114,96 / 1,145[15]	— / 146	Fl.; wl. in W, l. in Al, Ä
1,1-Dichlor-äthylen [E 2 I, 158]	$CH_2 : CCl_2$	96,94 / 1,218[20]	— / 37	n_α^{20} 1,42377. Fl.; polym. leicht

cis-1,2-Dichlor-äthylen [E 2 I, 159]	CHCl : CHCl	96,94 $1,2913^{15}$	E — 80,5 60,25	Fl.; MAK: 200 cm³/m³
trans-1,2-Dichlor-äthylen [E 2 I, 159]	CHCl : CHCl	96,94 $1,2650^{15}$	E — 50,0 48,35	$n_\alpha^{20,1}$ 1,44234, n_D^{15} 1,44903. Fl.
Di-[β-chloräthyl]-sulfat s. Schwefelsäure-bis-[β-chloräthyl-ester]				
2,6-Dichlor-4-amino-phenol [Helv. Chim. Acta **41**, 1891]	(Strukturformel: Phenol mit OH, 2,6-Cl₂, 4-NH₂)	178,02 —	95...9 — *	Krist. (Bzl, CS₂) in fbl. federart. Nadeln; in unreinem Zustand zers.; * subl. 70°/0,06
2,3-Dichlor-anilin [E 2 XII, 333]	(Strukturformel: Anilin mit NH₂, 2,3-Cl₂)	162,02 —	23...4 252	Krist. (Lg); N-Acetat F: 156...7°
2,4-Dichlor-anilin [E 2 XII, 333]	$C_6H_3Cl_2 \cdot NH_2$	162,02 $1,567^{20}$	63 242	Krist. (Lg); wl. in W, ll. in Al, Ä; Acetylderivat F: 146,4°
2,5-Dichlor-anilin [XII, 625]	$C_6H_3Cl_2 \cdot NH_2$	162,02 —	50 246/744	Nadeln (Lg); swl. in W, wl. in Lg, ll. in Al, Ä; Acetylderivat F: 132°
3,4-Dichlor-anilin [E 2 XII, 337]	$C_6H_3Cl_2 \cdot NH_2$	162,02 —	72 272	N-Acetat F: 120,5°
3,5-Dichlor-anilin [E 2 XII, 338]	$C_6H_3Cl_2 \cdot NH_2$	162,02 —	50,5 260/743	N-Acetat F: 186...7°
1,8-Dichlor-anthracen [E 2 V, 575]	$C_{14}H_8Cl_2$	247,13 —	160 —	Gelbe Nadeln (Bzl + Eg)
9,10-Dichlor-anthracen [E 2 V, 575]	$C_{14}H_8Cl_2$	247,13 —	209...10 —	Gelbe Nadeln (Methyläthylketon); ll. in Bzl, wl. in Al, Ä

Name und Literatur	Formel	Mol.-Gew. Dichte	F in °C Kp. in °C	Charakteristik
1,4-Dichlor-anthrachinon [E 1 VII, 411]	(Strukturformel: 1,4-Dichloranthrachinon)	277,11 —	187,5 —	Gelbe Nadeln (Eg); wl. in Al, Ä, Lg, ll. in sied. Bzl, sied. Eg gelb
1,5-Dichlor-anthrachinon [E 2 VII, 715]	$C_{14}H_6Cl_2O_2$	277,11 —	251 —	Hgelbe Krist. (Toluol); zwl. in Al, ll. in Nitrobzl, l. in H_2SO_4 rotgelb
4,4'-Dichlor-azobenzol [E 2 XVI, 13]	$Cl \cdot C_6H_4 \cdot N : N \cdot C_6H_4 \cdot Cl$	251,12 —	188 —	Hgelbe Nadeln (Aceton); wl. in k. Al, sll. in Bzl
3,3'-Dichlor-benzidin [XIII, 234]	$(H_2N)ClH_3C_6 \cdot C_6H_3Cl(NH_2)$	253,13 —	133 —	Nadeln (Al oder Bzl); swl. in W, ll. in Al, Bzl, Eg
2,3-Dichlor-benzoesäure [E 2 IX, 228]	(Strukturformel: COOH, 2,3-Cl)	191,01 —	168,3 —	Nadeln
2,4-Dichlor-benzoesäure [E 1 IX, 141]	$C_6H_3Cl_2 \cdot CO_2H$	191,01 —	164 subl.	Krist. (Lg + Bzl); ll. in h. W, Al, Ä
2,5-Dichlor-benzoesäure [E 2 IX, 229]	$C_6H_3Cl_2 \cdot CO_2H$	191,01 —	154,4 301	Nadeln (W); wl. in W
2,6-Dichlor-benzoesäure [E 2 IX, 229]	$C_6H_3Cl_2 \cdot CO_2H$	191,01 —	144 subl.	Krist. (Lg + Bzl); ll. in h. W; Wdampfflch.
3,4-Dichlor-benzoesäure [IX, 343]	$C_6H_3Cl_2 \cdot CO_2H$	191,01 —	203 —	Nadeln (W); wl. in k. W, l. in h. W, sll. in Al; Wdampfflch.
3,5-Dichlor-benzoesäure [E 2 IX, 299]	$C_6H_3Cl_2 \cdot CO_2H$	191,01 —	188 subl.	Nadeln (Al); wl. in k. W, Lg, sll. in Al

1,2-Dichlor-benzol [E 2 V, 153]	(Strukturformel)	147,00 $1,2979^{20,4}$	E − 16,7 179,2	$n_\alpha^{20,4}$ 1,5438, $n_D^{20,4}$ 1,5485, $n_\beta^{20,4}$ 1,5614. Fl.; swl. in W, l. in Al; techn. Lösm.; MAK: 50 cm^3/m^3
1,3-Dichlor-benzol [E 2 V, 154]	$C_6H_4Cl_2$	147,00 $1,2879^{20,9}$	E − 26,25 —	$n_\alpha^{20,9}$ 1,5411, $n_D^{20,9}$ 1,5457, $n_\beta^{20,9}$ 1,5589. Fl.; swl. in W, l. in Al
1,4-Dichlor-benzol [E 2 V, 154]	$C_6H_4Cl_2$	147,00 $1,2310^{69,9}$	54 174,5	$n_\alpha^{69,9}$ 1,5225, $n_D^{69,9}$ 1,5267, $n_\beta^{69,9}$ 1,5391. Blätter (Al); un l. in W, ll. in Ä, Bzl, Chlf, CS$_2$, ∞ h. abs. Al; subl. in Tafeln; MAK: 450 mg/m^3
d(+)-Dichlorbernstein= säure [E 2 II, 556]	$HO_2C \cdot CHCl \cdot CHCl \cdot CO_2H$	186,98 $1,820^{15}$	166...7 Z —	Krist. (W); $[\alpha]_D^{19}$: + 3,6° (W; c = 3); l. in W, Bzl, Egester
l(−)-Dichlorbernstein= säure [E 2 II, 557]	$HO_2C \cdot CHCl \cdot CHCl \cdot CO_2H$	186,98 $1,820^{15}$	166...7 Z —	Krist.; $[\alpha]_D^{19}$: − 2,1° (W; c = 6), $[\alpha]_D^{19}$: − 71,0° (abs. Al; c = 6); .. in W, Al, Aceton, Egester
meso-Dichlorbernstein= säure [E 2 II, 558]	$HO_2C \cdot CHCl \cdot CHCl \cdot CO_2H$	186,98 —	220 Z —	Krist. (W); wl. in Bzl, Lg, ll. in Ä, Al, Aceton, Chlf, 12 W 0°
1,1-Dichlor-2,2-bis- (p-chlorphenyl)-äthan [J. Am. Chem. Soc. 67, 1600]	(Strukturformel)	320,05 —	109...10 —	Nadeln (Al); praktisch unl. in W, wl in Al, Ä, PÄ, l. in Aceton, Bzl, ll. in Dioxan, Py; Insekticid
1,1-Dichlor-butan [E 3 I, 280]	$C_3H_7 \cdot CHCl_2$	127,01 $1,0863^{20}$	113,8...0,9 —	n_D^{20} 1,4355. Anthelminthische Wirkung. 0,05 W
1,2-Dichlor-butan [E 3 I, 280]	$C_2H_5 \cdot CHCl \cdot CH_2Cl$	127,01 $1,1116^{25}$	— 124,0	n_D^{15} 1,4474. Erstarrt bei tiefer Temp. glasig; gibt bei 500° Butadien
1,3-Dichlor-butan [E 3 I, 281]	$CH_3 \cdot CHCl \cdot CH_2 \cdot CH_2Cl$	127,01 $1,1151^{20}$	— 133,5	n_D^{20} 1,4445
1,4-Dichlor-butan [E 3 I, 282]	$CH_2Cl \cdot CH_2 \cdot CH_2 \cdot CH_2Cl$	127,01 $1,1598^{20}$	— 155,0	

Name und Literatur	Formel	Mol.-Gew. Dichte	F in °C Kp. in °C	Charakteristik
Di-[4-chlorbutyl]-äther [Org. Syntheses 30, 27]	$Cl(CH_2)_4 \cdot O \cdot (CH_2)_4Cl$	199,12 1,0690[25]	— 116...8/10	n_D^{25} 1,4562. Fl.
2,6-Dichlorcamphan [E 2 V, 64]	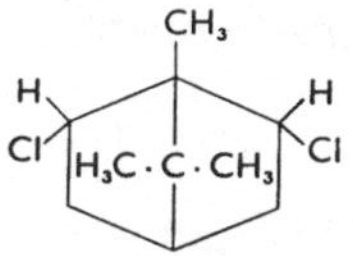	207,15 —	173...4 —	Krist. (Me); ll. in Ä; „Pinendichlorid"
4,7-Dichlor-chinolin [Org. Syntheses III, 272]	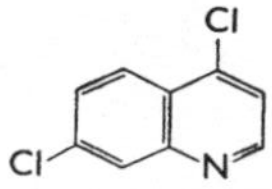	198,05 —	84...5 —	Krist.; swl. in W
2,6-Dichlor-chinon [E 2 VII, 580]	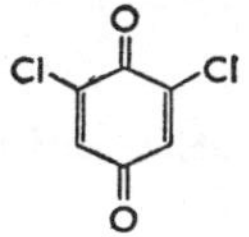	176,99 —	121 subl.	Gelbe Krist. (Lg oder Bzl); wl. in sied. W, k. Al, l. in Chlf, ll. in h. Al; Wdampfflch.
techn. Dichlordekalin [E 2 V, 59]	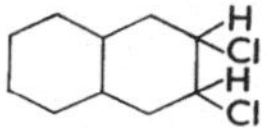	207,15 —	— 148...50/18	Fl.; zers. leicht
α,α'-Dichlor-diäthyl=äther [I, 607]	$(CH_3 \cdot CHCl)_2O$	143,01 1,1376[12]	— 116...7	Öl; zers. mit Al; mit h. W → Acet=aldehyd + HCl
α,β-Dichlor-diäthyl=äther [E 2 I, 676]	$CH_2Cl \cdot CHCl \cdot O \cdot C_2H_5$	143,01 1,174[23]	— 140...5	Fl.; scharfer Geruch; mit W → Al + HCl
β,β'-Dichlor-diäthyl=äther [E 2 I, 335]	$(CH_2Cl \cdot CH_2)_2O$	143,01 1,2132[20]	— 177...8	n_D^{20} 1,457. Öl; ätherischer Geruch; reizt Schleimhäute; techn. Lösm.; MAK: 15 cm³/m³, H

β,β'-Dichlor-diäthyl= sulfid [E 2 I, 348]	$(CH_2Cl \cdot CH_2)_2S$	159,08 1,285[15]	13,5 217 Z	n_α^{15} 1,5278, n_D^{15} 1,5313, n_β^{15} 1,5400. Öl; Geruch nach Knoblauch; 0,069 W 25°; l. in Al, ll. in Ä, Bzl, CS_2, Chlf, Eg, Lg; Wdampfflch; wss. Lsg. zers.; Gaskampfstoff, zieht Blasen auf der Haut; „Senfgas"
β,β'-Dichlor-diäthyl= sulfon [E 2 I, 354]	$(CH_2Cl \cdot CH_2)_2SO_2$	191,08 —	56 $\sim$230 g. Z	Blättchen (Al oder W); Kp: 179... 81°/[14...15]; ll. in Ä, Bzl, Eg; 2,4 W 100°; 0,6 W 20°; 7,1 Al 20°; ll. in Al; wird durch W hydrolysiert; Wdampfflch.; wirkt blasenziehend auf der Haut; reizt zu Tränen und Niesen
β,β'-Dichlor-diäthyl= sulfoxid [E 2 I, 353]	$(CH_2Cl \cdot CH_2)_2SO$	175,08 —	112 Z	Krist. (W); Platten (Al 50%); 1,2 W 20°; 4,3 Al 95% 20°; ll. in Eg, h. Al, h. W, l. in Ä, Bzl, CS_2, Aceton; Reizwirkung auf Augen und Haut
4,4'-Dichlor-dibutyläther s. Di-[4-chlorbutyl]-äther				
1,2-Dichlor-1,2-difluor- äthan [J. Chem. Soc. **1952**, 4262]	$FClCH \cdot CHClF$	134,94 —	— 59	n_D^{25} 1,390. Fl.
Dichlordifluormethan [Mellan, 370]	CCl_2F_2	120,91 1,486[-30]	E — 111 — 29,8	Gas; unl. in W; Insekticid; MAK: 1000 cm^3/m^3
3,6-Dichlor-2,5-dihydroxy-benzochinon-(1,4) s. Chloranilsäure				
α,α'-Dichlor-dimethyl= äther [E 2 I, 646]	$CH_2Cl \cdot O \cdot CH_2Cl$	114,96 1,315[20]	— 104	n_D^{21} 1,435. Fl.; erstickender Geruch; mit W → HCl + HCOH; Gaskampf- stoff
α,α'-Dichlor-dimethyl= sulfid [E 2 I, 653]	$CH_2Cl \cdot S \cdot CH_2Cl$	131,02 1,4144[14]	— 156...6,5	Fl.; chlf.-ähnlicher Geruch; Kp: 51°/[11]

Name und Literatur	Formel	Mol.-Gew. Dichte	F in °C Kp. in °C	Charakteristik
2,5-Dichlor-1,4-dinitro-benzol [E 2 V, 199]	(Formelbild)	237,00 —	117,5 304	Citronengelbe Krist. (Chlf); hgelbe Nadeln (Al); l. in Al, Chlf
4,6-Dichlor-1,3-dinitro-benzol [E 2 V, 199]	$C_6H_2Cl_2(NO_2)_2$	237,00 —	103 —	Hgrüngelbe Prismen (Al, Ä); l. in sied. Me, Al, Ä
Dichloressigsäure [E 2 II, 194]	$CHCl_2 \cdot CO_2H$	128,94 $1,5634^{20}$	12,15 192...3 Z	n_D^{20} 1,4658. Fl.; Kp: 102°/$_{20}$; F auch 13,25°; l. in W, Ä, Al, Me, Aceton
Dichloressigsäure-äthylester [E 2 II, 196]	$CHCl_2 \cdot CO_2C_2H_5$	157,00 $1,2821^{20}$	— 157	n_α^{20} 1,43615, n_D^{20} 1,43860, n_γ^{20} 1,44894. Fl.; l. in Al, Ä
Dichloressigsäure-amid [E 2 II, 196]	$CHCl_2 \cdot CONH_2$	127,96 —	98,5 233...4/$_{745}$	Prismen; ll. in Al, Ä, h. W; Wdampf-flch.; subl.
Dichloressigsäure-chlorid [E 2 II, 196]	$CHCl_2 \cdot COCl$	147,39 $1,5315^{16}$	— 105...11	n_D^{16} 1,4638. Fl.; stechender Geruch; rauchend
1,1-Dichlor-2-fluor-äthylen [E 2 I, 159]	$CHF : CCl_2$	114,93 $1,37324^{16,4}$	— 37,5	$n_\alpha^{16,4}$ 1,4019, $n_D^{16,4}$ 1,4031, $n_\beta^{16,4}$ 1,4094. Fbl. Fl.
Dichlorfluoren s. Fluorenonchlorid				
Dichlor-fluor-jod-methan [J. Chem. Soc. **1952**, 4265]	$CFCl_2J$	228,82 —	— 44...6/$_{210}$	Fl.
Dichlor-fluor-methan [Mellan, 371]	$CHCl_2F$	102,92 $1,426^0$	E — 135 8,9	Gas; ätherischer Geruch; unl. in W, l. in Al, Ä; Kältemittel; MAK: 1000 cm³/m³
2,5-Dichlor-furan [Dunlop, 86]	(Formelbild)	136,97 $1,371^{25}$	— 115	Fl.

Name	Formel	Mol.-Gew. / Dichte	F / Kp	Eigenschaften
3,5-Dichlor-furan-carbon-säure-(2) [Dunlop, 115]		180,98 / —	197…8 / —	Krist.; Äthylenester F: 72…3°; Kp: 122,5°/16
3,4-Dichlor-furan-dicarbonsäure-(2,5) [Dunlop, 135]		224,99 / —	297 / —	Krist.; Dimethylester F: 157…8°
1,2-Dichlor-isobutan s. 1,2-Dichlor-2-methyl-propan				
Di-[β-chlor-isopropyl]-äther [Mellan, 369]	$ClCH_2 \cdot CH(CH_3) \cdot O \cdot CH(CH_3) \cdot CH_2Cl$	171,07 / $1,1122^{20}_{20}$	— / 187,3	Fbl. Fl. von mildem Geruch; wl. in W, l. in den meisten org. Lösm.
Dichlorisopropylalkohol s. Dichlorpropanol				
Dichlormaleinsäure-anhydrid [XVII, 434]		166,95 / —	119,5 subl.	Blättchen; sll. in Al, Ä, Bzl, CS_2
Dichlor-methan [E 2 I, 13]	CH_2Cl_2	84,93 / $1,336^{20}$	— 96,0 / 40,67	Fl.; 2 W 20°, ∞ Al, Ä; MAK: 500 cm³ je m³
1,2-Dichlor-2-methyl-propan [E 3 I, 319]	$(CH_3)_2CCl \cdot CH_2Cl$	127,01 / $1,0887^{25}$	E — 130 / 106,5	Süßlicher Geruch
1,2-Dichlor-naphthalin [E 2 V, 445]		197,07 / $1,3147^{48,5}$	35 / 151…:3/19	$n^{48,5}_{\alpha}$ 1,6257, $n^{48,5}_{D}$ 1,6338, $n^{48,5}_{\beta}$ 1,6562. Tafeln (Al); l. in Al, Ä
1,3-Dichlor-naphthalin [E 2 V, 445]	$C_{10}H_6Cl_2$	197,07 / —	61,5 / 291/775	Nädelchen (Al); l. in Al
1,4-Dichlor-naphthalin [E 2 V, 445]	$C_{10}H_6Cl_2$	197,07 / $1,2997^{75,9}$	68 / 286…7/740	$n^{75,9}_{\alpha}$ 1,6151, $n^{75,9}_{D}$ 1,6228, $n^{75,9}_{\beta}$ 1,6454. Krist. (Me); Nadeln (Al); wl. in Al, l. in Eg, sll. in Aceton
1,5-Dichlor-naphthalin [E 2 V, 446]	$C_{10}H_6Cl_2$	197,07 / —	105…7 subl.	Blättchen (Eg oder Al); unl. in W, l. in Al, Ä

Name und Literatur	Formel	Mol.-Gew. Dichte		F in °C Kp. in °C		Charakteristik
1,6-Dichlor-naphthalin [E 2 V, 446]	$C_{10}H_6Cl_2$	197,07	—	48,5	. subl.	Nadeln (Al); unl. in W, l. in Al, Ä; Wdampfflch.
1,7-Dichlor-naphthalin [E 2 V, 446]	$C_{10}H_6Cl_2$	197,07	$1,2611^{99,5}$	64	285...6	$n_\alpha^{99,5}$ 1,6017, $n_D^{99,5}$ 1,6092, $n_\beta^{99,5}$ 1,6307. Blättchen (verd. Al); Nadeln (Eg), l. in Al, Ä, Bzl, Eg
1,8-Dichlor-naphthalin [E 2 V, 446]	$C_{10}H_6Cl_2$	197,07	$1,2924^{99,8}$	88,5	—	$n_\alpha^{99,8}$ 1,6155, $n_D^{99,8}$ 1,6236, $n_\beta^{99,8}$ 1,6468. Krist. (Al); unl. in W, l. in Al, Ä
2,3-Dichlor-naphthalin [E 2 V, 446]	$C_{10}H_6Cl_2$	197,07	—	120	—	Blätter; unl. in W, wl. in k. Al, ll. in h. Al, Ä
2,6-Dichlor-naphthalin [E 2 V, 446]	$C_{10}H_6Cl_2$	197,07	—	140...1	285	Blättchen (Al); Tafeln (Ä + Bzl), Nadeln (h. Al); wl. in Al, unl. in W; ll. in Ä, Chlf, Bzl
2,7-Dichlor-naphthalin [E 2 V, 446]	$C_{10}H_6Cl_2$	197,07	—	114	—	Tafeln; ll. in sied. Al, unl. in W
2,3-Dichlor-naphtho-chinon-(1,4) [E 2 VII, 653]	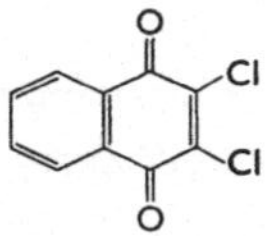	227,05	—	193	—	Goldgelbe Nadeln; ll. in Xylol, 1,2-Dichlorbzl., wl. in Aceton, Bzl, swl. in W; Fungicid und Herbicid
2,4-Dichlor-naphthol-(1) [E 2 VI, 582]	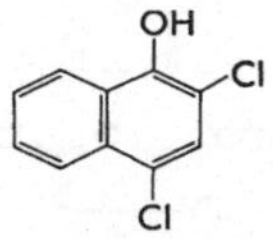	213,06	—	107...8	Z 180	Nadeln (verd. Al oder Benzin); ll. in abs. Al, Ä, Bzl, unl. in W; Wdampfflch.

2,3-Dichlor-nitro-benzol [E 2 V, 185]	(Strukturformel: NO₂, Cl, Cl am Benzolring)	192,00 $1,4494^{79,5}$	61 257...8	Hgelbe Krist. (Al); unl. in W, ll. in den gebr. Lösm.; Wdampfflch.
2,4-Dichlor-nitro-benzol [E 2 V, 185]	$C_6H_3Cl_2 \cdot NO_2$	192,00 $1,4434^{75}$	34 258,5	Nadeln (Al); Kp: $154°/_{15}$; ∞ Ä; sll. in h. Al, zll. in k. Al, unl. in W
2,5-Dichlor-nitro-benzol [E 2 V, 185]	$C_6H_3Cl_2 \cdot NO_2$	192,00 $1,4390^{75}$	55 267	Krist. (CS₂); Tafeln und Prismen (Al); zll. in Chlf, CS₂, Bzl, sied. Al, wl. in k. Al, unl. in W; Wdampfflch.
2,6-Dichlor-nitro-benzol [E 2 V, 186]	$C_6H_3Cl_2 \cdot NO_2$	192,00 $1,4094^{79,9}$	71 130/₈	Krist. (CS₂); Nadeln oder Prismen (Al oder Egester); unl. in W
3,4-Dichlor-nitro-benzol [E 2 V, 186]	$C_6H_3Cl_2 \cdot NO_2$	192,00 $1,4558^{75}$	43 255...6	Nadeln (Al); unl. in W, wl. in k. Al
3,5-Dichlor-nitro-benzol [E 2 V, 186]	$C_6H_3Cl_2 \cdot NO_2$	192,00 $1,4278^{80,6}$	65 —	Hgelbe Blättchen (Al); unl. in W, wl. in k. Al; Wdampfflch.
2,6-Dichlor-4-nitro-phenol [E 2 VI, 231]	(Strukturformel: OH, Cl, Cl, NO₂ am Benzolring)	208,00 —	125 Z —	Nadeln (W); Blättchen (Eg); Tafeln (Ä); sll. in Ä, Chlf, wl. in Bzl, swl. in W, wl. in k. Al, l. in h. Al; sehr wenig Wdampfflch.
4,6-Dichlor-2-nitro-phenol [E 2 VI, 230]	$O_2N \cdot C_6H_2Cl_2 \cdot OH$	208,00 $1,822^{19}$	124 subl. < 100	Hgelbe Blättchen (Al); Tafeln (Chlf); Prismen (Ä); wl. in W, ll. in Al, Ä, Chlf, Bzl
1,2-Dichlor-pentan [E 2 I, 95]	$CH_3 \cdot CH_2 \cdot CH_2 \cdot CHCl \cdot CH_2Cl$	141,04 $1,0773^{25}_{25}$	— $145,8...6,2/_{739}$	n_D^{25} 1,4453. Fl.
1,5-Dichlor-pentan [E 2 I, 95]	$CH_2Cl \cdot CH_2 \cdot CH_2 \cdot CH_2 \cdot CH_2Cl$	141,04 $1,0940^{25}$	— 179,5...80,5	Fl.; amylart. riechend; unl. in W, l. in org. Lösm.

Name und Literatur	Formel	Mol.-Gew. Dichte	F in °C Kp. in °C	Charakteristik
9,10-Dichlor-phenanthren [E 2 V, 583]		247,13 —	161 ca 400	Nadeln (Al)
2,3-Dichlor-phenol [E 1 VI, 102]		163,00 —	57 —	Krist. (Benzin); durchdringender jodoformart. Geruch; wl. in Benzin
2,4-Dichlor-phenol [E 2 VI, 178]	$C_6H_3Cl_2 \cdot OH$	163,00 —	43 206...8	Krist.; Nadeln (Bzl); unangenehmer Geruch; ca 0,45 W 20°; ll. in Al, Ä, Bzl, Chlf
2,5-Dichlor-phenol [E 2 VI, 178]	$C_6H_3Cl_2 \cdot OH$	163,00 —	58 $211/_{744}$	Prismen (Benzin); durchdringender Geruch; ll. in Bzl, Al, Ä, wl. in W
2,6-Dichlor-phenol [E 2 VI, 179]	$C_6H_3Cl_2 \cdot OH$	163,00 —	65 218...20	Feine Nadeln; durchdringender Geruch; ∞ Al, Ä
3,4-Dichlor-phenol [E 2 VI, 179]	$C_6H_3Cl_2 \cdot OH$	163,00 —	65 253,5	Nadeln (PÄ); phenolart. Geruch
3,5-Dichlor-phenol [E 2 VI, 179]	$C_6H_3Cl_2 \cdot OH$	163,00 —	68 233	Prismen; Krist. (PÄ); schwach phenolart. Geruch; Kp: 122...4°/$_8$; wl. in W, ll. in Al
2,4-Dichlor-phenoxy-essigsäure [J. Am. Chem. Soc. **61**, 1768]		221,04 —	138 $160/_{0,4}$	Weiße Krist. (Bzl); ll. in Ä, unl. in W; stark augenreizend; bewirkt Magenstörungen; wichtiges Herbicid ,,2,4-D''; n-Butyl-ester ,,Linorax'', Herbicid, Kp: 160...70°/$_{15}$; D_4^{25}: 1,235; Methylester F: 33°, gelbe Krist.

Name	Formel	Mol.-Gew. / Dichte	Schmp. / Sdp.	Eigenschaften
2,5-Dichlor-phenylen=diamin-(1,4) [XIII, 118]	(Benzolring: NH_2, Cl, Cl, NH_2)	177,03 —	170 —	Prismen (W); swl. in W, Al
Di-[p-chlorphenyl]-essigsäure [Org. Syntheses III, 270]	$(Cl \cdot C_6H_4)_2CH \cdot CO_2H$	281,14 —	164...6 —	Krist. (Al + W)
3,6-Dichlor-phthalsäure [IX, 817]	(Benzolring: Cl, CO_2H, CO_2H, Cl)	235,02 —	— —	Tafeln (W); ll. in h. W, Al, Ä; ab 100° Anhydrid, F: 191°
1,1-Dichlor-propan [I, 105]	$CH_3 \cdot CH_2 \cdot CHCl_2$	112,99 $1{,}143^{10}$	— 85...7	Fl.
1,2-Dichlor-propan [E 2 I, 73]	$CH_3 \cdot CHCl \cdot CH_2Cl$	112,99 $1{,}1656^{14}$	— 96,8	n_D^{20} 1,4388; Fl.; 0,28 W 25°, ll. in Al, Ä; techn. Lösm.; MAK 75 cm^3/m^3
1,3-Dichlor-propan [E 2 I, 73]	$CH_2Cl \cdot CH_2 \cdot CH_2Cl$	112,99 $1{,}0802^{25}_{25}$	— $119/_{740}$	$n_D^{25,5}$ 1,4362. Fl.; 0,273 W 25°, ll. in Al, Ä
2,2-Dichlor-propan [E 2 I, 73]	$CH_3 \cdot CCl_2 \cdot CH_3$	112,99 $1{,}0925^{20}_{20}$	E — 34,6 69,8	n_D^{20} 1,40932. Fl.; l. in Al
1,3-Dichlorpropanol-(2) [E 2 I, 383]	$CH_2Cl \cdot CH(OH) \cdot CH_2Cl$	128,99 $1{,}3455^{18}_{15}$	— 175,5...6,0	$n_\alpha^{16,9}$ 1,477126, $n_D^{16,9}$ 1,480245, $n_\gamma^{16,9}$ 1,49108. Fl.; ätherischer Geruch; Kp: 70...3°/$_{14}$; 11 W 19°; 16,6 W 72°; ll. in Al, Ä; swl. in PÄ; Phenyl=urethan F: 73°
2,3-Dichlorpropanol-(1) [E 2 I, 370]	$CH_2Cl \cdot CHCl \cdot CH_2OH$	128,99 $1{,}3534^{20}$	— 182	Fl.; Kp: 81...1,5°/$_{13,5}$; ∞ Al, Ä, Aceton, Bzl, unl. in W, PÄ; Phenylurethan F: 72...3°

Dichlorpropanon s. Dichloraceton

23*

Name und Literatur	Formel	Mol.-Gew. Dichte	F in °C Kp. in °C	Charakteristik
1,1-Dichlor-propen-(1) [I, 199]	$CH_3 \cdot CH : CCl_2$	110,97 $1,1764_0^{19,5}$	— 78	Fl.
1,1-Dichlorpropen-(2) [I, 199]	$CHCl_2 \cdot CH : CH_2$	110,97 $1,170^{24,5}$	— 84,4	Fl.
1,2-Dichlor-propen-(1) [I, 199]	$CH_3 \cdot CCl : CHCl$	110,97 —	— 75	Fl.
1,3-Dichlor-propen-(1) [E 2 I, 170]	$CH_2Cl \cdot CH : CHCl$	110,97 $1,218^{25}$	— $105...6/_{730}$	Fl.; chlf.-ähnlich riechendes Öl
2,3-Dichlorpropen-(1) [I, 199]	$CH_2Cl \cdot CCl : CH_2$	110,97 $1,204^{25}$	— 94	Fl.
α,α-Dichlor-propionsäure [E 2 II, 228]	$CH_3 \cdot CCl_2 \cdot CO_2H$	142,97 $1,389^{22,8}$	— $90...2/_{14}$	Fl.; ll. in Al, W; Wdampfflch.; Z. beim Aufbewahren
Dichlorpropylalkohol s. Dichlorpropanol				
2,5-Dichlorstyrol [Ohlinger, 40]	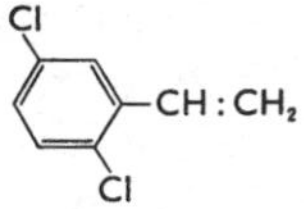 (2,5-Dichlorstyrol: $CH : CH_2$ am Benzolring mit zwei Cl)	173,04 —	— $72...3/_2$	n_D^{20} 1,5798. Polym. sehr leicht
1,2-Dichlor-1,1,2,2-tetra= fluor-äthan [Mellan, 375]	$CClF_2 \cdot CClF_2$	170,92 —	— 94 38,4	Fbl. Fl.; ätherart. Geruch; unbrenn- bar. MAK: 1000 cm³/m³
3',6'-Dichlor-2,4,5,7-tetra- jod-fluorescein [E2 XIX, 260]	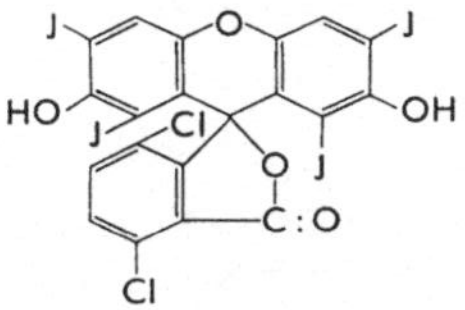 (Fluorescein-Struktur, tetrajodiert, dichloriert)	904,79 —	— —	Rotbraunes Pulver; l. in Alk mit gelb- roter Farbe und grüner Fluoresz.; Alkalisalze als „Rose bengale" im Handel

2,5-Dichlor-thiophen [E 2 XVII, 36]	(Cl–thiophen–Cl)	153,03 —	— 170	Öl
1,2-Dichlor-1,1,2-tribrom-äthan [E 2 I, 65]	$CHClBr \cdot CClBr_2$	335,66 $2,6346^{15}$	E 5,95 $112/_{16}$	n_α^{15} 1,6041, n_D^{15} 1,6085, n_β^{15} 1,6207. Fl.; reizt stark zu Tränen
2,2-Dichlor-1,1,2-tribrom-äthan [E 2 I, 65]	$CCl_2Br \cdot CHBr_2$	335,66 $2,6315^{15}$	16,8 210 Z	n_α^{15} 1,6014, n_D^{15} 1,6072, n_β^{15} 1,6209. Fl.; Kp: $106/_{16}$
1,2-Dichlor-1,1,2-trifluor-äthan [J. Chem. Soc. **1952**, 4262]	$F_2ClC \cdot CHClF$	152,93 —	— 28	n_D^{20} 1,335. Fl.
Dicyan [E 2 II, 511]	$NC \cdot CN$	52,04 —	E — 27,92 — 21,17	$n_{670,8}^0$ 1,00084308, $n_{546,1}^0$ 1,0008481, $n_{435,9}^0$ 1,0008708. Gas; 350 cm³ W 30°, 2600 cm³ Al 20°, 500 cm³ Ä 20°; giftig
Dicyanäthan s. Bernsteinsäure-dinitril				
Dicyan-äthylen s. Fumarsäuredinitril				
Dicyanbenzol s. Phthalsäure-, Isophthalsäure-, Terephthalsäure-dinitril				
1,1'-Dicyan-1,1'-bicyclo= hexyl [Org. Syntheses 32, 48]	(Bicyclohexyl, CN CN)	216,33 —	224,5...5,5 —	Krist. (Toluol)
1,4-Dicyan-buten s. Adipinsäure-dinitril				
1,2-Di-(1-cyan)-cyclo-hexylhydrazin [Org. Syntheses 32, 50]	(Dicyclohexyl, CN CN, –NH·NH–)	246,36 —	147...9 —	Krist. (Al)
Dicyandiamid [E 2 III, 75]	$HN : C(NH_2) \cdot NH \cdot CN$	84,08 $1,405^{14}$	209 Z —	Krist.; l. in Aceton, wl. in Egester, unl. in Chlf, Lg; 4,3 W 25°; 22,7 W 60,1°, 1,4 Al 26,4°; 3,4 Al 60,1°; swl. in Ä

Name und Literatur	Formel	Mol.-Gew. / Dichte	F in °C / Kp. in °C	Charakteristik
Dicyandiamidin [E 2 III, 74]	$HN:C(NH_2)\cdot NH\cdot CO\cdot NH_2$	102,10 / —	105 / Z 160	Prismen · 1 C_2H_5OH (Al); ll. in h. W, h. Al, wl. in k. Al, unl. in Bzl, Chlf, Ä, CS_2; Verw. als Ni-Reagenz
Dicyan-methan s. Malonsäure-dinitril				
1,5-Dicyan-pentan s. Pimelinsäure-dinitril				
1,3-Dicyan-propan s. Glutarsäure-dinitril				
Di-cyclohexylamin [E 1 XII, 114]	(Cyclohexyl)–NH–(Cyclohexyl)	181,32 / $0,925^{18}$	E − 0,1 / $135/_{20}$	n_D^{25} 1,4823. Klare Fl.; wl. in W, ll. in Al, Ä, Bzl; giftig
Dicyclohexyl-carbo= diimid [Ber. **71**, 1938]	(Cyclohexyl)–N:C:N–(Cyclohexyl)	206,33 / —	— / $154...6/_{11}$	Fl.; erstarrt bei Raumtemp.
Di-cyclohexyl-sulfit [Ann. Chem. **485**, 272]	$O:S\begin{smallmatrix}O\cdot C_6H_{11}\\O\cdot C_6H_{11}\end{smallmatrix}$	246,37 / $1,0974^{18}$	— / $182/_{19}$	$n_\alpha^{13,7}$ 1,4840, $n_D^{13,7}$ 1,4865, $n_\beta^{13,7}$ 1,4957. Fl.
Dicyclopentadien [E 2 V, 391]	(Dicyclopentadien, CH_2)	132,21 / 0,9766	E 33 / 170	n_α^{77} 1,4803, n_D^{35} 1,5050, n_β^{77} 1,4912. Krist.; ll. in Al, Ä, Lg
Dicyclopentadienyl-Eisen s. Ferrocen				
Di-dodecylsulfat [E 3 I, 1789]	$(C_{12}H_{25}O)_2SO_2$	434,73 / —	48,4...5 / —	
Dieldrin [Agr. Chem. **5**, 1]	(Dieldrin-Struktur: Cl, CCl_2, CH_2, O)	380,91 / —	175...6 / —	Weiße Krist.; l. in aromatischen Lösm.; wl. in aliphatischen Lösm.; unl. in W; Insekticid

Name	Formel			Eigenschaften
1,1-Difluor-äthan [Mellan, 376]	$CH_3 \cdot CHF_2$	66,05 $1,004^{-25}$	-117 $-24,7$	n_D^{20} 1,255. Fbl. Gas; wl. in W
2,2-Difluor-äthanol [E 2 I, 333]	$CHF_2 \cdot CH_2OH$	82,05 $1,3084^{17,2}$	E $-28,2$ 95,5...6	$n_\alpha^{17,2}$ 1,3329, $n_\beta^{17,2}$ 1,3373, $n_\gamma^{17,2}$ 1,3415. Fl.; ∞ W, org. Lösm.; brennbar
1,2-Difluor-benzol [E 2 V, 147]	$C_6H_4F_2$	114,10 $1,1599^{18}$	-34 91...2	n_α^{18} 1,4411, n_D^{18} 1,4451, n_β^{18} 1,4661. Fl.; aromatischer, etwas stechender Geruch; hygr.; zers. an der Luft
1,3-Difluor-benzol [E 2 V, 147]	$C_6H_4F_2$	114,10 $1,1552^{18}$	-59 82...3	n_α^{18} 1,4363, n_D^{18} 1,4404, n_β^{18} 1,4489. Fl.
1,4-Difluor-benzol [E 2 V, 147]	$C_6H_4F_2$	114,10 $1,1684^{18}$	-13 88,4	n_α^{18} 1,4384, n_D^{18} 1,4423, n_β^{18} 1,4513. Fl.
4,4'-Difluor-diphenyl [E 2 V, 482]	$C_6H_4F \cdot C_6H_4F$	190,19 $1,336^{25}$	94...5 315...9	Krist. (Al oder subl.); Kp: 115...6°/₁₁; sll. in Egester, h. Aceton, ll. in h. Me, Al, Bzl, Eg; l. in sied. W; Wdampf-flch.
4,4'-Difluordiphenyl-trichloräthan s. 1,1,1-Trichlor-2,2-bis(p-fluorphenyl)-äthan				
Difluoressigsäure [E 2 II, 185]	$CHF_2 \cdot CO_2H$	96,03 $1,5255^{20,1}$	E $-0,35°$ 134,2/₇₆₆	$n_\alpha^{20,1}$ 1,3404, $n_D^{20,1}$ 1,3420, $n_\beta^{20,1}$ 1,3455. Fl.; Kp: 67...70°/₂₀; ∞ W, org. Lösm.; $NaC_2HO_2F_2$ Prismen (W); ll. in W, h. Al, wl. in k. Al, unl. in Ä
Difluor-jod-methan [J.Chem.Soc. 1952, 4265]	CHF_2J	177,92 —	— 20,5	Fbl. Fl.; lichtempfindlich
Difluor-methan [E 3 I, 34]	CH_2F_2	52,02 —	— $-51,6$	Gas; wird von Zeolithen rasch adsorbiert
1,2-Difluor-1,1,2,2-tetra=brom-äthan [I, 95]	$CFBr_2 \cdot CFBr_2$	381,66 —	62,5 186,5/₇₅₈	Krist.; flch.; campherart. Geruch; ll. in Al, l. in Eg
2,2-Difluor-1,1,1,2-tetra=brom-äthan [E 1 I, 30]	$CF_2Br \cdot CBr_3$	381,66 —	99 185	Krist.; campherart. Geruch

Name und Literatur	Formel	Mol.-Gew. / Dichte	F in °C / Kp. in °C	Charakteristik
1,2-Difluor-1,1,2-tribrom-äthan [E 2 I, 65]	$CHFBr \cdot CFBr_2$	302,75 / $2{,}6077^{17,1}$	— / 146	$n_D^{17,1}$ 1,5078. Fl.; unl. in W; greift Glas nicht an; angenehmer Geruch
2,2-Difluor-1,1,2-tribrom-äthan [E 2 I, 65]	$CF_2Br \cdot CHBr_2$	302,75 / $2{,}6130^{17,5}$	— / $143{,}5/_{754}$	$n_D^{17,5}$ 1,5025. Fl.
Di-furfuryl-äther [Dunlop, 226]	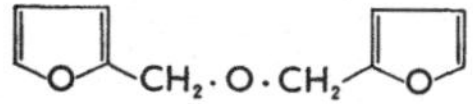 $CH_2 \cdot O \cdot CH_2$ (Difurfuryläther)	178,19 / $1{,}1405^{20}$	— / $88{\ldots}9/_1$	n_D^{20} 1,5088. Fl.
Di-furfurylamin [Dunlop, 237]	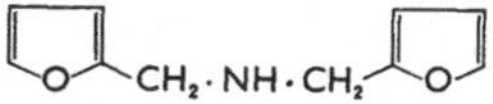 $CH_2 \cdot NH \cdot CH_2$ (Difurfurylamin)	177,20 / —	— / $102{\ldots}3/_1$	Fl.; Pikrat F: 123…5°
Di-2-furyl-methan [Dunlop, 78]	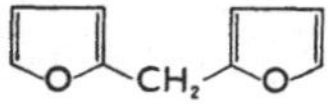 CH_2 (Di-2-furyl-methan)	148,16 / $1{,}102^{20}$	ca — 30 / $78/_{12}$	n_D^{20} 1,5049. Fl.
m-Digallussäure [J. Am. Chem. Soc. **47**, 846]	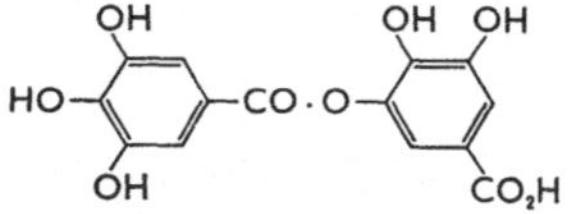 $CO \cdot O$ (m-Digallussäure)	322,23 / —	280 Z / —	Nadeln · aq. (Al + W); 0,05 W 25°; 1,9 sied. W; wl. in Ä, Eg, l. in Me, Al, Aceton
p-Digallussäure [E 2 X, 344]	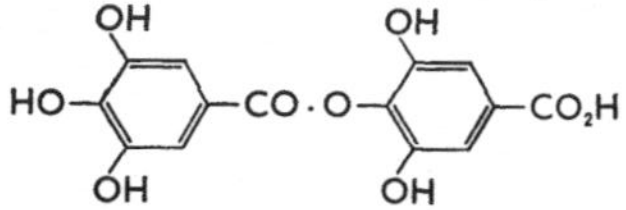 $CO \cdot O$ (p-Digallussäure)	322,23 / —	290…1 Z / —	Nadeln · aq. (W); wl. in Egester, ll. in h. W, Aceton; mit $FeCl_3$-Lsg. → schwarzblau
p-Digallussäure-methyl-ester [E 1 X, 247]	$(HO)_3C_6H_2 \cdot CO \cdot O \cdot C_6H_2(OH)_2 \cdot CO_2CH_3$	336,26 / —	ca 175 / —	Nadeln oder Platten · aq. (W oder verd. Me); wl. in Chlf, PÄ, Bzl, ll. in Al, Aceton
Digitalose [Lettré, 293]	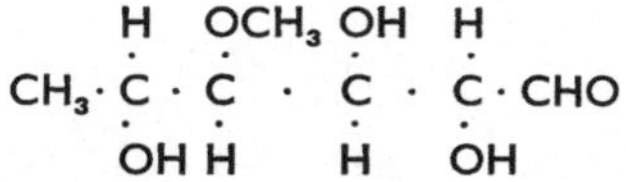 $CH_3 \cdot \overset{OH}{C} \cdot \overset{OCH_3}{C} \cdot \overset{OH}{C} \cdot \overset{H}{C} \cdot CHO$ (Digitalose)	178,19 / —	116…22 / —	Krist.; $[\alpha]_D$: + 105° (W)

Digitonin [Z. physiol. Chem. **302**, 111]	1229,34 —	ca 275 Z —	Krist. (Al); l. in h. Al, Eg, wl. in k. Al, swl. in W, Ä, Chlf, l. in konz. H_2SO_4 rot; $[\alpha]_D^{20}$: $-47\ldots49°$ (Egs. 75%, $c=2$); Verw. zur Bestimmung von Wachsal. und Cholesterin im Blut usw.; hämolytisches Blutgift
Digitoxigenin [Lettré, 289]	374,53 —	250…6 —	Krist.; $[\alpha]_D$: $+19°$ (Me)
Digitoxin [Lettré, 304]	$C_{41}H_{64}O_{13}$ 764,96 —	263 —	Krist.; $[\alpha]_D$: $+5°$ (Dioxan); Herzgift-glykosid
Digitoxit [E 2 I, 603]	150,18 —	88 —	Prismen (Aceton); $[\alpha]_D^{15}$: $-86,2°$ (W)
Digitoxose [Helv. Chim. Acta **30**, 1223]	148,16 —	110 —	Krist. (Me + Ä oder Egester); ll. in W, Aceton; $[\alpha]_D^{17}$: $+46,3°$ (W)

$$R\,R' \begin{cases} 2\ \text{D-Glucose} \\ 2\ \text{D-Galaktose} \\ 1\ \text{L-Xylose} \end{cases}$$

$$CH_3 \cdot \underset{OH}{CH} \cdot \underset{OH}{CH} \cdot \underset{OH}{CH} \cdot CH_2 \cdot CH_2OH$$

Diglycin s. Glycyl-glycin

Name und Literatur	Formel	Mol.-Gew. Dichte	F in °C Kp. in °C	Charakteristik
Diglykol [E 2 I, 520]	$HOCH_2 \cdot CH_2 \cdot O \cdot CH_2 \cdot CH_2OH$	106,12 $1,1318^0_{15}$	E — 10,45 245	Fl.; ll. in W, Me, Al, Aceton, Eg, unl. in Ä, Bzl; sehr hygr.; schwach süßer, brennender Geschmack; techn. Lösm.
Diglykol-diacetat [E 3 II, 309]	$(CH_3 \cdot CO_2CH_2 \cdot CH_2)_2O$	190,20 $1,1078^{15}_{15}$	$148/_{26}$ —	Viskoses Öl von süßlichem Geruch; ∞ W
Diglykol-diäthyläther [E 3 I, 2098]	$(C_2H_5O \cdot CH_2 \cdot CH_2)_2O$	162,23 $0,9063^{20}$	— $187/_{775}$	Lösm. für Harze und Wachse; mit org. Lösm. besonders halogenhaltigen ll. bis mischbar; ,,Diäthylcarbitol''
Diglykol-di-n-butyl= äther [E 3 I, 2100]	$(C_4H_9O \cdot CH_2 \cdot CH_2)_2O$	218,34 $0,8847^{15}_{15}$	— — 245...7	Fl.; Lösm. für viele Harze, Wachse, Farbstoffe; ∞ Al, Aceton, Toluol und anderen org. Lösm., besonders halogenhaltigen; ,,Dibutylcarbitol''
Diglykol-dimethyläther [E 2 I, 520]	$(CH_3O \cdot CH_2 \cdot CH_2)_2O$	134,18 $0,9514^{15}_{15}$	— $161,5/_{736}$	Fl.; l. in h. W, Al, Ä, sll. in k. W; Lösm. ,,Dimethylcarbitol''
Diglykol-monoäthyläther [E 2 I, 520]	$C_2H_5O \cdot CH_2 \cdot CH_2 \cdot O \cdot CH_2 \cdot CH_2OH$	134,18 $0,9996^{15}_{15}$	— 198	n^{26}_D 1,4240. Fl.; techn. Lösm. für Nitro= cellulose, Harze; ,,Carbitol''
Diglykol-monäthyläther- acetat *	$H_5C_2 \cdot O \cdot [CH_2]_2O[CH_2]_2O_2C \cdot CH_3$	176,21 $1,0114^{20}_{20}$	— 25 217,4	Viskose Fl.; ∞ W; ,,Carbitolacetat''; * Firmenschrift Union Carbide: ,,Esters''
Diglykol-monobutyl= äther [E 2 I, 521]	$CH_3 \cdot [CH_2]_3 \cdot O \cdot CH_2 \cdot CH_2 \cdot O \cdot CH_2 \cdot CH_2OH$	162,23 —	— —	Fl.; techn. Lösm. für Nitrocellulose, Harze; ,,Butylcarbitol''
Diglykol-monobutyl= äther-acetat *	$H_9C_4 \cdot O \cdot [CH_2 \cdot CH_2 \cdot O]_2 \cdot COCH_3$	204,27 $0,9810^{20}_{20}$	— 32,2 246,8	Viskose Fl.; ll. in W; ,,Butylcarbitol- acetat''; * Firmenschrift Union Car- bide ,,Esters''

Name	Formel	Mol.-Gew. / Dichte	F / Kp	Eigenschaften
Diglykol-mono-methyl= äther [Mellan, 656]	$H_3CO \cdot CH_2 \cdot CH_2 \cdot O \cdot CH_2 \cdot CH_2OH$	120,15 $1,0354^{20}_{20}$	— 193,2	n_D^{27} 1,4264. Hygr. Fl. von angenehmem Geruch; ∞ W und vielen org. Lösm.
Diglykolamidsäure s. Iminodiessigsäure				
Diglyme s. Glykol-dimethyläther				
Digoxigenin [Lettré, 364]		390,52 —	222 —	Prismen (verd. Al); $[\alpha]_D^{20}$:$+ 27,0°$ (Me)
Di-hexadecyläther s. Di-cetyläther				
Di-n-hexyl-keton [E 2 I, 769]	$CH_3 \cdot [CH_2]_5 \cdot CO \cdot [CH_2]_5 \cdot CH_3$	198,35 $0,825^{30}$	30 258	Blätter (Al); ll. in Al, Ä, Chlf, Lg; Semicarbazon F: 90°
9,10-Dihydro-acridin [E 2 XX, 291]		181,24 —	170 subl.	Säulen (Al); unl. in W, ll. in h. Al, Ä
9,10-Dihydro-anthracen [E 2 V, 545]		180,25 $1,208^0$	108 313	Tafeln (Al); ll. in Al, Ä, Bzl, unl. in W; subl.; Wdampfflch.
9,10-Dihydro-anthranol [E 2 VI, 660]		196,25 —	76 —	Nadeln (PÄ); l. in sied. W, Al, Ä, Lg, CS_2, Bzl; zers. an der Luft oder durch Kochen mit W oder Al → Anthracen und W
1,4-Dihydro-benzoesäure [Z. angew. Chem. **70**, 506]		124,14 —	-20 —	Gelbes Öl; empfindlich gegen Luft

Name und Literatur	Formel	Mol.-Gew. Dichte	F in °C Kp. in °C	Charakteristik
Dihydro-brenzcatechin [E 2 VII, 526]	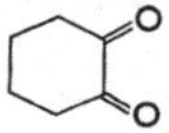	112,13 —	38...40 193...5	Krist. (PÄ); zll. in W, Bis-phenyl= hydrazon F: 152...3°
l-Dihydro-carvon [E 2 VII, 81]	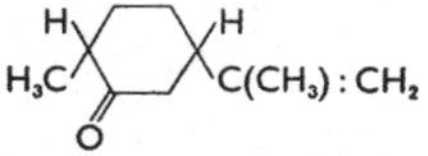 H_3C ... $C(CH_3):CH_2$	152,24 0,9253[20]	— 221...2	$n_\alpha^{17,5}$ 1,4688, $n_D^{17,5}$ 1,4718, $n_\beta^{17,5}$ 1,4787. Öl; 0,1 W 20°; $[\alpha]_D^{20}$: — 18,28°; Semicarbazon F: 187...8°
Dihydro-cholesterin s. β-Cholestanol				
Dihydro-citronellol [E 2 I, 460]	$HOCH_2 \cdot CH_2 \cdot CH(CH_3) \cdot [CH_2]_3 \cdot CH(CH_3)_2$	158,29 0,8288[20]	— 113,5/[15]	n_α 1,4328, n_D 1,4342, n_β 1,4268. Öl; $[\alpha]_D^{20}$: + 4,09°
22,23-Dihydro-ergosterin [Vogel, I, 172]	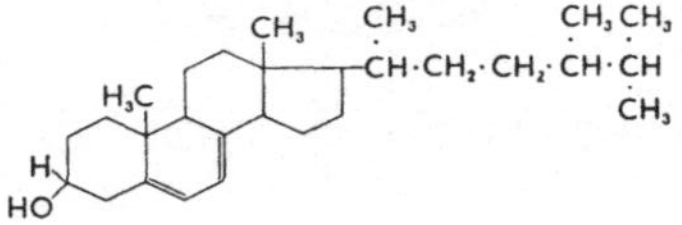	398,68 —	152 —	Nadeln (Egester + Me); $[\alpha]_D^{19}$: — 109° (Chlf)
1,2-Dihydro-naphthalin [E 2 V, 415]	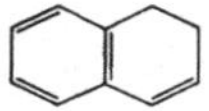	130,19 0,9963[21,5]	— 9 91/[15]	$n_\alpha^{18,3}$ 1,5764, $n_D^{18,3}$ 1,583, $n_\beta^{18,3}$ 1,6009. Fl.; sehr scharfer unangenehmer Geruch; unl. in W, l. in Al, Ä
1,4-Dihydro-naphthalin [E 2 V, 417]	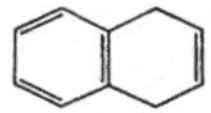	130,19 0,9928[32,7]	28 211...2	$n_\alpha^{32,7}$ 1,5499, $n_D^{32,7}$ 1,555, $n_\beta^{32,7}$ 1,5675. Blätter; Kp: 94,5°/[17]; unl. in W, l. in Al, Ä
9,10-Dihydro-phen= anthren [E 2 V, 550]	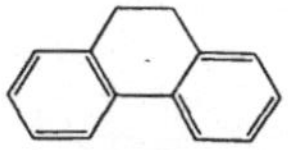	180,25 1,0953[14]	34,5...5,0 168...9/[15]	Nadeln (Me)
2,3-Dihydro-pyran [Org. Syntheses III, 276]		84,12 —	— 84...6	Fl.
1,2-Dihydro-pyrazin-dion-(3,6) s. Maleinsäure-hydrazid				

Name	Formel	Mol.-Gew.	F	Eigenschaften
Dihydro-resorcin [VII, 554]		112,13 / —	105...6 / —	Prismen (Bzl oder Egester); swl. in Ä, Lg, CS$_2$, ll. in W, Al, Aceton, Chlf., sied. Bzl
Dihydroxyaceton [E 2 I, 889]	HOCH$_2$·CO·CH$_2$OH	90,08 / —	69...70 * / —	Nadeln, Rhomben (Al); ll. in W, Me, Al, warmem Aceton, wl. in Ä, Egester; * F auch 78...9°
2,4-Dihydroxy-aceto=phenon [E 2 VIII, 294]	(HO)$_2$C$_6$H$_3$·CO·CH$_3$	152,15 / 1,180^{141,1}	143 / Z	n$_\alpha^{141,1}$ 1,56467. Blättchen oder Nadeln; wl. in W; mit FeCl$_3$ → rote Färbung
2,5-Dihydroxy-aceto=phenon [E 2 VIII, 298]	(HO)$_2$C$_6$H$_3$·CO·CH$_3$	152,15 / —	202 / subl.	Hgelbe Krist. (Me oder Al); swl. in k. W, wl. in Ä, Bzl, ll. in Al; mit FeCl$_3$ → blaue Färbung
2,5-Dihydroxy-aceto=phenon-dimethyläther [Org. Syntheses 31, 91]	H$_3$CO—…—CO·CH$_3$, OCH$_3$	180,21 / —	20...2 / 152...6/15	Öl
2,5-Dihydroxy-aceto=phenon-monomethyl=äther [Org. Syntheses 31, 90]	H$_3$CO—…—CO·CH$_3$, OH	166,18 / —	48...50 / —	Grünliche Krist.; Wdampfflch.
1,3-Dihydroxy-acridon [XXI, 613]		227,22 / —	370 / —	Gelbe Nadeln (Aceton + Al); wl. in sied. W, l. in Me, Al, Eg, ll. in Aceton, Alk
1,2-Dihydroxy-anthracen [E 2 VI, 998]		210,23 / —	160...2 / —	Fbl. bis weißgrüne Blättchen; ll. in Al, Eg mit gelber Farbe; Lsg. in Alk or. → blau → schwarz; Diacetat Nadeln (Al + Eg), F: 157...7,5°

Di-[β-hydroxyäthyl]-sulfid s. Thiodiglykol

Name und Literatur	Formel	Mol.-Gew. Dichte	F in °C Kp. in °C	Charakteristik
1,5-Dihydroxy-anthracen [E 2 VI, 998]	$C_{14}H_8(OH)_2$	210,23 —	ca 265 Z —	Gelbe Nadeln (Al + W); ll. in Al, Ä, Bzl, Egester blau fluoresz.; Lsg. in Alkali hgrün; Diacetat Blättchen F: 196...8°
1,8-Dihydroxy-anthracen [VI, 1033]	$C_{14}H_8(OH)_2$	210,23 —	225 Z —	Gelbe Blätter (Al + Eg); Nädelchen (Al + W); l. in Al, Ä, Egester, Bzl blau fluoresz.; Lsg. in NaOH grün; Diacetat Blättchen (Al + Eg), F: 184°
2,6-Dihydroxy-anthracen [E 2 VI, 999]	$C_{14}H_8(OH)_2$	210,23 —	295...300 —	Hgrüne Blättchen; ll. in Ä, zll. in Al, Eg blau fluoresz.; Diacetat weiße Blättchen (Eg), F: 254...5°
9,10-Dihydroxy-anthracen [E 1 VIII, 578]		210,23 —	ca 180 —	Braune Nadeln; l. in Ä, swl. in Chlf, Bzl; alk. Lsg. gelb, grün fluoresz.
1,2-Dihydroxy-anthrachinon [VIII, 439]		240,22 —	289...90 subl.	Or.rote Nadeln (Al); l. in Al, Ä, Me, Bzl, Eg; l. in Alk. → blauviol. Färbung „Alizarin"
1,3-Dihydroxy-anthrachinon [E 2 VIII, 492]	$C_{14}H_8O_4$	240,22 —	268...70 subl.	Gelbe Blättchen (Bzl); l. in Al, Bzl, ll. in Aceton, h. Eg; l. in Alk → rote Färbung „Purpuroxanthin"

1,4-Dihydroxy-anthra=chinon [E 1 VIII, 714]	$C_{14}H_8O_4$	240,22 —	200...2 subl.	Rote Krist. (Eg); l. in Al, Ä, l. in H_2SO_4 viol.; l. in Alk → blauviol. Färbung; „Chinizarin"
1,5-Dihydroxy-anthra=chinon [E 1 VIII, 720]	$C_{14}H_8O_4$	240,22 —	280 subl.	Hgelbe Blättchen (Eg); unl. in W, wl. in Al, Eg, ll. in Bzl; l. in H_2SO_4 → carmoisinrote Färbung; „Anthra=rufin"
1,8-Dihydroxy-anthra=chinon [VIII, 458]	$C_{14}H_8O_4$	240,22 —	191 —	Gelbe Blättchen (Al); l. in Al, Ä, Chlf, Eg; l. in H_2SO_4 → rote Färbung; „Chrysazin"
2,3-Dihydroxy-anthra=chinon [E 2 VIII, 504]	$C_{14}H_8O_4$	240,22 —	> 330 —	Gelbe Nadeln (subl.); unl. in Bzl, swl. in h. Al, Ä; l. in H_2SO_4 → rotbraune Färbung; „Hystazarin"
2,6-Dihydroxy-anthra=chinon [E 2 VIII, 504]	$C_{14}H_8O_4$	240,22 —	> 360 Z —	Gelbe Nadeln (Al); unl. in Ä, Bzl, wl. in Eg; 1,4 Al 17°; l. in H_2SO_4 → gelbe Färbung; „Anthraflavinsäure"
2,7-Dihydroxy-anthra=chinon [VIII, 466]	$C_{14}H_8O_4$	240,22 —	> 330 —	Gelbe Nadeln (verd. Al); swl. in Ä, Chlf, Bzl, wl. in Eg, l. in Al, l. in H_2SO_4 → blaurote Färbung; „Iso=anthraflavinsäure"
1,4-Dihydroxy-anthra=chinon-carbonsäure-(2) [E 1 X, 509]		284,23 —	249...50 —	Gelbbraune Nadeln (Nitrobzl.); wl. in Al, Ä, Bzl, l. in Aceton, h. Eg, Toluol
4,5-Dihydroxy-anthra=chinon-carbonsäure-(2) [E 1 X, 510]	$C_{15}H_8O_6$	284,23 —	321 subl.	Gelbe Nadeln (Me); swl. in Al, Ä, Aceton, PÄ, Chlf, Eg, Bzl, ll. in h. Py

Name und Literatur	Formel	Mol.-Gew. Dichte	F in °C Kp. in °C	Charakteristik
2,2′-Dihydroxy-azo= benzol [XVI, 91]	OH HO $-N:N-$ (Strukturformel)	214,23 —	172 subl.	Gelbe Blättchen oder or. Nadeln (Bzl oder Al); unl. in W; 0,33 k. Al; 1,7 k. Bzl; ll. in Ä
2,4-Dihydroxy-azo= benzol [E 2 XVI, 80]	$C_6H_5 \cdot N:N \cdot C_6H_3(OH)_2$	214,23 —	170 —	Rote Nadeln (Bzl); 0,02 W 20°, sll. in Al, Ä, Chlf, Egester, Bzl
2,5-Dihydroxy-azo= benzol [E 2 XVI, 84]	$C_6H_5 \cdot N:N \cdot C_6H_3(OH)_2$	214,23 —	149 —	Rote Nadeln (verd. Eg); unl. in Lg, wl. in Al, ll. in Ä, Aceton, Bzl
3,3′-Dihydroxy-azo= benzol [XVI, 95]	$HO \cdot C_6H_4 \cdot N:N \cdot C_6H_4 \cdot OH$	214,23 —	205 —	Hbraune Blättchen (verd. Al); swl. in W, Bzl, PÄ, ll. in h. Al, Ä, Aceton
4,4′-Dihydroxy-azo= benzol [XVI, 110]	$HO \cdot C_6H_4 \cdot N:N \cdot C_6H_4 \cdot OH$	214,23 —	216…8 Z —	a) Gelbbraune Tafeln (Ä); b) rote Krist. ·1 H_2O (verd. Al); swl. in W, Bzl, k. PÄ, l. in Eg, ll. in Al, Ä, Aceton
2,3-Dihydroxy-benz= aldehyd [E 1 VIII, 600]	CHO OH OH (Strukturformel)	138,12 —	108 119…20/16	Gelbe Nadeln (Bzl); wl. in W, ll. in Al, Eg
2,4-Dihydroxy-benz= aldehyd [E 2 VIII, 272]	$(HO)_2C_6H_3 \cdot CHO$	138,12 —	135…6 —	Nadeln (Ä + Lg); ll. in W, Al, Ä
2,5-Dihydroxy-benz= aldehyd [E 2 VIII, 276]	$(HO)_2C_6H_3 \cdot CHO$	138,12 —	99 —	Gelbe Nadeln (Bzl); ll. in W, Al, Ä
3,4-Dihydroxy-benz= aldehyd [E 2 VIII, 277]	$(HO)_2C_6H_3 \cdot CHO$	138,12 —	153…4 Z	Krist. (W); 5 k. W; ca 33 sied. W; 126 sied. Al; ll. in Ä

2,3-Dihydroxy-benzoe=säure [E 2 X, 248]	CO₂H · (OH)₂ (siehe Strukturformel)	154,12 —	206 —	Nadeln (Ä); l. in W, Al, Ä
2,4-Dihydroxy-benzoe=säure [E 2 X, 251]	$(HO)_2C_6H_3 \cdot CO_2H$	154,12 —	235...6 Z *	Nadeln (Ä); unl. in CS_2, ll. in h. W, Al, Ä, Eg, Bzl; * Z. → Resorcin + CO_2; ,,Resorcylsäure''
2,5-Dihydroxy-benzoe=säure [E 1 X, 180]	$(HO)_2C_6H_3 \cdot CO_2H$	154,12 —	200 Z *	Nadeln (W); unl. in Chlf, Bzl, CS_2, ll. in W, Al, Ä; * Z. → Hydrochinon + CO_2; ,,Gentisinsäure''
2,6-Dihydroxy-benzoe=säure [X, 388]	$(HO)_2C_6H_3 \cdot CO_2H$	154,12 —	148...67 Z *	Nadeln · 1 H_2O (W); ll. in h. W, Al, Ä; * Z. → Resorcin + CO_2; ,,γ-Resorcyl=säure''
3,4-Dihydroxy-benzoe=säure [E 2 X, 260]	$(HO)_2C_6H_3 \cdot CO_2H$	154,12 1,5415	204...5 Z *	Nadeln · 1 H_2O (W); 1,85 W 14°; 27,8 W 80°; swl. in k. Bzl, wl. in Ä, sll. in Al; * Z. → Brenzcatechin + CO_2; ,,Protocatechusäure''
3,5-Dihydroxy-benzoe=säure [X, 404]	$(HO)_2C_6H_3 \cdot CO_2H$	154,12 —	237...40 —	Nadeln (Eg); l. in k. W, sll. in h. W, Al, Ä; ,,α-Resorcylsäure''
Dihydroxy-benzol s. Brenzcatechin, Resorcin oder Hydrochinon				
Dihydroxy-benzol-dicarbonsäure s. Dihydroxyphthalsäure u. Dihydroxyterephthalsäure				
2,2'-Dihydroxy-benzo=phenon [E 2 VIII, 354]	(siehe Strukturformel)	214,22 —	59,5 330...40 Z	Hgelbe Blättchen (Lg); unl. in W, ll. in Al, Ä, Chlf; wss. Al und $FeCl_3$ → braunrote Färbung
2,3'-Dihydroxy-benzo=phenon [VIII, 315]	$HO \cdot C_6H_4 \cdot CO \cdot C_6H_4 \cdot OH$	214,22 —	126 —	Gelbe Krist. (Ä + Bzl)

Name und Literatur	Formel	Mol.-Gew. Dichte	F in °C Kp. in °C	Charakteristik
2,4-Dihydroxy-benzophenon [E 2 VIII, 352]	$C_6H_5 \cdot CO \cdot C_6H_3(OH)_2$	214,22 —	145 —	Nadeln (W); unl. in k. W, wl. in k. Bzl, ll. in Al, Ä, Eg
2,4′-Dihydroxy-benzophenon [E 2 VIII, 354]	$HO \cdot C_6H_4 \cdot CO \cdot C_6H_4 \cdot OH$	214,22 —	150...1 —	Hgelbe Blättchen (W); wl. in h. W, ll. in h. Al, Ä ,Bzl
2,5-Dihydroxy-benzophenon [VIII, 312]	$C_6H_5 \cdot CO \cdot C_6H_3(OH)_2$	214,22 —	125 —	Gelbe Nadeln (verd. Al); unl. in k. W, ll. in Al, Ä, Bzl
3,3′-Dihydroxy-benzophenon [VIII, 316]	$HO \cdot C_6H_4 \cdot CO \cdot C_6H_4 \cdot OH$	214,22 —	170 —	Nadeln (W); l. in W, Al
3,4-Dihydroxy-benzophenon [E 1 VIII, 640]	$C_6H_5 \cdot CO \cdot C_6H_3(OH)_2$	214,22 —	134 —	Hgelbe Nadeln (verd. Al); swl. in k. W, l. in h. W, Al, l. in Alk → tiefgelbe Färbung
3,4′-Dihydroxy-benzophenon [VIII, 316]	$HO \cdot C_6H_4 \cdot CO \cdot C_6H_4 \cdot OH$	214,22 —	205...6 —	Nadeln (W)
4,4′-Dihydroxy-benzophenon [E 2 VIII, 355]	$HO \cdot C_6H_4 \cdot CO \cdot C_6H_4 \cdot OH$	214,22 —	213,5 —	Krist. (W); wl. in k. W, unl. in Bzl, ll. in Al, Ä
2,4-Dihydroxy-chinolin [E 2 XXI, 122	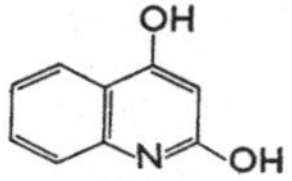	161,16 —	355 subl.	Krist. (Al oder Eg); wl. in sied. Al, sied. Eg, Nitrobzl.; unl. in Ä, Bzl, l. in alkohol. HCl
2,3-Dihydroxy-chinon-(1,4) [E 2 VIII, 431]	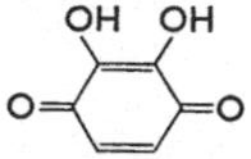	140,10 —	Z 177...8 —	Red. → 1,2,3,4-Tetrahydroxybenzol
2,5-Dihydroxy-chinon-(1,4) [E 2 VIII, 432]	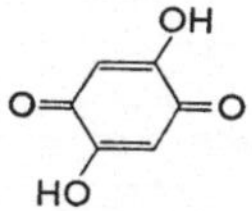	140,10 —	ca 211 Z subl.	Or.gelbe Tafeln (Al); unl. in k. W, zll. in h. Al, Aceton, Eg; subl. bei 110...50°

Name [Ref.]	Mol.-Gew.	Schmp./Kp.	Eigenschaften
6,7-Dihydroxy-cumarin [E 2 XVIII, 68]	178,15 —	272 Z subl.	Prismen (Eg); swl. in sied. W, Ä, l. in h. Al, Aceton, Chlf, wss. Lsg. gelb, blau fluoresz.; „Äsculetin"
7,8-Dihydroxy-cumarin [E 2 XVIII, 69]	178,15 —	261...3 subl.	Gelbe Nadeln oder Prismen (verd. Al); swl. in Chlf, Bzl, CS_2, wl. in Ä, l. in sied. W, ll. in h. verd. Al, Eg; „Daphnetin"
1,10-Dihydroxydecan s. Decamethylenglykol			
2,2'-Dihydroxy-dinaphthyl-(1,1') [E 2 VI, 1026]	286,33 —	216 subl.	Nadeln (Al); ll. in Ä, zll. in Al, l. in Alk, wl. in Chlf, unl. in W; Diacetat F: 109°
4,4'-Dihydroxy-dinaphthyl-(1,1') [E 2 VI, 1028]	286,33 —	300 subl.	Tafeln (Al); ll. in Ä, zll. in Al, wl. in Chlf, Bzl, unl. in W
2,2'-Dihydroxy-diphenyl [E 2 VI, 960]	186,21 —	109 325	Prismen (Toluol); ll. in org. Lösm.; wl. in sied. PÄ; Blättchen $\cdot H_2O$, F: 73...5°; Diacetat F: 95°
2,4'-Dihydroxy-diphenyl [E 2 VI, 961]	186,21 —	162...3 342	Nadeln oder Prismen; Kp: 206...10°/11; ll. in Al, Ä, wl. in sied. W, unl. in Toluol; Diacetat Blätter (verd. Al), F: 94°
3,3'-Dihydroxy-diphenyl [E 2 VI, 961]	186,21 —	123...4 247/18	Nadeln (W); ll. in Al, Ä, Chlf, Bzl, zll. in h. W, swl. in k. W; Diacetat Blättchen und Tafeln, F: 82,5°

24*

Name und Literatur	Formel	Mol.-Gew. Dichte	F in °C Kp. in °C	Charakteristik
4,4'-Dihydroxy-diphenyl [E 2 VI, 962]	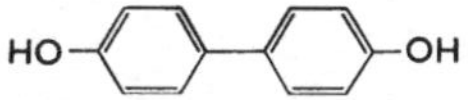 $HO-C_6H_4-C_6H_4-OH$	186,21 1,25 *	270 (275) subl.	Blätter oder Nadeln (Al); ll. in Al, Ä, wl. in W, Bzl; Diacetat Krist. (verd. Al), F: 162,5…3,5°; * feste Substanz
4,4'-Dihydroxy-diphenyl= amin [E 1 XIII, 152]	$HN(C_6H_4 \cdot OH)_2$	201,23 —	174,5 —	Krist. (W); wl. in Ä, Lg, Bzl, ll. in Eg
4,4'-Dihydroxy- diphenylmethan [E 2 VI, 964]	$HO \cdot C_6H_4 \cdot CH_2 \cdot C_6H_4 \cdot OH$	200,24 —	160,2 —	Blättchen oder Nadeln (h. W); sll. in Ä, ll. in Al, zll. in Chlf, unl. in CS_2; Diacetat Prismen (Al), F: 69…70°
5,7-Dihydroxy-flavon [E 2 XVIII, 97]	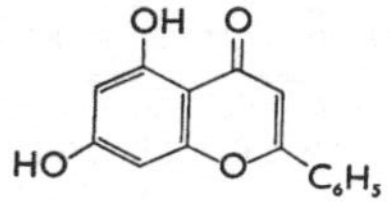	254,24 —	275 subl.	Gelbe Prismen (Me); unl. in W, swl. in Chlf, Bzl, CS_2, wl. in Ä; 0,6 k. Al; 2 h. Al; ll. in h. Eg
4,5-Dihydroxy-fluorescein s. Gallein				
5,6-Dihydroxy-indol [E 2 XXI, 112]	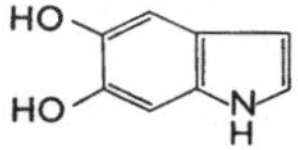	149,15 —	140 Z —	Nadeln (Bzl + PÄ); unl. in PÄ, zll. in W, h. Bzl, ll. in Al, Ä, Aceton
2,6-Dihydroxy-iso= nicotinsäure [XXII, 254]	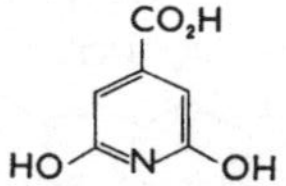	155,11 —	> 300 Z —	Blättchen (konz. HCl); unl. in Al, Ä, swl. in h. W
2,6-Dihydroxy-4-meth= oxy-benzophenon [VIII, 419]	$C_6H_5 \cdot CO \cdot C_6H_2(OH)_2 \cdot OCH_3$	244,25 —	130 —	Hgelbe Nadeln (W); unl. in PÄ, wl. in k. W, l. in h. W, ll. in Al, Ä, Aceton, Chlf, h. Bzl

		Mol.-Gew.	Smp.	Eigenschaften
4,5-Dihydroxy-2-methyl-anthrachinon [E 2 VIII, 510]	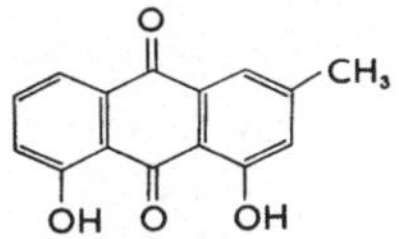	254,24 —	196 subl.	Gelbe Blättchen (Al); swl. in W, wl. in Ä, PÄ, ll. in h. Al, Aceton, Chlf, Eg, l. in H_2SO_4 → rote Färbung
1,2-Dihydroxy-2-methyl-propan s. Isobutandiol-(1,2) 3,5-Dihydro-3-methyl-valeriansäure s. Mevalonsäure				
1,2-Dihydroxy-naphthalin [E 2 VI, 944]	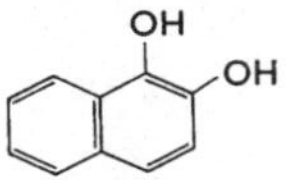	160,17 —	103...4 —	Nadeln (CS_2 oder Lg); wl. in W, l. in Al, Ä, l. in Alk gelb, an der Luft grün; Blättchen ·1 H_2O (W), F: 58...60°; Diacetat Blättchen (Eg), F: 104...6°
1,3-Dihydroxy-naphthalin [E 2 VI, 948]	$C_{10}H_8O_2$	160,17 —	125 —	Blättchen; ll. in W, Al, Ä, swl. in Bzl, Lg; Diacetat Nadeln, F: 55°
1,4-Dihydroxy-naphthalin [E 2 VI, 948]	$C_{10}H_8O_2$	160,17 —	190...1 —	Nadeln (Bzl); zll. in sied. W, ll. in k. Al, Ä, Eg; wl. in h. Bzl, swl. in CS_2, Lg; Diacetat Krist. (Lg), F: 130°
1,5-Dihydroxy-naphthalin [E 2 VI, 950]	$C_{10}H_8O_2$	160,17 —	258 —	Prismen (W); ll. in Ä, Aceton, l. in Al, Eg, wl. in W, swl. in Bzl, Chlf, PÄ; Diacetat Krist. (Al), F: 158...9°
1,6-Dihydroxy-naphthalin [E 2 VI, 952]	$C_{10}H_8O_2$	160,17 —	137...8 subl.	Prismen (Bzl); wl. in k. Al, Chlf, ll. in Ä, Bzl, sll. in Aceton; Diacetat Prismen (Al), F: 73°
1,7-Dihydroxy-naphthalin [E 2 VI, 953]	$C_{10}H_8O_2$	160,17 —	179 —	Nadeln (Bzl oder h. W); ll. in h. W, Bzl, Al, Ä; Diacetat Tafeln (Bzl) F: 108°
1,8-Dihydroxy-naphthalin [E 2 VI, 953]	$C_{10}H_8O_2$	160,17 —	150 —	Nadeln oder Blättchen; ll. in Ä, Bzl, wl. in h. W, Lg; Diacetat Blättchen (Al) F: 147...8°; Tafeln (Acet=anhydrid) F: 155°

Name und Literatur	Formel	Mol.-Gew. Dichte	F in °C Kp. in °C	Charakteristik
2,3-Dihydroxy-naphthalin [E 2 VI, 954]	$C_{10}H_8O_2$	160,17 —	160,5 —	Blättchen (W); ll. in Al, Ä, wl. in h. W, Lg, Bzl
2,6-Dihydroxy-naphthalin [E 2 VI, 955]	$C_{10}H_8O_2$	160,17 —	218 subl.	Tafeln (W); ll. in Al, Ä, Me, Aceton, Eg, 0,1 W 14°, wl. in Bzl, unl. in PÄ; Diacetat Blättchen F: 175°
2,7-Dihydroxy-naphthalin [E 2 VI, 956]	$C_{10}H_8O_2$	160,17 —	190° subl. g. Z	Nadeln (W oder verd. Al); Blättchen (Eg); ll. in Ä, Al, l. in sied. W, wl. in Chlf, Bzl, swl. in CS_2, Lg; Diacetat Blättchen (Al) F: 129° (136°)
1,8-Dihydroxy-naphthalin-disufonsäure-(3,6) s. Chromatropsäure				
2,3-Dihydroxy-naphtho=chinon-(1,4) [E 2 VIII, 461]		190,16 —	282 subl.	Rote Nadeln (Toluol); wl. in h. W, Al, Chlf, swl. in Ä, Bzl, ll. in Aceton
5,8-Dihydroxy-naphtho=chinon-(1,4) [E 2 VIII, 463]		190,16 —	— subl.	Rotbraune Nadeln (Py); wl. in h. W, Ä, l. in Al; „Naphthazarin"
1,4-Dihydroxy-naphthoesäure-(2) [E 2 X, 310]		204,18 —	185 —	Krist.; unl. in Lg, l. in W, sll. in Al

3,4-Dihydroxy-naphthoesäure-(1) [E 1 X, 215]	$(HO)_2C_{10}H_5 \cdot CO_2H$	204,18 —	195 Z —	Nadeln (W); wl. in Chlf, Bzl, ll. in Al, Aceton, Egester
3,4-Dihydroxy-naphthoesäure-(2) [E 1 X, 215]	$(HO)_2C_{10}H_5 \cdot CO_2H$	204,18 —	220,5 Z * —	Tafeln (verd. Al); wl. in Chlf, Toluol, ll. in Al, Ä, Aceton, * Z. $\rightarrow CO_2$
4,5-Dihydroxy-2-hydr=oxymethyl-anthra=chinon [VIII, 524]		270,24 —	224,5...5,5 —	Or.gelbliche Nädelchen (Me oder Toluol); subl.; ll. in h. Al, Ä, Bzl, l. in H_2SO_4 rot; wirkt purgierend; „Aloe-emodin"
1,2-Dihydroxy-phenanthren [E2 VI, 1000]	$C_{14}H_{10}O_2$	210,23 —	178 —	Nadeln (verd. Al); l. in Alk mit gelber Farbe; Diacetat Nadeln (Lg + Bzl), F: 146...7°
2,7-Dihydroxy-phenanthren [E 2 VI, 1002]	$C_{14}H_{10}O_2$	210,23 —	265 —	Nadeln (verd. Al + Xylol); wl. in Toluol, l. in sied. W, sll. in Al; Diacetat Plättchen (Al), F: 183,5°
3,4-Dihydroxy-phenanthren [E 2 VI, 1002]	$C_{14}H_{10}O_2$	210,23 —	143 subl. *	Krist. (PÄ); ll. in Alk; oxid. leicht; „Morphol"; Diacetat Krist. (Bzl), F: 158°; * im Hochvak. bei 130°
3,6-Dihydroxy-phenanthren [E 2 VI, 1002]	$C_{14}H_{10}O_2$	210,23 —	225 —	Graue Plättchen (verd. Al); wl. in Toluol, l. in sied. W, sll. in Al; Diacetat Blättchen (Al), F: 124,5°
9,10-Dihydroxy-phenanthren [E 2 VI, 1002]	$C_{14}H_{10}O_2$	210,23 —	148 —	Fbl. Nadeln; sll. in Al, Ä, Bzl, l. in h. W; Diacetat Krist. (Eg) F: 202°
L-3,4-Dihydroxy-phenylalanin [E 2 XIV, 399]	$(HO)_2C_6H_3 \cdot CH_2 \cdot \overset{NH_2}{\underset{H}{C}} \cdot CO_2H$	197,19 —	279 Z —	Blättchen (verd. Al); unl. in Ä, Aceton, Chlf, PÄ, Bzl; 0,5 W 20°; 2,5 sied. W, l. in Me, Al; „Dopa"

Name und Literatur	Formel	Mol.-Gew. Dichte	F in °C Kp. in °C	Charakteristik
2,5-Dihydroxy-phenyl= essigsäure [X, 407]	$(HO)_2C_6H_3 \cdot CH_2 \cdot CO_2H$	168,15 —	152…4 —	Blättchen (Al + Chlf); unl. in Chlf, Bzl, sll. in W, Al, Ä; „Homogentisin= säure"
3,4-Dihydroxy-phthal= säure [X, 543]	$C_8H_6O_6$	198,13 —	210…2 * —	Tafeln · $1 H_2O$ (W); wl. in Ä, Bzl, ll. in h. W, Al; * → Anhydrid
3,6-Dihydroxy-phthal= säure [E 1 X, 275]	$C_8H_6O_6$	198,13 —	220 Z —	Krist. (verd. H_2SO_3); unl. in Chlf, Bzl, ll. in W, Al, Egester
4,5-Dihydroxy-phthal= säure [E 2 X, 383]	$C_8H_6O_6$	198,13 —	183…5 * —	Krist. · $1 H_2O$ (W); unl. in Lg, swl. in Bzl, l. in Ä, sll. in W, Al, Aceton; * → Anhydrid
9,10-Dihydroxy-stearin= säure [E 2 III, 268]	$CH_3 \cdot [CH_2]_7 \cdot CH(OH) \cdot CH(OH) \cdot [CH_2]_7 \cdot CO_2H$	316,49 —	132 —	Blätter (Al); 0,59 Al abs. 19°; 0,19 Ä abs. 18°; 0,002 Lg 15°
2,5-Dihydroxy-tere= phthalsäure [X, 554]	CO_2H ...	198,13 —	Z —	Gelbliche Krist. (Al oder Ä); wl. in h. W grün fluoresz., h. Al, h. Ä blau fluoresz.
Dihydroxy-toluol s. Methyl-brenzcatechin, -resorcin, -hydrochinon				
Dihydroxyweinsäure [E 2 III, 500]	$HO_2C \cdot C(OH)_2 \cdot C(OH)_2 \cdot CO_2H$	182,09 —	110 Z —	Krist. Pulver; ll. in W, zers. beim Erhitzen der wss. Lsg.; $Na_2C_4H_4O_8 \cdot 3 H_2O$ 0,04 W 0°
Dihydroxyxylol s. Dimethylhydrochinon, Dimethyl-resorcin				

2,4-Dihydroxy-zimtsäure [E 2 X, 293]	(Strukturformel: Benzolring mit OH, HO und CH:CH·CO$_2$H)	180,16 —	260 Z —	Gelbliches Pulver; unl. in Ä, Bzl, Lg, l. in Al, h. W; „Umbellsäure"
2,5-Dihydroxy-zimtsäure [X, 435]	(HO)$_2$C$_6$H$_3$·CH:CH·CO$_2$H	180,16 —	207 Z —	Krist. (W); wl. in k. W
3,4-Dihydroxy-zimtsäure [E 1 X, 212]	(HO)$_2$C$_6$H$_3$·CH:CH·CO$_2$H	180,16 —	223…5 Z —	Gelbe Nadeln (W); wl. in k. W, Ä, ll. in h. W, Al; „Kaffeesäure"; 3-Monomethyläther s. Ferulasäure
Dihydro-zibeton s. Cycloheptadecanon				
α,α'-Diindolyl [E 1 XXIII, 75]	(Strukturformel: α,α'-Diindolyl)	232,29 —	302…3 —	Nadeln (Egester); swl. in Al, Ä, Bzl, Eg, l. in Py; Pikrat F: 178°
Diisoamyl s. 2,7-Dimethyl-octan				
Di-isoamyläther [E 2 I, 432]	C$_5$H$_{11}$·O·C$_5$H$_{11}$	158,29 0,777^{20}	— 173,4	Fl.; Kp: 59,5…60/$_{10}$; techn. Lösm.
Di-isoamylamin [E 2 IV, 646]	(C$_5$H$_{11}$)$_2$NH	157,30 0,764^{25}	ca — 44 188	n$_\alpha^{21,1}$ 1,42059, n$_D^{21,1}$ 1,42289, n$_\gamma^{21,1}$ 1,43317. Fl.; ·HCl Blättchen (W), F: 289°
Di-isoamylsulfit [Ann. Chem. 485, 272]	O:S(O·C$_5$H$_{11}$)(O·C$_5$H$_{11}$)	222,35 0,9729^{16}	— 127..:8/$_{15}$	n$_\alpha^{12,3}$ 1,4355, n$_D^{12,5}$ 1,4376, n$_\beta^{12,4}$ 1,4432. Fl.
Diisobuten s. u. Trimethyl-penten				
Di-isobutyl s. 2,5-Dimethylhexan				
Di-isobutylamin [E 2 IV, 638]	[(CH$_3$)$_2$CH·CH$_2$]$_2$NH	129,25 0,7443^{20}	E — 73,5 138,5	n$_\alpha^{19,6}$ 1,40712, n$_D^{19,6}$ 1,40934. n$_\gamma^{19,6}$ 1,41919. Fl.; swl. in W, l. in Al, Ä; ·HCl subl. ab 240° und F: 260…5°
Di-isobutylcarbinol s. 2,6-Dimethyl-heptanol-(4)				
Diisobutylen s. u. Trimethyl-penten				

Name und Literatur	Formel	Mol.-Gew. Dichte	F in °C Kp. in °C	Charakteristik
Di-isobutylketon [E 2 I, 763]	$(CH_3)_2CH \cdot CH_2 \cdot CO \cdot CH_2 \cdot CH(CH_3)_2$	142,24 0,791[25]	— 165...6	n_D^{25} 1,4111. Öl; Kp: 55...7°/[11]; pfefferminzart. Geruch; unl. in W, ∞ Al, Ä; MAK: 290 mg/m³; Semicarbazon F: 119° (121°)
Di-isocrotyl s. 2,5-Dimethyl-hexadien-(2,4) Di-isopropenyl s. 2,3-Dimethyl-butadien-(1,3) Di-isopropyl s. 2,3-Dimethylbutan				
Di-isopropyläther [E 2 I, 381]	$(CH_3)_2CH \cdot O \cdot CH(CH_3)_2$	102,18 0,7282[17]	— 67,8...8,1	Fl.; MAK: 500 cm³/m³
Di-isopropylamin [E 2 IV, 630]	$[(CH_3)_2CH]_2NH$	101,19 0,722[15]	E − 61 84	Fl.; · HCl F: 216,5...7°
Di-isopropyl-butindiol s. 2,7-Dimethyl-octin-(4)-diol-(3,6) Di-isopropyl-carbinol s. 2,4-Dimethyl-pentanol				
Di-isopropylketon [E 2 I, 757]	$(CH_3)_2CH \cdot CO \cdot CH(CH_3)_2$	114,19 0,8087[20]	— 124,5	n_D^{20} 1,4007. Fl.; swl. in W, ∞ Al, Ä; Oxim Nadeln F: 33...4°
Di-isopropylsulfat [E 2 I, 382]	$[(CH_3)_2CH \cdot O]_2SO_2$	182,24 1,101$_0^{17}$	— 100...2/[14]	n_D^{17} 1,409. Fl.; Kp: 78...80°/[3,7]; l. in Lg
1,2-Dijod-äthan [E 2 I, 69]	$CH_2J \cdot CH_2J$	281,86 2,132[10]	81...2 —	Krist.; zers.
cis-1,2-Dijod-äthylen [E 2 I, 165]	$CHJ : CHJ$	279,85 3,023[11,2]	− 13,8 188 Z	$n_\alpha^{11,2}$ 1,697, $n_D^{11,2}$ 1,706, $n_\beta^{11,2}$ 1,730. Fl.; Kp: 72,5°/[16]
trans-1,2-Dijod-äthylen [E 2 I, 165]	$CHJ : CHJ$	279,85 2,826[83]	73 76,5...77/[16]	Krist.; flch. mit Dampf; subl.; riecht intensiv
1,2-Dijod-benzol [E 2 V, 168]	C₆H₄J₂ (o-Dijodbenzol)	329,91 2,54[20]	E 26,7 286,5	n_α^{20} 1,7088, n_D^{20} 1,7179. Tafeln (Lg); Prismen; swl. in W, wl. in k. Al, l. in Wdampfflch.

1,3-Dijod-benzol [E 2 V, 168]	$C_6H_4J_2$	329,91 $2{,}47^{25}$	E 35,4 284,7	Tafeln (Ä + Al)
1,4-Dijod-benzol [E 2 V, 168]	$C_6H_4J_2$	329,91 —	E 129,2 285	Blättchen (Al); ll. in Al, Ä; subl. leicht
1,4-Dijod-butan [Org. Syntheses 30, 33]	$JCH_2 \cdot CH_2 \cdot CH_2 \cdot CH_2J$	309,92 $2{,}300^{20}$	— $108 \ldots 10/_{10}$	n_D^{20} 1,615. Fbl. Fl.; dunkelt beim Stehen
Dijod-fluor-methan [J.Chem.Soc.**1952**, 4264]	$CHFJ_2$	285,83 —	— $50/_{50}$	Fl.
1,6-Dijod-hexan [Org. Syntheses 31, 31]	$JCH_2[CH_2]_4CH_2J$	337,97 —	10 $123 \ldots 8/_4$	n_D^{15} 1,585. Gelbliche Fl.
Dijod-methan [E 2 I, 37]	CH_2J_2	267,84 $3{,}3215^{20}$	4 180 Z	Krist.; 1,42 W 20°; l. in Al, Ä, Chlf
1,3-Dijod-propan [E 2 I, 79]	$CH_2J \cdot CH_2 \cdot CH_2J$	295,89 $2{,}5173^{15}$	E — 13 $110/_{19}$	n_D^{15} 1,6363. Fl.
3,5-Dijod-pyridon-(4)-N-essigsäure [Ann. Chem. **494**, 294]	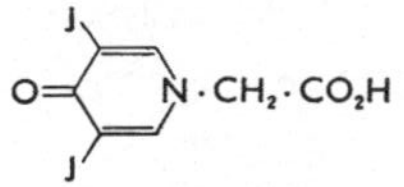	404,93 —	240 —	Rhombische Krist.; l. in Al, Aceton, h. W, unl. in Chlf, Bzl, PÄ; Salze als Röntgenkontrastmittel
3,5-Dijodsalicylsäure s. 2-Hydroxy-3,5-dijod-benzoesäure				
2,4-Dijod-styrol [J. prakt. Chem. **14**, 32]	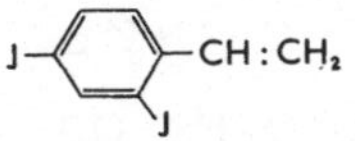	355,95 —	— $108/_{0,2}$	n_D^{20} 1,719; polymerisierbar
1,2-Dijod-tetrafluor-äthan [J. Chem. Soc. **1952**, 4267]	$F_2JC \cdot CJF_2$	353,82 —	— 112	Fl.
3,5-Dijod-dl-tyrosin [E 2 XIV, 384]	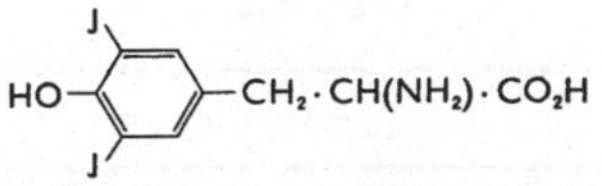	432,99 —	198,4 Z —	Nadeln (Eg 50%); 0,045 W 15°; 0,56 W 75°

Name und Literatur	Formel	Mol.-Gew. Dichte	F in °C / Kp. in °C	Charakteristik
Diketen [Org. Syntheses III, 508]	$CH_2{-}C:O$ / $H_2C:C{-}O$ (Ring) oder $H_3C \cdot CO \cdot CH:C:O$ *	84,08 / —	— / $67...9/_{92}$	Fl.; Erhitzen → Keten; starker, unangenehmer Geruch; mit W → Acet= essigsäure; * andere Formeln s. J. Am. Chem. Soc. **70**, 1890
2,5-Diketo-piperazin [E 1 XXIV, 295]	(2,5-Diketopiperazin ring structure)	114,10 / —	311...2 Z subl. / —	Tafeln oder Platten (W); swl. in k. W, sied. Al, l. in verd. HCl
Dilitursäure [XXIV, 474]	(Nitrobarbituric acid ring structure, NO_2)	173,09 / —	176 Z / —	Prismen und Blättchen $\cdot 3H_2O$ (W); 0,09 W 25,6°; unl. in Ä, l. in Al, ll. in h. W
1,5-Dimercapto-naphthalin [Org. Syntheses 33, 47]	(naphthalene with SH at 1,5 positions)	192,30 / —	120...1 / —	Krist.; subl.
1,2-Dimercapto-propan s. Propan-dithiol-(1,2)				
1,3-Dimercaptopropanol [Ber. **75**, 13]	$CH_2 \cdot CH \cdot CH_2$ / SH OH SH	124,22 / $1,2386^{20}$	— / $94/_{12}$	n_D^{20} 1,5700. Fl.
2,3-Dimercapto-propanol [Ber. **75**, 13]	$CH_2 \cdot CH \cdot CH_2$ / SH SH OH	124,22 / 1,2463	— / $82...4/_{0,8}$	n_D^{20} 1,5749. Fl.; „BAL"

Name	Formel			Eigenschaften
2,5-Dimercapto-1,3,4-thiadiazol [E 2 XXVII, 761]		150,24 —	167 Z —	Gelbes Pulver; l. in Alk; Reagenz auf Bi, Cu, Pd
2,5-Dimethoxy-acetophenon s. Dihydroxyacetophenon-dimethyläther				
2,4-Dimethoxy-anilin [E 2 XIII, 470]		153,18 —	39 —	Tafeln (Lg); Wdampfflch.; zl. in W, ll. in Al, Ä, Bzl
2,5-Dimethoxy-anilin [XIII, 788]	$(CH_3O)_2C_6H_3 \cdot NH_2$	153,18 —	81…2 270	Schuppen (PÄ); swl. in k. PÄ, zll. in W, sll. in Al, h. PÄ
3,4-Dimethoxy-anilin [Org. Syntheses II, 44]	$(CH_3O)_2C_6H_3 \cdot NH_2$	153,18 —	87,5…8 172…4/$_{24}$	Krist.
2,3-Dimethoxy-benz= aldehyd [E 1 VIII, 601]		166,18 —	54…5 256/$_{745}$	Nadeln (Al, Ä oder Lg); wl. in k. W, ll. in org. Lösm.; Wdampfflch.
2,4-Dimethoxy-benz= aldehyd [E 2 VIII, 273]	$(CH_3O)_2C_6H_3 \cdot CHO$	166,18 —	71 165/$_{10}$	Nadeln (verd. Al); unl. in W, ll. in Al, Ä; Wdampfflch.
2,5-Dimethoxy-benz= aldehyd [E 2 VIII, 276]	$(CH_3O)_2C_6H_3 \cdot CHO$	166,18 —	53 146/$_{10}$	Nadeln (verd. Al); wl. in k. W, ll. in Al, Ä
3,4-Dimethoxy-benz= aldehyd [E 2 VIII, 282]	$(CH_3O)_2C_6H_3 \cdot CHO$	166,18 —	44,5…5 281,5	Nadeln (Ä); unl. in k. W, l. in sied. W, ll. in Al, Ä; „Veratrumaldehyd"

4,4'-Dimethoxy-benzoin s. Anisoin

Dimethoxybenzol s. Brenzcatechin-dimethyläther, Hydrochinon-dimethyläther, Resorcin-dimethyläther

Name und Literatur	Formel	Mol.-Gew. Dichte	F in °C Kp. in °C	Charakteristik
2,6-Dimethoxy-benzo= nitril [Org. Syntheses III, 293]		163,18 —	117...8 —	Krist. (Chlf + PÄ); wl. in W, Ä, Lg, l. in Aceton, ll. in h. Al, Chlf
3,4-Dimethoxy-benzonitril s. Veratrumsäure-nitril				
4,4′-Dimethoxydiphenyl- 2,2,2-trichloräthan [J. Chem. Soc. 339 (1949)]		345,66 —	88 —	Krist.; swl. in W, ll. in Aceton, Egester, Dioxan; Insekticid
3,4-Dimethoxy-furan [Dunlop, 182]		128,13 1,1316^{25}	— 94...6/18	n_D^{25} 1,4650. Fl.
3,4-Dimethoxy-furan= carbonsäure-(2) [Dunlop, 182]		172,14 —	170...1 —	Krist.; Methylester F: 54...5°
3,4-Dimethoxy-furan- dicarbonsäure-(2,5) [Dunlop, 182]		216,15 —	243...5 Z —	Krist.; Dimethylester F: 89,5...90°
Dimethoxy-methan s. Formaldehyd-dimethylacetal				
3,4-Dimethoxy-phthal= säure [E 1 X, 274]		226,19 —	186...8 * —	Krist. mit 1 oder 2 H_2O (W); wl. in k. W, Ä, Bzl, ll. in Al, Eg; * → An= hydrid, F: 169°
4,5-Dimethoxy-phthal= säure [E 2 X, 383]		226,19 —	206 Z * —	Prismen mit 1 oder 2 H_2O (W); wl. in W; * → Anhydrid

Verbindung	Formel			Eigenschaften
2,3-Dimethoxy-zimt=säure [Org. Syntheses 31, 35]	(Strukturformel: Benzolring mit CH_3O, OCH_3 und $CH:CH \cdot CO_2H$)	208,22 —	179...80 —	Krist. (Methyl-äthylketon)
N,N-Dimethylacetamid [IV, 59]	$(CH_3)_2N \cdot CO \cdot CH_3$	87,12 $0,9434^{20}$	— 165,5	$n_\alpha^{22,5}$ 1,4344, $n_D^{22,5}$ 1,4371, $n_\gamma^{22,5}$ 1,4498. Fl.
Dimethylacetylen s. Butin-(2)				
2,3-Dimethylacrolein s. α-Methylcrotonaldehyd				
3,3-Dimethyl-acrylsäure [E 2 II, 401]	$(CH_3)_2C:CH \cdot CO_2H$	100,12 $0,8825^{154}$	69 199	Prismen (W); Kp: 105...10°/$_{15}$; ll. in den gebr. Lösm.; subl. in Nadeln; Amid Nadeln, F: 65...6°
3,3-Dimethyl-acrylsäure-äthylester [E 2 II, 402]	$(CH_3)_2C:CH \cdot CO_2C_2H_5$	128,17 $0,9171^{15}$	— 151	n_α^{15} 1,4333, n_{He}^{15} 1,4368, n_β^{15} 1,4446. Fl.; Kp: 61,5°/$_{30}$; ll. in Al, Ä, Bzl, Chlf, CS_2, Lg
Dimethyläther [E 2 I, 269]	$CH_3 \cdot O \cdot CH_3$	46,07 2,1096 g/l	E − 140,0 − 24,9	Gas; 3700 cm³ W 18°; l. in Al, Ä
1,1-Dimethylallen s. 2-Methyl-butadien-(2,3)				
γ,γ-Dimethyl-allylamin s. Amino-3-methyl-buten-(2)				
[γ,γ-Dimethyl-allyl]-guanidin s. Galegin				
Dimethylamin [E 2 IV, 550]	$(CH_3)_2NH$	45,08 $0,727^{-33,5}$	E − 96 6,0...6,1/$_{723}$	Stark ammoniakalisch riechende Fl.; D_4^0: 0,6804; ll. in W, l. in Al; 21,2 Bzl 20°
-hydrobromid [IV, 41]	$(CH_3)_2NH_2 \cdot Br$	126,00 1,608	133,5 —	Nadeln oder Tafeln (W); zerfl.; l. in Al, wl. in Chlf, unl. in Ä
-hydrochlorid [E 2 IV, 552]	$(CH_3)_2NH_2 \cdot Cl$	81,55 —	171 —	Nadeln und Tafeln (abs. Al); sehr zerfl. 369,2 W 25°; 25,38 Chlf 25°; ll. in Al, unl. in Ä
β-Dimethylamino-äthanol [Mellan, 442]	$(CH_3)_2N \cdot CH_2 \cdot CH_2OH$	89,14 $0,887^{20}_{20}$	— 133	n_D^{20} 1,4300. Wasserklare Fl.; l. in W, Me, Al, Ä, Aceton, Egester, Bzl

Name und Literatur	Formel	Mol.-Gew. Dichte	F in °C Kp. in °C	Charakteristik
β-Dimethylamino-äthylchlorid-hydro=chlorid [Org. Syntheses 31, 37]	$(CH_3)_2N \cdot CH_2 \cdot CH_2Cl \cdot HCl$	144,04 —	201,5...3 —	Krist. (Al); hygr.
4-Dimethylamino-azobenzol [E 1 XVI, 310[	$C_6H_5 \cdot N : N \cdot C_6H_4 \cdot N(CH_3)_2$	225,30 —	117 subl.	Gelbe Blättchen (Al); 0,02 W 20...5°; 28 Py 20...5°
4'-Dimethylamino-azobenzol-sulfosäure-(4) [E 2 XVI, 169]	$HO_3S \cdot C_6H_4 \cdot N : N \cdot C_6H_4 \cdot N(CH_3)_2$	305,36 —	— —	Viol. Blättchen; swl. in W gelb, l. in S rot; Na-Salz „Helianthin, Methyl-orange, Orange III" gelbe Blättchen; 0,02 W 20°, Indikator
4-Dimethylamino-benz=aldehyd [E 2 XIV, 23]	$(CH_3)_2N \cdot C_6H_4 \cdot CHO$	149,19 —	74...5 164...6/15	Blättchen (W); l. in W, Al, Ä
4-Dimethylamino-benzophenon [E 1 XIV, 388]	$(CH_3)_2N \cdot C_6H_4 \cdot CO \cdot C_6H_5$	225,29 —	92 —	Gelbe Nadeln (PÄ); unl. in W, wl. in k. Al, sll. in h. Al, Ä
Dimethylamino-brombenzol s. 4-Brom-dimethylanilin				
N,N-Dimethylamino-malonsäure-dinitril [Ber. 94, 25]	$(CH_3)_2N \cdot CH(CN)_2$	109,13 $0,9620^{20}$	— 82...4/11	n_D^{20} 1,4302. Fl.; unl. in W, wl. in Ä
2-Dimethylamino-phenol [E 2 XIII, 168]	(Strukturformel: Benzolring mit OH und $N(CH_3)_2$ in ortho-Stellung)	137,18 —	45 90...1/21	Prismen; wl. in k. W, l. in h. W, ll. in Al, Ä, Aceton, Bzl
3-Dimethylamino-phenol [E 2 XIII, 211]	$(CH_3)_2N \cdot C_6H_4 \cdot OH$	137,18 —	87 265...8	Nadeln (Lg); wl. in h. W, l. in h. Lg, ll. in Al, Ä, Aceton, Bzl, CS_2, l. in verd. S und Alk

Name	Formel	Mol.-Gew. / Dichte	Smp. / Sdp.	Eigenschaften
2-(Dimethylamino)-pyrimidin [Org. Syntheses 35, 58]	N(CH₃)₂-Pyrimidin	123,16 / —	— / 85…6/$_{28}$	n_D^{25} 1,5420. Fl.; hygr.
(N,N-)Dimethylanilin [E 2 XII, 82]	$C_6H_5 \cdot N(CH_3)_2$	121,18 / $0,9563^{20}$	E 2,45 / 194,2	n_α^{20} 1,5519, n_D^{20} 1,5587, n_β^{20} 1,5765. Fl.; wl. in W, l. in Bzl; MAK: 5 cm³/m³, H
2,3-Dimethyl-anilin [E 2 XII, 601]	NH_2, CH_3, CH_3	121,18 / $0,9963^{15,3}$	−15 / 221…2	$n_\alpha^{15,3}$ 1,5649, $n_D^{15,3}$ 1,5706, $n_\beta^{15,3}$ 1,5866. Fl.; swl. in W, l. in Al, Ä; „vic. o-Xylidin"; MAK: 5 cm³/m³, H; Acetylderivat F: 135°
2,4-Dimethyl-anilin [E 2 XII, 606]	$(CH_3)_2C_6H_3 \cdot NH_2$	121,18 / $0,9786^{14,8}$	— / 212	$n_\alpha^{14,8}$ 1,5558, $n_D^{14,8}$ 1,5616, $n_\beta^{14,8}$ 1,5775. Fl.; swl. in W, l. in Al, Ä; „as. m-Xylidin"; MAK: 5 cm³/m³, Acetyl=derivat F: 129°
2,5-Dimethyl-anilin [E 2 XII, 614]	$(CH_3)_2C_6H_3 \cdot NH_2$	121,18 / $0,9790^{21,3}$	15,5 / 218	$n_\alpha^{21,3}$ 1,5533, $n_D^{21,3}$ 1,5591. Öl; l. in h. W; „p-Xylidin"; MAK: 5 cm³/m³, H; Acetylderivat F: 139°
2,6-Dimethyl-anilin [E 2 XII, 604]	$(CH_3)_2C_6H_3 \cdot NH_2$	121,18 / $0,9646^{14}$	— / 216	n_α^{14} 1,5579, n_D^{14} 1,5635, n_β^{14} 1,5792. Fl.; „vic. m-Xylidin"; Acetylderivat F: 176°
3,4-Dimethyl-anilin [E 1 XII, 480]	$(CH_3)_2C_6H_3 \cdot NH_2$	121,18 / $1,0755^{17,5}$	49 / 226	Tafeln (Lg); wl. in k. W, l. in Lg; „as. o-Xylidin"; Acetylderivat F: 99°
3,5-Dimethyl-anilin [E 2 XII, 613]	$(CH_3)_2C_6H_3 \cdot NH_2$	121,18 / $0,9791^{12,1}$	— / 220…1	$n_\alpha^{12,1}$ 1,5562, $n_D^{12,1}$ 1,5618, $n_\beta^{12,1}$ 1,5776. Öl; „sym. m-Xylidin"; Acetylderivat F: 140°
2,3-Dimethyl-anthra=chinon [Org. Syntheses III, 310]	CH_3, CH_3, O, O	236,27 / —	209…10 / —	Gelbe Nadeln (Al oder Xylol); subl.

Name und Literatur	Formel	Mol.-Gew. Dichte	F in °C Kp. in °C	Charakteristik
2,6-Dimethyl-anthracen [E 2 V, 592]	$C_{16}H_{14}$	206,29 —	250 —	Krist. (CS_2); Blättchen (Al); unl. in W, wl. in Al, l. in Bzl
2,7-Dimethyl-anthracen [E 2 V, 593]	$C_{16}H_{14}$	206,29 —	241 —	Gelblichrot fluoresz. Krist. (CS_2 oder Eg); grünliche Blättchen (Toluol); unl. in W, wl. in Al, CS_2, ll. in sied. Bzl
2,9-Dimethyl-anthracen [E 2 V, 593]	$C_{16}H_{14}$	206,29 —	85 —	Gelbe Krist. (Me oder PÄ)
9,10-Dimethyl-anthracen [E 2 V, 593]	$C_{16}H_{14}$	206,29 —	181 subl.	Gelbe Nadeln (Py, Eg, Bzl); gelbe Plättchen (Al); ll. in Ä, Bzl, CS_2, h. Al, sied. Eg; Pikrat F: 175...6° (Z.)
5,5-Dimethyl-barbitur=säure [XXIV, 482]		156,14 —	278...9 subl.	Blättchen (W oder Me); swl. in Ä, zwl. in h. Al, l. in W, Me
2,2′-Dimethyl-benzidin [XIII, 255]		212,30 —	108...9 —	Prismen (h. W); l. in h. W, sll. in Al, Ä; „m-Tolidin"
3,3′-Dimethyl-benzidin [XIII, 256]	$(H_2N)(H_3C)C_6H_3 \cdot C_6H_3(CH_3)(NH_2)$	212,30 —	129 —	Blättchen; wl. in W, ll. in Al, Ä; „o-Tolidin"
2,3-Dimethyl-benzoe=säure [IX, 531]		150,18 —	144 —	Prismen (Al); swl. in h. W, l. in Al, Ä; Wdampfflch.

Name	Formel	Mol.-Gew. / D	F / Kp	Eigenschaften
2,4-Dimethyl-benzoe= säure [IX, 531]	$(CH_3)_2C_6H_3 \cdot CO_2H$	150,18 —	127 $267/_{727}$	Nadeln (W); swl. in k. W, wl. in h. W, l. in Aceton, Chlf, Bzl; ll. in h. Al
2,5-Dimethyl-benzoe= säure [E 1 IX, 210]	$(CH_3)_2C_6H_3 \cdot CO_2H$	150,18 —	132...2,5 268	Nadeln (Al); wl. in h. W, sll. in Al; Wdampfflch.
2,6-Dimethyl-benzoe= säure [E 2 IX, 350]	$(CH_3)_2C_6H_3 \cdot CO_2H$	150,18 —	116 $155...160/_{17}$	Nadeln (Lg); wl. in k. Lg, sll. in Ä
3,4-Dimethyl-benzoe= säure [E 2 IX, 353]	$(CH_3)_2C_6H_3 \cdot CO_2H$	150,18 —	166,5 subl.	Prismen (Al); swl. in k. W, wl. in h. W, sll. in Al
3,5-Dimethyl-benzoe= säure [E 1 IX, 210]	$(CH_3)_2C_6H_3 \cdot CO_2H$	150,18 —	170 subl.	Krist. (Al); wl. in h. W, sll. in Al; Wdampfflch.
Dimethylbenzol s. Xylol				
4,4'-Dimethyl-benzo= phenon [E 2 VII, 387]	$[CH_3 \cdot C_6H_4]_2CO$	210,28 —	98 $176...80/_{12}$	Krist. (Al); unl. in W, sll. in Me, Al, Ä, Chlf, CS_2; Hydrazon F: 108...10°
N,N-Dimethyl-benzyl= amin [E 2 XII, 545]	$C_6H_5 \cdot CH_2 \cdot N(CH_3)_2$	135,21 0,915[0]	— 185...6	Fl.; wl. in h. W, l. in k. W, sll. in Al, Ä; Wdampfflch.
2,3-Dimethyl-benzyl- dimethylamin [Org. Syntheses 34, 64]	$CH_3 \quad CH_3$ $CH_2 \cdot N(CH_3)_2$	163,26 —	— $101...2/_{15}$	n_D^{23} 1,5100...1,5102. Fl.; ll. in Ä
α,α-Dimethyl-bernstein= säure [E 2 II, 584]	$HO_2C \cdot CH_2 \cdot C(CH_3)_2 \cdot CO_2H$	146,14 1,323	136...7 * —	Krist.; 7,52 W 14°, ll. in h. W, Al, Aceton, swl. in Chlf, CS_2, Lg, Bzl, Ä; * F auch 142°, von Erhitzung ab- hängig
dl-α,α'-Dimethyl- bernsteinsäure [E 2 II, 585]	$HO_2C \cdot CH(CH_3) \cdot CH(CH_3) \cdot CO_2H$	146,14 1,349	129 * Z **	Krist.; 3 W 14°; ll. in Al, Ä, Chlf, Aceton; wl. in CS_2, Bzl, swl. in Lg; * F auch 123°; ** Z. → H_2O-Absp.
2,3-Dimethyl-buta= dien-(1,3) [E 2 I, 232]	$CH_2 : C(CH_3) \cdot C(CH_3) : CH_2$	82,15 $0,7262^{20}$	E — 65 70	$n_\alpha^{22,1}$ 1,4331, $n_D^{22,1}$ 1,4370, $n_\beta^{22,1}$ 1,4476. Fl.; polym.

Name und Literatur	Formel	Mol.-Gew. Dichte	F in °C Kp. in °C	Charakteristik
2,2-Dimethyl-butan [E 2 I, 113]	$CH_3 \cdot CH_2 \cdot C(CH_3)_3$	86,18 0,6541[15]	E − 98,2 49,70	n_α^{15} 1,3697, n_D^{15} 1,3716, n_β^{15} 1,3762. Fl.; unl. in W, l. in Al, Ä
2,3-Dimethyl-butan [E 2 I, 113]	$(CH_3)_2 \cdot CH \cdot CH(CH_3)_2$	86,18 0,6659[15]	E − 135,1 58,1	n_α^{15} 1,3790, n_D^{15} 1,3809, n_β^{15} 1,3855. Fl.; unl. in W, l. in Al, Ä
2,3-Dimethyl-butandiol-(2,3) s. Pinakon				
2,2-Dimethyl-butanol-(3) [E 2 I, 441]	$CH_3 \cdot CH(OH) \cdot C(CH_3)_3$	102,18 0,8185[20]	5,5 117…9	Fl.; swl. in W, l. in Al, Ä; campherart. Geruch; schmeckt brennend; Phenyl= urethan F: 79°
2,3-Dimethyl-butanol-(3) [E 2 I, 441]	$(CH_3)_2CH \cdot C(CH_3)_2OH$	102,18 0,8208[20]	− 14 120…1	n_D 1,4140. Fl.; campherart. Geruch
2,3-Dimethyl-buten-(2) s. Tetramethyläthylen				
Dimethyl-carbitol s. Diglykol-dimethyläther				
2,3-Dimethyl-chinolin [E 2 XX, 249]	2,3-Dimethylchinolin (Strukturformel)	157,22 0,9980[100]	69 261/729	n_α^{100} 1,5699. Krist.; zl. in W, l. in Ä, Lg, sll. in Al; Pikrat F: 228°
2,4-Dimethyl-chinolin [E 2 XX, 249]	$NC_9H_5(CH_3)_2$	157,22 1,0567[13,7]	— 143/15	$n_\alpha^{13,7}$ 1,6033, $n_\beta^{13,7}$ 1,6321. Öl; wl. in W, l. in Al, Ä; Pikrat F: 195°
2,6-Dimethyl-chinolin [XX, 408]	$NC_9H_5(CH_3)_2$	157,22 —	60 266…7	Prismen (Ä); wl. in h. W, ll. in Al, Ä, Bzl; Pikrat F: 178°
2,3-Dimethyl-chinon [E 2 VII, 593]	2,3-Dimethylchinon (Strukturformel)	136,15 —	55 · —	Gelbe Nadeln; zll. in Al, Ä, wl. in W; subl.
2,5-Dimethyl-chinon [E 2 VII, 593]	$C_8H_8O_2$	136,15 —	125 subl.	Goldgelbe Nadeln (Al); wl. in sied. W, k. Al, ll. in h. Al, Ä, Chlf, Bzl

Verbindung	Formel	Mol.-Gew. / D	Schmp. / Sdp.	Eigenschaften
4,6-Dimethyl-cumalin [Org. Syntheses 32, 57]	(Struktur: CH_3, H_3C, O=, O)	124,14 / —	50…1 / 140…2/$_{35}$	Krist.
Dimethylcyanamid [E 2 IV, 574]	$(CH_3)_2N \cdot CN$	70,09 / —	— / 163,5	Öl; Kp: 52°/$_{14}$; widerlicher Geruch; l. in Al, W, Ä, Aceton
1,1-Dimethyl-cyclohexan [E 2 V, 20]	(Struktur: CH_3, CH_3)	112,22 / 0,7820^{20}	— / 118,5…20	n_α^{17} 1,4286, n_D^{17} 1,4310, n_β^{17} 1,4364. Fl.; geraniumart. Geruch
cis-1,2-Dimethyl-cyclohexan [E 2 V, 21]	(Struktur: CH_3, H, CH_3, H)	112,22 / 0,79625^{20}	— / 130	$n_\alpha^{20,3}$ 1,43369, $n_\beta^{20,3}$ 1,44133. Fl.
trans-1,2-Dimethyl-cyclohexan [E 2 V, 21]	(Struktur: CH_3, H, H, CH_3)	112,22 / 0,77601^{20}	— / 123,7	$n_\alpha^{20,4}$ 1,42466, $n_{He}^{20,4}$ 1,42695, $n_\beta^{20,4}$ 1,43224. Fl.
cis-1,3-Dimethyl-cyclohexan [E 2 V, 21]	(Struktur: H_3C, CH_3, H, H)	112,22 / 0,76628^{20}	— / 120,4	$n_{668}^{18,8}$ 1,42099, $n_{588}^{18,8}$ 1,42376, $n_{447}^{18,8}$ 1,43254. Fl.; unl. in W, ∞ Al, Ä
trans-1,3-Dimethyl-cyclohexan [E 2 V, 21]	(Struktur: H, CH_3, H_3C, H)	112,22 / 0,78348^{20}	— / 124,9	$n_{668}^{18,8}$ 1,42835, $n_{588}^{18,8}$ 1,43099, $n_{447}^{18,8}$ 1,43972. Fl.; $[\alpha]_{546}$: + 1,33°
cis-1,4-Dimethyl-cyclohexan [Rec. trav. chim. 80, 593]	(Struktur: CH_3, H, H_3C, H)	112,22 / 0,7671^{20}	— / 124…5/$_{768}$	n_D^{25} 1,4278, n_D^{20} 1,4300. Fl.; Gemisch cis/trans: E 2 V, 22
trans-1,4-Dimethyl-cyclohexan [Rec. trav. chim. 80, 593]	(Struktur: CH_3, H, H, H_3C)	112,22 / 0,7638	— / 119…20/$_{768}$	n_D^{25} 1,4187, n_D^{20} 1,4209. Fl.; Gemisch cis/trans: E 2 V, 22

Dimethyl-cyclohexenyl-barbitursäure s. Evipan

Dimethyl-diäthyl-butindiol s. 3,6-Dimethyl-octin-(4)-diol-(3,6)

Name und Literatur	Formel	Mol.-Gew. / Dichte	F in °C / Kp. in °C	Charakteristik
2,2'-Dimethyl-diphenyl [E 2 V, 512]	$CH_3 \cdot C_6H_4 \cdot C_6H_4 \cdot CH_3$	182,27 / —	17,8 / $258/_{737,6}$	Krist. (Al); ll. in Al, Ä, Bzl, unl. in W
2,3'-Dimethyl-diphenyl [E 2 V, 512]	$CH_3 \cdot C_6H_4 \cdot C_6H_4 \cdot CH_3$	182,27 / $0,9984^{20}$	— / 273…4	n_D^{22} 1,5848. Öl; ll. in Al, Ä, unl. in W
2,4'-Dimethyl-diphenyl [E 2 V, 512]	$CH_3 \cdot C_6H_4 \cdot C_6H_4 \cdot CH_3$	182,27 / —	— / 273…6	Fl.
3,3'-Dimethyl-diphenyl [E 2 V, 513]	$CH_3 \cdot C_6H_4 \cdot C_6H_4 \cdot CH_3$	182,27 / $0,9993^{16}$	5…7 / $286…7/_{713}$	Öl; unl. in W, l. in Al, Ä, Bzl
4,4'-Dimethyl-diphenyl [E 2 V, 514]	$CH_3 \cdot C_6H_4 \cdot C_6H_4 \cdot CH_3$	182,27 / 1,102	121 / 295	Krist. (Ä); Kp: $168°/_{20}$; wl. in k. Al, l. in Ä, unl. in W
4,4'-Dimethyl-diphenyl= methan [E 2 V, 518]	$CH_3 \cdot C_6H_4 \cdot CH_2 \cdot C_6H_4 \cdot CH_3$	196,29 / $0,9800^{20}$	28…9 / $302/_{768}$	Prismen (Al); Kp: $149°/_{10}$; unl. in W, ll. in org. Lösm.
Dimethyl-disulfid [E 1 I, 145]	$CH_3 \cdot S \cdot S \cdot CH_3$	94,20 / $1,0567^{16}$	— / 116…8	n_D^{16} 1,52192. Fl.
N,N-Dimethylformamid [IV, 58]	$(CH_3)_2N \cdot CHO$	73,10 / $0,9484^{22,4}$	— / 155	$n_\alpha^{22,4}$ 1,4265, $n_D^{22,4}$ 1,4294, $n_\gamma^{22,4}$ 1,4424. Fl.; MAK: 20 cm^3/m^3
N,N-Dimethyl-formamid-diäthylacetal [Z. angew. Chem. **72**, 956]	$(CH_3)_2N \cdot CH(OC_2H_5)_2$	147,22 / —	— / 133,5	n_D^{20} 1,4080. Fl.
2,4-Dimethyl-furan [Dunlop, 43]	 	96,13 / —	— / $73/_{720}$	Fl.
2,5-Dimethyl-furan [E 1 XVII, 20]	 	96,13 / $0,8882^{20,1}$	— / 93…4	$n_\alpha^{21,6}$ 1,4317, $n_D^{21,6}$ 1,435, $n_\beta^{21,6}$ 1,4431. Fl.; unl. in W, ∞ in gebr. Lösm.

Verbindung	Formel	Mol.-Gew.	Smp./Sdp.	Eigenschaften
2,4-Dimethyl-furan-carbonsäure-(3) [XVIII, 296]	H$_3$C—[Furan]—CO$_2$H, CH$_3$	140,14 —	122 subl.	Nadeln (W); ll. in h. W, Al, Ä; Wdampfflch.
2,5-Dimethyl-furan-carbonsäure-(3) [XVIII, 297]	H$_3$C—[Furan]—CO$_2$H, CH$_3$	140,14 —	135 subl.	Nadeln (W); swl. in k. W; 0,25 sied. W; ll. in Al, sll. in Ä; Wdampfflch.
Dimethylfurazan [Org. Syntheses 34, 40]	H$_3$C—[Furazan]—CH$_3$	98,11 —	— 6,9 / 154...9	n_D^{25} 1,4234...1,4243. Fbl. Fl.; ll. in Ä
β,β-Dimethylglutarsäure [Org. Syntheses 31, 40]	(CH$_3$)$_2$C(CH$_2$·CO$_2$H)$_2$	160,17 —	100...2 / —	Fbl. Krist. (Bzl)
Dimethylglykolsäure s. α-Hydroxy-isobuttersäure				
Dimethylglyoxal s. Diacetyl				
Dimethylglyoxim [E 2 I, 826]	CH$_3$·C(:NOH)·C(:NOH)·CH$_3$	116,12 —	240 * subl.	Nadeln (Toluol); Krist. (verd. Al); 0,06 W 20°; 0,35 W 80°; 0,57 W 100°; swl. in Toluol, ll. in Al, Ä; * geringe Subl.; mit Ni-Salzen → roter Nd.; Verw. als spezifisches Reagenz auf Ni
Dimethylglyoxim-Ni-Salz [E 2 I, 828]	Ni(C$_4$H$_7$O$_2$N$_2$)$_2$	288,94 —	subl. teilw. 270...5 *	Rote Nädelchen; swl. in Al, ll. in NaOH mit gelbroter Farbe, ll. in verd. S; * verpufft unter Entwicklung roter Dämpfe
N,N-Dimethyl-guanidin [E 2 IV, 574]	(CH$_3$)$_2$N · C(NH$_2$) : NH	87,13 —	144 * —	Nadeln (Al + Ä); * unter Gasentwicklung F dann 172°; Pikrat F: 230°
N,N-Dimethyl-harnstoff [E 2 IV, 573]	(CH$_3$)$_2$N · CO · NH$_2$	88,11 / 1,255	182...5 —	Prismatische Säulen (Al oder Chlf); l. in W, wl. in k. Al, swl. in Ä; schmeckt süß

Name und Literatur	Formel	Mol.-Gew. Dichte	F in °C Kp. in °C	Charakteristik
N,N′-Dimethyl-harnstoff [E 2 IV, 568]	$CH_3 \cdot NH \cdot CO \cdot NH \cdot CH_3$	88,11 1,142	99,5...100 268...70	Prismen (Chlf + Ä); ll. in W, Al, swl. in Ä; ·HCl Nädelchen, F: 124°; ll. in W, Al, Eg, swl. in Ä
2,6-Dimethyl-heptan [E 2 I, 128]	$(CH_3)_2CH \cdot [CH_2]_3 \cdot CH(CH_3)_2$	128,26 0,7209	— 132...4	$n_D^{10,5}$ 1,4067. Fl.
2,6-Dimethyl-heptanol-(4) [E 2 I, 458]	$[(CH_3)_2CH \cdot CH_2]_2 \cdot CHOH$	144,26 $0,809^{21}$	— 172...5	n_D^{21} 1,423. Fl.; l. in Al, Ä; campherart. Geruch
2,6-Dimethyl-heptanon-(4) s. Diisobutylketon				
2,5-Dimethyl-hexadien-(2,4) [E 2 I, 237]	$(CH_3)_2C : CH \cdot CH : C(CH_3)_2$	110,20 $0,7646^{18}$	14,5 $134,6/_{750}$	n_D^{19} 1,4796. Fl.
2,5-Dimethyl-hexan [E 2 I, 126]	$(CH_3)_2CH \cdot CH_2 \cdot CH_2 \cdot CH(CH_3)_2$	114,23 $0,6978^{17,3}$	E − 91,3 108,4	$n_\alpha^{17,3}$ 1,39186, $n_D^{17,3}$ 1,39398, $n_\beta^{17,3}$ 1,39881. Fl.; unl. in W; riecht angenehm süßlich
3,4-Dimethyl-hexan [E 2 I, 127]	$CH_3 \cdot CH_2 \cdot CH(CH_3) \cdot CH(CH_3) \cdot CH_2 \cdot CH_3$	114,23 $0,7183^{20}$	— 118,7	n_D^{20} 1,4016. Fl.
2,5-Dimethyl-hexanon-(3) [E 2 I, 760]	$(CH_3)_2CH \cdot CH_2 \cdot CO \cdot CH(CH_3)_2$	128,22 $0,81223_0^{20}$	— 148	Fl.; Semicarbazon F: 139...40°
2,5-Dimethylhexin-diol-(2,5) s. Tetramethyl-butindiol-(1,4)				
5,5-Dimethyl-hydantoin [Org. Syntheses III, 323]	$O=\overset{\displaystyle NH}{\underset{(CH_3)_2}{\big|}}\,\,N\text{—}O$	128,13 —	178 —	Krist.; subl.; l. in Ä, ll. in k. W, h. Al, h. Egester
N,N-Dimethyl-hydrazin [Org. Syntheses II, 211]	$(CH_3)_2N \cdot NH_2$	60,10 $0,7914^{22}$	— 62...5	$n_\alpha^{22,3}$ 1,4050, $n_D^{22,3}$ 1,4075. Hygr. Fl.; greift Kork und Gummi an; ll. in W, Al, Ä; Chlorhydrat F: 81...2°; MAK: 0,5 cm³/m³

Name	Formel	Mol.-Gew. / D	F / Kp	Eigenschaften
N,N′-Dimethyl-hydrazin [E 2 IV, 958]	$CH_3 \cdot NH \cdot NH \cdot CH_3$	60,10 / 0,8274[20]	— / 81/747	n_D^{20} 1,4209. Sehr hygr. Fl.; raucht an der Luft und färbt sich gelb; ∞ W (unter starker Erwärmung), Al, Ä; greift Kork, Kautschuk und Epidermis stark an; Dämpfe mit Luft expl.; ·2HCl Nadeln, F: 170°
2,3-Dimethyl-hydro= chinon [VI, 908]		138,17 / —	221 Z / —	Diäthyläther F: 68…9°
2,5-Dimethyl-hydro= chinon [E 2 VI, 890]		138,17 / —	217 subl. / —	Blättchen (W); swl. in Bzl, wl. in k. W, Chlf, CS_2, Egs, zll. in h. W, sll. in Al, Ä
2,6-Dimethyl-hydro= chinon [E 2 VI, 888]		138,17 / —	150 / —	Krist. (Xylol); Oxid. $\rightarrow$ m-Xylo= chinon, gelbe Nadeln, F: 72…3°
2,3-Dimethyl-indol [XX, 319]		145,21 / —	107…9 / 285/750	Blättchen (W, verd. Al, Lg); wl. in h. W, k. Lg, sll. in Al, Ä; Wdampfflch.; Pikrat F: 157°
Dimethyl-isopropyl-äthylen s. 2,4-Dimethyl-penten-(2)				
Dimethyl-ketazin s. Aceton-azin				
Dimethylketen [E 2 I, 789]	$(CH_3)_2C:CO$	70,09 / —	− 97,5 / 34	Weingelbe Fl.; polym. bei Zimmertemp.; oxid. durch Luft und expl. dann leicht durch Reiben
Dimethyl-maleinsäure= anhydrid [E 2 XVII, 450]		126,11 / 1,1070[99,7]	96 / 105/12	$n_\alpha^{99,7}$ 1,4346, $n_\beta^{99,7}$ 1,4476. Blättchen (Bzl, Ä oder Chlf); wl. in k. W, sll. in Al, Ä, Chlf, Bzl

Name und Literatur	Formel	Mol.-Gew. Dichte	F in °C Kp. in °C	Charakteristik
Dimethyl-malonsäure [E 2 II, 571]	$(CH_3)_2C(CO_2H)_2$	132,12 $1,357^{17,5}$	193,5 Z * subl. 120	Prismen (Bzl + PÄ); 10 W 13°; ca 35 W 100°; ll. in Al, Ä, Egester, wl. in Bzl, Chlf, Lg; * Z. → CO_2 + Isobuttersäure; Nachw. als p-Nitro-benzyl-ester F: 83,6°
Dimethylmalonsäure-diäthylester [E 2 II, 572]	$(CH_3)_2C(CO_2C_2H_5)_2$	188,23 $0,9910^{25}$	— $196...7/_{765}$	$n_\alpha^{24,1}$ 1,40842, $n_D^{24,1}$ 1,410, $n_\beta^{24,1}$ 1,41554. Fl.
1,2-Dimethyl-naphthalin [E 2 V, 467]		156,23 $1,019^{20}$	— $264/_{749}$	n_α^{19} 1,6069, n_D^{19} 1,6146, n_β^{19} 1,6361. Fl.; Kp: $131,5°/_{12}$; unl. in W; Pikrat F: 129,5...30,5°
1,4-Dimethyl-naphthalin [E 2 V, 468]	$C_{10}H_6(CH_3)_2$	156,23 $1,0157^{20}$	< − 20 264...6	$n_\alpha^{16,4}$ 1,60765, $n_D^{16,4}$ 1,61567, $n_\beta^{16,4}$ 1,63722. Fl.; Kp: $110°/_6$; unl. in W; Pikrat F: 141°
1,6-Dimethyl-naphthalin [E 2 V, 468]	$C_{10}H_6(CH_3)_2$	156,23 $1,0049^{16,3}$	— 262...3	$n_\alpha^{16,3}$ 1,6012, $n_D^{16,3}$ 1,6089, $n_\beta^{16,3}$ 1,6302. Öl; schwach aromatischer Geruch; Pikrat F: 114°
1,7-Dimethyl-naphthalin [E 2 V, 468]	$C_{10}H_6(CH_3)_2$	156,23 —	— $147...9/_{15}$	Gelbliche Fl.; naphthalinart. Geruch; Pikrat F: 123...4°
2,3-Dimethyl-naphthalin [E 2 V, 468]	$C_{10}H_6(CH_3)_2$	156,23 —	104...5 265...6	Blätter (Al); unl. in W, wl. in k. Al, Eg, ll. in Bzl, l. in Ä; subl.; Wdampf-flch.; Pikrat F: 123...4°
2,6-Dimethyl-naphthalin [E 2 V, 468]	$C_{10}H_6(CH_3)_2$	156,23 $1,142^0$	110...11 261...2	Blätter (Al); anisart. Geruch; unl. in W, wl. in Al; Wdampfflch.; Pikrat F: 142°

2,7-Dimethyl-naphthalin [E 2 V, 469]	$C_{10}H_6(CH_3)_2$	156,23 —	96 262	Krist. (Hexan); Blättchen (Al); unl. in W, zwl. in k. Al, Eg, ll. in Bzl; Pikrat F: 135...6°
N,N-Dimethyl-α-naphthylamin [E 2 XII, 681]	$C_{10}H_7 \cdot N(CH_3)_2$	171,24 $1,0391^{25}$	— 272...4	Öl; viol. Fluoresz.; ll. in Al, Ä
N,N-Dimethyl-β-naphthylamin [E 2 XII, 715]	$C_{10}H_7 \cdot N(CH_3)_2$	171,24 $1,029^{55}$	45 305	$n_\alpha^{53,2}$ 1,6329, $n_D^{53,2}$ 1,6443. Krist.; Hydrochlorid F: 159°
N,N-Dimethyl-nitramin [E 1 IV, 342]	$(CH_3)_2N \cdot NO_2$	90,08 $1,0049^{18,4}$	— $153/_{774}$	Gelbes Öl; zers. beim Aufbewahren
Dimethyl-nitrosamin [E 2 IV, 585]	$(CH_3)_2N \cdot NO$	74,08 $1,0059^{20}$	— 149...50	$n_\alpha^{18,4}$ 1,43368, $n_D^{18,4}$ 1,43743, $n_\gamma^{18,4}$ 1,45506. Gelbliches Öl; zers. beim Aufbewahren
2,7-Dimethyl-octan [E 2 I, 131]	$(CH_3)_2CH \cdot [CH_2]_4 \cdot CH(CH_3)_2$	142,29 $0,7278^{18,1}$	— 49,2 160,0	$n_\alpha^{18,1}$ 1,40715, $n_D^{18,1}$ 1,40924, $n_\beta^{18,1}$ 1,41435. Fl.; 8,3 k. Eg
2,6-Dimethyl-octanol-(8) s. Tetrahydrogeraniol				
2,7-Dimethyl-octin-(4)-diol-(3,6) [E 2 I, 573]	$(CH_3)_2CH \cdot CH(OH) \cdot C \vdots C \cdot CH(OH) \cdot CH(CH_3)_2$	170,25 —	107...8 —	Tafeln (Bzl); l. in Bzl; 2. Form F: 69...70°
3,6-Dimethyl-octin-(4)-diol-(3,6) [E 2 I, 573]	$CH_3 \cdot CH_2 \cdot \overset{\overset{CH_3}{\cdot}}{\underset{\underset{OH}{\cdot}}{C}} \cdot C \vdots C \cdot \overset{\overset{CH_3}{\cdot}}{\underset{\underset{OH}{\cdot}}{C}} \cdot CH_2 \cdot CH_3$	170,25 —	53 $126/_{20}$	Krist.
Dimethylparabansäure [E 1 XXIV, 404]		142,12 —	154 ca 275...7	Blättchen (W); Tafeln (Al); zll. in Al, Ä, sll. in h. W
2,2-Dimethyl-pentan [E 2 I, 120]	$CH_3 \cdot CH_2 \cdot CH_2 \cdot C(CH_3)_3$	100,21 $0,6737^{20}$	— 122,5 78,9	n_α^{20} 1,38038, n_D^{20} 1,38233, n_β^{20} 1,38710. Fl.

Name und Literatur	Formel	Mol.-Gew. Dichte	F in °C Kp. in °C	Charakteristik
2,3-Dimethyl-pentan [E 2 I, 120]	$CH_3 \cdot CH_2 \cdot CH(CH_3) \cdot CH(CH_3)_2$	100,21 0,6950	— 89,7	n_α^{20} 1,39005, n_D^{20} 1,39201, n_β^{20} 1,39675. Fl.
2,4-Dimethyl-pentan [E 2 I, 121]	$(CH_3)_2CH \cdot CH_2 \cdot CH(CH_3)_2$	100,21 $0,6731^{20}$	— 119,2 80,8	n_α^{20} 1,38042, n_D^{20} 1,38233, n_β^{20} 1,38702. Fl.
3,3-Dimethyl-pentan [E 2 I, 121]	$CH_3 \cdot CH_2 \cdot C(CH_3)_2 \cdot CH_2 \cdot CH_3$	100,21 $0,6934^{20}$	— 135,0 86,0	n_α^{20} 1,38918, n_D^{20} 1,39114, n_β^{20} 1,39589. Fl.
2,4-Dimethyl-pentanol-(3) [E 2 I, 446]	$(CH_3)_2CH \cdot CH(OH) \cdot CH(CH_3)_2$	116,20 $0,8288^{20}$	— 136,2...6,3/$_{746}$	n_α^{20} 1,42047, n_D^{20} 1,42259, n_β^{20} 1,42754. Fl.; Geruch nach Campher und Minze
2,4-Dimethyl-pentanon-(3) s. Diisopropyl-keton				
2,4-Dimethyl-penten-(2) [E 2 I, 199]	$(CH_3)_2CH \cdot CH : C(CH_3)_2$	98,19 $0,6961^{20}$	— 83,1...3,3	n_α^{20} 1,3991, n_D^{20} 1,4016, n_β^{20} 1,4079. Fl.
2,2-Dimethyl-pentin-(3) [E 2 I, 235]	$CH_3 \cdot C : C \cdot C(CH_3)_3$	96,17 $0,7176^{20}$	— 83	$n_\alpha^{20,1}$ 1,4045, $n_D^{20,1}$ 1,4071, $n_\beta^{20,2}$ 1,4129. Fl.
Dimethylphenol s. Xylenol				
N,N-Dimethyl-phenylendiamin s. Amino-dimethylanilin				
N,N′-Dimethyl-phenylendiamin-(1,2) [XIII, 15]	C_6H_4 mit NHCH$_3$ in (1,2)-Stellung	136,20 —	34...5 245...55	Prismen (Lg); mit $FeCl_3$ und HCl → rote Färbung
N,N′-Dimethyl-phenylendiamin-(1,4) [XIII, 71]	$C_6H_4(NH \cdot CH_3)_2$	136,20 —	53 149...150/$_{17}$	Krist. (Lg); wl. in W, ll. in Al, Ä, brennt auf der Haut
2,4-Dimethyl-phenyl= essigsäure [IX, 551]	$(CH_3)_2C_6H_3 \cdot CH_2 \cdot CO_2H$	164,21 —	106 300...2	Nadeln (W); ll. in h. W, Al, Ä, Chlf

Name	Mol.-Gew. / Dichte	Schmp. / Sdp.	Eigenschaften
2,4-Dimethyl-phloro=glucin [E 2 VI, 1085]	154,17 / —	ca 165 / —	Nadeln (Xylol); Krist. ·3 H₂O (W); l. in k. W, Egester, Al, Eg, ll. in Ä, wl. in sied. Bzl, sied. Chlf
cis-2,5-Dimethyl-piperazin [XXIII, 21]	114,19 / —	114...5 / 164,5/₇₄₆	Tafeln oder Prismen (Chlf); subl.; swl. in Ä, wl. in Bzl, sll. in W, Al, Chlf; starke Base, aminart. Geruch; hygr.
trans-2,5-Dimethyl-piperazin [XXIII, 19]	114,19 / —	117 subl. / 162	Tafeln oder Prismen (Bzl oder Chlf); subl.; wl. in Ä, k. Lg; 1 Heptan 25°; 53 W 25°; ll. in Al; Wdampfflch.; starke Base; aminart. Geruch
cis-2,6-Dimethyl-piperazin [E 1 XXIII, 8]	114,19 / —	110...1 / —	Krist. (Aceton); wl. in Aceton, ll. in PÄ
2,2-Dimethylpropan s. Neopentan			
2,2-Dimethylpropanol s. tert.-Butyl-carbinol			
2,5-Dimethyl-pyrazin [XXIII, 96]	108,14 / $0,9856^{23,6}$	15 / 155	$n_\alpha^{23,6}$ 1,4946, $n_D^{23,6}$ 1,4992, $n_\beta^{23,6}$ 1,5120. Tafeln und Prismen; sll. in W, Al, Ä, Bzl; Wdampfflch.; pyridinart. Geruch
3,5-Dimethylpyrazol [Org. Syntheses 31, 43]	96,13 / —	107...8 / —	Hgelbliche Krist. (PÄ oder Me oder Al)
2,3-Dimethyl-pyridin [E 2 XX, 159]	107,16 / $0,9419^{25}$	— / 160,7	n_α^{25} 1,5014, n_D^{25} 1,5057, n_β^{25} 1,5172. Aromatisch riechende Fl.; zwl. in W; Pikrat F: 188°

Name und Literatur	Formel	Mol.-Gew. Dichte	F in °C Kp. in °C	Charakteristik
2,4-Dimethyl-pyridin [E 2 XX, 160]	$NC_5H_3(CH_3)_2$	107,16 $0,9271^{25}$	— 159	n_α^{25} 1,4942, n_D^{25} 1,4984, n_β^{25} 1,5085. Fl.; unl. in sied. W, ll. in k. W, Al, Ä; leicht Wdampfflch.
2,5-Dimethyl-pyridin [E 2 XX, 160]	$NC_5H_3(CH_3)_2$	107,16 $0,9261^{25}$	— 159...60	n_α^{25} 1,4939, n_D^{25} 1,4982, n_β^{25} 1,5095. Fl.; unl. in h. W; 8,3 W 23°; ll. in k. W; ∞ Al, Ä
2,6-Dimethyl-pyridin [E 2 XX, 160]	$NC_5H_3(CH_3)_2$	107,16 $0,9200^{25}$	— 142,5	n_α^{25} 1,4910, n_D^{25} 1,4953, n_β^{25} 1,5065. Fl.; swl. in h. W, ∞ W $< 45°$; riecht pfefferminzart.
4,6-Dimethyl-pyron-(2) s. Dimethylcumalin				
4,6-Dimethyl-pyron-2-carbonsäure-(5) s. Isodehydracetsäure				
2,6-Dimethyl-pyron-(4) [E 1 XVII, 152]		124,14 $0,9953^{137}$	132,1 248...50	Krist.; zll. in Ä, sll. in W, Al
2,4-Dimethyl-pyrrol [E 2 XX, 85]		95,15 $0,9273^{14}$	— 165...7	n_α^{14} 1,4954, n_β^{14} 1,5095. Öl; wl. in W, ll. in Al, Ä, Bzl; Wdampfflch; riecht chloroformart.
2,5-Dimethyl-pyrrol [E 2 XX, 86]		95,15 $0,9393^{17}$	— 168...70	n_α^{17} 1,5035, n_D^{17} 1,500, n_β^{17} 1,5183. Öl; wl. in W, sll. in Al, Ä, unl. in Alk; Wdampfflch.; stark beißender Geruch
2,2-Dimethylpyrrolidin [Org. Syntheses 33, 32]		99,18 $0,8211^{25}$	— 103...5/$_{745}$	n_D^{20} 1,4330. Öl

Name [Lit.]	Formel	Mol.-Gew. / D	F / Kp	Eigenschaften
5,5-Dimethyl-pyrrolidon-(2) [Org. Syntheses 32, 59]		113,16 / —	42...3 / 126,5...8,5/12	Krist.
2,4-Dimethyl-resorcin [VI, 911]		138,17 / —	146...8 / subl.	Nadeln; sll. in Al, Ä, l. in W; mit $FeCl_3 \rightarrow$ viol.
2,5-Dimethyl-resorcin [E 2 VI, 891]	$C_8H_{10}O_2$	138,17 / —	158...9,5 / 277...80	Nadeln (Bzl); Krist. (verd. Al); zll. in k. W, ll. in h. W, Al, Ä; mit NH_3 an der Luft $\rightarrow$ hrote Färbung
4,6-Dimethyl-resorcin [E 2 VI, 889]	$C_8H_{10}O_2$	138,17 / —	124...5 / 276...9	Tafeln (Bzl); ll. in W, Al, Ä; subl.; wss. Lsg. mit $FeCl_3 \rightarrow$ blau $\rightarrow$ blaugrün $\rightarrow$ hgrüne Flocken
Dimethylsulfat [E 2 I, 271]	$(CH_3O)_2SO_2$	126,13 / $1,3305^{15,8}$	E − 32 / 188,5	$n_\alpha^{15,8}$ 1,3861, $n_D^{15,8}$ 1,391, $n_\beta^{15,8}$ 1,3916. Öl; Z. durch W; l. in Al, Ä, Bzl; giftig; MAK: 1 cm^3/m^3, H
Dimethylsulfid [E 2 I, 276]	$(CH_3)_2S$	62,13 / $0,8449^{20}$	− 83,2 / 37,3	Öl; riecht nach Ä und Meerrettich
Dimethylsulfit [Ann. Chem. 485, 272]	$(H_3CO)_2SO$	110,13 / $1,2073^{24}$	— / 126	$n_\alpha^{18,2}$ 1,4079, $n_D^{18,3}$ 1,4099, $n_\beta^{18,2}$ 1,4154. Fl.
Dimethylsulfon [E 2 I, 277]	$(CH_3)_2SO_2$	94,13 / $1,1702^{110}$	109 / 233,5/750	Krist.
Dimethylsulfoxid [E 2 I, 277]	$(CH_3)_2SO$	78,13 / $1,1014^{20}$	8 / —	Dickes Öl; ll. in W, Al, Ä
2,4-Dimethyl-thiazol [Org. Syntheses III, 332]		113,18 / $1,0601^{15}$	— / 143...5	Fl.; hygr.; ∞ k. W

Name und Literatur	Formel	Mol.-Gew. Dichte	F in °C Kp. in °C	Charakteristik
N,N-Dimethyl-thiocarb= amidsäure-chlorid [Org. Syntheses 35, 57]	CH_3 $>N \cdot C \cdot Cl$ (S) CH_3	123,60 —	42,5…3,5 90…5/$_{0,5}$	Krist.; l. in CCl_4
N,N′-Dimethyl-thio= harnstoff [E 2 IV, 573]	$CH_3 \cdot NH \cdot CS \cdot NH \cdot CH_3$	104,17 —	62 —	Sehr zerfl. Tafeln; sll. in W, Al, Chlf, Aceton, wl. in Ä, CS_2, Bzl, unl. in Lg; Dest. mit P_2O_5 → Methylsenföl
2,3-Dimethyl-thiophen [E 2 XVII, 41]	(thiophen, CH_3, CH_3)	112,19 0,9938	— 137…8	Fl.; zu Thiophen-dicarbonsäure oxidierbar; Vork. in Schieferölen
2,5-Dimethyl-thiophen [E 2 XVII, 41]	(H_3C, thiophen, CH_3)	112,19 0,9906^{13,4}	— 134/$_{740}$	$n_\alpha^{13,4}$ 1,5123, $n_\beta^{13,4}$ 1,5284. Fl.; unl. in W, l. in Al, Ä
N,N-Dimethyl-o-toluidin [E 2 XII, 435]	$CH_3 \cdot C_6H_4 \cdot N(CH_3)_2$	135,21 0,9287^{20}	E − 61,3 185,35	n_α^{20} 1,5203, n_D^{20} 1,5255, n_β^{20} 1,5387. Fl.; Hydrochlorid F: 156…7°
N,N-Dimethyl-m-toluidin [E 2 XII, 466]	$CH_3 \cdot C_6H_4 \cdot N(CH_3)_2$	135,21 0,9410^{20}	— 215	n_α^{20} 1,5429, n_D^{20} 1,5492, n_β^{20} 1,5658. Gelbes Öl; l. in Al
N,N-Dimethyl-p-toluidin [E 2 XII, 491]	$CH_3 \cdot C_6H_4 \cdot N(CH_3)_2$	135,21 0,9366^{20}	— 210	n_α^{20} 1,5402, n_D^{20} 1,5460, n_β^{20} 1,5636. Fl.; Pikrat F: 130°
Dinaphthol s. Dihydroxy-dinaphthyl				
Dinaphthyl-(1,1′) [E 2 V, 642]	(dinaphthyl structure)	254,33 —	157 *	Blättchen (Eg); unl. in W, zwl. in k. Al, l. in h. Al, ll. in Ä; * > 360°; Kp: ~240°/$_{13}$
Dinaphthyl-(2,2′) [E 2 V, 643]	(dinaphthyl structure)	254,33 —	187…9 452/$_{753}$	Weißblau fluoresz. Tafeln; unl. in W, wl. in k. Al, Ä, ll. in sied. Bzl

Di-[1-naphthyl]-amin [E 1 XII, 523]	$(C_{10}H_7)_2NH$	269,35 —	115 $312/_{15}$	Krist. (Eg); unl. in W, l. in Al, sll. in Ä, Chlf, Bzl, Eg
Di-[2-naphthyl]-amin [E 2 XII, 717]	$(C_{10}H_7)_2NH$	269,35 —	172,2 471	Blättchen (Bzl); unl. in W, wl. in Al, sll. in h. Eg, 1,07 Bzl 14,5°; Lsgg. fluoresz. blau
Dinaphthyl-(1,1')-dicarbonsäure-(2,2') [E 2 IX, 696]		342,35 —	268,5...70 —	Blättchen (verd. Eg)
Dinaphthylendioxid [E 2 XIX, 52]		282,30 —	240 —	Prismen (Chlf); wl. in h. Eg, zl. in k. Bzl; Lsgg. fluoresz. blaugrün
Di-1-naphthyl-harnstoff [E 2 XII, 692]	$OC(NHC_{10}H_7)_2$	312,37 —	284 * —	Krist. (Nitrobzl.); * F nach Subl. 314...5° angegeben
Di-1-naphthyl-methan [E 2 V, 650]		268,36 —	107...8 > 360	Nadeln (Al); Kp: 270...2°/$_{14}$; sll.in Bzl, Chlf, wl. in PÄ; 5,27 sied. Al; 0,66 k. Al; unl. in W
Di-2-naphthyl-methan [E 1 V, 360]		268,36 —	93 —	Kristallpulver (Ä oder Al); Nadeln (Al); unl. in W, konz. H_2SO_4; wl. in k. Al, ll. in Bzl

Dinicotinsäure s. Pyridin-dicarbonsäure-(3,5)

2,4-Dinitro-acetanilid s. 2,4-Dinitroanilin-N-acetat

1,1-Dinitro-äthan [E 2 I, 70]	$CH_3 \cdot CH(NO_2)_2$	120,07 $1,3503^{24}_{24}$	— 185...6	Fl.; wl. in W, ll. in Al, Ä, l. in Alk

Name und Literatur	Formel	Mol.-Gew. Dichte	F in °C Kp. in °C	Charakteristik
1,2-Dinitro-äthan [E 1 I, 32]	$O_2N \cdot CH_2 \cdot CH_2 \cdot NO_2$	120,07 1,4597[20]	— 94…6/5	n_D^{20} 1,4488. Fl.; wl. in W, ll. in Al, Ä
Dinitro-amino- s. Amino-dinitro-				
2,3-Dinitro-anilin [XII, 747]		183,12 —	127 —	Or.gelbe Nadeln (Al); l. in Al; wl. in Ä
2,4-Dinitro-anilin [E 2 XII, 405]		183,12 1,615[14]	186 —	Gelbe Nadeln (verd. Aceton); unl. in W, swl. in sied. W; 0,75 Al 21°; expl. auf Schlag
2,4-Dinitro-anilin- N-acetat [E 1 XII, 362]		225,16 —	121 —	Nadeln (Al); unl. in k. W, sll. in sied. Al
2,6-Dinitro-anilin [E 2 XII, 413]		183,12 —	141…2 —	Gelbe Nadeln (Al); l. in h. Bzl, unl. in W, Lg
2,6-Dinitro-anilin- N-acetat [XII, 758]		225,16 —	197 —	Nadeln (Al)
3,5-Dinitro-anilin [E 2 XII, 414]		183,12 —	162 —	Gelbe Nadeln (W); ll. in Al, Aceton, l. in Bzl, Ä

3,5-Dinitro-anilin- N-acetat [XII, 758]	O_2N–…–$NH \cdot COCH_3$ (NO_2)	225,16 —	121 —	Nadeln (Al); l. in Al
2,4-Dinitro-anisol [E 2 VI, 241]	OCH_3 (O_2N…NO_2)	198,14 —	86,9 * —	Krist. in 2 Formen; * F der labilen; F der stabilen Form: 94,5°; l. in W; Insekticid
3,5-Dinitro-anisol [Org. Syntheses I, 214]	$O \cdot CH_3$ (O_2N…NO_2)	198,14 $1,3445^{109}$	105 —	Krist. (Me); l. in Me, Al
1,5-Dinitro-anthra= chinon [E 2 VII, 721]		298,21 —	422 subl.	Gelbe Nadeln (Xylol); unl. in W, swl. in Al, Ä, Chlf, Bzl, Eg, wl. in Xylol, ll. in sied. Nitrobzl.; l. in H_2SO_4 gelb
1,8-Dinitro-anthra= chinon [VII, 795]	$C_{14}H_6O_6N_2$	298,21 —	312 —	Gelbe Prismen (Acetanhydrid)
2,7-Dinitro-anthra= chinon [E 2 VII, 721]	$C_{14}H_6O_6N_2$	298,21 —	290...1 subl. .	Gelbe Nadeln (Eg); wl. in Al, Ä, Chlf, Bzl, CS_2, l. in sied. Eg, zll. in Aceton
4,4′-Dinitro-azobenzol [E 1 XVI, 226]	$O_2N \cdot C_6H_4 \cdot N : N \cdot C_6H_4 \cdot NO_2$	272,22 —	222...3 —	Rote Nadeln (Eg); swl. in k. Al, Ä, PÄ, l. in h. Aceton, ll. in h. Eg; 1,8 Bzl 15°; 5,2 sied. Bzl
2,4-Dinitro-benzaldehyd [E 2 VII, 205]	CHO (O_2N…NO_2)	196,12 —	72 *	Krist. (Bzl); wl. in W, PÄ, sll. in Al, Ä, Bzl; subl.; * Kp: $190...210°/_{10...20}$
2,6-Dinitro-benzaldehyd [E 2 VII, 206]	$(O_2N)_2C_6H_3 \cdot CHO$	196,12 —	123 —	Phenylhydrazon F: 159°; Semicarb= azon F: 207...8°

26*

Name und Literatur	Formel	Mol.-Gew. Dichte	F in °C / Kp. in °C	Charakteristik
3,3′-Dinitro-benzidin [E 2 XIII, 108]	H_2N—〔ring〕—NH_2, NO_2, NO_2	274,24 / —	281…2 / —	Krist. (Py + Al); unl. in W, swl. in Al, l. in Ä, Py
2,4-Dinitro-benzoesäure [E 1 IX, 166]	CO_2H, O_2N, NO_2	212,12 / 1,672	182…3 / subl.	Nadeln (W); 1,85 W 25°, wl. in k. W, ll. in h. W, Al, h. Bzl
2,4-Dinitro-benzoesäure=chlorid [IX, 412]	$COCl$, O_2N, NO_2	230,57 / —	42…3 / —	Nadeln (PÄ)
2,5-Dinitro-benzoesäure [IX, 412]	$(O_2N)_2C_6H_3 \cdot CO_2H$	212,12 / —	177 / —	Krist. (W); wl. in k. W, ll. in h. W, Al, Ä
2,6-Dinitro-benzoesäure [E 1 IX, 166]	$(O_2N)_2C_6H_3 \cdot CO_2H$	212,12 / 1,681	202 / Z *	Nadeln (W); l. in h. W; * Z. → CO_2-Absp.
2,6-Dinitro-benzoesäure=chlorid [IX, 413]	$(O_2N)_2C_6H_3 \cdot COCl$	230,57 / —	98 / —	Gelbe Platten (Ä)
3,4-Dinitro-benzoesäure [E 1 IX, 167]	$(O_2N)_2C_6H_3 \cdot CO_2H$	212,12 / 1,674	163…4 / subl.	Nadeln; 0,673 W 25°, ll. in h. W, Al, Ä
3,4-Dinitro-benzoesäure=chlorid [E 1 IX, 167]	$(O_2N)_2C_6H_3 \cdot COCl$	230,57 / —	50…1 / 188/17	Krist.; expl. über 225°
3,5-Dinitro-benzoesäure [E 2 IX, 279]	$(O_2N)_2C_6H_3 \cdot CO_2H$	212,12 / 1,683	205 / subl.	Krist. (Al); wl. in Ä, Bzl, ll. in Al, Eg
3,5-Dinitro-benzoesäure=bromid [E 2 IX, 283]	$(O_2N)_2C_6H_3 \cdot COBr$	275,02 / —	59…60 / —	Gelbe Krist. (CCl_4)
3,5-Dinitro-benzoesäure=chlorid [E 2 IX, 283]	$(O_2N)_2C_6H_3 \cdot COCl$	230,57 / —	66…8 / 196/12	Nadeln (Bzl)

Name	Formel	Molekulargewicht / n_D	Schmp. / Sdp.	Eigenschaften
1,2-Dinitro-benzol [E 2 V, 193]	(Strukturformel $C_6H_4(NO_2)_2$)	168,11 $1,3119^{120}$	116...6,5 $319/_{773,5}$	Nadeln (W oder Eg); Tafeln (Al, Bzl oder Chlf); 0,014 W 20°; 0,38 W 100°; 7,16 Me 50°; 3 Al 24,8°; 33 sied. Al; 40,6 Chlf 17,6°; ll. in Eg, Bzl; Wdampfflch.
1,3-Dinitro-benzol [E 2 V, 193]	$C_6H_4(NO_2)_2$	168,11 $1,3349^{120}$	90 291	Tafeln; 0,007 W 13°; 0,19 W 100°; 2,39 Al 20°; ll. in sied. Al; 48,6 Chlf 17,6°; ll. in Bzl; Wdampfflch.; Lsg. in Aceton mit NaOH → rotviol. Färbung
1,4-Dinitro-benzol [E 2 V, 195]	$C_6H_4(NO_2)_2$	168,11 $1,625^{18}$	171,5...2,0 $299/_{777}$	Nadeln (Al); Kp: 183,4°/$_{34}$; 0,008 W 20°; 0,18 W 100°; 0,32 Al 20,5°; 2,73 Chlf 17,6°; l. in Bzl; Wdampfflch.; subl.; Lsg. in Aceton mit NaOH → gelbe Färbung
4,4′-Dinitro-diazoamino= benzol [XVI, 700]	$O_2N \cdot C_6H_4 \cdot N:N \cdot NH \cdot C_6H_4 \cdot NO_2$	287,24 —	Z —	Gelbe Nadeln (Al); unl. in W, swl. in Chlf, Bzl, wl. in h. Al, Aceton; Salze expl.
4,4′-Dinitro-dibenzyl [Org. Syntheses 34, 35]	(Strukturformel $O_2N \cdot C_6H_4 \cdot CH_2 \cdot CH_2 \cdot C_6H_4 \cdot NO_2$)	272,26 —	179...80 —	Gelbe Nadeln (Bzl)
Dinitro-dimethylbenzol s. Dinitro-xylol				
2,2′-Dinitro-diphenyl [E 2 V, 490]	$O_2N \cdot C_6H_4 \cdot C_6H_4 \cdot NO_2$	244,21 $1,449^0$	127...8 —	Hgelbe Nadeln (Al); unl. in W, l. in k. Al, Ä, ll. in sied. Al, sied. Eg, Bzl, wl. in Lg
2,3′-Dinitro-diphenyl [E 2 V, 491]	$O_2N \cdot C_6H_4 \cdot C_6H_4 \cdot NO_2$	244,21 —	120 —	Tafeln (Eg); gelbliche Nadeln (Eg)
2,4-Dinitro-diphenyl [E 2 V, 490]	$C_6H_5 \cdot C_6H_3(NO_2)_2$	244,21 —	110 —	Goldgelbe Tafeln (Me)

Name und Literatur	Formel	Mol.-Gew. Dichte	F in °C Kp. in °C	Charakteristik
2,4′-Dinitro-diphenyl [E 2 V, 491]	$O_2N \cdot C_6H_4 \cdot C_6H_4 \cdot NO_2$	244,21 1,474	92,5...3,5 —	Lange Spieße; sll. in h. Al, unl. in W
2,4-Dinitro-diphenyl= amin [E 2 XII, 407]	$(O_2N)_2C_6H_3 \cdot NH \cdot C_6H_5$	259,22 —	156...6,5 —	Gelbrote Nadeln (Al); 0,004 W 15°; 0,13 Me 15°; 0,13 Al 15°; 0,38 Ä 15°; 5,83 Chlf 15°; 2,12 Bzl 15°
2,4′-Dinitro-diphenyl= amin [E 2 XII, 387]	$O_2N \cdot C_6H_4 \cdot NH \cdot C_6H_4 \cdot NO_2$	259,22 —	220...1,5 —	Rote Nadeln (Eg); unl. in W, wl. in Al, Ä, ll. in k. Toluol
4,4′-Dinitro-diphenyl= amin [E 2 XII, 387]	$(O_2N \cdot C_6H_4)_2NH$	259,22 —	216 —	Gelbe Nadeln (Al); swl. in W, wl. in Al, Bzl, l. in Aceton
Dinitro-fluorbenzol s. Fluor-dinitro-benzol				
2,5-Dinitro-furan [Dunlop, 145]	(Strukturformel: 2,5-Dinitro-furan)	158,07 —	100...1 —	Krist.
4,6-Dinitro-o-kresol [E 2 VI, 341]	(Strukturformel: 4,6-Dinitro-o-kresol)	198,14 —	86,5 —	Gelbe Prismen (Al); wl. in W, Lg, l. in Al, ll. in Ä, Aceton; Salze ll. in W; Na-Salz Insekticid und Herbicid
2,6-Dinitro-p-kresol [E 2 VI, 391]	(Strukturformel: 2,6-Dinitro-p-kresol)	198,14 —	85 —	Gelbe Nadeln (Ä oder verd. Al oder PÄ); wl. in W, l. in Al, ll. in Ä, Bzl

Name	Formel			Eigenschaften
2,4-Dinitro-mesitylen [E 2 V, 316]		210,19 —	86 —	Krist. (Al); zll. in h. Al, l. in k. Al
Dinitromethan [E 2 I, 44]	$CH_2(NO_2)_2$	106,04 —	< −15 —	Öl; l. in W gelb; stechender Geruch; K-Salz (Al) gelbe Krist., expl. 205°
Dinitromethyl-phenol s. Dinitro-kresol				
1,2-Dinitro-naphthalin [E 2 V, 454]		218,17 —	158 —	Bräunliche Nadeln (Al); wl. in Al, Bzl
1,3-Dinitro-naphthalin [E 2 V, 454]	$C_{10}H_6(NO_2)_2$	218,17 —	144...5 subl.	Gelbbraune Krist. (Al); Nadeln (Bzl); unl. in W, l. in Al
1,4-Dinitro-naphthalin [E 2 V, 454]	$C_{10}H_6(NO_2)_2$	218,17 —	131...2 —	Gelbliche Nadeln (Me oder verd. Al); l. in W, sll. in org. Lösm.
1,5-Dinitro-naphthalin [E 2 V, 454]	$C_{10}H_6(NO_2)_2$	218,17 —	217,5 subl.	Nadeln (Eg); 0,0058 W 12°; 0,467 Chlf 16°; 0,335 Bzl 16°; 0,02 Al 16°
1,6-Dinitro-naphthalin [E 2 V, 455]	$C_{10}H_6(NO_2)_2$	218,17 —	161...2 —	Nadeln (Al); Krist. (Egs)
1,7-Dinitro-naphthalin [E 2 V, 455]	$C_{10}H_6(NO_2)_2$	218,17 —	156 —	Gelbliche Krist. (Al); wl. in Al, l. in Bzl, Aceton, Eg
1,8-Dinitro-naphthalin [E 2 V, 455]	$C_{10}H_6(NO_2)_2$	218,17 —	171...1,5 —	Tafeln (Chlf oder Py); 0,0034 W 15°; 1,84 Chlf 16°; 0,17 Al 16°; ll. in h. Py
1,6-Dinitro-naphthol-(2) [E 2 VI, 610]		234,17 —	198 —	Hgelbe Nadeln; swl. in sied. W, l. in Al, sll. in Ä, Chlf

Name und Literatur	Formel	Mol.-Gew. Dichte	F in °C Kp. in °C	Charakteristik
2,4-Dinitro-naphthol-(1) [E 2 VI, 586]	$C_{10}H_6O_5N_2$	234,17 —	138 —	Gelbe Nadeln (Al); gelbe Krist. (Chlf); swl. in sied. W, wl. in Al, Ä, Bzl; nicht Wdampfflch.; Verw. des Na- oder Ca-Salzes als Farbstoff; Martius- gelb, Naphtholgelb
2,4-Dinitro-naphthol-(1)- sulfosäure-(7) [E 2 XI, 156]	HO_3S · · · OH, NO_2, NO_2	314,23 —	151 —	Hgelbe Krist. (W); ll. in Al, sll. in W
2,7-Dinitro-phenanthren= chinon [E 2 VII, 730]	NO_2, O_2N, O, O	298,21 —	303 —	Hgelbe Nadeln (Eg); unl. in W, swl in Al, Eg
2,3-Dinitro-phenol [E 2 VI, 239]	OH, NO_2, NO_2	184,11 $1,681^{20}$	145,1 —	Gelbe Nadeln (W); wl. in k. W; 14,5 in 100 g Bzl 78,7°; sll. in Ä, h. Al
2,4-Dinitro-phenol [E 2 VI, 239]	$(O_2N)_2C_6H_3 \cdot OH$	184,11 $1,4309^{120}$	114...5 —	Tafeln oder Nadeln (W, Al oder Ä); 0,02 W 12,5°; 1,3 W 100°; sll. in Aceton, l. in Bzl, Chlf, swl. in CCl_4; Wdampfflch.; giftig
2,5-Dinitro-phenol [E 2 VI, 244]	$(O_2N)_2C_6H_3 \cdot OH$	184,11 —	105...5,5 —	Gelbliche Nadeln (W); wl. in W, k. Al; 18,3 in 100 g Bzl 33,5°; ll. in h. Al, Ä; Wdampfflch.

2,6-Dinitro-phenol [E 2 VI, 245]	$(O_2N)_2C_6H_3 \cdot OH$	184,11 1,645	64 subl.	Hgelbe Nadeln (W); 0,03 W 15°; 1,2 W 100°; 6,5 in 100 g Al 14°; 33,7 in 100 g Bzl 14°; 31,8 in 100 g Chlf 14°; 8,8 in 100 g Ä 14°; ll. in sied. Al, sied. Ä
3,4-Dinitro-phenol [E 2 VI, 246]	$(O_2N)_2C_6H_3 \cdot OH$	184,11 1,672	134,7 —	Krist. (Bzl); ll. in Al, Ä; 7,0 in 100 g Bzl 89,2°; nicht Wdampfflch.
3,5-Dinitro-phenol [E 2 VI, 246]	$(O_2N)_2C_6H_3 \cdot OH$	184,11 1,702	126,1 —	Nadeln ·$2H_2O$ (sehr verd. HCl); ll. in Al, Ä; 6,8 in 100 g Bzl 60,9°
2,4-Dinitro-phenyl= hydrazin [Org. Syntheses II, 228]		198,14 —	190...2 Z —	Rote Krist. (n-Butanol, Py oder Di=oxan), viol. fluoresz.; unl. in W, Ä, Lg, Bzl, swl. in Al, ll. in h. Egester
Di-[4-nitrophenyl]-sulfid [Org. Syntheses III, 667]		276,27 —	160...1 —	Krist. (Eg)
2,4-Dinitro-resorcin [E 2 VI, 823]		200,11 —	147...8 subl. g. Z	Krist. (W); gelbe Blättchen; wl. in W, l. in Al, Ä; in saurer Lsg. fbl., bei $_{PH}$ 6,7 gelb
3,5-Dinitro-salicylsäure [E 2 X, 69]		228,12 —	182...3 —	Krist. (Al); ll. in W, Al, Ä, sll. in h. W
2,4-Dinitrostilben [E 2 V, 540]		270,25 —	143...5 —	Hgelbe Krist. (Eg); swl. in Al, wl. in k. Eg, ll. in h. Eg

Name und Literatur	Formel	Mol.-Gew. Dichte	F in °C Kp. in °C	Charakteristik
3,4'-Dinitrostilben [E 2 V, 541]	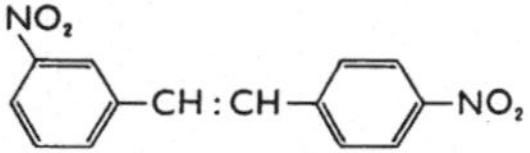	270,25 —	217 —	Gelbe Nadeln (Eg, Nitrobzl. oder Py); swl. in sied. Al, wl. in Aceton, Chlf, Egester, h. Bzl; niedrigschmelzende Form F: 155°
4,4'-Dinitrostilben [E 2 V, 541]	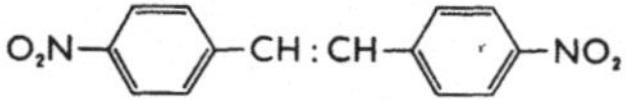	270,25 —	293 —	Gelbliche Nadeln (Eg oder Nitrobzl.); wl. in Al, Ä, Chlf, Bzl, wl. in Aceton, h. Eg; niedrigschmelzende Form F: 234°
2,4-Dinitro-thiophen [E 2 XVII, 37]	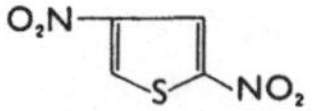	174,14 —	56 —	Blättchen (Al)
2,5-Dinitro-thiophen [E 2 XVII, 38]	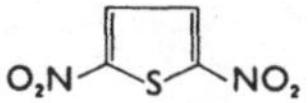	174,14 —	80...2 —	Hgelbe Nadeln (W oder Al); Wdampf-flch.
3,5-Dinitro-o-toluidin [E 1 XII, 396]	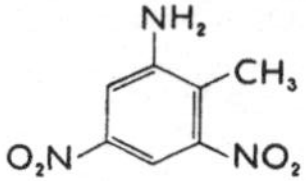	197,15 —	214 —	Gelbe Nadeln (Al + Toluol); swl. in h. Al, Toluol, Eg
2,5-Dinitro-p-toluidin [E 2 XII, 538]	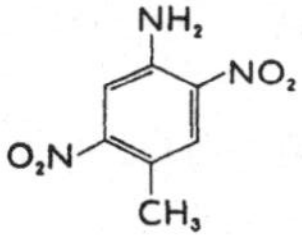	197,15 —	189...90 —	Or.rote Nadeln (Al); l. in Al, Ä, Aceton
2,3-Dinitro-toluol [E 2 V, 258]	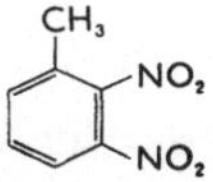	182,14 $1,2625^{111}$	63 —	Nadeln oder Schuppen (Al); Nadeln (PÄ); Wdampfflch.

Name	Formel	Mol.-Gew. / n	F / Kp	Eigenschaften
2,4-Dinitro-toluol [E 2 V, 259]	$(O_2N)_2C_6H_3 \cdot CH_3$	182,14 1,518[15]*	69,55 —	Krist. (Al); Nadeln (CS_2); 0,027 W 22°; 0,254 W 100°; ll. in Py, Egester, Bzl; 97,7 Chlf 15°; 1,5 Al 15°; 2,38 abs. Al 15°; 65,4 Aceton 15°; 6,8 Ä 15°; Lsg. in Al und Aceton mit NaOH → tiefblaue Färbung; * andere Angabe 1,521[15]
2,5-Dinitro-toluol [E 2 V, 260]	$(O_2N)_2C_6H_3 \cdot CH_3$	182,14 1,2820[111]	50,2...0,5 —	Nadeln (Al); Krist. (PÄ oder Bzl); sll. in Al, CS_2, Bzl; Wdampfflch.
2,6-Dinitro-toluol [E 2 V, 261]	$(O_2N)_2C_6H_3 \cdot CH_3$	182,14 1,538	64,3 —	Nadeln (Al); zll. in Al; β-Modifikation F: 65,5°; γ-Modifikation F: 48°
3,4-Dinitro-toluol [E 2 V, 261]	$(O_2N)_2C_6H_3 \cdot CH_3$	182,14 1,2594[111]	59,8 —	Nadeln (CS_2); 2,75 CS_2 17°; l. in Al, Ä; Wdampfflch.
3,5-Dinitro-toluol [E 2 V, 262]	$(O_2N)_2C_6H_3 \cdot CH_3$	182,14 1,2772[111]	93 subl.	Krist. $(Bzl + CS_2)$; Nadeln (Eg); wl. in W, Lg, l. in k. Al, CS_2, ll. in h. Al, CS_2, k. Bzl, Chlf, Ä; Wdampfflch.

2,4-Dinitro-1,3,5-trimethyl-benzol s. 2,4-Dinitromesitylen

Name	Formel	Mol.-Gew. / n	F / Kp	Eigenschaften
3,4-Dinitro-o-xylol [E 2 V, 287]		196,16 —	82 —	Nadeln (Al); unl. in W, wl. in Al, PÄ, ll. in org. Lösm.
3,5-Dinitro-o-xylol [E 1 V, 181]	$(O_2N)_2C_6H_2(CH_3)_2$	196,16 —	75 —	Krist. (Al); unl. in W, ll. in Bzl, Aceton, Chlf, Egester, wl. in Al
3,6-Dinitro-o-xylol [E 1 V, 181]	$(O_2N)_2C_6H_2(CH_3)_2$	196,16 —	89...90 —	Nadeln (Al); unl. in W, l. in Al, PÄ, sll. in org. Lösm.
4,5-Dinitro-o-xylol [E 1 V, 181]	$(O_2N)_2C_6H_2(CH_3)_2$	196,16 —	115...6 —	Nadeln (Al); wl. in h. W, k. Al, PÄ, ll. in org. Lösm.

Name und Literatur	Formel	Mol.-Gew. Dichte	F in °C Kp. in °C	Charakteristik
2,4-Dinitro-m-xylol [E 2 V, 295]	CH_3-Ring mit NO_2, CH_3, NO_2	196,16 —	83...4 —	Schuppen (Al); unl. in W, l. in Al, ll. in Ä
2,5-Dinitro-m-xylol [E 2 V, 295]	$(O_2N)_2C_6H_2(CH_3)_2$	196,16 —	101 —	Krist. (Al); unl. in W, l. in Al, Ä; färbt sich am Licht gelb
4,5-Dinitro-m-xylol [E 2 V, 295]	$(O_2N)_2C_6H_2(CH_3)_2$	196,16 —	132 —	Krist. (Al); unl. in W, l. in Al, Ä
4,6-Dinitro-m-xylol [E 2 V, 295]	$(O_2N)_2C_6H_2(CH_3)_2$	196,16 —	94 —	Prismen (Al); unl. in W, wl. in k. Al, zll. in h. Al, l. in Ä
2,3-Dinitro-p-xylol [E 2 V, 302]	CH_3-Ring mit NO_2, NO_2, CH_3	196,16 —	93 —	Krist. (Al oder Bzl); sll. in h. Al, zll. in k. Al, unl. in W
2,5-Dinitro-p-xylol [E 1 V, 188]	$(O_2N)_2C_6H_2(CH_3)_2$	196,16 —	147...8 —	Gelbe Nadeln (Al); wl. in k. Al, k. Ä, zll. in h. Al, h. Ä; unl. in W
2,6-Dinitro-p-xylol [E 2 V, 302]	$(O_2N)_2C_6H_2(CH_3)_2$	196,16 —	124 —	Nadeln (Al); unl. in W, wl. in k. Al
Dioctylamin s. Di-[2-äthyl-hexyl]-amin				
1,2-Dioxan [Ber. 89, 238]	(Ringstruktur)	88,11 —	— 116...7	Fbl., leichtbewegliche Fl.; zers. in S und Alk
1,3-Dioxan [E 1 XIX, 609]	(Ringstruktur)	88,11 $1,0342^{20}$	−42 106	n_α^{20} 1,4165. Fl.; ∞ W, Al, Ä; riecht acetalähnlich

Name	Strukturformel	Mol.-Gew. / D	F / Kp	Eigenschaften
1,4-Dioxan [E 2 XIX, 4]		88,11 / $1,0336^{20}$	11,8 / 101,3	n_α^{15} 1,4223, n_D^{15} 1,4244, n_β^{15} 1,4296. Fl.; ∞ W, Al, Ä; riecht aromatisch; MAK: 100 cm³/m³
Dioxindol [E 1 XXI, 455]		149,15 / —	ca 180 / Z	Krist. (Al); l. in W; 10 sied. Al; l. in Ä, ll. in konz. HCl
1,3-Dioxo-butan s. Acetessigaldehyd 1,3-Dioxolan s. Glykol-methylenäther Dioxy- s. Dihydroxy- Dipenten s. d,l-Limonen Diphenol s. Dihydroxy-diphenyl				
Diphensäure [E 2 IX, 655]		242,23 / —	228 / subl.	Blättchen (W); wl. in W, ll. in Al, Ä, Eg; Dimethylester F: 73...4°
Diphensäureanhydrid [E 2 XVII, 497]		224,22 / —	219 / Z *	Nadeln (Bzl); unl. in W, swl. in Ä; * Z. → CO_2-Absp.; subl.
Diphenyl [E 2 V, 479]	$C_6H_5 \cdot C_6H_5$	154,21 / $0,9890^{77,1}$	70 / 255,9	$n_\alpha^{77,1}$ 1,5811, $n_D^{77,1}$ 1,5882, $n_\beta^{77,1}$ 1,6076. Blättchen (Al); unl. in W, l. in Ä, Bzl, Chlf; Wdampfflch.
N,N′-Diphenyl-acet= amidin [E 2 XII, 144]	$CH_3 \cdot C(: N \cdot C_6H_5) \cdot NH \cdot C_6H_5$	210,28 / —	132 / —	Nadeln (Al); wl. in k. Al, ll. in h. Al, l. in Ä, Bzl
α,α-Diphenyl-aceton [Org. Syntheses III, 343]	$(C_6H_5)_2CH \cdot CO \cdot CH_3$	210,28 / —	60...1 / $142...8/_{2...3}$	Krist.; l. in Al, Lg, Bzl
Diphenyl-acetylen [E 2 V, 568]	$C_6H_5 \cdot C : C \cdot C_6H_5$	178,24 / $0,9657^{99,8}$	62,5 / $170/_{19}$	$n_\alpha^{99,8}$ 1,6060, $n_{He}^{99,8}$ 1,6164, $n_\beta^{99,8}$ 1,6430. Blättchen oder Säulen (Al); sll. in Ä, h. Al, l. in k. Al, unl. in W

β,β-Diphenylacrylsäure s. β-Phenylzimtsäure

Name und Literatur	Formel	Mol.-Gew. Dichte	F in °C Kp. in °C	Charakteristik
1,1-Diphenyl-äthan [E 2 V, 509]	$(C_6H_5)_2CH \cdot CH_3$	182,27 $1,001^{20}$	— 268…9	n_α^{20} 1,5684, n_{He}^{20} 1,5738, n_β^{20} 1,5878. Öl; Kp: $147°/_{15}$; unl. in W, l. in Al, Ä; riecht angenehm
DL-1,2-Diphenyl-äthanol [E 2 VI, 638]	$C_6H_5 \cdot CH_2 \cdot CH(OH) \cdot C_6H_5$	198,27 —	64…6 $177/_{15}$	Nadeln (verd. Al oder Egs); 0,06 sied. W; 420 in 100 g Al 94% 7°; sll. in Ä; Dest. → Stilben
1,1-Diphenyl-äthylen [E 2 V, 543]	$(C_6H_5)_2 \cdot C : CH_2$	180,25 $1,0232^{20}$	8…9 277…80	n_α^{20} 1,6009, n_D^{20} 1,6085, n_β^{20} 1,6273. Fl.; Kp: $139°/_{11}$; l. in Al, Ä; Oxid. → Benzophenon
1,2-Diphenyl-äthylenglykol s. Hydrobenzoin				
Diphenyläther [E 2 VI, 148]	$C_6H_5 \cdot O \cdot C_6H_5$	170,21 $1,0706^{25}$	28 252	n_D^{20} 1,5809. Krist. (Lg); geraniumart. Geruch; Kp: $127°/_{10}$; unl. in W, ll. in Al, ∞ Ä; l. in Chlf, Bzl
Diphenylamin [E 2 XII, 101]	$(C_6H_5)_2NH$	169,23 $1,0513^{64}$	53 301,9	n_α^{64} 1,6189, n_β^{64} 1,6526. Krist.; swl. in W; 57,5 Me 19,5°; 56 Al 19,5°; ll. in Ä; sll. in Eg
Diphenylamin-N-acetat [E 1 XII, 194]	$CH_3 \cdot CO \cdot N(C_6H_5)_2$	211,27 —	103 subl.	Blättchen (W); wl. in W, Ä
Diphenylaminblau (Carbinolbase) s. 4,4′,4″-Trianilino-triphenylcarbinol				
N,N′-Diphenyl-benz-amidin [Org. Syntheses 31, 48]	$C_6H_5 \cdot C(: NC_6H_5) (NHC_6H_5)$	272,35 —	144…5 —	Krist. (Al 80%)
1,2-Diphenyl-benzol [E 2 V, 611]	C_6H_5 ... C_6H_5 (ortho-Phenylenring)	230,31 —	57 332	Prismen (Me); wl. in k. Me, sll. in Aceton, Chlf

Substanz	Formel	Mol.-Gew.	Smp. / Sdp.	Eigenschaften
1,3-Diphenyl-benzol [E 2 V, 611]	$C_6H_4 \cdot (C_6H_5)_2$	230,31 —	86...7 365	Gelbliche Nadeln (Al); sll. in h. Al, wl. in k. Al, ll. in Ä, Bzl, Eg
1,4-Diphenyl-benzol [E 2 V, 611]	$C_6H_4 \cdot (C_6H_5)_2$	230,31 1,234°	209...10 * 376	Krist. (Eg); * F auch 213°; subl. 210...50°/14; swl. in sied. Al, sied. Eg, l. in Ä, CS_2, PÄ, l. in der 22fachen Menge sied. Bzl; ll. in h. Isoamyl= acetat, h. Nitrobzl
α,α'-Diphenyl-bernstein= säurenitril [Org.Syntheses 32, 63]	$H_5C_6 \cdot CH(CN) \cdot CH(CN) \cdot C_6H_5$	232,29 —	240...1,5 —	Fbl. Nadeln (Eg)
Diphenylbrommethan s. Benzhydrylbromid				
1,4-Diphenyl- butadien-(1,3) [Org. Syntheses II, 229]	$C_6H_5 \cdot CH : CH \cdot CH : CH \cdot C_6H_5$	206,29 —	152,5...3,5 —	Krist. (Bzl + Al); blau fluoresz.; wl. in Ä, ll. in Al
1,2-Diphenyl-4-n-butyl- pyrazolidin-dion-(3,5)*	(Strukturformel: 1,2-Diphenyl-4-n-butyl-pyrazolidin-3,5-dion; Substituenten H, $n\text{-}C_4H_9$, zwei C=O, $N \cdot C_6H_5$, $N \cdot C_6H_5$)	308,38 —	105 —	Weißes Pulver; wl. in W, l. in Al, Ä, ll. in Aceton, Chlf, Bzl, Egester; Analgeticum; * M. Kaufmann, Arzneimittelsynthese, Springer-Verlag, Heidelberg, 1953
Diphenyl-carbazid s. Diphenylcarbohydrazid				
Diphenyl-carbazon [E 2 XVI, 9]	(Strukturformel: CO mit $-NH \cdot NH \cdot C_6H_5$ und $-N : N \cdot C_6H_5$)	240,27 —	157 Z —	Or.gelbes krist. Pulver; ll. in Al, Chlf, Bzl, swl. in W; Reagenz auf Ge, Hg, Sn und Chloride; Indikator in der Maßanalyse
Diphenylcarbinol s. Benzhydrol				
Diphenylcarbodiimid [E 2 XII, 246]	$C_6H_5 \cdot N : C : N \cdot C_6H_5$	194,24 —	— 330...1	Sirup; l. in Al, sll. in Bzl; erstarrt allmählich zu der festen trimeren Verbindung F: 168...70° („β"-)

Name und Literatur	Formel	Mol.-Gew. Dichte	F in °C Kp. in °C	Charakteristik
1,5-Diphenyl-carbohydr= azid [E 2 XV, 107]	$(C_6H_5 \cdot NH \cdot NH)_2CO$	242,28 —	175 —	Krist. (Al oder Eg); unl. in Ä, swl. in h. W, ll. in h. Al, Aceton, Eg; Hydrochlorid F: 125° (Z.)
Diphenyl-carbon= säure-(2) [E 2 IX, 463]	$C_6H_5 \cdot C_6H_4 \cdot CO_2H$	198,22 1,458	113,5...4,5 343...4	Krist. (W); unl. in k. W, ll. in Al, Eg, Bzl
Diphenyl-carbon= säure-(3) [E 2 IX, 464]	$C_6H_5 \cdot C_6H_4 \cdot CO_2H$	198,22 —	166 —	Blättchen (Al); wl. in W, ll. in Al, Ä, Lg, Eg, Bzl
Diphenyl-carbon= säure-(4) [E 2 IX, 464]	$C_6H_5 \cdot C_6H_4 \cdot CO_2H$	198,22 —	228 subl.	Nadeln (Bzl); unl. in k. W, swl. in h. W, ll. in Al, Ä
Diphenyl-chlormethan s. Benzhydrylchlorid				
Diphenyl-diacetylen [E 2 V, 609]	$C_6H_5 \cdot C \vdots C \cdot C \vdots C \cdot C_6H_5$	202,26 —	88 —	Nadeln (Al 50%); ll. in Al, Ä, l. in Eg, Me, Bzl
Diphenyldiazomethan [Org. Syntheses III, 351]	$(C_6H_5)_2CN_2$	194,24 —	29...30 —	Krist.
Diphenyl-2,2′-dicarbonsäure s. Diphensäure				
Diphenyl-dichlor-methan [E 2 V, 501]	$C_6H_5 \cdot CCl_2 \cdot C_6H_5$	237,13 $1,235^{18,5}$	— 305 Z	Fl.; Kp: $172°/_{16}$; l. in Al, Ä; mit W → HCl + Benzophenon
Diphenyldisulfid [E 2 VI, 294]	$C_6H_5 \cdot S \cdot S \cdot C_6H_5$	218,34 —	61,5 310	Nadeln (Al); Kp: $191...2°/_{15}$; unl. in W, l. in Al, sll. in Ä, Bzl, CS_2, Xylol
Diphenylenoxid [E 2 XVII, 67]	(Strukturformel Dibenzofuran)	168,20 $1,0886^{99,3}$	83 287...8	$n_\alpha^{99,3}$ 1,5996, $n_D^{99,3}$ 1,6079, $n_\beta^{99,3}$ 1,6327. Blättchen (Al); unl. in W, zll. in Al, sll. in Ä, Eg, Bzl; Wdampfflch.
Diphenylensulfid [E 2 XVII, 70]	(Strukturformel Dibenzothiophen)	184,26 —	97...8 332...3	Krist. (Eg); Blättchen (verd. Al); zl. in k. Ä, ll. in h. Ä, Bzl, sll. in h. Al

Diphenylessigsäure [E 2 IX, 466]	$(C_6H_5)_2CH \cdot CO_2H$	212,25 1,258^{15}	146 195/$_{25}$	Krist. (Eg); wl. in k. W, ll. in h. W, Al, Ä, Chlf
N,N'-Diphenyl-formamidin [E 2 XII, 137]	$C_6H_5 \cdot N : CH \cdot NH \cdot C_6H_5$	196,25 —	137...8 ca 250 Z*	Nadeln (Bzl); wl. in Al, ll. in Ä, Bzl, sll. in Aceton, Chlf; * Z. → Anilin + Phenylisocyanid
ω,ω-Diphenyl-fulven [E 2 V, 612]	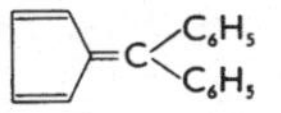 [Strukturformel: Cyclopentadien = $C(C_6H_5)_2$]	230,31 1,162^0	82 —	Rote Tafeln oder Prismen (PÄ); unl. in W, l. in Eg; Lsg. in Eg mit Eg/ H_2SO_4 kochen → tiefgrüne Färbung
2,5-Diphenyl-furan [E 1 XVII, 36]	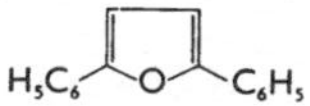 [Strukturformel: Furan-Ring, H_5C_6—O—C_6H_5]	220,27 —	91 343...5	Blättchen oder Nadeln (verd. Al); unl. in W, Alk, ll. in Al, Ä, Eg, Lg, Bzl
1,2-Diphenylglykol s. Hydrobenzoin				
N,N'-Diphenyl-glyoxal-diisoxim [XXVII, 735 und E 1 XII, 177]	$[C_6H_5 \cdot N(O) : CH]_2$	240,26 —	182...3 Z —	Gelbe Nadeln (Al); swl. in sied. W, wl. in PÄ, Lg, ll. in Al, Ä, Aceton, Chlf, Bzl, unl. in S, Alk
N,N'-Diphenyl-guanidin [E 2 XII, 216]	$C_6H_5 \cdot NH \cdot C(: NH) \cdot NH \cdot C_6H_5$	211,27 —	151,5 Z 170	Nadeln (Al); wl. in k. W, Ä; 9,1 Al 90% 21°; l. in h. Bzl, sll. in Chlf, CCl_4
N,N-Diphenyl-harnstoff [E 2 XII, 241]	$(C_6H_5)_2N \cdot CO \cdot NH_2$	212,25 1,276	189 —	Krist.; l. in Chlf
N,N'-Diphenyl-harnstoff [E 2 XII, 207]	$C_6H_5 \cdot NH \cdot CO \cdot NH \cdot C_6H_5$	212,25 1,239	237...7,5 *	Prismen (Al); * subl. bei 262° im H_2-Strom; swl. in W, wl. in h. Al, k. Chlf, l. in Ä
1,6-Diphenyl-hexatrien-(1,3,5) [E 2 V, 605]	$C_6H_5 \cdot CH : CH \cdot CH : CH \cdot CH : CH \cdot C_6H_5$	232,33 —	200 Z	Gelbe Blättchen (Chlf); grünlichgelbe Nadeln (CCl_4); swl. in PÄ, Eg, Al, wl. in Ä, ll. in h. Dioxan, Py; 0,86 Bzl 19°; 2,14 Chlf 19°; verd. Lsg. fluoresz. blau; Verbindung mit 1,3,5-Trinitro-bzl. rote Nadeln (Chlf), F: 161...2°

Name und Literatur	Formel	Mol.-Gew. Dichte	F in °C Kp. in °C	Charakteristik
N,N-Diphenyl-hydrazin [E 1 XV, 28]	$(C_6H_5)_2N \cdot NH_2$	184,24 $1,190^{16}$	44 $172...7/_{10}$	Tafeln (Lg); swl. in W, ll. in Al, Ä, Chlf, Bzl
N,N'-Diphenyl-hydrazin s. Hydrazobenzol				
4,5-Diphenyl-imidazolon [E 1 XXIV, 273]		236,28 —	324...5 —	Krist. (Chlf oder Eg); unl. in W, swl. in Ä, Egester, Lg, Bzl, zll. in Al, ll. in h. Eg viol. fluoresz.
Diphenylin s. 2,4-Diamino-diphenyl				
2,3-Diphenyl-indenon-(1) [Org. Syntheses III, 353]		282,35 —	150...1 $235...40/_6$	Rote Krist. (Bzl + Al)
1,3-Diphenyl-isobenzo= furan [E 2 XVII, 86]		270,33 —	125 —	Goldgelbe Blättchen; l. in fast allen org. Lösm.; l. in konz. H_2SO_4 mit gelbgrüner Fluoresz.; Literatur s. a. Z. angew. Chem. **72**, 342
Diphenyljodoniumjodid [Org. Syntheses III, 355]	$[(C_6H_5)_2J]J$	408,02 —	172...5 Z —	Krist.
Diphenylketen [Org. Syntheses III, 356]	$(C_6H_5)_2C : C : O$	194,24 $1,1107^{14}$	— $119...21/_{3,5}$	$n_\alpha^{14,1}$ 1,6070, $n_D^{14,1}$ 1,615. Gelbrote Fl.
Diphenyl-maleinsäure= anhydrid [E 1 XVII, 272]		250,26 —	156...7 $236/_{15}$ *	Hgelbe Krist. (Chlf + Al); unl. in k. W, swl. in h. W, wl. in k. Al, Ä, ll. in Chlf, Bzl; * subl.
Diphenylmethan [E 2 V, 498]	$(C_6H_5)_2CH_2$	168,24 $1,0060^{20}$	26...7 265,6	n_α^{20} 1,5715, n_D^{20} 1,5768, n_β^{20} 1,5918. Nadeln; Kp: $133...5°/_{16}$; unl. in W, ll. in Al, Ä, Chlf; riecht nach Orangen

Diphenylmethan-carbonsäure s. Benzyl-benzoesäure				
Diphenylmethyl- s. Benzhydryl				
N,N-Diphenyl-N-methyl-amin [E 2 XII, 105]	$(C_6H_5)_2N \cdot CH_3$	183,26 $1,0476^{20}$	E — 7,55 293,4	n_α^{20} 1,6107, n_D^{20} 1,6193, n_β^{20} 1,6422. Fl.; unl. in W, l. in Al, Ä
Diphenylnitrosamin [XII, 580]	$(C_6H_5)_2N \cdot NO$	198,23 —	67,2…7,6 —	Gelbe Tafeln (Bzl + Al); wl. in k. Al, ll. in h. Al, sll. in h. Bzl
Diphenylolpropan s. 2,2-Bis-(4-hydroxy-phenyl)-propan				
3,3-Diphenyl-phthalid [E 2 XVII, 416]	H_5C_6 C_6H_5 (Phthalid-Struktur)	286,33 —	116 419…28 Z	Blättchen (Al); unl. in PÄ, 0,004 W 25°, l. in h. Al, Ä, Aceton, Bzl
2,4-Diphenylpyrrol [Org. Syntheses III, 358]	H_5C_6 / C_6H_5 (Pyrrol-Struktur)	219,29 —	179…80 —	Hgrüne Krist. (Toluol)
Diphenylsulfid [E 2 VI, 289]	$(C_6H_5)_2S$	186,28 $1,1185^{15}_{15}$	— 21,5 296…7	$n_D^{18,5}$ 1,635. Fl.; Kp: 162°/$_{20}$; unl. in W, sll. in h. Al, ∞ Ä, Bzl, CS_2
Di-phenyl-sulfit [Ann. Chem. 485, 272]	$(C_6H_5O)_2SO$	234,28 $1,2404^{20}$	— 152/$_2$	$n_\alpha^{13,4}$ 1,5690, $n_D^{13,4}$ 1,5744, $n_\beta^{13,5}$ 1,5883. Fl.
Diphenylsulfon [E 2 VI, 290]	$(C_6H_5)_2SO_2$	218,28 $1,157^{141}$	128 379˙	Blättchen (Al); Nädelchen (sied. W); Kp: 230°/$_{15}$; ll. in h. Al, wl. in k. Al, h. W, l. in Bzl, unl. in k. W
Diphenylsulfoxid [E 2 VI, 290]	$(C_6H_5)_2SO$	202,28 —	70…1,8 340 g. Z	Krist. (PÄ); Kp: 206…8°/$_{13}$; ll. in Al, Ä, Eg, Bzl, l. in konz. HCl
Diphenylthiocarbazon s. Dithizon				
1,5-Diphenyl-thiocarbo=hydrazid [E 2 XV, 112]	$(C_6H_5 \cdot NH \cdot NH)_2CS$	258,35 . —	164…5 Z —	Nadeln · $1 C_3H_6O$ (Aceton); wl. in k. Al, Aceton, Chlf, Bzl, Eg; l. in h. Lösm.

27*

Name und Literatur	Formel	Mol.-Gew. Dichte	F in °C Kp. in °C	Charakteristik
N,N′-Diphenyl-thioharn= stoff [E 2 XII, 227]	$C_6H_5 \cdot NH \cdot CS \cdot NH \cdot C_6H_5$	228,32 1,3205	149...50 Z *	Blättchen (Al); swl. in W, ll. in Al, Ä, l. in Alk; * Z. → N,N′,N″-Triphenyl-guanidin, H_2S, CS_2
2,5-Diphenylthiophen [E 2 XVII, 81]	H_5C_6 — S — C_6H_5	236,34 —	153 —	Blättchen (Al oder Eg); ll. in Al, Aceton, Chlf, Eg
3,5-Diphenyl-1,2,4-tri= azol [E 1 XXVI, 21]	H_5C_6, C_6H_5 (1,2,4-Triazol)	221,26 —	192 280 Z	Tafeln $\cdot 1\,H_2O$ (verd. Al); unl. in W, wl. in Bzl, zll. in Al, unl. in verd. S, l. in verd. Alk
4,5-Diphenyl-1,2,3-tri= azol [XXVI, 79]	H_5C_6, H_5C_6 (1,2,3-Triazol)	221,26 —	139 —	Nadeln (verd. Al); wl. in h. W, sll. in Al, Ä, Bzl
α,β-Diphenyl-zimtsäure= nitril [Org. Syntheses 31, 52]	$(C_6H_5)_2C : C(C_6H_5)CN$	281,36 —	166...7 —	Krist. (Eg)
Diphosphopyridin-nucleotid [Vogel, II (2), 128]	$C_{21}H_{27}N_7O_{14}P_2$ Formel 16, S. 924	663,44 —	— —	Sehr hygr. weißes Pulver; l. in W, wl. in Me, Phenol; $[\alpha]_{546}$; $-70°$; Chininsalz: feine Nadeln, F: 162... 70° (Z.)
Diphthalyl [E 2 XIX, 192]	(Phthalyl-Struktur)	264,24 —	335 subl.	Gelbe Nadeln (Bzl); unl. in W, swl. in Al, Chlf, CS_2, k. Eg, zl. in h. Eg, l. in h. Phenol

Dipicolinsäure s. Pyridin-dicarbonsäure-(2,6)

Dipikrylamin s. Hexanitro-diphenylamin

Name	Formel	Mol.-Gew. / D	F (E) / Kp	Eigenschaften
α,α′-Dipiperidyl [E 2 XXIII, 31]	(Strukturformel: zwei Piperidinringe, je NH)	168,28 / —	— / 259	Hygr. basische Masse; swl. in PÄ, wl. in Ä, ll. in W
Di-[β-propionsäure]-sulfid s. β-Thio-dipropionsäure				
Dipropyläther [E 2 I, 367]	$(C_2H_5 \cdot CH_2)_2O$	102,18 / $0,7360^{20}$	E − 122 / 90,5	$n_\alpha^{14,5}$ 1,38123, $n_D^{14,5}$ 1,38318, $n_\beta^{14,5}$ 1,38784. Fl.; 0,3 W 20°; ∞ Al, Ä
Dipropylamin [E 2 IV, 622]	$(C_2H_5 \cdot CH_2)_2NH$	101,19 / $0,7385^{20}$	− 63 / 109,2	$n_\alpha^{19,5}$ 1,40242, $n_D^{19,5}$ 1,40455, $n_\gamma^{19,5}$ 1,41453. Fl.; l. in W, Al; brennbar; · HCl F: 274,5…5°
5,5-Dipropyl-barbitursäure [XXIV, 492]	(Strukturformel: Barbitursäure, $(C_3H_7)_2$)	212,25 / —	145 / —	Krist. (W); 0,06 W 20°, 1,43 sied. W, ll. in Al, Ä, Chlf, Bzl; ll. in Alk, NH_3
Di-propylen-glykol [Mellan, 538]	$CH_3 \cdot CH(OH) \cdot CH_2 \cdot O \cdot CH_2 \cdot CH(OH) \cdot CH_3$	134,18 / $1,025^{20}_{20}$	— / 231,8	Fl., l. in W, ∞ in vielen org. Lösm.
Dipropylketon s. Heptanon-(4)				
Di-propylsulfat [E 2 I, 368]	$(C_2H_5 \cdot CH_2 \cdot O)_2SO_2$	182,24 / $1,1104^{16}$	— / Z 140…70	n_α^{16} 1,4135, n_{He}^{16} 1,4155, n_β^{16} 1,4201. Fl.; angenehmer, gewürzhafter Geruch; Kp: 115°/16; ll. in PÄ; Z. durch h. W
Di-propylsulfid [E 2 I, 372]	$(C_2H_5 \cdot CH_2)_2S$	118,24 / $0,8385^{20}$	E − 101,9 / ∼ 140,8	$n_\alpha^{17,5}$ 1,4465, $n_\beta^{17,5}$ 1,4561. Öl; ätherischer Geruch; Wdampfflch.
Di-n-propylsulfit [Ann. Chem. 485, 272]	$(C_3H_7O)_2SO$	166,24 / —	— / 192	Fl.
α,α′-Dipyridyl [E 2 XXIII, 211]	(Strukturformel: zwei Pyridinringe, je N)	156,19 / —	70,1 / 273…5	Krist. (verd. Al); 0,5 W, ll. in Al, Ä, Chlf, Lg, Bzl; Pikrat F: 158°

Name und Literatur	Formel	Mol.-Gew. Dichte	F in °C Kp. in °C	Charakteristik
γ,γ'-Dipyridyl [E 2 XXIII, 212]	$NC_5H_4 \cdot C_5H_4N$	156,19 —	112 304,8	Nadeln $\cdot 2H_2O$ (W), F: 73°; subl.; wl. in W, ll. in Ä, sll. in Al, Chlf, Bzl; Pikrat F: 262°
Dirhodan [E 2 III, 125]	$NC \cdot S \cdot S \cdot CN$	116,18 —	— 3…— 2 —	Blaßgelbe Krist.; ll. in Al, Ä, l. in CCl_4, Chlf; Lsg. zers. bei Zimmertemp.; Z. mit W
Disalicylid [E 2 XIX, 188]	(Strukturformel: Disalicylid)	240,22 —	234 Z Z *	Nadeln (Chlf); unl. in W; 0,15 Me 18°; 0,7 Chlf 18°; wl. in Al; * → Tri= salicylid
1,4-Dithian [E 2 XIX, 6]	(Strukturformel: 1,4-Dithian)	120,24 —	113 107/23	Prismen (CS_2); wl. in W, l. in Al, Ä, CS_2, ll. in h. Eg; Wdampfflch.
Dithienyl-(2,2') [XIX, 32]	(Strukturformel: Dithienyl-(2,2'))	166,27 —	33 260	Charakteristisch riechende Blättchen (verd. Al); ll. in Al, Ä, Eg; l. in H_2SO_4 gelbgrün fluoresz.
Dithienyl-(3,3') [XIX, 33]	(Strukturformel: Dithienyl-(3,3'))	166,27 —	132 —	Blättchen (Lg); wl. in k. Eg, Lg, l. in k. Al, ll. in Ä, Chlf, Bzl, CS_2; Wdampfflch.
Dithio-äthylenglykol s. Dithioglykol				
Dithioanilin s. 4,4'-Diamino-diphenyl-disulfid				
Dithiodiglykolsäure [E 2 III, 179]	$S_2(CH_2 \cdot CO_2H)_2$	182,22 —	100 —	Krist. (Ä + Benzin); Blättchen (Egester + 9 Bzl); Prismen (W); ll. in W, Al, Ä, wl. in Bzl
Dithioglykol [E 2 I, 529]	$HS \cdot CH_2 \cdot CH_2 \cdot SH$	94,20 1,123[23,5]	— 146	Fl.; ll. in Al, Alk

Name [Literatur]	Formel	Molgew. / D.	Schmp. / Kp.	Eigenschaften
Dithioglykol-dimethyläther [E 1 I, 244]	$CH_3S \cdot CH_2 \cdot CH_2 \cdot SCH_3$	122,25 / 1,0419[15]	— / 183	n_α^{20} 1,5303. Fl.
Dithiokohlensäureazid [E 2 III, 159]	$N_3 \cdot CS_2H$	119,17 / —	51…2 / expl.	Krist. (Aceton); l. in W, ll. in Me, Al, Ä, Bzl, CS_2, Eg; Z. am Tageslicht > 10°; expl. leicht, besonders Salze
Dithio-oxamid [E 2 II, 515]	$H_2N \cdot CS \cdot CS \cdot NH_2$	120,20 / —	— / subl.	Or.rote Krist.; wl. in k. W, k. Al, l. in wss. Alk durch Salzbildung; l. in konz. H_2SO_4 mit roter Farbe; gibt mit Metallen Fällungen
Dithizon [Org. Syntheses III, 360]	$C_6H_5 \cdot N:N$ und $C_6H_5 \cdot NH \cdot NH$ zu $C:S$	256,33 / —	Z 165…9 / —	Krist. (Ä); ll. in Chlf; Reagenz in der analytischen Chemie
N,N'-Di-o-tolyl-thioharnstoff [E 2 XII, 446]	$(CH_3 \cdot C_6H_4 \cdot NH)_2CS$	256,37 / —	161 / 216…8	Nadeln (Al); subl.; swl. in W, k. Ä, ll. in h. Al, Chlf, Eg, Bzl; Wdampfflch.
N,N'-Di-m-tolyl-thioharnstoff [E 2 XII, 471]	$(CH_3 \cdot C_6H_4 \cdot NH)_2CS$	256,37 / —	112 / —	Prismen; swl. in h. W, ll. in Al, CS_2, Bzl
N,N'-Di-p-tolyl-thioharnstoff [E 2 XII, 514]	$(CH_3 \cdot C_6H_4 \cdot NH)_2CS$	256,37 / —	176 / —	Säulen; unl. in W, wl. in k. Al
Ditolyl s. Dimethyl-diphenyl				
Di-[p-tolyl]-amin [XII, 907]	$(CH_3 \cdot C_6H_4)_2NH$	197,28 / —	79 / 330,5	Nadeln
Di-p-tolyl-carbodiimid [E 2 XII, 518]	$H_3C-C_6H_4-N:C:N-C_6H_4-CH_3$	222,29 / —	60 / 221…3/20	Prismen (Ä); sll. in Ä, Bzl

Di-p-tolyl-methan s. 4,4'-Dimethyl-diphenylmethan

Diureidoessigsäure s. Allantoinsäure

Name und Literatur	Formel	Mol.-Gew. Dichte	F in °C Kp. in °C	Charakteristik
Divinyl-acetylen [E 3 I, 1058]	$CH_2 : CH \cdot C \vdots C \cdot CH : CH_2$	78,11 $0{,}7759^{20}$	$-87{,}8$ 85,0	n_D^{20} 1,498. Läßt sich durch Antioxidan=tien stabilisieren; gibt an der Luft hochexplosive Peroxide; polym. beim Stehen zu explosivem Harz
Divinyl-äther [E 3 I, 1864]	$CH_2 : CH \cdot O \cdot CH : CH_2$	70,09 $0{,}773^{20}$	$-101{,}1$ 28,5	n_D^{20} 1,3989. Als „Vinethen" Inhalationsnarcotikum
Dixanthyl [E 2 XIX, 55]		362,43 —	209 —	Nadeln; zll. in Bzl, ll. in CS_2, Xylol
Djenkolsäure [J. Biol. Chem. **168**, 373]	$H_2C{<}^{S \cdot CH_2 \cdot CH(NH_2) \cdot CO_2H}_{S \cdot CH_2 \cdot CH(NH_2) \cdot CO_2H}$	254,33 —	300…50 Z —	Nadeln (W oder verd. HCl); wl. in k. W, 0,5 sied. W; $[\alpha]_D^{26}$: $-44{,}5°$ (1 %ig. HCl)
Dodecan [E 2 I, 133]	$CH_3 \cdot [CH_2]_{10} \cdot CH_3$	170,34 $0{,}7511^{20}$	-12 214,5	Fl.
Dodecanol-(1) [E 2 I, 463]	$CH_3 \cdot [CH_2]_{11} \cdot OH$	186,34 $0{,}8234^{34{,}6}$	E 23,8 255…59	Blättchen (verd. Al); Kp: 143…6°/18; wl. in W, l. in Al, Ä
Dodecanon-(2) [E 3 I, 2913]	$CH_3 \cdot [CH_2]_9 \cdot CO \cdot CH_3$	184,32 $0{,}81892^{30}$	20,5 245	n_D^{20} 1,4330. Semicarbazon F: 125°; Dinitrophenylhydrazon F: 81°
Dodecen-(1) [E 3 I, 869]	$CH_3 \cdot [CH_2]_9 \cdot CH : CH_2$	168,33 $0{,}75836^{20}$	$-35{,}23$ 213,36	n_D^{20} 1,4308
Dodecosansäure s. Behensäure				
n-Dodecyl-bromid [Org. Syntheses I, 27]	$CH_3 \cdot [CH_2]_{10} \cdot CH_2Br$	249,24 —	— 175…80/45	Fl.

n-Dodecyl-mercaptan [Org. Syntheses III, 363]	$C_{12}H_{25} \cdot SH$	202,41 —	— 133…5/7	Fl.
Dodecylsäure s. Laurinsäure				
Doisynolsäure [Helv. Chim. Acta **30**, 1422]		288,39 —	200 —	Krist. (verd. Me); $[\alpha]_D^{20}$: + 102° (Al)
Dokosan [E 3 I, 574]	$CH_3 \cdot [CH_2]_{20} \cdot CH_3$	310,61 $0,7453^{100}$	44,9 $230/_{15}$	n_D^{25} 1,4435 (unterkühlt); α- und β-Form, Umwandlung bei 40,0°
Dokosen-(9)-ol-(22) s. Erucylalkohol				
Dolantin [Ber. **74**, 1433]		247,34 —	30 $155/_5$	Krist.; Hydrochlorid F: 187…9°; Schmerzlinderndes Mittel
Dopa s. Dihydroxy-phenylalanin				
Dotriakontan [E 2 I, 147]	$CH_3 \cdot [CH_2]_{30} \cdot CH_3$	450,88 $0,7645^{100}$	70,5 $224,8/_{0,05}$	$n_\alpha^{79,4}$ 1,43094, $n_\beta^{79,4}$ 1,43859. Krist (Ä, Chlf); ll. in h. Ä, swl. in Al; 0,4 Chlf 15°
DPN s. Diphosphopyridin-nucleotid				
Dulcin s. 4-Äthoxy-phenylharnstoff				
Dulcit [E 2 I, 612]	$HOCH_2 \cdot C \cdot C \cdot C \cdot C \cdot CH_2OH$	182,17 $1,466^{15}$	188 $290…5/_{3…3,5}$	Prismen; 3,2 W 15°; 59 sied. W; swl. in Al, unl. in Ä; schmeckt schwach süß
Duro-chinon s. 2,3,4,5-Tetramethyl-chinon				
Durol s. 1,2,4,5-Tetramethyl-benzol				

Name und Literatur	Formel	Mol.-Gew. Dichte	F in °C Kp. in °C	Charakteristik
Dypnon [E 2 VII, 433]	$C_6H_5 \cdot C(CH_3) : CH \cdot CO \cdot C_6H_5$	222,29 1,108[20]	— 206...7/15	Fl.; unl. in W, l. in Al, Ä; l. in H_2SO_4 or.; Semicarbazon F: 151°
E 600 s. Phosphor, Phosphorsäure-di-äthyl- p-nitrophenylester				
E 605 s. Phosphor, Thiophosphorsäure-diäthyl- p-nitrophenylester				
E 838 s. Phosphor, Thiophosphorsäure-O,O-diäthyl- O-7-(4-methylcumarin)ester				
Eikosan [E 2 I, 139]	$CH_3 \cdot [CH_2]_{18} \cdot CH_3$	282,56 0,7779[37]	38 205/15	Krist.; unl. in W, l. in Al, Ä
Eikosan-dicarbonsäure s. Phellogensäure				
Eikosanol-(1) [E 3 I, 1843]	$CH_3 \cdot [CH_2]_{18} \cdot CH_2OH$	298,56 —	66,5...7,5 220...5/3	Phenylurethan F: 75...6°
Eikosanol-(2) [E 3 I, 1843]	$CH_3 \cdot [CH_2]_{17} \cdot CH(OH) \cdot CH_3$	298,56 —	63...4 —	$[\alpha]_D^{21}: +6,9°$ (Ä, c = 3,6); Vork. in verschiedenen Mikroorganismen; Phenylurethan F: 78,0...8,5°; nach Erkalten F: 81°
Eikosansäure s. Arachinsäure				
Eikosatetraen-(5,8,11,14)-säure s. Arachidonsäure				
Ekgonidin [E 2 XXII, 26]	H_2C——CH————$CH \cdot CO_2H$ $\quad\mid\qquad N \cdot CH_3\quad CH\mid\mid$ H_2C——CH————CH	167,21 —	235 Z —	Krist. (Me); swl. in Ä, Chlf, Lg, Bzl, wl. in Al, sll. in W; $[\alpha]_D^{14}: -84,6°$ (W)

1-Ekgonin [E 2 XXII, 150]	H_2C—CH——CH·CO_2H $\quad$ N·$CH_3$$\quad$ CH·OH H_2C——CH——CH_2	185,22 —	205 —	Prismen ·1 H_2O (Al); unl. in Aceton, CS_2, Bzl, Lg, swl. in Ä, wl. in Chlf; 21,7 W 17°; 1,5 Al 95% 17°; 5,4 Me 19°; $[\alpha]_D^{12}$: − 45,5° (W)
α-Eläostearinsäure [E 2 II, 465]	CH_3·[CH_2]$_3$·[CH:CH]$_3$·[CH_2]$_7$·CO_2H	278,44 $0{,}8980^{56}$	48...9 ca 235/12	n_D^{56} 1,5080. Blättchen (Al); ll. in Ä, Me, CS_2, l. in Al, PÄ, Aceton; unbeständig; verharzt an der Luft in wenigen Stunden
β-Eläostearinsäure [E 2 II, 467]	CH_3·[CH_2]$_3$·[CH:CH]$_3$·[CH_2]$_7$·CO_2H	278,44 $0{,}8839^{80}$	72,5 —	n_D^{80} 1,4970. Krist. (Al, Me oder CCl_4); nicht sehr lange haltbar
Elaidinalkohol [E 2 I, 502]	CH_3·[CH_2]$_7$·CH $\quad\quad\ddot{}$ HC·[CH_2]$_8$·OH	268,49 $0{,}8338^{40}$	35 ca 333	n_D^{40} 1,4522. Krist. (Al oder Aceton); Kp: 210°/18; Phenylurethan F: 55...6°
Elaidinsäure [E 3 II, 1426]	CH_3·[CH_2]$_7$·CH $\quad\quad\ddot{}$ HC·[CH_2]$_7$·CO_2H	282,47 $0{,}8734^{45}$	43,7 225/10	n_D^{100} 1,4308, n_D^{70} 1,4405. Blätter (Al); ll. in Al, Ä, wl. in abs. Al; unl. in W 25°; 5,8 Olivenöl 25°; Methylester F: 10,2°, Kp: 218...20°/24; Äthylester F: 5,8°, Kp: 213°/14; Dibromid F: 29,5...30°
Ellagsäure [E 2 XIX, 284]	(Strukturformel)	302,20 $1{,}667^{18}$	Z 450...80 —	Hgelbe Prismen ·2 H_2O; swl. in W, Ä, wl. in Me, Al, Aceton
Emetin [E 2 XXIII, 449]	$C_{29}H_{40}N_2O_4$ Formel 17, S. 924	480,65 —	74 —	Amorphes Pulver; swl. in k. W, PÄ, wl. in Bzl, ll. in Me, Al, Ä, Aceton, Chlf; Vork. in Brechwurzel neben Cephaelin, Psychotrin u. a.

Emodin s. 4,5,7-Trihydroxy-2-methyl-anthrachinon

Name und Literatur	Formel	Mol.-Gew. Dichte	F in °C Kp. in °C	Charakteristik
Eosin [E 2 XIX, 254]		647,92 2,652	295...6,5 —	Krist. (Eg); unl. in PÄ, swl. in W, Ä, wl. in Aceton, Chlf, Bzl, Eg, l. in Al rot; l. in Alk rot
Eosin-Na$_2$-Salz [E 2 XIX, 257]	$Na_2C_{20}H_6O_5Br_4$	691,88 —	— —	Rote Nadeln · $10 H_2O$ (verd. Al); l. in W, Al
L-Epanorin [J. Am. Chem. Soc. **72**, 4457]		435,48 —	135...6 —	Gelbe Nadeln (Me); $[\alpha]_D^{26}$: $-1,86 \pm 0,2°$ (Chlf)
L-Ephedrin [E 2 XIII, 373]	$C_6H_5 \cdot CH(OH) \cdot CH(CH_3) \cdot NHCH_3$	165,24 —	43 255	Krist. (Al + PÄ); swl. in k. PÄ, sll. in W, Al, Ä, Chlf; $[\alpha]_D^{22}$: $-5,5°$ (Al); Hydrochlorid F: 218...8,5°
Epibromhydrin [Org. Syntheses II, 256]	H_2C——$CH \cdot CH_2Br$	136,98 $1,615^{14}$	— 134...6	Fl.
Epicatechin [E 2 XVII, 257]		190,28 —	224...6 —	Krist. · $1 H_2O$ (W); wl. in Ä, ll. in Me, Al, Aceton
Epichlorhydrin [E 2 XVII, 13]	H_2C——$CH \cdot CH_2Cl$	92,53 $1,1928^{11,5}$	— 48 $115/_{740}$	$n_\alpha^{11,6}$ 1,4399, $n_D^{11,6}$ 1,442, $n_\beta^{11,6}$ 1,4478. Fl.; swl. in W, ∞ Al, Ä; MAK: 5 cm^3 m^3, H

Name	Struktur	Mol.-Gew.	F./Kp.	Eigenschaften
Epicholesterin [Lettré, 97]		386,67 —	141 —	Krist.; $[\alpha]_D$: $-37,5°$; Acetylderivat F: 85°
Epicyanhydrin [XVIII, 261]	H_2C—$CH \cdot CH_2CN$ (O)	83,09 —	162 —	Prismen; swl. in k. W, ll. in h. W; mit S $\rightarrow$ β-Oxidobuttersäure
α-Epidichlorhydrin s. 2,3-Dichlorpropen-(1)				
β-Epidichlorhydrin s. 1,3-Dichlorpropen-(1)				
Epijodhydrin [E 2 XVII, 15]	H_2C—$CH \cdot CH_2J$ (O)	183,98 $2,03^{13}$	— $64/_{24}$	Fl.; unl. in W, l. in Al, Ä
Epikoprosterin [Lettré, 53]		388,68 —	117...8 —	Krist.; $[\alpha]_D$: $+32°$; Acetylderivat F: 87...8°
Equilenin [J. Am. Chem. Soc. 62, 824]		266,34 —	258...9 —	Nadeln (verd. Al); subl./$_{0,01}$; 0,63 Al 18°; 2,5 h. Al; $[\alpha]_D^{16}$: $+87°$ (Dioxan); Semicarbazon F: 268° Z.
Equilin [Ber. 71, 186]		268,36 —	238...40 —	Platten (Egester); wl. in W, l. in Al, Aceton, Dioxan, Egester und anderen org. Lösm.; $[\alpha]_D^{25}$: $+308°$ (Dioxan); Semicarbazon F: 265...7°

Name und Literatur	Formel	Mol.-Gew. Dichte	F in °C / Kp. in °C	Charakteristik
Ergocristin [Helv. Chim. Acta **26**, 1584]	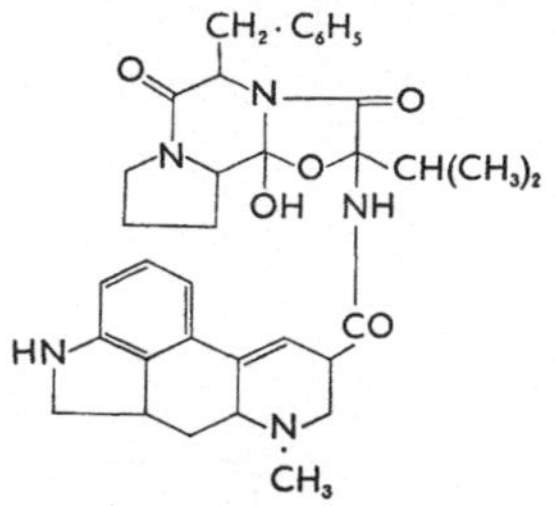 $CH_2 \cdot C_6H_5$ … $CH(CH_3)_2$ … OH NH … CO … HN … $N \cdot CH_3$	609,73 / —	171...2 Z / —	„Ergotoxin" = Gemisch aus Ergocristin, Ergokryptin und Ergocornin; weiße Krist.; unl. in W, PÄ, l. in Al, Chlf, wl. in Ä; $[\alpha]_D^{20}$: 184° (Chlf, c = 1); Verw. in der Gynokologie, insbesondere das Äthylsulfonat (Mutterkornalkaloid)
l-Ergocristin [The Alkaloids **2**, 385*]	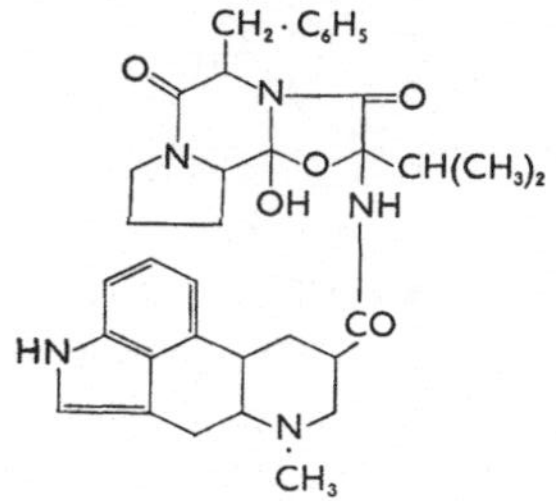 $CH_2 \cdot C_6H_5$ … $CH(CH_3)_2$ … OH NH … CO … HN … $N \cdot CH_3$	609,73 / —	160...75 Z / —	Prismen $\cdot 1 C_3H_6O$ (Aceton); Phosphat F: 195° Z., Tartrat F: 185...90° Z.; $[\alpha]_D^{20}$: − 186° (Chlf); Kochen in Me → inaktives D-Isomeres; $[\alpha]_D^{20}$: + 366°; → Ergocristin mit kochender 1%iger äthanolischer H_3PO_4; * s. a. Quart. Rev. **8**, 192
Ergometrin [The Alkaloids **2**, 391]	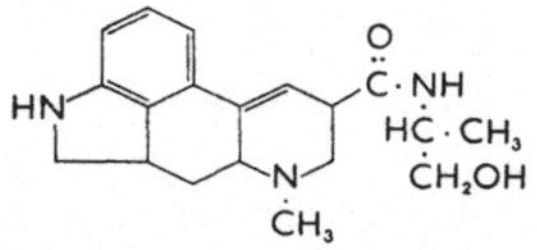 $O \ddot{C} \cdot NH$ … $H\dot{C} \cdot CH_3$ … $\dot{C}H_2OH$ … HN … $\dot{C}H_3$	325,41 / —	Z 162 * / —	* Nach Trocknen im Hochvak. Weißes krist. Pulver; l. in W, Al, Chlf und S; $[\alpha]_D^{20}$: 16° (Py, c = 0,5); Wehenerregendes Mittel, Verw. in der Gynokologie (= Lysergsäure-(1)-propanolamid-(2))

Ergonovin s. Ergometrin

Ergosterin [Vogel I, 156]		396,66 —	168 ca 250/$_{0,4}$	Glänzende Blättchen ·1 H$_2$O (Al); zers. an der Luft; unl. in W, wl. in k. Me, fetten Ölen; 0,2 k. Chlf; 3,2 sied. Chlf; 2 k. Ä; 3,6 sied. Ä; $[\alpha]_D^{20}$: — 132° (Chlf); Acetylderivat F: 173°
Ergotamin [The Alkaloids 2, 387]		581,68 —	179 Z * —	* Nach Trocknen im Hochvak. (Kristallaceton entfernt); weißes feinkörniges Pulver, licht- und wärmeempfindlich; l. in Aceton, Me, Chlf; $[\alpha]_D^{20}$: — 155° (Chlf, c = 1); Hydrolyse → Lysergsäure, Brenztraubensäure, L-Phenylalanin, D-Prolin, NH$_3$
Ergothionein [E 2 XXV, 413]		229,30 —	ca 290 Z —	Nadeln ·2 H$_2$O (W); sll. in h. W, 8,6 W 20°, wl. in Al, swl. in sied. Me, unl. in Ä, Chlf; $[\alpha]_D^{27,5}$: + 115° (W, c = 1); Vork. in Leber, Niere und anderen tierischen Geweben
Ergotinin [Helv. Chim. Acta 26, 1574]	C$_{35}$H$_{39}$N$_5$O$_5$	609,73 —	229 Z —	* Besteht aus Ergotinin und φ-Ergotinin; Prismen (Aceton); ll. in Chlf, l. in Aceton, wl. in Al, Ä; $[\alpha]_D^{20}$: + 365° (Chlf, c = 0,35); Mutterkornalkaloide

Ergotoxin s. u. Ergocristin

Name und Literatur	Formel	Mol.-Gew. Dichte	F in °C Kp. in °C	Charakteristik
Eriochromschwarz T [E 2 XVI]		439,41 —	— —	Na-Salz: schwarz- metallglänzendes Pulver; Lsg. in W, verd. NH_4OH, $H_2SO_4 \rightarrow$ blau; Indikator für Komplexometrie; Lsg. unter p_H 6 weinrot, zwischen 8 und 12 tiefblau, oberhalb 13 orange; Komplexe mit Mg, Zn, Cd, Pb^{II}, Mn^{II}, Hg^{II}
Eriodictyol [E 2 XVIII, 204]		288,26 —	267 —	Nadeln · $2,5 H_2O$ (verd. Eg); wl. in sied. W, h. Al, Ä, Eg, l. in verd. Alk
Erucasäure [E 2 II, 445]	$CH_3 \cdot [CH_2]_7 \cdot CH:CH \cdot [CH_2]_{11} \cdot CO_2H$	338,58 $0,8602^{55,4}$	33,5 $264/_{15}$	n_D^{64} 1,4480. Schuppen (Al); Tafeln (PÄ); unl. in W, ll. in Olivenöl 25°, Ä; 2,4 Al 91,5% 0°; l. in Chlf, CS_2, CCl_4, Eg; mit $HNO_2 \rightarrow$ Brassidinsäure; Amid F: 84°
Erucol s. Erucylalkohol, *cis*				
Erucylalkohol [E 3 I, 1967]	$CH_3 \cdot [CH_2]_7 \cdot CH:CH \cdot [CH_2]_{11} \cdot CH_2OH$	324,60 $0,8416^{33}$	34...5 $116/_{0,01}$	*cis*-Form: „Erucol", F: 34...5°; *trans*-Form: „Brassidol", F: 53°, Kp: 239°/$_8$
Erythren s. Butadien-(1,3)				
Erythrit [E 2 I, 600]		122,12 $1,2675^{143}$	120 329...31	Prismen; 156 W 20...5°; wl. in k. Al, unl. in Ä; schmeckt süß

Name	Formel			Eigenschaften
Erythrit-tetranitrat [I, 527]	$O_2NO \cdot CH_2 \cdot [CHONO_2]_2 \cdot CH_2 \cdot ONO_2$	302,11 —	61 —	Blättchen (Al); unl. in k. W; Sprengstoff
Erythrol s. Buten-(1)-diol-(3,4)				
Erythrohydroxyanthrachinon s. 1-Hydroxy-anthrachinon				
D-Erythrose [XXXI, 12]	$HOCH_2 \cdot \overset{H}{\underset{OH}{C}} \cdot \overset{H}{\underset{OH}{C}} \cdot CHO$	120,11 —	— —	Sirup; $[\alpha]_D^{20}$: $+1° \rightarrow -14,5°$; l. in W; Phenylosazon F: 164°
Erythrosin [E 2 XIX, 258]		835,90 —	— —	Or.gelbe Nadeln; swl. in W, Ä, PÄ, Chlf, Bzl, l. in Al, Aceton, l. in verd. Alk rosa, in H_2SO_4 rotgelb
Esdragol s. 4-Allyl-anisol				
Eseräthol [E 2 XXIII, 329]		246,36 —	— 308...10	Sirup; unl. in W, ll. in Al, Ä; $[\alpha]_D$: $-81°$ (Al); Pikrat F: 135°
Eseräthol-amin [E 2 XXII, 424]	$C_{16}H_{26}O_2N_2$	278,40 —	89 —	Nadeln (Ä); wl. in W, ll. in Al, Ä, Aceton, Bzl; ll. in S; $[\alpha]_D$: $+10°$ (Al); Pikrat F: 196°
Eserin [E 2 XXIII, 330]		275,35 —	106 Z —	Prismen (Bzl); ll. in Al; $[\alpha]_D$: $-75,8°$ (Chlf); Pikrat F: 114°

Name und Literatur	Formel	Mol.-Gew. Dichte	F in °C Kp. in °C	Charakteristik
Eserolin [E 2 XXIII, 328]	HO–(Ringsystem mit CH_3, N·CH_3, N·CH_3)	218,30 —	129 —	Prismen (Bzl + PÄ); wl. in Ä, PÄ, ll. in Al, Chlf, Bzl; Pikrat F: 167…8°
Essigsäure [E 2 II, 113]	$CH_3 \cdot CO_2H$	60,05 1,0492^{20}	16,6 118,5	n_α^{15} 1,37165, n_D^{15} 1,3744, n_β^{15} 1,37851. Fl.; stechender Geruch; ∞ W, Al, Ä; wfrei: Eisessig, < 16,6° weißglänzende blättrige Krist.; hygr.; hautreizend; Acetatnachweis: Acetat mit Al und konz. H_2SO_4 erhitzen → Geruch nach Egester; MAK: 25 cm³/m³
-Ag-Salz [E 2 II, 116]	$AgC_2H_3O_2$	166,92 3,1281	— —	Nadeln (W); 0,87 W 10°; 1,03 W 20°; 2,52 W 80°; sll. in Py, unl. in Al, wl. in Egs
-Al-Salz [II, 114]	$Al(C_2H_3O_2)_3$	204,12 —	200…320 Z —	Amorph; weiß; ll. in W; basisches Al-Salz als Adstringens ~ 7…8 %; Verw. als Beize in der Färberei
-Ca-Salz [E 2 II, 116]	$Ca(C_2H_3O_2)_2$	158,17 —	— —	37,4 W 0°; 35,98 W 10°; 34,73 W 20°; 29,65 W 100°; swl. in Egs, unl. in Al; Hydrate ·1 H_2O; ·2 H_2O; geht bei längerem Stehen ins Monohydrat über
-Cu-Salz [E 2 II, 115]	$Cu(C_2H_3O_2)_2$	181,63 —	— —	Krist.; blau; ll. in W, Py, Eg, l. in Al, swl. in Ä; ·1 H_2O blaugrüne Prismen; swl. in Egs mit grüner Farbe; 7,4 k. W; 20 sied. W; 7,1 sied. Al; ·5 H_2O blaue, rhombische Krist.

-Cu-Salz mit Kupferarsenit s. Schweinfurter Grün

-Hg(II)-Salz [E 2 II, 118]	$Hg(C_2H_3O_2)_2$	318,68 3,2861[23]	Z —	Tafeln; 25 W 10°; 100 W 100°; 5,25 Eg 19°; 5,6 Al 19° teilw. Z.
-K-Salz [E 2 II, 115]	$KC_2H_3O_2$	98,15 1,519[18]	295 —	Krist.; sehr hygr.; 33,3 k. Al; 50 h. Al; 188 W 2°; 229 W 13,9°; 493 W 62°; 800 W 162° (Kp der gesättigten Lsg.)
-Na-Salz [E 2 II, 113]	$NaC_2H_3O_2$	82,03 1,3970[15]	330 —	Grobblätterige Krist.; sehr hygr.; 123 W 20°; 138 W 58°; 170 W 100°; 193 W 123°; 1,05 Al 18°; 11,8 Me 18°; $\cdot 3\,H_2O$ Prismen F: 58,2°
-NH$_4$-Salz [E 2 II, 113]	$NH_4 \cdot C_2H_3O_2$	77,08 1,171[25]	113 Z	Dicke Nadeln; ll. in W; 2. Form: $NH_4CH_3CO_2 \cdot CH_3CO_2H$ hygr. Krist., F: 64°, Kp: 67...9°/11; Z. beim Dest.; subl. im Vak.
-Pb(II)-Salz [II, 117]	$Pb(C_2H_3O_2)_2$	325,28 3,251	280 —	$\cdot 3\,H_2O$ monokline, prismatische Krist., F: 75°; giftig; 56 W 25°; 6,6 Al 80% 19°; süßer, später metallischer Geschmack; Erhitzen $> 100° \to$ wfreies Salz; l. in sied. abs. Al; Verw. in der Färberei
-Pb(IV)-Salz [II, 117]	$Pb(C_2H_3O_2)_4$	443,37 2,228[16,9]	~175. —	Monokline Krist.; zers. mit W, Al und durch Erhitzen; ll. in h. Eg, Chlf

Essigsäure-acetamid s. Diacetylamin

Essigsäure-äthylester [E 2 II, 129]	$CH_3 \cdot CO_2C_2H_5$	88,11 0,9005[20]	$-83,57$ 77,06	$n_\alpha^{19,2}$ 1,37084, $n_D^{19,2}$ 1,37275, $n_\beta^{19,2}$ 1,37714. Fl.; angenehmer Geruch; 8,53 W 20°; Lösm. für Zelluloid; Extraktionsmittel; Nachw.: mit Vanillin in konz. $H_2SO_4 \to$ gelbe Färbung; MAK: 400 cm³/m³

28*

Name und Literatur	Formel	Mol.-Gew. Dichte	F in °C Kp. in °C	Charakteristik
Essigsäure-allylester [E 2 II, 150]	$CH_3 \cdot CO_2CH_2 \cdot CH : CH_2$	100,12 $0,9279^{18}$	— 103,5	n_α^{20} 1,40205, n_D^{20} 1,40488, n_γ^{20} 1,41561. Fl.
Essigsäure-amid s. Acetamid				
Essigsäure-amidin [E 2 II, 183]	$CH_3 \cdot C(: NH) \cdot NH_2$	58,08 —	— —	Unbeständig; stark alk. Base; Hydro= chlorid; Nadeln (Al), F: 177°; ll. in Al; Pikrat: orangefarbene Prismen (W), F: 252°
Essigsäure-n-amylester [E 2 II, 143]	$CH_3 \cdot CO_2[CH_2]_4 \cdot CH_3$	130,19 $0,8756^{20}$	— 70,8 148,8	n_α^{20} 1,4003, n_D^{20} 1,4031, n_β^{20} 1,4073. Fl.; MAK: 200 cm³/m³
Essigsäure-anhydrid [E 2 II, 170]	$(CH_3 \cdot CO)_2O$	102,09 $1,08712^{15}$	— 73,1 140	n_α^{20} 1,38809, n_D^{20} 1,39006, n_β^{15} 1,39717. Fl.; scharfer Geruch; 13,6 k. W; mit $C_6H_5NH_2 \rightarrow C_6H_5NHCOCH_3$; MAK: 5 cm³/m³
Essigsäure-anilid s. Acetanilid				
Essigsäure-benzylester [E 2 VI, 415]	$CH_3 \cdot CO_2CH_2 \cdot C_6H_5$	150,18 $1,0563^{18}$	E — 51,5 215,5	n_D^{18} 1,5057. Fl.; Kp: 99,9°/14; birnen- art. Geruch; swl. in W, ∞ Al, Ä; techn. Lösm.
Essigsäure-N-brom- amid [E 1 II, 82]	$CH_3 \cdot CO \cdot NHBr$	137,97 —	106...8 —	Nadeln (Chlf); ·H₂O F: 70...80°; ll. in k. W, Al, Ä, l. in h. W, wl. in Chlf; Na-Salz mikrokrist.; expl. 80...100°; ll. in W, Al, unl. in Ä, Chlf, Bzl
Essigsäure-bromid [E 2 II, 176]	$CH_3 \cdot COBr$	122,95 $1,6625^{15,8}$	— 96,5 76,7	$n_\alpha^{15,8}$ 1,45017, $n_D^{15,8}$ 1,45370, $n_\beta^{15,8}$ 1,4623. Fl.; raucht an der Luft
Essigsäure-n-butylester [E 2 II, 140]	$CH_3 \cdot CO_2[CH_2]_3 \cdot CH_3$	116,16 $0,8824^{18}$	— 76,8 126,5	n_α^{15} 1,39464, n_D^{15} 1,39614, n_β^{15} 1,40146. Fl.; 1 W 22°; techn. Lösm.; MAK: 200 cm³/m³

Essigsäure-sek.-butyl= ester [E 2 II, 141]	$CH_3 \cdot CO_2CH(CH_3) \cdot C_2H_5$	116,16 $0,8701^{20}$	— 112,2	n_D^{20} 1,3877. $[\alpha]_D^{20}$: $+25,43°$; techn. Lösm.
Essigsäure-tert.-butyl= ester [Org. Syntheses III, 141]	$CH_3 \cdot CO_2C(CH_3)_3$	116,16 $0,8817^{20}$	— 97,9	Fl.
Essigsäure-cetylester s. Cetylacetat				
Essigsäure-N-chloramid [E 2 II, 180]	$CH_3 \cdot CO \cdot NHCl$	93,51 —	110 —	Blättchen (Bzl); ll. in W, Ä, sied. Chlf, l. in sied. Bzl, swl. in k. Bzl; wird durch h. W zers.; mit HCl $\rightarrow$ $CH_3CONH_2 + Cl_2$
Essigsäure-chlorid [E 2 II, 175]	$CH_3 \cdot COCl$	78,50 $1,1039^{20,6}$	-112 50,5…1,5	$n_\alpha^{20,8}$ 1,38608, $n_D^{20,8}$ 1,388, $n_\beta^{20,8}$ 1,39405. Fl.; erstickender Geruch; raucht an der Luft; unl. in W; mit HBr $\rightarrow$ CH_3COBr; mit $NH_3 \rightarrow CH_3CONH_2$
Essigsäure-dimethylamid s. N,N-Dimethylacetamid				
Essigsäure-fluorid [E 2 II, 175]	$CH_3 \cdot COF$	62,04 $1,002^{15}$	— 20…25	$<20°$ Fl.; 5 k. W, wl. in CS_2, ∞ Al, Ä, Chlf, Bzl, Eg; $>20°$ fbl. Gas
Essigsäure-geranylester [E 2 II, 153]	$CH_3 \cdot CO_2CH_2 \cdot CH : C(CH_3) \cdot$ $[CH_2]_2 \cdot CH : C(CH_3)_2$	196,29 $0,9163^{15}$	— 127/15	n_D^{20} 1,4624. Fl.; angenehmer Geruch; Aromastoff
Essigsäure-n-heptylester [II, 134]	$CH_3 \cdot CO_2[CH_2]_6 \cdot CH_3$	158,24 $0,874_{16}^{16}$	— 191,5/758	Fl.
Essigsäure-n-hexadecylester s. Cetyl-acetat				
Essigsäure-n-hexylester [II, 132]	$CH_3 \cdot CO_2[CH_2]_5 \cdot CH_3$	144,22 $0,8902_0^0$	— 169,2	Fl.
Essigsäure-hydrazid [II, 191]	$CH_3 \cdot CO \cdot NH \cdot NH_2$	74,08 —	67 129/18	Nädelchen (Al); zerfl.; l. in W, k. Al, wl. in abs. Ä; red. ammoniakalische Silbersalzlsg. in der Kälte; bei 180° Umwandlung in N-Amino-dimethyl= triazol

Essigsäure-hydroxamid s. Acethydroxamsäure

Name und Literatur	Formel	Mol.-Gew. Dichte	F in °C Kp. in °C	Charakteristik
Essigsäure-isoamylester [E 2 II, 144]	$CH_3 \cdot CO_2CH_2 \cdot CH_2 \cdot CH(CH_3)_2$	130,19 $0,8670^{20}$	— 142	n_α^{20} 1,3987, n_D^{20} 1,4003, n_β^{20} 1,4060. Fl.; obstart. Geruch; giftig; 0,25 W 15°; techn. Lösm. für Lacke
Essigsäure-d-isobornylester s. Isobornyl-acetat				
Essigsäure-isobutylester [E 2 II, 142]	$CH_3 \cdot CO_2CH_2 \cdot CH(CH_3)_2$	116,16 $0,8747^{20}$	— 98,85 117,2	n_α^{20} 1,3879, n_D^{20} 1,3901, n_β^{20} 1,3948. Fl.; 0,67 W 20°; techn. Lösm.
Essigsäure-isopropylester [E 2 II, 139]	$CH_3 \cdot CO_2CH(CH_3)_2$	102,13 $0,8732^{18}$	— 73,4 88,8 (90,8)	Fl.; 3,09 W 20°; techn. Lösm.
Essigsäure-jodid [E 2 II, 177]	$CH_3 \cdot COJ$	169,95 $1,98^{17}$	— 108	Fl.; fbl.; erstickender Geruch; raucht stark an der Luft; bräunt sich durch Jodausscheidung; Z. durch W
Essigsäure-linalylester [E 2 II, 153]	$(CH_3)_2C : CH \cdot CH_2 \cdot CH_2 \cdot$ $C(CH_3) (O \cdot CO \cdot CH_3) \cdot CH : CH_2$	196,29 $0,9060^{15}$	— 105...6/$_{11}$	n_D^{21} 1,4544. $[\alpha]_D$: — 6° 35′
Essigsäure-methylamid [E 2 IV, 563]	$H_3C \cdot CONHCH_3$	73,10 $0,9421^{40}$	29,5 206	Nadeln; ll. in W, Al, Ä, Chlf, Bzl; unl. in Lg; zerfl. an der Luft; Dielektrizitätskonstante bei 40°: 165,5; Lösm.; s. a. Inorg. Chem. **1**, 195
Essigsäure-methylester [E 2 II, 125]	$CH_3 \cdot CO_2CH_3$	74,08 $0,9274^{25}$	— 98,05 56,95	n_α^{20} 1,35745, n_D^{20} 1,35935, n_β^{20} 1,36357. Fl.; angenehmer ätherischer Geruch; 24,35 W 20°; techn. Lösm.; MAK: 200 cm³/m³
Essigsäure-α-naphthyl= ester [E 2 VI, 580]	$CH_3 \cdot CO_2C_{10}H_7$	186,21 —	49 —	Nadeln oder Tafeln (Al); ll. in Al, Ä; zers. bei Wdampfdest.
Essigsäure-β-naphthyl= ester [E 2 VI, 600]	$CH_3 \cdot CO_2C_{10}H_7$	186,21 —	70 —	Nadeln (Al); ll. in Al, Ä, Chlf; anisart. Geruch

Essigsäure-nerylester [E 2 II, 153]	$CH_3 \cdot CO_2CH_2 \cdot CH : C(CH_3) \cdot [CH_2]_2 \cdot CH : C(CH_3)_2$	196,29 $0{,}903\text{-}7^{15}_{15}$	— $134/_{25}$	n^{20}_D 1,4510...1,4540. Fl.; rosenart. Geruch; l. in 5...6 Teilen Al 70%
Essigsäure-nitril s. Acetonitril				
Essigsäure-ortho-triäthylester [E 3 II, 227]	$CH_3 \cdot C(OC_2H_5)_3$	162,23 $0{,}8847^{25}$	— 144...6	n^{20}_D 1,3980. Angenehm riechende Fl.; ∞ Al, Ä, Egester, swl. in W, langsame Z.
Essigsäure-phenylester [E 2 VI, 153]	$CH_3 \cdot CO_2C_6H_5$	136,15 1,0777	— 195,7	n^{20}_D 1,5088. Fl.; swl. in W, ll. in Al, Ä, Chlf
Essigsäure-propylester [E 2 II, 137]	$CH_3 \cdot CO_2CH_2 \cdot CH_2 \cdot CH_3$	102,13 0,8884	— 95 101,6	n^{20}_α 1,3824, n^{20}_D 1,3847, n^{20}_β 1,3893. Fl.; 1,89 W 20°; techn. Lösm.; MAK: 200 cm³/m³
Essigsäure-sulfosäure [E 2 IV, 531]	$HO_3S \cdot CH_2 \cdot CO_2H$	140,12 —	— Z ca 245	Hygr. Krist. $\cdot 1 H_2O$ (W), F: 84...6°, l. in W, ll. in Aceton, Al, unl. in abs. Ä, Chlf; $BaC_2H_2O_5S \cdot H_2O$ Krist.; 0,27 W 20°
Essigsäure-1-tetra=hydrofurfurylester [J. Am. Chem. Soc. 50, 1821]		144,17 $1{,}061^{20}_0$	— 194...5	Fl.; Lacklösm.
Essigsäure-toluidid s. Toluidin-N-acetat				
Essigsäure-tolylester s. Kresolacetat				
Essigsäure-vinylester [E 2 II, 147]	$CH_3 \cdot CO_2CH : CH_2$	86,09 —	— $71...2/_{728}$	Fl.; leicht beweglich; charakteristischer Geruch; polym. beim Belichten in der Kälte zu Polyvinylacetat
Estragol s. 4-Allyl-anisol				
Eucain B-Base [E 2 XXI, 13]		247,34 —	70...1 —	Tafeln (PÄ); ll. in Ä, Chlf, PÄ, Bzl; Hydrochlorid „Eucain" F: 277...9°

Name und Literatur	Formel	Mol.-Gew. Dichte	F in °C Kp. in °C	Charakteristik
Eucarvon [VII, 151]		150,22 0,948[20]	— 104...5/$_{25}$	n_D^{21} 1,5092; Öl; riecht pfefferminzart.; Semicarbazon F: 183...5°
Eudalin [E 2 V, 471]		184,28 0,9747[16]	— 142...3/$_{12}$	n_D^{12} 1,5827. Fl.; Pikrat F: 92,8°; Styphnat F: 119,8°
Eugenol [E 2 VI, 921]		164,21 10664[20]	— 9,2 255	n_α^{20} 1,5359, n_D^{20} 1,5410, n_β^{20} 1,5543. Öl; Kp: 128...30°/$_{15}$; swl. in W, ll .in Al, Ä; nelkenart. Geruch; mit KOH → Isoeugenol
Eugenol-(iso, *cis*) [Ber. **64**, 66]		164,21 1,0851[20]	— 134...5/$_{13}$	n_D^{20} 1,5726; Fl.; Dibromid F: 79°; s. a. Ber. **74**, 832
Eugenol-(iso, *trans*) [Ber. **64**, 66]		164,21 1,0852[20]	30...4 141...2/$_{13}$	n_D^{20} 1,5782. Dibromid F: 133°
Eugenolacetat [E 2 VI, 923]		206,23 1,087$_{15}^{15}$	29 281...2/$_{752}$	Tafeln (Al); Kp: 163...4°/$_{13}$; ll. in Al, Ä; unl. in W
Eugenolmethyläther [E 2 VI, 923]		178,23 1,055[15]	— 255,2	n_D^{17} 1,5383. Öl; Kp: 125...7°/$_{12}$; wl. in h. W, l. in Al, Ä

Name	Formel	Molgew. / D	Schmp. / Sdp.	Eigenschaften
Euxanthon [E 2 XVIII, 87]		228,21 —	240 Z	Or. Nadeln (Toluol); wl. in W, Ä, ll. in sied. Al; subl.
Evipan [Frdl. **20**, 790]		236,27 —	145…7 —	Kristallpulver; wl. in W, Ä, l. in h. Al, Egester; Narkoticum; Na-Salz; weißes, sehr hygr. Pulver, ll. in W
Exalton s. Cyclopentadecanon				
Farnesol [E 2 I, 512]	$(CH_3)_2C:CH \cdot [CH_2]_2 \cdot C(CH_3):CH \cdot [CH_2]_2 \cdot C(CH_3):CH \cdot CH_2OH$	222,37 $0,8908^{20}$	— $156/_{12}$	n_D^{20} 1,4890. Öl; Kp: 120…1°/$_{0,3}$; schwach blumenart. Geruch
Farnesylbromid [Helv. Chim. Acta **14**, 82]	$(CH_3)_2C:CH \cdot [CH_2]_2 \cdot C(CH_3):CH \cdot [CH_2]_2 \cdot C(CH_3):CH \cdot CH_2Br$	285,28 —	— $125…40/_1$	Fl., l. in Ä.
l-α-Fenchen [E 2 V, 109]		136,24 $0,870^{13}$	— $153…4/_{720}$	n_D^{13} 1,4750. Fl.; $[\alpha]_D$: − 38°; unl. in W, l. in Al, Ä
l-α-Fenchol [E 2 VI, 77]		154,25 $0,9226^{62,5}$	48 $86/_{14}$	Prismen oder Platten; $[\alpha]_D^{20}$: − 12,8° (Al, c = 5); campherart. Geruch; l. in Al, CS_2, Bzl, unl. in W; Wdampf-flch.; Phenylurethan F: 81…2°
d-Fenchon [E 2 VII, 91]		152,29 $0,9460$	5…6 192,5	$n_\alpha^{14,5}$ 1,4623, $n_D^{14,5}$ 1,4633, $n_\beta^{14,5}$ 1,4708. Öl; unl. in W, l. in Al, Ä; $[\alpha]_D^{20}$: + 62,62°; Semicarbazon F: 186…7°
Ferrocen [J. Chem. Soc. **1952**, 632]		186,04 —	172,5…3 —	Krist. (verd. Al); subl.; Wdampfflch.; unl. in W, l. in Al, Ä, Bzl

Name und Literatur	Formel	Mol.-Gew. Dichte	F in °C Kp. in °C	Charakteristik
Ferulasäure [E 2 X, 294]	H_3CO / HO—…—$CH:CH\cdot CO_2H$	194,19 —	171 —	Nadeln (W); ll. in Chlf, Al; wl. in Bzl; Ag-Salz citronengelber Nd.; Acetat F: 196°
Ferulen [E 1 V, 93]	$C_{15}H_{26}$	206,37 0,8687… 0,8698[20]	— 124…6/$_7$ *	n_D^{20} 1,4838…1,4842; $[\alpha]_D^{20}$: $+6°$; * nicht einheitlich
Filicinsäure [VII, 856]		154,17 —	213…5 subl.	Krist. (Al); swl. in k. W, wl. in Ä, Eg; 1,4 sied. W; 10 sied. Al
Fisetin s. 3,7,3′,4′-Tetrahydroxyflavon				
Flavan [E 2 XVII, 75]		210,28 —	44…5 —	Weiße Krist. (Me); wl. in Lg; 14 Al 18°; sll. in den gebr. Lösm.
Flavanol-(4) [E 2 XVII, 148]		226,28 —	119 —	Blättchen (Al 30%); wl. in Ä, Lg, ll. in Al, Aceton, Chlf, Bzl; mit $H_2SO_4 \rightarrow$ viol.
Flavanon [E 2 XVII, 387]		224,26 —	75…6 —	Nädelchen (verd. Aceton); mit $H_2SO_4 \rightarrow$ hgelb

Name	Formel	MG / D	F / Kp	Eigenschaften
Flavanthren [XXIV, 446]	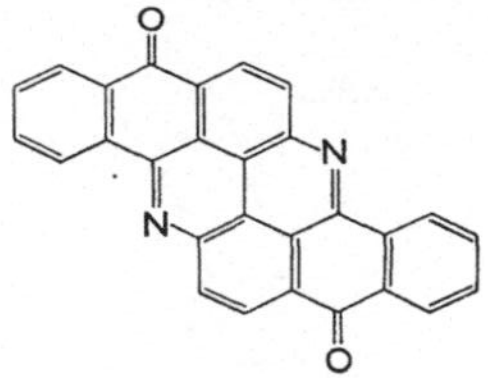	408,42 / —	— / subl.	Braungelbe Nadeln (Chinolin oder Nitrobzl. oder subl.); unl. in W, Al, swl. in sied. Nitrobzl.; 0,2 sied. Chinolin, unl. in Alk, verd. S
Flavanthron s. Flavanthren				
Flaviansäure s. 2.4-Dinitro-naphthol-(1)-sulfosäure-(7)				
Flavon [E 1 XVII, 204]	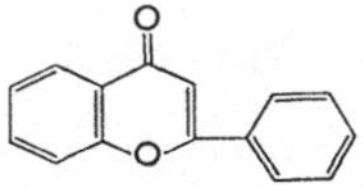	222,25 / —	99 / —	Nadeln (Lg); unl. in W, ll. in org. Lösm.; l. in H_2SO_4 viol. blau fluoresz.
Flavonol [E 2 XVII, 498]	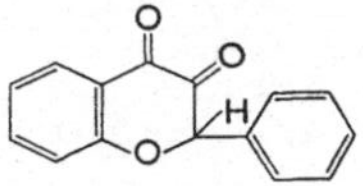	238,25 / —	169...70 / —	Hgelbe Nadeln (Al); wl. in. k. NaOH; auch als Endform zu schreiben
Flavopurpurin s. 1,2,6-Trihydroxyanthrachinon				
Flavoxanthin [XXX, 99]	$C_{40}H_{56}O_3$ Formel 18, S. 924	584,89 / —	184 / —	Goldgelbe Prismen (Me); $[\alpha]_{644}^{20}: +190°$ (Bzl); l. in H_2SO_4 blau
Fluoräthan s. Äthylfluorid				
2-Fluoräthanol [E 2 I, 333]	$CH_2F \cdot CH_2OH$	64,06 / $1,1143^{18,3}$	E − 26,45 / 103,4	$n_\alpha^{18,3}$ 1,3622, $n_\beta^{18,3}$ 1,3684, $n_\gamma^{18,3}$ 1,3714. Fl.; ∞ W
2-Fluor-4-amino-benzoesäure [J. Am. Chem. Soc. 66, 1631]	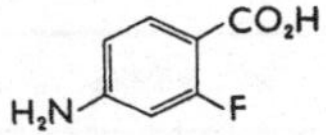	155,13 / —	216,0...,5 / —	Krist. (W), Acetat (W) F: 256...7°

Name und Literatur	Formel	Mol.-Gew. Dichte	F in °C Kp. in °C	Charakteristik
3-Fluor-4-aminobenzoe=säure [J. Am. Chem. Soc. **66**, 1632		155,13 —	215…6 —	Krist. (W)
Fluor-amino-toluol s. Fluortoluidin				
Fluoran [E 1 XIX, 674]		300,32 —	182 —	Krist. $\cdot$ 2C_2H_5OH (Al); unl. in W, l. in Al, l. in H_2SO_4 gelb
2-Fluor-anilin [E 2 XII, 314]		111,12 $1,1513^{21,1}$	E — 28,95 174,5…6	$n_\alpha^{21,1}$ 1,5345, $n_D^{21,1}$ 1,5403, $n_\beta^{21,1}$ 1,5558. Fl.; Wdampfflch.
3-Fluor-anilin [E 2 XII, 314]	$C_6H_4F \cdot NH_2$	111,12 $1,1602^{15,8}$	— 187…9	$n_\alpha^{15,8}$ 1,5414, $n_D^{15,8}$ 1,5474, $n_\beta^{15,8}$ 1,5616. Fl.
4-Fluor-anilin [E 2 XII, 314]	$C_6H_4F \cdot NH_2$	111,12 $1,1725^{20}$	— 0,82 180,5…2,5	n_α^{20} 1,5362, n_D^{20} 1,5395, n_β^{20} 1,5608. Fl.
4-Fluor-anisol [E 2 VI, 170]		126,13 —	— 43,5 157	Fl.
Fluoranthen [E 2 V, 609]		202,26 1,252	110 subl.	Krist. (Al.); Kp.: 217°/30; unl. in W, wl. in k. Al, ll. in sied. Al, in Ä, Chlf, CS_2, Bzl, Eg; l. in h. H_2SO_4 blau; Pikrat F: 183,5°
2-Fluor-benzaldehyd [E 2 VII, 176]		124,12 —	— 175	Fl.; Phenylhydrazon F: 89,5°

Name	Formel		Schmp./Kp.		Eigenschaften
3-Fluor-benzaldehyd [E 2 VII, 177]	$C_6H_4F \cdot CHO$	124,12 —	—	173	Öl; Phenylhydrazon F: 114°
4-Fluor-benzaldehyd [E 2 VII, 177]	$C_6H_4F \cdot CHO$	124,12 —	—	181,5	Öl; Phenylhydrazon F: 147°
2-Fluor-benzoesäure [E 2 IX, 220]	(Struktur)	140,12 $1,460^{25}$	126	—	Nadeln (W); 0,72 W 25°; l. in h. W, ll. in Al, Ä; Äthylester E: —21,3°, Kp: 216°
2-Fluor-benzoesäure-äthylester [E 2 IX, 220]	$C_6H_4F \cdot CO_2C_2H_5$	168,17 $1,1452^{22,3}$	E — 21,3	$216/_{756}$	$n_\alpha^{22,3}$ 1,4865, $n_\beta^{22,3}$ 1.5018; Fl
2-Fluor-benzoesäure-chlorid [E 1 IX, 136]	$C_6H_4F \cdot COCl$	158,56 —	4	204	Fl.
3-Fluor-benzoesäure [E 2 IX, 220]	$C_6H_4F \cdot CO_2H$	140,12 $1,474^{25}$	124	—	Blättchen (W); 0,15 W 25°; Äthylester E: — 33,5°, Kp: 209°
3-Fluor-benzoesäure-äthylester [E 2 IX, 220]	$C_6H_4F \cdot CO_2C_2H_5$	168,17 $1,1314^{24}$	E — 33,5	209	n_α^{24} 1,4792, n_D^{24} 1,4843, n_β^{24} 1,4942. Fl.
3-Fluor-benzoesäure-chlorid [E 1 IX, 137]	$C_6H_4F \cdot COCl$	158,56 —	— 30	189	Fl.
4-Fluor-benzoesäure [E 2 IX, 220]	$C_6H_4F \cdot CO_2H$	140,12 $1,479^{25}$	182	—	Prismen (W); 0,12 W 25°; ll. in h. W, Al, Ä; Wdampfflch.; Na-Salz sll. in W; Methylester F: 4,5°, Kp: 197°; Äthylester F: 26°, Kp: 210°
4-Fluor-benzoesäure-äthylester [E 2 IX, 221]	$C_6H_4F \cdot CO_2C_2H_5$	168,17 $1,1038^{25,7}$	26	210	$n_\alpha^{25,7}$ 1,4669, $n_D^{25,7}$ 1,4707, $n_\beta^{25,7}$ 1,4811; Krist.
4-Fluor-benzoesäure-chlorid [E 1 IX, 137]	$C_6H_4F \cdot COCl$	158,56 —	9	191...2	Fl.
Fluorbenzol [E 2 V, 147]	C_6H_5F	96,11 $1,0244^{20}$	E — 40,5	85,05	n_α^{20} 1,4616, n_D^{20} 1,4667, n_β^{20} 1,4762. Fl.; 0,15 W 30°, l. in Al

Name und Literatur	Formel	Mol.-Gew. Dichte	F in °C Kp. in °C	Charakteristik
1-Fluor-2,4-dinitro-benzol [E 1 V, 136]		186,10 $1,4718^{84}$	25,8 296	wl. in Al; greift die Haut an; reaktionsfähiges Fluor z. B. mit Aminogruppen in Eiweiß
Fluoren [E 2 V, 531]		166,22 $1,1203^0$	114,2 293...5	Blättchen (Al); wl. in k. Al, ll. in h. Al, in Ä, Bzl, CS_2, wl. in k. Chlf, unl. in W; subl.; mit h. H_2SO_4 → blaue Färbung
Fluoren-9-carbonsäure [Org. Syntheses 33, 37]		210,23 —	221...3 —	Krist. (verd. Al)
Fluorenol [E 2 VI, 655]		182,22 —	153 —	Nadeln (PÄ); l. in Al, Ä, ll. in Bzl, wl. in Al 80%, swl. in PÄ, W; mit konz. H_2SO_4 → blaue Färbung; Acetat F: 70°
Fluorenon [E 2 VII, 405]		180,21 $1,1300^{99,4}$	85...6 341,5	$n_\alpha^{99,4}$ 1,6272, $n_D^{99,4}$ 1,6369. Gelbe Krist. (Al); unl. in W, sll. in Al, Ä, l. in H_2SO_4 h. viol.; Wdampfflch.
Fluorenon-2-carbonsäure [Org. Syntheses III, 420]		224,22 —	339...41 —	Kanariengelbe Krist. (W); g. subl.; wl. in h. Al, l. in h. Eg
Fluorenonchlorid [E 2 V, 534]		235,11 —	102...2,5 —	Krist.; Prismen (Bzl); sll. in den gebr. Lösm.; Z. durch h. W

Name	Formel			Eigenschaften
Fluorescein [E 2 XIX, 248]		332,32 —	314...6 Z subl.	Rote Krist. (Al); swl. in h. W, Eg, wl. in Me, Al, l. in h. Aceton; labile gelbe Form: unl. in PÄ, swl. in Ä, Chlf, Bzl, wl. in h. W, Al, Eg, l. in Me, Aceton
Fluoressigsäure [E 3 II, 421]	$CH_2F \cdot CO_2H$	78,04 —	35,2 165	Brennt mit grüner Flamme; sehr giftig; Methylester Kp: 102°; Äthylester Kp: 117...8°; Amid F: 108°
1-Fluor-hexan s. Hexylfluorid				
4-Fluor-2-hydroxy-benzaldehyd [E 2 VIII, 44]		140,12 —	69 —	Nadeln (Al); nußart. Geruch; ll. in W, org. Lösm.
Fluor-isopentan s. Isoamylfluorid				
1-Fluor-2-jod-benzol [E 1 V, 119]	C_6H_4FJ	222,00 —	— 41,5 188	Wdampfflch.
1-Fluor-4-jod-benzol [E 2 V, 167]	C_6H_4FJ	222,00 $1,9253^{15}$	— 20,3 182	
Fluor-jod-methan [J. Chem. Soc. 1952, 4262]	CH_2FJ	159,93 —	— 52...3	n_D^{20} 1,490. Fl.
1-Fluor-2-methyl-propan s. Isobutylfluorid				
1-Fluor-naphthalin [E 2 V, 444]		146,17 —	— 215	sll. in Al, Eg, Chlf
2-Fluor-naphthalin [V, 541]	$C_{10}H_7F$	146,17 —	59 212,5	ll. in Al, Chlf, Eg, Bzl
2-Fluor-4-nitro-benzoesäure [J. Am. Chem. Soc. 66, 1631]		185,11 —	176...7 —	Krist. (W)

Name und Literatur	Formel	Mol.-Gew. / Dichte	F in °C / Kp. in °C	Charakteristik
2-Fluor-5-nitro-benzoe= säure [E 2 IX, 165]	$C_6H_3F \cdot (NO_2) \cdot CO_2H$	185,11 / —	138…9 / —	Krist. (W)
3-Fluor-4-nitro-benzoe= säure [J. Am. Chem. Soc. **66**,1632]	$C_6H_3F \cdot (NO_2) \cdot CO_2H$	185,11 / —	174…5 / —	Gibt mit alkohol. KOH 3-Methoxy-4-nitro-benzoesäure F: 231…3°
4-Fluor-2-nitro-benzoe- säure [E 2 IX, 274]	$C_6H_3F \cdot (NO_2) \cdot CO_2H$	185,11 / —	130 / —	Gelbliche Krist.
4-Fluor-3-nitro-benzoe= säure [E 2 IX, 274]	$C_6H_3F \cdot (NO_2) \cdot CO_2H$	185,11 / —	121…2 / —	Krist. (W); Äthylester F: 45,3°
4-Fluor-3-nitro-benzoe= säurechlorid [E 2 IX, 274]	O_2N–, F–, –COCl (Benzolring)	203,56 / —	— / $210/_{130}$	Gelbliche Fl., l. in Al, Ä; Amid F: 153°
2-Fluor-1-nitro-benzol [E 2 V, 180]	NO_2–, F– (Benzolring)	141,10 / $1,3375^{17,3}$	− 8 / 214,5 Z	$n_\alpha^{17,3}$ 1,5260, $n_D^{17,3}$ 1,5323, $n_\beta^{17,3}$ 1,5492. Fl.; Kp: 86…7°/$_{11}$
3-Fluor-1-nitro-benzol [E 2 V, 180]	$C_6H_4F \cdot NO_2$	141,10 / $1,3273^{17,2}$	4,1 / 197,5	$n_\alpha^{17,2}$ 1,5217, $n_D^{17,2}$ 1,5280, $n_\beta^{17,2}$ 1,5449. Gelbliche Fl.; Kp.: 86°/$_{19}$
4-Fluor-1-nitro-benzol [E 2 V ,180]	$C_6H_4F \cdot NO_2$	141,10 / $1,3300^{20}$	E 26 / 206…7	n_α^{20} 1,5247, n_D^{20} 1,5316, n_β^{20} 1,5488. Schwach gelbliche Krist. (Al); Geruch nach bitteren Mandeln; l. in Al
3-Fluor-2-nitro-phenol [E 2 VI, 225]	OH–, NO_2–, F– (Benzolring)	157,10 / —	39 / —	Rote Nadeln (PÄ)

2-Fluor-4-nitro-toluol [J. Am. Chem. Soc. **66**, 1631]	F–(Ring)–NO$_2$, H$_3$C–	155,13 —	34...5 65...8/$_2$	Krist. (PÄ)
Fluoroform s. Trifluormethan				
Fluor-pentabrom-äthan [E 3 I, 193]	$CFBr_2 \cdot CBr_3$	442,57 —	176 Z —	Subl. ab 120°
Fluor-pentachlor-äthan [E 3 I, 168]	$CCl_3 \cdot CFCl_2$	220,29 1,74	100,0 137,9	Campherart. riechende Prismen (subl.); kryoskopische Konstante: 42,0
Fluorpentan s. Amylfluorid				
2-Fluor-phenol [E 1 VI, 97]	OH–(Ring)–F	112,10 —	16,1 151...2	l. in W
3-Fluor-phenol [E 2 VI, 169]	$C_6H_4F \cdot OH$	112,10 $1,2218^{15,2}$	13,7 177,8	$n_\alpha^{15,2}$ 1,5122, $n_D^{15,2}$ 1,5165, $n_\beta^{15,2}$ 1,5290. Prismatische Krist.; durchdringen- der Geruch
4-Fluor-phenol [E 2 VI, 170]	$C_6H_4F \cdot OH$	112,10 $1,1889^{56}$	48* 186...8	n_α^{56} 1,4965, n_D^{56} 1,5010, n_β^{56} 1,5137. * stabile Form; Nadeln, Kp: 81,5°/$_{13}$; instabile Form: Tafeln, F: 28,5°; Bildung aus der stabilen Form durch Dest.
Fluorphenol-methyläther s. a. Fluoranisol				
α-(4-Fluorphenyl)-α-(γ- phenylaceto)-acetonitril [Org. Syntheses 35, 32]	F–(Ring)–CH·CO·CH$_2$·C$_6$H$_5$, CN	253,28 —	111,8...2,0 —	Krist. (Me)
2-Fluor-propan s. Isopropylfluorid				
2-Fluor-pyridin [E 1 XX 80]	$NC_5H_4 \cdot F$	97,09 $1,1281^{20}$	— 125,8	n_D^{20} 1,4678. Fl.; Wdampfflch.

Name und Literatur	Formel	Mol.-Gew. Dichte	F in °C Kp. in °C	Charakteristik
2-Fluor-1,1,1,2-tetra= brom-äthan [I ,95]	CHFBr · CBr$_3$	363,66 1,93866[16]	— 103,5/$_{23}$	n^{16} 1,59707; campherart. riechende Fl.
4-Fluor-o-toluidin [E 2 XII, 453]		125,15 —	— 94/$_{16}$	Fl.; Pikrat F: 199°
3-Fluor-p-toluidin [J.Am. Chem. Soc. **66**, 1631]		125,15 —	— 200…5	Acetat (W) F: 133…4°
2-Fluor-toluol [E 2 V, 223		110,13 1,00142[17,3]	— 114 Z*	$n_\alpha^{17,3}$ 1,4671, $n_D^{17,3}$ 1,4716, $n_\beta^{17,3}$ 1,4824. Fl.; unl. in W; zers. beim Aufbewahren; * → HF
3-Fluor-toluol [E 2 V, 223]	C$_6$H$_4$F · CH$_3$	110,13 0,9986[20]	E — 110,8 114…5	n_α^{20} 1,46483, n_D^{20} 1,46912, n_β^{20} 1,47921. Fl.; unl. in W
4-Fluor-toluol [E 2 V, 223]	C$_6$H$_4$F · CH$_3$	110,13 1,00068[15,3]	— 116	$n_\alpha^{15,3}$ 1,46608, $n_\beta^{15,3}$ 1,48026. Fl.; Geruch nach bitteren Mandeln; unl. in W
ω-Fluor-toluol s. Benzylfluorid				
2-Fluor-1,1,2-tribrom- äthan [E 2 I, 65]	CHFBr · CHBr$_2$	284,76 2,2571[9,5]	— 172…4	$n_D^{9,5}$ 1,5019. Fl.
Fluor-trichlor-äthylen [E 3 I, 664]	FClC : CCl$_2$	149,38 1,5541[20]	— 108,9 71,2	n_D^{20} 1,4360
Fluortrichlormethan [I, 64]	CCl$_3$F	137,37 1,4944[17,2]	E — 111 24,9	$n_D^{18,5}$ 1,3865. Fbl. Fl.; ätherisch riechendes Lösm.; MAK: 1000 cm³/m³

Folinsäure-ST s. 5-Formyl-tetrahydro-pteroylglutaminsäure

Folsäure s. Pteroylglutaminsäure

Form . . . s. a. Ameisensäure . . .

Formaldehyd [E 2 I, 615]	HCHO	30,03 $0,8153^{20}$	ca -92 -21	Gas; ll. in W; techn. Lsg. 40%ig; wss. Lsg. ∞ Al, unl. in Ä; riecht stechend; polym. zu Paraformaldehyd und Polyoxymethylen; Verw. für Kunststoffe, Harze, Gerbstoffe, Desinfektionsmittel; MAK: 5 cm³/m³
Formaldehyd-äthylenacetal s. Glykol-methylenäther				
Formaldehyd-cyanhydrin s. Glykolsäurenitril				
Formaldehyd-diäthyl-acetal [E 2 I, 639]	$CH_2(OC_2H_5)_2$	104,15 $0,8319_0^{20}$	$-66,5$ 87,5	$n_D^{17,5}$ 1,3748. Fl.; 7,5 W 18°; ∞ Al, Ä
Formaldehyd-dimethyl-acetal [E 2 I, 638]	$CH_2(OCH_3)_2$	76,10 $0,8664^{15}$	$-104,8$ 42,3	n_α^{15} 1,35430, n_D^{15} 1,35626, n_β^{15} 1,36014. Fl.; 30 W, ∞ Al, Ä; MAK: 1000 cm³/m³
Formaldehyd-dipropyl-acetal [E 2 I, 639]	$CH_2(OCH_2 \cdot C_2H_5)_2$	132,20 $0,8338...34_0^{20}$	E $-97,3$ 137,2...7,6	$n_D^{18,5}$ 1,3936...39. Fl.
Formaldehyd-glykol-acetal s. Glykol-methylenäther				
Formaldehyd-oxim [E 2 I, 649]	$CH_2 : NOH$	45,04 —	— 84	Fl.; ca 20 W; polym.; Ż. durch h. W
Formaldehyd-schweflig-säure [E 2 I, 643]	$HOCH_2 \cdot SO_3H$	112,10 —	— —	Na-Salz swl. in Al, ll. in Me, l. in W
Formaldehyd-sulfoxyl-säure-Na-Salz [E 2 I, 642]	$HOCH_2 \cdot SO_2Na \cdot 2 H_2O$	154,12 —	63...4 — .	Tafeln; 50...60 W; zll. in verd. Al, unl. in abs. Al, Ä, Bzl; zers. mit Alk; Kp wfrei: 120°; Z. 125°
Formamid [E 2 II, 36]	$HCO \cdot NH_2$	45,04 $1,1339^{20,1}$	2,2 105...6/11	n_α^{20} 1,44487, n_D^{20} 1,44719, n_β^{20} 1,45507. Fl.; unter 0° Nadeln; hygr.; Z. durch Sonnenlicht; giftig; ∞ W, Al; 1,4 Ä 20°; l. in k. Glycerin, wl. in Bzl, Hexan, Chlf
Formamidoxim [E 2 II, 89]	$H_2N \cdot CH : NOH$	60,06 —	114...5 Z —	Krist. (Al); ll. in W, wl. in Al, Ä, unl. in Bzl

29*

Name und Literatur	Formel	Mol.-Gew. Dichte	F in °C Kp. in °C	Charakteristik
Formamino-malonsäure-diäthylester [E 2 IV, 891]	$OHC \cdot NH \cdot CH(CO_2C_2H_5)_2$	203,19 —	49 173...4/$_{11}$	Krist.; wl. in Ä
Formamino-malonsäure-dimethylester [IV, 470]	$OHC \cdot NH \cdot CH(CO_2CH_3)_2$	175,14 —.	85 250 Z	Krist. (Me); wl. in Ä
Formanilid [E 1 XII, 190]	$C_6H_5 \cdot NH \cdot CHO$	121,14 1,1396^{24}	50 166/$_{14}$	Krist. (Lg + Xylol); l. in W, Ä, ll. in Al; N-Methylanilid s. u. Ameisen=säure
Formagan [XVI, 5]	$NH:N$ $\quad\diagdown CH$ $H_2N \cdot N \diagup$	72,07 —	— —	Hypothetische Grundverbindung
Form-hydroxamsäure [II,90]	$HCO \cdot NHOH$	61,04 —	80 (82) ∼85 expl.	Blättchen; in Lsg. langsam Z.; ll. in Al, W, swl. in Ä, unl. in Chlf, Lg, Bzl
Formiminoäthyläther [II, 28]	$HN:CHOC_2H_5$	73,10 —	— —	Hydrochlorid Prismen; unbeständig; zerfällt unter Bildung von NH_4Cl; Darst. HCl + HCN + Al
Formylessigester- s. Malonhalbaldehyd-				
β-Formyl-phenylhydrazin [E 2 XV, 91]	$C_6H_5 \cdot NH \cdot NH \cdot CHO$	136,15 —	145...6 —	Blättchen (Al); ll. in h. W, Al, zwl. in k. W, Chlf, Bzl, ll. in verd. Alk
5-Formyl-tetrahydro-pteroylglutaminsäure [J. Am. Chem. Soc. **73**, 1979]	$C_{20}H_{23}N_7O_7$ Formel 19, S. 924	473,45 —	240...50 —	Krist.; wl. in W
Frangulaemodin s. 4, 5, 7-Trihydroxy-2-methylanthrachinon				

Freon-11, Frigen-11 s. Fluortrichlormethan

Freon-12, Frigen-12 s. Dichlordifluormethan

Freon-21, Frigen-21 s. Dichlorfluormethan

Freon-22, Frigen-22 s. Chlor-difluor-methan

Freon-113, Frigen-113 s. 1,1,2-Trichlor-1,2,2-trifluor-äthan

Freon-114, Frigen-114
s. 1,2-Dichlor-1,1,2,2-tetrafluor-äthan

Fruchtzucker s. D-Fructose

D-Fructose [XXXI, 321]	H / O / OH / HO CH_2OH / OH H	180,16 —	102...4 Z —	Prismen (Al); l. in Aceton; 12 Al 18°; ll. in W; $[\alpha]_D^{20}$: $-133° \rightarrow -92°$ (10% wss. Lsg.); Phenylosazon F: 210°
DL-Fructose s. α-Acrose				
D-Fructose-1,6-diphos= phorsäure [XXXI, 337]	$CH_2O \cdot PO_3H_2$ $\overset{\cdot}{C}H \cdot [CH(OH)]_2 \cdot C(OH) \cdot CH_2O \cdot PO_3H_2$ (O)	340,12 —	— —	$[\alpha]_D^{15}$: $+3,6°$; Ca-Salz $=$ Candiolin
D-Fructose-6-phosphor= säure [XXXI]	$H_2O_3POCH_2 \cdot CH[CH(OH)]_2C(OH) \cdot CH_2OH$ (O)	260,14 —	— —	Krist.masse, ll. in W; $[a]_D^{21}$: $+2,5°$

F-Säure s. Naphthylamin-(2)-sulfosäure-(7)

Fuchsin (Carbinolbase)
s. 4,4',4''-Triamino-3-methyl-triphenylcarbinol

Fuchson [E 2 VII, 478]	$(C_6H_5)_2$ =O	258,32 —	166...7 —	Or., viol. glänzende Nadeln (Bzl +Ä); wl. in h. Ä, Lg, ll. in k. Eg, Aceton Chlf

Name und Literatur	Formel	Mol.-Gew. Dichte	F in °C Kp. in °C	Charakteristik
α-L-Fucose [J. Biol. Chem. **54**, 65]	$H_3C \cdot C \cdot C \cdot C \cdot C \cdot CHOH$ (Ringformel mit O-Brücke; H, H, OH oben; H, OH, OH, H unten)	164,16 —	140 —	Nädelchen (Al); l. in W, Al; $[\alpha]_D^{20}$: — 124,1° → — 75,6°
Fucosterin [J. Am. Chem. Soc **64**, 1942]	(Steroidformel)	412,71 —	124 —	Krist. (Me); $[\alpha]_D^{20}$: — 41° (Chlf); Acetylderivat F: 118°; $[\alpha]_D^{20}$: — 45° (Chlf)
Fulminursäure [E 1 II, 258]	$NC \cdot CH(NO_2) \cdot CO \cdot NH_2$	129,08 —	145 Z —	Prismen (Al); ll. in W, Al, swl. in Ä, unl. in Bzl, Chlf, Lg
Fumardialdehyd s. u. Maleindialdehyd				
Fumarsäure [E 3 II, 1890]	$HO_2C \cdot CH$ $HC \cdot CO_2H$	116,07 1,625	300...2 * subl.	Nadeln oder Blättchen; 0,7 W 25°; 1,07 W 40°; 9,8 W 100°; 1,28 Aceton 20°; 0,52 Ä 25°; 4,5 Al 95% 29,7°; l. in Chlf, Bzl; * im geschl. Rohr
-K-Salz [E 2 II, 637]	$K_2C_4H_2O_4 \cdot 2\,H_2O$	228,29 —	— —	Krist.; ll. in W, l. in verd. Al
-Na-Salz [E 2 II, 637]	$Na_2C_4H_2O_4$	160,04 —	— —	Krist.; 22,83 W 25°
-NH$_4$-Salz [E 2 II, 637]	$(NH_4)_2C_4H_2O_4$	150,14 —	— —	Krist.; ll. in W, bei 60° in wss. Lsg. beständig, zers. mit sied. W

Name	Formel	Molgew. / Dichte	F. / Kp	Eigenschaften
Fumarsäure-DL-alanid [Biochem. J. **36**, 829]	$HO_2C \cdot CH$ ‖ $HC \cdot CONHCH(CH_3)(CO_2H)$	187,15 / —	Z 229 / —	Nadeln; unl. in PÄ, swl. in Ä, ll. in h. W, Al, k. Eg
Fumarsäure-diäthylester [E 2 II, 638]	$H_5C_2O_2C \cdot CH$ ‖ $HC \cdot CO_2C_2H_5$	172,18 / $1,0522^{19,1}$	E 0,55 / 218,3…8,4	$n_\alpha^{19,1}$ 1,4363, $n_{He}^{19,1}$ 1,4396, $n_\beta^{19,1}$ 1,4475. Fl.; Kp: 100°/14; l. in Al
Fumarsäure-dichlorid [E 2 II, 639]	$ClOC \cdot CH$ ‖ $HC \cdot COCl$	152,97 / $1,4959^{16,8}$	— / 158…60	$n_\alpha^{18,1}$ 1,4959, $n_D^{18,1}$ 1,500, $n_\beta^{18,1}$ 1,5127. Fl.
Fumarsäure-dimethylester [E 2 II, 638]	$H_3CO_2C \cdot CH$ ‖ $HC \cdot CO_2CH_3$	144,13 / $1,049^{106}$	102 / 193,2…3,3	Krist.; ll. in k. Chlf, wl. in Al, Me, Ä, CS_2, unl. in W; subl. sehr leicht
Fumarsäure-dinitril [Org. Syntheses 30, 46]	$NC \cdot CH$ ‖ $HC \cdot CN$	78,07 / —	96 / —	Prismen (PÄ); gefährlich für Haut und Rachen

Fumarylglycidsäure s. Oxidobernsteinsäure

Name	Formel	Molgew. / Dichte	F. / Kp	Eigenschaften
Fumigatin [Helv. Chim. Acta **26**, 2045]	(Chinonring: HO, CH_3, H_3CO)	168,15 / —	114 / —	Braunrote Nadeln (PÄ); subl. (Vak.); Wdampfflch.; wl. in W, PÄ, ll. in Al, Ä, Aceton, Chlf, Bzl, Egester
Furan [E 2 XVII, 34]	(Furanring)	68,08 / $0,9388^{19,7}$	— / 32	n_α^{20} 1,4184, n_D^{20} 1,422, n_β^{20} 1,4297. Fl.; unl. in W, ll. in A, Ä

Furan-2-aldehyd s. Furfurol

Name	Formel	Molgew. / Dichte	F. / Kp	Eigenschaften
Furan-3-aldehyd [J. Am. Chem. Soc. **54**, 3014]	(Furanring–CHO)	96,09 / $1,111^{20}_{20}$	— / 144	n_D^{20} 1,4945. Fl.; Kp: 66…8°/39; Phenylhydrazon F: 149,5°
Furan-carbonsäure-(2) [XVIII, 272]	(Furanring–CO_2H)	112,09 / —	133 / 230	Blättchen (W); Nadeln (Subl.); 3,85 W 15°; 25 sied. W; l. in Al, ll. in Ä; subl.; Dissoziationskonstante $7,1 \cdot 10^{-4}$

Name und Literatur	Formel	Mol.-Gew. Dichte	F in °C Kp. in °C	Charakteristik
Furan-carbonsäure-(2)-äthylester [E 2 XVIII, 266]	$CO_2C_2H_5$	140,14 $1,1174^{20,8}$	34…5 196,75	$n_\alpha^{20,8}$ 1,4797, $n_D^{20,8}$ 1,4797. Blättchen oder Prismen; unl. in W, l. in Al, Bzl
Furan-carbonsäure-(2)-anhydrid [Dunlop, 524]	$CO \cdot O \cdot OC$	206,16 —	71…3 $196…7/_{22}$	Krist.; l. in Al, Ä
Furan-carbonsäure-(2)-benzylester [Dunlop, 514]	$CO_2CH_2 \cdot C_6H_5$	202,20 $1,1632^{20}$	— $141…2/_2$	n_D^{20} 1,5550. Fl.
Furan-carbonsäure-(2)-chlorid [Dunlop, 524]	$COCl$	130,53 —	— 173	Fbl. Fl.; sehr zersetzlich
Furan-carbonsäure-(2)-nitril s. 2-Furonitril				
Furan-carbonsäure-(3) [E 2 XVIII, 439]	CO_2H	112,09 —	121…2 subl. 110	Blättchen (W); wl. in k. W, ll. in h.W, Al, Egester; Wdampfflch.; Methyl= ester Kp: 160°
Furan-carbonsäure-(3)-chlorid [Dunlop, 561]	$COCl$	130,53 —	29 $65/_{47}$	Krist.
Furan-carbonsäure-(3)-methylester [Dunlop, 561]	$CO_2 \cdot CH_3$	126,11 $1,744\frac{15}{15}$	— 160	n_D^{20} 1,4676. Fl.
Furan-cyanid s. Furonitril				
Furan-dicarbon= säure-(2,3) [E 2 XVIII, 287]	CO_2H, CO_2H	156,10 —	221 *	Prismen (Eg); wl. in Ä, k. Eg, ll. in W, Al, h. Eg, Egester; * subl. im Vak.
Furan-dicarbonsäure-(2,5) [E 1 XVIII, 448]	HO_2C … CO_2H	156,10 —	< 320 subl. Z *	Nadeln (W); Blättchen (h. Al); wl. in Al; 0,1 W 18°; * Z. → CO_2-Absp.

	Formel			
Furandicarbonsäure-(3,4) [Dunlop, 577]	HO_2C —furan— CO_2H	156,10 —	217...8 —	Krist.; Dimethylester F: 46°; Kp: 80°/0,3
Furanpropionsäure-(1) s. Furfuryl-essigsäure				
Furfuran s. Furan				
2-Furfural s. Furfurol				
Furfurin [XXVII, 763]	OH_3C_4 / OH_3C_4 imidazol N / C_4H_3O	268,27 —	116 —	Nadeln (W oder Ä); 0,02 W 8°; 0,74 sied. W; ll. in k. Al, Ä, verd. S; N-Acetylderivat F: 250° (Z.)
Furfurol [E 2 XVII, 305]	furan—CHO	96,09 $1,1598^{20}$	$-36,5$ 161,7	$n_\alpha^{24,8}$ 1,5164, $n_D^{24,8}$ 1,5241, $n_\beta^{24,8}$ 1,5452. Öl; l. in W, sll. in Al, Ä; Oxim F: 150° und 116°; MAK: 5 cm^3/m^3
Furfurol-diacetat [Org. Syntheses 33, 39]	furan—$C(O \cdot CO \cdot CH_3)_2$ / H	198,18 —	52...3 $140...2/_{20}$	Krist.
Furfurol-phenylhydrazon [E 1 XVII, 147]	furan—$CH : N \cdot NH \cdot C_6H_5$	186,22 —	97...8 —	Gelbe Blättchen (Al); unl. in W, swl. in Lg, ll. in Al, Ä
Furfuryl-äthyl-äther [Dunlop, 226]	furan—$CH_2 \cdot O \cdot C_2H_5$	126,16 $0,9844^{20}$	— $150/_{770}$	n_D^{20} 1,4523. Fl.
N-Furfuryl-äthylamin [Dunlop, 238]	furan—$CH_2 \cdot NH \cdot C_2H_5$	125,17 $0,963_{25}^{25}$	— 165...7.	n_D^{20} 1,4688. Fl.; Hydrochlorid F: 127...8°
Furfurylalkohol [E 2 XVII, 113]	furan—CH_2OH	98,10 $1,1296^{20}$	— $171/_{750}$	n_α^{20} 1,4811, n_D^{20} 1,4845, n_β^{20} 1,4940. Fl.; ∞ W; sll. in Al, Ä; sehr empfindlich gegen S; Lösm. für Kunstharze; MAK: 50 cm^3/m^3; Essigsäureester Kp: 69...70°/7
Furfurylamin [E 2 XVIII, 416]	furan—CH_2NH_2	97,12 $1,055_{17}$	— 145...6	n_D^{17} 1,4900. Öl; ∞ W.

Name und Literatur	Formel	Mol.-Gew. Dichte	F in °C Kp. in °C	Charakteristik
Furfuryl-benzyläther [Dunlop, 226]	$CH_2 \cdot O \cdot CH_2 \cdot C_6H_5$	188,22 1,0865[20]	— 108...9/1	n_D^{20} 1,5372. Fl.
Furfuryl-chlorid [E 2 XVII, 39]	CH_2Cl	116,55 1,1783[20]	— 54/33	n_D^{20} 1,4941. Nur kurze Zeit beständig; unl. in W; Dampf reizt zu Tränen
Furfuryl-essigsäure [E 2 XVIII, 272]	$CH_2 \cdot CH_2 \cdot CO_2H$	140,14 —	57...8 229	Krist. (W); l. in W, Ä
Furfuryliden-acetaldehyd [E 2 XVII, 325]	$CH:CH \cdot CHO$	122,12 —	54 143/37	Zimtart. Geruch; Oxim (Lg) F: 123°; Semicarbazon, gelb, F: 219,5°; Phenylhydrazon, goldgelbe Krist., F: 125...6°
Furfuryliden-aceton [E 2 XVII, 326]	$CH:CH \cdot CO \cdot CH_3$	136,15 1,0496[57]	39...40 112...5/10	n_α^{57} 1,5685, n_β^{57} 1,6193. Nadeln; wl. in PÄ, ll. in Al, Ä, Chlf
Furfuryliden-acetophenon [E 2 XVII, 377]	$CH:CH \cdot CO \cdot C_6H_5$	198,22 1,1140[20]	— 317	Öl
Furfuryliden-diacetat s. Furfurol-diacetat				
Furfuryl-mercaptan [Org. Syntheses 35, 66]	CH_2SH	114,17 —	— 160	n_D^{20} 1,533. Fl.; Wdampfflch.
Furfuryl-methyl-äther [Dunlop, 226]	$CH_2 \cdot O \cdot CH_3$	112,13 1,0163[20]	— 134...5	n_D^{20} 1,4570. Fl.
Furfuryl-phenyl-äther [Dunlop, 226]	$CH_2 \cdot O \cdot C_6H_5$	174,20 $1,124_{15}^{17}$	— 125...6/11	n_D^{17} 1,5535. Fl.
Furfuryl-propyl-äther [Dunlop, 226]	$CH_2 \cdot O \cdot C_3H_7$	140,18 0,9656[20]	— 168...70	n_D^{20} 1,4523. Fl.

Name	Formel	Mol.-Gew. / D	F. / Kp	Eigenschaften
Furil [E 2 XIX, 183]	CO·CO	190,16 / —	165...5,5 / —	Krist. (Bzl); swl. in W, wl. in k. Al, Ä, sll. in Chlf
Furoin [E 2 XIX, 224]	CH(OH)·CO	192,17 / —	138...9 / —	Prismen (Toluol + Al); wl. in h. W, Ä, l. in h. Al, ll. in Toluol
2-Furonitril [Dunlop, 544]	CN	93,09 / 1,0822	— / $146/_{738}$	Fl.
2-Furyl-acetaldehyd [Dunlop, 414]	CH_2·CHO	110,11 / —	— / ca $58/_{10}$	Fl.; Semicarbazon F: 131...2°
2-Furyl-acetylen [Dunlop, 77]	C⋮CH	92,10 / $0,9919^{20}$	expl	n_D^{20} 1,5055. Fl.
β-Furyl-(2)-acrolein s. Furfuryliden-acetaldehyd				
β-Furyl-(2)-acrylsäure [H XVIII, 300]	CH:CH·CO_2H	138,12 / —	141 / 255...65	Nadeln (W); 0,2 k. W, l. in h. W, swl. in Lg, CS_2; 1,19 Bzl 19°; zll. in Al, ll. in Ä, Eg; Wdampfflch.; subl.
Furyl-(2)-äthanol-(1) [Dunlop, 254]	CH(OH)·CH_3	112,13 / $1,0790^{20}$	— / $70/_{15}$	n_D^{20} 1,4808. Fl.; Acetylderivat Kp: $85°/_{18}$
Furyl-(2)-äthanol-(2) [Dunlop, 251]	CH_2·CH_2·OH	112,13 / $1,0705^{25}$	— / $86...8/_{21}$	n_D^{25} 1,4788. Fl.
Furyl-(3)-äthanol-(2) [Dunlop, 266]	CH_2·CH_2·OH	112,13 / $1,0941^{20}$	— / $89...90/_{18}$	n_D^{20} 1,4828. Fl.
Furyläthylalkohol s. Furyl-äthanol				
2- bzw. 3-Furylaldehyd s. Furfurol bzw. Furan-(3)-aldehyd				
Furyl-dicarbinol-(2,5) [Dunlop, 267]	HO·H_2C...CH_2·OH	128,13 / —	75,5...0,7 / —	Krist.; l. in W, Al, Ä, Egester; Diacetylderivat F: 64°
2-Furyl-methyl-keton s. 2-Acetyl-furan				

Name und Literatur	Formel	Mol.-Gew. Dichte	F in °C Kp. in °C	Charakteristik
Furyl-(2)-propanol-(3) [Dnnlop, 251]	$CH_2 \cdot CH_2 \cdot CH_2OH$ (Furan)	126,16 / 1,0613$^{20}_{20}$	— / 90...1/4	n^{25}_D 0,4760. Fl.
Furyl-(2)-propiolsäure [E 2 XVIII, 275]	$C \vdots C \cdot CO_2H$ (Furan)	136,11 / —	113...4 Z / —	Hgelbe Nadeln (PÄ); wl. in PÄ, l. in Bzl, ll. in Al, Ä, Chlf, Egester
Opt. akt. Gärungsamylalkohol s. L(—)-Amylalkohol				
D-Galactonsäure [E 2 III, 354]	$HOCH_2 \cdot \overset{H}{\underset{OH}{C}} \cdot \overset{OH}{\underset{H}{C}} \cdot \overset{OH}{\underset{H}{C}} \cdot \overset{H}{\underset{OH}{C}} \cdot CO_2H$	196,16 / —	147,5 / —	Nadeln; $[\alpha]_D$: − 11,2° (Anfangswert)→ − 57,8° (Endwert nach 23 Tagen; W, c = 1); Erhitzen → Lacton; $\cdot 2H_2O$ F: 122°
Galactose [XXXI, 297]	(Galactose-Ringstruktur)	180,16 / —	170 / —	Platten (Al); ll. in h. W; $[\alpha]^{20}_D$: + 83,3° (W); Osazon: gelbe Nadeln, F: 186°
D-Galactose-phenyl= hydrazon [XXXI, 312]	$HOCH_2 \cdot [CH(OH)]_4 \cdot CH \vdots N \cdot NH \cdot C_6H_5$	270,28 / —	160...2 / —	Nadeln (Al); swl. in Ä, wl. in k. W, Al, ll. in Py; $[\alpha]_D$: + 10,54° (Py)
D-Galacturonsäure [E 1 III, 306]	$OHC \cdot \overset{OH}{\underset{H}{C}} \cdot \overset{H}{\underset{OH}{C}} \cdot \overset{H}{\underset{OH}{C}} \cdot \overset{OH}{\underset{H}{C}} \cdot CO_2H$	194,14 / —	159 / —	Nadeln; $[\alpha]_D$: + 53,4° (Enddrehung)

Galangin s. 3,5,7-Trihydroxy-flavon

Galegin [E 2 IV, 672]	$(CH_3)_2C : CH \cdot CH_2 \cdot NH \cdot C(NH_2) : NH$	127,19 —	60...5 Z	Sehr hygr. Krist.; ziehen an der Luft CO_2 an; zum Teil Wdampfflch.; swl. in Ä, PÄ, Chlf, ll. in Amylal., sll. in W, Al; Sulfat F: 225...6° (im evaku= ierten Rohr)
Gallacetophenon s. 2,3,4-Trihydroxy-acetophenon				
Gallein [XIX, 254]	$C_6H_4CO_2H$	364,31 —	> 300 —	Rotbraune Krist. · 1 H_2O (W); swl. in k. W, Chlf, Bzl, wl. in h. W, Ä, Eg, l. in Al, Aceton gelbrot, in wenig Alk rot, in überschüssigem Alk blau, in H_2SO_4 dklrot
Gallium-dimethyl-chlorid [Coates, 151]	$(CH_3)_2GaCl$	135,24 —	45,3...5,6 —	Krist.; im Dampf dimer; Darst. aus Trimethylgallium und Gallium-tri= chlorid oder Salzsäure
-triäthyl [J. Am. Chem. Soc. 63, 477]	$(C_2A_5)_3Ga$	156,91 $1{,}0586^{30}$	− 82,3 143	Fbl., viskose Fl., brennt in Luft mit viol. Flamme; heftige Hydrolyse mit k. W; im Dampf monomer, als Fl. assoziiert
-trimethyl [J. Chem. Soc. 1951, 2003]	$(CH_3)_3Ga$	114,83 $1{,}151^{15}$	− 15,7 55,8	Fl., fbl.; l. in Ä, mit W heftige Z.; entflammt an Luft
-triphenyl [J. Am. Chem. Soc. 62, 980]	$(C_6H_5)_3Ga$	301,04 —	166 —	Krist. (Chlf); Z. mit W und an feuchter Luft unter Bildung von Bzl; mit verd. S werden alle drei Phenyl= gruppen abgespalten
-di-tetramethyl-di= hydrid [Z. angew. Chem. 55, 38]	$(CH_3)_4Ga_2H_2$	201,60 —	— —	Hochviskose, fbl. Fl., bis 130° be= ständig; luftempfindlich; Z. mit Feuchtigkeit von Hahnfett; in größe= rer Verdünnung vanillinähnlicher, in höherer Konz. widerlicher Geruch; entsteht bei Einwirkung elektrischer Entladungen auf $(CH_3)_3Ga + H_2$

Name und Literatur	Formel	Mol.-Gew. Dichte	F in °C Kp. in °C	Charakteristik
Gallocyanin [E 1 XXVII, 432]		300,27 —	— —	Grüne Krist. (Xylol); unl. in k. W, wl. in sied. W blau, Al, Eg, ll. in verd. Alk und Alkalicarbonatlsg. rot, l. in konz. HCl rot, verd. HCl blau
Gallusaldehyd-trimethyläther s. 3,4,5-Trimethoxy-benzaldehyd				
Gallussäure [E 2 X, 335]		170,12 1,694	239...40 Z Z *	Nadeln · 1 H_2O (W); 1,2 W 20°; 33 sied. W; 22,2 Al 15°; 2,5 Ä 15°; unl. in Chlf, Bzl; * Z. → CO_2-Absp.; absorbiert in alk. Lsg. O_2 unter Rot-färbung
Gallussäure-äthylester [E 1 X, 243]	$(HO)_3C_6H_2 \cdot CO_2C_2H_5$	198,18 —	160 subl.	Nadeln Ä) oder PÄ); swl. in h. Chlf, wl. in k. W, ll. in h. W, Al, Ä
Gallussäure-methylester [X, 483]	$(HO)_3C_6H_2 \cdot CO_2CH_3$	184,15 —	202 —	Krist. (Me); 1,07 W 23°, ll. in Al

Gallussäure-trimethyläther s .Trimethoxy-benzoesäure

Galvinoyl s. 3,3′,5,5′-Tetra-t-butyl-4,4′-dihydroxy-diphenylmethan-Radikal

Gammasäure s. 7-Amino-naphthol-(1)-sulfosäure-(3)

Gammexan s. γ-Hexachlor-cyclohexan

Gaultheriaöl s. Salicylsäure-methylester

Gelbkreuz s. β,β′-Dichlor-diäthylsulfid

Genetron-100 s. 1,1-Difluor-äthan

Genetron-101 s. 1,1-Difluor-1-chlor-äthan

Genistein [E 2 XVIII, 176]	(Strukturformel)	270,24 —	290...1 —	Nadeln (verd. Al); swl. in W, wl. in k. Al, Eg
Gentianin s. Gentisin				
α-Gentiobiose [XXXI, 397]	$C_{12}H_{22}O_{11}$ Formel 20, S. 924	342,30 —	86 —	Hygr. Krist.; bitter schmeckend; swl. in Al, l. in W, h. Me; $[\alpha]_D^{22}$: $+ 16,3° \rightarrow 8,3°$ (W)
β-Gentiobiose [XXXI, 397]	$C_{12}H_{22}O_{11}$	342,30 —	191...4 —	Krist.masse (Al); bitter schmeckend; swl. in Al, l. in W, h. Me, h. Al 90%; $[\alpha]_D^{22}$: $- 5,9° \rightarrow + 9,6°$ (W)
β-Gentiobiose-octaacetat [Org. Syntheses III, 428]	$C_{12}H_{14}O_3(O_2C \cdot CH_3)_6$	678,60 —	196 —	Krist. (Me)
Gentisein [E 2 XVIII, 158]	(Strukturformel)	244,21 —	318 —	Or.gelbe Nadeln (Me); sll. in Al, l. in Alk gelb
Gentisin [E 2 XVIII, 158]	(Strukturformel)	258,23 —	267 300...40 Z	Gelbe Nadeln; 0,03 W 16°; wl. in Al, 0,05 k. Ä; ll. in Alk gelb; subl.
Gentisinaldehyd s. 2,5-Dihydroxy-benzaldehyd				
Gentisinsäure s. 2,5-Dihydroxy-benzoesäure				
Geranial s. Citral a				
Geraniol [E 2 I, 508]	$(CH_3)_2C:CH \cdot CH_2 \cdot CH_2 \cdot C(CH_3): CH \cdot CH_2OH$	154,25 $0,8811^{19,5}$	$< - 15$ 229,7	$n_D^{18,3}$ 1,4768. Fl.; Kp: $114...5°/_{12}$; unl. in W, ∞ Al, Ä; 11 Al 50% 15°; Geruch nach Rosen; Vork. in ätherischen Ölen; Diphenylurethan F: 82°

Name und Literatur	Formel	Mol.-Gew. Dichte	F in °C Kp. in °C	Charakteristik
Germanium-tetraäthyl [Chem. Rev. **48**, 259]	$(C_2H_5)_4Ge$	188,84 $0,9910^{25}$	-90 162,5	n_D^{30} 1,438, $n_D^{17,5}$ 1,443, n_D^{0} 1,554. Fl.; fbl.; ölig; ll. in org. Lösm., unl. in W; angenehmer Geruch; brennt an Luft; Darst. nach Grignardmethode aus C_2H_5MgBr und $GeCl_4$
-tetramethyl [J. Am. Chem. Soc. **74**, 2683	$(CH_3)_4Ge$	132,73 $1,006°$	-88 43,4	$n_D^{23,5}$ 1,3868; Fl., fbl., monomer; l. in Äl unl. in W
-tetraphenyl [E 2 XVI, 615]*	$(C_6H_5)_4Ge$	381,02 —	233,4 —	Prismen (PÄ oder Bzl); unl. in W, swl. in Ä, PÄ, k. Aceton, wl. in Al, l. in Bzl, ll. in Chlf; beständig gegen sied. Alk und konz. H_2SO_4; * s. a. Journ. Am. Chem. Soc. **72**, 5564
-triäthylbromid [J. Am. Chem. Soc. **54**, 1635]	$(C_2H_5)_3GeBr$	239,69 —	-33 190,9	Fl., fbl.; l. in org. Lösm.; mit W und Alk Hydrolyse unter Bildung von $[(C_2H_5)_3Ge]_2O$; stechender Geruch
-triäthylhydrid [J. Am. Chem. Soc. **79**, 326	$(C_2H_5)_3GeH$	160,78 $1,009^{20}$	— $124,4/_{751}$	n_D^{20} 1,438. Fl.; fbl.; l. in org. Lösm.; unl. in W und fl. NH_3; Z. an Luft; campherähnlicher Geruch
Geronsäure [E 1 III, 248] Gesarol s. DDT	$CH_3 \cdot CO \cdot [CH_2]_3 \cdot C(CH_3)_2 \cdot CO_2H$	172,23 $1,0211^{20}$	— $190...1/_{31}$	n_D^{20} 1,4488. Öl; Semicarbazon F: 164°
Gibberellin A_1 [Quart. Rev. **15**, 56]	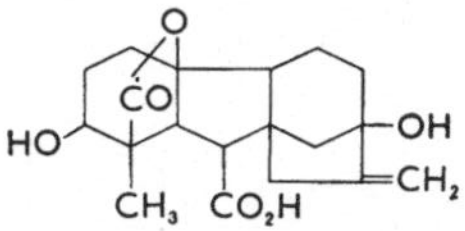 (Strukturformel)	348,40 —	285* Z —	* Allotrope Form F: 255...8°; $[\alpha]_D$: $+42,3°$; weitere Gibberelline ($A_2...A_9$) bekannt; Pflanzenhormone; Literatur: (Symposium), Eigenschaften und Wirkung der G., Springer 1962, und Zechmeister: Progress Chem. Org. Nat. Prod. **18**, 350 (1960)

Gibberellinsäure [Quart. Rev. **15**, 56]	(Struktur)	346,38 / —	233…5 Z / —	Sehr schwache Fluoresz.; l. in W; $[\alpha]_D$: $+92°$ (Al); Umlagerung mit S in gesättigtes Keton (Ring D) und Aromatisierung (Ring A); wichtige Pflanzenwirkstoffe (Wachstum); = Gibberellin A_3
Girard-Reagenz P [Helv. Chim. Acta **19**, 1096]	$N^{(+)}\cdot CH_2\cdot CO\cdot NH\cdot NH_2$ $Cl^{(-)}$	187,63 / —	200 Z / —	Nadeln (Me oder Al); wl. in Al
Girard-Reagenz T [Helv. Chim. Acta **19**, 1096]	$(H_3C)_3N^+\cdot CH_2\cdot CONH\cdot NH_2\cdot Cl^-$	167,64 / —	192 Z / —	Nadeln (Al); luftempfindlich
Glucoacetovanillon s. Androsin				
D-Glucoheptulose [J. Am. Chem. Soc. **54**, 1933]	$HOH_2C\cdot C\cdot C\cdot C\cdot C\cdot C\cdot CH_2OH$ (H H OH H OH / OH H OH / O)	210,19 / —	171,4 / —	Krist.; $[\alpha]_D^{20}$: $+67,4°$ (W); Hexaacetylderivat F: 112°
D-Gluconsäure [E 2 III, 348]	$HO\cdot CH_2\cdot C\cdot C\cdot C\cdot C\cdot CO_2H$ (H H OH H / OH OH H OH)	196,16 / —	130…2 / —	Nadeln (Al + Ä); $[\alpha]_D$: $-6,7°$ (W, c = 3), Drehung nimmt durch Lactonbildung rasch ab; unl. in Al, l. in W; red. CuO; Phenylhydrazid F: 197°
-Ca-Salz [E 2 III, 350]	$Ca(C_6H_{11}O_7)_2\cdot H_2O$	448,40 / —	— / —	Krist.; $[\alpha]_D^{20}$: $+9,8°$ (W, c = 3 bezogen auf wfreie Substanz); ll. in h. W; 3,7 W 18°; wird bei Erhitzen auf 120° braun; therapeutische Verwendung „Calcium Sandoz"
D-Gluconsäure-nitril [E 2 III, 351]	$HOCH_2\cdot [CH(OH)]_4\cdot CN$	177,15 / —	115…20 Z / —	Plättchen (Al); $[\alpha]_D^{21}$: $+8,8°$ (W, p = 3); ll. in W, l. in Me, Py, wl. in Al, Aceton

Name und Literatur	Formel	Mol.-Gew. Dichte	F in °C Kp. in °C	Charakteristik
D-Glucosamin [XXXI, 167]	$HOH_2C \cdot \overset{H}{\underset{OH}{C}} \cdot \overset{H}{\underset{H}{C}} \cdot \overset{OH}{\underset{NH_2}{C}} \cdot \overset{H}{C} \cdot CHOH$ (Ring O)	179,17 —	110 Z —	Nadeln (Me); unl. in Ä, Chlf, wl. in k. Me, Al; l. 1 Teil in ca 38 Teilen h. Me; sll. in W; $[\alpha]_D^{20}$: $+47,5°$ (W)
D-Glucosamin-N-acetat [IV, 331]	$HOH_2C \cdot [CH(OH)]_3 \cdot CH(NHCOCH_3) \cdot CHO$	221,21 —	190 Z —	Nadeln (Me), unl. in Ä, zwl. in Al, ll. in h. Me, W; $[\alpha]_D$: $+41,86°$ (W)
D-Glucosaminhydro= chlorid [Org. Syntheses III, 430]	$HOH_2C \cdot [CH(OH)]_3 \cdot CH(NH_2) \cdot CHO \cdot HCl$	215,64 —	— —	Krist. (W), wl. in Al; $[\alpha]_D^{25,5}$: $+68,8°$ (W)
D-Glucosazon [XXXI, 350]	$HOH_2C \cdot [CH(OH)]_3 \cdot C(: NNHC_6H_5) \cdot CH: NNHC_6H_5$	358,40 —	213 Z —	Gelbe Nadeln (verd. Al); zll. in sied. Al, swl. in W; $[\alpha]_D$: $-0,85°$ (Eg, p $=0,83$; l $=1$ dm)
D-α-Glucose [XXXI, 83]	$HOH_2C \cdot \overset{H}{C} \cdot \overset{H}{C} \cdot \overset{OH}{\underset{OH}{C}} \cdot \overset{H}{\underset{H}{C}} \cdot \overset{H}{\underset{OH}{C}}$ (Ring O)	180,16 $1,5620^{18}$	147 Z —	Nadeln oder Säulen (Me oder Al); ll. in W; 0,85 Me 20°; wl. in Al, Ä, Aceton; $[\alpha]_D^{20}$: $+113,4° \rightarrow +52,5°$

Glucose-methylacetal s. Methyl-D-glucosid

Name und Literatur	Formel	Mol.-Gew. Dichte	F in °C Kp. in °C	Charakteristik
α-Glucose-pentaacetat [XXXI, 119]	$CH_2O_2C \cdot CH_3$ $CH \cdot [CH(O_2C \cdot CH_3)]_3 \cdot CHO_2C \cdot CH_3$	390,35 —	112...3 —	Nadeln (Al); 0,15 W 18°; 1,3 Al 19°; 17 Bzl 15°; wl. in Lg, CS_2, l. in Chlf, Eg; $[\alpha]_D^{20}$: $+101,6°$ (Chlf)
β-Glucose-pentaacetat [XXXI, 120]	$CH_2O_2C \cdot CH_3$ $CH \cdot [CH(O_2C \cdot CH_3)]_3 \cdot CHO_2C \cdot CH_3$	390,35 —	134 —	Krist. (Al); subl. im Vak.; 0,09 W 18°; 0,8 Al 19°; wl .in PÄ, ll. in Chlf; $[\alpha]_D^{20}$: $+3,8°$ (Chlf)

D-Glucose-phenylhydra= zon, α-Form [XV, 221]	$C_6H_{12}O_5$: $NNHC_6H_5$	270,29 —	159...60 —	Blättchen; swl. in k. Al, Ä, l. in h. Al (Isomerisation); ll. in k. W
D-Glucose-phenyl= hydrazon, β-Form [XV, 222]	$C_6H_{12}O_5$: $NNHC_6H_5$	270,29 —	140...1 —	Nadeln; swl. in Ä, wl. in k. Al, l. in k. W, ll. in h. Al
D-Glucose-phenylosazon s. D-Glucosazon				
α-Glucose-1-phosphor= säure [J. Am. Chem. Soc. 63, 1050]		260,14 —	— —	$[\alpha]_D^{25}$: $+120°$; l. in W; stärkere S als H_3PO_4
Glucose-6-phosphorsäure [J. Biol. Chem. 144, 423]		260,14 —	— —	Dikaliumsalz: Pulver (Me); $[\alpha]_D^{24}$: $+21,2°$; ll. in W
β-D-Glucose-1,2,3,4- tetraacetat [Org. Syntheses III, 432]	$HOH_2C \cdot CH \cdot [CH(O_2C \cdot CH_3)]_3 \cdot CHO_2C \cdot CH_3$	348,31 —	128...9 —	Krist. (Chlf + Ä); $[\alpha]_D^{20}$: $+12,1°$ (Chlf)
β-D-Glucose-2,3,4,6- tetraacetat [Org. Syntheses III, 434]	$H_3C \cdot CO_2CH_2 \cdot CH \cdot [CH(O_2C \cdot CH_3)]_3 \cdot CHOH$	348,31 —	132...4 —	Krist. (Aceton + Ä + Lg)

30*

Name und Literatur	Formel	Mol.-Gew. / Dichte	F in °C / Kp. in °C	Charakteristik
Glucothiose [Ber. **64**, 1322]	$HOCH_2 \cdot \overset{H}{\underset{OH}{C}} \cdot \overset{H}{\underset{OH}{C}} \cdot \overset{OH}{\underset{H}{C}} \cdot \overset{H}{\underset{OH}{C}} \cdot C\overset{S}{\underset{H}{\diagdown}}$	196,22 / —	161 / —	Amorphe feste Masse $\cdot$ 1 H_2O; Penta= acetylderivat F: 83°; $[\alpha]_D^{20}$: $+$ 38,71° ($C_2H_2Cl_4$)
D-Glucuronsäure [E 1 III, 306]	$HO_2C \cdot \overset{H}{\underset{OH}{C}} \cdot \overset{H}{\underset{OH}{C}} \cdot \overset{OH}{\underset{H}{C}} \cdot \overset{H}{\underset{OH}{C}} \cdot CHO$	194,14 / —	— / —	Sirup; ll. in Al; mit sied. W $\rightarrow$ Lacton (krist.); red. CuO
Glutacondialdehyd-dianil [E 2 XII, 120]	$C_6H_5 \cdot N : CH \cdot CH : CH \cdot CH_2 \cdot CH : N \cdot C_6H_5$	248,33 / —	95...6 / —	Gelbe Blättchen $\cdot$ aq; unstabil; swl. in Lg, Bzl, wl. in Ä, ll. in Al, Aceton; Hydrochlorid F: 158...9°
cis-Glutaconsäure [E 2 II, 649]	$HO_2C \cdot CH_2 \cdot CH : CH \cdot CO_2H$	130,10 / —	136...6,5 / —	Krist. (Ä $+$ Bzl oder Aceton $+$ Bzl); ll. in W, Al, Aceton, wl. in Ä, unl. in Chlf, Bzl; Erhitzen auf 145° $\rightarrow$ trans-Form und wenig Anhydrid F: 87°; rasche Umlagerung $\rightarrow$ trans-Form in wss. Lsg.
trans-Glutaconsäure [E 3 II, 1930]	$HO_2C \cdot CH_2 \cdot CH : CH \cdot CO_2H$	130,10 / —	138...8,5 / —	Nadeln (Ä); Krist. (Ä $+$ Bzl oder Aceton $+$ Bzl); ll. in W, Al, Ä, Egester; Diamid F: 330°
Glutaconsäure-anilid [E 1 XII, 212]	$C_6H_5NHCO \cdot CH : CH \cdot CH_2 \cdot CONHC_6H_5$	280,33 / —	228 / —	Nadeln (verd. Al); unl. in Alk
Glutaconsäure-diäthyl= ester [E 2 II, 649]	$C_2H_5O_2C \cdot CH_2 \cdot CH : CH \cdot CO_2C_2H_5$	186,21 / 1,0499[20]	— / 125/12	trans-Form: n_D^{20} 1,44747; Fl.; cis-Form s. [E 3 II 1932]
Glutaconsäuredinitril [E 3 II, 1931]	$NC \cdot CH_2 \cdot CH : CH \cdot CN$	92,10 / 1,0302[19]	33...4 / 129...30/12	n_D^{19} 1,469; Prismen

ʟ(+)-Glutamin [E 2 IV, 907]	$HO_2C \cdot CH(NH_2) \cdot CH_2 \cdot CH_2 \cdot CO \cdot NH_2$	146,15 —	178...86 —	Nadeln (W); $[\alpha]_D^{22}$: $+6,4°...7,0°$ (W, p = 4); 1,76 W O°; 4,81 W 30°; unl. in Me, Al, Ä, Bzl; zers. durch Kochen der wss. Lsg. $\rightarrow NH_4C_5H_8O_4N$
ʟ(+)-Glutaminsäure [E 2 IV, 902]	$HO_2C \cdot CH(NH_2) \cdot CH_2 \cdot CH_2 \cdot CO_2H$	147,13 $1,538_4^{20}$	206...8 —	Krist.; $[\alpha]_D$: $+12,0°$ (W, c = 1,4); subl. im Vak. bei 200°; 0,66 W 21°; 0,06 Al 80% 15°; unl. in Ä
-Na-Salz [E 2 IV, 905]	$NaC_5H_8O_4N$	169,11 —	— —	Krist. (wss. Me); $[\alpha]_{546}$: $-2,6°$ (W, c = 15); sehr hygr.; sll. in W, swl. in Al; verw. als „Glutamat" zur Speisewürze
Glutaminsäure-amid s. Glutamin				
ʟ-Glutaminsäure-diäthyl= ester [E 2 IV, 906]	$H_5C_2O_2C \cdot CH(NH_2) \cdot [CH_2]_2 \cdot CO_2C_2H_5$	203,24 $1,0816_{17}^{17}$	— $139...40/_{10}$	Öl; sll. in W; $[\alpha]_D$: $+16,7°$
ʟ-Glutaminsäure-diiso= propylester [E 2 IV, 906]	$(H_3C)_2CHO_2C \cdot CH(NH_2) \cdot [CH_2]_2 \cdot CO_2CH(CH_3)_2$	231,29 $1,023^{20}$	— $115...7/_{0,15}$	n_D^{20} 1,4402. Viskoses Öl; $[\alpha]_D^{20}$: $+5,1°$
ʟ-Glutaminsäure-mono= äthylester [E 2 IV, 906]	$H_5C_2O_2C \cdot CH(NH_2) \cdot CH_2 \cdot CH_2 \cdot CO_2H$	175,19 —	164...5 —	Schuppen (verd. Al); unl. in Ä, zwl. in k. Al, ll. in W
Glutardialdehyd [E 2 I, 831]	$OHC \cdot CH_2 \cdot CH_2 \cdot CH_2 \cdot CHO$	100,12 —	— 187...9 Z	Öl; Kp: $71...2°/_{10}$; ll. in W; Wdampf= flch.; polym. durch W; Dioxim Krist. (W), F: 175°
Glutarsäure [E 2 II, 564]	$HO_2C \cdot [CH_2]_3 \cdot CO_2H$	132,12 $1,424^{25}$	98 302...4 g. Z	$n_\alpha^{106,4}$ 1,42793, $n_D^{106,4}$ 1,41878, $n_\beta^{106,4}$ 1,43545. Krist.; 42,9 W O°; 111,8 W 65°; ll. in Al, Ä
Glutarsäure-anhydrid [E 1 XVII, 229]	(Glutarsäureanhydrid-Ringstruktur)	114,10 1,411	56...7 286...8 Z	Hygr. Nadeln (Ä); wl. in k. Ä, ll. in h. Ä
Glutarsäure-diäthylester [E 2 II, 565]	$H_5C_2O_2C \cdot [CH_2]_3 \cdot CO_2C_2H_5$	188,23 $1,0220^{20}$	$-24,1$ 230	n_α^{20} 1,42202, n_D^{20} 1,42414, n_β^{20} 1,42915. Fl.; Kp: $127...9°/_{20}$; ll. in Al, swl. in W

Name und Literatur	Formel	Mol.-Gew. Dichte	F in °C / Kp. in °C	Charakteristik
Glutarsäure-dichlorid [E 2 II, 566]	$ClOC \cdot [CH_2]_3 \cdot COCl$	169,01 / $1,3221^{21,8}$	— / 216...8	$n_\alpha^{20,2}$ 1,47004, $n_D^{20,2}$ 1,473, $n_\beta^{20,2}$ 1,47989. Fl.; Kp: 107...8°/$_{16}$; reizender Geruch
Glutarsäure-dimethyl= ester [E 2 II, 565]	$H_3CO_2C \cdot [CH_2]_3 \cdot CO_2CH_3$	160,17 / $1,0876^{20}$	E — 42,5 / 213,5	n_α^{20} 1,42244, n_D^{20} 1,42457, n_β^{20} 1,42962. Fl.; Kp: 93,6/°$_{10'5}$
Glutarsäure-dinitril [E 2 II, 566]	$NC \cdot [CH_2]_3 \cdot CN$	94,12 / $0,9894^{25}$	— 29 / 281	$n_D^{23,2}$ 1,4365. Zähe Fl.; Kp auch 287,4°; Kp: 142°/$_{10}$; l. in W, Al, Chlf, unl. in Ä, CS_2
Glutathion [E 2 IV, 931]	$HO_2C \cdot CH(NH_2) \cdot CH_2 \cdot CH_2 \cdot CO \cdot NH \cdot CH(CH_2 \cdot SH) \cdot CO \cdot NH \cdot CH_2 \cdot CO_2H$	307,33 / —	190...2 Z / —	Prismen (Al); 10 W 0°; wl. in Al; $[\alpha]_{546}^{15}$: — 18,5° (W, p = 2), — 21° (W, c = 2)
Glycerin [E 2 I, 575]	$HOCH_2 \cdot CH(OH) \cdot CH_2OH$	92,10 / $1,2613^{20}$	18 / 290	n_D^{20} 1,4746, $n_\beta^{16,5}$ 1,4781. Fl.; Kp: 172...3°/$_{14}$; ∞W, Al, unl. in Ä, Chlf; Lösm für viele org. Stoffe; Weichmacher
dl-Glycerin-α-acetat [E 2 II, 159]	$HOH_2C \cdot CH(OH) \cdot CH_2O_2C \cdot CH_3$	134,13 / $1,1985^{25}$	— / —	n_D^{25} 1,4481. Dicke Fl.; sehr hygr.; Kp: 189...91/$_{60}$; ll. in W, Al, wl. in Ä, unl. in Bzl; d-Form $[\alpha]_D^{20}$: + 2,03° (Al, p = 17) l-Form $[\alpha]_D^{18}$: — 0,54° (Al, p = 17)
Glycerin-β-acetat [E 3 II, 330]	$HOCH_2 \cdot CH(OCOCH_3) \cdot CH_2OH$	134,13 / $1,212^{18}_4$	— / 117...8/$_{0,3}$	n_D^{20} 1,4527. Viskoses Öl
Glycerin-1-n-butyläther [Mellan 685]	$HOH_2C \cdot CH(OH) \cdot CH_2OC_4H_9$	148,20 / $0,945^{25}_{25}$	— / 133...7/$_{18}$	n_D^{25} 1,434. Fbl. Fl.; wl. in W, l. in Al, CCl_4, Bzl
Glycerin-chlorhydrin s. Chlorpropandiol				
Glycerin-α,α′-diacetat [E 2 II, 160]	$HOCH[CH_2(OCOCH_3)]_2$	176,17 / $1,178^{15}$	— / 259...61	Fl.; Kp: 149°/$_{11}$; ll. in W, Al, wl. in Ä, swl. in Bzl; techn. Lösm.

Glycerin-dibromhydrin s. Dibrompropanol
Glycerin-dichlorhydrin s. Dichlorpropanol

Glycerin-α,α'-diformiat [E 2 II, 33]	$HOCH[CH_2(OCHO)]_2$	148,12 $1,3218_0^0$	— Z	$n_D^{18,3}$ 1,4486; Fl.; hygr.; ll. in Al, Aceton, wl. in Ä, unl. in Bzl
Glycerin-α,α'-diisoamyl- äther [I, 513]	$H_{11}C_5OCH_2 \cdot CH(OH) \cdot CH_2OC_5H_{11}$	232,37 $0,903_{25}^{25}$	— 272...4	n_D^{25} 1,432. Wasserklare Fl.; unl. in W, l. in Al, PÄ, CCl_4, Bzl
Glycerin-α,α'-dimethyl- äther [I, 512]	$H_3COCH_2 \cdot CH(OH) \cdot CH_2OCH_3$	120,15 $1,003_{25}^{25}$	— 169	Wasserklare Fl.; l. in W, Al, CCl_4, Bzl
Glycerin-α,α'-dinitrat [E 2 I, 591]	$O_2NOCH_2 \cdot CH(OH) \cdot CH_2ONO_2$	182,09 $1,47^{15}$	26 146...8 g. Z	Prismen $\cdot \frac{1}{3} H_2O$; ll. in W, Al, Ä, wl. in Bzl; detoniert beim Erhitzen
Glycerin-α,β-dinitrat [E 3 I, 272]	$CH_2OH \cdot CH(ONO_2) \cdot CH_2ONO_2$	182,09 —	— —	Öl; krist. nicht
Glycerin-α,α'-diphenyl= äther [E 2 VI, 152]	$HOCH[CH_2(OC_6H_5)]_2$	244,29 —	80...1 * —	* subl.; unl. in W, sll. in Ä, Chlf, Bzl; Acetat F: 70...1°
Glycerin-1,3-diphosphor= säure [E 2 I, 595]	$HOCH[CH_2(OPO_3H_2)]_2$	252,06 —	— —	Na-Salz
Glycerin-hexadecyläther [E 2 I, 590]	$HOH_2C \cdot CH(OH) \cdot CH_2O \cdot [CH_2]_{15} \cdot CH_3$	316,53 —	62...2,5 —	Nadeln (Ä); wl. in Ä; „Chimylalkohol"
Glycerin-isopropyliden- äther [Org. Syntheses III, 502]	$(CH_3)_2C{\Big\langle}{\overset{O-CH_2}{\underset{O-CH \cdot CH_2OH}{\big\vert}}}$	132,16 $1,062^{25}$	— 80...1/11	n_D^{25} 1,4339. Fl.

Glycerin-jodhydrin s. Jodpropandiol

Glycerin-α-laurat [E 2 II, 320]	$HOH_2C \cdot CH(OH) \cdot CH_2O_2C \cdot [CH_2]_{10} \cdot CH_3$	274,40 —	63 —	Blättchen; ll. in Ä, Chlf, Aceton, zll. in Bzl
Glycerin-α-methyläther [E 2 I, 589]	$HOCH_2 \cdot CH(OH) \cdot CH_2OCH_3$	106,12 $1,1189^{17}$	— 196/728	n_D^{17} 1,4445. Fl.; Kp: 111...3°/13; ll. in W, org. Lösm.; wl. in Ä; hygr.

Name und Literatur	Formel	Mol.-Gew. Dichte	F in °C Kp. in °C	Charakteristik
Glycerin-α,β-methylen=äther [E 2 XIX, 69]	CH_2——$CH \cdot CH_2OH$ mit O—CH_2—O Brücke	104,11 $1,2113^{20}$	— 195	n_D^{20} 1,4477. Fl.; hygr.; ∞ W, Al, Ä
Glycerin-α-nitrat [E 2 I, 591]	$HOCH_2 \cdot CH(OH) \cdot CH_2ONO_2$	137,09 —	54 155…60	Blättchen (W); l. in W, Al, wl. in Ä
Glycerin-β-nitrat [E 2 I, 591]	$HOCH_2 \cdot CH(ONO_2) \cdot CH_2OH$	137,09 1,40	58…9 155…60	Prismen (W, Al oder Ä); ll. in W, Al, wl. in Ä; nicht explosiv
Glycerin-cis-octa=decen-(9)-yl-äther [E 2 I, 591]	$HOH_2C \cdot CH(OH) \cdot CH_2 \cdot O[CH_2]_8 \cdot CH:CH \cdot [CH_2]_7 \cdot CH_3$	342,57 $0,9211^{15}$	E 8 236…9/5	n_D^{15} 1,4710. Fbl. Fl.; $[\alpha]_D^{15}$: $-4,5°$; „Selachylalkohol"
Glycerin-octadecyläther [E 2 I, 590]	$HOH_2C \cdot CH(OH) \cdot CH_2O \cdot [CH]_{17} \cdot CH_3$	344,58 —	71…2 211…3/1	Krist. (Aceton); wl. in k. Ä; $[\alpha]_D^{20}$: $+2,6°$ (Chlf); „Batylalkohol"; α-Tri=tyl-derivat F: 56,5…7,5°
Glycerin-α-phenyläther [Org. Syntheses I, 290]	$C_6H_5OCH_2 \cdot CH(OH) \cdot CH_2OH$	168,19 —	48…53 185…7/15	Fbl. Nadeln (Bzl + PÄ); wl. in PÄ, ll. in W, Al, Ä, Bzl; mit $H_2SO_4 \rightarrow$ rot
Glycerin-1-phosphor=säure [E 2 I, 592]	$HOH_2C \cdot CH(OH) \cdot CH_2OPO_3H_2$	172,08 —	— —	Sirup; nicht beständig; $NaC_3H_8O_6P$ Z. 150…90°; sehr zerfl.; sll. in W; rechtsdrehende Form: $Li_2C_3H_7O_6P$ $[\alpha]_D^{18}$: $+3,51°$; $CaC_3H_7O_6P$ 5,25 W 14°; 1,31 W 75°
Glycerin-2-phosphor=säure [E 2 I, 592]	$HOCH_2 \cdot CH(OPO(OH)_2) \cdot CH_2OH$	172,08 —	— —	Sirup; beständig; l. in Al; hydrolysiert mit W; Dinatriumsalz Tafeln (W), F: 98…100°
Glycerin-triacetat [E 2 II, 160]	$CH_3 \cdot CO_2CH(CH_2O_2C \cdot CH_3)_2$	218,21 $1,1562^{25}$	~ -60 258…9	n_D^{15} 1,4328. Fl.; Kp: 140…50°/10; 7,73 W 15°; l. in Al, Ä, Chlf, Bzl, unl. in Lg, CS_2

Name [Lit.]	Formel	M; d	F; Kp	Eigenschaften
Glycerin-tribenzoat [E 2 IX, 122]	$C_6H_5CO_2CH(CH_2O_2C \cdot C_6H_5)_2$	404,42 / $1,228^{17}$	76* / —	Krist. (Al); * aus Schmelze F: 71…2°
Glycerin-tributyrat [E 2 II, 249]	$C_3H_7CO_2CH(CH_2O_2C \cdot C_3H_7)_2$	302,37 / $1,035^{20}$	— / 305…9	n_D^{20} 1,4359. Fl.; Kp: 196…200°/$_{26}$; wl. in W, l. in Bzl; schmeckt bitter
Glycerin-triformiat [E 2 II, 34]	$HCO_2CH(CH_2O_2CH)_2$	176,13 / $1,320^{20}$	18 / 266	n_D^{18} 1,4412. Krist.; unl. in k. W; durch h. W Verseifung
Glycerin-trilaurinat [E 2 II, 320]	$H_3C \cdot [CH_2]_{10} \cdot CO_2CH(CH_2O_2C \cdot [CH_2]_{10}CH_3)_2$	639,02 / $0,8943^{60}$	46,2 / —	n_D^{60} 1,44039. Nadeln (Al); wl. in k. abs. Al, ll. in Ä, Chlf, Bzl, PÄ, CS$_2$, unl. in W; instabile glasige Form F: 15° oder 18°; instabile krist. Form F: 35°
Glycerin-trimyristat [E 2 II, 328]	$H_3C[CH_2]_{12} \cdot CO_2CH(CH_2O_2C \cdot [CH_2]_{12} \cdot CH_3)_2$	723,18 / $0,8790^{70}$	56,5 / 311 Z	n_D^{60} 1,44285. Blätter (Ä); Krist. (Al + Ä); unl. in k. Al, wl. in Lg, CS$_2$, ll. in Ä, Bzl, Chlf, PÄ; 2. instabile Form F: 46,5°; 3. instabile Form F: 33°
Glycerin-trinitrat [E 2 I, 591]	$O_2NOCH_2 \cdot CH(ONO_2) \cdot CH_2ONO_2$	227,09 / $1,6185°$	13,1 / 160/$_{15}$	n_D^{15} 1,474. Öl; 0,18 W 20°; 42,6 abs. Al 20°; 1,25 CS$_2$; swl. in Glycerin, Benzin, Lg; ∞Me, Ä, Aceton, Eg, Bzl, Py, Chlf; expl. durch Stoß, Schlag oder Erhitzen; Sprengmittel; mit Kieselgur: Dynamit; MAK: 0,5 cm³/m³
Glycerin-trioleat [E 2 II, 440]	$C_{17}H_{33}CO_2CH(CH_2O_2C \cdot C_{17}H_{33})_2$	885,46 / $0,9152^{25}$	ca. −5…−4 / 235…40/$_{18}$	n_D^{60} 1,4561. Öl; ll. in Ä, wl. in Al, unl. in W; bei Dest. g. Z.
Glycerin-tripalmitat [E 2 II, 340]	$CH_3 \cdot [CH_2]_{14}CO_2CH(CH_2O_2C \cdot [CH_2]_{14} \cdot CH_3)_2$	807,35 / $0,8730^{70}$	65,5 / —	n_D^{80} 1,4371. Nadeln (Ä); ll. in Ä; 0,004 abs. Al 21°; l. in PÄ, Bzl, Chlf, unl. in W; 2. instabile Form F: 55°; 3. instabile Form F: 45°
Glycerin-tripropionat [E 2 II, 222]	$C_2H_5CO_2CH(CH_2O_2C \cdot C_2H_5)_2$	260,29 / $1,108^{15}$	— / 130…2/$_3$	n_D^{15} 1,434; Öl von bitterem Geschmack; wl. in W

Name und Literatur	Formel	Mol.-Gew. Dichte	F in °C Kp. in °C	Charakteristik
Glycerin-tri-ricinolat [III, 388]	$C_{17}H_{33}O_2C \cdot CH(CH_2O_2C \cdot C_{17}H_{33}O)_2$	933,46 0,959...0,984	— —	Fast farbl. neutrales Öl; ∞ Me, Al; $[\alpha]_D^{15}$: + 5,16°; künstliches Ricinusöl
Glycerin-tristearat [E 2 II, 357]	$CH_3[CH_2]_{16}CO_2CH(CH_2O_2C \cdot [CH_2]_{16} \cdot CH_3)_2$	891,51 $0,8606^{80}$	71,5 —	n_D^{80} 1,4395. Prismatische Säulen (Ä); 0,0205 Ä 15°; l. in Bzl, Chlf, h. Al, wl. in sied. PÄ, swl. in k. Al, k. PÄ
D,L-Glycerin-aldehyd [E 3 I, 3282]	$HOCH_2 \cdot CH(OH) \cdot CHO$	90,08 $1,455_{18}^{18}$	145,5* —	Krist. (Al + Ä); 3 W 18°; wl. in Al, Ä, unl. in Bzl, Benzin; Kp: ca 140...50°/$_{0,8}$; D(+)-Form $[\alpha]_D^{20}$ = +14° (W); räumlicher Bau s. S. 39; * dimolekulare Form
D,L-Glycerinaldehyd-diäthylacetal [Org. Syntheses II, 307]	$HOCH_2 \cdot CH(OH) \cdot CH(OC_2H_5)_2$	164,20 —	— 120...1/$_8$	Dickliche Fl.; ∞ W, Al, Ä; red. Fehlingsche Lsg.
Glycerinaldehyd-3-phosphorsäure [J. Biol. Chem. **150**, 213	$H_2O_3POCH_2 \cdot CH(OH) \cdot CHO$	170,06 —	— —	Ca-Salz $C_3H_5O_6PCa \cdot 2H_2O$, Krist.; l. in W; zers.
DL-Glycerinsäure [E 2 III, 263]	$HOCH_2 \cdot CH(OH) \cdot CO_2H$	106,08 —	— —	Sirup; l. in W, Al, unl. in Ä; Methylester Kp: 119...20°/$_{14}$, zähfl.; Amid F: 91,5...2°
DL-Glycerinsäure-äthylester [E 2 III, 264]	$HOCH_2 \cdot CH(OH) \cdot CO_2C_2H_5$	134,13 $1,1909_{15}^{15}$	— 120...1/$_{14}$	Fl.; bitterer Geschmack
L(+)-Glycerinsäure [E 2 III, 261]	CO_2H $HO \cdot C \cdot H$ CH_2OH	106,08 —	136* —	* Krist. · 1 H_2O; dreht in H_2O rechts, Salze drehen links; Zuordnung abs. Konfiguration wie L(+)-Milchsäure, L(–)-Äpfelsäure, L(–)-Glyzerinaldehyd; s. S. 35; Chininsalz F: 182°; $[\alpha]_D^{20}$: – 124°; alte Namen d(+)- und l(+)- durch L(+)- zu ersetzen

Glycerophosphat s. Glycerin-phosphorsäure

Name	Formel			Eigenschaften
Glycid [E 2 XVII, 104]	H_2C——$CH \cdot CH_2OH$ (O)	74,08 / 1,115^{20}	— / 160…1 Z	n_D^{16} 1,4350. Fl.; unl. in Bzl, ∞W, Al, Ä; mit sied. W → Glycerin; MAK: 50 cm^3/m^3
Glycidsäure [XVIII, 261]	H_2C——$CH \cdot CO_2H$ (O)	88,06 / —	— / —	Fl.; ∞W, Al, Ä; mit h. W → Glycerinsäure; Dampf riecht stechend, greift Schleimhäute an
Glycin [E 2 IV, 771]	$H_2N \cdot CH_2 \cdot CO_2H$	75,07 / 1,1607	Z 233 / —	Krist.; 19,64 W 21°; 0,05 abs. Al 20…5°; unl. in Ä; schmeckt sehr süß; mit FeCl$_3$ → rote Färbung; Amid F: 65…7°, hygr. Nadeln (Chlf)
Glycin-N-acetat [E 2 IV, 789]	$CH_3 \cdot CO \cdot NH \cdot CH_2 \cdot CO_2H$	117,11 / —	206 / —	Speerförmige Krist. (W); 2,7 W 15°; l. in k. abs. Al, unl. in Ä, Bzl, swl. in Chlf, Aceton, Eg; mit FeCl$_3$ → rote Färbung; „Acetursäure"
Glycin-äthylester [E 2 IV, 780]	$H_2N \cdot CH_2 \cdot CO_2C_2H_5$	103,12 / 1,0275^{20}	< −20 / 148…9 g. Z	n_α^{20} 1,42183, n_D^{20} 1,42417, n_β^{20} 1,43182. Öl; kakaoähnlicher Geruch; Kp: 61°/$_{20}$; ∞W, Al, Ä, Bzl, Lg; bildet mit HCl weiße Nebel und zieht CO$_2$ an
Glycin-äthylester-hydrochlorid [E 2 IV, 781]	$C_4H_9O_2N \cdot HCl$	139,58 / —	145 subl. *	Nadeln (Al); sll. in W, Al; * bei vorsichtigem Erhitzen
Glycin-hydrochlorid [E 2 IV, 779]	$C_2H_5O_2N \cdot HCl$	111,53 / —	182 / —	Hygr. Prismen (HCl); wl. in abs. Al; 2 $C_2H_5O_2N \cdot HCl$ durch Einleiten von NH$_3$ in die alkohol. Lsg. von $C_2H_5O_2N \cdot HCl$; Prismen (W), F: 189°; Tafeln (W), F: 178°
Glycin-methylester [E 2 IV, 780]	$H_2N \cdot CH_2 \cdot CO_2CH_3$	89,09 / —	— / ca 130 Z	Fl.; Kp: 54°/$_{50}$; l. in Ä; zieht CO$_2$ an; $\cdot$ HCl Krist. (Me), F: 175…6°; ll. in Al

Glycol s. Glykol

Name und Literatur	Formel	Mol.-Gew. Dichte	F in °C Kp. in °C	Charakteristik
Glycyl-glycin [E 2 IV, 802]	$H_2N \cdot CH_2 \cdot CO \cdot NH \cdot CH_2 \cdot CO_2H$	132,12 —	215...20 Z —	Blättchen (W + Al); 19,8 W 21°; wl. in Al, unl. in Ä
Glykokoll s. Glycin				
Glykol [E 2 I, 514]	$HOCH_2 \cdot CH_2OH$	62,07 $1,11307^{20}$	12,4 197,4	n_α^{20} 1,42968, n_D^{20} 1,43178, n_β^{20} 1,43678. Fl.; Kp: 117°/$_{29}$; ∞W, Al; 0,79 Ä; schmeckt süß
Glykol-äthyliden-äther [E 2 XIX, 8]	$H_3C \cdot CH \begin{smallmatrix} O-CH_2 \\ \mid \\ O-CH_2 \end{smallmatrix}$	88,11 $0,9814^{20}_{20}$	— 81,3...8	n_D^{17} 1,4035; ∞Al, Ä, l. in W (1½ Vol.); wird mit $CaCl_2$ gefällt; „2-Methyl-1,3-dioxolan"
Glykol-diacetat [E 2 II, 155]	$H_3C \cdot CO_2CH_2 \cdot CH_2O_2C \cdot CH_3$	146,14 $1,1028^{23}$	− 31 190,2	n_D^{20} 1,4150, n_α^{20} 1,41932, n_β^{20} 1,42681. Fl.; esterart. Geruch; 14,2 W 22°; l. in Al, Aceton, Me, Eg, Chlf, Bzl, unl. in Glycerin; techn. Lösm.
Glykol-diäthyl-äther [E 3 I, 519]	$C_2H_5O \cdot CH_2 \cdot CH_2 \cdot OC_2H_5$	118,18 $0,7993°$	— 123,5/$_{758}$	Gutes Lösungsmittel „Diäthyl-cellosolve"
Glykol-diformiat [II, 23]	$HCO_2CH_2 \cdot CH_2O_2CH$	118,09 $1,193°$	— 174	Fl.; Kp: 88...9°/$_{25}$
Glykol-dimethyläther [J. Am. Chem. Soc. **77**, 6209]	$H_3CO \cdot CH_2 \cdot CH_2 \cdot OCH_3$	90,12 0,8665	− 58 84,7...4,8	n_D^{20} 1,37965. Verw. als Lösm. und in der Kosmetik
Glykoldinitrat [E 2 I, 521]	$O_2NOCH_2 \cdot CH_2ONO_2$	152,06 $1,4817^{25}$	E − 22,3 105,5/$_{19}$	n_D^{0} 1,4546. Fl.; ∞ Chlf, Me, Ä, Aceton, Eg, Bzl, l. in Al, wl. in W, inl. in CS_2; Sprengstoff; expl. durch Flamme oder Schlag; MAK: 0,25 cm³/m³, H

Glykol-distearat [E 3 II, 1021]	$H_{35}C_{17} \cdot CO_2CH_2 \cdot CH_2O_2C \cdot C_{17}H_{35}$	595,01 $0,8581^{78}$	79,5 —	Emulgator; swl. in k. Ä; 0,01 Al 0°
Glykol-methylenäther [E 2 XIX, 3]	O—CH₂ / CH₂ / O—CH₂	74,08 $1,0600^{20}$	— 76	n_α^{20} 1,3974. Fl.; angenehmer, pfefferart. Geruch; Wdampfflch.; ∞W; ,,1,3-Dioxolan''
Glykol-monoacetat [E 2 II, 154]	$H_3C \cdot CO_2CH_2 \cdot CH_2OH$	104,11 —	— 187…9	Fl.; l. in W, Al; techn. Lösm.
Glykol-monoäthyläther [E 2 I, 518]	$H_5C_2O \cdot CH_2 \cdot CH_2OH$	90,12 $0,9297^{20}$	— $134,5/_{751}$	n_α^{20} 1,40595, n_D^{20} 1,40797, n_β^{20} 1,41281. Fl.; techn. Lösm.; MAK: 200 cm³/m³
Glykol-monoäthyläther-acetat [II,141]	$H_3C \cdot CO_2CH_2 \cdot CH_2 \cdot OC_2H_5$	132,16 $0,976_{15}^{15}$	— 156,2	n_D^{25} 1,4030. Wasserklare Fl. von charakteristischem Geruch: MAK: 100 cm³/m³
Glykol-monobutyläther [E 2 I, 519]	$HOCH_2 \cdot CH_2 \cdot O \cdot [CH_2]_3 \cdot CH_3$	118,18 $0,9011_{15}^{15}$	— $170,6/_{743}$	n_D^{26} 1,4177. Fl.; Kp: 50°/₄; techn. Lösm.; MAK: 50 cm³/m³
Glykol-monobutyläther-acetat [*]	$H_3C \cdot CO_2CH_2 \cdot CH_2 \cdot O \cdot [CH_2]_3 \cdot CH_3$	160,21 $0,9424_{20}^{20}$	— 63,5 192,2	Lösm.; wl. in W, ,,Butylcellosolve= acetat''; * Firmenschrift ,,Union Carbide'' Esters
Glykol-mono-isoamyl-äther [E 2 I, 519]	$HOCH_2 \cdot CH_2 \cdot O \cdot [CH_2]_2 \cdot CH(CH_3)_2$	132,20 $0,900_{15}^{15}$	— $181/_{745}$	n_D^{26} 1,4198. Fbl. Fl.; angenehm riechen-des Lösm.
Glykol-mono-isopropyl= äther [E 2 I, 519]	$HOCH_2 \cdot CH_2 \cdot OCH(CH_3)_2$	104,15 $0,9115_{15}^{15}$	— $144/_{743}$	n_D^{26} 1,4080. Fbl. Fl.; angenehm riechen-des Lösm.
Glykol-monomethyläther [E 2 I, 518]	$HOCH_2 \cdot CH_2 \cdot OCH_3$	76,10 $0,9647^{20}$	— 124,5	n_α^{20} 1,40040, n_D^{20} 1,40238, n_β^{20} 1,40708. Fl.; ∞W, Ä, Bzl; techn. Lösm. für Celluloseacetat u. a.; MAK: 25 cm³/m
Glykol-monomethyl= äther-acetat [II, 141]	$CH_3 \cdot CO_2CH_2 \cdot CH_2 \cdot OCH_3$	118,13 $1,009_{19}^{19}$	— 144,5…5	Fbl., geruchlose Fl.; ll. in W; MAK: 25 cm³/m³

Name und Literatur	Formel	Mol.-Gew. Dichte	F in °C Kp. in °C	Charakteristik
Glykol-mono-phenyl=äther [E 2 VI, 150]	$HOH_2C \cdot CH_2 \cdot OC_6H_5$	138,17 1,102[22]	− 2 134…5/18	n_D^{20} 1,534. Fbl. Öl; rosengleicher Geruch; unl. in W, ll. in Al, Ä
Glykol-monopropyläther [E 2 I, 519]	$HOH_2C \cdot CH_2 \cdot OCH_2 \cdot C_2H_5$	104,15 0,9135[20]	— 150/743	n_α^{20} 1,41124, n_D^{20} 1,41323, n_β^{20} 1,41819. Fl.; techn. Lösm.
Glykolaldehyd [E 2 I, 863]	$HOH_2C \cdot CHO$	60,05 1,366[100]	96…7 —	n_D^{19} 1,4603* → 1,4703 nach 15 Minuten → 1,4772 nach 5 Stunden. Platten; ll. in W, h. Al, wl. in Ä; Wdampfflch.; schmeckt süß; * sofort nach Dest. im Hochvak.
Glykolaldehyd-cyanhydrin s. Hydracrylsäure-nitril Glykol-chlorhydrin s. β-Chlor-äthanol				
Glykolid [XIX, 153]	O<CH_2·CO>O / <CO·CH_2>	116,07 —	86…7 Z *	Blättchen (Al + Chlf); wl. in Ä, ll. in h. Al, Chlf, sll. in Aceton; * → Polyglykolid
Glykolsäure [E 2 III, 167]	$HOH_2C \cdot CO_2H$	76,05 —	78 —	Krist. (Aceton + Al); ll. in W, Al, Ä; $CH_3OCH_2 \cdot CO_2H$ Kp: 198°, hygr.; $CH_3OCH_2 \cdot CO_2CH_3$ Kp: 129°; $HOCH_2 \cdot CONH_2$ F: 120°, rhombische Krist.
Glykolsäure-äthylester [E 2 III, 171]	$HOH_2C \cdot CO_2C_2H_5$	104,11 1,0869[15]	— 158	Fl.
Glykolsäure-äthylester-O-acetat [E 2 III, 172]	$CH_3 \cdot CO_2CH_2 \cdot CO_2C_2H_5$	146,14 1,0993[17]	— 179	Fl.; l. in W; techn. Lösm.
Glykolsäure-butylester [E 2 III, 172]	$HOCH_2 \cdot CO_2[CH_2]_3 \cdot CH_3$	132,16 —	— —	Fl.; techn. Lösm.
Glykolsäure-O-methyläther s. Methoxy-essigsäure				

Name	Formel			Eigenschaften
Glykolsäure-nitril [Org. Syntheses III, 436]	$HOCH_2 \cdot CN$	57,05 —	— 86...8/8	Fl.
Glyoxal [E 2 I, 815]	$OHC \cdot CHO$	58,04 $1,14^{20}$	15 51	$n_D^{20,5}$ 1,3826. Gelbe Prismen; l. in W, polym.; ll. in Al, Ä; brennt mit viol. Flamme; Dampf ist grün; mit Luft detonierendes Knallgas
Glyoxalin s. Imidazol				
Glyoxal-osazon [E 2, XV 65]	$C_6H_5 \cdot NH \cdot N : CH \cdot CH : N \cdot NH \cdot C_6H_5$	238,29 —	179...81 —	Gelbe Tafeln (Ä); swl. in W, Lg, l. in h. Al, Chlf, Bzl
Glyoxal-tetraacetat [E 2 II, 168]	$(CH_3 \cdot CO \cdot O)_2CH \cdot CH(O \cdot CO \cdot CH_3)_2$	262,22 —	104...5 —	Krist. (W oder Eg); 0,0008 W 25°
Glyoxim [E 2 I, 818]	$HON : CH \cdot CH : NOH$	88,07 —	172 Z subl.	Tafeln (W); ll. in h. W; Al, Ä
Glyoxylharnstoff [E 2 III, 388]	$H_2N \cdot CO \cdot N : CH \cdot CO_2H$	116,08 —	— —	Amorphes, hygr. Pulver; unl. in org. Lösm.; bläht sich bei 120° auf, wird bei 180° braun
Glyoxylsäure [E 2 III, 385]	$OHC \cdot CO_2H$	74,04 —	98 —	Krist. (W); ll. in W mit hgelber Farbe, wl. in Al, Ä, Bzl; hygr., zerfl. → Sirup; Krist. $\cdot \frac{1}{2} H_2O$ (W), F: 70...5°
-Ba-Salz [E 2 III, 386]	$Ba(C_2HO_3)_2 \cdot 2H_2O$	319,43 —	— —	Krist.; 0,005 W 18°, 0,08 S 68°
Glyoxylsäure-n-butyl= ester [Org. Syntheses 35, 18]	$OHC \cdot CO_2CH_2 \cdot CH_2 \cdot CH_2 \cdot CH_3$	130,14 $1,085^{25}$	— 159...61	n_D^{20} 1,442. Fbl. Fl.; l. in Bzl.; Autoxidation
Glyoxylsäure-oxim [E 2 III, 389]	$HON : CH \cdot CO_2H$	89,05 —	138...9 Z —	Nadeln (PÄ); ll. in W, Al, l. in Ä, swl. in Bzl, Chlf; Lsg. mit $FeCl_3$ → rot
Glyoxylsäure-semicarb= azon [E 2 III, 389]	$H_2NCO \cdot NH \cdot N : CH \cdot CO_2H$	131,09 —	202 Z —	Blättchen (W); wl. in W, swl. in org. Lösm.; F auch 235...8°

Name und Literatur	Formel	Mol.-Gew. Dichte	F in °C Kp. in °C	Charakteristik
Gold-diäthyljodid [J. Chem. Soc. 1930, 2531]	$(C_2H_5)_2AuJ$	382,00 —	67…8 Z 70…1	Lange fbl. Nadeln (Lg); l. in org. Lösm.; unl. in W; mit Äthylendiamin entsteht Äthylendiamino-diäthyl-goldjodid, F: 162° Z.; fbl. Platten (wss. Al); l. in W, swl. in Al; relativ beständig; Z. im Licht
Gramin [Ber. 70, 567]		174,25 —	138…9 —	Nadeln (Aceton); unl. in W, PÄ, l. in Al, Ä, Chlf; Pikrat F: 144…5°
Griseofulvin [J. Chem. Soc. 1952, 3955]		352,77 —	220…1 —	Nadeln oder Prismen (Al oder Bzl); $[\alpha]_D^{21}$: $+337°$ (Aceton, c = 1,00); Subl.; UV-Absorpt.-max.: 236 ($\varepsilon=$ 23200), 250 ($\varepsilon=16600$), 292 ($\varepsilon=$ 24900), 325 mμ ($\varepsilon=5820$); 2,4-Di-nitro-phenylhydrazon F: 259…60°; Antibiotikum; Synthese: Helv. Chim. Acta 43, 1444
G-Säure s. Naphthol-(2)-disulfosäure-(6,8)				
Guajacol [E 2 VI, 776]		124,14 $1,1236^{30}$	32 205	$n_D^{34,8}$ 1,5341. Prismen; Kp: 106,5°/24; 1,9 W 15°; ll. in Al, Ä; mit $FeCl_3$ → grüne Färbung; Acetat Kp: 235…40°, 143°/50; Benzoat F: 57…8°
Guajen s. 2,3-Dimethyl-naphthalin				
Guajol s. α-Methyl-crotonaldehyd				
Guanazin [XXVI, 206]		114,11 —	257 Z —	Krist. (W oder Al); unl. in Ä, Lg, Bzl, wl. in Al, ll. in h. W.; Pikrat F: 276°

Guanazol [E 1 XXVI, 57]	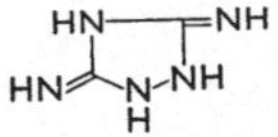	99,10 —	204 —	Prismen (W); unl. in Ä, Chlf, Bzl, zll. in Al, sll. in W; Dihydrochlorid F: 145°
Guanidin [E 2 III, 69]	$HN:C(NH_2)_2$	59,07 —	∼50 ∼160 Z *	Zerfl. Krist.; l. in W; starke Base; zieht CO_2 aus der Luft an; * → Melamin + NH_3; N-Acetat F: 140...2°
Guanidin-carbonat [E 2 III, 72]	$2CH_5N_3 . H_2CO_3$	180,17 1,24	197 —	Säulen; ll. in W, unl. in Al
Guanidin-essigsäure [Org. Syntheses III, 440]	$NH_2 \cdot C(NH) \cdot NH \cdot CH_2 \cdot CO_2H$	117,11 —	280...4 Z —	Krist. (W); 0,36 W 15°; swl. in Al, Ä, l. in h. W
Guanidin-nitrat [Org. Syntheses I, 295]	$NH_2 \cdot C(NH) \cdot NH_2 . HNO_3$	122,08 —	213...4 —	Krist. (W); 10,8 W 16°
Guanidin-pikrat [E 2 VI, 265]	$H_2N \cdot C(NH) \cdot NH_2 . C_6H_3O_7N_3$	288,18 —	316 Z —	Gelbor. Blättchen (W); 0,06 W 20°; 0,6 W 80°; wl. in Al, Ä
Guanidin-thioharnstoff [Org. Syntheses 35, 69]	$H_2N \cdot C(NH) \cdot NH \cdot CS \cdot NH_2$	118,16 —	170...2 —	Fbl. Prismen (Me)
Guanin [E 1 XXVI, 132]	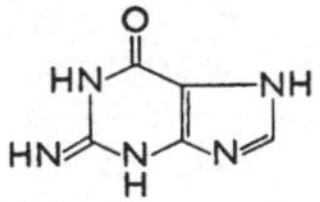	151,13 —	Z ab 220 —	Nadeln und Tafeln (NH_4OH); unl. in W, Eg, swl. in NH_4OH, ll. in S, Alk; Acetylderivat F: > 260°
Guanosin [XXXI, 28]	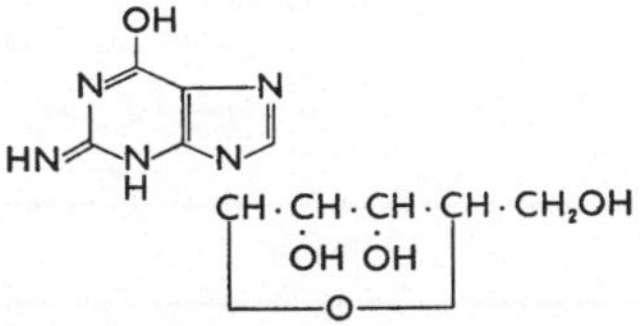	283,25 —	Z 237 —	Nadeln oder Prismen $\cdot 2H_2O$ (W); unl. in Al, Ä, Chlf, Bzl; 0,07 W 18°; 3 sied. W; l. in h. Eg, verd. Alk, S; $[\alpha]_D^{20}$ (wfreie Substanz): −60,5° (0,1 n NaOH)

Name und Literatur	Formel	Mol.-Gew. Dichte	F in °C Kp. in °C	Charakteristik
Guanylsäure-(3′) [XXXI]		363,23 —	180 Z —	Prismen ·2H_2O (W); l. in k. W, ll. in h. W; $[\alpha]_D^{20}$: — 13,5° (W)
D-Gulonsäure [Ber. **24**, 525]		196,16 —	— —	Freie Säure → Lacton; Na-Salz; $[\alpha]_D^{20}$: — 13,9° (berechnet als freie Säure); l. in W
D-Gulose [XXXI, 282]		180,16 —	— —	Sirup; wl. in Al, l. in W; $[\alpha]_D^{20}$: — 20,4°; Phenylosazon F: 173°
Gyrilon [E 1 XXIV, 267]		212,25 —	212 —	Gelbe Blättchen und Säulen (Al); wl. in sied. W, zl. in Al, l. in verd. KOH
Hämatein [XVIII, 227]		300,27 —	180…200 —	Krist.; 0,06 W 20°; 0,013 Ä 20°; unl. in Chlf, Bzl, wl. in Al, Eg; wss. Lsg. rot, alkohol. Lsg. rotbraun, ätherische Lsg. gelb; ll. in Alk rot

Hämatoxylin [XVII, 219]		302,29 —	— Z	Krist. ·$3H_2O$ (verd. H_2SO_3); wl. in k. W, l. in h. W, Al, Ä; wss. Lsg. wird an der Luft rot
Hämin [Org. Syntheses III, 442]	$C_{34}H_{32}ClFeN_4O_4$ Formel 21, S. 924	651,96 —	— —	Krist. (Py + Chlf); Hämatin (Cl = OH); Krist.; l. in NaOH; Häm $C_{34}H_{32}O_4N_4Fe^{II}$ viol. stichige, braune Nadeln; l. in Alk; leicht oxidabel
Hämopyrrol [E 2 XX, 91]		123,19 $0,915^{20}$	16...7 $113/_{16}$	Krist.; wl. in h. W, ll. in Al, Ä; l. in verd. HCl; Wdampfflch.
Hämopyrrol-carbonsäure [E 2 XXII, 27]		167,21 —	130 $223/_{20}$	Nadeln (W); l. in W, zll. in Ä, Bzl, ll. in Al
Harmin [E 2 XXIII, 348]		212,25 1,328	263...4 subl.	Nadeln (Me); swl. in W, wl. in Ä, l. in Al, Chlf, Py
Harminsäure [E 1 XXV, 551]		220,19 —	345 Z * —	Nadeln (W); swl. in Al, Ä, Chlf, Bzl, h. W; l. in H_2SO_4 blauviol. fluoresz.; * → Apoharmin

31*

Harnindican s. Indoxylschwefelsäure

Name und Literatur	Formel	Mol.-Gew. Dichte	F in °C Kp. in °C	Charakteristik
Harnsäure [E 1 XXVI, 151]		168,11 1,893	Z > 400 —	Tafeln (W); unl. in Al, Ä; 0,009 W 30°; 0,024 W 70°; 0,08 sied. W; 0,09 sied. Eg; 0,21 Py 25°; 1. in H_2SO_4
Harnstoff [E 2 III, 35]	$H_2N \cdot CO \cdot NH_2$	60,06 1,323	132,1 —	Prismen (W oder Al); 67 W 0°; 314,6 W 70°; ∞ sied. W; 4 Al 19,5°; 5,7 Al 40°; 1. in Me, swl. in Ä; swl. in Oxalat; Nitrat F: 152° Z.
Harnstoff-N-acetat s. Acetylharnstoff				
Harnstoff-O-äthyläther [E 1 III, 36]	$H_5C_2O \cdot C$ NH$_2$ / NH	88,11 —	42 95...6/15	Krist.; l. in Ä; Hydrochlorid F: 123...4°
Harnstoff-chlorid s. Carbamidsäurechlorid				
Helianthin [E 1 XVI, 317]	NaO_3S—⟨⟩—N:N—⟨⟩—$N(CH_3)_2$	327,34 —	— —	Or.gelbes Pulver oder krist. Säulen; 0,02 W 22°; 2 Py 22°; praktisch unl. in Al; Indikator
Helianthron [E 2 VII, 800]		382,42 —	Z 250 —	Blaue Nadeln (Xylol); unl. in W, wl. in Al, Ä gelb, braungelb und grün fluoresz.; 1. in H_2SO_4 grün
Heliotropin s. Piperonal				

Hemellitol s. 1,2,3-Trimethyl-benzol
Hemellitylsäure s. 2,3-Dimethylbenzoesäure
Hemimellitsäure s. Benzol-tricarbonsäure-(1,2,3)
Hemipinsäure s. 3,4-Dimethoxy-phthalsäure
Hendekan s. Undecan

Name	Formel			Eigenschaften
Heneikosan [E 2 I, 141]	$CH_3 \cdot [CH_2]_{19} \cdot CH_3$	296,58 $0,7783^{40,4}$	40 $215/_{15}$	Krist.
Hentriakontan [E 2 I, 146]	$CH_3 \cdot [CH_2]_{29} \cdot CH_3$	436,86 $0,7678^{100}$	69 $218/_{0,05}$	Krist.; 0,7 Chlf 15°
Unsymm. Heptachlor-propan [E 1 I, 35]	$CHCl_2 \cdot CCl_2 \cdot CCl_3$	285,21 $1,8048^{34}$	29,4 $132/_{30}$	Krist.; campherähnlicher Geruch
Heptadecan [E 2 I, 138]	$CH_3 \cdot [CH_2]_{15} \cdot CH_3$	240,48 $0,7763^{20}$	18,5…19 303	n_D^{20} 1,4335. Krist.; unl. in W. l. in Al, Ä
n-Heptadecanal s. Margarinaldehyd				
Heptacedanol-(1) [E 2 I, 468]	$CH_3 \cdot [CH_2]_{16} \cdot OH$	256,48 —	54 —	Blättchen (Al 80%); unl. in k. Al, l. in h. Al 65%, k. Ä, wl. in Aceton
n-Heptadecyl-amin [E 2 IV, 660]	$CH_3 \cdot (CH_2)_{16} \cdot NH_2$	255,49 —	49 322…4	Unl. in W, l. in Al, Ä; ·HCl F: 158° nach Sintern
n-Heptadecyl-bromid [E 3 I, 564]	$CH_3 \cdot [CH_2]_{15} \cdot CH_2Br$	319,38 —	32 $174/_8$	
n-Heptadecyl-chlorid [E 3 I, 564]	$CH_3 \cdot [CH_2]_{15} \cdot CH_2Cl$	274,92 —	24 $192…5/_{10}$	
n-Heptadecyl-jodid [E 3 I, 564]	$CH_3 \cdot [CH_2]_{15} \cdot CH_2J$	366,37 —	35 $158…9/_{0,5}$	Blättchen (Aceton); wl. in Me, Al, Eg
Heptadien-(1,2) [E 2 I, 234]	$CH_3 \cdot [CH_2]_3 \cdot CH : C : CH_2$	96,17 $0,7374^{21}$	— 106	n_α^{21} 1,4321, n_D^{21} 1,4360, n_β^{21} 1,4427. Fl.

Name und Literatur	Formel	Mol.-Gew. Dichte	F in °C Kp. in °C	Charakteristik
Heptadien-(2,4) [E 2 I, 234]	$CH_3 \cdot CH_2 \cdot CH : CH \cdot CH : CH \cdot CH_3$	96,17 $0,7341^{16,3}$	— 107	$n_\alpha^{16,3}$ 1,4510, $n_D^{16,3}$ 1,4554, $n_\beta^{16,3}$ 1,4669. Fl.
Heptadiin-(1,5) [E 2 I, 247]	$CH_3 \cdot C : C \cdot CH_2 \cdot CH_2 \cdot C : CH$	92,14 $0,810^{21}$	— 26...7/$_{30}$	n_D^{21} 1,4521. Fl.
Heptadiin-(1,6) [E 2 I, 247]	$CH : C \cdot [CH_2]_3 \cdot C : CH$	92,14 $0,8164^{17}$	— 111,5...2,5	n_D 1,451. Fl.
Heptaisobuten [E 2 I, 181]	$[(CH_3)_2C : CH_2]_7$	392,76 $0,8455^{20}$	— 183...6/$_2$	n_α^{20} 1,4712, n_D^{20} 1,4739, n_β^{20} 1,4805. Zähe Fl.
Heptakosan [E 2 I, 143]	$CH_3 \cdot [CH_2]_{25} \cdot CH_3$	380,75 $0,7796^{59,5}$	59,5 269...270/$_{15}$	n_D^{65} 1,43453. Krist. (Al); swl. in Al, ll. in Bzl
Heptaldehyd s. Önanthaldehyd				
Heptamethylendicyanid s. Azelainsäure-dinitril				
Heptamethylenglykol s. Heptandiol-(1,7)				
Heptan [E 2 I, 114] [E 2 I, 114]	$CH_3 \cdot [CH_2]_5 \cdot CH_3$	100,21 $0,6836^{20}$	E — 90,5 98,34	n_α^{20} 1,3858, n_D^{20} 1,38777, n_β^{20} 1,39248. Fl.; 0,005 W 15°; ll. in Al, ∞ Ä; MAK: 500 cm^3/m^3
Heptanaphthen s. Methylcyclohexan				
Heptandiol-(1,7) [E 3 I, 2214]	$HO \cdot [CH_2]_7 \cdot OH$	132,20 $0,9570^{25}$	18 151/$_{14}$	n_D^{25} 1,4558. ll. in W, Al, wl. in Ä
Heptanol-(1) [E 2 I, 442]	$CH_3 \cdot [CH_2]_6 \cdot OH$	116,20 $0,8221^{20}$	E — 34,6 175,8...6,2	$n_\alpha^{22,4}$ 1,42116, $n_D^{22,4}$ 1,42326, $n_\beta^{22,4}$ 1,42843. Fl.; 0,1 W 18°, 0,29 W 100°; ∞ Al, Ä
Heptanol-(2) [E 2 I, 443]	$CH_3 \cdot [CH_2]_4 \cdot CH(OH) \cdot CH_3$	116,20 $0,8193^{20}$	— 158...60	n_D 1,42131. Fl.; unl. in W

Verbindung	Formel	Mol.-Gew. / D	F / Kp	Eigenschaften
Heptanol-(3) [E 3 I, 1688]	CH$_3$·[CH$_2$]$_3$·CH(OH)·C$_2$H$_5$	116,20 0,8120^{20}	— 65,8/$_{20}$	n_D^{20} 1,4222; „S"-Konfiguration; $[\alpha]_D^{20}$: +1,53° (l=2,5 cm)
Heptanol-(4) [E 2 I, 444]	(CH$_3$·CH$_2$·CH$_2$)$_2$CHOH	116,20 0,8175^{25}	−41,5...−37,2 156	n_D^{20} 1,4199. Fl.; pfefferminzart. Geruch
Heptanon-(2) [E 2 I, 753]	CH$_3$·[CH$_2$]$_4$·CO·CH$_3$	114,19 0,81966^{15}	E −35,5 151,45	n_α^{15} 1,40935, n_D^{15} 1,41156, n_β^{15} 1,41670. Fl., durchdringender Fruchtgeruch; techn. Lösm.
Heptanon-(3) [E 2 I, 754]	CH$_3$·[CH$_2$]$_3$·CO·CH$_2$·CH$_3$	114,19 —	−39 147,4	Fl.; Semicarbazon F: 102°
Heptanon-(4) [E 2 I, 754]	CH$_3$·CH$_2$·CH$_2$·CO·CH$_2$·CH$_2$·CH$_3$	114,19 0,8217^{20}	E −34 144,2	n_α^{22} 1,40521, n_D^{22} 1,40732, n_γ^{22} 1,41650. Fl.; durchdringender Geruch; swl. in W, ll. in Al, Ä; Wdampfflch.; Semicarbazon F: 132°

Heptansäure s. Önanthsäure

Heptan-trion-2,4,6 s. α,α′-Diacetyl-aceton

Verbindung	Formel	Mol.-Gew. / D	F / Kp	Eigenschaften
Heptatrien-(1,3,5) [E 2 I, 244]	CH$_3$·CH:CH·CH:CH·CH:CH$_3$	94,16 0,7636^{19,8}	−14,5 113...4	$n_\alpha^{19,8}$ 1,5079, $n_{He}^{19,8}$ 1,5160, $n_\beta^{19,8}$ 1,5375. Leicht bewegliche Fl.
Hepten-(1) [E 2 I, 196]	CH$_3$·[CH$_2$]$_4$·CH:CH$_2$	98,19 0,705^{20}	— 98...99	n_D^{20} 1,404. Fl.
Hepten-(2) [E 3 I, 824]	CH$_3$·[CH$_2$]$_3$·CH:CH·CH$_3$	98,19 —	— 98,5	cis: Kp: 98,5°; D^{20}: 0,708; n_D^{20} 1,406; trans: F: −109°; Kp: 97,9°; D^{20}: 0,7012; n_D^{20} 1,4045
Hepten-(3) [E 2 I, 197]	CH$_3$·CH$_2$·CH$_2$·CH:CH·CH$_2$·CH$_3$	98,19 0,7010^{22}	— 94	n_D^{22} 1,4017. Fl.
Hepten-(1)-on-(4) [I, 740]	C$_3$H$_7$·CO·CH$_2$·CH:CH$_2$	112,17 —	— 146...7	Oxim Kp: 92°/$_{13}$; kann leicht umgelagert werden in Hepten-(2)-on-(4)
Hepten-(1)-on-(5) [E 1 I, 384]	C$_2$H$_5$·CO·CH$_2$·CH$_2$·CH:CH$_2$	112,17 0,8487^{18}	— 46...7/$_{12}$	$n_D^{18,3}$ 1,4254; wl. in W; riecht unangenehm nach Senföl; Semicarbazon F: 82...3°

Name und Literatur	Formel	Mol.-Gew. Dichte	F in °C Kp. in °C	Charakteristik
Hepten-(1)-on-(6) [E 2 I, 795]	$CH_3 \cdot CO \cdot [CH_2]_3 \cdot CH : CH_2$	112,17 $0,8673^{18}$	— $41...3/_{10}$	n_D^{18} 1,4350; Fl. von unangenehmem Geruch; Semicarbazon F: 108°
Hepten-(2)-on-(4) [E 3 I, 3002]	$C_2H_5 \cdot CH_2 \cdot CO \cdot CH : CH \cdot CH_3$	112,17 $0,852^{25}$	— $156/_{740}$	n_D^{25} 1,4383. Dinitrophenylhydrazon F: 142...3°
n-Heptin-(1) [E 2 I, 233]	$CH_3 \cdot [CH_2]_4 \cdot C \vdots CH$	96,17 $0,7384^{12,6}$	E —81...—80 $99...100/_{763}$	$n_\alpha^{12,6}$ 1,4111, $n_D^{12,6}$ 1,4136, $n_\gamma^{12,6}$ 1,4239. Fl.
Heptit s. Mannoheptit				
n-Heptylamin [E 2 IV, 652]	$CH_3 \cdot [CH_2]_6 \cdot NH_2$	115,22 $0,777^{20}$	E — 23 155,25	$n_\alpha^{26,5}$ 1,41954, $n_\beta^{26,5}$ 1,42714. Fl. von unangenehmem Geruch
n-Heptylbenzol [E 2 V, 342]	$C_6H_5 \cdot [CH_2]_6 \cdot CH_3$	176,30 $0,8570^{20}$	— 233	n_D^{20} 1,4865
n-Heptyl-bromid [E 3 I, 431]	$CH_3 \cdot [CH_2]_5 \cdot CH_2Br$	179,11 $1,1384^{20}$	— 58,1 180	n_D^{20} 1,4505. Wdampfflch.; Pikrat des S-Heptyl-isothioharnstoffs F: 142°
n-Heptyl-chlorid [E 3 I, 429]	$CH_3 \cdot [CH_2]_5 \cdot CH_2Cl$	134,65 $0,8725^{20}$	— 69,5 158,5...9,5	n_D^{20} 1,4284
n-Heptylcyanid s. Caprylsäurenitril				
n-Heptylfluorid [E 2 I, 117]	$CH_3 \cdot [CH_2]_5 \cdot CH_2F$	118,20 $0,8029^{21}$	— $119/_{755}$	n_α^{21} 1,3836, n_D^{21} 1,3855, n_β^{21} 1.3899. Fl.
n-Heptyl-jodid [E 3 I, 433]	$CH_3 \cdot [CH_2]_5 \cdot CH_2J$	226,10 1,3792	— 48,2 203,95	n_D^{20} 1,48...1,49
n-Heptyl-malonsäure [II, 721]	$CH_3 \cdot [CH_2]_6 \cdot CH(CO_2H)_2$	202,25 —	95 Z —	Krist. (Bzl); sll. in Aceton, ll. in Al, Ä, swl. in W
n-Heptylmercaptan [E 2 I, 443]	$CH_3 \cdot [CH_2]_6 \cdot SH$	132,27 $0,861^{19}$	— 174...6	n_D^{18} 1,552. Fl.; zwiebelart. Geruch; Hg-Salz F: 76...7°

Name	Formel		F.	Eigenschaften
2-n-Heptylphenol [Org. Syntheses III, 444]	(Struktur)	192,30 —	— 118...23/$_1$	Fl.
Heptylsäure s. Önanthsäure				
Herapathit s. Chininjodosulfat				
Heroin s. Diacetylmorphin				
Hesperetol s. 3-Hydroxy-4-methoxy-styrol				
Hesperitinsäure [X, 437]	(Struktur)	194,19 —	228 —	Nadeln; unl. in Lg; wl. in k. W, Chlf, Bzl, l. in h. W, ll. in Al, Ä
Heteroauxin s. β-Indolyl-essigsäure				
Hexaäthylbenzol [E 2 V, 358]	$C_6(C_2H_5)_6$	246,44 0,997^0	128...9 298...8,5	$n_\alpha^{130,4}$ 1,47357, $n_\beta^{130,4}$ 1,48686. Prismen (Al); unl. in W, wl. in k. Al, ll. in sied. Al, ll. in Ä, Eg, Bzl
Hexaäthyl-tetraphosphat s. Phosphor, Tetraphosphorsäure-hexaäthylester				
Hexabromäthan [E 2 I, 66]	$CBr_3 \cdot CBr_3$	503,48 3,823	198...205 —	Prismen; Z. > 210°; subl. > 160°; unl. in W, wl. in k. Al, l. in sied. Al, ll. in Ä, Bzl
Hexabrom-benzol [E 2 V, 164]	C_6Br_6	551,52 —	315...6 * subl.	Nadeln (Bzl); unl. in h. W, swl. in Ä, wl. in sied. Bzl, Eg, Chlf, sied. Lg, l. in sied. Anilin; 0,076 Me 20°; 0,068 Al 20°; * F auch 326°
α-Hexabrom-cyclo-hexan [V, 25]	$C_6H_6Br_6$	557,57 —	212 —	Prismen (Xylol); l. in Chlf, Bzl
β-Hexabrom-cyclo-hexan [V, 25]	$C_6H_6Br_6$	557,57 —	253 —	Krist. (Bzl); wl. in Chlf, Bzl, unl. in Al, Ä
Hexabromlinolensäure s. Linolensäure-hexabromid				

Name und Literatur	Formel	Mol.-Gew. Dichte		F in °C Kp. in °C		Charakteristik
Hexacendion-(6,15) [Ber. **75**, 1283]		358,40 —		295…310 —		Gelbor. Krist.; mit $H_2SO_4 \rightarrow$ grün $\rightarrow$ blaugrün
Hexachloräthan [E 2 I, 58]	$CCl_3 \cdot CCl_3$	236,74 2,091		185 subl.		Tafeln (Al + Ä); Umwandlungen rhombisch $\xrightarrow{46°}$ triklin $\xrightarrow{71°}$ regulär; swl. in W, l. in Al, Ä; narkotisch; toxische Wirkung; MAK: 5 cm³/m³
Hexachloranthracen [E 1 V, 326]	$C_{14}H_4Cl_6$	384,91 —		* —		* 1) F: 280°; Krist.; wl. in Chlf; 2) F: 225°; gelbe Krist. (Chlf oder CCl_4)
Hexachlorbenzol [E 2 V, 157]	C_6Cl_6	284,78 2,044²³ *		229,5 322,2		Prismen (Bzl + Al); unl. in W, k. Al, swl. in sied. Al, zll. in Bzl, Chlf, Ä; 2,023 CS₂ 16,5°; leicht subl.; * D³⁰⁶: 1,4624
dl-α-Hexachlor-cyclo= hexan [E 2 V, 11]		290,83 —		153…4 187…96/₂₅		Krist.; unl. in W, l. in Al, Ä; 6,6 Chlf 15°; 5,7 Bzl 18°; Wdampfflch.; mit alkohl. KOH $\rightarrow$ 1,2,4-Trichlorbzl. neben 1,2,3- und 1,3,5-Trichlorbzl.; unsymmetrische Struktur und in optische Antipoden trennbar; Konformation: e, e, e, e, a, a (Z. Natf. **10**b, 605)

β-Hexachlor-cyclohexan [E 2 V, 11]		290,83 1,89[11]	298...300 subl.	Krist. (Xylol); unl. in W, swl. in Al; 1,1 Bzl 22°; 0,2 Chlf 20°; 0,29 Eg 15,6°; stabilste Form, am schwersten löslich in org. Lösm. und am leichtesten flch.; Konformation e, e, e, e, e, e (Z. Natf. **10**b, 605)
γ-Hexachlor-cyclohexan [E 1 V, 8]		290,83 —	112...3,8 187...196/$_{25}$	Rauten oder breite Nadeln (Ä oder Eg 80%); unl. in W, zers. mit alkohol. KOH; wichtiges Insekticid; „Gammexan, Lindan"; Konformation: e, e, e, a, a, a (Z. Natf. **10**b, 605)
δ-Hexachlor-cyclohexan [E 1 V, 8]		290,83 —	136...7 187...196/$_{25}$	Krist. (CCl_4 + Al); zll. in org. Lösm., sll. in Ä; swl. in k. HNO_3; Konformation: e, e, e, e, e, a (Z. Natf. **10**b, 605)
ε-Hexachlor-cyclohexan [Z. Natf. **10**b, 605]		290,83 —	216...7 —	Krist. Konformation: e, e, a, e, e, a
ζ-Hexachlor-cyclohexan [Z. Natf. **6**b, 410]		290,83 —	146 92...96/$_{0,8}$	Krist. (Me); Darst. aus Cyclohexan + Cl_2; Kochen mit Zn-staub → 1,4-Dichlor-cyclohexadien
1,2,3,4,10,10-Hexachlor-6,7-epoxy-1,4,4a,5,6,7,8,8a-octahydro-1,4,5,8-diendomethylen-naphthalin s. Dieldrin				
1,2,3,4,10,10-Hexachlor-1,4,4a,5,8,8a-hexahydro-1,4,5,8-diendomethylen-naphthalin s. Aldrin				
1,1,1,2,3,3-Hexachlor-propan [E 1 I, 35]	$CCl_3 \cdot CHCl \cdot CHCl_2$	250,77 1,6980[34]	— 145/$_{90}$	n_D^{17} 1,5250. Fl.
1,1,2,2,3,3-Hexachlor-propan [E 1 I, 35]	$CHCl_2 \cdot CCl_2 \cdot CHCl_2$	250,77 1,7137[34]	— 218,5	n_D^{18} 1,5262. Fl.
Hexadecan s. Cetan				

Name und Literatur	Formel	Mol.-Gew. Dichte	F in °C Kp. in °C	Charakteristik
Hexadecanol-(1) s. Cetylalkohol				
α-Hexadecen s. Ceten-(1)				
Hexadecyl- s. Cetyl-				
Hexadecylaldehyd s. Palmitinaldehyd				
Hexadien-(1,2) [E 2 I, 229]	$CH_3 \cdot CH_2 \cdot CH_2 \cdot CH : C : CH_2$	82,15 0,7198[17]	— 78...9	n_α^{17} 1,4246, n_D^{17} 1,4298, n_β^{17} 1,4353. Fl.
Hexadien-(1,3) [E 2 I, 229]	$CH_3 \cdot CH_2 \cdot CH : CH \cdot CH : CH_2$	82,15 0,7152[13]	— 72...5	n_D^{12} 1,4416. Fl.
Hexadien-(1,5) s. Diallyl				
Hexadien-(2,4) [E 2 I, 230]	$CH_3 \cdot CH : CH \cdot CH : CH \cdot CH_3$	82,15 0,7237[15]	— 82	n_α^{15} 1,4496, n_D^{15} 1,4542, n_β^{15} 1,4665. Fl.
Hexadienol s. Sorbinalkohol				
Hexafluor-äthan [E 3 I, 132]	$F_3C \cdot CF_3$	138,01 *	— — 78,3	Verschiedene Modifikationen; F: — 94°; * Dichte am Kp: 1,607; swl. in W; 100 ml Al lösen bei 14° 28,3 ml; kritische Temp. + 19,7°
Hexafluor-benzol [Nature 180, 199]	C_6F_6	186,06 1,6184[20]	5,29 80	n_D^{20} 1,3777. Fl.; mit Cl_2 im geschl. Rohr und UV-Bestrahlung → $C_6F_6Cl_6$, F: 101...2°, Kp: 137°/$_{30}$
Hexahydro-benzaldehyd s. Cyclohexylaldehyd				
Hexahydrobenzol- s. u. Cyclohexan-				
Hexahydrocumol s. Isopropyl-cyclohexan				
1,2,3,5,6,7-Hexahydro-naphthalin [E 2 V, 330]		134,22 0,9725[20]	— 75...6/$_8$	n_D^{20} 1,5322. Dekalinähnlich riechendes Öl; färbt HNO_3 (D = 1,4) erst rosa, dann viol.
Hexahydro-salicylsäure s. Cyclohexanol-(1)-carbonsäure-(2)				

Verbindung	Formel	Mol-Gew. / Dichte	F / Kp	Eigenschaften
Hexahydro-1,3,5-tri= propionyl-triazin [Org. Syntheses 30, 51]	$CO \cdot C_2H_5$ / $H_5C_2 \cdot OC \cdot N$ / $N \cdot CO \cdot C_2H_5$ (Struktur)	255,31 / —	173,2...4,1 / —	Krist. (Al)
1,2,3,5,6,7-Hexahydr= oxy-anthrachinon [E 2 VIII, 604]	(Struktur)	304,22 / —	— / subl. Z	Rote Krist.; unl. in W, Chlf, wl. in Al, Ä, ll. in Aceton; mit konz. KOH → blaue Färbung; „Rufigallussäure"
1,2,4,5,6,8-Hexahydr= oxy-anthrachinon [VIII, 569]	$C_{14}H_8O_8$	304,22 / —	— / —	Grüne Krist. (Eg); l. in NaOH → viol. Färbung; l. in H_2SO_4 → blaurote Färbung; „Anthracenblau WR"
Hexahydroxybenzol [E 2 VI, 1161]	$C_6(OH)_6$	174,11 / —	Z 200 / —	Nadeln (W + HCl); wl. in k. W, Al, Ä, Bzl; leicht oxidierbar; Hexa= acetat F: 205°
Hexahydroxybenzol- kalium [VI, 1199]	$C_6(OK)_6$	402,68 / —	— / —	Mattgraue Masse; expl.; wird von Al ruhig zers.
Hexaisobuten [E 2 I, 181]	$C_{24}H_{48}$	336,65 / 0,8340	— / 158...61/$_{2,5}$	n_α^{20} 1,4657, n_D^{20} 1,4684, n_β^{20} 1,4746. Zähe Fl.
Hexajodbenzol [E 2 V, 169]	C_6J_6	833,49 / —	340...50 Z / —	Unl. in den gebr. Lösm.
Hexakosan [E 2 I, 143]	$CH_3 \cdot [CH_2]_{24} \cdot CH_3$	366,72 / 0,7555^{100}	57 / 268/$_{15}$	Krist.; l. in h. Al, Bzl, 3,5 Chlf 15°

Hexakosanol s. Cerylalkohol

Hexaldehyd s. Capronaldehyd

Hexalin s. Cyclohexanol

Hexamethylaceton s. Di-tert.-butyl-keton

Name und Literatur	Formel	Mol.-Gew. Dichte	F in °C Kp. in °C	Charakteristik
Hexamethylbenzol [E 2 V, 341]	$C_6(CH_3)_6$	162,28 $1,072^0$	165 264	Prismen; Kp: $162°/_{55}$; unl. in W; 4,19 sied. Al; ll. in Ä, Bzl, l. in Toluol; 1,58 Al 0°
Hexamethylen s. Cyclohexan				
Hexamethylen-chlor= hydrin [Org. Syntheses III, 446]	$HO \cdot [CH_2]_6 \cdot Cl$	136,61 —	— $100...4/_9$	n_D^{20} 1,4551...1,4557. Fl.
Hexamethylendiamin [E 2 IV, 710]	$H_2N \cdot [CH_2]_6 \cdot NH_2$	116,21 —	39...40 204...5 *	Seidenglänzende Kristallblätter; * Kp auch 196°, $100°/_{20}$; pyridinart. Geruch; ll. in W, wl. in Al, Bzl; subl. in langen Nadeln; zieht W und CO_2 an; ·2HCl Nadeln (Al + Ä), F: 248°
Hexamethylen-dicyanid [E 3 II, 1768]	$NC \cdot [CH_2]_6 \cdot CN$	136,20 $0,940^{22}$	— 4 $197...9/_{23}$	n_D^{22} 1,4448; mit Harnstoff Einschluß-verbindung
Hexamethylen-diiso= cyanat [Org. Syntheses 31, 62]	$OCN \cdot [CH_2]_6 \cdot NCO$	168,20 $1,0528^{20}$	— $108...11/_5$	n_D^{20} 1,4585. Fl.
Hexamethylenglykol s. Hexandiol-(1,6)				
Hexamethylen-tetramin [E 2 I, 648]	(Strukturformel)	140,19 —	Z —	Krist.; subl. im Vak.; 81,3 W 12°; 3,2 Al 12°; 8,1 Chlf 12°; swl. in Ä

Hexamin s. Hexanitro-diphenylamin

Hexan [E 2 I, 105]	$CH_3 \cdot [CH_2]_4 \cdot CH_3$	86,18 $0,6638^{15}$	$-93,5$ 68,8	n_α^{15} 1,37596, n_D^{15} 1,37787, n_β^{15} 1,38256. Fl.; l. in Al, Ä; MAK: 500 cm³/m³
Hexandicarbonsäure s. Korksäure				
Hexan-diol-(1,6) [E 2 I, 551]	$HO \cdot [CH_2]_6 \cdot OH$	118,18 —	42 250	Nadeln (W); Kp: 136...8°/₁₁; l. in W, Al, wl. in sied. Ä; mit überhitztem Wdampfflch.
Hexandion-(2,5) s. Acetonyl-aceton				
Hexanitroäthan [E 2 I, 71]	$(O_2N)_3C \cdot C(NO_2)_3$	300,06 —	142 —	Krist.; unl. in W, wl. in k. Al, ll. in Ä, Chlf, Bzl; ziemlich unempfindlich gegen Stoß, Schlag, Reibung
2,4,6,2',4',6'-Hexanitro- diphenylamin [E 2 XII, 422]	$(O_2N)_3C_6H_2 \cdot NH \cdot C_6H_2(NO_2)_3$	439,21 —	243...4 Z —	Gelbe Prismen (Eg); unl. in W, Al, Ä, Bzl, wl. in Aceton, ll. in Eg; ver- ursacht auf der Haut Entzündungen; „Hexamin", „Dipikrylamin"
Hexanol-(1) [E 2 I, 436]	$CH_3 \cdot [CH_2]_5 \cdot OH$	102,18 $0,8153^{25}$	E — 51,6 155,8	n_D^{20} 1,4191. Fl.; wl. in W, l. in Al, Ä; Phenylurethan F: 42°
dl-Hexanol-(2) [E 2 I, 437]	$CH_3 \cdot [CH_2]_3 \cdot CH(OH) \cdot CH_3$	102,18 $0,8159^{20}$	— 139...9,5	n_α^{15} 1,4138, n_D^{15} 1,4158, n_β^{15} 1,4211. Fl.; swl. in W, l. in Al, Ä
dl-Hexanol-(3) [E 2 I, 438]	$CH_3 \cdot CH_2 \cdot CH_2 \cdot CH(OH) \cdot CH_2 \cdot CH_3$	102,18 $0,81825^{20}$	— 135	Fl.; swl. in W, l. in Al, Ä
Hexanon-(2) [E 2 I, 745]	$CH_3 \cdot [CH_2]_3 \cdot CO \cdot CH_3$	100,16 $0,8174^{15}$	E — 56,9 127,2	Fl.; wl. in W, ∞ Al, Ä; techn. Lösm.; Semicarbazon F: 121°; MAK: 410 mg/m³
Hexanon-(3) [E 2 I, 746]	$CH_3 \cdot CH_2 \cdot CH_2 \cdot CO \cdot CH_2 \cdot CH_3$	100,16 $0,81491^{22}$	— 123...3,5	n_α^{22} 1,39683, n_D^{22} 1,39899, n_β^{22} 1,40402. Fl.; wl. in W, ∞ Al, Ä; Semicarbazon F: 98...9°
Hexa-oxy s. Hexahydroxy				
Hexaphenyläthan s. Triphenylmethyl				

Name und Literatur	Formel	Mol.-Gew. Dichte	F in °C Kp. in °C	Charakteristik
Hexaphenyl-benzol [Ber. **93**, 110]	$C_6(C_6H_5)_6$	534,71 —	425...30 —	Krist. (1-Methyl-naphthalin); swl. in org. Lösm.
Hexatriakontan [E 2 I, 148]	$CH_3 \cdot [CH_2]_{34} \cdot CH_3$	506,99 $0,7819^{77}$	76 $265/_1$	Krist.; swl. in Al, Ä, Chlf, k. Bzl, ll. in h. Bzl
Hexen-(1) [E 2 I, 191]	$CH_3 \cdot [CH_2]_3 \cdot CH : CH_2$	84,16 $0,6788^{15}$	−140...−139 63,35	$n_\alpha^{14,9}$ 1,3885, $n_\beta^{14,9}$ 1,3967. Fl.
Hexen-(2) [E 2 I, 192]	$CH_3 \cdot CH_2 \cdot CH_2 \cdot CH : CH \cdot CH_3$	84,16 $0,6863^{15}$	E − 144,5 68,1	n_α^{15} 1,3956, n_D^{15} 1,3981, n_β^{15} 1,4044. Fl.
Hexen-(3) [E 3 I, 806]	$C_2H_5 \cdot CH : CH \cdot C_2H_5$	84,16 $0,6783^{20}$	— 66,7	Bildung beim Cracken von Petroleum; *cis*: F: −137,8°; Kp: 66,4°; D^{20}: 0,6796; n_D^{20} 1,3947; *trans*: F: −113,4°; Kp: 67,08°; D^{20}: 0,6772; n_D^{20} 1,3943
Δ 2-Hexenal [E 1 I, 382]	$CH_3 \cdot CH_2 \cdot CH_2 \cdot CH : CH \cdot CHO$	98,15 $0,8470^{17,9}$	— $47...8/_{17}$	$n_\alpha^{17,9}$ 1,44235, $n_D^{17,9}$ 1,44602, $n_\beta^{17,9}$ 1,45559. Fbl., scharf riechendes Öl
dl-Hexen-(1)-ol-(3) [E 2 I, 485]	$CH_3 \cdot CH_2 \cdot CH_2 \cdot CH(OH) \cdot CH : CH_2$	100,16 $0,8347^{22}$	— 133,5...4,0	n_D^{26} 1,4216. Fl.
Hexen-(1)-on-(5) s. Allyl-aceton				
Hexin-(1) [E 2 I, 228]	$CH_3 \cdot [CH_2]_3 \cdot C \vdots CH$	82,15 $0,7193^{15}$	− 124 71,35	n_α^{15} 1,3994, n_β^{15} 1,4076, n_γ^{15} 1,4125. Fl.
Hexin-(2) [E 2 I, 228]	$CH_3 \cdot CH_2 \cdot CH_2 \cdot C \vdots C \cdot CH_3$	82,15 $0,7352^{15}$	− 92 83,7...84,0	n_α^{15} 1,4140, n_β^{15} 1,4226, n_γ^{15} 1,4278. Fl.
Hexin-(3) [E 2 I, 229]	$CH_3 \cdot CH_2 \cdot C \vdots C \cdot CH_2 \cdot CH_3$	82,15 $0,724^{20}$	− 51 $79...80/_{770}$	n_D^{20} 1,4115. Fl.

Name	Formel	Mol.-Gew. / D	F / Kp	Eigenschaften
Hexogen [J. Am. Chem. Soc. **47**, 2754]	$O_2N \cdot N$—$N \cdot NO_2$ (Ring; $N \cdot NO_2$)	222,12 / —	203...5 / —	Krist. (Aceton); sehr expl.; unl. in W, CCl_4, CS_2, wl. in Me, Ä, Egester, l. in Al, Aceton
n-Hexyl-acetylen s. Octin-(1)				
n-Hexylamin [E 2 IV, 649]	$CH_3 \cdot [CH_2]_5 \cdot NH_2$	101,19 / $0{,}763^{25}$	—19 / 129	n_D^{17} 1,4255. Fl.; $\cdot$HCl Blättchen, F: 219°
n-Hexyl-benzol [E 2 V, 337]	$C_6H_5 \cdot [CH_2]_5 \cdot CH_3$	162,28 / $0{,}8639^{15}$	—66,8 / 227,35	n_D^{15} 1,4913
n-Hexylbromid [E 2 I, 109]	$CH_3 \cdot [CH_2]_6 \cdot CH_2Br$	165,07 / $1{,}1763^{20}$	— / 153,2...3,5	n_α^{20} 1,44520, n_D^{20} 1,44778, n_β^{20} 1,45402. Fl.; unl. in W, l. in Al, Ä
n-Hexylchlorid [E 2 I, 109]	$CH_3 \cdot [CH_2]_4 \cdot CH_2Cl$	120,62 / $0{,}87551^{20}$	— / 134...5	n_α^{20} 1,41731, n_D^{20} 1,41944, n_β^{20} 1,42464. Fl.; unl. in W, l. in Al, Ä; riecht angenehm
n-Hexylcyanid s. Önanthsäurenitril				
Hexylenglykol s. 2-Methyl-pentandiol-(2,4)				
n-Hexylfluorid [E 3 I, 387]	$CH_3 \cdot [CH_2]_4 \cdot CH_2F$	104,16 / $0{,}8002^{20}$	— / 93,1	
n-Hexyljodid [E 2 I, 110]	$CH_3 \cdot [CH_2]_4 \cdot CH_2J$	212,07 / $1{,}4387^{20}$	— / 180	n_α^{20} 1,48929, n_D^{20} 1,49290, n_β^{20} 1,50183. Fl.; unl. in W; Wdampfflch.
n-Hexyl-mercaptan [E 3 I, 1659]	$CH_3 \cdot [CH_2]_5 \cdot SH$	118,24 / $0{,}8424^{20}$	—80 / 151,5	n_D^{20} 1,4496. Fbl. Fl. von durchdringendem Geruch; Hexyl-(2,4-dinitrophenyl-)sulfid F: 74°; $Hg(SC_6H_{23})_2$ Krist. (Bzl), F: 58°
4-n-Hexyl-resorcin [E 2 VI, 904]	$CH_2 \cdot [CH_2]_4 \cdot CH_3$ (Resorcinring, HO—, —OH)	194,26 / —	67...8 / 333...5 g. Z	Nadeln (Bzl oder PÄ); Kp: 198...200°/$_{14}$; ll. in Al, Ä, Chlf, Aceton, wl. in PÄ; 0,05 W 18°; baktericide Wirkung
Hexylsäure s. Capronsäure				

Name und Literatur	Formel	Mol.-Gew. Dichte	F in °C Kp. in °C	Charakteristik
Hippursäure [E 2 IX, 174]	$C_6H_5 \cdot CO \cdot NH \cdot CH_2 \cdot CO_2H$	179,18 1,308	190...1 —	Prismen (W oder Al); 0,39 W 20°, ll. in h. W, h. Al, swl. in Bzl
Histamin [E 1 XXV, 629]	$H_2N \cdot CH_2 \cdot CH_2$—	111,15 —	83...4 209...10/18	Zerfl. Nadeln (Chlf); swl. in Ä, wl. in k. Chlf, ll. in sied. Chlf, sll. in W, Al; giftig
L-Histidin [E 1 XXV, 714]	$HO_2C \cdot CH(NH_2) \cdot CH_2$—	155,16 —	Z 285...7 —	Krist. (W oder verd. Al); unl. in Ä; swl. in Al, l. in W; $[\alpha]_D^{26}$: − 38,1° (W)
Holzgeist s. Methanol Holzzucker s. D-Xylose Homobrenzcatechin s. 4-Methyl-brenzcatechin Homogentisinsäure s. 2,5-Dihydroxy-phenylessigsäure Homoguajacol s. 4-Methylbrenzcatechin-2-methyläther				
Homophthalsäure [E 2 IX, 617]		180,16 —	179...80 * —	Krist. (Eg + H_2O); unl. in Chlf, Bzl, wl. in Ä, l. in h. W, ll. in Al; * → Anhydrid
Homophthalsäure-anhydrid [Org. Syntheses III, 450]		162,15 —	140...1 —	Krist. (Bzl); subl., swl. in Ä, sll. in Chlf
Homopiperonylamin [E 2 XIX, 343]		165,19 1,225^{20}	— 145/17	n_D 1,5620. Öl; Pikrat F: 175°
Homopterocarpin [E 2 XIX, 100]		284,31 —	88...9 Z	Krist. (Al, CS_2 oder PÄ + Me); wl. in Al, PÄ, l. in Eg, ll. in Ä, Aceton, Chlf, CS_2, Egester; $[\alpha]_D^{20}$: − 216,3° (Chlf)

Homosalicylaldehyd s. 2-Hydroxy-m-toluylaldehyd

Homosalicylsäuren s. Hydroxy-toluylsäuren

Name	Formel	Mol.-Gew. / d	F / Kp	Eigenschaften
Homovanillin [E 1 VIII, 619]	$CH_2 \cdot CHO$ (Benzolring mit OCH_3, OH)	166,18 —	50...0,5 116...8/$_{0,4}$	Vanilleähnlicher Geruch; p-Nitro-phenylhydrazon F: 154,5°
Homoveratrumsäure [Org. Syntheses II, 333]	$CH_2 \cdot CO_2H$ (Benzolring mit OCH_3, OCH_3)	196,20 —	98 —	Krist. (Bzl + Lg); zll. in W, sll. in Al, Ä
Hordenin [E 2 XIII, 356]	$HO-$ (Benzolring) $-CH_2 \cdot CH_2 \cdot N(CH_3)_2$	165,24 —	118 173...4/$_{11}$	Nadeln (W); subl.; swl. in k. PÄ, Xylol, wl. in Bzl, Toluol, l. in W, ll. in Al, Chlf
H-Säure s. 8-Amino-naphthol-(1)-disulfosäure-(3,6)				
Hydantoin [E 1 XXIV, 287]	(Hydantoinring)	100,08 —	220...1 —	Blättchen (W); swl. in Ä; 40 sied. W; 1,7 sied. Al
Hydantoinsäure [E 2 IV, 792]	$H_2N \cdot CO \cdot NH \cdot CH_2 \cdot CO_2H$	118,09 —	160...1 Z 179...80	Krist.; 3,1 W 20°, 0,4 Al 20°, swl. in Ä
Hydracrylsäure [E 2 III, 212]	$HOCH_2 \cdot CH_2 \cdot CO_2H$	90,08 —	— Z *	Sirup; stark sauer; l. in W; * → Acryl=säure + W; $NaC_3H_5O_3$ Krist., F: 143°, l. in Al 95%; O-Methyl-methyl=ester Kp: 144...5°; Hydracrylsäure-äthylester Kp: 187°
Hydracrylsäurenitril [E 2 III, 213]	$HOCH_2 \cdot CH_2 \cdot CN$	71,08 1,0588^0	— 110/$_{15}$	Fl.; ∞ W, Al; 1,8 Ä 15°; unl. in CS_2

32*

Name und Literatur	Formel	Mol.-Gew. Dichte	F in °C Kp. in °C	Charakteristik
Hydrastin [E 1 XXVII, 555]		383,40 —	135 —	Gelbe Krist. (Al); 0,003 W 20°, 0,83 Al 15°, 0,47 Ä 15°, 0,004 PÄ 15°, 5,6 Bzl 15°; $[\alpha]_D$: — 49,8° (Al)
Hydrastinin [E 1 XXVII, 447]		207,23 —	117 —	Nadeln (PÄ oder Lg); l. in h. W, sll. in Al, Ä, Chlf; Lsgg. in W und Al gelb fluoresz.; Pikrat F: 173°
Hydrastsäure [E 2 XIX, 304]		210,14 —	175 Z Z *	Säulen oder Nadeln (W); 0,6 W 15°; swl. in Chlf, Lg, l. in Ä, Aceton, Egester, zll. in h. W, sll. in Me, Al; * → Anhydrid
Hydratropasäure [E 2 IX, 348]	$C_6H_5 \cdot CH(CH_3) \cdot CO_2H$	150,18 $1,1^0$	< — 20 260...2	Fl.; wl. in W; Wdampfflch.
Hydrazin-acetat s. Essigsäurehydrazid				
Hydrazin-benzoat s. Benzoesäure-hydrazid				
Hydrazincarbonsäure- äthylester [Org. Syntheses III, 404]	$NH_2 \cdot NH \cdot CO_2C_2H_5$	104,11 —	51...2 $92...5/_{13}$	Krist.; Chlorhydrat: Blättchen, F: 129°; ll. in W, Al
Hydrazin-Gelb s. Tartrasin				
2-Hydrazino-benzoe= säure [E 2 XV, 295]		152,15 —	250...1,5 Z *	Bräunliche Krist. (Al); wl. in Al, Ä, l. in h. W; * → Anhydrid: Indazolon
4-Hydrazino-benzoe= säure [E 2 XV, 297]	$HO_2C \cdot C_6H_4 \cdot NH \cdot NH_2$	152,15 —	220...5 Z —	Nadeln oder Platten (W); l. in h. W, swl. in k. W

Name	Formel	Mol.-Gew.; Dichte	F; Kp	Eigenschaften
Hydrazinoessigsäure [E 1 IV, 562]	$H_2N \cdot NH \cdot CH_2 \cdot CO_2H$	90,08 —	152 Z —	Nädelchen; sll. in W, unl. in abs. Al, Ä, Bzl; Äthylester $\cdot$ HCl, F: 153°; ll. in W
Hydrazobenzol [E 2 XV, 52]	$C_6H_5 \cdot NH \cdot NH \cdot C_6H_5$	184,24 $1,158^{16}$	131 —	Tafeln (Al + Ä); swl. in W, Eg, wl. in Bzl, l. in Al; 5 Al 16°
Hydrazomethan s. N,N′-Dimethyl-hydrazin				
p,p′-Hydrazotoluol [E 2 XV, 234]	$[CH_3 \cdot C_6H_4 \cdot NH]_2$	212,30 —	134 Z *	Krist. (Al); Blättchen (Lg); ll. in Al, Ä, Bzl; * → p-Toluidin + p,p′-Azo= toluol
Hydrindan [E 2 V, 50]		124,30 $0,880^{20}$	— $62/_{21}$	$n_\alpha^{16,8}$ 1,4693, $n_D^{16,8}$ 1,4727, $n_\beta^{16,8}$ 1,4777. Fl.
Hydrinden [E 2 V, 376]		118,18 $0,9671^{15}$	— 176	$n_\alpha^{20,8}$ 1,5304, $n_D^{20,8}$ 1,5351, $n_\beta^{20,8}$ 1,5472. Fl.; Kp: 56...7°/$_{10}$; unl. in W, l. in Al, Ä
α-Hydrindon [E 2 VII, 283]		132,16 $1,0940^{44,5}$	42 243...5	$n_\alpha^{44,5}$ 1,5550, $n_D^{45,8}$ 1,561, $n_\beta^{44,8}$ 1,5766. Plättchen (PÄ); wl. in W, ll. in Al, Ä, Chlf; Wdampfflch.; Semicarbazon F: 235° (Z.)
β-Hydrindon [E 2 VII, 286]		132,16 $1,0712^{66,8}$	59...60 220...5 Z	$n_\alpha^{66,3}$ 1,5328, $n_D^{66,3}$ 1,538, $n_\beta^{66,3}$ 1,5496. Nadeln (Al oder Ä); swl. in W, ll. in Al, Ä, Aceton, Chlf; Wdampfflch.; zers.; Semicarbazon F: 218°
α-Hydrindyl-anilin [E 2 XII, 652]	NH $\cdot$ C$_6$H$_5$	209,29 $1,0910^{15}$	42...3 202...3/$_{15}$	n_D^{15} 1,6215. Stäbchen (Al); l. in Al, ll. in Ä, Chlf, sll. in Bzl, CS$_2$
Hydrobenzamid [E 2 VII, 166]	$C_6H_5 \cdot CH(N : CH \cdot C_6H_5)_2$	298,39 —	103 —	Nadeln (Bzl); unl. in W, ll. in Al, Ä

Name und Literatur	Formel	Mol.-Gew. Dichte	F in °C Kp. in °C	Charakteristik
Hydrobenzoin [E 2 VI, 967]	$C_6H_5 \cdot \overset{OH}{\underset{H}{C}} \cdot \overset{OH}{\underset{H}{C}} \cdot C_6H_5$	214,27 0,9271[134]	137...8 139/$_{0,023}$	Nadeln (Benzin); ll. in h. Al; 0,25 W 15°; 1,25 sied. W; unl. in Lg
dl-Hydrobenzoin [E 2 VI, 969]	$C_6H_5 \cdot \overset{OH}{\underset{H}{C}} \cdot \overset{H}{\underset{OH}{C}} \cdot C_6H_5$	214,27 —	119 133/$_{0,023}$	Nadeln (W oder Al); Tafeln (Ä); ll. in Al, Ä, Chlf; 0,19 W 15°; 1,25 sied. W; unl. in Lg
Hydrocarbostyril [E 2 XXI, 253]		147,18 —	165 201/$_{15}$	Prismen (Al oder Ä); swl. in W, ll. in Al, Ä, wl. in sied. NaOH
Hydrochelidonsäure s. Aceton-α,α′-di-essigsäure				
Hydrochinin [E 2 XXIII, 400]		326,44 —	172 —	Nadeln (Ä oder Chlf); wl. in W, ll. in Al, Ä, verd. Aceton, Chlf, CS$_2$; $[\alpha]_D^{20}$: − 142,2° (Al 95%)
Hydrochinon [E 2 VI, 832]		110,11 1,36	170 * 285/$_{730}$	Nadeln (W); * F auch 172,3°; 5,7 W 15°; ll. in h. W, Al, Ä; 0,02 Bzl; Verw. als Entwickler in der Photographie
Hydrochinon-diacetat [E 2 VI, 843]	$C_6H_4(O_2C \cdot CH_3)_2$	194,19 —	123 —	Tafeln (Al); Blättchen (W); ll. in Benzin, Ä, Chlf, h. Al, sied. Eg, wl. in sied. W

Name	Formel			Eigenschaften
Hydrochinon-diäthyl= äther [E 2 VI, 840]	$C_6H_4(OC_2H_5)_2$	166,22 —	72 —	Blättchen; anisart. Geruch; ll. in Al, Ä, Chlf, Bzl; Wdampfflch.
Hydrochinon-dibenzyl= äther [VI, 845]	$C_6H_4(OCH_2 \cdot C_6H_5)_2$	290,37 —	128 —	Krist. (Al); l. in 40 Teilen sied. Al; wl. in Ä, Egester
Hydrochinon-dicarbonsäure s. Dihydroxy-phthalsäure, Dihydroxy-terephthalsäure				
Hydrochinon-dimethyl= äther [E 2 VI, 839]	$C_6H_4(OCH_3)_2$	138,17 1,036[66]	56 212,6	Blätter; Kp: $109°/_{20}$; ll. in Al, Ä; l. in konz. H_2SO_4 mit gelber Farbe
Hydrochinon-mono= benzyläther [VI, 845]	$C_6H_4(OH)(OCH_2 \cdot C_6H_5)$	200,24 —	122 —	Krist. (W); l. in Al, Ä, Bzl
Hydrochinon-mono= methyläther [E 2 VI, 839]	$HO \cdot C_6H_4 \cdot OCH_3$	124,14 —	56 243	Blätter (W); l. in k. Bzl; nicht Wdampfflch.; mit $HNO_2 \rightarrow$ Chinon
Hydrochinonphthalein [XIX, 219]		332,32 —	232...4 —	Nadeln (Ä); swl. in h. W, Lg, wl. in h. Chlf, Bzl, ll. in Al, Ä, Aceton, Eg; l. in NH_4OH und verd. KOH viol.
Hydrocinchonin [E 1 XXIII, 126]		296,42 —	278 —	Prismen oder Schuppen (Al); 0,07 W 16°; 0,5 Al 20°; l. in sied. W; $[\alpha]_D^{12}$: $+ 192,1°$ (Al)

Name und Literatur	Formel	Mol.-Gew. Dichte	F in °C Kp. in °C	Charakteristik
Hydrocortison-acetat [Anal. Chem. **1955**, 1665]	(Formel)	404,51 —	224 —	Krist. (Aceton $+$ H_2O); $[\alpha]_D$: $+164°$ (Dioxan); wl. in den meisten org. Lösm.
Hydrocotoin s. 2-Hydroxy-4,6-dimethoxy-benzophenon				
Hydrocumarsäure s. 2-Hydroxy-phenyl-propionsäure				
Hydrojuglon s. 1,4,5-Trihydroxy-naphthalin				
Hydrophloron s. 2,5-Dimethylhydrochinon				
Hydrotoluchinon s. 2-Methylhydrochinon				
Hydrouracil [E 1 XXIV, 295]	(Formel)	114,10 —	276 subl.	Blättchen (W oder Al); swl. in k. W, Al, wl. in Ä; l. in 20 Teilen sied. W
Hydroxyaceton s. Acetol				
2-Hydroxy-acetophenon [E 2 VIII, 81]	(Formel)	136,15 $1,1378^{14}$	— 218	$n_\alpha^{13,8}$ 1,5550, $n_D^{13,8}$ 1,562, $n_\beta^{13,8}$ 1,5830. Öl; wl. in W, ∞ Al, Ä, Eg
3-Hydroxy-acetophenon [E 2 VIII, 84]	$HO \cdot C_6H_4 \cdot CO \cdot CH_3$	136,15 $1,099^{109}$	94 296	Krist. (W); ll. in Al, Ä, Chlf
4-Hydroxy-acetophenon [VIII, 87]	$HO \cdot C_6H_4 \cdot CO \cdot CH_3$	136,15 $1,109^{109,2}$	107 $147...8/_3$	Nadeln (Ä oder verd. Al); 1 W 22°; ll. in Al, Ä, l. in h. HCl
ω-Hydroxy-acetophenon s. Benzoylcarbinol				
1-Hydroxy-adamantan s. u. Adamantan				

4-Hydroxy-2-äthyl-chinazolin [XXIV, 170]	(Struktur)	174,20 / —	234 subl.	Nadeln (verd. Al oder Bzl); unl. in Lg, wl. in W, ll. in Al, Bzl; Pikrat F: 191…2°
β-[2-Hydroxyäthyl-mercapto-]propionitril [Org. Syntheses III, 458]	$HOCH_2 \cdot CH_2 \cdot S \cdot CH_2 \cdot CH_2 \cdot CN$	131,20 / —	178…80	n_D^{25} 1,5101. Fl.
β-Hydroxyäthyl-methyl-sulfid [Org. Syntheses II, 345]	$H_3C \cdot S \cdot CH_2 \cdot CH_2OH$	92,16 / —	68…70/20	Fl.
Hydroxy-amino- s. Amino-hydroxy				
Hydroxy-anilin s. Aminophenol				
Hydroxy-anthracen s. Anthranol bzw. Anthrol				
1-Hydroxy-anthrachinon [E 1 VIII, 650]	(Struktur)	224,22 / —	193 subl.	Gelbe Nadeln (Al); swl. in W, l. in Al, Ä
2-Hydroxy-anthrachinon [E 1 VIII, 658]	$C_{14}H_8O_3$	224,22 / —	306 subl.	Gelbe Krist. (Al); swl. in W, zll. in Al, Ä
2-Hydroxy-azobenzol [XVI, 90]	$HO \cdot C_6H_4 \cdot N : N \cdot C_6H_5$	198,22 / —	82,5…3	Or.rote Nadeln (Ä); wl. in W, l. in Al, Ä; Wdampfflch.
3-Hydroxy-azobenzol [XVI, 94]	$HO \cdot C_6H_4 \cdot N : N \cdot C_6H_5$	198,22 / —	116…7	Gelbe Stäbchen (Bzl); 0,08 sied. W; wl. in h. Lg, ll. in Al, Ä, Bzl
4-Hydroxy-azobenzol [E 2 XVI, 38]	$HO \cdot C_6H_4 \cdot N : N \cdot C_6H_5$	198,22 / —	152 Z / 220…30/20	Or. Prismen (Al); 0,009 W 20°; 0,08 sied. W; sll. in Al, Ä
6-Hydroxy-azobenzol-carbonsäure-(3) [XVI, 255]	$C_6H_5 \cdot N : N \cdot C_6H_3(OH) \cdot CO_2H$	242,24 / —	220	Gelbe Krist. (Al oder Eg); wl. in h. Lg, Bzl, ll. in h. Al, Ä, Chlf, Eg

Name und Literatur	Formel	Mol.-Gew. Dichte	F in °C Kp. in °C	Charakteristik
2-Hydroxybenzal-acetophenon [E 2 VIII, 218]	—CO·CH:CH— (mit OH in 2-Stellung)	224,26 —	153...5 —	Gelbe Blättchen (Al); sll. in Al, wl. in Chlf, swl. in CS_2; Acetat (Al), F: 68...9°
4-Hydroxybenzal-acetophenon [E 2 VIII, 218]	—CO·CH:CH—OH	224,26 —	182...3,5 —	Gelbliche Krist. (Bzl); l. in NaOH tiefgelb
2-Hydroxy-benzaldehyd s. Salicylaldehyd				
3-Hydroxy-benzaldehyd [E 2 VIII, 52]	$HO \cdot C_6H_4 \cdot CHO$	122,12 —	106 $168/_{17}$	Nadeln (W); 2,8 W 43°; ll. in Al, Ä; Phenylhydrazon F: 147°
4-Hydroxy-benzaldehyd [E 2 VIII, 63]	$HO \cdot C_6H_4 \cdot CHO$	122,12 $1,129^{130}$	116 subl.	Nadeln (W); wl. in k. W; 1,3 W 30°; ll. in Al, Ä; 3,8 Bzl 65°; Phenyl=hydrazon F: 184°
2-Hydroxy-benzanthron [E 2 VIII, 237]		246,27 —	304 —	Krist.; l. in verd. Sodalsg. → gelbe Färbung, grünlich fluoresz.
Bz 2-Hydroxy-benz=anthron [E 2 VIII, 243]		246,27 —	298 —	Gelbe Nadeln (Benzylal.); l. in Alk → gelbe Färbung

Name [Referenz]	Formel	Mol.-Gew. / D, n	F / Kp	Eigenschaften
4-Hydroxy-benzanthron [E 2 VIII, 238]	(Struktur: Benzanthron mit OH und O)	246,27 / —	178…9 / —	Gelbe Nadeln (Eg); Verw. zur Herstellung von Küpenfarbstoffen
2-Hydroxy-benzoesäure s. Salicylsäure				
3-Hydroxy-benzoesäure [E 2 X, 79]	$HO \cdot C_6H_4 \cdot CO_2H$	138,12 / 1,463[20]	202 / —	Prismen (Al); 0,7 W 15°; 4,0 W 50°; l. in Ä, ll. in h. W, h. Al; Amid F: 167°; Methylester F: 69°, Kp: 180°/709; Methyläther-säure F: 109°, Kp: 170…2°/10; Acetat F: 125°
4-Hydroxy-benzoesäure [E 2 X, 89]	$HO \cdot C_6H_4 \cdot CO_2H$	138,12 / 1,468	214…5 / —	Krist. (Al); 0,44 W 15°; 33,5 W 100°; 38,75 Al 67°; unl. in CS_2, sll. in Al; Amid F: 162° (verliert bei 100° 1 H_2O)
2-Hydroxy-benzonitril [E 2 X, 60]	(Struktur: Benzol mit CN und OH, ortho)	119,12 / 1,1052[99]	98 / —	$n_\alpha^{99,6}$ 1,5372. Trimerisiert leicht zu 2,4,6-Tris-(2-hydroxyphenyl)-1,3,5-triazin; Methyläther Kp: 146°/20; $D^{20,4}$: 1,1063; $n_D^{20,5}$ 1,5418
3-Hydroxy-benzonitril [E 2 X, 82]	$HO \cdot C_6H_4 \cdot CN$	119,12 / —	82 / —	Krist. (W); destillierbar; sll. in Al, Ä; schmeckt süß, beizend; Methyläther Kp: 111…2°/12
4-Hydroxy-benzonitril [E 2 X, 101]	$HO \cdot C_6H_4 \cdot CN$	119,12 / —	113 / —	Krist. (W); ll. in Al, Ä, Chlf; Methyläther F: 60…2°; Kp: 240°
2-Hydroxy-benzophenon [E 2 VIII, 182]	(Struktur: Benzophenon mit OH, ortho)	198,22 / —	39 / 175/14	Blättchen (verd. Al); unl. in W, ll. in Al, Ä, Bzl; Wdampfflch.; Oxim F: 133…4°
3-Hydroxy-benzophenon [E 2 VIII, 184]	$C_6H_5 \cdot CO \cdot C_6H_4 \cdot OH$	198,22 / —	116 / —	Krist. (Al); ll. in Al, Ä; α-Oxim F: 76°; β-Oxim F: 126°; Methyläther F: 38°

Name und Literatur	Formel	Mol.-Gew. Dichte	F in °C Kp. in °C	Charakteristik
4-Hydroxy-benzophenon [E 2 VIII, 184]	$C_6H_5 \cdot CO \cdot C_6H_4 \cdot OH$	198,22 —	135 $261/_{24}$	Blättchen (verd. Al); unl. in Benzin, l. in Bzl, Nitrobzl, ll. in Al, Ä, Aceton
1-Hydroxy-benztriazol [XXVI, 41]		135,13 —	157 —	Nadeln (W oder verd. Al); swl. in Ä, Chlf, Bzl, wl. in k. W, ll. in h. W, Al, Eg
2-Hydroxy-benzylalkohol s. Salicylalkohol				
3-Hydroxy-benzyl= alkohol [E 2 VI, 881]	$HO \cdot C_6H_4 \cdot CH_2OH$	124,14 —	73 ca 300 Z	Krist. (Bzl); ll. in Al, Ä, h. W, wl. in Chlf; wss. Lsg. mit $FeCl_3 \rightarrow$ blaue Färbung
4-Hydroxy-benzyl= alkohol [E 2 VI, 882]	$HO \cdot C_6H_4 \cdot CH_2OH$	124,14 —	124 —	Prismen und Nadeln (W); ll. in Al, Ä, W, wl. in Bzl, swl. in Chlf, Lg; l. in konz. $H_2SO_4 \rightarrow$ rotviol. Färbung
2-Hydroxy-benzylamin [E 2 XIII, 322]	$HO \cdot C_6H_4 \cdot CH_2 \cdot NH_2$	123,16 —	129 subl.	Krist. (Al + PÄ); unl. in Lg, l. in W, Al, Ä, Alk
dl-Hydroxybiotin [Vogel II (2), 40]		260,31 —	206...8 —	Krist. (W); Methylester F: 114...6°
3-Hydroxy-butanon-(2) s. Acetoin				
γ-Hydroxy-buttersäure [E 2 III, 222]	$HO \cdot [CH_2]_3 \cdot CO_2H$	104,11 —	< − 17 Z *	Fl.; unbeständig; * → Butyrolacton + W
l-β-Hydroxy-buttersäure [E 2 III, 218]	$CH_3 \cdot CH(OH) \cdot CH_2 \cdot CO_2H$	104,11 —	49...50 Z *	Krist.; $[\alpha]_D^{25}$: − 24,5° (W, c = 5); sehr hygr.; ll. in W, Al, Ä, unl. in Bzl; * → Crotonsäure + W

dl-α-Hydroxy-butter=säure [E 2 III, 216]	$C_2H_5 \cdot CH(OH) \cdot CO_2H$	104,11 1,125[20]	43...4 225...60 *	Krist.; Kp: 140°/14; l. in Ä, * Z. und Anhydridbildung
dl-β-Hydroxy-butter=säure [E 2 III, 220]	$CH_3 \cdot CH(OH) \cdot CH_2 \cdot CO_2H$	104,11 —	— ~130/12	Zäher, hygr. Sirup; Wdampfflch.; zers. bei Dest.
β-Hydroxy-buttersäure-äthylester [E 2 III, 221]	$CH_3 \cdot CH(OH) \cdot CH_2 \cdot CO_2C_2H_5$	132,16 1,017[20]	— 184...5	n_D^{20} 1,4182. Fl.; l. in W
γ-Hydroxy-buttersäure-lacton s. Butyro-lacton				
β-Hydroxybutyraldehyd s. Aldol				
Hydroxy-chalkon s. Hydroxybenzal-acetophenon				
Hydroxy-chinaldin s. Hydroxy-2-methyl-chinolin				
2-Hydroxy-chinolin [E 2 XXI, 51]		145,16 —	199...200 subl.	Prismen (Al); swl. in k. W, ll. in Al, Ä
3-Hydroxy-chinolin [E 1 XXI, 220]	$NC_9H_6 \cdot OH$	145,16 —	198 —	Krist. (verd. Al); swl. in k. W, l. in Al, Ä, Chlf, ll. in h. Bzl, Toluol
4-Hydroxy-chinolin [E 2 XXI, 53]	$NC_9H_6 \cdot OH$	145,16 —	201 > 360 Z	Nadeln $\cdot 3H_2O$ (W); 0,48 W 15°; wl. in Ä, PÄ, Bzl, ll. in h. W, Al; mit $FeCl_3 \rightarrow$ rote Färbung
5-Hydroxy-chinolin [XXI, 84]	$NC_9H_6 \cdot OH$	145,16 —	224...8 Z subl.	Nadeln (Al); swl. in Lg, wl. in Ä, zll. in h. W, l. in h. Chlf, h. Bzl, sll. in Me, Al
6-Hydroxy-chinolin [XXI, 85]	$NC_9H_6 \cdot OH$	145,16 —	193 > 360	Prismen (Al oder Ä); swl. in Chlf, Bzl, k. W, Ä; wl. in Al, ll. in S, Alk; mit $FeCl_3 \rightarrow$ gelbe Färbung
7-Hydroxy-chinolin [XXI, 91]	$NC_9H_6 \cdot OH$	145,16 —	238...40 Z subl.	Prismen (Al); swl. in W, ll. in Al gelb; Lsgg. fluoresz. grün; Pikrat F: 244...5° (Z.)

Name und Literatur	Formel	Mol.-Gew. Dichte	F in °C Kp. in °C	Charakteristik
8-Hydroxy-chinolin [E 2 XXI, 55]	$NC_9H_6 \cdot OH$	145,16 —	75,8 266,6	Krist. (Al + PÄ); swl. in k. W, wl. in Ä, ll. in Al, Chlf, h. Bzl; Acetyl= derivat F: 75…7°; „Oxin"
2-Hydroxy-chinolin= carbonsäure-(4) [Org. Syntheses III, 456]		189,17 —	352…3 —	Krist. (Eg); subl.; wl. in h. W, l. in Al, h. Eg
4-Hydroxy-chinolin- carbonsäure-(2) [E 2 XXII, 174]	$NC_9H_5(OH) \cdot CO_2H$	189,17 —	290 Z Z *	Nadeln $\cdot 1\,H_2O$ (verd. Eg); 0,09 sied. W; wl. in Al, Ä, ll. in Alk; * Z. → CO_2-Absp.
5-Hydroxy-chinolin- carbonsäure-(6) [E 1 XXII, 556]	$NC_9H_5(OH) \cdot CO_2H$	189,17 —	212 Z —	Braune Nadeln; unl. in Ä, Aceton, Chlf, l. in Me, Al, Bzl, CS_2, ll. in Eg, Py
6-Hydroxy-chinolin- carbonsäure-(5) [XXII, 236]	$NC_9H_5(OH) \cdot CO_2H$	189,17 —	203…4 Z Z *	Prismen (W); * Z. → CO_2-Absp.
8-Hydroxy-chinolin- carbonsäure-(4) [E 2 XXII, 177]	$NC_9H_5(OH) \cdot CO_2H$	189,17 —	258…9 —	Gelbe Prismen $\cdot 1\,H_2O$ (W); swl. in sied. W, Bzl, l. in h. Al, Eg
8-Hydroxy-chinolin- carbonsäure-(5) [E 1 XXII, 556]	$HC_9H_5(OH) \cdot CO_2H$	189,17 —	301 Z *	Gelbe Krist. (Eg); unl. in Aceton, Bzl, PÄ, wl. in W, Al, Ä, Eg; * Z. → CO_2-Absp.
8-Hydroxy-chinolin- carbonsäure-(6) [E 1 XXII, 556]	$NC_9H_5(OH) \cdot CO_2H$	189,17 —	284 subl.	Krist. (Eg); unl. in Aceton, Bzl, swl. in W, Ä, wl. in Al, Eg

8-Hydroxy-chinolin-sulfonsäure-(5) [E 2 XXII, 313]	NC₉H₅(OH)·SO₃H	225,22 —	322...3 —	Krist. ·2H₂O (verd. HCl); swl. in k. W, l. in h. W
Hydroxy-cinchoninsäure s. Hydroxy-chinolin-carbonsäure				
Hydroxycumol s. Isopropyl-phenol				
10-Hydroxy-decen-(2)-säure [Tetrah. lett. (1960) 13, 34]	HOCH₂·[CH₂]₆·CH:CH·CO₂H	186,25 —	64...5 * —	* trans-Säure (Ä, PÄ), identisch mit anticancerogener Säure aus Königinnensaft der Bienen, Acetat Kp: 148...50°/₀,₂; cis-Säure F: 73,5...4,5°; UV-Maximum 210 mµ (ε = 12450)
Hydroxy-dekalin s. Dekalol				
2-Hydroxy-3,5-dijod-benzoesäure [Org. Syntheses II, 343]	(structure: CO₂H, OH, J, J benzene)	389,92 —	235...6 —	Nadeln (Al); 0,07 W 15°; 0,15 h. W, ll. in Al, Ä; mit FeCl₃ → viol.
2-Hydroxy-4,6-dimeth=oxy-benzophenon [E 2 VIII, 467]	C₆H₅·CO·C₆H₂(OCH₃)₂·OH	258,28 —	98 —	Krist. (verd. Me oder Al); wl. in sied. W, PÄ, l. in Al, ll. in Ä, sll. in Aceton, Chlf
4-Hydroxy-4′-dimethyl=amino-diphenylamin [XIII, 501]	(CH₃)₂N·C₆H₄·NH·C₆H₄·OH	228,30 —	161...2 —	Prismen (Bzl); swl. in k. W, wl. in h. W, k. Bzl, l. in Ä, h. Bzl, ll. in Al
2-Hydroxy-diphenyl [E 2 VI, 623]	(structure: biphenyl, OH)	170,21 —	59 285,7	Nadeln (PÄ); Kp: 145°/₁₄; l. in Lg
3-Hydroxy-diphenyl [E 2 VI, 624]	C₆H₅·C₆H₄·OH	170,21 —	75 > 300	Nadeln (W); l. in Al, Bzl, Alk, wl. in PÄ; Wdampfflch.
4-Hydroxy-diphenyl [E 2 VI, 624]	C₆H₅·C₆H₄·OH	170,21 —	163...5 312	Seidenglänzende Nadeln oder schmale Blättchen (verd. Al); ll. in Al, Ä, Chlf, l. in h. NH₃, wl. in sied. PÄ; subl.

Name und Literatur	Formel	Mol.-Gew. Dichte	F in °C Kp. in °C	Charakteristik
2-Hydroxy-diphenyl- äther [VI, 772]	OH / $O \cdot C_6H_5$	186,21 —	105...6 —	Krist.; Geruch nach Geranien; W-dampfflch.; l. in W 0,11 g/l
2-Hydroxy-diphenyl= amin [XIII, 365]	$C_6H_5 \cdot NH \cdot C_6H_4 \cdot OH$	185,23 —	69...70 180...9/20	Prismen (W); wl. in h. W, Bzl, ll. in Al, Ä
3-Hydroxy-diphenyl= amin [XIII, 410]	$C_6H_5 \cdot NH \cdot C_6H_4 \cdot OH$	185,23 —	82 340	Blättchen (W); wl. in Lg, l. in h. W, ll. in Al, Ä, Aceton, Bzl
4-Hydroxy-diphenyl= amin [E 2 XIII, 231]	$C_6H_5 \cdot NH \cdot C_6H_4 \cdot OH$	185,23 —	73 330	Blättchen; swl. in k. W, Lg, ll. in Al, Ä, Chlf, h. Bzl
2-Hydroxy-diphenyl= methan [E 2 VI, 628]	$C_6H_5 \cdot CH_2 \cdot C_6H_4 \cdot OH$	184,24 —	53...4 312 *	Krist.; Kp: 171°/13; schmeckt scharf pfefferart.; wl. in W, l. in org. Lösm., verd. Alk; labile Form F: 22...3°; * im CO2-Strom
4-Hydroxy-diphenyl= methan [E 2 VI, 629]	$C_6H_5 \cdot CH_2 \cdot C_6H_4 \cdot OH$	184,24 —	84 325...30	Nadeln (PÄ oder W); Kp: 141...3°/4; schmeckt scharf pfefferart.; wl. in W, l. in Al, Ä, Bzl, Chlf, Eg, Alk

α-Hydroxy-diphenylmethan s. Benzhydrol

Hydroxyessigsäure s. Glykolsäure

4-Hydroxy-flavan s. Flavanol-(4)

Name und Literatur	Formel	Mol.-Gew. Dichte	F in °C Kp. in °C	Charakteristik
Hydroxyhydrochinon [E 2 VI, 1071]	OH / HO OH	110,11 —	140,5 —	Blättchen (Ä); sll. in W, Al, Ä, Egester, swl. in Chlf, CS2, Lg, Bzl; l. in konz. H2SO4 → grüne Färbung → viol., erhitzen → dkl.kirschrote Färbung
Hydroxyhydrochinon= triacetat [E 2 VI, 1072]	$C_6H_3(O \cdot CO \cdot CH_3)_3$	252,23 —	96 > 300 g. Z	Nadeln (abs. Al)

			Fl.	
Hydroxyhydrochinon= trimethyläther [E 2 VI, 1072]	$C_6H_5(O \cdot CH_3)_3$	168,19 —	— 247	
Hydroxy-hydrozimtsäure s. Hydroxy-phenylpropionsäure				
α-Hydroxy-isobutter= säure [E 2 III, 223]	$(CH_3)_2 \cdot C(OH) \cdot CO_2H$	104,11 —	79 212	Nadeln (Bzl); ll. in W, Al, Ä, h. Bzl, wl. in k. Bzl; Wdampfflch.; subl.; Methylester Kp: 137°; Äthylester Kp: 150°
α-Hydroxy-isobutter= säurenitril [E 2 III, 224]	$(CH_3)_2C(OH) \cdot CN$	85,11 $0{,}932^{19}$	-19 $81/_{15}$	n_D^{19} 1,40002. Fl.; ll. in W, org. Lösm.; unl. in PÄ; durch Spuren Alk → $(CH_3)_2CO + HCN$
2-Hydroxy-isocapron= säure [E 2 III, 233]	$(CH_3)_2CH \cdot CH_2 \cdot CH(OH) \cdot CO_2H$	132,16 —	74 $165...6/_{35}$	„Leucinsäure"; Äthylester fl., Kp: $82°/_{10}$; D^0: 0,9832; (−) Form F: 75...7°, $[\alpha]_D^{20}$: − 9,23° (Al); $[\alpha]_D^{12}$: − 10,3° (W, c = 12)
3-Hydroxy-isocapron= säure [E 2 III, 233]	$(CH_3)_2CH \cdot CH(OH) \cdot CH_2 \cdot CO_2H$	132,16 —	127 —	
1-Hydroxy-isochinolin [XXI, 100]		145,16 —	207...8 subl.	Nadeln (W, Al oder Bzl); swl. in k. W, Lg, wl. in k. Ä, Bzl, ll. in sied. Ä, Chlf, h. Bzl; „Isocarbostyril"
2-Hydroxy-isophthal= säure [X, 501]		182,13 —	244 Z *	Nadeln · 1 H_2O (W); 2,6 W 100°; wl. in Chlf, ll. in Al, Ä; * Z. → Salicyl=säure + CO_2
4-Hydroxy-isophthal= säure [X, 502]	$C_8H_6O_5$	182,13 —	310 —	Blättchen (Al); 0,03 W 24°; unl. in Chlf, ll. in Al, Ä
5-Hydroxy-isophthal= säure [E 1 X, 257]	$C_8H_6O_5$	182,13 —	288 subl.	Nadeln · 2 H_2O (W); 0,06 W 15°; 18,5 W 99°; ll. in Al, Ä, Bzl

Name und Literatur	Formel	Mol.-Gew. Dichte	F in °C Kp. in °C	Charakteristik
Hydroxylamin-acetat s. Acethydroxamsäure				
Hydroxylamin-benzoat s. Benzhydroxamsäure				
2-Hydroxylamino- benzoesäure [XV, 53]	$HONH \cdot C_6H_4 \cdot CO_2H$	153,14 —	142,5 Z —	Nadeln (Ä); wl. in k. W, Chlf, Bzl, Lg, PÄ, l. in Ä, ll. in h. W, Al, Aceton, sll. in h. Al, h. Aceton
Hydroxymethansulfinsäure s. Formaldehyd-sulfoxylsäure				
Hydroxymethansulfosäure s. Formaldehyd-schwefligsäure				
2-Hydroxy-5-methoxy-acetophenon s. Dihydroxyacetophenon-mono-methyläther				
4-Hydroxy-3-methoxy-benzoesäure s. Vanillinsäure				
4-Hydroxy-3-methoxy-benzylalkohol s. Vanillylalkohol				
4-Hydroxy-3-methoxy-phenyl-acetaldehyd s. Homovanillin				
3-Hydroxy-4-methoxy- styrol [Chem. Rev. 45, 363]	HO—CH:CH₂, H₃CO	150,18 —	57 —	„Hesperetol‘‘; Geruch nach Styrol und Guajacol
Hydroxy-methyl-benz- s. Hydroxytolyl-				
6-Hydroxy-4-methyl-benzol-tricarbonsäure-(1,2,3) s. Cochenillesäure				
α-Hydroxy-α-methyl-bernsteinsäure s. dl-Citramalsäure				
2-Hydroxy-3-methyl-butan-carbonsäure s. 2-Hydroxy-isocapronsäure				
2-Hydroxy-4-methyl- chinolin [E 2 XXI, 65]	$NC_9H_5(CH_3) \cdot OH$	159,19 —	223,7 270/17	Blättchen (Al); swl. in Ä, Chlf, Bzl, Lg, wl. in h. W, ll. in h. Al; Pikrat F: 165…7°

Name [Literatur]	Formel		Schmelzpunkt	Eigenschaften
3-Hydroxy-2-methyl-chinolin [E 2 XXI, 59]	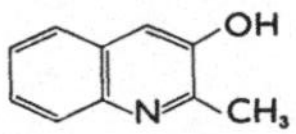	159,19 —	ca 260 Z —	Hgelbe Nadeln (wss. Aceton); ll. in der Wärme in Al, Aceton, Egester, wl. in W, Ä, Chlf, Lg, Bzl
4-Hydroxy-2-methyl-chinolin [E 2 XXI, 61]	$NC_9H_5(CH_3) \cdot OH$	159,19 —	241...2 > 360 Z	Krist. · aq. (W); 1 k. W; 10 sied. W; swl. in Ä, Bzl, Lg, ll. in Al; Pikrat F: 200°
5-Hydroxy-2-methyl-chinolin [E 2 XXI, 63]	$NC_9H_5(CH_3) \cdot OH$	159,19 —	227...9 —	Blättchen (Al); ll. in Ä, wl. in k. Al, swl. in sied. W
8-Hydroxy-2-methyl-chinolin [XXI, 106]	$NC_9H_5(CH_3) \cdot OH$	159,19 —	74...5 266...7	Prismen (verd. Al); ll. in h. Al, Ä, Bzl, unl. in W, l. in verd. Alk
3-Hydroxymethylen-d-campher [E 2 VII, 561]	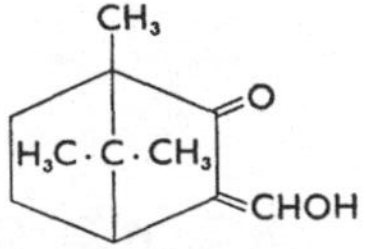	180,25 —	81...2 251	Blättchen (verd. Eg); swl. in k. W, wl. in h. W, k. PÄ, ll. in Al, Ä, Chlf, h. PÄ, Bzl, Eg; Wdampfflch.
5-Hydroxymethyl-furfurol [E 2 XVIII, 6]	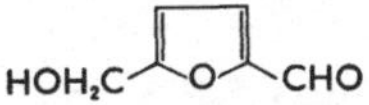	126,11 $1,2629^{36}$	35 154...5/$_{12}$	n_α^{39} 1,552, n_D^{36} 1,556, n_β^{39} 1,563. Nadeln (Ä + PÄ); swl. in PÄ, wl. in CCl$_4$, ll. in W, Me, Al, Ä, Chlf, Bzl; nach Kamillen riechend
4(5)-Hydroxymethyl-imidazol-hydrochlorid [Org. Syntheses III, 460]	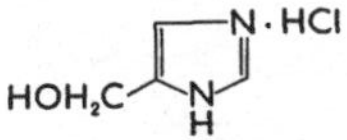	134,57 —	107...9 —	Nadeln (Al); wl. in Ä; sll. in W, Al
5-Hydroxy-3-methyl-isoxazol [E 1 XXVII, 264]	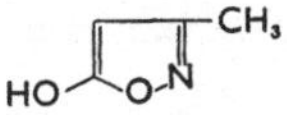	99,09 —	169...170 Z —	Nadeln; wl. in k. W, PÄ, Bzl, CS$_2$, ll. in h. W, k. Al, Aceton, h. Chlf, Eg
2-Hydroxy-3-methyl-naphthochinon-(1,4) [J. Am. Chem. Soc. 64, 2064]	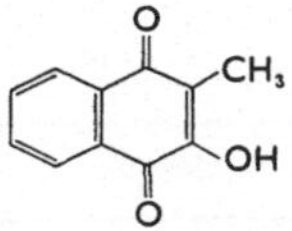	188,18 —	173...4 —	Gelbe Prismen (verd. Me); subl.; Wdampfflch.; wl. in W, l. in den gebr. org. Lösm.; unl. in PÄ; Acetat F: 101...2°

33*

Name und Literatur	Formel	Mol.-Gew. Dichte	F in °C Kp. in °C	Charakteristik
4-Hydroxy-6-methyl-pyrimidin [Org. Syntheses 35, 80]		110,12 —	148,..9 —	Krist. (Al oder Aceton oder Egester oder subl.)
1-Hydroxy-N_{10}-methyl-phenazin-betain s. Pyocyanin				
1-Hydroxy-naphth= aldehyd-(2) [VIII, 148]		172,19 —	60 —	Grüngelbliche Nadeln (verd. Al); wl. in k. W, l. in h. W, ll. in Al, Ä; riecht zimtartig
2-Hydroxy-naphth= aldehyd-(1) [VIII, 143]	$HO \cdot C_{10}H_6 \cdot CHO$	172,19 —	82 $192/_{27}$	Prismen (Al); unl. in W, l. in Al, Ä, PÄ, ll. in wss. Alk
4-Hydroxy-naphth= aldehyd-(1) [VIII, 146]	$HO \cdot C_{10}H_6 \cdot CHO$	172,19 —	181 —	Gelbliche Nadeln (W); unl. in k. W, l. in Al, Ä
6-Hydroxy-naphtho-chinon-(1,2) [E 1 VIII, 634]		174,16 —	165 Z —	Or.gelbe Krist.; l. in Al, Eg, W, swl. in Bzl
7-Hydroxy-naphtho= chinon-(1,2) [E 2 VIII, 343]	$C_{10}H_5O_2 \cdot OH$	174,16 —	194 —	Braune Nadeln; ll. in Al, Eg, unl. in Ä; Oxim = 1-Nitroso-2,7-dihydroxy-naphthalin F $\sim$230°; Dioxim F: 195°
2-Hydroxy-naphtho= chinon-(1,4) [E 2 VIII, 344]		174,16 —	ca 192 Z subl.	Gelbe Nadeln (Al, Ä, Eg); swl. in PÄ, Bzl, l. in h. W, ll. in Al, Ä, Me, Aceton

5-Hydroxy-naphtho= chinon-(1,4) [VIII, 308]	$C_{10}H_5O_2 \cdot OH$	174,16 — —	154 Z	Gelbbraune Nadeln (Chlf oder Bzl); unl. in W, wl. in k. Al, Ä, ll. in h. Eg, sll. in Chlf
1-Hydroxy-naphthoe= säure-(2) [E 2 X, 210]	OH, CO₂H (naphthalene)	188,18 —	188 —	Nadeln (Al oder Ä); swl. in k. W, wl. in h. W, ll. in Al, Ä, Bzl
2-Hydroxy-naphthoe= säure-(1) [X, 328]	CO₂H, OH (naphthalene)	188,18 —	156...7 Z * —	Nadeln (verd. Al); swl. in W, ll. in Ä, Chlf, Bzl, sll. in Al; * → β-Naphthol + CO₂
3-Hydroxy-naphthoe= säure-(2) [E 2 X, 211]	$HO \cdot C_{10}H_6 \cdot CO_2H$	188,18 —	222...3 —	Blättchen (W); swl. in k. W, wl. in h. W, l. in Chlf, Bzl, ll. in Al, Ä
4-Hydroxy-naphthoe= säure-(1) [E 2 X, 207]	$HO \cdot C_{10}H_6 \cdot CO_2H$	188,18 —	186...7 Z —	Krist. (W); wl. in Chlf, Bzl, ll. in Al, Ä, Aceton, Eg
4-Hydroxy-naphthoe= säure-(2) [E 2 X, 216]	$HO \cdot C_{10}H_6 \cdot CO_2H$	188,18 —	182...3 —	Nadeln (W); swl. in k. W, Chlf, Bzl, wl. in h. W, ll. in Al, Ä, Aceton, Eg
5-Hydroxy-naphthoe= säure-(1) [E 2 X, 208]	$HO \cdot C_{10}H_6 \cdot CO_2H$	188,18 —	235...6 subl.	Nadeln (W); wl. in k. W, ll. in h. W, Ä, Eg, sll. in Aceton, h. Al
5-Hydroxy-naphthoe= säure-(2) [E 2 X, 216]	$HO \cdot C_{10}H_6 \cdot CO_2H$	188,18 —	210...1 —	Nadeln (W oder Al); swl. in k. W, Chlf, Bzl, ll. in Al, Ä, Aceton, Eg
6-Hydroxy-naphthoe= säure-(1) [E 2 X, 208]	$HO \cdot C_{10}H_6 \cdot CO_2H$	188,18 —	208...9 —	Nadeln (W); wl. in k. W, l. in Al, Ä, Aceton, Eg, ll. in h. W
6-Hydroxy-naphthoe= säure-(2) [E 2 X, 216]	$HO \cdot C_{10}H_6 \cdot CO_2H$	188,18 —	243...4 subl.	Nadeln (W oder verd. Eg); swl. in k. W, Chlf, Bzl, wl. in h. W, ll. in Al, Ä, Aceton, Eg
7-Hydroxy-naphthoe= säure-(1) [E 2 X, 208]	$HO \cdot C_{10}H_6 \cdot CO_2H$	188,18 —	257 —	Nadeln (W oder Eg); wl. in k. W, ll. in h. W, Al, Eg

Name und Literatur	Formel	Mol.-Gew. Dichte	F in °C Kp. in °C	Charakteristik
7-Hydroxy-naphthoe=säure-(2) [E 2 X, 217]	$HO \cdot C_{10}H_6 \cdot CO_2H$	188,18 —	269...70 —	Nadeln (verd. Al); swl. in k. W, Chlf, Bzl, wl. in h. W, ll. in Al, Ä, Aceton, Eg
8-Hydroxy-naphthoe=säure-(1) [X, 331]	$HO \cdot C_{10}H_6 \cdot CO_2H$	188,18 —	169 —	Nadeln (Ä); ll. in h. W, Al, Ä
8-Hydroxy-naphthoe=säure-(2) [E 2 X, 217]	$HO \cdot C_{10}H_6 \cdot CO_2H$	188,18 —	228...9 —	Nadeln (W); swl. in Chlf, Bzl, wl. in h. W, ll. in Al, Ä, Aceton, Eg
3-Hydroxy-naphthoe=säure-(2)-anilid [E 2 XII, 260]	$C_6H_5 \cdot NH \cdot CO \cdot C_{10}H_6 \cdot OH$	263,30 —	243 —	Gelbe Krist. (Eg); wl. in Al, Chlf, Lg, Bzl, Eg, l. in Ä, ll. in Alk mit gelber Fluoresz.
3-Hydroxy-naphthoe=säure-(2)-o-anisidid [E 1 XIII, 117]	$HO \cdot C_{10}H_6 \cdot CO \cdot NH \cdot C_6H_4 \cdot OCH_3$	293,33 —	167...8 —	Nadeln (Al); l. in den meisten org. Lösm.
3-Hydroxy-naphthoe=säure-(2)-[4-chlor-anilid] [E 1 XII, 308]	$C_6H_4Cl \cdot NH \cdot CO \cdot C_{10}H_6 \cdot OH$	297,74 —	258...9 —	Blättchen (1,2-Dichlorbzl.); wl. in Xylol, Eg, l. in h. Nitrobzl., h 1,2-Dichlorbzl.
3-Hydroxy-naphthoe=säure-(2)-β-naphthyl-amid [E 2 XII, 725]	$C_{10}H_7 \cdot NH \cdot CO \cdot C_{10}H_6 \cdot OH$	313,36 —	243 —	Nadeln (Chlorbzl); wl. in Al, Xylol, l. in sied. Eg, h. Chlorbzl., h. Nitro-bzl.
3-Hydroxy-naphthoe=säure-(2)-p-toluidid [E 2 XII, 520]	$CH_3 \cdot C_6H_4 \cdot NH \cdot CO \cdot C_{10}H_6 \cdot OH$	277,33 —	221...2 —	Nadeln (Solventnaphtha); wl. in Al, CCl_4, l. in h. Eg, h. Chlorbzl., l. in verd. Alk mit gelber Fluoresz.
α-[β-Hydroxynaphthyl]-phenyl-amino-methan [Org. Syntheses I, 372]	$C_6H_5 \cdot CH \cdot NH_2$ / OH (naphthalene structure)	249,32 —	124...5 —	Krist. (Ä)

Hydroxy-neurin s. Betain, Base

2-Hydroxy-nicotinsäure [XXII, 214]		139,11 —	255 Z —	Nadeln (W); ll. in h. W, wl. in k. W; Methylester F: 153°
6-Hydroxy-nicotinsäure [E 2 XXII, 165]	$NC_5H_3(OH)\cdot CO_2H$	139,11 —	304 Z * subl.	Nadeln (W); swl. in Al, Ä, Chlf, Bzl, wl. in h. W; * → CO_2-Absp.
ω-Hydroxypalmitinsäure [E 2 III, 248]	$HO\cdot[CH_2]_{15}\cdot CO_2H$	272,43 —	94 —	Krist. (Bzl + Ä); unl. in k. W, swl. in sied. W, wl. in k. Ä, k. Bzl; ca 2 Aceton 18°; zll. in h. Ä, h. Bzl, ll. in Al
3-Hydroxy-phenanthren-chinon [E 1 VIII, 662]		224,22 —	280...2 Z —	Or. Nadeln (Eg); unl. in W, Al, l. in Eg
1-Hydroxy-phenazin [E 2 XXIII, 360]		196,20 —	158 subl. —	Gelbe Nadeln (verd. Me); wl. in k. W, PÄ, l. in h. W, sll. in Me, Al, Ä
2-Hydroxy-phenazin [E 2 XXIII, 363]		196,20 —	ca 253...4 —	Gelbe Krist. (Al); Acetylderivat F: 152°
p-Hydroxy-phenyl-äthyl-amin s. Tyramin				
p-Hydroxy-phenylalanin s. Tyrosin				
3-Hydroxy-2-phenyl-chinolin [E 2 XXI, 83]	$C_6H_5\cdot NC_9H_5\cdot OH$	221,26 —	221...2 —	Gelbe Nadeln (verd. Aceton oder Bzl); swl. in W, ll. in Al, Aceton, Eg, sied. Bzl; Pikrat F: 235...8° (Z.)
2-Hydroxy-phenylessig-säure [E 2 X, 112]	$HO\cdot C_6H_4\cdot CH_2\cdot CO_2H$	152,15 —	148...9 240...3 *	Nadeln (Ä); wl. in Chlf, l. in W, ll. in Ä; * → Lacton
3-Hydroxy-phenylessig-säure [E 1 X, 82]	$HO\cdot C_6H_4\cdot CH_2\cdot CO_2H$	152,15 —	128,5 —	Nadeln (Bzl + Lg); sll. in W, Al, Ä

Name und Literatur	Formel	Mol.-Gew. / Dichte	F in °C / Kp. in °C	Charakteristik
4-Hydroxy-phenylessig= säure [X, 190]	$HO \cdot C_6H_4 \cdot CH_2 \cdot CO_2H$	152,15 / —	148 subl.	Nadeln (W); ll. in k. W, sll. in h. W, Al, Ä
N-(4-Hydroxyphenyl-)= glycin [E 2 XIII, 259]	(4-Hydroxyphenyl)$-NH \cdot CH_2 \cdot CO_2H$	167,17 / —	245 Z / —	Fbl. Blättchen; wl. in W, swl. in Al, Aceton, Ä, Chlf, Bzl, Eg, l. in Alk, Mineralsäuren; sll. in 20%iger HCl; Verw. als photographischer Entwickler
5-Hydroxy-3-phenyl-isoxazol [E 1 XXVII, 278]	Isoxazol (C_6H_5, HO)	161,16 / —	152 Z / —	Citronengelbe Prismen (Al); swl. in k. W, Al, Ä, Aceton, Chlf, Eg, Bzl, ll. in sied. Al, verd. Alk; Monoacetyl= derivat F: 137...8°
2-Hydroxy-phenyl= propionsäure [E 2 X, 143]	$HO \cdot C_6H_4 \cdot CH_2 \cdot CH_2 \cdot CO_2H$	166,18 / —	82...4 / *	Krist. (W); wl. in h. W, ll. in Al, Ä; * → Lacton
3-Hydroxy-phenyl-propionsäure [E 1 X, 106]	$HO \cdot C_6H_4 \cdot CH_2 \cdot CH_2 \cdot CO_2H$	166,18 / —	110 / —	Nadeln (Bzl + Ä); unl. in Lg, ll. in Al, Aceton
4-Hydroxy-phenyl-propionsäure [E 2 X, 145]	$HO \cdot C_6H_4 \cdot CH_2 \cdot CH_2 \cdot CO_2H$	166,18 / —	130 / —	Säulen (Ä); unl. in CS_2, wl. in k. W, sll. in h. W, Al, Ä
3-Hydroxy-phthalsäure [E 1 X, 254]	Benzolring (CO_2H, CO_2H, OH)	182,13 / —	ab 150 * / —	Prismen (W); ll. in W, Al, Ä; * unter teilweiser Anhydridbildung; Anhydrid F: 145...6°; Methyläther F: 173...4° unter teilweiser Anhydridbildung

Name	Formel	M	F	Eigenschaften
4-Hydroxy-phthalsäure [X, 499]	HO–, CO_2H, CO_2H	182,13 —	204…5 Z * —	Krist. (W); swl. in PÄ, Bzl, ll. in Al, Ä; * → Anhydrid
4-Hydroxy-picolinsäure [E 2 XXII, 165]	OH, CO_2H	139,11 —	254…5 Z * —	Blättchen ·1 H_2O (W); wl. in Ä, Chlf, zll. in h. W, Al; * → CO_2-Absp.
6-Hydroxy-picolinsäure [E 1 XXII, 549]	$NC_5H_3(OH) \cdot CO_2H$	139,11 —	282 Z * —	Nadeln (W); unl. in Ä, ll. in h. W, Al; * → CO_2-Absp.

α-Hydroxy-propionaldehyd s. Milchsäurealdehyd

α-Hydroxy-propionsäure s. Milchsäure

β-Hydroxy-propionsäure s. Hydracrylsäure

2-Hydroxy-propionsäure-nitril s. Acetaldehyd-cyanhydrin

Name	Formel	M	F	Eigenschaften
4-Hydroxy-2-propyl-chinazolin [XXIV, 175]	O, NH, N, C_3H_7	188,23 —	199…200 —	Nadeln (Al); swl. in Lg, wl. in W, ll. in Al, Bzl; Pikrat F: 185°
2-Hydroxy-pyridin [E 2 XXI, 30]	N, OH	95,10 —	107 280…1	Nadeln (Bzl); wl. in Lg, zll. in Ä, Bzl, sll. in W, Al, Chlf
3-Hydroxy-pyridin [E 2 XXI, 33]	$NC_5H_4 \cdot OH$	95,10 —	126 subl.	Nadeln (Bzl); wl. in Bzl, ll. in W, Al
4-Hydroxy-pyridin [E 2 XXI, 34]	$NC_5H_4 \cdot OH$	95,10 —	148,5 257…60/10	Nadeln oder Prismen (Al); unl. in Ä, Bzl, swl. in Chlf, ll. in Al; ca 100 W 15°

Hydroxy-pyridin-carbonsäure-(3) s. Hydroxy-nicotinsäure

Name	Formel	M	F	Eigenschaften
4-Hydroxy-stearinsäure [E 2 III, 249]	$CH_3 \cdot [CH_2]_{13} \cdot CH(OH) \cdot CH_2 \cdot CH_2 \cdot CO_2H$	300,49 —	89 g. Z —	Krist.; unl. in h. PÄ

Name und Literatur	Formel	Mol.-Gew. Dichte	F in °C Kp. in °C	Charakteristik
10-Hydroxy-stearinsäure [E 2 III, 249]	$CH_3 \cdot [CH_2]_7 \cdot CH(OH) \cdot [CH_2]_8 \cdot CO_2H$	300,49 —	84,5 Z	Krist. (Al oder Me); 6,9 Al 20°, 1,7 Ä 20°
2-Hydroxy-styrol [E 2 VI, 519]	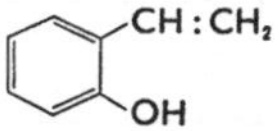 (o-Hydroxystyrol: $CH:CH_2$, OH)	120,15 —	29 $108/_{15}$	Polym. beim Stehen (J. Polym. Sci. **7**, 703); Methyläther Kp: $35°/_{0,2}$, n_D^{20} 1,5595; polym. leicht
3-Hydroxy-styrol [E 2 VI, 520]	$HO \cdot C_6H_4 \cdot CH : CH_2$	120,15 —	— $114...6/_{16}$	Öl; Methyläther Kp: $89°/_{14}$, n_D^{20} 1,5540
Hydroxyterephthalsäure [X, 505]	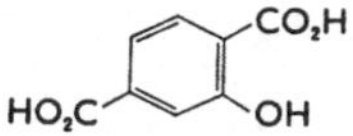 (Benzolring mit CO_2H, OH, HO_2C)	182,13 —	> 330 subl.	Krist. (W); wl. in W, l. in Ä, ll. in Me, Al
5-Hydroxy-tetracyclin s. Tetracyclin-5-hydroxy				
5-Hydroxy-tetrazol [XXVI, 403]	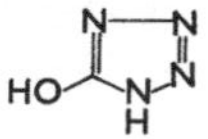 (Tetrazolring mit HO, N, N, N, N–H)	86,05 —	254 —	Krist. (W); l. in W, Me, Al, Ä, Aceton
3-Hydroxy-thionaphthen [XVII, 119]	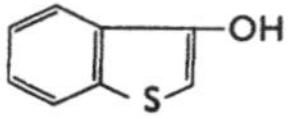 (Benzothiophen mit OH, S)	150,20 —	71 Z	Nadeln (W); wl. in k. W, PÄ, ll. in Al, Ä, Aceton; Wdampfflch.
Hydroxy-toluol s. Kresol				
4-Hydroxy-o-tolyl= aldehyd [E 2 VIII, 101]	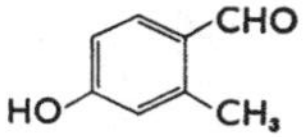 (Benzolring mit CHO, CH_3, HO)	136,15 —	108,9 —	Krist. (W); ll. in Al, Ä, swl. in Chlf; nicht Wdampfflch.; Oxim F: 118...9°; O-Methyläther F: 41,5°, Kp: 257°
6-Hydroxy-o-tolyl= aldehyd [E 2 VIII, 101]	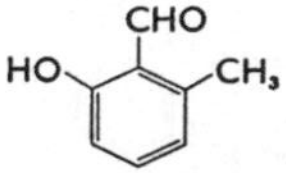 (Benzolring mit CHO, CH_3, HO)	136,15 —	31,4...1,9 228...30	ll. in Bzl; leicht Wdampfflch; Oxim F: 111°; Semicarbazon F: 212...4° (Z.); Phenylhydrazon F: 172°; O-Methyläther F: 41...2°

Name		Mol.-Gew.	F.°/Kp.°	Eigenschaften
2-Hydroxy-m-tolyl= aldehyd [VIII, 98]	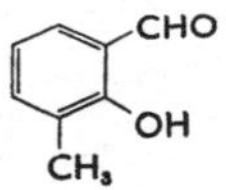	136,15 —	17 208...9	ll. in Ä, Chlf; Wdampfflch; Oxim F: 99°; Semicarbazon (Eg), F: 241°
4-Hydroxy-m-tolyl= aldehyd [E 2 VIII, 102]	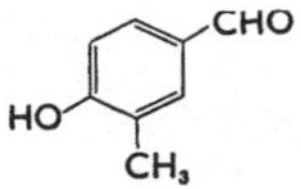	136,15 —	118 —	Krist. (W); ll. in Al, Ä; nicht Wdampf- flch.; Oxim F: 105°; Semicarbazon F: 216°; O-Methyläther Kp: 251°, fl.
6-Hydroxy-m-tolyl= aldehyd [E 2 VIII, 102]	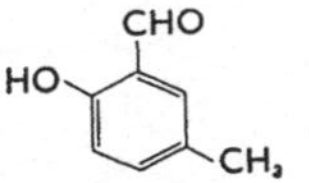	136,15 —	56 217...8	Krist. (verd. Al); Wdampfflch.; Oxim (W), F: 105°; Semicarbazon F: 238° (Z.); O-Methyläther Kp: 250°
2-Hydroxy-p-tolyl= aldehyd [E 2 VIII, 103]	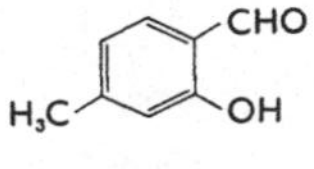	136,15 —	59 222...3	Krist. (Bzl); leicht Wdampfflch.; wl. in Al; Oxim F: 108...9°; Semicarb= azon F: 254° und 272° (Z.); O-Methyl- äther F: 92...3°; Kp: 263...4°
3-Hydroxy-p-tolyl= aldehyd [E 2 VIII, 103]	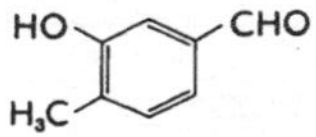	136,15 —	73 —	Blaßgelbe Nadeln
3-Hydroxy-o-tolyl= säure-(1) [X, 214]	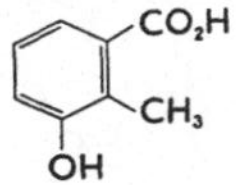	152,15 —	145...6 —	Krist. (W); l. in W, ll. in Al, Ä; Äthylester F: 69°
4-Hydroxy-o-tolyl= säure-(1) [X, 214]	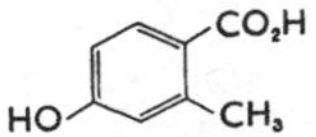	152,15 —	176...8 —	Nadeln · $\frac{1}{2}$ H$_2$O (W); unl. in Chlf, wl. in k. W, l. in h. W; sll. in Al, Ä; Äthylester F: 98°
5-Hydroxy-o-tolyl= säure-(1) [X, 215]	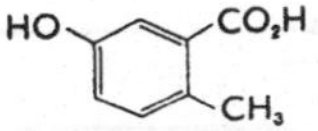	152,15 —	183...4 subl.	Nadeln (W); wl. in Chlf, l. in W, sll. in Al, Ä; Wdampfflch.; Äthylester F: 67°

Name und Literatur	Formel	Mol.-Gew. Dichte	F in °C Kp. in °C	Charakteristik
6-Hydroxy-o-tolyl= säure-(1) [E 2 X, 128]	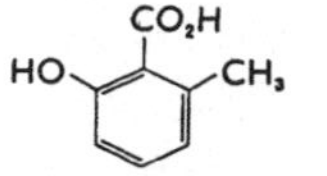	152,15 —	168 —	Nadeln (W); ll. in h. W, sll. in Al, Ä; Wdampfflch.
2-Hydroxy-m-tolyl= säure-(1) [E 2 X, 131]	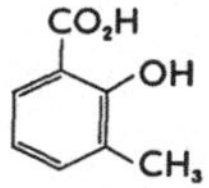	152,15 —	167 —	Nadeln (W); 1,16 W 100°; wl. in k. W, l. in h. W, Al, Ä, Chlf; Äthylester Kp: 242°
4-Hydroxy-m-tolyl= säure-(1) [E 2 X, 133]	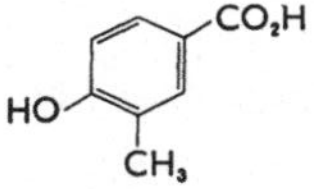	152,15 —	174...5 —	Nadeln · $\frac{1}{2}$ H$_2$O (W); 5,25 W 100°; wl. in k. W, h. Chlf, ll. in h. W, Al, Ä; Äthylester F: 98...9°
5-Hydroxy-m-tolyl= säure-(1) [X, 227]	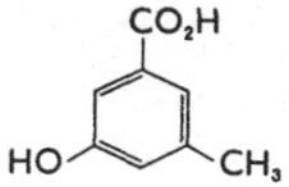	152,15 —	210 subl.	Nadeln (W); l. in W, ll. in Al, Ä
6-Hydroxy-m-tolyl= säure-(1) [E 2 X, 134]	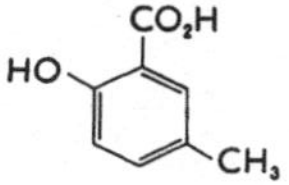	152,15 —	152,5 subl. Z	Nadeln (W); 2,15 W 100°; wl. in k. W, l. in h. W, Al, Ä, Chlf; Wdampfflch.; Äthylester Kp: 251°
2-Hydroxy-p-tolyl= säure-(1) [E 2 X, 137]	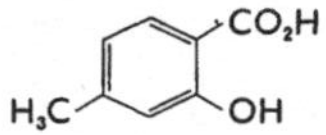	152,15 —	177,8 subl.	Nadeln (W); 0,98 W 100°; l. in W, ll. in Al, Ä, Chlf; Äthylester Kp: 254°
3-Hydroxy-p-tolyl= säure-(1) [E 2 X, 140]	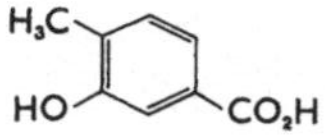	152,15 —	208,5 subl.	Nadeln (W); 4,36 W 100°; unl. in Chlf, wl. in k. W, PÄ, Bzl, ll. in h. W, Al, Ä; Äthylester F: 74...5°

5-Hydroxy-tryptamin s. Serotonin

Name [Ref.]	Formel			Eigenschaften
2-Hydroxy-n-valerian= säure [E 2 III, 225]	$CH_3 \cdot CH_2 \cdot CH_2 \cdot CH(OH) \cdot CO_2H$	118,13 —	34 subl.	(+)-Form $[\alpha]_D^{20}$: $+1,5°$ (W, $c=13$); Äthylester Kp: $81°/_{20}$, $[\alpha]_D^{20}$: $-5,1°$ unverdünnt, $l=10$ cm)
1-Hydroxy-xanthon [XVIII, 45]		212,21 —	147 —	Hgelbe Nadeln (Al); wl. in sied. W; Acetylderivat F: 167°
cis-2-Hydroxy-zimt= säure [X, 291]		164,16 —	* —	* → Cumarin + H_2O
trans-2-Hydroxy-zimt= säure [E 2 X, 174]	$HO \cdot C_6H_4 \cdot CH : CH \cdot CO_2H$	164,16 —	208 subl.	Nadeln (W); unl. in Chlf, CS_2, swl. in Ä, wl. in k. W, ll. in Al; Äthylester F: 87°; „Cumarsäure"
3-Hydroxy-zimtsäure [E 1 X, 128]	$HO \cdot C_6H_4 \cdot CH : CH \cdot CO_2H$	164,16 —	193 —	Prismen (W); wl. in k. W, ll. in h. W, Al, Ä, Bzl; Methylester F: 87…8°
4-Hydroxy-zimtsäure [E 1 X, 129]	$HO \cdot C_6H_4 \cdot CH : CH \cdot CO_2H$	164,16 —	215 Z —	Krist. (W); unl. in Lg, wl. in k. W, Bzl, ll. in h. W, sll. in Al, Ä
Hydrozimtaldehyd [E 2 VII, 236]	$C_6H_5 \cdot CH_2 \cdot CH_2 \cdot CHO$	134,18 —	— 223	Fl.; oxid.; Semicarbazon F: 128°
Hydrozimtalkohol [E 2 VI, 475]	$C_6H_5 \cdot [CH_2]_3 \cdot OH$	136,20 $0,9999^{21}$	— 235;6	n_α^{21} 1,5220, n_{He}^{21} 1,5265, n_β^{21} 1,5373. Dickes Öl; Kp: 105…7°/$_7$; wl. in W, ∞ Al, Ä, Eg, 25 Al 50% 15°
Hydrozimtsäure [E 2 IX, 337]	$C_6H_5 \cdot CH_2 \cdot CH_2 \cdot CO_2H$	150,18 $1,047^{49,7}$	48,6 169…70/$_{28}$	Krist. (Lg); wl. in k. W, l. in h. W, Ä, Chlf, Bzl, Eg, ll. in Al; Wdampfflch.; Methylester Kp: 236,6°; Äthylester Kp: 122,8°/$_{16}$; Chlorid Kp: 112°/$_{15}$; Amid F: 101,5…2°
Hydrozimtsäure-nitril [E 2 IX, 341]	$C_6H_5 \cdot CH_2 \cdot CH_2 \cdot CN$	131,18 $1,0014^{18}$	— 294	

Name und Literatur	Formel	Mol.-Gew. Dichte	F in °C Kp. in °C	Charakteristik
Hyoscyamin [E 2 XXI, 18]	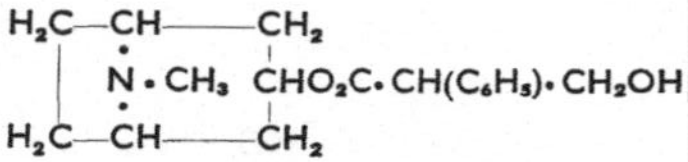 H_2C—CH——CH_2 / N·CH_3 $CHO_2C·CH(C_6H_5)·CH_2OH$ / H_2C—CH——CH_2	289,38 —	108...9 —	Nadeln (verd. Al); 0,36 W 20°; 2 Ä 20°; 0,92 Bzl 15°; ll. in Al; $[\alpha]_D^{20}$: — 20,9° (Al); bei 110...20° → Atropin; sehr giftig
Hypericin [Ber. **84**, 865]	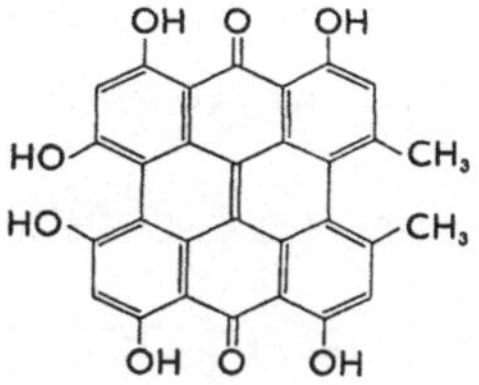 (Strukturformel)	502,44 —	< 330 Z —	Rotviol. Nadeln; Hexabenzoyl-Deri= vat F: 288°
Hypoxanthin [E 1 XXVI, 126]	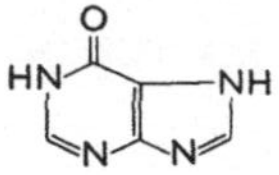 (Strukturformel)	136,11 —	Z —	Krist. (W); 0,07 W 23°; 1,43 sied. W; 0,11 sied. Al, l. in Ä, ll. in verd. HCl, konz. HNO_3, konz. H_2SO_4

Hystazarin s. 2,3-Dihydroxy-anthrachinon

Name und Literatur	Formel	Mol.-Gew. Dichte	F in °C Kp. in °C	Charakteristik
L-Idit [I, 544]	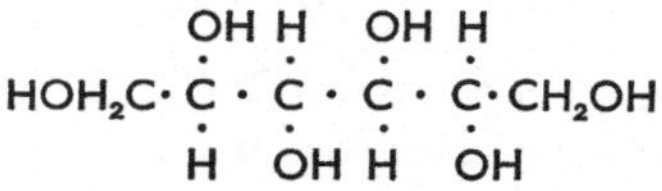 OH H OH H / $HOH_2C·C·C·C·C·CH_2OH$ / H OH H OH	182,17 —	73,5 —	Prismen (Al); hygr.; $[\alpha]_D^{20}$: + 3,5° (W)
L-Idose [I, 909]	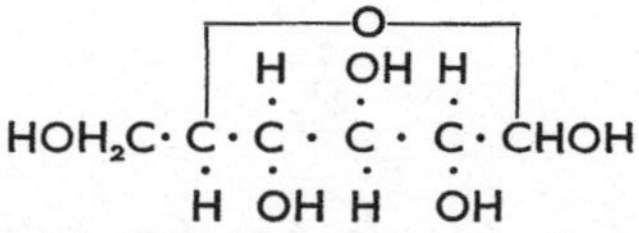 O / H OH H / $HOH_2C·C·C·C·C·CHOH$ / H OH H OH	180,16 —	— —	Sirup; l. in W; $[\alpha]_D^{20}$: + 52,7°

Idryl s. Fluoranthen

	Formel	Mol.-Gew.	F bzw. Kp	Eigenschaften
Imidazol [E 2 XXIII, 34]	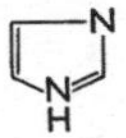	68,08 $1,0303^{100,9}$	90...1 165...8/20	$n_\alpha^{100,9}$ 1,4763, $n_\beta^{100,9}$ 1,4898. Prismen (Bzl); wl. in Ä, l. in Chlf, Py, ll. in W, Al
Imidazol-aldehyd-(4 bzw. 5) [E 2 XXIV, 40]	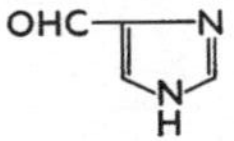	96,09 —	173...4 —	Blättchen (W); ll. in h. W; Pikrat F: 195...6°
Imidazol-carbonsäure-(1) [Ber. **68**, 2283]	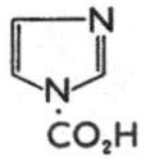	112,09 —	— —	Die freie Säure ist nicht bekannt
Imidazol-carbonsäure-(4 bzw. 5] [E 2 XXV, 113]	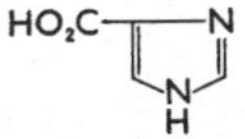	112,09 —	283 —	Krist. (verd. Al oder Aceton); unl. in org. Lösm.; ll. in W
Imidazol-carbonsäure-(1)-äthylester [Ber. **68**, 2283]	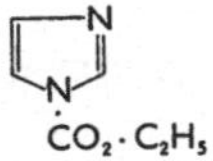	140,14 —	— 135...8/60	Fl.; Pikrat F: 124°
Imidazol-carbonsäure-(4 bzw. 5)-äthylester [E 2 XXV, 103]	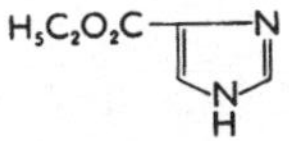	140,14 —	162 —	Tafeln (Al); wl. in k. W, zl. in Al, ll. in Ä, Chlf
Imidazol-dicarbonsäure-(4,5) [E 1 XXV, 548]	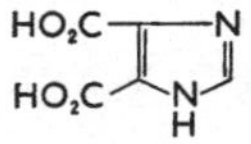	156,10 —	288 —	Krist.; unl. in Al, Ä, wl. in Py, 0,05 k. W, 0,125 sied. W; l. in konz. HCl
Imidazolon [XXIV, 16]	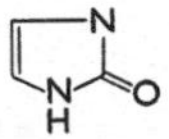	84,08 —	245 —	Krist. (W); l. in sied. W, h. Al; Monoacetylderivat F: 106°
Imidazol-sulfosäure-(2) [J. Chem. Soc. **1927**, 2711]	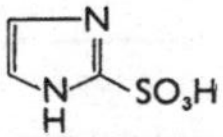	148,14 —	303 —	Fbl. Prismen ·1 H_2O (W); unl. in Al; 8 k. W; ll. in h. W

Name und Literatur	Formel	Mol.-Gew. Dichte	F in °C / Kp. in °C	Charakteristik
Imidazol-sulfo= säure-(4 bzw. 5) [J. Chem. Soc. **1927**, 2711]	HO_3S—(Imidazol)	148,14 —	307 —	Wasserhelle Krist. (W)
3-Imino-bis-n-propyl-amin-(1) [J. Am. Chem. Soc. **67**, 1994]	$HN[CH_2 \cdot CH_2 \cdot CH_2 \cdot NH_2]_2$	131,23 $0,9307^{20}$	— 6,1 128...31/20	n_D^{25} 1,4802. Fbl. Fl.; Kp: 100°/3; ll. in W, org. Lösm.; giftig
β-Imino-buttersäure-äthylester [E 2 III, 423]	$CH_3 \cdot C(:NH) \cdot CH_2 \cdot CO_2C_2H_5$	129,16 $1,0219^{18,8}$	33,9 210...15 Z	$n_\alpha^{18,8}$ 1,4948, $n_D^{18,8}$ 1,5007, $n_\beta^{18,8}$ 1,5165. Krist. (PÄ); Kp: 101°/13; unl. in W, ll. in Al, Ä, Bzl, Chlf; instabile Form: Krist., F: 20°
Imino-diaceto-nitril [E 2 IV, 800]	$HN(CH_2 \cdot CN)_2$	95,10 —	78 —	wl. in Al, Ä; ·HCl Nadeln, F: 151°; ll. in W
Iminodiessigsäure [E 2 IV, 800]	$HN(CH_2 \cdot CO_2H)_2$	133,10 —	225 —	Prismen; 2,43 W 5°; unl. in Al, Ä; ·HCl F: 238...9° Z.; ·NaOH ll. in W; Diäthylester Kp: 126...7°/13; D^{15}: 1,0850
Imino-diessigsäure-imid [E 1 XXIV, 297]	(Strukturformel Glutarimid)	114,10 —	Z 218...20 —	Nadeln (Me); wl. in Me, zll. in W
Indalon	$C_4H_9O_2C$—(Strukturformel)—CH_3, CH_3	226,27 $1,056_{25}^{25}$	— 256...70	n_D^{25} 1,4750. Gelblich-rötlich-braune Fl. von aromatischem Geruch; unl. in W, ∞ Al, Ä, Chlf, Eg

Indan s. Hydrinden			
Indandion-(1,3) [E 2 VII, 632]	146,15 1,37[21]	130...1 —	Krist. (Ä); swl. in W, k. Ä, k. Lg, l. in h. Ä, ll. in h. Al, Bzl, l. in NaOH gelb
Indanthren [E 1 XXIV, 451]	442,43 —	Z ca 470 subl.	Blaue, kupferglänzende Nadeln (Nitrobzl. oder Chinolin); unl. in W, swl. in Al, Ä, l. in 0,2 sied. Chinolin blau, 0,02 sied. Nitrobzl. grünblau, l. in H_2SO_4 gelbbraun
Indanthrenblau s. Indanthren			
Indanthrenbrillant= violett RR [E 2 VII, 817]	525,40 —	— —	Dkl. viol. Krist. (Nitrobzl.); l. in Bzl, Chlorbzl. rot mit roter Fluoresz.; zll. in Nitrobzl; l. in H_2SO_4 blaugrün
Indanthrendunkelblau BD s. Violanthron			
Indanthrengelb G s. Flavanthren			
Indanthrengoldgelb s. 3,4; 8,9-Dibenzo-pyrenchinon-(5,10)			
Indanthrengoldorange G s. Pyranthron			

Name und Literatur	Formel	Mol.-Gew. Dichte	F in °C Kp. in °C	Charakteristik
Indanthrenviolett RT [E 2 VII, 820]	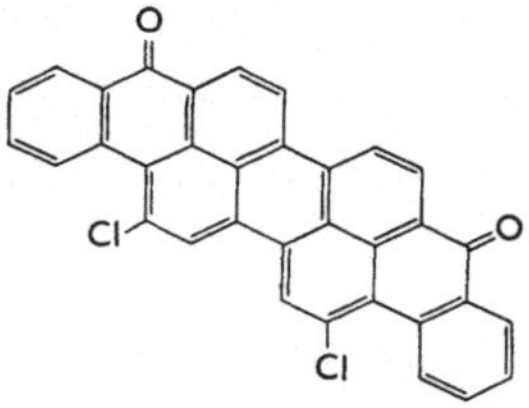	525,40 —	— —	Viol.schwarze Nadeln (Nitrobzl.); wl. in Al, Ä, Chlf, ll. in Chlorbzl., Nitrobzl. rotviol. mit roter Fluoresz.; l. in H_2SO_4 viol.
Indazol [E 2 XXIII, 117]	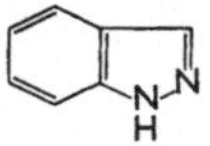	118,14 —	148 270/₇₄₃	Krist. (Bzl + PÄ); subl.; wl. in k. W, ll. in h. W, Al, Ä, Wdampfflch.
Indazol-carbonsäure-(3) [E 1 XXV, 537]	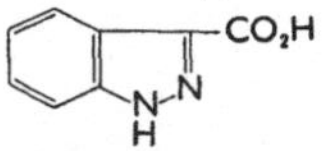 CO_2H	162,15 —	260...1 subl.	Tafeln (Eg); swl. in h. W, Ä, Chlf, Bzl, ll. in Al, h. Eg, Alk; Äthylester F: 136...7°
Indazolon [XXIV, 111]	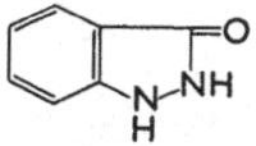	134,14 —	ca 242...4 subl.	Tafeln oder Nadeln (Al); zwl. in h. W, Al, Ä
Inden [E 2 V, 410]	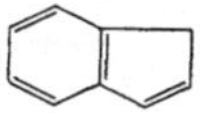	116,16 0,9915^{20}	−2 181,7...3,0	$n_\alpha^{16,1}$ 1,5675, $n_D^{16,1}$ 1,5739, $n_\beta^{16,1}$ 1,5904. Fl.; unl. in W, l. in Al, Ä; polym. beim Aufbewahren und Erhitzen
Inden-hydrobromid s. α-Brom-hydrinden				
Indigblau s. Indigo				
Indigo [E 1 XXIV, 370]	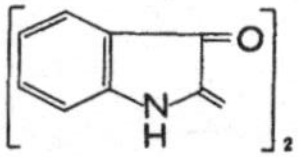	262,27 1,35	390...2 Z subl.	Blaue, kupferglänzende Krist. (Anilin oder subl.); unl. in W, swl. in sied. Al, Ä, Chlf blau, l. in sied. Aceton, h. Eg blau, h. Anilin; liegt in der trans-Form vor.
Indigocarmin s. Indigo-disulfosäure-(5,5′)				

Name	Formel	Molgew. / Dichte	Schmp. / Sdp.	Eigenschaften
Indigo-disulfosäure-(5,5′) [XXV, 304]	[HO₃S…NH…O]₂	422,39 —	— —	Blaue Masse; l. in W blau, Al; Dikaliumsalz; blaue Blättchen, unl. in Al, Ä; 0,71 k. W; ll. in sied. W
Indigotin s. Indigo				
Indigpurpurin s. Indirubin				
Indigrot s. Indirubin				
Indigweiß [E 2 XXIII, 429]	[…OH…NH…]₂	264,29 —	— —	Krist.; wl. in W, l. in Al, Ä gelb; l. in Alk; Oxid. → Indigo
Indirubin [E 1 XXIV, 382]		262,27 —	— subl.	Rote Nadeln (subl.); unl. in W, wl. in Al rot, ll. in Eg; l. in h. H_2SO_4 rot
Indium-trimethyl [J. Am. Chem. Soc. 56, 1047]	$(CH_3)_3In$	159,93 $1,568^{10}$	88,4 1358	Krist.; im Dampf monomer, im festen Zustand assoziiert; in Bzl tetramer; l. in org. Lösm.; Z. mit W, entflammt an der Luft; Darst. aus Indium und Dimethylquecksilber
Indol [E 2 XX, 196]		117,15 1,22	53 253…4	Blättchen (PÄ); zll. in h. W, ll. in Al, Ä, Bzl; Wdampfflch.
Indol-pikrat [E 2 XX, 198]	$\cdot C_6H_3O_7N_3$	346,26 1,53	181…3 —	Rote Prismen (Bzl); wl. in Lg, ll. in h. Bzl
Indol-α-carbonsäure [E 2 XXII, 45]	CO_2H	161,16 —	204 Z	Blättchen (Bzl); unl. in PÄ, wl. in k. W, zwl. in h. Bzl, ll. in Al, Ä, Alk

34*

Name und Literatur	Formel	Mol.-Gew. Dichte	F in °C Kp. in °C	Charakteristik
Indol-β-carbonsäure [E 2 XXII, 49]	(Indol)–CO_2H	161,16 —	218...20 Z subl.	Krist. (Egester + PÄ); swl. in PÄ, wl. in sied. W, Bzl, l. in Al, Ä, Egester
Indolin [E 1 XX, 89]	(Indolin)	119,16 $1,069^{20}$	— 229...30	n_D^{20} 1,5923. Fl.; wl. in W; Wdampfflch.
β-Indolyl-buttersäure [E 2 XXII, 54]	(Indol)–$(CH_2)_3 \cdot CO_2H$	203,24 —	123...4 —	Tafeln (Bzl + PÄ); l. in Al 95%, Aceton, Ä, Bzl, PÄ; Pflanzenwuchsstoff
β-Indolylessigsäure [E 2 XXII, 50]	(Indol)–$CH_2 \cdot CO_2H$	175,19 —	164 Z *	Blättchen (Bzl); swl. in W, wl. in h. Bzl, ll. in Al, Ä; * → Skatol; Pikrat F: 174°
β-Indolyl-propionsäure [E 2 XXII, 53]	(Indol)–$CH_2 \cdot CH_2 \cdot CO_2H$	189,22 —	133...4 —	Tafeln (W); sll. in Al, Ä, Aceton, Chlf, Bzl, wl. in k. W
Indophenazin [XXVI, 88]	(Indophenazin)	219,25 —	285...7 subl.	Gelbe Nadeln (Al oder subl.); wl. in Al, ll. in Ä, h. Chlf, Bzl, swl. in Alk, l. in S rotbraun
Indophenol s. Phenolblau				
Indoxazen [XXVII, 39]	(Benzisoxazol)	119,12 $1,1750^{15}$	— 86...7/$_{11}$	n_D^{15} 1,567. Fl.; mit $FeCl_3$ → viol.
Indoxyl [E 2 XXI, 42]	(Indol)–OH	133,15 —	85 —	Hgelbe Prismen; swl. in PÄ, l. in W gelb, grün fluoresz.; l. in Al, Ä, Chlf, Eg, Bzl, ll. in Aceton; Wdampfflch.

Indoxylsäure [E 2 XXII, 168]		177,16 —	122...3 Z Z *	Krist.; wl. in W; * → Indoxyl; O-Acetylderivat F: 175° (Z.)
Indoxylschwefelsäure [XXI, 71]		213,21 —	— —	Unbeständig; K-Salz Tafeln (Al); swl. in k. Al, ll. in W
Inosin [Ber. 66, 198]		268,23 —	218 Z —	Nadeln (Al 80%); 1,6 W 20°; $[\alpha]_D^{18}$: —49,2°
Inosinsäure [Ber. 66, 198]		348,21 —	— —	Sirup; wl. in Al, Ä, l. in W; $[\alpha]_D^{20}$: —18,5°
d(+)-Inosit [E 2 VI, 1157]		180,16 —	247...8 —	Krist. (wss. Al); $[\alpha]_D$: +65,0° (12 g in 100 ml wss. Lsg.); 67,6 W 11°; swl. in Al, unl. in Ä

Inosit-meso s. Mesoinosit

Name und Literatur	Formel	Mol.-Gew. Dichte	F in °C Kp. in °C	Charakteristik
Irigenol [E 2 XVIII, 253]	(Struktur: Trihydroxyphenyl-isoflavon mit OH-Gruppen)	318,24 —	331 Z —	Gelbe Nadeln $\cdot 1\,H_2O$ (verd. Eg); swl. in Eg, W, Al, Bzl, l. in verd. Eg, Aceton, l. in H_2SO_4 gelb
Iron [VII, 169]	$H_3C\ CH_3$ ...CH:CH·CO·CH$_3$ ...CH$_3$ (Struktur)	192,30 $0{,}9391^{15}_{15}$	— $144/_{16}$	n_D^{20} 1,5017. Gemisch aus α-, β- und γ-Iron; Formel ist α-Iron; Öl; swl. in W, ll. in Al, Ä, Chlf, Lg, Bzl; $[\alpha]_D$: $+33{,}31°$
Isäthionsäure [E 2 IV, 529]	$HOCH_2\cdot CH_2\cdot SO_3H$	126,13 —	— —	Sehr hygr. Krist.; mit $CrO_3 \rightarrow$ Essig= säure-sulfosäure
I-Säure s. 6-Amino-naphthol-(1)-sulfosäure-(3)				
Isatin [E 2 XXI, 327]	(Struktur: Isatin)	147,13 —	203,5 —	Gelbrote Prismen; wl. in k. W, Ä, l. in sied. W rotbraun; ll. in sied. Al, l. in konz. KOH viol.rot
Isatin-α-anil [E 1 XXI, 350]	(Struktur: Isatin-anil, $N\cdot C_6H_5$)	222,25 —	126 —	Viol. Nadeln (Bzl); gelbbraune Blätt- chen (verd. Al); unl. in W, ll. in h. Al gelbbraun, in Bzl, CS_2 rot; ll. in S
Isatinchlorid [XXI, 302]	(Struktur: Isatinchlorid, CI)	165,58 —	ca 180 Z —	Braune Nadeln; wl. in k. Bzl, Lg, ll. in Al, Ä, h. Bzl, Eg; Lsgg. sind blau
Isatinsäure [XIV, 648]	(Struktur: $CO\cdot CO_2H$, NH_2)	165,15 —	— —	Kristallpulver; l. in k. W, unbeständig; in h. W $\rightarrow$ Isatin
Isatinsäureanhydrid [Org. Syntheses III, 488]	(Struktur: Isatinsäureanhydrid)	163,13 —	243 Z —	Krist. (Al)

	Formel	Mol.-Gew. / D.	Schmp. / Sdp.	Eigenschaften
Isatin-sulfosäure-(5) [E 2 XXII, 317]	HO$_3$S– (Isatin-Struktur)	227,20 —	ca 143 —	Or.gelbe Krist. (Egester); unl. in Ä, Bzl, swl. in Al, l. in W
Isoamyläther s. Di-isoamyläther				
Isoamylalkohol [E 2 I, 426]	$(CH_3)_2CH \cdot CH_2 \cdot CH_2OH$	88,15 $0,8083^{25}$	— 131,2...1,7	n_α^{21} 1,4066, n_D^{20} 1,4053, n_{He}^{21} 1,4088. Fl.; durchdringender Geruch; 2,82 W 20°; Vork. in Fuselölen; MAK: 100 cm^3 je m^3; Phenylurethan F: 56,6°
sek.-Isoamylalkohol s. 2-Methyl-butanol-(3)				
Isoamylamin [E 2 IV, 644]	$(CH_3)_2CH \cdot CH_2 \cdot CH_2NH_2$	87,17 $0,747^{25}$	— 95...7	$n_\alpha^{17,9}$ 1,40739, $n_D^{17,9}$ 1,40959, $n_\gamma^{17,9}$ 1,41920. ·HCl Nadeln (Aceton), F: 216...7°
Isoamylbenzol [E 2 V, 332]	$C_6H_5 \cdot CH_2 \cdot CH_2 \cdot CH(CH_3)_2$	148,25 $0,856^{20}$	— 190...4	$n_D^{15,6}$ 1,4867. Fl.
Isoamylbromid [E 2 I, 101]	$(CH_3)_2CH \cdot CH_2 \cdot CH_2Br$	151,05 $1,2195^{17}_{15}$	−111,9 120,6	n_D^{20} 1,4418. Fl.; 0,02 W 16°, l. in Al, Ä
Isoamylchlorid [E 2 I, 100]	$(CH_3)_2CH \cdot CH_2 \cdot CH_2Cl$	106,60 $0,8696^{20}$	— 99,15	Fl.; unl. in W, l. in Al, Ä
Isoamylcyanid s. Isocapronsäure-nitril				
Isoamylfluorid [E 2 I, 100]	$(CH_3)_2CH \cdot CH_2 \cdot CH_2F$	90,14 $0,6995^{14,5}$	— 53,5 g. Z	Fl.; Kp: 46,7...7,0°/$_{755}$
Isoamyl-harnstoff [IV, 185]	$C_5H_{11} \cdot NH \cdot CO \cdot NH_2$	130,19 —	89...91 —	wl. in W; Nitrat swl. in W
Isoamyl-isocyanat [IV, 186]	$C_5H_{11} \cdot N : CO$	113,16 —	— 134...5	Fl.; unl. in W
Isoamyl-isocyanid [IV, 184]	$C_5H_{11} \cdot NC$	97,16 —	— 139...40	Fl.
Isoamyljodid [E 2 I, 104]	$(CH_3)_2CH \cdot CH_2 \cdot CH_2J$	198,05 $1,515^{18}_{15}$	— 147/$_{765}$	Fl.; unl. in W, l. in Al, Ä

Name und Literatur	Formel	Mol.-Gew. Dichte	F in °C Kp. in °C	Charakteristik
Isoamyl-malonsäure [E 3 II, 1777]	$(CH_3)_2CH \cdot [CH_2]_2 \cdot CH(CO_2H)_2$	174,20 —	100...2 —	ll. in W, Al, Ä, Egester, wl. in Lg; Diacetylester Kp: $137,5°/_{19}$, D^{25}: 0,9580; n_D^{20} 1,4255
Isoamyl-mercaptan [E 2 I, 434]	$(CH_3)_2CH \cdot CH_2 \cdot CH_2 \cdot SH$	104,22 $0,8405^{16,9}$	— 120	n_α 1,43824, n_D 1,44118, n_γ 1,45308. Fl.
Isoamyl-nitrat [E 2 I, 434]	$(CH_3)_2CH \cdot CH_2 \cdot CH_2 \cdot ONO_2$	133,15 $0,9971^{20}$	— ca 149,6	$n_\alpha^{21,7}$ 1,40987, $n_D^{21,7}$ 1,41219, $n_\gamma^{21,7}$ 1,42261. Fl.
Isoamyl-nitrit [E 2 I, 434]	$(CH_3)_2CH \cdot CH_2 \cdot CH_2 \cdot ONO$	117,15 $0,885^{13,5}$	— 97,15	$n_\alpha^{20,7}$ 1,38486, $n_D^{20,7}$ 1,38708, $n_\gamma^{20,7}$ 1,39761. Fl.; ∞ Al, Ä, wl. in W; obstart. Geruch
Isoamyl-senföl [E 2 IV, 649]	$C_5H_{11} \cdot N : CS$	129,22 $0,9419^{17}$	— 183	Gelbe, senfölart. und nach Jasmin riechende Fl.
Isoamyl-thiocyanat [E 2 IV, 122]	$(CH_3)_2CH \cdot CH_2 \cdot CH_2 \cdot S \cdot CN$	129,22 0,905	— 197	Hgelbe, ölige Fl.; ∞ Al, Ä, swl. in W

Isoanthraflavinsäure s. 2,7-Dihydroxy-anthrachinon

Name und Literatur	Formel	Mol.-Gew. Dichte	F in °C Kp. in °C	Charakteristik
Isoapiol [E 2 XIX, 97]	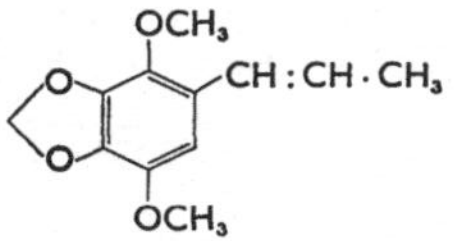	222,24 —	56 303...4	Blättchen oder Tafeln (Al); unl. in W, Alk, ll. in h. Al, Ä, Aceton, Eg, Bzl, l. in H_2SO_4 rot
Isoapokaffein [E 1 XXVII, 655]	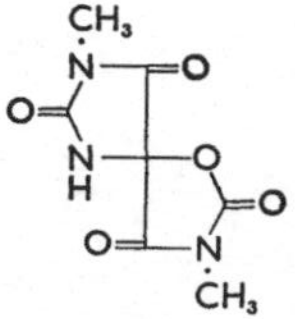	213,15 —	176...7 Z —	Prismen oder Blättchen (verd. HCl); swl. in Chlf, Lg, Bzl, l. in W, Al, ll. in Egester, sll. in Me, Aceton, Eg

Name	Formel			Eigenschaften
dl-Isoborneol [E 2 VI, 88]		154,25 —	212 —	Dünne Tafeln (PÄ); subl.; unl. in W, ll. in Al, Ä, Chlf; „exo-Form"
d-Isoborneol [E 2 VI, 88]	$C_{10}H_{17}OH$	154,25 —	212 —	Krist. (PÄ); subl.; l. in Al, Ä, PÄ, Bzl; $[\alpha]_D^{20}$: — 34,6° (Al)
d-Isobornyl-acetat [E 2 VI, 90]	$C_{10}H_{17}O_2C \cdot CH_3$	196,29 $0,9905^{20}$	— $112/_{17}$	n_D^{20} 1,4633. Fl.; $[\alpha]_D^{20}$: — 53,1° (Al)
d-Isobornyl-butyrat [E 2 VI, 90]	$C_{10}H_{17}O_2C \cdot C_3H_7$	224,35 $0,9690^{20}$	— $125/_{14}$	n_D^{20} 1,4619. Fl.; $[\alpha]_D^{20}$: — 54,3° (Al)
Isobornylchlorid [E 2 V, 63]		172,70 —	161,5 subl.	Krist. (Isoamylal.); wl. in k. Al, ll. in Ä, PÄ; Z. mit sied. W; l-Form; $[\alpha]_D$: — 41,2° (Ä)
l-Isobornyl-propionat [E 2 VI, 91]	$C_{10}H_{17}O_2C \cdot C_2H_5$	210,32 $0,9798^{20}$	— $119/_{16}$	n_D^{20} 1,4619. Fl.; $[\alpha]_D^{20}$: + 54,6° (Al)
Isobrenzschleimsäure [XVII, 438]		112,09 —	92 $102/_{15}$	Blättchen (Chlf oder Bzl); wl. in CS_2; 4,5 W 0°; ll. in Chlf, Bzl, sll. in h. W, Al, Aceton
Isobutan [E 2 I, 87]	$(CH_3)_3CH$	58,12 2,6726 g/l	E — 145 — 10,2	Gas; 13,1 cm³ W 17°; 1346 cm³ Al 17°; 2838 cm³ Ä 18°
Isobutan-diol-(1,2) [E 3 I, 2187]	$(CH_3)_2C(OH) \cdot CH_2OH$	74,12 $1,0024^{20}$	— 175...6	n_D^{20} 1,4350; mit 25% H_2SO_4 → Isobutyraldehyd; entsteht bei Gärung der Hefen
Isobutanol [E 2 I, 405]	$(CH_3)_2CH \cdot CH_2OH$	74,12 $0,8027^{20}$	— 108 107,7	n_α^{15} 1,39569, n_D^{15} 1,39768, n_β^{15} 1,40270. Fl.; 10 W 18°, ∞ Glycerin, Al, Ä; techn. Lösm.; Phenylurethan F: 86°

Name und Literatur	Formel	Mol.-Gew. Dichte	F in °C Kp. in °C	Charakteristik
Isobuten [E 2 I, 179]	$(CH_3)_2C:CH_2$	56,11 —	E — 146,8 — 6,6	Gas; unl. in W; riecht unangenehm leuchtgasartig
Isobuten-dibromid s. 1,2-Dibrom-2-methylpropan				
Isobuten-oxid [E 2 XVII, 17]	H_2C———$C(CH_3)_2$ über O	72,11 $0,8311^0$	— 51...2	Fl. von angenehmem, ätherischen Geruch
Isobuttersäure [E 3 II, 637]	$(CH_3)_2CH \cdot CO_2H$	88,11 $0,9504^{20}$	E — 47 154,35	n_α^{20} 1,39096, n_D^{20} 1,39300, n_β^{20} 1,39782. Fl.; 20 W 20°; ∞ Al, Ä
Isobuttersäure-äthyl= ester [E 2 II, 260]	$(CH_3)_2CH \cdot CO_2C_2H_5$	116,16 $0,8693^{20}$	E — 88,2 111	Fl; l. in W, Al, Ä
Isobuttersäure-amid [Org. Syntheses III, 490]	$(CH_3)_2CH \cdot CONH_2$	87,12 1,013	127...9 —	Nadeln (Egester); ll. in W
Isobuttersäure-anhydrid [E 3 II, 653]	$[(CH_3)_2CH \cdot CO]_2O$	158,20 0,9499 *	— 56,4 $89...90/_{32}$	* im Vak.
Isobuttersäure-chlorid [E 2 II, 262]	$(CH_3)_2CH \cdot COCl$	106,55 $1,0174^{20}$	E — 90 92	n_α^{20} 1,40551, n_D^{20} 1,40789, n_γ^{20} 1,41829. Fl.
Isobuttersäure-isoamyl= ester [E 2 II, 261]	$(CH_3)_2CH \cdot CO_2CH_2 \cdot CH_2 \cdot CH(CH_3)_2$	158,24 $0,8627^{20}$	— 168,9	Fl.; Riechstoff
Isobuttersäure-isobutyl= ester [E 2 II, 260]	$(CH_3)_2CH \cdot CO_2CH_2 \cdot CH(CH_3)_2$	144,22 $0,87496^0$	E — 80,65 148,65	Fl.
Isobuttersäure-methyl= ester [E 2 II, 260]	$(CH_3)_2CH \cdot CO_2CH_3$	102,13 $0,8906^{20}$	E — 84,65 92,3	Fl.; ll. in Al
Isobuttersäure-nitril [E 2 II, 262]	$(CH_3)_2CH \cdot CN$	69,11 $0,7731_0^{16,25}$	— $107...8/_{743}$	Fl.

Name	Formel			
Isobuttersäure-propyl= ester [E 3 II, 646]	$(CH_3)_2CH \cdot CO_2C_3H_7$	130,19 0,8643[20]	— 135,0…5,5	n_D^{20} 1,3955. Azeotrop mit W
Isobutylalkohol s. Isobutanol				
Isobutylamin [E 2 IV, 637]	$(CH_3)_2CH \cdot CH_2NH_2$	73,14 0,724[25]	E − 85,5 68	n_α^{17} 1,39664, n_D^{17} 1,39878, n_γ^{17} 1,40829. Fl.; ∞ W, Al, Ä; · HCl F: 178…9°; Pikrat F: 139…40° und 156°
Isobutylbenzol [E 2 V, 319]	$(CH_3)_2CH \cdot CH_2 \cdot C_6H_5$	134,22 0,86726[20]	— 170/736	$n_\alpha^{14,5}$ 1,4916, $n_D^{14,5}$ 1,4957, $n_\beta^{14,5}$ 1,5056. Fl.
Isobutylbromid [E 2 I, 89]	$(CH_3)_2CH \cdot CH_2Br$	137,03 1,27197[15]	E − 118,05 91,40	n_α^{15} 1,43639, n_D^{15} 1,43914, n_β^{15} 1,44567. Fl.; 0,051 W 18°; ∞ Al, Ä
Isobutylcarbinol s. Isoamylalkohol				
Isobutylchlorid [E 2 I, 87]	$(CH_3)_2CH \cdot CH_2Cl$	92,57 0,8829[15]	E − 131,2 68,85	n_α^{15} 1,39884, n_D^{15} 1,40096, n_β^{15} 1,40609. Fl.; 0,09 W 12,5°, ∞ Al, Ä
Isobutyl-cyanid s. Isovaleriansäure-nitril				
Isobutylen s. Isobuten				
Isobuylenglykol s. Isobutan-diol-(1,2)				
Isobutyl-fluorid [I, 124]	$(CH_3)_2CH \cdot CH_2F$	76,11 —	— − 16.	Gas
Isobutyl-harnstoff [E 1 IV, 376]	$(CH_3)_2CH \cdot CH_2 \cdot NH \cdot CO \cdot NH_2$	116,16 —	140,5…1,5 —	wl. in Aceton und Bzl; Nitrat F: 94…8°; Krist. (Al)
Isobutyl-isocyanat [E 2 IV, 641]	$(CH_3)_2CH \cdot CH_2 \cdot N : CO$	99,13 —	— 101,5	Heftig riechende, fbl., leicht beweg- liche Fl.
Isobutyl-isocyanid [IV, 167]	$(CH_3)_2CH \cdot CH_2 \cdot NC$	83,13 0,7873[4]	— 110…1	Fl.
Isobutyljodid [E 2 I, 91]	$(CH_3)_2CH \cdot CH_2J$	184,02 1,49597[20]	− 90,7 120,4	n_α^{20} 1,49192, n_D^{20} 1,49597, n_γ^{20} 1,51398. Fl.; unl. in W, ∞ Al, Ä

Name und Literatur	Formel	Mol.-Gew. Dichte	F in °C　Kp. in °C	Charakteristik
Isobutyl-malonsäure [E 3 II, 1756]	$(CH_3)_2CH \cdot CH_2 \cdot CH(CO_2H)_2$	160,17 —	108 —	Dimethylester Kp: 211°; Diäthylester Kp: 107...10°/$_{11}$; D^{25}: 0,9677; n$_D^{20}$ 1,4236
Isobutyl-mercaptan [E 3 I, 1565]	$(CH_3)_2CH \cdot CH_2 \cdot SH$	90,19 0,8346	— 88,72	n$_D^{20}$ 1,4386. C_4H_9S-Hg-Cl sintert bei 215...20°; Isobutyl-(2,4-dinitrophe= nyl)-sulfid F: 76°
Isobutyl-nitrat [E 3 I, 1562]	$(CH_3)_2CH \cdot CH_2 \cdot ONO_2$	119,12 1,0152^{20}	— 123	n$_D^{23}$ 1,40130. Bildet mit W und anderen Lösm. Azeotrope; bei Pyrolyse ex- plosionsart. Bildung von Isobutyr= aldehyd
Isobutyl-nitrit [E 3 I, 1562]	$(CH_3)_2CH \cdot CH_2 \cdot ONO$	103,12 0,8702$_{20}^{20}$	— 67,1	n$_D^{22}$ 1,37131. Bildet mit W und anderen Lösm. Azeotrope
Isobutyl-thiocyanat [E 2 III, 122]	$(CH_3)_2CH \cdot CH_2 \cdot SCN$	117,21 —	E — 59 175,4	Fl.; ∞ mit Al, swl. in W
Isobutyl-urethan [E 2 IV, 640]	NH · CH$_2$ · CH(CH$_3$)$_2$ C : O OC$_2$H$_5$	145,20 0,9465^{15}	— 99/$_{19}$	n$_D^{20}$ 1,4288. Fbl., nach Äpfeln riechende Fl.
Isobutyraldehyd [E 2 I, 732]	$(CH_3)_2CH \cdot CHO$	72,11 0,7917$_{19}^{19}$	E — 65,9 65	n$_\alpha$ 1,37117, n$_D^{19}$ 1,37326, n$_\gamma$ 1,38271. Fl.; stechender Geruch; 8,8 W 20°; ∞ Al, Ä; oxid. an der Luft → Iso= buttersäure; p-Nitro-phenylhydrazon F: 130°
Isobutyraldoxim [E 2 I, 734]	$(CH_3)_2CH \cdot CH : NOH$	87,12 0,9015^{20,5}	< — 80 138...41	n$_\alpha^{20,5}$ 1,42752, n$_D^{20,5}$ 1,43022, n$_\gamma^{20,5}$ 1,44243. Öl; unangenehmer Geruch; wl. in W

Verbindung	Formel	Mol.-Gew. / D	F / Kp	Eigenschaften
l-Isocamphan [E 2 V, 67]	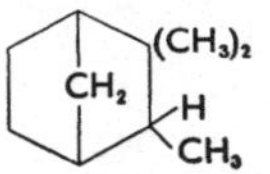 (Struktur: $(CH_3)_2$, CH_2, H, CH_3)	138,25 / $0,8429^{70}$	64...5 / 164...5	* n_α^{67} 1,4398, n_D^{67} 1,4419, n_γ^{67} 1,4524. Krist. (Al); $[\alpha]_{578}$: − 9° (Bzl, p = 20); Kp: 62...3°/17; sll. in Al, Bzl, Egester, Aceton, Lg, l. in Me; * inaktive Form
l-Isocamphersäure [IX, 762]	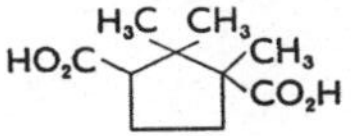 (Struktur: H_3C CH_3 CH_3, HO_2C, CO_2H)	200,24 / 1,243	172,5 / —	Krist. (verd. Al); 0,34 W 20°; 47,5 Al 20°; $[\alpha]_D^{14}$: − 47,1° (Al)
Isocamphoronsäure [E 2 II, 690]	$HO_2C \cdot C(CH_3)_2 \cdot CH(CH_2 \cdot CO_2H)_2$	218,21 / —	165...6 / —	Flache Prismen (W); ll. in W, Al, Ä, zll. in Egester, swl. in Chlf, unl. in Bzl, PÄ
Isocapronsäure [E 2 II, 289]	$(CH_3)_2CH \cdot CH_2 \cdot CH_2 \cdot CO_2H$	116,16 / —	− 35 / 200...1	n_α^{70} 1,3946, n_D^{70} 1,3967, n_β^{70} 1,4016. Öl; Kp: 94...5°/12; unangenehmer Geruch; l. in W, Al; Amid Nadeln, F: 120°
Isocapronsäure-nitril [E 2 II, 290]	$(CH_3)_2CH \cdot CH_2 \cdot CN$	97,16 / $0,8038^{20}$	− 43 / 155	$n_\alpha^{14,3}$ 1,40647, $n_D^{14,3}$ 1,40851, $n_\gamma^{14,3}$ 1,41739. Fl.; E: − 51,1°; unangenehmer Geruch
Isocarthamin [J. Chem. Soc. 1930, 765]	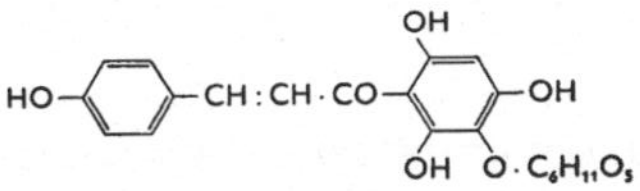 (Struktur: HO–…–$CH:CH \cdot CO$–…, OH, OH, $O \cdot C_6H_{11}O_5$)	450,40 / —	228 / —	Gelbe Nadeln ·$2H_2O$; unbeständig; zers. → rotes Pulver
l-Isocarvomenthol [E 2 VI, 39]	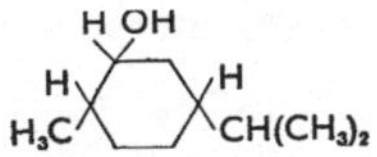 (Struktur: H OH, H, H, H_3C, $CH(CH_3)_2$)	156,27 / $0,9109^{20}$	— / 106/17	n_D^{20} 1,4662. Fl.; $[\alpha]_D^{16}$: − 17,7°

l-Isocarvomenthon s. l-*cis*-Carvomenthon

Verbindung	Formel	Mol.-Gew. / D	F / Kp	Eigenschaften
Isocephaelin [E 2 XXIII, 454]	$C_{28}H_{38}O_4N_2$	466,63 / —	159...60 / —	Tafeln (Al + Ä); swl. in W, Ä, ll. in Al, Chlf; $[\alpha]_D$: − 71,8° (Chlf)

Name und Literatur	Formel	Mol.-Gew. Dichte	F in °C Kp. in °C	Charakteristik
Isochinolin [E 2 XX, 236]		129,16 1,0986[20]	24,25 242,5	$n_\alpha^{21,4}$ 1,6161, $n_D^{21,4}$ 1,6243, $n_\beta^{21,4}$ 1,6481. Hygr. Krist.; swl. in W; Pikrat F: 223° (Z.)
Isocinchomeronsäure s. Pyridin-dicarbonsäure-(2,5)				
Iso-citronensäure [III, 555]	$HO_2C \cdot CH(OH) \cdot CH(CO_2H) \cdot CH_2(CO_2H)$	192,13 —	— —	Säure nicht beständig → Lactoiso= citronensäure; Triäthylester; Öl, Kp: 149...50°/14
Isocrotonsäure s. Crotonsäure-(cis)				
Isocumarin [XVII, 333]		146,15 —	47 285/719 *	Tafeln (Bzl); sll. in Al, Ä, Bzl, CS_2; Wdampfflch.; * g. Z.
Isocyansäure s. Cyansäure				
Isocyanursäure= trimethylester [E 1 XXVI, 76]		171,16 —	176...7 274	Krist. (W oder Al); unl. in k. W, wl. in sied. W, l. in Al
Isodehydracetsäure [Org. Syntheses 32, 76]		168,15 —	154...5 —	Krist. (W)
Isodehydracetsäure- äthylester [Org. Syntheses 32, 76]		196,20 —	18...20 185...92/35	Krist. Masse

Name	Formel / Struktur	Mol.-Gew. / Dichte	Schmelzp. / Siedep.	Eigenschaften
Isodialursäure [XXV, 83]	(Struktur)	144,09 / —	140 / —	Prismen · 2H$_2$O (W); unl. in Lg, wl. in Ä, l. in Al, ll. in W, Aceton
Isodiazomethan [Ber. **87**, 1887]	HC : N · NH	42,03 / —	— / —	Absorptionsmax. = 247 mμ (Azomethan = 343 mμ)
Isodipren s. d-Caren-(3)				
Isodulcit s. Rhamnose				
Isodurol s. 1,2,3,5-Tetramethyl-benzol				
Isoemetin [E 2 XXIII, 455]	C$_{29}$H$_{40}$O$_4$N$_2$	480,65 / —	97...8 / —	Nadeln · 1H$_2$O (Ä); unl. in W, wl. in PÄ, ll. in Al, Ä, Chlf; [α]$_D$: − 47,4° (Chlf); Dihydrochlorid F: 310° (Z.)
Isoemodin s. 4,5-Dihydroxy-2-hydroxymethylanthrachinon				
Isoeugenol s. Eugenol-iso				
Isoferulasäure s. Hesperitinsäure				
Isoguanin [Helv. Chim. Acta **15**, 464]	(Struktur)	151,13 / —	Z < 250 / —	Amorphes Pulver; Hydrochlorid F: 250° (Z.)
Isoharnstoff s. Harnstoff				
Isohexylalkohol s. 2-Methyl-pentanol-(5)				
dl-Isohydrobenzoin s. dl-Hydrobenzoin				
L(+)-Isoleucin [E 2 IV, 883]	CH$_3$ · CH$_2$ · CH(CH$_3$) · CH(NH$_2$) · CO$_2$H	131,18 / —	280 subl.	Tafeln (Al 80%); [α]$_D^{12}$: + 12,8° (W, p = 2); 3,87 W 15,5°; ll. in h. Eg, l. in h. Al, unl. in Ä
d-Isomenthon [E 2 VII, 42]	(Struktur)	154,25 / 0,9057$_{15}^{15}$	E ca − 35 / 212	n$_D^{20}$ 1,4530. Fl.; [α]$_D^{15}$: + 91,7°
Isonaphthazarin s. 2,3-Dihydroxy-naphthochinon-(1,4)				

Name und Literatur	Formel	Mol.-Gew. Dichte	F in °C Kp. in °C	Charakteristik
Isonaphthoxthin [E 1 XIX, 628]		300,38 —	154 —	Gelbe Nadeln (Eg); zwl. in Al, Ä, l. in H_2SO_4 blaugrün
Isonicotinsäure [E 2 XXII, 37]	CO_2H	123,11 —	315...6 subl.	Nadeln (W); swl. in sied. Al, wl. in k. W, Ä, Bzl, l. in sied. W
Isonicotinsäure-äthyl= ester [E 2 XXII, 37]	$CO_2 \cdot C_2H_5$	151,16 $1,0091^{15}$	— 219...20	Fl. von esterart. Geruch; wl. in W, ll. in Al, Ä, Chlf, Bzl
Isonicotinsäure-amid [E 2 XXII, 37]	$CONH_2$	122,13 —	152...4 —	Blättchen (Bzl + Al)
Isonicotinsäure-chlorid [XXII, 46]	$COCl$	141,56 —	15...6 —	Krist.; Hydrochlorid F: 164...5°
Isonicotinsäure-hydrazid [E 2 XXII, 37]	$CO \cdot NH \cdot NH_2$	137,14 —	163 —	Nadeln (Al)

Name	Konstitution	Mol.-Gew. / Dichte	F / (Kp)	Eigenschaften
Isonicotinsäure-methyl= ester [XXII, 46]	CO₂·CH₃ (Pyridin)	137,14 / —	ca 8,5 / 207...9	Fl.; l. in W, Al, Ä, Bzl
Isonicotinsäure-nitril s. 4-Cyan-pyridin				
Isonicotinsäure-phenyl= ester [E 2 XXII, 37]	CO₂·C₆H₅ (Pyridin)	199,20 / —	70 / —	Blättchen (verd. Al); ll. in Ä; Hydro= chlorid F: 177...8°
Isonitrosoaceton [E 2 I, 822]	CH₃·CO·CH:NOH	87,08 / 1,07437⁶⁷,⁵	68 (66) / subl.	Nadeln (CCl₄); Blättchen (Ä + PÄ); ll. in W, Ä, wl. in k. Chlf, Bzl, CCl₄, l. in der Wärme; swl. in PÄ, l. in Alk mit gelber Farbe; Wdampfflch.
Isonitroso-acetophenon [E 2 VII, 600]	C₆H₅·CO·CH:NOH	149,15 / —	129 / Z	Tafeln (Chlf) wl. in k. W, l. in h. W, ll. in Alk gelb
2-Isonitroso-butanon-(3) s. Diacetyl-monoxim				
Isonitrosocampher [Ann. 493, 33]	CH₃ / H₃C·C·CH₃ / O / NOH	181,24 / —	151...2 / —	Prismen (verd. Me); $[\alpha]_D^{24}$: + 200° (Al). Weitere Formen: Anti (α): Krist. (Lg + Bzl); F: 153°. Syn. (β): gelbe Krist.; F: 114...5°; $[\alpha]_D^{16}$: + 173,4°
2-Isonitroso-cyclo= hexanon [J. Org. Chem. 11, 771]	O / NOH	127,15 / —	— / —	Gelbes Öl; kann nicht unzersetzt um- kristallisiert werden
2-Isonitroso-pentanon(3)- [I, 776]	CH₃·C(NOH)·CO·C₂H₅	115,13 / —	69...72 / —	
3-Isonitroso-pentanon-(2) [E 2 I, 831]	CH₃·CO·C(NOH)·C₂H₅	115,13 / —	53...5 / 183...7	sll. in Al, Ä, Chlf, wl. in W

Name und Literatur	Formel	Mol.-Gew. Dichte	F in °C Kp. in °C	Charakteristik
Isonitroso-propiophenon [Org. Syntheses II, 363]	$C_6H_5 \cdot CO \cdot C(NOH) \cdot CH_3$	163,18 —	112...3 —	Krist. (Toluol); Lsg. in Alk gelb
Isooctan s. 2,2,4-Trimethyl-pentan				
Isopelletierin [E 1 XXI, 266]	(Struktur: $CH_2 \cdot CO \cdot CH_3$)	141,21 $0,9624^{20}$	— $86/_{10}$	n_α^{20} 1,4640, n_D^{20} 1,4669, n_β^{20} 1,4734. Öl; Pikrat F: 147...8°
Isopentan s. 2-Methyl-butan Isopentyl- s. Isoamyl				
Isophoron [E 2 VII, 64]	(Struktur: CH_3, $(CH_3)_2$)	138,21 $0,9228^{18}$	— 213...4	n_D^{22} 1,4761. Fl.; swl. in W; Wdampf-flch.; MAK: 25 cm³/m³; Semicarb=azon F: 187...8°
Isophthalaldehyd [E 2 VII, 606]	(Struktur: OHC — CHO)	134,14 —	89...90 —	Nadeln; wl. in W, l. in Ä, Lg, ll. in Al, Chlf; Wdampfflch.; l. in verd. S, Alk; Dioxim F: 178°
Isophthalsäure [IX, 832]	(Struktur: HO_2C — CO_2H)	166,13 —	348,5 subl.	Nadeln (Al); unl. in Bzl, Lg, l. in Eg, ll. in Al
Isophthalsäure-dichlorid [E 2 IX, 609]	$C_6H_4(COCl)_2$	203,03 $1,3880^{47,3}$	42...3 276	n_α^{47} 1,5634, n_D^{47} 1,570, n_β^{47} 1,5867. Prismen (PÄ)
Isophthalsäure-dimethyl=ester [E 2 IX, 609]	$C_6H_4(CO_2CH_3)_2$	194,19 —	71 $124/_{12}$	Nadeln (CCl_4)
Isophthalsäure-dinitril [IX, 836]	(Struktur: NC — CN)	128,13 —	162 subl.	Nadeln (Egester); unl. in PÄ, l. in h. W, sll. in Me, h. Al, Ä, Chlf, Bzl
Isopilocarpin [XXVII, 636]	(Struktur: H_5C_2, CH_2, $N \cdot CH_3$)	208,26 —	— $261/_{10}$	Hygr. Produkt; swl. in Lg, zwl. in Ä, Bzl, sll. in Chlf; ∞ W, Al; $[\alpha]_D^{18}$: + 50°; stereoisomer Pilocarpin

Name	Formel			Eigenschaften
Isopren [E 2 I, 227]	$CH_2:CH \cdot C(CH_3):CH_2$	68,12 0,6806[20]	E — 120 34,3	n_α^{20} 1,4154, n_D^{20} 1,4194, n_β^{20} 1,4301. Fl.
Isopren-äthylen s. 2-Methyl-buten-(3)				
Isoprensulfon [Org. Syntheses III, 499]	$\begin{smallmatrix} CH_3 \\ SO_2 \end{smallmatrix}$	132,18 —	63,5...4 —	Platten (Me)
Isopren-tetrabromid [E 2 I, 103]	$CH_2Br \cdot CHBr \cdot CBr(CH_3) \cdot CH_2Br$	387,76 2,3910[21]	— 157...9/12	n_D^{21} 1,6067. Fl. von unangenehmem, stechenden Geruch
Isopropanol [E 2 I, 375]	$CH_3 \cdot CH(OH) \cdot CH_3$	60,10 0,78505[20]	E — 89,5 82,4.	n_D^{20} 1,3771. Fl.; ∞ W, Al, Ä; MAK: 400 cm³/m³; 3,5-Dinitro-benzoesäure-isopropylester F: 121...2°
-Al-Salz [E 2 I, 381]	$(C_3H_7O)_3Al$	204,25 1,0346[20][01]	118 125...30/4	n^{23} 1,43208. Krist.; ll. in Bzl.; Lsg. red. Aldehyde und Ketone bei höherer Temp. zu Alkoholen
Isopropenylbenzol [E 2 V, 374]	$C_6H_5 \cdot C(CH_3):CH_2$	118,18 0,9142[20][20]	E — 23 163...4/752	$n_\alpha^{17,4}$ 1,5326, $n_D^{17,4}$ 1,5384, $n_\beta^{17,4}$ 1,5535. Fl.; Kp: 56°/13; starker Geruch; l. in Al; polym. nur schwer; ,,α-Methyl-styrol''; MAK: 100 cm³/m³; s. a. Ohlinger, Polystyrol
Isopropyl-acetessigester [E 2 III, 441]	$(CH_3)_2CH \cdot CH(CO \cdot CH_3) \cdot CO_2C_2H_5$	172,23 0,98046[0]	— 201	Fl.
Isopropyläther s. Diisopropyläther				
Isopropylalkohol s. Isopropanol				
Isopropylamin [E 2 IV, 629]	$CH_3 \cdot CH(NH_2) \cdot CH_3$	59,11 0,691[18]	E — 101,2 33	$n_\alpha^{15,4}$ 1,37488, $n_D^{15,4}$ 1,37698, $n_\gamma^{15,4}$ 1,38620. Fl.; ammoniakalischer Geruch; ∞ W, Al, Ä; MAK: 5 cm³/m³; · HCl F: 148...50°

35*

Name und Literatur	Formel	Mol.-Gew. / Dichte	F in °C / Kp. in °C	Charakteristik
2-Isopropylamino- äthanol [Org. Syntheses III, 501]	$(CH_3)_2CH \cdot NH \cdot CH_2 \cdot CH_2OH$	103,17 $0,8970^{20}$	— $86...7/_{23}$	n_D^{20} 1,4395. Öl von eigentümlichen Geruch; Dämpfe rauchen an der Luft; ∞ W, Al, Ä
4-Isopropyl-anilin s. Cumidin				
4-Isopropyl-benzaldehyd s. Cuminaldehyd				
2-Isopropyl-benzoesäure [IX, 546]	(siehe Strukturformel: Benzolring mit CO_2H und $CH(CH_3)_2$)	164,21 —	51 —	Krist. (W); Ag-Salz Nädelchen (W)
4-Isopropyl-benzoesäure s. Cuminsäure				
Isopropylbenzol s. Cumol				
Isopropylbromid [E 2 I, 74]	$CH_3 \cdot CHBr \cdot CH_3$	123,00 $1,3222^{15}$	$-89,0$ 59,85	n_α^{15} 1,4257, n_D^{15} 1,4285, n_β^{15} 1,4352. Fl.; 0,32 W 20°, ∞ Al, Ä
4-Isopropyl-tert.-butyl-keton s. 2,2,4-Trimethyl-pentanon-(3)				
Isopropylchlorid [E 2 I, 72]	$CH_3 \cdot CHCl \cdot CH_3$	78,54 $0,86797^{15}$	E -117 36,25	n_α^{15} 1,37900, n_D^{15} 1,38110, n_β^{15} 1,38620. Fl.; 0,31 W 20°, ∞ Al, Ä
Isopropylcyanid s. Isobuttersäure-nitril				
Isopropylcyclohexan [E 2 V, 23]	(siehe Strukturformel: Cyclohexanring mit H und $CH(CH_3)_2$)	126,24 $0,7902^{20}_4$	$-90,6$ 154,7	n_α^{20} 1,4343, n_{He}^{20} 1,4364, n_β^{20} 1,4423. Fl.; angenehmer Geruch; unl. in W, l. in Al, Ä
Isopropyl-fluorid [E 3 I, 217]	$(CH_3)_2CHF$	62,09 —	$-9,4$ $-133,4$	
Isopropyliden-glycerin s. Glycerin-isopropylidenäther				
Isopropyl-isobutyl-keton s. 2,5-Dimethyl-hexanon-(3)				

Name	Formel	M; d	F; Kp	Bemerkungen
Isopropyl-isocyanid [IV, 154]	$(CH_3)_2CH \cdot NC$	69,11 $0,7596^0$	— 87	Fl.
Isopropyljodid [E 2 I, 78]	$CH_3 \cdot CHJ \cdot CH_3$	169,99 $1,7033^{20}$	— 91,8 89,5	n_α^{20} 1,49519, n_D^{20} 1,49969, n_γ^{20} 1,52026. Fl.; 0,14 W 20°, ∞ Al, Ä
Isopropyl-malonsäure [E 3 II, 1737]	$(CH_3)_2CH \cdot CH(CO_2H)_2$	146,14 —	88...90 —	Dimethylester Kp: 198°; Diäthyl= ester Kp: 212...15°; n_D^{22} 1,4181
Isopropyl-mercaptan [E 3 I, 1477]	$CH_3 \cdot CH(SH) \cdot CH_3$	76,16 $0,8143^{20}$	— 130 52,56	n_D^{25} 1,4225; Vork. im persischen Erdöl; Azeotrope mit Cyclopentan u. a.; $(C_3H_7S)_2Hg$ Nadeln (verd. Al), F: 65°; Bleisalz F: 91...2°
Isopropyl-nitrit [E 2 I, 382]	$(CH_3)_2CH \cdot ONO$	89,09 $0,844^{25}$	— 40	Fl.
2-Isopropyl-phenol [E 2 VI, 476]	(Strukturformel: Phenol mit OH und $CH(CH_3)_2$)	136,20 $0,927^{100}$	16...17 90...$1/_8$	
3-Isopropyl-phenol [VI, 505]	$(CH_3)_2CH \cdot C_6H_4 \cdot OH$	136,20 —	26 228	
4-Isopropylphenol s. Cumenol				
Isopropyltoluol s. Cymol				
d-Isopulegon [E 2 VII, 81]	(Strukturformel: H_3C, $C(CH_3){:}CH_2$, Cyclohexanon)	152,24 $0,9179^{21}$	— 101...2/$_{17}$	n_D^{21} 1,4672. Öl; $[\alpha]_D$: + 22,2° (Me); Semicarbazon F: 175...6°
Isosafrol [E 2 XIX, 27]	(Strukturformel: Methylendioxyphenyl-$CH{:}CH \cdot CH_3$)	162,19 $1,122^{20}$	E 6,7...6,8 252	n_α^{20} 1,5708, n_D^{20} 1,5782, n_β^{20} 1,5986. Fl.; ∞ Al, Ä, Bzl; anisart. Geruch
dl-Isoserin [E 2 IV, 919]	$H_2N \cdot CH_2 \cdot CH(OH) \cdot CO_2H$	105,09 —	ca 242 Z —	Prismen; 1,53 W 20°; ll. in h. W, swl. in Al, Ä, Chlf
Isostilben s. cis-Stilben				
Isothiocyansäure-allylester s. Allylsenföl				
Isotruxillsäure s. Truxinsäure				

Name und Literatur	Formel	Mol.-Gew. Dichte	F in °C Kp. in °C	Charakteristik
Isovaleraldehyd [E 2 I, 742]	$(CH_3)_2CH \cdot CH_2 \cdot CHO$	86,13 $0,7845^{20}_{20}$	-51 92...93	n_α 1,38789, n_D^{20} 1,39023, n_γ 1,39940. Fl.; mit W $\rightarrow$ Hydrat, Kp: 82°
Isovaleriansäure [E 2 II, 271]	$(CH_3)_2CH \cdot CH_2 \cdot CO_2H$	102,13 $0,9373^{15}$	E $-37,6$ 176,5	$n_\alpha^{22,4}$ 1,39964, $n_D^{22,4}$ 1,40178, $n_\beta^{22,4}$ 1,40677. Fl.; 4,24 W 20°; ∞ Al, Ä, l. in Bzl, Chlf, Benzin; Wdampfflch.; charakteristischer Geruch nach Baldrian
dl-Isovaleriansäure s. 2-Methyl-buttersäure				
Isovaleriansäure-äthyl= ester [E 2 II, 275]	$(CH_3)_2CH \cdot CH_2 \cdot CO_2C_2H_5$	130,19 $0,8669^{20}$	E $-99,3$ 134,7	$n_\alpha^{18,4}$ 1,39540, $n_D^{18,4}$ 1,39738, $n_\beta^{18,4}$ 1,40231. Fl.
Isovaleriansäureamid [E 2 II, 277]	$(CH_3)_2CH \cdot CH_2 \cdot CONH_2$	101,15 0,965	128 (132) 230	Blättchen (Al); l. in W, Al, Chlf, Bzl, Aceton
Isovaleriansäureanilid [E 2 XII, 147]	$(CH_3)_2CH \cdot CH_2 \cdot CONHC_6H_5$	177,25 —	115 —	Krist. (Lg), Nadeln
Isovaleriansäure-chlorid [E 2 II, 277]	$(CH_3)CH \cdot CH_2 \cdot CO_2H$	120,58 $0,9854^{24,3}$	— 114,5...5,5/$_{771}$	$n_\alpha^{24,3}$ 1,41116, $n_D^{24,3}$ 1,41361, $n_\beta^{24,3}$ 1,41933. Fl.
Isovaleriansäure-isoamyl= ester [E 2 II, 276]	$(CH_3)_2CH \cdot CH_2 \cdot CO_2CH_2 \cdot CH_2 \cdot CH(CH_3)_2$	172,27 $0,8583^{18,7}$	— 192,7	$n_\alpha^{18,7}$ 1,41095, $n_D^{18,7}$ 1,41300, $n_\beta^{18,7}$ 1,41813. Fl.; Kp: 82,5°/$_{16,7}$; Fruchtaroma
Isovaleriansäure-isobutyl= ester [E 2 II, 276]	$[(CH_3)_2CH \cdot CH_2 \cdot CO_2CH_2 \cdot CH(CH_3)_2$	158,24 $0,8545^{19,2}_{15}$	— 171,4	$n_\alpha^{19,2}$ 1,40418, $n_D^{19,2}$ 1,40639, $n_\beta^{19,2}$ 1,41127. Fl.
Isovaleriansäure-methyl= ester [E 2 II, 274]	$(CH_3)_2CH \cdot CH_2 \cdot CO_2CH_3$	116,16 $0,8808^{20}$	— 116,3	n_D^{25} 1,3900. Fl.
Isovaleriansäure-nitril [E 2 II, 278]	$(CH_3)_2CH \cdot CH_2 \cdot CN$	83,13 $0,7925^{19,4}$	— 127,4	$n_\alpha^{19,4}$ 1,3897, $n_{He}^{19,4}$ 1,3918, $n_\beta^{19,4}$ 1,3966. Öl; Bittermandelgeruch

Name [Lit.]	Formel	Mol.-Gew. / d	F. / Kp.	Eigenschaften
Isovaleriansäure-propyl=ester [E 2 II, 275]	$(CH_3)_2CH \cdot CH_2 \cdot CO_2CH_2 \cdot C_2H_5$	144,22 / $0,8643^{17,8}$	— / 155,7	$n_\alpha^{17,8}$ 1,40204, $n_D^{17,8}$ 1,40413, $n_\beta^{17,8}$ 1,40906. Fl.
Isovaleron s. Di-isobutyl-keton				
dl-Isovalin [E 2 IV, 851]	$CH_3 \cdot CH_2 \cdot C(CH_3)(NH_2) \cdot CO_2H$	117,15 / —	305 * / —	Nadeln (Al + Ä); Krist. $\cdot 1\,H_2O$; 39 W 20°; 0,47 Al 15°; ca 5,3 sied. Al; subl.; * im geschl. Röhrchen
Isovanillin [E 2 VIII, 282]	Benzolring: CH_3O, HO, CHO	152,15 / —	116...7 / 163...6/10	Säulen oder Tafeln (W); swl. in k. W, PÄ, CS_2, ll. in h. W, Al, Ä, Eg, h. Bzl, sll. in Chlf
Isovanillinsäure [E 2 X, 261]	Benzolring: HO_2C, OH, OCH_3	168,15 / —	251 subl.	Nadeln (W); wl. in W, ll. in Al, Ä
Isoviolanthron [E 2 VII, 815]	(Strukturformel, kondensiertes Ringsystem mit 2 $=O$)	456,51	— / —	Dkl. viol. Kristallmasse (Nitrobzl.); swl. in Al, Ä, l. in Nitrobzl. rotviol. mit braunroter Fluoresz.; l. in H_2SO_4 grün
Isozimtsäure s. u. Zimtsäure				
Isozuckersäure [XVIII, 364]	Ring: HO, OH, HO_2C, CO_2H	192,13 / —	185 / Z *	Rhomben; wl. in Ä, ll. in W, Al; $[\alpha]_D^{20}$: $+46,1°$ (W); sterischer Bau: Anhydro-mannozuckersäure s. E 2 XVIII, 309; * → CO_2-Absp.
Itaconsäure [E 2 II, 650]	$HO_2C \cdot CH_2 \cdot C(:CH_2) \cdot CO_2H$	130,10 / 1,573 (1,632)	167...8 / Z *	Krist.; 5,9 W 10°; 8,3 W 20°; ~ 20 Al 88% 15°; wl. in Chlf, CS_2, Bzl, Lg, swl. in Ä; $K_1 = 1,5 \cdot 10^{-4}$, $K_2 = 2,2 \cdot 10^{-6}$; * → Citraconsäureanhydrid
Itaconsäureanhydrid [E 2 XVII, 449]	CH_2 (Anhydrid-Strukturformel)	112,09 / —	68 / 114...5/12	Prismen (Ä oder Chlf); swl. in k. Ä, sll. in Chlf
Itaconsäure-diäthyl=ester [E 2 II, 651]	$C_2H_5O_2C \cdot CH_2 \cdot C(:CH_2) \cdot CO_2C_2H_5$	186,21 / $1,0500^{16,3}$	— / 228	$n_\alpha^{15,4}$ 1,43833, $n_D^{15,4}$ 1,4411, $n_\beta^{15,4}$ 1,44765. Fl.; Kp: 111°/13; polym. bei längerem Aufbewahren durch Licht

Name und Literatur	Formel	Mol.-Gew. Dichte	F in °C Kp. in °C	Charakteristik
Itaconsäure-dichlorid [Org. Syntheses 33, 41]	ClOC·CH$_2$· C(:CH$_2$) · COCl	166,99 —	— 71...2/$_2$	n$_D^{20}$ 1,4919. Wasserklare Fl.
Japancampher s. d-Campher				
Jervin [Lettré, 264]		425,62 —	237...8 —	Nadeln (Me + W); [α]$_D^{23}$: — 158,5° (Al)
Jod-acetaldehyd [E 3 I, 2677]	CH$_2$J · CHO	169,95 2,14^{20}	— Z 80	Dämpfe reizen die Augen; swl. in W; gärungshemmend
Jod-acetaldehyddiäthyl- acetal [E 3 I, 2677]	CH$_2$J · CH(OC$_2$H$_5$)$_2$	244,07 1,4944^{15}	— 69/$_8$	Wasserhelle Fl.
Jodacetamid s. Jodessigsäure-amid				
Jod-aceton [E 3 I, 2753]	CH$_2$J· CO · CH$_3$	183,98 —	— 62	Gelbliche Fl. von stark tränenreizen- der Wirkung; gärungshemmend; Oxim (PÄ) F: 64,5°
Jod-acetonitril [E 2 II, 206]	CH$_2$J · C ⋮ N	166,95 2,3065	— 76...77/$_{12}$	Stark riechendes Öl; k. W löst unter Verseifung; mit AgNO$_3$ F: 121°, expl.
4-Jod-acetophenon [E 2 VII, 222]		246,06 —	83,5 153/$_{18}$	Krist.; ll. in Al, Eg, Bzl, wl. in·Ä, Lg
Jodäthan s. Äthyljodid				

2-Jod-äthanol [E 2 I, 338]	$CH_2J \cdot CH_2OH$	171,97 2,1968[20]	— 176...7 Z	n_α^{20} 1,56637, n_D^{20} 1,57134, n_β^{20} 1,58390. Fbl. dicke Fl.; Kp: 86...7°/$_{25}$; l. in W, Al, Ä
β-Jodäthylalkohol-allophanat s. Aljodan				
2-Jod-anilin [E 2 XII, 360]		219,02 —	60...1 —	Nadeln; wl. in W, ll. in org. Lösm.; Wdampfflch.; Acetylderivat F: 110°
4-Jod-anilin [E 1 XII, 331]	$C_6H_4J \cdot NH_2$	219,02 —	67...8 —	Tafeln (W); wl. in W, PÄ, l. in Ä, ll. in Al; Wdampfflch.
4-Jodanilin-N-acetat [E 1 XII, 332]	$C_6H_4J \cdot NH \cdot CO \cdot CH_3$	261,06 1,989[18]	184,5 subl.	Tafeln (W); wl. in k. W, 6,4 Al 20,5°, ll. in h. W, sll. in Eg
5-Jod-anthranilsäure [Org. Syntheses II, 349]		263,04 —	190...5 Z —	Gelbes Pulver; swl. in PÄ, wl. in W, ll. in Al, Ä, Aceton, Chlf
2-Jod-benzaldehyd [E 2 VII, 184]		232,02 —	37 —	Phenylhydrazon F: 80,5°; Syn-aldoxim F: 107...8°
3-Jod-benzaldehyd [E 2 VII, 184]	$C_6H_4J \cdot CHO$	232,02 —	57 —	Krist. (verd. Al); Semicarbazon F: 225...6°; Syn-aldoxim F: 62...3°
4-Jod-benzaldehyd [E 2 VII, 184]	$C_6H_4J \cdot CHO$	232,02 —	77...8 264,5	Krist. (verd. Al); Phenylhydrazon F: 121°; Semicarbazon F: 224,5°; Syn-aldoxim F: 122°; Anti-aldoxim F: 160°
2-Jod-benzoesäure [E 2 IX, 239]		248,02 2,249[20]	162,5...3 —	Nadeln (W); swl. in k. W, wl. in h. W, sll. in Al, Ä; Chlorid F: 30...1°, Kp: 159°/$_{27}$; Amid F: 183°
3-Jod-benzoesäure [E 2 IX, 240]	$C_6H_4J \cdot CO_2H$	248,02 2,171	186,5 subl.	Krist. (Aceton); wl. in W, ll. in Al; Chlorid Kp: 159...60°/$_{23}$; Amid F: 186,5°

Name und Literatur	Formel	Mol.-Gew. Dichte	F in °C Kp. in °C	Charakteristik
4-Jod-benzoesäure [E 1 IX, 149]	$C_6H_4J \cdot CO_2H$	248,02 2,184	270 subl.	Krist. (verd. Al); wl. in W, l. in Al; Chlorid F: 83°, Kp: 163...4°/$_{32}$; Amid F: 216,6° (209°)
Jodbenzol [E 2 V, 165]	C_6H_5J	204,01 1,8324^{18,5}	— 29 186/$_{752}$	$n_\alpha^{18,5}$ 1,6144, $n_D^{18,5}$ 1,6214, $n_\beta^{18,5}$ 1,6396. Fl.; 0,034 W 30°, ll. in Al, Ä, l. in Bzl; Wdampfflch.
Jodbenzoldichlorid s. Phenyljodidchlorid				
2-Jod-benzylbromid [E 2 V, 242]	$C_6H_5J \cdot CH_2Br$	296,94 —	55,0...5 —	Krist. (PÄ); ll. in Ä, Bzl, CS$_2$, Chlf; stark reizende Dämpfe; Wdampfflch.
Jodbutan s. Butyljodid u. Isobutyljodid				
Jodcyan [E 2 III, 34]	$JC \vdots N$ oder $C \vdots NJ$	152,92 —	146,5 * subl. **	Tafeln (Ä oder abs. Al); ll. in h. W, Al, Ä, wl. in k. W; Gaskampfstoff; mit HJ → HCN + J$_2$; * im geschl. Rohr; ** weit unter F
Jod-cyclohexan s. Cyclohexyljodid				
Jodessigsäure [E 2 II, 206]	$CH_2J \cdot CO_2H$	185,95 —	83 —	Tafeln (W); beste Umkristallisation aus PÄ; hautätzend
Jodessigsäure-äthylester [E 2 II, 206]	$CH_2J \cdot CO_2C_2H_5$	214,00 1,8173^{12,7}	— 178...80	$n_D^{12,7}$ 1,50789, $n_\gamma^{12,7}$ 1,52683. Öl; Kp: 69°/$_{12}$; stechender Geruch; Gaskampfstoff; Z. am Licht
N-Jod-essigsäure-amid [E 1 II, 83]	$CH_3 \cdot CO \cdot NHJ$	184,96 —	143 —	Nadeln; l. in Al, Egester, Aceton, wl. in Ä, swl. in Bzl, PÄ, Chlf; Z. spontan und durch W
α-Jod-isovalerylharnstoff s. Jodival				
Jodival [E 1 III, 29]	$H_2N \cdot CO \cdot NH \cdot CO \cdot CHJ \cdot CH(CH_3)_2$	270,07 —	180...1 —	Blättchen (Al); zers. am Licht; praktisch unl. in W, swl. in k. Ä, l. in Bzl, ll. in Al

Name [Literatur]	Formel	Mol.-Gew. / n	F / Kp	Eigenschaften
p-Jod-mandelsäure [Org. Syntheses 35, 14]	$J-C_6H_4-CH(OH)\cdot CO_2H$	278,05 —	135...6 —	Krist. (Bzl)
1-Jod-naphthalin [E 2 V, 449]	$C_{10}H_7J$	254,07 $1,7474^{14}$	— 305	n_α^{14} 1,6955, n_D^{14} 1,7054, n_β^{14} 1,7330. Öl; Kp: 161...2°/15; unl. in W, ∞ Al, Ä, Bzl
2-Jod-naphthalin 3[E 2 V, 450]	$C_{10}H_7J$	254,07 $1,6319^{99,4}$	54,5 308...10	$n_\alpha^{99,4}$ 1,6567, $n_D^{99,4}$ 1,6662, $n_\beta^{99,4}$ 1,6926. Blättchen; Kp: 172°/21; unl. in W, sll. in Al, Ä, Eg; Wdampfflch.
3-Jod-naphthol-(1) [Chem. Abstr. 29, 770*]	$C_{10}H_7JO$	270,07 —	119 —	Hgelbe Krist.; Äthyläther (Me) Nadeln, an der Luft braun werdend, F: 43,5°; * s. a. E 2 VI, 583
5-Jod-naphthol-(1) [E 2 VI, 584]	$C_{10}H_7JO$	270,07 —	131...2 —	Krist. (W); Methyläther (Me) F: 78...9°
1-Jod-naphthol-(2) [E 2 VI, 607]	$C_{10}H_7JO$	270,07 —	95 —	Nadeln (Al); wl. in sied. W
3-Jod-naphthol-(2) [Chem. Abstr. 31, 6225]	$C_{10}H_7JO$	270,07 —	104...5 —	Methyläther (Me) F: 65°
4-Jod-naphthol-(2) [Chem. Abstr. 38, 350]	$C_{10}H_7JO$	270,07 —	128,5 —	Methyläther F: 67°; Acetat F: 59°
3-Jod-naphthylamin-(1) [Chem. Abstr. 29, 770]	$C_{10}H_8JN$	269,09 —	84 —	Hydrochlorid F: 238°; Acetat F: 207°
3-Jod-naphthylamin-(2) [Chem. Abstr. 26, 4599]	$C_{10}H_8JN$	269,09 —	137 —	Acetat F: 198°

Name und Literatur	Formel	Mol.-Gew. Dichte	F in °C Kp. in °C	Charakteristik
2-Jod-3-nitro-benzoesäure [Org. Syntheses I, 121]	CO_2H · J · NO_2	293,02 —	204...5,5 —	Krist. (Al 50%)
2-Jod-1-nitro-benzol [E 2 V, 190]	NO_2 · J	249,01 $1,9186^{75}$	49,5 $288...9/_{729}$	Gelbe Krist.; Kp: $162,5°/_{18}$; sll. in Ä, ll. in h. Al, unl. in W; subl.
3-Jod-1-nitro-benzol [E 2 V, 191]	$C_6H_4J \cdot NO_2$	249,01 $1,9477^{50}$	38 ca 280	Krist.; Kp: $145...55°/_{15}$
4-Jod-1-nitro-benzol [E 2 V, 191]	$C_6H_4J \cdot NO_2$	249,01 2,273 *	172 $289/_{772}$	Hgelbe Nadeln (Al); sll. in Ä, ll. in Al, l. in h. Eg, unl. in W; subl.; * fest
Jodobenzol [Org. Syntheses III, 485]	$C_6H_5 \cdot JO_2$	236,01 —	Z 227 *	Nadeln (W); unl. in Al, swl. in Aceton, Chlf, Bzl, wl. in PÄ, l. in h. W, Eg; mit verd. HCl → $C_6H_5JCl_2$; * expl.
Jodoform [E 2 I, 38]	CHJ_3	393,73 $4,008^{17}$	119 —	Gelbe Krist. (Aceton); unl. in W, 1,5 Al 90% 18°; 11 sied. Al; 18,5 Ä, l. in Eg; flch. mit Dampf; durch Licht zers.; riecht süßlich
Jodol s. 2,3,4,5-Tetrajod-pyrrol				
2-Jodoso-benzoesäure [E 2 IX, 239]	$OJ \cdot C_6H_4 \cdot CO_2H$	264,02 —	223 Z —	Krist. (W)
Jodosobenzol [E 2 V, 166]	$C_6H_5 \cdot JO$	220,01 —	expl. —	Gelblich, amorph, expl. bei 210°; zll. in h. W, Al, swl. in Ä, Aceton, Bzl, PÄ, Chlf; giftig; beim Erhitzen auf 100° und in sied. wss. Lsg. → Jodo= benzol + Jodbenzol

Jod-pentan s. Amyljodid u. Isoamyljodid

Name	Formel			Eigenschaften
2-Jod-phenol [E 2 VI, 198]	(C₆H₄J·OH, o-)	220,01 1,8757[80]	E 40,4 Z	Tafeln (Lg); Nadeln; Kp: 186...7°/160; sll. in Al, Ä, CS₂, zll. in h. W; Wdampfflch.
3-Jod-phenol [E 2 VI, 198]	C₆H₄J·OH	220,01 —	40 —	Nadeln (Lg); ll. in Al, Ä; Wdampfflch.
4-Jod-phenol [E 2 VI, 198]	C₆H₄J·OH	220,01 1,8573[112,1]	E 92 Z	Krist. (subl.); flache Nadeln (W); swl. in W, ll. in Al, Ä; Wdampfflch.
1-Jod-propan s. Propyljodid				
2-Jod-propan s. Isopropyljodid				
1-Jod-propandiol-(2,3) [E 2 I, 539]	CH₂J·CH(OH)·CH₂OH	201,99 —	48...9 —	Krist.; ll. in W, Al; „Alival"
β-Jod-propionsäure [E 2 II, 234]	CH₂J·CH₂·CO₂H	199,98 —	85 —	Krist. Blätter, glasglänzend (W); ll. in Al, Ä, h. W; 8 W 25°
3-Jodsalicylsäure [E 2 X, 64]	(C₆H₃J(OH)·CO₂H, 3-J)	264,02 —	199 —	Krist. (W); ll. in org. Lösm. außer Chlf und Bzl; Acetat F: 135°
5-Jod-salicylsäure [E 2 X, 65]	C₆H₃J(OH)·CO₂H	264,02 —	198 —	Nadeln (W); ll. in org. Lösm. außer Chlf und Bzl; Acetylderivat F: 166°
4-Jod-styrol [J. prakt. Chem. 14, 29]	(J-C₆H₄-CH:CH₂)	230,05 1,976[20]	45...6· 110...5/10	n₂₀/D 1,6372. Polym. leicht
2-Jod-thiophen [E 2 XVII, 37]	(C₄H₃SJ)	210,04 —	— 73/15	Wasserhelles Öl, ähnlich dem Jodbzl.; Synthese: Org. Syntheses II, 357
2-Jod-toluol [E 2 V, 240]	(C₆H₄J·CH₃, o-)	218,04 1,7192[15,9]	— 211...2	n[15,9]α 1,6040, n[15,9]D 1,6107, n[15,9]β 1,6274. Fl.; unl. in W, l. in Al
3-Jod-toluol [E 2 V, 241]	C₆H₄J·CH₃	218,04 1,698[20]	— 213	Fl.; unl. in W, l. in Al

Name und Literatur	Formel	Mol.-Gew. Dichte	F in °C Kp. in °C	Charakteristik
4-Jod-toluol [E 2 V, 241]	$C_6H_4J \cdot CH_3$	218,04 / 1,678⁴⁰	34 / 211	Blättchen; ll. in Al, Ä, CS_2, unl. in W; Wdampfflch.; subl.
1-Jod-1,2,2-trichlor-äthan [E 2 I, 69]	$CHCl_2 \cdot CHClJ$	259,30 / 2,2760¹⁵	— / Z > 130	n_D^{25} 1,5884. Öl; Kp: 77°/₉; angenehmer Geruch
Jod-trichlor-methan [E 3 I, 99]	CCl_3J	245,27 / 2,355²⁰	— 19 / 142	n_D^{20} 1,5854. Fl.
Jod-trifluor-methan [J. Chem. Soc. 1952, 4267]	CF_3J	195,91 / —	— / — 22	Gas
2-Jod-1,3,5-trinitro-benzol [E 2 V, 207]	$C_6H_2J(NO_2)_3$	339,00 / 2,285²²,⁵	164…5 / —	Gelbliche Nadeln; Kochen mit KOH → Pikrinsäure
Jod-trinitro-methan [E 2 I, 47]	$JC(NO_2)_3$	276,93 / —	* 55,6 Z / * 48/₁₃	Fbl. Prismen; l. in W; * die Daten sind sehr zweifelhaft; J. Chem. Soc. 119, 357
Jonol s. 4-Methyl-2,6-di-tert.-butyl-phenol				
α-Jonon [E 1 VII, 110]	H₃C CH₃ H / CH:CH·CO·CH₃ / CH₃	192,30 / 0,9298²¹,²	— / 123…4/₁₁	$n_\alpha^{22,3}$ 1,4945, $n_D^{22,3}$ 1,4984, $n_\beta^{22,3}$ 1,5083. Öl; wl. in W, ll. in Al, Ä; riecht nach Cedernholz; Semicarbazon F: 107…8°
β-Jonon [E 1 VII, 109]	H₃C CH₃ / CH:CH·CO CH₃ / CH₃	192,30 / 0,9445¹⁹,⁶	— / 140/₁₈	$n_\alpha^{18,9}$ 1,5144, $n_D^{18,9}$ 1,5198, $n_\beta^{18,9}$ 1,5340. Öl; wl. in W, ll. in Al, Ä, Chlf, Bzl; Semicarbazon F: 148…9°

Juglon s. 5-Hydroxy-naphthochinon-(1,4)

Julolidin [Org. Syntheses III, 504]		167,20 —	39...40 105...10/$_1$	Krist. (Hexan); Dampf reizt zum Niesen und erzeugt Kopfschmerzen
Juniperinsäure s. ω-Hydroxy-palmitinsäure				
Kämpferol s. 3,5,7,4′-Tetrahydroxy-flavon				
Kaffeesäure s. 3,4-Dihydroxy-zimtsäure				
Kaffein s. Coffein				
Kainolin s. N-Methyl-tetrahydrochinolin				
Kakodyl- s. Arsen, Dimethylarsin- und Bis-dimethylarsin-				
Kalignost s. Bor, Tetraphenylbor-Natrium				
Kalium-aluminium- s. Aluminium-kalium-				
-benzyl [J. Am. Chem. Soc. **62**, 1514]	$C_6H_5CH_2K$	130,24 —	— —	In Lsg. tiefrot gefärbt; l. in fl. NH_3, Toluol; entflammt an der Luft; Darst. aus Chlorbzl., Kalium, Toluol
-α-phenyl-isopropyl [Ber. **90**, 1107]	$C_6H_5(CH_3)_2CK$	158,29 —	— —	Pulver, tiefrot; ll. in Ä
Kalkstickstoff s. Cyanamid, Ca-Salz				
Karminsäure s. Carminsäure				
Kermessäure [E 1 X, 524]		372,29 —	250 Z —	Rote Nadeln (W oder Eg); unl. in Chlf, Bzl, wl. in k. W, l. in Ä, ll. in Eg, sll in Me, Al

Name und Literatur	Formel	Mol.-Gew. Dichte	F in °C Kp. in °C	Charakteristik
Keten [E 2 I, 779]	$CH_2 : CO$	42,04 —	— 151 — 56	Gas; unerträglicher Geruch; l. in Ä, Aceton; polym. in Lsg. bei längerem Stehen; sehr reaktionsfähig; mit W → Essigsäure; mit Al → Essigsäure= ester; MAK: 0,5 cm³/m³
Keten, dimeres s. Diketen				
Keten-diäthylacetal [Org. Syntheses III, 506]	$CH_2 : C(OC_2H_5)_2$	116,16 —	— 83...6/200	Fl.
Ketin s. 2,5-Dimethyl-pyrazin				
5-Keto-azelainsäure s. Aceton-α,α′-dipropionsäure				
α-Ketobuttersäure [E 2 III, 411]	$CH_3 \cdot CH_2 \cdot CO \cdot CO_2H$	102,09 —	31...2 80...2/16	$n_D^{20} \cdot 1,3972$. Hygr. Platten; ll. in W, Al, wl. in Ä; mit $FeCl_3$ → dkl. Färbung; Phenylhydrazon F: 161° (nach raschem Erhitzen
γ-Ketobuttersäure [E 2 III, 428]	$OHC \cdot CH_2 \cdot CH_2 \cdot CO_2H$	102,09 $1,2568_{23}^{23}$	— 142...3/15	n_α^{23} 1,44571, n_D^{23} 1,44873, n_γ^{23} 1,45911. Öl; ll. in W, Al, Ä, Egester, Bzl; nach Aufbewahren → trimolekulare Form
α-Ketoglutarsäure [E 2 III, 481]	$HO_2C \cdot CH_2 \cdot CH_2 \cdot CO \cdot CO_2H$	146,10 —	113,5 —	Krist. (Aceton + Bzl); ll. in W, Al, wl. in Ä
2-Keto-hexamethylenimin s. Önanthsäurelactam				
β-Keto-iso-octaldehyd- dimethylacetal [Org. Syntheses 32, 79]	$(CH_3)_2 \cdot CH \cdot CH_2 \cdot CH_2 \cdot CO \cdot CH_2 \cdot CH(OCH_3)_2$	188,27 $0,932^{25}$	— 122...5/25	n_D^{25} 1,4260. Fbl. Fl.
4-Ketopimelinsäure s. Aceton-α,α′-diessigsäure				
Kieselsäure- s. u. Silicium-				
Kleesalz s. Oxalsäure, saures K-Salz				

Name	Formel			Eigenschaften
Knallsäure [E 2 I, 777]	C : NOH	43,03 —	—	Nur kurze Zeit in k. ätherischer Lsg. beständig; furchtbarer Geruch; polym. zu Metafulminursäure
-Ag-Salz [E 2 I, 777]	AgCON	149,89 4,09	— —	Nadeln (W); 0,008 W 13°, 0,02 W 30°; äußerst explosiv
-Hg(II)-Salz [E 2 I, 778]	Hg(CON)$_2$	284,62 4,42	— —	Krist. (Al); 0,07 W 18°; 0,003 sied. Ä; 0,007 sied. Chlf; wl. in warmem Egester, l. in warmem Aceton; Initialexplosivstoff
-K-Salz [E 2 I, 777]	KCON	81,12 1,80	— —	Krist. (Me); sehr hygr.; l. in Al, Aceton, unl. in Ä, Bzl; polym. in alkohol. Lsg. rasch → gelbe Lsg.; expl. in der Flamme
Kobalt-di-cyclopenta= dienyl [Z. Natf. **8**b, 327]	(C$_5$H$_5$)$_2$Co	189,12 1,49^{21}	173...4 subl. *	Große Krist.; tief schwarz-viol.; monomer; l. in Bzl, PÄ, Ä, Al; unl. in k. W; äußerst leicht oxid.; * subl. bei 80...90° im Hochvakuum mit leichter Z.
-di-indenyl [Z. Natf. **8**b, 694]	(C$_9$H$_7$)$_2$Co	289,25 —	178...81 —	Glitzernde schwarze Krist. (PÄ); sll. in Bzl, Ä, Al, l. in PÄ; unl. in W; Z. mit Luft; Darst. durch Umsetzung von Kaliumindenyl mit Co(NH$_3$)$_4$(SCN)$_2$ in fl. NH$_3$
Kohlenoxid [I, 720]	CO	28,01 1,250 kg/Nm^3	— — 190	Fbl., geruchloses Gas; brennt mit blauer Flamme; sehr giftig; Verdichtung bei —207°; MAK:100 cm^3/m^3

Kohlenoxid-Kalium s. Hexahydroxybenzol-kalium

Name und Literatur	Formel	Mol.-Gew. Dichte	F in °C Kp. in °C	Charakteristik
Kohlenoxidsulfid [E 2 III, 104]	COS	60,07 $1,24^{-87}$	$-138,2$ $-50,2$	Gas; 54 cm³ W 20°; 800 cm³ Al 22°; 1500 cm³ Toluol 22°; mit W langsam → $H_2S + CO_2$; stark narkotische Wirkung
Kohlensäure-äthylenester [IX, 2, 135]	$OC\begin{smallmatrix}O-CH_2\\ \\O-CH_2\end{smallmatrix}$	88,06 —	38,5…40 236	Nadeln (Ä); Tafeln (Al); ll. in Al, Eg, Bzl, Chlf; sehr beständig gegen W; Kp: $152°/_{30}$
Kohlensäure-bis-dimethylamid s. Tetramethylharnstoff				
Kohlensäure-brenz= catechinester [Org. Syntheses 33, 74]	(Benzodioxol-2-on)	136,11 —	119…20 —	Krist. (Toluol)
Kohlensäure-diäthylester [E 2 III, 4]	$CO(OC_2H_5)_2$	118,13 $0,98043^{15}$	E -43 125,8	n_α^{15} 1,38452, n_{He}^{15} 1,38654, n_β^{15} 1,39085. Fl.; l. in Al, Ä, unl. in W; ätherischer Geruch; Verw. als techn. Lösm.
Kohlensäure-diamid s. Harnstoff				
Kohlensäure-diazid s. Carbo-diazid				
Kohlensäure-di-n-butyl= ester [E 2 III, 6]	$OC(OCH_2 \cdot CH_2 \cdot CH_2 \cdot CH_3)_2$	174,24 $0,9289^{15}$	— 207,5	n_D^{15} 1,4152
Kohlensäure-dichlorid s. Phosgen				
Kohlensäure-dihydrazid s. Carbohydrazid				
Kohlensäure-dimethyl= ester [E 2 III, 3]	$OC(OCH_3)_2$	90,08 $1,0694^{20}$	$+0,5$ 90,5	n_α^{20} 1,36714, n_D^{20} 1,36880, n_β^{20} 1,37289. Fl.; l. in Al, Me, Bzl, Ä, unl. in W
Kohlensäure-diphenyl= ester [E 2 VI, 156]	$OC(OC_6H_5)_2$	214,22 $1,1215^{87}$	79,5 312	Seidenglänzende Nadeln (Al); Kp: $167…8°/_{15}$; unl. in W, ll. in h. Al, Ä, Eg

Kohlensäure-di-n-propyl= ester [E 2 III, 5]	$OC(OCH_2 \cdot CH_2 \cdot CH_3)_2$	146,19 $0,9411^{20}$	— 168,5	n_D^{20} 1,4014
Kohlensäure-monoamid s. Carbamidsäure				
Kohlensäure-monochlorid s. Chlorameisensäure				
Kohlensäure-ortho-tetra-äthylester [III, 5]	$C(OC_2H_5)_4$	192,26 0,925	— 158...9	$n_D^{18,5}$ 1,39354. Aromatisch riechende Fl.
Kohlensäure-ortho-tetra= methyl-ester [E 2 III, 4]	$C(OCH_3)_4$	136,15 $1,023_{18,5}^{18,5}$	— 5,5 114	n_D^{16} 1,3864. Campherart. Geruch
Kohlensäure-ortho-tetra= propylester [E 3 III , 9]	$C(OCH_2 \cdot CH_2 \cdot CH_3)_4$	248,37 224,2	— $0,9020_0^{20}$	
Kohlensäurepropylenester s. Propylencarbonat				
Kohlensuboxid [E 2 I, 856]	$OC:C:CO$	68,03 $1,1137°$	— 111,3 6,8	n_α^0 1,4500, n_D^0 1,45384, n_γ^0 1,47354. Gas; ll. in CS_2, Xylol; polym.; mit W → Malonsäure; giftig
Kohlensubsulfid [E 2 I, 857]	$SC:C:CS$	100,16 $1,319^{15}$	— 0,5 —	Tiefrote Fl.; l. in Al, Ä, Chlf, CS_2, Bzl; alkohol. Lsg. zers. langsam; reizt heftig die Schleimhäute
Kojisäure [E 2 XVIII, 57]	(Struktur: HO—; O; CH$_2$OH)	142,11 —	152 subl.	Nadeln oder Prismen (Aceton); unl. in Bzl, Chlf, wl. in Ä, l. in Aceton, ll. in W, Al
Kollidin s. 2,4,6-Trimethylpyridin				
Komansäure s. Pyron-(4)-carbonsäure-(2)				
Komensäure [E 2 XVIII, 352]	(Struktur: HO—; O; CO_2H)	156,10 —	— Z *	Krist.; 0,51 W 25°; 6,25 sied. W; unl. in Al; sehr starke Säure; * → CO_2-Absp.
Komplexon I s. Nitrilotriessigsäure-triäthylester				
Komplexon II s. Äthylendiamin-tetraessigsäure				

36*

Name und Literatur	Formel	Mol.-Gew. Dichte	F in °C Kp. in °C	Charakteristik
Kongorot [E 1 XVI, 342]	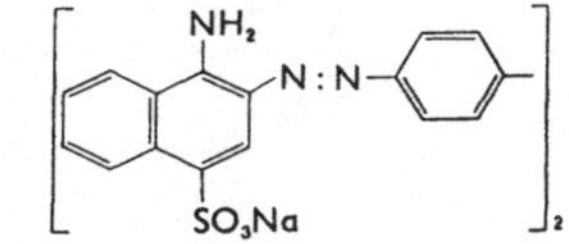 $\left[\ \begin{array}{c} NH_2 \\ N:N \end{array} \text{—}\ \right]_2$ mit SO_3Na	696,68 —	— —	Braunrotes Pulver; unl. in Ä, wl. in Me, Al; l. in S rot, in Alk blau; Indikator
Koproporphyrin [Ann. Chem. **450**, 201]	$C_{36}H_{38}N_4O_8$ Formel 22, S. 925	654,73 —	— —	Prismen (Py + Eg + W); Tetra= methylester Nadeln (Chlf + Me), F: 243°
Koprostan [Lettré, 102]	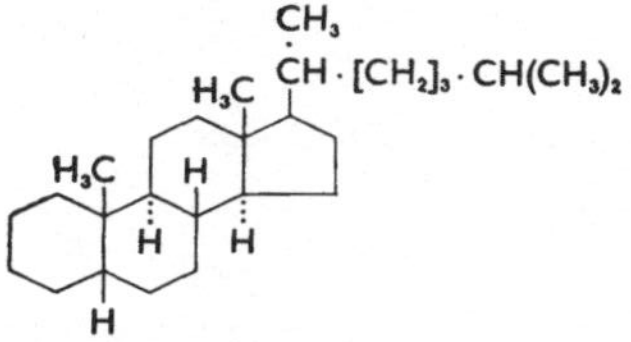 CH_3 $CH \cdot [CH_2]_3 \cdot CH(CH_3)_2$	372,68 —	70 —	Krist.; $[\alpha]_D$: + 25°
Koprostanol [Helv. Chim. Acta **21**, 498]	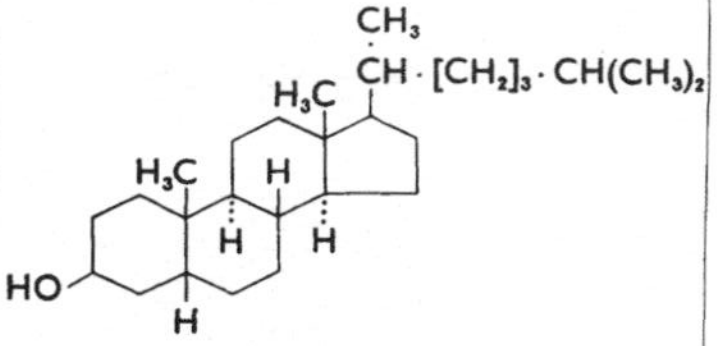 CH_3 $CH \cdot [CH_2]_3 \cdot CH(CH_3)_2$	388,68 —	101 —	Nadeln (Me); unl. in W, wl. in Me, l. in Ä, Chlf, Bzl; $[\alpha]_D^{18}$: + 28° (Chlf); Acetat F: 89…90°
Koprosterin s. Koprostanol				
Korksäure [E 2 II, 595]	$HO_2C \cdot [CH_2]_6 \cdot CO_2H$	174,20 $1{,}266^{25}$	140 ∼300	Nadeln (W); Kp: 219,5°/$_{10}$; 0,59 W 25°; 5,8 Ä 15°
Korksäuredinitril s. Hexamethylen-dicyanid				

		M d	F Kp	
Kreatin [E 2 IV, 796]	$HN:C\big\langle{}^{NH_2}_{N(CH_3)CH_2\cdot CO_2H}$	131,14 —	291 Z —	Fbl. Krist. $\cdot 1\,H_2O$; bei 100° wfrei; 1,35 W 18°; swl. in Al, Ä; Pikrat gelbe Nadeln F: 218...20°; Erhitzen von wasserhaltigem Kreatin unter Druck → Kreatinin
Kreatinin [E 1 XXIV, 288]	(Ringstruktur: $O=$, NH, NH, N·CH$_3$)	113,12 —	Z —	Blättchen (W); wl. in Ä; 8,7 W 16°; 0,16 Al 17°; Pikrat F: 215...7° (Z.)
Kreatinphosphat [Z. physiol. Chem. **256**, 193]	$H_2O_3P\cdot NH\cdot C(:NH)N(CH_3)CH_2\cdot CO_2H$	211,12 —	— —	Isoliert als Na-hexahydratsalz: $C_4H_8O_5N_3Na_2P\cdot 6\,H_2O$; Plättchen (verd. Al); ll. in W
Kreosol s. 4-Methyl-brenzcatechin-2-methyläther				
o-Kresol [E 2 VI, 322]	(Benzolring mit OH, CH$_3$)	108,14 $1,0465^{20}*$	32 191,1	n_D^{20} 1,5443*. Krist.; 2,68 W 25°; ∞ Al, Ä, Bzl, ll. in 25%, 50% NaOH; mit $FeCl_3$ → blaue Färbung; Phenyl= urethan F: 143°; * unterkühlte Fl.; MAK: 5 cm³/m³, H
o-Kresolacetat [E 2 VI, 330]	$CH_3\cdot C_6H_4\cdot O_2C\cdot CH_3$	150,18 —	— 208	Fl.; Kp: 87°/12
o-Kresol-methyläther [E 2 VI, 328]	$CH_3\cdot C_6H_4\cdot OCH_3$	122,17 $0,9853^{15,5}$	— 166...7	$n_\alpha^{15,3}$ 1,5145, $n_D^{15,3}$ 1,5199, $n_\beta^{15,3}$ 1,5315. Fl.; Kp: 63...4°/14; swl. in W, ll. in Al, Ä
m-Kresol [E 2 VI, 345]	(Benzolring mit H$_3$C, OH)	108,14 $1,0338^{20,4}$	10,8 202,7	$n_\alpha^{20,4}$ 1,5364, $n_D^{20,4}$ 1,5414, $n_\beta^{20,4}$ 1,5546. Fl.; Kp: 85...7°/15; E: 12,0°; 2,32 W 25°; ll. in 25%, swl. in 33...50% NaOH; ∞ Al, Ä; mit $FeCl_3$ → blaue Färbung; MAK: 5 cm³/m³, H; Phenylurethan F: 125°

Name und Literatur	Formel	Mol.-Gew. Dichte	F in °C Kp. in °C	Charakteristik
m-Kresolacetat [E 2 VI, 352]	$CH_3 \cdot C_6H_4 \cdot O_2C \cdot CH_3$	150,18 1,048[24]	— 212	Fl.; Kp: 99°/13; unl. in W, Glycerin, ∞ Al, Ä, Chlf, PÄ, Bzl
m-Kresol-methyläther [E 2 VI, 351]	$CH_3 \cdot C_6H_4 \cdot OCH_3$	122,17 0,9784[12,9]	— 177,2	$n_\alpha^{12,9}$ 1,5118, $n_D^{12,9}$ 1,5164, $n_\beta^{12,9}$ 1,5289. Fl.; l. in Al
p-Kresol [E 2 VI, 368]	H_3C—⬡—OH	108,14 1,0341[20]*	36,5 202,5	n_D^{20} 1,5395. * Prismen; E: 34,8°; 2,29 W 40°; ll. in 25%, swl. in 50% NaOH; ∞ h. Al, Ä; wss. Lsg. mit $FeCl_3$ → blaue Färbung; MAK: 5 cm³/m³, H; Phenylurethan F: 115°; * unterkühlte Fl.
p-Kresolacetat [E 2 VI, 378]	$CH_3 \cdot C_6H_4 \cdot O_2C \cdot CH_3$	150,18 1,0512[17]	— 213	n_D^{17} 1,5026. Fbl. Öl; swl. in W, l. in Al, Ä, Chlf; Wdampfflch.
p-Kresol-methyläther [E 2 VI, 375]	$CH_3 \cdot C_6H_4 \cdot OCH_3$	122,17 0,9709[19,3]	— 177,05	$n_\alpha^{19,3}$ 1,5080, $n_D^{19,3}$ 1,5124, $n_\beta^{19,3}$ 1,5249. Fl.; l. in Al
o-Kresol-phthalein [E 2 XVIII, 127]		346,39 —	220 —	Krist. (Eg); swl. in h. W, wl. in Bzl, ll. in Al, Ä, Eg, l. in Alk blauviol.
p-Kresolphthalein [XIX, 150]		328,37 —	250…2 subl.	Krist. (Al); unl. in Lg, zl. in Al, Ä, Bzl, l. in Eg, sll. in Chlf, unl. in KOH, verd. S

Kresorcin s. 4-Methylresorcin

Kresotinsäuren s. Hydroxy-tolylsäuren

Kresyl-acetat s. Kresol-acetat

Kristallviolett (Carbinolbase)
s. 4,4′,4″-Tris-dimethylamino-triphenylcarbinol

Krokonsäure [VIII, 488]		142,07 —	— —	Gelbe Blättchen $\cdot 3\,H_2O$; ll. in W, l. in Al; Alkalisalze tiefgelb
Kryptopin [E 1 XXVII, 533]		369,42 1,351	220...1 —	Prismen (Al); swl. in W, Ä, sied. Bzl, PÄ; zwl. in sied. Al, ll. in Py, Eg
Kryptopyrrol [E 2 XX, 91]		123,19 $0{,}913^{20}$	0 $84/_{10}$	Fl.; swl. in W, l. in Al, Ä, Chlf, Bzl; Wdampfflch.
Kryptopyrrol-carbon= säure [E 2 XXII, 27]		167,21 —	140...0,5 —	Krist. (W); wl. in PÄ, zll. in W, ll. in Al, Ä; Pikrat F: 155...6°
Kryptoxanthin [XXX, 93]	$C_{40}H_{56}O$	552,89 —	169 —	Prismen (Bzl + Me); l. in Al, Chlf, Benzin, CS_2; Acetylderivat F: 117...8°
Kupfer-phenyl [Rachow 253]	C_6H_5Cu	140,65 —	80 Z —	Weißer Nd.; l. in Py, unl. in org. Lösm.; Z. mit W unter Bildung von Cu und Bzl; Darst. durch Reaktion von Phenylmagnesiumbromid mit CuJ

Kyanmethin s. 6-Amino-2,4-dimethyl-pyrimidin

Name und Literatur	Formel	Mol.-Gew. Dichte	F in °C / Kp. in °C	Charakteristik
Kyaphenin [E 1 XXVI, 24]	C_6H_5 ... H_5C_6 ... C_6H_5 (Triazin)	309,37 —	231 / > 350	Prismen (Eg); wl. in Al, Ä, l. in CS_2, zll. in h. Toluol; subl.
Kynurensäure s. 4-Hydroxy-chinolin-carbonsäure-(2)				
Kynurin s. 4-Hydroxy-chinolin				
Kynursäure s. Oxanil-carbonsäure-(2)				
Lactid [E 2 XIX, 176]	H_3C ... CH_3 (Lactid-Ring)	144,13 —	124 / $142/_8$	Krist. (Al); swl. in Al, Ä, zwl. in W, wl. in PÄ, CS_2, ll. in Aceton, Chlf, Bzl, Egester; mit W → Milchsäure
Lactoflavin s. Riboflavin				
α-Lactose [J. Chem. Soc. **1927**, 544]	$C_{12}H_{22}O_{11}$ Formeln 23 u. 24, S. 925	342,30 $1,53^{20}$	223 / —	Krist. $\cdot H_2O$; hygr.; $[\alpha]_D$: $+90°$ → $+52,3°$ (W)
β-Lactose [J. Am. Chem. Soc. **52**, 1712]	$C_{12}H_{22}O_{11}$ Formeln 23 u. 24, S. 925	342,30 —	252 / —	Krist.; unl. in Me, Al, Ä; 5,5 k. W; 2,5 h. W; $[\alpha]_D$: $+35°$ → $+52,3°$ (W)
Lactylmilchsäure [E 2 III, 208]	$CH_3 \cdot CH(OH) \cdot CO \cdot O \cdot CH(CH_3) \cdot CO_2H$	162,14 —	— / —	Gelbliches Öl; ll. in W, org. Lösm.
Lävulinaldehyd [E 2 I, 830]	$CH_3 \cdot CO \cdot CH_2 \cdot CH_2 \cdot CHO$	100,12 $1,0184^{21}$	— / 186...8 g. Z	$n_\alpha^{21,5}$ 1,42359, $n_D^{21,5}$ 1,42567, $n_\gamma^{21,5}$ 1,43658. Fl.; Kp: $70°/_{12}$; stechender Geruch; ∞ W, Al, Ä; Wdampfflch.; ätzt die Haut
Lävulinsäure [E 2 III, 430]	$CH_3 \cdot CO \cdot CH_2 \cdot CH_2 \cdot CO_2H$	116,12 $1,1447^{15}$	35 / 245 Z	$n_\alpha^{15,8}$ 1,4394, $n_D^{15,8}$ 1,442, $n_\beta^{15,8}$ 1,4476. Blättchen: Kp; $150...2°/_{23}$; ll. in W, Al, Ä; Semicarbazon F: 191...2°
Lävulinsäure-äthylester [E 2 III, 431]	$CH_3 \cdot CO \cdot CH_2 \cdot CH_2 \cdot CO_2C_2H_5$	144,17 $1,0168^{16,2}$	— / 205,2	$n_\alpha^{16,2}$ 1,4219, $n_D^{16,2}$ 1,4242, $n_\beta^{16,2}$ 1,4295. Fl.; Kp: 15°; ll. in W

Lävulinsäure-methyl= ester [E 2 III, 431]	$CH_3 \cdot CO \cdot CH_2 \cdot CH_2 \cdot CO_2CH_3$	130,14 1,0519$_{20}^{20}$	— 191/$_{743}$	n_D^{15} 1,4240. Fl.; Kp: 85...6°/$_{14}$; Phenyl= hydrazon F: 105...6°
Lävulose s. D-Fructose				
Lanthan-tri-cyclo= pentadienyl [J. Am. Chem. Soc. **78**, 43]	$(C_5H_5)_3La$	334,20 —	395 Z subl.*	Krist.; * subl. bei 220°/$_{10^{-4}}$; fbl.; ionisch; l. in Tetrahydrofuran und Glykoldimethyläther, unl. in KW; Z. mit W; langsame Oxid. an Luft; Darst. aus LaCl$_3$ mit K-cyclopenta= dienyl in Tetrahydrofuran
L-Lanthionin [J. Biol. Chem. **138**, 141]		208,24 —	293...5 Z —	Krist.; unl. in Al, Ä, Aceton, Chlf, wl. in W, l. in verd. S und Alk; $[\alpha]_D^{22}$: $+6,0°$ (n-NaOH)
Lapachol [E 1 VIII, 644]		242,28 —	142...3 —	Gelbe Nadeln (Al); unl. in W, wl. in Ä, ll. in Chlf, Eg, h. Bzl, sll. in h. Al; l. in Alk → rote Färbung
Laudanin [E 2 XXI, 184]		343,43 1,2555	166...7 —	Prismen (verd. Al); wl. in k. Al, Ä, ll. in sied. Al, Chlf
d-Laudanosin [E 2 XXI, 184]		357,45 —	89 —	Nadeln (PÄ); unl. in W, zll. in h. PÄ, ll. in Al, Aceton, Chlf; 5,2 Ä 16°; $[\alpha]_D^{17}$: $+90°$ (Al)

Name und Literatur	Formel	Mol.-Gew. Dichte	F in °C Kp. in °C	Charakteristik
dl-Laudanosin [E 2 XXI, 185]	$C_{21}H_{27}O_4N$ s. d-Laudanosin	357,45 —	115 —	Nadeln (verd. Al oder PÄ); unl. in k. W, swl. in k. PÄ, zwl. in sied. W, h. PÄ, zll. in k. Al, ll. in Me, Aceton, Bzl, sll. in h. Al, Chlf
Laurelin [J. Chem. Soc. **1931**, 2636]	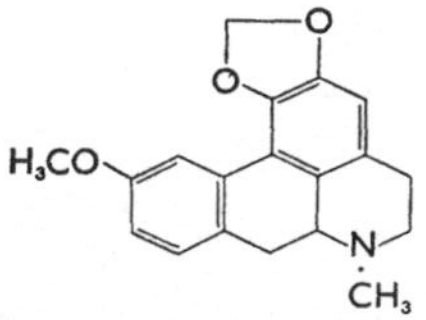	309,37 —	114 —	Krist. (PÄ); oxid. an der Luft; unl. in W, l. in Al, Ä; $[\alpha]_D^{18}$: —99° (Al)
Laurentsche Säure s. Naphthylamin-(1)-sulfosäure-(5)				
Laurinaldehyd [E 2 I, 769]	$CH_3 \cdot [CH_2]_{10} \cdot CHO$	184,32 —	44,5 227...35	Krist. oder Blättchen; Kp: 142...3°/$_{22}$; Oxim Blättchen (PÄ), F: 73°
Laurinsäure [E 3 II, 868]	$CH_3 \cdot [CH_2]_{10} \cdot CO_2H$	200,32 $0{,}8707^{50,25}$	43...3,5 225/$_{100}$	n_α^{70} 1,4203, n_D^{70} 1,4225, n_β^{70} 1,4277. Krist. (Al); Kp: 146°/$_2$; 186 Bzl 25°, ∞ Bzl 40°; ll. in PÄ, Al, Ä, unl. in W; Wdampfflch.; Methylester Kp: 127°/$_8$; Amid F: 103°; Nitril Kp: 276,7°; Chlorid Kp: 147...8°/$_{20}$
-Na-Salz [E 2 II, 318]	$NaC_{12}H_{23}O_2$	222,31 —	— —	Krist.; wl. in W, 2,5 abs. Al 15°; 14,5 sied. abs. Al
Laurinsäureäthylester [E 2 II, 319]	$CH_3 \cdot [CH_2]_{10} \cdot CO_2C_2H_5$	228,38 $0{,}862^{20}$	E —10,65 269	n_α 1,43178, n_β 1,43925. Öl; Kp: 163°/$_{25}$
Lauron [Org. Syntheses 31, 68]	$C_{11}H_{23} \cdot CO \cdot C_{11}H_{23}$	338,62 —	68...9 —	Krist. (Aceton)
Lauryl- s. Dodecyl-				

Lawson s. 2-Hydroxy-naphthochinon-(1,4)

Lepiden s. Tetraphenylfuran

Lepidin s. 4-Methyl-chinolin

Lepidon s. 2-Hydroxy-4-methyl-chinolin

Name	Formel			Eigenschaften
L(−)-Leucin [E 2 IV, 859]	$(CH_3)_2CH \cdot CH_2 \cdot NH_2 \cdot CO_2H$ $\cdot$ C $\cdot$ H	131,18 —	293...5 * Z —	Blättchen (verd. Al); $[\alpha]_D^{20}$: −10,42° (W, p = 2,21); 2,22 W 21°; 6,6 h. W; wl. in Al, unl. in Ä; * im geschl. Röhrchen
D,L-Leucin [E 2 IV, 870]	$(CH_3)_2CH \cdot CH_2 \cdot CH(NH_2) \cdot CO_2H$	131,18 —	293...5 * Z subl.	Blättchen (W); 1,01 W 21°; swl. in Al, unl. in Ä; * im geschl. Röhrchen
L-Leucin-äthylester [E 2 IV, 862]	$(CH_3)_2CH \cdot CH_2 \cdot CH(NH_2) \cdot CO_2C_2H_5$	159,23 —	— 88...90/14	Fl.; $[\alpha]_D^{20}$: +13,1°; Hydrochlorid F: 134°
Leucinol [J. Am. Chem. Soc. 69, 3039]	$(CH_3)_2CH \cdot CH_2 \cdot CH(NH_2) \cdot CH_2OH$	117,19 0,9173[13]	— 198...200/768	Fl.; wl. in Ä, l. in W, Al; $[\alpha]_D^{25}$: +5,9 (Me); Pikrat F: 120...1°

Leucinsäure s. 2-Hydroxy-isocapronsäure

Leukauramin s. 4,4'-Bis-dimethylamino-benzhydrylamin

Leukokristallviolett s. 4,4',4''-Tris-dimethyl-amino-triphenylmethan

Leukomalachitgrün s. 4,4'-Bis-dimethylamino-triphenylmethan

Leukonaphthazarin s. 1,4,5,8-Tetrahydroxy-naphthalin

Name	Formel			Eigenschaften
Leukopterin [Ann. Chem. 548, 284]	(Strukturformel; OH, N, H₂N)	195,14 —	— —	Feine, fbl. Krist.; Na- und Ag-salz sind gelb; verd. alk. Lsgg. fluoresz. blau

Lewisit s. Arsen, Chlorvinylarsindichlorid

Name und Literatur	Formel	Mol.-Gew. Dichte	F in °C Kp. in °C	Charakteristik
Lichesterinsäure [E 2 XVIII, 324]	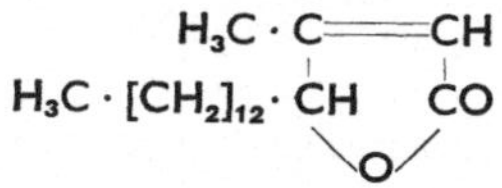	324,46 —	126 —	Blättchen (verd. Al oder Bzl); unl. in W, wl. in PÄ, Aceton, ll. in Me, Al, h. Eg, Chlf, Bzl, CS_2
Lignocerinsäure [E 2 II, 379]	$CH_3 \cdot [CH_2]_{22} \cdot CO_2H$	368,65 —	81 —	Gemisch mit Hauptbestandteil Tetra= kosansäure in der Natur vorkommend
d-Limonen [E 2 V, 88]	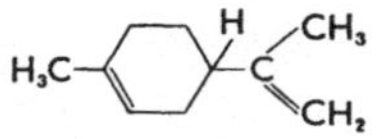	136,24 $0{,}8411^{20}$	E −96,6 177,8 (176)	n^{20}_{620} 1,4749, n^{20}_{578} 1,4771, n^{20}_{546} 1,4797. Fl.; $[\alpha]^{20}_{D}$: +126,1°; unl. in W, l. in Al, Ä, Chlf; citronenart. Geruch; Tetrabromid Tafeln, F: 104...5°
l-Limonen [E 2 V, 89]	$C_{10}H_{16}$ s. d-Limonen	136,24 $0{,}8422^{20}$	— 176...6,4	n^{14}_{D} 1,474. Fl.; $[\alpha]^{20}_{D}$: −122,1°; unl. in W, l. in Al, Ä, Chlf; citronenart. Geruch
dl-Limonen [E 2 V, 89]	$C_{10}H_{16}$ s. d-Limonen	136,24 $0{,}8481^{15,5}$	— 177,6	n^{20}_{D} 1,4743. Fl.; Kp: 54,5...5,5/$_{10}$; unl. in W, l. in Al, Ä; Vork. in ätherischen Ölen
d-Linalool [E 2 I, 511]	$(CH_3)_2C:CH \cdot CH_2 \cdot CH_2 \cdot C(CH_3)(OH) \cdot CH:CH_2$	154,25 $0{,}8733^{20}$	— 198,6	n^{20}_{D} 1,4673. Öl; Kp: 114...4,5°/$_{26}$; $[\alpha]^{20}_{D}$: +19,3°; Vork. in ätherischen Ölen
l-Linalool [E 2 I, 510]	$C_{10}H_{13}O$ s. d-Linalool	154,25 $0{,}8666^{15}_{15}$	— 198,6	n^{20}_{D} 1,46238. Öl; Kp: 90,1°/$_{14}$; $[\alpha]^{20}_{D}$: −19,6°; swl. in W, l. in Al, Ä; 9,7 Al 50% 15°; Geruch nach Maiglöckchen; Vork. in ätherischen Ölen
Lindan s. γ-Hexachlorcyclohexan				
α-Linolensäure [E 2 II, 463]	$CH_3 \cdot [CH_2 \cdot CH:CH]_3 \cdot [CH_2]_7 \cdot CO_2H$	278,44 $0{,}9046^{20}$	∼ −80 197/$_4$	Fl.; ll. in Ä, l. in Al, unl. in W, 10 PÄ 18°

α-Linolensäurehexabromid [E 2 II, 364]	CH$_2$ $<$ [CHBr]$_2$·CH$_2$·[CHBr]$_2$·C$_2$H$_5$ / [CHBr]$_2$·[CH$_2$]$_7$·CO$_2$H	757,89 —	181...1,5 —	Krist. (Egester + Bzl); swl. in k. Al, Chlf, h. Eg, Bzl, Ä, PÄ, ll. in h. Eg, h. Al, unl. in W
Linolsäure (natürliche) [E 2 II, 459]	CH$_3$·[CH$_2$]$_4$·CH:CH·CH$_2$·CH: CH·[CH$_2$]$_7$·CO$_2$H	280,45 0,9025^{20}	−9...−9,5 228/$_{14}$	n$_D^{20}$ 1,471. Öl; Kp: 202°/$_{1,4}$; oxid. sich leicht (trocknet)
α-Linolsäuretetrabromid [E 2 II, 362]	CH$_2$ $<$ [CHBr]$_2$·[CH$_2$]$_4$·CH$_3$ / [CHBr]$_2$·[CH$_2$]$_7$·CO$_2$H	600,09 —	112,3...4,3(115) —	Krist. (Al, Ä, PÄ oder Lg); unl. in W, ll. in Al, Ä, Chlf, Eg, Bzl
α-Liponsäure [Z. angew Chem. **68**, 554]	(Dithiolan) CH$_2$·[CH$_2$]$_3$·CO$_2$H	206,33 —	47,5...8.5 —	Gelbliche Blättchen; swl. in W, l. in Al, Me, Ä, Chlf, Bzl, Ölen; [α]$_D^{23}$: +104° (Bzl, c = 0,88); DL-Form F: 60...1°; Absorpt.-max.: 332 mμ; Wuchsstoff für Bakterien; CO-Ferment der Pyrovatoxydase; Vork.: Leber, Hefen u. a. „Thioctsäure", „ProtagenA" u. a. β-Liponsäure = Oxidationsprodukt (Sulfoxid)
Lithium-äthyl [E 2 IV, 1058]**	C$_2$H$_5$Li	36,00 —	95* teilw. Z	Fbl., sechseckige Tafeln (Bzl oder Lg), l. in k. Bzl, Benzin, ll. in h. Bzl, Benzin; durch Ä Z.; entzündet sich an der Luft und brennt mit roter Li-Flamme; * N$_2$-Atmosphäre; ** J. Am. Chem. Soc. **79**, 1860
-aluminium- s. Aluminium-lithium-				
benzyl [J. Am.-Chem. Soc. **62**, 1514]	C$_6$H$_5$·CH$_2$Li	98,07 —	— —	Leuchtend gelber Nd., l. in, Ä Bzl; zers. an der Luft

Name und Literatur	Formel	Mol.-Gew. Dichte	F in °C Kp. in °C	Charakteristik
Lithium-butyl [E 2 IV, 1058]*	$CH_3 \cdot (CH_2)_2 \cdot CH_2Li$	64,06 —	— —	Fl.; nur unter Luftausschluß beständig; l. in Bzl, Lg, Ä, Cyclohexan; entzündet sich an der Luft und brennt mit roter Li-Flamme; * s. a. Ann. Chem. **567**, 179
-methyl [J. Am. Chem. Soc. **79**, 1859]	CH_3Li	21,97 —	— —	Fester Stoff; schmilzt nicht; entflammt an der Luft; Darst. aus C_2H_5Li und CH_3J
-phenyl [Ann. Chem. **571**, 167]	C_6H_5Li	84,05 —	— —	Lanzettförmige Kriställchen; wl. in Bzl. l. in Ä, zers. an der Luft
-propyl [J. Am. Chem. Soc. **63**, 2479]	C_3H_7Li	50,03 —	— —	Fl.; fbl.; Darst. aus Lithium und Propylhalogenid in PÄ
l-Lobelin [E 2 XXI, 434]	$C_6H_5 \cdot CHOH \cdot CH_2$ (Piperidin-Ring, N–CH_3) $CH_2 \cdot CO \cdot C_6H_5$	337,47 —	130...1 —	Nadeln (Al, Ä oder Bzl); swl. in W, PÄ, wl. in k. Al, Ä, zwl. in k. Bzl, ll. in h. Al, h. Chlf, h. Bzl; $[\alpha]_D^{15}$: — 42,8° (Al)
Lomatiol [E 2 VIII, 472]	(Naphthochinon) $CH:CH \cdot C(CH_3)_2OH$, OH	258,28 —	127 —	Gelbe Nadeln ; ll. in Al, Ä, Alk
Longifolchinon [E 2 VII, 599]	$C_{15}H_{22}O_2$	234,34 —	93...4 —	Gelbe Nadeln (Al); unl. in W, zwl. in k. Al, ll. in Ä, Chlf, Bzl; l. in H_2SO_4 gelb; Monoxim F: 226...7°

Lophin s. 2,4,5-Triphenyl-imidazol

Lotoflavin s. 5,7,2′,4′-Tetrahydroxy-flavon

Name	Formel	Mol.-Gew.	F bzw. Kp	Eigenschaften
Lumichrom [Ber. **67**, 1936]		244,26 —	300 Z —	Nadeln (Chlf oder verd. Eg); wl. in W, Chlf, l. in h. Me, Al 90%, Py
Lumiflavin [Ber. **67**, 1932]		256,27 —	330 Z —	Nadeln (verd. Eg); l. in W, Chlf; $[\alpha]_D$: ± 10° (W)
Luminal [E 1 XXIV, 423]		232,24 —	174 —	Blättchen (W); l. in h. W, Al, Ä
Luminol [E 2 XXV, 389]		177,16 —	332…3 —	Krist.; swl. in verd. S, Al, Ä, Aceton, Eg viol. fluoresz.; wl. in W
Lumiöstron s. Östron g				
Lumisterin [Lettré, 195]		398,68 —	101 —	Krist.; $[\alpha]_D$: + 187°; 3,5-Dinitro-benzoylderivat F: 141°
α-Lupinan [E 2 XX, 75]		153,27 —	— 89…91/$_{12}$	Fl.; Pikrat F: 187°
β-Lupinan [E 2 XX, 77]	wie α-Lupinan	153,27 —	— 188…9	Fl.; Wdampfflch.; Pikrat F: 165°

Name und Literatur	Formel	Mol.-Gew. Dichte	F in °C Kp. in °C	Charakteristik
Lupinin [E 2 XXI, 28]	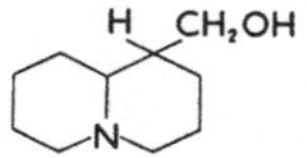	169,27 —	269...70 70...1	Tafeln (Aceton); wl. in h. W, l. in k. W, ll. in Al, Ä, PÄ, Chlf; $[\alpha]_D^{17}$: — 19° (W)
Lupininsäure [E 2 XXII, 15]	$C_{10}H_{17}O_2N$	183,25 —	255 —	Tafeln (Chlf); unl. in Ä, Aceton, sll. in W, Al, Chlf; Hydrochlorid F: 275° (Z.)
Lupulon [E 2 VII, 856]	$C_{26}H_{38}O_6$	414,59 —	92...3 —	Prismen (PÄ); unl. in W, zwl. in PÄ, Me, sll. in Al, Chlf; verharzt an der Luft
Lutein [XXX, 95]	$C_{40}H_{56}O_2$ Formel 25, S. 925	568,89 —	195 —	Gelbe Prismen (Me); 0,14 sied. Me, l. in Al, CS_2; $[\alpha]_{644}$: + 165° (Bzl); sehr säureempfindlich
Luteolin s. 5,7,3',4'-Tetrahydroxy-flavon				
Lutidin s. Dimethyl-pyridin				
Lutidinsäure s. Pyridin-dicarbonsäure-(2,4)				
Lycin s. Betain, Base				
Lycopin [XXX, 81]	$[(CH_3)_2C:CH \cdot CH_2 \cdot CH_2 \cdot C(CH_3):CH \cdot CH:CH \cdot C(CH_3):CH \cdot CH:CH \cdot C(CH_3):CH \cdot CH:]_2$	536,89 —	174 Z	Bräunlichrote Nadeln (PÄ); swl. in sied. Me, sied. Al, zll. in k. Bzl, ll. in k. Chlf, sll. in h. Chlf, sied. Bzl, sied. CS_2
d(+)-Lysergsäure [The Alkaloids **2**, 389]	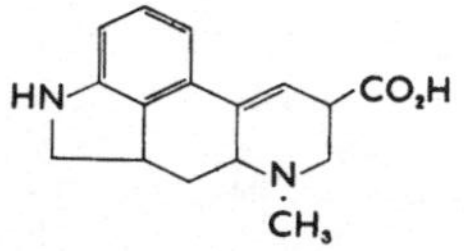	268,32 —	240 Z —	Krist. · $1H_2O$; fbl. Tafeln, wl. in Py, W, org. Lösm., l. in Alk, S; $[\alpha]_D^{20}$: + 40° (Py, c = 0,5); Diäthylamid F: 83°; ll. in Egester, Chlf, Bzl; alkalisches Spaltprodukt der Mutterkornalkaloide
Lysergsäure-propanolamid s. Ergometrin				

L(+)-Lysin [E 2 IV, 857]	$H_2N \cdot [CH_2]_4 \cdot \overset{NH_2}{\underset{H}{C}} \cdot CO_2H$	146,19 —	Z 224...5 —	Nadeln oder Tafeln (W oder Al); $[\alpha]_D^{20}$: + 14,6° (W, c = 6); sll. in W, unl. in k. abs. Al; Pikrat Z. 266...7° (259°)
D,L-Lysin [E 2 IV, 858]	$H_2N \cdot [CH_2]_4 \cdot CH(NH_2) \cdot CO_2H$	146,19 —	— —	2HCl F: 192...3°; Pikrat F: 225° (Z.)
2-Lyxodesose s. D-2-Xylodesose				
L-Lyxoflavin [Vogel II (1), 147]	$C_{17}H_{20}N_4O_6$ Formel 26, S. 925	376,37 —	278 —	Krist.; Tetraacetylderivat F: 223°
D-Lyxose [E 1 I, 438]	$CH_2 \cdot \overset{H}{\underset{OH}{C}} \cdot \overset{OH}{\underset{H}{C}} \cdot \overset{OH}{\underset{H}{C}} \cdot CHOH$ (Ring über O)	150,13 $1,545^{20}$	106...7 —	Hygr. Prismen (Al + Ä); l. in W; 2,7 Al 17°; $[\alpha]_D^{20}$: + 5,5° → 14,0° (W); p-Nitrophenylhydrazon F: 172°
D-Lyxosimin [E 1 I, 438]	$HOCH_2 \cdot [CH(OH)]_3 \cdot CH : NH$	149,15 —	142...3 —	Krist.; mit $HNO_2 \to N_2$
Maclurin s. 2,4,6,3',4'-Pentahydroxybenzophenon				
Magnesium-diäthyl [E 2 IV, 1029] *	$(C_2H_5)_2Mg$	82,44 —	Z 176 —	Weiße Krist.; l. in Ä, unl. in KW; entzündet sich an der Luft; Darst. aus Äthylmagnesiumbromid-lsg. in Ä + Dioxan; * s. a. J. Am. Chem. Soc. **78**, 1222
-di-n-butyl [Kaufman, 29]	$(n\text{-}C_4H_9)_2Mg$	138,54 —	Z 200 —	Weiße Krist.; l. in Ä, entflammt an Luft
-dimethyl [E 2 IV, 1029]	$(CH_3)_2Mg$	54,38 —	Z 200 —	Weißes Pulver; polym.; l. in Ä; unl. in KW; entflammt an Luft und manchmal in CO_2

Name und Literatur	Formel	Mol.-Gew. Dichte	F in °C Kp. in °C	Charakteristik
Magnesium-diphenyl [Ber. **88**, 1218]	$(C_6H_5)_2Mg$	178,53 —	— —	Weißes Pulver; l. in Ä unter Bildung eines Ätherats; unl. in KW; Darst. aus Phenylmagnesiumbromidlsg. in Ä + Dioxan
Malachitgrün (Carbinolbase) s. 4,4′-Bis-dimethylamino-triphenylcarbinol				
Maleindialdehyd [E 3 I, 3158]	$HC \cdot CHO$ $\ddot{}$ $HC \cdot CHO$	84,08 —	— $54...61/_{10}$	Öl; neigt stark zur Polym.; entsteht als Gemisch mit Fumardialdehyd F: 40...3° aus 2,5-Dimethoxy-dihydrofuran mit verd. H_2SO_4; s. Houben-Weyl 7/1 256, 4. Auflage
Malein-glycidsäure [E 2 XVIII, 283]	$HO_2C \cdot HC{-}CH \cdot CO_2H$ (O-Brücke)	132,07 —	149 Z	Krist. (Ä); swl. in Chlf, CCl_4, Toluol, sll. in W, Al, Ä, Egester
Maleinsäure [E 2 II, 641]	$HC \cdot CO_2H$ $\ddot{}$ $HC \cdot CO_2H$	116,07 1,609	130...1 * 160 Z	Prismen; Dest. → Anhydrid; 50 W 10°; 78,8 W 25°; 25 Aceton 20°; 55,2 Al 29,7°; 5,9 Ä 25°; belichten oder längeres Erhitzen $>100°$ → Fumarsäure; * F auch 139°
saures Na-Salz [E 2 II, 644]	$NaC_4H_3O_4 \cdot 3H_2O$	138,06 —	— —	Krist.; 6,73 W 25°; 12,8 W 40°; 288 W 100°; Verw. als Puffer p_H 5,2...6,8
Maleinsäure-anhydrid [E 2 XVII, 445]	$HC{=}CH$ $OC{-}O{-}CO$	98,06 $1,3001^{64,6}$	52,6 202	$n_\alpha^{64,5}$ 1,4476, $n_\beta^{64,5}$ 1,4606. Nadeln (Ä, Chlf oder subl.); wl. in Lg, ll. in Aceton, Chlf
Maleinsäure-diäthylester [E 2 II, 646]	$HC \cdot CO_2C_2H_5$ $\ddot{}$ $HC \cdot CO_2C_2H_5$	172,18 $1,0692^{16,4}$	E — 10,46 222,6...2,7	$n_\alpha^{16,2}$ 1,43969, $n_D^{16,2}$ 1,44261, $n_\beta^{16,2}$ 1,44959. Fl.; Kp: 107...8°$/_{12}$; l. in Al; Kochen mit Jod → Fumarsäurediäthylester

Maleinsäure-dimethyl ester [E 2 II, 645]	$HC \cdot CO_2CH_3$ $HC \cdot CO_2CH_3$	144,13 $1,160^{20}$	E 7,6 204,3...4,4	$n_\alpha^{20,1}$ 1,438605, n_D^{20} 1,4381, n_γ^{20} 1,455312. Fl.; Kp: $102°/_{17}$
Maleinsäure-hydrazid [XXIV, 312]	$HC{-}CO{-}NH$ $HC{-}CO{-}NH$	112,09 —	296...8 Z —	Krist.; swl. in W, l. in Alk; wss. Lsg. reagiert stark sauer; Herbicid
Malodinitril s. Malonsäure-dinitril				
Malonamid s. Malonsäurediamid				
Malondialdehyd [E 2 I, 823]	$OHC \cdot CH_2 \cdot CHO$	72,06 —	— —	Nur in wss. Lsg. bekannt; reagiert stark sauer; mit $FeCl_3$ → intensiv rote Farbe
Malonhalbaldehyd-diäthylacetal-äthylester [Org. Syntheses 35, 59]	$(C_2H_5O)_2CH \cdot CO_2C_2H_5$	176,21 —	— $81...3/_{12}$	n_D^{25} 1,4075 Fbl. Fl.
Malonsäure [E 2 II, 516]	$HO_2C \cdot CH_2 \cdot CO_2H$	104,06 $1,618^{25}$	135 Z *	Krist.; *subl. im Vak.; 61,1 W 0°; 78,1 W 25°; 6,2 Ä 15°; l. in Al, Chlf, Me; Erhitzen > 140° → CO_2-Absp.
-NH_4-Salz [E 2 II, 519]	$(NH_4)_2C_3H_2O_4$	138,12 $1,447^{25}$	— —	Kristallpulver; ll. in W
Malonsäure-diäthylester [E 2 II, 524]	$CH_2(CO_2C_2H_5)_2$	160,17 1,0554	— 50 198,9	n_α^{20} 1,4121, n_D^{20} 1,4142, n_β^{20} 1,4194. Fl.; Kp: $92°/_{18}$; ll. in Ä, l. in Al, W
Malonsäure-diamid [E 2 II, 530]	$CH_2(CONH_2)_2$	102,09 —	170 —	Krist.; unl. in abs. Al, Ä, 8,3 W 8°
Malonsäure-di-tert.-butylester [Org. Syntheses 34, 26]	$CH_2[CO_2C(CH_3)_3]_2$	216,28 —	— $112...5/_{31}$	n_D^{25} 1,4158...1,4161. Fbl. Fl.; E: — 6,1...— 5,9°
Malonsäure-dimethyl-ester [E 2 II, 522]	$CH_2(CO_2CH_3)_2$	132,12 $1,1539^{20}$	— 62 183,25	n_α^{20} 1,41194, n_D^{20} 1,41398, n_β^{20} 1,41905. Fl.; Kp: $70,3°/_{11}$; l. in Al, Me, W

Name und Literatur	Formel	Mol.-Gew. Dichte	F in °C Kp. in °C	Charakteristik
Malonsäure-dinitril [E 2 II, 535]	$CH_2(CN)_2$	66,06 $1,0506^{32,7}$	31 219...20	$n_\alpha^{34,2}$ 1,41259, $n_D^{34,2}$ 1,41463, $n_\gamma^{34,2}$ 1,41463. Krist.; Kp: 105...7°/$_7$; 13,3 W; 40 Al; 20 Ä; 10 Chlf; giftig; färbt sich rötlich beim Aufbewahren oder raschen Erhitzen auf 110°
Malonsäure-monoäthyl= ester [E 2 II, 523]	$HO_2C \cdot CH_2 \cdot CO_2C_2H_5$	132,12 $1,1886^{20}$	− 13,2 134,5/$_{12}$	n_α^{20} 1,4262, n_D^{20} 1,4283, n_β^{20} 1,4338. Fl.; Kp: 106,5°/$_3$; ll. in W, org. Lösm.; zers. allmählich
Malonsäure-mononitril s. Cyanessigsäure				
Malonylharnstoff s. Barbitursäure				
Maltol [XVII, 444]		126,11 —	159 subl.	Krist. (Chlf); unl. in PÄ, wl. in Ä, Bzl; 1,1 W 15°; l. in Al, sll. in h. W, Chlf
Maltose [XXXI, 386]	$C_{12}H_{22}O_{11}$ Formel 27, S. 925	342,30 —	160...5 —	Nadeln; unl. in Al, Ä, ll. in W; $[\alpha]_D^{21}$: + 116,9° → + 128,6° (W); Phenyl= hydrazon F: 130° Z.
Malzzucker s. Maltose				
D,L-Mandelsäure [E 1 X, 86]	$C_6H_5 \cdot CH(OH) \cdot CO_2H$	152,15 $1,300^{20}$	120,5 Z	Tafeln (W); 15,97 W 20°; ll. in Al, Ä; Methylester F: 57°; Äthylester F: 34°
Mandelsäure-O-acetat [Org. Syntheses I, 12]	$C_6H_5 \cdot CH(O_2C \cdot CH_3) \cdot CO_2H$	194,19 —	79...80 —	Krist. (Bzl oder Chlf)
Mandelsäureamid [Org. Syntheses III, 536]	$C_6H_5 \cdot CH(OH) \cdot CONH_2$	151,16 —	132 —	Glänzende Krist.; $[\alpha]_D^9$: + 74,7° (Aceton)
D,L-Mandelsäure-nitril [E 2 X, 123]	$C_6H_5 \cdot CH(OH) \cdot CN$	133,15 $1,1145^{20}$	22 170 Z	Prismen; unl. in W, l. in Al, Ä; Z. → Benzaldehyd + HCN; „Benzaldehyd cyanhydrin"

D-Mannit [E 2 I, 607]	$HOH_2C \cdot \overset{H}{\underset{OH}{C}} \cdot \overset{H}{\underset{OH}{C}} \cdot \overset{OH}{\underset{H}{C}} \cdot \overset{OH}{\underset{H}{C}} \cdot CH_2OH$	182,17 $1{,}521^{13}$	167 $290/_3$	Nadeln; $[\alpha]_{546,1}^{14,5}$: $-0{,}12$ (W, p = 10); 16,4 W 15°; 61,1 W 60°; unl. in Ä; 0,01 Al 15°; 0,65 Al 60°
Mannit-hexanitrat [E 2 I, 611]	$O_2NO \cdot CH_2 \cdot [CH(ONO_2)]_4 \cdot CH_2 \cdot ONO_2$	452,16 $1{,}604^0$	112…3 100 g. Z	Nadeln; $[\alpha]_{546,1}^{22}$: $+51{,}6°$ (Al, c = 1,4); l. in h. Al, Ä, Eg, unl. in W; Sprengstoff
D-Manno-α-heptit [E 2 I, 613]	$HOCH_2 \cdot \overset{H}{\underset{OH}{C}} \cdot \overset{H}{\underset{OH}{C}} \cdot \overset{OH}{\underset{H}{C}} \cdot \overset{OH}{\underset{H}{C}} \cdot \overset{H}{\underset{OH}{C}} \cdot CH_2OH$	212,20 1,485	188 * —	Nadeln; $[\alpha]_D^{20}$: $+4{,}86°$ (gesättigte Boraxlsg., c = 8); 6,9 W 18°; 44 W 74°; swl. in k. Al, l. in h. Al; * F auch 180°
Mannol s. Äthylanilin-N-acetat				
D-Mannonsäure [E 2 III, 352]	$HOH_2C \cdot \overset{H}{\underset{OH}{C}} \cdot \overset{H}{\underset{OH}{C}} \cdot \overset{OH}{\underset{H}{C}} \cdot \overset{OH}{\underset{H}{C}} \cdot CO_2H$	196,16 —	— —	Durch Erwärmen der wss. Lsg. → Lacton; Na-Salz $[\alpha]_D^0$: $+15{,}6°$ (verd. HCl, c = 2); Brucinsalz F: 212°; $[\alpha]_D^{20}$: $-27{,}4°$ (W, c = 3)
D-Mannose [Org. Syntheses III, 541]		180,16 —	131…2 —	Krist. (Al 80%); $[\alpha]_D^{23}$: $+15°$; 248 W 17°; unl. in Ä, wl. in Al
D-Mannose-phenyl=hydrazon [XV, 223]	$C_6H_{12}O_5 : NNHC_6H_5$	270,29 —	195…200 Z —	Gelbe Prismen (W); 1 sied. W; swl. in Ä, Bzl, wl. in Al, Aceton; $[\alpha]_D$ im Mittel: $+26{,}66°$ (verd. Py)
Margarinaldehyd [E 3 I, 2924] ;	$CH_3 \cdot (CH_2)_{15} \cdot CHO$	254,46 —	36 $203…4/_{36}$	Nadeln $\cdot 1\,C_2H_5OH$ (Al)
Mekonin [E 2 XVIII, 62]		194,19 —	102…3 subl.	Nadeln (W); 0,25 W 25°; 4,5 sied. W; l. in Al, Ä

Name und Literatur	Formel	Mol.-Gew. Dichte	F in °C Kp. in °C	Charakteristik
Mekonsäure [E 2 XVIII, 372]		200,11 —	— 120 Z *	Krist. $\cdot 1\,H_2O$ (W); 0,84 W 25°; 25 sied. W, zl. in Me, Aceton, l. in Al, Bzl, swl. in Lg, CS; * Z. $\rightarrow CO_2$ + Komensäure
Melamin [E 1 XXVI, 74]		126,12 $1,57^{25}$	354 subl.	Krist. (W); unl. in Ä, swl. in sied. Al; 0,029 W 15°; ll. in sied. W, l. in verd. KOH
Melampyrit s. Dulcit				
Melanilin s. N,N′-Diphenyl-guanidin				
Meliotsäure s. 2-Hydroxy-phenyl-propionsäure				
Mellithsäure s. Benzol-hexacarbonsäure				
Mellophansäure s. Benzol-tetracarbonsäure-(1,2,3,4)				
o-(+)-Menthan [E 2 V, 26]		140,27 $0,8297^{20}$	— 169...70	n_D^{20} 1,4565. Fl.; $[\alpha]_D$. + 14,9°
m-(+)-Menthan [E 2 V, 26]		140,27 $0,8116^{23}$	— 167...8	n_D^{23} 1,446. Fl.; $[\alpha]_D^{23}$: + 1,6°
cis-p-Menthan [E 2 V, 27]		140,27 $0,816^{20}$	— 168,5	n_D^{20} 1,4515. Fl.; Kp: $63°/_{22}$; unl. in W, ll. in Al, Ä; riecht pfefferminzartig
trans-p-Menthan [E 2 V, 27]		140,27 $0,792^{20}$	— 169...70	n_D^{20} 1,4393. Fl.; Kp: $61...2°/_{19,5}$; unl. in W, ll. in Al, Ä; riecht pfefferminzartig

Name	Formel	Mol.-Gew. / Dichte	F / Kp	Eigenschaften
p-(+)-Menthen-(3) [E 2 V, 52]	H₃C– / CH(CH₃)₂ (Cyclohexen)	138,25 / 0,8118²⁰	— / 170/751	n_D^{15} 1,4570. Fl.; Kp: 59...60°/9; $[\alpha]_D^{15}$: + 106,6° (Ä, c = 2,6), + 118,6° (Al, c = 1,65); l. in Al, Ä; Nitrosochlorid; F: 140°; $[\alpha]_D^{15}$: + 221,0° (Bzl, c = 4,6)
Inakt.p-Menthen-(3) [E 2 V, 53]	H₃C– / CH(CH₃)₂ (Cyclohexen)	138,25 / 0,8129²⁰	— / 167...9	n_α^{20} 1,4507, n_D^{20} 1,4540, n_β^{20} 1,4596. Fl.; Kp: 60...2°/15; l. in Al, Ä; Nitrosochlorid niedrigschmelzende Form Krist. (Bzl + PÄ), F: 113°; höherschmelzende Form Krist. (Al), F: 143,5°
l-Menthol [E 2 VI, 40]	H₃C– / CH(CH₃)₂ / H OH (Cyclohexan)	156,27 / 0,900²⁰₁₅	41,6 / 216	n_D^{37} 1,4541. Nadeln; $[\alpha]_D^{18}$: − 49,5° (Al, p = 5); 0,04 W; sll. in Al, Ä, Eg, l. in Bzl, CS₂; Vork. im Pfefferminzöl; Phenylurethan F: 111...2°; $[\alpha]_D$: − 76,91 (Chlf, c = 5)
l-Menthon [E 2 VII, 39]	H₃C– / CH(CH₃)₂ / =O (Cyclohexanon)	154,25 / 0,8903²⁵	− 7 / 210	n_D^{20} 1,4504. Fl.; wl. in W, ∞ Al, Ä; Wdampfflch.; $[\alpha]_D^{25}$: − 28,3°; Semicarbazon F: 183...4°
Mercaptoacetaldehyd-diäthylacetal [Org. Syntheses 35, 51]	HS · CH₂· CH(OC₂H₅)₂	150,24 / —	— / 62...4/12	n_D^{25} 1,4391...1,4400. Fl.; l. in Ä; empfindlich gegen S und O₂
2-Mercapto-äthylamin [IV 2, 431]	HS · CH₂· CH₂· NH₂	77,15 / —	99...100 / —	Krist.; ll. in W; mit Me-Dampf flch.; subl. im Vak.; oxidiert sich an Luft zu Disulfid; Hydrochlorid F: 70...2°; Pikrat F: 125°; dient als Röntgen-Strahlenschutz
2-Mercapto-benzimidazol [Org. Syntheses 30, 56]	Benzimidazol–SH	150,20 / —	303...4 / —	Glänzende Krist. (verd. Eg)

2-Mercapto-benzoesäure s. Thio-salicylsäure

Name und Literatur	Formel	Mol.-Gew. Dichte	F in °C Kp. in °C	Charakteristik
3-Mercapto-benzoesäure [E 2 X, 86]	HS—C₆H₄—CO_2H	154,19 —	146...7 —	Nadeln (verd. Al); S·CH_3-Verbindung (verd. Al), F: 126°; S·C_2H_5-Verbindung F: 99...100°
2-Mercapto-benzoxazol [Org. Syntheses 30, 57]	(benzoxazol-2-thiol)	151,19 —	193...5 —	Krist.
2-Mercapto-n-buttersäure [E 3 III, 565]	$CH_3 \cdot CH_2 \cdot CH(SH) \cdot CO_2H$	120,17 1,1357	E 0 112...3/$_{12}$	n_D^{20} 1,4791. Pb-Salz swl. in W; (−)-Form $[\alpha]_D^{20}$: − 17,7° (Ä, c = 12); S-Methyläther s. u. 2-Methyl-mercapto-buttersäure
3-Mercapto-n-buttersäure [E 3 III, 580]	$CH_3 \cdot CH(SH) \cdot CH_2 \cdot CO_2H$	120,17 1,1371^{20}	— 87...8/$_{2,5}$	n_D^{20} 1,4782. Äthylester Kp: 95...100°
4-Mercapto-n-buttersäure [E 3 III, 585]	$CH_2(SH) \cdot CH_2 \cdot CH_2 \cdot CO_2H$	120,17 1,1630^{20}	— 128...9/$_{11}$	n_D^{20} 1,4912. Äthylester Kp: 165°/$_{13}$; S·CH_3-Säure Kp: 143...4°/$_{16}$; -chlorid Kp: 98...100°/$_{20}$; n_D^{25} 1,4898
Mercaptoessigsäure s. Thioglykolsäure				
2-Mercapto-isobuttersäure [E 3 III, 600]	$(CH_3)_2C(SH) \cdot CO_2H$	120,17 —	47 100...3/$_{13}$	S-Methyl-Derivat (W) F: 48...9°, Kp: 113...5°/$_{13}$; S-Äthyl-Derivat Kp: 132...3°/$_{20}$, n_D^{20} 1,4791
3-Mercapto-isobuttersäure [E 3 III, 605]	$CH_2(SH) \cdot CH(CH_3) \cdot CO_2H$	120,17 —	— 120...2/$_{12}$	S·CH_3-Derivat: Öl, Kp: 129...30°/$_{12}$; D^{20}: 1,1086, n_D^{20} 1,4815
2-Mercapto-iso-capronsäure [E 2 III, 234]	$(CH_3)_2CH \cdot CH_2 \cdot CH(SH) \cdot CO_2H$	148,23 —	— 127...8/$_{15}$	Rechtsdrehende Form: $[\alpha]_D^{20}$: + 19,4° (Ä, c = 10); „Thioleucinsäure"
4-Mercapto-phthalsäure [X, 501]	(4-mercaptophthalsäure)	198,22 —	160...70 —	Gelbe Krist.; l. in Al, Ä, Bzl, Aceton, h. W

Mesaconsäure [E 3 II, 1934]	$HO_2C \cdot C \cdot CH_3$ $H \cdot \overset{..}{C} \cdot CO_2H$	130,10 1,466	204,5 250 Z	Rhombische Nadeln (Al); 2,7 W 18°; 118 sied. W; 25 Al 90% 17°; 78 sied. Al 90%; l. in Ä, swl. in Chlf, CS_2; subl. unzers. im Hochvak.; Erhitzen → Citraconsäureanhydrid; Dimethyl= ester Kp: 100°/16; Diäthylester Kp: 118°/20; „Methylfumarsäure"
Mesaconsäure-diäthyl= ester [E 2 II, 652]	$H_5C_2O_2C \cdot C \cdot CH_3$ $H \cdot \overset{..}{C} \cdot CO_2C_2H_5$	186,21 $1,0516^{14,7}$	— 229	$n_\alpha^{14,7}$ 1,4481, $n_D^{14,7}$ 1,4513, $n_\beta^{14,7}$ 1,4596. Fl.; Kp: 113…4°/13
Mesidin s. 2,4,6-Trimethylanilin				
Mesitol [E 2 VI, 483]	(2,4,6-Trimethylphenol: OH, H_3C, CH_3, CH_3)	136,20 —	72…2,5 221	Nadeln (subl.); swl. in W, sll. in Al, Ä, unl. in wss. NH_3; Wdampfflch.; Phenylurethan F: 140…2°
Mesitoylchlorid s. 2,4,6-Trimethylbenzoesäurechlorid				
Mesitylaldehyd s. 2,4,6-Trimethyl-benzaldehyd				
Mesitylen s. 1,3,5-Trimethyl-benzol				
Mesitylensäure s. 3,5-Dimethyl-benzoesäure				
Mesitylessigsäure s. 2,4,6-Trimethylphenylessigsäure				
Mesityloxid [E 2 I, 793]	$CH_3 \cdot CO \cdot CH : C(CH_3)_2$	98,15 $0,8592^{15}$	E — 59 130…1	$n_\alpha^{16,4}$ 1,44182, $n_D^{16,4}$ 1,44582, $n_\beta^{16,4}$ 1,45538. Fl.; honigart. Geruch; 3 W; ∞ Al, Ä, l. in Me; techn. Lösm.; MAK: 25 cm^3/m^3; Semicarbazon F: 164°
Mesitylsäure s. 2,4,6-Trimethyl-benzoesäure				
Mesobenzdianthron s. Melianthron				

Name und Literatur	Formel	Mol.-Gew. Dichte	F in °C Kp. in °C	Charakteristik
Mesoinosit [E 2 VI, 1158]		180,16 —	224 $319/_{15}$	Krist.; ll. in W, wl. in k. Al, unl. in abs. Al, Ä; 16,3 W 19°
Mesonaphthodianthron [E 1 VII, 463]		380,41 —	> 550 —	Gelbe Nadeln (Nitrobzl.); unl. in W, swl. in Al, Ä, l. in h. Nitrobzl., Chinolin; l. in H_2SO_4 rot, rot fluoresz.
Mesoweinsäure s. u. Weinsäure-meso				
Mesoxalsäure [E 2 III, 472]	$HO_2C \cdot CO \cdot CO_2H$	118,05 —	113...4 —	Zerfl. Krist. ($\cdot H_2O$); zll. in Al, Ä, l. in W; mit KOH bei 150° → Oxal= säure + Ameisensäure; Phenylhydr= azon F: 166...73° (Z.)
Mesoxalsäure-diäthyl= ester [E 2 III, 474]	$CO(CO_2C_2H_5)_2$	174,15 $1,1419^{15,6}$	< − 30 —	$n_\alpha^{15,6}$ 1,41626, $n_D^{15,6}$ 1,419, $n_\beta^{15,6}$ 1,42439. Grüngelbes Öl; Kp: $105...7°/_{19}$; Hydrat Tafeln (Bzl), F: 57°; 130 W 22°, ll. in Al, Ä, unl. in CS_2
Metahemipinsäure s. 4,5-Dimethoxyphthalsäure				
Metaldehyd [E 2 I, 671]	$(C_2H_4O)x$	— —	— —	Nadeln; subl. 112°; F in geschl. Capil- lare: 246°; unl. in W; 1,03 Chlf 26°; 4,24 sied. Chlf; 1,8 sied. Al

			Z	
Metanilsäure [E 2 XIV, 434]	(Struktur: H₂N–C₆H₄–SO₃H)	173,19 —	—	Nadeln; unl. in Al, Ä, wl. in k. W, l. in h. W
Metathebainon [E 2 XXI, 449]	$C_{18}H_{21}O_3N$	299,37 —	115...8 —	Gelbliche Prismen ·1CH_3OH (Me); 0,4 k. W; 0,83 h. W; wl. in Ä; 25 Al; 20 Chlf
Methacetin s. p-Anisidin-N-acetat				
Methacrylsäure [E 3 II, 1279]	$CH_2 : C(CH_3) \cdot CO_2H$	86,09 $1,0153^{20}$	14 (16) $159/_{742}$	n_α^{20} 1,42815, n_D^{20} 1,43143, n_γ^{20} 1,44635. Prismen; Kp: $72°/_{14}$; ll. in h. W, ∞ Al, Ä; polym. beim Dest. bei Normaldruck; Methylester F: 48°, Kp: 100,3°; Äthylester Kp: 116,5...7°; Chlorid Kp: 95°
Methacrylsäure-amid [Org. Syntheses III, 560]	$CH_2 : C(CH_3) \cdot CONH_2$	85,11 —	109...10 —	Krist. (Bzl)
Methadon s. Polamidon				
Methan [E 3 I, 1]	CH_4	16,04 0,7168g/l	− 184 − 164	Gas; 5,6 cm³ W 0°; 52 cm³ Al 0°; 106,6 cm³ Ä 0°; brennt mit schwach leuchtender Flamme
Methan-disulfosäure [E 2 I, 644]	$CH_2(SO_3H)_2$	176,17 —	— —	Prismen ·2H_2O; F: 90,5°; 595,4 W 25°; sehr hygr.; Dimethylester F: 47°
Methanol [E 3 I, 1147]	CH_3OH	32,04 $0,7952^{15}$	− 97,9 64,7	n_D^{15} 1,33057. Fl.; ∞ W, Al, Ä; giftig; MAK: 200 cm³/m³; p-Nitrobenzoat F: 96°
Methan-sulfinsäure [E 2 IV, 524]	$CH_3 \cdot SO_2H$	80,11 —	— —	Die Lsg. der freien Säure reagiert stark sauer und zers. unter Abscheidung von Schwefel; $Ba(CH_3O_2S)_2$ Würfel; ll. in W, unl. in Al

Name und Literatur	Formel	Mol.-Gew. Dichte	F in °C Kp. in °C	Charakteristik
Methan-sulfosäure [E 2 IV, 524]	$CH_3 \cdot SO_3H$	96,11 1,4844[17,6]	20 167/10	n_D^{16} 1,4317. Fl.; ll. in W; $Ba(CH_3O_3S)_2$ $\cdot 1\frac{1}{2} H_2O$ Krist; l. in W, unl. in Al; $NaCH_3O_3S$ Krist.; 0,42 Al 95% 20°
Methansulfosäurechlorid [Org. Syntheses 30, 58]	$CH_3 \cdot SO_2Cl$	114,55 —	— 64...6/20	n_D^{23} 1,451. Fbl. Fl.
Methan-tricarbonsäure-triäthylester [Org. Syntheses II, 594]	$CH(CO_2C_2H_5)_3$	232,24 1,1091[14]	28...9 130/10	$n_\alpha^{14,2}$ 1,4263, $n_D^{14,2}$ 1,4283, $n_\beta^{14,2}$ 1,4339. Nadeln oder Prismen; Säureamid F: 203°
Methan-tricarbonsäure-trimethylester [Org. Syntheses II, 596]	$CH(CO_2CH_3)_3$	190,15 —	43...5 128...42/18	Krist. (PÄ); ll. in Al, Ä, Chlf, Bzl
Methazonsäure s. Nitroacetaldoxim				
L-Methionin [E 2 IV, 938]	$H_3CS \cdot [CH_2]_2 \cdot \overset{NH_2}{\underset{H}{C}} \cdot CO_2H$	149,21 —	— —	Mikroskopische Tafeln (verd. Al); $[\alpha]_D^{20}$: — 7,2° (W, c = 3); F im geschl. Röhrchen 280...1°; ll. in k. W, l. in h. verd. Al, unl. in abs. Al, Ä, PÄ, Bzl, Aceton
DL-Methionin [E 2 IV, 938]	$H_3CS \cdot [CH_2]_2 \cdot CH(NH_2) \cdot CO_2H$	149,21 —	281 Z —	Plättchen (Al); Pikrolonat F: 178° (Z.)
Methionsäure s. Methandisulfosäure				
Methokodein [E 2 XVIII, 444]	$C_{19}H_{23}O_3H$	313,40 —	118,5 —	Prismen (Al oder Ä); ll. in Al, Ä, l. in H_2SO_4 rot, in der Wärme blau; $[\alpha]_D^{15}$: — 208,6° (Al)
Methoxy-acetonitril [Org. Syntheses II, 387]	$CH_3O \cdot CH_2 \cdot CN$	71,08 0,9373[28]	— 118...22	n_D^{28} 1,380. Fl.; swl. in W, ll. in Al, Ä

3-Methoxy-acetophenon [E 2 VIII, 84]	$H_3CO \cdot C_6H_4 \cdot CO \cdot CH_3$ (3-isomer)	165,19 $1,0993^{15}$	— 252	n_D^{15} 1,543. Fl.; Semicarbazon F: 195…7°; Oxim Fl.; Kp: 159°/$_9$
4-Methoxy-acetophenon [E 2 VIII, 85]	$CH_3O \cdot C_6H_4 \cdot CO \cdot CH_3$	150,18 $1,0818^{41,1}$	39 265	$n_\alpha^{41,3}$ 1,5400, $n_D^{41,3}$ 1,547, $n_\beta^{41,3}$ 1,5644. Tafeln (Ä); ll. in den gebr. Lösm.; Oxim F: 86…7°
ω-Methoxyacetophenon [Org. Syntheses III, 562]	$C_6H_5 \cdot CO \cdot CH_2OCH_3$	150,18 $1,0849^{24}$	— 228…30	$n_\alpha^{23,5}$ 1,5320, $n_D^{23,5}$ 1,538, $n_\beta^{23,5}$ 1,5533. Fl.
9-Methoxy-anthracen [E 2 VI, 669]	(9-Methoxyanthracen, OCH₃)	208,26 $1,0941^{99,3}$	97…8 —	$n_\alpha^{99,3}$ 1,6645, $n_D^{99,3}$ 1,6786, $n_\beta^{99,3}$ 1,7228. Blätter (Benzin); Krist. (Al); l. in Bzl, Al, Eg; Lsg. in Al fluoresz. blau
2-Methoxy-benzaldehyd s. Salicylaldehydmethyläther				
3-Methoxy-benzaldehyd [E 2 VIII, 53]	H_3CO–…–CHO (3-isomer)	136,15 $1,1187^{20}$	— 103/$_{15}$	n_D^{20} 1,5530; Wdampfflch.; Oxim F: 38…9°
4-Methoxy-benzaldehyd s. Anisaldehyd				
2-Methoxy-benzoesäure s. Salicylsäuremethyläther				
3-Methoxy-benzoesäure [E 2 X, 80]	H_3CO–…–CO_2H (3-isomer)	152,15 —	110 170…2/$_{10}$	Nadeln (W); wl. in k. W, ll. in h. W, Al, Ä; Methylester F: 70°, Kp: 236…8°
4-Methoxy-benzoesäure s. Anissäure				
4-Methoxy-benzoesäure-chlorid s. Anissäurechlorid				
4-Methoxy-benzophenon [E 2 VIII, 185]	H_3CO–C_6H_4–CO–C_6H_5	212,25 —	63…4 354…5	α-Oxim F: 146°; β-Oxim F: 118°
4-Methoxy-benzylalkohol s. Anisalkohol				

Name und Literatur	Formel	Mol.-Gew. Dichte	F in °C Kp. in °C	Charakteristik
4-Methoxy-chinolin. [E 2 XXI, 53]	$NC_9H_6 \cdot OCH_3$	159,19 —	41 $167/_{20}$	Krist.; l. in Ä, wl. in W
Methoxychlor s. 1,1,1-Trichlor-2,2-bis- (p-methoxyphenyl)äthan				
2-Methoxy-diphenyl [E 2 VI, 623]	$C_6H_5 \cdot C_6H_4(OCH_3)(2)$	184,24 $1,023^{100}$	— $150/_{13}$	n_α^{99} 1,5641
4-Methoxy-diphenyl [E 2 VI, 625]	$C_6H_5 \cdot C_6H_4(OCH_3)(4)$	184,24 $1,028^{100}$	89 $157/_{10}$	n_α^{100} 1,5744
Methoxy-essigsäure [E 3 III, 372]	$H_3CO \cdot CH_2 \cdot CO_2H$	90,08 —	— 202...4	Hygr. Fl.; mischbar mit Al, Ä, W; Piperazinsalz F: 155,7°; Methylester Kp: 130°, Äthylester Kp: 141...2°; Amid (Bzl) F: 97°; Chlorid Kp: 99°; n_D^{20} 1,4195; D^{20} 1,1871
3-Methoxy-4-hydroxy-styrol [E 2 VI, 914]	Ring mit H_3CO, $CH:CH_2$, HO	150,18 $1,0635^{15}$	— 236...8	Fl.; Geruch nach Nelken; Wdampfflch.; Acetat Kp: 265...72°; (Chem. Rev. **45**, 363)
2-Methoxy-p-kresol s. 4-Methyl-brenzcatechin-2-methyläther				
4-Methoxy-2-nitranilin [Anal. Chem. **26**, 1521]	Ring mit NH_2, H_3CO, NO_2	168,15 —	123...4 —	Rotes krist. Pulver; l. in W, Al, Ä, wl. in Bzl; flch. mit Dampf; Verw. zur Bestimmung von Ascorbinsäure
3-Methoxy-4-hydroxy-zimtsäure s. Ferulasäure				
Methoxy-phenol s. u. Brenzcatechin-, Resorcin-, Hydrochinon-monomethyläther				
o-Methoxy-phenyl-aceton [Org. Syntheses 35, 74]	Ring mit $CH_2 \cdot CO \cdot CH_3$, OCH_3	164,21 —	— $128...30/_{14}$	n_D^{20} 1,5240. Fl.; Wdampfflch.; l. in Toluol

Verbindung	Formel	Mol.-Gew. Dichte	F Kp	Eigenschaften
4-Methoxy-pyridin [E 1 XXI, 203]	OCH$_3$ — N (Ringstruktur)	109,13 —	— 190/$_{738}$	Fl.; Wdampfflch., ∞ W mit alk. Reaktion; Nd. mit HgCl$_2$ (W), F: 191°
3-Methoxy-salicyl= aldehyd [E 1 VIII, 600]	CHO, OH, OCH$_3$ (Ringstruktur)	152,15 —	45,5 265...6	Hgelbe Nadeln (W); wl. in k. W, l. in Lg, ll. in Al, Ä, Eg
2-Methoxy-zimtsäure [E 1 X, 122]	CH$_3$O · C$_6$H$_4$ · CH : CH · CO$_2$H	178,19 —	184...5 —	Prismen (Al); wl. in Me, Lg, Bzl, l. in Al
4-Methoxy-zimtsäure [E 2 X, 179]	CH$_3$O · C$_6$H$_4$ · CH : CH · CO$_2$H	178,19 —	187 —	Nadeln (Al); swl. in k. W, Chlf, wl. in h. W, Al, l. in h. Eg
N-Methyl-acetamid s. Essigsäure-N-methylamid				
N-Methyl-acetanilid [E 1 XII, 193]	C$_6$H$_5$ · N(CH$_3$) · CO · CH$_3$	149,19 $0{,}977^{120}$	101...2 245	Tafeln (Ä); wl. in W, l. in Al
Methyl-acetessigsäure [E 2 III, 432]	H$_3$C · CO · CH(CH$_3$) · CO$_2$H	116,12 —	— —	Ba-Salz ll. in W; Methylester Kp: 80°/$_{20}$; D^{25}: 1,0247; $n_D^{23,8}$ 1,416; Äthylester Kp: 75...6°/$_{12}$; D^{18}:1,0008; $n_D^{17,8}$ 1,420
4-Methyl-acetophenon [E 2 VII, 238]	CH$_3$ · C$_6$H$_4$ · CO · CH$_3$	134,18 $1{,}0045^{18,4}$	28 226	$n_\alpha^{18,4}$ 1,5288, $n_D^{18,4}$ 1,5339, $n_\beta^{18,4}$ 1,5484. Nadeln; ll. in Al, Ä, Chlf, Bzl; Semicarbazon F: 202°
Methyl-acetylen s. Propin				
N-Methyl-N′-acetyl- harnstoff [E 2 IV, 568]	CH$_3$ · NH · CO · NH · CO · CH$_3$	116,12 —	180...1 Z	Krist. (W oder Al oder Egester); ll. in h. W, l. in k. W, Al, wl. in Ä
α-Methyl-acrolein [E 3 I, 2981]	CH$_2$: C(CH$_3$) · CHO	70,09 $0{,}837^{20}$	— 68,4	n_D^{20} 1,4144. Azeotrop mit W; durchdringend riechende, giftige Fl.; 6 W 20°; Semicarbazon F: 197,5°

Name und Literatur	Formel	Mol.-Gew. Dichte	F in °C Kp. in °C	Charakteristik
α-Methyl-acrylsäure s. Methacrylsäure				
Methyläther s. Dimethyläther				
Methyl-äthyl-acetylen s. Pentin-(2)				
Methyl-äthyl-äther [E 3 I, 1288]	$C_2H_5 \cdot O \cdot CH_3$	60,10 0,7260[0]	— 7	n_D^4 1,3420. Kritische Temp. 164,7°, kritischer Druck 43,4 Atm.
Methyl-äthyl-amin [E 2 IV, 589]	$C_2H_5 \cdot NH \cdot CH_3$	59,11 —	— 34...5	Fl.; · HCl dünne Blättchen, F: 126... 9,5°; ll. in W, Al, l. in Chlf, unl. in Ä
N-Methyl-N-äthyl-anilin [E 2 XII, 91]	$C_6H_5 \cdot N(CH_3)(C_2H_5)$	135,21 —	— 203...5	Hydrochlorid F: 114°
Methyläthylessigsäure s. 2-Methyl-buttersäure				
2-Methyl-5-äthyl-furan [Dunlop, 42]		110,16 0,8883[20]	— 116...8/$_{742}$	n_D^{20} 1,4473. Fl.
Methyläthylketon s. Butanon-(2)				
Methyl-äthyl-malonsäure [E 2 II, 585]	$C_2H_5 \cdot C(CH_3)(CO_2H)_2$	146,14 —	121 —	Prismen oder Nadeln (Ä); ll. in W, Al, Ä; Diäthylester Fl., Kp: 207...8°
1-Methyl-3-äthyl-oxindol [Org. Syntheses 30, 62]		175,23 —	— 103...7/$_{0,5}$	n_D^{25} 1,5569...1,5580. Hgelbe Fl.
3-Methyl-5-äthyl-phenol		136,20 —	55 235,8	Krist.; sll. in den gebr. Lösm.; l. in Benzin
β-Methyl-β-äthyl-γ-phenyl-buttersäure s. β-Benzyl-β-methyl-valeriansäure				

Name [Lit.]	Formel	Mol.-Gew.	D	F.	Kp.	Eigenschaften
2-Methyl-4-äthyl-pyridin [E 2 XX, 162]	$NC_5H_3 \cdot (CH_3)(C_2H_5)$	121,18	$0{,}9227^{17}$	—	$177{\ldots}9/751$	n_α^{17} 1,4950, n_β^{17} 1,5098. Fl.; wl. in W, ll. in Al, Ä.; Pikrat F: 141…2°
2-Methyl-5-äthyl-pyridin [E 2 XX, 162]	$NC_5H_3 \cdot (CH_3)(C_2H_5)$	121,18	$0{,}9184^{23}$	—	$177{\ldots}8/747$	n_D^{20} 1,4971. Fl.; swl. in W, ll. in Al, Ä, Bzl; l. in H_2SO_4; Wdampfflch.
2-Methyl-6-äthyl-pyridin [E 2 XX, 162]	$NC_5H_3 \cdot (CH_3)(C_2H_5)$	121,18	$0{,}9207^{25}$	—	160…1	n_α^{25} 1,4908, n_β^{25} 1,5057. Fl.; swl. in W; Wdampfflch.
4-Methyl-3-äthyl-pyridin [E 2 XX, 163]	$(NC_5H_3) \cdot (CH_3)C_2H_5$	121,18	$0{,}9656^0$	—	198	Hygr. Fl.; wl. in W, l. in Al, ll. in Ä.; giftig; Wdampfflch.
Methyl-äthyl-sulfid [E 3 I, 1369]	$C_2H_5 \cdot S \cdot CH_3$	76,16	$0{,}84221^{20}$	−105,93	66,6	n_D^{20} 1,44035. $C_3H_8S \cdot 2HgCl_2$ F: 127…8°
Methyl-äthyl-sulfon [E 3 I, 1370]	$C_2H_5 \cdot SO_2 \cdot CH_3$	108,16	—	36	—	Destillierbar; ll. in W, swl. in Ä
Methylal s. Formaldehyd-dimethylacetal						
Methylalkohol s. Methanol						
Methyl-allyl-äther [E 3 I, 1881]	$CH_2{:}CH \cdot CH_2 \cdot OCH_3$	72,11	—	—	42,5	n_D 1,3778…1,3803
Methylamin [E 2 IV, 546]	$CH_3 \cdot NH_2$	31,06	$0{,}7691^{-79}$	E −92,5	$-7{,}55/719$	Stark ammoniakalisch riechendes Gas; $D^{-10,8}$: 0,699; 115,39 cm³ W 12,5°; 95,90 cm³ W 25°; 10,5 cm³ Bzl 20°; brennbar
-hydrobromid [E 2 IV, 549]	$CH_3 \cdot NH_3 \cdot Br$	111,97	1,78	250…1 *	—	Tetragonale Tafeln; * F unter teilweiser Subl. und Z.; l. in abs. Al, wl. in Aceton, unl. in Ä, Chlf
-hydrochlorid [E 2 IV, 549]	$CH_3 \cdot NH_3 \cdot Cl$	67,52	1,23	232 subl.	$225{\ldots}30/15$	Zerfl. tetragonale Tafeln (Al); unl. in Chlf, Aceton, Ä; 23,01 in 100 g abs. Al sied.; ll. in W

Name und Literatur	Formel	Mol.-Gew. Dichte	F in °C Kp. in °C	Charakteristik
Methylamin-hydrojodid [E 2 IV, 549]	$CH_3 \cdot NH_3 \cdot J$	158,97 / 2,20	263...5 Z / —	Tetragonale Blättchen, Würfel, Tafeln (Al + Chlf); ll. in W, Me, Al, l. in Aceton, Bzl, wl. in Egester, Chlf, Ä
N-Methylamino-äthanol [E 2 IV, 718]	$CH_3 \cdot NH \cdot CH_2 \cdot CH_2OH$	75,11 / $0,937^{20}$	— / $64...5/_{12}$	n_D^{20} 1,4385. Dickfl. Öl; riecht nach Heringslake; ∞ W, Al, Ä; reagiert stark basisch
1-Methylaminoanthrachinon [Org. Syntheses III, 573]	(Strukturformel: Anthrachinon mit $NH \cdot CH_3$)	237,26 / —	166...71 / —	Rote Krist. (Toluol), l. in Chlf, Eg gelbrot
1-Methylamino-4-brom-anthrachinon [Org. Syntheses III, 575]	(Strukturformel: 4-Brom-anthrachinon mit $NH \cdot CH_3$ und Br)	316,16 / —	195...6 / —	Rote Krist. (Py)
2-Methyl-2-amino-pentanon-(4) s. Diacetonamin				
2-Methylamino-phenol [E 2 XIII, 168]	$CH_3NH \cdot C_6H_4 \cdot OH$	123,16 / —	95...6 / —	Blättchen (Bzl); mit $FeCl_3$ und HCl → rotbraune Färbung
3-Methylamino-phenol [E 1 XIII, 130]	$CH_3NH \cdot C_6H_4 \cdot OH$	123,16 / —	— / $168/_{10}$	Öl; wl. in k. W, Lg, l. in h. W, sll. in Al, Ä, Bzl
4-Methylamino-phenol [E 2 XIII, 229]	$CH_3NH \cdot C_6H_4 \cdot OH$	123,16 / —	87 / $172...3/_{22}$	Nädelchen (Bzl); l. in Al, Ä

4-Methylamino-phenol-sulfat [E 1 XIII, 149]	$2 C_7H_9ON + H_2SO_4$	344,39 —	250…60 Z —	Nadeln (W); 4 W 25°; 16,6 h. W
2-(N-Methylamino)-pyrimidin [Org. Syntheses 35, 59]		109,13 —	57,5…8,5 96…8/28	Krist.
Methyl-amyl-keton s. Heptanon-(2)				
N-Methylanilin [E 2 XII, 79]	$C_6H_5 \cdot NHCH_3$	107,16 $0,9725^{30}$	— 57 196,1	$n_\alpha^{16,6}$ 1,5662, $n_D^{16,6}$ 1,5729, $n_\beta^{16,6}$ 1,5912. Fl.; l. in Al, Ä, Bzl; Wdampfflch.; MAK: 2 cm³/m³, H
1-Methyl-anthracen [E 2 V, 585]		192,26 $1,0471^{99,4}$	85…6 —	$n_\alpha^{99,4}$ 1,6669, $n_D^{99,4}$ 1,6803, $n_\beta^{99,4}$ 1,7211. Nadeln (Me); l. in Ä, Al, Chlf, Bzl, unl. in W; Pikrat F: 113…5°
2-Methyl-anthracen [E 2 V, 586]		192,26 $1,181^0$	207 subl.	Blättchen (subl.); unl. in W, swl. in Me, Aceton, wl. in Ä, Al, Eg, sll. in Chlf, CS_2, Bzl
9-Methyl-anthracen [E 2 V, 586]		192,26 $1,0657^{99,4}$	81 196…7/12	$n_\alpha^{99,4}$ 1,6817, $n_D^{99,4}$ 1,6959, $n_\beta^{99,4}$ 1,7408. Gelbliche Prismen (Bzl, Al oder Me); sll. in org. Lösm.; Lsg. in konz. H_2SO_4 ist grün; Pikrat F: 137° (Z.)
1-Methyl-anthrachinon [E 1 VII, 421]		222,25 —	171…2 —	Gelbe Nadeln (Al); wl. in Ä, l. in Lg, ll. in Eg, sll. in Bzl
2-Methyl-anthrachinon [E 2 VII, 733]		222,25 —	176 subl.	Nadeln (Al oder Eg); l. in Ä, ll. in Al, sll. in Eg, Bzl, l. in H_2SO_4 gelb

38*

Name und Literatur	Formel	Mol.-Gew. Dichte	F in °C Kp. in °C	Charakteristik
N-Methyl-anthranilsäure [XIV, 323]	(Benzolring mit CO_2H und $NHCH_3$)	151,16 —	182 subl.	Blättchen (Al oder Lg); 0,2 k. W; 0,4 sied. W, l. in Lg, ll. in Al, Ä, Chlf, Bzl mit blauer Fluoresz.
N-Methyl-anthranil= säure-methylester [E 2 XIV, 212]	$CH_3 \cdot NH \cdot C_6H_4 \cdot CO_2CH_3$	165,19 $1{,}1348^{12,3}$	19 255	$n_D^{12,3}$ 1,5840. Krist. (PÄ); unl. in W, l. in Al, Ä
Methylazulen s. u. Azulen: Methyl-				
2-Methyl-benzimidazol [E 2 XXIII, 160]	(Benzimidazol mit CH_3)	132,17 —	176 —	Prismen (W); ll. in sied. W, Al, Ä
Methylbenzoesäure s. Tolylsäure				
Methylbenzol s. Toluol				
2-Methyl-benzophenon [E 2 VII, 371]	(Benzophenon mit CH_3)	196,25 —	— 306...7	ll. in Al 80%; α-Oxim F: 69°; β-Oxim F: 105°
3-Methyl-benzophenon [E 2 VII, 372]	$C_6H_5 \cdot CO \cdot C_6H_4 \cdot CH_3$	196,25 $1{,}088^{17}$	— 305...11	Fl.; ∞ Al, Ä, Bzl; Oxim (Al) F: 100...1°
4-Methyl-benzophenon [E 2 VII, 372]	$C_6H_5 \cdot CO \cdot C_6H_4 \cdot CH_3$	196,25 —	59 327...8	Krist.; swl. in W, wl. in k. Lg, l. in k. Al, ll. in Ä, Bzl
2-Methyl-benzoxazol [XXVII, 46]	(Benzoxazol mit CH_3)	133,15 1,1365	— 200...1	Fl.; unl. in W, ll. in Al, verd. S; färbt sich an der Luft rötlich; mit W → 2-Acetamino-phenol
2-Methyl-benzothiazol [E 1 XXVII, 214]	(Benzothiazol mit CH_3)	149,22 —	— 238	Öl; l. in verd. HCl; Wdampfflch.; Pikrat F: 152...3°

Name [Lit.]	Formel	Mol.-Gew. / D	F / Kp	Bemerkungen
Methyl-benzyläther [E 2 VI, 409]	$C_6H_5 \cdot CH_2 \cdot OCH_3$	122,17 / $0,9711^{15}_{15}$	— / 170...1	Fl.; l. in Al, Ä
2-Methyl-benzylalkohol [E 2 VI, 457]	(o-Ring mit CH_2OH und CH_3)	122,17 / $1,023^{40}$	33 / 112...4/9	Acetat Kp: 231°/144
3-Methyl-benzylalkohol [E 2 VI, 465]	$CH_3 \cdot C_6H_4 \cdot CH_2OH$	122,17 / $1,036^{0}$	— / 215...6	Acetat Kp: 226°
4-Methyl-benzylalkohol [E 2 VI, 469]	$CH_3 \cdot C_6H_4 \cdot CH_2OH$	122,17 / —	61 / 217	Nadeln (Heptan); Kp: 116...8°/20; wl. in k. W, l. in h. W, ll. in Al, Ä; Phenyl=urethan F: 78,5...9°
2-Methyl-benzylamin [E 2 XII, 603]	$CH_3 \cdot C_6H_4 \cdot CH_2NH_2$	121,18 / $0,9768^{19}$	E − 20 / 199,5	n_D^{19} 1,5435. Öl; hygr.
3-Methyl-benzylamin [E 2 XII, 613]	$CH_3 \cdot C_6H_4 \cdot CH_2NH_2$	121,18 / $0,9654^{20}$	— / 198...9	Öl; stark riechend; unl. in W, l. in Al, Ä
4-Methyl-benzylamin [E 2 XII, 618]	$CH_3 \cdot C_6H_4 \cdot CH_2NH_2$	121,18 / $0,9520^{20}$	12,6...13,2 / 200...2	n_D^{20} 1,5364. Fl.; wl. in W
2-Methyl-benzyl-dimethylamin s. 2-Methyl-N,N-dimethyl-benzylamin				
Methyl-benzyl-keton [E 2 VII, 233]	$C_6H_5 \cdot CH_2 \cdot CO \cdot CH_3$	134,18 / $1,0157^{20}$	27 / 215	$n_\alpha^{22,9}$ 1,5096, $n_D^{22,9}$ 1,5139, $n_\beta^{22,9}$ 1,5245. Krist.; Semicarbazon F: 197...8°
dl-Methyl-bernsteinsäure [E 2 II, 568]	$HO_2C \cdot CH_2 \cdot CH(CH_3) \cdot CO_2H$	132,12 / 1,4105	112 / 200 Z *	Krist.; 66,7 W 20°; ll. in Al, Ä; 0,24 Chlf 18°; * H_2O-Absp.
Methyl-bernsteinsäure-anhydrid [E 2 XVII, 431]	(Anhydrid-Ring: H_2C—$CH \cdot CH_3$, OC...CO, O)	114,10 / $1,2303^{25}_{25}$	36 / 247,4	a) Krist. (Chlf); wl. in W; b) Schüppchen (Al), F: 67...8°; wl. in PÄ, l. in Al, Aceton, Bzl; $[\alpha]_D$: + 3,8° (Bzl)

Name und Literatur	Formel	Mol.-Gew. Dichte	F in °C Kp. in °C	Charakteristik
3-Methyl-brenzcatechin [E 2 VI, 858]		124,14 —	68 241	Blättchen (Bzl); Kp: 136...7°/$_{14}$; ll. in k. W, Al, Chlf, Bzl, l. in Ä; wss. Lsg. mit $FeCl_3$ → grüne Färbung
4-Methyl-brenzcatechin [E 2 VI, 865]		124,14 $1,1287^{73,6}$	65 251	$n_\alpha^{73,6}$ 1,5373, $n_D^{73,6}$ 1,5425, $n_\beta^{73,6}$ 1,5560. Blättchen (Bzl + Lg); Prismen (Bzl); ll. in W, Al, Ä; Lsg. in Al mit $FeCl_3$ → grüne Färbung, mit NH_3 → rote Färbung
4-Methyl-brenzcatechin-2-methyläther [E 2 VI, 865]		138,17 $1,098^{20}$	5,5 219...21	n_α^{25} 1,5303, n_D^{25} 1,5353, n_β^{25} 1,5483. Öl; ∞ Al, Ä, Bzl, Chlf, Eg, wl. in W; Lsg. in Al mit Spur $FeCl_3$ → blau, mit mehr $FeCl_3$ → grün; wss. Lsg. mit HNO_3 → or.rote Färbung
5-Methyl-brenzschleim= säure [E 2 XVIII, 272]		126,11 —	109...10 105/$_1$ *	Krist. (Bzl); swl. in CS_2, wl. in Bzl; 1,89 W 20°; ll. in Al, Ä, Chlf; sll. in h. W; * subl.
Methylbromid [E 2 I, 31]	CH_3Br	94,94 $1,732_0^0$	− 93,0 4,6	Gas; in fl. Zustand ∞ Al, Ä, Chlf, CS_2; narkotisch; MAK: 20 cm³/m³, H
2-Methyl-butadien-(1,3) s. Isopren				
2-Methyl-butadien-(2,3) [E 2 I, 228]	$(CH_3)_2C : C : CH_2$	68,12 $0,6833^{20}$	— 40,8	$n_\alpha^{3,3}$ 1,41396, $n_D^{3,3}$ 1,41733, $n_\beta^{3,3}$ 1,42664. Fl.; giftig
2-Methyl-butan [E 2 I, 99]	$CH_3 \cdot CH_2 \cdot CH(CH_3)_2$	72,15 $0,6247^{15}$	− 158,55 27,95	n_α^{15} 1,35616, n_D^{15} 1,35796, n_β^{15} 1,36235. Fl.; unl. in W, l. in Al, Ä

2-Methyl-butandiol-(2,3) [E 2 I, 550]	$CH_3 \cdot CH(OH) \cdot C(CH_3)_2OH$	104,15 $0,9893_0^0$	— $174/_{729}$	Dickes Öl; Kp: 80...2°/$_{13}$; ∞ W, Al, Ä
2-Methyl-butanol-(1) s. L(—)-Amylalkohol				
2-Methyl-butanol-(3) [E 3 I, 1630]	$(CH_3)_2CH \cdot CH(OH) \cdot CH_3$	88,15 $0,819^{19}$	— 112,5	n_D^{20} 1,4092, n_D^{25} 1,3858. Fl.; 3-Nitro= phthalat F: 127°; α-Naphthylure= than F: 112°
3-Methyl-butanol-(1) s. Isoamylalkohol				
2-Methyl-butanon-(3) [E 2 I, 741]	$CH_3 \cdot CO \cdot CH(CH_3)_2$	86,13 $0,8046^{16}$	E — 92 95	n_α^{16} 1,38569, n_D^{16} 1,38788, n_β^{16} 1,39268. Fl.; Semicarbazon F: 114°
2-Methyl-buten-(1) [E 2 I, 186]	$CH_3 \cdot CH_2 \cdot C(CH_3) : CH_2$	70,14 $0,6668^0$	— 31...3	n_D^{16} 1,378. Fl.; unl. in W, ∞ Al, Ä
2-Methyl-buten-(2) s. Trimethyläthylen				
2-Methyl-buten-(3) [E 2 I, 190]	$CH_2 : CH \cdot CH(CH_3)_2$	70,14 $0,6327^{15}$	— 20,1	Fl.
3-Methyl-butin-(1)-ol-(3) [E 2 I, 505]	$CH : C \cdot C(CH_3)_2OH$	84,12 $0,8651^{22}$	— 103...5	$n_\alpha^{15,8}$ 1,4154, $n_D^{15,5}$ 1,4242, $n_\beta^{15,8}$ 1,4245. Fl.; leicht beweglich; eigentümlicher Geruch; l. in W; mit Ädampf flch.
2-Methyl-buttersäure [E 2 II, 270]	$CH_3 \cdot CH_2 \cdot CH(CH_3) \cdot CO_2H$	102,13 $0,938_{20}^{20}$	— 173...4,5	Fl.; E: < — 80°; Amid F: 111,7°; „dl-Isovaleriansäure"
2-Methyl-butyl- s. Isoamyl-				
Methyl-butyl-äther [E 2 I, 395]	$CH_3 \cdot [CH_2]_3 \cdot OCH_3$	88,15 $0,7441^{20}$	E — 115,5 70	n_α^{20} 1,37202, n_γ^{20} 1,38306. Fl.
O-Methyl-caprolactim [Org. Syntheses 31, 72]	$[CH_2]_5C(OCH_3) : N$	127,19 $0,9598^{25}$	— 65...7/$_{24}$	n_D^{25} 1,4610. Fl.

N-Methyl-carbaminsäure-äthylester s. Methylurethan

Methylcarbitol s. Diglykol-monomethyläther

4-Methyl-carbostyril s. 2-Hydroxy-4-methyl-chinolin

Name und Literatur	Formel	Mol.-Gew. Dichte	F in °C Kp. in °C	Charakteristik
1-Methyl-3-carboxamid-pyridon-(2) [Vogel II (2), 124]		152,15 —	222...3 —	Hgelbe Nadeln (Me); l. in Chlf
1-Methyl-3-carboxamid-pyridon-(6) [Vogel II (2), 124]		152,15 —	213...5 —	Weiße Nadeln (Me); praktisch unl. in Chlf, l. in h. Me
Methylcarbylamin s. Methylisocyanid				
2-Methyl-chinolin [E 2 XX, 238]		143,19 $1,0585^{20}$	$-2...-1$ 247,2	$n_\alpha^{19,5}$ 1,6038, $n_D^{19,5}$ 1,6116. Fl.; Pikrat F: 194°
3-Methyl-chinolin [XX, 394]	$NC_9H_6 \cdot CH_3$	143,19 $1,0673^{20}$	16...7 259,6	n_D^{20} 1,6171. Prismen; swl. in W; Wdampfflch.; Pikrat F: 187°
4-Methyl-chinolin [E 2 XX, 244]	$NC_9H_6 \cdot CH_3$	143,19 $1,0868^{20}$	9...10 264,2	$n_\alpha^{13,7}$ 1,6140, $n_\beta^{13,7}$ 1,6432. Öl; wl. in W; Wdampfflch.; Pikrat F: 207...8°
5-Methyl-chinolin [E 1 XX, 150]	$NC_9H_6 \cdot CH_3$	143,19 $1,0832^{20}$	19 262,7	n_D^{20} 1,6220. Fl.; swl. in W, ∞ Al, Ä; Pikrat F: 210...13°
6-Methyl-chinolin [XX, 397]	$NC_9H_6 \cdot CH_3$	143,19 $1,0634^{23}$	-22 258,6	n_α^{23} 1,6061, n_D^{23} 1,6141, n_β^{23} 1,6358. Fl.; wl. in W, ∞ Al, Ä; Pikrat F: 229°
7-Methyl-chinolin [XX, 400]	$NC_9H_6 \cdot CH_3$	143,19 $1,0670^{21}$	39 257,6	n_α^{21} 1,6068, n_D^{21} 1,6149, n_β^{21} 1,6366. Gelbe Fl.; Pikrat F: 237°
8-Methyl-chinolin [XX, 401]	$NC_9H_6 \cdot CH_3$	143,19 $1,0722^{21}$	<-20 247,8	n_α^{21} 1,6081, n_D^{21} 1,6162, n_β^{21} 1,6377. Fl.; swl. in W, ∞ Al, Ä; Pikrat F: 200°
2-Methylchinolincarbon=säure-(3) [XXII, 83]		187,20 —	235 Z —	Nadeln (Al); swl. in W, wl. in Al, Ä, Bzl

Name	Formel			Eigenschaften
2-Methyl-chinolin-carbonsäure-(4) [XXII, 85]	$NC_9H_5(CH_3) \cdot CO_2H$	187,20 —	246 Z —	Nadeln · aq (W); swl. in sied. Chlf, PÄ, wl. in k. W, k. Al, Ä, ll. in h. Eg
Methylchlorid [E 2 I, 12]	CH_3Cl	50,49 2,3073 g/l	— 97,4 — 23,7	Gas; 400 cm³ W; 3500 cm³ Al; l. in Ä, Chlf; 4000 cm³ Eg; Verw. zur lokalen Anästhesie; brennt mit grün-gesäumter Flamme; Kp: — 84°/$_{21}$; MAK: 50 cm³/m³
α-Methyl-crotonaldehyd [E 2 I, 792]	$CH_3 \cdot CH : C(CH_3) \cdot CHO$	94,12 0,870^{18}	— 115...9	$n_\alpha^{9,6}$ 1,44706, $n_D^{9,6}$ 1,45117, $n_\beta^{9,6}$ 1,46148. Fl.; durchdringender Geruch; ca 2 W; ∞ Al, Ä; Phenylhydrazon F: 92...4°

β-Methylcrotonsäure s. 3,3-Dimethylacrylsäure

Name	Formel			Eigenschaften
3-Methylcumarin [Org. Syntheses 33, 43]		120,15 —	— 195...7	n_D^{25} 1,5520. Fbl. Fl.
Methyl-cyclohexan [E 2 V, 15]		98,19 0,77340^{15}	E — 126,4 101	n_α^{15} 1,42305, n_D^{15} 1,42535, n_β^{15} 1,43072. Fl.; benzinart. Geruch; unl. in W, l. in Al, Ä; techn. Lösm.; Vork. in Erdölen; MAK: 500 cm³/m³
1-Methyl-cyclohexanol-(1) [E 2 VI, 16]		114,19 0,9302^{20}	E 25 155	$n_\alpha^{24,7}$ 1,4563, $n_D^{24,7}$ 1,459, $n_\beta^{24,7}$ 1,4643. Krist.; campherart. Geruch, unl. in W, l. in Al, Ä
1-Methyl-cyclohexanol-(2) [E 2 VI, 16]		114,19 —	— —	*cis*: dl-Form F: — 9,5°, Kp: 165°, D^{20}: 0,9340, n_D^{10} 1,4693; Phenylurethan F: 90...1°; l-Form [α]$_D^{20}$: — 6,23° (unverd., l = 5 cm); *trans*: dl-Form F: — 21°, Kp: 167°, D^{20}: 0,9235, n_D^{10} 1,4646; in d- und l-Form spaltbar über saures Phthalat; Phenylurethan F: 105°; riecht nach Cocusöl

Name und Literatur	Formel	Mol.-Gew. Dichte	F in °C Kp. in °C	Charakteristik
dl-*cis*-1-Methyl-cyclo= hexanol-(3) [E 2 VI, 20]	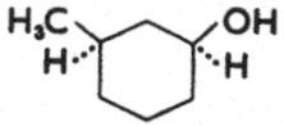 H₃C …OH (Cyclohexanring, H, H)	114,19 $0,9173^{21,8}$	— 173…4	$n_\alpha^{21,8}$ 1,4540, $n_D^{21,8}$ 1,4564. Sirup; swl. in W, l. in Al, Ä; Phenylurethan F: 87…8°
1-Methyl-cyclo= hexanol-(4) [E 2 VI, 23]	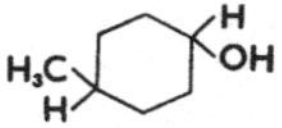 H₃C, H, OH (Cyclohexanring)	114,19 —	— —	*cis*: Kp: 173…4°, $D^{21,5}$: 0,9129, n_D^{25} 1,4543; Phenylurethan F: 118…9°; *trans*: Kp: 172…3°, D^{25} 0,9080, $n_D^{20,7}$ 1,4509; Phenylurethan F: 124…5°
1-Methyl-cyclo= hexanon-(2) [E 2 VII, 15]	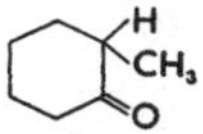 H, CH₃, O (Cyclohexanonring)	112,17 $0,9240^{20}$	— 165	$n_\alpha^{14,6}$ 1,4483, $n_D^{14,6}$ 1,450, $n_\beta^{14,6}$ 1,4565. Fl.; l. in Al, Ä; Semicarbazon F: 191°; MAK: 100 cm³/m³
d-1-Methyl-cyclo= hexanon-(3) [E 2 VII, 17]	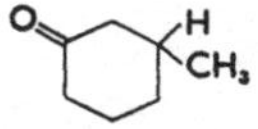 O, H, CH₃ (Cyclohexanonring)	112,17 $0,9158^{20}$	— 169	n_D^{21} 1,4456. Fl.; l. in Al, Ä; $[\alpha]_D^{20}$: + 13,54° (unverdünnt); Semicarb= azon F: 180°
1-Methyl-cyclo= hexanon-(4) [E 2 VII, 19]	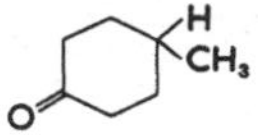 H, CH₃, O (Cyclohexanonring)	112,17 $0,9169^{20}$	— 170	n_α^{20} 1,4429, n_D^{20} 1,4451, n_β^{20} 1,4511. Öl; l. in Al, Ä; Semicarbazon F: 197°
1-Methyl-cyclohexen-(1) [E 2 V, 42]	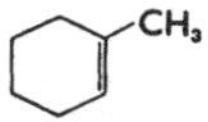 CH₃ (Cyclohexenring)	96,17 $0,8099^{20}$	— 110,5…111	n_D^{20} 1,4503. Fl.; unl. in W, l. in Al, Ä; terpentinähnlicher Geruch
1-Methyl-cyclohexen-(2) [E 2 V, 43]	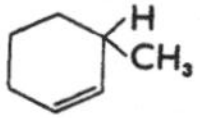 H, CH₃ (Cyclohexenring)	96,17 $0,8009^{20}$	— 104	Inaktive Form: n_D^{17} 1,4451. Fl.
1-Methyl-cyclohexen-(3) [E 2 V, 43]	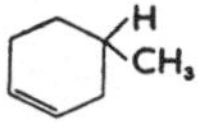 H, CH₃ (Cyclohexenring)	96,17 $0,8000^{20}$	— $102,5/_{772}$	Inaktive Form: n_D^{20} 1,4419. Fl.; unl. in W, l. in Al, Ä

Methyl-cyclohexenyl-barbitursäure s. Evipan

Methyl-cyclohexyl-keton s. Acetylcyclohexan

Name	Formel	Mol.-Gew. / d	F / E	Eigenschaften
Methylcyclopentan [E 2 V, 14]		84,16 / 0,7459[20]	E — 140,5 / 72	n_α^{20} 1,4075, n_{He}^{20} 1,4095, n_β^{20} 1,4147. Fl.; benzinart. Geruch
1-Methyl-cyclo=pentanol-(1) [E 2 VI, 14]		100,16 / 0,9044[23,5]	36 / 135,6	$n_D^{23,5}$ 1,4429. Nadeln; pilzart. Geruch; subl.; leicht löslich
Methyl-cyclopropyl-keton [Org. Syntheses 31, 74]		84,12 / —	— / 110...2	n_D^{25} 1,4226. Fl.
Methyl-diäthylamin [E 2 IV, 593]	$H_3C \cdot N(C_2H_5)_2$	87,17 / —	— / 66	Fl.; ll. in W; Hydrochlorid F: 178,5°
4-Methyl-diazoamino=benzol [E 1 XVI, 407]	$CH_3 \cdot C_6H_4 \cdot N : N \cdot NH \cdot C_6H_5$	211,27 / —	85 / —	Gelbe Blättchen; unl. in W, l. in Bzl
N-Methyl-N-dibenzyl=amin [Org. Syntheses 34, 65]	$H_3CNH \cdot CH(C_6H_5) \cdot CH_2 \cdot C_6H_5$	211,31 / —	— / 94...7/0,3	n_D^{25} 1,5640. Fbl. Fl.; ll. in Ä
N-Methyl-N-dibenzyl=amin-hydrochlorid [Org. Syntheses 34, 66]	$H_3CNH \cdot CH(C_6H_5) \cdot CH_2 \cdot C_6H_5 \cdot HCl$	247,77 / —	184...6 / —	Krist. (Me + Ä); wl. in Ä
4-Methyl-2,6-di-t-butyl-phenol [Z. angew. Chem. 69, 699]		208,26 / —	70 / 170/50	Krist.; l. in Bzl, org. Lösm.; Phenyl=urethan F: 151°; dient als Inhibitor der Autoxidationen und anderen Radikalreaktionen; „Ionol"
N-Methyl-2,3-dimeth=oxy-benzylamin [Org. Syntheses 30, 59]		181,24 / —	— / 120...4/8	Fl.
2-Methyl-N,N-dimethyl=benzylamin [Org. Syntheses 34, 61]		149,24 / —	— / 78...9/12	n_D^{20} 1,5049...1,5052. Fl.; ll. in Ä

Name und Literatur	Formel	Mol.-Gew. Dichte	F in °C Kp. in °C	Charakteristik
5-Methyl-N,N-dimethyl-furfurylamin [Org. Syntheses 35, 78]	$H_3C\!-\!\!\langle O \rangle\!-\!CH_2 \cdot N(CH_3)_2$	139,19 —	— 62...3/13	n_D^{25} 1,4616...1,4620. Fl.; l. in Ä; Wdampfflch.
2-Methyl-4,4-dimethyl-pentanon-(3) s. Isopropyl-t-butyl-keton				
2-Methyl-1,3-dioxolan s. Glykol-äthylidenäther				
Methyl-dioxolon-(2) s. Propylencarbonat				
N-Methyl-N,N-diphenyl-amin s. N,N-Diphenyl-N-methyl-amin				
Methylenamino-aceto= nitril [Org. Syntheses I, 347]	$CH_2\!:\!N \cdot CH_2 \cdot CN$	68,08 —	129 —	Krist.; wl. in k. W, Al, Ä, Bzl, ll. in h. W, h. Al
Methylenblau [XXVII, 395]	$Cl(CH_3)_2N$ ... $N(CH_3)_2$	319,86 —	— —	Dkl.blaue Blättchen · aq (verd. HCl); ll. in W, Al blau; Zinkchlorid-Doppelsalz $2[C_{16}H_{18}N_3S]Cl \cdot ZnCl_2$: kupferglänzende Nadeln
Methylenbromid s. Dibrom-methan				
Methylenchlorid s. Dichlor-methan				
Methylencitronensäure [E 2 XIX, 324]	$(HO_2C \cdot CH_2)_2C \cdot O\!\!-\!\!CH_2$ / $OC \cdot O$	204,14 —	208 Z —	Krist. (W); swl. in Ä, wl. in Al; 5 k. W; ll. in h. W, Aceton, Chlf; Na-Salz: Citarin
1,2-Methylen-cyclohexan s. Norcaran				
Methylenfluorid s. Difluormethan				
Methylenjodid s. Dijod-methan				

Name	Formel			Eigenschaften
Methylensulfat [E 2 I, 644]	H_2C—SO_2 (cyclisch)	110,09 —	ca 155 Z —	Krist. (Aceton); unl. in W, Al, Ä, Chlf, Bzl, wl. in sied. Paraldehyd
Methylfluorid [E 2 I, 11]	CH_3F	34,03 1,5454	— − 78,2	Gas; 166 cm³ W 15°, l. in Al, Ä
Methyl-formamid [E 2 IV, 563]	$HCO \cdot NHCH_3$	59,07 $1,011^{19}$	— 180...5	Fl.; l. in W, Al, unl. in Ä
Methylfumarsäure s. Mesaconsäure				
2-Methyl-furan [E 1 XVII, 18]	(Furan-Ring, CH_3)	82,10 $0,912^{21}$	— 65	n_D 1,4344. Fl.; wl. in W, ∞ Al, Ä; Fichtenspan mit HCl → grün
3-Methyl-furan [Dunlop, 40]	(Furan-Ring, CH_3)	82,10 $0,923^{18}$	— 65...6	n_D^{18} 1,4255. Fl.
3-Methyl-furfurol [Dunlop, 404]	(Furan-Ring, CH_3, CHO)	110,11 —	— $60...1/_{12}$	Fl.; Semicarbazon F: 216...8° Z.
5-Methyl-furfurol [XVII, 289]	(H_3C, Furan-Ring, CHO)	110,11 $1,1072^{18}$	— 187	Öl; 3,3 W, ll. in Al, Ä
3-Methyl-furfurylalkohol [Dunlop, 261]	(Furan-Ring, CH_3, $CH_2 \cdot OH$)	112,13 $1,0917^{20}$	— $79...81/_3$	n_D^{20}, 1,4876. Fl.
5-Methyl-furfurylalkohol [Dunlop, 260]	(H_3C, Furan-Ring, CH_2OH)	112,13 $1,0769^{20}$	— $81...3/_{11}$	n_D^{20} 1,4853. Fl.
α-Methyl-D-glucosid [Org. Syntheses I, 356]	(Glucosid-Ring)	194,19 —	164...5 $200/_{0,2}$	Krist. (Me); 63 W 17°, 0,5 Al 17°, swl. in Ä; $[\alpha]_D^{20}$: + 157,5° (W)

Name und Literatur	Formel	Mol.-Gew. Dichte	F in °C Kp. in °C	Charakteristik
β-Methyl-D-glucosid [I, 899]	(siehe Strukturformel)	194,19 —	104 —	Tafeln (Al); swl. in Ä, 58 W 17°, 1,5 Al 17°
(+)-α-Methyl-glutar= säure [E 2 II, 1726]	$HO_2C \cdot [CH_2]_2 \cdot CH(CH_3) \cdot CO_2H$	146,14 —	82,5...3 195...6/$_3$	$[\alpha]_D^{25}$: + 20,5°; Erhitzen $\rightarrow$ Anhydrid; Dimethylester Kp: 91°/$_9$, $[\alpha]_D^{20}$: 24,46°
β-Methylglutarsäure [Org. Syntheses III, 591]	$HO_2C \cdot CH_2 \cdot CH(CH_3) \cdot CH_2 \cdot CO_2H$	146,14 —	85...6 —	Krist. (HCl 10%); swl. in Lg, wl. in k. Bzl, k. Chlf, ll. in W, Al, Ä
1-Methyl-glycerin s. Butantriol-(1,2,3)				
Methylglykol s. Glykolmonomethyläther				
Methylglyoxal [E 2 I, 819]	$CH_3 \cdot CO \cdot CHO$	72,06 1,0455[24]	— 72	$n_D^{17,5}$ 1,4002. Gelbe Fl.; l. in W, ll. in Al, Ä; polym. rasch; sehr hygr.; 2,4-Dinitro-phenylosazon F: 296...7° (298°)
Methylglyoxal-ω-phenyl= hydrazon [Org. Syntheses 32, 84]	$CH_3 \cdot CO \cdot CH : NNHC_6H_5$	162,19 —	148...50 —	Krist. ((Toluol)
Methylglyoxim [E 2 I, 822]	$CH_3 \cdot C(: NOH) \cdot CH : NOH$	102,09 —	157 subl.	Krist. (W); Nadeln (Toluol); ll. in Al, Ä, Alk; ca 4,8 W 26°; ca 8,2 W 40°; swl. in k. Toluol; Fe^{II}-Salze + Py $\rightarrow$ rote Verbindung, l. in Chlf, Bzl
Methylguanidin [E 2 IV, 570]	$CH_3 \cdot NH \cdot C(NH_2) : NH$ bzw. $CH_3 \cdot N : C(NH_2)_2$	73,10 —	— —	Zerfl., stark alk. Masse; l. in W; giftig; $\cdot$HCl sehr hygr. Krist. (Al); Pikrat F: 201,5°; $2C_2H_7N_3 \cdot H_2SO_4$ Krist. (W), F: 239...40°; ll. in W, swl. in Al

Methylharnstoff [E 2 IV, 567]	$CH_3 \cdot NH \cdot CO \cdot NH_2$	74,08 1,204	102 Z	Prismen (W oder Al); ll. in W, Al, unl. in Ä, Bzl, Lg, CS_2; $C_2H_6ON_2 \cdot HNO_3$ mit $NaNO_2$ und W → N-Nitroso-N-methyl-harnstoff
2-Methyl-heptadien(3,5) [E 2 I, 236]	$CH_3 \cdot CH : CH \cdot CH : CH \cdot CH(CH_3)_2$	110,20 $0,7361^{15,5}$	— 117	$n_\alpha^{15,5}$ 1,4489, $n_D^{15,5}$ 1,4530, $n_\beta^{15,5}$ 1,4640. Fl.
4-Methyl-heptadien-(2,4) [E 2 I, 236]	$CH_3 \cdot CH : CH \cdot C(CH_3) : CH \cdot CH_2 \cdot CH_3$	110,20 $0,7598^{24,4}$	— 131	$n_\alpha^{24,4}$ 1,4561, $n_D^{24,4}$ 1,4600, $n_\beta^{24,4}$ 1,4713. Fl.
2-Methyl-heptan [E 3 I, 471]	$CH_3 \cdot [CH_2]_4 \cdot CH(CH_3)_2$	114,23 $0,6978^{20}$	— 109 117,65	n_D^{20} 1,39497
3-Methyl-heptan [E 3 I, 473]	$CH_3 \cdot [CH_2]_3 \cdot CH(CH_3) \cdot C_2H_5$	114,23 $0,70583^{20}$	— 120,5 118,85	n_D^{20} 1,3985; $[\alpha]_D^{26}$: + 9,34° („S‟-Konfiguration)
4-Methyl-heptan [E 3 I, 476]	$CH_3 \cdot [CH_2]_2 \cdot CH(CH_3) \cdot [CH_2]_2 \cdot CH_3$	114,23 $0,70463^{20}$	— 120,9 117,71	n_D^{20} 1,3978
2-Methyl-heptanon-(6) [E 2 I, 759]	$CH_3 \cdot CO \cdot [CH_2]_3 \cdot CH(CH_3)_2$	128,22 $0,8165^{19}$	— 162...3	n_D^{19} 1,4144. Fl.; kümmelart. Geruch; unl. in W, ll. in org. Lösm.; Semicarbazon F: 149...50°, auch 156...7°
2-Methyl-hepten-(2)-ol-(6) [E 3 I, 1944]	$CH_3 \cdot CH(OH) \cdot [CH_2]_2 \cdot CH : C(CH_3)_2$	128,22 $0,855^{14}_{14}$	— 177...8	n_D^{14} 1,5411; $[\alpha]_D^{20}$ = + 19° (Ä., c = 8) („S‟-Konfiguration)
2-Methyl-hepten-(2)-on-(6) [E 3 I, 3010]	$CH_3 \cdot CO \cdot CH_2 \cdot CH_2 \cdot CH : C(CH_3)_2$	126,20 $0,8691^{10}$	— 67,1 173,1	n_D^{20} 1,4433; Fl.; unl. in W, ll. in Al, Ä; Wdampfflch.; p-Nitrophenylhydrazon F: 103,5...4°; 2,4-Dinitro-hydrazon F: 81° und 125°
Methyl-heptyl-äther [E 3 I, 1682]	$CH_3 \cdot [CH_2]_6 \cdot OCH_3$	130,23 $0,7869^{15}_{15}$	— 151	n_D^{20} 1,4073
2-Methyl-hexadien-(2,4) [E 2 I, 235]	$CH_3 \cdot CH : CH \cdot CH : C(CH_3)_2$	96,17 $0,7473^{20}$	— 104	n_α^{20} 1,4559, n_D^{20} 1,4604, n_β^{20} 1,4726. Fl. von knoblauchart. Geruch

Name und Literatur	Formel	Mol.-Gew. Dichte	F in °C / Kp. in °C	Charakteristik
2-Methyl-hexadien-(4,5) [E 2 I, 235]	$CH_2 : C : CH \cdot CH_2 \cdot CH(CH_3)_2$	96,17 / $0,7225^{19}$	— / 96	n_α^{19} 1,4251, n_D^{19} 1,4282, n_β^{19} 1,4353. Fl.
2-Methyl-hexan [E 2 I, 118]	$CH_3 \cdot [CH_2]_3 \cdot CH(CH_3)_2$	100,21 / $0,6789^{20}$	$-119,1$ / 90,0	n_α^{20} 1,38311, n_D^{20} 1,38509, n_β^{20} 1,38983. Fl.
3-Methyl-hexan inaktiv [E 2 I, 119]	$CH_3 \cdot CH_2 \cdot CH_2 \cdot CH(CH_3) \cdot CH_2 \cdot CH_3$	100,21 / $0,6868^{20}$	E $-119,4$ / 91,8	n_α^{20} 1,38677, n_D^{20} 1,38873, n_β^{20} 1,39343. Fl. Rechtsdrehende Form: D_4^{20}: 0,6885; Kp: 90...2°; $[\alpha]_D^{20}$: $+9,5°$
2-Methyl-hexanol-(2) [E 2 I, 444]	$CH_3 \cdot [CH_2]_3 \cdot C(CH_3)_2OH$	116,20 / $0,815_{20}^{20}$	— / 140...2 g. Z	n_D^{20} 1,4187. Fl.; Kp: 58...60°/$_{20}$; unl. in W; starker Geruch
3-Methyl-hexanol-(1) [E 2 I, 445]	$CH_3 \cdot CH_2 \cdot CH_2 \cdot CH(CH_3) \cdot CH_2 \cdot CH_2OH$	116,20 / $0,8285^{20}$	— / 171,7...2,7	n_D^{20} 1,4245. Fl.; swl. in W, l. in Al, Ä; Geruch nach bitteren Mandeln
2-Methyl-hexanon-(3) [E 2 I, 755]	$CH_3 \cdot CH_2 \cdot CH_2 \cdot CO \cdot CH(CH_3)_2$	114,19 / $0,8216_{15}^{15}$	— / 131...2	Öl; pfefferminzart. Geruch; Semicarbazon F: 119°
3-Methyl-hexen-(2) [E 2 I, 198]	$CH_3 \cdot CH_2 \cdot CH_2 \cdot C(CH_3) : CH \cdot CH_3$	98,19 / $0,7138^{22,5}$	— / 95,5...7	$n_\alpha^{22,8}$ 1,4081, $n_D^{22,8}$ 1,4107, $n_\gamma^{22,8}$ 1,4226. Fl.
5-Methyl-hydantoin [XXIV, 279]	(5-Methylhydantoin-Ringformel)	114,10 / —	146,5 / —	Nadeln (W); zwl. in Ä, ll. in W, Al, Aceton
Methylhydrazin [E 2 IV, 957]	$CH_3 \cdot NH \cdot NH_2$	46,06 / —	E < -80 / $87/_{715}$	Hygr. Fl.; ∞ Al, Ä; l. in W unter Erwärmen; Geruch nach Methylamin; wirkt hautätzend; Pikrat F: 166°
2-Methyl-hydrochinon [E 2 VI, 861]	(2-Methylhydrochinon-Ringformel)	124,14 / —	124 / subl.	Blättchen (Bzl); Kp: 163°/$_{11}$; ll. in W, Al, Ä, wl. in Bzl, Lg, l. in Alk; mit Chlf und NaOH $\rightarrow$ braune Färbung

4-Methyl-hydratropasäure [E 2 IX, 360]	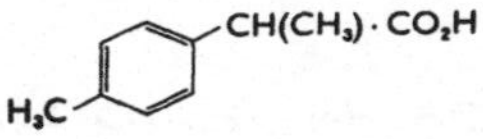	164,21 —	34...5 161/$_{12}$	Äthylester Kp: 123°/$_{11}$; Chlorid Kp: 122...3°/$_{13}$; Amid (Bzl), F: 195°; Nitril Kp: 123°/$_{12,5}$
Methyl-hydroxy- s. Hydroxy-methyl-				
N-Methyl-hydroxylamin [E 2 IV, 952]	$CH_3 \cdot NHOH$	47,06 1,0003^{20}	— 62,5/$_{15}$	n_α^{20} 1,41415, n_D^{20} 1,41638, n_γ^{20} 1,42639. Hygr. Prismen; F bei raschem Erhitzen: 42°; sll. in W, Al, wl. in Ä, Lg, Bzl; zers. beim Aufbewahren; mit $FeCl_3$ → rotviol. Färbung
O-Methyl-hydroxylamin [E 2 I, 275]	$H_3CO \cdot NH_2$	47,06 —	— 49...50	Aminart. riechende Fl.; ∞ W, Al, Ä; Pikrat F: 175°
N-Methyl-hydroxylamin-hydrochlorid [E 2 IV, 952]	$H_3CNHOH . HCl$	83,52 —	88...9 —	Hygr. Krist. (Al + Ä); ll. in W, Al
1-Methyl-imidazol [XXIII, 46]	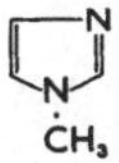	82,11 1,036^{16}	−6 198	Fl.; ∞ W; Pikrat F: 159°
4-Methyl-imidazol [E 2 XXIII, 60]	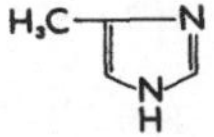	82,11 1,0416^{14,3}	56,5 263	$n_\alpha^{14,3}$ 1,5037, $n_\beta^{14,3}$ 1,5175. Hygr. Krist.; l. in W, Al und gebr. Lösm., wl. in Ä; flch. mit Dampf
Methylimino-diessigsäure [Org. Syntheses II, 397]	$CH_3 \cdot N(CH_2 \cdot CO_2H)_2$	147,13 —	215 —	Krist. (Me); swl. in Al, Ä, ll. in W
2-Methyl-indol [E 2 XX, 201]	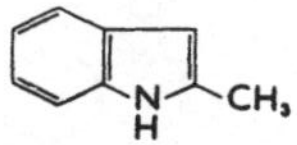	131,18 —	61 272/$_{750}$	Blättchen (verd. Al); zwl. in h. W, l. in Chlf, Bzl, sll. in Al, Ä; Lsgg. fluoresz. viol. bis blaugrün
3-Methyl-indol [XX, 315]	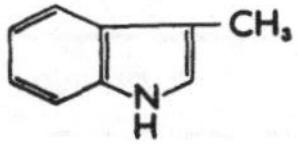	131,18 —	95 266	Blättchen (W oder Lg); 0,045 W 16°; l. in Al; riecht fäkalart.

Name und Literatur	Formel	Mol.-Gew. Dichte	F in °C / Kp. in °C	Charakteristik
N-Methyl-indol [E 2 XX, 200]	(Strukturformel: Indol mit N·CH$_3$)	131,18 / 1,0707	— / 239	Gelbliches Öl; sll. in Al, Ä, Bzl, swl. in W; flch. mit Dampf
Methyl-isoamyläther [E 2 I, 432]	$C_5H_{11} \cdot O \cdot CH_3$	102,18 / 0,6871[91]	— / 90...1	Fl.
Methyl-isoamylamin [E 2 IV, 646]	$C_5H_{11} \cdot NH \cdot CH_3$	101,19 / 0,7428[22]	— / 108	Fbl. Fl.; swl. in W
Methyl-isobutyläther [E 3 I, 1559]	$(CH_3)_2CH \cdot CH_2 \cdot O \cdot CH_3$	88,15 / 0,7311[20]	— / 58...9	
Methyl-isobutyl-amin [E 1 IV, 373]	$(CH_3)_2CH \cdot CH_2 \cdot NH \cdot CH_3$	87,17 / —	179...81 / —	Nadeln (Bzl); sll. in W, Al, Chlf, swl. in sied. Bzl, unl. in Ä
Methyl-isobutyl-keton s. 2-Methyl-pentanon-(4)				
3-Methylisochinolin [E 2 XX, 247]	(Strukturformel: Isochinolin mit 3-CH$_3$)	143,19 / —	68 / 252,2	Krist. (Ä); Sulfat F: 154,5...5,5°; Pikrat F: 198°
Methyl-isocyanat [E 2 IV, 578]	$CH_3 \cdot N : CO$	57,05 / 0,9670[15,7]	— / 37,4...8	$n_\alpha^{15,7}$ 1,3695, $n_{He}^{15,7}$ 1,3717, $n_\beta^{15,7}$ 1,3766. Fl.; stechender Geruch; polym. sehr leicht; l. in Ä; zers. mit W → N,N′-Dimethyl-harnstoff
Methyl-isocyanid [E 2 IV, 561]	$CH_3 \cdot N : C$	41,05 / 0,7337[17,9]	−45 / 59...60	$n_\alpha^{17,9}$ 1,3419, $n_{He}^{17,9}$ 1,3439, $n_\beta^{17,9}$ 1,3490. Fl.; übler Geruch; ca 10 W 15°; l. in Al, Ä; expl. leicht; sehr giftig; mit wss. Säuren → CH_3NH_2 + HCOOH
Methyl-isoharnstoff-hydrochlorid [Org. Syntheses 34, 67]	$H_2N \cdot C(OCH_3) : NH \cdot HCl$	110,54 / —	Z 122...4 / —	Prismatische Nadeln (Me); zers.

Name [Lit.]	Formel	Mol.-Gew. / D	Schmp. / Sdp.	Eigenschaften
5-Methyl-isophthalsäure [E 1 IX, 380]	HO_2C-Benzolring-CO_2H, H_3C	180,16 / —	298 subl.	Nadeln (W); unl. in k. W, wl. in h. W, Chlf, Bzl, l. in Aceton, ll. in Al, Ä
Methyl-isopropyläther [E 2 I, 381]	$(CH_3)_2CH \cdot O \cdot CH_3$	74,12 / $0,7237^{15}$	— / 32	n_D^{20} 1,35756. Fl.; angenehmer Geruch; 7,9 W 20°
Methyl-isopropyl-benzol s. Cymol				
Methyl-isopropyl-carbinol s. 2-Methyl-butanol-(3)				
Methyl-isopropyl-keton s. 2-Methyl-butanon-(3)				
1-Methyl-7-isopropyl-naphthalin s. Eudalin				
Methyl-isothio-cyanat s. Methylsenföl				
Methyljodid [E 2 I, 36]	CH_3J	141,94 / $2,2790^{20}$	−64,4 / 42,3	Fl.; 1,362 W 22°, ∞ Al, Ä
Methylkaffursäure [E 1 XXV, 606]	$H_3C \cdot NH \cdot OC$, HO, $N \cdot CH_3$, $\dot{C}H_3$	201,18 / —	168,5...9,5 / —	Krist. (Egester); swl. in Ä, Chlf, Bzl, CS_2, l. in Egester, ll. in W, Al, Aceton
Methylketol s. 2-Methylindol				
Methyl-malonsäure [E 2 II, 562]	$CH_3 \cdot CH(CO_2H)_2$	118,09 / 1,455	120...35 Z / —	Nadeln (Egester + Benzin); Prismen oder Täfelchen (Ä + Bzl); 44,3 W 0°; 91,5 W 50°; ll. in Al, Ä, Eg, swl. in sied. Bzl; Dimethylester Kp: 171...4°/720
Methylmalonsäure-diäthylester [E 2 II, 563]	$CH_3 \cdot CH(CO_2C_2H_5)_2$	174,20 / $1,0192^{18,7}$	— / 201,5	$n_\alpha^{18,7}$ 1,41154, $n_D^{18,7}$ 1,414, $n_\beta^{18,7}$ 1,41881. Fl.; Kp: 105...10°/30
α-Methyl-D-mannosid [Org. Syntheses I, 362]	$C_6H_{11}O_5 \cdot OCH_3$	194,19 / —	188...9 / —	Krist. (Al 80%); $[\alpha]_D^{20}$: +80,8°; 24,6 W 17°; 1,5 Al 17°; 3,2 Al 90% 17°

39*

Name und Literatur	Formel	Mol.-Gew. Dichte	F in °C Kp. in °C	Charakteristik
Methylmercaptan [E 2 I, 276]	$CH_3 \cdot SH$	48,11 $0,8961^0$	E — 121,0 $5,8/_{752}$	Fl.; mit W krist. Hydrat; l. in Al, Ä; riecht widerlich; MAK: 50 cm³/m³
2-Methylmercapto-buttersäure [E 3 III, 566]	$C_2H_5 \cdot CH(SCH_3)CO_2H$	134,20 —	— 115…6	n_D^{25} 1,4788; Chlorid Kp: 58…9°/₈; n_D^{25} 1,4835
2-Methylmercapto-thiophen [Org. Syntheses 35, 85]	(Thiophen–S·CH₃)	130,23 —	— 82…6/₂₂	n_D^{25} 1,5978. Fbl. Fl.; ll. in Ä
α-Methylmuconsäure [Ber. 71, 1123]	$HO_2C \cdot CH : CH \cdot CH : C(CH_3) \cdot CO_2H$	156,14 —	279 —	Nadeln (W); unl. in Ä, Benzin, l. in Al
1-Methyl-naphthalin [E 2 V, 460]	$C_{10}H_7 \cdot CH_3$	142,20 $1,0248^{13,6}$	ca — 19 244,6	$n_\alpha^{13,6}$ 1,6130, $n_D^{13,6}$ 1,6212, $n_\beta^{13,6}$ 1,6433. Öl; Kp: 121…3°/₂₀; unl. in W, ll. in Al, Ä; Wdampfflch.
2-Methyl-naphthalin [E 2 V, 463]	$C_{10}H_7 \cdot CH_3$	142,20 $0,9939^{39,9}$	34 241…2	$n_\alpha^{39,9}$ 1,5950, $n_D^{39,9}$ 1,6026, $n_\beta^{39,9}$ 1,6240. Tafeln; unl. in W; ca 20 Al; l. in CS_2
1-Methyl-naphthol-(2) [E 2 VI, 615]	(1-Methyl-2-naphthol)	158,20 —	110 (112) —	Nadeln (W oder Bzl + Lg); ll. in Al, Ä, Eg, Bzl, Chlf, wl. in Benzin, sied. W; subl.; Wdampfflch.; l. in konz. $H_2SO_4 \rightarrow$ rotgelbe Färbung
2-Methyl-naphthol-(1) [E 1 VI, 320]	(2-Methyl-1-naphthol)	158,20 —	61 —	Nadeln (PÄ); ll. in org. Lösm.; färbt sich an der Luft rötlich; l. in konz. $H_2SO_4 \rightarrow$ grüne Färbung
6-Methyl-naphthol-(2) [E 2 VI, 618]	(6-Methyl-2-naphthol)	158,20 —	128…9 —	Nadeln (Benzin); sll. in Al, Ä, wl. in Lg, swl. in h. W; mit Chlf und KOH $\rightarrow$ dkl.blaue Färbung $\rightarrow$ grüne Färbung

Name	Formel			Eigenschaften
4-Methyl-naphthyl=amin-(1) [E 2 XII, 740]	NH_2 / CH_3 (Naphthalin)	157,22 —	51...2 —	Nadeln (PÄ); wl. in W, PÄ, sll. in Al, Ä, Aceton, Eg
N-Methyl-α-naphthyl=amin [E 1 XII, 521]	$NHCH_3$ (Naphthalin)	157,22 —	— 293...6	Öl; ll. in Al, CS_2, Ä mit blauer Fluoresz.
N-Methyl-β-naphthyl=amin [E 1 XII, 534]	$NHCH_3$ (Naphthalin)	157,22 —	— 308...10	Öl; Hydrochlorid F: 182...3°
N-Methylnicotinsäure-amid-chlorid s. Nicotinsäureamid-, N-Methyl-chlorid				
Methyl-nitramin [E 2 IV, 968]	$CH_3 \cdot NH \cdot NO_2$	76,06 $1,2433^{48,6}$	— Z	$n_\alpha^{48,6}$ 1,45722, $n_D^{48,6}$ 1,46162, $n_\gamma^{48,6}$ 1,48176. Flache Nadeln (Ä); expl. bei 38° im Capillarrohr; sll. in k. W, Al, Chlf, Bzl, l. in Ä, swl. in PÄ
Methylnitrat [E 2 I, 273]	$CH_3 \cdot ONO_2$	77,04 $1,2167_{15}^{15}$	— 65	Fl., l. in Al, Ä; expl. durch Schlag sowie beim Überhitzen
Methylnitrit [E 2 I, 273]	$CH_3 \cdot ONO$	61,04 $0,991^{15}$ (fl.)	— — 12	Gas; l. in Al, Ä
Methyl-nitro- s. Nitro-methyl				
Methylnitrolsäure [II, 92]	$O_2N \cdot CH : NOH$	90,04 —	68 Z —	Nadeln (Ä oder Ä + PÄ); ll. in W, Al, Ä, nur 24 Stunden beständig; expl. leicht beim Erhitzen; l. in Alk rot
N-Methyl-N-nitroso-p-toluolsulfamid s. p-Tolyl-sulfonyl-methyl-nitrosamid				
2-Methyl-octadien-(4,6) [E 2 I, 239]	$CH_3 \cdot CH : CH \cdot CH : CH \cdot CH_2 \cdot CH(CH_3)_2$	124,23 $0,7545^{14,6}$	— 149	$n_\alpha^{14,6}$ 1,4543, $n_D^{14,6}$ 1,4583, $n_\beta^{14,6}$ 1,4690. Fl.

Name und Literatur	Formel	Mol.-Gew. Dichte	F in °C Kp. in °C	Charakteristik
4-Methyl-octadien-(3,5) [E 2 I, 239]	$CH_3 \cdot CH_2 \cdot CH : CH \cdot C(CH_3) : CH \cdot CH_2 \cdot CH_3$	124,23 0,7708^{20,3}	— 150	$n_\alpha^{20,3}$ 1,4621, $n_D^{20,3}$ 1,4662, $n_\beta^{20,3}$ 1,4772. Fl.
2-Methyl-octan [E 3 I, 507]	$CH_3 \cdot [CH_2]_5 \cdot CH(CH_3)_2$	128,26 0,7134^{20}	− 80,5 142,25	n_D^{20} 1,4031
3-Methyl-octan [E 3 I, 508]	$CH_3 \cdot [CH_2]_4 \cdot CH(CH_3) \cdot CH_2 \cdot CH_3$	128,26 0,7209^{20}	− 108 114,2	n_D^{20} 1,4062; $[\alpha]_D^{23}$: + 5,27° (nicht ganz reine ,,S"-Konfiguration)
4-Methyl-octan [E 3 I, 509]	$CH_3 \cdot [CH_2]_3 \cdot CH(CH_3) \cdot [CH_2]_2 \cdot CH_3$	128,26 0,7199^{20}	− 113,2 142,5	n_D^{20} 1,4061. $[\alpha]_D^{19}$: − 1,06° (,,R"-Konfiguration)
Methyl-octyl-keton s. Decanon-(2)				
Methylol-harnstoff [E 2 III, 48]	$H_2N \cdot CO \cdot HN \cdot CH_2OH$	90,08 —	110 —	Prismen (Al)
Methylol-riboflavin [Vogel II (1), 140]	CH_2OH $[CH \cdot OH]_3$ CH_2 (Riboflavin-Ringsystem, H_3C-substituiert)	406,40 —	232...4 Z —	Schmale or.rote Blättchen; unl. in Ä, Aceton, Chlf, wl. in Me, Al; 1,2 W 20°; $[\alpha]_D^{23}$: + 220° (W)
Methylorange s. Helianthin				
2-Methyl-pentadien-(1,3) [E 2 I, 231]	$CH_3 \cdot CH : CH \cdot C(CH_3) : CH_2$	82,15 0,7190^{20}	— 75,6...76	n_α^{20} 1,4422, n_D^{20} 1,4466, n_β^{20} 1,4581. Fl. von starkem Geruch
2-Methyl-pentadien-(2,4) [E 2 I, 231]	$CH_2 : CH \cdot CH : C(CH_3)_2$	82,15 0,7216^{20}	E − 70 75,5...76	n_α^{20} 1,4484, n_D^{20} 1,4532, n_β^{20} 1,4698. Fl.
2-Methyl-pentan [E 2 I, 111]	$CH_3 \cdot CH_2 \cdot CH_2 \cdot CH(CH_3)_2$	86,18 0,658^{15}	— 60,2	n_α^{15} 1,3725, n_D^{15} 1,3744, n_β^{15} 1,3792. Fl.; unl. in W, l. in Al, Ä

Name	Formel	M, d	F, Kp	Eigenschaften
3-Methyl-pentan [E 2 I, 112]	$CH_3 \cdot CH_2 \cdot CH(CH_3) \cdot CH_2 \cdot CH_3$	86,18 0,6687[15]	— 63,2	n_α^{15} 1,3775, n_D^{15} 1,3793, n_β^{15} 1,3841. Fl.
2-Methyl-pentandiol-(2,4) [I, 486]	$(H_3C)_2C(OH) \cdot CH_2 \cdot CH(OH) \cdot CH_3$	118,18 0,922[20]	— 198,5	n_D^{20} 1,4274. Fbl. Fl.; hygr.; l. in W, Al, Ä, Aceton, CCl_4, PÄ, Eg, Egester; Lösm.
3-Methyl-pentandiol-(1,5) [Org. Syntheses 34, 71]	$HOH_2C \cdot CH_2 \cdot CH(CH_3) \cdot CH_2 \cdot CH_2OH$	118,18 —	— 149...50/[25]	n_D^{25} 1,4521. Fl.
3-Methyl-pentanol-(3) [E 2 I, 441]	$(CH_3 \cdot CH_2)_2C(CH_3)OH$	102,18 0,8233[25]	< −38 122	n_D^{25} 1,4166. Fl.; unl. in W, l. in Al, Ä
dl-2-Methyl-pentanol-(3) [E 2 I, 440]	$CH_3 \cdot CH_2 \cdot CH(OH) \cdot CH(CH_3)_2$	102,18 0,823[20]	— 125...7	$n_\alpha^{15,8}$ 1,4174, $n_{He}^{15,8}$ 1,4196, $n_\beta^{15,8}$ 1,4245. Fl.
dl-2-Methyl-pentanol-(4) [E 2 I, 440]	$CH_3 \cdot CH(OH) \cdot CH_2 \cdot CH(CH_3)_2$	102,18 0,8025[25]	— 131,8	n_D^{25} 1,4090. Fl.; wl. in W, ∞ Al, Ä; Phenylurethan F: 143°; MAK: 25 cm³/m³
2-Methyl-pentanol-(5) [E 2 I, 440]	$HO \cdot [CH_2]_3 \cdot CH(CH_3)_2$	102,18 0,8110[25]	— 151,8...2,8	n_D^{25} 1,4134. Fl.
2-Methyl-pentanol-(2)-on-(4) s. Diacetonalkohol				
2-Methyl-pentanon-(3) [E 2 I, 747]	$CH_3 \cdot CH_2 \cdot CO \cdot CH(CH_3)_2$	100,16 0,814_0^{18}	— 114,5...5	Fl.; ∞ Ä; Semicarbazon F: 95°
2-Methyl-pentanon-(4) [E 2 I, 748]	$CH_3 \cdot CO \cdot CH_2 \cdot CH(CH_3)_2$	100,16 0,801[20]	E − 83,5 117...8	$n_\alpha^{17,4}$ 1,39500, $n_D^{17,5}$ 1,39694, $n_\beta^{174,}$ 1,40235. Fl.; unl. in W, ∞ Al, Ä, Bzl; techn. Lösm.; Semicarbazon F: 127° (129...130°); MAK: 100 cm³/m³
2-Methyl-penten-(2) [E 2 I, 193]	$CH_3 \cdot CH_2 \cdot CH : C(CH_3)_2$	84,16 0,6915[15]	E − 134,7 66,9	n_α^{15} 1,4003, n_D^{15} 1,4028, n_β^{15} 1,4094. Fl.
3-Methyl-penten-(2) [E 2 I, 194]	$CH_3 \cdot CH_2 \cdot C(CH_3) : CH \cdot CH_3$	84,16 0,7006[15]	— 69	n_α^{20} 1,3985, n_D^{20} 1,4011, n_β^{20} 1,5071. Fl.

Name und Literatur	Formel	Mol.-Gew. Dichte	F in °C — Kp. in °C	Charakteristik
4-Methyl-pentin-(1) [E 3 I, 987]	$(CH_3)_2CH \cdot CH_2 \cdot C \vdots CH$	82,15 — 0,7092^{15}	− 105 — 61,1…2	n_α^{15} 1,3936. Fl. von lauchart. Geruch; $AgC_6H_9 \cdot AgNO_3$ Blättchen, zll. in h. Al
Methyl-phenethyl-amin s. β-Amino-propyl-benzol				
Methylphenol s. Kresol				
Methyl-phenyl-äther s. Anisol				
2-(p-Methylphenyl)- cycloheptanon [Org. Syntheses 35, 94]	$C_6H_4 \cdot CH_3$	202,30 —	57…8 —	Fbl. Nadeln (PÄ)
N-Methyl-p-pnenylen= diamin [E 2 XIII, 39]	$H_2N \cdot C_6H_4 \cdot NH \cdot CH_3$	122,17 —	35…6 257…9,5	Blättchen (Ä + PÄ); ll. in W, Al, Ä
α-Methyl-phenylhydr= azin [E 2 XV, 49]	$C_6H_5 \cdot N(CH_3) \cdot NH_2$	122,17 1,040^{19,7}	— 131/$_{35}$	$n_\alpha^{19,7}$ 1,5763, $n_D^{21,6}$ 1,5824, $n_\beta^{19,7}$ 1,6011. Fl.; wl. in k. W, l. in h. W, ∞ Al, Ä, Chlf, Bzl; Wdampfflch.
β-Methyl-phenylhydr= azin [E 2 XV, 50]	$C_6H_5 \cdot NH \cdot NH \cdot CH_3$	122,17 1,0296^{23,1}	— 110…2/$_{15}$	$n_\alpha^{23,1}$ 1,5650, $n_\beta^{23,1}$ 1,5880. Öl; durch Luft Oxid. → Methanazobenzol; Hydro= chlorid F: 160…1°
1-Methyl-3-phenylindan [Org. Syntheses 35, 83]	C_6H_5 CH_3	208,31 —	— 168…9/$_{16}$	n_D^{20} 1,5811. Fl.; ll. in Ä
2-Methyl-3-phenyl- propanon-(3) [E 2 VII, 245]	$C_6H_5 \cdot CO \cdot CH(CH_3)_2$	148,21 0,9871^{15,8}	— 115/$_{26}$	$n_\alpha^{15,8}$ 1,5146, $n_D^{15,8}$ 1,5196, $n_\beta^{15,8}$ 1,5320. Fl.; Oxim F: 61°; Semicarbazon F: 182°
2-Methyl-2-phenyl-propyl-chlorid s. Neophyl-chlorid				

Name	Formel			Eigenschaften
3-Methyl-1-phenyl-pyrazolon-(5) [XXIV, 20]	(Struktur)	174,20 —	127 191/17	Prismen (W); swl. in k. W, Ä, Lg, l. in h. W, sll. in Al, l. in S, Alk; Verw. zur Herstellung von Azofarbstoffen
4-Methyl-2-phenyl-pyrimidon-(6) [XXIV, 182]	(Struktur)	186,22 —	223...5 —	Nadeln (Al); wl. in W, Al, Ä, Aceton, Bzl; ll. in Alk, S; Pikrat F: 189°
Methylphenylsulfid s. Thioanisol				
3-Methylpikrinsäure s. 2,4,6-Trinitro-m-kresol				
2-Methyl-piperazin [XXIII, 17]	(Struktur)	100,16 —	65...6 155,6/746	Hygr.; aminart. Geruch; 77 in 100 g W; 6 in 100 g Heptan
N-Methyl-piperidin [XX, 16]	$CH_3 \cdot NC_5H_{10}$	99,18 $0,823^{12,2}$	— 107	$n_\alpha^{12,2}$ 1,439, $n_D^{21,6}$ 1,4373, $n_\beta^{12,2}$ 1,4485. Fl.; Hydrochlorid F: 185°
Methylpiperidine s. Pipecoline				
2-Methyl-propan s. Isobutan				
Methyl-propargyl-äther [E 2 I, 504]	$CH \vdots C \cdot CH_2 \cdot O \cdot CH_3$	70,09 $0,83^{12,5}$	— 63	Fl.
2-Methyl-propen-(1) s. Isobuten				
N-Methyl-propionamid s. Propionsäure-N-methylamid				
Methyl-propylacetylen s. Hexin-(2)				
Methyl-propyl-äther [E 2 I, 367]	$C_2H_5 \cdot CH_2 \cdot O \cdot CH_3$	74,12 $0,7356^{13}$	— 38,8	$n_\alpha^{14,3}$ 1,35837, $n_D^{14,3}$ 1,36019, $n_\beta^{14,3}$ 1,36452. Fl.; wl. in W
Methyl-propyl-amin [E 2 IV, 621]	$C_2H_5 \cdot CH_2 \cdot NH \cdot CH_3$	73,14 $0,7204^{17}$	— 61...2	Fl.; fischart. Geruch; Hydrochlorid F: 150°

Name und Literatur	Formel	Mol.-Gew. Dichte	F in °C Kp. in °C		Charakteristik
2-Methyl-n-propyl-benzol [E 2 V, 321]	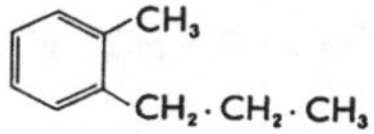 CH₃ / CH₂·CH₂·CH₃ (Benzolring)	134,22	—	0,874…5[20] 180…1	n_α^{20} 1,4993
3-Methyl-n-propyl-benzol [E 2 V, 321]	$H_3C \cdot C_6H_4 \cdot C_3H_7$	134,22 0,8625[20]	— 177…8		n_α^{20} 1,4898
4-Methyl-n-propyl-benzol [E 2 V, 321]	$H_3C \cdot C_6H_4 \cdot C_3H_7$	134,22 0,8570	179…80 —		n_α^{20} 1,4878. Fl. von süßlichem Geruch
Methyl-propyl-keton s. Pentanon-(2)					
2-Methyl-pyrazin [XXXIII, 94]	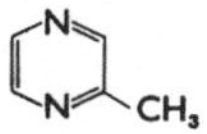 (Pyrazinring, CH₃)	94,12 1,0224$^{25}_{25}$	− 29 133/737		n_D^{20} 1,5042. Mischbar mit W, Al, Aceton, Bzl, Heptan; pyridinart. Geruch
5-Methyl-Δ²-pyrazolin [E 2 XXIII, 25]	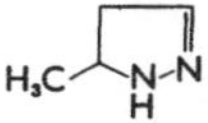 (Pyrazolinring, H₃C, N–N H)	84,12 0,9755[16]	— 50/16		n_α^{16} 1,4686, n_β^{16} 1,4802. Öl; ∞ W, Al, Ä, Chlf
Methylpyridin s. Picolin					
6-Methyl-pyridin-carbonsäure-(2) [Ber. 64, 148]	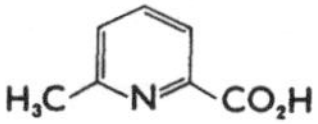 (Pyridinring, H₃C, CO₂H)	137,14 —	127 —		Nadeln; Methylester F: 29°
N-Methyl-pyridon-(2) [Org. Syntheses II, 419]	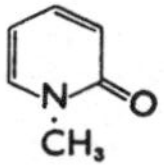 (Pyridonring, N·CH₃, O)	109,13 —	7 122…4/11		Fl.; ∞ W, ll. in Al, Ä, Aceton, Chlf
N-Methyl-pyridon-(4) [E 2 XXI, 233]	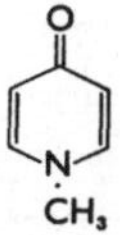 (Pyridonring, O, N·CH₃)	109,13 —	92…4 230…3/13		Hygr. Krist.; Hydrochlorid F: 70°

	Formel	Mol.-Gew. Dichte	F. Kp.	Eigenschaften
2-Methyl-pyrrol [E 2 XX, 84]	(Pyrrol-Ring, NH, CH_3)	81,12 $0,9446^{15}$	— 148	n_D^{16} 1,5035. Fl.; wl. in W, ll. in Al, Ä
3-Methyl-pyrrol [E 1 XX, 41]	(Pyrrol-Ring, NH, CH_3)	81,12 —	— 143/743	Fl.; l. in Al, Ä
N-Methyl-pyrrol [E 2 XX, 83]	$C_4H_4N \cdot CH_3$	81,12 $0,9106^{16}$	— 114…5	n_α^{16} 1,4845, n_β^{16} 1,4995, n_D^{21} 1,4858. Pyrrolähnlich riechende Fl.; unbeständig gegen Luft und Licht
4-Methyl-pyrrol- dicarbonsäure-(2,3)- diäthylester [E 2 XXII, 91]	(H_3C, Pyrrol-Ring, NH, $CO_2C_2H_5$, $CO_2C_2H_5$)	225,25 —	63 —	Krist. (verd. Al)
4-Methyl-resorcin [E 2 VI, 859]	(OH, OH, CH_3)	124,14 —	105…7 270…5	Krist. (Toluol); ll. in W, Al, Ä, wl. in Bzl, Lg; wss. Lsg. mit $FeCl_3$ → blaue Färbung

5-Methyl-resorcin s. Orcin

Methylrhodanid s. Methyl-thiocyanat

o-Methylrot [E 2 XVI, 164]	$HO_2C \cdot C_6H_4 \cdot N : N \cdot C_6H_4 \cdot N(CH_3)_2$	269,31 —	183 —	Viol. Prismen (Bzl); swl. in W, wl. in PÄ, l. in Al, ll. in Chlf, h. Bzl, Eg; Indikator

Methyl-salicylaldehyd s. u. Hydroxy-tolylaldehyd

Methylschwefelsäure [E 2 I, 271]	$CH_3 \cdot OSO_2OH$	112,10 —	< − 30 Z	Öl; ll. in W, l. in Al, ∞ Ä
Methylsenföl [E 2 IV, 579]	$CH_3 \cdot N : C : S$	73,12 $1,06912^{37,2}$	35,93 117,2/750	n_D^{40} 1,5245. Krist.; stechender Meerrettichgeruch; unl. in W, l. in Al, Ä; Wdampfflch.

α-Methyl-styrol s. Isopropenyl-benzol

Name und Literatur	Formel	Mol.-Gew. Dichte	F in °C Kp. in °C	Charakteristik
N-Methyl-tetrahydro-chinolin [E 2 XX, 174]		147,22 1,0236^{17,3}	— 247...50	$n_\alpha^{17,3}$ 1,5762, $n_D^{17,3}$ 1,5827, $n_\beta^{17,3}$ 1,6006. Fl. „Kairolin". Pikrat F: 144,5°
Methyl-thiocyanat [E 2 III, 121]	$CH_3 \cdot S \cdot CN$	73,12 1,0778^{16}	— 51 131	$n_\alpha^{23,8}$ 1,46509, $n_D^{23,8}$ 1,46801, $n_\beta^{23,8}$ 1,47624. Lauchart. riechende Fl.; E: — 54,5°; ∞ Al, Ä, swl. in W; Erhitzen auf 180° → Methylsenföl
Methylthioharnstoff [E 2 IV, 572]	$CH_3 \cdot NH \cdot CS \cdot N_2H$	90,15 —	120...1 —	Prismen; ll. in W, Al, wl. in Ä
2-Methyl-thiophen [E 2 XVII, 39]		98,17 1,0231	— 112,2	$n_\alpha^{15,3}$ 1,5192, $n_\beta^{15,3}$ 1,5356. Fl.; unl. in W
3-Methyl-thiophen [E 2 XVII, 40]		98,17 1,0268^{15}	— 114/$_{738}$	n_α^{15} 1,5191, n_β^{15} 1,5354. Fl.; unl. in W
4-Methyl-2-thio-uracil [E 1 XXIV, 330]		142,18 —	> 300 —	Prismen (W); 0,054 W 21°, swl. in Al, Ä; ll. in Alk
N-Methyl-o-toluidin [E 2 XII, 435]		121,18 0,9769^{20}	— 207...8	n_α^{20} 1,5585, n_D^{20} 1,5649, n_β^{20} 1,5815. Fl.; l. in Al, Ä
N-Methyl-m-toluidin [E 1 XII, 388]	$CH_3 \cdot C_6H_4 \cdot NH \cdot CH_3$	121,18 —	— 206...7	Fl.

N-Methyl-p-toluidin [E 2 XII, 491]	$CH_3 \cdot C_6H_4 \cdot NH \cdot CH_3$	121,18 $0,9348^{55}$	— 212	Fl.
N-Methyltryptophan s. L-Abrin				
4-Methyl-uracil [E 1 XXIV, 326]	(Strukturformel: 4-Methyluracil, Ring mit CH_3, NH, O, N–H, O)	126,12 —	270…80 —	Nadeln (W oder Al); swl. in Ä, wl. in k. W, 0,7 W 22°; ll. in NH_4OH
5-Methyluracil s. Thymin				
Methylurethan [E 2 IV, 567]	$CH_3 \cdot NH \cdot CO_2C_2H_5$	103,12 $1,035^{15}$	— 170	n_D^{15} 1,421. Fl.; Kp: $80°/_{15}$; 69 W 15,5°; mit HNO_2 → N-Nitroso-methyl-urethan
γ-Methyl-n-valeriansäure s. Isocapronsäure				
β-Methyl-δ-valerolacton [Org. Syntheses 35, 87]	(Strukturformel: δ-Valerolactonring mit H, CH_3, O, O)	114,15 —	— 110…1/$_{15}$	n_D^{25} 1,4495. Fl.
Methyl-vinyl-carbinol s. Buten-(1)-ol-(3)				
Methyl-vinyl-keton [E 2 I, 786]	$CH_3 \cdot CO \cdot CH : CH_2$	70,09 $0,8636^{20}$	— —	n_D^{20} 1,4086. Fl.; Kp: $33…4°/_{130}$; stechender Geruch; l. in W; polym. leicht; nach Selbstkondensation Kp: 80°
Methylxanthogensäure- K-Salz [E 2 III, 151]	$CH_3 \cdot O \cdot CS_2K$	146,28 $1,7^{15,2}$	102…4 —	Hgelbe Krist. (Al); ll. in Al
Methylxanthogensäure= methylester [E 2 III, 151]	$CH_3 \cdot O \cdot CS_2 \cdot CH_3$	122,21 $1,1860^{16}$	— 168	n_D^{16} 1,5704…1,5707. Gelbgrüne Fl.; oxid. an der Luft; Dämpfe leuchten
α-Methyl-cis-zimtsäure [E 1 IX, 255]	$H \cdot C \cdot C_6H_5$ $\overset{\cdot\cdot}{}$ $CH_3 \cdot C \cdot CO_2H$	162,19 —	91…2 —	Krist. (PÄ); 0,76 PÄ 18°

Name und Literatur	Formel	Mol.-Gew. Dichte	F in °C Kp. in °C	Charakteristik
β-Methyl-*cis*-zimtsäure [E 1 IX, 253]	$C_6H_5 \cdot C(CH_3) : CH \cdot CO_2H$	162,19 —	131,5 $170...2/_{14}$	Platten (CS_2); 7,85 Bzl 21°, 0,89 PÄ 21°
α-Methyl-*trans*-zimtsäure [E 1 IX, 255]	$C_6H_5 \cdot C \cdot H$ $CH_3 \cdot C \cdot CO_2H$	162,19 —	74 u. 81...2 288	a) Nadeln (Al oder W); b) Tafeln (W oder Ä); 0,12 h. W; ll. in Al, Ä, CS_2, Bzl
β-Methyl-*trans*-zimtsäure [E 2 IX, 408]	$C_6H_5 \cdot C(CH_3) : CH \cdot CO_2H$	162,19 —	98,5 $166...8/_{11}$	Nadeln (CS_2); wl. in k. PÄ, CS_2, sll. in Al, Ä, Chlf
Metol s. 4-Methylamino-phenol-sulfat				
DL-Mevalonsäure [J. Am. Chem. Soc. **79**, 2316]	$HOCH_2 \cdot CH_2 \cdot C(OH)(CH_3) \cdot CH_2 \cdot CO_2H$	148,16 —	— —	δ-Lacton (Aceton) F: 27...8°, Kp: $90°/_{0,3}$; freie Säure nicht beständig; 5-Acetoxy-3-hydroxy-carbonsäure-äthylester Kp: $86...7°/_{0,2}$; n_D^{25} 1,4458
Mezcalin [E 1 XIII, 338]		211,26 —	— $180/_{12}$	Fl.; wl. in Ä, Lg, ll. in W, sll. in Al, Chlf, Bzl
Mianin s. Chloramin T				
Michlersches Hydrol s. 4,4'-Bis-dimethylamino-benzhydrol				
Michlers Keton s. 4,4'-Bis-dimethylamino-benzophenon				
D,L-Milchsäure [E 2 III, 192]	$CH_3 \cdot CH(OH) \cdot CO_2H$	90,08 —	18 $119/_{12}$	n_α^{20} 1,43915, n_β^{20} 1,44686. Krist.; ll. in W, Al, l. in Ä; hygr. und zerfl.; mit überhitztem Dampf flch.; „Milch=säuregärung"
L-(+)-Milchsäure [E 2 III, 182]	$CH_3 \cdot C \cdot CO_2H$ (OH, H)	90,08 —	25...6 —	Prismen; $[\alpha]_D^{15}$: + 3,82° (10,458 in 100 ml W); ll. in W, Al, Ä; zerfl.

D-(—)-Milchsäure [E 2 III, 186]	$CH_3 \cdot \overset{\text{H}}{\underset{\text{OH}}{C}} \cdot CO_2H$	90,08 —	26...7 103/2	Blättchen; $[\alpha]^{15}_{5461}$: − 2,2° (W, p = 11); l. in W, Al, Ä; zerfl.; $Ca(C_3H_5O_3)_2$ $[\alpha]^{25}_D$: + 7,8° (W, c = 3)
-Ca-Salz [E 2 III, 203]	$Ca(C_3H_5O_3)_2 \cdot 5H_2O$	218,22 —	— —	Kristallkörner; 10,5 k. W; ∞ h. W; 3 Al 90%; verliert bei 100° das Kristallwasser
-Zn-Salz [E 2 III, 204]	$Zn(C_3H_5O_3)_2 \cdot 3H_2O$	243,51 —	— —	Krist. (W oder verd. Al); 1,7 W 8°; 1,9 W 15°; 16,7 sied. W; swl. in Al
Milchsäure-äthylester [E 2 III, 205]	$CH_3 \cdot CH(OH) \cdot CO_2C_2H_5$	118,13 $1,0545^0_0$	— 154	Fl.; Kp: 51...2°/10; ∞ W; wss. Lsg. zers.; techn. Lösm.
Milchsäure-aldehyd [E 2 I, 866]	$CH_3 \cdot CH(OH) \cdot CHO$	74,08 —	— —	Grünliche Fl.; ∞ W; durch Wärme → dimere Form, Kp: 30...70°/9; l. in Ä, wl. in W; 4-Nitro-phenylhydrazon F: 126,5°
Milchsäure-amid [E 2 III, 208]	$CH_3 \cdot CH(OH) \cdot CONH_2$	89,09 $1,1381^{80}$	73,5 Z > 180	Blättchen (Egester); ll. in W, Al
Milchsäure-n-amyl-ester [III, 265]	$CH_3 \cdot CH(OH) \cdot CO_2C_5H_{11}$	160,21 $0,971^{20}$	— 114...5/36	n^{25}_D 1,4254. Fl.; $[\alpha]^{18}_D$: − 6,38°
Milchsäureanhydrid s. Lactylmilchsäure				
Milchsäure-benzylester [Mellan, 735]	$CH_3 \cdot CH(OH) \cdot CO_2CH_2 \cdot C_6H_5$	180,21 $1,1355^{20}$	— 134/4	n^{23}_D 1,5049. Fl.; l. in den gebr. Lösm.
Milchsäure-n-butylester [III, 265]	$CH_3 \cdot CH(OH) \cdot CO_2CH_2 \cdot CH_2 \cdot CH_2 \cdot CH_3$	146,19 $0,973^{20}_{20}$	— 71...3/11	n^{25}_D 1,4214. Fl.; l. in vielen Lösm.
Milchsäure-n-hexyl-ester [Mellan, 735]	$CH_3 \cdot CH(OH) \cdot CO_2C_6H_{11}$	172,23 $0,9533^{25}_{25}$	— 75/2	n^{25}_D 1,4290. Fl.; l. in den gebr. Lösm.

Name und Literatur	Formel	Mol.-Gew. Dichte	F in °C Kp. in °C	Charakteristik
Milchsäure-isobutylester [III, 265]	$CH_3 \cdot CH(OH) \cdot CO_2CH_2 \cdot CH(CH_3)_2$	146,19 0,971$_{20}^{20}$	— 72...5/$_{13}$	n_D^{25} 1,4183. Fl.; $[\alpha]_D^{18}$: — 15,4°
Milchsäure-isopropylester [Org. Syntheses II, 365]	$CH_3 \cdot CH(OH) \cdot CO_2CH(CH_3)_2$	132,16 —	— 166...8	Fl.; l. in W
Milchsäure-methylester [E 2 III, 205]	$CH_3 \cdot CH(OH) \cdot CO_2CH_3$	104,11 1,0898^{19}	— 144,8	Fl.; Kp: 60°/$_{25}$; ∞ W; wss. Lsg. zers.
Milchsäure-nitril s. Acetaldehydcyanhydrin				
Milchsäure-n-propyl= ester [III, 265]	$CH_3 \cdot CH(OH) \cdot CO_2CH_2 \cdot CH_2 \cdot CH_3$	132,16 0,996$_{20}^{20}$	— 60...1/$_{10}$	n_D^{25} 1,4167. Fl.; $[\alpha]_D^{19}$: — 17,06°; l. in allen bekannten Lösm.
Milchzucker s. Lactose				
Mintacol s. Phosphorsäure-diäthyl-p-nitrophenylester				
Monoacetin s. Glycerin-α-acetat				
Monochlorhydrin s. Chlorpropandiol				
Monothioäthylenglykol [E 2 I, 523]	$HO \cdot CH_2 \cdot CH_2 \cdot SH$	78,13 1,1143^{20}	— 157/$_{742}$	n_α^{20} 1,4963, n_D^{20} 1,4996, n_β^{20} 1,5079. Fl.; Kp: 55°/$_{13}$; charakteristischer Geruch; sll. in W, Al, Ä, ∞ Bzl
Monothiohydrochinon s. Thiohydrochinon				
Morin s. 3,5,7,2′,4′-Pentahydroxy-flavon				
Moringerbsäure s. 2,4,6,3′,4′-Pentahydroxybenzophenon				
Morphenol [E 1 XVII, 78]		208,22 —	145 —	Nadeln (Al oder Ä); l. in NaOH gelb, blau fluoresz.; l. in konz. H_2SO_4 gelbgrün fluoresz.

Morphin [E 2 XXVII, 118]	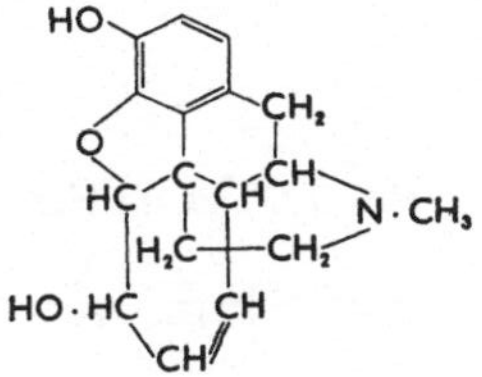	285,35 —	253...4 —	Prismen (Anisol, subl.); 0,015 W 20°; 1,7 Me 11°; 8,5 Me 56°; 1,1 Al 11°; 8,6 Al 78°; 0,04 Chlf 9,4°; 1,2 Chlf 56°; 0,02 Ä 10°; 0,013 Ä 20°; $[\alpha]_D^{20}$: — 131,7° (Me)
Morphinan [Ann. Chem. **564**, 161]	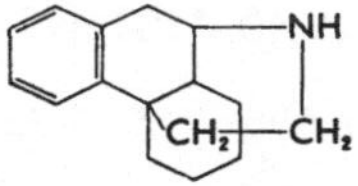	227,35 —	— 115/0,05	Öl; Hydrochlorid F: 229°
Morphol s. 3,4-Dihydroxy-phenanthren				
Morpholin [XXVII, 5]	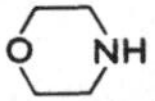	87,12 1,0007[20]	— 128	n_D^{20} 1,4540. Leicht bewegliches, hygr. Öl; ∞ W, Al, Ä; Wdampfflch.; ätzt die Haut
Mucobromsäure [Org. Syntheses III, 621]	Br·C·CHO Br·C·CO₂H	257,88 —	123...4 —	Krist. (W); wl. in k. W, Chlf, ll. in h. W, Al, Ä
Mucochlorsäure [Z. angew. Chem. **72**, 864]	Cl·C·CHO Cl·C·CO₂H	184,96 —	126,5...7 —	Ring-Ketten-Tautomerie möglich; sehr reaktionsfähige Verbindung; s. a. J. Am. Chem. Soc. **75**, 4597; Monomethylester n_D^{25} 1,4937; Kp: 113°/16
Muconsäure (*trans-trans-*) [E 2 II, 671]	HO₂C·CH:CH·CH:CH·CO₂H	142,11 —	305 Z —	Nadeln (W); 0,02 k. W, zll. in h. Al, Eg, l. in Ä; 0,8 k. abs. Al
Murexid [XXV, 499]	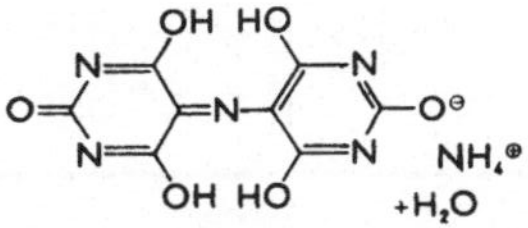	302,20 —	— —	Granatrote Krist.; unl. in Al, Ä, l. in h. W purpurrot; l. in verd. NaOH tiefblau; bei $p_H > 9$ purpurrote Lösung, bei $p_H > 11$ blaupurpur; roter Komplex mit Ca, gelber mit Co[II], Ni[II], Cu[II]

Name und Literatur	Formel	Mol.-Gew. Dichte	F in °C Kp. in °C	Charakteristik
Muscarin-chlorid [E 2 IV, 769]	siehe Strukturformel	193,72 —	— —	Vork. im Fliegenpilz; l. in Al, Ä; oxid. leicht besonders in saurer Lsg.; C. Eugster, The Chemistry of Muscarine, in: Advances in Organic Chemistry 2, 427 (1960) Interscience Publ. Inc. New York
Muscon [E 2 VII, 51]	siehe Strukturformel	238,42 $0,9268^{15}_{15}$	— $142{\ldots}3/_2$	n^{15}_D 1,4844. Öl von angenehmem Moschusgeruch; swl. in W, ∞ Al; $[\alpha]_D$: — 13,0° (unverdünnt); Semicarbazon F: 140…1°; Hauptbestandteil des natürlichen Moschus
Mycose s. α:α-Trehalose				
Myrcen [E 2 I, 245]	$CH_2{:}CH \cdot C({:}CH_2) \cdot [CH_2]_2 \cdot CH{:}C(CH_3)_2$	136,24 $0,7982^{20}$	— $62{\ldots}3/_{17}$	n^{20}_α 1,46675, n^{20}_D 1,47065, n^{20}_β 1,48055. Fl.
Myricylalkohol [E 2 I, 472]	$CH_3 \cdot [CH_2]_{29} \cdot CH_2OH$	452,86 —	85…8 —	Krist.; l. in den meisten org. Lösm. in der Hitze
Myricylbromid [E 1 I, 73]	$CH_3 \cdot [CH_2]_{29} \cdot CH_2Br$	515,76 —	67 —	Krist.
Myricylchlorid [E 1 I, 73]	$CH_3 \cdot [CH_2]_{29} \cdot CH_2Cl$	471,30 —	65 —	Krist. (Lg)
Myristinaldehyd [E 2 I, 770]	$CH_3 \cdot [CH_2]_{12} \cdot CHO$	212,38 —	23 $155/_{10}$	Blättchen; polym. beim Aufbewahren; Semicarbazon F: 106,5°
Myristinsäure [E 3 II, 911]	$CH_3 \cdot [CH_2]_{12} \cdot CO_2H$	228,38 0,8533	54,4 * $192,6/_{10}$	n^{70}_α 1,4246, n^{70}_D 1,4268, n^{70}_β 1,4321. Krist. (Ä); ll. in Al, Ä, Chlf, Bzl; Wdampfflch.; Amid F: 102°; * „C-Form", bildet polymorphe Formen, unter 33° → „B-Form"

-Na-Salz [E 2 II, 325]	$NaC_{14}H_{27}O_2$	250,36 —	— —	Substanz, l. in W, Al, Aceton; Waschmittel
Myristinsäure-äthylester [E 2 II, 326]	$CH_3 \cdot [CH_2]_{12} \cdot CO_2C_2H_5$	256,43 —	10,5...11,5 295	Fl.; wl. in Al, Ä, l. in Lg
Myristinsäure-methyl= ester [Org. Syntheses III, 605]	$C_{13}H_{27} \cdot CO_2CH_3$	242,41 —	19 112...6/$_1$	n_D^{25} 1,4353. Krist.
Myriston [E 2 I, 775]	$CH_3 \cdot [CH_2]_{12} \cdot CO \cdot [CH_2]_{12} \cdot CH_3$	394,73 0,8013^{76,3}	76,5 —	Blättchen (Al); Oxim F: 51° (47...8°)
Myristylalkohol [E 2 I, 465]	$CH_3 \cdot [CH_2]_{13} \cdot OH$	214,39 0,8153^{50}	39...9,5 170...3/$_{20}$	Krist. (verd. Al); E: 37,7°; 2. feste Modifikation zwischen 0° und 34° unbeständig
Myronsaures Kalium s. Sinigrin				
Naphthacen [Clar, 232]		228,30 1,35	337 subl.	Or.gelbe Blättchen (Xylol); zwl. in Xylol; fluoresz. in Lsg. grün; kein Pikrat; Molekülverbindung mit $SbCl_5$ und $SnCl_4$; l. in konz. H_2SO_4 moosgrün
α-Naphthaldehyd [E 2 VII, 335]	$C_{10}H_7 \cdot CHO$	156,19 1,1490^{19,3}	33...4 291	$n_\alpha^{19,3}$ 1,6440, $n_D^{19,3}$ 1,6546, $n_\beta^{19,3}$ 1,6849. Krist.; Pikrat F: 94°
β-Naphthaldehyd [E 2 VII, 336]	$C_{10}H_7 \cdot CHO$	156,19 1,0775^{99,4}	61 155...60/$_{13}$	$n_\alpha^{99,4}$ 1,6111, $n_D^{99,4}$ 1,6211, $n_\beta^{99,4}$ 1,6499. Blättchen (W); wl. in W, ll. in Al, Ä; Wdampfflch.; PhenylhydrazonF:206°
Naphthalin [E 2 V, 432]		128,18 0,9757^{85,3}	80,04 218,05	$n_\alpha^{99,5}$ 1,5754, $n_D^{99,5}$ 1,5829, $n_\beta^{99,5}$ 1,6040. Tafeln (Al); 0,022 W 15°; 113 Bzl 41°; 7,74 Al 20...5°; ∞ sied. abs. Al; ll. in Ä, l. in Chlf, Eg, wl. in Me; Wdampfflch.; Verw. zur Herstellung von Phthalsäureanhydrid

Naphthalin-carbonsäure s. Naphthoesäure

40*

Name und Literatur	Formel	Mol.-Gew. Dichte	F in °C Kp. in °C	Charakteristik
Naphthalin-dicarbon=säure-(1,2) [E 2 IX, 651]	CO_2H CO_2H	216,20 —	175 * —	Krist.; wl. in Chlf, Bzl, ll. in h. W, Al, Ä, Eg; * → Anhydrid
Naphthalin-dicarbon=säure-(1,4) [E 2 IX, 651]	$C_{10}H_6(CO_2H)_2$	216,20 —	309 —	Krist. (Nitrobzl.); unl. in h. W.
Naphthalin-dicarbon=säure-(1,5) [E 2 IX, 651]	$C_{10}H_6(CO_2H)_2$	216,20 —	315...20 —	Nadeln (Nitrobzl.); unl. in gebr. Lösm.
Naphthalindicarbonsäure-(1,8) s. Naphthalsäure				
Naphthalin-dimercaptan-(1,5) s. 1,5-Dimercapto-naphthalin				
Naphthalin-disulfo=säure-(1,6) [E 2 XI, 121]	SO_3H HO_3S	288,30 —	125 Z —	Krist. ·4H$_2$O (W); Dichlorid F: 129°; Diamid F: 297...8°
Naphthalin-disulfo=säure-(2,6) [E 2 XI, 122]	$C_{10}H_6(SO_3H)_2$	288,30 —	— —	Pb-Salz 0,19 W 25°; Dichlorid F: 228...9°; Diamid F: 303...5°
Naphthalin-disulfo=säure-(2,7) [E 2 XI, 122]	$C_{10}H_6(SO_3H)_2$	288,30 —	— —	Sehr zerfl. Nadeln; Pb-Salz 8,2 W 25°; Dichlorid F: 158,5...9,5°; Diamid F: 242...3°
Naphthalin-1,5-disulfo=säure-chlorid [Org. Syntheses 32, 88]	SO_2Cl ClO_2S	325,19 —	181...3 —	Krist. (Chlf)

Naphthalinsäure s. 2-Hydroxy-naphthochinon-(1,4)

	Formel			
Naphthalinsulfin=säure-(1) [XI, 15]	SO_2H	192,24 —	104 —	Nadeln (W); wl. in Ä, l. in Al, ll. in W
Naphthalinsulfin=säure-(2) [XI, 16]	$C_{10}H_7 \cdot SO_2H$	192,24 —	105 —	Nadeln; l. in W, Al, Ä
α-Naphthalinsulfosäure [XI, 155]	SO_3H	208,24 —	90 —	Krist. $\cdot 2H_2O$; wl. in Ä, ll. in W, Al
α-Naphthalinsulfosäure-chlorid [E 2 XI, 93]	$C_{10}H_7 \cdot SO_2Cl$	226,68 —	67,5 194/13	Blättchen (Ä); unl. in W, swl. in PÄ, ll. in Al, Bzl
β-Naphthalinsulfosäure [E 2 XI, 96]	SO_3H	208,24 1,441[25]	91 —	Krist. $\cdot 1H_2O$ F: 124…5°; Krist. $\cdot 3H_2O$ F: 83°; sll. in Al, Ä; 0,2 sied. Bzl; Methylester F: 56°; Chlorid F: 76°, Kp: 201°/13; Amid F: 212°
β-Naphthalinsulfosäure-chlorid [E 1 XI, 39]	$C_{10}H_7 \cdot SO_2Cl$	226,68 —	79 201/13	Blättchen (Bzl + PÄ); unl. in W, swl. in PÄ, l. in Chlf, Bzl; 9,15 Al 18°
Naphthalin-tetrachlorid s. 1,2,3,4-Tetrachlor-1,2,3,4-tetrahydronaphthalin				
Naphthalsäure [IX, 918]	$HO_2C \quad CO_2H$	216,18 —	— —	Nadeln (Al); unl. in W, wl. in Ä, ll. in h. Al; bei 140° → Anhydrid
Naphthalsäure-anhydrid [E 1 XVII, 267]	$OC\text{-}O\text{-}CO$	198,18 —	274 —	Nadeln (Al); swl. in Ä, wl. in Al, Bzl, ll. in Eg; l. in H_2SO_4 gelb, blau fluoresz.

Name und Literatur	Formel	Mol.-Gew. Dichte	F in °C Kp. in °C	Charakteristik
Naphthalsäure-imid [E 2 XXI, 388]		197,20 —	307...8 subl.	Nadeln (Al oder Ä); unl. in W, swl. in Ä, Bzl, Lg, CS$_2$, wl. in h. Al, l. in Eg
Naphthazarin s. 5,8-Dihydroxy-naphthochinon				
Naphthionsäure s. Naphthylamin-(1)-sulfosäure-(4)				
Naphthochinon-(1,2) [E 2 VII, 645]		158,16 —	145...7 Z —	Gelbe Nadeln; wl. in Ä, Bzl, l. in H$_2$SO$_4$ grün
Naphthochinon-(1,4) [E 2 VII, 651]	C$_{10}$H$_6$O$_2$	158,16 —	125,5 subl.	Hgelbe Krist. (Al oder PÄ oder subl.); swl. in k. W, wl. in PÄ, l. in Eg, ll. in Ä, Chlf, Bzl, CS$_2$, sll. in h. Al; Wdampfflch.
Naphthochinon-(2,6) [E 2 VII, 656]	C$_{10}$H$_6$O$_2$	158,16 —	Z 130...5 —	Gelbrote Prismen; wl. in Ä, ll. in Al unter sofortiger Z.; zers. in Lsg.
1,2-Naphthochinon-sulfosäure-(4) [Org. Syntheses III, 633]		238,22 —	— —	Na-Salz: Krist. (Al 50%); swl. in Al, ll. in W
α-Naphthoesäure [E 1 IX, 274]		172,19 —	162 —	Nadeln (verd. Al); swl. in h. W, ll. in h. Al; Methylester F: 36°; Äthylester Kp: 310...1°; Amid F: 202°; Chlorid Kp: 172...3°/$_{15}$

β-Naphthoesäure [E 1 IX, 276]		172,19 —	185,5 > 300	Tafeln (Aceton); wl. in h. W, Lg, ll. in Al, Ä; Methylester F: 77°; Amid F: 196...6,5°; Chlorid F: 43°, Kp: 304...6°
α-Naphthol [E 2 VI, 572]		144,17 $1,0989^{99,3}$	95,0 288 g. Z	$n_\alpha^{99,3}$ 1,6140, $n_D^{99,3}$ 1,6224, $n_\beta^{99,3}$ 1,6466. Krist. (Bzl); wl. in h. W, swl. in k. W, ll. in Al, Ä, Chlf, Bzl; subl.; Wdampfflch.; giftig
β-Naphthol [E 2 VI, 591]		144,17 $1,100^{130,2}$	122,0 294,85	Tafeln; 0,057 W 25°; ll. in Al, Ä, Chlf, Bzl, wl. in PÄ; brennender Geschmack; reizt zum Niesen; subl.; wenig Wdampfflch.
α-Naphthol-äthyläther [E 2 VI, 578]	$C_{10}H_7 \cdot OC_2H_5$	172,23 $1,060^{20}$	5,5 278...80	$n_\alpha^{15,7}$ 1,5960, $n_D^{15,7}$ 1,6035, $n_\beta^{15,7}$ 1,6250. Krist.; Kp: 152...4°/8; l. in den gebr. Lösm.
β-Naphthol-äthyläther [E 2 VI, 598]	$C_{10}H_7 \cdot OC_2H_5$	172,23 $1,0413^{47,3}$	37 274...5	$n_\alpha^{47,3}$ 1,5860, $n_D^{47,3}$ 1,5932, $n_\beta^{47,3}$ 1,6141, Tafeln; Kp: 142...3°/12; unl. in W. l. in Al, Ä, PÄ, CS_2, Toluol; Riechstoff „Nerolin neu"

Naphthol-AS s. 3-Hydroxy-naphthoesäure-(2)-anilid

Naphthol AS—OL s. 3-Hydroxy-naphthoesäure-(2)-anisidid

Naphthol AS—SW
s. 3-Hydroxy-naphthoesäure-(2)-β-naphthylamid

Naphthol-(2)-disulfo= säure-(3,6) [XI, 288]		304,30 —	— —	Zerfl. Nadeln; unl. in Ä, sll. in W, Al; „R-Säure"
Naphthol-(2)-disulfo= säure-(6,8) [XI, 290]	$HO \cdot C_{10}H_5(SO_3H)_2$	304,30 —	— —	Na-Salz: Täfelchen oder Prismen; sll. in W, zll. in verd. Al; „G-Säure"

Naphtholgrün s. 1-Nitroso-2-naphthol-sulfosäure-(6)

Name und Literatur	Formel	Mol.-Gew. Dichte	F in °C Kp. in °C	Charakteristik
α-Naphthol-methyläther [E 2 VI, 578]	$C_{10}H_7 \cdot OCH_3$	158,20 1,09636[13,9]	< − 10 269	$n_\alpha^{13,9}$ 1,61474, $n_D^{13,9}$ 1,62322, $n_\beta^{13,9}$ 1,64597. Öl; ll. in Al, Ä, Bzl, Chlf, CS_2; unl. in W; Wdampfflch.; mit Pikrinsäure → rote Nadeln
β-Naphthol-methyläther s. Nerolin				
α-Naphtholorange s. Orange I				
β-Naphtholorange s. Orange II				
Naphthol-(1)-sulfo= säure-(2) [XI, 269]	$HO \cdot C_{10}H_6 \cdot SO_3H$	224,24 —	> 250 —	Tafeln (W); unl. in Ä, swl. in k. W, ll. in h. W, l. in Al
Naphthol-(1)-sulfo= säure-(4) [XI, 271]	$HO \cdot C_{10}H_6 \cdot SO_3H$	224,24 —	170 Z —	Tafeln (W); ll. in W
Naphthol-(1)-sulfo= säure-(5) [XI, 273]	$HO \cdot C_{10}H_6 \cdot SO_3H$	224,24 —	110...20 —	Zerfl. Krist.; l. in W
Naphthol-(1)-sulfo= säure-(7) [XI, 274[	$HO \cdot C_{10}H_6 \cdot SO_3H$	224,24 —	— —	Krist.; ll. in W, Al
Naphthol-(1)-sulfo= säure-(8) [XI, 275]	$HO \cdot C_{10}H_6 \cdot SO_3H$	224,24 —	— —	Krist. · 1 H_2O F: 106...7°; bei 180° wfrei; ll. in W
Naphthol-(2)-sulfo= säure-(1) [XI, 281]	$HO \cdot C_{10}H_6 \cdot SO_3H$	224,24 —	— —	Krist.; sll. in W; neutrale Salzlösungen mit $FeCl_3$ → blaue Färbung
Naphthol-(2)-sulfo= säure-(4) [E 2 XI, 161]	$HO \cdot C_{10}H_6 \cdot SO_3H$	224,24 —	— —	Krist.; unl. in Al, ll. in W mit blauer Fluoresz.
Naphthol-(2)-sulfo= säure-(6) [XI, 282]	$HO \cdot C_{10}H_6 \cdot SO_3H$	224,24 —	125 —	Blättchen; ll. in W, Al; mit $FeCl_3$ → schwach grüne Färbung

Naphthol-(2)-sulfo=säure-(7) [XI, 285]	$HO \cdot C_{10}H_6 \cdot SO_3H$	224,24 —	89 —	Nadeln · aq (HCl); unl. in Ä, Bzl, ll. in W, Al
Naphthol-(2)-sulfo=säure-(8) [E 2 XI, 163]	$HO \cdot C_{10}H_6 \cdot SO_3H$	224,24 —	— —	Na-Salz: Blättchen; wl. in Al, ll. in W
α-Naphtho-nitril [E 2 IX, 450]	$C_{10}H_7 \cdot CN$	153,19 $1,1167^{15}_{15}$	38 299	$n_\alpha^{17,8}$ 1,6209, $n_D^{17,8}$ 1,6298, $n_\beta^{17,8}$ 1,6538. Nadeln (Lg); l. in Eg, CS_2, ll. in Al
β-Naphtho-nitril [E 2 IX, 454]	$C_{10}H_7 \cdot CN$	153,19 $1,0939^{80}_{80}$	68 305	Blättchen (Lg); wl. in W, l. in h. Lg, ll. in Al, Ä

Naphthopikrinsäure s. 2,4,5-Trinitro-naphthol-(1)

Naphthoresorcin s. 1,3-Dihydroxy-naphthalin

Naphthostyril [E 2 XXI, 276]	HN—CO	169,18 —	180...1 subl.	Grünliche Nadeln (verd. Al); wl. in sied. W, Ä
Naphthoxthin [E 1 XIX, 627]		300,38 —	166 —	Gelbe Nadeln (Eg); unl. in Lg, PÄ, l. in h. Al, sll. in Ä, Bzl
α-Naphthoylameisensäure [X, 745]	$C_{10}H_7 \cdot CO \cdot CO_2H$	200,20 —	107...8 Z —	Nadeln; wl. in PÄ, CS_2, ll. in W, Al, Ä, Bzl
2-α-Naphthoyl-benzoe=säure [E 2 X, 545]	$C_{10}H_7 \cdot CO \cdot C_6H_4 \cdot CO_2H$	276,29 —	176 —	Tafeln (Egester); 4,4 Chlf 15°; swl. in k. W, ll. in h. Chlf
2-β-Naphthoyl-benzoe=säure [E 2 X, 546]	$C_{10}H_7 \cdot CO \cdot C_6H_4 \cdot CO_2H$	276,29 —	168 —	Nadeln (Toluol); ll. in Al, Ä, Aceton, Eg
Naphthsulfon [XIX, 43]	O_2S—O	206,22 —	154 > 360	Prismen (Bzl); swl. in CS_2, zwl. in Al, ll. in h. Bzl, sll. in Chlf

Name und Literatur	Formel	Mol.-Gew. Dichte	F in °C Kp. in °C	Charakteristik
1-α-Naphthyl-äthanol-(2) [E 2 VI, 619]	$CH_2 \cdot CH_2OH$ (Naphthalin)	172,23 —	62 186/$_{17}$	Tafeln (Ä + Lg); Acetat Kp: 183°
α-Naphthylamin [E 2 XII, 675]	$C_{10}H_7 \cdot NH_2$	143,19 1,0997^{51,2}	49,2…9,3 300,8	$n_\alpha^{51,2}$ 1,6594, $n_D^{51,2}$ 1,6703, $n_\beta^{51,2}$ 1,7018. Nadeln (Al); 0,17 W, ll. in Al, Ä; Wdampfflch.
α-Naphthylamin-N-acetat [E 2 XII, 684]	$C_{10}H_7 \cdot NH \cdot COCH_3$	185,23 —	159 —	Krist. (Al); wl. in h. W, Ä, 4,02 Al 25°
β-Naphthylamin [E 2 XII, 710]	$C_{10}H_7 \cdot NH_2$	143,19 1,049^{115,8}	110,1…0,2 306,1	Blättchen (W); ll. in h. W, Al, Ä; Wdampfflch.
β-Naphthylamin-N-acetat [E 1 XII, 538]	$C_{10}H_7 \cdot NH \cdot COCH_3$	185,23 —	134 —	Blättchen (W oder Al); wl. in k. W, k. Al
Naphthylamin-(2)-disulfosäure-(3,6) [XIV, 792]	NH_2 / SO_3H / HO_3S (Naphthalin)	303,31 —	— —	Platten oder amorphes Pulver; Lsgg. fluoresz. viol.blau
Naphthylamin-(2)-disulfosäure-(6,8) [XIV, 784]	$H_2N \cdot C_{10}H_5(SO_3H)_2$	303,31 —	— —	Kristallmasse; wl. in Al, ll. in W; Verw. zur Darstellung von Azo- und Oxazinfarbstoffen
Naphthylamin-(1)-sulfosäure-(2) [XIV, 757]	$H_2N \cdot C_{10}H_6 \cdot SO_3H$	223,25 —	272 Z —	Nadeln (W); unl. in Al, Bzl; 0,41 W 20°; 3,10 sied. W
Naphthylamin-(1)-sulfosäure-(4) [E 2 XIV, 454]	$H_2N \cdot C_{10}H_6 \cdot SO_3H$	223,25 1,673^{25}	Z —	Nadeln · $\frac{1}{2}$ H_2O (W); unl. in Eg; 0,03 W 20°; 0,23 sied. W; swl. in Al
Naphthylamin-(1)-sulfosäure-(5) [E 2 XIV, 457]	$H_2N \cdot C_{10}H_6 \cdot SO_3H$	223,25 —	— —	Nadeln · 1 H_2O; 0,1 W 20° grün fluoresz.

Naphthylamin-(1)-sulfo= säure-(6) [XIV, 758]	$H_2N \cdot C_{10}H_6 \cdot SO_3H$	223,25 —	— —	Krist. (W); 0,1 W 16°; mit FeCl₃ → blaue Färbung
Naphthylamin-(1)-sulfo= säure-(8) [XIV, 752]	$H_2N \cdot C_{10}H_6 \cdot SO_3H$	223,25 —	— —	Nadeln · 1 H₂O; 0,02 W 21°; 0,42 sied. W; l. in Eg
Naphthylamin-(2)-sulfo= säure-(1) [XIV, 738]	$H_2N \cdot C_{10}H_6 \cdot SO_3H$	223,25 —	— —	Blättchen (verd. HCl); wl. in k. W, l. in h. W
Naphthylamin-(2)-sulfo= säure-(5) [E 1 XIV, 733]	$H_2N \cdot C_{10}H_6 \cdot SO_3H$	223,25 —	— —	Nadeln (W); 0,033 W 20°; swl. in Al; fluoresz.
Naphthylamin-(2)-sulfo= säure-(6) [E 2 XIV, 463]	$H_2N \cdot C_{10}H_6 \cdot SO_3H$	223,25 —	— —	Blättchen oder Schuppen · 1 H₂O; 0,012 W 20°; 0,16 sied. W; wss. Lsg. fluoresz. blau
Naphthylamin-(2)-sulfo= säure-(7) [XIV, 763]	$H_2N \cdot C_{10}H_6 \cdot SO_3H$	223,25 —	— —	Nadeln · 1 H₂O; 0,02 W 20°; 0,3 sied. W
Naphthylamin-(2)-sulfo= säure-(8) [E 1 XIV, 733]	$H_2N \cdot C_{10}H_6 \cdot SO_3H$	223,25 —	— —	Nadeln (W); 0,06 W 20°; swl. in Al; fluoresz. blau
Naphthylendiamin-(1,2) [XIII, 196]	$H_2N \cdot C_{10}H_6 \cdot NH_2$	158,20 —	95...6 150...1/0,5	Blättchen (W); wl. in h. W, ll. in Al, Ä, Chlf
Naphthylendiamin-(1,4) [E 2 XIII, 82]	$H_2N \cdot C_{10}H_6 \cdot NH_2$	158,20 —	120 —	Nadeln (W); wl. in h. W, sll. in Al, Ä, Chlf, Bzl
Naphthylendiamin-(1,5) [E 2 XIII, 84]	$H_2N \cdot C_{10}H_6 \cdot NH_2$	158,20 —	190 subl.	Prismen (Ä); swl. in k. W, l. in h. W, ll. in h. Al, Ä, Chlf
Naphthylendiamin-(1,6) [E 2 XIII, 85]	$H_2N \cdot C_{10}H_6 \cdot NH_2$	158,20 $1,1472^{99,4}$	85...6 —	$n_\alpha^{99,4}$ 1,6952, $n_D^{99,4}$ 1,7083, $n_\beta^{99,4}$ 1,7467. Nadeln (W); wl. in k. W, Ä, ll. in h. W, Al, Bzl
Naphthylendiamin-(1,7) [XIII, 204]	$H_2N \cdot C_{10}H_6 \cdot NH_2$	158,20 —	117,5 —	Krist. (W oder Bzl); wss. Lsg. mit FeCl₃ → viol.; N,N'-Diacetat F: 213°

Name und Literatur	Formel	Mol.-Gew. Dichte	F in °C Kp. in °C	Charakteristik
Naphthylendiamin-(1,8) [E 2 XIII, 85]	$H_2N \cdot C_{10}H_6 \cdot NH_2$	158,20 $1,1265^{99,4}$	66,5 ca 205/$_{12}$ *	$n_\alpha^{99,4}$ 1,6699, $n_D^{99,4}$ 1,6828. Krist. (verd. Al); wl. in Chlf, l. in W, ∞ Al, Ä; * subl.
Naphthylendiamin-(2,3) [E 2 XIII, 86]	$H_2N \cdot C_{10}H_6 \cdot NH_2$	158,20 —	193...4 —	Krist. (Ä); N,N'-Diacetat F: 263°
Naphthylendiamin-(2,6) [E 2 XIII, 86]	$H_2N \cdot C_{10}H_6 \cdot NH_2$	158,20 —	222 Z —	Blättchen (Al); swl. in h. W, wl. in Al, Ä
Naphthylendiamin-(2,7) [E 2 XIII, 86]	$H_2N \cdot C_{10}H_6 \cdot NH_2$	158,20 —	166 —	Krist. (W)
α-Naphthyl-essigsäure [E 2 IX, 456]	$C_{12}H_{10}O_2$ (CH$_2$·CO$_2$H, Naphthalin)	186,21 —	131 —	Krist. (W); Äthylester Kp: 177...9°/$_{13}$; Chlorid Kp: 188°/$_{13}$; Amid F: 180...1°
β-Naphthyl-essigsäure [E 2 IX, 457]	$C_{12}H_{10}O_2$	186,21 —	137...9 —	Krist. (W oder Bzl); Amid F: 200°; Äthylester F: 31...2°, Kp: 186°/$_{14}$
α-Naphthyl-hydrazin [E 1 XV, 180]	$C_{10}H_7 \cdot NH \cdot NH_2$	158,20 —	116...7 203/$_{20}$	Schuppen (Ä); swl. in k. W, l. in Ä; sll. in h. Al, Chlf, Bzl
β-Naphthyl-hydrazin [E 1 XV, 181]	$C_{10}H_7 \cdot NH \cdot NH_2$	158,20 —	124...5 Z	Blättchen (W); wl. in h. W, Ä, ll. in h. Al, Chlf, Bzl
α-Naphthyl-hydroxyl= amin [E 2 XV, 20]	$C_{10}H_7 \cdot NHOH$	159,19 —	82...3 —	Krist.; ll. in org. Lösm., wl. in W
α-Naphthyl-isocyanat [XII, 1244]	$C_{10}H_7 \cdot N : CO$	169,18 —	— 269...70	Stechend riechende Fl.
β-Naphthyl-isocyanat [XII, 1297]	$C_{10}H_7 \cdot N : CO$	169,18 —	55...6 —	Krist.; ll. in Ä, Bzl

N(1-Naphthyl)-thio= harnstoff [J. prakt. Chem. **65**, 380]	NH·CS·NH$_2$ (1-Naphthyl)	202,28 —	198 —	Prismen (Al); praktisch unl. in W, k. Al, Ä, ll. in h. Al,; giftig
Narcein [E 2 XIX, 386]	CH$_2$·CH$_2$·N(CH$_3$)$_2$ … CO$_2$H, OCH$_3$, OCH$_3$	445,47 —	* subl.	Prismen · 3 H$_2$O (W); 0,08 W 13°; unl. in Chlf, Bzl, Ä; * Trihydrat F: 175°, H$_2$O-frei F: 140...5°; wl. in Ä, zll. in h. Chlf, Bzl
Narcotin [E 1 XXVII, 556]	N·CH$_3$ … C:O, OCH$_3$, OCH$_3$	413,43 1,395	176 subl.	Prismen (Al); swl. in W, wl. in k. Al, sll. in sied. Al; 0,6 Ä 16°; 4,2 Aceton 15°; 2,3 Py 20°; 4,6 k. Bzl; $[\alpha]_D^{22,5}$: — 185,0° (Al 97%)
Naringenin s. 4′,5,7-Trihydroxy-flavanon				
Natrium-acetylid [Kaufman, 10]	HC⫶CNa	48,02 —	Z 210 —	Weiße Krist.; l. in fl. NH$_3$, Z. mit W, S
-äthyl [E 2 IV, 1059]	C$_2$H$_5$Na	52,05 —	— —	Weiße Krist.; l. in Diäthylzink und anderen metallorg. Verbindungen unter Komplexbildung; Z. mit W, Al, Ä; unl. in org. Lösm.; entflammt an Luft; Z. beim Erwärmen

Natrium-aluminium- s. Aluminium-natrium-

Name und Literatur	Formel	Mol.-Gew. Dichte	F in °C Kp. in °C	Charakteristik
Natrium-cyclopenta-dienyl [Ber. **89**, 434]	C_5H_5Na	88,09 —	— —	Unschmelzbares Pulver, fbl.; l. in fl. NH_3, Tetrahydrofuran; Z. mit W, S, Alk
-methyl [E 1 IV, 691*]	CH_3Na	38,02 —	Z 200 —	Weißes Pulver, unl. in org. Lösm.; Z. mit W; entflammt an Luft; reagiert mit Bzl unter Bildung von Natrium=phenyl; * s. a. J. Am. Chem. Soc. **52**, 1254
-triphenylmethyl [E 1 XVI, 589]	$(C_6H_5)_3CNa$	266,32 —	— —	Rote Krist.; l. in fl. NH_3, Ä, aromatischen KW; Z. mit W
Neoabietinsäure [E 2 IX, 433]	H_3C CO_2H … $C(CH_3)_2$	302,46 —	167…9 —	Krist. (Al, W); $[\alpha]_D^{24}$: $+159°$ (Al, c = 1); Methylester F: 61,5…2°; s. a. l-Abietinsäure
l-Neocarvomenthol [E 2 VI, 39]	CH_3 / OH / H / $CH(CH_3)_2$	156,27 0,9012^{20}	— 102/18	n_D^{20} 1,4632. Fl.; $[\alpha]_D^{21}$: $-41,7°$
Neohexan s. 2,2-Dimethyl-butan				
l-Neoisocarvomenthol [E 2 VI, 39]	CH_3 / OH / H / $CH(CH_3)_2$	156,27 1,9102^{20}	< − 25 —	n_D^{20} 1,4676. Fl.; $[\alpha]_D^{17}$: $-34,7°$

Name	Formel	Mol.-Gew. / Dichte	Smp. / Sdp.	Eigenschaften
Neopentan [E 2 I, 104]	$C(CH_3)_4$	72,15 —	−19,8 / 9,5	Fl.; sehr widerstandsfähig gegen konz. HNO_3
Neopentylalkohol s. tert.-Butyl-carbinol				
Neopentylbromid [E 3 I, 371]	$(CH_3)_3C \cdot CH_2Br$	151,05 / $1,1994^{20}$	— / $104,8/_{732}$	n_D 1,4370
Neopentylchlorid [E 3 I, 370]	$(CH_3)_3C \cdot CH_2Cl$	106,60 / $0,8664^{20}$	−20 / 84,4	n_D^{20} 1,4042. Sehr reaktionsträges Halogenid
Neopentyljodid [E 3 I, 373]	$(CH_3)_3C \cdot CH_2J$	198,05 / $1,4944^{20}$	— / $132,6/_{734}$	n_D 1,4890
Neophylchlorid [Org. Syntheses 32, 90]	CH_3-$\underset{CH_3}{\overset{\cdot}{C}}\cdot CH_2Cl$ (phenyl)	168,67 —	— / $97...8/_{10}$	n_D^{20} 1,5250. Fl.
Neopinmethin [E 2 XVIII, 453]	$C_{19}H_{23}O_3N$	313,40 / 1,303	134...5 / —	Prismen (Al oder Ä); l. in H_2SO_4 viol., beim Erhitzen blau; $[\alpha]_D^{17}$: $+438°$ (Al); Benzoat F: 157°
Neozid s. DDT				
Neral s. Citral				
Nerol [E 2 I, 510]	$(CH_3)_2C{:}CH\cdot CH_2\cdot CH_2\cdot C(CH_3){:}CH\cdot CH_2OH$	154,25 / $0,8813^{15}$	— / 224...5	Öl; Kp: $125°/_{25}$; Vork. in ätherischen Ölen; Verw. in der Riechstoffindustrie
Nerolin [E 2 VI, 598]	Naphthalin-OCH_3	158,20 —	75 / 271	Blättchen (Ä); ll. in Ä, Chlf, Bzl, l. in CS_2, wl. in Al, Me; Wdampfflch.; orangeblütenart. Geruch
Nerolin „neu" s. β-Naphtholäthyläther				
Nervonsäure [J. Am. Chem. Soc. 52, 4536]	$CH_3\cdot[CH_2]_7\cdot CH{:}CH\cdot[CH_2]_{13}\cdot CO_2H$	366,63 —	42,5...3 / —	Kristallpulver (Al); l. in Al, Ä, Aceton
Neufuchsin (Carbinolbase) s. 4,4',4''-Triamino-3,3',3''-trimethyl-triphenylcarbinol				

Name und Literatur	Formel	Mol.-Gew. Dichte	F in °C Kp. in °C	Charakteristik
Neurin [E 2 IV, 661]	$[CH_2 : CH \cdot N(CH_3)_3]OH$	103,17 —	— —	Sirup; l. in W; giftig; zers.; · 3 H_2O hygr. Krist.; Bromid F: 194°; ll. in W, Al, unl. in Ä
Nevile-Winter-Säure s. Naphthol-(1)-sulfosäure-(4)				
l-Nicotin [E 2 XXIII, 107]	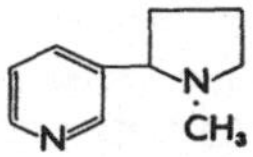	162,24 $1,0092^{20}$	< -10 $124...5/_{18}$	$n_\alpha^{22,4}$ 1,5198, $n_D^{22,4}$ 1,5239. Fl.; sehr hygr.; ∞ W, ll. in Al, Ä; $[\alpha]_D^{20}$: — 166,4°; Wdampfflch.; wirkt narkotisch
Nicotinsäure [E 2 XXII, 32]	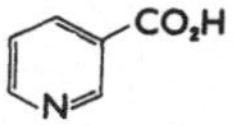	123,11 —	236...7 subl.	Nadeln (W oder Al); swl. in Ä, ll. in h. W, h. Al
Nicotinsäure-äthylester [E 2 XXII, 33]	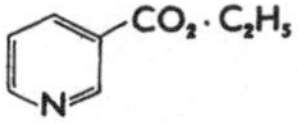	151,16 —	— $103...5/_5$	Fl.; ll. in W, Al, Ä, Bzl, Lg; auf der Haut Brennen und Ekzembildung
Nicotinsäureamid [E 2 XXII, 34]	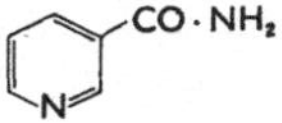	122,13 —	122 —	Nadeln (Bzl); pharmakologische Wirkung
Nicotinsäureamid- N-methyl-chlorid [Vogel II (2), 121]	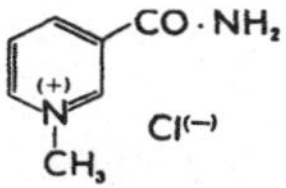	172,62 —	239...41 —	Hgelbe Kristallmasse
Nicotinsäureamid- N-D-ribosido-bromid [Vogel II (2), 125]	$C_{11}H_{14}BrN_2O_5$ Formel 28, S. 925	334,15 —	141...2 Z —	Büschelförmige Prismen; $[\alpha]_D^{20}$: $+1°$ (W)
Nicotinsäure-anhydrid [E 2 XXII, 33]	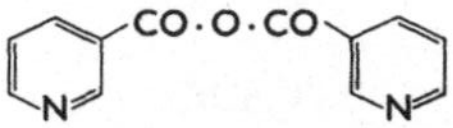	228,21 —	224...5 —	Sehr hygr. Nadeln (subl.)

Name	Formel	M	Smp./Sdp.	Eigenschaften
Nicotinsäurechlorid [E 2 XXII, 33]	COCl	141,56 —	15...6 85/12	Krist.; Hydrochlorid F: 155,5...6,5°
Nicotinsäure-diäthyl= amid [E 2 XXII, 34]	CO·N(C₂H₅)₂	178,24 —	— 280	Gelbliches Öl; ll. in W, org. Lösm.; therapeutische Anwendung, „Cor= amin"
Nicotinsäure-methyl= ester [E 2 XXII, 33]	CO₂·CH₃	137,14 —	38 204	Krist.; l. in W, Al, Bzl; pharmakologi- sche Wirkung
Nicotinsäurenitril s. 3-Cyanpyridin				
Nicotinsäure-phenyl= ester [E 2 XXII, 33]	CO₂·C₆H₅	199,21 —	72 —	Nadeln (PÄ oder verd. Al)
Nicotinursäure [E 2 XXII, 34]	CO·NH·CH₂·CO₂H	180,16 —	248 —	Krist.; Pikrat goldgelbe Nadeln (W), F: 167°
Ninhydrin [E 2 VII, 831]		178,15 —	Z 239...40 —	Prismen (W); wl. in Ä, ll. in sied. W; giftig; Bis-phenylhydrazon F: 207...8°
Nitranilin s. Nitro-anilin				
Nitranilsäure [E 2 VIII, 433]		230,09 —	170 Z —	Gelbe Tafeln ·H₂O; unl. in Ä, sll. in W, Al
Nitrilotriessigsäure- triäthylester [Org. Syntheses III, 415]	N(CO₂C₂H₅)₃	233,22 —	— 146...7/12	Fl.; $p_{K_1} = 1{,}9$; $p_{K_2} = 2{,}5$; $p_{K_3} = 9{,}7$. „Komplexon I"
Nitrin s. 2-Aminobenzal-phenylhydrazon				

Name und Literatur	Formel	Mol.-Gew. Dichte	F in °C Kp. in °C	Charakteristik
Nitroacetaldoxim [E 2 I, 684]	$O_2N \cdot CH_2 \cdot CH : NOH$	104,07 —	79...80 *	Platten (Ä); Prismen (Bzl); Tafeln (Chlf); ll. in W, Al, Ä, Aceton, h. Bzl, h. Chlf; wss. Lsg. reagiert stark sauer; unbeständig; *expl. bei 110°
Nitro-acetanilid s. Nitro-anilin-N-acetat				
2-Nitro-acetophenon [E 2 VII, 222]	$O_2N \cdot C_6H_4 \cdot CO \cdot CH_3$	165,15 —	28...9 $159/_{16}$	Krist. (Al); swl. in W, ll. in Al, Ä, Chlf; Semicarbazon F: 200°
3-Nitro-acetophenon [E 2 VII, 223]	$O_2N \cdot C_6H_4 \cdot CO \cdot CH_3$	165,15 —	81 $167/_{18}$	Nadeln; Wdampfflch.; Oxim F: 131...2°
4-Nitro-acetophenon [E 2 VII, 223]	$O_2N \cdot C_6H_4 \cdot CO \cdot CH_3$	165,15 —	80...81 —	Gelbe Prismen; Oxim F: 172...3°
ω-Nitro-acetophenon [E 1 VII, 153]	$C_6H_5 \cdot CO \cdot CH_2 \cdot NO_2$	165,15 —	108 —	Blättchen (verd. Al); ll. in Al, Ä, Egester, Bzl, wl. in Lg, swl. in PÄ, k. W
(—)-Nitroäpfelsäure [E 2 III, 284]	$HO_2C \cdot CH_2 \cdot CH(ONO_2) \cdot CO_2H$	179,09 —	113...5 Z —	Prismen (Ä, Egester oder Aceton durch Fällung mit Bzl); $[\alpha]_D^{18}: -36,8°$ (abs. Al, c = 6); sll. in W, Al, Ä, Aceton, unl. in Lg, Bzl
Nitroäthan [E 2 I, 70]	$CH_3 \cdot CH_2 \cdot NO_2$	75,07 $1,0528^{20}$	— 114...114,8	$n_\alpha^{24,3}$ 1,38768, $n_D^{24,3}$ 1,39007, $n_\gamma^{24,3}$ 1,40102. Fl.; unl. in W, ∞ Al, Ä, l. in Alk; MAK: 100 cm³/m³
2-Nitro-äthanol [E 2 I, 339]	$O_2N \cdot CH_2 \cdot CH_2OH$	91,07 $1,309^{13,3}$	< — 80 Z 194	Fl.; Kp: 102°/₁₀; ∞ W, Al, Ä
Nitroäthylen [E 1 I, 81]	$CH_2 : CH \cdot NO_2$	73,05 $1,073_8^{13}$	— 98,5	Schwach gelbe Fl.; l. in org. Lösm., polym. expl. mit Alk; Reizwirkung auf Augen, Schleimhäute und Atmungsorgane

Name	Formel	M	Schmp./Sdp.	Eigenschaften
3-Nitro-alizarin [VIII, 447]		285,21 / —	244 Z / subl. Z	Or.gelbe Nadeln (Bzl); wl. in W, l. in Al, Eg, Chlf, Bzl; mit verd. Alk → purpurrote Färbung
4-Nitro-alizarin [VIII, 447]		285,21 / —	289 Z / —	Gelbe Nadeln (Al); swl. in W, wl. in Al, Eg; mit H_2SO_4 → goldgelbe Färbung
Nitro-amino s. Amino-nitro				
2-Nitro-anilin [E 2 XII, 367]		138,13 / $1,442^{15}$	71,5 / 165…6/$_{28}$	Gelbe Blättchen (W); wl. in k. W, l. in h. W, ll. in Al, Chlf, sll. in Ä; Wdampfflch.
2-Nitro-anilin-N-acetat [E 2 XII, 371]	$O_2N \cdot C_6H_4 \cdot NH \cdot CO \cdot CH_3$	180,16 / $1,419^{15}$	93 / —	Gelbe Prismen (PÄ); 0,22 k. W; ll. in h. W, KOH
3-Nitro-anilin [E 2 XII, 374]	$O_2N \cdot C_6H_4 \cdot NH_2$	138,13 / $1,2095^{120}$	112,5 / 305…7 Z	Gelbe Nadeln (W); 0,09 W 25°; 7,8 Al 25°; 2,7 Bzl 25°; Wdampfflch.
3-Nitro-anilin-N-acetat [E 2 XII, 380]	$O_2N \cdot C_6H_4 \cdot NH \cdot CO \cdot CH_3$	180,16 / —	154,5 / —	Blättchen (Al); l. in Chlf, ll. in Nitrobzl., unl. in KOH
4-Nitro-anilin [E 2 XII, 383]	$O_2N \cdot C_6H_4 \cdot NH_2$	138,13 / $1,437^{14}$	147,8 / —	Gelbe Nadeln (W); 0,06 W 25°; 6,05 Al 25°; 0,58 Bzl 25°; nicht flch. mit Wdampf; MAK: 1 cm³/m³, H
4-Nitro-anilin-N-acetat [E 2 XII, 389]	$O_2N \cdot C_6H_4 \cdot NH \cdot CO \cdot CH_3$	180,16 / —	215,9 / —	Prismen; 0,22 k. W; 0,8 Eg 16°, l. in KOH
2-Nitro-p-anisidin [Org. Syntheses III, 661]		168,15 / —	122,5…3,0 / —	Krist.

41*

Name und Literatur	Formel	Mol.-Gew. Dichte	F in °C Kp. in °C	Charakteristik
2-Nitro-anisol [E 2 VI, 209]	(Struktur: OCH_3, NO_2)	153,14 1,2527...36	10 273	n_α^{20} 1,5547, n_D^{20} 1,5619, n_β^{20} 1,5829. Fl.; Kp: 132...3°/$_{11}$; unl. in W, l. in Al, Ä; Wdampfflch.
3-Nitro-anisol [E 1 VI, 116]	$CH_3O \cdot C_6H_4 \cdot NO_2$	153,14 1,373[18]	38...9 —	Platte Nadeln (Al); unl. in W; flch. mit Dampf
4-Nitro-anisol [E 2 VI]	$O_2N \cdot C_6H_4 \cdot OCH_3$	153,14 1,2192[60]	52 259	n_α^{60} 1,5639, n_D^{60} 1,5707, n_β^{60} 1,5926. Prismen (Al); 0,007 W 15°; 0,059 W 30°; ll. in Al, Ä, wl. in k. PÄ, ll. in sied. PÄ; Wdampfflch.
9-Nitro-anthracen [E 2 V, 578]	$C_{14}H_9 \cdot NO_2$	223,23 —	146 > 300 g. Z	Gelbe Nadeln (Al); gelbe Prismen (Eg oder Xylol); Kp: ca 275°/$_{17}$; sll. in Bzl, CS_2, l. in Eg, wl. in Al
1-Nitro-anthrachinon [E 2 VII, 719]	$C_6H_4(CO)_2C_6H_3 \cdot NO_2$	253,22 —	233 270...1/$_7$	Gelbe Prismen (Aceton); unl. in W, swl. in Al, Ä, ll. in Chlf, Bzl, Eg; subl.
2-Nitro-anthrachinon [VII, 792]	$C_6H_4(CO)_2C_6H_3 \cdot NO_2$	253,22 —	184,5...5,0 —	Gelbe Nadeln (Al oder Eg); swl. in Al, Ä, Lg; wl. in k. Eg, ll. in h. Eg, Aceton, Chlf, l. in H_2SO_4 gelb
Nitroanthranilsäure s. u. 2-Amino-nitro-benzoesäure				
Nitroanthron [Org. Syntheses I, 392]	(Struktur: O, H, NO_2)	239,23 —	140 —	Hgelbe Nadeln (Bzl + PÄ)
2-Nitro-azobenzol [E 2 XVI, 16]	(Struktur: $N:N$, NO_2)	227,22 —	105...6 —	Rote Krist. (Al oder Ä); ll. in h. Al, Chlf, Bzl, h. Lg, h. Eg; Wdampfflch.

4-Nitro-azobenzol [E 1 XVI, 226]	$O_2N \cdot C_6H_4 \cdot N : N \cdot C_6H_5$	227,22 —	135 —	Rote Krist. (Bzl); swl. in k. Lg, ll. in h. Al, Aceton, Chlf, Bzl, h. Lg, h. Eg
Nitrobarbitursäure s. Dilitursäure				
2-Nitrobenzal-anilin [E 2 XII, 114]	(Strukturformel: $CH:N$ mit NO_2)	226,24 —	69,5 220/15	Hgelbe Blättchen (Al 80%)
3-Nitrobenzal-anilin [E 2 XII, 114]	$O_2N \cdot C_6H_4 \cdot CH : N \cdot C_6H_5$	226,24 —	66 —	Nadeln (Al); ll. in Eg; 3 Al 90% 20°
4-Nitrobenzal-anilin [E 2 XII, 114]	$O_2N \cdot C_6H_4 \cdot CH : N \cdot C_6H_5$	226,24 —	93 —	Gelbliche Blättchen (Ä); mit verd. S Spaltung in die Komponenten
4-Nitrobenzal-bromid [V, 336]	$O_2N \cdot C_6H_4 \cdot CHBr_2$	294,94 —	82...2,5 —	Nadeln (Al); ll. in Al, Ä, zwl. in h. W
2-Nitro-benzalchlorid [E 1 V, 163]	$O_2N \cdot C_6H_4 \cdot CHCl_2$	206,03 —	27...7,5 143...4/12	Krist. (Al); l. in Al, Ä; zers. bei längerem Stehen an der Luft unter Braunfärbung; reizt die Schleimhäute
3-Nitro-benzalchlorid [E 1 V, 163]	$O_2N \cdot C_6H_4 \cdot CHCl_2$	206,03 —	E 64,5 —	Krist. (Al); ll. in sied. Al, Ä, unl. in W
4-Nitro-benzalchlorid [E 1 V, 163]	$O_2N \cdot C_6H_4 \cdot CHCl_2$	206,03 —	E 42,8 —	Prismen (Al); ll. in Al, Ä, unl. in W
2-Nitro-benzaldehyd [E 2 VII, 185]	(Strukturformel: CHO mit NO_2)	151,12 —	43,5 u. 41 153/23	Gelbe Nadeln (W); 0,002 W 25°, ll. in Al, Ä, Chlf; Wdampfflch.; Phenyl= hydrazon F: 154°
3-Nitro-benzaldehyd [E 2 VII, 190]	$O_2N \cdot C_6H_4 \cdot CHO$	151,12 1,2664[60]	58 164/23	Krist. (verd. Al); 0,001 W 25°; l. in sied. W, Ä, ll. in sied. Al, l. in verd. NaOH; Phenylhydrazon F: 121°

Name und Literatur	Formel	Mol.-Gew. Dichte	F in °C Kp. in °C	Charakteristik
4-Nitro-benzaldehyd [E 2 VII, 196]	$O_2N \cdot C_6H_4 \cdot CHO$	151,12 —	106,5 subl.	Prismen (W); swl. in Lg, wl. in k. W, Ä, ll. in Al, Bzl, Eg; Phenylhydrazon F: 159°
2-Nitrobenzaldehyd-dimethylacetal [Org. Syntheses III, 644]		197,19 —	— 141...3/8	Hgelbe Fl.
2-Nitro-benzidin [E 2 XIII, 107]		229,24 —	143 —	Dkl.rote Nadeln (W); Verw. zur Herstellung von Diazofarbstoffen
2-Nitro-benzoesäure [E 2 IX, 242]		167,12 1,575	148 —	Nadeln (W); 0,75 W 25°; 1,06 Chlf 15°; wl. in Lg, Bzl, l. in Chlf, ll. in Al, Ä; Methylester Kp: 275°, F: —13°; Äthylester F: 30°; Amid F: F: 174°; Chlorid F: 20°, Kp: 148°/9
3-Nitro-benzoesäure [E 2 IX, 247]	$O_2N \cdot C_6H_4 \cdot CO_2H$	167,12 1,494	142 —	Blättchen (W); 0,24 W 15°; 3,45 Chlf 15°; wl. in W, Lg, Bzl, ll. in Al, Ä, Aceton, Chlf; Methylester F: 78,5°, Kp: 179°; Äthylester F: 47°; Amid F: 143°; Chlorid F: 35°, Kp: 154... 5°/18
4-Nitro-benzoesäure [E 1 IX, 157]	$O_2N \cdot C_6H_4 \cdot CO_2H$	167,12 $1,610^{20}$	240 subl.	Blättchen (W); 0,02 W 15°; 0,09 Chlf 15°; unl. in Lg, wl. in Bzl, ll. in h. W, Al, Ä, Chlf; Äthylester Blättchen, F: 57°
3-Nitro-benzoesäure-azid [Org. Syntheses 33, 53]	$NO_2 \cdot C_6H_4 \cdot CON_3$	192,13 —	71...2 Z —	Fbl. Krist. (Bzl + Lg)

Verbindung	Formel	Mol.-Gew. / Dichte	F. / Kp.	Eigenschaften
4-Nitrobenzoesäure-chlorid [Org. Syntheses I, 387]	$NO_2 \cdot C_6H_4 \cdot COCl$	185,57 / —	73 / 155/20	Gelbe Nadeln (Lg oder CCl$_4$)
3-Nitro-benzoesäure=methylester [Org. Syntheses I, 364]	$NO_2 \cdot C_6H_4 \cdot CO_2CH_3$	181,15 / —	78 / —	Krist. (Me); wl. in Me, Al, Ä
Nitrobenzoesäure-nitril s. Nitrobenzonitril				
4-Nitrobenzoesäure-peroxid [Org. Syntheses III, 649]	$[p\text{-}O_2N \cdot C_6H_4 \cdot CO_2]_2$	332,23 / —	Z 156 / —	Kristallmasse
Nitrobenzol [E 2 V, 171]	$C_6H_5 \cdot NO_2$	123,11 / 1,2037^{20}	E 5,69 / 210,85	n_α^{20} 1,54582, n_D^{20} 1,55261, n_β^{20} 1,57097. Fl.; bittermandelölart. Geruch; 0,19 W 20°; 0,27 W 55°; l. in Al, Ä, ll. in PÄ; Wdampfflch.; giftig; Red. → Anilin; MAK: 1 cm³/m³, H
2-Nitro-benzolsulfosäure [E 2 XI, 31]	(Benzolring mit SO$_3$H und NO$_2$ in o-Stellung)	203,17 / —	84,9 / —	Hygr. Krist.; Chlorid F: 68...9°; Amid F: 193°
3-Nitro-benzolsulfosäure [XI, 68]	$O_2N \cdot C_6H_4 \cdot SO_3H$	203,17 / —	— / —	Zerfl. Krist.; ll. in h. Al; Chlorid F: 64°; Amid F: 167...8°
4-Nitro-benzolsulfosäure [E 1 XI, 21]	$O_2N \cdot C_6H_4 \cdot SO_3H$	203,17 / —	95 / —	Krist. · etwa 2 H$_2$O, Z.; Chlorid F: 80°; Amid F: 179...80°
2-Nitro-benzonitril [IX, 374]	(Benzolring mit CN und NO$_2$ in o-Stellung)	148,12 / —	110 / —	Nadeln (W oder Eg); wl. in k. W, PÄ, ll. in h. W, Al, Chlf, Eg, Bzl
3-Nitro-benzonitril [IX, 385]	$O_2N \cdot C_6H_4 \cdot CN$	148,12 / —	118 / subl.	Nadeln (W); unl. in PÄ, l. in h. W, Al, ll. in Ä, Eg; Wdampfflch.
4-Nitro-benzonitril [IX, 397]	$O_2N \cdot C_6H_4 \cdot CN$	148,12 / —	149 / subl.	Gelbe Blättchen (Al); wl. in W, k. Al, ll. in h. Al, Chlf, Eg; Wdampfflch.

Name und Literatur	Formel	Mol.-Gew. Dichte	F in °C Kp. in °C	Charakteristik
2-Nitro-benzophenon [E 2 VII, 362]	(Struktur: Benzophenon mit CO und NO_2)	227,22 —	105 —	Krist. (Al); zwl. in Al; Oxim F: 122...3°
3-Nitro-benzophenon [E 2 VII, 362]	$C_6H_5 \cdot CO \cdot C_6H_4 \cdot NO_2$	227,22 —	95 234/18	Nadeln (Al)
3-Nitro-benzotrifluorid [E 2 V, 251]	$O_2N \cdot C_6H_4 \cdot CF_3$	191,11 $1,4318^{16}$	— 2,4 201,5	n_α^{16} 1,4671, n_β^{16} 1,4841, n_γ^{16} 1,4957. Fl.; Kp: 102...3°/40; unl. in W, l. in Al, Ä
4-Nitrobenzoylchlorid s. 4-Nitrobenzoesäurechlorid				
4-Nitrobenzyl-acetat [Org. Syntheses III, 650]	(Struktur: O_2N-Ring mit CH_2OCOCH_3)	195,18 —	77...8 —	Hgelbe Krist. (Me)
2-Nitro-benzylalkohol [E 2 VI, 424]	(Struktur: Ring mit CH_2OH und NO_2)	153,14 —	74 270 g. Z	Nadeln (W); Kp: 168°/20; zwl. in W, ll. in Al, Ä
3-Nitro-benzylalkohol [E 2 VI, 424]	$O_2N \cdot C_6H_4 \cdot CH_2OH$	153,14 $1,296_{15}^{18,5}$	27 Z	Krist.; Kp: 175...80°/3; wl. in W, ll. in Ä
4-Nitro-benzylalkohol [E 2 VI, 424]	$O_2N \cdot C_6H_4 \cdot CH_2OH$	153,14 —	93 Z	Nadeln (W); Kp: 185°/12; ll. in h. W, wl. in k. W, ll. in Ä
2-Nitro-benzylbromid [E 2 V, 255]	(Struktur: Ring mit CH_2Br und NO_2)	216,04 —	46 —	Hgelbe Tafeln (PÄ); Krist. (verd. Al); ll. in Al, l. in Bzl, Ä, Lg; färbt sich am Licht dkl.
3-Nitro-benzylbromid [E 2 V, 256]	$O_2N \cdot C_6H_4 \cdot CH_2Br$	216,04 —	59...60 —	Krist. (PÄ); Nadeln oder Blättchen; l. in Al, swl. in W
4-Nitro-benzylbromid [E 2 V, 256]	$O_2N \cdot C_6H_4 \cdot CH_2Br$	216,04 —	100 —	Nadeln (Al); ll. in Al, Ä, Eg, swl. in k. W; reizt Augen und Nasenschleimhäute und brennt auf der Haut

Name [Ref.]	Formel	Mol-Gew. / D	Schmp. / Sdp.	Eigenschaften
2-Nitro-benzylchlorid [E 2 V, 252]	$O_2N \cdot C_6H_4 \cdot CH_2Cl$	171,58 / —	48...8,5 / —	Krist. (PÄ); unl. in W, ll. in h. Ä, Al; 20,5 Al 30°; 341 Aceton 30°; 267 Bzl 30°; brennt auf der Haut
3-Nitro-benzylchlorid [E 2 V, 252]	$O_2N \cdot C_6H_4 \cdot CH_2Cl$	171,58 / —	45,5 / 155...60/3	Tafeln (Al); hgelbe Nadeln (PÄ); ll. in Ä, Bzl, unl. in W; 23,7 Al 30°; 506 Aceton 30°; Wdampfflch.; brennt auf der Haut
4-Nitro-benzylchlorid [E 2 V, 253]	$O_2N \cdot C_6H_4 \cdot CH_2Cl$	171,58 / —	71...2 / —	Blättchen oder Nadeln (Al); sll. in sied. Al, Ä, unl. in W; 6,4 Al 30°; 99,5 Aceton 30°; 12,5 Bzl 30°; brennt auf der Haut
2-Nitro-benzyl-cyanid [E 2 IX, 311]	$O_2N \cdot C_6H_4 \cdot CH_2 \cdot CN$	162,15 / —	84 / 178/12	Nadeln (Al); ll. in sied. W, zll. in den gebr. org. Lösm.
3-Nitro-benzyl-cyanid [E 2 IX, 312]	$O_2N \cdot C_6H_4 \cdot CH_2 \cdot CN$	162,15 / —	63 / ca 180/3	Krist. (Ä + Lg); sll. in Chlf, ll. in Al, Ä, Bzl, wl. in Lg
4-Nitro-benzyl-cyanid [E 2 IX, 313]	$O_2N \cdot C_6H_4 \cdot CH_2 \cdot CN$	162,15 / —	116...7 / 195...7/12	Tafelförmige Blättchen (Al)
Nitro-brom s. Brom-nitro-				
1-Nitro-butan [I, 123]	$CH_3 \cdot (CH_2)_2 \cdot CH_2 \cdot NO_2$	103,12 / —	— / 151...2	Fl.
2-Nitro-butan [E 2 I, 87]	$C_2H_5 \cdot CH(NO_2) \cdot CH_3$	103,12 / 0,9854[17]	— / 35...6/17	n_D^{20} 1,4057. Salzbildung mit NaOH
Nitro-t-butan [I, 129]	$(CH_3)_3C \cdot NO_2$	103,12 / —	24 / 126...,5	Krist.; ∞ Al, Ä, Bzl; unl. in KOH
3-Nitro-d-campher [E 2 VII, 103]	Strukturformel (CH_3; $H_3C \cdot C \cdot CH_3$; H; NO_2; O)	197,24 / —	103...4 / —	Krist. (Al); unl. in W, wl. in PÄ, l. in Al, Ä, Lg, sll. in Chlf, Bzl

Name und Literatur	Formel	Mol.-Gew. Dichte	F in °C Kp. in °C	Charakteristik
5-Nitro-chinolin [XX, 371]	$NC_9H_6 \cdot NO_2$	174,16 —	72 subl.	Nadeln (W oder Al); wl. in sied. W, l. in h. Al; Hydrochlorid F: 214° (Z.)
6-Nitro-chinolin [XX, 372]	$NC_9H_6 \cdot NO_2$	174,16 —	153...4 —	Nadeln (W oder verd. Al); wl. in W, Ä, Lg, ll. in h. W, Al, sll. in Bzl, ll. in verd. S
7-Nitro-chinolin [XX, 372]	$NC_9H_6 \cdot NO_2$	174,16 —	132...3 subl.	Plättchen oder Nadeln (W oder Al); swl. in k. Al, l. in sied. Al, ll. in Ä, Chlf
8-Nitro-chinolin [XX, 373]	$NC_9H_6 \cdot NO_2$	174,16 —	91...2 —	Spieße (Al); wl. in k. W, zll. in Al, Ä, ll. in Bzl
Nitro-chlor- s. Chlor-nitro				
Nitrochloroform s. Chlorpikrin				
2-Nitro-p-cumol [Org. Syntheses III, 653]		179,22 —	— 126/10	n_D^{20} 1,5287. Fl.
Nitrocyanacetamid s. Fulminursäure				
2-Nitro-N,N-diäthyl= anilin [E 1 XII, 341]		194,24 —	— 37 —	Or.gelbes, scharf riechendes Öl; ll. in Al, Ä, wl. in W
3-Nitro-N,N-diäthyl- anilin [E 1 XII, 346]	$O_2N \cdot C_6H_4 \cdot N(C_2H_5)_2$	194,24 —	— 288...90	Tiefgelbes Öl; Pikrat F: 138°
4-Nitro-N,N-diäthyl- anilin [E 2 XII, 386]	$O_2N \cdot C_6H_4 \cdot N(C_2H_5)_2$	194,24 1,225	77...8 —	Gelbe Platten (Al); ll. in h. Al, wl. in Lg

Name	Formel	Mol.-Gew. / Dichte	Schmp. / Sdp.	Eigenschaften
N-Nitro-dimethylamin [E 1 IV, 342]	$(CH_3)_2N \cdot NO_2$	90,08 $1,1090^{72,3}$	57 187	$n_\alpha^{72,3}$ 1,44246, $n_D^{72,3}$ 1,44622, $n_\gamma^{72,3}$ 1,46519. Nadeln (Ä); ll. in W, Al, Ä, Bzl; Wdampfflch.
2-Nitro-dimethylanilin [E 2 XII, 369]	$O_2N \cdot C_6H_4 \cdot N(CH_3)_2$	166,18 $1,1794^{20}$	E $-20°$ 154,24	n_D^{20} 1,6102. Or.gelbes Öl; l. in W, ll. in Al, Ä, Aceton; Wdampfflch.; Pikrat F: 102...3,5°
3-Nitro-dimethylanilin [E 2 XII, 377]	$O_2N \cdot C_6H_4 \cdot N(CH_3)_2$	166,18 $1,313^{17}$	66 280...5 Z	Rote Krist. (Ä oder Ä + Al); W-dampfflch.
4-Nitro-dimethylanilin [E 1 XII, 350]	$O_2N \cdot C_6H_4 \cdot N(CH_3)_2$	166,18 —	163...4 —	Gelbe Nadeln (Al); l. in h. Al, h. Eg
3-Nitro-2,5-dimethyl-furan [Dunlop, 144]		141,13 $1,520_{20}^{25}$	— 88...92/8	n_D^{20} 1,3140. Fl.
2-Nitro-diphenyl [E 2 V, 487]		199,21 1,44	37...8 ca 320	Tafeln oder Blätter (Al); Kp: 200... $1°/_{30}$; unl. in W, zll. in h. Al, Ä
3-Nitro-diphenyl [E 2 V, 487]	$C_6H_5 \cdot C_6H_4 \cdot NO_2$	199,21 —	62 —	Hgelbe Nadeln (Al); unl. in W, ll. in Al, Eg, Lg; Wdampfflch.
4-Nitro-diphenyl [E 2 V, 487]	$C_6H_5 \cdot C_6H_4 \cdot NO_2$	199,21 1,328	114...5 340.	Nadeln (Al); unl. in W, zwl. in k. Al, ll. in Chlf, Ä
2-Nitro-diphenyläther [Org. Syntheses II, 446]	$NO_2 \cdot C_6H_4 \cdot O \cdot C_6H_5$	215,21 $1,258^{15}$	— 183...5/8	Hgelbes Öl; unl. in W, wl. in Lg, sll. in Al, Ä, Chlf, Bzl, Eg
4-Nitro-diphenyläther [Org. Syntheses II, 445]	$NO_2 \cdot C_6H_4 \cdot O \cdot C_6H_5$	215,21 —	56...8 188...90/8	Tafeln; zwl. in k. Al, Benzin, ll. in Ä, Bzl
4-Nitro-diphenyl-amin [E 2 XII, 286]	$O_2N \cdot C_6H_4 \cdot NH \cdot C_6H_5$	214,23 —	133...4 —	Gelbe Tafeln (CCl_4); unl. in W, ll. in Al, Eg; l. in $H_2SO_4 \rightarrow$ viol. Färbung
Nitroessigsäure [E 2 II, 207]	$O_2N \cdot CH_2 \cdot CO_2H$	105,05 —	87...9 Z —	Nadeln (Chlf); ll. in Al, Ä, l. in h. Chlf, Bzl, Toluol, unl. in PÄ; wss. Lsg. zers.; Äthylester Fl.; Kp: $94°/_{11}$

Name und Literatur	Formel	Mol.-Gew. Dichte	F in °C Kp. in °C	Charakteristik
2-Nitro-fluoren [Org. Syntheses II, 447]		211,22 —	157 —	Krist. (Eg)
Nitroform s. Trinitromethan				
2-Nitro-furan [Dunlop, 144]		113,07 —	28,8...9,2 133...5/$_{123}$	Krist.
5-Nitro-furancarbon= säure-(2) [Dunlop, 159]		157,08 —	185...5,5 —	Krist.; Methylester F: 81,6°
5-Nitro-furancarbon= säure-(3) [Dunlop, 159]		157,08 —	138 —	Krist.; Äthylester F: 56°
Nitroglycerin s. Glycerintrinitrat				
Nitroguanidin [E 2 III, 100]	$O_2N \cdot NH \cdot C(: NH) \cdot NH_2$	104,07 —	220...50 Z —	α- und β-Form zeigen gleiche chemiche Reaktionen und identische Derivate; Trennung durch fraktionierte Kristallisation (W); Nadeln oder Plättchen (W); 0,44 W 25°; 8,25 W 100°; swl. in Al, unl. in Ä
Nitroharnstoff [E 2 III, 99]	$O_2N \cdot NH \cdot CO \cdot NH_2$	105,05 —	159 Z —	Prismen (Al, Eg oder h. W); wl. in Bzl, Ä, Chlf, k. W, PÄ, l. in Al, ll. in Aceton
5-Nitro-indazol [Org. Syntheses III, 660]		163,14 —	208...9 —	Hgelbe Nadeln (Me)
5-Nitro-isophthalsäure [IX, 840]		211,13 —	255...6 —	Blättchen (Al); sll. in h. W, Al, Ä

3-Nitro-o-kresol [E 1 VI, 178]		153,14 —	ca 147 —	Weiße bis weißgelbe Nadeln (W); swl. in k. W, ll. in Al, Ä; intensiv süßer Geschmack
4-Nitro-o-kresol [E 2 VI, 339]		153,14 —	96 —	Fbl. Tafeln (Bzl); swl. in W, ll. in Al, Ä; instabile Form: gelbe Nadeln F: < 96...75°; Reiben → stabile Form
5-Nitro-o-kresol [E 2 VI, 339]		153,14 —	118 —	Gelbe Nadeln (Lg); wl. in k. W, CS$_2$, Lg, ll. in Al, Ä, Bzl
6-Nitro-o-kresol [E 2 VI, 338]		153,14 —	70 —	Gelbe Tafeln (PÄ); gelbe Prismen (verd. Al); unl. in W, sll. in Al, Ä
2-Nitro-m-kresol [E 2 VI, 359]		153,14 —	41 Z	Gelbe Nadeln (PÄ oder Bzl); ll. in den gebr. org. Lösm.; Wdampfflch.; Na-Salz ll. in W
4-Nitro-m-kresol [E 2 VI, 361]		153,14 —	129 —	Prismen (W); swl. in k. W, sll. in Al, Ä, Chlf, Bzl; Na-Salz gelbe Tafeln; wl. in W
5-Nitro-m-kresol [E 2 VI, 361]		153,14 —	90...1 —	Hgelbe Krist. (Bzl); sll. in Al, Ä, l. in Bzl, swl. in W; nicht Wdampfflch.; hygr.; hgelbe Nadeln · 1 H$_2$O (W), F: 60...1°

Name und Literatur	Formel	Mol.-Gew. Dichte	F in °C / Kp. in °C	Charakteristik
6-Nitro-m-kresol [E 2 VI, 359]	O_2N–Ring mit OH, CH_3	153,14 —	56 —	Gelbe Tafeln (Bzl oder Ä); wl. in W, l. in Bzl, Ä, ll. in Al; Wdampfflch.; K-Salz rote Blättchen, sll. in W
2-Nitro-p-kresol [E 2 VI, 388]	Ring mit OH, NO_2, CH_3	153,14 $1,2399^{38,6}$	33...4 $125/_{22}$	n_D^{40} 1,574. Gelbe Nadeln (Al + W); Krist. (Amylal.); Kp: 73...5°/$_{0,5}$; wl. in W, sll. in Al, Ä, Bzl; Aldampfflch.
3-Nitro-p-kresol [E 2 VI, 387]	Ring mit OH, NO_2, CH_3	153,14 —	76...7 (79) —	Gelbe Prismen (Ä); wl. in k. W, Lg, CS_2, ll. in Bzl, sll. in Al, Ä; nicht Wdampfflch.
Nitromalon-dialdehyd [E 2 I, 824]	$OHC \cdot CH(NO_2) \cdot CHO$	117,06 —	50...1 —	Prismen (Ä); ll. in Al, Ä, Chlf, Bzl, zl. in Lg; zers. in wss. Lsg.
Nitromalonsäure-diäthyl= ester [E 2 II, 539]	$O_2N \cdot CH(CO_2C_2H_5)_2$	205,17 $1,1988^{20}$	— $127/_{10}$	Fbl. Öl; unl. in W; fruchtart. Geruch
2-Nitro-mesitylen [E 2 V, 316]	Ring mit CH_3, NO_2, CH_3, H_3C	165,19 —	44 255	Prismen (Al); zll. in k. Al, ll. in h. Al, unl. in W; Wdampfflch.
Nitromethan [E 3 I, 106]	$CH_3 \cdot NO_2$	61,04 $1,1385^{20}$	− 29,2 101,15	Öl; wl. in W, l. in Al, Ä; mit Alk → Nitroacetaldoxim; Na-Salz expl.; MAK: 100 cm³/m³
4-Nitro-2-methyl-butan [E 2 I, 104]	$(CH_3)_2CH \cdot CH_2 \cdot CH_2 \cdot NO_2$	117,15 $0,9599^{20,6}$	— 64...5/$_{21}$	$n_\alpha^{20,6}$ 1,41570, $n_D^{20,6}$ 1,41806, $n_\gamma^{20,6}$ 1,42908. Fl.

2-Nitro-3-methyl-furan [Dunlop, 144]	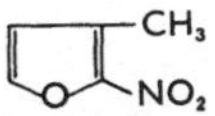	127,10 —	35 105...6/13	Krist.
2-Nitro-5-methyl-furan [Dunlop, 144]	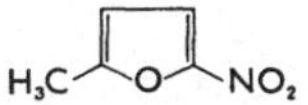	127,10 —	45,5...6 104/12	Krist.
Nitron [XXVI, 349]*)	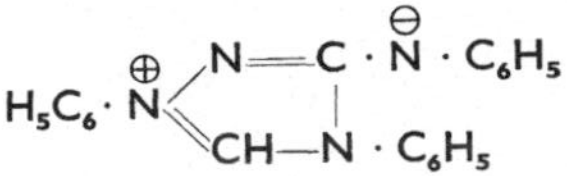	312,38 —	189 Z —	Gelbe Nadeln (Chlf + PÄ); wl. in Ä, l. in sied. Al, Bzl, zll. in Chlf, Aceton, Egester rot *) Formel s. a. Quart. Rev. **11**, 26 (1957)
1-Nitro-naphthalin [E 2 V, 450]	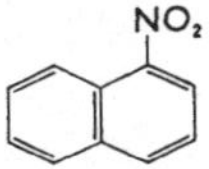	173,17 $1{,}2226^{61,5}$	57,2...7,5 304	Gelbe Nadeln (Al); ca 4,5 Al; 0,005 W 18°; 188 Bzl 29,5°; 31,3 Ä 18°; 141,5 Chlf 18°; 296 Chlf 30°; Lsg. in H_2SO_4 dkl. rot
2-Nitro-naphthalin [E 2 V, 451]	$C_{10}H_7 \cdot NO_2$	173,17 —	79 180...4/14	Platten (verd. Al); lange Nadeln (Al + Ä); zimtart. Geruch; ll. in Al, Ä, Chlf, Eg; unl. in W; Wdampfflch.
2-Nitro-naphthol-(1) [E 2 VI, 584]	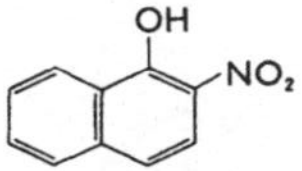	189,17 —	128...9 —	Gelbe Blättchen (Al); wl. in verd. Al, swl. in W; Wdampfflch.; Acetat F: 118°
3-Nitro-naphthol-(1) [E 2 VI, 584]	$HO \cdot C_{10}H_6 \cdot NO_2$	189,17 —	167...8 —	Gelbe Nadeln
4-Nitro-naphthol-(1) [E 2 VI, 584]	$HO \cdot C_{10}H_6 \cdot NO_2$	189,17 —	165...6 —	Nadeln (W); l. in sied. W, sll. in Al, Eg; nicht Wdampfflch.
5-Nitro-naphthol-(1) [VI, 616]	$HO \cdot C_{10}H_6 \cdot NO_2$	189,17 —	171 —	Rote Nädelchen (W); ll. in Eg, Toluol, zll. in h. W, zwl. in Al, Ä, wl. in k. W, Lg
1-Nitro-naphthol-(2) [E 2 VI, 608]	$HO \cdot C_{10}H_6 \cdot NO_2$	189,17 —	104 —	Gelbe Nadeln oder Blättchen (Al); ll. in Al

Name und Literatur	Formel	Mol.-Gew. Dichte	F in °C Kp. in °C	Charakteristik
5-Nitro-naphthol-(2) [VI, 654]	$HO \cdot C_{10}H_6 \cdot NO_2$	189,17 —	147 —	Hgelbe Nadeln (W); ll. in h. W und in den gebr. Lösm.
6-Nitro-naphthol-(2) [E 2 VI, 609]	$HO \cdot C_{10}H_6 \cdot NO_2$	189,17 —	158 —	Gelbe Nädelchen (W); ll. in Al, Eg, h. Bzl
8-Nitro-naphthol-(2) [VI, 655]	$HO \cdot C_{10}H_6 \cdot NO_2$	189,17 —	144...5 —	Gelbe Nadeln (W); ll. in Al, Ä, Aceton, Chlf, Bzl
2-Nitro-naphthyl-amin-(1) [E 2 XII, 703]	Naphthalin mit NH_2 und NO_2	188,19 —	144 —	Rotgelbe Prismen (Al); N-Acetyl= derivat F: 199°
4-Nitro-naphthyl= amin-(1) [E 2 XII, 704]	$O_2N \cdot C_{10}H_6 \cdot NH_2$	188,19 —	192 —	Or. Nadeln (Al); wl. in W, zll. in Al, Eg; Acetylderivat F: 190°
5-Nitro-naphthyl= amin-(1) [E 2 XII, 705]	$O_2N \cdot C_{10}H_6 \cdot NH_2$	188,19 —	118...9 —	Rote Nadeln (W); ll. in Al; Acetyl= derivat F: 220°
8-Nitro-naphthyl= amin-(1) [E 2 XII, 705]	$O_2N \cdot C_{10}H_6 \cdot NH_2$	188,19 —	96...7 —	Rote Schuppen (PÄ); N-Acetylderivat F: 191°
1-Nitro-naphthyl= amin-(2) [E 2 XII, 731]	$O_2N \cdot C_{10}H_6 \cdot NH_2$	188,19 —	126...7 —	Or.gelbe Nadeln (Al); l. in h. W, ll. in Al, Aceton, Eg; Acetylderivat F: 126°
5-Nitro-naphthyl= amin-(2) [XII, 1314]	$O_2N \cdot C_{10}H_6 \cdot NH_2$	188,19 —	143,5 —	Rote Nadeln (Al); unl. in Lg, ll. in h. Al, Eg, Bzl; Acetylderivat F: 186°
8-Nitro-naphthyl= amin-(2) [E 2 XII, 733]	$O_2N \cdot C_{10}H_6 \cdot NH_2$	188,19 —	104...5 —	Rote Nadeln; ll. in den gebr. Lösm.; unl. in Lg
1-Nitro-pentan [I, 133]	$CH_3 \cdot [CH_2]_3 \cdot CH_2 \cdot NO_2$	117,15 $0,9475^{20}$	— 88...90/64	n_D^{20} 1,4218; fbl. bewegliche Fl. von ranzigem Geruch und süßem Geschmack; beständig

				Fl.
3-Nitro-pentan [I, 133]	$C_2H_5 \cdot CH(NO_2) \cdot C_2H_5$	117,15 / 0,9575^0	— / 152...5	
1-Nitro-phenanthren [J. Chem. Soc. **1949**, 3175]	$C_{14}H_9 \cdot NO_2$	223,23 / —	133 / —	Gelbe Nadeln oder Platten (Al)
2-Nitro-phenanthren [E 1 V, 330]	$C_{14}H_9 \cdot NO_2$	223,23 / —	99 / —	Hgelbe Krist. (Al); sll. in Al, Ä, Bzl, Eg
3-Nitro-phenanthren [E 1 V, 330]	$C_{14}H_9 \cdot NO_2$	223,23 / —	170...1 / —	Dkl.gelbe Blättchen oder Nadeln (Eg); wl. in Aceton, Chlf, k. Bzl, Toluol, swl. in Al, k. Eg
4-Nitro-phenanthren [E 1 V, 330]	$C_{14}H_9 \cdot NO_2$	223,23 / —	80...2 / —	Gelbe Nadeln (Al)
9-Nitro-phenanthren [E 1 V, 330]	$C_{14}H_9 \cdot NO_2$	223,23 / —	116...7 / —	Hgelbe Nadeln (Al); ll. in Bzl, Chlf, wl. in k. Al, Ä, swl. in Lg
4-Nitro-phenetol [E 2 VI, 221]	$O_2N \cdot C_6H_4 \cdot OC_2H_5$	167,17 / 1,1416^{75}	62 / 283	Prismen (Ä); unl. in W, sll. in Ä, ll. in h. Al, h. PÄ, wl. in k. Al, k. PÄ; Wdampfflch.
2-Nitro-phenol [E 2 VI, 205]	$O_2N \cdot C_6H_4 \cdot OH$	139,11 / 1,2712^{60}	E 45,12 / 217,2	Gelbe Nadeln (Al oder Ä); Geruch nach gebranntem Zucker; 0,32 W 38,4°; 1,08 W 100°; 102,4 Aceton 0,2°; 1236,7 Aceton 36,5°; 45,9 Bzl 0°; 873,6 Bzl 40,1°; 10,16 Al 0°; 1038,4 Al 41,3°; 37,8 Ä 1°; 915,9 Ä 37,5°; Wdampfflch.; schmeckt süß
3-Nitro-phenol [E 2 VI, 212]	$O_2N \cdot C_6H_4 \cdot OH$	139,11 / 1,2797^{100}	93 / Z	Krist. (Ä); federart. Krist. (CS_2); Kp: 194°/70; 3 W 40°; 69 W 98,7°; 169,35 Aceton 0,2°; 1305,9 Aceton 84°; 0,63 Bzl 6°; 852,5 Bzl 87,8°; 116,9 Al 1°; 1105,3 Al 85°; 51,4 Ä 0,2°; 1065,8 Ä 83°

Name und Literatur	Formel	Mol.-Gew. Dichte	F in °C Kp. in °C	Charakteristik
4-Nitro-phenol [E 2 VI, 215]	$O_2N \cdot C_6H_4 \cdot OH$	139,11 $1,2703^{120}$	114 subl.	Gelbe Prismen (Toluol); 1,18 W 25°; 6,05 W 50°; 115,7 Al 0°; 1016,8 Al 89,8°; 110 Ä 1°; 1001,5 Ä 101,9°; 188,3 Aceton 0°; 1192,5 Aceton 97°; 0,65 Bzl 8°; 1072 Bzl 104°; 2,99 Chlf 14°; 0,05 CS_2 14°
2-Nitro-phenol-sulfo= säure-(4) [XI, 245]	(Struktur: OH, NO_2, SO_3H am Benzolring)	219,17 —	141...2 —	Nadeln $\cdot 3\,H_2O$ (W); F: 51,5°; ll. in W, sll. in Al, h. Chlf, Egester
4-Nitro-phenol-sulfo= säure-(2) [E 2 XI, 132]	$O_2N \cdot C_6H_3(OH)(SO_3H)$	219,17 —	110 Z —	Prismen oder Nadeln oder Tafeln $\cdot 3\,H_2O$; wird bei 100° wfrei; hygr.; mit $FeCl_3$ tiefrotbraune Färbung
1-[4-Nitrophenyl]- butadien-(1,3) [Org. Syntheses 31, 80]	$O_2N \cdot C_6H_4 \cdot CH : CH \cdot CH : CH_2$	175,19 —	78,6...9,4 —	Gelbe Krist. (Lg); zers.
1-[4-Nitrophenyl]- 4-chlor-buten-(2) [Org. Syntheses 31, 80]	$O_2N \cdot C_6H_4 \cdot CH_2 \cdot CH : CH \cdot CH_2Cl$	211,65 —	— $160...5/_1$	Gelbes Öl
Nitro-phenylendiamin s. Diamino-nitro-benzol				
4-Nitro-phenylessigsäure [Org. Syntheses I, 398]	$O_2N \cdot C_6H_4 \cdot CH_2 \cdot CO_2H$	181,15 —	151...2 —	Hgelbe Nadeln (W); wl. in k. W, ll. in Al, Ä, Bzl
4-Nitrophenyl-glycin [XII, 725]	$O_2N \cdot C_6H_4 \cdot NH \cdot CH_2 \cdot CO_2H$	196,16 —	225 Z —	Gelbe Krist. (W); Acetat F: 191...2°

Name	Formel	Mol.-Gew.	F / Kp	Eigenschaften
2-Nitro-phenylhydrazin [XV, 454]	$NH \cdot NH_2$ / NO_2 (o-substituiert)	153,14 —	90 —	Rote Nadeln (Bzl); wl. in k. Al, Ä, Lg, Bzl, ll. in h. W
3-Nitro-phenyl-hydrazin [E 2 XV, 182]	$O_2N \cdot C_6H_4 \cdot NH \cdot NH_2$	153,14 —	93 —	Or.gelbe Nadeln (Bzl + PÄ); ll. in Eg, Chlf, wl. in sied. W, k. Al, Bzl
4-Nitro-phenylhydrazin [E 2 XV, 183]	$O_2N \cdot C_6H_4 \cdot NH \cdot NH_2$	153,14 —	157...8 Z —	Or.rote Blättchen oder Nadeln (sied. Al); l. in h. W, Ä, Chlf, h. Bzl, ll. in h. Al; Pikrat F: 119...20°
4-Nitro-phenylisocyanat [E XII, 394]	$O_2N \cdot C_6H_4 \cdot N : CO$	164,12 —	56...7 160...2/18	Gelbliche Nadeln; ll. in Ä, Chlf, Bzl, Toluol, h. Lg
o-Nitro-phenyl-mercaptyl-chlorid [Org. Syntheses II, 455]	$O_2N \cdot C_6H_4 \cdot S \cdot Cl$	189,62 —	70...3 —	Krist. (CCl$_4$); wl. in Ä, Benzin, ll. in Chlf, Bzl, Eg
2-Nitro-phenylpropiol=säure [IX, 636]	$C : C \cdot CO_2H$ / NO_2 (o-substituiert)	191,14 —	157 Z —	Nadeln (W); unl. in Lg, CS$_2$, wl. in Chlf, l. in k. W, ll. in h. W
3-Nitro-phenylpropiol=säure [E 1 IX, 267]	$O_2N \cdot C_6H_4 \cdot C : C \cdot CO_2H$	191,14 —	143 Z —	Nadeln (Bzl + Lg); unl. in Lg, ll. in h. W, Al, Ä, Chlf, Eg, Bzl
4-Nitro-phenylpropiol=säure [IX, 637]	$O_2N \cdot C_6H_4 \cdot C : C \cdot CO_2H$	191,14 —	181 Z —	Nadeln (Al oder Ä); unl. in PÄ, wl. in W, Chlf, Bzl, ll. in h. Al, Ä, Eg
4-Nitrophenylsulfid s. Di-(4-nitrophenyl)-sulfid				
trans-o-Nitro-α-phenyl=zimtsäure [Org. Syntheses 35, 89]	H CO_2H / $C : C$ / NO_2 (Phenyl)	269,26 —	197,8...8,3 —	Gelbe Prismen (Toluol)
6-Nitro-phthalid [E 2 XVII, 334]	CH_2, O_2, CO, O_2N (Phthalid-Ringsystem)	179,13 —	147 —	Nadeln (Al); sll. in h. Chlf, Bzl, Eg, zwl. in k. Al, unl. in k. W; 0,04 W 25°

42*

Name und Literatur	Formel	Mol.-Gew. Dichte	F in °C Kp. in °C	Charakteristik
3-Nitro-phthalsäure [E 2 IX, 605]	CO_2H, CO_2H, NO_2	211,13 —	218 —	Gelbliche Krist. $\cdot 2H_2O$ (W); 2,05 W 25°; unl. in PÄ, Bzl, wl. in Ä, l. in Me, Al, ll. in h. W
3-Nitro-phthalsäure-anhydrid [Org. Syntheses I, 402]	CO, O, CO, NO_2	193,12 —	163...4 —	Krist. (Ä); swl. in Bzl, l. in h. Al, Aceton, ll. in h. Eg
3-Nitrophthalsäure-imid [XXI, 505]	CO, NH, CO, NO_2	192,13 —	216 —	Nadeln (Al oder Aceton); ll. in h. Al, Aceton, Eg, wl. in Bzl, Chlf, CS_2, unl. in W, Ä, Lg; leicht subl.
4-Nitro-phthalsäure [E 2 IX, 606]	CO_2H, CO_2H, O_2N	211,13 —	162...3 —	Gelbliche Nadeln (Ä); unl. in PÄ, Chlf, Bzl, wl. in k. Eg, l. in Ä, ll. in W, Al, h. Eg
4-Nitro-phthalsäure-imid [Org. Syntheses II, 459]	CO, NH, CO, O_2N	192,13 —	198 —	Krist. (Al); subl.; wl. in h. W, l. in Al, Aceton, Eg
1-Nitro-propan [E 2 I, 79]	$CH_3 \cdot CH_2 \cdot CH_2 \cdot NO_2$	89,09 $1,0081^{24,3}$	− 108,0 131,6	$n_\alpha^{24,3}$ 1,39787, $n_D^{24,3}$ 1,40027, $n_\gamma^{24,3}$ 1,41104. Öl; unl. in W, ∞ Al, Ä; MAK: 25 cm³/m³
2-Nitro-propan [E 2 I, 79]	$CH_3 \cdot CH(NO)_2 \cdot CH_3$	89,09 $1,024^0$	− 93,0 120,3	n_D^{20} 1,3941. Fl.; l. 0,6 ml in 100 ml W 20°; ll. in Al, Ä; MAK: 25 cm³/m³

Name [Lit.]	Formel	Mol.-Gew. / Dichte	F. / Kp.	Eigenschaften
2-Nitro-resorcin [E 2 VI, 822]	$OH / NO_2 / OH$ (Ringformel)	155,11 / —	83,5 / $Z > 180$	Or.rote Prismen (verd. Al); intensiver Geruch; Wdampfflch.; in saurer Lsg. gelb, bei pH 7,6 rötlich braun; Dimethyläther gelbliche Nadeln (Al oder Eg), F: 130°
4-Nitro-resorcin [E 2 VI, 822]	$HO / OH / NO_2$ (Ringformel)	155,11 / —	122 / —	Citronengelbe Nädelchen (CCl_4); ll. in Al, Ä, Chlf, h. Bzl, zwl. in CCl_4, swl. in CS_2
3-Nitro-salicylsäure [E 2 X, 66]	$CO_2H / OH / NO_2$ (Ringformel)	183,12 / —	148...9 / —	Nadeln · 1 H_2O (W), F: 128,5°; 0,13 W 16°; ll. in Al, Ä, Chlf, Bzl
5-Nitro-salicylsäure [E 2 X, 67]	$HO \cdot C_6H_3(NO_2) \cdot CO_2H$	183,12 / $1{,}650^{20}$	228 / —	Krist. (Eg oder Aceton); 0,20 W 45°; ll. in h. W, Al, Ä, Eg
4-Nitroso-anilin [E 1 VII, 344]	$ON \cdot C_6H_4 \cdot NH_2$	122,13 / —	168,..9 Z / —	Blaue Nadeln (Bzl); l. in W grün, l. in Al
2-Nitroso-benzoesäure [IX, 368]	$ON \cdot C_6H_4 \cdot CO_2H$	151,12 / —	214 Z / —	Krist. (Al oder Eg); wl. in Ä, Bzl; Lsgg. in Al, Eg und NH_3 → grüne Färbung
Nitrosobenzol [E 2 V, 169]	$C_6H_5 \cdot NO$	107,11 / —	68 / 57...9/18	Krist. (Al + Ä); stechender Geruch; wl. in Lg und den gebr. Lösm. mit grüner Farbe; unl. in W; Wdampfflch.; mit sodaalk. Lsg. oder Hydroxylamin und α-Naphthol → rote Färbung
N-Nitroso-diäthylamin [E 2 IV, 617]	$(C_2H_5)_2N \cdot NO$	102,14 / $0{,}9422^{20}$	— / 176,9	$n_\alpha^{19,9}$ 1,43535, $n_D^{19,9}$ 1,43864, $n_\gamma^{19,9}$ 1,45422. Öl; Kp: 61...3°/₁₂; aromatischer Geruch; l. in W

Name und Literatur	Formel	Mol.-Gew. Dichte	F in °C Kp. in °C	Charakteristik
4-Nitroso-diäthylanilin [XII, 684]	$ON \cdot C_6H_4 \cdot N(C_2H_5)_2$	178,24 $1,24^{15}$	84 —	Grüne Blättchen (Aceton); wl. in W, ll. in Al, Ä
N-Nitroso-dimethylamin s. Dimethylnitrosamin				
4-Nitroso-N-dimethyl-anilin [E 2 XII, 364]	$ON \cdot C_6H_4 \cdot N(CH_3)_2$	150,18 $1,145^{20}$	87,8 —	Grüne Blättchen (Ä); unl. in W, l. in Al, Ä
4-Nitroso-diphenyl-amin [XII, 207]	$C_6H_5 \cdot NH \cdot C_6H_4 \cdot NO$	198,23 —	144,6 —	Grüne Tafeln (Bzl); unl. in W, wl. in Lg, ll. in Al, Ä, Chlf, Bzl, l. in H_2SO_4 → rote Färbung
N-Nitroso-diphenylamin s. Diphenylnitrosamin				
N-Nitroso-methylanilin [Org. Syntheses II, 460]	$C_6H_5 \cdot N(NO)CH_3$	136,15 —	— 135...7	Gelbe Fl.
N-Nitroso-N-methyl= harnstoff [E 1 IV, 342]	$CH_3 \cdot N(NO) \cdot CO \cdot NH_2$	103,08 —	121 Z —	Krist. (Ä); ll. in Al, Aceton, Ä, zll. in Bzl, Chlf, unl. in k. W; Methylie-rungsmittel besonders für Phenole
N-Nitroso-N-methyl-urethan [E 2 IV, 585]	$CH_3 \cdot N(NO) \cdot CO_2C_2H_5$	132,12 $1,1224^{20}$	< -20 $59...61/_{10}$	n_α^{20} 1,43284, n_D^{20} 1,43632, n_γ^{20} 1,45584. Gelbrote Fl.; ∞ Al, Ä, Bzl, wl. in k. W, l. in h. W; mit alkohol. Alk → Diazomethan; Methylierungsmittel
1-Nitroso-naphthalin [E 2 V, 450]	$C_{10}H_7 \cdot NO$	157,17 —	85...6 * Z 134	Hgelbe Krist. (Aceton); ll. in Chlf, Egester, wl. in k. Al, Ä, Bzl, swl. in PÄ, Wdampfflch.; Lsg. ist grün ge-färbt; Z. durch h. Alk und S; * → hgrüner Tropfen, der wieder erstarrt und dann F: 98° besitzt
1-Nitroso-naphthol-(2) [E 2 VII, 647]	(Strukturformel: Naphthalin mit NO und OH)	173,17 —	109,5 —	Braune Krist. (Bzl + Lg); 0,02 W 20°; swl. in sied. W, wl. in PÄ; 2,4 Al 13°; sll. in h. Al, Ä, Bzl, CS_2, Eg

2-Nitroso-naphthol-(1) [E 1 VII, 385]	ON · $C_{10}H_6$ · OH	173,17 —	162...4 Z —	Gelbe Nadeln (W); swl. in k. W, wl. in Ä, PÄ, Chlf, Bzl, ll. in Me, Al, Aceton, Eg gelb; l. in H_2SO_4 rot
4-Nitroso-naphthol-(1) [E 1 VII, 386]	ON · $C_{10}H_6$ · OH	173,17 —	198 —	Hgelbe Nadeln (Bzl); swl. in h. Bzl, wl. in Chlf, CS_2, ll. in Me, Al, Ä, Aceton grün
1-Nitroso-2-naphthol-sulfosäure-(6) [E 2 XI, 190]	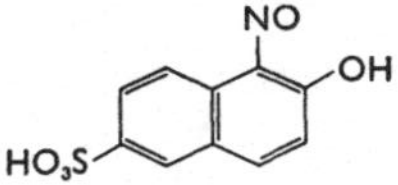 (NO, OH, HO_3S-Naphthalin)	253,23 —	Z —	Or. Krist.; sll. in W; „Nitrin‟; Fe-Salz dkl.grün; ll. in W; Pulver für komplexometrische Titrationen nach Schwarzenbach
1-Nitroso-naphthyl=amin-(2) [VII, 717]	ON · $C_{10}H_6$ · NH_2	172,19 —	150...2 —	Grüne Nadeln (verd. Al); wl. in h. W, l. in Lg, ll. in h. Ä, h. Chlf, sll. in h. Al, l. in Alk rot
2-Nitroso-1-nitro-benzol [V, 257]	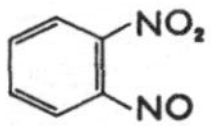 (NO_2, NO-Benzol)	152,11 —	126...6,5 * —	Gelbliche Krist. (Egester oder Aceton); ll. mit grüner Farbe in h. Chlf, h. Bzl, h. Aceton, zll. in h. Al, h. Lg, wl. in Ä, unl. in PÄ, W; Wdampfflch.; Lsg. in Al mit Alk → blauviol. Farbe; * mit grüner Farbe
3-Nitroso-1-nitro-benzol [E 2 V, 192]	ON · C_6H_4 · NO_2	152,11 —	89,5...90,5 * —	Nadeln; ll. mit grüner Farbe in h. Al, Chlf, Aceton, Eg, Bzl, wl. in Ä, swl. in PÄ; * mit grüner Farbe
4-Nitroso-1-nitro-benzol [E 2 V, 192]	ON · C_6H_4 · NO_2	152,11 —	118,5...9,0 * —	Hgelbe Nadeln (Al); ll. mit grüner Farbe in Bzl, Chlf, Eg, Aceton, h. Al, zwl. in Lg, wl. in Ä, swl. in W; Wdampfflch.; Lsg. in Al mit Alk → rote Färbung und Abscheidung von Nädelchen; * mit grüner Farbe

Name und Literatur	Formel	Mol.-Gew. Dichte	F in °C Kp. in °C	Charakteristik
4-Nitroso-phenol [E 2 VII, 574]	ON · C₆H₄ · OH	123,11 —	133 —	Nadeln (W); wl. in Bzl, l. in W, Eg, ll. in h. W, Al grün, Ä, Aceton; ll. in Alk rotbraun
α-Nitroso-phenyl-hydrazin [E 1 XV, 104]	C₆H₅ · N(NO)NH₂	137,14 —	51 —	Gelbliche breite Nadeln
N-Nitroso-N-phenyl-hydroxylamin-ammoniumsalz [Org. Syntheses I, 171]	C₆H₅ · N(NO)O · NH₄	155,16 —	— —	„Cupferron'' findet Verwendung zur Fällung von Fe und Cu
3-Nitrosopyrrol [XXI, 268]		96,09 —	— —	Na-Salz: braunes Kristallpulver, ab-sorbiert O₂ aus der Luft und wird schwarz
N-Nitrosopyrrolidin [XX, 6]	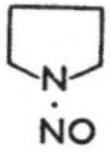	100,12 —	— 214 Z	Gelbes Öl
N-Nitroso-Δ³-pyrrolin [XX, 134]	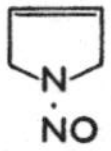	98,11 —	— 160...1/2	Öl; ll. in Al, Ä
2-Nitroso-toluol [E 2 V, 243]	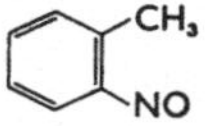	121,14 —	72,5 —	Nädelchen oder Prismen; ll. in Al, Ä, Chlf; flch. mit Dampf; die Lsgg. sind grün gefärbt
3-Nitroso-toluol [V, 318]	ON · C₆H₄ · CH₃	121,14 —	53...3,5 —	Nädelchen; flch. mit Dampf
4-Nitroso-toluol [E 2 V, 243]	ON · C₆H₄ · CH₃	121,14 —	48,5 —	Weiße Nadeln (Lg); ll. in h. Me, Bzl, l. in h. Lg, swl. in W; leicht flch. mit Dampf; Schmelzen und Lsg. sind grün gefärbt

Name	Formel	Mol.-Gew.	F./Kp.	Eigenschaften
2-Nitro-styrol [V, 478]	$O_2N \cdot C_6H_4 \cdot CH:CH_2$	149,15 —	12...3,5 —	Öl; erstarrt im Kältegemisch; flch. mit Dampf; Lsg. in konz. H_2SO_4 blau
3-Nitro-styrol [Org. Syntheses 33, 62]	$O_2N \cdot C_6H_4 \cdot CH:CH_2$	149,15 —	— 90...6/3,5	n_D^{20} 1,5836. Gelbe Fl.; ll. in Chlf
4-Nitro-styrol [E 2 V, 368]	$O_2N \cdot C_6H_4 \cdot CH:CH_2$	149,15 —	29 Z	Prismen (Lg); sll. in Ä, ll. in h. Al, Lg, Bzl, swl. in k. Lg; flch. mit Dampf; polym. beim Stehen
ω-Nitrostyrol [E 2 V, 368]	$C_6H_5 \cdot CH:CH \cdot NO_2$	149,15 —	58 250 Z	Gelbliche Prismen (PÄ oder Al); Kp: 149,5°/14; durchdringender Zimtgeruch; unl. in k. W, wl. in h. W, l. in Al, ll. in Ä, Chlf, CS_2, Bzl; reizt Haut und Schleimhäute
Nitro-terephthalsäure [E 2 IX, 614]		211,13 —	268 —	Nadeln (W); ll. in h. W, h. Al, Ä
2-Nitro-thiophen [E 2 XVII, 37]		129,14 1,3644[42,6]	45,5 224...5	$n_\alpha^{42,6}$ 1,5855. Nadeln (PÄ); unl. in W, l. in h. Alk braunrot; Geruch wie 4-Nitro-toluol
3-Nitro-thiophen [E 2 XVII, 37]		129,14 —	78...9 225	Krist.; färbt sich am Licht
3-Nitro-o-toluidin [XII, 848]		152,15 1,378[15]	92 305 Z	Gelbe Blättchen (Al); 1,3 sied. W; ll. in Al, Ä, Bzl; Acetylderivat F: 158°
4-Nitro-o-toluidin [E 2 XII, 459]		152,15 1,1586[140]	134...5 —	Gelbe Nadeln (W); wl. in h. W, ll. in Al; Acetylderivat F: 198°

Name und Literatur	Formel	Mol.-Gew. Dichte	F in °C Kp. in °C	Charakteristik
5-Nitro-o-toluidin [E 1 XII, 392]	NH_2, CH_3, O_2N	152,15 $1,365^{15}$	107 —	Gelbe Prismen (Al); wl. in W, l. in Al, Ä, Aceton; Acetylderivat F: 150...1°
6-Nitro-o-toluidin [E 2 XII, 458]	NH_2, CH_3, O_2N	152,15 $1,900^{100}$	96 —	Gelbor. Prismen (verd. Al); wl. in W, ll. in Al, Ä, Chlf, Bzl; Acetylderivat F: 158°
2-Nitro-m-toluidin [E 2 XII, 476]	NH_2, NO_2, CH_3	152,15 —	53 —	Or.rote Prismen (PÄ + Bzl); wl. in k. W, ll. in h. W, Al; Acetylderivat F: 136°
4-Nitro-m-toluidin [E 2 XII, 476]	NH_2, CH_3, NO_2	152,15 —	133 —	Gelbe Nadeln (W); wl. in k. W, ll. in h. W, Al, Ä; Acetylderivat F: 104°
5-Nitro-m-toluidin [XII, 877]	NH_2, O_2N, CH_3	152,15 —	98...8,4 —	Gelbrote Nadeln; swl. in k. W, ll. in Al, Bzl, sll. in Ä
6-Nitro-m-toluidin [E 2 XII, 476]	NH_2, O_2N, CH_3	152,15 —	109 —	Gelbe Blättchen (W); wl. in W, ll. in Al, Ä, Chlf, Bzl; Acetylderivat F: 86...7°

Verbindung	Formel	M / d	F / Kp	Eigenschaften
2-Nitro-p-toluidin [E 1 XII, 439]	NH_2, NO_2, CH_3	152,15 / 1,312[17]	117 / —	Rote Blättchen (verd. Al); swl. in h. W, ll. in Al, Ä; Wdampfflch.; Acetylderivat F: 96°
3-Nitro-p-toluidin [E 2 XII, 534]	NH_2, NO_2, CH_3	152,15 / —	78 / —	Gelbe Nadeln (W); wl. in k. W, k. CS_2, l. in h. W, ll. in Ä, Bzl, sll. in h. Al; Acetylderivat F: 148,5°
2-Nitro-toluol [E 2 V, 243]	CH_3, NO_2	137,14 / 1,168[20]	− 4,45 * / 221,85	$n_\alpha^{16,5}$ 1,5417, $n_D^{16,2}$ 1,5480, $n_{546,1}^{15,9}$ 1,5538. Fl.; 0,065 W 30°; ll. in Al, Ä, org. Lösm.; α-Modifikation F: − 10,5°; * F der β-Modifikation; MAK: 5 cm³/m³, H
3-Nitro-toluol [E 2 V, 246]	$O_2N \cdot C_6H_4 \cdot CH_3$	137,14 / 1,1581[20]	15,53 / 231,87	n_α^{15} 1,54266, n_D^{15} 1,54919, n_β^{15} 1,56685. Krist.; 0,05 W 30°; ll. in Al, Ä; Wdampfflch.; MAK: 5 cm³/m³, H
4-Nitro-toluol [E 2 V, 247]	$O_2N \cdot C_6H_4 \cdot CH_3$	137,14 / 1,117[58]	51,8 / 238,8…9,0	Krist. (Al oder Ä); 0,004 W 14,5°; 6,8 Al 15°; 13,2 abs. Al 15°; 58,1 Ä 15°; 114 Bzl 15°; l. in Me, ll. in CS_2, Py, Toluol, Aceton; MAK: 5 cm³/m³, H
ω-Nitro-toluol [E 2 V, 249]	$C_6H_5 \cdot CH_2 \cdot NO_2$	137,14 / 1,1540[24,7]	— / 225 Z	$n_\alpha^{24,7}$ 1,5236, $n_{He}^{24,7}$ 1,5285, $n_\beta^{24,7}$ 1,5407. Gelbe Fl.; Kp: 110°/8; l. in Al; mit Pikrinsäure in alk. Lsg. → rote Färbung
4-Nitro-toluol-sulfosäure-(2) [E 2 XI, 41]	O_2N, CH_3, SO_3H	217,20 / —	* / —	Tafeln oder Säulen · $2 H_2O$ (W); ll. in Al, Ä, Chlf; Ausgangsprodukt für Farbstoffe; * w-haltige Säure F: 133,5°, w-freie Säure F: 130°

Name und Literatur	Formel	Mol.-Gew. Dichte	F in °C Kp. in °C	Charakteristik
Nitrourethan [E 2 III, 99]	$O_2N \cdot NH \cdot CO_2C_2H_5$	134,09 —	64 Z 140	Blätter (Lg); Tafeln (Ä + viel Lg); swl. in Lg, l. in W mit saurer Reaktion, ll. in Al, Ä
6-Nitro-veratrumaldehyd [Org. Syntheses 33, 65]	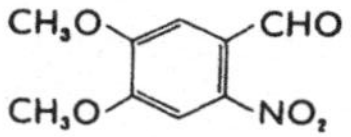	211,18 —	132…3 —	Krist. (Al); lichtempfindlich
3-Nitro-o-xylol [E 2 V, 286]	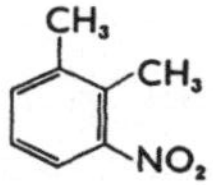	151,16 —	15 240	Nadeln (Al); Kp: $136°/_{29}$; unl. in W. l. in Al; Wdampfflch.
4-Nitro-o-xylol [E 2 V, 286]	$O_2N \cdot C_6H_3(CH_3)_2$	151,16 $1,139^{30}_{30}$	29…30 258 g. Z	Gelbe Prismen (Al); Kp: $143°/_{21}$; unl. in W, wl. in Al 0°, ∞ Al > 30°; ll. in org. Lösm.
2-Nitro-m-xylol [E 2 V, 294]	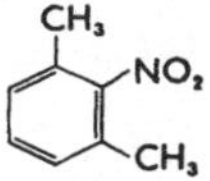	151,16 $1,112^{15}$	— $225/_{744}$	Fl.; unl. in W
4-Nitro-m-xylol [E 2 V, 294]	$O_2N \cdot C_6H_3(CH_3)_2$	151,16 $1,126^{17,5}$	2 243…4	Fl.; unl. in W, l. in Al, Ä
5-Nitro-m-xylol [E 2 V, 295]	$O_2N \cdot C_6H_3(CH_3)_2$	151,16 —	74…5 $273/_{739}$	Nadeln (Al); unl. in W, l. in Al, Ä
Nitro-p-xylol [E 2 V, 302]	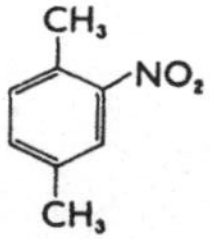	151,16 $1,132^{15}$	— $238,5…9,0/_{739}$	Gelbliche Fl.; unl. in W, l. in Al, Ä; Wdampfflch.

Substanz	Formel			Krist. (Al)
2-Nitro-zimtaldehyd [Org. Syntheses 33, 60]	NO₂-C₆H₄·CH:CH·CHO	177,16 —	126...7 —	Krist. (Al)
2-Nitro-zimtsäure [E 2 IX, 402]	C₆H₄(NO₂)·CH:CH·CO₂H	193,16 —	240...1 subl.	Nadeln (Al); unl. in W, wl. in k. Al, l. in h. Al; Methylester F: 72...3°; Äthylester F: 42°
3-Nitro-zimtsäure [E 2 IX, 402]	$O_2N \cdot C_6H_4 \cdot CH : CH \cdot CO_2H$	193,16 —	204,5...5,5 —	Nadeln (Al); 1,0 Al 25°; Methylester F: 123...4°; Äthylester F: 78...9°
4-Nitro-zimtsäure [E 1 IX, 247]	$O_2N \cdot C_6H_4 \cdot CH : CH \cdot CO_2H$	193,16 —	286 —	Gelbliche Prismen (Al); unl. in PÄ, swl. in Ä, wl. in h. W, h. Al; Methylester F: 161°; Äthylester F: 141...2°
Nodakenetin [E 2 XIX, 225]	$HO \cdot C(CH_3)_2$ (Furanocumarin-Struktur)	246,27 —	185 —	Nadeln; swl. in W, Ä, Bzl, wl. in Al, ll. in Aceton, Chlf, Eg, l. in verd. Alk; $[\alpha]_D^{30}: -22,4°$ (Chlf)
Nonadecan [E 2 I, 139]	$CH_3 \cdot [CH_2]_{17} \cdot CH_3$	268,53 $0,7774^{32}$	30...1 330	Krist.; unl. in W, l. in Al, Ä
n-Nonadecan-carbonsäure s. Arachinsäure				
Nonakosan [E 2 I, 144]	$CH_3 \cdot [CH_2]_{27} \cdot CH_3$	408,80 $0,7630^{100}$	64...5 $295/_{15}$	Krist.; ll. in Ä, h. Al, h. Aceton; 1,1 Chlf 15°, swl. in Bzl
Nonan [E 2 I, 128]	$CH_3 \cdot [CH_2]_7 \cdot CH_3$	128,26 $0,7177^{20}$	− 51 150,6	n_D^{18} 1,412. Fl.; unl. in W, l. in Al, Ä
Nonan-dicarbonsäure-(1,9) [E 2 II, 612]	$HO_2C \cdot [CH_2]_9 \cdot CO_2H$	216,28 —	111 —	Blättchen (W); 0,014 W 20°, wl. in h. W, Lg, l. in Al, Ä, unl. in PÄ
Nonanol-(1) [E 2 I, 455]	$CH_3 \cdot [CH_2]_8 \cdot OH$	144,26 $0,8174^{34,6}$	− 5 205...7	n_D^{20} 1,43105. Fl.; Kp: $104°/_{13}$; künstliches Citronenölaroma
Nonanol-(2) [E 2 I, 455]	$CH_3 \cdot [CH_2]_6 \cdot CH(OH) \cdot CH_3$	144,26 $0,84708^{20}$	− 36...−35 193...4	n_D^{20} 1,4299. Fl.; Kp: $91°/_{12}$; l. in Al, Ä

Name und Literatur	Formel	Mol.-Gew. Dichte	F in °C Kp. in °C	Charakteristik
Nonanol-(3) [E 2 I, 456]	$CH_3 \cdot [CH_2]_5 \cdot CH(OH) \cdot C_2H_5$	144,26 $0,825^{20}$	$-23\ldots-2$ $99,5\ldots101,5/_{24}$	n_D^{20} 1,42791. Fl.; ll. in Al, Ä, unl. in W
Nonanol-(4) [I, 424]	$C_3H_7 \cdot CH(OH) \cdot C_5H_{11}$	144,26 $0,8282^{20}$	— $192\ldots3$	n_D^{20} 1,41971. Fl.; unl. in W
Nonanol-(5) [E 2 I, 457]	$(CH_3 \cdot CH_2 \cdot CH_2 \cdot CH_2)_2CHOH$	144,26 $0,823^{18}$	— $77\ldots9,5/_{10}$	n_D^{18} 1,4289. Dickes Öl, unl. in W
Nonanon-(2) [E 2 I, 761]	$CH_3 \cdot [CH_2]_6 \cdot CO \cdot CH_3$	142,24 $0,8188^{22}$	E -19 $192/_{743}$	n_D^{20} 1,4175. Fl.; Kp: $75\ldots7°/_{12}$; unl. in W, l. in Al, Ä; * E auch $-15°$; Semicarbazon F: $119\ldots20°$
Nonanon-(4) [E 2 I, 762]	$CH_3 \cdot [CH_2]_4 \cdot CO \cdot CH_2 \cdot CH_2 \cdot CH_3$	142,24 $0,837^0$	— $187\ldots8$	Fl.; Kp: $76\ldots7°/_{11\ldots12}$; Semicarbazon F: $60\ldots1°$; Oxim Kp: $119°/_{15}$
Nonanon-(5) [E 2 I, 762]	$CH_3 \cdot [CH_2]_3 \cdot CO \cdot [CH_2]_3 \cdot CH_3$	142,24 $0,8270^{13}$	$-5,9$ 187,65	Fl.; swl. in W, l. in Al, Ä; Semicarbazon F: $90°$; Oxim F: $-6,7°$, Kp: $124,5°/_{15}$
Nonylcyanid s. Caprinsäure-nitril				
Nonylsäure s. Pelargonsäure				
Nopinen s. l-β-Pinen				
d-Noradrenalin s. Arterenol				
2,5-Norbornadien s. Bicycloheptadien				
Norbornadien s. Bicyclo-2,2,1-heptadien				
Norbornen s. Bicyclo-2,2,1-hepten-(2)				
Norcaradien-(2,4)-carbonsäure-(7)-äthyl=ester [IX, 508]	$CH \cdot CO_2C_2H_5$	164,21 —	— Vak. Z *	* $\to$ β-Isophenylessigsäureäthylester; l. in H_2SO_4 rotblau mit kupferrotgelbem Reflex

		Mol.-Gew.	F.	
Norcaran [E 2 V, 45]	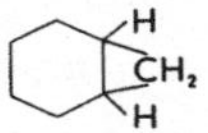 (Struktur) CH₂	96,17 —	— 110	Fl.
Norcholansäure [Lettré, 29]	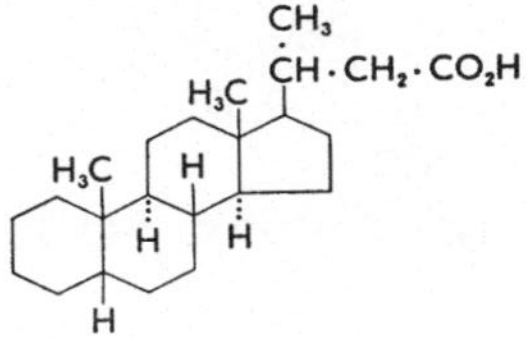 (Struktur) CH₃ ĊH·CH₂·CO₂H, H₃C	346,56 —	177 —	Nadeln (Eg); Methylester F: 74°
Nor-desoxycholsäure [Org. Syntheses III, 234]	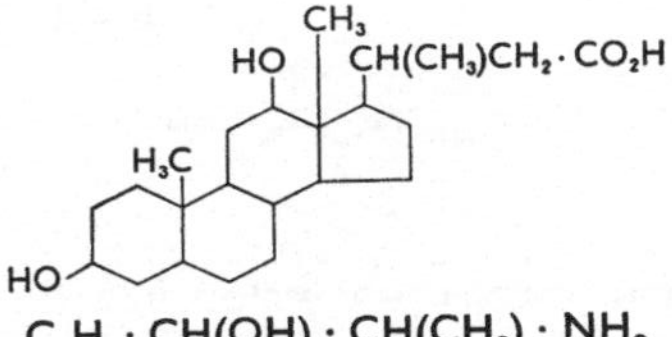 (Struktur) CH₃ CH(CH₃)CH₂·CO₂H, HO, H₃C, HO	378,56 —	213,5...4,5 —	Krist.; $[\alpha]_D^{25}$: $+62°$ (Al)
l-Norephedrin [E 2 XIII, 370]	$C_6H_5 \cdot CH(OH) \cdot CH(CH_3) \cdot NH_2$	151,21 —	51 —	Tafeln (W); $[\alpha]_D^{20}$: $-14,6$ (Al); Hydrochlorid F: 173°
Norhemipinsäure s. 3,4-Dihydroxyphthalsäure				
D,L-Norleucin [E 2 IV, 856]	$CH_3 \cdot [CH_2]_3 \cdot CH(NH_2) \cdot CO_2H$	131,18 —	297...300 * —	Fettglänzende Blättchen (W); 1,74 W 23°; * im geschl. Röhrchen; im offenen Röhrchen F: 275°; Darst. nach Org. Syntheses I, 40
L(+)-Norleucin [E 2 IV, 856]	NH_2, $CH_3[CH_2]_3\overset{\cdot}{C} \cdot CO_2H$, H	131,18 —	275 Z —	Blättchen; 1,7 W 23°; $[\alpha]_D^{20}$: $+23,14°$ (20% HCl, c = 4,5); N-p-Toluolsulfoylverbindung F: 124°
Normenthan s. Isopropylcyclohexan				

Name und Literatur	Formel	Mol.-Gew. Dichte	F in °C Kp. in °C	Charakteristik
L-Norrhizocarpsäure [J. Am. Chem. Soc. **72**, 4456]	$CH_2-C_6H_5$ / $HN-CH-CO_2H$ …	455,47 —	91…2 —	Gelbe Nadeln (Eg); $[\alpha]_D^{20}$: $+68,6°$ (Chlf)
dl-Norvalin [E 2 IV, 843]	$CH_3 \cdot CH_2 \cdot CH_2 \cdot CH(NH_2) \cdot CO_2H$	117,15 —	303 * —	Mikroskopische Blättchen; 10 W 18°; ll. in h. W, unl. in Al, Ä, Chlf, PÄ; * im geschl. Röhrchen; · HCl büschelförmige Prismen, ll. in W, Al, unl. in Ä
Novocain [E 2 XIV, 251]	$H_2N \cdot C_6H_4 \cdot CO_2CH_2 \cdot CH_2 \cdot N(C_2H_5)_2 \cdot HCl$	272,78 —	156 —	Nadeln (Al); 1 W; 12,5 Al; swl. in Ä
Novopiazon [XXV, 66]		178,15 —	302…5 —	Nadeln (Al); swl. in W, Ä, Bzl, l. in Eg, l. in verd. Alk gelb

Nucin s. 5-Hydroxy-naphthochinon-(1,4)

Name und Literatur	Formel	Mol.-Gew. Dichte	F in °C Kp. in °C	Charakteristik
Ocimen [Chem. Abstr. **23**, 3303]	$H_2C=$ / H_3C $>C \cdot CH_2 \cdot CH_2 \cdot CH:C \cdot CH:CH_2$ CH_3	136,24 0,799[21]	— 73…4/[21]	n_D^{18} 1,4857. Öl; unl. in W, l. in Al, Ä, Chlf, Eg
Octachlorcyclopenten [Rec. trav. chim. **51**, 1068]		343,68 —	39 283	Nadeln

1,2,4,5,6,7,8,8-Octachlor-4,7-endo-methylen-3a,4,7,7a-tetrahydro-indan s. Chlordan

Octadecan [E 2 I, 139]	$CH_3 \cdot [CH_2]_{16} \cdot CH_3$	$254{,}50$ $0{,}7768^{28}$	$28{\ldots}9$ 317	Krist. (Al); unl. in W, l. in Al, ll. in Ä, Aceton, Hexan
Octadecanol s. Stearylalkohol				
Octadecatriensäure s. Eläostearinsäure				
Octadecen-(1) [E 2 I, 207]	$CH_3 \cdot [CH_2]_{15} \cdot CH : CH_2$	$252{,}49$ $0{,}793^{20}$	18 $179/_{15}$	n_D^{20} 1,4456
Octadecen-(9) (höherschmelzendes) [E 1 I, 207]	$CH_3 \cdot [CH_2]_7 \cdot CH : CH \cdot [CH_2]_7 \cdot CH_3$	$252{,}49$ $0{,}7917^{19}$	2 —	n_D^{19} 1,4478. Fl.
Octadecen-(9) (niederschmelzendes) [E 2 I, 207]	$CH_3 \cdot [CH_2]_7 \cdot CH : CH \cdot [CH_2]_7 \cdot CH_3$	$252{,}49$ $0{,}7968^{20}$	ca -15 $190/_{15}$	n_D^{20} 1,4483. Fl.
Octadecenol s. Elaidinalkohol u. Oleinalkohol				
Octadecensäure s. Elaidinsäure u. Ölsäure				
Octadecin-(1) [E 1 I, 125]	$CH_3 \cdot [CH_2]_{15} \cdot C : CH$	$250{,}47$ $0{,}8696^{9}_{9}$	26 $180/_{15}$	Krist. (Al)
Octadecyl-jodid [J. Chem. Soc. 1932, 738]	$CH_3 \cdot [CH_2]_{16} \cdot CH_2J$	$380{,}40$ —	33 —	Krist. (Me + Ä); l. in Al, Ä, Aceton, Chlf
1,2,3,4,5,6,7,8-Octa= hydro-anthracen [E 2 V, 422]		$186{,}30$ $0{,}9626^{91,3}$	$73{\ldots}4$ $293{\ldots}5$	$n_\alpha^{88,8}$ 1,5323, $n_D^{88,8}$ 1,5363, $n_\beta^{88,8}$ 1,5479. Blätter (Eg); unl. in W, ll. in h. Al, Eg, Bzl; subl.
Octakosan [E 2 I, 144]	$CH_3 \cdot [CH_2]_{26} \cdot CH_3$	$394{,}77$ $0{,}7596^{100}$	$60{,}9$ $286/_{15}$	Krist.; 2,0 Chlf 15°
Octamethyl-pyrophosphorsäureamid s. Phosphor, Diphosphorsäure-tetra-[dimethylamid]				

Name und Literatur	Formel	Mol.-Gew. Dichte	F in °C Kp. in °C	Charakteristik
Octan [E 2 I, 122]	$CH_3 \cdot [CH_2]_6 \cdot CH_3$	114,23 0,7022^{20}	E − 57,0 125,8	n_α^{20} 1,3958, n_D^{20} 1,3976, n_β^{20} 1,4027. Fl.; 0,001 W 16°; ∞ Al, Ä; MAK: 500 cm^3/m^3
Octan-dicarbonsäure s. Sebacinsäure				
Octandiol-(1,8) [E 2 I, 556]	$HO \cdot [CH_2]_8 \cdot OH$	146,23 —	63 167...8$_{15}$	Nadeln (Bzl + Lg); ll. in Al, l. in W, Ä, wl. in Lg
Octanol-(1) [E 2 I, 447]	$CH_3 \cdot [CH_2]_6 \cdot CH_2OH$	130,23 0,8146^{34,6}	E − 16,3 194	$n_D^{20,5}$ 1,43035. Fl.; Kp: 90,2°/$_{11,8}$
dl-Octanol-(2) [E 2 I, 449]	$CH_3 \cdot [CH_2]_5 \cdot CH(OH) \cdot CH_3$	130,23 0,8188^{25,2}	E − 38,6 179	n_α^{20} 1,42231, n_D^{20} 1,42444, n_γ^{20} 1,43397. Fl.; 0,15 W 15°; 0,12 W 25°; d-Form: $[\alpha]_D^{20}$: + 9,84° (unverd.)
Octanol-(4)-on-(5) s. Butyroin				
Octanon-(2) [E 2 I, 758]	$CH_3 \cdot CO \cdot [CH_2]_5 \cdot CH_3$	128,22 0,8360$^{25}_{25}$	E − 21,6 173	n_α^{20} 1,41390, n_D^{20} 1,41613, n_γ^{20} 1,42569. Fl.; Kp: 64°/$_{12}$; unl. in W, ∞ Al, Ä; Semicarbazon F: 122°
Octanthren [E 2 V, 424]		186,30 1,0313^{12,8}	16,7 195	$n_\alpha^{12,8}$ 1,5659, $n_D^{12,8}$ 1,5701, $n_\beta^{12,8}$ 1,5819. Krist.; unl. in W, l. in Ä, Bzl, Chlf
Octen-(1) [E 2 I, 199]	$CH_3 \cdot [CH_2]_5 \cdot CH : CH_2$	112,22 0,716^{19}	— 122...3	n_D^{19} 1,4085. Fl.
Octen-(2) [E 2 I, 200]	$CH_3 \cdot [CH_2]_4 \cdot CH : CH \cdot CH_3$	112,22 0,725^{20}	E − 106,8 124,25	n_D^{20} 1,4146. Fl.
Octin-(1) [E 2 I, 235]	$CH_3 \cdot [CH_2]_5 \cdot C : CH$	110,20 0,7530^{12,5}	− 80...−79 127	$n_\alpha^{12,5}$ 1,4183, $n_D^{12,5}$ 1,42075, $n_\gamma^{12,5}$ 1,4309. Fl.

n-Octylbromid [Org. Syntheses I, 28]	$CH_3 \cdot [CH_2]_6 \cdot CH_2Br$	193,13 $1,1180^{15}$	— $91\ldots3/_{22}$	Fl.
Octyl-cyanid s. Pelargonsäurenitril				
n-Octylfluorid [E 2 I, 124]	$CH_3 \cdot [CH_2]_6 \cdot CH_2F$	132,22 $0,8120^{14,1}$	— 142,5	$n_\alpha^{14,1}$ 1,3952, $n_D^{14\,1}$ 1,3970, $n_\beta^{14,1}$ 1,4018. Fl.; Pilzgeruch
Octyl-phenyl-äther s. Phenyl-octyl-äther				
Octylsäure s. Caprylsäure				
Ölsäure [E 2 II, 429]	$HC \cdot [CH_2]_7 \cdot CH_3$ $HC \cdot [CH_2]_7 \cdot CO_2H$	282,47 $0,8896^{25}$	13,2 $260/_{40}$	n_α^{70} 1,4396, n_D^{70} 1,4418, n_β^{70} 1,4480. Nadeln; unl. in W, ∞ abs. Al, Ä, l. in Bzl, Aceton, Olivenöl; 2. Form Krist., F: 16°; Verw. in der Seifen- und Fettfabrikation
trans-Ölsäure s. Elaidinsäure				
-Ca-Salz [E 2 II, 437]	$Ca(C_{18}H_{33}O_2)_2$	603,01 —	83…4 140…60 Z	Nd., unl. in W, Al, Ä, Aceton, PÄ, l. in Chlf, Bzl, Xylol; Emulgiermittel
-K-Salz [E 2 II, 436]	$KC_{18}H_{33}O_2$	320,56 —	235…40 —	Gallerte; 30 k. W; 33,6 Al 25°; 82 Al 50°; 2,45 sied. Ä; mit viel W → unl. saures Salz und KOH; Emulgiermittel; Vork. in Schmierseifen
-Mg-Salz [E 2 II, 437]	$Mg(C_{18}H_{33}O_2)_2$	587,24 —	~80 —	Nd.; 7,05 Al 25°; wl. in W; guter elektrischer Leiter
-Na-Salz [E 2 II, 434]	$NaC_{18}H_{33}O_2$	304,45 —	235 —	Krist. (abs. Al); 10 W 12°; 4 Al 13°; 0,82 Al 32°; 0,72 sied. Ä; Verw. als medizinische Seife, Emulgiermittel
Ölsäure-äthylester [E 2 II, 438]	$CH_3 \cdot [CH_2]_7 \cdot CH:CH \cdot [CH_2]_7 \cdot CO_2C_2H_5$	310,52 $0,8748^{19}$	<-15 $220/_{20}$	n_α^{19} 1,4523, n_D^{15} 1,4536, n_β^{19} 1,4610. Öl; l. in Bzl
Ölsäure-butylester [Gnamm, 396]	$C_{17}H_{33} \cdot CO_2C_4H_9$	338,58 $0,875^{15}$	— 357…70 Z	Gelbliche, ölige Fl.; unl. in W, l. in vielen gebr. org. Lösm.

Name und Literatur	Formel	Mol.-Gew. Dichte	F in °C Kp. in °C	Charakteristik
Ölsäure-methylester [E 2 II, 438]	$C_{17}H_{33} \cdot CO_2CH_3$	296,50 $0,879^{18}$	— $215...6/_{15}$	Öl; l. in Al
Önanthaldehyd [E 2 I, 750]	$CH_3 \cdot [CH_2]_5 \cdot CHO$	114,19 $0,81708^{19,9}$	— 42 $152,2...3,2$	$n_\alpha^{19,9}$ 1,41046, $n_D^{19,9}$ 1,41251, $n_\beta^{19,9}$ 1,41789. Fl.; durchdringender aromatischer Geruch; 0,31 W 0°; 0,18 W 40°; l. in Al, Ä; Semicarbazon F: 111...2°
Önanthaldoxim [E 2 I, 752]	$CH_3 \cdot [CH_2]_5 \cdot CH : NOH$	129,20 $0,8219^{99,8}$	56...7 195	$n_\alpha^{99,8}$ 1,4125, $n_{He}^{99,8}$ 1,4151, $n_\beta^{99,8}$ 1,4211. Tafeln (PÄ); wl. in k. W, ll. in Al, Ä
Önanthol s. Önanthaldehyd				
Önanthon s. Di-n-hexyl-keton				
Önanthoylbernstein= säure-diäthylester [Org. Syntheses 34, 51]	$CH_3 \cdot [CH_2]_5 \cdot CO \cdot CH \cdot CO_2C_2H_5$ $CH_2 \cdot CO_2C_2H_5$	286,37 —	— $119...22/_{0,7}$	n_D^{25} 1,4392...1,4398. Fl.
Önanthsäure [E 3 II, 762]	$CH_3 \cdot [CH_2]_5 \cdot CO_2H$	130,19 $0,9212^{18,8}$	— 8,9 $219/_{756}$	$n_\alpha^{19,8}$ 1,41932, $n_D^{19,8}$ 1,42162, $n_\beta^{19,8}$ 1,42682. Fl.; E: — 7,5°; Kp: 115... $6°/_{11}$; 0,24 W 15°; l. in Al, Ä; talgart. Geruch; Methylester Kp: 171°
Önanthsäure-äthylester [E 2 II, 295]	$CH_3 \cdot [CH_2]_5 \cdot CO_2C_2H_5$	158,24 $0,8723^{15}$	— 187,1	n_D^{15} 1,4150. Fl.; obstart. Geruch; brennender Geschmack
Önanthsäure-amid [E 2 II, 296]	$CH_3 \cdot [CH_2]_5 \cdot CONH_2$	129,20 $0,8489^{112}$	94...5 250...8	$n_\alpha^{112,2}$ 1,41745, $n_\beta^{112,2}$ 1,42547. Blättchen (W); Nadeln (Al); ll. in W, Al, Ä
Önanthsäure-lactam [Org. Syntheses II, 371]	$(CH_2)_6 \big\langle \begin{smallmatrix} NH \\ CO \end{smallmatrix}$	127,19 —	65...8 $127...33/_7$	Krist.

Name [Literatur]	Formel	Molmasse; Dichte	E; Kp	Eigenschaften
Önanthsäure-nitril [E 2 II, 296] Önanthyliden s. n-Heptin-(1)	$CH_3 \cdot [CH_2]_5 \cdot CN$	111,19 $0{,}8107^{20}_{0}$	E −64 181...2	Fl.; unl. in W, angenehmer Geruch, unangenehmer Geschmack
α-Östradiol [Helv. Chim. Acta 30, 1441]	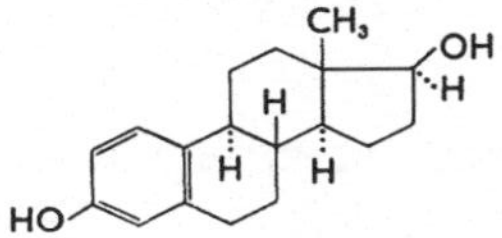	272,39 —	178 —	Nadeln (verd. Al); $[\alpha]_D^{18}$: +78° (Al); Diacetylderivat F: 125...6°
β-Östradiol [Helv. Chim. Acta 30, 1441]	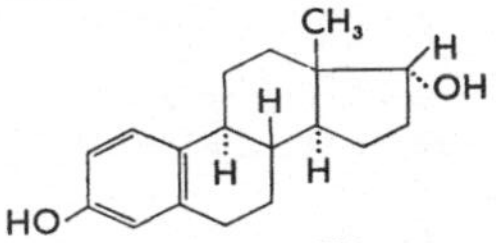	272,39 —	223 —	Nadeln (verd. Al), Krist. (Al); $[\alpha]_D^{18}$: +56,7° (Al); Diacetylderivat F: 139...40°
Östriol [Z. physiol. Chem. 199, 245]	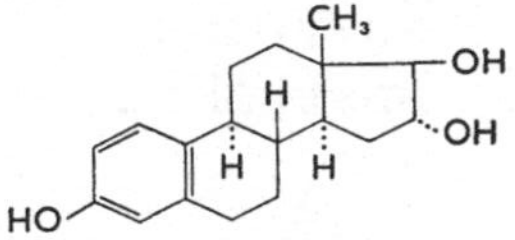	288,39 —	283 —	Krist. (Al + Egester); wl. in W, PÄ, zl. in Ä, l. in Al, Aceton, Py; $[\alpha]_D$: +34,4° (Py)
Östron [Ann. Chem. 537, 246]	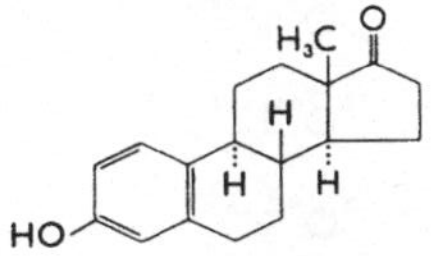	270,37 —	259 150...200/0,002	Fbl. Krist. (Al); unl. in W, zl. in Ä, Egester, l. in Al, Aceton, Chlf, Bzl, Alk; $[\alpha]_D$: +165° (Chlf)
Östron a [J. Am. Chem. Soc. 74, 2832]	$C_{18}H_{22}O_2$	270,37 —	214...6 —	Krist.; Benzoylderivat F: 175...6°
Östron b [J. Am. Chem. Soc. 74, 2832]	$C_{18}H_{22}O_2$	270,37 —	251...4 —	Krist.; Benzoylderivat F: 184...6°; dl-Östron
Östron c [J. Am. Chem. Soc. 74, 2832]	$C_{18}H_{22}O_2$	270,37 —	180,5...1,5 —	Krist.; Benzoylderivat F: 149...51°

Name und Literatur	Formel	Mol.-Gew. Dichte	F in °C Kp. in °C	Charakteristik
Östron d [J. Am. Chem. Soc. **74**, 2832]	$C_{18}H_{22}O_2$	270,37 —	185...8 —	Krist.; Benzoylderivat F: 150...2°
Östron e [J. Am. Chem. Soc. **74**, 2832]	$C_{18}H_{22}O_2$	270,37 —	230...2 —	Krist.; Benzoylderivat F: 134...6°
Östron f [J. Am. Chem. Soc. **74**, 2832]	$C_{18}H_{22}O_2$	270,37 —	191...5 —	Krist.; Benzoylderivat F: 161...3°
Östron g [J. Am. Chem. Soc. **74**, 2832]	$C_{18}H_{22}O_2$	270,37 —	238,5...40 —	Krist.; Benzoylderivat F: 157,5...8,5°; dl-Lumiöstron
Östron h [J. Am. Chem. Soc. **74**, 2832]	$C_{18}H_{22}O_2$	270,37 —	197...8 —	Krist.; Benzoylderivat F: 159,5...61,5°
Olein s. Glycerin-trioleat				
Oleinalkohol [E 2 I, 502]	$CH_3 \cdot [CH_2]_7 \cdot CH$ $\overset{..}{HO} \cdot [CH_2]_8 \cdot CH$	268,49 8491^{20}	0 ca 333...5	n_D^{20} 1,4607. Öl; Kp: 210°/$_{16}$; l. in Ä
Oleinsäure s. Ölsäure				
Olivil [E 2 XVII, 278]	[Strukturformel Olivil]	376,41 —	142,5 Z *	Krist. (Aceton); wl. in W, ll. in NaOH, NH_3; $[\alpha]_D^{12}$: — 127° (W); * → Kreosol
Opiansäure* [E 1 X, 484]	$(CH_3O)_2C_6H_2(CHO) \cdot CO_2H$	210,19 —	147...9 Z 160	Nadeln (W); 0,25 k. W, 1,7 h. W, l. in Al, Ä; * = 2,3-Dimethoxy-6-formyl-benzoesäure
Optochin [E 2 XXIII, 401]	$C_{21}H_{28}O_2N_2$ *	340,47 —	123...8 (Vak.) —	Tafeln · Lösm. (Toluol); swl. in PÄ, wl. in Ä, Lg, Bzl, Toluol, l. in Al; $[\alpha]_D^{25}$: — 136,2° (Al); * Strukturformel s. Dihydrochinidin für $OCH_3 = CO_2H_5$

Orange I [E 1 XVI, 296]	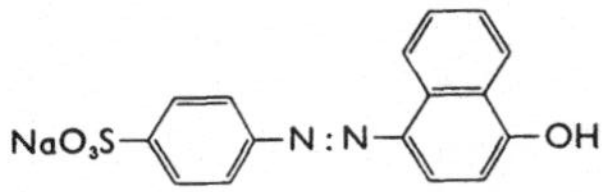	350,33 —	— —	Scharlachrote Nadeln; l. in W or.rot, l. in Al or.; Indikator
Orange II [E 1 XVI, 296]	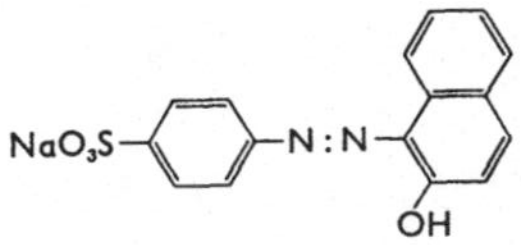	350,33 —	— —	Or. Nadeln ·5 H_2O (W); 2 W 19°; l. in Al
Orange III s. Helianthin				
Orange IV [E 1 XVI, 319]	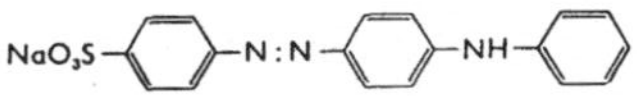	375,38 —	— —	Or.gelbe Blättchen oder gelbes Pulver; l. in W
Orcein [E 2 VI, 875]	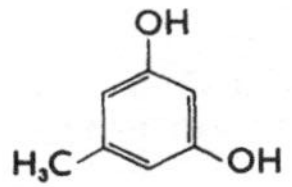	124,14 1,2895	102 287…90	Blättchen (Chlf); Krist. ·1 H_2O (W), F: 57°; ll. in W, Al, Ä; schmeckt süß
β-Orcin s. 2,5-Dimethyl-resorcin				
Orcin-mono-methyläther [E 2 VI, 876]	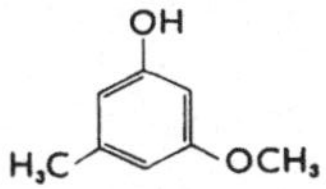	138,17 1,1106[15]	62 259/755	n_D^{20} 1,5473. Krist. (PÄ oder Lg + Bzl); Kp: 130°/6,5; ll. in Al, Ä, h. Bzl, wl. in W, ll. in Alk, wl. in Sodalsg.
L(+)-Ornithin [E 2 IV, 844]	$H_2N \cdot [CH_2]_3 \cdot CH(NH_2) \cdot CO_2H$	132,16 —	— —	Sirup; $[\alpha]_D^{19}$: +16,5° (W; p = 4,6); ll. in W, Al, wl. in Ä; Pikrat · H_2O F: 203…4°
Ornithursäure [E 2 IX, 192]	$H_5C_6CO \cdot NH \cdot [CH_2]_3 \cdot CH(NH \cdot COC_6H_5) \cdot CO_2H$	340,38 —	185 —	Nadeln oder Platten (Al); unl. in k. W, swl. in h. W, Ä, l. in Egester, ll. in h. Al

Orotsäure s. Uracil-carbonsäure-(4)

Name und Literatur	Formel	Mol.-Gew. Dichte	F in °C Kp. in °C	Charakteristik
Orselinsäure [X, 412]	$HO_2C \cdot$ ... (Formel: Benzolring mit CO_2H, CH_3, HO, OH)	168,15 —	176 Z * —	Nadeln $\cdot 1 H_2O$ (verd. Eg); l. in Ä, ll. in Al; * Z. $\rightarrow CO_2$-Absp.
Orthanilsäure [E 2 XIV, 429]	(Formel: Benzolring mit NH_2, SO_3H)	173,19 —	Z —	Krist. $\cdot 1 H_2O$; unl. in Al, Ä, wl. in k. W, l. in h. W
Ortho-ameisensäureester s. Ameisensäure-ortho- Orthoform s. 3-Amino-4-hydroxy-benzoesäure-methylester Ortho-kohlensäureester s. Kohlensäure-ortho- Osotriazol s. 1,2,3-Triazol				
Oxalessigsäure [E 2 III, 478]	$HO_2C \cdot CH_2 \cdot CO \cdot CO_2H \rightleftharpoons$ $HO_2C \cdot CH : C(OH) \cdot CO_2H$	132,07 —	— —	a) Hydroxymaleinsäure: Krist. (Aceton durch Bzl), F: 152°; ll. in Al, Aceton, Egester, wl. in Ä, unl. in Bzl, Lg, Chlf; zers. in wss. Lsg. b) Hydroxyfumarsäure: Krist. (Aceton durch Bzl), F: 184° (Z.); ll. in W, Al, Ä, unl. in Chlf, Bzl; mit $FeCl_3$ in wss. Lsg. $\rightarrow$ blutrote Färbung
Oxalessigsäure-diäthylester [E 2 III, 479]	$C_2H_5O_2C \cdot CH_2 \cdot CO \cdot CO_2C_2H_5$	188,18 1,130...1,132[20]	— 131...2/[24] Z	$n_\alpha^{16,6}$ 1,45309, $n_D^{16,6}$ 1,45614, $n_\gamma^{16,6}$ 1,46993. Fbl. Öl; unl. in W, ∞ Al, Ä, org. Lösm.
Oxalsäure [E 2 II, 471]	$HO_2C \cdot CO_2H$	90,04 1,901[25]	189,5 subl. *	Rhombisch-bipyramidale Krist. (h. Eg), * subl. ab 100°; 7,2 W 15°; 9,04 W 20°; 120 W 90°; 18,7 abs. Al 15°; 1,37 Ä 23,5°; $\cdot 2 H_2O$ Krist., F: 99,5...101,5°; subl. in Nadeln; starke Säure; giftig

-Ba-Salz [E 2 II, 488]	$BaC_2O_4 \cdot 2H_2O$	261,39 —	— —	Krist.; 0,0088 W 18°; über 50° mit $\frac{1}{2}H_2O$; 0,02 W 100°; mit $3\frac{1}{2}H_2O$ 0,011 W 18°
-Ca-Salz [E 2 II, 487]	CaC_2O_4	128,10 —	— —	Krist.; 0,0006 W 18°; 0,0014 W 95°; kristallisiert mit 1, 2 oder $3H_2O$
-Ce-Salz [E 2 II, 491]	$Ce_2(C_2O_4)_3 \cdot 10H_2O$	544,30 —	— —	Gelbliche Krist.; 0,0001 W 25°
-Fe(II)-Salz [E 2 II, 495]	$FeC_2O_4 \cdot 2H_2O$	179,90 —	— —	Gelbe Blättchen; 0,0035 W 18°
-K-Salz [E 2 II, 485]	$K_2C_2O_4 \cdot H_2O$	184,24 2,08	— —	Krist.; 34,9 W 20°; 48,6 W 50°; wl. in verd. Al, ll. in Chloressigsäure
-saures K-Salz [E 2 II, 485]	KHC_2O_4	128,13 —	— —	Krist.; swl. in Al, Ä, ll. in Chloressigsäure; unter 6,4° mit $\frac{1}{2}H_2O$; 2,2 W 0°; 51,5 W 100°
-La-Salz [E 2 II, 491]	$La_2(C_2O_4)_3 \cdot 9H_2O$	541,88 —	— —	Krist.; 0,002 W 25°
-Mg-Salz [E 2 II, 487]	$MgC_2O_4 \cdot 2H_2O$	148,36 —	— —	Pulver; 0,03 W 18°, 0,04 W 92°, unl. in Al + Ä
-Mn-Salz [E 2 II, 495]	$MnC_2O_4 \cdot 2H_2O$	178,99 2,295°	— —	Krist.; 0,037 W 36°; 0,078 W 93°; $\cdot 3H_2O$ D: 1,9930
-Na-Salz [E 2 II, 484]	$Na_2C_2O_4$	134,00 —	 Z > 400	Kristallpulver; 2,78 W 0°; 6,7 sied. W; unl. in Al, Ä
- saures Na-Salz [E 2 II, 484]	$NaHC_2O_4 \cdot H_2O$	130,03 —	— —	Krist.; 1,6 W 15°; 21,2 sied. W, swl. in Al, unl. in Ä; Erhitzen über 210…20° → W, CO, CO_2, über 300…50° → $Na_2C_2O_4$
-Nd-Salz [E 2 II, 491]	$Nd_2(C_2O_4)_3 \cdot 10H_2O$	552,54 —	— —	Rosa Krist.; 0,0002 W 25°

Name und Literatur	Formel	Mol.-Gew. Dichte	F in °C Kp. in °C	Charakteristik
Oxalsäure				
-NH$_4$-Salz [E 2 II, 483]	$(NH_4)_2C_2O_4 \cdot H_2O$	142,11 1,577…88[25]	238 —	Blätter (W); 3,07 W 5°; 8,15 W 35°; wl. in Al + Ä
-Pr-Salz [E 2 II, 491]	$Pr_2(C_2O_4)_3 \cdot 10H_2O$	545,87 —	— —	Krist.; 0,0002 W 25°
-Sr-Salz [E 2 II, 488]	$SrC_2O_4 \cdot H_2O$	193,66 —	Z > 200 —	Krist.; 0,006 W 18°
-Th-Salz [E 2 II, 491]	$Th(C_2O_4)_2 \cdot 6H_2O$	516,17 —	— —	Krist.; unl. in W
-Y-Salz [E 2 II, 491]	$Y_2(C_2O_4)_3 \cdot 3H_2O$	441,87 —	— —	Krist.; 0,0001 W 25°
-Zn-Salz [E 2 II, 489]	$ZnC_2O_4 \cdot 2H_2O$	189,42 2,6	— —	Pulver; 0,003 W 18°
Oxalsäure-diäthylester [E 2 II, 504]	$C_2H_5O_2C \cdot CO_2C_2H_5$	146,14 1,0792[20]	— 40,6 185,4	n_α^{20} 1,4077, n_D^{20} 1,4100, n_β^{20} 1,4155. Fl.; Kp: 78°/$_{15}$; wl. in W, ll. in Ä, ∞ Al, l. in Me, CS$_2$, Lg; Verw. als Weich-macher
Oxalsäure-diamid [E 2 II, 509]	$H_2NCO \cdot CONH_2$	88,07 1,667	Z > 320 —	Nadeln; 0,037 W 7,3°, 0,6 W 100°, zwl. in Al; subl. unter teilweiser Z.
Oxalsäure-diamyl-ester [II, 540]	$C_5H_{11}O_2C \cdot CO_2C_5H_{11}$	230,31 0,960[20]	— 250…60	Fbl. Fl.
Oxalsäure-dianilid [E 2 XII, 165]	$C_6H_5 \cdot NH \cdot CO \cdot CO \cdot NH \cdot C_6H_5$	240,26 —	247…8 > 360	Schuppen (Bzl); unl. in h. W, k. Al, Ä, wl. in h. Al, l. in Bzl
Oxalsäure-dibutylester [E 2 II, 507]	$CH_3 \cdot [CH_2]_3O_2C \cdot CO_2[CH_2]_3 \cdot CH_3$	202,25 0,9855[20]	— 29,5 245,5	n_α^{20} 1,4208, n_D^{20} 1,4232, n_β^{20} 1,4288. Fl.; Kp: 150°/$_{20}$; Verw. als Weichmacher

Oxalsäure-dichlorid [E 2 II, 508]	$ClOC \cdot COCl$	126,93 $1,4884^{13,4}$	-12 63,5...4	$n_\alpha^{12,9}$ 1,4311, $n_D^{12,9}$ 1,434, $n_\beta^{12,9}$ 1,44121. Nadeln (Ä oder PÄ); l. in Ä, PÄ, Chlf, Bzl; mit W zers.; mit Al → Oxalsäure-diäthylester
Oxalsäure-diisoamylester [E 2 II, 507]	$C_5H_{11}O_2C \cdot CO_2C_5H_{11}$	230,31 $0,968_{11}^{11}$	— 268	$n_{(rotes\ Licht)}^{11}$ 1,4168. Fl.; wanzenähnlicher Geruch; Verw. als Weichmacher
Oxalsäure-diisobutylester [E 2 II, 507]	$C_4H_9O_2C \cdot CO_2C_4H_9$	202,25 $0,976^{20}$	— 224...6	Fbl. Fl.; stark aromatisch riechend; l. in den gebr. Lösm.
Oxalsäure-dimethylester [E 2 II, 503]	$CH_3O_2C \cdot CO_2CH_3$	118,09 $1,1597^{56,6}$	54 164,2	$n_\alpha^{56,6}$ 1,38942, $n_D^{56,6}$ 1,39150, $n_\beta^{56,6}$ 1,39647. Kristl.; 6,4 W 25°, ll. in Pyridin + Wasser, l. in Me, Al, Lg; wss. Lsg. unbeständig
Oxalsäure-dinitril s. Dicyan				
Oxalsäure-diphenylester [E 2 VI, 156]	$C_6H_5O_2C \cdot CO_2C_6H_5$	242,23 —	134 320...5	Nadeln (verd. Al); Kp: 190...1°/15; unl. in W, ll. in Al, Ä, Bzl, Chlf
Oxalsäure-dipropylester [E 2 II, 506]	$C_2H_5 \cdot CH_2O_2C \cdot CO_2CH_2 \cdot C_2H_5$	174,20 $1,0172^{20}$	$-51,7$ 213,9	n_α^{20} 1,4140, n_D^{20} 1,4163, n_β^{20} 1,4218. Fl.; Kp: 104°/13; Z. durch warmes W
Oxalsäure-methyl-äthylester [E 1 II, 232]	$CH_3O_2C \cdot CO_2C_2H_5$	132,12 $1,1557_0^0$	— 173,7	Fl.
Oxalsäure-monoäthylester [E 2 II, 504]	$HO_2C \cdot CO_2C_2H_5$	118,09 $1,2427^{20}$	— Z > 150	n_α^{20} 1,4213, n_D^{20} 1,4236, n_β^{20} 1,4294. Fl.; Kp: 112°/12; ll. in org. Lösm., W; sehr unbeständig (besonders in wss. Lsg.)
Oxalsäure-monoamid [E 2 II, 509]	$HO_2C \cdot CONH_2$	89,05 —	214 Z —	Kristallpulver; wl. in W, swl. in abs. Al, Ä
Oxalsäure-monoamid-äthylester [E 2 II, 509]	$C_2H_5O_2C \cdot CONH_2$	117,11 —	114 —	Blättchen (h. Al); l. in Ä, W, Al, wl. in Bzl

Name und Literatur	Formel	Mol.-Gew. Dichte	F in °C Kp. in °C	Charakteristik
Oxalsäure-mono-anilid [XII, 281]	$HO_2C \cdot CO \cdot NH \cdot C_6H_5$	165,15 —	149...50 —	Nadeln (Bzl); wl. in Lg, Bzl, l. in h. W, ll. in Ä, Chlf, sll. in Al; Äthylester F: 66...7°
Oxalsäure-mono-methyl= ester [E 2 II, 503]	$HO_2C \cdot CO_2CH_3$	104,06 —	37 108...9/$_{12}$	Krist.
Oxalsäure-mononitril- s. Cyan-ameisensäure-				
Oxalursäure [E 2 III, 54]	$HO_2C \cdot CO \cdot NH \cdot CO \cdot NH_2$	132,08 —	210 Z —	Krist. (W); l. in W 95°, swl. oder unl. in org. Lösm.
Oxalylchlorid s. Oxalsäuredichlorid				
Oxamäthan s. Oxalsäure-monoamid-äthylester				
Oxamid s. Oxalsäurediamid				
Oxamidsäure s. Oxalsäuremonoamid				
Oxanil-carbonsäure-(2) [E 2 XIV, 222]	$HO_2C \cdot CO \cdot NH \cdot C_6H_4 \cdot CO_2H$	209,16 —	229...30 Z *	Nadeln $\cdot 1 H_2O$ (W); * subl. 220° im Vak.; 0,11 W 10°; l. in k. Al, Ä, sll. in h. Al, h. Ä
Oxanilid s. Oxalsäure-dianilid				
Oxanilsäure s. Oxalsäure-mono-anilid				
Oxanthrarufin s. 1,2,5-Trihydroxyanthrachinon				
Oxanthron [E 1 VIII, 578]		210,23 —	167 Z —	Gelbliche Nadeln (Bzl); swl. in Lg, l. in Eg, Al, Ä, Bzl, ll. in Aceton, Chlf
Oxidobernsteinsäure [E 2 XVIII, 283]	$HO_2C \cdot HC{\longrightarrow}CH \cdot CO_2H$ (über O verbrückt)	132,07 —	209 —	Prismen (Ä); unl. in Chlf, PÄ, zwl. in Ä, ll. in W, Al, Egester
Oxido-maleinsäure s. Maleinglycidsäure				
Oxin s. 8-Hydroxy-chinolin				

Oxindigo [E 1 XIX, 688]	264,24 —	276...8 Z subl.	Gelbe Prismen (Eg); unl. in W, swl. in Al, Ä, l. in Eg, Xylol; l. in H_2SO_4 rot
Oxindol [E 1 XXI, 289]	133,15 —	126...7 $195/_{17}$	Prismen oder Blättchen (Bzl); l. in Al, Ä, ll. in h. W
Oxindon-(1,3)-carbon=säure-2-äthylester [Ann. Chem. **246**, 349]	218,21 —	75...8 —	Gelbe Nadeln; unl. in W, l. in Al, Ä, Lg, Bzl

Oxo- s. Keto-

2-Oxo-1,3-dioxolan s. Kohlensäure-äthylenester

Oxo-malonsäure-diäthylester s. Mesoxalsäure-diäthylester

1-Oxo-phthalan s. Phthalid

Oxy- s. Hydroxy-

Oxyindon s. Indandion-(1,3)

Päonidin [E 2 XVIII, 232]	318,29 —	— —	Pseudobase; Chlorid $[C_{16}H_{13}O_6]Cl$ braune Nadeln $\cdot 1\,H_2O$; wl. in verd. HCl, zll. in W braunrot, ll. in Al viol.-rot
Päonol [E 2 VIII, 294]	166,18 $1,1310^{81,2}$	51,3 $158/_{20}$	$n_\alpha^{81,2}$ 1,5432. Nadeln (Al); Wdampf-flch.; swl. in k. W, ll. in Al, Ä, Chlf, Bzl, CS_2

Palatinol A s. Phthalsäure-diäthylester

Palatinol C s. Phthalsäure-dibutylester

Palatinol M s. Phthalsäure-dimethylester

Palatinol O s. Phthalsäure-di-isobutylester

Name und Literatur	Formel	Mol.-Gew. Dichte	F in °C Kp. in °C	Charakteristik
Palmitinaldehyd [E 2 I, 771]	$CH_3 \cdot [CH_2]_{14} \cdot CHO$	240,43 —	33,5...4,0 $200...2/_{29}$	Tafeln (Ä); Nadeln (PÄ); unl. in W, ll. in org. Lösm.; polym. beim Aufbewahren; Semicarbazon F: 107°
Palmitinsäure [E 2 II, 330]	$CH_3 \cdot [CH_2]_{14} \cdot CO_2H$	256,43 $0,854^{64,3}$	62,2 339...56	n_α^{70} 1,4281, n_D^{70} 1,4303, n_β^{70} 1,4358. Kristallschuppen; Kp: $219°/_{20}$; 6,5 Al 15°; 31,9 Al 40°; unl. in W, l. in Ä; Chlorid Kp: $199...200°/_{20}$
-Ca-Salz [E 2 II, 335]	$Ca(C_{16}H_{31}O_2)_2$	550,93 —	Z 150...55 —	0,01 abs. Al 20°; ll. in Eg, Buttersäure (durch W ausfällbar), l. in h. Benzin, Campher, wl. in sied. Chlf, sied. Bzl, unl. in Ä, Aceton, PÄ, W
-K-Salz [E 2 II, 335]	$KC_{16}H_{31}O_2$	294,53	— —	Weiße Schuppen; l. in W, Al, wl. in 90% Aceton; mit viel W → KOH + saures Salz, unl. in W
-Mg-Salz [E 1 II, 165]	$Mg(C_{16}H_{31}O_2)_2$	535,16 —	121...2 —	Krist.; unl. in W; 0,487 abs. Al 20°
-Na-Salz [E 2 II, 333]	$NaC_{16}H_{31}O_2$	278,41 —	~215...316 —	Blätterige Krist. (Al); l. in Al, W, Butanol, unl. in Bzl; 1 sied. Aceton 80%; Seife
Palmitinsäure-äthylester [E 2 II, 336]	$CH_3 \cdot [CH_2]_{14} \cdot CO_2C_2H_5$	284,49 $0,854^{30}$	25,5 $191/_{10}$	n_α^{27} 1,4381, n_D^{50} 1,4278, $n_\beta^{26,3}$ 1,4461. Krist. (Al); Kp: $157°/_2$; unl. in W
Palmitinsäure-amid [E 2 II, 341]	$CH_3 \cdot [CH_2]_{14} \cdot CONH_2$	255,45 —	104...4,5 $235...6/_{12}$	Blättchen (PÄ); ll. in Al, Aceton, Chlf, Bzl, l. in PÄ, wl. in Ä, CS_2, unl. in W
Palmitinsäure-cetylester [E 2 II, 337]	$CH_3 \cdot [CH_2]_{14} \cdot CO_2[CH_2]_{15} \cdot CH_3$	480,87 $0,8324^{50}$	53...4 —	n_D^{60} 1,4429. Krist.; ll. in Aceton, Chlf, CS_2, wl. in Bzl; „Wachs"

Name	Formel	MG / d	F / Kp	Eigenschaften
Palmitinsäure-methyl= ester [Org. Syntheses III, 605]	$C_{15}H_{31} \cdot CO_2CH_3$	270,46 —	29,5 129...33/1	n_D^{25} 1,4391. Krist.; ll. in Al, Ä, Aceton, Chlf
Palmitinsäure-nitril [E 2 II, 341]	$CH_3 \cdot [CH_2]_{14} \cdot CN$	237,43 $0,8224^{31}$	31 $193/_{13}$	Kristallmasse
Palmiton [E 2 I, 776]	$CH_3 \cdot [CH_2]_{14} \cdot CO \cdot [CH_2]_{14} \cdot CH_3$	450,84 $0,7997^{82,8}$	82,2...2,5 —	Blättchen (Al); Oxim F: 58°
Paludrin [J. Chem. Soc. **1946**, 729]	$(CH_3)_2CH \cdot NH \cdot \underset{NH}{C} \cdot NH \cdot \underset{NH}{C} \cdot NH$—⟨C₆H₄⟩—Cl	253,74 —	130...1 —	Fbl. Krist. (verd. Al); Hydrochlorid F: 244...5°; Antimalariamittel
Pantothensäure [Ber. **74**, 218]	$HOCH_2 \cdot C(CH_3)_2 \cdot CH(OH) \cdot CONH \cdot CH_2 \cdot CH_2 \cdot CO_2H$	219,24 $1,2^{20}_{30}$	— $118...20/_{0,02}$	Viskoses Öl; wl. in Ä, ll. in W, Me, Al; $[\alpha]_D^{25}$: $+37,5°$ (W); Na-Salz: Krist. (Al); F: 122...4°; $[\alpha]_D^{12,5}$: $+29,5°$ (W)
Papaverin [E 2 XXI, 202]	(Struktur)	339,39 1,33	147 —	Nadeln (Chlf + PÄ); unl. in PÄ; 1,16 Al 97% 15°; 0,39 Ä 10°; zll. in h. Bzl, ll. in h. Al, Aceton, Chlf; wirkt narkotisch
Paraaminosalicylsäure s. 4-Amino-salicylsäure				
Parabansäure [E 1 XXIV, 401]	(Struktur)	114,06 —	243...5 Z —	Krist. (Al); 4,7 W 8°; 0,72 sied. Ä; ll. in h. Al
Paraconsäure [XVIII, 371]	(Struktur)	130,10 —	57...8 Z *	Zerfl. Krist.; * Z. → Citraconsäure= anhydrid
Paraformaldehyd [E 2 I, 635]	$HOCH_2 \cdot O \cdot [CH_2 \cdot O]_x \cdot CH_2OH$	— —	140...50 Z —	Krist.; ll. in h. W, verd. NaOH, Na_2SO_3-Lsg; unl. in Ä, Aceton
Parafuchsin (Carbinolbase) s. 4,4′,4″-Triamino-triphenylcarbinol				

Name und Literatur	Formel	Mol.-Gew. Dichte	F in °C Kp. in °C	Charakteristik
Paraldehyd [E 2 XIX, 394]	$CH_3 \cdot CH\langle \begin{smallmatrix} O \cdot CH(CH_3) \\ O \cdot CH(CH_3) \end{smallmatrix} \rangle O$	132,16 $0,9943^{20}$	12,6 124	n_α^{20} 1,4030, n_D^{20} 1,4049. Fl.; 12,5 W 30°; l. in Al, Ä; depolymerisiert sich bei der Destillation nach Zusetzen von etwas konz. Schwefelsäure
Paraleukanilin s. 4,4′,4″-Triamino-triphenylmethan				
Pararosanilin s. 4,4′,4″-Triamino-triphenylcarbinol				
Pararosolsäure s. Aurin				
Parathion s. Phosphor, Thiophosphorsäure-diäthyl-p-nitrophenylester				
Paredrin s. 4-[2-Aminopropyl]-phenol				
PAS s. 4-Amino-salicylsäure				
Peganin s. Vasicin				
PGS s. Pteroylglutaminsäure				
Pelargonaldehyd [E 2 I, 761]	$CH_3 \cdot [CH_2]_7 \cdot CHO$	142,24 $0,8268^{19}_{19}$	— 190…Z *	$n_D^{17,5}$ 1,4276. Öl; * Kp auch 185°; 80… $3°/_{12}$; unl. in W, ∞ Al, Ä; Wdampf-flch.; Semicarbazon F: 100°
Pelargonidin [E 2 XVIII, 200]		306,70 —	— —	Gelbrote Nadeln (alkohol. HCl); wl. in W; Pseudobase; fbl. Prismen (W), unl. in Bzl, sll. in h. W, Al, Ä; Erhitzen → viol. Öl (Z.)
Pelargonsäure [E 3 II, 815]	$CH_3 \cdot [CH_2]_7 \cdot CO_2H$	158,24 $0,9096^{19}$	12,5 253…5	n_α^{70} 1,4109, n_D^{70} 1,4130, n_β^{70} 1,4182. Ölige Fl.; E: 12,35°; Kp: 142…$3°/_{16}$; wl. in W, l. in Al; Methylester Kp: 213,8°; Amid F: 99,5°
Pelargonsäure-äthylester [E 2 II, 307]	$CH_3 \cdot [CH_2]_7 \cdot CO_2C_2H_5$	186,30 0,8700	E — 44,45 222	n_D^{20} 1,420. Fl.; Kp: 96…$8°/_{10}$; unl. in W, l. in Al

Name	Formel	Mol.-Gew. / Dichte	F. / Kp.	Eigenschaften
Pelargonsäure-nitril [II, 354]	$CH_3 \cdot [CH_2]_7 \cdot CN$	139,24 / 0,786[16]	— / 214…6	Fl.; ll. in Al, Ä, unl. in W
Pelletierin [E 2 XXI, 220]	(Piperidin-Ring mit $CH_2 \cdot CH_2 \cdot CHO$)	141,21 / 0,988[20]	— / 125/100	Viskose Fl.; verharzt; 5 k. W, l. in Al, Ä, Chlf; $[\alpha]_D$: − 31,1° (Ä)
Penaldin-F-Säure [Chem. of Penicillin, 473]	$CH_3 \cdot CH_2 \cdot CH{:}CH \cdot CH_2 \cdot CO \cdot NH \cdot CH(CO_2H)(CHO)$	199,21 / —	— / —	Benzylester F: 88°
Penaldin-G-Säure [Chem. of Penicillin, 473]	$C_6H_5 \cdot CH_2 \cdot CO \cdot NH \cdot CH(CO_2H)(CHO)$	221,21 / —	— / —	Benzylester F: 96…7°; 2,4-Dinitrophenylhydrazon F: 180…1°
Penaldin-K-Säure [Chem. of Penicillin, 473]	$CH_3 \cdot [CH_2]_5 \cdot CH_2 \cdot CO \cdot NH \cdot CH(CO_2H)(CHO)$	229,28 / —	— / —	2,4-Dinitrophenylhydrazon F: 187…8°
Penaldin-X-Säure [Chem. of Penicillin, 473]	$HO{-}C_6H_4{-}CH_2 \cdot CO \cdot NH \cdot CH(CO_2H)(CHO)$	237,21 / —	— / —	2,4-Dinitrophenylhydrazon F: 223…4°
dl-Penicillamin [Ann. Chem. 559, 92]	$H_3C \cdot C(CH_3)SH \cdot CH(NH_2) \cdot CO_2H$	149,21 / —	201 Z. / —	Krist.; Hydrochlorid F: 145…8° Z.; d-Penicillamin s. Quart. Rev. 2, 203 (1948)
Penicillin G [Ann. Chem. 571, 201]	$C_6H_5 \cdot CH_2 \cdot CO \cdot NH$ (Penicillin-Grundgerüst mit S, $(CH_3)_2$, N, CO_2H)	334,40 / —	— / —	Amorphes weißes unstabiles Pulver; $[\alpha]_D$: + 282° (Al); Na-Salz: Nadeln (Me + Egester), F: 215° Z.; wl. in Egester, Py, zl in Al, l. in W, Me; $[\alpha]_D^{25}$: + 301° (W); Übersicht: Nature 192, 492 (1961)

Name und Literatur	Formel	Mol.-Gew. Dichte	F in °C Kp. in °C	Charakteristik
Penicilloin-F-Säure [Chem. of Penicillin, 535]	$(H_3C)_2C$—$CH \cdot CO_2H(\beta)$, Ring S–NH, CH, $CH \cdot CO_2H(\alpha)$, $NH \cdot CO \cdot CH_2 \cdot CH : CH \cdot CH_2 \cdot CH_3$	330,41 —	— —	α-Methylester: hgelbbraune amorphe Masse; $[\alpha]_D^{23}$: $+92°$ (W); Na-Salz: $[\alpha]_D^{23}$: $+159°$ (W)
d-Penicilloin-G-Säure [Chem. of Penicillin, 535]	$(H_3C)_2C$—$CH \cdot CO_2H(\beta)$, Ring S–NH, CH, $CH \cdot CO_2H(\alpha)$, $NH \cdot CO \cdot CH_2 \cdot C_6H_5$	352,41 —	— —	4-stereoisomere Formen; die Dimethyl= ester: I F: 87…89°; II F: 113…114°; III F: 107…109°, $[\alpha]_D^{28}$: $+100°$ (Al); IV F: 111…114° $[\alpha]_D^{23}$: $-40°$ (Me)
Penicilloin-K-Säure [Chem. of Penicillin, 535]	$(H_3C)_2C$—$CH \cdot CO_2H(\beta)$, Ring S–NH, CH, $CH \cdot CO_2H(\alpha)$, $NH \cdot CO \cdot CH_2 \cdot [CH_2]_5 \cdot CH_3$	360,48 —	— —	α-Methylester: Benzylaminsalz: zwei Formen; I. F: 74…6°; II. F: 80…3°
Penilloaldehyd-F [Chem. of Penicillin, 34]	$CH_3 \cdot CH_2 \cdot CH : CH \cdot CH_2 \cdot CO \cdot NH \cdot CH_2 \cdot CHO$	155,19 —	— —	2,4-Dinitrophenylhydrazon: gelbe Nadeln (Al); F: 187…8°
Penilloaldehyd-G [Chem. of Penicillin, 482]	$C_6H_5 \cdot CH_2 \cdot CO \cdot NH \cdot CH_2 \cdot CHO$	177,20 —	113,5…5,5 —	Blättchen; 2,4-Dinitrophenylhydrazon F: 198°

Name	Formel	Mol.-Gew. / D	F. (°C)	Eigenschaften
Penilloaldehyd-K [Chem. of Penicillin, 101]	$CH_3 \cdot [CH_2]_5 \cdot CH_2 \cdot CO \cdot NH \cdot CH_2 \cdot CHO$	185,27 —	— —	Diäthylacetal: Öl; Kp: 100...1°/₂; n_D^{25} 1,4484. 2,4-Dinitrophenylhydrazon F: 171...3°
Penilloaldehyd-X [Chem. of Penicillin, 484]	$HO-\langle\ \rangle-CH_2 \cdot CO \cdot NH \cdot CH_2 \cdot CHO$	193,20 —	— —	Diäthylacetal: Öl; zers. beim Dest.; 2,4-Dinitrophenylhydrazon F: 195...6°
Pentaacetyl-D-gluconitril [Org. Syntheses III, 690]	$H[CH(O_2C \cdot CH_3)]_5CN$	387,35 —	82,5...3,5 —	Krist. (Al); wl. in k. W, l. in Ä, Chlf, ll. in h. Al
Pentaacetyl-α-glucose s. α-Glucose-pentaacetat				
Pentaacetyl-β-glucose s. β-Glucose-pentaacetat				
Pentabromaceton [E 1 I, 345]	$CHBr_2 \cdot CO \cdot CBr_3$	452,59 —	79...80 * subl.	Nadeln (Al); Prismen (Ä); ll. in org. Lösm.; unl. in W; eigenartig durchdringender Geruch; Wdampfflch.; * F im geschl. Röhrchen
Pentabromäthan [I, 95]	$CHBr_2 \cdot CBr_3$	424,58 / 3,312	56...7 / 210/₃₀₀ Z	Prismen; unl. in W, l. in Al, ll. in Ä
Pentabrom-anilin [XII, 669]	$C_6Br_5 \cdot NH_2$	487,63 —	261...2 —	Nadeln (1 Teil Al und 2 Teile Toluol)
Pentabrom-benzol [E 1 V, 117]	C_6HBr_5	472,62 —	159...60 —	Nadeln (Eg oder viel Al); l. in Bzl, Chlf, wl. in Al, Ä, Eg, Lg, unl. in W
Pentabromphenol [E 2 VI, 197]	$C_6Br_5 \cdot OH$	488,62 —	229,5 —	Krist. (Eg oder Al); Nadeln (CS₂); l. in Bzl, CS₂; subl.
Pentabrom-propanon s. Pentabrom-aceton				
Pentacen [Ber. 64, 981]	(Pentacen-Struktur)	278,36 —	270...1 —	Dkl.blaue Nadeln mit viol. Glanz (h. Nitrobzl.); wl. in org. Lösm., unl. in W; subl. unter CO₂ im Vak. bei ca 300°

Name und Literatur	Formel	Mol.-Gew. Dichte	F in °C Kp. in °C	Charakteristik
Pentacen-(6,13)-chinon [J. Chem. Soc. **101**, 2194]	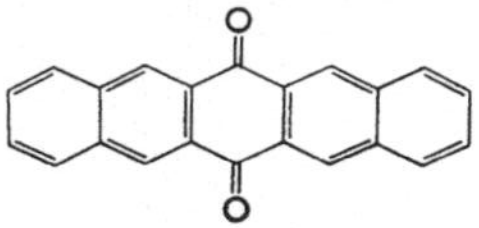	308,34 —	394 —	Or.gelbe Spieße (subl. oder Nitrobzl. oder Py); l. in H_2SO_4 blau, rot fluoresz.
Pentachloräthan [E 2 I, 57]	$CHCl_2 \cdot CCl_3$	202,30 $1{,}6881^{15}$	—29,0 161,95	n_α^{15} 1,5025, n_D^{15} 1,5054, n_β^{15} 1,5127. Fl.; unl. in W, l. in Al, Ä; chlf.-ähnlicher Geruch; techn. Lösm.; MAK: 5 cm^3 je m^3
Pentachlor-anilin [E 2 XII, 341]	$C_6Cl_5 \cdot NH_2$	265,35 —	232 —	Nadeln (Al); ll. in Al, Ä, l. in Lg
Pentachlorbenzol [E 2 V, 157]	C_6HCl_5	250,34 $1{,}6091^{84}$	85...6 275...7	Nadeln (Al); unl. in W, swl. in k. Al, l. in sied. Al, zll. in Ä, Bzl, CS_2, Chlf, CCl_4
Pentachlorphenol [E 2 VI, 182]	$C_6Cl_5 \cdot OH$	266,34 $1{,}978^{22}$	189 309...10 Z	Krist. (Al); unl. in W, ll. in Al, Ä, l. in Bzl, wl. in k. Lg; subl. in langen Nadeln
1,1,2,3,3-Pentachlor-propan [E 1 I, 34]	$CHCl_2 \cdot CHCl \cdot CHCl_2$	216,32 $1{,}6086^{34}$	— 198...200	$n_D^{16,5}$ 1,5131. Fl.; löst erhebliche Mengen Schwefel und vulkanischen Kautschuk
Pentadecan [E 2 I, 136]	$CH_3 \cdot [CH_2]_{13} \cdot CH_3$	212,42 $0{,}7689^{20}$	9,7 270,5	n_D^{25} 1,431. Fl.; unl. in W, ∞ Al, Ä
Pentadecanol-(3) [E 1 I, 219]	$CH_3 \cdot [CH_2]_{11} \cdot CH(OH) \cdot CH_2 \cdot CH_3$	228,42 —	32 $163/_{12}$	Krist.
Pentadecyl-cyanid s. Palmitinsäurenitril				
Pentadien-(1,2) [E 2 I, 226]	$CH_3 \cdot CH_2 \cdot CH : C : CH_2$	68,12 $0{,}6890^{20}$	— 45	n_α^{20} 1,4100, n_D^{20} 1,4149, n_β^{20} 1,4209. Fl.

Pentadien-(1,3) [E 3 I, 958]	$CH_3 \cdot CH : CH \cdot CH : CH_2$	68,12 ; 0,6827[15]	— ; 42	$n_\alpha^{13,6}$ 1,4299, $n_D^{13,6}$ 1,4344, $n_\beta^{13,6}$ 1,4466. Fl.; ,,Piperylen''.
Pentadien-(1,4) [E 3 I, 963]	$CH_2 : CH \cdot CH_2 \cdot CH : CH_2$	68,12 ; —	−148 ; 26	Aus Tetrabromid mit Zn in Al: 1,2,4,5-Tetrabrompentan: Täfelchen (Al); F: 86...7°
Pentadien-(2,3) [E 1 I, 111]	$CH_3 \cdot CH : C : CH \cdot CH_3$	68,12 ; 0,7024_0^{20}	— ; 49...51	Fl.
Pentadiin-(1,3) [E 2 I, 247]	$CH_3 \cdot C : C \cdot C : CH$	64,09 ; 0,7375[21]	— ; 54...6	n_D^{21} 1,4431. Bewegliche Fl. von acetylenart. Geruch
Pentaerythrit [E 2 I, 601]	$C(CH_2OH)_4$	136,15 ; —	ca 253 ; —	Krist.; 5,55 W 15°, Verw. zur Herstellung von Sprengstoff
Pentaerythrit-tetra= bromid [Org. Syntheses II, 476]	$C(CH_2Br)_4$	387,76 ; 2,596[15]	163 ; —	Krist. (Al); swl. in Ä, l. in h. Al, zl. in h. Eg
Pentaerythrit-tetra= jodid [Org. Syntheses II, 476]	$C(CH_2J)_4$	575,74 ; —	233 ; —	Krist. (Al); swl. in Al, Ä
Pentaerythrit-tetranitrat [E 2 I, 602]	$C(CH_2 \cdot ONO_2)_4$	316,14 ; 1,773[20]	140...1 ; —	Krist. (Aceton); ll. in Aceton, wl. in W, Al, swl. in Ä; Sprengstoff
2,4,6,3',4'-Pentahydroxy-benzophenon [E 2 VIII, 574]		262,22 ; —	220...2 ; —	Gelbe Prismen · 1 H_2O; 0,5 W 14°; ll. in Al, Ä
3,5,7,2',4'-Pentahydroxy-flavon [XVIII, 239]		302,24 ; —	290 Z ; —	Nadeln (Al); 0,025 W 20°; 0,09 sied. W; unl. in CS_2, wl. in Ä, ll. in Al; l. in Alk gelb; ,,Morin''

3,5,7,3',4'-Pentahydroxyflavon s. Quercetin

Name und Literatur	Formel	Mol.-Gew. Dichte	F in °C Kp. in °C	Charakteristik
Pentaisobuten [E 2 I, 181]	$C_{20}H_{40}$	280,54 0,8176[20]	— 148/7	n_α^{20} 1,4573, n_D^{20} 1,4601, n_β^{20} 1,4664. Zähe Fl.
Pentajod-benzol [V, 229]	C_6HJ_5	707,60 —	172 —	Nadeln (Al); l. in Chlf, h. Eg, swl. in k. Al, Ä; subl.
Pentakosan [E 2 I, 142]	$CH_3 \cdot [CH_2]_{23} \cdot CH_3$	352,69 0,7523[100]	53,2 169…170/0,05	Krist. (Al); 5,4 Chlf 15°
Pentalin s. Pentachloräthan				
Pentamethyl-aceton s. Isopropyl-tert-butyl-keton				
Pentamethyl-äthanol [E 2 I, 447]	$(CH_3)_3C \cdot C(CH_3)_2OH$	116,20 —	ca 17 130…1	Fl.; schimmelart. Geruch; $\cdot \frac{1}{2} H_2O$ Nadeln (W), F: 83°; ll. i Al, Ä, wl. in W; campherart. Geruch
Pentamethyl-benzoe= säure [IX, 569]	$(CH_3)_5C_6 \cdot CO_2H$	192,26 —	210,5 —	Nadeln (sied. W); Blättchen oder Nadeln (verd. Al); sll. in h. Al, swl. in k. W; subl.; flch. mit Dampf
Pentamethyl-benzol [E 2 V, 336]	$C_6H(CH_3)_5$	148,25 0,8780[73,5]	52,2…3,1 230	$n_\alpha^{73,5}$ 1,5010, $n_D^{73,5}$ 1,5049, $n_\beta^{73,5}$ 1,5161. Krist. (Al oder Bzl); sll. in Bzl, ll. in Al, unl. in W
Pentamethyl-phenol [E 1 VI, 270]	(Strukturformel: Benzolring mit OH und fünf CH_3-Gruppen)	164,25 —	125 267	Nadeln (Al); wl. in h. W; l. erst bei Erwärmen in NaOH; keine $FeCl_3$-Reaktion

Pentamethylenbromid s. 1,5-Dibrom-pentan

Pentamethylendiamin [E 2 IV, 708]	$H_2N \cdot [CH_2]_5 \cdot NH_2$	102,18 $0,873^{25}$	— 178...80,5	$n_\alpha^{16,6}$ 1,45889, $n_\beta^{16,6}$ 1,46776. Sirup; Geruch nach Piperidin; ll. in W, Al, wl. in Ä; öliges Hydrat mit $2H_2O$; mit 2HCl sehr hygr. Krist. (Al), F: 242...3° (255°); wl. in k. W
β,β-Pentamethylen-glycidsäure-äthylester [Org. Syntheses 34, 54]	CH $CO_2C_2H_5$	184,24 —	— 134...7/$_{21}$	n_D^{25} 1,4568...1,4577. Fbl. Fl.; ll. in Ä
Pentamethylenglykol [E 2 I, 548]	$HO \cdot [CH_2]_5 \cdot OH$	104,15 $0,9938^{20}_{20}$	— 237...9/$_{751}$	n_D^{20} 1,4499. Dicke Fl.; bitterer, brennender Geschmack; ∞ W, Al, Ä
Pentamethylenoxid s. Tetrahydropyran				
n-Pentan [E 2 I, 92]	$CH_3 \cdot [CH_2]_3 \cdot CH_3$	72,15 $0,6263^{20}$	E − 130,8 36,15	$n_\alpha^{13,1}$ 1,35882, $n_D^{13,1}$ 1,36057, $n_\beta^{13,1}$ 1,36505. Fl.; unl. in W, ∞ Al, Ä; MAK: 1000 cm³/m³
Pentandicarbonsäure s. Pimelinsäure				
Pentandiol-(1,5) s. Pentamethylenglykol				
Pentandion-oxim s. Isonitroso-pentanon				
Pentanol-(1) s. n-Amylalkohol				
d-Pentanol-(2)* [E 3 I, 1615]	CH_3 $H \cdot \overset{.}{\underset{.}{C}} \cdot OH$ $CH_2 \cdot C_2H_5$	88,15 $0,8101^{20}$	— 118...9	n_D^{20} 1,4056. Fl.; $[\alpha]_D^{20}$: +14,3° (Al, c = 7); $[\alpha]_D^{20}$: +18,5° (Ä, c = 7); α-Naphthylcarbamidsäureester F: 94...6°. * = „S-Pentanol-2", s. S. 40
Pentanol-(2) [E 3 I, 1621]	$CH_3 \cdot [CH_2]_2 \cdot CH(OH) \cdot CH_3$	88,15 $0,8088^{20}$	— 127,5...7,8	n_D^{20} 1,4037. Fl.; 4,2 W 20°; 3-Nitro=phthalat F: 157°
Pentanol-(3) [E 2 I, 420]	$CH_3 \cdot CH_2 \cdot CH(OH) \cdot CH_2 \cdot CH_3$	88,15 $0,8154^{25}$	— 115,8...6,0	n_D^{20} 1,4078. Fl.; Phenylurethan F: 48...9°

Name und Literatur	Formel	Mol.-Gew. Dichte	F in °C Kp. in °C	Charakteristik
Pentanon-(2) [E 2 I, 736]	$CH_3 \cdot CH_2 \cdot CH_2 \cdot CO \cdot CH_3$	86,13 $0{,}8089^{20,2}$	E − 77,75 102	$n_\alpha^{20,2}$ 1,38754, $n_D^{20,2}$ 1,38946, $n_\beta^{20,2}$ 1,39461. Fl.; wl. in W; techn. Lösm.; p-Nitro-phenylhydrazon F: 117°; MAK: 200 cm³/m³
Pentanon-(3) [E 2 I, 738]	$C_2H_5 \cdot CO \cdot C_2H_5$	86,13 $0{,}8156_{25}^{25}$	E − 41,5 101,7	$n_\alpha^{16,6}$ 1,39168, $n_D^{16,6}$ 1,39385, $n_\beta^{16,6}$ 1,39877. Fl.; wl. in W, ∞ Al, Ä; techn. Lösm.; Semicarbazon F: 139°
Pentan-triol-(1,2,3) [E 2 I, 597]	$CH_3 \cdot CH_2 \cdot CH(OH) \cdot CH(OH) \cdot CH_2OH$	120,15 $1{,}0851_0^{34}$	— 165…6/15	Fl.; hygr.; brennender, bitterer Geschmack; ∞ W, Al, l. in Ä
Pentan-triol-(1,2,5) [Org. Syntheses III, 833]	$CH_2 \cdot CH_2 \cdot CH_2 \cdot CH \cdot CH_2$ $\dot{O}H \qquad \dot{O}H \; \dot{O}H$	120,15 —	— 167…70/1	n_D^{25} 1,4730
Pentaphenyl-phenol [Z. angew. Chem. **72**, 331]	Benzolring: 2-C_6H_5, 3-C_6H_5, 4-H_5C_6, 5-H_5C_6, 6-C_6H_5, 1-OH	474,61 —	267 * —	Krist. (subl. im Vak, Eg); Acetat F*: 317° * im zugeschmolzenen Röhrchen
Pentatriakontan [E 2 I, 148]	$CH_3 \cdot [CH_2]_{33} \cdot CH_3$	492,96 $0{,}7816^{74,7}$	74,6 331/15	Blättchen (Al); swl. in k. Ä
Penten-(1) [E 2 I, 182]	$CH_3 \cdot CH_2 \cdot CH_2 \cdot CH : CH_2$	70,14 $0{,}637^{18}$	— 39…40	n_D^{18} 1,3719. Fl., unl. in W, ∞ Al, Ä
cis-Penten-(2) [E 2 I, 183]	$CH_3 \cdot CH_2 \cdot CH : CH \cdot CH_3$	70,14 0,6540	− 151,3 36,55	n_D^{20} 1,3817. Fl.; unl. in W, ∞ Al, Ä
trans-Penten-(2) [E 2 I, 183]	$CH_3 \cdot CH_2 \cdot CH : CH \cdot CH_3$	70,14 0,6481	− 140,2 36,85	n_D^{20} 1,3794. Fl.; unl. in W, ∞ Al, Ä

Name	Formel	M / Dichte	E / Kp	Eigenschaften
dl-Penten-(1)-ol-(3) [E 2 I, 482]	$CH_3 \cdot CH_2 \cdot CH(OH) \cdot CH:CH_2$	86,13 $0,8373^{20}$	— 114,2...4,4	n_D^{20} 1,4240. Fl.
Penten-(3)-ol-(2) [Org. Syntheses III, 696]	$CH_3 \cdot CH:CH \cdot CH(OH) \cdot CH_3$	86,13 $0,8428^9$	— 119...21	$n_D^{9,4}$ 1,4336. Fl.
Penten-(4)-ol-(1) [Org. Syntheses III, 698]	$HOH_2C \cdot CH_2 \cdot CH_2 \cdot CH:CH_2$	86,13 $0,863^0$	— 134...7	Fl.; unangenehm riechend
Penten-2-on-(4) [E 2 I, 791]	$CH_3 \cdot CO \cdot CH:CH \cdot CH_3$	84,12 $0,856^{20}$	— 122	$n_\alpha^{18,6}$ 1,4371, $n_{He}^{18,6}$ 1,4408, $n_\beta^{18,6}$ 1,4502. Fl.; l. in W; anfangs obstart., später stechender Geruch
Penten-(4)-säure-(1) s. Allylessigsäure				
Pentin-(1) [E 2 I, 225]	$CH_3 \cdot CH_2 \cdot CH_2 \cdot C:CH$	68,12 $0,6940^{17}$	— 39,5...40,0	n_D^{17} 1,3890. Fl. von lauchart. Geruch
Pentin-(2) [E 2 I, 226]	$CH_3 \cdot CH_2 \cdot C:C \cdot CH_3$	68,12 $0,7127^{17,2}$	E − 101 57	$n_\alpha^{17,2}$ 1,4020, $n_D^{17,2}$ 1,4045, $n_\beta^{17,2}$ 1,4146. Fl.
Pentin-(1)-ol-(4) [Org. Syntheses 33, 68]	$HC:C \cdot CH_2 \cdot CH_2 \cdot CH_2OH$	84,12 —	— 70...1/29	n_D^{25} 1,4443. Krist.; ll. in Ä
Pentyl- s. Amyl-				
Perbenzoesäure s. Benzopersäure				
Perchloräthylen s. Tetrachloräthylen				
Perchlor-methyl-mercaptan [E 3 III, 248]	Cl_3CSCl	185,89 1,700	— 147...9 g. Z	n_D^{24} 1,538. Schwach gelbe Fl.; l. in org. Lösm.; giftig; MAK: 0,1 cm³/m³; Sulfon F: 140...2,5°; s. a. Chem. Rev. **58**, 509
Peressigsäure s. Acetopersäure				
Perillaaldehyd [E 2 VII, 130]	(Formel)	150,22 $0,9626^{20}_{20}$	— 108,5...9/12	n_D^{20} 1,5064. Fl.; $[\alpha]_D$: +144,9° (W); Oxim F: 100...1°
Perseit s. D-Manno-α-heptit				

Name und Literatur	Formel	Mol.-Gew. Dichte	F in °C Kp. in °C	Charakteristik
Pervitin [J. Am. Chem. Soc. **62**, 922]	$C_6H_5 \cdot CH_2 \cdot CH(CH_3) \cdot NH \cdot CH_3$	149,24 —	— 78...80/$_6$	Fl.; Hydrochlorid F: 135...6°
Perylen [E 2 V, 655]		252,32 —	273...4 * subl. 350...400	Gelbe Krist. (Toluol); hgelbe Nadeln (Xylol); ll. in CS_2, Chlf, l. in Bzl, wl. in Eg, swl. in Ä, Al, Aceton, unl. in Lg; mit konz. $H_2SO_4 \rightarrow$ rotviol. Lsg; * über Pikrat gereinigt, sonst F: 265°
Perylenchinon-(1,12) [E 2 VII, 773]		282,30 —	287 —	Rotbraune Nadeln (Bzl); wl. in sied. Al, Aceton, Bzl, ll. in h. Eg, Py, Chlorbzl., l. in H_2SO_4 braun
Perylenchinon-(3,9) [E 2 VII, 773]		282,30 —	> 360 —	Viol. Nadeln (Nitrobzl.); zll. in Nitrobzl. rotviol.
Perylendichinon-(3,10; 4,9) [E 2 VII, 867]		312,28 —	— —	Granatrote Nadeln (Nitrobzl.); wl. in hochsied. Lösm., Nitrobzl. rotbraun
Pestose III s. Phosphor, Pyrophosphorsäure-tetra-[dimethylamid]				
Pethidin s. Dolantin				
Petroselinsäure [E 2 II, 427]	$HC \cdot [CH_2]_{10} \cdot CH_3$ $\overset{..}{HC} \cdot [CH_2]_4 \cdot CO_2H$	282,47 0,8802^{35}	31,5 237...8/$_{18}$	n_α^{70} 1,4395, n_D^{70} 1,4419, n_β^{70} 1,4480. Blättchen (Me oder 96% Al)

Name [Literatur]	Formel	Mol.-Gew. / Dichte	F. / Kp.	Eigenschaften
Phanodorm [E 2 XXIV, 294]	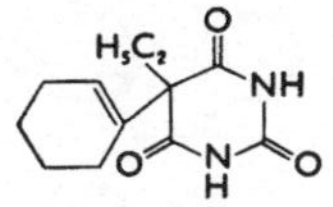	236,27 / —	171 / —	Blättchen (W); 0,16 W 20°; 0,23 W 37°; swl. in Bzl, ll. in Al, Ä, verd. NaOH
d-β-Phellandren [E 2 V, 87]		136,24 / 0,8520[20]	— / 171…2	n_D^{20} 1,4788. Fl.; $[\alpha]_D$: $+17,64°$ auch $+18,54°$; Kp: 57°/$_{11}$; unl. in W, l. in Al, Ä; Vork. im Wasserfenchelöl; riecht nach Geranien; Nitrosit F: F: 97…8°
l-α-Phellandren [E 2 V, 86]		136,24 / 0,8425[20]	— / 173…5	n_D^{25} 1,4725. Fl.; $[\alpha]_D^{20}$: $-112,76°$; Kp: 67…8°; unl. in W, l. in Al, Ä; Vork. im Eukalyptusöl, Terpentinöl; Nitrosite F: 121…2°; F: 105…6°
Phellogensäure [E 2 II, 629]	$HO_2C \cdot [CH_2]_{20} \cdot CO_2H$	370,58 / —	123…4 / —	Krist. (Al oder Chlf oder Bzl)
Phenacetin [E 2 XIII, 244]	$CH_3 \cdot CO \cdot NH \cdot C_6H_4 \cdot OC_2H_5$	179,22 / —	134,7 / —	Tafeln (verd. Al); 0,08 W 25°, 6,64 Al 25°, 1,56 Ä 25°, 10,68 Aceton 30°, 4,76 Chlf 25°, 0,65 Bzl 30°
Phenacylbromid [E 2 VII, 220]	$C_6H_5 \cdot CO \cdot CH_2Br$	199,05 / 1,709[15]	51 / 134/$_{12}$ g. Z	Prismen (verd. Al); sll. in Al, Ä, Chlf, Bzl; reizt zu Tränen
Phenacyl-chlorid [E 2 VII, 219]	$C_6H_5 \cdot CO \cdot CH_2Cl$	154,60 / 1,324[15]	60 / 244…5	Blättchen (PÄ); unl. in W, sll. in Al, Ä, Bzl; Dampf reizt zu Tränen
Phenanthren [E 2 V, 579]	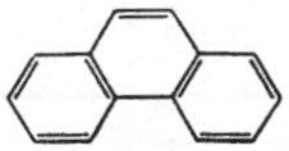	178,24 / 1,0412[131,1]	101 / 332	$n_\alpha^{130,6}$ 1,646, $n_D^{129,6}$ 1,657. Tafeln (Al); 2,07 abs. Al 16°; ll. in k. Ä, Bzl, CS_2, Eg, ∞ Toluol 100°; Pikrat dkl.or.gelb F: 145°

Name und Literatur	Formel	Mol.-Gew. Dichte	F in °C Kp. in °C	Charakteristik
Phenanthren-9-aldehyd [Org. Syntheses III, 701]	CHO	206,25 —	100...1 —	Krist. (Eg, Al)
Phenanthren-9-carbonsäurenitril s. 9-Cyan-phenanthren				
Phenanthrenchinon [E 2 VII, 724]		208,22 1,4045	206...7 > 360	Or. Nadeln; swl. in k. W, wl. in Al, l. in sied. W, Ä, ll. in h. Eg, l. in konz. H_2SO_4 grün
Phenanthrenhydrochinon s. 9,10-Dihydroxy-phenanthren				
Phenanthren-2-sulfo= säure [Org. Syntheses II, 482]	SO_3H	258,30 —	— —	Krist. Gallerte; Ammoniumsalz ·$1 H_2O$ F: ca 150°
Phenanthren-3-sulfo= säure [Org. Syntheses II, 482]	$C_{14}H_{10}O_3S$	258,30 —	175...7 —	Blättchen (Bzl); ll. in W; p-Toluidin= salz F: 222°
Phenanthridin [XX, 466]	N	179,22 —	104 > 360	Nadeln (verd. Al); 0,03 k. W blau fluoresz.; ll. in Al, Ä, Chlf, Bzl, CS_2; Dampf reizt zum Niesen
Phenanthrol-(2) [E 2 VI, 674]	OH	194,24 —	168 —	Blättchen (verd. Al oder Lg); ll. in Al, Ä, Bzl, wl. in Lg, W; Pikrat rote Nadeln, F: 156°

Name	Formel	Mol-Gew. / Dichte	Schmp. / Sdp.	Eigenschaften
Phenanthrol-(3) [E 2 VI, 674]	$C_{14}H_{10}O$	194,24 —	122...3 * —	Weiße Nadeln (verd. Al oder Lg); Blätter (Bzl + Lg); ll. in Ä, Bzl, Al, h. Lg, wl. in k. W, h. W; * F auch 118...9°; Pikrat or.gelbes Pulver, F: 159°
Phenanthrol-(9) [E 2 VI, 675]	$C_{14}H_{10}O$	194,24 —	151 —	Krist. (Lg oder Chlf); ll. in Al, Ä, Chlf, Bzl, h. Lg, wl. in k. Lg, swl. in W; l. in Alk → grüne Färbung, in H_2SO_4 → or.rote Färbung; Pikrat rote Nadeln, F: 185°; Acetat F: 77°
o-Phenanthrolin [E 2 XXIII, 235]		180,21 —	117 * —	Krist. $\cdot 1 H_2O$ (W); ll. in Al, wl. in Ä, k. W; Verw. zur Bestimmung von Fe^{++}-Ionen; * F: 112° H_2O-haltig
m-Phenanthrolin [E 2 XXIII, 236]		180,21 —	78...8,5 > 360	Tafeln; sll. in Al, l. in h. W, swl. in Ä, PÄ, Bzl, ll. in verd. S
p-Phenanthrolin [XXII, 228]		180,21 —	177 —	Nadeln (Lg); sll. in Al, Chlf, ll. in W, Bzl, wl. in Ä, Lg; subl.
Phenazin [E 2 XXIII, 233]		180,21 —	171 > 360	Gelbe Nadeln (Al oder subl.); swl. in W, wl. in Ä, Bzl; 2 k. Al; Pikrat F: 181°
Phenazon [XXIII, 222]		180,21 —	156 > 360	Grüngelbe Nadeln (verd. Al); swl. in W, wl. in Lg, ll. in Al, Ä, Bzl, sll. in Chlf, Eg; Pikrat F: 194°
o-Phenetidin [E 2 XIII, 166]		137,18 —	< −21 232,5	Öl; Acetylderivat F: 79°

Name und Literatur	Formel	Mol.-Gew. Dichte	F in °C Kp. in °C	Charakteristik
m-Phenetidin [E 2 XIII, 211]	$H_2N \cdot C_6H_4 \cdot OC_6H_5$	137,18 —	— 127...8/$_{11}$	Fl.
p-Phenetidin [E 2 XIII, 224]	$H_2N \cdot C_6H_4 \cdot OC_2H_5$	137,18 1,0652^{15,9}	2,4 249,9	$n_\alpha^{15,9}$ 1,5572, $n_\beta^{15,9}$ 1,5790. Öl; l. in Al, Ä
p-Phenetidin-N-acetat s. Phenacetin				
Phenetol [E 2 VI, 142]	$C_6H_5 \cdot OC_2H_5$	122,17 0,9689	E — 30,2 170,5	$n_\alpha^{13,7}$ 1,5061, $n_D^{13,7}$ 1,5103, $n_\beta^{13,7}$ 1,5224. Fl.; aromatischer Geruch; Kp: 56,5°/$_{12}$; unl. in W, ll. in Al, Ä, Bzl, Chlf
Phenicin [Helv. Chim. Acta 21, 1464]		274,23 —	230...1 —	Gelbbraune Krist. (Al); ll. in h. Al, Chlf, Eg, wl. in W; Verw. als Indikator
Phenocyanin VS [XXVII, 425]		394,43 —	240...1 —	Gelbe Nadeln (Al); l. in W, Al, l. in H_2SO_4 gelbbraun
Phenol [E 2 VI, 116]		94,11 1,0708^{25}	40,8 182,2	Nadeln; 2 Fl. 20°: 8,4 g/100 g H_2O bzw. 38,5 g W/100 g Phenol; ∞ W >65,3°; ∞ Al, Ä; Desinfektionsmittel; giftig; ätzt die Haut; mit $FeCl_3$ → blaue Färbung; MAK: 5 cm³/m³, H

Name		Mol.-Gew.	Schmp./Sdp.	Eigenschaften
-Na-Salz [E 2 VI, 137]		116,10 —	59...60 —	Nadeln; ll. in W, l. in Al, sll. in sied. wasserfreiem Aceton
Phenol-äthyläther s. Phenetol				
Phenol-methyläther s. Anisol				
Phenol-O-sulfat s. Phenylschwefelsäure				
Phenolblau [E 1 XIII, 26]		226,28 —	162 —	Blaue Krist. (Al oder Lg); wl. in k. W, k. Al, l. in verd. HCl
Phenol-disulfosäure-(2,4) [XI, 250]		254,24 —	> 100 Z —	Zerf! Nadeln; unl. in Ä, sll. in W, Al
Phenolphthalein [E 2 XVIII, 119]		318,33 —	262...3 subl.	Krist.; wl. in h. W, l. in Ä, ll. in h. Al, l. in Alk rot; Verw. als Indikator
Phenolphthalin [E 2 X, 322]		320,35 —	229...32 —	Krist. (W); 0,0175 W 20°; 20,9 Al 20°; 5,92 Ä 20°; leicht oxidiert zu Phenol= phthalein durch Alk an der Luft → rote Färbung
Phenolrot [E 2 XIX, 102]		354,38 —	— —	Rote Krist. (Phenol + Ä); wl. in W, Ä, 0,03 sied. W, l. in Al, Eg, Phenol; Indikator

Name und Literatur	Formel	Mol.-Gew. Dichte	F in °C Kp. in °C	Charakteristik
Phenol-sulfosäure-(2) [XI, 234]	(Benzolring mit OH und SO_3H)	174,18 —	< 50 Z —	Krist. · aq.; sll. in W
Phenol-sulfosäure-(3) [XI, 239]	$HO \cdot C_6H_4 \cdot SO_3H$	174,18 —	140 —	Nadeln $\cdot 2\,H_2O$; bei 100° $1\tfrac{1}{2}\,H_2O$
Phenol-sulfosäure-(4) [XI, 241]	$HO \cdot C_6H_4 \cdot SO_3H$	174,18 —	— —	Zerfl. Nadeln; Amid F: 176...7°
Phenol-tetrachlor-phthalein s. Tetrachlor-phenolphthalein				
Phenoxazin [XXVII, 62]	(Phenoxazin-Struktur)	183,21 —	156 —	Blättchen (verd. Al oder Bzl); zwl. in Lg, wl. in verd. Al, sll. in Al, Ä, Chlf, Bzl; Acetylderivat F: 142°
Phenoxazon [XXVII, 115]	(Phenoxazon-Struktur)	197,20 —	216...7 —	Goldbraune Blättchen (W); zll. in Al or.rot, sied. W, ll. in Bzl, unl. in Alk
Phenoxthin [E 2 XIX, 33]	(Phenoxthin-Struktur)	200,26 —	58 $311/_{745}$	Nadeln (Al); unl. in W, ll. in Al, Ä, Aceton; riecht geraniolähnlich
Phenoxy-acetanilid s. Phenoxyessigsäure-anilid				
Phenoxy-aceton [VI, 151]	$C_6H_5 \cdot O \cdot CH_2 \cdot CO \cdot CH_3$	150,18 —	— 229...30	Fbl., angenehm riechendes Öl; Semi= carbazon F: 173°
β-Phenoxy-äthanol s. Glykol-monophenyläther				
Phenoxy-äthylbromid [Org. Syntheses I, 426]	$C_6H_5 \cdot O \cdot CH_2 \cdot CH_2Br$	201,07 —	— $125...30/_{18}$	Fl.
2-Phenoxy-benzoesäure [E 2 X, 40]	$C_6H_5 \cdot O \cdot C_6H_4 \cdot CO_2H$	214,22 —	113...4 355 Z	Blättchen (verd. Al); unl. in k. W, wl. in sied. W, sll. in Al, Ä

Name	Formel	Mol.-Gew. / D	Smp. / Sdp.	Eigenschaften
γ-Phenoxy-buttersäure [E 2 VI, 158]	$C_6H_5 \cdot O \cdot [CH_2]_3 \cdot CO_2H$	180,21 / —	64...5 / 192...7/$_{18}$	Blättchen (Lg); ll. in Al, Ä, Chlf, Bzl, wl. in Lg, CS_2, unl. in W
γ-Phenoxy-buttersäure-nitril [E 2 VI, 159]	$C_6H_5 \cdot O \cdot [CH_2]_3 \cdot CN$	161,21 / —	45...6 / 162...6/$_{22}$	Krist.
Phenoxyessigsäure [E 2 VI, 157]	$C_6H_5 \cdot O \cdot CH_2 \cdot CO_2H$	152,15 / —	100...1 / 285 g. Z	Nadeln (W); 1,24 W 10°, ll. in Al, Ä, Eg, Bzl, CS_2
Phenoxyessigsäure-anilid [XII, 481]	$C_6H_5 \cdot O \cdot CH_2 \cdot CO \cdot NH \cdot C_6H_5$	227,27 / —	101,5 / —	Nadeln (Al oder W); wl. in k. Al, k. Lg, Eg, l. in Ä, CS_2, ll. in h. Al
Phenoxy-essigsäure-o-carbonsäure [E 1 X, 31]	[Strukturformel: Benzolring mit CO_2H und $O \cdot CH_2 \cdot CO_2H$]	196,16 / —	191,5...2 / —	Nadeln (W); Blättchen (Bzl); ll. in h. W, h. Bzl, Al, Ä, Aceton, Eg, wl. in k. W, k. Bzl, Chlf, Lg, Xylol
γ-Phenoxy-propylbromid [Org. Syntheses I, 425]	$C_6H_5 \cdot O \cdot CH_2 \cdot CH_2 \cdot CH_2Br$	215,10 / —	7...8 / 136...42/$_{20}$	Fl.
Phenthiazin [E 1 XXVII, 225]	[Strukturformel: Phenthiazin]	199,28 / —	180 / 371	Gelbe Blättchen (Al, Ä oder Bzl); swl. in W, Lg, wl. in k. Al, zll. in Ä, h. Eg, ll. in Bzl; subl., an der Luft grün
Phenylacetaldehyd [E 2 VII, 226]	$C_6H_5 \cdot CH_2 \cdot CHO$	120,15 / 1,0272^{19,6}	33...4 / 193...4	$n_\alpha^{19,6}$ 1,5206, $n_D^{19,6}$ 1,5255, $n_\beta^{19,6}$ 1,5374. Fl.; swl. in W, l. in Al, Ä; riecht nach Hyazinthen; Semicarbazon F: 156°

Phenylacetamid s. Phenylessigsäure-amid

Name	Formel	Mol.-Gew. / D	Smp. / Sdp.	Eigenschaften
α-Phenyl-acetessigsäure-äthylester [Org. Syntheses II, 284]	$CH_3 \cdot CO \cdot CH(C_6H_5) \cdot CO_2C_2H_5$	206,24 / —	— / 130...4/$_5$	Stark lichtbrechendes Öl; zll. in Alk; alkohol. Lsg. mit $FeCl_3 \rightarrow$ dkl. viol.
α-Phenylaceto-acetonitril [Org. Syntheses II, 487]	$C_6H_5 \cdot CH(CN) \cdot CO \cdot CH_3$	159,19 / —	88,5...9,5 / —	Krist. (Me)
4-Phenyl-acetophenon [E 2 VII, 377]	$C_6H_5 \cdot C_6H_4 \cdot CO \cdot CH_3$	196,25 / 1,251^0	121 / 325...7	Prismen (Aceton); ll. in Al, Aceton

Name und Literatur	Formel	Mol.-Gew. Dichte	F in °C / Kp. in °C		Charakteristik
Phenylacetylen [E 2 V, 406]	$C_6H_5 \cdot C \vdots CH$	102,14 $0,9295^{20}$	$-48...-40$	$142...3$	n_α^{20} 1,5416, n_D^{20} 1,548, n_β^{20} 1,5646. Fl.; Kp: $39...40°/_{14}$; l. in Al
9-Phenyl-acridin [E 1 XX, 181]	C_6H_5 (acridine ring structure)	255,32 —	184	$403...4$	Blättchen (subl.); gelbe Krist. (Al oder Bzl); unl. in W, wl. in k. Al, l. in Ä, ll. in Bzl
dl-α-Phenyl-äthanol [E 2 VI, 445]	$C_6H_5 \cdot CH(OH) \cdot CH_3$	122,17 $1,0119^{25}$	20	204	n_D^{25} 1,5244. Fl.; Kp: $93°/_{12}$; 1,5 W 20°; 5,3 Al 30% 15°; ∞ Al, Ä; Phenyl= urethan F: $91...2°$
β-Phenyl-äthanol [E 2 VI, 448]	$C_6H_5 \cdot CH_2 \cdot CH_2OH$	122,17 $1,0110^{30}$	—	219,8	$n_\alpha^{16,8}$ 1,5292, $n_D^{16,8}$ 1,5337, $n_\beta^{16,8}$ 1,5452. Öl; Kp: $99...100°/_{10}$; 8,4 Al 30% 15°; 67,3 Al 50% 15°; wl. in W; Phenyl= urethan F: $79,5°$
dl-α-Phenyläthylamin [Org. Syntheses II, 503]	$C_6H_5 \cdot CH(NH_2) \cdot CH_3$	121,18 $0,953^{25}$	—	$184...6$	n_D^{15} 1,5291. Fl.; Kp: $80...1°/_{18}$; d-Form: $[\alpha]_D^{20}$: $+31°$ (Al); Hydrochlorid F: $156...60°$ (171°); Acetylderivat F: $57°$
β-Phenyläthyl-amin [E 2 XII, 591]	$C_6H_5 \cdot CH_2 \cdot CH_2 \cdot NH_2$	121,18 $0,9580^{24,4}$	—	$194...6$	Fl.; l. in W, ll. in Al, Ä; Acetylderivat F: $51...2°$
Phenyl-äthyl-amin s. Äthylanilin					
5,5-Phenyl-äthyl-barbitursäure s. Luminal					
2-Phenyl-äthyl-chlorid [Helv. Chim. Acta **28**, 674]	$C_6H_5 \cdot CH_2 \cdot CH_2Cl$	140,61 $1,069^{25}$	—	$69/_4$	Fl.
β-Phenyl-äthyl-cyanid s. Hydrozimtsäure-nitril					
β-Phenyl-N,N-dimethyl= amin [Org. Syntheses III, 723]	$C_6H_5 \cdot CH_2 \cdot CH_2 \cdot N(CH_3)_2$	149,24 —	—	$98/_{22}$	Fl.

Phenyläthylen s. Styrol

Name	Formel			Eigenschaften
DL-Phenylalanin [E 2 XIV, 299]	$C_6H_5 \cdot CH_2 \cdot CH(NH_2) \cdot CO_2H$	165,19 —	284...8 Z subl.	Blättchen (verd. Al); unl. in Ä, swl. in h. Al, wl. in k. W; 1,5 W 21°
L-Phenylalanin [XIV, 495]	$C_6H_5 \cdot CH_2 \cdot \overset{NH_2}{\underset{H}{C}} \cdot CO_2H$	165,19 —	283 Z subl.	Blättchen (W); 3,1 W 25°, wl. in Me, Al, l. in h. W; $[\alpha]_D^{20}$: − 35,14° (W)
N-Phenyl-β-alanin [E 2 XII, 253]	$C_6H_5 \cdot NH \cdot CH_2 \cdot CH_2 \cdot CO_2H$	165,19 —	59...60 —	Blättchen (Chlf + Lg); ll. in den gebr. Lösm.; wl. in Lg
γ-Phenyl-allyl-bernstein= säure [Org. Syntheses 31, 85]	$C_6H_5 \cdot CH : CH \cdot CH_2 \cdot \underset{CH_2 \cdot CO_2H}{CH} \cdot CO_2H$	234,25 —	142...3 —	Krist. (Acetonitril)
1-Phenyl-3-amino- pyrazolon-(5) [Org. Syntheses III, 708]		175,19 —	218...20 Z —	Krist. (Dioxan)
Phenyl-anisyl-keton s. Methoxy-benzophenon				
9-Phenyl-anthracen [E 2 V, 639]		254,33 —	155...7 417	Krist. (Eg oder Al); ll. in warmem Al, Ä, CS_2, Chlf, Bzl; Lsg. fluoresz. blau
N-Phenyl-anthranilsäure [E 2 XIV, 213]	$C_6H_5 \cdot NH \cdot C_6H_4 \cdot CO_2H$	213,24 —	183 Z *	Blättchen (Al); unl. in k. W, swl. in h. W, Ä, h. Bzl, ll. in h. Al; * Z. → CO_2 + Diphenylamin
Phenylazid [E 2 V, 207]	$C_6H_5 \cdot N_3$	119,13 $1,0959^{21,5}$	— expl.	$n_\alpha^{22,5}$ 1,55760, $n_D^{22,5}$ 1,56421, $n_\beta^{22,5}$ 1,58181. Gelbes Öl; Kp: 59°/14; bitter- mandelölart. Geruch; unl. in W, l. in Al, Ä; Wdampfflch.; Z. durch Sonnenlicht

Phenylazobenzoesäure s. Azobenzol-carbonsäure

45*

Name und Literatur	Formel	Mol.-Gew. Dichte	F in °C Kp. in °C	Charakteristik
N-Phenyl-benzamidin [E 2 XII, 152]	$C_6H_5 \cdot NH \cdot C(:NH) \cdot C_6H_5$	196,25 —	115...6 Z *	Krist. (Al); wl. in W, sll. in Al, Ä; * Z. → Anilin + Benzonitril
2-Phenyl-benzimidazol [E 2 XXIII, 238]	(Benzimidazol-Ringstruktur mit C_6H_5)	194,24 —	291 —	Nadeln (Bzl); wl. in W, Chlf, Bzl, l. in Al, ll. in Eg; Pikrat F: 280°
2-Phenyl-benzoxazol [XXVII, 72]	(Benzoxazol-Ringstruktur mit C_6H_5)	195,22 —	103 314...7	Nadeln (verd. Al); unl. in k. W, wl. in sied. W, Lg, l. in k. Ä, Bzl, ll. in Al, Chlf, PÄ, Eg; Wdampfflch.; Pikrat F: 104°
Phenylbenzoyldiazo= methan [Org. Syntheses II, 496]	$\begin{array}{c} C_6H_5 \\ \\ C_6H_5 \cdot CO \end{array}\!\!\!\bigg\rangle C : N_2$	222,25 —	79 Z —	Gelbe Krist. (Ä); wl. in Al, Ä, Bzl
2-Phenyl-benzthiazol [E 1 XXVII, 235]	(Benzthiazol-Ringstruktur mit C_6H_5)	211,29 —	114 > 360	Nadeln (Al); l. in Ä, CS_2; l. in konz. S
Phenylbenzyläther [E 2 VI, 411]	$C_6H_5 \cdot CH_2 \cdot O \cdot C_6H_5$	184,24 —	39 286...8	Blättchen (Al); l. in Chlf
dl-Phenyl-benzyl-carbinol s. 1,2-Diphenyl-äthanol				
Phenylbernsteinsäure [E 2 IX, 619]	$HO_2C \cdot CH(C_6H_5) \cdot CH_2 \cdot CO_2H$	194,19 —	167 —	Nadeln (W); unl. in PÄ, Bzl, wl. in k. W, ll. in h. W, sll. in Al, Ä, Aceton, Eg
Phenylbrenztraubensäure [E 2 X, 471]	$C_6H_5 \cdot CH_2 \cdot CO \cdot CO_2H$	164,16 —	156 * —	Blättchen (Bzl); unl. in k. Lg, swl. in h. W, ll. in Al, Ä, h. Chlf, h. Bzl; * → CO_2-Absp.
α-Phenyl-α-[γ-4-brom= phenyl-aceto]-aceto= nitril [Org. Syntheses 35, 32]	(C_6H_5)-CH(CN)-CO-CH_2-(C_6H_4)-Br	314,19 —	94...5 —	Krist.

Name	Formel			Eigenschaften
α-Phenyl-α'-[4-brom= phenyl]-aceton [Org. Syntheses 35, 33]	$Br\!-\!C_6H_4\!-\!CH_2\cdot CO\cdot CH_2\cdot C_6H_5$	289,18 —	53,8...54 —	Krist.
1-Phenyl-butadien-(1,3) [E 2 V, 414]	$C_6H_5\cdot CH:CH\cdot CH:CH_2$	130,19 $0,9333^{14,9}$	4,5 —	n_α^{20} 1,5932, n_β^{20} 1,6295, n_γ^{20} 1,6504. Fl.; Kp: $86°/_{11}$; stechender Geruch; unl. in W, l. in Al, Ä; polym., besonders im Licht; Dämpfe greifen Schleimhäute an
γ-Phenyl-buttersäure [Org. Syntheses II, 499]	$C_6H_5\cdot CH_2\cdot CH_2\cdot CH_2\cdot CO_2H$	164,21 —	47...48 $178...81/_{19}$	Krist. (W); zll. in h. W, ll. in Al, Ä
Phenyl-t-butylchlorid s. Neophylchlorid				
α-Phenyl-α-carbäthoxy- glutarsäure-dinitril [Org. Syntheses 30, 80]	$C_6H_5\cdot \overset{\displaystyle CN}{\underset{\displaystyle CO_2C_2H_5}{C}}\cdot CH_2\cdot CH_2\cdot CN$	242,28 —	— $165...7/_1$	n_D^{25} 1,5100...1,5103. Fbl., viskoses Öl
2-Phenyl-chinolin [E 2 XX, 311]	(2-Phenylchinolin-Struktur) N, C_6H_5	205,26 —	86 363	Nadeln (verd. Al); swl. in k. Al, PÄ, wl. in W, ll. in h. Al, Ä, Aceton, Bzl, CS_2; Pikrat F: 193...4°
4-Phenyl-chinolin [E 1 XX, 176]	$NC_9H_6\cdot C_6H_5$	205,26 —	61...2 —	Nadeln (Ä oder Lg); sll. in Al, Ä und den meisten indifferenten Lösm. außer W
6-Phenyl-chinolin [XX, 483]	$NC_9H_6\cdot C_6H_5$	205,26 $1,1945^{20}$	110...1 $260/_{77}$	Tafeln (Al oder Bzl); ll. in Al, Chlf, Bzl, CS_2, wl. in Ä, PÄ, swl. in W; wenig flch. mit Dampf
8-Phenyl-chinolin [XX, 484]	$NC_9H_6\cdot C_6H_5$	205,26 —	— $270...6/_{80}$	Dickes Öl; ll. in Al, Ä, Bzl, Chlf, CS_2, swl. in W; fluoresz. gelbgrün, färbt sich an der Luft dkl. und rötlich

Phenylchloroform s. Benzotrichlorid

2-Phenyl-chroman s. Flavan

Name und Literatur	Formel	Mol.-Gew. Dichte	F in °C Kp. in °C	Charakteristik
4-Phenyl-cinnolin [XXIII, 251]	(Struktur: C_6H_5-substituiertes Cinnolin, N=N)	206,25 —	67 —	Gelbe Krist. (Lg); wl. in h. W, Lg, ll. in Al, Ä, Aceton, Chlf, Bzl; Pikrat F: 156...8°
α-Phenyl-crotonaldehyd [Ber. 71, 1126]	$H_3C \cdot CH : C(C_6H_5) \cdot CHO$	146,19 —	— 233...5	Fl.; Semicarbazon F: 201°
γ-Phenyl-crotonsäure [E 2 IX, 408]	$C_6H_5 \cdot CH_2 \cdot CH : CH \cdot CO_2H$	162,19 —	65 —	Große glänzende Tafeln (Bzl); ll. in Al, Ä, Bzl, CS_2
Phenylcyanamid [XII, 368]	$C_6H_5 \cdot NH \cdot CN$	118,14 —	47 —	Krist. $\cdot \frac{1}{2} H_2O$ (Ä); wl. in W, zll. in Al, Ä; unbeständig
Phenyl-cyanessigsäure-äthylester [Org. Syntheses 30, 43]	$C_6H_5 \cdot CH(CN) \cdot CO_2C_2H_5$	189,22 —	— 129...31/3	n_D^{25} 1,5016. Fl.
2-Phenyl-cycloheptanon [Org. Syntheses 35, 92]	(Struktur: Cycloheptanon mit C_6H_5)	188,27 —.	21...3 124...6/2	Krist. (PÄ)
Phenyl-cyclohexan [E 2 V, 396 *]	$C_6H_5 \cdot C_6H_{11}$	160,26 0,947[16]	7...8 238...43	n_α^{16} 1,528. Öl; Kp: 115/15; erstarrt krist. in Eis; * s. a. Org. Syntheses II, 151
Phenyl-decyl-äther [Gnamm, 401]	$CH_3 \cdot [CH_2]_8 \cdot CH_2 \cdot O \cdot C_6H_5$	234,39 0,880[20]	— 180...2	Fl.; unl. in W, l. in den meisten org. Lösm.
1-Phenyl-2,3-dimethyl-pyrazolon-(5) s. Antipyrin				
4-Phenyl-m-dioxan [Org. Syntheses 33, 72]	(Struktur: m-Dioxan mit H_5C_6)	164,21 1,0925[20]	— 96...103/2	n_D^{20} 1,5300...1,5311. Fl.; ll. in Bzl

o-Phenylendiamin [E 2 XIII, 8]	$C_6H_4(NH_2)_2$	108,14 $1,2698^{78}$	103,8 252, subl.	Blättchen (W); wl. in k. W, ll. in h. W, sll. in Al, Ä, Chlf
m-Phenylendiamin [E 2 XIII, 23]	$H_2N \cdot C_6H_4 \cdot NH_2$	108,14 $1,1070^{57,7}$	63...4 287	$n_\alpha^{57,7}$ 1,6256, $n_D^{57,7}$ 1,6339. Krist.; wl. in Ä, sll. in W, Al; Acetylderivat F: 86,5°
p-Phenylendiamin [E 2 XIII, 34]	$H_2N \cdot C_6H_4 \cdot NH_2$	108,14 —	142 267, subl.	Tafeln (Al oder Aceton); 4,72 W 25°, ll. in Al, Ä; giftig
o-Phenylendiamin-N,N′-diacetat [E 1 XIII, 8]	$C_6H_4(NH \cdot COCH_3)_2$	192,22 —	185...6 Z *	Nadeln (W); swl. in Ä, Lg, Bzl, ll. in h. W, Al, Aceton, Chlf, Eg; * Z. → 2-Methyl-benzimidazol
p-Phenylendiamin-mono-N-acetat [E 2 XIII, 50]	$H_2N \cdot C_6H_4 \cdot NH \cdot COCH_3$	150,18 —	162...2,5 —	Nadeln (W); 6,5 W 57°; wl. in k. W, ll. in h. W, sll. in Al, Ä
Phenylendiamin-(1,4)-sulfosäure-(2) [XIV, 713]	$H_2N \cdot C_6H_3(NH_2)(SO_3H)$	188,21 —	— —	Blättchen (verd. H_2SO_4); unl. in Al, Ä, Bzl, l. in W
o-Phenylen-kohlensäureester s. Kohlensäure-brenzcatechinester				
Phenylessigsäure [E 2 IX, 294]	$C_6H_5 \cdot CH_2 \cdot CO_2H$	136,15 $1,0809^{80}$	78 266,5	Blättchen; 1,80 W 25°, 11,2 W 100°, wl. in k. W, l. in h. W, sll. in Al, Ä
Phenylessigsäure-äthyl= ester [E 2 IX, 297]	$C_6H_5 \cdot CH_2 \cdot CO_2C_2H_5$	164,21 $1,0333^{20}$	— 229	$n_\alpha^{11,7}$ 1,4978, $n_D^{11,7}$ 1,4810, $n_\beta^{11,7}$ 1,5115. Fl.; angenehmer Geruch; ll. in Al, Ä, Aceton
Phenylessigsäure-amid [Org. Syntheses 32, 92]	$C_6H_5 \cdot CH_2 \cdot CONH_2$	135,16 —	156 —	Krist. (Al oder Bzl)
Phenylessigsäure-chlorid [E 2 IX, 300]	$C_6H_5 \cdot CH_2 \cdot COCl$	154,60 $1,1753_{15}^{15}$	— $106/_{22}$	Fl.
Phenylessigsäure-nitril s. Benzylcyanid				

Name und Literatur	Formel	Mol.-Gew. Dichte	F in °C Kp. in °C	Charakteristik
9-Phenyl-fluoren [E 2 V, 630]	(Formel)	242,32 $1,232^0$	147...8 —	Nadeln oder Blättchen (Al oder Bzl); wl. in k. Al, Ä, ll. in sied. Al, Eg, Bzl, Chlf, PÄ; siedet unzersetzt
α-Phenyl-α'-[4-fluor= phenyl]-aceton [Org. Syntheses 35, 33]	$F-C_6H_4-CH_2 \cdot CO \cdot CH_2 \cdot C_6H_5$	228,27 —	36,0...6,5 —	Krist.
N-Phenyl-formimido= äthylester [Org. Syntheses 35, 65]	$C_6H_5 \cdot N : CH \cdot OC_2H_5$	149,19 —	— 87...8/$_{10}$	n_D^{25} 1,5248. Fl.
N-Phenyl-furfurylamin [Dunlop, 238]	(Formel) $CH_2 \cdot NH \cdot C_6H_5$	173,22 $1,119^{20}_{20}$	— 146...8/$_{10}$	n_D^{20} 1,5834. Fl.
α-Phenyl-glutarsäure= anhydrid [Org. Syntheses 30, 81]	$C_6H_5 \cdot CH \cdot CH_2 \cdot CH_2 \cdot CO$ (Ringformel) CO——O	190,20 —	95...6 —	Krist. (Egester + PÄ)
β-Phenyl-glycidsäure [XVIII, 302]	$C_6H_5 \cdot HC$——$CH \cdot CO_2H$ (O)	164,16 —	83...4 Z —	Prismen; wl. in W; beim Erhitzen → Phenylacetaldehyd
N-Phenyl-glycin [XII, 468]	$C_6H_5 \cdot NH \cdot CH_2 \cdot CO_2H$	151,16 —	127 Z	Krist.; wl. in Ä, l. in W, Al
Phenylglycin-o-carbon= säure [XIV, 348]	$HO_2C \cdot CH_2 \cdot NH \cdot C_6H_4 \cdot CO_2H$	195,18 —	218...20 Z —	Nadeln (Me); swl. in Chlf, Bzl, l. in Al blau fluoresz., Ä, Eg
Phenylglyoxal [Org. Syntheses II, 509]	$C_6H_5 \cdot CO \cdot CHO$	134,14 —	— 95...7/$_{25}$	Gelbes Öl; Dämpfe reizen zum Niesen
Phenylglyoxylsäure [E 2 X, 454]	$C_6H_5 \cdot CO \cdot CO_2H$	150,14 —	65...6 147...51/$_{12}$	Prismen (Ä); unl. in CS_2, l. in Al, ll. in Ä, sll. in W; Hydrazon F: 161°

Phenylharnstoff [E 2 XII, 204]	$C_6H_5 \cdot NH \cdot CO \cdot NH_2$	136,15 1,302	148 Z * 160	Nadeln oder Blättchen (W); wl. in k. W, Ä, l. in sied. W, ll. in Al; * → N,N′-Diphenylharnstoff + Harnstoff
Phenylhydrazin [E 2 XV, 45]	$C_6H_5 \cdot NH \cdot NH_2$	108,14 $1,0983^{17,7}$	19,6 243	$n_\alpha^{17,7}$ 1,6020, $n_\beta^{17,7}$ 1,6276. Tafeln; wl. in k. W, l. in h. W, Lg, ∞ Al, Ä, Chlf, Bzl; MAK: 5 cm³/m³, H
Phenylhydrazin-N-acetat s. Acetyl-phenylhydrazin				
Phenylhydrazin-hydro= chlorid [XV, 108]	$C_6H_8N_2 \cdot HCl$	144,61 —	240 subl.	Blättchen (Al); unl. in Ä, l. in Al, ll. in W
Phenylhydrazin-sulfo= säure-(4) [E 2 XV, 305]	$HO_3S \cdot C_6H_4 \cdot NH \cdot NH_2$	188,21 —	286 —	Nadeln oder Blättchen; wl. in Al; 0,57 W 11,5°; 3,5 W 100°
Phenylhydroxylamin [E 2 XV, 4]	$C_6H_5 \cdot NHOH$	109,13 —	83...4 Z *	Nadeln (W, Bzl oder PÄ); 2 W 5°; 10 sied. W; swl. in Lg, wl. in k. Bzl, sll. in Al, Ä, Chlf, CS_2, h. Bzl; * Z. → Azoxybenzol, Anilin, H_2O; starkes Hautgift; Pikrat F: 186°
Phenyliminodiessigsäure [E 2 XII, 250]	$C_6H_5 \cdot N(CH_2 \cdot CO_2H)_2$	209,20 —	150 —	Krist. (Ä); wl. in Ä, ll. in W, Al
2-Phenyl-indol [E 2 XX, 302]		193,25 —	188...9 > 360	Blättchen (Al, Lg, oder Bzl); wl. in h. W, ll. in Ä, Chlf, Bzl, Eg; subl.
Phenylisocyanat [E 2 XII, 244]	$C_6H_5 \cdot N:CO$	119,12 $1,096^{19,6}$	— 162...3/$_{751}$	$n_\alpha^{19,6}$ 1,5314, $n_D^{19,6}$ 1,5368, $n_\beta^{11,6}$ 1,5543. Fl.; durch W zers.; stark riechend
Phenylisocyanid [E 2 XII, 111]	$C_6H_5 \cdot N:C$	103,12 $0,9823^{18,1}$	— 165...6 Z	$n_\alpha^{18,1}$ 1,5224, $n_\beta^{18,1}$ 1,5421. Fl.; sehr un- beständig; penetrant riechend
Phenylisonitril s. Phenylisocyanid				
Phenyl-isopropyl-keton s. 2-Methyl-3-phenyl-propanon-(3)				
Phenyl-isothiocyanat s. Phenylsenföl				

Name und Literatur	Formel	Mol.-Gew. Dichte	F in °C Kp. in °C	Charakteristik
Phenyljodidchlorid [E 2 V, 166]	$C_6H_5 \cdot JCl_2$	274,92 —	* Z 110…36 —	Gelbe Nadeln (Chlf); l. in Chlf, Bzl, Eg, wl. in Ä, PÄ, CS_2; zers. durch W oder Alk oder warmen Al; bei längerem Aufbewahren und im Sonnenlicht → p-Chlor-jodbenzol + HCl; * ganz plötzlich
Phenyl-malonsäure-diäthylester [Org. Syntheses II, 288]	$C_6H_5 \cdot CH(CO_2C_2H_5)_2$	236,27 —	— 158…62/$_{10}$;	Fl.
Phenyl-methyl s. Methyl-phenyl				
β-Phenyl-β-methyl-glycidsäure-äthylester [Org. Syntheses III, 727]	$C_6H_5 \cdot C(CH_3)\!-\!CH \cdot CO_2C_2H_5$ (Epoxid)	206,24 1,096^{15}	— 111…4/$_3$	Fbl., dickliche Fl.
N-Phenyl-morpholin [XXVII, 6]	(N-Phenylmorpholin)	163,22 —	57 268	Krist. (Al + Ä); unl. in W, ll. in Al, Ä; Wdampfflch.
α-Phenylmuconsäure [Ber. 71, 1124]	$HO_2C \cdot CH\!:\!CH \cdot CH\!:\!C(C_6H_5) \cdot CO_2H$	218,21 —	265 —	Prismen (W); unl. in Benzin, l. in Al, Eg
1-Phenyl-naphthalin [E 2 V, 602]	$C_{10}H_7 \cdot C_6H_5$	204,27 —	etwa 45 310…20 *	Zähes Öl; unl. in W, ll. in Al, Ä, Bzl, Eg, unl. in Alk und S; Lsg. fluoresz. blau; * Kp auch 334°/$_{770}$
2-Phenyl-naphthalin [E 2 V, 603]	$C_{10}H_7 \cdot C_6H_5$	204,27 —	101…1,5 345…6	Blättchen (Al); unl. in W, l. in h. Al, Ä, Chlf, ll. in Bzl, Eg; subl.; Wdampf-flch.
Phenyl-α-naphthylamin [E 2 XII, 682]	$C_{10}H_7 \cdot NH \cdot C_6H_5$	219,29 —	60 224/$_{12}$	Prismen oder Nadeln (Al); ll. in Al, Ä, Chlf, Eg, Bzl; Lsgg. fluoresz. blau

Phenyl-β-naphthylamin [E 1 XII, 535]	$C_{10}H_7 \cdot NH \cdot C_6H_5$	219,29 —	108 395	Nadeln (Me); wl. in k. Al, Bzl, Eg, ll. in h. Al, h. Bzl, h. Eg; Lsgg. fluoresz. blau
Phenyl-α-naphthyl-keton s. 1-Benzoyl-naphthalin				
Phenyl-β-naphthyl-keton s. 2-Benzoyl-naphthalin				
Phenylnitramin [XVI, 661]	$C_6H_5 \cdot NHNO_2$	138,13 —	46 Z	Blättchen (PÄ); wl. in k. Lg, zl. in k. W, sll. in Al, Ä, Eg, Bzl; bei 97...8° → 2- und 4-Nitroanilin, 2- und 4-Nitrophenol
Phenylnitromethan s. ω-Nitro-toluol				
Phenylnitrosohydroxyl=amin [E 2 XVI, 344]	$C_6H_5 \cdot N(OH) \cdot NO$	138,13 —	59 Z *	Nadeln (Lg); swl. in W, ll. in org. Lösm.; * → 90° zers.
Phenyl-octyl äther [VI, 144]	$CH_3 \cdot [CH_2]_6 \cdot CH_2 \cdot O \cdot C_6H_5$	206,33 $0,9081^{25}_{25}$	8 285,2	Fl.; unl. in W; l. in den meisten org. Lösm.
1-Phenyl-pentanon-(2) [E 2 VII, 251]	$C_6H_5 \cdot CH_2 \cdot CO \cdot CH_2 \cdot C_2H_5$	162,23 —	— 223...7	Fl.; Semicarbazon, F: 120...1°
N-Phenyl-phthalimid s. Phthalanil				
N-Phenyl-piperidin [Org. Syntheses 34, 79]	(Piperidin-Ring) $N \cdot C_6H_5$	161,25 —	— $133...6/_{21}$	n_D^{25} 1,5603. Fbl. Fl.
1-Phenyl-propanol-(1) [E 2 VI, 470]	$CH_3 \cdot CH_2 \cdot CH(C_6H_5)(OH)$	136,20 $0,9915^{25}$	— $103/_{14}$	n_D^{20} 1,5257. Fl.
3-Phenyl-propanol s. Hydrozimtalkohol				
1-Phenyl-propanol-(1)-2-amin-hydrochlorid [E 2 XIII, 370]	$C_6H_5 \cdot CH(OH) \cdot CH(CH_3) \cdot NH_2 \cdot HCl$	187,67 —	171...2 —	Tafeln (abs. Al); (—)-Form $[\alpha]_D^{33}$: —33,7 (W, c = 2); freie Base (,,Norephedrin'') F: 50...2°, Tafeln (W)
1-Phenyl-propanon-(2) s. Methyl-benzyl-keton				

Name und Literatur	Formel	Mol.-Gew. Dichte	F in °C / Kp. in °C	Charakteristik
Phenylpropargylaldehyd [Org. Syntheses III, 731]	$C_6H_5 \cdot C \vdots C \cdot CHO$	130,15 / $1,0680^{13}$	— / 114...7/17	n_D^{25} 1,6032. Fl.
2-Phenyl-propen s. Isopropenylbenzol				
Phenylpropiolsäure [IX, 633]	$C_6H_5 \cdot C \vdots C \cdot CO_2H$	146,15 / —	137 / subl.	Prismen (W); wl. in W, sll. in Al, Ä
Phenylpropiolsäure-äthylester [E 2 IX, 436]	$C_6H_5 \cdot C \vdots C \cdot CO_2C_2H_5$	174,20 / $1,0632^{13}$	— / 150...3/16	n_α^{13} 1,5500, n_D^{13} 1,5566. Öl.; l. in Al
2-Phenyl-propionaldehyd [Org. Syntheses 733]	$C_6H_5 \cdot CH(CH_3) \cdot CHO$	134,18 / $1,0025^{18}$	— / 73...6/4	$n_\alpha^{17,9}$ 1,5131, $n_D^{17,9}$ 1,5176, $n_\beta^{17,9}$ 1,5289. Fl.
β-Phenylpropionsäure-o-carbonsäure [Org. Syntheses 34, 8]	(Strukturformel: o-C6H4 mit CO2H und CH2·CH2·CO2H)	194,19 / —	166,5...7,5 / —	Krist. (W)
β-Phenylpropyl- s. Hydrozimt-				
2-Phenyl-propyl-N-methyl-amin [J. Am. Chem. Soc. 68, 1009]	$C_6H_5 \cdot CH \cdot CH_2 \cdot NH \cdot CH_3$ mit CH_3	149,24 / $0,915...0,925^{25}$	— / 95...6/15	n_D^{20} 1,5102. Fl.; ll. in Al, Ä, Bzl, wl. in W; Verw. in der Medizin
3-Phenyl-pyrazolon-(5) [XXIV, 148]	(Strukturformel: Pyrazolon mit N-N·C6H5)	160,18 / —	236 Z / —	Blättchen (Al oder Eg); swl. in k. Al, Ä, Bzl, wl. in sied. W, zll. in sied. Al
2-Phenyl-pyridin [XX, 424]	(Strukturformel: Pyridin mit C6H5)	155,20; / >1	— / 269...70	Fl.; unl. in W, l. in Al, Ä; Pikrat F: 176...7°;
3-Phenyl-pyridin [XX, 424]	$NC_5H_4 \cdot C_6H_5$	155,20 / >1	— / 269...70	Hgelbes Öl; unl. in W, ll. in Al, Ä; Pikrat F: 162...4°
4-Phenyl-pyridin [E 2 XX, 269]	$NC_5H_4 \cdot C_6H_5$	155,20 / —	74 / 282...4	Krist. (Ä); zll. in h. W, ll. in Al, Ä Pikrat F: 197,5°

Name	Formel	Molgew. / Dichte	Fp.	Eigenschaften
N-Phenyl-pyrrol [E 2 XX, 83]	$C_4H_4N \cdot C_6H_5$	143,19 —	62 $140/_{38}$	Campherart. riechende Schuppen; sll. in PÄ, l. in Al, Ä, Chlf, Bzl, unl. in W; subl. in Tafeln; flch. mit Dampf
1-Phenyl-pyrrolidon-(2)-carbonsäure-(3) [E 2 XXII, 215]	(Strukturformel: Pyrrolidonring mit H, CO_2H, O, $N \cdot C_6H_5$)	205,22 —	64...5 —	Nadeln; wl. in k. W, ll. in Al, Ä
Phenylschwefelsäure * [E 2 VI, 163]	$C_6H_5O \cdot SO_3H$	174,18 —	— —	* Freie Säure unbeständig; K-Salz: $KC_6H_5O_4S$ Blättchen (Al), F:150...60° unter Feuchtigkeitsausschluß; 14 W 17°; 0,87 Al 17°; sll. in h. W, h. Al
1-Phenyl-semicarbazid [E 2 XV, 106]	$C_6H_5 \cdot NH \cdot NH \cdot CO \cdot NH_2$	151,17 —	172 —	Blättchen (W oder verd. Al); wl. in k. W, Ä, Chlf, Bzl, Lg; ll. in h. W, Me, Al, Aceton
4-Phenyl-semicarbazid [E 1 XII, 239]	$C_6H_5 \cdot NH \cdot CO \cdot NH \cdot NH_2$	151,17 —	128 Z 140...70	Nadeln (Bzl); unl. in Ä, wl. in h. W, ll. in Al, Chlf
Phenylsenföl [E 2 XII, 247]	$C_6H_5 \cdot N : CS$	135,19 $1,1303^{20,3}$	−21 221	$n_\alpha^{20,3}$ 1,6397, $n_D^{23,4}$ 1,6492, $n_\beta^{20,3}$ 1,6752. Fl.; Wdampfflch.; l. in Al, Ä, unl. in W; Darst. siehe Org. Syntheses I, 447
Phenylsulfamid-säure [E 1 XII, 293]	$C_6H_5 \cdot NH \cdot SO_3H$	173,19 —	<280 —	Blättchen (verd. Al + Ä); sll. in W
N-Phenyl-sydnon [J. Chem. Soc. 1949, 307]	(Strukturformel: $H_5C_6 \cdot N$, CH—CO, N—O)	162,15 —	134...4,5 —	Krist. (sied. W); l. in Chlf; 4-Nitro-phenylsydnon F: 187...8°; Vertreter mesoionischer Verbindungen; s. a. u. Nitron
5-Phenyl-tetrazol [XXVI, 362]	(Strukturformel: Tetrazolring mit H_5C_6, N=N, N, N·H)	146,15 —	215 Z —	Krist. (Al); unl. in k. W, swl. in PÄ, Bzl, wl. in Ä, l. in h. W, zll. in Al
Phenylthioharnstoff [XII, 388]	$C_6H_5 \cdot NH \cdot CS \cdot NH_2$	152,22 1,33	154 Z	Prismen (Al); 0,26 W 18°, 5,93 sied. W, l. in Al; l. in Alk

Name und Literatur	Formel	Mol.-Gew. Dichte	F in °C Kp. in °C	Charakteristik
1-Phenyl-thiosemicarb= azid [XV, 294]	$C_6H_5 \cdot NH \cdot NH \cdot CS \cdot NH_2$	167,23 —	200…1 Z —	Prismen (Al); wl in W, Ä, Chlf, Bzl, ll. in h. Al
4-Phenyl-uracil [E 1 XXIV, 349]		188,19 —	270 Z —	Prismen (Al); swl. in Ä, Bzl, 1 sied. W; 2,86 sied. Al; l. in verd. KOH
1-Phenyl-urazol [E 1 XXVI, 57]		177,16 —	262 —	Blättchen oder Nadeln (W oder Al); unl. in Chlf, Lg, Bzl, wl. in k. W, k. Al, Ä, ll. in Alk rot
Phenylurethan [E 2 XII, 184]	$C_6H_5 \cdot NH \cdot CO_2C_2H_5$	165,19 $1,085^{55}$	53 $152/_{14}$	$n_D^{30,4}$ 1,5376. Nadeln (W); swl. in k. W, ll. in Al, Ä
Phenyl-vinyl-äther s. Vinyl-phenyl-äther				
α-Phenyl-*cis*-zimtsäure [E 1 IX, 295]	$C_6H_5 \cdot C \cdot H$ $HO_2C \cdot C \cdot C_6H_5$	224,26 —	137…8 —	Blättchen (Eg); l. in W, 0,05 PÄ 15°
α-Phenyl-*trans*-zimtsäure [E 2 IX, 482]	$C_6H_5 \cdot C \cdot H$ $C_6H_5 \cdot C \cdot CO_2H$	224,26 —	170 subl.	Nadeln (verd. Al); wl. in W, 0,02 PÄ 15°, ll. in Al, Ä
β-Phenyl-zimtsäure [E 2 IX, 487]	$(C_6H_5)_2C : CH \cdot CO_2H$	224,26 —	162 —	Blättchen (Al); ll. in Al, Ä, Eg, wl. in h. W, Lg, swl. in k. W; Äthylester Kp: $207°/_{17}$
α-Phenylzimtsäure-nitril [Org. Syntheses III, 715]	$C_6H_5 \cdot CH : C \cdot CN$ C_6H_5	205,26 —	88 359…60	Krist. (Al); unl. in W, wl. in k. Al, ll. in Ä, Chlf, Bzl, h. Al

Phloracetophenon s. 2,4,6-Trihydroxy-acetophenon

Name	Formel / Struktur	M	Smp./Sdp.	Eigenschaften
Phloretin [E 2 VIII, 542]	HO–C₆H₄–CH₂·CH₂·CO– (Struktur)	274,28 —	264…71 —	Krist. (verd. Aceton); wl. in h. W, Chlf, Bzl, l. in Al; 0,81 Ä 21°; sll. in Aceton
Phloretinsäure s. 4-Hydroxy-phenyl-propionsäure				
Phloridzin-hydrat [E I XXX, 231]	HO–C₆H₄–CH₂·CH₂·CO– (Struktur, OC₆H₁₁O₅)	436,42 * —	110 —	Nadeln oder Tafeln (mit 2 H₂O); ll. in sied. W, unl. in Ä, Chlf, Bzl; $[\alpha]_D^{25}$; —52°; ist β-D-Glucopyranosid; * wasserfrei
Phloroglucin [E 2 VI, 1075]	(Struktur)	126,11 —	215 Z subl. Z	Tafeln und Blättchen ·2H₂O, F: 117°; 1,07 W 20°; ll. in Al, Ä
Phloroglucin-carbon= säure [X, 468]	(Struktur, CO₂H)	170,12 —	Z 100 —	Krist ·1 H₂O; unl. in Bzl, wl. in k. W, l. in Al, sll. in Ä
Phloroglucintriacetat [E 2 VI, 1079]	C₆H₃(O · CO · CH₃)₃	252,23 —	105…6 —	Prismen (Al)
Phloroglucin-trimethyl= äther [E 2 VI, 1078]	C₆H₃(OCH₃)₃	168,19 —	54…5 255,5	Prismen (Al); ll. in Al, Ä, Bzl, unl. in W; subl.
Phloron s. p-Xylochinon				
Phlorrhizin s. Phloridzin				
Phoron [E 2 I, 810]	(CH₃)₂C : CH · CO · CH : C(CH₃)₂	138,21 0,880³⁰	28 198,2	n_α^{29} 1,49107, n_D^{29} 1,49686, n_β^{29} 1,51258. Gelbgrüne Prismen; unangenehmer Geruch; l. in Al, Ä
Phosdrin s. u. Phosphor, Phosphorsäure- dimethyl-[1-carbomethoxy-1-propen-2-yl]-ester				

Name und Literatur	Formel	Mol.-Gew. Dichte	F in °C Kp. in °C	Charakteristik
Phosgen [E 2 III, 12]	$COCl_2$	98,92 $1,432^0$	-126 7,95	Gas; giftig; wl. in k. W, ll. in Bzl, Toluol, PÄ, Eg; erstickender Geruch; Kampfstoff; Erhitzen über 400...500° → $CO_2 + Cl_2$; Z. durch sied. W; MAK: 0,1 cm^3/m^3
Phosphor, Äthylphosphin [E 2 IV, 969]	$C_2H_5 \cdot PH_2$	62,05 —	— 25	Fl.; sehr unangenehmer Geruch; bleicht Kork
Äthylphosphonsäure [IV, 595]	$C_2H_5 \cdot PO(OH)_2$	110,05 —	44 $330...40/_8$	Hygr. Krist.; $p_{K_1} = 2,45$, $p_{K_2} = 7,85$; Diäthylester: Öl, Kp: $86...8°/_9$; D_{52}^{21}: 1,032; n_D^{20} 1,4165
Äthylphosphonsäure-diäthylester [Org. Syntheses 31, 34]	$C_2H_5 \cdot P \overset{\cdot\cdot}{\underset{O}{\diagdown}} \begin{matrix} O \cdot C_2H_5 \\ O \cdot C_2H_5 \end{matrix}$	166,16 $1,022^{25}$	— $56/_1$	n_D^{25} 1,4141; Kp: 198°; Fbl. Fl.
Äthylphosphonsäure-diisopropylester [Org. Syntheses 31, 34]	$C_2H_5 \cdot P \overset{\cdot\cdot}{\underset{O}{\diagdown}} \begin{matrix} O \cdot CH(CH_3)_2 \\ O \cdot CH(CH_3)_2 \end{matrix}$	194,21 $0,968^{25}$	— $61/_{0,7}$	n_D^{25} 1,4108. Fbl. Fl.
Carboxymethyl-phosphonsäure [E 2 IV, 975]	$HO_2C \cdot CH_2 \cdot PO_3H_2$	140,03 —	142...3 Z 180/Vak.	„Phosphonoessigsäure"; Krist. (Eg oder W); 64,5 W 0°; ll. in Al, Aceton, Eg; unl. in Chlf, Ä, Bzl
Diäthylphosphin [IV, 582]	$(C_2H_5)_2PH$	90,11 —	85 —	Fl.; Salze mit Mineralsäuren löslich und stabil gegen W; HJ-Salz und Chloroplatinat krist., leicht entzündlich und sehr giftig

Diäthylphosphinsäure [E 2 IV, 974]	$(C_2H_5)_2PO_2H$	122,10 —	< −25 ca 320	Öl; l. in Al
Diisopropyl-fluor-phosphat [Ber. **65**, 1598]	$O:P\!\!<^{F}_{O \cdot CH(CH_3)_2}$ · $O \cdot CH(CH_3)_2$	184,15 $1,05^{25}_{25}$	E −82 63...6/10	n_D^{25} 1,38; Fl.; wl. in W, l. in Al, Ä, Bzl, Chlf, Ölen; Dämpfe starke Reizwirkung; Feuchtigkeit zers.; Verw. in der Augenheilkunde
Dimethylphosphin [IV, 580]	$(CH_3)_2PH$	62,05 —	25 —	Fl.; l. in Mineralsäuren; krist. Salz mit HCl; leicht entzündlich und sehr giftig
Dimethylphosphinsäure [IV, 593]	$(CH_3)_2PO_2H$	94,05 —	76 subl. —	Hygr. Krist.; subl.; Ag-Salz Nadeln, l. in W, wl. in Al, Ä
Dimethylphosphinsäure-äthylester [J.Am. Chem. Soc. **73**, 5466]	$(CH_3)_2PO(OC_2H_5)$	122,10 $1,0278^{25}$	— 88...9/15	n_D^{25} 1,4261. Fl.; Säurechlorid F: 202...4°
Diphenylphosphin [XVI, 758]	$(C_6H_5)_2PH$	186,20 $1,07^{16}$	— 280	Öl; unl. in W, ll. in Al, Ä, Bzl; riecht unangenehm; oxid.
Diphenylphosphinsäure [Kosolapoff, 170]	$(C_6H_5)_2PO_2H$	218,19 —	190...2 —	Nadeln; Äthylester F: 165°, Kp: 195...6°/51; Phenylester Nadeln, F: 135...6°
Diphosphorsäure-adenosinester s. Adenosindiphosphorsäure				
-tetraäthylester [E 1 I, 167]	$C_2H_5O\!\!-\!\!\underset{O}{P}\!\!-\!\!O\!\!-\!\!\underset{O}{P}\!\!-\!\!OC_2H_5$ (mit C_2H_5O, OC_2H_5)	290,19 $1,1847^{20}_{0}$	— 155...5,5/5	n_D^{20} 1,4222. Hygr. Fl.; l. in W, Al, Aceton, Chlf, Bzl, unl. in PÄ, Insekticid
-tetrabenzylester [J. Chem. Soc. **1953**, 2257]	$(C_6H_5 \cdot CH_2O)_2P \cdot O \cdot P(OCH_2 \cdot C_6H_5)_2$	538,48 —	61...2 —	Krist. (niedrigsied. PÄ + Chlf)

Name und Literatur	Formel	Mol.-Gew. Dichte	F in °C Kp. in °C	Charakteristik
Phosphor Diphosphorsäure -tetra-diäthylamid [Schrader, 36]	$(C_2H_5)_2N$, $(C_2H_5)N$ – $P\cdot O\cdot P$ (=O, =O) – $N(C_2H_5)_2$, $N(C_2H_5)_2$	398,47 —	— 155/2	Fl., l. in W; innertherapeutische Wirkung
-tetra-dimethylamid [Schrader, 35]	$(CH_3)_2N$, $(CH_3)_2N$ – $P\cdot O\cdot P$ (=O, =O) – $N(CH_3)_2$, $N(CH_3)_2$	286,25 1,137	20 142/2	n_D^{25} 1,462. l. in W und den meisten org. Lösm.; Insekticid (OMPA)
Dithio-di-phosphor= säure-tetraäthylester [Schrader, 44]	$C_2H_5\cdot O$, $C_2H_5\cdot O$ – $P\cdot O\cdot P$ (=S, =S) – $O\cdot C_2H_5$, $O\cdot C_2H_5$	322,32 1,189^{25}	— 136...9/3	n_D^{25} 1,4758. Schwach gelbliche, leicht bewegliche Fl.; 0,003 W; beständig gegen Alk; Insekticid
Dithiophosphorsäure- O,O-diäthylester [Anal. Chem. 185, 101]	$SP(SH)(OC_2H_5)_2$	186,23 —	— —	Öl; l. in CCl_4, ll. in W; Darst. aus P_2S_5 und Al; jodometrisch bestimmbar; Na-Salz hygr.; trocken F: 186...7°; Trihydrat F: 33,5°; Bleisalz (Al) F: 74°
Fluorphosphorsäure- diäthylester [Schrader, 20]	$C_2H_5\cdot O$, $C_2H_5\cdot O$ – $P\cdot F$ (=O)	156,09 —	— 62/11	Fl.; l. in W
Fluorphosphorsäure- di-dimethylamid [Schrader, 19]	$(CH_3)_2N$, $(CH_3)_2N$ – $P\cdot F$ (=O)	154,13 —	— 67/4	Fl.; ll. in W
Fluorphosphorsäure- dimethylester [Schrader, 22]	$CH_3\cdot O$, $CH_3\cdot O$ – $P\cdot F$ (=O)	128,04 —	— 50/10	Fl.; l. in W

Fluorthiophosphor=säure-di-dimethyl=amid [Schrader, 20]	$(CH_3)_2N\!-\!\overset{S}{\underset{..}{P}}\!-\!(CH_3)_2N$ · F	170,19	—	— / $58/_{1,5}$	Fl.; unl. in W
Methylphosphin [E 2 IV, 969]	$CH_3 \cdot PH_2$	48,02	—	— / — 14	Fbl. Gas; sehr unangenehmer Geruch; unl. in W; 700 cm³ Ä 0°; bildet mit Luft weiße Dämpfe, die sich bei Erwärmung leicht entzünden
Methylphosphon=säure [IV, 594]	$CH_3 \cdot PO(OH)_2$	96,02	—	104 / —	Hygr. Krist.; $p_{K_1} = 2,35$, $p_{K_2} = 7,1$; Diäthylester Kp: 192...4°; D_0^0:1,0726; n_D^{16} 1,4120; Diphenylester Kp: $205°/_{13}$ F: 36...7°
Methylphosphonsäure-diisopropylester [Org. Syntheses 31, 33]	$CH_3 \cdot \overset{O \cdot CH(CH_3)_2}{\underset{\underset{O}{..}}{P\diagdown O \cdot CH(CH_3)_2}}$	180,19 / $0,985^{24}$	— / $51/_1$		n_D^{25} 1,4081. Fbl. Fl..
Phenylphosphin [XVI, 757]	$C_6H_5 \cdot PH_2$	110,10 / $1,001^{15}$	— / 160...1		Fl.; riecht widerwärtig; oxid.
-dichlorid [E 2 XVI, 373]	$C_6H_5 \cdot PCl_2$	178,99 / 1,3351	— / 225		n_α^7 1,5987, n_D^7 1,6053. Fl.; ∞ Ä, Chlf, Bzl, CS_2; durch W zers.; riecht durchdringend
Phenylphosphinig=säure [XVI, 791]	$C_6H_5 \cdot P(OH)_2$	142,10	—	70 / Z *	Blättchen; wl. in Ä; 7,24 W 14°; 211,44 sied. W; ll. in Al; * Z. → Phenylphosphin, Bzl + Metaphosphorsäure
Phenylphosphonsäure [E 2 XVI, 390]	$C_6H_5 \cdot PO(OH)_2$	158,09 / 1,475	158...60 / Z		Blättchen (W); unl. in Bzl; 23,5 W 15°; ll. in Al, Ä; Diphenylester F: 69 ± 5°

Name und Literatur	Formel	Mol.-Gew. Dichte	F in °C Kp. in °C	Charakteristik
Phosphor Phenylphosphonsäure -diäthylester [Kosolapoff, 147]	$C_6H_5PO(OC_2H_5)_2$	214,20 $1,0247_0^{20}$	— $110…1/_{11}$	n_D^{20} 1,5120; Dimethylester Kp: 101… $2°/_{15}$; freie Säure (W) F: 70°; Phenyl= hydrazin-Salz F: 135°
Phosphobenzol [E 2 XVI, 402]	$C_6H_5 \cdot P : P \cdot C_6H_5$	216,16 —	149…50 —	Pulver, unl. in h. W, Al, Ä, ll. in Bzl; zerfällt beim Erhitzen, oxid. an der Luft
Phosphono-essigsäure s. Carboxymethyl-phosphonsäure				
Phosphorige Säure- diäthylester [E 2 I, 329]	H $\cdot$ $O : P(OC_2H_5)_2$	138,10 $1,0744^{18,4}$	— 187…8	$n_\alpha^{18,4}$ 1,4057, $n_{He}^{18,4}$ 1,4075, $n_\beta^{18,4}$ 1,4123. Fl.; Kp: $87°/_{20}$, $72°/_{11}$; zers. mit W
-dibenzylester [Kosolapoff, 203]	$OPH(OCH_2C_6H_5)_2$	262,25 —	17 $165/_{0,1}$	n_D^{20} 1,5521. Fl.; Vorsicht bei Destilla- tion: Rohprodukt mit trockenem NH_3 behandeln, unter N_2 + N-Me= thyl-morpholin-Zusatz
-dimethylester [J. Chem. Soc. **1945**, 873]	$OPH(OCH_3)_2$	110,05 $1,2184_0^0$	— $55…5,5/_{10}$	n_D^{20} 1,4036. Ag-Salz krist. (Al)
-diphenylester [Kosolapoff, 203]	$OPH(OC_6H_5)_2$	234,19 —	— $218…9/_{25}$	Fl.
-mono-äthylester [E 2 I, 329]	$OPH(OC_2H_5)(OH)$	110,05 —	— —	Na-Salz (Alk) F: 183°, Nadeln; Pb- Salz l. in Alk
-mono-methylester [I, 285]	$OPH(OCH_3)(OH)$	96,02 —	— —	Instabiles Öl; Na-Salz krist., F: 125° Z.
-triäthylester [E 2 I, 330]	$P(OC_2H_5)_3$	166,16 $0,96867^{20}$	— 157,9	n_α^{20} 1,41073, n_D^{20} 1,41309, n_β^{20} 1,41917. Fl., ätherischer Geruch; Kp: $48,2°/_{12}$; unl. in W

-tri-n-butylester [Kosolapoff, 204]	$P(OC_4H_9)_3$	250,32 0,9257	— 130…1/$_{20}$	n_D^{19} 1,4321. Fl.
-tri-β-chloräthylester [E 3 I, 1355]	$P(OCH_2 \cdot CH_2Cl)_3$	269,49 1,3453$_0^{26}$	— 112…4/$_{2,5}$	n_D^{26} 1,4818; ll. in Ä Bzl Al; von W rasch zers.
-trimethylester [E 2 I, 273]	$P(OCH_3)_3$	124,08 1,0790$_0^0$	— 111…2	n_D^{20} 1,4095. $[P(OCH_3)_3]_2CuJ$ F: 69…70°; $[P(OCH_3)_3]CuJ$ F: 175…7°; weitere Salze mit CuCl, CuBr, AuCl
-triphenylester [Kosolapoff, 204]	$P(OC_6H_5)_3$	310,29 1,184$_0^{20}$	22 360	Gibt Salze mit CuCl, CuBr; $2P(OC_6H_5)_3 \cdot CuCl$ F: 70°; $2P(OC_6H_5)_3 \cdot CuBr$ (Al) F: 73…4°; $2P(OC_6H_5)_3 \cdot PtCl_2$ F: 155°
-tri-n-propylester [Kosolapoff, 203]	$P(OC_3H_7)_3$	208,24 0,9522^{20}	— 89…9,5/$_{13}$	n_D^{20} 1,4265, Fl.; Salz mit Cu J F: 64…5°
Phosphorsäure-adenosinester s. Adenylsäure				
Phosphorsäure -diäthylester [E 2 I, 331]	$O : P(OC_2H_5)_2(OH)$	154,10 —	— —	Freie Säuren zers. beim Abdampfen; $NH_4C_4H_{10}O_4P$ zerfl. Krist.; $Pb(C_4H_{10}O_4P)_2$ Nadeln, F: 180°; ll. in W, wl. in k. Al
-di-äthyl-p-nitrophenylester [Schrader, 48]	$(C_2H_5 \cdot O)_2\overset{O}{P} - O - C_6H_4 - NO_2$	275,20 1,2736^{20}	— 169…70/$_1$	n_D^{20} 1,5105. Hgelbes Öl; 0,1 W; giftig; „E 600"
-dibenzylester [E 2 VI, 422]	$O : P(OCH_2C_6H_5)_2(OH)$	278,25 —	79,5 —	Krist. (Ä); l. in Chlf; Ag-Salz (W) Z. 216°; Ba-Salz (W) Z. 255…61°; s. a. Kosolapoff, 254
-dibenzylester-chlorid [J. Chem. Soc. **1948**, 1109]	$O : P(OCH_2C_6H_5)_2Cl$	296,69 —	— —	Nicht destillierbar; zers. beim Stehen; Darst. aus Dibenzylphosphit und SO_2Cl_2 unter N_2 in CCl_4; Anilinsalz (Cyclohexan) F: 91…2°; Amid Nadeln, F: 104°

Name und Literatur	Formel	Mol.-Gew. Dichte	F in °C Kp. in °C	Charakteristik
Phosphor **Phosphorsäure** -dimethyl-[1-carbo= methoxy-1-pro= pen-(2)-yl]-ester [J. Org. Chem. **26**, 3960]	$O : P(OCH_3)_2(OC : CH \cdot CO_2CH_3)$ $\overset{\cdot}{C}H_3$	224,15 $1,25^{20}_{4}$	— $106...7/_{0,1}$	„Phosdrin"; Fl.; gelbgrün; ∞ W, Aceton, Bzl, wl. in Lg, unl. in Hexan; 2 Isomere, wobei die *cis*-Form 100mal wirksamer ist als Ascaricid
-dimethyl-2,2-di= chlorvinyl-ester [J. Am. Chem. Soc. **77**, 2424]	$O : P(OCH_3)_2(OCH : CCl_2)$	220,98 $1,423^{20}_{4}$	— $100...3/_3$	n^{20}_{D} 1,4541. Fbl. leicht bewegliche Fl., unl. in W; Kp: 120/$_{14}$; stark toxischer Hemmstoff der Cholinesterase
-dimethylester [E 2 I, 274]	$O : P(OCH_3)_2(OH)$	126,05 —	— —	Sirup; Pb-Salz Nadeln, F: 155°; Ba-Salz l. in W; ferner Ag-Salz bekannt
-diphenylester-chlorid [Z. angew. Chem. **72**, 248]	$O : P(OC_6H_5)_2Cl$	268,64 $1,29604^{20}_{4}$	— $147...8/_{1,3}$	„Diphenylphosphochloridat"; Fl.; Kp auch 195°/$_{13}$; s.a. Kosolapoff, 244
-fructose-ester s. Fructose-phosphorsäure				
-glucose-ester s. Glucose-phosphorsäure				
-glycerinester s. Glycerin-phosphorsäure				
-kreatinester s. Kreatin-phosphorsäure				
-monoäthylester [E 2 I, 330]	$O : P(OC_2H_5)(OH)_2$	126,05 —	— —	Zerfl. Kristallmasse; durch W bei 75° hydrolysiert; $Na_2C_2H_5O_4P \cdot 3 H_2O$ zer- fl. Krist.; ll. in W
-monoäthyl-mono= benzylester [Kosolapoff, 254]	$O : P(OH)(OC_2H_5)(OCH_2C_6H_5)$	216,18 —	— —	Sirup; krist. Ba-Salz, l. in W, unl. in Al

-monobenzylester [Z. angew. Chem. **72**, 248]	$O : P(OCH_2C_6H_5)(OH)_2$	188,12 —	— —	Cyclohexylamin-Salz Krist. (Bzl-Cyclo= hexan-PÄ), F: 99°
-monomethylester [E 2 I, 274]	$O : P(OCH_3)(OH)_2$	112,02 —	— —	Fl.; Na-, Ba-, Ca-, Pb-Salze bekannt
-monophenylester [E 2 VI, 165]	$O : P(OC_6H_5)(OH)_2$	174,09 —	100...1 Z	Krist. (Chlf); Nadeln (W); wl. in Chlf, ll. in W, Al, Ä, Bzl
-monophenylester- dichlorid [Kosolapoff, 243]	$O : P(OC_6H_5)Cl_2$	210,99 $1,41214_4^{20}$	— 121...2/11	„Phenylphosphodichloridat''; Kp auch 110°/11 s. Z. angew. Chem. **72**, 248
-triäthylester [E 2 I, 331]	$O : P(OC_2H_5)_3$	182,16 $1,0702^{20}$	— 216 g. Z	n_α^{20} 1,40436, n_D^{20} 1,40616, n_β^{20} 1,41073. Fl.; Kp: 99,2°/13; 100 W 25; wird durch W zers.
-tribenzylester [VI, 439]	$O : P(OCH_2C_6H_5)_3$	368,37 —	64 —	Prismen
-tri-n-butylester [E 2 I, 397]	$O : P(O[CH_2]_3 \cdot CH_3)_3$	266,32 $0,979^{20}$	— 180/20	Fl.; 0,6 W 25°; mischbar mit den meisten org. Lösm.; reizt Haut und Schleimhäute
-tri-o-kresylester [E 2 VI, 331]	$O : P(OC_6H_4CH_3)_3$	368,37 $1,1834_4^{25}$	E 11 410 .	Fl.; ll. in Ä, Bzl, Al; Verw. als Weich- macher
-tri-p-kresylester [Gnamm, 383]	$O : P\left(O-C_6H_4-CH_3\right)_3$	368,37 $1,175^{20}$	77,5...8 275...80/20	Nadeln; unl. in W, mischbar mit org. Lösm.; nicht brennbar; Bromieren gibt Hexabromid F: 178°
-trimethylester [E 2 I, 274]	$O : P(OCH_3)_3$	140,08 $1,200^{22}$	— 197	Fl.; 100 W 25°, l. in Al, Ä
-triphenylester [E 2 VI, 166]	$O : P(OC_6H_5)_3$	326,29 $1,2055^{58}$	50 245/11	Krist. (abs. Al + Lg); Nadeln (Ä + Lg); unl. in W, ll. in Ä, Chlf, Bzl, wl. in Al; techn. Verw. als Weichmacher

Name und Literatur	Formel	Mol.-Gew. Dichte	F in °C Kp. in °C	Charakteristik
Phosphor Phosphorsäure -tri-thio-n-butylester [Chem. Abstr. **55**, 9772 i]	$O : P(SC_4H_9)_3$	314,51 $1,148^{27}$	— $154/_{0,5}$	n_D^{25} 1,532. Fl.; unl. in W, l. in den meisten org. Lösm.; Herbicid „DEF" zur Entblätterung
Selenophosphorsäure-O,O-diäthyl-Se-äthyl-ester [Schrader, 81]	$C_2H_5 \cdot O \diagdown \overset{O}{\underset{\cdot\cdot}{P}} \cdot Se \cdot C_2H_5$ ($C_2H_5 \cdot O$)	245,12 —	— $104...5/_2$	Öl; wl. in W; systematische Wirkung
-O,O,O-triäthylester [Schrader, 79]	$C_2H_5 \cdot O \diagdown \overset{Se}{\underset{\cdot\cdot}{P}} \cdot O \cdot C_2H_5$ ($C_2H_5 \cdot O$)	245,12 —	— $106/_{13}$	
Tetraphosphorsäure-hexaäthylester [Schrader, 38]	$[(C_2H_5O)_2PO_2]_3PO$	506,26 $1,2917^{27}$	— —	n_D^{27} 1,4273. Hygr. Fl.; zers. $< 190°$; unl. in PÄ, mischbar mit W, Al, Aceton, Chlf, Eg, Bzl
Thio-di-phosphor=säure-tetraäthylester [Schrader, 42]	$C_2H_5 \cdot O \diagdown \overset{S}{\underset{\cdot\cdot}{P}} \cdot O \cdot \overset{O}{\underset{\cdot\cdot}{P}} \diagup O \cdot C_2H_5$	306,26 1,1887	— $136...41/_3$	n_D^{20} 1,4508. Fl.; lichtbrechend; unl. in W; sehr giftig
Thiophen-phosphon=säure-(2) [XVIII, 653]	(Thiophen) S—PO_3H_2	164,12 —	159 —	Krist. (W); unl. in Bzl, l. in Ä, ll. in W, Al
Thiophosphorsäure-O,O-diäthylester [Kosolapoff, 253]	$S : P(OH)(OC_2H_5)_2$	170,17 —	— —	(Nicht ganz sichere Konstitution); K-Salz (Al) F: 197°; NH$_4$-Salz Nadeln (Me); Ag-Salz F: 82°; Doppel-salz mit $HgCl_2$ F: 66°

Name	Struktur	M / d	Kp / Fp	Eigenschaften
-O,O-diäthyl-O-[2-isopropenyl-4-methyl-pyrimidyl-(6)]-ester [Z. Natf. **8**b., 225]	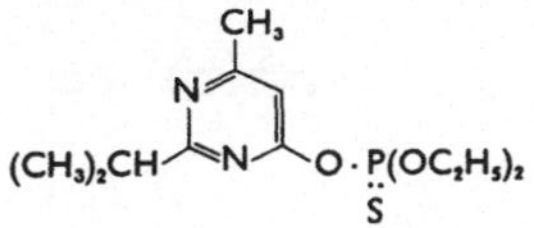 CH_3 … N … $(CH_3)_2CH$ … N … $O \cdot P(OC_2H_5)_2$ … S	304,35 / $1,117^{20}$	— / $83…4/_{0,002}$	Esterart. riechende Fl.; 0,004 W; Insekticid; „Diazinon"
-O,O-diäthyl-O-7-(4-methylcumarin)-ester [Schrader, 63]	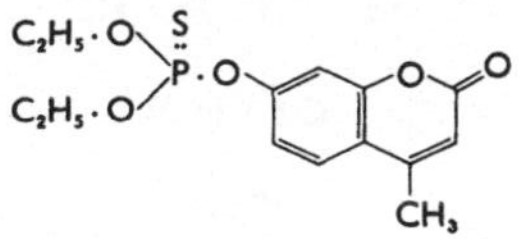 $C_2H_5 \cdot O$, S, P, $C_2H_5 \cdot O$ … CH_3	328,33 / $1,260^{38}$	38 / $210/_1$ Z	n_D^{37} 1,5685. Fbl. Kristallpulver; fbl. Nadeln (PÄ); l. in den meisten org. Lösm.; Insekticid, „E 838"
-O,O-diäthyl-O-[p-nitrophenyl]-ester [Schrader, 50]	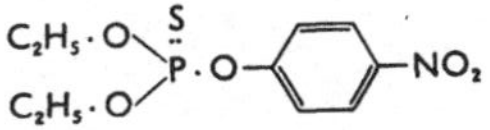 $C_2H_5 \cdot O$, S, $P \cdot O$ … NO_2, $C_2H_5 \cdot O$	291,26 / 1,2667	— / $173…5/_1$	Braungelbe, ölige Fl.; knoblauchähnlicher Geruch; swl. in W, wl. in PÄ, l. in Al, Ä, Aceton, Chlf, Bzl; „E 605"
-O,O-diäthyl-O-[β-thioäthyläthyl]-ester [Schrader, 71]	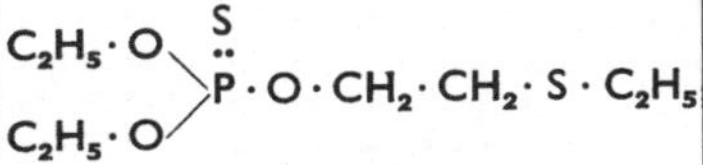 $C_2H_5 \cdot O$, S, $P \cdot O \cdot CH_2 \cdot CH_2 \cdot S \cdot C_2H_5$, $C_2H_5 \cdot O$	258,34 / $1,119^{21}$	— / $138/_{2,5}$	n_D^{18} 1,4900; fbl., leicht bewegliches Öl; wl. in W; „Metasystox"; systematisch wirkendes Insekticid; beim Erwärmen oder längerem Stehen → $OP(OCH_3)_2(S \cdot CH_2CH_2 \cdot S \cdot C_2H_5)$
-O,O-diäthyl-S-[β-thioäthyläthyl]-ester [Schrader, 77]	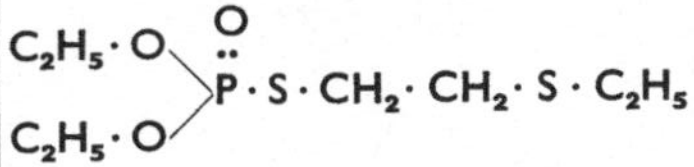 $C_2H_5 \cdot O$, O, $P \cdot S \cdot CH_2 \cdot CH_2 \cdot S \cdot C_2H_5$, $C_2H_5 \cdot O$	258,34 / $1,132^{21}$	— / $128/_1$	n_D^{18} 1,5000. Fl.; leicht bewegliches Öl; 0,2 W; sehr giftig
-O,O-dimethyl-O-[3-chlor-4-nitrophenyl]-ester [Z. angew. Chem. **66**, 265]	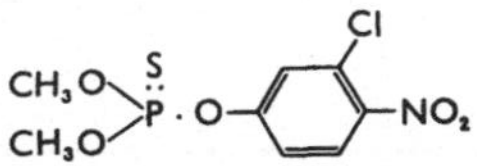 CH_3O, S, $P \cdot O$ … Cl … NO_2, CH_3O	297,66 / $1,4330^{20}_4$	— / $125/_{0,1}$	„Chlorthion"; n_D^{20} 1,5680; gelbliches Öl; fast unl. in W; Insekticid; Hemmstoff der Cholinesterase

Name und Literatur	Formel	Mol.-Gew. Dichte	F in °C Kp. in °C	Charakteristik
Phosphor Thiophosphorsäure -O,O-dimethyl- O-[p-nitrophenyl]- ester [Schrader, 55]	$CH_3 \cdot O$, $CH_3 \cdot O$ / $P(\!:\!S)\!-\!O\!-\!C_6H_4\!-\!NO_2$	263,21 1,358[20]	36 —	n_D^{35} 1,5515; fbl., fest, swl. in W, ll. in org. Lösm.; Insekticid; giftig; E 605, Metacid, Methylparathion, Dalf, Nitrox 80
-O,O,O-triäthylester [Kosolapoff, 258]	S : $P(OC_2H_5)_3$	198,22 $1,0756_0^{20}$	— 105...6/20	n_D^{20} 1,4480. Fl.; Wdampfflch.; Salz mit 2 $PtCl_4$ F: 103°, mit 2 HgJ_2 F: 83°
-O,O,O-trimethylester [Kosolapoff, 258]	S : $P(OCH_3)_3$	156,14 $1,2192_0^0$	— 78...80/12	$n_D^{10,5}$ 1,4583. Fl.; Luminiszenz an der Luft; Doppelsalze mit 2 HgJ_2 (Al) Z: 102°; mit 2 $FeCl_3$ F: 125°; mit $AuCl_3$ F: 110°
Triäthylphosphin [E 2 IV, 969]	$(C_2H_5)_3P$	118,16 $0,800^{15}$	— 127,5/744	n_D^{15} 1,458. Fl.; unl. in W, ∞ Al, Ä; riecht betäubend, in Verdünnung wie Hyazinthen; raucht an der Luft
-oxid [E 2 IV, 973]	$(C_2H_5)_3PO$	134,16 —	ca 46 238...40	Nadeln; Kp: 83...4°/0,001; ∞ W, Al, wl. in Ä, unl. in Alk
Trimethylphosphin [E 2 IV, 969]	$(CH_3)_3P$	76,08 < 1,0	— 40...2	Fl.; unerträglicher Geruch; unl. in W; oxid. an der Luft
-oxid [E 2 IV, 973]	$(CH_3)_3PO$	92,08 —	149...1 214...5	Zerfl. Krist.
Triphenyl-methyl- phosphoniumbromid [Z. angew. Chem. 71, 260]	$CH_3 \cdot P(C_6H_5)_3 \cdot Br$	357,25 —	227...9 —	Krist., Darstellung aus Triphenyl= phosphin u. Methylbromid
Triphenylphosphin [E 1 XVI, 420]	$(C_6H_5)_3P$	262,29 $1,0950^{50}$	80 188/1	Tafeln oder Prismen (Ä); unl. in W, wl. in Al, ll. in Chlf, Bzl, Eg, sll. in Ä

Name [Literatur]	Formel	Mol.-Gew.; Dichte	F; Kp	Eigenschaften
-oxid [XVI, 783]	$(C_6H_5)_3PO$	278,29 1,2124[22,6]	153,5 > 360	Krist.; wl. in Ä, PÄ, h. W., ll in Al, Bzl, Eg
-sulfid [E 2 XVI, 382]	$(C_6H_5)_3PS$	294,36 —	161 > 360	Nadeln (Al oder Ä); unl. in W, wl. in Al, Ä, ll. in Chlf, Bzl, CS_2
Triphosphorsäure-adenosinester s. Adenosin-triphosphorsäure				
o-Phthalaldehyd [E 2 VII, 605]	$C_6H_4(CHO)_2$	134,14 —	56...7 —	Hgelbe Nadeln (PÄ); wl. in PÄ, ll. in Me, Al, Ä; 1,4 h. W; zers.
Phthalaldehydsäure [E 2 X, 464]	$OHC \cdot C_6H_4 \cdot CO_2H$	150,14 1,404	100,5 —	Krist. (Chlf oder Bzl + PÄ); ll. in W, Al, Ä
Phthalalkohol s. Phthalylalkohol				
Phthalamid [E 2 IX, 601]	$C_6H_4(CONH_2)_2$	164,17 —	222 * —	Krist.; swl. in k. W, Al; * → Phthal= imid
Phthalamidsäure [E 2 IX, 600]	$HO_2C \cdot C_6H_4 \cdot CONH_2$	165,15 —	149 —	Prismen; unl. in Lg, wl. in Ä, Bzl, l. in W, Al; bei 155° → Phthalimid
Phthalan [XVII, 51]	(Strukturformel: CH_2–O–CH_2)	120,15 1,098[0]	— 192	Öl; unl. in W; Wdampfflch.; riecht nach Bittermandelöl
Phthalanil [E 2 XXI, 350]	(Strukturformel: $N \cdot C_6H_5$)	223,23 —	211 subl.	Nadeln (Al); unl. in W, sll. in Chlf
Phthalanilsäure [XII, 311]	$C_6H_5 \cdot NH \cdot CO \cdot C_6H_4 \cdot CO_2H$	241,25 —	169 —	Krist. (Al); unl. in k. W, Ä, Chlf, Lg, Bzl, swl. in Aceton, wl. in h. W
Phthalazin [XXIII, 174]	(Strukturformel mit N=N)	130,15 —	90...1 316 Z	Hgelbe Nadeln (Ä); unl. in Lg, wl. in Ä, l. in Me, Al, Bzl, sll. in W; Pikrat F: 208...10°

Name und Literatur	Formel	Mol.-Gew. Dichte	F in °C Kp. in °C	Charakteristik
Phthalhydrazid [XXIV, 371]		162,15 —	> 340 subl.	Nadeln (W, verd. Al oder Eg); unl. in k. W, k. Al, Ä, Chlf, Bzl, wl. in sied. W, sied. Al, l. in Eg, ll. in verd. NaOH
Phthalid [E 1 XVII, 161]		134,14 $1,1636^{99}$	75 290	n_α^{99} 1,5302, n_D^{99} 1,536, n_β^{99} 1,5490. Nadeln oder Tafeln (W oder Benzin); instabile Form F: 65°; l. in sied. W, ll. in Al, Ä
Phthalimid [E 2 XXI, 348]		147,13 —	233,5 subl.	Nadeln (W); unl. in Lg, swl. in Bzl; 0,036 W 25°; 0,4 sied. W; 5 sied. Al; zll. in sied. Eg, ll. in KOH
Phthalimidin [E 1 XXI, 291]		133,15 —	150...1 $336/_{730}$	Nadeln oder Säulen (W); wl. in k. W, sll. in Al, Ä, Chlf; Pikrat F: 140°
Phthalimido-malon= säure-diäthylester [Org. Syntheses I, 266]	$N \cdot CH(CO_2 \cdot C_2H_5)_2$	305,29 —	73...4 —	Krist. (Ä); wl. in W, PÄ, l. in Ä, ll. in h. Al, Aceton, Chlf, Bzl
Phthalodinitril s. Phthalsäure-dinitril				
Phthalomonopersäure [Org. Syntheses III, 619]	C_6H_4 CO_2OH CO_2H	182,13 —	Z 110 —	Nadeln; wl. in Chlf, Bzl, ll. in W, Ä
Phthalonsäure [E 2 X, 604]	CO_2H $COCO_2H$	194,15 —	148...9 —	Krist. (Egester + Bzl); 115 W 15°; wl. in Chlf; ll. in Al, Ä, Aceton, Bzl
Phthalonsäure-anhydrid [E 2 XVII, 525]		176,13 —	190...1 Z subl.	Gelbe Prismen (Egs.-anhydrid); swl. in Chlf, Bzl, wl. in Ä, ll. in Ketonen und Phenolen
Phthalophenon s. 3,3-Diphenyl-phthalid				

Name	Formel			Eigenschaften
Phthalsäure [E 2 IX, 580]	$C_6H_4(CO_2H)_2$ (o-)	166,13 / 1,59	191 * / —	Tafeln (W); 0,57 W 20°; 7,69 W 85°; 11,7 Al 18°; unl. in Chlf; * im geschl. Rohr: F auch 231°; beim Erhitzen → Phthalsäureanhydrid; Monoamid F: 149° und dann 231°
Phthalsäureanhydrid [E 2 XVII, 463]	(Anhydrid)	148,12 / 1,527	130,84 / 284,5	Nadeln (Al, Bzl oder subl.); l. in W → Phthalsäure, l. in Al, Ä, CS_2, Bzl, ll. in Py
Phthalsäure-diäthylester [E 2 IX, 584]	$C_6H_4(CO_2C_2H_5)_2$	222,24 / $1,1250^{16,8}$	— / 298...9	$n_\alpha^{16,8}$ 1,5010, $n_D^{16,8}$ 1,5049, $n_\beta^{16,8}$ 1,5157. Fl.; 0,1 W 25°; l. in Al, Chlf; „Palatinol A"
Phthalsäure-di-amylester [E 1 IX, 351]	$C_6H_4(CO_2C_5H_{11})_2$	306,41 / $1,0281^{25}$	— / 225/40	Wasserhelle Fl.; unl. in W, mischbar mit den gebr. org. Lösm.; „Palatinol"
Phthalsäure-dibutylester [E 2 IX, 586]	$C_6H_4(CO_2[CH_2]_3 \cdot CH_3)_2$	278,35 / $1,0501^{21,3}$	— / 206/20	n_D^{20} 1,4911. Zähe Fl.; „Palatinol C"
Phthalsäure-dichlorid s. Phthalylchlorid				
Phthalsäure-di-isobutyl= ester [Gnamm, 390]	$C_6H_4(CO_2C_4H_9)_2$	278,35 / $1,045^{20}$	— / 305...20	Helle Fl.; unl. in W, l. in den gebr. org. Lösm.
Phthalsäure-dimethyl= ester [E 2 IX, 584]	$C_6H_4(CO_2CH_3)_2$	194,19 / $1,1905^{20,7}$	— / 283,7	$n_\alpha^{20,7}$ 1,5110, $n_D^{20,7}$ 1,515, $n_\beta^{20,7}$ 1,5270. Verw. als Lösm. für Harze, Weich-macher; „Palatinol M"
Phthalsäure-dimethyl= glykolester [Gnamm, 389]	$C_6H_4 \cdot (CO_2CH_2 \cdot CH_2 \cdot OCH_3)_2$	282,30 / $1,162^{20}$	— / 221...31/20	Fl.; unl. in W, l. in allen gebr. org. Lösm.
Phthalsäure-dinitril [IX, 815]	$C_6H_4(CN)_2$ (o-)	128,13 / —	141 / —	Nadeln (W); Wdampfflch.; wl. in W, Lg, l. in Al, Ä, Chlf, Bzl
Phthalsäure-mono-äthyl= ester [E 2 IX, 584]	$HO_2C \cdot C_6H_4 \cdot CO_2C_2H_5$	194,19 / $1,1877^{22}$	47...8 / —	n_α^{22} 1,5049, n_D^{20} 1,509, n_β^{22} 1,5203. monokline Krist. (CS_2)

Name und Literatur	Formel	Mol.-Gew. Dichte	F in °C Kp. in °C	Charakteristik
Phthalylalkohol [VI, 910]	(Formel) CH_2OH / CH_2OH	138,17 —	64,2...4,8 —	Tafeln (Ä); ll. in W, Al, l. in Benzin; 18 abs. Ä 18°; Diacetat F: 37°
(as)-Phthalylchlorid [E 2 XVII, 333]	(Formel) CO / O / CCl_2	203,03 $1,3316^{99,4}$	88,5 —	n_α^{100} 1,5247, n_β^{100} 1,5425. Prismen (Bzl); l. in Ä, Chlf; Dest. → Phthalylchlorid
(symm.)-Phthalylchlorid [E 2 IX, 599]	(Formel) $COCl$ / $COCl$	203,03 $1,409^{20}$	13 281,1	n_α^{20} 1,5633, n_D^{20} 1,5692. Fl.; Kp: 131... $3°/_{9...10}$; l. in Ä, Bzl; mit W zers.
Phthiocerol [J. Chem. Soc. 1954, 1003]	$H_3C \cdot [CH_2]_2 \cdot C \cdot [CH_2]_3 \cdot CH_2$ mit CH_3 und OCH_3; $H_3C \cdot [CH_2]_{22} \cdot CH \cdot CH_2 \cdot CH$ mit OH, OH	554,99 —	73...4 —	Prismatische Nadeln (Egester oder Aceton); $[\alpha]_D$: — 4,8° (Chlf)
Phthiocol s. 2-Hydroxy-3-methyl-naphthochinon-(1,4)				
Phyllochinon s. Vitamin K_1				
Phyllopyrrol [E 2 XX, 293]	(Formel) H_5C_2, CH_3 / H_3C, N—H, CH_3	137,23 —	67 $93/_{12}$	Blättchen (PÄ); Platten (subl.); unl. in W, żl. in PÄ, ll. in Al, Ä; verharzt an der Luft
Physostigmin s. Eserin				
Phytinsäure [E 2 VI, 1160]	$C_6H_6[OPO(OH)_2]_6$	660,04 —	— Z	Gelbe Fl.; ∞ W, ll. in Al, Ä + Al, Glycerin, zll. in abs. Al, unl. in Ä, Bzl, Chlf, Eg
Phytol [E 2 I, 503]	$HOCH_2 \cdot CH : C(CH_3) \cdot [CH_2]_3 \cdot CH(CH_3) \cdot [CH_2]_3 \cdot CH(CH_3)_2$	296,54 $0,8491^{25}$	— $202/_{10}$	n_α^{25} 1,4601, n_D^{25} 1,4623, n_γ^{25} 1,4595. Öl; Kp: $145°/_{0,02}$; unl. in W, ∞ Al, Ä, Me; Vork. in Pflanzen

Name				Eigenschaften
Picen [E 1 V, 369]		278,36 —	364 518…20	Fbl., blau fluoresz. Blätter, fast unl. in den meisten Lösm.; wl. in sied. Bzl, Chlf, Eg, l. in konz. H_2SO_4 mit grüner Farbe
α-Picolin [E 2 XX, 155]		93,13 0,9404[25]	−69,9 129	n_α^{25} 1,4939, n_D^{25} 1,4983, n_β^{25} 1,5097. Fl.; ll. in W, ∞ Al, Ä; charakteristischer Geruch
β-Picolin [E 2 XX, 157]		93,13 0,9515[25]	— 143,8	n_α^{25} 1,4994, n_D^{25} 1,5038, n_β^{25} 1,5155. Fl.; ∞ W, Al, Ä; süßlicher Geruch
γ-Picolin [E 2 XX, 158]		93,13 0,9502[25]	— 143,1	n_α^{25} 1,4986, n_D^{25} 1,5029, n_β^{25} 1,5143. Fl.; ∞ W, Al, Ä
Picolinsäure s. Pyridin-carbonsäure-(2)				
Picolinsäurenitril s. 2-Cyan-pyridin				
Pikramid s. 2,4,6-Trinitro-anilin				
Pikraminsäure s. 2-Amino-4,6-dinitrophenol				
Pikrinsäure [E 2 VI, 253]		229,11 1,767[19]	E 121,9 subl.	Gelbe Blättchen (W); 1,14 W 22…5°; 7,2 sied. W; 7,22 Bzl 20°; 7,91 Al 20°; 3,7 Ä 20°; ll. in Aceton; expl. beim raschen Erhitzen; Sprengstoff; mit KCN + NaOH → rote Färbung
-K-Salz [E 2 VI, 263]		267,20 1,852[20]	— —	Gelbe Nadeln (W oder Al); 0,5 W 20°; 0,18 Al 25°; 0,27 Me 25°; 1,08 Aceton 25°; unl. in Ä

Pikrinsäure-methyl-äther s. 2,4,6-Trinitro-anisol

Name und Literatur	Formel	Mol.-Gew. Dichte	F in °C Kp. in °C	Charakteristik
Pikrolonsäure [XXIV, 51]		264,20 —	Z ca 124 —	Gelbe Nadeln (Al); 0,9 W 17°; 4,8 Al 17°; 0,62 Me 17°; 0,5 Ä 17°; 0,92 sied. W; 2,7 sied. Me, 8,3 sied. Al; 0,62 sied. Ä
Pikrylchlorid s. 2-Chlor-1,3,5-trinitro-benzol Pikryljodid s. 2-Jod-1,3,5-trinitro-benzol				
Pilocarpin [XXVII, 633]		208,26 —	34 ca 260/$_5$	Nadeln; swl. in PÄ, wl. in Ä, Bzl, l. in W, Al, ll. in Chlf; $[\alpha]_D^{18}$: $+106°$ (W); starkes Gift
d-Pimarinsäure [Helv. Chim. Acta **23**, 124]		302,46 —	211...2 282/$_{18}$	Krist. (Aceton); $[\alpha]_D^{18}$: $+74,7°$ (Chlf), Methylester F: 69°
Pimelinsäure [E 2 II, 586]	$HO_2C \cdot [CH_2]_5 \cdot CO_2H$	160,17 1,291^{25}	105,8 Z 336 *	Krist. (W); Kp: 223°/$_{15}$; * subl. unzers.; 2,5 W 13,5°; ll. in Al, Ä, h. Bzl, swl. in k. Bzl
Pimelinsäure-dinitril [E 2 II, 587]	$NC \cdot [CH_2]_5 \cdot CN$	122,17 0,949^{18}	— 164...5/$_{13}$	Ziemlich bewegliche Fl.; ll. in org. Lösm. außer Lg, unl. in W
Pinacyanol [E 2 XXIII, 282]		480,40 —	296 —	Grüngelbe Nadeln (Me oder Al); wl. in W, l. in Al, Py blau
Pinan [E 2 V, 61]		138,25 0,8565^{20}	ca -45 167...9,2	n_D^{20} 1,4606. Fl.; d-Form: $[\alpha]_D$: $+20,2°$ (Ä, c = 16); l-Form: $[\alpha]_D$: $-10,41°$; campherart. Geruch

Pinakolin (= Pinakolon) [E 3 I, 2839]	$CH_3 \cdot CO \cdot C(CH_3)_3$	100,16 $0,7250^{25}_{25}$	E − 52,5 106,3	Fl.; pfefferminzart. Geruch; 2,44 W 15°; ll. in Al; Wdampfflch.; Oxim: Nadeln (wss. Al), F: 74…5° (77…8°); swl. in k. W, ll. in Al
Pinakolinalkohol s. 2,2-Dimethyl-butanol-(3)				
Pinakon (= Pinakol s. S. 20) [E 2 I, 553]	$HOC(CH_3)_2 \cdot C(CH_3)_2OH$	118,18 $0,967^{15}$ *	41,1 174,35	Nadeln (Al, Ä oder CS_2); Tafeln $\cdot 6\,H_2O$, F: 45,1°; wl. in CS_2, k. W, ll. in Al, h. W, Ä; Erhitzen mit verd. $H_2SO_4 \rightarrow$ Pinakolin; * unterkühlte Fl.
dl-α-Pinen [E 2 V, 97]		136,24 $0,8582^{20}$	− 50 156,2/$_{767}$	n_α^{20} 1,4630, n_D^{20} 1,4658, n_β^{20} 1,4728. Fl.; Kp: 51…2°/$_{19}$; ∞ Al, Ä, Chlf; Vork. in Terpentinölen
l-β-Pinen [E 2 V, 102]		136,24 $0,8740^{15}$	− 50 164	n_D^{15} 1,4872, n_{578}^{15} 1,4874, n_{546}^{15} 1,4880. Fl.; $[\alpha]_{578}$: − 22,4°; unl. in W, l. in Al, Ä; Vork. in Terpentin- und Kienölen
l-δ-Pinen [E 2 V, 101]		136,24 $0,8604^{20}$	− 156…7/$_{758}$	n_D^{20} 1,4667. Fl.; $[\alpha]_D$: − 6,2° (Ä, c = 17)
Pinen-dichlorid s. 2,6-Dichlor-camphan				
Pinenhydrat [E 2 VI, 76]		154,25 —	62 204…5	Verfilzte Nadeln (Me und W); $[\alpha]_D^{18}$: − 4,99° (Ä, p = 17,85); campherähnlicher Geruch; sehr leicht flch.

Name und Literatur	Formel	Mol.-Gew. Dichte	F in °C / Kp. in °C	Charakteristik
Pinenhydrochlorid [E 1 V, 48]	H_3C, Cl / $H_3C \cdot C \cdot CH_3$	172,70 —	$Z > -10$ * —	In ätherischer Lsg. einige Tage haltbar; nur bei tiefen Temp. beständig; erstickender Geruch; zers. sofort mit W, Al; Bildung von Pinen + HCl in Ä bei $-15°$; * $Z \rightarrow$ Bornylchlorid
Pinocamphan [E 1 V, 48]	CH_3 / $H_3C \cdot C \cdot CH_3$	138,25 $0,8551^{20}$	— 164,5…5	n_D^{20} 1,4609. Fl.
Pinocarvon [E 2 VII, 133]	CH_2 / $C \cdot CH_3$ CH_3, =O	150,22 $0,988^{15}_{15}$	— 94…6/$_{12}$	n_D^{20} 1,4951. Fl.; Oxim F: 134…5°
Pinol [E 2 XVII, 44]	CH_3 / O / $H_3C \cdot C \cdot CH_3$	152,24 $0,9515^{20}$	— 96…7/$_{22}$	n_D^{20} 1,4695. Fl.; l. in Al, Ä
Pinolhydrat [E 2 VI, 758]	H OH / H_3C … H $C(CH_3)_1$ OH	170,25 1,131	129…30 270…1	Tafeln oder Nadeln (Me + NH_4OH); 3,3 W 15°, ll. in Al, Ä
α-Pinonsäure [E 2 X, 431]	$CH_3 \cdot CO \cdot CH <^{CH_2}_{C(CH_3)_2}> CH \cdot CH_2 \cdot CO_2H$	184,24 1,216	105 140…50/$_{0,3}$	Tafeln oder Blättchen (W); zwl. in k. W, wl. in h. W, l. in Ä, ll. in Chlf

Pinoresinol [E 2 XIX, 126]		358,39 —	122 Z *	Krist. (Al); swl. in W, PÄ, ll. in Al, Ä, Aceton, Chlf, Bzl, CS_2, Eg, Benzin; l. in H_2SO_4 rot; * → Guajacol, Kreosol; $[\alpha]_D^{21}$: $+ 84,4°$ (Aceton)
dl-α-Pipecolin [E 2 XX, 57]		99,18 $0,8459^{15}$	$- 4,9$ $116,5/_{715}$	n_α^{15} 1,4473, n_D^{15} 1,4498. Fl.; ll. in W, Al, Ä; Hydrochlorid F: 210°
dl-β-Pipecolin [XX, 100]		99,18 $0,8446^{24,3}$	— 125	$n_\alpha^{24,3}$ 1,4438, $n_D^{24,3}$ 1,4463. Fl.; sll. in W; riecht piperidinähnlich
γ-Pipecolin [XX, 101]		99,18 $0,8674^0$	— 127...9	Fl.; ll. in W; an der Luft rauchend
dl-Pipecolinsäure [XXII, 7]		129,16 —	264 —	Blättchen (W); ll. in W, h. Al
Piperazin [E 2 XXIII, 3]		86,14 —	104 145...6	Blättchen (Al); unl. in Ä, ll. in Al, sll. in W; hygr.; stark alk.
Piperidin [E 2 XX, 6]		85,15 $0,8606^{20}$	$- 9$ 106	$n_\alpha^{20,6}$ 1,4502, $n_D^{20,7}$ 1,4530, $n_\beta^{20,6}$ 1,4591. Fl.; ∞ W, Al, Ä; charakteristisch riechend

Piperidin-N-acetat s. N-Acetyl-piperidin

Piperidin-N-benzoat s. Benzoyl-piperidin

Piperidinsäure s. γ-Amino-buttersäure

47*

Name und Literatur	Formel	Mol.-Gew. Dichte	F in °C Kp. in °C	Charakteristik
Piperidon-(2) [XXI, 238]		99,13 —	39…40 258…62	Hygr. Krist.; ll. in W, Al, Ä, verd. S; unl. in Alk
Piperin [E 2 XX, 53]		285,35 $1,13^{113}$	129,5 —	Krist. (Bzl + Lg); unl. in PÄ, 0,004 W 18°, wl. in Ä, ll. in Al, Chlf, Bzl, Eg
Piperinsäure [XIX, 281]		218,21 —	216…7 g. Z	Nadeln (Al); unl. in CS_2, swl. in W, wl. in Ä, Bzl; 2 sied. Al; mit H_2SO_4 rot; subl.
dl-Piperiton [E 2 VII, 75]		152,24 $0,9331^{20}$	— $113/_{18}$	$n_\alpha^{14,5}$ 1,4831, n_D^{20} 1,4845, $n_\beta^{14,5}$ 1,4956. Öl; 0,23 W 20°; pfefferminzart. Geruch; β-Semicarbazon F: 174…5°
Piperonal [E 2 XIX, 141]		150,14 —	37 $144…5/_{14}$	Krist. (W); 0,35 W 20°; 0,66 W 78°; 100 Al 20°; ∞ Ä; Wdampfflch.; riecht heliotropartig; „Heliotropin"
Piperonylalkohol [XIX, 67]		152,15 —	56 $157/_{16}$	Nadeln (PÄ); wl. in k. W, zll. in h. W, ∞ Al, Ä
Piperonylsäure [E 2 XIX, 292]		166,13 —	229 subl.	Nadeln (Al); Prismen (subl.); swl. in W, Chlf, wl. in k. Al, Ä

Piperylen s. Pentadien-(1,3)

Pivalinsäure s. Trimethylessigsäure

Pivalon s. Di-tert.-butyl-keton

Polamidon [J. Pharmacol.**87**, 63]	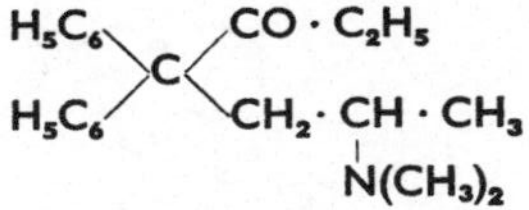 H_5C_6, H_5C_6 — C — $CO \cdot C_2H_5$ / $CH_2 \cdot CH \cdot CH_3$ / $N(CH_3)_2$	309,46 —	78 —	
Polamidon-hydrochlorid [J. Am. Chem. Soc. **69**, 2941]	$C_{21}H_{27}ON \cdot HCl$	345,92 —	235 —	Plättchen (Al + Ä); unl. in Ä; 12 W; 8 Al; l. in Chlf; Morphin-Wirkung
Pratol [J. Chem. Soc. **1938**, 1321]	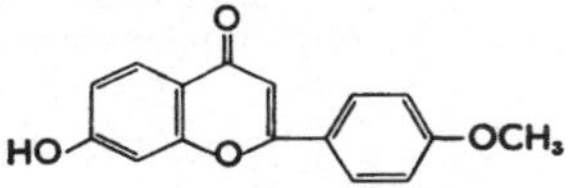 (Flavon-Struktur: HO—…—OCH_3)	268,27 —	263…4 —	Hgelbe Nadeln (Al); wl. in W, Ä, Chlf, Bzl, l. in Al
Pregnan [Ber. **64**, 2538]	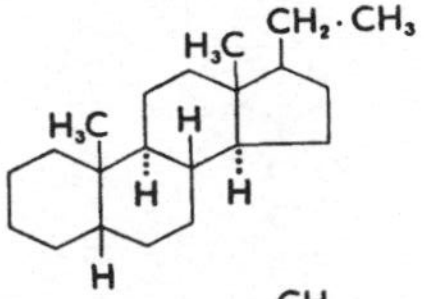 (Steroid-Struktur: H_3C, $CH_2 \cdot CH_3$)	288,52 $1{,}032^{15}$	83,5 —	Platten (Me); $[\alpha]_D^{20}$: $+21{,}2°$ (Chlf)
Pregnandiol [Ber. **67**, 1895]	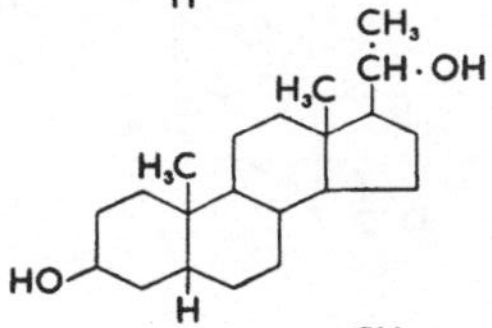 (Steroid-Struktur: CH_3, $CH \cdot OH$, HO—)	320,52 1,15	243…4 —	Platten (Aceton); wl. in org. Lösm.; $[\alpha]_D^{20}$: $+27{,}4°$ (Al)
Pregnandion-(3,20) [J. Am. Chem. Soc. **60**, 1559]	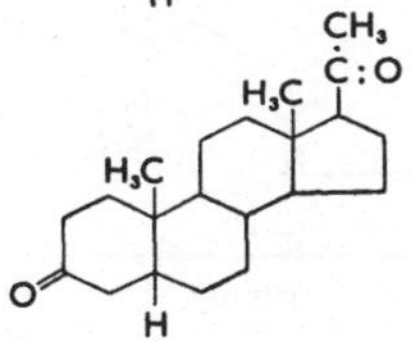 (Steroid-Struktur: CH_3, $C:O$, O=)	316,49 —	123 —	Nadeln (verd. Al); unl. in W, ll. in den gebr. org. Lösm.

Name und Literatur	Formel	Mol.-Gew. Dichte	F in °C Kp. in °C	Charakteristik
Pregnan-ol-(3α) [J. Am. Chem. Soc. **60**, 2928]	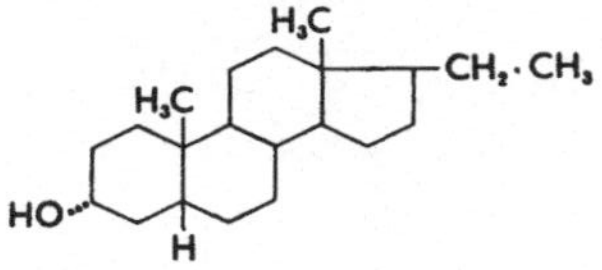	304,52 —	148 —	Krist. (verd. Me); Acetylderivat F: 106°
Pregnanol-(3α)-on-(20) [J. Am. Chem. Soc. **61**, 3476]	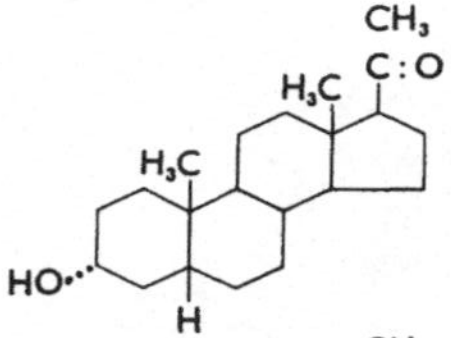	318,50 —	148,5...9,5 —	Nadeln (Bzl); $[\alpha]_D$: $+107°$ (Al)
Δ^5-Pregnenol-(3)-on-(20) [J. Am. Chem. Soc. **71**, 1840]	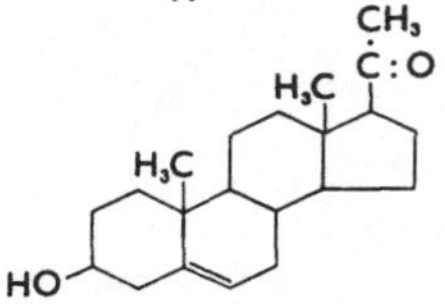	316,49 —	189...90 —	Nadeln (Me); swl. in W, $[\alpha]_D^{20}$: $+28°$ (Al); Acetylderivat F: 149...51°
Prehnitol s. 1,2,3,4-Tetramethyl-benzol Prehnitsäure s. Benzol-tetracarbonsäure-(1,2,3,5) Prehnitylsäure s. 2,3,4-Trimethylbenzoesäure				
α-Progesteron [Ber. **67**, 1440]	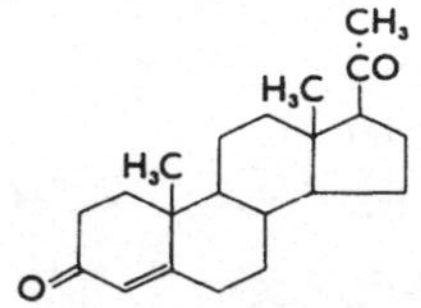	314,47 1,166[23]	129...30 —	Prismen (verd. Al); $[\alpha]_D^{20}$: $+192°$ (Aceton); Modifikation bei langsamer Krist. aus Al; gleiche Hormonwirkung wie β-Progesteron

β-Progesteron [Ber. **67**, 1611]		314,47 1,171[20]	121 —	Nadeln (PÄ); unl. in W, l. in Al, Aceton, Dioxan; $[\alpha]_D^{20}$: +192°; Modifikation bei Krist. aus PÄ; Dioxim F: 243°
DL-Prolin [E 2 XXII, 5]		115,13 —	207...8 —	Nadeln (Al + Ä); unl. in Ä, swl. in Aceton, Chlf, Bzl, ll. in k. Al, sll. in W, h. Al
L-Prolin [E 2 XXII, 3]		115,13 —	214...5 —	Nadeln (Al); unl. in Ä, ll. in W, Al; $[\alpha]_D^{20}$: − 84,9° (W); Pikrat F: 153...4°
L-Prolin-äthylester [E 2 XXII, 4]		143,19 —	— 78/12	Fl.
Promizol s. 2-Amino-5-sulfanilyl-thiazol				
Prontosil [Z. angew. Chem. **48**, 660]		327,79 —	248...50 —	Or.rote Krist.; 0,25 W 20°; l. in Al, Aceton, Fetten und Ölen
Propadien s. Allen Propan [E 2 I, 71]	$CH_3 \cdot CH_2 \cdot CH_3$	44,10 2,0196 g/l	E − 189,9 − 44,5	Gas; 6,4 cm³ W 17,8°; 783 cm³ Al 16,6°; 925 cm³ Ä 16,6°
Propandiol-(1,2) [E 2 I, 535]	$CH_3 \cdot CH(OH) \cdot CH_2OH$	76,10 1,038[16−17]	— 187...9	Fl.; ∞ W, Al, unl. in Ä; techn. Lösm.; „dl-Propylenglykol"
Propandiol-(1,3) [E 2 I, 540]	$HOCH_2 \cdot CH_2 \cdot CH_2OH$	76,10 1,0554[20/20]	— 211...2/741	n_α^{20} 1,43775, n_D^{20} 1,43983, n_β^{20} 1,44507. Öl; Kp: 116°/12; l. in W, Glykol, Glycerin, Formamid, unl. in Bzl, Chlf; „Trimethylenglykol"; Bis-phenylurethan F: 137...7,5°

Name und Literatur	Formel	Mol.-Gew. Dichte	F in °C Kp. in °C	Charakteristik
Propan-dithiol-(1,2) [I, 475]	$CH_3 \cdot CH(SH) \cdot CH_2SH$	108,23 —	— 152	Öl
Propanol-(1) [E 2 I, 360]	$CH_3 \cdot CH_2 \cdot CH_2OH$	60,10 $0,8035^{20}$	— 126,2 97,4	n_D^{20} 1,38533, n_β^{18} 1,3863. Fl.; ∞ W, Al, Ä; sehr hygr.; giftig
-Al-Salz [E 2 I, 366]	$(C_3H_7O)_3Al$	204,25 —	106 $240/_5$	Feste Substanz; Kalium-aluminium-propylat $[(C_3H_7O)_4Al]K$ Nadeln (Xylol), F: 157…8°
Propanol-(2) s. Isopropanol				
Propanon-(2)-diol-(1,3) s. Dihydroxy-aceton				
Propargylaldehyd [E 2 I, 808]	$CH \vdots C \cdot CHO$	54,05 —	— 59…61	Dünnfl. Öl; li. in W; greift Augen und Nase heftig an; mit ammoniakalischer $CuCl_2$-Lsg $\to$ gelbrote Färbung
Propargylaldehyd-diäthylacetal [E 2 I, 808]	$CH \vdots C \cdot CH(OC_2H_5)_2$	128,17 $0,894^{22}$	— 139…41	n_D^{22} 1,414. Öl; Kp: $37°/_{11…12}$; campherart. Geruch; $CuC_7H_{11}O_2$ gelbes krist. Pulver, F: 160°; zll. in Chlf
Propargylalkohol [E 2 I, 504]	$CH \vdots C \cdot CH_2OH$	56,06 $0,9715^{20}$	— 114…5	n_α^{20} 1,42796, n_D^{20} 1,43064, n_γ^{20} 1,44277. Fl.; ∞ W; angenehmer Geruch; $\cdot 1H_2O$ F: — 17°; Phenylurethan F: 63°
Propargylbenzol [E 2 V, 408]	$HC \vdots C \cdot CH_2 \cdot C_6H_5$	116,16 $0,931^{28}$	— ca 166 Z	n_D^{20} 1,535. Fl.; Kp: $63°/_{11}$; verharzt beim Erhitzen über 140°
Propargylsäure [E 2 II, 449]	$CH \vdots C \cdot CO_2H$	70,05 $1,1387_{15}^{15}$	18 144 Z	n_α^{15} 1,43146, n_β^{15} 1,44293, n_γ^{15} 1,44623. Blättchen; Kp: $57°/_{12}$; l. in W, Al, Ä, Chlf; $\cdot \frac{1}{8} H_2O$ Nadeln (W), F: 10°; $\cdot 1H_2O$ F: — 0,3°; Äthylester Kp: $119°/_{745}$; Amid Nädelchen, F: 60,5…61°

Name	Formel			Eigenschaften
Propen [E 2 I, 168]	$CH_3 \cdot CH : CH_2$	42,08 $0{,}647^{-79}$	$-185{,}2$ $-47{,}0$	Gas; 28 cm³ W 10°
2-Propenyl-anisol [E 2 VI, 522]	$CH_3 \cdot CH : CH \cdot C_6H_4 \cdot OCH_3$	148,21 $0{,}9962^{15}$	— $223...4/_{751}$	n_α^{15} 1,5532, n_D^{15} 1,560, n_β^{15} 1,5777. Öl; Kp: 102,4...3,4°/$_{12}$; angenehmer Geruch
4-Propenyl-anisol s. Anethol				
Propenylbenzol [E 2 V, 371]	$C_6H_5 \cdot CH : CH \cdot CH_3$	118,18 $0{,}9145^{18{,}7}$	— 175	$n_\alpha^{18{,}7}$ 1,5426, $n_D^{18{,}7}$ 1,5497, $n_\beta^{18{,}7}$ 1,5660. Fl.; unl. in W, l. in Al; Dibromid F: 74°
2-Propen-(1)-yl-furan [Dunlop, 75]	(Furanring) $CH : CH \cdot CH_3$	108,14 $0{,}951^{14}_{15}$	— $132...3/_{750}$	n_D^{14} 1,5115. Fl.
2-Propenyl-phenol [E 2 VI, 522]	$CH_3 \cdot CH : CH \cdot C_6H_4 \cdot OH$	134,18 $1{,}0441^{13{,}9}$	37...8 230...1 g. Z	$n_\alpha^{14{,}3}$ 1,5767, $n_D^{14{,}3}$ 1,584, $n_\beta^{14{,}3}$ 1,6031. Nadeln (Lg); Kp: 112...3°/$_{12}$; phenolart. Geruch; wl. in PÄ, W, ll. in den gebr. Lösm.
4-Propenyl-phenol [E 2 VI, 523]	$CH_3 \cdot CH : CH \cdot C_6H_4 \cdot OH$	134,18 —	93...4 250 Z	Blättchen (W); Kp: 136...7°/$_{12}$; wl. in sied. W, ll. in den meisten org. Lösm., l. in KOH; süßer, brennender Geschmack
Propin [E 2 I, 222]	$CH_3 \cdot C : CH$	40,07 $0{,}7128^{-55}$	-105 $-27{,}5$	Gas; l. in W, ll. in Al, 3000 cm³ Ä 16°; riecht unangenehm; MAK 3000 cm³/m³
Propin-(2)-aldehyd-(1) s. Tetrolaldehyd				
Propin-(2)-carbonsäure-(1) s. Tetrolsäure				
Propiolaldehyd s. Propargylaldehyd				
Propiolalkohol s. Propargylalkohol				
Propiolsäure s. Propargylsäure				
Propion s. Pentanon-(3)				

Name und Literatur	Formel	Mol.-Gew. Dichte	F in °C Kp. in °C	Charakteristik
Propionaldehyd [E 2 I, 687]	$CH_3 \cdot CH_2 \cdot CHO$	58,08 $0,8171^{19}_{19}$	-81 $46,5\dots7,4/_{740}$	n_α 1,36284, n_D^{19} 1,36460, n_γ 1,37315. Fl.; erstickender Geruch; 20 W 20°; ∞ Al, Ä; l. in Me; p-Nitro-phenyl= hydrazon F: 124°; Oxim F: 40°, Kp: 130…2°; Dimethylacetal Kp: 89°
Propionitril s. Propionsäurenitril				
Propionyl-aceton [E 2 I, 839]	$CH_3 \cdot CH_2 \cdot CO \cdot CH_2 \cdot CO \cdot CH_3$	114,15 $0,9633^{15,6}$	— 162,5	$n_\alpha^{14,9}$ 1,4498, $n_D^{14,9}$ 1,4539, $n_\beta^{14,9}$ 1,4658. Öl; Kp: 43°/$_{12}$; mit $FeCl_3 \to$ blutrote Färbung
Propionsäure [E 2 II, 212]	$CH_3 \cdot CH_2 \cdot CO_2H$	74,08 $0,9916^{20}$	$-19,7$ 141,35	n_α^{15} 1,38658, n_D^{15} 1,3885, n_β^{15} 1,39355. Fl.; stechender Geruch; ∞ W, Al, Ä, ll. in Me
-Ba-Salz [E 2 II, 218]	$Ba(C_3H_5O_2)_2 \cdot H_2O$	283,48 —	ca 300 —	Rhombische Prismen; 56,3 W 15°; 70,1 W 85,6°; 82,7 W 100,7°; 0,08 (wfrei) abs. Al
Propionsäure-äthylester [E 2 II, 219]	$C_2H_5 \cdot CO_2C_2H_5$	102,13 $0,8827^{25}$	E $-73,9$ 99,1	n_α^{15} 1,38442, n_D^{15} 1,3862, n_β^{15} 1,39109. Fl.; 2,2 W 25°
Propionsäure-amid [E 2 II, 223]	$C_2H_5 \cdot CONH_2$	73,10 $0,9597^{80}$	79,5 213	Tafeln (Bzl); ll. in W, Al, Ä, Chlf; Wdampfflch.
Propionsäure-n-amyl= ester [E 2 II, 221]	$C_2H_5 \cdot CO_2[CH_2]_4 \cdot CH_3$	144,22 $0,8761^{15}$	E $-73,1$ 168,65	n_α^{15} 1,4076, n_D^{15} 1,4096, n_β^{15} 1,4146. Fl.;
Propionsäure-anilid [E 2 XII, 145]	$C_2H_5 \cdot CONH \cdot C_6H_5$	149,19 1,175	105 —	Blättchen (verd. Al); 0,18 W 18°; ll. in h. W, Al, Ä
Propionsäure-anhydrid [E 2 II, 223]	$(C_2H_5 \cdot CO)_2O$	130,14 $1,0115^{20}$	E -45 168…9	$n_D^{19,7}$ 1,4047. Fl.; Kp: 67,5/$_{18}$

Propionsäure-bromid [E 1 II, 108]	$C_2H_5 \cdot COBr$	136,98 $1,5210^{16,4}$	— $103...3,6/_{769}$	$n_\alpha^{16,4}$ 1,45443, $n_D^{16,4}$ 1,45783, $n_\beta^{16,4}$ 1,46606. Fl.
Propionsäure-butylester [E 2 II, 221]	$C_2H_5 \cdot CO_2[CH_2]_3 \cdot CH_3$	130,19 $0,8818^{15}$	E $-89,55$ 146,8	n_α^{15} 1,4017, n_D^{15} 1,4038, n_β^{15} 1,4087. Fl.; techn. Lösm.
Propionsäure-citronellyl= ester [E 2 II, 222]	$C_2H_5 \cdot CO_2CH_2 \cdot CH_2 \cdot CH(CH_3) \cdot CH_2 \cdot CH_2 \cdot CH : C(CH_3)_2$	212,34 $0,8950^{15}_{15}$	— $120...4/_{14}$	n_D^{20} 1,4452. Fl.; l. in 3 Vol.-% Al 80%; rosenart. Geruch
Propionsäure-chlorid [E 2 II, 223]	$C_2H_5 \cdot COCl$	92,53 $1,0646^{20}$	E -94 80	n_α^{20} 1,40264, n_D^{20} 1,40507, n_γ^{20} 1,41541. Fl.
Propionsäure-furfuryl= ester [Dunlop, 226]	(Furylmethyl) $CH_2 \cdot OOC \cdot C_2H_5$	154,17 $1,1085^{20}$	— $195...6$	Fl.
Propionsäure-n-heptyl= ester [II, 241]	$CH_3 \cdot CH_2 \cdot CO_2CH_2 \cdot [CH_2]_5 \cdot CH_3$	172,27 $0,8846^0$	— 208	Fl.
Propionsäure-hydrazid [II, 247]	$C_2H_5 \cdot CONH \cdot NH_2$	88,11 —	40 $130/_{16}$	Kristallmasse; ll. in W, wl. in w-freiem Ä
Propionsäure-isoamyl= ester [E 2 II, 221]	$C_2H_5 \cdot CO_2CH_2 \cdot CH_2 \cdot CH(CH_3)_2$	144,22 $0,8580^{19,5}_{15}$	— 160,3	n_D^{25} 1,4036. Fl.; techn. Lösm.
Propionsäure-isobornylester s. Isobornyl-propionat				
Propionsäure-isobutyl= ester [E 2 II, 221]	$C_2H_5 \cdot CO_2CH_2 \cdot CH(CH_3)_2$	130,19 $0,887595^0$	E $-71,4$ 138	n_D^{25} 1,3942. Fl.; techn. Lösm.
Propionsäure-N-methyl= amid [J. Am. Chem. Soc. 73, 5731]	$C_2H_5 \cdot CONH \cdot CH_3$	87,12 $0,9306^{25}_4$	-43 $125/_{45}$	n_D^{25} 1,4350. Gutes Losm. für org. Substanzen
Propionsäure-methyl= ester [E 2 II, 218]	$C_2H_5 \cdot CO_2CH_3$	88,11 $0,9151^{20}$	E $-87,5$ 80,55	$n_\alpha^{18,9}$ 1,37503, $n_D^{18,9}$ 1,37697, $n_\beta^{18,9}$ 1,38141. Fl.; l. in org. Lösm.
Propionsäure-nerylester [E 2 II, 222]	$C_2H_5 \cdot CO_2CH_2 \cdot CH : C(CH_3) \cdot CH_2 \cdot CH_2 \cdot CH : C(CH_3)_2$	210,32 $0,9044^{15}_{15}$	— —	n_D^{20} 1,4550. Fl.; l. in 14...15 Vol Al 70%

Name und Literatur	Formel	Mol.-Gew. Dichte	F in °C Kp. in °C	Charakteristik
Propionsäure-nitr [E 2 II, 225]	$C_2H_5 \cdot CN$	55,08 $0,7758^{21,8}$	E — 91,85 97,1	$n_\alpha^{21,8}$ 1,3618, $n_{He}^{21,8}$ 1,3637, $n_\beta^{21,8}$ 1,3682. Fl.; ätherischer Geruch; zll. in W; giftig
Propionsäure-n-octyl= ester [II, 241]	$C_2H_5 \cdot CO_2CH_2 \cdot [CH_2]_6 \cdot CH_3$	186,30 $0,8833^0$	— 226,4	Fl.
Propionsäure-propyl= ester [E 2 II, 220]	$C_2H_5 \cdot CO_2CH_2 \cdot CH_2 \cdot CH_3$	116,16 $0,8809^{20}$	E — 75,9 123,4	n_D^{25} 1,3930. Fl.; techn. Lösm.
Propionsäure-1-tetra= hydrofurfurylester [J. Am. Chem. Soc. **50**, 1851]	$\text{O} \diagup CH_2 \cdot OOC \cdot C_2H_5$	158,20 $1,044_0^{20}$	— 85...7/3	Fl.; Lacklösm.
2-Propiophenol [Org. Syntheses II, 543]	$C_6H_4(OH) \cdot CO \cdot C_2H_5$	150,18 —	— 110...5/6	Fl.; Oxim F: 94°
4-Propiophenol [Org. Syntheses II, 543]	$C_6H_4(OH) \cdot CO \cdot C_2H_5$	150,18 —	147...8 —	Krist. (Me)
Propiophenon [E 2 VII, 231]	$C_2H_5 \cdot CO \cdot C_6H_5$	134,18 $1,0131^{16,3}$	21 217,7	$n_\alpha^{15,9}$ 1,5238, $n_D^{15,9}$ 1,5290, $n_\beta^{15,9}$ 1,5422. Tafeln; l. in Al, Ä; Semicarbazon F: 182°
Proponal s. 5,5-Dipropyl-barbitursäure				
Propylacetylen s. Pentin-(1)				
Propyläther s. Dipropyläther				
Propylalkohol s. Propanol-(1)				
Propylamin [E 2 IV, 619]	$CH_3 \cdot CH_2 \cdot CH_2 \cdot NH_2$	59,11 $0,714^{25}$	E — 83 47,8	$n_\alpha^{16,6}$ 1,38793, $n_D^{16,6}$ 1,39006, $n_\gamma^{16,6}$ 1,39956. Fl.; ∞ W; brennbar; ·HCl Spieße (W), F: 157...8°
Propyl-n-amyl-keton s. Nonanon-(4)				

N-Propyl-anilin [E 2 XII, 94]	$C_6H_5 \cdot NH \cdot CH_2 \cdot C_2H_5$	135,21 0,949[18]	— 222	Fl.; Viskosität: 0,253 g/cm sec (P) 25°
2-Propyl-benzoesäure [E 1 IX, 213]	(Struktur: CO_2H / C_3H_7)	164,21 —	58 272/739	Blättchen und Schuppen (verd. Al); Äthylester Kp: 244...7°
4-Propyl-benzoesäure [IX, 545]	$C_2H_5 \cdot CH_2 \cdot C_6H_4 \cdot CO_2H$	164,21 —	141 —	Prismen oder Blättchen (W); ll. in Al, Ä, Chlf, Bzl, CS$_2$; wl. in sied. W; flch. mit Dampf
Propylbenzol [E 2 V, 303]	$C_6H_5 \cdot CH_2 \cdot CH_2 \cdot CH_3$	120,20 0,86214[20]	E − 99,2 159,55	n_α^{15} 1,49016, n_{He}^{15} 1,49436, n_β^{15} 1,50478. Fl.; swl. in W, l. in Al
Propyl-benzyl-keton s. 1-Phenyl-pentanon-(2)				
Propylbromid [E 2 I, 74]	$CH_3 \cdot CH_2 \cdot CH_2Br$	123,00 1,3597[15]	− 109,9 71,0	n_α^{15} 1,4344, n_D^{15} 1,4370, n_β^{15} 1,4438. Fl.; 0,298 W 0°; ∞ Al Ä
Propylchlorid [E 2 I, 72]	$CH_3 \cdot CH_2 \cdot CH_2Cl$	78,54 0,8910[20]	E − 122,8 46,4	n_α^{20} 1,38637, n_D^{20} 1,38838, n_β^{20} 1,39321. Fl.; 0,27 W 20°, ∞ Al, ·Ä
Propylcyanid s. Buttersäurenitril				
Propylen s. Propen				
4-Propylen-anisol s. Anethol				
Propylenbromid s. 1,2-Dibrom-propan				
Propylen-carbonat [J. Am. Chem. Soc. 77, 6114]	(Struktur: CH_2-O / $CH-O$ CO / CH_3)	102,09 1,197[25]	− 45· 242	Fl.; sehr gutes Lösm. hoher Dielektrizitätskonstante (65,1 bei 25°); Kp: 92°/4,5

sek.-Propylenchlorhydrin s. 1-Chlor-propanol-(2)

Propylendiamin s. 1,2-Diamino-propan

Propylendichlorid s. 1,2-Dichlorpropan

dl-Propylenglykol s. Propandiol-(1,2)

Name und Literatur	Formel	Mol.-Gew. Dichte	F in °C Kp. in °C	Charakteristik
1,2-Propylenoxid [XVII, 6]	$CH_3 \cdot CH$——CH_2 (O-Brücke)	58,08 0,8313$_{20}^{20}$	— 34,1	Fbl., leicht flch. Fl.; mischbar mit vielen org. Lösm.; sll. in W; MAK: 100 cm³/m³
1-Propyl-fluorid [I, 104]	$CH_3 \cdot CH_2 \cdot CH_2F$	62,09 —	— —	Gas; bei — 3° fl.; brennt mit leuchtender Flamme
2-Propyl-furan [Dunlop, 40]	Furanring · $CH_2 \cdot CH_2 \cdot CH_3$	110,16 0,8905^{20}	— 114,5...5,5/$_{750}$	n_D^{20} 1,4459. Fl.
Propylglykol s. Glykolmonopropyläther				
N-Propyl-hydroxylamin [IV, 537]	$C_3H_7 \cdot NHOH$	75,11 —	ca 46 —	Nadeln (Ä); ll. in org. Lösm.; wl. in Lg; sehr flch.; reagiert basisch
Propylisocyanid [E 2 IV, 625]	$C_2H_5 \cdot CH_2 \cdot N:C$	69,11 —	— 99,5	Fl.
Propyl-isopropyl-äther [E 2 I, 381]	$C_2H_5 \cdot CH_2 \cdot O \cdot CH(CH_3)_2$	102,18 0,7474^{12,5}	— 83	Fl.; 0,75 W 10°, 0,60 W 15°, 0,47 W 25°
Propyl-isothiocyanat [E 2 IV, 627]	$C_2H_5 \cdot CH_2 \cdot N:CS$	101,17 0,9781^{16}	— 153	n_D^{16} 1,5085. Fl.
Propyljodid [E 2 I, 77]	$CH_3 \cdot CH_2 \cdot CH_2J$	169,99 1,7427^{20}	— 98,8 102...3	n_α^{20} 1,50082, n_D^{20} 1,50508, n_γ^{20} 1,52467 Fl.; 0,087 W 20°, ∞ Al, Ä
Propyl-malonsäure [E 2 II, 581]	$C_3H_7 \cdot CH(CO_2H)_2$	146,14 —	96 —	Tafeln (Bzl); Diäthylester Kp: 222...7°
Propylmercaptan [E 2 I, 372]	$C_2H_5 \cdot CH_2 \cdot SH$	76,16 —	E — 111,5 67...8	Fl.
N-Propyl-α-naphthyl= amin [XII, 1224]	$NH \cdot CH_2 \cdot C_2H_5$ (Naphthalinring)	185,27 —	— 316...8	Hgelbes Öl

Name	Formel	Mol.-Gew. / Dichte	F / Kp	Eigenschaften
Propylnitrat [E 2 I, 369]	$C_2H_5 \cdot CH_2 \cdot ONO_2$	105,09 $1,0580_4^{20}$ *	— 110,5	n_α^{20} 1,3948, n_D^{20} 1,3972, n_β^{20} 1,4029. Fl.; MAK: 25 cm³/m³; * im Vak.
Propylnitrit [E 2 I, 369]	$C_2H_5 \cdot CH_2 \cdot ONO$	89,09 $0,8864_4^{20}$	— 47,75	n_α^{20} 1,3590, n_D^{20} 1,3613, n_β^{20} 1,3669. Fl.
9-Propyl-phenanthren [J. Am. Chem. Soc. 57, 768]	Phenanthren-Struktur mit C₃H₇	220,32 —	74 265...70/22	Krist. (Al); Pikrat F: 134°
2-Propyl-phenol [E 2 VI, 469]	Struktur: OH, CH₂·CH₂·CH₃	136,20 $1,000_{15}^{15}$	— 220...0,5	Öl; Phenylurethan F: 111°
3-Propyl-phenol [VI, 499]	$C_3H_7 \cdot C_6H_4 \cdot OH$	136,20 —	— 228	Fl.; swl. in W; Äthyläther Kp: 109...10°/15
4-Propyl-phenol [E 2 VI, 469]	$C_3H_7 \cdot C_6H_4 \cdot OH$	136,20 $1,0091^0$	21...2 228/748	Krist.; Kp: 120°/14; l. in Ä
Propyl-phenyl-äther [E 2 VI, 145]	$C_6H_5 \cdot O \cdot CH_2 \cdot CH_2 \cdot CH_3$	136,20 $0,955_0^{14}$	— 81/17	n_D^{14} 1,503. Angenehm riechende Fl.
2-Propyl-pyridin [E 2 XX, 161]	Pyridin-Struktur mit CH₂·CH₂·CH₃	121,18 —	— 165...70	Fl.; „Conyrin"; Pikrat F: 64°

Propylsenföl s. Propyl-isothiocyanat

n-Propylsulfid s. Dipropylsulfid

Name	Formel	Mol.-Gew. / Dichte	F / Kp	Eigenschaften
N-Propyl-thioharnstoff [E 2 IV, 626]	$C_2H_5 \cdot CH_2 \cdot NH \cdot CS \cdot NH_2$	118,20 —	111 —	Monoklin-prismatische Krist. (Al); ll. in Al, zl. in W
2-Propyl-toluol [E 2 V, 321]	Struktur: CH₃, C₃H₇	134,22 $0,8740^{20}$	— 180,5...1,5	n_α^{20} 1,4948, n_{He}^{20} 1,4991, n_β^{20} 1,5092. Fl.
3-Propyl-toluol [E 2 V, 321]	$CH_3 \cdot C_6H_4 \cdot C_3H_7$	134,22 $0,8625^{20}$	— 177...8,5	n_α^{20} 1,4898, n_{He}^{20} 1,4940, n_β^{20} 1,5053. Fl.

Name und Literatur	Formel	Mol.-Gew. Dichte	F in °C Kp. in °C	Charakteristik
Propyl-urethan [E 2 IV, 626]	$C_2H_5 \cdot CH_2 \cdot NH \cdot CO(OC_2H_5)$	131,18 —	— 191,5…2,5	Fl.
Protocatechualdehyd s. 3,4-Dihydroxy-benzaldehyd				
Protocatechusäure s. 3,4-Dihydroxy-benzoesäure				
Protocetrarsäure [E 2 XIX, 330]	(Strukturformel)	374,31 —	245…50 Z —	Nadeln (verd. Aceton); swl. in Ä, wl. in Al, Aceton, Bzl, zl. in W, Eg
Provitamin D$_2$ s. Ergosterin				
Provitamin D$_3$ s. 7-Dehydrocholesterin				
Provitamin D$_4$ s. 22,23-Dihydro-ergosterin				
Pseudocumenol [E 2 VI, 482]	(Strukturformel)	136,20 —	70,5…1,5 234…5	Glänzende Nadeln (W); intensiver, phenolart. Geruch; swl. in k. W, sll. in Al, Ä; Wdampfflch.
Pseudocumidin s. 2,4,5-Trimethyl-anilin				
Pseudocumol s. 1,2,4-Trimethyl-benzol				
D-Pseudoephedrin [E 2 XIII, 376]	$C_6H_5 \cdot CH(OH) \cdot CH(CH_3) \cdot NH \cdot CH_3$	165,24 —	118…9 —	Tafeln (Ä); wl. in k. W, l. in h. W, ll. in Al, Ä; $[\alpha]_D^{17}$: $+53°$ (Al)
Pseudoharnsäure [E 1 XXV, 706]	(Strukturformel)	186,13 —	Z > 260 —	Blättchen (W); swl. in W, ll. in Alk
Pseudohydantoin [E 1 XXVII, 301]	(Strukturformel)	100,08 —	246…7 Z —	Prismen (verd. Al); swl. in Ä, Chlf, Bzl, wl. in Al, sll. in W; Hydro= chlorid F: 164° (Z.)

Name [Literatur]	Formel	Mol.-Gew. / Dichte	F. / Kp.	Eigenschaften
Pseudojonon [Org. Syntheses III, 747]	$CH_3 \cdot C{:}CH \cdot CH_2 \cdot CH_2 \cdot$ / CH_3 — $C{:}CH \cdot CH{:}CH \cdot CO \cdot CH_3$ / CH_3	192,30 / 0,8984[20]	— / 114…6/₂	n_D 1,5335. Hgelbliche Fl.
Pseudothiohydantoin [E 1 XXVII, 303]	(Formel)	116,14 / —	Z > 205 / —	Prismen oder Nadeln (W); unl. in Al, Ä, wl. in k. W, ll. in h. W
Pseudotropin [E 2 XXI, 23]	$H_2C{-}CH{-}CH_2$ / $N \cdot CH_3$ $\;$ $^*CH \cdot OH$ / $H_2C{-}CH{-}CH_2$	141,21 / —	108…9 / 240…1	Prismen (Bzl + PÄ oder Lg); zll. in Ä, ll. in W, Al, Chlf, Bzl; * Konfiguration OH und N in *trans*
Psychotrin [E 2 XXIII, 457]	$C_{28}H_{36}O_4N_2$	464,61 / —	ca 138 / —	Gelbe, blau fluoresz. Prismen $\cdot 4\,H_2O$ (verd. Al); wl. in W, Ä, PÄ, Bzl, ll. in Al, Aceton, Chlf; $[\alpha]_D^{15}$: 69,3° (Al)
Pteridin [Ann. Chem. **548**, 82]	(Formel)	132,13 / —	138…8,5 / —	Gelbe Platten (Bzl); subl. im Vak. (F: 139,5…40°)
Pteroylglutaminsäure [Vogel II (1), 348]	(Formel)	441,41 / —	Z 250 / —	Gelbor. Blättchen (W); unl. in Ä, Aceton, Chlf, Bzl, swl. in W, l. in Me, Eg, Phenol
N-Pteroylsulfo- L-(+)-glutaminsäure [Vogel II (1), 421]	(Formel)	477,46 / —	— / —	Gelbes mikrokrist. Pulver; unl. in den gebr. org. Lösm., wl. in S, ll. in Alk; $[\alpha]_D^{18}$: − 123°
Puberulsäure [J. Chem. Soc. **1950**, 6]	(Formel)	198,13 / —	318…20 / —	Fbl. Platten (Me); l. in W, Me; Diacetylderivat F: 212°; Vork. in Penicillium-Arten

Name und Literatur	Formel	Mol.-Gew. Dichte	F in °C Kp. in °C	Charakteristik
Puberulonsäure [J. Chem. Soc. **1951**, 1139]		224,13 —	298 —	Gelbe Krist.; reagiert mit o-Phenylen= diamin; Vork. in Penicillium-Arten
d-Pulegon [E 2 VII, 79]		152,24 $0,9359^{20}$	— 221…2 ·	$n_\alpha^{18,3}$ 1,4833, $n_D^{18,3}$ 1,4871, $n_\beta^{18,4}$ 1,4962. Fl.; unl. in W, l. in Al, Ä; riecht pfefferminzähnlich; $[\alpha]_D^{15}$: +23,6° (unverd.); Semicarbazon F: 172°
Pulvinsäure [XVIII, 480]		308,29 —	216…7 Z Z *	Braune Krist. (Bzl); wl. in Ä, Chlf, Bzl, zll. in W, sll. in Al, h. Eg; * → Pulvinsäurelacton
Purin [XXVI, 354]		120,11 —	216…7 Z	Nadeln (Al); swl. in Ä, Chlf, l. in Aceton, Egester, sll. in k. W, h. Al; Pikrat F: ca 208°; Purinsynthese Z. angew. Chem. **73**, 63; J. Am. Chem. Soc. **76**, 5633

Purpurin s. 1,2,4-Trihydroxy-anthrachinon

Purpuroxanthin s. 1,3-Dihydroxy-anthrachinon

Name und Literatur	Formel	Mol.-Gew. Dichte	F in °C Kp. in °C	Charakteristik
Purpursäure [XXV, 499]		267,16 —	Z 110 —	Rotor. Masse; unl. in Ä, Aceton, Chlf, Bzl, wl. in Eg, l. in Al gelb; Z. mit sied. W; $NH_4C_8H_4O_6N_5 \cdot H_2O$ „Murexid"

Putrescin s. Tetramethylendiamin

Pyocyanin [Org. Syntheses III, 753]	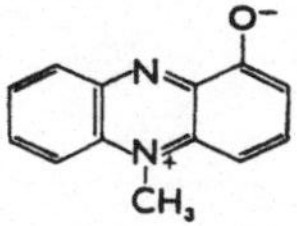	210,24 —	133 —	Dkl.blaue Nadeln (W); ll. in Chlf; Pikrat F: 190° Z.
Pyramidon [E 1 XXV, 672]	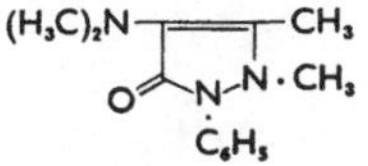	231,30 —	108 —	Blättchen (Lg); wl. in Ä, Lg, ll. in W, Al, Bzl, verd. S
γ-Pyran* [Z. angew. Chem. **74**, 465]	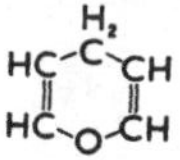	82,10 —	— 80	Fl. n_D^{20} 1,4559; wird an der Luft rasch braun; UV-Absorpt. max.: 222 mμ (ε=7035), 238 mμ (ε=5125); IR: 1700 cm^{-1} u. 1660 cm^{-1}; mit 2,4-Dinitrophenylhydrazin entsteht das Derivat des Glutardialdehyds. * Name des 4 H-Pyran
Pyrantetrahydrid s. Tetrahydropyran				
Pyranton s. Diacetonalkohol				
Pyranthron [E 2 VII, 806]	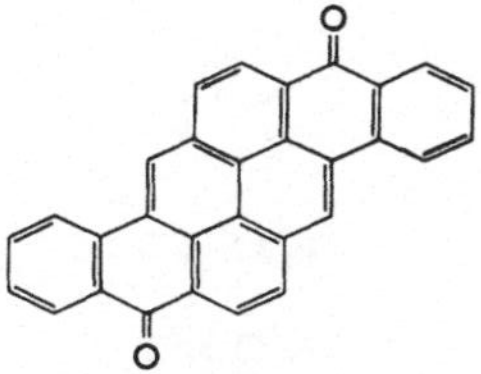	406,44 —	— —	Rotbraune Krist. (Nitrobzl.); unl. in W, Al, Ä, l. in h. Nitrobzl., h. Anilin, l. in H_2SO_4 blau
Pyrazin [E 2 XXIII, 80]	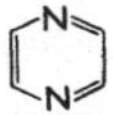	80,09 1,0311[61]	57 116/755	n_α^{61} 1,4904, n_D^{61} 1,4953. Prismen (W); ll. in W, Al, Ä, Wdampfflch.
Pyrazincarbonsäure [XXV, 125]	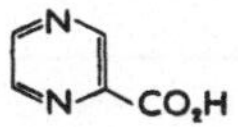	124,10 —	229...30 * subl.	Nadeln und Prismen (W); swl. in Ä, Chlf, Bzl, zwl. in k. W; 0,83 Al 20°; * → CO_2-Absp.

Name und Literatur	Formel	Mol.-Gew. Dichte	F in °C Kp. in °C	Charakteristik
Pyrazin-dicarbon=säure-(2,3) [XXV, 168]		168,11 —	193 Z —	Prismen ·2H$_2$O (W); wl. in Al, Ä, Chlf, PÄ, Bzl, l. in Me, Al, sll. in W; Dimethylester F: 50°
Pyrazin-dicarbon=säure-(2,5) [XXV, 168]	C$_6$H$_4$O$_4$N$_2$	168,11 —	272 Z subl. ca 270	Nadeln ·2H$_2$O (W); swl. in W, Al, Ä, Chlf, Bzl
Pyrazin-dicarbon=säure-(2,6) [XXV, 168]	C$_6$H$_4$O$_4$N$_2$	168,11 —	217...8 —	Nadeln ·2H$_2$O (W); zwl. in W, l. in Al
Pyrazol [E 2 XXIII, 33]		68,08 1,0012^{100}	69...70 186/$_8$	n$_\alpha^{100}$ 1,4663, n$_\beta^{100}$ 1,4795. Nadeln oder Prismen (Lg); sll. in W, Al, Ä, Bzl; Pikrat F: 159...60°
Pyrazolanthron [E 1 XXIV, 276]		220,23 —	277...8 —	Grüngelbe Nadeln (Nitrobzl.); l. in Al gelb, grün fluoresz., l. in verd. Alk gelbrot
Pyrazol-carbon=säure-(3) [XXV, 115]		112,09 —	211...3 —	Prismen (W); unl. in Chlf, Lg, Bzl, l. in Ä, Eg, zll. in W, Al; Äthylester F: 160°
Pyrazol-dicarbon=säure-(3,4) [XXV, 161]		156,10 —	260 Z —	Nadeln ·1H$_2$O (verd. HNO$_3$); unl. in Chlf, wl. in Ä, ll. in sied. W, Al; Dimethylester F: 141°
Pyrazol-dicarbon=säure-(3,5) [XXV, 162]	C$_5$H$_4$O$_4$N$_2$	156,10 1,626^{22,5}	ca 290 Z —	Nadeln ·1H$_2$O (W); swl. in Chlf, Lg, wl. in k. W, Al, Ä, Eg; Dimethylester F: 151°
Δ^2-Pyrazolin [E 2 XXIII, 24]		70,09 1,0200^{17,2}	— 144	n$_\alpha^{17,2}$ 1,4761, n$_\beta^{17,2}$ 1,4880. Fl.; ∞ W, Al; W und Ädampfflch.; zers. an der Luft; Pikrat F: 130°

Pyrazolon [XXIV, 13]	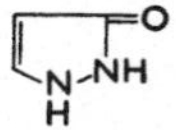	84,08 —	165 subl. g. Z	Nadeln (W); swl. in Ä, ll. in W, Al
Pyren [E 2 V, 609]	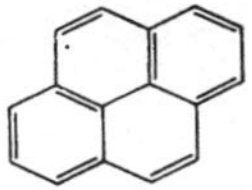	202,26 $1,277^0$	150 >360	Krist. (Al); hgelbe Tafeln; unl. in W; 1,08 abs. Al 16°; 2,43 sied. abs. Al; sll. in CS_2, Ä, Bzl, h. Toluol; 14,4 Toluol 18°; subl.; Lsg. fluoresz. blau; Pikrat F: 218...9°
Pyrethrin I [J. Chem. Soc. 1951, 2906]	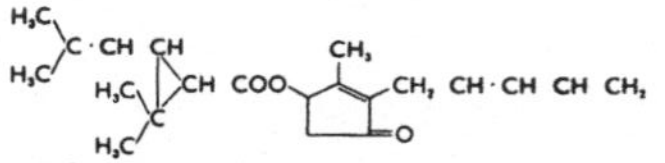	328,46 —	— $170/_{0,1}$ Z	n_D^{20} 1,5192. Öl; swl. in W, l. in Al, PÄ, CCl_4; $[\alpha]_D^{25}$: $-32,3°$ (Ä); Insekticid
Pyrethrin II [Helv. Chim. Acta 7, 448]	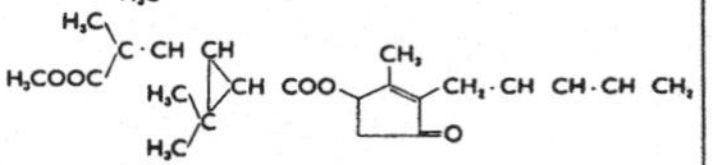	372,47 —	— $200/_{0,1}$ Z	n_D^{20} 1,5258°. Öl; praktisch unl. in W, l. in Al, PÄ, CCl_4; $[\alpha]_D^{20}$: $-6,0°$ (Ä); Insekticid
Pyridazin [XXIII, 89]	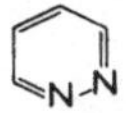	80,09 $1,1035^{23,5}$	-8 208	$n_\alpha^{23,5}$ 1,5184, $n_D^{23,5}$ 1,5231, $n_\beta^{23,5}$ 1,5354. Fl.; unl. in PÄ, ll. in Al, Ä, Bzl, sll. in W; Pikrat F: 169° (Z.)
Pyridazin-dicarbon= säure-(4,5) [E 1 XXV, 550]	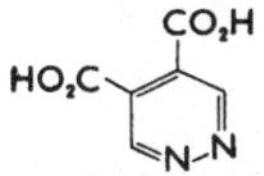	168,11 —	209...10 Z —	Prismen (W); unl. in Al, Ä, Chlf, CS_2, l. in sied. W
2,2'-Pyridil [E 1 XXIV, 364]	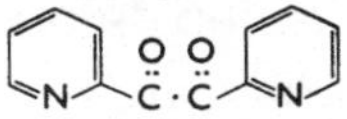	212,21 —	154...5 —	Hgelbe Krist. (Al)
Pyridin [E 2 XX, 96]		79,10 $0,9878^{15}$	E $-41,8$ 115,5	n_α^{15} 1,5078, n_D^{20} 1,5092, n_β^{15} 1,5246. Fl.; ∞ W, Al, Al, Ä; hygr.; Wdampfflch.; MAK: 5 cm³/m³
Pyridinaldehyd-(2) [E 1 XXI, 287]	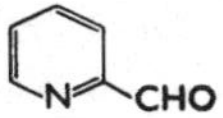	107,11 $1,126^{18,5}$	— 181	$n_\alpha^{18,5}$ 1,5328, $n_D^{18,5}$ 1,5389, $n_\beta^{18,5}$ 1,5540. Fl.; ll. in W, Al, Ä, Egester; W-dampfflch; stechend, brennend riechend

Name und Literatur	Formel	Mol.-Gew. Dichte	F in °C Kp. in °C	Charakteristik
Pyridin-aldehyd-(3) [E 1 XXI, 287]	$NC_5H_4 \cdot CHO$	107,11 —	— $95...7/_{15}$	Nach Chinolin riechende Fl.; ll. in W, org. Lösm.
Pyridin-2-carbinol [Ann. Chem. **410**, 107]		109,13 —	— $112...3/_{16}$	Viskoses Öl; mischbar mit W und den meisten org. Lösm.
Pyridin-4-carbinol [J. prakt. Chem. **151**, 65]	$NC_5H_4 \cdot CH_2OH$	109,13 —	56 $145/_{10}$	Sehr hygr. Krist.
Pyridin-carbonsäure-(2) [E 2 XXII, 30]		123,11 —	136 subl.	Krist. (Bzl); swl. in Ä, Chlf, Bzl, CS$_2$, ll. in W, Al, sll. in Eg; „Picolin= säure"
Pyridin-carbonsäure-(3) s. Nicotinsäure				
Pyridin-carbonsäure-(4) s. Isonicotinsäure				
Pyridin-dicarbon= säure-(2,3) [E 2 XXII, 104]		167,12 —	190...5 Z * —	Prismen (W); unl. in Benzin; 0,55 W 7°; swl. in Al, Ä; * Z. → CO$_2$-Absp., Pyridin-carbonsäure-(3); „Chinolin= säure"
Pyridin-dicarbon= säure-(2,4) [E 1 XXII, 532]	$NC_5H_3(CO_2H)_2$	167,12 —	248...50 —	Blättchen · 1 H$_2$O (W); swl. in Ä, Bzl, zwl. in k. W, l. in Al, ll. in h. W; Erhitzen → Pyridin-carbonsäure-(4); „Lutidinsäure"
Pyridin-dicarbon= säure-(2,5) [E 2 XXII, 105]	$NC_5H_3(CO_2H)_2$	167,12 —	254 Z * —	Krist. (verd. HCl); 2. Form: Krist. (Al), F: 238° Z.; swl. in k. W, Al, Ä, Bzl, wl. in sied. W, sied. Al, ll. in h. S; * → Pyridin-carbonsäure-(3)

Pyridin-dicarbon= säure-(2,6) [E 2 XXII, 106]	$NC_5H_3(CO_2H)_2$	167,12 —	228 Z * —	Prismen · $1\,H_2O$ (W); wl. in k. W, k. Al, Ä, Eg; zll. in sied. Al; * Z. → CO_2-Absp., Pyridin
Pyridin-dicarbon= säure-(3,4) [XXII, 155]	$NC_5H_3(CO_2H)_2$	167,12 —	266...8 Z * —	Nadeln oder Blättchen (W); unl. in Ä, swl. in sied. W, Bzl, wl. in Al; * Z. → Pyridin-carbonsäure-(3) und -(4)
Pyridin-dicarbon= säure-(3,5) [E 1 XXII, 535]	$NC_5H_3(CO_2H)_2$	167,12 —	323 Z * subl.	Prismen (Eg); swl. in W, Ä, Eg; l. in verd. HCl; * Z. → Pyridin-carbon=säure-(3)
Pyridin-2-essigsäure- äthylester [Org. Syntheses III, 413]	$\underset{\text{(Pyridin-Ring)}}{NC_5H_4} \cdot CH_2 \cdot CO_2C_2H_5$	165,19 —	— 109...12/$_6$	n_D^{25} 1,4979. Hgelbe Fl.; ∞ W, Al, Ä, Aceton
Pyridin-N-oxid [Org. Syntheses 33, 79]	(Pyridin-N-oxid)	95,10 —	65...6 95.. 8/$_{0,5}$	Krist.
Pyridin-sulfosäure-(3) [E 2 XXII, 309]	$NC_5H_4 \cdot SO_3H$	159,16 —	339 Z	Prismen (W); unl. in Ä, swl. in Al, sll. in W
Pyridin-sulfosäure-(4) [E 2 XXII, 309]	$NC_5H_4 \cdot SO_3H$	159,16 —	134...5 —	Nadeln (Al); swl. in Ä, wl. in Al, sll. in W
Pyridin-tricarbon= säure-(2,3,4) [E 1 XXII, 541]	$\underset{\text{(Pyridin-Ring)}}{NC_5H_2}(CO_2H)_3$	211,13 —	249 Z · —	Blättchen · $1\frac{1}{2}\,H_2O$ (verd. H_2SO_4); swl. in Ä, Bzl, wl. in Al, ll. in h. W
Pyridin-tricarbon= säure-(2,4,5) [E 2 XXII, 136]	$NC_5H_2(CO_2H)_3$	211,13 —	244 Z *	Prismen · $2\,H_2O$ (verd. HCl); unl. in Ä, Chlf, Bzl, swl. in sied. Al, wl. in k. W; * Z. → Pyridin-carbon=säure-(3) und -(4)

Name und Literatur	Formel	Mol.-Gew. Dichte	F in °C Kp. in °C	Charakteristik
Pyridin-tricarbon= säure-(2,4,6) [E 2 XXII, 136]	$NC_5H_2(CO_2H)_3$	211,13 —	228 Z Z *	Nadeln · $2H_2O$ (W); zwl. in k. W, wl. in Al, Ä; * Z. → Pyridin-carbon= säure-(4)
Pyridin-tricarbon= säure-(3,4,5) [XXII, 186]	$NC_5H_2(CO_2H)_3$	211,13 —	261 Z —	Blättchen · 3 H_2O; wl. in k. W
α-Pyridoin [E 1 XXV, 475]	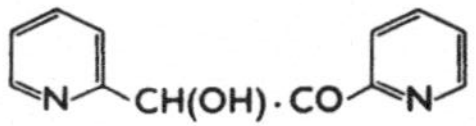	214,23 —	156 —	Gelbe Nadeln (Al); swl. in W, l. in verd. Eg rot, ll. in h. Al, k. Bzl, Aceton, Chlf
α-Pyridon s. 2-Hydroxy-pyridin				
γ-Pyridon s. 4-Hydroxy-pyridin				
Pyridoxal [J. Am. Chem. Soc. **66**, 2088]	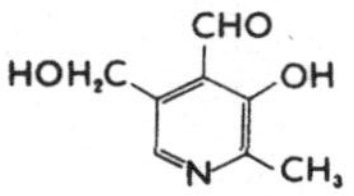	167,16 —	— —	Oxim F: 225…6° Z
Pyridoxal-hydrochlorid [J. Am. Chem. Soc. **66**, 2088]	$C_8H_9NO_3 \cdot HCl$	203,63 —	165 Z —	Rhombische Krist.; 50 W 20°; 1,7 Al 95% 20°; Semicarbazon F: 235° Z.
Pyridoxamin [J. Am. Chem. Soc. **66**, 2088]	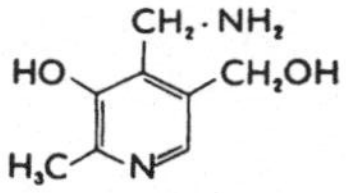	168,20 —	193…3,5 —	Fbl. Krist.; l. in Al, verd. S; Dihydro= chlorid F: 227° Z.
Pyridoxin [Ber. **72**, 310]	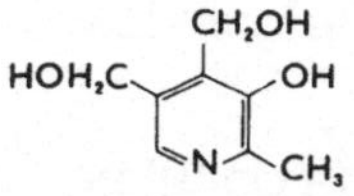	169,18 —	160 —	Nadeln (Aceton); subl.; mit $FeCl_3$ → rotbraun

Pyridoxin-hydrochlorid [Ber. **71**, 1118]	$C_8H_{11}NO_3 \cdot HCl$	205,64 —	204...5 —	Krist. (Al + Aceton); subl.; unl. in Ä, wl. in Aceton; 22 W 20°; 1,1 Al 20°
2-Pyridyl-hydrazin [E 2 XXII, 487]		109,13 —	46...8 130/12	Nadeln (PÄ); wl. in PÄ, ll. in Al, Ä, Aceton; oxid. an der Luft
4-Pyridyl-hydrazin [E 2 XXII, 488]		109,13 —	— 185...7/18	Nadeln, unl. in org. Lösm., ll. in W, Al; Hydrochlorid F: 238°
Pyridyl-(4)-nitramin [E 2 XXII, 521]	$NC_5H_4 \cdot NHNO_2$	139,11 —	243...4 —	Hgelbe Nadeln (W); unl. in org. Lösm.; wl. in h. W, ll. in Alk, S
2-α-Pyridyl-pyrrol [E 2 XXIII, 190]		144,18 —	90 —	Krist. (PÄ); swl. in k. W, wl. in Lg, ll. in Al, Ä, Aceton, Chlf, Bzl, fluoresz.; Pikrat F: 223°
3-α-Pyridyl-pyrrol [E 2 XXIII, 191]		144,18 —	132 —	Nadeln (W); swl. in PÄ, wl. in Lg, ll. in Al, Ä, Aceton, Chlf, Bzl; Pikrat F: 211°
Pyrimidin [XXIII, 89]		80,09 —	20...2 124 ·	Krist.; sll. in W; narkotisch; Pikrat F: 156°
Pyrogallol [E 2 VI, 1059]		126,11 1,453	128,5 * 309 g. Z	Nadeln; Kp: 171,5°/12; 44 W 13°; 0,074 Bzl 25°; l. in Al, Ä; alk. Lsg. absorbiert O_2; mit $FeCl_3$ → blaue Färbung → braune Färbung; * F auch 133...4° angegeben

Name und Literatur	Formel	Mol.-Gew. Dichte	F in °C Kp. in °C	Charakteristik
Pyrogallolbenzein [E 2 XVIII, 182]		320,30 —	Z ab 200 —	Dkl.grüne Krist. (Al + Bzl); swl. in W, PÄ, CCl$_4$, Bzl, wl. in Me, Al, Ä, Aceton, Chlf
Pyrogallol-carbonsäure-(4) s. 2,3,4-Trihydroxy-benzoesäure				
Pyrogallol-carbonsäure-(5) s. Gallussäure				
Pyrogallol-1,3-dimethyl= äther [E 2 VI, 1065]		154,17 —	55...6 258	Prismen (W); 1,75 W 13°
Pyrogallol-1-methyläther [Org. Syntheses III, 759]		140,14 —	38...41 136...8/$_{22}$	Nadeln
Pyrogalloltriacetat [E 2 VI, 1066]	C$_6$H$_3$(O · CO · CH$_3$)$_3$	252,22 —	165 —	Krist.
Pyrogalloltrimethyläther [E 2 VI, 1066]	C$_6$H$_3$(OCH$_3$)$_3$	168,19 1,1118$^{45}_{45}$	47 241	Nadeln (verd. Al); ll. in Al, Ä, Bzl
Pyromekonsäure [E 1 XVII, 233]		112,09 —	117 227...8	Fbl. vierseitige Prismen (W oder Al); sll. in W, Al, zll. in Chlf, wl. in Ä; subl. bei 100°
Pyromellithsäure s. Benzoltetracarbonsäure-(1,2,4,5)				
Pyromusconsäure s. Furancarbonsäure-(2)				

α-Pyron [E 2 XVII, 305]	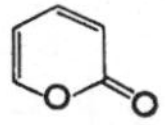 96,09 / 1,1880[22]	5 / 206...7 *	n_α^{22} 1,5214, n_D^{22} 1,5277, n_β^{22} 1,5459. Fl.; ∞ W, l. in Alk; riecht cumarinartig; „Pyron-(2)"; * g. Z.
γ-Pyron [E 2 XVII, 305]	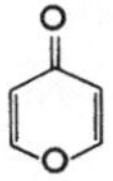 96,09 / —	32 / 119/35	Hygr. Krist.; swl. in k. CS_2, wl. in k. PÄ, ll. in Bzl, sll. in W, Ä, Chlf, Eg; „Pyron-(4)"
Pyron-(2)-carbon=säure-(5) [XVIII, 405]	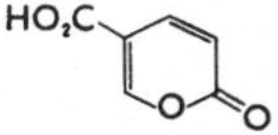 140,10 / —	205...10 Z / 218/120 *	Prismen (Me); unl. in Chlf, Lg, Bzl, wl. in k. W, l. in Ä, Aceton, Egester, zll. in Al, Eg; * subl.
Pyron-(2)-carbon=säure-(6) [E 1 XVIII, 488]	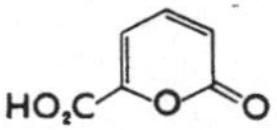 140,10 / —	228 g. Z subl.	Prismen (W); unl. in Chlf, PÄ, Bzl, wl. in h. W, Al, Aceton
Pyron-(4)-carbon=säure-(2) [XVIII, 405]	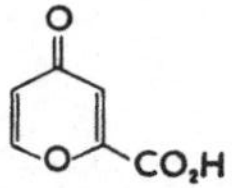 140,10 / —	250 Z Z *	Prismen; wl. in W; * Z. → CO_2-Absp.; Äthylester F: 102°
γ-Pyron-dicarbonsäure-(2,6) s. Chelidonsäure			
Pyrophosphorsäure- s. u. Phosphor, Diphosphorsäure-			
Pyrrol [E 2 XX, 79]	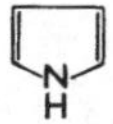 67,09 / 0,9613[14]	— / 130	n_α^{14} 1,5040, n_β^{14} 1,5196. Fl.; wl. in W, ll. in Al, Ä
Pyrrolaldehyd-(2) [E 2 XXI, 236]	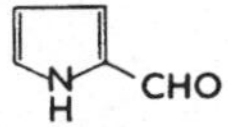 95,10 / —	45,5 / 114/15	n_D^{16} 1,5939. Stark lichtbrechende Prismen (PÄ); Wdampfflch.; ll. in den gebr. Lösm.
Pyrrol-alloxan [XXVI, 275]	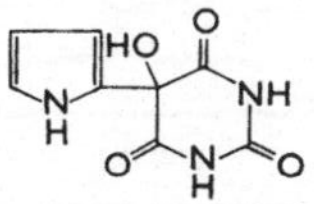 209,16 / —	Z / —	Blättchen (W); unl. in Ä, PÄ, Bzl, wl. in Me, Al, zll. in h. W

Name und Literatur	Formel	Mol.-Gew. Dichte	F in °C Kp. in °C	Charakteristik
Pyrrolblau B [E 2 XXI, 330]		392,42 —	— —	Cantharidenglänzende Krist.; wl. in Eg, Py, ll. in konz. H_2SO_4 viol.rot
Pyrrol-carbonsäure-(2) [E 2 XXII, 15]		111,10 —	192 Z * subl.	Blättchen (W); l. in W, Al, Ä; * Z. → CO_2-Absp.
Pyrrol-carbonsäure-(3) [E 2 XXII, 17]		111,10 —	148 —	Nadeln; ll. in W, Al, Ä
Pyrrol-carbonsäure-(3)-methylester [E 2 XXII, 17]		125,13 —	88...9 —	Krist. (PÄ oder subl.)
Pyrrol-dicarbon=säure-(2,5) [E 1 XXII, 525]		155,11 —	250 Z * —	Nadeln (verd. Al); swl. in Chlf, PÄ, Bzl, l. in Ä, Aceton; * Z. → Pyrrol
Pyrrolidin [XX, 4]		71,12 $0,8520^{22,5}$	— 88	Fl.; ∞ W, Al, Ä; raucht an der Luft; stark alk.
Pyrrolidincarbonsäure-(2) s. L-Prolin				
Pyrrolidon-(2) [E 2 XXI, 213]		85,11 $1,120^{20}$	25...8 114/$_{14}$	Krist. (PÄ); wl. in PÄ, sll. in W, Al, Ä, Chlf, Egester, Bzl, CS_2
Pyrrolidon-(5)-carbon=säure-(3)-amid [E 2 XXII, 215]		128,13 —	217 —	Krist. (W); unl. in org. Lösm.; sll. in W

Name	Formel	Mol.-Gew. / D	F. / Kp.	Eigenschaften
2-(1-Pyrrolidyl)-propanol [Org. Syntheses 33, 82]	$N \cdot CH \cdot CH_2OH$ / CH_3	125,17 / 0,9733[25]	— / 95…6/20	n_D^{25} 1,4758. Fl.; ll. in Ä
α-(1-Pyrrolidyl)-propionsäure-äthylester [Org. Syntheses 33, 35]	$N \cdot CH \cdot CO_2C_2H_5$ / CH_3	167,21 / 0,9724[25]	— / 84/12	n_D^{25} 1,4450. Öl; wl. in W
Pyrrolin [XX, 133]	(Ring mit N–H)	69,11 / 0,9097[20]	— / 90/748	n_D^{20} 1,4664. Fl.; sll. in W; raucht an der Luft
Pyrotritarsäure s. 2,5-Dimethyl-furan-carbonsäure-(3)				
Pyroxanthin [XIX, 140]	$OC_4H_3 \cdot HC= \ldots =CH \cdot C_4H_3O$	240,26 / —	163 subl.	Rotgelbe Prismen (Bzl); unl. in W, swl. in k. Al, zwl. in Ä, CS_2, ll. in sied. Al, l. in H_2SO_4 viol.blau
Quaterphenyl [E 2 V, 669]	$C_6H_5 \cdot C_6H_4 \cdot C_6H_4 \cdot C_6H_5$	306,41 / —	318 / ca 428/18	Krist. (Py); Blättchen (Bzl); swl. in Al, Ä, Eg, l. in sied. Nitrobzl., Xylol; 0,29 Py; unl. in W; 0,16 sied. Bzl; subl. im Hochvak. bei 180°
Quebrachin s. Yohimbin				
Quebrachit [E 2 VI, 1157]	(Cyclohexanring: OH, OH, H_3CO, HO, OH, OH)	194,19 / —	194 / —	Krist. (Aceton); unl. in Ä, zl. in sied. Al, sll. in W; $[\alpha]_D^{20}$: − 80,3° (W)
Quecksilber-äthyl-chlorid [E 2 IV, 1051*]	$C_2H_5 \cdot HgCl$	265,11 / —	192 / —	Blättchen; 0,0001 W 18°; 0,7 Al 18°; 3,5 g in 100 g Al 78°; 3,9 Chlf 18°; ll. in Ä, Bzl; Wdampfflch.; giftig; * s. a. Krause: metallorg. Verbindungen S. 131

Name und Literatur	Formel	Mol.-Gew. Dichte	F in °C Kp. in °C	Charakteristik
Quecksilber -diäthyl [E 2 IV, 1048]	$(C_2H_5)_2Hg$	258,71 $2,4660^{20}$	— 157...9	$n_\alpha^{16,9}$ 1,5428, $n_D^{16,9}$ 1,5476, $n_\beta^{16,9}$ 1,5599. Fl.; Kp: $57°/_{16}$; widerlicher Geruch; unl. in W, wl. in Al, ll. in Ä; zers. beim Aufbewahren; sehr giftig
-di-isobutyl [E 2 IV, 1049]	$(i\text{-}C_4H_9)_2Hg$	314,82 $1,7678^{20}$	— 100 205...7	n_D^{20} 1,4965. Fl.; fbl.; ll. in W, l. in Al, Ä, Lg
-di-n-butyl [E 2 IV, 1049]	$(nC_4H_9)_2Hg$	314,82 $1,7779^{20}$	— $113/_{20}$	n_D 1,5057. Fl.; fbl.; langsame Z. bei Raumtemp.; l. in org. Lösm.; unl. in W; Darst. nach Grignardmethode
-di-isopropyl [E 2 IV, 1048]	$(i\text{-}C_3H_7)_2\,Hg$	286,77 $2,0024^{20}$	— $120/_{125}$	n_D^{20} 1,5263. Fl.; fbl.; zers. beim Stehen; l. in org. Lösm.
-di-methyl [E 2 IV, 1047]	$(CH_3)_2Hg$	230,66 $3,0836^{19,2}$	— 92	$n_\alpha^{16,8}$ 1,5421, $n_D^{16,8}$ 1,5473, $n_\beta^{16,8}$ 1,5605. Fl.; swl. in W, ll. in Al, Ä; sehr giftig
-diphenyl [E 2 XVI, 664]	$(C_6H_5)_2Hg$	354,80 2,318	121...2 $204/_{10,5}$	Nadeln oder Prismen (Bzl); unl. in W, wl. in k. Al, l. in sied. Al, Ä, ll. in Chlf, Bzl, CS_2
-di-n-propyl [E 2 IV, 1048]	$(nC_3H_7)_2Hg$	286,77 $2,0208^{20}$	189...91 —	n_D^{20} 1,5170. Fl.; fbl.; l. in Al, Ä, unl. in W; unangenehmer Geruch
-di-p-tolyl [E 2 XVI, 667]	$(CH_3C_6H_4)_2Hg$	382,86 —	237...8 —	Nadeln; fbl.; ll. in Al, Bzl, unl. in W, Ä; Darst. nach Grignardmethode
-methyl-chlorid [E 2 IV, 1050 *]	$CH_3 \cdot HgCl$	251,08 —	167 —	Blättchen; 0,0001 W 18°; 3,3 Al 18°; 15,8 g in 100 g Al 78°; 5,6 Chlf 18°; ll. in Ä, Bzl; Wdampfflch.; giftig; * s. a. Krause: metallorg. Verbindungen S. 131

-methyl-jodid [J. Am. Chem. Soc. **54**, 2108]	$CH_3 \cdot HgJ$	342,53 —	143 —	Gelblichweiße Nadeln (Al); ll. in Me, l. in Al, Ä; Darst. aus Hg und CH_3J im Sonnenlicht
-phenylacetat [E 2 XVI, 675]	$C_6H_5 \cdot HgOCOCH_3$	336,74 —	149 —	Prismen, weiß glänzend, rhombisch; l. in Eg, Bzl, Al; wl. in W
-phenyl-chlorid [E 2 XVI, 674]	$C_6H_5 \cdot HgCl$	313,15 —	271 subl.	Tafeln (Bzl); unl. in W, swl. in k. Al, Bzl, wl. in h. Bzl, l. in Ä
-o-phenylen [Ber. **92**, 231]	$(C_6H_4Hg)_6$	1660,13 —	Z 326 —	Prismen (γ-Picolin); hexamere Struktur; Darst. aus Dibrombzl. und Hg-Na-Legierung in Ggw. von Egester
-vinyl-bromid [J. org. Chem. **22**, 478]	$CH_2 : CH \cdot HgBr$	307,55 —	168...70 —	Krist. (Ä); weiße Plättchen; beständig gegen Luft; sehr giftig
Quercetin [XVIII, 242]		302,24 —	313...4 Z ÷	Gelbe Nadeln $\cdot 2H_2O$ (verd. Al); swl. in k. W, wl. in h. W, Ä, Chlf, ll. in Eg, sied. Al, sll. in verd. Al gelb
Quercetin-dimethyl= äther [XVIII, 246]		330,30 —	214...5 g. Z —	Hgelbe Nadeln (Toluol); swl. in Al, wl. in Eg, sied. Toluol, l. in Alk or.rot

Quercetin-7-methyläther s. Rhamnetin

Quercin s. Scyllit

Name und Literatur	Formel	Mol.-Gew. Dichte	F in °C Kp. in °C	Charakteristik
d-Quercit [E 2 VI, 1151]		164,16 1,584[18]	234 Z	Prismen (W); $[\alpha]_D^{15}$: $+25°$ (W, c = 10); 12,4 W 20°; wl. in Al, Me, unl. in Ä
Resacetophenon s. Dihydroxyacetophenon				
Reserpin [J. Am. Chem. Soc. 81, 2481]	$X = O \cdot CO \cdot C_6H_2(OCH_3)_3$ $Y = CO_2CH_3$	608,69 —	265...8 —	Krist. (Chlf + Me); wl. in Egester; $[\alpha]_D^{23}$: 117° (Chlf); Rauwolfia-Alkaloid, blutdrucksenkend; Reserpidin: H an Stelle von OCH_3 an C (11), F: 225...7°, Nadeln oder Prismen (Me)
Reserpinin [Experientia 9, 368]	$C_{23}H_{30}O_5N_2$ s. Reserpin mit $X = OH$ $Y = CO_2CH_3$	414,51 —	238...9 —	Krist. (Aceton); $[\alpha]_D^{23}$: $-117° \pm 4°$ (Chlf); $[\alpha]_D^{22}$: $+95° \pm 4°$ (Py); Hydrochlorid F: 244...6°; Nitrat F: 258...60°; Perchlorat F: 254,8°; quart. Jodmethylat F: 240° (Z.); Umsatz mit Trimethoxybenzoylchlorid → Reserpin
Reserpinsäure [Experientia 9, 368]	$C_{22}H_{28}O_5N_2$ s. Reserpin mit $X = OH$ $Y = CO_2H$	400,48 —	239...45 —	Krist.; Hydrochlorid F: 257...63°; $[\alpha]_D$: $-80° \pm 3°$ (Chlf); Diazomethan → Methylester, s. „Reserpinin"

Name	Formel			Eigenschaften
Resorcin [E 2 VI, 802]	$HO \cdot C_6H_4 \cdot OH$ (1,3)	110,11 $1,271^{20}$	110,0 281,4	Tafeln oder Säulen (W, Al oder Ä); Kp: $117°/_{15}$; 186,5 Al 20°; 147,3 W 12,5°; 229 W 30°; ll. in Ä. l. in Chlf, CS_2; süßer Geschmack
Resorcinbenzein [E 2 XVIII, 47]	C_6H_5 (Xanthen-Struktur)	288,31 —	333 —	Gelbe Krist. (Al); swl. in Ä, Chlf, ll. in Al, Aceton, Py, Nitrobzl.
Resorcindiacetat [E 2 VI, 817]	$C_6H_4(O \cdot CO \cdot CH_3)_2$	194,19 —	— 278 g. Z	Fl.
Resorcindiäthyläther [E 2 VI, 814]	$C_6H_4(OC_2H_5)_2$	166,22 —	12,4 235	Prismen; l. in Al, Ä; wl. in W; leicht Wdampfflch.
Resorcin-dibenzoat [E 2 IX, 113]	$C_6H_4(O \cdot CO \cdot C_6H_5)_2$	318,33 —	117 —	Tafel (Al); 5,28 Al 18°
Resorcindimethyläther [E 2 VI, 813]	$C_6H_4(OCH_3)_2$	138,17 $1,0617^{15}_{15}$	E — 55,3 214,7	Fl.; wl. in W, ll. in Al, Ä, Bzl; W-dampfflch; l. in konz. H_2SO_4 gelb
Resorcinmonoäthyl=äther [E 2 VI, 814]	$HO \cdot C_6H_4 \cdot OC_2H_5$	138,17 —	— 246...7	Hgelbe Fl., färbt sich rasch dkl.; wl. in W, ll. in Al, Ä, Bzl
Resorcinmonomethyl=äther [E 2 VI, 813]	$HO \cdot C_6H_4 \cdot OCH_3$	124,14 $1,003^{16,6}$	< — 17 243,8	Fl.; l. in W, ∞ Al, Ä, l. in NaOH; Wdampfflch.
Resorcin-phthalein s. Fluorescein				
Resorcylaldehyd s. 2,4-Dihydroxy-benzaldehyd				
Resorcylsäure s. Dihydroxy-benzoesäure				
Resorpidin s. u. Reserpin				
Reten [E 2 V, 598]	$(CH_3)_2CH$ ... CH_3 (Phenanthren-Struktur)	234,34 1,13	98,5 390	Blätter (Al); Kp: $216°/_{11}$; unl. in W; 2,4 Al; ca 55 sied. Al; ll. in h. Ä, CS_2, Lg, Bzl, sll. in sied. Eg; subl. leicht; wenig Wdampfflch.; Pikrat F: 124...5°

Name und Literatur	Formel	Mol.-Gew. Dichte	F in °C Kp. in °C	Charakteristik
Retenchinon [E 2 VII, 748]		264,33 —	198 subl.	Or. Nadeln (Al); wl. in h. Ä, PÄ; 0,15 Al 95% 0,5°; 2,3 sied. Al 95%; ll. in h. Bzl, Eg, sll. in sied. CS_2
Retinin s. Vitamin A-Aldehyd				
Rhabarberon s. 4,5-Dihydroxy-2-hydroxymethyl-anthrachinon				
Rhamnazin s. Quercetindimethyläther				
Rhamnetin [E 2 XVIII, 237]		316,27 —	< 300 Z —	Gelbe Nadeln (Al); swl. in h. W, h. Al, Aceton, Eg, ll. in Phenol, l. in konz. H_2SO_4 gelb, grünblau fluoresz.
Rhamnit [I, 532]		166,18 —	121 —	Prismen (Aceton); $[\alpha]_D^{20}$: $+10,7$ (W, 8,648% Lsg.); ll. in W, Al, wl. in Chlf, Aceton, unl. in Ä
Rhamnose [J. Am. Chem. Soc. **59**, 1076]		164,16 —	— —	Krist. · H_2O; unl. in Ä, l. in W; $[\alpha]_D^{16,5}$: $-8,25°$ (W); Phenylosazon F: 191°
Rhein s. 4,5-Dihydroxy-anthrachinon-carbonsäure-(2)				
Rheumemodin s. 4,5,7-Trihydroxy-2-methyl-anthrachinon				

Name	Formel / Summenformel	Mol.-Gew.	F	Eigenschaften
1-Rhizocarpsäure [J. Am. Chem. Soc. **72**, 4454]	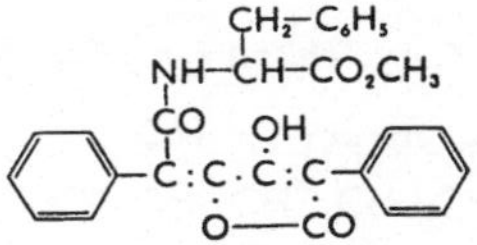 (Strukturformel)	469,50 / —	177...8 / —	Gelbe Nadeln (Me); $[\alpha]_D^{20}$: +110,4° ±2,1°
Rhodacen [Ber. **53**, 2173]	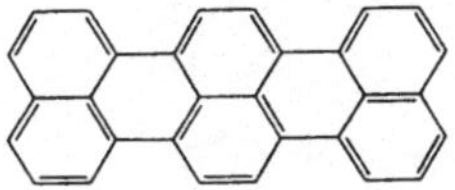 (Strukturformel)	376,46 / —	338...40 / —	Viol. Mikrokrist.; l. in Bzl und Homologen rot und rot fluoresz.
Rhodamin B [E 2 XIX, 373]	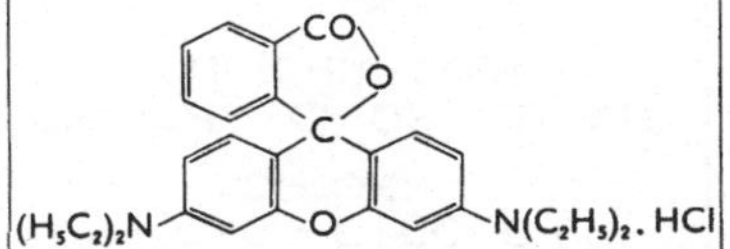 (Strukturformel)	479,02 / —	— / —	Grüne Krist. (verd. HCl); ll. in W blaurot, sll. in Al, Lsgg. fluoresz. or.gelb
Rhodanin [XXVII, 242]	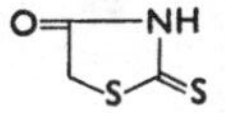 (Strukturformel)	133,19 / —	168...9 Z / —	Gelbe Blättchen (W, Eg); 0,225 W 25°; ll. in h. W, Al, Ä, ll. in Alk

Rhodaninsäure s. Rhodanin

Rhodanwasserstoff s. Thiocyansäure

Name	Formel / Summenformel	Mol.-Gew.	F	Eigenschaften
Rhodoxanthin [XXX, 101]	$C_{40}H_{50}O_2$ Formel 29, S. 925	562,84 / —	219 / —	Dkl.blaue Blättchen (Bzl + Me); swl. in Al, PÄ, k. Benzin, l. in Chlf, Bzl, ll. in Py; l. in H_2SO_4 indigoblau; Dioxim F: 227...8°
α-Ribazol [Vogel II (1), 230]	$C_{14}H_{18}O_4N_2$ Formel 30, S. 925	278,31 / —	— / —	Pikrat F: 213...4°; $[\alpha]_D^{23}$: +9,9° ±1,6° (Py)
β-Ribazol [Vogel II (1), 231]	$C_{14}H_{18}O_4N_2$ Formel 30, S. 925	278,31 / —	202...3 / —	Krist. (Me); $[\alpha]_D$: −45,3° ±2° (Py); Pikrat F: 192°; $[\alpha]_D^{23}$: −24° ±2° (Py)

3-Ribodesose s. D-3-Xylodesose

49*

Name und Literatur	Formel	Mol.-Gew. Dichte	F in °C Kp. in °C	Charakteristik
Riboflavin [Vogel II (1), 129]	$C_{17}H_{20}O_6N_4$ Formel 31, S. 925	376,37 —	292...3 Z —	Gelbes bis or.gelbes krist. Pulver, unl. in Ä, Aceton, Chlf, Bzl; 0,005 Al 27,5°; wl. in W gelb und grünlich fluoresz.; $[\alpha]_D^{20}$: $-114°$ (0,1 NaOH); Tetraacetylderivat F: 242...4°
D-Ribose [Ber. **42**, 1201]	$HOH_2C \cdot \overset{H}{\underset{\cdot}{C}} \cdot \overset{H}{\underset{\cdot}{C}} \cdot \overset{H}{\underset{\cdot}{C}} \cdot CHO$ OH OH OH	150,13 —	87 —	Platten (Al); l. in W, wl. in Al; $[\alpha]_D^{24}$: $-25°$ (Endwert für c = 1); Phenyl=osazon F: 163...4°; Methyl-D-ribosid (Egester) F: 83...4°; $[\alpha]_D^{20}$: $-113°$
Ribosido-nicotinsäureamid-bromid s. Nicotinsäureamid-ribosid-bromid				
D-Ribulose [Helv. Chim. Acta **18**, 80]	$HOH_2C \cdot \overset{H}{\underset{\cdot}{C}} \cdot \overset{H}{C} \cdot CO \cdot CH_2OH$ OH OH	150,13 —	— —	Sirup; $[\alpha]_D^{21}$: $+15,8°$; o-Nitrophenyl=hydrazon F: 168...9° (Z.)
Ricin-elaidinsäure [E 2 III, 260]	$CH_3 \cdot [CH_2]_5 \cdot CH(OH) \cdot CH_2 \cdot CH : CH \cdot [CH_2]_7 \cdot CO_2H$	298,47 —	51...2 240...2/10	Nadeln (Lg); $[\alpha]_D^{20}$: $+6,67°$ (abs. Al, c = 12); ll. in Al, wl. in k. PÄ
Ricinin [E 1 XXII, 607]		164,17 —	201,5 subl.	Blättchen oder Prismen (W oder Al); 0,27 W 10°; 0,16 Al 10°; 2,1 Py 24°; unl. in PÄ, l. in h. W, h. Al, h. Py, ll. in Chlf
Ricinolsäure [E 2 III, 258]	$CH_3 \cdot [CH_2]_5 \cdot CH \cdot CH_2 \cdot CH : CH \cdot \underset{OH}{} [CH_2]_7 \cdot CO_2H$	298,47 $0,940^{15}$	5 230...5/9	n_D^{45} 1,46393. Öl; ∞ Al, Ä, ll. in Benzin
Ricinolsäure-butylester [III, 388]	$C_{17}H_{33} \cdot CO_2[CH_2]_3 \cdot CH_3$	354,58 $0,9058^{20}$	— 275/13	n_D^{22} 1,4566. Öl; $[\alpha]_D^{22}$: $+3,73$

Ricinolsäure-isobutyl= ester [III, 388]	$C_{17}H_{33} \cdot CO_2CH_2 \cdot CH(CH_3)_2$	354,58 0,9028/^{22}	— 262/$_9$	n_D^{22} 1,4538. Fl.; $[\alpha]_D^{22}$: $+4,01°$ (W)
Rivanol [J. Soc. Chem. Ind. **61**, 159]		253,31 —	226 —	Gelbor. Krist. (Al 50%); Antisepticum
Rochellesalz s. Weinsäure, K-Na-Salz				
Rodinal s. 4-Amino-phenol				
Rohrzucker s. Saccharose				
Rongalit s. Formaldehyd-sulfoxylsäure-Na-Salz				
Rosamin [E 1 XVIII, 565]		304,35 —	— —	Carbinolbase; $[(C_{19}H_{15}ON_2)]Cl$: salz- saures Farbsalz; rote, blauschim- mernde Nadeln (Al + Ä); wl. in W, grün fluoresz.; ll. in h. W, Al
Rosanilin (Carbinolbase) s. 4,4',4''-Triamino-3-methyl- triphenylcarbinol				
Rose bengale [Chem. Abstr. **45**, 2362]		948,76 —	— —	Rotbraunes Pulver; dient als Adsorp- tionsindikator bei argentometrischen Titrationen; Photosensibilisator
Rosindon [XXIII, 453]		322,37 —	261...2 —	Rote Tafeln (Al, Bzl); unl. in h. W, wl. in h. Al rot und rot fluoresz.; ll. in H_2SO_4 dkl.grün

Name und Literatur	Formel	Mol.-Gew. Dichte	F in °C Kp. in °C	Charakteristik
Rosindulin [XXV, 348]		339,40 —	198...9 —	Rotbraune Blättchen (Ä oder Bzl); swl. in W, ll. in Al, Ä, Bzl; alkohol. Lsg. fluoresz. gelbrot
Rosolsäure s. Aurin				
Rotenon [E 2 XIX, 438]		394,43 —	163 $210...20/_{0,5}$	Nadeln (Al); unl. in W, 0,2 Me 20°, 0,2 Al 20°, 0,4 Ä 20°, 6,9 Aceton 20°, 73,4 Chlf 20°, 8,5 Bzl 20°; $[\alpha]_D^{20}$: — 244° (Bzl) ,,Tubatoxin''
R-Säure s. Naphthol-(2)-disulfosäure-(3,6)				
Rubazonsäure [XXV, 459]		359,39 —	184 —	Rote Nadeln (Eg); swl. in W, wl. in Al, Ä, Chlf, Bzl, Eg; swl. in verd. S
Rubeanwasserstoff s. Dithiooxamid				
Ruben s. Naphthacen				
Ruberythrinsäure [Ber. **62**, 2107]	$C_{25}H_{26}O_{13}$ Formel 32, S. 925	534,48 —	258...60 —	Gelbe Prismen (W); unl. in Bzl, wl. in W, Al, Ä; Octaacetylderivat F: 230°

Name		Mol.-Gew. / Dichte	F / Kp	Eigenschaften
Rubicen [E 2 V, 706]	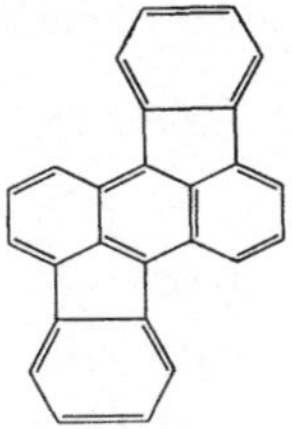 $C_{40}H_{56}O$	326,40 —	306 —	Rote Nadeln (Nitrobzl., Xylol oder Cumol); unl. in W, Al, wl. in Bzl, Lg, swl. in Ä, ll. in h. Nitrobzl.; Pikrat F: 258°
Rubixanthin [XXX, 93]		552,89 —	160 —	Or.rote Nadeln (Bzl + Me); l. in Me, Al, Chlf, Bzl, CS_2
Rubren [Ber. **69**, 1806]	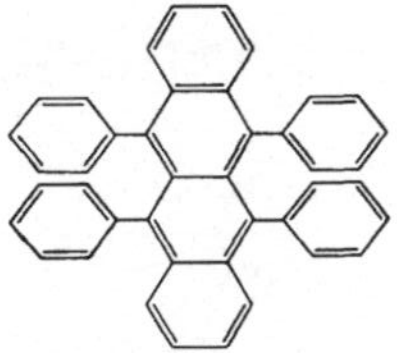	532,69 —	331 —	Rote Krist.; l. in Bzl, CS_2; konz. Lsgg. or., verd. Lsgg. rosa, gelb fluoresz.
Rufigallussäure s. 1,2,3,5,6,7-Hexahydroxy-anthrachinon Rufiopin s. 1,2,5,6-Tetrahydroxy-anthrachinon Rufol s. 1,5-Dihydroxy-anthracen				
d-Sabinen [E 2 V, 96]	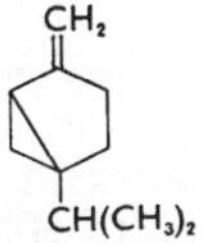	136,24 0,8422[17]	— 164	n_α^{17} 1,4643, n_D^{17} 1,4674, n_β^{17} 1,4751. Fl.; $[\alpha]_D$: + 63°; unl. in W, l. in Al. Ä; Vork. in ätherischen Ölen
Saccharin [E 1 XXVII, 266]	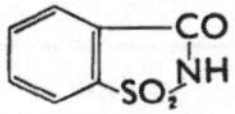	183,19 —	228...9 subl.	Krist. (Aceton); 0,43 W 25°; 3 Al; 0,83 Ä 15°; unl. in HCl, wl. in H_2SO_4, ll. in HNO_3; süß

Name und Literatur	Formel	Mol.-Gew. Dichte	F in °C Kp. in °C	Charakteristik
Saccharose [J. Am. Chem. Soc. **68**, 1465]	$C_{12}H_{22}O_{11}$ Formel 33, Seite 926	342,30 $1,5737^{30}$	179...80 —	Krist. (Al); unl. in Ä, wl. in Al 95%; 198,6 W 12,5°; 245 W 45°; l. in Me; $[\alpha]_D^{20}$: + 66,37° (W)
Safrol [E 2 XIX, 29]	$CH_2 \cdot CH : CH_2$	162,19 $1,100^{20}$	E 11,0 235,9	n_α^{20} 1,5331, n_D^{20} 1,5383, n_β^{20} 1,5518. Öl; unl. in W, l. in Al, Ä
Salicin [J. Am. Chem. Soc. **48**, 262]	CH_2OH $O \cdot C_6H_{11}O_5$	286,28 —	204,7...8,7 —	Nadeln (W); praktisch unl. in Ä, Chlf; 4 W 25°; 33 sied. W; 1,1 Al 25°; 3,3 Al 60°; l. in Eg, Py, Alk; $[\alpha]_D^{20}$: − 62,56° (W)
Salicylaldehyd [E 2 VIII, 36]	CHO OH	122,12 $1,690_{20}^{20}$	− 7 196,5	$n_\alpha^{19,7}$ 1,5653, $n_D^{19,7}$ 1,574, $n_\beta^{19,7}$ 1,5969. Öl; E: + 1,6°; 1,7 W 86°; ∞ Al, Ä; 75,7 Bzl 12°; Phenylhydrazon F: 142...3°
Salicylaldehyd-methyl-äther [E 2 VIII, 40]	$CH_3 \cdot O \cdot C_6H_4 \cdot CHO$	136,15 $1,1326^{20,2}$	37 243...4	$n_\alpha^{20,2}$ 1,5525, $n_D^{20,2}$ 1,560, $n_\beta^{20,2}$ 1,5795. Prismen; swl. in W, l. in Al, ll. in Ä, Chlf
Salicylalkohol [E 2 VI, 877]	CH_2OH OH	124,14 $1,1613^{25}$	86 subl.	Blättchen (Bzl); Tafeln (Ä); sll. in Al, Ä, sied. W; 6,7 W 22°; 1,7 Bzl 18°; ll. in sied. Bzl
Salicylsäure [E 2 X, 25]	CO_2H OH	138,12 1,484	159 subl.	Nadeln (W); 0,80 W 50°; 49,63 Al 15°; 1,55 Chlf 30,5°; Wdampfflch.; subl. im Vak. bei 75°
-Na-Salz [E 2 X, 32]	$NaC_7H_5O_3$	160,11 —	— —	Schuppen (Al); 115,4 W 25°, 26,5 Al 17°

Salicylsäure-O-acetat s. Acetylsalicylsäure

Salicylsäure-äthylester [E 1 X, 34]	$HO \cdot C_6H_4 \cdot CO_2C_2H_5$	166,18 $1,1355^{14,4}$	1,3 233,5	$n_\alpha^{14,4}$ 1,5198, $n_D^{14,4}$ 1,525, $n_\beta^{14,4}$ 1,5404. Fl.; l. in Al, Ä
Salicylsäure-amid [E 1 X, 43]	$HO \cdot C_6H_4 \cdot CONH_2$	137,14 $1,1749^{140}$	140 subl.	Blättchen (W oder Chlf); wl. in k. W, l. in Al, Ä
Salicylsäure-chlorid [E 2 X, 55]	$HO \cdot C_6H_4 \cdot COCl$	156,57 —	19...9,5 90/11	Krist.; ll. in Lg
Salicylsäure-o-chlor= phenylester [Org. Syntheses 32, 26]	$CO_2 \cdot C_6H_4Cl$ / OH	248,67 —	52...2,4 —	Krist. (Al)
Salicylsäure-p-chlor= phenylester [Org. Syntheses 32, 25]	$CO_2 \cdot C_6H_4Cl$ / OH	248,67 —	69,5...70,5 —	Krist. (Al)
Salicylsäure-methyläther [E 2 X, 39]	$CH_3 \cdot O \cdot C_6H_4 \cdot CO_2H$	152,15 —	101,5 200 Z	Blättchen (verd. Al); 0,5 W 30°; wl. in k. W, l. in sied. W, sll. in Al, Ä; Methylester Kp: 228°
Salicylsäure-methylester [E 2 X, 44]	$HO \cdot C_6H_4 \cdot CO_2CH_3$	152,15 $1,1738^{30}$	− 8,6 223,3	$n_\alpha^{18,1}$ 1,5315, $n_\beta^{18,1}$ 1,5427, $n_D^{18,1}$ 1,538. Fl.; 0,07 W 30°, l. Al, Ä
Salicylsäure-β-naphthyl= ester [E 2 X, 53]	$HO \cdot C_6H_4 \cdot CO_2C_{10}H_7$	264,28 $1,12^{86}$	95 —	Krist. (Al); unl. in W, l. in Al
Salicylsäurenitril s. 2-Hydroxy-benzonitril				
Salicylsäure-p-nitro= phenylester [Org. Syntheses 32, 26]	$CO_2 \cdot C_6H_4 \cdot NO_2$ / OH	259,22 —	151,5...1,9 —	Krist. (Dioxan)
Salicylsäure-phenylester [E 1 X, 37]	$HO \cdot C_6H_4 \cdot CO_2C_6H_5$	214,22 $1,1553^{50}$	43 173/12	Tafeln (Me); 0,015 W 25°; 58,8 Al 25°; 90,99 Aceton 30...1°; 80,57 Bzl 30...1°; unl. in W, ll. in Ä, Eg, sll. in h. Me, h. Al; „Salol"

Name und Literatur	Formel	Mol.-Gew. Dichte	F in °C Kp. in °C	Charakteristik
Salicylsäure-o-phenyl-phenylester [Org. Syntheses 32, 26]		290,32 —	89,2…9,5 —	Krist. (Al)
Saligenin s. Salicylalkohol				
Salol s. Salicylsäure-phenylester				
Salpetersäure-ester s. unter den betreffenden Alkoholen bei -nitrat				
Salpetrigsäure-ester s. unter den betreffenden Alkoholen bei -nitrit				
Salpetrigsäure-[β-chlor-äthylester] [E 2 I, 336]	$CH_2Cl \cdot CH_2 \cdot ONO$	109,51 $1,212^{20,3}$	— 90…1	$n_D^{20,3}$ 1,4125. Gelbe Fl.; zers.
Salvarsan s. Arsen, 3,3'-Diamino-4,4'-dihydroxy-arsenobenzol				
α-Santalol [E 1 VI, 275]	$[CH_2]_2 \cdot CH : C(CH_3) \cdot CH_2OH$	220,36 $0,9745^{20}$	— 159…60/10	n_D^{20} 1,4992. Dickes, schwach sandelholzart. riechendes Öl; $[\alpha]_D$: $+0°36'$
β-Santalol [E 1 VI, 275]	$[CH_2]_2 \ CH : C(CH_3) \cdot CH_2OH$	220,36 $0,9715^{20}$	— 167…8/10	n_D^{20} 1,5091. $[\alpha]_D$: $-57°$ (l = 100 mm)
α-Santonan [E 1 XVII, 242]	$C_{15}H_{22}O_3$	250,34 —	158 —	Krist. (verd. Al); swl. in PÄ, wl. in Ä, ll. in sied. W, Me, Al, Chlf, Bzl, Egester; $[\alpha]_D^{18}$: $+17,8°$ (Me)

Substanz	Formel	Mol.-Gew. / Dichte	F / Kp	Eigenschaften
β-Santonan [E 1 XVII, 243]	$C_{15}H_{22}O_3$	250,34 —	105 —	Tafeln (Ä); wl. in PÄ, l. in Ä, ll. in sied. W, Me, Al, Chlf, Bzl; $[\alpha]_D^{18}$: $+9,3°$ (Me)
d-Santonigsäure [E 2 X, 194]	CH₃ … HO … CH₃ … H CH·CO₂H CH₃ (Struktur)	248,32 —	179…180 —	Nadeln (Al oder Ä); unl. in h. W, ll. in Al, Ä; $[\alpha]_D^{17}$: $+74,1°$ (Al)
Santonin [E 2 XVII, 479]	CH₃ … O= … CH₃ O—CO … H CH·CH₃ (Struktur)	246,31 $1,1866^{26}$	170,5 —	Krist. (W, Al oder Ä); 0,02 W 17,5°, 0,4 sied. W, 2,3 Al 17,5°, 37 Al 80°, 2,4 sied. Ä, 1 Chlf 15°; $[\alpha]_D^{15}$: $-171,81°$ (Chlf)
Sarkosin [E 2 IV, 784]	$CH_3 \cdot NH \cdot CH_2 \cdot CO_2H$	89,09 —	212 —	Krist. (verd. Me); 42,8 W 20°, wl. in Al, unl. in Ä
Sarkosin-hydrochlorid [IV, 345]	$C_3H_7O_2N \cdot HCl$	125,56 —	168…70 —	Nadeln (Al); sll. in W, wl. in Al 90%, swl. in abs. Al, Ä
Schleimsäure [E 2 III, 380]	$HO_2C \cdot C \cdot C \cdot C \cdot C \cdot CO_2H$ mit H OH OH H / OH H H OH	210,14 —	108 * —	Kristallpulver; 0,33 W 14°; 1,67 W 100°; unl. in Al; Erhitzen der wss. Lsg. → Lactonsäure; * F der frisch dargestellten Substanz, bei längerem Aufbewahren F: 213…7°
Schradan s. Phosphor, Diphosphorsäure-tetra-dimethylamid				
Schwefeläther s. Diäthyläther				
Schwefelkohlenstoff [E 2 III, 139]	CS_2	76,14 $1,2705^{15}$	E $-111,6$ 46,4	$n_\alpha^{20,9}$ 1,61754, n_D^{20} 1,62546, $n_{496}^{20,9}$ 1,65180. Fl.; 0,2 W 20°; ∞ Al, l. in den meisten org. Lösm.; sehr leicht brennbar; giftig; techn. Lösm.; MAK: 20 cm³/m³

Name und Literatur	Formel	Mol.-Gew. Dichte	F in °C Kp. in °C	Charakteristik
Schwefelsäure-bis-[β-chlor-äthylester] [E 2 I, 336]	$(CH_2Cl \cdot CH_2 \cdot O)_2SO_2$	223,08 $1,4801^{20}$	11 $180...2/_{60}$	n_D^{20} 1,4622. Prismen; ll. in Ä, swl. in PÄ, unl. in W
Schwefelsäure-[β-chlor-äthylester]-chlorid [E 2 I, 336]	$CH_2Cl \cdot CH_2 \cdot O \cdot SO_2Cl$	179,02 $1,552_0^{20,5}$	— $120...2/_{80}$	n_D^{21} 1,4578. Öl; stechender Geruch; Kp: $92°/_{14,5}$
Schwefelsäure-ester s. unter den betreffenden Alkoholen bei ...sulfat bzw. Di...sulfat				
Schwefelsäure-methylenester s. Methylensulfat				
Schwefligsäure-diester s. unter den betreffenden Alkoholen bei Di...sulfit				
Schweinfurtergrün [II, 113]	$Cu(C_2H_3O_2)_2 \cdot 3\,CuAs_2O_4$	1013,77 —	— —	Grünes Kristallpulver; unl. in W, Al; wird durch Alk zers.; Anstrichfarbe
Scillirosidin [Lettré, 411]		458,56 —	173...5 —	Krist.; $[\alpha]_D$: — 22,6° (Me); Acetyl= derivat F: 256°
Scopolamin [E 1 XXVII, 247]		303,36 —	ca 50 —	Amorph, Krist.; 10,5 W 15°; ll. in sied. W; sll. in Al, Ä, Aceton, Chlf, Bzl; $[\alpha]_D^{20}$: — 18° (Al)

dl-Scopolin [XXVII, 96]	HO·HC—CH—CH₂ … N·CH₃ … O … HC—CH—CH₂	155,19 1,089[134]	110 241…3	n_α^{134} 1,4616, n_β^{134} 1,4697. Nadeln (Ä, PÄ, Lg oder Chlf); wl. in Ä, PÄ, Chlf, ll. in W, Al
Scutellarcin s. 5,6,7,4′-Tetrahydroxy-flavon				
Scyllit [E 2 VI, 1160]		180,16 1,659[19]	353 Z —	Prismen ·3 H₂O (W); verwittern an der Luft; unl. in Ä, swl. in k. Al; 1,02 W 18°
Sebacinsäure [E 2 II, 608]	HO₂C · [CH₂]₈ · CO₂H	202,25 1,207[25]	133…3,5 243,5/₁₅	$n_\alpha^{133,3}$ 1,41968, $n_\beta^{133,3}$ 1,42700. Feder-art. Krist.; 0,004 W 0°; 0,1 W 20°; 0,42 W 65°; ll. in Al, Ä; Dest. → Pelargonsäure u. a.
Sebacinsäure-amid-methylester [Org. Syntheses III, 613]	H₂N · OC · [CH₂]₈ · CO₂CH₃	215,29 —	72…4 —	Krist.; wl. in k. W
Sebacinsäure-dinitril [Org. Syntheses III, 768]	NC[CH₂]₈CN	164,25 —	— 185…8/₁₂	Fl.
Sebamidsäure-methylester s. Sebacinsäure-amid-methylester				
Sebacinsäure-mono-äthylester [Org. Syntheses II, 276]	H₅C₂O₂C · [CH₂]₈ · CO₂H	230,31 —	34…6 183…7/₆	Krist.
Sebacinsäure-mononitril s. ω-Cyano-pelargonsäure				

Name und Literatur	Formel	Mol.-Gew. Dichte	F in °C Kp. in °C	Charakteristik
D-Sedoheptose [XXXI, 363]	$HOH_2C \cdot \overset{H}{\underset{OH}{C}} \cdot \overset{H}{\underset{OH}{C}} \cdot \overset{H}{\underset{OH}{C}} \cdot \overset{OH}{\underset{H}{C}} \cdot CO \cdot CH_2OH$	210,19 —	— —	Sirup; reduziert Fehlings-Lsg.; 10%-ige Lsg. schwach rechtsdrehend; Phenylosazon F: 197°
Sedoheptulosan [J. Am. Chem. Soc. **74**, 2197]	$\overset{O\ H\ H\ \ H\ \ OH}{\underset{O\ OH\ OH\ H}{H_2C \cdot C \cdot C \cdot C \cdot C \cdot C \cdot CH_2OH}}$	192,17 —	155 —	Krist. (Me); $[\alpha]_D^{26}$: — 145° (W)
Sedoheptulose s. Sedoheptose				
Sedormid [E 2 III, 53]	$H_2N \cdot CO \cdot NH \cdot CO \cdot CH(CH_2 \cdot CH : CH_2) \cdot CH(CH_3)_2$	184,24 —	194...4,5 —	Nadeln (Al); ll. in h. Al, wl. in Ä, swl. in W; Schlafmittel
Seignettesalz s. L(+)-Weinsäure, K-Na-Salz				
Selachylalkohol s. Glycerin-*cis*-octadecen-(9)-yl-ester				
Selen				
Diäthylselenid [E 2 I, 357]	$(C_2H_5)_2Se$	137,08 1,230^{20}	— 110	n_D^{20} 1,4768. Gelbliche Fl.; unl. in W; lauchart. Geruch
Dimethylselenid [E 2 I, 278]	$(CH_3)_2Se$	109,03 1,4077^{14,6}	— 58,2	$n_\alpha^{14,6}$ 1,4799, $n_{He}^{14,6}$ 1,4841, $n_\beta^{14,6}$ 1,4940. Unangenehm riechende Fl.
Selenophen [J. Chem. Soc. **1933**, 1644]	$\underset{Se}{\boxed{}}$	131,04 1,5301^{15}	— 38 109,9...10,1/_{752}	n_D^{15} 1,568. Öl; unl. in W, l. in Aceton, Bzl, CS_2 ,,Selenfuran''
Semicarbazid [E 2 III, 80]	$H_2N \cdot NH \cdot CONH_2$	75,07 —	96 —	Prismen (abs. Al); ll. in W, Al, unl. in Ä, Bzl, Chlf; durch Feuchtigkeit rasche Z.
Semicarbazid-hydrochlorid [E 1 III, 47]	$CH_5ON_3 \cdot HCl$	111,53 —	175 —	Prismen (verd. Al); ll. in W, unl. in Ä, k. abs. Al, swl. in h. abs. Al

Name	Formel	Mol.-Gew. / Dichte	F / Kp	Eigenschaften
Semicarbazid-sulfat [E 1 III, 47]	$CH_5ON_3 \cdot H_2SO_4$	173,15 —	145 Z —	Krist. (W); ll. in W; unl. in abs. Al
Senfgas s. β,β'-Dichlor-diäthylsulfid				
Senföl s. Allylsenföl				
Sensitivrot s. Pinacyanol				
DL-Serin [E 2 IV, 934]	$HOH_2C \cdot CH(NH_2) \cdot CO_2H$	105,09 —	240 —	Krist. (W); 3,01 W 10°; 4,14 W 20°; unl. in Al, Ä
L(−)-Serin [E 2 IV, 919]	$HOH_2C \cdot \overset{\overset{NH_2}{\vert}}{\underset{\underset{H}{\vert}}{C}} \cdot CO_2H$	105,09 —	— —	Tafeln $\cdot 1\,H_2O$ (W); $[\alpha]_D^{20}$: $-6,83°$ (1,5002 g in 15,0063 g wss. Lsg.); schmeckt süßlich mit fadem Nachgeschmack
Serotonin [J.Am.Chem. Soc. **73**, 5007]		176,22 —	— —	Hydrochlorid F: 167…8; Komplex mit Kreatinsulfat F: 215°; Pikrat: rote Nadeln, F: 185…8°
d-Sesamin [E 2 XIX, 490]		354,36 —	123 —	Nadeln (Al); unl. in W, Alk, HCl, 8,07 sied. Al, ll. in Aceton, Chlf, Bzl, Eg; $[\alpha]_D^{22}$: $+68,4°$ (Chlf)
Shikimisäure [E 2 X, 326]		174,15 $1,599^{14}$	183…4 —	Nädelchen; subl.; praktisch unl. in Chlf, PÄ, Bzl; 18 W 21°; 1,9 Al 21°; 0,015 Ä 23°; $[\alpha]_D^{18}$: $-204,4°$ (W)
d-Siaresinolsäure [E 2 X, 304]	$C_{30}H_{48}O_4$	472,71 —	292 —	Prismen (Al); swl. in PÄ, CS_2, wl. in Ä, Aceton, Chlf, Bzl, ll. in k. Al, Eg; $[\alpha]_D^{22}$: $+27,3$ (Me)
Silicium -äthyl-isobutyl- dichlorid [E 1 IV, 581]	$(CH_3)_2CH \cdot CH_2\!\!>\!\!SiCl_2$ $CH_3 \cdot CH_2$	185,17 $1,024^{20}$	— 168…70	n_α^{20} 1,4379, n_D^{20} 1,4404, n_β^{20} 1,4465. Fl.

Name und Literatur	Formel	Mol.-Gew. Dichte	F in °C Kp. in °C	Charakteristik
Silicium				
-äthyl-propyl-dibenzyl [E 1 XVI, 526]	$(C_2H_5)(C_2H_5 \cdot CH_2) \cdot Si(CH_2 \cdot C_6H_5)_2$	282,51 —	— 262...5/90	Viol. fluoresz. Fl.; l. in den meisten org. Lösm.
-äthyl-propyl-dichlorid [E 1 IV, 581]	$CH_3 \cdot CH_2 \cdot CH_2$ $CH_3 \cdot CH_2$ $\diagdown SiCl_2$	171,14 $1,048^{15}$	— 152...4	n_α^{20} 1,4334, n_D^{20} 1,4359, n_β^{20} 1,4419. Fl.; an feuchter Luft rauchend
-äthyl-trichlorid [E 1 IV, 582]	$C_2H_5 \cdot SiCl_3$	163,51 $1,238^{19,8}$	— 99,5...100,5	$n_\alpha^{19,8}$ 1,4233, $n_D^{19,8}$ 1,4257, $n_\beta^{19,8}$ 1,4317. Fl.; in W zers.
-äthyl-triphenyl [XVI, 901]	$(C_2H_5)Si(C_6H_5)_3$	288,47 —	76 —	Prismen (PÄ); unl. in W, wl. in Al, ll. in Ä, Aceton, Chlf, PÄ, Bzl, Egester
-diäthyl-dichlorid [IV, 629]	$(C_2H_5)_2SiCl_2$	157,12 —	— 128...30	Fl.; an der Luft rauchend
-diäthyl-diphenyl [E 2 XVI, 605]	$(C_2H_5)_2Si(C_6H_5)_2$	240,42 —	— 295...8	Fl.
Dikieselsäure-hexa= methylester [E 2 I, 274]	$(CH_3O)_3Si \cdot O \cdot Si(OCH_3)_3$	258,38 $1,1441^0$	— 201...2,5	Fl.
-dimethyl-äthyl-phenyl [E 1 XVI, 525]	$(CH_3)_2(C_2H_5)SiC_6H_5$	164,33 $0,881^{15}$	— 197,6...8,6	Fl.
-dimethyl-äthyl-propyl [E 1 IV, 580]	$(CH_3)_2Si(C_2H_5)C_3H_7$	130,31 $0,7347^{15}$	— 120...2	$n_\alpha^{25,2}$ 1,4039, $n_D^{25,2}$ 1,4062, $n_\beta^{25,2}$ 1,4120. Fl.
-dimethyl-chlor-hydrid [Noll, 66]	$Si(CH_3)_2ClH$	94,62 $0,935^{-80}$	— 134,8...4 7...8	Gas; durch W sofort zers.

		M / d	F / Kp	
dimethyl-diäthyl [E 1 IV, 579]	$(CH_3)_2Si(C_2H_5)_2$	116,28 / 0,7214[15]	— / 95,5…6	$n_\alpha^{24,8}$ 1,3959, $n_D^{24,8}$ 1,3982, $n_\beta^{24,8}$ 1,4038. Fl.
-dimethyl-dichlorid [Noll, 57]	$Si(CH_3)_2Cl_2$	129,06 / 1,067[27]	—76 / 70,2	Hydrolyse → Silikon
-dimethyl-dihydrid [Noll, 66]	$Si(CH_3)_2H_2$	60,17 / $0,6377^{-19,6}$	—150,2 / —19,6	Gas; reagiert mit Alkali an Si-H-Bindung; „Dimethylsilan"
-dimethyl-diphenyl [E 2 XVI, 605]	$(C_6H_5)_2Si(CH_3)_2$	212,37 / —	— / 176…8/45	Schwach aromatisch riechende Fl.; ∞ org. Lösm.
-dimethyl-dipropyl [E 1 IV, 580]	$(CH_3 \cdot CH_2 \cdot CH_2)_2Si(CH_3)_2$	144,33 / —	— / 140…2	Fl.
-diphenyl-dihydroxid [E 2 XVI, 607]	$(C_6H_5)_2Si(OH)_2$	216,31 / —	148 Z / —	Krist. (Al + Ä); unl. in Al, Eg, ll. in Ä, CS_2
Disilicium-hexaäthyl [E 2 IV, 1008]	$(C_2H_5)_3Si \cdot Si(C_2H_5)_3$	230,54 / 0,8403[20]	— / 250…3	Fl.
Disilicium-hexamethyl [E 1 IV, 582]	$(CH_3)_3Si \cdot Si(CH_3)_3$	146,38 / $0,7230^{24,4}$	12,5…14 / 112…4	$n_\alpha^{24,4}$ 1,4177, $n_D^{24,4}$ 1,4207, $n_\beta^{24,4}$ 1,4283. Fl.
Disilicium-hexaoxäthyl [E 1 I, 169]	$(C_2H_5O)_3Si \cdot Si(OC_2H_5)_3$	326,54 / 0,9718[17]	— / 123/15	$n_D^{14,5}$ 1,4134. Fl.; zers. mit W; „Hexaäthoxysilicoäthan"
Eicosamethylnonasiloxan [J. Am. Chem. Soc. 68, 362]	$(CH_3)_3Si \cdot [OSi(CH_3)_2]_7 \cdot O \cdot Si(CH_3)_3$	681,47 / 0,918	— / 173/4,9	n_D^{20} 1,3980. Fl.; wl. in Al, l. in Bzl; Silicon
1,1,1,3,5,5,5-Heptamethyl-3-phenyltrisiloxan [J. Am. Chem. Soc. 70, 1115]	$CH_3 \cdot Si \cdot O \cdot Si \cdot O \cdot Si \cdot CH_3$ mit CH_3, CH_3, CH_3 (oben), CH_3, C_6H_5, CH_3 (unten)	298,61 / 0,9080[20]	— / 95/5	n_D^{20} 1,4468. Fl.

Name und Literatur	Formel	Mol.-Gew. Dichte	F in °C Kp. in °C	Charakteristik
Silicium Hexamethylcyclo= trisiloxan [J. Am. Chem. Soc. **68**, 358]	H_3C–Si–O–Si–CH_3 ring structure with CH_3, H_3C, O, Si, CH_3 groups	222,47 —	64 134	Krist.
Kieselsäure-diäthyl= ester [I, 334]	$OSi(OC_2H_5)_2$	134,21 $1,079^{24}$	— 360	
Kieselsäure-dimethyl- diäthylester [I, 334]	$(CH_3O)_2Si(OC_2H_5)_2$	180,28 —	— 143...7	Fl.
Kieselsäure-methyl- triäthylester [I, 334]	$(C_2H_5O)_3Si \cdot OCH_3$	194,31 $0,989^0$	— 155...7	Fl.
Kieselsäure-tetra= äthylester [E 2 I, 332]	$(C_2H_5O)_4Si$	208,33 $0,933^{20}$	— 165...7	Fl.; Kp: 60...2°/$_{12}$; zers. mit W; MAK: 100 cm³/m³
Kieselsäure-tetra= methylester [E 2 I, 274]	$(CH_3O)_4Si$	152,22 $1,0280^{22}$	— 120...2	n_D 1,3638. Fl.
Kieselsäure-trimethyl= äthylester [I, 334]	$(CH_3O)_3Si \cdot OC_2H_5$	166,25 $1,023^0$	— 133...5	Fl.
Silicium -methyl-chlor- dihydrid [E 1 IV, 581]	$SiCH_3ClH_2$	80,59 $0,935^{-80}$	— 134,8 7...8	Gas; durch W sofort zers.

Name [Lit.]	Formel	Molgew. / d	Schmp. / Sdp.	Eigenschaften
-methyl-dichlor-hydrid [E 1 IV, 581*]	$SiCH_3Cl_2H$	115,04 / 1,135^0	−90,6 / 40,4	* s. a. Eaborn, Organosilicon Compounds, London 1960
-methyl-trichlorid [Noll, 57]	$SiCH_3Cl_3$	149,48 / 1,270^{27}	−77,5 / 66,1	Für Silikonherstellung (Vernetzung) verwendet; Si-Cl-Bindungen leicht hydrolysiert
-methyl-trihydrid [Noll, 66]	CH_3SiH_3	46,14 / 0,6277$^{-57,5}$	−156,8 / −57,5	Gas; Si-H-Bindungen sehr reaktionsfähig; unl. in W; „Methylsilan"
-methyl-triphenyl [XVI, 901]	$(CH_3)Si(C_6H_5)_3$	274,44 / —	67...7,5 / —	Krist. (PÄ)
Octamethyl-cyclo-tetrasiloxan [J. Am. Chem. Soc. 68, 358]	Octamethyl-cyclotetrasiloxan-Ringformel (H₃C)₂Si–O–Si(CH₃)₂–O–Si(CH₃)₂–O–Si(CH₃)₂–O	296,62 / 0,9558	17,5 / 175	n_D^{20} 1,3968. Ölige Fl.
Octamethyl-trisil=oxan [J. Am. Chem. Soc. 68, 358]	$(CH_3)_3Si \cdot O \cdot Si(CH_3)_2 \cdot O \cdot Si(CH_3)_3$	236,54 / 0,8200	— / 153	n_D^{20} 1,3848. Fl.; E: ca − 80°; wl. in Al, l. in Bzl
Octaphenyl-cyclo-tetrasiloxan [J. Am. Chem. Soc. 67, 2173]	Octaphenyl-cyclotetrasiloxan-Ringformel (C₆H₅)₂Si–O–Si(C₆H₅)₂–O–Si(C₆H₅)₂–O–Si(C₆H₅)₂–O	793,20 / 1,185	201...2 / 330...40/$_1$	Nadeln (Bzl + Al oder Eg)
1,1,3,5,5-Penta=methyl-1,3,5-tri=phenyl-trisiloxan [J. Am. Chem. Soc. 70, 1115]	Phenyl-trisiloxan-Formel (C₆H₅)(CH₃)₂Si·O·Si(CH₃)(C₆H₅)·O·Si(CH₃)₂(C₆H₅)	422,75 / 1,0227^{20}	— / 169/$_{0,7}$	n_D^{20} 1,5280. Fl.

Name und Literatur	Formel	Mol.-Gew. Dichte	F in °C Kp. in °C	Charakteristik
Silicium				
-tetraäthyl [E 2 IV, 1007]	$(C_2H_5)_4Si$	144,33 $0,7763^{15}_{15}$	— 154,7	$n_\alpha^{25,1}$ 1,4223, $n_D^{25,1}$ 1,4246, $n_\beta^{25,1}$ 1,4305. Fl.; unl. in W
-tetrabenzyl [E 2 XVI, 606]	$(C_6H_5 \cdot CH_2)_4Si$	392,62 $1,0776^{20}$	128...9 < 550	Krist. (Chlf); wl. in Al, l. in Ä, CS_2, sll. in Chlf, h. Bzl
Tetradecamethyl-hexasiloxan [J. Am. Chem. Soc. **68**, 358]	$(CH_3)_3Si \cdot [OSi(CH_3)_2]_4 \cdot OSi(CH_3)_3$	459 0,8910	— 142/$_{20}$	n_D^{20} 1,3948. Fl.; wl. in Al, l. in Bzl
-tetra-isoamyl [IV, 626]	$(C_5H_{11})_4Si$	312,66 —	— 275...9	Fl.; ∞ Al, Ä
-tetramethyl [E 1 IV, 579]	$(CH_3)_4Si$	88,23 $0,6510^{15}$	— 26...7	$n_\alpha^{18,7}$ 1,3569, $n_D^{18,7}$ 1,3591, $n_\beta^{18,7}$ 1,3645. Fl.; petroleumart. Geruch; unl. in W; entzündet sich leicht an der Luft
1,1,3,3-Tetramethyl-1,3-diphenyl-disiloxan [J. Am. Chem. Soc. **70**, 1115]	(Strukturformel: zwei Phenylringe mit Si·O·Si, je CH_3 CH_3)	286,53 $0,9763^{20}$	— 110...1/$_1$	n_D^{20} 1,5122. Fl.
Silicium				
-tetraphenyl [E 2 XVI, 606]	$(C_6H_5)_4Si$	336,51 1,0780	235...6 > 530	Krist. (Chlf); wl. in Al, Ä, l. in Aceton, k. Chlf, Eg, CS_2, ll. in h. Bzl
-tetra-n-propyl [IV, 626]	$(CH_3CH_2CH_2)_4Si$	200,44 $0,7883^{15}$	— 213...4	Fl.; unl. in W, l. in Al, Ä
-tetra-m-tolyl [XVI, 902]	$(CH_3 \cdot C_6H_4)_4Si$	392,62 $1,188^{20}$	150,8 < 550	Krist. (Lg); praktisch unl. in Al, l. in Ä, PÄ, Eg, ll. in Chlf, Bzl
-tetra-p-tolyl [XVI, 902]	$(CH_3 \cdot C_6H_4)_4Si$	392,62 $1,0793^{20}$	228 < 450	Krist. (Chlf); zwl. in Ä, l. in k. Chlf, CS_2, sll. in h. Chlf, Bzl

-triäthyl-bromid [E 1 IV, 581]	$(C_2H_5)_3SiBr$	195,18 $1,1766^{20}$	— $66,5/_{24}$	$n_\alpha^{15,7}$ 1,4640, $n_D^{15,7}$ 1,4670, $n_\beta^{15,7}$ 1,4745. Fl.
-triäthyl-n-butyl [E 1 IV, 580]	$CH_3\cdot[CH_2]_3\cdot Si(C_2H_5)_3$	172,39 $0,7741^{25,4}$	— 190,6...1,6	$n_\alpha^{24,8}$ 1,4298, $n_D^{24,8}$ 1,4322, $n_\beta^{24,8}$ 1,4381. Fl.
-triäthyl-chlorid [IV, 627]	$(C_2H_5)_3SiCl$	150,73 0,9249	— —	Fl.; an der Luft rauchend
-triäthyl-isobutyl [E 1 IV, 580]	$(CH_3)_2\cdot CH_2\cdot CH_2\cdot Si(C_2H_5)_3$	172,39 $0,7758^{25,5}$	— 187...7,2	$n_\alpha^{25,5}$ 1,4309, $n_D^{25,5}$ 1,4333, $n_\beta^{25,5}$ 1,4393. Fl.
-triäthyl-phenyl [E 2 XVI, 605]	$(C_6H_5)\cdot Si(C_2H_5)_3$	192,38 $0,9042^0$	— 230	Aromatisch riechende Fl.; unl. in W, l. in Ä
-trimethyl-äthyl [E 1 IV, 579]	$(CH_3)_3Si\cdot C_2H_5$	102,25 $0,6901^{15}$	— 62,6...3,4/$_{756}$	$n_\alpha^{20,2}$ 1,3805, $m_D^{20,2}$ 1,3828, $n_\beta^{20,2}$ 1,3883. Fl.
-trimethyl-benzyl [E 1 XVI, 526]	$(CH_3)_3Si\cdot CH_2\cdot C_6H_5$	164,33 $0,872^{15}$	— 191,2...1,4	Fl.; riecht nach Anisöl
-trimethyl-n-butyl [E 1 IV, 580]	$CH_3\cdot[CH_2]_3\cdot Si(CH_3)_3$	130,31 $0,7227^{15}$	— 115...5,2	$n_\alpha^{24,8}$ 1,3979, $n_D^{24,8}$ 1,4004, $n_\beta^{24,8}$ 1,4059. Fl.
-trimethyl-chlorid [Noll, 57]	$Si(CH_3)_3Cl$	108,64 $0,8581^{20}_4$	—57,7 57,3	n_D^{20} 1,3884. Verw. für die Silikon-herstellung
-trimethyl-furyl-(2) [Dunlop, 207]	(Furan-2-yl)$\cdot Si(CH_3)_3$	140,26 $0,880^{20}$	— 124...5/$_{750}$	n_D^{20} 1,4470. Fl.
-trimethyl-hydrid [Noll, 66]	$Si(CH_3)_3H$	74,20 $0,6375^{6,7}$	—135,9 6,7	Reaktionsfähige Si-H-Bindung (besonders Alk); „Trimethylsilan"
-trimethyl-phenyl [E 2 XVI, 605]	$C_6H_5\cdot Si(CH_3)_3$	150,30 $0,873^{15}$	— 171,5...1,7	Fl.
-trimethyl-propyl [E 1 IV, 580]	$(CH_3)_3Si\cdot CH_2\cdot CH_2\cdot CH_3$	116,28 $0,6973^{25}$	— 89,3...9,6	n_α^{25} 1,3885, n_D^{25} 1,3908, n_β^{25} 1,3964. Fl.

Name und Literatur	Formel	Mol.-Gew. Dichte	F in °C Kp. in °C	Charakteristik
Silicium				
cis-2,4,6-Trimethyl-2,4,6-triphenyl-cyclo-trisiloxan [J. Am. Chem. Soc. **70**, 1115]		408,68 —	99,5 165...85/$_{1,5}$	Platten (Al)
trans-2,4,6-Trimethyl-2,4,6-triphenyl-cyclo-trisiloxan [J. Am. Chem. Soc. **70**, 1115]	$C_{21}H_{24}O_3Si_3$	408,68 1,1062^{20}	39,5 190/$_{1,5}$	n_D^{20} 1,5397. Nadeln (Al)
-triphenyl-hydrid [E 2 XVI, 605]	$(C_6H_5)_3SiH$	160,41 —	40 152...67/$_2$	Tafeln (Al); swl. in Me, Al, Eg, l. in Ä, Aceton, Chlf, Bzl
Silvan s. 2-Methyl-furan				
d-Silvestren [E 2 V, 84]		136,24 0,8479^{18}	— 175/$_{751}$	$n_\alpha^{17,1}$ 1,4742, $n_D^{17,1}$ 1,4775, $n_\gamma^{17,1}$ 1,4929. Fl.; $[\alpha]_D^{18}$: + 83,18°; unl. in W, l. in Al, Ä
Sinigrin [Ber. **63**, 2789]	$O \cdot SO_3K$ $C \cdot S \cdot C_6H_{11}O_5$ $N \cdot CH_2 \cdot CH : CH_2$	397,47 —	127...9 —	Krist.; unl. in Ä, Chlf, Bzl, ll. in W, $[\alpha]_D^{18}$: − 16,4° (W)

Siriusgelb G s. 1,2-Benzo-anthrachinon

Name	Formel			Eigenschaften
β-Sitosterin [Lettré, 168]	(Steroid-Strukturformel)	414,72 / —	140 / —	Platten (Al); $[\alpha]_D^{25}$: $-37°$ (Chlf); Acetylderivat F: 127…8°
Skatol s. 3-Methyl-indol				
Solanidin [Lettré, 253]	(Steroid-Strukturformel)	397,65 / —	219 / —	Nadeln (Chlf + Me); subl.; $[\alpha]_D^{21}$: $-29°$ (Chlf); praktisch unl. in W, Ä, wl. in Al, Me, l. in Chlf, Bzl
Solanin [Lettré, 248]	$C_6H_{11}O_4 \cdot O \cdot C_6H_{10}O_4 \cdot O \cdot$ Rhamnose Galactose $C_6H_{10}O_4 \cdot O \cdot C_{27}H_{42}N$ Glucose Solanidin	868,08 / —	265 Z / —	Nadeln (Al 85%); $[\alpha]_D^{20}$: $-60°$ (Py)
Sorbierit s. L-Idit				
Sorbinalkohol [Helv. Chim. Acta 15, 264]	$CH_3 \cdot CH : CH \cdot CH : CH \cdot CH_2OH$	98,15 / —	30,5…1,5 80/12	Lange Nadeln von angenehmem Geruch; Wdampfflch.; unl. in W, l. in Al, Ä, Ölen; zers.
Sorbinsäure [E 2 II, 452]	$CH_3 \cdot CH : CH \cdot CH : CH \cdot CO_2H$	112,13 / —	133…4 228 Z	Nadeln (1 Al + 2 W, sied.); swl. in k. W, wl. in h. W, ll. in Al, Ä; Wdampfflch.
Sorbinsäure-äthylester [E 2 II, 452]	$CH_3 \cdot CH : CH \cdot CH : CH \cdot CO_2C_2H_5$	140,18 $0,9405^{15,3}$	— 81/15	$n_\alpha^{15,3}$ 1,4915, $n_\beta^{15,3}$ 1,5140. Fl.
Sorbinsäure-amid [E 2 I,I 453]	$CH_3 \cdot CH : CH \cdot CH : CH \cdot CONH_2$	111,14 / —	168 / —	Nadeln (W); l. in W, Al

Name und Literatur	Formel	Mol.-Gew. Dichte	F in °C Kp. in °C	Charakteristik
Sorbinsäure-chlorid [E 2 II, 453]	$CH_3 \cdot CH : CH \cdot CH : CH \cdot COCl$	130,58 1,0666[18,8]	— 78...9/14	$n_\alpha^{18,8}$ 1,5471, $n_\beta^{18,8}$ 1,5571. Fl.
Sorbinsäure-methylester [E 2 II, 452]	$CH_3 \cdot CH : CH \cdot CH : CH \cdot CO_2CH_3$	126,16 —	5 170	Fettig glänzende Blättchen; riecht anisartig
Sorbinsäure-nitril [II, 485]	$CH_3 \cdot CH : CH \cdot CH : CH \cdot CN$	93,13 —	— 72/20	Fl.; riecht zimtölartig; verharzt
D-Sorbit [E 2 I, 605]	$HOCH_2 \cdot \overset{H}{\underset{OH}{C}} \cdot \overset{H}{\underset{OH}{C}} \cdot \overset{OH}{\underset{H}{C}} \cdot \overset{H}{\underset{OH}{C}} \cdot CH_2OH$	182,17 —	97,7 * —	Krist.; $[\alpha]_D^{20}$: — 2,0° (W, c = 9); sehr hygr.; $\cdot 1 H_2O$ F: 55°; $\cdot \frac{1}{2} H_2O$ F: 75°; ll. in W, h. Al, wl. in k. Al; schmeckt süß; * F der metastabilen Form: 93°
Sorbose [XXXI, 349]	$HOH_2C \cdot \overset{OH}{\underset{O}{C}} \cdot \overset{H}{\underset{H}{C}} \cdot \overset{OH}{\underset{OH}{C}} \cdot \overset{}{\underset{H}{C}} \cdot CH_2OH$	180,16 1,654	165 —	Krist.; swl. in h. Al; 55 W 17°; 1,3 Me 17°; $[\alpha]_D^{20}$: — 43,2° (W)
dl-Sorbose s. β-Acrose				
(—)-Spartein [E 2 XXIII, 97]		234,39 1,023[20]	— 326	n_α^{19} 1,5257, n_D^{19} 1,5289, n_β^{19} 1,5368. Öl; 0,304 W 22°, sll. in Al, Ä, Bzl; $[\alpha]_D^{21}$: — 16,4° (Al)
Spermin [E 2 IV, 704]	$H_2N \cdot [CH_2]_3 \cdot NH \cdot [CH_2]_4 \cdot NH \cdot [CH_2]_3 \cdot NH_2$	202,35 —	55...60 ca 150/5	Zerfl. Kristallmasse; sll. in W, Al, Chlf, swl. in Ä, unl. in Bzl, Lg; nimmt CO_2 auf und wird fl.; W-dampfflch.; Vork. im menschlichen Sperma
Sphingosin [E 2 IV, 757]	$CH_3 \cdot [CH_2]_{12} \cdot CH : CH \cdot CH(OH) \cdot CH(NH_2) \cdot CH_2OH$	299,50 —	— —	Nadeln (Ä); Sulfat: Nadeln, F: 233... 4° Z.; unl. in W, Ä, wl. in k. Al

Name	Formel	Mol.-Gew. / Dichte	F / Kp	Eigenschaften
Spinacan [E 2 I, 145]	$[(CH_3)_2CH \cdot CH_2 \cdot CH_2 \cdot CH_2 \cdot CH(CH_3) \cdot CH_2 \cdot CH_2 \cdot CH_2 \cdot CH(CH_3) \cdot CH_2 \cdot CH_2]_2$	422,83 $0,8119^{20}_{20}$	— $280...1/_{24}$	n^{20}_D 1,4532. Fbl. leichtbewegliches Öl
Spinacen s. Squalen				
Spinulosin [Biochem. J. **32**, 803]		184,15 —	202 —	Purpurschw. Krist.; l. in h. W, wl. in k. W; in verd. NaOH Purpurfärbung
Spritblau (Carbinolbase) s. 4,4′,4″-Trianilino- 3-methyl-triphenylcarbinol				
Squalen [E 2 I, 250]	$[(CH_3)_2C: CH \cdot CH_2 \cdot CH_2 \cdot C(CH_3): CH \cdot CH_2 \cdot CH_2 \cdot C(CH_3): CH \cdot CH_2]_2$	410,73 $0,8584^{20}$	— $284...5/_{25}$	n^{20}_α 1,4932, n^{20}_D 1,4967, n^{20}_β 1,5054. Angenehm riechendes Öl
Stachydrin [E 1 XXII, 483]		143,19 —	— —	Hydrochlorid $C_7H_{14}O_2NCl$; Prismen (W), F: ca 235°; praktisch unl. in Ä, Chlf, l. in W; 1,5 Al 20°; $[\alpha]^{18}_D$: $-26,2°$ (W)
Stearinaldehyd [E 2 I, 772]	$CH_3 \cdot [CH_2]_{16} \cdot CHO$	268,49 —	38 $212...3/_{22}$	Blätter (Ä); polym. → F: 80°; Semicarbazon F: 108...9°
Stearinsäure [E 2 II, 346]	$CH_3 \cdot [CH_2]_{16} \cdot CO_2H$	284,49 $0,8394^{80}$	71 359...83	n^{70}_α 1,4310, n^{70}_D 1,4332, n^{70}_β 1,4386. Krist. (CS_2); subl. im Vak.; 0,03 W 25°; 7,2 abs. Al 25°; 13,8 abs. Al 40°; 1,04 Al 95% 18°; 5,5 Ä 15°; ll. in Bzl, CS_2; Wdampfflch.
-Ca-Salz [E 2 II, 351]	$Ca(C_{18}H_{35}O_2)_2$	607,04 —	179...80 —	Amorphes Pulver; 0,004 W 20°; l. in alkohol. HCl, sied. Xylol, wl. in sied. Al, sied. Bzl, swl. in sied. Chlf, unl. in Ä, PÄ
-K-Salz [E 2 II, 350]	$KC_{18}H_{35}O_2$	322,58 —	— —	Krist.; 0,37 Al 95% 18°; ca 10 h. Al 95%; swl. in W, unl. in 90% Aceton

Name und Literatur	Formel	Mol.-Gew. Dichte	F in °C / Kp. in °C	Charakteristik
Stearinsäure				
-Mg-Salz [E 2 II, 351]	$Mg(C_{18}H_{35}O_2)_2$	591,27 / —	$\sim$145 / —	Krist. (Al 95%); 0,0077 W 20°; 0,0053 Al 90% 25°; l. in h. Al
-Na-Salz [E 2 II, 349]	$NaC_{18}H_{35}O_2$	306,47 / —	ca 220 / —	Blättchen; 24,5 W 90°; 0,2 k. Al; 10 sied. Al; 1 sied. Aceton 80%; Seife; Emulgiermittel
Stearinsäure-äthylester [E 2 II, 352]	$CH_3 \cdot [CH_2]_{16} \cdot CO_2C_2H_5$	312,54 / $0,8481^{36,3}$	33,5 / 224 Z	$n_\alpha^{36,3}$ 1,4368, n_D^{40} 1,4292, $n_\beta^{36,3}$ 1,4444. Krist. (Al oder Aceton); Kp: $152°/_{0,18}$; unl. in W
Stearinsäure-amid [E 2 II, 361]	$CH_3 \cdot [CH_2]_{16} \cdot CONH_2$	283,50 / —	108,5...9 / $250...1/_{12}$ Z	Nadeln (Lg + Ä); unl. in W, ll. in sied. Al, Ä, Chlf
Stearinsäure-amylester [Gnamm, 397]	$CH_3 \cdot [CH_2]_{16} \cdot CO_2C_5H_{11}$	354,62 / $0,860^{15}$	ca 14 / ca 360	Fbl. Fl.; unl. in W, l. in KW
Stearinsäure-butylester [Gnamm, 396]	$CH_3 \cdot [CH_2]_{16} \cdot CO_2C_4H_9$	340,59 / $0,856^{20}$	18...20 / 226...44	n_D^{20} 1,4465. Fbl. Fl.; unl. in W; mischbar mit den meisten org. Lösm.
Stearinsäure-chlorid [E 2 II, 360]	$CH_3 \cdot [CH_2]_{16} \cdot COCl$	302,93 / —	24 / $211...9/_{15}$ Z	Kristallmasse; Kp: $164...6°/_{0,5...1}$
Stearinsäure-Glycerinester s. Glycerin-tristearat				
Stearinsäure-methylester [E 2 II, 351]	$CH_3 \cdot [CH_2]_{16} \cdot CO_2CH_3$	298,51 / —	38,5 / $443/_{747}$	Krist. (Ä oder Aceton); Kp: 163... $5°/_{0,01}$; unl. in W
Stearolsäure [E 2 II, 458]	$CH_3 \cdot [CH_2]_7 \cdot C \vdots C \cdot [CH_2]_7 \cdot CO_2H$	280,45 / —	48 / —	Prismen (Al); ll. in h. Al, Ä, swl. in k. Al, unl. in W
Stearon [E 2 I, 776] [E 2 I, 776]	$CH_3 \cdot [CH_2]_{16} \cdot CO \cdot [CH_2]_{16} \cdot CH_3$	506,95 / $0,7979^{89,4}$	88 / $345/_{12}$	Blättchen (Al); Krist. (Lg); unl. in W, wl. in sied. Al, sied. Ä; Oxim F: 66...70

Stearylalkohol [E 2 I, 468]	CH$_3 \cdot$ [CH$_2$]$_{17} \cdot$ OH	270,50 0,8124^{59}	58,5...9,5 210/$_{15}$	Krist. (Al); unl. in W, wl. in Aceton, l. in Al, Ä
Sternit s. Arsen, Phenylarsin-dichlorid				
α-Stibazol [E 1 XX, 169]		181,24 —	91 194/$_{14}$	Krist. (verd. Al); swl. in W, zll. in Al, Bzl, Lg, ll. in Ä, CS$_2$; Wdampfflch.
γ-Stibazol [XX, 442]		181,24 —	127 —	Blättchen (Al); swl. in W, l. in Al, Ä, Chlf; Wdampfflch.; Pikrat F: 213°
Stigmasterin [Lettré, 108]		412,71 —	170 —	Krist. (Al); [α]$_D^{22}$: − 51° (Chlf); unl. in W, l. in den gebr. org. Lösm.; Acetylderivat F: 144°
cis-Stilben [E 2 V, 539]	H $\cdot$ C $\cdot$ C$_6$H$_5$ H $\cdot$ C $\cdot$ C$_6$H$_5$	180,25 —	— 140/$_{12}$	Öl; blütenähnlicher Geruch; unl. in W, l. in Al, Ä; Erhitzen auf 170...8° → Stilben; s. a. Ber. **89**, 446
trans-Stilben [E 2 V, 537]	H $\cdot$ C $\cdot$ C$_6$H$_5$ C$_6$H$_5 \cdot$ C $\cdot$ H	180,25 1,164^0	124...5 305...8/$_{744}$	Krist. (Al); 10,21 Bzl 19°; 15,32 Chlf 19°; 5,67 Ä 14°; 0,69 abs. Al 17,2°; ll. in Bzl, unl. in W; subl.; Wdampfflch.
Stilböstrol [J. Am. Chem. Soc. **65**, 11]		268,36 —	171 —	Platten (verd. Al oder Bzl); praktisch unl. in W, l. in Al, Ä, Chlf, verd. Alk
Stipitatsäure [J. Chem. Soc. **1951**, 2352]		182,13 —	302...4 Z —	Krist.; Vork. in Penicillium-Arten; Äthylester F: 244°; O(6)-Methyläther des Äthylesters F: 154...6°

Name und Literatur	Formel	Mol.-Gew. Dichte	F in °C Kp. in °C		Charakteristik
Stovain [E 2 IX, 153]	$C_6H_5 \cdot CO_2C(CH_3)(C_2H_5) \cdot CH_2 \cdot N(CH_3)_2 \cdot HCl$	271,79 $1,2076^{15}_{15}$	175 —		Nadeln (Al); unl. in Ä, Aceton, wl. in Me, Al, Chlf, Egester, sll. in W; Cocainersatzmittel
Streptidin [J. Am. Chem. Soc. **72**, 1727]		262,27 —	— —		Optisch inaktiv; Dihydrochlorid F: 170...210° Z.; Dipikrat: gelbe Nadeln, F: 285° Z.
Streptomycin [J. Am. Chem. Soc. **69**, 1234]	$C_{21}H_{39}O_{12}N_7$ Formel 34, S. 926	581,58 —	— —		Trihydrochlorid $[\alpha]_D$: −86,7°; Reineckat F: 162...4° Z.; Antibioticum
L-Streptose [J. Am. Chem. Soc. **68**, 2697]		162,14 —	— —		Unbeständige Prismen
Strophanthidin [Lettré, 375]		404,51 —	233 —		Krist.; $[\alpha]_D$: +42° (Me); Acetyl= derivat F: 248...9°; $[\alpha]_D$: +55,8° (Chlf)

Strophanthidol [Lettré, 375]		406,52 —	142 —	Krist.; $[\alpha]_D$: $+35{,}7°$; Acetylderivat F: 190...3°; $[\alpha]_D$: $+46{,}0°$
Strychnin [J. Am. Chem. Soc. **69**, 2250]		334,42 $1{,}36^{20}$	286...8 270/5	Prismen (Al); praktisch unl. in Ä, PÄ, wl. in W; 0,7 Al 25°; 3,3 sied. Al; 20 Chlf 25°; 0,55 Bzl; 0,4 Me; giftig
Styphninsäure [E 2 VI, 825]		245,11 1,8	174...5 —	Gelbe Krist. (verd. Al); 0,54 W 25°; 1,14 W 62°; ll. in Al, Ä; subl. im Hochvak.; adstringierender Geschmack
Styracin s. Zimtsäure-cinnamylester				
Styrol [E 2 V, 362]	$C_6H_5 \cdot CH : CH_2$	104,15 $0{,}9073^{19,9}$	— 145,8	$n_\alpha^{16,6}$ 1,5419, $n_D^{16,6}$ 1,5485, $n_\beta^{16,6}$ 1,5816. Fl.; swl. in W, ∞ Al, Ä; polym. beim Erhitzen und im Licht; MAK: 100 cm³/m³
Styroldibromid [E 2 V, 278]	$C_6H_5 \cdot CHBr \cdot CH_2Br$	263,97 —	74 133/19	Blättchen oder breite Nadeln (Al 80%; sll. in Ä, Bzl, Eg, l. in Al, Lg, unl. in W
Styroloxid [Org. Syntheses I, 481]	$C_6H_5 \cdot CH{-}CH_2$ (O)	120,15 1,0523	— 188...92	Fl.; aromatisch riechend

Name und Literatur	Formel	Mol.-Gew. Dichte	F in °C Kp. in °C	Charakteristik
Styrol-β-sulfosäure- Na-Salz [Org. Syntheses 34, 85]	$C_6H_5 \cdot CH : CH \cdot SO_3Na$	206,20 —	— —	Krist. (W)
Styrol-β-sulfosäure= chlorid [Org. Syntheses 34, 87]	$C_6H_5 \cdot CH : CH \cdot SO_2Cl$	202,66 —	89...90 —	Krist. (Chlf + PÄ oder CCl_4); zers.
Styron s. Zimtalkohol				
Suberan s. Cycloheptan				
Suberen s. Cyclohepten				
Suberinsäure s. Korksäure				
Suberol s. Cycloheptanol				
Suberon s. Cycloheptanon				
Succin- s. Bernsteinsäure				
Succin-bromimid s. Bromsuccinimid				
Succin-dialdehyd [E 2 I, 824]	$OHC \cdot CH_2 \cdot CH_2 \cdot CHO$	86,09 $1,069^{18}$	— 169...70 *	n_α^{18} 1,42409, n_D^{18} 1,42617, n_γ^{18} 1,43754. Fl.; stechender, leicht süßlicher Geruch; ll. in Lösm., W; polym. besonders durch Wärme; ätzt die Haut; Dioxim: Prismen, F: 171°; * g. Z.
Succinimid [E 2 XXI, 302]	H_2C—CH_2 / OC CO / N—H	99,09 —	126...7 287...8 Z	Krist. (Aceton); swl. in Ä, l. in warmen W, warmen Al

Name	Formel	Molmasse / Dichte	F / Kp	Eigenschaften
Succinylfluorescein [E 2 XIX, 239]	H₂C—CO, H₂C—O, C, HO·C₆H₃, C₆H₃·OH, O	284,27 —	234 Z —	Rote Nadeln ·3H₂O (verd. HCl); unl. in Lg, swl. in W, Ä, wl. in Al, Eg gelb und grün fluoresz.
Succinylobernstein= säure-diäthylester [E 1 X, 434]	H₅C₂O₂C·HC(CH·CO / CO·CH₂)CH·CO₂C₂H₅	256,26 1,40¹⁸	128 subl.	Nadeln (Ä); unl. in k. W, swl. in h. W, ll. in h. Al, Ä, Eg, Lg, Bzl
Sulfachinoxalin [J. Am. Chem. Soc. 66, 1957]	NH·SO₂·C₆H₄·NH₂ (Chinoxalyl)	300,34 —	247…8 —	Kleine Krist.; swl. in W, 0,073 Al 20°, 0,43 Aceton 20°, l. in verd. NaOH; Na-Salz Verw. in der Tiermedizin
Sulfadiazin [J. Am. Chem. Soc. 62, 2002]	H₂N·C₆H₄·SO₂·NH (Pyrimidyl)	250,28 —	252…6 —	Gelbes Pulver; wl. in W, Al; Na-Salz Verw. in der Medizin
Sulfaguanidin [J. Chem. Soc. 1946, 491]	NH₂ / C:NH \ NH·SO₂·C₆H₄·NH₂ (4)	214,25 —	142,5…3,5 * —	Krist. ·1H₂O (W); 10 h. W; 5 sied. Al; 1,5 sied. Aceton; wl. in k. W, k. Al, unl. in Ä, Bzl; * F: 189…90° H₂O-frei; Verw. in der Medizin; Hydrochlorid F: 205…6°
Sulfanilamid s. Sulfanilsäure-amid				
Sulfanilid [E 1 XII, 293]	(C₆H₅·NH)₂SO₂	248,31 —	112 Z ca 170	Nadeln (W); 0,7 sied. W, swl. in PÄ, l. in h. W, ll. in Eg, sll. in Al, Ä
Sulfanilsäure [E 2 XIV, 436]	H₂N·C₆H₄·SO₃H	173,19 1,485	Z 280 —	Krist. ·1H₂O (W); unl. in Al, Ä; 1,0 W 20°; 1,94 W 40°; 6,7 sied. W; Sulfanilsäure-anilid: Nadeln (Al) F: 200°, unl. in W., ll. in h. Al
Sulfanilsäure-amid [XIV, 698]	H₂N·C₆H₄·SO₂NH₂	172,21 —	163 —	Blättchen (verd. Al); l. in h. W, Al, Ä, Aceton

Name und Literatur	Formel	Mol.-Gew. Dichte	F in °C Kp. in °C	Charakteristik
Sulfanilsäure-amid- N$_4$-acetat [XIV, 702]	$CH_3CO \cdot NH$—⟨⟩—SO_2NH_2	214,24 —	219 —	Nadeln (verd. Al); ll. in h. W, Al, Aceton
Sulfanilsäure-chlorid- N-acetat [Org. Syntheses I, 8]	$CH_3 \cdot CO \cdot NH \cdot C_6H_4 \cdot SO_2Cl$	233,67 —	149 —	Prismen (Bzl); ll. in Al, Ä, Egester
Sulfanilylharnstoff [J. Am. Chem. Soc. **64**, 1684]	H_2N—⟨⟩—$SO_2 \cdot NH \cdot CO \cdot NH_2$	215,23 —	146...8 —	Krist. (W); 0,12 W 37°; l. in Alk; Na-Salz Verw. in der Medizin
Sulfapyridin s. 2-[Aminobenzol-4'-sulfamid]-pyridin				
Sulfathiazol s. 2-[Aminobenzol-4'-sulfamid]-thiazol				
N-Sulfinyl-anilin s. Thionylanilin				
Sulfobenzid s. Diphenylsulfon				
o-Sulfo-benzoesäure [E 2 XI, 215]	$HO_3S \cdot C_6H_4 \cdot CO_2H$	202,19 —	134 —	Nadeln · 3 H$_2$O (W), F: 70°; unl. in Ä, sll. in W, Al; über 125° → Anhydrid
o-Sulfobenzoesäure= anhydrid [Org. Syntheses I, 482]	(cyclisches Sulfobenzoesäureanhydrid)	184,17 —	126...7 184...6/$_{18}$	Krist. (Bzl); unl. in k. W, l. in h. W, Ä, Chlf, Bzl
o-Sulfobenzoesäureimid s. Saccharin				
m-Sulfo-benzoesäure [XI, 384]	$HO_3S \cdot C_6H_4 \cdot CO_2H$	202,19 —	141 —	Zerfl. Krist. · 2 H$_2$O, F: 98°; unl. in PÄ, Chlf, Bzl, ll. in W, Al; wfrei ll. in Ä
p-Sulfo-benzoesäure [E 2 XI, 218]	$HO_3S \cdot C_6H_4 \cdot CO_2H$	202,19 —	256...60 —	Nadeln · 3 H$_2$O, F: 94°; ll. in W, Al; wfrei ll. in Ä
Sulfobenzoesäure-S-amid s. Benzoesäure-sulfamid				
Sulfoessigsäure s. Essigsäure-sulfosäure				

Name [Lit.]	Formel	Mol.-Gew.	F/Kp	Eigenschaften
Sulfonal [E 2 I, 720]	$(CH_3)_2C(SO_2C_2H_5)_2$	228,33 1,183[132]	126,5 300 g. Z	Krist. (W oder Al oder Ä); 1,38 W 16°; 6,7 sied. W; 39,5 sied. Al; 1,2 Al 15°; l. in Egester, Chlf, CCl_4, Toluol; subl.; Schlafmittel
dl-α-Sulfo-propionsäure [E 2 IV, 533]	$HO_3S \cdot CH(CH_3) \cdot CO_2H$	154,14 —	— —	Sehr hygr. Krist. $\cdot 1 H_2O$ F: 100,5°; ll .in W, Al; $BaC_3H_4O_5S \cdot 1\frac{1}{2}H_2O$: Schuppen; 7,19 W 15°; 6,87 W 20° (bezogen auf wfreies Salz)
3-Sulfo-salicylsäure [E 2 XI, 231]		218,19 —	213 —	Prismen $\cdot 2 H_2O$; ll. in Eg, sll. in W, Al
5-Sulfo-salicylsäure [E 2 XI, 232]		218,19 —	180 Z —	Krist. $\cdot 2 H_2O$ (W), F: 113°; ∞ W, Al, Ä
Sulfurylindoxyl [E 1 XXVII, 210]		169,20 —	85...6 336	Nadeln (W), wl. in sied. W, l. in Ä, ll. in Al, Aceton, Chlf, Bzl, Eg; unl. in Alk, S
Suprarenin s. Adrenalin Sydnon s. N-Phenyl-sydnon dl-Sylvestren s. Carvestren				
Syringa-aldehyd [Org. Syntheses 31, 92]		182,18 —	111...2 —.	Krist. (verd. Me)
Systose s.u. Phosphor				
Tachysterin [Lettré, 186]		396,66 —	— —	Öl; unl. in W., Me, l. in org. Lösm.; $[\alpha]_D^{18}$: $-70°$ (PÄ) s. a. Chem. Ber. 87, 1407

Name und Literatur	Formel	Mol.-Gew. Dichte	F in °C Kp. in °C	Charakteristik
Tagatose [E 1 I, 466]	$HOCH_2 \cdot [CHOH]_3 \cdot CO \cdot CH_2OH$	180,16 —	124 —	Krist.; 60 W 22°, 0,02 Al 22°
D-Tagatose [Helv. Chim. Acta **20**, 1537]	$H_2C \cdot C \cdot C \cdot C \cdot C \cdot CH_2OH$ (H, OH, OH, OH oben; OH, H, H unten; Ringschluss über O)	180,16 —	134…5 —	Krist.; wl. in Al, l. in W; $[\alpha]_D^{22}$: $+1,0°$ (W)
D-Taloschleimsäure [E 2 III, 377]	$HO_2C \cdot C \cdot C \cdot C \cdot C \cdot CO_2H$ (H, OH, OH, OH oben; OH, H, H, H unten)	210,14 —	158 —	Blättchen (Al); praktisch unl. in Ä, Chlf, Bzl, wl. in h. Aceton, sll. in k. W, h. Al; $[\alpha]_D^{20}$: $+29,2…+19°$
D-Talose [E 1 I, 456]	$HOCH_2 \cdot C \cdot C \cdot C \cdot C \cdot CHO$ (H, OH, OH, OH oben; OH, H, H, H unten)	180,16 —	— —	Sirup; $[\alpha]_D$: $+13,95°$
Tanaceton s. β-Thujon				
d-Tartramid s. L(+)-Weinsäurediamid				
Tartrasin [E 2 XXV, 248]	NaO_3S–C$_6$H$_4$–N:N–[Pyrazolring: CO$_2$Na, HO, N–N]–C$_6$H$_4$–SO_3Na	534,37 —	— —	Or.gelbes Pulver; unl. in Al, sll. in W

Tartronsäure [E 2 III, 273]	$HOCH(CO_2H)_2$	120,06 —	156…8 Z subl. 110	Prismen · $\frac{1}{2}$ H_2O (W); ll. in W, Al, wl. in Ä, wird im Exsiccator wfrei, dann ll. in Ä
Taurin [E 2 IV, 950]	$H_2N \cdot CH_2 \cdot CH_2 \cdot SO_3H$	125,15 —	> 240 —	Große Säulen; 6,45 W 12°; 0,004 Al 95% 17°; unl. in abs. Al, Ä; Darst. aus Rindergalle; mit Phenol und Hypochlorit → tiefblaue Färbung
Taurocholsäure [Z. physiol. Chem. **224**, 160]	CH_3 $\dot{C}H \cdot [CH_2]_2 \cdot CONH$ $HO_3S \cdot [\dot{C}H_2]_2$ (Sterangerüst)	515,72 —	ca 125 Z —	Prismen (Al + Ä); swl. in Ä, Egester, l. in Al, ll. in W; $[\alpha]_D^{18}$: + 38,8° (Al)
Tellur-diäthyl [E 2 I, 359]	$(C_2H_5)_2Te$	185,72 1,599[15]	— 137…8	n_D^{15} 1,5182. Rotgelbe Fl.; widerlicher Geruch; swl. in W; oxid. an der Luft
Tellur-dimethyl [E 2 I, 278]	$(CH_3)_2Te$	157,67 —	— 82	Gelbes Öl; unl. in W, l. in Al, Ä; riecht sehr unangenehm
TEPP s. Phosphor, Diphosphorsäure-tetraäthylester				
Teraconsäure [E 2 II, 663]	$(CH_3)_2C : C(CO_2H) \cdot CH_2 \cdot CO_2H$	158,16 —	154…6 Z	Krist. (W); F bei langsamen Erhitzen 154…6°, bei raschem 160°; zll. in k. W, ll. in h. W, Al, l. in Ä, wl. in Chlf, Bzl; Dest. im Vak. → H_2O + Anhydrid
Terebinsäure [XVIII, 377]	(Lacton-Struktur)	158,16 —	175 Z	Krist. (Al); wl. in k. W, zl. in sied. W, ll. in h. Al; 1,7 Ä 10°
Terephthalaldehyd [E 2 VII, 607]	OHC—⟨⟩—CHO	134,14 —	116 245	Nadeln (W); 0,02 k. W; 1,7 sied. W; l. in Ä, sll. in Al, l. in Alk; subl.; Dioxim F: 198°

51*

Name und Literatur	Formel	Mol.-Gew. Dichte	F in °C Kp. in °C	Charakteristik
Terephthalaldehydsäure [E 2 X, 465]	OHC—C₆H₄—CO_2H	150,14 —	248...50 * subl.	Nadeln (W); wl. in h. W, h. Al, Ä, Chlf, Eg; * F im geschl., mit CO_2 gefüllten Rohr
Terephthalsäure [IX, 841]	HO_2C—C₆H₄—CO_2H	166,13 —	— subl. 300	Nadeln; unl. in Ä, Chlf, Eg, 0,0015 k. W, wl. in k. Al, l. in h. Al
Terephthalsäure-chlorid [E 2 IX, 613]	ClOC—C₆H₄—COCl	203,03 —	82 263...6	Nadeln (Lg); l. in Ä, Bzl
Terephthalsäure-dimethylester [E 2 IX, 612]	H_3CO_2C—C₆H₄—CO_2CH_3	194,19 —	140,5...41 subl.	Nadeln (Ä); wl. in h. W, k. Me, k. Al, l. in Ä, ll. in h. Al
Terephthalsäure-dinitril [E 2 IX, 613]	NC—C₆H₄—CN	128,14 —	222 —	Nadeln (W oder Me); ll. in h. Eg, h. Bzl, l. in h. Al, wl. in k. Al, sied. Ä, swl. in W
Terpenylsäure [XVIII, 384]	(Terpenylsäure-Lacton: $CH_2 \cdot CO_2H$, $(CH_3)_2$, H)	172,18 —	90 130...40	Blättchen oder Prismen ·1 H_2O (W), F: 57°; zll. in k. W, sll. in h. W
Terphenyl s. 1,4-Diphenylbenzol				
cis-Terpin [E 2 VI, 754]	HO—, H_3C—Cyclohexan—$C(CH_3)_2OH$, H	172,27 —	104,1 258	Krist.; an der Luft → Terpinhydrat; Diacetat Fl., Kp: 145°/$_{14}$
trans-Terpin [E 2 VI, 755]	H_3C—, HO—Cyclohexan—$C(CH_3)_2OH$, H	172,27 —	158 263...5	Prismen oder Tafeln (Egester); ll. in Al, wl. in W, Ä, Egester
α-Terpinen [E 2 V, 85]	H_3C—C₆H₈—$CH(CH_3)_2$	136,24 0,8353[18,9]	— 181,5	$n_\alpha^{18,9}$ 1,4754, $n_D^{18,9}$ 1,4794, $n_\beta^{18,9}$ 1,4901. Fl.; unl. in W, l. in Al, Ä; verharzt beim Aufbewahren

Name	Mol.-Gew. / Dichte	Smp./Sdp.	Eigenschaften
β-Terpinen [V, 132]	136,24 / 0,838[22]	— / 173...4	n_D^{22} 1,4754. Fl.
γ-Terpinen [E 2 V, 85]	136,24 / 0,849[20]	— / 183	$n_D^{14,5}$ 1,4765. Fl.; Vork. im Terpentinöl
dl-α-Terpineol [E 2 VI, 67]	154,25 / 0,961[15,6]	35 / ca 217,8	n_D^{20} 1,4789. Krist.; unl. in W, ll. in Al, Ä, Eg; Vork. im Muskatnußöl
β-Terpineol [E 2 VI, 69]	154,25 / 0,8703[79,8]	32...3 / 90/10	$n_\alpha^{79,8}$ 1,4461, $n_\beta^{79,8}$ 1,4553. Nadeln
γ-Terpineol [E 2 VI, 69]	154,25 / 0,8948[80]	69...70 / —	n_α^{80} 1,4628, n_β^{80} 1,4730. Prismen (Ä); leicht flch.; dest. unzers.
Terpineol-(4) [E 2 VI, 65]	154,25 / 0,942[11]	— / 208...10	n_D^{19} 1,4786. Fl.; wl. in W, l. in Al; Vork. in ätherischen Ölen; d-Form: $[\alpha]_D$: +25° (l = 10 cm)
cis-Terpin-hydrat [E 2 VI, 754]	190,29 / —	117,1 / —	Krist.; 3,7 Aceton 25°; 0,4 W 15°; 3,13 sied. W; 10 Al 15°; wl. in Ä, Chlf
Terpinolen [E 2 V, 87]	136,24 / 0,8623[20]	— / 186...7	n_α^{20} 1,4828, n_D^{20} 1,4861, n_β^{20} 1,4946. Fl.; unl. in W, l. in Al, Ä
Terramycin s. Tetracyclin-5-hydroxy-			
Testosteron [Ber. 68, 1859]	288,43 / —	155 / —	Nadeln (verd. Aceton); unl. in W, l. in Al, Ä und anderen org. Lösm.; $[\alpha]_D^{24}$: +109° (Al)
Tethracen [E 2 V, 514]	182,27 / —	106...7 / —	Krist. (Eg); Blättchen (Al); Pikrat F: 116...7°

Strukturformeln (von oben nach unten): CH_2=⬡-CH(CH₃)₂ ; H₃C-⬡-CH(CH₃)₂ ; H₃C-⬡(H)-C(OH)(CH₃)₂ ; H₃C,HO-⬡(H)-C(=CH₂)CH₃ ; H₃C,HO-⬡=C(CH₃)₂ ; H₃C-⬡(OH)-CH(CH₃)₂ ; $C_{10}H_{20}O_2 \cdot H_2O$; H₃C-⬡=C(CH₃)₂ ; Testosteron (Steroidgerüst mit H₃C, OH, H₃C, O) ; Tethracen (Tetrahydroanthracen).

Name und Literatur	Formel	Mol.-Gew. Dichte	F in °C Kp. in °C	Charakteristik
Tetra-äthanol-ammonium-hydroxid [Mellan, 446]	$[N(CH_2 \cdot CH_2OH)_4]^+OH^-$	211,26 —	123 —	Weißes krist. Produkt; ∞ W, l. in Me
Tetraäthylammonium-bromid [E 2 IV, 597]	$(C_2H_5)_4N^+Br^-$	210,16 $1,3880^{25}$	— —	Krist. (k. abs. Al); 279,5 W 25°; 16,7 Chlf 25°; sll. in Al
Tetraäthylammonium-chlorid [E 2 IV, 596]	$(C_2H_5)_4N^+Cl^-$	165,71 $1,1115^{25}$	— —	Sehr zerfl.; 141 W 25°; 5,5 Chlf 25°; sll. in Al, Aceton, l. in Bzl
Tetraäthylammonium-hydroxid [E 2 IV, 596]	$(C_2H_5)_4N^+OH^-$	147,26 —	— —	Nur in Lsg. und als Hydrat bekannt; Nädelchen $\cdot 4H_2O$ (W), F: 49...50°; $\cdot 6H_2O$ F: 55°; sll. in W; im Vak. $\rightarrow$ $(C_2H_5)_3N$, $CH_2 : CH_2$, H_2O
Tetraäthylammonium-jodid [E 2 IV, 597]	$(C_2H_5)_4N^+J^-$	257,16 $1,559^4$	> 200 —	Krist. (h. W); 45 W 25°, 1,03 Chlf 25°, wl. in Al, unl. in Ä
1,2,3,4-Tetraäthylbenzol [E 2 V, 344]	$C_6H_2(C_2H_5)_4$	190,33 $0,88664^{19,6}$	11,6 $121,7/_{14}$	$n_\alpha^{19,6}$ 1,50444, $n_D^{19,6}$ 1,50845, $n_\gamma^{19,6}$ 1,52798. Fl.
1,2,4,5-Tetraäthyl-benzol [V, 455]	$C_6H_2(C_2H_5)_4$	190,33 $0,8884^{16}$	13 250	n_D^{16} 1,5041. Fl.; erstarrt in der Kälte zu harten Kristallblättern; swl. in konz. H_2SO_4
Tetraäthylenglykol [E 2 I, 521]	$HO(C_2H_4O)_3 \cdot C_2H_4OH$	194,23 $1,1261^{20}_{20}$	— $230/_{25}$	Fbl. Fl.; ∞ W, Lösm.
Tetraäthylenglykol-monoäthyläther [E 2 I, 521]	$HO \cdot [CH_2 \cdot CH_2O]_3 \cdot CH_2 \cdot CH_2 \cdot OC_2H_5$	222,28 $1,4389^{15}_{15}$	— 284	n_D^{26} 1,4499. Fl.
Tetraäthylen-pentamin [Mellan, 426]	$HN[[CH_2]_2 \cdot NH \cdot [CH_2]_2 \cdot NH_2]_2$	189,31 $0,998^{20}_{20}$	— 333	Viskose, hygr. Fl.; ∞ W und vielen org. Lösm.

Name [Literatur]	Formel	Mol.-Gew. / D	Smp. / Sdp.	Eigenschaften
Tetraäthylharnstoff [E 2 IV, 611]	$(C_2H_5)_2N \cdot CO \cdot N(C_2H_5)_2$	172,27 —	— 205	Fl.; unl. in W, l. in S; pfefferminzart. Geruch
Tetraäthyl-rhodamin [E 2 XIX, 373]	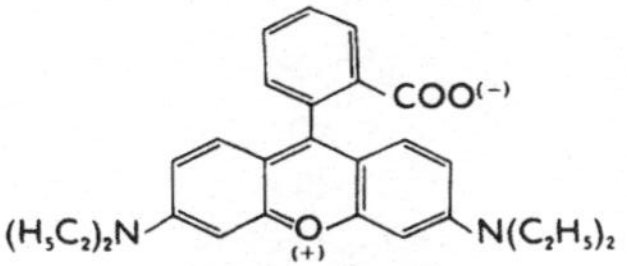 (Strukturformel)	442,56 —	165 —	Krist. (Al); l. in W, Al rot, grün fluoresz., Ä, Bzl
1,1,1,2-Tetrabrom-äthan [E 2 I, 66]	$CH_2Br \cdot CBr_3$	345,67 $2{,}8748^{20}$	— $112{,}5/_{18}$	n_α^{20} 1,62244, n_D^{20} 1,62772, n_γ^{20} 1,65290. Fl.; l. in Al
1,1,2,2-Tetrabrom-äthan [E 2 I, 66]	$CHBr_2 \cdot CHBr_2$	345,67 $2{,}9673^{20}$	0,13 $102/_{12}$	n_α^{20} 1,63263, n_D^{20} 1,63795, n_γ^{20} 1,66249. Fl.; 0,065 W 30°, ∞ Al, Ä; MAK: 1 cm³/m³
Tetrabromäthylen [E 2 I, 164]	$CBr_2 : CBr_2$	343,66 —	56,5 226…7	Krist. (verd. Al); Wdampfflch.; subl. in stark lichtbrechenden Tafeln
2,3,4,5-Tetrabrom-anilin [XII, 668]	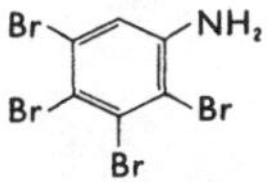 (Strukturformel)	408,73 —	122 —	Nadeln (Al); ll. in den gebr. Lösm.
2,3,4,6-Tetrabrom-anilin [E 2 XII, 359]	$C_6HBr_4 \cdot NH_2$	408,73 —	116…8 —	Nadeln; ll. in den gebr. Lösm.
2,3,5,6-Tetrabrom-anilin [XII, 669]	$C_6HBr_4 \cdot NH_2$	408,73 —	130 —	Nadeln (Al)
1,2,3,5-Tetrabrom-benzol [E 1 V, 117]	$C_6H_2Br_4$	393,72 —	98 329	Nadeln (Al); ll. in Ä, Bzl, CS₂, l. in h. Al, swl. in k. Al; subl.
1,2,4,5-Tetrabrom-benzol [E 2 V, 164]	$C_6H_2Br_4$	393,72 3,027	173…4 —	Krist. (Eg); l. in CS₂
1,2,3,4-Tetrabrom-butan niedrigschmelzend (rac.) [E 3 I, 298]	$CH_2Br \cdot CHBr \cdot CHBr \cdot CH_2Br$	373,73 —	40…1 —	Tafeln (PÄ); sll. in Al, Ä, Lg.; riecht campherartig

Name und Literatur	Formel	Mol.-Gew. Dichte	F in °C Kp. in °C	Charakteristik
1,2,3,4-Tetrabrom-butan hochschmelzend (meso) [E 3 I, 298]	$CH_2Br \cdot CHBr \cdot CHBr \cdot CH_2Br$	373,73 —	118 $180...^1/_{60}$	Nadeln (Lg); 5 sied. Al; swl. in k. Al 85%; unl. in k. PÄ, k. Lg; leicht flch. mit Dampf
2,2,3,3-Tetrabrom-butan [E 2 I, 85]	$CH_3 \cdot CBr_2 \cdot CBr_2 \cdot CH_3$	373,73 —	243 —	Krist. (Ä oder PÄ); sll. in Lg, wl. in Al
Tetrabromchinon [E 2 VII, 585]	$O : C_6Br_4 : O$	423,70 —	300 subl.	Gelbe, goldglänzende Blättchen (Eg); unl. in W, wl. in k. Al, Ä, ll. in sied. Alk
2,4,5,7-Tetrabrom-fluorescein s. Eosin				
Tetrabromkohlenstoff [E 2 I, 35]	CBr_4	331,65 $2,9609^{100}$	92,5 189 g. Z	$n_\alpha^{99,5}$ 1,5942, $n_\beta^{99,5}$ 1,6114. Krist.; Umwandlung bei 46,91°; 0,024 W 30°; l. in Al, Ä, Chlf
3,4,5,6-Tetrabrom-o-kresol [E 2 VI, 337]		423,75 —	204 (206...7) —	Krist. (Bzl); Nadeln (Eg oder Chlf); wl. in k. Eg, Lg, Benzin, zll. in Al, Bzl, ll. in Ä; desinfizierende Wirkung
2,4,5,6-Tetrabrom-m-kresol [E 2 VI, 358]		423,75 —	196 —	Krist. (Eg); Nadeln (Al); l. in Chlf, unl. in W
2,3,5,6-Tetrabrom-p-kresol [E 2 VI, 386]		423,75 —	196 —	Nadeln (Bzl. Al, Chlf oder Eg); unl. in W, ll. in Ä, l. in Benzin, swl. in Lg; l. in verd. NaOH

Tetrabromlinolsäure s. Linolsäure-tetrabromid

1,2,3,4-Tetrabrom-2-methyl-butan s. Isopren-tetrabromid

Tetrabrom-methyl-phenol s. Tetrabrom-kresol

	Formel	Mol.-Gew. / D	Smp. / Sdp.	Eigenschaften
1,1,2,3-Tetrabrom-2-methyl-propan [E 2 I, 91]	$CH_2Br \cdot CBr(CH_3) \cdot CHBr_2$	373,73 2,4545^{20}	— 134...5/$_{15}$	n_α^{20} 1,5948, n_D^{20} 1,5990, n_β^{20} 1,6119. Krist.
1,2,3,4-Tetrabrom-pentan [E 2 I, 98]	$CH_3 \cdot [CHBr]_3 \cdot CH_2Br$	387,76 —	116 131/$_3$	Krist. (abs. Al); flüssige Form: Kp: 121...31°/$_3$; D_4^{18}: 2,3195; n_D^{18} 1,5915
1,2,4,5-Tetrabrom-pentan [E 2 I, 98]	$CH_2Br \cdot CHBr \cdot CH_2 \cdot CHBr \cdot CH_2Br$	387,76 —	86,5 163...5/$_{\sim14}$	Krist. (abs. Al)

Tetrabrom-pentaerythrit s. Pentaerythrit-tetrabromid

	Formel	Mol.-Gew. / D	Smp. / Sdp.	Eigenschaften
2,3,4,6-Tetrabrom-phenol [E 2 VI, 196]	2,3,4,6-Tetrabromphenol (Ringstruktur: OH; Br an 2,3,4,6)	409,72 —	120 —	Nadeln (Al); sll. in Al; subl.
1,1,2,2-Tetrabrom-propan [E 2 I, 77]	$CH_3 \cdot CBr_2 \cdot CHBr_2$	359,70 2,66520$_0^{10}$	− 12,5 ± 1 110,5...1,5/$_{14}$	$n_\alpha^{17,4}$ 1,6108, $n_D^{17,4}$ 1,6148, $n_\beta^{17,4}$ 1,6272. Fl.
1,2,2,3-Tetrabrom-propan [E 2 I, 77]	$CH_2Br \cdot CBr_2 \cdot CH_2Br$	359,70 2,653$_0^{18}$	10...1 123...5/$_{17}$	Fbl., campherart. riechende Fl.
2,3,4,5-Tetrabrom-pyrrol [XX, 168]	2,3,4,5-Tetrabrompyrrol (NH-Ring; 4 Br)	382,70 —	> 250. —	Nadeln (Al); sll. in Al, wl. in W; Bräunung bei 120°; Z. bei höherem Erhitzen unter Br_2-Abgabe
Tetrabromthiophen [E 1 XVII, 18]	Tetrabromthiophen (S-Ring; 4 Br)	399,74 —	114...5 326	Nadeln (Al); unl. in W
Tetra-n-butyl-ammoniumjodid [E 2 IV, 634]	$(CH_3 \cdot CH_2 \cdot CH_2 \cdot CH_2)_4 N^+J^-$	369,38 —	144...5 —	Krist.; wl. in W; sll. in org. Lösm.

Name und Literatur	Formel	Mol.-Gew. Dichte	F in °C Kp. in °C	Charakteristik
3,3′,5,5′-Tetra-t-butyl-4,4′-dihydroxy diphenylmethan [J. Am. Chem. Soc. **79**, 501]*		424,67 —	154 —	Krist. (Al); λ_{max} 276 und 282 mµ; alkalische Oxid. → tiefrot (Anion des Chinomethids); Oxid. mit $K_3Fe(CN)_6$ + Alk oder PbO_2 → blaues Radikal, F: 153°; * s. a. J. org. Chem. **22**, 1435; J. Am. Chem. Soc. **82**, 1756 und 6208; Trisphenolmethan-Derivat
Tetracen s. Naphthacen				
α,α,α′,α′-Tetrachlor-aceton [E 1 I, 345]	$CHCl_2 \cdot CO \cdot CHCl_2$	195,86 $1,624^{15}$	— $180/_{718}$ g. Z	n_D^{18} 1,497. Fl.; starker Geruch; ll. in Al, Ä, Bzl; $\cdot 4 H_2O$ Tafeln, F: 48...9°
1,1,1,2-Tetrachlor-äthan [E 2 I, 55]	$CH_2Cl \cdot CCl_3$	167,85 $1,542_0^{26}$	— 130,5	Fl.; unl. in W, l. in Al, Ä
1,1,2,2-Tetrachlor-äthan [E 2 I, 55]	$CHCl_2 \cdot CHCl_2$	167,85 $1,6026^{15}$	− 42,5 146,35	n_α^{15} 1,4939, n_D^{15} 1,4968, n_β^{15} 1,5038. Fl.; wl. in W, ∞ Al, Ä; chlf-ähnlicher Geruch; giftig; Reizwirkung auf die Haut; MAK: 1 cm³/m³, H
Tetrachloräther s. α,β,β,β-Tetrachlor-diäthyläther				
Tetrachloräthylen [E 2 I, 161]	$CCl_2 : CCl_2$	165,83 $1,6239^{15}$	− 23,5 121,1	n_α^{20} 1,50153, n_D^{20} 1,50547, n_γ^{20} 1,52368. Fl.; unl. in W; MAK: 100 cm³/m³
1,2,3,4-Tetrachlor-anthracen [V, 664]		316,02 —	148...9 —	Nädelchen (Chlf + Al); sll. in Chlf, Bzl, CS_2, wl. in h. Eg, swl. in Al, Ä
1,3,9,10-Tetrachlor-anthracen [E 1 V, 326[	$C_{14}H_6Cl_4$	316,02 —	164 —	Gelbe Nadeln (Eg); ll. in sied. Eg, swl. in Al

2,3,9,10-Tetrachlor-anthracen [E 2 V, 576]	$C_{14}H_6Cl_4$	316,02 —	245 —	Gelbe Nadeln (Bzl); ll. in h. Bzl, swl. in den gebr. Lösm.
1,2,3,4-Tetrachlor-anthrachinon [VII, 789]		346,00 —	191 —	Goldgelbe Nädelchen; sll. in Bzl, Chlf, wl. in Eg, swl. in Al, Ä; nicht subl.
1,2,3,4-Tetrachlor-benzol [E 2 V, 156]	$C_6H_2Cl_4$	215,89 —	47,5 254	Nadeln; sll. in Ä, CS_2, Lg, 90% Eg, wl. in Al, unl. in W
1,2,3,5-Tetrachlor-benzol [E 2 V, 157]	$C_6H_2Cl_4$	215,89 —	51 246	Nadeln (Al); unl. in W, wl. in k. Al, ll. in Bzl, sll. in CS_2, Lg
1,2,4,5-Tetrachlor-benzol [E 2 V, 157]	$C_6H_2Cl_4$	215,89 $1,4339^{149}$	137...8 243...6	Nadeln (Ä, CS_2, Bzl oder Al + Bzl); durchdringender, unangenehmer Geruch; l. in Al, Bzl, Ä, Chlf, CS_2
Tetrachlorchinon s. Chloranil				
α,β,β,β-Tetrachlor-diäthyläther [E 2 I, 681]	$CCl_3 \cdot CHCl \cdot O \cdot C_2H_5$	211,90 $1,4225^{18}$	— 189,4	Fl.; Kp: $79°/_{16}$; l. in Al, Wdampfflch.
dl-4,4',6,6'-Tetrachlor-diphensäure [Org. Syntheses 31, 96]		380,01 —	258...9 —	Fbl. Krist. (konz. H_2SO_4)
2,4,2',4'-Tetrachlor-diphenyl [E 2 V, 484]		292,01 —	83 —	Krist. (Bzl + Lg); ll. in h. Al, Bzl, swl. in Lg
2,3,4,5-Tetrachlor-furan [Dunlop, 86]		205,86 —	46...8 $107...8/_{15}$	Krist.

Name und Literatur	Formel	Mol.-Gew. Dichte	F in °C Kp. in °C	Charakteristik
Tetrachlorhydrochinon [E 2 VI, 846]		247,89 —	230...2 subl. g. Z	Krist. (Eg + Al); unl. in W, swl. in CS_2, CCl_4, Bzl, ll. in Al, Ä, wl. in Eg, l. in KOH; Oxid. → Chloranil
Tetrachlorkohlenstoff [E 2 I, 22]	CCl_4	153,82 $1,5924^{20}$	— 22,9 76,7	n_α^{15} 1,4601, n_D^{15} 1,4631, n_β^{15} 1,4697. Fl.; 0,077 W 25°; ∞ Al, Ä; riecht nach Ä; Feuerlöschmittel (Bildung von Phosgen!); Lösm.; MAK: 25 cm^3/m^3, H
1,2,3,4-Tetrachlornaphthalin [E 2 V, 446]		265,96 —	198 —	Krist.
2,3,4,5-Tetrachlor-1-nitrobenzol [E 2 V, 187]		260,89 —	66...7 —	Blättchen oder Nadeln (Al); swl. in Al
2,3,4,6-Tetrachlor-1-nitro-benzol [E 2 V, 187]	$NO_2 \cdot C_6HCl_4$	260,89 —	42 —	Nadeln (Aceton); sll. in h. Al, Ä, PÄ, Lg, Bzl, CS_2
2,3,5,6-Tetrachlor-1-nitrobenzol [E 2 V, 187]	$NO_2 \cdot C_6HCl_4$	260,89 $1,744^{25}$	99 304 Z	Nadeln (Al oder W); zll. in h. Al, Chlf, Bzl, CS_2, swl. in k. Al
2,3,5,6-Tetrachlorphenol [E 2 VI, 182]		231,89 —	115 —	Krist. (PÄ); Benzoat F: 136°

	Formel	Mol.-Gew. / D	F / Kp	Eigenschaften
4,5,6,7-Tetrachlor-phenolphthalein [E 2 XVIII, 122]	$OC{<}C_6Cl_4{>}C(C_6H_4\cdot OH)_2$ (O-Brücke)	456,11 / —	316...7 Z / —	Fbl. Platten (Me); l. in Al, Ä, Aceton, Eg, wl. in Chlf, Bzl, CS_2, swl. in h. W; „Phenoltetrachlor-phthalein", Indikator, alkalibeständig; $p_K = 8,55$ (20°)
Tetrachlorphthalsäure [E 2 IX, 604]	Tetrachlorbenzol-1,2-$(CO_2H)_2$	303,91 / —	— / —	Blättchen · $\frac{1}{2} H_2O$ (W); 0,57 W 14°; 3,03 W 99°; wl. in Chlf, Bzl, ll. in Al, Ä, sll. in Aceton; subl. → Anhydrid; Monoäthylester F: 94...5°; Diäthylester F: 60°
Tetrachlorphthalsäure-anhydrid [E 1 XVII, 254]	Tetrachlorbenzol-Anhydrid	285,90 / —	255...6,5 subl.	Nadeln oder Prismen; unl. in k. W, wl. in Ä
1,1,2,2-Tetrachlor-propan [I, 107]	$CH_3\cdot CCl_2\cdot CHCl_2$	181,88 / $1,47^{13}$	— / 153	Fl.; mischbar mit Al und Ä
2,3,4,5-Tetrachlor-pyridin [E 1 XX, 81]	NC_5HCl_4	216,88 / —	21...2 / 135...7/24	Nadeln (Al); flch. mit Dampf
2,3,4,6-Tetrachlor-pyridin [XX, 232]	NC_5HCl_4	216,88 / —	74...5. / 130...5/16	Tafeln (Al 50%); sll. in Ä und den gebr. org. Lösm.; unl. in W, S
2,3,5,6-Tetrachlor-pyridin [XX, 232]	NC_5HCl_4	216,88 / —	90...1 / 250...1	Krist. (verd. Aceton); ll. in Al, Ä, PÄ, unl. in W, verd. Alk, verd. S
1,2,3,4-Tetrachlor-1,2,3,4-tetrahydro-naphthalin [E 2 V, 386]	Tetrahydronaphthalin-Cl_4	269,99 / —	182 / —	Krist. (Chlf); Erhitzen → 1,4-Dichlor-naphthalin; mit Metallhalogeniden → Harze

Name und Literatur	Formel	Mol.-Gew. Dichte	F in °C Kp. in °C	Charakteristik
Tetracyanäthylen [J. Am. Chem. Soc. **80**, 2777]	$(CN)_2C : C(CN)_2$	128,09 —	198...200 subl.	Fbl. Krist.; subl. $130°/_{0,5}$; gibt Komplexe mit aromatischen Verbindungen; starkes Dienophil
Tetracyclin [J. Am. Chem. Soc, **75**. 4621/2]		444,45 —	170...3 * —	* Trihydrat, F ab 165°; gelb; krist.; $[\alpha]_D^{25}$: −239° (Me, 1%); ·HCl (n-Butanol + HCl) F: 214°; $[\alpha]_D^{25}$: 257,9° (0,1 n HCl, 0,5%); Harnstoff-Additionsverbindung·$3 H_2O$ F: 143...6°; $[\alpha]_D^{25}$: −222° (Me, 0,5%); s. a. J. org. Chem. **23**, 721
Tetracyclin-7-chlor [J. Am. Chem. Soc. **76**, 3568]	Formel s. Tetracyclin C_7: H = Cl	478,89 —	172...4 —	Gelbe Krist. (Bzl); Hydrochlorid ·1 HCl (h. W) (1 g in 20 ml + 1 ml 0,2 n HCl), F: 234...6°; $[\alpha]_D^{25}$: −235° (W); Antibioticum aus Actinomyceten
Tetracyclin-5-hydroxy [J. Am. Chem. Soc. **75**, 5455]	Formel s. Tetracyclin C_5: H = OH	460,44 —	184,5...5,5 Z —	Gelb; krist. aus wfreiem Toluol (1,8 g in 2 l); $[\alpha]_D^{25}$: −197° (0,1 n HCl); Antibioticum aus Actinomyceten
Tetracyclon [E VII, 521]		384,48 —	218 —	Schwarz-viol. Blättchen (Eg oder Xylol); l. in h. Eg, h. Bzl, h. KW, swl. in den meisten Lösm.; die Lsgg. sind rot
Tetradecan [E 2 I, 135]	$CH_3 \cdot [CH_2]_{12} \cdot CH_3$	198,40 $0,761^{20}$	5,5 252,6	Fl.; unl. in W, ∞ Al, Ä

Tetradecanol-(1) s. Myristylalkohol

Tetradecansäure s. Myristinsäure

n-Tetradecylamin-(1) [IV, 201]	$CH_3 \cdot [CH_2]_{12} \cdot CH_2 \cdot NH_2$	213,41 —	37 $162/_{15}$	Krist.; Hydrochlorid Blättchen (Ä); ll. in Al, swl. in k. Ä
Tetrafluoräthylen [J. Am. Chem. Soc. 56, 1726]	$CF_2 : CF_2$	100,02 —	— — 78,4	Gas
3,3,4,4-Tetrafluor-cyclo=buten [J. Am. Chem. Soc. 83, 382]	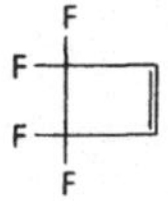	126,05 —	— 54...6	n_D^{25} 1,3086; sehr starkes Dienophil; s. a. J. org. Chem. 27, 1557
Tetrafluormethan [E 2 I, 11]	CF_4	88,00 0,61/700 Torr	— 186,3 — 130	Gas; wl. in W; Kp: 20°/$_{4\,at}$
Tetraglykol s. Tetraäthylenglykol				
1,2,3,4-Tetrahydro-acridin [E 2 XX, 275]	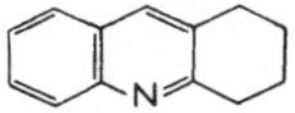	183,26 $1,0462^{100}$	54,5 —	n_α^{100} 1,5907, n_β^{100} 1,6182. Tafeln (Lg); Pikrat F: 208° (Z.)
1,2,3,4-Tetrahydro-anthrachinon [Ber. 60, 2526]	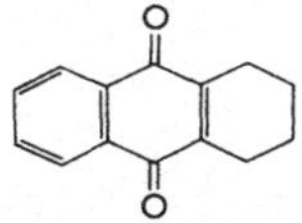	212,25 —	159...60 —	Hydrochinon F: 208...16° (Z.); Hydro=chinon-diacetat F: 204...6°
1,2,3,4-Tetrahydro-carbazol [E 2 XX, 257]	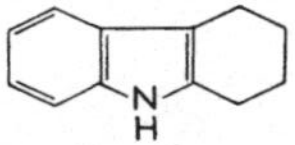	171,24 —	119 325...30	Blättchen (verd. Al); unl. in W; 5 Me 10°; 18 Me 55°; sll. in Al, Ä, Bzl; subl. im Vak.; Wdampfflch.; Pikrat F: 133°
dl-1,2,3,4-Tetrahydro-chinaldin [E 2 XX, 183]	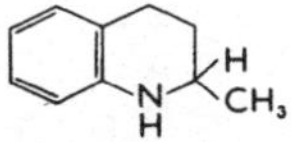	147,22 $1,0228^{15}$	— 247...8	$n_\alpha^{16,4}$ 1,5778, n_D^{15} 1,5761, $n_\beta^{16,4}$ 1,6005. Fl.; wl. in W, ll. in Al, Ä, Bzl
5,6,7,8-Tetrahydro=chinaldin [E 2 XX, 183]	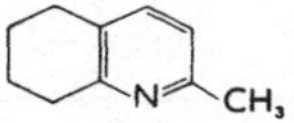	147,22 $1,0071^{10}$	— 101...4/$_{12}$	n_α^{17} 1,5360, n_D^{10} 1,5402, n_β^{17} 1,5534. Fl.; Pikrat F: 154°

1,2,3,4-Tetrahydro-chinolon s. Hydrocarbostyril

Name und Literatur	Formel	Mol.-Gew. Dichte	F in °C / Kp. in °C	Charakteristik
1,2,3,4-Tetrahydro= chinolin [E 2 XX, 173]		133,19 / 1,0546^{24}	ca 20 / 251	n_α^{24} 1,5868, n_D^{24} 1,5933, n_β^{24} 1,6109. Fl.; wl. in W: Pikrat F: 141,5°
Tetrahydrofuran [E 2 XVII, 15]		72,11 / 0,8892^{20}	− 108,5 / 65,5	n_α^{20} 1,4028, n_D^{20} 1,4050, n_β^{20} 1,4109. Fl.; ∞ W, l. in org. Lösm.; MAK: 200 cm^3/m^3
cis-Tetrahydrofuran-dicarbonsäure-(2,5) [E 2 XVIII, 284]	HO₂C···O···CO₂H	160,13 / —	124...5 Z / —	Krist. (Egester + PÄ); unl. in Chlf, PÄ, Bzl, zwl. in Ä, sll. in W, Al, Aceton, Eg
Tetrahydrofurfuryl= alkohol [E 2 XVII, 106]		102,13 / 1,0544^{20}	— / 177/$_{750}$	n_α^{20} 1,4493, n_D^{20} 1,4517, n_β^{20} 1,4568. Hygr., viskoses Öl; techn. Lösm.
Tetrahydrofurfuryl= bromid [Org. Syntheses III, 793]		165,04 / —	— / 61...2/$_{13}$	Fl.
Tetrahydrofurfurylester s. u. Essigsäure-, Propionsäure usw.				
Tetrahydrogeraniol [E 2 I, 461]	HOCH$_2$·CH$_2$·CH(CH$_3$)·[CH$_2$]$_3$·CH(CH$_3$)$_2$	158,29 / 0,835^{20}	— / 107...8/$_{13}$	n_D^{20} 1,4405. Fl.; angenehmer Geruch
1,2,3,4-Tetrahydro= isochinolin [E 2 XX, 176]		133,19 / 1,0642^{23}	< − 15 / 233	n_α^{23} 1,5742, n_D^{23} 1,5798. Fl.; wl. in W, Pikrat F: 202°
Tetrahydrolinalool [E 2 I, 460]	CH$_3$·CH$_2$·C(CH$_3$)(OH)·[CH$_2$]$_3$·CH(CH$_3$)$_2$	158,29 / 0,8374$^{11}_{11}$	— / 195,5...97	n_D^{11} 1,4377. Fl.; Kp: 84...5°/$_{10}$

1,2,3,4-Tetrahydro-naphthalin s. Tetralin

Verbindung	Struktur	Mol.-Gew. / Dichte	Kp / F	Eigenschaften
1,2,3,4-Tetrahydro-naphthol-(1) [E 2 VI, 541]	H OH	$148,21$ / $1,0896^{17}$	— / Z	n_D^{17} 1,5671. Öl; Kp: 139...40°/$_{17}$; eigenart. Geruch; swl. in W, ll. in Al, Ä; Phenylurethan F: 121...2°
5,6,7,8-Tetrahydro-naphthol-(1) [E 2 VI, 535]	$C_{10}H_{12}O$	$148,21$ / —	68,5...9,0 / 264,5...5,0	Krist. (PÄ); Tafeln; Kp: 147°/$_{14}$; wl. in h. W; sll. in org. Lösm.; Wdampfflch.; mit $NaNO_2$ und konz. $H_2SO_4 \rightarrow$ braune Färbung
1,2,3,4-Tetrahydro-naphthol-(2) [E 2 VI, 543]	H OH	$148,21$ / $1,0715^{17}$	— / 264/$_{716}$	n_D^{17} 1,5523. Öl; Kp: 139...40°/$_{12}$; swl. in W, ll. in Al, Ä, Chlf, CS_2, Bzl, unl. in Alk; Phenylurethan F: 99°; rechtsdrehende Form: Nadeln (PÄ), F: 50°; $[\alpha]_D^{65}$: $+71,2°$ (l = 10 cm)
5,6,7,8-Tetrahydro-naphthol-(2) [E 2 VI, 536]	$C_{10}H_{12}O$	$148,21$ / —	61...2 / Z 75...6	Nadeln (PÄ); Kp: 148°/$_{12}$; sll. in Al, Ä, Bzl, Chlf, sied. Lg; 0,15 k. W; l. in k. 2 n NaOH, H_2SO_4
1,2,3,4-Tetrahydro-naphthylamin-(1) [XII, 1200]	H NH_2	$147,22$ / —	— / 246,5/$_{714}$	Öl; l. in k. W, ll. in h. W, Al, Ä, Aceton, Eg; Acetylderivat F: 148...9°
5,6,7,8-Tetrahydro-naphthylamin-(1) [E 2 XII, 657]	NH_2	$147,22$ / $1,0542^{23}$	— / 275	$n_\alpha^{23,1}$ 1,5839, $n_D^{23,1}$ 1,5896. Öl; wl. in W, ll. in Al, Ä; Acetylderivat F: 158°
1,2,3,4-Tetrahydro-naphthylamin-(2) [E 1 XII, 514]	H NH_2	$147,22$ / $1,0295^{22,2}$	— / 140/$_{20}$	$n_\alpha^{22,2}$ 1,5557, $n_D^{22,2}$ 1,5604. Fl.; wl. in k. W, ll. in Al, Ä; Acetylderivat F: 108...8,5°
5,6,7,8-Tetrahydro-naphthylamin-(2) [E 2 XII, 660]	NH_2	$147,22$ / —	38,5...9,5 / 271...3	Nadeln (Lg); ll. in Al, Ä, Acetylderivat F: 107°; Pikrat F: 204° (Z)

Name und Literatur	Formel	Mol.-Gew. Dichte	F in °C Kp. in °C	Charakteristik
cis-Δ 4-Tetrahydro= phthalsäure-anhydrid [Org. Syntheses 30, 93]		152,15 —	103…4 —	Krist. (Ä oder Lg)
cis-Δ 4-Tetrahydro= phthalsäure-diäthylester [Org. Syntheses 30, 30]		226,27 —	— 129…31/$_5$	n_D^{25} 1,4608. Fl.
Tetrahydropyran [Org. Syntheses III, 794]		86,13 0,8814^{20}	−49,2 85…6	n_α^{20} 1,4172, $n_D^{18,5}$ 1,4195. Fl.; Wdampf- flch.; wl. in h. W, l. in k. W; ∞ Al, Ä
1,2,5,6-Tetrahydroxy- anthrachinon [E 2 VIII, 583]		272,22 —	>340 subl.	Or.rote Nadeln (Eg); wl. in Al, Eg, Toluol, l. in Py; mit H_2SO_4 → dkl.- rote Färbung
1,2,5,8-Tetrahydroxy- anthrachinon [VIII, 549]	$C_{14}H_8O_6$	272,22 —	>275 subl.	Tiefrote Nadeln (Nitrobzl.); swl. in Lösm.; mit Alk → rotviol. Färbung
1,3,5,7-Tetrahydroxy- anthrachinon [VIII, 551]	$C_{14}H_8O_6$	272,22 —	>360 subl. Z	Gelbe Nadeln (Al); unl. in W, swl. in Ä, Chlf, Bzl, l. in Al, Aceton
1,2,3,4-Tetrahydroxy- benzol [VI, 1153]		142,11 —	161 —	Nadeln (Bzl); ll. in W, Al, Ä, Eg, wl. in Bzl
1,2,3,5-Tetrahydroxy- benzol [E 1 VI, 570]	$C_6H_2(OH)_4$	142,11 —	165 —	Nadeln (W); ll. in W, Al, Egester, unl. in Chlf, Bzl; zers. leicht

1,2,4,5-Tetrahydroxy-benzol [E 2 VI, 1120]	$C_6H_2(OH)_4$	142,11 —	215…20 —	Blättchen (Eg); sll. in W, Al, Ä, wl. in konz. HCl, Eg; leicht oxid.; Tetraacetat Krist. (Eg), F: 226…7°
Tetrahydroxy-butan s. Erythrit Tetrahydroxychinon [VIII, 534]		172,10 —	— —	Blaue Krist.; wl. in k. W, Ä, ll. in Al, h. W
2,4,2′,4′-Tetrahydroxy-diphenyl [E 2 VI, 1127]		218,21 —	221 —	Nadeln (sied. W); l. in Al, Ä, Eg, Egester, Aceton; Tetraacetat Nadeln; (Ä), F: 120°
3,5,3′,5′-Tetrahydroxy-diphenyl [E 2 VI, 1129]	$C_{12}H_{10}O_4$	218,21 —	310 —	Nadeln · $2H_2O$; zll. in h. W, wl. in k. W, swl. in Eg; Tetraacetat Prismen (Al), F: 157…9°
3,5,7,4′-Tetrahydroxy-flavon [E 2 XVIII, 214]		286,24 —	276…7 —	Gelbe Nadeln (Eg); unl. in W, Bzl, wl. in Chlf, l. in sied. Eg, ll. in Al, Ä, Aceton, l. in Alk gelb
3,7,3′,4′-Tetrahydroxy-flavon [E 2 XVIII, 216]		286,24 —	330 Z > 360	Hgelbe Nadeln · $1H_2O$ (verd. Al); swl. in k. W, wl. in Ä, PÄ, Chlf, Bzl, ll. in Al, Aceton, Egester
5,6,7,4′-Tetrahydroxy-flavon [E 1 XVIII, 411]		286,24 —	> 330 —	Gelbe Blättchen (Me); swl. in W, wl. in Ä, Chlf, Bzl, l. in sied. Me, Al, Eg
5,7,2′,4′-Tetrahydroxy-flavon [E 2 XVIII, 211]		286,24 —	332…5 Z —	Nadeln (Al oder Eg); swl. in W, Ä, Chlf, PÄ, l. in Al, l. in Alk gelb

52*

Name und Literatur	Formel	Mol.-Gew. Dichte	F in °C Kp. in °C	Charakteristik
5,7,3′,4′-Tetrahydroxy-flavon [E 1 XVIII, 412]		286,24 —	329…30 subl.	Gelbe Nadeln · 1 H_2O (verd. Al); 0,007 k. W; 0,02 sied. W; 2,7 Al; 0,16 Ä; l. in Alk gelb
1,4,5,8-Tetrahydroxy-naphthalin [E 2 VI, 1126]		192,17 —	190 * —	Fbl. Krist.; sll. in Al, Ä, Eg, unl. in Chlf, CCl_4, Bzl; alkohol. Lsg. fluoresz. viol.; „Leukonaphthazarin" * beim Erhitzen rot
Tetraisobuten [E 2 I, 181]	$C_{16}H_{32}$	224,43 $0,7944^{20}$	— $106/_7$	n_α^{20} 1,4455, n_D^{20} 1,4482, n_β^{20} 1,4545. Fl.
Tetrajodäthylen [E 2 I, 166]	$CJ_2 : CJ_2$	531,64 $2,983^{20}$	192 subl.	Gelbe Blättchen (Eg); unl. in W, swl. in Al, ll. in CS_2
1,2,3,4-Tetrajodbenzol [V, 229]	$C_6H_2J_4$	581,70 —	136 —	Prismen (Ä + Eg oder CS_2); ll. in Al, Ä, Chlf; subl.
1,2,3,5-Tetrajodbenzol [V, 229]	$C_6H_2J_4$	581,70 —	148 —	Krist. (Ä oder Eg); ll. in h. Eg, swl. in Al, Ä, Chlf, subl.
1,2,4,5-Tetrajodbenzol [V, 229]	$C_6H_2J_4$	581,70 —	254 —	Nadeln (Ä); Prismen (Bzl); ll. in CS_2, l. in Eg, swl. in Al, Ä; subl. beim Erhitzen im Vak.; lichtempfindlich
2,4,5,7-Tetrajod-fluorescein s. Erythrosin				
Tetrajodmethan [E 2 I, 39]	CJ_4	519,63 $4,32^{20}$	Z 140 subl.	Dkl.rote Krist.; unl. in W; zers. an der Luft
Tetrajod-pentaerythrit s. Pentaerythrit-tetrajodid				

Name [Literatur]	Formel	Mol.-Gew. / Dichte	F. / Kp	Eigenschaften
Tetrajodphthalsäure= anhydrid [Org. Syntheses III, 796]	(Strukturformel)	651,70 / —	327...8 / —	Gelbe Nadeln (Eg); subl.; swl. in W, Al, Ä, Aceton, Chlf
2,3,4,5-Tetrajodpyrrol [XX, 168]	(Strukturformel)	570,68 / —	Z 140...50 / —	Hgelbe Blättchen (Al); 0,02 W 15°; 16 Al 90% 15°; 50 Ä 15°; unl. in PÄ, l. in h. Bzl, ll. in h. Al, Chlf, Eg; „Jodol"
Tetrakosan [E 2 I, 142]	$CH_3 \cdot [CH_2]_{22} \cdot CH_3$	338,67 / $0{,}7501^{100}$	51,9 / 250/15	Krist. (Al); 8,4 Chlf 15°
Tetrakosansäure [E 2 II, 378]	$CH_3 \cdot [CH_2]_{22} \cdot CO_2H$	368,65 / —	84,1 / —	Blättchen (Eg); Methylester F: 58...9°; Äthylester F: 54,35°, auch 54,8°
Tetralin [E 2 V, 382]	(Strukturformel)	132,21 / $0{,}9729^{20,2}$	−35 / 206,5	$n_\alpha^{20,2}$ 1,5418, $n_D^{20,2}$ 1,5461, $n_\beta^{20,2}$ 1,5587. Fl.; unl. in W, ∞ Chlf, PÄ, Ä, Al, > 30° Naphthalin; wichtiges techn. Lösm.
Tetralin-hydroperoxid [Org. Syntheses 34, 90]	(Strukturformel)	164,21 / —	54...4,5 / —	Krist. (Toluol); beständig im Dunkeln
Tetralol s. Tetrahydronaphthol				
α-Tetralon [E 2 VII, 292]	(Strukturformel)	146,19 / $1{,}0988^{15,6}$	7 / 257	$n_\alpha^{15,5}$ 1,5657, $n_D^{15,5}$ 1,571, $n_\beta^{15,5}$ 1,5866. Fl.; Semicarbazon F: 219...23°
β-Tetralon [E 2 VII, 295]	(Strukturformel)	146,19 / $1{,}1055^{16,9}$	17...8 / 130/10	Nadeln; Phenylhydrazon F: 107°
Tetramethyläthylen [E 2 I, 195]	$(CH_3)_2C : C(CH_3)_2$	84,16 / $0{,}6984^{20}$	— / 70	n_D^{20} 1,4055. Fl.

Name und Literatur	Formel	Mol.-Gew. Dichte	F in °C Kp. in °C	Charakteristik
Tetramethylammonium- chlorid [E 2 IV, 557]	$(CH_3)_4N^+Cl^-$	109,60 1,169	ca 420 * —	Zerfl. Würfel; ll. in h. Al, wl. in k. Al, unl. in Chlf, Ä, Bzl; * F im zugeschmolzenen Quarzröhrchen; Bromid subl. > 360°; Jodid zers. > 230°; wl. in W, l. in Me (1 in 30)
Tetramethylammonium- hydroxid [E 2 IV, 557]	$(CH_3)_4N^+OH^-$	91,15 —	— Z	Nadeln ·5H$_2$O, F: 62°; sehr hygr.; 220 W 15°; ∞ W 63°; Z. → $(CH_3)_3N$ + CH_3OH
2,3,4,5-Tetramethyl- anilin [XII, 1175]	$C_6H(CH_3)_4 \cdot NH_2$	149,24 —	70 259…60	Blättchen (W); zll. in h. W, ll. in Al, Ä, PÄ
2,3,4,6-Tetramethyl- anilin [E 1 XII, 506]	$C_6H(CH_3)_4 \cdot NH_2$	149,24 $0,978^{24}$	23…4 252…3	Krist.
1,3,5,7-Tetramethyl- anthracen [V, 683]	[Strukturformel mit CH$_3$-Gruppen: H$_3$C, CH$_3$, CH$_3$, CH$_3$]	234,34 —	280 —	Dkl. gelblichgrün fluoresz. Platten (Eg); zl. in Chlf, l. in h. Al, h. Ä, swl. in k. Al, k. Ä
Tetramethylbenzidin [E 2 XIII, 97]	$[(CH_3)_2N \cdot C_6H_4]_2$	240,35 —	193,5 > 360	Krist. (Al oder Lg); swl. in Me, Al, wl. in Ä, h. Lg, ll. in h. Bzl, sll. in Chlf
1,2,3,4-Tetramethyl- benzol [E 2 V, 206]	$C_6H_2(CH_3)_4$	134,22 $0,9044^{16}$	− 4 203…4	n_α^{16} 1,5162, n_D^{16} 1,520, n_β^{16} 1,5319. Fl.; unl. in W, l. in Al, Ä
1,2,3,5-Tetramethyl- benzol [E 2 V, 329]	$C_6H_2(CH_3)_4$	134,22 $0,8906^{20}$	E − 24 195…7	n_{He}^{20} 1,5113. Fl.; unl. in W, l. in Al, Ä
1,2,4,5-Tetramethyl- benzol [E 2 V, 329]	$C_6H_2(CH_3)_4$	134,22 $0,8380^{81,3}$	81…2 190…1	$n_\alpha^{81,3}$ 1,47896, $n_\beta^{81,3}$ 1,49369. Krist. (Bzl); campherähnlicher Geruch; ll. in Al, Ä, Bzl, wl. in k. Eg, unl. in W; subl.; Wdampfflch·„Durol"

Name	Formel	Mol.-Gew., D	Smp./Sdp.	Eigenschaften
Tetramethyl-bernstein= säure [E 2 II, 601]	HO₂C · C(CH₃)₂ · C(CH₃)₂ · CO₂H	174,20 —	195 Z —	Krist.; 0,48 W 13,5°; ll. in Al, Bzl, in Ä, Chlf, CS₂, unl. in Lg
2,2,3,3-Tetramethyl-butan [E 2 I, 128]	(CH₃)₃C · C(CH₃)₃	114,23 —	103...4 106...7	Blättchen (Ä); stechender Geruch; verdunstet rasch an der Luft
Tetramethyl-butin= diol-(1,4) [E 2 I, 572]	(CH₃)₂C · C ⦂ C · (CH₃)₂ — OH — OH	142,20 —	95 206	Krist.; ll. in Al, Ä, l. in W; 14,9 Chlf 15°
Tetramethyl-chinon [E 2 VII, 669]	(structure: tetramethyl-1,4-benzochinon)	164,21 —	111 * —	Goldgelbe Nadeln (Lg); schwacher Chinongeruch; * subl. ab 100°; sehr leicht Wdampfflch.; Red. → Duro= hydrochinon, Blättchen (W), F: 226...7°
Tetramethylendiamin [E 2 IV, 701]	H₂N · CH₂ · CH₂ · CH₂ · CH₂ · NH₂	88,15 0,877²⁵	23...4 (27) 158...60	Krist.; Geruch nach Piperidin; ll. in W; Bildung bei Fäulnis von Leichen; ·2HCl Nadeln (W), F: >290°; ll. in W, unl. in Me
Tetramethylen-dicyanid s. Adipinsäure-dinitril				
Tetramethylenglykol s. Butandiol-(1,4)				
Tetramethylensulfon [E 1 XVII, 5]	(structure: thiolan-1,1-dioxid, SO₂)	120,17 1,2723¹⁸,²	8...10 153...4/₁₈	n_D^{18,2} 1,4833. Bitter schmeckendes Öl; ll. in W, Al, Ä
Tetramethyl-furan [Dunlop, 44]	(structure: 2,3,4,5-tetramethylfuran)	124,18 —	ca 30 44/₁₂	Krist.
2,3,4,6-Tetramethyl-D-glucose [Org. Syntheses III, 800]	CH₃OCH₂ · CH[CHOCH₃]₃ · CHOH (with O bridge)	236,27 —	98 88...90/₀,₁₅	n_D^{20} 1,4460. Krist. (PÄ); [α]_D^{20}: + 81,3°
Tetramethylharnstoff [E 1 IV, 335]	(CH₃)₂N · CO · N(CH₃)₂	116,16 0,972¹⁵	— 177,5/₇₆₆	Fl.; ll. in Al, Ä
Tetramethylmethan s. Neopentan				

Name und Literatur	Formel	Mol.-Gew. Dichte	F in °C Kp. in °C	Charakteristik
2,2,6,6-Tetramethylol-cyclohexanol [Org. Syntheses 31, 101]	$(CH_2OH)_2$ · (H, OH) · $(CH_2OH)_2$ (Cyclohexanring)	220,27 —	129...30 —	Krist. (Me)
Tetramethyl-o-phenylen-diamin [XIII, 16]	$C_6H_4[N(CH_3)_2]_2$	164,25 —	— 215...6	Öl; riecht campherähnlich; $C_{10}H_{16}N_2$ · 2HCl F: 180°
Tetramethyl-m-phenylen-diamin [XIII, 40]	$C_6H_4[N(CH_3)_2]_2$	164,25 $0,9849^{16}$	— 2 266,7	Fl.
Tetramethyl-p-phenylen-diamin [E 2 XIII, 40]	$C_6H_4[N(CH_3)_2]_2$	164,25 —	51 260	Blättchen (verd. Al oder Lg); wl. in k. W, ll. in Lg, sll. in Al, Ä, Chlf; brennt auf der Haut
1,1,2,2-Tetramethyl-propanol-(1) s. Pentamethyläthanol				
2,3,4,5-Tetramethyl-pyrrol [E 2 XX, 92]	(Pyrrolring: H_3C, CH_3, H_3C, N–H, CH_3)	123,19 —	112 subl.	Krist. (verd. Al oder PÄ); ll. in Al, Ä, Bzl; Wdampfflch.; riecht fäkalàrt.; Z. an der Luft und am Licht
Tetramethyl-thiuram-disulfid [Ber. 35, 820]	$(H_3C)_2N \cdot \overset{S}{C} \cdot S \cdot S \cdot \overset{S}{C} \cdot N(CH_3)_2$	240,43 1,29	148 —	Krist. (Al + Chlf); unl. in W, l. in Al, Aceton, Bzl, ll. in Chlf, CS_2
2,3,4,6-Tetranitro-anilin [E 2 XII, 427]	$(O_2N)_4C_6H \cdot NH_2$	273,12 1,867	220 Z	„TNA"; gelbe Krist. (Eg); swl. in k. W, wl. in Chlf, Lg, Bzl, l. in Eg, Nitrobzl.
2,3,5,6-Tetranitro-anisol [E 2 VI, 284]	(Benzolring: O_2N, NO_2, OCH_3, NO_2, NO_2)	288,13 —	153...,5 —	Krist. (Al); ll. in Aceton, Egester, l. in Me, Al, Ä, Bzl, wl. in Chlf, CS_2; 0,02 W 50°; 0,12 sied. W

2,4,5,7-Tetranitro-1,8-dihydroxy-anthrachinon [VIII, 461]	(Strukturformel)	420,21 —	expl. —	Gelbe Tafeln (rauchende HNO_3); swl. in sied. W, l. in Al, Ä, HNO_3; „Chrysamminsäure"
2,4,2′,4′-Tetranitro-diphenyl [E 2 V, 494]	$(O_2N)_2C_6H_3 \cdot C_6H_3(NO_2)_2$	334,20 —	165 —	Nadeln (Eg); gelbliche Prismen (Bzl); ll. in Eg, Bzl; swl. in Al, Ä
2,6,2′,6′-Tetranitro-diphenyl [E 1 V, 274]	$(O_2N)_2C_6H_3 \cdot C_6H_3(NO_2)_2$	334,20 —	217…8 —	Gelbliche Nadeln (Eg)
3,4,3′,4′-Tetranitro-diphenyl [V, 585]	$(O_2N)_2C_6H_3 \cdot C_6H_3(NO_2)_2$	334,20 —	186 —	Gelbe Prismen; ll. in Eg, Bzl, swl. in Lg
2,4,2′,4′-Tetranitro-diphenyläther [E 2 VI, 243]	$(O_2N)_2C_6H_3 \cdot O \cdot C_6H_3(NO_2)_2$	350,20 —	195 —	Gelbe Nadeln (Al); ll. in Chlf, Bzl, h. Eg, swl. in Al, Ä
2,4,2′,4′-Tetranitro-diphenylamin [E 2 XII, 409]	$(O_2N)_2C_6H_3 \cdot NH \cdot C_6H_3(NO_2)_2$	349,22 —	201…1,5 —	Gelbe Krist. (Eg); 0,02 sied. W, wl. in k. Al, Eg, Toluol, l. in Aceton
2,4,2′,4′-Tetranitro-diphenylmethan [E 2 V, 503]	$(O_2N)_2C_6H_3 \cdot CH_2 \cdot C_6H_3(NO_2)_2$	348,23 —	173 —	Hgelbe Prismen (Eg); wl. in Eg, swl. in Bzl, unl. in Al, Ä
2,4,2′,4′-Tetranitro-diphenyl-sulfid [E 2 VI, 315]	$(O_2N)_2C_6H_3 \cdot S \cdot C_6H_3(NO_2)_2$	366,27 —	195 —	Gelbe Nadeln (Eg); l. in Nitrobzl., Py, wl. in Eg, swl. in Al, Bzl, CS_2; verpufft bei 280°
Tetranitromethan [E 2 I, 47]	$C(NO_2)_4$	196,03 $1{,}6377^{21,2}$	13,75 126	$n_\alpha^{21,2}$ 1,4342, $n_\beta^{21,2}$ 1,4462. Fl.; fbl. Krist.; unl. in W, ll. in Al, Ä; giftig; Farbreaktion mit Olefinen; MAK: 1 cm^3/m^3

Name und Literatur	Formel	Mol.-Gew. / Dichte	F in °C / Kp. in °C	Charakteristik
1,3,5,8-Tetranitro-naphthalin [E 2 V, 459]	(Strukturformel: Naphthalin mit NO_2-Gruppen in 1,3,5,8-Stellung)	308,17 / —	194...5 / —	Hgelbe Tetraeder (Aceton); wl. in Al, Chlf, Eg, ll. in Aceton, konz. HNO_3; mit Alk → rote Färbung
1,3,6,8-Tetranitro-naphthalin [E 2 V 459]	$C_{10}H_4(NO_2)_4$	308,17 / —	203 / expl.	Krist. (HNO_3); Nadeln (Al)
1,4,5,8-Tetranitro-naphthalin [E 2 V, 459]	$C_{10}H_4(NO_2)_4$	308,17 / —	340...5 Z / —	Nadeln (Nitrobzl.); unl. in Aceton, swl. in Al, Chlf, Eg
2,4,5,7-Tetranitro-naphthol-(1) [VI, 620]	(Strukturformel: Naphthol mit OH und NO_2-Gruppen)	324,16 / —	180 / —	Gelbliche Blättchen oder Nadeln (Eg); ll. in h. Eg, wl. in k. Eg; 0,45 Bzl 18°

Tetranitro-pentaerythrit s. Pentaerythrit-tetranitrat

Tetraphen s. 1,2-Benzanthracen

Name und Literatur	Formel	Mol.-Gew. / Dichte	F in °C / Kp. in °C	Charakteristik
1,1,1,2-Tetraphenyl-äthan [E 2 V, 674]	$(C_6H_5)_3C \cdot CH_2 \cdot C_6H_5$	334,47 / —	144 / 277...80/$_{21}$	Krist. (Ä + PÄ); zll. in Bzl, wl. in Al, Ä, unl. in W
1,1,2,2-Tetraphenyl-äthan [E 2 V, 673]	$(C_6H_5)_2CH \cdot CH(C_6H_5)_2$	334,47 / $1,170^0$	211 / 379...83	Prismen (Chlf); Nadeln (Eg); 11,7 sied. Bzl; 0,62 sied. Al; l. in Eg; $\cdot 1 C_6H_6$ Krist.
Tetraphenyl-äthylen [E 2 V, 679]	$(C_6H_5)_2C : C(C_6H_5)_2$	332,45 / $1,155^0$	223...4 * / 415...425	Krist. (Ä + Bzl oder Chlf + Al); swl. in Al, Ä, unl. in W, ll. in h. Bzl; * F auch 227°

Tetraphenyläthylenglykol s. Benzpinakon

Tetraphenyläthylenoxid s. α-Benzpinakolin

Tetraphenylbor s. u. Bor

Tetraphenyl-cyclopentadienon s. Tetracyclon

Tetraphenylglykol s. Benzpinakon

Name	Formel	Mol.-Gew.	Smp./Sdp.	Eigenschaften
Tetraphenylfuran [E 2 XVII, 99]	H_5C_6–…–C_6H_5 / H_5C_6–O–C_6H_5 (Furan)	372,47 / —	175 / 220	Nadeln und Blättchen (Al und Eg); unl. in W; 0,59 sied. Al; 1,92 Ä 17°; 12,5 Bzl, viol. fluoresz.
N,N,N′,N′-Tetraphenyl-guanidin [XII, 430]	$(C_6H_5)_2N \cdot C(:NH) \cdot N(C_6H_5)_2$	363,47 / —	130...1 / —	Rhombische Pyramiden (Lg); unl. in W, ll. in Al, Ä, Bzl
Tetraphenyl-harnstoff [E 2 XII, 242]	$(C_6H_5)_2N \cdot CO \cdot N(C_6H_5)_2$	364,45 / 1,222	183 / —	Krist. (Bzl); ll. in sied. Al; subl. im Vak.
Tetraphenyl-hydrazin [E 1 XV, 29]	$(C_6H_5)_2N \cdot N(C_6H_5)_2$	336,44 / —	149 Z / —	Prismen (1 Teil Chlf + 5 Teile Al); ll. in Aceton, Chlf, Bzl, wl. in h. Al
Tetraphenylmethan [E 2 V, 672]	$C(C_6H_5)_4$	320,44 / —	281...2 / 431	Nadeln (Egs-anhydrid); unl. in Al, Ä, PÄ, Lg, W, l. in h. Eg, Bzl, Toluol; subl.
Tetraphenylthiophen [E 2 XVII, 99]	H_5C_6–…–C_6H_5 / H_5C_6–S–C_6H_5 (Thiophen)	388,54 / —	184...5 / 460	Nadeln (Al); swl. in Al, wl. in Lg, zll. in Ä, CS_2, Bzl; subl.
Tetra-p-tolyl-hydrazin [E 2 XV, 234]	$(CH_3 \cdot C_6H_4)_2N \cdot N(C_6H_4 \cdot CH_3)_2$	392,55 / —	138 g. Z / —	Gelbliche Prismen oder Tafeln (Aceton); wl. in Al, Lg, Eg, ll. in Ä, Aceton, sll. in Chlf, Bzl
Tetratriakontan [E 2 I, 147]	$CH_3 \cdot [CH_2]_{32} \cdot CH_3$	478,94 / —	73,2 / 336/15	Blättchen (Ä)
sym. Tetrazin [XXVI, 353]	(Tetrazin)	82,07 / —	99 / subl.	Rote Prismen (subl.); l. in k. W, Al, Ä rot; zers. am Licht
1,2,4,5-Tetrazin-dicarbonsäure-(3,6) [XXVI, 570]	(Tetrazin, HO_2C–…–CO_2H)	170,08 / —	Z 148 / Z *	Rote Blättchen; l. in W, Al, swl. in Ä, Chlf, Bzl; * Z. → CO_2-Absp.

Name und Literatur	Formel	Mol.-Gew. Dichte	F in °C Kp. in °C	Charakteristik
Tetrazol [E 1 XXVI, 108]		70,05 —	155 subl.	Prismen oder Blättchen (Al, Toluol); wl. in Ä, Bzl, ll. in W, Al, Aceton, Eg
Tetrolaldehyd [E 2 I, 809]	$CH_3 \cdot C : C \cdot CHO$	68,08 $0,9265_0^{17}$	— 26 106,5	n_D^{17} 1,4467. Fl.; stechender Geruch; wl. in W; 4-Nitro-phenylhydrazon F: 157...8°
Tetrolsäure [E 1 II, 208]	$CH_3 \cdot C : C \cdot CO_2H$	84,08 $0,9603^{20}$	76,5 163	Tafeln (Ä oder CS_2); ll. in W, Al, Ä, l. in Chlf; 12...14 CS_2 100°; subl. in Blättern; Amid: Krist. F: 147...8°
Tetronsäure [XVII, 403]		100,07 —	ca 135...41 —	Tafeln (Al + Lg); zwl. in Ä, Chlf, Lg, Bzl, ll. in W, h. Al; mit $FeCl_3 \to$ rote Färbung
Tetryl [E 2 XII, 424]		287,15 $1,57^{19}$	129,4 Z 186	Gelbe Krist. (Al); 0,005 W 0,5°; 0,176 W 99°; swl. in k. Al, Ä, Chlf, l. in h. Al, Eg, Bzl; Zündmittel
Thallin [XXI, 61]		163,22 —	42...3 $283/_{735}$	Prismen (W oder PÄ); wl. in W, PÄ, ll. in Benzin, sll. in Al, Ä, Bzl; Pikrat F: 162°
Thallium-triäthyl [J. Chem. Soc. 1934, 1132]	$(C_2H_5)_3Tl$	291,56 $1,957^{23}$	— 63 $50...1/_{1,5}$	Gelbe Fl.; Farbe wird tiefer beim Erhitzen; fbl. in fl. N_2; bei Raumtemp. flch.; widerlicher, süßer Geruch; Z. an feuchter Luft; heftige Z. bei 125°

Name	Formel	(Molgew.)	F / Sdp.	Eigenschaften
Thebainon [E 2 XXI, 448]		299,37 —	151…2 —	Nadeln oder Tafeln · $\frac{1}{2}$ H$_2$O (Al oder Egester); 0,4 W 20°; 0,83 sied. W; 33,5 sied. Al; 0,5 sied. Ä; l. in Alk gelb, l. in Aceton, Chlf, Bzl
Thein s. Coffein				
Theobromin [E 1 XXVI, 135]		180,17 —	351 subl.	Krist. (W); unl. in PÄ 20°, 0,03 W 18°, 0,67 sied. W, 0,045 Al 21°, 0,004 Ä 20°, 0,03 sied. Ä, 0,025 Chlf 20°, 0,002 Bzl 20°
Theophyllin [E 1 XXVI, 134]		180,17 —	268 —	Tafeln · 1 H$_2$O (W); unl. in Ä, wl. in k. Al, ll. in h. W, ll. in NH$_4$OH
2-Thia-adamantan s. Adamantan-2-thia				
Thialdin [XXVII, 461]		163,31 1,191[18]	43 Z	Tafeln (Al und Ä); swl. in W, ll. in Al, sll. in Ä,; Wdampfflch.
Thiamin-hydrochlorid [Vogel II (1), 11]		337,27 —	250 Z· —	Platten (Me + Al oder W + Al); unl. in Ä, Bzl, wl. in Al, Aceton, ll. in W; „Vitamin B$_1$", „Aneurin", Pikrat F: 208°
Thiamin-phosphat [Vogel II (1), 26]		380,79 —	200 —	Krist. (Al); wl. in Al, Ä

Name und Literatur	Formel	Mol.-Gew. Dichte	F in °C Kp. in °C	Charakteristik
Thiamin-pyrophosphat [Vogel II (1), 26]		460,77 —	— —	Hydrochlorid F: 240°; l. in W; Ba-Salz wasserlöslich; „Cocarboxylase"
Thianthren [E 2 XIX, 34]		216,33 $1,706^{18}$	160 $204/_{11}$	Prismen oder Tafeln (Al); unl. in W, wl. in k. Al, l. in h. Al, ll. in Ä, Chlf, Bzl, CS_2
Thiazol [XXVII, 207]		85,13 $1,1998^{17}$	— 116,8	n_D^{20} 1,5969. Fbl. Fl.; riecht pyridin-ähnlich; sehr hygr.; Wdampfflch.; Pikrat F: 151°
Thiazolsulfon s. 2-Amino-5-sulfanilyl-thiazol				
Thioacetamid s. Thioessigsäureamid				
Thiazon [E 1 XXVII, 251]		213,26 —	165...6 —	Rotbraune Blättchen (Bzl); zll. in sied. W, Bzl, ll. in Al, Eg gelbrot, unl. in Alk
Thioanilin s. 4,4'-Diamino-diphenyl-sulfid				
Thioanisol [E 2 VI, 287]	$C_6H_5 \cdot S \cdot CH_3$	124,21 1,0576	— $189,8...90,2/_{77}$	n_α^{20} 1,5804, n_D^{20} 1,5869, n_β^{20} 1,6038. Fbl. Fl.; mit Chinon → or.gelbe Lsg.
2-Thio-barbitursäure [XXIV, 476]		144,15 —	235 Z —	Blättchen (W); wl. in k. W, l. in Al, Alk
Thiobenzoesäure [IX, 419]	$C_6H_5 \cdot COSH$	138,19 —	ca 24 Z	Gelbes Öl; schwefliger Geruch; unl. in W, sll. in Al, Ä, CS_2; Wdampfflch.
Thiobenzoesäureamid [E 2 IX, 290]	$C_6H_5 \cdot CSNH_2$	137,20 —	116...7 —	Krist. (Bzl + PÄ); l. in h. W, Al, PÄ, Bzl

Thiobenzoesäure-anilid [E 2 XII, 154]	$C_6H_5 \cdot NHCS \cdot C_6H_5$	213,30 —	99 —	Gelbe Tafeln (Al); swl. in h. W, wl. in k. Lg, l. in h. Lg, Eg, Chlf, Bzl, ll. in Al, sll. in Ä, ll. in NaOH
Thiobenzophenon [Org. Syntheses II, 573]	$C_6H_5 \cdot CS \cdot C_6H_5$	198,29 —	53...4 174/14	Bläuliche Krist. (PÄ)
Thiocarbamid s. Thioharnstoff				
Thiocarbamidsäure-O-äthylester s. Xanthogensäureamid				
Thiocarbamidsäure-S-äthylester s. Thiourethan				
Thiocarbanil s. Phenylsenföl				
Thiocarbanilid s. N,N′-Diphenyl-thioharnstoff				
Thiocarbohydrazid s. Thiokohlensäure				
DL-6,8-Thioctsäure [Z. angew. Chem. **68**, 554]	$S{-}S$ $[CH_2]_4 \cdot CO_2H$	206,33 —	60...1 —	Gelbliche Blättchen; swl. in W, l. in Al, Me, Ä, Chlf, Bzl, Fetten; λ_{max} 332 mμ; D(+)-Form F: 47...8°; $[\alpha]_D^{23}$: +104° (Bzl, c = 0,88); Wuchsstoff für Bakterien aus Hefe u. a. isoliert; „α-Liponsäure, Thioctinsäure"; D(+)-Form s. u. α-Liponsäure
Thiocyansäure [E 2 III, 107]	$HSC \vdots N$	59,09 —	5 —	Gas; ∞ W, ll. in Al, Ä; wss. Lsg. nur bis 5% konz. haltbar; mit $FeCl_3 \rightarrow$ blutrote Färbung
-K-Salz [E 2 III, 113]	KSCN	97,18 1,906	179 —	Prismen (Al); 177,2 W 0°; 217 W 0°; l. in Al, Me, Aceton; färbt sich bei 430° blau, bei 500° rot
-Na-Salz [E 2 III, 113]	NaSCN	81,07 —	323 —	Tafeln; 112,7 W 10,7°, 225,6 W 101,4°, 14,5 Al 18,8°, 19,3 Al 70,9°, l. in Me, Aceton

Name und Literatur	Formel	Mol.-Gew. Dichte	F in °C Kp. in °C	Charakteristik
Thiocyansäure-NH$_4$-Salz [E 2 III, 112]	NH$_4$SCN	76,12 $1{,}316^{13}$	149 * —	Krist. oder Tafeln; 122,1 W 0°; 16,2 W 20°; ll. in Al, l. in Me, Aceton, wl. in Ä; * teilweise schon vorher Umwandlung in Thioharnstoff; mit Fe^{+++} → blutrote Färbung
Thiodiglykol [E 2 I, 525]	HOCH$_2$·CH$_2$·S·CH$_2$·CH$_2$OH	122,19 $1{,}2214^{20}_{20}$	— 164...6/$_{20}$	Fl.; ∞ W, l. in Chlf; Verw. zu Druckpasten für Zeugdruck, zur Herstellung von Weichmachern
Thiodiglykol-diäthyl= äther [E 2 I, 526]	(C$_2$H$_5$·O·CH$_2$·CH$_2$)$_2$S	178,30 $0{,}9672^{20}$	— 225/$_{746}$	n_D^{20} 1,4585. Fl.; ll. in Ä, Aceton, Bzl, Al, l. in W; Wdampfflch.
β-Thio-dipropionsäure- methylester [Org. Syntheses 30, 65]	S(CH$_2$·CH$_2$·CO$_2$CH$_3$)$_2$	206,26 —	— 138...9/$_6$	n_D^{25} 1,4713. Fbl. Öl
Thioessigsäure [E 3 II, 490]	CH$_3$·COSH	76,12 $1{,}074^{10}$	— 88...91,5	Hgelbe Fl.; stechender Geruch; ll. in org. Lösm. mit grüngelber Farbe; zers. durch W; Methylester Kp: 98°; Äthylester Kp: 116,4°
Thioessigsäure-amid [E 2 II, 210]	CH$_3$·CSNH$_2$	75,13 —	115 —	Krist. (Ä); ll. in W, zll. in Al, wl. in Ä, PÄ, Bzl; Z. durch S oder Base; Verw. für Sulfidfällungen
Thioessigsäure-anilid [XII, 245]	CH$_3$·CSNH·C$_6$H$_5$	151,23 —	75...6 Z	Nadeln (W); l. in NaOH
Thioformamid [II, 95]	HC(NH$_2$) : S	61,11 —	28...9 Z	Krist. (Ä + PÄ); Prismen (Egester); unbeständig; nur in abs. Ä haltbar; l. mit gelber Farbe in W, l. in Ä, ll. in Al, Aceton, Egester, unl. in k. Chlf, Bzl, Lg, CS$_2$

Thiofurfurylalkohol s. 2-Furfurylmercaptan

1-Thioglucose s. Glucothiose

Thioglykol s. Monothioäthylenglykol

Substanz	Formel	Mol.-Gew. / Dichte	Smp. / Sdp.	Eigenschaften
Thioglykolsäure [E 2 III, 175]	$HSCH_2 \cdot CO_2H$	92,12 $1{,}32553^{20}$	−16,5 $104...5/_{14}$	Fl.; l. in W, Al, Ä; oxid. leicht; Äthyl= ester Kp: 156...8°
Thioharnstoff [E 2 III, 128]	$H_2N \cdot CS \cdot NH_2$	76,12 1,405	180 Z —	Krist. (Al); 10,1 W 13°; wl. in Ä, swl. in k. Al; Erhitzen auf 135...80° → Ammoniumthiocyanat
2-Thio-hydantoin [E 1 XXIV, 292]	(Strukturformel: Thiohydantoin-Ring; O=, NH, N-H, S)	116,14 —	227 Z —	Gelbe Prismen (W); ll. in h. W, h. Al
Thiohydrochinon [E 1 VI, 419]	(Strukturformel: $HO-C_6H_4-SH$)	126,18 —	29...30 $144...6/_{20}$	Intensiv riechende Krist.; l. in W; verursacht Bläschen auf der Haut; O,S-Dimethyläther Kp: 239...40°
Thioindigo [XIX, 177]	(Strukturformel: Thioindigo; $[\ldots O, S \ldots]_2$)	296,37 —	>280 subl. —	Rote Krist. (Bzl); unl. in W, swl. in sied. Al, wl. in Chlf, CS_2, l. in h. Bzl, h. Nitrobzl.; Lsgg. blaustichig rot, gelbrot fluoresz.
Thiokohlensäure-dihydr= azid [E 2 III, 137]	$H_2N \cdot NH \cdot CS \cdot NH \cdot NH_2$	106,15 —	Z 170 —	Nadeln und Tafeln (W); ll. in h. W, l. in k. W, wl. in h. Al, unl. in Ä, l. in verd. S, Alk
Thio-o-kresol [E 2 VI, 342]	(Strukturformel: o-CH_3-C_6H_4-SH)	124,21 —	15 194,3	Blätter; Kp: 106°/$_{50}$; unl. in W, l. in Al; Wdampfflch.; mit konz. H_2SO_4 → blaue Färbung
Thio-m-kresol [E 2 VI, 365]	(Strukturformel: m-CH_3-C_6H_4-SH)	124,21 $1{,}06251^{0}$	<−20 195,4	Fl.; Kp: 107,5°/$_{50}$; unangenehmer Geruch; unl. in W, l. in Al; Wdampf-flch.

Name und Literatur	Formel	Mol.-Gew. Dichte	F in °C Kp. in °C	Charakteristik
Thio-p-kresol [E 2 VI, 392]	HS—C_6H_4—CH_3	124,21 —	43...4 195	Blättchen (verd. Al oder Ä); ll. in Ä, wl. in Al, unl. in W; Wdampfflch.; l. in h. konz. H_2SO_4 → blaue Färbung
Thio-lepiden s. Tetraphenylthiophen				
Thioleucinsäure s. Mercapto-isocapronsäure				
Thiomilchsäure [E 2 III, 210]	$CH_3 \cdot CH(SH) \cdot CO_2H$	106,14 —	ca 10 99/14	Öl; l. in W, Al, Ä; unangenehmer Geruch
Thionaphthen [E 2 XVII, 58]		134,20 $1,1486^{36}$	32 221...2	$n_\alpha^{36,2}$ 1,6251, $n_D^{36,2}$ 1,633, $n_\beta^{36,2}$ 1,6544. Blättchen; unl. in W, ll. in org. Lösm. Wdampfflch.; l. in H_2SO_4 rot; Pikrat F: 149°
Thionaphthenchinon [XVII, 467]		164,18 —	121 ca 247	Gelbe Prismen (Al); wl. in k. Lg, ll. in Al, Aceton, Bzl, Eg; wl. in Sodalsg.; ll. in verd. NaOH or.gelb
Thio-α-naphthol [E 2 VI, 588]	$C_{10}H_7 \cdot SH$	160,24 $1,1549^{23}$	— Z 285	Fl.; Kp: 152,5...3,5°/15; ll. in Al, Ä, wl. in wss. Alk; Wdampfflch.
Thio-β-naphthol [E 2 VI, 610]	$C_{10}H_7 \cdot SH$	160,24 —	81 288 Z	Schuppen (Al); widerlicher Geruch; Kp: 153,5°/15; wl. in W, sll. in PÄ, Al, Ä
Thionessal s. Tetraphenylthiophen				
Thionin [XXVII, 391]	$[\ldots] \cdot HCl$; H_2N-Phenothiazin-NH	263,75 —	— —	Braunschw. Blättchen; swl. in h. W gelb, wl. in Al, Ä gelbrot, l. in Chlf viol. oder rotbraun, Bzl viol. oder gelb
Thionylanilin [XII, 578 *]	$C_6H_5 \cdot N : SO$	139,18 $1,236^{15}$	— 80/12	Fl.; l. in Al; aromatisch und stechend riechend; mit W, verd. S, Alk zers. in Anilin + SO_2; * s. a. Z. angew. Chem. **74**, 135

Name	Formel	Molgew. / Dichte	F / Kp	Eigenschaften
Thiophen [E 2 XVII, 35]	(Thiophen-Ring)	84,14 / 1,0674^{16,8}	−29,8 / 84	$n_\alpha^{14,4}$ 1,5260, $n_D^{14,4}$ 1,5309, $n_\beta^{14,4}$ 1,5434. Fl.; unl. in W, l. in Al, Bzl
Thiophen-aldehyd-(2) [XVII, 285]	(Ring)–CHO	112,15 / 1,215$^{21}_{21}$	− / 198	Öl; unl. in W, ll. in Al; riecht nach Bittermandelöl
Thiophen-aldehyd-(3) [Org. Syntheses 33, 93]	(Ring)–CHO	112,15 / −	− / 80...1/14	n_D^{20} 1,5860. Fbl. Fl., ll. in Ä, Chlf
Thiophen-carbon=säure-(2) [E 2 XVIII, 269]	(Ring)–CO_2H	128,15 / −	126...7 / 260	Nadeln (W); wl. in PÄ, zl. in Chlf, ll. in h. W, Al, Ä; subl.
Thiophen-carbon=säure-(2)-äthylester [E 2 XVIII, 269]	$SC_4H_3 \cdot CO_2C_2H_5$	156,20 / 1,1623^{16,3}	− / 115/25	$n_\alpha^{16,3}$ 1,5218, $n_\beta^{16,3}$ 1,5405; Fl.; riecht wie Benzoesäure-äthylester
Thiophen-carbon=säure-(2)-anhydrid [E 2 XVIII, 269]	$SC_4H_3 \cdot CO \cdot O \cdot CO \cdot C_4H_3S$	238,29 / −	62 / −	Nadeln (PÄ); sll. in Ä, ll. in Me, Al, Chlf, zwl. in PÄ
Thiophen-carbon=säure-(2)-chlorid [E 2 XVIII, 269]	$SC_4H_3 \cdot COCl$	146,60 / −	− / 206...8	Fl.; durchdringender Geruch wie Benzoylchlorid
Thiophen-carbon=säure-(2)-nitril [E 2 XVIII, 270]	$SC_4H_3 \cdot CN$	109,15 / −	− / 194...5	Öl; flch. mit Dampf
Thiophen-carbon=säure-(3) [XVIII, 292]	(Ring)–CO_2H	128,15 / −	138,4 subl. / −	Nadeln (W); 0,43 W 25°; Wdampfflch.
Thiophen-dicarbon=säure-(2,4) [XVIII, 327]	HO_2C–(Ring)–CO_2H	172,16 / −	280 Z / −	Pulver; ll. in h. W, wl. in k. W; subl. teilweise; Dimethylester F: 120...1°

Name und Literatur	Formel	Mol.-Gew. Dichte	F in °C Kp. in °C	Charakteristik
Thiophen-dicarbon= säure-(2,5) [E 1 XVIII, 448]	HO$_2$C—S—CO$_2$H	172,16 —	< 350 —	Kristallpulver; l. in Ä, swl. in W; subl. unzers.; Diäthylester F: 51,5°; Dinitril F: 92…2,5°
Thiophenin s. 2-Amino-thiophen				
Thiophenol [E 2 VI, 284]	C$_6$H$_5$ · SH	110,18 1,0728^{25}	70…1 168…9/$_{743}$	$n_\alpha^{23,2}$ 1,5797, $n_D^{23,2}$ 1,5861, $n_\beta^{23,2}$ 1,6029. Prismen (Lg); Kp: 77°/$_{30}$; unl. in W, ll. in Al, Ä, Bzl, CS$_2$; unangenehmer Geruch; oxid. leicht an der Luft → Disulfid
Thiophosgen [E 2 III, 105]	CSCl$_2$	114,98 1,5085	— 74…5	Rote Fl.; l. in Ä; Lsg. in Al oder h. W zers. langsam; erstickender Geruch; Gaskampfstoff
Thiophosphonsäure s. u. Phosphor				
Thiophthen [XIX, 18]		140,23 —	< — 10 224…6	Öl; Pikrat F: 133°
Thiopikrinsäure [E 2 VI, 316]		245,17 —	114 * —	Hgelbliche Nadeln; ll. in W, Al, Ä, Aceton, Chlf, Bzl, swl. in PÄ, CS$_2$; zers. beim Erhitzen in W und Al; schmeckt bitter; * expl. bei 115°
Thiopropionsäure [E 3 II, 576]	CH$_3$ · CH$_2$ · COSH	90,14 1,0211$_4^{20}$	— 108,3…9,5	Unbeständige gelbe Fl. von durch-dringendem Geruch; O-Methylester Kp: 119…20°; S-Äthylester Kp: 136°, F: — 95°; O-Äthylester Kp: 125…9°; Amid F: 42…3°

Thio-salicylsäure [X, 125]	$C_6H_4(CO_2H)(SH)$	154,19 —	164...5 —	Gelbe Täfelchen oder Nadeln (Eg oder Al); ll. in Al, Eg, wl. in h. W; subl.; oxid. an der Luft
Thiosemicarbazid [E 2 III, 134]	$H_2N \cdot NH \cdot CS \cdot NH_2$	91,14 —	181...3 —	Nadeln (W); l. in Al, wl. in W; Hydrochlorid: Krist.; F: 186...90°
Thiosinamin s. Allylthioharnstoff				
Thiotolen s. Methyl-thiophen				
2-Thio-uracil [XXIV, 323]		128,15 —	ca 340 Z —	Prismen (W oder Al); wl. in W, Al; ll. in Alk
Thiourethan [E 1 III, 64]	$H_2N \cdot CO \cdot S \cdot C_2H_5$	105,16 —	104 subl. *	Blätterige Tafeln; ll. in h. W, Al, wl. in Ä, unl. in k. W; * g. Z.
Thioxanthen [XVII, 74]		198,29 —	128 $340/_{730}$	Nadeln oder Säulen (Al + Chlf); wl. in k. Al, ll. in h. Al, Ä, sll. in Chlf
Thioxanthon [E 1 XVII, 191]		212,27 —	209 $372/_{715}$	Gelbe Nadeln (Chlf); unl. in W, Alk' wl. in Al, ll. in h. Eg, Chlf, Bzl, CS_2; subl.
Thioxen s. Dimethylthiophen				
Thiuramdisulfid [III, 219]	$H_2N \cdot CS \cdot S \cdot S \cdot CS \cdot NH_2$	184,32 —	150...3 Z Z	Blättchen (Aceton + Chlf); zll. in Aceton, l. in sied. Al (g. Z.), unl. in W, Chlf, Ä
L-Threonin [Houben-Weyl XI/2, 419 (1958)]	$H_3C \cdot \overset{\mid}{C} \cdot \overset{\mid}{C} \cdot CO_2H$ (OH H / H NH₂)	119,12 —	255...7 —	Krist. $\cdot \frac{1}{2} H_2O$ (W + Al); swl. in Al, Ä, Chlf; bei 100° wfrei; „essentielle Aminosäure"; $[\alpha]_D^{25}: -28,3°$ (W, c = 1,1); racem. DL-Threonin F: 227...9°

Name und Literatur	Formel	Mol.-Gew. Dichte	F in °C Kp. in °C	Charakteristik
DL-Threonin (allo-Form) [Org. Syntheses III, 514]	OH NH$_2$ H$_3$C · C · C · CO$_2$H H H	119,12 —	252 —	Krist. (W + Al); in W schwerer l. als DL-Threonin, wl. in Al, Ä; Trennung s. J. Am. Chem. Soc. **60**, 1330; Formel zeigt „L-"allo-Threonin $[\alpha]_D^{16}$: —9,11° (J. biol. Chem. **122**, 611)
D-Threose [I, 855; E 2 XXXI, 12]	CH(OH) HO · C · H O H · C · OH H$_2$C	120,11 —	— —	Sirup; unl. in Ä, PÄ, wl. in Al, ll. in W; $[\alpha]_D^{20}$: — 12,3° (Endwert nach 20 Min.)
Thujan [E 2 V, 60]	CH(CH$_3$)$_2$ H CH$_3$	138,25 0,8178^{18,5}	— 156...8/$_{765}$	n$_D^{18,5}$ 1,4408. Fl.
α-Thujon [E 2 VII, 87]	CH(CH$_3$)$_2$ H CH$_3$	152,24 0,9109^{25}	— 200...1	n$_D^{25}$ 1,4490. Fl., erfrischend riechend; $[\alpha]_D^{18}$: — 19,94°; Semicarbazon F: 186...8°
β-Thujon [E 2 VII, 88]	s. α-Thujon	152,24 0,9162^{20}	— 201...2	n$_\alpha^{13,6}$ 1,4513, n$_D^{13,6}$ 1,4540, n$_\beta^{13,6}$ 1,4597. Fl.; l. in Al, Ä; $[\alpha]_D^{20}$: + 77,33° (unverd.); Semicarbazon F: 175°
Thymin [E 1 XXIV, 330]	H$_3$C	126,12 —	336 Z subl.	Krist. (Al); 0,3 W 23°, swl. in Ä, wl. in Al

Thyminose s. D-2-Desoxyribose

Name	Formel			Eigenschaften
Thymochinon [E 2 VII, 595]		164,21 0,9727[99,6]	48 232	$n_\alpha^{99,6}$ 1,4796. Gelbe Tafeln; swl. in W, l. in Chlf, Bzl, ll. in k. Al, Ä; l. in H_2SO_4
Thymohydrochinon [E 2 VI, 901]		166,22 —	142 290	Prismen; ll. in Al, Ä, zll. in h. W, wl. in k. W, unl. in Bzl, Hexan
Thymol [E 2 VI, 494]		150,22 0,9689[24,4]	49,8 (51) 232,8	$n_\alpha^{16,8}$ 1,5180, $n_D^{16,8}$ 1,5224, $n_\beta^{16,8}$ 1,5338. Platten (Eg); 0,08 W 20...4°; 0,13 W 37°; 417 g in 100 g Al 90...1% 15°; 277 Ä 20°; ll. in Chlf, Bzl, Alk, Wdampfflch.; thyminart. Geruch; Acetat Kp: $131°/_{20}$; Phenylurethan F: 106,5...7°; Methyläther Kp: 216,2°
Thymolblau [E 2 XIX, 112]		466,60 —	200...20 Z —	Grünliche Krist. (Al oder Ä + Eg); wl. in k. W, Aceton, Chlf, Bzl; Indikator; in verd. Alk blau, verd. S gelb
Thymolphthalein [E 2 XVIII, 130]		430,55 —	253 —	Prismen (Al); swl. in W, ll. in h. Al, l. in Alk
o-Thymotinsäure [X, 280]		194,23 —	127 —	Krist. (Bzl oder Lg); wl. in W, l. in Al, Ä, Chlf, Eg, Bzl; Wdampfflch.
DL-Thyroxin [E 2 XIV, 384]		776,88 —	231...3 Z —	Krist.; unl. in Al, Ä, swl. in W; l. in verd. Alk

Tiglinaldehyd s. D-Methyl-crotonaldehyd

Name und Literatur	Formel	Mol.-Gew. Dichte	F in °C Kp. in °C	Charakteristik
Tiglinsäure [E 2 II, 401]	$CH_3 \cdot C \cdot CO_2H$ $CH_3 \cdot \overset{..}{C} \cdot H$	100,12 $0{,}9427^{99,5}$	63,5...4,0 198,5	$n_\alpha^{99,7}$ 1,4243, $n_{He}^{99,7}$ 1,4275, $n_\beta^{99,7}$ 1,4363. Tafeln und Säulen; Kp: 95...6°/$_{11,5}$; wl. in k. W, ll. in h. W; gewürzähnlicher Geruch
Tigogenin [Lettré, 210]	(Strukturformel: Steroid-Spiroketal mit CH_3-, H_3C-Gruppen und HO-)	416,65 —	200 —	Krist.; $[\alpha]_D$: − 76,5° (Chlf); Acetyl= derivat F: 130°
Tiron s. Brenzcatechin-disulfosäure-(3,5)				
Titan -äthyl-trichlorid [Zeiss, 428]	$C_2H_5TiCl_3$	183,32 —	— —	Viol., fest, bei Raumtemp. rote Fl.; rasche Z.; l. in org. Lösm.
-isobutyl-trichlorid [Coates, 251]	$(i\text{-}C_4H_9)TiCl_3$	211,38 —	— —	Gelbes Öl → bei − 80° allmählich viol. Krist.; rasche Z.
-cyclopentadienyl-trichlorid [J. Am. Chem. Soc. 81, 1364]	$C_5H_5TiCl_3$	219,35 —	145...7 Z —	Or. Krist. (Xylol); Z. mit Luft, Licht, W
-cyclopentadienyl-trijodid [J. Am. Chem. Soc. 81, 1364]	$C_5H_5TiJ_3$	493,71 —	184...6 Z —	Tiefrote Krist.
-dicyclopentadienyl [Coates, 254]	$(C_5H_5)_2Ti$	178,09 —	subl. —	Dkl.grüner fester Stoff; Z. an Luft; subl. bei 120...80° mit g. Z.

-dicyclopentadienyl-dibromid [J. Am. Chem. Soc. **81**, 1364]	$(C_5H_5)_2TiBr_2$	337,91 —	309...10 Z —	Dkl.rote Krist.; Z. mit W
-dicyclopentadienyl-dichlorid [Chem. Rev. **61**, 1]	$(C_5H_5)_2TiCl_2$	249,00 —	287,0...5 — *	Rote Krist. (Xylol oder Chlf); * subl. bei 190°/$_2$; l. in unpolaren org. Lösm.; in Lsg. ein Dipolmoment von 5,6 De= bye Z. mit W
-dicyclopentadienyl-dijodid [J. Am. Chem. Soc. **81**, 1364]	$(C_5H_5)_2TiJ_2$	431,90 —	317...8 Z —	Rotschwarze Krist.; Z. mit W
-dicyclopentadienyl-dimethyl [Kaufman, 247]	$(C_5H_5)_2Ti(CH_3)_2$	208,16 —	— —	Or.farbenes Wachs; l. in org. Lösm.
-dicyclopentadienyl-diphenyl [J. Am. Chem. Soc. **77**, 3604]	$(C_6H_5)_2Ti(C_5H_5)_2$	332,30 —	146...8 Z —	Or.gelbe Krist.; Z. bei Raumtemp.; l. in polaren org. Lösm.
-dimethyl-dichlorid [Z. angew. Chem. **71**, 618]	$(CH_3)_2TiCl_2$	148,88 —	— —	Schw. Krist.; Lsg. in Hexan gelb; rasche Z.; bildet ein gelbes, bei Raumtemp. beständiges Dioxanat
-methyl-trichlorid [Z. angew. Chem. **71**, 618]	CH_3TiCl_3	169,29 —	28...9 — *	Tiefviol. Krist., oberhalb F gelbe Fl.; * Kp extrapoliert: 120°; l. in Bzl, Hexan, Chlorkohlenwasserstoffen; Lsg. gelb; in Lsg. monomolekular; Polymerisationskatalysator
-phenyl-tri-isopropoxy [J. Am. Chem. Soc. **75**, 3877]	$(i-C_3H_7O)_3TiC_6H_5$	302,27 —	88...90 —	Weiße Krist.; Z. bei 100...20°; bei Raumtemp. beständig

Name und Literatur	Formel	Mol.-Gew. Dichte	F in °C Kp. in °C	Charakteristik
Titan				
-tetramethyl [Z. angew. Chem. **71**, 627]	$(CH_3)_4Ti$	108,04 —	— Z	Nicht isoliert; in ätherischer Lsg. gelb; Z. bei Raumtemp. und mit W; sehr reaktionsfähig; Darst. bei − 80° aus $TiCl_4$ und CH_3Li
-trimethyl [Z. angew. Chem. **71**, 627]	$(CH_3)_3Ti$	93,01 —	— Z − 20	Nicht isoliert; in Lsg. dklgrün; Z. mit W
Titansäure:				
Titan-äthoxy-trichlorid [Chem. Rev. **61**, 1]	$C_2H_5OTiCl_3$	199,32 —	80...1 186...8	Weiße Krist.; l. in unpolaren org. Lösm., Z. mit W
-n-butoxy-trichlorid [Chem. Rev. **61**, 1]	$n\text{-}C_4H_9OTiCl_3$	227,37 —	67,5...70,0 $124...7/_{40,5...2,5}$	Weiße Krist.; l. in unpolaren org. Lösm., Z. mit W
-diäthoxy-dichlorid [Kaufman, 243]	$(C_2H_5O)_2TiCl_2$	208,93 —	45...50 $142/_{18}$	Weiße Krist.; l. in org. Lösm., Z. mit W
-di-n-butoxy-dichlorid [J. Chem. Soc. **1952**, 2773]	$(n\text{-}C_4H_9O)_2TiCl_2$	265,04 —	— $182/_{17}$	Fl.; Kp: $130...40°/_4$; l. in org. Lösm.; Z. mit W; Darst. aus Butanol und $TiCl_4$
-dipropoxy-oxid [Chem. Rev. **61**, 1]	$(n\text{-}C_3H_7O)_2TiO$	182,08 —	100...13 —	Gelbliches Pulver; l. in org. Lösm.; Bildung aus rötlich-lilafarbenem $(n\text{-}C_3H_7O)_3Ti$ mit Luft
-tetraäthylat [Chem. Rev. **61**, 1]	$(C_2H_5O)_4Ti$	228,15 $1,1044^{25}$	— 236	n_D^{20} 1,5085, n_D^{35} 1,5051. Fl.; fbl.; Kp: $104°/_1$; l. in unpolaren org. Lösm.; Z. mit W
-tetra-n-amylat [Chem. Rev. **61**, 1]	$(n\text{-}C_5H_{11}O)_4Ti$	396,47 $0,9735^{25}$	— 314	n_D^{35} 1,4813. Fl.; Kp: $211°/_1$; l. in unpolaren org. Lösm.; Z. mit W

		MG D	Smp. Kp.	
-tetra-n-butylat [Chem. Rev. **61**, 1]	$(n\text{-}C_4H_9O)_4Ti$	340,36 $1,0051^{20}$	−55 310…4	n_D^{20} 1,4925, n_D^{35} 1,4863, n_D^{20} 1,3915. Fl.; fbl.; D_4^{25}: 0,9932; Kp: 151°/1; l. in unpolaren org. Lösm.; Z. mit W; Verw. als Katalysator
-tetra-isobutylat [Chem. Rev. **61**, 1]	$(i\text{-}C_4H_9O)_4Ti$	340,36 $0,961^{25}$	— 163/13	n_D^{54} 1,4749. Fl.; Kp: 141°/1; l. in unpolaren org. Lösm.; Z. mit W
-tetramethylat [E 2 I, 274]	$(CH_3O)_4Ti$	172,04 —	209…10 243/9	Weißer fester Stoff; Kp: 40°/1; ll. in unpolaren org. Lösm.; wl. in Me; Z. mit W
-tetra-n-propylat [Chem. Rev. **61**, 1]	$(n\text{-}C_3H_7O)_4Ti$	284,25 $1,0329^{25}$	— 265	n_D^{35} 1,4803, n_D^{35} 1,4907. Fl.; fbl., Kp: 124°/0,1, l. in unpolaren org. Lösm.; Z. mit W
-tetra-isopropylat [Chem. Rev. **61**, 1]	$(i\text{-}C_3H_7O)_4Ti$	284,25 $0,9711^{20}$	20 230/740	n_D^{20} 1,4678. Fl.; fbl.; Kp: 58°/1; l. in unpolaren org. Lösm.; Z. mit W
-tetra(trimethyl- siloxyl) [Chem. Rev. **61**, 1]	$[(CH_3)_3SiO]_4Ti$	404,66 $0,9078^{20}$	— 110/10	n_D^{20} 1,4278, n_D^{22} 1,4300. Bewegliche fbl. Fl.; Kp: 69…74°/1…2; l. in org. Lösm.; Z. mit W
-triäthoxy-chlorid [Chem. Rev. **61**, 1]	$(C_2H_5O)_3TiCl$	218,54 $1,1348^{25}$	— 187	Fl.; l. in unpolaren org. Lösm.; Z. mit W
-tri-n-butyloxy- chlorid [Chem. Rev. **61**, 1]	$(n\text{-}C_4H_9O)_3TiCl$	302,70 $1,0985^{20}$	— 199/13	n_D^{20} 1,5192, n_D^{20} 1,5169. Fl.; Kp: 156,5°/2,5; l. in unpolaren org. Lösm.; Z. mit W

TNA s. 2,4,6-Trinitro-anilin

TNT s. 2,4,6-Trinitro-toluol

Tobiassche Säure s. Naphthylamin-(2)-sulfosäure-(1)

		MG D	Smp. Kp.	
d-α-Tocopherol [Vogel, I 234]	(Strukturformel: H_3C, CH_3, CH_3, $(CH_2)_3\cdot CH(CH_2)_3\, CH(CH_2)_3\cdot CH\cdot CH_3$, HO, CH_3)	430,72 $0,953^{15}$	2,5…3,5 225…30/0,01	n_D 1,5052. Blaßgelbes Öl; 2,4-Dinitro= benzoesäureester F: 86…7°

Name und Literatur	Formel	Mol.-Gew. Dichte	F in °C Kp. in °C	Charakteristik
d-β-Tocopherol [Vogel I, 238]		416,69 —	— 200...10/$_{0,1}$	Hgelbes viskoses Öl; l. in Al, Ä, Aceton, Chlf, Ölen; $[\alpha]_D^{20}$: $+6,37°$; Allophanat F: 138...9°
γ-Tocopherol [J. Am. Chem. Soc. **65**, 918]		416,69 —	— 30 200...10/$_{0,1}$	Hgelbes viskoses Öl, unl. in W, l. in Al, Ä, Aceton, Chlf., Ölen, Fetten; $[\alpha]_D^{20}$: $-2,4°$ (Al); Allophanat F: 136...8°
δ-Tocopherol [Vogel I, 239]		402,67 —	— 3...— 2 —	Hgelbes viskoses Öl; krist. in durchscheinenden Nadeln; $[\alpha]_D^{25}$: $+3,4$ (Al); l. wie γ-Tocopherol
Tolan s. Diphenylacetylen				
m-Tolidin s. 2,2'-Dimethyl-benzidin				
Tolit s. 2,4,6-Trinitro-toluol				
Toluchinon [E 2 VII, 588]		122,12 1,0830^{77,9}	69 subl.	$n_\alpha^{77,9}$ 1,5049. Goldgelbe Blättchen; wl. in k. W, sll. in Al, Ä; Wdampfflch.
Toluhydrochinon s. 2-Methyl-hydrochinon				
o-Toluidin [E 2 XII, 430]	$CH_3 \cdot C_6H_4 \cdot NH_2$	107,16 0,9977^{20,7}	— 27,7 200,3	$n_\alpha^{20,7}$ 1,5663, $n_D^{20,7}$ 1,5722, $n_\beta^{20,7}$ 1,5890. Fl.; 1,50 W 25°, ll. in Al, Ä; Acetylderivat s. o-Toluidin-N-acetat; MAK: 5 cm³/m³, H
o-Toluidin-N-acetat [E 2 XII, 439]	$CH_3CO \cdot NH \cdot C_6H_4 \cdot CH_3$	149,19 1,168^{15}	112 296	Nadeln; 0,86 W 19°, l. in Al, Eg

m-Toluidin [E 2 XII, 463]	$CH_3 \cdot C_6H_4 \cdot NH_2$	107,16 0,9930[15]	E − 31,5 203,4	n_α^{15} 1,5645, n_D^{15} 1,507, n_β^{15} 1,5873. Fl.; wl. in W, ll. in Al, Ä; Acetylderivat s. m-Toluidin-N-acetat
m-Toluidin-N-acetat [E 2 XII, 468]	$CH_3CO \cdot NH \cdot C_6H_4 \cdot CH_3$	149,19 1,141[15]	66 303	Nadeln (W); 0,44 W 13°, l. in Eg, ll. in Al, Ä
p-Toluidin [E 2 XII, 482]	$CH_3 \cdot C_6H_4 \cdot NH_2$	107,16 0,9659[45]	43,5 200,5	n_α^{45} 1,5474, n_D^{45} 1,15534, n_β^{45} 1,5647. Krist. (Ä); 0,65 W 15°; 110 Al 20...5°; 130 Py 20...5°; ll. in Ä; Wdampfflch.; Acetylderivat s. p-Toluidin-N-acetat
p-Toluidin-N-acetat [E 2 XII, 501]	$CH_3CO \cdot NH \cdot C_6H_4 \cdot CH_3$	149,19 1,212[15]	151...2 306	Krist. (W); unl. in Lg, l. in Ä, ll. in h. W, Al
Toluidin-sulfosäure s. Amino-toluolsulfosäure				
o-Tolunitril [E 2 IX, 319]	(o-CH₃, CN benzene ring)	117,15 0,9955[20]	− 13 205,2	$n_\alpha^{23,1}$ 1,5220, $n_D^{23,1}$ 1,5272. Fl.; l. in Al, Ä
p-Tolunitril [E 2 IX, 330]	(p-CH₃, NC benzene ring)	117,15 0,9785[30]	29 217,6	Nadeln (Al); l. in Al, Ä; Wdampfflch.
α-Tolunitril s. Benzylcyanid Toluol [E 2 V, 209]	(CH₃ benzene ring)	92,14 0,8716[15]	E − 95 110,8	n_α^{15} 1,49510, n_D^{15} 1,49985, n_β^{15} 1,51134. Fl.; 0,047 W 16°; ∞ Al, Ä, Bzl; techn. Lösm.; MAK: 200 cm³/m³
Toluol-disulfosäure-(2,4) [E 2 XI, 115]	$CH_3 \cdot C_6H_3(SO_3H)_2$	252,27 —	— —	Dickfl.; Dichlorid F: 56°, ll. in Ä, Bzl
p-Toluolsulfinsäure [E 2 XI, 6]	$CH_3 \cdot C_6H_4 \cdot SO_2H$	156,20 —	86...7 —	Nadeln (W); zwl. in h. Bzl, wl. in W, ll. in Al, Ä
p-Toluol-sulfinsäure= chlorid [Org. Syntheses 34, 93]	(p-CH₃, ClOS benzene ring)	174,65 —	— 113...5/$_{3,5}$	$n_D^{23,5}$ 1,6004. Gelbliches Öl; ll. in Ä; verfärbt sich beim Erhitzen

Name und Literatur	Formel	Mol.-Gew. Dichte	F in °C Kp. in °C	Charakteristik
o-Toluolsulfosäure [XI, 83]	$CH_3 \cdot C_6H_4 \cdot SO_3H$	172,20 —	— —	Zerfl. Krist. $\cdot 2H_2O$; zwischen 140 und 150° Umlagerung in p-Toluolsulfo= säure
o-Toluolsulfosäureamid [E 1 XI, 23]	$CH_3 \cdot C_6H_4 \cdot SO_2NH_2$	171,22 —	156,3 —	Prismen (W); 0,1 W 9°, 3,6 Al 5°
o-Toluolsulfosäure- chlorid [E 2 XI, 39]	$CH_3 \cdot C_6H_4 \cdot SO_2Cl$	190,65 1,3383	10,17 $126/_{21}$	$n_\alpha^{17,2}$ 1,5528, $n_D^{17,2}$ 1,5575, $n_\beta^{17,2}$ 1,5713. Öl
p-Toluolsulfosäure [E 2 XI, 43]	$CH_3 \cdot C_6H_4 \cdot SO_3H$	172,20 —	38 $185...7/_{0,1}$	Krist. $\cdot 1H_2O$ (W oder Al), F: 106°; Methylester F: 28...9°, Kp: 146...7°/9; Phenylester F: 94...5°
p-Toluolsulfosäure- äthylamid [E 2 XI, 56]	$CH_3 \cdot C_6H_4 \cdot SO_2 \cdot NH \cdot C_2H_5$	199,27 1,307	64 —	Krist. (Lg); Tafeln (verd. Al); durch Kondensation mit Formaldehyd Harze
p-Toluolsulfosäure- äthylester [XI, 99]	$CH_3 \cdot C_6H_4 \cdot SO_3C_2H_5$	200,26 $1,1736^{32}$	32...3 $173/_{15}$	Weiße krist. Masse; unl. in W, l. in Me, Al, Ä und den gebr. org. Lösm.
p-Toluolsulfosäure-amid [E 2 XI, 55]	$CH_3 \cdot C_6H_4 \cdot SO_2NH_2$	171,22 —	137,1 —	Blättchen (W oder Al); 0,19 W 9°; 7,4 Al 5°
p-Toluolsulfosäure-anilid [E 2 XII, 298]	$CH_3 \cdot C_6H_4 \cdot SO_2 \cdot NH \cdot C_6H_5$	247,32 —	104 —	Krist. (verd. Al oder Bzl); swl. in W, l. in Al, Eg, Bzl
Toluolsulfosäure-chloramid-Natriumsalz s. Chloramin T				
p-Toluolsulfosäure- chlorid [E 2 XI, 54]	$CH_3 \cdot C_6H_4 \cdot SO_2Cl$	190,65 $1,261^{76}$	68 $146/_{15}$	Tafeln (Ä); subl. im Vak.
p-Toluolsulfosäure- N,N-dimethylamid [E 2 XI, 56]	$CH_3 \cdot C_6H_4 \cdot SO_2 \cdot N(CH_3)_2$	199,27 —	86...7 —	Nadeln (Benzin); sll. in h. Al, Aceton, Egester, Bzl, ll. in Ä, zll. in h. Benzin, swl. in W

p-Toluolsulfosäure-dodecylester [Org. Syntheses III, 366]	$CH_3 \cdot C_6H_4 \cdot SO_3CH_2 \cdot [CH_2]_{10} \cdot CH_3$	340,53 —	24...5 —	Krist. (Me)
p-Toluolsulfosäure-kresylester [Gnamm, 395]	$CH_3 \cdot C_6H_4 \cdot SO_2 \cdot O \cdot C_6H_4 \cdot CH_3$	262,33 $1,207^{15}$	— 180...95	Ölige Fl.
p-Toluolsulfosäure-methylamid [E 2 XI, 56]	$CH_3 \cdot C_6H_4 \cdot SO_2 \cdot NH \cdot CH_3$	185,25 1,340	78...9 —	Viereckige Tafeln (verd. Al); sll. in Al, wl. in W
p-Toluolsulfosäure-methylester [E 2 XI, 44]	$CH_3 \cdot C_6H_4 \cdot SO_3CH_3$	186,23 —	28...9 146...7/9	Krist. (Ä + Lg); ll. in Al, Ä, Bzl-unl. in W; Verw. als Alkylierungs, mittel
p-Toluolsulfosäure-N-nitroso-methylamid [Rec. trav. chim. 73, 229]	$SO_2 \cdot N(NO)CH_3$ / H_3C	214,24 —	61 —	Grüne Krist., unl. in W, l. in Ä, Al, ll. in Bzl, Aceton; vor Licht schützen; mit alkohol. KOH → Diazomethan („Actin"); s. a. Org. Syntheses **34**, 96
p-Toluylessigsäure [E 1 X, 334]	$CH_3 \cdot C_6H_4 \cdot CO \cdot CH_2 \cdot CO_2H$	178,19 —	98...100 Z —	Blättchen; ll. in Ä, l. in Bzl, swl. in PÄ, unl. in W; Äthylester Kp: 170°/30
m-Toluyl-hydrazin [IX, 478]	$CH_3 \cdot C_6H_4 \cdot CO \cdot NH \cdot NH_2$	150,18 —	97 —	Blättchen (verd. Al); sll. in h. Al, Chlf, Eg, wl. in W, Ä, unl. in Lg
m-Toluyl-hydroxylamin [IX, 477]	$CH_3 \cdot C_6H_4 \cdot CO \cdot NHOH$	151,16 —	119...20 —	Tafeln (Al)
o-Tolylaldehyd [E 2 VII, 229]	$CH_3 \cdot C_6H_4 \cdot CHO$	120,15 $1,0386^{19}$	— 200...2	n_α^{19} 1,5423, n_D^{19} 1,549, n_β^{19} 1,5650. Fl.; swl. in W, l. in Al, A; riecht wie Bittermandelöl; Semicarbazon F: 212°
m-Tolylaldehyd [E 2 VII, 229]	$CH_3 \cdot C_6H_4 \cdot CHO$	120,15 $1,0189^{21,4}$	— 200	$n_\alpha^{21,4}$ 1,5344, $n_D^{21,4}$ 1,541, $n_\beta^{21,4}$ 1,5568. Fl.; swl. in W, l. in Al, Ä; riecht wie Bittermandelöl; Semicarbazon F: 223...4°

Name und Literatur	Formel	Mol.-Gew. Dichte	F in °C Kp. in °C	Charakteristik
p-Tolylaldehyd [E 2 VII, 230]	$CH_3 \cdot C_6H_4 \cdot CHO$	120,15 $1{,}0194^{16,7}$	— $106/_{10}$	$n_\alpha^{16,6}$ 1,5402, $n_D^{16,6}$ 1,547, $n_\beta^{16,6}$ 1,5641. Fl.; swl. in W, l. in Al, Ä; riecht wie Pfeffer
m-Tolylbenzylamin [Org. Syntheses III, 827]	H_3C—NH·CH_2·C_6H_5	197,28 —	— 153...7/$_4$	Fl.; Hydrochlorid F: 198...9°
Tolylendiamin s. Diaminotoluol				
Tolylenhydrat s. 1,2-Diphenyl-äthanol				
o-Tolylessigsäure [1X, 527]	$CH_3 \cdot C_6H_4 \cdot CH_2 \cdot CO_2H$	150,18 —	88...9 —	Nadeln (W); ll. in h. W
o-Tolylhydrazin [E 2 XV, 222]	$CH_3 \cdot C_6H_4 \cdot NH \cdot NH_2$	122,17 —	59...60 Z *	Nadeln; wl. in k. Lg, ll. in Al, Ä, Chlf; * Z. → o-Toluidin, Toluol, N_2, NH_3
p-Tolylhydrazin [E 1 XV, 153]	$CH_3 \cdot C_6H_4 \cdot NH \cdot NH_2$	122,17 —	65...6 240...4 g. Z	Blättchen (Ä); wl. in W, ll. in Al, Ä, Bzl; Z. → p-Toluidin, Toluol, N_2, NH_3
o-Tolylhydroxylamin [XV, 13]	$CH_3 \cdot C_6H_4 \cdot NHOH$	123,16 —	44 —	Nadeln (Bzl + Ä); wl. in Lg, ll. in Al, Ä, Bzl
p-Tolylhydroxylamin [E 2 XV, 16]	$CH_3 \cdot C_6H_4 \cdot NHOH$	123,16 —	98 Z	Blättchen (Bzl); 1 W 5°; 5 sied. W, swl. in k. Lg, k. Bzl, ll. in Al, Ä, Chlf, h. Bzl; Z. → p,p′-Azoxytoluol
o-Tolylisocyanat [XII, 812]	$CH_3 \cdot C_6H_4 \cdot N:CO$	133,15 —	— 185...6	Fl.; riecht stark, reizt zu Tränen
m-Tolylisocyanat [XII, 864]	$CH_3 \cdot C_6H_4 \cdot N:CO$	133,15 —	— 195...8	Fl.; unangenehm riechend

Name	Formel	Mol.-Gew. / Dichte	Schmp. / Sdp.	Eigenschaften
p-Tolylisocyanat [XII, 955]	$CH_3 \cdot C_6H_4 \cdot N:CO$	133,15 / —	— / $187/_{751}$	Fl.; stark riechend
N-p-Tolyl-piperidin [Org. Syntheses 34, 81]	(Piperidin-Ring mit $\overset{\cdot}{N}$ und $C_6H_4 \cdot CH_3$)	175,26 / —	— / $140...3/_{15}$	n_D^{25} 1,5509. Fbl. Fl.
o-Tolylsäure [E 2 IX, 317]	$CH_3 \cdot C_6H_4 \cdot CO_2H$	136,15 / $1,062^{115}$	107...8 / 259	$n_\alpha^{114,6}$ 1,5067, $n_\beta^{114,6}$ 1,5254. Krist. (W); wl. in k. W, l. in h. W, sll. in Al; Wdampfflch.; Methylester Kp: 207...8°; Äthylester Kp: 227°; Chlorid Kp: 110...1°/$_{29}$; Amid F: 75°
m-Tolylsäure [E 2 IX, 323]	$CH_3 \cdot C_6H_4 \cdot CO_2H$	136,15 / $1,0543^{112}$	111,7 / 263 subl.	$n_\alpha^{111,6}$ 1,5037, $n_\beta^{111,6}$ 1,5224. Krist. (W); 0,098 W 25°; 8,63 o-Xylol 25°; sll. in Al, Ä, Wdampfflch.; Methylester Kp: 214...5°; Äthylester Kp: 103...5°/$_{10}$; Chlorid F: $-23°$, Kp: 109°/$_{15}$; Amid F: 97°
p-Tolylsäure [E 2 IX, 327]	$CH_3 \cdot C_6H_4 \cdot CO_2H$	136,15 / —	179,6 / 274 subl.	Krist. (W); 0,04 W 25°; 1,16 W 100°; 1,05 o-Xylol 14°; wl. in W, sll. in Me, Al, Ä; Wdampfflch.; Methylester F: 33°, Kp: 217°; Äthylester Kp: 228°; Chlorid Kp: 95...5,5°/$_{10}$; Amid F: 165°
α-Tolylsäure s. Phenylessigsäure				
p-Tolylsenföl [E 2 XII, 518]	$CH_3 \cdot C_6H_4 \cdot N:CS$	149,22 / —	25...6 / 237	Tafeln (Chlf)
Toxaphen [Ann. Appl. Biol. **37**, 705]	$C_{10}H_{10}Cl_8$*)	413,82 / —	65...90 / —	Gelbliche wachsähnliche Substanz; ll. in org. Lösm.; unl. in W; Insektizid; * chloriertes Camphen
Traubensäure s. DL-Weinsäure				
Traubenzucker s. D-Glucose				

Name und Literatur	Formel	Mol.-Gew. Dichte	F in °C Kp. in °C	Charakteristik
α:α-Trehalose [Ber. **58**, 1183]	$C_{12}H_{22}O_{11}$ Formel 35, S. 926	342,30 —	210 —	Prismen ·$2H_2O$ (Al); unl. in Ä, wl. in Al, l. in W; $[\alpha]_D^{20}$: + 178,3° (W, c = 7)
Triacetin s. Glycerin-triacetat				
Triacetonamin [XXI, 249]	$H_2C \cdot CO \cdot CH_2$ $(CH_3)_2\overset{.}{C} \cdot NH \cdot \overset{.}{C}(CH_3)_2$	155,24 —	34,9 205	Nadeln (Ä); ll. in W, Al, Ä
1,3,5-Triacetyl-benzol [Org. Syntheses III, 829]	(structure: benzene ring with three $CO \cdot CH_3$ groups)	204,23 —	162...3 —	Glänzende Nadeln (Al); wl. in W, Al, Ä, ll. in Eg
Triäthanolamin [E 2 IV, 729]	$N(CH_2 \cdot CH_2OH)_3$	149,19 $1,1242^{20}$	— 206...7/15	n_α^{20} 1,4824, n_D^{20} 1,4852, n_γ^{20} 1,4969. Zähfl. Öl; ∞ W, Al, l. in Chlf, wl. in Lg, Bzl, Ä; zieht W und CO_2 an; techn. Verw.: mit Fettsäuren → seifenart. Salze → Emulgatoren usw.; $N(C_2H_4OH)_3 \cdot$ HCl Krist. (verd. Al), F: 177°; wl. in W, Al
Triäthylamin [E 2 IV, 593]	$(C_2H_5)_3N$	101,19 $0,7255^{25}$	E — 114,7 89	n_α^{20} 1,39804, n_D^{20} 1,40032, n_γ^{20} 1,41092. Ammoniakalisch riechendes Öl; ∞ W < 18,7°; 16,6 W 20°; 2 W 65°; l. in Al, Ä; MAK: 25 cm³/m³; Pikrat F: 173°
Triäthylamin-hydro= bromid [E 2 IV, 595]	$(C_2H_5)_3N \cdot$ HBr	182,11 1,322	248 —*	Krist.; 150,6 W 25°; 15,65 Chlf 25°; ll. in Al, unl. in Ä; * subl. > 225°
Triäthylamin-hydro= chlorid [E 2 IV, 594]	$(C_2H_5)_3N \cdot$ HCl	137,65 $1,06885^{21}$	253...4 —*	Krist. (Al); 137 W 25°; 11,6 Chlf 25°; l. in Al, wl. in Bzl; unl. in Ä; * subl. > 245°

Name [Lit.]	Formel	Mol.-Gew. / Dichte	F. / Kp.	Eigenschaften
Triäthylamin-hydro= jodid [E 2 IV, 595]	$(C_2H_5)_3N \cdot HJ$	229,11 / 1,456	173 Z / —	Prismen; sintert bei 150°; 370 W 25°; 61,5 Chlf 25°; ll. in Al, unl. in Ä n_D^{17} 1,4951. Fl.
1,3,5-Triäthyl-benzol [E 2 V, 340]	$C_6H_3(C_2H_5)_3$	162,28 / $0{,}8633^{20}$	— / 217	n_D^{20} 1,4305. Fl.; campherart. Geruch
Triäthylcarbinol [E 2 I, 445]	$(C_2H_5)_3C \cdot OH$	116,20 / $0{,}83889^{20}$	— / 141/743	
Triäthylendiamin [Ind. Eng. Chem. **1959**, 1299]	H_2C–CH_2/CH_2–CH_2 Ringstruktur (Diazabicyclo)	112,18 / —	74 / 174	Katalysator für Isocyanate; hoher Dampfdruck
Triäthylenglykol s. Triglykol				
Triäthylen-tetramin [E 2 IV, 695]	$CH_2 \cdot NH \cdot CH_2 \cdot CH_2 \cdot NH_2 \cdot$ $CH_2 \cdot NH \cdot CH_2 \cdot CH_2 \cdot NH_2$	146,24 / $0{,}9817^{15}$	12 / 157/20	Zähfl.; erstarrt bei −18° krist.; l. in W, Al; l. in W unter Wärmentwicklung
Triäthylessigsäure [E 1 II, 149]	$(C_2H_5)_3C \cdot CO_2H$	144,22 / $0{,}9119^{40,3}$	38 / 119/14	$n_D^{40,3}$ 1,42778; Krist.
Triäthyl-methan [E 2 I, 119]	$(C_2H_5)_3CH$	100,21 / $0{,}6984^{20}$	— / 93,3	n_α^{20} 1,39169, n_D^{20} 1,39366, n_β^{20} 1,39839. Fl.
Triäthylsulfoniumhydr= oxid [E 2 I, 345]	$(C_2H_5)_3S^+OH^-$	136,26 / —	— / —	Zerfl. Krist.; ll. in W
Triakontan [E 2 I, 145]	$CH_3 \cdot [CH_2]_{28} \cdot CH_3$	422,83 / 0,7797 *	66...7 / 304/15	Blättchen (Bzl); unl. in W, wl. in h. Al, l. in Ä, ll. in h. Bzl; * fl.
2,3,5-Triamino-benzoe= säure [XIV, 455]	CO_2H, NH_2 (2,3,5-Triaminobenzoesäure-Ring)	167,17 / —	— / Z	Krist. (W); unl. in Ä, swl. in h. Al, ll. in h. W; Z. → NH_3-Absp.
3,4,5-Triamino-benzoe= säure [XIV, 455]	$(H_2N)_3C_6H_2 \cdot CO_2H$	167,17 / —	— / Z	Nadeln · ½ H_2O (W); swl. in sied. Al; wl. in k. W, ll. in h. W; Z. → CO_2-Absp.

Name und Literatur	Formel	Mol.-Gew. Dichte	F in °C Kp. in °C	Charakteristik
1,2,3-Triamino-benzol [XIII, 294]	$C_6H_3(NH_2)_3$	123,16 —	ca 103 336	Krist.; sll. in W, Al, Ä
1,2,4-Triamino-benzol [XIII, 294]	$C_6H_3(NH_2)_3$	123,16 —	< 100 ca 340	Blättchen (Chlf); swl. in Ä, wl. in Chlf, sll. in W, Al
4,4',4''-Triamino-3-methyl-triphenyl=carbinol [E 1 XIII, 300]	$(H_2N \cdot C_6H_4)_2C \cdot OH$ $C_6H_3(CH_3) \cdot NH_2$	319,41 —	186 Z —	Krist. (W); unl. in Ä, swl. in W, wl. in Al, ll. in Py
2,4,6-Triamino-phenol [XIII, 569]	$C_6H_2(OH)(NH_2)_3$	139,15 —	— —	Unbeständig; Pikrat $C_6H_9ON_3 \cdot 3\,C_6H_3O_7N_3$ F: 96...7°
1,2,3-Triamino-propan [E 2 IV, 714]	$H_2N \cdot CH_2 \cdot CH(NH_2) \cdot CH_2 \cdot NH_2$	89,14 —	— 190 Z	Glycerinähnliches Öl; Kp: 105...10°/$_{15}$; spermaart. Geruch; l. in W; zieht CO_2 an; $C_3H_{11}N_3 \cdot 3\,HCl \cdot H_2O$ treppenförmige Tafeln, F: 250° (Z.); ll. in W, unl. in Al, Ä
4,4',4''-Triamino-3,3',3''-trimethyl-triphenylcarbinol [XIII, 771]	$[H_2N \cdot C_6H_3(CH_3)]_3C \cdot OH$	347,46 —	— —	Unl. in W, l. in Ä, Bzl
4,4',4''-Triamino-triphenylcarbinol [XIII, 750]	$(H_2N \cdot C_6H_4)_3C \cdot OH$	305,38 —	205 Z —	Blättchen; unl. in Ä, swl. in W, ll. in Al

Name	Formel			Eigenschaften
4,4′,4″-Triamino-triphenylmethan [E 1 XIII, 100]	$(H_2N \cdot C_6H_4)_3CH$	289,38 —	207…8 —	Blättchen (W, Al oder Bzl); wl. in W, Al; Verbindung mit 1,3,5-Trinitrobzl. F: 140°
Triamylamin [E 2 IV, 642]	$(CH_3 \cdot [CH_2]_4)_3N$	227,44 —	— 130/14	Fl.
4,4′,4″-Trianilino-3-methyl-triphenyl-carbinol [XIII, 768]	$(C_6H_5 \cdot NH \cdot C_6H_4)_2C \cdot OH$ $C_6H_5 \cdot NH \cdot C_6H_3 \cdot CH_3$	547,71 —	— Z	Verw. zur Herstellung blauer Triphenylmethanfarbstoffe
4,4′,4″-Trianilino-triphenylcarbinol [XIII, 760]	$(C_6H_5 \cdot NH \cdot C_6H_4)_3C \cdot OH$	533,68 —	ca 85 —	Nadeln (Bzl); wl. in Lg, ll. in Al, Ä, Aceton; mit S → Farbsalze
Triazoessigsäure [XXVI, 567]	$HO_2C \cdot C$⟨NH—NH / N—N⟩$C \cdot CO_2H$	172,10 —	149…55 Z *	Gelbe Prismen; unl. in Ä, Chlf, Bzl, CS_2, swl. in k. W, l. in k. Aceton, sll. in k. Al; * Z. → CO_2-Absp.; Diäthylester F: 113,5°
1,2,3-Triazol [XXVI, 11]	(Ring)	69,07 $1,1861^{25,3}$	23 208…9/742	$n_\alpha^{25,3}$ 1,4819, $n_D^{25,3}$ 1,4854, $n_\beta^{25,3}$ 1,4943. Hygr. Krist.; unl. in Lg, ll. in W, Al, Ä
1,2,4-Triazol [XXVI, 13]	(Ring)	69,07 —	121 260	Prismen (W), Nadeln (Al, Ä); zwl. in Bzl, wl. in Ä, sll. in W, Al; subl.
1,2,3-Triazol-carbonsäure-(4) [E 1 XXVI, 86]	(Ring, HO_2C)	113,08 —	219 —	Krist. (W); unl. in Chlf, swl. in Ä, Eg, wl. in k. W, Al, ll. in sied. W; Äthylester Kp: 115°/60
1,2,3-Triazol-dicarbonsäure-(4,5) [E 1 XXVI, 90]	(Ring, HO_2C, HO_2C)	157,09 —	200…1 Z —	Krist. $\cdot 2H_2O$ (W); swl. in Ä, Benzin, Bzl, wl. in h. Chlf, CCl_4, zll. in W, ll. in Eg, verd. HCl

Name und Literatur	Formel	Mol.-Gew. Dichte	F in °C Kp. in °C	Charakteristik
Tri-benzamid [E 2 IX, 172]	$(C_6H_5 \cdot CO)_3N$	329,36 —	207...8 —	Nadeln (Al); ll. in h. Bzl, Toluol, Xylol, wl. in Ä, unl. in k. Al, Lg; subl.
Tribenzoylenbenzol [E 2 VII, 849]	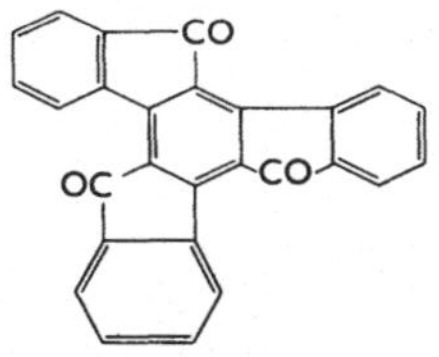	384,39 —	ca 427 subl.	Gelbe Nadeln (Nitrobzl.); unl. in Al, Ä, wl. in Eg, Py, Xylol gelb, ll. in Nitrobzl. gelb, Anilin rot-or.; l. in H_2SO_4 rot
Tribenzoylmethan [E 2 VII, 842]	$(C_6H_5 \cdot CO)_3CH$	328,37 —	228...31 —	Nädelchen (h. Al oder h. Aceton); 0,48 Aceton 20°; zll. in Amylal., Eg, Nitrobzl.; Lsg. in Bzl enthält 71% Enol (60°), in Me 29% (60°)
Tribenzylamin [E 2 XII, 555]	$(C_6H_5 \cdot CH_2)_3N$	287,41 $0{,}9912^{95}$	92,5 380...90	Blättchen (Ä); swl. in W, wl. in k. Al, ll. in h. Al, Ä; Pikrat F: 190°
Tri-biphenyl-carbinol [Org. Syntheses III, 831]	$(C_6H_5 \cdot C_6H_4)_3C \cdot OH$	488,64 —	207...8 —	Krist. (Xylol)
1,1,2-Tribrom-äthan [E 2 I, 65]	$CH_2Br \cdot CHBr_2$	266,77 $2{,}6281^{15}$	$-29{,}2$ $74/_{15}$	n_α^{15} 1,5922, n_β^{15} 1,6097, n_γ^{15} 1,6188. Fl.
2,2,2-Tribrom-äthanol [E 2 I, 338]	$CBr_3 \cdot CH_2OH$	282,77 —	80 $92...4/_{10...11}$	Prismen (PÄ); ll. in Al, Ä, l. in Bzl, ll. in h. PÄ, wl. in k. PÄ; 3,5 W 40°; Wdampfflch.; zers. in W bei 70°; Narkoticum „Avertin"
Tribromäthylen [E 2 I, 164]	$CHBr : CBr_2$	264,76 $2{,}708^{21}$	— 163...4	Fl.

2,3,4-Tribrom-anilin [XII, 662]	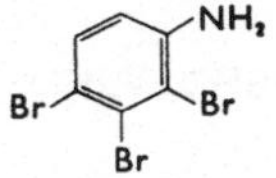	329,83 —	100,6 —	Blättchen (verd, Al); sll. in Al, Bzl, wl. in W; flch. mit Dampf
2,3,5-Tribrom-anilin [E 2 XII, 358]	$C_6H_2Br_3 \cdot NH_2$	329,83 —	91 —	Nadeln (Al)
2,4,5-Tribrom-anilin [XII, 662]	$C_6H_2Br_3 \cdot NH_2$	329,83 —	85...6 —	Nadeln (Al); sll. in Al, Ä, Bzl
2,4,6-Tribrom-anilin [E 1 XII, 329]	$C_6H_2Br_3 \cdot NH_2$	329,83 $2{,}35^{20}_{20}$	122 300	Nadeln (Al); unl. in W, wl. in k. Al, ll. in h. Al, Ä; Acetylderivat F: 232°
3,4,5-Tribrom-anilin [XII, 668]	$C_6H_2Br_3 \cdot NH_2$	329,83 —	118...9 —	Nadeln; l. in Al, Ä, unl. in W
2,4,6-Tribrom-anisol [E 2 VI, 193]	$C_6H_2Br_3 \cdot OCH_3$	344,84 2,491	87 297...8	Stark doppelbrechende Nadeln (Al); 1,03 Al 15°
2,4,6-Tribrom-benzoesäure [E 2 IX, 238]	$C_6H_2Br_3 \cdot CO_2H$	358,83 —	193 —	Prismen (W); l. in Al, Bzl, 0,35 W 15°, 0,55 W 100°
3,4,5-Tribrom-benzoesäure [E 1 IX, 148]	$C_6H_2Br_3 \cdot CO_2H$	358,83 —	235 —	Nadeln (Bzl); ll. in verd. Al, sied. Bzl, wl. in sied. W
1,2,3-Tribrom-benzol [E 1 V, 117]	$C_6H_3Br_3$	314,82 2,658	87,8 —	Tafeln (Al); ll. in h. Al
1,2,4-Tribrom-benzol [E 2 V, 164]	$C_6H_3Br_3$	314,82 —	44...5 275...6	Nadeln (Al oder Ä); aromatischer Geruch; ll. in Ä, sied. Al, sll. in Bzl, CS_2; subl. leicht
1,3,5-Tribrom-benzol [E 2 V, 164]	$C_6H_3Br_3$	314,82 —	119,6 $271/_{765}$	Nadeln oder Prismen (Al oder Ä + Al); unl. in W, zwl. in sied. Al; subl.
1,2,3-Tribrom-butan [E 2 I, 85]	$CH_3 \cdot CHBr \cdot CHBr \cdot CH_2Br$	294,83 $2{,}1904^{16}$	− 19 $104...5/_{10}$	n_D^{15} 1,5691. Fl.

Name und Literatur	Formel	Mol.-Gew. Dichte	F in °C Kp. in °C	Charakteristik
2,2,3-Tribrom-butan [E 2 I, 85]	$CH_3 \cdot CHBr \cdot CBr_2 \cdot CH_3$	294,83 2,1724[20]	1,85 206,5	n_α^{17} 1,5585, n_D^{17} 1,5628, n_β^{17} 1,5734. Fl.
2,2,2-Tribrom-t-butanol s. Brometon				
Tribromessigsäure [E 3 II, 484]	$CBr_3 \cdot CO_2H$	296,76 —	135 245 Z	Prismen; ll. in W, Al, Ä, wl. in k. Lg; wss. oder alkohol. Lsg. zers. beim Erwärmen; Äthylester Kp: 65...9°/₂; . Amid F: 121...2°
Tribromhydrin s. 1,2,3-Tribrompropan				
2,4,6-Tribrom-mesitylen [E 2 V, 315]	$(CH_3)_3C_6Br_3$	356,90 —	226 —	Nadeln (Bzl); swl. in h. Al, fast unl. in k. Al
Tribrommethan s. Bromoform				
1,3,6-Tribrom-naph= thol-(2) [E 2 VI, 606]	$HO \cdot C_{10}H_4Br_3$	380,88 —	133 —	Nadeln (Al); l. in Me, Al, Eg, CCl_4, Bzl
Tribromnitromethan s. Brompikrin				
1,2,3-Tribrom-pentan [E 2 I, 98]	$CH_3 \cdot CH_2 \cdot CHBr \cdot CHBr \cdot CH_2Br$	308,85 2,0952[14]	2,5...3,0 122...4/₁₈	n_D^{14} 1,5622. Fl.
2,3,5-Tribrom-phenol [E 2 VI, 192]	OH, Br, Br, Br (tribromphenol ring structure)	330,82 —	94...5 —	Prismen (PÄ); sll. in Al, Ä, Aceton, h. Lg, Alk, swl. in W; riecht kresolartig; leicht flch. mit Dampf
2,4,6-Tribrom-phenol [E 2 VI, 192]	$HO \cdot C_6H_2Br_3$	330,82 2,55$_{20}^{20}$	93,2...3,3 282...90/₇₄₆	Nadeln (verd. Al); Prismen (Bzl); Kp: 190°/ca 5; 0,007 W 15°; ll. in Al, Ä, l. in Bzl, Eg
1,1,2-Tribrom-propan [E 2 I, 76]	$CH_3 \cdot CHBr \cdot CHBr_2$	280,80 2,3610[20]	— 89,2/₂₀	n_α^{20} 1,5702, n_D^{20} 1,5740, n_β^{20} 1,5847. Fl.

Name	Formel	Mol.-Gew. / Dichte	Schmp./Sdp.	Eigenschaften
1,2,2-Tribrom-propan [E 2 I, 77]	$CH_3 \cdot CBr_2 \cdot CH_2Br$	280,80 $2,2985^{20}$	— $80,6/_{20}$	n_α^{20} 1,5625, n_D^{20} 1,5670, n_β^{20} 1,5778. Fl.
1,2,3-Tribrom-propan [E 2 I, 77]	$CH_2Br \cdot CHBr \cdot CH_2Br$	280,80 $2,3955^{18,5}_{15}$	16 220	n_D^{18} 1,584. Krist.; unl. in W, l. in Al
2,4,6-Tribrom-resorcin [E 2 VI, 820]	$(HO)_2C_6HBr_3$	346,82 —	112 —	Nadeln (W); ll. in Al, wl. in k. W
2,3,4-Tribrom-toluol [E 1 V, 156]	$CH_3 \cdot C_6H_2Br_3$	328,84 $2,456^{20}$	45...6 —	Prismen (Lg und CS_2); Krist. (Eg)
2,3,5-Tribrom-toluol [E 1 V, 156]	$CH_3 \cdot C_6H_2Br_3$	328,84 $2,467^{17}$	53...4 —	Säulen (Ä und Toluol)
2,3,6-Tribrom-toluol [E 1 V, 156]	$CH_3 \cdot C_6H_2Br_3$	328,84 $2,471^{17}$	60,5 —	Säulen oder Blättchen (Lg oder Chlf)
2,4,5-Tribrom-toluol [E 2 V, 240]	$CH_3 \cdot C_6H_2Br_3$	328,84 $2,472^{17}$	112...3 —	Nadeln (Al)
2,4,6-Tribrom-toluol [E 1 V, 156]	$CH_3 \cdot C_6H_2Br_3$	328,84 $2,479^{17}$	70 290	Sehr lange Nadeln (Ä und Egester); swl. in Al
3,4,5-Tribrom-toluol [E 1 V, 156]	$CH_3 \cdot C_6H_2Br_3$	328,84 $2,429^{17}$	88...9 —	Nadeln (Al und Ä)
1,1,2-Tribrom-1,2,2-trichlor-äthan [I, 94]	$CCl_2Br \cdot CBr_2Cl$	370,11 $2,44^{18}$	178...80 Z —	Subl. in Prismen
1,1,2-Tribrom-1,2,2-trifluor-äthan [E 2 I, 65]	$CF_2Br \cdot CFBr_2$	320,74 $2,5647^{16,2}$	— 117	$n_\alpha^{16,2}$ 1,4601, $n_D^{16,2}$ 1,4644, $n_\beta^{16,2}$ 1,4711. Fl.; campherart. Geruch
Tri-n-butyl-amin [E 2 IV, 633]	$(CH_3 \cdot [CH_2]_3)_3N$	185,36 $0,7782^{20}_{20}$	— 216,5	Fl.; HCl-Salz: sehr zerfl. Kristallmasse; Pikrat F: 104...5°
Tributylcarbinol [E 2 I, 464]	$(CH_3 \cdot CH_2 \cdot CH_2 \cdot CH_2)_3C \cdot OH$	200,37 $0,844^{18}$	20 —	n_D^{18} 1,4448. Kp: 120°/$_{10}$; Kp: 230...5° unter H_2O-Absp.

Name und Literatur	Formel	Mol.-Gew. Dichte	F in °C / Kp. in °C	Charakteristik
2,4,6-Tri-tert.-butyl-phenol [Z. angew. Chem. **69**, 699]	(Strukturformel: 2,4,6-Tri-tert.-butylphenol)	262,44 —	131 / 138/10	Krist.; l. in Bzl, org. Lösm.; Phenyl=urethan F: 178°; gibt bei der Oxid. blaues, beständiges Radikal, das an der Luft Peroxid liefert
Tributyrin s. Glycerintributyrat				
Tricarballylsäure [E 2 II, 682]	$HO_2C \cdot CH_2 \cdot CH(CO_2H) \cdot CH_2 \cdot CO_2H$	176,13 —	163 / subl.	Prisma (W oder Ä); 49,6 W 18°, 0,9 Ä 18°, ll. in Al
Trichloracet- s. Trichloressigsäure-				
Trichloracetal s. Chloral-diäthylacetal				
1,1,1-Trichlor-aceton [E 2 I, 719]	$CH_3 \cdot CO \cdot CCl_3$	161,42 —	— / 57/48	Bewegliche, schwach campherart. riechende Fl.; Z. durch Al; Semicarb=azon F: 140°
1,1,2-Trichlor-aceton [I 655]	$CH_2Cl \cdot CO \cdot CHCl_2$	161,42 —	— / 172	Fl.
ω-Trichlor-acetophenon [E 2 VII, 220]	$C_6H_5 \cdot CO \cdot CCl_3$	223,49 / $1,425^{16}$	— / 120...1/15	Angenehm riechende Fl.
Trichlor-acrylsäure [E 2 II, 388]	$Cl_2C : CCl \cdot CO_2H$	175,40 —	76 / 133/30	Prismen (CS_2); sll. in Al, Ä, Chlf, h. W, wl. in k. W; kryoskopisches Verhalten in W, Bzl, Nitrobzl
1,1,1-Trichlor-äthan [E 2 I, 55]	$CCl_3 \cdot CH_3$	133,41 / $1,31144^{25}_{25}$	— / 74,1	n_α^{21} 1,41986. Fl.; unl. in W, l. in Al, Ä; MAK: 500 cm³/m³
1,1,2-Trichlor-äthan [E 2 I, 55]	$CH_2Cl \cdot CHCl_2$	133,41 / $1,443^{20}$	E − 35,5 / 113,65	Fl.; l. in Al

2,2,2-Trichlor-äthanol [E 2 I, 337]	$CCl_3 \cdot CH_2OH$	149,40 $1,550^{23,3}$	E 17 149…50,5	Tafeln; angenehmer, ätherischer Geruch; Kp: 52…4°/$_{10}$; l. in W, ∞ Al, Ä; Wdampfflch.; hygr.; wirkt hypnotisch
Trichloräther s. α,β,β-Trichlor-diäthyläther				
Trichloräthylen [E 2 I, 160]	$CHCl : CCl_2$	131,39 $1,4695^{15}$	− 83 86,9	n_D^{17} 1,47914. Fl.; ∞ Al, Ä; flch. mit Dampf; wirkt narkotisch; MAK: 200 cm³/m³
2,3,4-Trichlor-anilin [XII, 626]		196,46 —	67,5 292	Nadeln (Lg); sll. in Al; Acetylderivat F: 123°
2,4,5-Trichlor-anilin [E 2 XII, 338]	$C_6H_2Cl_3 \cdot NH_2$	196,46 —	96 ca 270	Nadeln (Lg); ll. in Al, CS_2, swl. in Lg; Verw. zur Herstellung von Azofarbstoffen; Acetat F: 194°
2,4,6-Trichlor-anilin [E 2 XII, 339]	$C_6H_2Cl_3 \cdot NH_2$	196,46 —	78 262	Krist. (Al); ll. in Al, Ä, Lg, CS_2; Acetylderivat F: 204°
3,4,5-Trichlor-anilin [E 2 XII, 340]	$C_6H_2Cl_3 \cdot NH_2$	196,46 —	100 —	Nadeln (verd. Al); Verw. zur Herstellung von Azofarbstoffen; Acetylderivat F: 207…8°
2,4,6-Trichlor-anisol [E 2 VI, 181]		211,48 1,640	60 240/$_{738}$	Nadeln (Al); subl.
2,3,4-Trichlor-benzoesäure [IX, 345]		225,46 —	187 —	Nadeln

Name und Literatur	Formel	Mol.-Gew. Dichte	F in °C Kp. in °C	Charakteristik
2,3,5-Trichlor-benzoe=säure [IX, 345]	$C_6H_2Cl_3 \cdot CO_2H$	225,46 —	163 —	Nadeln (W); wl. in k. W, ll. in org. Lösm.
2,4,5-Trichlor-benzoe=säure [IX, 345]	$C_6H_2Cl_3 \cdot CO_2H$	225,46 —	163 subl.	Nadeln (W oder verd. Al); unl. in k. W, ll. in Al
2,4,6-Trichlor-benzoe=säure [IX, 345]	$C_6H_2Cl_3 \cdot CO_2H$	225,46 —	164 —	Krist. (W oder Bzl + Lg); ll. in Al, Ä, Chlf
3,4,5-Trichlor-benzoe=säure [IX, 346]	$C_6H_2Cl_3 \cdot CO_2H$	225,46 —	203 subl.	Nadeln (verd. Al); unl. in k. W, ll. in Al, Ä, Bzl
1,2,3-Trichlor-benzol [E 2 V, 156]	$C_6H_3Cl_3$	181,45 —	E 52,4 218...9	Tafeln (Al); zwl. in Al
1,2,4-Trichlor-benzol [E 2 V, 156]	$C_6H_3Cl_3$	181,45 $1,4460^{26}$	17...8 212...3	n_D^{25} 1,5524. Fl.; insekticide Wirkung
1,3,5-Trichlor-benzol [E 2 V, 156]	$C_6H_3Cl_3$	181,45 —	63 208,4	Lange Nadeln
1,1,1-Trichlor-2,2-bis-(p-fluorphenyl)-äthan [J. Am. Chem. Soc. **69**, 662]	F–C₆H₄–CH(CCl₃)–C₆H₄–F	321,58 —	45 —	Nadeln (Al); ll. in Aceton, Bzl, l. in Ä, wl. in Al, swl. in W; Insekticid p-Chlor-Derivat s. u. DDT
1,1,1-Trichlor-2,2-bis-(p-methoxyphenyl)=äthan [J. Chem. Soc. **1946**, 339]	CH₃O–C₆H₄–CH(CCl₃)–C₆H₄–OCH₃	345,66 —	88 —	Krist.; l. in Al, swl. in W; Insekticid p-Chlor-Derivat s. u. DDT

2,2,2-Trichlor-t-butanol s. Chloreton

Name	Formel	Mol.-Gew. / n_D	F / Kp	Eigenschaften
2,2,3-Trichlor-butyr= aldehyd [E 2 I, 725]	$CH_3 \cdot CHCl \cdot CCl_2 \cdot CHO$	175,44 $1,4237^{18,8}_{15}$	— 164...5/750	n_α^{20} 1,47259, n_D^{20} 1,47554, n_γ^{20} 1,48736. Fl.; sehr hygr.; mit W → Butyr= chloralhydrat $CH_3 \cdot CHCl \cdot CCl_2 \cdot CH(OH)_2$, Tafeln, F: 78° (74...4,5°); ll. in Al, l. in h. W, wl. in k. W; starkes Hypnoticum
Trichlorchinon [E 2 VII, 581]	$O : C_6HCl_3 : O$	211,43 —	169...70 subl.	Gelbe Blättchen (Al); unl. in k. W, wl. in k. Al, ll. in h. Al, Ä
α,β,β-Trichlor-diäthyl= äther [E 2 I, 677]	$CHCl_2 \cdot CHCl \cdot OC_2H_5$	177,46 $1,3116^{25}$	— 174	Fl.; Kp: 77...80°/32...4; ∞ Al, Ä, Bzl, Lg, Chlf, unl. in W; Z. durch sied. W
Trichloressigsäure [E 3 II, 470]	$CCl_3 \cdot CO_2H$	163,39 $1,62^{25}$	57,4 * 197,5	$n_D^{60,8}$ 1,4603. * F der anderen Modifika- tion: 49,6°; zerfl. Krist.; ll. in W, l. in Al, Ä, Aceton, Chlf, CCl_4, Bzl, CS_2, Me, Nitrobzl.; hautätzend; Methylester Kp: 152°
Trichloressigsäure-äthyl= ester [E 2 II, 200]	$CCl_3 \cdot CO_2C_2H_5$	191,44 $1,3826^{20}$	— 168	n_α^{20} 1,44802, n_D^{20} 1,45068, n_γ^{20} 1,46176. Fl.; Kp: 62°/12; l. in Al, Ä, Bzl, Hexan, Me
Trichloressigsäure-amid [E 2 II, 201]	$CCl_3 \cdot CONH_2$	162,40 —	137 238/746	Krist. (Al); subl. in Blättchen; ll. in Ä, swl. in W, l. in Bzl, Chlf
Trichloressigsäure- chlorid [E 2 II, 200]	$CCl_3 \cdot COCl$	181,83 $1,6291^{16,2}$	— 118	Fl.; mit W → CCl_3CO_2H; mit Al → $CCl_3CO_2C_2H_5$
Trichloressigsäure-nitril [E 2 II, 201]	$CCl_3 \cdot CN$	144,39 $1,439^{12,2}$	— 83...4	Fl.
2,3,5-Trichlor-furan [Dunlop, 86]		171,41 $1,500^{25}$	— 147	Fl.

Trichlorhydrin s. 1,2,3-Trichlorpropan

Name und Literatur	Formel	Mol.-Gew. Dichte	F in °C Kp. in °C	Charakteristik
Trichlor-hydrochinon [E 2 VI, 846]	OH, Cl ring	213,45 —	136 —	Krist. (Eg); sll. in Al, Ä; subl. in Blättchen
3,4,6-Trichlor-o-kresol [E 1 VI, 175]	CH_3, OH, Cl ring	211,48 —	62 —	Nadeln (Eg); ll. in den gebr. Lösm., wl. in Benzin
4,5,6-Trichlor-o-kresol [E 2 VI, 333]	$(CH_3)(OH)C_6HCl_3$	211,48 —	77 —	Nadeln (Benzin); ll. in den gebr. Lösm., wl. in Benzin
2,4,6-Trichlor-m-kresol [E 2 VI, 356]	Cl, OH, H_3C ring	211,48 —	46 265	Nadeln oder Tafeln (PÄ); sll. in Me, Al, Ä, Chlf, Xylol, wl. in PÄ, Bzl, Eg
2,3,6-Trichlor-p-kresol [E 2 VI, 383]	Cl, OH, H_3C ring	211,48 —	66...7 —	Nadeln (Benzin); l. in verd. Alk
Trichlormethan s. Chloroform				
Trichlormethyl-chlorsulfid s. Perchlormethylmercaptan				
β,β,β-Trichlormilchsäure [E 2 III, 210]	$CCl_3 \cdot CH(OH) \cdot CO_2H$	193,41 —	125 140...70/45	Krist. (Ä); 77,8 W 25°; ll. in Al, Ä, Chlf
1,2,3-Trichlornaphthalin [V, 544]	Cl naphthalene ring	231,51 —	81 —	Prismen (Al und Ä)

1,2,4-Trichlor-naphthalin [V, 544]	$C_{10}H_5Cl_3$	231,51 —	92 —	Nadeln
1,2,5-Trichlor-naphthalin [V, 544]	$C_{10}H_5Cl_3$	231,51 —	77 —	Nadeln (Al); ll. in Al, Chlf, Bzl, Eg
1,2,6-Trichlor-naphthalin [V, 544]	$C_{10}H_5Cl_3$	231,51 —	92,5 —	Nadeln (Al); sll. in Chlf
1,2,7-Trichlor-naphthalin [E 1 V, 263]	$C_{10}H_5Cl_3$	231,51 —	88 —	Mikroskopische Nadeln (Al)
1,2,8-Trichlor-naphthalin [V, 545]	$C_{10}H_5Cl_3$	231,51 —	83 —	Nadeln (Al)
1,3,5-Trichlor-naphthalin [E 2 V, 446]	$C_{10}H_5Cl_3$	231,51 —	103 —	Gelbliche Nadeln (Al); ll. in den gebr. Lösm.; sehr wenig flch. mit Dampf
1,3,6-Trichlor-naphthalin [V, 545]	$C_{10}H_5Cl_3$	231,51 —	80,5 —	Nadeln
1,3,7-Trichlor-naphthalin [V, 545]	$C_{10}H_5Cl_3$	231,51 —	112,5...3 —	Nadeln (Al oder Bzl); swl. in Al
1,3,8-Trichlor-naphthalin [V, 545]	$C_{10}H_5Cl_3$	231,51 —	89,5 —	Nadeln (Al); ll. in h. Al
1,4,5-Trichlor-naphthalin [E 2 V, 446]	$C_{10}H_5Cl_3$	231,51 —	133 —	Nadeln (Al); wl. in Al, ll. in h. Al, Eg
1,4,6-Trichlor-naphthalin [V, 546]	$C_{10}H_5Cl_3$	231,51 —	65 —	Nadeln (Al); swl. in h. Al
1,6,7-Trichlor-naphthalin [V, 546]	$C_{10}H_5Cl_3$	231,51 —	109,5 —	Nadeln
2,3,6-Trichlor-naphthalin [V, 546]	$C_{10}H_5Cl_3$	231,51 —	90,5...1 —	Hgelbe Krist. (Me oder Al)

Name und Literatur	Formel	Mol.-Gew. Dichte	F in °C Kp. in °C	Charakteristik
2,3,4-Trichlor-1-nitro= benzol [E 2 V, 186]	(Formel)	226,45 —	56 —	Nadeln; ll. in CS_2, wl. in Al
2,3,6-Trichlor-1-nitro= benzol [E 2 V, 187]	$NO_2 \cdot C_6H_2Cl_3$	226,45 —	89 —	Krist. (Al); ll. in Al, wl. in Lg
2,4,5-Trichlor-1-nitro= benzol [E 2 V, 187]	$NO_2 \cdot C_6H_2Cl_3$	226,45 $1,790^{22}$	58 288	Nadeln (Al); ll. in Ä, Bzl, CS_2, zl. in h. Al, wl. in k. Al
3,4,5-Trichlor-1-nitro= benzol [E 2 V, 187]	$NO_2 \cdot C_6H_2Cl_3$	226,45 —	70...1 —	Krist.
Trichlornitromethan s. Chlorpikrin				
2,3,4-Trichlor-phenol [E 2 VI, 179]	(Formel)	197,45 —	80...1 —	Nadeln; subl.; Benzoat F: 141° (143°)
2,3,5-Trichlor-phenol [E 2 VI, 180]	$C_6H_2Cl_3OH$	197,45 —	62 —	Krist.; swl. in W; Benzoat F: 103°
2,3,6-Trichlor-phenol [E 2 VI, 180]	$C_6H_2Cl_3OH$	197,45 —	55 * —	Nadeln (Lg oder PÄ); penetranter Geruch; l. in Bzl; * F auch 58°; Benzoat F: 90°
2,4,5-Trichlor-phenol [E 2 VI, 180]	$C_6H_2Cl_3OH$	197,45 —	64...5 * —	Nadeln (Al); Krist. (Lg); wl. in k. W; Wdampfflch.; subl.; * F auch 68°; Benzoat F: 91...2°; K-Salz swl. in W
2,4,6-Trichlor-phenol [E 2 VI, 181]	$C_6H_2Cl_3OH$	197,45 $1,4901^{75}$	67 243,5...4,5	Nadeln oder Säulen; jodoformart. Geruch; 0,05 W 11,2°; 0,09 W 25,4°; 0,24 W 96°; sll. in Al, Ä; Wdampf- flch.; baktericide Wirkung

Verbindung	Formel			Eigenschaften
2,4,5-Trichlor-phenol [E 2 VI, 181]	$C_6H_2Cl_3OH$	197,45 —	101 * 271...7/746	Nadeln (PÄ); Wdampfflch.; * F auch 91°; Benzoat F: 118...9°
2,4,5-Trichlorphenoxy-essigsäure [J. Am. Chem. Soc. **61**, 1768]	Cl—⟨⟩—$O\cdot CH_2\cdot CO_2H$	255,49 —	153 —	Krist. (Bzl); unl. in W, l. in Chlf
1,1,1-Trichlorpropan [I, 106]	$CH_3\cdot CH_2\cdot CCl_3$	147,43 —	— 145...150	Fl.
1,1,2-Trichlorpropan [I, 106]	$CH_3\cdot CHCl\cdot CHCl_2$	147,43 $1,372^{25}$	— 140	Öl
1,1,3-Trichlor-propan [I, 106]	$CH_2Cl\cdot CH_2\cdot CHCl_2$	147,43 $1,362^{15}$	— 146...8	Fl.; zers. durch alkohol. KOH
1,2,2-Trichlor-propan [I, 106]	$CH_3\cdot CCl_2\cdot CH_2Cl$	147,43 $1,350^{0}$	— 123	Fl.; zers. mit alkohol. KOH
1,2,3-Trichlor-propan [E 2 I, 73]	$CH_2Cl\cdot CHCl\cdot CH_2Cl$	147,43 $1,394^{20}$	E — 14,7 156,8	Fl.; unl. in W, l. in Al, Ä; Erhitzen mit W auf 160° → Glycerin; MAK: 50 cm³/m³
1,1,1-Trichlor-propanol-(2) [E 2 I, 385]	$CH_3\cdot CH(OH)\cdot CCl_3$	163,43 —	50...1 161,8	Monokline Krist.; ll. in org. Lösm.; subl. bei gewöhnlicher Temp.; campherart. Geruch
2,6,8-Trichlor-purin [XXVI, 356]	(2,6,8-Trichlorpurin-Struktur)	223,45 —	187...9 Z —	Blättchen ·5H₂O (W); sll. in h. Al, Aceton, wl. in Ä, Chlf, swl. in PÄ; bei 110° H₂O-frei
2,3,5-Trichlor-pyridin [E 2 XX, 153]	$NC_5H_2Cl_3$	182,44 —	50 218...9	Nadeln (Al 50%); ll. in Al, Aceton, Chlf, Bzl, l. in PÄ, swl. in W, verd. S; sehr flch.

Name und Literatur	Formel	Mol.-Gew. Dichte	F in °C Kp. in °C	Charakteristik
2,4,6-Trichlor-resorcin [VI, 820]	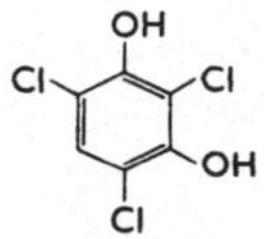	213,45 —	83 —	Nadeln; ll. in Al, Ä, wl. in k. W
2,3,4-Trichlor-toluol [V, 298]	$CH_3 \cdot C_6H_2Cl_3$	195,48 —	41 231...2/$_{716}$	Nadeln (Me oder Al); sll. in org. Lösm.
2,3,5-Trichlor-toluol [V, 299]	$CH_3 \cdot C_6H_2Cl_3$	195,48 —	45...6 229...31	Nadeln (Al)
2,4,5-Trichlor-toluol [E 2 V, 232]	$CH_3 \cdot C_6H_2Cl_3$	195,48 —	82,4 229...30/$_{716}$	Nadeln oder Blättchen (Al)
2,4,6-Trichlor-toluol [E 2 V, 232]	$CH_3 \cdot C_6H_2Cl_3$	195,48 —	33...4 —	Weiße Nadeln (Al); flch. mit Dampf
1,1,2-Trichlor-1,2,2-tri=fluor-äthan [Mellan, 372]	$CCl_2F \cdot CClF_2$	187,38 —	E −35 47,6	Fbl. Fl.; ätherischer Geruch
Tricosanon-(12) s. Lauron				
Tricyanmethan [E 2 II, 681]	$CH(CN)_3$	91,07 —	— —	Na-Salz NaC_4N_3: Nädelchen (Al); ll. in W, h. Al, unl. in Ä, Chlf, Bzl; mit $FeCl_3$ → rötlich braun
Tricyclin [Org. Syntheses **39**, 75]	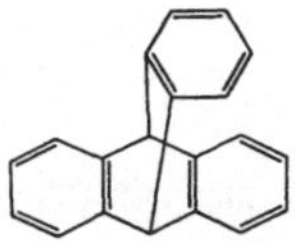	254,33 —	255...6 —	Krist. (Cyclohexan oder Me + W); ll. in Bzl, l. in Al, Ä, Aceton, Chlf, wl. in Me

Tridecan [E 2 I, 134]	$CH_3 \cdot [CH_2]_{11} \cdot CH_3$	184,37 $0,7608^{15}$	$-5,5$ 234	Fl.; Kp: 117/$_{0,5}$; unl. in W, ∞ Al, Ä
Tridecanon-(2) [E 2 I, 769]	$CH_3 \cdot [CH_2]_{10} \cdot CO \cdot CH_3$	198,35 $0,8229^{28}$	27,5 260...5	Krist.; Kp: 160°/$_{16}$; Oxim Krist. (Ä + PÄ), F: 56...7°; ll. Al, Chlf, Bzl, l. in Ä, unl. in PÄ
Tridecanon-(7) s. Dihexylketon				
Tridecylamin-(1) [E 1 IV, 388]	$CH_3 \cdot [CH_2]_{12} \cdot NH_2$	199,38 —	27 265	Glänzend fettige krist. Masse von laugenart. Geruch; ll. in Al, Ä, swl. in W; HCl-Salz F: 160° (Z.)
γ,γ,γ-Trifluor-acetessig= säure-äthylester [E 2 III, 425]	$CF_3 \cdot CO \cdot CH_2 \cdot CO_2C_2H_5$	184,12 $1,2586^{15,5}$	E $-39,1$ 131,5	$n_\alpha^{15,5}$ 1,37562, $n_D^{15,5}$ 1,37830, $n_\beta^{15,5}$ 1,38504. Fl.; Kp: 41°/$_{22}$; l. in Al, Ä; 0,8 W; $\cdot H_2O$ Krist, F: 25,7°; Na-Salz Krist. (Ä), F: 175°; Z. 180°
1,1,1-Trifluor-aceton [E 2 I, 717]	$CF_3 \cdot CO \cdot CH_3$	112,05 $1,282^0$	— 21,9	Fl.; chlf.-ähnlicher Geruch; Hydrat Blättchen, F: 51° im geschl. Rohr unter Z.
Trifluor-äthanol [E 3 I, 1342]	$F_3C \cdot CH_2OH$	100,04 $1,4106^0$	$-43,5$ 74,05	n_D^{22} 1,2907; fast unl. in 50% Schwefel= säure; Gemische mit 5...10% W sieden bei 74...5°
Trifluoräthylen [E 3 I, 639]	$FHC : CF_2$	82,03 $1,26^{-78}$	— -64.	Fbl., fast geruchloses Gas; unl. in W, swl. in Al, l. in Ä
1,2,4-Trifluor-benzol [E 2 V, 148]	$C_6H_3F_3$	132,09 —	— 87/$_{766}$	Fl.
Trifluoressigsäure [E 3 II, 426]	$CF_3 \cdot CO_2H$	114,02 $1,5351^0$	E 15,2 72,5	Fl.; erstarrt in Tafeln; raucht an der Luft; stechender Geruch; l. in W; Methylester Kp: 43...3,5°; Äthylester Kp: 60,5°; Chlorid Kp: $-27°$
Trifluoressigsäure-amid [E 2 II, 186]	$CF_3 \cdot CONH_2$	113,04 —	74,8 162,5	Blättchen (Chlf); subl.; sehr flch.; swl. in PÄ, wl. in Chlf, ll. in Al, Ä

55*

Name und Literatur	Formel	Mol.-Gew. Dichte	F in °C Kp. in °C	Charakteristik
Trifluoressigsäure-anhydrid [E 2 II, 186]	$(CF_3 \cdot CO)_2O$	210,03 —	− 65 39,5...40,1	Fl.
Trifluoressigsäure-isoamylester [E 2, 186]	$CF_3 \cdot CO_2CH_2 \cdot CH_2 \cdot CH(CH_3)_2$	184,16 $1,0834^{14,5}$	— $120,3/_{775}$	$n_\alpha^{14,5}$ 1,3511, $n_D^{14,5}$ 1,3530, $n_\beta^{14,5}$ 1,3567. Fl.
Trifluormethan [E 3 I, 34]	CHF_3	70,01 —	− 82,2 − 163	Gas; l. in W zu 75 Vol.-%
3-Trifluormethylbenzoe=säure [IX, 478]	HO_2C —⟨⟩— CF_3	190,12 —	103 $238/_{775}$	Nadeln (Chlf)
1,1,1-Trifluor-propanol-(2) [E 2 I, 383]	$CH_3 \cdot CH(OH) \cdot CF_3$	114,07 $1,2799^{15}$	− 52 77,7	n_α^{15} 1,3161, n_D^{15} 1,3172, n_β^{15} 1,3202. Fl.; 23,2 W 25°
Tri-furfurylamin [Dunlop, 237]	$\left[\bigcirc_O\!\!-CH_2\right]_3 N$	257,29 —	— $136...8/_1$	Fl.; Pikrat F: 132°
Triglycyl-glycin [E 2 IV, 807]	$H_2N \cdot CH_2 \cdot CO[NH \cdot CH_2 \cdot CO]_2 \cdot NH \cdot CH_2 \cdot CO_2H$	246,22 —	230...80 Z —	Fbl., krist. Pulver (W und Al); ll. in sied. W, fast unl. in Al; Äthylester: sintert von 218...70° (Z.)
Triglykol [E 2 I, 521]	$HO \cdot C_2H_4 \cdot O \cdot C_2H_4 \cdot O \cdot C_2H_4 \cdot OH$	150,18 $1,1254_{20}^{20}$	— 276	Fl.; wl. in Ä, ∞ W, Al; Lösm.
Triglykol-dimethyläther [E 3 I, 2105]	$H_3CO[CH_2 \cdot CH_2 \cdot O]_3CH_3$	178,23 0,990	216 —	n_D^{20} 1,4233. Fl.; Lösm. für Chlor-methan, Chlordifluormethan, Chlor=äthan u.a.; „Triglyme"
Triglyme s. Triglykol-dimethyläther				
Tri-hexylamin [E 2 IV, 650]	$(CH_3 \cdot [CH_2]_5)_3N$	269,52 —	— 260	Fl.; ll. in Al, Ä, swl. in W; HCl-Salz ll. in Al, Ä, swl. in W

2,3,4-Trihydroxy-acetophenon [VIII, 393]	$(HO)_3C_6H_2 \cdot CO \cdot CH_3$	168,15 —	173 —	Blättchen (W); wl. in Bzl, ll. in h. W, Al
2,4,5-Trihydroxy-acetophenon [E 1 VIII, 686]	$(HO)_3C_6H_2 \cdot CO \cdot CH_3$	168,15 —	200…2 —	Rote Nadeln (W); swl. in Bzl, wl. in Chlf, l. in h. W, Al, Ä; mit NaOH → gelbgrüne Färbung
2,4,6-Trihydroxy-acetophenon [E 2 VIII, 442]	$(HO)_3C_6H_2 \cdot CO \cdot CH_3$	168,15 —	218…9 —	Nadeln · 1 H_2O (W); swl. in k. W, h. Bzl, Chlf, ll. in Al, Ä, Aceton
1,8,9-Trihydroxy-anthracen [E 2 VIII, 373]		226,23 —	176…7 —	Gelbe Platten oder Nadeln (Lg); ll. in Al, Aceton, Eg, Bzl; Triacetyl= derivat F: 209…10°
1,2,3-Trihydroxy-anthrachinon [E 2 VIII, 549]		256,22 —	313…4 subl.	Gelbbraune Nadeln (Nitrobzl.); swl. in W, l. in Al, Ä; „Anthragallol"
1,2,4-Trihydroxy-anthrachinon [E 2 VIII, 552]	$C_{14}H_8O_5$	256,22 —	259 subl. Z	Rote Nadeln (Eg); l. in W, Ä, ll. in Al; mit H_2SO_4 → rote Färbung; „Anthrapurpurin"
1,2,5-Trihydroxy-anthrachinon [E 1 VIII, 741]	$C_{14}H_8O_5$	256,22 —	278 —	Rote Nadeln (Eg); mit H_2SO_4 → rot-viol. Färbung
1,2,6-Trihydroxy-anthrachinon [VIII, 513]	$C_{14}H_8O_5$	256,22 —	> 330 459 Z	Gelbe Nadeln (Al); wl. in h. W, Ä, l. in Al, ll. in Bzl; mit H_2SO_4 → rot-viol. Färbung
1,2,7-Trihydroxy-anthrachinon [E 2 VIII, 555]	$C_{14}H_8O_5$	256,22 —	372…4 462 Z	Or. Nadeln (Al); wl. in h. W, Ä, ll. in h. Al; mit H_2SO_4 → rotbraune Fär-bung

Name und Literatur	Formel	Mol.-Gew. Dichte	F in °C Kp. in °C	Charakteristik
2,3,4-Trihydroxy-benzoesäure [E 2 X, 331]	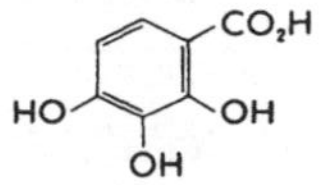	170,12 —	198 —	Tafeln (subl.); l. in Al, wl. in Ä; 0,10 W 12,5°; sied. W → CO_2 + Pyrogallol; „Pyrogallolcarbonsäure"
2,4,5-Trihydroxy-benzoesäure [E 2 X, 334]	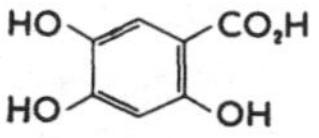	170,12 —	217...8 —	Nadeln · ½ H_2O (W); bei 105° wfrei; ll. in h. W, Al; „Oxyhydrochinon-carbonsäure-(5)"
2,4,6-Trihydroxy-benzoesäure s. Phloroglucin-carbonsäure				
3,4,5-Trihydroxy-benzoesäure s. Gallussäure				
2,3,4-Trihydroxy-benzophenon [E 1 VIII, 701]	$C_6H_5 \cdot CO \cdot C_6H_2(OH)_3$	230,22 —	138...9 —	Gelbe Nadeln · 1 H_2O (W); wl. in k. W, l. in h. W, ll. in Al, Ä, Aceton, Eg
2,4,6-Trihydroxy benzophenon [E 2 VIII, 466]	$C_6H_5 \cdot CO \cdot C_6H_2(OH)_3$	230,22 —	165 —	Gelbe Nadeln · 1 H_2O (W); 0,31 W 22°; swl. in Lg, wl. in Chlf, Bzl, ll. in Al, Ä, Egester; mit Alk → rote Färbung
3,4,5-Trihydroxy-benzophenon [VIII 422]	$C_6H_5 \cdot CO \cdot C_6H_2(OH)_3$	230,22 —	177...8 —	Krist. (Chlf); swl. in PÄ, wl. in k. W, h. Bzl, ll. in Al, Ä, Aceton, sll. in h. W
Trihydroxybutan s. Butantriol				
4′,5,7-Trihydroxy-flavanon [Ber. **75**, 648]	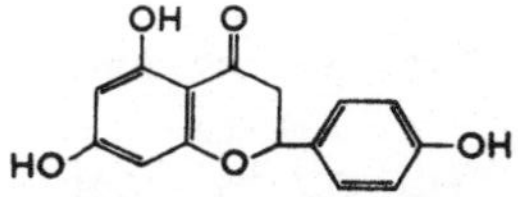	272,26 —	247...8 Z —	Krist. (verd. Al); l. in Al, Ä, Bzl, swl. in W; = „Naringenin"

Name [Literatur]	Formel	MG	F	Eigenschaften
3,5,7-Trihydroxy-flavon [E 2 XVIII, 174]		270,24 / —	217...8 / —	Hgelbe Tafeln (Al); subl.; praktisch unl. in W, wl. in sied. Chlf, Bzl, ll. in Ä, l. in Alk gelb; l. in H_2SO_4 gelb, die verd. Lsg. fluoresz. blau
5,7,4'-Trihydroxy-flavon [E 2 XVIII, 172]		270,24 / —	347...8 subl./$_1$	Blättchen (Al); unl. in Ä, PÄ, Chlf, Bzl, CS_2, wl. in W, ll. in Al, Aceton, l. in Alk gelb
DL-Trihydroxy-glutarsäure [III, 553]	$HO_2C \cdot CH(OH) \cdot CH(OH) \cdot CH(OH) \cdot CO_2H$	180,12 / —	154,5 Z / —	Krist. (Aceton); sll. in W, Al, zl. in Aceton; K-Salz: Prismen; D-Form (Aceton) F: 128°, $[\alpha]_D^{20}$: + 22,88° (W, c = 5,27); Mesoform aus Ribose: Sirup → Lactonsäure, F: 170°; Mesoform aus Xylose F: 152°
4,5,7-Trihydroxy-2-methyl-anthrachinon [E 1 VIII, 743]	$C_{15}H_{12}O_3$	270,24 / —	256 subl.	Or.rote Nadeln (Eg); unl. in W, swl. in PÄ, l. in Al, Ä, Chlf, Bzl; mit H_2SO_4 → rote Färbung; „Emodin"
4,5,9(oder 10)-Trihydroxy-2-methyl-anthracen [E 1 VIII, 650]		240,26 / —	206 / —	Gelbe Blättchen (Bzl); wl. in k. Al, sll. in Chlf
1,2,4-Trihydroxy-naphthalin [VI, 1132]		176,17 / —	154 / —	Fast fbl. Nadeln (Bzl); ll. in W, Al, Ä, Chlf, swl. in Bzl; wirkt stark red.
1,3,6-Trihydroxy-naphthalin [VI, 1133]	$C_{10}H_5(OH)_3$	176,17 / —	95 / —	Würfelart. Krist. (W); ll. in W, Al, Ä, Aceton, swl. in Chlf, Lg, Bzl; bei hoher Temp. flch.

Name und Literatur	Formel	Mol.-Gew. / Dichte	F in °C / Kp. in °C	Charakteristik
1,4,5-Trihydroxy-naphthalin [E 2 VI, 1096]	$C_{10}H_5(OH)_3$	176,17 / —	169 / —	Blättchen oder Nadeln (W); sll. in Al, Ä, Eg, swl. in PÄ, Bzl, unl. in Chlf; „Hydrojuglon"
2,3,7-Trihydroxy-9-phenyl-6-fluoron [Analyt. Chim. Acta 1, 302]	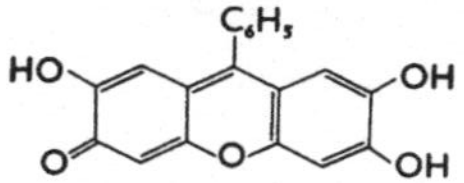 (Strukturformel; C_6H_5)	320,30 / —	— / —	Or.rotes mikroskopisches Pulver; wl. in Al or.rot; mit S → gelb; Reagenz auf Ge, Mo, Sb, Ta, Zr
2,4,6-Trihydroxy-pyridin [E 1 XXI, 249]	$NC_5H_2(OH)_3$	127,10 / —	220 Z / —	Gelbe mikroskopische Nadeln; ll. in h. W, wl. in k. W, unl. in anderen Lösm.; reagiert stark sauer
2,4,6-Trihydroxy-toluol [E 2 VI, 1081]	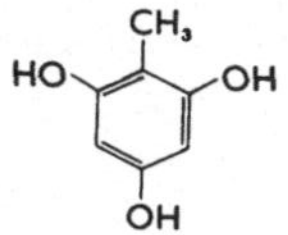 (Strukturformel; CH_3, HO, OH)	140,14 / —	212...4 subl. / —	Krist. (Anisol); ll. in W, Al, Ä; Krist. ·$3H_2O$ (Eg + Xylol), F: 213...5°
3,4,5-Trihydroxy-toluol [E 2 VI, 1081]	$CH_3 \cdot C_6H_2(OH)_3$	140,14 / —	125...6 / —	Bräunliche Nadeln (Bzl); schmeckt sehr süß; subl.
Tri-isoamylamin [E 2 IV, 646]	$[(CH_3)_2CH \cdot CH_2 \cdot CH_2]_3N$	227,44 / $0,7882^{13}$	— / 235	Fl.; $C_{25}H_{33}N \cdot HCl$ Schuppen; l. in Al, Ä, weniger l. in W
Triisobuten, niedrigsied. [E 2 I, 180]	$C_{12}H_{24}$	168,32 / $0,7590^{20}$	— / 179...81	n_α^{20} 1,4285, n_D^{20} 1,4314, n_β^{20} 1,4373. Fl.
Triisobuten, höhersied. [E 2 I, 180]	$C_{12}H_{24}$	168,32 / $0,7763^{20}$	— / 195...6	n_α^{20} 1,4378, n_D^{20} 1,4406, n_β^{20} 1,4467. Fl.
Triisobutylamin [E 2 IV, 639]	$[(CH_3)_2CH \cdot CH_2]_3N$	185,35 / $0,764^{25}$	E − 21,8 / 191,5	$n_\alpha^{17,3}$ 1,42280, $n_D^{17,3}$ 1,42519, $n_\gamma^{17,3}$ 1,43571. Fl.; unl. in W

Tri-isopropanolamin [Mellan, 439]	$(CH_3 \cdot CH(OH) \cdot CH_2)_3N$	191,27 $0,9996^{50}_{20}$	46 305,4	Weißes krist. Produkt; ll. in W
Tri-isopropylamin [Monatsh. Chem. **83**, 751]	$[(CH_3)_2CH]_3N$	143,27 $0,765^{20}$	— 134	n_D^{20} 1,4142. Hydrochlorid F: 218...20°; Pikrat F: 203...5°
1,1,1-Trijodäthan [I, 99]	$CH_3 \cdot CJ_3$	407,76 —	95 Z —	Gelbe Oktaeder (Al); sll. in Ä, CS$_2$, Bzl, wl. in Lg, swl. in k. Al
2,4,6-Trijod-anilin [E 2 XII, 364]	$C_6H_2J_3 \cdot NH_2$	470,82 —	185 —	Gelbe Prismen (Al oder Eg); ll. in CS$_2$, Egester, zll. in h. Al, fast unl. in k. Al
2,4,5-Trijod-benzoesäure [E 1 IX, 150]	$C_6H_2J_3 \cdot CO_2H$	499,81 —	248 —	Nadeln (Al); zwl. in h. Al, Ä, swl. in h. W, Bzl
1,2,3-Trijod-benzol [E 1 V, 122]	$C_6H_3J_3$	455,80 —	116 subl.	Nadeln (Al); Prismen (Bzl); unl. in W, sll. in Al, Ä, Chlf; lichtempfindlich
1,2,4-Trijod-benzol [E 1 V, 122]	$C_6H_3J_3$	455,80 —	91,5 subl.	Nadeln (Al); l. in Al, Chlf, unl. in W
1,3,5-Trijod-benzol [E 1·V, 122]	$C_6H_3J_3$	455,80 —	184,2 subl.	Nadeln (Eg); unl. in W, wl. in Ä, Bzl, Chlf, k. Al, l. in sied. Eg; wenig Wdampfflch.
Trijod-essigsäure [II, 225]	$CJ_3 \cdot CO_2H$	437,74 —	150 Z —	Gelbe Blättchen
Trijodmethan s. Jodoform				
3,4,5-Trijod-1-nitrobenzol [Org. Syntheses II, 604]	(Struktur: 3,4,5-Trijod-nitrobenzol, NO$_2$, J)	500,80 —	161...2 —	Gelbe Krist. (Bzl)
2,4,6-Trijod-phenol [E 2 VI, 203]	(Struktur: 2,4,6-Trijod-phenol, OH, J)	471,80 —	157 * Z	Nadeln (Bzl); unangenehmer, anhaftender Geruch; unl. in W; 2,5 Al 95%; l. in Ä, Bzl, Eg; wenig Wdampfflch.; * F auch 160°

Name und Literatur	Formel	Mol.-Gew. Dichte	F in °C Kp. in °C	Charakteristik
2,4,5-Trijod-styrol [J. prakt. Chem. **14**, 33 *]	J–$C_6H_2(J)(J)$–$CH:CH_2$	481,84 —	122...4 —	Krist. (Butanol); polymerisierbar; * 1961
Triketohydrinden s. Ninhydrin				
Trikosan [E 2 I, 141]	$CH_3 \cdot [CH_2]_{21} \cdot CH_3$	324,64 $0{,}7785^{47,7}$	47,7 $234/_{15}$	Krist. (Al)
Trikresylphosphat s. Phosphor, Phosphorsäure-trikresylester				
Trilaurin s. Glycerin-trilaurinat				
Trimellitsäure s. Benzol-tricarbonsäure-(1,2,4)				
Trimercapto-propan [E 3 I, 2342]	$CH_2(SH) \cdot CH(SH) \cdot CH_2(SH)$	140,29 $1{,}233^{20}_{20}$	— $95/_1$	Wasserklares Öl von schwach merkaptanähnlichem Geruch; mischbar mit Ä, zll. in Al; unl. in W; zerfällt bei 140° in Dithioglycid und H_2S
Trimesinsäure s. Benzol-tricarbonsäure-(1,3,5)				
Trimesitinsäure s. Pyridin-tricarbonsäure-(2,4,6)				
3,4,5-Trimethoxy-benzaldehyd [E 2 VIII, 438]	OCH_3 / H_3CO–CHO / OCH_3 (benzene ring)	196,20 —	77 $163...5/_{10}$	Nadeln (W); wl. in h. W, PÄ, ll. in org. Lösm.
2,4,5-Trimethoxy-benzoesäure [X, 468]	H_3CO–CO_2H / H_3CO–OCH_3 (benzene ring)	212,20 —	144 ca 300	Nadeln (Al); wl. in k. W, l. in h. W, Al, Lg, Bzl
3,4,5-Trimethoxy-benzoesäure [E 1 X, 240]	$(CH_3O)_3C_6H_2 \cdot CO_2H$	212,20 —	168 $225...7/_{10}$	Nadeln (W); wl. in W, ll. in Al, Ä, Chlf

Name	Formel			Eigenschaften
2,4,5-Trimethoxy-propen-(1)-yl-benzol [E 2 VI, 1092]	H_3CO—CH:CH·CH$_3$, H_3CO—OCH$_3$	208,26 1,165^{18}	59 296	Nadeln oder Blättchen (W); wl. in h. W, ll. in Al, Ä, PÄ, Chlf, CCl$_4$, Eg
Trimethylacetaldehyd [E 2 I, 744]	$(CH_3)_3C \cdot CHO$	86,13 —	6 75	Fl.; zers. am Tageslicht; Semicarb= azon F: 190,5°
Trimethylacethydrazid-ammoniumchlorid s. Girard-Reagenz T				
Trimethyl-acetonitril [E 2 II, 281]	$(CH_3)_3C \cdot CN$	83,13 —	15...6 105...6	Krist. Masse
2,4,6-Trimethyl-aceto= phenon [E 2 VII, 257]	$(CH_3)_3C_6H_2 \cdot CO \cdot CH_3$	162,23 0,9802^{15,3}	— 120/$_{12}$	$n_\alpha^{15,2}$ 1,5148, $n_D^{15,2}$ 1,519, $n_\beta^{15,2}$ 1,5307. Fl.
Trimethyläthylen [E 2 I, 187]	$(CH_3)_2C : CH \cdot CH_3$	70,14 0,66708^{15}	− 123 38,42	$n_\alpha^{13,1}$ 1,38837, n_D^{15} 1,3908. Fl.; unl. in W, l. in Al, Ä
α,α,α'-Trimethyl-äthylenglykol s. 2-Methyl-butandiol-(2,3)				
Trimethylamin [E 2 IV, 553]	$(CH_3)_3N$	59,11 0,702$^{-33,5}$	E − 124 − 3	Gas; D$_4^0$: 0,6709; fischart. Geruch; 41 gesättigte wss. Lsg. 19°, D: 0,858; ll. in Al
Trimethylamin-hydro= chlorid [E 2 IV, 555]	$(CH_3)_3N \cdot HCl$	95,57 —	271...2 —	Zerfl. Krist. (abs. Al); ll. in W, Al, l. in Chlf, unl. in Ä; subl. ab 200°; 280° Z.
Trimethylaminoessigsäure- s. u. Betain-				
Trimethylaminoessig= säurechlorid-chlorid [Org. Syntheses 35, 28]	$[(CH_3)_3N^+ \cdot CH_2 \cdot COCl]Cl^-$	172,06 —	— —	Krist. (Toluol)
Trimethylaminoessigsäure-hydrazid s. Girard-Reagenz T				

Name und Literatur	Formel	Mol.-Gew. Dichte	F in °C Kp. in °C	Charakteristik
Trimethylaminoxid [E 2 IV, 556]	$(CH_3)_3NO$	75,11 —	208 * —	Sehr hygr. Nadeln; subl. 180...200°/$_{10...12}$; sll. in W, Al, Me, l. in h. Chlf, wl. in k. Chlf, unl. in Ä, Bzl, Benzin; * F der wfreien Substanz; $C_3H_9ON \cdot 2H_2O$ zerfl. Nadeln, F: 96°; Hydrochlorid (Al) F: 204° (Z.); Pikrat F: 198...200°
Trimethylaminoxid hydrochlorid [E 2 IV, 556]	$(CH_3)_3NO \cdot HCl$	111,57 —	Z 204...26 * —	Nadeln (Al); ll. in W, h. Me, wl. in Egester; * Z. abhängig von der Geschwindigkeit der Erhitzung
2,4,5-Trimethyl-anilin [E 2 XII, 629]		135,21 —	68 234	Nadeln (W); 0,12 W 19,4°; 0,15 W 28,7°; l. in Ä; Acetylderivat F: 164°
2,4,6-Trimethyl-anilin [E 2 XII, 631]	$(CH_3)_3C_6H_2 \cdot NH_2$	135,21 0,9633	— 4,9 233	Fl.; l. in Al; Acetylderivat F: 216°
2,3,6-Trimethyl-anthracen [E 2 V, 596]		220,32 —	255 subl.	Hgelbe, blau fluoresz. Krist. (Eg)
2,4,6-Trimethyl-benzaldehyd [Org. Syntheses III, 549]		148,21 —	9 118...21/$_{16}$	Fl.
2,3,4-Trimethyl-benzoesäure [IX, 552]		164,21 —	— 167,5	Prismen (Al); ziemlich leicht flch. mit Dampf; Ca-Salz Prismen; wl. in W

Name [Ref.]	Formel	Mol.-Gew. / Dichte	F / E	Eigenschaften
2,3,5-Trimethyl-benzoesäure [IX, 552]	$C_6H_2(CH_3)_3 \cdot CO_2H$	164,21 —	127 —	Tafeln (Lg); flch. mit Dampf; Ca-Salz Nadeln
2,3,6-Trimethyl-benzoesäure [IX, 552]	$C_6H_2(CH_3)_3 \cdot CO_2H$	164,21 —	105…6 —	Nadeln (W oder PÄ); F: 84° bei schnellem Erhitzen; darauf nach Festwerden F: 105…6°
2,4,5-Trimethyl-benzoesäure [IX, 554]	$C_6H_2(CH_3)_3 \cdot CO_2H$	164,21 —	150 —	Nadeln (Bzl); swl. in h. W, wl. in Bzl, sll. in Al, Ä; Wdampfflch.
2,4,6-Trimethyl-benzoesäure [E 1 IX, 215]	$C_6H_2(CH_3)_3 \cdot CO_2H$	164,21 —	152 —	Prismen (Lg); ll. in Al, Ä, Aceton, Chlf
3,4,5-Trimethyl-benzoesäure [IX, 554]	$C_6H_2(CH_3)_3 \cdot CO_2H$	164,21 —	215…6 —	Nadeln (W); l. in Al, Ä, wl. in h. W, swl. in k. W; flch. mit Dampf; Ca-Salz: Nadeln (h. W)
2,4,6-Trimethyl-benzoesäurechlorid [Org. Syntheses III, 555]		182,65 —	— 143…6/$_{60}$	Fl.
1,2,3-Trimethyl-benzol [E 2 V, 311]		120,20 $0,8844^{20}$	< -15 175…6	n_α^{22} 1,5072, n_{He}^{22} 1,5117, n_β^{22} 1,5229. Fl.; unl. in W, l. in Al, Ä
1,2,4-Trimethyl-benzol [E 2 V, 312]	$C_6H_3(CH_3)_3$	120,20 $0,8762^{20}$	E — 61 170,2	n_α^{17} 1,5018, n_D^{17} 1,5064, n_β^{17} 1,5174. Fl.; unl. in W, l. in Al, Ä; Vork. in Erdölen
1,3,5-Trimethyl-benzol [E 2 V, 313]	$C_6H_3(CH_3)_3$	120,20 $0,8642^{20}$	E — 52,7 164,6	$n_\alpha^{17,5}$ 1,4940, $n_D^{17,5}$ 1,498, $n_\beta^{17,5}$ 1,5094. Fl.; unl. in W, l. in Al, Ä; Vork. in Erdölen

Name und Literatur	Formel	Mol.-Gew. Dichte	F in °C Kp. in °C	Charakteristik
Trimethyl-benzyl-ammonium-hydroxid [E 2 XII, 545]	$[(CH_3)_3N(CH_2 \cdot C_6H_5)]OH$	167,25 —	— —	Kondensationsmittel; starke Base; Chlorid: sehr hygr. Krist. (Aceton), F: 243° (Z.); Jodid F: 179° (nicht hygr.), ll. in Al; Pikrat F: 168°; wl. in W
2,2,3-Trimethyl-butan [E 2 I, 121]	$(CH_3)_2CH \cdot C(CH_3)_3$	100,21 $0,6045^{15}$	E — 25,0 80,9	n_α^{15} 1,3903, n_D^{15} 1,3923, n_β^{15} 1,3971. Fl.
2,2,3-Trimethyl-butanol-(3) s. Pentamethyl-äthanol				
2,2,3-Trimethyl-buten-(3) [E 2 I, 199]	$CH_2 : C(CH_3) \cdot C(CH_3)_3$	98,19 $0,7101^{15}$	E — 110,2 80,0	n_α^{15} 1,4032, n_D^{15} 1,4059, n_β^{15} 1,4119. Fl.; campherart. Geruch
2,3,4-Trimethyl-chinolin [E 2 XX, 255]	$NC_9H_4(CH_3)_3$	171,24 —	92 $156...8/_{12}$	Hydrochlorid F: 274°; Pikrat F: 216°
2,3,6-Trimethyl-chinolin [XX, 414]	$NC_9H_4(CH_3)_3$	171,24 —	86...7 285	Krist. (Lg); ll. in Ä, l. in Aceton, wl. in Bzl, Lg, unl. in W
2,4,6-Trimethyl-chinolin [E 2 XX, 256]	$NC_9H_4(CH_3)_3$	171,24 —	43...5 $146...8/_{13,5}$	Tafeln; ll. in 50% Al, Ä, Aceton, Chlf, PÄ, wl. in W; riecht süßlich und pfefferminzähnlich; schmeckt beißend bitter und reizt zum Husten
2,6,8-Trimethyl-chinolin [E 2 XX, 257]	$NC_9H_4(CH_3)_3$	171,24 —	46 $260/_{719}$	Prismen (PÄ); sll. in Al, Ä, PÄ, unl. in W; leicht flch. mit Dampf
1,3,5-Trimethyl-cyclohexan [E 2 V, 24]	(Strukturformel)	126,24 0,7884	— 137...8	Petroleumähnlich riechende Fl.
1,2,4-Trimethyl-cyclohexanol-(5) [E 1 VI, 17]	(Strukturformel)	142,24 $0,8988^{19,2}$	— 195...7	$n_\alpha^{19,2}$ 1,4564, $n_D^{19,2}$ 1,459, $n_\beta^{19,2}$ 1,4646. Hygr., zähes Öl

Name	Formel			
2,4,6-Trimethyl-cyclo=hexanol [Mellan, 522]	$(CH_3)_3C_6H_8 \cdot OH$	142,24 —	35,7 198	Krist.; unl. in W; l. in fast allen org. Lösm.
Trimethylenbromid s. 1,3-Dibrompropan				
Trimethylenchlorhydrin s. 3-Chlorpropanol-(1)				
Trimethylenchlorid s. 1,3-Dichlorpropan				
Trimethylencyanid s. Glutarsäuredinitril				
Trimethylendiamin s. 1,3-Diamino-propan				
Trimethylenglykol s. Propandiol-(1,3)				
Trimethylenoxid [Org. Syntheses III, 835]	$CH_2 \cdot CH_2 \cdot CH_2$ (O-Ring)	58,08 $0{,}8930^{25}$	— 47…8	n_D^{23} 1,3905. Fl.; ∞ W
Trimethylentrisulfid [E 2 XIX, 393]	$H_2C\!<\!\!\genfrac{}{}{0pt}{}{S \cdot CH_2}{S \cdot CH_2}\!\!>\!S$	138,27 —	216…7 subl.	Prismen (Chlf oder Bzl); unl. in W, wl. in Al, Ä, ll. in Chlf, sll. in Bzl
Trimethylessigsäure [E 3 II, 710]	$(CH_3)_3C \cdot CO_2H$	102,13 $0{,}905^{50}$	35 163 g. Z	Nadeln; Kp: $70°/_{14}$; 2,22 W 20°; Amid: Tafeln (Al), F: 155…6°; Methylester Kp: 101°; Äthylester Kp: 119°
2,3,4-Trimethyl-furan [Dunlop, 43]	(furan ring, H_3C, CH_3, CH_3)	110,16 —	— $54…5/_{57}$	Fl.
2,3,5-Trimethyl-furan [Dunlop, 43]	(furan ring, H_3C, CH_3, CH_3)	110,16 —	— $51{,}5/_{62}$	Fl.
Trimethylharnstoff [E 1 IV, 335]	$(CH_3)_2N \cdot CO \cdot NH \cdot CH_3$	102,14 1,19	75,5 232,5	Sehr leicht zerfl., monoklin-prismatische Säulen (Ä); sll. in W, Al, wl. in Ä, Bzl

Name und Literatur	Formel	Mol.-Gew. Dichte	F in °C Kp. in °C	Charakteristik
1,2,5-Trimethyl-naph=thalin [E 2 V, 470]	(Strukturformel: Naphthalin mit drei CH_3-Gruppen)	170,26 $1,011^{18}$	33,5 $145/_{15}$	n_D^{20} 1,6110. Nadeln (Al); wl. in k. Me, Al, ll. in Ä, Bzl; Pikrat F: 139...40°
1,2,7-Trimethyl-naph=thalin [E 2 V, 470]	$C_{10}H_5(CH_3)_3$	170,26 $1,008^{15}$	— $147...8/_{16}$	n_D^{15} 1,6093. Öl; Pikrat F: 127...8°
2,3,6-Trimethyl-naph=thalin [V, 572]	$C_{10}H_5(CH_3)_3$	170,26 —	92...3 263...4	Krist.
2,2,3-Trimethyl-pentan [E 1 I, 62]	$CH_3 \cdot CH_2 \cdot CH(CH_3) \cdot C(CH_3)_3$	144,23 $0,7219^{15}_{15}$	— 110,5...,8	n_D^{25} 1,4164. Fbl., sehr leicht bewegliche Fl. von sehr schwachem Geruch; Dielektrizitätskonstante bei 20°: 1,962
2,2,4-Trimethyl-pentan [E 2 I, 127]	$(CH_3)_2CH \cdot CH_2 \cdot C(CH_3)_3$	114,23 $0,6918^{20}$	— 99,3	n_α^{20} 1,38962, n_D^{20} 1,39163, n_β^{20} 1,39649. Fl.; „Isooctan"
2,3,3- Trimethyl-pentan [J. Am. Chem. Soc. **67**, 2062]	$CH_3 \cdot CH_2 \cdot \underset{\overset{\cdot}{CH_3}}{\overset{\overset{\cdot}{CH_3}}{C}} \cdot CH(CH_3)_2$	114,23 $0,7258^{20}$	— 114,6	n_D^{20} 1,4074; Fl.
2,3,4-Trimethyl-pentanol-(3) [E 2 I, 455]	$(CH_3)_2CH \cdot C(CH_3)(OH) \cdot CH(CH_3)_2$	130,23 $0,8507^{20}_{20}$	— 156,5	n_D^{20} 1,4353. Schwer bewegliche Fl. von durchdringendem campherart. Geruch
2,2,4-Trimethyl-pentanon-(3) [E 2 I, 760]	$(CH_3)_2CH \cdot CO \cdot C(CH_3)_3$	128,22 $0,80536^{25}$	— 133...5	n_α^{25} 1,40304, n_D^{25} 1,40513, n_β^{25} 1,41020. Fl.; campherart. Geruch; Semicarb=azon F: 132°

Trimethylpenten [E 3 I, 759]	$CH_3 \cdot C(CH_3)_2 \cdot CH_2 \cdot \overset{\cdot}{C} : CH_2$ (mit CH_3) u. a.	112,22 0,7195[20]	— 101/742	Fl.; techn. Produkt „Diisobutylen" ist Gemisch aus 70,0 Vol.-% 2,2,4-Trimethyl-penten-(4), 18,7 Vol.-% 2,2,4-Trimethyl-penten-(3), 4,6 Vol.-% 2,2,3-Trimethyl-penten-(3), 3,7 Vol.-% 2,3,4-Trimethyl-penten-(2) u.a.; polym. mit P_2O_5
2,2,3-Trimethyl-penten-(3) [E 1 I, 94]	$CH_3 \cdot CH_2 \cdot C(: CH_2)C(CH_3)_3$	112,22 —	— 110,4…0,8	Muffig riechende Fl.; ll. in org. Lösm.; unl. in W
2,3,3-Trimethyl-penten-(1) [J. Am. Chem. Soc. 55, 2608]	$CH_3 \cdot CH_2 \cdot \overset{CH_3}{\underset{CH_3}{\overset{\cdot}{\underset{\cdot}{C}}}} \cdot \overset{\cdot}{\underset{CH_3}{C}} : CH_2$	112,22 0,7363[20]	— 108,2	n_D^{20} 1,4178; Fl.
2,3,4-Trimethyl-penten-(2) [J. Am. Chem. Soc. 54, 4392]	$CH_3 \cdot \overset{CH_3}{\underset{\cdot}{CH}} \cdot \overset{CH_3}{\underset{\cdot}{C}} : C(CH_3)_2$	112,22 —	— 54…6/10	n_D^{20} 1,4263; Fl.
2,4,5-Trimethylphenol s. Pseudocumenol				
2,4,6-Trimethyl-phenol s. Mesitol				
3,4,5-Trimethyl-phenol [E 2 VI, 480]	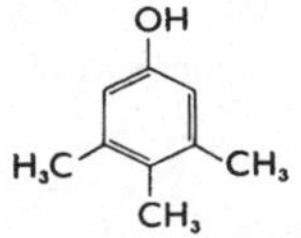 (Struktur: Phenol mit OH, 3 × CH_3)	136,20 —	107 248…9	Bläulich fluoresz. Nadeln (PÄ); ll. in den meisten org. Lösm., wl. in k. Benzin, k. PÄ, h. W; Wdampfflch.; Phenylurethan F: 148…9°
2,4,6-Trimethylphenyl-essigsäure [Org. Syntheses III, 557]	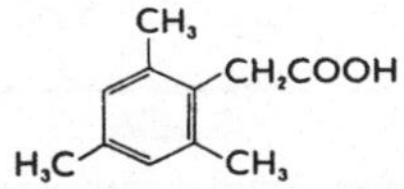 (Struktur: Mesitylen mit CH_2COOH)	178,23 —	167…8 —	Krist. (Al oder Lg); subl.; ll. in h. W, Al, Ä

Name und Literatur	Formel	Mol.-Gew. Dichte	F in °C Kp. in °C	Charakteristik
1,1,3-Trimethyl-3-phenylindan [Org. Syntheses 35, 84]		236,36 —	51,8...2,3 154...8/8	Krist. (Isopropanol)
Trimethyl-phenyl-methan s. tert.-Butyl-benzol				
2,4,6-Trimethyl-phloro= glucin [E 1 VI, 554]	$(CH_3)_3C_6(OH)_3$	168,19 —	184 —	Nadeln (Eg oder Xylol); ll. in Al, Me, Egester, sied. W, swl. in k. Xylol, sied. Bzl, sied. PÄ
2,3,4-Trimethyl-pyridin [E 2 XX, 163]		121,18 $0,9566^{15}$	— 79...82/14	$n_D^{18,6}$ 1,5161; Fl.; Pikrat F: 164°
2,3,5-Trimethyl-pyridin [E 2 XX, 163]	$NC_5H_2(CH_3)_3$	121,18 $0,9310^{25}$	— 182...3,5	n_α^{25} 1,5014, n_D^{25} 1,5057, n_β^{25} 1,5171. Fl.; Pikrat F: 183°
2,4,5-Trimethyl-pyridin [E 2 XX, 164]	$NC_5H_2(CH_3)_3$	121,18 $0,9330^{25}$	— 190	n_α^{25} 1,5013, n_D^{25} 1,5054, n_β^{25} 1,5165. 2 W 25°; bohnenart. riechende Fl.; Pikrat F: 161°
2,4,6-Trimethyl-pyridin [E 2 XX, 164]	$NC_5H_2(CH_3)_3$	121,18 $0,9101^{25}$	— 171...2	n_α^{25} 1,4919, n_D^{25} 1,4959, n_β^{25} 1,5069. Fl.; wl. in h. W, l. in k. W; Pikrat F: 155...6°
2,4,6-Trimethyl-pyrylium-perchlorat [J. Chem. Soc. 1961, 3557]		222,63 —	245...7 —	Krist. (W); Fluoborat F: 206...8°
1,3,7-Trimethyl-xanthin s. Coffein				

Name	Formel	Mol.-Gew.	F / Kp	Eigenschaften
Trimorpholin [XXVII, 539]	(Morpholin-Ringstruktur: H_2C–N–CH_2, CH_2, O)	143,14 —	Z 210...20 subl.	Krist. (Bzl oder Chlf); 20 W 0°, 50 W 80°, 5 k. Me, 2,5 k. Al, 0,67 Ä 20°, 2,4 Bzl 20°; Pikrat F: 210° (Z.)
Trimyristin s. Glycerin-trimyristat				
Trinitro-acetonitril [II, 229]	$(O_2N)_3C \cdot CN$	176,05 —	41,5 —	Campherart. Masse; l. in Ä; zers. durch W, Al, Alk; sehr flch.; expl. bei raschem Erhitzen auf 220°
1,1,1-Trinitro-äthan [E 2 I, 70]	$(O_2N)_3C \cdot CH_3$	165,06 $1,4223^{77,7}$	57 68/17	$n_\alpha^{77,7}$ 1,41707, $n_{He}^{77,7}$ 1,42005, $n_\beta^{77,7}$ 1,42736. Krist.; wl. in W, Lg, ll. in Al, Ä; leicht flch.; riecht stark reizend
2,4,6-Trinitro-3-amino= phenol [E 2 XIII, 217]	(Benzolring mit NO_2, OH, O_2N, H_2N, NO_2)	244,12 —	178 —	Gelbe Krist.
2,4,6-Trinitro-anilin [E 2 XII, 421]	(Benzolring mit NH_2, NO_2, O_2N, NO_2)	228,12 $1,762^{14}$	190...1 —	Gelbe Tafeln (Eg); wl. in Al, Ä, ll. in Aceton, Egester, Bzl
2,4,6-Trinitro-anisol [E 2 VI, 280]	$(O_2N)_3C_6H_2 \cdot OCH_3$	243,13 $1,408^{20}$	68 —	Fbl. Tafeln oder Blättchen (Al); l. in Eg, Bzl
2,4,6-Trinitro-benz= aldehyd [E 2 VII, 207]	(Benzolring mit NO_2, CHO, NO_2, O_2N, NO_2)	241,12 —	119 —	Krist. (Bzl); expl.; Oxim F: 158°; Semicarbazon F: 214° (Z.)

56*

Name und Literatur	Formel	Mol.-Gew. Dichte	F in °C Kp. in °C	Charakteristik
2,4,6-Trinitro-benzoe=säure [E 2 IX, 285]	NO_2 CO_2H O_2N NO_2	257,12 —	228...9 Z —	Krist. (W); 2,05 W 23°, 26,59 Al 25°, 14,71 Å 25°
1,2,3-Trinitro-benzol [E 2 V, 203]	$C_6H_3(NO_2)_3$	213,11 —	127 —	Blättchen mit grünem Reflex (abs. Al); 10 in 100 g sied. Al
1,2,4-Trinitro-benzol [E 2 V, 203]	$C_6H_3(NO_2)_3$	213,11 $1,73^{15,5}$	60 —	Hgelbe Prismen (verd. Me); Blätt-chen (Ä); 4,3 Al 15,5°; 19,3 Chlf 15,5°; 5,13 Ä 15,5°; 123,9 Bzl 15,5°
1,3,5-Trinitro-benzol [E 2 V, 203]	$C_6H_3(NO_2)_3$	213,11 1,76	122,5 subl.	Blättchen (W); 0,028 W 15°; 0,5 W 100°; 1,48 Al 18°; 5,43 Bzl 17°; 22,6 Bzl 50°; sll. in Aceton, Py, ll. in Egester, Toluol; ca 1,25 Ä 20°
Trinitrobrom- s. Brom-trinitro-				
Trinitro-chlor- s. Chlor-trinitro-				
2,4,6-Trinitro-diphenyl=amin [E 2 XII, 421]	$(O_2N)_3C_6H_2 \cdot NH \cdot C_6H_5$	304,22 —	179,5...80 —	Or. Krist. (Al, Aceton oder Bzl); unl. in Lg, ll. in h. Bzl, Eg
2,4,7-Trinitrofluorenon [Org. Syntheses III, 837]	NO_2 O_2N NO_2 O	315,20 —	175...6 —	Krist.
2,4,6-Trinitro-m-kresol [E 2 VI, 363]	OH O_2N NO_2 CH_3 NO_2	243,13 —	107...8 * expl. 150	Gelbe Nadeln (Al oder W); hgelbes krist. Pulver (nach Trocknen bei 50°); 0,2 W 15°; 4,4 Al 17°; 18,05 in 100 g Al 50°; swl. in CCl_4, wl. in k. Chlf, l. in Ä, ll. in h. Chlf, Bzl, Me, sll. in Aceton; * F auch 110°; Sprengstoff

2,4,6-Trinitro-mesitylen [E 2 V, 316]	CH_3 / O_2N ... NO_2 / H_3C ... CH_3 / NO_2	255,19 1,48	234 —	Krist. (Al + Aceton); swl. in k. Al, wl. in h. Al, h. Ä, l. in Aceton, unl. in W
Trinitromethan [E 3 I, 116]	$CH(NO_2)_3$	151,04 $1,5967^{24,3}$	26 $48/_{17}$	$n_\alpha^{24,3}$ 1,4417, $n_\beta^{24,3}$ 1,4536. Weiße Nadeln (PÄ 60...80°); l. in W mit intensiv gelber Farbe, l. in Al; expl. bei raschem Erhitzen; K-Salz expl. bei 97...9°; l. in W, wl. in Al
1,2,5-Trinitro-naphthalin [E 2 V, 457]	NO_2 / NO_2 / NO_2	263,17 —	112...3 —	Nadeln (Al)
1,3,5-Trinitro-naphthalin [E 2 V, 457]	$C_{10}H_5(NO_2)_3$	263,17 —	119,5 * —	Krist. (Chlf); ll. in Eg, Al, l. in Chlf, unl. in W; * F auch 126°
1,3,8-Trinitro-naphthalin [E 2 V, 457]	$C_{10}H_5(NO_2)_3$	263,17 —	216...8 —	Krist. (Al, Chlf oder Eg); 0,0018 W 15°; 0,56 Chlf 15°; 0,36 Bzl 15°; 0,09 Ä 15°; 0,05 Al 15°; l. in h. Py
1,4,5-Trinitro-naphthalin [E 2 V, 458]	$C_{10}H_5(NO_2)_3$	263,17 —	148...9 —	Krist. (Chlf); hgelbe Blättchen (HNO_3); 0,004 W 15°; 0,985 Chlf 14°; 0,81 Bzl 15°; 0,085 Al 15°; 0,31 Ä 15°; ll. in Aceton, Py
2,4,5-Trinitro-naphthol-(1) [E 2 VI, 587]	OH / NO_2 / NO_2 NO_2	279,17 —	190 —	Gelbe Blättchen oder Prismen (Eg); l. in h. Eg, wl. in h. W, Al, Ä, Egester, Bzl, Xylol; verpufft bei hoher Temp.; Verw. zur Herstellung von Schwefelfarbstoffen

Name und Literatur	Formel	Mol.-Gew. Dichte	F in °C Kp. in °C	Charakteristik
1,6,8-Trinitro-naphthyl= amin-(2) [E 2 XII, 736]	(Struktur)	278,18 —	300 Z —	Krist. (Py); l. in Al, Ä, Chlf, Lg, Bzl, sll. in Aceton, Eg
Trinitro-orcin [VI, 890]	(Struktur)	259,13 —	163,5 Z —	Gelbe Nadeln; ll. in h. W, h. Bzl, wl. in k. W, Ä, CS_2
2,3,5-Trinitro-phenol [E 1 VI, 129]	$HO \cdot C_6H_2(NO_2)_3$	229,11 —	119...20 —	Gelbe Nadeln (W); ll. in Al, Eg, Bzl
2,3,6-Trinitro-phenol [E 2 VI, 253]	$HO \cdot C_6H_2(NO_2)_3$	229,11 —	117...8 —	Weiße Nadeln; sll. in Al, Ä, Bzl, zll. in h. W, swl. in k. W
2,4,5-Trinitro-phenol [E 2 VI, 253]	$HO \cdot C_6H_2(NO_2)_3$	229,11 —	96 —	Atlasglänzende weiße Nädelchen oder Schüppchen (W oder verd. Al); ll. in Al, Ä, Bzl, zl. in h. W, wl. in k. W
2,4,6-Trinitro-phenol s. Pikrinsäure				
2,4,6-Trinitro-phenyl= hydrazin [E 2 XV, 221]	$(O_2N)_3C_5H_2 \cdot NH \cdot NH_2$	243,14 —	186 —	Tief rotbraune Prismen (Al); ll. in Eg, l. in h. Al, wl. in W, Ä, Chlf, Bzl; 1,33 Al 20°; l. in Alk mit tiefroter Farbe
2,4,6-Trinitrophenyl-methyl-nitramid s. Tetryl				
2,4,6-Trinitro-resorcin s. Styphninsäure				
2,4,6-Trinitro-thiophenol s. Thiopikrinsäure				

Name	Formel		Eigenschaften
2,3,4-Trinitro-toluol [E 2 V, 266]	CH_3, NO_2, NO_2, NO_2	227,13 —	112 290...310 *	Prismen (Aceton); wl. in k. Al, l. in sied. Al, ll. in Ä, Aceton, Bzl; in Lsg. von 1 Teil Al + 4 Teilen Aceton mit 1 Tropfen alkohol. NaOH → tiefgrüne Färbung; * expl.
2,3,5-Trinitro-toluol [E 2 V, 267]	$(O_2N)_3C_6H_2 \cdot CH_3$	227,13 —	97 333...7 *	Krist. (Al + W); gelbe Prismen (Al + Ä); Lsg. in Aceton mit NH_3 → rosa Färbung → braun → schwarz; * expl.
2,3,6-Trinitro-toluol [E 2 V, 267]	$(O_2N)_3C_6H_2 \cdot CH_3$	227,13 —	111 327...35 *	Nadeln (Al); l. in 9 Teilen sied. Al; 7,1 k. Al; ll. in Aceton; in Lsg. von 1 Teil Al + 4 Teilen Aceton mit 1 Tropfen alkohol. NaOH → johannisbeerrote Färbung; * expl.
2,4,5-Trinitro-toluol [E 2 V, 268]	$(O_2N)_3C_6H_2 \cdot CH_3$	227,13 —	104 288...93 *	Hgelbe Prismen (Al); gelbliche Tafeln (Aceton); swl. in k. Al, zll. in h. Al, Eg, ll. in Ä, Bzl, Aceton; Lsg. in Aceton mit konz. NH_3 → blaue Färbung; * expl.
2,4,6-Trinitro-toluol [E 2 V, 268]	$(O_2N)_3C_6H_2 \cdot CH_3$	227,13 1,654	80,35 Z 281...5 *	Krist. (Al); 0,011 W 0,3°; 0,1467 W 99,5°; 25 Chlf 18°; 1,25 Al 18°; 2,5 Ä 18°; sll. in Bzl, Aceton, Toluol; Lsg. in Aceton oder Al mit NH_3 → hrote Färbung; Verw. als Sprengstoff; „Trotyl", „TNT" u. a.; * expl.
3,4,5-Trinitro-toluol [E 2 V, 272]	$(O_2N)_3C_6H_2 \cdot CH_3$	227,13 —	132...2,3 305...18 *	Gelbgrüne Prismen oder Tafeln (Al); 0,79 Al 15°; * expl.
3,4,5-Trinitro-o-xylol [E 2 V, 287]	O_2N, CH_3, O_2N, CH_3, NO_2	241,16 —	115 —	Nadeln (Al); ll. in Chlf, Bzl, Egester, Aceton, l. in Al, unl. in W

Name und Literatur	Formel	Mol.-Gew. Dichte	F in °C Kp. in °C	Charakteristik
3,4,6-Trinitro-o-xylol [E 2 V, 287]	$(O_2N)_3C_6H(CH_3)_2$	241,16 —	72 —	Gelbliche Nadeln (Al); unl. in W, wl. in Al, PÄ, ll. in org. Lösm.; färbt sich am Licht gelb
2,4,6-Trinitro-m-xylol [E 2 V, 295]		241,16 1,69	182,5...3,5 —	Nadeln (Eg); F im Maquennescher Block; 0,039 Al 20°; l. in org. Lösm.
2,3,5-Trinitro-p-xylol [E 2 V, 303]		241,16 $1,59^{19}$	138...9 —	Nadeln (Al); federart. Blättchen (Al + Bzl); färbt sich am Licht gelblich
Triolein s. Glycerin-trioleat				
Trional [E 2 I, 731]	$C_2H_5 \cdot C(CH_3)(SO_2 \cdot C_2H_5)_2$	242,36 $1,199^{85}$	75 —	Krist. (Al); 0,5 W 16°; 4,5 abs. Al 15°; 4,65 Ä 15°
2,4,6-Trioxa-adamantan s. u. Adamantan				
1,3,5-Trioxan [E 2 XIX, 392]		90,08 $1,17^{65}$	63 114,5	Nadeln oder Prismen; 21,1 W 25°; wl. in PÄ, ll. in Al, Ä, Aceton, Chlf, Bzl; riecht campherart.
Trioxy- s. Trihydroxy-				
Tripalmitin s. Glycerin-tripalmitat				
Triphenyl s. Diphenylbenzol				
1,1,2-Triphenyl-äthan [E 2 V, 620]	$(C_6H_5)_2CH \cdot CH_2 \cdot C_6H_5$	258,37 —	56 $216...7/_{14}$	Blättchen (verd. Al)
Triphenyläthylen [Org. Syntheses II, 606]	$(C_6H_5)_2C : CH \cdot C_6H_5$	256,35 —	68...9 $215...25/_{15}$	Krist. (Al)

Name	Formel			Eigenschaften
Triphenylamin [E 2 XII, 106]	$(C_6H_5)_3N$	245,33 —	127 365	Krist. (Me); 0,75 Me 20°; 0,74 Al 20°; wl. in Al, ll. in Ä, Bzl
2,4,6-Triphenyl-anilin [Ber. **90**, 1637]		321,43 —	136...7 —	Krist. (alkohol. W); Acetat (Eg) F: 244°; N,N-Diacetat F: 146°
1,2,4-Triphenyl-benzol [J. Org. Chem. **24**, 1155]		234,34 —	100...2 —	Krist. (Eg); subl. im Vak.; UV in Al 248 mμ (log $\varepsilon = 4,53$)
1,3,5-Triphenyl-benzol [E 2 V, 670]	$C_{24}H_{18}$	306,41 $1,205^0$	174 —	Nadeln (Al oder Eg), Tafeln (Ä); wl. in wss. Al, l. in abs. Al, Ä, CS_2, ll. in Bzl
Triphenylcarbinol [E 2 VI, 686]	$(C_6H_5)_3C \cdot OH$	260,34 $1,199^0_4$	164,2 380	Krist. (Bzl); Tafeln (Al); ll. in Al, Ä, Bzl
Triphenylen [Chem. Rev. **60**, 313]		228,30 —	199 425	Nadeln (Al oder Chlf); fluoresz.; Nitrierung → Trinitro-Derivat F: 335°
Triphenylessigsäure [E 2 IX, 500]	$(C_6H_5)_3C \cdot CO_2H$	288,35 —	267 Z —	Blättchen (Eg); wl. in Chlf, Bzl, l. in Eg, ll. in Me, Al
N,N,N′-Triphenyl-guanidin [E 2 XII, 242]	$(C_6H_5)_2N \cdot C(:NH) \cdot NH \cdot C_6H_5$	287,37 —	134 —	Krist. (verd. Al); wl. in Bzl, ll. in Al, Ä
N,N′,N″-Triphenyl-guanidin [E 1 XII, 261]	$C_6H_5 \cdot N : C(NH \cdot C_6H_5)_2$	287,37 $1,163^{16}$	144 Z	Prismen (Al); swl. in h. W; 4,5 Al 0°; 6,25 Al 25°
Triphenyl-hydrazin [E 2 XV, 54]	$C_6H_5 \cdot NH \cdot N(C_6H_5)_2$	260,34 —	142 —	Nadeln (Bzl + PÄ); zll. in Al, sll. in Bzl; keine basischen Eigenschaften

Name und Literatur	Formel	Mol.-Gew. Dichte	F in °C Kp. in °C	Charakteristik
2,4,5-Triphenyl-imidazol [E 2 XXIII, 280]	H_5C_6 / N / H_5C_6 / C_6H_5 (imidazol)	296,38 —	275 dest.	Nadeln (Al); 0,91 Al 21°, 2,75 Al 78°, 0,32 Ä 21°, wl. in W; subl.; triboluminescent; bei Dehydrierung stabiles Radikal; „Lophin"
Triphenylmethan [E 2 V, 613]	$(C_6H_5)_3CH$	244,34 $1,0155^{100,5}$	92...3 * $358...9/_{754}$	$n_\alpha^{100,5}$ 1,5788, $n_{He}^{100,5}$ 1,5852, $n_\beta^{100,5}$ 1,6008. Krist. (Al); 62,3 Chlf 20°; 5,94 Bzl 19,4°; ll. in Ä, h. Al, l. in Lg, zwl. in Eg, k. Al; * F der stabilen Form; labile Form F: 81°
Triphenylmethan-carbonsäure s. Benzhydryl-benzoesäure				
Triphenyl-methyl [E 2 V, 626]	$(C_6H_5)_3C \cdot$	243,33 —	145...7 Z	Fbl. Krist.; swl. in Al, ll. in Chlf, CS_2, unl. in PÄ; gibt mit Luftsauerstoff Peroxid
Triphenylmethyl-bromid [E 2 V, 617]	$(C_6H_5)_3CBr$	323,24 1,55	152 $230/_{15}$	Hgelbe Krist. (CS_2); l. in CCl_4, Chlf fbl., l. in Nitromethan, Nitrobzl., Benzonitril gelb; mit $AgNO_3 \rightarrow$ Nd. von AgBr; Z. durch sied. W
Triphenylmethyl-chlorid [E 2 V, 615]	$(C_6H_5)_3CCl$	278,78 —	109...10 * $230...5/_{20}$ $310/_{20}$	Krist. (Bzl oder PÄ); ll. in Ä, Bzl, Chlf, l. in Al; Z. durch W; Lsg. in Acetylchlorid, Thionylchlorid, Nitromethan gelb; * F auch 112...3°
Triphenylmethyl-peroxid [E 2 VI, 693]	(C₆H₅)₃C·O·O·C(C₆H₅)₃	518,66 —	186...7 Z —	Fbl. Krist. (h. CS_2); unl. in Al, Ä, W, wl. in h. Bzl (g. Z.); 0,66 h. CS_2; mit konz. $H_2SO_4 \rightarrow$ tiefrote Färbung
2,4,6-Triphenyl-nitrobenzol [Ber. 90, 1636]	$C_6H_2(C_6H_5)_3NO_2$	351,41 —	144...5° —	Krist. (Isopropanol)

Name	Formel	Mol.-Gew. / D.	F. / Kp.	Eigenschaften
2,4,5-Triphenyl-oxazol [E 2 XXVII, 56]	(oxazole: H_5C_6, N, C_6H_5, H_5C_6, O)	297,36 / —	115,5...6,5 / —	Nadeln (Al); ll. in Ä, h. Eg, l. in h. PÄ, wl. in k. Al, swl. in W, ll. in Bzl mit schwach blauer Fluoresz.; in H_2SO_4 blutrot
2,4,6-Triphenyl-phenol [Ber. 90, 2068]	(phenol: C_6H_5, OH, H_5C_6, C_6H_5)	322,41 / —	149...50 / —	Krist. (Eg); gibt bei Oxid. rotes stabiles O-Radikal; Acetat F: 121...2°
Triphenylphosphat s. Phosphor, Phosphorsäure-triphenylester				
α,β,β-Triphenyl-propionsäure [Org. Syntheses 33, 98]	$(C_6H_5)_2CH \cdot CH \cdot CO_2H$ C_6H_5	302,38 / —	220...1 / —	Nadeln (Isopropanol)
2,4,6-Triphenyl-pyrylium-chloroferrat [Z. angew. Chem. 72, 340]	(pyrylium: C_6H_5, H_5C_6, O, C_6H_5, $\oplus$, $FeCl_4^{\ominus}$)	507,05 / —	276...8 / —	Pikrat F: 226...7°; Fluoborat F: 214...5°; Jodid F: 221°; Perchlorat F: 248...9°; mit NaOH → Pseudobase F: 119°
Tripropylamin [E 2 IV, 623]	$(C_2H_5 \cdot CH_2)_3N$	143,27 / $0{,}753^{25}$	E − 100,5 / 156	$n_\alpha^{19,4}$ 1,41515, $n_D^{19,4}$ 1,41756, $n_\gamma^{19,4}$ 1,42814. Fl.; swl. in W; ·HCl hygr. Nadeln, F: 90°
Trypticen s. Tricyclin				
4,4',4''-Tris-diäthyl=amino-triphenylcarbinol [E 1 XIII, 299]	$[(C_2H_5)_2N \cdot C_6H_4]_3C \cdot OH$	473,71 / —	136...7 / —	Krist. (Lg); mit Al → Diäthyläther
4,4',4''-Tris-dimethyl=amino-triphenylcarbinol [E 2 XIII, 449]	$[(CH_3)_2N \cdot C_6H_4]_3C \cdot OH$	389,55 / —	219 / —	Prismen (Bzl); unl. in W, wl. in Al, l. in Ä, Aceton, Chlf, PÄ, Bzl, CS_2

Name und Literatur	Formel	Mol.-Gew. Dichte	F in °C Kp. in °C	Charakteristik
4,4′,4″-Tris-dimethyl=amino-triphenylmethan [E 1 XIII, 100]	$[(CH_3)_2N \cdot C_6H_4]_3CH$	373,55 —	177...8 —	Blättchen (Al); unl. in k. W, wl. in k. Al, ll. in h. Al, Ä, Chlf, Bzl Eg
Tris-formamino-methan s. Ameisensäure-tris-formamid				
Tris-(hydroxymethyl)-amino-methan [Anal. Chem. **23**, 491]	$(HOH_2C)_3C \cdot NH_2$	121,1⦂ —	— 171,1	Krist. (W); Urtiter: $p_H = 4,7$ (25°)
Tristearin s. Glycerin-tristearat				
sym. Trithian s. Trimethylentrisulfid				
Trithioaldehyde s. u. Thioaldehyden				
Trithioformaldehyd s. Trimethylentrisulfid				
Trithioglycerin s. Trimercapto-propan				
Trithiokohlensäure [E 2 III, 161]	$CS(SH)_2$	110,22 1,47	E − 30,5 Z 20...30*	Rote Fl.; wl. in W, org. Lösm., S; nur die Lsg. in Aceton ist ziemlich beständig; * im Vak.
Trithion [Ann. Chem. **560**, 201 *]	$C_6H_5 \cdot C$—$C:S$ $C_6H_5 \cdot C$–$_S$–S	286,43 —	159,5 —	Or.rote Krist.; ll. in Chlf, l. in Bzl, wl. in k. Ä, swl. in Al; * s a. Z. angew. Chem. **70**, 351
Tropan [E 2 XX, 69]	H_2C—CH——CH_2 $\;\;\vert\;\;N \cdot CH_3 \;\;\; CH_2$ H_2C—CH——CH_2	125,22 $0,9307^{21,6}$	— 167	$n_\alpha^{21,6}$ 1,4743, $n_D^{21,6}$ 1,4766, $n_\beta^{21,6}$ 1,4832. Fl.; wl. in h. W, ∞ k. W; Pikrat F: 281° (Z.)
dl-Tropasäure [E 2 X, 158]	$HO \cdot CH_2 \cdot CH(C_6H_5) \cdot CO_2H$	166,18 —	118 Z 160	Nadeln (W); 1,98 W 20°; unl. in CS_2, Benzin, wl. in k. Bzl, l. in Al, Ä; ∞ h. W

Name	Mol.-Gew. / Dichte	F/Kp	Eigenschaften
Tropidin [E 2 XX, 90]	123,19 $0,9609^{10,5}$	— 163	$n_\alpha^{10,5}$ 1,4920, $n_D^{10,5}$ 1,4949, $n_\beta^{10,5}$ 1,5026. Fl.; wl. in h. W, l. in k. W, sll. in Al, Ä; Wdampfflch.; riecht narkotisch
Tropigenin [E 2 XXI, 17]	127,19 —	161 233	Krist.; subl.; zieht an der Luft CO_2 an; wl. in Ä, ll. in W, Al; Hydro= chlorid F: 285°
Tropin [E 2 XXI, 17]	141,21 $1,016^{100}$	63 233	n_α^{100} 1,4792, n_D^{100} 1,4811, n_β^{100} 1,4877. Tafeln (Ä); sll. in W, Al; hygr.; Konfiguration: OH und N in *cis*; Acetylderivat F: 193°
Tropinon [E 2 XXI, 225]	139,19 $0,9872^{100}$	41 218...8,5	n_α^{100} 1,4598, n_D^{100} 1,4621, n_β^{100} 1,4691. Nadeln (PÄ); sll. in den gebr. Lösm.
dl-Tropinsäure [XXII, 124]	187,19 —	251 Z Z *	Nadeln (verd. Al); unl. in Ä, Bzl, swl. in Al, sll. in W; * Z. $\rightarrow$ CO_2-Absp.
Tropolon [J. Am. Chem. Soc. **73**, 4136]	122,12 —	50...1 —	Nadeln (Hexan); subl.; l. in W und den gebr. org. Lösm.; mit $FeCl_3$ $\rightarrow$ dkl.grün; Cu-Derivat: grüne Krist., F: 320° (Z.)
Tropon [J. Am. Chem. Soc. **73**, 876]	106,13 —	— 8...— 5 104...5,5/$_{10}$	n_D^{25} 1,6070. Viskoses Öl; Pikrat F: 99...100°
Trotyl s. 2,4,6-Trinitro-toluol			
α-Truxillsäure [E 2 IX, 686]	296,33 —	285 subl.	Nadeln (verd. Al); wl. in h. W, Ä, Aceton, Bzl, l. in h. Eg, ll. in h. Al

Name und Literatur	Formel	Mol.-Gew. Dichte	F in °C Kp. in °C	Charakteristik
β-Truxinsäure [E 2 IX, 679]		296,33 —	209...10 Z	Krist. (Al); l. in Al, Eg
δ-Truxinsäure [E 2 IX, 684]		296,33 —	175 —	Nadeln (W); wl. in h. W, Bzl, ll. in Ä, sll. in Al, Aceton, Chlf
Trypa-flavin [E 2 XXII, 398]		259,74 —	— —	Or. Nadeln (Al); zll. in Me, Al, sll. in W. gelb, gelbgrünlich fluoresz.
Trypanblau [E 1 XVI, 346]	$C_{34}H_{24}O_{14}N_6Na_4S_4$ Formel 36, S. 926	960,82 —	— —	Blaugraues Pulver; swl. in Al, l. in W tief blau mit viol. Reflex
Tryparsone s. u. Arsen, N-Phenylglycin-amid-arsonsäure-(4)				
Tryptamin [E 2 XXII, 346]		160,22 —	118 Z	Nadeln (Al + Bzl); swl. in W, Ä, Chlf, Bzl, ll. in Al, Aceton; Pikrat F: 242...3°
L-Tryptophan [E 2 XXII, 466]		204,23 —	293 Z —	Platten (verd. Al), unl. in Chlf, 1,1 W 25°, 1,7 W 0°, 5 sied. W, l. in h. Al; $[\alpha]_D^{20}$: $-30°\pm1°$ (W); $+6,1°$ (1 n NaOH)
Tubanol [J. Am. Chem. Soc. 55, 3032]		176,22 —	— 140/4	n_D^{20} 1,5623. Viskose Fl.

Name	Formel	Mol.-Gew.	F.	Eigenschaften
Tubasäure [Ber. **62**, 3032]		220,23 —	129 —	Nadeln (Ä + PÄ); mit $FeCl_3 \rightarrow$ rot; $[\alpha]_D^{20}$: $-73{,}0°$ (Chlf); Methylester F: 52°
Tubatoxin s. Rotenon				
α-Tubo-curarin-chlorid [J. Am. Chem. Soc, **68**, 419]	$C_{38}H_{44}O_6N_2Cl_2$ Formel 37, S. 926	695,69 —	274…5 Z —	Krist.; $[\alpha]_D^{22}$: $+215°$ (W)
Tyramin [E 2 XIII, 354]	$HO-C_6H_4-CH_2 \cdot CH_2 \cdot NH_2$	137,18 —	164…5 195/13	Prismen (Al); unl. in Toluol, wl. in k. W, l. in h. W; 10 Al 65°; riecht süßlich
DL-Tyrosin [E 1 XIV, 668]	$CH_2 \cdot CH(NH_2) \cdot CO_2H$	181,19 —	340 Z —	Nadeln; 0,04 W 20°; 0,66 sied. W; unl. in Ä, swl. in h. Al, ll. in Alk
L-Tyrosin [E 2 XIV, 366]	$HO \cdot C_6H_4 \cdot CH_2 \cdot \overset{NH_2}{\underset{H}{C}} \cdot CO_2H$	181,19 —	314…8 Z —	Nadeln (W); un.. in Ä; 0,05 W 25°; 0,01 Al 95 % 17°; 0,14 Eg 14°; 0,19 sied. Eg; $[\alpha]_D^{15}$: $-12{,}3°$ (HCl)
Ubichinon [J. Am. Chem. Soc. **81**, 5000]	H_3CO, H_3CO, CH_3, $[CH_2 \cdot CH:C \cdot CH_2]_9H$	795,25 —	43,5…45 —	„Q-254" oder Ubichinon-(9); Absorpt.-max.: 253 und 261 mµ; „Coenzym Q" in Mitochondrien (Pflanze und Tier); mehrere Vertreter mit 6 bis 10 Resten von C_5H_8 in Seitenkette bekannt; s. a. J. Am. Chem. Soc. **80**, 4751
Uliron [Klin. Wschr. **16**, 1412]	$H_2N-C_6H_4-SO_2 \cdot NH-C_6H_4-SO_2 \cdot N(CH_3)_2$	355,44 —	194 —	Krist.; wl. in W, l. in Al, Aceton

Name und Literatur	Formel	Mol.-Gew. Dichte	F in °C Kp. in °C	Charakteristik
Umbelliferon [E 2 XVIII, 16]	(Strukturformel: 7-Hydroxycumarin)	162,15 —	230...1 subl.	Nadeln (W); swl. in k. W, wl. in Ä; 1 sied. W; ll. in Al, Chlf; wss. Lsgg. fluoresz. blau
Umbellsäure s. 2,4-Dihydroxy-zimtsäure				
Undecadiin-(1,10) [E 2 I, 248]	$CH \vdots C \cdot [CH_2]_7 \cdot C \vdots CH$	148,25 $0,8182^{21}$	— 17 $82,5/_{12}$	n_D^{21} 1,453. Fl.
Undecan [E 2 I, 132]	$CH_3 \cdot [CH_2]_9 \cdot CH_3$	156,31 $0,7455^{16,3}$	— 26,5 196...7	$n_D^{20,2}$ 1,4184. Fl.; unl. in W, ∞ Al, Ä
Undecan-dicarbon= säure-(1,11) [E 2 II, 617]	$HO_2C \cdot [CH_2]_{11} \cdot CO_2H$	244,33 —	112...3 —	Blättchen (Al 50%); Krist. (Egester); ll. in Al, Ä, Chlf, wl. in Bzl, unl. in PÄ; 0,004 W 24°
Undecanol-(1) [E 2 I, 461]	$CH_3 \cdot [CH_2]_9 \cdot CH_2OH$	172,31 $0,8217^{34,6}$	14,3 $130/_{12}$	n_D^{23} 1,4392. Fl.
Undecanol-(2) [E 2 I, 462]	$CH_3 \cdot [CH_2]_8 \cdot CH(OH) \cdot CH_3$	172,31 $0,8268^{19}$	— 228...9	Fl.; Kp: $119°/_{12}$; unl. in W
Undecanon-(2) [E 2 I, 766]	$CH_3 \cdot [CH_2]_8 \cdot CO \cdot CH_3$	170,30 $0,8295^{17,3}$	12,1 228 (230...3)	$n_\alpha^{17,3}$ 1,42765, $n_D^{17,3}$ 1,43002, $n_\beta^{17,3}$ 1,43539. Fl.; Kp: $108...10°/_{10}$; rauten- art. Geruch; unl. in W, l. in Al, Ä; Semicarbazon F: 122°
Undecanon-(6) s. Di-n-amyl-keton				
Undecansäure [E 2 II, 314]	$CH_3 \cdot [CH_2]_9 \cdot CO_2H$	186,30 $0,8741^{50,1}$	29,5...30,5 280	n_α^{70} 1,4180, n_D^{70} 1,4203, n_β^{70} 1,4251. Krist. (Aceton); Kp: $173...4°/_{15}$; unl. in W, ll. in Al, Ä; Äthylester Kp: $105°/_4$; Amid F: 96...7°
Undecansäure-nitril [E 3 II, 860]	$CH_3 \cdot (CH_2)_9 \cdot CN$	167,30 $0,8254^{15}_4$	— 255	n_D^{30} 1,4293; Fl., eigenart. Geruch

Name	Formel	Mol.-Gew. / Dichte	Schmp. / Sdp.	Eigenschaften
Undecen-(1) [E 1 I, 97]	$CH_3 \cdot [CH_2]_8 \cdot CH : CH_2$	154,30 0,7630[20]	— 84/18	n_D^{20} 1,4284; Fl.
Undecen-(2) [I, 225]	$CH_3 \cdot [CH_2]_7 \cdot CH : CH \cdot CH_3$	154,30 0,7735$_{15}^{15}$	— 78,5/,14	n_D 1,43325
Undecen-(10)-ol-(1) [E 2 I, 499]	$HO \cdot [CH_2]_9 \cdot CH : CH_2$	170,30 0,8495[15]	—2 250	n_D^{19} 1,4506. Fl.; E: —7° (blätterige Krist.)
Undecen-(10)-säure [E 2 II, 419]	$CH_2 : CH \cdot [CH_2]_8 \cdot CO_2H$	184,28 0,9102$_{25}^{25}$	24,5 275 Z	n_α^{24} 1,44642, n_β^{24} 1,45524. Krist.; Kp: 165…7°/15; l. in Olivenöl, wl. in W 25°
Undecin-(1) [E 2 I, 240]	$CH_3 \cdot [CH_2]_8 \cdot C : CH$	152,28 0,8666[25]	—33 91/8	Fl.; l. in org. Lösm., fast unl. in W, Viskosität bei 25°: 0,0200 g/cm sec
Undecin-(10)-säure [Org. Syntheses 32, 104]	$HC : C \cdot [CH_2]_8 \cdot CO_2H$	182,26 —	42,5…3 124…30/3	Weiße Krist. (PÄ)
Undecylaldehyd [E 2 I, 766]	$CH_3 \cdot [CH_2]_9 \cdot CHO$	170,30 0,8624$_{15}^{15}$	—4 109…15/5	n_D^{20} 1,4520. Fl.; mit $H_2SO_4 \rightarrow$ polym.; Oxim Nadeln (verd. Me), F: 72°
Undecylisocyanat [Org. Syntheses III, 846]	$n\text{-}C_{11}H_{23} \cdot NCO$	197,31 —	— 103/3	Fl.
Undecylsäure s. Undecansäure				
Unterchlorige Säure-t-butylester s. tert.-Butyl-hypochlorit				
Uracil [E 1 XXIV, 312]		112,09 —	335 Z —	Nadeln (W); swl. in Al, Ä, zwl. in k. W (1 Teil in 280 bei 25°); ll. in h. W, NH_4OH
Uracil-carbonsäure-(4) [E 1 XXV, 583]		156,10 —	345…6 Z —	Prismen · 1 H_2O (W); swl. in Al, Ä, wl. in k. W (1 Teil in 550); Äthylester F: 189°

Name und Literatur	Formel	Mol.-Gew. Dichte	F in °C Kp. in °C	Charakteristik
Uracil-carbonsäure-(5) [XXV, 256]		156,10 —	ca 278 Z —	Krist. ·1 H_2O (W); unl. in Al, wl. in W; Äthylester F: 236...7°
Uramil [E 1 XXV, 704]		143,10 —	310...20 Z —	Blättchen (W); unl. in k. W, Ä, Chlf, Bzl, CS_2, w.. in sied. W, l. in verd. KOH, NH_4OH; färbt sich an der Luft rot
Urazin [XXVI, 204]		116,08 —	276 Z —	Prismen (W); unl. in Ä, swl. in sied. Eg, wl. in k. W, Al, zll. in h. W
Urazol [E 1 XXVI, 56]		100,08 —	240 Z —	Tafeln oder Blättchen (W); swl. in Ä, wl. in Al, ll. in W, konz. HCl
Urethan s. Carbamidsäure-äthylester				
Urethylan s. Carbamidsäure-methylester				
Urobilin [Z. physiol. Chem. **242**, 101]	$C_{33}H_{42}O_6N_4$ Formel 38, S. 926	590,73 —	177 —	Gelbe Nadeln (Chlf oder Aceton); unl. in CCl_4, PÄ, wl. in W, Ä, Egester, Bzl, l. in Aceton, Chlf, ll. in Me, Al, Eg, Py; mit H_2SO_4 → rot
Urocaninsäure [E 1 XXV, 536]	$HO_2C \cdot CH:CH$—	138,12 —	235...6 Z * —	Nadeln oder Prismen ·2 H_2O (W); unl. in Al, Ä; 0,15 W 17,4°; 0,77 W 50°; sll. in h. W; * Z. → CO_2-Absp.
Urotropin s. Hexamethylentetramin				

Usninsäure [E 2 XVIII, 241]	$C_{18}H_{16}O_7$	344,32 1,46	204 —	Gelbe Tafeln (Chlf), Bzl); swl. in W; 0,02 Al 25°; 6,7 sied. Bzl; 8,3 sied. Eg; $[\alpha]_D^{25}$: + 503° (Chlf)
Uvinsäure s. 2,5-Dimethyl-furan-carbonsäure-(3)				
Uvitinsäure s. 5-Methyl-isophthalsäure				
Uzarigenin [Lettré, 350]	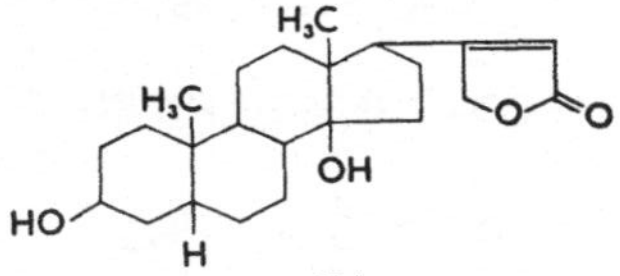	374,53 —	240...6 —	Krist.; $[\alpha]_D$: + 10,5° (Al)
Uzarin [Helv. Chim. Acta **24**, 716]	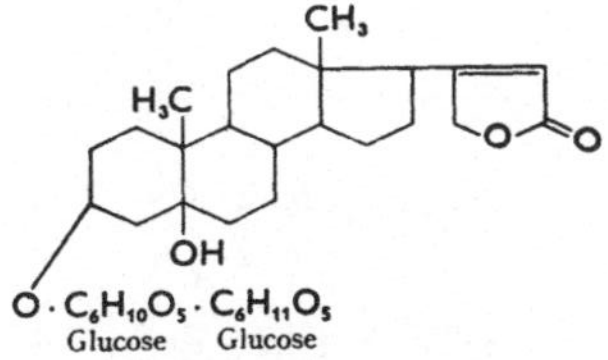	698,81 —	268...70 —	Lange Prismen; fast unl. in Ä, Aceton, Chlf, wl. in W, l. in Py; $[\alpha]_D$: − 27° (Py)
n-Valeraldehyd [E 2 I, 735]	$CH_3 \cdot [CH_2]_3 \cdot CHO$	86,13 $0{,}8185^{11,2}$	E − 91,5 103,7	n_α^{15} 1,40586, n_D^{15} 1,40800, n_β^{15} 1,41316. Fl.; wl. in W; 4-Nitro-phenylhydrazon F: 74...5°
n-Valeriansäure [E 2 II, 263]	$CH_3 \cdot [CH_2]_3 \cdot CO_2H$	102,13 $0{,}9435^{15}$	− 34,5 186	n_α^{15} 1,4078, n_D^{15} 1,4099, n_β^{15} 1,4152. Fl.; 3,5 W 16°, l. in Bzl, Ä, Chlf, Aceton
n-Valeriansäure-äthylester [E 2 II, 266]	$CH_3 \cdot [CH_2]_3 \cdot CO_2C_2H_5$	130,19 $0{,}8779^{15}$	E − 91 $145/_{736}$	n_α^{15} 1,4020, n_D^{15} 1,4044, n_β^{15} 1,4093. Fl.
n-Valeriansäure-amid [E 2 II, 266]	$CH_3 \cdot [CH_2]_3 \cdot CONH_2$	101,15 1,023	106 —	Tafeln (Al); Blättchen (W); ll. in W, Al, Ä
n-Valeriansäure-butylester [E 2 II, 266]	$CH_3 \cdot [CH_2]_3 \cdot CO_2[CH_2]_3 \cdot CH_3$	158,24 $0{,}8700^{15}$	− 92,8 186,9	n_α^{15} 1,4105, n_D^{15} 1,4126, n_β^{15} 1,4178. Fl.; techn. Lösm.

Name und Literatur	Formel	Mol.-Gew. Dichte	F in °C / Kp. in °C	Charakteristik
n-Valeriansäure-chlorid [E 2 II, 266]	$CH_3 \cdot [CH_2]_3 \cdot COCl$	120,58 / 1,0155[15]	−110 / 127,2	Fl.
n-Valeriansäure-methyl= ester [E 2 II, 265]	$CH_3 \cdot [CH_2]_3 \cdot CO_2CH_3$	116,16 / 0,8947[15]	−91 / 87...8/16	n_α^{15} 1,3974, n_D^{15} 1,3993, n_β^{15} 1,4044. Fl.
n-Valeriansäure-nitril [E 2 II, 267]	$CH_3 \cdot [CH_2]_3 \cdot CN$	83,13 / 0,8036[15]	E − 96 / 140,75	n_α^{15} 1,3970, n_D^{15} 1,3990, n_β^{15} 1,4040. Fl.
n-Valeriansäure-propyl= ester [E 2 II, 266]	$CH_3 \cdot [CH_2]_3 \cdot CO_2C_3H_7$	144,22 / 0,8741[15]	−70,7 / 167,5	n_α^{15} 1,4066, n_D^{15} 1,4087, n_β^{15} 1,4139. Fl.
Valeriansäure s. a. Isovaleriansäure und 2-Methyl-buttersäure				
γ-Valerolacton [E 2 XVII, 288]	$H_2C\!-\!CH_2$ / $O\!=\!C\!-\!O\!-\!CH \cdot CH_3$	100,12 / 1,0547[17]	E − 31 / 207...8	n_α^{17} 1,4322, n_D^{17} 1,4362. Fl.; ∞ W, Al, Ä
Valeron s. Di-isobutylketon				
Valeronitril s. Valeriansäurenitril				
L(+)-Valin [E 2 IV, 852]	NH_2 / $(CH_3)_2CH \cdot C \cdot CO_2H$ / H	117,15 / —	315 * / subl. Z	Blättchen (h. W + Al); $[\alpha]_D^{26}$: + 13,9° (W, p = 0,9); zll. in W, wl. in Al, unl. in Ä; * F im geschl. Röhrchen; $C_5H_{11}O_2N \cdot HCl$ Prismen; ll. in W, Al
DL-Valin [E 2 IV, 854]	$(CH_3)_2CH \cdot CH(NH_2) \cdot CO_2H$	117,15 / —	298 * / subl.	Blättchen (Al); 7 W 25°; swl. in k. Al, Ä; * F im geschl. Röhrchen unter Z.
Vanillin [E 2 VIII, 279]	HOC–(Ring)–OCH₃, OH	152,15 / —	81 / 285 *	Nadeln (W); ca 1 W 14°; 5 W 80°; 3 Py 20...5°; ll. in Al, Ä; * Kp im CO_2-Strom
Vanillinsäure [E 2 X, 261]	HO₂C–(Ring)–OCH₃, OH	168,15 / —	211...2 / subl.	Nadeln (W); 2,56 W 100°; l. in Ä, ll. in Al

Name	Struktur	M	F / Kp	Eigenschaften
Vanillylalkohol [E 2 VI, 1083]		154,17 —	115 —	Prismen (W); Nadeln (Bzl); ll. in Al, Ä, h. W, unl. in Lg, k. Bzl, Toluol
Vasicin [Ber. **69**, 384]		188,23 —	209...10 —	Nadeln (Al); wl. in W, Ä, Bzl, l. in Al, Chlf
Veratrol [E 2 VI, 779]		138,17 $1,0812^{25}$	22,7 206,5	$n_\alpha^{21,2}$ 1,52870, $n_\beta^{21,2}$ 1,54681. Krist. (PÄ); wl. in W, l. in Al, Ä; Pikrat F: 56...7°
Veratrumaldehyd s. 3,4-Dimethoxy-benzaldehyd				
Veratrumsäure [E 2 X, 261]		182,18 —	184 subl.	Krist. (W); 0,05 W 14°; 0,6 sied. W; ll. in Al, Ä
Veratrumsäurenitril [Org. Syntheses II, 622]		163,18 —	66...7 —	Krist.
d-Verbanon [E 2 VII, 90]		152,24 $0,961^{20}$	− 20 117/$_{32}$	n_D^{20} 1,4752. Öl; $[\alpha]_D$: + 52,55° (unverd.); Hydrazon F: 27°
d-Verbenon [E 2 VII, 132]		150,22 $0,9795^{15}$	6,5 125/$_{37}$	n_α 1,4917, n_D 1,4957, n_β 1,5053. Öl; $[\alpha]_D$: + 217,4° (unverd.)

Name und Literatur	Formel	Mol.-Gew. Dichte	F in °C Kp. in °C	Charakteristik
Veronal [E 1 XXIV, 416]		184,20 —	191 subl.	Spieße (W); 0,67 W 20°; 8,3 sied. W; zwl. in PÄ, h. Bzl, l. in Chlf, Lg, Eg, Benzin, ll. in h. Al, Ä, Aceton, Alk, NH_4OH
Versen s. Äthylendiamin-tetraessigsäure Vetivazulen s. u. Azulen, Vetivazulen Vinaconsäure s. Cyclopropan-dicarbonsäure Vinylacetat s. Essigsäure-vinylester				
Vinyl-acetylen [E 1 I, 126]	$CH_2:CH \cdot C \vdots CH$	52,08 —	— $2...3/_{729}$	Gas von acetylenart. Geruch; erstarrt in fl. Luft zu Krist.
Vinyl-äthyl-äther s. Äthyl-vinyl-äther α-Vinyl-äthylenglykol s. Buten-(1)-diol-(3,4)				
Vinylbromid [E 2 I, 162]	$CH_2:CHBr$	106,96 $1,5286^{11}$	E — 137,8 15,8	n_D 1,44622. Fl.
N-Vinyl-carbazol [E 2 XX, 282]		193,25 —	66 —	Tafeln (Al)
Vinyl-chloracetat s. Chloressigsäure-vinylester				
Vinylchlorid [E 2 I, 157]	$CH_2:CHCl$	62,50 $0,9692^{-12,96}$	E — 159,7 — 13,9	Gas; wl. in W; MAK: 500 cm^3/m^3
Vinylcyanid s. Acrylsäurenitril				
Vinylessigsäure [E 2 II, 389]	$CH_2:CH \cdot CH_2 \cdot CO_2H$	86,09 $1,0091^{20}$	— 38 $169/_{764}$	n_D^{20} 1,4252. Fl.; Geruch nach Butter= säure; l. in W; bei längerem Kochen besonders mit wss. $H_2SO_4 \rightarrow$ Croton= säure

Name	Formel			Eigenschaften
Vinylessigsäureamid [E 2 II, 389]	$CH_2 : CH \cdot CH_2 \cdot CONH_2$	85,11 —	74 —	Schuppen (Al oder Bzl); l. in Al, PÄ, Bzl, W
Vinylessigsäure-nitril [E 2 II, 389]	$CH_2 : CH \cdot CH_2 \cdot CN$	67,09 $0,8341^{20}$	— 86,8 118,6	n_α^{20} 1,4030, n_D^{20} 1,4060, n_β^{20} 1,4117. Fl.; lauchart. Geruch; l. in Al; durch wss. Alk → Croton- und Isocrotonsäure= nitril
Vinylfluorid [E 1 I, 77]	$CH_2 : CHF$	46,04 —	— 51 —	Fbl. und geruchloses Gas; in fl. Luft nicht fest; Al löst bei 20° das vier- fache Vol., Aceton bei 20° das fünf- fache Vol.; brennt an der Luft mit grüngesäumter Flamme
Vinylidenchlorid s. 1,1-Dichloräthylen				
Vinyl-jodid [I, 192]	$CH_2 : CHJ$	153,95 $2,08^0$	— 56 —	Gas
Vinyl-phenyl-äther [E 2 VI, 146]	$C_6H_5 \cdot O \cdot CH : CH_2$	120,15 —	— $158/_{60}$	Fl.
4-Vinyl-pyridin [E 2 XX, 170]	$NC_5H_4 \cdot CH : CH_2$	105,14 —	— $59/_{12}$ g. Z	Stark lichtbrechendes Öl von stechen- dem Geruch; färbt sich beim Auf- bewahren rot bis dkl.braun; Pikrat F: 198...9° (Z.)
Violanthron [E 2 VII, 818]		456,51 —	— —	Dkl.blaues Pulver (Nitrobzl.); l. in Nitrobzl. blau und rotbraun fluoresz.; l. in konz. H_2SO_4 blauviol.

Name und Literatur	Formel	Mol.-Gew. Dichte	F in °C Kp. in °C	Charakteristik
Violaxanthin [XXX, 99]	$C_{40}H_{56}O_4$ Formel 39, S. 926	600,89 —	207…8 —	Braungelbe Prismen (Me); 0,25 sied. Me; $[\alpha]^{20}_{644}$: $+37°$ (Chlf); l. in H_2SO_4 indigoblau, l. in Eg grün
Violursäure [XXIV, 506]		157,09 —	— —	Krist. $\cdot 1\,H_2O$ (W); l. in Al, ll. in h. W viol.; Salze stark gefärbt
Vitamin A [Vogel I, 65]		286,46 —	63…4 *	n^{22}_D 1,6410. Gelbe Prismen (PÄ); unl. in W, l. in org. Lösm.; empfindlich gegen Luft-O_2. * Kp 120…5/$_{0,005}$
Vitamin A-Aldehyd [Vogel I, 89]		284,45 —	61…2 —	Or.rote Krist. (PÄ); 2,4-Dinitro= phenylhydrazon F: 207…8°
Vitamin A-Säure [Vogel I, 98]		300,44 —	181,5 —	Gelbe Platten (Me); *cis*-Säure F: 144…6°; *trans*-Säure F: 178…80°. Methylester: gelbes zähes Öl, Kp: 125…35°/$_{0,001}$
Vitamin B$_1$- s. Thiamin Vitamin B$_2$ s. Riboflavin Vitamin B$_6$- s. Pyridoxin				
Vitamin B$_{12}$ [Z. angew. Chem. **67**, 428]	$C_{63}H_{90}N_{14}O_{14}PCo$	1357,41 —	<300 —	Hygr., dkl.rote Krist.; 1,25 W; unl. in Ä, Aceton, Chlf, l. in Al; $[\alpha]^{23}_{656}$: $-59\pm9°$ (W); Strukturformel s. u. angegebener Literatur
Vitamin C s. L-Ascorbinsäure Vitamin D$_1$ s. Vitamin D$_2$				

Substanz	Strukturformel			Eigenschaften
Vitamin D_2 [Vogel I, 178]	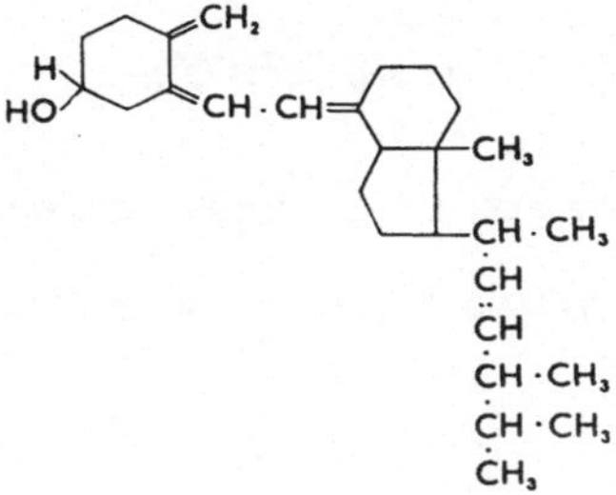 CH_2 HO H $CH\cdot CH$ CH_3 $CH\cdot CH_3$ CH CH $CH\cdot CH_3$ $CH\cdot CH_3$ CH_3	396,66 —	121 —	Prismen (Aceton); $[\alpha]_D^{20}$: $+102,5°$ (Al); p-Nitrobenzoylderivat F: 93; Vitamin D_1 ist eine 1 : 1 Additionsverbindung von Vit. D_2 mit Lumisterin
Vitamin D_3 [Vogel I, 196]	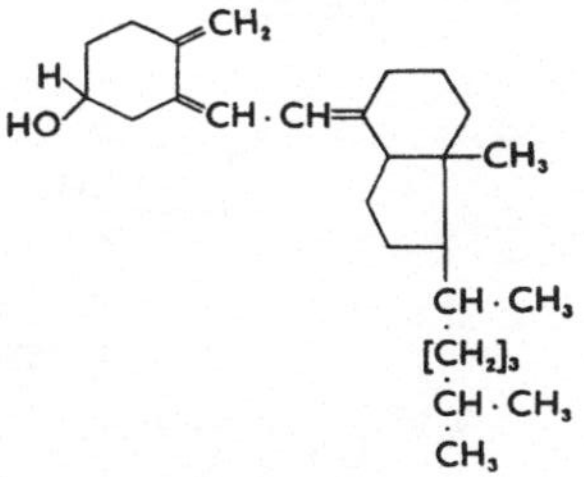 CH_2 HO H $CH\cdot CH$ CH_3 $CH\cdot CH_3$ $[CH_2]_3$ $CH\cdot CH_3$ CH_3	384,65 —	84...5 —	Feine Nadeln (verd. Aceton); $[\alpha]_D^{20}$: $+89°$ (Aceton); 4-Nitrobenzoesäureester F: 125...6°
Vitamin D_4 [Vogel I, 201]	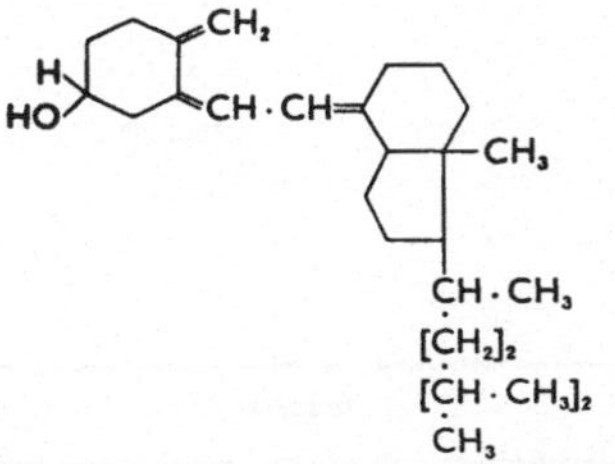 CH_2 HO H $CH\cdot CH$ CH_3 $CH\cdot CH_3$ $[CH_2]_2$ $[CH\cdot CH_3]_2$ CH_3	398,68 —	107...8 —	Blättchen (verd. Aceton); $[\alpha]_D^{20}$: $+89,3°$ (Aceton); 3,5-Dinitrobenzoesäureester F: 135...6°

Name und Literatur	Formel	Mol.-Gew. Dichte	F in °C Kp. in °C	Charakteristik
Vitamin E s. d-α-Tocopherol				
Vitamin H s. α-Biotin				
Vitamin K$_1$ [Vogel I, 297]	$C_{31}H_{46}O_2$ Formel 40, S. 926	450,71 $0,967^{25}_{25}$	-20 $140\ldots5/_{0,002}$	n_D^{25} 1,5250. Gelbes, viskoses Öl; unl. in W, wl. in Me, l. in Al, Ä, Aceton, Chlf, PÄ, Bzl, Dioxan; $[\alpha]_D^{20}$: $-0,4°$ (Bzl); lichtempfindlich
Vitamin K$_2$ [Vogel I, 297]	$C_{41}H_{56}O_2$ Formel 41, S. 926	580,90 —	54 $200/_{0,002}$	Hgelbe Kristallmasse (PÄ oder Me); unl. in W, l. in Al, Ä, Aceton, Bzl
Vitamin M s. Pteroylglutaminsäure				
Vitamin PP s. Nicotinsäureamid				
Vulpinsäure-methylester [E 2 XVIII, 360]	H_5C_6 … $C(C_6H_5) \cdot CO_2CH_3$	322,32 —	$148\ldots9$ —	Gelbe Blättchen (Al); unl. in sied. W, wl. in sied. Al, l. in Ä, ll. in Chlf
Weingeist s. Äthanol				
meso-Weinsäure [E 2 III, 338]	$HO_2C \cdot CH(OH) \cdot CH(OH) \cdot CO_2H$	150,09 1,737	150 * —	Krist.; * F auch 159°; 50,7 W 0°; 125 W 15°; l. in Al; $C_4H_6O_6 \cdot 1H_2O$ F: 120°
meso-Weinsäure-diäthyl= ester [E 2 III, 340]	$C_2H_5O_2C \cdot CH(OH) \cdot CH(OH) \cdot CO_2C_2H_5$	206,20 $1,1350^{99}$	58 * $156/_{13,5}$	$n_D^{64,5}$ 1,4315. Krist. (Bzl oder CS_2). * F auch 55°
meso-Weinsäure-dimethylester [E 2 III, 339]	$CH_3O_2C \cdot CH(OH) \cdot CH(OH) \cdot CO_2CH_3$	178,14 —	114 —	Krist. (Me); Nadeln (Chlf); l. in den meisten org. Lösm.; subl. im Hochvak.
-K-Salz [E 2 III, 339]	$K_2C_4H_4O_6 \cdot 2H_2O$	262,31 —	$\sim$90 —	Krist.; 83,5 W 15°; 89,5 W 20° (bezogen auf kristallwasserhaltiges Salz)

Name	Formel			Eigenschaften
-Na-Salz [E 2 III, 339]	$Na_2C_4H_4O_6$	194,05 —	— —	Krist. (W); 8,7 W 20°
-saures NH_4-Salz [E 2 III, 338]	$NH_4C_4H_5O_6$	167,12 —	167 —	Krist. (W); ll. in W
D-(—)-Weinsäure [E 2 III, 333]	$HO_2C \cdot \overset{H}{\underset{OH}{C}} \cdot \overset{OH}{\underset{H}{C}} \cdot CO_2H$	150,09 $1,759^{18}$	170 Z	Früher l(—)-Weinsäure; Krist.; Strych= ninsalz $C_{21}H_{22}O_2N_2 \cdot C_4H_6O_6 \cdot 3 H_2O$ F: 218°
D-Weinsäure-diacetat- anhydrid [Org. Syntheses 35, 49]	$CH_3 \cdot CO_2CH \cdot CO\diagdown_{O}$ $CH_3 \cdot CO_2CH \cdot CO\diagup$	216,15 —	133…4 —	Krist.; wl. in k. Ä, Bzl; $[\alpha]_D^{20}$: 97,2° (Chlf); unbeständig
DL-Weinsäure [E 2 III, 335]	$HO_2C \cdot CH(OH) \cdot CH(OH) \cdot CO_2H$	150,09 $1,7782^7$	205 —	Krist.; 8,26 W 0°; 2,5 Al 15°; 4,97 Al 40°; wl. in Ä; $\cdot 1 H_2O$ F: 203…4°; 20,6 W 20°; 184,91 W 100°
DL-Weinsäure-diäthyl= ester [E 2 III, 337]	$C_2H_5O_2C \cdot CH(OH) \cdot CH(OH) \cdot CO_2C_2H_5$	206,20 $1,2058^{18}$	— $281/_{765}$	n_α^{18} 1,4453, $n_D^{17,5}$ 1,4449, n_β^{18} 1,4546. Fl.; Kp: $158°/_{14}$
DL-Weinsäure-dimethyl= ester [E 2 III, 336]	$CH_3O_2C \cdot CH(OH) \cdot CH(OH) \cdot CO_2CH_3$	178,14 $1,2604^{89,6}$	87 * 282	Tafeln (Chlf); * F auch 70°; E: 89,7°; Kp: $155°/_{14}$; 16,5 Al 94% 15°; 44,2 Al 94% 40°; l. in W
-Mg-Salz [E 2 III, 336]	$MgC_4H_4O_6 \cdot 5H_2O$	262,46 —	— —	Säulen; 0,4 W 0°; 0,58 W 12,5°; 1,1 W 37,5°
-NH_4-Salz [E 2 III, 336]	$(NH_4)_2C_4H_4O_6$	184,15 1,601	100 Z —	Krist.; ll. in W, swl. in Al; Z. → NH_3- Absp.
L(+)-Weinsäure [E 2 III, 308]	$HO_2C \cdot \overset{OH}{\underset{H}{C}} \cdot \overset{H}{\underset{OH}{C}} \cdot CO_2H$	150,09 $1,7598^{20}$	170 Z	Früher d(+)-Weinsäure; Säulen; $[\alpha]_D^{17}$ + 16,59° (W, c = 0,758); 115 W 0°; 137,5 W 25°; 150,6 W 50°; 21,8 Al 25°; 0,283 Ä 15°

Name und Literatur	Formel	Mol.-Gew. Dichte	F in °C Kp. in °C	Charakteristik
L(+)-Weinsäure-diäthylester [E 2 III, 329]	$C_2H_5O_2C \cdot CH(OH) \cdot CH(OH) \cdot CO_2C_2H_5$	206,20 $1,2028^{20}$	17 280	$n_{643,8}^{20}$ 1,4448, n_D^{20} 1,4468, $n_{546,1}^{20}$ 1,4487. Hygr. Krist.; $[\alpha]_D^{20}$: $+7,82°$; E: 18,7°; Kp: $138°/_4$; l. in W und den meisten org. Lösm.; unl. in Cyclohexan; durch Erhitzen teilweise Racemisierung
L(+)-Weinsäure-diamid [E 2 III, 333]	$H_2NCO \cdot CH(OH) \cdot CH(OH) \cdot CONH_2$	148,12 —	194 209 Z	Krist.; $[\alpha]_D^{17}$: $+111,5°$ (W, p = 0,99); 0,028 Al 12°; wl. in Me, unl. in Ä, Bzl, l. in W
L(+)-Weinsäure-dibutylester [E 2 III, 332]	$CH_3 \cdot CH_2 \cdot CH_2 \cdot CH_2O_2C \cdot CH(OH) \cdot CH(OH) \cdot CO_2CH_2 \cdot CH_2 \cdot CH_2 \cdot CH_3$	262,31 $1,0909^{20}$	21,8 320	n_α^{18} 1,4455, n_D^{20} 1,4451, n_β^{18} 1,4544. Prismen; $[\alpha]_D^{14}$: $+10,1°$; Kp: $182°/_{11}$; l. in Al; Verw. als Weichmacher
L(+)-Weinsäure-diisoamylester [E 2 III, 332]	$C_5H_{11}O_2C \cdot CH(OH) \cdot CH(OH) \cdot CO_2C_5H_{11}$	290,36 $1,0657_0^{20}$	— $205...8/_{17}$	n_α^{18} 1,4440, n_β^{18} 1,4544. Verw. als Weichmacher
L(+)-Weinsäure-diisobutylester [E 2 III, 332]	$(CH_3)_2 \cdot CH \cdot CH_2O_2C \cdot CH(OH) \cdot CH(OH) \cdot CO_2CH_2 \cdot CH \cdot (CH_3)_2$	262,31 $1,0309^{75,2}$	66 * 311	Krist.; $[\alpha]_D^{14}$: $+13,6°$ (Al, c = 37); * F auch 70°; Kp: $171°/_{11}$; 27,6 Al 0°; 46,2 Al 25°
L(+)-Weinsäure-diisopropylester [E 2 III, 331]	$(CH_3)_2 \cdot CHO_2C \cdot CH(OH) \cdot CH(OH) \cdot CO_2CH(CH_3)_2$	234,25 $1,1136^{20}$	— 275	n_α^{18} 1,4385, n_β^{18} 1,4467. Fl.; $[\alpha]_D^{14}$: $+15,7°$; Kp: $152°/_{12}$
L(+)-Weinsäure-dimethylester [E 2 III, 328]	$CH_3O_2C \cdot CH(OH) \cdot CH(OH) \cdot CO_2CH_3$	178,14 $1,3232^{29,5}$	61,5 280	Krist.; $[\alpha]_D^{50}$: $+6,72°$ (Me, c = 16); Kp: $165...6°/_{11,5}$; 49 Al 94% 0°; 256 Al 94% 25°; 458 Al 94% 40°; wl. in W, ll. in Chlf, Bzl; 2. Form F: 50°, ll. in W, Al

L(+)-Weinsäure- dipropylester [E 2 III, 331]	$C_2H_5 \cdot CH_2O_2C \cdot CH(OH) \cdot$ $CH(OH) \cdot CO_2CH_2 \cdot C_2H_5$	234,25 1,1186[20]	— 303	n_α^{18} 1,4447, n_β^{18} 1,4532. Fl.; $[\alpha]_D^{14}$: $+11,7°$; Kp: 174°/12; l. in W, org. Lösm.
L(+)-Weinsäure- monoäthylester [E 2 III, 329]	$HO_2C \cdot CH(OH) \cdot CH(OH) \cdot CO_2C_2H_5$	178,14 —	~90 —	Zerfl. Prismen; $[\alpha]_D$: $+21,8°$ (W, 0,563 g in 25 ccm Lsg); ll. in W, Al, unl. in Ä; Z. durch sied. W
L-Weinsäure- O,O'-diacetat [E 2 III, 327]	$HO_2C \cdot CH(O \cdot COCH_3) \cdot$ $CH(O \cdot COCH_3) \cdot CO_2H$	234,16 —	118 * —	Krist. ·1,5 Bzl (Bzl); $[\alpha]_D^{20}$: $-24,6°$ (Aceton, c = 11); ll. in W, Al, swl. in Chlf, Bzl; Z. mit Alk; * verliert bei 85° Bzl
L(+)-Weinsäure -Ca-Salz [E 2 III, 322]	$CaC_4H_4O_6 . 4H_2O$	260,21 —	— —	Krist.; 0,02 W 0°; 0,04 W 25°; 0,3 sied. W; wl. in Al
-K-Salz [E 2 III, 319]	$K_2C_4H_4O_6 . {}^1/_2 H_2O$	235,28 1,984[20]	— —	Krist.; 159 W 23°, 212,5 W 64°, wl. in Al
saures K-Salz [E 2 III, 318]	$KC_4H_5O_6$	188,18 1,984[15...18]	— —	Krist.; 0,376 W 11°, 5,85 W 100°, 0,062 Al 90% 10°, 0,015 Al 90% 50°
-KNa-Salz (Seignettesalz) [E 2 III, 319]	$NaKC_4H_4O_6 . 4H_2O$	282,23 1,766[0]	Z > 150 —	Krist.; 38 W 6°; Erhitzen > 55° → Na-tartrat + K-tartrat
-K-SbO-Salz [E 2 III, 324]	$K[Sb(C_4H_2O_6)H_2O] . {}^1/_2 H_2O$	333,93 2,607	— —	Krist.; 4 W 15°; 33 sied. W; Brechmittel
-Na-Salz [E 2 III, 318]	$Na_2C_4H_4O_6 . 2H_2O$	230,08 1,818[20]	— —	Säulen; 43,8 W 24°; 61,5 W 42,5°
saures Na-Salz [E 2 III, 318]	$NaC_4H_5O_6 . H_2O$	190,09 —	234 Z —	Krist.; $[\alpha]_D^{19}$: $+21,8°$ (W, p = 4,76); 6,7 W 18°, 9,2 W 30°
-NH₄-Salz [E 2 III, 317]	$(NH_4)_2C_4H_4O_6$	184,15 1,608	— —	Krist.; $[\alpha]_D^{15}$: $+34,6°$ (W, c = 1,84); swl. in Al

Name und Literatur	Formel	Mol.-Gew. Dichte	F in °C Kp. in °C	Charakteristik
L(+)-Weinsäure- saures NH_4-Salz [E 2 III, 317]	$NH_4C_4H_5O_6$	167,12 $1,673^{12}$	— —	Krist.; $[\alpha]_D^{15}$: $+25,55°$ (W, c $=1,67$); 2,2 W 15°
Weinstein s. L(+)-Weinsäure, saures K-Salz				
Wintergrünöl s. Salicylsäure-methylester				
Wismut-diphenyl- chlorid [Chem. Rev. **30**, 281]	$(C_6H_5)_2BiCl$	399,65 —	185 —	Weiße Krist.; l. in org. Lösm.; Darst. aus Wismuttriphenyl und Wismut- trichlorid
-pentaphenyl [Ann. Chem. **578**, 136]	$(C_6H_5)_5Bi$	595,51 —	Z 105 —	Viol. Nadeln (wss. Aceton); l. in Aceton, Bzl, Cyclohexan; Z. mit Luft und Licht; bei 105° zers. Verbindung schlagartig unter Abscheidung von Bzl, Diphenyl, Triphenylwismut; Darst. aus $(C_6H_5)_3BiCl_2$ und C_6H_5Li
-triäthyl [E 2 IV, 1007]	$(C_2H_5)_3Bi$	297,17 $1,82^{20}$	— $96/_{50}$	Öl; fbl., ll. in Al, Ä, Eg, PÄ, unl. in W; Z. mit Luft; unangenehmer Geruch
-trimethyl [E 2 IV, 1007]	$(CH_3)_3Bi$	255,09 $2,300^{20}$	$-107,7$ 109,3	n_D^{15} 1,56. Fl.; fbl.; ll. in Al, Ä, PÄ, Eg, unl. in W; Z. mit Luft und sied. W; unangenehmer Geruch; Darst. aus Methylmagnesiumjodid und $BiCl_3$
-triphenyl [E 2 XVI, 595]	$(C_6H_5)_3Bi$	441,30 $1,585^{20}$	77,6 $242/_{14}$	n_D^{75} 1,7040. Monokline Säulen oder Plättchen (Al); ll. in org. Lösm.; unl. in W; Darst. nach Grignard-Methode; mit $Cl_2 \rightarrow (C_6H_5)_3BiCl_2$, F: 141,5°; mit $Br_2 \rightarrow (C_6H_5)_3BiBr_2$, F: 124°

Xanthen [E 2 XVII, 72]		182,22 —	101 315 *	Blättchen (Me); swl. in W, wl. in k. Al, k. PÄ, k. Eg, ll. in h. Al, h. PÄ, h. Eg, l. in Ä, Chlf, Bzl, Lg; l. in H_2SO_4 gelb mit grüner Fluoresz.; * subl.
Xanthin [E 1 XXVI, 131]		152,11 —	Z —	Schuppen oder Tafeln (W); wl. in W; 0,033 Al 95% 17°; l. in S, ll. in Alk; Perchlorat F: 262...4°
Xanthogensäure [E 2 III, 151]	$C_2H_5O \cdot CS(SH)$	122,21 >1	~ -53 24 *	Öl; 0,24 W 0°; Z. durch Al; eigentümlicher Geruch; * → $CS_2 + C_2H_5OH$
-K-Salz [E 2 III, 152]	$KC_3H_5OS_2$	160,30 $1,558^{21}$	$\sim$200 Z Z	Fbl. oder weißgelbliche Nadeln; ll. in W; 20 Al; swl. in Ä; Z. durch sied. W
-Na-Salz [E 2 III, 152]	$NaC_3H_5OS_2$	144,19 —	Z —	Tafeln oder Nadeln (W)
Xanthogensäureamid [E 2 III, 107]	$C_2H_5O \cdot CS(NH_2)$	105,16 —	40...1 Z *	Pyramiden; ∞ Al, Ä; wl. in W; * Z. → Äthylmercaptan, Cyansäure, Cyanursäure; Thiocarbamid-O-methylester F: 43°
Xanthon [XVII, 354]		196,21 —	174 $350/_{730}$	Nadeln (Al); swl. in k. W, wl. in h. W, Lg, l. in Al, Ä, ll. in Chlf, Bzl; l. in H_2SO_4 gelb mit hblauer Fluoresz.
Xanthophyll s. Lutein				
Xanthopterin [Ann. Chem. 548, 284]		179,14 —	Z < 410 —	Gelb or. Krist.; hygr.; praktisch unl. in W, ll. in verd. NH_4OH und NaOH gelb

Xanthopurpurin s. 1,3-Dihydroxy-anthrachinon

Name und Literatur	Formel	Mol.-Gew. Dichte	F in °C Kp. in °C	Charakteristik
Xanthydrol [E 1 XVII, 72]	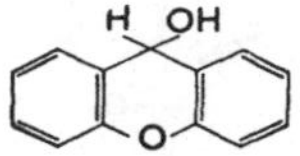	198,22 —	ca 123 Z —	Nadeln (verd. Al); l. in H_2SO_4 gelb, grün fluoresz.
1,2,3-Xylenol [E 2 VI, 453]	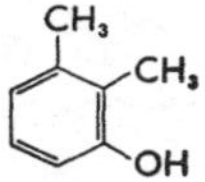	122,17 —	73 * 218	Nadeln (W, verd. Al); * F auch 75°; wl. in W, swl. in 25...50% NaOH, l. in Al; wss. Lsg. mit $FeCl_3 \rightarrow$ blaue Färbung; Phenylurethan F: 176°
1,2,4-Xylenol [E 2 VI, 455]	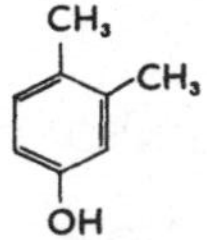	122,17 $1,023^{17}_{15}$	65 227,0	Nadeln (W); l. in W, Al, ll. in 25% NaOH, swl. in 50% NaOH; Phenyl= urethan F: 120°
1,3,2-Xylenol [E 2 VI, 457]	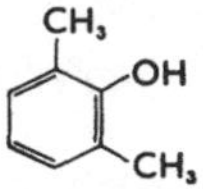	122,17 —	49 203	Blättchen oder flache Nadeln; l. in W, Al, ll. in 25% NaOH, swl. in 50% NaOH; Phenylurethan F: 133°
1,3,4-Xylenol [E 2 VI, 458]	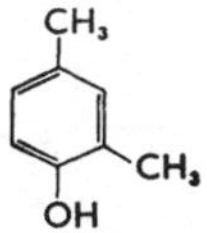	122,17 $1,0276^{14}$ *	26 211	n_D^{14} 1,5420. Nadeln; E: 24°; Kp: 97...8°/14; swl. in W, ∞ Al, Ä; Phenylurethan F: 112°; * unter- kühlte Fl.
1,3,5-Xylenol [E 2 VI, 462]	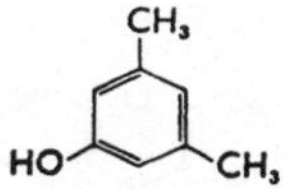	122,17 —	64 221,8	Nadeln (PÄ); Kp: 112°/14; wl. in W, l. in Al, swl. in 25...50% NaOH; Phenylurethan F: 148...9°

Name	Formel	Mol.-Gew. Dichte	Smp. Sdp.	Eigenschaften
1,4,2-Xylenol [E 2 VI, 466]		122,17 $1{,}169^{15}$	75 211,2	Nadeln (W); Krist. (Al + Ä); zll. in Ä, Al, swl. in 25…50% NaOH, wl. in W; subl.; Wdampfflch.
Xylidin s. Dimethylanilin				
Xylochinon s. Dimethyl-chinon				
D-2-Xylodesose [J. Biol. Chem. **83**, 803]	$CH_2 \cdot C \cdot C \cdot CH_2 \cdot CHOH$ (OH H / H OH; O-Brücke)	134,13 —	92…6 —	Platten, unl. in Ä, Chlf, Bzl, wl. in Aceton, l. in W, Al, Py; $[\alpha]_D^{22}$: $-40{,}25° \rightarrow +50{,}75°$ (Py)
D-3-Xylodesose [J. Chem. Soc. **1949**, 1232]	$CH_2 \cdot C \cdot CH_2 \cdot C \cdot CHOH$ (OH OH / H H; O-Brücke)	134,13 —	— —	n_D^{16} 1,4610. Sirup; $[\alpha]_D^{24}$: $-6{,}3°$ (W)
o-Xylol [E 2 V, 281]		106,17 $0{,}8811^{20}$	E $-27{,}9$ 143,6	n_α^{20} 1,5005, n_D^{20} 1,5050, n_β^{20} 1,5163. Fl.; swl. in W, ll. in Al, Ä; MAK: 200 cm³/m³
m-Xylol [E 2 V, 287]		106,17 $0{,}8656^{20}$	E $-49{,}3$ 139	n_α^{15} 1,49527, n_{He}^{15} 1,49989, n_β^{15} 1,51108. Fl.; swl. in W, ll. in Al, Ä; MAK: 200 cm³/m³
p-Xylol [E 2 V, 296]		106,17 $0{,}861^{20}$	13,3 138,4	n_α^{15} 1,49420, n_D^{15} 1,49860, n_β^{15} 1,51000. Tafeln; swl. in W, ll. in Al, Ä; MAK: 200 cm³/m³

Name und Literatur	Formel	Mol.-Gew. Dichte	F in °C Kp. in °C	Charakteristik
Xylolmoschus [E 2 V, 340]		297,27 —	112...3 —	Nadeln (Al); starker Moschusgeruch; labile Form F: 105...6°
o-Xylol-sulfosäure-(4) [E 2 XI, 78]		186,23 —	63...4 —	Hygr. Krist. (Chlf); Chlorid F: 51...2°; Amid F: 144°
m-Xylol-sulfosäure-(4) [E 2 XI, 79]		186,23 —	61...2 —	Krist. (Chlf); l. in Chlf, Bzl; Chlorid F: 39°, Kp: 160...1°/$_{15}$; Amid F: 138...9°
p-Xylol-sulfosäure-(2) [E 2 XI, 80]		186,23 —	95 149*	Blättchen ·2H_2O (W); Chlorid F: 25,5°; Amid F: 147...8°; * im Vak.
m-Xylorcin s. 4,6-Dimethyl-resorcin				
p-Xylorcin s. 2,5-Dimethyl-resorcin				
D-Xylose [XXXI, 47]	$CH_2 \cdot \overset{H}{\underset{OH}{C}} \cdot \overset{OH}{\underset{H}{C}} \cdot \overset{H}{\underset{OH}{C}} \cdot CHOH$ (O)	150,13 1,535^0	153...4 —	Nadeln; l. in W, sied. Al; $[\alpha]_D^{20}$: +92,0° → +19,0° (W); schmeckt süß; Phenylosazon F: 159°
o-Xylylbromid [E 2 V, 285]	$CH_3 \cdot C_6H_4 \cdot CH_2Br$	185,07 1,3811[23]	20 223	Prismen; Kp: 102°/$_{11}$; unl. in W; ∞ Al, Ä; Z. durch sied. Al; Tränengas
m-Xylylbromid [E 2 V, 293]	$CH_3 \cdot C_6H_4 \cdot CH_2Br$	185,07 1,3711[23]	— 212...5 g. Z	Fl.; Kp: 97...9°/$_8$; stechender Geruch; Tränengas

p-Xylylbromid [E 2 V, 301]	$CH_3 \cdot C_6H_4 \cdot CH_2Br$	185,07 —	38 $218/_{740}$	Krist. (Ä); Kp: $109°/_{15}$; sll. in h. Ä, Chlf, unl. in W, l. in Al; Tränengas
o-Xylylchlorid [E 2 V, 283]	$CH_3 \cdot C_6H_4 \cdot CH_2Cl$	140,61 —	— 197...9	Fl.; unl. in W, ∞ Al, Ä; Z. ab 170°; reizt Schleimhäute
m-Xylylchlorid [E 2 V, 291]	$CH_3 \cdot C_6H_4 \cdot CH_2Cl$	140,61 $1,064^{20}$	— 195...6	Fl.; unl. in W, ∞ Al, Ä
p-Xylylchlorid [E 2 V, 299]	$CH_3 \cdot C_6H_4 \cdot CH_2Cl$	140,61 —	— 200...2 *	Fl.; Kp: $92...4°/_{20}$; unl. in W, ∞ Al, Ä; Wdampfflch.; * Z. ab 170°
o-Xylylenalkohol s. Phthalylalkohol				
m-Xylylenalkohol [E 1 VI, 446]	HOH₂C–C₆H₄–CH₂OH	138,17 $1,161^{18}$ *	46...7 $154...9/_{13}$	Nadeln; Krist. (Bzl); sll. in W, l. in Ä; bitterer Geschmack; * unterkühlte Fl.
p-Xylylenalkohol [E 2 VI, 891]	HOH₂C–C₆H₄–CH₂OH	138,17 —	115...6 —	Nadeln; ll. in Al, Ä, wl. in W; bitterer Geschmack; Diacetat F: 47°
o-Xylylenbromid [E 2 V, 285]	BrH₂C–C₆H₄–CH₂Br	263,97 $1,988^0$	95 Z	Krist. (Chlf + Al); unl. in W, l. in PÄ, ll. in Al, Chlf, 14,4 Ä
m-Xylylenbromid [E 2 V, 294]	BrH₂C–C₆H₄–CH₂Br	263,97 $1,959^0$	77 $135...40/_{20}$	Nadeln (Chlf); Kp: $158...60°/_{12}$; unl. in W, l. in Al, PÄ, ll. in Chlf, Ä
p-Xylylenbromid [E 2 V, 301]	BrH₂C–C₆H₄–CH₂Br	263,97 $2,012^0$	144 245	Blättchen (Al); ll. in h. Chlf, 1,9 Ä 20°, unl. in W, l. in Al
o-Xylylenchlorid [E 2 V, 283]	ClH₂C–C₆H₄–CH₂Cl	175,06 $1,393^0$	55 239...41	Krist. (PÄ); sll. in Al, Ä, Chlf, Lg, unl. in W; Lsg. riecht stechend
m-Xylylenchlorid [E 2 V, 291]	ClH₂C–C₆H₄–CH₂Cl	175,06 $1,302^{20}$	34,2 250...5	Krist. (Al); Kp: $131...2°/_{16}$; unl. in W, ll. in Al, Ä

58*

Name und Literatur	Formel	Mol.-Gew. Dichte	F in °C Kp. in °C	Charakteristik
p-Xylylenchlorid [E 2 V, 300]	CH$_2$Cl / ClH$_2$C (p-Disubstituiertes Benzol)	175,06 1,417^0	100,5 240...5 Z	Blättchen (Al); Kp: 120°/$_{20}$; ll. in k. Chlf, Aceton, h. Al, wl. in Ä, Eg; Lsg. riecht stechend und verfärbt sich beim Aufbewahren; durch W bei 80° hydrolysiert
Xylylenglykol s. Xylylenalkohol				
o-Xylylenglykol s. Phthalylalkohol				
o-Xylylenjodid [E 1 V, 181]	CH$_2$J / CH$_2$J (o-Disubstituiertes Benzol)	357,96 —	109...10 —	Gelbliche Prismen (Ä); l. in Ä
o-Xylyljodid [E 2 V, 286]	CH$_3$ / CH$_2$J (o-Disubstituiertes Benzol)	232,07 —	33...4 Z	Krist. (PÄ); l. in Ä; Z. beim Aufbewahren
p-Xylyljodid [E 2 V, 302]	CH$_2$J / H$_3$C (p-Disubstituiertes Benzol)	232,07 —	46...7 Z	Krist. (PÄ); Nadeln (Ä)
Yohimbin [Ann. Chem. 554, 127]	OH, H$_3$C·O$_2$C, NH, N (Yohimbin-Struktur)	354,45 —	241 —	Nadeln (verd. Al); subl. im Vak.; wl. in W, zl. in Ä, l. in Al, Chlf, h. Bzl; [α]$_D^{20}$: +107,9° (Py)
Yperit s. β,β′-Dichlor-diäthylsulfid				
Zeaxanthin [XXX, 97]	C$_{40}$H$_{56}$O$_2$ Formel 42, S. 926	568,89 —	206 —	Gelbe Prismen (Me); 0,06 sied. Me, swl. in sied. PÄ, l. in Ä, Chlf, Bzl, CS$_2$, Py; oxid.; Diacetylderivat F: F: 154...5°

Name	Formel	MW / D	F / Kp	Eigenschaften
Zibeton [E 2 VII, 121]	$HC \cdot [CH_2]_7$ ∥ $HC \cdot [CH_2]_7$ >CO	250,43 / 0,9135[37]	31 / 158...60/2	n_D^{37} 1,4820. Krist.; Wdampfflch.; riecht nach Moschus; Semicarbazon F: 185...6°
Zimtaldehyd [E 2 VII, 273]	$C_6H_5 \cdot CH : CH \cdot CHO$	132,16 / 1,0497[20]	E − 7,5 / 253,5	$n_\alpha^{16,7}$ 1,6120, $n_D^{16,7}$ 1,6235, $n_\beta^{16,7}$ 1,6553. Fl.; swl. in PÄ; 4 Al 50%; 40 Al 70%; l. in Ä; Semicarbazon F: 218°
Zimtalkohol [E 2 VI, 525]	$C_6H_5 \cdot CH : CH \cdot CH_2OH$	134,18 / 1,0440[20]	34...5 / 257,5	n_α^{20} 1,57510, n_D^{20} 1,58190, n_γ^{20} 1,61631. Nadeln; Kp: 139,4°/14; zll. in W, sll. in Ä, Al; Phenylurethan F: 90...1,5°
cis-Zimtsäure(allo) [E 2 IX, 393]	$H \cdot C \cdot C_6H_5$ ∥ $H \cdot C \cdot CO_2H$	148,16 / —	68 / —	Krist.; 0,69 W 18°
trans-Zimtsäure [E 2 IX, 377]	$C_6H_5 \cdot C \cdot H$ ∥ $H \cdot C \cdot CO_2H$	148,16 / 1,2475	135...6 / 300	Krist. (Al.); 0,04 W 18°, 23,8 Al 20°, sll. in Ä
Zimtsäure-äthylester [E 2 IX, 385]	$C_6H_5 \cdot CH : CH \cdot CO_2C_2H_5$	176,22 / 1,0491[20]	7,5 / 271,5	$n_\alpha^{16,8}$ 1,5536, $n_D^{16,8}$ 1,561, $n_\beta^{16,8}$ 1,5822. Fl.; unl. in W, l. in Al, Ä
Zimtsäure-amid [E 2 IX, 391]	$C_6H_5 \cdot CH : CH \cdot CONH_2$	147,18 / —	147...8 / —	Nadeln (Bzl); swl. in k. W, wl. in h. W, ll. in Al, Ä
Zimtsäure-anhydrid [E 1 IX, 232]	$(C_6H_5 \cdot CH : CH \cdot CO)_2O$	278,31 / —	138 / —	Prismen (Al); unl. in W, wl. in k. Al, ll. in k. Bzl
Zimtsäure-benzylester [E 2 IX, 388]	$C_6H_5 \cdot CH : CH \cdot CO_2CH_2 \cdot C_6H_5$	238,29 / 1,109[15]	35...6 / 228...30/22	Prismen; unl. in W, ll. in Al, Ä
Zimtsäure-o-carbonsäure [E 2 IX, 641]	$HO_2C \cdot C_6H_4 \cdot CH : CH \cdot CO_2H$	192,17 / —	205 Z / —	Prismen (Al); Erhitzen → Lacton; unl. in Chlf, Bzl, wl. in W, Ä, ll. in Al
Zimtsäure-chlorid [E 2 IX, 390]	$C_6H_5 \cdot CH : CH \cdot COCl$	166,61 / 1,1617[45]	36 / 251...3	$n_\alpha^{42,5}$ 1,6045, $n_D^{42,5}$ 1,614, $n_\beta^{42,5}$ 1,6853. Krist.; l. in CCl_4, PÄ

Name und Literatur	Formel	Mol.-Gew. Dichte	F in °C Kp. in °C	Charakteristik
Zimtsäure-cinnamylester [IX, 585]	$C_6H_5 \cdot CH : CH \cdot CO_2CH_2 \cdot CH : CH \cdot C_6H_5$	264,33 1,157	44 —	Nadeln; 5 k. Al, 33 sied. Al, 33 Ä
inakt. Zimtsäure-dibromid [E 2 IX, 344]	$C_6H_5 \cdot CHBr \cdot CHBr \cdot CO_2H$	307,98 —	204 subl.	Krist. (Chlf); swl. in CS_2, ll. in Al, Ä
Zimtsäure-methylester [E 2 IX, 384]	$C_6H_5 \cdot CH : CH \cdot CO_2CH_3$	162,19 $1,070^{35}$	36,5 261,9	Krist. (PÄ); unl. in W, ll. in Al, Ä
Zimtsäure-nitril [E 2 IX, 392]	$C_6H_5 \cdot CH : CH \cdot CN$	129,16 $1,037^{15}$	18 257…8	$n_\alpha^{15,2}$ 1,5917, $n_D^{15,2}$ 1,6009, $n_\beta^{15,2}$ 1,6282. Krist.; unl. in W, ll. in Al
Zimtsäure-phenylester [Org. Syntheses III, 714]	$C_6H_5 \cdot CH : CH \cdot CO_2C_6H_5$	224,26 —	75…6 190…210/$_{15}$	Krist. (Al)
Zink -diäthyl [E 2 IV, 1044]	$(C_2H_5)_2Zn$	123,49 $1,245^8$	− 30 117,6	n_α^8 1,4936. Fl.; Kp: 16°/$_{9,5}$; durchdringender Geruch; ∞ Ä, PÄ, Bzl; Z. durch W; entzündet sich an der Luft
-di-n-butyl [E 2 IV, 1045]	$(n\text{-}C_4H_9)_2Zn$	179,60 —	− 57,7 201,1	Fl.; Z. mit W und Luft; Kp: 81…2°/$_9$
-dimethyl [E 2 IV, 1044 *]	$(CH_3)_2Zn$	95,44 $1,386^{10,5}$	− 29,2 44	Fl.; fbl.; ll. in Ä, PÄ, Bzl; Z. durch W; entflammt an Luft; widriger Geruch; * s. a. J. Chem. Soc. **1946**, 468
-di-iso-butyl [E 2 IV, 1045]	$(i\text{-}C_4H_9)_2Zn$	179,60 $1,0080^{16,5}$	170 55/$_{10}$	n_D^{16} 1,4603. Fl.; fbl.; l. in org. Lösm.; Z. mit W und Luft
-diphenyl [E 2 XVI, 663 *]	$(C_6H_5)_2Zn$	219,58 —	107 280…5 Z	Weiße Nadeln (Xylol); Kp: 160°/$_{0,10}$; l. in org. Lösm.; Z. mit W und Luft; * s. a. Ann. Chem. **571**, 167

-di-n-propyl [E 2 IV, 1045 *]	$(n\text{-}C_3H_7)_2Zn$	151,55 1,1034[20]	$-81...4$ 139,4	$n_D^{18,6}$ 1,4845, $n_\alpha^{18,6}$ 1,4803. Fl.; fbl.; l. in org. Lösm.; Z. mit W; entflammt an Luft; Darst. aus Cu-Zn-Legierung mit Propylhalogenid; * s. a. J. Am. Chem. Soc. **76**, 2262
-di-vinyl [Z. Natf. **14**b, 352]	$(CH_2 : CH)_2Zn$	119,46 —	— 32/22	Fl.; in verd. Lsg. beständig; Z. durch W unter Bildung von Äthylen; entflammt an Luft; Darst. aus Vinyl=magnesiumbromid und $ZnCl_2$ in Tetrahydrofuran
Zinn Di-zinn-hexaäthyl [Chem. Rev. **60**, 459]	$(C_2H_5)_3SnSn(C_2H_5)_3$	411,75 1,3774[25]	— 161...2/23	Fl.; fbl.; l. in org. Lösm.; unl. in W; oxid. an der Luft; Darst. durch Red. von $(C_2H_5)_3SnBr$ mit Na in fl. NH_3 oder sied. Toluol
-Di-zinn-hexaphenyl [Chem. Rev. **60**, 459]	$(C_6H_5)_3SnSn(C_6H_5)_3$	700,02 —	237 —	Krist.; Rhomboeder (Bzl); Tafeln (m-Xylol oder Ä); ll. in org. Lösm.; unl. in W; luftbeständig
-äthyl-trichlorid [Chem. Rev. **60**, 459]	$C_2H_5SnCl_3$	254,11 1,965[20]	-10 4,5	n_D^{20} 1,5408. Fl.; fbl.; Kp: 181...4,5/19; l. in org. Lösm.; Z. durch Alk
-äthyl-trihydrid [J. Am. Chem. Soc. **80**, 3607]	$C_2H_5SnH_3$	150,78 —	— 35	n_D^{20} 1,4490. Fl.; fbl.; Kp: 22...3°/754; Z. bei Raumtemp.; l. in org. Lösm.; oxid. an der Luft; giftig; Darst. durch Red. von $C_2H_5SnCl_3$ mit $LiAlH_4$ oder R_2AlH
-bis-[tributyl]-oxid [Chem. Rev. **60**, 459]	$[(C_4H_9)_3Sn]_2O$	477,39 —	— 220...30/10	n_D^{20} 1,8472. Fl.; Darst. aus $(C_4H_9)_3SnCl$ und wss. oder alkohol. NaOH; techn. Bedeutung

Name und Literatur	Formel	Mol.-Gew. Dichte	F in °C Kp. in °C	Charakteristik
Zinn				
-diäthyl-dichlorid [Chem. Rev. **60**, 459]	$(C_2H_5)_2SnCl_2$	247,72 —	84 277	Krist.; Nadeln (Lg); weiß; l. in org. Lösm., W; Verw. zur Darst. anderer zinnorg. Verbindungen; giftig; Darst. aus $SnCl_4$ und $(C_2H_5)_4Sn$ oder Sn und C_2H_5Cl
-diäthyl-dihydrid [J. Am. Chem. Soc. **80**, 3607]	$(C_2H_5)_2SnH_2$	178,83 $1,27^{20}$	— $96...8/_{760}$	n_D^{20} 1,4679. Fl.; fbl.; unreines Produkt zers. bei Raumtemp.; l. in org. Lösm.; in Lsg. monomer; schnelle Oxid. an Luft; giftig; Darst. durch Red. von $(C_2H_5)_2SnCl_2$ mit $LiAlH_4$ oder R_2AlH
-diäthyl-oxid [Coates]	$(C_2H_5)_2SnO$	192,81 —	— —	Fester, weißer Stoff; polym.; unschmelzbar; unl. in org. Lösm., W, l. in S, Alk
-di-n-butyl-dichlorid [Chem. Rev. **60**, 459]	$(n-C_4H_9)_2SnCl_2$	303,83 $1,36^{50}$	43 $135/_{10}$	n_D^{50} 1,499. Weiße Krist. (PÄ); l. in org. Lösm., unl. in KW; Z. mit h. W; techn. Bedeutung; Darst. aus $(C_4H_9)_4Sn$ und $SnCl_4$
-di-n-butyl-dilaurat [Chem. Rev. **60**, 459]	$(n-C_4H_9)_2Sn(OCOC_{11}H_{23})_2$	631,55 $1,05^{25}$	27 —	n_D^{25} 1,470. Krist.; fbl.; l. in org. Lösm.; unl. in W, Me; techn. Verw. als Stabilisator für PVC
-diphenyl-dihydrid [Chem. Rev. **60**, 459]	$(C_6H_5)_2SnH_2$	274,92 $1,39^{20}$	ca — 20 $89...93/_{0,3}$	n_D^{25} 1,6128, n_D^{20} 1,5951. Krist.; weiße Nadeln (PÄ + CH_2Cl_2 1:1); unreine Produkte zers. bei Raumtemp.; oxid. an der Luft; mit Aminen als Katalysator Z. zu $(C_6H_5)_2Sn$ unter H_2-Absp.; Darst. durch Red. von $(C_6H_5)_2SnCl_2$ mit $LiAlH_4$ oder R_2AlH

-tetraäthyl [E 2 IV, 1010]	$(C_2H_5)_4Sn$	234,94 $1,202^{15}$	-125 175	$n_\alpha^{19,7}$ 1,4690, $n_D^{19,7}$ 1,4724, $n_\beta^{19,7}$ 1,4810. Fl.; Kp: 78°/13; unl. in W; ∞ abs. Al, Ä; leicht entzündlich; Darst. aus $SnCl_4$ und Al $(C_2H_5)_3$
-tetra-n-butyl [Chem. Rev. **60**, 459]	$(n\text{-}C_4H_9)_4Sn$	347,16 $1,0572^{20}$	-97 145/10	n_D^{20} 1,4736. Fl.; fbl.; Kp: 127°/1,7; l. in org. Lösm.; unl. in W
-tetramethyl [E 2 IV, 1010]	$(CH_3)_4Sn$	178,83 $1,29136^{25,5}$	54,9 76,8	n_α 1,51749, n_D 1,52009, n_γ 1,53141. Fl.; ätherart. Geruch; unl. in W; ∞ abs. Al, org. Lösm.
-tetra-n-octyl [Chem. Rev. **60**, 459]	$(n\text{-}C_8H_{17})_4Sn$	571,59 $0,9605^{25}$	— 268/10	n_D^{20} 1,4681, n_D^{20} 1,4709. Fl.; fbl.; Kp: 250...5°/5; l. in org. Lösm.; unl. in W; Darst. aus $SnCl_4$ mit $Al(n\text{-}C_8H_{17})_3$
-tetraphenyl [E 2 XVI, 621]	$(C_6H_5)_4Sn$	427,12 $1,489^{11,8}$	224...5 >420	Prismen (Chlf); unl. in W, swl. in Al, wl. in Ä, k. Bzl, ll. in Chlf, h. Bzl
-tetravinyl [J. Am. Chem. Soc. **79**, 515]	$(CH_2:CH)_4Sn$	226,87 $1,246^{25}$	— 160...3/766	n_D^{25} 1,4914. Fl.; fbl.; Kp: 67...70/28; Z. bei 200°; beständig an Luft; l. in org. Lösm.; Darst. aus Vinylmagnesiumbromid und Zinntetrachlorid
-triäthyl-chlorid [Chem. Rev. **60**, 459]	$(C_2H_5)_3SnCl$	241,33 $1,428^8$	15,5 210	n_D^{20} 1,5055. Fl.; fbl.; Kp: 94°/13; l. in org. Lösm.; unl. in W; Z. durch Alk; durchdringender Geruch; giftig; Darst. aus $SnCl_4$ und $(C_2H_5)_4Sn$ oder $Al(C_2H_5)_3$
-triäthyl-hydrid [J. Am. Chem. Soc. **80**, 3607]	$(C_2H_5)_3SnH$	206,88 $1,258^{20}$	142 51,5...2/20	n_D^{20} 1,4700. Fl.; fbl.; bei unreinem Produkt Z. bei Raumtemp.; l. in org. Lösm.; in Lsg. monomer; oxid. an der Luft; giftig; Darst. durch Red. von $(C_2H_5)_3SnCl$ mit $LiAlH_4$ oder R_2AlH

Name und Literatur	Formel	Mol.-Gew. Dichte	F in °C Kp. in °C	Charakteristik
Zinn				
-tri-n-butyl-acetat [Chem. Rev. **60**, 459]	$(n-C_4H_9)_3SnOCOCH_3$	349,08 —	84,5...5,0 —	Weiße Krist.; l. in org. Lösm.; techn. Verw. als Fungicid
-triphenyl-acetat [Chem. Rev. **60**, 459]	$(C_6H_5)_3SnOCOCH_3$	409,06 —	122...3 —	Weiße Nadeln; ll. in org. Lösm.; techn. Verw. als Fungicid, „Brestan"
-triphenyl-hydrid [Ann. Chem. **571**, 167]	$(C_6H_5)_3SnH$	351,02 —	26...8 168...72/$_{0,5}$	Nadeln (Me); l. in org. Lösm.; an Licht und mit O_2 entsteht Hexaphenyl=distannan; Darst. aus $(C_6H_5)_3SnCl$
-triphenyl-hydroxid [Chem. Rev. **60**, 459]	$(C_6H_5)_3SnOH$	367,02 —	119...20 —	Weiße Krist.; Prismen (Al); ll. in org. Lösm.; beim Erhitzen Z. unter Bildung von $[(C_6H_5)_3Sn]_2O$; Darst. durch Schütteln einer Ätherlsg. von $(C_6H_5)_3SnCl$ mit wss. Alk
-triphenyl-lithium [Chem. Rev. **60**, 459]	$(C_6H_5)_3SnLi$	356,95 —	— —	Hgelbe Krist. (Dioxan); Z. mit W unter Bildung von $(C_6H_5)_6Sn_2$; Darst. aus $SnCl_2$ und LiC_6H_5
D-Zuckersäure [E 2 III, 377]	$HO_2C \cdot \overset{\text{H}}{\underset{\text{OH}}{C}} \cdot \overset{\text{H}}{\underset{\text{OH}}{C}} \cdot \overset{\text{OH}}{\underset{\text{H}}{C}} \cdot \overset{\text{H}}{\underset{\text{OH}}{C}} \cdot CO_2H$	210,14 —	125...6 —	Nadeln (Al); $[\alpha]_D^{21}$: $+6,9°$ (Anfangswert) $\rightarrow +20,9°$ (Gleichgewichtswert nach 21 Tagen; W, c = 2,5); ll. in W, Al, wl. in Ä; Chininsalz: $2\,C_{20}H_{24}O_2N_2 \cdot C_6H_{10}O_8$ Nadeln, F: 174°
saures K-Salz [E 2 III, 378]	$KC_6H_9O_8$	248,24 —	190 Z * —	Krist.; 1,25 W 15°; unl. in sied. Al 65%; Erhitzen im Capillarrohr auf 175° $\rightarrow$ Verfärbung; * F im Capillarrohr

Formel 1 $C_{10}H_{15}N_5O_{10}P_2$
Adenosin-diphosphorsäure

Formel 2 $C_{10}H_{16}N_5O_{13}P_3$
Adenosin-triphosphorsäure

Formel 3 $C_{21}H_{28}O_5$
Aldosteron

Formel 4 $C_{19}H_{26}O_3$
Allethrin

Formel 5 $C_{20}H_{22}N_8O_5$
4-Amino-N^{10}-methyl-pteroylglutaminsäure

Formel 6 $C_{40}H_{48}O_4$ Astacin

Formel 7 $C_{27}H_{38}O_4$ Azafrin

Formel 8 $C_{28}H_{46}O$ Brassicasterin

Formel 9 $C_{23}H_{26}O_4N_2$ Brucin

Formel 10 $C_{24}H_{34}O_4$ Bufalin

Formel 11 $C_{26}H_{36}O_6$
Bufotalin

Formel 12 $C_{40}H_{58}O_3$ Capsanthin

Formel 13 $C_{40}H_{56}$ α-Carotin

Formel 14 $C_{40}H_{56}$ β-Carotin

Formel 15 $C_{28}H_{38}O_{19}$ α-Cellobiose-octaacetat

Formel 16 $C_{21}H_{27}N_7O_{14}P_2$ Diphosphopyridin-nucleotid

Formel 17 $C_{29}H_{40}N_2O_4$ Emetin

Formel 18 $C_{40}H_{56}O_3$ Flavoxanthin

Formel 19 $C_{20}H_{23}N_7O_7$ 5-Formyl-tetrahydro-pteroylglutaminsäure

Formel 20 $C_{12}H_{22}O_{11}$ Gentiobiose

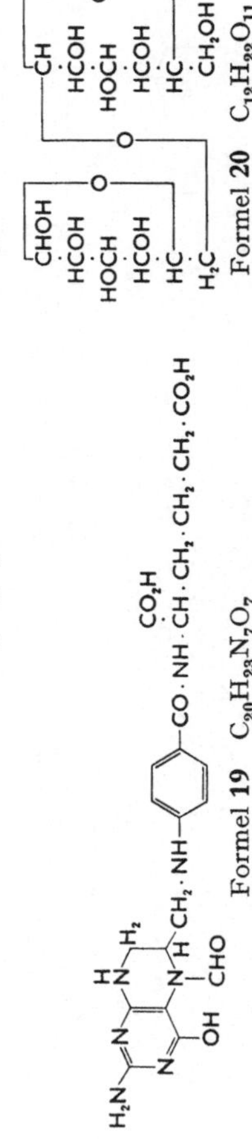

Formel 21 $C_{34}H_{32}ClFeN_4O_4$ Hämin

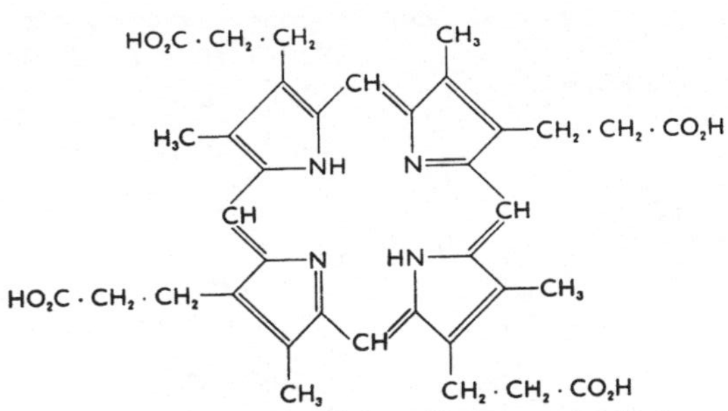

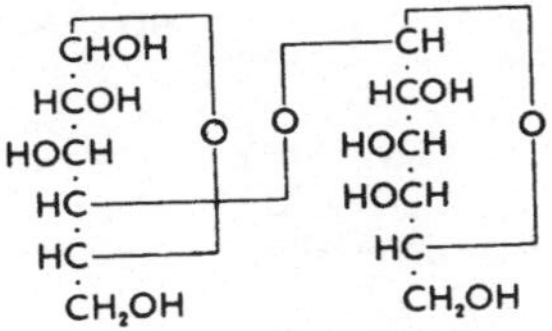

Formel 24 $C_{12}H_{22}O_{11}$ β-Lactose

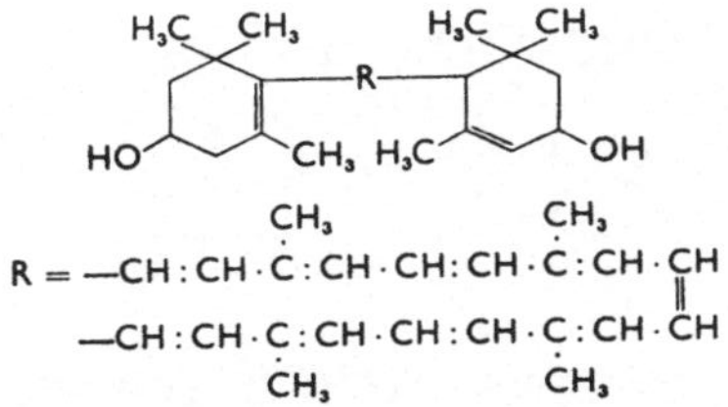

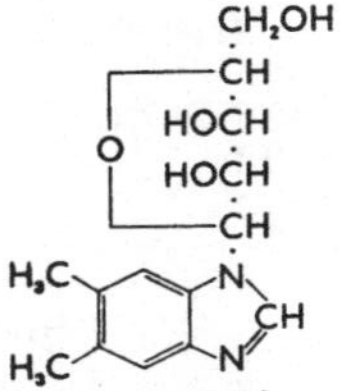

Formel 30 $C_{14}H_{18}N_2O_4$ α- und β-Ribazol

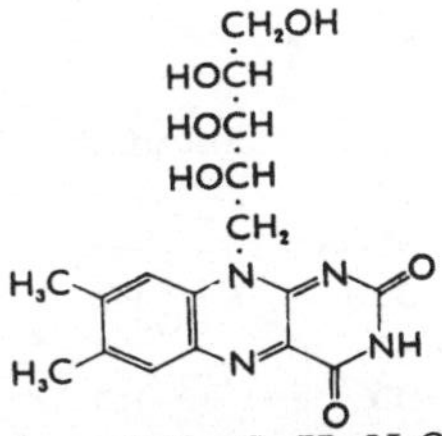

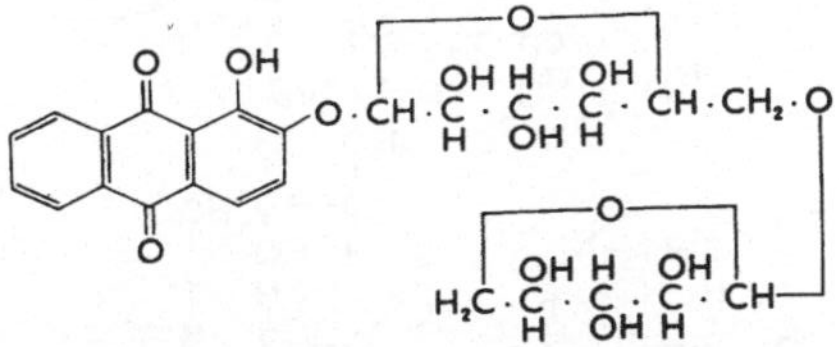

Formel 32 $C_{25}H_{26}O_{13}$ Ruberythrinsäure

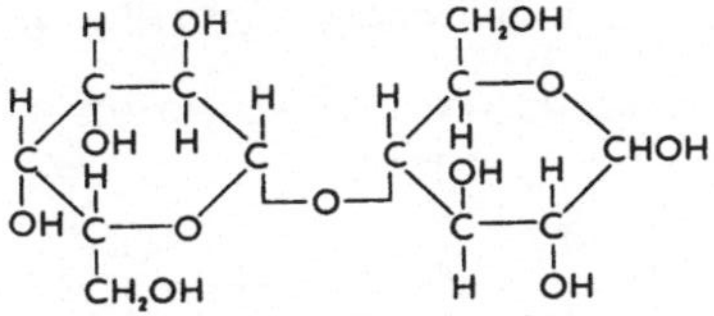

Formel 23 $C_{12}H_{22}O_{11}$ β-Lactose

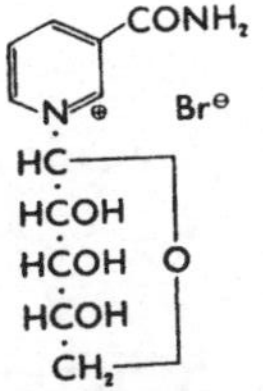

Formel 28 $C_{11}H_{14}BrN_2O_5$ Nicotinsäureamid-N-D-ribosidobromid

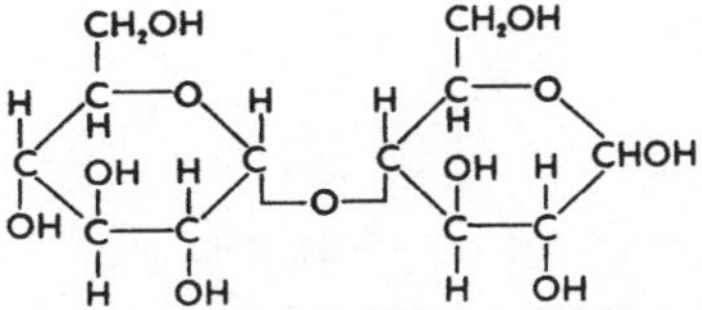

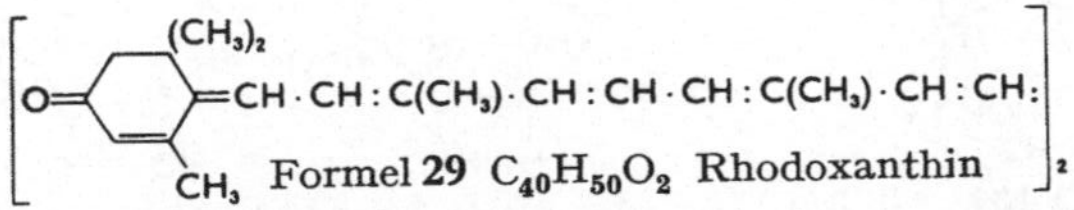

Formel 27 $C_{12}H_{22}O_{11}$ Maltose

Formel 31 $C_{17}H_{20}N_4O_6$ Riboflavin

Formel 22 $C_{36}H_{38}N_4O_8$ Koproporphyrin I

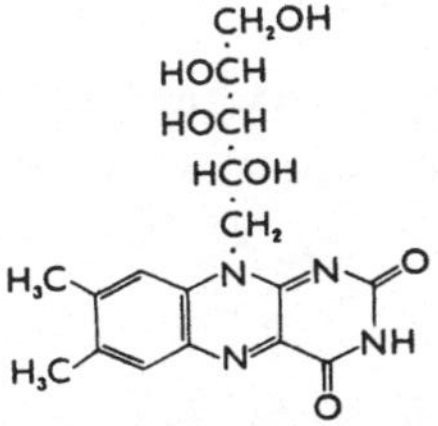

Formel 26 $C_{17}H_{20}N_4O_6$ L-Lyxoflavin

Formel 25 $C_{40}H_{56}O_2$ Lutein

Formel 29 $C_{40}H_{50}O_2$ Rhodoxanthin

$R = $ —CH:CH·C:CH·CH:CH·C:CH·CH=
CH:CH·C:CH·CH:CH·C:CH·CH

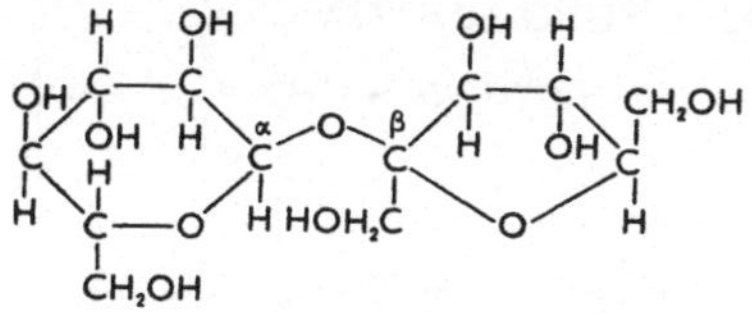

Formel **33** $C_{12}H_{22}O_{11}$ Saccharose

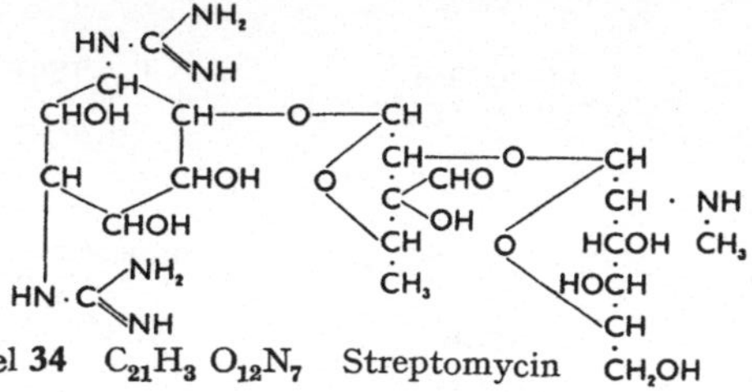

Formel **34** $C_{21}H_3O_{12}N_7$ Streptomycin

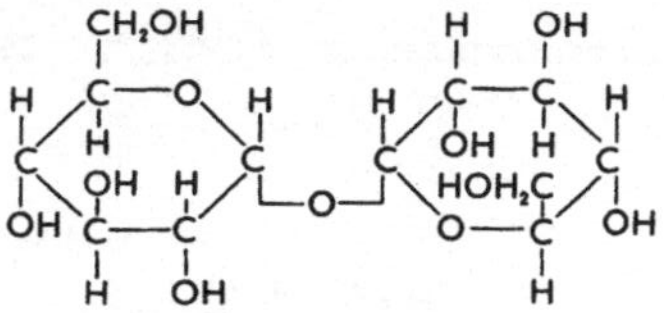

Formel **35** $C_{12}H_{22}O_{11}$ α,α-Trehalose

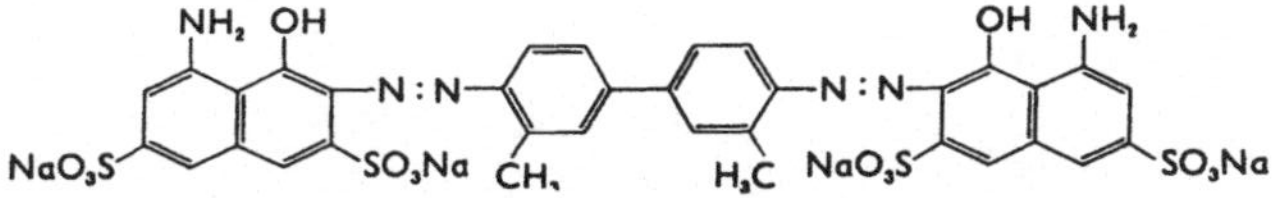

Formel **36** $C_{34}H_{24}N_6Na_4O_{14}S_4$ Trypanblau

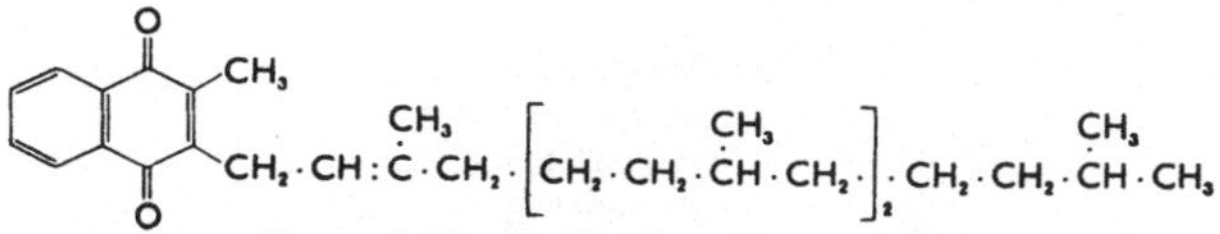

Formel **40** $C_{31}H_{46}O_2$ Vitamin K_1

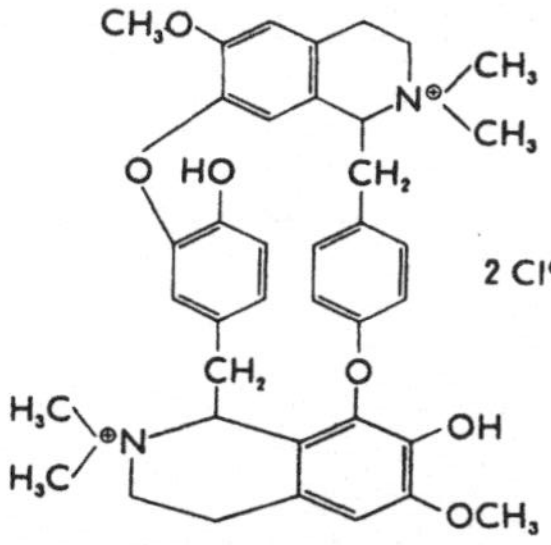

Formel **37** $C_{38}H_{44}Cl_2N_2O_6$
α-Tubo-curarin-chlorid

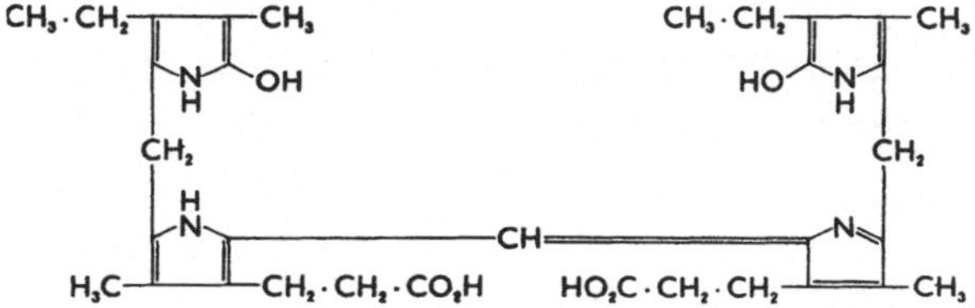

Formel **38** $C_{33}H_{42}N_4O_6$ Urobilin

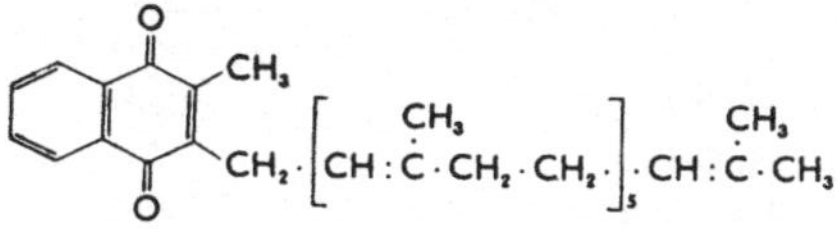

Formel **41** $C_{41}H_{56}O_2$ Vitamin K_2

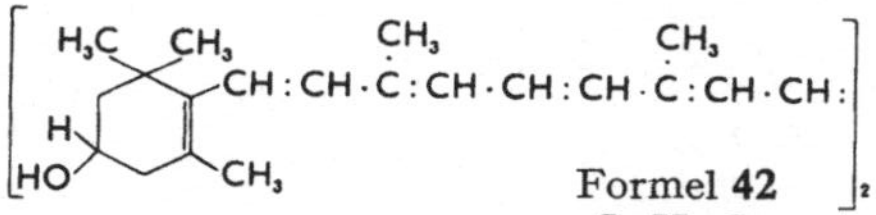

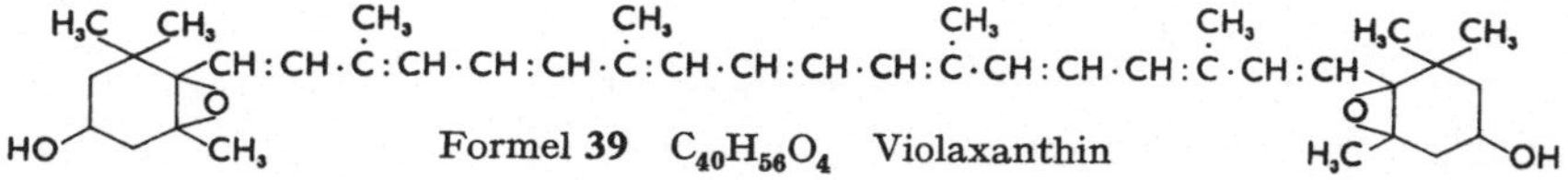

Formel **39** $C_{40}H_{56}O_4$ Violaxanthin

Formel **42**
$C_{40}H_{56}O_2$
Zeaxanthin

13. Ergänzung zu Tabelle 12

131. Schmelzpunkte der in Tabelle 12 aufgeführten organischen Verbindungen nach steigenden Schmelzpunkten geordnet

Nähere Angaben z. B. über den Grund für Angabe von 2 Schmelzpunkten (verschiedene Meßergebnisse oder Modifikationen usw.), die Zersetzungsart, Verwendung von Schutzgasen und anderes mehr ist in der Haupttabelle 12 zu finden.

Z vor der Zahlenangabe bedeutet Zersetzung vor dem Schmelzen, Z hinter der Zahlenangabe Zersetzung während oder beim Schmelzen.

F in °C	Name	F in °C	Name
−190	Buten-(1)	−137	Butin-(1)
−189,9	Propan	−136,4	Allylchlorid
−186,3	Tetrafluormethan	−135,9	Silicium-trimethyl-hydrid
−185,2	Propen		
−184	Methan	−135,1	2,3-Dimethyl-butan
−180	Chlor-trifluor-methan	−135	Butan
−172,1	Äthan	−135	Dichlor-fluor-methan
−170	Äthylen	−135	3,3-Dimethyl-pentan
−160	Chlor-difluor-methan	−134,8	Silicium-methyl-chlor-dihydrid
−159,85	Bor-trimethyl		
−159,7	Vinylchlorid	−134,8...4,0	Silicium-dimethyl-chlor-hydrid
−158,55	2-Methyl-butan		
−157,5	Chlor-trifluor-äthylen	−134,7	2-Methyl-penten-(2)
−156,8	Silicium-methyl-trihydrid	−133,4	2-Brom-buten-(1)
		−131,3	sek.-d,l-Butylchlorid
−151,3	cis-Penten-(2)	−131,2	Isobutylchlorid
−151	Keten	−130,8	1-Chlor-1,1-difluor-äthan
−150,2	Bor, Diboran-1,1-dimethyl		
		−130,8	Pentan
−150,2	Silicium-dimethyl-dihydrid	−130	1,2-Dichlor-2-methyl-propan
−148	Pentadien-(1,4)	−130	Isopropyl-mercaptan
−147	Äthylmercaptan	−129	Allylalkohol
−146,8	Isobuten	−128	Äthylcyclohexan
−146	Allen	−127	Cyclopropan
−145	Diazomethan	−126,4	Methyl-cyclohexan
−145	Isobutan	−126,2	Propanol
−144,5	Hexen-(2)	−126	2-Brom-propen-(1)
−142,5	Äthylchlorid	−126	Phosgen
−140,8	Diallyl	−125	Zinn-tetraäthyl
−140,5	Methylcyclopentan	−124,9	Bor, Diboran-1,2-dimethyl
−140,2	trans-Penten-(2)		
−140	sek.(−)-Butylchlorid	−124	techn.-Dekalin
−140	Dimethyläther	−124	Hexin-(1)
−140...39	Hexen-(1)	−124	Trimethylamin
−139	cis-Buten-(2)	−123,4	Acetaldehyd
−138,7	Äthylfluorid	−123	n-Butylchlorid
−138,2	Kohlenoxidsulfid	−123	Trimethyläthylen
−138	Penten-(2)	−122,8	Propylchlorid
−137,9	Äthyl-cyclopentan	−122,5	2,2-Dimethyl-pentan
−137,8	Vinylbromid	−122	Dipropyläther
−137,4	2-Chlor-propen-(1)	−121	Methyl-mercaptan

F in °C	Name	F in °C	Name
−120,9	4-Methyl-heptan	−105	tert.-Amylamin
−120,5	3-Methyl-heptan	−105	4-Methyl-pentin-(1)
−120	Isopren	−105	Propin
−119,4	Allylbromid	−104,8	Formaldehyd-
−119,4	3-Methyl-hexan, inakt.		dimethylacetal
		−104,5	d,l-sek.-Butylamin
−119,2	2,4-Dimethyl-pentan	−104,1	sek.-Butyljodid
−119,1	2-Methyl-hexan	−103,7	Cyclohexen
−119	Äthylbromid	−103,5	n-Butyljodid
−118,05	Isobutylbromid	−103,5	Chlor-dimethyl-äther
−118	Äthyljodid	−102,1	Diäthylsulfid
−117	1,1-Difluor-äthan	−102	Äthylnitrat
−117	Isopropylchlorid	−101,9	Dipropylsulfid
−116,4	Diäthyläther	−101,2	Isopropylamin
−115,5	Methyl-butyl-äther	−101,1	Divinyläther
−114,7	Triäthylamin	−101	Pentin-(2)
−114,65	trans-2-Brom-buten-(2)	−100,5	Tripropylamin
		−100,3	trans-1-Brom-buten-(1)
−114,5	Äthanol		
−113,2	4-Methyl-octan	−100	Allylsenföl
−113	1-Brom-propen-(1)	∼ −100	d,l-Butanol-(2)
−112,4	n-Butylbromid	< −100	d,l-Buten-(1)-ol-(3)
−112	Äthylenoxid	−100	Quecksilber-di-iso=
−112	n-Butyl-bromid		butyl
−112	Essigsäure-chlorid	−99,3	Isovaleriansäure-
−111,9	Buttersäurenitril		äthylester
−111,9	sek. d,l-Butylbromid	−99,25	Allyljodid
−111,9	Isoamylbromid	−99,2	Propylbenzol
−111,75	cis-2-Brom-buten-(2)	−99	Ameisensäure-
−111,6	Schwefelkohlenstoff		methylester
−111,5	Propyl-mercaptan	−99	n-Amylchlorid
−111,3	Kohlensuboxid	−98,85	Essigsäure-isobutyl=
−111	Dichlordifluor= methan		ester
		−98,8	Propyljodid
−111	Fluortrichlormethan	−98,2	2,2-Dimethyl-butan
−110,8	3-Fluor-toluol	−98,05	Essigsäure-methyl=
−110,2	2,2,3-Trimethyl-buten-(3)		ester
		−98	Cyclohexadien-(1,3)
−110	n-Valeriansäure-chlorid	−97,9	Buttersäure-äthyl= ester
−109,9	Propylbromid	−97,9	Methanol
−109	2-Methyl-heptan	−97,5	Dimethylketen
−108,9	Fluor-trichlor-äthylen	−97,4	Methylchlorid
		−97,3	Formaldehyd-di= propylacetal
−108,5	Tetrahydrofuran		
−108	Isobutanol	−97,1	Butyraldehyd
−108	3-Methyl-octan	−97	Zinn-tetra-n-butyl
−108	1-Nitro-propan	−96,9	Cumol
−107,7	Wismut-trimethyl	−96,6	1,1-Dichloräthan
−107	Aluminium-tri-n-propyl	−96,6	d-Limonen
		−96,5	Essigsäurebromid
−106,8	Octen-(2)	−96	Dichlor-methan
−106	trans-Buten-(2)	−96	Dimethylamin
−105,93	Methyl-äthyl-sulfid	−96	n-Valeriansäurenitril

F in °C	Name	F in °C	Name
−95,8	Ameisensäure-iso= butylester	−89,3	Butanol-(1)
−95,6	Aceton	−89	Buttersäurechlorid
−95,25	n-Amylbromid	−89 Z	4-Hydroxystearin= säure
−95,2	Buttersäure-propyl= ester	−89	Isopropylbromid
−95	Essigsäure-propyl= ester	−89	d-Laudanosin
−95	Toluol	−88,5	1-Brom-2,2-dichlor- äthylen
−94,4	Äthylbenzol	−88,2	Isobuttersäure- äthylester
−94	1,2-Dichlor- 1,1,2,2-tetrafluor- äthan	−88	Germanium-tetra= methyl
−94	Propionsäurechlorid	−88...−87	Acrolein
−93,5	Ameisensäure-iso= amylester	−87,9	trans-1-Brom-1,2-di= chlor-äthylen
−93,5	Hexan	−87,8	Divinyl-acetylen
−93,3	Cyclopentan	−87,6	Antimon-trimethyl
−93	Methylbromid	−87,5	Propionsäure- methylester
−93	2-Nitro-propan	−87,3	n-Capronsäure= chlorid
−92,9	Ameisensäure- propylester	−86,8	Vinylessigsäurenitril
−92,9	Bor-triäthyl	−86,6	Butanon-(2)
−92,8	n-Valeriansäure- butylester	−85,6	n-Amyljodid
		−85,5	Äthylthiocyanat
−92,5	Methylamin	−85,5	Isobutylamin
≈ −92	Formaldehyd	−85	Cyclopentadien
−92	Hexin-(2)	−84,65	Isobuttersäure- methylester
−92	2-Methyl-butanon-(3)		
−91,9	Ameisensäure-butyl= ester	−84...−81	Zink-di-n-propyl
		−83,57	Essigsäure-äthylester
−91,85	Propionsäurenitril	−83,5	cis-1-Brom-1,2-di= chlor-äthylen
−91,8	Isopropyljodid		
−91,5	Buttersäure-butyl= ester	−83,5	2-Methyl- pentanon-(4)
−91,5	n-Valeraldehyd	−83,25	Äthylamin
−91,3	Diisobutyl	−83,2	Dimethylsulfid
−91,3	2,5-Dimethyl-hexan	−83	Cadmium-di-n-propyl
−91	n-Valeriansäure- äthylester	≈ −83	Diallylsulfid
		−83	Propylamin
−91	n-Valeriansäure- methylester	−83	Trichloräthylen
		−82,3	Gallium-triäthyl
−90,7	Isobutyljodid	−82,2	Trifluormethan
−90,6	Isopropylcyclohexan	−82	Acrylsäure-nitril
−90,6	Silicium-methyl- dichlor-hydrid	−82	Phosphor, Diiso= propyl-fluor- phosphat
−90,5	Heptan		
−90	Germanium-tetra= äthyl	−81,8	Acetylen
		−81,2	n-Butyl-benzol
−90	Isobuttersäure= chlorid	−81...−80	n-Amylacetylen
		−81...−80	n-Heptin-(1)
−89,55	Propionsäure-butyl= ester	−81	tert.-Butylacetylen
		−81	Propionaldehyd
−89,5	Isopropanol	−81...−79	Cyansäure

F in °C	Name	F in °C	Name
−80,65	Isobuttersäure-iso=butylester	−72,7	tert.-Amylchlorid
−80,6	Chlorameisensäure-äthylester	−70,8	Essigsäure-n-amyl=ester
−80,5	Ameisensäure-äthyl=ester	−70,7	n-Valeriansäure-propylester
−80,5	cis-1,2-Dichlor-äthylen	−70,1	1,2-Dibrom-2-methyl-propan
−80,5	2-Methyl-octan	−70	2-Methyl-penta=dien-(2,4)
< −80	n-Amylfluorid	−69,9	α-Picolin
< −80	Cyclobutan	−69,5	n-Heptyl-chlorid
−80	n-Hexyl-mercaptan	−69	Di-n-amyl-äther
< −80	Isobutyraldoxim	−67,5	tert.-Butylamin
≈ −80	α-Linolensäure	−67,5	n-Capronsäure-äthylester
< −80	Methylhydrazin		
< −80	2-Nitro-äthanol	−67,5	2-Chloräthanol
−80...−79	Octin-(1)	−67,1	2-Methyl-hepten-(2)-on-(6)
−79,5	Cycloheptatrien		
−79,4	n-Capronsäure-nitril	−66,85	1,2-Dibrom-1,1-di=chlor-äthan
−78,5	n-Amylalkohol		
−78,25	n-Amylbenzol	−66,8	n-Hexyl-benzol
−78	Azomethan	−66,5	Formaldehyd-di=äthylacetal
−77,75	Pentanon-(2)		
−77,5	Silicium-methyl-trichlorid	−65,9	Isobutyraldehyd
		−65,5	Bor-tri-n-propyl
−76,8	Essigsäure-n-butyl=ester	−65	2,3-Dimethyl-buta=dien-(1,3)
−76,5	Crotonaldehyd	−65	Trifluoressigsäure-anhydrid
−76,1	Ameisensäure-ortho=triäthylester		
		−64,4	Methyljodid
−76	Cyanessigsäure-äthylester	−64	Chlorpikrin
		−64	Önanthsäure-nitril
−76	Silicium-dimethyl-dichlorid	−63,5	Äthylanilin
		−63,5	Chloroform
−75,9	Propionsäure-propyl=ester	−63,5	Glykol-monobutyl=äther-acetat
−75	Buttersäure-anhydrid	−63	Dipropylamin
−74,5	1-Brom-2,2-difluor-äthan	−63	Thallium-triäthyl
		−62	Malonsäure-di=methylester
−74	Aluminium-diäthyl=chlorid	−61,3	N,N-Dimethyl-o-toluidin
−73,5	Ameisensäure-amyl=ester	−61	Di-isopropylamin
−73,5	Di-isobutylamin	−61	1,2,4-Trimethyl-benzol
−73,4	Essigsäure-isopropyl=ester	−60,9	tert.-Butyl-benzol
−73,3	Propionsäure-äthyl=ester.	≈ −60	Glycerin-triacetat
		−59	1,3-Difluor-benzol
−73,25	p-Cymol	−59	Isobutyl-thiocyanat
−73,2	Buttersäure-n-amyl=ester	−59	Mesityloxid
		−58,1	n-Heptyl-bromid
−73,1	Essigsäure-anhydrid	−58	Glykol-dimethyl-äther
−73,1	Propionsäure-n-amylester	−57,7	Silicium-trimethyl-chlorid

F in °C	Name	F in °C	Name
$-57,7$	Zink-di-n-butyl	$-50,5$	n-Butylamin
$-57,5$	Chloral	<-50	γ-Conicein
$-57,1$	Brom-dichlor-methan	-50	trans-1,2-Dichlor-äthylen
-57	Arsen, Bis-dimethyl-arsin-oxid	-50	Malonsäure-di-äthyl-ester
-57	N-Methylanilin	-50	dl-α-Pinen
-57	Octan	-50	l-β-Pinen
$-56,9$	Hexanon-(2)	$-49,3$	m-Xylol
$-56,5$	1,2-Dibrom-1,1-di-fluor-äthan	$-49,2$	Cyclohexadien-(1,4)
		$-49,2$	2,7-Dimethyl-octan
$-56,4$	Isobuttersäure-anhydrid	$-49,2$	Tetrahydropyran
		$-48,2$	n-Heptyljodid
$-56,3$	Bor, Diboran-1,1,2,2-tetraäthyl	-48	Diäthylamin
		-48	Cadmium-di-n-butyl
-56	Vinyl-jodid	-48	Epichlorhydrin
$-55,6$	Benzaldehyd	$-48...-40$	Phenylacetylen
$-55,3$	Resorcin-dimethyl-äther	$-47,8$	3-Chlor-toluol
		-47	Isobuttersäure
$-55,25$	1,2-Dibrom-propan	-45	Abietinsäure-äthyl-ester
-55	n-Amylamin		
-55	Titan-tetra-n-butylat	-45	Acetessigsäureäthyl-ester
-54	Bor, Borazol-triäthyl		
$-54...-49$	2,3-Dibrom-2-methyl-pentan	<-45	Arsen, Dimethyl-arsinchlorid
-53	cis-1,2-Dibrom-äthylen	-45	Chlorbenzol
		-45	Methyl-isocyanid
-53	Xanthogensäure	≈ -45	Pinan
$-52,8$	Cyclopentanon	-45	Propionsäure-anhydrid
$-52,7$	1,3,5-Trimethyl-benzol		
		-45	Propylen-carbonat
$-52,6$	Dibrom-methan	$-44,9$	Acetonitril
$-52,5$	Aluminium-triäthyl	$-44,75$	Caprylsäure-äthyl-ester
$-52,5$	Bor-tri-isopropyl		
$-52,5$	Pinakolin	$-44,45$	Pelargonsäure-äthylester
-52	1,1,1-Trifluor-propanol-(2)	≈ -44	Di-isoamyl-amin
$-51,7$	Oxalsäure-dipropyl-ester	$-43,9$	Cyclohexyl-chlorid
		$-43,5$	4-Fluor-anisol
$-51,6$	Benzoesäure-n-propylester	$-43,5$	Trifluor-äthanol
		-43	Isocapronsäure-nitril
$-51,6$	Difluor-methan		
$-51,6$	Hexanol-(1)	-43	Kohlensäure-diäthyl-ester
$-51,5$	Crotonsäure-nitril		
$-51,5$	Essigsäure-benzyl-ester	-43	Propionsäure-N-methylamid
-51	cis-Dekalin	$-42,5$	Arsen, Methylarsin-dichlorid
-51	Hexin-(3)		
-51	Isovaleraldehyd	$-42,5$	1-Chlor-2-fluor-benzol
-51	Methyl-thiocyanat		
-51	Nonan	$-42,5$	Glutarsäure-dimethylester
-51	Vinylfluorid		
$-51...-48$	Bor-diäthyl-hydr-oxid	$-42,5$	1,1,2,2-Tetrachlor-äthan

F in °C	Name	F in °C	Name
−42	Butyrolacton	−35	Tetralin
−42	1,3-Dioxan	−35	1,1,2-Trichlor-1,2,2-trifluor-äthan
−42	Önanthaldehyd		
−41,8	Pyridin	−34,6	2,2-Dichlor-propan
−41,5	1-Fluor-2-jod-benzol	−34,6	Heptanol-(1)
−41,5	Pentanon-(3)	−34,5	n-Valeriansäure
−41,5… −37,2	Heptanol-(4)	−34	Benzoesäure-äthylester
−41,2	Benzylchlorid	−34	Borsäure-trimethylester
−41	*trans*-1-Chlor-2-jod-äthylen	−34	α,α′-Dibrom-dimethyläther
−41	3,3-Diäthyl-pentan	−34	1,2-Difluor-benzol
−40,6	n-Capronsäure-anhydrid	−34	Heptanon-(4)
−40,6	Oxalsäure-diäthylester	−33,5	3-Fluor-benzoesäure-äthylester
−40,5	Fluorbenzol	−33	Germanium-triäthylbromid
< −40	Arsen, Bis-dimethylarsin-sulfid	−33	Undecin-(1)
−40	Acetaldehyd-cyanhydrin	−32,65	tert.-Butyljodid
−40	1,5-Dibrom-pentan	−32,65	Chloressigsäure-methylester
−40	*cis*-Decahydrochinolin	−32,2	Diglykol-monobutyläther-acetat
≈ −39,8	3-Brom-toluol	−32	Dimethylsulfat
−39,1	γ,γ,γ-Trifluor-acetessigsäure-äthylester	−32…−31,5	*trans*-Dekalin
		−31,5	m-Toluidin
		−31	Glykol-diacetat
−39	Heptanon-(3)	−31	γ-Valerolactam
−38,8	Diäthylanilin	−30,6	Brombenzol
−38,6	d,l-Octanol-(2)	−30,5	Trithiokohlensäure
−38	2-Methyl-pentanol-(2)	−30,2	Phenetol
		−30,1	Decan
−38	Vinylessigsäure	≈ −30	Di-2-furyl-methan
−37,6	Isovaleriansäure	−30	3-Fluor-benzoesäurechlorid
−37,5	Adipinsäure-dibutylester	< −30	Mesoxalsäure-diäthylester
−37,2	Anisol	< −30	Methylschwefelsäure
−37	2-Nitro-N,N-diäthyl-anilin	−30	γ-Tocopherol
−36,5	2-Chlor-toluol	−30	Zink-diathyl
−36,5	Furfurol	−30…−26	Cyclohexanon
−36,2	1,3-Dibrom-propan	−29,8	Thiophen
−36…−35	Nonanol-(2)	−29,5	Oxalsäure-dibutylester
−35,5	1,2-Dichloräthan		
−35,5	Heptanon-(2)	−29,2	Nitromethan
−35,5	1,1,2-Trichlor-äthan	−29,2	1,1,2-Tribrom-äthan
−35,23	Dodecen-(1)	−29,2	Zink-dimethyl
≈ −35	α-Äthyl-isocrotonsäure	−29,05	Benzo-trifluorid
		< −29	Antimon-triäthyl
−35	Benzylfluorid	−29	Glutarsäure-dinitril
≈ −35	1,4-Diäthyl-benzol	−29	Jodbenzol
−35	Isocapronsäure	−29	2-Methyl-pyrazin
≈ −35	d-Isomenthan	−29	Pentachlor-äthan

F in °C	Name	F in °C	Name
−28,95	2-Fluor-anilin	−21,2	1-Brom-3-chlor-benzol
−28,5	tert.-Butylchlorid	−21	Adipinsäure-diäthyl=ester
−28,2	2,2-Difluor-äthanol	−21	Brom-trichlor-methan
−28,1	2-Brom-toluol	−21	Cadmium-diäthyl
−28	Brom-nitro-methan	< −21	o-Phenetidin
−28	Zink-diäthyl	−21	Phenylsenföl
−27,92	Dicyan	−20,55	2-Chlor-1,1,2-tri=brom-äthan
−27,9	o-Xylol	−20,3	1-Fluor-4-jod-benzol
−27,7	1-Chlor-4-fluor-benzol	−20,25	Adipinsäure-dipropylester
−27,7	o-Toluidin	< −20	4-Äthyl-toluol
−27,5	Blei-tetramethyl	−20	Aluminium, Di=aluminium-tri=äthyl-trichlorid
−26,6	Dibenzylamin	−20	m-Amino-dimethyl=anilin
−26,5	Undecan	−20	tert.-Butylbromid
−26,45	2-Fluor-äthanol	< −20	1,2-Diäthyl-benzol
−26,25	1,3-Dichlor-benzol	< −20	1,3-Diäthyl-benzol
−26	Benzylcyanid	−20	1,4-Dibrom-butan
−26	Tetrolaldehyd	−20	1,4-Dihydro-benzoe=säure
−25,2	Diäthylsulfat	< −20	1,4-Dimethyl-naphthalin
< −25	m-Cymol	< −20	Glycin-äthylester
−25	Diglykol-monoäthyl=äther-acetat	< −20	Hydratropasäure
< −25	1-Neoisocarvo=menthol	−20	2-Methyl-benzylamin
		< −20	8-Methyl-chinolin
< −25	Phosphor, Diäthyl=phosphinsäure	−20	Neopentylchlorid
		−20	2-Nitro-dimethyl=anilin
−25	2,2,3-Trimethyl-butan	< −20	N-Nitroso-N-methyl-urethan
−24,1	Glutarsäure-diäthyl=ester	< −20	Thio-m-kresol
		−20	d-Verbanon
−24	1,2,3,5-Tetramethyl-benzol	−20	Vitamin K$_1$
		≈ −20	Zinn-diphenyl-dihydrid
−23,5	1,3-Diamino-propan	−19,9	Bicyclo-(2,2,1)-2,5-heptadien
−23,5	Tetrachlor-äthylen	−19,8	Neopentan
−23,2	Acetylaceton	−19,7	Propionsäure
−23	n-Heptylamin	> −19	2-Äthyl-naphthalin
−23	Isopropenylbenzol	−19	n-Hexylamin
−22,9	Tetrachlorkohlen=stoff	−19	α-Hydroxy-iso=buttersäure-nitril
−22,5	Cyanessigsäure-methylester	−19	Jod-trichlor-methan
−22,3	Glykoldinitrat	≈ −19	1-Methyl-naphthalin
−22...−23	Nonanol-(3)	−19	Nonanon-(2), F auch −15°
−22	Diazoessigsäure=äthylester		
−22	6-Methyl-chinolin		
−21,8	Bernsteinsäure-di=äthylester		
−21,8	Triisobutylamin		
−21,6	Octanon-(2)		
−21,5	2,3-Dibrom-buta=dien-(1,3)		
−21,5	Diphenylsulfid		
−21,3	2-Fluor-benzoesäure		

F in °C	Name	F in °C	Name
−19	1,2,3-Tribrom-butan	−13,4	Blausäure
< −18	2-Äthyl-phenol	−13,2	Malonsäure-mono=
< −18	Aluminium-triäthyl		äthylester
< −18	Anthranil	−13	Arsen, Chlorvinyl=
< −18	4-Chlor-anisol		arsin-dichlorid
< −18	Cumaron	−13	Benzonitril
−18	Di-tert.-butyl-per=	−13	1,4-Difluor-benzol
	oxid	−13	1,3-Dijod-propan
−17,9	Caprinsäure-nitril	−13	o-Tolunitril
−17,4	Benzalchlorid	−13...−11	Beryllium-diäthyl
≈ −17	Acetol	−12,6	1-Brom-2-chlor-
−17	Äthansulfosäure		benzol
≈ −17	1-Chlor-naphthalin	−12,5	Aceton-azin
< −17	γ-Hydroxy-butter=	−12,5 ± 1	1,1,2,2-Tetrabrom-
	säure		propan
< −17	Resorcinmono=	−12	Cycloheptan
	methyläther	−12	Dodecan
−17	Undecadiin-(1,10)	−12	Oxalsäure-dichlorid
−16,7	1,2-Dichlor-benzol	−11,9	tert.-Amylalkohol
−16,6	1-Brom-2-chlor-	−11	Önanthsäure
	äthan	−10,65	Laurinsäure-äthyl=
−16,5	Thioglykolsäure		ester
−16,4	1-Brom-4-fluor-	−10,46	Maleinsäure-diäthyl=
	benzol		ester
−16,3	Octanol-(1)	−10,45	Diglykol
−16	Beryllium-di-tert.-	−10,4	3-Chlor-anilin
	butyl	−10	2-Azido-toluol
−15,7	Gallium-trimethyl	−10	Cyclohexenoxid
−15,6	Chinolin	−10	α-Naphthol-methyl=
−15,6	2-Chlor-1-jod-äthan		äther
−15,3	Benzylalkohol	< −10	l-Nicotin
−15	Äthyl-β-naphthyl=	Z > −10	Pinenhydrochlorid
	amin	< −10	Thiophthen
−15	Diäthylessigsäure	−10	Zinn-äthyl-trichlorid
−15	2,3-Dimethyl-anilin	−9,5	Beryllium-di-iso=
< −15	Dinitromethan		propyl
< −15	Geraniol	−9,5	dl-cis-1-Methyl-
< −15	Mesitylen		cyclohexanol-(2)
≈ −15	Octadecen-(9),	−9,5...	Linolsäure
	niedrig=	−9,0	(natürliche)
	schmelzendes	−9,4	Isopropyl-fluorid
< −15	Ölsäure-äthylester	−9,2	Eugenol
< −15	1,2,3,4-Tetrahydro-	−9	Acetonylaceton
	isochinolin	−9	1,2-Dihydro-
< −15	1,2,3-Trimethyl=		naphthalin
	benzol	−9	Piperidin
−14,7	1,2,3-Trichlor-propan	−8,9	Önanthsäure
−14,5	Heptatrien-(1,3,5)	−8,6	Salicylsäure-methyl=
< −14	1-Äthyl-naphthalin		ester
−14	2-Chlor-anilin	≈ −8	γ-Chlor-acetessig=
−14	cis-β-Decalon		säure-äthylester
−14	2,3-Dimethyl-	−8	2-Fluoro-1-nitro-
	butanol-(3)		benzol
−13,8	cis-1,2-Dijod-äthylen	−8	Pyridazin

F in °C	Name	F in °C	Name
—8…—7	ω-Bromstyrol, β-Form	—2	2-Aminobutanol-(1)
—8…—5	Tropon	—2	Glykol-mono-
—7,55	N,N-Diphenyl-		phenyläther
	N-methyl-amin	—2	Inden
—7,5	Zimtaldehyd	—2	Tetramethyl-
—7,2	1,3-Dibrombenzol		m-phenylendiamin
—7	Cycloocta=	—2	Undecen-(10)-ol-(1)
	tetraen-(1,3,5,7)	—2…—1	2-Methyl-chinolin
—7	l-Menthon	—1…+1	Brom-mesitylen
—7	Salicylaldehyd	—0,82	4-Fluor-anilin
—7…—6	Chlorcyan	—0,5	Benzoylchlorid
—6,9	Dimethyl-furazan	—0,5	Kohlensubsulfid
—6,5	trans-1,2-Dibrom-	—0,35	Difluoressigsäure
	äthylen	—0,1	Di-cyclohexylamin
—6,45	Anilin	0	Aluminium-tri=
—6,1	3-Imino-bis-		methyl
	n-propyl-amin-(1)	0	Kryptopyrrol
—6	2-Allyl-phenol	0	2-Mercapto-
—6	1,2-Dibrom-cyclo=		n-buttersäure
	hexan	0	Oleinalkohol
—6	1-Methyl-imidazol	0…1	Adipinsäure-dinitril
—5,9	Äthylsenföl	0,1	Acetopersäure
—5,9	Nonanon-(5)	0,13	1,1,2,2-Tetrabrom-
—5,55	Buttersäure		äthan
—5,5	Kohlensäure-ortho-	0,5	Kohlensäure-
	tetramethylester		dimethylester
—5,5	Tridecan	0,5…1,0	Carvacrol
—5	4-Äthyl-anilin	0,55	Fumarsäure-
—5	Arsen, Tetramethyl-		diäthylester
	diarsin	1…1,5	Cineol
—5	Nonanol-(1)	1,3	Salicylsäure-äthyl-
—5…—4	Glycerin-trioleat		ester
—4,9	d,l-α-Pipecolin	1,85	2,2,3-Tribrom-butan
—4,9	2,4,6-Trimethyl-	2	Aluminium-tri-iso=
	anilin		propyl
—4,75	Benzotrichlorid	2	cis-α-Decalon
—4,5	Cadmium-dimethyl	2	4-Nitro-m-xylol
—4,45	2-Nitro-toluol	2	Octadecen-(9),
≈ —4	3-Äthyl-phenol		höherschmelzendes
—4	d,l-α-Brom-butter=	2,2	Ceten-(1)
	säure	2,2	Formamid
—4	2-Chlor-benzoesäure-	2,4	p-Phenetidin
	chlorid	2,45	N,N'-Dimethyl=
—4	Hexamethylen-		anilin
	dicyanid	2,5…3,0	1,2,3-Tribrom-
—4	1,2,3,4-Tetramethyl-		pentan
	benzol	2,5…3,5	d-α-Tocopherol
—4	Undecylaldehyd	3	Askaridol
—3,9	Benzylbromid	3	Benzoyl-jodid
—3…—2	Dirhodan	3	n-Capronsäure
—3…—2	δ-Tocopherol	3,6	Dibenzyläther
—2,5	d-Coniin	4	Dijod-methan
—2,4	3-Nitro-benzotri=	4	2-Fluor-benzoesäure=
	fluorid		chlorid

F in °C	Name	F in °C	Name
4,1	3-Fluor-1-nitrobenzol	7,6	d,l-Butandiol-(2,3)
4,2…4,4	Chlor-trinitro-methan	7,6	Maleinsäure-dimethylester
4,5	1-Phenyl-buta-dien-(1,3)	7,8	4-Chlor-toluol
5	α-Pyron	7,8	Citraconsäure-anhydrid
5	Ricinolsäure	8	Ameisensäure-N-methyl-anilid
5	Sorbinsäure-methyl-ester	8	Benzamidoxim
5	Thiocyansäure	8	Bernsteinsäure-monoäthylester
5…6	d-Fenchon	8	Dimethylsulfoxid
5…7	3,3′-Dimethyl-diphenyl	8	Glycerin-*cis*-octa-decen-(9)-yl-äther
5,29	Hexafluor-benzol		
5,49	Benzol	8	Phenyl-octyl-äther
5,5	2,2-Dimethyl-butanol-(3)	8…9	1,1-Diphenyl-äthylen
5,5	4-Methyl-brenz-catechin-2-methyl-äther	8…10	Tetramethylensulfon
		8,4	Ameisensäure
		8,5	Äthylendiamin
5,5	α-Naphthol-äthyl-äther	8,5	2-Amino-tropan
		8,5	Chavibetol
5,5	Tetradecan	≈8,5	Isonicotinsäure-methylester
5,6	2-Brom-phenol		
5,69	Nitrobenzol	8,7	2-Chlor-phenol
5,7	Bis-cyclohexyl	9	Anabasin
5,95	1,2-Dichlor-1,1,2-tri-brom-äthan	9	4-Fluor-benzoe-säurechlorid
6	Aluminium-tri-iso-butyl	9	2,4,6-Trimethyl-benzaldehyd
6	*trans*-β-Decalon	9…10	Cycloundecanon
6	Dibenzylmethan	9…10	4-Methyl-chinolin
6	Trimethylacet-aldehyd	9,2	Bromoform
		9,5	1,2-Dibromäthan
6…7	ω-Bromstyrol (höherschmelzende α-Form)	9,7	Pentadecan
		10	1,6-Dijod-hexan
		10	2-Nitro-anisol
6,2	1-Brom-naphthalin	≈10	Thiomilchsäure
6,22	o-Anisidin	10…1	1,2,2,3-Tetrabrom-propan
6,4	Cyclohexan		
6,4	Decanol-(1)	10,17	o-Toluolsulfosäure-chlorid
6,5	d-Verbenon		
6,7	1,2-Dibrom-benzol	10,5	Brompikrin
6,7…6,8	Isosafrol	10,5…11,5	Myristinsäure-äthyl-ester
7	Anissäure-äthylester		
7	Bor-phenyl-dichlorid	10,8	m-Kresol
7	2-Chlor-p-toluidin	11	Butyrophenon
7	N-Methyl-pyridon-(2)	11	2-Chlor-benzaldehyd
		11	Phosphorsäure-tri-o-kresylester
7	α-Tetralon		
7…8	γ-Phenoxy-propyl-bromid	11	Safrol
		11	Schwefelsäure-bis-(β-chloräthyl)-ester
7…8	Phenyl-cyclohexan		
7,5	Zimtsäure-äthylester		

F in °C	Name	F in °C	Name
11...1,5	4-Brom-anisol	15	3-Nitro-o-xylol
11,6	1,2,3,4-Tetraäthyl-benzol	15	Thio-o-kresol
11,8	Brenztraubensäure	15...6	Iso-nicotinsäure-chlorid
11,8	1,4-Dioxan	15...6	Nicotinsäurechlorid
12	Triäthylen-tetramin	15...6	Trimethyl-aceto= nitril
12...3,5	2-Nitro-styrol		
12,1	Undecanon-(2)	15,2	Trifluoressigsäure
12,15	Dichloressigsäure, F auch 13,25°	15,5	2,5-Dimethylanilin
		15,5	Zinn-triäthyl-chlorid
12,3	Acrylsäure	15,53	3-Nitro-toluol
12,4	Glykol	15,8...6,8	Chavicol
12,4	Resorcindiäthyläther	≈16	Benzal-hydrazin
12,5	Äthyl-n-octyl-keton	16	Cyclohexyl-anilin
12,5	Pelargonsäure	16	1,2,3-Tribrom-propan
12,5...14	Silicium, Disilicium-hexamethyl	16...6,5	β-Chlorbuttersäure
12,6	Paraldehyd	16...7	Hämopyrrol
12,6...3,2	4-Methyl-benzylamin	16...7	2-Isopropyl-phenol
13	Anthranilsäure-äthylester	16...7	3-Methyl-chinolin
		16...8	2-Brom-p-toluidin
13	symm. Phthalyl-chlorid	16,1	2-Fluor-phenol
		16,3	Cetylbromid
13	1,2,4,5-Tetraäthyl-benzol	16,5	Caprylsäure
		16,6	Essigsäure
13,1	Glycerin-trinitrat	16,7	Octanthren
13,2	Ölsäure	16,8	2,2-Dichlor-1,1,2-tri= brom-äthan
13,3	p-Xylol		
13,5	β,β'-Dichlor-diäthyl= sulfid	17	4-tert.-Butyl-anilin
		17	Decylamin
13,7	3-Fluor-phenol	17	2-Hydroxy-m-tolyl= aldehyd
13,75	Tetranitromethan		
14	Decanon-(2)	≈17	Pentamethyl-äthanol
≈14	Stearinsäure-amyl= ester	17	Phosphorige Säure-dibenzylester
14...5	4-Chlor-benzoesäure= chlorid	17	2,2,2-Trichlor-äthanol
14...5	Cyclooctanol	17	L(+)-Weinsäure-diäthylester
14	Methacrylsäure, F auch 16°	17,5	Silicium, Octa= methyl-cyclo-tetrasiloxan
14,3	Undecanol-(1)		
14,4...16	cis-Crotonsäure		
14,5	Benzolsulfosäure-chlorid	17...8	Benzhydrylchlorid
		17...8	3-Chlor-benzaldehyd
14,5	Di-n-amyl-keton	17...8	β-Tetralon
14,5	2,5-Dimethyl-hexadien-(2,4)	17...8	1,2,4-Trichlor-benzol
		17...21	d-trans-Chrysan-themumsäure
15	Acetoin		
15	Aluminium-tri= methyl	17,8	Cetan
		17,8	2,2'-Dimethyl-diphenyl
15	Diäthylsulfoxid	18	Acetylbrenztrauben= säure-äthylester
15	2,5-Dimethyl-pyrazin		
15	Glyoxal	18	cis-β-Decalol II

F in °C	Name	F in °C	Name
18	Glycerin	21,5	Anethol
18	Glycerin-triformiat	21,8	L(+)-Weinsäure-
18	Heptandiol-(1,7)		dibutylester
18	D,L-Milchsäure	22	Anissäurechlorid
18	Octadecen-(1)	22	D,L-Mandelsäure=
18	Propargylsäure		nitril
18	Zimtsäure-nitril	22	Phosphorige Säure=
18...8,5	α-Angelica-lacton		triphenylester
18...8,5	3-Brom-anilin	22,5	Cetyljodid
18...20	Isodehydracetsäure-	22,5...3,9	Cyclohexanol
	äthylester	22,7	Cetyl-acetat
18...20	Stearinsäure-butyl=	22,7	Veratrol
	ester	23	2-Chlor-cyclo=
18,1	Cyclopropan-		hexanon
	carbonsäure	23	Myristinaldehyd
18,5	Bernsteinsäure-	23	1,2,3-Triazol
	dichlorid	23...4	2,3-Dichlor-anilin
18,5...19	Heptadecan	23...4	2,3,4,6-Tetramethyl-
19	N-Methyl-anthranil=		anilin
	säure-methylester	23...4	Tetramethylen=
19	5-Methyl-chinolin		diamin, F auch 27°
19	Myristinsäure-	23,8	Dodecanol
	methylester	24	Benzyljodid
19...9,5	Butandiol-(1,4)	24	n-Heptadecyl-
19...9,5	Salicylsäure-chlorid		chlorid
19,4	Benzoesäure-benzyl=	24	Nitro-tert.-butan
	ester	24	Stearinsäure=
19,5...20	Acetophenon		chlorid
19,6	Phenylhydrazin	≈24	Thiobenzoesäure
20	Bernsteinsäure-	24...5	p-Toluolsulfosäure-
	dimethylester		dodecylester
20	Methan-sulfosäure	24,25	Isochinolin
20	dl-α-Phenyl-äthanol	24,3	tert.-Butanol
20	Phosphor,	24,5	Anthranilsäure-
	Diphosphorsäure-		methylester
	tetra-[dimethyl=	24,5	Undecen-(10)-säure
	amid]	25	2-Amino-2-methyl-
≈20	1,2,3,4-Tetrahydro-		propanol-(1)
	chinolin	25	Anisalkohol
20	Titan-tetra-iso=	25	dl-Bromchloressig=
	propylat		säure, F auch 38°
20	Tributylcarbinol	25	Buten-(2)-diol-(1,4)
20	o-Xylylbromid	25	1-Methyl-cyclo=
20...1	4-Chlor-acetophenon		hexanol-(1)
20...2	Dihydroxyacetophe=	25	Phosphor,
	non-dimethyläther		Dimethyl=
20...2	Pyrimidin		phosphin
20,5	Dodecanon-(2)	25...6	L-(+)-Milchsäure
21	Propiophenon	25...6	p-Tolylsenföl
21...2	4-Propyl-phenol	25...8	Pyrrolidon-(2)
21...2	2,3,4,5-Tetrachlor-	25,5	Palmitinsäure-äthyl=
	pyridin		ester
21...3	2-Phenyl-cyclo=	25,7	d,l-α-Brompropion=
	heptanon		säure

F in °C	Name	F in °C	Name
25,8	1-Fluor-2,4-dinitro-benzol	28...9	Methan-tricarbon=säure-triäthylester
26	2-Amino-3-methyl-pyridin	28...9	2-Nitro-acetophenon
26	2-Amino-thiophenol	28...9	Octadecan
26	3-Chlor-p-toluidin	28...9	Thioformamid
26	4-Fluor-benzoesäure-äthylester	28...9	Titan-methyl-tri=chlorid
26	4-Fluor-1-nitrobenzol	28...9	p-Toluol-sulfosäure-methylester
26	Glycerin-α,α'-di=nitrat	28,8...9,2	2-Nitro-furan
26	3-Isopropyl-phenol	29	Bornylacetat
26	Octadecin-(1)	29	4-Chlor-benzyl=chlorid
26	Trinitromethan	29	2-Cyan-pyridin
26	1,3,4-Xylenol	29	Eugenol-acetat
26...6,5	5-Chlor-o-toluidin	29	Furan-carbon=säure-(3)-chlorid
26...7	Diphenylmethan	29	2-Hydroxy-styrol
26...7	D-(—)-Milchsäure	29	4-Nitro-styrol
26...8	Zinn-triphenyl-hydrid	29	p-Tolunitril
26,5	Diacetyl-peroxid	29...30	Chinoxalin
26,6	Aceton-phenyl=hydrazon	29...30	Diphenyldiazo=methan
26,7	1,2-Dijod-benzol	29...30	4-Nitro-o-xylol
27	Azulen, 5-Methyl-azulen	29...30	Thiohydrochinon
27	4-Brom-toluol	29,4	unsymm. Hepta=chlorpropan
27	Caprophenon	29,5	Essigsäure-methyl=amid
27	Methyl-benzyl-keton		
27	3-Nitro-benzyl=alkohol	29,5	Palmitinsäure-methylester
27	Tridecylamin-(1)	29,5...30,5	Undecansäure
27	Zinn-di-n-butyl-dilaurat	30	1-Äthinyl-cyclo=hexanol
27...7,5	2-Nitro-benzal=chlorid	30	3-Amino-diphenyl
		30	Apiol
27...8	Essigsäure-methyl=amid	30	6-Chlor-m-toluidin
		30	Di-n-hexyl-keton
27,4...7,8	Benzhydryl-β-chlor=äthyl-äther	30	Dolantin
		≈ 30	Tetramethylfuran
27,5	Tridecanon-(2)	30...1	4-Chlor-o-toluidin
27,5...8,5	1,2-Di-tert.-butyl-benzol	30...1	Nonadecan
		30...4	Eugenol-(iso, *trans*)
28	1-Brom-2-jod-äthan	30,5	Benzoxazol
28	Cyclodecanon	30,5...1,5	Sorbinalkohol
28	Diäthanolamin	31	Arsenige Säure-tri=phenylester
28	1,4-Dihydro-naphthalin	31	Azulen, Guajazulen
28	Diphenyläther	31	Caprinsäure
28	4-Methyl-aceto=phenon	31	3-Chlor-phenol
28	Phoron	31	Cyanursäure-triallyl=äther
28...9	4,4'-Dimethyl-diphenyl-methan	31	Cyclohexan-carbon=säure

F in °C	Name	F in °C	Name
31	Malonsäure-dinitril	34	2-Hydroxy-n-valeriansäure
31	Palmitinsäure-nitril		
31	Zibeton	34	4-Jod-toluol
31...2	α-Ketobuttersäure	34	2-Methyl-naphthalin
31,4...1,9	6-Hydroxy-o-tolyl-aldehyd	34	Pilocarpin
		34...5	o-Amino-dimethyl-anilin
31,5	Glutaconsäure-dinitril	34...5	4-Amino-diphenyl-methan
31,5	Petroselinsäure		
32	Aluminium-äthyl-dichlorid	34...5	N,N'-Dimethyl-phenylen-diamin-(1,4)
32	Benzalmalonsäure-diäthylester	34...5	Erucylalkohol
32	Benzoesäure-azid	34...5	2-Fluor-4-nitro-toluol
32	2-Brom-anilin		
32	Guajacol	34...5	Furan-carbon-säure-(2)-äthyl-ester
32	n-Heptadecyl-bromid		
32	o-Kresol		
32	Pentadecanol-(3)	34...5	4-Methyl-hydr-atropasäure
32	γ-Pyron		
32	Thionaphthen	34...5	Zimtalkohol
32...3	Azulen, Vetivazulen	34...6	Sebacinsäure-mono-äthylester
32...3	3-Brom-phenol		
32...3	Cedrenon	34,2	m-Xylylenchlorid
32...3	1-Chlor-1,1,2,2-tetra-brom-äthan	34,5	4-Amino-diphenyl-methan
32...3	β-Terpineol	34,5	N,N-Dimethyl-phenylen-diamin-(1,2)
32...3	p-Toluolsulfosäure-äthylester		
32,5	Cyclooctanon	34,5	Zimtalkohol
33	2-Acetyl-furan	34,5...5	9,10-Dihydrophen-anthren
33	2-Chlor-1-nitrobenzol		
33	trans-α-Decalon	34,9	Triacetonamin
33	Dicyclopentadien	35	Arsen, Tri-2-furyl-arsin
33	Dithienyl-(2,2')		
33	2-Methyl-benzyl-alkohol	35	α-Benzaldoxim
		35	1,2-Dichlor-naphthalin
33	Octadecyljodid		
33...4	α-Naphthaldehyd	35	Elaidinalkohol
33...4	2-Nitro-p-kresol	35	n-Heptadecyl-jodid
33...4	Phenylacetaldehyd	35	5-Hydroxymethyl-furfurol
33...4	2,4,6-Trichlor-toluol		
33...4	o-Xylyljodid	35	Lävulinsäure
33,5	Erucasäure	35	2-Nitro-3-methyl-furan
33,5	Stearinsäure-äthyl-ester		
		35	dl-α-Terpineol
33,5	1,2,5-Trimethyl-naphthalin	35	Trimethylessigsäure
		35...6	N-Methyl-p-phenylendiamin
33,5...4	Palmitinaldehyd		
33,9	β-Imino-buttersäure-äthylester	35...6	Zimtsäure-benzyl-ester
34	Benzoylcyanid	35,2	Fluoressigsäure
34	2,4-Dichlor-nitro-benzol	35,3	Dibenzylketon
		35,4	1,3-Dijod-benzol

F in °C	Name	F in °C	Name
35,5	2-Benzyl-naphthalin	38	Nicotinsäure-methyl=
35,7	2,4,6-Trimethyl-		ester
	cyclohexanol	38	Phosphor, Thio=
35,9...6,5	α-(4-Chlorphenyl)-		phosphorsäure-
	α'-phenylaceton		O,O-diäthyl-
35,93	Methylsenföl		O-7-[4-methyl=
36	Blausäure, NH$_4$-Salz		cumarin-]-ester
36	4-Chlor-1,2-dinitro-	38	Stearinaldehyd
	benzol (α-Form)	38	p-Toluolsulfosäure
36	5-Chlor-furfurol	38	Triäthylessigsäure
36	Margarinaldehyd	38	p-Xylylbromid
36	Methyl-äthyl-sulfon	38...8,5	Azoxybenzol
36	Methylbernstein=	38...9	Cinnolin
	säureanhydrid	38...9	3-Nitro-anisol
36	1-Methyl-cyclo=	38...40	Atroscin
	pentanol	38...40	1,8-Dibrom-
36	Phosphor, Thio=		p-menthan,
	phosphorsäure-		cis-Form
	O,O-dimethyl-	38...40 .	Dihydro-brenz=
	O-[p-nitrophenyl]-		catechin
	ester	38...41	Pyrogallol-1-methyl=
36	Zimtsäurechlorid		äther
36...6,5	α-Phenyl-α'-[4-fluor=	38,5	Stearinsäure-methyl=
	phenyl]-aceton		ester
36...8	Cyclohexyl-hydrazin	38,5...9,5	5,6,7,8-Tetrahydro-
36,4	cis-1-Chlor-2-jod-		naphthylamin-(2)
	äthylen	38,5...40	Kohlensäureäthylen=
36,5	p-Kresol		ester
36,5	Zimtsäure-methyl=	39	2,4-Dimethoxy-
	ester		anilin
36,5...6,8	Benzylanilin	39	3-Fluor-2-nitro-
37	Benzofulven		phenol
37	2-Jod-benzaldehyd	39	2-Hydroxy-benzo=
37	β-Naphthol-äthyl=		phenon
	äther	39	4-Methoxy-aceto=
37	Oxalsäure-mono=		phenon
	methylester	39	7-Methyl-chinolin
37	Piperonal	39	Octachlor-cyclo=
37	Salicylaldehyd-		pentan
	methyläther	39	Phenylbenzyläther
37	n-Tetradecylamin-(1)	39...9,5	Myristylalkohol
37...8	5-Amino-hydrinden	39...40	2-Amino-
37...8	2-Chlor-chinolin		benzaldehyd
37...8	2-Nitro-diphenyl	39...40	5-Chlor-2-nitro-
37...8	2-Propenyl-phenol		phenol
37,1	4-Chlor-1,2-dinitro-	39...40	Chromanon
	benzol (β-Form)	39...40	Furfuryliden-
37,5...8,5	2-Amino-2-äthyl-		aceton
	propandiol-(1,3)	39...40	Hexamethylen=
37,5...8	3-Chlor-2-nitro-		diamin
	phenol	39...40	Julolidin
38	Eicosan	39...40	Piperidon-(2)
38	3-Jod-1-nitrobenzol	39...41	5-Chlor-2-nitro-
38	α-Naphthonitril		phenol

F in °C	Name	F in °C	Name
39,5	Silicium, *trans*-2,4,6-Trimethyl-2,4,6-triphenyl-cyclo-trisiloxan	42	Hexamethylenglykol
		42	Hexandiol
		42	α-Hydrindon
		42	2,3,4,6-Tetrachlor-1-nitro-benzol
39,5...40,5	Butin-(1)-diol-(3,4)		
40	2,4-Dibrom-phenol	42...3	Benzoesäure-anhydrid
40	Heneikosan		
40	3-Jod-phenol	42...3	5,5-Dimethyl-pyrrolidon-(2)
40	Propionsäure-hydrazid		
		42...3	2,4-Dinitrobenzoe=säure-chlorid
40	Silicium-triphenyl-hydrid		
		42...3	α-Hydrindyl-anilin
40...1	Arsen, Diphenyl=arsinchlorid	42...3	Isophthalsäure=dichlorid
40...1	1,2,3,4-Tetrabrom-butan, niedrig=schmelz.	42...3	Thallin
		42,2...2,5	Zink-dimethyl
		42,5...3	Nervonsäure
40...1	Xanthogensäure=amid	42,5...3	Undecin-(10)-säure
		42,5...3,5	N,N-Dimethyl-thio=carbamidsäure=chlorid
40,4	2-Jod-phenol		
40,5	p-Amino-dimethyl=anilin		
		42,8	4-Nitro-benzal=chlorid
40,5	4-Chlor-1,2-dinitro-benzol (γ-Form)	43	4-Chlor-phenol
40,8	Phenol	43	Cyanamid
Z 40...50	Arsen, Dimethyl=arsintrichlorid	43	3,4-Dichlor-nitro-benzol
41	Benzyl-thiocyanat	43	2,3-Dichlor-phenol
41	5-Chlor-2-nitro-phenol	43	L-Ephedrin
		43	Salicylsäure-phenyl=ester
41	1-β-Conicein		
41	4-Methoxy-chinolin	43	Thialdin
41	2-Nitro-m-kresol	43	Zinn-di-n-butyl-dichlorid
41	2,3,4-Trichlor-toluol		
		43...3,5	Laurinsäure
41	Tropinon	43...4	2-Brom-1-nitro-benzol
41...2	d,l-Camphenilon		
41...3	Benzopersäure	43...4	dl-α-Hydroxy-buttersäure
41,1	Pinakon		
41,5	Trinitro-acetonitril	43...4	Thio-p-kresol
41,5...2,5	Arachinsäure-äthyl=ester	43...5	Methan-tricarbon=säure-trimethyl=ester
41,6	l-Menthol		
41,8	Cetyl-phenyl-äther	43...5	2,4,6-Trimethyl-chinolin
42	α-Äthyl-crotonsäure		
42	4-Äthyl-naphthol-(1)	43,5	2-Nitro-benzaldehyd, F auch 41° C
42	2-Amino-4-methyl-thiazol		
		43,5	p-Toluidin
42	Benzal-aceton	43,5...45	Ubichinon
42	5-Brom-2-nitro-phenol	43,7	Elaidinsäure
		44	d,l-α-Brom-iso=valeriansäure
42	β-Chlor-propionsäure		
42	Harnstoff-O-äthyl=äther	44	N,N-Diphenyl-hydrazin

F in °C	Name	F in °C	Name
44	2-Nitro-mesitylen	45,8	Benzaldiacetat
44	o-Tolylhydroxyl=amin	46	4-Amino-thiophenol
		46	Cetylamin
44	Zimtsäure-cinnamyl=ester	46	3-Chlor-1-nitro-benzol
44...5	Flavan	46	2-Nitro-benzyl=bromid
44...5	1,2,4-Tribrom-benzol		
44...6	Bicyclo-2,2,1-hepten-(2), F auch 44...6°	46	Phenylnitramin
		≈46	Phosphor, Triäthyl=phosphinoxid
44,4	Elaidinsäure	46	N-Propyl-hydroxyl=amin
44,5	Laurinaldehyd		
44,5...5,0	3,4-Dimethoxy-benzaldehyd	46	2,4,6-Trichlor-m-kresol
44,6	1,2,2-Trichlor-1-brom-äthan	46	Tri-isopropanolamin
		46	2,6,8-Trimethyl-chinolin
44,9	Dokosan		
45	Benzhydrylbromid	46...7	m-Xylylenalkohol
45	2,4'-Diamino-diphenyl	46...7	p-Xylyl-jodid
		46...8	2-Pyridyl-hydrazin
45	α,α'-Dichlor-aceton	46...8	2,3,4,5-Tetrachlor-furan
45	2-Dimethylamino-phenol		
		46,2	Glycerin-trilaurinat
45	N,N-Dimethyl-β-naphthylamin	46,5...7	Acetaldehydoxim
		47	3-Äthyl-benzoesäure
≈45	1-Phenyl-naphthalin	47	Isocumarin
45	1,1,1-Trichlor-2,2-bis-(p-fluor=phenyl)-äthan	47	2-Mercapto-iso=buttersäure
		47	Phenylcyanamid
45...5,5	Angelicasäure	47	Pyrogallol-trimethyl=äther
45...6	d-Camphen		
45...6	4-Jod-styrol	47...8	4-Äthyl-phenol
45...6	Phenoxybutter=säure-nitril	47...8	Azulen, 2-Methyl-azulen
45...6	2,3,4-Tribrom-toluol	47...8	γ-Phenyl-buttersäure
45...6	2,3,5-Trichlor-toluol	47...8	Phthalsäure-mono=äthylester
45...6,5	Chloral-alkoholat		
45...50	Dibromessigsäure	47...9	tert.-Butyl-carbinol
45...50	Titan-diäthoxy-dichlorid	47,5	1,2,3,4-Tetrachlor-benzol
45,12	2-Nitro-phenol	47,5...8,5	α-Liponsäure
45,3...5,6	Gallium-dimethyl-chlorid	47,7	Trikosan
		48	Chinazolin
45,5	trans-Dekahydro=chinolin	48	2-Chlor-phenyl=hydrazin
45,5	4,4'-Difluor-diphenyl	48	1-α-Fenchol
45,5	3-Methoxy-salicyl=aldehyd	48	4-Fluor-phenol
		48	Stearolsäure
45,5	3-Nitro-benzyl=chlorid	48	Thymochinon
		48...8,5	2-Nitro-benzyl=chlorid
45,5	2-Nitro-thiophen		
45,5	Pyrrolaldehyd-(2)	48...9	α-Eläostearinsäure
45,5...6	2-Nitro-5-methyl-furan	48...9	1-Jod-propan=diol-(2,3)

F in °C	Name	F in °C	Name
48...50	Dihydroxy-aceto= phenon-mono= methyläther	50...1	Cetylalkohol
		50...1	4,6-Dimethyl- cumalin
48...51	N,N-Diäthyl-thio= carbamidsäure- chlorid	50...1	3,4-Dinitrobenzoe= säure-chlorid
		50...1	Nitromalon- dialdehyd
48...53	Glycerin-α-phenyl= äther	50...1	1,1,1-Trichlor- propanol-(2)
48,1	Benzophenon, F 2. Modif. 26,5°C	50...1	Tropolon
48,1	Carbamidsäure= äthylester	50...2	Androstan
		50...0,5	Homovanillin
48,4...8,5	Di-dodecylsulfat	50,08	4-Chlor-1,3-dinitro- benzol
48,5	1,6-Dichlor- naphthalin	50,2...0,5	2,5-Dinitro-toluol
48,5	4-Nitroso-toluol	50,5	3,5-Dichlor-anilin
48,6	Hydrozimtsäure	51	Chinolin-4-aldehyd
49	N-Benzoyl-piperidin	51	2-Isopropyl-benzoe= säure
49	4-Chlor-benzaldehyd		
49	α,α'-Diacetyl-aceton	51	α-Nitroso-phenyl= hydrazin
49	3,4-Dimethyl-anilin		
49	Essigsäure- α-naphthylester	51	1-Norephedrin
		51	Phenacylbromid
49	Formaminomalon= säure-diäthylester	51	1,2,3,5-Tetrachlor- benzol
49	n-Heptadecylamin	51	Tetramethyl- p-phenylen-diamin
49	1,3,2-Xylenol		
49...50	2-Amino-diphenyl	51...2	Bromcyan
49...50	3-Cyan-pyridin	51...2	ω-Cyano-pelargon= säure
49...50	Dibenzylsulfid		
49...50	l-β-Hydroxy- buttersäure	51...2	Dithiokohlensäure- azid
49...51	Anissäure-methyl= ester	51...2	Hydrazincarbon= säure-äthylester
49,2...9,3	α-Naphthylamin	51...2	4-Methyl-naphthyl= amin-(1)
49,4	Bromalhydrat		
49,5	2-Jod-1-nitro-benzol	51...2	Ricin-elaidinsäure
49,8	Thymol, F auch 51°	51,3	Päonol
50	Borsäure-triphenyl= ester	51,6...1,7	Chloral-hydrat
		51,8	4-Nitro-toluol
≈ 50	Carbamidsäure= chlorid	51,8...2,3	1,1,3-Trimethyl- 3-phenylindan
· 50	2,5-Dichlor-anilin	51,9	Tetrakosan
50	Formanilid	52	2-Amino-diphenyl= methan
50	Guanidin		
< 50	Phenol-sulfosäure-(2)	52	7,8-Benzo-chinolin
50	Phosphorsäure- triphenylester	52	4-Nitro-anisol
		52...2,4	Salicylsäure- O-chlorphenylester
50	Scopalamin		
50	2,3,5-Trichlor- pyridin	52...3	Furfurol-diacetat
		52,2...3,1	Pentamethylbenzol
50...1	3-Äthylnaphthol-(1)	52,4	1,2,3-Trichlor-benzol
50...1	Benzolsulfosäure	52,5	4-Chlor-2-hydroxy= benzaldehyd
50...1	Bromessigsäure		

F in °C	Name	F in °C	Name
52,5...3,5	Äthylen-tetracarbon=säure-tetraäthyl=ester	54...4,5	Tetralin-hydro=peroxid
		54...5	3,3'-Azo-toluol
52,6	Maleinsäure-anhydrid	54...5	2,3-Dimethoxy-benzaldehyd
53	Äthylanilin-N-acetat	54...5	Phloroglucintri=methyläther
53	Antimontriphenyl	54...6	Anthranilsäure-nitril
53	trans-β-Decalol I		
53	2,5-Dimethoxy-benzaldehyd	54...6	Benzal-acetonoxid
		54,4	Myristinsäure
53	3,6-Dimethyl-octin-(4)-diol-(3,6)	54,5	2-Jod-naphthalin
		54,5	1,2,3,4-Tetrahydro-acridin
53	N,N'-Dimethyl-phenylen=diamin-(1,4)	54,9	Zinn-tetramethyl
		55	4-Amino-diphenyl
53	Diphenylamin	55 Z	Blei-triäthyl-hydroxid
53	Indol		
53	2-Nitro-m-toluidin	55	2,6-Dibrom-phenol
53	Phenylurethan	55	2,5-Dichlor-nitro-benzol
53...3,5	3-Nitroso-toluol		
53...4	4-Brom-acetophenon	55	2,3-Dimethylchinon
53...4	4-Hydroxy-diphenyl=methan	55	3-Methyl-5-äthyl-phenol
53...4	Palmitinsäure-cetylester	55	2,3,6-Trichlor-phenol, F auch 58°
53...4	Thiobenzophenon	55	o-Xylylenchlorid
53...4	2,3,5-Tribrom-toluol	55...5,5	2-Jod-benzylbromid
53...5	1,2-Dibrom-3,3,3-trifluor-2-methyl-propan	55...6	Chlor-p-chinon
		55...6	β-Naphthyl-iso=cyanat
53...5	3-Isonitroso-pentanon-(2)	55...6	Pyrogallol-1,3-di=methyläther
53,2	Pentakosan	55...7	4-Brom-benzaldehyd
53,4	Dibenzyl	55 (58)	2,3,6-Trichlor-phenol
53,71	Bernsteinsäure-dinitril	55...60	Spermin
		55,4	2,2'-Azo-toluol
53,8...54	α-Phenyl-α'-[p-brom-phenyl]-aceton	55,5	3-Brom-1-nitro-benzol
54	Acetessigsäure-amid	55,6	Jod-trinitro-methan
54	Ameisensäure-hydrazid	56	2-Chlor-naphthalin
		56	β,β'-Dichlor-diäthyl=sulfon
54	Benzalanilin		
54	Carbamidsäure-methylester	56	2,4-Dinitro-thiophen
		56	Hydrochinon-dimethyläther
54	1,4-Dichlor-benzol		
54	Furfuryliden-acetaldehyd	56	Hydrochinonmono=methyläther
54	Glycerin-α-nitrat	56	6-Hydroxy-m-tolylaldehyd
54	Heptadecanol-(1)		
54	2-Hydroxy-p-tolylaldehyd	56	Isoapiol
		56	6-Nitro-m-kresol
54	Oxalsäure-dimethyl=ester	56	Piperonylalkohol
		56	Pyridin-4-carbinol

F in °C	Name	F in °C	Name
56	2,3,4-Trichlor-1-nitro-benzol	58	2-Propyl-benzoesäure
56	1,1,2-Triphenyl-äthan	58	2,4,5-Trichlor-nitrobenzol
56...7	Benzotribromid	58	meso-Weinsäure-diäthylester, F auch 55°
56...7	2-Chlor-1-nitroso-benzol		
56...7	1-Chlor-1-nitroso-propan	58...9	Benzal-acetophenon
56...7	Glutarsäure-anhydrid	58...9	2-Chlor-4-methyl-chinolin
		58...9	Cinchotoxin
56...7	4-Nitro-phenylisocyanat	58...9	Glycerin-β-nitrat
		58,5...9,5	Stearylalkohol
56...7	Önanthaldoxim	59	Acetophenon-oxim
56...7	Pentabromäthan	59	9-Äthyl-anthracen
56...7	o-Phthalaldehyd	59	2-Amino-azobenzol
56...8	4-Nitro-diphenyläther	59	p-Anisidin
		59	Benzoyl-aceton
56,5	Glycerin-trimyristat	59	1-Benzyl-naphthalin
56,5	4-Methyl-imidazol	59	5-Chlor-1,3-dinitro-benzol, F auch 53°
56,5	Tetrabromäthylen		
56,5...7	7-Äthyl-naphthol-(1)	59	Chromon
57	β-Benzyl-hydroxylamin	59	Cyclododecanon
		59	2-Fluor-naphthalin
57	2-Brom-naphthalin	59	2-Hydroxy-diphenyl
57	2,3-Dichlor-phenol	59	2-Hydroxy-p-tolylaldehyd
57	1,2-Diphenyl-benzol		
57	Hexakosan	59	4-Methyl-benzophenon
57	3-Hydroxy-4-methoxy-styrol		
57	3-Jod-benzaldehyd	59	Phenylnitroso-hydroxylamin
57	N-Nitro-dimethylamin	59	2,4,5-Trimethoxy-propen-(1)-yl-benzol
57	N-Phenyl-morpholin		
57	Pyrazin	59...60	N-Äthyl-hydroxylamin
57	1,1,1-Trinitro-äthan		
57...8	Dicetyläther	59...60	Carbamidsäure NH$_4$-Salz
57...8	Furfuryl-essigsäure		
57...8	2-(p-Methylphenyl)-cycloheptanon	59...60	Cardiazol
		59...60	3,5-Dinitrobenzoesäure-bromid
57...8	Paraconsäure		
57,2...7,5	1-Nitro-naphthalin	59...60	β-Hydrindon
57,4	Trichloressigsäure, F auch 49,6°	59...60	Phenol, Na-Salz
		59...60	3-Nitro-benzylbromid
57,5...8,5	N-Methylamino-pyridin		
		59...60	N-Phenyl-β-alanin
58	2-Amino-pyridin	59...60	o-Tolylhydrazin
58	Behenolsäure	59,5	2,2'-Dihydroxy-benzophenon
58	4-Brom-dimethyl-anilin		
		59,5	Heptakosan
58	2,5-Dichlor-phenol	59,8	3,4-Dinitro-toluol
58	3-Nitro-benzaldehyd	60	Aceton-oxim
58	ω-Nitrostyrol	60	Aluminium-kalium-triäthyl-fluorid
58	Phenoxthin		

F in °C	Name	F in °C	Name
60	Chinotoxin	61,5	Diphenylsulfid
60	Decamethylendiamin	61,5	L(+)-Weinsäure-
60	Desoxybenzoin		dimethylester
60	2,6-Dimethyl-	62	Apoatropin
	chinolin	62	Benzoin-äthylester
60	Di-p-tolyl-carbo=	62	N,N'-Dimethyl-
	diimid		thioharnstoff
60	1-Hydroxy-	62	1-α-Naphthyl-
	naphthaldehyd-(2)		äthanol-(2)
60	Phenacyl-chlorid	62	3-Nitro-diphenyl
60	Phenyl-α-naphthyl=	62	4-Nitro-phenetol
	amin	62	Orcin-monomethyl=
60	2,4,6-Trichlor-anisol		äther
60	1,2,4-Trinitro-benzol	62	N-Phenyl-pyrrol
60...1	Benzal-acetessigester	62	Pinenhydrat
60...1	α,α-Diphenyl-aceton	62	Thiophen-carbon=
60...1	2-Jod-anilin		säure-(2)-anhydrid
60...1	DL-6,8-Thioctsäure	62	3,4,6-Trichlor-
60...5	Galegin		o-kresol
60...70	o-Chinon	62	2,3,5-Trichlor-
60...95	2-Amino-2-methyl-		phenol
	propandiol-(1,3)	62...2,5	Glycerin-hexadecyl=
60,5	β-Chlor-isocroton=		äther
	säure	62...3	9-Amino-fluoren
60,5	2,3,6-Tribrom-toluol	62...3	β-Brom-propionsäure
60,9	Octakosan	62...3	Cumenol
61	Arsen, Triphenyl=	62,2	Palmitinsäure
	arsin	62,5	1,2-Difluor-
61	2,3-Dichlor-nitro=		1,1,2,2-tetrabrom-
	benzol		äthan
61	Erythrit-tetranitrat	62,5	Diphenylacetylen
61	4-Methyl-benzyl=	62,53	Chloressigsäure
	alkohol	63	9-Brom-phenanthren
61	2-Methyl-indol	63	Cyclopentadecanon
61	2-Methyl-	63	trans-α-Decalol II
	naphthol-(1)	63	2,4-Dichlor-anilin
61	β-Naphthaldehyd	63	2,3-Dinitro-toluol
61	p-Toluolsulfosäure-	63	Glycerin-α-laurat
	N-nitroso-methyl=	63	4-Methyl-pyrrol-di=
	amid		carbonsäure-(2,3)-
61...2	4-Phenyl-chinolin		diäthylester
61...2	Phosphor, Äthyl=	63	3-Nitro-benzylcyanid
	phosphonsäure	63	Octandiol-(1,8)
61...2	Phosphor, Di=	63	1,3,5-Trichlor-benzol
	phosphorsäure-	63	1,3,5-Trioxan
	tetrabenzylester	63	Tropin
61...2	5,6,7,8-Tetrahydro=	63...4	3-Chloracryl=
	naphthol-(2)		säure-(cis)
61...2	Vitamin A-aldehyd	63...4	Cycloheptadecanon
61...2	m-Xylol-sulfo=	63...4	2,3-Diamino-toluol
	säure-(4)	63...4	Eikosanol-(2)
61,5	Brassidinsäure	63...4	Formaldehyd-
61,5	1,3-Dichlor-		sulfoxylsäure,
	naphthalin		Na-Salz

F in °C	Name	F in °C	Name
63...4	4-Methoxy-benzo=phenon	64,5...5	*trans*-10-Hydroxy-decen-(2)-säure
63...4	m-Phenylendiamin	64,5...5,5	2-Chlor-pyrimidin
63...4	Vitamin A	65	4-Amino-benzyl=alkohol
63...4	o-Xylolsulfosäure-(4)		
63,5...4	Isoprensulfon	65	3-Amino-pyridin
63,5...4	Tiglinsäure	65	1-Brom-4-chlor-benzol
64	Brenzkatechin-diacetat	65	Cyanessigsäure
64	4-Brom-phenol	65	Decalol-(9)
64	Chinolin-2-carbinol	65	Dibromzimtsäure-bornylester
64	2-Chlor-1,4-dinitro-benzol	65	3,5-Dichlor-nitro=benzol
64	2-Chlor-phenylen=diamin-(1,4)	65	2,6-Dichlor-phenol
64	2,5-Diamino-toluol	65	3,4-Dichlor-phenol
64	1,8-Dibrom-p-menthan; *trans*-Form	65	4-Methyl-brenz=catechin
64	1,7-Dichlor-naphthalin	65	Myricylchlorid
		65	γ-Phenyl-croton=säure
64	2,6-Dinitro-phenol	65	1,4,6-Trichlor-naphthalin
64	Nitromethan		
64	Phosphorsäure-tribenzylester	65	1,2,4-Xylenol
		65...6	2-Methyl-piperazin
64	Silicium, Hexa=methylcyclo=trisiloxan	65...6	Phenylglyoxylsäure
		65...6	Pyridin-N-oxid
		65...6	p-Tolylhydrazin
64	p-Toluol-sulfosäure-äthylamid	65...7	3-Brom-2-nitro-phenol
64	1,3,5-Xylenol	65...8	Önanthsäure-lactam
64...5	Capsaicin	65...90	Toxaphen
64...5	2-Chloracrylsäure	65,5	Glycerin-tripalmitat
64...5	2-Chlor-naphthol-(1)	66	4-Brom-anilin
64...5	10-Hydroxy-decen-(2)-säure	66	4-Chlor-m-kresol
		66	3-Nitrobenzal-anilin
64...5	l-Isocamphan	66	3-Nitro-dimethyl=anilin
64...5	Nonakosan		
64...5	γ-Phenoxy-butter=säure	66	m-Toluidin-N-acetat
		66	N-Vinyl-carrbazol
64...5	1-Phenyl-pyrrolidon-(2)-carbonsäure-(3)	66...7	α-Chlor-isocroton=säure
		66...7	Diäthylbromessig=säureamid
64...5	2,4,5-Trichlor-phenol, F auch 91...2°C	66...7	α,α'-Dibromadipin=säure-diäthylester
64...6	DL-1,2-Diphenyl-äthanol	66...7	2,3,4,5-Tetrachlor-1-nitro-benzol
64...6	dl-Phenyl-benzyl-carbinol	66...7	Triakontan
		66...7	2,3,6-Trichlor-p-kresol
64,2...4,8	Phthalylalkohol		
64,3	2,6-Dinitro-toluol	66...7	Veratrumsäurenitril
64,5	3-Nitro-benzal=chlorid	66...8	3,5-Dinitrobenzoe=säurechlorid

F in °C	Name	F in °C	Name
66	L(+)-Weinsäure-diisobutylester, F auch 70°	68	2,4,6-Trinitro-anisol
		68	cis-Zimtsäure (allo)
66,5	Naphthylen-diamin-(1,8)	68...9	L-6-Desoxytagatose
		68...9	Lauron
66,5...7,0	α,β-Dibrompropion-säure (inaktive)	68...9	Triphenyläthylen
		68,5	Azobenzol
66,5...7,5	Eikosanol-(1)	68,5...9,0	5,6,7,8-Tetrahydro-naphthol-(1)
67	4-Chlor-benzol-sulfosäure	69	Azulen, 4,8-Di-methyl-azulen
67	Essigsäurehydrazid	69	Chaulmoograsäure
67	Myricylbromid	69	3,3-Dimethyl-acryl-säure
67	4-Phenyl-cinnolin		
67	Phyllopyrrol	69	2,3-Dimethyl-chinolin
67	2,4,6-Trichlor-phenol		
67...7,5	Silicium-methyltri-phenyl	69	4-Fluor-2-hydroxy-benzaldehyd
67...8	Bromfumarsäure-diäthylester	69	Hentriakontan
		69	Toluchinon
67...8	Cyclohexanon-carbonsäure-(4)	69...70	2-Äthyl-naphthol-(1)
		69...70	Dihydroxyaceton (F auch 78...79°)
67...8	Gold-diäthyl-jodid		
67...8	4-n-Hexyl-resorcin	69...70	2-Hydroxy-diphenylamin
67...8	4-Jod-anilin		
67,2...7,6	Diphenylnitrosamin	69...70	Pyrazol
67,5	α-Naphthalinsulfo-säure-chlorid	69...70	γ-Terpineol
		69...72	2-Isonitroso-pentanon-(3)
67,5	2,3,4-Trichlor-anilin		
67,5...70,0	Titan-n-butoxy-trichlorid	69,2	ε-Caprolactam
		69,5	2-Nitrobenzal-anilin
68	2-Äthyl-benzoesäure	69,5...70,5	Salicylsäure-p-chlorphenylester
68	Benzhydrol		
68	3,4-Benzphen-anthren	69,55	2,4-Dinitro-toluol
		70	α-Benzoyl-phenyl-hydrazin
68	1,2-Dibrom-naphthalin	70	Bis-N,N-diäthyl-thiocarbonyl-disulfid
68	1,4-Dichlor-naphthalin		
68	3,5-Dichlor-phenol	70	4-Chlor-anilin
68	Isonitrosoaceton, F auch 66°	70	Diphenyl
		70	Essigsäure-β-naphthylester
68	Itaconsäureanhydrid		
68	3-Methyl-brenz-catechin	70	Isonicotinsäure-phenylester
68	3-Methyl-isochinolin	70	Koprostan
68 Z	Methylnitrolsäure	70	4-Methyl-2,6-di-t-butyl-phenol
68	β-Naphtho-nitril		
68	Nitrosobenzol	70	6-Nitro-o-kresol
68	2,4,5-Trimethyl-anilin	70	Phosphor, Phenyl-phosphinigsäure
68	p-Toluolsulfosäure-chlorid	70	2,3,4,5-Tetramethyl-anilin
68	2,4,5-Trimethyl-anilin	70	2,4,6-Tribrom-toluol
		70...1	4-Brom-2-chlor-anilin

F in °C	Name	F in °C	Name
70...1	1-Chlor-naphthol-(2)	72	5-Nitro-chinolin
70...1	2-Chlor-6-nitro-phenol	72	3,4,6-Trinitro-o-xylol
		72...2,5	Mesitol
70...1	1,2-Dibrom-tetralin	72...4	Decamethylenglykol
70...1	Eucain B-Base	72...4	Sebacinsäureamid-methylester
70...1	Lupinin		
70...1	Thiophenol	72,5	Bor, Diboran-1,1,2,2-tetramethyl
70...1	3,4,5-Trichlor-1-nitro-benzol	72,5	β-Eläostearinsäure
70...1,8	Diphenylsulfoxid	72,5	2-Nitroso-toluol
70...3	o-Nitrophenyl-mercaptyl-chlorid	73	4-Amino-diphenyl=amin
70,1	α,α'-Dipyridyl	73	cis-Cyclopentan-dicarbon=säure-(1,2)-anhydrid
70,5	Dotriakontan		
70,5...1,5	Pseudocumenol		
71	4-Amino-benz=aldehyd	73	trans-1,2-Dijod-äthylen
71	Benzoesäure-phenyl=ester	73	3-Hydroxy-benzyl=alkohol
71	Chinolin-2-aldehyd	73	4-Hydroxy-diphenyl-amin
71	trans-Crotonsäure		
71	Cumarin	73	3-Hydroxy-p-tolyl=aldehyd
71	2,6-Dichlor-nitro=benzol	73	4-Nitrobenzoesäure-chlorid
71	2,4-Dimethoxy-benzaldehyd	73	1,2,3-Xylenol, F auch 75°
71	3-Hydroxy-thio=naphthen	73...4	9-Acetyl-phen=anthren
71	Isophthalsäure-dimethylester	73...4	Anisal-aceton
71	Stearinsäure	73...4	Coniferylalkohol
71...2	Dibenzylanilin	73...4	2-Hydroxy-3-methyl-naphthochinon-(1,4)
71...2	Glycerin-octadecyl=äther		
71...2 Z	3-Nitrobenzoesäure-azid	73...4	1,2,3,4,5,6,7,8-Octa=hydro-anthracen
71...2	4-Nitro-benzyl=chlorid	73...4	Phthalimido-malon=säure-diäthylester
71...3	Furan-carbon=säure-(2)-anhydrid	73,2	Tetratriakontan
71,5	Glycerin-tristearat	73,5	L-Idit
71,5	2-Nitro-anilin	73,5	Milchsäureamid
71,5...3	4-Amylresorcin	73,9	Propionsäure-äthyl=ester
72	Benzofuroxan		
72	3-Chlor-1-nitroso-benzol	74	Dibenzyl-disulfid
72	Diäthylsulfon	74	Emetin
72	3,4-Dichlor-anilin	74	2-Hydroxy-iso=capronsäure
72	2,4-Dinitro-benz=aldehyd	74	2-Nitro-benzyl=alkohol
72	Hydrochinon-diäthyläther	74	4-Phenyl-pyridin
72	Nicotinsäure-phenylester	74	9-Propyl-phen=anthren

F in °C	Name	F in °C	Name
74	Styroldibromid	76	Glycerin-tribenzoat
74	Triäthylendiamin	76	Hexatriakontan
74	Vinylessigsäureamid	76	Phosphor,
74 (81…2)	α-Methyl-*trans*-zimt= säure		Dimethyl= phosphinsäure
74…5	Benzo-1,2,4-triazin	76	Silicium-äthyl-tri= phenyl
74…5	4-Dimethylamino- benzaldehyd	76	Trichlor-acrylsäure
74…5	8-Hydroxy-2-methyl- chinolin	76…7	Äthylmerkaptan
		76…7	Cannabinol
74…5	5-Nitro-m-xylol	76…7	3,3-Dichlor-acryl= säure
74…5	2,3,4,6-Tetrachlor- pyridin	76…7	3-Nitro-p-kresol, F auch 79°
74,5…75	o-Biphenylen		
74,6	Pentatriakontan	76,1…3	Arachinsäure
74,8	Trifluoressigsäure= amid	76,5	Myriston
		76,5	Tetrolsäure
75	3-Brom- d-campher-(α), F auch 45°	76,6	3-Chlor-anilin- N-acetat
		76,8	Allylthioharnstoff
75	*trans*-β-Decalol II	77	4,5,6-Trichlor- o-kresol
75	3,5-Dinitro-o-xylol		
75	3-Hydroxy- diphenyl	77	1,2,5-Trichlor- naphthalin
75	Nerolin	77	3,4,5-Trimethoxy- benzaldehyd
75	Phthalid		
75	Trional	77	m-Xylylenbromid
75	1,4,2-Xylenol	77…8	4-Jod-benzaldehyd
75…6	9-Acetyl-anthracen	77…8	4-Nitrobenzyl- acetat
75…6	1-Benzoyl- naphthalin	77…8	4-Nitro-N,N-di= äthylanilin
75…6	Flavanon		
75…6	Phenyl-α-naphthyl- keton	77…80	ε-Amino-capron= säure-N-benzoat
75…6	Thioessigsäure- anilid	77,5	Cyclohexandion-(1,4)
		77,5…8	Phosphorsäure-tri- p-kresyl-ester
75…6	Zimtsäure-phenyl= ester	77,6	Wismut-triphenyl
75…7	Äthanolamin-hydro= chlorid	78	Cerotinsäure
		78	3-Chlor-1,2-dinitro- benzol
75…8	Oxindon-(1,3)- carbonsäure-(2)- äthylester	78	Cyclohexanol-(1)- carbonsäure-(2), *cis*-Form
75,5	Furyl- dicarbinol-(2,5)	78	3-Diäthylamino- phenol
75,5	Trimethylharnstoff		
75,5…0,7	Furyl- dicarbinol-(2,5)	78	Dibenzoylmethan
		78	Glykolsäure
75,8	8-Hydroxy-chinolin	78	Imino-diacetonitril
76	4-Chlor-phenylen= diamin-(1,2)	78	3-Nitro-benzoesäure- methylester
76	Diacetyl-monoxim	78	3-Nitro-p-toluidin
76	9,10-Dihydro- anthranol	78	Phenylessigsäure
		78	Polamidon

F in °C	Name	F in °C	Name
78	2,4,6-Trichlor-anilin	80...2	2,5-Dinitro-thiophen
78...8,5	m-Phenanthrolin	80...2	3-Hydroxymethylen-d-campher
78...9	Diacetyl-amin		
78...9	3-Nitro-thiophen	80...2	4-Nitro-phenanthren
78...9	p-Toluolsulfosäure-methylamid	80	Form-hydroxam=säure, F auch 82°
78...80 Z	2,4-Diamino-phenol	80,04	Naphthalin
78,5	2,4,6-Trichlor-anilin	80,35	2,4,6-Trinitro-toluol
78,6...9,4	1-[4-Nitrophenyl]-butadien-(1,3)	80,5	Cholesten-(4)-on-(3)
		80,5	1,3,6-Trichlor-naphthalin
79	Anisal-acetophenon		
79	o-Anisidin-N-acetat	81	Benzoyl-acetonitril
79	4-Cyan-pyridin	81	3,5-Dibrom-phenol
79	trans-α-Decalol I	81	Lignocerinsäure
79	Di-p-tolylamin	81	9-Methyl-anthracen
79	α-Hydroxy-iso=buttersäure	81	3-Nitro-acetophenon
		81	Thio-β-naphthol
79	β-Naphthalinsulfo=säure-chlorid	81	1,2,3-Trichlor-naphthalin
79	2-Nitro-naphthalin	81	Vanillin
79 Z	Phenyl-benzoyl-diazomethan	81...2 Z	Cyclohexanon-carbonsäure-(2)
79...80	2-Amino-diphenyl=amin	81...2	1,2-Dijod-äthan
		81...2	2,5-Dimethoxy-anilin
79...80	Mandelsäure-O-acetat	81...2	3-Hydroxymethylen-d-campher
79...80	Nitroacetaldoxim	81...2	1,2,4,5-Tetramethyl-benzol
79,2...80	Behensäure		
79,5	Diglykol-distearat	81,5...2,5	Benzoin-acetat
79,5	Glykol-distearat	82	Azulen, 4,6,8-Tri=methyl-azulen
79,5	Kohlensäure=diphenylester	82	5,6-Benzo-chinaldin
79,5	Phosphorsäure-dibenzylester	82	2-Benzoyl-naphthalin
79,5	Propionsäure-amid	82	3,4-Dinitro-o-xylol
80	Benzamidin	82	ω,ω-Diphenyl-fulven
80	Benzamidoxim	82	3-Hydroxy-benzo=nitril
80	Cerylalkohol		
80	2,4-Dibrom-anilin	82	3-Hydroxy-diphenyl=amin
80 Z	Kupfer-phenyl		
≈80	Ölsäure, Mg-Salz	82	2-Hydroxy-naphthaldehyd-(1)
80	Phosphor, Tri=phenylphosphin	82	Phenyl-β-naphthyl-keton
80	2,2,2-Tribrom-äthanol	82	Terephthalsäure-chlorid
80...1	m-Anisidin-N-acetat		
80...1	Glycerin-α,α'-di=phenyläther	82...2,5	4-Nitrobenzal-bromid
80...1	4-Nitro-acetophenon	82...3	4-Amino-1,2,4-triazol
80...1	Titan-äthoxy-tri=chlorid	82...3	N-Bromäthyl-phthalimid
80...1	2,3,4-Trichlor-phenol	82...3	α-Naphthyl-hydr=oxylamin
80...2	4-Amino-pyrazol	82...4	1,9-Benzanthren

F in °C	Name	F in °C	Name
82...4	2-Hydroxy-phenyl=propionsäure	84,5	10-Hydroxy-stearin=säure
82,2...2,5	Palmiton	84,5...5,0	Zinn-tri-n-butyl-acetat
82,3	Acetamid		
82,4	2,4,5-Trichlor-toluol	84,9	2-Nitro-benzolsulfo=säure
82,5...3,0	2-Hydroxy-azobenzol		
82,5...3,0	(+)-α-Methyl-glutarsäure	85	Allyl-harnstoff
		85	2-Amino-phen=anthren
82,5...3,5	Pentaacetyl-D-gluconitril	85	Benzolsulfinsäure
83	2-Amino-benzyl=alkohol	85	5-Brom-furfurol
		85	5-Chlor-naphthyl=amin-(1)
83	Azulen, 6-Methyl-azulen		
		85	4-Chlor-phenyl=hydrazin
83	4-Chlor-1-nitro-benzol		
		85	2-Chlor-1,3,5-tri=nitro-benzol
83	4-Chlor-m-toluidin		
83	Diphenylenoxid	85	4,4'-Diamino-diphenyl-disulfid
83	Jodessigsäure		
83	2,4,2',4'-Tetrachlor-diphenyl	85	2,9-Dimethyl-anthracen
83	1,2,8-Trichlor-naphthalin	85	2,6-Dinitro-p-kresol
		85	Formamino-malon=säure-dimethyl=ester
83	2,4,6-Trichlor-resorcin		
83...4	2,4-Dinitro-m-xylol	85	Indoxyl
83...4	Histamin	85	β-Jod-propionsäure
83...4	Ölsäure, Ca-Salz	85	4-Methyl-diazo=aminobenzol
83...4	β-Phenyl-glycidsäure		
83...4	Phenylhydroxylamin	85	Phosphor, Diäthyl=phosphin
83...6	Aponal		
83,5	1-Chlor-anthracen	85	4,4',4''-Trianilino-triphenylcarbinol
83,5	4-Jod-acetophenon		
83,5	2-Nitro-resorcin	85...6	Azulen, 4,8-Di=methyl-6-brom-azulen
83,5	Pregnan		
84	Acetobrom-maltose		
84	Buccocampher	85...6	3,4-Benzotropolon
84	4-Hydroxy-diphenylmethan	85...6	2,3-Dichlor-acryl=säure
84	3-Jod-naphthyl=amin-(1)	85...6	Fluorenon
		85...6	1-Methyl-anthracen
84	2-Nitrobenzyl-cyanid	85...6	β-Methylglutarsäure
84	4-Nitroso-diäthyl=anilin	85...6	Naphthylen=diamin-(1,6)
84	Zinn-diäthyl-dichlorid	85...6	1-Nitroso-naphthalin
		85...6	Pentachlorbenzol
84...5	Acethydroximsäure-chlorid	85...6	Sulfurylindoxyl
		85...6	2,4,5-Tribrom-anilin
84...5 Z	Äthylnitrolsäure	85...8	Myricylalkohol
84...5	4,7-Dichlor-chinolin	85,5	3-Chloracrylsäure-(trans)
84...5	Vitamin D_3		
84,1	Tetrakosansäure	86	Acetessigsäure-anilid
84,5	4-Amino-triphenyl=methan	86	3-Amino-benzo=phenon

F in °C	Name	F in °C	Name
86	p-Chinon-chlorimid	87,8	1,2,3-Tribrom-benzol
86	2,4-Dinitro-mesitylen	88	2-Äthyl-4-nitro-naphthol-(1)
86	α-Gentiobiose	88 Z	Cyansäure, NH_4-Salz
86	2-Phenyl-chinolin	88	β-Benzal-propion=säure
86	Salicylalkohol		
86...7	Benzoyl-carbinol	88	Campheroxalsäure
86...7	Cholansäure-methyl=ester	88	2-Chlor-1,3-dinitro-benzol
86...7	2,5-Diäthoxyanilin	88	Digitoxit
86...7	1,3-Diphenyl-benzol	88	4,4'-Dimethoxy=diphenyl-2,2,2-tri=chlor-äthan
86...7	Glykolid		
86...7	p-Toluolsulfosäure-N,N-dimethyl=amid	88	Diphenyldiacetylen
		88	Homopterocarpin
86...7	p-Toluolsulfinsäure	88	α-Phenyl-zimtsäure=nitril
86...7	2,3,6-Trimethyl-chinolin	88	Stearon
86...8	d,l-Atebrin	88	1,1,1-Trichlor-2,2-bis-(p-meth=oxyphenyl)äthan
86,5	4,6-Dinitro-o-kresol		
86,5	1,2,4,5-Tetrabrom-pentan	88	1,2,7-Trichlor-naphthalin
86,7	2-Chlor-anilin-N-acetat	88...9	Acetobrom-glucose
86,9	2,4-Dinitro-anisol	88...9	Homopterocarpin
87	4-Amino-acenaphthen	88...9	N-Methyl-hydroxyl=amin-hydrochlorid
87	Arsen, 2,2'-Arseno-furan	88...9	Pyrrol-carbon=säure-(3)-methyl=ester
87	Dibenzyl-essigsäure		
87	3-Dimethylamino-phenol	88...9	o-Tolylessigsäure
		88...9	3,4,5-Tribrom-toluol
87	4-Methylamino-phenol	88...90	Isopropyl-malon=säure
87	D-Ribose	88...90	Titan-phenyl-tri=isopropyl
87	2,4,6-Tribrom-anisol		
87	D,L-Weinsäure-dimethylester, F auch 70°	88...92	4-Brom-2-nitro-phenol
		88,4	Indium-trimethyl
87...8	Acethydroxamsäure	88,5	1,8-Dichlor-naphthalin
87...8	4-Chlor-2-nitro-phenol	88,5	as. Phthalylchlorid
87...8	4-Chlor-phenyl=hydroxylamin	88,5...9,5	α-Phenylaceto-acetonitril
87...8	2,6-Dibrom-anilin	89	Eserätholamin
87...9	Nitroessigsäure	89	4-Hydroxy-stearin=säure
87...90	D-2-Desoxyribose		
87,2	1,4-Dibrom-benzol	89	d-Laudanosin
87,5	3-Amino-phenanthren	89	4-Methoxy-diphenyl
		89	Naphthol-(2)-sulfo=säure-(7)
87,5...8	3,4-Dimethoxy-anilin	89	2,3,6-Trichlor-nitro=benzol
87,8	4-Nitroso-N-di=methylanilin	89...90	3,4-Diamino-toluol

F in °C	Name	F in °C	Name
89...90	3,6-Dinitro-o-xylol	92	3-Amino-benzyl=
89...90	Isophthalaldehyd		alkohol
89...90	Styrol-β-sulfosäure=	92	4-Dimethylamino-
	chlorid		benzophenon
89...91	Isoamyl-harnstoff	92	Isobrenzschleimsäure
89,2...9,5	Salicylsäure-	92	4-Jod-phenol
	o-phenyl-phenyl=	92	3-Nitro-o-toluidin
	ester	92	1,2,4-Trichlor-
89,5	1,3,8-Trichlor-		naphthalin
	naphthalin	92	2,3,4-Trimethyl-
89,5...90	p-Bromdiphenyl		chinolin
89,5...90	3-Nitroso-1-nitro-	92...3	Acenaphthylen
	benzol	92...3	4-Chlor-2,5-dimethyl-
90	2-Amino-thiazol		anilin
90	1,3-Dinitro-benzol	92...3	4-Chlor-1-nitroso-
90	α-Naphthalinsulfo=		benzol
	säure	92...3	Citraconsäure
90	2-Nitro-phenyl=	92...3	Cusparin
	hydrazin	92...3	4,4'-Diamino-
90	2-α-Pyridyl-pyrrol		diphenylmethan
90	Terpenylsäure	92...3	Lupulon
$\approx$ 90	L(+)-Weinsäure-	92...3	2,3,6-Trimethyl-
	monoäthylester		naphthalin
90	meso-Weinsäure,	92...3	Triphenylmethan,
	K-Salz		F auch 81°
90...1	Imidazol	92...4	Cymarose
90...1	5-Nitro-m-kresol	92...4	N-Methyl-
90...1	Phthalazin		pyridon-(4)
90...1	2,3,5,6-Tetrachlor-	92...5	Acetophenon-
	pyridin		carbonsäure-(4)-
90,5...1	2,3,6-Trichlor-		methylester
	naphthalin	92...6	D-2-Xylodesose
91	4,4'-Bis-dimethyl=	92,1...2,4	Äthylharnstoff
	amino-diphenyl=	92,3...3,5	2,4,6-Tribrom-phenol
	methan	92,5	Tetrabromkohlen=
91	4-Brom-resorcin,		stoff
	F auch 103°	92,5	Tribenzylamin
91	4-Chlor-phenylen=	92,5	1,2,6-Trichlor-
	diamin-(1,3)		naphthalin
91	2,5-Diphenyl-furan	92,5...3,5	2,4'-Dinitro-
91	β-Naphthalin-sulfo=		diphenyl
	säure	93	Benzalazin
91	α-Stibazol	93	4,4'-Bis-dimethyl=
91	2,3,5-Tribrom-anilin		amino-triphenyl=
91...2	5,6-Benzo-chinolin		methan
91...2	α-Methyl-cis-zimt=	93	cis-α-Decalol I
	säure	93	2,2'-Diamino-
91...2	8-Nitro-chinolin		diphenyl-disulfid
91...2	L-Norrhizocarpsäure	93	Di-2-naphthyl-
91,5	9-Chlor-fluoren		methan
91,5	1,2,4-Trijod-benzol	93	3,5-Dinitro-toluol
91,5...2	Camphenilol	93	2,3-Dinitro-p-xylol
92	4-Amino-benzoe=	93	2-Nitro-anilin-
	säure-äthylester		N-acetat

F in °C	Name	F in °C	Name
93	4-Nitrobenzal-anilin	95	1,3,6-Trihydroxy-naphthalin
93	4-Nitro-benzyl=alkohol	95 Z	1,1,1-Trijod-äthan
93	3-Nitro-phenol	95	p-Xylol-sulfo=säure-(2)
93	3-Nitro-phenyl=hydrazin	95	o-Xylylenbromid
93...4	4-tert.-Amyl-phenol	95...6	Glutacondialdehyd-dianil
93...4	Isoamylphenol	95...6	2-Methylamino-phenol
93...4	Longifolchinon		
93...4	4-Propenyl-phenol	95...6	Naphthylen=diamin-(1,2)
93,2...3,3	2,4,6-Tribrom-phenol	95...6	α-Phenyl-glutar=säure-anhydrid
93,6	β-Chlor-crotonsäure		
94	Bor-dihydroxy-n-butyl	95...7	8-Amino-naphthol-(1)
94	3-Chlor-d-campher	95...9	Acetaldehyd-ammoniak
94	8-Chlor-1-nitro-naphthalin	95...9	2,6-Dichlor-6-amino-phenol
94	4,6-Dinitro-m-xylol	96	4,4'-Bis-dimethyl=amino-benzhydrol
94	3-Hydroxy-aceto=phenon	96	Dimethylmalein=säure-anhydrid
94	ω-Hydroxy-palmitinsäure	96	2,7-Dimethyl-naphthalin
94...5	d,l-Atrolactinsäure	96	Fumarsäure-dinitril
94...5	4,4'-Difluor-diphenyl	96	Hydroxy-hydro=chinon-triacetat
94...5	Önanthsäure-amid	96	4-Nitro-o-kresol
94...5	α-Phenyl-α-(γ-4-bromphenyl-aceto)-acetonitril	96	6-Nitro-o-toluidin
94...5	2,3,5-Tribrom-phenol	96	Propylmalonsäure
		96	Semicarbazid
94,3...5,5	Aluminium-phenyl-dichlorid	96	2,4,5-Trichlor-anilin
95	Acenaphthen	96	2,4,5-Trinitro-phenol
95	Aminomalonsäure-diäthylester-N-acetat	96...7	Glykolaldehyd
		96...7	8-Nitro-naphthyl=amin-(1)
95	Arsen, Methylarsin=oxid	97	β-Benzoyl-acrylsäure
95	Benzil	97	Chloreton
95	4-Brom-1-nitroso-benzol	97	4-Chlor-naphthyl=amin-(1)
95 Z	n-Heptyl-malonsäure	97	m-Toluyl-hydrazin
95	1-Jod-naphthol-(2)	97	2,3,5-Trinitro-toluol
95	Lithiumäthyl	97...8	6-Äthyl-naphthol-(2)
95	3-Methyl-indol	97...8	4-Amino-phthal=säure-diäthylester
95	α-Naphthol		
95	4-Nitro-benzolsulfo=säure	97...8	Azobenzol-carbon=säure-(2)
95	3-Nitro-benzophenon	97...8	Azulen, 4,8-Dimethyl-azulen-aldehyd-(6)
95	Salicylsäure-β-naphthylester	97...8	Diphenylensulfid
95	Tetramethylbutin=diol-(1,4)	97...8	Furfurol-phenyl=hydrazon

F in °C	Name	F in °C	Name
97...8	Isoemetin	99,5	3-Amino-aceto=
97...8	9-Methoxy-anthracen		phenon
97,7	D-Sorbit	99,5	Silicium, *cis*-2,4,6-
97,9	Aspergillussäure		Trimethyl-
98	Acetol-phenyl=		2,4,6-triphenyl-
	hydrazon		cyclo-trisiloxan
98	4-tert.-Butyl-phenol	99,5...100	N,N'-Dimethyl=
98	Cocain		harnstoff
98	4,4'-Dimethyl-	100	2-Amino-4-methyl-
	benzophenon		pyridin
98	2,6-Dinitrobenzoe=	Z > 100	Benzol-trisulfosäure
	säure-chlorid	≈ 100	Butanol-(1), Al-Salz
98	Glutarsäure	100	n-Capronsäureamid
98	Glyoxylsäure	≈ 100	Chinolinblau
98	Homoveratrumsäure	100	Diazoaminobenzol
98	2-Hydroxy-benzo=	100	Dithioglykolsäure
	nitril	100	Fluor-pentachlor-
98	2-Hydroxy-4,6-di=		äthan
	methoxy-benzo=	100	4-Nitro-benzyl=
	phenon		bromid
98	1,2,3,5-Tetrabrom-	> 100 Z	Phenol-disulfo=
	benzol		säure-(2,4)
98	2,3,4,6-Tetramethyl-	Z 100	Phloroglucin-
	D-glucose		carbonsäure
98	p-Toluylhydroxyl=	< 100	1,2,4-Triamino-
	amin		benzol
98...8,4	5-Nitro-m-toluidin	100	3,4,5-Trichlor-anilin
98...9	4-Benzolazo-pyridin	100 Z	D,L-Weinsäure,
98...100 Z	p-Toluylessigsäure		NH$_4$-Salz
98,5	Benztriazol	100...1	Azulen, 4,8-Di=
98,5	Dichloressigsäure-		methyl-6-meth=
	amid		oxy-azulen
98,5	β-Methyl-*trans*-zimt=	100...1	Azulen,
	säure		2,4,6,8-Tetra=
98,5	Reten		methyl-azulen
98,5...9	α-Chlor-crotonsäure	100...1	3-Benzal-phthalid,
99	Azulen		F auch 181°
99	5-Chlor-2,4-di=	100...1	2,5-Dinitro-furan
	methyl-anilin	100...1	Phenanthren-
99	2,4-Diamino-toluol		9-aldehyd
99	2,2-Difluor-	100...1	Phenoxyessigsäure
	1,1,1,2-tetrabrom-	100...1	Phosphorsäure-
	äthan		monophenylester
99	2,5-Dihydroxy-	100...2	β,β'-Dimethyl=
	benzaldehyd		glutarsäure
99	Flavon	100...2	Isoamyl-malonsäure
99	2-Nitro-phenanthren	100...2	1,2,4-Triphenyl=
99	2,3,5,6-Tetrachlor-		benzol
	1-nitrobenzol	100...3	D(—)-Äpfelsäure
99	sym. Tetrazin	100...13	Titan-dipropoxy-
99	Thiobenzoesäure=		oxid
	anilid	100,1	Caprinsäure-amid
99...100	2-Mercapto-äthyl=	100,5	Phthalaldehydsäure
	amin	100,5	p-Xylylenchlorid

F in °C	Name	F in °C	Name
100,6	2,3,4-Tribrom-anilin	103	2-Phenyl-benz-oxazol
101	Acetylbrenztrauben-säure	≈ 103	1,2,3-Triamino-benzol
101	Ameisensäure, Tl-Salz, F auch 91°	103	1,3,5-Trichlor-naphthalin
101	Amino-acetonitril-hydrogensulfat	103	3-Trifluormethyl-benzoesäure
101	8-Chlor-naphthol-(2)	103...4	4-Äthylamino-phenol
101	2,5-Dinitro-m-xylol	103...4	Benzoylessigsäure
101	Koprostanol	103...4	1,2-Dihydroxy-naphthalin
101	Lumisterin	103...4	3-Nitro-d-campher
101	Phenanthren	103...4	*cis*-Δ 4-Tetrahydro-phthalsäure-anhydrid
101	2,4,5-Trichlor-phenol, F auch 91°		
101	Xanthen	103...4	2,2,3,3-Tetramethyl-butan
101...1,5	2-Phenyl-naphthalin		
101...2	N-Methyl-acetanilid	103...5	Azulen, 4,8-Di-methyl-6-chlor-azulen
101,5	Phenoxyessigsäure-anilid		
101,5	Salicylsäure-methyläther	103,8	Brenzkatechin
		103,8	o-Phenylendiamin
101,5...2	tert.-Butanol, Al-Salz	104	Äthan-disulfo-säure
101,5...3	*trans*-Cyclohexan-diol-(1,2)	104	Caprylsäureamid
		104	*cis*-Cyclohexan-diol-(1,2)
102	Acetobrom-xylose		
102	Adonit	104	β-Methyl-D-glucosid
102	L-Arabit	104	Naphthalin-sulfin-säure-(1)
102	Cumaranon		
102	Fumarsäure-dimethylester	104	1-Nitro-naphthol-(2)
		104	Phenanthridin
102	Methylharnstoff	104	Phosphor, Methyl-phosphonsäure
102	Orcin		
102...2,5	Fluorenonchlorid	104	Piperazin
102...3	4-Brom-benzolsulfo-säure	104 Z	Thiourethan
		104	p-Toluolsulfosäure-anilid
102...3	Cinnamal-aceto-phenon		
		104	2,4,5-Trinitro-toluol
102...3	Mekonin	104...4,5	Aldrin
102...4	1-Benzol-azo-naphthylamin	104...4,5	Palmitinsäure-amid
		104...5	2,3-Dimethyl-naphthalin
102...4 Z	D-Fructose		
102...4	Methylxanthogen-säure, K-Salz	104...5	Glyoxal-tetraacetat
		104...5	3-Jod-naphthol-(2)
103	4-Chlor-3-nitro-anilin	104...5	8-Nitro-naphthyl-amin-(2)
103	4,6-Dichlor-1,3-di-nitro-benzol	104,1	*cis*-Terpin
		105	1-Äthyl-naphthol-(2)
103	Diphenylamin-N-acetat	105	4-Amino-phen-anthren
103	Hydrobenzamid	105	9-Anthrylaldehyd

F in °C	Name	F in °C	Name
105	cis-β-Decalol I	106...7	1,4-Dibenzoylbutan
105	Dicyandiamidin	106...7	D-Lyxose
105	3,5-Dinitro-anisol	106...7	Tethracen
105	1,2-Diphenyl-4-n-butyl-pyrazol=idindion-(3,5)	106...8	Essigsäure-N-brom=amid
		106,5	4-Nitro-benzaldehyd
105	Naphthalin-sulfin=säure-(2)	107	Azelainsäure
		107	4-Hydroxy-aceto=phenon
105	2-Nitro-benzophenon		
105	α-Pinonsäure	107	2-Hydroxy-pyridin
105	Propionsäure-anilid	107	5-Nitro-o-toluidin
105	β-Santonan	107	3,4,5-Trimethyl-phenol
Z 105	Wismut-pentaphenyl		
105...5,5	2,5-Dinitro-phenol	107	Zink-diphenyl
105...6	4-Amino-acridin	107...8	Äthylamin-hydro=chlorid
105...6 Z	Azo-isobuttersäure-dinitril	107...8	6-Amino-piperonal
105...6	4-Chlor-phenylessig=säure	107...8	Atropasäure
		107...8	3-Benzyl-benzoe=säure
105...6	4,6-Diamino-m-xylol		
105...6	DDT	107...8	Cyclohexanol-(1)-carbonsäure-(1)
105...6	Dihydroresorcin		
105...6	2-Hydroxy-diphenyläther	107...8	2,4-Dichlor-naphthol-(1)
105...6	2-Nitro-azobenzol	107...8	2,7-Dimethyl-octin-(4)-diol-(3,6)
105...6	Phloroglucin-tri=acetat	107...8	3,5-Dimethyl-pyrazol
105...6	2,3,6-Trimethyl-benzoesäure	107...8 Z	α-Naphthoyl=ameisensäure
105...7	1,5-Dichlor-naphthalin	107...8	Di-1-naphthyl-methan
105...7	4-Methyl-resorcin	107...8	o-Tolylsäure
105,5...6,5	Chlordan	107...8	2,4,6-Trinitro-m-kresol, F auch 110°C
105,8	Pimelinsäure		
106	Acetessigsäure-äthylester	107...8	Vitamin D_4
		107...9	2,3-Dimethyl-indol
106	Acetessigsäure, K-Salz	107...9	4 (5)-Hydroxy=methyl-imidazol-hydrochlorid
106	Acetophenon-phenylhydrazon		
106	3-Amino-4-methyl-pyridin	108	Acetessigsäure-äthyl=ester, Na-Salz
106	d-Campholsäure	108	2-Äthyl-anthra-chinon
106	2,6-Diamino-toluol		
106	1,4-Dibenzoyl-naphthalin	108	5-Amino-acenaphthen
106	2,4-Dimethyl-phenylessigsäure	108	Chininon
106 Z	Eserin	108	2-Chlor-4-nitro-anilin
106	3-Hydroxy-benz=aldehyd	108	4,4'-Diamino-diphenyl-sulfid
106	Propanol, Al-Salz		
106	n-Valeriansäureamid	108	9,10-Dihydro-anthracen
106...7	p-Anisyl-trithion		

F in °C	Name	F in °C	Name
108	2,3-Dihydroxy-benzaldehyd	110	Benzoylperoxid
108	Isobutyl-malonsäure	110	2-Chlor-4-nitro-phenol
108	ω-Nitro-acetophenon	110	9-Cyan-phenanthren
108	Phenyl-β-naphthyl-amin	110	Dibenzhydryläther
108	Pyramidon	110	Digitoxose
108	Schleimsäure	110 Z	Dihydroxy-weinsäure
108...9	Benzol-azo-p-kresol	110	2,4-Dinitro-diphenyl
108...9	p-Brom-phenacyl-bromid	110	Essigsäure-N-chlor-amid
108...9	p-Brom-phenyl-hydrazin	110	Fluoranthen
108...9	2,2′-Dimethyl-benzidin	110 Z	D-Glucosamin
108...9	Hyoscyamin	110	3-Hydroxy-phenyl-propionsäure
108...9	Pseudotropin	110	3-Methoxy-benzoe-säure
108,5...9	Stearinsäure-amid	110	Methylol-harnstoff
108,9	4-Hydroxy-o-tolyl-aldehyd	110	2-Nitro-benzonitril
109	1-Amino-tetralol	110 Z	4-Nitrophenol-sulfosäure-(2)
109	Dehydracetsäure	110	Phloridzin-hydrat
109	2,2′-Dihydroxy-diphenyl	Z 110	Phthalmonopersäure
		Z 110	Purpursäure
109	Dimethylsulfon	110	Resorcin
109	6-Nitro-m-toluidin	110	d,l-Scopolin
109...10	5-Amino-chinolin	110...0,5	Cyclohexyliden-cyanessigsäure
109...10	4,4′-Bis-dimethyl-amino-triphenyl-carbinol	110...1	Aceton-α,α′-di-(β)-propionsäure
109...10	2,5-Diamino-pyridin	110...1	2-Amino-benzo-phenon
109...10	trans-Dibenzoyl-äthylen	110...1	2,6-Dimethyl-naphthalin
109...10	1,1-Dichlor-2,2-bis-(p-chlor-phenyl-)-äthan	110...1	cis-2,6-Dimethyl-piperazin
109...10	Methacrylsäure-amid	110...1	6-Phenyl-chinolin
109...10	5-Methyl-brenz-schleimsäure	110...2	1-Methyl-naphthol-(2)
109...10	Triphenylmethyl-chlorid, F auch 112...3°	110...20	Benzaurin
		110...20	Naphthol-(1)-sulfo-säure-(5)
109...10	o-Xylylenjodid	110,1...0,2	β-Naphthylamin
109...11	1,1′-Äthenyl-bis-cyclohexanol	111	Acridin
109,5	1-Nitroso-naphthol-(2)	111	Cyclohexanol-(1)-carbonsäure-(2), trans-Form
109,5	1,6,7-Trichlor-naphthalin	111	Nonan-dicarbon-säure-(1,9)
110	4-Amino-aceto-phenon	111	N-Propyl-thioharn-stoff
110	3-Amino-campher	111	2,3,6-Trinitro-toluol
110	Benzolsulfosäure-anilid	111...2	2-Äthoxy-naphth-aldehyd-(1)

F in °C	Name	F in °C	Name
111...2	Syringa-aldehyd	113	Pentaacetyl-glucose
111,5	Äthylmalonsäure	113...4	4,4'-Dibromdibenzyl
111,7	m-Tolylsäure	113...4 Z	Furyl-(2)-propiol=
111,8...2,0	α-(4-Fluorphenyl)-		säure
	α-(γ-phenylaceto)-	113...4	Mesoxalsäure
	acetonitril	113...4	2-Phenoxybenzoe=
112	2-Äthylamino-phenol		säure
112	2-Brom-4-nitro-	113...5	(−)-Nitroäpfelsäure
	phenol	113,5	4-Äthyl-benzoesäure
112	cis-Chinit	113,5	α-Ketoglutarsäure
112	N,N'-Diäthylharn=	113,5...4,5	Diphenylcarbon=
	stoff		säure-(2)
112	β,β'-Dichlor-diäthyl-	113,5...5,5	1,1'-Azo-
	sulfoxid		bis-[1-cyclohexan=
112	γ,γ'-Dipyridyl		nitril]
112	N,N'-Di-m-tolyl-	113,5...5,5	Penilloaldehyd-G
	thioharnstoff	113,8...3,9	1,1-Dichlor-butan
112	dl-Methylbernstein=	114	Biliverdinsäure
	säure	114	2,7-Dichlor-
112	Sulfanilsäure-anilid		naphthalin
112	2,3,4,5-Tetramethyl-	114	Fumigatin
	pyrrol	114	Laurelin
112	o-Toluidin-N-acetat	114	4-Nitro-phenol
112	2,4,6-Tribrom-	114	Oxalsäure-mono=
	resorcin		amid-äthylester
112	2,3,4-Trinitro-toluol	114	2-Phenyl-benz=
112...3	2,3-Diamino-pyridin		thiazol
112...3	α-Glucose-penta=	114	Thiopikrinsäure
	acetat	114	meso-Weinsäure-
112...3	Isonitroso-propio=		dimethylester
	phenon	114...5	Acetophenon-
112...3	Mannit-hexanitrat		carbonsäure-(2)
112...3	Tribrom-toluol	114..:5	11,12-Benzochrysen
112...:3	1,2,5-Trinitro-	114...5	cis-2,5-Dimethyl-
	naphthalin		piperazin
112...3	Undecan-dicarbon=	114...5	2,4-Dinitro-phenol
	säure-(1,11)	114...5 Z	Formamidoxim
112...3	Xylolmoschus	114...5	4-Nitro-diphenyl
112...3,8	γ-Hexachlor-cyclo=	114...5	Tetrabrom-thiophen
	hexan	114...8	Adalin
112,3...4,3	α-Linolsäure-tetra=	114,2	Fluoren
	bromid,	115	Acetanilid
	F auch 115°	115	4-Amino-triphenyl=
112,5	l-Bornylen		carbinol
112,5	3-Nitro-anilin	115	Arsen, 2-Chlor-
112,5...3	1,3,7-Trichlor-		hepten-(1)-arson=
	naphthalin		säure
112,8	Antipyrin	115	Di-[1-naphthyl]=
113	Anisoin		amin
113	Dibenzal-aceton	115	Isovaleriansäure=
113	1,4-Dithian		anilid
113	Essigsäure, NH$_4$-Salz	115	dl-Laudanosin
113	4-Hydroxy-benzo=	115	2,3,5,6-Tetrachlor-
	nitril		phenol

F in °C	Name	F in °C	Name
115	Thioessigsäure-amid	116,5	Benzoesäure-
115	3,4,5-Trinitro-o-xylol		hydrazid
115	Vanillylalkohol	117	4-Dimethylamino-
115...6 Z	9-Amino-anthracen		azobenzol
115...6	Atropin	117	Hydrastinin
115...6	Cephaelin	117	2-Nitro-p-toluidin
115...6	dl-*cis*-Chrysan=	117	o-Phenanthrolin
	themumsäure	117	Pyromekonsäure
115...6	4,4'-Diazoamino-	117	Resorcin-dibenzoat
	toluol	117...8	β-Benzoyl-propion=
115...6	4,5-Dinitro-o-xylol		säure
115...6	N-Phenyl-benz=	117...8	2,6-Dimethoxy-
	amidin		benzonitril
115...6	p-Xylylenalkohol	117...8	Epikoprosterin
115...7	d,l-Citramalsäure	117...8	2,3,6-Trinitro-
115...8	Metathebainon		phenol
115...20 Z	Adrenochrom	117...9	p-Brom-mandelsäure
115...20 Z	D-Gluconsäure-nitril	117...20	Chlorophyll a
115,5	p-Chinon	117,1	*cis*-Terpinhydrat
115,5...6	Buttersäureamid	117,3	Ameisensäure-
115,5...6,5	2,4,5-Triphenyl-		NH_4-Salz
	oxazol	117,5	2,4-Diamino-azo=
115,5...20,5	Cetylmalonsäure		benzol
116	Chloressigsäureamid	117,5	2,5-Dichlor-
116	5-Chlor-1,2,4-tri=		1,4-dinitro-benzol
	nitro-benzol	117,5	Naphthylen-
116	2,6-Dimethyl-		diamin-(1,7)
	benzoesäure	118	6-Amino-chinolin
116	3,3-Diphenyl=	118	2-Amino-4-nitro-
	phthalid		anisol
116	Furfurin	118	β-Benzil-monoxim
116	4-Hydroxy-benz=	118	2-Benzyl-benzoe=
	aldehyd		säure
116	3-Hydroxy-benzo=	118	Bor-tricyclohexyl
	phenon	118	Hordenin
116	Terephthalaldehyd	118	4-Hydroxy-m-tolyl=
116	1,2,3,4-Tetrabrom-		aldehyd
	pentan	118	Isopropanol,
116	1,2,3-Trijod-benzol		Al-Salz
116...6,5	1,2-Dinitro-benzol	118	3-Nitro-benzonitril
116...7	4-Chlor-2-nitro-	118	5-Nitro-o-kresol
	anilin	118	1,2,3,4-Tetrabrom-
116...7	3-Hydroxy-azo=		butan,
	benzol		hochschmelzend
116...7	Isovanillin	118	d,l-Tropasäure
116...7	α-Naphthyl-hydrazin	118	Tryptamïn
116...7	4-Nitro-benzyl=	118	L-Weinsäure-
	cyanid		O,O'-diacetat
116...7	9-Nitro-phenanthren	118...9	2-Chlor-5-nitro-
116...7	Thiobenzoesäure=		phenol
	amid	118...9	5-Nitro-naphthyl=
116...8	2,3,4,6-Tetrabrom-		amin-(1)
	anilin	118...9	D-Pseudoephedrin
116...22	Digitalose	118...9	3,4,5-Tribrom-anilin

F in °C	Name	F in °C	Name
118,5	Cyanessigsäureamid	120...1	Bernsteinsäure-
118,5	Methokodein		diphenylester
118,5...9,0	4-Nitroso-1-nitro-	120...1	α-Brom-*cis*-zimtsäure
	benzol	120...1	3-Chlor-4-nitro-
119 Z	2-Amino-phenyl=		phenol
	essigsäure	120...1	2,4-Dibrom-6-nitro-
119	d-Campheroxim		phenol
119	Cuminsäure	120...1	1,5-Dimercapto-
119	Flavanol-(4)		naphthalin
119	dl-Hydrobenzoin	120...1	Methylthioharnstoff
119	3-Jod-naphthol-(1)	120...30	Chlorophyll b
119	Jodoform	120...35	Methylmalonsäure
119	1,2,3,4-Tetrahydro-	120,5	D,L-Mandelsäure
	carbazol	120,6	Conhydrin
119	2,4,6-Trinitro-benz=	121	6-Chlor-3-nitro-
	aldehyd		anilin
119...20	p-Chlor-mandelsäure	121	2,6-Dichlor-chinon
119...20	*trans*-Cyclo=	121	4,4'-Dimethyl-
	hexanol-(1)-		diphenyl
	carbonsäure-(3)	121	2,4-Dinitro-anilin-
119...20	Kohlensäure-brenz=		N-acetat
	catechinester	121	3,5-Dinitro-anilin-
119...20	m-Toluyl-hydroxyl=		N-acetat
	amin	121	Methyl-äthyl-
119...20	2,3,5-Trinitro-phenol		malonsäure
119...20	Zinn-triphenyl-	121 Z	N-Nitroso-N-methyl-
	hydroxid		harnstoff
119,5	Dichlormaleinsäure-	121	4-Phenyl-aceto=
	anhydrid		phenon
119,5	1,3,5-Trinitro-	121	β-Progesteron
	naphthalin,	121	Rhamnit
	F auch 126°C	121	Thionaphthenchinon
119,5...21	Actidion	121	1,2,4-Triazol
119,6	1,3,5-Tribrom-benzol	121	Vitamin D_2
≈120	Aluminium-natrium-	Z 121...2	Benzol-diazonium-
	tetraäthyl		fluoborat
120	3-Amino-triphenyl-	121...2	Bor-dihydroxy-
	methan		furyl-(2)
120 Z	Benzylmalonsäure	121...2	2,6-Diamino-pyridin
120	Bernsteinsäure-	121...2	4-Fluor-3-nitro-
	anhydrid		benzoesäure
120	4-Chlor-naphthol-(1)	121...2	Furan-carbon=
120	2-Chlor-3-nitro-		säure-(3)
	phenol	121...2	Palmitinsäure,
120	Cyclohexen-(1)-		Mg-Salz
	dicarbonsäure-(1,2)	121...2	Quecksilber-
120	2,3-Dichlor-		diphenyl
	naphthalin	121,5	2-Amino-triphenyl=
120	2,3'-Dinitro-diphenyl		carbinol
120	Erythrit	121,9	Pikrinsäure
120	Naphthylen-	122	2,4-Dimethyl-furan-
	diamin-(1,4)		carbonsäure-(3)
120	2,3,4,6-Tetrabrom-	122	Hydrochinon-mono=
	phenol		benzyläther

F in °C	Name	F in °C	Name
122	β-Naphthol	124	2-Methyl-hydro= chinon
122	Nicotinsäureamid		
122	4-Nitro-resorcin	Z ≈ 124	Pikrolonsäure
122	Pinoresinol	124	Tagatose
122	2,3,4,5-Tetrabrom-anilin	124...5	Benzol-aceton= dibromid
122	2,4,6-Tribrom-anilin	124...5	5-Chlor-2-nitro= anilin
122...3 Z	Indoxylsäure		
122...3	Phenanthrol-(3), F auch 118...9°	124...5	Cholesten-(4)- dion-(3,6)
122...3,0	Zinn-triphenyl-acetat	124...5	4,6-Dimethyl-resorcin
Z 122...4	Methyl-isoharnstoff-hydrochlorid	124...5	α-[β-Hydroxy= naphthyl]-phenyl-aminomethan
122...4	2,4,5-Trijod-styrol		
122,1	3-Amino-phenol	124...5	β-Naphthyl-hydrazin
122,45	Benzoesäure	124...5	trans-Stilben
122,5	1,3,5-Trinitro-benzol	124...5 Z	cis-Tetrahydrofuran-dicarbonsäure-(2,5)
122,5...3,0	2-Nitro-p-anisidin		
122,8	4-Amino-benzo= phenon	124...9	Cholesten-(5)-on-(3)
		125	cis-Aconitsäure
Z 123	Blei-triäthylchlorid	125 Z	2,6-Dichlor- 4-nitro-phenol
123	2,6-Dinitro-benz= aldehyd		
123	Hydrochinon-diacetat	125	2,5-Dihydroxy-benzophenon
123	Pregnandion-(3,20)	125	1,3-Dihydroxy-naphthalin
123	d-Sesamin	125	2,5-Dimethylchinon
123	Tetraäthanol-am= moniumhydroxid	125	1,3-Diphenyl-isobenzofuran
≈ 123 Z	Xanthydrol	125 Z	Naphthalin-disulfo= säure-(1,6)
123...4	2-Amino-1-nitro-naphthalin-N-acetat	125	Naphthol-(2)- sulfosäure-(6)
123...4	3,3'-Dihydroxy-diphenyl	125	Pentamethyl-phenol
		~125 Z	Taurocholsäure
123...4	β-Indolyl-butter= säure	125	β,β,β-Trichlor-milchsäure
123...4	4-Methoxy-2-nitro-anilin	125...6	α-Acetyl-phenyl= hydrazin
123...4	Mucobromsäure	125...6	4-[2-Aminopropyl-]- phenol
123...4	Phellogensäure		
123...8 (Vak.)	Optochin	125...6	3,4,5-Trihydroxy-toluol
124	4-Benzol-azo-naphthylamin	125...6	D-Zuckersäure
		125,5	Naphthochinon-(1,4)
124	4,6-Dichlor-2-nitro-phenol	126 Z	2-Amino-naphthoe= säure-(1)
124	2,6-Dinitro-p-xylol	126 Z	p-Chinon-bis-chlor= imid
124	3-Fluor-benzoesäure		
124	Fucosterin	126	2,3-Dihydroxy-benzophenon
124	4-Hydroxy-benzyl= alkohol	126	2-Fluor-benzoesäure
124	Lactid	126	3-Hydroxy-pyridin

F in °C	Name	F in °C	Name
126	Isatin-α-anil	128	Acetol-äther
126	Lichesterinsäure	128	4-Amino-2-nitro-
126...6,5	2-Nitroso-1-nitro-		phenol
	benzol	128	2-Amino-triphenyl=
126...7	4-Chlor-3-nitro-		methan
	phenol	128	Brom-maleinsäure
126...7	1-Nitro-naphthyl=	128	Diphenylsulfon
	amin-(2)	128	Hydrochinon-
126...7	o-Nitro-zimtaldehyd		dibenzyläther
126...7	Oxindol	128	Isovaleriansäure-
126...7	Succinimid		amid, F auch 132°
126...7	o-Sulfobenzoesäure=	128	4-Phenyl-semi=
	anhydrid		carbazid
126...7	Thiophen-carbon=	128	Succinylobernstein=
	säure-(2)		säure-diäthylester
126,1	3,5-Dinitro-phenol	128	Thioxanthen
126,5	Sulfonal	128...9	2-Acetylfluoren
126,5...7	Mucochlorsäure	128...9	Benzhydroxamsäure
126,5...9,0	Decan-dicarbon=	128...9	Cinchoninon
	säure-(1,10)	128...9	β-D-Glucose-
127	1-Amino-anthracen		1,2,3,4-tetraacetat
127	4-Amino-azobenzol	128...9	Hexaäthylbenzol
127	Arsen, Arsono-essig=	128...9	6-Methyl-
	säure-mono=		naphthol-(2)
	methylester	128...9	2-Nitro-naphthol-(1)
127	Benzophenon-	128...9	Silicium-tetrabenzyl
	carbonsäure-(2)	128...30 Z	2-Amino-phenyl=
127	4-Brom-1-nitro-		propiolsäure
	benzol	128,5	3-Hydroxy-phenyl=
127	2,4-Dimethyl-		essigsäure
	benzoesäure	128,5	4-Jod-naphthol-(2)
127	2,3-Dinitro-anilin	128,5	Pyrogallol,
127	3-Hydroxy-iso=		F auch 133...4°
	capronsäure	129	β-Acetyl-phenyl=
127	Lomatiol		hydrazin
127	3-Methyl-1-phenyl-	129	3-Amino-o-kresol
	pyrazolon-(5)	129	3,3'-Dimethyl-
127	6-Methyl-pyridin-		benzidin
	carbonsäure-(2)	129	dl-α,α'-Dimethyl-
127	N-Phenyl-glycin		bernsteinsäure,
127	γ-Stibazol		F auch 123°
127	o-Thymotinsäure	129	Eserolin
127	2,3,5-Trimethyl-	129	2-Hydroxy-benzyl=
	benzoesäure		amin
127	1,2,3-Trinitro-benzol	129	Isonitroso-aceto=
127	Triphenylamin		phenon
127...8 Z	1-Amino-D-glucose	129	Methylenamino-
127...8 Z	d-Camphocarbon=		acetonitril
	säure	129	4-Nitro-m-kresol
127...8	2,2'-Dinitro-diphenyl	129	Tubasäure
127...9	6-Brom-naphthol-(2)	129...30	3-Brom-4-nitro-
127...9	Isobuttersäure-amid		phenol
127...9	Sinigrin	129...30	Cholestanon
127,5...8	Benzidin	129...30	Pinolhydrat

F in °C	Name	F in °C	Name
129...30	α-Progesteron	132	Aconin
129...30	2,2,6,6-Tetra= methylol-cyclo= hexanol	132	2-Aminobenzthiazol
129	d,l-α,α'-Dimethyl- bernsteinsäure	132	β-Benzaldoxim
		132	α-Brom-*trans*-zimt= säure
129,2	1,4-Dijod-benzol	132	N-Chlormethyl- phthalimid
129,4	Tetryl		
129,5	Piperin	132	*cis*-Cyclohexanol-(1)- carbonsäure-(3)
130	D,L-Äpfelsäure		
130	Benzamid	132	9,10-Dihydroxy- stearinsäure
130	Biguanid		
Z>130	Brasilin	132	4,5-Dinitro-m-xylol
Z 130	Carminsäure	132	N,N'-Diphenyl- acetamidin
130	2,6-Dihydroxy- 4-methoxy-benzo= phenon	132	Dithienyl-(3,3')
		132	Mandelsäureamid
		132	3-α-Pyridyl-pyrrol
130	4-Fluor-2-nitro- benzoesäure	132...2,3	3,4,5-Trinitro-toluol
		132...2,5	2,5-Dimethyl- benzoesäure
130	Hämopyrrolcarbon= säure	132...3	ω-Chlor-ω-iso= nitrosoaceto= phenon
130	4-Hydroxy-phenyl= propionsäure		
130	2,3,5,6-Tetrabrom- anilin	132...3	Cotarnin
		132...3	7-Nitro-chinolin
130...1	Indandion-(1,3)	132...3	6-Nitro-veratrum= aldehyd
130...1	l-Lobelin		
130...1	Maleinsäure, F auch 139°	132...4	β-D-Glucose- 2,3,4,6-tetraacetat
130...1	Paludrin	132,1	2,6-Dimethyl- pyron-(4)
130...1	N,N,N',N'-Tetra= phenyl-guanidin	132,1	Harnstoff
130...2	p-Anisidin-acetat	132,5...3,5	Bornylchlorid
130...2	D-Gluconsäure	133	Amarin
Z 130...5	Naphthochinon-(2,6)	133	Arsen, 2-Furan- arsonsäure
130,4	Cinchonilin		
130,7	Cinchonigin	133	9-Benzyl-anthracen
130,8	Phthalsäureanhydrid	133	3,3'-Dichlor-benzidin
131	Hydrazo-benzol	133	Furan-carbon= säure-(2)
131	α-Naphthyl-essig= säure	133	1-Nitro-phenanthren
131	2,4,6-Tri-t-butyl- phenol	133	4-Nitroso-phenol
		133	4-Nitro-m-toluidin
131...1,2	α-(4-Chlorphenyl)- α-(γ-phenylaceto)- acetonitril	133	Pyocyanin
		133	1,3,6-Tribrom- naphthol-(2)
131...2	Cubebin	133	1,4,5-Trichlor- naphthalin
131...2	1,4-Dinitro- naphthalin	133...3,5	Sebacinsäure
131...2	5-Jod-naphthol-(1)	133...4	β-Indolyl-propion= säure
131...2	D-Mannose		
131,5	2-Amino-chinolin	133...4	4-Nitro-diphenyl- amin
131,5	β-Methyl-*cis*-zimt= säure	133...4	Sorbinsäure

F in °C	Name	F in °C	Name
133...4	D-Weinsäure-diace= tat-anhydrid	135 Z	Malonsäure
133,5	Dimethylamin- hydrobromid	135	4-Nitro-azobenzol
134	Äthanol-Al-Salz	135	Tribromessigsäure, F auch 130°
134	1-Benzol-azo- naphthol-(2)	135...6	γ-Aminobuttersäure- hydrochlorid
134	Cumarandion	135...6	d-Corydalin
134	2,2'-Diamino- azobenzol	135...6	2,4-Dihydroxy- benzaldehyd
134	3,4-Dihydroxy- benzophenon	135...6	L-Epanorin
134	β-Glucose-penta= acetat	135...6	p-Jod-mandelsäure
134	p,p'-Hydrazotoluol	135...6	trans-Zimtsäure
134	β-Naphthylamin- N-acetat	135...41	Tetronsäure
134	Oxalsäure-diphenyl= ester	136	Auramin
134	β-Glucose-penta= acetat	136	Benzoyl-disulfid
134	o-Sulfobenzoesäure	136	L(+)-Glycerinsäure
134	N,N,N'-Triphenyl- guanidin	136	Pyridin-carbon= säure-(2)
134...4,5	N-Phenyl-sydnon	136	1,2,3,4-Tetrajod- benzol
134...5 Z	Arsen, Arsono- propionsäure	136	Trichlor-hydro= chinon
134...5	2,2'-Diamino-benzo= phenon	136...6,5	cis-Glutaconsäure
134...5	Neopinmethin	136...7	α,α-Dimethyl- bernsteinsäure F auch 142° C
134...5	4-Nitro-o-toluidin	136...7	δ-Hexachlor-cyclo= hexan
134...5	Pyridin-sulfo= säure-(4)	136...7	2,4,6-Triphenyl- anilin
134...5	D-Tagatose	136...7	4,4,4'-Tris-diäthyl= amino-triphenyl= carbinol
134,7	3,4-Dinitro-phenol	137	2-Amino-p-kresol
134,7	Phenacetin	137	Benzal-milchsäure
135	Acetylsalicylsäure	137	Benzoin
135	1-Amino- acenaphthen	137	Benzophenon- phenylhydrazon
135	Arsen, Tetraphenyl- diarsin	137	o-Dianisidin
135	4,4'-Bis-(dimethyl= amino)-benz= hydrylamin	137	3-Jod-naphthyl= amin-(2)
135	β-Brom-trans-zimt= säure	137	Phenylpropiolsäure
135	Cyanursäure-tri= methylester	137	Trichloressigsäure- amid
135	Dibenzylsulfoxid	137...8	9-Amino- phenanthren
135	2,5-Dimethyl-furan- carbonsäure-(3)	137...8	α-Benzil-monoxim
135	Hydrastin	137...8	1,6-Dihydroxy- naphthalin
135	4-Hydroxy-benzo= phenon	137...8	N,N'-Diphenyl- formamidin
		137...8	Hydrobenzoin
		137...8	α-Phenyl-cis-zimt= säure

F in °C	Name	F in °C	Name
137...8	1,2,4,5-Tetrachlor-benzol	140	Nitroanthron
137...9	β-Naphthyl-essig=säure	140	Phenol-sulfosäure-(3)
		140	Salicylsäure-amid
		140	β-Sitosterin
137,1	p-Toluolsulfosäure=amid	Z 140	Tetrajodmethan
		140...0,5	Kryptopyrrol-carbonsäure
138 Z	Acetondicarbonsäure		
138	4-Amino-fluorenon	140...1	Cyclopropan-dicarbon=säure-(1,1)
138 Z	α-Brom-acetessig=säure-anilid		
138	2,4-Dichlor-phenoxy-essigsäure	140...1	2,6-Dichlor-naphthalin
138	2,4-Dinitro-naphthol-(1)	140...1	D-Glucose-phenyl=hydrazon, β-Form
138	5-Nitro-furan=carbonsäure-(3)	140...1	Homophthalsäure-anhydrid
138	Psychotrin		
138 g.Z.	Tetra-p-tolyl-hydrazin	140...1	Pentaerythrit-tetranitrat
138	Zimtsäure-anhydrid	140...1	Phosphor, Trimethyl-phosphinoxid
138...8,5	trans-Glutaconsäure		
138...8,5	Pteridin	140...50 Z	Paraformaldehyd
138...9	2-Fluor-5-nitro-benzoesäure	Z 140...50	2,3,4,5-Tetrajod-pyrrol
138...9	Furoin	140,3	2-Chlor-benzoesäure
138...9 Z	Glyoxylsäure-oxim	140,5	Hydroxyhydro=chinon
138...9	Gramin		
138...9	2,3,4-Trihydroxy-benzophenon	140,5...1,5	Isobutylharnstoff
		140,5...41	Terephthalsäure-dimethylester
138...9	2,3,5-Trinitro-p-xylol	141	Epicholesterin
138...40 Z	Acetondicarbon=säure-anhydrid	141	β-Furyl-(2)-acryl=säure
138,4	Thiophen-carbon=säure-(3)	141	Phthalsäure-dinitril
		141	4-Propyl-benzoe=säure
139	4,5-Diphenyl-1,2,3-triazol	141	m-Sulfo-benzoesäure
139...40	l(−)-Acetoxy=bernsteinsäure	141...2	Desoxycorticosteron
		141...2	2,6-Dinitro-anilin
139...40	Androsten-(1)-dion-(3:17)	141...2 Z	Nicotinsäureamid-N-D-ribosido=bromid
139...40	4,4'-Diamino-tri=phenylmethan		
139...41	Azulen-carbon=säure-(1)	141...2	2-Nitro-phenol-sulfosäure-(4)
		141,5...2,0	Agaricinsäure
140	cis-Cyclopentan-dicarbon=säure-(1,2)	142 (138)	Aceton-α,α'-diessig=säure
≈ 140	2,4-Diamino-benzoesäure	142	4-Amino-propio=phenon
140 Z	5,6-Dihydroxy-indol	142	1,2-Benzo-phenazin
140	α-L-Fucose	142	Hexanitroäthan
140	Isodialursäure	142	3-Nitro-benzoesäure
		142	p-Phenylendiamin
140	Korksäure	142	Strophanthidol

F in °C	Name	F in °C	Name
142	Thymohydrochinon	144	2-Phenyl-benz=thiazol
142	Triphenyl-hydrazin		
142	Zinn-triäthyl-hydrid	144	1,1,1,2-Tetraphenyl-äthan
142...3	β-Cholestanol		
142...3	Lapachol	144	2,4,5-Trimethoxy-benzoesäure
142...3	D-Lyxosimin		
142...3	γ-Phenyl-allyl-bernsteinsäure	144	N,N',N''-Triphenyl-guanidin
142...3	Phosphor, Carboxy=methyl-phosphon=säure	144	p-Xylylenbromid
		144...5	cis-2,5-Dimethyl-piperazin
142...3	Phosphor, Phosphonoessig=säure	144...5	1,3-Dinitro-naphthalin
		144...5	N,N'-Diphenyl-benzamidin
142,5 Z	2-Hydroxylamino-benzoesäure	144...5	8-Nitro-naphthol-(2)
142,5	Olivil	144...5	Tetra-n-butyl-ammoniumjodid
142,5...3,5	Sulfaguanidin		
143	3-Amino-4-hydroxy-benzoesäure=methylester	144...5	2,4,6-Triphenyl-nitrobenzol
		144...6	Arsen, Phenylarsin=oxid
143 Z	3-Amino-4-hydroxy=naphthoesäure-(1)	144,5...5,5	1-Acenaphthenol
143	Anhydro-form=aldehyd-anilin	144,6	4-Nitroso-diphenyl-amin
143	Benzophenon-oxim	145	4,4'-Azotoluol
143	Carbamidsäure-phenylester	145	2,4-Dihydroxy-benzophenon
143	trans-Chinit	145	5,5-Dipropyl-barbitursäure
143	2,4-Dihydroxy-acetophenon	145	Fulminursäure
143	3,4-Dihydroxy-phenanthren	145	Glycin-äthylester-hydrochlorid
≈143	Isatin-sulfosäure-(5)	145	Morphenol
143	N-Jod-essigsäure-amid	145 Z	Semicarbazid-sulfat
		145	Stearinsäure, Mg-Salz
143 Z	3-Nitro-phenyl=propiolsäure	145...6	2,6-Dibrom-4-nitro-phenol
143	2-Nitro-benzidin		
143	Quecksilber-methyl-jodid	145...6	β-Formyl-phenyl=hydrazin
143...5	6-Desoxy-L-glucose	145...6	3-Hydroxy-o-tolyl=säure-(1)
143...5	2,4-Dinitrostilben		
143,5	5-Nitro-naphthyl=amin-(2)	145...7	Evipan
		145...7 Z	Naphthochinon-(1,2)
144	Berberin	145...7 Z	Titan-cyclopenta=dienyl-trichlorid
144	2,6-Dichlor-benzoe=säure	145...7	Triphenylmethyl
144	2,3-Dimethyl-benzoesäure	145,1	2,3-Dinitro-phenol
		145,5	dl-Glycerinaldehyd
144	N,N-Dimethyl-guanidin	146	2-Amino-4-nitro-phenol
144	2-Nitro-naphthyl=amin-(1)	146	Chloräpfelsäure
		146	Cyanursäure-chlorid

F in °C	Name	F in °C	Name
146	Diphenylessigsäure	148	1,2,3,5-Tetrajod-benzol
146	ζ-Hexachlor-cyclo-hexan	148	Tetramethyl-thiuramdisulfid
146	9-Nitro-anthracen	Z 148	1,2,4,5-Tetrazin-dicarbonsäure-(3,6)
146…7	Bufotein	148…9	3-Amino-phenol-N-acetat
146…7	3-Mercapto-benzoe-säure	148…9	4-Hydroxy-6-methyl-pyrimidin
146…8	2,4-Dimethyl-resorcin	148…9	2-Hydroxy-phenyl-essigsäure
146…8	Sulfanilharnstoff	148…9	3-Nitro-salicylsäure
146…8 Z	Titan-dicyclopenta-dienyl-diphenyl	148…9	Phthalonsäure
146,1	Anthranilsäure	148…9	1,2,3,4-Tetrachlor-anthracen
146,5	5-Methyl-hydantoin	148…9	1,4,5-Trinitro-naphthalin
146,6	Benzyl-harnstoff	148…9	Vulpinsäure
147	3-Chlor-5-nitro-phenol	148…50	Arsen, 2-Furyl-arsinoxid
147 Z	D-α-Glucose	148…50	7-Dehydrochol-esterin
147	1-Hydroxy-xanthon	148…50	Methylglyoxal-ω-phenylhydrazon
≈ 147	3-Nitro-o-kresol	148…67 Z	2,6-Dihydroxy-benzoesäure
147	5-Nitro-naphthol-(2)	148,5	4-Hydroxy-pyridin
147	6-Nitro-phthalid	148,5…9,5	Pregnanol-(3α)-on-(20)
147	Papaverin	149	2-Brom-benzoesäure
147…8	Dibenzamid	149	N-Chlorsuccinimid
147…8	2,4-Dinitro-resorcin	149	2,5-Dihydroxy-azobenzol
147…8	2,5-Dinitro-p-xylol	149	Malein-glycidsäure
147…8	9-Phenyl-fluoren	149	4-Nitro-benzonitril
147…8	4-Propiophenol	149	Phthalamidsäure
147…8	Zimtsäure-amid	149	Quecksilber-phenyl-acetat
147…9	1,2-Di-(1-cyan)-cyclohexyl-hydrazin	149	Sulfanilsäurechlorid-N-acetat
147…9	Opiansäure	149 Z	Tetraphenyl-hydrazin
147,5	D-Galactonsäure	149	Thiocyansäure, NH$_4$-Salz
147,8	4-Nitro-anilin	149…50 Z	Brenzcatechin-disulfosäure-(3,5)-dichlorid
148	Brassicastrin	149…50	2,3-Dibrom-benzoe-säure
148	trans-Cyclohexan-dicarbon-säure-(1,3)	149…50	N,N'-Diphenyl-thioharnstoff
148	trans-Cyclo-hexanol-(1)-carbonsäure-(4)	149…50	Oxalsäure-mono-anilid
148	9,10-Dihydroxy-phenanthren		
148	4-Hydroxy-phenyl-essigsäure		
148	Indazol		
148	2-Nitro-benzoesäure		
148	Phenylharnstoff		
148	Pregnanol-(3α)		
148	Pyrrol-carbon-säure-(3)		
148 Z	Silicium-diphenyl-dihydroxid		

F in °C	Name	F in °C	Name
149...50	Phosphor, Phospho-benzol	151	Isonitrosocampher
149...50	2,4,6-Triphenyl-phenol	151	Phenanthrol-(9)
		151...2	4-Amino-stilben
149...51	Azulen, 4,8 Dimethyl-6-hydroxy-azulen	151...2	Isonitrosocampher
		151...2	4-Nitro-phenylessig-säure
149...55	Triazoessigsäure	151...2	Thebainon
149,5...50	Cholesterin	151...2	p-Toluidin-N-acetat
149,7...50,7	Chloramphenicol	151,5	N,N'-Diphenyl-guanidin
150	Benzilsäure		
150	1,8-Dihydroxy-naphthalin	151,5...19	Salicylsäure-β-nitrophenylester
150	2,6-Dimethyl-hydrochinon	152 Z	Arsen, Arsono-essig-säure
ab 150	3-Hydroxy-phthal-säure	152	cis-Cyclohexanol-(1)-carbonsäure-(4)
150	Phenyliminodiessig-säure	152	22,23-Dihydro-ergosterin
150	Pyren	152 Z	Hydrazinoessigsäure
150 Z	Trijod-essigsäure	152 Z	4-Hydroxy-azo-benzol
150	2,4,5-Trimethyl-benzoesäure	152 Z	5-Hydroxy-3-phenyl-isoxazol
150	meso-Weinsäure, F auch 159°	152	Kojisäure
>150	L(+)-Weinsäure-KNa-Salz	152	2,4,6-Trimethyl-benzoesäure
150...1 Z	4-Amino-salicyl-säure	152	Triphenylmethyl-bromid
150...1	Benzolsulfosäure-amid	152...3	2,2-Bis-(4-hydroxy-phenyl)-propan
150...1	2,6-Dibrom-benzoe-säure	152...4	2,5-Dihydroxy-phenylessigsäure
150...1	2,4'-Dihydroxy-benzophenon	152...4	Isonicotinsäure-amid
150...1	2,3-Diphenyl-indenon-(1)	152...6	3-Amino-1 H-1,2,4-triazol
150...1	Phthalimidin	152,5	6-Hydroxy-m-tolyl-säure-(1)
150...2	1-Nitroso-naphthyl-amin-(2)	152,5...3,5	1,4-Diphenyl-butadien-(1,3)
150...3 Z	Thiuramdisulfid	153	Adipinsäure
150...5	Benzophenon-dicarbon-säure-(2,2')	153	2-Chlor-4-amino-phenol
		153	2,5-Dibrom-benzoe-säure
Z 150...5	Palmitinsäure, Ca-Salz	153	2,5-Diphenyl-thiophen
150,2	Bor, Diboran-1,1-dimethyl	153	Fluorenol
150,8	Silicium-tetra-m-tolyl	153	2,4,5-Trichlorphen-oxy-essigsäure
151	Bor-triphenyl	153...3,5	2,3,5,6-Tetranitro-anisol
151	Dibenzylsulfon	153...4	Antimon, Phenyl-antimonoxid
151	2,4-Dinitro-naphthol-(1)-sulfosäure-(7)	153...4	Androsten

F in °C	Name	F in °C	Name
153...4	3,4-Dihydroxy-benzaldehyd	Z 155	Arsen, 4-Hydroxy=phenyl-arsin
153...4	dl-α-Hexachlor-cyclohexan	Z 155	Blei, Diblei-hexa=phenyl
153...4	6-Nitro-chinolin	155	3-Brom-benzoesäure
153...4	D-Xylose	155	Citronensäure
153...5	α-Benzoin-oxim		(F auch 142...4°)
153...5	2-Hydroxybenzal-acetophenon	≈155 Z	Methylensulfat
		155	Sedoheptulosan
153,5	Phosphor, Tri=phenylphosphin=oxid	155	Testosteron
		155	Tetrazol
		155...6	4-Benzyl-benzoe=säure
154	4-Amino-chinolin		
154	4-Amino-3-nitro-phenol	155...6	3-Chlor-benzoesäure
		155...7	D(−)-Arabinose
154	Carbohydrazid	155...7	Colchicin
154	5-Chlor-2-amino-phenol	155...7	9-Phenyl-anthracen
		155...8	Aldosteron
154	2,2-Diamino-tolan	155...60	β-Bromäthylamin-hydrobromid
154	4,4'-Dihydroxy-3,5,3',5'-tetra-t-butyl-diphenyl=methan	156	2-Amino-fluorenon
		156	Benzal-phenyl=hydrazin
154	Dimethyl-paraban=säure	156	3,3'-Diamino-azo=benzol
154	5-Hydroxy-naphtho=chinon-(1,4)	156	1,7-Dinitro-naphthalin
154	Isonaphthoxthin	Z 156	4-Nitrobenzoesäure-peroxid
154	Naphthsulfon		
154	Phenylthioharnstoff	156	Novocain
154	3,3',5,5'-Tetra-tert.-butyl-4,4'-dihydr=oxy-diphenyl=methan	156	Phenazon
		156	Phenoxazin
		156	Phenylbrenztrauben=säure
154	1,2,4-Trihydroxy-naphthalin	156	Phenylessigsäure=amid
154...5	Apokaffein	156	α-Pyridoin
154...5	Camphan	156...6,5	2,4-Dinitro-diphenylamin
154...5	Isodehydracetsäure		
154...5	2,2'-Pyridil	156...7	Diphenyl-malein=säureanhydrid
154...6	δ-Amino-n-valerian=säure	156...7 Z	2-Hydroxy-naphthoesäure-(1)
154...6	Cycloserin		
154...6	Teraconsäure	156...8 Z	Arsen, Phenyl=arsonsäure
154,4	2,5-Dichlor-benzoe=säure	156...8	Cyclobutan-1,1-di=carbonsäure
154,5	Cytisin		
154,5	3-Nitro-anilin-N-acetat	156...8 Z	Tartonsäure
		156,3	o-Toluolsulfosäure-amid
154,5	DL-Trihydroxy-glutarsäure	157	Bernsteinsäure-monoamid
155 Z	4-Amino-benzol=sulfinsäure-N-acetat	157	Chinolin-carbon=säure-(2)

F in °C	Name	F in °C	Name
157	4-Chlor-phthalsäure	159,5	Äthylamin-hydro= bromid
157	Codein	159,5	Trithion
157	Dinaphthyl-(1,1′)	Z ab 160	Allantoinsäure
157 Z	Diphenyl-carbazon	160	Anhalonidin
157	1-Hydroxy-benz= triazol	160	p,p′-Azophenetol
157	Methylglyoxim	160	Bromural
157	2-Nitro-fluoren	160	1,8-Dichlor- anthracen
157 Z	2-Nitro-phenyl= propiolsäure	160...1	Gallussäure-äthyl= ester
157 Z	2,4,6-Trijod-phenol, F auch 160°	160	Pyridoxin
157...8 Z	4-Nitro-phenyl= hydrazin	160	Rubixanthin
		160	Thianthren
157...9	6-Amino-m-kresol	160	Arsen, Methylarsin= säure
157...9	3-Amino-p-kresol		
158	4-Amino-pyridin	160...1	DL-Brombernstein= säure
158	Anemonin		
158	Anthrol-(1)	160...1	Dibenzhydroxam= säure
158	Chinuclidin		
158	4,4′-Diamino- diphenylamin	160...1	1,4-Dibenzoyl-benzol
		160...1	Di-[4-nitrophenyl]- sulfid
158	1,2-Dinitro- naphthalin	160...1	Hydantoinsäure
158	1-Hydroxy-phenazin	160...2	1,2-Dihydroxy- anthracen
158	6-Nitro-naphthol-(2)		
158	α-Santonan	160...2	D-Galactose-phenyl= hydrazon
158	D-Taloschleimsäure		
158	trans-Terpin	160...5	Maltose
158...8,5	L(+)-Arabinose	160...70	4-Mercapto-phthal= säure
158...9 Z	2-Amino-zimtsäure		
158...9,5	2,5-Dimethyl- resorcin	160...75 Z	l-Ergocristin
		160,2	4,4′-Dihydroxy- diphenylmethan
158...60	Chinin-hydrochlorid		
158...60	Phosphor, Phenyl= phosphonsäure	160,5	2,3-Dihydroxy- naphthalin
159	β-Brom-cis-zimt= säure	161	1-Chlor-anthrachinon
		161	1,3-Diamino- 4-nitro-benzol
159	D-Galacturonsäure		
159	Maltol	161	9,10-Dichlor- phenanthren
159	α-Naphthylamin- N-acetat	161	N,N′-Di-o-tolyl- thioharnstoff
159 Z	Nitroharnstoff		
159	Phosphor, Thiophen- phosphonsäure-(2)	161	Glucothiose
		161	Phosphor, Tri= phenylphosphin= sulfid
159	Salicylsäure		
159...60	D-Glucose-phenyl= hydrazon, α-Form	161	1,2,3,4-Tetra= hydroxy-benzol
159...60	Isocephalin	161	Tropigenin
159...60	Pentabrom-benzol	161...2	Benzophenon- carbonsäure-(3)
159...60	1,2,3,4-Tetrahydro- anthrachinon		
159...60,5	4,5-Benztropolon	161...2	1,6-Dinitro- naphthalin
159...61	5-Amino-o-kresol		

F in °C	Name	F in °C	Name
161...2	4-Hydroxy-4'-dimethylamino-diphenylamin	163	2,4,5-Trichlor-benzoesäure
161...2	3,4,5-Trijod-nitro-benzol	163...4	3,4-Dinitro-benzoesäure
161...3 Z	3-Hydroxy-phthalsäure	163...4	4-Nitro-dimethyl-anilin
161,5	Isobornylchlorid	163...4	3-Nitro-phthalsäure-anhydrid
161,6	Chinasäure	163...5	Anthron
162	2-Benzhydryl-benzoesäure	163...5	4-Hydroxy-diphenyl
		163...70	Anthranol-(9)
162	3,5-Dinitro-anilin	163,5 Z	Alliin
162	Epicyanhydrin	163;5	Trinitro-orcin
Z 162	Ergometrin	164	4-Benzhydryl-benzoesäure
162	Imidazol-carbonsäure-(4 bzw. 5)-äthylester	164	Benzoesäure-anilid
		164	Cholansäure
162	Isophthalsäure-dinitril	164	2,4-Dichlor-benzoesäure
162	α-Naphthoesäure	164	β-Indolylessigsäure
162	Phenolblau	164	1,3,9,10-Tetrachlor-anthracen
162	β-Phenyl-zimtsäure		
162...2,5	p-Phenylendiamin-mono-N-acetat	164	2,4,6-Trichlor-benzoesäure
162...3	β-Acrose	164...5	l-Camphoronsäure
Z 162...3	Alloxansäure	164...5	1,5-Diphenyl-thiocarbohydrazid
162...3	cis-Cyclohexan-dicarbonsäure-(1,3)	164...5	L-Glutaminsäure-monoäthylester
162...3	4,4'-Dibromdiphenyl	164...5	2-Jod-1,3,5-trinitro-benzol
162...3	2,4'-Dihydroxy-diphenyl	164...5	α-Methyl-D-glucosid
162...3	4-Nitro-phthalsäure	164...5	Thiosalicylsäure
162...3	1,3,5-Triacetyl-benzol	164...5	Tyramin
		164...6	Di-[p-chlorphenyl]-essigsäure
162...4 Z	2-Nitroso-naphthol-(1)	164,2	Triphenylcarbinol
162,5...3,0	2-Jod-benzoesäure	164,5	Benzolsulfosäure-phenylhydrazid
163	Acetaldehyd-semicarbazon	164,5...5,5	Benzyl-thioharnstoff
163	d-Bornylamin	165	Ameisensäure-tris-formamid
163	inakt. trans-Cyclopentan-dicarbonsäure-(1,2)	≈165	2,4-Dimethyl-phloroglucin
163	Isonicotinsäure-hydrazid	165	Hexamethylbenzol
		165	Hydrocarbostyril
163	Pentaerythrit-tetrabromid	165 Z	6-Hydroxy-naphthochinon-(1,2)
163	Pyroxanthin	165	Pyrazolon
163	Rotenon	165 Z	Pyridoxal-hydrochlorid
163	Sulfanilsäure-amid		
163	Tricarballylsäure	165	Pyrogalloltriacetat
163	2,3,5-Trichlor-benzoesäure	165	Sorbose
		165	Tetraäthyl-rhodamin

F in °C	Name	F in °C	Name
165	1,2,3,5-Tetrahydr=oxy-benzol	167...8	Itaconsäure
165	2,4,2',4'-Tetranitro-diphenyl	167...8	3-Nitro-naphthol-(1)
		167...8	2,4,6-Trimethyl-phenylessigsäure
165	2,4,6-Trihydroxy-benzophenon	167...9	Neoabietinsäure
		167...76	Brometon
165...5,5	Furil	167,5	Ameisensäure, K-Salz
165...6	Cinnamal-essigsäure		
165,..6	Isocamphoronsäure	167,5	2,3,4-Trimethyl-benzoesäure
165...6	4-Nitro-naphthol-(1)		
165...6	Thiazon	167,5...8,5	Arsen, Arsenige Säure
165...7	Benzoesäure-o-sulf=amid	168	1,2-Benz-anthra=chinon
Z 165...9	Dithizon		
166	4-Amino-4'-hydroxy-diphenylamin	168	Ergosterin
		168	6-Hydroxy-o-tolyl=säure-(1)
166	Dichinolyl-(4,4')		
166	Diphenyl-carbon=säure-(3)	168	2-β-Naphthoyl-benzoesäure
166	Gallium-triphenyl	168	Phenanthrol-(2)
166	Naphthoxthin	168	Sorbinsäure-amid
166	Naphthylen=diamin-(2,7)	168	3,4,5-Trimethoxy-benzoesäure
166...7 Z	l (—)-Dichlorbern=steinsäure	168...9	4-Aminophenol-N-acetat
166...7 Z	d(+)-Dichlorbern=steinsäure	168...9	DL-Ascorbinsäure
		168...9	4-Nitroso-anilin
166...7	α,β-Diphenyl-zimt=säure-nitril	168...9 Z	Rhodanin
		168...70	3,5-Diamino-phenol
166...7	Fuchson	168...70	Quecksilber-vinyl=bromid
166...7	Laudanin		
166...71 Z	Alloschleimsäure	168...70	Sarkosin-hydro=chlorid
166,5	3,4-Dimethyl-benzoesäure		
		168...71	d(+)-Chlorbernstein=säure
166,5...7,5	β-Phenylpropion=säure-O-carbon=säure	168,3	2,3-Dichlor-benzoe=säure
167	1,2-Benzanthracen	168,5...9,5	Methylkaffursäure
167 Z	2,5-Dimercapto-1,3,4-thiadiazol	169	8-Hydroxy-naphthoesäure-(1)
167	2-Hydroxy-m-tolyl=säure-(1)	169	Kryptoxanthin
		169	Phthalanilsäure
167	D-Mannit	169	1,4,5-Trihydroxy-naphthalin
167 Z	Oxanthron		
167	Phenylbernstein=säure	169...70	dl-Dibrombern=steinsäure
167	Quecksilber-methylchlorid	169...70	Flavonol
		169...70	5-Hydroxy-3-methyl-isoxazol
167	meso-Weinsäure, saures NH_4-Salz	169...70	Trichlorchinon
167...8 Z	3,4-Diamino-phenol	169,9	2-Amino-4,6-di=nitro-phenol
167...8	3-Hydroxy-naphthoesäure-(2)-o-anisidid	170	l-Abietinsäure, F bei 177°

F in °C	Name	F in °C	Name
170	Aconsäure	171...2 Z	Ergocristin
170	Allocholansäure	171...2	1-Methyl-anthra= chinon
Z 170	5-Amino- naphthol-(1)	171,1	Tris-(hydroxy= methyl)-amino- methan
Z > 170	Benzidin-disulfo= säure-(2,2′)		
170	Benzimidazol	171,4	D-Glucoheptulose
170	β-Benzoyl-phenyl= hydrazin	171,5...2,0	1,4-Dinitro-benzol
170	2,5-Dichlor- phenylen= diamin-(1,4)	172	2,2-Dihydroxy-azo= benzol
		172 Z	Glyoxim
		172	Hydrochinon
170	9,10-Dihydro-acridin	172	4-Jod-1-nitrobenzol
170	2,4-Dihydroxy-azo= benzol	172	Pentajod-benzol
		172	1-Phenyl-semicarb= azid
170	3,3′-Dihydroxy- benzophenon	172...4	Diäthylamin-hydro= jodid
170	3,5-Dimethyl- benzoesäure	172...4	Tetracyclin-7-chlor
170	Galactose	172...5	Diphenyljodonium= jodid
170	Hydrochinon, F auch 172,3°	172,2	Di-[2-naphthyl]- amin
170	Malonsäure-diamid		
170 Z	Naphthol-(1)-sulfo= säure-(4)	172,5	Chinidin
		172,5	l-Isocamphersäure
170 Z	Nitranilsäure	172,5...3	Ferrocen
170	α-Phenyl-*trans*-zimt= säure	173	Cholanthren
		173	Diacetylmorphin
170	Stigmasterin	173	Dial
Z 170	Thiokohlensäure= dihydrazid	173	2,4,2′,4′-Tetranitro- diphenylmethan
170	D(−)-Weinsäure	173 Z	Triäthylamin- hydrojodid
170	L(+)-Weinsäure		
170	Zink-di-isobutyl	173	2,3,4-Trihydroxy- acetophenon
170...1	Benzanthron		
170...1	*cis*-Cyclohexan- dicarbonsäure-(1,4)	173...4	4-Äthoxy-phenyl= harnstoff
170...1	3,4-Dimethoxy- furancarbon= säure-(2)	173...4	Androsten-4-dion- (3,17)
		173...4	Cadmium-diphenyl
170...1	3-Nitro-phenanthren	173...4	5-Chlor-salicylsäure
170...2	Guanidin-thioharn= stoff	173...4	2,6-Dichlorcamphan
		173...4	2-Hydroxy- 3-methyl-naphtho= chinon-(1,4)
170,5	Santonin		
171	Chinhydron		
171	Dimethylamin- hydrochlorid	173...4	Imidazol- aldehyd-(4 bzw. 5)
171	Ferulasäure	173...4	Kobalt-di-cyclo= pentadienyl
171	5-Nitro-naphthol-(1)		
171	Phanodorm	173...4	1,2,4,5-Tetrabrom- benzol
171	Phenazin		
171	Stilböstrol	173...5	4,4′-Diamino-tri= phenylcarbinol
171...1,5	1,8-Dinitro- naphthalin		
		173...5	Scillirosidin

F in °C	Name	F in °C	Name
173,2…4,1	Hexahydro-1,3,5-tri= propionyl-triazin	176	N,N'-Di-p-tolyl- thioharnstoff
173,5…4,5	2,4-Dibrom-benzoe= säure	176	Fluor-pentabrom- äthan
174	Luminal	Z 176	Magnesium-diäthyl
174	Lycopin	176	2-Methyl-anthra= chinon
174	1,3,5-Triphenyl- benzol	176	2-Methyl-benzimid= azol
174	Xanthon		
174…5	4-Amino-o-kresol	176	2-α-Naphthoyl- benzoesäure
174…5	d-Catechin		
174…5	3-Fluor-4-nitro- benzoesäure	176	Narcotin
		176 Z	Orselinsäure
174…5	4-Hydroxy-m-tolyl= säure-(1)	176…7	d-Campheramidsäure
		176…7	Desoxycholsäure
174…5	Styphninsäure	176…7	2-Fluor-4-nitro- benzoesäure
174,5	4,4'-Dihydroxy- diphenylamin	176…7 Z	Isoapokaffein
Z 175	1-Amino-naphthol-(2)	176…7	Isocyanursäure-tri= methylester
175	Chinin		
175	Dibenzylmalonsäure	176…7	1,8,9-Trihydroxy- anthracen
175	Dichinolyl-(2,3')		
≈175	p-Digallussäure- methylester	176…8	4-Hydroxy-o-tolyl= säure-(1)
175	1,5-Diphenyl- carbohydrazid	176,3	d-Campher
		176,5…7,5	3,4-Benzpyren
175	Essigsäure, Pb(IV)-Salz	177 Z	Acetylen-dicarbon= säure
175 Z	Hydrastsäure	177	4-Amino-naphthoe= säure-(1)
175	Naphthalin- dicarbon= säure-(1,2)	177 Z	2-Amino-phenol
		177	2,5-Dinitro-benzoe= säure
175	Semicarbazid-hydro= chlorid	177	Norcholansäure
175	Stovain	177	p-Phenanthrolin
175	Terebinsäure	177	Urobilin
175	Tetraphenylfuran	Z 177…8	2,3-Dihydroxy- chinon-(1,4)
175	δ-Truxinsäure		
175…6 Z	4-Amino-zimtsäure	177…8	l-Rhizocarpsäure
175…6	Capsanthin	177…8	3,4,5-Trihydroxy- benzophenon
175…6	Dieldrin		
175…6	2,4,7-Trinitro= fluorenon	177…8	4,4',4''-Tris- dimethylamino- triphenylmethan
175…7	Phenanthren-3-sulfo= säure	177,5…8,5	Bromsuccinimid
Z 175…85	Citronensäure- Ca-Salz	177,8	2-Hydroxy-p-tolyl= säure
176	2,2'-Diamino-stilben, goldgelbe Nadeln, F auch 123° rote Nadeln	177,9	3-Amino-benzoesäure
		178	Arsen, Diphenyl= arsinsäure
		178	Brucin
176	4,4'-Diamino- diphenyl-sulfon	178	γ-Carotin
		178 Z	l-(−)-Chlorbern= steinsäure
176 Z	Dilitursäure		

F in °C	Name	F in °C	Name
178	1,2-Dihydroxy-phenanthren	180 Z	Thioharnstoff
178	5,5-Dimethyl-hydantoin	180...1	Allenolsäure
178	α-Östradiol	180...1	Jodival
178	2,4,6-Trinitro-3-aminophenol	180...1	N-Methyl-N′-acetyl=harnstoff
178...9	4-Amino-m-kresol	180...1	Naphthostyril
178...9	1,2-Benzpyren	180...2	Corticosteron
178...9	4-Hydroxy-benz=anthron	180...3	Bromfumarsäure
		Z 180...200	Azodicarbonamid
178...80	1,1,2-Tribrom-1,2,2-trichlor-äthan	180...220	Hämatein
		180,5...1,5	Östron c
178...81	Kobalt-di-indenyl	181	Anthranilsäure-N-benzoat
178...86	L(+)-Glutamin	181	Cinchonin-hydro=chlorid
178,4	4-Chlor-anilin-N-acetat	181	Dichinolyl-(6,6′)
179	4,4′-Bis-dimethyl-amino-benzophenon	181	9,10-Dimethyl-anthracen
179	1,7-Dihydroxy-naphthalin	181	4-Hydroxy-naphthaldehyd-(1)
179 Z	Ergotamin	181 Z	4-Nitrophenyl-propiolsäure
179	Thiocyansäure K-Salz	181...1,5	α-Linolensäure-hexabromid
179...80	5-Chlor-furan-carbonsäure-(2)	181...3	Indol-pikrat
179...80	D-2,3-Dimethoxy-zimtsäure	181...3	Naphthalin-1,5-di=sulfosäure-chlorid
		181...3	Thiosemicarbazid
179...80	4,4′-Dinitro-dibenzyl	181,5	Vitamin A-Säure
179...80	2,4-Diphenylpyrrol	182	Acoin
179...80	Homophthalsäure	182	3-Amino-zimtsäure
179...80	4-Methyl-n-propyl-benzol	182	β-Benzpinakolin
		182	Fluoran
179...80	Saccharose	182	4-Fluor-benzoe=säure
179...80	d-Santonigsäure		
179...80	Stearinsäure, Ca-Salz	182	Glycerin-hydro=chlorid
179...81	Glyoxal-osazon	182	N-Methyl-anthranil=säure
179...81	Methyl-isobutyl-amin	182	1,2,3,4-Tetrachlor-1,2,3,4-tetra=hydronaphthalin
179,5...80	2,4,6-Trinitro-diphenylamin		
179,6	p-Tolylsäure	182...3	4-Amino-2,6-di=methyl-pyridin
180 Z	Diazoaminobenzoe=säure-(3,3′)	182...3	2,4-Dinitro-benzoe=säure
≈180	9,10-Dihydroxy-anthracen	182...3	3,5-Dinitro-salicyl=säure
≈180	Dioxindol	182...3 Z	N,N′-Diphenyl-glyoxim
180 Z	Guanylsäure-(3′)		
≈180 Z	Isatinchlorid	182...3	4-Hydroxy-naphthoesäure-(2)
180	Phenthiazin		
180 Z	5-Sulfo-salicylsäure		
180	2,4,5,7-Tetranitro-naphthol-(1)	182...3,5	4-Hydroxybenzal-acetophenon

F in °C	Name	F in °C	Name
182...5	N,N-Dimethylharn= stoff	185	2,4,6-Trijod-anilin
182,5...3,5	2,4,6-Trinitro- m-xylol	185	Wismut-diphenyl- chlorid
182,7	Bernsteinsäure	185...5,5	5-Nitro-furan= carbonsäure-(2)
183	6-Amino-2,4-di= methyl-pyrimidin	185...6	p-Phenylendiamin- N,N'-diacetat
183	Auxin b	185...7	2-Brom-3-nitro- benzoesäure
183	β-Carotin		
183	Curcumin	185...8	Östron d
183	o-Methylrot	185...204 Z	4-Amino-N^{10}-methyl- pteroylglutamin= säure
183	N-Phenyl-anthranil= säure		
183	Tetraphenyl= harnstoff	185,5	β-Naphthoesäure
		186 Z	4-Amino-phenol
183...4	5-Hydroxy-o-tolyl= säure	186	α-Amyrin
		186	Anhalamin
183...4	Shikimisäure	186	Chinonamin
183...5	4,5-Dihydroxy- phthalsäure	186	2,4-Dinitro-anilin
		186	3,4,3',4'-Tetranitro- diphenyl
184	2-Amino-6-nitro- benzoesäure	186 Z	4,4',4''-Triamino- 3-methyl-tri= phenylcarbinol
184	Flavoxanthin		
184	9-Phenyl-acridin		
184	Rubazonsäure	186	2,4,6-Trinitro- phenylhydrazin
184	2,4,6-Trimethyl- phloroglucin	186...7	DL-β-Amino-butter= säure
184	Veratrumsäure		
184...5	Androsteron	186...7	3-Chlor-phthalsäure
184...5	Anthranilsäure- N-acetat	186...7 Z	4-Hydroxy- naphthoesäure-(1)
184...5	2-Methoxy-zimtsäure	186...7 Z	Triphenylmethyl- peroxid
184...5	Tetraphenylthiophen		
184...6	N-Methyl-N-di= benzyl-amin- hydrochlorid	186...8	Cyclohexan- dion-(1,2)-dioxim
		186...8	3,4-Dimethoxy- phthalsäure
184...6	Titan-cyclopenta= dienyl-trijodid	186,5	1,5-Dibenzoyl- naphthalin
184,2	1,3,5-Trijod-benzol		
184,5	4-Jodanilin-N-acetat	186,5	3-Jod-benzoesäure
184,5...5	2-Nitro-anthrachinon	186,6	1,1'-Azonaphthalin
184,5...5,5Z	Tetracyclin- 5-hydroxy	187	Aceton-semicarbazon
		187 Z	2-Adenylsäure
185 Z	Acetobrom-cello= biose	187	Chinolin-carbon= säure-(8)
185	Anissäure	187	4-Methoxy-zimt= säure
≈185 Z	Anthrachinon-(1,2)		
185	Chondrosamin	187	2,3,4-Trichlor- benzoesäure
185	1,4-Dihydroxy- naphthoesäure-(2)	187...8	α-Carotin
185	Hexachlor-äthan	187...9	Dinaphthyl-(2,2')
185	Isozuckersäure	187...9 Z	2,6,8-Trichlor-purin
185	Nodakenetin	187,5	1,4-Dichlor-anthra= chinon
185	Ornithursäure		

F in °C	Name	F in °C	Name
188	1-Brom-anthra= chinon	190...1	1,4-Dihydroxy- naphthalin
188	6-Chlor-benzanthron	190...1	Hippursäure
188	4,4'-Dichlor-azo= benzol	190...1 Z	Phthalonsäure- anhydrid
188	3,5-Dichlor-benzoe= säure	190...1	2,4,6-Trinitro- anilin
188	Dulcit	190...2 Z	2,4-Dinitro-phenyl= hydrazin
188	1-Hydroxy- naphthoesäure-(2)	190...2 Z	Glutathion
188	D-Manno-α-heptit, F auch 180°	190...2	Phosphor, Diphenyl= phosphinsäure
188...8,5	4-Amino-benzoe= säure	190...5 Z	5-Jod-anthranil= säure
188...9	Anthrachinon- aldehyd-(2)	190...5 Z	Pyridin-dicarbon= säure-(2,3)
188...9	Benzpinakon	190,6	5-Amino- naphthol-(2)
188...9	α-Methyl-D-man= nosid	191	Dehydrothio= toluidin
188...9	2-Phenyl-indol	191	1,8-Dihydroxy- anthrachinon
188,2	d-Camphersäure		
188,5	Äthylamin-hydro= jodid	191	1,2,3,4-Tetrachlor- anthrachinon
189	N,N-Diphenylharn- stoff	191	Veronal
189 Z	Nitron	191...2	2-(Aminobenzol- 4'-sulfamid)- pyridin
189	Pentachlorphenol		
189...90	2,5-Dinitro- p-toluidin	191...2 Z	3-Amino-phthal= säure
189...90	Pregnenol-(3)-on-(20)	191...4	β-Gentiobiose
189...91	Quecksilber-di-n- propyl	191...5	Östron f
189,5	Oxalsäure	191,5...2	Phenoxyessigsäure- o-carbonsäure
190 Z	Ameisensäure- Pb(II)-Salz	192 Z	Aljodan
190 Z	L-Ascorbinsäure	192	Cocain-hydro= chlorid
190	Azulen-dialdehyd- (1,3)	192	cis-Cyclohexan- dicarbon= säure-(1,2)
190 Z	Chinoxalin-di= carbonsäure-(2,3)		
190	Cumarin-carbon= säure-(3)	192	3,5-Diphenyl- 1,2,4-triazol
190	2,7-Dihydroxy- naphthalin	192 Z	Girard Reagenz T
		≈ 192 Z	2-Hydroxy-naphtho= chinon-(1,4)
190 Z	D-Glucosamin- N-acetat	192	4-Nitro-naphthyl= amin-(1)
190	Naphthylen= diamin-(1,5)	192 Z	Pyrrol-carbon= säure-(2)
190	1,4,5,8-Tetrahydr= oxy-naphthalin	192	Quecksilberäthyl= chlorid
190	2,4,5-Trinitro- naphthol-(1)	192	Tetrajodäthylen
190...1 Z	2,3-Diamino- benzoesäure	192...3	Cumaron-carbon= säure-(2)

F in °C	Name	F in °C	Name
192,5...3 Z	Biuret	195...6	d-Brom-d-campher-
193	1-Amino-carbazol		π-sulfosäure
193	Chlorfumarsäure	195...6	1-Methylamino-
193	2,3-Dichlor-naphtho=chinon-(1,4)		4-brom-anthra=chinon
193	1-Hydroxy-anthra=chinon	195...200 Z	D-Mannose-phenyl=hydrazon
193	6-Hydroxy-chinolin	196 Z	γ-Amino-buttersäure
193	3-Hydroxy-zimt=säure	196	Auxin a
		196	1,2,7,8-Dibenz=anthracen
193 Z	Pyrazin-dicarbon=säure-(2,3)	196	Dichinolyl-(2,2')
193	2,4,6-Tribrom-benzoesäure	196	4,5-Dihydroxy-2-methyl-anthra=chinon
193...3,5	Pyridoxamin		
193...4	2-[p-Acetylphenyl]-hydrochinon	196	β-Gentiobiose-octaacetat
193...4	3-Amino-phthal=säureanhydrid	196	2,3,5,6-Tetrabrom-p-kresol
193...4	Naphthylen-diamin-(2,3)	196	2,4,5,6-Tetrabrom-m-kresol
193...5 Z	d-Campher-ω-sulfo=säure	196...200	5-Adenylsäure
		196...200	Aluminium-triphenyl
193...5	2-Mercapto-benz=oxazol	197 (Z)	3-Adenylsäure
		197	Benzol-tricarbon=säure-(1,2,3)
193,5 Z	Dimethyl-malon=säure	197	2,6-Dinitro-anilin-N-acetat
193,5	Tetramethylbenzidin	197	Guanidin-carbonat
194	7-Chlor-1,3,8-tri=nitro-naphthalin	197...7,5	β-Amyrin
		197...8 Z	β-Alanin
194	7-Hydroxy-naphtho=chinon-(1,2)	197...8	Allophansäure-äthylester
194	Quebrachit	197...8	Cinchotenin
194	Uliron	197...8	1,2-Diamino-4-nitro-benzol
194	L(+)-Weinsäure-diamid		
194...4,5	Sedormid	197...8	3,5-Dichlor-furan-carbonsäure-(2)
194...5	Benzophenon-carbonsäure-(4)	197...8	Östron h
194...5	1,3,5,8-Tetranitro-naphthalin	197,5 Z	Anthroxansäure
		197,8...8,3	trans-o-Nitro-α-phenylzimtsäure
195 Z	Apomorphin		
195 Z	Arsen, 4-Arsono-phenylessigsäure	198 Z	trans-Aconitsäure, F auch 209°
195 Z	3,4-Dihydroxy-naphthoesäure-(1)	198	d-Campher-chinon
		198	Cholsäure
195	Lutein	198	1,6-Dinitro-naphthol-(2)
195 Z	Tetramethyl-bern=steinsäure	198	3-Hydroxy-chinolin
195	2,4,2',4'-Tetranitro-diphenyläther	198	5-Jod-salicylsäure
		198	N-(1-Naphthyl)-thioharnstoff
195	2,4,2',4'-Tetranitro-diphenyl-sulfid	198	4-Nitro-phthal=säure-imid
195...6 Z	Benzal-malonsäure		

F in °C	Name	F in °C	Name
198	4-Nitroso-naphthol-(1)	200	Tetraäthyl=ammoniumjodid
198	Retenchinon	200	Tigogenin
198	1,2,3,4-Tetrachlor-naphthalin	≈ 200 Z	Xanthogensäure, K-Salz
198	2,3,4-Trihydroxy-benzoesäure	200...1	Griseovulfin
198...9	Rosindulin	200...1 Z	1-Phenyl-thiosemi=carbazid
198...200	Aluminium-triphenyl	200...1 Z	1,2,3-Triazol-dicarbonsäure-(4,5)
198...200	Tetracyanäthylen		
198...205	Hexabromäthan	200...2	Allopregnandion-(3,20)
198,4 Z	3,5-Dijod-dl-tyrosin		
198,5	Carbolin	200...2	4-Amino-phenyl=essigsäure
199	4-Acetyl-naphthol-(1)		
199	γ-Amino-n-valerian=säure, F auch 213°	200...2	1,2,3,4-Dibenz=anthracen
199	Camphansäure	200...2	1,4-Dihydroxy-anthrachinon
199	3-Jod-salicylsäure		
199	Triphenylen	200...2	2,4,5-Trihydroxy-acetophenon
199...200	3-Amino-hippursäure		
199...200	Arbutin	200...5	1,2-Dibrom-1,1,2,2-tetrachlor-äthan
199...200	2-Hydroxy-chinolin		
199...200	4-Hydroxy-2-propyl-chinazolin	200...20 Z	Thymolblau
		200...320	Aluminiumacetat
199,2...9,3	Anilin-hydrochlorid	201	2-Amino-phenol-N-acetat
Z 199,5	6-Amino-naphthol-(1)		
		201	4-Hydroxy-chinolin
200	Acetylacetonharn=stoff	201 Z	Penicillamin
		201...2	Silicium, Octa=phenyl-cyclo-tetrasiloxan
> 200 Z	Arsen, 4,4'-Arseno=phenol		
200	Arsen, Dimethyl=arsinsäure	201...1,5	2,4,2',4'-Tetranitro-diphenylamin
Z 200	2,5-Diamino-benzoesäure	201...3	ε-Amino-capron=säure
200	2,5-Dihydroxy-benzoesäure	201,5	Ricinin
200	1,6-Diphenyl-hexatrien-(1,3,5)	201,5...3	β-Dimethylamino-äthylchlorid-hydrochlorid
200	Doisynolsäure	202	β-Cellobiose-octa=acetat
200 Z	Girard Reagenz P		
Z 200	Hexahydroxy-benzol	202	Cuprein
		202	2,5-Dihydroxy-acetophenon
200	3-Hydroxy-benzoe=säure	202	2,6-Dinitro-benzoe=säure
Z 200	Magnesium-di-n-butyl	202	Gallussäure-methyl=ester
Z 200	Magnesium-dimethyl		
Z 200	Natrium-methyl	202 Z	Glyoxylsäure-semi=carbazon, F auch 135...8°
Z 200	Oxalsäure, Sr-Salz		
200	Phosphor, Thiamin=phosphat	202	3-Hydroxy-benzoe=säure
Z ab 200	Pyrogallolbenzoin		

F in °C	Name	F in °C	Name
202	Mesaconsäure	205 Z	1-Amino-naphthoe=
202	Spinulosin		säure-(2)
202...2,5	2-[4'-Aminobenzol=	Z 205	Arseno-essigsäure
	sulfonamido]-	205	Diäthylamin-hydro-
	thiazol		bromid
202...3	β-Ribazol	205	4,4'-Dibrom-azo=
202...6	Androsten-(4)-diol-		benzol
	(3α:17β)	205	3,3'-Dihydroxy-azo=
203	5-Amino-tetrazol		benzol
203	3,4-Dichlor-benzoe=	205	3,5-Dinitro-benzoe=
	säure		säure
203	1,3,6,8-Tetranitro-	205	l-Ekgonin
	naphthalin	Z>205	Pseudothiohydantoin
203	3,4,5-Trichlor-	205 Z	4,4',4''-Triamino-
	benzoesäure		triphenylcarbinol
203...4	2-Amino-5-nitro-	205	DL-Weinsäure
	phenol	205	Zimtsäure-o-carbon=
203...4 Z	dl-Cineolsäure		säure
203...4 Z	6-Hydroxy-chinolin-	205...6	3,4'-Dihydroxy-
	carbonsäure-(5)		benzophenon
203...5	Hexogen	205...10 Z	Pyron-(2)-carbon=
203,5	Isatin		säure-(5)
204	L(+)-Alanin-hydro=	206	6-Amino-naphthoe=
	chlorid		säure-(1)
204	Apochinin	206	8-Amino-
204	Guanazol		naphthol-(2)
204	Indol-α-carbonsäure	206 Z	4-Benzol-azo=
204	3,4,5,6-Tetrabrom-		naphthol-(1)
	o-kresol, F auch	206	2,3-Dihydroxy-
	206...7°		benzoesäure
204	Usninsäure	206 Z	4,5-Dimethoxy-
204	inakt. Zimtsäure-		phthalsäure
	dibromid	206	Glycin-N-acetat
204...5	3,4-Dihydroxy-	206	4,5,9(od. 10)-Tri=
	benzoesäure		hydroxy-2-methyl-
204...5 Z	4-Hydroxy-phthal=		anthracen
	säure	206	Zeaxanthin
204...5	Pyridoxin-hydro=	206...7	Cinchonin-sulfat
	chlorid	206...7	Phenanthrenchinon
204...5,5	2-Jod-3-nitro-	206...8	L(+)-Glutaminsäure
	benzoesäure	206...8	dl-Hydroxy-biotin
204...6	α-Amino-adipin=	207 Z	Benzoylcholin-
	säure		chlorid
204...6	4-Amino-naphthoe=	207	2-Brom-anthra=
	säure-(2)		chinon
204...8	Arsen, Tetraphenyl=	207 Z	2,5-Dihydroxy-
	arsoniumchlorid-		zimtsäure
	hydrochlorid	207	2-Methyl-anthracen
204...26	Trimethylaminoxid-	207...8	1-Hydroxy-iso=
	hydrochlorid		chinolin
204,5	Mesaconsäure	207...8	DL-Prolin
204,5...5,5	3-Nitro-zimtsäure	207...8	4,4',4''-Triamino-
204,7...8,7	Salicin		triphenylmethan
205	Allokaffein	207...8	Tri-benzamid

F in °C	Name	F in °C	Name
207...8	Tri-biphenyl-carbinol	210...1	α-Campholid
207...8	Violaxanthin	210...1	5-Hydroxy-naphthoesäure-(2)
207...20	Blei-diäthyl-dichlorid	210...2	3,4-Dihydroxy-phthalsäure
207,2	d-Borneol		
207,2	Cinchonidin	210...5 Z	Dehydroindigo
208	7-Amino-naphthol-(2)	Z 210...20	Trimorpholin
		210,5	Pentamethylbenzoe-säure
208	3-Amino-5-nitro-benzoesäure		
208	α-Benzpinakolin	211 Z	2,5-Dihydroxy-chinon
208	trans-2-Hydroxy-zimtsäure	211	Phthalanil
		211	1,1,2,2-Tetraphenyl-äthan
208 Z	Methylencitronen-säure	211...2	5-Amino-naphthoe-säure-(1)
208	Trimethylaminoxid (wasserfr. Subst.)	211...2	d-Pimarinsäure
		211...2	Vanillinsäure
208...9	2-Amino-3-nitro-benzoesäure	211...3	Pyrazol-carbon-säure-(3)
208...9	2,2'-Azonaphthalin		
208...9	6-Hydroxy-naphthoesäure-(1)	212	5-Amino-oxindol
		212	Androstadien-(5,7)-diol-(3β,17β)
208...9	5-Nitroindazol		
208,5	3-Hydroxy-p-tolyl-säure-(1)	212 Z	Azafrin
		212	Gyrilon
209	2-Amino-acridin	212	α-Hexabrom-cyclo-hexan
209	Brasan		
209	Dicyandiamid	212 Z	5-Hydroxy-chinolin-carbonsäure-(6)
209	Dixanthyl		
209	Oxidobernsteinsäure	212	d-Isoborneol
209	Thioxanthon	212	dl-Isoborneol
209...10	9,10-Dichlor-anthracen	212	Sarkosin
		212...3	Arsenobenzol
209...10	2,3-Dimethyl-anthrachinon	212...4	β-Benzil-dioxim
		212...4	Bor·triphenyl-ammoniak
209...10	1,4-Diphenyl-benzol, F auch 213° C	212...4	2,4,6-Trihydroxy-toluol
209...10	Pyridazin-dicarbon-säure-(4,5)	212,4	2-Chlor-anthra-chinon
209...10	Titan-tetramethylat		
209...10	β-Truxinsäure	213 Z	D-Glucosazon
209...10	Vasicin	213	3-Sulfo-salicylsäure
210	Acetophenon-carbonsäure-(4)	213...4	Guanidin-nitrat
		213...5	Filicinsäure
210	6-Amino-indazol	213...5	1-Methyl-3-carbox-amid-pyridon-(6)
210 Z	3-Amino-picolin-säure		
210 Z	3,4-Diamino-benzoesäure	213,5	4,4'-Dihydroxy-benzophenon
		213,5...4,5	Nor-desoxycholsäure
210	5-Hydroxy-m-tolylsäure-(1)	214 Z	Allophansäure-methylester
Z 210	Natrium-acetylid	214	3-Amino-naphthoe-säure-(2)
210 Z	Oxalursäure		
210	α,α-Trehalose	214	Cantharidin

F in °C	Name	F in °C	Name
214	Chinin-sulfat	216	Triglykol-dimethyl= äther
214	3,5-Dinitro- o-toluidin	216...6,5	2-Fluor-4-amino- benzoesäure
214 Z	2-Nitroso-benzoe= säure	216...7	Acetylharnstoff
214 Z	Oxalsäure-mono= amid	216...7	Apocinchonin
		216...7	ε-Hexachlor-cyclo= hexan
214...5	Dialursäure	216...7	Phenoxazon
214...5	4-Hydroxy-benzoe= säure	216...7	Piperinsäure
214...5 Z	Quercetin-dimethyl= äther	216...7 Z	Pulvinsäure
		216...7	Purin
214...5	L-Prolin	216...7	Trimethylentrisulfid
214...6	Östron a	216...8 Z	Arterenol
215	4-Amino-1-hydroxy- anthrachinon	216...8 Z	4,4'-Dihydroxy- azobenzol
215	Cyclohexen-(2)- dicarbon= säure-(1,2)	216...8	1,3,8-Trinitro- naphthalin
215 Z	4-Hydroxy-zimt= säure	217	β-Amino-isovalerian= säure
215	Methylamino- diessigsäure	217 Z	Anthracen-carbon= säure-(9)
215 Z	5-Phenyl-tetrazol	217	2,5-Dimethyl-hydro= chinon
215 Z	Phloroglucin	217	3,4'-Dinitrostilben
215...6	5-Amino-1-hydroxy- anthrachinon	217	Pyrrolidon-(5)- carbonsäure-(3)- amid
215...6	1,3,5-Benzol-tri= essigsäure	217...8	Furandicarbon= säure-(3,4)
215...6	3-Fluor-4-amino- benzoesäure	217...8	Pyrazin-dicarbon= säure-(2,6)
215...6	3,4,5-Trimethyl- benzoesäure	217...8	2,6,2',6'-Tetra= nitro-diphenyl
215...7 Z	Anthrachinon- disulfosäure-(1,6)	217...8	2,4,5-Trihydroxy- benzoesäure
215...9 Z	Apotheobromin	217...8	3,5,7-Trihydroxy- flavon
215...20 Z	Glycyl-glycin	217,5	1,5-Dinitro- naphthalin
215...20	1,2,4,5-Tetra= hydroxy-benzol		
≈215...316	Palmitinsäure, Na-Salz	218	5-Amino-benz= anthron
215,1	Atophan	218	5-Amino-salicyl= säure-N-acetat
215,5...6 Z	Astaxanthin		
215,9	4-Nitro-anilin- N-acetat	218	Anthracen
Z 216	Adrenalin	218	Anthrachinon-sulfo= säure-(1)
216	Bor-dihydroxy- phenyl	218	syn.-Benzil-osazon
216	2,2'-Dihydroxy- dinaphthyl-(1,1')	218	2,6-Dihydroxy- naphthalin
216	4,4'-Dinitro- diphenylamin	218 Z	Inosin
		218	3-Nitro-phthalsäure
216	3-Nitrophthalsäure= imid	218	Tetracyclon
		218...9	Benzamaron

F in °C	Name	F in °C	Name
218…9	2,4,6-Trihydroxy-acetophenon	220…1	Hydantoin
Z 218…20	Imino-diessigsäure-imid	220…1	Kryptopin
		220…1	α,β,β-Triphenyl-propionsäure
218…20 Z	Indol-β-carbonsäure	220…1,5	2,4'-Dinitro-diphenyl-amin
218…20 Z	1-Phenyl-3-amino-pyrazolon-(5)	220…2	2,4,6,3',4'-Penta=hydroxy-benzo=phenon
218…20 Z	Phenylglycin-o-carbonsäure		
219	Diphensäure=anhydrid	220…4	Cortison
		220…5 Z	4-Hydrazino-benzoesäure
219	Rhodoxanthin		
219	Solanidin	220…50 Z	Nitroguanidin
219	Sulfanilsäure-amid-N₄-acetat	220,5 Z	3,4-Dihydroxy-naphthoesäure-(2)
219	1,2,3-Triazol-carbonsäure-(4)	221 Z	dl-β-Amino-phenyl-propionsäure
219	4,4',4''-Tris-dimethylamino-triphenylcarbinol	221 Z	2,3-Dimethyl-hydro=chinon
		221	Furan-dicarbon=säure-(2,3)
219…20	trans-Cyclohexan-dicarbon=säure-(1,2)	221	2,4,2',4'-Tetrahydr=oxy-diphenyl
219…21	2-Amino-5-sulfanilyl-thiazol	221…2	9,10-Dibrom-anthracen
219…22	Arginin-hydro=chlorid	221…2	3-Hydroxy-naphthoesäure-(2)-p-toluidid
219,5…20	3,5-Dibrom-benzoe=säure	221…2	3-Hydroxy-2-phenyl-chinolin
220	Adipinsäure-diamid		
220	8-Amino-naphthoe=säure-(2)	221…3	Fluoren-9-carbon=säure
220	Amygdalin	222	Adrenosteron
220	d-Coniin-hydro=chlorid	222	Allopregnan-pentol-(3 β, 11 β, 17 α, 20 β, 21)
220	Cyclopropan-tricarbon=säure-1,2,3	222	Digoxigenin
220 Z	meso-Dichlor=bernsteinsäure	222 Z	Naphthylen=diamin-(2,6)
220 Z	3,6-Dihydroxy-phthalsäure	222	Phthalamid
		222	Terephthalsäure-dinitril
220	Griseofulvin	222…3	4,4'-Dinitro-azo=benzol
Z ab 220	Guanin		
220	6-Hydroxy-azo=benzol-carbon=säure-(3)	222…3	3-Hydroxy-naphthoesäure-(2)
		222…3	1-Methyl-3-carbox=amid-pyridon-(2)
220	o-Kresol-phthaleïn	223 Z	Bufotalin
≈220	Stearinsäure, Na-Salz	223 Z	2-Jodoso-benzoe=säure
220	2,3,4,6-Tetranitro-anilin	223	α-Lactose
220 Z	2,4,6-Trihydroxy-pyridin	223	β-Östradiol
		223…4	Androsin

F in °C	Name	F in °C	Name
223...4	Tetraphenyl-äthylen	227...9	Phosphor, Triphenyl-methyl-phosphorium=bromid
223...5 Z	3,4-Dihydroxy-zimtsäure		
223...5	4-Methyl-2-phenyl-pyrimidon-(6)	227,5	Ätiocholansäure
223,5...4,5	[d-Camphersäure]-anhydrid	227,7	Blei-tetraphenyl
		228	Diphensäure
223,7	2-Hydroxy-4-methyl-chinolin	228	Diphenyl-carbon=säure-(4)
224	Hydrocortison-acetat	228	Glutaconsäure-anilid
224	Mesoinosit	228	Hesperitinsäure
Z 224...5	L(+)-Lysin	228	Isocarthamin
224...5	Nicotinsäure-anhydrid	228	5-Nitro-salicylsäure
224...5	Zinn-tetraphenyl	228 Z	Pyridin-dicarbon=säure-(2,6)
224...6	Epicatechin	228 Z	Pyridin-tricarbon=säure-(2,4,6)
224...8 Z	5-Hydroxy-chinolin		
224,5...5,5	1,1'-Dicyan-1,1'-bicyclohexyl	228 Z	Pyron-(2)-carbon=säure-(6)
224,5...5,5	4,5-Dihydroxy-2-hydroxymethyl-anthrachinon	228	Silicium-tetra-p-tolyl
		228	Tribenzoylmethan
225	6-Amino-naphthoe=säure-(2)	228...9	Benzoyl-aceton=harnstoff
225	L-Asparagin	228...9 Z	Biocytin
225 Z	Cellobiose	228...9	8-Hydroxy-naphthoesäure-(2)
225	Dehydroascorbin=säure		
		228...9	Saccharin
225 Z	1,8-Dihydroxy-anthracen	228...9 Z	2,4,6-Trinitro-benzoesäure
225	3,6-Dihydroxy-phenanthren	228...31	Tribenzoylmethan
		229	Adenosin
225	Iminodiessigsäure	229	α-Cellobiose-octa=acetat
225 Z	4-Nitrophenyl-glycin		
225...6	1,2-Benzo-carbazol	229 Z	Ergotinin
225...7 Z	Azulen-carbon=säure-(6)	Z 229	Fumarsäure-D,L-alanid
225...7	p-Bromphenyl-harnstoff	229	Piperonylsäure
		229...30 (Z)	Oxanil-carbon=säure-(2)
226	Diäthylamin-hydro=chlorid		
		229...30 Z	Pyrazincarbon=säure
226	Rivanol		
226	2,4,6-Tribrom-mesitylen	229...32	Phenolphthalin
		229,5	Hexachlorbenzol
227	anti-Benzil-osazon	229,5	Pentabromphenol
227 Z	2-Thio-hydantoin	230 Z	p-Acetamino-benz=aldehyd-thiosemi=carbazon
227...8	2,4-Diamino-6-phenyl-triazin-(1,3,5)		
		230	α-Amino-isobutter=säure-hydrochlorid
227...9	2-Aminobenzal-phenylhydrazon	230	Betain-hydrochlorid
227...9	5-Hydroxy-2-methyl-chinolin	230...1	Germanium-tetra=phenyl

F in °C	Name	F in °C	Name
230...1	Phenicin	235 Z	2-Thio-barbitursäure
230...1	Umbelliferon	235	3,4,5-Tribrom-benzoesäure
230...2 Z	d-Biotin		
230...2	Östron e	235...6 Z	2,4-Dihydroxy-benzoesäure
230...2	Tetrachlorhydro=chinon		
		235...6	2-Hydroxy-3,5-dijodbenzoe=säure
230...80	Triglycyl-glycin		
231	4,4'-Diamino-stilben		
		235...6	5-Hydroxy-naphthoesäure-(1)
231	Kyaphenin	235...6	Silicium-tetraphenyl
231...3 Z	DL-Thyroxin	235...6 Z	Urocaninsäure
232	5-Amino-naphthoe=säure-(2)	235...40	Ölsäure, K-Salz
		236 Z	3-Phenyl-pyrazolon-(5)
232 Z	4-Amino-2-nitro-benzoesäure		
		236...7	Nicotinsäure
232 Z	Arecaidin	236,5	Coffein
232	Pentachlor-anilin	Z 237	Guanosin
232...4	Hydrochinon=phthalein	237	Zinn, Di-zinn-hexa=phenyl
232...4 Z	Methylol-riboflavin	237...7,5	N,N'-Diphenyl-harnstoff
Z 233	Glycin		
233	1-Nitro-anthra=chinon	237...8	2 ‖ 3-Androstan-2,3-disäure
233	Pentaerythrit-tetrajodid	237...8	Jervin
233	Strophanthidin	237...8	Queecksilber-di-p-tolyl
233...4	3,4-Dibrom-benzoe=säure	237...40	3,5-Dihydroxy-benzoesäure
233...5 Z	Gibberellinsäure	238	2-Amino-anthracen
233,5	Phthalimid	Z 238	L(+)-Arginin
233,5...4,1	Bernsteinsäure-diamid	238	Benzolpenta=carbonsäure
234 Z	Disalicylid		
234	4-Hydroxy-2-äthyl-chinazolin	238 Z	Benzol-tricarbon=säure-(1,2,4)
234	d-Quercit	238	N,N'-Dibenzoyl-hydrazin
234 Z	Succinylfluorescein		
234	2,4,6-Trinitro-mesitylen	238	Oxalsäure, NH₄-Salz
		238...9	N-[β-Amino=propionyl-]-L-methyl-histidin
234 Z	L(+)-Weinsäure, saures Na-Salz		
234...5	β-Amino-hydro=zimtsäure	238...9	Reserpinin
		238...40 Z	Allantoin
Z ca. 235	Adrenalon	238...40	Equilin
235	3-Amino-naphthol-(2)	238...40 Z	7-Hydroxy-chinolin
		238,5...40	Östron g
235 Z	3-Amino-salicyl=säure	239...40	Bz-1-Amino-benz=anthron
235 Z	Ekgonidin	239...40 Z	Gallussäure
235 Z	2-Methylchinolin=carbonsäure-(3)	Z 239...40	Ninhydrin
		239...41	Nicotinsäureamid-N-methylchlorid
235	Ölsäure, Na-Salz		
235	Polamidon-hydro=chlorid	239...45	Reserpinsäure
		239,5	Chrysen-chinon-(1,2)

F in °C	Name	F in °C	Name
≈ 240 Z	p,p′-Azoxybenzoe=säure	243...4	α-Benzil-dioxim
Z ≈ 240	p-Chinon-dioxim	243...4 Z	2,4,6,2′,4′,6′-Hexa=nitro-diphenyl=amin
240	3,5-Diamino-benzoesäure	243...4	6-Hydroxy-naphthoesäure-(2)
240	3,5-Dijod-4-pyridon-N-essigsäure	243...4	Pregnandiol
240	Dimethylglyoxim	243...4	Pyridyl-(4)-nitramin
240	Dinaphthylendioxid	243...5 Z	3,4-Dimethoxy-furan-dicarbon=säure-(2,5)
240	Euxanthon		
240 Z	d(+)-Lysergsäure		
240	4-Nitro-benzoesäure	243...5 Z	Parabansäure
240	Phenylhydrazin-hydrochlorid	244	2-Hydroxy-iso=phthalsäure
240	DL-Serin	244 Z	3-Nitro-alizarin
>240	Taurin	244	Pyridin-tricarbon=säure-(2,4,5)
240 Z	Urazol		
240...1	2-Nitro-zimtsäure	244...5	[d-Camphersäure]-imid
240...1	Phenocyanin VS		
240...1,5	α,α′-Diphenyl-bern=steinsäurenitril	244...5	4,4′-Diamino-benzophenon
240...6	Uzarigenin	244...8 Z	Beryllium-diphenyl
240...50	5-Formyl-tetra=hydro-pteroyl=glutaminsäure	244...8	Bufalin
		245 Z	o,o′-Azobenzoe=säure
241	9-Amino-acridin	245 Z	N-(4-Hydroxy=phenyl)-glycin
241 Z	4-Amino-3-hydroxy-naphthoesäure-(2)	245	Imidazolon
241	Astacin	245	2,3,9,10-Tetrachlor-anthracen
241 Z	Benzol-tetracarbon=säure-(1,2,3,4)	245...7	2,4,6-Trimethyl-pyrylium-per=chlorat
241	Chinophthalon		
241	2,7-Dimethyl-anthracen	245...50 Z	Protocetrarsäure
241	Yohimbin	246	Anthracen-carbon=säure-(1)
241...2	4-Hydroxy-2-methyl-chinolin	246 Z	Chinolin-dicarbon=säure-(2,4)
241,5	4-Chlor-benzoesäure		
242	Aposafranon	246 Z	2-Methyl-chinolin-carbonsäure-(4)
242	Cinchonidin-hydro=chlorid	246...7	Amaron
≈ 242 Z	dl-Isoserin	246...7 Z	Pseudohydantoin
242...4	3 ‖ 4-Androstan-3,4-disäure	246...50 Z	N-[β-Amino-propionyl]-L-histidin
≈ 242...4	Indazolon		
243	3-Hydroxy-naphthoesäure-(2)-anilid	247 Z	Benzoylcholin-jodid
		247	Carbazol
243	3-Hydroxy-naphthoesäure-(2)-β-naphthylamid	247 Z	Cholin-chlorid
		247...8	d(+)-Inosit
		247...8	Oxalsäure-dianilid
		247...8	Sulfachinoxalin
243 Z	Isatinsäureanhydrid	247...8	4′,5,7-Trihydroxy-flavanon
243	2,2,3,3-Tetrabrom-butan	248	Nicotinursäure

F in °C	Name	F in °C	Name
248	Triäthylamin-hydrobromid	252...3	1-Amino-anthra=chinon
248	2,4,5-Trijod-benzoe=säure	252...6	Sulfadiazin
		253	Azophenin
248...8,5	Allopregnan-diol-3(α), 20(α)	253	β-Hexabrom-cyclo-hexan
248...9	3-Amino-benzoe=säure-N-acetat	253	Pentaerythrit
		$\approx$253	Thymolphthalein
248...9,5	Azobenzol-carbon=säure-(4)	$\approx$253...4	2-Hydroxy-phenazin
		253...4	Morphin
248...50	Prontosil	253...4	Triäthylamin-hydrochlorid
248...50	Pyridin-dicarbon=säure-(2,4)		
		Z 253...5	Alloxanthin
249 Z	2,4,6,2',4',6'-Hexa=nitro-diphenylamin	254	3-Amino-carbazol
		254	5-Hydroxy-tetrazol
249 Z	Pyridin-tricarbon=säure-(2,3,4)	254 Z	Pyridin-dicarbon=säure-(2,5)
249...50	p-Amino-tetra=phenylmethan	254	1,2,4,5-Tetrajod-benzol
249...50	1,4-Dihydroxy-anthrachinon-carbonsäure-(2)	254...5	o,o'-Azoxybenzoe=säure
		254...5	Chrysen
250	2,6-Dimethyl-anthracen	254...5 Z	4-Hydroxy-picolin=säure
Z 250	Helianthron	254,5	4-Brom-benzoesäure
Z <250	Isoguanin	255	Ameisensäure, Na-Salz
250 Z	Kermessäure		
>250	Naphthol-(1)-sulfo=säure-(2)	255	Anthrol-(2)
		255 Z	2-Hydroxy-nicotin=säure
Z 250	Pteroylglutaminsäure		
250 Z	Pyron-(4)-carbon=säure-(2)	255	Lupininsäure
		255	2,3,6-Trimethyl-anthracen
250 Z *	Pyrrol-dicarbon=säure-(2,5)	255...6	5-Nitro-isophthal=säure
250	2,3,4,5-Tetrabrom-pyrrol	255...6	Tricyclin
250 Z	Thiamin-hydrochlorid	255...6,5	Tetrachlorphthal=säureanhydrid
250...1	4,4'-Diamino-azo=benzol	255...7	L-Threonin
		256	Alloxan
250...1,5	2-Hydrazino-benzoe=säure	256 subl.	dl-α-Amino-phenyl=essigsäure
250...2	p-Kresolphthalein	256	4,5,7-Trihydroxy-2-methyl-anthra=chinon
250...6	Digitoxigenin		
250...60 Z	4-Methylamino-phenol-sulfat		
		256...60	p-Sulfo-benzoesäure
251	1,5-Dichlor-anthra=chinon	256,5 Z	4-Amino-benzoe=säure-N-acetat
251	Isovanillinsäure	257 Z	Chelidonsäure
251 Z	dl-Tropinsäure	257 Z	Guanazin
251...4	Östron b	257	7-Hydroxy-naphthoesäure-(1)
252 Z	Benzol-tetracarbon=säure-(1,2,3,5)	257...8	Chinolin-carbon=säure-(4)
252	DL-Threonin		

F in °C	Name	F in °C	Name
258	4-Amino-3,5-di= phenyl-1,2,4-tri= azol	265	5-Amino-salicylsäure
		265	Benzidin-dicarbon= säure-(2,2′)
258	1,5-Dihydroxy- naphthalin	265	Chrysanilin
258...9	Equilenin	≈ 265 Z	1,5-Dihydroxy- anthracen
258...9	8-Hydroxy-chinolin- carbonsäure-(4)	265	2,7-Dihydroxy- phenanthren
258...9	3-Hydroxy- naphthoesäure-(2) - [4-chlor-anilid]	265 Z	Solanin
		265	α-Phenyl-muconsäure
		265...8	Reserpin
258...9	dl-4,4′,6,6′-Tetra= chlor-diphensäure	266...8 Z	Pyridin-dicarbon= säure-(3,4)
258...60	Ruberythrinsäure	267	Eriodictyol
259	Östron	267	Gentisin
259	1,2,4-Trihydroxy- anthrachinon	267 Z	Triphenylessigsäure
		268	1,4-Diamino-anthra= chinon
260 Z	4-Amino-picolinsäure		
260 Z	2,4-Dihydroxy- zimtsäure	268	Nitro-terephthal= säure
≈ 260 Z	3-Hydroxy- 2-methyl-chinolin	268	Theophyllin
		268...70	1,3-Dihydroxy- anthrachinon
Z > 260	Pseudoharnsäure		
260 Z	Pyrazol-dicarbon= säure-(3,4)	268...70	Uzarin
		268,5...70	Dinaphthyl-(1,1′)- dicarbon= säure-(2,2′)
260...1 Z	DL-Cystin		
260...1	Indazol-carbon= säure-(3)		
		268,8	Cinchonin
260...70 Z	2,4-Diamino- 6-hydroxy- pyrimidin	269	2-Amino-4-nitro- benzoesäure
		269...70	7-Hydroxy- naphthoesäure-(2)
261 Z	Pyridin-tricarbon= säure-(3,4,5)	269...70	Lupinin
261...2	Pentabrom-anilin	270	Aceanthren-chinon
261...2	Rosidon	270	Adamantan
261...3	2-Amino-5-nitro- benzoesäure, F auch 280°	270	Alizarinblau
		>270	Benztriazol-carbon= säure-(5)
261...3	7,8-Dihydroxy- cumarin	270	4-Jod-benzoesäure
		270 Z	4-Phenyl-uracil
262	Acenaphthen-chinon	270	4,4′-Dihydroxy- diphenyl, F auch 275°
262	1,8-Diamino- anthrachinon		
262	1,2,5,6-Dibenz= anthracen	270...1 Z	DL-Asparaginsäure
		270...1	Pentacen
262	1-Phenyl-urazol	270...5	Alloinosit
262...3	Phenolphthalein	270...80	4-Methyl-uracil
263	Digitoxin	271	Quecksilberphenyl= chlorid
263...4	Harmin		
263...4	Pratol	271...2	Bor-diphenylchlorid
263...5	Methylamin-hydro= jodid	271...2	Trimethylamin- hydrochlorid
264	dl-Pipecolinsäure	272 Z	6,7-Dihydroxy- cumarin
264...71	Phloretin		

F in °C	Name	F in °C	Name
272 Z	Naphthylamin-(1)-sulfosäure-(2)	Z 280	Benzoesäure-p-sulfamid
272 Z	Pyrazin-dicarbon=säure-(2,5)	280 Z	Chininsäure
273	7-Amino-benz=anthron	280 Z	m-Digallussäure
273 ·	4-Amino-4'-hydr=oxy-diphenyl	280	1,5-Dihydroxy-anthrachinon
273...3,3	Fumarsäure	280	Essigsäure, Pb(II)-Salz
273...4	Perylen, F auch 265°	280	L(+)-Isoleucin
274	Naphthalsäure-anhydrid	<280	Phenylsulfamid-säure
274...5 Z	α-Tubo-curarin-chlorid	Z 280	Sulfanilsäure
275 Z	Benzidin-dicarbon=säure-(3,3')	280	1,3,5,7-Tetramethyl-anthracen
275 Z	Benzol-tetracarbon=säure-(1,2,4,5)	>280	Thioindigo
≈275 Z	Digitonin	280 Z	Thiophen-dicarbon=säure-(2,4)
275	5,7-Dihydroxy-flavon	280...2 Z	3-Hydroxy-phenanthren=chinon
275	L(+)-Norleucin	280...4 Z	Guanidin-essigsäure
275	1,2,5,8-Tetra=hydroxy-anthra=chinon	281 Z	DL-Methionin
		281...2	3,3'-Dinitro-benzidin
		281...2	Tetraphenylmethan
275	2,4,5-Triphenyl-imidazol	282	Adamantan-1-hydroxy
276	Hydrouracil	282	2,3-Dihydroxy-naphtho=chinon-(1,4) (Isonaphthazarin)
276 Z	Urazin		
276...7	3,5,7,4'-Tetra=hydroxy-flavon		
276...8 Z	Oxindigo	282 Z	6-Hydroxy-picolin=säure
276...8	2,4,6-Triphenyl-pyrylium-chloro=ferrat	283	3,6-Diamino-acridin
		283	Imidazol-carbon=säure-(4 bzw. 5)
277 Z	5-Amino-anthra=chinon-carbon=säure-(1)	283	Östriol
		283 Z	L-Phenylalanin
277...8	Pyrazolanthron	283...4	Chloranilsäure
278	Hydrocinchonin	284	Di-1-naphthyl-harnstoff
278	L-Lyxoflavin		
278	1,2,5-Trihydroxy-anthrachinon	284	8-Hydroxy-chinolin-carbonsäure-(6)
≈278 Z	Uracil-carbon=säure-(5)	284...8 Z	DL-Phenylalanin
		285 Z	Crocetin
278...9	5,5-Dimethyl-barbitursäure	285 Z	Gibberellin A$_1$, F auch 255...8 °C
279 Z	L-3,4-Dihydroxy-phenylalanin	285	α-Truxillsäure
		285...6	Anthrachinon
279	α-Methylmuconsäure	Z 285...7	L-Histidin
280	Anthracen-carbon=säure-(2)	285...7	Indophenazin
		286	4-Nitro-zimtsäure
Z 280	Arsen, N-Phenyl=glycinamid-arson=säure-(4)	286	Phenylhydrazin-sulfosäure-(4)
		286...8	Strychnin

F in °C	Name	F in °C	Name
287	Perylenchinon-(1,12)	295 Z	Kreatin
287...7,5	Titan-di-cyclopenta= dienyl-dichlorid	295...6	DL-Alanin
288	2 Amino-phenazin	295...6	1-Amino-anthra= chinon-carbon= säure-(2)
288	Benzolhexacarbon= säure	295...6,5	Eosin
288	Diphenyl-carbon= säure-(4)	295...300 Z	Aurin
288	5-Hydroxy-iso= phthalsäure	295...300	2,6-Dihydroxy- anthracen
288	Imidazol-dicarbon= säure-(4,5)	295...310	Hexacendion-(6,15)
289 Z	4-Nitro-alizarin	296	Pinacyanol
289...90	1,2-Dihydroxy- anthrachinon	296...8 Z	Maleinsäure- hydrazid
290	1,3-Diamino- anthrachinon	296,5...8,5	3-Cyan-6-methyl- pyridin-(2)
290	1,7-Diamino- anthrachinon	297 Z	L(+)-Alanin
ca. 290 Z	Ergothionein	297	4-Amino-pyridin- dicarbonsäure-(2,6)
290 Z	4-Hydroxy-chinolin- carbonsäure-(2)	297	3,4-Dichlor-furan- dicarbonsäure-(2,5)
290 Z	3,5,7,2',4'-Penta= hydroxy-flavon	298 Z	Dianthranyl-(1,1)- dicarbon= säure-(2,2')
~290 Z	Pyrazol-dicarbon= säure-(3,5)	298	Bz-2-Hydroxy- benzanthron
290...1 Z	p-Digallussäure	298	5-Methyl-isophthal= säure
290...1	2,7-Dinitro- anthrachinon	298	Puberulonsäure
290...1	Genistein	298...300	β-Hexachlor-cyclo= hexan
290...2 Z	2-Amino-chinolin- carbonsäure-(3)	>300	Cyclohexen-(1)- dicarbon= säure-(1,4)
291	Anthrachinon- carbonsäure-(2)	>300	Dianthron
291 Z	Kreatin	300	4,4'-Dihydroxy- dinaphthyl-(1,1')
291	2-Phenyl-benzimid= azol	>300 Z	2,6-Dihydroxy- isonicotinsäure
291...2	Chinolin-carbon= säure-(6)	>300	Gallein
292	1,6-Diamino- anthrachinon	300 Z	Lumichrom
292	d-Siaresinolsäure	>300	4-Methyl-2-thio- uracil
292...3 Z	Riboflavin	≈300	Propionsäure, Ba-Salz
293 Z	Betain	<300 Z	Rhamnetin
293	Desoxyveronal	300	Tetrabromchinon
293	4,4'-Dinitrostilben	300 Z	1,6,8-Trinitro- naphthylamin-(2)
293	L-Tryptophan	<300	Vitamin B_{12}
293...4	Anthrachinon- carbonsäure-(1)	300...350 Z	Djenkolsäure
293...4 Z	Anthrachinon- disulfosäure-(1,8)	301	8-Hydroxy-chinolin- carbonsäure-(5)
293...5 Z	L-Lanthionin	302...3	2-Amino- anthrachinon
295 Z	L-Abrin		
295	Essigsäure, K-Salz		

F in °C	Name	F in °C	Name
302...3	α,α-Diindolyl	314...6 Z	Fluorescein
302...4 Z	Stipitatsäure	314...8 Z	L-Tyrosin
302...5	Novopiazon	315...6	Hexabrom-benzol, F auch 326°
303	2,7-Diamino-phen=anthrenchinon	315...6	Isonicotinsäure
303	2,7-Dinitro-phenan=thren-chinon	315...20	Naphthalin-dicarbon=säure-(1,5)
303	Imidazol-sulfo=säure-(2)	316 Z	Guanidin-pikrat
303...4	1,2-Diamino-anthrachinon	316...7	4,5,6,7-Tetrachlor-phenolphthalein
303...4	2-Mercapto-benzimidazol	317...8 Z	Titan-di-cyclopenta=dienyl-dijodid
304	2-Hydroxy-benz=anthron	318	Gentisein
304 Z	6-Hydroxy-nicotin=säure	318	Quaterphenyl
		318...9	1,5-Diamino-anthrachinon
304...5	2,3-Benz-acridon	318...20	Puberulsäure
305 Z	Muconsäure (*trans-trans-*)	320 Z	Anthracen-dicarbon=säure-(1,4)
306	2-Hydroxy-anthrachinon	320 Z	m,m′-Azoxybenzoe=säure
306	Rubicen	<320	Furan-dicarbon=säure-(2,5)
307	Imidazol-sulfo=säure-(4 bzw. 5)	Z > 320	Oxalsäure-diamid
307...8	Naphthalsäure-imid	320...5 Z	Cytosin
309	Naphthalin-dicarbonsäure-(1,4)	321	4,5-Dihydroxy-anthrachinon-carbonsäure-(2)
309...10 Z	Titan-di-cyclopenta=dienyl-dibromid	322...3	8-Hydroxy-chinolin-sulfo=säure-(5)
310	2-Amino-nicotinsäure		
310	4-Hydroxy-iso=phthalsäure	323 Z	Pyridin-dicarbon=säure-(3,5)
310	3,5,3′,5′-Tetra=hydroxy-diphenyl	323	Thiocyansäure, Na-Salz
310...2	Benzimidazolon		
310...2 Z	2,6-Diamino-anthrachinon	324...5	4,5-Diphenyl-imid=azolon
310...11 Z	Anthrachinon-disulfosäure-(1,5)	325	Acridingelb-Base
310...20	2,6-Diamino-anthra=chinon	325	Dibenz=anthronyl-(2,2′)
310...20 Z	Uramil	Z 326	Quecksilber-o-phenylen
311...2 Z	2,5-Diketo-piperazin	327...8	Tetrajodphthal=säureanhydrid
312	6-Amino-nicotinsäure		
312 Z	4-Amino-toluol-sulfosäure-(3)	329...30	5,7,3′4,′-Tetra=hydroxy-flavon
312	1,8-Dinitro-anthrachinon	≈ 330 Z	p,p′-Azobenzoe=säure
312...3	*trans*-Cyclohexan-dicarbonsäure-(1,4)	330	2,3-Benzo-carbazol
313...4 Z	Quercetin	>330	2,3-Dihydroxy-anthrachinon
313...4	1,2,3-Trihydroxy-anthrachinon	>330	2,7-Dihydroxy-anthrachinon

F in °C	Name	F in °C	Name
330	Essigsäure, Na-Salz	352...3	2-Hydroxy-chinolin-
>330	Hydroxyterephthal=		carbonsäure-(4)
	säure	353 Z	Scyllit
<330 Z	Hypericin	354	Acridon
330 Z	Lumiflavin	354	Melamin
330 Z	3,7,3',4'-Tetra=	355	2,4-Dihydroxy-
	hydroxyflavon		chinolin
>330	5,6,7,4'-Tetra=	>360	7-Amino-2-hydroxy-
	hydroxy-flavon		phenazin
>330	1,2,6-Trihydroxy-	Z>360	Arsen, Phenylen=
	anthrachinon		diarsonsäure
331 Z	Irigenol	>360	Benzophenon-
331	Ruben		dicarbon=
332...3	Luminol		säure-(4,4')
332...5 Z	5,7,2',4'-Tetra=	>360 Z	2,6-Dihydroxy-
	hydroxy-flavon		anthrachinon
333	Resorcinbenzein	>360	Perylenchinon-(3,9)
335	Diphthalyl	>360	1,3,5,7-Tetra=
335 Z	Uracil		hydroxy-anthra=
336 Z	Thymin		chinon
337	Naphthacen	360...5 Z	Adenin
338...40	Chinolin-carbon=	362...3	3-Amino-anthra=
	säure-(5)		chinon-carbon=
338...40	Rhodacen		säure-(2)
339	Pyridin-	364	Picen
	sulfosäure-(3)	365	3,4,9,10-Dibenzo=
339...41	Fluorenon-		pyren-chinon-(5,8)
	2-carbonsäure	370	1,3-Dihydroxy-
≈340 Z	m,m'-Azobenzoesäure		acridon
>340	Phthalhydrazid	372...4	1,2,7-Trihydroxy-
>340	1,2,5,6-Tetra=		anthrachinon
	hydroxy-anthra=	380	Benzol-tricarbon=
	chinon		säure-(1,3,5)
≈340 Z	2-Thio-uracil	385	3,4,8,9-Dibenzopy=
340 Z	DL-Tyrosin		ren-chinon-(5,10)
340...5 Z	1,4,5,8-Tetranitro-	390...2 Z	Indigo
	naphthalin	394	Pentacen-(6,13)-
340...50 Z	Hexajodbenzol		chinon
345	Acridon	395 Z	Lanthan-tricyclo=
345 Z	Harminsäure		pentadienyl
345...6 Z	Uracil-carbon=	≈400	Bor-tetraphenyl-
	säure-(4)		lithium
347...8	5,7,4'-Trihydroxy-	Z 400	Harnsäure
	flavon	Z < 410	Xanthopterin
348 Z	N,N'-Bis-[3-hydr=	422	1,5-Dinitro-anthra=
	oxy-naphthoyl-(2)]-		chinon
	o-dianisidin	425...30	Hexaphenyl-benzol
348,5	Isophthalsäure	≈427	Tribenzoylbenzol
350	Delphinidin-chlorid	Z 450...80	Ellagsäure
>350	Thiophen-dicarbon=	Z ≈ 470	Indanthren
	säure-(2,5)	>550	Mesonaphtho=
350...5	Benzanthron-carbon=		dianthron
	säure-(Bz 1)	562	Blausäure-Na-Salz
351	Theobromin	622	Blausäure-K-Salz

132. Siedepunkte der in Tabelle 12 aufgeführten organischen Verbindungen nach steigenden Siedepunkten geordnet

Zahlen ohne Zusatz geben die Siedetemperatur bei Normaldruck (1 atm = 760 Torr) an. Beziehen sich die Angaben auf Siedepunkte bei anderen Drucken, so ist der Druck den Zahlen durch Schrägstrich beigefügt. Ohne Angabe der Druckeinheit ist die Einheit Torr. Zum Beispiel $172...3/_{22}$ besagt bei 22 Torr siedet die Verbindung zwischen 172...3 °C. Z vor der Temperaturangabe bedeutet, daß die Verbindung sich zersetzt; Z hinter der Temperaturangabe, daß während des Siedens Zersetzung eintritt. Nähere Angaben über die Art der Zersetzung (Z) sind der Haupttabelle 12 zu entnehmen.

Kp in °C Druck in Torr	Name	Kp in °C Druck in Torr	Name
−190	Kohlenoxid	−21,17	Dicyan
$−189...91/_{60}$	dl-Glycerin-α-acetat	−21	Formaldehyd
−164	Methan	−20	Trimethyl-bor
−163	Trifluormethan	Z −20	Titan-trimethyl
−133,4	Isopropyl-fluorid	−19,6	Silicium-dimethyl-
−130	Tetrafluormethan		dihydrid
−103,9	Äthylen	−16	Isobutylfluorid
−88,5	Äthan	−15	Brom-difluor-methan
$−85...5,5/_{748}$	Chloracetaldehyd	−14	Phosphor, Methyl=
−83,6 subl.	Acetylen		phosphin
−81,5	Chlor-trifluor-	−13,9	Vinylchlorid
	methan	−12	Methylnitrit
−78,4	Tetrafluoräthylen	−10,2	Isobutan
−78,3	Hexafluor-äthan	−9,2	1-Chlor-1,1-difluor-
−78,2	Methylfluorid		äthan
$−64/_0$	Cyansäure	−9,1	Chlor-fluor-methan
−64	Trifluoräthylen	$−7,55/_{719}$	Methylamin
−60	Brom-trifluor-	−6,6	Isobuten
	methan	−6,1	Buten-(1)
−56	Keten	$−5/_{100}$	Bor-di-n-butyl-
−51,6	Difluor-methan		fluorid
−50,2	Kohlenoxidsulfid	−5,5	Kohlensäure-ortho-
−47,0	Propen		tetramethylester
−44,5	Propan	−4	Brom-chlor-difluor-
−40,8	Chlor-difluor-methan		methan
$−34,5/_{750}$	Cyclopropan	−3	Trimethylamin
−32	Äthylfluorid	−0,5	Butan
−32	Allen	$0/_{36}$	Bor, Diboran-
−29,8	Dichlordifluor=		1,1,2,2-tetraäthyl
	methan	$0,3/_{744}$	*trans*-Buten-(2)
−27,5	Propin	$1,5/_{751}$	Azomethan
−26,8	Chlor-trifluor-	2	Arsen, Methylarsin
	äthylen	$2...3/_{729}$	Vinyl-acetylen
$−26/_{750}$	Ameisensäure-fluorid	2,6	Bor, Diboran-
−24,9	Dimethyläther		1,1-dimethyl
−24,7	1,1-Difluor-äthan	$2,95/_{746}$	*cis*-Buten-(2)
−24...−23	Diazomethan	4,6	Methylbromid
−23,7	Methylchlorid	4,75	Butadien-(1,3)
−22	Jod-trifluor-methan	4,9	Bor, Diboran-
−21,8	Bor-trimethyl		1,2-dimethyl

Kp in °C Druck in Torr	Name	Kp in °C Druck in Torr	Name
5,8/752	Methylmercaptan	26...7/30	Heptadiin-(1,5)
6,0...6,1/723	Dimethylamin	27...8	Butin-(2)
6,7	Silicium-trimethyl- hydrid	27,95	2-Methyl-butan
		28	1,2-Dichlor-1,1,2-tri= fluor-äthan
6,8	Kohlensuboxid		
7	Methyl-äthyl-äther	28	Trifluor-1,2-dichlor- äthan
7...8	Silicium-methyl- chlor-dihydrid		
		28,5	Divinyläther
7...8	Silicium-dimethyl- chlor-hydrid	31...3	2-Methyl-buten-(1)
		31,5	Ameisensäure- methylester
7,95	Phosgen		
8,9	Dichlor-fluor-methan	32	Furan
9,5	Neopentan	32	Methyl-isopropyl- äther
9,5...10	Diacetylen		
10/11	2,3-Dibrom- butadien-(1,3)	32/22	Zink-divinyl
		32,5/12 g.Z.	Chlor-trinitro- methan
10,7	Äthylenoxid		
11...2/726	Cyclobutan	33	Chlor-difluor-jod- methan
12...3/20	Di-tert.-butyl- peroxid		
		33	Isopropylamin
12,2...2,5	Chlorcyan	33/45	sek.-Butyljodid
13,1	Äthylchlorid	33,4/724	Äthylmercaptan
15,8	Vinylbromid	34	Dimethylketen
16,6	Äthylamin	34/0,6	Blei-tetravinyl
17,4	Äthylnitrit	34...5	Methyl-äthyl-amin
18	Butin-(1)	34,1	1,2-Propylenoxid
18...9	Butadien-(1,2)	34,3	Isopren
18...20	Brom-fluor-methan	34,6	Diäthyläther
18...25/5	3-Chlorcyclo= penten-(1)	35	Bor-n-butyl-difluorid
		35	Äthyl-vinyl-äther
20/0,17	Beryllium-di-iso= propyl	35	Zinn-äthyl-trihydrid
		35...6	1-Chlor-propen-(1)
20/40 at	Fluoroform	35...6/17	2-Nitro-butan
20...25	Essigsäure-fluorid	35...7/75	Bor-diäthylhydroxid
Z 20...30/vak	Trithiokohlensäure	35,6/747	Arsen, Dimethyl= arsin
20,1	2-Methyl-buten-(3)		
20,2	Acetaldehyd	36	Arsen, Äthylarsin
20,5	Difluor-jod-methan	36,15	n-Pentan
21,5	1-Brom-2-fluor- äthylen, niedrigsied.	36,25	Isopropylchlorid
		36,4	Penten-(2)
		36,55	cis-Penten-(2)
21,9	1,1,1-Trifluor-aceton	36,85	trans-Penten-(2)
22,65	2-Chlor-propen-(1)	37	1,1-Dichlor-äthylen
24	Xanthogensäure	37...8/16	Chloressigsäure- vinylester
24,9	Fluortrichlormethan		
25	Phosphor, Äthyl= phosphin	37,3	Dimethylsulfid
		37,4...8	Methyl-isocyanat
25	Dibrom-difluor- methan	37,5	1,1-Dichlor-2-fluor- äthylen
25/2	Aluminium- dimethyl-hydrid	37,75	tert.-Butyl-acetylen
		38,3	Äthylbromid
25/35	Beryllium-di-t-butyl	38,4	1,2-Dichlor- 1,1,2,2-tetrafluor- äthan
25,7	Blausäure		
26...7	Silicium-tetramethyl		

Kp in °C Druck in Torr	Name	Kp in °C Druck in Torr	Name
38,42	Trimethyläthylen	48/$_{11}$	DL-Alanin-äthylester
38,8	Methyl-propyl-äther	48/$_{13}$	Jod-trinitro-methan
39...40	Penten-(1)	48/$_{17}$	Trinitromethan
39,5...40,0	Pentin-(1)	48...9,5/$_4$	Cyclohexyljodid
39,5...40,1	Trifluoressigsäure-anhydrid	48...50	Äthoxy-acetylen
		48,35	*trans*-1,2-Dichlor-äthylen
39,6	1-Brom-2-fluor-äthylen, hochsied.	49/$_{93}$	1-Brom-buten-(2)
40	Cyclopentadien	49...50	O-Methyl-hydroxyl= amin
40	Isopropyl-nitrit		
40/$_{120}$	tert.-Butyljodid	49...51	Pentadien-(2,3)
40...2	Phosphor, Tri= methylphosphin	49,5	Cyclopentan
		49,70	2,2-Dimethyl-butan
40...50/$_{10}$	β-Chlorpropion= aldehyd	50/$_{10}$	Phosphor, Fluor= phosphorsäure-dimethylester
40,4	Silicium-methyl-dichlor-hydrid		
40,67	Dichlor-methan	50/$_{16}$	5-Methyl-Δ^2-pyr= azolin
40,8	2-Methyl-butadien-(2,3)	50/$_{50}$	Dijod-fluor-methan
		50...1/$_{1,5}$	Thallium-triäthyl
41...3/$_{10}$	Hepten-(1)-on-(6)	50:..2	Arsen, Trimethyl= arsin
42	Pentadien-(1,3)		
42,3	Formaldehyd-dimethylacetal	50,5...1,5	Essigsäure-chlorid
		51,0	tert.-Butylchlorid
42,3	Methyljodid	51	Glyoxal
42,5	Methyl-allyl-äther	51/$_1$	Phosphor, Methyl= phosphonsäure-diisopropylester
43/$_{744}$	Cyclopropylchlorid		
43...4,2/$_{751}$	Cyclopenten		
43,35	2-Brom-propen-(1)	51...2	Brom-dichlor-fluor-methan
43,4	Germanium-tetra= methyl		
		51...2	Isobuten-oxid
43,8	tert.-Butylamin	51,5/$_{62}$	2,3,5-Trimethyl-furan
44	Zink-dimethyl		
44/$_{12}$	Tetramethyl-furan	51,5...2/$_{20}$	Zinn-triäthyl-hydrid
44/$_{14}$	Bromnitromethan	52...3	Fluor-jod-methan
44...6/$_{210}$	Dichlor-fluor-jod-methan	52,1	Acrolein
		52,56	Isopropyl-mercaptan
45	Pentadien-(1,2)	53	Äthyl-isopropyläther
45...7	1,2-Dibrom-1,1,2,2-tetrafluor-äthan	53,2...3,4 (58)	Allylamin
		53,5 Z	Isoamylfluorid
45,7	Allylchlorid	54/$_{33}$	Furfuryl-chlorid
46	Zink-dimethyl	54...5/$_{57}$	2,3,4-Trimethyl-furan
46...7/$_{12}$	Hepten-(1)-on-(5)		
46,4	Propylchlorid	54...6	Pentadiin-(1,3)
46,4	Schwefelkohlenstoff	54...6	3,3,4,4-Tetrafluor-cyclobuten
46,5...7,4/$_{740}$	Propionaldehyd		
47...8	Trimethylenoxid	54...6/$_{10}$	2,3,4-Trimethyl-penten-(2)
47...8/$_{17}$	Δ 2-Hexenal		
47,6	1,1,2-Trichlor-1,2,2-trifluor-äthan	54...61/$_{10}$	Maleindialdehyd
		54,05 (54,1)	Ameisensäure-äthyl= ester
47,75	Propylnitrit	55/$_8$	Butin-(2)-ol-(1)
47,8	Propylamin	55/$_{10}$	Zink-di-isobutyl

Kp in °C Druck in Torr	Name	Kp in °C Druck in Torr	Name
$55/_{12}$	1,2-Dibrom-butan	$59/_{12}$ g.Z.	4-Vinyl-pyridin
$55/_{13}$	Thioglykol	59...60	Methyl-isocyanid
$55...5,5/_{10}$	Phosphor, Phospho=rige Säure-dimethylester	59...61	Propargylaldehyd
		$59...61/_{10}$	N-Nitroso-N-methyl-urethan
55...6	Äthylenimin	59,15	Chlordimethyläther
55...6	Äthylensulfid	59,4	Chloropren
$55...6/_{10^{-3}}$	Aluminium-diäthyl-hydrid	59,5	Diallyl
		$59,7...60/_{2,5}$	Bor-tri-sek.-butyl
$55...6/_{12}$	α-Angelica-lacton	59,85	Isopropylbromid
$55...6/_{30}$	β-Chloräthyl-methyl=sulfid	60	Äthylisocyanat
		$60/_{12}$	2,4-Dibrom-pentan
$55...7/_3$	3-Chlor-styrol	$60...1/_{10}$	Milchsäure-n-propyl=ester
55,8	Gallium-trimethyl		
$56/_{0,2}$	Aluminium-tri-n-propyl	$60...1/_{12}$	3-Methyl-furfurol
		$60...5/_{15}$	β-Brompropionsäure-äthylester
$56/_1$	Phosphor, Äthyl=phosphonsäure-diäthylester	60,2	2-Methyl-pentan
		60,25	cis-1,2-Dichlor-äthylen
$56/_{16}$	Chloressigsäure-tert.-butylester	$60,7/_{744}$	Chloroform
$56/_{45}$	Cyclopentyl-bromid	$61/_{0,7}$	Phosphor, Äthyl=phosphonsäure-diisopropylester
56,2...3	Aceton		
56,3	Diäthylamin		
56,95	Essigsäure-methyl=ester	61...2 Z	Carbamidsäure=chlorid
57	Pentin-(2)	61...2	Methyl-propyl-amin
$57/_{48}$	1,1,1-Trichlor-aceton	$61...2/_{13}$	Tetrahydrofurfuryl=bromid
$57...9/_{18}$	Nitrosobenzol		
57,25	1,1-Dichloräthan	$61...3/_{14}$	Diäthylamino-acetonitril
57,3	1-Brom-2,2-difluor-äthan	61,1...2	4-Methyl-pentin-(1)
57,3	Silicium-trimethyl-chlorid	61,4	Bromcyan
		62	Jod-aceton
57,7	Silicium-methyl-trihydrid	$62/_{11}$	Phosphor, Fluor=phosphorsäure-diäthylester
57,8	1-Brom-propen-(1)		
$58/_{1,5}$	Phosphor, Fluor=thiophosphorsäure-di-dimethylamid	$62/_{21}$	Hydrindan
		$62...3/_{13}$	5-Methyl-N,N-di=methyl-furfuryl=amin
$\approx 58/_{10}$	2-Furyl-acetaldehyd		
$58/_{15}$	Amino-acetonitril	$62...3/_{17}$	Myrcen
58...9	Methyl-isobutyl-äther	$62...4/_{12}$	Mercaptoacet=aldehyd-diäthyl=acetal
$58...60/_{10^{-4}}$	Aluminium-tri-iso=butyl	62...5	N,N-Dimethyl=hydrazin
$58...62/_8$	β-Chlorpropion=aldehyd-diäthyl=acetal	$62,5/_{15}$	N-Methyl-hydroxyl=amin
58,1	2,3-Dimethyl-butan	$62,6...3,4/_{756}$	Silicium-trimethyl-äthyl
58,2	Selen, Dimethyl=selenid	62,8	n-Amylfluorid
59	1,2-Dichlor-1,2-di=fluor-äthan	63	Methyl-propargyl=äther

Kp in °C Druck in Torr	Name	Kp in °C Druck in Torr	Name
63/₂₁	Diacetylperoxid	68	Isobutylamin
63...4	2,2'-Bifuryl	68/₁₇	1,1,1-Trinitro-äthan
63...5	Äthyl-allyl-äther	68...70/₁₅	Aluminium-dimethyl-fluorid
63...6/₁₀	Phosphor, Diiso=propyl-fluor-phosphat	68...70/₂₀	β-Hydroxyäthyl-methyl-sulfid
63,2	3-Methyl-pentan	68...71/₇₅₁	Ameisensäure-isopropylester
63,35	Hexen-(1)		
63,5...4	Oxalsäure-dichlorid	68,1	Hexen-(2)
63,6	Äthyl-propyl-äther	68,25	sek.(−)-Butylchlorid
64/₂₄	Epijodhydrin	68,25	sek.-dl-Butylchlorid
64/₇₄₈	Acetaldehyd-dimethylacetal	68,4	α-Methyl-acrolein
		68,6...72,0	Bor, Diboran-1,1,2,2-tetra=methyl
64...5/₁₂	N-Methylamino-äthanol		
64...5/₂₁	4-Nitro-2-methyl-butan	68,7	Borsäure-trimethyl=ester
64...6/₁₈	β-Brompropion=säure-methylester	68,8	Hexan
		68,85	Isobutylchlorid
64...6/₂₀	Methansulfosäure=chlorid	69	3-Methyl-penten-(2)
		69/₄	2-Phenyl-äthyl-chlorid
64,7	Methanol		
65	Isobutyraldehyd	69/₈	Jodacetaldehyd-diäthylacetal
65	2-Methyl-furan		
65	Methylnitrat	69...70/₁₇	2,3-Dibrom-pentan
65/₁₈	4-Amino-piperidin	69...70/₈₀	Cyclopropyl-cyanid
65/₄₇	Furan-carbon=säure-(3)-chlorid	69,8	2,2-Dichlor-propan
		70	Allylbromid
65...6	3-Methyl-furan	70	2,3-Dimethyl-butadien-(1,3)
65...7/₂₄	O-Methyl-capro=lactim		
		70	Methyl-butyl-äther
65...8/₂	2-Fluor-4-nitro=toluol	70	Tetramethyläthylen
		70/₁₀	5-Chlor-furfurol
65,5	Tetrahydrofuran	70/₁₄	2,3-Dibrom-2-methyl-pentan
65,8/₂₀	Heptanol-(3)		
66	Methyl-diäthylamin	70/₁₅	Furyl-2-äthanol-(1)
66...8	dl-sek.-Butylamin	Z 70...1	Gold-diäthyljodid
66,1	Silicium-methyl-trichlorid	70...1/₂₉	Pentin-(1)-ol-(4)
		70...2/₁₃	Bor-tri-isobutyl
66,5/₂₄	Silicium-triäthyl-bromid	70...2/₂₀	5-Chlor-pentanon-(2)
		70,2	Silicium-dimethyl-dichlorid
66,6	Methyl-äthyl-sulfid		
66,7	Hexen-(3)	70,5...2/₁₀	α-Äthyl-capron=säure-nitril
66,9	2-Methyl-penten-(2)		
67/₄	Phosphor, Fluor=phosphorsäure-di-dimethylamid	71,0	Propylbromid
		71/₁₀	Phosphor, Fluor=phosphorsäure-di-isopropylester
67...8	Allylmercaptan		
67...8	Propylmercaptan	71...2/₂	Itaconsäure-dichlorid
67...9/₉₂	Diketen	71...2/₇₂₈	Essigsäure-vinylester
67,1	Isobutyl-nitrit	71...3/₁₁	Milchsäure-n-butyl-ester
67,8...8,1	Di-isopropyläther		
68	α-Äthyl-hydroxyl=amin	71,2	Fluor-trichlor-äthylen

Kp in °C Druck in Torr	Name	Kp in °C Druck in Torr	Name
71,35	Hexin-(1)	$76/_1$	3-Brommethyl-thiophen
$71,5...3,5/_{21}$	Cyclohexensulfid		
72	Methylcyclopentan	$76...7/_{12}$	Jod-acetonitril
72	Methylglyoxal	$76...8/_{25}$	Acetessigaldehyd-dimethyl-diacetal
$72/_{20}$	Sorbinsäure-nitril		
$72...3$	Chlorameisensäure-methylester	$76,5$	1,2-Dibrom-1,1,2-trifluor-äthan
$72...3/_2$	2,5-Dichlor-styrol	$76,5...77/_{16}$	*trans*-1,2-Dijod-äthylen
$72...5$	Hexadien-(1,3)		
$72...5/_{13}$	Milchsäure-iso-butylester	$76,7$	Essigsäure-bromid
		$76,7$	Tetrachlorkohlen-stoff
72,30	Äthyljodid		
72,5	Trifluoressigsäure	$76,8$	Zinn-tetramethyl
$73/_{15}$	2-Jod-thiophen	$76,9$	tert.-Amylamin
$73/_{720}$	2,4-Dimethyl-furan	$77/_{14}$	Brompikrin
$73...4/_{21}$	Ocimen	$77/_{16}$	Aldol
$73...5/_{17}$	2-Chlormethyl-thiophen	$77...8$	tert.-Butyl-hypo-chlorit
$73...6/_4$	α-Phenylpropion-aldehyd	$77...8$	Zinn-tetramethyl
		$77...9,5/_{10}$	Nonanol-(5)
73,3	tert.-Butylbromid	$77,06$	Essigsäure-äthyl-ester
$74/_{14}$	1-Äthinyl-cyclo-hexanol		
		$77,2...7,5/_{744}$	2-Chlor-furan
$74/_{15}$	1,1,2-Tibrom-äthan	$77,5...79$	Acrylsäure-nitril
$74...5$	Thiophosgen	$77,7$	1,1,1-Trifluor-propanol-(2)
$74...5/_{13}$	2-Brompyridin		
$74...6/_{25}$	Bromessigsäure-tert.-butylester	$77,8$	n-Butylamin
		78	1,1-Dichlor-propen-(1)
74,05	Trifluoräthanol		
74,1	1,1,1-Trichlor-äthan	$78/_{11}$	2-Amino-thiophen
		$78/_{12}$	Di-2-furyl-methan
74,7	Butyraldehyd	$78/_{12}$	l-Prolin-äthylester
75	1,2-Dichlor-propen-(1)	$78...9$	Hexadien-(1,2)
		$78...9/_{12}$	2-Methyl-N,N-dimethyl-benzylamin
75	Trimethylacet-aldehyd		
$75/_2$	Milchsäure-n-hexyl-ester	$78...9/_{14}$	Sorbinsäure-chlorid
		$78...9/_{15}$	Acetessigaldehyd-diäthyl-diacetal
$75...6/_8$	1,2,3,5,6,7-Hexa-hydro-naphthalin		
		$78...80/_6$	Pervitin
$75...8$	Äthylisocyanid	$78...80/_{12}$	Phosphor, Thio-phosphorsäure-O,O,O-trimethyl-ester
$75...8/_{16}$	β-Äthoxypropion-aldehyd-diäthyl-acetal		
$75...80/_4$	5-Bromvalerian-säure-methylester	$78...80/_{16}$	Diallyldisulfid
		78,32	Äthanol
$75,5...76$	2-Methyl-pentadien-(2,4)	$78,5/_{14}$	Undecen-(2)
		78,6	n-Butylchlorid
$75,6...76$	2-Methyl-pentadien-(1,3)	78,9	2,2-Dimethyl-pentan
		$79/_{25}$	Acetaldehyd-cyan-hydrin
76	Chlor-fluor-jod-methan		
		$79...80/_{770}$	Hexin-(3)
76	Glykol-methylen-äther	$79...81/_3$	3-Methyl-furfuryl-alkohol

Kp in °C Druck in Torr	Name	Kp in °C Druck in Torr	Name
$79...81/_{16}$	β-Amino-propion- säure-nitril	$81...2/_{26}$	O-Äthyl-caprolactim
$79...82/_{14}$	2,3,4-Trimethyl- pyridin	$81...3/_{11}$	5-Methyl-furfuryl- alkohol
$79,5...80$	Äthyl-propargyl- äther	$81...3/_{12}$	Malonhalbaldehyd- diäthylacetal- äthylester
$79,5...80,5$	Chlor-dibrom-fluor- methan	$81,2$	Ameisensäure- propylester
$79,6$	Butanon-(2)	$81,3...8$	Glykol-äthyliden- äther
80	Hexafluorbenzol		
Z 80	Jod-acetaldehyd	$81,6$	Acetonitril
80	Propionsäure-chlorid	82	Dimethyltellurid
$80,0$	2,2,3-Trimethyl- buten-(3)	82	Hexadien-(2,4)
		82	Tellur-dimethyl
$80/_{12}$	Aluminium-äthyl- dichlorid	$82...3$	1,3-Difluor-benzol
$80/_{12}$	Sorbinalkohol	$82...3/_{11}$	1,2-Dibrom-hexan
$80/_{12}$	Thionylanilin	$82...4/_{0,8}$	2,3-Di-mercapto= propanol
$80...1/_{11}$	Glycerin-isopropyl= iden-äther	$82...4/_{11}$	N,N-Dimethyl= amino-malon= säure-dinitril
$80...1/_{14}$	Thiophen- aldehyd-(3)		
$80...2/_{16}$	α-Ketobuttersäure	$82...6/_{22}$	2-Methyl-mercapto- thiophen
$80...2/_{22}$	3-Brom-propanol-(1)	$82,4$	Isopropanol
$80...5/_{1}$	N,N-Diäthyl-thio= carbamidsäure- chlorid	$82,4...2,6/_{18,5}$	2,3-Dibrom-hexan
		$82,5/_{12}$	Undecadiin-(1,10)
		$82,55$	tert.-Butanol
$80...6/_{12}$	Butyroin	83	2,2-Dimethyl- pentin-(3)
$80,2$	Benzol		
$80,5$	Acrylsäure-methyl= ester	83	Propyl-isopropyl- äther
$80,5$	Cyclohexadien-(1,3)	$83/_{763}$ Z	Chlormethyl-äthyl- äther
$80,55$	Propionsäure- methylester	$83...4$	Ameisensäure- allylester
$80,6$	Antimontrimethyl		
$80,6/_{20}$	1,2,2-Tribrom- propan	$83...4$	Trichloressigsäure- nitril
$80,8$	Cyclohexan	$83...4/_{0,002}$	Phosphor, Thio= phosphorsäure- O,O-diäthyl- O-[2-isopropenyl- 4-methyl- pyrimidyl-(6)]- ester
$80,8$	2,4-Dimethyl-pentan		
$80,9$	2,2,3-Trimethyl- butan		
$81,0$	2-Brom-buten-(1)		
$81/_{12}$	Alloocimen		
$81/_{15}$	α-Hydroxy-iso= buttersäurenitril	$83...6/_{200}$	Keten-diäthylacetal
$81/_{15}$	Sorbinsäure-äthyl= ester	$83,1...3,3$	2,4-Dimethyl- penten-(2)
$81/_{17}$	Propyl-phenyl-äther	$83,3$	Cyclohexen
$81/_{747}$	N,N'-Dimethyl- hydrazin	$83,7...84$	Hexin-(2)
		84	Di-isopropylamin
$81...2$	Glykol-äthyliden= äther	84	Formaldehyd-oxim
		84	Hexin-(2)
$81...2/_{15}$	*trans*-2-Chlorcyclo= pentanol	84	Thiophen
		$84/_{10}$	Kryptopyrrol

Kp in °C Druck in Torr	Name	Kp in °C Druck in Torr	Name
$84/_{12}$	α-(1-Pyrrolidyl)-propionsäure-äthylester	$87...8/_{10}$	N-Phenyl-form-imido-äthylester
$84/_{18}$	Undecen-(1)	$87...8/_{16}$	n-Valeriansäure-methylester
$84/_{21,5}$	Cadmium-di-n-propyl	$87...90/_{11}$	Blei-tetraäthyl
$84...5/_{10}$	Chloral-diäthyl-acetal	$87,5$	Formaldehyd-diäthylacetal
$84...6$	2,3-Dihydro-pyran	88	Pyrrolidin
$84,1$	1,2-Dichloräthan	$88...9/_1$	Di-furfurvl-äther
$84,4$	1,1-Dichlorpropen-(2)	$88...90/_{0,15}$	2,3,4,6-Tetramethyl-D-glucose
$84,4$	Neopentylchlorid		
$84,7...4,8$	Glykol-dimethyl-äther	$88...90/_{14}$	L-Leucin-äthylester
		$88...90/_{15}$	Diäthylsulfoxid
$85,0$	Divinylacetylen	$88...90/_{20}$	2-Chlor-cyclohexanol
≈ 85 expl.	Form-hydroxam-säure	$88...90/_{64}$	1-Nitro-pentan
		$88...91,5$	Thioessigsäure
$85/_{12}$	Nicotinsäurechlorid	$88...92/_8$	3-Nitro-2,5-di-methyl-furan
$85...5,5/_{748}$	Chloracetaldehyd		
$85...6$	Tetrahydropyran	$88,4$	1,4-Difluor-benzol
$85...6/_{28}$	2-(Dimethylamino)-pyrimidin	$88,4/_{769}$	Cyclo-hexadien-(1,4)
		$88,5...9/_{11}$	Camphenilol
$85...7$	1,1-Dichlor-propan	$88,7$	Äthylnitrat
$85...7/_3$	Propionsäure-1-tetrahydro-furfurylester	$88,72$	Isobutyl-mercaptan
		$88,8 (90,8)$	Essigsäure-isopropyl-ester
$85...8/_{22}$	Acetylcyclohexen-(1)	89	Triäthylamin
$85,05$	Fluorbenzol	$89...9,5/_{13}$	Phosphor, Phos-phorige Säure-tri-n-propylester
$85,55$	trans-2-Brom-buten-(2)		
$85,65$	tert.-Amylchlorid	$89...90$	Diacetyl
86	α-Chlorpropion-aldehyd	$89...90/_{18}$	Furyl-3-äthanol-(2)
		$89...90/_{32}$	Isobuttersäure-anhydrid
$86,0$	3,3-Dimethyl-pentan		
$86/_{10}$	Isopelletierin	$89...91$	sek.(+)-Butyl-bromid
$86/_{14}$	l-α-Fenchol		
$86/_{15}$	4-Chlor-butanol-(1)	$89...91/_9$	2-Acetyl-thiophen
$86...7/_{11}$	Indoxazen	$89...91/_{12}$	α-Lupinan
$86...7/_{23}$	2-Isopropylamino-äthanol	$89...93/_{0,3}$	Zinn-diphenyl-dihydrid
$86...8/_8$	Glykolsäure-nitril	$89,2/_{20}$	1,1,2-Tribrom-propan
$86...8/_{21}$	Furyl-(2)-äthanol-(2)		
$86,15$	cis-1-Brom-buten-(1)	$89,3...9,6$	Silicium-trimethyl-propyl
$86,9$	Trichloräthylen		
87	3-Äthyl-pentin-(1)	$89,5$	Bicyclo-(2,2,1)-2,5-heptadien
87	2-Aminopentan		
87	Isopropyl-isocyanid	$89,5$	Isopropyljodid
$87/_{745}$	Methylhydrazin	$89,7$	2,3-Dimethyl-pentan
$87/_{766}$	1,2,4-Trifluor-benzol	90	α-Äthyl-propylamin
$87...8$	2-Chlor-1,1,2-tri-fluoräthyl-äthyl-äther	$90,0$	2-Methyl-hexan
		$90/_{10}$	β-Terpineol
		$90/_{11}$	Salicylsäure-chlorid
$87...8$	Dichloracetaldehyd	$90/_{748}$	Pyrrolin
$87...8/_{2,5}$	3-Mercapto-n-buttersäure	$90...1$	Methyl-isoamyl-äther

Kp in °C Druck in Torr	Name	Kp in °C Druck in Torr	Name
90...1	Salpetrigsäure- [β-chlor-äthyl= ester]	92,2 92,3	Diäthylsulfid Isobuttersäure- methylester
90...1/4	Furyl-(2)- propanol-(3)	92,5/31 92,7	3-Azido-toluol Äthyl-butyl-äther
90...1/8	2-Isopropyl-phenol	93	1,2-Dibrom-
90...91/9	Bor-tri-n-butyl		1,1-difluor-äthan
90...1/14...15	2-Chlor-cyclo= hexanon	93/6	Allyl-malonsäure- diäthylester
90...1/21	2-Dimethylamino- phenol	93/10 93/12	Benzyljodid Phyllopyrrol
90...2/4	3-Brom-benzaldehyd	93...4	2,5-Dimethyl-furan
90...2/14	α,α-Dichlor-propion= säure	93...5/12 93...5/14	Cyclononanon 1,1-Dibrom-2,2,2-tri= chlor-äthan
90...2/17	2-Allylcyclohexanon		
90...5/0,5	N,N-Dimethyl-thio= carbamidsäure- chlorid	93...6/26	γ-Chlorbuttersäure= nitril
90...6/3,5	3-Nitrostyrol	93,1	n-Hexyl-fluorid
90,1	Brom-dichlor- methan	93,3	Triäthyl-methan (3-Äthylpentan)
90,5	Dipropyläther	93,9	cis-2-Brom-buten-(2)
90,5	Kohlensäure- dimethylester	94 94	Diallyläther 2,3-Dichlorpropen-(1)
		94	Hepten-(3)
91/8	Undecin-(1)	94/10	Benzoesäure- tert.-butylester
91/15	1,2-Dihydro- naphthalin	94/12	1,3-Dimercapto- propanol
91/18	Cyclohexyl-carbinol		
91...2	1,2-Difluor-benzol	94/16	4-Fluor-o-toluidin
91...3/22	n-Octylbromid	94/18	3-Chloracrylsäure- (trans)
91,25	sek.-dl-Butylbromid		
91,40	Isobutylbromid	94...5/17	1,2-Dibrom- 1,1,2-trichlor- äthan
91,8	3-Methyl-hexan, inakt.		
92	Isobuttersäure- chlorid	94...6/5 94...6/12	1,2-Dinitro-äthan Pinocarvon
92	Quecksilber- dimethyl	94...6/18	3,4-Dimethoxy- furan
92/11	Ameisensäure- geranylester	94...7 94...7/0,3	Bicyclo-2,2,1-hepten N-Methyl-dibenzyl- amin
92...93	Isovaleraldehyd		
92...3/10	1,5-Dibrom-pentan	94,5/10	3-Chlor-benzoe= säure-chlorid
92...3/768	2-Äthyl-furan		
92...4/3	2-Brom-p-toluidin	94,7	trans-1-Brom- buten-(1)
92...4/10...11	2,2,2-Tribrom- äthanol		
		95	Bor-triäthyl
92...4/14...15	4-Brom-o-xylol	95	2-Methyl-butanon-(3)
92...5	Acetimido-äthyl= äther	95/5	Silicium, 1,1,1,3,5,5,5,-Hep= tamethyl-3-phenyl= trisiloxan
92...5	α-Chlor-diäthyläther		
92...5/13	Hydrazincarbon= säure-äthylester	95/11	Antimon, Antimo- nige Säure-tri= äthylester
92...6/0,8	ζ-Hexachlor-cyclo= hexan		

Kp in °C Druck in Torr	Name	Kp in °C Druck in Torr	Name
95...6/15	Harnstoff-O-äthyl= äther	97,9	Essigsäure-t-butyl= ester
95...6/15	2-Phenyl-propyl- N-methylamin	98/12	Acetessigsäure- äthylester-
95...6/20	2-(1-Pyrrolidyl)- propanol	98/22	O-acetat β-Phenyläthyl-N,N-
95...7	Isoamylamin		dimethyl-amin
95...7/12	Diacetessigester	98...8,2	Butylmercaptan
95...7/15	Pyridin-aldehyd-(3)	98...99	Hepten-(1)
95...7/17	Benzofulven	98,34	Heptan
95...7/25	Phenylglyoxal	98,5	Hepten-(2)
95...8/0,5	Pyridin-N-oxid	98,5	Nitroäthylen
95...8/19	Acetylen-dicarbon= säure-dimethyl= ester	99/14 99/19 99/745	Thiomilchsäure Isobutyl-urethan Cyclobutanon
95,5...6	2,2-Difluor-äthanol	99...100	Acrylsäure-äthyl=
95,5...6	Silicium-dimethyl- diäthyl	99...100/3	ester α-Caryophyllen
95,5...7	3-Methyl-hexen-(2)	99...100/763.	n-Heptin-(1)
96	Äthyl-vinyl-keton	99,1	Propionsäure-äthyl=
96	2-Chlor-pentan, optisch inaktiv	99,15	ester Isoamylchlorid
96	2-Methyl- hexadien-(4,5)	99,3	2,2,4-Trimethyl- pentan
96/50	Wismut-triäthyl	99,5	d-Butanol-(2)
96...6,5/16	l-Carvomenthon	99,5	dl-Butanol-(2)
96...7	Ameisensäure- d-sek.-butylester	99,5 99,5/709	Propylisocyanid Äthylhydrazin
96...7/8	1-Amino-hydrinden	99,5...100,5	Silicium-äthyl-
96...7/22	Pinol		trichlorid
96...8/8	Acetylen-dicarbon= säure-diäthylester	99,5...101,5/24 Z <100	Nonanol-(3) Acetessigsäure
96...8/20	β-Chlorvinyl-iso= amyl-keton	Z >100 subl. <100	Benzolsulfinsäure 4,6-Dichlor-2-nitro-
96...8/28	N-Methylamino- pyrimidin	100 g. Z	phenol Mannit-hexanitrat
96...8/760	Zinn-diäthyl- dihydrid	100...2/14 100...3/0,15	Di-isopropylsulfat Allethrolon
96...103/2	4-Phenyl-m-dioxan	100...3/3	Phosphor, Phosphor=
96,3	Chloral-hydrat		säure-dimethyl-
96,5	Dibrom-methan		2,2-dichlorvinyl-
96,8	1,2-Dichlor-propan		ester
96,95	Allylalkohol	100...3/11	Ameisensäure-
97	Cyanameisensäure- methylester	100...3/13	l-linalylester 2-Mercapto-iso=
97...8/10	Neophylchlorid		buttersäure
97...110/14	Benzopersäure	100...4/9	Hexamethylen=
97,1	Propionsäure-nitril		chlorhydrin
97,15	Isoamyl-nitrit	100,75	Ameisensäure
97,4	dl-Buten-(1)-ol-(3)	101	Methyl-cyclohexan
97,4	Propanol	101/742	Trimethylpenten
97,7 (98,4)	Ameisensäure- isobutylester	101...2	Ameisensäure-ortho- trimethylester
97,75	Chloral	101...2/14 g. Z	α-Bromhydrinden

Kp in °C Druck in Torr	Name	Kp in °C Druck in Torr	Name
$101...2/_{15}$	d-Caron	$103/_{15}$	3-Methoxy-benz= aldehyd
$101...2/_{15}$	2,3-Dimethyl-benzyl- dimethylamin	$103...3,6/_{769}$	Propionsäure-bromid
$101...2/_{17}$	d-Isopulegon	$103...4$	n-Amylamin
$101...4/_{12}$	5,6,7,8-Tetrahydro= chinaldin	$103...5$	3-Methyl-butin-(1)- ol-(3)
$101,15$	Nitromethan	$103...5/_5$	Nicotinsäure-äthyl= ester
$101,3$	1,4-Dioxan		
$101,5$	Isobutyl-isocyanat	$103...5/_{745}$	2,2-Dimethyl- pyrrolidin
$101,6$	n-Butylbromid		
$101,6$	Essigsäure-propyl= ester	$103...7/_{0,5}$	1-Methyl-3-äthyl- oxindol
$101,7$	Pentanon-(3)	$103,4$	2-Fluor-äthanol
$101,76$	tert.-Amylalkohol	$103,5$	Essigsäure-allylester
$101,8$	Buttersäure-chlorid	$103,5/_{12,5}$	Cadmium-di-n-butyl
102	Allyljodid	$103,5/_{23}$	2-Fluor-1,1,1,2- tetrabrom-äthan
102	Pentanon-(2)		
$102/_{10}$	2-tert.-Butyl-anilin	$103,7$	n-Valeraldehyd
$102/_{11}$	Cyclopentanon-(2)- carbonsäure- äthylester	104	Amylnitrit
		104	Crotonaldehyd
		104	α,α′-Dichlor- dimethyläther
$102/_{12}$	1,1,2,2-Tetrabrom- äthan	104	1-Methyl-cyclo= hexen-(2)
$102/_{14}$	d-Carvomenthol		
$102/_{15}$	Isobrenzschleimsäure	104	2-Methyl- hexadien-(2,4)
$102/_{18}$	l-Neocarvomenthol		
$102...3$	Propyljodid	$104/_{12}$	2-Nitro-5-methyl- furan
$102...3/_1$	Di-furfurylamin		
$102...3/_{18}$	Arsen, 2-Furyl-arsin- dichlorid	$104...5/_2$	Phosphor, Seleno= phosphorsäure- O,O-diäthyl- Se-äthyl-ester
$102...4$ Z	Brom-fluor-jod- methan		
$102...4/_4$	Buttersäure- 1-tetrahydro= furfurylester	$104...5/_9$	Caprylsäurechlorid
		$104...5/_{10}$	1,2,3-Tribrom-butan
		$104...5/_{14}$	Thioglykolsäure
$102...6/_2$	3-Amino- butanon-(2)- N-acetat	$104...5/_{25}$	Eucarvon
		$104...5/_{748}$	Bromacetaldehyd
		$104...5/_{753}$	3-Chlor-pentan
$102,2$	Acetaldehyd- diäthylacetal	$104...5,5/_{10}$	Tropon
		$104,6/_{12}$	Cyclobutan- 1,1-dicarbonsäure- diäthylester
$102,5/_{772}$	1-Methyl-cyclo= hexen-(3)		
$102,5...3,2$	Benzo-trifluorid	$104,8/_{732}$	Neopentylbromid
$102,65$	Buttersäure- methylester	105	Brom-trichlor- methan
103	Äthyl-cyclopentan	105	Cadmium-dimethyl
$103/_2$	D-(—)-Milchsäure	105	Chlorameisensäure- n-propylester
$103/_3$	Undecylisocyanat		
$103/_{11}$	2-Amino-3-methyl- pyridin	105	Arsen, Diäthylarsin
		$105/_1$	5-Methyl-brenz= schleimsäure
$103/_{14}$	1-Phenyl- propanol-(1)	$105/_{12}$	Diazomalonester
$103/_{15}$	2-Chlor-2-nitro- äthanol	$105/_{12}$	Dimethyl-malein= säure-anhydrid

Kp in °C Druck in Torr	Name	Kp in °C Druck in Torr	Name
$105/_{17,5}$	3-Chloracrylsäure- (cis)	106,5...7,0	Arsen, Dimethyl-arsin-chlorid
$105/_{72}$	2-Chlor-1-nitro-äthan	106,8	Ameisensäure-butylester
105...6	Trimethyl-aceto-nitril	107	Heptadien-(2,4)
$105...6/_{11}$	Essigsäure-linalyl-ester	107	N-Methyl-piperidin
$105...6/_{11}$	Formamid	$107/_{23}$	1,4-Dithian
$105...6/_{13}$	2-Nitro-3-methyl-furan	107...8	1-Brom-2,2-dichlor-äthylen
$105...6/_{16}$	Brom-mesitylen	107...8	β-Chlor-diäthyläther
$105...6/_{20}$	Phosphor, Thio-phosphorsäure-O,O,O-triäthyl-ester	107...8	1,1-Dibromäthan
		$107...8/_{13}$	Tetrahydrogeraniol
		$107...8/_{15}$	2,3,4,5-Tetrachlor-furan
$105...6/_{730}$	1,3-Dichlor-propen-(1)	$107...8/_{743}$	Isobuttersäure-nitril
		107,5	1,1-Dibrom-2,2-difluor-äthan
105...8	Amino-3-methyl-buten-(2)	107,7	Isobutanol
$105...10/_{1}$	Julolidin	108	2-Brom-1,1,2-tri-fluor-äthyl-äthyl-äther
105...11	Dichloressigsäure-chlorid		
		108	trans-1,2-Dibrom-äthylen
$105,5/_{19}$	Glykoldinitrat		
106	1,3-Dioxan	108	Essigsäure-jodid
106	Heptadien-(1,2)	108	Methyl-isoamylamin
106	Piperidin	108	1,1,2-Trifluor-2-brom-äthyl-äthyläther
$106/_{7}$	Tetraisobuten		
$106/_{10}$	p-Tolylaldehyd		
$106/_{13}$	Phosphor, Seleno-phosphorsäure-O,O,O-triäthyl-ester	$108/_{0,2}$	2,4-Dijod-styrol
		$108/_{10}$	Cycloundecanon
		$108/_{15}$	2-Hydroxy-styrol
		$108/_{16}$	β-Chlorbuttersäure
$106/_{17}$	l-Isocarvomenthol	$108/_{25...26}$	ω-Bromstyrol (niederschmelz. β-Form)
$106/_{22}$	Phenylessigsäure-chlorid		
106...7	2,2,3,3-Tetra-methylbutan	108...9 (Z)	tert.-Amylbromid
		$108...9/_{1}$	Furfuryl-benzyl-äther
$106...7/_{0,1}$	Phosphor, Phosphor-säure-dimethyl-[1-carbomethoxy-1-propen-(2)-yl]-ester	$108...9/_{12}$	Oxalsäure-mono-methylester
		108...10	Chlor-essigsäure-chlorid
$106...7/_{13}$	Cyclodecanon	$108...10/_{10}$	1,4-Dijod-butan
$106...8/_{0,15}$ Z	Cyanessigsäure	$108...10/_{15}$	Askaridol
$106...8/_{22}$	Cyclooctanol	108...11	Diallylamin
$106...8/_{30}$	dl-α-Brom-iso-valeriansäure-äthylester	$108...11/_{5}$	Hexamethylen-diisocyanat
		$108...11/_{12}$	Chinoxalin
106...9	1-Brom-2-chlor-äthan	108,2	2,3,3-Trimethyl-penten-(1)
106,3	Pinakolin	108,3...9,5	Thiopropionsäure
106,5	1,2-Dichlor-2-methyl-propan	108,35	n-Amylchlorid
		108,4	2,5-Dimethyl-hexan
106,5	Tetrolaldehyd	$108,5...9/_{12}$	Perillaaldehyd

Kp in °C Druck in Torr	Name	Kp in °C Druck in Torr	Name
109/$_{0,25}$	Äthoxymethylen- malonsäure= diäthylester	110,4...0,8	2,2,3-Trimethyl- penten-(3)
109...10/$_5$	N-Äthyl-di-furfuryl= amin	110,5	Propylnitrat
		110,5...0,8	2,2,3-Trimethyl- pentan
109...10/$_{13}$	4-tert.-Butyl-thio- phenol	110,5...111	1-Methyl-cyclo= hexen-(1)
109...11/$_4$	Dibutyl-sulfat	110,5...1,5/$_{14}$	1,1,2,2-Tetrabrom- propan
109...12/$_6$	Pyridin-2-essig= säure-äthylester	110,8	Toluol
109...12/$_{14}$	Di-n-butylsulfid	111	Isobuttersäure- äthylester
109...15/$_5$	Undecylaldehyd		
109,2	Dipropylamin	111...2	Phosphor, Phos= phorige Säure- trimethylester
109,3	Wismut-trimethyl		
109,5/$_{24}$	α-Chlorbuttersäure		
109,5...11	Dichloracetaldehyd- monoäthylacetal	111...2/$_{20}$	N-Äthyl-m-toluidin
		111...4/$_3$	Phenylmethyl- glycidester
109,9...10,1/$_{752}$	Selen, Selenophen		
expl. 110	Acetopersäure	111...4/$_3$	β-Phenyl-β-methyl- glycidsäure-äthyl= ester
110	Blei-tetramethyl		
subl. 110	Furan-carbon= säure-(3)	111,5...112,5	Heptadiin-(1,6)
expl. 110	Nitroacetaldoxim	111,9	Chlorpikrin
110	Norcaran	112	Äthyl-isoamyläther
110	Selen, Diäthylselenid	112	1,2-Dijod-tetrafluor- äthan
subl. 110	Tartronsäure		
110	Wismut-trimethyl	112/$_{16}$	5-Brom-furfurol
110/$_{10}$	Titan-tetra-(tri= methyl-siloxyl)	112/$_{16}$	1,2-Dichlor- 1,1,2-tribrom- äthan
110/$_{14}$	β-Äthyl-phenyl= hydrazin	112/$_{17}$	d-Isobornyl-acetat
110/$_{15}$	Beryllium-diäthyl	112...3/$_{12}$	2-Mercapto-n-butter= säure
110/$_{15}$	2-Chlor-benzoe= säure-chlorid	112...3/$_{16}$	Pyridin-2-carbinol
110/$_{15}$	Hydracrylsäurenitril	112...4	tert.-Butyl-carbinol
110/$_{19}$	1,3-Dijod-propan	112...4	Silicium, Disilicium- hexamethyl
110...1	Isobutyl-isocyanid		
110...1/$_1$	Silicium, 1,1,3,3- Tetramethyl- 1,3-diphenyl- disiloxan	112...4/$_{2,5}$	Phosphor, Phos= phorige Säure- tri-β-chloräthyl= ester
110...1/$_{11}$	Phosphor, Phenyl= phosphonsäure- diäthylester	112...4/$_9$	2-Methyl-benzyl- alkohol
		112...5/$_{10}$	Furfuryliden-aceton
110...1/$_{15}$	β-Methyl-δ-valero= lacton	112...5/$_{31}$	Malonsäure- di-tert.-butylester
110...2	Methyl-cyclopropyl- keton	112...6/$_1$	Myristinsäure- methylester
110...2/$_{15}$	2,3-Dibrom- propanol-(1)	112,2	Essigsäure sek.-butylester
110...2/$_{15}$	β-Methyl-phenyl= hydrazin	112,2	2-Methyl-thiophen
		112,5	cis-1,2-Dibrom- äthylen
110...5/$_6$	2-Propiophenol		
110...5/$_{10}$	4-Jod-styrol	112,5	2-Methyl-butanol-(3)

Kp in °C Druck in Torr	Name	Kp in °C Druck in Torr	Name
$112,5/_{18}$	1,1,1,2-Tetrabrom-äthan	$115/_{15}$	Phenyl-cyclohexan
$113/_{12}$	Benzoyljodid	$115/_{25}$	Thiophen-carbon-säure-(2)-äthyl-ester
$113/_{16}$	Hämopyrrol		
$113/_{18}$	2-Chlor-acetophenon	$115/_{26}$	2-Methyl-3-phenyl-propanon-(3)
$113/_{18}$	dl-Piperiton		
$113/_{20}$	Quecksilber-di-n-butyl	$115/_{740}$	Epichlorhydrin
		$115...5,2$	Silicium-trimethyl-butyl
$113...4$	trans-1-Chlor-2-jod-äthylen	$115...6$	Cyanameisensäure-äthylester
$113...4$	Heptatrien-(1,3,5)		
$113...4$	sek.-Isoamylalkohol	$115...6$	2-Methylmercapto-buttersäure
$113...5/_{3,5}$	p-Toluol-sulfinsäure-chlorid	$115...6/_{22}$	2-Brom-decen-(1)
$113...5/_{752}$	Cyclohepten	$115...7/_{0,15}$	L-Glutaminsäure-diisopropylester
$113,5/_{15}$	Dihydro-citronellol		
$113,65$	1,1,2-Trichlor-äthan	$115...7/_{11}$	2-Amino-4-methyl-pyridin
$113,8$	cis-1-Brom-1,2-di-chlor-äthylen	$115...9$	α-Methyl-croton-aldehyd
114 Z	2-Fluor-toluol		
114	Kohlensäure-ortho-tetramethyl-ester	$115...20/_{16}$	Azodicarbonsäure-diäthylester
$114/_{14}$	Pyrrolidon-(2)	$115,5$	Pyridin
$114/_{15}$	Caprinsäure-chlorid	$115,8...6,0$	Pentanol-(3)
$114/_{15}$	Pyrrolaldehyd-(2)	116	4-Fluor-toluol
$114/_{738}$	3-Methyl-thiophen	$116/_{0,01}$	Erucylalkohol
$114/_{740}$	2,2-Dibrom-propan	$116/_{755}$	Pyrazin
$114...114,8$	Nitroäthan	$116...7$	cis-1-Chlor-2-jod-äthylen
$114...5$	Acetaldehydoxim		
$114...5$	3-Fluor-toluol	$116...7$	α,α'-Dichlor-diäthyl-äther
$114...5$	N-Methyl-pyrrol		
$114...5$	Propargylalkohol	$116...7$	1,2-Dioxan
$114...5/_{12}$	Itaconsäureanhydrid	$116...7/_{5}$	Citronellal-hydrat
$114...5/_{15}$	Borsäure-tributyl-ester	$116...8$	Cycloheptatrien
		$116...8$	Dimethyl-disulfid
$114...5/_{36}$	Milchsäure-n-amyl-ester	$116...8/_{0,4}$	Homovanillin
		$116...8/_{10}$	Di-[4-chlorbutyl]-äther
$114...6/_{2}$	Pseudojonon		
$114...6/_{16}$	3-Hydroxy-styrol	$116...8/_{742}$	2-Methyl-5-äthyl-furan
$114...6/_{20}$	Acetylbenzoyl		
$114...7/_{17}$	Phenylpropargyl-aldehyd	$116...21/_{0,3}$	Aceton-α,α'-di-essig-säure-diäthylester
$114,2$	3-Methyl-octan	$116,3$	Isovaleriansäure-methylester
$114,2...4,4$	dl-Penten-(1)-ol-(3)		
$114,5$	1,3,5-Trioxan	$116,5$	Äthylendiamin
$114,5...5$	2-Methyl-pentanon-(3)	$116,5/_{715}$	dl-α-Pipecolin
		Z $116,8$	Chloral-alkoholat
$114,5...5,5/_{750}$	2-Propyl-furan	$116,8$	Thiazol
$114,5...5,5/_{771}$	Isovaleriansäure-chlorid	117	2-Methyl-hepta-dien-(3,5)
$114,6$	2,3,3-Trimethyl-pentan	117	1,1,2-Tribrom-1,2,2-trifluor-äthan
115	2,5-Dichlor-furan		
$115/_{0,05}$	Morphinan	$117/_{7}$	4-Brom-acetophenon

Kp in °C Druck in Torr	Name	Kp in °C Druck in Torr	Name
$117/_{14}$	α-Benzaldoxim	$119/_{16}$	l-Isobornyl-propionat
$117/_{23}$	2-tert.-Butyl-phenol		
$117/_{32}$	d-Verbanon	$119/_{35}$	γ-Pyron
117...8	d-sek.-n-Amylalkohol (Kp auch 119,5°)	$119/_{740}$	1,3-Dichlor-propan
		$119/_{755}$	n-Heptylfluorid
117...8	2-Brom-pentan	119...20	1,4-Dimethyl-cyclo=hexan-(*trans*)
117...8	2-Methyl-pentanon-(4)		
$117...8/_{0,3}$	Glycerin-β-acetat	$119...20/_{16}$	2,3-Dihydroxy-benzaldehyd
117...9	2,2-Dimethyl-butanol-(3)	$119...20/_{22}$	4-Chlor-benzoesäure=chlorid
$117...20/_8$	2-Amino-4-methyl-thiazol	$119...20/_{768}$	*trans*-1,4-Dimethyl-cyclohexan
$117...21/_8$	Ameisensäure-N-methyl-anilid	119...21	Penten-(3)-ol-(2)
		$119...21/_{3,5}$	Diphenylketen
117,2	Essigsäure-isobutyl=ester	$119...21/_{110}$	3-Äthyl-heptanol-(3)
$117,2/_{750}$	Methylsenföl	$119...22/_{0,7}$	Önantholyl=bernsteinsäure-di-äthylester
117,35	dl-1,2-Diamino-propan		
117,5	Butanol-(1)	119,2	dl-sek.-n-Amyl=alkohol
117,6	Buttersäurenitril	119,7	Chloraceton
117,6	Zink-diäthyl	120	α,α-Dichlor-aceton
117,65	2-Methyl-heptan	subl. 120	Dimethyl-malonsäure
117,71	4-Methyl-heptan	120	Isoamyl-mercaptan
118	Trichloressigsäure-chlorid	120 Z	Mekonsäure
		$\approx 120/_{0,3}$	Cyclopentadecanon
118...9	d-Pentanol-(2)	$120/_{12}$	2,4,6-Trimethyl-acetophenon
$118...9/_{9,7}$	β-Caryophyllen		
$118...9/_{30}$	O-Benzyl-hydroxyl=amin	$120/_{125}$	Quecksilber-di-iso=propyl
118...20	Cycloheptan	120...1	2,3-Dimethyl-butanol-(3)
$118...20/_{0,02}$	Pantothensäure		
$118...20/_{18}$	4-Chlor-o-toluidin	$120...1/_8$	dl-Glycerinaldehyd-diäthylacetal
$118...21/_{16}$	2,4,6-Trimethyl-benzaldehyd	$120...1/_{14}$	D,L-Glycerinsäure-äthylester
118...22	Methoxy-acetonitril		
$118...23/_1$	2-n-Heptylphenol	$120...1/_{15}$	ω-Trichlor-aceto=phenon
118,2...118,3	3-Brom-pentan		
118,5	Essigsäure	120...2	Silicium-dimethyl-äthyl-propyl
118,5...20	1,1-Dimethyl-cyclo=hexan	120...2	Silicium, Kiesel=säure-tetra=methylester
118,6	Borsäure-triäthyl=ester		
118,6	Vinylessigsäure-nitril	$120...2/_{12}$	3-Mercapto-iso=buttersäure
118,7	3,4-Dimethyl-hexan	$120...2/_{80}$	Schwefelsäure-[β-chlor-äthyl=ester]-chlorid
118,85	3-Methyl-heptan		
$119/_{12}$	Chlorfumarsäure=diäthylester	$120...4/_8$	N-Methyl-2,3-di=methoxy-benzyl=amin
$119/_{12}$	D,L-Milchsäure		
$119/_{14}$	Triäthylessigsäure		
$119/_{14,5}$	1-Chlor-propan=diol-(2,3)	$120...4/_{14}$	Propionsäure-citronellylester

Kp in °C Druck in Torr	Name	Kp in °C Druck in Torr	Name
$120...5/_{0,005}$	Vitamin A	$123,5...4,5$	Chloracetonitril
$120...5/_4$	*trans*-Cyclohexan-diol-(1,2)	$123,7$	*trans*-1,2-Dimethyl-cyclohexan
$120,3$	2-Nitro-propan	$124,0$	1,2-Dichlor-butan
$120,3/_{775}$	Trifluoressigsäure-isoamylester	124	Paraldehyd
		124	Pyrimidin
$120,4$	*cis*-1,3-Dimethyl-cyclohexan	$124/_{12}$	Isophthalsäure-dimethylester
$120,4$	Isobutyljodid	$124...5$	Di-isopropylketon
$120,6$	Isoamylbromid	$124...5/_{18}$	l-Nicotin
121	tert.-Amyljodid	$124...5/_{750}$	Silicium-trimethyl-furyl-(2)
121	Di-sek.-butyläther		
$121/_{10}$	α,α'-Diacetyl-aceton	$124...5/_{768}$	*cis*-1,4-Dimethyl-cyclohexan
$121...2/_{11}$	Phosphor, Phosphor-säure-dichlorid	$124...6$	n-Amylmercaptan
$121...5/_{16}$	Brom-malonsäure-diäthylester	$124...6/_2$	2-Äthylchromon
		$124...6/_2$	2-Phenyl-cyclo-heptanon
$121,1$	Tetrachlor-äthylen		
$121,2$	Buttersäure-äthyl-ester	$124...6/_7$	Ferulen
		$124...6/_{12}$	Benzoyl-carbinol
$121,5...22$	Crotonalkohol	$124...7/_{40,5...2,5}$	Titan-n-butoxy-trichlorid
$121,7/_{14}$	1,2,3,4-Tetra-äthyl-benzol		
		$124...30/_3$	Undecin-(10)-säure
122	3-Methyl-pentanol-(3)	$124,2$	Ameisensäure-isoamylester
122	Penten-2-on-(4)	$124,25$	Octen-(2)
$122/_{22}$	*trans*-α-Decalon	$124,4/_{751}$	Germanium-tri-äthylhydrid
$122...3$	Octen-(1)		
$122...3/_4$	Chinolin-4-aldehyd	$124,5$	Glykol-monomethyl-äther
$122...4/_{11}$	N-Methyl-pyridon-(2)	$124,9$	*trans*-1,3-Dimethyl-cyclohexan
$122...4/_{18}$	1,2,3-Tribrom-pentan	125	dl-β-Pipecolin
$122...4/_{746}$	Cyclobutanol	$125/_{1,0}$	Phosphor, Thio-phosphorsäure-O,O-dimethyl-O-[3-chlor-4-nitro-phenyl]-ester
$122...5/_{25}$	β-Keto-iso-oct-aldehyd-dimethyl-acetal		
$122...6$	Acrolein-diäthyl-acetal	$125/_{12}$	Glutaconsäure-diäthylester
$122,5$	Crotonsäure-nitril	$125/_{14}$	d-Isobornyl-butyrat
$122,5/_{13,5}$	2-Chlor-propan-diol-(1,3)	$125/_{22}$	2-Nitro-p-kresol
123	Isobutylnitrat	$125/_{37}$	d-Verbenon
123	1,2,2-Trichlor-propan	$125/_{45}$	Propionsäure-N-methylamid
$123/_{15}$	Silicium, Disilicium-hexaoxäthyl	$125/_{100}$	Pelletierin
$123...3,5$	Hexanon-(3)	$125...6$	β-Chlor-äthyl-mercaptan
$123...4/_{11}$	α-Jonon		
$123...5/_{17}$	1,2,2,3-Tetrabrom-propan	$125...6$	1-Chlor-3-fluor-benzol
$123...8/_4$	1,6-Dijodhexan	$125...6/_{11}$	Furfuryl-phenyl-äther
$123,4$	Propionsäure-propylester	$125...6/_{50}$	Aluminium-diäthyl-chlorid
$123,5/_{758}$	Glykol-diäthyläther		

Kp in °C Druck in Torr	Name	Kp in °C Druck in Torr	Name
125...7	β-Brom-diäthyläther	127,4	Isovaleriansäure-nitril
125...7	d,l-2-Methyl-pentanol-(3)	127,5/$_{744}$	Phosphor, Triäthyl=phosphin
125...8/$_{11}$ Z	Adipinsäure-dichlorid	127,5...7,8	Pentanol-(2)
125...30/$_{0,6}$	Bor-tricyclohexyl	127,9...8,1	2-Chloräthanol
125...30/$_4$	Isopropanol, Al-Salz	128	n-Capronaldehyd
125...30/$_{18}$	Phenoxy-äthyl=bromid	128	Morpholin
125...40/$_1$	Farnesylbromid	128/$_1$	Phosphor, Thio=phosphorsäure-O,O-diäthyl-S-[β-thioäthyl-äthyl]ester
125,3	2-Äthyl-butylamin		
125,3	Aluminium-trimethyl		
125,8	2-Fluor-pyridin		
125,8	Kohlensäure-diäthyl=ester	128...9/$_{11}$	Acetondicarbon=säure-dimethyl=ester
125,8	Octan		
126	Dimethylsulfit	128...9/$_{11}$	4-Mercapto-n-buttersäure
126	Tetranitromethan		
126/$_{10}$	2-Nitro-p-cumol	128...30	Silicium-diäthyl-dichlorid
126/$_{13}$	Blei-tetra-n-propyl		
126/$_{20}$	cis-α-Decalon	128...30/$_{14}$	o-Methoxy-phenyl-aceton
126/$_{20}$	3,6-Dimethyl-octin-(4)-diol-(3,6)	128...31/$_{10}$	α-Brom-n-capron=säure
126/$_{21}$	o-Toluolsulfosäure-chlorid	128...31/$_{20}$	3-Imino-bis-n-pro=pyl-amin-(1)
126...6,5	Nitro-t-butan		
126...7/$_5$	Decamethylendiamin	128...33/$_5$	1-Chlormethyl-naphthalin
126...8/$_{12}$	Cyclododecanon		
126,5	Essigsäure-n-butyl=ester	128...42/$_{18}$	Methan-tricarbon=säure-trimethyl=ester
126,5...8,5/$_{12}$	5,5-Dimethyl-pyrrolidon-(2)	128,7	L(−)-Amylalkohol
127	Octin-(1)	128,8	Chlorameisensäure-isobutylester
127/$_{10}$	Nitromalonsäure-diäthylester	129	Cyclopentanon
127/$_{15}$	Essigsäure-geranyl=ester	129	n-Hexylamin
		129	α-Picolin
127...8	1-Chlor-propanol-(2)	129/$_{18}$	Essigsäure-hydrazid
127...8/$_8$	Benzal-acetonoxid	129...30	Chlor-fluor-essig=säure-äthylester
127...8/$_{11}$	m-Phenetidin		
127...8/$_{13}$	Chromanon	129...30/$_{12}$	Glutaconsäure=dinitril
127...8/$_{15}$	Di-isoamylsulfit		
127...8/$_{15}$	2-Mercapto-iso=capronsäure	129...30,5/$_{742}$	cis-Crotonsäure-äthylester
127...8/$_{730}$	Arsen, Arsenige Säure-trimethyl=ester	129...31/$_3$	Phenyl-cyanessig=säure-äthylester
		129...31/$_5$	cis-Δ4-Tetrahydro=phthalsäure-diäthylester
127...9	Aluminium-tri=methyl		
127...9	γ-Pipecolin	129...33/$_1$	Palmitinsäure-methylester
127...33/$_7$	Önanthsäurelactam		
127,2	Hexanon-(2)	129...34	Allyl-aceton
127,2	n-Valeriansäure-chlorid	129,4	d-Amylalkohol
		129,70...0,02	n-Amylbromid

Kp in °C Druck in Torr	Name	Kp in °C Druck in Torr	Name
Z 130	Cadmiumdiäthyl	131/$_{35}$	α-Methyl-phenyl= hydrazin
130	Chloressigsäure-methylester	131/$_{754}$	1,2-Dibrom-3,3,3-trifluor-2-methyl-propan
130	2-Chlor-thiophen		
130	cis-1,2-Dimethyl-cyclohexan	131...2	2-Methyl-hexanon-(3)
≈ 130 Z	Glycin-methylester		
Z >130	1-Jod-1,2,2-trichlor-äthan	131...2/$_{24}$ Z	Oxalessigsäure-diäthylester
130	Pyrrol	131,2...1,7	Isoamylalkohol
130/$_5$	Beryllium-dimethyl	131,3	1,2-Dibromäthan
130/$_8$	2,6-Dichlor-nitro-benzol	131,5	Cyclohexenoxid
		131,5	γ,γ,γ-Trifluor-acetessigsäure-äthylester
130/$_{10}$	β-Tetralon		
130/$_{10}$	Methan-tricarbon=säure-triäthylester	131,5/$_{12}$	Buten-(2)-diol-(1,4)
130/$_{12}$	Cyclopenten-(2)-yl-malonsäure-diäthylester	131,6	1-Nitro-propan
		131,8	Äthylcyclohexan
		131,8	dl-2-Methyl-pentanol-(4)
≈ 130/$_{12}$	dl-β-Hydroxy-buttersäure	132	Äthylsenföl
130/$_{12}$	2-Pyridyl-hydrazin	132	Chlorbenzol
130/$_{12}$	Undecanol-(1)	132/$_{30}$	unsymm. Hepta=chlor-propan
130/$_{14}$	Triamylamin		
130/$_{16}$	Propionsäure=hydrazid	132...3	Arsen, Methylarsin-dichlorid
130/$_{28}$	trans-α-Decalol II	132...3/$_{750}$	2-Propen-(1)-yl-furan
130/$_{742}$	Isocrotonsäure-äthylester	132...4	2,6-Dimethyl-heptan
		132,1	Ameisensäure-amylester
130...1	1-Chlor-4-fluor-benzol		
130...1	Mesityloxid	132,6/$_{734}$	Neopentyljodid
130...1	Pentamethyl-äthanol	133	Acetonazin
130...1/$_{20}$	Phosphor, Phospho=rige Säure-tri-n-butylester	133	β-Dimethylamino-äthanol
		133/$_{0,023}$	dl-Hydrobenzoin
130...2/$_3$	Glycerin-tripropionat	133/$_{19}$	Styroldibromid
130...2/$_9$	cis-Cyclohexan-dicarbon-säure-(1,2) diäthylester	133/$_{30}$	Trichlor-acrylsäure
		133/$_{737}$	2-Methyl-pyrazin
		133...5	2,2,4-Trimethyl=pentanon-(3)
130...2/$_{12}$	Caronoxim		
130...4/$_5$	α-Phenyl-acetessigsäure-äthylester	133...5	Silicium, Kieselsäure-trimethyl-äthyl=ester
130...5/$_{16}$	2,3,4,6-Tetrachlor-pyridin	133...5/$_7$	n-Dodecyl-mercaptan
130...40	Terpenylsäure	133...5/$_{123}$	2-Nitro-furan
130,5	n-Butyljodid	133...6/$_{21}$	N-Phenyl-piperidin
130,5	1,1,1,2-Tetrachlor-äthan	133...7/$_{18}$	Glycerin-1-n-butyl=äther
131	4-Methyl-heptadien-(2,4)	133,5	Benzalfluorid
		133,5	1,3-Dichlor-butan
131	Methyl-thiocyanat	133,5	N,N-Dimethyl-formamid-diäthylacetal
131/$_3$	1,2,3,4-Tetrabrom-pentan		

Kp in °C / Druck in Torr	Name	Kp in °C / Druck in Torr	Name
133,5...4,0	d,l-Hexen-(1)-ol-(3)	$135/_{13}$	Benzoyl-aceton
134	Cyclohexylamin	$135/_{20}$	Di-cyclohexylamin
Z 134	1-Nitroso-naphthalin	$135/_{29}$	Benzyl-hydrazin
134	Silicium, Hexa=methylcyclo=trisiloxan	135,0...5,5	Isobuttersäure-propylester
134	Tri-isopropylamin	$135...6/_{12}$	Bromfumarsäure=diäthylester
$134/_{4}$	Milchsäure-benzyl=ester	$135...6/_{738}$	1,3-Diamino-propan
$134/_{12}$ g. Z	Phenacylbromid	$135...7/_{vak}$	Benzolsulfosäure
$134/_{25}$	Essigsäure-nerylester	135...7	N-Nitroso-methyl=anilin
$134/_{740}$	2,5-Dimethyl-thiophen	$135...7/_{24}$	2,3,4,5-Tetrachlor-pyridin
134...5	Furfuryl-methyl-äther	$135...8/_{60}$	Imidazol-carbon-säure-(1)-äthyl=ester
134...5	n-Hexylchlorid	$135...40/_{20}$	m-Xylylenbromid
134...5	Isoamyl-isocyanat	$135,5/_{740}$	1,1-Dibrom-propan
$134...5/_{1}$	Bis-cyanäthyl-amin	135,6	1-Methyl-cyclo=pentanol-(1)
$134...5/_{12}$	Buttersäure-citro=nellylester	$136/_{12}$	Benzal-hydrazin
$134...5/_{13}$	Eugenol-(iso, *cis*)	$136...7/_{745}$	α,α-Diäthyl-aceton
$134...5/_{15}$	1,1,2,3-Tetrabrom-2-methyl-propan	$136...8/_{1}$	Tri-furfurylamin
$134...5/_{18}$	Glykol-mono-phenyl=äther	$136...8/_{22}$	Pyrogallol-1-methyl=äther
134...6	Epibromhydrin	$136...9/_{3}$	Phosphor, Dithio-diphosphorsäure-tetraäthylester
134...6	Ameisensäure-ortho-diäthylester-dimethylamid	$136...41/_{3}$	Phosphor, Thio-diphosphorsäure=tetraäthylester
$134...6/_{12}$	α-[n-Caproyl]-propionsäure-sek.-butylester	$136...42/_{20}$	γ-Phenoxy-propyl=bromid
134...7	Brenztraubensäure-methylester	136,1	Äthylbenzol
134...7	Penten-(4)-ol-(1)	$136,2...6,3/_{746}$	2,4-Dimethyl-pentanol-(3)
$134...7/_{21}$	β,β-Pentamethylen-glycidsäure-äthyl=ester	136,5 Z	Bromaceton
$134,2/_{766}$	Difluoressigsäure	137	Crotonsäure-äthyl=ester
$134,5/_{12}$	Malonsäure-mono=äthylester	$137/_{15}$	Benzoesäure-amyl=ester
$134,5/_{751}$	Glykol-monoäthyl=äther	$137/_{50}$	dl-α-Brom-butter=säure
$134,6/_{750}$	2,5-Dimethyl-hexadien-(2,4)	137...8	Acetylaceton
134,7	Isovaleriansäure-äthylester	137...8	Tellur,Diäthyltellurid
$134,8/_{728}$	Aceton-oxim	137...8	2,3-Dimethyl-thio=phen
135	d,l-Hexanol-(3)	137...8	Tellur-diäthyl
$135/_{10}$	Zinn-di-n-butyl-dichlorid	137...8	1,3,5-Trimethyl-cyclohexan
$135/_{12}$	d-*trans*-Chrysan-themumsäure	137,2...7,6	Formaldehyd-dipropylacetal
		137,9	Fluor-pentachlor-äthan

Kp in °C Druck in Torr	Name	Kp in °C Druck in Torr	Name
138	N-Äthyl-morpholin	$140/_{18}$	β-Jonon
138	n-Amylalkohol	$140/_{19}$	Cyanamid
138	Chlorameisensäure- n-butylester	$140/_{20}$	1,2,3,4-Tetrahydro- naphthylamin-(2)
138	Propionsäure-iso= butylester	$140/_{38}$ 140...1	N-Phenyl-pyrrol Di-n-butyläther
$138/_2$	2,5-Diäthoxyanilin	$140...1/_{720}$	Diazoessigsäure-
$138/_{2,5}$	Phosphor, Thio= phosphorsäure- O,O-diäthyl- O-[β-thioäthyl- äthyl]ester	140...2 140...2 g. Z 140...2	äthylester Acetoin 2-Methyl-hexanol-(2) Silicium-dimethyl- dipropyl
$138/_{10}$	2,4,6-Tri-t-butyl- phenol	$140...2/_{20}$ $140...2/_{35}$	Furfurol-diacetat 4,6-Dimethyl- cumalin
$138/_{20}$	Äthylanilin-N-acetat		
138...9	Diallylsulfid	$140...2/_{45}$	β-Brom-propionsäure
$138...9/_6$	β-Thio-dipropion= säure-methylester	$140...3/_{15}$ 140...5	N-p-Tolyl-piperidin α,β-Dichlor-diäthyl= äther
138...40	1-Chlor-2-fluor- benzol	$140...5/_{0,002}$	Vitamin K_1
$138...40/_2$	Benzoesäure- 1-tetrahydro= furfurylester	$140...5/_{15}$ $140...50/_{0,3}$ 140...60 (Z)	4-Amino-tiophenol α-Pinonsäure Ölsäure, Ca-Salz
138...41	Isobutyraldoxim	Z 140...70	Di-propylsulfat
138,4	p-Xylol	Z 140...70	4-Phenyl-semicarb=
138,5	Di-isobutylamin		azid
139	Cyclopentanol	$140...70/_{45}$	β,β,β-Trichlor-
139	m-Xylol		milchsäure
$139/_{0,023}$	Hydrobenzoin	140,1	2-Chlor-1-jod-äthan
$139/_{12}$	ε-Caprolactam	140,75	n-Valeriansäure-
139...9,5	d,l-Hexanol-(2)		nitril
139...40	2,3-Dibrom- propen-(1)	∼140,8 141	Di-propylsulfid Acrylsäure
139...40	Isoamyl-isocyanid	$141/_{743}$	Triäthylcarbinol
$139...40/_{10}$	L-Glutaminsäure- diäthylester	$141...1,5/_{16}$	α,β-Dibrom-propion= säure (inaktive)
139...41	Propargylaldehyd- diäthylacetal	$141...2/_2$	Furan-carbon= säure-(2)-benzyl=
$139...42/_2$	Decamethylenbromid		ester
139,2	3,3-Diäthyl-pentan	$141...2/_{13}$	Eugenol-(iso, *trans*)
139,4	Zink-di-n-propyl	$141...3/_8$	2-Nitrobenzaldehyd- dimethylacetal
$139,8/_{753}$	Benzylfluorid		
139,9	1,2-Dibrompropan	141,35	Propionsäure
140	Arsen, Triäthylarsin	Z 142	Biguanid
140	Essigsäure-anhydrid	142	Essigsäure-isoamyl=
Z 140	Nitrourethan		ester
140	1,1,2-Trichlor-propan	142	Jod-trichlor-methan
$140/_1$	Blei-tetra-n-butyl	$142/_2$	Phosphor, Diphos=
$140/_4$	Aluminium-di-iso= butylhydrid		phorsäure-tetra- [dimethylamid]
$140/_4$	Tubanol	$142/_8$	Lactid
$140/_{12}$	cis-Stilben	$142/_{17}$	Cumarandion
$140/_{16}$	Aceton-phenyl= hydrazon	$142/_{18}$	Titan-diäthoxy- dichlorid

Kp in °C Druck in Torr	Name	Kp in °C Druck in Torr	Name
142/20	Silicium, Tetra= decamethyl- hexasiloxan	144...6	Essigsäure-ortho- triäthylester
142...3	Cyclooctatetraen	144...6/20	Thiohydrochinon
142...3	Phenylacetylen	144...8/1	Benzhydryl-β-chlor=
142...3/2	Muscon		äthyl-äther
142...3/12	Eudalin	144,2	Heptanon-(4)
142...3/13	Buttersäure- geranylester	144,4	Äthylthiocyanat
		144,5...5	Glykol-monomethyl- äther-acetat
142...3/15	γ-Ketobuttersäure	144,8	Milchsäure-methyl=
142...8/2...3	α,α-Diphenyl-aceton		ester
142,25	2-Methyl-octan	145	Acrylsäure-n-butyl-
142,5	2,6-Dimethyl- pyridin		ester
		145/0,3	Cycloheptadecanon
142,5	4-Methyl-octan	145/4	Adipinsäure- dibutylester
142,5	n-Octylfluorid		
142,7...5,0	Cyclohexyl-chlorid	145/9	Cetan
143	α,α'-Dibrom- dimethyl-äther	145/10	Pyridin-4-carbinol
		145/10	Zinn-tetra-n-butyl
143	Gallium-triäthyl	145/14	Anissäure-chlorid
143/15	2,4-Dimethyl- chinolin	145/15	1,2,5-Trimethyl- naphthalin
143/37	Furfuryliden- acetaldehyd	145/17	Homopiperonylamin
		145/90	1,1,1,2,3,3-Hexa= chlor-propan
143/743	3-Methyl-pyrrol		
143...4/12	2-Nitro-benzal= chlorid	145/736	n-Valeriansäure- äthylester
143...5	2,4-Dimethyl- thiazol	145...6	Acetol
		145...6	Ameisensäure-ortho= triäthylester
143...6/60	2,4,6-Trimethyl= benzoesäurechlorid	145...6	Furfurylamin
143...7	Silicium, Kiesel= säure-dimethyl- diäthylester	145...6	Piperazin
		145...150	1,1,1-Trichlor- propan
143,1	γ-Picolin	145,8	Styrol
143,5/754	2,2-Difluor-1,1,2-tri= brom-äthan	145,8... 146,2/739	1,2-Dichlor-pentan
143,6	Chloressigsäure- äthylester	146	2,2-Dichlor-äthanol
		146	1,2-Difluor-1,1,2-tri= brom-äthan
143,6	o-Xylol		
143,8	Buttersäure-propyl= ester	146	Dithio-glykol
		146/4	Adipinsäuremono- n-propylester
143,8	β-Picolin		
144 Z	Bromessigsäure- methylester	146/10	2,5-Dimethoxy- benzaldehyd
Z > 144	2,6-Dibrom-4-nitro- phenol	146/15	p-Toluolsulfosäure- chlorid
144	Furan-3-aldehyd	146/90	Propionsäure- N-methylamid
144 Z	Propargylsäure		
144	$\varDelta^2$-Pyrazolin	146/738	2-Furonitril
144/16	Iron	146...7	l-Bornylen
144/743	Glykol-mono-iso= propyläther	146...7	Hepten-(1)-on-(4)
		146...7/9	p-Toluolsulfosäure- methylester
144...5/14	Piperonal		

Kp in °C / Druck in Torr	Name	Kp in °C / Druck in Torr	Name
146...7/$_{12}$	Nitrilotriessigsäure-diäthylester	148,9	2-Äthyl-butanol-(1)
146...8 Z	Glycerin-α,α'-dinitrat	149,0	1,2-Dibrom-2-methyl-propan
146...8	1,1,3-Trichlor-propan	149	2-Methyl-octadien-(4,6)
146...8/$_{10}$	N-Phenyl-furfuryl-amin	149/$_{vak}$	p-Xylol-sulfo-säure-(2)
146...8/$_{13,5}$	2,4,6-Trimethyl-chinolin	149/$_{752}$	2-Äthyl-pyridin
146...8/$_{16}$	Cyclohexyl-anilin	149...50	Dimethyl-nitrosamin
146...9/$_{17}$	Bernsteinsäure-monoäthylester	149...50/$_{7}$	Acetophenon-carbonsäure-(4)-methylester
146,35	1,1,2,2-Tetrachlor-äthan	149...50/$_{17}$	N,N'-Dimethyl-p-phenylen-diamin-(1,4)
146,7	l-Bornylen	149...50/$_{25}$	3-Methyl-pentandiol-(1,5)
146,8	Propionsäure-butylester	149...50,5	2,2,2-Trichlor-äthanol
147	2,3,5-Trichlor-furan		
147/$_{765}$	Isoamyljodid	149,5	Bromoform
147...8/$_{vak}$	p-Chlor-benzol-sulfosäure	≈149,6	Isoamyl-nitrat
		150	4-Methyl-octadien-(3,5)
147...8	4-Chlor-pyridin		
147...8/$_{1,3}$	Phosphor, Phosphor-säure-diphenyl-ester-chlorid	Z>150	Oxalsäure-mono-äthylester
		≈150/$_{5}$	Spermin
147...8/$_{3}$	4-Hydroxy-aceto-phenon	150/$_{13}$	2-Methoxy-diphenyl
		150/$_{30}$	1-Chlor-1,1,2,2-tetrabrom-äthan
147...8/$_{16}$	1,2,7-Trimethyl-naphthalin		
147...9 g.Z	Perchlor-methyl-mercaptan	150/$_{743}$	Glykol-monopropyl-äther
147...9/$_{15}$	1,7-Dimethyl-naphthalin	150/$_{770}$	Furfuryl-äthyläther
		150...1	Arsen, Bis-di-methylarsin-oxid
147...51/$_{12}$	Phenylglyoxylsäure		
147,4	Heptanon-(3)	150...1/$_{0,5}$	Naphthylen-diamin-(1,2)
147,7	Acetaldehyd-dipropylacetal	150...3/$_{16}$	Phenylpropiolsäure-äthylester
148	Arsen, Phenylarsin		
148 Z	β-Brom-äthanol	150...200/$_{0,002}$	Östron
148	2,5-Dimethyl-hexanon-(3)	150,6	Nonan
		151	Bor-tri-isopropyl
148	2-Methyl-pyrrol	151	3,3-Dimethyl-acryl-säure-äthylester
148/$_{7}$	Pentaisobuten		
148/$_{26}$	Diglykol-diacetat	151	Methyl-heptyl-äther
148/$_{744}$	3-Chlor-pyridin		
148...9 g. Z	Glycin-äthylester	151/$_{14}$	Heptandiol-(1,7)
148..50/$_{5}$	2,6-Diamino-pyridin	151...,5	2-Brom-thiophen
148...50/$_{18}$	techn. Dichlor-dekalin	151...2	2-Fluor-phenol
		151...2	1-Nitro-butan
148,65	Isobuttersäure-iso-butylester	151...3/$_{19}$	1,2-Dichlor-naphthalin
148,8	Essigsäure-n-amyl-ester	151...4 Z	Chlorsulfosäure-äthylester

Kp in °C / Druck in Torr	Name	Kp in °C / Druck in Torr	Name
151,45	Heptanon-(2)	$154/_{17}$	2-Amino-2-methyl-propandiol-(1,3)
151,5	n-Hexyl-mercaptan		
$151,5.../_{13}$	Benzoyl-essigsäure-methylester	154...5	N-n-Butyl-pyrrolidin
$151,5...3/_{745}$	Diäthyldisulfid	$154...5/_{12}$	5-Hydroxymethyl-furfurol
151,8...2,8	2-Methyl-pentanol-(5)	$154...5/_{100}$	d-Carvotanaceton
151,9	Allylsenföl	$154...6/_{11}$	Dicyclohexyl-carbodiimid
152	Di-tert.-butyl-keton		
152	Propan-dithiol-(1,2)	$154...8/_8$	1,1,3-Trimethyl-3-phenylindan
$152/_2$	Diphenyl-sulfit		
$152/_{14}$	Phenylurethan	154...9	Dimethylfurazan
$152/_{715}$	Butyraldoxim	$154...9/_{13}$	m-Xylylenalkohol
$152/_{764}$	1-Brom-4-fluor-benzol	154,24	2-Nitro-dimethyl=anilin
152...4	Silicium-äthyl-propyl-dichlorid	154,3	Chlorameisensäure-isoamylester
$152...4/_{16}$	Cumaranon	154,35	Isobuttersäure
$152...4/_{18}$	Arsen, Di-2-furyl-arsin-chlorid	154,7	Isopropylcyclohexan
		154,7	Silicium-tetraäthyl
152...5	3-Nitro-pentan	155	Brenztraubensäure-äthylester
$152...6/_{15}$	2,5-Dihydroxy-acetophenon-dimethyläther	$155/_{vak}$	4-Brom-benzol=sulfosäure
$152...67/_2$	Silicium-triphenyl-hydrid	155	1,4-Dichlor-butan
		155	N,N-Dimethyl=formamid
152,2...3,2	Önanthaldehyd		
152,5	Cumol	155	2,5-Dimethyl-pyrazin
152,5...3	Arsen, Äthylarsin-dichlorid	155	Isocapronsäure-nitril
152,6	n-Capronsäure-chlorid	155	1-Methyl-cyclo-hexanol-(1)
153	Propyl-isothiocyanat	$155/_2$	Phosphor, Diphos=phorsäure-tetra-[dimethylamid]
153	Silicium, Octa=methyl-trisiloxan		
153	1,1,2,2-Tetrachlor-propan	$155/_5$	Dolantin
		$155/_{10}$	Myristinaldehyd
$153/_{10}$	2-Amino-2-äthyl-propandiol-(1,3)	$155/_{16}$	Adipinsäure-dipropylester
$153/_{18}$	4-Jod-acetophenon	$155/_{20}$	4-Nitrobenzoesäure-chlorid
$153/_{23}$	2-Nitro-benzaldehyd		
$153/_{774}$	N,N-Dimethyl-nitramin	$155...5,5/_5$	Phosphor, Diphos=phorsäure-tetra=äthylester
$153...4/_{18}$	Tetramethylensulfon		
$153...4/_{720}$	l-α-Fenchen	$155...5,5/_5$	Phosphorsäure-tetraäthylester
$153...7/_4$	m-Tolylbenzylamin		
153,2...3,5	n-Hexylbromid	155...7	Silicium, Kiesel=säure-methyl-triäthylester
153,6	Ameisensäure-hexylester		
153,85	Anisol	155...60	Glycerin-α-nitrat
154	Milchsäure-äthylester	155...60	Glycerin-β-nitrat
$154/_{0,5}$	Phosphor, Phos=phorsäure-tri-thio-n-butylester	$155...60/_3$	3-Nitro-benzyl=chlorid
		$155...60/_{13}$	β-Naphthaldehyd

Kp in °C Druck in Torr	Name	Kp in °C Druck in Torr	Name
155...160/$_{17}$	2,6-Dimethyl-benzoesäure	157,9	Phosphor, Phos= phorige Säure-triäthylester
155,25	n-Heptylamin		
155,5/$_4$	Adipinsäuremono-n-butylester	158	d-Camphen
		158	Diäthylsulfit
155,6/$_{746}$	2-Methyl-piperazin	158	Glykolsäure-äthyl= ester
155,7	Isovaleriansäure-propylester		
		158/$_{20}$	Päonol
155,8	Hexanol-(1)	158/$_{60}$	Vinyl-phenyl-äther
156	Allylbenzol	158...9	Kohlensäure-ortho-tetra-äthylester
156	Cyclohexanon		
156	Heptanol-(4)	158...9/$_{0,5}$	n-Heptadecyl-jodid
156	Tripropylamin	158...9/$_{12}$	Arsen, Tri-2-furyl-arsin
156/$_{12}$	Farnesol		
156/$_{13,5}$	meso-Weinsäure-diäthylester	158...60	Fumarsäure-dichlorid
156/$_{23}$	Benzalbromid	158...60	Heptanol-(2)
156/$_{24}$	2,4-Dibrom-anilin	158...60	Tetramethylen= diamin
156/$_{740}$	Hepten-(2)-on-(4)		
156...6,5	α,α'-Dichlor-dimethylsulfid	158...60/$_2$	Zibeton
		158...161/$_{2,5}$	Hexaisobuten
156...7	l-δ-Pinen	158...62/$_{10}$	Phenyl-malonsäure-diäthylester
156...8/$_{12}$	2,3,4-Trimethyl-chinolin		
		158,2	Bromessigsäure-äthylester
156...8	Thujan		
156...9	Benzoyl-fluorid	158,4...8,7	2-Chlor-toluol
156,15	Brombenzol	158,5...9,5	n-Heptyl-chlorid
156,2	Glykol-monoäthyl= äther-acetat	159	3-Äthyl-toluol
		159	Di-n-butylamin
156,2/$_{767}$	dl-α-Pinen	159	2,4-Dimethyl-pyridin
156,5	2,3,4-Trimethyl-pentanol-(3)		
		159/$_{16}$	2-Nitro-acetophenon
156,8	Buttersäure-iso= butylester	159/$_{742}$	Methacrylsäure
		159...60	Bor-tri-n-propyl
156,8	1,2,3-Trichlor-propan	159...60	2,5-Dimethyl-pyridin
157	n-Amyljodid	159...60/$_{10}$	α-Santalol
157	Dichloressigsäure-äthylester	159...61	β-Chlor-isocroton= säureäthylester
157	4-Fluor-anisol	159 ..61	Glyoxylsäure-n-butylester
157/$_{10}$	4-Methoxy-diphenyl		
157/$_{16}$	Piperonylalkohol	159...62	Cyclohexylaldehyd
157/$_{20}$	Triäthylen-tetramin	159,5	Antimon-triäthyl
157/$_{742}$ Z	Monothioäthylen= glykol	159,55	Propylbenzol
		160 Z	Äthylmalonsäure
157...8/$_{12}$	Cadalin	160	Cyclohexanol
157...9	Quecksilber-diäthyl	Z 160	Dicyandiamidin
157...9/$_{12}$	Cedrenon	160	2,7-Dimethyl-octan
157...9/$_{12}$	Isopren-tetrabromid	160	Furancarbon= säure-(3)-methyl= ester
157...60	1-Brom-2-fluor-benzol		
157,4	Chloracetaldehyd-diäthylacetal	160	Furfuryl-mercaptan
		≈ 160 Z	Guanidin
157,5/$_{15,5}$	Ceten-(1)	160 Z	Maleinsäure

Kp in °C / Druck in Torr	Name	Kp in °C / Druck in Torr	Name
Z 160	Opiansäure	162,5	Germanium-tetra=äthyl
Z 160	Phenylharnstoff		
Z 160	dl-Tropasäure	162,5	Propionyl-aceton
160/$_{0,4}$	2,4-Dichlor-phen=oxy-essigsäure	162,5	Trifluoressigsäure-amid
160/$_{11}$	1-Amino-tetralol-(2)	162,5/$_{15}$	Butantriol-(1,2,3)
160/$_{15}$	Glycerin-trinitrat	163	Amino-acetaldehyd=diäthylacetal
160/$_{734}$ Z	3-Chlorpropanol-(1)		
160...0,5 g. Z	dl-α-Brompropion=säure-äthylester	163	1-Brom-2-jod-äthan
		163	Cyclohexyl-bromid
160...1 Z	Glycid	163	β-Diäthylamino-äthanol
160...1	2-Methyl-6-äthyl-pyridin		
160...1	Phosphor, Phenyl=phosphin	163	Arsen, Tetra=methyl-diarsin
		163	Tetrolsäure
160...1/$_2$	n-Nitroso-Δ^3-pyrrolin	163 g. Z	Trimethylessigsäure
		163	Tropidin
160...2	Camphan	163/$_{12}$	Pentadecanol-(3)
160...2/$_{18}$	4-Nitro-phenyliso=cyanat	163/$_{13}$	Titan-tetra-iso=butylat
160...3/$_2$	Cetyljodid	163/$_{20}$	Arsen, Diphenyl=arsin
160...3/$_{766}$	Zinn-tetravinyl		
160...5/$_1$	1-[4-Nitrophenyl]-4-chlor-buten-(2)	163...4	Isopropenylbenzol
		163...4	Tribromäthylen
160...70 Z	Diäthylbromessig=säure-amid	163...5	4-Äthyl-pyridin
		163...5/$_{10}$	3,4,5-Trimethoxy-benzaldehyd
160,3	Propionsäure-iso=amylester		
		163...5/$_{14}$	1,2,4,5-Tetrabrom-pentan
160,5	Methacrylsäure		
160,7	2,3-Dimethyl-pyridin	163...6/$_{10}$	Isovanillin
		163,5	1,2-Dibrom-1,1-dichlor-2-fluor-äthan
161	4-Äthyl-toluol		
161/$_{12}$	4-Methyl-hydr=atropasäure		
		163,5	Dimethylcyanamid
161...2/$_{23}$	Di-Zinn-hexaäthyl	163,5/$_{764}$	4-Chlor-toluol
161,5/$_{736}$	Diglykol-dimethyl=äther	163,55	Buttersäure
		163,95	n-Capronsäure-nitril
161,6	3-Chlor-toluol	164	l-β-Pinen
161,7	Furfurol	164	d-Sabinen
161,8	1,1,1-Trichlor-propanol-(2)	164/$_{11}$	3-Amino-phenol
		164/$_{23}$	3-Nitro-benzaldehyd
161,95	Pentachloräthan	164/$_{753}$	2-Äthyl-toluol
162	*trans*-2,5-Dimethyl-piperazin	164...5	l-Isocamphan
		164...5/$_{13}$	Pimelinsäure-dinitril
162/$_2$	Cyanursäure-tri=allyläther	164...5/$_{750}$	2,2,3-Trichlor-butyraldehyd
162/$_{15}$	n-Tetradecyl=amin-(1)	164...6 Z	Diacetonalkohol
		164...6/$_{15}$	4-Dimethylamino-benzaldehyd
162/$_{21}$	2,6-Dibrom-phenol		
162...3	2-Methyl-heptanon-(6)	164...6/$_{20}$	Thiodiglykol
		164,2	Oxalsäure-dimethyl=ester
162...3/$_{751}$	Phenylisocyanat		
162...6/$_{22}$	γ-Phenoxy-butter=säure-nitril	164,5/$_{746}$	cis-2,5-Dimethyl-piperazin

Kp in °C Druck in Torr	Name	Kp in °C Druck in Torr	Name
164,5...5	Pinocamphan	166,3/$_{744}$	2,3-Dibrom-furan
164,6	1,3,5-Trimethyl- benzol	166,4	Buttersäure- butylester
165	2-Amino-2-methyl- propanol-(1)	166,4	Chloreton
165 g. Z	Brenztraubensäure	166,8	n-Capronsäure- äthylester
165	Fluoressigsäure	166,95	1,3-Dibrom-propan
165	dl-*cis*-1-Methyl- cyclohexanol-(2)	167	Tropan
		167/$_{10}$	Methan-sulfosäure
165	1-Methyl-cyclo= hexanon-(2)	167/$_{18}$	3-Nitro-acetophenon
		167/$_{20}$	4-Methoxy-chinolin
165/$_{0,1}$	Phosphor, Phos= phorige Säure- dibenzylester	167...8	m-(+)-Menthan
		167...8/$_{10}$	β-Santalol
		167...8/$_{15}$	Octandiol-1,8
165/$_{10}$	2,4-Dimethoxy- benzaldehyd	167...9	Inakt.-p-Menthen-(3)
		167...9/$_{751}$	N-Äthyl-äthanol= amin
165/$_{20}$	Benzoyl-essigsäure- äthylester	167...9,2	Pinan
165...6	Äthyl-n-heptyläther	167...70	Caprylaldehyd
165...6	Di-isobutylketon	167...70/$_1$	Pentan-triol-(1,2,5)
165...6 Z	Phenylisocyanid	167,5	n-Valeriansäure- propylester
165...6/$_{15}$	Pentantriol-(1,2,3)		
165...6/$_{28}$	2-Nitro-anilin	167,5...8,5	Arsen, Arsenige
165...6/$_{35}$	2-Hydroxy-iso= capronsäure		Säure-triäthylester
		168	d-Coniin
165...7	2,4-Dimethyl-pyrrol	168	Methylxanthogen= säure-methylester
165...7	N-Furfuryl-äthyl= amin	168	Trichloressigsäure- äthylester
165...7	Silicium, Kiesel= säure-tetraäthyl= ester	168/$_{10}$	3-Methylamino- phenol
165...7/$_1$	α-Phenyl-α-carb= äthoxy-glutar= säure-dinitril	168/$_{17}$	3-Hydroxy-benz= aldehyd
		168...9	2-Acetyl-furan
165...8/$_{20}$	Imidazol	168...9	Propionsäure- anhydrid
165...70	2-Propyl-pyridin		
165...73/$_{12}$	1,2-Dibrom-tetralin	168...9/$_{15}$	9,10-Dihydro-phen= anthren
165...85/$_{1,5}$	Silicium, *cis*-2,4,6- Trimethyl- 2,4,6-triphenyl- cyclo-trisiloxan	168...9/$_{16}$	1-Methyl-3-phenyl= indan
		168...9/$_{743}$	Thiophenol
165,5	N,N-Dimethylacet= amid	168...70	2,5-Dimethyl-pyrrol
		168...70	Furfuryl-propyl- äther
ca. 166 Z	Propargylbenzol		
166/$_{14}$	Formanilid	168...70	Silicium, Äthyl-iso= butyl-dichlorid
166/$_{750}$	3-Äthyl-pyridin		
166...7	o-Kresol-methyl= äther	168...70/$_1$	9-Acetyl-phen= anthren
166...8	Milchsäure-iso= propylester	168...70/$_6$	4-n-Amylresorcin
		168...72/$_{0,5}$	Zinn-triphenyl- hydrid
166...8/$_{11}$	β-Methyl-*trans*-zimt= säure	168,5	Kohlensäure- di-n-propylester
166,3	Ameisensäure- furfurylester	168,5	*cis*-p-Menthan

Kp in °C / Druck in Torr	Name	Kp in °C / Druck in Torr	Name
168,5...70	Äthanolamin	170/50	4-Methyl-2,6-di-t-butyl-phenol
168,65 Z	Propionsäure-n-amylester	170/736	Isobutylbenzol
168,9	Isobuttersäure-iso=amylester	170/751	p-(+)-Menthen-(3)
169	Acetol-ameisen=säure-ester	170...1	Methyl-benzyläther
169	Caran	170...2/10	3-Methoxy-benzoe=säure
169	l-β-Conicein	170...2/14	β-Methyl-*cis*-zimt=säure
169	Glycerin-α,α'-di=methyläther	170...3/20	Myristylalkohol
169	*cis*-Crotonsäure	170...5/12	Cetylamin
169	d-1-Methyl-cyclo=hexanon-(3)	170,2	1,2,4-Trimethyl-benzol
169/0,7	Silicium, 1,1,3,5,5-Penta=methyl-1,3,5-tri=phenyl-trisiloxan	170,5	Phenetol
		170,6/743	Glykol-monobutyl=äther
169/28	Hydrozimtsäure	171	Äthansulfosäure-chlorid
169/764	Vinylessigsäure	171	1-Brom-1,2,2-tri=chlor-äthan
169...70	*trans*-p-Menthan	171/750	Furfurylalkohol
169...70	o-(+)-Menthan	171...1,5	2-Chlor-pyridin
169...70	Succin-dialdehyd	171...2	d-β-Phellandren
169...70/0,05	Pentakosan	171...2	2,4,6-Trimethyl-pyridin
169...70/1	Phosphor, Phosphor=säure-diäthyl-p-nitrophenylester	171...2/741	2-Chlor-phenol
		171,3	Acetaldehyd-diiso=butyl-acetal
169...70/17	Benzhydrylchlorid	171,4	Isovaleriansäure-isobutylester
169...72	N,N-Diäthyl-furfurylamin	171,5..1,7	Silicium-trimethyl-phenyl
169...74	β-Äthoxypropion-säure-nitril	171,7...2,7	3-Methyl-hexanol-(1)
169,2	Essigsäure-n-hexyl=ester	172	1,1,2-Trichlor-aceton
169,3	tert.-Butyl-benzol	172	1,2,2-Trichlor-1-brom-äthan
169,5 Z	Acetessigsäure-methyl-ester	172...2,5	d-Caren-(3)
170	Äthylurethan	172...3/12	2-Amino-diphenyl=methan
170 Z	Bromacetaldehyd-diäthylacetal	172...3/22	4-Methylamino-phenol
170	2,5-Dichlor-thiophen	172...4	2-Aminobutanol-(1)
170	Dicyclopentadien	172...4	2-Fluor-1,1,2-tri=brom-äthan
Z 170	N,N'-Diphenyl=guanidin	172...4/24	3,4-Dimethoxy-anilin
170 Z	dl-Mandelsäurenitril	172...5	2,6-Dimethyl-heptanol-(4)
170	1-Methyl-cyclo=hexanon-(4)	172...7/10	N,N-Diphenyl-hydrazin
170	Methylurethan	172,5	α,α'-Dichlor-aceton
170	Sorbinsäure-methyl=ester	173 (g.Z)	Ameisensäure-phenylester
Z ≈170	Sulfanilsäure-anilid	173	3-Fluor-benzaldehyd
170/0,1 Z	Pyrethrin I		
170/14	3-Äthyl-naphthol-(1)		
170/19	Diphenyl-acetylen		

Kp in °C Druck in Torr	Name	Kp in °C Druck in Torr	Name
173	Furan-carbon= säure-(2)-chlorid	174,5...5,5	m-Cymol
173	Octanon-(2)	174,5...6	2-Fluor-anilin
173/$_{4,9}$	Silicium, Eikosa= methylnonasil= oxan	175	Bor-phenyl-dichlorid
		175	o-Cymol
		175 Z	1,2-Dibrom- 1,1-dichlor-äthan
173/$_{12}$	Salicylsäure-phenyl= ester	175	2-Fluor-benzaldehyd
		175	Propenylbenzol
173/$_{15}$	p-Toluolsulfosäure- äthylester	175	Silicium,Octa= methyl-cyclo- tetrasiloxan
173...4	γ-Conicein		
173...4	dl-cis-1-Methyl- cyclohexanol-(3)	175	Zinn-tetraäthyl
		175/$_2$	Adipinsäure-di- [α-octyl-(2)]-ester
173...4	cis-1-Methyl- cyclohexanol-(4)	175/$_2$	Chlordan
173...4	β-Terpinen	175/$_{14}$	2-Hydroxy-benzo= phenon
173...4/$_{11}$	Formaminomalon= säure-diäthylester	175/$_{751}$	d-Silvestren
173...4/$_{11}$	Hordenin	175...6	Isobutan-diol-(1,2)
173...4,5	2-Methyl-butter= säure	175...6	1,2,3-Trimethyl- benzol
173...5	Cumaron	175...6/$_6$	Azelanisäure-dinitril
173...5	l-α-Phellandren	175...6/$_{15}$	Äthyl-α-naphthyl- amin
173...5/$_1$	Phosphor, Thio= phosphorsäure- O,O-diäthyl- O-[p-nitrophenyl]- ester	175...80/$_{45}$	n-Dodecyl-bromid
		175,4	Isobutyl-thiocyanat
		175,5...6,0	1,3-Dichlor- propanol-(2)
173...6	Alaninol	175,5...6,5	β-Äthoxy-butter= säure-nitril
173...7/$_7$	β-Benzyl-β-methyl= valeriansäure	175,8...6,2	Heptanol-(1)
173,1	2-Methyl-hepten-(2)- on-(6)	176	α-Chlor-croton= säureäthylester
173,4	Di-isoamyläther	176	Hydrinden
173,5...4,5	Cyclohexanol-acetat	176...6,4	l-Limonen
173,7	Oxalsäure-methyl- äthylester	176...7 Z	2-Jod-äthanol
		176...8/$_{45}$	Silicium-dimethyl- diphenyl
173,75	Decan		
174	Bromal	176...80/$_{12}$	4,4'-Dimethyl- benzophenon
174	3-Brom-pyridin		
174	Glykol-diformiat	176,4	Cineol
174	Triäthylendiamin	176,5	Isovaleriansäure
174	α,β,β-Trichlor- diäthyläther	176,7	Ameisensäure- heptylester
174/$_8$	n-Heptadecyl- bromid	176,7	p-Cymol
		176,7/$_{742}$	d,l-Butandiol-(2,3)
174/$_{14}$	Thiobenzophenon	176,9	N-Nitroso-diäthyl= amin
174/$_{729}$	2-Methyl-butan= diol-(2,3)	177	Carbamidsäure- methylester
174...5	Carvomenthen		
174...5	1,3-Dibrom-butan	177/$_{15}$	D,L-1,2-Diphenyl- äthanol
174...6	n-Heptylmercaptan		
174,35	Pinakon	177/$_{750}$	Tetrahydrofurfuryl= alkohol
174,5	1,4-Dichlor-benzol		

Kp in °C / Druck in Torr	Name	Kp in °C / Druck in Torr	Name
177...8	Ameisensäure-N,N-diäthylamid	179,5...180,5	1,5-Dichlor-pentan
177...8	β,β'-Dichlor-diäthyl-äther	subl. 180	β-Amino-iso-valeriansäure
177...8	2-Methyl-hepten-(2)-ol-(6)	Z ~180	4-Azido-toluol
177...8	3-Methyl-n-propyl-benzol	Z 180	Benzilsäure
		Z 180	dl-Dibrom-bernsteinsäure
177...8/747	2-Methyl-5-äthyl-pyridin	Z 180	2,4-Dichlor-naphthol-(1)
177...8,5	3-Propyl-toluol	180 Z	Dijod-methan
177...9/751	2-Methyl-4-äthyl-pyridin	180	n-Heptyl-bromid
		180	n-Hexyljodid
177...81/20	Benzoyl-acetessig-ester	180 Z	Methylenjodid
		Z > 180	Milchsäure-amid
177,05	p-Kresol-methyl-äther	Z > 180	2-Nitro-resorcin
177,2	m-Kresol-methyl-äther	ca. 180/3	3-Nitro-benzyl-cyanid
177,5/766	Tetramethyl-harn-stoff	180/10	Arsen, Diphenyl-arsinchlorid
177,6	dl-Limonen	180/12	Mezcalin
177,8	3-Fluor-phenol	180/15	N-Benzoyl-piperidin
177,8	d-Limonen, Kp auch 176°	180/15	Octadecin-(1)
		180/20	Phosphor, Phosphor-säure-tri-n-butyl-ester
178 g. Z	dl-α-Brom-butter-säure-äthylester	180/718 g. Z	α,α,α',α'-Tetrachlor-aceton
178	Carvestren	180...1	Acetylcyclohexan
178/9	Cetylbromid	180...1	2-Methyl-n-propyl-benzol
178/12	2-Nitrobenzyl-cyanid		
178...80	β-[2-Hydroxyäthyl-mercapto-]-propionitril	180...1/60	1,2,3,4-Tetrabrom-butan (hoch-schmelzend)
178...80	Jodessigsäure-äthyl-ester	180...2	Phenyl-decyl-äther
		180...2/17	Benzal-acetessig-ester
178...80,5	Pentamethylen-diamin	180...2/20	Adipinsäure-dinitril
178...81/19	γ-Phenyl-buttersäure	180...2/60	Schwefelsäure-bis-[β-chlor-äthyl-ester]
178,1	Benzaldehyd		
178,5	Buttersäure-iso-amylester	180...4/14	2-Nitro-naphthalin
179	Glykolsäure-äthyl-ester-O-acetat	180...5	Methyl-formamid
		180...5/12	2,5-Diamino-pyridin
179	dl-Octanol-(2)	180...9/20	2-Hydroxy-diphenylamin
179/13	Butantriol-(1,2,4)		
179/15	Octadecen-(1)	180...95	p-Toluolsulfosäure-kresylester
179...80	Hydantoinsäure		
179...81	Cycloheptanon	180,4	Acetessigsäure-äthylester
179...81	Triisobuten, niedrigsied.	180,5...1,5	2-Propyl-toluol
179,2	1,2-Dichlor-benzol	180,5...2,5	4-Fluor-anilin
179,3	Benzylchlorid	180,55	1,3-Diäthyl-benzol
179,5	Chloressigsäure-n-butylester	181 Z	Anilin-schwefel-saures Salz

Kp in °C Druck in Torr	Name	Kp in °C Druck in Torr	Name
181	2-Äthyl-hexanol	184...6/$_{18}$	o-Sulfobenzoesäure=anhydrid
181	Pyridinaldehyd-(2)		
181/$_{745}$	Glykol-mono-iso=amyl-äther	184,40	Anilin
		184,5	Benzylamin
181/$_{768}$	Zinn-IV-tetraäthyl	185	Angelicasäure
181...2	Cyclopropan-carbonsäure	Z>185	Dibenzylsulfid
		185	2,2-Difluor-1,1,1,2-tetrabrom-äthan
181...2	Önanthsäure-nitril		
181...3	Allylessigsäure		
181...4,5/$_{19}$	Zinn-äthyl-trichlorid	185/$_{20}$	Aminomalonsäure-diäthylester-N-acetat
181,5	4-Fluor-benzaldehyd		
181,5	α-Terpinen		
181,7...3,0	Inden	185...6	Dichloracetaldehyd-diäthylacetal
181,75	2-Brom-toluol		
182	2,3-Dichlor=propanol-(1)	185...6	N,N-Dimethyl-benzylamin
182	1-Fluor-4-jod-benzol	185...6	1,1-Dinitro-äthan
182/$_{17}$	Titan-di-n-butoxy-dichlorid	185...6	o-Tolylisocyanat
		185...7/$_{0,1}$	p-Toluolsulfosäure
182/$_{19}$	Di-cyclohexyl-sulfit	185...7/$_{15}$	Glycerin-α-phenyl=äther
182...3	1,4-Diäthyl-benzol		
182...3,5	2,3,5-Trimethyl-pyridin	185...7/$_{18}$	4-Pyridyl-hydrazin
		185...8/$_{12}$	Sebacinsäure-dinitril
182,2	Phenol		
182,5	Benzoxazol	185...90/$_{16}$	Ambrettolid
183	Dithioglykol-dimethyläther	185...92/$_{35}$	Isodehydracetsäure-äthylester
183	Isoamyl-senföl	185,35	N,N-Dimethyl-o-toluidin
183	γ-Terpinen		
183...4	3-Brom-toluol	185,4	Oxalsäurediäthyl=ester
183...5/$_{8}$	2-Nitro-diphenyl=äther	186	Äthyl-benzyl-äther
183...6/$_{2}$	Heptaisobuten	186	dl-α-Chlor-propion=säure
183...7	3-Isonitroso-pentanon-(2)	186	Diacetyl-monoxim
183...7/$_{6}$	Sebacinsäure-mono-äthylester	186	Diäthylcyanamid
		Z 186	Tetryl
183,1	n-Butyl-benzol	186	n-Valeriansäure
183,25	Malonsäure-dimethylester	186/$_{8}$	Pyrazol
		186/$_{17}$	1-α-Naphthyl-äthanol-(2)
184	Carbamidsäure-äthylester		
		186/$_{19}$	Dibenzylamin
184	β-Chlor-crotonsäure=äthylester	186/$_{752}$	Jodbenzol
		186...7	Terpinolen
184	Cycloheptanol	186...8	4-Fluor-phenol
184/$_{1}$	4-Amino-acridin	186...8 g. Z	Lävulinalaldehyd
184/$_{5}$	Cetyl-acetat	186...8	Titan-äthoxy-tri=chlorid
184/$_{10}$	5-Amino-chinolin		
184...4,5	1,2-Diäthylbenzol	186,35	Buttersäure-n-amyl=ester
184...5	4-Brom-toluol		
184...5	β-Hydroxybutter=säure-äthylester	186,5/$_{758}$	1,2-Difluor-1,1,2,2-tetrabrom-äthan
184...6	dl-α-Phenyl-äthyl=amin	186,9	n-Valeriansäure-butylester

Kp in °C / Druck in Torr	Name	Kp in °C / Druck in Torr	Name
187	5-Methyl-furfurol	189	3-Fluor-benzoe=säure-chlorid
187	N-Nitro-dimethyl=amin	189 g. Z	Tetrabromkohlen=stoff
187	Titan-triäthoxy-chlorid	189...91	d,l-Butandiol-(1,2)
187/11	6-Amino-chinolin	189,35	Chloressigsäure
187/751	p-Tolylisocyanat	189,4	α,β,β,β-Tetrachlor-diäthyläther
187/775	Diglykol-diäthyl=äther	189,8...	Thioanisol
187...7,2	Silicium-triäthyl-isobutyl	190,2/770	
187...8	3-Amino-propanol-(1)	190	Arsen, Chlorvinyl=arsin-dichlorid
187...8	trans-Decalin	190	Cyanursäure-chlorid
187...8	Nonanon-(4)	190	Pelargonaldehyd, Kp auch 185°
187...8	Phosphor, Phos=phorige Säure-diäthylester	190 Z	1,2,3-Triamino-propan
187...9	3-Fluor-anilin	190	2,4,5-Trimethyl-pyridin
187...9 Z	Glutardialdehyd	190/1,5	Silicium, trans-2,4,6-Trimethyl-2,4,6-triphenyl-cyclo-trisiloxan
187...9	Glykol-monoacetat		
187...9	Propandiol-(1,2)		
187...96/25	dl-α-Hexachlor-cyclohexan	190/10	Äthanol-Al-Salz
187...96/25	γ-Hexachlor-cyclohexan	190/15	Octadecen-(9) niederschmelz.
187...96/25	δ-Hexachlor-cyclohexan	190/738	4-Methoxy-pyridin
187,1	Önanthsäure-äthyl=ester	190...1	1,2,4,5-Tetramethyl-benzol
187,3	Di-[β-chloriso=propyl-]-äther	190...1/31	Geronsäure
187,5	3-Amino-benzotri=fluorid	190...4	Isoamylbenzol
		190...5/2	9-Cyan-phenanthren
187,5	Di-n-amyl-äther	190... 210/10...20	2,4-Dinitro-benz=aldehyd
187,65	Dibutylketon	190...210/15	Zimtsäure-phenyl=ester.
187,65	Nonanon-(5)		
188	Di-isoamylamin	190,2	Glykol-diacetat
188 Z	cis-1,2-Dijod-äthylen	190,6...1,6	Silicium-triäthyl-butyl
188	1-Fluor-2-jod-benzol	190,7	Benzonitril
188/1	Phosphor, Tri=phenylphosphin	190,9	Germanium-triäthyl=bromid
188/17	3,4-Dinitrobenzoe=säure-chlorid	191/10	Palmitinsäure-äthylester
188...9	β-Lupinan	191/17	3-Methyl-1-phenyl-pyrazolon-(5)
188...90	Cumaran	191/743	Lävulinsäure-methylester
188...90/8	4-Nitro-diphenyl=äther	191...2	4-Fluor-benzoe=säure-chlorid
188...92	Styroloxid	191...3/10	Abietin
188,5	Dimethylsulfat	191,1	o-Kresol
188,8	Acetaldehyd-dibutylacetal	191,2...1,4	Silicium-trimethyl-benzyl
189	Crotonsäure		

Kp in °C Druck in Torr	Name	Kp in °C Druck in Torr	Name
191,5	Triisobutylamin	194...5	Thiophen-carbon=
191,5/758	Essigsäure-		säure-(2)-nitril
	n-heptylester	194...5/20	Benzoin-äthyläther
191,5...2,5	Propyl-urethan	194...6	β-Phenyläthyl-amin
191,7	techn. Decalin	194,2	N,N-Dimethyl=
192	Di-n-propylsulfit		anilin
192	Phthalan	194,3	Thio-o-kresol
192/20	Decamethylenglykol	194,8	β-Chlor-isocroton=
192/27	2-Hydroxy-naphth=		säure
	aldehyd-(1)	195	Cyclobutan-carbon=
192/743	Nonanon-(2)		säure
192...3	Bor, Borazol-triäthyl	195	Glycerin-
192...3 Z	Dichloressigsäure		α,β-methylenäther
192...3	Nonanol-(4)	195	Octanthren
192...4	dl-Camphenilon	195	Önanthaldoxim
192...5/10	n-Heptadecyl-	195	Thio-p-kresol
	chlorid	195/13	Tyramin
192...7/18	γ-Phenoxy-butter=	195/15	3-Amino-diphenyl
	säure	195/17	Oxindol
192,2	Glykol-monobutyl=	195/25	Diphenylessigsäure
	äther-acetat	195...6	Propionsäure-
192,5	d-Fenchon		furfurylester
192,6/10	Myristinsäure	195...6	Triisobuten, höher-
192,7	Isovaleriansäure-		sied.
	isoamylester	195...6	m-Xylylchlorid
193	Bor-phenyl-dihydrid	195...6/0,03	Antergan
193	cis-Decalin	195...6/3	(+)-α-Methyl-
193	Phenylborin		glutarsäure
193/13	Palmitinsäure-nitril	195...7	Cyclooctanon
193/26	Benzhydryl=	195...7	3-Methylcumarin
	bromid	195...7	1,2,3,5-Tetramethyl-
193...4	Nonanol-(2)		benzol
193...4	Phenylacetaldehyd	195...7	1,2,4-Trimethyl-
193...5	Dihydro-brenz=		cyclohexanol-(5)
	catechin	195...7/12	4-Nitro-benzyl-
193,2	Diglykol-mono=		cyanid
	methyläther	195...8	m-Tolylisocyanat
193,2...3,3	Fumarsäure-	195...210/13	l-Camphoronsäure
	dimethylester	195,4	Thio-m-kresol
193,3	Bernsteinsäure-	195,5...97	Tetrahydrolinalool
	dichlorid	195,7	Essigsäure-phenyl=
194 Z	Aluminium-triäthyl		ester
Z 194	2-Nitroäthanol	196	1-Brom-4-chlor-
194	Octanol-(1)		benzol
194/12	Cardiazol	196/12	3,5-Dinitrobenzoe=
194/13	α-Naphthalinsulfo=		säure-chlorid
	säure-chlorid	196/728	Glycerin-α-methyl=
194/14	α-Stibazol		äther
194/754	Acetonylaceton	196...7	Undecan
194/769	Diäthylessigsäure	196...7/12	9-Methyl-anthracen
194...5	Benzylmercaptan	196...7/22	Furan-carbon=
194...5	2-Brom-phenol		säure-(2)-anhydird
194...5	Essigsäure-1-tetra=	196...7/765	Dimethylmalon=
	hydrofurfurylester		säure-diäthylester

Kp in °C Druck in Torr	Name	Kp in °C Druck in Torr	Name
196...8	Ameisensäure-ortho- tripropylester	198,5	Tiglinsäure
196,1	N-Methylanilin	198,6	d-Linalool
196,4	Bernsteinsäure- dimethylester	198,6	l-Linalool
		198,9	Malonsäure- diäthylester
196,5	Buten-(1)-diol-(3,4)	199	3,3-Dimethyl-acryl=
196,5	Salicylaldehyd		säure
196,75	Furan-carbon= säure-(2)-äthyl= ester	199/$_{13}$	Titan-tri-n-butyloxy- chlorid
		199...9,2	ω-Chlor-styrol
197	1-Brom-3-chlor- benzol	199...201	Campherphoron
		199...201/$_{742}$	1-Brom-2-chlor- benzol
197	Isoamyl-thiocyanat		
197	Phosphor, Phosphor= säure-trimethyl= ester	199,45 ·	Benzoesäure-methyl= ester
		199,5	2-Methyl-benzyl= amin
197/$_4$	α-Linolensäure		
197/$_8$	Äthylen-tetra= carbonsäure- tetra-äthylester	Z 200	Benzyl-harnstoff
		Z 200	Bromfumarsäure
		>200 Z	Caprylsäure-amid
197...8	1,4-Dibrom-butan	subl. 200/$_{Vak}$	Cholin-chlorid
197...9	o-Xylylchlorid	Z 200	Chinasäure
197...9/$_{23}$	Hexamethylen- dicyanid	200 Z	dl-Methyl- bernsteinsäure
197,2	Benzoylchlorid	200 Z	Salicylsäure-methyl= äther
197,4	Glykol		
197,5	3-Fluor-nitro-benzol	200	Thionylanilin
197,5	Trichloressigsäure	200	m-Tolylaldehyd
197,6...8,6	Silicium-dimethyl- äthyl-phenyl	200/$_{0,002}$	Vitamin K$_2$
		200/$_{0,1}$ Z	Pyrethrin II
198	Diglykol-mono= äthyl-äther	200/$_{0,2}$	α-Methyl-D-glucosid
		200/$_1$	Cetyl-phenyl-äther
198	4-Methyl-3-äthyl- pyridin	200/$_{765}$	β-Chlor-propion= säure
198	1-Methyl-imidazol	200...0,5	2-Propyl-phenol
198	Thiophenaldehyd-(2)	200...1	Isocapronsäure
198	2,4,6-Trimethyl- cyclohexanol	200...1	2-Methyl-benzoxazol
		200...1	α-Thujon
198...9	3-Methyl-benzyl= amin	200...2	4-Methyl-benzyl= amin
198...200	Caprylsäure-nitril	200...2	o-Tolylaldehyd
198...200	1,1,2,3,3-Pentachlor= propan	200...2	p-Xylylchlorid
		200...2/$_{29}$	Palmitinaldehyd
198...200/$_{757}$	α-Äthyl-isocroton= säure	200...5	3-Fluor-p-toluidin
		200...5/$_{20}$	6-Brom-naphthol-(2)
198...200/$_{768}$	Leucinol	200...10/$_{0,1}$	d-β-Tocopherol
198...202	4-Chlor-anisol	200...10/$_{0,1}$	γ-Tocopherol
198,1	Ameisensäure- octylester	Z 200...50	4,4'-Bis-dimethyl= amino-triphenyl= carbinol
198,2	Buttersäure- anhydrid	200,3	o-Toluidin
198,2	Phoron	200,5	p-Toluidin
198,5	2-Methyl-pentan= diol-(2,4)	201	Benzylbromid
		201	3-Cyan-pyridin

Kp in °C Druck in Torr	Name	Kp in °C Druck in Torr	Name
201	Isopropyl-acetessig= ester	204	Nicotinsäure- methylester
201/13	β-Naphthalinsulfo= säure-chlorid	204	dl-α-Phenyl-äthanol
201/15	Hydrocarbostyril	204/10,5	Quecksilberdiphenyl
201...2	β-Thujon	204/11	Thianthren
201...2,5	Silicium, Dikiesel= säure-hexamethyl= ester	204...5	Hexamethylendiamin
		204...5	Pinenhydrat
		204...7	α-Äthyl-crotonsäure
201,1	Zink-di-n-butyl	204...7/4	Abietinsäureäthyl= ester
201,5	Methylmalonsäure- diäthylester	204...8/2	Cetyl-malonsäure- diäthylester
201,5	3-Nitro-benzotri= fluorid	204,3...4,4	Maleinsäure- dimethylester
202	Acetophenon	Z > 205	d-Catechin
202	Maleinsäure- anhydrid	≈205 Z	γ-Chlor-acetessig= säure-äthylester
202/10	Phytol	205	Guajacol
202...3/15	α-Hydrindyl-anilin	205	Tetraäthyl-harnstoff
202...4	α-Camphylamin	205	Triacetonamin
202...4	Methoxy-essigsäure	ca. 205/12	Naphthylen= diamin-(1,8)
202...4/726	Essigsäure-methyl= amid	205/15	Eikosan
202...5/8	5,6-Benzo-chinolin	205/735	cis-Decahydro= chinolin
202,3...2,4	Ameisensäure- benzylester	205...7	Nonanol-(1)
202,5	p-Kresol	205...7	Quecksilber-di-iso= butyl
202,7	m-Kresol		
203	β-Amino-propyl= benzol	205...8	dl-Butandiol-(1,3)
		205...8/17	L(+)-Weinsäure- diisoamylester
203	Cyanessigsäure- methylester	205,15	Benzalchlorid
203	1,3,2-Xylenol	205,2	Lävulinsäure-äthyl= ester
203/15	Bor-triphenyl		
203/20	α-Naphthyl-hydrazin	205,2	o-Tolunitril
203/735	trans-Decahydro= chinolin	205,3	n-Amylbenzol
		205,4...5,7	Benzylalkohol
203...4	1,2,3,4-Tetramethyl- benzol	205,5/10	Adipinsäure
		205,8	Caprylsäure-äthyl= ester
203...4/36	Margarinaldehyd		
203...5	N-Methyl-N-äthyl- anilin	206	Butyrolacton
		206	Cyanessigsäure- äthylester
203...7	Bromessigsäure		
203,4	m-Toluidin	206	Essigsäure- methylamid
203,5 g. Z	dl-α-Brom-propion= säure	206	Tetramethylbutin= diol-(1,4)
203,95	n-Heptyl-jodid		
204	2-Amino-pyridin	206/20	Phthalsäure- dibutylester
204	1-Brom-2-chlor- benzol	206...7 (g. Z)	Äthoxyessigsäure
204	Dialuminium-tri= äthyl-trichlorid	206...7	2-Amino-tropan
		206...7	4-Fluor-nitro-benzol
204	2-Fluor-benzoe= säure-chlorid	206...7	N-Methyl- m-toluidin

Kp in °C Druck in Torr	Name	Kp in °C Druck in Torr	Name
206...7 g. Z	α-Pyron	210 Z	2,2-Dichlor-1,1,2-tri= brom-äthan
206...7/15	Dypnon	210	N,N-Dimethyl- p-toluidin
206...7/15	Triäthanolamin		
206...8	Thiophen-carbon= säure-(2)-chlorid	210	4-Fluor-benzoe= säure-äthylester
206...8/753	2,4-Dichlor-phenol		
206...11 Z	β-Chlor-crotonsäure	210	l-Menthon
206,5	Tetralin	210	Zinn-triäthyl-chlorid
206,5	2,2,3-Tribrom- butan	210/1 Z	Phosphor, Thio= phosphorsäure- O,O-diäthyl- O-7(4-methyl= cumarin)ester
206,5	Veratrol		
206,5...7,5	2-Äthyl-phenol		
206,6	Äthylanilin		
207	2-Allyl-anisol	210/15	Stearylalkohol
207	Benzaldehyd- dimethylacetal	210/30	Cyclohexanon- carbonsäure-(4)
207/750	Bornylchlorid	210/130	4-Fluor-3-nitro- benzoesäure- chlorid
207...8	N-Methyl-o-toluidin		
207...8	γ-Valerolacton		
207...9	Caprinaldehyd	201/300 Z	Pentabromäthan
207...9	Isonicotinsäure- methylester	210...2 g. Z	dl-Bromchloressig= säure
207...10	Benzoylcyanid	210...5 g. Z	Anthranil
207,1	Diäthylentriamin	210...15 Z	β-Imino-buttersäure- äthylester
207,5	Kohlensäure- di-n-butylester	210...20/0,5	Rotenon
≈207,8	d-Citronellal	210,85	Nitrobenzol
208	n-Capronsäure	211	Arsen, Bis-di= methylarsin-sulfid
208 Z	Diäthylsulfat		
208	o-Kresolacetat	211	2,5-Dibromthiophen
208	Propionsäure- n-heptylester	211	4-Jod-toluol
		211	1,3,4-Xylenol
208	Pyridazin	211/744	2,5-Dichlor-phenol
208...9	2-Hydroxy-m-tolyl- aldehyd	211...2	N,N-Diäthyl- benzylamin
208...9/742	1,2,3-Triazol	211...2	1,4-Dihydro- naphthalin
208...10	Terpineol-(4)		
208...10/765	Äthylmalonsäure- diäthylester	211...2	2-Jod-toluol
		211...2/741	Propandiol-(1,3)
208,4	1,3,5-Trichlor-benzol	211...3/1	Glycerin-octadecyl= äther
208,8	2-Chlor-anilin		
209	Arecolin	211...9/15 Z	Stearinsäure-chlorid
209	Bor-tri-n-butyl	211,2	1,4,2-Xylenol
209	3-Fluor-benzoesäure- äthylester	212	d-Borneol
		212	α-Chlor-crotonsäure
209 Z	L(+)-Weinsäure- diamid	212	2,4-Dimethyl-anilin
		212	α-Hydroxy-iso= buttersäure
209/750	Decanon-(2)		
209...10	2-Äthyl-anilin	212	d-Isomenthon
209...10/16	2,6-Dibrom-benzoe= säure	212	m-Kresolacetat
		212	N-Methyl-p-toluidin
209...10/18	Histamin	212...3	1,2,4-Trichlor-benzol
209,1	d-Campher	212...3/22	Stearinaldehyd
Z 210	Dibenzylsulfoxid	212...4	N-Äthyl-o-toluidin

Kp in °C Druck in Torr	Name	Kp in °C Druck in Torr	Name
212...5	2-Cyan-pyridin	215	1-Fluor-naphthalin
212...5 g.Z	m-Xylylbromid	215	Methyl-benzyl-keton
212...27	tert.-Amyl-phenyl- äther	$215/_{15}$	Heneikosan
		215...6	3-Methyl-benzyl-
212...27	Amyl-phenyl-äther		alkohol
212,5	2-Fluor-naphthalin	215...6	Tetramethyl-
212,6	Hydrochinon- dimethyläther		o-phenylen- diamin
212,9	Benzoesäure-äthyl= ester	$215...6/_{15}$ $215...25/_{15}$	Ölsäure-methylester Triphenyläthylen
213	3-Jod-toluol	215,5	Essigsäure-benzyl=
213	p-Kresolacetat		ester
213	Propionsäure-amid	215,6	4-Allyl-anisol
213...4	2-Chlor-benzaldehyd	216	4-Äthyl-anilin
213...4	3-Chlor-benzaldehyd	216	Brenzcatechin-
213...4	4-Chlor-benzaldehyd		äthylenäther
213...4	4-Chlor-benzylchlorid	216	Buttersäure-amid
213...4	Isophoron	216	2,6-Dimethyl-anilin
213...4	Silicium-tetra- n-propyl	216	l-Menthol
		216 Z	Phosphor, Phosphor=
213...5	Arsen, Arsensäure- trimethyl-ester	$216/_{756}$	säuretriäthylester 2-Fluor-benzoe=
213...5	dl-Citronellol		säure-äthylester
213...5	Acetylbrenztrauben= säure-äthylester	$216...7/_{14}$	1,1,2-Triphenyl- äthan
213,36	Dodecen-(1)	216...8	Decylamin
213,5 Z	Citraconsäure- anhydrid	216...8 216...8	Diacetyl-amin N,N'-Di-o-tolyl-
213,5	Glutarsäure- dimethylester	216...8	thioharnstoff Glutarsäure-
213,9	Oxalsäure-dipropyl= ester	216,5	dichlorid Tri-n-butyl-amin
214	3-Chlor-phenol	217	N-Äthyl-p-toluidin
214 Z	N-Nitrosopyrrolidin	217 Z	β,β'-Dichlor-diäthyl=
$214/_{742}$	Chroman		sulfid
$214/_{752}$	3-Äthyl-phenol	217	4-Methyl-benzyl=
214...5	3-Äthyl-anilin		alkohol
214...5	Phosphor, Trime= thylphosphinoxid	217 217...8	1,3,5-Triäthyl-benzol 6-Hydroxy-
214...5	Trimethylphosphin= oxyd	217,05	m-tolylaldehyd Diäthylanilin
$214...5/_2$	Arachinsäure	217,2	2-Nitrophenol
214...6	Pelargonsäure-nitril	217,3	Bernsteinsäure-
214,5	Dodecan		diäthylester
214,5 Z	2-Fluor-nitro-benzol	217,4	Diglykol-mono=
214,7	Resorcindimethyl= äther	217,6	äthyläther-acetat p-Tolunitril
214,8	1,3-Dibrom- propanol-(2)	217,7 ca. 217,8	Propiophenon dl-α-Terpineol
215	4-Brom-anisol	218	2,5-Dimethyl-anilin
215	N-n-Butyl-äthanol= amin	218	2-Hydroxy-aceto= phenon
215	N,N-Dimethyl- m-toluidin	218 $218/_{0,05}$	1,2,3-Xylenol Hentriakontan

Kp in °C / Druck in Torr	Name	Kp in °C / Druck in Torr	Name
$218/_{120}$	Pyron-(2)-carbon=säure-(5)	$220\ldots5/_3$	Eikosanol-(1)
$218/_{740}$	p-Xylylbromid	$220\ldots30/_{10}$	Zinn-bis-[tributyl]-oxid
$218\ldots8,5$	Tropinon	$220\ldots30/_{20}$	4-Hydroxy-azo=benzol
$218\ldots9$	1,2,3-Trichlor-benzol		
$218\ldots9$	2,3,5-Trichlor-pyridin	$220,7$	Benzotrichlorid
$218\ldots9/_{25}$	Phosphor, Phos=phorige Säure-diphenylester	221	Benzaldehyd-diäthyl-acetal
		221	Mesitol
		221	Phenylsenföl
$218\ldots20$	2,6-Dichlor-phenol	$221\ldots2$	l-Dihydro-carvon
$218\ldots20/_{18}$	Benzal-acetophenon	$221\ldots2$	2,3-Dimethyl-anilin
$218,05$	Naphthalin	$221\ldots2$	d-Pulegon
$218,3\ldots8,4$	Fumarsäure-diäthylester	$221\ldots2$	Thionaphthen
		$221\ldots3/_{20}$	Di-p-tolyl-carbo=diimid
$218,5$	1,1,2,2,3,3-Hexa=chlor-propan	$221\ldots31/_{20}$	Phthalsäure-dimethylglykol=ester
$218,5\ldots9,5$	4-Äthyl-phenol		
219 g. Z	ω-Brom-styrol-(höherschmelz.-α-Form)	$221,2$	Acetamid
		$221,8$	1,3,5-Xylenol
219	1,4-Dibrom-benzol	$221,85$	2-Nitro-toluol
$219/_{756}$	Önanthsäure	222	Pelargonsäure-äthylester
$219\ldots20$	Isonicotinsäure-äthylester	222	N-Propyl-anilin
$219\ldots20$	Malonsäure-dinitril	$222/_8$	Phenyl-α-naphthyl-keton
$219\ldots21$	4-Methyl-brenz=catechin-2-methyläther	$222/_{750}$	2-Äthyl-capron=säure
$219\ldots21/_{18}$	Dibenzoylmethan	$222\ldots3$	2-Hydroxy-p-tolyl-aldehyd
$219,75$	4-Chlor-phenol		
$219,8$	β-Phenyl-äthanol	$222\ldots4$	1,2-Dibrom-cyclo=hexan
220	2-Allyl-phenol		
220 Z	Benzaldehyd-diacetat	$222\ldots7$	Aponal
		$222,6\ldots2,7$	Maleinsäure-diäthyl=ester
220	2-Chlor-1,1,2-tri=brom-äthan	223	Hydrozimtaldehyd
220	1,3-Dibrombenzol	223	o-Xylylbromid
220	Tetraphenylfuran	$223/_{20}$	Hämopyrrolcarbon=säure
220	1,2,3-Tribrom-propan	$223/_{47}$	7,8-Benzo-chinolin
$>220/_1$	Antimon, Tri=phenylantimon	$223\ldots4$	Androsin
		$223\ldots4$	2-Chlor-p-toluidin
$220/_{15}$	2-Nitrobenzal-anilin	$223\ldots4/_{751}$	2-Propenyl-anisol
$220/_{20}$	Ölsäure-äthylester	$223\ldots7$	1-Phenyl-pentanon-(2)
$220/_{160}$	cis-Cyclopentan-dicarbon=säure-(1,2)-anhydrid	$223,3$	Salicylsäure-methylester
		224 (Z)	Stearinsäure-äthyl=ester
$220\ldots0,5$	2-Propyl-phenol		
$220\ldots1$	3,5-Dimethyl-anilin	$224/_{12}$	Phenyl-α-naphthyl=amin
$220\ldots2$	Ameisensäure-ortho-tri-isobutylester	$224\ldots4,5$	d-Citronellol
$220\ldots5$ Z	β-Hydrindon	$224\ldots5$	2-Nitro-thiophen

Kp in °C / Druck in Torr	Name	Kp in °C / Druck in Torr	Name
224...5/$_{743}$ Z	Chloressigsäure-amid	228	Di-n-amyl-keton
224...5	Nerol	228	3-Isopropyl-phenol
224...6	Oxalsäure-di-iso-butylester	228	Itaconsäure-diäthyl=ester
224...6	Thiophthen	228	3-Propyl-phenol
224,2	Kohlensäure-ortho-tetrapropylester	228 Z	Sorbinsäure
		228 (230...3)	Undecanon-(2)
224,8/$_{0,05}$	Dotriakontan	228/$_{14}$	Linolsäure (natürliche)
225	Aluminium-tri-isopropyl	228/$_{748}$	4-Propyl-phenol
225	o-Anisidin	228...9	Undecanol-(2)
225	Cumidin	228...9,5	Butyrophenon
225	1,2-Dibrom-benzol	228...30	6-Hydroxy-o-tolyl=aldehyd
225	3-Nitro-thiophen	228...30	ω-Methoxyaceto=phenon
225 Z	ω-Nitrotoluol		
225	Phosphor, Phenyl=phosphindichlorid	228...30/$_{22}$	Zimtsäure-benzyl=ester
225/$_8$	Phenyl-β-naphthyl-keton	229	2-Brom-anilin
		229	Furfuryl-essigsäure
225/$_{10}$	Elaidinsäure	229	Mesaconsäure-diäthylester
225/$_{40}$	Phthalsäure-diamylester	229	Phenylessigsäure-äthylester
225/$_{100}$	Laurinsäure		
225/$_{744}$	2-Nitro-m-xylol	229...30	Indolin
225/$_{746}$	Thiodiglykol-diäthyläther	229...30	Phenoxy-aceton
		229...30/$_{716}$	2,4,5-Trichlor-toluol
225...7/$_{10}$	3,4,5-Trimethoxy-benzoesäure	229...31	2,3,5-Trichlor-toluol
		229,7	Geraniol
225...30/$_{0,01}$	d-α-Tocopherol	230 g. Z	dl-α-Brom-iso=valeriansäure
225...30/$_{15}$	Methylamin-hydro=chlorid	230	6-Chlor-m-toluidin
		≈230 Z	β,β'-Dichlor-diäthyl=sulfon
225...60	dl-α-Hydroxy-buttersäure	230	Furan-carbon=säure-(2)
226	Conhydrin		
226	3,4-Dimethyl-anilin	230	Glutarsäure-diäthyl=ester
226	4-Methyl-aceto=phenon	230	Isovaleriansäureamid
226/$_{10}$	Dibenzylanilin	230	Pentamethylbenzol
226...7	N-Acetyl-piperidin	230	Silicium-triäthyl-phenyl
226...7	Tetrabromäthylen		
226...7/$_{729}$	Cumenol	230/$_{15}$	Dokosan
226...44	Stearinsäure-butyl=ester	230/$_{15}$	Triphenylmethyl-bromid
226,4	Propionsäure-n-octylester	≈230/$_{20}$	Dibenzal-aceton
227	Äthyl-n-octyl-keton	230/$_{25}$	Tetraäthylenglykol
227	1,2,4-Xylenol	230/$_{740}$	Titan-tetra-isopropylat
227...8	Pyromekonsäure		
227...35	Laurinaldehyd	Z 230...1	Iminodiessigsäure
227,35	n-Hexyl-benzol	230...1 g. Z	2-Propenyl-phenol
227,6	Bornyl-acetat	230...1/$_{746}$	trans-β-Decalol I
228	dl-Carvotanaceton	230...3/$_{13}$	N-Methyl-pyridon-(4)
≈228 Z	Citral		

Kp in °C Druck in Torr	Name	Kp in °C Druck in Torr	Name
Z 230...5	Arginin-hydro≠chlorid	234	Bis-cyclohexyl
230...5 Z	Benzyl-thiocyanat	234	β-Di-n-butylamino-äthanol
230...5/$_9$	Ricinolsäure	234	Tridecan
230...5/$_{20}$ 310/$_{20}$	Triphenylmethyl-chlorid	234	2,4,5-Trimethyl-anilin
230,3	Citraconsäure-diäthylester	234/$_{15}$ 234/$_{18}$	Trikosan 3-Nitro-benzo≠phenon
230,5	3-Chlor-anilin		
231	Benzoesäure-n-propylester	234...5 234...5	Pseudocumenol Pseudocumidin
231	Benzthiazol	235	Bernsteinsäure
231	d-Carvon	Z 235	Betain-hydrochlorid
231/$_{737}$	N-Acetyl-α-pyrrolidon	235 235	Butandiol-(1,4) Chavicol
231...2/$_{716}$	2,3,4-Trichlor-toluol	235	Resorcindiäthyl≠äther
231,8	Di-propylen-glykol		
231,87	3-Nitro-toluol	235	Tri-isoamylamin
232	4-Chlor-aceto≠phenon	≈235/$_{12}$ 235/$_{18}$	α-Eläostearinsäure Dibenzyl-essigsäure
232	Thymochinon	235/$_{744}$	Benzyl-isoamyl-äther
232/$_9$	4,4'-Diamino-diphenylmethan	235...6/$_{12}$	Palmitinsäure-amid
232...3	Cyclohexan-carbon≠säure	235...8	Arsen, Arsensäure-triäthylester
232...4 Z	Dibromessigsäure	235...40	Benzo-1,2,4-triazin
232,3	4-Chlor-anilin	235...40	n-Butylmalonsäure-diäthylester
232,5	o-Phenetidin		
232,5	Trimethylharnstoff	235...40/$_6$	2,3-Diphenyl-indenon-(1)
232,8	Thymol		
232,9	Decanol-(1)	235...40/$_{18}$	Glycerin-trioleat
233	Carvenon	235,6	3-Chlor-1-nitro-benzol
233	3,5-Dichlor-phenol		
233	n-Heptyl-benzol	235,6	Hydrozimtalkohol
233	1,2,3,4-Tetrahydro≠isochinolin	235,8	3-Methyl-5-äthyl-phenol
233	2,4,6-Trimethyl-anilin	235,9 236	Safrol cis-Cyclohexan≠diol-(1,2)
233	Tropigenin (Tropolin)	236	Kohlensäure-äthylenester
233	Tropin		
233...4	Buccocampher	236	Titan-tetraäthylat
233...4/$_{745}$	Dichloressigsäure-amid	236/$_{15}$	Diphenyl-malein≠säureanhydrid
233...4/$_{751}$	Anethol	Z 236...7	α-Amino-isobutter≠säure-hydrochlorid
233...5	1-Diäthylamino-propandiol-(2,3)	236...8	4-tert.-Butyl-phenol
233...5	α-Phenyl-croton≠aldehyd	236...8	3-Methoxy-4-hydroxy-styrol
233,5	Benzylcyanid	236...9/$_5$	Glycerin-cis-octa≠decen-(9)-yl-äther
233,5	Salicylsäure-äthyl≠ester	236,5	Cuminaldehyd
233,5/$_{750}$	Dimethylsulfon	237	α-Äthyl-phenyl≠hydrazin
234	2-Amino-thiophenol		

Kp in °C / Druck in Torr	Name	Kp in °C / Druck in Torr	Name
237	3-Brom-phenol	242	Carvacrylamin
237	Carvacrol	242	2,4-Dichlor-anilin
237	Di-zinn-hexaphenyl	242	Propylen-carbonat
237	p-Tolylsenföl	$242/_{14}$	Wismut-triphenyl
$237/_{722}$	5-Chlor-o-toluidin	242...4	3-Chlor-p-toluidin
$237/_{742}$	*trans*-β-Decalol II	242,5	Isochinolin
237...8/$_{18}$	Petroselinsäure	242,5...3	*cis*-β-Decalol II
237...9/$_{751}$	Pentamethylen= glykol	242,5...3/$_{746}$	*cis*-β-Decalol I
237,1	Chinolin	243	p-Anisidin
238	4-Brom-phenol	243	Benzylsenföl
238	4-Chlor-m-kresol	243	Caprinsäure-nitril
238	2-Methyl-benzo= thiazol	243	Chinazolin
		243	Hydrochinonmono= methyläther
$238/_{746}$	Trichloressigsäure- amid	243	Phenylhydrazin
		$243/_9$	Titan-tetramethylat
$238/_{775}$	3-Trifluormethyl- benzoesäure	243...4	4-Nitro-m-xylol
		243...4	Salicylaldehyd- methyläther
238...40	Phosphor, Triäthyl= phosphinoxid	243...5	α-Hydrindon
238...43	Phenyl-cyclohexan	243...6 g.Z	2,4-Dibrom-phenol
238,5...9,0/$_{739}$	Nitro-p-xylol	243...6	1,2,4,5-Tetrachlor- benzol
238,8...9,0	4-Nitro-toluol		
239	N-Methyl-indol	$243,5/_{15}$	Sebacinsäure
239...40/$_{739}$	4-tert.-Butyl-anilin	243,5...4,5	2,4,6-Trichlor-phenol
239...41	Adipinsäure- diäthylester	243,7	N-[Amino-äthyl]- äthanolamin
239...41	o-Xylylenchlorid	243,8	Resorcinmono= methyläther
239,1	4-Chlor-1-nitro- benzol	244...5	Phenacyl-chlorid
239,3	Caprylsäure	244...7 g.Z	3-Chlor-d-campher
240	*trans*-β-Decalon	244,5	2-Chlor-1-nitro- benzol
240	3-Nitro-o-xylol		
$240/_5$	Propanol, Al-Salz	244,6	1-Methyl-naphthalin
≈240/$_{13}$	Dinaphthyl-(1,1′)	245	Acetophenon-oxim
$240/_{738}$	2,4,6-Trichlor-anisol	245	3-Amino-campher
240...1	Pseudotropin	245	Anilin-hydrochlorid
240...2/$_{10}$	Ricin-elaidinsäure	245	3-Chlor-o-toluidin
240...3	2-Hydroxy-phenyl= essigsäure	245	Diglykol
		245	Dodecanon-(2)
240...4 Z	p-Tolylhydrazin	Z ≈245	Essigsäure-sulfosäure
240...5 Z	p-Xylylenchlorid	245 Z	Lävulinsäure
240...50/$_{18}$	Arachinsäure	245	N-Methyl-acet= anilid
241	4-Chlor-m-toluidin		
241	3-Methyl-brenz= catechin	245	Terephthalaldehyd
		245 Z	Tribromessigsäure
241	Pyrogalloltrimethyl= äther	245	p-Xylylenbromid
		$245/_{11}$	Phosphor, Phosphor= säure-triphenyl= ester
241...2	2-Methyl-naphthalin		
241...3 Z	n-Capronsäure- anhydrid	245...7	Diglykol-di-n-butyl- äther
241...3	dl-Scopolin		
242	D(−)-Äpfelsäure- dimethylester	245...55	o-Amino-dimethyl- anilin

Kp in °C / Druck in Torr	Name	Kp in °C / Druck in Torr	Name
245...55	N,N'-Dimethyl-o-phenylen=diamin-(1,2)	250	Hexamethylenglykol
		250	Hexan-diol-(1,6)
		250 Z	Mesaconsäure
245,5	Oxalsäure-dibutyl=ester	250 Z	ω-Nitrostyrol
		250 (Z)	4-Propenyl-phenol
245,9	Brenzkatechin	250	1,2,4,5-Tetraäthyl-benzol
246	Cuminalkohol		
246	Diäthylsulfon	250	Undecen-(10)-ol-(1)
246	1,2,3,5-Tetrachlor-benzol	≈250/0,4	Ergosterin
		250/12	Codein
246/13	4-Amino-benzo=phenon	250/15	Tetrakosan
		250...1	2,3,5,6-Tetrachlor-pyridin
246/744	2,5-Dichlor-anilin		
246...7	Resorcinmonoäthyl=äther	250...1/12 Z	Stearinsäure-amid
		250...2	2-Amino-aceto=phenon
246,5/714	1,2,3,4-Tetrahydro-naphthylamin-(1)	250...2/13	2,2-Bis-[4-hydroxy=phenyl]-propan
246,8	Diglykol-monobutyl=äther-acetat	250...3	Silicium, Disilicium-hexa=äthyl
247	Hydroxyhydro=chinontrimethyl=äther		
		250...5	m-Xylylenchlorid
ca. 247	Thionaphthenchinon	250...8	Önanthsäure-amid
247/18	3,3'-Dihydroxy-diphenyl	250...60	Oxalsäure-diamyl-ester
247...8	dl-1,2,3,4-Tetra=hydro-chinaldin	251	3-Amino-pyridin
		251	m-Anisidin
247...8/20	Chaulmoograsäure	251	3-Brom-anilin
247...9/745	5-Amino-hydrinden	251	3-Hydroxymethylen-d-campher
247...50	N-Methyl-tetra=hydro-chinolin	251	4-Methyl-brenz=catechin
247,2	2-Methyl-chinolin		
247,4	Methyl-bernstein=säure-anhydrid	251	1,2,3,4-Tetrahydro=chinolin
247,8	8-Methyl-chinolin	251/755	3-Brom-1-nitro-benzol
248	Anisaldehyd		
248/12	4-Amino-triphenyl=methan	251...2	2-Äthyl-naphthalin
		251...3	Zimtsäure-chlorid
248...9	3,4,5-Trimethyl-phenol	251,5	Benzolsulfosäure-chlorid
248...50	2,6-Dimethyl-pyron-(4)	252	2,3-Dichlor-anilin
		252	Diphenyläther
249...50	cis-β-Decalon	252	Isosafrol
249...54 g.Z	d-Campher-oxim	252	3-Methoxy-aceto=phenon
249,9	p-Phenetidin		
250	Acetondicarbon=säure-diäthylester	252 subl.	o-Phenylendiamin
		252...3	2,3,4,6-Tetramethyl-anilin
Z 250	Anthrol-(1)		
250	Benzoesäure	252,2	3-Methylisochinolin
≈250 Z	N,N'-Diphenyl-formamidin	252,6	Tetradecan
		253	D(−)-Äpfelsäure-diäthyl-ester
250 Z	Formamino-malon=säure-dimethyl=ester	253...4	Indol
		253...5	Pelargonsäure

Kp in °C Druck in Torr	Name	Kp in °C Druck in Torr	Name
253,5	Zimtaldehyd	258	cis-Terpin
253,5/767	3,4-Dichlor-phenol	258/737,6	2,2′-Dimethyl-diphenyl
254	4-Brom-1-nitro-benzol		
254	1,2,3,4-Tetrachlor-benzol	258...9	Glycerin-triacetat
		258...62	Piperidon-(2)
254/735	3-Amino-4-methyl-pyridin	258,5	2,4-Dichlor-nitro-benzol
254...5	Chavibetol	258,5/758	2-Brom-1-nitro-benzol
254...6 Z	Acetylbernstein=säure-diäthylester		
		258,6	6-Methyl-chinolin
Z 254...8	Anthrol-(2)	258,8	Anisalkohol
254,4...7,6	Arsen, Phenylarsin-dichlorid	259	2-Äthyl-benzoesäure
		259	α,α′-Dipiperidyl
255	Anissäure-methyl=ester	259	4-Nitro-anisol
		259	o-Tolylsäure
255	d-Campholsäure	259/755	Orcinmonomethyl=äther
255	2,3-Diamino-toluol		
255	L-Ephedrin	259...60	2,3,4,5-Tetramethyl-anilin
255	Eugenol		
255	N-Methyl-anthranil-säure-methylester	259...61	Glycerin-α,α′-diacetat
255	2-Nitro-mesitylen	259,6	3-Methyl-chinolin
255	Undecansäure-nitril	Z 260	meso-Dibrom-bernsteinsäure
255...6	3,4-Dichlor-nitro-benzol	260	Dithienyl-(2,2′)
255...8/13	l-Abietinsäure	≈260 Z	Stearolsäure
255...59	Dodecanol-(1)	260	Tetramethyl-p-phenylendiamin
255...65	β-Furyl-(2)-acryl=säure	260	Thiophen-carbon=säure-(2)
255,2	Eugenolmethyläther		
255,5	Phloroglucintri=methyläther	260	1,2,4-Triazol
		260	Tri-hexylamin-(1)
255,9	Diphenyl	≈260/5	Pilocarpin
256	Anthranilsäure-methylester	260/40	Ölsäure
		260/77	6-Phenyl-chinolin
256	Brommaleinsäure-diäthylester	260/719	2,6,8-Trimethyl-chinolin
256/745	2,3-Dimethoxy-benzaldehyd	260/740	3,5-Dichlor-anilin
		260...2	p-Amino-diäthyl=anilin
256...9	1-Äthyl-naphthalin		
256...70	Indalon	260...2	Benzal-aceton
257	α-Tetralon	260...2	Hydratropasäure
257...8	2,3-Dichlor-nitro-benzol	260...5	Tridecanon-(2)
		261	Bernsteinsäure-anhydrid
257...8	Zimtsäure-nitril		
257...9,5	N-Methyl-p-phenylendiamin	261/10	Isopilocarpin
		261/24	4-Hydroxy-benzo=phenon
257...60/10	4-Hydroxy-pyridin		
257,5	Zimtalkohol	261/729	2,3-Dimethyl-chinolin
257,6	7-Methyl-chinolin		
258	Di-n-hexyl-keton	261...2	2,6-Dimethyl-naphthalin
258 g. Z	4-Nitro-o-xylol		
258	Pyrogallol-1,3-dimethyläther	261,9	Zimtsäure-methyl=ester

Kp in °C / Druck in Torr	Name	Kp in °C / Druck in Torr	Name
262	2,7-Dimethyl-naphthalin	265...6	2,3-Dimethyl-naphthalin
262	2,4,6-Trichlor-anilin	265...7	Bernsteinsäure-dinitril
262/9	Ricinolsäure-isobutylester	265...7	4-tert.-Amylphenol
262/751	Anthranilsäure-nitril	265...8	3-Dimethylamino-phenol
262...3	Cedren		
262...3	1,6-Dimethyl-naphthalin	265...70/22	9-Propyl-phen-anthren
262...4	2,6-Dibrom-anilin	265...75 Z	Acenaphthylen
262...5/15	Behensäure	265,2	Caprophenon
262...5/90	Silicium-äthyl-propyl-dibenzyl	265,6	Diphenylmethan
		266	Glycerin-triformiat
262,3	p-Amino-dimethyl-anilin	266	3-Methyl-indol
		266...7	2-Chlor-chinolin
262,7	1-Chlor-naphthalin	266...7	2,6-Dimethyl-chinolin
262,7	5-Methyl-chinolin		
263	N,N'-Diäthyl-harn-stoff	266...7	8-Hydroxy-2-methyl-chinolin
263	4-Methyl-imidazol	266...8	Anthranilsäure-äthylester
263...4	2,3,6-Trimethyl-naphthalin	266,5	Phenylessigsäure
263...5	*trans*-Terpin	266,6	8-Hydroxy-chinolin
263...6	Terephthalsäure-chlorid	266,7	Tetramethyl-m-phenylendiamin
264	4-Brom-dimethyl-anilin	267	m-Amino-dimethyl-anilin
264	Hexamethylbenzol	267 Z	Atropasäure
264/15	Erucasäure	267	2,5-Dichlor-nitro-benzol
264/716	1,2,3,4-Tetrahydro-naphthol-(2)	267	Pentamethyl-phenol
264/749	1,2-Dimethyl-naphthalin	267 subl.	p-Phenylendiamin
		267/15	Dibenzhydryläther
264...6	1,4-Dimethyl-naphthalin	267/727	2,4-Dimethyl-benzoesäure
264...6/751	2-Chlor-naphthalin	268	2,5-Dimethyl-benzoesäure
264,2	4-Methyl-chinolin		
264,5	4-Jod-benzaldehyd	268	Oxalsäure-diiso-amylester
264,5...5,0	5,6,7,8-Tetrahydro-naphthol-(1)	268	N-Phenyl-morpholin
265	Cyanursäure-tri-methylester	268/10	Zinn-tetra-n-octyl
		268/15	Hexakosan
265	3,4-Diamino-toluol	268...9	1,1-Diphenyl-äthan
265	4-Methoxy-aceto-phenon	268...70	Caprinsäure
		268...70	N,N'-Dimethyl-harnstoff
265	Titan-tetra-n-propylat	269	Laurinsäure-äthyl-ester
265	2,4,6-Trichlor-m-kresol	269	α-Naphthol-methyl-äther
265	Tridecylamin-(1)		
265/1	Hexatriakontan	269...70	Anissäure-ätholester
265/15	Brassidinsäure	269...70	Lupinin
265...6	3-Methoxy-salicyl-aldehyd	269...70	α-Naphthol-iso-cyanat

Kp in °C Druck in Torr	Name	Kp in °C Druck in Torr	Name
269...70	2-Phenyl-pyridin	273...6	2,4'-Dimethyl- diphenyl
269...70	3-Phenyl-pyridin		
269...270/$_{15}$	Heptakosan	274 Z	3-Brom-d-cam=
269,9	Dehydracetsäure		pher-(α)
Z 270	Äthylamin-hydro= chlorid	274	Isocyanursäure= trimethylester
>270	[d-Camphersäure]- anhydrid	274 subl.	p-Tolylsäure
		274...5	β-Naphthol-äthyl= äther
270	Diäthanolamin		
Z>270	Dibenzyl-disulfid	274...6	3,5-Dibrom-phenol
270	2,5-Dimethoxy-anilin	ca. 275 Z	Arsen, Methylarsin=
270 g.Z	2-Nitro-benzyl= alkohol		oxid
		275	5,6,7,8-Tetrahydro- naphthylamin-(1)
$\approx$270	2,4,5-Trichloranilin		
270/$_5$	Strychnin	275 Z	Undecen-(10)-säure
270/$_{17}$	2-Hydroxy- 4-methyl-chinolin	275	L(+)-Weinsäure- diisopropylester
270/$_{743}$	Indazol	275/$_{13}$	Ricinolsäure-butyl=
270...1	Pinolhydrat		ester
270...1/$_7$	1-Nitro-anthra= chinon	275...6	5,6,7,8-Tetrahydro- naphthol-(2)
270...5	Dimethylglyoxim, Ni-Salz	275...6	1,2,4-Tribrom-benzol
		$\approx$275...7	Dimethylparaban= säure
270...5	4-Methyl-resorcin		
270...6/$_{80}$	8-Phenyl-chinolin	275...7	Pentachlorbenzol
270...80	2-Amino-benzyl= alkohol	275...9	Silicium-tetraiso= amyl
270,5	Isoeugenolmethyl= äther, Isomeren= gemisch	275...80	Anissäure
		275...80/$_{20}$	Phosphor, Phosphor= säure-tri-p-kresyl= ester
270,5	Pentadecan		
271	Nerolin	275...85	Benzoesäure- furfurylester
271/$_{765}$	1,3,5-Tribrom-benzol		
271...2	Bor-diphenyl-chlorid	275,5	Zimtalkohol
271...3	5,6,7,8-Tetrahydro- naphthylamin-(2)	276	Anabasin
		276	Isophthalsäure= dichlorid
271...7/$_{746}$	2,4,5-Trichlor-phenol		
271,5	Zimtsäure-äthylester	276	Triglykol
272	3,4-Dichlor-anilin	276...9	4,6-Dimethyl- resorcin
272/$_{739}$	2-Propyl-benzoe= säure		
		276...80	3-Diäthylamino- phenol
272/$_{750}$	2-Methyl-indol		
272...4	N,N-Dimethyl- α-naphthylamin	277	Zinn-diäthyl- dichlorid
272...4	Glycerin-α,α'-di-iso= amyl-äther	277...80	2,5-Dimethyl- resorcin
272...4/$_{12}$	Diacetylmorphin	277...80	1,1-Diphenyl- äthylen
273	2-Nitro-anisol		
273/$_{739}$	5-Nitro-m-xylol	277...80/$_{21}$	1,1,1,2-Tetraphenyl- äthan
273...4	2,5-Diamino-toluol		
273...4	2,3'-Dimethyl- diphenyl	277,9	Acenaphthen
		278 g. Z	Resorcindiacetat
273...5	l-Cadinen	278...80	α-Naphthol-äthyl= äther
273...5	α,α'-Dipyridyl		

Kp in °C / Druck in Torr	Name	Kp in °C / Druck in Torr	Name
subl. 280	α-Amino-isobutter=säure	285	1,4-Dijod-benzol
		285 g. Z	Phenoxyessigsäure
>280	3-Brom-benzoesäure	Z 285	Thio-α-naphthol
280 Z	3,5-Diphenyl-1,2,4-triazol	285	2,3,6-Trimethyl-chinolin
≈280	3-Jod-1-nitro-benzol	285	Vanillin
280	Nicotinsäure-diäthyl-amid	285/719	Isocumarin
		285/730	Hydrochinon
280	Phosphor, Diphenylphosphin	285/750	2,3-Dimethyl-indol
		285...6	1,7-Dichlor-naphthalin
280	Undecansäure		
280	L(+)-Weinsäure-diäthylester	285,2	Phenyl-octyl-äther
		285,7	2-Hydroxy-diphenyl
280	L(+)-Weinsäure-dimethylester	286/15	Octakosan
		286...7/713	3,3'-Dimethyl-diphenyl
280...1	2-Hydroxy-pyridin		
280...1/24	Spinacan	286...7/740	1,4-Dichlor-naphthalin
280...5 Z	3-Nitro-dimethyl=anilin	286...8 Z	Glutarsäure-anhydrid
280...5 Z	Zink-diphenyl		
281	Glutarsäure-dinitril	286...8	Phenylbenzyläther
281/765	DL-Weinsäure-diäthylester	286,5	1,2-Dijod-benzol
		287	m-Phenylendiamin
281...2	2-Brom-naphthalin	287...8	Diphenylenoxid
281...2/752	Eugenol-acetat	287...8 Z	Succinimid
281,1	Di-(2-äthyl-hexyl]-amin	287...90	Orcin
		288	Benzamid
281,1	symm. Phthalyl=chlorid	288	α-Methyl-*trans*-zimt=säure
281,4	Resorcin	288 Z	α-Naphthol
281,5	3,4-Dimethoxy-benzaldehyd	288 Z	Thio-β-naphthol
		288	2,4,5-Trichlor-1-nitrobenzol
281,8	1-Brom-naphthalin		
282	DL-Weinsäure-dimethylester	288...9/729	2-Jod-1-nitro-benzol
282/18	d-Pimarinsäure	288...90	3-Nitro-N,N-di=äthyl-anilin
282...4	4-Phenyl-pyridin		
282...90/746	2,4,6-Tribrom-phenol	289/772	4-Jod-1-nitro-benzol
283	4-Nitro-phenetol	289...90	3-Amino-aceto=phenon
283	Octachlorcyclo=penten	290	N-n-Butyl-di=äthanolamin
283/735	Thallin		
283...5	3,5-Diamino-toluol	290	N,N-Diäthyl-α-naphthylamin
283,7	Phthalsäure-dimethylester	Z. 290	Dibenzylsulfon
284	Tetraäthylenglykol-monoäthyläther	290	Glycerin
		290	Phthalid
284...5/25	Squalen	290	Thymohydrochinon
284,5	Phthalsäureanhydrid	290	2,4,6-Tribrom-toluol
284,5/10	t-Butanol-Al-Salz	290/3	D-Mannit
284,7	1,3-Dijod-benzol	290/12	Butanol-(1), Al-Salz
284,9	Dibenzyl	290...5/3...3,5	Dulcit
285	2,6-Dichlor-naphthalin	291	1,3-Dinitro-benzol
		291	α-Naphthaldehyd

Kp in °C Druck in Torr	Name	Kp in °C Druck in Torr	Name
291/₇₇₅	1,3-Dichlor-naphthalin	>300	4-Benzolazo-pyridin
292	2,4-Diamino-toluol	>300	Borsäure-triphenyl=ester
292	2,3,4-Trichlor-anilin	300	[d-Camphersäure]-imid
293	Azobenzol		
293...5	4-Amino-aceto=phenon	≈300 Z	3-Hydroxy-benzyl=alkohol
293...5	Fluoren	>300	3-Hydroxy-diphenyl
293...5	1,2,3,4,5,6,7,8-Octa=hydro-anthracen	>300 g.Z	Hydroxyhydro=chinontriacetat
293...6	N-Methyl-α-naphthylamin	≈300	Korksäure
		>300	β-Naphthoesäure
293,4	N,N-Diphenyl-N-methyl-amin	>300 g.Z	9-Nitro-anthracen
		300 g. Z	Sulfonal
294	3-Amino-benzoe=säure-äthylester	subl. 300	Terephthalsäure
		300	2,4,6-Tribrom-anilin
294	Apiol	≈300	2,4,5-Trimethoxy-benzoesäure
294	Citronensäure-triäthylester		
		300	trans-Zimtsäure
294	Hydrozimtsäure-nitril	300...2	2,4-Dimethyl-phenylessigsäure
294...7/₄	Abietinsäure-benzylester	300...40 Z	Gentisin
		300,8	α-Naphthylamin
294,85	β-Naphthol	301	2,5-Dichlor-benzoe=säure
295	4,4'-Dimethyl-diphenyl		
		301...3	Dibenzylmethan
295	Myristinsäureäthyl=ester	301,7	Cumarin
		301,9	Diphenylamin
295/₁₅	Nonakosan	302	4-Amino-diphenyl
295...8 g.Z	Dibenzyläther	302	β-Benzal-propion=säure
295...8	Silicium-diäthyl-diphenyl		
		302/₇₆₈	4,4'-Dimethyl-diphenylmethan
295...300	Guajazulen		
296	2-Chlor-4-methyl-chinolin	302...4 g. Z	Glutarsäure
		303	Heptadecan
296	1-Fluor-2,4-dinitro-benzol	303	m-Toluidin-N-acetat
		303	L(+)-Weinsäure-dipropylester
296	3-Hydroxy-aceto=phenon		
		303...4	Isoapiol
296	o-Toluidin-N-acetat	303...5	o-Anisidin-N-acetat
296	2,4,5-Trimethoxy-propen-(1)-yl-benzol	304	2,5-Dichlor-1,4-dinitro-benzol
		304	1-Nitro-naphthalin
296...7	Diphenylsulfid	304 Z	2,3,5,6-Tetrachlor-1-nitrobenzol
297...8	2,4,6-Tribrom-anisol		
298	Benzhydrol	304/₁₅	Triakontan
298...8,5	Hexaäthylbenzol	304,8	γ,γ'-Dipyridyl
298...9	Phthalsäure-diäthylester	305	Acetanilid
		305	N-N-Dimethyl-β-naphthylamin
299	2-Amino-diphenyl		
299	α-Naphthonitril	305 Z	Diphenyldichlor=methan
299/₇₇₇	1,4-Dinitro-benzol		
299...301	Benzhydrylamin	305	1-Jod-naphthalin
>300	5,6-Benzo-chinaldin	305	β-Naphtho-nitril

Kp in °C Druck in Torr	Name	Kp in °C Druck in Torr	Name
305 Z	3-Nitro-o-toluidin	314	Titan-tetra-n-amylat
305/$_{20}$ Z	Cerylalkohol	314...7	2-Phenyl-benzoxazol
305/$_{30}$	Arsen, Arsenige Säure-triphenyl= ester	315 Z	4-Chlor-1,3-dinitro- benzol
305...7	α-Acetyl-naphthalin	315	Xanthen
305...7 Z	3-Nitro-anilin	315...6	Äthyl-β-naphthyl= amin
305...8/$_{744}$	*trans*-Stilben	315...9	4,4′-Difluor-diphenyl
305...9	Glycerin-tributyrat	316 Z	Phthalazin
305...11	3-Methyl-benzo= phenon	316...8	N-Propyl- α-naphthylamin
305...20	Phthalsäure-di-iso= butylester	317	Furfuryliden-aceto= phenon
305,4	Benzophenon	317	Octadecan
305,4	Tri-isopropanolamin	319/$_{15}$	Mesoinosit
306	p-Toluidin-N-acetat	319/$_{174}$	Antipyrin
306...7	N-Benzylanilin	319/$_{773,5}$	1,2-Dinitro-benzol
306...7	2-Methyl-benzo= phenon	≈320	Phosphor, Diäthyl= phosphinsäure
306,1	β-Naphthylamin	≈320	2-Nitro-diphenyl
307...8	8-Chlor-naphthol-(2)	320	L(+)-Weinsäure- dibutylester
308...10	Eseräthol	320/$_{0,1}$	Bufoteinin
308...10	2-Jod-naphthalin	320...2	Desoxybenzoin
308...10	N-Methyl-β-naph= thylamin	320...5 Z	Oxalsäure-diphenyl= ester
308...12	Benzal-malonsäure- diäthylester	320...30	Diäthylamin-hydro= chlorid
309 g.Z.	Pyrogallol		
309...10 Z	Pentachlorphenol	322...4	n-Heptadecylamin
ca. 310	4-Amino-benzoe= säure-äthylester	322,2	Hexachlorbenzol
310	Benzal-anilin	324	Benzoesäure-benzyl= ester
310	Diphenyldisulfid	325	2,2′-Dihydroxy- diphenyl
310...2/$_{10}$	3,4-Benzpyren		
310...4	Titan-tetra-n-butylat	325...7	4-Phenyl-aceto= phenon
310...5	Cumaron-carbon= säure-(2)	325...30	4-Hydroxy-diphenyl= methan
310...20	1-Phenyl-naphthalin, Kp auch 334°/$_{770}$	325...30	1,2,3,4-Tetrahydro- carbazol
311 Z	Glycerin-tri= myristat	326	(−)-Spartein
311	L(+)-Weinsäure- diisobutylester	326	Tetrabromthiophen
311/$_{745}$	Phenoxthin	327...8	4-Methyl-benzo= phenon
312	4-Hydroxy-diphenyl	329	1,2,3,5-Tetrabrom- benzol
312	2-Hydroxy-diphenyl= methan	329...31	Erythrit
312	Kohlensäure= diphenylester	330	4-Hydroxy- diphenylamin
312/$_{15}$	Di-1-naphthylamin	330	Nonadecan
313	9,10-Dihydro- anthracen	330...1	Diphenylcarbo= diimid
314	Benzoesäure- phenylester	330...40 Z	2,2′-Dihydroxy- benzophenon

Kp in °C Druck in Torr	Name	Kp in °C Druck in Torr	Name
330...40/$_1$	Silicium, Octa= phenyl-cyclo- tetrasiloxan	359...60	α-Phenylzimtsäure- nitril
330...40/$_8$	Phosphor, Äthyl= phosphonsäure	359...83	Stearinsäure
		>360	4-Amino-azobenzol
		>360	Antimon-triphenyl
330,5	Di-p-tolylamin	>360	Azelainsäure
331	Dibenzylketon	>360	Benzimidazol
331/$_{15}$	Pentatriakontan	360	Benzoesäure- anhydrid
332	1,2-Diphenyl-benzol		
332	Phenanthren	>360	1,2-Benzo-phenazin
332...3	Diphenylensulfid	>360 Z	4,4'-Bis-dimethyl= amino-benzo= phenon
≈333	Elaidinalkohol		
333	Tetraäthylen- pentamin	>360	9-Brom-phenanthren
333...5 Z	4-n-Hexyl-resorcin	>360	Di-1-naphthyl- methan, Kp auch 270...2°/$_{14}$
≈333...5	Oleinalkohol		
Z 336	Pimelinsäure		
336	Sulfurylindoxyl	>360 Z	4-Hydroxy-chinolin
336	1,2,3-Triamino- benzol	>360	6-Hydroxy-chinolin
		>360 Z	4-Hydroxy- 2-methyl-chinolin
336/$_{15}$	Tetratriakontan		
336/$_{730}$	Phthalimidin	>360	Naphthsulfon
339...56	Palmitinsäure	>360	Oxalsäure-dianilid
≈340	Cetylalkohol	>360	Phenanthrenchinon
340 g. Z	Diphenylsulfoxid	>360	Phenanthridin
340	3-Hydroxy- diphenylamin	>360	m-Phenanthrolin
		>360	Phenazin
340	4-Nitro-diphenyl	>360	Phenazon
≈340	1,2,4-Triamino- benzol	>360	2-Phenyl-benz= thiazol
340/$_{730}$	Thioxanthen	>360	2-Phenyl-indol
341,5	Fluorenon	360	Phosphor, Phosphorige Säure- triphenylester
342	Anthracen		
342	2,4'-Dihydroxy- diphenyl	>360	Arsen, Triphenyl= arsin
343...4	Diphenyl-carbon= säure-(2)	>360	Phosphor, Tri= phenylphosphin= oxid
343...5	2,5-Diphenyl-furan		
345/$_{12}$	Stearon		
345...6	Acridin	>360	Phosphor, Tri= phenylphosphin= sulfid
345...6	2-Phenyl-naphthalin		
346...8 Z	Benzil		
>350	α-Amyrin	weit >360	Pyren
350	1-Benzyl-naphthalin	360	Silicium, Kiesel= säure-diäthylester
350	2-Benzyl-naphthalin		
>350	Kyaphenin	≈ 360	Stearinsäure-amyl= ester
350/$_{730}$	Xanthon		
354...5	4-Methoxy-benzo= phenon	>360	3,7,3',4'-Tetra= hydroxy-flavon
354,8	Carbazol	>360	Tetramethyl- benzidin
355 Z	2-Phenoxy-benzoe= säure	363	2,4'-Diamino- diphenyl
357...70 Z	Ölsäure-butylester		
358...9/$_{754}$	Triphenylmethan	363	2-Phenyl-chinolin

Kp in °C Druck in Torr	Name	Kp in °C Druck in Torr	Name
365	1,3-Diphenyl-benzol	415…425	Tetraphenyl-äthylen
365	Triphenylamin	417	9-Phenyl-anthracen
371	Phenthiazin	419…28 Z	3,3-Diphenyl- phthalid
372/715	Thioxanthon		
376	1,4-Diphenyl-benzol	>420	Zinn-tetraphenyl
379	Diphenylsulfon	425	Triphenylen
379…83	1,1,2,2-Tetraphenyl- äthan	≈428/18	Quaterphenyl
		431	Tetraphenylmethan
379,8	Anthrachinon	434	Dehydrothio- p-toluidin
380	Triphenylcarbinol		
380…90	Tribenzylamin	440…50	2,3-Benzo-carbazol
385	1-Benzoyl- naphthalin	443/747	Stearinsäuremethyl= ester
390	4,4'-Bis-dimethyl= amino-diphenyl- methan	448	Chrysen
		<450	Silicium-tetra- p-tolyl
390	Reten	452/753	Dinaphthyl-(2,2')
395	Brasan	459 Z	1,2,6-Trihydroxy- anthrachinon
395	Phenyl-β-naphthyl- amin	460	Tetraphenylthiophen
398	2-Benzoyl-naphthalin	462 Z	1,2,7-Trihydroxy- anthrachinon
>400	Dichinolyl-(2,3')		
≈400	9,10-Dichlor-phen= anthren	471	Di-2-naphthylamin
		518…20	Picen
Z>400	Oxalsäure, Na-Salz	>530	Silicium-tetra- phenyl
401/740	Benzidin		
403…4	9-Phenyl-acridin	<550	Silicium-tetra= benzyl
410	Phosphor, Phosphor= säure-tri-o-kresyl= ester	<550	Silicium-tetra- m-tolyl

14. Thermochemische Daten organischer Verbindungen

140. Abkürzungsverzeichnis

1. C_p^0 — Molwärme für konstanten Druck[1]
2. F — Schmelztemperatur
3. f — fest
4. fl — flüssig
5. g — gasförmig
6. S^0 — molare Entropie[1]
7. s — Symmetriezahl
8. U — Umwandlung[1]
9. V — Verdampfungstemperatur bei 760 Torr
10. V (p Torr) — Verdampfungstemperatur bei p Torr
11. ΔG_B^0 — freie Bildungsenthalpie bei 25°[1]
12. ΔH_B^0 — Bildungsenthalpie bei 25°[1]
13. ΔH_F — Schmelzenthalpie am Schmelzpunkt[1]
14. ΔH_U — Umwandlungsenthalpie am Umwandlungspunkt
15. ΔH_V — Verdampfungsenthalpie bei 25°[1]

141. Verbrennungsenthalpie von Eichsubstanzen bei 25°C

$C_7H_6O_2$	Benzoesäure	26,426 kJ/g (6,316 kcal/g)[2]
$C_4H_6O_4$	Bernsteinsäure	12,648 kJ/g (3,023 kcal/g)[2]
$C_9H_9NO_2$	Hippursäure	23,551 kJ/g (5,629 kcal/g)[2]
$C_{12}H_4S_2$	Thianthren	33,438 kJ/g (7,992 kcal/g)[2]

Grundwerte für Verbrennungsenthalpie organischer Verbindungen

$C_{Graphit} + O_{2(g)} = CO_{2(g)}$, ΔH_B^0 (25°C) = $-393{,}5127$ kJ/Mol
$(-94{,}0518$ kcal/Mol)[2]

$H_{2(g)} + 1/2\ O_{2(g)} = H_2O_{(g)}$, ΔH_B^0 (25°C) = $-241{,}8264$ kJ/Mol
$(-57{,}7979$ kcal/Mol)[2]

$H_2O_{(fl)} = H_2O_{(g)}$, ΔH_V^0 (25°C) = $44{,}0136$ kJ/Mol
$(+10{,}5195$ kcal/Mol)[2]

142. Inkremente zur Berechnung der Bildungsenthalpien und der freien Bildungsenthalpien

1421. Einleitung

In vielen Fällen ist es möglich *Bildungsenthalpien* ΔH_B^0 und *freie Bildungsenthalpien* ΔG_B^0 einfach gebauter gasförmiger organischer Verbindungen durch Zusammenzählen gewisser Inkrementwerte zu berechnen.

Sind die Verbindungen komplizierter gebaut, so sind außerdem Korrekturinkremente hinzuzuzählen. Diese beziehen sich auf den Verzweigungsgrad, die Ringbildung, Substitution und funktionelle Gruppen. Bei Berechnung der freien Bildungsenthalpie ist außerdem bei symmetrischen Molekülen (Symmetriezahl s) ein Symmetrieanteil zu berücksichtigen.

---

[1] Erläuterungen s. S. 1055.
[2] 1 cal$_{thermochemisch}$ = 4,18399 J.

Die in den folgenden Tabellen aufgeführten Inkrementwerte ΔH_B^0 für 298° K und 600° K sind von Franklin[1], die für ΔG_B^0 von van Krevelen und Chermin[2] aufgestellt. Für ΔG_B^0 sind außerdem die Konstanten A und B der Interpolationsformel $\Delta G_B^0 = A + \dfrac{B}{T}$ für den Temperaturbereich von 300—600° K angegeben. Hier ist A der gemittelte Inkrementwert für ΔH_B^0, der in der Tabelle für ΔH_B^0 bei fehlenden Werten von Franklin auch aufgeführt wurde.

1. Beispiel: *Hexin* $C_6H_{10} = CH_3 - (CH_2)_3 - C \equiv CH$, $s = 0$, $T = 298°$ K

Bildungsenthalpie:

Es sind folgende Inkrementwerte zusammenzuzählen:

$-CH_3$	$=$	$-42{,}36$ kJ/Mol	$-42{,}36$ kJ/Mol	
$=CH_2-$	$=$	$-20{,}62$ kJ/Mol, $3\times$ $=$	$-61{,}86$ kJ/Mol	
			$-104{,}22$ kJ/Mol	
$\equiv C-$	$=$	$+114{,}43$	$= +114{,}43$ kJ/Mol	
$\equiv CH$	$=$	$+113{,}43$	$+113{,}43$ kJ/Mol	
			$+227{,}86$ kJ/Mol	
			$+123{,}64$ kJ/Mol	

In der Tabelle 143 ist der Wert zu 123,6 kJ/Mol angegeben.

Freie Bildungsenthalpie:

$-CH_3$	$=$	$-18{,}04$ kJ/Mol	$-18{,}04$ kJ/Mol	$-18{,}04$ kJ/Mol
$-CH_2$	$=$	$+ 8{,}58$ kJ/Mol	$+25{,}74$ kJ/Mol	
$\equiv C-$	$=$	$+107{,}27$ kJ/Mol	$+107{,}27$ kJ/Mol	
$\equiv CH$	$=$	$+103{,}72$ kJ/Mol	$+103{,}72$ kJ/Mol	
			$+236{,}73$ kJ/Mol	$+236{,}73$ kJ/Mol
				$+218{,}69$ kJ/Mol

In der Tabelle 143 ist der Wert zu 218,3 kJ/Mol angegeben.

2. Beispiel: *Cyclohexan*, $s = 6$
$T = 298°$ K

Bildungsenthalpie:

$-CH_2-$	$= -20{,}62$ kJ/Mol, $6\times$	$-123{,}72$ kJ/Mol
Korrektur für Cyclohexanring		$-1{,}88$ kJ/Mol
		$-125{,}60$ kJ/Mol

In der Tabelle 143 ist angegeben -123 kJ/Mol.

Freie Bildungsenthalpie:

CH_2	$= 8{,}58$ kJ/Mol, $6\times$ $=$	$51{,}48$ kJ/Mol
Korrektur für Cyclohexanring		$-23{,}36$ kJ/Mol
		$28{,}12$ kJ/Mol
Symmetrieanteil		$4{,}466$ kJ/Mol
		$32{,}586$ kJ/Mol

In der Tabelle 143 ist angegeben 31,7 kJ/Mol.

---

[1] Franklin, J. L.: Ind, Eng. Chem. 41, 1070 (1949).
[2] Krevelen, D. W., van und H. A. G. Chermin: Chem. Ing. Sci. 1, 66 (1952); zum Teil neu berechnet s. L. B. II/4, S. 38.

1422. Inkremente zur Berechnung der Bildungsenthalpie, ΔH_B^0, organischer Verbindungen für das freie Molekül (Gaszustand) (kJ/Mol) [1]

A. Gruppen aliphatischer Ketten, cycloaliphatischer und heterocyclischer Ringe

	298° K	600° K	300–600° K
1. Gruppen gesättigter Ketten und Ringe			
$-CH_3$	$-42,36$	$-48,72$	
$-CH_2-$	$-20,62$	$-23,64$	
$-CH$	$-4,56$	$-4,39$	
$-C-$	$+3,35$	$+7,91$	
2. Gruppen ungesättigter Ketten und Ringe			
a) Gruppen mit einfacher Doppelbindung			
$H_2C=C$	$+62,78$	$+57,01$	
$H_2C=C$	$+70,69$	$+68,64$	
$C=C$	$+74,63$	$+71,87$	
$C=C$	$+79,02$	$+74,38$	
$C=C$	$+84,51$	$+84,00$	
$C=C$	$+102,84$	$+104,89$	
b) Gruppen mit konjugierter Doppelbindung			
$H_2C\leftrightarrow$	$+42,19$	$+39,68$	—
$-HC\leftrightarrow$	—	—	51,48
$\leftrightarrow HC\leftrightarrow$	$+50,39$	$+50,94$	—
$\leftrightarrow C\leftrightarrow$	—	—	22,10
c) Gruppen mit Dreifachbindung			
$HC\equiv$	$+113,43$	$+112,88$	
$-C\equiv$	$+114,43$	$+115,10$	

[1] Nach Landolt-Börnstein, 6. Aufl., Bd. II/4 (1961), S. 19 u.f.

B. Gruppen aromatischer Ringe und Ringsysteme sowie heterocyclischer Ringe und Ringsysteme mit aromatenähnlicher Struktur (kJ/Mol)

	298° K	600° K
HC	+13,81	+11,68
—C	+23,31	+23,52
↔C	+17,91	+17,87

		300—600° K
O		−76,89
N		+47,38
S	+47,30 [1]	− 4,06

C. Korrekturen aliphatischer Ketten, cycloaliphatischer und heterocyclischer Ringe (kJ/Mol)

	298° K	600° K
1. Korrekturen des Verzweigungsgrades gesättigter Ketten		
Seitenkette mit 2 oder mehr C-Atomen	+3,3	+3,3
3 benachbarte tert. CH-Gruppen	+9,6	+9,6
benachbarte quart. C-Atome und tert. CH-Gruppen	+10,5	+10,5
benachbarte quart. C-Atome	+22,6	+22,6
quart. C-Atom nicht benachbart einer —CH$_3$-Gruppe	+7,1	+7,1

---

[1] VAN KREVELEN u. CHERMIN beziehen auf $S_{(g)}$, FRANKLIN wahrscheinlich auf $S_{(rhombisch)}$.

	298° K	600° K

2. Korrekturen cycloaliphatischer und heterocyclischer Ringe

	298° K	600° K
Cyclopropanring	+101,37	+97,86
Cyclobutanring	+77,0	+71,2
Cyclopentanring	+23,77	+15,65
Cyclohexanring	−1,88	−8,20

	300−600° K
Cyclopentenring	+14,48
Cyclohexenring	−4,35
Epoxyring	+53,83
Tetrahydrofuranring	−24,36
Thiacyclopropanring	+76,72
Thiacyclobutanring	+76,76
Tetrahydrothiophenring	−3,39
Dithiacyclohexanring	−7,87

3. Korrekturen der Substitution an cycloaliphatischen Ringen

Substitution am 5-Ring

einfache Substanz	−2,80
zweifache Substanz	
1,1	−7,87
cis 1,2	−6,24
trans 1,2	−9,04
cis 1,3	−5,94
trans 1,3	−7,91

Substitution am 6-Ring

einfache Substanz	−1,55
zweifache Substanz	
1,1	−7,20
cis 1,2	−2,09
trans 1,2	−8,37
cis 1,3	−12,81
trans 1,3	−7,20
cis 1,4	−4,81
trans 1,4	−13,10

D. *Korrekturen der Substitution am aromatischen Ring* (kJ/Mol)

		300−600° K
zweifache Substanz	1,2	+4,02
	1,3	+1,46
	1,4	−0,75
dreifache Substanz	1,2,3	+6,07
	1,2,4	+1,26
	1,3,5	−1,34
vierfache Substanz	1,2,3,4	+15,32
	1,2,3,5	+11,97
	1,2,4,5	+11,47
fünffache Substanz		+18,42
sechsfache Substanz		+34,53

E. Funktionelle Gruppen; Gruppen heterocyclischer Ringe (ohne aromatenähnliche Struktur) (kJ/Mol)

	298° K	600° K
—OH prim.	−175,4	−176,6
—OH sek.	−187,9	−186,7
—OH tert.	−205,9	−204,7
—OH (Phenol)	−196,3	−190,9
—O—	−113,8	
$\diagdown$C=O (H)	−141,9	−142,3
$\diagdown$C=O	−132,3	−130,6
—C(=O)OH	−395,9	−389,3

		300−600° K
—C(=O)O—	−334,0	−387,66
—C(=O)O—C(=O)—	−429,4	
—C≡N	+123,5	+128,70
—N≡C	+185,8	+193,87
—NH₂	+11,7	+11,80
↔NH₂	−3,3	
$\diagdown$NH	+50,2	+54,12
$\diagdown$N—	−80,4	+81,45
—NO₂	−35,6	−33,11
—ONO	−45,6	
—ONO₂	−77,0	
—F		−188,77
—Cl		−34,53
—Br		−6,78
—J		+32,65
—SH[1]	+23,9	
SH prim.		−49,35
SH sek.		−54,16
SH tert.		−59,31
—S—[1]	+48,6	−20,59
$\diagdown$SO₂[1]		−346,48
$\diagdown$SO[1]		−128,20

[1] Siehe Anm. S. 1048.

1423. Inkremente zur Berechnung der freien Bildungsenthalpie ΔG_B^0 organischer Verbindungen für das freie Molekül (Gaszustand) (in kJ/Mol)[1]

$$\Delta G_B^0 = A + \frac{B}{100} \cdot T$$

A. Gruppen aliphatischer Ketten, cycloaliphatischer und heterocyclischer Ringe (kJ/Mol)

	298° K	600° K	300–600° K	
			A	B
1. Gruppen gesättigter Ketten und Ringe				
$-CH_3$	$-18,04$	$+9,29$	$-45,34$	$+9,11$
$-CH_2-$	$+8,58$	$+39,26$	$-22,11$	$+10,23$
$-\overset{\mid}{C}H$	$+33,78$	$+70,73$	$-3,16$	$+12,31$
$-\overset{\mid}{\underset{\mid}{C}}-$	$+58,47$	$+104,14$	$+12,81$	$+15,22$
2. Gruppen ungesättigter Ketten und Ringe				
a) Gruppen mit einfacher Doppelbindung				
$H_2C=C\overset{H}{\diagdown}$	$+80,40$	$+101,00$	$+59,77$	$+6,87$
$H_2C=C\diagdown$	$+93,84$	$+117,19$	$+70,41$	$+7,80$
$\overset{H}{\underset{H}{C}}=C\overset{}{\underset{H}{\diagup}}$	$+96,43$	$+121,63$	$+71,23$	$+8,40$
$\overset{H}{C}=C\overset{H}{\diagdown}$	$+100,08$	$+123,18$	$+77,04$	$+7,68$
$C=C\overset{H}{\diagdown}$	$+113,80$	$+142,77$	$+84,85$	$+9,65$
$C=C$	$+135,90$	$+171,56$	$+100,26$	$+11,88$
b) Gruppen mit konjugierter Doppelbindung				
$H_2C\leftrightarrow$	$+53,99$	$+67,64$	$+40,32$	$+4,55$
$-HC\leftrightarrow$	$+69,56$	$+87,60$	$+51,49$	$+6,02$
$\leftrightarrow CH\leftrightarrow$	$+20,63$	$+28,29$	$+12,98$	$+2,55$
$\leftrightarrow\overset{\mid}{C}\leftrightarrow$	$+34,57$	$+47,05$	$+22,10$	$+4,16$
c) Gruppen mit Dreifachbindung				
$HC\equiv$	$+103,72$	$+93,96$	$+113,44$	$-3,24$
$-C\equiv$	$+107,27$	$+99,53$	$+115,01$	$-2,58$

[1] Nach Landolt-Börnstein 6. Aufl., Bd. II/4 (1962), S. 22 u. f.

B. Gruppen aromatischer Ringe und Ringsysteme sowie heterocyclischer Ringe und Ringsysteme mit aromatenähnlicher Struktur (kJ/Mol)

	298° K	600° K	300–600° K	
			A	B
HC⟨	+20,63	+28,29	+12,98	+2,55
—C⟨	+34,57	+47,05	+22,10	+4,16
↔C⟨	+16,41	+23,36	+9,46	+2,31
O⟨	−66,84	−57,01	−76,89	+3,35
N⟨	+61,32	+75,34	+47,38	+4,65
S⟨ [1]	+2,97	+10,00	−4,08	+2,35

C. Korrekturen aliphatischer Ketten, cycloaliphatischer Ringe (kJ/Mol)

	298° K	600° K	300–600° K	
			A	B
1. Korrekturen des Verzweigungsgrades gesättigter Ketten				
3 benachbarte tert. CH-Gruppen	+9,67	+9,67	+9,67	0
benachbarte quart. C-Atome und tert. CH-Gruppen	+6,82	+6,82	+6,82	0
benachbarte quart. C-Atome	+10,63	+10,63	+10,63	0
quart. C-Atom, nicht benachbart einer —CH₃-Gruppe				
2. Korrekturen cycloaliphatischer und heterocyclischer Ringe				
Cyclopropanring	+74,38	+34,87	+113,91	−13,17
Cyclobutanring	+71,11	+34,66	+107,52	−12,14
Cyclopentanring	−9,38	−41,81	+23,07	−10,81
Cyclohexanring	−23,36	−43,74	−2,96	−6,79
Cyclopentenring	−16,28	−47,00	+14,46	−10,25

[1] Siehe Anm. S. 1048

	298° K	600° K	300−600° K	
			A	B
Cyclohexenring	−30,34	−56,34	−4,37	−8,66
Epoxyring	+45,91	+38,00	+53,83	−2,64
Tetrahydrofuranring	−21,30	−18,42	−24,36	+1,05
Thiacyclopropanring	+38,93	+1,09	+76,72	−12,60
Thiacyclobutanring	+42,78	+8,79	+76,76	−11,34
Tetrahydrothiophen-ring	−31,81	−58,97	−3,39	−9,46
Dithiacyclohexanring	−29,09	−50,35	−7,87	−7,07

3. Korrekturen der Substitution an cycloaliphatischen Ringen

	298° K	600° K	300−600° K	
			A	B
Substitution am 5-Ring				
einfache Substanz	−3,60	−4,44	−2,78	−0,27
zweifache Substanz				
1,1	−9,58	−11,34	−7,87	−0,58
cis 1,2	−3,14	−0,08	−6,22	+1,03
trans 1,2	−10,80	−12,51	−9,05	−0,58
cis 1,3	−5,94	−5,94	−5,96	0
trans 1,3	−9,63	−11,38	−7,90	−0,58
Substitution am 6-Ring				
einfache Substanz	−2,89	−4,23	−1,55	−0,44
zweifache Substanz				
1,1	−7,20	−7,20	−7,21	0
cis 1,2	−2,09	−2,09	−2,09	0
trans 1,2	−10,13	−11,84	−8,38	−0,58
cis 1,3	−12,81	−12,81	−12,79	0
trans 1,3	−7,20	−7,20	−7,19	0
cis 1,4	−4,81	−4,81	−4,82	0
trans 1,4	−12,64	−12,22	−13,08	+0,14

D. *Korrekturen der Substitution am aromatische Ring* (kJ/Mol)

		298° K	600° K	300−600° K	
				A	B
zweifache	1,2	+4,69	+5,40	+3,998	+0,230
Substanz	1,3	+0,75	+0,04	+1,473	−0,239
	1,4	+0,54	+1,88	−0,766	+0,439
dreifache	1,2,3	+4,29	+3,26	+6,082	−0,469
Substanz	1,2,4	+0,38	+0,50	+1,243	−0,293
	1,3,5	−3,06	−4,77	−1,339	−0,573
vierfache	1,2,3,4	+15,24	+15,15	+15,336	−0,029
Substanz	1,2,3,5	+12,31	+12,60	+11,975	+0,105
	1,2,4,5	+9,58	+7,70	+11,452	−0,628
fünffache Substanz		+19,55	+20,72	+18,416	+0,381
sechsfache Substanz		+37,80	+41,06	+34,547	+1,088

E. Funktionelle Gruppen; Gruppen heterocyclischer Ringe (ohne aromatenähnliche Struktur) (kJ/Mol)

	298° K	600° K	300–600° K	
			A	B
—OH prim.	−165,58	−151,35	−179,81	+4,73
—OH sek.	−172,86	−157,71	−187,97	+5,06
—OH tert.	−194,84	−180,77	−208,90	+4,69
—OH (Phenol)	−171,81	−152,56	−191,03	+6,40
—O—	−76,76	−87,44	−66,09	−3,56
$\diagdown$C=O (H)	−113,72	−105,39	−122,05	+2,76
$\diagup\diagdown$C=O	−113,72	−102,29	−117,53	+3,81
—C$\diagup^O\diagdown_{OH}$	−375,90	−340,03	−411,81	+11,97
—C$\diagup^O\diagdown_{O—}$	−354,89	−322,12	−387,66	+10,92
—C$\diagup^O\diagdown_{O}$—C$\diagup_O$				
—C≡N	+119,66	+110,62	+128,70	−3,01
—N≡C	+182,70	+171,52	+193,87	−3,73
—NH₂	+44,99	+75,72	+11,80	+11,34
$\diagdown$NH	+93,80	+133,48	+54,12	+13,23
$\diagdown$N—	+129,42	+177,38	+81,45	+15,99
—NO₂	+11,47	+56,09	−33,09	+14,85
—ONO				
—F	−191,28	−193,79	−188,77	−0,84
—Cl	−34,53	−34,53	−34,53	0
—Br	−10,05	−13,31	−6,78	−1,09
—J	+32,65	+32,65	+32,65	0
—SH [1]				
—SH prim.	−35,91	−22,52	−49,35	+4,48
—SH sek.	−40,56	−26,95	−54,16	+4,52
—SH tert.	−43,28	−27,21	−59,31	+5,36
—S— [1]	−2,39	+15,86	−20,59	+6,07
$\diagdown$SO₂ [1]	−275,91	−205,34	−346,48	+23,52
$\diagdown$SO [1]	−84,00	−39,76	−128,20	+14,73

F. Symmetrieanteil $RT \ln s$ (kJ/Mol)

s	298° K	600° K	s	298° K	600° K
1	0	0	4	3,445	6,931
2	1,724	3,466	6	4,466	8,990
3	2,721	5,475	12	6,165	12,406

[1] Siehe Anm. S. 1048.

143. Thermochemische Standardwerte und Phasenumwandlungen organischer Verbindungen [1]

Die Verbindungen sind nach ihrer in Spalte 1 stehenden Summenformel in der von HILL [2] angegebenen Weise geordnet (bei gleicher Summenformel alphabetisch).

In den weiteren Spalten sind angegeben:

Spalte 2   der Name

Spalte 3   der Aggregatzustand, auf den sich die in Spalten 4—7 angegebenen thermochemischen Standardwerte beziehen

Spalte 4—7   Standardwerte für die Temperatur 25°C und den idealen Normzustand[1], bei Gasen: idealer Gaszustand und Druck = 1 atm, bei den kondensierten Phasen: Sättigungsdruck[3]

Spalte 4 C_p^0 Molwärme bei konstantem Druck

Spalte 5 S^0 molare Entropie

Spalte 6 ΔH_B^0 molare Bildungsenthalpie aus den Elementen im Normzustand. In manchen Fällen ist anstatt ΔH_B die Verbrennungsenthalpie bei 25° angegeben. Diese Zahlenwerte sind durch Einklammerung [] gekennzeichnet

Spalte 7 ΔG_B^0 molare freie Bildungsenthalpie

Es ist $\Delta G_B^0 = \Delta H_B^0 - T\Delta S^0$. ΔH_B^0 ist der in Spalte 6 angegebene Wert. $T\Delta S$ die mit $T = 298{,}15°$ K (Standardtemperatur) multiplizierte Differenz zwischen dem S^0-Wert der Verbindung (Spalte 5) und der Summe der S^0-Werte der die Verbindung bildenden Elemente[4], also z.B.: Für Methan CH_4 ist $\Delta H_B^0 = -74{,}8$ kJ/Mol, $S^0 = 186{,}2$ J/Mol. S^0 ist für $C = 5{,}740$ und für $H_2 = 130{,}6$ J/Mol. Also ist $\Delta S^0 = 186{,}2 - (5{,}740 + 2 \times 130{,}6) = -80{,}7$ J/Mol mit $T = 298{,}15°$ K multipliziert ergibt sich $-24{,}06$ kJ/Mol. ΔG_B^0 ist also $-50{,}7$ kJ/Mol.

Die Daten für die Phasenumwandlungen sind in Spalte 8—12 gebracht, und zwar in

Spalte 8 u. 9   In Spalte 8 steht die Schmelztemperatur, wenn in Spalte 9 ein F steht, die Temperatur einer nicht näher gekennzeichneten Umwandlung im festen Zustand, wenn in Spalte 9 ein U steht.

Spalte 10 ΔH_F Schmelzenthalpie bei der Schmelztemperatur bzw. ΔH_U die Umwandlungsenthalpie bei der Umwandlungstemperatur

Spalte 11 V die Verdampfungstemperatur bei 760 Torr (in Tabelle 12 mit Kp bezeichnet)

Spalte 12 ΔH_V die Verdampfungsenthalpie bei der Verdampfungstemperatur.

---

[1] Der größte Teil der Angaben ist dem Landolt-Börnstein, 6. Aufl. Bd. II/4 (1961), entnommen, für Literatur sei auf die dortigen Angaben verwiesen.

[2] Näheres über die Ordnung ist am Anfang der Tabelle 16, S. 1092, angegeben

[3] Der obere Index 0 weist darauf hin, daß die Größen auf den idealisierten Normzustand bezogen sind.

[4] Die S^0-Werte der Elemente, die zur Berechnung von ΔG_B für die organischen Verbindungen dieser Tabelle nötig sind, sind am Schluß dieser Tabelle angegeben.

Formel	Name	Agg.-Zust.	Standardwerte bei 25°C				Umwandlungen			Verdampfung	
			C_p^0 JMol⁻¹grd⁻¹	S^0 JMol⁻¹grd⁻¹	ΔH_B^0 kJMol⁻¹	ΔG_B^0 kJMol⁻¹	Temp. °C	Art	ΔH_U kJMol⁻¹	V °C	ΔH_V kJMol⁻¹
$CBrClF_2$	Bromchlor-difluormethan	g	74,6	319	−460						
$CBrCl_2F$	Brom-dichlor-fluormethan	g	80,0	330	−264		−159,2	F		−3,3	
$CBrCl_3$	Brom-trichlor-methan	g	85,3	333	−39,3	−14,4	−21	F		105	
$CBrF_3$	Brom-trifluor-methan	g	69,4	297	−653		−175,5	F		−57,8	22,7
CBr_2Cl_2	Dibrom-dichlor-methan	g	87,0	348	−29,3		22	F		135	
CBr_2F_2	Dibrom-difluor-methan	g	77,0	325	−418		−110,1	F		23,9	
CBr_4	Tetrabrommethan	f	128				46,9	U	6,67	187	43,5
		g	91,2	358	50	36	90,1	F	3,95		
$CClFO$	Chlorfluoroxymethan	g	52,4	277			−138	F		−42	22,2
$CClF_3$	Chlor-trifluor-methan	g	66,8	285	−715	−675	−181,6	F		−81,2	14,6
$CClN$	Chlorcyan	g	44,7	235	132	126	−6,90	F	11,4	12,9	26,3
CCl_2F_2	Dichlor-difluor-methan	g	72,3	301	−469	−430	−155	F	4,14	−29,8	19,6
CCl_2O	Phosgen	g	60,7	289	−223	−210	−127,8	F	5,69	7,56	24,4
CCl_3F	Fluor-trichlor-methan	fl	121,5	226			−110,5	F	6,89	23,9	24,9
		g	77,9	309	−293	−253					
CCl_4	Tetrachlorkohlenstoff	fl	132	214	−139	−68,4	−47,8	U	4,56	76,69	30
		g	83,4	310	−107	−64,2	−22,9	F	2,5		
CFN	Fluorcyan	g	45,6	226							
CF_2O	Difluoroxymethan	g	47,2	259	−697	−680	−114,0	F		−83,3	16,1
CF_3J	Trifluor-jod-methan	g	70,9	307	−590					−22,5	22,4
CF_4	Tetrafluormethan	g	61,2	262	−908	−862	−197,1	U	1,73	128,0	12,3
							−183,7	F	0,7		
$CHBrClF$	Brom-chlor-fluor-methan	g	63,2	305	−289		−115	F		36,2	
$CHBrCl_2$	Brom-dichlor-methan	g	67,4	316	−58,6					89,7	
$CHBr_3$	Tribrommethan	fl	134		[−378]		8,0	F	11,1	149,5	
		g	71,1	301	18,8						
$CHClF_2$	Chlor-difluor-methan	g	55,9	281	−490		−157,4	F	4,12	−40,6	20,2

$CHCl_2F$	Dichlor-fluor-methan	g	61	293	−293		−135	F		8,9	24,0
$CHCl_3$	Trichlormethan	fl	116	203	−132	−71,2	−63,5	F	9,2	61,1	29,7
		g	65,7	296	−100	−67,5					
C^2HCl_3	Monodeutero-chlor-methan	g	68,5	297							
$CHFJ_2$	Dijod-fluor-methan	fl			−88		−34,5	F		100,3	32,8
CHF_2J	Difluor-jod-methan	g			−385		−122,0			21,5	26,3
CHF_3	Trifluormethan	g	51,1	259	−680	−646	−160	F		−84,2	18,4
C^2HF_3	Monodeutero-trifluor-methan	g	53,4	261							
CHJ_3	Trijodmethan	f			141		125	F	16,4		
CH_2Br_2	Dibrommethan	fl	127				−52,7	F	4,2	97,2	36,0
		g	54,8	293	−4,2	−5,58					
$C^2H_2Br_2$	Dideutero-dibrom-methan	g	60,8	297						99	
CH_2Cl_2	Dichlormethan	fl	100	179	−117	−63,3	−96,5	F	4,6	40	28,0
		g	51,1	270	−88						
CH_2F_2	Difluormethan	g	43,0	246	−442	−41,4				−51,6	
CH^2HF_2	Monodeutero-difluor-methan	g	45,1	254							
$C^2H_2F_2$	Dideutero-difluor-methan	g	47,2	250							
CH_2N_2	Diazomethan	g	48,8	239	192	218	−145	F		−25… −23	
CH_2N_2	Cyanamid	f			61,3		42,8	F	8,8		
CH_2O	Formaldehyd	g	35,3	219	−116	−111	−118,3 bis −117,8	F		−19,3	23,3
C^2H_2O	Dideuteroformaldehyd	g	38,2	225							
CH_2O_2	Ameisensäure	fl	99,0	129	−423	−360	8,2	F	12,7	100,5	22,3
		g	48,7	252	−377	−350					
CH_3Br	Brommethan	g	42,4	246	−35,6	−26,1	−93,71	F	5,98	3,5	23,9
CH_2^2HBr	Monodeutero-brom-methan	g	44,6	257							
CH^2H_2Br	Dideuterobrom-methan	g	47,4	260							
C^2H_3Br	Trideutero-brom-methan	g	48,9	254							

Formel	Name	Agg.-Zust.	Standardwerte bei 25° C				Umwandlungen			Verdampfung	
			C_p^0 JMol⁻¹grd⁻¹	S^0 JMol⁻¹grd⁻¹	ΔH_B^0 kJMol⁻¹	ΔG_B^0 kJMol⁻¹	Temp. °C	Art	ΔH_U kJMol⁻¹	V °C	ΔH_V kJMol⁻¹
CH_3Cl	Chlormethan	g	40,7	233	−82,0	−58,1	−97,71	F	6,43	−24,0	21,6
CH_3F	Fluormethan	g	37,4	223	−247	−222	−141,8	F		−78,5	17,6
CH_3J	Jodmethan	fl	127	163	−8,4	20,5	−66,45	F		42,4	26,1
		g	44	253	20,5	22,4					
C^2H_3J	Trideutero-jod-methan	g	50,5	262						41,4	28,2
CH_3NO	Formamid	fl			−258		2,5		6,7		
		g	45,3	249							
CH_3NO_2	Nitromethan	fl	106	172	−113	−14,6	−20,42	F	9,7	101,2	34
		g	57,3	275	−74,7	−6,91					
CH_3NO_3	Methylnitrat	fl	157	217	−156	−40,7	−83,0	F	8,24	64,6	32,3
		g			−123						
CH_4	Methan	g	35,8	186,2	−74,8	−50,7	−252,8	U	0,065	−161,7	8,18
							−182,6	F	0,938		
$CH_3{}^2H$	Monodeuteromethan	g	36,6	201			−257,27	U	0,057	−161,5	8,29
							−249,96	U	0,186		
							−182,73	F	0,91		
C^2H_4	Deuteromethan	g	40,8	198			−250,90	U	0,083	−161,2	8,28
							−246,05	U	0,246		
							−183,37	F	0,902		
CH_4N_2O	Harnstoff	f	93,1	105	−333	−198	132,6	F	14,5		
CH_4O	Methanol	fl	81,6	127	−239	−166	−115,8	U	0,645	64,6	35,4
		g	43,9	240	−201	−162	−97,9	F	3,17	(755 Torr)	
CH_4S	Methanthiol	g	50,7	255	−12,4	0,754	−135	U	0,22	5,97	24,6
							−123	F	5,9		
CH_5As	Methylarsin	g					−143	F		2,0	22,6
CH_5N	Methylamin	g	51,7	242	−28	−27,5	−33,4	F	0,134	6,3	25,8

CH$_6$ClN	Methylaminhydrochlorid	f	91,0	139	−286		−52,8	U	1,78		
							−2,7	U	2,82		
CH$_6$N$_2$	Methylhydrazin	fl	135	166	[−1304]		−52,4	F	10,4		
		g	71,1	279							
CH$_6$N$_2$O$_2$	Ammoniumcarbamat	f	132	166	−645	−458					
CJN	Jodcyan	f		129	160	169	146	F	19,9		
		g	48,3	256	219	190	(943 Torr)				
CN$_4$O$_8$	Tetranitromethan	fl			36,8		13	F		125,7	38,5
COS	Kohlenoxidsulfid	g	41,5	231	−138	−165	−138,8	F	4,73	−50,3	18,5
C$_2$ClF$_3$	Chlor-trifluor-äthen	g	84,1	323	−527	−494	−158,1	F	5,55	−28,3	20,9
C$_2$Cl$_2$F$_2$	1,2-Dichlor-1,2-difluor-äthen, *trans*	g	87,8	326			−112	F		20,9	27,6
C$_2$Cl$_2$O$_2$	Oxalsäure-dichlorid	g	90,7	332			−12	F		64	
C$_2$Cl$_3$F	Fluor-trichlor-äthen	g	91,0	342			−82	F		71	
C$_2$Cl$_3$F$_3$	1,1,2-Trichlor-1,2,2-tri-fluor-äthan	fl	176				−35	F		47,6	27,5
C$_2$Cl$_3$N	Trichloressigsäurenitril	g	94,2	332						85,7	34,1
C$_2$Cl$_4$	Tetrachloräthen	f	122		−13		−22	F	10,5	121,0	34,7
C$_2$Cl$_6$	Hexachloräthan	f	171		201		45	U	2,56		
		g	137	396,5			72	U	8,22		
							185	F	9,75		
C$_2$F$_3$N	Trifluoressigsäurenitril	g	77,9	298			−154,3	F	4,98	−67,7	17,9
C$_2$F$_4$	Tetrafluoräthen	g			−635		−131,1	F	7,71	−75,6	16,8
C$_2$F$_6$	Hexafluoräthan	g			−1286		−169,2	U	3,74	−78,8	16,1
							−100	F	2,69		
C$_2$HCl$_3$O	2,2,2-Trichlor-äthanal-(1)	fl	151		−218		−57	F		97,7	33,9
C$_2$HCl$_3$O$_2$	Trichloressigsäure	f	314		−511		59,1	F	5,9	195	56,2
C$_2$H$_2$	Äthin	g	43,9	201	227	209	−81,5[2]	F	3,76		
C$_2$H$_2$Cl$_2$	1,1-Dichlor-äthen	fl	111	201	−25,1		−122,6	F	6,51	31,7	26,4
		g	67,0	288	1,26	23,9					
C$_2$H$_2$Cl$_2$	1,2-Dichlor-äthen, *cis*	fl	113		[−1092][1]		−80	F	7,20	60,63	30,2
		g	65,1	289							

[1] Bei 18,7° C. [2] Bei 900 Torr.

Formel	Name	Agg.-Zust.	Standardwerte bei 25° C				Umwandlungen			Verdampfung	
			C_p^0 JMol⁻¹grd⁻¹	S^0 JMol⁻¹grd⁻¹	ΔH_B^0 kJMol⁻¹	ΔG_B^0 kJMol⁻¹	Temp. °C	Art	ΔH_U kJMol⁻¹	V °C	ΔH_V kJMol⁻¹
$C_2H_2Cl_2$	1,2-Dichlor-äthen, *trans*	fl	113		[−1095][1]		−49,8	F	12,0	47,7	28,9
		g	65,2	289							
$C_2H_2Cl_2O_2$	Dichloressigsäure	fl	197		−503		10,8	F	7,65	194,4	42,7
$C_2H_2Cl_4$	1,1,2,2-Tetrachloräthan	fl	185				−43,8	F		145,0	38,7
		g	101	363							
C_2H_2O	Keten	g	47,9	239	−61,9	−60	−151	F	7,53	−41	20,2
$C_2H_2O_2$	Glyoxal	fl			−350		15	F		51 (776 Torr)	38
$C_2H_2O_4$	Oxalsäure	f	109	120	−827	−698					
C_2H_3ClO	Essigsäurechlorid	fl	113		−277		−112	F		50,4	28,6
$C_2H_3ClO_2$	Chloressigsäure	f	144		−419		51 [2]	F	15,8	189,35	54
$C_2H_3Cl_3$	1,1,1-Trichlor-äthan	fl	144	227			−68,0	U	0,21	74,0	
		g	93,4	322			−49,6	U	7,47		
							−33	F	1,88		
C_2H_3FO	Essigsäurefluorid	fl			−437					20,4	25,9
		g			−463						
$C_2H_3FO_2$	Fluoressigsäure	f			−673		35,2	F			
C_2H_3J	Jodäthen	g	57,9	285						56	
C_2H_3JO	Essigsäurejodid	fl			−160					108	
C_2H_3N	Äthannitril	fl		144	53,1	101	−44,9	F	8,91	81,5	32,7
		g	51,9	243	87,7	106					
C_2H_3N	Methylisocyamid	g	53,4	246	150	167				59...60	
C_2H_4	Äthen	g	43,6	219	52,3	68,2	−169,2	F	3,35	−103,7	13,5
$C_2H_2{}^2H_2$	unsym. Dideutero=äthen	g					−168,59	F	3,36	[3]	13,7
C_2H_4BrCl	1-Brom-2-chlor-äthan	fl	130				≈ −93	U	3,1	106,7	34,7
							−16,6	F	9,6		

$C_2H_4Br_2$	1,2-Dibromäthan	fl	136	223	—80,7	—21,3	—23,6	U	1,94	131,5	36,2
							9,9	F	10,9		
$C_2H_4Cl_2$	1,1-Dichloräthan	fl	126	212	—152	—67,3	—97,0	F	7,87	57,4	28,7
		g	76,2	305							
$C_2H_4Cl_2$	1,2-Dichloräthan	fl	129	208	—166	—80,0	—35,9	F	8,84	82,4	31,4
		g	79,5	309							
$C_2H_4F_2O$	2,2-Difluor-äthanol-(1)	fl			—675		—28,2	F		95,5 (776 Torr)	
$C_2H_4J_2$	1,2-Dijodäthan	f			0,4		26,8	U	2,9		
							81	F			
$C_2H_4N_4$	3-Amino-1,2,4-triazol	f			76,8		156..157	F			
$C_2H_4N_4$	Dicyandiamid	f	119	129	24,9	183					
C_2H_4O	Acetaldehyd	g	54,6	264	—166	—133	—188	F	3,22	20,1	27,2
C_2H_4O	Äthylenoxid	g	48,5	244	—51	—11,7	—112,5	F	5,17	10,5	25,5
$C_2H_4O_2$	Ameisensäuremethylester	fl	121		—378		—99	F	6,7	32,0	27,9
		g			—350						
$C_2H_4O_2$	Essigsäure	fl	123	160	—485	—392	16,6	F	13,7	118,5	23,7
		g	66,5	282	—437	—381					
$C_2H_4O_3$	Glykolsäure	f			—661		63	F	8,4	78	8,8
C_2H_4S	Thiacyclopropan	fl		162	50,4	93,0				55...56	
		g	53,7	255	80,7	95,4					
C_2H_5Br	Bromäthan	fl	132		—64		—118,6	F	5,9	38,3	26,8
		g	71								
C_2H_5Cl	Chloräthan	g	62,3	275	—105	—53,0	—138,3	F	4,45	12,2	24,6
C_2H_5ClO	2-Chlor-äthanol-(1)	fl			—294		—67,5	F		128,6	41,4
C_2H_5F	Fluoräthan	g	58,6	365	—297		—143,2	F		—32,0	21,1
C_2H_5J	Jodäthan	fl	109		—38		—111,1	F		71,2	29,8
C_2H_5N	Äthylenimin	fl			91,9					55,4	33,1
C_2H_5NO	Acetamid	f	66,5		—320		71	F	14,2	221,2	
$C_2H_5NO_2$	Äthylnitrit	g			—104					16,9	27,8

[1] Bei 18,7°C.   [2] F Von zwei weiteren Modifikationen 56 und 61°C.   [3] V nicht genau bekannt.

Formel	Name	Agg.-Zust.	Standardwerte bei 25° C				Umwandlungen			Verdampfung	
			C_p^0 JMol⁻¹grd⁻¹	S^0 JMol⁻¹grd⁻¹	ΔH_B^0 kJMol⁻¹	ΔG_B^0 kJMol⁻¹	Temp. °C	Art	ΔH_U kJMol⁻¹	V °C	ΔH_V kJMol⁻¹
$C_2H_5NO_2$	Aminoessigsäure	f	100	109	−525	−367					
$C_2H_5NO_2$	Nitroäthan	fl	138		−135		−90	F		114 (750 Torr)	
$C_2H_5NO_3$	Äthylnitrat	fl	170	247	−192	−44,3	−94,6	F	8,53	87,7	33,9
C_2H_6	Äthan	g	52,7	229	−84,7	−32,6	−183,3	F	2,86	−89,1	14,7
C_2H_6Hg	Quecksilberdimethyl	fl			59,8					92,6	33,9
C_2H_6O	Äthanol	fl	111	161	−278	−174	−114,7	F	5,02	78,4	38,7
		g	73,6	282	−235	−168					
C_2H_6O	Dimethyläther	g	65,9	267	−185	−114	−141,5	F	4,94	−24,8	21,5
C_2H_6OS	Dimethylsulfoxid	fl			−200		18,4	F		192	
$C_2H_6O_2$	Äthandiol-(1,2)	fl	151	179	−455	−327	−12,4	F	11,6	197,4	57,0
$C_2H_6O_2S$	Dimethylsulfon	f			−446		109	F		234	
$C_2H_6O_4$	Bis-[hydroxymethyl-peroxid]	f			−654						
C_2H_6S	Äthanthiol	fl	118	207	−73,7	−5,7	−147,9	F	4,97	35,0	26,8
		g	72,7	296	−46,1	−4,71					
C_2H_6S	Dimethylsulfid	fl	118	196	−65,4	5,72	−98,39	F	8,0	37,3	28,9
		g	71,1	285	−37,8	7,05					
$C_2H_6S_2$	Dimethyldisulfid	fl	146	235	−62,5	6,58	−84,7	F	9,19	109,5 (774 Torr)	
		g	91,9	337	−24,1	14,7					
C_2H_6Si	Vinylsilan	g			50		−179,1	F¹		−22,8	21,4
							−171,6	F¹			
C_2H_6Zn	Zinkdimethyl	fl			−26,4		−29,2	F		44	29,9
C_2H_7As	Dimethylarsin	fl					−136,1	F		37,1	27,7
C_2H_7N	Äthylamin	g	69,8		−48,5		−81,0	F		16,6	27,3
C_2H_7N	Dimethylamin	g	69,0	273	−27,6	59,2	−92,2	F	5,94	7,4	26,1
$C_2H_7NO_3S$	2-Amino-äthylsulfonsäure	f	140	154	−785	−562					

$C_2H_8N_2$	Äthylendiamin	fl			−26,6		8	F	19,3	117,4	38,9
$C_2H_8N_2$	N,N-Dimethyl-hydrazin	fl	164	200	[−1978]		−57,2	F	10,1	25 (156,6 Torr)	35,0
		g		305							
$C_2H_8N_2$	N,N′-Dimethyl-hydrazin	fl	171	199	[−1981]		−8,9	F	13,8	25 (69,9 Torr)	39,3
		g		311							
C_2H_8Si	Äthylsilan	g			−63		−179,7	F		−13,7	22,3
C_2H_8Si	Dimethylsilan	g			−151		−150,2	F		−19,6	21,3
C_2J_4	Tetrajodäthen	f			305		190	F			
C_2N_2	Dicyan	g	56,9	242	−309	−321	−27,8	F	8,11	−21,1	23,3
$C_2Na_2O_4$	Natriumoxalat	f	142		−1315						
C_3H_3N	Acrylsäurenitril	fl	111		[−1759]		−84…	F		77,3	32,6[2]
		g	63,8	274			−83				
C_3H_4	Propadien	g	59,0	235	192	202	−136,1	F		−33,6	20,9
C_3H_4	Propin	g	60,7	248	185	195	−102,7	F		−23,2	23,3
C_3H_4O	Propen-(2)-al-(1)	fl			[−1633]		−86,9	F		52,7	28,8
$C_3H_4O_2$	Acrylsäure	fl			[−1372]		12,3	F	11,1	141,6	
$C_3H_4O_2$	Methyl-glyoxal	fl			[−1443]					72	
$C_3H_4O_3$	Brenztraubensäure	fl			[−1168]		11,8	F		165[3]	
$C_3H_4O_4$	Malonsäure	f			[−8642]		135[3]	F			
$C_3H_5ClO_2$	Chloressigsäure-methylester	fl			[−1453][4]		−32,6	F		131,5	
$C_3H_5ClO_2$	α-Chlor-propionsäure	fl			[−1395][4]					186	
$C_3H_5ClO_2$	β-Chlor-propionsäure	f			[−1370][4]		41,9	F	11,7		
C_3H_5N	Äthylcyanid	fl			[−1909]		−91,8	F	6,07	97,10	31,0
		g	72,1	284							
C_3H_6	Cyclopropan	g	55,9	238	53,2	104	−127,6	F	5,44	−32,85	20,0
C_3H_6	Propen	g	63,9	227	20,4	74,8	−186,3	F	3,0	−47,8	18,4
$C_3H_6Cl_2$	1,2-Dichlor-propan	fl			[−1880][4]		−100,4	F		96,4	34,2[5]
$C_3H_6Cl_2$	1,3-Dichlor-propan	fl			[−1881][4]		−99,5	F		120,4	
$C_3H_6Cl_2$	2,2-Dichlor-propan	fl			[−1876][4]		−33,8	F		70,5	
		g			[−1789][4]						

[1] 2 Modifikationen.   [2] Mittelwert zwischen 0 und 80°C.   [3] Zersetzt.   [4] Bei 17,2°C.   [5] Aus Dampfdruckmessungen zwischen 65° und 85°C.

Formel	Name	Agg.-Zust.	Standardwerte bei 25° C				Umwandlungen			Verdampfung	
			C_p^0 JMol⁻¹grd⁻¹	S^0 JMol⁻¹grd⁻¹	ΔH_B^0 kJMol⁻¹	ΔG_B^0 kJMol⁻¹	Temp. °C	Art	ΔH_U kJMol⁻¹	V °C	ΔH_V kJMol⁻¹
$C_3H_6N_2O_4$	1,1-Dinitro-propan	fl			−171		−42	F			
$C_3H_6N_2O_4$	1,3-Dinitro-propan	fl			−224		−21,4	F	15,1		
$C_3H_6N_2O_4$	2,2-Dinitro-propan	f			−188		53	F			
$C_3H_6N_6$	Melamin		156	149	−71,7	178					
C_3H_6O	Aceton	fl	125	200	−248	−155	−96,5	F	5,72	56,1	29,1
		g	74,9	295	−216	−152					
C_3H_6O	Propen-(1)-ol-(3)	fl			[−1853]					97,2	40,0
		g	141 [1]								
C_3H_6O	Trimethylenoxid	g	58,7	274			−97	F	6,49	46	
$C_3H_6O_2$	Ameisensäure-äthylester	fl			[−1638]		−73,2	F	9,2	54,3	30,3
$C_3H_6O_2$	Essigsäure-methylester	fl			[−1595]		−98,0	F		57,8	31,2
$C_3H_6O_2$	Propionsäure	fl			[−1537]		−20,8	F	7,53	139,3	30,6
$C_3H_6O_2S$	Thiomilchsäure	fl	173	229	−468	−345	−16,5	F	37,9		
$C_3H_6O_3$	Dimethyl-carbonat	fl			[−7290]					90,3	33
$C_3H_6O_3$	L(+)-Milchsäure	f	129	143	[−1363]						
C_3H_7Br	1-Brom-propan	fl	138		[−2080]		−108,1	F	6,53	68,8	29,9
		g			[−2089]						
C_3H_7Cl	1-Chlor-propan	fl	130		[−2024][2]		−122,3	F	5,54	45,7	27,6
		g			[−2009][2]						
C_3H_7J	1-Jod-propan	fl			[−2148]		−101,3	F		102,5	
C_3H_7J	2-Jod-propan	fl			[−2127]		−90,1	F		89,5	
$C_3H_7NO_2$	D,L-Alanin	f	120	132	−566	−374					
$C_3H_7NO_2$	1-Nitro-propan	fl			−168		−104,6	F		131,4	
$C_3H_7NO_2$	2-Nitro-propan	fl			−183		−93			120,3	
$C_3H_7NO_2$	Urethan	f			[−1662]		48,7	F	15,2		
$C_3H_7NO_2S$	L(+)-Cystein	f	163	170	−534	−344					

$C_3H_7NO_3$	Isopropylnitrat	fl	192		−230					102	36,1
		g	142								
$C_3H_7NO_3$	Propylnitrat	fl	192		−214					110	37,1
		g	138								
C_3H_8	Propan	g	73,5	270	−104	−23,4	−187,7	F	2,52	−42,1	18,8
C_3H_8O	Methyläthyläther	g	79,5[3]		[−2105]					7,5	24,7
C_3H_8O	Propanol-(1)	fl	149	193	[−2017]		−126,2	F	5,20	97,8	41,8
C_3H_8O	Propanol-(2)	fl	153	180	−319	−182	−88,5	F	5,37	82,5	40,5
$C_3H_8O_2$	Dimethoxy-methan	fl			[−1936]		−104,8	F	7,95	42,5	28,6
$C_3H_8O_2$	Propandiol-(1,2)	fl			[−1826]					188,2	
$C_3H_8O_3$	Glycerin	fl			−669		18,2	F	18,5	290,5	
C_3H_8S	Propanthiol-(1)	fl	145	242	−99	−1,05	−131,0	U	3,97	67,7	29,5
		g	94,8	336	−67	2,98	−113,1	F	5,48		
C_3H_8S	Propanthiol-(2)	fl	145	233	−105	−4,37	−160,6	U	0,053	52,6	27,9
		g	96	324	−75,5	−1,8	−130,5	F	5,74		
C_3H_8S	2-Thia-butan	fl	145	239	−90,8	8,27	−105,9	F	9,76	66,7	29,5
		g	95,1	333	−58,9	12,2					
C_3H_9Al	Aluminiumtrimethyl	fl			−112		15,4	F		125,3	41,1
C_3H_9As	Trimethylarsin	fl			14,6		−87,3	F		50,4	29,9
C_3H_9B	Trimethylborin	g			−131		−153	F		−21,8	23,9
$C_3H_9BO_3$	Borsäure-trimethylester	fl			−937		−29	F		68,7	32,3
C_3H_9Bi	Wismuttrimethyl	fl			−157		−107,7	F		109,3	34,8
C_3H_9Ga	Galliumtrimethyl	fl			−73,4		−15,7	F	9,25	55,8	30,9
		g			−40,6						
C_3H_9N	Propylamin	fl			[−2336]					48,5	29,0
		g			[−2393]						
C_3H_9N	Trimethylamin	g	91,8	289	−46,0	76,8	−117,3	F		2,8	24,3
C_3H_9P	Trimethylphosphin	fl			−125		−85,9	F		38,4	28,9
		g			−97						
C_3H_9Sb	Antimontrimethyl	fl			−5,6		−87,6	F		79,4	32,7

[1] Bei 20°C.   [2] Bei 17,2°C.   [3] Bei 6,8°C.

Formel	Name	Agg.-Zust.	Standardwerte bei 25° C				Umwandlungen			Verdampfung	
			C_p^0 $\mathrm{JMol^{-1}grd^{-1}}$	S^0 $\mathrm{JMol^{-1}grd^{-1}}$	ΔH_B^0 $\mathrm{kJMol^{-1}}$	ΔG_B^0 $\mathrm{kJMol^{-1}}$	Temp. °C	Art	ΔH_U $\mathrm{kJMol^{-1}}$	V °C	ΔH_V $\mathrm{kJMol^{-1}}$
$C_3H_{10}O_3Si$	Trimethoxysilan	fl			−808		−114,8	F		81,1	36,7
$C_3H_{10}Si$	Trimethylsilan	g			−226		−135,9			6,7	24,4
$C_3H_{12}N_6O_3$	Guanidincarbonat	f	259	295	−971	−558					
$C_4H_2N_2O_4$	Alloxan	f	153	187	−1004	−835					
C_4H_4	Buten-(1)-in-(3)	g	73,2	279						5,1	
C_4H_4O	Furan	fl	115	177	−62,3	0,03	−123,2	U	2,05	31,4	27,1
		g	65,4	267	−34,7	0,93	−85,6	F	3,80		
$C_4H_4O_4$	Fumarsäure	f	142	166	−811	−653					
$C_4H_4O_4$	Maleinsäure	f	137	159	−788	−628					
C_4H_4S	Thiophen	fl	124	181	81,7	122	−101,6	U	0,638	84,2	31,5
		g	72,9	279	116	128	−38,3	F	5,09		
C_4H_5N	Crotonsäurenitril	fl			[−2393]		−51,5	F		123,2	
C_4H_5N	Pyrrol	fl			[−2376].		−23,4	F		129,2	37,8
C_4H_5N	Vinylacetonitril	fl			[−2289]		−86,8	F		118,5	
C_4H_6	Butadien-(1,2)	g	80,1	293	165	201	−136,2	F	6,96	10,8	
C_4H_6	Butadien-(1,3)	g	79,5	279	112	152	−108,9	F	7,98	−4,4	22,6
C_4H_6	Butin-(1)	g	81,4	291	166	203	−125,7	F	6,03	8,1	24,5
C_4H_6	Butin-(2)	fl	125	195			−32,2	F	9,23	27,0	
		g	77,9	283	148	188					
$C_4H_6N_4O_3$	Allantoin	f	181	195	−721	449					
C_4H_6O	Divinyläther	fl					−100	F	7,95	28,3	26,2
$C_4H_6O_2$	Crotonsäure-*trans*	f			[−1999]		71,4	F	13		
$C_4H_6O_3$	Essigsäureanhydrid	fl			[−1806]					138	39,3
$C_4H_6O_4$	Bernsteinsäure	f	154	176	−944	−751	182,7	F			
$C_4H_6O_4$	Oxalsäure-dimethylester	f	156[1]		[−1678]		49,5	F	21,0	163,3	30,6
$C_4H_6O_6$	D,L-Weinsäure				[−1162]		205	F			
$C_4H_7ClO_2$	Chloressigsäureäthylester	fl			[−2092] [2]		−26	F		141,3	41,4

Formel	Name	Zustand									
$C_4H_7N_3O$	Kreatinin	f	139	167	—242	— 62,9					
C_4H_8	Buten-(1)	g	89,3	307	1,17	72,0	—185,3	F	3,85	—6,2	21,9
C_4H_8	cis-Buten-(2)	g	78,9	301	—5,70	67,3	—138,9	F	7,31	3,7	23,3
C_4H_8	trans-Buten-(2)	g	87,8	296	—10,1	64,3	—105,5	F	9,76	0,88	22,8
C_4H_8	Cyclobutan	g	72,2	265			—127,5	U	5,91	—7,5	24,2
							—90,7	F	1,09		
C_4H_8	2-Methyl-propen-(1)	g	89,1	294	—14,0	—61,2	—140,3	F	5,93	—6,9	22,1
$C_4H_8N_2O_3$	L-Asparagin	f	161	174	—793	—534					
C_4H_8O	Äthylvinyläther	fl			[—2533]		—115,8	F		35,7	
C_4H_8O	Butanal-(1)	fl	164	247	—247	—127	—96,4	F	11,1		
C_4H_8O	Butanon-(2)	fl	162	241	—279	—156	—87,1	F	8,48	79,6	32,8
C_4H_8O	Tetrahydrofuran	fl			[—2505]					66,0	
$C_4H_8O_2$	Buten-(2)-diol-(1,4)	fl	198		[—2327]					237…239	37,6
$C_4H_8O_2$	Buttersäure	fl	178	255	—524	—377	—5,8	F	11,1	164,0	42,0
$C_4H_8O_2$	1,3-Dioxan	fl			[—2322]					105	
$C_4H_8O_2$	1,4-Dioxan	fl	153	197	—401	—236	11,1	F	12,8	101,6	35,8
$C_4H_8O_2$	Essigsäureäthylester	fl	170	259	—469	—323	—83,8	F	10,5	77,1	32,3
$C_4H_8O_2$	Isobuttersäure	fl			[—2166]		—46,0	F	5,0	154,7	41,1
$C_4H_8O_2$	Propionsäuremethylester	fl			[—2245][3]					79,8	32,6
C_4H_8S	Tetrahydrothiophen	fl	140	208	—72,4	37,7	—96,2	F	7,35	121,4	34,9
		g	90,9	309	—33,8	46,0					
C_4H_9Br	1-Brom-butan	fl	153	327			—112,8	F	9,24	99,4	32,5
C_4H_9Br	1-Brom-2-methylpropan	fl	154				—117,4	F	2,5		
C_4H_9Br	2-Brom-2-methylpropan	fl					—64,5	U	5,65	72,9	
							—17,0	F	1,97		
C_4H_9Cl	1-Chlor-2-methyl-propan	fl	159		[—2904][2]		—131,2	F		68,2	
C_4H_9Cl	2-Chlor-2-methyl-propan	fl			[—2670]		—90	U	1,72	50,5	
		g	114	322	—180	—60,8	—25,0	F	2,01		
C_4H_9N	Pyrrolidin	fl	157	204	—41,2	109	—66,0	U	0,54	86,6	33,0
		g	81,1	309	—3,6	115	—57,8	F	8,56		

[1] Mittelwerte zwischen 0 und 35° C.   [2] Bei 17,2° C.   [3] Bei 20° C.

Formel	Name	Agg.-Zust.	Standardwerte bei 25° C				Umwandlungen			Verdampfung	
			C_p^0 JMo l^{-1}grd^{-1}	S^0 JMol^{-1}grd^{-1}	ΔH_B^0 kJMol^{-1}	ΔG_B^0 kJMol^{-1}	Temp. °C	Art	ΔH_U kJMol^{-1}	V °C	ΔH_V kJMol^{-1}
$C_4H_9NO_2$	1-Nitrobutan	fl			−193					152,9	
$C_4H_9NO_2$	2-Nitrobutan	fl			−208		−132	F		139,6	
$C_4H_9N_3O_2$	Kreatin	f	172	189	−541	−269					
C_4H_{10}	Butan	g	98,8	310	−125	−15,7	−138,3	F	4,66	−0,50	22,4
C_4H_{10}	2-Methyl-propan	g	96,8	295	−132	−18,0	−159,4	F	5,54	−11,7	21,3
$C_4H_{10}N_2O_4$	L-Asparaginhydrat	f	207	213	−1090						
$C_4H_{10}O$	Butanol-(1)	fl	179	252	[−2670]		−89,3	F	8,98	117,6	44,0
		g			[−2719]						
$C_4H_{10}O$	Butanol-(2)	fl					−114,7	F		99,5	43,6
$C_4H_{10}O$	Diäthyläther	fl	171 [1]		[−2727]		−116,2	F	6,90	34,6	26,6
$C_4H_{10}O$	2-Methyl-propanol-(1)	fl			[−2669]					107,2	43,5
$C_4H_{10}O$	2-Methyl-propanol-(2)	f	225	198	[−2632]		25,2	F	6,79	82,9	40,0
$C_4H_{10}O_4$	Erythrit	f	166	178	−910	−641	118,4	F	42,4		
$C_4H_{10}S$	Butanthiol-(1)	fl	172	276	−124	4,83	−115,7	F	10,5	98,5	32,2
		g	118	375	−87,3	11,9					
$C_4H_{10}S$	Butanthiol-(2)	fl	171	271	−130	−0,12	−140,1	F	6,48	85,0	30,6
		g	119	367	−96,1	5,52					
$C_4H_{10}S$	2-Methyl-propanthiol-(1)	fl	172	266	−131	0,42	−144,8	F	4,98	88,5	31,0
		g	118	363	−96,5	6,36					
$C_4H_{10}S$	2-Methyl-propanthiol-(2)	fl	175	246	−140	−2,1	−121,5	U	4,07	64,2	28,4
		g	121	338	−109	1,53	−116,1	U	0,65		
							−73,7	U	0,97		
							+1,3	F	2,48		
$C_4H_{10}S$	3-Methyl-2-thia-butan	fl	172	263	−124	8,75	−101,5	F	9,35	84,8	30,7
		g	120	378	−89,7	11,8					
$C_4H_{10}S$	2-Thia-pentan	fl	172	272	−117	12,6	−113,0	F	9,91	95,5	32,1
		g	117	372	−81	19,2					

C$_4$H$_{10}$S	3-Thia-pentan	fl	171	269	−119	12,2	−103,9	F	11,9	91,2	31,9
		g	117	368	−82,7	18,6					
C$_4$H$_{10}$S$_2$	3,4-Dithiahexan	fl	201	305	−118	11,5	−101,5	F	9,40	154,0	37,7
		g	143	414	−72,9	24,2					
C$_4$H$_{11}$N	Butylamin	fl			[−2974]		−50,5	F		70	27,2
C$_4$H$_{11}$N	Diäthylamin	fl			[−3025]		−48,0	F		55,5	28,8
C$_4$H$_{11}$N	Isobutylamin	fl			[−2986]		−85,5	F		66,8	32,3
C$_4$H$_{12}$Si	Butylsilan	fl			−109		−138,2	F		56,4	30,7
		g			−75						
C$_4$H$_{12}$Si	Diäthylsilan	fl			−155		−134,4	F		56,0	30,0
C$_4$H$_{12}$Si	Isobutylsilan	fl			−105					48,6	29,5
		g			−75						
C$_4$H$_{12}$Si	Tetramethylsilan	fl			−289		−99,0	F	6,90	26,6	24,2
C$_4$H$_{12}$Sn	Zinntetramethyl	fl			−80,3		55,0	F	94,4	78,0	31,0
		g	139	402	−56,9						
C$_5$H$_4$N$_4$O	Hypoxanthin	f	134	146	−116	72,3					
C$_5$H$_4$N$_4$O$_2$	Xanthin	f	151	161	−384	−171					
C$_5$H$_4$N$_4$O$_3$	Harnsäure	f	166	173	−623	−361					
C$_5$H$_4$O$_2$	Furfurol	fl			−199		−38,1	U	14,4	160,55	43,2
C$_5$H$_4$O$_3$	Furancarbon-säure-(2)	f			−498		133	F		230	
C$_5$H$_5$N	Pyridin	fl	133	178	100	181	−41,7	F	8,28	115,2	35,1
		g	78,1	283	140	.191					
C$_5$H$_5$N$_5$	Adenin	f	143	151	91	294					
C$_5$H$_5$N$_5$O	Guanin	f	156	160	−189	42,7					
C$_5$H$_6$O$_2$	Furfurylalkohol	fl	204	216	−276	−155	−14,6	F	13,1	171	
C$_5$H$_6$S	2-Methyl-thiophen	fl	150	218	45,4	115	−23,4	F	9,47	112,6	33,9
		g	95,4	321	84,3	124					
C$_5$H$_6$S	3-Methyl-thiophen	fl	150	218	43,9	114	−69,0	F	10,5	115,4	34,2
		g	94,8	321	83,4	123					

[1] Bei 17° C.

Formel	Name	Agg.-Zust.	Standardwerte bei 25° C				Umwandlungen			Verdampfung	
			C_p^0 JMol^{-1}grd^{-1}	S^0 JMol^{-1}grd^{-1}	ΔH_B^0 kJMol^{-1}	ΔG_B^0 kJMol^{-1}	Temp. °C	Art	ΔH_U kJMol^{-1}	V °C	ΔH_V kJMol^{-1}
C_5H_8	Cyclopenten	fl	122	201			—186,1	U	0,479		
		g	75,1	290	32,9	111	—135,0	F	3,36		
C_5H_8	3-Methyl-butin-(1)	g	105	319	136	205	—89,7	F		26,3	
C_5H_8	Pentadien-(1,2)	g	105	333	146	211	—137,3	F		44,9	
C_5H_8	Pentadien-(1,3), *cis*	g	94,6	325	78,2	146	—140,8	F		44,1	
C_5H_8	Pentadien-(1,3), *trans*	g	103	320	77,8	147	—87,5	F		42,0	
C_5H_8	Pentadien-(1,4)	fl	149	243	75,6	167	—148,9	F	6,14	26,1	26,0
		g	105	333	105,4	171					
C_5H_8	Pentadien-(2,3)	g	101	325	138	206	—125,6	F		48,3	
C_5H_8	Pentin-(1)	g	107	331	144	210	—105,7	F		40,18	
C_5H_8	Pentin-(2)	g	98,7	332	129	194	—109,3	F		56,1	
C_5H_8	Spiropentan	fl	134	194			—107,0	F	6,43	39,0	33,4
		g	88,1	282							
C_5H_8O	Cyclopentanon	fl			[—2851]		—52,8	F		129	
$C_5H_8O_2$	Acetylaceton	f			[—2576]					137..138	
$C_5H_8O_4$	Glutarsäure	f			[—2155]		98	F		302..304[1]	
$C_5H_8O_4$	Malonsäure-dimethylester	fl			[—2320]		—62	F		183,2	
$C_5H_9NO_4$	L(+)-Glutaminsäure	f	174	191	—1010	—732					
C_5H_{10}	Cyclopentan	fl	127	204	—106	36,5	—150,76	U	4,88	49,3	27,2
		g	82,9	293	—77,2	38,6	—135,06	U	0,344		
							—93,4	F	0,61		
C_5H_{10}	2-Methyl-buten-(1)	fl	157	254			—137,5	F	7,91	31,2	25,5
		g	112	342	—36,3	64,8					
C_5H_{10}	2-Methyl-buten-(2)	fl	153	251			—133,7	F	7,60	35,6	26,3
		g	107	338	—4,25	59,7					
C_5H_{10}	Penten-(1)	fl	155	262			—165,3	F	5,81	30,0	25,2
		g	115	348	—20,9	78,5					

Formel	Name										
C_5H_{10}	Penten-(2), *cis*	fl	152	259			−151,3	F	7,11	37,1	
		g	102	346	−28,1	71,9					
C_5H_{10}	Penten-(2), *trans*	fl	157	256			−140,2	F	8,37	36,4	
		g	112	342	−31,8	69,4					
$C_5H_{10}O$	Cyclopentanol	fl	184	206	−300	−128	−70,4	U	3,71	140,2	
							−16,3	F	1,54		
$C_5H_{10}O$	Pentanon-(2)	fl			[−3073]		−77,7	F	10,6	101,9	
$C_5H_{10}O$	Pentanon-(3)	fl			[−3076]		−39,50	F		101,7	
$C_5H_{10}O$	Tetrahydropyran	fl			[−3150]		−49	F	1,78	87 (744 Torr)	35,0[2]
$C_5H_{10}O_2$	Buttersäure-methylester	fl			[−2897]					102,3	34,4
$C_5H_{10}O_2$	Essigsäure-propylester	fl			[−2891]					101,8	34,7
$C_5H_{10}O_2$	Isobuttersäure-methylester	fl			[−2904]					92,6	33,8
$C_5H_{10}O_2$	Isovaleriansäure	fl			−561		−30,0	F	7,32	176,7	43,1
$C_5H_{10}O_2$	Propionsäure-äthylester	fl			[−2920]		−73,9	F	12,6	98,1	34,4
$C_5H_{10}O_2$	Tetrahydrofurfuryl-alkohol	fl			[−4320]					177	
$C_5H_{10}O_2$	Valeriansäure	fl			−548		−34,5	F	7,74	184,7	44,0
$C_5H_{11}Br$	1-Brom-pentan	fl	173	407			−89,3	F	14,3	128,6	30,5
$C_5H_{11}Cl$	1-Chlor-3-methyl-butan	fl	175		[−3341][3]		−104,4	F		98,8	
$C_5H_{11}Cl$	2-Chlor-2-methyl-butan	fl			[−3322][3]		−73,7	F		83,2	30,8
$C_5H_{11}Cl$	1-Chlor-pentan	fl			[−3345][3]					105,0	32,8
$C_5H_{11}N$	Piperidin	fl	171[4]		[−3459]					103,5	32,3
C_5H_{12}	2,2-Dimethyl-propan	g	122	306	−166	−15,2	−16,6	F	3,26	9,5	22,8
C_5H_{12}	2-Methyl-butan	fl	165	260	−179	−14,6	−159,8	F	5,16	27,8	24,6
		g	121	343	−154	14,7					
C_5H_{12}	Pentan	fl	171	263	−173	−9,21	−129,7	F	8,41	36,1	25,8
		g	123	348	−146	−8,11					
$C_5H_{12}O$	2-Methyl-butanol-(2)	fl	248	229	−404	−199	−127,2	U	1,96	102,3	
							−9,1	F	4,49		
$C_5H_{12}O$	Methyl-tert.-butyläther	fl	188		[−3117]		−108,6	F		55,1	28,3

[1] Zers. [2] Aus Dampfdruckmessung zwischen 0 und 15° C. [3] Bei 17,2° C. [4] Bei 17° C.

Formel	Name	Agg.-Zust.	Standardwerte bei 25° C				Umwandlungen			Verdampfung	
			C_p^0 JMol^{-1}grd^{-1}	S^0 JMol^{-1}grd^{-1}	ΔH_B^0 kJMol^{-1}	ΔG_B^0 kJMol^{-1}	Temp. °C	Art	ΔH_U kJMol^{-1}	V °C	ΔH_V kJMol^{-1}
$C_5H_{12}O$	Pentanol-(1)	fl	209	255	−360	−163	−78,9	F	9,79	138,2	
$C_5H_{12}O_2$	Diäthoxymethan	fl			[−3241]		−66,5	F	15,1		
$C_5H_{12}O_4$	Pentaerythrit	f			[−2769]		187,7	U	43,9		
							265,5	F	7,4		
$C_5H_{12}S$	Pentanthiol-(1)	fl	202	310	−151	7,99	−75,7	F	17,5	126,6	37,0
		g		415	−110	18,0					
C_6Cl_6	Hexachlorbenzol	f	210	260	−131	11,1	229,5	F			
C_6HCl_5O	Pentachlorphenol	f	202	252	−295	−144	186	F			
$C_6H_3Cl_3$	1,2,3-Trichlor-benzol	f					55	F	17,4		
$C_6H_3Cl_3$	1,2,4-Trichlor-benzol	fl					17,0	F	15,5		
$C_6H_3Cl_3$	1,3,5-Trichlor-benzol	f					63	F	17,4		
$C_6H_4N_2$	2-Cyan-pyridin	f		322	259	308	29	F		212...215	
$C_6H_4N_2$	3-Cyan-pyridin	f			196		49...50	F		201	
$C_6H_4N_2O_4$	1,2-Dinitrobenzol	f	187		[−2943]		116,9	F	22,8		
$C_6H_4N_2O_4$	1,3-Dinitrobenzol	f	195		[−2906]		90,8	F	20,4		
$C_6H_4N_2O_4$	1,4-Dinitrobenzol	f	192		[−2894]		173,5	F	28,1		
$C_6H_4O_2$	Benzochinon-(1,4)	f	132		−187		112,9	F	18,4		
C_6H_5Br	Brombenzol	fl	155	208	43,9	112	−30,7	F	10,6	156,2	36,4
C_6H_5Cl	Chlorbenzol	fl	150	194	10,6	93,7	−45,3	F	9,56	132,2	35,7
C_6H_5F	Fluorbenzol	fl	146	206	−145	−69,0	−42,2	F	11,3	84,7	31,2
		g	94,4	323	−110	−68,3					
C_6H_5J	Jodbenzol	fl	159	205	144	208	−31,3	F	9,75	188,6	40,8
$C_6H_5NO_2$	Nitrobenzol	fl	187	224	11,2	142	5,6	F	12,1		
$C_6H_5NO_3$	2-Nitro-phenol	f			[−2880]		45	F	17,4	217,2	
$C_6H_5NO_3$	3-Nitro-phenol	f			[−2864]		90,8	F	21,3		
$C_6H_5NO_3$	4-Nitro-phenol	f			[−2427]		114,1	F	15,9		

C_6H_6	Benzol	fl	136	173	49,0		5,53[1]	F	9,84	80,10	30,8
		g	81,7	269	82,9	130					
C_6H_6O	Phenol	f	135	142	−163	−47,5	41	F	11,6	181,8	47,3
$C_6H_6O_2$	1,2-Dihydroxy-benzol	f	132		[−2868]		104,3	F	22,7		
$C_6H_6O_2$	1,3-Dihydroxy-benzol	f	131		[−2860]		109,7	F	21,3	275,9	
$C_6H_6O_2$	1,4-Dihydroxybenzol	f	142		−363		172,3	F	27,1		
$C_6H_6O_3$	1,2,3-Trihydroxy-benzol	f	175[2]		[−2651]		132,8	F			
C_6H_6S	Benzolthiol	fl	173	223	62,8	134	−145	U	≈0,17	143,7	41,2
		g	105	337	112	148	−14,9	F	11,4	(380 Torr)	
C_6H_7N	Anilin	fl	191	192	29,7	148	−6,4	F	10,5	184,4	45,1
		g		301	82,4	165					
C_6H_7N	α-Picolin	fl			59,0		−66,7	F	9,82	129,4	37,8
		g			102						
C_6H_7N	β-Picolin	fl			68,3		−18,20	F	10,3	144,14	39,1
		g			114						
C_6H_7N	γ-Picolin	fl			56,8		3,65	F	11,6	145,4	39,2
		g			102						
C_6H_{10}	Cyclohexen	fl	140	216	[−3739]		−135,45	U	4,25	83	
		g	105	311	−7,11	105	−103,5	F	3,29		
C_6H_{10}	2,3-Dimethyl-buta-dien-(1,3)	fl			[−3803]		76,0	F		69	31,0
C_6H_{10}	Hexadien-(1,5)	fl			[−3843]		140,7	F		60	28,6
C_6H_{10}	Hexin-(1)	g	130	369	124	218					
C_6H_{12}	Cyclohexan	fl	156	204	−156	·26,8	−87,06	U	6,65	80,7	30,1
		g	106	298	−123	31,7	6,6	F	2,66		
C_6H_{12}	2,3-Dimethyl-buten-(2)	fl	174	270			−76,3	U	3,53	73,2	29,6
		g	124	365	−66,6	69	−74,2	F	6,45		
C_6H_{12}	Hexen-(1)	fl	183	295			−139,8	F	9,35	63,5	28,0
		g	138	386	−41,7	87,1					
C_6H_{12}	Hexen-(2), *cis*	g	127	386	−48,4	−80,2	−141,1	F		68,9	29,1

[1] Bester Wert 5,484° C.   [2] Mittelwert zwischen 0 und 79° C.

Formel	Name	Agg.-Zust.	Standardwerte bei 25° C				Umwandlungen			Verdampfung	
			C_p^0 JMol⁻¹grd⁻¹	S^0 JMol⁻¹grd⁻¹	ΔH_B^0 kJMol⁻¹	ΔG_B^0 kJMol⁻¹	Temp. °C	Art	ΔH_U kJMol⁻¹	V °C	ΔH_V kJMol⁻¹
C_6H_{12}	Hexen-(2), *trans*	g	137	382	−52,5	77,3	−137,8	F		67,9	28,9
C_6H_{12}	Hexen-(3), *cis*	g	124	380	−48,4	82,3	−143	F		66,4	28,7
C_6H_{12}	Hexen-(3), *trans*	g	136	377	−52,5	78,9	−113	F		67,0	28,9
C_6H_{12}	Methylcyclopentan	fl	159	244	−138	35,6	−142,4	F	6,93	71,8	29,3
		g	110	340	−107	35,9					
C_6H_{12}	2-Methyl-penten-(2)	g	127	378	−62,6	68,4	−135	F		67,3	29,0
C_6H_{12}	3-Methyl-penten-(2), *cis*	g	127	378	−59,9	71,2	−138,4	F		70,4	29,3
C_6H_{12}	3-Methyl-penten-(2), *trans*	g	127	382	−59,9	70,0					28,3
$C_6H_{12}N_2O_4S_2$	L-Cystin	f	270	287	−1052	−694					
$C_6H_{12}O$	Butylvinyläther	fl	232				−92	F		93,5	32,3
$C_6H_{12}O$	Cyclohexanol	fl	209	199	−349	−135	−9,7	U	8,20	160,5	42,4
							23,5	F	1,70		
$C_6H_{12}O$	Hexanon-(2)	fl	232		[−3744]		−56,9	F		127,4	34,5
$C_6H_{12}O$	Isobutylvinyläther	fl	233		[−3809]		−112	F		83,0	31,2
$C_6H_{12}O_2$	Buttersäureäthyl-ester	fl			[−3560]		−97,9	F		118,9	36,3
$C_6H_{12}O_2$	Capronsäure	fl					3,6	F	15,1	205,3	
$C_6H_{12}O_6$	α-D-Galactose	f	220	205	−1285	−919					
$C_6H_{12}O_6$	D-Glucose	f	219		−1273						
$C_6H_{12}O_6$	L-Sorbose	f	229	221	−1270	−909	−73,9	U	0,601		
C_6H_{14}	2,2-Dimethyl-butan	fl	189	272	−213	−11,7	−146,34	U	5,41	49,2	26,3
		g	143	359	−186	−9,7	−123,36	U	0,285		
							−98,9	F	0,579		
C_6H_{14}	2,3-Dimethyl-butan	fl	189	277	−207	−6,93	−137,08	U	6,49	57,99	27,3
		g	145	365	−178	−4,80	−127,96	F	0,801		
C_6H_{14}	Hexan	fl	195	296	−199	−4,28					
		g	147	397	−167	0,3					

C_6H_{14}	2-Methyl-pentan	fl	194	291	−204	−8,11	−153,6	F	6,27	60,3	27,8
		g	144	379	−174	−4,60					
C_6H_{14}	3-Methyl-pentan	fl	191		−202					63,3	28,1
		g	147	380	−172	−2,00					
$C_6H_{14}O$	Diisopropyläther	fl	218	295			−86,8	F	11,2	67,5	29,2
$C_6H_{14}O$	Hexanol-(1)	fl	238	287	−388	−160	−47,4	F	15,4	157,00	50,6
$C_6H_{14}O_6$	Dulcit	f	242	248	−1327	−935	188	F			
$C_6H_{14}O_6$	Mannit	f	240	253	−1317	−926	166,0	F	53,6		
$C_6H_{14}S_2$	4,5-Dithia-octan	fl	262	373	−170	20,2	−85,5	F	13,8	195,8	54,1
		g	185	495	−116	38,0					
$C_6H_{16}Si$	Triäthylsilan	fl			−172		−156,9	F		108,8	
$C_7H_5ClO_2$	2-Chlorbenzoesäure	f	163		[−3094][1]		140,2	F	25,7		
$C_7H_5ClO_2$	3-Chlorbenzoesäure	f	163		[−3069][1]		154,2	F	23,8		
$C_7H_5ClO_2$	4-Chlorbenzoesäure	f	168		[−3067][1]		239,7	F	32,2		
$C_7H_5F_3$	Phenyl-trifluor-methan	fl	188	271	−619	−49,9	−29,01	F	13,8	102,0	32,6
		g	130	373	−581	−49,2					
C_7H_5N	Benzonitril	fl			−163		−14	F	9,08	190,7	45,9
$C_7H_5NO_4$	2-Nitro-benzoesäure	f	192		[−3079]		145,8	F	28,0		
$C_7H_5NO_4$	3-Nitro-benzoesäure	f	173		[−3049]		141,1	F	19,3		
$C_7H_5NO_4$	4-Nitro-benzoesäure	f	180		[−3046]		239,2	F	37,0		
$C_7H_6N_2O_4$	2,4-Dinitro-toluol	f			[−3548]		70,1	F			
$C_7H_6N_2O_4$	2,6-Dinitro-toluol	f			[−3569]		64,3	F			
C_7H_6O	Benzaldehyd	fl	171,3[2]		[−3534]		−55,6	F		179,2	40,9
$C_7H_6O_2$	Benzoesäure	f	147	168	−385	−245	122,4		18,0		
$C_7H_6O_2$	2-Hydroxy-benzaldehyd	fl			[−3329]		−7	F		196,5	
$C_7H_6O_2$	3-Hydroxy-benz-aldehyd	f			[−3304]		106	F			
$C_7H_6O_2$	4-Hydroxy-benzaldehyd	f			[−3315]		116	F			
$C_7H_6O_3$	2-Hydroxy-benzoesäure	f	165	178	−594	−428	157	F			
$C_7H_6O_3$	3-Hydroxy-benzoesäure	f	164	177	−594	−426	200	F			
$C_7H_6O_3$	4-Hydroxy-benzoesäure	f	164	176	−597	−430	212	F			

[1] Bei 18,8° C.   [2] Bei 29° C.

Formel	Name	Agg.-Zust.	Standardwerte bei 25° C				Umwandlungen			Verdampfung	
			C_p^0 $JMol^{-1}grd^{-1}$	S^0 $JMol^{-1}grd^{-1}$	ΔH_B^0 $kJMol^{-1}$	ΔG_B^0 $kJMol^{-1}$	Temp. °C	Art	ΔH_U $kJMol^{-1}$	V °C	ΔH_V $kJMol^{-1}$
C_7H_7Br	Benzylbromid	g		380	84,7	143				201	
C_7H_7Cl	Benzylchlorid	fl	182		[−3790]		−39,0	F		179,3	
C_7H_7Cl	2-Chlor-toluol	fl			[−3747][1]		−35	F	9,62	158,4	38,5
										...158,7	
C_7H_7Cl	3-Chlor-toluol	fl			[−3749][1]		−26,25	F	10,5		
C_7H_7Cl	4-Chlortoluol	fl			[−3754][1]		7,8	F	13,0	160,4	38,7
C_7H_7NO	Benzamid	f			[−3547]		127,2	F	20,5	290	
C_7H_7NO	Formanilid	f			[−3603]		46	F	14,4		
$C_7H_7NO_2$	2-Nitro-toluol	fl			[−3751]					220,4	47,0
$C_7H_7NO_2$	3-Nitro-toluol	fl			[−3734]		15	F	13,7	231,9	50,2
$C_7H_7NO_2$	4-Nitro-toluol	f	202		[−3716]		51,6	F	17,4	238,2	50,3
C_7H_8	Cycloheptatrien	fl	163	215			−119,2	U	2,35	115,6	
		g		316			−75,2	F	1,16		
C_7H_8	Toluol	fl	166	219	8,08	110	−95,0	F	6,62	110,6	33,5
		g	104	320	50	123					
C_7H_8O	Anisol	fl			[−3778][2]					153	39,4
C_7H_8O	Benzylalkohol	fl	218	217	−161	−27,3	−15,6	F	8,97	204,2	50,5
C_7H_8O	o-Kresol	fl			[−3697]					191,0	46,9
C_7H_8O	m-Kresol	fl			[−3703][2]					202,2	49,4
C_7H_8O	p-Kresol	fl			[−3696]					201,9	49,5
C_7H_9N	2,3-Dimethyl-pyridin	fl			19,3		−15,2	F		161,2	41,1
C_7H_9N	2,4-Dimethyl-pyridin	fl			16,1		−64,0	F		158,4	40,9
C_7H_9N	2,5-Dimethyl-pyridin	fl			18,6		−15,5	F		157,0	40,6
C_7H_9N	2,6-Dimethyl-pyridin	fl			12,6		−6,10	F	10,0	144,0	39,5
C_7H_9N	3,4-Dimethyl-pyridin	fl			18,1		−11,0	F		179,1	42,7
C_7H_9N	3,5-Dimethyl-pyridin	fl			22,4		−6,50			171,9	44,1

C$_7$H$_9$N	N-Methylanilin	fl		224	32,2	182				193,6	35,3
		g		341	85,4	199					
C$_7$H$_{12}$	Heptin-(1)	g	155	408	103	227	−80,9	F		99,7	
C$_7$H$_{12}$	1-Methyl-cyclo-hexen-(1)	fl			[−4391][3]					111	
C$_7$H$_{14}$	Äthyl-cyclopentan	fl			−163		−138,5	F	6,87	103,5	32,2
		g	134	379	−127	44,3					
C$_7$H$_{14}$	Cycloheptan	fl	181	242	−158		−138,4	U	4,97	118,8	
		g		342			−75,0	U	0,290		
							−60,8	U	0,450		
							−8,03	F	1,88		
C$_7$H$_{14}$	Hepten-(1)	fl	212	328			−118,8	F	12,4	93,6	
		g	162	424	−62,3	9,56					
C$_7$H$_{14}$	Hepten-(2), *cis*	g			[−4686]					98,5	
C$_7$H$_{14}$	Hepten-(2), *trans*	g			[−4682]		−109,48	F		97,9	
C$_7$H$_{14}$	Hepten-(3), *cis*	g			[−4682]					95,7	
C$_7$H$_{14}$	Hepten-(3), *trans*	g			[−4686]		−136,6	F		95,7	
C$_7$H$_{14}$	Methyl-cyclohexan	fl	185	248	−190	20,4	−126,6	F	6,75	100,9	31,7
		g	135	343	−155	27,4					
C$_7$H$_{14}$	2-Methyl-hexen-(1)	g			[−4678]		−102,8	F		92,0	
C$_7$H$_{14}$	3-Methyl-hexen-(2), *cis*	g			[−4675]					94	
C$_7$H$_{14}$	3-Methyl-hexen-(2), *trans*	g			[−4675]					94	
C$_7$H$_{14}$O	Heptanon-(4)	fl			[−4395]		−34	F		143,5	36,1
C$_7$H$_{14}$O$_2$	Heptansäure	fl			[−4124]		−7,5	F	15,0		
C$_7$H$_{14}$O$_2$	Isovaleriansäure=äthylester	fl			−569					135,4	
C$_7$H$_{14}$O$_2$	Valeriansäure-äthylester	fl			−552					144,4	
C$_7$H$_{16}$	3-Äthyl-pentan	fl	219	315	−225	4,44	−118,6	F	9,46	93,5	30,9
		g		412	−190	10,8					
C$_7$H$_{16}$	2,2-Dimethyl-pentan	fl	221	299	−239	−4,53	−123,8	F	4,36	79,2	29,2
		g		392	−206	0,376					

[1] Bei 18,8° C.   [2] Bei 17° C.   [3] Bei 18° C.

Formel	Name	Agg.-Zust.	Standardwerte bei 25° C				Umwandlungen			Verdampfung	
			C_p^0 JMol⁻¹grd⁻¹	S^0 JMol⁻¹grd⁻¹	ΔH_B^0 kJMol⁻¹	ΔG_B^0 kJMol⁻¹	Temp. °C	Art	ΔH_U kJMol⁻¹	V °C	ΔH_V kJMol⁻¹
C_7H_{16}	2,3-Dimethyl-pentan	fl	217	319	−233	−5,31				89,8	30,3
		g		414	−199	0,671					
C_7H_{16}	2,4-Dimethyl-pentan	fl	223	303	−235	−2,06	−119,2	F	6,69	80,5	29,5
		g		397	−202	3,01					
C_7H_{16}	3,3-Dimethyl-pentan	fl	214	307	−235	−2,89	−134,46	F	7,07	86,1	29,6
		g		400	−201	2,62					
C_7H_{16}	Heptan	fl	225	328	−224	1,28	−90,6	F	14,0	98,4	31,7
		g	171	425	−188	8,86					
C_7H_{16}	2-Methyl-hexan	fl	219	320	−230	−1,97	−118,3	F	8,87	90,0	30,7
		g		417	−195	4,12					
C_7H_{16}	3-Methyl-hexan	fl	218	327	−227	−1,63				91,9	30,8
		g		424	−192	4,62					
C_7H_{16}	2,2,3-Trimethyl-butan	fl	210	296	−237	−0,72	−152	U	2,36	80,9	28,9
		g		387	−205	4,27	−24,96	F	2,20		
$C_7H_{16}O$	Heptanol-(1)	fl	278	326	−407	−150	−32,8	F	18,2	175,9	
$C_8H_4O_3$	Phthalsäure-anhydrid	f	162	179	−460	−331	130,2	F	23,2		
$C_8H_6O_4$	Isophthalsäure	f			[−3215]		348,5	F			
$C_8H_6O_4$	Phthalsäure	f	188	208	−782	−591	194	F	52,3		
C_8H_8	Äthenylbenzol (Styrol)	fl	183	238	104	203	−30,6	F	10,9	145,2	
		g	122	345	147	214					
C_8H_8	Cyclooctatetraen	fl	185	220	254	358	−4,7	F	11,3		
		g	122	325	298	370					
C_8H_8O	Acetophenon	fl			[−4139]		19,7	F	16,6	203,7	38,8
$C_8H_8O_2$	Benzoesäure-methylester	fl			[−3949]		−12,5			199,4	
$C_8H_8O_2$	2-Hydroxy-acetophenon	fl			[−3938]					218	
$C_8H_8O_2$	3-Hydroxy-acetophenon	f			[−3925] [1]		94	F			
$C_8H_8O_2$	4-Hydroxy-acetophenon	f			[−3931] [1]		108	F			

$C_8H_8O_2$	4-Methoxy-benzaldehyd	fl			[−4029][2]		2,5	F		248	
$C_8H_8O_2$	2-Methyl-benzoesäure	f	175		[−3887]		103,7	F	20,2		
$C_8H_8O_2$	3-Methyl-benzoesäure	f	166		[−3886]		108,8	F	15,7		
$C_8H_8O_2$	4-Methyl-benzoesäure	f	164		[−3879]		179,6	F	22,7		
$C_8H_8O_2$	Phenylessigsäure	f			[−3893]		76,7	F	17,1	266,5	
C_8H_{10}	Äthylbenzol	fl	186	255	−12,5	120	−95,0	F	9,16	136,19	36,0
		g	128	360	29,8	131					
C_8H_{10}	1,2-Dimethyl-benzol	fl	189	246	−24,4	111	−25,19	F	13,6	144,4	36,8
		g	133	353	19	122					
C_8H_{10}	1,3-Dimethyl-benzol	fl	183	252	−25,4	108	−47,87	F	11,6	139,1	36,4
		g	128	357	17,2	119					
C_8H_{10}	1,4-Dimethyl-benzol	fl	184	247	−24,3	110	13,26	F	17,1	138,3	36,1
		g	127	352	17,9	121					
$C_8H_{11}N$	N-Äthylanilin	fl		239	3,76	189	−63,5	F		206,6	
		g		352	56,1	208					
$C_8H_{11}N$	N,N-Dimethylanilin	fl	215[3]	256	34,3	215	2,4	F	11,4	192,7	44,3
		g		366	84,1	232					
C_8H_{14}	Octin-(1)	g	179	446	82,4	236	−79,3			126,2	
C_8H_{16}	Octen-(1)	fl	241	360			−101,7	F	15,3	121,3	
		g	187	463	−82,9	104					
$C_8H_{16}O$	Octanon-(2)	fl			[−5040]		−20,9	F		173,5	38,1
$C_8H_{16}O_2$	Octansäure	fl					16,38	F	21,4	237,5	
C_8H_{18}	3-Äthyl-hexan	fl		355	−250	7,54				118,2	33,6
		g		458	−211	16,5					
C_8H_{18}	2,2-Dimethyl-hexan	fl		332	−262	3,01	−121,2	F	6,80	106,8	32,3
		g		431	−225	10,7					
C_8H_{18}	2,3-Dimethyl-hexan	fl		343	−253	9,10				115,2	33,2
		g		444	−214	17,7					
C_8H_{18}	2,4-Dimethyl-hexan	fl		346	−257	3,73				109,4	32,7
		g		446	−219	11,7					

[1] Bei 20° C.   [2] Bei 17° C.   [3] Bei 29° C.

Formel	Name	Agg.-Zust.	Standardwerte bei 25° C				Umwandlungen			Verdampfung	
			C_p^0 $JMol^{-1}grd^{-1}$	S^0 $JMol^{-1}grd^{-1}$	ΔH_B^0 $kJMol^{-1}$	ΔG_B^0 $kJMol^{-1}$	Temp. °C	Art	ΔH_U $kJMol^{-1}$	V °C	ΔH_V $kJMol^{-1}$
C_8H_{18}	2,5-Dimethyl-hexan	fl		339	−260	2,48	−91,2	F	12,9	109,1	32,8
		g		439	−223	10,5					
C_8H_{18}	3,3-Dimethyl-hexan	fl		339	−258	5,16	−126,1	F	7,1	112,0	32,7
		g		438	−220	13,3					
C_8H_{18}	3,4-Dimethyl-hexan	fl		336	−252	12,0				117,3	33,3
		g		437	−213	20,8					
C_8H_{18}	2-Methyl-3-äthyl-pentan	fl		341	−250	12,7	−115,0	F	11,3	115,2	32,9
		g		441	−211	21,3					
C_8H_{18}	3-Methyl-3-äthyl-pentan	fl		335	−253	11,3	−90,9	F	10,8	118,0	32,8
		g		433	−215	19,9					
C_8H_{18}	2-Methyl-heptan	fl		352	−255	3,85	−109,0	F	10,3	117,6	33,6
		g		455	−213	15,6					
C_8H_{18}	3-Methyl-heptan	fl		358	−252	4,68	−120,5	F	11,4	118,9	34,1
		g		462	−213	13,8					
C_8H_{18}	4-Methyl-heptan	fl		350	−252	7,8	−121,0	F	10,8	117,7	33,9
		g		453	−212	16,8					
C_8H_{18}	Octan	fl	254	361	−250	6,41	−56,8	F	20,7	125,3	34,6
		g	195	464	−208	17,4					
C_8H_{18}	2,2,3-Trimethyl-pentan	fl		328	−257	9,30	−112,3	F	8,63	109,8	32,2
		g		463	−220	17,1					
C_8H_{18}	2,2,4-Trimethyl-pentan	fl	239	330	−259	6,30	−107,4	F	9,21	99,2	31,0
		g		425	−224	13,1					
C_8H_{18}	2,3,3-Trimethyl-pentan	fl		334	−254	10,6	−100,7	F	1,53	114,8	36,6
		g		431	−216	18,9					
C_8H_{18}	2,3,4-Trimethyl-pentan	fl	249	332	−255	9,72	−109 5	F	9,27	113,1	32,7
		g		431	−217	18,1					
$C_8H_{18}O$	Octanol-(1)	fl	285[1]		[−5288]		−15,0	F		195,3	53,1

$C_8H_{18}S$	Dibutylsulfid	fl			—220					188,9	41,3
C_9H_7N	Chinolin	fl	199	217	149	265	14,8	F	10,8	237,7	47,4
$C_9H_8O_2$	Zimtsäure, (cis)	f			[—4369]		42	F			
$C_9H_9NO_3$	Hippursäure	f	215	239	—619	—337					
C_9H_{10}	1-Methyl-2-äthenyl-benzol	g	145	384	118	214	—68,6	F		169,8	39,6
C_9H_{10}	1-Methyl-3-äthenyl-benzol	g	145	389	115	209	—86,3	F		171,6	38,8
C_9H_{10}	1-Methyl-4-äthenyl-benzol	g	145	384	115	210	—34,1	F		172,8	38,9
C_9H_{10}	1-Phenyl-propen-(1), cis	g	145	384	121	217				168	
C_9H_{10}	1-Phenyl-propen-(1), trans	g	146	380	117	214				179	
C_9H_{10}	2-Phenyl-propen-(1)	g	145	384	113	209	—23,2	F		165,4	
$C_9H_{10}O_2$	Benzoesäure-äthylester				[—4598]		—34	F		212,9	
C_9H_{12}	1-Methyl-2-äthyl-benzol	fl		286	—46,5	117	—80,8	F	10,6	165,1	38,9
		g	158	399	1,21	131					
C_9H_{12}	1-Methyl-3-äthyl-benzol	fl		292	—48,8	113	—95,5	F	7,61	161,3	38,5
		g	152	404	—1,92	127					
C_9H_{12}	1-Methyl-4-äthyl-benzol	fl		288	—48,9	113	—62,3	F	12,7	162,0	38,4
		g	151	399	—3,26	127					
C_9H_{12}	1,2,3-Trimethyl-benzol	fl	216	301	—58,6	101	—54,45	U	0,659	176,1	40,0
		g	158	384	—9,58	125	—42,88	U	1,34		
							—25,3	F	8,18		
C_9H_{12}	1,2,4-Trimethyl-benzol	fl	212	284	—61,9	103	—43,8	F	12,3	169,2	39,2
		g	154	396	—13,9	117					
C_9H_{12}	1,3,5-Trimethyl-benzol	fl	210	273	—63,5	104	—44,7	F	9,51	164,7	39,0
		g	150	386	—16,1	118					
C_9H_{16}	Hydrindan (cis)	f			[—5640]					166	
C_9H_{16}	Hydrindan (trans)	fl			[—5634]					159	
$C_9H_{16}O_4$	Azelainsäure				[—4778]		107	F			
$C_9H_{18}O_2$	Nonansäure	f			[—5480]		12,3	F	20,3		
C_9H_{20}	Nonan	fl	284	394	—275	11,9	—55,96	U	6,28	150,8	37,8
		g	219	502	—229	26,1	—53,5	F	15,5		

¹ 12,8° C.

Formel	Name	Agg.-Zust.	Standardwerte bei 25° C				Umwandlungen			Verdampfung	
			C_p^0 JMol^{-1}grd^{-1}	S^0 JMol^{-1}grd^{-1}	ΔH_B^0 kJMol^{-1}	ΔG_B^0 kJMol^{-1}	Temp. °C	Art	ΔH_U kJMol^{-1}	V °C	ΔH_V kJMol^{-1}
$C_9H_{20}O$	Nonanol-(1)	fl			[−5942]		−5,5	F		213,5	
$C_{10}H_6N_2O_4$	1,5-Dinitro-naphthalin	f			[−4840]		217,5	F			
$C_{10}H_6N_2O_4$	1,8-Dinitro-naphthalin	f			[−4834]		171	F			
$C_{10}H_6N_2O_5$	2,4-Dinitro-naphthol	f			188		138	F			
$C_{10}H_8$	Azulen	f			187		99	F	19,1	234	55,5
		g	128	338							
$C_{10}H_8$	Naphthalin	f	166	167	[−5156]		80,28	F	19,0	217,96	
		g	134	336							
$C_{10}H_8O$	α-Naphthol	f			[−4962]		95,0	F	23,5	288,0	72,3
$C_{10}H_8O$	β-Naphthol	f			[−4968]		122	F	22,6	294,8	68,3
$C_{10}H_9N$	α-Naphthylamin	f			[−5294]		48,5	F	13,3		
$C_{10}H_9N$	β-Naphthylamin	f	126		[−5289]		109,7	F			
$C_{10}H_{10}O_2$	Zimtsäure-methylester	f			[−5076]		34,7	F	17,8		
$C_{10}H_{10}O_4$	Phthalsäure-dimethyl-ester	fl			[−4686]					282,0	49,8
$C_{10}H_{10}O_4$	Terephthalsäuredimethyl-ester	f			[−4652]		140,5 ...141	F			
$C_{10}H_{12}$	1,2,3,4-Tetrahydro-naphthalin	fl	217	251	[−5335]		−35,8	F	12,4	207,4	
		g	156	352	14,0						
$C_{10}H_{14}$	o-Cymol	fl			−76,1		−71,54	F	10,0	178,15	
		g			−25,5						
$C_{10}H_{14}$	m-Cymol	fl			−78,2		−63,7	F	13,7	175,1	
		g			−28,4						
$C_{10}H_{14}$	p-Cymol	fl	237	307	−78,4	120	−67,9	F	9,66	176,8	44,6
		g			−28,9						
$C_{10}H_{14}$	1,2-Diäthyl-benzol	fl			−70,9		−31,2	F	14,6	183,4	
		g			−18,9						

143. Thermochemische Standardwerte und Phasenumwandlungen 2–1083

$C_{10}H_{14}$	1,3-Diäthyl-benzol	fl			—73,0		—83,9	F	11,0	181,1	
		g			—21,8						
$C_{10}H_{14}$	1,4-Diäthyl-benzol	fl			—73,1		—42,8	F	10,6	183,7	
		g			—22,3						
$C_{10}H_{14}$	1-Phenyl-butan	fl	240	321	—63,9		—88,0	F	11,0	183,3	
		g	177	439	—13,8	145					
$C_{10}H_{14}$	2-Phenyl-butan	fl			—66,5		—75,5	F	9,83	173,3	
$C_{10}H_{14}$	1,2,3,4-Tetra-methyl-benzol	fl	238	291	—96,4	106	—6,2	F	7,05	204,4	45,0
		g	190	416	—41,9	124					
$C_{10}H_{14}$	1,2,3,5-Tetra-methyl-benzol	fl	241	310	—98,5	99,0	—23,7	F	11,7	197,9	43,8
		g	186	422	—44,8	118					
$C_{10}H_{14}$	1,2,4,5-Tetra-methyl-benzol	f	215	246	—98,7	118	79,2	F	21,0	195,8	45,5
		g	186	418	—45,3	120					
$C_{10}H_{15}N$	N,N-Diäthyl-anilin	fl		266	—16,3	242				215,2	46,3
		g		387	40,2	262					
$C_{10}H_{16}O$	Campher	f			[—5901]		178,4	F	6,82		
$C_{10}H_{18}$	Decahydronaphthalin, *cis*	fl	232	265	—219		—57,1	U	2,14	196	42,7
		g	167	378			—43,0	F	9,49		
$C_{10}H_{18}$	Decahydronaphthalin, *trans*	fl	228	265	—229		—30,4	F	14,4	186	41,7
		g	167	375							
$C_{10}H_{20}$	Decen-(1)	fl	300	425			—74,9	U	7,95	170,6	
		g	235	540	—124	121	—66,3	F	13,8		
$C_{10}H_{20}O$	Menthol	f			[—6321]		42,0	F	12,3	216,5	50,4
$C_{10}H_{22}$	Decan	fl	314	426	—301	17,4	—29,6	F	28,7	174,1	
		g	243	540	—250	34,6					
$C_{11}H_8O_2$	α-Naphthoesäure	f			[—5155]		162	F			
$C_{11}H_8O_2$	β-Naphthoesäure	f			[—5137]						
$C_{11}H_{10}$	1-Methyl-naphthalin	fl	224	255	[—5627]		—32,36	U	4,98	244,4	
		g	160	377			—30,45	F	6,94		
$C_{11}H_{10}$	2-Methyl-naphthalin	f	196	220	33,4		15,3	U	5,61	241,0	
		g	160	380			34,6	F	12,1		

Formel	Name	Agg.-Zust.	Standardwerte bei 25° C				Umwandlungen			Verdampfung	
			C_p^0 JMol⁻¹grd⁻¹	S^0 JMol⁻¹grd⁻¹	ΔH_B^0 kJMol⁻¹	ΔG_B^0 kJMol⁻¹	Temp. °C	Art	ΔH_U kJMol⁻¹	V °C	ΔH_V kJMol⁻¹
$C_{11}H_{16}$	Pentamethyl-benzol	f		294	−124	118	23,6	U	1,92	231,8	48,7
		g	216	444	−75,5	123					
$C_{11}H_{20}$	Undecin-(1)	g	251	561	−20,6	262	−25	F		195	
$C_{11}H_{22}$	Undecen-(1)	fl	330	457			−55,9	U	9,21	192,7	
		g	259	578	−145	130	−49,2	F	17,0		
$C_{11}H_{22}O_2$	Undecansäure	f			[−6752]		∼15	U			
							28,3¹	F	25,1		
$C_{11}H_{24}$	Undecan	fl	·245	458	−327	22,8	−36,6	U	6,86	195,9	
		g	267	579	−270	43,2	−25,6	F	22,2		
$C_{12}H_8N_2$	Phenazin	f			[−6112]		171	F		339	
$C_{12}H_9NO_2$	3-Nitro-diphenyl	f			[−6081]		62	F			
$C_{12}H_9NO_2$	4-Nitro-diphenyl	f			[−6056]		115	F			
$C_{12}H_{10}N_2O$	Azoxybenzol	f			[−6422]		38...38,5	F	18,0		
$C_{12}H_{10}O$	Diphenyläther	f	217	234	−32,1	144	26,88	F	17,2	259	46,7
$C_{12}H_{11}N$	Diphenylamin	f		282	132	311	52,5	F	17,5	302	55,2
		g		408	202	343					
$C_{12}H_{12}N_2$	Hydrazobenzol	f			221		134	F	17,6		
$C_{12}H_{14}O_4$	Apiol	f			[−6272]		30	F	24,0		
$C_{12}H_{14}O_4$	Phthalsäure-diäthylester	fl			[−6081]					296,1	51,1
$C_{12}H_{18}$	Hexamethyl-benzol	f	257	310	−146	133	110,4	U		263,5	53,8
		g	249	452	−106	130	165,5	F	20,6		
$C_{12}H_{22}$	Dodecin-(1)	g	275	600	−0,04	270	−19	F		215	
$C_{12}H_{22}O_{11}$	β-Lactose	f	411	386	−2233	−1564					
$C_{12}H_{22}O_{11}$	Saccharose	f	425	360	−2221	−1544					
$C_{12}H_{24}$	Dodecen-(1)	fl	361	485			−60,3	U	4,55	213,4	
		g	283	616	−165	138	−35,2	F	19,9		
$C_{12}H_{24}O_2$	Laurinsäure	f			[−7425]		43,75	F	36,6	302,3	57,5

$C_{12}H_{26}$	Dodecan	fl	376	491	−352	28,4	−9,6	F	36,8	216,3	
		g	291	617	−291	51,8					
$C_{12}H_{27}BO_3$	Tributylborsäureester	fl			−1221						52,3[2]
$C_{13}H_9N$	Acridin	f			[−6601]		115	F		346	
$C_{13}H_{10}O$	Benzophenon	f			−32,9		48,0	F	16,7		
$C_{13}H_{10}O_3$	Kohlensäure-diphenylester	f	263	278	−401	−177					
$C_{13}H_{12}$	Diphenylmethan	f	233		[−6673]		25,2	F	18,4	264,3	
$C_{13}H_{12}O$	Benzhydrol	f	236		−105		68	F		298	
$C_{13}H_{20}$	n-Heptyl-benzol	g	250	554	−75,6	171	−48	F		245,5	
$C_{13}H_{28}$	Tridecan	fl	407	523	−378	33,8	−18,2	U	7,66	235,4	
		g	315	666	−311	60,5	−5,4	F	28,5		
$C_{14}H_8O_2$	Anthrachinon	f			[−6472]		282,0	F	32,8	379,8	
$C_{14}H_{10}$	Anthracen	f	209	207	128		217	F	28,8		
$C_{14}H_{10}$	Diphenyläthin	f	226		[−7250]		59,0	F	21,4		
$C_{14}H_{10}$	Phenanthren	f	231	212	113		100	F	28,6		
$C_{14}H_{10}N_2O_4$	4,4′-Dinitro-stilben, *cis*	f			71,1		303…304	F			
$C_{14}H_{10}N_2O_4$	4,4′-Dinitro-stilben, *trans*	f			51,9		186… 186,5	F			
$C_{14}H_{10}O_2$	Benzil	f			−178		94,9	F	19,4		
$C_{14}H_{12}$	1,1-Diphenyl-äthen	fl	299		[−7393]					239	73,3
$C_{14}H_{12}$	Stilben, *cis*	f			[−7404]		276	F			
$C_{14}H_{12}$	Stilben, *trans*	f	236	251	[−7361]		124	F	30,1		
$C_{14}H_{12}N_2$	Benzal-azin	f			[−7565]		93	F			
$C_{14}H_{14}$	Dibenzyl	f	253		[−7559]		51,1	F	30,5	280,5	
$C_{14}H_{28}O_2$	Myristinsäure	f			[−8696]		53,7	F	44,9	328	61,5
$C_{14}H_{30}$	Tetradecan	fl	438	555	−403	388	−5,9	F	45,1	253,6	
		g	339	694	−332	686					
$C_{15}H_{16}$	1,3-Dibenzylmethan	fl			[−7887]		−20,8	F	18,4	298,7	
$C_{16}H_{10}$	Pyren	f	234		112						
$C_{16}H_{12}O_2$	*trans*-Dibenzoyläthylen	f	293	319	−115	112					
$C_{16}H_{18}$	1,4-Diphenyl-butan	f			[−8858]		52,3	F	48,5	315,9	
$C_{16}H_{32}O_2$	Palmitinsäure	f	461	452	−882	−305	62,6	F	54,9	352	63,1

[1] α-Form; β-Form $\Delta H_F = 32{,}6$ kJ/Mol⁻¹.   [2] Bei 25° C.

Formel	Name	Agg.-Zust.	Standardwerte bei 25° C				Umwandlungen			Verdampfung	
			C_p^0 JMol⁻¹grd⁻¹	S^0 JMol⁻¹grd⁻¹	ΔH_B^0 kJMol⁻¹	ΔG_B^0 kJMol⁻¹	Temp. °C	Art	ΔH_U kJMol⁻¹	V °C	ΔH_V kJMol⁻¹
$C_{16}H_{34}O$	Cetylalkohol	f		452	−684	−98,8	34	U	16,6		
$C_{17}H_{34}O_2$	Palmitinsäure-methylester	f	474	495							
$C_{17}H_{36}$	Heptadecan	fl			−480		22,0	F	40,5	301,8	
		g	412	809	−394	94,7					
$C_{18}H_{15}N$	Triphenylamin	f	297		132		127,5	F		364	67,3
		g			202						
$C_{18}H_{34}$	Octadecin-(1)	g	420	830	−124	321	27	F		313	
$C_{18}H_{34}O_2$	Elaidinsäure	f			[−11150]		44,4	F			
$C_{18}H_{34}O_2$	Ölsäure	fl			[−10527]		16	F		369	67,1
$C_{18}H_{36}O_2$	Stearinsäure	f			[−11298]		69,35	F		374	66,1
$C_{18}H_{38}$	Oktadecan	f		497	−569	53,9	28,2	F	61,4	316,1	
		g	436	848	−415	103					
$C_{19}H_{16}$	Triphenyl-methan	f	295		[−9931]		92,1	F	22,0		
$C_{19}H_{16}O$	Triphenylcarbinol	f	318		3,35		164,2	F			
$C_{19}H_{40}$	Nonadecan	g	460	886	−435	112	22,8	U	13,80	329,7	
							32,0	F	45,8		
$C_{20}H_{16}$	Triphenyläthen	f	308		[−10386]		72	F			
$C_{20}H_{18}$	1,1,1-Triphenyl-äthan	f	317		[−10599]		94,2	F			
$C_{20}H_{18}$	1,1,2-Triphenyl-äthan	f	321		[−10572]		54,6	F			
$C_{20}H_{42}$	Eicosan	f		559			36,2	U	24,1	342,7	
		g	484	925	−456	123	36,6	F	69,9		
$C_{22}H_{44}O_2$	Behensäure	f			[−13886]		79,1	F	78,4		
$C_{24}H_{50}$	Tetracosan	f	731	651			48,1	U	31,3	389,2	
							50,6	F	54,9		
$C_{25}H_{20}N_2O$	Tetraphenylharnstoff	f			[−11601]		215…217	F			
$C_{25}H_{52}$	Pentacosan	f	775	671			47,0	U	26,1	399,7	
							53,5	F	57,7		

Molare Standardentropie S^0 einiger Elemente[1]

Element	Zustand	S^0 J/Mol
Br_2	fl	152,3
$C_{Graphit}$	f	5,740
Cl_2	g	223,0
F_2	g	202,7
H_2	g	130,6
$^2H_2$	g	144,9
J_2	f	116,14
N_2	g	191,5
O_2	g	205,0
S_{rhomb}	f	31,88

15. Kritische Daten organischer Verbindungen

Geordnet nach den Summenformeln (System von HILL, s. S. 1092) ($\vartheta_{kr} =$ krit. Temperatur; $p_{kr} =$ krit. Druck; $\varrho_{kr} =$ krit. Dichte).

Formel	Name	ϑ_{kr} in °C	p_{kr} in atm	ϱ_{kr} in g cm^{-3}
CBr_4	Tetrabromkohlenstoff	439	42,1	0,948
$CClF_3$	Chlor-trifluor-methan	28,8	38,1	0,581
CCl_2F_2	Dichlor-difluor-methan	111,5	39,6	0,555
CCl_2O	Phosgen	182	56	0,52
CCl_3F	Fluor-trichlor-methan	198,0	43,2	0,554
CCl_4	Tetrachlorkohlenstoff	283,1	45,0	0,558
CF_4	Tetrafluormethan	-48	31,5	0,524
$CHClF_2$	Chlor-difluor-methan	96,0	48,7	0,552
$CHCl_2F$	Dichlor-fluor-methan	178,5	51,0	0,552
$CHCl_3$	Chloroform	262,5	54,9	0,496
CH_2Cl_2	Dichlormethan	237	60,0	—
CH_3Br	Brommethan	192	68,5	0,642
CH_3Cl	Chlormethan	142,8	66,0	0,370
CH_3F	Fluormethan	44,5	58,0	0,30
CH_3J	Jodmethan	255	66,3	0,83
CH_3NO_2	Nitromethan	315	73	0,352
CH_4	Methan	$-82,5$	45,8	0,1381
CH_4O	Methanol	239,4	79,9	0,272
CH_4S	Methanthiol	196,8	71,4	0,332
CH_5N	Methylamin	156,9	73,6	—
C_2ClF_3	Chlor-trifluor-äthen	105,8	40,1	0,55
C_2F_4	Tetrafluoräthen	33,3	38,9	0,58
C_2F_6	Hexafluor-äthan	19,7	29,9	0,515
C_2H_2	Acetylen	35,5	61,7	0,231
$C_2H_2F_2$	1,1-Difluor-äthen	30,1	43,8	0,417
$C_2H_3ClF_2$	1-Chlor-1,1-difluor-äthan	137,1	40,7	0,435

[1] Es sind die Standardentropien der Elemente aufgeführt, die in den organischen Verbindungen, deren Bildungsenthalpien und Entropien in Tabelle 143 angegeben sind, vorkommen. Standardentropien von weiteren Elementen werden in Band I dieses Taschenbuches gebracht.

Formel	Name	ϑ_{kr} in °C	p_{kr} in atm	ϱ_{kr} in g cm⁻³
$C_2H_3F_3$	1,1,1-Trifluor-äthan	73,1	37,1	0,434
C_2H_3N	Acetonitril	274,7	47,7	0,237
C_2H_4	Äthen	9,50	50,1	0,215
$C_2H_4Br_2$	1,2-Dibrom-äthan	309,8	70,6	—
$C_2H_4Cl_2$	1,1-Dichlor-äthan	250	50,0	0,419
$C_2H_4Cl_2$	1,2-Dichlor-äthan	288	53,0	0,419
$C_2H_4F_2$	1,1-Difluor-äthan	113,5	44,4	0,365
C_2H_4O	Äthylenoxid	195,7	71,0	0,314
$C_2H_4O_2$	Ameisensäure-methylester	214,0	59,3	0,349
$C_2H_4O_2$	Essigsäure	321,6	57,1	0,351
C_2H_5Br	Bromäthan	230,8	61,5	0,507
C_2H_5Cl	Chloräthan	189	55,0	0,334
C_2H_5F	Fluoräthan	102,16	49,6	—
C_2H_5J	Jodäthan	280	51,6	0,684
C_2H_6	Äthan	32,05	48,4	0,206
C_2H_6O	Äthanol	243,1	63,0	0,276
C_2H_6O	Dimethyläther	126,9	52,0	0,271
C_2H_6S	Äthanthiol	225,5	54,2	0,300
C_2H_6S	Dimethylsulfid	227,9	54,6	0,309
C_2H_7N	Äthylamin	183,2	55,5	0,248
C_2H_7N	Dimethylamin	164,58	52,4	—
C_2N_2	Dicyan	128,3	59,8	—
C_3H_6	Propen	91,76	45,6	0,220
C_3H_6O	Propanon-(2)	236,3	47,2	0,278
$C_3H_6O_2$	Ameisensäureäthylester	235,3	46,8	0,320
$C_3H_6O_2$	Essigsäuremethylester	233,7	46,3	0,325
$C_3H_6O_2$	Propionsäure	339	52,9	0,320
C_3H_7Br	1-Brompropan	261	43,4	0,466
C_3H_7Cl	1-Chlor-propan	224	44,6	0,309
C_3H_7J	1-Jodpropan	310	43,2	0,594
C_3H_8	Propan	96,8	42,1	0,224
C_3H_8O	Methyläthyläther	164,7	43,4	0,272
C_3H_8O	Propanol-(1)	263,7	50,2	0,273
C_3H_8O	Propanol-(2)	243,5	53,1	—
C_3H_8S	Methyläthylsulfid	258	45,3	0,302
C_3H_8S	Propanthiol-(1)	257	45,3	0,302
C_3H_9N	Propylamin	223,8	46,8	—
C_3H_9N	Trimethylamin	160,1	40,2	0,234
C_4H_4S	Thiophen	317,3	47,7	—
C_4H_6	Butadien-(1,3)	152,0	42,7	0,245
$C_4H_6O_3$	Essigsäureanhydrid	296	46,2	—
$C_4H_6O_4$	Oxalsäure-dimethylester	395	39,3	—
C_4H_7N	Butannitril	309,1	37,4	—
C_4H_8	Buten-(1)	146,4	39,7	0,233
C_4H_8O	Butanon-(2)	262,5	41,0	0,270
$C_4H_8O_2$	Ameisensäurepropylester	264,8	40,1	0,309
$C_4H_8O_2$	Buttersäure	354,7	—	0,295
$C_4H_8O_2$	1,4-Dioxan	312	—	0,36
$C_4H_8O_2$	Essigsäure-äthylester	250,1	38,0	0,308
$C_4H_8O_2$	Isobuttersäure	336,3	—	0,30
$C_4H_8O_2$	Propionsäure-methylester	257,4	39,5	0,312
C_4H_9Br	1-Brom-butan	293	37,6	0,427
C_4H_9Cl	1-Chlor-butan	259	38,3	0,295
C_4H_9J	1-Jod-butan	339	37,7	0,538

Formel	Name	ϑ_{kr} in °C	p_{kr} in atm	ϱ_{kr} in g cm^{-3}
C_4H_{10}	Butan	152,0	37,4	0,228
C_4H_{10}	2-Methyl-propan	134,98	36,0	0,221
$C_4H_{10}O$	Butanol-(1)	289,7	43,6	0,267
$C_4H_{10}O$	Diäthyläther	193,4	36,0	0,265
$C_4H_{10}O$	2-Methyl-propanol-(1)	174,6	42,4	0,269
$C_4H_{10}O$	Methylpropyläther	200	36,5	0,263
$C_4H_{10}S$	Butanthiol-(1)	290	38,9	0,300
$C_4H_{10}S$	Diäthylsulfid	283,8	39,1	0,284
$C_4H_{11}N$	Diäthylamin	223,8	40,0	0,243
C_5H_5N	Pyridin	346,8	56	0,315
C_5H_{10}	Cyclopentan	238,6	44,6	0,270
C_5H_{10}	Penten-(1)	202,6	40,4	—
$C_5H_{10}O$	2-Methyl-butanon-(3)	280,2	38,0	0,278
$C_5H_{10}O$	Pentanon-(2)	290,8	38,4	0,286
$C_5H_{10}O$	Pentanon-(3)	287,8	36,9	0,256
$C_5H_{10}O_2$	Ameisensäurebutylester	285	34,1	0,299
$C_5H_{10}O_2$	Ameisensäure-isobutylester	278	38,3	0,288
$C_5H_{10}O_2$	Butttersäure-methylester	281,2	34,3	0,300
$C_5H_{10}O_2$	Essigsäure-propylester	276,2	33,2	0,296
$C_5H_{10}O_2$	Isobuttersäure-methylester	267,5	33,9	0,301
$C_5H_{10}O_2$	Propionsäure-äthylester	272,9	33,2	0,297
$C_5H_{11}Br$	1-Brom-pentan	322	33,4	0,401
$C_5H_{11}Cl$	1-Chlor-pentan	289	33,8	0,284
$C_5H_{11}J$	1-Jod-pentan	363	33,6	0,498
C_5H_{12}	2,2-Dimethyl-propan	160,6	31,6	0,238
C_5H_{12}	2-Methyl-butan	187,8	32,9	0,234
C_5H_{12}	Pentan	197,2	33,0	0,232
$C_5H_{12}O$	Äthylpropyläther	227,4	32,1	0,260
$C_5H_{12}O$	Methoxybutan	235	32,3	0,260
$C_5H_{12}S$	Pentanthiol-(1)	321	34,5	0,285
C_6H_5Br	Brombenzol	397,0	44,6	0,485
C_6H_5Cl	Chlorbenzol	359,2	44,6	0,365
C_6H_5F	Fluorbenzol	286,5	44,6	0,354
C_6H_5J	Jodbenzol	448,0	44,6	0,581
C_6H_6	Benzol	288,9	48,3	0,309
C_6H_7N	Anilin	425,5	52,4	0,325
C_6H_7N	β-Picolin	371,7	45	—
C_6H_7N	γ-Picolin	372,5	45	—
C_6H_8	Cyclohexadien-(1,3)	286	45,4	0,297
C_6H_{10}	Cyclohexen	285	43,0	0,289
$C_6H_{11}N$	Hexannitril-(1)	348,8	32,1	—
C_6H_{12}	Cyclohexan	281,02	40,6	0,273
C_6H_{12}	Hexen-(1)	230	30,5	0,236
C_6H_{12}	Hexen-(2)	238	31,0	0,237
C_6H_{12}	Methylcyclopentan	259,6	37,4	0,264
$C_6H_{12}O_2$	Ameisensäureamylester	303	34,1	0,282
$C_6H_{12}O_2$	Buttersäure-äthylester	293	30,2	0,276
$C_6H_{12}O_2$	Essigsäure-n-butylester	302	30,1	0,292
$C_6H_{12}O_2$	Essigsäure-isobutylester	288	31,4	0,281
$C_6H_{12}O_2$	Isobuttersäure-äthylester	280	30,1	0,276
$C_6H_{12}O_2$	Propionsäurepropylester	296	29,8	0,291
$C_6H_{12}O_2$	Valeriansäuremethylester	294	31,5	0,279
C_6H_{14}	2,2-Dimethyl-butan	216,2	30,7	0,240
C_6H_{14}	2,3-Dimethyl-butan	227,1	31,0	0,241

Formel	Name	ϑ_{kr} in °C	p_{kr} in atm	ϱ_{kr} in g cm⁻³
C_6H_{14}	Hexan	234,7	29,9	0,233
C_6H_{14}	2-Methyl-pentan	224,9	30,0	0,235
C_6H_{14}	3-Methyl-pentan	231,2	30,8	0,235
$C_6H_{14}O$	Äthoxybutan	255	28,6	0,257
$C_6H_{14}O$	Dipropyläther	251	28,4	0,257
$C_6H_{14}S$	Propan-thio-propan	335	30,4	0,230
$C_6H_{15}N$	Dipropylamin	277,0	31,0	—
$C_6H_{15}N$	Triäthylamin	262,2	30,0	0,257
C_7H_5N	Benzonitril	426,2	41,6	—
C_7H_8	Toluol	319,9	40,2	0,291
C_7H_8O	Anisol	368,5	41,3	—
C_7H_8O	o-Kresol	422	49,4	—
C_7H_8O	m-Kresol	432	45	—
C_7H_8O	p-Kresol	426	50,8	—
C_7H_9N	2,6-Dimethylpyridin	350,6	37	0,280
C_7H_9N	N-Methylanilin	428,6	51,3	—
C_7H_{14}	Äthyl-cyclopentan	296,30	33,5	0,262
C_7H_{14}	Hepten-(1)	262	27,8	0,233
C_7H_{14}	Hepten-(2)	268	28,1	0,233
C_7H_{14}	Methylcyclohexan	299,13	34,3	0,285
C_7H_{16}	2,2-Dimethyl-pentan	241	26,5	0,239
C_7H_{16}	2,4-Dimethyl-pentan	248	27,5	0,245
C_7H_{16}	Heptan	267,2	27,1	0,241
C_7H_{16}	2-Methyl-hexan	258	27,3	0,240
C_7H_{16}	3-Methyl-hexan	262	27,5	0,240
C_8H_{10}	Äthylbenzol	346,4	36,9	0,286
C_8H_{10}	o-Xylol	357,9	36,1	0,288
C_8H_{10}	m-Xylol	353	36,5	0,286
C_8H_{10}	p-Xylol	343	36,0	0,286
$C_8H_{10}O$	Phenetol	374,0	33,8	—
$C_8H_{11}N$	N,N-Dimethylanilin	414,5	35,8	—
C_8H_{16}	Octen-(1)	292	25,7	0,239
C_8H_{16}	Octen-(2)	298	26,0	0,240
C_8H_{18}	2,2-Dimethyl-hexan	272	24,6	0,241
C_8H_{18}	2,5-Dimethyl-hexan	278	25,4	0,246
C_8H_{18}	2-Methyl-heptan	271,1	25,5	0,237
C_8H_{18}	3-Methyl-heptan	276,8	24,6	0,237
C_8H_{18}	Octan	296,2	24,7	0,233
$C_8H_{18}O$	Di-n-butyläther	293	23,6	0,276
$C_8H_{18}O$	Methyl-heptyl-äther	319	24,7	0,277
$C_8H_{18}S$	Dibutylsulfid	369	25,2	0,274
C_9H_{10}	1-Methyl-2-äthenyl-benzol	392	32,4	0,272
C_9H_{10}	1-Methyl-3-äthenyl-benzol	395	32,5	0,272
C_9H_{10}	1-Methyl-4-äthenyl-benzol	396	32,6	0,272
C_9H_{12}	Isopropylbenzol	357	32,2	0,286
C_9H_{12}	Propylbenzol	363	32,0	0,280
C_9H_{12}	1,2,3-Trimethyl-benzol	388	33,2	0,282
C_9H_{12}	1,2,4-Trimethyl-benzol	379	32,8	0,281
C_9H_{12}	1,3,5-Trimethyl-benzol	373	32,5	0,280
$C_9H_{13}N$	N,N-Dimethyl-o-toluidin	394,8	30,8	—
$C_9H_{18}O$	2,6-Dimethyl-heptanon-(4)	340	30	—
C_9H_{20}	2,6-Dimethyl-heptan	306	23,7	0,247
C_9H_{20}	2-Methyl-octan	315	23,6	0,243
C_9H_{20}	3-Methyl-octan	318	23,7	0,243

Formel	Name	ϑ_{kr} in °C	p_{kr} in atm	ϱ_{kr} in g cm^{-3}
C_9H_{20}	Nonan	322	22,9	0,232
$C_9H_{20}O$	2,6-Dimethylheptanol-(4)	310	35	—
$C_{10}H_8$	Naphthalin	478,5	40,6	0,314
$C_{10}H_{14}$	n-Butylbenzol	381	28,9	0,275
$C_{10}H_{14}$	sek.-Butylbenzol	377	29,3	0,282
$C_{10}H_{14}$	1,4-Diäthyl-benzol	384	29,0	0,275
$C_{10}H_{14}$	1-Methyl-2-isopropyl-benzol	378	29,3	0,281
$C_{10}H_{14}$	1-Methyl-4-isopropyl-benzol	379	29,3	0,282
$C_{10}H_{14}$	1,2,3,4-Tetramethyl-benzol	417	30,4	0,277
$C_{10}H_{14}$	1,2,3,5-Tetramethyl-benzol	408	30,0	0,277
$C_{10}H_{14}$	1,2,4,5-Tetramethyl-benzol	403	29,8	0,276
$C_{10}H_{20}$	Decen-(1)	342	22,4	0,242
$C_{10}H_{22}$	Decan	346	21,2	0,230
$C_{10}H_{22}$	2,7-Dimethyl-octan	332	22,2	0,248
$C_{11}H_{16}$	Penta-methyl-benzol	447	28,4	0,274
$C_{11}H_{16}$	1-Phenyl-pentan	398	26,4	0,272
$C_{11}H_{24}$	Undecan	369	19,9	0,229
$C_{12}H_{10}$	Diphenyl	528	41,3	0,343
$C_{12}H_{10}O$	Diphenyläther	494	34	0,322
$C_{12}H_{18}$	Hexamethylbenzol	481	26,8	0,273
$C_{12}H_{18}$	1,3,5-Triäthyl-benzol	399	23,9	0,268
$C_{12}H_{26}$	Dodecan	390	18,6	0,226
$C_{13}H_{12}$	Diphenyl-methan	>497	28,2	—
$C_{13}H_{28}$	Tridecan	410	17,6	0,224
$C_{14}H_{30}$	Tetradecan	428	16,6	0,222
$C_{15}H_{32}$	Pentadecan	444	15,8	0,221
$C_{16}H_{34}$	Hexadecan	461	15,1	0,221
$C_{17}H_{36}$	Heptadecan	476	14,4	0,220
$C_{18}H_{38}$	Oktadecan	491	13,8	0,219
$C_{19}H_{40}$	Nonadecan	501	13,4	0,220

16. Verzeichnis der Summenformeln der in den Tabellen gebrachten organischen Verbindungen

Die Summenformeln sind nach dem System von HILL [J. Am. Chem. Soc. **22**, 78 (1900)] aufgestellt. Die Ordnung erfolgt nach der Anzahl der C-Atome, Anzahl der H-Atome und alphabetischer Reihenfolge der chemischen Symbole der weiteren Elemente. Abweichend davon ist in den Tabellen dieses Buches Deuterium (D) bei den entsprechenden H-Verbindungen als ^{2}H eingeordnet. Verbindungen gleicher Summenformeln sind alphabetisch geordnet.

Alle Verbindungen der Tabellen 12, 143 und 15 sind aufgenommen. Bei Verbindungen, die in Tabelle 143 vorkommen, ist dem Namen ein StW (Standardwerte), bei denen der Tabelle 15 ein kr (kritische Daten) hinzugefügt. Sind von diesen Verbindungen keine Angaben in Tabelle 12 vorhanden, so ist der Name kursiv gesetzt.

Sind 2 Namen bei einer Summenformel angegeben, so ist der letztere in den Tabellen 143 oder 15 benutzt.

Formel	Name	Bemerkung	Formel	Name	Bemerkung
$CAgNO$	Knallsäure, Ag-Salz		CH_2F_2	Difluormethan	StW
$CBrClF_2$	Brom-chlor-difluor-methan	StW	CH^2HF_2	*Monodeutero-difluor-methan*	StW
$CBrCl_2F$	Brom-dichlor-fluor-methan	StW	$C^2H_2F_2$	*Dideutero-difluormethan*	StW
$CBrCl_3$	Brom-trichlor-methan	StW	CH_2J_2	Dijodmethan	
$CBrF_3$	Brom-trifluor-methan	StW	CH_2N_2	Cyanamid	StW
$CBrN$	Bromcyan			Diazomethan	StW
CBr_2ClF	Chlor-dibrom-fluor-methan			Diazomethan-cyclo	
CBr_2Cl_2	Dibrom-dichlor-methan	StW		Isodiazomethan	
CBr_2F_2	Dibrom-difluor-methan	StW	$CH_2N_2O_3$	Methylnitrolsäure	
CBr_3NO_2	Brompikrin		$CH_2N_2O_4$	Dinitromethan	
CBr_4	Tetrabromkohlenstoff	StW kr	CH_2N_4	1,2,3,4-Tetrazol	
$CCaN_2$	Cyanamid, Ca-Salz		CH_2N_4O	5-Hydroxy-tetrazol	
$CClFO$	*Chlor-fluor-oxymethan*	StW	CH_2O	Formaldehyd	StW
$CClF_2J$	Chlor-difluor-jod-methan		$(CH_2O)_x$	Paraformaldehyd	
$CClF_3$	Chlor-trifluor-methan	StW kr	C^2H_2O	*Dideuteroformaldehyd*	StW
$CClN$	Chlorcyan	StW	CH_2O_2	Ameisensäure	StW
$CClN_3O_6$	Chlor-trinitro-methan		CH_2O_4S	Methylensulfat	
CCl_2FJ	Dichlor-fluor-jod-methan		CH_2S_3	Trithiokohlensäure	
CCl_2F_2	Dichlor-difluor-methan	StW kr	CH_3AsCl_2	Arsen, Methyl-arsin-dichlorid	
CCl_2O	Phosgen	StW kr	CH_3AsO	Arsen, Methylarsinoxid	
CCl_2S	Thiophosgen		CH_3Br	Methylbromid, Brommethan	StW kr
CCl_3F	Fluor-trichlor-methan	StW kr	$CH_2{}^2HBr$	*Monodeutero-brommethan*	StW
CCl_3J	Jod-trichlor-methan		CH^2H_2Br	*Dideutero-brommethan*	StW

Formel	Name	StW	kr
CCl_3NO_2	Chlorpikrin		
CCl_4	Tetrachlorkohlenstoff	StW	kr
CCl_4S	Perchlormethyl-mercaptan		
CFN	*Fluorcyan*	StW	
CF_2O	*Difluor-oxymethan*	StW	
CF_3J	Jod-trifluor-methan	StW	
CF_4	Tetrafluormethan	StW	kr
$CHBrClF$	*Brom-chlor-fluor-methan*	StW	
$CHBrCl_2$	Brom-dichlor-methan	StW	
$CHBrFJ$	Brom-fluor-jod-methan		
$CHBrF_2$	Brom-difluor-methan		
$CHBr_3$	Bromoform	StW	
$CHClFJ$	Chlor-fluor-jod-methan		
$CHClF_2$	Chlor-difluor-methan	StW	kr
$CHCl_2F$	Dichlor-fluor-methan	StW	kr
$CHCl_3$	Chloroform	StW	kr
C^2HCl_3	*Monodeutero-chlormethan*	StW	
$CHFJ_2$	Dijod-fluor-methan	StW	
$CHFO$	Ameisensäurefluorid		
CHF_2J	Difluor-jod-methan	StW	
CHF_3	Trifluormethan	StW	
C^2HF_3	*Monodeutero-trifluor-methan*	StW	
CHJ_3	Jodoform	StW	
$CHKO_2$	Ameisensäure, K-Salz		
$CHLiO_2$	Ameisensäure, Li-Salz		
CHN	Blausäure		
$CHNO$	Knallsäure		
	Cyansäure u. Isocyansäure		
$CHNS$	Thiocyansäure		
CHN_3O_6	Trinitromethan		
CHN_3S_2	Dithiokohlensäureazid		
$CHNaO_2$	Ameisensäure, Na-Salz		
CHO_2Tl	Ameisensäure, Tl-Salz		
CH_2BrF	Brom-fluor-methan		
CH_2BrNO_2	Brom-nitro-methan		
CH_2Br_2	Dibrommethan	StW	
$C^2H_2Br_2$	*Dideutero-dibrom-methan*	StW	
CH_2ClF	Chlor-fluor-methan		
CH_2ClN	Ameisensäure-imidchlorid		
CH_2ClNO	Carbamidsäurechlorid		
CH_2ClNO_2	Monochlor-nitromethan		
CH_2Cl_2	Dichlormethan	StW	kr
CH_2FJ	Fluor-jod-methan		

Formel	Name	StW	kr
C^2H_3Br	*Trideutero-brommethan*	StW	
CH_3Cl	Methylchlorid, Chlormethan	StW	kr
CH_3ClHg	Quecksilber-methyljodid		
CH_3ClO_2S	Methansulfosäurechlorid		
CH_3ClO_3S	Chlormethansulfosäure		
CH_3Cl_3Si	Silicium-methyl-trichlorid		
CH_3Cl_3Ti	Titan-methyl-trichlorid		
CH_3F	Methylfluorid, Fluormethan	StW	kr
CH_3HgJ	Quecksilber-methyl-jodid		
CH_3J	Methyljodid, Jodmethan	StW	kr
C^2H_3J	*Trideuterojodmethan*	StW	
CH_3Li	Lithium-methyl		
CH_3NO	Formaldehyd-oxim		
	Formamid	StW	
CH_3NO_2	Carbamidsäure		
	Formhydroxamsäure		
	Methylnitrit		
	Nitromethan	StW	kr
CH_3NO_3	Methylnitrat	StW	
CH_3NS	Thioformamid		
$CH_3N_3O_3$	Nitroharnstoff		
CH_3N_5	5-Amino-tetrazol		
CH_3Na	Natrium-methyl		
CH_3NaO_3S	Formaldehydsulfoxylsäure, Na-Salz		
CH_4	Methan	StW	kr
$CH_3{}^2H$	*Monodeuteromethan*	StW	
C^2H_4	*Deuteromethan*	StW	
CH_4Cl_2Si	Silicium-methyl-dichlor-hydrid		
CH_4N_2	Blausäure, NH_4-Salz		
CH_4N_2O	Ameisensäure-hydrazid		
	Cyansäure, NH_4-Salz		
	Formamidoxim		
	Harnstoff und Isoharnstoff	StW	
$CH_4N_2O_2$	Methyl-nitramin		
CH_4N_2S	Thiocyansäure, NH_4-Salz		
	Thioharnstoff		
CH_4N_4	Formazan		
$CH_4N_4O_2$	Nitroguanidin		
CH_4O	Methanol	StW	kr
CH_4O_2S	Methansulfinsäure		
CH_4O_3S	Methansulfosäure		
CH_4O_4S	Formaldehydschwefligsäure		
	Methylschwefelsäure		

Formel	Name	Bemerkung	Formel	Name	Bemerkung
$CH_4O_6S_2$	Methandisulfosäure		C_2HBr_3	Tribromäthylen	
CH_4S	Methylmercaptan, Methanthiol	StW kr	$C_2HBr_3Cl_2$	1,2-Dichlor-1,1,2-tribrom-äthan	
CH_5As	Arsen, Methylarsin	StW		2,2-Dichlor-1,1,2-tribrom-äthan	
CH_5AsO_3	Arsen, Methylarsonsäure		$C_2HBr_3F_2$	1,2-Difluor-1,1,2-tribrom-äthan	
CH_5ClSi	Silicium-methyl-chlordihydrid			2,2-Difluor-1,1,2-tribrom-äthan	
CH_5N	Methylamin	StW kr	C_2HBr_3O	Bromal	
CH_5NO	N-Methyl-hydroxylamin		$C_2HBr_3O_2$	Tribromessigsäure	
	O-Methyl-hydroxylamin		C_2HBr_4Cl	1-Chlor-1,1,2,2-tetrabrom-äthan	
CH_5NO_2	Ameisensäure, NH_4-Salz		C_2HBr_4F	2-Fluor-1,1,1,2-tetrabrom-äthan	
CH_5N_3	Guanidin		C_2HBr_5	Pentabromäthan	
CH_5N_3O	Semicarbazid		C_2HCl_2F	1,1-Dichlor-2-fluor-äthylen	
CH_5N_3S	Thiosemicarbazid		$C_2HCl_2F_3$	1,2-Dichlor-1,1,2-trifluor-äthan	
CH_5O_3P	Phosphor, Methylphosphonsäure		C_2HCl_3	Trichloräthylen	
	Phosphorige Säure-monomethylester		C_2HCl_3O	Chloral	StW
CH_5O_4P	Phosphorsäure-monomethylester			Dichloressigsäurechlorid	
CH_5P	Phosphor, Methylphosphin		$C_2HCl_3O_2$	Trichloressigsäure	StW
CH_6BrN	Methylamin-hydrobromid		C_2HCl_5	Pentachloräthan	
CH_6ClN	Methylamin-hydrochlorid	StW	C_2HF_3	Trifluoräthylen	
CH_6ClNO	N-Methylhydroxylamin-hydrochlorid		$C_2HF_3O_2$	Trifluoressigsäure	
CH_6ClN_3O	Semicarbazid-hydrochlorid		$C_2HJ_3O_2$	Trijodessigsäure	
CH_6JN	Methylamin-hydrojodid		C_2HKO_4	Oxalsäure, saures K-Salz	
CH_6N_2	Methylhydrazin	StW	C_2HNa	Natrium-acetylid	
$CH_6N_2O_2$	Carbamidsäure, NH_4-Salz	StW	C_2HNaO_4	Oxalsäure, saures Na-Salz	
CH_6N_4	Aminoguanidin		C_2H_2	Acetylen, Äthin	StW kr
CH_6N_4O	Carbohydrazid		$C_2H_2AsCl_3$	Arsen, Chlorvinylarsin-dichlorid	
$CH_6N_4O_3$	Guanidin-nitrat		C_2H_2BrClO	dl-Bromchloressigsäure	
CH_6N_4S	Thiokohlensäure-dihydrazid		$C_2H_2BrCl_3$	1-Brom-1,2,2-trichlor-äthan	
CH_6Si	Silicium-methyl-trihydrid		C_2H_2BrF	1-Brom-2-fluor-äthylen	
$CH_7N_3O_5S$	Semicarbazidsulfat		$C_2H_2Br_2$	cis-1,2-Dibrom-äthylen	
CJN	Jodcyan	StW		trans-1,2-Dibrom-äthylen	
CJN_3O_6	Jod-trinitro-methan		$C_2H_2Br_2Cl_2$	1,2-Dibrom-1,1-dichlor-äthan	
CJ_4	Tetrajodmethan		$C_2H_2Br_2F_2$	1,1-Dibrom-2,2-difluor-äthan	
CKN	Blausäure, K-Salz			1,2-Dibrom-1,1-difluor-äthan	
$CKNO$	Cyansäure, K-Salz		$C_2H_2Br_2O_2$	Dibromessigsäure	
$CKNO$	Knallsäure, K-Salz		$C_2H_2Br_3Cl$	2-Chlor-1,1,2-tribrom-äthan	
$CKNS$	Thiocyansäure, K-Salz		$C_2H_2Br_3F$	2-Fluor-1,1,2-tribrom-äthan	
$CNNa$	Blausäure, Na-Salz		$C_2H_2Br_4$	1,1,1,2-Tetrabrom-äthan	
$CNNaO$	Cyansäure, Na-Salz			1,1,2,2-Tetrabrom-äthan	
$CNNaS$	Thiocyansäure, Na-Salz		$C_2H_2CaO_4$	Ameisensäure, Ca-Salz	

Formel	Name	
CN_4O_8	Tetranitromethan	StW
CN_6O	Carbodiazid, Kohlensäurediazid	
CO	Kohlenoxid	
COS	Kohlenoxidsulfid	StW
CS_2	Schwefelkohlenstoff	
C_2BaO_4	Oxalsäure, Ba-Salz	
$C_2Br_2Cl_4$	1,1-Dibrom-1,2,2,2-tetrachlor-äthan	
	1,2-Dibrom-1,1,2,2-tetrachlor-äthan	
$C_2Br_2F_4$	1,2-Dibrom-1,1,2,2-tetrafluor-äthan	
$C_2Br_3Cl_3$	1,1,2-Tribrom-1,2,2-trichlor-äthan	
$C_2Br_3F_3$	1,1,2-Tribrom-1,2,2-trifluor-äthan	
C_2Br_4	Tetrabromäthylen	
$C_2Br_4F_2$	1,2-Difluor-1,1,2,2-tetrabrom-äthan	
	2,2-Difluor-1,1,1,2-tetrabrom-äthan	
C_2Br_5F	Fluor-pentabrom-äthan	
C_2Br_6	Hexabromäthan	
C_2CaO_4	Oxalsäure, Ca-Salz	
C_2CeO_4	Oxalsäure, Ce-Salz	
C_2ClF_3	Chlor-trifluor-äthylen, Chlor-trifluor-äthen	StW kr
$C_2Cl_2F_2$	1,2-Dichlor-1,2-difluor-äthen, *trans*	StW
$C_2Cl_2F_4$	1,2-Dichlor-1,1,2,2-tetrafluor-äthan	
$C_2Cl_2O_2$	Oxalsäuredichlorid	StW
C_2Cl_3F	Fluor-trichlor-äthylen	
C_2Cl_3F	*Fluor-trichlor-äthen*	StW
$C_2Cl_3F_3$	1,1,2-Trichlor-1,2,2-trifluor-äthan	StW
C_2Cl_3N	Trichloressigsäure-nitril	StW
C_2Cl_4	Tetrachloräthylen, Tetrachlor-äthen	StW
C_2Cl_4O	Trichloressigsäurechlorid	
C_2Cl_5F	Fluor-pentachlor-äthan	
C_2Cl_6	Hexachloräthan	StW
C_2F_3N	*Trifluor-essigsäure-nitril*	StW
C_2F_4	Tetrafluoräthylen, Tetrafluoräthen	StW kr
$C_2F_4J_2$	1,2-Dijod-tetrafluor-äthan	
C_2F_6	Hexafluoräthan	StW kr
C_2FeO_4	Oxalsäure, Fe(II)-Salz	
C_2HBrCl_2	*cis*-1-Brom-1,2-dichlor-äthylen	
	trans-1-Brom-1,2-dichlor-äthylen	
	1-Brom-2,2-dichlor-äthylen	
$C_2HBr_3Cl_2F$	1,2-Dibrom-1,1-dichlor-2-fluor-äthan	
$C_2HBr_2Cl_3$	1,1-Dibrom-2,2,2-trichlor-äthan	
	1,2-Dibrom-1,1,2-trichlor-äthan	
$C_2HBr_2F_3$	1,2-Dibrom-1,1,2-trifluor-äthan	

Formel	Name	
C_2H_2ClJ	*cis*-1-Chlor-2-jodäthylen	
	trans-1-Chlor-2-jodäthylen	
C_2H_2ClN	Chloracetonitril	
$C_2H_2Cl_2$	1,1-Dichlor-äthylen	StW
	cis-1,2-Dichlor-äthylen	StW
	trans-1,2-Dichloräthylen	StW
$C_2H_2Cl_2F_2$	1,2-Dichlor-1,2-difluor-äthan	
$C_2H_2Cl_2O$	Chloressigsäurechlorid	
	Dichloracetaldehyd	
$C_2H_2Cl_2O_2$	Dichloressigsäure	StW
$C_2H_2Cl_3J$	1-Jod-1,2,2-trichlor-äthan	
$C_2H_2Cl_3NO$	Trichloressigsäureamid	
$C_2H_2Cl_4$	1,1,1,2-Tetrachlor-äthan	
	1,1,2,2-Tetrachlor-äthan	StW
$C_2H_2F_2$	*1,1-Difluor-äthen*	kr
$C_2H_2F_2O_2$	Difluoressigsäure	
$C_2H_2F_3NO$	Trifluoressigsäureamid	
C_2H_2JN	Jod-acetonitril	
$C_2H_2J_2$	*cis*-1,2-Dijod-äthylen	
	trans-1,2-Dijod-äthylen	
$C_2H_2N_2O_2$	Diazoessigsäure	
$C_2H_2N_2S_3$	2,5-Dimercapto-1,3,4-thiadiazol	
$C_2H_2N_4$	*sym.* Tetrazin	
C_2H_2O	Keten	StW
$C_2H_2O_2$	Glyoxal	StW
$C_2H_2O_3$	Glyoxylsäure	
$C_2H_2O_4$	Oxalsäure	StW
$C_2H_2O_4Pb$	Ameisensäure, Pb(II)-Salz	
$C_2H_3AgO_2$	Essigsäure, Ag-Salz	
C_2H_3Br	Vinylbromid	
$C_2H_3BrF_2$	1-Brom-2,2-difluor-äthan	
C_2H_3BrHg	Quecksilber-vinyl-bromid	
C_2H_3BrO	Bromacetaldehyd, 2-Brom-äthanal-(1)	
	Essigsäurebromid	
$C_2H_3BrO_2$	Bromessigsäure	
$C_2H_3Br_3$	1,1,2-Tribrom-äthan	
$C_2H_3Br_3O$	2,2,2-Tribrom-äthanol	
$C_2H_3Br_3O_2$	Bromalhydrat	
C_2H_3Cl	Vinylchlorid	
$C_2H_3ClF_2$	1-Chlor-1,1-difluor-äthan	kr
C_2H_3ClO	Chloracetaldehyd	
	Essigsäurechlorid	StW
$C_2H_3ClO_2$	Chlorameisensäure-methylester	

Formel	Name	Bemerkung
$C_2H_3ClO_2$	Chloressigsäure	StW
$C_2H_3Cl_2NO$	Dichloressigsäureamid	
$C_2H_3Cl_3$	1,1,1-Trichlor-äthan	StW
	1,1,2-Trichlor-äthan	
$C_2H_3Cl_3O$	2,2,2-Trichlor-äthanol	
$C_2H_3Cl_3O_2$	Chloralhydrat	
C_2H_3F	Vinylfluorid	
C_2H_3FO	Essigsäurefluorid	StW
$C_2H_3FO_2$	Fluoressigsäure	StW
$C_2H_3F_3$	1,1,1-Trifluor-äthan	kr
$C_2H_3F_3O$	Trifluor-äthanol	
C_2H_3J	Vinyljodid, Jodäthen	StW
C_2H_3JO	Essigsäurejodid	StW
	Jod-acetaldehyd	
$C_2H_3JO_2$	Jodessigsäure	
$C_2H_3J_3$	1,1,1-Trijodäthan	
$C_2H_3KOS_2$	Methylxanthogensäure, K-Salz	
$C_2H_3KO_2$	Essigsäure, K-Salz	
C_2H_3N	Acetonitril, Äthannitril	StW kr
	Methylisocyanid	StW
C_2H_3NO	Glykolsäurenitril	
	Methylisocyanat	
$C_2H_3NO_2$	Nitroäthylen	
$C_2H_3NO_3$	Glyoxylsäureoxim	
	Oxalsäuremonoamid	
$C_2H_3NO_4$	Nitroessigsäure	
C_2H_3NS	Methylthiocyanat	
	Methylsenföl	
$C_2H_3N_3$	1,2,3-Triazol	
	1,2,4-Triazol	
$C_2H_3N_3O_6$	1,1,1-Trinitro-äthan	
$C_2H_3NaO_2$	Essigsäure, Na-Salz	
C_2H_4	Äthylen, Äthen	StW kr
$C_2H_2{}^2H_2$	*unsym. Dideuteroäthen*	StW
C_2H_4BrCl	1-Brom-1-chloräthan	
	1-Brom-2-chlor-äthan	StW
C_2H_4BrJ	1-Brom-2-jod-äthan	
C_2H_4BrNO	Essigsäure-N-bromamid	
$C_2H_4Br_2$	1,1-Dibromäthan	

Formel	Name	Bemerkung
$C_2H_4O_2$	Essigsäure	StW kr
$C_2H_4O_2$	Glykolaldehyd	
$C_2H_4O_2S$	Thioglykolsäure	
$C_2H_4O_3$	Acetopersäure	
	Glykolsäure	StW
$C_2H_4O_5S$	Essigsäure-sulfosäure	
C_2H_4S	Äthylensulfid, Thiacyclopropan	StW
$C_2H_5AlCl_2$	Aluminium-äthyl-dichlorid	
$C_2H_5AsCl_2$	Arsen, Äthylarsin-dichlorid	
$C_2H_5AsO_5$	Arsen, Arsonoessigsäure	
C_2H_5Br	Äthylbromid, Bromäthan	StW kr
C_2H_5BrO	β-Brom-äthanol	
C_2H_5Cl	Äthylchlorid, Chloräthan	StW kr
C_2H_5ClHg	Quecksilberäthylchlorid	
C_2H_5ClO	2-Chlor-äthanol	StW
	Chlordimethyläther	
$C_2H_5ClO_2S$	Äthansulfosäure-chlorid	
$C_2H_5ClO_3S$	Chlorsulfosäure-äthylester	
C_2H_5ClS	β-Chlor-äthylmercaptan, 2-Chlor-äthanthiol	
$C_2H_5Cl_3OTi$	Titan-äthoxy-trichlorid	
$C_2H_5Cl_3Si$	Siliciumäthyltrichlorid	
$C_2H_5Cl_3Sn$	Zinn-äthyl-trichlorid	
$C_2H_5Cl_3Ti$	Titan-äthyl-trichlorid	
C_2H_5F	Äthylfluorid, Fluoräthan	StW kr
C_2H_5FO	2-Fluor-äthanol	
C_2H_5J	Äthyljodid, Jodäthan	StW kr
C_2H_5JO	2-Jod-äthanol	
C_2H_5KO	Äthanol, K-Salz	
C_2H_5Li	Lithiumäthyl	
C_2H_5LiO	Äthanol, Li-Salz	
C_2H_5N	Äthylenimin	StW
C_2H_5NO	Acetaldehyd-oxim	
	Acetamid	StW
	Methylformamid	
$C_2H_5NO_2$	Acethydroxamsäure	
	Äthylnitrit	StW
	Carbamidsäuremethylester	
	Glycin,Aminoessigsäure	StW
	Nitroäthan	StW

Formel	Name	
$C_2H_4Br_2O$	1,2-Dibromäthan	StW kr
	α,α'-Dibrom-dimethyläther	
C_2H_4ClJ	2-Chlor-1-jod-äthan	
C_2H_4ClNO	Acethydroximsäurechlorid	
	Chloressigsäureamid	
	Essigsäure-N-chloramid	
$C_2H_4ClNO_2$	2-Chlor-1-nitro-äthan	
	Salpetrigsäure-[β-chlor-äthylester]	
$C_2H_4ClNO_3$	2-Chlor-2-nitro-äthanol	
$C_2H_4Cl_2$	1,1-Dichlor-äthan	StW kr
	1,2-Dichlor-äthan	StW kr
$C_2H_4Cl_2O$	2,2-Dichlor-äthanol	
	α,α'-Dichlor-dimethyl-äther, Chlormethoxy-chlormethan	
$C_2H_4Cl_2O_3S$	Schwefelsäure-[β-chlor-äthylester]-chlorid	
$C_2H_4Cl_2S$	α,α'-Dichlordimethylsulfid	
$C_2H_4F_2$	1,1-Difluor-äthan	kr
$C_2H_4F_2O$	2,2-Difluoräthanol	StW
C_2H_4JNO	N-Jod-essigsäure-amid	
$C_2H_4J_2$	1,2-Dijod-äthan	StW
$C_2H_4N_2$	Aminoacetonitril	
$C_2H_4N_2O_2$	Glyoxim	
	Oxalsäurediamid	
$C_2H_4N_2O_3$	Äthylnitrolsäure	
	Allophansäure	
	Nitroacetaldoxim	
$C_2H_4N_2O_4$	1,1-Dinitro-äthan	
	1,2-Dinitro-äthan	
$C_2H_4N_2O_6$	Glykoldinitrat	
$C_2H_4N_2S_2$	Dithio-oxamid	
$C_2H_4N_2S_4$	Thiuramdisulfid	
$C_2H_4N_4$	3-Amino-1 H-1,2,4-triazol	StW
	4-Amino-1,2,4-triazol	
	Dicyandiamid	StW
	1-Methyl-1,2,3,4-tetrazol	
$C_2H_4N_4O$	Urazol	
$C_2H_4N_4O_2$	Azodicarbonamid	
	Urazin	
C_2H_4O	Acetaldehyd	StW
	Äthylenoxid	StW kr
$(C_2H_4O)_x$	Metaldehyd	
C_2H_4OS	Thioessigsäure	
$C_2H_4O_2$	Ameisensäure-methylester	StW kr

Formel	Name	
$C_2H_5NO_3$	Äthylnitrat	StW
	2-Nitro-äthanol	
C_2H_5NS	Thioessigsäureamid	
$C_2H_5N_3O_2$	Biuret	
	Dinitrosomethylamin	
	N-Nitroso-N-methylharnstoff	
$C_2H_5N_5$	Guanazol	
C_2H_5Na	Natrium-äthyl	
C_2H_5NaO	Äthanol, Na-Salz	
$C_2H_5NaO_4S$	Acetaldehyd-schwefligsaures Na	
C_2H_5NaS	Äthylmercaptan, Na-Salz	
$C_2H_5O_5P$	Phosphor, Carboxymethyl-phosphonsäure	
C_2H_6	Äthan	StW kr
C_2H_6AlF	Aluminium-dimethyl-fluorid	
C_2H_6AsCl	Arsen, Dimethylarsin-chlorid	
$C_2H_6AsCl_3$	Arsen, Dimethylarsin-trichlorid	
C_2H_6Be	Beryllium-dimethyl	
C_2H_6Cd	Cadmiumdimethyl	
C_2H_6ClGa	Gallium-dimethyl-chlorid	
$C_2H_6ClNO_2$	Glycinhydrochlorid	
$C_2H_6Cl_2Si$	Silicium-dimethyldichlorid	
$C_2H_6Cl_2Ti$	Titan-dimethyl-dichlorid	
$C_2H_6FO_3P$	Phosphor, Fluorphosphorsäuredimethylester	
C_2H_6Hg	Quecksilber-dimethyl	StW
C_2H_6Mg	Magnesium-dimethyl	
$C_2H_6N_2$	Azomethan	
	Essigsäureamidin	
$C_2H_6N_2O$	Dimethylnitrosamin	
	Essigsäurehydrazid	
	Methylharnstoff	
	N-Nitro-dimethylamin	
$C_2H_6N_2O_2$	Hydrazinoessigsäure	
	Methylol-harnstoff	
$C_2H_6N_2O_4S$	Aminoacetonitrilhydrogensulfat	
$C_2H_6N_2S$	Methylthioharnstoff	
$C_2H_6N_4O$	Dicyandiamidin	
$C_2H_6N_4S$	Guanidin-thioharnstoff	
$C_2H_6N_6$	Guanazin	
C_2H_6O	Äthanol	StW kr
	Dimethyläther	StW kr
	Dimethylsulfoxid	StW
C_2H_6OS	Monothioäthylenglykol	
$C_2H_6O_2$	Glykol, Äthandiol-(1,2)	StW

Formel	Name	Bemerkung	Formel	Name	Bemerkung
$C_2H_6O_2S$	Äthansulfinsäure		$C_3H_2Cl_6$	1,1,1,2,3,3-Hexachlor-propan	
	Dimethylsulfon	StW		1,1,2,2,3,3-Hexachlor-propan	
$C_2H_6O_3S$	Äthansulfosäure		$C_3H_2N_2$	Malonsäuredinitril	
	Dimethylsulfit		$C_3H_2N_2O_3$	Parabansäure	
$C_2H_6O_4$	Bis[-hydroxy-methyl-peroxid]	StW	C_3H_2O	Propargylaldehyd	
$C_2H_6O_4S$	Äthanol-O-sulfat		$C_3H_2O_2$	Propargylsäure	
	Dimethylsulfat		$C_3H_2O_5$	Mesoxalsäure	
	Isäthionsäure		$C_3H_3ClO_2$	2-Chloracrylsäure	
$C_2H_6O_6S_2$	Äthandisulfosäure			3-Chloracrylsäure-(*cis*)	
C_2H_6S	Äthylmercaptan, Äthanthiol	StW kr		3-Chloracrylsäure (*trans*)	
	Dimethylsulfid	StW kr	$C_3H_3Cl_3O$	1,1,1-Trichlor-aceton	
$C_2H_6S_2$	Dimethyldisulfid	StW		1,1,2-Trichlor-aceton	
	Dithioglykol		$C_3H_3Cl_3O_3$	β,β,β-Trichlor-milchsäure	
C_2H_6Se	Dimethylselenid		$C_3H_3Cl_5$	1,1,2,3,3-Pentachlor-propan	
C_2H_6Si	*Vinylsilan*	StW	$C_3H_3F_3O$	1,1,1-Trifluor-aceton	
C_2H_6Te	Tellurdimethyl		C_3H_3N	Acrylsäurenitril	StW
C_2H_6Zn	Zinkdimethyl	StW	$C_3H_3NOS_2$	Rhodanin	
C_2H_7Al	Aluminium-dimethylhydrid		$C_3H_3NO_2$	Cyanameisensäure-methylester	
C_2H_7As	Arsen, Äthylarsin			Cyanessigsäure	
	Arsen, Dimethylarsin	StW	$C_3H_3NO_4$	Nitromalon-dialdehyd	
$C_2H_7AsO_2$	Arsen, Dimethylarsinsäure		C_3H_3NS	Thiazol	
$C_2H_7BO_2$	Bor-dihydroxy-äthyl		$C_3H_3N_3O_2$	1,2,3-Triazol-carbonsäure-(4)	
$C_2H_7Br_2N$	β-Bromäthylaminhydrobromid		$C_3H_3N_3O_3$	Cyamelid	
$C_2H_7ClN_2O$	Methylisoharnstoffhydrochlorid			Cyanursäure	
C_2H_7ClSi	Silicium-dimethyl-chlor-hydrid			Fulminursäure	
C_2H_7N	Äthylamin	StW kr	C_3H_4	Allen, Propadien	StW
	Dimethylamin	StW kr		Propin	StW
C_2H_7NO	Äthanolamin		$C_3H_4Br_2$	2,3-Dibrom-propen-(1)	
	α-Äthyl-hydroxylamin		$C_3H_4Br_2O_2$	α,β-Dibrom-propionsäure (inaktive)	
	N-Äthylhydroxylamin			1,2,2,3-Tetrabrom-propan	
$C_2H_7NO_2$	Essigsäure, NH_4-Salz			1,1,2,2-Tetrabrom-propan	
$C_2H_7NO_3S$	Taurin		$C_3H_4Cl_2$	1,1-Dichlor-propen-(1)	
$C_2H_7NO_4S$	Äthanolamin-O-sulfat			1,1-Dichlorpropen-(2)	
C_2H_7NS	2-Mercapto-äthylamin			1,2-Dichlor-propen-(1)	
$C_2H_7N_3$	Methylguanidin			1,3-Dichlor-propen-(1)	
$C_2H_7N_3OS$	*2-Amino-äthylsulfosäure*	StW		2,3-Dichlor-propen-(1)	
$C_2H_7N_5$	Biguanid		$C_3H_4Cl_2O$	α,α-Dichlor-aceton	
$C_2H_7O_2P$	Phosphor, Dimethylphosphinsäure			α,α'-Dichlor-aceton	
$C_2H_7O_3P$	Phosphor, Äthylphosphonsäure			α,α-Dichlor-propionsäure	

Formel	Verbindung	
C₂H₇O₄P	Phosphor, Phosphorige Säure-dimethylester	
	Phosphorige Säure-monoäthylester	
	Phosphorsäure-dimethylester	
	Phosphorsäure-monoäthylester	
C₂H₇P	Phosphor, Äthylphosphin	
	Phosphor, Dimethylphosphin	
C₂H₆BrN	Äthylaminhydrobromid	
	Dimethylaminhydrobromid	
C₂H₆ClN	Äthylaminhydrochlorid	
	Dimethylaminhydrochlorid	
C₂H₆ClNO	Äthanolamin-hydrochlorid	
C₂H₈JN	Äthylaminhydrojodid	
C₂H₈N₂	Äthylendiamin	StW
	Äthylhydrazin	
	N,N-Dimethyl-hydrazin	StW
	N,N′-Dimethyl-hydrazin	StW
C₂H₈N₂O₄	Oxalsäure, Ammoniumsalz (· 1 H₂O)	
C₂H₈Si	*Äthylsilan*	StW
	Silicium-dimethyl-dihydrid, Dimethylsilan	StW
C₂H₈Sn	Zinn-äthyl-trihydrid	
C₂H₁₀B₂	Bor, Diboran-1,1-dimethyl	
	Bor, Diboran-1,2-dimethyl	
C₂HgN₂O₂	Knallsäure, Hg(II)-Salz	
C₂J₄	Tetrajodäthylen, Tetrajodäthen	StW
C₂K₂O₄	Oxalsäure, K-Salz	
C₂MgO₄	Oxalsäure, Mg-Salz	
C₂MnO₄	Oxalsäure, Mn-Salz	
C₂N₂	Dicyan	StW kr
C₂N₂S₂	Dirhodan	
C₂N₄O₆	Trinitro-acetonitril	
C₂N₆H₁₂	Hexanitroäthan	
C₂N₆S₄	Azidoschwefelkohlenstoff	
C₂Na₂O₄	Oxalsäure, Na-Salz, Natriumoxalat	StW
C₂O₄Sr	Oxalsäure, Sr-Salz	
C₂O₄Zn	Oxalsäure, Zn-Salz	
C₃Cl₃N₃	Cyanursäurechlorid	
C₃HBr₅O	Pentabromaceton	
C₃HCl₃O₂	Trichlor-acrylsäure	
C₃HCl₇	*unsymm.*-Heptachlor-propan	
C₃H₂Cl₂O₂	2,3-Dichlor-acrylsäure	
	3,3-Dichlor-acrylsäure	
C₃H₂Cl₄O	α,α,α′,α′-Tetrachlor-aceton	

Formel	Verbindung	
C₃H₄Cl₄	1,1,2,2-Tetrachlor-propan	
C₃H₄N₂	Imidazol	
	Methylenamino-acetonitril	
	Pyrazol	
C₃H₄N₂O	Cyanessigsäure-amid	
	Imidazolon	
	Pyrazolon	
C₃H₄N₂OS	Pseudothiohydantoin	
	2-Thio-hydantoin	
C₃H₄N₂O₂	Diazoessigsäure-methylester	
	Hydantoin	
	Pseudohydantoin	
C₃H₄N₂O₃	Glyoxylharnstoff	
C₃H₄N₂O₃S	Imidazol-sulfosäure-(2)	
	Imidazol-sulfosäure (4 bzw. 5)	
C₃H₄N₂O₄	Oxalursäure	
C₃H₄N₂S	2-Amino-thiazol	
	5-Amino-thiazol	
C₃H₄O	Acrolein, Propen-(2)-al	StW
	Propargylalkohol	
C₃H₄O₂	Acrylsäure	StW
	Malondialdehyd	
	Methylglyoxal	StW
C₃H₄O₃	Brenztraubensäure	StW
	Glycidsäure	
	Kohlensäure-äthylenester	
C₃H₄O₄	Malonsäure	StW
	Oxalsäure-mono-methylester	
C₃H₄O₅	Tartronsäure	
C₃H₅Br	Allylbromid	
	1-Brom-propen-(1)	
	2-Brom-propen-(1)	
C₃H₅BrO	Bromaceton	
	Epibromhydrin	
	Propionsäure-bromid	
C₃H₅BrO₂	Bromessigsäuremethylester	
	dl-α-Brom-propionsäure	
	β-Brom-propionsäure	
C₃H₅Br₃	1,1,2-Tribrom-propan	
	1,2,2-Tribrom-propan	
	1,2,3-Tribrom-propan	
C₃H₅Cl	Allylchlorid	
	1-Chlor-propen-(1)	

Formel	Name	Bemerkung
C_3H_5Cl	2-Chlor-propen-(1)	
	Cyclopropylchlorid	
C_3H_5ClO	Chloraceton	
	α-Chlorpropionaldehyd	
	β-Chlorpropionaldehyd	
	Epichlorhydrin	
	Propionsäurechlorid	
$C_3H_5ClO_2$	Chlorameisensäureäthylester	
	Chloressigsäuremethylester	StW
	dl-α-Chlor-propionsäure	StW
	β-Chlor-propionsäure	StW
$C_3H_5Cl_3$	1,1,1-Trichlor-propan	
	1,1,2-Trichlor-propan	
	1,1,3-Trichlor-propan	
	1,2,2-Trichlor-propan	
	1,2,3-Trichlor-propan	
$C_3H_5Cl_3O$	1,1,1-Trichlor-propanol-(2)	
$C_3H_5F_3O$	1,1,1-Trifluor-propanol-(2)	
C_3H_5J	Allyljodid	
C_3H_5JO	Epijodhydrin	
	Jod-aceton	
$C_3H_5JO_2$	β-Jod-propionsäure	
$C_3H_5KOS_2$	Xanthogensäure, K-Salz	
C_3H_5N	Äthylisocyanid	
	Propionsäure-nitril, Äthylcyanid	StW
C_3H_5NO	Acetaldehydcyanhydrin	
	Äthylisocyanat	
	Hydracrylsäurenitril	
	Methoxyacetonitril	
$C_3H_5NO_2$	Isonitrosoaceton	
C_3H_5NS	Äthylthiocyanat	
	Äthylsenföl	
$C_3H_5N_3$	4-Amino-pyrazol	
$C_3H_5N_3O_3$	Glyoxylsäure-semicarbazon	
$C_3H_5N_3O_9$	Glycerintrinitrat	
$C_3H_5N_5O$	Ammelin	
$C_3H_5NaOS_2$	Xanthogensäure, Na-Salz	
C_3H_6	Cyclopropan	StW
	Propen	StW kr

Formel	Name	Bemerkung
$C_3H_5O_2$	Glycid	
	Glykol-methylenäther	
	Milchsäurealdehyd	
	Propionsäure	StW kr
$C_3H_6O_2S$	Thiomilchsäure	StW
$C_3H_6O_3$	Dihydroxyaceton	
	d,l-Glycerin-aldehyd	
	Hydracrylsäure	
	Kohlensäuredimethylester, Dimethyl= carbonat	StW
	Methoxy-essigsäure	
	D,L-Milchsäure	
	L(+)-Milchsäure	StW
	D(−)-Milchsäure	
	1,3,5-Trioxan	
$C_3H_6O_4$	D,L-Glycerinsäure	
	L(+)-Glycerinsäure	
$C_3H_6O_5S$	dl-α-Sulfo-propionsäure	
C_3H_6S	Allylmercaptan, Propen-(2)-thiol-(1)	
$C_3H_6S_3$	Trimethylentrisulfid	
$C_3H_7AsO_5$	Arsen, Arsenoessigsäuremonomethylester	
	Arsen, Arsenopropionsäure	
C_3H_7Br	Isopropylbromid	
	Propylbromid, 1-Brom-propan	StW kr
C_3H_7BrO	3-Brom-propanol-(1)	
C_3H_7Cl	Isopropylchlorid	
	Propylchlorid, 1-Chlor-propan	StW kr
C_3H_7ClO	Chlormethyl-äthyl-äther	
	1-Chlor-propanol-(2)	
	3-Chlor-propanol-(1)	
$C_3H_7ClO_2$	1-Chlor-propandiol-(2,3)	
	2-Chlor-propandiol-(1,3)	
C_3H_7ClS	β-Chloräthylmethylsulfid	
C_3H_7F	Isopropyl-fluorid	
	1-Propyl-fluorid	
C_3H_7J	Isopropyljodid, 2-Jod-propan	StW
	Propyljodid, 1-Jod-propan	StW kr
$C_3H_7JO_2$	1-Jod-propandiol-(2,3)	
C_3H_7Li	Lithium-propyl	

Formel	Verbindung	
$C_3H_6Br_2$	1,1-Dibrom-propan	
	1,2-Dibrom-propan	
	1,3-Dibrom-propan	
	2,2-Dibrom-propan	
$C_3H_6Br_2O$	2,3-Dibrom-propanol-(1)	
	1,3-Dibrom-propanol-(2)	
C_3H_6ClNO	1-Chlor-1-nitroso-propan	
C_3H_6ClNS	N,N-Dimethylthiocarbamidsäurechlorid	
$C_3H_6Cl_2$	1,1-Dichlor-propan	
	1,2-Dichlor-propan	StW
	1,3-Dichlor-propan	StW
	2,2-Dichlor-propan	StW
$C_3H_6Cl_2O$	1,3-Dichlor-propanol-(2)	
	2,3-Dichlor-propanol-(1)	
$C_3H_6J_2$	1,3-Dijod-propan	
$C_3H_6N_2$	β-Aminopropionsäurenitril	
	Dimethylcyanamid	
	Δ²-Pyrazolin	
$C_3H_6N_2O_2$	Acetylharnstoff	
	Cycloserin	
	Malonsäurediamid	
	Methylglyoxim	
$C_3H_6N_2O_3$	Allophansäure-methylester	
	Hydantoinsäure	
$C_3H_6N_2O_4$	*1,1-Dinitro-propan*	StW
	1,3-Dinitro-propan	StW
	2,2-Dinitro-propan	StW
	Nitrourethan	
$C_3H_6N_2O_7$	Glycerin-α,α'-dinitrat	
	Glycerin-α-β-dinitrat	
$C_3H_6N_6$	Melamin	StW
$C_3H_6N_6O_6$	Hexogen	StW kr
C_3H_6O	Aceton, Propanon-(2)	StW
	Allylalkohol, Propen-(2)-ol-(1)	
	Propionaldehyd, Propanal	
	1,2-Propylenoxid	
C_3H_6O	Trimethylenoxid	StW
C_3H_6OS	Thiopropionsäure	
$C_3H_6OS_2$	Methylxanthogensäuremethylester	
	Xanthogensäure	
$C_3H_6O_2$	Acetol, 1-Hydroxy-propanon-(2)	
	Ameisensäure-äthylester	StW kr
	Essigsäure-methylester	StW kr

Formel	Verbindung	
C_3H_7N	Allylamin, Propen-(1)-yl-amin-(3)	
C_3H_7NO	Acetonoxim	
	N,N-Dimethyl-formamid	
	Essigsäure-methylamid	
	Formiminoäthyläther	
C_3H_7NOS	Thiourethan	
	Xanthogensäureamid	
$C_3H_7NO_2$	β-Alanin	
	DL-Alanin	StW
	L(+)-Alanin	
	Carbamidsäure-äthylester,	StW
	Urethan	
	Glycin-methylester	
	Isopropylnitrit	
	Milchsäure-amid	
	1-Nitro-propan	StW
	2-Nitro-propan	StW
	n-Propyl-nitrit	
	Sarkosin	
$C_3H_7NO_2S$	L(+)-Cystein	StW
$C_3H_7NO_3$	Isopropylnitrat	StW
	dl-Isoserin	
	Propyl-nitrat	StW
	L(−)-Serin	
	DL-Serin	
$C_3H_7NO_5$	Glycerin-α-nitrat	
	Glycerin-β-nitrat	
$C_3H_7N_3O$	Acetaldehyd-semicarbazon	
$C_3H_7N_3O_2$	Guanidinessigsäure	
$C_3H_7NaO_4S$	Aceton-schwefligsaures Natrium	
C_3H_8	Propan	StW kr
$C_3H_8ClNO_2$	L-(+)-Alanin-hydrochlorid	
	Sarkosin-hydrochlorid	
$C_3H_8Cl_2OSi$	Dichloräthoxy-methylsilan	
$C_3H_8N_2O$	Äthylharnstoff	
	N,N-Dimethyl-harnstoff	
	N,N'-Dimethyl-harnstoff	
	Harnstoff-O-äthyläther	
	Propionsäurehydrazid	
$C_3H_8N_2O_2$	Hydrazincarbonsäure-äthylester	
$C_3H_8N_2S$	N,N'-Dimethyl-thioharnstoff	
C_3H_8O	Isopropanol, Propanol-(2)	StW kr
	Methyläthyläther	StW kr

Formel	Name	Bemerkung
C_3H_8O	Propanol-(1)	StW kr
C_3H_8OS	β-Hydroxyäthyl-methylsulfid	
$C_3H_8OS_2$	1,3-Dimercapto-propanol-(2)	
	2,3-Dimercapto-propanol-(1)	
$C_3H_8O_2$	Formaldehyd-dimethylacetal, Dimethoxy=methan	StW
	Glykolmonomethyläther	
	dl-Propandiol-(1,2)	StW
	Propandiol-(1,3)	
$C_3H_8O_2S$	Methyl-äthyl-sulfon	
$C_3H_8O_3$	Glycerin	StW
C_3H_8S	Isopropyl-mercaptan, Propanthiol-(2)	StW
	Methyl-äthyl-sulfid, 2-Thia-butan	StW kr
	Propylmercaptan, Propanthiol-(1)	StW kr
$C_3H_8S_2$	Propan-dithiol-(1,2)	
$C_3H_8S_3$	Trimercapto-propan	
C_3H_9Al	Aluminiumtrimethyl	StW
C_3H_9As	Arsen, Trimethylarsin	StW
$C_3H_9AsO_3$	Arsen, Arsenige Säure-trimethylester	
$C_3H_9AsO_4$	Arsen, Arsensäure-trimethylester	
C_3H_9B	Bor-trimethyl, Trimethylborin	StW
$C_3H_9BO_3$	Borsäure-trimethylester	StW
C_3H_9Bi	Wismuttrimethyl	StW
C_3H_9ClSi	Silicium-trimethyl-chlorid	
C_3H_9Ga	Gallium-trimethyl	StW
C_3H_9In	Indium-trimethyl	
C_3H_9N	Isopropylamin	
	Methyläthylamin	
	Propylamin	StW kr
	Trimethylamin	StW kr
C_3H_9NO	Alaninol	
	3-Amino-propanol-(1)	
	N-Methylamino-äthanol	
	N-Propyl-hydroxylamin	
	Trimethylaminoxid	
$C_3H_9N_3$	N,N-Dimethylguanidin	
C_3H_9OP	Phosphor, Trimethylphosphinoxid	
$C_3H_9O_3P$	Phosphor, Phosphorige Säure-trimethyl=ester	

Formel	Name	Bemerkung
$C_4H_2N_2O_4S$	2,5-Dinitro-thiophen	
$C_4H_2N_2O_5$	2,5-Dinitro-furan	
$C_4H_2N_4O_4$	1,2,4,5-Tetrazindicarbonsäure-(3,6)	
$C_4H_2Na_2O_4$	Fumarsäure, Na-Salz	
$C_4H_2O_3$	Maleinsäureanhydrid	
$C_4H_2O_4$	Acetylendicarbonsäure	
$C_4H_3AsCl_2O$	Arsen, 2-Furyl-arsindichlorid	
$C_4H_3AsO_2$	Arsen, 2-Furyl-arsinoxid	
$C_4H_3BrO_4$	Bromfumarsäure	
	Brommaleinsäure	
C_4H_3BrS	2-Brom-thiophen	
$C_4H_3ClN_2$	2-Chlor-pyrimidin	
C_4H_3ClO	2-Chlor-furan	
$C_4H_3ClO_4$	Chlorfumarsäure	
C_4H_3ClS	2-Chlor-thiophen	
C_4H_3JS	2-Jod-thiophen	
$C_4H_3NO_2S$	2-Nitro-thiophen	
	3-Nitro-thiophen	
$C_4H_3NO_3$	2-Nitro-furan	
$C_4H_3N_3O_4$	1,2,3-Triazol-dicarbonsäure-(4,5)	
	Violursäure	
$C_4H_3N_3O_5$	Dilitursäure	
$C_4H_3NaO_4$	Maleinsäure, saures Na-Salz ($\cdot 3\,H_2O$)	
C_4H_4	Vinyl-acetylen, Buten-(1)-in-(3)	StW
$C_4H_4BrNO_2$	Bromsuccinimid	
$C_4H_4Br_2$	2,3-Dibrom-butadien-(1,3)	
$C_4H_4Br_2O_4$	dl-Dibrombernsteinsäure	
	meso-Dibrombernsteinsäure	
$C_4H_4CaO_5$	Äpfelsäure, Ca-Salz	
$C_4H_4CaO_6$	L-Weinsäure, Ca-Salz	
$C_4H_4ClNO_2$	N-Chlorsuccinimid	
$C_4H_4Cl_2O_2$	Bernsteinsäuredichlorid	
$C_4H_4Cl_2O_4$	l(−)-Dichlorbernsteinsäure	
	meso-Dichlorbernsteinsäure	
$C_4H_4KNaO_6$	L-Weinsäure, KNa-Salz ($\cdot 4\,H_2O$)	
$C_4H_4KO_7Sb$	L-Weinsäure, K-SbO-Salz ($\cdot \frac{1}{2}\,H_2O$)	
$C_4H_4K_2O_4$	Bernsteinsäure, K-Salz ($\cdot 2\,H_2O$)	
$C_4H_4K_2O_6$	Mesoweinsäure, K-Salz ($\cdot 2\,H_2O$)	
$C_4H_4K_2O_6$	L-Weinsäure, K-Salz ($\cdot \frac{1}{2}\,H_2O$)	

Formel	Verbindung	StW	Formel	Verbindung	StW
$C_3H_9O_3PS$	Phosphor, Thiophosphorsäure-O,O,O-tri= methylester		$C_4H_4MgO_6$	DL-Weinsäure, Mg-Salz ($\cdot 5\,H_2O$)	
$C_3H_9O_4P$	Phosphor, Phosphorsäure-trimethylester		$C_4H_4N_2$	Bernsteinsäuredinitril	
$C_3H_9O_6P$	Glycerin-1-phosphorsäure			Pyrazin	
	Glycerin-2-phosphorsäure			Pyridazin	
C_3H_9P	Phosphor, Trimethylphosphin	StW		Pyrimidin	
C_3H_9Sb	Antimontrimethyl	StW	$C_4H_4N_2O$	Imidazolaldehyd-(4 bzw. 5)	
C_3H_9Ti	Titan-trimethyl			3-Nitroso-pyrrol	
$C_3H_{10}ClN$	Trimethylamin-hydrochlorid		$C_4H_4N_2OS$	2-Thio-uracil	
$C_3H_{10}ClNO$	Trimethylaminoxid-hydrochlorid		$C_4H_4N_2O_2$	Imidazol-carbonsäure-(1)	
	1,3-Diamino-propan			Imidazolcarbonsäure-(4 bzw. 5)	
$C_3H_{10}N_2$	d,l-1,2-Diaminopropan			Maleinsäure-hydrazid	
$C_3H_{10}N_2O_4$	Malonsäure, NH_4-Salz			Pyrazol-carbonsäure-(3)	
$C_3H_{10}O_3Si$	*Trimethoxysilan*	StW		Uracil	
$C_3H_{10}O_9P_2$	Glycerin-1,3-diphosphat		$C_4H_4N_2O_2S$	2-Thio-barbitursäure	
	Silicium-trimethyl-hydrid, Trimethylsilan	StW	$C_4H_4N_2O_3$	Barbitursäure	
$C_3H_{11}N_3$	1,2,3-Triaminopropan	StW	$C_4H_4N_2O_4$	Dialursäure	
$C_3H_{12}N_6O_3$	Guanidincarbonat			Isodialursäure	
C_3O_2	Kohlensuboxid		$C_4H_4N_2O_5$	Alloxansäure	
C_3S_2	Kohlensubsulfid		$C_4H_4N_4O_4$	Triazoessigsäure	
			$C_4H_4Na_2O_4$	Bernsteinsäure, Na-Salz ($\cdot 6\,H_2O$)	
			$C_4H_4Na_2O_6$	L-Weinsäure, Na-Salz ($\cdot 2\,H_2O$)	
C_4Br_4S	Tetrabromthiophen			Mesoweinsäure, Na-Salz	
$C_4Cl_2O_3$	Dichlormaleinsäureanhydrid		C_4H_4O	Furan	StW
C_4Cl_4O	2,3,4,5-Tetrachlor-furan			Tetrolaldehyd	
$C_4F_6O_3$	Trifluoressigsäure-anhydrid		$C_4H_4O_2$	Diketen	
C_4HBr_4N	2,3,4,5-Tetrabrom-pyrrol			Maleindialdehyd u. Fumardialdehyd	
C_4HCl_3O	2,3,5-Trichlor-furan			Tetrolsäure	
C_4HJ_4N	2,3,4,5-Tetrajodpyrrol		$C_4H_4O_3$	Bernsteinsäureanhydrid	
C_4HN_3	Tricyanmethan			Tetronsäure	
C_4H_2	Diacetylen		$C_4H_4O_4$	Fumarsäure	StW
$C_4H_2BaO_6$	Glyoxylsäure, Ba-Salz			Glykolid	
$C_4H_2Br_2O$	2,3-Dibrom-furan			Maleinsäure	StW
$C_4H_2Br_2O_3$	Mucobromsäure		$C_4H_4O_5$	Maleinglycidsäure	
$C_4H_2Br_2S$	2,5-Dibromthiophen			Oxalessigsäure	
$C_4H_2Cl_2O$	2,5-Dichlor-furan			Oxidobernsteinsäure	
$C_4H_2Cl_2O_2$	Fumarsäure-dichlorid		$C_4H_4O_5Pb$	Äpfelsäure, Pb(II)-Salz	
$C_4H_2Cl_2O_4$	Mucochlorsäure		C_4H_4S	Thiophen	StW kr
$C_4H_2Cl_2S$	2,5-Dichlor-thiophen		C_4H_4Se	Selenophen	
$C_4H_2F_4$	3,3,4,4-Tetrafluor-cyclobuten		$C_4H_5AsO_4$	Arsen, 2-Furan-arsonsäure	
$C_4H_2K_2O_4$	Fumarsäure, K-Salz ($\cdot 2\,H_2O$)		$C_4H_5BO_3$	Bor-dihydroxy-furyl-(2)	
$C_4H_2N_2$	Fumarsäure-dinitril		$C_4H_5BrO_4$	dl-Brombernsteinsäure	
$C_4H_2N_2O_4$	Alloxan	StW	$C_4H_5Br_2F_3$	1,2-Dibrom-3,3,3-trifluor-2-methyl-propan	
$C_4H_2N_2O_4S$	2,4-Dinitro-thiophen		C_4H_5Cl	Chloropren	

Formel	Name	Bemerkung	Formel	Name	Bemerkung
$C_4H_5ClO_2$	α-Chlorcrotonsäure		$C_4H_6O_2$	Succindialdehyd	
	β-Chlor-crotonsäure			Vinylessigsäure	
	Chloressigsäurevinylester		$C_4H_6O_3$	Acetessigsaure	
	α-Chlor-isocrotonsäure			Acetol-ameisensäureester	
	β-Chlor-isocrotonsäure			Brenztraubensäuremethylester	
$C_4H_5ClO_4$	d-(+)-Chlorbernsteinsäure			Essigsaureanhydrid	StW kr
	l(−)-Chlorbernsteinsäure			α-Keto-buttersaure	
$C_4H_5ClO_5$	Chloräpfelsäure			γ-Keto-buttersäure	
$C_4H_5Cl_3O$	2,2,3-Trichlorbutylaldehyd		$C_4H_6O_4$	Bernsteinsäure	StW
$C_4H_5Cl_3O_2$	Trichloressigsäureäthylester			Diacetylperoxid	
$C_4H_5KO_6$	L-Weinsäure, saures-K-Salz			Glykoldiformiat	
C_4H_5N	Crotonsäurenitril	StW		Methylmalonsäure	
	Cyclopropylcyanid			Oxalsäuredimethylester	StW kr
	Pyrrol	StW		Oxalsäure-monoäthylester	
	Vinylessigsäurenitril, Vinylacetonitril	StW	$C_4H_6O_4Pb$	Essigsäure, Pb(II)-Salz	
C_4H_5NO	Epicyanhydrin		$C_4H_6O_4S_2$	Dithiodiglykolsäure	
$C_4H_5NO_2$	Cyanameisensäure-äthylester		$C_4H_6O_5$	DL-Äpfelsäure	
	Cyanessigsäure-methylester			D(−)-Äpfelsäure	
	5-Hydroxy-3-methyl-isoxazol		$C_4H_6O_6$	DL-Weinsäure	StW
	Succinimid			D(−)-Weinsäure	
$C_4H_5NO_7$	l(−)-Nitroäpfelsäure			L(+)-Weinsäure	
C_4H_5NS	Allylsenföl			meso-Weinsäure	
	2-Amino-thiophen		$C_4H_6O_8$	Dihydroxyweinsäure	
$C_4H_5N_3$	Imino-diacetonitril		C_4H_6Zn	Zink-divinyl	
$C_4H_5N_3O$	Cytosin		C_4H_7Br	cis-1-Brom-buten-(1)	
$C_4H_5N_3O_2$	5-Amino-uracil			trans-1-Brom-buten-(1)	
$C_4H_5N_3O_3$	Uramil			1-Brom-buten-(2)	
$C_4H_5NaO_6$	L-Weinsäure, saures Na-Salz			2-Brom-buten-(1)	
$C_4H_5O_3PS$	Phosphor, Thiophen-phosphonsäure-(2)			cis-2-Brom-buten-(2)	
C_4H_6	Butadien-(1,2)	StW		trans-2-Brom-buten-(2)	
	Butadien-(1,3)	StW kr	$C_4H_7BrO_2$	dl-α-Brom-buttersäure	
	Butin-(1)	StW		Bromessigsäureäthylester	
	Butin-(2)	StW		β-Brompropionsäuremethylester	
$C_4H_6As_2O_4$	Arsen, Arsenoessigsäure		$C_4H_7Br_3$	1,2,3-Tribrom-butan	
$C_4H_6As_6Cu_4O_{16}$	Schweinfurtergrün			2,2,3-Tribrom-butan	
$C_4H_6BrF_3O$	2-Brom-1,1,2-trifluoräthyl-äthyläther		$C_4H_7Br_3O$	Brometon	
$C_4H_6Br_4$	1,2,3,4-Tetrabrom-butan		$C_4H_7ClN_2O$	4(5)-Hydroxymethyl-imidazol-hydrochlorid	
	2,2,3,3-Tetrabrom-butan		C_4H_7ClO	Buttersäurechlorid	
	1,1,2,3-Tetrabrom-2-methyl-propan			Isobuttersäurechlorid	

Formel	Verbindung	
$C_4H_6CaO_4$	Essigsäure, Ca-Salz	
$C_4H_6ClFO_2$	Chlor-fluor-essigsäure-äthylester	
$C_4H_6ClF_3O$	2-Chlor-1,1,2-trifluor-äthyl-äthyläther	
C_4H_6ClN	γ-Chlorbuttersäurenitril	
$C_4H_6Cl_2O_2$	Dichloressigsäure-äthylester	
$C_4H_6Cl_4O$	α,β,β,β-Tetrachlor-diäthyläther	
$C_4H_6CuO_4$	Essigsäure, Cu-Salz	
$C_4H_6HgO_4$	Essigsäure, Hg(II)-Salz	
$C_4H_6N_2$	1-Methyl-imidazol	
	4-Methyl-imidazol	
$C_4H_6N_2O$	Dimethylfurazan	
	N-Nitroso-Δ³-pyrrolin	
$C_4H_6N_2O_2$	Diazoessigsäureäthylester	
	2,5-Diketo-piperazin	
	Hydrouracil	
	Imino-diessigsäure-imid	
	5-Methyl-hydantoin	
	2-Amino-4-methylthiazol	
$C_4H_6N_2S$	4-Amino-imidazolcarbonsäure-(5)-amid	
$C_4H_6N_4O$	2,4-Diamino-6-hydroxy-pyrimidin	
$C_4H_6N_4O_3$	Allantoin	StW
$C_4H_6N_4O_{12}$	Erythrittetranitrat	
C_4H_6O	Äthoxy-acetylen	
	Butin-(2)-ol-(1)	
	Crotonaldehyd	
	Cyclobutanon	
	Dimethylketen	
	Divinyläther	StW
	α-Methyl-acrolein	
	Methylpropargyläther	
	Methylvinylketon	
$C_4H_6O_2$	Acetessig-aldehyd	
	Acrylsäure-methylester	
	Ameisensäure-allylester	
	Butin-(1)-diol-(3,4)	
	Butin-(2)-diol-(1,4)	
	Butyro-lacton	
	cis-Crotonsäure	
	trans-Crotonsäure	StW
	Cyclopropancarbonsäure	
	Diacetyl	
	Essigsäure-vinylester	
	Methylacrylsäure	

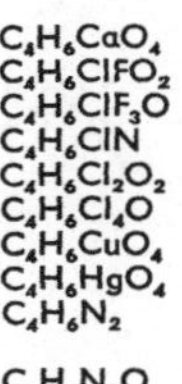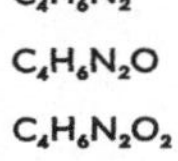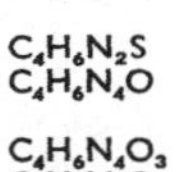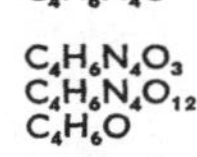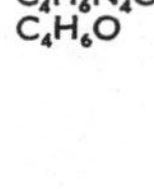

Formel	Verbindung	
$C_4H_7ClO_2$	Chlorameisensäure-n-propylester	
	α-Chlorbuttersäure	
	β-Chlorbuttersäure	
	Chloressigsäure-äthylester	StW
$C_4H_7Cl_2O_4P$	Phosphorsäure-dimethyl-2,2-dichlor-vinyl-ester	
$C_4H_7Cl_3O$	Chloreton	
	α,β,β-Trichlor-diäthyläther	
$C_4H_7Cl_3O_2$	Chloralalkoholat	
$C_4H_7JN_2O_3$	Aljodan	
$C_4H_7JO_2$	Jodessigsäure-äthylester	
C_4H_7N	Buttersäurenitril, Butannitril	kr
	Isobuttersäurenitril	
	Isopropyl-isocyanid	
	Propylisocyanid	
	Pyrrolin	
C_4H_7NO	α-Hydroxy-isobuttersäurenitril	
	Methacrylsäure-amid	
	Pyrrolidon-(2)	
	Vinylessigsäureamid	
$C_4H_7NO_2$	Acetessigsäureamid	
	Diacetyl-amin	
	Diacetyl-monoxim	
$C_4H_7NO_3$	Bernsteinsäuremonamid	
	Glycin-N-acetat	
	Oxalsäure-monoamid-äthylester	
$C_4H_7NO_4$	DL-Asparaginsäure	
	L(+)-Asparaginsäure	
	Iminodiessigsäure	
C_4H_7NS	Propyl-isothiocyanat	
$C_4H_7N_3O$	Kreatinin	StW
$C_4H_7N_3O_3$	Ameisensäure-tris-formamid	
C_4H_8	Buten-(1)	StW kr
	cis-Buten-(2)	StW
	trans-Buten-(2)	StW
	Cyclobutan	StW
	Isobuten, 2-Methyl-propen-(1)	StW
$C_4H_8Br_2$	1,2-Dibrom-butan	
	1,3-Dibrom-butan	
	1,4-Dibrom-butan	
	1,2-Dibrom-2-methyl-propan	
$C_4H_8Cl_2$	1,1-Dichlor-butan	
	1,2-Dichlor-butan	

Formel	Name	Bemerkung
$C_4H_8Cl_2$	1,3-Dichlor-butan	
	1,4-Dichlor-butan	
	1,2-Dichlor-2-methyl-propan	
$C_4H_8Cl_2O$	α,α'-Dichlordiäthyläther	
	α,β-Dichlor-diäthyl-äther	
	β,β'-Dichlor-diäthyläther	
$C_4H_8Cl_2OS$	β,β'-Dichlordiäthylsulfoxid	
$C_4H_8Cl_2O_2$	Dichloracetaldehyd-monoäthylacetal	
$C_4H_8Cl_2O_2S$	β,β'-Dichlor-diäthylsulfon	
$C_4H_8Cl_2O_4S$	Schwefelsäure-bis-[β-chloräthyl]-ester	
$C_4H_8Cl_2S$	β,β'-Dichlor-diäthylsulfid	
$C_4H_8J_2$	1,4-Dijod-butan	
$C_4H_8N_2$	5-Methyl-Δ^2-pyrazolin	
$C_4H_8N_2O$	Allyl-harnstoff	
	N-Nitrosopyrrolidin	
$C_4H_8N_2O_2$	Bernsteinsäurediamid	
	Dimethylglyoxim	
	N-Methyl-N'-acetyl-harnstoff	
$C_4H_8N_2O_3$	Allophansäureäthylester	
	L-Asparagin	StW
	Glycyl-glycin	
	N-Nitroso-N-methyl-urethan	
$C_4H_8N_2O_4$	L(+)-Weinsäurediamid	
$C_4H_8N_2S$	Allylthioharnstoff	
$C_4H_8N_4O_4$	Allantoinsäure	
C_4H_8O	Äthylvinyläther	StW
	Butanon-(2)	StW kr
	dl-Buten-(1)-ol-(3)	
	Butyraldehyd, Butanal	StW
	Crotonalkohol	
	Cyclobutanol	
	Isobuten-oxid	
	Isobutyraldehyd	
	Methyl-allyläther	
	Tetrahydrofuran	StW
C_4H_8OS	1,4-Thioxan	
$C_4H_8O_2$	Acetoin	
	Aldol	
	Ameisensäure-isopropylester	

Formel	Name	Bemerkung
C_4H_9Cl	Isobutylchlorid, 1-Chlor-2-methyl-propan	StW
C_4H_9ClO	tert.-Butylhypochlorit	
	4-Chlor-butanol-(1)	
	α-Chlor-diäthyläther	
	β-Chlor-diäthyläther	
$C_4H_9Cl_3OTi$	Titan-n-butoxy-trichlorid	
$C_4H_9Cl_3Ti$	Titan-isobutyl-trichlorid	
C_4H_9F	Isobutyl-fluorid	
C_4H_9J	n-Butyljodid, 1-Jod-butan	kr
	sek.-Butyljodid	
	tert-.Butyljodid	
	Isobutyljodid	
C_4H_9Li	Lithiumbutyl	
C_4H_9N	Pyrrolidin	StW
C_4H_9NO	Acetimido-äthyläther	
	Buttersäureamid	
	Butyraldoxim	
	N,N-Dimethylacetamid	
	Isobuttersäureamid	
	Isobutyraldoxim	
	Morpholin	
	Propionsäure-N-methylamid	
$C_4H_9NO_2$	DL-α-Aminobuttersäure	
	L(+)-α-Aminobuttersäure	
	DL-β-Aminobuttersäure	
	γ-Aminobuttersäure	
	α-Amino-isobuttersäure	
	Glycinäthylester	
	Isobutylnitrit	
	Methylurethan	
	1-Nitro-butan	StW
	2-Nitro-butan	StW
	Nitro-tert.-butan	
$C_4H_9NO_3$	Isobutyl-nitrat	
	L-Threonin	
	L-Threonin-(allo-Form)	
$C_4H_9NO_6$	L-Weinsäure, saures NH_4-Salz	
	meso-Weinsäure, saures NH_4-Salz	
$C_4H_9N_3O$	Acetonsemicarbazon	

Formel	Name	Zustand
C₄H₈O₂	Ameisensäure-propylester	kr
	Buten-(1)-diol-(3,4)	
	Buten-(2)-diol-(1,4)	StW
	Buttersäure	StW kr
	1,2-Dioxan	
	1,3-Dioxan	StW
	1,4-Dioxan	StW kr
	Essigsäure-äthylester	StW kr
	Glykol-äthyliden-äther	
	Isobuttersäure	StW kr
	Propionsäuremethylester	StW kr
$C_4H_8O_2S$	2-Mercapto-n-buttersäure	
	3-Mercapto-n-buttersäure	
	4-Mercapto-n-buttersäure	
	2-Mercapto-isobuttersäure	
	3-Mercapto-isobuttersäure	
	Tetramethylensulfon	
$C_4H_8O_3$	Äthoxyessigsäure	
	Glycerin-α,β-methylenäther	
	Glykolmonoacetat	
	Glykolsäureäthylester	
$C_4H_8O_3$	dl-α-Hydroxy-buttersäure	
	dl-β-Hydroxy-buttersäure	
	l-β-Hydroxy-buttersäure	
	γ-Hydroxy-buttersäure	
	α-Hydroxy-iso-buttersäure	
	Milchsäure-methylester	
$C_4H_8O_4$	D-Erythrose	
	D-Threose	
C_4H_8S	*Tetrahydrothiophen*	StW
$C_4H_8S_2$	1,4-Dithian	
C_4H_8Th	Oxalsäure, Th-Salz	
$C_4H_9BF_2$	Bor-n-butyl-difluorid	
C_4H_9Br	n-Butylbromid, 1-Brom-butan	StW kr
	sek.-dl-Butylbromid	
	sek.(+)-Butylbromid	
	tert. Butylbromid, 2-Brom-2-methyl-propan	StW
	Isobutylbromid, 1-Brom-2-methyl-propan	StW
C_4H_9BrO	β-Brom-diäthyläther	
C_4H_9Cl	n-Butylchlorid, 1-Chlor-butan	kr
	sek.-dl-Butylchlorid	
	sek.(−)-Butylchlorid	
	tert.-Butylchlorid 2-Chlor-2-methyl-propan	StW

Formel	Name	Zustand
$C_4H_9N_3O_2$	Kreatin	StW
C_4H_{10}	Butan	StW kr
	Isobutan, 2-Methyl-propan	StW kr
$C_4H_{10}AlCl$	Aluminium-diäthylchlorid	
$C_4H_{10}AuJ$	Gold-diäthyljodid	
$C_4H_{10}Be$	Berylliumdiäthyl	
$C_4H_{10}CaO$	Äthanol, Ca-Salz	
$C_4H_{10}Cd$	Cadmiumdiäthyl	
$C_4H_{10}ClNO_2$	L(+)-α-Amino-buttersäure-hydrochlorid	
	γ-Amino-buttersäure-hydrochlorid	
	α-Amino-isobuttersäure-hydrochlorid	
	Glycinäthylester-hydrochlorid	
$C_4H_{10}Cl_2O_2Ti$	Titan-diäthoxy-dichlorid	
$C_4H_{10}Cl_2Pb$	Blei-diäthyl-dichlorid	
$C_4H_{10}Cl_2Si$	Silicium-diäthyl-dichlorid	
$C_4H_{10}Cl_2Sn$	Zinn-diäthyl-dichlorid	
$C_4H_{10}FO_3P$	Phosphor, Fluorphosphorsäure-diäthylester	
$C_4H_{10}Hg$	Quecksilber-diäthyl	
$C_4H_{10}HgS_2$	Äthylmercaptan, Hg-Salz	
$C_4H_{10}Mg$	Magnesium-diäthyl	
$C_4H_{10}MgO_2$	Äthanol, Mg-Salz	
$C_4H_{10}NO_2$	2-Amino-2-methyl-propandiol-(1,3)	
$C_4H_{10}N_2$	Piperazin	
$C_4H_{10}N_2O$	N-Nitroso-diäthylamin	
	Trimethyl-harnstoff	
$C_4H_{10}N_2O_4$	*l-Asparaginhydrat*	StW
	Fumarsäure, NH₄-Salz	
$C_4H_{10}N_2S$	N-Propyl-thioharnstoff	
$C_4H_{10}N_3O_5P$	Kreatinphosphat	
$C_4H_{10}O$	Butanol-(1)	StW kr
	d-Butanol-(2)	
	d,l-Butanol-(2)	StW
	tert. Butanol, 2-Methyl-propanol-(2)	StW
	Diäthyläther	StW kr
	Isobutanol, 2-Methyl-propanol-(1)	StW kr
	Methylisopropyläther	
	Methylpropyläther	kr
$C_4H_{10}OS$	Diäthylsulfoxid	
$C_4H_{10}OSn$	Zinn-diäthyl-oxid	
$C_4H_{10}O_2$	Acetaldehyd-dimethylacetal	
	dl-Butandiol-(1,2)	
	dl-Butandiol-(1,3)	
	Butandiol-(1,4)	

Formel	Name	Bemerkung	Formel	Name	Bemerkung
$C_4H_{10}O_2$	dl-Butandiol-(2,3)		$C_4H_{12}Ti$	Titan-tetramethyl	
	Glykol-dimethyläther		$C_4H_{13}NO$	Tetramethylammoniumhydroxid	
	Glykol-monoäthyläther		$C_4H_{13}N_3$	Diäthylentriamin	
	Isobutan-diol-(1,2)		$C_4H_{14}B_2$	Bor, Diboran-1,1,2,2-tetramethyl	
$C_4H_{10}O_2S$	Diäthylsulfon		$C_4H_{14}Ga_2$	Gallium, Digallium-tetramethyl-dihydrid	
	Thiodiglykol				
$C_4H_{10}O_3$	Ameisensäure-ortho-trimethylester		C_5Cl_8	Octachlorcyclopenten	
	Butantriol-(1,2,3)		$C_5HCl_3N_4$	2,6,8-Trichlor-purin	
	Butantriol-(1,2,4)		C_5HCl_4N	2,3,4,5-Tetrachlor-pyridin	
	Diglykol			2,3,4,6-Tetrachlor-pyridin	
	Glycerin-α--methyläther			2,3,5,6-Tetrachlor-pyridin	
$C_4H_{10}O_3S$	Diäthylsulfit		$C_5H_2Cl_2O_3$	3,5-Dichlor-furan-carbonsäure-(2)	
$C_4H_{10}O_3Si$	Silicium, Kieselsäure-diäthylester		$C_5H_2Cl_3N$	2,3,5-Trichlor-pyridin	
$C_4H_{10}O_4$	Erythrit	StW	$C_5H_2O_5$	Krokonsäure	
$C_4H_{10}S$	*Butanthiol*-(2)	StW	$C_5H_3BrO_2$	5-Brom-furfurol	
	Butylmercaptan, Butanthiol-(1)	StW kr	C_5H_3ClOS	Thiophen-carbonsäure-(2)-chlorid	
	Diäthylsulfid, 3-Thia-pentan	StW kr	$C_5H_3ClO_2$	Furan-carbonsäure-(2)-chlorid	
	Isobutyl-mercaptan, 2-Methyl-propan=thiol-(1)	StW		Furan-carbonsäure-(3)-chlorid	
				5-Chlor-furfurol	
	2-Methyl-propanthiol-(2)	StW	$C_5H_3ClO_3$	5-Chlor-furan-carbonsäure-(2)	
	3-Methyl-2-thia-butan	StW	C_5H_3NO	2-Furo-nitril	
$C_4H_{10}S$	*2-Thia-pentan*	StW	$C_5H_3NO_5$	5-Nitro-furancarbonsäure-(2)	
$C_4H_{10}S_2$	Diäthyldisulfid, 3,4-Dithiahexan	StW		5-Nitro-furancarbonsäure-(3)	
	Dithioglykol-dimethyläther		C_5H_3NS	Thiophen-carbonsäure-(2)-nitril	
$C_4H_{10}S_3$	Diäthyltrisulfid		C_5H_4	Pentadiin-(1,3)	
$C_4H_{10}Se$	Selen-diäthyl		C_5H_4BrN	2-Brom-pyridin	
$C_4H_{10}Te$	Tellur-diäthyl			3-Brom-pyridin	
$C_4H_{10}Zn$	Zink-diäthyl		C_5H_4ClN	2-Chlor-pyridin	
$C_4H_{11}Al$	Aluminium-diäthyl-hydrid			3-Chlor-pyridin	
$C_4H_{11}As$	Arsen, Diäthylarsin			4-Chlor-pyridin	
$C_4H_{11}BO$	Bor-diäthylhydroxid		$C_5H_4Cl_2O_2$	Itaconsäuredichlorid	
$C_4H_{11}BO_2$	Bor-dihydroxy-n-butyl		C_5H_4FN	2-Fluor-pyridin	
$C_4H_{11}Cl_2N$	β-Dimethylaminoäthylchlorid-hydrochlorid		$C_5H_4N_2$	Glutaconsäuredinitril	
$C_4H_{11}N$	n-Butylamin	StW	$C_5H_4N_2O_2$	Pyrazincarbonsäure	
	d,1-sek. Butylamin		$C_5H_4N_2O_4$	Imidazol-dicarbonsäure-(4,5)	
	tert. Butylamin			Pyrazol-dicarbonsäure-(3,4)	
	Diäthylamin	StW kr		Pyrazol-dicarbonsäure-(3,5)	
	Isobutylamin	StW		Uracil-carbonsäure-(4)	
	Methyl-propyl-amin			Uracil-carbonsäure-(5)	

Formel	Verbindung	
$C_4H_{11}NO$	N-Äthyl-äthanolamin	
	2-Amino-butanol-(1)	
	2-Amino-2-methyl-propanol-(1)	
	β-Dimethylaminoäthanol	
$C_4H_{11}NO_2$	Diäthanolamin	
$C_4H_{11}NO_3$	Tris-(hydroxymethyl)-amino-methan	
$C_4H_{11}O_2P$	Phosphor, Diäthyl-phosphinsäure	
	Phosphor, Dimethyl-phosphinsäure-äthylester	
$C_4H_{11}O_2PS_2$	Phosphor, Dithiophosphorsäure-O,O-diäthylester	
$C_4H_{11}O_3P$	Phosphorige Säure-diäthylester	
$C_4H_{11}O_3PS$	Phosphor, Thiophosphorsäure-O,O-di=äthylester	
$C_4H_{11}O_4P$	Phosphorsäure-diäthylester	
$C_4H_{11}P$	Phosphor, Diäthylphosphin	
$C_4H_{12}AlLi$	Aluminium-lithium-tetramethyl	
$C_4H_{12}As_2$	Arsen, Tetramethyl-diarsin	
$C_4H_{12}As_2O$	Arsen-Bis-dimethylarsin-oxid	
$C_4H_{12}As_2S$	Arsen, Bis-dimethylarsin-sulfid	
$C_4H_{12}BrN$	Diäthylamin-hydrobromid	
$C_4H_{12}ClN$	Diäthylamin-hydrochlorid	
	Tetramethylammoniumchlorid	
$C_4H_{12}FN_2OP$	Phosphor, Fluorphosphorsäure-di-dimethyl=amid	
$C_4H_{12}FN_2PS$	Phosphor, Fluorthiophosphorsäure-di-dimethylamid	
$C_4H_{12}Ge$	Germanium-tetramethyl	
$C_4H_{12}JN$	Diäthylamin-hydrojodid	
$C_4H_{12}N_2$	Tetramethylendiamin	
$C_4H_{12}N_2O$	β-Amino-äthyl-äthanol-amin	
$C_4H_{12}N_2O_4$	Bernsteinsäure, NH_4-Salz	
$C_4H_{12}N_2O_6$	D, L-Weinsäure, NH_4-Salz	
	L-Weinsäure. NH_4-Salz	
$C_4H_{12}O_4Si$	Silicium, Kieselsäuretetramethylester	
$C_4H_{12}O_4Ti$	Titan-tetramethylat	
$C_4H_{12}Pb$	Bleitetramethyl	
$C_4H_{12}Si$	*Butylsilan*	StW
	Diäthylsilan	StW
	Isobutylsilan	StW
	Silicium-tetramethyl	StW
$C_4H_{12}Sn$	Zinn-diäthyl-dihydrid	
	Zinn-tetramethyl	StW

Formel	Verbindung	
$C_5H_4N_4$	Purin	
$C_5H_4N_4O$	Hypoxanthin	StW
$C_5H_4N_4O_2$	Xanthin	StW
$C_5H_4N_4O_3$	Harnsäure	StW
C_5H_4OS	Thiophen-aldehyd-(2)	
	Thiophen-aldehyd-(3)	
$C_5H_4O_2$	Furan-3-aldehyd	
	Furfurol	StW
	α-Pyron	
	γ-Pyron	
$C_5H_4O_2S$	Thiophen-carbonsäure-(2)	
	Thiophen-carbonsäure-(3)	
$C_5H_4O_3$	Citraconsäureanhydrid	
	Furan-carbonsäure-(2)	StW
	Furan-carbonsäure-(3)	
	Isobrenzschleimsäure	
	Itaconsäureanhydrid	
	Pyromekonsäure	
$C_5H_4O_4$	Acetondicarbonsäureanhydrid	
	Aconsäure	
C_5H_5BrS	3-Brommethyl-thiophen	
C_5H_5ClO	Furfuryl-chlorid	
C_5H_5ClS	2-Chlormethyl-thiophen	
$C_5H_5Cl_3Ti$	Titan-cyclopentadienyl-trichlorid	
$C_5H_5J_3Ti$	Titan-cyclopentadienyl-trijodid	
C_5H_5N	Pyridin	StW kr
C_5H_5NO	2-Hydroxy-pyridin	
	3-Hydroxy-pyridin	
	4-Hydroxy-pyridin	
	Pyridin-N-oxid	
	Pyrrolaldehyd-(2)	
$C_5H_5NO_2$	Pyrrol-carbonsäure-(2)	
	Pyrrol-carbonsäure-(3)	
	2-Nitro-3-methyl-furan	
	2-Nitro-5-methyl-furan	
$C_5H_5NO_3$	2,4,6-Trihydroxy-pyridin	
	Pyridin-sulfosäure-(3)	
$C_5H_5NO_3S$	Pyridin-sulfosäure-(4)	
$C_5H_5N_3O_2$	Pyridyl-(4)-nitramin	
$C_5H_5N_5$	Adenin	StW
$C_5H_5N_5O$	Guanin	StW
	Isoguanin	
C_5H_5Na	Natrium-cyclopentadienyl	

Formel	Name	Bemerkung	Formel	Name	Bemerkung
C_5H_6	Cyclopentadien-(1,3)		$C_5H_8O_2$	Angelicasäure	
$C_5H_6Cl_2O_2$	Glutarsäuredichlorid			Cyclobutan-carbonsäure	
$C_5H_6N_2$	2-Amino-pyridin			3,3-Dimethyl-acrylsäure	
	3-Amino-pyridin			Essigsäure-allylester	
	4-Amino-pyridin			Glutardialdehyd	
	Glutarsäuredinitril			Lävulinaldehyd	
	2-Methyl-pyrazin			Tiglinsäure	
$C_5H_6N_2O$	4-Hydroxy-6-methyl-pyrimidin			γ-Valerolacton	
$C_5H_6N_2OS$	4-Methyl-2-thio-uracil		$C_5H_8O_2S$	Isoprensulfon	
$C_5H_6N_2O_2$	4-Methyl-uracil		$C_5H_8O_3$	Acetessigsäure-methylester	
	Thymin			Brenztraubensäure-äthylester	
$C_5H_6N_2O_3$	Dimethylparabansäure			Lävulinsäure	
$C_5H_6N_4O_4$	Pseudoharnsäure			Methyl-acetessigsäure	
C_5H_6O	2-Methyl-furan		$C_5H_8O_4$	Äthylmalonsäure	
	3-Methyl-furan			Dimethylmalonsäure	
	γ-Pyran			Glutarsäure	StW
C_5H_6OS	2-Furfuryl-mercaptan			Malonsäure-dimethylester	StW
$C_5H_6O_2$	α-Angelicalacton			Malonsäure-monoäthylester	
	Furfurylalkohol	StW		dl-Methyl-bernsteinsäure	
$C_5H_6O_3$	Methyl-bernsteinsäure-anhydrid			Oxalsäure-methyl-äthylester	
	Glutarsäure-anhydrid		$C_5H_8O_5$	dl-Citramalsäure	
$C_5H_6O_4$	Acetylbrenztraubensäure			Glycerin-α,α'-diformiat	
	Citraconsäure		$C_5H_8O_7$	DL-Trihydroxy-glutarsäure	
	Cyclopropandicarbonsäure-(1,1)		C_5H_9Br	Cyclopentylbromid	
	cis-Glutaconsäure		C_5H_9BrO	Tetrahydrofurfurylbromid	
	trans-Glutaconsäure		$C_5H_9BrO_2$	dl-α-Brom-isovaleriansäure	
	Itaconsäure			dl-α-Brom-propionsäure-äthylester	
	Mesaconsäure			β-Brompropionsäure-äthylester	
	Paraconsäure		$C_5H_9Br_3$	1,2,3-Tribrom-pentan	
$C_5H_6O_5$	Acetondicarbonsäure		C_5H_9ClO	trans-2-Chlor-cyclopentanol	
	α-Keto-glutarsäure			5-Chlor-pentanon-(2)	
$C_5H_6O_8$	Desoxalsäure			Isovaleriansäurechlorid	
C_5H_6S	2-Methyl-thiophen	StW		n-Valeriansäurechlorid	
	3-Methyl-thiophen	StW	$C_5H_9ClO_2$	Chlorameisensäure-n-butylester	
$C_5H_6S_2$	2-Methylmercapto-thiophen			Chlorameisensäure-isobutylester	
C_5H_7Cl	3-Chor-cyclopenten-(1)		C_5H_9N	Isobutyl-isocyanid	
C_5H_7N	N-Methyl-pyrrol			Isovaleriansäurenitril	
	2-Methyl-pyrrol			Trimethyl-acetonitril	
	3-Methyl-pyrrol			n-Valeriansäurenitril	

Formel	Verbindung	StW	kr
C₅H₇NO	Furfurylamin		
C₅H₇NO₂	Cyanessigsäure-äthylester		
C₅H₇NS	2,4-Dimethylthiazol		
C₅H₇N₃	2,3-Diamino-pyridin		
	2,5-Diamino-pyridin		
	2,6-Diamino-pyridin		
	N,N-Dimethylamino-malonsäure-dinitril		
	N-Methylamino-pyrimidin		
	2-Pyridyl-hydrazin		
	4-Pyridyl-hydrazin		
C₅H₈	Cyclopenten	StW	
	Isopren		
	2-Methyl-butadien-(2,3)		
	3-Methyl-butin-(1)	StW	
	Pentadien-(1,2)	StW	
	Pentadien-(1,3)	StW	
	Pentadien-(1,4)	StW	
	Pentadien-(2,3)	StW	
	Pentin-(1)	StW	
	Pentin-(2)	StW	
	Spiropentan	StW	
C₅H₈Br₄	Isoprentetrabromid		
	Pentaerythrittetrabromid		
	1,2,3,4-Tetrabrom-pentan		
	1,2,4,5-Tetrabrom-pentan		
C₅H₈J₄	Pentaerythrittetrajodid		
C₅H₈NNaO₄	L(+)-Glutaminsäure-Na-Salz		
C₅H₈N₂	3,5-Dimethyl-pyrazol		
C₅H₈N₂O₂	5,5-Dimethyl-hydantoin		
	Pyrrolidon-(5)-carbonsäure-(3)-amid		
C₅H₈N₄O₁₂	Pentaerythrittetranitrat		
C₅H₈O	Äthylpropargyläther		
	Äthylvinylketon		
	Cyclopentanon	StW	
	2,3-Dihydropyran		
	3-Methyl-butin-(1)-ol-(3)		
	α-Methyl-crotonaldehyd		
	Methyl-cyclopropyl-keton		
	Penten-(2)-on-(4)		
	Pentin-(1)-ol-(4)		
C₅H₈O₂	Acetylaceton	StW	
	Acrylsäure-äthylester		
	Allylessigsäure		

Formel	Verbindung	StW	kr
C₅H₉NO	β-Äthoxypropionsäure-nitril		
	Isobutyl-isocyanat		
	Piperidon-(2)		
C₅H₉NOS	β-[2-Hydroxyäthyl-mercapto]-propionitril		
C₅H₉NO₂	2-Isonitroso-pentanon-(3)		
	3-Isonitroso-pentanon-(2)		
	L-Prolin		
	DL-Prolin		
C₅H₉NO₄	L(+)-Glutaminsäure	StW	
	Methyliminodiessigsäure		
C₅H₉N₃	Histamin		
C₅H₁₀	Cyclopentan	StW	kr
	2-Methyl-buten-(1)	StW	
	2-Methyl-buten-(3)		
	Penten-(1)	StW	kr
	cis-Penten-(2)	StW	
	trans-Penten-(2)	StW	
	Trimethyläthylen, 2-Methyl-buten-(2)	StW	
C₅H₁₀Br₂	1,5-Dibrom-pentan		
	2,3-Dibrom-pentan		
	2,4-Dibrom-pentan		
C₅H₁₀ClNS	N,N-Diäthyl-thiocarbamidsäure-chlorid		
C₅H₁₀Cl₂	1,2-Dichlor-pentan		
	1,5-Dichlor-pentan		
C₅H₁₀N₂	Diäthylcyanamid		
C₅H₁₀N₂O₃	L(+)-Glutamin		
C₅H₁₀O	Äthylallyläther		
	Cyclopentanol	StW	
	Isovaleraldehyd		
	2-Methyl-butanon-(3)		kr
	Pentanon-(2)	StW	kr
	Pentanon-(3)	StW	kr
	dl-Penten-(1)-ol-(3)		
	Penten-(3)-ol-(2)		
	Penten-(4)-ol-(1)		
	Tetrahydropyran	StW	
	Trimethylacetaldehyd		
	n-Valeraldehyd		
C₅H₁₀O₂	Acetoläther		
	Ameisensäurebutylester		kr
	Ameisensäure-d-sek.-butylester		
	Ameisensäure-isobutylester		kr
	Buttersäure-methylester	StW	kr

Formel	Name	Bemerkung
C₅H₁₀O₂	Essigsäureisopropylester	
	Essigsäurepropylester	StW kr
	Isobuttersäuremethylester	StW kr
	Isovaleriansäure, 3-Methyl-butansäure-(1)	StW
	2-Methyl-buttersäure	
	Propionsäure-äthylester	StW kr
	Tetrahydrofurfurylalkohol	StW
	Trimethylessigsäure	
	n-Valeriansäure	StW
C₅H₁₀O₂S	2-Methylmercapto-buttersäure	
C₅H₁₀O₃	Glykolmonomethylätheracetat	
	2-Hydroxy-n-valeriansäure	
	Kohlensäurediäthylester	
	Milchsäureäthylester	
C₅H₁₀O₄	D-2-Desoxyribose	
	dl-Glycerin-α-acetat	
	Glycerin-β-acetat	
	D,L-Glycerinsäure-äthylester	
	D-2-Xylodesose	
	D-3-Xylodesose	
C₅H₁₀O₅	Apiose	
	D(−)-Arabinose	
	L(+)-Arabinose	
	D-Lyxose	
	D-Ribose	
	D-Ribulose	
	D-Xylose	
C₅H₁₀O₆	D-Arabonsäure	
C₅H₁₁Br	n-Amylbromid, 1-Brom-pentan	StW kr
	tert.-Amylbromid	
	2-Brom-pentan	
	3-Brom-pentan	
	Isoamylbromid	
	Neopentylbromid	
C₅H₁₁Cl	n-Amylchlorid, 1-Chlor-pentan	StW kr
	tert.-Amylchlorid, 2-Chlor-2-methyl-butan	StW
	2-Chlor-pentan	
	3-Chlor-pentan	
	Isoamylchlorid, 1-Chlor-3-methyl-butan	StW

Formel	Name	Bemerkung
C₅H₁₂N₂O	Isobutyl-harnstoff	
	Tetramethyl-harnstoff	
C₅H₁₂N₂O₂	L(+)-Ornithin	
C₅H₁₂O	Äthylisopropyläther	
	Äthylpropyläther	kr
	n-Amylalkohol, Pentanol-(1)	StW
	L(−)-Amylalkohol	
	tert, Amylalkohol, 2-Methyl-butanol-(2)	StW
	tert. Butylcarbinol	
	Isoamylalkohol	
	2-Methyl-butanol-(3)	
	Methylbutyläther, Methoxybutan	kr
	Methyl-isobutyläther	
	Methyl-tert.-butyläther	StW
	Pentanol-(2)	
	d-Pentanol-(2)	
	Pentanol-(3)	
C₅H₁₂O₂	Formaldehyddiäthylacetal, Diäthoxy-methan	StW
	Glykolmonoisopropyläther	
	Glykolmonopropyläther	
	2-Methyl-butandiol-(2,3)	
	Pentamethylenglykol	
C₅H₁₂O₃	Diglykolmonomethyläther	
	Glycerin-α,α'-dimethyläther	
	Pentan-triol-(1,2,3)	
	Pentan-triol-(1,2,5)	
C₅H₁₂O₄	Kohlensäure-ortho-tetramethylester	
	Pentaerythrit	StW
C₅H₁₂O₅	Adonit	
	L-Arabit	
C₅H₁₂S	n-Amylmercaptan, Pentanthiol-(1)	StW kr
	Isoamylmercaptan	
C₅H₁₃N	α-Äthyl-propylamin	
	2-Amino-pentan	
	n-Amylamin	
	tert.-Amylamin	
	Isoamylamin	
	Methyl-diäthylamin	

Formel	Verbindung	
$C_5H_{11}Cl_2NO$	Neopentylchlorid	
	Trimethylaminoessigsäurechlorid-chlorid	
$C_5H_{11}F$	n-Amylfluorid	
	Isoamylfluorid	
$C_5H_{11}J$	n-Amyljodid, 1-Jod-pentan	kr
	tert. Amyljodid	
	Isoamyljodid	
	Neopentyljodid	
$C_5H_{11}N$	Amino-3-methyl-buten-(2)	
	Piperidin	StW
$C_5H_{11}NO$	Ameisensäure-N,N-diäthylamid	
	Isovaleriansäureamid	
	n-Valeriansäureamid	
$C_5H_{11}NO_2$	Äthylurethan	
	DL-Alanin-äthylester	
	β-Amino-isovaleriansäure	
	β-Amino-n-valeriansäure	
	γ-Amino-n-valeriansäure	
	δ-Amino-n-valeriansäure	
	Amylnitrit	
	Betain	
	Isoamylnitrit	
	DL-Isovalin	
	4-Nitro-2-methyl-butan	
	1-Nitro-pentan	
	3-Nitro-pentan	
	D,L-Norvalin	
	D,L-Valin	
	L(+)-Valin	
$C_5H_{11}NO_2S$	DL-Methionin	
	L-Methionin	
	Penicillamin	
$C_5H_{11}NO_3$	Isoamylnitrat	
$C_5H_{11}NO_4$	D-Lyxosimin	
$C_5H_{11}NS$	Isobutyl-thiocyanat	
C_5H_{12}	2-Methyl-butan	StW kr
	Neopentan, 2,2-Dimethyl-propan	StW kr
	n-Pentan	StW kr
$C_5H_{12}ClNO_2$	Betain-hydrochlorid	
$C_5H_{12}Cl_2Si$	Silicium-äthyl-propyl-dichlorid	
$C_5H_{12}N_2$	4-Amino-piperidin	
	2-Methyl-piperazin	
$C_5H_{12}N_2O$	N,N'-Diäthylharnstoff	

Formel	Verbindung	
$C_5H_{13}NO$	Methyl-isobutyl-amin	
	2-Isopropylamino-äthanol	
	Neurin	
$C_5H_{13}NO_2$	2-Amino-2-äthyl-propandiol-(1,3)	
$C_5H_{14}ClNO$	Cholin-chlorid	
$C_5H_{14}ClN_3O$	Girard-Reagenz T	
$C_5H_{14}N_2$	Pentamethylendiamin	
$C_5H_{14}N_4$	Agmatin	
$C_5H_{14}O_4Si$	Silicium, Kieselsäuretrimethyläthylester	
$C_5H_{14}Si$	Siliciumtrimethyl-äthyl	
$C_5H_{15}ClPb$	Blei-triäthylchlorid	
$C_5H_{15}NO_2$	Cholin	
$C_6Br_4O_2$	Tetrabrom-chinon	
C_6Br_6	Hexabrombenzol	
$C_6Ce_2O_{12}$	Oxalsäure, Ce-Salz (·10 H_2O)	
$C_6Cl_4O_2$	Chloranil	
C_6Cl_6	Hexachlorbenzol	StW
C_6F_6	Hexafluorbenzol	
C_6HBr_5	Pentabrom-benzol	
C_6HBr_5O	Pentabromphenol	
$C_6HCl_3O_2$	Trichlorchinon	
$C_6HCl_4NO_2$	2,3,4,5-Tetrachlor-1-nitrobenzol	
	2,3,4,6-Tetrachlor-1-nitrobenzol	
	2,3,5,6-Tetrachlor-1-nitrobenzol	
C_6HCl_5	Pentachlorbenzol	
C_6HCl_5O	Pentachlorphenol	StW
C_6HJ_5	Pentajod-benzol	
$C_6H_2Br_4$	1,2,3,5-Tetrabrom,benzol	
	1,2,4,5-Tetrabrom-benzol	
$C_6H_2Br_4O$	2,3,4,6-Tetrabrom-phenol	
$C_6H_2Br_5N$	Pentabrom-anilin	
$C_6H_2ClN_3O_6$	2-Chlor-1,3,5-trinitro-benzol	
	5-Chlor-1,2,4-trinitro-benzol	
$C_6H_2Cl_2N_2O_4$	2,5-Dichlor-1,4-dinitro-benzol	
	4,6-Dichlor-1,3-dinitro-benzol	
$C_6H_2Cl_2O_2$	2,6-Dichlor-chinon	
$C_6H_2Cl_2O_4$	Chloranilsäure	
$C_6H_2Cl_2O_5$	3,4-Dichlor-furan-dicarbonsäure-(2,5)	
$C_6H_2Cl_3NO_2$	2,3,4-Trichlor-1-nitrobenzol	
	2,3,6-Trichlor-1-nitrobenzol	
	2,4,5-Trichlor-1-nitrobenzol	
	3,4,5-Trichlor-1-nitrobenzol	

Formel	Name	Bemerkung
$C_6H_2Cl_4$	1,2,3,4-Tetrachlor-benzol	
	1,2,3,5-Tetrachlor-benzol	
	1,2,4,5-Tetrachlor-benzol	
$C_6H_2Cl_4O$	2,3,5,6-Tetrachlor-phenol	
$C_6H_2Cl_4O_2$	Tetrachlorhydrochinon	
$C_6H_2Cl_5N$	Pentachlor-anilin	
$C_6H_2JN_3O_6$	2-Jod-1,3,5-trinitro-benzol	
$C_6H_2J_3NO_2$	3,4,5-Trijod-1-nitro-benzol	
$C_6H_2J_4$	1,2,3,4-Tetrajodbenzol	
	1,2,3,5-Tetrajodbenzol	
$C_6H_2KN_3O_7$	Pikrinsäure, K-Salz	
$C_6H_2N_2O_8$	Nitranilsäure	
$C_6H_3Br_2NO_3$	2,4-Dibrom-6-nitro-phenol	
	2,6-Dibrom-4-nitro-phenol	
$C_6H_3Br_3$	1,2,3-Tribrom-benzol	
	1,2,4-Tribrombenzol	
	1,3,5-Tribrom-benzol	
$C_6H_3Br_3O$	2,3,5-Tribrom-phenol	
	2,4,6-Tribrom-phenol	
$C_6H_3Br_3O_2$	2,4,6-Tribrom-resorcin	
$C_6H_3Br_4N$	2,3,4,5-Tetrabrom-anilin	
	2,3,4,6-Tetrabrom-anilin	
	2,3,5,6-Tetrabrom-anilin	
$C_6H_3ClN_2O_4$	2-Chlor-1,3-dinitro-benzol	
	2-Chlor-1,4-dinitro-benzol	
	3-Chlor-1,2-dinitro-benzol	
	4-Chlor-1,2-dinitro-benzol	
	4-Chlor-1,3-dinitro-benzol	
	5-Chlor-1,3-dinitro-benzol	
$C_6H_3ClO_2$	Chlor-p-chinon	
$C_6H_3Cl_2NO_2$	2,3-Dichlor-nitrobenzol	
	2,4-Dichlor-nitrobenzol	
	2,5-Dichlor-nitrobenzol	
	2,6-Dichlor-nitrobenzol	
	3,4-Dichlor-nitrobenzol	
	3,5-Dichlor-nitrobenzol	
$C_6H_3Cl_2NO_3$	2,6-Dichlor-4-nitro-phenol	
	4,6-Dichlor-2-nitro-phenol	
$C_6H_3Cl_3$	1,2,3-Trichlor-benzol	StW

Formel	Name	Bemerkung
$C_6H_4Br_2O$	2,4-Dibrom-phenol	
	2,6-Dibrom-phenol	
	3,5-Dibrom-phenol	
$C_6H_4Br_3N$	2,3,4-Tribrom-anilin	
	2,3,5-Tribrom-anilin	
	2,4,5-Tribrom-anilin	
	2,4,6-Tribrom-anilin	
	3,4,5-Tribrom-anilin	
C_6H_4ClF	1-Chlor-2-fluor-benzol	
	1-Chlor-3-fluor-benzol	
	1-Chlor-4-fluor-benzol	
C_6H_4ClNO	p-Chinon-chlorimid	
	2-Chlor-1-nitroso-benzol	
	3-Chlor-1-nitroso-benzol	
	4-Chlor-1-nitroso-benzol	
	Isonicotinsäurechlorid	
	Nicotinsäurechlorid	
$C_6H_4ClNO_2$	2-Chlor-1-nitro-benzol	
	3-Chlor-1-nitro-benzol	
	4-Chlor-1-nitro-benzol	
$C_6H_4ClNO_2S$	o-Nitrophenyl-mercaptyl-chlorid	
$C_6H_4ClNO_3$	2-Chlor-3-nitro-phenol	
	2-Chlor-4-nitro-phenol	
	2-Chlor-5-nitro-phenol	
	2-Chlor-6-nitro-phenol	
	3-Chlor-2-nitro-phenol	
	3-Chlor-4-nitro-phenol	
	3-Chlor-5-nitro-phenol	
	4-Chlor-2-nitro-phenol	
	4-Chlor-3-nitro-phenol	
	5-Chlor-2-nitro-phenol	
$C_6H_4Cl_2$	1,2-Dichlor-benzol	
	1,3-Dichlor-benzol	
	1,4-Dichlor-benzol	
$C_6H_4Cl_2N_2$	p-Chinon-bis-chlorimid	
$C_6H_4Cl_2O$	2,3-Dichlor-phenol	
	2,4-Dichlor-phenol	
	2,5-Dichlor-phenol	
	2,6-Dichlor-phenol	

Formel	Name	
$C_6H_3Cl_3O$	1,2,4-Trichlor-benzol	StW
	1,3,5-Trichlor-benzol	StW
	2,3,4-Trichlor-phenol	
	2,3,5-Trichlor-phenol	
	2,3,6-Trichlor-phenol	
	2,4,5-Trichlor-phenol	
	2,4,6-Trichlor-phenol	
	3,4,5-Trichlor-phenol	
$C_6H_3Cl_3O_2$	Trichlor-hydrochinon	
	2,4,6-Trichlor-resorcin	
$C_6H_3FN_2O_4$	1-Fluor-2,4-dinitro-benzol	
$C_6H_3F_3$	1,2,4-Trifluor-benzol	
$C_6H_3J_3$	1,2,3-Trijod-benzol	
	1,2,4-Trijod-benzol	
	1,3,5-Trijod-benzol	
$C_6H_3J_3O$	2,4,6-Trijod-phenol	
$C_6H_3N_3O_6$	1,2,3-Trinitro-benzol	
	1,2,4-Trinitro-benzol	
	1,3,5-Trinitro-benzol	
$C_6H_3N_3O_6S$	Thiopikrinsäure	
$C_6H_3N_3O_7$	Pikrinsäure	
	2,3,5-Trinitro-phenol	
	2,3,6-Trinitro-phenol	
	2,4,5-Trinitro-phenol	
$C_6H_3N_3O_8$	Styphninsäure	
$C_6H_3N_5O_8$	2,3,4,6-Tetranitro-anilin	
C_6H_4BrCl	1-Brom-2-chlor-benzol	
	1-Brom-3-chlor-benzol	
	1-Brom-4-chlor-benzol	
C_6H_4BrF	1-Brom-2-fluor-benzol	
	1-Brom-4-fluor-benzol	
C_6H_4BrNO	4-Brom-1-nitroso-benzol	
$C_6H_4BrNO_2$	2-Brom-1-nitro-benzol	
	3-Brom-1-nitro-benzol	
	4-Brom-1-nitro-benzol	
$C_6H_4BrNO_3$	2-Brom-4-nitro-phenol	
	3-Brom-2-nitro-phenol	
	3-Brom-4-nitro-phenol	
	4-Brom-2-nitro-phenol	
	5-Brom-2-nitro-phenol	
$C_6H_4Br_2$	1,2-Dibrom-benzol	
	1,3-Dibrom-benzol	
	1,4-Dibrom-benzol	
	3,4-Dichlor-phenol	
	3,5-Dichlor-phenol	
$C_6H_4Cl_2O_2S_2$	Brenzcatechin-disulfosäure-(3,5)-dichlorid	
$C_6H_4Cl_3N$	2,3,4-Trichlor-anilin	
	2,4,5-Trichlor-anilin	
	2,4,6-Trichlor-anilin	
	3,4,5-Trichlor-anilin	
C_6H_4FJ	1-Fluor-2-jod-benzol	
	1-Fluor-4-jod-benzol	
$C_6H_4FNO_2$	2-Fluor-1-nitro-benzol	
	3-Fluor-1-nitro-benzol	
	4-Fluor-1-nitro-benzol	
$C_6H_4FNO_3$	3-Fluor-2-nitro-phenol	
$C_6H_4F_2$	1,2-Difluor-benzol	
	1,3-Difluor-benzol	
	1,4-Difluor-benzol	
$C_6H_4JNO_2$	2-Jod-1-nitro-benzol	
	3-Jod-1-nitro-benzol	
	4-Jod-1-nitro-benzol	
$C_6H_4J_2$	1,2-Dijod-benzol	
	1,3-Dijod-benzol	
	1,4-Dijod-benzol	
$C_6H_4J_3N$	2,4,6-Trijod-anilin	
$C_6H_4N_2$	2-Cyan-pyridin	StW
	3-Cyan-pyridin	StW
	4-Cyan-pyridin	
$C_6H_4N_2O_2$	Benzofuroxan	
$C_6H_4N_2O_3$	2-Nitroso-1-nitro-benzol	
	3-Nitroso-1-nitro-benzol	
	4-Nitroso-1-nitro-benzol	
$C_6H_4N_2O_3S$	p-Diazobenzolsulfosäure	
$C_6H_4N_2O_4$	1,2-Dinitro-benzol	StW
	1,3-Dinitro-benzol	StW
	1,4-Dinitro-benzol	StW
	Pyrazin-dicarbonsäure-(2,3)	
	Pyrazin-dicarbonsäure-(2,5)	
	Pyrazin-dicarbonsäure-(2,6)	
	Pyridazin-dicarbonsäure-(4,5)	
$C_6H_4N_2O_5$	2,3-Dinitro-phenol	
	2,4-Dinitro-phenol	
	2,5-Dinitro-phenol	
	2,6-Dinitro-phenol	
	3,4-Dinitro-phenol	

Formel	Name	Bemerkung	Formel	Name	Bemerkung
$C_6H_4N_2O_5$	3,5-Dinitro-phenol		$C_6H_5NO_3$	4-Hydroxy-picolinsäure	
$C_6H_4N_2O_6$	2,4-Dinitro-resorcin			6-Hydroxy-picolinsäure	
$C_6H_4N_4$	Pteridin			2-Nitro-phenol	StW
$C_6H_4N_4O_6$	2,4,6-Trinitro-anilin			3-Nitro-phenol	StW
$C_6H_4N_4O_7$	2,4,6-Trinitro-3-aminophenol			4-Nitro-phenol	StW
C_6H_4O	2-Furyl-acetylen		$C_6H_5NO_4$	2,6-Dihydroxy-isonicotinsäure	
$C_6H_4O_2$	o-Chinon			2-Nitro-resorcin	
	p-Chinon, Benzochinon-(1,4)	StW		4-Nitro-resorcin	
$C_6H_4O_4$	2,3-Dihydroxy-chinon-(1,4)			Pyrroldicarbonsäure-(2,5)	
	2,5-Dihydroxy-chinon-(1,4)		$C_6H_5NO_5S$	2-Nitro-benzol-sulfosäure	
	Pyron-(2)-carbonsäure-(5)			3-Nitro-benzol-sulfosäure	
	Pyron-(2)-carbonsäure-(6)			4-Nitro-benzol-sulfosäure	
	Pyron-(4)-carbonsäure-(2)		$C_6H_5NO_6S$	2-Nitro-phenol-sulfosäure-(4)	
$C_6H_4O_4S$	Thiophen-dicarbonsäure-(2,4)			4-Nitro-phenol-sulfosäure-(2)	
	Thiophen-dicarbonsäure-(2,5)		$C_6H_5N_3$	1,2,3-Benztriazol	
$C_6H_4O_5$	Furan-dicarbonsäure-(2,3)			Phenylazid	
	Furan-dicarbonsäure-(2,5)		$C_6H_5N_3O$	1-Hydroxy-benztriazol	
	Furan-dicarbonsäure-(3,4)		$C_6H_5N_3O_4$	2,3-Dinitro-anilin	
	Komensäure			2,4-Dinitro-anilin	
$C_6H_4O_6$	Tetrahydroxychinon			2,6-Dinitro-anilin	
$C_6H_4S_2$	Thiophthen			3,5-Dinitro-anilin	
$C_6H_5AlCl_2$	Aluminium-phenyl-dichlorid		$C_6H_5N_3O_5$	2-Amino-4,6-dinitro-phenol	
$C_5H_5AsCl_2$	Arsen, Phenylarsin-dichlorid			Apotheobromin	
C_6H_5AsO	Arsen, Phenylarsinoxid		$C_6H_5N_5O_3$	Xanthopterin	
$C_6H_5BCl_2$	Bor-phenyl-dichlorid			Leukopterin	
$C_6H_5BF_4N_2$	Benzol-diazonium-fluoborat		$C_6H_5N_5O_6$	2,4,6-Trinitro-phenylhydrazin	
C_6H_5Br	Brombenzol	StW kr	C_6H_5NaO	Phenol, Na-Salz	
C_6H_5BrClN	4-Brom-2-chlor-anilin		$C_6H_5Na_3O_7$	Citronensäure, Na-Salz (•5 H_2O)	
C_6H_5BrO	2-Brom-phenol		C_6H_5OSb	Antimon-phenyl-oxid	
	3-Brom-phenol		C_6H_6	Benzol	StW kr
	4-Brom-phenol			Divinylacetylen	
$C_6H_5BrO_2$	4-Brom-resorcin		C_6H_6BrN	2-Brom-anilin	
$C_6H_5BrO_3S$	4-Brom-benzolsulfosäure			3-Brom-anilin	
$C_6H_5Br_2N$	2,4-Dibrom-anilin			4-Brom-anilin	
	2,6-Dibrom-anilin		$C_6H_6Br_6$	α-Hexabrom-cyclohexan	
C_6H_5Cl	Chlorbenzol	StW kr		β-Hexabrom-cyclohexan	
C_6H_5ClHg	Quecksilber-phenyl-chlorid		C_6H_6ClN	2-Chlor-anilin	
$C_6H_5ClN_2$	Benzoldiazoniumchlorid			3-Chlor-anilin	
$C_6H_5ClN_2O_2$	2-Chlor-4-nitro-anilin			4-Chlor-anilin	

Formel	Verbindung	
	4-Chlor-2-nitro-anilin	
	4-Chlor-3-nitro-anilin	
	5-Chlor-2-nitro-anilin	
	6-Chlor-3-nitro-anilin	
C_6H_5ClO	2-Chlor-phenol	
	3-Chlor-phenol	
	4-Chlor-phenol	
$C_6H_5ClO_2S$	Benzolsulfosäure-chlorid	
$C_6H_5ClO_3S$	p-Chlor-benzolsulfosäure	
C_6H_5ClJ	Phenyljodidchlorid	
$C_6H_5Cl_2N$	2,3-Dichlor-anilin	
	2,4-Dichlor-anilin	
	2,5-Dichlor-anilin	
	3,4-Dichlor-anilin	
	3,5-Dichlor-anilin	
$C_6H_5Cl_2NO$	2,6-Dichlor-6-aminophenol	
$C_6H_5Cl_2O_2P$	Phosphorsäure-mono-phenylester-dichlorid	
$C_6H_5Cl_2P$	Phosphor, Phenylphosphin-dichlorid	
C_6H_5Cu	Kupfer-phenyl	
C_6H_5F	Fluorbenzol	StW kr
C_6H_5FO	2-Fluor-phenol	
	3-Fluor-phenol	
	4-Fluor-phenol	
C_6H_5J	Jodbenzol	StW kr
C_6H_5JO	Jodosobenzol	
	2-Jod-phenol	
	3-Jod-phenol	
	4-Jod-phenol	
$C_6H_5JO_2$	Jodobenzol	
$C_6H_5KO_4S$	Phenylschwefelsäure, K-Salz	
$C_6H_5K_3O_7$	Citronensäure, K-Salz	
C_6H_5Li	Lithiumphenyl	
C_6H_5NO	Nitrosobenzol	
	Pyridin-aldehyd-(2)	
	Pyridin-aldehyd-(3)	
C_6H_5NOS	Thionylanilin	
$C_6H_5NO_2$	Isonicotinsäure	
	Nicotinsäure	
	Nitrobenzol	StW
	4-Nitroso-phenol	
	Pyridin-carbonsäure-(2)	
$C_6H_5NO_3$	2-Hydroxy-nicotinsäure	
	6-Hydroxy-nicotinsäure	

Formel	Verbindung	
C_6H_6ClNO	2-Chlor-4-amino-phenol	
	5-Chlor-2-amino-phenol	
	4-Chlor-phenyl-hydroxylamin	
$C_6H_6Cl_2N_2$	2,5-Dichlor-phenylendiamin-(1,4)	
$C_6H_6Cl_6$	dl-α-Hexachlor-cylohexan	
	β-Hexachlorcyclohexan	
	γ-Hexachlorcyclohexan	
	δ-Hexachlorcyclohexan	
	ε-Hexachlorcyclohexan	
	ζ-Hexachlorcyclohexan	
C_6H_6FN	2-Fluor-anilin	
	3-Fluor-anilin	
	4-Fluor-anilin	
C_6H_6JN	2-Jod-anilin	
	4-Jod-anilin	
$C_6H_6N_2O$	Isonicotinsäureamid	
	Nicotinsäureamid	
	4-Nitroso-anilin	
$C_6H_6N_2O_2$	2-Amino-nicotinsäure	
	6-Amino-nicotinsäure	
	3-Amino-picolinsäure	
	4-Amino-picolinsäure	
	p-Chinon-dioxim	
	2-Nitro-anilin	
	3-Nitro-anilin	
	4-Nitro-anilin	
	Phenylnitramin	
	Phenylnitrosohydroxylamin	
	Urocaninsäure	
$C_6H_6N_2O_3$	2-Amino-4-nitrophenol	
	2-Amino-5-nitrophenol	
	4-Amino-2-nitrophenol	
	4-Amino-3-nitrophenol	
$C_6H_6N_4O_4$	2,4-Dinitro-phenylhydrazin	
C_6H_6O	Phenol	StW
C_6H_6OS	2-Acetyl-thiophen	
	Thiohydrochinon	
$C_6H_6O_2$	2-Acetyl-furan	
	Brenzcatechin, 1,2-Dihydroxy-benzol	StW
	2-Furyl-acetaldehyd	
	Hydrochinon, 1,4-Dihydroxy-benzol	StW
	3-Methyl-furfurol	
	5-Methyl-furfurol	

Formel	Name	Bemerkung
$C_6H_6O_2$	Resorcin, 1,3-Dihydroxy-benzol	StW
$C_6H_6O_2S$	Benzolsulfinsäure·	
$C_6H_6O_3$	Ameisensäurefurfurylester	
	Dimethyl-maleinsäureanhydrid	
	Furancarbonsäure-(3)-methylester	
	Hydroxyhydrochinon	
	5-Hydroxymethylfurfurol	
	Maltol	
	5-Methyl-brenzschleimsäure	
	Phloroglucin	
	Pyrogallol, 1,2,3-Trihydroxy-benzol	StW
$C_6H_6O_3S$	Benzolsulfosäure	
$C_6H_6O_4$	Acetylen-dicarbonsäure-dimethylester	
	Kojisäure	
	Muconsäure (trans-trans-)	
	1,2,3,4-Tetrahydroxy-benzol	
	1,2,3,5-Tetrahydroxy-benzol	
	1,2,4,5-Tetrahydroxy-benzol	
$C_6H_6O_4S$	Phenol-sulfosäure-(2)	
	Phenol-sulfosäure-(3)	
	Phenol-sulfosäure-(4)	
$C_6H_6O_6$	*cis*-Aconitsäure	
	trans-Aconitsäure	
	Cyclopropan-tricarbonsäure-(1,2,3)	
	Dehydroascorbinsäure	
	Hexahydroxybenzol	
$C_6H_6O_6S_2$	Benzol-disulfosäure-(1,3)	
	Benzol-disulfosäure-(1,4)	
$C_6H_6O_7S_2$	Phenol-disulfosäure-(2,4)	
$C_6H_6O_8S_2$	Brenzcatechin-disulfosäure-(3,5)	
$C_6H_6O_9S_3$	Benzol-trisulfosäure-(1,3,5)	
C_6H_6S	Thiophenol, Benzolthiol	StW
C_6H_7As	Arsen, Phenylarsin	
C_6H_7AsO	Arsen, 4-Hydroxyphenyl-arsin	
$C_6H_7AsO_3$	Arsen, Phenylarsonsäure	
C_6H_7B	Bor-phenyl-dihydrid	
$C_6H_7BO_2$	Bor-dihydroxy-phenyl	
$C_6H_7BrN_2$	p-Brom-phenylhydrazin	
$C_6H_7ClN_2$	2-Chlor-phenylendiamin-(1,4)	

Formel	Name	Bemerkung
C_6H_8	Cyclohexadien-(1,3)	kr
	Cyclohexadien-(1,4)	
$C_6H_8AsNO_3$	Arsen, Arsanilsäure	
$C_6H_8As_2O_6$ ·	Arsen, p-Phenylen-diarsonsäure	
C_6H_8ClN	Anilin-hydrochlorid	
$C_6H_8Cl_2O_2$	Adipinsäuredichlorid	
$C_6H_8N_2$	Adipinsäuredinitril	
	2-Amino-3-methyl-pyridin	
	2-Amino-4-methyl-pyridin	
	3-Amino-4-methyl-pyridin	
	2,5-Dimethyl-pyrazin	
	o-Phenylendiamin	
	m-Phenylendiamin	
	p-Phenylendiamin	
	Phenylhydrazin	
$C_6H_8N_2O$	Acetylacetonharnstoff	
	2,4-Diamino-phenol	
	3,4-Diamino-phenol	
	3,5-Diamino-phenol	
$C_6H_8N_2O_2$	Imidazolcarbonsäure-(1)-äthylester	
	Imidazolcarbonsäure-(4 bzw. 5)-äthylester	
$C_6H_8N_2O_2S$	Sulfanilsäureamid	
$C_6H_8N_2O_3$	5,5-Dimethyl-barbitursäure	
$C_6H_8N_2O_3S$	Phenylendiamin-1,4-sulfosäure-(2)	
	Phenylhydrazin-sulfosäure-(4)	
$C_6H_8N_6O_{18}$	Mannithexanitrat	
C_6H_8O	2-Äthyl-furan	
	2,4-Dimethyl-furan	
	2,5-Dimethyl-furan	
$C_6H_8O_2$	Cyclohexandion-(1,4)	
	Dihydrobrenzcatechin	
	Dihydroresorcin	
	Furfurylmethyläther	
	Furyl-(2)-äthanol-(1)	
	Furyl-(2)-äthanol-(2)	
	Furyl-(3)-äthanol-(2)	
	3-Methyl-furfurylalkohol	
	5-Methyl-furfurylalkohol	
	Sorbinsäure	

	4-Chlor-phenylendiamin-(1,2)	
	4-Chlor-phenylendiamin-(1,3)	
	2-Chlor-phenylhydrazin	
	4-Chlor-phenylhydrazin	
C_6H_7ClO	Sorbinsäurechlorid	
$C_6H_7F_3O_3$	γ,γ,γ-Trifluor-acetessigsäure-äthylester	
C_6H_7N	Anilin	StW kr
	α-Picolin	StW
	β-Picolin	StW kr
	γ-Picolin	StW kr
	Sorbinsäure-nitril	
C_6H_7NO	2-Amino-phenol	
	3-Amino-phenol	
	4-Amino-phenol	
	4-Methoxy-pyridin	
	N-Methylpyridon-(2)	
	N-Methylpyridon-(4)	
	Phenylhydroxylamin	
	Pyridin-2-carbinol	
	Pyridin-4-carbinol	
$C_6H_7NO_2$	Pyrrol-carbonsäure-(3)-methylester	
$C_6H_7NO_2S$	Benzolsulfosäureamid	
$C_6H_7NO_3$	3-Nitro-2,5-dimethyl-furan	
$C_6H_7NO_3S$	Metanilsäure	
	Orthanilsäure	
	Phenylsulfamidsäure	
	4-Amino-benzolsulfosäure	
$C_6H_7NO_4S$	2-Amino-phenol-sulfosäure-(4)	
	4-Amino-phenol-sulfosäure-(2)	
C_6H_7NS	2-Amino-thiophenol	
	4-Amino-thiophenol	
$C_6H_7N_3O$	Isonicotinsäure-hydrazid	
	α-Nitroso-phenylhydrazin	
$C_6H_7N_3O_2$	1,2-Diamino-4-nitro-benzol	
	1,3-Diamino-4-nitro-benzol	
	2-Nitro-phenylhydrazin	
	3-Nitro-phenylhydrazin	
	4-Nitro-phenylhydrazin	
$C_6H_7O_2P$	Phosphor, Phenyl-phosphinigsäure	
$C_6H_7O_3P$	Phosphor, Phenyl-phosphonsäure	
$C_6H_7O_3Sb$	Antimon, Phenyl-stibonsäure	
$C_6H_7O_4P$	Phosphorsäure-monophenylester	
C_6H_7P	Phosphor, Phenyl-phosphin	

$C_6H_8O_3$	3,4-Dimethoxy-furan
	Furyldicarbinol-(2,5)
$C_6H_8O_4$	Cyclobutan-1,1-dicarbonsäure
	Fumarsäure-dimethylester
	Lactid
	Maleinsäure-dimethylester
$C_6H_8O_5$	cis-Tetrahydrofuran-dicarbonsäure-(2,5)
$C_6H_8O_6$	l(−)-Acetoxybernsteinsäure
	D,L-Ascorbinsäure
	L-Ascorbinsäure
	Glycerin-triformiat
	Tricarballylsäure
$C_6H_8O_7$	Citronensäure
	Isocitronensäure
	Isozuckersäure
C_6H_8S	2,3-Dimethyl-thiophen
	2,5-Dimethyl-thiophen
$C_6H_9AlO_6$	Essigsäure, Al-Salz
$C_6H_9ClN_2$	Phenylhydrazin-hydrochlorid
C_6H_9ClO	2-Chlor-cyclohexanon
$C_6H_9ClO_2$	α-Chlor-crotonsäureäthylester
	β-Chlor-crotonsäureäthylester
	β-Chlor-isocrotonsäure-äthylester
$C_6H_9ClO_3$	γ-Chlor-acetessigsäure-äthylester
$C_6H_9KO_3$	Acetessigsäure-äthylester, K-Salz
$C_6H_9KO_8$	D-Zuckersäure, saures K-Salz
C_6H_9N	2,4-Dimethyl-pyrrol
	2,5-Dimethyl-pyrrol
C_6H_9NO	Sorbinsäure-amid
$C_6H_9NO_2$	N-Acetyl-α-pyrrolidon
	2-Isonitroso-cyclohexanon
$C_6H_9NO_3$	Trimorpholin
$C_6H_9NO_5$	Formamino-malonsäure-dimethylester
$C_6H_9N_3$	4-Amino-2,6-dimethyl-pyrimidin
	6-Amino-2,4-dimethyl-pyrimidin
	Bis-cyanäthylamin
	2-(Dimethylamino)-pyrimidin
	1,2,3-Triamino-benzol
	1,2,4-Triamino-benzol
$C_6H_9N_3O$	2,4,6-Triamino-phenol
	L-Histidin
$C_6H_9N_3O_2$	N-Nitroso-N-phenylhydroxylamin, NH$_4$-Salz

Formel	Name	Bemerkung	Formel	Name	Bemerkung
$C_6H_9N_3O_3$	Cyanursäuretrimethylester		$C_6H_{11}ClO_2$	Chlorameisensäure-isoamylester	
	Isocyanursäuretrimethylester			Chloressigsäure-n-butylester	
$C_6H_9NaO_3$	Acetessigsäure-äthylester, Na-Salz			Chloressigsäure-tert.-butylester	
C_6H_{10}	tert. Butylacetylen, 3,3-Dimethyl-butin-(1)		$C_6H_{11}Cl_3O_2$	Chloral-diäthylacetal	
	Cyclohexen	StW kr	$C_6H_{11}J$	Cyclohexyljodid	
	Diallyl, Hexadien-(1,5)	StW	$C_6H_{11}JN_2O_2$	Jodival	
	2,3-Dimethyl-butadien-(1,3)	StW	$C_6H_{11}N$	n-Capronsäure-nitril, Hexannitril-(1)	kr
	Hexadien-(1,2)			Diallylamin	
	Hexadien-(1,3)			Isoamyl-isocyanid	
	Hexadien-(2,4)			Isocapronsäure-nitril	
	Hexin-(1)	StW	$C_6H_{11}NO$	β-Äthoxy-buttersäure-nitril	
	Hexin-(2)			ε-Caprolactam	
	Hexin-(3)			5,5-Dimethyl-pyrrolidon-(2)	
	2-Methyl-pentadien-(1,3)			Isoamyl-isocyanat	
	2-Methyl-pentadien-(2,4)		$C_6H_{11}NO_2$	3-Amino-butanon-(2)-N-acetat	
	4-Methyl-pentin-(1)			β-Imino-buttersäure-äthylester	
$C_6H_{10}BaO_4$	Propionsäure, Ba-Salz (·H_2O)			dl-Pipecolinsäure	
$C_6H_{10}Br_2$	1,2-Dibrom-cyclohexan		$C_6H_{11}NO_3S$	Alliin	
$C_6H_{10}CaO_6$	Milchsäure, Ca-Salz (·5 H_2O)		$C_6H_{11}NO_4$	α-Amino-adipinsäure	
$C_6H_{10}Cl_2N_2O$	2,4-Diamino-phenol-dihydrochlorid		$C_6H_{11}NO_5$	D-Gluconsäure-nitril	
$C_6H_{10}N_2O_2$	Cyclohexan-dion-(1,2)-dioxim		$C_6H_{11}NS$	Isoamyl-senföl	
$C_6H_{10}N_2O_4$	Azodicarbonsäure-diäthylester			Isoamyl-thiocyanat	
$C_6H_{10}N_4$	Cardiazol		C_6H_{12}	Cyclohexan	StW kr
$C_6H_{10}O$	Allylaceton			Hexen-(1)	StW kr
	Cyclohexanon			Hexen-(2)	StW kr
	Cyclohexenoxid			Hexen-(3)	StW
	Diallyläther			Methylcyclopentan	StW kr
	Δ 2-Hexenal			2-Methyl-penten-(2)	StW
	Mesityloxid			3-Methyl-penten-(2)	StW
	Sorbinalalkohol			Tetramethyl-äthylen, 2,3-Dimethyl-buten-(2)	StW
$C_6H_{10}OS_2$	Allicin		$C_6H_{12}BrNO$	Diäthylbromessigsäureamid	
$C_6H_{10}O_2$	Acetonylaceton		$C_6H_{12}Br_2$	1,2-Dibrom-hexan	
	α-Äthyl-crotonsäure			2,3-Dibrom-hexan	
	α-Äthyl-isocrotonsäure			2,3-Dibrom-2-methyl-pentan	
	cis-Crotonsäureäthylester		$C_6H_{12}Cl_2O$	Di-[β-chlorisopropyl]-äther	
	trans-Crotonsäure-äthylester		$C_6H_{12}Cl_2O_2$	Dichloracetaldehyd-diäthylacetal	
	β-Methyl-δ-valerolacton		$C_6H_{12}Cl_3O_3P$	Phosphor, Phosphorige Säure-tri-β-chlor=äthylester	
	Propionylaceton				

Formel	Verbindung	
C₆H₁₀O₃	Acetessigsäure-äthylester	
	Glyoxylsäure-n-butylester	
	Lävulinsäuremethylester	
	Propionsäureanhydrid	
C₆H₁₀O₄	Adipinsäure	
	Bernsteinsäure-dimethylester	
	Bernsteinsäure-monoäthylester	
	α,α-Dimethyl-bernsteinsäure	
	dl-α,α'-Dimethyl-bernsteinsäure	
	Glykoldiacetat	
	Glykolsäure-äthylester-O-acetat	
	Isopropyl-malonsäure	
	Methyl-äthyl-malonsäure	
	(+)-α-Methyl-glutarsäure	
	β-Methyl-glutarsäure	
	Oxalsäurediäthylester	
	Propyl-malonsäure	
C₆H₁₀O₅	D(−)-Äpfelsäuredimethylester	
	Lactylmilchsäure	
	L-Streptose	
C₆H₁₀O₆	D,L-Weinsäure-dimethylester	
	L(+)-Weinsäure-dimethylester	
	meso-Weinsäure-dimethylester	
	L(+)-Weinsäure-monoäthylester	
C₆H₁₀O₆Zn	Milchsäure, Zn-Salz	
C₆H₁₀O₇	D-Galakturonsäure	
	D-Glucuronsäure	
C₆H₁₀O₈	Alloschleimsäure	
	Schleimsäure	
	D-Taloschleimsäure	
	D-Zuckersäure	
C₆H₁₀S	Cyclohexensulfid	
	Diallylsulfid	
C₆H₁₀S₂	Diallyldisulfid	
C₆H₁₁Br	Cyclohexylbromid	
C₆H₁₁BrN₂O₂	Bromural	
C₆H₁₁BrO₂	dl-α-Brombuttersäure-äthylester	
	α-Brom-n-capronsäure	
	Bromessigsäure-tert.-butylester	
	5-Brom-valeriansäure-methylester	
C₆H₁₁Cl	Cyclohexylchlorid	
C₆H₁₁ClO	n-Capronsäure-chlorid	
	2-Chlor-cyclohexanol	

Formel	Verbindung	
C₆H₁₂J₂	1,6-Dijod-hexan	
C₆H₁₂N₂	Acetonazin	
	Diäthylamino-acetonitril	
	Triäthylen-diamin	
C₆H₁₂N₂O₂	Adipinsäurediamid	
C₆H₁₂N₂O₄S	L-Lanthionin	
C₆H₁₂N₂O₄S₂	D,L-Cystin	
	L(−)-Cystin	StW
C₆H₁₂N₂S₄	Tetramethyl-thiuram-disulfid	
C₆H₁₂N₄	Hexamethylen-tetramin	
C₆H₁₂O	*Butylvinyläther*	StW
	n-Capronaldehyd	
	Cyclohexanol	StW
	Hexanon-(2)	StW
	Hexanon-(3)	
	Hexen-(1)-ol-(3)	
	Isobutylvinyläther	StW
	1-Methyl-cyclopentanol-(1)	
	2-Methyl-pentanon-(3)	
	2-Methyl-pentanon-(4)	
	Pinakolin	
C₆H₁₂O₂	Ameisensäure-n-amylester	kr
	Ameisensäureisoamylester	
	Buttersäureäthylester	StW kr
	n-Capronsäure	StW
	cis-Chinit	
	trans-Chinit	
	cis-Cyclohexandiol-(1,2)	
	trans-Cyclohexandiol-(1,2)	
	Diacetonalkohol	
	Diäthylessigsäure	
	Essigsäure-n-butylester	kr
	Essigsäure-sek.-butylester	
	Essigsäure-tert.-butylester	
	Essigsäure-isobutylester	kr
	Isobuttersäureäthylester	kr
	Isocapronsäure	
	Isovaleriansäuremethylester	
	Ketendiäthylacetat	
	Propionsäurepropylester	kr
	Valeriansäuremethylester	kr
C₆H₁₂O₂S	2-Mercapto-iso-capronsäure	

Formel	Name	Bemerkung
$C_6H_{12}O_3$	Acetessigaldehyd-dimethyl-diacetal	
	Glycerin-isopropyliden-äther	
	Glykol-monoäthylätheracetat	
	Glykolsäurebutylester	
	β-Hydroxy-buttersäure-äthylester	
	2-Hydroxy-isocapronsäure	
	3-Hydroxy-isocapronsäure	
	Milchsäureisopropylester	
	Milchsäure-n-propylester	
	Paraldehyd	
$C_6H_{12}O_4$	Digitalose	
	DL-Mevalonsäure	
$C_6H_{12}O_5$	6-Desoxy-L-glucose	
	l-6-Desoxytagatose	
	α-L-Fucose	
	d-Quercit	
	Rhamnose	
$C_6H_{12}O_5S$	Glucothiose	
$C_6H_{12}O_6$	α-Acrose	
	β-Acrose	
	Alloinosit	
	Allose	
	Altrose	
	D-Fructose	
	Galaktose	StW
	D-α-Glucose	StW
	D-Gulose	
	L-Idose	
	d(+)-Inosit	
	D-Mannose	
	Mesoinosit	
	Scyllit	
	Sorbose	StW
	Tagatose	
	D-Tagatose	
	D-Talose	
$C_6H_{12}O_7$	D-Galaktonsäure	
	D-Gluconsäure	
	D-Gulonsäure	

Formel	Name	Bemerkung
$C_6H_{14}Hg$	Quecksilber-di-isopropyl	
	Quecksilber-di-n-propyl	
$C_6H_{14}N_2$	Cyclohexylhydrazin	
	cis-2,5-Dimethyl-piperazin	
	trans-2,5-Dimethyl-piperazin	
	cis-2,6-Dimethyl-piperazin	
$C_6H_{14}N_2O$	Isoamyl-harnstoff	
$C_6H_{14}N_2O_2$	D,L-Lysin	
	L(+)-Lysin	
$C_6H_{14}N_4O_2$	L(+)-Arginin	
$C_6H_{14}O$	2-Äthyl-butanol-(1)	
	Äthylbutyläther, Äthoxybutan	kr
	Diisopropyläther	StW
	2,2-Dimethyl-butanol-(3)	
	2,3-Dimethyl-butanol-(3)	
	Dipropyläther	kr
	Hexanol-(1)	StW
	dl-Hexanol-(2)	
	dl-Hexanol-(3)	
	Methylisoamyläther	
	d,l-2-Methyl-pentanol-(3)	
	2-Methyl-pentanol-(4)	
	2-Methyl-pentanol-(5)	
	Propyl-isopropyl-äther	
$C_6H_{14}O_2$	Acetaldehyd-diäthylacetal	
	Glykol-diäthyl-äther	
	Glykol-monobutyläther	
	Hexandiol-(1,6)	
	2-Methyl-pentandiol-(2,4)	
	3-Methyl-pentandiol-(1,5)	
	Pinakon	
$C_6H_{14}O_2S$	Mercaptoacetaldehyd-diäthylacetal	
$C_6H_{14}O_3$	Diglykol-dimethyläther	
	Diglykol-monoäthyläther	
	Di-propylen-glykol	
$C_6H_{14}O_3S$	Di-n-propyl-sulfit	
$C_6H_{14}O_3Ti$	Titan-dipropoxy-oxid	
$C_6H_{14}O_4$	Digitoxit	
	Triglykol	

Formel	Name		
	D-Mannonsäure		
$C_6H_{13}BrO_2$	Bromacetaldehyd-diäthylacetal		
$C_6H_{13}Cl$	n-Hexylchlorid		
$C_6H_{13}ClO$	Hexamethylenchlorhydrin		
$C_6H_{13}ClO_2$	Chloracetaldehyd-diäthylacetal		
$C_6H_{13}F$	n-Hexyl-fluorid		
$C_6H_{13}J$	n-Hexyl-jodid		
$C_6H_{13}JO_2$	Jod-acetaldehyd-diäthylacetal		
$C_6H_{13}N$	Cyclohexylamin		
	2,2-Dimethyl-pyrrolidin		
	N-Methyl-piperidin		
	dl-α-Pipecolin		
	dl-β-Pipecolin		
	γ-Pipecolin		
$C_6H_{13}NO$	N-Äthylmorpholin		
	n-Capronsäureamid		
	Diacetonamin		
$C_6H_{13}NO_2$	ε-Amino-capronsäure		
	α-Amino-diäthylessigsäure		
	Aponal		
	L(+)-Isoleucin		
	D,L-Leucin		
	L(—)-Leucin		
	D,L-Norleucin		
	Propyl-urethan		
$C_6H_{13}NO_5$	1-Amino-D-glucose		
	Chondrosamin		
	D-Glucosamin		
$C_6H_{13}NS_2$	Thialdin		
$C_6H_{13}N_3$	Galegin		
$C_6H_{13}O_9P$	D-Fructose-6-phosphat		
	α-Glucose-1-phosphat		
	Glucose-6-phosphat		
C_6H_{14}	2,2-Dimethyl-butan	StW	kr
	2,3-Dimethyl-butan	StW	kr
	Hexan	StW	kr
	2-Methyl-pentan	StW	kr
	3-Methyl-pentan	StW	kr
$C_6H_{14}Be$	Beryllium-di-isopropyl		
$C_6H_{14}Cd$	Cadmium-di-n-propyl		
$C_6H_{14}ClNO_5$	d-Glucosaminhydrochlorid		
$C_6H_{14}Cl_2Si$	Silicium-äthyl-isobutyl-dichlorid		
$C_6H_{14}FO_3P$	Phosphor, Diisopropyl-fluor-phosphat		

Formel	Name		
$C_6H_{14}O_4S$	Diisopropylsulfat		
	Dipropylsulfat		
$C_6H_{14}O_5$	Rhamnit		
$C_6H_{14}O_6$	Dulcit	StW	
	L-Idit		
	D-Mannit	StW	
	d-Sorbit		
$C_6H_{14}O_{12}P_2$	D-Fructose-1,6-diphosphorsäure		
$C_6H_{14}S$	Dipropylsulfid, Propanthiopropan	kr	
	n-Hexyl-mercaptan		
$C_6H_{14}S_2$	*4,5-Dithia-octan*	StW	
$C_6H_{14}Zn$	Zink-di-n-propyl		
$C_6H_{15}Al$	Aluminiumtriäthyl		
$C_6H_{15}AlFK$	Aluminium-kalium-triäthyl-fluorid		
$C_6H_{15}AlO_3$	Äthanol, Al-Salz		
$C_6H_{15}Al_2Cl_3$	Aluminium, Dialuminium-triäthyl-trichlorid		
$C_6H_{15}As$	Arsen, Triäthylarsin		
$C_6H_{15}AsO_3$	Arsen, Arsenige Säure-triäthylester		
$C_6H_{15}AsO_4$	Arsensäure-triäthylester		
$C_6H_{15}B$	Bor-triäthyl		
$C_6H_{15}BO_3$	Bor, Borsäure-triäthylester		
$C_6H_{15}Bi$	Wismuttriäthyl		
$C_6H_{15}BrGe$	Germanium-triäthylbromid		
$C_6H_{15}BrSi$	Siliciumtriäthylbromid		
$C_6H_{15}ClN_4O_2$	Arginin-hydrochlorid		
$C_6H_{15}ClSi$	Silicium-triäthyl-chlorid		
$C_6H_{15}ClPb$	Blei-triäthyl-chlorid		
$C_6H_{15}ClSn$	Zinn-triäthyl-chlorid		
$C_6H_{15}ClO_3Ti$	Titansäure, Titantriäthoxy-chlorid		
$C_6H_{15}Ga$	Gallium-triäthyl		
$C_6H_{15}N$	2-Äthyl-butylamin		
	Diisopropylamin		
	Dipropylamin	kr	
	n-Hexylamin		
	Methyl-isoamylamin		
	Triäthylamin	kr	
$C_6H_{15}NO$	N-n-Butylaminoäthanol		
	β-Diäthylamino-äthanol		
	Leucinol		
$C_6H_{15}NO_2$	Amino-acetaldehyd-diäthylacetal		
$C_6H_{15}NO_3$	Triäthanolamin		
$C_6H_{15}N_3$	Acetaldehyd-ammoniak		
$C_6H_{15}OP$	Phosphor, Triäthylphosphinoxid		

Formel	Name	Bemerkung
$C_6H_{15}O_3P$	Phosphor, Äthylphosphonsäurediäthylester	
	Phosphor, Phosphorige Säure-triäthylester	
$C_6H_{15}O_3PS$	Phosphor, Thiophosphorsäure-O,O,O-triäthyl-ester	
$C_6H_{15}O_3PSe$	Phosphor, Selenophosphorsäure-O,O-diäthyl-Se-äthyl-ester	
	Phosphor, Selenophosphorsäure-O,O,O-triäthylester	
$C_6H_{15}O_3Sb$	Antimon, Antimonige Säure-triäthylester	
$C_6H_{15}O_4P$	Phosphorsäure-triäthylester	
$C_6H_{15}P$	Phosphor, Triäthylphosphin	
$C_6H_{15}Sb$	Antimon-triäthyl	
$C_6H_{15}Tl$	Thallium-triäthyl	
$C_6H_{16}BrN$	Triäthylamin-hydrobromid	
$C_6H_{16}ClN$	Triäthylamin-hydrochlorid	
$C_6H_{16}Ge$	Germanium, triäthylhydrid	
$C_6H_{16}JN$	Triäthylamin-hydrojodid	
$C_6H_{16}N_2$	Hexamethylendiamin	
$C_6H_{16}OPb$	Blei-triäthylhydroxid	
$C_6H_{16}OS$	Triäthylsulfonium-hydroxid	
$C_6H_{16}O_4Si$	Silicium, Kieselsäure-dimethyl-diäthylester	
$C_6H_{16}Si$	Silicium-dimethyldiäthyl	
	Silicium-trimethyl-propyl	
	Triäthylsilan	StW
$C_6H_{16}Sn$	Zinn-triäthyl-hydrid	
$C_6H_{17}N_3$	3-Imino-bis-n-propyl-amin-(1)	
$C_6H_{18}B_3N_3$	Borazol-triäthyl	
$C_6H_{18}N_4$	Triäthylen-tetramin	
$C_6H_{18}O_3Si_3$	Hexamethyl-cyclotrisiloxan	
$C_6H_{18}O_7Si_2$	Silicium, Dikieselsäurehexamethylester	
$C_6H_{18}O_{24}P_6$	Phytinsäure	
$C_6H_{18}Si_2$	Silicium, Disilicium-hexamethyl	
C_6J_6	Hexajodbenzol	
$C_6K_6O_6$	Hexahydroxybenzol-kalium	
$C_6La_2O_{12}$	Oxalsäure, La-Salz ($\cdot$9H_2O)	
C_6N_4	Tetracyanäthylen	
$C_6Nd_2O_{12}$	Oxalsäure, Nd-Salz ($\cdot$10H_2O)	
$C_6O_{12}Pr_2$	Oxalsäure, Pr-Salz ($\cdot$10H_2O)	
$C_6O_{12}Y_2$	Oxalsäure, Y-Salz ($\cdot$3H_2O)	

Formel	Name	Bemerkung
$C_7H_4FNO_4$	4-Fluor-3-nitro-benzoesäure	
$C_7H_4F_3NO_2$	3-Nitro-benzotrifluorid	
$C_7H_4JNO_4$	2-Jod-3-nitro-benzoesäure	
$C_7H_4J_2O_3$	2-Hydroxy-3,5-dijod-benzoesäure	
$C_7H_4N_2O_2$	2-Nitro-benzonitril	
	3-Nitro-benzonitril	
	4-Nitro-benzonitril	
$C_7H_4N_2O_3$	4-Nitro-phenyl-isocyanat	
$C_7H_4N_2O_5$	2,4-Dinitro-benzaldehyd	
	2,6-Dinitro-benzaldehyd	
$C_7H_4N_2O_6$	2,4-Dinitro-benzoesäure	
	2,5-Dinitro-benzoesäure	
	2,6-Dinitro-benzoesäure	
	3,4-Dinitro-benzoesäure	
	3,5-Dinitro-benzoesäure	
$C_7H_4N_2O_7$	3,5-Dinitro-salicylsäure	
$C_7H_4N_4O_3$	3-Nitrobenzoesäure-azid	
$C_7H_4N_4O_9$	2,3,5,6-Tetranitro-anisol	
$C_7H_4O_3$	Furyl-(2)-propiolsäure	
	Kohlensäure-brenzcatechinester	
$C_7H_4O_4S$	o-Sulfobenzoesäureanhydrid	
$C_7H_4O_6$	Chelidonsäure	
$C_7H_4O_7$	Mekonsäure	
C_7H_5BrO	3-Brom-benzaldehyd	
	4-Brom-benzaldehyd	
$C_7H_5BrO_2$	2-Brom-benzoesäure	
	3-Brom-benzoesäure	
	4-Brom-benzoesäure	
$C_7H_5Br_2NO_2$	4-Nitrobenzal-bromid	
$C_7H_5Br_3$	Benzotribromid	
	2,3,4-Tribrom-toluol	
	2,3,5-Tribrom-toluol	
	2,3,6-Tribrom-toluol	
	2,4,5-Tribrom-toluol	
	2,4,6-Tribrom-toluol	
	3,4,5-Tribrom-toluol	
$C_7H_5Br_3O$	2,4,6-Tribrom-anisol	
C_7H_5ClO	Benzoylchlorid	
	2-Chlor-benzaldehyd	

Formel	Verbindung	
$C_7H_3BrN_2O_5$	3,5-Dinitro-benzoesäure-bromid	
$C_7H_3Br_3O_2$	2,4,6-Tribrom-benzoesäure	
	3,4,5-Tribrom-benzoesäure	
$C_7H_3ClFNO_3$	4-Fluor-3-nitro-benzoesäurechlorid	
$C_7H_3ClN_2O_5$	2,4-Dinitro-benzoesäure-chlorid	
	2,6-Dinitro-benzoesäure-chlorid	
	3,4-Dinitro-benzoesäure-chlorid	
	3,5-Dinitro-benzoesäure-chlorid	
$C_7H_3Cl_3O_2$	2,3,4-Trichlor-benzoesäure	
	2,3,5-Trichlor-benzoesäure	
	2,4,5-Trichlor-benzoesäure	
	2,4,6-Trichlor-benzoesäure	
	3,4,5-Trichlor-benzoesäure	
$C_7H_3J_3O_2$	2,4,5-Trijod-benzoesäure	
$C_7H_3N_3O_7$	2,4,6-Trinitro-benzaldehyd	
$C_7H_3N_3O_8$	2,4,6-Trinitro-benzoesäure	
$C_7H_4BrNO_4$	2-Brom-3-nitro-benzoesäure	
$C_7H_4Br_2O_2$	2,3-Dibrom-benzoesäure	
	2,4-Dibrom-benzoesäure	
	2,5-Dibrom-benzoesäure	
	2,6-Dibrom-benzoesäure	
	3,4-Dibrom-benzoesäure	
	3,5-Dibrom-benzoesäure	
$C_7H_4Br_4O$	2,3,5,6-Tetrabrom-p-kresol	
	2,4,5,6-Tetrabrom-m-kresol	
	3,4,5,6-Tetrabrom-o-kresol	
C_7H_4ClFO	2-Fluor-benzoesäure-chlorid	
	3-Fluor-benzoesäure-chlorid	
	4-Fluor-benzoesäure-chlorid	
$C_7H_4ClNO_3$	4-Nitro-benzoesäurechlorid	
$C_7H_4Cl_2O$	2-Chlor-benzoesäurechlorid	
	3-Chlor-benzoesäure-chlorid	
	4-Chlor-benzoesäure-chlorid	
$C_7H_4Cl_2O_2$	2,3-Dichlor-benzoesäure	
	2,4-Dichlor-benzoesäure	
	2,5-Dichlor-benzoesäure	
	2,6-Dichlor-benzoesäure	
	3,4-Dichlor-benzoesäure	
	3,5-Dichlor-benzoesäure	
$C_7H_4FNO_4$	2-Fluor-4-nitro-benzoesäure	
	2-Fluor-5-nitro-benzoesäure	
	3-Fluor-4-nitro-benzoesäure	
	4-Fluor-2-nitro-benzoesäure	

Formel	Verbindung	
	3-Chlor-benzaldehyd	
	4-Chlor-benzaldehyd	
$C_7H_5ClO_2$	2-Chlor-benzoesäure	StW
	3-Chlor-benzoesäure	StW
	4-Chlor-benzoesäure	StW
	4-Chlor-2-hydroxy-benzaldehyd	
	Salicylsäurechlorid	
$C_7H_5ClO_3$	5-Chlor-salicylsäure	
$C_7H_5Cl_2NO_2$	2-Nitro-benzalchlorid	
	3-Nitro-benzalchlorid	
	4-Nitro-benzalchlorid	
$C_7H_5Cl_3$	Benzotrichlorid	
	2,3,4-Trichlor-toluol	
	2,3,5-Trichlor-toluol	
	2,4,5-Trichlor-toluol	
	2,4,6-Trichlor-toluol	
$C_7H_5Cl_3O$	2,4,6-Trichlor-anisol	
	2,3,6-Trichlor-p-kresol	
	2,4,6-Trichlor-m-kresol	
	3,4,6-Trichlor-o-kresol	
	4,5,6-Trichlor-o-kresol	
C_7H_5FO	Benzoyl-fluorid	
	2-Fluor-benzaldehyd	
	3-Fluor-benzaldehyd	
	4-Fluor-benzaldehyd	
$C_7H_5FO_2$	2-Fluor-benzoesäure	
	3-Fluor-benzoesäure	
	4-Fluor-benzoesäure	
	4-Fluor-2-hydroxy-benzaldehyd	
$C_7H_5F_3$	Benzotrifluorid, Phenyltrifluormethan	StW
C_7H_5JO	Benzoyl-jodid	
	2-Jod-benzaldehyd	
	3-Jod-benzaldehyd	
	4-Jod-benzaldehyd	
$C_7H_5JO_2$	2-Jod-benzoesäure	
	3-Jod-benzoesäure	
	4-Jod-benzoesäure	
$C_7H_5JO_3$	2-Jodoso-benzoesäure	
	3-Jod-salicylsäure	
	5-Jod-salicylsäure	
$C_7H_5J_2NO_3$	3,5-Dijod-pyridon-(4)-N-essigsäure	
C_7H_5N	Benzonitril	StW kr
	Phenyl-isocyanid	

Formel	Name	Bemerkung
C_7H_5NO	Anthranil	
	Benzoxazol	
	2-Hydroxy-benzonitril	
	3-Hydroxy-benzonitril	
	4-Hydroxy-benzonitril	
	Indoxazen	
	Phenylisocyanat	
	Salicylsäurenitril	
C_7H_5NOS	2-Mercapto-benzoxazol	
$C_7H_5NO_3$	2-Nitro-benzaldehyd	
	3-Nitro-benzaldehyd	
	4-Nitro-benzaldehyd	
	2-Nitroso-benzoesäure	
$C_7H_5NO_3S$	Saccharin	
$C_7H_5NO_4$	2-Nitro-benzoesäure	StW
	3-Nitrobenzoesäure	StW
	4-Nitro-benzoesäure	StW
	Pyridin-dicarbonsäure-(2,3), Chinolinsäure	
	Pyridin-dicarbonsäure-(2,4)	
	Pyridin-dicarbonsäure-(2,5)	
	Pyridin-dicarbonsäure-(2,6)	
	Pyridin-dicarbonsäure-(3,4)	
	Pyridin-dicarbonsäure-(3,5)	
$C_7H_5NO_5$	3-Nitro-salicylsäure	
	5-Nitro-salicylsäure	
C_7H_5NS	Benzthiazol	
	Phenylsenföl	
$C_7H_5N_3$	Benzo-1,2,4-triazin	
$C_7H_5N_3O$	Benzoesäureazid	
$C_7H_5N_3O_2$	Benz-triazol-carbonsäure-(5)	
	5-Nitro-indazol	
$C_7H_5N_3O_6$	2,3,4-Trinitro-toluol	
	2,3,5-Trinitro-toluol	
	2,3,6-Trinitro-toluol	
	2,4,5-Trinitro-toluol	
	2,4,6-Trinitro-toluol	
	3,4,5-Trinitro-toluol	
$C_7H_5N_3O_7$	2,4,6-Trinitro-anisol	
	2,4,6-Trinitro-m-kresol	

Formel	Name	Bemerkung
$C_7H_6N_2O_5$	4,6-Dinitro-o-kresol	
$C_7H_6N_2S$	2-Amino-benzthiazol	
	2-Mercapto-benzimidazol	
$C_7H_6N_4$	5-Phenyl-tetrazol	
C_7H_6O	Benzaldehyd	StW
	Tropon	
C_7H_6OS	Thiobenzoesäure	
$C_7H_6O_2$	Ameisensäurephenylester	
	Benzoesäure	StW
	Furfuryliden-acetaldehyd	
	3-Hydroxy-benzaldehyd	StW
	4-Hydroxy-benzaldehyd	StW
	Salicylaldehyd, 2-Hydroxy-benzaldehyd	StW
	Toluchinon	
	Tropolon	
$C_7H_6O_2FN$	2-Fluor-4-nitro-toluol	
$C_7H_6O_2S$	3-Mercapto-benzoesäure	
	Thiosalicylsäure	
$C_7H_6O_3$	Benzopersäure	
	2,3-Dihydroxy-benzaldehyd	
	2,4-Dihydroxy-benzaldehyd	
	2,5-Dihydroxy-benzaldehyd	
	3,4-Dihydroxy-benzaldehyd	
	β-Furyl-(2)-acrylsäure	
	3-Hydroxy-benzoesäure	StW
	4-Hydroxy-benzoesäure	StW
	Salicylsäure, 2-Hydroxy-benzoesäure	StW
$C_7H_6O_4$	2,3-Dihydroxy-benzoesäure	
	2,4-Dihydroxy-benzoesäure	
	2,5-Dihydroxy-benzoesäure	
	2,6-Dihydroxy-benzoesäure	
	3,4-Dihydroxy-benzoesäure	
	3,5-Dihydroxy-benzoesäure	
$C_7H_6O_5$	Gallussäure	
	Phloroglucin-carbonsäure	
	2,3,4-Trihydroxy-benzoesäure	
	2,4,5-Trihydroxy-benzoesäure	
$C_7H_6O_5S$	o-Sulfo-benzoesäure	
	m-Sulfo-benzoesäure	

Formel	Name	
$C_7H_5N_3O_6$	Trinitro-orcin	
$C_7H_5N_5O_8$	Tetryl	
$C_7H_5NaO_2$	Benzoesäure, Na-Salz	
$C_7H_5NaO_3$	Salicylsäure, Na-Salz	
C_7H_6BrJ	2-Jod-benzylbromid	
$C_7H_6BrNO_2$	2-Nitro-benzylbromid	
	3-Nitro-benzylbromid	
	4-Nitro-benzylbromid	
$C_7H_6Br_2$	Benzalbromid	
$C_7H_6ClNO_2$	2-Nitro-benzylchlorid	
	3-Nitro-benzylchlorid	
	4-Nitro-benzylchlorid	
$C_7H_6Cl_2$	Benzalchlorid	
	4-Chlor-benzylchlorid	
$C_7H_6FNO_2$	2-Fluor-4-amino-benzoesäure	
	3-Fluor-4-amino-benzoesäure	
	2-Fluor-4-nitro-toluol	
$C_7H_6F_2$	Benzalfluorid	
$C_7H_6F_3N$	3-Amino-benzotrifluorid	
$C_7H_6JNO_2$	5-Jod-anthranilsäure	
$C_7H_6N_2$	Anthranilsäurenitril	
	Benzimidazol	
	Indazol	
	Phenylcyanamid	
$C_7H_6N_2O$	Benzimidazolon	
	3-Cyan-6-methyl-pyridon-(2)	
	Indazolon	
$C_7H_6N_2O_4$	2-Amino-3-nitro-benzoesäure	
	2-Amino-4-nitro-benzoesäure	
	2-Amino-5-nitro-benzoesäure	
	2-Amino-6-nitro-benzoesäure	
	3-Amino-5-nitro-benzoesäure	
	4-Amino-2-nitro-benzoesäure	
	4-Amino-pyridin-dicarbonsäure-(2,6)	
	2,3-Dinitro-toluol	
	2,4-Dinitro-toluol	StW
	2,5-Dinitro-toluol	
	2,6-Dinitro-toluol	StW
	3,4-Dinitro-toluol	
	3,5-Dinitro-toluol	
$C_7H_6N_2O_5$	2,4-Dinitro-anisol	
	3,5-Dinitro-anisol	
	2,6-Dinitro-p-kresol	

Formel	Name	
$C_7H_6O_6S$	p-Sulfo-benzoesäure	
	3-Sulfo-salicylsäure	
	5-Sulfo-salicylsäure	
C_7H_7Br	Benzylbromid	StW
	2-Brom-toluol	
	3-Brom-toluol	
	4-Brom-toluol	
$C_7H_7BrN_2O$	p-Bromphenyl-harnstoff	
C_7H_7BrO	4-Brom-anisol	
C_7H_7Cl	Benzylchlorid	StW
	2-Chlor-toluol	StW
	3-Chlor-toluol	StW
	4-Chlor-toluol	StW
$C_7H_7ClNNaO_2S$	Chloramin T	
C_7H_7ClO	4-Chlor-anisol	
	4-Chlor-m-kresol	
C_7H_7ClOS	p-Toluol-sulfinsäurechlorid	
$C_7H_7ClO_2S$	o-Toluol-sulfosäurechlorid	
	p-Toluol-sulfosäurechlorid	
C_7H_7F	Benzylfluorid	
	2-Fluortoluol	
	3-Fluortoluol	
	4-Fluortoluol	
C_7H_7FO	4-Fluor-anisol	
C_7H_7J	Benzyljodid	
	2-Jod-toluol	
	3-Jod-toluol	
	4-Jod-toluol	
C_7H_7K	Kalium-benzyl	
C_7H_7Li	Lithium-benzyl	
C_7H_7N	4-Vinyl-pyridin	
C_7H_7NO	2-Amino-benzaldehyd	
	4-Amino-benzaldehyd	
	α-Benzaldoxim	
	β-Benzaldoxim	
	Benzamid	StW
	Formanilid	StW
	2-Nitroso-toluol	
	3-Nitroso-toluol	
	4-Nitroso-toluol	
$C_7H_7NO_2$	3-Amino-benzoesäure	
	4-Amino-benzoesäure	
	Anthranilsäure	

Formel	Name	Bemerkung	Formel	Name	Bemerkung
$C_7H_7NO_2$	Benzhydroxamsäure		$C_7H_8N_2O_2$	5-Nitro-m-toluidin	
	Carbamidsäure-phenylester			6-Nitro-o-toluidin	
	Isonicotinsäure-methylester			6-Nitro-m-toluidin	
	6-Methyl-pyridin-carbonsäure-(2)		$C_7H_8N_2O_3$	2-Amino-4-nitro-anisol	
	Nicotinsäure-methylester			4-Methoxy-2-nitranilin	
	2-Nitro-toluol	StW		2-Nitro-p-anisidin	
	3-Nitro-toluol	StW	$C_7H_8N_2S$	Phenylthioharnstoff	
	4-Nitro-toluol	StW	$C_7H_8N_4O_2$	Theobromin	
	ω-Nitro-toluol			Theophyllin	
	Salicylsäureamid		$C_7H_8N_6O_7$	Guanidinpikrat	
$C_7H_7NO_2S$	Sulfurylindoxyl		C_7H_8O	Anisol	StW kr
$C_7H_7NO_3$	3-Amino-salicylsäure			Benzylalkohol	StW
	4-Amino-salicylsäure			o-Kresol	StW kr
	5-Amino-salicylsäure			m-Kresol	StW kr
	2-Hydroxyl-amino-benzoesäure			p-Kresol	StW kr
	2-Nitro-anisol			2-Propen-(1)-yl-furan	
	3-Nitro-anisol		$C_7H_8O_2$	1,4-Dihydro-benzoesäure	
	4-Nitro-anisol			4,6-Dimethyl-cumalin	
	2-Nitro-benzylalkohol			2,6-Dimethyl-pyron-(4)	
	3-Nitro-benzylalkohol			Guajakol	
	4-Nitro-benzylalkohol			Hydrochinon-monomethyläther	
	2-Nitro-m-kresol			3-Hydroxy-benzylalkohol	
	2-Nitro-p-kresol			4-Hydroxy-benzylalkohol	
	3-Nitro-o-kresol			3-Methyl-brenzcatechin	
	3-Nitro-p-kresol			4-Methyl-brenzcatechin	
	4-Nitro-o-kresol			2-Methyl-hydrochinon	
	4-Nitro-m-kresol			4-Methyl-resorcin	
	5-Nitro-o-kresol			Orcin	
	5-Nitro-m-kresol			Resorcinmonomethyläther	
	6-Nitro-o-kresol			Salicylalkohol	
	6-Nitro-m-kresol		$C_7H_8O_2S$	Thiophen-carbonsäure-(2)-äthylester	
$C_7H_7NO_4S$	Benzoesäure-o-sulfamid			p-Toluol-sulfinsäure	
	Benzoesäure-p-sulfamid		$C_7H_8O_3$	cis-Cyclopentan-dicarbonsäure-(1,2)-anhydrid	
$C_7H_7NO_5S$	4-Nitro-toluol-sulfosäure-(2)			2,4-Dimethyl-furancarbonsäure-(3)	
C_7H_7NS	Thiobenzoesäureamid			2,5-Dimethyl-furancarbonsäure-(3)	
$C_7H_7N_3$	6-Amino-indazol			Furancarbonsäure-(2)-äthylester	
	2-Azido-toluol			Furfuryl-essigsäure	
	3-Azido-toluol			Pyrrogallol-1-methyläther	
	4-Azido-toluol				

C₇H₇N₃O₄	Benzylazid	
	2,5-Dinitro-p-toluidin	
	3,5-Dinitro-o-toluidin	
C₇H₇N₃O₅	Apokaffein	
	Isoapokaffein	
C₇H₈	Bicyclo-(2,2,1)-2,5-heptadien	
	Cycloheptatrien	StW
	Heptadiin-(1,5)	
	Heptadiin-(1,6)	
	Toluol	StW kr
C₇H₈BrN	2-Brom-p-toluidin	
C₇H₈ClN	2-Chlor-p-toluidin	
	3-Chlor-o-toluidin	
	3-Chlor-p-toluidin	
	4-Chlor-o-toluidin	
	4-Chlor-m-toluidin	
	5-Chlor-o-toluidin	
	6-Chlor-m-toluidin	
C₇H₈FN	3-Fluor-p-toluidin	
	4-Fluor-o-toluidin	
C₇H₈N₂	Benzal-hydrazin	
	Benzamidin	
C₇H₈N₂O	Benzamidoxim	
	Benzoesäure-hydrazid	
	β-Formyl-phenylhydrazin	
	N-Nitroso-methylanilin	
	Phenylharnstoff	
C₇H₈N₂O₂	2,3-Diamino-benzoesäure	
	2,4-Diamino-benzoesäure	
	2,5-Diamino-benzoesäure	
	3,4-Diamino-benzoesäure	
	3,5-Diamino-benzoesäure	
	2-Hydrazino-benzoesäure	
	4-Hydrazino-benzoesäure	
	1-Methyl-3-carboxamid-pyridon-(2)	
	1-Methyl-3-carboxamid-pyridon-(6)	
	2-Nitro-m-toluidin	
	2-Nitro-p-toluidin	
	3-Nitro-o-toluidin	
	3-Nitro-p-toluidin	
	4-Nitro-o-toluidin	
	4-Nitro-m-toluidin	
	5-Nitro-o-toluidin	

	2,4,6-Trihydroxy-toluol	
	3,4,5-Trihydroxy-toluol	
C₇H₈O₃S	o-Toluol-sulfonsäure	
	p-Toluol-sulfonsäure	
C₇H₈O₄	α-Methylmuconsäure	
C₇H₈O₅	3,4-Dimethoxy-furancarbonsäure-(2)	
C₇H₈O₆S₂	Toluol-disulfosäure-(2,4)	
C₇H₈O₇	Methylencitronensäure	
C₇H₈S	Benzylmercaptan	
	Thioanisol	
	Thio-o-kresol	
	Thio-m-kresol	
	Thio-p-kresol	
C₇H₉ClN₂O	Nicotinsäureamid-N-methyl-chlorid	
C₇H₉N	2-Äthyl-pyridin	
	3-Äthyl-pyridin	
	4-Äthyl-pyridin	
	Benzylamin	
	2,3-Dimethyl-pyridin	StW
	2,4-Dimethyl-pyridin	StW
	2,5-Dimethyl-pyridin	StW
	2,6-Dimethyl-pyridin	StW kr
	3,4-Dimethyl-pyridin	StW
	N-Methylanilin	StW kr
	o-Toluidin	
	m-Toluidin	
	p-Toluidin	
C₇H₉NO	2-Amino-benzylalkohol	
	3-Amino-benzylalkohol	
	4-Amino-benzylalkohol	
	2-Amino-p-kresol	
	3-Amino-o-kresol	
	3-Amino-p-kresol	
	4-Amino-o-kresol	
	4-Amino-m-kresol	
	5-Amino-o-kresol	
	6-Amino-m-kresol	
	o-Anisidin	
	m-Anisidin	
	p-Anisidin	
	β-Benzyl-hydroxylamin	
	O-Benzyl-hydroxylamin	
	2-Hydroxy-benzylamin	

Formel	Name	Bemerkung
C₇H₉NO	2-Methylamino-phenol	
	3-Methylamino-phenol	
	4-Methylamino-phenol	
	o-Tolyl-hydroxylamin	
	p-Tolyl-hydroxylamin	
C₇H₉NO₂S	o-Toluolsulfosäureamid	
	p-Toluolsulfosäureamid	
C₇H₉NO₃S	2-Amino-toluol-sulfosäure-(4)	
	2-Amino-toluol-sulfosäure-(5)	
	4-Amino-toluol-sulfosäure-(2)	
	4-Amino-toluol-sulfosäure-(3)	
C₇H₉NO₅	Fumarsäure-DL-alanid	
C₇H₉N₃O	1-Phenyl-semicarbazid	
	4-Phenyl-semicarbazid	
C₇H₉N₃O₂	2,3,5-Triamino-benzoesäure	
	3,4,5-Triamino-benzoesäure	
C₇H₉N₃O₃S	Sulfanilylharnstoff	
C₇H₉N₃S	1-Phenyl-thiosemicarbazid	
C₇H₉O₄P	Phosphorsäure-monobenzylester	
C₇H₁₀	Bicyclo-2,2,1-hepten-(2)	
	Heptatrien-(1,3,5)	
C₇H₁₀ClN₃O	Girard-Reagenz P*	
C₇H₁₀N₂	Benzyl-hydrazin	
	2,3-Diamino-toluol	
	2,4-Diamino-toluol	
	2,5-Diamino-toluol	
	2,6-Diamino-toluol	
	3,4-Diamino-toluol	
	3,5-Diamino-toluol	
	N-Methyl-p-phenylendiamin	
	α-Methyl-phenylhydrazin	
	β-Methyl-phenylhydrazin	
	Pimelinsäure-dinitril	
	o-Tolyl-hydrazin	
	p-Tolyl-hydrazin	
C₇H₁₀N₂O₄	Diazomalonester	
C₇H₁₀N₄O₂S	Sulfaguanidin	
C₇H₁₀O	2-Methyl-5-äthyl-furan	
	2-Propyl-furan	

Formel	Name	Bemerkung
C₇H₁₂O	Hepten-(1)-on-(6)	
	Hepten-(2)-on-(4)	
	1-Methyl-cyclohexanon-(2)	
	d-1-Methyl-cyclohexanon-(3)	
	1-Methyl-cyclohexanon-(4)	
C₇H₁₂OSi	Silicium-trimethyl-furyl-(2)	
C₇H₁₂O₂	Acrylsäure-n-butylester	
	Cyclohexancarbonsäure	
	3,3-Dimethyl-acrylsäureäthylester	
	Propargylaldehyd-diäthylacetal	
C₇H₁₂O₃	Cyclohexanol-(1)-carbonsäure-(1)	
	Cyclohexanol-(1)-carbonsäure-(2)	
	Cyclohexanol-(1)-carbonsäure-(3)	
	Cyclohexanol-(1)-carbonsäure-(4)	
	Essigsäure-1-tetrahydrofurfurylester	
	Lävulinsäureäthylester	
C₇H₁₂O₄	β,β-Dimethylglutarsäure	
	Glutarsäure-dimethylester	
	Isobutyl-malonsäure	
	Malonsäure-diäthylester	
	Pimelinsäure	
C₇H₁₂O₅	Glycerin-α,α'-diacetat	
C₇H₁₂O₆	Chinasäure	
	Sedoheptulosan	
C₇H₁₃BrN₂O₂	Adalin	
C₇H₁₃BrO₂	dl-α-Brom-isovaleriansäure-äthylester	
C₇H₁₃N	Chinuclidin	
	Önanthsäurenitril	
C₇H₁₃NO	N-Acetyl-piperidin	
	O-Methyl-caprolactim	
	Önanthsäurelactam	
	Tropigenin	
C₇H₁₃NO₂	L-Prolin-äthylester	
	Stachydrin	
C₇H₁₃NO₄	L-Glutaminsäure-monoäthylester	
C₇H₁₃O₆P	Phosphorsäure-dimethyl-[1-carbomethoxy-1-propen-(2)-yl]-ester	
C₇H₁₄	Äthyl-cyclopentan	StW kr
	Cycloheptan	StW

Formel	Verbindung	
$C_7H_{10}O_2$	2,3,4-Trimethyl-furan	
	2,3,5-Trimethyl-furan	
	Furfuryl-äthyl-äther	
	Furyl-(2)-propanol-(3)	
	Sorbinsäure-methylester	
$C_7H_{10}O_3$	Adamantan: 2,4,10-trioxa	
	Cyclohexanon-carbonsäure-(2)	
	Cyclohexanon-carbonsäure-(4)	
	α,α'-Diacetyl-aceton	
$C_7H_{10}O_4$	Acetylbrenztraubensäure-äthylester	
	cis-Cyclopentan-dicarbonsäure-(1,2)	
	inakt. trans-Cyclopentandicarbonsäure-(1,2)	
	Teraconsäure	
	Terebinsäure	
$C_7H_{10}O_5$	Acetondicarbonsäure-dimethylester	
	Acetondicarbonsäure-monoäthylester	
	Aceton-α,α'-diessigsäure	
	Mesoxalsäure-diäthylester	
	Shikimisäure	
$C_7H_{10}O_6$	Methan-tricarbonsäure-trimethylester	
$C_7N_{11}BrO_4$	Brom-malonsäure-diäthylester	
$C_7H_{11}F_3O_2$	Trifluoressigsäure-isoamylester	
$C_7H_{11}NO$	N-Furfuryläthylamin	
	2-(1-Pyrrolidyl)-propanol	
$C_7H_{11}NO_2$	Aracaidin	
$C_7H_{11}NO_6$	Nitromalonsäure-diäthylester	
$C_7H_{11}N_3O_4$	Methylkaffursäure	
C_7H_{12}	3-Äthyl-pentin-(1)	
	Cyclohepten	
	2,2-Dimethylpentin-(3)	
	Heptadien-(1,2)	
	Heptadien-(2,4)	
	Heptin-(1)	StW
	1-Methyl-cyclohexen-(1)	StW
	1-Methyl-cyclohexen-(2)	
	1-Methyl-cyclohexen-(3)	
	2-Methyl-hexadien-(2,4)	
	2-Methyl-hexadien-(4,5)	
	Norcaran	
$C_7H_{12}O$	Cycloheptanon	
	Cyclohexylaldehyd	
	Hepten-(1)-on-(4)	
	Hepten-(1)-on-(5)	

Formel	Verbindung	
	2,4-Dimethyl-penten-(2)	
	Hepten-(1)	StW kr
	Hepten-(2)	StW kr
	Hepten-(3)	StW
	Methylcyclohexan	StW kr
	2-Methyl-hexen-(1)	StW
	3-Methyl-hexen-(2)	StW
	2,3,3-Trimethyl-buten-(3)	
$C_7H_{14}AsClO_3$	Arsen, 2-Chlor-hepten-(1)-arsonsäure	
$C_7H_{14}N_2O_4S_2$	Djenkolsäure	
$C_7H_{14}O$	Cycloheptanol	
	Cyclohexylcarbinol	
	α,α-Diäthyl-aceton	
	Diisopropylketon	
	Heptanon-(2)	
	Heptanon-(3)	
	Heptanon-(4)	StW
	1-Methyl-cyclohexanol-(1)	
	1-Methyl-cyclohexanol-(2)	
	dl-cis-1-Methyl-cyclohexanol-(3)	
	1-Methyl-cyclohexanol-(4)	
	2-Methyl-hexanon-(3)	
	Önanthaldehyd	
$C_7H_{14}O_2$	Acrolein-diäthylacetal	
	Ameisensäure-hexylester	
	Buttersäure-propylester	
	Essigsäure-n-amylester	
	Essigsäure-isoamylester	
	Isobuttersäure-propylester	
	Isovaleriansäure-äthylester	StW
	Önanthsäure, Heptansäure	StW
	Propionsäurebutylester	
	Propionsäureisobutylester	
	n-Valeriansäureäthylester	StW
$C_7H_{14}O_3$	Kohlensäure-di-n-propylester	
	Milchsäure-n-butylester	
	Milchsäureisobutylester	
$C_7H_{14}O_4$	Cymarose	
	2-Desoxy-3-methyl-α-fucose	
$C_7H_{14}O_5$	Digitalose	
$C_7H_{14}O_6$	α-Methyl-D-glucosid	
	β-Methyl-D-glucosid	
	α-Methyl-D-mannosid	

Formel	Name	Bemerkung
$C_7H_{14}O_6$	Quebrachit	
$C_7H_{14}O_7$	Altroheptulose	
	D-Glucoheptulose	
	Sedoheptose	
$C_7H_{15}Br$	n-Heptyl-bromid	
$C_7H_{15}Cl$	n-Heptyl-chlorid	
$C_7H_{15}ClO_2$	β-Chlorpropionaldehyd-diäthylacetal	
$C_7H_{15}F$	n-Heptylfluorid	
$C_7H_{15}J$	n-Heptyl-jodid	
$C_7H_{15}NO$	Önanthaldoxim	
	Önanthsäureamid	
$C_7H_{15}NO_2$	Isobutyl-urethan	
C_7H_{16}	2,2-Dimethyl-pentan	StW kr
	2,3-Dimethyl-pentan	StW
	2,4-Dimethyl-pentan	StW kr
	3,3-Dimethyl-pentan	StW
	Heptan	StW kr
	2-Methyl-hexan	StW kr
	3-Methyl-hexan	StW kr
	Triäthylmethan, 3-Äthyl-pentan	StW
	2,2,3-Trimethyl-butan	StW
$C_7H_{16}O$	Äthyl-isoamyl-äther	
	2,4-Dimethyl-pentanol-(3)	StW
	Heptanol-(1)	
	Heptanol-(2)	
	Heptanol-(3)	
	Heptanol-(4)	
	2-Methyl-hexanol-(2)	
	3-Methyl-hexanol-(1)	
	Pentamethyl-äthanol	
	Triäthylcarbinol	
$C_7H_{16}O_2$	Formaldehyd-dipropylacetal	
	Glykolmonoisoamyläther	
	Heptandiol-(1,7)	
$C_7H_{16}O_3$	Ameisensäure-ortho-triäthylester	
	Glycerin-1-n-butyläther	
$C_7H_{16}O_4$	d,l-Glycerinaldehyd-diäthylacetal	
$C_7H_{16}O_4S_2$	Sulfonal	
$C_7H_{16}O_7$	D-Manno-α-heptit	

Formel	Name	Bemerkung
$C_8H_5NO_6$	3-Nitro-pthalsäure	
	4-Nitro-pthalsäure	
	Nitro-terephthalsäure	
	Pyridin-tricarbonsäure-(2,3,4)	
	Pyridin-tricarbonsäure-(2,4,5)	
	Pyridin-tricarbonsäure-(2,4,6)	
	Pyridin-tricarbonsäure-(3,4,5)	
$C_8H_5N_5O_6$	Purpursäure	
C_8H_6	Phenylacetylen	
$C_8H_6AsClO_2$	Arsen, Di-2-furyl-arsinchlorid	
$C_8H_6As_2O_2$	Arsen, 2,2'-Arsenofuran	
$C_8H_6As_2S_2$	Arsen, 2,2'-Arseno-thiophen	
$C_8H_6Br_2O$	p-Bromphenacylbromid	
C_8H_6ClNO	ω-Chlor-ω-isonitrosoacetophenon	
$C_8H_6Cl_2$	2,5-Dichlorstyrol	
$C_8H_6Cl_2O_3$	2,4-Dichlor-phenoxyessigsäure	
$C_8H_6J_2$	2,4-Dijod-styrol	
$C_8H_6N_2$	Chinazolin	
	Chinoxalin	
	Cinnolin	
	Phthalazin	
$C_8H_6N_2O_2$	Indazolcarbonsäure-(3)	
	2-Nitro-benzyl-cyanid	
	3-Nitro-benzyl-cyanid	
	4-Nitro-benzyl-cyanid	
	N-Phenyl-sydnon	
	Phthalhydrazid	
$C_8H_6N_2O_3$	Novopiazon	
$C_8H_6N_4O_8$	Alloxanthin	
C_8H_6O	Cumaron	
C_8H_6OS	3-Hydroxy-thionaphthen	
$C_8H_6O_2$	2,2'-Bifuryl	
	Cumaranon	
	Isophthalaldehyd	
	Phenylglyoxal	
	0-Phthalaldehyd	
	Phthalid	
	Terephthaldehyd	
$C_8H_6O_3$	Phenylglyoxylsäure	

Formel	Name	
$C_7H_{16}S$	n-Heptylmercaptan	
$C_7H_{17}N$	n-Heptylamin	
$C_7H_{17}NO_2$	1-Diäthylamino-propandiol-(2,3)	
	N,N-Dimethyl-formamid-diäthylacetal	
$C_7H_{17}NO_3$	Acetylcholin	
$C_7H_{17}O_3P$	Phosphor,-Methylphosphonsäurediiso-propylester	
$C_7H_{18}O_4Si$	Silicium, Kieselsäuremethyl-triäthylester	
$C_7H_{18}Si$	Silicium-dimethyläthylpropyl	
	Silicium-trimethyl-n-butyl	
$C_8Cl_4O_3$	Tetrachlorphthalsäure-anhydrid	
$C_8H_2Cl_4O_4$	Tetrachlor-phthalsäure	
$C_8H_3NO_5$	3-Nitrophthalsäure-anhydrid	
C_8H_4ClNO	Isatin-chlorid	
$C_8H_4Cl_2O_2$	Isophthalsäure-dichlorid	
	as-Phthalyl-chlorid	
	sym. Phthalyl-dichlorid	
	Terephthalsäure-dichlorid	
$C_8H_4Cl_2O_4$	3,6-Dichlor-phthalsäure	
$C_8H_4N_2$	Isophthalsäure-dinitril	
	Phthalsäure-dinitril	
	Terephthalsäure-dinitril	
$C_8H_4N_2O_4$	3-Nitro-phthalsäure-imid	
	4-Nitro-phthalsäure-imid	
$C_8H_4O_2S$	Thionaphthen-chinon	
$C_8H_4O_3$	Cumarandion	
	Phthalsäure-anhydrid	StW
$C_8H_5ClO_4$	3-Chlor-phthalsäure	
	4-Chlor-phthalsäure	
$C_8H_5Cl_3O$	ω-Trichlor-acetophenon	
$C_8H_5Cl_3O_3$	2,4,5-Trichlor-phenoxy-essigsäure	
$C_8H_5F_3O_2$	3-Trifluor-methyl-benzoesäure	
$C_8H_5J_3$	2,4,5-Trijod-styrol	
C_8H_5NO	Benzoylcyanid	
$C_8H_5NO_2$	Isatin	
	Phthalimid	
$C_8H_5NO_3$	3-Amino-phthalsäure-anhydrid	
	Anthroxansäure	
	Isatinsäure-anhydrid	
$C_8H_5NO_4$	6-Nitro-phthalid	
$C_8H_5NO_5S$	Isatin-sulfosäure-(5)	
$C_8H_5NO_6$	5-Nitro-isophthalsäure	

Formel	Name	
	Phthalaldehydsäure	
	Piperonal	
	Terephthalaldehydsäure	
$C_8H_6O_4$	Isophthalsäure	StW
	Piperonylsäure	
	Phthalsäure	StW
	Terephthalsäure	
$C_8H_6O_4S$	4-Mercapto-phthalsäure	
$C_8H_6O_5$	2-Hydroxy-isophthalsäure	
	4-Hydroxy-isophthalsäure	
	5-Hydroxy-isophthalsäure	
	3-Hydroxy-phthalsäure	
	4-Hydroxy-phthalsäure	
	Hydroxyterephthalsäure	
	Phthalomonopersäure	
	Stipitatsäure	
$C_8H_6O_6$	3,4-Dihydroxy-phthalsäure	
	3,6-Dihydroxy-phthalsäure	
	4,5-Dihydroxy-phthalsäure	
	2,5-Dihydroxy-terephthalsäure	
	Puberulsäure	
C_8H_6S	Thionaphthen	
$C_8H_6S_2$	Dithienyl-(2,2′)	
	Dithienyl-(3,3′)	
C_8H_7Br	ω-Brom-styrol	
C_8H_7BrO	4-Brom-acetophenon	
	Phenacylbromid	
$C_8H_7BrO_3$	p-Brommandelsäure	
C_8H_7Cl	3-Chlor-styrol	
	ω-Chlor-styrol	
C_8H_7ClO	2-Chlor-acetophenon	
	4-Chlor-aceto-phenon	
	Phenacylchlorid	
	Phenylessigsäurechlorid	
$C_8H_7ClO_2$	Anissäurechlorid	
	Carbobenzoxychlorid	
	4-Chlor-phenyl-essigsäure	
$C_8H_7ClO_2S$	Styrol-β-sulfosäurechlorid	
$C_8H_7ClO_3$	p-Chlormandelsäure	
C_8H_7J	4-Jod-styrol	
C_8H_7JO	4-Jod-acetophenon	
$C_8H_7JO_3$	p-Jod-mandelsäure	
C_8H_7N	Benzylcyanid	

Formel	Name	Bemerkung
C_8H_7N	Indol	
	o-Tolunitril	
	p-Tolunitril	
C_8H_7NO	Indoxyl	
	dl-Mandelsäurenitril	
	2-Methyl-benzoxazol	
	Oxindol	
	Phthalimidin	
	o-Tolyl-isocyanat	
	m-Tolyl-isocyanat	
	p-Tolyl-isocyanat	
$C_8H_7NO_2$	5,6-Dihydroxy-indol	
	Dioxindol	
	Isonitroso-acetophenon	
	2-Nitro-styrol	
	3-Nitro-styrol	
	4-Nitro-styrol	
	ω-Nitro-styrol	
$C_8H_7NO_3$	6-Amino-piperonal	
	Isatinsäure	
	2-Nitro-acetophenon	
	3-Nitro-acetophenon	
	4-Nitro-acetophenon	
	ω-Nitro-acetophenon	
	Oxalsäure-mono-anilid	
	Phthalamidsäure	
$C_8H_7NO_4$	3-Amino-phthalsäure	
	3-Nitrobenzoesäure-methylester	
	4-Nitro-phenylessigsäure	
$C_8H_7NO_4S$	Indoxylschwefelsäure	
C_8H_7NS	Benzylthiocyanat	
	Benzylsenföl	
	2-Methylbenzothiazol	
	p-Tolylsenföl	
$C_8H_7N_3O_2$	Luminol	
	1-Phenyl-urazol	
$C_8H_7N_3O_4$	Pyrrol-alloxan	
$C_8H_7N_3O_5$	2,4-Dinitro-anilin-N-acetat	
	2,6-Dinitro-anilin-N-acetat	

Formel	Name	Bemerkung
C_8H_8O	Acetophenon	StW
	Cumaran	
	2-Hydroxy-styrol	
	3-Hydroxy-styrol	
	3-Methyl-cumarin	
	Phenylacetaldehyd	
	Phthalan	
	Styroloxid	
	o-Tolylaldehyd	
	m-Tolylaldehyd	
	p-Tolylaldehyd	
	Vinyl-phenyl-äther	
$C_8H_8O_2$	Ameisensäure-benzylester	
	Anisaldehyd, 4-Methoxy-benzaldehyd	StW
	Benzoesäure-methylester	StW
	Benzoylcarbinol	
	Brenzcatechin-äthylenäther	
	2,3-Dimethyl-chinon	
	2,5-Dimethyl-chinon	
	Essigsäure-phenylester	
	Furfurylidenaceton	
	2-Hydroxy-acetophenon	StW
	3-Hydroxy-acetophenon	StW
	4-Hydroxy-acetophenon	StW
	2-Hydroxy-m-tolylaldehyd	
	2-Hydroxy-p-tolylaldehyd	
	3-Hydroxy-p-tolylaldehyd	
	4-Hydroxy-o-tolylaldehyd	
	4-Hydroxy-m-tolylaldehyd	
	6-Hydroxy-o-tolylaldehyd	
	6-Hydroxy-m-tolylaldehyd	
	3-Methoxy-benzaldehyd	
	Phenylessigsäure	StW
	Salicylaldehydmethyläther, 2-Methoxy-benzaldehyd	
	o-Tolyl-säure. 2-Methyl-benzoesäure	StW
	m-Tolyl-säure, 3-Methyl-benzoesäure	StW
	p-Tolylsäure, 4-Methyl-benzoesäure	StW
$C_8H_8O_3$	Anissäure	

Formel	Verbindung	
$C_8H_7N_3O_6$	3,5-Dinitro-anilin-N-acetat	
	2,3,5-Trinitro-p-xylol	
	2,4,6-Trinitro-m-xylol	
	3,4,5-Trinitro-o-xylol	
	3,4,6-Trinitro-o-xylol	
$C_8H_7NaO_3S$	Styrol-β-sulfosäure, Na-Salz	
C_8H_8	Cyclooctatetraen-(1,3,5,7)	StW
	Styrol	StW
$C_8H_8Br_2$	Styroldibromid	
	o-Xylylenbromid	
	m-Xylylenbromid	
	p-Xylylenbromid	
C_8H_8ClNO	2-Chlor-anilin-N-acetat	
	3-Chlor-anilin-N-acetat	
	4-Chlor-anilin-N-acetat	
$C_8H_8ClNO_3S$	Sulfanilsäurechlorid-N-acetat	
$C_8H_8Cl_2$	o-Xylylenchlorid	
	m-Xylylenchlorid	
	p-Xylylenchlorid	
$C_8H_8HgO_2$	Quecksilber-phenylacetat	
C_8H_8JNO	4-Jodanilin-N-acetat	
$C_8H_8J_2$	o-Xylylenjodid	
$C_8H_8NO_2$	Phthalimid	
$C_8H_8N_2$	2-Methyl-benzimidazol	
$C_8H_8N_2O_2$	5-Amino-dioxindol	
	Phthalamid	
	Ricinin	
$C_8H_8N_2O_3$	Nicotinursäure	
	2-Nitro-anilin-N-acetat	
	3-Nitro-anilin-N-acetat	
	4-Nitro-anilin-N-acetat	
$C_8H_8N_2O_4$	2,3-Dinitro-p-xylol	
	2,4-Dinitro-m-xylol	
	2,5-Dinitro-m-xylol	
	2,5-Dinitro-p-xylol	
	2,6-Dinitro-p-xylol	
	3,4-Dinitro-o-xylol	
	3,5-Dinitro-o-xylol	
	3,6-Dinitro-o-xylol	
	4,5-Dinitro-o-xylol	
	4,5-Dinitro-m-xylol	
	4,6-Dinitro-m-xylol	
	4-Nitrophenyl-glycin	

Formel	Verbindung
$C_8H_8O_4$	2,4-Dihydroxy-acetophenon
	2,5-Dihydroxy-acetophenon
	2-Hydroxy-phenylessigsäure
	3-Hydroxy-phenylessigsäure
	4-Hydroxy-phenylessigsäure
	2-Hydroxy-m-tolylsäure
	2-Hydroxy-p-tolylsäure
	3-Hydroxy-o-tolylsäure
	3-Hydroxy-p-tolylsäure
	4-Hydroxy-o-tolylsäure
	4-Hydroxy-m-tolylsäure
	5-Hydroxy-o-tolylsäure
	5-Hydroxy-m-tolylsäure
	6-Hydroxy-o-tolylsäure
	6-Hydroxy-m-tolylsäure
	Isovanillin
	DL-Mandelsäure
	3-Methoxy-benzoesäure
	3-Methoxy-salicylaldehyd
	Phenoxyessigsäure
	Piperonylalkohol
	Salicylsäure-methyläther
	Salicylsäure-methylester
	cis-Δ4-Tetrahydro-phthalsäure-anhydrid
	Vanillin
	Dehydracetsäure
	2,5-Dihydroxy-phenylessigsäure
	Fumigatin
	Isodehydracetsäure
	Isovanillinsäure
	Orselinsäure
	2,3,4-Trihydroxy-acetophenon
	2,4,5-Trihydroxy-acetophenon
	2,4,6-Trihydroxy-acetophenon
	Vanillinsäure
$C_8H_8O_5$	Gallussäure-methylester
	Spinulosin
$C_8H_8O_7$	3,4-Dimethoxy-furan-dicarbonsäure-(2,5)
	D-Weinsäure-diacetat-anhydrid
$C_8H_9AsO_5$	Arsen, 4-Arsonophenyl-essigsäure
C_8H_9Br	4-Brom-o-xylol
	o-Xylylbromid
	m-Xylylbromid

Formel	Name	Bemerkung
C_8H_9Br	p-Xylylbromid	
C_8H_9BrO	Phenoxyäthyl-bromid	
C_8H_9Cl	2-Phenyl-äthyl-chlorid	
	o-Xylylchlorid	
	m-Xylylchlorid	
	p-Xylylchlorid	
$C_8H_9ClNO_5PS$	Phosphor, Thiophosphorsäure-O,O-di=methyl-O-[3-chlor-4-nitro-phenyl]-ester	
C_8H_9J	o-Xylyljodid	
	p-Xylyljodid	
C_8H_9N	Indolin	
C_8H_9NO	Acetanilid	
	Acetophenonoxim	
	Ameisensäure-N-methylanilid	
	2-Amino-acetophenon	
	3-Amino-acetophenon	
	4-Amino-acetophenon	
	ω-Amino-acetophenon	
	Phenylessigsäure-amid	
$C_8H_9NO_2$	2-Amino-phenol-N-acetat	
	3-Amino-phenol-N-acetat	
	4-Amino-phenol-N-acetat	
	dl-α-Amino-phenylessigsäure	
	2-Amino-phenylessigsäure	
	4-Amino-phenylessigsäure	
	Anthranilsäure-methylester	
	Isonicotinsäure-äthylester	
	Mandelsäureamid	
	N-Methyl-anthranilsäure	
	Nicotinsäureäthylester	
	3-Nitro-o-xylol	
	4-Nitro-o-xylol	
	2-Nitro-m-xylol	
	4-Nitro-m-xylol	
	5-Nitro-m-xylol	
	Nitro-p-xylol	
	N-Phenyl-glycin	
	m-Toluyl-hydroxylamin	
$C_8H_9NO_3$	3-Amino-4-hydroxy-benzoesäuremethylester	

Formel	Name	Bemerkung
$C_8H_{10}O$	dl-α-Phenyl-äthanol	
	β-Phenyl-äthanol	
	1,2,3-Xylenol	
	1,2,4-Xylenol	
	1,3,2-Xylenol	
	1,3,4-Xylenol	
	1,3,5-Xylenol	
	1,4,2-Xylenol	
$C_8H_{10}O_2$	Anisalkohol	
	2,3-Dimethyl-hydrochinon	
	2,5-Dimethylhydrochinon	
	2,6-Dimethyl-hydrochinon	
	2,4-Dimethyl-resorcin	
	2,5-Dimethyl-resorcin	
	4,6-Dimethyl-resorcin	
	Glykolmonophenyläther	
	Hydrochinondimethyläther	
	4-Methylbrenzcatechin-2-methyläther	
	Orcin-monomethyläther	
	Phthalylalkohol	
	Resorcin-dimethyläther	
	Resorcin-monoäthyläther	
	Veratrol	
	m-Xylylenalkohol	
	p-Xylylenalkohol	
$C_8H_{10}O_3$	2,4-Dimethyl-phloroglucin	
	Filicinsäure	
	Propionsäurefurfurylester	
	Pyrogallol-1,3-dimethyläther	
	Vanillylalkohol	
$C_8H_{10}O_3S$	p-Toluol-sulfosäure-methylester	
	o-Xylol-sulfosäure-(4)	
	m-Xylol-sulfosäure-(4)	
	p-Xylol-sulfosäure-(2)	
$C_8H_{10}O_4$	Acetylendicarbonsäurediäthylester	
	Cyclohexen-(1)-dicarbonsäure-(1,2)	
	Cyclohexen-(1)-dicarbonsäure-(1,4)	
	Cyclohexen-(2)-dicarbonsäure-(1,2)	
$C_8H_{10}O_8$	L-Weinsäure-O,O'-diacetat	

Formel	Verbindung	
	N(4-Hydroxyphenyl)-glycin	
	4-Nitro-phenetol	
	Pyridoxal	
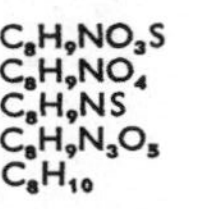$C_8H_9NO_3S$	4-Amino-benzolsulfinsäure-N-acetat	
$C_8H_9NO_4$	Biliverdinsäure	
C_8H_9NS	Thioessigsäure-anilid	
$C_8H_9N_3O_5$	Allokaffein	
C_8H_{10}	Äthylbenzol	StW kr
	o-Xylol, 1,2-Dimethyl-benzol	StW kr
	m-Xylol, 1,3-Dimethyl-benzol	StW kr
	p-Xylol, 1,4 Dimethyl-benzol	StW kr
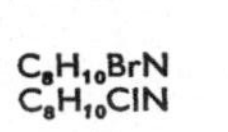$C_8H_{10}BrN$	4-Brom-N-dimethyl-anilin	
$C_8H_{10}ClN$	4-Chlor-2,5-dimethyl-anilin	
	5-Chlor-2,4-dimethyl-anilin	
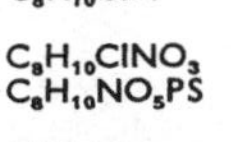$C_8H_{10}ClNO_3$	Pyridoxal-hydrochlorid	
$C_8H_{10}NO_5PS$	Phosphor, Thiophosphorsäure-O,O-di= methyl-O-[p-nitrophenyl]-ester	
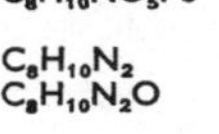$C_8H_{10}N_2$	Acetaldehyd-phenylhydrazon	
$C_8H_{10}N_2O$	α-Acetyl-phenylhydrazin	
	β-Acetyl-phenylhydrazin	
	Benzylharnstoff	
	4-Nitroso-N-dimethyl-anilin	
	p-Phenylendiamin-mono-N-acetat	
	m-Toluyl-hydrazin	
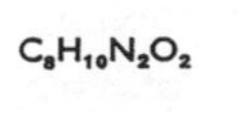$C_8H_{10}N_2O_2$	2-Nitro-dimethylanilin	
	3-Nitro-dimethylanilin	
	4-Nitro-dimethylanilin	
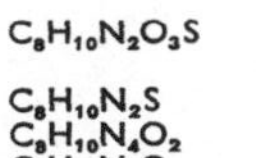$C_8H_{10}N_2O_3S$	Sulfanilsäure-amid-N4-acetat	
	p-Toluolsulfosäure-N-nitroso-methylamid	
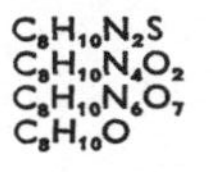$C_8H_{10}N_2S$	Benzylthioharnstoff	
$C_8H_{10}N_4O_2$	Coffein	
$C_8H_{10}N_6O_7$	Murexid	
$C_8H_{10}O$	2-Äthyl-phenol	
	3-Äthyl-phenol	
	4-Äthyl-phenol	
	o-Kresol-methyl-äther	
	m-Kresol-methyl-äther	
	p-Kresol-methyl-äther	
	Methyl-benzyläther	
	2-Methyl-benzylalkohol	
	3-Methyl-benzylalkohol	
	4-Methyl-benzylalkohol	
	Phenetol	kr

Formel	Verbindung	
$C_8H_{11}AsNO_4$	Arsen, N-Phenylglycinamid-arsonsäure-(4)	
$C_8H_{11}BrO_4$	Bromfumarsäure-diäthylester	
	Brommaleinsäure-diäthylester	
$C_8H_{11}ClO_4$	Chlorfumarsäure-diäthylester	
$C_8H_{11}ClO_5$	2,4,6-Trimethyl-pyrylium-perchlorat	
$C_8H_{11}N$	Äthyl-anilin	StW
	2-Äthyl-anilin	
	3-Äthyl-anilin	
	4-Äthyl-anilin	
	N,N-Dimethyl-anilin	StW kr
	2,3-Dimethyl-anilin	
	2,4-Dimethyl-anilin	
	2,5-Dimethyl-anilin	
	2,6-Dimethyl-anilin	
	3,4-Dimethyl-anilin	
	3,5-Dimethyl-anilin	
	2-Methyl-4-äthyl-pyridin	
	2-Methyl-5-äthyl-pyridin	
	2-Methyl-6-äthyl-pyridin	
	4-Methyl-3-äthyl-pyridin	
	2-Methyl-benzylamin	
	3-Methyl-benzylamin	
	4-Methyl-benzylamin	
	N-Methyl-o-toluidin	
	N-Methyl-m-toluidin	
	N-Methyl-p-toluidin	
	dl-α-Phenäthylamin	
	β-Phenäthylamin	
	2-Propyl-pyridin	
	2,3,4-Trimethylpyridin	
	2,3,5-Trimethyl-pyridin	
	2,4,5-Trimethyl-pyridin	
	2,4,6-Trimethyl-pyridin	
$C_8H_{11}NO$	2-Äthylamino-phenol	
	4-Äthylamino-phenol	
	2-Dimethylamino-phenol	
	3-Dimethylamino-phenol	
	o-Phenetidin	
	m-Phenetidin	
	p-Phenetidin	
	Tyramin	
$C_8H_{11}NO_2$	2,5-Dimethoxy-anilin	
	3,4-Dimethoxy-anilin	

Formel	Name	Bemerkung
$C_8H_{11}NO_2S$	p-Toluolsulfosäure-methylamid	
$C_8H_{11}NO_3$	Arterenol	
	Pyridoxin	
$C_8H_{12}ClNO_3$	Pyridoxinhydrochlorid	
$C_8H_{12}N_2$	α-Äthyl-phenylhydrazin	
	β-Äthyl-phenylhydrazin	
	o-Amino-dimethyl-anilin	
	m-Amino-dimethyl-anilin	
	p-Amino-dimethyl-anilin	
	4,6-Diamino-m-xylol	
	N,N′-Dimethyl-phenylendiamin-(1,2)	
	N,N′-Dimethyl-phenylendiamin-(1,4)	
	Hexamethylendicyanid	
$C_8H_{12}N_2O_2$	Hexamethylendiisocyanat	
	Pyridoxamin	
$C_8H_{12}N_2O_3$	Veronal	
$C_8H_{12}N_4$	Azo-isobuttersäure-dinitril	
$C_8H_{12}O$	1-Acetyl-cyclohexen-(1)	
	1-Äthinyl-cyclohexanol	
	Tetramethylfuran	
$C_8H_{12}O_2$	Furfuryl-propyl-äther	
	Sorbinsäure-äthylester	
$C_8H_{12}O_3$	Cyclopentanon-(2)-carbonsäure-äthylester	
$C_8H_{12}O_4$	Acetessigsäure-äthylester-O-acetat	
	cis-Cyclohexan-dicarbonsäure-(1,2)	
	trans-Cyclohexan-dicarbonsäure-(1,2)	
	cis-Cyclohexan-dicarbonsäure-(1,3)	
	trans-Cyclohexan-dicarbonsäure-(1,3)	
	cis-Cyclohexan-dicarbonsäure-(1,4)	
	trans-Cyclohexan-dicarbonsäure-(1,4)	
	Diacetessigester	
	Fumarsäure-diäthylester	
	Maleinsäure-diäthylester	
	Terpenylsäure	
$C_8H_{12}O_5$	Oxalessigsäure-diäthylester	
$C_8H_{12}O_8Pb$	Essigsäure, Blei (IV)-Salz	
$C_8H_{12}Pb$	Blei-tetravinyl	
$C_8H_{12}Sn$	Zinn-tetravinyl	
$C_8H_{12}ClO$	β-Chlorvinylisoamylketon	

Formel	Name	Bemerkung
$C_8H_{15}N$	Caprylsäurenitril	
	l-β-Conicein	
	γ-Conicein	
	Tropan	
$C_8H_{15}NO$	O-Äthyl-caprolactim	
	Isopelletierin	
	Pelletierin	
	Pseudotropin	
	Tropin	
$C_8H_{15}NO_6$	d-Glucosamin-N-acetat	
C_8H_{16}	Äthylcyclohexan	
	1,1-Dimethyl-cyclohexan	
	cis-1,2-Dimethyl-cyclohexan	
	trans-1,2-Dimethyl-cyclohexan	
	cis-1,3-Dimethyl-cyclohexan	
	trans-1,3-Dimethyl-cyclohexan	
	cis-1,4-Dimethyl-cyclohexan	
	trans-1,4-Dimethyl-cyclohexan	
	Octen-(1)	StW kr
	Octen-(2)	kr
	Trimethylpenten	
	2,2,3-Trimethyl-penten-(3)	
	2,3,3-Trimethyl-penten-(1)	
	2,3,4-Trimethyl-penten-(2)	
$C_8H_{16}Cl_2O$	Di-[4-chlorbutyl]-äther	
$C_8H_{16}N_2$	2-Amino-tropan	
$C_8H_{16}O$	2-Äthyl-cyclohexanol	
	Caprylaldehyd	
	Cyclooctanol	
	2,5-Dimethyl-hexanon-(3)	
	2-Methyl-heptanon-(6)	
	2-Methyl-hepten-(2)-ol-(6)	
	Octanon-(2)	
	2,2,4-Trimethyl-pentanon-(3)	StW
$C_8H_{16}O_2$	2-Äthyl-capronsäure	
	Ameisensäure-heptylester	
	Buttersäure-butylester	
	Buttersäureisobutylester	
	Butyroin	

Formel	Verbindung	
$C_8H_{13}N$	Hämopyrrol	
	Kryptopyrrol	
	2,3,4,5-Tetramethylpyrrol	
	Tropidin	
$C_8H_{13}NO$	5-Methyl-N,N-dimethyl-furfurylamin	
	Tropinon	
$C_8H_{13}NO_2$	Arecolin	
	Penilloaldehyd	
	dl-Scopolin	
$C_8H_{13}NO_4$	dl-Tropinsäure	
$C_8H_{13}NO_5$	Formaminomalonsäure-diäthylester	
C_8H_{14}	2,5-Dimethyl-hexadien-(2,4)	
	2-Methyl-heptadien-(3,5)	
	4-Methyl-heptadien-(2,4)	
	Octin-(1)	StW
$C_8H_{14}CaO_4$	Buttersäure, Ca-Salz	
$C_8H_{14}N_2O_2$	Desoxyveronal	
$C_8H_{14}N_4NiO_4$	Dimethylglyoxim, Ni-Salz	
$C_8H_{14}N_4O_5$	Triglycyl-glycin	
$C_8H_{14}O$	Acetylcyclohexan	
	Cyclooctanon	
	2-Methyl-hepten-(2)-on-(6)	
$C_8H_{14}O_2$	Cyclohexanol-acetat	
	Tetramethylbutindiol-(1,4)	
$C_8H_{14}O_2S_2$	α-Liponsäure	
	DL-6,8-Thioctsäure	
$C_8H_{14}O_3$	Buttersäureanhydrid	
	Isobuttersäureanhydrid	
	Propionsäure-1-tetrahydrofurfurylester	
$C_8H_{14}O_4$	Bernsteinsäure-diäthylester	
	Isoamyl-malonsäure	
	Korksäure	
	Methylmalonsäurediäthylester	
	Oxalsäuredipropylester	
	Tetramethyl-bernsteinsäure	
$C_8H_{14}O_4S$	β-Thiodipropionsäuremethylester	
$C_8H_{14}O_5$	D(−)-Äpfelsäure-diäthylester	
	Diglykol-diacetat	
$C_8H_{14}O_6$	meso-Weinsäure-diäthylester	
	DL-Weinsäure-diäthylester	
	L(+)-Weinsäure-diäthylester	
$C_8H_{15}ClO$	Caprylsäure-chlorid	
$C_8H_{15}N$	α-Äthyl-capronsäurenitril	

Formel	Verbindung	
	n-Caprylsäureäthylester	
	Caprylsäure, Octansäure	StW
	Essigsäure-n-hexylester	
	Isobuttersäure-isobutylester	
	Isovaleriansäure-propylester	
	Propionsäure-n-amylester	
	Propionsäure-isoamylester	
	Triäthylessigsäure	
	n-Valeriansäure-propylester	
$C_8H_{16}O_3$	Acetessigaldehyd-diäthyl-diacetal	
	Glykol-monobutyläther-acetat	
	Milchsäure-n-amylester	
$C_8H_{16}O_4$	Diglykol-monäthyläther-acetat	
	Malonhalbaldehyd-diäthylacetal-äthylester	
$C_8H_{17}Br$	n-Octyl-bromid	
$C_8H_{17}F$	n-Octyl-fluorid	
$C_8H_{17}N$	N-n-Butyl-pyrrolidin	
	d-Coniin	
$C_8H_{17}NO$	Caprylsäureamid	
	Conhydrin	
$C_8H_{17}NO_2$	Caprylhydroxamsäure	
	L-Leucin-äthylester	
C_8H_{18}	*3-Äthyl-hexan*	StW
	2,2-Dimethyl-hexan	StW kr
	2,3-Dimethyl-hexan	StW
	2,4-Dimethyl-hexan	StW
	2,5-Dimethyl-hexan	StW kr
	3,3-Dimethyl-hexan	StW
	3,4-Dimethyl-hexan	StW
	2-Methyl-3-äthyl-pentan	StW
	3-Methyl-3-äthyl-pentan	StW
	2-Methyl-heptan	StW kr
	3-Methyl-heptan	StW kr
	4-Methyl-heptan	StW
	Octan	StW kr
	2,2,3,3,-Tetramethyl-butan	
	2,2,3-Trimethyl-pentan	StW
	2,2,4-Trimethyl-pentan	StW
	2,3,3-Trimethyl-pentan	StW
	2,3,4-Trimethyl-pentan	StW
$C_8H_{18}BF$	Bor-di-n-butylfluorid	
$C_8H_{18}Be$	Beryllium-di-t-butyl	
$C_8H_{18}Cd$	Cadmium-di-n-butyl	

72*

Formel	Name	Bemerkung	Formel	Name	Bemerkung
$C_8H_{18}ClN$	d-Coniin-hydrochlorid		$C_9H_6O_2$	Indandion-(1,3)	
$C_8H_{18}Cl_2O_2Ti$	Titan-di-n-butoxy-dichlorid			Isocumarin	
$C_8H_{18}Cl_2Sn$	Zinn-di-n-butyl-dichlorid			Phenylpropiolsäure	
$C_8H_{18}Hg$	Quecksilber-di-n-butyl		$C_9H_6O_3$	Cumaron-carbonsäure-(2)	
	Quecksilber-di-isobutyl			Homophthalsäure-anhydrid	
$C_8H_{18}Mg$	Magnesium-dibutyl			Umbelliferon	
$C_8H_{18}N_6O_4$	Streptidin		$C_9H_6O_4$	7,8-Dihydroxy-cumarin	
$C_8H_{18}O$	2-Äthyl-hexanol-(1)			6,7-Dihydroxy-cumarin	
	Di-n-butyl-äther	kr		Ninhydrin	
	Di-sek.-butyläther		$C_9H_6O_5$	Phthalonsäure	
	Methyl-heptyl-äther	kr	$C_9H_6O_6$	Benzol-tricarbonsäure-(1,2,3)	
	Octanol-(1)	StW		Benzol-tricarbonsäure-(1,2,4)	
	dl-Octanol-(2)			Benzol-tricarbonsäure-(1,3,5)	
	2,3,4-Trimethyl-pentanol-(3)			Hydrastsaure	
$C_8H_{18}O_2$	Acetaldehyd-dipropylacetal		$C_9H_7BrO_2$	α-Brom-*cis*-zimtsäure	
	Di-tert.-butyl-peroxid			α-Brom-*trans*-zimtsäure	
	Octandiol-(1,8)			β-Brom-*cis*-zimtsäure	
$C_8H_{18}O_2S$	Thiodiglykol-diäthyläther			β-Brom-*trans*-zimtsäure	
$C_8H_{18}O_3$	Diglykol-diäthyläther		C_9H_7ClO	Zimtsäurechlorid	
	Diglykol-monobutyläther		C_9H_7N	Chinolin	StW
	Essigsäure-ortho-triäthylester			Isochinolin	
$C_8H_{18}O_3S$	Di-n-butylsulfit			Zimtsäurenitril	
$C_8H_{18}O_4$	Triglykol-dimethyläther		C_9H_7HO	Benzoyl-acetonitril	
$C_8H_{18}O_4S$	Dibutylsulfat			2-Hydroxy-chinolin	
$C_8H_{18}O_4S_2$	Trional			3-Hydroxy-chinolin	
$C_8H_{18}O_5$	Tetraäthylenglykol			4-Hydroxy-chinolin	
$C_8H_{18}S$	*Dibutylsulfid*	StW kr		5-Hydroxy-chinolin	
$C_8H_{18}Zn$	Zink-di-n-butyl			6-Hydroxy-chinolin	
	Zink-di-isobutyl			7-Hydroxy-chinolin	
$C_8H_{19}Al$	Aluminium-di-isobutylhydrid			8-Hydroxy-chinolin	
$C_8H_{19}N$	Dibutylamin			1-Hydroxy-isochinolin	
	Diisobutylamin		$C_9H_7NO_2$	2-Amino-phenylpropiolsäure	
$C_8H_{19}NO_2$	N-n-Butyl-diäthanolamin			2,4-Dihydroxy-chinolin	
$C_8H_{19}NO_3$	Muscarin			5-Hydroxy-3-phenyl-isoxazol	
$C_8H_{19}O_3P$	Phosphor, Äthylphosphonsäurediiso= propylester			Indol-α-carbonsäure	
				Indol-β-carbonsäure	
$C_8H_{19}O_3PS_2$	Phosphor, Thiophosphorsäure-O,O-diäthyl-O-[β-thioäthyl-äthyl]-ester		$C_9H_7NO_3$	Indoxylsäure	
				2-Nitro-zimtaldehyd	
			$C_9H_7NO_4$	2-Nitro-zimtsäure	

StW

Formel	Verbindung
	Phosphor, Thiophosphorsäure-O,O-di=äthyl-S-[β-thioäthyl-äthyl]-ester
$C_8H_{20}AlNa$	Aluminium-natrium-tetraäthyl
$C_8H_{20}BrN$	Tetraäthylammonium-bromid
$C_8H_{20}ClN$	Tetraäthylammonium-chlorid
$C_8H_{20}Ge$	Germanium-tetraäthyl
$C_8H_{20}JN$	Tetraäthylammonium-jodid
$C_8H_{20}O_4Si$	Silicium, Kieselsäure-tetraäthylester
$C_8H_{20}O_4Ti$	Titan-tetraäthylat
$C_8H_{20}O_5P_2S_2$	Phosphor, Dithio-diphosphorsäure-tetraäthylester
$C_8H_{20}O_6P_2S$	Phosphor, Thio-diphosphorsäure-tetra=äthylester
$C_8H_{20}O_7P_2$	Phosphor, Diphosphorsäure-tetraäthylester
$C_8H_{20}Pb$	Blei-tetraäthyl
$C_8H_{20}Si$	Silicium-dimethyldipropyl
	Silicium-tetraäthyl
$C_8H_{20}Sn$	Zinn-tetraäthyl
$C_8H_{21}NO$	Tetraäthylammonium-hydroxid
$C_8H_{21}NO_5$	Tetraäthanolammonium-hydroxid
$C_8H_{22}B_2$	Bor, Diboran-1,1,2,2-tetraäthyl
$C_8H_{23}N_5$	Tetraäthylen-pentamin
$C_8H_{24}N_4O_3P_2$	Phosphor, Diphosphorsäure-tetra-[dimethylamid]
$C_8H_{24}O_2Si_3$	Silicium, Octamethyltrisiloxan
$C_8H_{24}O_4Si_4$	Silicium, Octamethylcyclotetrasiloxan
$C_8J_4O_3$	Tetrajodphthalsäureanhydrid
$C_9H_4O_4$	Phthalsäureanhydrid
$C_9H_4O_7$	Puberulonsäure
$C_9H_5Cl_2N$	4,7-Dichlor-chinolin
$C_9H_5NO_4$	2-Nitro-phenylpropiolsäure
	3-Nitro-phenylpropiolsäure
	4-Nitro-phenylpropiolsäure
C_9H_6ClN	2-Chlorchinolin
$C_9H_6ClNO_2$	N-Chlormethyl-phthalimid
$C_9H_6N_2O_2$	5-Nitro-chinolin
	6-Nitro-chinolin
	7-Nitro-chinolin
	8-Nitro-chinolin
C_9H_6O	Phenylpropargylaldehyd
$C_9H_6O_2$	Chromon
	Cumarin

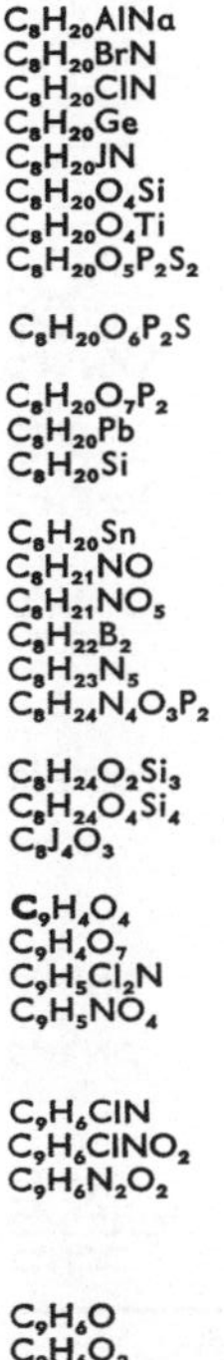

Formel	Verbindung
	3-Nitro-zimtsäure
	4-Nitro-zimtsäure
$C_9H_7NO_4S$	8-Hydroxy-chinolin-sulfosäure-(5)
$C_9H_7NO_5$	Oxanil-carbonsäure-(2)
C_9H_8	Inden
	Propargylbenzol
$C_9H_8Br_2O_2$	*inakt.* Zimtsäure-dibromid
$C_9H_8N_2$	2-Amino-chinolin
	4-Amino-chinolin
	5-Amino-chinolin
	6-Amino-chinolin
	2-α-Pyridyl-pyrrol
	3-α-Pyridyl-pyrrol
$C_9H_8N_2O$	3-Phenyl-pyrazolon-(5)
C_9H_8O	α-Hydrindon
	β-Hydrindon
	Zimtaldehyd
$C_9H_8O_2$	Acetylbenzoyl
	Atropasäure
	Chromanon
	Di-2-furyl-methan
	cis-Zimtsäure
	trans-Zimtsäure
$C_9H_8O_3$	Acetophenon-carbonsäure-(2)
	Acetophenon-carbonsäure-(4)
	Benzoylessigsäure
	cis-2-Hydroxy-zimtsäure
	trans-2-Hydroxy-zimtsäure
	3-Hydroxy-zimtsäure
	4-Hydroxy-zimtsäure
	Phenylbrenztraubensäure
	β-Phenyl-glycidsäure
$C_9H_8O_4$	Acetylsalicylsäure
	2,4-Dihydroxy-zimtsäure
	2,5-Dihydroxy-zimtsäure
	3,4-Dihydroxy-zimtsäure
	Homophthalsäure
	5-Methyl-isophthalsäure
$C_9H_8O_5$	Phenoxy-essigsäure-o-carbonsäure
C_9H_9Br	α-Brom-hydrinden
$C_9H_9Br_3$	2,4,6-Tribrom-mesitylen
$C_9H_9FO_2$	2-Fluor-benzoesäure-äthylester
	3-Fluor-benzoesäure-äthylester

Formel	Name	Bemerkung	Formel	Name	Bemerkung
$C_9H_9FO_2$	4-Fluor-benzoesäure-äthylester		$C_9H_{10}O_3$	Homovanillin	
$C_9H_9J_2NO_3$	3,5-Dijod-dl-tyrosin			2-Hydroxy-phenylpropionsäure	
C_9H_9N	Hydrozimtsäure-nitril			3-Hydroxy-phenylpropionsäure	
	2-Methyl-indol			4-Hydroxy-phenylpropionsäure	
	3-Methyl-indol			Päonol	
	N-Methyl-indol			Salicylsäure-äthylester	
C_9H_9NO	Hydrocarbostyril			dl-Tropasäure	
	Zimtsäureamid		$C_9H_{10}O_4$	Syringaaldehyd	
$C_9H_9NO_2$	2-Amino-zimtsäure			Veratrumsäure	
	3-Amino-zimtsäure		$C_9H_{10}O_5$	Furfuroldiacetat	
	4-Amino-zimtsäure			Gallussäure-äthylester	
	2,6-Dimethoxy-benzonitril		$C_9H_{11}Br$	Brom-mesitylen	
	Isonitro-propiophenon		$C_9H_{11}BrO$	γ-Phenoxy-propylbromid	
	Veratrumsäure-nitril		$C_9H_{11}K$	Kalium-α-phenyl-isopropyl	
$C_9H_9NO_3$	3-Amino-benzoesäure-N-acetat		$C_9H_{11}N$	1-Amino-hydrinden	
	4-Amino-benzoesäure-N-acetat			5-Amino-hydrinden	
	Anthranilsäure-N-acetat			1,2,3,4-Tetrahydro-chinolin	
	Adrenochrom			1,2,3,4-Tetrahydro-isochinolin	
	Hippursäure	StW	$C_9H_{11}NO$	4-Amino-propiophenon	
$C_9H_9NO_4$	5-Amino-salicylsäure-N-acetat			4-Dimethylamino-benzaldehyd	
	4-Nitrobenzyl-acetat			N-Methyl-acetanilid	
	Phenylglycin-o-carbonsäure			N-Phenylformimido-äthylester	
$C_9H_9NO_5$	6-Nitro-veratrumaldehyd			Propionsäureanilid	
$C_9H_9N_3O$	1-Phenyl-3-amino-pyrazolon-(5)			o-Toluidin-N-acetat	
$C_9H_3N_3O_2S_2$	2-Amino-5-sulfanilyl-thiazol			m-Toluidin-N-acetat	
	2-[4'-Aminobenzolsulfonamido]-thiazol			p-Toluidin-N-acetat	
$C_9H_9N_3O_6$	2,4,6-Trinitro-mesitylen		$C_9H_{11}NO_2$	3-Amino-benzoesäure-äthylester	
$C_9H_9N_5$	2,4-Diamino-6-phenyl-triazin-(1,3,5)			4-Amino-benzoesäure-äthylester	
C_9H_{10}	Allylbenzol			β-Amino-hydrozimtsäure	
	Hydrinden			d,l-α-Amino-α-phenylpropionsäure	
	Isopropenylbenzol, 2-Phenyl-propen-(1)	StW		d,l-β-Aminophenylpropionsäure	
	1-Methyl-2-äthenyl-benzol	StW kr		m-Anisidin-N-acetat	
	1-Methyl-3-äthenyl-benzol	StW kr		p-Anisidin-N-acetat	
	1-Methyl-4-äthenyl-benzol	StW kr		Anthranilsäure-äthylester	
	Propenyl-benzol, 1-Phenyl-propen-(1)	StW		Cyclohexylidencyanessigsäure	
$C_9H_{10}N_2O$	Methylglyoxal-ω-phenylhydrazon			Homopiperonylamin	
$C_9H_{10}N_2O_3$	3-Amino-hippursäure			N-Methyl-anthranilsäure-methylester	
$C_9H_{10}N_2O_4$	2,4-Dinitro-mesitylen			2-Nitro-mesitylen	
$C_9H_{10}O$	2-Allyl-phenol			DL-Phenyl-alanin	

Formel	Verbindung		
$C_9H_{10}O_2$	Chavicol		
	Chroman		
	Hydrozimtaldehyd		
	4-Methyl-acetophenon		
	Methyl-benzyl-keton		
	1-Phenyl-propionaldehyd		
	2-Propenyl-phenol		
	4-Propenyl-phenol		
	Propiophenon		
	Zimtalkohol		
	2-Äthyl-benzoesäure		
	3-Äthyl-benzoesäure		
	4-Äthyl-benzoesäure		
	Benzoesäure-äthylester	StW	
	2,3-Dimethyl-benzoesäure		
	2,4-Dimethyl-benzoesäure		
	2,5-Dimethyl-benzoesäure		
	2,6-Dimethyl-benzoesäure		
	3,4-Dimethyl-benzoesäure		
	3,5-Dimethyl-benzoesäure		
	Essigsäurebenzylester		
	Hydratropasäure		
	3-Hydroxy-4-methoxy-styrol		
	Hydrozimtsäure		
	o-Kresolacetat		
	m-Kresolacetat		
	p-Kresolacetat		
	ω-Methoxy-acetophenon		
	3-Methoxy-acetophenon		
	4-Methoxy-acetophenon		
	3-Methoxy-4-hydroxy-styrol		
	Phenoxy-aceton		
	2-Propiophenol		
	4-Propiophenol		
	o-Tolylessigsäure		
$C_9H_{10}O_3$	Anissäure-methylester		
	dl-Atrolactinsäure		
	2,5-Dihydroxy-acetophenon-mono=methyläther		
	2,3-Dimethoxy-benzaldehyd		
	2,4-Dimethoxy-benzaldehyd		
	2,5-Dimethoxy-benzaldehyd		
	3,4-Dimethoxy-benzaldehyd		

Formel	Verbindung		
$C_9H_{11}NO_3$	L-Phenyl-alanin		
	N-Phenyl-β-alanin		
	Phenylurethan		
	Pyridin-2-essigsäure-äthylester		
	Adrenalon		
	L-Tyrosin		
	DL-Tyrosin		
$C_9H_{11}NO_4$	L-3,4-Dihydroxy-phenyl-alanin		
	2-Nitrobenzaldehyd-dimethylacetal		
C_9H_{12}	2-Äthyl-toluol, 1-Methyl-2-äthyl-benzol	StW	
	3-Äthyl-toluol, 1-Methyl-3-äthyl-benzol	StW	
	4-Äthyl-toluol, 1-Methyl-4-äthyl-benzol	StW	
	Cumol, Isopropylbenzol		kr
	Propylbenzol		kr
	1,2,3-Trimethyl-benzol	StW	kr
	1,2,4-Trimethyl-benzol	StW	kr
	1,3,5-Trimethyl-benzol	StW	kr
$C_9H_{12}N_2$	Acetonphenylhydrazon		
$C_9H_{12}N_2O$	Acetolphenylhydrazon		
$C_9H_{12}N_2O_2$	4-Äthoxy-phenylharnstoff		
$C_9H_{12}N_2O_3$	3-Amino-L-tyrosin		
$C_9H_{12}O$	Äthyl-benzyl-äther		
	Cumenol		
	Hydrozimtalkohol		
	2-Isopropyl-phenol		
	3-Isopropyl-phenol		
	Mesitol		
	3-Methyl-5-äthyl-phenol		
	1-Phenyl-propanol-(1)		
	2-Propyl-phenol		
	3-Propyl-phenol		
	4-Propyl-phenol		
	Propyl-phenyl-äther		
	Pseudocumenol		
	3,4,5-Trimethyl-phenol		
$C_9H_{12}O_2$	Allethrolon		
	Benzaldehyd-dimethylacetal		
$C_9H_{12}O_3$	Glycerin-α-phenyläther		
	Hydroxyhydrochinon-trimethyläther		
	Phloroglucin-trimethyläther		
	Pyrogallol-trimethyläther		
	2,4,6-Trimethyl-phloroglucin		
$C_9H_{12}O_3S$	p-Toluolsulfosäure-äthylester		

Formel	Name	Bemerkung	Formel	Name	Bemerkung
$C_9H_{13}N$	N-Äthyl-o-toluidin		$C_9H_{18}O_2$	Buttersäure-isoamylester	
	N-Äthyl-m-toluidin			Essigsäure-n-heptylester	
	N-Äthyl-p-toluidin			Isobuttersäure-isoamylester	
	β-Amino-propylbenzol			Isovaleriansäure-isobutylester	
	Cumidin			Önanthsäure-äthylester	
	N,N-Dimethyl-benzylamin			Pelargonsäure, Nonansäure-(1)	StW
	N,N-Dimethyl-o-toluidin	kr		n-Valeriansäure-butylester	
	N,N-Dimethyl-m-toluidin		$C_9H_{18}O_3$	Kohlensäure-di-n-butylester	
	N,N-Dimethyl-p-toluidin		C_9H_{20}	3,3-Diäthyl-pentan	
	N-Methyl-N-äthyl-anilin			2,6-Dimethyl-heptan	kr
	Pseudocumidin			2-Methyl-octan	kr
	N-Propyl-anilin			3-Methyl-octan	kr
	2,4,6-Trimethyl-anilin			4-Methyl-octan	
$C_9H_{13}NO$	4-[2-Amino-propyl]-phenol			Nonan	StW kr
	l-Norephedrin		$C_9H_{20}N_2O$	Tetraäthylharnstoff	
$C_9H_{13}NO_2$	Ekgonidin		$C_9H_{20}O$	3-Äthyl-heptanol-(3)	
	Hämopyrrol-carbonsäure			Äthyl-n-heptyläther	
	Kryptopyrrol-carbonsäure			2,6-Dimethyl-heptanol-(4)	kr
	α-(1-Pyrrolidyl)-propionsäure-äthylester			Nonanol-(1)	StW
$C_9H_{13}NO_2S$	p-Toluolsulfosäure-äthylamid			Nonanol-(2)	
	p-Toluolsulfosäure-N,N-dimethylamid			Nonanol-(3)	
$C_9H_{13}NO_3$	Adrenalin			Nonanol-(4)	
$C_9H_{13}NO_4$	Penaldin-F-Säure﹖			Nonanol-(5)	
$C_9H_{13}O_4P$	Phosphorsäure-monoäthyl-monobenzylester		$C_9H_{20}O_3$	β-Äthoxypropionaldehyd-diäthylacetal	
$C_9H_{14}ClNO$	1-Phenyl-propanol-(1)-2-amin-hydrochlorid		$C_9H_{20}O_4$	Kohlensäure-ortho-tetra-äthylester	
$C_9H_{14}N_2$	Azelainsäure-dinitril		$C_9H_{21}Al$	Aluminium-tri-isopropyl	
$C_9H_{14}N_4O_3$	N-[β-Amino-propionyl]-L-histidin			Aluminium-tri-n-propyl	
$C_9H_{14}O$	2-Allyl-cyclohexanon		$C_9H_{21}AlO_3$	Isopropanol, Al-Salz	
	dl-Camphenilon			Propanol,-Al-Salz	
	Campherphoron		$C_9H_{21}B$	Bor-tri-isopropyl	
	Isophoron			Bor-tri-n-propyl	
	Phoron		$C_9H_{21}N$	Tri-isopropylamin	
$C_9H_{14}O_4$	Citraconsäure-(*cis*)-diäthylester			Tripropylamin	
	Glutaconsäure-diäthylester		$C_9H_{21}NO_3$	Triisopropanolamin	
	Itaconsäure-diäthylester		$C_9H_{21}O_3P$	Phosphor, Phosphorige Säure-tri-n-pro=	
	Mesaconsäure-diäthylester			pylester	
$C_9H_{14}O_5$	Aceton-dicarbonsäure-diäthylester				
	Aceton-α-α'-di-(β)-propionsäure		$C_{10}H_4ClN_3O_4$	7-Chlor-1,3,8-trinitro-naphthalin	
$C_9H_{14}O_6$	l-Camphoronsäure		$C_{10}H_4Cl_2O_2$	2,3-Dichlor-naphthochinon-1,4	

Formel	Verbindung	
	Glycerintriacetat	
	Isocamphoronsäure	
$C_9H_{14}S$	Adamantan-2-thia	
$C_9H_{14}Si$	Silicium-trimethyl-phenyl	
$C_9H_{15}N$	Phyllopyrrol	
$C_9H_{15}NO$	N,N-Diäthyl-furfurylamin	
$C_9H_{15}NO_3$	l-Ekgonin	
$C_9H_{15}NO_5$	Aminomalonsäure-diäthylester-N-acetat	
$C_9H_{15}NO_6$	Nitrilotriessigsäure-triäthylester	
$C_9H_{15}N_3O_2S$	Ergothionein	
C_9H_{16}	Hydrindan	StW
	2-Methyl-octadien-(4,6)	
	4-Methyl-octadien-(3,5)	
$C_9H_{16}N_2O_2$	Sedormid	
$C_9H_{16}O$	Camphenilol	
	Cyclononanon	
$C_9H_{16}O_3$	Buttersäure-1-tetrahydrofurfurylester	
	Geronsäure	
	Isopropyl-acetessigester	
	Milchsäure-n-hexyl-ester	
$C_9H_{16}O_4$	Adipinsäure-mono-n-propylester	
	Äthylmalonsäure-diäthylester	
	Azelainsäure	StW
	Dimethylmalonsäure-diäthylester	
	Glutarsäure-diäthylester	
$C_9H_{17}N$	cis-Dekahydrochinolin	
	trans-Dekahydrochinolin	
	Pelargonsäure-nitril	
$C_9H_{17}NO$	Triacetonamin	
$C_9H_{17}NO_4$	L-Glutaminsäure-diäthylester	
$C_9H_{17}NO_5$	Pantothensäure	
C_9H_{18}	Isopropylcyclohexan	
	1,3,5-Trimethyl-cyclohexan	
$C_9H_{18}O$	Di-isobutylketon, 2,6-Dimethyl-heptanon-(4)	kr
	Di-tert.-butyl-keton	
	Nonanon-(2)	
	Nonanon-(4)	
	Nonanon-(5)	
	Pelargonaldehyd	
	1,2,4-Trimethyl-cyclohexanol-(5)	
	2,4,6-Trimethyl-cyclohexanol	
$C_9H_{18}O_2$	Ameisensäure-n-octylester	
	Buttersäure-n-amylester	

Formel	Verbindung
$C_{10}H_4Cl_4$	1,2,3,4-Tetrachlor-naphthalin
$C_{10}H_4N_4O_8$	1,3,5,8-Tetranitro-naphthalin
	1,3,6,8-Tetranitronaphthalin
	1,4,5,8-Tetranitronaphthalin
$C_{10}H_4N_4O_9$	2,4,5,7-Tetranitro-naphthol-(1)
$C_{10}H_5Br_3O$	1,3,6-Tribrom-naphthol-(2)
$C_{10}H_5Cl_3$	1,2,3-Trichlor-naphthalin
	1,2,4-Trichlor-naphthalin
	1,2,5-Trichlor-naphthalin
	1,2,6-Trichlor-naphthalin
	1,2,7-Trichlor-naphthalin
	1,2,8-Trichlor-naphthalin
	1,3,5-Trichlor-naphthalin
	1,3,6-Trichlor-naphthalin
	1,3,7-Trichlor-naphthalin
	1,3,8-Trichlor-naphthalin
	1,4,5-Trichlor-naphthalin
	1,4,6-Trichlor-naphthalin
	1,6,7-Trichlor-naphthalin
	2,3,6-Trichlor-naphthalin
$C_{10}H_5N_3O_6$	1,2,5-Trinitro-naphthalin
	1,3,5-Trinitro-naphthalin
	1,3,8-Trinitro-naphthalin
	1,4,5-Trinitro-naphthalin
$C_{10}H_5N_3O_7$	2,4,5-Trinitro-naphthol-(1)
$C_{10}H_6Br_2$	1,2-Dibrom-naphthalin
$C_{10}H_6ClNO_2$	8-Chlor-1-nitro-naphthalin
$C_{10}H_6Cl_2$	1,2-Dichlor-naphthalin
	1,3-Dichlor-naphthalin
	1,4-Dichlor-naphthalin
	1,5-Dichlor-naphthalin
	1,6-Dichlor-naphthalin
	1,7-Dichlor-naphthalin
	1,8-Dichlor-naphthalin
	2,3-Dichlor-naphthalin
	2,6-Dichlor-naphthalin
	2,7-Dichlor-naphthalin
$C_{10}H_6Cl_2O$	2,4-Dichlor-naphthol-(1)
$C_{10}H_6Cl_2O_4S_2$	Naphthalin-1,5-disulfosäure-chlorid
$C_{10}H_6Cl_8$	Chlordan
$C_{10}H_6N_2O_4$	Chinoxalin-dicarbonsäure-(2,3)
	1,2-Dinitro-naphthalin
	1,3-Dinitro-naphthalin

Formel	Name	Bemerkung	Formel	Name	Bemerkung
$C_{10}H_6N_2O_4$	1,4-Dinitro-naphthalin		$C_{10}H_8Cl$	5-Chlor-naphthylamin-(1)	
	1,5-Dinitro-naphthalin	StW	$C_{10}H_8Cl_4$	1,2,3,4-Tetrachlor-1,2,3,4-tetrahydro-naphthalin	
	1,6-Dinitro-naphthalin		$C_{10}H_8JN$	3-Jod-naphthylamin-(1)	
	1,7-Dinitro-naphthalin			3-Jod-naphthylamin-(2)	
	1,8-Dinitro-naphthalin	StW	$C_{10}H_8N_2$	α,α'-Dipyridyl	
$C_{10}H_6N_2O_5$	1,6-Dinitro-naphthol-(2)			γ,γ'-Dipyridyl	
	2,4-Dinitro-naphthol-(1)	StW	$C_{10}H_8N_2O$	1-Nitroso-naphthylamin-(2)	
$C_{10}H_6N_2O_8S$	2,4-Dinitro-naphthol-1-sulfosäure-(7)		$C_{10}H_8N_2O_2$	2-Amino-chinolin-carbonsäure-(3)	
$C_{10}H_6N_4O_6$	1,6,8-Trinitro-naphthylamin-(2)			1-Nitro-naphthylamin-(2)	
$C_{10}H_6O_2$	Naphthochinon-(1,2)			2-Nitro-naphthylamin-(1)	
	Naphthochinon-(1,4)			4-Nitro-naphthylamin-(1)	
	Naphthochinon-(2,6)			5-Nitro-naphthylamin-(1)	
$C_{10}H_6O_3$	2-Hydroxy-naphthochinon-(1,4)			5-Nitro-naphthylamin-(2)	
	5-Hydroxy-naphthochinon-(1,4)			8-Nitro-naphthylamin-(1)	
	6-Hydroxy-naphthochinon-(1,2)			8-Nitro-naphthylamin-(2)	
	7-Hydroxy-naphthochinon-(1,2)			4-Phenyl-uracil	
$C_{10}H_6O_3S$	Naphthsulfon		$C_{10}H_8N_2O_4$	Harminsäure	
$C_{10}H_6O_3S_2$	Thiophen-carbonsäure-(2)-anhydrid		$C_{10}H_8N_4O_5$	Pikrolonsäure	
$C_{10}H_4O_4$	Cumarin-carbonsäure-(3)		$C_{10}H_8O$	α-Naphthol	StW
	2,3-Dihydroxy-naphthochinon-(1,4)			β-Naphthol	StW
	5,8-Dihydroxy-naphthochinon-(1,4)		$C_{10}H_8OS_3$	p-Anisyl-thrithion	
	Furil		$C_{10}H_8O_2$	1,2-Dihydroxy-naphthalin	
$C_{10}H_6O_5$	Furancarbonsäure-(2)-anhydrid			1,3-Dihydroxy-naphthalin	
$C_{10}H_6O_5S$	1,2-Naphthochinon-4-sulfosäure			1,4-Dihydroxy-naphthalin	
$C_{10}H_6O_8$	Benzol-tetracarbonsäure-(1,2,3,4)			1,5-Dihydroxy-naphthalin	
	Benzol-tetracarbonsäure-(1,2,3,5)			1,6-Dihydroxy-naphthalin	
	Benzol-tetracarbonsäure-(1,2,4,5)			1,7-Dihydroxy-naphthalin	
$C_{10}H_7Br$	1-Brom-naphthalin			1,8-Dihydroxy-naphthalin	
	2-Brom-naphthalin			2,3-Dihydroxy-naphthalin	
$C_{10}H_7BrO$	6-Brom-naphthol-(2)			2,6-Dihydroxy-naphthalin	
$C_{10}H_7Cl$	1-Chlor-naphthalin			2,7-Dihydroxy-naphthalin	
	2-Chlor-naphthalin		$C_{10}H_8O_2S$	Naphthalin-sulfinsäure-(1)	
$C_{10}H_7ClO$	1-Chlor-naphthol-(2)			Naphthalin-sulfinsäure-(2)	
	2-Chlor-naphthol-(1)		$C_{10}H_8O_3$	β-Benzoyl-acrylsäure	
	4-Chlor-naphthol-(1)			1,2,4-Trihydroxy-naphthalin	
	8-Chlor-naphthol-(2)			1,3,6-Trihydroxy-naphthalin	
$C_{10}H_7ClO_2S$	α-Naphthalinsulfosäure-chlorid			1,4,5-Trihydroxy-naphthalin	
	β-Naphthalinsulfosäure-chlorid		$C_{10}H_8O_3S$	α-Naphthalinsulfosäure	
$C_{10}H_7F$	1-Fluor-naphthalin				

Formel	Verbindung	
$C_{10}H_7J$	2-Fluor-naphthalin	
	1-Jod-naphthalin	
	2-Jod-naphthalin	
$C_{10}H_7JO$	1-Jod-naphthol-(2)	
	3-Jod-naphthol-(1)	
	3-Jod-naphthol-(2)	
	4-Jod-naphthol-(2)	
	5-Jod-naphthol-(1)	
$C_{10}H_7NO$	Chinolin-2-aldehyd	
	Chinolin-4-aldehyd	
	1-Nitroso-naphthalin	
$C_{10}H_7NO_2$	Chinolin-carbonsäure-(2)	
	Chinolin-carbonsäure-(4)	
	Chinolin-carbonsäure-(5)	
	Chinolin-carbonsäure-(6)	
	Chinolin-carbonsäure-(8)	
	1-Nitro-naphthalin	
	2-Nitro-naphthalin	
	1-Nitroso-naphthol-(2)	
	2-Nitroso-naphthol-(1)	
	4-Nitroso-naphthol-(1)	
$C_{10}H_7NO_3$	2-Hydroxy-chinolin-carbonsäure-(4)	
	4-Hydroxy-chinolin-carbonsäure-(2)	
	5-Hydroxy-chinolin-carbonsäure-(6)	
	6-Hydroxy-chinolin-carbonsäure-(5)	
	8-Hydroxy-chinolin-carbonsäure-(4)	
	8-Hydroxy-chinolin-carbonsäure-(5)	
	8-Hydroxy-chinolin-carbonsäure-(6)	
	1-Nitro-naphthol-(2)	
	2-Nitro-naphthol-(1)	
	3-Nitro-naphthol-(1)	
	4-Nitro-naphthol-(1)	
	5-Nitro-naphthol-(1)	
	5-Nitro-naphthol-(2)	
	6-Nitro-naphthol-(2)	
	8-Nitro-naphthol-(2)	
$C_{10}H_7NO_5S$	1-Nitroso-2-naphthol-sulfosäure-(6)	
$C_{10}H_8$	Azulen	StW
	Benzofulven	
	Naphthalin	StW kr
$C_{10}H_8BrNO_2$	N-Bromäthyl-phthalimid	
$C_{10}H_8ClN$	2-Chlor-4-methyl-chinolin	
	4-Chlor-naphthylamin-(1)	

Formel	Verbindung	
$C_{10}H_8O_4$	β-Naphthalinsulfosäure	
	Anemonin	
	Benzalmalonsäure	
	Furoin	
	1,4,5,8-Tetrahydroxy-naphthalin	
	Zimtsäure-o-carbonsäure	
$C_{10}H_8O_4S$	Naphthol-(1)-sulfosäure-(2)	
	Naphthol-(1)-sulfosäure-(4)	
	Naphthol-(1)-sulfosäure-(5)	
	Naphthol-(1)-sulfosäure-(7)	
	Naphthol-(1)-sulfosäure-(8)	
	Naphthol-(2)-sulfosäure-(1)	
	Naphthol-(2)-sulfosäure-(4)	
	Naphthol-(2)-sulfosäure-(6)	
	Naphthol-(2)-sulfosäure-(7)	
	Naphthol-(2)-sulfosäure(-8)	
$C_{10}H_8O_6S_2$	Naphthalin-disulfosäure-(1,6)	
	Naphthalin-disulfosäure-(2,6)	
	Naphthalin-disulfosäure-(2,7)	
$C_{10}H_8O_7$	Cochenillesäure	
$C_{10}H_8O_7S_2$	Naphthol-(2)-disulfosäure-(3,6)	
	Naphthol-(2)-disulfosäure-(6,8)	
$C_{10}H_8O_8S_2$	Chromotropsäure	
$C_{10}H_8S$	Thio-α-naphthol	
	Thio-β-naphthol	
$C_{10}H_8S_2$	1,5-Dimercapto-naphthalin	
$C_{10}H_9N$	2-Methyl-chinolin	
	3-Methyl-chinolin	
	4-Methyl-chinolin	
	5-Methyl-chinolin	
	6-Methyl-chinolin	
	7-Methyl-chinolin	
	8-Methyl-chinolin	
	3-Methyl-isochinolin	
	α-Naphthylamin	StW
	β-Naphthylamin	StW
	N-Phenyl-pyrrol	
$C_{10}H_9NO$	1-Amino-naphthol-(2)	
	2-Amino-naphthol-(1)	
	3-Amino-naphthol-(2)	
	4-Amino-naphthol-(1)	
	5-Amino-naphthol-(1)	
	5-Amino-naphthol-(2)	

Formel	Name	Bemerkung
$C_{10}H_9NO$	6-Amino-naphthol-(1)	
	7-Amino-naphthol-(2)	
	8-Amino-naphthol-(1)	
	8-Amino-naphthol-(2)	
	Chinolin-2-carbinol	
	2-Hydroxy-4-methyl-chinolin	
	3-Hydroxy-2-methyl-chinolin	
	4-Hydroxy-2-methyl-chinolin	
	5-Hydroxy-2-methyl-chinolin	
	8-Hydroxy-2-methyl-chinolin	
	4-Methoxy-chinolin	
	α-Naphthyl-hydroxylamin	
	α-Phenylaceto-acetonitril	
$C_{10}H_9NO_2$	β-Indolylessigsäure	
	1-[4-Nitro-phenyl]-butadien-(1,3)	
$C_{10}H_9NO_3S$	Naphthylamin-(1)-sulfosäure-(2)	
	Naphthylamin-(1)-sulfosäure-(4)	
	Naphthylamin-(1)-sulfosäure-(5)	
	Naphthylamin-(1)-sulfosäure-(6)	
	Naphthylamin-(1)-sulfosäure-(8)	
	Naphthylamin-(2)-sulfosäure-(1)	
	Naphthylamin-(2)-sulfosäure-(5)	
	Naphthylamin-(2)-sulfosäure-(6)	
	Naphthylamin-(2)-sulfosäure-(7)	
	Naphthylamin-(2)-sulfosäure-(8)	
$C_{10}H_9NO_4S$	1-Amino-naphthol-(2)-sulfosäure-(4)	
	6-Amino-naphthol-(1)-sulfosäure-(3)	
	7-Amino-naphthol-(1)-sulfosäure-(3)	
$C_{10}H_9NO_6S_2$	Naphthylamin-(1)-disulfosäure-(2,6)	
	Naphthylamin-(2)-disulfosäure-(6,8)	
$C_{10}H_9NO_7S_2$	1-Amino-naphthol-(8)-disulfosäure-(2,4)	
	8-Amino-naphthol-(1)-disulfosäure-(3,6)	
$C_{10}H_{10}$	1,2-Dihydro-naphthalin	
	1,4-Dihydro-naphthalin	
	1-Phenyl-butadien-(1,3)	
$C_{10}H_{10}BrNO_2$	α-Brom-acetessigsäure-anilid	
$C_{10}H_{10}Br_2$	1,2-Dibromtetralin	
$C_{10}H_{10}Br_2O$	Benzalacetondibromid	
$C_{10}H_{10}Ca$	Calcium-di-cyclopentadienyl	

Formel	Name	Bemerkung
$C_{10}H_{10}O_3$	p-Toluylessigsäure	
$C_{10}H_{10}O_4$	Adipinsäuremono-n-butylester	
	Benzyl-malonsäure	
	Brenzkatechin-diacetat	
	Ferulasäure	
	Hesperitinsäure	
	Hydrochinon-diacetat	
	Isophthalsäuredimethylester	
	Mandelsäure-O-acetat	
	Mekonin	
	Phenylbernsteinsäure	
	β-Phenylpropionsäure-o-carbonsäure	
	Phthalsäure-dimethylester	StW
	Phthalsäure-mono-äthylester	
	Resorcindiacetat	
	Terephthalsäure-dimethylester	StW
$C_{10}H_{10}O_5$	Opiansäure	
$C_{10}H_{10}O_6$	3,4-Dimethoxy-phthalsäure	
	4,5-Dimethoxy-phthalsäure	
$C_{10}H_{10}Ti$	Titan-dicyclopentadienyl	
$C_{10}H_{11}ClO$	2,4,6-Trimethyl-benzoesäurechlorid	
$C_{10}H_{11}N$	2,3-Dimethyl-indol	
$C_{10}H_{11}NO$	γ-Phenoxy-buttersäure-nitril	
$C_{10}H_{11}NO_2$	Acetessigsäureanilid	
	Di-furfurylamin	
	Penilloaldehyd-G	
$C_{10}H_{11}NO_3$	Penilloaldehyd-X	
$C_{10}H_{11}NO_4$	Phenylimino-diessigsäure	
$C_{10}H_{12}$	Dicyclopentadien	
	Tetralin, 1,2,3,4-Tetrahydro-naphthalin	StW
$C_{10}H_{12}N_2$	Tryptamin	
$C_{10}H_{12}N_2Na_4O_8$	Äthylendiamintetraessigsäure-tetra-Na-Salz	
$C_{10}H_{12}N_2O$	2-Hydroxy-naphthochinon-(1,4)	
	Serotonin	
$C_{10}H_{12}N_2O_2$	o-Phenylendiamin-N,N'-diacetat	
$C_{10}H_{12}N_2O_3$	Dial	
$C_{10}H_{12}N_4OS$	p-Acetamino-benzaldehyd-thiosemi-carbazon	

Formel	Name
$C_{10}H_{10}Br_2Ti$	Titan-dicyclopentadienyldibromid
$C_{10}H_{10}ClNO_2$	1-[4-Nitro-phenyl]-4-chlor-buten-(2)
$C_{10}H_{10}Cl_2Ti$	Titan-dicyclopentadienyl-dichlorid
$C_{10}H_{10}Cl_8$	Toxaphen
$C_{10}H_{10}Co$	Kobalt-di-cyclopentadienyl
$C_{10}H_{10}Fe$	Ferrocen
$C_{10}H_{10}J_2Ti$	Titan-dicyclopentadienyldijodid
$C_{10}H_{10}N_2$	Naphthylendiamin-(1,2)
	Naphthylendiamin-(1,4)
	Naphthylendiamin-(1,5)
	Naphthylendiamin-(1,6)
	Naphthylen-diamin-(1,7)
	Naphthylen-diamin-(1,8)
	Naphthylen-diamin-(2,3)
	Naphthylen-diamin-(2,6)
	Naphthylen-diamin-(2,7)
	α-Naphthylhydrazin
	β-Naphthylhydrazin
$C_{10}H_{10}N_2O$	4-Hydroxy-2-äthyl-chinazolin
	3-Methyl-1-phenyl-pyrazolin-(5)
$C_{10}H_{10}N_4O_2S$	Sulfadiazin
$C_{10}H_{10}O$	Benzalaceton
	α-Phenylcrotonaldehyd
	α-Tetralon
	β-Tetralon
$C_{10}H_{10}O_2$	Benzalaceton-oxid
	β-Benzalpropionsäure
	Benzoyl-aceton
	Isosafrol
	α-Methyl-*cis*-zimtsäure
	α-Methyl-*trans*-zimtsäure
	β-Methyl-*cis*-zimtsäure
	β-Methyl-*trans*-zimtsäure
	γ-Phenyl-crotonsäure
	Safrol
	Zimtsäuremethylester
$C_{10}H_{10}O_3$	Acetophenon-(4)-carbonsäure-methylester
	Benzalmilchsäure
	Benzylessigsäure-methylester
	β-Benzoyl-propionsäure
	Difurfuryläther
	2-Methoxy-zimtsäure
	4-Methoxy-zimtsäure

StW

Formel	Name
$C_{10}H_{12}N_4O_5$	Inosin
$C_{10}H_{12}O$	2-Allyl-anisol
	4-Allyl-anisol
	Anethol
	Butyrophenon
	Cuminaldehyd
	2-Methyl-3-phenyl-propanon-(3)
	2-Propenyl-anisol
	1,2,3,4-Tetrahydro-naphthol-(1)
	1,2,3,4-Tetrahydro-naphthol-(2)
	5,6,7,8-Tetrahydro-naphthol-(1)
	5,6,7,8-Tetrahydro-naphthol-(2)
	2,4,6-Trimethyl-benzaldehyd
$C_{10}H_{12}O_2$	Benzoesäure-n-propylester
	Chavibetol
	Cuminsäure
	2,4-Dimethyl-phenylessigsäure
	Eugenol
	Eugenol-(iso, *cis*)
	Eugenol-(iso, *trans*)
	2-Isopropyl-benzoesäure
	o-Methoxyphenylaceton
	4-Methyl-hydratropasäure
	Norcaradien-(2,4)-carbonsäure-(7)-äthylester
	γ-Phenylbuttersäure
	4-Phenyl-m-dioxan
	Phenylessigsäureäthylester
	2-Propyl-benzoesäure
	4-Propyl-benzoesäure
	Tetralinhydroperoxid
	2,3,4,5-Tetramethyl-chinon
	Thymochinon
	2,3,4-Trimethyl-benzoesäure
	2,3,5-Trimethyl-benzoesäure
	2,3,6-Trimethyl-benzoesäure
	2,4,5-Trimethyl-benzoesäure
	2,4,6-Trimethyl-benzoesäure
	3,4,5-Trimethyl-benzoesäure
$C_{10}H_{12}O_3$	Anissäure-äthylester
	Coniferylalkohol
	Dihydroxy-acetophenon-dimethyläther
	Milchsäure-benzylester

Formel	Name	Bemerkung	Formel	Name	Bemerkung
$C_{10}H_{12}O_3$	γ-Phenoxy-buttersäure		$C_{10}H_{15}N$	Carvacrylamin	
$C_{10}H_{12}O_4$	Cantharidin			N,N-Diäthylanilin	StW
	Homoveratrumsäure			2-Methyl-N,N-dimethyl-benzylamin	
	Isodehydracetsäure-äthylester			Pervitin	
	3,4,5-Trimethoxy-benzaldehyd			β-Phenyläthyl-N,N-dimethylamin	
$C_{10}H_{12}O_5$	2,4,5-Trimethoxy-benzoesäure			2-Phenyl-propyl-N-methyl-amin	
	3,4,5-Trimethoxy-benzoesäure			2,3,4,5-Tetramethyl-anilin	
$C_{10}H_{13}Cl$	Neophylchlorid			2,3,4,6-Tetramethyl-anilin	
$C_{10}H_{13}N$	N-Methyl-tetrahydrochinolin		$C_{10}H_{15}NO$	3-Diäthylamino-phenol	
	dl-1,2,3,4-Tetrahydro-chinaldin			L-Ephedrin	
	5,6,7,8-Tetrahydro-chinaldin			Hordenin	
	1,2,3,4-Tetrahydro-naphthylamin-(1)			D-Pseudo-ephedrin	
	1,2,3,4-Tetrahydro-naphthylamin-(2)		$C_{10}H_{15}NO_2$	[d-Camphersäure]-imid	
	5,6,7,8-Tetrahydro-naphthylamin-(1)			2,5-Diäthoxy-anilin	
	5,6,7,8-Tetrahydro-naphthylamin-(2)			Isonitrosocampher	
$C_{10}H_{13}NO$	Äthylanilin-N-acetat			N-Methyl-2,3-dimethoxy-benzylamin	
	1-Amino-tetralol-(2)		$C_{10}H_{15}NO_3$	3-Nitro-d-campher	
	N-Phenylmorpholin		$C_{10}H_{15}N_5O_{10}P_2$	Adenosindiphosphorsäure	
	Thallin		$C_{10}H_{15}O_3P$	Phosphor, Phenylphosphonsäure-diäthylester	
$C_{10}H_{13}NO_2$	2-Nitro-p-cumol				
	Phenacetin		$C_{10}H_{16}$	Adamantan	
$C_{10}H_{13}N_4O_8P$	Inosinsäure			Alloocimen	
$C_{10}H_{13}N_5O_4$	Adenosin			l-Bornylen	
$C_{10}H_{13}N_5O_5$	Guanosin			d-Camphen	
$C_{10}H_{14}$	n-Butylbenzol, 1-Phenyl-butan	StW kr		d-Caren-(3)	
	sek. *Butylbenzol, 2-Phenyl-butan*	StW kr		Carvestren	
	tert. Butylbenzol			l-α-Fenchen	
	o-Cymol, 1-Methyl-2-isopropyl-benzol	StW kr		d-Limonen	
	m-Cymol	StW		l-Limonen	
	p-Cymol	StW		dl-Limonen	
	1,2-Diäthyl-benzol	StW		Myrcen	
	1,3-Diäthyl-benzol	StW		Ocimen	
	1,4-Diäthyl-benzol	StW kr		l-α-Phellandren	
	1,2,3,5,6,7-Hexahydro-naphthalin			d-β-Phellandren	
	Isobutylbenzol			dl-α-Pinen	
	2-Methyl-n-propyl-benzol			l-β-Pinen	
	3-Methyl-n-propyl-benzol			l-δ-Pinen	
	4-Methyl-n-propyl-benzol	kr		d-Sabinen	
	2-Propyl-toluol			d-Silvestren	

Formel	Verbindung	
	3-Propyl-toluol	
	1,2,3,4-Tetramethyl-benzol	StW kr
	1,2,3,5-Tetramethyl-benzol	StW kr
	1,2,4,5-Tetramethyl-benzol	StW kr
$C_{10}H_{14}NO_5PS$	Phosphor, Thiophosphorsäure-O-[p-nitro-phenyl]-ester	
$C_{10}H_{14}NO_6P$	Phosphorsäurediäthyl-p-nitrophenylester	
$C_{10}H_{14}N_2$	Anabasin	
	l-Nicotin	
$C_{10}H_{14}N_2O$	Nicotinsäure-diäthylamid	
	4-Nitroso-diäthylanilin	
$C_{10}H_{14}N_2O_2$	2-Nitro-N,N-diäthyl-anilin	
	3-Nitro-N,N-diäthyl-anilin	
	4-Nitro-N,N-diäthyl-anilin	
$C_{10}H_{14}N_5O_7P$	2-Adenylsäure	
	3-Adenylsäure	
	5-Adenylsäure	
$C_{10}H_{14}N_5O_8P$	Guanylsäure-(3')	
$C_{10}H_{14}O$	2-tert.-Butyl-phenol	
	4-tert.-Butyl-phenol	
	Carvacrol	
	d-Carvon	
	Cuminalkohol	
	Eucarvon	
	Perillaaldehyd	
	Pinocarvon	
	Thymol	
	d-Verbenon	
$C_{10}H_{14}O_2$	[d-Campher]-chinon	
	Hydrochinondiäthyläther	
	Resorcin-diäthyläther	
	Thymohydrochinon	
$C_{10}H_{14}O_3$	[d-Camphersäure]-anhydrid	
$C_{10}H_{14}O_4$	Camphansäure	
$C_{10}H_{14}O_8$	Glyoxaltetraacetat	
$C_{10}H_{14}S$	4-tert.-Butyl-thiophenol	
$C_{10}H_{15}BrO$	3-Brom-d-campher-(α)	
$C_{10}H_{15}BrO_4S$	α-Brom-d-campher-β-sulfosäure	
	α-Brom-d-campher-π-sulfosäure	
$C_{10}H_{15}ClO$	3-Chlor-d-campher	
$C_{10}H_{15}La$	Lanthan-tricyclopentadienyl	
$C_{10}H_{15}N$	2-tert.-Butyl-anilin	
	4-tert.-Butyl-anilin	

Formel	Verbindung	
	α-Terpinen	
	β-Terpinen	
	γ-Terpinen	
	Terpinolen	
$C_{10}H_{16}Br_2O_4$	α,α'-Dibrom-adipinsäure-diäthylester	
$C_{10}H_{16}Cl_2$	2,6-Dichlorcamphan	
	Dichlordekalin techn.	
$C_{10}H_{16}KNO_9S_2$	Sinigrin	
$C_{10}H_{16}N_2$	p-Amino-diäthylanilin	
	Sebacinsäuredinitril	
	Tetramethyl-o-phenylendiamin	
	Tetramethyl-m-phenylendiamin	
	Tetramethyl-p-phenylendiamin	
$C_{10}H_{16}N_2O_3$	5,5-Dipropyl-barbitursäure	
$C_{10}H_{16}N_2O_3S$	α-Biotin	
$C_{10}H_{16}N_2O_4S$	dl-Hydroxybiotin	
$C_{10}H_{16}N_2O_8$	Äthylendiamintetraessigsäure	
$C_{10}H_{16}N_4O_3$	N-[β-Aminopropionyl]-L-methyl-histidin	
$C_{10}H_{16}N_5O_{13}P_3$	Adenosintriphosphorsäure	
$C_{10}H_{16}O$	Adamantan-1-hydroxy	
	d-Campher	StW
	d-Caron	
	Carvenon	
	d-Carvotanaceton	
	dl-Carvotanaceton	
	α-Citral	
	cis-α-Decalon	
	trans-α-Decalon	
	cis-β-Decalon	
	trans-β-Decalon	
	l-Dihydro-carvon	
	d-Fenchon	
	d-Isopulegon	
	Pinol	
	dl-Piperiton	
	d-Pulegon	
	α-Thujon	
	β-Thujon	
	d-Verbanon	
	Askaridol	
$C_{10}H_{16}O_2$	Buccocampher	
	α-Campholid	
	dl-cis-Chrysanthemumsäure	

Formel	Name	Bemerkung
C₁₀H₁₆O₂	d-*trans*-Chrysanthemumsäure	
C₁₀H₁₆O₃	β,β-Pentamethylen-glycidsäureäthylester	
	α-Pinonsäure	
C₁₀H₁₆O₄	Allyl-malonsäure-diäthylester	
	d-Camphersäure	
	Cyclobutan-1,1-dicarbonsäure-diäthylester	
	l-Isocamphersäure	
C₁₀H₁₆O₄S	d-Campher-β-sulfonsäure	
C₁₀H₁₆O₅	Acetylbernsteinsäure-diäthylester	
	Äthoxymethylenmalonsäure-diäthylester	
	dl-Cineolsäure	
C₁₀H₁₆O₆	Methantricarbonsäure-triäthylester	
C₁₀H₁₆Si	Siliciumdimethyläthylphenyl	
	Silicium-trimethylbenzyl	
C₁₀H₁₇Cl	Bornylchlorid	
	Chlordekalin, techn. (*cis* u. *trans*)	
	Isobornylchlorid	
	Pinenhydrochlorid	
C₁₀H₁₇NO	3-Amino-campher	
	[d-Campher]-oxim	
	Caronoxim	
C₁₀H₁₇NO₂	Trimethyl-benzyl-ammonium-hydroxid	
	ω-Cyano-pelargonsäure	
	Lupininsäure	
C₁₀H₁₇NO₃	d-Campheramidsäure	
C₁₀H₁₇N₃O₆S	Glutathion	
C₁₀H₁₈	Camphan	
	Caran	
	Carvomenthen	
	cis-Decalin, Decahydronaphthalin, *cis*	StW
	trans-Decalin, Decahydronaphthalin (*trans*)	StW
	techn. Decalin	
	l-Isocamphan	
	p-(+)-Menthen-(3)	
	inaktiv. p-Menthen-(3)	
	Pinan	
	Pinocamphan	
	Thujan	
C₁₀H₁₈Br₂	1,8-Dibrom-p-menthan	

Formel	Name	Bemerkung
C₁₀H₁₉N	d-Bornylamin	
	d-Camphylamin	
	Caprinsäurenitril	
	α-Lupinan	
	β-Lupinan	
C₁₀H₁₉NO	Lupinin	
C₁₀H₁₉NO₂	Penilloaldehyd-K	
C₁₀H₂₀	Decen-(1)	StW kr
	o-(+)-Menthan	
	m-(+)-Menthan	
	cis-p-Menthan	
	trans-p-Menthan	
C₁₀H₂₀Br₂	Dekamethylenbromid	
C₁₀H₂₀N₂	α,α′-Dipiperidyl	
C₁₀H₂₀N₂S₄	Bis-N,N-diäthylthiocarbamyldisulfid	
C₁₀H₂₀O	Caprinaldehyd	
	d-Carvomenthol	
	d-Citronellol	
	d,l-Citronellol	
	Decanon-(2)	
	l-Isocarvomenthol	
	l-Menthol	StW
	l-Neocarvomenthol	
	l-Neoisocarvomenthol	
C₁₀H₂₀O₂	Caprinsäure	
	Caprylsäure-äthylester	
	Citronellal-hydrat	
	Isovaleriansäure-isoamylester	
	Propionsäure-n-heptylester	
	cis-Terpin	
	trans-Terpin	
C₁₀H₂₀O₃	β-Keto-iso-octaldehyddimethylacetal	
C₁₀H₂₀O₄	Diglykol-monobutyläther-acetat	
C₁₀H₂₀O₅	2,2,6,6-Tetramethylol-cyclohexanol	
C₁₀H₂₀O₆	2,3,4,6-Tetramethyl-D-glucose	
C₁₀H₂₁NO	Caprinsäure-amid	
C₁₀H₂₂	Decan	StW kr
	2,7-Dimethyl-octan	kr
C₁₀H₂₂O	Decanol-(1)	

Formel	Name		Formel	Name
$C_{10}H_{18}O$	d-Borneol			Di-n-amyl-äther
	l-Carvomenthon			Dihydrocitronellol
	l-*cis*-Carvomenthon			Di-isoamyläther
	Cineol			Tetrahydrogeraniol
	d-Citronellol			Tetrahydrolinalool
	dl-Citronellol		$C_{10}H_{22}O_2$	Acetaldehyddibutylacetal
	Cyclodecanon			Acetaldehyd-di-isobutylacetal
	cis-α-Dekalol I			Decamethylenglykol
	trans-α-Dekalol I		$C_{10}H_{22}O_3$	Ameisensäure-ortho-tripropylester
	cis-β-Dekalol I			*cis*-Terpin-hydrat
	trans-β-Dekalol I		$C_{10}H_{22}O_3S$	Di-iso-amylsulfit
	trans-α-Dekalol II		$C_{10}H_{22}O_5$	Tetraäthylenglykolmonoäthyläther
	cis-β-Dekalol II		$C_{10}H_{23}N$	Decylamin
	trans-β-Dekalol II			Diisoamylamin
	Dekalol-(9)		$C_{10}H_{23}NO$	β-Di-n-butylamino-äthanol
	l-α-Fenchol		$C_{10}H_{24}N_2$	Decamethylendiamin
	Geraniol		$C_{10}H_{24}Si$	Silicium-triäthyl-n-butyl
	d-Isoborneol			Silicium-triäthylisobutyl
	dl-Isoborneol		$C_{10}H_{26}N_4$	Spermin
	d-Isomenthon			
	d-Linalool		$C_{11}H_6O_{10}$	Benzolpentacarbonsäure
	l-Linalool		$C_{11}H_7N$	α-Naphtho-nitril
	l-Menthon			β-Naphtho-nitril
	Nerol		$C_{11}H_7NO$	Naphthostyril
	Pinenhydrat			α-Napthyl-isocyanat
	d,l-α-Terpineol			β-Naphthyl-isocyanat
	β-Terpineol		$C_{11}H_7NO_4$	Acridinsäure
	γ-Terpineol			Chinolin-dicarbonsäure-(2,4)
	Terpineol-(4)		$C_{11}H_8N_2$	Carbolin
$C_{10}H_{18}O_2$	d-Campholsäure		$C_{11}H_8O$	Azulen-aldehyd-(1)
	2,7-Dimethyl-octin-(4)-diol-(3,6)			α-Naphthaldehyd
	3,6-Dimethyl-octin-(4)-diol-(3,6)			β-Naphthaldehyd
	Pinolhydrat		$C_{11}H_8O_2$	Azulen-carbonsäure-(1)
$C_{10}H_{18}O_3$	*trans*-10-Hydroxy-decen-(2)-säure			Azulen-carbonsäure-(6)
$C_{10}H_{18}O_4$	Adipinsäure-diäthylester			3,4-Benztropolon
	n-Heptyl-malonsäure			4,5-Benztropolon
	Oxalsäure-dibutylester			1-Hydroxy-naphthaldehyd-(2)
	Oxalsäure-di-isobutylester			2-Hydroxy-naphthaldehyd-(1)
	Sebacinsäure			4-Hydroxy-naphthaldehyd-(1)
$C_{10}H_{18}O_6$	ʟ(+)-Weinsäure-di-isopropylester			α-Naphthoesäure
	ʟ(+)-Weinsäure-dipropylester			β-Naphthoesäure
$C_{10}H_{19}Br$	2-Brom-decen-(1)		$C_{11}H_8O_3$	2-Hydroxy-3-methyl-naphthochinon-(1,4)
$C_{10}H_{19}ClO$	Caprinsäurechlorid			1-Hydroxy-naphthoesäure-(2)

StW
StW

Formel	Name	Bemerkung
$C_{11}H_8O_3$	2-Hydroxy-naphthoesäure-(1)	
	3-Hydroxy-naphthoesäure-(2)	
	4-Hydroxy-naphthoesäure-(1)	
	4-Hydroxy-naphthoesäure-(2)	
	5-Hydroxy-naphthoesäure-(1)	
	5-Hydroxy-naphthoesäure-(2)	
	6-Hydroxy-naphthoesäure-(1)	
	6-Hydroxy-naphthoesäure-(2)	
	7-Hydroxy-naphthoesäure-(1)	
	7-Hydroxy-naphthoesäure-(2)	
	8-Hydroxy-naphthoesäure-(1)	
	8-Hydroxy-naphthoesäure-(2)	
$C_{11}H_8O_4$	1,4-Dihydroxy-naphthoesäure-(2)	
	3,4-Dihydroxy-naphthoesäure-(1)	
	3,4-Dihydroxy-naphthoesäure-(2)	
$C_{11}H_9Cl$	1-Chlormethyl-naphthalin	
$C_{11}H_9N$	2-Phenyl-pyridin	
	3-Phenyl-pyridin	
	4-Phenyl-pyridin	
$C_{11}H_9NO_2$	1-Amino-naphthoesäure-(2)	
	2-Amino-naphthoesäure-(1)	
	3-Amino-naphthoesäure-(2)	
	4-Amino-naphthoesäure-(1)	
	4-Amino-naphthoesäure-(2)	
	5-Amino-naphthoesäure-(1)	
	5-Amino-naphthoesäure-(2)	
	6-Amino-naphthoesäure-(1)	
	6-Amino-naphthoesäure-(2)	
	8-Amino-naphthoesäure-(2)	
	2-Methylchinolin-carbonsäure-(3)	
	2-Methylchinolin-carbonsäure-(4)	
$C_{11}H_9NO_3$	3-Amino-4-hydroxy-naphthoesäure-(1)	
	4-Amino-3-hydroxy-naphthoesäure-(2)	
	Chininsäure	
$C_{11}H_9N_3$	4-Benzolazopyridin	
$C_{11}H_{10}$	Azulen, 1-Methyl-azulen	
	Azulen, 2-Methyl-azulen	
	Azulen, 4-Methyl-azulen	
	Azulen, 5-Methyl-azulen	

Formel	Name	Bemerkung
$C_{11}H_{14}BrN_2O_5$	Nicotinsäureamid-N-D-ribosidobromid	
$C_{11}H_{14}N_2$	Gramin	
$C_{11}H_{14}N_2O$	Cytisin	
$C_{11}H_{14}O$	1-Phenyl-pentanon-(2)	
	2,4,6-Trimethyl-acetophenon	
$C_{11}H_{14}O_2$	Benzoesäure-tert.-butylester	
	Eugenolmethyläther	
	2,4,6-Trimethyl-phenylessigsäure	
$C_{11}H_{14}O_3$	o-Thymotinsäure	
$C_{11}H_{14}O_7$	Acetondioxalester	
$C_{11}H_{15}BrO_7$	Acetobrom-xylose	
$C_{11}H_{15}N$	N-Phenylpiperidin	
$C_{11}H_{15}NO$	Isovaleriansäure-anilid	
$C_{11}H_{15}NO_3$	Anhalamin	
$C_{11}H_{15}NO_4$	4-Methyl-pyrrol-dicarbonsäure-(2,3)-di= äthylester	
$C_{11}H_{16}$	n-Amylbenzol, 1-Phenyl-pentan	kr
	Isoamylbenzol	
	Pentamethylbenzol	StW kr
	Undecadiin-(1,10)	
$C_{11}H_{16}ClN_5$	Paludrin	
$C_{11}H_{16}N_2O_2$	Isopilocarpin	
	Pilocarpin	
$C_{11}H_{16}O$	tert. Amyl-phenyl-äther	
	Pentamethyl-phenol	
$C_{11}H_{16}O_2$	4-n-Amyl-resorcin	
	Benzaldehyd-diäthylacetal	
	3-Hydroxymethylen-d-campher	
$C_{11}H_{16}O_3$	d-Camphocarbonsäure	
$C_{11}H_{17}N$	N,N-Diäthyl-benzylamin	
	2,3-Dimethyl-benzyl-dimethylamin	
$C_{11}H_{17}NO_3$	Mezcalin	
$C_{11}H_{18}O_2$	Ameisensäure-geranylester	
	Ameisensäure-l-linalylester	
	Ameisensäure-nerylester	
	Undecin-(10)-säure	
$C_{11}H_{18}O_5$	Aceton-α,α'-diessigsäure-diäthylester	
$C_{11}H_{19}NO_4$	Penaldin-κ-Säure	
$C_{11}H_{20}$	Undecin-(1)	StW

Formel	Verbindung	
	Azulen, 6-Methyl-azulen	
	1-Methyl-naphthalin	StW
	2-Methyl-naphthalin	StW
$C_{11}H_{10}N_2O$	Benzoyl-acetonharnstoff	
	Furfurol-phenylhydrazon	
	4-Methyl-2-phenyl-pyrimidon-(6)	
$C_{11}H_{10}N_2S$	N-(1-Naphthyl)-thioharnstoff	
$C_{11}H_{10}O$	1-Methyl-naphthol-(2)	
	2-Methyl-naphthol-(1)	
	6-Methyl-naphthol-(2)	
	α-Naphthol-methyläther	
	Nerolin	
$C_{11}H_{10}O_2$	2-Äthyl-chromon	
	Cinnamalessigsäure	
	Furfuryl-phenyläther	
	Phenylpropiolsäure-äthylester	
$C_{11}H_{10}O_3$	α-Phenylglutarsäureanhydrid	
$C_{11}H_{11}N$	2,3-Dimethyl-chinolin	
	2,4-Dimethyl-chinolin	
	2,6-Dimethyl-chinolin	
	N-Methyl-α-naphthylamin	
	N-Methyl-β-naphthylamin	
	4-Methyl-naphthylamin-(1)	
$C_{11}H_{11}NO$	N-Phenylfurfurylamin	
$C_{11}H_{11}NO_2$	β-Indolyl-propionsäure	
	Phenyl-cyanessigsäureäthylester	
$C_{11}H_{11}NO_3$	1-Phenyl-pyrrolidon-(2)-carbonsäure-(3)	
$C_{11}H_{11}NO_4$	Penaldin-G-Säure	
$C_{11}H_{11}NO_5$	Penaldin-X-Säure	
$C_{11}H_{11}N_3O_2S$	2-[Aminobenzol-4-sulfamid]-pyridin	
$C_{11}H_{12}Cl_2N_2O_5$	Chloramphenicol	
$C_{11}H_{12}N_2O$	Antipyrin	
	4-Hydroxy-2-propylchinazolin	
	Vasicin	
$C_{11}H_{12}N_2O_2$	L-Tryptophan	
$C_{11}H_{12}O_2$	Anisalaceton	
	Tubanol	
	Zimtsäure-äthylester	
$C_{11}H_{12}O_3$	Benzoylessigsäure-äthylester	
$C_{11}H_{12}O_4$	Benzaldehyd-diacetat	
	2,3-Dimethoxy-zimtsäure	
$C_{11}H_{13}NO$	1-Methyl-3-äthyl-oxindol	
$C_{11}H_{13}NO_3$	Hydrastinin	

Formel	Verbindung	
$C_{11}H_{20}O$	Cycloundecanon	
$C_{11}H_{20}O_2$	Undecen-(10)-säure	
$C_{11}H_{20}O_4$	n-Butylmalonsäure-diäthylester	
	Malonsäure-di-tert.-butylester	
	Nonan-dicarbonsäure-(1,9)	
$C_{11}H_{21}N$	Undecansäure-nitril	
$C_{11}H_{21}NO_3$	Sebacinsäureamid-methylester	
$C_{11}H_{21}NO_4$	L-Glutaminsäure-diisopropylester	
$C_{11}H_{22}$	Undecen-(1)	StW
	Undecen-(2)	
$C_{11}H_{22}O$	Äthyl-n-octyl-keton	
	Di-n-amyl-keton	
	Methyl-n-nonyl-keton	
	Undecen-(10)-ol-(1)	
	Undecylaldehyd	
$C_{11}H_{22}O_2$	Pelargonsäureäthylester	
	Propionsäure-n-octylester	
	Undecansäure	StW
$C_{11}H_{24}$	Undecan	StW kr
$C_{11}H_{24}O$	Undecanol-(1)	
	Undecanol-(2)	
$C_{12}H_5N_7O_{12}$	2,4,6,2′,4′,6′-Hexanitro-diphenylamin	
$C_{12}H_6Cl_4$	2,4,2′,4′-Tetrachlor-diphenyl	
$C_{12}H_6N_4O_8$	2,2′,4,4′-Tetranitro-diphenyl	
	2,6,2′,6′-Tetranitro-diphenyl	
	3,4,3′,4′-Tetranitro-diphenyl	
$C_{12}H_6N_4O_8S$	2,4,2′,4′-Tetranitro-diphenyl-sulfid	
$C_{12}H_6N_4O_9$	2,4,2′,4′-Tetranitro-diphenyläther	
$C_{12}H_6O_2$	Acenaphthen-chinon	
$C_{12}H_6O_3$	Naphthalsäureanhydrid	
$C_{12}H_6O_{12}$	Benzolhexacarbonsäure	
$C_{12}H_7NOS$	Thiazon	
$C_{12}H_7NO_2$	Naphthalsäureimid	
	Phenoxazon	
$C_{12}H_7N_5O_8$	2,4,2′,4′-Tetranitro-diphenylamin	
$C_{12}H_8$	Acenaphthylen	
	o-Biphenylen	
$C_{12}H_8Br_2$	4,4′-Dibrom-diphenyl	
$C_{12}H_8Br_2N_2$	4,4′-Dibrom-azobenzol	
$C_{12}H_8Cl_2N_2$	4,4′-Dichlor-azobenzol	
$C_{12}H_8Cl_6$	Aldrin	
$C_{12}H_8Cl_6O$	Dieldrin	

Formel	Name	Bemerkung	Formel	Name	Bemerkung
$C_{12}H_8F_2$	4,4'-Difluor-diphenyl		$C_{12}H_{10}O$	1-Acenaphthenol	
$C_{12}H_8N_2$	o-Phenanthrolin			α-Acetyl-naphthalin	
	m-Phenanthrolin			Azulen, 1-Acetyl-azulen	
	p-Phenanthrolin			Diphenyläther	StW kr
	Phenazin	StW		2-Hydroxy-diphenyl	
	Phenazon			3-Hydroxy-diphenyl	
$C_{12}H_8N_2O$	1-Hydroxy-phenazin			4-Hydroxy-diphenyl	
	2-Hydroxy-phenazin		$C_{12}H_{10}OS$	Diphenylsulfoxid	
$C_{12}H_8N_2O_2$	2,2'-Pyridil		$C_{12}H_{10}O_2$	4-Acetyl-naphthol-(1)	
$C_{12}H_8N_2O_3$	Nicotinsäureanhydrid			2,2'-Dihydroxy-diphenyl	
$C_{12}H_8N_2O_4$	2,2'-Dinitro-diphenyl			2,4'-Dihydroxy-diphenyl	
	2,3'-Dinitro-diphenyl			3,3'-Dihydroxy-diphenyl	
	2,4-Dinitro-diphenyl			4,4'-Dihydroxy-diphenyl	
	2,4'-Dinitro-diphenyl			Essigsäure-α-naphthylester	
$C_{12}H_8N_2O_4S$	Di-[4-nitrophenyl]-sulfid			Essigsäure-β-naphthylester	
$C_{12}H_8N_4O_4$	4,4'-Dinitro-azobenzol			2-Hydroxy-diphenyl-äther	
$C_{12}H_8N_4O_6$	2,4,6-Trinitro-diphenylamin			α-Naphthyl-essigsäure	
$C_{12}H_8O$	Diphenylenoxid			β-Naphthyl-essigsäure	
$C_{12}H_8OS$	Phenoxthin		$C_{12}H_{10}O_2S$	Diphenylsulfon	
$C_{12}H_8O_2$	Azulen-dialdehyd-(1,3)		$C_{12}H_{10}O_3$	Benzoesäure-furfurylester	
$C_{12}H_8O_3$	α-Naphthoylameisensäure			Furancarbonsäure-(2)-benzylester	
$C_{12}H_8O_4$	Naphthalin-dicarbonsäure-(1,2)		$C_{12}H_{10}O_3S$	Diphenylsulfit	
	Naphthalin-dicarbonsäure-(1,4)		$C_{12}H_{10}O_4$	Chinhydron	
	Naphthalin-dicarbonsäure-(1,5)			Oxindon-(1,3)-carbonsäure-2-äthylester	
	Naphthalsäure			α-Phenylmuconsäure	
$C_{12}H_8S$	Diphenylensulfid			Piperinsäure	
$C_{12}H_8S_2$	Thianthren			2,4,2',4'-Tetrahydroxy-diphenyl	
$C_{12}H_9As$	Arsen, Tri-2-furyl-arsin			3,5,3',5'-Tetrahydroxy-diphenyl	
$C_{12}H_9Br$	p-Bromdiphenyl		$C_{12}H_{10}P_2$	Phosphor, Phosphobenzol	
$C_{12}H_9N$	Carbazol		$C_{12}H_{10}S$	Diphenylsulfid	
$C_{12}H_9NO$	Phenoxazin		$C_{12}H_{10}S_2$	Diphenyldisulfid	
$C_{12}H_9NO_2$	Isonicotinsäurephenylester		$C_{12}H_{10}Zn$	Zink-diphenyl	
	Nicotinsäurephenylester		$C_{12}H_{11}As$	Arsen, Diphenylarsin	
	2-Nitro-diphenyl		$C_{12}H_{11}AsO_2$	Arsen, Diphenylarsinsäure	
	3-Nitro-diphenyl	StW	$C_{12}H_{11}Br$	Azulen, 4,8-Dimethyl-6-brom-azulen	
	4-Nitro-diphenyl	StW	$C_{12}H_{11}Cl$	Azulen, 4,8-Dimethyl-6-chlor-azulen	
$C_{12}H_9NO_3$	2-Nitro-diphenyläther		$C_{12}H_{11}N$	1-Amino-acenaphthen	
	4-Nitro-diphenyläther			4-Amino-acenaphthen	
$C_{12}H_9NS$	Phenthiazin			5-Amino-acenaphthen	

Formel	Verbindung	
$C_{12}H_9N_3$	2-Amino-phenazin	
$C_{12}H_9N_3O$	7-Amino-2-hydroxy-phenazin	
$C_{12}H_9N_3O_2$	2-Nitro-azobenzol	
	4-Nitro-azobenzol	
$C_{12}H_9N_3O_4$	2,4-Dinitro-diphenylamin	
	2,4'-Dinitro-diphenylamin	
	4,4'-Dinitro-diphenylamin	
$C_{12}H_9N_5O_4$	4,4'-Dinitro-diazoaminobenzol	
$C_{12}H_{10}$	Acenaphthen	
	Diphenyl	kr
$C_{12}H_{10}AsCl$	Arsen, Diphenylarsinchlorid	
$C_{12}H_{10}As_2$	Arsenobenzol	
$C_{12}H_{10}As_2O_2$	4,4'-Arseno-phenol	
$C_{12}H_{10}BCl$	Bor-diphenylchlorid	
$C_{12}H_{10}Ba_3O_{14}$	Citronensäure, Ba-Salz	
$C_{12}H_{10}Be$	Beryllium-diphenyl	
$C_{12}H_{10}BiCl$	Wismut-diphenyl-chlorid	
$C_{12}H_{10}Ca_3O_{14}$	Citronensäure, Ca-Salz ($+4\ H_2O$)	
$C_{12}H_{10}Cd$	Cadmium-diphenyl	
$C_{12}H_{10}ClN_3S$	Thionin	
$C_{12}H_{10}ClO_3P$	Phosphorsäure-diphenylester-chlorid	
$C_{12}H_{10}Cl_2N_2$	3,3'-Dichlor-benzidin	
$C_{12}H_{10}Hg$	Quecksilber-diphenyl	
$C_{12}H_{10}J_2$	Diphenyljodoniumjodid	
$C_{12}H_{10}Mg$	Magnesium-diphenyl	
$C_{12}H_{10}N_2$	1-Amino-carbazol	
	3-Amino-carbazol	
	Azobenzol	
$C_{12}H_{10}N_2O$	Azoxybenzol	StW
	Diphenylnitrosamin	
	2-Hydroxy-azobenzol	
	3-Hydroxy-azobenzol	
	4-Hydroxy-azobenzol	
	4-Nitroso-diphenylamin	
$C_{12}H_{10}N_2O_2$	2,2'-Dihydroxy-azobenzol	
	2,4-Dihydroxy-azobenzol	
	2,5-Dihydroxy-azobenzol	
	3,3'-Dihydroxy-azobenzol	
	4,4'-Dihydroxy-azobenzol	
	4-Nitro-diphenylamin	
	α-Pyridoin	
$C_{12}H_{10}N_2O_3$	2-Amino-1-nitro-naphthalin-N-acetat	
$C_{12}H_{10}N_4O_4$	3,3'-Dinitro-benzidin	

Formel	Verbindung	
$C_{12}H_{11}NO$	2-Amino-diphenyl	StW
	3-Amino-diphenyl	
	4-Amino-diphenyl	
	Diphenyl-amin	
	4-Amino-4'-hydroxy-diphenyl	
	2-Hydroxy-diphenylamin	
	3-Hydroxy-diphenylamin	
	4-Hydroxy-diphenylamin	
	α-Naphthylamin-N-acetat	
	β-Naphthylamin-N-acetat	
$C_{12}H_{11}NO_2$	4,4'-Dihydroxy-diphenyl-amin	
$C_{12}H_{11}NO_2S$	Benzolsulfosäure-anilid	
$C_{12}H_{11}NO_3$	2-Äthyl-4-nitro-naphthol-(1)	
$C_{12}H_{11}N_3$	2-Amino-azobenzol	
	4-Amino-azobenzol	
	Diazoaminobenzol	
$C_{12}H_{11}N_3O_2$	2-Nitro-benzidin	
$C_{12}H_{11}O_2P$	Phosphor, Diphenyl-phosphinsäure	
$C_{12}H_{11}O_3P$	Phosphorige Säure-diphenylester	
$C_{12}H_{11}P$	Phosphor, Diphenylphosphin	
$C_{12}H_{12}$	1-Äthyl-naphthalin	
	2-Äthyl-naphthalin	
	Azulen, 4,8-Dimethyl-azulen	
	1,2-Dimethyl-naphthalin	
	1,4-Dimethyl-naphthalin	
	1,6-Dimethyl-naphthalin	
	1,7-Dimethyl-naphthalin	
	2,3-Dimethyl-naphthalin	
	2,6-Dimethyl-naphthalin	
	2,7-Dimethyl-naphthalin	
$C_{12}H_{12}As_2N_2O_2$	Arsen, 3,3'-Diamino-4,4'-dihydroxy-arseno-benzol	
$C_{12}H_{12}N_2$	2-Amino-diphenylamin	
	4-Amino-diphenylamin	
	Benzidin	
	2,4-Diamino-diphenyl	
	N,N-Diphenylhydrazin	
	Hydrazobenzol	
$C_{12}H_{12}N_2O$	4-Amino-4'-hydroxy-diphenylamin	
$C_{12}H_{12}N_2O_2S$	Benzolsulfosäurephenylhydrazid	
	4,4'-Diamino-diphenyl-sulfon	
$C_{12}H_{12}N_2O_3$	Sulfanilid	
	Luminal	

Formel	Name	Bemerkung	Formel	Name	Bemerkung
$C_{12}H_{12}N_2O_6S_2$	Benzidin-disulfosäure-(2,2')		$C_{12}H_{18}N_2O_5$	D-Mannose-phenylhydrazon	
$C_{12}H_{12}N_2S$	4,4'-Diamino-diphenyl-sulfid		$C_{12}H_{18}O$	Benzylisoamyläther	
$C_{12}H_{12}N_2S_2$	2,2'-Diamino-diphenyl-disulfid		$C_{12}H_{18}O_2$	4-n-Hexyl-resorcin	
	4,4'-Diamino-diphenyl-disulfid		$C_{12}H_{18}O_4$	Cyclopenten-(2)-yl-malonsäure-diäthylester	
$C_{12}H_{12}N_4$	2,2'-Diamino-azobenzol			Indalon	
	2,4-Diamino-azobenzol			cis-Δ4-Tetrahydro-phthalsäure-diäthylester	
	3,3'-Diamino-azobenzol		$C_{12}H_{19}ClN_4O_7P_2S$	Thiaminpyrophosphat	
	4,4'-Diamino-azobenzol		$C_{12}H_{20}N_2O_2$	ᶜAspergillussäure	
$C_{12}H_{12}N_4O_2$	Lumichrom		$C_{12}H_{20}O_2$	Bornylacetat	
$C_{12}H_{12}O$	1-Äthyl-naphthol-(2)			Essigsäure-geranylester	
	2-Äthyl-naphthol-(1)			Essigsäure-linalylester	
	3-Äthyl-naphthol-(1)			Essigsäure-nerylester	
	4-Äthyl-naphthol-(1)			d-Isobornylacetat	
	6-Äthyl-naphthol-(2)		$C_{12}H_{20}O_4$	cis-Cyclohexan-dicarbonsäure-(1,2)-diäthylester	
	7-Äthyl-naphthol-(1)				
	7-Äthyl-naphthol-(2)		$C_{12}H_{20}O_6$	Glycerin-tripropionat	
	Azulen, 4,8-Dimethyl-6-hydroxy-azulen		$C_{12}H_{20}O_7$	Citronensäuretriäthylester	
	α-Naphthol-äthyläther		$C_{12}H_{20}Si$	Siliciumtriäthylphenyl	
	β-Naphthol-äthyläther		$C_{12}H_{21}N_2O_3PS$	Phosphor, Thiophosphorsäure-O,O-diäthyl=O-[2-isopropenyl-4-methyl-pyrimidyl(6)]-ester	
	1-α-Naphthyl-äthanol-(2)				
$C_{12}H_{12}O_2$	Furfurylbenzyläther		$C_{12}H_{21}N_3O_3$	Hexahydro-1,3,5-tripropionyl-triazin	
$C_{12}H_{12}O_2Si$	Silicium-diphenyldihydroxid		$C_{12}H_{22}$	Bis-cyclohexyl	
$C_{12}H_{12}O_3$	1,3,5-Triacetyl-benzol			Dodecin-(1)	StW
$C_{12}H_{12}O_4$	Tubasäure		$C_{12}H_{22}CaO_{14}$	D-Gluconsäure, Ca-Salz (+ H₂O)	
$C_{12}H_{12}O_6$	1,3,5-Benzol-triessigsäure		$C_{12}H_{22}O$	Cyclododecanon	
	Hydroxyhydrochinontriacetat		$C_{12}H_{22}O_3$	n-Capronsäureanhydrid	
	Phloroglucintriacetat		$C_{12}H_{22}O_3S$	Dicyclohexylsulfit	
	Pyrogalloltriacetat		$C_{12}H_{22}O_4$	Adipinsäure-dipropylester	
$C_{12}H_{12}Sn$	Zinn-diphenyl-dihydrid			Decan-dicarbonsäure-(1,10)	
$C_{12}H_{13}N$	Äthyl-α-naphthylamin			Oxalsäure-diamylester	
	Äthyl-β-naphthylamin			Oxalsäure-diisoamylester	
	N,N-Dimethyl-α-naphthylamin			Sebacinsäure-monoäthylester	
	N,N-Dimethyl-β-naphthylamin		$C_{12}H_{22}O_6$	L(+)-Weinsäure-dibutylester	
	1,2,3,4-Tetrahydro-carbazol			L(+)-Weinsäure-diisobutylester	
	2,3,4-Trimethyl-chinolin		$C_{12}H_{22}O_{11}$	Cellobiose	
	2,3,6-Trimethyl-chinolin			α-Gentiobiose	
	2,4,6-Trimethyl-chinolin			β-Gentiobiose	
	2,6,8-Trimethyl-chinolin			α-Lactose	
$C_{12}H_{13}NO_2$	β-Indolyl-buttersäure				

Formel	Name	
$C_{12}H_{13}N_3$	4,4'-Diamino-diphenylamin	
$C_{12}H_{14}ClN_5O_2S$	Prontosil	
$C_{12}H_{14}N_2O_2$	L-Abrin	
$C_{12}H_{14}O_3$	Benzoesäure-1-tetrahydrofurfurylester	
	Eugenolacetat	
	α-Phenylacetessigsäure-äthylester	
	β-Phenyl-β-methyl-glycidsäure-äthylester	
$C_{12}H_{14}O_4$	Apiol	StW
	Isoapiol	
	Phthalsäure-diäthylester	StW
$C_{12}H_{15}N$	Julolidin	
$C_{12}H_{15}NO$	N-Benzoyl-piperidin	
$C_{12}H_{15}NO_2$	N-Äthyl-di-furfurylamin	
$C_{12}H_{15}NO_4$	4-Amino-phthalsäure-diäthylester	
	Cotarnin	
$C_{12}H_{15}N_3O_3$	Cyanursäure-triallyläther	
$C_{12}H_{15}N_3O_6$	Xylolmoschus	
$C_{12}H_{16}$	Phenyl-cyclohexan	
$C_{12}H_{16}N_2O$	Bufoteinin	
$C_{12}H_{16}N_2O_3$	Evipan	
	Phanodorm	
$C_{12}H_{16}N_2O_4S$	Anilinschwefelsaures Salz	
$C_{12}H_{16}O$	Caprophenon	
$C_{12}H_{16}O_2$	Benzoesäure-amylester	
	Pentamethyl-benzoesäure	
$C_{12}H_{16}O_3$	2,4,5-Trimethoxy-propen-(1)-yl-benzol	
$C_{12}H_{16}O_4$	Campheroxalsäure	
$C_{12}H_{16}O_6$	Succinylobernstein-diäthylester	
$C_{12}H_{16}O_7$	Arbutin	
$C_{12}H_{16}Ti$	Titan-dicyclopentadienyl-dimethyl	
$C_{12}H_{17}N$	Cyclohexylanilin	
	N-p-Tolyl-piperidin	
$C_{12}H_{17}NO_3$	Anhalonidin	
$C_{12}H_{18}$	Hexamethylbenzol	StW kr
	n-Hexylbenzol	
	1,3,5-Triäthyl-benzol	kr
$C_{12}H_{18}ClNO_2$	Benzoylcholinchlorid	
$C_{12}H_{18}ClN_4O_4PS$	Thiaminphosphat	
$C_{12}H_{18}Cl_2N_4OS$	Thiaminhydrochlorid	
$C_{12}H_{18}JNO_2$	Benzoylcholinjodid	
$C_{12}H_{18}N_2O_5$	D-Galaktose-phenylhydrazon	
	D-Glucose-phenylhydrazon, α-Form	
	D-Glucose-phenylhydrazon, β-Form	

Formel	Name	
	β-Lactose	StW
	Maltose	
	Saccharose	StW
	α:α-Trehalose	
$C_{12}H_{23}N$	Dicyclohexylamin	
$C_{12}H_{23}NO$	Undecylisocyanat	
$C_{12}H_{23}NaO_2$	Laurinsäure, Na-Salz	
$C_{12}H_{24}$	Dodecen-(1)	StW
	Triisobuten	
$C_{12}H_{24}O$	Dodecanon-(2)	
	Laurinaldehyd	
$C_{12}H_{24}O_2$	Laurinsäure	StW
$C_{12}H_{25}Br$	n-Dodecylbromid	
$C_{12}H_{26}$	Dodecan	StW kr
$C_{12}H_{26}O$	Dodecanol-(1)	
$C_{12}H_{26}O_3$	Diglykol-di-n-butyläther	
$C_{12}H_{26}S$	n-Dodecylmercaptan	
$C_{12}H_{27}Al$	Aluminium-tri-isobutyl	
$C_{12}H_{27}AlO_3$	Butanol-(1), Al-Salz	
	tert.-Butanol, Al-Salz	
	Bor-tri-n-butyl	
$C_{12}H_{27}B$	Bor-tri-isobutyl	
	Bor-tri-sek.-butyl	
$C_{12}H_{27}BO_3$	Borsäure-tributylester, Tributylborsäureester	StW
$C_{12}H_{27}ClO_3Ti$	Titan-tri-n-butyloxychlorid	
$C_{12}H_{27}N$	Tri-n-butyl-amin	
	Triisobutylamin	
$C_{12}H_{27}OPS_3$	Phosphorsäure-tri-thio-n-butylester	
$C_{12}H_{27}O_3P$	Phosphorige Säure-tri-n-butylester	
$C_{12}H_{27}O_4P$	Phosphorsäure-tri-n-butylester	
$C_{12}H_{28}N_6$	Dekamethylendiguanidin	
$C_{12}H_{28}O_4Ti$	Titan-tetra-n-propylat	
	Titan-tetra-isopropylat	
$C_{12}H_{28}Pb$	Blei-tetra-n-propyl	
$C_{12}H_{28}Si$	Siliciumtetra-n-propyl	
$C_{12}H_{30}O_6Si_2$	Silicium, Disilicium-hexaoxäthyl	
$C_{12}H_{30}O_4P_{13}$	Phosphor-tetraphosphorsäure-hexaäthylester	
$C_{12}H_{30}Si_2$	Disiliciumhexaäthyl	
$C_{12}H_{30}Sn_2$	Di-zinn-hexaäthyl	
$C_{12}H_{36}O_4Si_4Ti$	Titan-tetra(trimethylsiloxyl)	
$C_{13}H_5N_3O_7$	2,4,7-Trinitro-fluorenon	
$C_{13}H_8Cl_2$	Fluorenon-chlorid	

Formel	Name	Bemerkung
$C_{13}H_8N_4O_8$	2,4,2′,4′-Tetranitro-diphenylmethan	
$C_{13}H_8O$	Fluorenon	
$C_{13}H_8OS$	Thioxanthon	
$C_{13}H_8O_2$	Xanthon	
$C_{13}H_8O_3$	1-Hydroxy-xanthon	
$C_{13}H_8O_4$	Euxanthon	
$C_{13}H_8O_5$	Gentisein	
$C_{13}H_9Cl$	9-Chlor-fluoren	
$C_{13}H_9ClO_3$	Salicylsäure-o-chlorphenylester	
	Salicylsäure-p-chlorphenylester	
$C_{13}H_9N$	Acridin	StW
	5,6-Benzo-chinolin	
	7,8-Benzo-chinolin	
	Phenanthridin	
$C_{13}H_9NO$	Acridon	
	2-Amino-fluorenon	
	4-Amino-fluorenon	
	2-Phenyl-benzoxazol	
$C_{13}H_9NO_2$	2-Nitro-fluoren	
$C_{13}H_9NO_3$	1,3-Dihydroxy-acridon	
	2-Nitro-benzophenon	
	3-Nitro-benzophenon	
$C_{13}H_9NO_5$	Salicylsäure-p-nitrophenylester	
$C_{13}H_9NS$	2-Phenyl-benzthiazol	
$C_{13}H_9N_3O_3$	Alizaringelb R	
$C_{13}H_{10}$	Fluoren	
$C_{13}H_{10}Cl_2$	Diphenyldichlormethan	
$C_{13}H_{10}N_2$	2-Amino-acridin	
	4-Amino-acridin	
	9-Amino-acridin	
	Diphenylcarbodiimid	
	Diphenyldiazomethan	
	2-Phenyl-benzimidazol	
$C_{13}H_{10}N_2O$	Pyocyanin	
$C_{13}H_{10}N_2O_2$	Azobenzol-carbonsäure-(2)	
	Azobenzol-carbonsäure-(4)	
	2-Nitrobenzal-anilin	
	3-Nitrobenzal-anilin	
	4-Nitrobenzal-anilin	

Formel	Name	Bemerkung
$C_{13}H_{11}NO_2$	N-Phenyl-anthranilsäure	
$C_{13}H_{11}NS$	Thiobenzoesäure-anilid	
$C_{13}H_{11}N_3$	3,6-Diamino-acridin	
$C_{13}H_{12}$	Diphenylmethan	StW kr
$C_{13}H_{12}N_2$	Benzalphenylhydrazin	
	N,N′-Diphenyl-formamidin	
	N-Phenyl-benzamidin	
$C_{13}H_{12}N_2O$	N-N-Diphenyl-harnstoff	
	N,N′-Diphenyl-harnstoff	
	Benzol-azo-p-kresol	
	α-Benzoyl-phenylhydrazin	
	β-Benzoyl-phenylhydrazin	
	2,2′-Diamino-benzophenon	
	4,4′-Diamino-benzophenon	
	Gyrilon	
	Harmin	
$C_{13}H_{12}N_2S$	N,N′-Diphenyl-thioharnstoff	
$C_{13}H_{12}N_4O$	Diphenyl-carbazon	
$C_{13}H_{12}N_4O_2$	Lumiflavin	
$C_{13}H_{12}N_4S$	Dithizon	
$C_{13}H_{12}O$	Azulen, 4,8-Dimethyl-azulen-aldehyd-(6)	
	Benzhydrol	StW
	2-Hydroxy-diphenylmethan	
	4-Hydroxy-diphenylmethan	
	2-Methoxy-diphenyl	
	4-Methoxy-diphenyl	
	Phenylbenzyl-äther	
$C_{13}H_{12}O_2$	2-Äthoxy-naphthaldehyd-(1)	
	4,4′-Dihydroxy-diphenylmethan	
	Hydrochinon-mono-benzyläther	
$C_{13}H_{12}O_3$	Allenolsäure	
$C_{13}H_{13}N$	2-Amino-diphenylmethan	
	4-Amino-diphenylmethan	
	Benzhydrylamin	
	N-Benzyl-anilin	
	N,N-Diphenyl-N-methyl-amin	
	1,2,3,4-Tetrahydro-acridin	
$C_{13}H_{13}NO_2S$	p-Toluolsulfosäure-anilid	
$C_{13}H_{13}N_3$	2-Aminobenzal-phenylhydrazon	

Formel	Verbindung	
$C_{13}H_{10}N_2O_3$	6-Hydroxy-azobenzol-carbonsäure-(3)	
$C_{13}H_{10}O$	Benzophenon	StW
	Fluorenol	
	Xanthen	
$C_{13}H_{10}O_2$	Benzoesäure-phenylester	
	Diphenyl-carbonsäure-(2)	
	Diphenyl-carbonsäure-(3)	
	Diphenyl-carbonsäure-(4)	
	Furfuryliden-acetophenon	
	2-Hydroxy-benzophenon	
	3-Hydroxy-benzophenon	
	4-Hydroxy-benzophenon	
	Xanthydrol	
$C_{13}H_{10}O_3$	2,2'-Dihydroxy-benzophenon	
	2,3'-Dihydroxy-benzophenon	
	2,4-Dihydroxy-benzophenon	
	2,4'-Dihydroxy-benzophenon	
	2,5-Dihydroxy-benzophenon	
	3,3'-Dihydroxy-benzophenon	
	3,4-Dihydroxy-benzophenon	
	3,4'-Dihydroxy-benzophenon	
	4,4'-Dihydroxy-benzophenon	
	Kohlensäurediphenylester	StW
	2-Phenoxy-benzoesäure	
	Salicylsäure-phenylester	
$C_{13}H_{10}O_4$	2,3,4-Trihydroxy-benzophenon	
	2,4,6-Trihydroxy-benzophenon	
	3,4,5-Trihydroxy-benzophenon	
$C_{13}H_{10}O_6$	2,4,6,3',4'-Pentahydroxy-benzophenon	
$C_{13}H_{10}S$	Thiobenzophenon	
	Thioxanthen	
$C_{13}H_{11}Br$	Benzhydrylbromid	
$C_{13}H_{11}Cl$	Benzhydrylchlorid	
$C_{13}H_{11}N$	9-Amino-fluoren	
	Benzal-anilin	
	9,10-Dihydroacridin	
	α-Stibazol	
	γ-Stibazol	
$C_{13}H_{11}NO$	2-Amino-benzophenon	
	3-Amino-benzophenon	
	4-Amino-benzophenon	
	Benzoesäure-anilid	
	Benzophenon-oxim	

Formel	Verbindung	
$C_{13}H_{14}$	N,N'-Diphenyl-guanidin	
	4-Methyl-diazoamino-benzol	
	Azulen, 4,6,8-Trimethyl-azulen	
	1,2,5-Trimethyl-naphthalin	
	1,2,7-Trimethyl-naphthalin	
	2,3,6-Trimethyl-naphthalin	
$C_{13}H_{14}N_2$	4,4'-Diamino-diphenylmethan	
$C_{13}H_{14}N_4O$	1,5-Diphenyl-carbohydrazid	
$C_{13}H_{14}N_4S$	1,5-Diphenyl-thiocarbohydrazid	
$C_{13}H_{14}O$	Azulen, 4,8-Dimethyl-6-methoxy-azulen	
$C_{13}H_{14}O_3$	Benzalacetessigester	
$C_{13}H_{14}O_4$	Benzoyl-acetessigester	
	γ-Phenyl-allyl-bernsteinsäure	
$C_{13}H_{15}N$	N-Propyl-α-naphthylamin	
$C_{13}H_{16}O$	2-Phenyl-cycloheptanon	
$C_{13}H_{16}O_4$	Phenylmalonsäurediäthylester	
$C_{13}H_{17}NO_3$	ε-Amino-capronsäure-N-benzoat	
$C_{13}H_{17}N_3O$	Pyramidon	
$C_{13}H_{18}N_2O$	Eserolin	
$C_{13}H_{18}O_2$	β-Benzyl-β-methyl-valeriansäure	
$C_{13}H_{18}O_7$	Salicin	
$C_{13}H_{20}$	n-Heptylbenzol	StW
$C_{13}H_{20}O$	n-Heptylphenol	
	α-Jonon	
	β-Jonon	
	Iron	
	Pseudojonon	
$C_{13}H_{21}ClN_2O_2$	Novocain	
$C_{13}H_{22}N_2$	Dicyclohexyl-carbodiimid	
$C_{13}H_{22}O_2$	l-Isobornyl-propionat	
	Propionsäure-nerylester	
$C_{13}H_{24}O_2$	Propionsäure-citronellylester	
$C_{13}H_{24}O_3$	α-[n-Caproyl]-propionsäure-sek-butylester	
$C_{13}H_{24}O_4$	Undecandicarbonsäure-(1,11)	
$C_{13}H_{26}O$	Di-n-hexyl-keton	
	Tridecanon-(2)	
$C_{13}H_{26}O_2Si_3$	Silicium, 1,1,1,3,5,5,5-Heptamethyl-3-phenyl-trisiloxan	
$C_{13}H_{28}$	Tridecan	StW kr
$C_{13}H_{28}O$	Tributylcarbinol	
$C_{13}H_{28}O_3$	Ameisensäure-ortho-tri-isobutylester	
	Glycerin-α,α'-diisoamyl-äther	

Formel	Name	Bemerkung
$C_{13}H_{28}O_4$	Kohlensäure-ortho-tetrapropylester	
$C_{13}H_{29}N$	Tridecylamin-(1)	
$C_{14}H_4Cl_4O_2$	1,2,3,4-Tetrachlor-anthrachinon	
$C_{14}H_4Cl_6$	Hexachloranthracen	
$C_{14}H_4N_4O_{12}$	2,4,5,7-Tetranitro-1,8-dihydroxy-anthra= chinon	
$C_{14}H_6Cl_2O_2$	1,4-Dichlor-anthrachinon	
	1,5-Dichlor-anthrachinon	
$C_{14}H_6Cl_4$	1,2,3,4-Tetrachlor-anthracen	
	1,3,9,10-Tetrachlor-anthracen	
	2,3,9,10-Tetrachlor-anthracen	
$C_{14}H_6Cl_4O_4$	dl-4,4',6,6'-Tetrachlor-diphensäure	
$C_{14}H_6N_2O_6$	1,5-Dinitro-anthrachinon	
	1,8-Dinitro-anthrachinon	
	2,7-Dinitro-anthrachinon	
	2,7-Dinitro-phenanthrenchinon	
$C_{14}H_6O_8$	Ellagsäure	
$C_{14}H_7BrO_2$	1-Brom-anthrachinon	
	2-Brom-anthrachinon	
$C_{14}H_7ClO_2$	1-Chlor-anthrachinon	
	2-Chlor-anthrachinon	
$C_{14}H_7NO_4$	1-Nitro-anthrachinon	
	2-Nitro-anthrachinon	
$C_{14}H_7NO_6$	3-Nitro-alizarin	
	4-Nitro-alizarin	
$C_{14}H_8Br_2$	9,10-Dibrom-anthracen	
$C_{14}H_8Cl_2$	1,8-Dichlor-anthracen	
	9,10-Dichlor-anthracen	
	9,10-Dichlor-phenanthren	
$C_{14}H_8N_2O$	Pyrazolanthron	
$C_{14}H_8N_2O_8$	4-Nitrobenzoesäureperoxid	
$C_{14}H_8O_2$	Anthrachinon	StW
	Anthrachinon-(1,2)	
	Morphenol	
	Phenanthrenchinon	
$C_{14}H_8O_3$	Diphensäureanhydrid	
	Fluorenon-2-carbonsäure	
	1-Hydroxy-anthrachinon	

Formel	Name	Bemerkung
$C_{14}H_9NO_3$	5-Amino-1-hydroxy-anthrachinon	
	Nitroanthron	
$C_{14}H_9NO_4$	4-Amino-alizarin	
$C_{14}H_9N_3$	Indophenazin	
$C_{14}H_{10}$	Anthracen	StW
	Diphenylacetylen, Diphenyläthin	StW
	Phenanthren	StW
$C_{14}H_{10}Br_2$	Anthracendibromid	
$C_{14}H_{10}CaO_4$	Benzoesäure, Ca-Salz ($+ 2H_2O$)	
$C_{14}H_{10}Cl_2O_2$	Di-[p-chlorphenyl]-essigsäure	
$C_{14}H_{10}Cl_4$	1,1-Dichlor-2,2-bis-(p-chlorphenyl)-äthan	
$C_{14}H_{10}N_2$	4-Phenyl-cinnolin	
$C_{14}H_{10}N_2O$	Isatin-α-anil	
	Phenylbenzoyldiazomethan	
$C_{14}H_{10}N_2O_2$	1,2-Diamino-anthrachinon	
	1,3-Diamino-anthrachinon	
	1,4-Diamino-anthrachinon	
	1,5-Diamino-anthrachinon	
	1,6-Diamino-anthrachinon	
	1,7-Diamino-anthrachinon	
	1,8-Diamino-anthrachinon	
	2,6-Diamino-anthrachinon	
$C_{14}H_{10}N_2O_4$	o,o'-Azobenzoesäure	
	m,m'-Azobenzoesäure	
	p,p'-Azobenzoesäure	
	2,4-Dinitro-stilben	
	3,4'-Dinitro-stilben	
	4,4'-Dinitro-stilben	StW
$C_{14}H_{10}N_2O_5$	o,o'-Azoxybenzoesäure	
	m,m'-Azoxybenzoesäure	
	p,p'-Azoxybenzoesäure	
$C_{14}H_{10}N_4O_7$	Indol-pikrat	
$C_{14}H_{10}O$	Anthranol-(9)	
	Anthrol-(1)	
	Anthrol-(2)	
	Anthron	
	Diphenylketen	
	Phenanthrol-(2)	
	Phenanthrol-(3)	

Summenformel	Substanz	Summenformel	Substanz	StW
$C_{14}H_8O_4$	2-Hydroxy-anthrachinon	$C_{14}H_{10}O_2$	Phenanthrol-(9)	
	3-Hydroxyphenanthrenchinon		Benzil	
	1,2-Dihydroxy-anthrachinon		1,2-Dihydroxy-anthracen	
	1,3-Dihydroxy-anthrachinon		1,5-Dihydroxy-anthracen	
	1,4-Dihydroxy-anthrachinon		1,8-Dihydroxy-anthracen	
	1,5-Dihydroxy-anthrachinon		2,6-Dihydroxy-anthracen	
	1,8-Dihydroxy-anthrachinon		9,10-Dihydroxy-anthracen	
	2,3-Dihydroxy-anthrachinon		1,2-Dihydroxy-phenanthren	
	2,6-Dihydroxy-anthrachinon		2,7-Dihydroxy-phenanthren	
	2,7-Dihydroxy-anthrachinon		3,4-Dihydroxy-phenanthren	
	Disalicylid		3,6-Dihydroxy-phenanthren	
$C_{14}H_8O_5$	1,2,3-Trihydroxy-anthrachinon		9,10-Dihydroxy-phenanthren	
	1,2,4-Trihydroxy-anthrachinon		Fluoren-9-carbonsäure	
	1,2,5-Trihydroxy-anthrachinon		Oxanthron	
	1,2,6-Trihydroxy-anthrachinon	$C_{14}H_{10}O_2S_2$	Benzoyldisulfid	
	1,2,7-Trihydroxy-anthrachinon	$C_{14}H_{10}O_3$	Benzoesäureanhydrid	
$C_{14}H_8O_5S$	Anthrachinon-sulfosäure-(1)		Benzophenon-carbonsäure-(2)	
	Anthrachinon-sulfosäure-(2)		Benzophenon-carbonsäure-(3)	
$C_{14}H_8O_6$	1,2,5,6-Tetrahydroxy-anthrachinon		Benzophenon-carbonsäure-(4)	
	1,2,5,8-Tetrahydroxy-anthrachinon		1,8,9-Trihydroxy-anthracen	
	1,3,5,7-Tetrahydroxy-anthrachinon	$C_{14}N_{10}O_3S$	Phenanthren-2-sulfosäure	
$C_{14}H_8O_8$	1,2,3,5,6,7-Hexahydroxy-anthrachinon		Phenanthren-3-sulfosäure	
	1,2,4,5,6,8-Hexahydroxy-anthrachinon	$C_{14}H_{10}O_4$	Benzoylperoxid	
$C_{14}H_8O_8S_2$	Anthrachinon-disulfosäure-(1,5)		Diphensäure	
	Anthrachinon-disulfosäure-(1,6)		Oxalsaurediphenylester	
	Anthrachinon-disulfosäure-(1,7)	$C_{14}H_{10}O_5$	Gentisin	
	Anthrachinon-disulfosäure-(1,8)	$C_{14}H_{10}O_6$	Phenicin	
	Anthrachinon-disulfosäure-(2,6)	$C_{14}H_{10}N_9$	m-Digallussäure	
	Anthrachinon-disulfosäure-(2,7)		p-Digallussäure	
$C_{14}H_9Br$	9-Brom-phenanthren	$C_{14}H_{11}N$	1-Amino-anthracen	
$C_{14}H_9Cl$	1-Chlor-anthracen		2-Amino-anthracen	
$C_{14}H_9Cl_3F_2$	1,1,1-Trichlor-2,2-bis(p-fluorphenyl)-äthan		9-Amino-anthracen	
$C_{14}H_9Cl_5$	DDT		2-Amino-phenanthren	
$C_{14}H_9NO_2$	1-Amino-anthrachinon		3-Amino-phenanthren	
	2-Amino-anthrachinon		4-Amino-phenanthren	
	9-Nitro-anthracen		9-Amino-phenanthren	
	1-Nitro-phenanthren		5,6-Benzo-chinaldin	
	2-Nitro-phenanthren		2-Phenyl-indol	
	3-Nitro-phenanthren		N-Vinyl-carbazol	
	4-Nitro-phenanthren	$C_{14}H_{11}NO_2$	α-Benzilmonoxim	
	9-Nitro-phenanthren		β-Benzilmonoxim	
	Phthalanil		Dibenzamid	
$C_{14}H_9NO_3$	4-Amino-1-hydroxy-anthrachinon	$C_{14}H_{11}NO_3$	Anthranilsaure-N-benzoat	

Formel	Name	Bemerkung
$C_{14}H_{11}NO_3$	Dibenzhydroxamsäure	
	Phthalanilsäure	
$C_{14}H_{11}N_3$	3,5-Diphenyl-1,2,4-triazol	
	4,5-Diphenyl-1,2,3-triazol	
$C_{14}H_{11}N_3O_4$	Diazoaminobenzoesäure-(3,3')	
$C_{14}H_{12}$	9,10-Dihydro-anthracen	
	9,10-Dihydrophenanthren	
	1,1-Diphenyl-äthylen, 1,1-Diphenyl-äthen	StW
	cis-Stilben	StW
	trans-Stilben	StW
$C_{14}H_{12}Br_2$	4,4'-Dibrom-dibenzyl	
$C_{14}H_{12}N_2$	Benzal-azin	StW
	2,2'-Diamino-tolan	
$C_{14}H_{12}N_2O_2$	α-Benzildioxim	
	β-Benzildioxim	
	γ-Benzildioxim	
	N,N'-Dibenzoyl-hydrazin	
	N,N'-Diphenylglyoxim	
	Oxalsäure-dianilid	
$C_{14}H_{12}N_2O_4$	Benzidin-dicarbonsäure-(2,2')	
	Benzidin-dicarbonsäure-(3,3')	
	4,4'-Dinitro-dibenzyl	
$C_{14}H_{12}N_2S$	Dehydrothiotoluidin	
$C_{14}H_{12}N_4$	4-Amino-3,5-diphenyl-1,2,4-triazol	
$C_{14}H_{12}N_4O_2S$	Sulfachinoxalin	
$C_{14}H_{12}O$	Desoxybenzoin	
	9,10-Dihydroanthranol	
	2-Methyl-benzophenon	
	3-Methyl-benzophenon	
	4-Methyl-benzophenon	
	4-Phenyl-acetophenon	
$C_{14}H_{12}O_2$	Benzoesäurebenzylester	
	Benzoin	
	2-Benzyl-benzoesäure	
	3-Benzyl-benzoesäure	
	4-Benzyl-benzoesäure	
	Diphenylessigsäure	
	4-Methoxy-benzophenon	
	1,2,3,4-Tetrahydro-anthrachinon	
$C_{14}H_{15}N$	m-Tolyl-benzylamin	
$C_{14}H_{15}N_3$	4,4'-Diazoamino-toluol	
	4-Dimethylamino-azobenzol	
$C_{14}H_{15}N_3O_3S$	4'-Dimethylamino-azobenzol-sulfosäure-(4)	
$C_{14}H_{15}O_3P$	Phosphorige Säure-dibenzylester	
$C_{14}H_{15}O_4P$	Phosphorsäure-dibenzylester	
$C_{14}H_{16}$	Azulen, Chamazulen	
	Azulen, 2,4,6,8-Tetramethyl-azulen	
	Eudalin	
$C_{14}H_{16}N_2$	2,2'-Dimethyl-benzidin	
	3,3'-Dimethyl-benzidin	
	p,p'-Hydrazo-toluol	
$C_{14}H_{16}N_2O$	4-Hydroxy-4'-dimethylamino-diphenylamin	
$C_{14}H_{16}N_2O_2$	o-Dianisidin	
$C_{14}H_{16}O_4$	Benzalmalonsäure-diäthylester	
$C_{14}H_{16}Si$	Silicium-dimethyldiphenyl	
$C_{14}H_{17}N$	N,N-Diäthyl-α-naphthylamin	
$C_{14}H_{17}N_3O_4S_2$	Uliron	
$C_{14}H_{17}O_5PS$	Phosphor, Thiophosphorsäure-O,O-diäthyl-O-7-[4-methylcumarin]-ester	
$C_{14}H_{18}$	1,2,3,4,5,6,7,8-Octahydro-anthracen	
	Octanthren	
$C_{14}H_{18}N_2O_4$	α-Ribazol	
	β-Ribazol	
$C_{14}H_{18}O$	2-(p-Methylphenyl)-cycloheptanon	
$C_{14}H_{18}O_6$	Phthalsäure-dimethylglykolester	
$C_{14}H_{19}BrO_9$	Acetobromglucose	
$C_{14}H_{20}N_2$	1,1'-Dicyan-1,1'-bicyclohexyl	
$C_{14}H_{20}N_2O_6S$	4-Methylamino-phenol-sulfat	
$C_{14}H_{20}N_4$	1,1'-Azo-bis-[1-cyclohexan-nitril]	
$C_{14}H_{20}O_8$	Äthylentetracarbonsäure-tetraäthylester	
$C_{14}H_{20}O_{10}$	β-D-Glucose-1,2,3,4-tetraacetat	
	β-D-Glucose-2,3,4,6-tetraacetat	
$C_{14}H_{22}$	1,2-Di-tert.-butyl-benzol	
	1,2,3,4-Tetraäthyl-benzol	
	1,2,4,5-Tetraäthyl-benzol	
$C_{14}H_{22}ClNO_2$	Stovain	
$C_{14}H_{22}N_2O_5S$	Penicilloin-F-Säure	
$C_{14}H_{22}N_4$	1,2-Di-(1-cyan)-cyclohexylhydrazin	

Formel	Name	
C₁₄H₁₂O₃	2-[p-Acetyl-phenyl]-hydrochinon	
	Benzilsäure	
C₁₄H₁₂O₄	2,6-Dihydroxy-4-methoxy-benzophenon	
C₁₄H₁₃N	4-Amino-stilben	
C₁₄H₁₃NO	Diphenylamin-N-acetat	
C₁₄H₁₃NO₂	α-Benzoin-oxim	
	Phenoxyessigsäureanilid	
C₁₄H₁₄	Dibenzyl	StW
	2,2′-Dimethyl-diphenyl	
	2,3′-Dimethyl-diphenyl	
	2,4′-Dimethyl-diphenyl	
	3,3′-Dimethyl-diphenyl	
	4,4′-Dimethyl-diphenyl	
	1,1-Diphenyl-äthan	
	Tetracen	
C₁₄H₁₄As₂O₂	Arsen, 4,4′-Arseno-o-kresol	
C₁₄H₁₄ClN₃	Trypa-flavin	
C₁₄H₁₄ClO₃P	Phosphorsäure-dibenzylesterchlorid	
C₁₄H₁₄Hg	Quecksilber-di-p-tolyl	
C₁₄H₁₄N₂	Acetophenon-phenylhydrazon	
	2,2′-Azotoluol	
	3,3′-Azotoluol	
	4,4′-Azotoluol	
	2,2′-Diamino-stilben	
	4,4′-Diamino-stilben	
	N,N′-Diphenyl-acetamidin	
C₁₄H₁₄N₂O	Phenolblau	
C₁₄H₁₄N₂O₂	α-Phenyl-α-carbäthoxy-glutarsäuredinitril	
C₁₄H₁₄N₂O₃	p,p′-Azoxy-anisol	
C₁₄H₁₄N₃NaO₃S	Helianthin	
C₁₄H₁₄N₄	Glyoxal-osazon	
C₁₄H₁₄O	Dibenzyläther	
	DL-1,2-Diphenyl-äthanol	
C₁₄H₁₄OS	Dibenzylsulfoxid	
C₁₄H₁₄O₂	Hydrobenzoin	
	d,l-Hydrobenzoin und d,l-Isohydrobenzoin	
C₁₄H₁₄O₂S	Dibenzylsulfon	
C₁₄H₁₄O₃S	p-Toluolsulfosäure-kresylester	
C₁₄H₁₄O₄	Nodakenetin	
C₁₄H₁₄P	Dibenzylsulfid	
C₁₄H₁₄S₂	Dibenzyldisulfid	
C₁₄H₁₅N	Dibenzylamin	
	Di-p-tolyl-amin	

Formel	Name	
C₁₄H₂₂O	Phenyloctyläther	
C₁₄H₂₂O₂	1,1′-Äthinyl-bis-cyclohexanol	
C₁₄H₂₄O₂	Buttersäure-geranylester	
	Buttersäure-linalylester	
	d-Isobornyl-butyrat	
C₁₄H₂₆O₂	Buttersäure-citronellylester	
C₁₄H₂₆O₄	Adipinsäure-dibutylester	
C₁₄H₂₆O₆	L(+)-Weinsäure-diisoamylester	
C₁₄H₂₇NaO₂	Myristinsäure, Na-Salz	
C₁₄H₂₈O	Myristinaldehyd	
C₁₄H₂₈O₂	Laurinsäureäthylester	
	Myristinsäure	StW
C₁₄H₃₀	Tetradecan	StW kr
C₁₄H₃₀O	Myristylalkohol	
C₁₄H₃₀O₂Sn	Zinn-tri-n-butyl-acetat	
C₁₄H₃₁N	n-Tetradecylamin-(1)	
C₁₄H₄₂O₅Si₆	Silicium, Tetradecamethylhexasiloxan	
C₁₅H₈O₃	Anthrachinon-aldehyd-(2)	
C₁₅H₈O₄	Anthrachinon-carbonsäure-(1)	
	Anthrachinon-carbonsäure-(2)	
C₁₅H₈O₆	1,4-Dihydroxy-anthrachinon-carbonsäure-(2)	
	4,5-Dihydroxy-anthrachinon-carbonsäure-(2)	
C₁₅H₉N	9-Cyan-phenanthren	
C₁₅H₉NO₄	1-Amino-anthrachinon-carbonsäure-(2)	
	3-Amino-anthrachinon-carbonsäure-(2)	
	5-Amino-anthrachinon-carbonsäure-(1)	
C₁₅H₁₀Br₂NO₂	1-Methylamino-4-brom-anthrachinon	
C₁₅H₁₀O	9-Anthryl-aldehyd	
	Phenanthren-9-aldehyd	
C₁₅H₁₀O₂	Anthracen-carbonsäure-(1)	
	Anthracen-carbonsäure-(2)	
	Anthracen-carbonsäure-(9)	
	3-Benzal-phthalid	
	Flavon	
	1-Methyl-anthrachinon	
	2-Methyl-anthrachinon	
C₁₅H₁₀O₃	Flavanol	
C₁₅H₁₀O₄	5,7-Dihydroxy-flavon	
	4,5-Dihydroxy-2-methyl-anthrachinon	
C₁₅H₁₀O₅	Benzophenon-dicarbonsäure-(2,2′)	
	Benzophenon-dicarbonsäure-(4,4′)	

Formel	Name	Bemerkung
$C_{15}H_{10}O_5$	4,5-Dihydroxy-2-hydroxymethyl-anthrachinon	
	Genistein	
	3,5,7-Trihydroxy-flavon	
	5,7,4'-Trihydroxy-flavon	
	4,5,7-Trihydroxy-2-methyl-anthrachinon	
$C_{15}H_{10}O_6$	3,5,7,4'-Tetrahydroxyflavon	
	3,7,3',4'-Tetrahydroxyflavon	
	5,6,7,4'-Tetrahydroxyflavon	
	5,7,2',4'-Tetrahydroxyflavon	
	5,7,3',4'-Tetrahydroxyflavon	
$C_{15}H_{10}O_7$	3,5,7,2',4'-Pentahydroxyflavon	
	Quercetin	
$C_{15}H_{10}O_8$	Irigenol	
$C_{15}H_{10}S_3$	Trithion	
$C_{15}H_{11}ClO_5$	Pelargonidin	
$C_{15}H_{11}ClO_7$	Delphinidin-chlorid	
$C_{15}H_{11}J_4NO_4$	dl-Thyroxin	
$C_{15}H_{11}N$	2-Phenyl-chinolin	
	4-Phenyl-chinolin	
	6-Phenyl-chinolin	
	8-Phenyl-chinolin	
	α-Phenylzimtsäure-nitril	
$C_{15}H_{11}NO$	3-Hydroxy-2-phenyl-chinolin	
$C_{15}H_{11}NO_2$	1-Methylamino-anthrachinon	
$C_{15}H_{11}NO_4$	trans-o-Nitro-α-phenylzimtsäure	
$C_{15}H_{12}$	1-Methyl-anthracen	
	2-Methyl-anthracen	
	9-Methyl-anthracen	
$C_{15}H_{12}N_2O$	4,5-Diphenyl-imidazolon	
$C_{15}H_{12}N_2O_3$	Furfurin	
$C_{15}H_{12}N_2O_5$	Gallocyanin	
$C_{15}H_{12}O$	2-Acetyl-fluoren	
	Benzalacetophenon	
	4-Methyl-2,6-di-t-butyl-phenol	
	9-Methoxy-anthracen	
$C_{15}H_{12}O_2$	Dibenzoylmethan	
	Flavanon	
	2-Hydroxybenzal-acetophenon	

Formel	Name	Bemerkung
$C_{15}H_{18}$	Azulen, Guajazulen	
	Azulen, Vetivazulen	
	Cadalin	
$C_{15}H_{18}ClN$	N-Methyl-dibenzyl-amin-hydrochlorid	
$C_{15}H_{18}O_3$	Santonin	
$C_{15}H_{20}O_3$	d-Santonigsäure	
$C_{15}H_{20}O_8$	Androsin	
$C_{15}H_{21}NO_2$	Dolantin	
	Eucain B-Base	
$C_{15}H_{21}N_3O_2$	Eserin	
$C_{15}H_{22}N_2O$	Eseräthol	
$C_{15}H_{22}O$	Cedrenon	
$C_{15}H_{22}O_2$	Longifolchinon	
$C_{15}H_{22}O_3$	α-Santonan	
	β-Santonan	
$C_{15}H_{23}NO_4$	Actidion	
$C_{15}H_{24}$	l-Cadinen	
	α-Caryophyllen	
	β-Caryophyllen	
	Cedren	
$C_{15}H_{24}O$	α-Santalol	
	β-Santalol	
$C_{15}H_{25}Br$	Farnesylbromid	
$C_{15}H_{26}$	Ferulen	
$C_{15}H_{26}N_2$	(—)-Spartein	
$C_{15}H_{26}O$	Farnesol	
$C_{15}H_{26}O_3Ti$	Titan-phenyl-tri-isopropoxy	
$C_{15}H_{26}O_5$	Önanthoylbernsteinsäure-diäthylester	
$C_{15}H_{26}O_6$	Glycerintributyrat	
$C_{15}H_{28}O$	Cyclopentadecanon	
$C_{15}H_{30}O_2$	Myristinsäuremethylester	
$C_{15}H_{30}O_4$	Glycerin-α-laurat	
$C_{15}H_{32}$	Pentadecan	kr
$C_{15}H_{32}O$	Pentadecanol-(3)	
$C_{15}H_{33}N$	Triamylamin	
	Tri-isoamylamin	
$C_{16}H_7ClO$	8-Chlor-naphthol-(2)	
$C_{16}H_8N_2O_2$	Dehydroindigo	
$C_{16}H_8O_2$	Aceanthrenchinon	

StW

Formel	Name	StW
C₁₅H₁₂O₃	4-Hydroxybenzal-acetophenon	
	α-Phenyl-*cis*-zimtsäure	
	α-Phenyl-*trans*-zimtsäure	
	β-Phenyl-zimtsäure	
	Zimtsäure-phenylester	
	Pyroxanthin	
	4,5,9 (oder 10)-Trihydroxy-2-methyl-anthracen	
C₁₅H₁₂O₅	4',5,7-Trihydroxy-flavanon	
C₁₅H₁₂O₆	Eriodictyol	
C₁₅H₁₂O₉	p-Digallussäure-methylester	
C₁₅H₁₃BrO	α-Phenyl-α'-[4-bromphenyl]-aceton	
C₁₅H₁₃ClO	α-Phenyl-α'-[4-chlorphenyl]-aceton	
C₁₅H₁₃FO	α-Phenyl-α'-[4-fluorphenyl]-aceton	
C₁₅H₁₄N₂	Di-p-tolyl-carbodiimid	
C₁₅H₁₄O	4,4'-Dimethyl-benzophenon	
	α,α-Diphenyl-aceton	
	Flavan	
C₁₅H₁₄O₂	Flavanol-(4)	
C₁₅H₁₄O₃	Lapachol	
C₁₅H₁₄O₄	2-Hydroxy-4,6-dimethoxy-benzophenon	
	Lomatiol	
C₁₅H₁₄O₅	Phloretin	
C₁₅H₁₄O₆	d-Catechin	
	Epicatechin	
C₁₅H₁₅ClO	Benzhydryl-β-chloräthyl-äther	
C₁₅H₁₅La	Lanthan-tricyclopentadienyl	
C₁₅H₁₅N	α-Hydrindyl-anilin	
C₁₅H₁₅NO	4-Dimethylamino-benzophenon	
C₁₅H₁₅NO₃	Tri-furfurylamin	
C₁₅H₁₅NO₆	Phthalimidomalonsäure-diäthylester	
C₁₅H₁₅N₃	Acridingelb-Base	
C₁₅H₁₅N₃O	Rivanol	
C₁₅H₁₅N₃O₂	o-Methylrot	
C₁₅H₁₆	Dibenzylmethan	StW
	4,4'-Dimethyl-diphenylmethan	
C₁₅H₁₆ClO₃	Acridingelb	
C₁₅H₁₆N₂S	N,N'-Di-o-tolyl-thioharnstoff	
	N,N'-Di-m-tolyl-thioharnstoff	
	N,N'-Di-p-tolyl-thioharnstoff	
C₁₅H₁₆O₂	2,2-Bis-[4-hydroxy-phenyl]-propan	
C₁₅H₁₆O₃	Glycerin-α,α'-diphenyläther	
C₁₅H₁₇N	N-Methyl-dibenzyl-amin	

Formel	Name	StW
C₁₆H₈O₂S₂	Thioindigo	
C₁₆H₈O₄	Diphthalyl	
	Oxindigo	
C₁₆H₉N₄Na₃O₉S₂	Tartrasin	
C₁₆H₁₀	Diphenyldiacetylen	
	Fluoranthen	StW
	Pyren	
C₁₆H₁₀N₂	1,2-Benzo-phenazin	
C₁₆H₁₀N₂O₂	Indigo	
	Indirubin	
C₁₆H₁₀N₂O₈S₂	Indigo-disulfosäure-(5,5')	
C₁₆H₁₀O	Brasan	
C₁₆H₁₀O₃	Diphenylmaleinsäureanhydrid	
C₁₆H₁₀O₄	Anthracen-dicarbonsäure-(1,4)	
C₁₆H₁₁N	1,2-Benzo-carbazol	
	2,3-Benzo-carbazol	
C₁₆H₁₁NO₂	Atophan	
C₁₆H₁₁N₂NaO₄S	Orange I	
	Orange II	
C₁₆H₁₂	Azulen, 1-Phenyl-azulen	
	1-Phenyl-naphthalin	
	2-Phenyl-naphthalin	
C₁₆H₁₂BrNO	α-Phenyl-α-(γ-4-brom-phenyl-aceto)-aceto=nitril	
C₁₆H₁₂ClNO	α-(4-Chlor-phenyl)-α-(γ-phenyl-aceto)-aceto=nitril	
C₁₆H₁₂FNO	α-(4-Fluor-phenyl)-α-(γ-phenylaceto)-aceto=nitril	
C₁₆H₁₂N₂	α,α'-Diindolyl	
	α,α'-Diphenylbernsteinsäurenitril	
C₁₆H₁₂N₂O	1-Benzol-azo-naphthol-(2)	
C₁₆H₁₂N₂O₂	Indigweiß	
C₁₆H₁₂O	9-Acetyl-anthracen	
	9-Acetyl-phenanthren	
	2,5-Diphenyl-furan	
C₁₆H₁₂O₂	2-Äthyl-anthrachinon	
	trans-Dibenzoyläthylen	
	2,3-Dimethyl-anthrachinon	
C₁₆H₁₂O₄	Pratol	
	Brasilein	
C₁₆H₁₂O₅	Succinylfluorescein	
C₁₆H₁₂O₆	Hämatein	
C₁₆H₁₂O₇	Rhamnetin	

Formel	Name	Bemerkung	Formel	Name	Bemerkung
$C_{16}H_{12}S$	2,5-Diphenyl-thiophen		$C_{17}H_{11}NO$	Bz 1-Amino-benzanthron	
$C_{16}H_{13}N$	2,4-Diphenyl-pyrrol			5-Amino-benzanthron	
	Phenyl-α-naphthylamin			7-Amino-benzanthron	
	Phenyl-β-naphthylamin			2,3-Benz-acridon	
$C_{16}H_{13}N_3$	1-Benzol-azo-naphthylamin-(2)		$C_{17}H_{12}$	1,9-Benzanthren	
	4-Benzol-azo-naphythlamin-(1)		$C_{17}H_{12}ClNO_2$	3-Hydroxy-naphthoesäure-(2)-[4-chlor-anilid]	
$C_{16}H_{14}$	9-Äthyl-anthracen		$C_{17}H_{12}O$	1-Benzoyl-naphthalin	
	2,6-Dimethyl-anthracen			2-Benzoyl-naphthalin	
	2,7-Dimethyl-anthracen		$C_{17}H_{12}O_3$	Salicylsäure-β-naphthylester	
	2,9-Dimethyl-anthracen		$C_{17}H_{13}NO_2$	3-Hydroxy-naphthoesäure-(2)-anilid	
	9,10-Dimethyl-anthracen		$C_{17}H_{14}$	1-Benzyl-naphthalin	
	1,4-Diphenyl-butadien-(1,3)			2-Benzyl-naphthalin	
$C_{16}H_{14}O$	Dypnon		$C_{17}H_{14}O$	Cinnamal-acetophenon	
$C_{16}H_{14}O_2$	Anisal-acetophenon			Dibenzal-aceton	
	Zimtsäure-benzylester		$C_{17}H_{14}O_7$	Quercetindimethyläther	
$C_{16}H_{14}O_3$	Benzoin-acetat		$C_{17}H_{15}NO$	α-[β-Hydroxynaphthyl]-phenyl-amino=methan	
$C_{16}H_{14}O_4$	Bernsteinsäure-diphenylester		$C_{17}H_{16}$	9-Propyl-phenanthren	
$C_{16}H_{14}O_5$	Brasilin			2,3,6-Trimethyl-anthracen	
$C_{16}H_{14}O_6$	Hämatoxylin		$C_{17}H_{16}N_2$	Glutacondialdehyd-dianil	
$C_{16}H_{14}O_7$	Päonidin		$C_{17}H_{16}N_2O_2$	Glutaconsäure-anilid	
$C_{16}H_{15}Cl_3O_2$	4,4'-Dimethoxy-diphenyl-2,2,2-trichlor-äthan		$C_{17}H_{16}O_4$	Dibenzylmalonsäure	
	1,1,1-Trichlor-2,2-bis-(p-methoxyphenyl)-äthan			Homopterocarpin	
$C_{16}H_{16}$	1-Methyl-3-phenyl-indan		$C_{17}H_{17}ClO_6$	Griseofulvin	
$C_{16}H_{16}N_2O_2$	d(+)-Lysergsäure		$C_{17}H_{17}NO_2$	Apomorphin	
$C_{16}H_{16}O_2$	Benzoinäthyläther		$C_{17}H_{19}NO_3$	Morphin	
	Dibenzylessigsäure			Piperin	
$C_{16}H_{16}O_4$	Anisoin		$C_{17}H_{20}N_2O$	4,4'-Bis-[dimethylamino]-benzophenon	
$C_{16}H_{16}O_6$	Coerulignon			L-Lyxoflavin	
$C_{16}H_{18}$	1,4-Diphenyl-butan	StW	$C_{17}H_{20}N_4O_6$	Riboflavin	
$C_{16}H_{18}ClN_3S$	Methylenblau		$C_{17}H_{21}NO_2$	Apoatropin	
$C_{16}H_{18}N_2O_2$	p,p'-Azophenetol		$C_{17}H_{21}NO_4$	Atroscin	
$C_{16}H_{18}N_2O_4S$	Penicillin G			l-Cocain	
$C_{16}H_{20}H_2$	Tetramethyl-benzidin			Scopolamin	
$C_{16}H_{20}N_2O_3S$	d-Penicilloin-G-Säure		$C_{17}H_{21}N_3$	Auramin	
$C_{16}H_{20}Si$	Silicium-diäthyldiphenyl		$C_{17}N_{22}ClNO_4$	Cocain-hydrochlorid	
$C_{16}H_{21}N$	Morphinan		$C_{17}H_{22}N_2$	Antergan	
$C_{16}H_{21}NO_{10}$	Pentaacetyl-D-gluconitril			4,4'-Bis-dimethylamino-diphenylmethan	

Formel	Name	
$C_{16}H_{22}OSi_2$	Silicium, 1,1,3,3-Tetramethyl-1,3-diphenyl-disiloxan	
$C_{16}H_{22}O_4$	Phthalsäuredibutylester	
	Phthalsäurediisobutylester	
$C_{16}H_{22}O_{11}$	α-Glucose-pentaacetat	
	β-Glucose-pentaacetat	
$C_{16}H_{26}N_2O_2$	Eserätholamin	
$C_{16}H_{26}O$	Phenyl-decyl-äther	
$C_{16}H_{28}N_2O_5S$	Penicilloin-K-Säure	
$C_{16}H_{28}N_4O_4S$	Biocytin	
$C_{16}H_{28}O_2$	Ambrettolid	
$C_{16}H_{30}O$	Muscon	
$C_{16}H_{31}KO_2$	Palmitinsäure, K-Salz	
$C_{16}H_{31}N$	Palmitinsäure-nitril	
$C_{16}H_{31}NaO_2$	Palmitinsäure, Na-Salz	
$C_{16}H_{32}$	Ceten-(1)	
	Tetraisobuten	
$C_{16}H_{32}O$	Palmitinaldehyd	
$C_{16}H_{32}O_2$	Myristinsäure-äthylester	
	Palmitinsäure	StW
$C_{16}H_{32}O_3$	ω-Hydroxy-palmitinsäure	
$C_{16}H_{33}Br$	Cetylbromid	
$C_{16}H_{33}J$	Cetyljodid	
$C_{16}H_{33}NO$	Palmitinsäureamid	
$C_{16}H_{34}$	Cetan, Hexadecan	StW kr
$C_{16}H_{34}O$	Cetylalkohol	
$C_{16}H_{34}O_4S$	Cetylsulfat	
$C_{16}H_{35}N$	Cetylamin	
	Di-[2-äthyl-hexyl]-amin	
$C_{16}H_{36}JN$	Tetra-n-butyl-ammoniumjodid	
$C_{16}H_{36}O_4Ti$	Titan-tetra-isobutylat	
	Titan-tetra-n-butylat	
$C_{16}H_{36}Pb$	Blei-tetra-n-butyl	
$C_{16}H_{36}Sn$	Zinn-tetra-n-butyl	
$C_{16}H_{40}N_4O_3P_2$	Phosphor, Diphosphorsäure-tetra-[diäthylamid]	
$C_{17}H_9ClO$	6-Chlor-benzanthron	
$C_{17}H_9NO_4$	Alizarinblau	
$C_{17}H_{10}O$	Benzanthron	
	2-Hydroxy-benzanthron	
$C_{17}H_{10}O_2$	Bz 2-Hydroxy-benzanthron	
	4-Hydroxy-benzanthron	

Formel	Name	
$C_{17}H_{22}N_2O$	4,4′-Bis-[dimethylamino-benzhydrol]	
$C_{17}H_{23}NO_3$	Atropin	
	Hyoscyamin	
$C_{17}H_{23}N_3$	4,4′-Bis-dimethylamino-benzhydrylamin	
$C_{17}N_{3c}O$	Zibeton	
$C_{17}N_{32}O$	Cycloheptadecanon	
	Margarinaldehyd	
$C_{17}H_{34}O_2$	Palmitinsäure-methylester	StW
$C_{17}H_{35}Br$	n-Heptadecylbromid	
$C_{17}H_{35}Cl$	n-Heptadecyl-chlorid	
$C_{17}H_{35}J$	n-Heptadecyl-jodid	
$C_{17}H_{36}$	Heptadecan	StW kr
$C_{17}H_{36}O$	Heptadecanol-(1)	
$C_{17}H_{37}N$	n-Heptadecyl-amin	
$C_{18}H_{10}O_2$	1,2-Benz-anthrachinon	
	Chrysochinon-(1,2)	
$C_{18}H_{10}O_3$	Benzanthron-carbonsäure (Bz 1)	
$C_{18}H_{11}NO_2$	Chinophthalon	
$C_{18}H_{12}$	1,2-Benzanthracen	
	3,4-Benzphenanthren	
	Chrysen	
	Naphthacen	
	Triphenylen	
$C_{18}H_{12}N_2$	Dichinolyl-(2,2′)	
	Dichinolyl-(2,3′)	
	Dichinolyl-(4,4′)	
	Dichinolyl-(6,6′)	
$C_{18}H_{12}N_2O$	Aposafranon	
$C_{18}N_{12}O_3$	2-α-Naphthoyl-benzoesäure	
	2-β-Naphthoyl-benzoesäure	
$C_{18}H_{12}O_5$	Pulvinsäure	
$C_{18}H_{12}O_9$	Kermessäure	
$C_{18}H_{14}$	1,2-Diphenyl-benzol	
	1,3-Diphenyl-benzol	
	1,4-Diphenyl-benzol	
	ω,ω-Diphenyl-fulven	
$C_{18}H_{14}Co$	Kobalt-di-indenyl	
$C_{18}H_{14}N_3NaO_3S$	Orange IV	
$C_{18}N_{14}O_3$	Zimtsäureanhydrid	
$C_{18}H_{14}O_9$	Protocetrarsäure	
$C_{18}H_{15}Al$	Aluminium-triphenyl	
$C_{18}N_{15}As$	Arsen, Triphenylarsin	

Formel	Name	Bemerkung	Formel	Name	Bemerkung
$C_{18}H_{15}AsO_3$	Arsenige Säure-triphenylester		$C_{18}H_{36}$	Octadecen-(9), höherschmelzendes	
$C_{18}H_{15}B$	Bor-triphenyl			Octadecen-(9), niederschmelzendes	
$C_{18}H_{15}BO_3$	Borsäure-triphenyl-ester		$C_{18}H_{36}O$	Elaidinalkohol	
$C_{18}H_{15}Bi$	Wismut-triphenyl			Oleinalkohol	
$C_{18}H_{15}Ga$	Gallium-triphenyl			Stearinaldehyd	
$C_{18}H_{15}LiSn$	Zinn-triphenyl-lithium		$C_{18}H_{36}O_2$	Cetyl-acetat	
$C_{18}H_{15}N$	Triphenylamin	StW		Palmitinsäureäthylester	
$C_{18}H_{15}NO_2$	3-Hydroxy-naphthoesäure-(2)-p-toluidid			Stearinsäure	StW
$C_{18}H_{15}NO_3$	3-Hydroxy-naphthoesäure-(2)-o-anisidid		$C_{18}H_{36}O_3$	4-Hydroxy-stearinsäure	
$C_{18}H_{15}OP$	Phosphor, Triphenylphosphinoxid			10-Hydroxy-stearinsäure	
$C_{18}H_{15}O_3P$	Phosphorige Säure-triphenylester		$C_{18}H_{36}O_4$	9,10-Dihydroxy-stearinsäure	
$C_{18}H_{15}O_4P$	Phosphorsäure-triphenylester		$C_{18}H_{37}J$	Octadecyljodid	
$C_{18}H_{15}P$	Phosphor, Triphenylphosphin		$C_{18}H_{37}NO$	Stearinsäureamid	
$C_{18}H_{15}PS$	Phosphor, Triphenylphosphinsulfid		$C_{18}H_{37}NO_2$	Sphingosin	
$C_{18}H_{15}Sb$	Antimon-triphenyl		$C_{18}H_{38}$	Octadecan	StW kr
$C_{18}H_{16}$	1,6-Diphenyl-hexatrien-(1,3,5)		$C_{18}H_{38}O$	Stearylalkohol	
$C_{18}H_{16}N_2$	Triphenyl-hydrazin		$C_{18}H_{39}N$	Tri-hexylamin-(1)	
$C_{18}H_{16}OSn$	Zinn-triphenyl-hydroxid				
$C_{18}H_{16}O_2$	Retenchinon		$C_{19}H_{12}O_3$	Resorcinbenzein	
	Zimtsäurecinnamylester		$C_{19}H_{12}O_5$	Pyrogallolbenzein	
$C_{18}H_{16}O_4$	α-Truxillsäure			2,3,7-Trihydroxy-9-phenyl-6-fluoron	
	β-Truxinsäure		$C_{19}H_{13}N$	9-Phenyl-acridin	
	δ-Truxinsäure		$C_{19}H_{14}$	9-Phenyl-fluoren	
$C_{18}H_{16}O_7$	Usninsäure		$C_{19}H_{14}O_2$	Benzaurin	
$C_{18}H_{16}Si$	Silicium-triphenyl-hydrid		$C_{19}H_{14}O_3$	Aurin	
$C_{18}H_{16}Sn$	Zinn-triphenyl-hydrid			Salicylsäure-o-phenyl-phenylester	
$C_{18}H_{18}$	Reten		$C_{19}H_{14}O_5$	Vulginsäure	
	1,3,5,7-Tetramethyl-anthracen		$C_{19}H_{14}O_5S$	Phenolrot	
	1,2,4-Triphenylbenzol		$C_{19}H_{15}$	Triphenylmethyl	
$C_{18}H_{18}BN$	Bor-triphenyl-ammoniak		$C_{19}H_{15}Br$	Triphenyl-methyl-bromid	
$C_{18}H_{18}O_2$	1,4-Dibenzoyl-butan		$C_{19}H_{15}Cl$	Triphenyl-methyl-chlorid	
	Equilenin		$C_{19}H_{15}N_3$	Chrysanilin	
$C_{18}H_{19}N_7O_7S$	N-Pteroylsulfo-L(+)-glutaminsäure		$C_{19}H_{15}Na$	Natrium-triphenylmethyl	
$C_{18}H_{20}$	1,1,3-Trimethyl-3-phenyl-indan		$C_{19}H_{16}$	Triphenylmethan	StW
$C_{18}H_{20}N_2O_3$	Cinchotenin		$C_{19}H_{16}N_2$	Benzophenon-phenylhydrazon	
$C_{18}H_{20}O_2$	Equilin			N,N′-Diphenylbenzamidin	
	Stilböstrol		$C_{19}H_{16}N_2O_2$	Rosamin	
$C_{18}H_{21}NO_3$	Codein		$C_{19}H_{16}O$	Triphenylcarbinol	StW
	Metathebainon		$C_{19}H_{17}N$	2-Amino-triphenylmethan	

Formel		Verbindung
$C_{18}H_{21}NO_3$		Thebainon
$C_{18}H_{22}N_4O_4$		D-Glucosazon
$C_{18}H_{22}N_4O_7$		Methylolriboflavin
$C_{18}H_{22}O_2$		Östron
		Östron a
		Östron b
		Östron c
		Östron d
		Östron e
		Östron f
		Östron g
		Östron h
$C_{18}H_{24}O_2$		α-Östradiol
		β-Östradiol
$C_{18}H_{24}O_3$		Doisynolsäure
		Östriol
$C_{18}H_{26}O_4$		Phthalsäurediamylester
$C_{18}H_{27}NO_3$		Capsaicin
$C_{18}H_{30}$		Hexaäthylbenzol
$C_{18}H_{30}Br_6O_2$		α-Linolsäurehexabromid
$C_{18}H_{30}O$		2,4,6-Tri-tert.-butyl-phenol
$C_{18}H_{30}O_2$		α-Eläostearinsäure
		β-Eläostearinsäure
		α-Linolensäure
$C_{18}H_{30}O_4$		Auxin b
$C_{18}H_{32}Br_4O_2$		α-Linolsäuretetrabromid
$C_{18}H_{32}O_2$		Chaulmoograsäure
		Linolsäure
		Stearolsäure
$C_{18}H_{32}O_5$		Auxin a
$C_{18}H_{33}B$		Bor-tricyclohexyl
$C_{18}H_{33}KO_2$		Ölsäure, K-Salz
$C_{18}H_{33}O_2Na$		Ölsäure, Na-Salz
$C_{18}H_{34}$	StW	Octadecin-(1)
$C_{18}H_{34}O_2$	StW	Elaidinsäure
	StW	Ölsäure
		Petroselinsäure
$C_{18}H_{34}O_3$		Ricin-elaidinsäure
		Ricinolsäure
$C_{18}H_{35}ClO$		Stearinsäure-chlorid
$C_{18}H_{35}KO_2$		Stearinsäure, K-Salz
$C_{18}H_{35}NaO_2$		Stearinsäure, Na-Salz
$C_{18}H_{36}$		Octadecen-(1)

Formel	Verbindung
$C_{19}H_{17}NO$	3-Amino-triphenylmethan
	4-Amino-triphenylmethan
	2-Amino-triphenylcarbinol
	4-Amino-triphenylcarbinol
$C_{19}H_{17}NO_3$	Cusparin
$C_{19}H_{17}N_3$	N,N,N'-Triphenyl-guanidin
	N,N',N''-Triphenyl-guanidin
$C_{19}H_{18}BrP$	Phosphor, Triphenyl-methyl-phosphonium=bromid
$C_{19}H_{18}N_2$	4,4'-Diamino-triphenylmethan
$C_{19}H_{18}N_2O$	4,4'-Diamino-triphenylcarbinol
$C_{19}H_{18}Si$	Silicium-methyl-triphenyl
$C_{19}H_{19}NO_3$	Laurelin
$C_{19}H_{19}N_3$	4,4',4''-Triamino-triphenylmethan
$C_{19}H_{19}N_3O$	4,4',4''-Triamino-triphenylcarbinol
$C_{19}H_{19}N_7O_6$	Pteroylglutaminsäure
$C_{19}H_{20}N_2O$	Cinchoninon
$C_{19}H_{20}N_2O_2$	1,2-Diphenyl-4-n-butyl-pyrazolidin-dion-(3,5)
$C_{19}H_{20}N_2O_4$	Ornithursäure
$C_{19}H_{20}N_8O_5$	Aminopteroylglutaminsäure
$C_{19}H_{22}Br_2O_2$	Dibromzimtsäure-bornylester
$C_{19}H_{22}N_2O$	Apocinchonin
	Cinchonidin
	Cinchonigin
	Cinchonilin
	Cinchonin
	Cinchotoxim
$C_{19}H_{22}N_2O_2$	Apochinin
	Cuprein
$C_{19}H_{22}O_6$	Gibberellinsäure
$C_{19}H_{23}ClN_2O$	Chinonidin-hydrochlorid ($+ H_2O$)
$C_{19}H_{23}ClN_2O$	Cinchonin-hydrochlorid ($+ 2H_2O$)
$C_{19}H_{23}NO_3$	Methokodein
	Neopinmethin
$C_{19}H_{23}N_3O_2$	Ergometrin
$C_{19}H_{24}ClN_3O$	Capriblau-GON-chlorid
$C_{19}H_{24}N_2O$	Cinchonamin
	Hydrocinchonin
$C_{19}H_{24}N_2O_5S$	Cinchoninsulfat ($+ 4H_2O$)
$C_{19}H_{24}O_3$	Adrenosteron
$C_{19}H_{24}O_6$	Gibberellin A_1
$C_{19}H_{26}N_2O_9S_2$	Cinchonidin-bisulfat ($+ 2H_2O$)
$C_{19}N_{26}O_2$	Androsten-(1)-dion-(3:17)

Formel	Name	Bemerkung
$C_{19}H_{26}O_2$	Androsten-(4)-dion-(3:17)	
$C_{19}H_{26}O_3$	Allethrin	
$C_{19}H_{26}Si$	Silicium-äthyl-propyl-dibenzyl	
$C_{19}H_{28}$	Abietin	
$C_{19}H_{28}O_2$	Androstadien-(5,7)-diol-(3β, 17)	
	Testosteron, *cis*	
$C_{19}H_{30}O_2$	Androsten-4-diol-(3α:17β)	
	Androsten-4-diol-(3β:17β)	
	Androsteron	
$C_{19}H_{30}O_6$	2 ‖ 3-Androstan-2,3-disäure	
	3 ‖ 4-Androstan-3,4-disäure	
$C_{19}H_{32}$	Androstan	
$C_{19}H_{32}O_3S$	p-Toluolsulfosäure-dodecylester	
$C_{19}H_{32}O_4$	Lichesterinsäure	
$C_{19}H_{36}O_2$	Ölsäure-methylester	
$C_{19}H_{36}O_4$	Cetylmalonsäure	
$C_{19}H_{38}O_2$	Stearinsäuremethylester	
$C_{19}H_{40}$	Nonadecan	StW kr
$C_{19}H_{40}O_3$	Glycerinhexadecyläther	
$C_{20}H_4Cl_2J_4Na_2O_5$	Rose bengale	
$C_{20}H_6Br_4Na_2O_5$	Eosin, Na-Salz	
$C_{20}H_6Cl_2J_4O_5$	3',6'-Dichlor-2,4,5,7-tetrajod-fluorescein	
$C_{20}H_8Br_4O_5$	Eosin	
$C_{20}H_8J_4O_5$	Erythrosin	
$C_{20}H_8O_4$	Perylendichinon-(3,10; 4,9)	
$C_{20}H_{10}Cl_4O_4$	4,5,6,7-Tetrachlor-phenolphthalein	
$C_{20}H_{10}O_2$	Dinaphtylendioxid	
	Perylenchinon-(1,12)	
	Perylenchinon-(3,9)	
$C_{20}H_{11}N_2Na_3S_3$	Amaranth	
$C_{20}H_{12}$	1,2-Benz-pyren	
	3,4-Benz-pyren	
	Perylen	
$C_{20}H_{12}OS$	Isonaphthoxthin	
	Naphthoxthin	
$C_{20}H_{12}O_3$	Fluoran	
$C_{20}H_{12}O_5$	Fluorescein	
	Hydrochinonphthalein	

Formel	Name	Bemerkung
$C_{20}H_{24}O_7$	Olivil	
$C_{20}H_{25}ClN_2O_2$	Chininhydrochlorid ($+2H_2O$)	
$C_{20}H_{25}NO_4$	Laudanin	
$C_{20}N_{26}N_2O_2$	Hydrochinin	
$C_{20}H_{27}NO_{11}$	Amygdalin	
$C_{20}H_{28}O$	Vitamin A-Aldehyd	
$C_{20}H_{28}O_2$	Vitamin A-Säure	
$C_{20}H_{30}O$	Vitamin A	
$C_{20}H_{30}O_2$	l-Abietinsäure	
	Neoabietinsäure	
	d-Pimarinsäure	
$C_{20}H_{32}O_2$	Ätiocholansäure	
	Arachidonsäure	
$C_{20}H_{38}O_2$	Ölsäureäthylester	
$C_{20}H_{40}$	Pentaisobuten	
$C_{20}H_{40}O$	Phytol	
$C_{20}H_{40}O_2$	Arachinsäure	
	Stearinsäureäthylester	StW
$C_{20}H_{42}$	Eikosan	
$C_{20}H_{42}$	Eikosanol-(1)	
	Eikosanol-(2)	
$C_{20}H_{44}O_4Ti$	Titan-tetra-n-amylat	
$C_{20}H_{44}Si$	Silicium-tetraisoamyl	
$C_{20}H_{60}O_8Si_9$	Silicium, Eicosamethylnonasiloxan	
$C_{21}H_{14}O$	2,3-Diphenyl-indenon-(1)	
$C_{21}H_{15}N$	α,β-Diphenyl-zimtsäure-nitril	
$C_{21}H_{15}NO$	2,4,5-Triphenyl-oxazol	
$C_{21}H_{15}NO_2$	3-Hydroxy-naphthoesäure-(2)-β-naphthyl-amid	
$C_{21}H_{15}NO_3$	Tri-benzamid	
$C_{21}H_{15}N_3$	Kyaphenin	
$C_{21}H_{16}$	9-Benzyl-anthracen	
	Di-1-naphthyl-methan	
	Di-2-naphthyl-methan	
$C_{21}H_{16}N_2$	2,4,5-Triphenyl-imidazol	
$C_{21}H_{16}N_2O$	Di-1-naphthyl-harnstoff	
$C_{21}H_{18}N_2$	Amarin	
	Hydrobenzamid	

Formel	Verbindung	
$C_{20}H_{13}N_3O_7S$	Eriochromschwarz T	
$C_{20}H_{14}$	Cholanthren	
	Dinaphthyl-(1,1')	
	Dinaphthyl-(2,2')	
	9-Phenylanthracen	
	Tricyclin	
$C_{20}H_{14}N_2$	1,1'-Azo-naphthalin	
	2,2'-Azo-naphthalin	
$C_{20}H_{14}O$	1,3-Diphenyl-isobenzofuran	
$C_{20}H_{14}O_2$	1,4-Dibenzoyl-benzol	
	2,2'-Dihydroxy-dinaphthyl-(1,1')	
	4,4'-Dihydroxy-dinaphthyl-(1,1')	
	3,3-Diphenylphthalid	
$C_{20}H_{14}O_4$	Phenolphthalein	
	Resorcin-dibenzoat	
$C_{20}H_{15}N$	Di-1-naphthylamin	
	Di-2-naphthylamin	
$C_{20}H_{16}$	Triphenyläthylen, Triphenyläthen	StW
$C_{20}H_{16}O_2$	2-Benzhydryl-benzoesäure	
	4-Benzhydryl-benzoesäure	
	Triphenylessigsäure	
$C_{20}H_{16}N_4$	Nitron	
$C_{20}H_{16}O_4$	Phenolphthalin	
$C_{20}H_{17}N_5O_2$	Rubazonsäure	
$C_{20}H_{18}$	1,1,1-Triphenyl-äthan	StW
	1,1,2-Triphenyl-äthan	StW
$C_{20}H_{18}O_2$	Hydrochinon-dibenzyläther	
$C_{20}H_{18}O_2Sn$	Zinn-triphenyl-acetat	
$C_{20}H_{18}O_6$	d-Sesamin	
$C_{20}H_{19}N$	Dibenzylanilin	
$C_{20}H_{19}NO_5$	Berberin	
$C_{20}H_{20}O_6$	Cubebin	
$C_{20}H_{20}Si$	Silicium-äthyl-triphenyl	
$C_{20}H_{21}NO_4$	Papaverin	
$C_{20}H_{21}N_3O$	4,4',4''-Triamino-3-methyl-triphenylcarbinol	
$C_{20}H_{22}N_2O_2$	Chininon	
$C_{20}H_{22}N_8O_5$	4-Amino-N^{10}-methyl-pteroylglutaminsäure	
$C_{20}H_{22}O_6$	Pinoresinol	
$C_{20}H_{23}N_7O_7$	5-Formyl-tetrahydro-pteroylglutaminsäure	
$C_{20}H_{24}N_2O_2$	Chinidin	
	Chinin	
	Chinotoxin	
$C_{20}H_{24}O_4$	Crocetin	

Formel	Verbindung
$C_{21}H_{18}O_2$	α,β,β-Triphenylpropionsäure
$C_{21}H_{20}O_6$	Curcumin
$C_{21}H_{21}N$	Tribenzylamin
$C_{21}H_{21}NO_6$	Hydrastin
$C_{21}H_{21}N_3$	Anhydro-formaldehyd-anilin
$C_{21}H_{21}O_4P$	Phosphorsäure-tribenzylester
	Phosphorsäure-tri-o-kresylester
	Phosphorsäure-tri-p-kresylester
$C_{21}H_{22}N_2O_2$	Strychnin
$C_{21}H_{22}O_{11}$	Carthamin
	Isocarthamin
$C_{21}H_{23}NO_5$	Diacetyl-morphin
	Kryptopin
$C_{21}H_{24}O_3Si_3$	Silicium, *cis*-2,4,6-Trimethyl-2,4,6-triphenyl-cyclotrisiloxan
	Silicium, *trans*-2,4,6-Trimethyl-2,4,6-triphenyl-cyclotrisiloxan
$C_{21}N_{24}O_{10}$	Phloridzin-hydrat ($+2H_2O$)
$C_{21}N_{26}N_2O_3$	Yohimbin
$C_{21}H_{26}O_2$	Cannabinol
$C_{21}H_{27}NO$	Polamidon
$C_{21}H_{27}NO_4$	d-Laudanosin
	dl-Laudanosin
$C_{21}H_{27}N_7O_{14}P_2$	Diphosphopyridinnucleotid
$C_{21}H_{28}ClNO$	Polamidon-hydrochlorid
$C_{21}H_{28}N_2O_2$	Optochin
$C_{21}N_{28}O_3$	Pyrethrin I
$C_{21}H_{28}O_5$	Aldosteron
	Cortison
$C_{21}H_{30}O_2$	α-Progesteron
	β-Progesteron
$C_{21}H_{30}O_3$	Desoxycorticosteron
$C_{21}H_{30}O_4$	Corticosteron
$C_{21}H_{32}O_2$	Allopregnandion-(3,20)
	Pregnandion-(3,20)
	Pregnenol-(3)-on-(20)
$C_{21}H_{34}O_2$	Pregnanol-(3α)-on-(20)
$C_{21}H_{36}$	Pregnan
$C_{21}H_{36}O$	Pregnanol-(3α)
$C_{21}H_{36}O_2$	Allopregnan-diol-(3α,20α)
	Pregnandiol
$C_{21}H_{36}O_5$	Allopregnanpentol-(3β:11β:17α:20β:21)
$C_{21}H_{39}N_7O_{12}$	Streptomycin

Formel	Name	Bemerkung
$C_{21}H_{42}O_3$	Glycerin-*cis*-octadecen-(9)-yl-äther	
$C_{21}H_{44}$	Heneikosan	
$C_{21}H_{44}O_3$	Glycerinoctadecyläther	
$C_{22}H_{10}O_2$	Anthranthron	
$C_{22}H_{12}O_2$	Pentacen-(6,13)-chinon	
$C_{22}H_{14}$	11,12-Benzochrysen	
	1,2,3,4-Dibenzanthracen	
	1,2,5,6-Dibenzanthracen	
	1,2,7,8-Dibenznathracen	
	Pentacen	
	Picen	
$C_{22}H_{14}N_2O$	Rosindon	
$C_{22}H_{14}O_4$	Dinaphthyl-(1,1')-dicarbonsäure-(2,2')	
$C_{22}H_{16}O_3$	p-Kresolphthalein	
	Tribenzoylmethan	
$C_{22}H_{17}N_3O$	Rosindulin	
$C_{22}H_{18}O_4$	o-Kresolphthalein	
$C_{22}H_{20}O_{13}$	Carminsäure	
$C_{22}H_{20}Ti$	Titan-dicyclopentadienyl-diphenyl	
$C_{22}H_{22}N_2O_5$	Phenocyanin VS	
$C_{22}H_{23}ClN_2O_8$	Tetracyclin-7-chlor	
$C_{22}H_{23}NO_7$	Narcotin	
$C_{22}H_{23}N_3O_9$	Aurintricarbonsäure-ammoniumsalz	
$C_{22}H_{24}N_2O_8$	Tetracyclin	
$C_{22}H_{24}N_2O_9$	Tetracyclin-5-hydroxy	
$C_{22}H_{25}NO_6$	Colchicin	
$C_{22}H_{25}N_3O$	4,4',4''-Triamino, 3,3',4''-trimethyl-triphenylcarbinol	
$C_{22}H_{27}NO_2$	l-Lobelin	
$C_{22}H_{27}NO_4$	d-Corydalin	
$C_{22}H_{28}N_2O_5$	Reserpinsäure	
$C_{22}H_{28}O_5$	Pyrethrin II	
$C_{22}H_{34}O_2$	Abietinsäure-äthylester	
$C_{22}H_{38}O$	Cetyl-phenyl-äther	
$C_{22}H_{40}O_2$	Behenolsäure	
$C_{22}H_{40}O_7$	Agaricinsäure	
$C_{22}H_{42}O_2$	Brassidinsäure	
	Erucasäure	

Formel	Name	Bemerkung
$C_{24}H_{17}NO_2$	2,4,6-Triphenyl-nitrobenzol	
$C_{24}H_{18}O$	2,4,6-Triphenyl-phenol	
$C_{24}H_{19}N$	2,4,6-Triphenyl-anilin	
$C_{24}H_{20}As_2$	Arsen, Tetraphenyldiarsin	
$C_{24}H_{20}BK$	Bor-tetraphenyl-kalium	
$C_{24}H_{20}BLi$	Bor-tetraphenyl-lithium	
$C_{24}H_{20}BNa$	Bor-tetraphenyl-natrium	
$C_{24}H_{20}Ge$	Germanium-tetraphenyl	
$C_{24}H_{20}N_2$	Tetraphenyl-hydrazin	
$C_{24}H_{20}O_6$	Glycerin-tribenzoat	
$C_{24}H_{20}Pb$	Blei-tetraphenyl	
$C_{24}H_{20}Si$	Silicium-tetraphenyl	
$C_{24}H_{20}Sn$	Zinn-tetraphenyl	
$C_{24}H_{21}AsCl_2$	Arsen, Tetraphenylarsoniumchlorid-hydrochlorid	
$C_{24}H_{34}O_4$	Bufalin	
$C_{24}H_{40}O_2$	Allocholansäure	
	Cholansäure	
$C_{24}H_{40}O_4$	Desoxycholsäure	
$C_{24}H_{40}O_5$	Cholsäure	
$C_{24}H_{46}O_2$	Nervonsäure	
$C_{24}H_{48}$	Hexaisobuten	
$C_{24}H_{48}O_2$	Lignocerinsäure	
	Tetrakosansäure	
$C_{24}H_{50}$	Tetrakosan	StW
$C_{24}H_{50}O_4S$	Di-dodecylsulfat	
$C_{24}H_{51}Al$	Aluminium-tri-n-octyl	
$C_{24}H_{51}B$	Bor-tri-n-octyl	
$C_{24}H_{54}OSn$	Zinn-bis-[tributyl]-oxid	
$C_{25}H_{20}$	Tetraphenylmethan	
$C_{25}H_{20}N_2O$	Tetraphenyl-harnstoff	SiW
$C_{25}H_{21}N$	p-Aminotetraphenylmethan	
$C_{25}H_{21}N_3$	N,N,N',N'-Tetraphenyl-guanidin	
$C_{25}H_{25}JN_2$	Pinacyanol	
$C_{25}H_{25}NO_6$	L-Epanorin	
$C_{25}H_{26}O_{13}$	Ruberythrinsäure	
$C_{25}H_{31}N_3$	4,4',4''-Tris-dimethylamino-triphenyl-methan	

Formel	Name	
$C_{22}H_{42}O_3$	Ölsäure-butylester	
	Ricinolsäure-butylester	
	Ricinolsäure-isobutylester	
$C_{22}H_{42}O_4$	Adipinsäure-di-[d-octyl-(2)]-ester	
	Phellogensäure	
$C_{22}H_{44}O$	Erucylalkohol	
$C_{22}H_{44}O_2$	Arachinsäure-äthylester	
	Behensäure	StW
	Stearinsäure-butylester	
$C_{22}H_{46}$	Dokosan	
$C_{23}H_{17}Cl_4FeO$	2,4,6-Triphenyl-pyrylium-chloroferrat	
$C_{23}H_{22}O_6$	Rotenon	
$C_{23}H_{26}ClN_3O_3$	Acoin	
$C_{23}H_{26}N_2$	4,4'-Bis-dimethylamino-triphenylmethan	
$C_{23}H_{26}N_2O$	4,4'-Bis-dimethylamino-triphenylcarbinol	
$C_{23}H_{26}N_2O_4$	Brucin	
$C_{23}H_{27}NO_8$	Narcein	
$C_{23}H_{30}ClNO_3$	l-Atebrin	
	dl-Atebrin	
$C_{23}H_{30}N_2O_5$	Reserpinin	
$C_{23}H_{30}O_2Si_3$	Silicium, 1,1,3,5,5-Pentamethyl-1,3,5-triphenyl-trisiloxan	
$C_{23}H_{32}O_6$	Hydrocortison-acetat	
	Strophanthidin	
$C_{23}H_{34}N_4$	Digitoxigenin	
	Uzarigenin	
$C_{23}H_{34}O_5$	Digoxigenin	
$C_{23}H_{34}O_6$	Strophanthidol	
$C_{23}H_{38}O_2$	Norcholansäure	
$C_{23}H_{38}O_4$	Nor-desoxycholsäure	
$C_{23}H_{44}O_4$	Cetylmalonsäure-diäthylester	
$C_{23}H_{46}O$	Lauron	
$C_{23}H_{46}O_2$	Stearinsäureamylester	
$C_{23}H_{48}$	Trikosan	
$C_{24}H_{12}$	Coronen	
$C_{24}H_{12}O_2$	3,4; 8,9-Dibenzo-pyrenchinon-(5,10)	
	3,4; 9,10-Dibenzo-pyrenchinon-(5,8)	
$C_{24}H_{16}N_4O_2$	Pyrrolblau B	
$C_{24}H_{16}O_2$	1,4-Dibenzoyl-naphthalin	
	1,5-Dibenzoyl-naphthalin	
$C_{24}H_{18}$	Quarterphenyl	
	1,3,5-Triphenyl-benzol	

Formel	Name	
$C_{25}H_{31}N_3O$	4,4',4''-Tris-dimethyl-amino-triphenylcarbinol	
$C_{25}H_{41}NO_9$	Aconin	
$C_{25}H_{42}O_2$	Cholansäure-methylester	StW
$C_{25}H_{52}$	Pentakosan	
$C_{26}H_{14}$	Rubicen	
$C_{26}H_{14}O_2$	Hexacendion-(6,15)	
$C_{26}H_{18}O_2$	Dixanthyl	
$C_{26}H_{20}$	Tetraphenyläthylen	
$C_{26}H_{20}O$	α-Benzpinakolin	
	β-Benzpinakolin	
$C_{26}H_{22}$	1,1,1,2-Tetraphenyl-äthan	
	1,1,2,2-Tetraphenyl-äthan	
$C_{26}H_{22}N_4$	anti-Benzil-osazon	
	syn-Benzil-osazon	
$C_{26}H_{22}O$	Dibenzhydroläther	
$C_{26}H_{22}O_2$	Benzpinakon	
$C_{26}H_{34}O_7$	Scillirosidin	
$C_{26}H_{35}BrO_{17}$	Acetobromcellobiose	
	Acetobrommaltose	
$C_{26}H_{36}O_6$	Bufotalin	
$C_{26}H_{38}O_4$	Lupulon	
$C_{26}H_{45}NO_7S$	Taurocholsäure	
$C_{26}H_{52}O_2$	Cerotinsäure	
$C_{26}H_{54}$	Hexakosan	
$C_{26}H_{54}O$	Cerylalkohol	
$C_{27}H_{12}O_3$	Tribenzoylen-benzol	
$C_{27}H_{21}NO_6$	L-Norrhizocarpsäure	
$C_{27}H_{30}O_5S$	Thymolblau	
$C_{27}H_{34}N_2O$	4,4'-Bis-diäthylamino-triphenylcarbinol	
$C_{27}H_{36}O_2$	Abietinsäurebenzylester	
$C_{27}H_{38}O_4$	Azafrin	
$C_{27}H_{39}NO_3$	Jervin	
$C_{27}H_{43}NO$	Solanidin	
$C_{27}H_{44}O$	Cholesten-(4)-on-(3)	
	Cholesten-(5)-on-(3)	
	7-Dehydro-cholesterin	
	Vitamin D_3	
$C_{27}H_{44}O_2$	Cholesten-(4)-dion-(3,6)	
$C_{27}H_{44}O_3$	Tigogenin	
$C_{27}H_{46}O$	Cholestanon	
$C_{27}H_{46}O$	Cholesterin	

Formel	Name	Bemerkung	Formel	Name	Bemerkung
$C_{27}H_{46}O$	Epicholesterin		$C_{32}H_{66}O$	Di-cetyläther	
$C_{27}H_{46}O_2$	δ-Tocopherol		$C_{32}H_{68}Sn$	Zinn-tetra-n-octyl	
$C_{27}H_{48}$	Koprostan		$C_{33}H_{35}N_5O_5$	Ergotamin	
$C_{27}H_{48}O$	β-Cholestanol		$C_{33}H_{36}N_4O_6$	Bilirubin	
	Epikoprosterin		$C_{33}H_{40}N_2O_4$	Reserpin	
	Koprostanol		$C_{33}H_{42}N_4O_6$	Urobilin	
$C_{27}H_{54}O$	Myriston		$C_{34}H_{14}Cl_2O_2$	Indanthrenbrillantviolett RR	
$C_{27}H_{56}$	Heptakosan			Indanthrenviolett RT	
$C_{28}H_{12}N_2O_2$	Flavanthren		$C_{34}H_{16}O_2$	Isoviolanthron	
$C_{28}H_{12}O_2$	Mesonaphthodianthron			Violanthron	
$C_{28}H_{14}N_2O_4$	Indanthren		$C_{34}H_{18}O_2$	Dibenzanthronyl-(2,2')	
$C_{28}H_{14}O_2$	Helianthron		$C_{34}H_{24}N_6Na_2O_{14}S_4$	Trypanblau	
$C_{28}H_{16}O_2$	Dianthron		$C_{34}H_{32}ClFeN_4O_4$	Hämin	
$C_{28}H_{20}N_2$	Amaron		$C_{34}H_{70}$	Tetratriakontan	
$C_{28}H_{20}O$	Tetraphenylfuran		$C_{35}H_{28}O_2$	Benzamaron	
$C_{28}H_{20}S$	Tetraphenylthiophen		$C_{35}H_{39}N_5O_5$	Ergocristin	
$C_{28}H_{23}NO_6$	l-Rhizocarpsäure			l-Ergocristin	
$C_{28}H_{28}N_2$	Tetra-p-tolyl-hydrazin			Ergotinin	
$C_{28}H_{28}O_7P_2$	Phosphor, Diphosphorsäure-tetrabenzylester		$C_{35}H_{54}O_{14}$	Uzarin	
$C_{28}H_{28}Si$	Silicium-tetrabenzyl		$C_{35}H_{70}O$	Stearon	
	Silicium-tetra-m-tolyl		$C_{35}H_{72}$	Pentatriakontan	
	Silicium-tetra-p-tolyl		$C_{36}H_{24}Hg_6$	Quecksilber-o-phenylen	
$C_{28}H_{30}N_2O_3$	Tetraäthyl-rhodamin		$C_{36}H_{26}O$	Pentaphenyl-phenol	
$C_{28}H_{30}O_4$	Thymolphthalein		$C_{36}H_{28}N_2O_6$	N,N'-Bis-[3-hydroxy-naphthoyl-(2)]-o-dianisidin	
$C_{28}H_{31}ClN_2O_3$	Rhodamin B		$C_{36}H_{30}Pb_2$	Blei, Diblei-hexaphenyl	
$C_{28}H_{38}N_2O_4$	Psychotrin		$C_{36}H_{30}Sn_2$	Zinn, Dizinn-hexaphenyl	
$C_{28}H_{38}N_2O_4$	Cephaelin		$C_{36}H_{38}N_4O_8$	Koproporphyrin	
	Isocephaelin		$C_{36}H_{66}CaO_4$	Ölsäure, Ca-Salz	
$C_{28}H_{38}O_{19}$	α-Cellobioseoctaacetat		$C_{36}H_{66}MgO_4$	Ölsäure, Mg-Salz	
	β-Cellobioseoctaacetat		$C_{36}H_{70}CaO_4$	Stearinsäure, Ca-Salz	
	β-Gentiobioseoctaacetat		$C_{36}H_{70}MgO_4$	Stearinsäure, Mg-Salz	
$C_{28}H_{44}O$	Ergosterin		$C_{36}H_{74}$	Hexatriakontan	
	Tachysterin		$C_{36}H_{74}O_3$	Phthiacerol	
	Vitamin D_2		$C_{37}H_{28}O$	Tri-biphenylcarbinol	
$C_{28}H_{46}O$	Brassicasterin		$C_{37}H_{31}N_3O$	4,4',4''-Trianilino-triphenylcarbinol	
	22,23-Dihydro-ergosterin				
	Lumisterin				
	Vitamin D_4				

Formel	Name
$C_{28}H_{48}O_2$	d-β-Tocopherol
	γ-Tocopherol
$C_{28}H_{56}$	Heptaisobuten
$C_{28}H_{58}$	n-Octakosan
$C_{29}H_{20}O$	Tetracyclon
$C_{29}H_{35}JN_2$	Chinolinblau
$C_{29}H_{40}N_2O_4$	Emetin
	Isoemetin
$C_{29}H_{44}O_2$	3,3',5,5'-Tetra-t-butyl-4,4'-dihydroxy-diphenylmethan
$C_{29}H_{48}O$	Fucosterin
	Stigmasterin
$C_{29}H_{50}O$	β-Sitosterin
$C_{29}H_{50}O_2$	d-α-Tocopherol
$C_{29}H_{60}$	Nonakosan
$C_{30}H_{14}O_2$	Pyranthron
$C_{30}H_{14}O_8$	Hypericin
$C_{30}H_{16}$	Rhodacen
$C_{30}H_{18}O_4$	Dianthranyl-(1,1')-dicarbonsäure-(2,2')
$C_{30}H_{24}N_4$	Azophenin
$C_{30}H_{25}Bi$	Wismut-pentaphenyl
$C_{30}H_{48}O_4$	d-Siaresinolsäure
$C_{30}H_{50}$	Squalen
$C_{30}H_{50}O$	α-Amyrin
	β-Amyrin
$C_{30}H_{62}$	Spinacan
	Triakontan
$C_{30}H_{63}B$	Bor-tri-n-decyl
$C_{31}H_{43}N_3O$	4,4',4''-Tris-diäthylamino-triphenylcarbinol
$C_{31}H_{46}O_2$	Vitamin K$_1$
$C_{31}H_{62}O$	Palmiton
$C_{31}H_{63}Br$	Myricylbromid
$C_{31}H_{63}Cl$	Myricylchlorid
$C_{31}H_{64}$	Hentriakontan
$C_{31}H_{64}O$	Myricylalkohol
$C_{32}N_{22}N_6Na_2O_6S_2$	Kongorot
$C_{32}H_{62}CaO_4$	Palmitinsäure, Ca-Salz
$C_{32}H_{62}MgO_4$	Palmitinsäure, Mg-Salz
$C_{32}H_{64}O_2$	Palmitinsäure-cetylester
$C_{32}H_{64}O_4Sn$	Zinn-di-n-butyl-dilaurat
$C_{32}H_{66}$	Dotriakontan

Formel	Name
$C_{38}H_{30}O_2$	Triphenylmethyl-peroxid
$C_{38}H_{33}N_3O$	4,4',4''-Trianilino-3-methyl-triphenylcarbinol
$C_{38}H_{44}Cl_2N_2O_6$	α-Tubo-curarin-chlorid
$C_{38}H_{50}N_4O_8S$	Cinchoninsulfat
$C_{38}H_{74}O_4$	Glykol-distearat
$C_{39}H_{74}O_6$	Glycerin-trilaurinat
$C_{40}H_{48}O_4$	Astacin
$C_{40}H_{50}N_4O_8S$	Chininsulfat ($+\,2\,H_2O$)
$C_{40}H_{50}O_2$	Rhodoxanthin
$C_{40}H_{52}O_4$	Astaxanthin
$C_{40}H_{56}$	α-Carotin
	β-Carotin
	γ-Carotin
	Lycopin
$C_{40}H_{56}O$	Kryptoxanthin
	Rubixanthin
$C_{40}H_{56}O_2$	Lutein
	Zeaxanthin
$C_{40}H_{56}O_3$	Flavoxanthin
$C_{40}H_{56}O_4$	Violaxanthin
$C_{40}H_{58}O_3$	Capsanthin
$C_{41}H_{56}O_2$	Vitamin K$_2$
$C_{41}H_{64}O_{13}$	Digitoxin
$C_{42}H_{28}$	Rubren
$C_{42}H_{30}$	Hexaphenyl-benzol
$C_{45}H_{73}NO_{15}$	Solanin
$C_{45}H_{86}O_6$	Glycerin-trimyristat
$C_{48}H_{40}O_4Si_4$	Silicium, Octaphenyl-cyclotetrasiloxan
$C_{51}H_{98}O_6$	Glycerin-tripalmitat
$C_{54}H_{82}O_4$	Ubichinon
$C_{55}H_{70}MgN_4O_6$	Chlorophyll b
$C_{55}H_{72}MgN_4O_5$	Chlorophyll a
$C_{56}H_{92}O_{29}$	Digitonin
$C_{57}H_{104}O_6$	Glycerin-trioleat
$C_{57}H_{104}O_9$	Glycerin-triricinolat
$C_{57}H_{110}O_6$	Glycerin-tristearat
$C_{63}H_{90}CoN_{14}O_{14}P$	Vitamin B$_{12}$
$C_{80}H_{116}J_6N_8O_{26}S_3$	Chinin-jodosulfat

---

[1] Das vorangehende Summenformelverzeichnis (16) ist zugleich das Substanz-
verzeichnis für die in den Tabellen 12, 14 und 15 angegebenen organischen Verbindungen. In dem Sachverzeichnis sind von den in Tabelle 12 in der Spalte 5
„Charakteristik" angegebenen chemischen und physikalischen Eigenschaften nur
die Seitenzahlen der Einleitung angegeben, auf denen die Angaben erklärt oder
erwähnt wurden, und ein Stern * hinzugefügt, der darauf hinweisen soll, daß
diese Eigenschaft in der Spalte „Charakteristik" der Verbindungen in Tabelle 12
vorkommt.